项目资助：
广东省基础与应用基础研究旗舰项目（2023B0303050001）、广东省重点领域研发计划（2022B1111230001）、广东省林业局项目“广东省国家重点保护兰科、桫椤科野生植物收集、繁殖与迁地保育”和广州市科技局社会发展项目（202206010058）。

广东高等植物名录及其地理分布

A Checklist and Geographical Distribution of Higher Plants from Guangdong

宋柱秋　陈又生　主编

河南科学技术出版社
· 郑州 ·

图书在版编目（CIP）数据

广东高等植物名录及其地理分布 / 宋柱秋，陈又生主编. -- 郑州：河南科学技术出版社，2024. 11.

ISBN 978-7-5725-1749-5

Ⅰ. Q949.4-62

中国国家版本馆 CIP 数据核字第 2024ZT9158 号

出版发行：河南科学技术出版社

地址：郑州市郑东新区祥盛街27号　邮编：450016

电话：（0371）65737028　65788613

网址：www.hnstp.cn

邮箱：hnstpnys@126.com

策划编辑：杨秀芳

责任编辑：杨秀芳

责任校对：臧明慧　刘逸群

封面设计：张　伟

责任印制：徐海东

印　　刷：河南华彩实业有限公司

经　　销：全国新华书店

开　　本：889 mm × 1 194 mm　1/16　　印张：41　　字数：1 358千字

版　　次：2024年11月第1版　　2024年11月第1次印刷

定　　价：268.00元

内容简介

我国具有非常高的植物多样性，广东省高等植物物种多样性位居我国第六。本书共收录广东省高等植物七大类，即角苔类植物、苔类植物、藓类植物、石松类植物、蕨类植物、裸子植物和被子植物，共 72 371 条分布记录，共计 374 科 2 293 属 8 184 种（含种下等级）。广东省本土野生高等植物 350 科 1 832 属 6 921 种，其中苔藓植物（包括角苔类、苔类和藓类）96 科 272 属 865 种，石松类与蕨类植物 36 科 122 属 647 种，裸子植物 7 科 17 属 34 种，被子植物 211 科 1 421 属 5 375 种；包含种数最多的科依次是禾本科、兰科、豆科、莎草科、茜草科、唇形科、菊科、蔷薇科、樟科和苦苣苔科。广东省入侵植物 58 科 204 属 325 种，归化植物 65 科 214 属 267 种，以及常见栽培植物 128 科 444 属 671 种。每种植物均提供了广东省县市级分布，以及相应分布的凭证依据。凭证依据包括文献、标本和图像。同时，本书也提供了广东省高等植物的分布存疑种和排除种的物种名录，共计 183 科 552 属 909 种，供后续进一步研究。这些数据将为《广东植物志》（第 2 版）的编撰提供基础资料和系统框架。

Summary

Guangdong Province has a rich diversity of higher plants, ranking it sixth in China. This study compiles an updated dataset of higher plants with county-level records in Guangdong Province by drawing from sources including floras, illustrated plant books, nature reserve plant checklists, academic papers, dissertations, specimens, photos from the Plant Photo Bank of China, and our own field surveys. The resulting dataset details distributions of various taxa in specific counties and cities. The book contains 8,184 taxa from 374 families and 2,293 genera of higher plants in Guangdong. Native wild higher plants account for 6,921 taxa from 350 families and 1,832 genera, where bryophytes (including hornworts, liverworts and mosses) makeup 865 taxa from 96 families and 272 genera, lycopods and pteridophytes account for 647 taxa from 36 families and 122 genera, gymnosperms total 34 taxa from 7 families and 17 genera, and angiosperms makeup 5,375 taxa from 211 families and 1,421 genera. The families with the largest number of species are Poaceae, Orchidaceae, Fabaceae, Cyperaceae, Rubiaceae, Lamiaceae, Asteraceae, Rosaceae, Lauraceae and Gesneriaceae. This dataset also includes 325 invasive species from 58 families and 204 genera, 267 species of naturalized plants from 65 families and 214 genera, and 671 species of common cultivated plants from 128 families and 444 genera. Furthermore, this study provides a list of higher plants with excluded and dubious records; this list encompasses includes 909 species from 183 families and 552 genera. This dataset will provide foundational information and a framework for the second edition of *Flora of Guangdong*.

前言

广东省位于我国华南地区，全年温暖，雨量充沛，属于东亚季风气候。广东省陆地面积约18万平方千米，约占全国陆地总面积的1.9%，在各省区中排名第十五。省内西部、北部和东部主要是山地，中部珠三角水网区和南部多为平原和台地，少丘陵山地，自然植被以常绿阔叶林为主，兼有针叶林、竹林、灌丛和草丛等。广东省植物多样性非常高，物种数在全国各省区中排名第六，区系以热带亚热带过渡性为整体特点[546, 547]。广东省高等植物物种多样性的系统性研究成果主要包括《广东植物志》（1～10卷）[35]（前9卷为植物分类群的记载，于1987～2009年出版）和《广东苔藓志》[23]（于2013年出版），前者记录广东及海南野生和栽培的维管植物7 517种（含种下类群，根据每卷简介统计），后者记录广东及海南苔藓植物944种，两者均包括了海南省。最新的广东省高等植物名录是王瑞江（2022）主编的《广东高等植物红色名录》，作者在排除海南省之后整理出广东高等植物366科2 250属8 010种（包括6 658种野生植物和1 352种非本土植物），并评估了野生种类的濒危状况，但未给出具体的分布信息[22b]。叶华谷和彭少麟（2006）主编的《广东植物多样性编目》提供了一个县市级分布的广东维管植物名录，共收录289科2 051属7 717种（包括6 135种野生维管植物和1 582种栽培植物），但未包含苔藓植物[30]。

最近20年来，由于分子系统学蓬勃发展，植物分类学修订和野外调查工作的持续开展，广东省高等植物编目信息发生了较多变化，主要包括：①新分类群（含新种、新亚种、新变种、新变型和新杂交种）不断被发现和描述。例如，2012年发表的新属新种台山仙茅（*Sinocurculigo taishanica*）[219]，2013年发表的新属新种丹霞兰（*Danxiaorchis singchiana*）[352]，2021年发表的新属新种封怀木（*Fenghwaia gardeniicarpa*）[281]，2022年发表的新属新种辐冠苣苔（*Actinostephanus enpingensis=Skogea enpingensis*）[297]；据Du等（2020）的统计[534]，2000～2019年广东省有163个新分类群被描述；而根据我们的初步统计，2000年至今，模式标本（含副模式）采自广东省的高等植物新分类群总计有270余个。②一些分类群的学名发生了变动。例如，此前被认为广泛分布于我国（广东亦有）的大叶黑桫椤（*Gymnosphaera gigantea*）其实是平鳞黑桫椤（*G. henryi*），而真正的大叶黑桫椤在我国不产[156]；仙湖苏铁（*Cycas fairylakea*）与四川苏铁（*C. szechuanensis*）实为同种，并且该种原产地仅在广东，四川的个体其实是引自广东，此种的中文名定为仙湖苏铁，但拉丁名因为优先权原则需要采用*C. szechuanensis*[535]；广东北部有分布的毛花茶秆竹（*Pseudosasa pubiflora*）最近被描述为一个新属，即以礼竹属（*Kengiochloa*），因此该种需要更名为以礼竹（*Kengiochloa pubiflora*）[265]；根据我们的初步统计，《广东植物志》和《广东苔藓志》中广东植物（排除海南省）中约有23.3%的学名发生了变动。③广东省分布新记录也不断被报道。根据我们的初步统计，广东分布新记录的报道至少有320余种，仅兰科植物就至少记载80余种。

因此，更新广东高等植物名录和分布数据非常有必要。我们基于文献资料、标本数据、图像库的图片以及作者的野外调查等数据，建立了广东省高等植物物种多样性编目和分布数据集（发表于《生物多样性》2023年第9期）。该数据集为每条县市级分布提供了凭证依据（文献、标本或图像），如果文献中记录的学名发生了变更也记录了当时的学名，以保证有据可查，这可能是我国省级名录编制中的首次尝试。与《生物多样性》发表的数据相比，本书收录的数据略有增补和修改，120余种。

然而，由于本书仍只是文献、标本等资料的汇总，必定存在不少错误，需要进行专门分类学修订。

并且，按照新时代的需求，图像资料对直观认识植物多样性非常重要。在此，我们提出，以每种植物配以彩色图片的形式编研新版《广东植物志》（彩图版）。按照系统的排列和物种数，本书为新版《广东植物志》进行了卷册安排建议，根据传承排除苔藓植物，共23卷，其中第22卷包含菊科则物种数太多，因而单独将菊科（原排列在草海桐科和南鼠刺科之间）列为第23卷。第1卷为总论，后面22卷为分类群的记载，平均每卷包含约320种。编写内容主要包括：①科名、科的描述、种数和分布，及分属检索表；②属名、属的描述、种数和分布，及分种检索表（求实用、好用，尽量避免单一形态学性状的比较，最好提供多个相关形态学性状的比较）；③种名、拉丁名、命名人、文献、基原异名、模式标本、形态描述（尽量简洁）、物候期（主要是花期，尽量采用广东标本记载的花期，与果期分开）、生境（包括海拔）、分布（广东省内分布的县级分布依据拼音排序，其他省份和地区分布）、凭证标本（一般选一份或少数比较好的标本，包括采集人、采集号、采集地，以及条形码）、染色体数目（不做强制要求，例如"2n=40或80"），以及图片。一般采用野外彩色图片，原则上采用拍摄于广东的植物图片，并注明拍摄地点，个别采用模式标本图片（模式产地为广东）或代表性标本图片（反映作者对于物种的认识）。

作者也感谢上海辰山植物园杜诚副研究员提供广东省过去20年发表的新分类群信息，感谢中国科学院华南植物园李琳副研究员帮助鉴定部分兰科植物，白琳博士审核部分姜科植物信息，感谢NSII提供标本数据。

编者

2024年10月

新版《广东植物志》卷册安排建议

第1卷，总论，包括广东植物采集史、植物区系分析、拉丁名总索引、中文名总索引等。

第2卷，石松类与蕨类26科310余种：石松科（Lycopodiaceae）、水韭科（Isoetaceae）、卷柏科（Selaginellaceae）、木贼科（Equisetaceae）、松叶蕨科（Psilotaceae）、瓶尔小草科（Ophioglossaceae）、合囊蕨科（Marattiaceae）、紫萁科（Osmundaceae）、膜蕨科（Hymenophyllaceae）、双扇蕨科（Dipteridaceae）、里白科（Gleicheniaceae）、海金沙科（Lygodiaceae）、莎草蕨科（Schizaeaceae）、槐叶蘋科（Salviniaceae）、蘋科（Marsileaceae）、瘤足蕨科（Plagiogyriaceae）、金毛狗科（Cibotiaceae）、桫椤科（Cyatheaceae）、鳞始蕨科（Lindsaeaceae）、凤尾蕨科（Pteridaceae）、碗蕨科（Dennstaedtiaceae）、冷蕨科（Cystopteridaceae）、轴果蕨科（Rhachidosoraceae）、铁角蕨科（Aspleniaceae）、球子蕨科（Onocleaceae）和乌毛蕨科（Blechnaceae）。

第3卷，蕨类10科330余种：蹄盖蕨科（Athyriaceae）、金星蕨科（Thelypteridaceae）、肿足蕨科（Hypodematiaceae）、鳞毛蕨科（Dryopteridaceae）、肾蕨科（Nephrolepidaceae）、牙蕨科（Pteridryaceae）、三叉蕨科（Tectariaceae）、蓧蕨科（Oleandraceae）、骨碎补科（Davalliaceae）和水龙骨科（Polypodiaceae）。

第4卷，裸子植物与被子植物22科360余种：苏铁科（Cycadaceae）、泽米铁科（Zamiaceae）、银杏科（Ginkgoaceae）、南洋杉科（Araucariaceae）、罗汉松科（Podocarpaceae）、柏科（Cupressaceae）、三尖杉科（Cephalotaxaceae）、红豆杉科（Taxaceae）、松科（Pinaceae）、买麻藤科（Gnetaceae）、莼菜科（Cabombaceae）、睡莲科（Nymphaeaceae）、五味子科（Schisandraceae）、三白草科（Saururaceae）、胡椒科（Piperaceae）、马兜铃科（Aristolochiaceae）、肉豆蔻科（Myristicaceae）、木兰科（Magnoliaceae）、番荔枝科（Annonaceae）、蜡梅科（Calycanthaceae）、莲叶桐科（Hernandiaceae）和樟科（Lauraceae）。

第5卷，被子植物21科220余种：金粟兰科（Chloranthaceae）、菖蒲科（Acoraceae）、天南星科（Araceae）、泽泻科（Alismataceae）、水鳖科（Hydrocharitaceae）、水蕹科（Aponogetonaceae）、眼子菜科（Potamogetonaceae）、川蔓藻科（Ruppiaceae）、丝粉藻科（Cymodoceaceae）、无叶莲科（Petrosaviaceae）、沼金花科（Nartheciaceae）、水玉簪科（Burmanniaceae）、薯蓣科（Dioscoreaceae）、霉草科（Triuridaceae）、百部科（Stemonaceae）、露兜树科（Pandanaceae）、白玉簪科（Corsiaceae）、藜芦科（Melanthiaceae）、秋水仙科（Colchicaceae）、菝葜科（Smilacaceae）和百合科（Liliaceae）。

第6卷，被子植物5科310余种：兰科（Orchidaceae）、仙茅科（Hypoxidaceae）、鸢尾科（Iridaceae）、阿福花科（Asphodelaceae）和石蒜科（Amaryllidaceae）。

第7卷，被子植物18科270余种：天门冬科（Asparagaceae）、棕榈科（Arecaceae）、鸭跖草科（Commelinaceae）、田葱科（Philydraceae）、雨久花科（Pontederiaceae）、鹤望兰科（Strelitziaceae）、兰花蕉科（Lowiaceae）、芭蕉科（Musaceae）、美人蕉科（Cannaceae）、竹芋科（Marantaceae）、闭鞘姜科（Costaceae）、姜科（Zingiberaceae）、香蒲科（Typhaceae）、凤梨科（Bromeliaceae）、黄眼草科（Xyridaceae）、谷精草科（Eriocaulaceae）、花水藓科（Mayacaceae）和灯心草科（Juncaceae）。

第8卷，被子植物3科250余种：莎草科（Cyperaceae）、帚灯草科（Restionaceae）和须叶藤科（Flagellariaceae）。

第 9 卷，被子植物 1 科 480 余种：禾本科（Poaceae）。

第 10 卷，被子植物 23 科 330 余种：金鱼藻科（Ceratophyllaceae）、罂粟科（Papaveraceae）、木通科（Lardizabalaceae）、防已科（Menispermaceae）、小檗科（Berberidaceae）、毛茛科（Ranunculaceae）、清风藤科（Sabiaceae）、莲科（Nelumbonaceae）、悬铃木科（Platanaceae）、山龙眼科（Proteaceae）、黄杨科（Buxaceae）、五桠果科（Dilleniaceae）、芍药科（Paeoniaceae）、蕈树科（Altingiaceae）、金缕梅科（Hamamelidaceae）、虎皮楠科（Daphniphyllaceae）、鼠刺科（Iteaceae）、虎耳草科（Saxifragaceae）、景天科（Crassulaceae）、扯根菜科（Penthoraceae）、小二仙草科（Haloragaceae）、葡萄科（Vitaceae）和蒺藜科（Zygophyllaceae）。

第 11 卷，被子植物 1 科 390 余种：豆科（Fabaceae）。

第 12 卷，被子植物 7 科 340 余种：远志科（Polygalaceae）、蔷薇科（Rosaceae）、胡颓子科（Elaeagnaceae）、鼠李科（Rhamnaceae）、榆科（Ulmaceae）、大麻科（Cannabaceae）和桑科（Moraceae）。

第 13 卷，被子植物 11 科 350 余种：荨麻科（Urticaceae）、壳斗科（Fagaceae）、杨梅科（Myricaceae）、胡桃科（Juglandaceae）、木麻黄科（Casuarinaceae）、桦木科（Betulaceae）、葫芦科（Cucurbitaceae）、秋海棠科（Begoniaceae）、卫矛科（Celastraceae）、牛栓藤科（Connaraceae）和酢浆草科（Oxalidaceae）。

第 14 卷，被子植物 20 科 310 余种：杜英科（Elaeocarpaceae）、小盘木科（Pandaceae）、红树科（Rhizophoraceae）、古柯科（Erythroxylaceae）、金莲木科（Ochnaceae）、藤黄科（Clusiaceae）、红厚壳科（Calophyllaceae）、川苔草科（Podostemaceae）、金丝桃科（Hypericaceae）、核果木科（Putranjivaceae）、沟繁缕科（Elatinaceae）、金虎尾科（Malpighiaceae）、毒鼠子科（Dichapetalaceae）、堇菜科（Violaceae）、西番莲科（Passifloraceae）、杨柳科（Salicaceae）、大戟科（Euphorbiaceae）、亚麻科（Linaceae）、黏木科（Ixonanthaceae）和叶下珠科（Phyllanthaceae）。

第 15 卷，被子植物 14 科 320 余种：牻牛儿苗科（Geraniaceae）、使君子科（Combretaceae）、千屈菜科（Lythraceae）、柳叶菜科（Onagraceae）、桃金娘科（Myrtaceae）、野牡丹科（Melastomataceae）、省沽油科（Staphyleaceae）、旌节花科（Stachyuraceae）、橄榄科（Burseraceae）、漆树科（Anacardiaceae）、无患子科（Sapindaceae）、芸香科（Rutaceae）、苦木科（Simaroubaceae）和楝科（Meliaceae）。

第 16 卷，被子植物 25 科 310 余种：瘿椒树科（Tapisciaceae）、文定果科（Muntingiaceae）、锦葵科（Malvaceae）、瑞香科（Thymelaeaceae）、红木科（Bixaceae）、叠珠树科（Akaniaceae）、旱金莲科（Tropaeolaceae）、辣木科（Moringaceae）、番木瓜科（Caricaceae）、刺茉莉科（Salvadoraceae）、山柑科（Capparaceae）、白花菜科（Cleomaceae）、十字花科（Brassicaceae）、赤苍藤科（Erythropalaceae）、蛇菰科（Balanophoraceae）、山柚子科（Opiliaceae）、檀香科（Santalaceae）、青皮木科（Schoepfiaceae）、桑寄生科（Loranthaceae）、柽柳科（Tamaricaceae）、白花丹科（Plumbaginaceae）、蓼科（Polygonaceae）、茅膏菜科（Droseraceae）、猪笼草科（Nepenthaceae）和石竹科（Caryophyllaceae）。

第 17 卷，被子植物 20 科 280 余种：苋科（Amaranthaceae）、针晶粟草科（Gisekiaceae）、番杏科（Aizoaceae）、商陆科（Phytolaccaceae）、蒜香草科（Petiveriaceae）、紫茉莉科（Nyctaginaceae）、粟米草科（Molluginaceae）、落葵科（Basellaceae）、土人参科（Talinaceae）、马齿苋科（Portulacaceae）、仙人掌科（Cactaceae）、蓝果树科（Nyssaceae）、绣球科（Hydrangeaceae）、山茱萸科（Cornaceae）、凤仙花科（Balsaminaceae）、花荵科（Polemoniaceae）、玉蕊科（Lecythidaceae）、五列木科（Pentaphylacaceae）、山榄科（Sapotaceae）和柿科（Ebenaceae）。

第 18 卷，被子植物 11 科 320 余种：报春花科（Primulaceae）、山茶科（Theaceae）、山矾科

（Symplocaceae）、安息香科（Styracaceae）、猕猴桃科（Actinidiaceae）、桤叶树科（Clethraceae）、杜鹃花科（Ericaceae）、帽蕊草科（Mitrastemonaceae）、茶茱萸科（Icacinaceae）、杜仲科（Eucommiaceae）和丝缨花科（Garryaceae）。

第19卷，被子植物5科360余种：茜草科（Rubiaceae）、龙胆科（Gentianaceae）、马钱科（Loganiaceae）、钩吻科（Gelsemiaceae）和夹竹桃科（Apocynaceae）。

第20卷，被子植物11科360余种：紫草科（Boraginaceae）、旋花科（Convolvulaceae）、茄科（Solanaceae）、楔瓣花科（Sphenocleaceae）、田基麻科（Hydroleaceae）、木樨科（Oleaceae）、苦苣苔科（Gesneriaceae）、车前科（Plantaginaceae）、玄参科（Scrophulariaceae）、母草科（Linderniaceae）和芝麻科（Pedaliaceae）。

第21卷，被子植物8科360余种：爵床科（Acanthaceae）、紫葳科（Bignoniaceae）、狸藻科（Lentibulariaceae）、马鞭草科（Verbenaceae）、唇形科（Lamiaceae）、通泉草科（Mazaceae）、透骨草科（Phrymaceae）和泡桐科（Paulowniaceae）。

第22卷，被子植物15科280余种：列当科（Orobanchaceae）、粗丝木科（Stemonuraceae）、青荚叶科（Helwingiaceae）、冬青科（Aquifoliaceae）、桔梗科（Campanulaceae）、五膜草科（Pentaphragmataceae）、花柱草科（Stylidiaceae）、睡菜科（Menyanthaceae）、草海桐科（Goodeniaceae）、南鼠刺科（Escalloniaceae）、荚蒾科（Viburnaceae）、忍冬科（Caprifoliaceae）、海桐科（Pittosporaceae）、五加科（Araliaceae）和伞形科（Apiaceae）。

第23卷，被子植物1科300余种：菊科（Asteraceae）。

编写说明

本书的地理范围采用中华人民共和国广东省的行政范围，不包括香港、澳门、海南等地。广东高等植物分布共记录80个县（市、区）（图1），地市级通常包括了其管辖的所有区，如肇庆市包括了端州区、鼎湖区和高要区，但广州市因为面积较大而分出从化区和增城区，无法准确到县市的记为“县级不详”。80个县（市、区）中，面积最大的是英德市，约5 634平方千米，面积最小的是南澳县，约114平方千米，平均每县（市、区）约2 250平方千米。

本书收录类群为高等植物，包括传统定义的苔藓植物（包括角苔类、苔类和藓类）、传统定义的蕨类植物（包括石松类与蕨类）、裸子植物，以及被子植物。书中不仅收录本土野生种，也收录野外的入侵与归化植物，以及常见的栽培植物，但仅在植物园或苗圃栽培的植物则通常不收录。入侵与归化植物主要参考《中国外来入侵植物的等级划分与地理分布格局分析》（闫小玲等，2014）[551]、《中国入侵植物名录》[14b]和《重点管理外来入侵物种名录》，入侵植物仅包含《中国入侵植物名录》中划分为1 ~ 5等级的植物；归化植物则包括了《中国入侵植物名录》划分为6级（建议排除类）和7级（中国国产类）的植物，以及有文献报道在广东为入侵或归化的植物；栽培植物主要参考《中国植物志》[37]、*Flora of China*[3]、《中国生物物种名录（2023版）》[36b]、《广东高等植物红色名录》[22b]和《中国外来植物数据集》（林秦文等，2022）[548]等文献资料。重点保护野生植物参考国家林业和草原局和农业农村部于2021年发布的《国家重点保护野生植物名录》和广东省人民政府于2023年发布的《广东省重点保护野生植物名录》。

广东高等植物分布数据主要来源包括以下5个方面：①植物志、植物图鉴、调查报告等，共30余种（详细参见“参考文献”部分），如《广东植物志》[35]《广东苔藓志》[23]《深圳植物志》[17]《中国外来入侵植物调研报告》[15]《广东湿地植物》[22]；②期刊论文，共计约470篇，主要是描述新种和新记录种的论文，超过50%为过去10年中所发表的；③学位论文，主要是植物区系调查或分类修订论文，计80余篇；④标本数据，包含11 000余条分布记录；⑤中国植物图像库（http://ppbc.iplant.cn），有1 200余条分布记录。

数据整理：①信息录入。将不同来源的植物名称录入数据库，主要包括拉丁名、中文名、县市级分布和可能的凭证标本信息。对于《广东植物志》中记载的“广东各地”“广东南部”等区域性描述，本研究参考其他文献、标本或图像数据，细化到县级分布。②名称修订。依次采用植物智的“植物名称校对”（http://www.iplant.cn/pnc）中“中国植物物种名录2022版校对”和“植物智名称规范处理”、在线*Flora of China*（http://www.iplant.cn/foc）以及TNRS工具（Taxonomic Name Resolution Service，https://tnrs.biendata.org/）进行修订。③广东省过去20年发表的新种主要参考了《中国植物名称索引2000—2009》[7b]、《中国植物名称索引2010—2017》[7c]及中国植物新分类群的年度报告[542, 543]。

分类群的接受名和科属范围主要依据《中国生物物种名录（2023版）》，仅少数采用最新的研究。科级分类系统主要采用刘冰和覃海宁（2022）提供的“附录I 中国生物物种名录 高等植物各类群所采用的科级分类系统列表”[549]，仅在苏铁科之下增加泽米铁科，锦葵科之上增加文定果科，这2科在广东省有栽培。角苔类主要依据Villarreal等（2010）提出的分类系统[539]，苔类主要依据Söderström

等（2016）的分类系统[538]，藓类主要依据 Frey （2009）的分类系统[536]，石松类和蕨类植物主要依据 PPG Ⅰ系统[537]，裸子植物依据 Yang 等（2022）系统[540]，被子植物主要依据 APG Ⅳ系统[533]。科下类群则依次按照种拉丁名和县市级分布的首字母顺序进行排列。

本书为每个类群在每个县市的分布提供了相应的凭证信息，这些凭证信息包括标本、文献或中国植物图像库图片，列在县市后面的方括号内，可供研究者查证。每个物种条目组成包括中文名、拉丁名和县级分布，县名后 * 指示栽培，# 指示入侵或归化，无标记则为本土野生，县名方括号中列出文献编号（完整文献参见“参考文献”部分）、凭证标本或图像网址。

另外，通过系统对比《广东高等植物红色名录》、*Flora of China* 及《中国生物物种名录（2023 版）》，本书也提供了广东省高等植物的分布存疑种和排除种的物种名录，共计 183 科 552 属 909 种，其中苔藓植物 27 种，石松类和蕨类植物 71 种，裸子植物 1 种，被子植物 810 种。该名录中，有些植物在广东的分布需要排除，部分是因为广东在行政区划上的变化，例如海南省以及广西的钦州市、北海市与防城港市的部分地区在过去曾属于广东省。另有一部分种类仅仅是因为我们未查到在广东的相关分布信息，无法确认在广东省是否有野生分布，因此暂时存疑，以供在下一步研究中进行详细的查证。每个物种条目包括中文名、拉丁名、文献记录分布和存疑说明。参考文献位于方括号 [ ] 中，仅列出文献编号，完整文献参见“参考文献”部分。

编者

2024 年 10 月

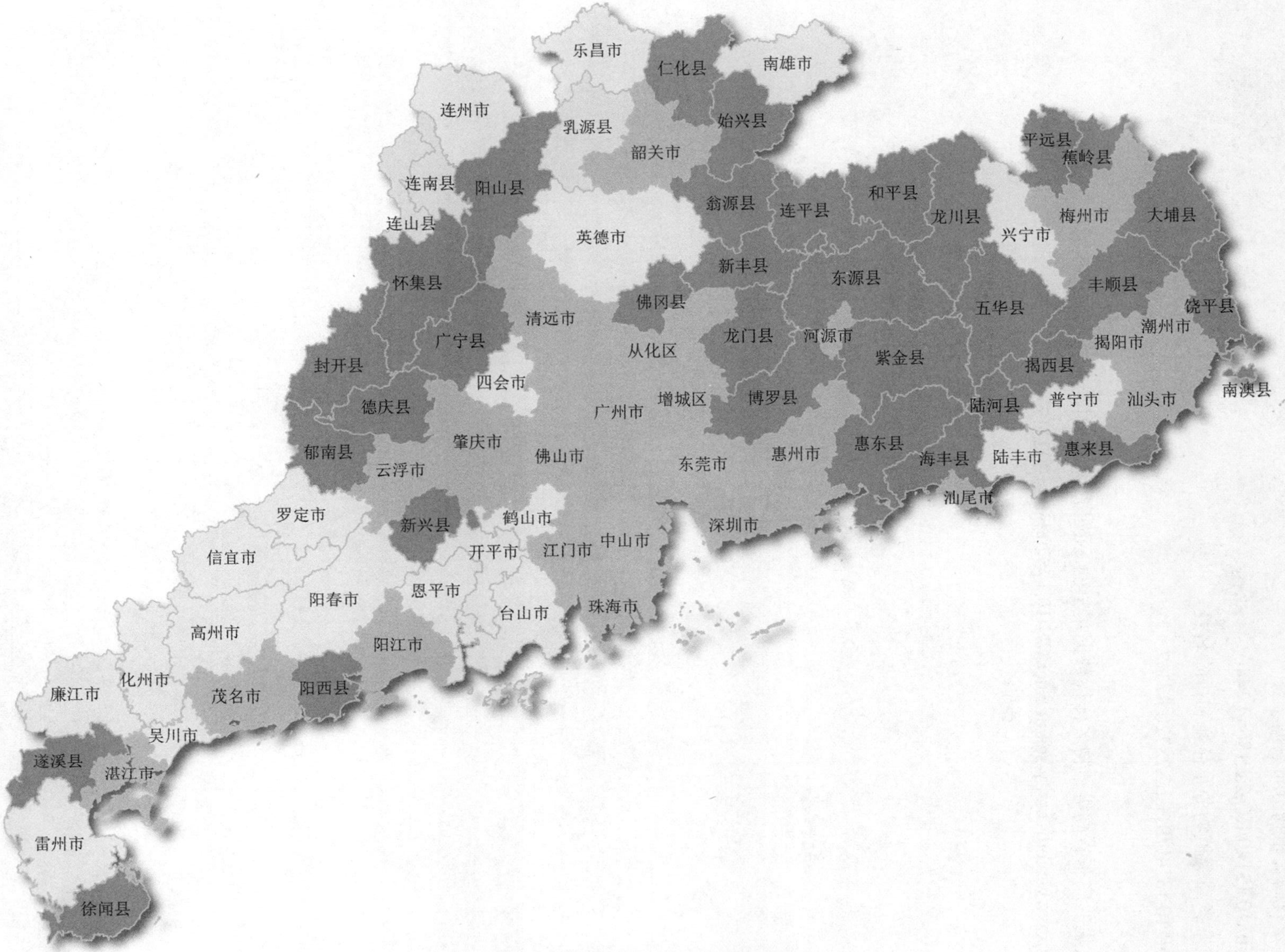

图 1　广东省高等植物分布的 80 个县（市、区）

市级包括其管辖的所有“区”，仅广州市分出从化区和增城区；地图来源：中华人民共和国民政部官网 http://xzqh.mca.gov.cn，审图号 GS（2022）1873 号

本书收集的广东省高等植物多样性数据集最新 excel 版本获取网址：

1. 广东省高等植物名录

   doi: 10.13140/RG.2.2.32075.91685

2. 广东省高等植物分布数据集

   doi: 10.13140/RG.2.2.18654.14403

3. 广东省高等植物分布存疑和排除名录

   doi: 10.13140/RG.2.2.28720.47367

本书收集的广东省高等植物多样性数据集早期 excel 版本获取网址：

https://www.biodiversity-science.net/CN/10.17520/biods.2023177

目　录

第四章 裸子植物 ………… 103

第五章 被子植物 ………… 107

第一章　广东高等植物多样性概况

一、广东高等植物组成和分布

本书收录广东高等植物 72 371 条分布记录，以此整理出广东高等植物名录，共计 374 科 2 293 属 8 184 种（含种下等级，下同）。广东本土野生高等植物 61 627 条县市级分布记录中，有 350 科 1 832 属 6 921 种（6 512 种 13 杂交种 39 亚种 354 变种 3 变型），其中苔藓植物（包括角苔类、苔类和藓类）96 科 272 属 865 种，石松类与蕨类植物 36 科 122 属 647 种，裸子植物 7 科 17 属 34 种，被子植物 211 科 1 421 属 5 375 种（表 1）。仅从数字上看，本书收录的广东省野生高等植物的种数比《广东高等植物红色名录》多 263 种。

广东野生高等植物种数排名前 10 位的科依次为禾本科（116 属 397 种）、兰科（93 属 284 种）、豆科（87 属 280 种）、莎草科（26 属 237 种）、茜草科（55 属 199 种）、唇形科（43 属 199 种）、菊科（71 属 199 种）、蔷薇科（24 属 159 种）、樟科（12 属 135 种）和苦苣苔科（23 属 113 种）。种数排名前 10 位的属依次为薹草属（*Carex*，84 种）、冬青属（*Ilex*，75 种）、悬钩子属（*Rubus*，61 种）、簕竹属（*Bambusa*，56 种）、报春苣苔属（*Primulina*，51 种）、榕属（*Ficus*，48 种）、凤尾蕨属（*Pteris*，46 种）、柯属（*Lithocarpus*，46 种）、山茶属（*Camellia*，45 种）和鳞毛蕨属（*Dryopteris*，44 种）。

表 1　广东高等植物组成总览

类别	类群	科数（占比，%）	属数（占比，%）	种数（占比，%）
野生植物	苔藓植物	96 (27.4)	272 (14.8)	865 (12.5)
	角苔类	3 (0.9)	5 (0.3)	6 (0.1)
	苔类	38 (10.8)	66 (3.6)	271 (3.9)
	藓类	55 (15.7)	201 (11.0)	588 (8.5)
	石松类与蕨类植物	36 (10.3)	122 (6.7)	647 (9.4)
	石松类	3 (0.9)	9 (0.5)	42 (0.6)
	蕨类	33 (9.4)	113 (6.2)	605 (8.7)
	裸子植物	7 (2.0)	17 (0.9)	34 (0.5)
	被子植物	211 (60.3)	1 421 (77.6)	5 375 (77.7)
	合计	350 (100)	1 832 (100)	6 921 (100)
入侵植物	高等植物	58	204	325
归化植物	高等植物	65	214	267
栽培植物	高等植物	128	444	671
合计	高等植物	374	2 293	8 184

在地理分布格局上，广东本土野生高等植物约 59% 的种类分布不超过 5 个县市，有多达 1 650 种（约 24%）仅分布在 1 个县市，仅约 4% 的植物分布超过一半的县市。并且，广东本土野生高等植物多样性主要分布在山区（北部、西部和东部），而在平原地区非常少。种数最多的前 10 个县市依次是乳源县（2 885 种）、乐昌市（2 503 种）、英德市（2 461 种）、肇庆市（2 125 种）、深圳市（2 023 种）、阳山县（1 926 种）、信宜市（1 853 种）、封开县（1 728 种）、仁化县（1 700 种）和博罗县（1 607 种）；种数最少

的10个县市分别为汕尾市（19种）、阳西县（30种）、惠来县（34种）、吴川市（47种）、开平市（62种）、揭阳市（62种）、普宁市（64种）、四会市（67种）、鹤山市（82种）和遂溪县（86种），均不足100种（表2）。另有28种的分布为“县级不详”。虽然这个排名并不准确，许多县市的物种数非常少，可能反映了野外考察的薄弱和资料收集的欠缺，但是以上排名也在一定程度上反映了广东植物多样性的大致概况。

我们也统计了2000~2023年主模式标本采自广东省的高等植物新分类群，总计有228种，其中182种为广东省特有种，约占总数的80%（表2）。每年均有新种发表，发表年份最多的是2021年（23种），最少的是2005年（2种），平均每年发表约10种。这些新种分布在47个县市，种数最多的前5个县市依次为阳春市（36种）、乳源县（28种）、仁化县（20种）、英德市（18种）和深圳市（17种）。绝大多数新种仅分布在1个县市，有198种，约占新种种数的87%，只有7个新种的分布超过了3个县市。从类群上来看，种数最多的科有苦苣苔科（39种）、茜草科（19种）、兰科（18种）和禾本科（11种），种数较多的属有报春苣苔属（*Primulina*，25种）、耳草属（*Hedyotis*，10种）和堇菜属（*Viola*，10种）。从濒危等级来看，这些新种中，利用IUCN标准进行濒危等级评价的有88种，约占总种数的39%，其中极危等级（CR）有39种，濒危等级（EN）有16种，易危等级（VU）有11种，近危等级（NT）有4种，无危等级（LC）有13种，数据缺乏（DD）有5种，由此可见3种受威胁植物（CR, EN, VU）占全部有濒危等级评价总种数的75%，即多数新种属于“发表即濒危”的情况。

表2　广东高等植物分布总览

序号	县（市、区）	本土野生植物						入侵与归化植物	标本数	平均每种标本数
		科	属	种	广东特有种	2000~2023年发现的新分类群	重点保护植物			
1	乳源县	271	1 061	2 885	58	28	75	153	14 082	5
2	乐昌市	241	985	2 503	19	7	73	271	9 732	4
3	英德市	252	991	2 461	37	18	75	195	7 321	3
4	肇庆市	249	930	2 125	28	7	59	322	17 828	8
5	深圳市	264	953	2 123	26	17	50	414	25 106	12
6	阳山县	213	830	1 926	31	11	48	123	4 376	2
7	信宜市	197	794	1 853	39	6	70	180	5 213	3
8	封开县	220	779	1 728	32	9	52	130	4 652	3
9	仁化县	202	776	1 700	29	20	49	227	2 439	1
10	博罗县	214	789	1 607	24	6	55	218	5 913	4
11	始兴县	225	775	1 570	6	2	35	123	2 101	1
12	连州市	213	749	1 530	13	3	52	113	3 162	2
13	紫金县	190	731	1 498	22	3	44	190	611	0.4
14	阳春市	190	730	1 457	65	36	65	133	4 547	3
15	翁源县	179	658	1 446	12	3	37	147	2 960	2
16	从化区	205	696	1 419	33	14	43	233	3 509	2
17	广州市	219	714	1 342	21	5	40	321	18 304	14
18	东莞市	185	687	1 335	14	1	30	263	517	0.4
19	惠东县	176	636	1 299	16	6	37	164	1 378	1
20	南雄市	173	625	1 198	5	0	35	170	967	1
21	江门市	176	580	1 175	24	4	49	157	2 593	2

续表

序号	县（市、区）	本土野生植物						入侵与归化植物	标本数	平均每种标本数
		科	属	种	广东特有种	2000~2023年发现的新分类群	重点保护植物			
22	新丰县	172	590	1 166	15	1	33	112	1 552	1
23	增城区	172	567	1 070	21	1	47	88	718	1
24	佛冈县	163	567	1 054	4	1	27	138	9	0
25	五华县	171	558	1 032	4	1	28	128	1 082	1
26	丰顺县	168	525	1 016	5	1	19	100	4 898	5
27	茂名市	159	546	913	7	1	25	154	2 063	2
28	郁南县	152	487	888	4	0	29	188	594	1
29	龙门县	161	450	808	30	10	34	55	3 887	5
30	怀集县	161	456	777	14	5	24	47	2 660	3
31	中山市	160	478	731	3	0	21	210	259	0.4
32	大埔县	136	408	693	7	0	18	67	3 679	5
33	连山县	150	382	671	8	4	27	38	1 538	2
34	连南县	151	376	655	10	3	16	39	1 975	3
35	和平县	135	377	615	1	0	11	42	2 483	4
36	惠州市	150	400	608	8	4	18	197	1 840	3
37	连平县	153	373	576	2	1	11	57	1 361	2
38	云浮市	133	374	564	4	3	15	58	1 975	4
39	清远市	152	363	548	12	3	11	50	1 527	3
40	东源县	136	335	528	1	0	18	45	139	0.3
41	平远县	133	331	527	7	3	15	74	2 841	5
42	阳江市	133	363	527	4	0	26	58	1 357	3
43	韶关市	124	315	518	9	7	20	49	1 450	3
44	台山市	132	367	512	9	6	13	68	1 748	3
45	徐闻县	109	364	507	1	0	7	103	2 715	5
46	潮州市	143	320	506	10	8	10	144	6 200	12
47	梅州市	139	347	500	3	3	12	65	3 533	7
48	珠海市	136	366	501	7	2	16	125	1 816	4
49	饶平县	121	287	428	6	0	12	61	1 968	5
50	蕉岭县	129	290	426	7	4	13	57	1 396	3
51	德庆县	115	275	422	5	0	16	32	1 216	3
52	罗定市	115	311	417	1	0	15	46	1 061	3
53	高州市	110	290	402	7	3	16	42	1 084	3
54	河源市	116	271	389	0	0	7	30	1 416	4
55	新兴县	109	232	322	0	0	8	41	1 129	4
56	佛山市	96	222	299	3	1	8	90	1 006	3
57	湛江市	93	226	274	2	0	3	155	1 029	4
58	海丰县	87	179	237	5	0	5	41	744	3
59	龙川县	90	179	225	0	0	2	21	806	4
60	揭西县	86	162	221	3	1	1	29	938	4
61	广宁县	77	145	214	15	1	8	8	345	2

续表

序号	县（市、区）	本土野生植物						入侵与归化植物	标本数	平均每种标本数
		科	属	种	广东特有种	2000~2023年发现的新分类群	重点保护植物			
62	汕头市	83	171	209	2	0	3	99	866	4
63	南澳县	82	161	205	1	0	1	49	688	3
64	雷州市	77	163	193	1	0	4	32	301	2
65	兴宁市	69	152	189	1	0	1	22	629	3
66	恩平市	93	150	186	5	3	12	10	438	2
67	廉江市	77	150	179	2	0	3	31	234	1
68	陆丰市	75	142	171	1	0	4	31	459	3
69	化州市	64	107	130	0	0	2	15	324	2
70	陆河县	62	97	117	1	0	5	10	346	3
71	遂溪县	45	78	86	1	0	3	8	101	1
72	鹤山市	43	68	82	0	0	2	8	189	2
73	四会市	34	52	67	4	0	2	4	105	2
74	普宁市	43	61	64	0	0	2	38	279	4
75	揭阳市	41	56	62	1	0	0	63	142	2
76	开平市	42	58	62	0	0	2	6	245	4
77	吴川市	25	42	47	2	0	3	12	27	1
78	惠来县	21	29	34	0	0	3	18	163	5
79	阳西县	17	27	30	5	3	4	14	5	0.2
80	县级不详	20	26	28	6	1	0	0	0	0
81	汕尾市	13	17	19	0	0	0	27	40	2

备注：以物种数的降序排序。

二、广东特有高等植物

本书收录广东省特有的野生高等植物424种，属于89科197属，其中苔藓植物8种、石松类与蕨类23种、被子植物393种。特有种数目最多的科依次为禾本科（61种）、苦苣苔科（58种）、茜草科（24种）、唇形科（24种）、兰科（14种）、杜鹃花科（11种）、冬青科（10种）、野牡丹科（10种）、莎草科（10种）、堇菜科（9种）、樟科（9种）、天门冬科（9种）、豆科（8种）、姜科（8种）和蔷薇科（8种）；特有种数目最多的属依次是报春苣苔属（*Primulina*，38种）、簕竹属（*Bambusa*，26种）、耳草属（*Hedyotis*，13种）、冬青属（*Ilex*，10种）、堇菜属（*Viola*，9种）、山茶属（*Camellia*，7种）、越橘属（*Vaccinium*，7种）、马铃苣苔属（*Oreocharis*，6种）、蛇根草属（*Ophiorrhiza*，6种）、薹草属（*Carex*，6种）、蜘蛛抱蛋属（*Aspidistra*，6种）、假糙苏属（*Paraphlomis*，6种）和紫珠属（*Callicarpa*，6种）。

本书收录424种广东特有种共851条县市级分布（排除栽培记录）。从县市级分布看，广东特有种通常是狭域分布，约93%的物种分布在5个或以下的县市，其中多达263种（约62%）仅分布在1个县市（表3），78种（约18%）仅分布在2个县市，这些极狭分布的广东特有种随着调查的深入，其分布范围可能会扩大。分布最广的广东特有种包括楔基腺柃（*Eurya glandulosa* var. *cuneiformis*，17个县市）、三脉野木瓜（*Stauntonia trinervia*，12个县市）、广东毛蕊茶（*Camellia melliana*，11个县市）、假轮叶虎皮楠（*Daphniphyllum subverticillatum*，11个县市）、全缘桂樱（*Prunus marginata*，11个县市）、大苞山茶（*Camellia granthamiana*，10个县市）、聚穗薹草（*Carex longicolla*，10个县市）、南岭堇菜（*Viola nanlingensis*，10个县市）、软弱杜茎山（*Maesa tenera*，10个县市）、小叶红淡比（*Cleyera parvifolia*，10个县市）以及绣球茜（*Dunnia sinensis*，10个县市），这些特有种将来也可能在邻近省份有发现。广东省特有植物分布最多的前10个县市依次是阳春市（65种）、乳源县（58种）、信宜市（39种）、英德市（37种）、从化区（33种）、封开县（32种）、阳山县（31种）、龙门县（30种）、仁化县（29种）和肇庆市（28种）（表2）。

表3　广东极狭分布的广东特有种名录（仅1个县级分布）

序号	科中文名	种中文名	种拉丁名	县级分布
1	耳叶苔科	小叶耳叶苔	*Frullania parvifolia* Steph.	广州
2	小烛藓科	小孢小烛藓	*Bruchia microspora* Nog.	广州
3	隐蒴藓科	粗毛枝藓	*Pilotrichopsis robusta* P. C. Chen	英德
4	膜蕨科	深圳假脉蕨	*Crepidomanes shenzhenense* Hui Wang bis & X. Yun Wang	深圳
5	膜蕨科	罗浮山瓶蕨	*Vandenboschia lofoushanensis* Ching	博罗
6	双扇蕨科	深圳双扇蕨	*Dipteris shenzhenensis* Y. H. Yan & Z. Y. Wei	深圳
7	凤尾蕨科	坝光水蕨	*Ceratopteris baguangensis* F. G. Wang & Zi Xiang Li	深圳
8	凤尾蕨科	焕镛水蕨	*Ceratopteris chunii* Y. H. Yan	广州
9	凤尾蕨科	南岭凤尾蕨	*Pteris nanlingensis* R. H. Miao	乳源
10	碗蕨科	博罗鳞盖蕨	*Microlepia boluoensis* Y. Yuan & L. Fu	博罗
11	铁角蕨科	信宜铁角蕨	*Asplenium × xinyiense* Ching & S. H. Wu	信宜
12	铁角蕨科	丹霞山铁角蕨	*Asplenium danxiaense* K. W. Xu	仁化
13	铁角蕨科	广东铁角蕨	*Asplenium guangdongense* Y. Fen Chang & H. Schneid.	乳源
14	铁角蕨科	国达铁角蕨	*Asplenium guodanum* K. W. Xu & W. B. Liao	仁化
15	蹄盖蕨科	鼎湖山毛轴线盖蕨	*Diplazium dinghushanicum* (Ching & S. H. Wu) Z. R. He	肇庆
16	肿足蕨科	毛叶肿足蕨	*Hypodematium villosum* F. G. Wang & F. W. Xing	蕉岭
17	鳞毛蕨科	霞客鳞毛蕨	*Dryopteris shiakeana* H. Shang & Y. H. Yan	仁化
18	鳞毛蕨科	孟奇耳蕨	*Polystichum hanmengqii* Li Bing Zhang & Yan Liu	连州
19	鳞毛蕨科	戟羽耳蕨	*Polystichum hastipinnum* G. D. Tang & Li Bing Zhang	韶关
20	水龙骨科	卵叶薄唇蕨	*Leptochilus ovatifolius* Zhe Zhang, S. W. Yao & Yi Huang	阳春
21	水龙骨科	攀援线蕨	*Leptochilus scandens* H. J. Wei & Y. Huang	阳春
22	水龙骨科	三指线蕨	*Leptochilus tridigitatus* H. J. Wei	阳春
23	马兜铃科	斜檐关木通	*Isotrema plagiostomum* X. X. Zhou & R. J. Wang	阳春
24	木兰科	广州木莲	*Manglietia guangzhouensis* A. Q. Dong, Q. W. Zeng & F. W. Xing	从化
25	木兰科	台山含笑	*Michelia taishanensis* Y. H. Tong, X. E. Ye, X. H. Ye & Yu Q. Chen	台山
26	樟科	紫樟	*Camphora purpurea* (H. G. Ye & F. G. Wang) Y. Yang, Bing Liu & Zhi Yang	阳春
27	樟科	广东莲桂	*Dehaasia kwangtungensis* Kosterm.	茂名
28	樟科	海桐叶木姜子	*Litsea pittosporifolia* Yen C. Yang & P. H. Huang	肇庆
29	樟科	卵叶豺皮樟	*Litsea rotundifolia* var. *ovatifolia* Yen C. Yang & P. H. Huang	信宜
30	樟科	东莞润楠	*Machilus longipes* Hung T. Chang	东莞
31	天南星科	梗序魔芋	*Amorphophallus stipitatus* Engl.	县级不详
32	水玉簪科	下延水玉簪	*Burmannia decurrens* Xiao Juan Li & D. X. Zhang	高州

续表

序号	科中文名	种中文名	种拉丁名	县级分布
33	水玉簪科	广东水玉杯	*Thismia guangdongensis* X.J. Li, A.Liu & D.X. Zhang	怀集
34	白玉簪科	白玉簪	*Corsiopsis chinensis* D. X. Zhang, R. M. K. Saunders & C. M. Hu	封开
35	藜芦科	南岭白丝草	*Chamaelirium nanlingense* (L.Wu, Y.Tong & Q.R.Liu) N.Tanaka	乳源
36	藜芦科	石门台白丝草	*Chamaelirium shimentaiense* Y. H. Tong, C. M. He & Y. Q. Li	英德
37	菝葜科	小刚毛菝葜	*Smilax kwangsiensis* var. *setulosa* F. T. Wang & Tang	信宜
38	兰科	虎斑卷瓣兰	*Bulbophyllum tigridum* Hance	博罗
39	兰科	丹霞兰	*Danxiaorchis singchiana* J. W. Zhai, F. W. Xing & Z. J. Liu	仁化
40	兰科	青云山天麻	*Gastrodia qingyunshanensis* Jiu X. Huang, H. Xu & H. J. Yang	翁源
41	兰科	南岭羊耳蒜	*Liparis nanlingensis* H. Z. Tian & F. W. Xing	乳源
42	兰科	广东兜兰	*Paphiopedilum guangdongense* Z. J. Liu & L. J. Chen	信宜
43	兰科	广东舌唇兰	*Platanthera guangdongensis* Y. F. Li, L. F. Wu & L. J. Chen	紫金
44	兰科	紫金舌唇兰	*Platanthera zijinensis* Q. L. Ye, Z. M. Zhong & Ming H. Li	紫金
45	天门冬科	阔柱蜘蛛抱蛋	*Aspidistra latistyla* F. Y. Mo, C. R. Lin & Yan Liu	深圳
46	天门冬科	南昆山蜘蛛抱蛋	*Aspidistra nankunshanensis* Yan Liu & C. R. Lin	龙门
47	天门冬科	石门台蜘蛛抱蛋	*Aspidistra shimentaiensis* C.X. Peng, Y.Q. Li & C.R. Lin	英德
48	天门冬科	深圳蜘蛛抱蛋	*Aspidistra xiaoyunii* C.R.Lin, B.M.Wang & Yan Liu	深圳
49	天门冬科	阳春蜘蛛抱蛋	*Aspidistra yangchunensis* S. P. Dong & Z. L. Ning	阳春
50	天门冬科	深圳沿阶草	*Ophiopogon acerobracteatus* R. H. Miao ex W. B. Liao, J. H. Jin & W. Q. Liu	深圳
51	天门冬科	广州沿阶草	*Ophiopogon guangzhouensis* H .Z. Feng, Xin Jun Gan & Q. Fan	从化
52	天门冬科	阳春球子草	*Peliosanthes yangchunensis* F. Z. Feng & W. B. Liao	阳春
53	棕榈科	长果桄榔	*Arenga longicarpa* Wei	茂名
54	鸭跖草科	丹霞鸭跖草	*Commelina danxiaensis* Q. Fan, Long Y. Wang & W. Guo	仁化
55	芭蕉科	乐昌阿宽蕉	*Musa itinerans* var. *lechangensis* Hakkinen	乐昌
56	姜科	光叶假益智	*Alpinia guangdongensis* S. J. Chen & Z. Y. Chen	惠东
57	姜科	卵唇山姜	*Alpinia ovata* Z. L. Zhao & L. S. Xu	阳春
58	姜科	阳春山姜	*Alpinia stachyodes* var. *yangchunensis* Z. L. Zhao & L. S. Xu	阳春
59	姜科	南岭莪术	*Curcuma kwangsiensis* var. *nanlingensis* N. Liu & X. Y. Ma	乳源
60	姜科	南昆山莪术	*Curcuma nankunshanensis* N. Liu, X. B. Ye & Juan Chen	龙门
61	姜科	英德姜黄	*Curcuma yingdeensis* N. H. Xia & Juan Chen	英德
62	谷精草科	光瓣谷精草	*Eriocaulon glabripetalum* W. L. Ma	县级不详
63	莎草科	季庄薹草	*Carex jizhuangensis* S. Yun Liang	云浮
64	莎草科	矩圆薹草	*Carex oblanceolata* T. Koyama	英德
65	莎草科	清远薹草	*Carex qingyuanensis* Y.L. Li & H.F. Chen	清远
66	莎草科	宽叶多脉莎草	*Cyperus diffusus* var. *latifolius* L. K. Dai	翁源
67	莎草科	广东高秆莎草	*Cyperus exaltatus* var. *tenuispicatus* L. K. Dai	县级不详
68	莎草科	白鳞异型莎草	*Cyperus subdifformis* L. K. Dai & P. C. Li	深圳
69	莎草科	广东飘拂草	*Fimbristylis kwantungensis* C. B. Clarke	连州
70	禾本科	黎竹	*Acidosasa venusta* (McClure) Z. P. Wang & G. H. Ye ex C. S. Chao ex Ohrnb. & Goerrings	广州

续表

序号	科中文名	种中文名	种拉丁名	县级分布
71	禾本科	从化青篱竹	*Arundinaria conghuaensis* W.T.Lin	从化
72	禾本科	抱秆黄竹	*Bambusa amplexicaulis* W. T. Lin & Z. M. Wu	从化
73	禾本科	狭耳坭竹	*Bambusa angustiaurita* W. T. Lin	怀集
74	禾本科	狭耳簕竹	*Bambusa angustissima* L. C. Chia & H. L. Fung	高州
75	禾本科	凹箨绿竹	*Bambusa basihirsutoides* N.H. Xia	广宁
76	禾本科	阳春石竹	*Bambusa basisolida* W.T. Lin	阳春
77	禾本科	皱耳石竹	*Bambusa crispiaurita* W. T. Lin & Z. M. Wu	广宁
78	禾本科	白节簕竹	*Bambusa dissimulator* var. *albinodia* McClure	广州
79	禾本科	毛簕竹	*Bambusa dissimulator* var. *hispida* McClure	广州
80	禾本科	鱼肚腩竹	*Bambusa gibboides* W. T. Lin	广州
81	禾本科	毛秆竹	*Bambusa hirticaulis* R. S. Lin	广州
82	禾本科	乡土竹	*Bambusa indigena* L. C. Chia & H. L. Fung	广州
83	禾本科	紫斑簕竹	*Bambusa longipalea* W. T. Lin	广州
84	禾本科	大耳坭竹	*Bambusa macrotis* L. C. Chia & H. L. Fung	清远
85	禾本科	花身竹	*Bambusa pervariabilis* var. *multistriata* W. T. Lin	广州
86	禾本科	孖竹	*Bambusa rectocuneata* (W. T. Lin) N. H. Xia, R. S. Lin & R. H. Wang	英德
87	禾本科	皱纹单竹	*Bambusa rugata* (W. T. Lin) Ohrnb.	珠海
88	禾本科	掩耳黄竹	*Bambusa semitecta* W. T. Lin & Z. M. Wu	广宁
89	禾本科	信宜石竹	*Bambusa subtruncata* L. C. Chia & H. L. Fung	信宜
90	禾本科	横脉甲竹	*Bambusa transvenula* (W.T. Lin & Z.J. Feng) N.H. Xia	信宜
91	禾本科	霞山坭竹	*Bambusa xiashanensis* L. C. Chia & H. L. Fung	湛江
92	禾本科	学琳石竹	*Bambusa xueliniana* R. S. Lin & C. H. Zheng	台山
93	禾本科	阳山篙竹	*Bambusa yangshanensis* J. B. Ni & M. L. Li	阳山
94	禾本科	丹霞单枝竹	*Bonia saxatilis* var. *danxiaensis* X. Li, J. B. Ni & Y. H. Tong	仁化
95	禾本科	细茎寒竹	*Chimonobambusa gracilis* (W.T. Lin) N.H. Xia	阳山
96	禾本科	小麻竹	*Dendrocalamus pulverulentoides* N. H. Xia, J. B. Ni, Y. H. Tong & Z. Y. Niu	仁化
97	禾本科	黄麻竹	*Dendrocalamus stenoauritus* (W. T. Lin) N. H. Xia	怀集
98	禾本科	白沙竹	*Dendrocalamus suberosus* (W.T. Lin & Z.M. Wu) N.H. Xia	广宁
99	禾本科	三枝麻竹	*Dendrocalamus triramus* (W.T. Lin & Z.M. Wu) N.H. Xia	广宁
100	禾本科	单生雁茅	*Dimeria solitaria* Keng & Y. L. Yang	博罗
101	禾本科	紫斑镰序竹	*Drepanostachyum naibunensoides* W.T. Lin & Z.M. Wu	广宁
102	禾本科	封开短枝竹	*Gelidocalamus fengkaiensis* N.H.Xia & Z.Y.Cai	封开
103	禾本科	绒毛寒竹	*Gelidocalamus velutinus* W.T. Lin	郁南
104	禾本科	小牛鞭草	*Hemarthria humilis* Keng	高州
105	禾本科	紧箨箬竹	*Indocalamus amplexicaulis* W.T. Lin	佛冈
106	禾本科	车八岭箬竹	*Indocalamus chebalingensis* W.T. Lin	始兴
107	禾本科	粤西箬竹	*Indocalamus inaequilaterus* W. T. Lin & Z. M. Wu	封开
108	禾本科	单序莠竹	*Microstegium monoracemum* W.C.Wu	深圳
109	禾本科	裂舌少穗竹	*Oligostachyum bilobum* W. T. Lin & Z. J. Feng	信宜

续表

序号	科中文名	种中文名	种拉丁名	县级分布
110	禾本科	短舌少穗竹	*Oligostachyum scabriflorum* var. *breviligulatum* Z. P. Wang & G. H. Ye	南雄
111	禾本科	丹霞山刚竹	*Phyllostachys danxiashanensis* N. H. Xia & X. R. Zheng	仁化
112	禾本科	银环苦竹	*Pleioblastus alboserica* W.T. Lin	佛冈
113	禾本科	蝶环苦竹	*Pleioblastus patellaris* W.T.Lin & Z.M.Wu	广宁
114	禾本科	抱秆茶秆竹	*Pseudosasa amplexicaulis* W.T.Lin & Z.J.Feng	平远
115	禾本科	矩叶赤竹	*Sasa oblongula* C. H. Hu	广州
116	禾本科	少毛唐竹	*Sinobambusa glabrata* W.T. Lin & Z.J. Feng	广宁
117	禾本科	竹仔	*Sinobambusa humilis* McClure	清远
118	禾本科	毛环唐竹	*Sinobambusa incana* T. H. Wen	县级不详
119	毛茛科	丹霞天葵	*Semiaquilegia danxiashanensis* L. Wu, J. J. Zhou, Qiang Zhang & W. S. Deng	仁化
120	山龙眼科	阳春山龙眼	*Helicia yangchunensis* H. S. Kiu	阳春
121	鼠刺科	阳春鼠刺	*Itea yangchunensis* S. Y. Jin	阳春
122	虎耳草科	广东金腰	*Chrysosplenium hydrocotylifolium* var. *guangdongense* S. J. Xu & Z. X. Li	乳源
123	景天科	阳山费菜	*Phedimus yangshanicus* Z. Chao	阳山
124	葡萄科	连山葡萄	*Vitis luochengensis* var. *tomentosonerva* C. L. Li	连山
125	葡萄科	乳源葡萄	*Vitis ruyuanensis* C. L. Li	乳源
126	豆科	鼎湖双束鱼藤	*Aganope dinghuensis* (P. Y. Chen) T. C. Chen & Pedley	肇庆
127	豆科	柔毛首冠藤	*Cheniella quinnanensis* subsp. *villosa* R. Clark & Mackinder	阳西
128	豆科	肇庆德昭藤	*Cheniella tsoongii* X. Peng, K. W. Jiang & T. Y. Tu	广宁
129	豆科	丹霞铁马鞭	*Lespedeza danxiaensis* Q. Fan, W. Y. Zhao & K. W. Jiang	仁化
130	豆科	椭圆叶南天藤	*Ticanto elliptifolia* (S. J. Li, Z. Y. Chen & D. X. Zhang) R. Clark & Gagnon	封开
131	蔷薇科	黄毛枇杷	*Eriobotrya fulvicoma* W. Y. Chun ex W. B. Liao, F. F. Li & D. F. Cui	信宜
132	蔷薇科	无毛圆叶小石积	*Osteomeles subrotunda* var. *glabrata* T. T. Yu	县级不详
133	蔷薇科	云开山桂樱	*Prunus yunkaishanensis* B. H. Wu, W. Y. Zhao & W. B. Liao	高州
134	蔷薇科	罗浮山悬钩子	*Rubus lohfauensis* F. P. Metcalf	博罗
135	桑科	波缘榕	*Ficus fengkaiensis* Doweld	封开
136	桑科	缘毛榕	*Ficus sinociliata* Z. K. Zhou & M. G. Gilbert	兴宁
137	荨麻科	细尖赤车	*Pellionia tenuicuspis* W. T. Wang, Y. G. Wei & F. Wen	乳源
138	荨麻科	丹霞冷水花	*Pilea danxiaensis* L. F. Fu, A. K. Monro & Y. G. Wei	仁化
139	壳斗科	万山栎	*Quercus pseudosetulosa* Q.S.Li & T.Y.Tu	珠海
140	秋海棠科	阳春秋海棠	*Begonia coptidifolia* H. G. Ye & al.	阳春
141	秋海棠科	鹅凰嶂秋海棠	*Begonia ehuangzhangensis* Q. L. Ding, W. Y. Zhao & W. B. Liao	阳春
142	秋海棠科	广东秋海棠	*Begonia guangdongensis* W. H. Tu, B. M. Wang & Yu L. Li	阳春
143	秋海棠科	深圳秋海棠	*Begonia shenzhenensis* D. K. Tian & X. Yun Wang	深圳
144	卫矛科	阳西静容卫矛	*Euonymus chengiae* var. *yangxiensis* Y. S. Ye & L. F. Wu	阳西
145	卫矛科	深圳假卫矛	*Microtropis shenzhenensis* Lin Chen & F. W. Xing	深圳
146	杜英科	小花杜英	*Elaeocarpus limitaneoides* Y. Tang	高州

续表

序号	科中文名	种中文名	种拉丁名	县级分布
147	核果木科	广东核果木	*Drypetes kwangtungensis* F. W. Xing, X. S. Qin & H. F. Chen	深圳
148	堇菜科	潮州堇菜	*Viola chaozhouensis* Y. S.Huang, J.H.Ding & Q.Fan	潮州
149	堇菜科	河源堇菜	*Viola heyuanensis* Y. S.Huang, Q. L.Ye & Q.Fan	紫金
150	堇菜科	鼠鞭堇状堇菜	*Viola hybanthoides* W. B. Liao & Q. Fan	仁化
151	堇菜科	长茎堇菜	*Viola longissima* Y. S.Huang & Q.Fan	平远
152	堇菜科	白湾堇菜	*Viola pendulipes* Yan S. Huang & Q. Fan	清远
153	叶下珠科	阳春珠子木	*Glochidion yangchunense* Z. Q. Song & Gang Yao	阳春
154	桃金娘科	粗叶木蒲桃	*Syzygium lasianthifolium* Hung. T. Chang & R. H. Miao	廉江
155	野牡丹科	陈氏异药花	*Fordiophyton chenii* S. Jin Zeng & X. Y. Zhuang	恩平
156	野牡丹科	无距花	*Fordiophyton peperomiifolium* (Oliv.) Hansen	清远
157	野牡丹科	庄氏异药花	*Fordiophyton zhuangiae* S. Jin Zeng & G. D. Tang	阳春
158	野牡丹科	小毛锦香	*Perilimnastes nana* C. Y. Zou & Ying Liu	台山
159	野牡丹科	三瓣锦香草	*Perilimnastes ternata* (C.Chen) Ying Liu	信宜
160	野牡丹科	无翅虎颜花	*Tigridiopalma exalata* S. Jin Zeng, Y. C. Xu & D. F. Cui	龙门
161	芸香科	封开酒饼簕	*Atalantia fongkaica* C. C. Huang	封开
162	锦葵科	广东扁担杆	*Grewia kwangtungensis* Hung. T. Chang	乐昌
163	瑞香科	香花荛花	*Wikstroemia fragrans* W. B. Liao, Q. Fan & J. R. Chen	仁化
164	蓼科	华南蓼	*Persicaria huananensis* (A. J. Li) Bo Li	佛山
165	五列木科	长梗杨桐	*Adinandra elegans* F. C. How & W. C. Ko ex Hung T. Chang	阳春
166	五列木科	信宜毛柃	*Eurya velutina* Chun	信宜
167	五列木科	异色厚皮香	*Ternstroemia discolor* H. T. Chang & S.H.Shi	封开
168	柿科	石生柿	*Diospyros saxicola* Chang ex Miau	英德
169	报春花科	丹霞山过路黄	*Lysimachia danxiashanensis* W. B. Liao, Q. Fan & G. D. Tang	仁化
170	报春花科	大桥过路黄	*Lysimachia daqiaoensis* G. D. Tang & R. Z. Huang	乳源
171	报春花科	南岭假婆婆纳	*Stimpsonia nanlingensis* G. H. Huang & G. Hao	乳源
172	山茶科	亮果红山茶	*Camellia psilocarpa* X. G. Shi & C. X. Ye	龙门
173	山茶科	毛药山茶	*Camellia renshanxiangiae* C. X. Ye & X. Q. Zheng	阳山
174	山茶科	紫金短柱茶	*Camellia zijinica* M. Lin, Q. L.Ye & Q. Fan	紫金
175	山矾科	潮安山矾	*Symplocos chaoanensis* F. G. Wang & H. G. Ye	潮州
176	山矾科	乌饭树叶山矾	*Symplocos vacciniifolia* H. S. Chen & H. G. Ye	阳春
177	山矾科	阳春山矾	*Symplocos yangchunensis* H. G. Ye & F. W. Xing	阳春
178	杜鹃花科	大田顶杜鹃	*Rhododendron datiandingense* Z. J. Feng	信宜
179	杜鹃花科	蜡黄杜鹃	*Rhododendron subcerinum* P. C. Tam	阳春
180	杜鹃花科	单花无柄杜鹃	*Rhododendron subestipitatum* Chun ex P. C. Tam	信宜
181	杜鹃花科	潮州越橘	*Vaccinium chaozhouense* Y. H. Tong & J. H. Ding	潮州
182	杜鹃花科	亮叶越橘	*Vaccinium lamprophyllum* C. Y. Wu & R. C. Fang	封开
183	杜鹃花科	草地越橘	*Vaccinium pratense* P. C. Tam ex C. Y. Wu & R. C. Fang	肇庆
184	杜鹃花科	平萼乌饭	*Vaccinium truncatocalyx* Chun ex Fang & Z. H. Pan	信宜
185	茜草科	粤西雪花	*Argostemma ehuangzhangense* H. G. Ye, Jia Liu & W. B. Liao	阳春

续表

序号	科中文名	种中文名	种拉丁名	县级分布
186	茜草科	连山耳草	*Hedyotis lianshanensis* W. C. Ko	连山
187	茜草科	鹅凰嶂耳草	*Hedyotis longiramulis* Y. D. Xu & R. J. Wang	阳春
188	茜草科	艳丽耳草	*Hedyotis pulcherrima* Dunn	饶平
189	茜草科	深圳耳草	*Hedyotis shenzhenensis* Tao Chen	深圳
190	茜草科	信宜耳草	*Hedyotis xinyiensis* X. Guo & R. J. Wang	信宜
191	茜草科	阳春耳草	*Hedyotis yangchunensis* W. C. Ko & Zhang	阳春
192	茜草科	丹霞螺序草	*Ophiorrhiza danxiashanensis* (R. J. Wang) Razafim. & Rydin	仁化
193	茜草科	光滑螺序草	*Ophiorrhiza glabra* (L. Wu & Q. R. Liu) Razafim. & Rydin	阳春
194	茜草科	石生螺序草	*Ophiorrhiza ridsdalei* Razafim. & Rydin	阳春
195	茜草科	粗筒螺序草	*Ophiorrhiza tubiflora* (L. Wu, B. M. Wang & B. Pan) Idrees	英德
196	茜草科	阳春螺序草	*Ophiorrhiza yangchunensis* (R. J. Wang) Razafim. & Rydin	阳春
197	马钱科	阳春度量草	*Mitreola yangchunensis* Q. X. Ma, H. G. Ye & F. W. Xing	阳春
198	马钱科	刺马钱	*Strychnos cathayensis* var. *spinata* P. T. Li	中山
199	木樨科	毛柄木樨	*Osmanthus pubipedicellatus* L. C. Chia ex Hung T. Chang	大埔
200	苦苣苔科	平远长蒴苣苔	*Didymocarpus pingyuanensis* Ling H. Yang, Q. Fan & F. Wen	平远
201	苦苣苔科	毛药双片苣苔	*Didymostigma trichanthera* C. X. Ye & X. G. Shi	龙门
202	苦苣苔科	微毛圆唇苣苔	*Gyrocheilos microtrichus* W. T. Wang	信宜
203	苦苣苔科	台山圆唇苣苔	*Gyrocheilos taishanensis* G. T. Wang, Yu Q. Chen & R. J. Wang	江门
204	苦苣苔科	粉花半蒴苣苔	*Hemiboea roseoalba* S. B. Zhou, Xin Hong & F. Wen	连南
205	苦苣苔科	石门台半蒴苣苔	*Hemiboea shimentaiensis* S. Y. Miao, Y. Q. Li & Tao Chen	英德
206	苦苣苔科	鼎湖后蕊苣苔	*Oreocharis dinghushanensis* (W. T. Wang) Mich. Möller & A. Weber	肇庆
207	苦苣苔科	卵圆叶马铃苣苔	*Oreocharis ovata* Li H. Yang, L. X. Zhou & M. Kang	连南
208	苦苣苔科	单花马铃苣苔	*Oreocharis uniflora* Li H. Yang & M. Kang	惠东
209	苦苣苔科	四苞蛛毛苣苔	*Paraboea tetrabracteata* F. Wen, Xin Hong & Y. G. Wei	阳春
210	苦苣苔科	云浮蛛毛苣苔	*Paraboea yunfuensis* F. Wen & Y. G. Wei	云浮
211	苦苣苔科	密花石山苣苔	*Petrocodon confertiflorus* H. Q. Li & Y. Q. Wang	阳山
212	苦苣苔科	淡黄报春苣苔	*Primulina alutacea* F. Wen, B. Pan & B. M. Wang	英德
213	苦苣苔科	银叶报春苣苔	*Primulina argentea* Xin Hong, F. Wen & S. B. Zhou	连南
214	苦苣苔科	齿苞报春苣苔	*Primulina beiliuensis* var. *fimbribracteata* F. Wen & B. D. Lai	韶关
215	苦苣苔科	二色报春苣苔	*Primulina bicolor* (W. T. Wang) Mich. Möller & A. Weber	云浮
216	苦苣苔科	密小花苣苔	*Primulina confertiflora* (W. T. Wang) Mich. Möller & A. Weber	阳山
217	苦苣苔科	心柱报春苣苔	*Primulina cordistigma* F. Wen, B. D. Lai & B. M. Wang	阳春
218	苦苣苔科	东莞报春苣苔	*Primulina dongguanica* F. Wen, Y. G. Wei & R. Q. Luo	东莞
219	苦苣苔科	散序小花苣苔	*Primulina effusa* F. Wen & B. Pan	连山
220	苦苣苔科	怀集报春苣苔	*Primulina huaijiensis* Z. L. Ning & J. Wang	怀集
221	苦苣苔科	黄进报春苣苔	*Primulina huangjiniana* W. B. Liao, Q. Fan & C. Y. Huang	仁化
222	苦苣苔科	乐昌报春苣苔	*Primulina lechangensis* Xin Hong, F. Wen & S. B. Zhou	乐昌
223	苦苣苔科	良婉报春苣苔	*Primulina liangwaniae* B. M. Wang & Y. H. Tong	英德
224	苦苣苔科	连县报春苣苔	*Primulina lienxienensis* (W. T. Wang) Mich. Möller & A. Weber	连州

续表

序号	科中文名	种中文名	种拉丁名	县级分布
225	苦苣苔科	浅裂小花苣苔	*Primulina lobulata* (W. T. Wang) Mich. Möller & A. Weber	阳山
226	苦苣苔科	黄纹报春苣苔	*Primulina lutvittata* F. Wen & Y. G. Wei	阳春
227	苦苣苔科	马坝报春苣苔	*Primulina mabaensis* K. F. Chung & W. B. Xu	韶关
228	苦苣苔科	广东报春苣苔	*Primulina maciejewskii* F. Wen, R. L. Zhang & A. Q. Dong	阳山
229	苦苣苔科	花叶牛耳朵	*Primulina maculata* W. B. Xu & J. Guo	阳春
230	苦苣苔科	莫氏报春苣苔	*Primulina moi* F. Wen & Y. G. Wei	翁源
231	苦苣苔科	直蕊报春苣苔	*Primulina orthandra* (W. T. Wang) Mich. Möller & A. Weber	连南
232	苦苣苔科	彭氏报春苣苔	*Primulina pengii* W. B. Xu & K. F. Chung	韶关
233	苦苣苔科	清远报春苣苔	*Primulina qingyuanensis* Z. L. Ning & M. Kang	清远
234	苦苣苔科	红花报春苣苔	*Primulina rubella* Li H. Yang & M. Kang	清远
235	苦苣苔科	阳春小花苣苔	*Primulina subulata* var. *yangchunensis* (W. T. Wang) Mich. Möller & A. Weber	阳春
236	苦苣苔科	多色报春苣苔	*Primulina versicolor* F. Wen, B. Pan & B. M. Wang	英德
237	苦苣苔科	阳春报春苣苔	*Primulina yangchunensis* Y. L. Zheng & Y. F. Deng	阳春
238	苦苣苔科	阳山报春苣苔	*Primulina yangshanensis* W. B. Xu & B. Pan	阳山
239	苦苣苔科	英德报春苣苔	*Primulina yingdeensis* Z. L. Ning, M. Kang & X. Y. Zhuang	英德
240	母草科	长序母草	*Lindernia macrobotrys* P. C. Tsoong	韶关
241	唇形科	罗浮紫珠	*Callicarpa oligantha* Merr.	博罗
242	唇形科	裂叶紫珠	*Callicarpa ruptofoliata* R. H. Miao	乳源
243	唇形科	鼎湖紫珠	*Callicarpa tingwuensis* Hung T. Chang	肇庆
244	唇形科	潮州莸	*Caryopteris alternifolia* Y. S. Chen & C. L. Xiang	潮州
245	唇形科	紫花锥花	*Gomphostemma chinense* f. *purpureum* Zhi H. Chen & W. B. Liao	信宜
246	唇形科	短距香茶菜	*Isodon brevicalcaratus* (C. Y. Wu & H. W. Li) H. Hara	连州
247	唇形科	白湾假糙苏	*Paraphlomis baiwanensis* W. Y. Zhao, Y. P. Chen & Q. Fan	清远
248	唇形科	八角花	*Paraphlomis kwangtungensis* C. Y. Wu & H. W. Li	阳春
249	唇形科	展毛假糙苏	*Paraphlomis patentisetulosa* C. Y. Wu ex H. W. Li	信宜
250	唇形科	清远假糙苏	*Paraphlomis qingyuanensis* W. Y. Zhao, R. M. Wu & Q. Fan	英德
251	唇形科	英德假糙苏	*Paraphlomis yingdeensis* W.Y.Zhao, Y.Q.Li & Q.Fan	英德
252	唇形科	少脉黄芩	*Scutellaria oligophlebia* Merr. & Chun	饶平
253	唇形科	狭管黄芩	*Scutellaria stenosiphon* Hemsl.	博罗
254	列当科	封开钟萼草	*Lindenbergia fengkaiensis* R. H. Miao & Q. Y. Cen	封开
255	冬青科	江门冬青	*Ilex jiangmenensis* Lei Jiang & K. W. Xu	江门
256	冬青科	蕉岭冬青	*Ilex jiaolingensis* C. J. Tseng & H. H. Liu	蕉岭
257	冬青科	粗毛冬青	*Ilex strigillosa* T. R. Dudley	新丰
258	冬青科	小金冬青	*Ilex xiaojinensis* Y. Q. Wang & P. Y. Chen	博罗
259	冬青科	阳春冬青	*Ilex yangchunensis* C. J. Tseng	阳春
260	菊科	细辛叶兔儿风	*Ainsliaea asaroides* Y. S. Ye, J. Wang & H. G. Ye	阳春
261	菊科	盾叶蒲儿根	*Sinosenecio peltatus* Ying Liu & Q. E. Yang	阳春
262	海桐科	长果海桐	*Pittosporum pauciflorum* var. *oblongum* Hung T. Chang & S. Z. Yan	连南
263	五加科	茂名掌叶树	*Brassaiopsis moumingensis* (Y. R. Ling) C. B. Shang	茂名

三、广东重点保护野生植物

依据《国家重点保护野生植物名录（2021）》，广东省有176种国家重点保护野生植物（表4），其中1级11种，含2个广东省特有种，即广东兜兰（*Paphiopedilum guangdongense*）和杜鹃叶山茶（*Camellia azalea*）；2级165种，含14个广东省特有种，如深圳香荚兰（*Vanilla shenzhenica*）、博罗红豆（*Ormosia boluoensis*）、绣球茜（*Dunnia sinensis*）等。2023年广东省公布了39种省级重点保护野生植物（表4），其中有12种为广东省特有种，如阳春鼠刺（*Itea yangchunensis*）、潮州莸（*Caryopteris alternifolia*）、长梗木莲（*Manglietia longipedunculata*）等。在地理分布上，215种广东重点保护野生植物（包括国家级和省级）共计1 794条县市级分布记录中，种数最多的县依次是乳源县（75种）、英德市（75种）、乐昌市（73种）、信宜市（70种）、阳春市（65种）、肇庆市（59种）、博罗县（55种）、封开县（52种）、连州市（52种）、深圳市（50种）、仁化县（49种）和江门市（49种）（表2）。这12个县市中，乐昌市、阳春市、封开县和江门市尚未建立国家级自然保护区。目前，这些重点保护野生植物在广东省的就地保护和迁地保护现状亟待全面评估，继而开展有效的保护工作，以实现广东省全覆盖保护计划的目标。

另外，大约有30种国家重点保护野生植物，文献报道在广东有分布，但在本书被列入了广东分布存疑或排除名录中，需要进一步研究。广东分布存疑的有20种，包括皱边石杉（*Huperzia crispata*）、楔基观音座莲（*Angiopteris helferiana*）、阴生桫椤（*Alsophila latebrosa*）、天竺桂（*Cinnamomum japonicum*）、高雄茨藻（*Najas browniana*）、香花指甲兰（*Aerides odorata*）、莎叶兰（*Cymbidium cyperifolium*）、飞霞兰（*Cymbidium feixiaense*）、流苏石斛（*Dendrobium fimbriatum*）、独蒜兰（*Pleione bulbocodioides*）、六角莲（*Dysosma pleiantha*）、黄连（*Coptis chinensis*）、烟豆（*Glycine tabacina*）、浙江马鞍树（*Maackia chekiangensis*）、长脐红豆（*Ormosia balansae*）、缘毛红豆（*Ormosia howii*）、荔枝叶红豆（*Ormosia semicastrata* f. *litchiifolia*）、飞瀑草（*Cladopus nymanii*）、粗齿梭罗树（*Reevesia rotundifolia*）和棱果秤锤树（*Sinojackia henryi*）。可能需要排除的有10种，包括华南马尾杉（*Phlegmariurus austrosinicus*）、喜马拉雅马尾杉（*Phlegmariurus hamiltonii*）、海菜花（*Ottelia acuminata*）、七叶一枝花（*Paris polyphylla*）、广东重楼（*Paris polyphylla* var. *kwantungensis*）、古山龙（*Arcangelisia gusanlung*）、薄毛茸荚红豆（*Ormosia pachycarpa* var. *tenuis*）、海人树（*Suriana maritima*）、青梅（*Vatica mangachapoi*）和疏花水柏枝（*Myricaria laxiflora*）。

《全国极小种群野生植物拯救保护工程规划（2011—2015年）》（国家林业局2010年非正式出版材料）确定，首批列入全国极小种群野生植物有120种，广东省分布有10种，如仙湖苏铁（*Cycas szechuanensis*）、闽粤苏铁（*Cycas taiwaniana*）、水松（*Glyptostrobus pensilis*）、观光木（*Michelia odora*）、丹霞梧桐（*Firmiana danxiaensis*）、猪血木（*Euryodendron excelsum*）、喜树（*Camptotheca acuminata*）、扣树（*Ilex kaushue*）、报春苣苔（*Primulina tabacum*）和紫荆木（*Madhuca pasquieri*）。另有研究将广东有分布的四药门花（*Loropetalum subcordatum*）、广东含笑（*Michelia guangdongensis*）、博罗红豆（*Ormosia boluoensis*）等也作为极小种群野生植物并进行了调查和分析[541, 544, 545]，但全省尚未有极小种群野生植物的系统性研究和评估。本书收录的狭域分布的广东省特有植物，可作为广东省极小种群的评估对象，从而制定适合广东本土资源状况的极小种群野生植物名录。

兰科植物一直是重点保护和高度关注的类群。本书收录了广东省野生兰科植物1 762条县市级分布记录，计93属284种，比《广东重点保护野生植物》[20]统计的234种多出50种。在市县级分布上，乳源县有102种，为全省种数最多，其次是深圳市（101种）、信宜市（81种）、阳春市（80种）、博罗县（74

种）、紫金县（73 种）、乐昌市（69 种）、英德市（60 种）、肇庆市（53 种）和封开县（50 种）。

表 4　广东省重点保护野生高等植物名录（包括国家级和省级）

序号	保护类别	科名	种中文名	种拉丁名
1	国家 1 级	水韭科	中华水韭	*Isoetes sinensis* Palmer
2	国家 1 级	苏铁科	仙湖苏铁	*Cycas szechuanensis* W. C. Cheng & L. K. Fu
3	国家 1 级	苏铁科	闽粤苏铁	*Cycas taiwaniana* Carruth.
4	国家 1 级	柏科	水松	*Glyptostrobus pensilis* (Staunton ex D. Don) K. Koch
5	国家 1 级	红豆杉科	南方红豆杉	*Taxus wallichiana* var. *mairei* (Lemee & H. Lév.) L. K. Fu & Nan Li
6	国家 1 级	兰科	小叶兜兰	*Paphiopedilum barbigerum* Tang & F. T. Wang
7	国家 1 级	兰科	广东兜兰	*Paphiopedilum guangdongense* Z. J. Liu & L. J. Chen
8	国家 1 级	兰科	紫纹兜兰	*Paphiopedilum purpuratum* (Lindl.) Stein
9	国家 1 级	豆科	小叶红豆	*Ormosia microphylla* Merr. & H. Y. Chen
10	国家 1 级	五列木科	猪血木	*Euryodendron excelsum* Hung T. Chang
11	国家 1 级	山茶科	杜鹃叶山茶	*Camellia azalea* C. F. Wei
12	国家 2 级	泥炭藓科	多纹泥炭藓	*Sphagnum multifibrosum* X. J. Li & M. Zang
13	国家 2 级	白发藓科	桧叶白发藓	*Leucobryum juniperoideum* Müll. Hal.
14	国家 2 级	石松科	长柄石杉	*Huperzia javanica* (Sw.) Fraser-Jenk.
15	国家 2 级	石松科	昆明石杉	*Huperzia kunmingensis* Ching
16	国家 2 级	石松科	南岭石杉	*Huperzia nanlingensis* Y. H. Yan & N. Shrestha
17	国家 2 级	石松科	四川石杉	*Huperzia sutchueniana* (Herter) Ching
18	国家 2 级	石松科	龙骨马尾杉	*Phlegmariurus carinatus* (Desv.) Ching
19	国家 2 级	石松科	福氏马尾杉	*Phlegmariurus fordii* (Baker) Ching
20	国家 2 级	石松科	广东马尾杉	*Phlegmariurus guangdongensis* Ching
21	国家 2 级	石松科	闽浙马尾杉	*Phlegmariurus mingjoui* X. C. Zhang
22	国家 2 级	石松科	有柄马尾杉	*Phlegmariurus petiolatus* (C. B. Clarke) C. Y. Yang
23	国家 2 级	石松科	马尾杉	*Phlegmariurus phlegmaria* (L.) T. Sen & U. Sen
24	国家 2 级	瓶尔小草科	七指蕨	*Helminthostachys zeylanica* (L.) Hook.
25	国家 2 级	合囊蕨科	福建观音座莲	*Angiopteris fokiensis* Hieron.
26	国家 2 级	金毛狗科	金毛狗	*Cibotium barometz* (L.) J. Sm.
27	国家 2 级	桫椤科	中华桫椤	*Alsophila costularis* Baker
28	国家 2 级	桫椤科	桫椤	*Alsophila spinulosa* (Wall. ex Hook.) R. M. Tryon
29	国家 2 级	桫椤科	结脉黑桫椤	*Gymnosphaera bonii* (Christ) S. Y. Dong
30	国家 2 级	桫椤科	平鳞黑桫椤	*Gymnosphaera henryi* (Baker) S. R. Ghosh
31	国家 2 级	桫椤科	黑桫椤	*Gymnosphaera podophylla* (Hook.) Copel.
32	国家 2 级	桫椤科	白桫椤	*Sphaeropteris brunoniana* (Hook.) R. M. Tryon
33	国家 2 级	桫椤科	笔筒树	*Sphaeropteris lepifera* (Hook.) R. M. Tryon
34	国家 2 级	凤尾蕨科	坝光水蕨	*Ceratopteris baguangensis* F. G. Wang & Zi Xiang Li
35	国家 2 级	凤尾蕨科	焕镛水蕨	*Ceratopteris chunii* Y. H. Yan
36	国家 2 级	凤尾蕨科	水蕨	*Ceratopteris thalictroides* (L.) Brongn.
37	国家 2 级	乌毛蕨科	苏铁蕨	*Brainea insignis* (Hook.) J. Sm.
38	国家 2 级	罗汉松科	短叶罗汉松	*Podocarpus chinensis* Wall. ex J. Forbes
39	国家 2 级	罗汉松科	罗汉松	*Podocarpus macrophyllus* (Thunb.) Sweet
40	国家 2 级	罗汉松科	百日青	*Podocarpus neriifolius* D. Don

续表

序号	保护类别	科名	种中文名	种拉丁名
41	国家2级	柏科	福建柏	*Chamaecyparis hodginsii* (Dunn) Rushforth
42	国家2级	三尖杉科	海南粗榧	*Cephalotaxus hainanensis* H. L. Li
43	国家2级	三尖杉科	篦子三尖杉	*Cephalotaxus oliveri* Mast.
44	国家2级	红豆杉科	穗花杉	*Amentotaxus argotaenia* (Hance) Pilg.
45	国家2级	红豆杉科	白豆杉	*Pseudotaxus chienii* (W. C. Cheng) W. C. Cheng
46	国家2级	松科	江南油杉	*Keteleeria fortunei* var. *cyclolepis* (Flous) Silba
47	国家2级	松科	华南五针松	*Pinus kwangtungensis* Chun ex Tsiang
48	国家2级	莼菜科	莼菜	*Brasenia schreberi* J. F. Gmel.
49	国家2级	马兜铃科	金耳环	*Asarum insigne* Diels
50	国家2级	肉豆蔻科	风吹楠	*Horsfieldia amygdalina* (Wall. ex Hook. f. & Thomson) Warb.
51	国家2级	木兰科	厚朴	*Houpoea officinalis* (Rehder & E. H. Wilson) N. H. Xia & C. Y. Wu
52	国家2级	木兰科	厚叶木莲	*Manglietia pachyphylla* Hung T. Chang
53	国家2级	木兰科	广东含笑	*Michelia guangdongensis* Y. H. Yan, Q. W. Zeng & F. W. Xing
54	国家2级	木兰科	石碌含笑	*Michelia shiluensis* Chun & Y. F. Wu
55	国家2级	樟科	卵叶桂	*Cinnamomum rigidissimum* Hung T. Chang
56	国家2级	樟科	闽楠	*Phoebe bournei* (Hemsl.) Yen C. Yang
57	国家2级	水鳖科	龙舌草	*Ottelia alismoides* (L.) Pers.
58	国家2级	藜芦科	华重楼	*Paris chinensis* Franch.
59	国家2级	藜芦科	海南重楼	*Paris dunniana* H. Lév.
60	国家2级	藜芦科	球药隔重楼	*Paris fargesii* Franch.
61	国家2级	兰科	金线兰	*Anoectochilus roxburghii* (Wall.) Lindl.
62	国家2级	兰科	浙江金线兰	*Anoectochilus zhejiangensis* Z. Wei & Y. B. Chang
63	国家2级	兰科	白及	*Bletilla striata* (Thunb. ex A. Murray) Rchb. f.
64	国家2级	兰科	杜鹃兰	*Cremastra appendiculata* (D. Don) Makino
65	国家2级	兰科	纹瓣兰	*Cymbidium aloifolium* (L.) Sw.
66	国家2级	兰科	冬凤兰	*Cymbidium dayanum* Rchb. f.
67	国家2级	兰科	独占春	*Cymbidium eburneum* Lindl.
68	国家2级	兰科	建兰	*Cymbidium ensifolium* (L.) Sw.
69	国家2级	兰科	蕙兰	*Cymbidium faberi* Rolfe
70	国家2级	兰科	多花兰	*Cymbidium floribundum* Lindl.
71	国家2级	兰科	春兰	*Cymbidium goeringii* (Rchb. f.) Rchb. f.
72	国家2级	兰科	寒兰	*Cymbidium kanran* Makino
73	国家2级	兰科	大根兰	*Cymbidium macrorhizon* Lindl.
74	国家2级	兰科	硬叶兰	*Cymbidium mannii* Rchb. f.
75	国家2级	兰科	墨兰	*Cymbidium sinense* (Jack. ex Andr.) Willd.
76	国家2级	兰科	丹霞兰	*Danxiaorchis singchiana* J. W. Zhai, F. W. Xing & Z. J. Liu
77	国家2级	兰科	钩状石斛	*Dendrobium aduncum* Wall. ex Lindl.
78	国家2级	兰科	密花石斛	*Dendrobium densiflorum* Lindl.
79	国家2级	兰科	串珠石斛	*Dendrobium falconeri* Hooker
80	国家2级	兰科	海南石斛	*Dendrobium hainanense* Rolfe
81	国家2级	兰科	河南石斛	*Dendrobium henanense* J. L. Lu & L. X. Gao
82	国家2级	兰科	疏花石斛	*Dendrobium henryi* Schltr.

续表

序号	保护类别	科名	种中文名	种拉丁名
83	国家2级	兰科	重唇石斛	*Dendrobium hercoglossum* Rchb. f.
84	国家2级	兰科	广东石斛	*Dendrobium kwangtungense* C. L. Tso
85	国家2级	兰科	美花石斛	*Dendrobium loddigesii* Rolfe
86	国家2级	兰科	罗河石斛	*Dendrobium lohohense* Tang & F. T. Wang
87	国家2级	兰科	细茎石斛	*Dendrobium moniliforme* (L.) Sw.
88	国家2级	兰科	石斛	*Dendrobium nobile* Lindl.
89	国家2级	兰科	铁皮石斛	*Dendrobium officinale* Kimura & Migo
90	国家2级	兰科	单莛草石斛	*Dendrobium porphyrochilum* Lindl.
91	国家2级	兰科	始兴石斛	*Dendrobium shixingense* Z. L. Chen, S. J. Zeng & J. Duan
92	国家2级	兰科	剑叶石斛	*Dendrobium spatella* Rchb. f.
93	国家2级	兰科	四翅石斛	*Dendrobium tetrapterum* M. Z. Huang, C. Y. Wei & M. H. Li
94	国家2级	兰科	大花石斛	*Dendrobium wilsonii* Rolfe
95	国家2级	兰科	血叶兰	*Ludisia discolor* (Ker Gawl.) A. Rich.
96	国家2级	兰科	硬叶兜兰	*Paphiopedilum micranthum* Tang & F. T. Wang
97	国家2级	兰科	陈氏独蒜兰	*Pleione chunii* C. L. Tso
98	国家2级	兰科	台湾独蒜兰	*Pleione formosana* Hayata
99	国家2级	兰科	毛唇独蒜兰	*Pleione hookeriana* (Lindl.) B. S. Williams
100	国家2级	兰科	小叶独蒜兰	*Pleione microphylla* S. C. Chen & Z. H. Tsi
101	国家2级	兰科	深圳香荚兰	*Vanilla shenzhenica* Z. J. Liu & S. C. Chen
102	国家2级	禾本科	水禾	*Hygroryza aristata* (Retz.) Nees
103	国家2级	禾本科	疣粒稻	*Oryza meyeriana* subsp. *granulata* (Nees & Arn. ex Watt) Tateoka
104	国家2级	禾本科	药用稻	*Oryza officinalis* Wall. ex G. Watt
105	国家2级	禾本科	野生稻	*Oryza rufipogon* Griff.
106	国家2级	禾本科	拟高粱	*Sorghum propinquum* (Kunth) Hitchc.
107	国家2级	禾本科	中华结缕草	*Zoysia sinica* Hance
108	国家2级	小檗科	八角莲	*Dysosma versipellis* (Hance) M. Cheng
109	国家2级	毛茛科	短萼黄连	*Coptis chinensis* var. *brevisepala* W. T. Wang & P. G. Xiao
110	国家2级	金缕梅科	长柄双花木	*Disanthus cercidifolius* subsp. *longipes* (Hung. T. Chang) K. Y. Pan
111	国家2级	金缕梅科	四药门花	*Loropetalum subcordatum* (Benth.) Oliv.
112	国家2级	小二仙草科	乌苏里狐尾藻	*Myriophyllum ussuriense* (Regel) Maxim.
113	国家2级	豆科	格木	*Erythrophleum fordii* Oliv.
114	国家2级	豆科	山豆根	*Euchresta japonica* Hook. f. ex Regel
115	国家2级	豆科	野大豆	*Glycine soja* Siebold & Zucc.
116	国家2级	豆科	短绒野大豆	*Glycine tomentella* Hayata
117	国家2级	豆科	博罗红豆	*Ormosia boluoensis* Y. Q. Wang & P. Y. Chen
118	国家2级	豆科	厚荚红豆	*Ormosia elliptica* Q. W. Yao & R. H. Chang
119	国家2级	豆科	凹叶红豆	*Ormosia emarginata* (Hook. & Arn.) Benth.
120	国家2级	豆科	锈枝红豆	*Ormosia ferruginea* R. H. Chang
121	国家2级	豆科	肥荚红豆	*Ormosia fordiana* Oliv.
122	国家2级	豆科	光叶红豆	*Ormosia glaberrima* Y. C. Wu
123	国家2级	豆科	花榈木	*Ormosia henryi* Prain
124	国家2级	豆科	韧荚红豆	*Ormosia indurata* H. Y. Chen

续表

序号	保护类别	科名	种中文名	种拉丁名
125	国家 2 级	豆科	胀荚红豆	*Ormosia inflata* Merr. & Chun ex H. Y. Chen
126	国家 2 级	豆科	云开红豆	*Ormosia merrilliana* H. Y. Chen
127	国家 2 级	豆科	秃叶红豆	*Ormosia nuda* (F. C. How) R. H. Chang & Q. W. Yao
128	国家 2 级	豆科	茸荚红豆	*Ormosia pachycarpa* Champ. ex Benth.
129	国家 2 级	豆科	海南红豆	*Ormosia pinnata* (Lour.) Merr.
130	国家 2 级	豆科	紫花红豆	*Ormosia purpureiflora* H. Y. Chen
131	国家 2 级	豆科	软荚红豆	*Ormosia semicastrata* Hance
132	国家 2 级	豆科	亮毛红豆	*Ormosia sericeolucida* H. Y. Chen
133	国家 2 级	豆科	木荚红豆	*Ormosia xylocarpa* Chun ex H. Y. Chen
134	国家 2 级	蔷薇科	广东蔷薇	*Rosa kwangtungensis* T. T. Yu & H. T. Tsai
135	国家 2 级	蔷薇科	亮叶月季	*Rosa lucidissima* H. Lév.
136	国家 2 级	榆科	大叶榉树	*Zelkova schneideriana* Hand.-Mazz.
137	国家 2 级	桑科	长穗桑	*Morus wittiorum* Hand.-Mazz.
138	国家 2 级	壳斗科	华南锥	*Castanopsis concinna* (Champ. ex Benth.) A. DC.
139	国家 2 级	壳斗科	尖叶栎	*Quercus oxyphylla* (E. H. Wilson) Hand.-Mazz.
140	国家 2 级	秋海棠科	阳春秋海棠	*Begonia coptidifolia* H. G. Ye & al.
141	国家 2 级	金莲木科	合柱金莲木	*Sauvagesia rhodoleuca* (Diels) M. C. E. Amaral
142	国家 2 级	川苔草科	华南飞瀑草	*Cladopus austrosinensis* Mak. Kato & Y. Kita
143	国家 2 级	川苔草科	福建飞瀑草	*Cladopus fukienensis* (H. C. Chao) H. C. Chao
144	国家 2 级	川苔草科	鹦哥岭飞瀑草	*Cladopus yinggelingensis* Q. W. Lin, Gang Lu & Z. Yu Li
145	国家 2 级	千屈菜科	细果野菱	*Trapa incisa* Siebold & Zucc.
146	国家 2 级	野牡丹科	虎颜花	*Tigridiopalma magnifica* C. Chen
147	国家 2 级	无患子科	伞花木	*Eurycorymbus cavaleriei* (H. Lév.) Rehder & Hand.-Mazz.
148	国家 2 级	无患子科	韶子	*Nephelium chryseum* Blume
149	国家 2 级	芸香科	山橘	*Fortunella hindsii* Swingle (Flora of China 作为金柑 *Citrus japonica* Thunb.)
150	国家 2 级	芸香科	道县野橘	*Citrus daoxianensis* S. W. He & G. F. Liu
151	国家 2 级	楝科	望谟崖摩	*Aglaia lawii* (Wight) C. J. Saldanha & Ramamorthy
152	国家 2 级	楝科	红椿	*Toona ciliata* M. Roem.
153	国家 2 级	锦葵科	丹霞梧桐	*Firmiana danxiaensis* H. H. Hsue & H. S. Kiu
154	国家 2 级	瑞香科	土沉香	*Aquilaria sinensis* (Lour.) Spreng.
155	国家 2 级	叠珠树科	伯乐树	*Bretschneidera sinensis* Hemsl.
156	国家 2 级	蓼科	金荞麦	*Fagopyrum dibotrys* (D. Don) Hara
157	国家 2 级	山榄科	紫荆木	*Madhuca pasquieri* (Dubard) H. J. Lam
158	国家 2 级	山茶科	圆籽荷	*Apterosperma oblata* Hung T. Chang
159	国家 2 级	山茶科	突肋茶	*Camellia costata* Hu & S. Ye Liang ex Hung T. Chang
160	国家 2 级	山茶科	秃房茶	*Camellia gymnogyna* Hung T. Chang
161	国家 2 级	山茶科	毛叶茶	*Camellia ptilophylla* Hung T. Chang
162	国家 2 级	山茶科	茶	*Camellia sinensis* (L.) Kuntze
163	国家 2 级	安息香科	狭果秤锤树	*Sinojackia rehderiana* Hu
164	国家 2 级	猕猴桃科	中华猕猴桃	*Actinidia chinensis* Planch.
165	国家 2 级	猕猴桃科	金花猕猴桃	*Actinidia chrysantha* C. F. Liang

续表

序号	保护类别	科名	种中文名	种拉丁名
166	国家2级	猕猴桃科	条叶猕猴桃	*Actinidia fortunatii* Finet & Gagnep.
167	国家2级	猕猴桃科	大籽猕猴桃	*Actinidia macrosperma* C. F. Liang
168	国家2级	茜草科	绣球茜	*Dunnia sinensis* Tutcher
169	国家2级	茜草科	香果树	*Emmenopterys henryi* Oliv.
170	国家2级	茜草科	巴戟天	*Morinda officinalis* F. C. How
171	国家2级	夹竹桃科	驼峰藤	*Merrillanthus hainanensis* Chun & Tsiang
172	国家2级	木樨科	毛柄木樨	*Osmanthus pubipedicellatus* L. C. Chia ex Hung T. Chang
173	国家2级	苦苣苔科	报春苣苔	*Primulina tabacum* Hance
174	国家2级	唇形科	苦梓	*Gmelina hainanensis* Oliv.
175	国家2级	冬青科	扣树	*Ilex kaushue* S. Y. Hu
176	国家2级	伞形科	珊瑚菜	*Glehnia littoralis* F. Schmidt ex Miq.
177	广东省重点	双扇蕨科	中华双扇蕨	*Dipteris chinensis* Christ
178	广东省重点	罗汉松科	长叶竹柏	*Nageia fleuryi* (Hickel) de Laub.
179	广东省重点	三尖杉科	宽叶粗榧	*Cephalotaxus latifolia* W. C. Cheng & L. K. Fu ex L. K. Fu & R. R. Mill
180	广东省重点	松科	长苞铁杉	*Nothotsuga longibracteata* (W. C. Cheng) Hu ex C. N. Page
181	广东省重点	睡莲科	睡莲	*Nymphaea tetragona* Georgi
182	广东省重点	马兜铃科	鼎湖细辛	*Asarum magnificum* var. *dinghuense* C. Y. Cheng & C. S. Yang
183	广东省重点	木兰科	长梗木莲	*Manglietia longipedunculata* Q. W. Zeng & Y. W. Law
184	广东省重点	木兰科	观光木	*Michelia odora* (Chun) Noot. & B. L. Chen
185	广东省重点	木兰科	乐东拟单性木兰	*Parakmeria lotungensis* (Chun & C. H. Tsoong) Y. W. Law
186	广东省重点	樟科	沉水樟	*Camphora micrantha* (Hayata) Y. Yang, Bing Liu & Zhi Yang
187	广东省重点	兰科	芳香石豆兰	*Bulbophyllum ambrosia* (Hance) Schltr.
188	广东省重点	兰科	二色卷瓣兰	*Bulbophyllum bicolor* Lindl.
189	广东省重点	兰科	广东石豆兰	*Bulbophyllum kwangtungense* Schltr.
190	广东省重点	兰科	密花石豆兰	*Bulbophyllum odoratissimum* (J. E. Sm.) Lindl.
191	广东省重点	兰科	乐昌虾脊兰	*Calanthe lechangensis* Z. H. Tsi & Tang
192	广东省重点	兰科	细叶石仙桃	*Pholidota cantonensis* Rolfe
193	广东省重点	兰科	石仙桃	*Pholidota chinensis* Lindl.
194	广东省重点	兰科	广东万代兰	*Vanda fuscoviridis* Lindl.
195	广东省重点	兰花蕉科	兰花蕉	*Orchidantha chinensis* T. L. Wu
196	广东省重点	姜科	从化山姜	*Alpinia conghuaensis* J. P. Liao & T. L. Wu
197	广东省重点	姜科	大豆蔻	*Hornstedtia hainanensis* T. L. Wu & S. J. Chen
198	广东省重点	蕈树科	半枫荷	*Semiliquidambar cathayensis* Hung. T. Chang
199	广东省重点	鼠刺科	阳春鼠刺	*Itea yangchunensis* S. Y. Jin
200	广东省重点	葡萄科	乳源葡萄	*Vitis ruyuanensis* C. L. Li
201	广东省重点	豆科	鼎湖双束鱼藤	*Aganope dinghuensis* (P. Y. Chen) T. C. Chen & Pedley
202	广东省重点	桑科	见血封喉	*Antiaris toxicaria* Lesch.
203	广东省重点	秋海棠科	紫背天葵	*Begonia fimbristipula* Hance
204	广东省重点	千屈菜科	广东紫薇	*Lagerstroemia fordii* Oliv. & Koehne
205	广东省重点	猪笼草科	猪笼草	*Nepenthes mirabilis* (Lour.) Druce

续表

序号	保护类别	科名	种中文名	种拉丁名
206	广东省重点	柿科	丹霞柿	*Diospyros danxiaensis* (R. H. Miao & W. Q. Liu) Y. H. Tong & N. H. Xia
207	广东省重点	柿科	小果柿	*Diospyros vaccinioides* Lindl.
208	广东省重点	报春花科	走马胎	*Ardisia kteniophylla* A. DC.
209	广东省重点	报春花科	广东报春	*Primula kwangtungensis* W. W. Sm.
210	广东省重点	山茶科	大苞山茶	*Camellia granthamiana* Sealy
211	广东省重点	安息香科	银钟花	*Perkinsiodendron macgregorii* (Chun) P. W. Fritsch
212	广东省重点	杜鹃花科	大田顶杜鹃	*Rhododendron datiandingense* Z. J. Feng
213	广东省重点	茜草科	乌檀	*Nauclea officinalis* (Pierre ex Pit.) Merr. & Chun
214	广东省重点	唇形科	潮州莸	*Caryopteris alternifolia* Y. S. Chen & C. L. Xiang
215	广东省重点	冬青科	小金冬青	*Ilex xiaojinensis* Y. Q. Wang & P. Y. Chen

四、广东入侵、归化和栽培植物

本书共收录广东省入侵与归化植物 7 896 条县市级分布记录，共计 84 科 359 属 592 种。广东省入侵植物有 58 科 204 属 325 种，其中 1 级 31 种（恶性入侵类，表 5），2 级 56 种（严重入侵类，表 5），3 级 61 种（局部入侵类），4 级 53 种（一般入侵类），5 级 124 种（有待观察类）。2022 年公布的 33 种国家重点管理的外来入侵植物中，广东省有 24 种（表 5），占比约 73%，需要重点监测。广东省归化植物有 65 科 214 属 267 种。在入侵与归化植物中，物种数最多的科依次是菊科（90 种）、豆科（71 种）、禾本科（64 种）、苋科（25 种）、大戟科（23 种）、茄科（23 种）、旋花科（22 种）、唇形科（20 种）、锦葵科（17 种）、茜草科（13 种）和车前科（13 种）；物种数最多的属依次是大戟属（*Euphorbia*，16 种）、番薯属（*Ipomoea*，13 种）、茄属（*Solanum*，12 种）、苋属（*Amaranthus*，9 种）、莎草属（*Cyperus*，9 种）、决明属（*Senna*，9 种）、狗尾草属（*Setaria*，8 种）、猪屎豆属（*Crotalaria*，7 种）、莲子草属（*Alternanthera*，6 种）和纽扣草属（*Spermacoce*，6 种）。

根据统计，广东省 1 级入侵植物平均每种分布 23 个县市，2 级入侵植物平均每种分布 18 个县市，3 级入侵植物平均每种分布 10 个县市，4 级入侵植物平均每种分布 13 个县市，5 级入侵植物平均每种分布仅 7 个县市。其中，分布范围排在前 10 位的入侵植物是鳢肠（*Eclipta prostrata*，4 级，分布 67 个县市）、青葙（*Celosia argentea*，2 级，分布 62 个县市）、野甘草（*Scoparia dulcis*，2 级，分布 56 个县市）、刺苋（*Amaranthus spinosus*，1 级，分布 50 个县市）、马缨丹（*Lantana camara*，1 级，分布 50 个县市）、赛葵（*Malvastrum coromandelianum*，2 级，分布 48 个县市）、皱果苋（*Amaranthus viridis*，2 级，分布 47 个县市）、白花鬼针草（*Bidens alba*，1 级，分布 46 个县市）、小叶冷水花（*Pilea microphylla*，4 级，分布 45 个县市）、飞扬草（*Euphorbia hirta*，3 级，分布 44 个县市）。总体而言，等级越高的入侵植物倾向于分布的县市越多，也就是入侵越严重的种类往往扩散能力也更强。

在地理分布格局上，入侵植物种数排在第一的是深圳市（237 种），其次是广州市（188 种）。如果将从化区和增城区合并到广州市，则广州市的入侵植物有 223 种。王忠等（2008）曾报道过广州外来入侵植物共计 73 种，当时未包括从化区和增城区（这两区 2014 年划入广州市管辖）[550]。王瑞江（2019b）在《广州入侵植物》一书中收录广州市外来入侵植物 131 种和本土入侵植物 19 种，但收录的标准与本研究有所不同[21]。我们的调查结果显示，入侵植物种数在 100 种以上的县市还包括肇庆市（157 种）、东莞市（142种）、中山市（128种）、湛江市（128种）、惠州市（127种）、乐昌市（127种）、从化区（116种）和博罗县（115种）。入侵植物种数最少的3个县市是四会市（2种）、广宁县（3种）和恩平市（3种）。显然，入侵植物种数在不同县市有如此显著的差异，与不同地区人员流动和植物调查强度等都有关系。

另外，本书还收录广东省常见栽培植物128科444属671种，其中不少种是外来植物，也需要随时监测。

表5　广东省分布的1级、2级和国家重点管理的外来入侵植物名录

序号	状态	种中文名	种拉丁名	科中文名
1	1级；国家重点管理	大薸	*Pistia stratiotes* L.	天南星科
2	1级；国家重点管理	凤眼莲	*Eichhornia crassipes* (Mart.) Solms	雨久花科
3	1级；国家重点管理	石茅	*Sorghum halepense* (L.) Pers.	禾本科
4	1级；国家重点管理	互花米草	*Spartina alterniflora* Loisel.	禾本科
5	1级；国家重点管理	光荚含羞草	*Mimosa bimucronata* (DC.) Kuntze	豆科
6	1级；国家重点管理	喜旱莲子草	*Alternanthera philoxeroides* (Mart.) Griseb.	苋科
7	1级；国家重点管理	刺苋	*Amaranthus spinosus* L.	苋科
8	1级；国家重点管理	落葵薯	*Anredera cordifolia* (Ten.) Steenis	落葵科
9	1级；国家重点管理	五爪金龙	*Ipomoea cairica* (L.) Sweet	旋花科
10	1级；国家重点管理	马缨丹	*Lantana camara* L.	马鞭草科
11	1级；国家重点管理	紫茎泽兰	*Ageratina adenophora* (Spreng.) R. M. King & H. Rob.	菊科
12	1级；国家重点管理	藿香蓟	*Ageratum conyzoides* L.	菊科
13	1级；国家重点管理	豚草	*Ambrosia artemisiifolia* L.	菊科
14	1级；国家重点管理	飞机草	*Chromolaena odorata* (L.) R. M. King & H. Rob.	菊科
15	1级；国家重点管理	小蓬草	*Erigeron canadensis* L.	菊科
16	1级；国家重点管理	苏门白酒草	*Erigeron sumatrensis* Retz.	菊科
17	1级；国家重点管理	微甘菊	*Mikania micrantha* Kunth	菊科
18	1级；国家重点管理	银胶菊	*Parthenium hysterophorus* L.	菊科
19	1级；国家重点管理	假臭草	*Praxelis clematidea* (Hieron. ex Kuntze) R. M. King & H. Rob.	菊科
20	1级；国家重点管理	加拿大一枝黄花	*Solidago canadensis* L.	菊科
21	1级	蒺藜草	*Cenchrus echinatus* L.	禾本科
22	1级	毒麦	*Lolium temulentum* L.	禾本科
23	1级	反枝苋	*Amaranthus retroflexus* L.	苋科
24	1级	土荆芥	*Dysphania ambrosioides* (L.) Mosyakin & Clemants	苋科
25	1级	阔叶丰花草	*Spermacoce alata* Aubl.	茜草科
26	1级	圆叶牵牛	*Ipomoea purpurea* (L.) Roth	旋花科
27	1级	白花鬼针草	*Bidens alba* (L.) DC.	菊科
28	1级	大狼耙草	*Bidens frondosa* L.	菊科
29	1级	一年蓬	*Erigeron annuus* (L.) Pers.	菊科
30	1级	钻叶紫菀	*Symphyotrichum subulatum* (Michx.) G. L. Nesom	菊科
31	1级	肿柄菊	*Tithonia diversifolia* (Hemsl.) A. Gray	菊科
32	2级；国家重点管理	水盾草	*Cabomba caroliniana* A. Gray	莼菜科
33	2级；国家重点管理	野燕麦	*Avena fatua* L.	禾本科
34	2级；国家重点管理	垂序商陆	*Phytolacca americana* L.	商陆科
35	2级	细叶满江红	*Azolla filiculoides* Lam.	槐叶蘋科
36	2级	巴拉草	*Brachiaria mutica* (Forssk.) Stapf	禾本科

续表

序号	状态	种中文名	种拉丁名	科中文名
37	2级	扁穗雀麦	*Bromus catharticus* Vahl	禾本科
38	2级	红毛草	*Melinis repens* (Willd.) Zizka	禾本科
39	2级	铺地黍	*Panicum repens* L.	禾本科
40	2级	两耳草	*Paspalum conjugatum* Bergius	禾本科
41	2级	大米草	*Spartina anglica* C. E. Hubb.	禾本科
42	2级	银合欢	*Leucaena leucocephala* (Lam.) de Wit	豆科
43	2级	巴西含羞草	*Mimosa diplotricha* C. Wright	豆科
44	2级	无刺含羞草	*Mimosa diplotricha* var. *inermis* (Adelb.) Alam & Yusof	豆科
45	2级	含羞草	*Mimosa pudica* L.	豆科
46	2级	田菁	*Sesbania cannabina* (Retz.) Poir.	豆科
47	2级	红车轴草	*Trifolium pratense* L.	豆科
48	2级	白车轴草	*Trifolium repens* L.	豆科
49	2级	龙珠果	*Passiflora foetida* L.	西番莲科
50	2级	白苞猩猩草	*Euphorbia heterophylla* L.	大戟科
51	2级	蓖麻	*Ricinus communis* L.	大戟科
52	2级	野老鹳草	*Geranium carolinianum* L.	牻牛儿苗科
53	2级	香膏萼距花	*Cuphea carthagenensis* (Jacq.) J. F. Macbr.	千屈菜科
54	2级	赛葵	*Malvastrum coromandelianum* (L.) Garcke	锦葵科
55	2级	蛇婆子	*Waltheria indica* L.	锦葵科
56	2级	北美独行菜	*Lepidium virginicum* L.	十字花科
57	2级	麦仙翁	*Agrostemma githago* L.	石竹科
58	2级	刺花莲子草	*Alternanthera pungens* Kunth	苋科
59	2级	凹头苋	*Amaranthus blitum* L.	苋科
60	2级	绿穗苋	*Amaranthus hybridus* L.	苋科
61	2级	皱果苋	*Amaranthus viridis* L.	苋科
62	2级	青葙	*Celosia argentea* L.	苋科
63	2级	银花苋	*Gomphrena celosioides* Mart.	苋科
64	2级	紫茉莉	*Mirabilis jalapa* L.	紫茉莉科
65	2级	仙人掌	*Opuntia dillenii* (Ker Gawl.) Haw.	仙人掌科
66	2级	梨果仙人掌	*Opuntia ficus-indica* (L.) Mill.	仙人掌科
67	2级	单刺仙人掌	*Opuntia monacantha* Haw.	仙人掌科
68	2级	牵牛	*Ipomoea nil* (L.) Roth	旋花科
69	2级	三裂叶薯	*Ipomoea triloba* L.	旋花科
70	2级	洋金花	*Datura metel* L.	茄科
71	2级	曼陀罗	*Datura stramonium* L.	茄科
72	2级	喀西茄	*Solanum aculeatissimum* Jacquem.	茄科
73	2级	假烟叶树	*Solanum erianthum* D. Don	茄科
74	2级	水茄	*Solanum torvum* Sw.	茄科
75	2级	北美车前	*Plantago virginica* L.	车前科
76	2级	野甘草	*Scoparia dulcis* L.	车前科
77	2级	假马鞭	*Stachytarpheta jamaicensis* (L.) Vahl	马鞭草科

续表

序号	状态	种中文名	种拉丁名	科中文名
78	2级	山香	*Mesosphaerum suaveolens* (L.) Kuntze	唇形科
79	2级	熊耳草	*Ageratum houstonianum* Mill.	菊科
80	2级	野茼蒿	*Crassocephalum crepidioides* (Benth.) S. Moore	菊科
81	2级	香丝草	*Erigeron bonariensis* L.	菊科
82	2级	牛膝菊	*Galinsoga parviflora* Cav.	菊科
83	2级	粗毛牛膝菊	*Galinsoga quadriradiata* Ruiz & Pavon	菊科
84	2级	南美蟛蜞菊	*Sphagneticola trilobata* (L.) Pruski	菊科
85	2级	金腰箭	*Synedrella nodiflora* (L.) Gaertn.	菊科
86	2级	羽芒菊	*Tridax procumbens* L.	菊科
87	2级	野胡萝卜	*Daucus carota* L.	伞形科
88	归化；国家重点管理	野莴苣	*Lactuca serriola* L.	菊科

五、广东植物名录的比较分析

我们将本书收集的数据与已有的4个权威的植物名录进行了比较分析，即《广东植物志》与《广东苔藓志》，《广东高等植物红色名录》，*Flora of China*，以及《中国植物物种名录（2023版）》。

根据每卷简介统计，《广东植物志》（共10卷，1987~2011）[35]和《广东苔藓志》（仅1卷，2013）[23]共记载广东及海南野生和栽培的高等植物8 461种（含种下类群）。根据我们的实际统计，剔除栽培品种之后，《广东植物志》和《广东苔藓志》共收录广东省（排除海南省）高等植物6 864种，其中有223种栽培植物由于不常见，本书未收录（约占3.2%），151种在本书中作为分布存疑或排除种（约占2.2%）；本书收录且学名相同的共有4 893种，比例约为71.3%；学名发生变更（包括处理为异名或学名拼写有变化）的有1 597种，比例约为23.3%。从收录结果看，去除305个重复（归并处理）后，《广东植物志》和《广东苔藓志》总计有6 185种被收录于本书，比例为90.1%。从科级水平统计，学名发生变更数量最多的10个科，依次为豆科（90种）、菊科（84种）、夹竹桃科（58种）、唇形科（45种）、山茶科（43种）、莎草科（42种）、水龙骨科（37种）、苦苣苔科（33种）、茜草科（31种）和兰科（30种）。学名变更比例最大的10个大科（原记载种数超过50种），依次为水龙骨科（64.9%）、山茶科（61.4%）、野牡丹科（50.9%）、叶下珠科（50.0%）、苦苣苔科（47.8%）、夹竹桃科（47.5%）、芸香科（37.7%）、鳞毛蕨科（36.5%）、杜鹃花科（33.8%）和凤尾蕨科（32.4%）。从本书收录的8 184种来分析，有1 292种植物的学名发生了变更，约占15.8%；有1 999种未收录在《广东植物志》和《广东苔藓志》中，约占24.4%；其余4 893种的学名相同，约占59.8%（表6）。

表6　本书收录的8 184种广东高等植物与几个名录的比较结果

比较项目	《广东植物志》(1987~2011)《广东苔藓志》(2013)	《广东高等植物红色名录》(2022)	*Flora of China* (1994~2013)	《中国植物物种名录》(2023)
收录类群	高等植物	高等植物	维管植物	高等植物
学名相同	4 893种（59.8%）	6 561种（80.2%）	4 927种（67.3%）	5 996种（73.3%）
学名变更	1 292种（15.8%）	563种（6.9%）	490种（6.7%）	115种（1.4%）
未记录广东分布	1 999种（24.4%）	1 060种（12.9%）	1 902种（26%）	2 073种（25.3%）
存疑或排除	149种（另有223种暂未收录）	388种	270种	409种

与《广东植物志》和《广东苔藓志》相比较，本书收录的数据显示新增了 21 个科，270 个属，1 999 个种。在科级水平上，新增的 21 科植物中，有 3 个科是栽培植物，有 2 个科全部为归化或入侵植物，其余 16 个科均包含了本土野生植物（表 7）。例如，庄雪影等（2004）首次报道了广东野生分布有霉草科，目前该科在广东已有 4 种；《广东植物志》虽然收录了海南毒鼠子（*Dichapetalum longipetalum*），但当时仅记载产于海南，该种在徐闻的分布代表了该科在广东的记录；李健玲等（2019）首次报道广东分布有喜钙轴果蕨（*Rhachidosorus consimilis*），代表了广东蕨类一新记录科——轴果蕨科，该科在最新的《广东高等植物红色名录》和《中国植物物种名录（2023 版）》均未记录广东有分布；林广旋（2022）记录针晶粟草（*Gisekia pharnaceoides*）在广东雷州、徐闻和湛江有分布，该种代表了广东一个新记录科，即针晶粟草科。另外，我们也发现白藓科在广东有分布，未收录于《广东高等植物红色名录》和《中国植物物种名录（2023 版）》，该科在广东的唯一代表种白藓（*Leucomium strumosum*）报道于徐燕千（1993）主编的《车八岭国家级自然保护区调查研究论文集》。

在属级水平上，新增的 270 属中（表 8），有 39 个属在广东为野生分布，但在最新的《广东高等植物红色名录》和《中国植物物种名录（2023 版）》中均未记录广东有分布，其中苔藓植物占了约一半（有 18 个属）。在种级水平上，新增的 1 999 种植物中，栽培植物有 295 种（约 15%），归化或入侵植物 140 种（约 7%），本土野生植物 1 564 种（约 78%）；其中，大约有 380 种广东野生植物，在最新的《广东高等植物红色名录》、*Flora of China* 及《中国植物物种名录（2023 版）》中均未记载广东有分布。另外，我们也发现新增种数最多的 10 个科依次为兰科（108 种）、豆科（70 种）、禾本科（64 种）、茜草科（55 种）、菊科（55 种）、苦苣苔科（53 种）、鳞毛蕨科（51 种）、莎草科（47 种）、唇形科（45 种）和仙人掌科（38 种），其中仙人掌科主要是栽培植物。

表 7　与《广东植物志》和《广东苔藓志》相比，本书新增的 21 科植物名单

序号	科中文名	科拉丁名	种中文名	种拉丁名	状态
1	苞片苔科	Calyculariaceae	苞片苔	*Calycularia crispula* Mitt.	野生
2	歧舌苔科	Schistochilaceae	狭瓣苔	*Schistochila aligera* (Nees & Blume) Jack & Steph.	野生
3	挺叶苔科	Anastrophyllaceae	齿边褶萼苔	*Plicanthus hirtellus* (F. Weber) R. M. Schust.	野生
4	挺叶苔科	Anastrophyllaceae	全缘褶萼苔	*Plicanthus birmensis* (Steph.) R. M. Schust.	野生
5	挺叶苔科	Anastrophyllaceae	圆瓣苔	*Biantheridion undulifolium* (Nees) Konstant. & Vilnet	野生
6	白藓科	Leucomiaceae	白藓	*Leucomium strumosum* (Hornsch.) Mitt.	野生
7	水韭科	Isoetaceae	中华水韭	*Isoetes sinensis* Palmer	野生
8	冷蕨科	Cystopteridaceae	禾秆亮毛蕨	*Acystopteris tenuisecta* (Blume) Tagawa	野生
9	冷蕨科	Cystopteridaceae	亮毛蕨	*Acystopteris japonica* (Luerss.) Nakai	野生
10	轴果蕨科	Rhachidosoraceae	喜钙轴果蕨	*Rhachidosorus consimilis* Ching	野生
11	泽米铁科	Zamiaceae	鳞秕泽米	*Zamia furfuracea* Ait.	栽培
12	莼菜科	Cabombaceae	莼菜	*Brasenia schreberi* J. F. Gmel.	野生
13	莼菜科	Cabombaceae	红水盾草	*Cabomba furcata* Schult. & Schult. f.	归化
14	莼菜科	Cabombaceae	水盾草	*Cabomba caroliniana* A. Gray	入侵
15	霉草科	Triuridaceae	多枝霉草	*Sciaphila ramosa* Fukuy. & T. Suzuki	野生
16	霉草科	Triuridaceae	小霉草	*Sciaphila nana* Blume	野生
17	霉草科	Triuridaceae	尖峰霉草	*Sciaphila jianfenglingensis* Han Xu, Y. D. Li & H. Q. Chen	野生
18	霉草科	Triuridaceae	大柱霉草	*Sciaphila secundiflora* Thwaites ex Benth.	野生
19	花水藓科	Mayacaceae	花水藓	*Mayaca fluviatilis* Aubl.	归化

续表

序号	科中文名	科拉丁名	种中文名	种拉丁名	状态
20	须叶藤科	Flagellariaceae	须叶藤	*Flagellaria indica* L.	野生
21	悬铃木科	Platanaceae	二球悬铃木	*Platanus* × *acerifolia* (Aiton) Willd.	栽培
22	蒺藜科	Zygophyllaceae	蒺藜	*Tribulus terrestris* L.	野生
23	毒鼠子科	Dichapetalaceae	海南毒鼠子	*Dichapetalum longipetalum* (Turcz.) Engl.	野生
24	文定果科	Muntingiaceae	文定果	*Muntingia calabura* L.	栽培
25	刺茉莉科	Salvadoraceae	刺茉莉	*Azima sarmentosa* (Blume) Benth. & Hook. f.	野生
26	针晶粟草科	Gisekiaceae	针晶粟草	*Gisekia pharnaceoides* L.	野生
27	蒜香草科	Petiveriaceae	数珠珊瑚	*Rivina humilis* L.	入侵
28	玉蕊科	Lecythidaceae	玉蕊	*Barringtonia racemosa* (L.) Spreng.	野生
29	粗丝木科	Stemonuraceae	粗丝木	*Gomphandra tetrandra* (Wall.) Sleumer	野生

表 8　与《广东植物志》和《广东苔藓志》相比，本书新增的 270 个属名单

序号	类别	科中文名	科拉丁名	属中文名	属拉丁名	状态
1	苔类植物	钱苔科	Ricciaceae	浮苔属	*Ricciocarpos*	野生
2	苔类植物	苞片苔科	Calycულariaceae	苞片苔属	*Calycularia*	野生
3	苔类植物	细鳞苔科	Lejeuneaceae	管叶苔属	*Colura*	野生
4	苔类植物	歧舌苔科	Schistochilaceae	歧舌苔属	*Schistochila*	野生
5	苔类植物	挺叶苔科	Anastrophyllaceae	圆瓣苔属	*Biantheridion*	野生
6	苔类植物	挺叶苔科	Anastrophyllaceae	褶萼苔属	*Plicanthus*	野生
7	苔类植物	指叶苔科	Lepidoziaceae	新指叶苔属	*Neolepidozia*	野生
8	藓类植物	花叶藓科	Calymperaceae	匍网藓属	*Mitthyridium*	野生
9	藓类植物	牛毛藓科	Ditrichaceae	角齿藓属	*Ceratodon*	野生
10	藓类植物	牛毛藓科	Ditrichaceae	裂蒴藓属	*Eccremidium*	野生
11	藓类植物	牛毛藓科	Ditrichaceae	威氏藓属	*Wilsoniella*	野生
12	藓类植物	粗石藓科	Rhabdoweisiaceae	粗石藓属	*Rhabdoweisia*	野生
13	藓类植物	丛藓科	Pottiaceae	舌叶藓属	*Scopelophila*	野生
14	藓类植物	提灯藓科	Mniaceae	小叶藓属	*Epipterygium*	野生
15	藓类植物	提灯藓科	Mniaceae	纤齿藓属	*Haplodontium*	野生
16	藓类植物	真藓科	Bryaceae	平蒴藓属	*Plagiobryum*	野生
17	藓类植物	白藓科	Leucomiaceae	白藓属	*Leucomium*	野生
18	藓类植物	蔓藓科	Meteoriaceae	毛扭藓属	*Aerobryidium*	野生
19	藓类植物	蔓藓科	Meteoriaceae	拟悬藓属	*Barbellopsis*	野生
20	藓类植物	蔓藓科	Meteoriaceae	耳蔓藓属	*Neonoguchia*	野生
21	藓类植物	青藓科	Brachytheciaceae	旋齿藓属	*Helicodontium*	野生
22	藓类植物	青藓科	Brachytheciaceae	异叶藓属	*Kindbergia*	野生
23	藓类植物	鳞叶藓科	Taxiphyllaceae	扁锦藓属	*Glossadelphus*	野生
24	藓类植物	灰藓科	Hypnaceae	拟硬叶藓属	*Stereodontopsis*	野生
25	藓类植物	毛锦藓科	Pylaisiadelphaceae	疣胞藓属	*Clastobryum*	野生
26	藓类植物	锦藓科	Sematophyllaceae	腐木藓属	*Heterophyllium*	野生
27	藓类植物	平藓科	Neckeraceae	羽枝藓属	*Pinnatella*	野生
28	藓类植物	平藓科	Neckeraceae	光平藓属	*Planicladium*	野生
29	藓类植物	绢藓科	Entodontaceae	斜齿藓属	*Mesonodon*	野生

续表

序号	类别	科中文名	科拉丁名	属中文名	属拉丁名	状态
30	藓类植物	绢藓科	Entodontaceae	螺叶藓属	*Sakuraia*	野生
31	藓类植物	薄罗藓科	Leskeaceae	拟草藓属	*Pseudoleskeopsis*	野生
32	藓类植物	金灰藓科	Pylaisiaceae	金灰藓属	*Pylaisia*	野生
33	石松类植物	水韭科	Isoetaceae	水韭属	*Isoetes*	野生
34	蕨类植物	膜蕨科	Hymenophyllaceae	毛秆蕨属	*Callistopteris*	野生
35	蕨类植物	里白科	Gleicheniaceae	假芒萁属	*Sticherus*	野生
36	蕨类植物	冷蕨科	Cystopteridaceae	亮毛蕨属	*Acystopteris*	野生
37	蕨类植物	轴果蕨科	Rhachidosoraceae	轴果蕨属	*Rhachidosorus*	野生
38	蕨类植物	乌毛蕨科	Blechnaceae	荚囊蕨属	*Cleistoblechnum*	野生
39	蕨类植物	水龙骨科	Polypodiaceae	连珠蕨属	*Aglaomorpha*	野生
40	蕨类植物	水龙骨科	Polypodiaceae	荷包蕨属	*Calymmodon*	野生
41	蕨类植物	水龙骨科	Polypodiaceae	滨禾蕨属	*Oreogrammitis*	野生
42	蕨类植物	水龙骨科	Polypodiaceae	鹿角蕨属	*Platycerium*	栽培
43	蕨类植物	水龙骨科	Polypodiaceae	革舌蕨属	*Scleroglossum*	野生
44	裸子植物	泽米铁科	Zamiaceae	泽米铁属	*Zamia*	栽培
45	裸子植物	罗汉松科	Podocarpaceae	鸡毛松属	*Dacrycarpus*	栽培
46	裸子植物	柏科	Cupressaceae	台湾杉属	*Taiwania*	栽培
47	被子植物	莼菜科	Cabombaceae	莼菜属	*Brasenia*	野生
48	被子植物	莼菜科	Cabombaceae	水盾草属	*Cabomba*	归化或入侵
49	被子植物	木兰科	Magnoliaceae	鹅掌楸属	*Liriodendron*	栽培
50	被子植物	番荔枝科	Annonaceae	弯瓣木属	*Marsypopetalum*	野生
51	被子植物	番荔枝科	Annonaceae	单籽暗罗属	*Monoon*	栽培
52	被子植物	樟科	Lauraceae	月桂属	*Laurus*	栽培
53	被子植物	天南星科	Araceae	黛粉芋属	*Dieffenbachia*	栽培
54	被子植物	天南星科	Araceae	鹅掌芋属	*Thaumatophyllum*	栽培
55	被子植物	天南星科	Araceae	千年芋属	*Xanthosoma*	入侵
56	被子植物	天南星科	Araceae	雪铁芋属	*Zamioculcas*	栽培
57	被子植物	泽泻科	Alismataceae	黄花蔺属	*Limnocharis*	入侵
58	被子植物	水鳖科	Hydrocharitaceae	水蕴草属	*Elodea*	归化
59	被子植物	水鳖科	Hydrocharitaceae	水蚨花属	*Limnobium*	归化
60	被子植物	眼子菜科	Potamogetonaceae	篦齿眼子菜属	*Stuckenia*	野生
61	被子植物	水玉簪科	Burmanniaceae	水玉杯属	*Thismia*	野生
62	被子植物	霉草科	Triuridaceae	霉草属	*Sciaphila*	野生
63	被子植物	兰科	Orchidaceae	扁莛兰属	*Cestichis*	野生
64	被子植物	兰科	Orchidaceae	金唇兰属	*Chrysoglossum*	野生
65	被子植物	兰科	Orchidaceae	肉果兰属	*Cyrtosia*	野生
66	被子植物	兰科	Orchidaceae	丹霞兰属	*Danxiaorchis*	野生
67	被子植物	兰科	Orchidaceae	绒兰属	*Dendrolirium*	野生
68	被子植物	兰科	Orchidaceae	双唇兰属	*Didymoplexis*	野生
69	被子植物	兰科	Orchidaceae	蛇舌兰属	*Diploprora*	野生
70	被子植物	兰科	Orchidaceae	天麻属	*Gastrodia*	野生
71	被子植物	兰科	Orchidaceae	舌喙兰属	*Hemipilia*	野生

续表

序号	类别	科中文名	科拉丁名	属中文名	属拉丁名	状态
72	被子植物	兰科	Orchidaceae	原沼兰属	*Malaxis*	野生
73	被子植物	兰科	Orchidaceae	鸟巢兰属	*Neottia*	野生
74	被子植物	兰科	Orchidaceae	小沼兰属	*Oberonioides*	野生
75	被子植物	兰科	Orchidaceae	柄唇兰属	*Podochilus*	野生
76	被子植物	兰科	Orchidaceae	火焰兰属	*Renanthera*	栽培
77	被子植物	兰科	Orchidaceae	坚唇兰属	*Stereochilus*	野生
78	被子植物	兰科	Orchidaceae	矮柱兰属	*Thelasis*	野生
79	被子植物	兰科	Orchidaceae	长喙兰属	*Tsaiorchis*	野生
80	被子植物	兰科	Orchidaceae	香荚兰属	*Vanilla*	野生
81	被子植物	仙茅科	Hypoxidaceae	台山仙茅属	*Sinocurculigo*	野生
82	被子植物	棕榈科	Arecaceae	霸王棕属	*Bismarckia*	栽培
83	被子植物	棕榈科	Arecaceae	果冻椰子属	*Butia*	栽培
84	被子植物	棕榈科	Arecaceae	竹节椰属	*Chamaedorea*	栽培
85	被子植物	棕榈科	Arecaceae	油棕属	*Elaeis*	栽培
86	被子植物	棕榈科	Arecaceae	石山棕属	*Guihaia*	野生
87	被子植物	棕榈科	Arecaceae	酒瓶椰属	*Hyophorbe*	栽培
88	被子植物	棕榈科	Arecaceae	射叶椰属	*Ptychosperma*	栽培
89	被子植物	棕榈科	Arecaceae	国王椰属	*Ravenea*	栽培
90	被子植物	棕榈科	Arecaceae	狐尾椰属	*Wodyetia*	栽培
91	被子植物	鸭跖草科	Commelinaceae	假紫万年青属	*Belosynapsis*	野生
92	被子植物	鸭跖草科	Commelinaceae	锦竹草属	*Callisia*	入侵
93	被子植物	鸭跖草科	Commelinaceae	竹叶子属	*Streptolirion*	野生
94	被子植物	鸭跖草科	Commelinaceae	紫露草属	*Tradescantia*	归化、入侵或栽培
95	被子植物	雨久花科	Pontederiaceae	梭鱼草属	*Pontederia*	栽培
96	被子植物	竹芋科	Marantaceae	水竹芋属	*Thalia*	栽培
97	被子植物	姜科	Zingiberaceae	大豆蔻属	*Hornstedtia*	野生
98	被子植物	香蒲科	Typhaceae	黑三棱属	*Sparganium*	野生
99	被子植物	凤梨科	Bromeliaceae	光萼荷属	*Aechmea*	栽培
100	被子植物	凤梨科	Bromeliaceae	虎纹凤梨属	*Lutheria*	栽培
101	被子植物	凤梨科	Bromeliaceae	彩叶凤梨属	*Neoregelia*	栽培
102	被子植物	花水藓科	Mayacaceae	花水藓属	*Mayaca*	归化
103	被子植物	莎草科	Cyperaceae	剑叶莎属	*Machaerina*	野生
104	被子植物	须叶藤科	Flagellariaceae	须叶藤属	*Flagellaria*	野生
105	被子植物	禾本科	Poaceae	山羊草属	*Aegilops*	归化
106	被子植物	禾本科	Poaceae	雀麦属	*Bromus*	归化或入侵
107	被子植物	禾本科	Poaceae	镰序竹属	*Drepanostachyum*	野生或栽培
108	被子植物	禾本科	Poaceae	肠须草属	*Enteropogon*	野生
109	被子植物	禾本科	Poaceae	箭竹属	*Fargesia*	栽培
110	被子植物	禾本科	Poaceae	甜茅属	*Glyceria*	野生
111	被子植物	罂粟科	Papaveraceae	蓟罂粟属	*Argemone*	入侵
112	被子植物	木通科	Lardizabalaceae	木通属	*Akebia*	野生
113	被子植物	木通科	Lardizabalaceae	八月瓜属	*Holboellia*	野生

续表

序号	类别	科中文名	科拉丁名	属中文名	属拉丁名	状态
114	被子植物	防己科	Menispermaceae	密花藤属	*Pycnarrhena*	野生
115	被子植物	毛茛科	Ranunculaceae	天葵属	*Semiaquilegia*	野生
116	被子植物	毛茛科	Ranunculaceae	尾囊草属	*Urophysa*	野生
117	被子植物	悬铃木科	Platanaceae	悬铃木属	*Platanus*	栽培
118	被子植物	山龙眼科	Proteaceae	假山龙眼属	*Heliciopsis*	野生
119	被子植物	山龙眼科	Proteaceae	澳洲坚果属	*Macadamia*	栽培
120	被子植物	金缕梅科	Hamamelidaceae	金缕梅属	*Hamamelis*	野生
121	被子植物	景天科	Crassulaceae	青锁龙属	*Crassula*	栽培
122	被子植物	景天科	Crassulaceae	石莲属	*Sinocrassula*	野生
123	被子植物	蒺藜科	Zygophyllaceae	蒺藜属	*Tribulus*	野生
124	被子植物	豆科	Fabaceae	黄芪属	*Astragalus*	野生
125	被子植物	豆科	Fabaceae	锦鸡儿属	*Caragana*	野生
126	被子植物	豆科	Fabaceae	香槐属	*Cladrastis*	野生
127	被子植物	豆科	Fabaceae	见血飞属	*Mezoneuron*	野生
128	被子植物	豆科	Fabaceae	肉荚云实属	*Moullava*	野生
129	被子植物	豆科	Fabaceae	饿蚂蝗属	*Ototropis*	野生
130	被子植物	豆科	Fabaceae	雨树属	*Samanea*	栽培
131	被子植物	豆科	Fabaceae	车轴草属	*Trifolium*	入侵
132	被子植物	远志科	Polygalaceae	鳞叶草属	*Epirixanthes*	野生
133	被子植物	蔷薇科	Rosaceae	草莓属	*Fragaria*	栽培
134	被子植物	蔷薇科	Rosaceae	红果树属	*Stranvaesia*	野生
135	被子植物	鼠李科	Rhamnaceae	封怀木属	*Fenghwaia*	野生
136	被子植物	荨麻科	Urticaceae	微柱麻属	*Chamabainia*	野生
137	被子植物	荨麻科	Urticaceae	墙草属	*Parietaria*	野生
138	被子植物	葫芦科	Cucurbitaceae	绞股蓝属	*Gynostemma*	野生
139	被子植物	葫芦科	Cucurbitaceae	丝瓜属	*Luffa*	栽培
140	被子植物	葫芦科	Cucurbitaceae	番马瓟属	*Melothria*	归化
141	被子植物	红厚壳科	Calophyllaceae	铁力木属	*Mesua*	野生
142	被子植物	金丝桃科	Hypericaceae	三腺金丝桃属	*Triadenum*	野生
143	被子植物	金虎尾科	Malpighiaceae	三星果属	*Tristellateia*	栽培
144	被子植物	毒鼠子科	Dichapetalaceae	毒鼠子属	*Dichapetalum*	野生
145	被子植物	杨柳科	Salicaceae	栀子皮属	*Itoa*	野生
146	被子植物	叶下珠科	Phyllanthaceae	水含珠属	*Moeroris*	入侵
147	被子植物	使君子科	Combretaceae	对叶榄李属	*Laguncularia*	栽培
148	被子植物	千屈菜科	Lythraceae	八宝树属	*Duabanga*	栽培
149	被子植物	千屈菜科	Lythraceae	海桑属	*Sonneratia*	入侵或栽培
150	被子植物	桃金娘科	Myrtaceae	野凤榴属	*Acca*	栽培
151	被子植物	桃金娘科	Myrtaceae	风蜡花属	*Chamelaucium*	栽培
152	被子植物	桃金娘科	Myrtaceae	伞房桉属	*Corymbia*	栽培
153	被子植物	桃金娘科	Myrtaceae	番樱桃属	*Eugenia*	栽培
154	被子植物	桃金娘科	Myrtaceae	鱼柳梅属	*Leptospermum*	栽培
155	被子植物	桃金娘科	Myrtaceae	多香果属	*Pimenta*	栽培

续表

序号	类别	科中文名	科拉丁名	属中文名	属拉丁名	状态
156	被子植物	桃金娘科	Myrtaceae	树番樱属	*Plinia*	栽培
157	被子植物	桃金娘科	Myrtaceae	金缨木属	*Xanthostemon*	栽培
158	被子植物	野牡丹科	Melastomataceae	异形木属	*Allomorphia*	栽培
159	被子植物	野牡丹科	Melastomataceae	四瓣果属	*Heterocentron*	栽培
160	被子植物	野牡丹科	Melastomataceae	湿地棯属	*Heterotis*	栽培
161	被子植物	野牡丹科	Melastomataceae	蒂牡花属	*Tibouchina*	栽培
162	被子植物	漆树科	Anacardiaceae	槟榔青属	*Spondias*	栽培
163	被子植物	芸香科	Rutaceae	贡甲属	*Maclurodendron*	野生
164	被子植物	芸香科	Rutaceae	单叶藤橘属	*Paramignya*	野生
165	被子植物	楝科	Meliaceae	割舌树属	*Walsura*	栽培
166	被子植物	文定果科	Muntingiaceae	文定果属	*Muntingia*	栽培
167	被子植物	锦葵科	Malvaceae	吉贝属	*Ceiba*	栽培
168	被子植物	锦葵科	Malvaceae	山麻树属	*Commersonia*	野生
169	被子植物	锦葵科	Malvaceae	十裂葵属	*Decaschistia*	野生
170	被子植物	锦葵科	Malvaceae	脬果苘属	*Herissantia*	入侵
171	被子植物	刺茉莉科	Salvadoraceae	刺茉莉属	*Azima*	野生
172	被子植物	白花菜科	Cleomaceae	鸟足菜属	*Cleome*	入侵
173	被子植物	十字花科	Brassicaceae	播娘蒿属	*Descurainia*	归化
174	被子植物	十字花科	Brassicaceae	芝麻菜属	*Eruca*	归化
175	被子植物	檀香科	Santalaceae	硬核属	*Scleropyrum*	野生
176	被子植物	石竹科	Caryophyllaceae	麦仙翁属	*Agrostemma*	入侵
177	被子植物	石竹科	Caryophyllaceae	石头花属	*Gypsophila*	栽培
178	被子植物	石竹科	Caryophyllaceae	独子繁缕属	*Schizotechium*	野生
179	被子植物	苋科	Amaranthaceae	市藜属	*Oxybasis*	入侵
180	被子植物	苋科	Amaranthaceae	澳海蓬属	*Tecticornia*	野生
181	被子植物	针晶粟草科	Gisekiaceae	针晶粟草属	*Gisekia*	野生
182	被子植物	番杏科	Aizoaceae	假海马齿属	*Trianthema*	野生
183	被子植物	蒜香草科	Petiveriaceae	数珠珊瑚属	*Rivina*	入侵
184	被子植物	粟米草科	Molluginaceae	无茎粟草属	*Paramollugo*	野生
185	被子植物	仙人掌科	Cactaceae	星球属	*Astrophytum*	栽培
186	被子植物	仙人掌科	Cactaceae	圆筒掌属	*Austrocylindropuntia*	栽培
187	被子植物	仙人掌科	Cactaceae	戒尺掌属	*Brasiliopuntia*	栽培
188	被子植物	仙人掌科	Cactaceae	仙人柱属	*Cereus*	栽培
189	被子植物	仙人掌科	Cactaceae	红尾令箭属	*Disocactus*	栽培
190	被子植物	仙人掌科	Cactaceae	金琥属	*Echinocactus*	栽培
191	被子植物	仙人掌科	Cactaceae	仙人球属	*Echinopsis*	栽培
192	被子植物	仙人掌科	Cactaceae	强刺球属	*Ferocactus*	栽培
193	被子植物	仙人掌科	Cactaceae	裸萼球属	*Gymnocalycium*	栽培
194	被子植物	仙人掌科	Cactaceae	乳突球属	*Mammillaria*	栽培
195	被子植物	仙人掌科	Cactaceae	龙神柱属	*Myrtillocactus*	栽培
196	被子植物	仙人掌科	Cactaceae	令箭荷花属	*Nopalxochia*	栽培
197	被子植物	仙人掌科	Cactaceae	锦绣玉属	*Parodia*	栽培

续表

序号	类别	科中文名	科拉丁名	属中文名	属拉丁名	状态
198	被子植物	仙人掌科	Cactaceae	子孙球属	*Rebutia*	栽培
199	被子植物	绣球科	Hydrangeaceae	草绣球属	*Cardiandra*	野生
200	被子植物	玉蕊科	Lecythidaceae	玉蕊属	*Barringtonia*	野生
201	被子植物	山榄科	Sapotaceae	香榄属	*Mimusops*	栽培
202	被子植物	山榄科	Sapotaceae	刺榄属	*Xantolis*	野生
203	被子植物	杜鹃花科	Ericaceae	假沙晶兰属	*Monotropastrum*	野生
204	被子植物	茜草科	Rubiaceae	毛茶属	*Antirhea*	野生
205	被子植物	茜草科	Rubiaceae	雪花属	*Argostemma*	野生
206	被子植物	茜草科	Rubiaceae	香果树属	*Emmenopterys*	野生
207	被子植物	茜草科	Rubiaceae	盖裂果属	*Mitracarpus*	入侵
208	被子植物	茜草科	Rubiaceae	水线草属	*Oldenlandia*	野生或归化
209	被子植物	茜草科	Rubiaceae	槽裂木属	*Pertusadina*	野生
210	被子植物	茜草科	Rubiaceae	鱼骨木属	*Psydrax*	野生
211	被子植物	茜草科	Rubiaceae	郎德木属	*Rondeletia*	栽培
212	被子植物	茜草科	Rubiaceae	纽扣草属	*Spermacoce*	归化或入侵
213	被子植物	龙胆科	Gentianaceae	杯药草属	*Cotylanthera*	野生
214	被子植物	夹竹桃科	Apocynaceae	沙漠玫瑰属	*Adenium*	栽培
215	被子植物	夹竹桃科	Apocynaceae	秦岭藤属	*Biondia*	野生
216	被子植物	夹竹桃科	Apocynaceae	钉头果属	*Gomphocarpus*	栽培
217	被子植物	夹竹桃科	Apocynaceae	飘香藤属	*Mandevilla*	栽培
218	被子植物	夹竹桃科	Apocynaceae	毒虎藤属	*Sarcolobus*	野生
219	被子植物	紫草科	Boraginaceae	聚合草属	*Symphytum*	入侵
220	被子植物	旋花科	Convolvulaceae	苿栾藤属	*Camonea*	野生
221	被子植物	茄科	Solanaceae	鸳鸯茉莉属	*Brunfelsia*	栽培
222	被子植物	茄科	Solanaceae	假酸浆属	*Nicandra*	入侵
223	被子植物	苦苣苔科	Gesneriaceae	金红岩桐属	*Chrysothemis*	栽培
224	被子植物	苦苣苔科	Gesneriaceae	苦苣苔属	*Conandron*	野生
225	被子植物	苦苣苔科	Gesneriaceae	斜柱苣苔属	*Loxostigma*	野生
226	被子植物	苦苣苔科	Gesneriaceae	盾叶苣苔属	*Metapetrocosmea*	野生
227	被子植物	苦苣苔科	Gesneriaceae	非洲堇属	*Saintpaulia*	栽培
228	被子植物	苦苣苔科	Gesneriaceae	大岩桐属	*Sinningia*	栽培
229	被子植物	苦苣苔科	Gesneriaceae	辐冠苣苔属	*Skogea*	野生
230	被子植物	车前科	Plantaginaceae	金鱼草属	*Antirrhinum*	栽培
231	被子植物	车前科	Plantaginaceae	泽番椒属	*Deinostema*	野生
232	被子植物	车前科	Plantaginaceae	毛地黄属	*Digitalis*	入侵
233	被子植物	车前科	Plantaginaceae	伏胁花属	*Mecardonia*	归化
234	被子植物	车前科	Plantaginaceae	蓝金花属	*Otacanthus*	栽培
235	被子植物	车前科	Plantaginaceae	爆仗竹属	*Russelia*	栽培
236	被子植物	车前科	Plantaginaceae	离药草属	*Stemodia*	归化
237	被子植物	车前科	Plantaginaceae	茶菱属	*Trapella*	野生
238	被子植物	玄参科	Scrophulariaceae	玉芙蓉属	*Leucophyllum*	栽培
239	被子植物	母草科	Linderniaceae	小泥花属	*Micranthemum*	栽培

续表

序号	类别	科中文名	科拉丁名	属中文名	属拉丁名	状态
240	被子植物	爵床科	Acanthaceae	恋岩花属	*Echinacanthus*	野生
241	被子植物	爵床科	Acanthaceae	鸡冠爵床属	*Odontonema*	栽培
242	被子植物	紫葳科	Bignoniaceae	风铃木属	*Handroanthus*	栽培
243	被子植物	马鞭草科	Verbenaceae	美女樱属	*Glandularia*	栽培
244	被子植物	唇形科	Lamiaceae	三对节属	*Rotheca*	栽培
245	被子植物	列当科	Orobanchaceae	鹿茸草属	*Monochasma*	野生
246	被子植物	列当科	Orobanchaceae	马先蒿属	*Pedicularis*	野生
247	被子植物	列当科	Orobanchaceae	阴行草属	*Siphonostegia*	野生
248	被子植物	粗丝木科	Stemonuraceae	粗丝木属	*Gomphandra*	野生
249	被子植物	桔梗科	Campanulaceae	牧根草属	*Asyneuma*	野生
250	被子植物	桔梗科	Campanulaceae	长星花属	*Lithotoma*	栽培
251	被子植物	菊科	Asteraceae	蓍属	*Achillea*	归化
252	被子植物	菊科	Asteraceae	紫茎泽兰属	*Ageratina*	入侵
253	被子植物	菊科	Asteraceae	伏金腰箭属	*Calyptocarpus*	归化
254	被子植物	菊科	Asteraceae	蓝冠菊属	*Centratherum*	栽培
255	被子植物	菊科	Asteraceae	菊苣属	*Cichorium*	入侵
256	被子植物	菊科	Asteraceae	藤菊属	*Cissampelopsis*	归化
257	被子植物	菊科	Asteraceae	锥托泽兰属	*Conoclinium*	归化
258	被子植物	菊科	Asteraceae	还阳参属	*Crepis*	野生
259	被子植物	菊科	Asteraceae	裸冠菊属	*Gymnocoronis*	入侵
260	被子植物	菊科	Asteraceae	异裂菊属	*Heteroplexis*	野生
261	被子植物	菊科	Asteraceae	蛇鞭菊属	*Liatris*	栽培
262	被子植物	菊科	Asteraceae	黑足菊属	*Melampodium*	栽培
263	被子植物	菊科	Asteraceae	米花菊属	*Ozothamnus*	栽培
264	被子植物	菊科	Asteraceae	点叶菊属	*Porophyllum*	归化
265	被子植物	菊科	Asteraceae	包果菊属	*Smallanthus*	栽培
266	被子植物	菊科	Asteraceae	联毛紫菀属	*Symphyotrichum*	入侵
267	被子植物	菊科	Asteraceae	合耳菊属	*Synotis*	野生
268	被子植物	五加科	Araliaceae	萸叶五加属	*Gamblea*	野生
269	被子植物	五加科	Araliaceae	南鹅掌柴属	*Schefflera*	栽培
270	被子植物	伞形科	Apiaceae	石防风属	*Kitagawia*	野生

《广东高等植物红色名录》出版于 2022 年 2 月 [22b]，是当前最新的广东高等植物名录，记录了广东高等植物 366 科 2 250 属 8 010 种（包括 6 658 种野生植物和 1 352 种非本土植物）。与《广东高等植物红色名录》相比，本书收录广东高等植物 8 184 种（包括 6 921 种野生植物和 1 263 种非本土植物），虽然总种数变化不大，本书仅增加 174 种。但是，详细比较发现，在本书收录的总计 8 184 种植物中，有 563 种植物的学名发生了变更，约占 6.9%；有 1 060 种未收录在《广东高等植物红色名录》，约占 12.9%；其余 6 561 种的学名相同，约占 80.2%（表 6）。另外，《广东高等植物红色名录》中约有 388 种野生植物，在本书中被列入了广东省高等植物分布存疑或排除名录。

将本书数据与最新的《广东高等植物红色名录》进行比较，我们也尝试分析了一下潜在分类学问题较多的植物类群。与《广东高等植物红色名录》相比，本书多收录 1 060 种植物，其中栽培植物 241 种

（占栽培植物总数的 241/671=36%），入侵与归化植物 46 种（占总数的 46/592=8%），本土野生植物 773 种（占总数的 773/6 921=11%），可见栽培植物的比例最高，可能是收录标准不同导致，这是后续研究需要注意的一个问题。分析多出的 773 种本土野生植物，其中苔藓植物有 179 种（占苔藓植物总数的 179/865=21%）、石松类与蕨类 98 种（占总数的 98/647=15%）、裸子植物 2 种（占总数的 2/34=6%）、被子植物 494 种（占总数的 494/5 375=9%），可见苔藓和蕨类植物比例较高，预示存在的分类问题可能较多；从科级水平分析，种数较多的前 10 个科包括兰科（43 种）、禾本科（33 种）、豆科（27 种）、凤尾蕨科（19 种）、鳞毛蕨科（18 种）、夹竹桃科（16 种）、苦苣苔科（16 种）、水龙骨科（16 种）、天门冬科（16 种）和莎草科（15 种），这些科存在的分类问题可能较多，后续研究可能需要重点关注；从属级水平分析，种数较多的属有凤尾蕨属（11 种）、鳞毛蕨属（11 种）、铁角蕨属（10 种）、簕竹属（8 种）、山茶属（8 种）、蜘蛛抱蛋属（8 种）、堇菜属（7 种）、薹草属（7 种）、真藓属（7 种）、耳叶苔属（6 种）、凤仙花属（6 种）和片叶苔属（6 种），其中前 3 个属均为蕨类植物，这些属存在的分类问题可能较多。

Flora of China 共 25 卷 [3]，于 1994~2013 年出版，收录的是维管植物（不包括苔藓植物），有详细的省级分布。在本书收录的总计 7 319 种维管植物中，有 490 种植物在 *Flora of China* 中记录广东有分布，但在本书中学名发生了变更，约占 6.7%；有 1 902 种在 *Flora of China* 中未记录广东有分布，约占 26%；其余 4 927 种的学名相同，且在 *Flora of China* 中记录广东有分布，约占 67.3%（表 6）。另外，约有 270 种植物在 *Flora of China* 中记录广东有分布，但在本书中被列入广东省高等植物分布存疑或排除名录。

《中国植物物种名录（2023 版）》发布于 2023 年 5 月 [36b]，收录的是高等植物，有详细的省级分布。在本书收录的总计 8 184 种植物中，有 115 种在《中国植物物种名录（2023 版）》中记录广东有分布，但在本书中学名发生了变更，约占 1.4%；有 2 073 种在《中国植物物种名录（2023 版）》中未记录广东有分布，约占 25.3%；其余 5 996 种的学名相同，且在《中国植物物种名录（2023 版）》中记录广东有分布，约占 73.3%（表 6）。另外，约有 409 种在《中国植物物种名录（2023 版）》中记录广东有分布，但在本书中被列入广东省高等植物分布存疑或排除名录。

通过上述分析可以看出，与已有的 4 个名录相比，本书收录的广东省高等植物名录有了较大的变化，物种变化（包括拉丁名变化）比例在 20%~40%，其中变化最大的是《广东植物志》和《广东苔藓志》，变化比例为 40%。

六、广东植物标本数据的评估

本书以国家标本资源共享平台（NSII）在 2023 年 2 月提供的一份广东植物标本为基础，尝试对广东植物的调查现状进行一次初步评估，以便更好地掌握广东植物多样性的现状，并指导后续对广东植物更为系统和专业的调查和研究。初始的标本数据共包含 506 781 条标本记录，通过初步整理采集地（主要是县级地名的整理）、采集人（中英文的统一和规范）、学名（删除未鉴定到种的记录，并依据在线的 TNRS 工具和《中国植物物种名录（2023 版）》进行校对），并删除同号的复份标本，最后保留下来进行分析的数据包含 212 929 条标本记录（占比 42%）。

保留下来的标本数据来自 83 个标本馆，标本记录最多的前 10 个标本馆，依次为中国科学院华南植物园标本馆（IBSC，102 213 号）、广东省韩山师范学院生命科学与食品科技学院植物标本室（CZH，19 936 号）、深圳市中国科学院仙湖植物园植物标本馆（SZG，18 450 号）、中国科学院植物研究所标本馆（PE，16 052 号）、广西植物研究所标本馆（IBK，9 329 号）、华南师范大学生命科学学院植物标本室（SN，8 579 号）、中国科学院昆明植物研究所标本馆（KUN，7 263 号）、中山大学植物标本室（SYS，5 693 号）、江苏省中国科学院植物研究所标本馆（NAS，3 297 号）及上海辰山植物标本馆（CSH，2 815 号）。以上 10 个标本馆总计有 193 627 号标本记录，约占全部分析标本记录的 91%，其中中国科学院华南植物园标本馆的标本记录约占一半（48%）。

用于分析的标本数据共包含 5 784 个不同的采集者或采集者组合，其中采集标本最多的前 20 个采集者，依次是曾宪锋（20 182 号），邓良（10 588 号），黄志（7 258 号），石国良（5 285 号），高锡朋（5 269 号），曾怀德（4 823 号），陈少卿（4 738 号），黄成（3 979 号），李学根（3 813 号），张寿洲、李良千等(3 806 号)，谭沛祥(3 448 号)，刘心祈(3 354 号)，陈念劬(3 306 号)，蒋英(3 189 号)，叶华谷（3 157 号），卫兆芬（3 016 号），刘瑛光（2 823 号），丁广奇、石国良（2 719 号），粤 73（2 714 号），以及左景烈（2 564 号）。以上 20 个采集者或采集者组合共采集了 100 031 号标本，占全部分析标本的 47%，其中韩山师范学院的曾宪锋采集得最多。从采集年份上分析，整体上大致可以分为 4 个集中采集期：1924~1936 年（13 年，平均每年 3 094 号），1950~1959 年（10 年，平均每年 4 702 号），1977~1991 年（15 年，平均每年 2 060 号），以及 2004~2018 年（15 年，平均每年 3 550 号），其中标本采集最多的年份是 1958 年（20 797 号）。从有海拔信息的标本来看，大约有 86% 的标本采自 900m 以下。从采集月份上分析，标本数量的比例为 1 月 3%、2 月 2%、3 月 4%、4 月 9%、5 月 12%、6 月 9%、7 月 12%、8 月 10%、9 月 10%、10 月 14%、11 月 11% 和 12 月 5%，由此可见，冬季的 3 个月仅占全部的十分之一，夏季和秋季采集的数量较多。

从植物类别来看，苔藓植物有 714 号标本（平均每种约 0.9 号标本），石松类与蕨类植物有 19 137 号标本（平均每种约 40 号标本），裸子植物有 1 857 号标本（平均每种约 35 号标本），被子植物有 191 185 号标本（平均每种约 27 号标本）。由此可见，苔藓植物的标本较少，可能是由于标本数字化或研究者较少导致，与该类植物的特殊性有关。下面仅分析维管植物，维管植物平均每种约有 29 号标本。从科级水平来看，完全无标本的科一共有 10 个科（表 9），包括石松类与蕨类 2 科（水韭科、轴果蕨科）和被子植物 8 科（丝粉藻科、霉草科、白玉簪科、花水藓科、帚灯草科、须叶藤科、刺茉莉科、针晶粟草科）。每种标本数少于 5 号的科有 29 个，包括石松类与蕨类植物 3 科（莎草蕨科、槐叶蘋科、冷蕨科）、裸子植物 1 科（泽米铁科）和被子植物 25 科（莼菜科、睡莲科、肉豆蔻科、眼子菜科、川蔓藻科、无叶莲科、水玉簪科、鹤望兰科、兰花蕉科、香蒲科、凤梨科、芍药科、川苔草科、核果木科、沟繁缕科、毒鼠子科、瘿椒树科、辣木科、蒜香草科、仙人掌科、玉蕊科、帽蕊草科、杜仲科、青荚叶科、睡菜科）。因此，后续研究可能要加强这些无标本或仅有极少数标本的植物类群的采集。

从地理分布上分析，80 个县市均采集有标本（表 2），平均每个县市 2 661 号标本，标本最多的是深圳市（25 106 号标本），其次是广州市（排除从化区和增城区之后，18 304 号标本）、肇庆市（17 828 号标本）和乳源县（14 082 号标本），标本最少的是阳西县（5 号标本）、佛冈县（9 号标本）、吴川市（27 号标本）和汕尾市（40 号标本），均不足 100 号。如果考虑各县市包含种数的差异，采集密度最大的依次是广州市（平均每种有 14 号标本）、潮州市（平均每种有 12 号标本）、深圳市（平均每种有 12 号标本）、肇庆市（平均每种有 8 号标本）、梅州市（平均每种有 7 号标本）、平远县（平均每种有 5 号标本）、徐闻县（平均每种有 5 号标本）、大埔县（平均每种有 5 号标本）、乳源县（平均每种有 5 号标本）、龙门县（平均每种有 5 号标本）、丰顺县（平均每种有 5 号标本）、惠来县（平均每种有 5 号标本）和饶平县（平均每种有 5 号标本）；采集密度最小的依次是佛冈县、阳西县、东源县、中山市、东莞市、紫金县，平均每 2 种均不足 1 号标本，因此这些县市明显需要加强标本采集。

表 9 广东省维管植物的科名及其包含的种数和标本数

序号	类别	科序号	科中文名	科拉丁名	种数	标本数	平均每种标本数
1	石松类	97	石松科	Lycopodiaceae	17	795	47
2	石松类	98	水韭科	Isoetaceae	1	0	0
3	石松类	99	卷柏科	Selaginellaceae	26	901	35
4	蕨类	100	木贼科	Equisetaceae	2	169	85
5	蕨类	101	松叶蕨科	Psilotaceae	1	19	19
6	蕨类	102	瓶尔小草科	Ophioglossaceae	8	47	6
7	蕨类	103	合囊蕨科	Marattiaceae	1	193	193
8	蕨类	104	紫萁科	Osmundaceae	7	274	39
9	蕨类	105	膜蕨科	Hymenophyllaceae	19	343	18
10	蕨类	106	双扇蕨科	Dipteridaceae	4	32	8
11	蕨类	107	里白科	Gleicheniaceae	13	465	36
12	蕨类	108	海金沙科	Lygodiaceae	5	553	111
13	蕨类	109	莎草蕨科	Schizaeaceae	1	1	1
14	蕨类	110	槐叶蘋科	Salviniaceae	6	26	4
15	蕨类	111	蘋科	Marsileaceae	2	10	5
16	蕨类	112	瘤足蕨科	Plagiogyriaceae	4	185	46
17	蕨类	113	金毛狗科	Cibotiaceae	1	229	229
18	蕨类	114	桫椤科	Cyatheaceae	9	363	40
19	蕨类	115	鳞始蕨科	Lindsaeaceae	10	776	78
20	蕨类	116	凤尾蕨科	Pteridaceae	93	2 652	29
21	蕨类	117	碗蕨科	Dennstaedtiaceae	29	846	29
22	蕨类	118	冷蕨科	Cystopteridaceae	2	1	0.5
23	蕨类	119	轴果蕨科	Rhachidosoraceae	1	0	0
24	蕨类	120	铁角蕨科	Aspleniaceae	46	839	18
25	蕨类	121	球子蕨科	Onocleaceae	1	11	11
26	蕨类	122	乌毛蕨科	Blechnaceae	10	638	64
27	蕨类	123	蹄盖蕨科	Athyriaceae	64	1 248	20
28	蕨类	124	金星蕨科	Thelypteridaceae	59	1 876	32
29	蕨类	125	肿足蕨科	Hypodematiaceae	4	32	8
30	蕨类	126	鳞毛蕨科	Dryopteridaceae	101	2 339	23
31	蕨类	127	肾蕨科	Nephrolepidaceae	3	235	78
32	蕨类	128	牙蕨科	Pteridryaceae	1	8	8
33	蕨类	129	三叉蕨科	Tectariaceae	16	285	18
34	蕨类	130	蓧蕨科	Oleandraceae	2	32	16
35	蕨类	131	骨碎补科	Davalliaceae	4	159	40
36	蕨类	132	水龙骨科	Polypodiaceae	85	2 555	30
37	裸子植物	133	苏铁科	Cycadaceae	4	330	83
38	裸子植物	134	泽米铁科	Zamiaceae	1	3	3
39	裸子植物	135	银杏科	Ginkgoaceae	1	8	8
40	裸子植物	136	南洋杉科	Araucariaceae	2	54	27

续表

序号	类别	科序号	科中文名	科拉丁名	种数	标本数	平均每种标本数
41	裸子植物	137	罗汉松科	Podocarpaceae	7	230	33
42	裸子植物	138	柏科	Cupressaceae	14	477	34
43	裸子植物	139	三尖杉科	Cephalotaxaceae	7	107	15
44	裸子植物	140	红豆杉科	Taxaceae	3	101	34
45	裸子植物	141	松科	Pinaceae	11	289	26
46	裸子植物	142	买麻藤科	Gnetaceae	4	258	65
47	被子植物	143	莼菜科	Cabombaceae	3	1	0.3
48	被子植物	144	睡莲科	Nymphaeaceae	7	17	2
49	被子植物	145	五味子科	Schisandraceae	23	748	33
50	被子植物	146	三白草科	Saururaceae	3	187	62
51	被子植物	147	胡椒科	Piperaceae	22	644	29
52	被子植物	148	马兜铃科	Aristolochiaceae	27	224	8
53	被子植物	149	肉豆蔻科	Myristicaceae	2	4	2
54	被子植物	150	木兰科	Magnoliaceae	48	1 625	34
55	被子植物	151	番荔枝科	Annonaceae	32	1 290	40
56	被子植物	152	蜡梅科	Calycanthaceae	2	18	9
57	被子植物	153	莲叶桐科	Hernandiaceae	5	101	20
58	被子植物	154	樟科	Lauraceae	141	7 365	52
59	被子植物	155	金粟兰科	Chloranthaceae	9	487	54
60	被子植物	156	菖蒲科	Acoraceae	2	142	71
61	被子植物	157	天南星科	Araceae	66	566	9
62	被子植物	158	泽泻科	Alismataceae	14	137	10
63	被子植物	159	水鳖科	Hydrocharitaceae	21	125	6
64	被子植物	160	水蕹科	Aponogetonaceae	1	16	16
65	被子植物	161	眼子菜科	Potamogetonaceae	10	38	4
66	被子植物	162	川蔓藻科	Ruppiaceae	1	2	2
67	被子植物	163	丝粉藻科	Cymodoceaceae	1	0	0
68	被子植物	164	无叶莲科	Petrosaviaceae	1	1	1
69	被子植物	165	沼金花科	Nartheciaceae	2	36	18
70	被子植物	166	水玉簪科	Burmanniaceae	12	17	1
71	被子植物	167	薯蓣科	Dioscoreaceae	24	701	29
72	被子植物	168	霉草科	Triuridaceae	4	0	0
73	被子植物	169	百部科	Stemonaceae	1	24	24
74	被子植物	170	露兜树科	Pandanaceae	6	43	7
75	被子植物	171	白玉簪科	Corsiaceae	1	0	0
76	被子植物	172	藜芦科	Melanthiaceae	8	227	28
77	被子植物	173	秋水仙科	Colchicaceae	5	115	23
78	被子植物	174	菝葜科	Smilacaceae	29	1 808	62
79	被子植物	175	百合科	Liliaceae	6	168	28
80	被子植物	176	兰科	Orchidaceae	288	2 704	9

续表

序号	类别	科序号	科中文名	科拉丁名	种数	标本数	平均每种标本数
81	被子植物	177	仙茅科	Hypoxidaceae	6	115	19
82	被子植物	178	鸢尾科	Iridaceae	6	124	21
83	被子植物	179	阿福花科	Asphodelaceae	5	328	66
84	被子植物	180	石蒜科	Amaryllidaceae	22	156	7
85	被子植物	181	天门冬科	Asparagaceae	72	1 068	15
86	被子植物	182	棕榈科	Arecaceae	52	415	8
87	被子植物	183	鸭跖草科	Commelinaceae	42	982	23
88	被子植物	184	田葱科	Philydraceae	1	37	37
89	被子植物	185	雨久花科	Pontederiaceae	4	133	33
90	被子植物	186	鹤望兰科	Strelitziaceae	3	8	3
91	被子植物	187	兰花蕉科	Lowiaceae	1	4	4
92	被子植物	188	芭蕉科	Musaceae	10	49	5
93	被子植物	189	美人蕉科	Cannaceae	5	82	16
94	被子植物	190	竹芋科	Marantaceae	9	79	9
95	被子植物	191	闭鞘姜科	Costaceae	2	32	16
96	被子植物	192	姜科	Zingiberaceae	50	995	20
97	被子植物	193	香蒲科	Typhaceae	4	13	3
98	被子植物	194	凤梨科	Bromeliaceae	5	2	0.4
99	被子植物	195	黄眼草科	Xyridaceae	4	50	13
100	被子植物	196	谷精草科	Eriocaulaceae	14	330	24
101	被子植物	197	花水藓科	Mayacaceae	1	0	0
102	被子植物	198	灯心草科	Juncaceae	7	230	33
103	被子植物	199	莎草科	Cyperaceae	252	4 737	19
104	被子植物	200	帚灯草科	Restionaceae	1	0	0
105	被子植物	201	须叶藤科	Flagellariaceae	1	0	0
106	被子植物	202	禾本科	Poaceae	484	8 363	17
107	被子植物	203	金鱼藻科	Ceratophyllaceae	1	7	7
108	被子植物	204	罂粟科	Papaveraceae	9	126	14
109	被子植物	205	木通科	Lardizabalaceae	16	297	19
110	被子植物	206	防己科	Menispermaceae	21	1 054	50
111	被子植物	207	小檗科	Berberidaceae	15	184	12
112	被子植物	208	毛茛科	Ranunculaceae	55	1 219	22
113	被子植物	209	清风藤科	Sabiaceae	25	671	27
114	被子植物	210	莲科	Nelumbonaceae	1	9	9
115	被子植物	211	悬铃木科	Platanaceae	1	9	9
116	被子植物	212	山龙眼科	Proteaceae	11	557	51
117	被子植物	213	黄杨科	Buxaceae	13	181	14
118	被子植物	214	五桠果科	Dilleniaceae	2	259	130
119	被子植物	215	芍药科	Paeoniaceae	2	7	4
120	被子植物	216	蕈树科	Altingiaceae	7	403	58

续表

序号	类别	科序号	科中文名	科拉丁名	种数	标本数	平均每种标本数
121	被子植物	217	金缕梅科	Hamamelidaceae	27	690	26
122	被子植物	218	虎皮楠科	Daphniphyllaceae	5	691	138
123	被子植物	219	鼠刺科	Iteaceae	6	431	72
124	被子植物	220	虎耳草科	Saxifragaceae	12	72	6
125	被子植物	221	景天科	Crassulaceae	31	169	5
126	被子植物	222	扯根菜科	Penthoraceae	1	9	9
127	被子植物	223	小二仙草科	Haloragaceae	8	157	20
128	被子植物	224	葡萄科	Vitaceae	66	1 301	20
129	被子植物	225	蒺藜科	Zygophyllaceae	1	6	6
130	被子植物	226	豆科	Fabaceae	400	12 501	31
131	被子植物	227	远志科	Polygalaceae	19	678	36
132	被子植物	228	蔷薇科	Rosaceae	175	6 008	34
133	被子植物	229	胡颓子科	Elaeagnaceae	12	302	25
134	被子植物	230	鼠李科	Rhamnaceae	43	1 590	37
135	被子植物	231	榆科	Ulmaceae	4	39	10
136	被子植物	232	大麻科	Cannabaceae	18	1 107	62
137	被子植物	233	桑科	Moraceae	75	4 661	62
138	被子植物	234	荨麻科	Urticaceae	87	1 510	17
139	被子植物	235	壳斗科	Fagaceae	111	4 555	41
140	被子植物	236	杨梅科	Myricaceae	3	180	60
141	被子植物	237	胡桃科	Juglandaceae	5	336	67
142	被子植物	238	木麻黄科	Casuarinaceae	2	120	60
143	被子植物	239	桦木科	Betulaceae	11	129	12
144	被子植物	240	葫芦科	Cucurbitaceae	50	886	18
145	被子植物	241	秋海棠科	Begoniaceae	21	443	21
146	被子植物	242	卫矛科	Celastraceae	60	1 995	33
147	被子植物	243	牛栓藤科	Connaraceae	3	242	81
148	被子植物	244	酢浆草科	Oxalidaceae	7	263	38
149	被子植物	245	杜英科	Elaeocarpaceae	20	1 212	61
150	被子植物	246	小盘木科	Pandaceae	1	77	77
151	被子植物	247	红树科	Rhizophoraceae	7	273	39
152	被子植物	248	古柯科	Erythroxylaceae	2	72	36
153	被子植物	249	金莲木科	Ochnaceae	2	14	7
154	被子植物	250	藤黄科	Clusiaceae	3	316	105
155	被子植物	251	红厚壳科	Calophyllaceae	2	137	69
156	被子植物	252	川苔草科	Podostemaceae	3	6	2
157	被子植物	253	金丝桃科	Hypericaceae	13	564	43
158	被子植物	254	核果木科	Putranjivaceae	7	13	2
159	被子植物	255	沟繁缕科	Elatinaceae	3	11	4
160	被子植物	256	金虎尾科	Malpighiaceae	6	87	15

续表

序号	类别	科序号	科中文名	科拉丁名	种数	标本数	平均每种标本数
161	被子植物	257	毒鼠子科	Dichapetalaceae	1	1	1
162	被子植物	258	堇菜科	Violaceae	28	597	21
163	被子植物	259	西番莲科	Passifloraceae	9	196	22
164	被子植物	260	杨柳科	Salicaceae	29	1 000	34
165	被子植物	261	大戟科	Euphorbiaceae	112	3 964	35
166	被子植物	262	亚麻科	Linaceae	2	11	6
167	被子植物	263	黏木科	Ixonanthaceae	1	67	67
168	被子植物	264	叶下珠科	Phyllanthaceae	63	4 016	64
169	被子植物	265	牻牛儿苗科	Geraniaceae	5	30	6
170	被子植物	266	使君子科	Combretaceae	12	238	20
171	被子植物	267	千屈菜科	Lythraceae	27	547	20
172	被子植物	268	柳叶菜科	Onagraceae	19	450	24
173	被子植物	269	桃金娘科	Myrtaceae	55	2 919	53
174	被子植物	270	野牡丹科	Melastomataceae	56	2 586	46
175	被子植物	271	省沽油科	Staphyleaceae	8	685	86
176	被子植物	272	旌节花科	Stachyuraceae	3	94	31
177	被子植物	273	橄榄科	Burseraceae	2	72	36
178	被子植物	274	漆树科	Anacardiaceae	15	724	48
179	被子植物	275	无患子科	Sapindaceae	39	961	25
180	被子植物	276	芸香科	Rutaceae	63	3 264	52
181	被子植物	277	苦木科	Simaroubaceae	5	154	31
182	被子植物	278	楝科	Meliaceae	22	338	15
183	被子植物	279	瘿椒树科	Tapisciaceae	1	4	4
184	被子植物	280	文定果科	Muntingiaceae	1	14	14
185	被子植物	281	锦葵科	Malvaceae	101	3 618	36
186	被子植物	282	瑞香科	Thymelaeaceae	15	666	44
187	被子植物	283	红木科	Bixaceae	1	39	39
188	被子植物	284	叠珠树科	Akaniaceae	1	38	38
189	被子植物	285	旱金莲科	Tropaeolaceae	1	10	10
190	被子植物	286	辣木科	Moringaceae	2	6	3
191	被子植物	287	番木瓜科	Caricaceae	1	22	22
192	被子植物	288	刺茉莉科	Salvadoraceae	1	0	0
193	被子植物	289	山柑科	Capparaceae	14	293	21
194	被子植物	290	白花菜科	Cleomaceae	4	64	16
195	被子植物	291	十字花科	Brassicaceae	35	408	12
196	被子植物	292	赤苍藤科	Erythropalaceae	1	24	24
197	被子植物	293	蛇菰科	Balanophoraceae	10	88	9
198	被子植物	294	山柚子科	Opiliaceae	1	29	29
199	被子植物	295	檀香科	Santalaceae	15	512	34
200	被子植物	296	青皮木科	Schoepfiaceae	2	150	75

续表

序号	类别	科序号	科中文名	科拉丁名	种数	标本数	平均每种标本数
201	被子植物	297	桑寄生科	Loranthaceae	17	758	45
202	被子植物	298	柽柳科	Tamaricaceae	1	12	12
203	被子植物	299	白花丹科	Plumbaginaceae	4	112	28
204	被子植物	300	蓼科	Polygonaceae	54	1 836	34
205	被子植物	301	茅膏菜科	Droseraceae	6	131	22
206	被子植物	302	猪笼草科	Nepenthaceae	1	41	41
207	被子植物	303	石竹科	Caryophyllaceae	26	367	14
208	被子植物	304	苋科	Amaranthaceae	42	1 411	34
209	被子植物	305	针晶粟草科	Gisekiaceae	1	0	0
210	被子植物	306	番杏科	Aizoaceae	3	25	8
211	被子植物	307	商陆科	Phytolaccaceae	4	74	19
212	被子植物	308	蒜香草科	Petiveriaceae	1	2	2
213	被子植物	309	紫茉莉科	Nyctaginaceae	8	172	22
214	被子植物	310	粟米草科	Molluginaceae	4	83	21
215	被子植物	311	落葵科	Basellaceae	2	56	28
216	被子植物	312	土人参科	Talinaceae	2	68	34
217	被子植物	313	马齿苋科	Portulacaceae	6	85	14
218	被子植物	314	仙人掌科	Cactaceae	43	95	2
219	被子植物	315	蓝果树科	Nyssaceae	4	126	32
220	被子植物	316	绣球科	Hydrangeaceae	23	805	35
221	被子植物	317	山茱萸科	Cornaceae	17	618	36
222	被子植物	318	凤仙花科	Balsaminaceae	25	415	17
223	被子植物	319	花荵科	Polemoniaceae	1	6	6
224	被子植物	320	玉蕊科	Lecythidaceae	1	2	2
225	被子植物	321	五列木科	Pentaphylacaceae	64	3 805	59
226	被子植物	322	山榄科	Sapotaceae	14	502	36
227	被子植物	323	柿科	Ebenaceae	16	873	55
228	被子植物	324	报春花科	Primulaceae	90	4 603	51
229	被子植物	325	山茶科	Theaceae	69	2 924	42
230	被子植物	326	山矾科	Symplocaceae	32	2 673	84
231	被子植物	327	安息香科	Styracaceae	21	1 130	54
232	被子植物	328	猕猴桃科	Actinidiaceae	21	882	42
233	被子植物	329	桤叶树科	Clethraceae	4	121	30
234	被子植物	330	杜鹃花科	Ericaceae	77	3 386	44
235	被子植物	331	帽蕊草科	Mitrastemonaceae	1	3	3
236	被子植物	332	茶茱萸科	Icacinaceae	3	80	27
237	被子植物	333	杜仲科	Eucommiaceae	1	3	3
238	被子植物	334	丝缨花科	Garryaceae	6	75	13
239	被子植物	335	茜草科	Rubiaceae	220	9 448	43
240	被子植物	336	龙胆科	Gentianaceae	24	407	17

续表

序号	类别	科序号	科中文名	科拉丁名	种数	标本数	平均每种标本数
241	被子植物	337	马钱科	Loganiaceae	14	224	16
242	被子植物	338	钩吻科	Gelsemiaceae	1	147	147
243	被子植物	339	夹竹桃科	Apocynaceae	115	2 922	25
244	被子植物	340	紫草科	Boraginaceae	21	496	24
245	被子植物	341	旋花科	Convolvulaceae	58	1 224	21
246	被子植物	342	茄科	Solanaceae	51	1 350	26
247	被子植物	343	楔瓣花科	Sphenocleaceae	1	7	7
248	被子植物	344	田基麻科	Hydroleaceae	1	9	9
249	被子植物	345	木樨科	Oleaceae	44	1 966	45
250	被子植物	346	苦苣苔科	Gesneriaceae	117	801	7
251	被子植物	347	车前科	Plantaginaceae	44	1 063	24
252	被子植物	348	玄参科	Scrophulariaceae	7	269	38
253	被子植物	349	母草科	Linderniaceae	28	818	29
254	被子植物	350	芝麻科	Pedaliaceae	1	21	21
255	被子植物	351	爵床科	Acanthaceae	86	1 732	20
256	被子植物	352	紫葳科	Bignoniaceae	23	259	11
257	被子植物	353	狸藻科	Lentibulariaceae	12	151	13
258	被子植物	354	马鞭草科	Verbenaceae	10	548	55
259	被子植物	355	唇形科	Lamiaceae	234	6 007	26
260	被子植物	356	通泉草科	Mazaceae	5	56	11
261	被子植物	357	透骨草科	Phrymaceae	1	8	8
262	被子植物	358	泡桐科	Paulowniaceae	3	129	43
263	被子植物	359	列当科	Orobanchaceae	23	368	16
264	被子植物	360	粗丝木科	Stemonuraceae	1	5	5
265	被子植物	361	青荚叶科	Helwingiaceae	3	6	2
266	被子植物	362	冬青科	Aquifoliaceae	75	3 047	41
267	被子植物	363	桔梗科	Campanulaceae	21	650	31
268	被子植物	364	五膜草科	Pentaphragmataceae	1	11	11
269	被子植物	365	花柱草科	Stylidiaceae	2	19	10
270	被子植物	366	睡菜科	Menyanthaceae	7	29	4
271	被子植物	367	草海桐科	Goodeniaceae	3	63	21
272	被子植物	368	菊科	Asteraceae	298	7 930	27
273	被子植物	369	南鼠刺科	Escalloniaceae	1	12	12
274	被子植物	370	荚蒾科	Viburnaceae	27	1 699	63
275	被子植物	371	忍冬科	Caprifoliaceae	19	692	36
276	被子植物	372	海桐科	Pittosporaceae	15	594	40
277	被子植物	373	五加科	Araliaceae	56	1 384	25
278	被子植物	374	伞形科	Apiaceae	35	606	17

第二章　苔藓植物

一、角苔类植物

1. 角苔科 Anthocerotaceae

角苔属 *Anthoceros* L.

台湾角苔 *Anthoceros angustus* Steph.

分布：深圳 [23]。

角苔 *Anthoceros punctatus* L.

分布：丰顺 [曾宪锋 ZXF7230 (CZH)]。

褐角苔属 *Folioceros* D. C. Bhardwaj

褐角苔 *Folioceros fuciformis* (Mont.) D. C. Bhardwaj

分布：从化 [47]、**深圳** [23]。

2. 短角苔科 Notothyladaceae

短角苔属 *Notothylas* Sull.

东亚短角苔 *Notothylas japonica* Horik.

分布：深圳 [23]。

黄角苔属 *Phaeoceros* Prosk.

黄角苔 *Phaeoceros laevis* (L.) Prosk.

分布：南澳 [484]、**深圳** [23]、**始兴** [28]。

3. 树角苔科 Dendrocerotaceae

大角苔属 *Megaceros* Campb.

东亚大角苔 *Megaceros flagellaris* (Mitt.) Steph.

分布：深圳 [23, 47]。

二、苔类植物

4. 裸蒴苔科 Haplomitriaceae

裸蒴苔属 *Haplomitrium* Nees

圆叶裸蒴苔 *Haplomitrium mnioides* (Lindb.) R. M. Schust.

分布：深圳 [23]。

5. 地钱科 Marchantiaceae

地钱属 *Marchantia* L.

楔瓣地钱 *Marchantia emarginata* Reinw., Blume & Nees

分布：封开 [23]、**乳源** [23]、**深圳** [深圳考察队 2521 (PE)]、**始兴** [23]。

东亚地钱 *Marchantia emarginata* subsp. *tosana* (Steph.) Bischl.

分布：深圳 [47]、**英德** [32]。

粗裂地钱 *Marchantia paleacea* Bertol.

分布：乳源 [23]。

凤兜地钱 *Marchantia paleacea* subsp. *diptera* (Nees & Mont.) Inoue

分布：乳源 [23]、**肇庆** [9, 23]。

粗疣鳞地钱 *Marchantia papillata* subsp. *grossibarba* (Steph.) Bischl.

分布：广州 [23]、**连平** [23]、**乳源** [23]、**深圳** [23]、**始兴** [28]、**英德** [32]、**肇庆** [9, 23]。

地钱 *Marchantia polymorpha* L.

分布：从化 [23]、**广宁** [林正眉 L2029 (SN)]、**广州** [23]、**南澳** [484]、**肇庆** [9, 23]。

6. 毛地钱科 Dumortieraceae

毛地钱属 *Dumortiera* Nees

毛地钱 *Dumortiera hirsuta* (Sw.) Nees

分布：封开 [23]、**广州** [23]、**连平** [23]、**乳源** [23, 47]、**深圳** [23, 47]、**始兴** [23, 28]、**英德** [32]、**肇庆** [9, 23]。

7. 疣冠苔科 Aytoniaceae

紫背苔属 *Plagiochasma* Lehm. & Lindenb.

紫背苔 *Plagiochasma cordatum* Lehm. & Lindenb.

分布：乳源 [23]。

石地钱属 ***Reboulia*** **Raddi**

石地钱 ***Reboulia hemisphaerica*** (L.) Raddi

分布：封开 [23]、乐昌 [陈少卿 88 (PE)]、仁化 [曾怀德 26132 (PE)]、乳源 [23]、深圳 [23]、始兴 [23, 28]、肇庆 [23]。

8. 蛇苔科 Conocephalaceae

蛇苔属 ***Conocephalum*** **Hill**

蛇苔 ***Conocephalum conicum*** (L.) Dumort.

分布：乳源 [23, 47]、始兴 [23, 28]、英德 [32]。

小蛇苔属 ***Sandea*** **Lindb.**

小蛇苔 ***Sandea japonica*** Steph. ex Yoshin.

分布：从化 [23]、广州 [23]、乐昌 [23]、连州 [23]、乳源 [23]、始兴 [23, 28]、英德 [32]。

9. 钱苔科 Ricciaceae

钱苔属 ***Riccia*** **L.**

叉钱苔 ***Riccia fluitans*** L.

分布：龙门 [22]、深圳 [23]、翁源 [22]、肇庆 [22]。

钱苔 ***Riccia glauca*** L.

分布：深圳 [23]。

浮苔属 ***Ricciocarpos*** **Corda**

浮苔 ***Ricciocarpos natans*** (L.) Corda

分布：仁化 [22]、增城 [22]、肇庆 [22]。

10. 单月苔科 Monosoleniaceae

单月苔属 ***Monosolenium*** **Griff.**

单月苔 ***Monosolenium tenerum*** Griff.

分布：深圳 [23]。

11. 溪苔科 Pelliaceae

溪苔属 ***Pellia*** **Raddi**

溪苔 ***Pellia epiphylla*** (L.) Corda

分布：乳源 [23, 47]、始兴 [23, 28]。

12. 南溪苔科 Makinoaceae

南溪苔属 ***Makinoa*** **Miyake**

南溪苔 ***Makinoa crispata*** (Steph.) Miyake

分布：从化 [47]、封开 [23, 458]、肇庆 [9, 23]。

13. 苞片苔科 Calyculariaceae

苞片苔属 ***Calycularia*** **Mitt.**

苞片苔 ***Calycularia crispula*** Mitt.

分布：县级不详 [24]。

14. 小叶苔科 Fossombroniaceae

小叶苔属 ***Fossombronia*** **Raddi**

日本小叶苔 ***Fossombronia japonica*** Schiffn.

分布：从化 [23, 47]、深圳 [23]。

15. 带叶苔科 Pallaviciniaceae

带叶苔属 ***Pallavicinia*** **Gray**

多形带叶苔 ***Pallavicinia ambigua*** (Mitt.) Steph.

分布：南澳 [484]、乳源 [47]、始兴 [28]。

暖地带叶苔 ***Pallavicinia levieri*** Schiffn.

分布：从化 [47]、德庆 [23]、封开 [23]、广宁 [23]、怀集 [23]、四会 [23]、肇庆 [23]。

带叶苔 ***Pallavicinia lyellii*** (Hook.) Gray

分布：乳源 [47]、深圳 [23, 47]、始兴 [28]、英德 [23, 32]。

长刺带叶苔 ***Pallavicinia subciliata*** (Austin) Steph.

分布：博罗 [23]、从化 [47]、封开 [458]、深圳 [23, 47]、英德 [23]、肇庆 [9, 23]。

16. 紫叶苔科 Pleuroziaceae

紫叶苔属 ***Pleurozia*** **Dumort.**

南亚紫叶苔 ***Pleurozia acinosa*** (Mitt.) Trevis.

分布：乳源 [23, 46]、英德 [23]。

狭尖紫叶苔 ***Pleurozia subinflata*** (Austin) Austin

分布：乳源 [46, 47]。

17. 绿片苔科 Aneuraceae

绿片苔属 ***Aneura*** **Dumort.**

绿片苔 ***Aneura pinguis*** (L.) Dumort.

分布：从化 [47]、乳源 [47, 106]、深圳 [23, 47]。

片叶苔属 ***Riccardia*** **Gray**

多枝片叶苔 ***Riccardia chamedryfolia*** (With.) Grolle

分布：封开 [23, 433, 458]、乳源 [23, 47, 106]、肇庆 [9, 23]。

格氏片叶苔 ***Riccardia graeffei*** (Stephani) Hewson

分布：乳源 [106]。

单胞片叶苔 ***Riccardia kodamae*** Mizut. & S. Hatt.

分布：乳源 [106]。

宽片叶苔 ***Riccardia latifrons*** (Lindb.) Lindb.

分布：乳源 [47, 106]。

东亚片叶苔 ***Riccardia miyakeana*** Schiffn.

分布：阳山 [106]。

片叶苔 ***Riccardia multifida*** (L.) Gray

分布：乳源 [23, 47]、肇庆 [9, 23]。

羽枝片叶苔 ***Riccardia multifida* var. *decrescens*** (Stephani) Furuki

分布：乳源 [106]。

长崎片叶苔 ***Riccardia nagasakiensis*** (Stephani) S. Hatt.

分布：乳源 [106]。

18. 叉苔科 Metzgeriaceae

叉苔属 ***Metzgeria*** **Raddi**

平叉苔 ***Metzgeria conjugata*** Lindb.

分布：深圳 [23]、肇庆 [9]。

叉苔 ***Metzgeria furcata*** (L.) Corda

分布：封开 [433, 458]、乳源 [23, 47]、始兴 [23, 28]。

林氏叉苔 ***Metzgeria lindbergii*** Schiffn.

分布：乳源 [47]、深圳 [47]。

19. 光萼苔科 Porellaceae

光萼苔属 ***Porella*** **L.**

东亚尖瓣光萼苔 ***Porella acutifolia*** **subsp.** ***tosana*** (Steph.) S. Hatt.

分布：从化 [23, 47]、连平 [23]、乳源 [23, 47]、始兴 [23]、阳山 [23]。

丛生光萼苔 ***Porella caespitans*** (Steph.) S. Hatt.

分布：连南 [23]、连州 [23]。

舌叶粗齿光萼苔 ***Porella campylophylla*** **var.** ***ligulifera*** (Taylor) S. Hatt.

分布：连平 [23]。

密叶光萼苔 ***Porella densifolia*** (Steph.) S. Hatt.

分布：乐昌 [23]、连州 [23]、龙门 [赵修谦 383 (PE)]、乳源 [23, 47]、深圳 [23]、阳山 [23]。

尾尖光萼苔 ***Porella handelii*** S. Hatt.

分布：乳源 [23]、阳山 [23]。

日本光萼苔 ***Porella japonica*** (Sande Lac.) Mitt.

分布：乳源 [23, 47]。

长叶光萼苔 ***Porella longifolia*** (Steph.) S. Hatt.

分布：乳源 [23]。

高山光萼苔 ***Porella oblongifolia*** S. Hatt.

分布：乳源 [23, 47]。

钝瓣光萼苔 ***Porella obtusiloba*** S. Hatt.

分布：乐昌 [23]、乳源 [23, 47]。

毛边光萼苔 ***Porella perrottetiana*** (Mont.) Trevis.

分布：封开 [23]、连平 [23]、龙门 [赵修谦 386 (PE)]、乳源 [23]、始兴 [23, 28]、英德 [32]。

卷叶光萼苔 ***Porella revoluta*** (Lehm. & Lindenb.) Trevis.

分布：乳源 [23]。

20. 扁萼苔科 Radulaceae

扁萼苔属 ***Radula*** **Dumort.**

尖舌扁萼苔 ***Radula acuminata*** Steph.

分布：连平 [110]、乳源 [23, 47]、肇庆 [9]。

稀齿扁萼苔 ***Radula acuta*** Mitt.

分布：始兴 [23]。

断叶扁萼苔 ***Radula caduca*** K. Yamada

分布：从化 [23, 47]、清远 [23]、深圳 [23, 47]、始兴 [23]、肇庆 [23]。

大瓣扁萼苔 ***Radula cavifolia*** Hampe

分布：乳源 [23, 47]。

扁萼苔 ***Radula complanata*** (L.) Dumort.

分布：深圳 [23, 47]、始兴 [23, 28]、英德 [32]。

台湾扁萼苔 ***Radula formosa*** (C. F. W. Meissn. ex Spreng.) Nees

分布：始兴 [28]。

异胞扁萼苔 ***Radula gedena*** Gottsche ex Steph.

分布：乳源 [23, 47]。

日本扁萼苔 ***Radula japonica*** Gottsche ex Steph.

分布：深圳 [23, 47]。

爪哇扁萼苔 ***Radula javanica*** Gottsche

分布：从化 [23, 47]、大埔 [23, 110]、连州 [23]、乳源 [23, 47, 110]、深圳 [23, 47]、始兴 [23, 110]、英德 [23, 110]、肇庆 [23, 110]。

尖叶扁萼苔 ***Radula kojana*** Steph.

分布：从化 [23, 47]、封开 [23, 110]、连平 [23]、乳源 [23, 47]、深圳 [23, 47]。

热带扁萼苔 ***Radula madagascariensis*** Gottsche

分布：始兴 [110]。

树生扁萼苔 ***Radula obscura*** Mitt.

分布：连平 [23]、乳源 [23, 47]、始兴 [23]。

厚角扁萼苔 ***Radula okamurana*** Steph.

分布：从化 [110]、始兴 [23]。

东亚扁萼苔 ***Radula oyamensis*** Steph.

分布：始兴 [23, 110]。

东京扁萼苔 ***Radula tokiensis*** Steph.

分布：乳源 [110]。

21. 耳叶苔科 Frullaniaceae

耳叶苔属 ***Frullania*** **Raddi**

阿氏耳叶苔 ***Frullania alstonii*** Verd.

分布：乳源 [47]。

尖叶耳叶苔 ***Frullania apiculata*** (Reinw., Blume & Nees) Nees

分布：海丰 [23]、新丰 [23]。

华夏耳叶苔 ***Frullania aposinensis*** S. Hatt. & P. J. Lin

分布：始兴 [23]。

平叶皱叶耳叶苔 ***Frullania ericoides*** **var.** ***planescens*** (Verd.) S. Hatt.

分布：广州 [23]。

钩瓣耳叶苔 ***Frullania hamatiloba*** Steph.

分布：乳源 [47]、肇庆 [9]。

石生耳叶苔 ***Frullania inflata*** Gottsche

分布：深圳 [11, 23]。

湖南耳叶苔 ***Frullania kagoshimensis* subsp. *hunanensis*** (S. Hatt.) S. Hatt.

分布：乳源 [23]。

卡氏耳叶苔 ***Frullania kashyapii*** Verd.

分布：博罗 [23]。

弯瓣耳叶苔 ***Frullania linii*** S. Hatt.

分布：肇庆 [23]。

列胞耳叶苔 ***Frullania moniliata*** (Reinw., Blume & Nees) Mont.

分布：从化 [47]、封开 [23]、乳源 [23, 47]、深圳 [47]。

短萼耳叶苔 ***Frullania motoyana*** Steph.

分布：博罗 [23]、肇庆 [23]。

盔瓣耳叶苔 ***Frullania muscicola*** Steph.

分布：封开 [433, 458]、广州 [陈邦杰等 3 (PE)]、南澳 [484]、乳源 [23, 47]、深圳 [47]、肇庆 [9, 23]。

小叶耳叶苔 ***Frullania parvifolia*** Steph.

分布：广州 [23]。

多褶耳叶苔 ***Frullania polyptera*** Taylor

分布：广州 [23]。

点胞耳叶苔 ***Frullania punctata*** Reimers

分布：博罗 [23]。

微齿耳叶苔 ***Frullania rhytidantha*** S. Hatt.

分布：深圳 [47]。

油胞耳叶苔 ***Frullania trichodes*** Mitt.

分布：乳源 [23]。

硬叶耳叶苔 ***Frullania valida*** Steph.

分布：肇庆 [9]。

云南耳叶苔 ***Frullania yuennanensis*** Steph.

分布：县级不详 [168]。

22. 毛耳苔科 Jubulaceae

毛耳苔属 *Jubula* Dumort.

日本毛耳苔 ***Jubula japonica*** Steph.

分布：乳源 [23, 47]、深圳 [汪楣芝 54719 (PE)]。

爪哇毛耳苔 ***Jubula javanica*** Steph.

分布：深圳 [23, 47]。

23. 细鳞苔科 Lejeuneaceae

顶鳞苔属 *Acrolejeunea* (Spruce) Schiffn.

细体顶鳞苔 ***Acrolejeunea pusilla*** (Steph.) Grolle & Gradst.

分布：从化 [23]、封开 [433, 458]、广州 [23]、深圳 [47]。

远齿顶鳞苔 ***Acrolejeunea pycnoclada*** (Taylor) Schiffn.

分布：深圳 [23]。

南亚瓦鳞苔 ***Acrolejeunea sandvicensis*** (Gottsche) Steph.

分布：从化 [23, 47]、封开 [458]、连平 [23]、南澳 [484]、深圳 [23]、始兴 [23, 28]、肇庆 [9, 23]。

细齿竖叶顶鳞苔 ***Acrolejeunea securifolia* subsp. *hartmannii*** (Steph.) Gradst.

分布：乳源 [王健等 20090921-4 (HSNU)]。

中华瓦鳞苔 ***Acrolejeunea sinensis*** (Jian Wang bis, R. L. Zhu & Gradst.) Jian Wang bis & Gradst.

分布：乳源 [286]。

唇鳞苔属 *Cheilolejeunea* (Spruce) Steph.

圆叶唇鳞苔 ***Cheilolejeunea intertexta*** (Lindb.) Steph.

分布：封开 [433, 458]。

亚洲唇鳞苔 ***Cheilolejeunea krakakammae*** (Lindenb.) R. M. Schust.

分布：乳源 [23]。

钝叶唇鳞苔 ***Cheilolejeunea obtusifolia*** (Steph.) S. Hatt.

分布：深圳 [23]。

大隅唇鳞苔 ***Cheilolejeunea osumiensis*** (S. Hatt.) Mizut.

分布：乳源 [23, 47]、深圳 [23]。

琉球唇鳞苔 ***Cheilolejeunea ryukyuensis*** Mizut.

分布：从化 [47]、封开 [433, 458]、深圳 [47]。

粗茎唇鳞苔 ***Cheilolejeunea trapezia*** (Nees) Kachroo & R. M. Schust.

分布：从化 [23, 47]、连平 [23]、乳源 [23, 47]、深圳 [23, 47]、肇庆 [吴翰 B-77 (PE)]。

阔叶唇鳞苔 ***Cheilolejeunea trifaria*** (Reinw., Blume & Nees) Mizut.

分布：深圳 [23]。

粗白鳞苔 ***Cheilolejeunea turgida*** (Mitt.) W. Ye & R. L. Zhu

分布：乳源 [23, 47]。

白鳞苔 ***Cheilolejeunea xanthocarpa*** (Lehm. & Lindenb.) Malombe

分布：乳源 [23, 47]、深圳 [23]。

疣鳞苔属 *Cololejeunea* (Spruce) Steph.

薄叶疣鳞苔 ***Cololejeunea appressa*** (A. Evans) Benedix

分布：从化 [23, 47]、连平 [23]、乳源 [23, 47]。

日本疣鳞苔 ***Cololejeunea ceratilobula*** (P. C. Chen) R. M. Schust.

分布：从化 [23, 47]。

线瓣疣鳞苔 ***Cololejeunea desciscens*** Steph.

分布：乳源 [368]、肇庆 [368]。

鼎湖疣鳞苔 ***Cololejeunea dinghuiana*** R. L. Zhu & Y. F. Wang

分布：从化 [47]、德庆 [23]、封开 [23]、广宁 [23]、怀集 [23]、四会 [23]、肇庆 [67, 23, 9]。

棉毛疣鳞苔 ***Cololejeunea floccosa*** (Lehm. & Lindenb.) Schiffn.

分布：乳源 [67]。

粗疣小鳞苔 ***Cololejeunea grossepapillosa*** (Horik.) N. Kitag.

分布：乳源 [67]。

密刺硬鳞苔 ***Cololejeunea haskarliana*** (Lehm. & Lindenb.) Schiffn.

分布：深圳 [23]。

白边疣鳞苔 ***Cololejeunea inflata*** Steph.

分布：连平 [23]、乳源 [23, 47]、英德 [67]。

狭瓣疣鳞苔 ***Cololejeunea lanciloba*** Steph.

分布：连平 [23]、乳源 [47]。

阔瓣疣鳞苔 ***Cololejeunea latilobula*** (Herzog) Tixier

分布：博罗 [23]、从化 [23, 47]、肇庆 [9]。

距齿疣鳞苔 ***Cololejeunea macounii*** (Spruce ex Underw.) A. Evans

分布：乳源 [23, 47]。

列胞疣鳞苔 ***Cololejeunea ocellata*** (Horik.) Benedix

分布：乳源 [23, 47]、肇庆 [9, 23]。

多胞疣鳞苔 ***Cololejeunea ocelloides*** (Horik.) Mizut.

分布：从化 [23, 47]、封开 [458]、乳源 [23, 47]、肇庆 [67, 23, 9]。

粗疣鳞苔 ***Cololejeunea peraffinis*** (Schiffn.) Schiffn.

分布：封开 [433, 458]、连平 [23]、肇庆 [23]。

粗齿疣鳞苔 ***Cololejeunea planissima*** (Mitt.) Abeyw.

分布：从化 [47]、肇庆 [9]。

尖叶疣鳞苔 ***Cololejeunea pseudocristallina*** P. C. Chen & P. C. Wu

分布：德庆 [23]、封开 [23]、广宁 [23]、怀集 [23]、四会 [23]、肇庆 [23]。

拟棉毛疣鳞苔 ***Cololejeunea pseudofloccosa*** (Horik.) Benedix

分布：乳源 [23]。

拟疣鳞苔 ***Cololejeunea raduliloba*** Steph.

分布：从化 [23, 47]、深圳 [23]。

圆瓣疣鳞苔 ***Cololejeunea rotundilobula*** (P. C. Wu & P. J. Lin) Piippo

分布：乳源 [23, 47]、肇庆 [9, 23]。

全缘疣鳞苔 ***Cololejeunea schwabei*** Herzog

分布：深圳 [11, 23]。

刺疣鳞苔 ***Cololejeunea spinosa*** (Horik.) Pande & R. N. Misra

分布：从化 [23, 47]、乳源 [23, 47]、始兴 [28]、肇庆 [9, 23]。

副体疣鳞苔 ***Cololejeunea stylosa*** (Steph.) A. Evans

分布：连平 [23]、乳源 [23, 47]、肇庆 [9, 23]。

南亚疣鳞苔 ***Cololejeunea tenella*** Benedix

分布：从化 [23, 47]、封开 [433, 458]。

单体疣鳞苔 ***Cololejeunea trichomanis*** (Gottsche) Steph.

分布：从化 [23, 47]、乳源 [23, 47]、深圳 [23, 47]、肇庆 [9, 23]。

魏氏疣鳞苔 ***Cololejeunea wightii*** Steph.

分布：广州 [23]。

九州疣鳞苔 ***Cololejeunea yakusimensis*** (S. Hatt.) Mizut.

分布：乳源 [23]。

管叶苔属 *Colura* (Dumort.) Dumort.

细角管叶苔 ***Colura tenuicornis*** (A. Evans) Steph.

分布：乳源 [524, 47]。

角鳞苔属 *Drepanolejeunea* (Spruce) Schiffn.

线角鳞苔 ***Drepanolejeunea angustifolia*** (Mitt.) Grolle

分布：乳源 [23]。

日本角鳞苔 ***Drepanolejeunea erecta*** (Steph.) Mizut.

分布：乳源 [23, 47]、肇庆 [9, 23]。

叶生针鳞苔 ***Drepanolejeunea foliicola*** Horik.

分布：乳源 [524]。

短叶角鳞苔 ***Drepanolejeunea vesiculosa*** (Mitt.) Steph.

分布：连平 [23]、始兴 [23]。

细鳞苔属 *Lejeunea* Lib.

狭瓣细鳞苔 ***Lejeunea adpressa*** Nees.

分布：从化 [23, 47]、封开 [458]、广州 [23]、连平 [23]、乳源 [23, 47]、深圳 [23, 47]、始兴 [28]、肇庆 [9, 23]。

尖叶狭鳞苔 ***Lejeunea apiculata*** Sande Lac.

分布：深圳 [23]。

湿生细鳞苔 ***Lejeunea aquatica*** Horik.

分布：始兴 [28]。

瓣叶细鳞苔 ***Lejeunea cocoes*** Mitt.

分布：从化 [23, 47]、连平 [23]、深圳 [23]。

弯叶细鳞苔 ***Lejeunea curviloba*** Steph.

分布：封开 [433, 458]、乳源 [23, 47]。

长叶细鳞苔 ***Lejeunea discreta*** Lindenb.

分布：乳源 [23]。

神山细鳞苔 ***Lejeunea eifrigii*** Mizut.

分布：从化 [23, 47]。

黄色细鳞苔 ***Lejeunea flava*** (Sw.) Nees

分布：从化 [23, 47]、封开 [458]、连平 [23]、乳源 [23, 47]、深圳 [11]。

日本细鳞苔 ***Lejeunea japonica*** Mitt.

分布：从化 [23, 47]、连平 [23]、乳源 [23]。

科诺细鳞苔 ***Lejeunea konosensis*** Mizut.

分布：乳源 [23]。

尖叶细鳞苔 ***Lejeunea neelgherriana*** Gottsche

分布：乳源 [23, 47]。

暗绿细鳞苔 ***Lejeunea obscura*** Mitt.

分布：从化 [23, 47]。

小叶细鳞苔 ***Lejeunea parva*** (S. Hatt.) Mizut.

分布：乳源 [23, 47]、肇庆 [9]。

疣萼细鳞苔 ***Lejeunea tuberculosa*** Steph.

分布：从化 [23, 47]、连平 [23]、深圳 [23]。

薄鳞苔属 *Leptolejeunea* (Spruce) Steph.

尖叶薄鳞苔 ***Leptolejeunea elliptica*** (Lehm. & Lindenb.) Besch.

分布：从化 [23, 47]、封开 [458]、连平 [23]、乳源 [23, 47]、深圳 [23, 47]、肇庆 [9, 23]。

阔叶薄鳞苔 ***Leptolejeunea latifolia*** Herzog

分布：封开 [433, 458]。

散生薄鳞苔 ***Leptolejeunea maculata*** (Mitt.) Schiffn.

分布：封开 [441]。

冠鳞苔属 *Lopholejeunea* (Spruce) Steph.

大叶冠鳞苔 ***Lopholejeunea eulopha*** (Taylor) Schiffn.

分布：深圳 [23, 286]。

黑冠鳞苔 ***Lopholejeunea nigricans*** (Lindenb.) Steph.

分布：从化 [23, 47]、深圳 [23, 47]、始兴 [286]。

褐冠鳞苔 ***Lopholejeunea subfusca*** (Nees) Schiffn.

分布：封开 [433, 458]、广州 [23, 286]、乳源 [286, 257, 47]、深圳 [贾渝，朱大海 3863 (PE)]、肇庆 [23, 286]。

纤鳞苔属 *Microlejeunea* (Spruce) Steph.

斑叶纤鳞苔 ***Microlejeunea punctiformis*** (Taylor) Steph.

分布：封开 [433, 458]、连平 [23]、乳源 [47]。

疏叶纤鳞苔 ***Microlejeunea ulicina*** (Taylor) Steph.

分布：从化 [47]、封开 [433, 458]、乳源 [47]、深圳 [23]、肇庆 [9]。

皱萼苔属 *Ptychanthus* Nees

皱萼苔 ***Ptychanthus striatus*** (Lehm. & Lindenb.) Nees

分布：博罗 [F. P. Metcalf 17419 (PE)]、封开 [433, 458]、连山 [286]、乳源 [286]、始兴 [23, 28]、翁源 [刘心祈 977 (PE)]、英德 [32]、肇庆 [9]。

多褶苔属 *Spruceanthus* Verd.

镰叶多褶苔 ***Spruceanthus falcatus*** X. Q. Shi, R. L. Zhu & Gradst.

分布：乳源 [23, 47]。

东亚多褶苔 ***Spruceanthus kiushianus*** (Horik.) X. Q. Shi, R. L. Zhu & Gradst.

分布：乳源 [23]。

疣叶多褶苔 ***Spruceanthus mamillilobulus*** (Herzog) Verd.

分布：封开 [23, 286]、惠东 [23]、连平 [23, 286]、始兴 [286]、英德 [23]。

平叶多褶苔 ***Spruceanthus planiusculus*** (Mitt.) X. Q. Shi, R. L. Zhu & Gradst.

分布：深圳 [23, 286]、肇庆 [23]。

变异多褶苔 ***Spruceanthus polymorphus*** (Sande Lac.) Verd.

分布：博罗 [23]、从化 [23, 47]、封开 [286]、乳源 [23]、深圳 [23]。

多褶苔 ***Spruceanthus semirepandus*** (Nees) Verd.

分布：连平 [23]、乳源 [23, 286]、深圳 [47]、英德 [23, 286]。

毛鳞苔属 *Thysananthus* Lindenb.

矮毛鳞苔 ***Thysananthus humilis*** (Gottsche) Sukkharak & Gradst.

分布：博罗 [23, 256, 286, 257]、封开 [433, 458, 256, 286, 257]、始兴 [23, 256, 286, 257, 28]。

南亚毛鳞苔 ***Thysananthus repletus*** (Taylor) Sukkharak & Gradst.

分布：深圳 [23, 286, 257]。

鞍叶苔属 *Tuyamaella* S. Hatt.

鞍叶苔 ***Tuyamaella molischii*** (Schiffn.) S. Hatt.

分布：乳源 [47]、深圳 [23]。

24. 歧舌苔科 Schistochilaceae

歧舌苔属 *Schistochila* Dumort.

狭瓣苔 ***Schistochila aligera*** (Nees & Blume) Jack & Steph.

分布：乳源 [254, 47]。

25. 隐蒴苔科 Adelanthaceae

对耳苔属 *Syzygiella* Spruce

秋圆叶苔 ***Syzygiella autumnalis*** (DC.) K. Feldberg, Váňa, Hentschel & Heinrichs

分布：乳源 [23]、深圳 [11]。

26. 挺叶苔科 Anastrophyllaceae

圆瓣苔属 *Biantheridion* (Grolle) Konstant. & Vilnet

圆瓣苔 ***Biantheridion undulifolium*** (Nees) Konstant. & Vilnet

分布：南澳 [484]。

褶萼苔属 *Plicanthus* R. M. Schust.

全缘褶萼苔 ***Plicanthus birmensis*** (Steph.) R. M. Schust.

分布：从化 [36]、怀集 [23]、乳源 [23]、肇庆 [23]。

齿边褶萼苔 ***Plicanthus hirtellus*** (F. Weber) R. M. Schust.

分布：始兴 [28]、英德 [32]。

27. 大萼苔科 Cephaloziaceae

大萼苔属 *Cephalozia* (Dumort.) Dumort.

大萼苔 ***Cephalozia bicuspidata*** (L.) Dumort.

分布：始兴 [28]。

南亚大萼苔 ***Cephalozia gollanii*** Steph.

分布：连州 [23]、深圳 [23, 47]、肇庆 [9]。

弯叶大萼苔 ***Cephalozia hamatiloba*** Steph.

分布：深圳 [23, 47]、始兴 [23]。

细瓣大萼苔 ***Cephalozia pleniceps*** (Austin) Lindb.

分布：连州 [23]。

拳叶苔属 *Nowellia* Mitt.

无毛拳叶苔 ***Nowellia aciliata*** (P. C. Chen & P. C. Wu) Mizut.

分布：乳源 [23]。

拳叶苔 ***Nowellia curvifolia*** (Dicks.) Mitt.

分布：连平 [23]、连州 [23]、乳源 [23, 47]、深圳 [23]、始兴 [28]。

裂齿苔属 *Odontoschisma* (Dumort.) Dumort.

裂齿苔 ***Odontoschisma denudatum*** (Nees) Dumort.

分布：乳源 [23, 47]。

瘤壁裂齿苔 ***Odontoschisma grosseverrucosum*** Steph.

分布：乳源 [23, 47]、英德 [23]。

塔叶苔属 *Schiffneria* Steph.

塔叶苔 ***Schiffneria hyalina*** Steph.

分布：乳源 [23, 47]。

28. 拟大萼苔科 Cephaloziellaceae

拟大萼苔属 *Cephaloziella* (Spruce) Schiffn.

粗齿拟大萼苔 ***Cephaloziella dentata*** (Raddi) Steph.

分布：封开 [433, 458]。

小叶拟大萼苔 ***Cephaloziella microphylla*** (Steph.) Douin

分布：从化 [23, 47]、深圳 [23]、始兴 [23]、肇庆 [9, 23]。

仰叶拟大萼苔 ***Cephaloziella stephanii*** Schiffn. ex Douin

分布：乳源 [23, 47]。

筒萼苔属 *Cylindrocolea* R. M. Schust.

东亚筒萼苔 ***Cylindrocolea tagawae*** (N. Kitag.) R. M. Schust.

分布：乐昌 [23]、乳源 [23, 47]、深圳 [23, 47]、始兴 [28]、英德 [23]。

29. 合叶苔科 Scapaniaceae

折叶苔属 *Diplophyllum* (Dumort.) Dumort.

齿边折叶苔 ***Diplophyllum serrulatum*** (Müll. Frib.) Steph.

分布：乳源 [23, 47]。

合叶苔属 *Scapania* (Dumort.) Dumort.

尖瓣合叶苔 ***Scapania ampliata*** Steph.

分布：乳源 [23, 47]。

刺边合叶苔 ***Scapania ciliata*** Sande Lac.

分布：乐昌 [23]、乳源 [117, 23, 47]、始兴 [28]、英德 [23]。

柯氏合叶苔 ***Scapania koponenii*** Potemkin

分布：连州 [117, 23]、乳源 [117, 23, 47]、英德 [23]。

多齿舌叶合叶苔 ***Scapania ligulata* subsp. *stephanii*** (Müll. Frib.) Potemkin, Piippo & T. J. Kop.

分布：乳源 [117, 23]、深圳 [47]。

林地合叶苔 ***Scapania nemorea*** (L.) Grolle

分布：乳源 [23, 47]。

斜齿合叶苔 ***Scapania umbrosa*** (Schrad.) Dumort.

分布：惠东 [23]、乳源 [23]。

30. 睫毛苔科 Blepharostomataceae

睫毛苔属 *Blepharostoma* (Dumort.) Dumort.

睫毛苔 ***Blepharostoma trichophyllum*** (L.) Dumort.

分布：广州 [23]、深圳 [47]。

31. 剪叶苔科 Herbertaceae

剪叶苔属 *Herbertus* Gray

剪叶苔 ***Herbertus aduncus*** (Dicks.) Gray

分布：乳源 [47]。

南亚剪叶苔 ***Herbertus ceylanicus*** (Steph.) H. A. Mill.

分布：乳源 [47]。

长角剪叶苔 ***Herbertus dicranus*** (Taylor) Trevis.

分布：乳源 [23, 47]、肇庆 [9, 23]。

32. 指叶苔科 Lepidoziaceae

鞭苔属 *Bazzania* Gray

白叶鞭苔 ***Bazzania albifolia*** Horik.

分布: 博罗 [23]、潮州 [23]、从化 [23]、广州 [23]、乐昌 [23]、连平 [23]、连州 [23]、龙门 [23]、乳源 [23, 47]、深圳 [522]、郁南 [23]、肇庆 [23]、珠海 [23]。

双齿鞭苔 ***Bazzania bidentula*** (Steph.) Steph.

分布：始兴 [23, 28]、英德 [23]。

二瓣鞭苔 ***Bazzania bilobata*** N. Kitag.

分布：乳源 [47]、深圳 [522]、阳春 [522]。

柔弱鞭苔 ***Bazzania debilis*** N. Kitag.

分布：江门 [23]、乳源 [23]、始兴 [23]。

裸茎鞭苔 ***Bazzania denudata*** (Torr. ex Gottsche, Lindenb. & Nees) Trevis.

分布：清远 [23]、肇庆 [23]。

厚角鞭苔 ***Bazzania fauriana*** (Steph.) S. Hatt.

分布：怀集 [23]、惠东 [23]、连平 [23]、乳源 [23, 47]、始兴 [28]、新丰 [23]。

南亚鞭苔 ***Bazzania griffithiana*** (Steph.) Mizut.

分布：乳源 [23]、阳山 [23]。

喜马拉雅鞭苔 ***Bazzania himlayana*** (Mitt.) Schiffn.

分布：深圳 [47]、英德 [23]。

瓦叶鞭苔 ***Bazzania imbricata*** (Mitt.) S. Hatt.

分布：广州 [23]。

日本鞭苔 ***Bazzania japonica*** (Sande Lac.) Lindb.

分布：博罗 [23]、从化 [23]、封开 [23]、龙门 [23]、乳源 [23, 47]、深圳 [47]、始兴 [23, 28]、阳山 [23]、英德 [23, 32]、肇庆 [9]。

瘤叶鞭苔 ***Bazzania mayabarae*** S. Hatt.

分布：广州 [23]、始兴 [23]。

白边鞭苔 ***Bazzania oshimensis*** (Steph.) Horik.

分布：封开 [23]、佛山 [23]、广州 [23]、乐昌 [23]、连平 [522]、连山 [23]、龙门 [23]、梅州 [23]、清远 [23]、新丰 [23]、阳山 [23]、肇庆 [9, 23]。

小叶鞭苔 ***Bazzania ovistipula*** (Steph.) Mizut.

分布：乳源 [522, 47]、始兴 [23]。

弯叶鞭苔 ***Bazzania pearsonii*** Steph.

分布：乳源 [23, 47]、阳山 [23]。

东亚鞭苔 ***Bazzania praerupta*** (Reinw., Blume & Nees) Trevis.

分布：乐昌 [23]、乳源 [23, 47]、阳山 [山地植被组 499d (IBSC)]。

吊罗鞭苔 ***Bazzania tiaoloensis*** Mizut. & K. C. Chang

分布：博罗 [23]、广宁 [23]、乳源 [23]。

三齿鞭苔 ***Bazzania tricrenata*** (Wahlenb.) Lindb.

分布：乳源 [47]。

三裂鞭苔 ***Bazzania tridens*** (Reinw., Blume & Nees) Trevis.

分布：博罗 [522]、潮州 [522]、从化 [23, 522, 47]、大埔 [522]、封开 [522]、广州 [522]、怀集 [522]、惠东 [522]、江门 [522]、乐昌 [23]、连平 [522]、连山 [522]、梅州 [522]、乳源 [522, 47]、深圳 [47]、始兴 [28]、新丰 [522]、阳春 [522]、阳山 [522]、英德 [32]、郁南 [522]、肇庆 [9]。

鞭苔 ***Bazzania trilobata*** (L.) Gray

分布：德庆 [23]、封开 [23]、广宁 [23]、怀集 [23]、连州 [522]、乳源 [522]、始兴 [522]、四会 [23]、新丰 [522]、阳春 [522]、英德 [522]、肇庆 [23]。

越南鞭苔 ***Bazzania vietnamica*** Pócs

分布：深圳 [522]。

卷叶鞭苔 ***Bazzania yoshinagana*** (Steph.) Steph. ex Yasuda

分布：从化 [522]、乳源 [522]。

细指苔属 *Kurzia* G. Martens

细指苔 ***Kurzia gonyotricha*** (Sande Lac.) Grolle

分布：从化 [47]、清远 [23]、乳源 [47]、深圳 [47]、肇庆 [9]。

牧野细指苔 ***Kurzia makinoana*** (Steph.) Grolle

分布：深圳 [23]、始兴 [28]。

中华细指苔 ***Kurzia sinensis*** K. C. Chang

分布：封开 [433, 458]。

指叶苔属 *Lepidozia* (Dumort.) Dumort.

东亚指叶苔 ***Lepidozia fauriana*** Steph.

分布：怀集 [23]、连山 [23]、连州 [23]、乳源 [23, 47]、肇庆 [9, 23]。

大指叶苔 ***Lepidozia robusta*** Steph.

分布：封开 [23]。

硬指叶苔 ***Lepidozia vitrea*** Steph.

分布：深圳 [23, 47]。

新指叶苔属 *Neolepidozia* Fulford & J. Taylor

瓦氏新指叶苔 ***Neolepidozia wallichiana*** (Gottsche) Fulford & J. Taylor

分布：广州 [230]。

33. 齿萼苔科 Lophocoleaceae

裂萼苔属 *Chiloscyphus* Corda

尖叶裂萼苔 ***Chiloscyphus cuspidatus*** (Nees) J. J. Engel & R. M. Schust.

分布：连平 [23]。

圆叶裂萼苔 ***Chiloscyphus horikawanus*** (S. Hatt.) J. J. Engel & R. M. Schust.

分布：阳山 [23]。

疏叶裂萼苔 ***Chiloscyphus itoanus*** (Inoue) J. J. Engel & R. M. Schust.

分布：阳山 [23]。

双齿裂萼苔 ***Chiloscyphus latifolius*** (Nees) J. J. Engel & R. M. Schust.

分布：始兴 [28]。

芽胞裂萼苔 ***Chiloscyphus minor*** (Nees) J. J. Engel & R. M. Schust.

分布：乳源 [23, 47]、深圳 [23]。

异叶裂萼苔 ***Chiloscyphus profundus*** (Nees) J. J. Engel & R. M. Schust.

分布：乳源 [23, 47]、始兴 [28]。

异萼苔属 *Heteroscyphus* Schiffn.

四齿异萼苔 ***Heteroscyphus argutus*** (Reinw., Blume & Nees) Schiffn.

分布：博罗 [23]、封开 [458]、连平 [23]、乳源 [23, 47]、深圳 [23, 47, 11]、英德 [23]、肇庆 [9, 23]。

双齿异萼苔 ***Heteroscyphus coalitus*** (Hook.) Schiffn.

分布：从化 [23, 47]、封开 [23]、乳源 [23, 47]、深圳 [23, 47]、英德 [23]、肇庆 [9]。

平叶异萼苔 ***Heteroscyphus planus*** (Mitt.) Schiffn.

分布：博罗 [23]、从化 [47]、广州 [23]、乐昌 [23]、乳源 [23, 47]、深圳 [23, 47]、英德 [23]、肇庆 [23]。

圆叶异萼苔 ***Heteroscyphus tener*** (Steph.) Schiffn.

分布：乳源 [23, 47]、深圳 [23]。

南亚异萼苔 ***Heteroscyphus zollingeri*** (Gottsche) Schiffn.

分布：肇庆 [9]。

34. 羽苔科 Plagiochilaceae

树羽苔属 *Chiastocaulon* Carl

树羽苔 ***Chiastocaulon dendroides*** (Nees) Carl

分布：乳源 [23, 47]。

稀齿对羽苔 ***Chiastocaulon mayebarae*** (S. Hatt.) S. D. F. Patzak, M. A. M. Renner, Schaf. -Verw. & Heinrichs

分布：乳源 [23, 47]。

羽苔属 *Plagiochila* (Dumort.) Dumort.

树形羽苔 ***Plagiochila arbuscula*** (Brid. ex Lehm. & Lindenb.) Lindenb.

分布：封开 [23]、乳源 [23, 47]、肇庆 [9]。

中华羽苔 ***Plagiochila chinensis*** Steph.

分布：乳源 [47]。

尖头羽苔 ***Plagiochila cuspidata*** Steph.

分布：连平 [23]。

长叶羽苔 ***Plagiochila flexuosa*** Mitt.

分布：乳源 [23, 47]、始兴 [28]。

福氏羽苔 ***Plagiochila fordiana*** Steph.

分布：乳源 [23, 47]。

羽枝羽苔 ***Plagiochila fruticosa*** Mitt.

分布：乳源 [23, 47]。

裂叶羽苔 ***Plagiochila furcifolia*** Mitt.

分布：乳源 [23]。

纤细羽苔 ***Plagiochila gracilis*** Lindenb. & Gottsche

分布：封开 [23]。

卡西羽苔 ***Plagiochila khasiana*** Mitt.

分布：乳源 [36]。

卵叶羽苔 ***Plagiochila ovalifolia*** Mitt.

分布：封开 [23]、乳源 [23, 47]、始兴 [28]、英德 [32]。

圆头羽苔 ***Plagiochila parvifolia*** Lindenb.

分布：连平 [23]、龙门 [23]、乳源 [23]、深圳 [23]。

大蠕形羽苔 ***Plagiochila peculiaris*** Schiffn.

分布：乳源 [23, 47]、深圳 [23]、英德 [23]。

多齿羽苔 ***Plagiochila perserrata*** Herzog

分布：乳源 [36]。

美姿羽苔 ***Plagiochila pulcherrima*** Horik.

分布：从化 [23]、封开 [23]、乐昌 [23]、乳源 [23, 47]。

刺叶羽苔 ***Plagiochila sciophila*** Nees ex Lindenb.

分布: 博罗 [陈念劬 40632 (PE)]、从化 [23, 47]、封开 [23]、连平 [23]、乳源 [23, 47]、深圳 [23, 47]、始兴 [23, 28]、新丰 [23]、英德 [23]、肇庆 [9, 23]。

延叶羽苔 ***Plagiochila semidecurrens*** (Lehm. & Lindenb.) Lindenb.

分布：乳源 [23, 47]。

狭叶羽苔 ***Plagiochila trabeculata*** Steph.

分布：深圳 [47]、英德 [23]。

朱氏羽苔 ***Plagiochila zhuana*** Grolle & M. L. So

分布：乳源 [23, 47]。

35. 绒苔科 Trichocoleaceae

绒苔属 *Trichocolea* Dumort.

绒苔 ***Trichocolea tomentella*** (Ehrh.) Dumort.

分布：从化 [47]、封开 [23]、乐昌 [23]、乳源 [23, 47]、深圳 [23, 47]。

36. 小袋苔科 Balantiopsidaceae

直蒴苔属 *Isotachis* Mitt.

东亚直蒴苔 ***Isotachis japonica*** Steph.

分布：乳源 [23, 47]。

37. 护蒴苔科 Calypogeiaceae

护蒴苔属 *Calypogeia* Raddi

刺叶护蒴苔 ***Calypogeia arguta*** Nees & Mont.

分布：从化 [23, 47]、封开 [433, 458]、广州 [112, 23]、南澳 [484]、乳源 [23, 47]、深圳 [112, 23, 47, 11]、始兴 [23]、肇庆 [112, 23, 9]。

缩叶护蒴苔 ***Calypogeia contracta*** Inoue

分布：龙门 [112]。

全缘护蒴苔 ***Calypogeia japonica*** Steph.

分布：连平 [112]、深圳 [11]。

双齿护蒴苔 ***Calypogeia tosana*** (Steph.) Steph.

分布：从化 [23, 47]、封开 [458]、连平 [23]、清远 [23]、乳源 [23, 47]、深圳 [23, 47]、肇庆 [23]。

疣胞苔属 *Mnioloma* Herzog

棕色疣胞苔 ***Mnioloma fuscum*** (Lehm.) R. M. Schust.

分布：乳源 [23]。

38. 甲克苔科 Jackiellaceae

甲克苔属 *Jackiella* Schiffn.

甲克苔 ***Jackiella javanica*** Schiffn.

分布：乳源 [23, 47]、深圳 [23, 47]。

39. 叶苔科 Jungermanniaceae

叶苔属 *Jungermannia* L.

深绿叶苔 ***Jungermannia atrovirens*** Dumort.

分布：广州 [23]、始兴 [28]、英德 [23, 32]。

心叶长萼叶苔 ***Jungermannia exsertifolia* subsp. *cordifolia*** (Dumort.) Váňa

分布：始兴 [28]。

圆叶叶苔 ***Jungermannia orbicularifolia*** (C. Gao) Piippo

分布：始兴 [28]、英德 [32]。

矮细叶苔 ***Jungermannia pumila*** With.

分布：英德 [23]。

40. 假苞苔科 Notoscyphaceae

假苞苔属 ***Notoscyphus*** **Mitt.**

假苞苔 ***Notoscyphus lutescens*** (Lehm.) Mitt.

分布：博罗 [23]、从化 [47]、封开 [23]、广州 [23]、深圳 [47]、肇庆 [9, 23]。

41. 管口苔科 Solenostomataceae

管口苔属 ***Solenostoma*** **Mitt.**

偏叶管口苔 ***Solenostoma comatum*** (Nees) C. Gao

分布：潮州 [23]。

变色管口苔 ***Solenostoma haskarlianum*** (Nees) R. M. Schust. ex Váňa & D. G. Long

分布：封开 [23]、英德 [23]。

透明管口苔 ***Solenostoma hyalinum*** (Lyell) Mitt.

分布：广州 [23]、始兴 [23]。

褐绿管口苔 ***Solenostoma infuscum*** (Mitt.) Hentschel

分布：深圳 [11]、肇庆 [9, 23]。

羽叶管口苔 ***Solenostoma plagiochilaceum*** (Grolle) Váňa & D. G. Long

分布：潮州 [23]。

四褶管口苔 ***Solenostoma tetragonum*** (Lindenb.) R. M. Schust. ex Váňa & D. G. Long

分布：从化 [47]、广州 [23]、深圳 [47]。

卷苞管口苔 ***Solenostoma torticalyx*** (Steph.) C. Gao

分布：肇庆 [9]。

截叶管口苔 ***Solenostoma truncatum*** (Nees) R. M. Schust. ex Váňa & D. G. Long

分布：从化 [47]、广州 [23]、乳源 [47]、深圳 [47, 11]、英德 [23]、肇庆 [23]。

三、藓类植物

42. 泥炭藓科 Sphagnaceae

泥炭藓属 ***Sphagnum*** **L.**

狭叶泥炭藓 ***Sphagnum cuspidatum*** Ehrh. ex Hofm.

分布：英德 [32]。

暖地泥炭藓 ***Sphagnum junghuhnianum*** Dozy & Molk.

分布：乐昌 [23]、连南 [23]、陆丰 [23]、梅州 [23]、乳源 [23, 26]、英德 [32]。

拟柔叶暖地泥炭藓 ***Sphagnum junghuhnianum*** **subsp.** ***pseudomolle*** (Warnst.) H. Suzuki

分布：陆丰 [23]。

多纹泥炭藓 ***Sphagnum multifibrosum*** X. J. Li & M. Zang

分布：乳源 [26]、中山 [23]。

卵叶泥炭藓 ***Sphagnum ovatum*** Hampe

分布：乳源 [23]、英德 [32]。

泥炭藓 ***Sphagnum palustre*** L.

分布：乐昌 [陈少卿 677 (PE)]、连南 [23]、连州 [23]、阳山 [26]、英德 [32]、肇庆 [9, 23]。

密枝泥炭藓 ***Sphagnum pseudocymbifolium*** Müll. Hal.

分布：仁化 [23]、韶关 [23]、肇庆 [9, 23]。

43. 金发藓科 Polytrichaceae

仙鹤藓属 ***Atrichum*** **P. Beauv.**

狭叶仙鹤藓 ***Atrichum angustatum*** (Brid.) Bruch & Schimp.

分布：乳源 [26]。

小仙鹤藓 ***Atrichum crispulum*** Schimp. ex Besch.

分布：乐昌 [23]。

小胞仙鹤藓 ***Atrichum rhystophyllum*** (Müll. Hal.) Paris

分布：乐昌 [23]、乳源 [23]、肇庆 [23]。

仙鹤藓 ***Atrichum undulatum*** (Hedw.) P. Beauv.

分布：始兴 [28]。

多蒴仙鹤藓 ***Atrichum undulatum*** **var.** ***gracilisetum*** Besch.

分布：乐昌 [23]、连州 [23]、乳源 [23, 26]、英德 [32]。

东亚仙鹤藓 ***Atrichum yakushimense*** (Horik.) Mizut.

分布：博罗 [23]、封开 [23]、乳源 [23, 26]、英德 [23, 32]。

小金发藓属 ***Pogonatum*** **P. Beauv.**

小金发藓 ***Pogonatum aloides*** (Hedw.) P. Beauv.

分布：乳源 [26]、肇庆 [9, 23]。

刺边小金发藓 ***Pogonatum cirratum*** (Sw.) Brid.

分布：广州 [吴翠珍 XX04149 (GACP0013619)]、连州 [23]、乳源 [23, 26]。

褐色刺边小金发藓 ***Pogonatum cirratum*** **subsp.** ***fuscatum*** (Mitt.) Hyvonen

分布：博罗 [23]、广州 [23]、怀集 [23]、乐昌 [23]、连州 [23]、龙门 [23]、乳源 [23]、深圳 [深圳考察队 2557 (PE)]、新丰 [23]、英德 [23, 32]、肇庆 [9, 23]。

扭叶小金发藓 ***Pogonatum contortum*** (Brid.) Lesq.

分布：博罗 [36, 1]、新丰 [36, 1]。

暖地小金发藓 ***Pogonatum fastigiatum*** Mitt.

分布：乳源 [23]、始兴 [28]、新丰 [23]、阳春 [23]、阳山 [23]。

东亚小金发藓 ***Pogonatum inflexum*** (Lindb.) Sande Lac.

分布：博罗 [23]、从化 [林邦娟 105 (PE)]、广州 [23]、乐昌 [23]、连州 [23]、乳源 [23, 26]、始兴 [28]、新丰 [23]、阳山 [26]、英德 [32]、增城 [曾怀德 20144 (PE)]、肇庆 [吴万春 40341 (PE)]。

硬叶小金发藓 ***Pogonatum neesii*** (Müll. Hal.) Dozy

分布：封开 [23]、广州 [23]、连平 [23]、南澳 [23, 484]、乳源 [23]、深圳 [23]、始兴 [28]、英德 [32]、肇庆 [23]。

川西小金发藓 ***Pogonatum nudiusculum*** Mitt.

分布：封开 [23]、广州 [何林 B051033144 (GACP 0013596)]、肇庆 [23]。

双珠小金发藓 ***Pogonatum pergranulatum*** P. C. Chen

分布：乳源 [26]。

南亚小金发藓 ***Pogonatum proliferum*** (Griff.) Mitt.

分布：乳源 [23, 26]、阳山 [23]、英德 [32]。

苞叶小金发藓 ***Pogonatum spinulosum*** Mitt.

分布：广州 [23]、蕉岭 [23]、乐昌 [23]、乳源 [23, 26]、新丰 [23]、肇庆 [23]。

半栉小金发藓 ***Pogonatum subfuscatum*** Broth.

分布：乳源 [26]。

疣小金发藓 ***Pogonatum urnigerum*** (Hedw.) P. Beauv.

分布：乳源 [26]。

拟金发藓属 ***Polytrichastrum* G. L. Sm.**

拟金发藓 ***Polytrichastrum alpinum*** (Hedw.) G. L. Sm.

分布：英德 [32]。

台湾拟金发藓 ***Polytrichastrum formosum*** G. L. Sm.

分布：从化 [彭宝雄 21 (PE)]、广州 [23]、乳源 [26]、英德 [23, 32]、肇庆 [9, 23]。

圆齿台湾拟金发藓 ***Polytrichastrum formosum* var. *densifolium*** (Hedw.) G. Sm.

分布：博罗 [23]、从化 [23]、蕉岭 [23]、英德 [23]、肇庆 [23]。

多形拟金发藓 ***Polytrichastrum ohioense*** (Renauld & Cardot) G. L. Sm.

分布：乳源 [26]。

金发藓属 ***Polytrichum* Hedw.**

金发藓 ***Polytrichum commune*** Hedw.

分布：潮州 [23]、从化 [邓良 8906 (AU051261)]、封开 [23]、怀集 [23]、乐昌 [陈少卿 878 (PE)]、乳源 [23]、深圳 [王学文 53459 (SZG)]、新丰 [邓良 7954 (AU051262)]。

44. 短颈藓科 Diphysciaceae

短颈藓属 ***Diphyscium* D. Mohr**

乳突短颈藓 ***Diphyscium chiapense* var. *unipapillosum*** (Deguchi) T. Y. Chiang & S. H. Lin

分布：连平 [23]、连州 [23]、乳源 [23]。

短颈藓 ***Diphyscium foliosum*** (Hedw.) D. Mohr

分布：乳源 [23]。

东亚短颈藓 ***Diphyscium fulvifolium*** Mitt.

分布: 乳源 [23, 26]、深圳 [汪楣芝 54714 (PE)]、始兴 [23, 28]、英德 [23, 32]。

卷叶短颈藓 ***Diphyscium mucronifolium*** Mitt.

分布：乳源 [23]、深圳 [23]、英德 [23]、肇庆 [23]。

45. 葫芦藓科 Funariaceae

葫芦藓属 ***Funaria* Hedw.**

葫芦藓 ***Funaria hygrometrica*** Hedw.

分布：广州 [23]、乐昌 [23]、龙门 [23]、仁化 [曾怀德 26158 (PE)]、乳源 [23]、始兴 [23, 28]、五华 [23]、新丰 [23]、英德 [23, 32]、增城 [曾怀德 20142 (PE)]、肇庆 [9, 23]。

立碗藓属 ***Physcomitrium* (Brid.) Brid.**

狭叶立碗藓 ***Physcomitrium coorgense*** Broth.

分布：广州 [23]、深圳 [23]、英德 [23, 32]。

红蒴立碗藓 ***Physcomitrium eurystomum*** Sendtn.

分布：广州 [23]、深圳 [23]、英德 [23, 32]、肇庆 [9, 23]。

日本立碗藓 ***Physcomitrium japonicum*** (Hedw.) Mitt.

分布：广州 [23]、连州 [23]、始兴 [23, 28]、肇庆 [9, 23]。

匍生立碗藓 ***Physcomitrium repandum*** (Griff.) Mitt.

分布：广州 [23]。

46. 反纽藓科 Timmiellaceae

反纽藓属 ***Timmiella* (De Not.) Limpr.**

反纽藓 ***Timmiella anomala*** (Bruch & Schimp.) Limpr.

分布：乐昌 [23]。

47. 扭茎藓科 Flexitrichaceae

扭茎藓属 ***Flexitrichum* Ignatov & Fedosov**

扭茎藓 ***Flexitrichum flexicaule*** (Schwägr.) Ignatov & Fedosov

分布：连州 [23]、乳源 [23]。

48. 无轴藓科 Archidiaceae

无轴藓属 ***Archidium* Brid.**

中华无轴藓 ***Archidium ohioense*** Schimp. ex Müll. Hal.

分布：南澳 [484]、深圳 [23]。

49. 白发藓科 Leucobryaceae

白氏藓属 *Brothera* Müll. Hal.

白氏藓 ***Brothera leana*** (Sull.) Müll. Hal.

分布：连州 [23]。

曲柄藓属 *Campylopus* Brid.

长叶曲柄藓 ***Campylopus atrovirens*** De Not.

分布：广宁 [23]、连州 [23]、乳源 [23, 26]、始兴 [23]、阳山 [23, 26]、英德 [32]。

尾尖曲柄藓 ***Campylopus comosus*** (Schwägr.) Bosch & Sande Lac.

分布：乳源 [26]、肇庆 [23]。

毛叶曲柄藓 ***Campylopus ericoides*** (Griff.) A. Jaeger

分布：怀集 [李素英 361 (IBSC)]、连山 [23]、乳源 [23, 26]、深圳 [11]、英德 [23, 32]。

脆枝曲柄藓 ***Campylopus fragilis*** (Brid.) Bruch & Schimp.

分布：怀集 [23]、英德 [32]。

纤枝曲柄藓 ***Campylopus gracilis*** (Mitt.) A. Jaeger

分布：乳源 [26]、英德 [23]。

大曲柄藓 ***Campylopus hemitrichius*** (Müll. Hal.) A. Jaeger

分布：连平 [23]、乳源 [23, 26]、英德 [23, 32]。

疏网曲柄藓 ***Campylopus laxitextus*** Sande Lac.

分布：连山 [23]、乳源 [26]。

梨蒴曲柄藓 ***Campylopus pyriformis*** (Schultz) Brid.

分布：乳源 [23]。

辛氏曲柄藓 ***Campylopus schimperi*** Milde

分布：连山 [23]。

黄曲柄藓 ***Campylopus schmidii*** Jaeger

分布：连山 [23]、乳源 [23, 26]。

中华曲柄藓 ***Campylopus sinensis*** Frahm

分布：佛冈 [23]、广州 [23]、连山 [23]、乳源 [23, 26]、英德 [徐祥浩 45079 (PE)]、肇庆 [9, 23]。

狭叶曲柄藓 ***Campylopus sublatus*** Schimp.

分布：广州 [23]、乐昌 [张力 730 (IBSC)]、连州 [张力 854 (IBSC)]、台山 [23]、肇庆 [1, 23]。

台湾曲柄藓 ***Campylopus taiwanensis*** Sakurai

分布：连山 [23]、英德 [32]。

节茎曲柄藓 ***Campylopus umbellatus*** (Arn.) Paris

分布：从化 [彭宝雄 1 (PE)]、广宁 [23]、广州 [吴翰 B-343 (PE)]、乐昌 [曾怀德 20977-A (PE)]、连州 [23]、南澳 [484]、乳源 [23, 26]、始兴 [23, 28]、阳山 [23, 26]、英德 [32]、肇庆 [9]。

青毛藓属 *Dicranodontium* Bruch & Schimp.

粗叶青毛藓 ***Dicranodontium asperulum*** (Mitt.) Broth.

分布：封开 [23]、怀集 [23]、乳源 [26]、始兴 [23]。

青毛藓 ***Dicranodontium denudatum*** (Brid.) E. Britton

分布：乐昌 [23]、连平 [23]、连州 [23]、乳源 [23, 26]、始兴 [23, 28]。

山地青毛藓 ***Dicranodontium didictyon*** (Mitt.) A. Jaeger

分布：英德 [32]。

长叶青毛藓 ***Dicranodontium didymodon*** Paris

分布：连州 [23]、乳源 [23]。

毛叶青毛藓 ***Dicranodontium filifolium*** Broth.

分布：乳源 [26]、深圳 [11]、阳山 [26]、英德 [23]。

瘤叶青毛藓 ***Dicranodontium papillifolium*** C. Gao

分布：乳源 [26]、始兴 [28]、英德 [32]。

孔网青毛藓 ***Dicranodontium porodictyon*** Cardot & Ther.

分布：英德 [32]。

钩叶青毛藓 ***Dicranodontium uncinatum*** (Harv.) A. Jaeger

分布：乳源 [23, 26]、英德 [32]。

白发藓属 *Leucobryum* Hampe

弯叶白发藓 ***Leucobryum aduncum*** Dozy & Molk.

分布：乳源 [23, 26]、肇庆 [9, 23]、珠海 [23]。

丛叶弯叶白发藓 ***Leucobryum aduncum* var. *scalare*** (Müll. Hal. ex M. Fleisch.) A. Eddy

分布：英德 [32]。

粗叶白发藓 ***Leucobryum boninense*** Sull. & Lesq.

分布：广州 [23]、乐昌 [陈俊和 SZBGZL208 (B0025583)]、连平 [23]、乳源 [26]、深圳 [张力 SZBGZL6993 (B0005545)]、始兴 [28]、信宜 [23]、英德 [32]、肇庆 [9, 23]。

狭叶白发藓 ***Leucobryum bowringii*** Mitt.

分布：博罗 [23]、广州 [23]、乳源 [26]、深圳 [周兰平 SZBGZL1387 (B0025580)]、始兴 [23, 28]、阳山 [26]、英德 [32]、肇庆 [9, 23]。

绿色白发藓 ***Leucobryum chlorophyllosum*** Müll. Hal.

分布：封开 [458]、广州 [23]、清远 [23]、乳源 [23, 26]、深圳 [贾渝 , 朱大海 3841 (PE)]、始兴 [23]、阳山 [26]、英德 [32]、肇庆 [9, 23]。

白发藓 ***Leucobryum glaucum*** (Hedw.) Angstr.

分布：从化 [23]、乐昌 [23]、连山 [陈俊和 SZBGZL195 (B0025575)]、连州 [23]、深圳 [王学文 53266 (SZG)]、始兴 [23, 28]、肇庆 [9, 23]。

短枝白发藓 ***Leucobryum humillimum*** Cardot

分布：封开 [23]。

爪哇白发藓 ***Leucobryum javense*** (Brid.) Mitt.

分布：封开 [23]、乐昌 [23]、乳源 [23, 26]、深圳 [深圳考察队 2535 (PE)]、始兴 [28]、阳春 [23]、阳山 [26]、英德 [32]、肇庆 [9]。

桧叶白发藓 ***Leucobryum juniperoideum*** Müll. Hal.

分布：博罗 [陈俊和 SZBGZL268 (B0025585)]、封开 [23, 433, 458]、广州 [23]、江门 [23]、乳源 [26]、深圳 [11]、始兴 [23]、阳山 [26]、英德 [32]、肇庆 [9, 23]。

耳叶白发藓 ***Leucobryum sanctum*** (Nees ex Schwägr.) Hampe

分布：博罗 [23]、深圳 [汪楣芝 54779 (PE)]。

疣叶白发藓 ***Leucobryum scabrum*** Sande Lac.

分布：博罗 [23]、从化 [23]、东莞 [23]、封开 [23]、连平 [23]、乳源 [23, 26]、新兴 [23]、英德 [23, 32]、肇庆 [9, 23]。

50. 缩叶藓科 Ptychomitriaceae

缩叶藓属 *Ptychomitrium* Fürnr.

齿边缩叶藓 ***Ptychomitrium dentatum*** (Mitt.) A. Jaeger

分布：英德 [32]。

多枝缩叶藓 ***Ptychomitrium gardneri*** Lesq.

分布：乐昌 [23]、始兴 [28]。

威氏缩叶藓 ***Ptychomitrium wilsonii*** Sull. & Lesq.

分布：博罗 [23]、惠州 [23]、乳源 [23]。

51. 紫萼藓科 Grimmiaceae

丛枝藓属 *Dilutineuron* Bedn. -Ochyra, Sawicki, Ochyra, Szczecińska & Plášek

黄丛枝藓 ***Dilutineuron anomodontoides*** (Cardot) Bedn. -Ochyra, Sawicki, Ochyra, Szczecińska & Plášek

分布：博罗 [23]、乳源 [26]、深圳 [23]。

长齿藓属 *Niphotrichum* (Bedn.-Ochyra) Bedn.-Ochyra & Ochyra

长齿藓 ***Niphotrichum canescens*** (Hedw.) Bedn. -Ochyra & Ochyra

分布：乐昌 [23]、南雄 [23]、乳源 [邓良 5556 (AU051259)]。

52. 花叶藓科 Calymperaceae

花叶藓属 *Calymperes* Sw. ex F. Weber

梯网花叶藓 ***Calymperes afzelii*** Sw.

分布：德庆 [23]、封开 [23]、广宁 [23]、怀集 [23]、四会 [23]、英德 [32]、肇庆 [9, 23]。

圆网花叶藓 ***Calymperes erosum*** Müll. Hal.

分布：德庆 [23]、封开 [23]、广宁 [23]、怀集 [23]、四会 [23]、肇庆 [9, 23]。

剑叶花叶藓 ***Calymperes fasciculatum*** Dozy & Molk.

分布：德庆 [23]、封开 [23]、广宁 [23]、怀集 [23]、四会 [23]、肇庆 [9, 23]。

齿边花叶藓 ***Calymperes serratum*** A. Braun ex Müll. Hal.

分布：乳源 [26]。

白睫藓属 *Leucophanes* Brid.

白睫藓 ***Leucophanes octoblepharioides*** Brid.

分布：德庆 [23]、封开 [23]、广宁 [23]、怀集 [23]、四会 [23]、英德 [32]、肇庆 [9, 23]。

匍网藓属 *Mitthyridium* H. Rob.

匍网藓 ***Mitthyridium fasciculatum*** (Hook. & Grev.) H. Rob.

分布：英德 [32]。

八齿藓属 *Octoblepharum* Hedw.

八齿藓 ***Octoblepharum albidum*** Hedw.

分布：封开 [23, 458]、广州 [23]、英德 [32]、肇庆 [9, 23]。

网藓属 *Syrrhopodon* Schwägr.

鞘刺网藓 ***Syrrhopodon armatus*** Mitt.

分布：封开 [433, 458]、广州 [23]、始兴 [23]、肇庆 [9, 23]。

陈氏网藓 ***Syrrhopodon chenii*** Reese & P. J. Lin

分布：德庆 [23]、封开 [23]、广宁 [23]、怀集 [23]、四会 [23]、肇庆 [9, 23]。

网藓 ***Syrrhopodon gardneri*** (Hook.) Schwägr.

分布：始兴 [23]、英德 [32]、肇庆 [9, 23]。

日本网藓 ***Syrrhopodon japonicus*** (Besch.) Broth.

分布：大埔 [23]、乐昌 [23]、乳源 [26]、始兴 [23, 28]、新丰 [23]、英德 [32]、肇庆 [9, 23]。

直叶网藓 ***Syrrhopodon muelleri*** (Dozy & Molk.) Sande Lac.

分布：乳源 [26]。

东方网藓 ***Syrrhopodon orientalis*** Reese & P. J. Lin

分布：德庆 [23]、封开 [23]、广宁 [23]、怀集 [23]、四会 [23]、肇庆 [9, 23]。

拟网藓 ***Syrrhopodon parasiticus*** (Sw. ex Brid.) Besch.

分布：始兴 [459]。

巴西网藓 ***Syrrhopodon prolifer*** Schwägr.

分布：封开 [458]、乳源 [26]、英德 [32]。

鞘齿巴西网藓 ***Syrrhopodon prolifer* var. *tosaensis*** (Cardot) Orban & W. D. Reese

分布：德庆 [23]、封开 [23]、广宁 [23]、怀集 [23]、乳源 [26]、深圳 [贾渝，朱大海 3819 (PE)]、四会 [23]、英德 [32]、肇庆 [9, 23]。

鞘齿网藓 ***Syrrhopodon trachyphyllus*** Mont.

分布：德庆 [23]、封开 [23]、广宁 [23]、怀集 [23]、乳源 [26]、四会 [23]、肇庆 [9, 23]。

53. 凤尾藓科 Fissidentaceae

凤尾藓属 *Fissidens* Hedw.

尖肋凤尾藓 ***Fissidens beckettii*** Mitt.

分布：广州 [23]。

拟透明凤尾藓 ***Fissidens bogoriensis*** M. Fleisch.

分布：始兴 [459]。

糙蒴凤尾藓 ***Fissidens capitulatus*** Nog.

分布：台山 [23]。

锡兰凤尾藓 ***Fissidens ceylonensis*** Dozy & Molk.

分布：博罗 [23]、封开 [433, 458]、广州 [23]、南澳 [484]、汕头 [23]、深圳 [11]、始兴 [23, 28]、珠海 [23]。

东亚微形凤尾藓 ***Fissidens closteri* subsp. *kiusiuensis*** (Sakurai) Z. Iwats.

分布：始兴 [459]。

齿叶凤尾藓 ***Fissidens crenulatus*** Mitt.

分布：广州 [23]、肇庆 [23]。

黄叶凤尾藓 ***Fissidens crispulus*** Brid.

分布：博罗 [23]、封开 [23]、广州 [23]、怀集 [23]、连南 [23]、连州 [23]、龙门 [23]、南澳 [484]、乳源 [23, 26]、深圳 [11]、始兴 [23, 28]、阳山 [23]、英德 [32]、肇庆 [9, 23]、珠海 [23]。

卷叶凤尾藓 ***Fissidens dubius*** P. Beauv.

分布：封开 [23]、怀集 [23]、乐昌 [23]、连州 [23]、乳源 [23, 26]、深圳 [23]、始兴 [28]、阳山 [23, 26]、英德 [32]。

暖地凤尾藓 ***Fissidens flaccidus*** Mitt.

分布：广州 [23]、肇庆 [23]。

短肋凤尾藓 ***Fissidens gardneri*** Mitt.

分布：博罗 [23]。

二形凤尾藓 ***Fissidens geminiflorus*** Dozy & Molk.

分布：封开 [23]、乐昌 [23]、乳源 [26]、深圳 [汪楣芝 54788 (PE)]、始兴 [23, 28]、英德 [32]、肇庆 [9, 23]。

广东凤尾藓 ***Fissidens guangdongensis*** Z. Iwats. & Z. H. Li

分布：封开 [23, 458]、深圳 [11]、阳山 [26]、珠海 [23]。

裸萼凤尾藓 ***Fissidens gymnogynus*** Besch.

分布：博罗 [23]、乐昌 [23]、乳源 [23, 26]、深圳 [11]、始兴 [23, 28]、阳山 [23]、英德 [32]、肇庆 [吴翰 B-216 (PE)]、珠海 [23]。

糙柄凤尾藓 ***Fissidens hollianus*** Dozy & Molk.

分布：广州 [23]、肇庆 [23]。

内卷凤尾藓 ***Fissidens involutus*** Wilson ex Mitt.

分布：乐昌 [23]、连南 [23]、乳源 [26]、阳山 [23]、英德 [32]。

爪哇凤尾藓 ***Fissidens javanicus*** Dozy & Molk.

分布：德庆 [23]、封开 [23]、广宁 [23]、怀集 [23]、四会 [23]、英德 [32]、肇庆 [23]。

暗边凤尾藓 ***Fissidens jungermannioides*** Griff.

分布：广州 [23]、英德 [32]、肇庆 [23]。

拟狭叶凤尾藓 ***Fissidens kinabaluensis*** Z. Iwats.

分布：德庆 [23]、封开 [23]、广宁 [23]、怀集 [23]、四会 [23]、肇庆 [23]。

暗色线叶凤尾藓 ***Fissidens linearis* var. *obscurirete*** (Broth. & Paris) Stone

分布：封开 [23]、乐昌 [23]、连平 [23]、乳源 [林邦娟 140 (PE)]、始兴 [23, 28]。

微凤尾藓 ***Fissidens minutus*** Thwaites & Mitt.

分布：肇庆 [9]。

大凤尾藓 ***Fissidens nobilis*** Griff.

分布：封开 [23]、怀集 [23]、乐昌 [23]、连州 [23]、仁化 [陈俊和 SZBGZL230 (B0005863)]、乳源 [23, 26]、深圳 [23]、始兴 [23, 28]、英德 [32]、肇庆 [9, 23]。

曲肋凤尾藓 ***Fissidens oblongifolius*** Hook. f. & Wilson

分布：从化 [23]、封开 [23, 458]、乐昌 [23]、连平 [23]、连州 [23]、龙门 [23]、乳源 [23, 26]、深圳 [11]、始兴 [23, 28]、阳山 [23]、英德 [32]、肇庆 [23]。

粗肋凤尾藓 ***Fissidens pellucidus*** Hornsch.

分布：封开 [23, 433, 458]、广州 [23]、深圳 [11]、英德 [32]、肇庆 [23]。

网孔凤尾藓 ***Fissidens polypodioides*** Hedw.

分布：封开 [23]、和平 [谭策铭等 Y06641 (SZG)]、乐昌 [23]、龙门 [23]、乳源 [林邦娟 234 (PE)]、阳山 [26]、英德 [32]、肇庆 [23]。

微疣凤尾藓 ***Fissidens schwabei*** Nog.

分布：东莞 [23]、广州 [23]、肇庆 [梁宝汉 16 (PE)]。

鳞叶凤尾藓 ***Fissidens taxifolius*** Hedw.

分布: 乐昌 [23]、梅州 [陈俊和 SZBGZL243 (B0005966)]、南澳 [484]、乳源 [23, 26]、始兴 [23, 28]、阳山 [23, 26]、英德 [32]、肇庆 [9, 23]。

南京凤尾藓 ***Fissidens teysmannianus*** Dozy & Molk.

分布：广州 [23]、乐昌 [23]、连州 [23]、南澳 [484]、乳源 [23, 26]、英德 [32]、肇庆 [9, 23]。

拟小凤尾藓 ***Fissidens tosaensis*** Broth.

分布：乐昌 [23]、连州 [23]、始兴 [23, 28]、阳山 [23]、英德 [32]。

狭叶凤尾藓 ***Fissidens wichurae*** Broth. & M. Fleisch.

分布：德庆 [23]、封开 [23]、广宁 [23]、怀集 [23]、四会 [23]、英德 [32]、肇庆 [23]。

车氏凤尾藓 ***Fissidens zolligeri*** Mont.

分布：东莞 [1, 23]、广州 [1, 23]。

54. 曲尾藓科 Dicranaceae

锦叶藓属 *Dicranoloma* (Renauld) Renauld

大锦叶藓 ***Dicranoloma assimile*** (Hampe) Paris

分布：连山 [23]、英德 [32]。

长蒴锦叶藓 ***Dicranoloma cylindrothecium*** (Mitt.) Sakurai

分布：乳源 [23]。

锦叶藓 ***Dicranoloma dicarpum*** (Nees) Paris

分布：乐昌 [23]、清远 [23]、乳源 [26]、英德 [32]。

曲尾藓属 *Dicranum* Hedw.

卷叶曲尾藓 ***Dicranum crispifolium*** Müll. Hal.

分布：乳源 [26]。

大曲尾藓 ***Dicranum drummondii*** Müll. Hal.

分布：乐昌 [23]。

棕色曲尾藓 ***Dicranum fuscescens*** Turner

分布：乳源 [23]。

日本曲尾藓 ***Dicranum japonicum*** Mitt.

分布：乐昌 [23]、乳源 [23, 26]。

马氏曲尾藓 ***Dicranum mayrii*** Broth.

分布：乳源 [23]。

脆叶锦叶藓 ***Dicranum psathyrum*** Klazenga

分布：乳源 [23, 26]、英德 [32]。

曲尾藓 ***Dicranum scoparium*** Hedw.

分布：乐昌 [23]、乳源 [23]。

全缘直毛藓 ***Dicranum scottianum*** Turner

分布：始兴 [28]。

皱叶曲尾藓 ***Dicranum undulatum*** Schrad. ex Brid.

分布：乳源 [23]。

苞领藓属 *Holomitrium* Brid.

柱鞘苞领藓 ***Holomitrium cylindraceum*** (P. Beauv.) Wijk & Marg.

分布：广州 [Ly. Y. Jsiang 5716-a (PE)]、始兴 [23]。

密叶苞领藓 ***Holomitrium densifolium*** (Wilson) Wijk & Marg.

分布：从化 [23]、乳源 [23]、英德 [32]、肇庆 [9, 23]。

白锦藓属 *Leucoloma* Brid.

柔叶白锦藓 ***Leucoloma molle*** (Müll. Hal.) Mitt.

分布：从化 [彭宝雄 98 (PE)]、乳源 [23, 26]、深圳 [23]。

东亚白锦藓 ***Leucoloma okamurae*** Broth.

分布：乳源 [23, 26]、英德 [32]。

拟白发藓属 *Paraleucobryum* (Lindb. ex Limpr.) Loeske

疣肋拟白发藓 ***Paraleucobryum schwarzii*** (Schimp.) C. Gao & Vitt

分布：连南 [23]、始兴 [28]、肇庆 [9, 23]。

55. 树生藓科 Erpodiaceae

细鳞藓属 *Solmsiella* Müll. Hal.

细鳞藓 ***Solmsiella biseriata*** Steere

分布：博罗 [23]、肇庆 [9, 23]。

钟帽藓属 *Venturiella* Müll. Hal.

钟帽藓 ***Venturiella sinensis*** Müll. Hal.

分布：连南 [23]、连州 [23]。

56. 小烛藓科 Bruchiaceae

小烛藓属 *Bruchia* Schwägr.

小孢小烛藓 ***Bruchia microspora*** Nog.

分布：广州 [23]。

长蒴藓属 *Trematodon* Michx.

长蒴藓 ***Trematodon longicollis*** Michx.

分布：从化 [曾怀德 25257 (PE)]、广州 [23]、连山 [23]、乳源 [23]、深圳 [刘全儒 96060 (PE)]、始兴 [23, 28]、英德 [32]、肇庆 [9, 23]。

57. 牛毛藓科 Ditrichaceae

角齿藓属 *Ceratodon* Brid.

角齿藓 ***Ceratodon purpureus*** (Hedw.) Brid.

分布：乳源 [26]。

牛毛藓属 *Ditrichum* Hampe

短齿牛毛藓 ***Ditrichum brevidens*** Nog.

分布：从化 [23]、江门 [23]、乳源 [23]、深圳 [11]。

卷叶牛毛藓 ***Ditrichum difficile*** (Duby) M. Fleisch.

分布：深圳 [11]、英德 [23, 32]。

牛毛藓 ***Ditrichum heteromallum*** (Hedw.) E. Britton

分布：广州 [23]、连平 [23]、乳源 [23, 26]、汕头 [23]、英德 [32]。

黄牛毛藓 ***Ditrichum pallidum*** (Hedw.) Hampe

分布：乐昌 [23]、连州 [23]、乳源 [23, 26]、深圳 [11]、始兴 [23, 28]、英德 [32]。

细叶牛毛藓 ***Ditrichum pusillum*** (Hedw.) Hampe

分布：潮州 [23]、连州 [23]、乳源 [26]。

裂蒴藓属 *Eccremidium* E. H. Wilson

龙骨裂蒴藓 ***Eccremidium brisbanicum*** Steere & G. A. M. Scott

分布：英德 [32]。

荷包藓属 *Garckea* Müll. Hal.

荷包藓 ***Garckea flexuosa*** (Griff.) Marg. & Nork.

分布：广州 [23]、深圳 [11]、始兴 [28]、英德 [23, 32]、肇庆 [9]。

丛毛藓属 *Pleuridium* Rabenh.

丛毛藓 ***Pleuridium subulatum*** (Hedw.) Rabenh.

分布：从化 [23]、英德 [23]。

威氏藓属 *Wilsoniella* Müll. Hal.

威氏藓 ***Wilsoniella decipiens*** (Mitt.) Alston

分布：始兴 [28]。

58. 粗石藓科 Rhabdoweisiaceae

高领藓属 *Glyphomitrium* Brid.

东亚高领藓 ***Glyphomitrium warburgii*** Cardot

分布：乐昌 [23]。

粗石藓属 *Rhabdoweisia* Bruch & Schimp.

中华粗石藓 ***Rhabdoweisia sinensis*** P. C. Chen

分布：乳源 [26]。

合睫藓属 *Symblepharis* Mont.

合睫藓 ***Symblepharis vaginata*** (Hook.) Wijk & Marg.

分布：乳源 [23]。

59. 小曲尾藓科 Dicranellaceae

扭柄藓属 *Campylopodium* (Müll. Hal.) Besch.

扭柄藓 ***Campylopodium medium*** (Duby) Giese & J. -P. Frahm

分布：封开 [23]、乐昌 [23]、始兴 [23]。

小曲尾藓属 *Dicranella* Schimp.

华南小曲尾藓 ***Dicranella austro-sinensis*** Herzog & Dixon

分布：广州 [23]、南澳 [484]、英德 [32]。

短颈小曲尾藓 ***Dicranella cerviculata*** (Hedw.) Schimp.

分布：乳源 [26]、始兴 [23]。

南亚小曲尾藓 ***Dicranella coarctata*** (Müll. Hal.) Bosch & Sande Lac.

分布：广州 [23]、乳源 [26]、深圳 [11]、始兴 [28]、英德 [23, 32]、肇庆 [9]。

多形小曲尾藓 ***Dicranella heteromalla*** (Hedw.) Schimp.

分布：南澳 [484]。

红色异毛藓 ***Dicranella varia*** (Hedw.) Schimp.

分布：广州 [23]、连南 [23]、汕头 [23]、英德 [32]。

小曲柄藓属 *Microcampylopus* (Müll. Hal.) M. Fleisch.

小曲柄藓 ***Microcampylopus khasianus*** (Griff.) Giese & J. -P. Frahm

分布：肇庆 [23]。

60. 丛藓科 Pottiaceae

丛本藓属 *Anoectangium* Schwägr.

丛本藓 ***Anoectangium aestivum*** (Hedw.) Mitt.

分布：始兴 [28]。

扭叶丛本藓 ***Anoectangium stracheyanum*** Mitt.

分布：从化 [23]、乐昌 [23]、连州 [23]、英德 [32]。

卷叶丛本藓 ***Anoectangium thomsonii*** Mitt.

分布：连南 [23]、始兴 [28]。

扭口藓属 *Barbula* Hedw.

沙地石灰藓 ***Barbula arcuata*** Griff.

分布：阳山 [26]。

钝叶扭毛藓 ***Barbula chenia*** Redf. & B. C. Tan

分布：连州 [23]。

细叶石灰藓 ***Barbula gracilenta*** Mitt.

分布：阳山 [26]。

小扭口藓 ***Barbula indica*** (Hook.) Spreng.

分布：广州 [23]、茂名 [黄振晋 8 (PE)]、南澳 [484]、乳源 [26]、阳江 [23]、肇庆 [23]。

褶叶石灰藓 ***Barbula inflexa*** (Duby) Müll. Hal.

分布：信宜 [23]、肇庆 [9, 23]。

爪哇石灰藓 ***Barbula javanica*** Dozy & Molk.

分布：南澳 [484]、阳山 [26]。

大叶石灰藓 ***Barbula majuscula*** Müll. Hal.

分布：南澳 [484]。

拟石灰藓 ***Barbula pseudoehrenbergii*** M. Fleisch.

分布：肇庆 [23]。

暗色石灰藓 ***Barbula sordida*** Besch.

分布：广州 [23]、南澳 [484]。

扭口藓 ***Barbula unguiculata*** Hedw.

分布：封开 [23]、广州 [23]、乳源 [26]、信宜 [23]、湛江 [23]。

对齿藓属 *Didymodon* Hedw.

尖叶对齿藓 ***Didymodon constrictus*** K. Saito

分布：乐昌 [23]、乳源 [26]、阳山 [23]。

锯齿藓 ***Didymodon erosodenticulatus*** (Müll. Hal.) Saito

分布：乳源 [26]。

反叶对齿藓 ***Didymodon ferrugineus*** M. O. Hill

分布：乳源 [26]。

南方对齿藓 ***Didymodon guangdongensis*** (J. Kou & C. Feng) J. A. Jiménez & M. J. Cano

分布：仁化 [189, 186]、乳源 [189, 186]。

硬叶对齿藓 ***Didymodon rigidulus*** Hedw.

分布：广州 [23]。

溪边对齿藓 ***Didymodon rivicola*** (Broth.) R. H. Zander

分布：封开 [23]。

剑叶对齿藓 ***Didymodon rufidulus*** (Müll. Hal.) Broth.

分布：连州 [23]、阳山 [23, 26]。

夭命藓属 *Ephemerum* Hampe

尖顶夭命藓 ***Ephemerum apiculatum*** P. C. Chen

分布：深圳 [11, 23]。

净口藓属 *Gymnostomum* Nees & Hornsch.

铜绿净口藓 ***Gymnostomum aeruginosum*** Sm.

分布：深圳 [11, 23]、信宜 [23]、肇庆 [9, 23]。

净口藓 ***Gymnostomum calcareum*** Nees & Hornsch.

分布：潮州 [23]、惠东 [23]、乐昌 [23]、陆丰 [23]。

湿地藓属 *Hyophila* Brid.

卷叶湿地藓 ***Hyophila involuta*** (Hook.) A. Jaeger

分布：博罗 [吴鹏程 22173 (PE)]、封开 [23]、广州 [23]、乐昌 [23]、连南 [23]、连州 [23]、乳源 [23, 26]、深圳 [11, 23]、始兴 [28]、信宜 [23]、阳山 [23, 26]、英德 [32]、肇庆 [9, 23]、珠海 [23]。

湿地藓 ***Hyophila javanica*** (Nees & Blume) Brid.

分布：南澳 [484]、英德 [32]。

花状湿地藓 ***Hyophila nymaniana*** Menzel

分布：连州 [23]、阳山 [26]。

芽胞湿地藓 ***Hyophila propagulifera*** Broth.

分布：南澳 [484]、乳源 [26]、汕头 [23]、深圳 [11,

23]、始兴 [23, 28]、阳山 [23]。

大丛藓属 ***Molendoa* Lindb.**

高山大丛藓 ***Molendoa sendtneriana*** (Bruch & Schimp.) Limpr.

分布：乐昌 [23]、连南 [23]、始兴 [23]、阳山 [23]。

拟合睫藓属 ***Pseudosymblepharis* Broth.**

狭叶拟合睫藓 ***Pseudosymblepharis angustata*** (Mitt.) Hilp.

分布：乐昌 [23]、连州 [23]、南澳 [484]、乳源 [23, 26]、深圳 [11, 23]、阳山 [23, 26]、英德 [32]、中山 [23]。

舌叶藓属 ***Scopelophila* (Mitt.) Lindb.**

剑叶藓 ***Scopelophila cataractae*** Broth.

分布：始兴 [28]。

赤藓属 ***Syntrichia* Brid.**

芽胞赤藓 ***Syntrichia gemmascens*** R. H. Zander

分布：乐昌 [23]。

纽藓属 ***Tortella* (Lindb.) Limpr.**

长叶纽藓 ***Tortella tortuosa*** (Hedw.) Limpr.

分布：封开 [23]、乐昌 [23]、乳源 [26]、始兴 [23]、阳山 [23]。

墙藓属 ***Tortula* Hedw.**

狭叶墙藓 ***Tortula cernua*** Lindb.

分布：乐昌 [1, 23]。

泛生链齿藓 ***Tortula laureri*** Lindb.

分布：乐昌 [23]。

长蒴墙藓 ***Tortula leptotheca*** (Broth.) P. C. Chen

分布：乐昌 [23]、阳山 [23]。

云南墙藓 ***Tortula yuennanensis*** P. C. Chen

分布：乳源 [26]。

毛口藓属 ***Trichostomum* Bruch**

毛口藓 ***Trichostomum brachydontium*** Bruch

分布：封开 [23]、乳源 [26]、深圳 [11, 23]、肇庆 [9, 23]。

皱叶毛口藓 ***Trichostomum crispulum*** Bruch

分布：广州 [23]、深圳 [11, 23]、信宜 [23]、阳山 [26]、肇庆 [吴鹏程 22155 (PE)]。

卷叶毛口藓 ***Trichostomum hattorianum*** B. C. Tan & Z. Iwats.

分布：乐昌 [23]、连南 [23]、连州 [23]、乳源 [26]、深圳 [11, 23]、阳山 [23]、英德 [32]、肇庆 [9, 23]。

平叶毛口藓 ***Trichostomum planifolium*** R. H. Zander

分布：深圳 [11]、始兴 [28]、阳山 [26]。

阔叶毛口藓 ***Trichostomum platyphyllum*** (Ihsiba) P. C. Chen

分布：肇庆 [23]。

酸土藓 ***Trichostomum tenuirostre*** Lindb.

分布：肇庆 [9]。

芒尖毛口藓 ***Trichostomum zanderi*** Redf. & B. C. Tan

分布：惠州 [23]、始兴 [28]、阳山 [26]。

密疣藓属 ***Vinealobryum* R. H. Zander**

密疣藓 ***Vinealobryum vineale*** (Brid.) R. H. Zander

分布：乐昌 [23]、深圳 [11]、阳山 [23]。

小墙藓属 ***Weisiopsis* Broth.**

褶叶小墙藓 ***Weisiopsis anomala*** (Broth. & Paris) Broth.

分布：乐昌 [23]、深圳 [11, 23]、阳山 [23, 26]。

小墙藓 ***Weisiopsis plicata*** (Mitt.) Broth.

分布：肇庆 [23]。

小石藓属 ***Weissia* Hedw.**

短柄小石藓 ***Weissia breviseta*** (Ther.) P. C. Chen

分布：深圳 [11, 23]。

小石藓 ***Weissia controversa*** Hedw.

分布：广州 [23]、乐昌 [23]、连平 [23]、连州 [23]、南澳 [484]、深圳 [11, 23]、始兴 [28]、阳山 [23]、英德 [32]。

缺齿小石藓 ***Weissia edentula*** Mitt.

分布：乳源 [26]、汕头 [23]、深圳 [11]、肇庆 [9, 23]。

东亚小石藓 ***Weissia exserta*** (Broth.) P. C. Chen

分布：封开 [23]、乐昌 [23]、连州 [23]、南澳 [484]、乳源 [26]、汕头 [23]、深圳 [11, 23]、肇庆 [9, 23]。

闭口藓 ***Weissia longifolia*** Mitt.

分布：惠东 [23]、江门 [23]、清远 [23]、阳江 [23]。

61. 珠藓科 Bartramiaceae

珠藓属 ***Bartramia* Hedw.**

亮叶珠藓 ***Bartramia halleriana*** Hedw.

分布：乐昌 [23]。

直叶珠藓 ***Bartramia ithyphylla*** Brid.

分布：乳源 [23, 26]。

梨蒴珠藓 ***Bartramia pomiformis*** Hedw.

分布：乐昌 [23]、连州 [23]、乳源 [26]、始兴 [28]。

热泽藓属 ***Breutelia* (Bruch & Schimp.) Schimp.**

大热泽藓 ***Breutelia arundinifolia*** (Duby) M. Fleisch.

分布：清远 [23]。

泽藓属 ***Philonotis* Brid.**

偏叶泽藓 ***Philonotis falcata*** (Hook.) Mitt.

分布：乐昌 [23]、连州 [23]、乳源 [23]、始兴 [23]、阳山 [23]。

泽藓 ***Philonotis fontana*** Brid.

分布：乳源 [26]、始兴 [23, 28]、阳山 [23]。

密叶泽藓 ***Philonotis hastata*** Wijk & Marg.

分布：广州 [23]、连山 [23]、乳源 [23, 26]、深圳 [贾渝、朱大海 3738 (PE)]、肇庆 [9, 23]。

毛叶泽藓 ***Philonotis lancifolia*** Mitt.

分布：乐昌 [23]、龙门 [23]、乳源 [23]、深圳 [11]、阳山 [23]、英德 [32]、肇庆 [9, 23]。

柔叶泽藓 ***Philonotis mollis*** Mitt.

分布：连平 [23]、连州 [23]、乳源 [23, 26]、阳山 [26]。

狭叶泽藓 ***Philonotis roylei*** (Hook. f.) Mitt.

分布：乳源 [26]。

倒齿泽藓 ***Philonotis runcinata*** Müll. Hal. ex Angstr.

分布：乐昌 [23]。

斜叶泽藓 ***Philonotis secunda*** (Dozy & Molk.) Bosch & Sande Lac.

分布：广州 [23]、连平 [23]、连山 [23]、乳源 [23]。

细叶泽藓 ***Philonotis thwaitesii*** Mitt.

分布：封开 [23]、广州 [23]、乐昌 [23]、南澳 [23, 484]、乳源 [26]、深圳 [11]、始兴 [23]、英德 [32]。

东亚泽藓 ***Philonotis turneriana*** Mitt.

分布：博罗 [23]、潮州 [23]、广州 [23]、江门 [23]、乐昌 [23]、连南 [23]、连平 [23]、南澳 [23, 484]、乳源 [26]、汕头 [23]、深圳 [11]、始兴 [23, 28]、台山 [23]、阳山 [26]、英德 [32]、肇庆 [9, 23]。

62. 虎尾藓科 Hedwigiaceae

虎尾藓属 *Hedwigia* P. Beauv.

虎尾藓 ***Hedwigia ciliata*** Ehrh. ex P. Beauv.

分布：乐昌 [23]、乳源 [23]。

63. 提灯藓科 Mniaceae

小叶藓属 *Epipterygium* Lindb.

小叶藓 ***Epipterygium tozeri*** Lindb.

分布：南澳 [484]、乳源 [26]。

纤齿藓属 *Haplodontium* Hampe

中华纤齿藓 ***Haplodontium sinensis*** (Dixon) X. R. Wang & J. C. Zhao

分布：深圳 [11]。

提灯藓属 *Mnium* Hedw.

提灯藓 ***Mnium hornum*** Hedw.

分布：乳源 [26]。

长叶提灯藓 ***Mnium lycopodioiodes*** Schwägr.

分布：乐昌 [23]。

立灯藓属 *Orthomnion* Wilson

柔叶立灯藓 ***Orthomnion dilatatum*** P. C. Chen

分布：乳源 [23]。

匐灯藓属 *Plagiomnium* T. J. Kop.

尖叶匐灯藓 ***Plagiomnium acutum*** T. J. Kop.

分布：佛冈 [林邦娟 548 (IBSC)]、广州 [23]、乐昌 [23]、连平 [23]、乳源 [23, 26]、始兴 [23, 28]、英德 [23, 32]、增城 [23]、肇庆 [23]。

密集匐灯藓 ***Plagiomnium confertidens*** T. J. Kop.

分布：广州 [23]、深圳 [11]、珠海 [23]。

匐灯藓 ***Plagiomnium cuspidatum*** T. J. Kop.

分布：从化 [23]、广州 [23]、乐昌 [23]、连南 [23]、连平 [23]、连州 [23]、龙门 [23]、清远 [23]、仁化 [23]、乳源 [23, 26]、深圳 [23]、始兴 [23, 28]、阳山 [23, 26]、英德 [23]、增城 [23]、肇庆 [9, 23]。

无边匐灯藓 ***Plagiomnium elimbatum*** T. J. Kop.

分布：始兴 [459]。

侧枝匐灯藓 ***Plagiomnium maximoviczii*** (Lindb.) T. J. Kop.

分布：封开 [23]、乐昌 [23]、仁化 [23]、乳源 [23, 26]、始兴 [23, 28]、阳山 [26]、英德 [23]。

具喙匐灯藓 ***Plagiomnium rhynchophorum*** (Harv.) T. J. Kop.

分布：封开 [23]、乳源 [23]。

钝叶匐灯藓 ***Plagiomnium rostratum*** T. J. Kop.

分布：乐昌 [23]、仁化 [23]、始兴 [23, 28]、阳山 [23]。

大叶匐灯藓 ***Plagiomnium succulentum*** T. J. Kop.

分布：东莞 [23]、封开 [23]、广州 [23]、乐昌 [23]、连平 [23]、连州 [23]、乳源 [23, 26]、始兴 [23, 28]、新丰 [23]、阳山 [23]、英德 [23, 32]、肇庆 [9, 23]。

瘤柄匐灯藓 ***Plagiomnium venustum*** T. J. Kop.

分布：始兴 [28]。

圆叶匐灯藓 ***Plagiomnium vesicatum*** T. J. Kop.

分布：广州 [23]、乐昌 [23]、南澳 [484]、仁化 [23]、乳源 [23]、始兴 [23, 28]、英德 [23, 32]。

丝瓜藓属 *Pohlia* Hedw.

丝瓜藓 ***Pohlia elongata*** Hedw.

分布：乐昌 [23]、乳源 [26]、珠海 [23]。

疣齿丝瓜藓 ***Pohlia flexuosa*** Hook.

分布：始兴 [23]。

多态丝瓜藓 ***Pohlia minor*** Schleich. ex Schwägr.

分布：深圳 [11]。

黄丝瓜藓 ***Pohlia nutans*** Lindb.

分布：始兴 [23, 28]、英德 [23, 32]。

卵蒴丝瓜藓 ***Pohlia proligera*** Lindb. ex Arn.

分布：始兴 [23]、英德 [23]。

疣灯藓属 *Trachycystis* Lindb.

疣灯藓 ***Trachycystis microphylla*** Lindb.

分布：乐昌 [23]、始兴 [23, 28]。

树形疣灯藓 ***Trachycystis ussuriensis*** (Maack & Regel) T. J. Kop.

分布：乳源 [36, 1]。

64. 真藓科 Bryaceae

银藓属 *Anomobryum* Schimp.

芽胞银藓 ***Anomobryum gemmigerum*** Broth.

分布：乳源 [26]、阳山 [26]。

银藓 ***Anomobryum julaceum*** Schimp.

分布：广州 [23]、英德 [23, 32]。

挺枝银藓 ***Anomobryum yasudae*** Broth.

分布：广州 [36]。

短月藓属 ***Brachymenium*** **Schwägr.**

宽叶短月藓 ***Brachymenium capitulatum*** Kindb.

分布：乳源 [36]。

纤枝短月藓 ***Brachymenium exile*** Bosch & Sande Lac.

分布：潮州 [23]、连州 [23]、茂名 [黄振菅 29 (PE)]。

大孢短月藓 ***Brachymenium longicolle*** Ther.

分布：乳源 [26]。

饰边短月藓 ***Brachymenium longidens*** Renauld & Cardot

分布：乳源 [23]。

短月藓 ***Brachymenium nepalense*** Hook.

分布：乐昌 [23]、连州 [23]、乳源 [23, 26]、始兴 [23, 28]、阳山 [26]。

中华短月藓 ***Brachymenium sinense*** Cardot & Ther.

分布：南澳 [484]。

真藓属 ***Bryum*** **Hedw.**

毛状真藓 ***Bryum apiculatum*** Schwägr.

分布：茂名 [黄振菅 19 (PE)]、南澳 [484]、深圳 [23]、阳山 [26]。

真藓 ***Bryum argenteum*** Hedw.

分布：乐昌 [23]、连南 [23]、连州 [23]、乳源 [23, 26]、汕头 [杨遵仪 2470 (PE)]、始兴 [23, 28]、阳山 [23]、英德 [23, 32]。

比拉真藓 ***Bryum billarderi*** Schwägr.

分布：封开 [23]、乐昌 [23]、连南 [23]、乳源 [26]、阳山 [26]、英德 [23, 32]。

卵蒴真藓 ***Bryum blindii*** Bruch & Schimp.

分布：南澳 [484]。

丛生真藓 ***Bryum caespiticium*** Hedw.

分布：南澳 [484]、深圳 [11]、始兴 [23]、阳山 [26]、英德 [23, 32]、珠海 [23]。

细叶真藓 ***Bryum capillare*** Hedw.

分布：连南 [23]、连山 [23]。

柔叶真藓 ***Bryum cellulare*** Hook.

分布：封开 [23]、广州 [23]、茂名 [黄振菅 46 (PE)]、深圳 [11]、阳山 [26]、英德 [23, 32]、珠海 [23]。

蕊形真藓 ***Bryum coronatum*** Schwägr.

分布：封开 [23]、连南 [23]、乳源 [23, 26]、深圳 [11]、英德 [23, 32]、肇庆 [9, 23]。

圆叶真藓 ***Bryum cyclophyllum*** (Schwägr.) Bruch & Schimp.

分布：阳山 [26]。

双色真藓 ***Bryum dichotomum*** Hedw.

分布：英德 [23]。

韩氏真藓 ***Bryum handelii*** Broth.

分布：阳山 [26]。

刺叶真藓 ***Bryum lonchocaulon*** Müll. Hal.

分布：南澳 [484]、深圳 [11]。

黄色真藓 ***Bryum pallescens*** Schleich. ex Schwägr.

分布：封开 [23]、连山 [23]。

近高山真藓 ***Bryum paradoxum*** Schwägr.

分布：英德 [23, 32]。

拟三列真藓 ***Bryum pseudotriquetrum*** (Hedw.) G. Gaertn., B. Mey. & Scherb.

分布：英德 [32]。

拟大叶真藓 ***Bryum salakense*** Cardot

分布：乳源 [26]。

土生真藓 ***Bryum tuberosum*** Mohamed & Damanhuri

分布：南澳 [484]。

平蒴藓属 ***Plagiobryum*** **Lindb.**

平蒴藓 ***Plagiobryum zieri*** (Dicks. ex Hedw.) Lindb.

分布：县级不详 [36]。

大叶藓属 ***Rhodobryum*** **(Schimp.) Limpr.**

暖地大叶藓 ***Rhodobryum giganteum*** Paris

分布：封开 [23]、乐昌 [23]、乳源 [23, 26]、始兴 [23]、信宜 [23]、阳山 [23]。

狭边大叶藓 ***Rhodobryum ontariense*** Kindb.

分布：信宜 [36, 1]。

65. 木灵藓科 Orthotrichaceae

蓑藓属 *Macromitrium* Brid.

狭叶蓑藓 ***Macromitrium angustifolium*** Dozy & Molk.

分布：英德 [32]。

中华蓑藓 ***Macromitrium cavaleriei*** Cardot & Ther.

分布：丰顺 [23]、海丰 [23]、乐昌 [23]、龙门 [23]、乳源 [23]、始兴 [23, 28]、新丰 [23]。

福氏蓑藓 ***Macromitrium ferriei*** Cardot & Ther.

分布：乐昌 [23]、乳源 [26]、深圳 [23]、始兴 [28]、新丰 [23]、英德 [32]、肇庆 [9, 23]。

长枝蓑藓 ***Macromitrium formosae*** Cardot

分布：封开 [23]。

缺齿蓑藓 ***Macromitrium gymnostomum*** Sull. & Lesq.

分布：博罗 [23]、丰顺 [23]、乐昌 [23]、连平 [23]、乳源 [23, 26]、阳山 [23]、英德 [32]、肇庆 [23]。

阔叶蓑藓 ***Macromitrium holomitrioides*** Nog.

分布：深圳 [汪楣芝 54787 (PE)]、肇庆 [23]。

钝叶蓑藓 ***Macromitrium japonicum*** Dozy & Molk.

分布：博罗 [23]、潮州 [23]、连州 [23]、清远 [23]、深圳 [23]、阳山 [23]、英德 [32]、肇庆 [9, 23]。

棱蒴蓑藓 ***Macromitrium macrosporum*** Broth.

分布：始兴 [23, 28]、新丰 [23]。

尼泊尔蓑藓 ***Macromitrium nepalense*** Schwägr.

分布：封开 [23]、英德 [32]。

无锡蓑藓 ***Macromitrium ousiense*** Broth. & Paris

分布：博罗 [23]、肇庆 [23]。

大苞叶史氏蓑藓 ***Macromitrium schmidii* var. *macroperichaetialium*** S. L. Guo & T. Cao

分布：海丰 [23]、惠州 [23]、蕉岭 [23]、新丰 [23]。

长帽蓑藓 ***Macromitrium tosae*** Besch.

分布：博罗 [23]、乳源 [23, 26]、始兴 [23]。

火藓属 *Schlotheimia* Brid.

南亚火藓 ***Schlotheimia grevilleana*** Mitt.

分布：封开 [23]、惠州 [23]、连平 [23]、乳源 [23, 26]、深圳 [23]、始兴 [23, 28]、新丰 [23]、阳山 [23, 26]、英德 [32]。

小火藓 ***Schlotheimia pungens*** E. B. Bartram

分布：封开 [23]、乳源 [23, 26]、深圳 [23]、英德 [32]。

66. 桧藓科 Rhizogoniaceae

桧藓属 *Pyrrhobryum* Mitt.

大桧藓 ***Pyrrhobryum dozyanum*** (Sande Lac.) Manuel

分布：乐昌 [23]、乳源 [23, 26]、肇庆 [9, 23]。

阔叶桧藓 ***Pyrrhobryum latifolium*** Mitt.

分布：英德 [23, 32]、肇庆 [9, 23]。

刺叶桧藓 ***Pyrrhobryum spiniforme*** Mitt.

分布: 博罗 [F. P. Metcalf 17415 (PE)]、乐昌 [23]、乳源 [23, 26]、深圳 [23]、始兴 [23, 28]、英德 [23, 32]、肇庆 [9, 23]。

67. 卷柏藓科 Racopilaceae

卷柏藓属 *Racopilum* P. Beauv.

薄壁卷柏藓 ***Racopilum cuspidigerum*** Angstr.

分布：广州 [王晓宇 XY021100147 (GACP0013902)]、乐昌 [23]、连南 [23]、连平 [23]、连州 [23]、乳源 [23, 26]、深圳 [23]、始兴 [23, 28]、阳山 [23]、英德 [23, 32]、肇庆 [9, 23]。

68. 棱蒴藓科 Ptychomniaceae

绳藓属 *Garovaglia* Endl.

南亚美蕨藓 ***Garovaglia elegans*** Hampe ex Bosch & Sande Lac.

分布：英德 [23, 32]。

69. 小黄藓科 Daltoniaceae

毛柄藓属 *Calyptrochaeta* Desv.

日本毛柄藓 ***Calyptrochaeta japonica*** (Cardot & Ther.) Z. Iwats. & Nog.

分布：乳源 [26]、英德 [32]。

刺齿多枝毛柄藓 ***Calyptrochaeta ramosa* subsp. *spinosa*** (Nog.) B. C. Tan & P. J. Lin

分布：乳源 [23, 26]。

黄藓属 *Distichophyllum* Dozy & Molk.

厚角黄藓 ***Distichophyllum collenchymatosum*** Cardot

分布：封开 [23]、乳源 [23, 26]、深圳 [贾渝，朱大海 3823 (PE)]、始兴 [23]、阳春 [23]、阳山 [26]、英德 [32]。

宽沿海厚角黄藓 ***Distichophyllum collenchymatosum* var. *pseudosinense*** B. C. Tan & P. J. Lin

分布：封开 [23]、乳源 [23]、英德 [32]。

东亚黄藓 ***Distichophyllum maibarae*** Besch.

分布：乐昌 [23]、乳源 [23]、深圳 [贾渝，朱大海 3798 (PE)]、阳山 [26]、英德 [32]、肇庆 [23]。

贵州匙叶黄藓 ***Distichophyllum oblongum* var. *fanjingensis*** P. J. Lin & B. C. Tan

分布：乳源 [26]。

万氏黄藓 ***Distichophyllum wanianum*** B. C. Tan & P. J. Lin

分布：乳源 [23]。

70. 油藓科 Hookeriaceae

油藓属 *Hookeria* Sm.

尖叶油藓 ***Hookeria acutifolia*** Hook. & Grev.

分布：乳源 [23, 26]、深圳 [汪楣芝 54809 (PE)]、阳春 [23]。

71. 白藓科 Leucomiaceae

白藓属 *Leucomium* Mitt.

白藓 ***Leucomium strumosum*** (Hornsch.) Mitt.

分布：始兴 [28]。

72. 茸帽藓科 Pilotrichaceae

强肋藓属 *Callicostella* (Müll. Hal.) Mitt.

强肋藓 ***Callicostella papillata*** (Mont.) Mitt.

分布：博罗 [23]、肇庆 [23]。

平滑强肋藓 ***Callicostella prabaktiana*** (Müll. Hal.) Bosch & Sande Lac.

分布：德庆 [23]、封开 [23]、广宁 [23]、怀集 [23]、四会 [23]、英德 [32]、肇庆 [23]。

拟油藓属 *Hookeriopsis* (Besch.) A. Jaeger

并齿拟油藓 ***Hookeriopsis utacamundiana*** (Mont.) Broth.

分布：乳源 [23]、始兴 [23]。

73. 孔雀藓科 Hypopterygiaceae

矮尾藓属 *Cyathophorum* P. Beauv.

粗齿矮尾藓 ***Cyathophorum adiantum*** Mitt.

分布：博罗 [23]、怀集 [23]、连平 [23]、龙门 [23]、茂名 [23]、深圳 [汪楣芝 54759 (PE)]、阳春 [23]、英德 [32]。

短肋矮尾藓 ***Cyathophorum hookerianum*** Mitt.

分布：乳源 [23]。

树矮尾藓属 *Dendrocyathophorum* Dixon

树矮尾藓 ***Dendrocyathophorum decolyi*** (Broth. ex M. Fleisch.) Kruijer

分布：连州 [23]。

孔雀藓属 *Hypopterygium* Brid.

黄边孔雀藓 ***Hypopterygium flavolimbatum*** Müll. Hal.

分布: 封开 [李植华 84-34 (PE)]、乐昌 [陈少卿 190 (PE)]、乳源 [23, 26]。

74. 碎米藓科 Fabroniaceae

碎米藓属 *Fabronia* Raddi

东亚碎米藓 ***Fabronia matsumurae*** Besch.

分布：乐昌 [23]、连州 [23]。

75. 棉藓科 Plagiotheciaceae

长灰藓属 *Herzogiella* Broth.

齿边长灰藓 ***Herzogiella perrobusta*** (Broth. ex Cardot) Z. Iwats.

分布：封开 [433, 458]。

长灰藓 ***Herzogiella seligeri*** (Brid.) Z. Iwats.

分布：乳源 [23]。

拟同叶藓属 *Isopterygiopsis* Z. Iwats.

北地拟同叶藓 ***Isopterygiopsis muelleriana*** (Schimp.) Z. Iwats.

分布：乐昌 [23]、连州 [23]。

棉藓属 *Plagiothecium* Schimp.

钝叶棉藓 ***Plagiothecium denticulatum* var. *obtusifolium*** (Turner) Moore

分布：肇庆 [9]。

直叶棉藓 ***Plagiothecium euryphyllum*** (Cardot & Ther.) Z. Iwats.

分布：乐昌 [23]、乳源 [23]、英德 [32]。

短尖直叶棉藓 ***Plagiothecium euryphyllum* var. *brevirameum*** (Cardot) Z. Iwats.

分布：乳源 [26]。

垂蒴棉藓 ***Plagiothecium nemorale*** (Mitt.) A. Jaeger

分布：乐昌 [23]、乳源 [26]。

长喙棉藓 ***Plagiothecium succulentum*** (Wilson) Lindb.

分布：乳源 [23]。

76. 粗柄藓科 Trachylomataceae

粗柄藓属 *Trachyloma* Brid.

南亚粗柄藓 ***Trachyloma indicum*** Mitt.

分布：乳源 [23]。

77. 蕨藓科 Pterobryaceae

耳平藓属 *Calyptothecium* Mitt.

急尖耳平藓 ***Calyptothecium hookeri*** (Mitt.) Broth.

分布：乳源 [26]。

兜叶藓属 *Horikawaea* Nog.

平尖兜叶藓 ***Horikawaea dubia*** (Tixier) S. H. Lin

分布：阳山 [23]。

兜叶藓 ***Horikawaea nitida*** Nog.

分布：乳源 [23]、阳山 [张力 404 (PE)]。

78. 隐蒴藓科 Cryphaeaceae

毛枝藓属 *Pilotrichopsis* Besch.

毛枝藓 ***Pilotrichopsis dentata*** (Mitt.) Besch.

分布：丰顺 [23]、乐昌 [23]、连州 [23]、乳源 [23]、深圳 [23]、阳山 [23]、英德 [23]。

粗毛枝藓 ***Pilotrichopsis robusta*** P. C. Chen

分布：英德 [23]。

79. 蔓藓科 Meteoriaceae

毛扭藓属 *Aerobryidium* M. Fleisch. ex Broth.

卵叶毛扭藓 ***Aerobryidium aureonitens*** (Hook. ex Schwägr.) Broth.

分布：始兴 [28]。

波叶毛扭藓 ***Aerobryidium crispifolium*** M. Fleisch. ex Broth.

分布：乳源 [26]。

毛扭藓 ***Aerobryidium filamentosum*** M. Fleisch. ex Broth.

分布：始兴 [28]。

灰气藓属 *Aerobryopsis* M. Fleisch.

异叶灰气藓 ***Aerobryopsis cochlearifolia*** Dixon

分布：龙门 [23]、始兴 [23]、新丰 [23]。

扭叶灰气藓 ***Aerobryopsis parisii*** Broth.

分布：乳源 [26]、始兴 [23]、英德 [32]。

大灰气藓 ***Aerobryopsis subdivergens*** Broth.

分布：潮州 [23]、丰顺 [23]、封开 [23]、乳源 [26]、始兴 [28]、英德 [23, 32]。

长尖大灰气藓 ***Aerobryopsis subdivergens* subsp. *scariosa*** (E. B. Bartram) Nog.

分布：封开 [23]、乳源 [郑培中 1095 (PE)]。

灰气藓 ***Aerobryopsis wallichii*** (Brid.) M. Fleisch.

分布：潮州 [23]、封开 [23]、乐昌 [张桂才等 33 (PE)]、深圳 [深圳考察队 2516 (PE)]、阳山 [张力 380 (PE)]、肇庆 [9, 23]。

悬藓属 ***Barbella* M. Fleisch. ex Broth.**

悬藓 ***Barbella compressiramea*** (Renauld & Cardot) M. Fleisch.

分布：博罗 [23]。

拟悬藓属 ***Barbellopsis* Broth.**

拟悬藓 ***Barbellopsis trichophora*** W. R. Buck

分布：始兴 [28]。

垂藓属 ***Chrysocladium* M. Fleisch.**

垂藓 ***Chrysocladium retrorsum*** (Mitt.) M. Fleisch.

分布：乐昌 [23]、乳源 [23]、始兴 [28]、新丰 [23]、阳山 [23, 26]、英德 [32]。

绿锯藓属 ***Duthiella* Müll. Hal. ex Broth.**

软枝绿锯藓 ***Duthiella flaccida*** Broth.

分布：乐昌 [23]、乳源 [23]。

美绿锯藓 ***Duthiella speciosissima*** Broth. ex Cardot

分布：英德 [23, 32]。

丝带藓属 ***Floribundaria* M. Fleisch.**

假丝带藓 ***Floribundaria pseudofloribunda*** M. Fleisch.

分布：乐昌 [曾国驱 413 (PE)]、乳源 [26]、始兴 [23]、英德 [南植地 6045 (PE)]。

粗蔓藓属 ***Meteoriopsis* M. Fleisch. ex Broth.**

反叶粗蔓藓 ***Meteoriopsis reclinata*** (Müll. Hal.) M. Fleisch.

分布：乐昌 [23]、连南 [23]、乳源 [23, 26]、始兴 [23, 28]、阳山 [23]、英德 [32]。

粗蔓藓 ***Meteoriopsis squarrosa*** (Hook.) M. Fleisch. ex Broth.

分布：英德 [32]。

蔓藓属 ***Meteorium* (Brid.) Dozy & Molk.**

东亚蔓藓 ***Meteorium atrovariegatum*** Cardot & Ther.

分布：乐昌 [23]。

川滇蔓藓 ***Meteorium buchananii*** Broth.

分布：肇庆 [1]。

细枝蔓藓 ***Meteorium papillarioides*** Nog.

分布：乐昌 [23]、连南 [张力 884 (PE)]、连州 [23]、乳源 [23, 26]、阳山 [23]。

蔓藓 ***Meteorium polytrichum*** Dozy & Molk.

分布：乐昌 [曾国驱 573 (PE)]、连南 [曾国驱 762 (PE)]、连平 [林邦娟 94 (PE)]、连州 [张力 816 (PE)]、乳源 [26]、阳山 [张力 331 (PE)]。

粗枝蔓藓 ***Meteorium subpolytrichum*** Broth.

分布：从化 [彭宝龙 40 (PE)]、丰顺 [23]、封开 [23]、乐昌 [23]、乳源 [23, 26]、始兴 [23, 28]、阳山 [23]、英德 [32]、肇庆 [9, 23]。

新丝藓属 ***Neodicladiella* (Nog.) W. R. Buck**

鞭枝新丝藓 ***Neodicladiella flagellifera*** (Cardot) Huttunen & D. Quandt

分布：潮州 [23]、连平 [林邦娟 117 (PE)]、乳源 [23, 26]、始兴 [林邦娟等 4968 (PE)]、英德 [32]。

新丝藓 ***Neodicladiella pendula*** W. R. Buck

分布：从化 [彭宝雄 7 (PE)]、封开 [23]、怀集 [陈少卿 6 (PE)]、乐昌 [张力 478 (PE)]、连平 [林邦娟 1396 (原 117) (PE)]、连州 [张力 812B (PE)]、乳源 [23]、始兴 [23]、英德 [32]。

耳蔓藓属 ***Neonoguchia* S. H. Lin**

耳蔓藓 ***Neonoguchia auriculata*** (Copp. ex Ther.) S. H. Lin

分布：始兴 [28]。

假悬藓属 ***Pseudobarbella* Nog.**

短尖假悬藓 ***Pseudobarbella attenuata*** Nog.

分布：博罗 [23]、封开 [封开队 34 (PE)]、连平 [林邦娟 1402 (262) (PE)]、清远 [黄智明 27 (PE)]、乳源 [26]、始兴 [28]、阳山 [张力 400 (PE)]、英德 [32]、肇庆 [吴翰 B231 (PE)]。

波叶假悬藓 ***Pseudobarbella laosiensis*** Nog.

分布：怀集 [陈少卿 3 (PE)]、龙门 [张桂才等 370 (PE)]、乳源 [26]、阳山 [23]。

假悬藓 ***Pseudobarbella levieri*** Nog.

分布：丰顺 [23]、封开 [封开队 43 (PE)]、乳源 [26]、始兴 [28]、英德 [32]。

拟木毛藓属 ***Pseudospiridentopsis* (Broth.) M. Fleisch.**

拟木毛藓 ***Pseudospiridentopsis horrida*** M. Fleisch.

分布：乐昌 [23]、乳源 [23]。

多疣藓属 ***Sinskea* W. R. Buck**

小多疣藓 ***Sinskea flammea*** (Mitt.) W. R. Buck

分布：兴宁 [23]。

反叶藓属 ***Toloxis* W. R. Buck**

扭叶反叶藓 ***Toloxis semitorta*** W. R. Buck

分布：乳源 [23]。

细带藓属 ***Trachycladiella* (M. Fleisch.) M. Menzel**

细带藓 ***Trachycladiella aurea*** (Mitt.) M. Menzel

分布：新丰 [23]。

拟扭叶藓属 ***Trachypodopsis* M. Fleisch.**

大耳拟扭叶藓 ***Trachypodopsis auriculata*** M. Fleisch.

分布：乳源 [23]。

台湾拟扭叶藓 ***Trachypodopsis formosana*** Nog.

分布：乳源 [23]。

卷叶拟扭叶藓 ***Trachypodopsis serrulata* var. *crispatula*** (Hook.) Zanten

分布：博罗 [1]。

扭叶藓属 ***Trachypus* Reinw. & Hornsch.**

扭叶藓 ***Trachypus bicolor*** Reinw. & Hornsch.

分布：乐昌 [23]、乳源 [26]。

小扭叶藓 ***Trachypus humilis*** Lindb.

分布：连南 [23]、乳源 [26]、深圳 [汪楣芝 54799 (PE)]、始兴 [28]、阳山 [23]。

80. 瓦叶藓科 Miyabeaceae

拟扁枝藓属 *Homaliadelphus* Dixon & P. de la Varde

夏氏拟扁枝藓 *Homaliadelphus sharpii* (R. S. Williams) Sharp

分布：乳源 [26]、阳山 [23]。

拟扁枝藓 *Homaliadelphus targionianus* (Mitt.) Dixon & P. de la Varde

分布：乳源 [26]、始兴 [28]。

81. 金毛藓科 Myuriaceae

拟金毛藓属 *Eumyurium* Nog.

拟金毛藓 *Eumyurium sinicum* (Mitt.) Nog.

分布：乳源 [23]、始兴 [23]。

红毛藓属 *Oedicladium* Mitt.

脆叶红毛藓 *Oedicladium fragile* Cardot

分布：深圳 [23]。

红毛藓 *Oedicladium rufescens* Mitt.

分布：从化 [吴翰 513 (PE)]、丰顺 [23]、乳源 [23, 26]、始兴 [28]。

小红毛藓 *Oedicladium serricuspe* Nog. & Z. Iwats.

分布：连平 [23]、乳源 [23]、深圳 [23]。

栅孔藓属 *Palisadula* Toyama

栅孔藓 *Palisadula chrysophylla* Toyama

分布：始兴 [23]、阳山 [26]、英德 [32]。

小叶栅孔藓 *Palisadula katoi* Z. Iwats.

分布：连平 [林邦娟 1447 (PE)]、乳源 [23]、英德 [32]。

82. 塔藓科 Hylocomiaceae

梳藓属 *Ctenidium* (Schimp.) Mitt.

毛叶梳藓 *Ctenidium capillifolium* (Mitt.) Broth.

分布：乐昌 [23]、连州 [23]、乳源 [23]、阳山 [23, 26]、英德 [32]。

平叶梳藓 *Ctenidium homalophyllum* Broth. & Yasuda ex Ihsiba

分布：乳源 [26]。

梳藓 *Ctenidium molluscum* (Hedw.) Mitt.

分布：乳源 [23, 26]、始兴 [23, 28]、阳山 [26]。

齿叶梳藓 *Ctenidium serratifolium* (Cardot) Broth.

分布：乐昌 [23]、英德 [23]。

假蔓藓属 *Loeskeobryum* M. Fleisch. ex Broth.

假蔓藓 *Loeskeobryum breviristre* (Brid.) M. Fleisch. ex Broth.

分布：乳源 [23]。

南木藓属 *Macrothamnium* M. Fleisch.

南木藓 *Macrothamnium macrocarpum* (Reinw. & Hornsch.) M. Fleisch.

分布：乐昌 [23]、乳源 [23, 26]。

小蔓藓属 *Meteoriella* S. Okamura

小蔓藓 *Meteoriella soluta* (Mitt.) S. Okamura

分布：博罗 [23]、乳源 [23, 26]。

83. 青藓科 Brachytheciaceae

气藓属 *Aerobryum* Dozy & Molk.

气藓 *Aerobryum speciosum* Dozy & Molk.

分布：仁化 [23]、乳源 [23]、阳山 [26]、英德 [32]。

青藓属 *Brachythecium* Schimp.

耳叶青藓 *Brachythecium auriculatum* A. Jaeger

分布：乳源 [26]。

多褶青藓 *Brachythecium buchananii* (Hook.) A. Jaeger

分布：乐昌 [23]、连山 [23]、乳源 [23, 26]。

尖叶青藓 *Brachythecium coreanum* Cardot

分布：阳山 [26]。

多枝青藓 *Brachythecium fasciculirameum* Müll. Hal.

分布：乐昌 [23]。

台湾青藓 *Brachythecium formosanum* Takaki

分布：乐昌 [23]、阳山 [23]。

圆枝青藓 *Brachythecium garovaglioides* Müll. Hal.

分布：乐昌 [23]、连州 [23]、始兴 [28]。

平枝青藓 *Brachythecium helminthocladum* Broth. & Paris

分布：连州 [23]。

柔叶青藓 *Brachythecium moriense* Besch.

分布：乳源 [26]。

扁枝青藓 *Brachythecium planiusculum* Müll. Hal.

分布：仁化 [23]。

羽枝青藓 *Brachythecium plumosum* (Hedw.) Schimp.

分布：连州 [23]、乳源 [23]。

脆枝青藓 *Brachythecium thraustum* Müll. Hal.

分布：乐昌 [23]。

钩叶青藓 *Brachythecium uncinifolium* Broth. & Paris

分布：连州 [23]。

美喙藓属 *Eurhynchium* Schimp.

短尖美喙藓 *Eurhynchium angustirete* (Broth.) T. J. Kop.

分布：乳源 [23]。

尖叶美喙藓 *Eurhynchium eustegium* (Besch.) Dixon

分布：连平 [23]。

宽叶美喙藓 *Eurhynchium hians* (Hedw.) Sande Lac.

分布：乐昌 [23]、连州 [23]、阳山 [23, 26]。

扭尖美喙藓 *Eurhynchium kirishimense* Takaki

分布：乳源 [26]、肇庆 [23]。

阔叶美喙藓 ***Eurhynchium latifolium*** Cardot

分布：始兴 [71]。

疏网美喙藓 ***Eurhynchium laxirete*** Broth.

分布：乳源 [23]、始兴 [23]。

羽枝美喙藓 ***Eurhynchium longirameum*** (Müll. Hal.) Y. F. Wang & R. L. Hu

分布：乳源 [26]。

密叶美喙藓 ***Eurhynchium savatieri*** Schimp. ex Besch.

分布：连州 [23]、乳源 [23, 26]、始兴 [23, 28]、阳山 [23]、英德 [32]、肇庆 [9, 23]。

旋齿藓属 *Helicodontium* (Mitt.) A. Jaeger

台湾旋齿藓 ***Helicodontium formosicum*** (Cardot) W. R. Buck

分布：肇庆 [9]。

同蒴藓属 *Homalothecium* Schimp.

无疣同蒴藓 ***Homalothecium laevisetum*** Sande Lac.

分布：仁化 [23]、英德 [32]。

白色同蒴藓 ***Homalothecium leucodonticaule*** (Müll. Hal.) Broth.

分布：阳山 [23]。

异叶藓属 *Kindbergia* Ochyra

树状异叶藓 ***Kindbergia arbuscula*** (Broth.) Ochyra

分布：乳源 [26]。

异叶藓 ***Kindbergia praelonga*** (Hedw.) Ochyra

分布：始兴 [28]。

鼠尾藓属 *Myuroclada* Besch.

鼠尾藓 ***Myuroclada maximowiczii*** (G. G. Borshch.) Steere & W. B. Schofield

分布：深圳 [23]。

褶藓属 *Okamuraea* Broth.

短枝褶藓 ***Okamuraea brachydictyon*** (Cardot) Nog.

分布：乐昌 [23]。

长枝褶藓 ***Okamuraea hakoniensis*** Broth.

分布：乐昌 [23]、连州 [23]、阳山 [23]。

乌苏里长枝褶藓 ***Okamuraea hakoniensis* var. *ussuriensis*** (Broth.) Nog.

分布：乐昌 [23]。

褶叶藓属 *Palamocladium* Müll. Hal.

褶叶藓 ***Palamocladium leskeoides*** Britton

分布：连山 [23]、乳源 [23]、阳山 [23]。

平灰藓属 *Platyhypnidium* M. Fleisch.

平灰藓 ***Platyhypnidium riparioides*** (Hedw.) Dixon

分布：乐昌 [23]、始兴 [23, 28]、阳山 [23, 26]、英德 [32]。

拟异叶藓属 *Pseudokindbergia* Min Li, Y. F. Wang, Ignatov & B. C. Tan

拟异叶藓 ***Pseudokindbergia dumosa*** (Mitt.) Min Li, Y. F. Wang, Ignatov & B. C. Tan 分布：始兴 [23]。

细喙藓属 *Rhynchostegiella* (Schimp.) Limpr.

日本细喙藓 ***Rhynchostegiella japonica*** Dixon & Ther.

分布：始兴 [23]。

光柄细喙藓 ***Rhynchostegiella laeviseta*** Broth.

分布：乳源 [23, 26]。

细肋细喙藓 ***Rhynchostegiella leptoneura*** Dixon & Ther.

分布：阳山 [26]。

毛尖细喙藓 ***Rhynchostegiella sakuraii*** Takaki

分布：乳源 [23]。

长喙藓属 *Rhynchostegium* Schimp.

苏拉威西长喙藓 ***Rhynchostegium celebicum*** Jaeger

分布: 乐昌 [23]、连平 [23]、连州 [23]、乳源 [23]、始兴 [23]。

杜氏长喙藓 ***Rhynchostegium duthiei*** Müll. Hal. ex Dixon

分布：连州 [23]、乳源 [23]。

斜枝长喙藓 ***Rhynchostegium inclinatum*** (Mitt.) A. Jaeger

分布：始兴 [23, 28]。

淡枝长喙藓 ***Rhynchostegium pallenticaule*** Müll. Hal.

分布：乐昌 [23]。

淡叶长喙藓 ***Rhynchostegium pallidifolium*** (Mitt.) A. Jaeger

分布：连州 [23]、始兴 [28]。

泛生长喙藓 ***Rhynchostegium vagans*** Jaeger

分布：连州 [23]。

84. 牛舌藓科 Anomodontaceae

牛舌藓属 *Anomodon* Hook. & Taylor

单疣牛舌藓 ***Anomodon abbreviatus*** Mitt.

分布：始兴 [28]。

小牛舌藓 ***Anomodon minor*** Lindb.

分布：乳源 [23]、阳山 [26]、肇庆 [9]。

皱叶牛舌藓 ***Anomodon rugelii*** (Müll. Hal.) Keissl.

分布：肇庆 [9]。

牛舌藓 ***Anomodon viticulosus*** (Hedw.) Hook. & Taylor

分布：连州 [23]。

多枝藓属 *Haplohymenium* Dozy & Molk.

拟多枝藓 ***Haplohymenium pseudo-triste*** (Müll. Hal.) Broth.

分布：乳源 [23]、阳山 [26]、英德 [32]、肇庆 [9, 23]。

暗绿多枝藓 ***Haplohymenium triste*** (Ces.) Kindb.

分布：封开 [433, 458]、乳源 [23]、阳山 [23]、英德 [徐祥浩 44978 (PE)]。

羊角藓属 *Herpetineuron* (Müll. Hal.) Cardot

羊角藓 ***Herpetineuron toccoae*** (Sull. & Lesq.) Cardot

分布: 博罗 [23]、广州 [23]、江门 [23]、乐昌 [23]、连南 [23]、南澳 [484]、清远 [23]、仁化 [23]、乳源 [23, 26]、始兴 [28]、阳山 [23]、英德 [32]、肇庆 [9, 23]。

拟附干藓属 ***Schwetschkeopsis* Broth.**

拟附干藓 ***Schwetschkeopsis fabronia*** (Schwägr.) Broth.

分布：博罗 [23]、乳源 [23]、阳山 [23]。

85. 鳞叶藓科 Taxiphyllaceae

扁锦藓属 ***Glossadelphus* M. Fleisch.**

爪哇扁锦藓 ***Glossadelphus similans*** (Bosch & Sande Lac.) M. Fleisch.

分布：肇庆 [9]。

拟灰藓属 ***Hondaella* Dixon & Sakurai**

拟灰藓 ***Hondaella caperata*** (Mitt.) B. C. Tan & Z. Iwats.

分布：乳源 [23, 26]、英德 [32]。

鳞叶藓属 ***Taxiphyllum* M. Fleisch.**

互生叶鳞叶藓 ***Taxiphyllum alternans*** (Cardot) Z. Iwats.

分布：乳源 [23]、英德 [32]。

钝头鳞叶藓 ***Taxiphyllum arcuatum*** S. He

分布：南澳 [484]、深圳 [23]、英德 [32]、肇庆 [23]。

凸尖鳞叶藓 ***Taxiphyllum cuspidifolium*** (Cardot) Z. Iwats.

分布：连南 [23]、乳源 [26]、阳山 [23, 26]。

陕西鳞叶藓 ***Taxiphyllum giraldii*** (Müll. Hal.) M. Fleisch.

分布：始兴 [23, 28]。

浮生鳞叶藓 ***Taxiphyllum inundatum*** Reimers

分布：大埔 [23]、始兴 [23, 28]、阳山 [26]、英德 [23]。

鳞叶藓 ***Taxiphyllum taxirameum*** (Mitt.) M. Fleisch.

分布：博罗 [23]、广州 [23]、乐昌 [23]、连州 [23]、南澳 [484]、乳源 [23, 26]、始兴 [23, 28]、英德 [32]、肇庆 [9, 23]。

86. 灰藓科 Hypnaceae

偏蒴藓属 ***Ectropothecium* Mitt.**

蕨叶偏蒴藓 ***Ectropothecium aneitense*** Broth. & Watts

分布：封开 [23]、乳源 [23, 26]、肇庆 [23]。

偏蒴藓 ***Ectropothecium buitenzorgi*** (Bel.) Mitt.

分布：封开 [23]、乳源 [23]、深圳 [11]、始兴 [23, 28]、阳山 [26]。

淡叶偏蒴藓 ***Ectropothecium dealbatum*** (Reinw. & Hornsch.) A. Jaeger

分布：乳源 [23, 26]、阳山 [23]。

钝叶偏蒴藓 ***Ectropothecium obtusulum*** (Cardot) Z. Iwats.

分布：乳源 [26]、英德 [32]、肇庆 [23]。

大偏蒴藓 ***Ectropothecium penzigianum*** M. Fleisch.

分布：乳源 [26]、肇庆 [9, 23]。

纤细偏蒴藓 ***Ectropothecium perminutum*** Broth. ex E. B. Bartram

分布：封开 [23]。

平叶偏蒴藓 ***Ectropothecium zollingeri*** (Müll. Hal.) A. Jaeger

分布：封开 [23]、乐昌 [23]、连州 [23]、乳源 [23, 26]、始兴 [23, 28]、英德 [32]、肇庆 [23]。

粗枝藓属 ***Gollania* Broth.**

粗枝藓 ***Gollania clarescens*** (Mitt.) Broth.

分布：阳山 [26]。

菲律宾粗枝藓 ***Gollania philippinensis*** (Broth.) Nog.

分布：乐昌 [23]、乳源 [26]。

灰藓属 ***Hypnum* Hedw.**

尖叶灰藓 ***Hypnum callichroum*** Brid.

分布：乳源 [23, 26]、始兴 [23, 28]。

灰藓 ***Hypnum cupressiforme*** L. ex Hedw.

分布：深圳 [23]。

弯叶灰藓 ***Hypnum hamulosum*** Schimp.

分布：乳源 [23, 26]、深圳 [23]、始兴 [28]、英德 [徐祥浩 45200 (PE)]。

美灰藓 ***Hypnum leptothallum*** Paris

分布：乐昌 [23]、连州 [23]。

叶齿藓属 ***Phyllodon* Bruch & Schimp.**

锐齿扁锦藓 ***Phyllodon glossoides*** (Bosch & Sande Lac.) P. Camara

分布：德庆 [23]、封开 [23]、广宁 [23]、怀集 [23]、四会 [23]、肇庆 [23]。

舌形叶齿藓 ***Phyllodon lingulatus*** (Cardot) W. R. Buck

分布：英德 [32]、肇庆 [105]。

拟鳞叶藓属 ***Pseudotaxiphyllum* Z. Iwats.**

密叶拟鳞叶藓 ***Pseudotaxiphyllum densum*** (Cardot) Z. Iwats.

分布：乐昌 [23]、连州 [23]、南澳 [484]、乳源 [23]、英德 [32]。

东亚拟鳞叶藓 ***Pseudotaxiphyllum pohliaecarpum*** (Sull. & Lesq.) Z. Iwats.

分布：封开 [458]、广州 [23]、乐昌 [23]、连州 [23]、乳源 [26]、深圳 [11]、始兴 [28]、阳山 [26]、英德 [32]、肇庆 [9, 23]。

拟硬叶藓属 ***Stereodontopsis* R. S. Williams**

拟硬叶藓 ***Stereodontopsis pseudorevoluta*** Ando

分布：英德 [32]。

明叶藓属 ***Vesicularia* (Müll. Hal.) Müll. Hal.**

暖地明叶藓 ***Vesicularia ferriei*** (Cardot & Ther.) Broth.

分布：英德 [32]。

明叶藓 ***Vesicularia montagnei*** (Bel.) Broth.

分布：深圳 [23]、英德 [32]。

长尖明叶藓 ***Vesicularia reticulata*** (Dozy & Molk.) Broth.

分布：封开 [23, 458]、广州 [23]、乐昌 [23]、乳源 [26]、深圳 [11]、始兴 [23, 28]、肇庆 [9, 23]、珠海 [23]。

87. 毛锦藓科 Pylaisiadelphaceae

小锦藓属 *Brotherella* Loeske ex M. Fleisch.

赤茎小锦藓 ***Brotherella erythrocaulis*** (Mitt.) M. Fleisch.

分布：乐昌 [23]、乳源 [26]、始兴 [28]。

弯叶小锦藓 ***Brotherella falcata*** (Dozy & Molk.) M. Fleisch.

分布：乳源 [23]、阳山 [26]。

东亚小锦藓 ***Brotherella fauriei*** (Cardot) Broth.

分布：乳源 [26]、深圳 [23]、英德 [32]。

南方小锦藓 ***Brotherella henonii*** (Duby) M. Fleisch.

分布：封开 [458]、南澳 [484]、乳源 [23, 26]、深圳 [深圳考察队 2554 (PE)]、英德 [32]、肇庆 [23]。

弯叶南方小锦藓 ***Brotherella henonii* var. *falcatula*** (Broth.) B. C. Tan & Y. Jia

分布：英德 [32]、肇庆 [9]。

拟疣胞藓属 *Clastobryopsis* M. Fleisch.

短茎拟疣胞藓 ***Clastobryopsis brevinervis*** M. Fleisch.

分布：乳源 [26]、英德 [32]。

拟疣胞藓 ***Clastobryopsis planula*** M. Fleisch.

分布：乳源 [26]。

粗枝拟疣胞藓 ***Clastobryopsis robusta*** (Broth.) M. Fleisch.

分布：深圳 [23]、阳山 [26]、英德 [23]。

疣胞藓属 *Clastobryum* Dozy & Molk.

三列疣胞藓 ***Clastobryum glabrescens*** (Z. Iwats.) B. C. Tan, Z. Iwats. & D. H. Norris

分布：封开 [433, 458]。

粗疣藓属 *Fauriella* Besch.

小粗疣藓 ***Fauriella tenerrima*** Broth.

分布：乐昌 [23]、连州 [23]、英德 [23, 32]。

粗疣藓 ***Fauriella tenuis*** (Mitt.) Cardot

分布：乐昌 [23]、连州 [23]、乳源 [23, 26]。

厚角藓属 *Gammiella* Broth.

狭叶厚角藓 ***Gammiella tonkinensis*** (Broth. & Paris) B. C. Tan

分布：连山 [23]、乳源 [26]、英德 [23, 32]。

同叶藓属 *Isopterygium* Mitt.

淡色同叶藓 ***Isopterygium albescens*** (Hook.) A. Jaeger

分布：乐昌 [23]、连州 [23]、乳源 [26]。

扁叶同叶藓 ***Isopterygium applanatum*** M. Fleisch.

分布：始兴 [28]。

南亚同叶藓 ***Isopterygium bancanum*** (Sande Lac.) A. Jaeger

分布：广州 [23]。

纤枝同叶藓 ***Isopterygium minutirameum*** (Müll. Hal.) A. Jaeger

分布：英德 [32]。

石生同叶藓 ***Isopterygium saxense*** Williams

分布：广州 [23]、乳源 [23, 26]、肇庆 [9, 23]。

齿边同叶藓 ***Isopterygium serrulatum*** M. Fleisch.

分布：乳源 [23, 26]、深圳 [11]、肇庆 [9, 23]、珠海 [23]。

柔叶同叶藓 ***Isopterygium tenerum*** (Sw.) Mitt.

分布：封开 [433, 458]。

毛锦藓属 *Pylaisiadelpha* Cardot

弯叶毛锦藓 ***Pylaisiadelpha tenuirostris*** (Bruch & Schimp. ex Sull.) W. R. Buck

分布：始兴 [23]、肇庆 [23]。

短叶毛锦藓 ***Pylaisiadelpha yokohamae*** (Broth.) W. R. Buck

分布：连平 [23]、乳源 [23]、始兴 [23]、肇庆 [23]。

麻锦藓属 *Taxithelium* Spruce ex Mitt.

短茎麻锦藓 ***Taxithelium lindbergii*** (A. Jaeger) Renauld & Cardot

分布：深圳 [23]。

尼泊尔麻锦藓 ***Taxithelium nepalense*** (Schwägr.) Broth.

分布：肇庆 [9]。

88. 锦藓科 Sematophyllaceae

顶胞藓属 *Acroporium* Mitt.

针叶顶胞藓 ***Acroporium diminutum*** (Brid.) M. Fleisch.

分布：乳源 [23]。

卷尖顶胞藓 ***Acroporium rufum*** (Reinw. & Hornsch.) M. Fleisch.

分布：阳春 [23]。

心叶顶胞藓 ***Acroporium secundum*** (Reinw. & Hornsch.) M. Fleisch.

分布：怀集 [23]、连山 [23]、深圳 [23]、英德 [32]。

顶胞藓 ***Acroporium stramineum*** (Reinw. & Hornsch.) M. Fleisch.

分布：新丰 [23]。

疣柄顶胞藓 ***Acroporium strepsiphyllum*** (Mont.) B. C. Tan

分布：阳春 [23]。

花锦藓属 *Chionostomum* Müll. Hal.

花锦藓 ***Chionostomum rostratum*** (Griff.) Müll. Hal.

分布：始兴 [23]。

腐木藓属 *Heterophyllium* (Schimp.) Kindb.

腐木藓 ***Heterophyllium affine*** M. Fleisch.

分布：乳源 [26]。

鞭枝藓属 *Isocladiella* Dixon

鞭枝藓 ***Isocladiella surcularis*** (Dixon) B. C. Tan & Mohamed

分布：封开 [23]、怀集 [23]、乳源 [26]、深圳 [23]、阳山 [26]、英德 [32]、肇庆 [9, 23]。

拟刺疣藓属 *Papillidiopsis* (Broth.) W. R. Buck & B. C. Tan

疣柄拟刺疣藓 ***Papillidiopsis complanata*** (Dixon) W. R. Buck & B. C. Tan

分布：封开 [23, 458]。

褶边拟刺疣藓 ***Papillidiopsis macrosticta*** (Broth. & Paris) W. R. Buck & B. C. Tan

分布：乳源 [23, 26]、英德 [32]、肇庆 [23]。

光泽拟刺疣藓 ***Papillidiopsis ramulina*** (Thwaites & Mitt.) W. R. Buck & B. C. Tan

分布：肇庆 [23]。

圆齿拟刺疣藓 ***Papillidiopsis stissophylla*** (Hampe & Müll. Hal.) B. C. Tan & Y. Jia

分布：肇庆 [9]。

细锯齿藓属 *Radulina* W. R. Buck & B. C. Tan

细锯齿藓 ***Radulina hamata*** W. R. Buck & B. C. Tan

分布：阳春 [23]。

锦藓属 *Sematophyllum* Mitt.

橙色锦藓 ***Sematophyllum phoeniceum*** (Müll. Hal.) M. Fleisch.

分布：连平 [23]、连州 [23]、乳源 [23, 26]、深圳 [23]、始兴 [23]、肇庆 [23]。

矮锦藓 ***Sematophyllum subhumile*** (Müll. Hal.) M. Fleisch.

分布：南澳 [484]、乳源 [26]、深圳 [11]、英德 [32]。

锦藓 ***Sematophyllum subpinnatum*** (Brid.) E. Britton

分布：博罗 [23]、潮州 [23]、丰顺 [23]、封开 [23]、连平 [23]、深圳 [23]、始兴 [23]、英德 [32]、肇庆 [9, 23]。

三列叶锦藓 ***Sematophyllum subpinnatum* f. *tristiculum*** (Mitt.) B. C. Tan & Y. Jia

分布：肇庆 [9]。

刺疣藓属 *Trichosteleum* Mitt.

垂蒴刺疣藓 ***Trichosteleum boschii*** (Dozy & Molk.) A. Jaeger

分布：封开 [23]、南澳 [484]、乳源 [23, 26]、深圳 [11, 23]、始兴 [28]、肇庆 [23]。

全缘刺疣藓 ***Trichosteleum lutschianum*** (Broth. & Paris) Broth.

分布：封开 [458]、乳源 [23, 26]、深圳 [23]、阳山 [23]、英德 [32]。

小蒴刺疣藓 ***Trichosteleum saproxylophilum*** (Müll. Hal.) B. C. Tan, W. B. Schofield & H. P. Ramsay

分布：广州 [23]、清远 [23]、肇庆 [9, 23]。

长喙刺疣藓 ***Trichosteleum stigmosum*** Mitt.

分布：封开 [23, 458]、怀集 [23]、连平 [23]、始兴 [23]、阳山 [26]。

刺枝藓属 *Wijkia* H. A. Crum

弯叶刺枝藓 ***Wijkia deflexifolia*** Crum

分布：仁化 [23]。

角状刺枝藓 ***Wijkia hornschuchii*** (Dozy & Molk.) Crum

分布：连州 [23]、乳源 [23, 26]、深圳 [23]。

细枝刺枝藓 ***Wijkia surcularis*** (Mitt.) Crum

分布：肇庆 [23]。

毛尖刺枝藓 ***Wijkia tanytricha*** (Mont.) Crum

分布：乳源 [23]。

89. 船叶藓科 Lembophyllaceae

新悬藓属 *Neobarbella* Nog.

新悬藓 ***Neobarbella comes*** Nog.

分布：乳源 [26]、英德 [32]。

毛尖新悬藓 ***Neobarbella comes* var. *pilifera*** (Broth. & M. Yasuda) B. C. Tan, S. He & Isov.

分布：乳源 [23]。

90. 平藓科 Neckeraceae

片藓属 *Circulifolium* S. Olsson, Enroth & D. Quandt

小片藓 ***Circulifolium exiguum*** (Bosch & Sande Lac.) S. Olsson, Enroth & D. Quandt

分布：博罗 [23]、封开 [封开队 35 (PE)]、连平 [林邦娟 48 (PE)]、乳源 [林邦娟 564 (PE)]、深圳 [23]、阳山 [26]、英德 [32]、肇庆 [9, 23]。

片藓 ***Circulifolium microdendron*** (Mont.) S. Olsson, Enroth & D. Quandt

分布：博罗 [23]、肇庆 [9, 23]。

残齿藓属 *Forsstroemia* Lindb.

残齿藓 ***Forsstroemia trichomitria*** (Hedw.) Lindb.

分布：乐昌 [23]、连州 [23]、始兴 [23, 28]。

扁枝藓属 *Homalia* Brid.

扁枝藓 ***Homalia trichomanoides*** (Hedw.) Schimp.

分布：深圳 [23]、始兴 [28]。

树平藓属 *Homaliodendron* M. Fleisch.

树平藓 ***Homaliodendron flabellatum*** (Sm.) M. Fleisch.

分布：潮州 [23]、乳源 [23]、英德 [32]。

舌叶树平藓 ***Homaliodendron ligulifolium*** (Mitt.) M. Fleisch.

分布：英德 [23]。

西南树平藓 ***Homaliodendron montagneanum*** (Müll. Hal.) M. Fleisch.

分布：丰顺 [23]、乳源 [26]。

疣叶树平藓 ***Homaliodendron papillosum*** Broth.

分布：潮州 [23]、丰顺 [23]、深圳 [23]。

刀叶树平藓 ***Homaliodendron scalpellifolium*** (Mitt.) M. Fleisch.

分布：潮州 [23]、丰顺 [23]、乳源 [23, 26]、始兴 [28]、肇庆 [9]。

截叶藓属 *Neckeromnion* S. Olsson, Enroth, Huttunen & D. Quandt

截叶藓 ***Neckeromnion lepineanum*** (Mont.) S. Olsson, Enroth, Huttunen & D. Quandt

分布：连南 [23]、阳山 [23, 26]、英德 [23]、肇庆 [9, 23]。

鹏程藓属 *Pengchengwua* S. Olsson, Enroth, Huttunen & D. Quandt

鹏程藓 ***Pengchengwua obtusata*** (Mont.) S. Olsson, Enroth, Huttunen & D. Quandt

分布：南澳 [484]、肇庆 [9, 23]。

羽枝藓属 *Pinnatella* M. Fleisch.

东亚羽枝藓 ***Pinnatella makinoi*** Broth.

分布：始兴 [28]、英德 [32]。

光平藓属 *Planicladium* S. Olsson, Enroth, Huttunen & D. Quandt

光平藓 ***Planicladium nitidulum*** (Mitt.) S. Olsson, Enroth, Huttunen & D. Quandt

分布：乳源 [26]。

亮蒴藓属 *Shevockia* Enroth & Meng-Cheng Ji

卵叶亮蒴藓 ***Shevockia anacamptolepis*** (Müll. Hal.) Enroth & M. C. Ji

分布：英德 [32]。

台湾藓属 *Taiwanobryum* Nog.

卵叶台湾藓 ***Taiwanobryum anacamptolepis*** (Müll. Hal.) S. Olsson, Enroth & D. Quandt

分布：深圳 [23]、英德 [23, 32]。

广东台湾藓 ***Taiwanobryum guangdongense*** (Enroth) S. Olsson, Enroth & D. Quandt

分布：肇庆 [23, 238]。

台湾藓 ***Taiwanobryum speciosum*** Nog.

分布：乐昌 [23]、连州 [23]、乳源 [23]。

木藓属 *Thamnobryum* Nieuwl.

匙叶木藓 ***Thamnobryum subseriatum*** B. C. Tan

分布：始兴 [28]、英德 [32]。

南亚木藓 ***Thamnobryum subserratum*** Nog. & Z. Iwats.

分布：深圳 [23]。

91. 绢藓科 Entodontaceae

绢藓属 *Entodon* Müll. Hal.

柱蒴绢藓 ***Entodon challengeri*** (Paris) Cardot

分布：连平 [23]。

高原绢藓 ***Entodon chloropus*** Renauld & Cardot

分布：始兴 [28]。

绢藓 ***Entodon cladorrhizans*** (Hedw.) Müll. Hal.

分布：连平 [23]、乳源 [23]。

厚角绢藓 ***Entodon concinnus*** (De Not.) Paris

分布：乳源 [26]。

广叶绢藓 ***Entodon flavescens*** (Hook.) A. Jaeger

分布：连平 [23]。

细绢藓 ***Entodon giraldii*** Müll. Hal.

分布：乳源 [23]。

长叶绢藓 ***Entodon longifolius*** (Müll. Hal.) A. Jaeger

分布：肇庆 [9]。

深绿绢藓 ***Entodon luridus*** (Griff.) A. Jaeger

分布：始兴 [23]、肇庆 [23]。

长柄绢藓 ***Entodon macropodus*** (Hedw.) Müll. Hal.

分布：博罗 [23]、广州 [23]、乐昌 [23]、连南 [23]、连山 [23]、连州 [23]、梅州 [23]、清远 [23]、乳源 [23]、汕头 [23]、深圳 [11]、始兴 [23, 28]、阳山 [23]、英德 [23, 32]、肇庆 [9, 23]。

钝叶绢藓 ***Entodon obtusatus*** Broth.

分布：清远 [23]、乳源 [23, 26]、始兴 [23, 28]、阳山 [23]。

皱叶绢藓 ***Entodon plicatus*** Müll. Hal.

分布：乐昌 [23]、乳源 [23]。

横生绢藓 ***Entodon prorepens*** (Mitt.) A. Jaeger

分布：乳源 [26]、汕头 [23]、肇庆 [23]。

亮叶绢藓 ***Entodon schleicheri*** (Schimp.) Demet.

分布：乳源 [23]。

亚美绢藓 ***Entodon sullivantii*** (Müll. Hal.) Lindb.

分布：博罗 [23]、仁化 [23]。

宝岛绢藓 ***Entodon taiwanensis*** C. K. Wang & S. H. Lin

分布：江门 [23]、乳源 [23]、肇庆 [23]。

绿叶绢藓 ***Entodon viridulus*** Cardot

分布：博罗 [23]、广州 [23]、乐昌 [23]、连南 [23]、连山 [23]、乳源 [23, 26]、始兴 [23, 28]、翁源 [23]、阳山 [26]、英德 [32]、肇庆 [9, 23]。

赤齿藓属 *Erythrodontium* Hampe

穗枝赤齿藓 ***Erythrodontium julaceum*** (Schwägr.) Paris

分布：连山 [23]、乳源 [26]、始兴 [28]、肇庆 [9]。

斜齿藓属 *Mesonodon* Hampe

斜齿藓 ***Mesonodon flavescens*** (Hook.) W. R. Buck

分布：英德 [32]。

螺叶藓属 *Sakuraia* Broth.

螺叶藓 ***Sakuraia conchophylla*** (Cardot) Nog.

分布：乳源 [26]。

92. 异齿藓科 Regmatodontaceae

异齿藓属 *Regmatodon* Brid.

异齿藓 ***Regmatodon declinatus*** (Hook.) Brid.

分布：乐昌 [23]、乳源 [23]。

93. 薄罗藓科 Leskeaceae

麻羽藓属 *Claopodium* (Lesq. & James) Renauld & Cardot

狭叶麻羽藓 ***Claopodium aciculum*** (Broth.) Broth.

分布：深圳 [11]、始兴 [28]、英德 [32]、肇庆 [9]。

大麻羽藓 ***Claopodium assurgens*** (Sull. & Lesq.) Cardot

分布：博罗 [23]、广州 [林邦娟 534 (PE)]、乐昌 [梁宝汉 95206 (PE)]、仁化 [曾怀德 26216 (PE)]、始兴 [28]、阳山 [23]、英德 [32]、肇庆 [9, 23]。

细麻羽藓 ***Claopodium gracillimum*** (Cardot & Ther.) Nog.

分布：乳源 [23]、阳山 [26]。

多疣麻羽藓 ***Claopodium pellucinerve*** Best

分布：乐昌 [23]。

齿叶麻羽藓 ***Claopodium prionophyllum*** (Müll. Hal.) Broth.

分布：博罗 [23]、乳源 [26]、始兴 [28]、肇庆 [9, 23]。

偏叶麻羽藓 ***Claopodium rugulosifolium*** S. Y. Zeng

分布：始兴 [28]、阳山 [26]。

细枝藓属 *Lindbergia* Kindb.

细枝藓 ***Lindbergia brachyptera*** (Mitt.) Kindb.

分布：始兴 [23, 28]。

中华细枝藓 ***Lindbergia sinensis*** (Müll. Hal.) Broth.

分布：广州 [陈邦杰等 1b (PE)]、乳源 [23, 26]。

拟草藓属 *Pseudoleskeopsis* Broth.

拟草藓 ***Pseudoleskeopsis zippelii*** (Dozy & Molk.) Broth.

分布：仁化 [曾怀德 26192 (PE)]、乳源 [26]、深圳 [汪楣芝 54801 (PE)]、始兴 [28]、阳山 [26]、英德 [32]、肇庆 [9]。

小绢藓属 *Rozea* Besch.

翼叶小绢藓 ***Rozea pterogonioides*** (Harv.) A. Jaeger

分布：阳山 [23]。

附干藓属 *Schwetschkea* Müll. Hal.

华东附干藓 ***Schwetschkea courtoisii*** Broth. & Paris

分布：乐昌 [23]、连州 [23]、南澳 [484]、始兴 [23, 28]、阳山 [26]。

94. 金灰藓科 Pylaisiaceae

大灰藓属 *Calohypnum* Sakurai

长蒴灰藓 ***Calohypnum macrogynum*** (Besch.) Jan Kucera & Ignatov

分布：乐昌 [23]、阳山 [26]。

南亚灰藓 ***Calohypnum oldhamii*** (Mitt.) Jan Kucera & Ignatov

分布：仁化 [23]、阳山 [26]。

大灰藓 ***Calohypnum plumiforme*** (Wilson) Jan Kucera & Ignatov

分布：封开 [23]、广州 [23]、河源 [23]、乐昌 [23]、连州 [23]、南澳 [484]、清远 [23]、乳源 [23, 26]、始兴 [28]、阳山 [23, 26]、英德 [32]、肇庆 [9, 23]。

假水灰藓属 *Pseudohygrohypnum* Kanda

东亚灰藓 ***Pseudohygrohypnum fauriei*** (Cardot) Jan Kucera & Ignatov

分布：南澳 [484]、乳源 [23, 26]、深圳 [23]、阳山 [26]。

金灰藓属 *Pylaisia* Schimp.

拟金灰藓 ***Pylaisia speciosa*** Wilson ex Paris

分布：始兴 [28]。

95. 羽藓科 Thuidiaceae

毛羽藓属 *Bryochenea* C. Gao & G. C. Zhang

多毛鹤嘴藓 ***Bryochenea vestitissima*** (Besch.) Touw

分布：乳源 [23]。

小羽藓属 *Haplocladium* (Müll. Hal.) Müll. Hal.

狭叶小羽藓 ***Haplocladium angustifolium*** (Hampe & Müll. Hal.) Broth.

分布：广州 [F. P. Metcalf 17972 (PE)]、乐昌 [曾国驰 549 (PE)]、南澳 [484]、乳源 [23, 26]、始兴 [28]、翁源 [23]、英德 [32]。

瓦叶小羽藓 ***Haplocladium larminatii*** (Broth. & Paris) Broth.

分布：始兴 [459]。

细叶小羽藓 ***Haplocladium microphyllum*** (Hedw.) Broth.

分布：广州 [23]、连州 [张力 831 (PE)]、清远 [23]、乳源 [23, 26]、始兴 [28]、阳山 [23, 26]、英德 [32]、肇庆 [9]。

东亚小羽藓 ***Haplocladium strictulum*** (Cardot) Reimers

分布：南澳 [484]、始兴 [459]。

鹤嘴藓属 *Pelekium* Mitt.

纤枝鹤嘴藓 ***Pelekium bonianum*** Touw

分布：始兴 [23]。

红毛鹤嘴藓 ***Pelekium versicolor*** Touw

分布：广州 [23, 267]、阳山 [267, 26]、英德 [267]。

羽藓属 *Thuidium* Schimp.

绿羽藓 ***Thuidium assimile*** (Mitt.) A. Jaeger

分布：乳源 [26]。

大羽藓 ***Thuidium cymbifolium*** (Dozy & Molk.) Dozy & Molk.

分布：博罗 [23]、潮州 [23]、仁化 [曾怀德 26103-A (PE)]、乳源 [23, 26]、始兴 [28]、阳山 [23, 26]、英德 [32]、肇庆 [9]。

拟灰羽藓 ***Thuidium glaucinoides*** Broth.

分布：惠州 [曾怀德 25565 (PE)]、乳源 [23, 26]、阳山 [26]、英德 [32]、肇庆 [9]。

短肋羽藓 ***Thuidium kanedae*** Sakurai

分布：乳源 [23, 26]。

灰羽藓 ***Thuidium pristocalyx*** (Müll. Hal.) A. Jaeger

分布：丰顺 [23]、封开 [458]、惠州 [曾怀德、杜庚平、曾远见 25565 (PE)]、龙门 [曾怀德 24999-b (PE)]、仁化 [曾怀德 26485-A (PE)]、乳源 [23, 26]、始兴 [28]、英德 [32]、肇庆 [9]。

96. 白齿藓科 Leucodontaceae

白齿藓属 *Leucodon* Schwägr.

白齿藓 ***Leucodon sciuroides*** (Hedw.) Schwägr.

分布：始兴 [23, 28]。

拟白齿藓属 *Pterogoniadelphus* M. Fleisch.

拟白齿藓 ***Pterogoniadelphus esquirolii*** (Ther.) Ochyra & Zijlstra

分布：乐昌 [23]。

疣齿藓属 *Scabridens* E. B. Bartram

疣齿藓 ***Scabridens sinensis*** E. B. Bartram

分布：广州 [23]、乳源 [23, 26]。

第三章 石松类与蕨类植物

四、石松类植物

97. 石松科 Lycopodiaceae

扁枝石松属 *Diphasiastrum* Holub

扁枝石松 *Diphasiastrum complanatum* (L.) Holub

分布: 博罗 [5, 100]、连平 [35]、梅州 [183, 35]、英德 [32]。

石杉属 *Huperzia* Bernh.

长柄石杉 *Huperzia javanica* (Sw.) Fraser-Jenk.

分布：博罗 [35, 38, 100]、从化 [7, 107]、东莞 [25]、东源 [59]、丰顺 [95]、封开 [35]、惠东 [12]、江门 [8]、乐昌 [26, 29, 35, 41]、连州 [26, 35]、龙门 [35]、南雄 [33, 57]、乳源 [26, 35]、深圳 [17]、始兴 [28]、翁源 [51]、五华 [4, 35]、新丰 [63]、信宜 [35]、阳春 [45]、阳山 [26, 35]、英德 [32]、增城 [35, 116]、肇庆 [9]、紫金 [31, 35]。

昆明石杉 *Huperzia kunmingensis* Ching

分布：乳源 [501]。

南岭石杉 *Huperzia nanlingensis* Y. H. Yan & N. Shrestha

分布：乳源 [253]。

金发石杉 *Huperzia quasipolytrichoides* (Hayata) Ching

分布：阳山 [周喜乐、陈红锋 973 (HUST)]。

四川石杉 *Huperzia sutchueniana* (Herter) Ching

分布：乳源 [501, 26]。

藤石松属 *Lycopodiastrum* Holub ex R. D. Dixit

藤石松 *Lycopodiastrum casuarinoides* (Spring) Holub ex R. D. Dixit

分布：博罗 [35, 38, 100]、潮州 [35] [严岳鸿、易绮斐 1847 (HUST)]、从化 [7, 35, 107]、大埔 [35] [李学根 202752 (IBSC)]、德庆 [35] [刘瑛光 955 (IBSC)]、东莞 [25, 35]、东源 [59]、丰顺 [35, 95]、封开 [35] [梁宝汉 982 (IBSC)]、佛冈 [27]、高州 [35] [周沛椿 10272 (IBSC)]、和平 [35] [卫兆芬 120263 (KUN)]、怀集 [35] [刘瑛光 2557 (IBSC)]、惠东 [12, 35]、惠州 [35] [曾怀德 25827 (IBSC)]、江门 [8, 35]、蕉岭 [35] [邓良 4515 (IBSC)]、揭西 [35] [曾宪锋 ZXF25078 (CZH)]、乐昌 [29, 35, 41]、连南 [35] [钟德尧 20447 (IBSC)]、连平 [35] [粤 73 1851 (IBSC)]、连山 [35] [严岳鸿 1222 (IBSC)]、连州 [26, 35]、龙川 [35] [左景烈 21658 (IBK)]、龙门 [35] [张种才 368 (HGAS)]、陆河 [35] [叶华谷 4654 (IBSC)]、罗定 [35] [刘念等 2285 (IBSC)]、茂名 [35, 85]、梅州 [35] [曾宪锋 ZXF43754 (CZH)]、南雄 [33, 35, 57]、平远 [35] [邓良 3995 (IBSC)]、饶平 [35] [李学根 200544 (IBSC)]、仁化 [16, 35]、乳源 [26, 35]、韶关 [35] [高锡朋 50185 (IBSC)]、深圳 [17, 35]、翁源 [35, 51]、五华 [4]、新丰 [35, 63]、新兴 [35] [刘瑛光 2441 (IBSC)]、信宜 [35] [湛江区植物调查队 3810 (IBSC)]、阳春 [35, 45]、阳山 [26, 35]、英德 [32, 35]、增城 [7, 35, 116]、肇庆 [9, 35]、紫金 [31, 35]。

石松属 *Lycopodium* L.

石松 *Lycopodium japonicum* Thunb.

分布：博罗 [35] [陈念劬 41381 (IBSC)]、潮州 [35] [严岳鸿、易绮斐 1818 (HUST)]、从化 [7, 35, 107]、丰顺 [35, 95]、佛冈 [27]、广州 [35] [黄子纯 20164208 (SN)]、惠州 [35] [曾怀德 25982 (IBSC)]、蕉岭 [35] [南岭队 2363 (IBSC)]、乐昌 [35, 41]、连州 [35] [陈真传 12850 (SZG)]、龙门 [35] [南昆山调查队 82225 (IBSC)]、梅州 [35] [曾宪锋 ZXF29492 (CZH)]、南雄 [33, 35]、平远 [35] [曾宪锋 ZXF10688 (CZH)]、饶平 [35] [李学根 200840 (IBSC)]、仁化 [16]、乳源 [26, 35]、始兴 [28]、五华 [4]、信宜 [35] [湛江区植物调查队 3882 (IBSC)]、阳山 [26, 35]、英德 [35] [严岳鸿、邢福武 13416 (HUST)]、增城 [116]、紫金 [31, 35]。

垂穗石松属 *Palhinhaea* Franco & Vasc.

垂穗石松 *Palhinhaea cernua* (L.) Vasc. & Franco

分布：博罗 [35, 38, 100]、潮州 [35] [郑新丽 2015049 (CZH)]、从化 [7, 35, 107]、大埔 [35] [曾宪锋 ZXF44376 (CZH)]、东莞 [25, 35]、东源 [35, 59]、恩平 [35] [黄茂先 110355 (PE)]、丰顺 [35, 95]、封开 [35] [中山大学黑石顶调查队 (91 级 2 组)91-2-038 (SYS)]、佛冈 [27]、佛山 [35] [林丰平 89 (2)-1-1- (2) (SN)]、高州 [35] [周沛椿 10002 (IBSC)]、广州 [7, 35]、海丰 [35] [曾怀德 25589 (IBSC)]、和平 [35] [谭策铭等 Y06569 (HUST)]、河源 [35] [77 级科研组 107 (SN)]、怀集 [35] [叶华谷 3124 (IBSC)]、惠东 [12, 35]、惠州 [35] [徐德明 175 (PE)]、江门 [8, 35]、揭西 [35] [叶华谷 4399 (IBSC)]、乐昌 [29, 35, 41]、连南 [35] [曾飞燕 469 (IBSC)]、连平 [35] [粤 73 1570 (IBSC)]、连山 [35] [严岳鸿 1200 (IBSC)]、连

州 [26, 35]、龙门 [35] [张桂才等 244 (IBK)]、陆丰 [35] [朱宗洪、吴文涛 4201 (PE)]、陆河 [35] [叶华谷 4681 (IBSC)]、罗定 [35] [叶华谷、刘念 2084 (IBSC)]、茂名 [35, 85]、梅州 [35] [曾宪锋 ZXF43809 (CZH)]、南雄 [33, 35, 57]、平远 [35] [曾宪锋 ZXF44243 (CZH)]、清远 [35] [彭会瑶、王颖 PW011 (CZH)]、饶平 [35] [曾宪锋 ZXF44814 (CZH)]、仁化 [35] [邓良 7741 (IBSC)]、乳源 [26, 35]、深圳 [11, 17, 35]、始兴 [28, 35]、台山 [35] [左景烈 22467 (IBSC)]、翁源 [35, 51]、五华 [4, 35]、新丰 [63]、新兴 [35] [刘瑛光 2306 (PE)]、信宜 [35] [谭策铭等信宜 028 (JJF)]、阳春 [35, 45]、阳江 [35] [黄志 41745 (IBSC)]、阳山 [26, 35]、英德 [32, 35]、郁南 [35] [叶华谷、刘念 2820 (IBSC)]、云浮 [35] [黄志 37339 (IBSC)]、增城 [7, 35, 116]、肇庆 [9, 35]、中山 [10, 35]、珠海 [35] [粤 73 3100 (IBSC)]、紫金 [31, 35]。

海南垂穗石松 ***Palhinhaea hainanensis*** C. Y. Yang

分布：江门 [8]、深圳 [http://ppbc. iplant. cn/tu/7282763]。

马尾杉属 ***Phlegmariurus*** **(Herter) Holub**

龙骨马尾杉 ***Phlegmariurus carinatus*** (Desv.) Ching

分布：茂名 [35]、始兴 [28]、阳春 [35, 572]、云浮 [35]。

福氏马尾杉 ***Phlegmariurus fordii*** (Baker) Ching

分布：博罗 [35, 37, 100]、和平 [35]、惠东 [12]、惠州 [35]、蕉岭 [35]、乐昌 [29, 41]、连平 [35]、梅州 [572]、南雄 [33, 57]、乳源 [26]、深圳 [17]、始兴 [28, 35]、五华 [4]、新丰 [35]、信宜 [35]、阳山 [26]、英德 [32]、增城 [116]、紫金 [31]。

广东马尾杉 ***Phlegmariurus guangdongensis*** Ching

分布：封开 [35]、罗定 [35]、信宜 [35, 572]。

闽浙马尾杉 ***Phlegmariurus mingjoui*** X. C. Zhang

分布：德庆 [35]、封开 [35]、海丰 [35]、江门 [572]、乐昌 [26, 29, 35, 41]、乳源 [26]、新丰 [35]、阳山 [26, 35]。

有柄马尾杉 ***Phlegmariurus petiolatus*** (C. B. Clarke) C. Y. Yang

分布：从化 [7, 107, 572]、丰顺 [95]、惠东 [12]、连山 [严岳鸿 1195 (IBSC)]、连州 [26, 35]、茂名 [85]、乳源 [26, 35]、阳山 [26, 35]、英德 [严岳鸿、邢福武 13403 (HUST)]。

马尾杉 ***Phlegmariurus phlegmaria*** (L.) T. Sen & U. Sen

分布：海丰 [35]、茂名 [35]、乳源 [26]、阳春 [45]、阳江 [35]、英德 [35, 572]、肇庆 [9, 35]。

拟小石松属 ***Pseudolycopodiella*** **Holub**

拟小石松 ***Pseudolycopodiella caroliniana*** (L.) Holub

分布：博罗 [35]、英德 [32, 35]。

98. 水韭科 Isoetaceae

水韭属 ***Isoetes*** **L.**

中华水韭 ***Isoetes sinensis*** Palmer

分布：仁化 [16, 20]。

99. 卷柏科 Selaginellaceae

卷柏属 ***Selaginella*** **P. Beauv.**

二形卷柏 ***Selaginella biformis*** A. Braun ex Kuhn

分布：从化 [35] [严岳鸿 872A (IBSC)]、东莞 [35] [严岳鸿 2248 (IBSC)]、丰顺 [95]、封开 [35] [叶华谷 8042 (IBSC)]、广州 [35] [严岳鸿 20801 (HUST)]、河源 [35] [77 级科研组新 0443 (SN)]、惠东 [12]、仁化 [16]、深圳 [17, 35]、新兴 [35] [刘瑛光 2181 (HZ)]、阳春 [35, 45]、英德 [32]、郁南 [35] [叶华谷、刘念 2652 (IBSC)]、珠海 [35] [李泽贤、邢福武 666 (IBSC)]。

双沟卷柏 ***Selaginella bisulcata*** Spring

分布：信宜 [490]。

小笠原卷柏 ***Selaginella boninensis*** Baker

分布：信宜 [501]。

缘毛卷柏 ***Selaginella ciliaris*** Spring

分布：深圳 [17]、英德 [32, 35]。

蔓出卷柏 ***Selaginella davidii*** Franch.

分布：江门 [8]、仁化 [16]、乳源 [26]、阳山 [26]、英德 [32]。

薄叶卷柏 ***Selaginella delicatula*** (Desv.) Alston

分布：博罗 [35, 100]、从化 [35, 107]、东莞 [25]、东源 [59]、丰顺 [95]、封开 [35]、广州 [7]、和平 [35]、惠东 [35]、蕉岭 [35]、乐昌 [29, 35, 41]、连州 [26]、龙门 [35]、茂名 [35, 85]、梅州 [35]、南雄 [33, 57]、仁化 [16]、乳源 [26]、深圳 [17, 35]、始兴 [28, 35]、翁源 [51]、新丰 [35, 63]、新兴 [35]、信宜 [35]、阳春 [35, 37, 45]、阳山 [26]、英德 [32, 35]、云浮 [35]、增城 [116]、肇庆 [9]。

深绿卷柏 ***Selaginella doederleinii*** Hieron.

分布：博罗 [35, 38, 100]、潮州 [35] [郑颖娜 2015042 (CZH)]、从化 [7, 35, 107]、大埔 [35] [曾宪锋 ZXF44355 (CZH)]、东莞 [25, 35]、东源 [59]、丰顺 [35, 95]、封开 [35] [中山大学黑石顶调查队 32229 (SYS)]、佛冈 [27]、佛山 [35] [黄奕孜、许先宏 HYZ059 (CZH)]、广州 [7, 35]、和平 [35] [张桂才 723 (IBSC)]、河源 [35] [曾怀德 28870 (IBSC)]、化州 [35] [湛江区植物调查队 2881 (IBSC)]、怀集 [35] [叶华谷 3097 (IBSC)]、惠东 [12, 35]、惠州 [35] [曾怀德 43 (PE)]、江门 [8, 35]、蕉岭 [35] [南岭队 2343 (IBSC)]、揭西 [35] [许小婷 XXT096 (CZH)]、乐昌 [29, 35, 41]、连南 [35] [谭沛祥 59486 (IBSC)]、连平 [35] [粤 73 1709 (IBSC)]、连山 [35] [严岳鸿 1190 (IBSC)]、连州 [26, 35]、龙门 [35] [杨捷梅 2017m123 (SN)]、陆河 [35] [叶华谷 4739 (IBSC)]、罗定 [35] [叶华谷、刘念 2104 (IBSC)]、茂名 [35] [刘集汉 90053 (IBSC)]、梅州 [35] [曾宪锋 ZXF43770 (CZH)]、南雄 [33, 35, 57]、平远 [35] [曾宪锋 ZXF43980 (CZH)]、饶平 [35] [曾宪锋 ZXF44810 (CZH)]、仁化 [16, 35]、乳源 [26, 35]、韶关 [35] [黄志 31718 (KUN)]、深圳 [11, 17, 35]、始兴 [28, 35]、翁源 [35, 51]、五华 [4, 35]、新丰 [35, 63]、信宜 [35] [严岳

鸿等 WYD591 (CSH)]、阳春 [35, 37, 45]、阳山 [26, 35]、英德 [32, 35]、郁南 [35] [叶华谷、刘念 2810 (IBSC)]、增城 [7, 35, 116]、肇庆 [9, 35]、中山 [10, 35]、紫金 [31, 35]。

疏松卷柏 ***Selaginella effusa*** Alston

分布：乐昌 [高锡朋 51093 (PE)]、翁源 [51]、肇庆 [9]。

异穗卷柏 ***Selaginella heterostachys*** Baker

分布：从化 [7]、江门 [8]、乐昌 [41]、南雄 [57]、乳源 [26]、深圳 [17]、始兴 [28]、英德 [32]。

兖州卷柏 ***Selaginella involvens*** (Sw.) Spring

分布：博罗 [100]、东莞 [25]、丰顺 [95]、广州 [35]、乐昌 [29, 41]、南雄 [57]、仁化 [16]、乳源 [26]、始兴 [28]、英德 [32]、肇庆 [9]。

小翠云 ***Selaginella kraussiana*** A. Braun

分布：南雄 *[57]、英德 *[32]、肇庆 *[9]。

细叶卷柏 ***Selaginella labordei*** Hieron. ex Christ

分布：江门 [8]、仁化 [16]、乳源 [35]、新丰 [63]、肇庆 [35]、紫金 [31]。

耳基卷柏 ***Selaginella limbata*** Alston

分布：从化 [7]、佛冈 [27]、广州 [7]、江门 [8]、南雄 [33, 57]、仁化 [16]、汕头 [35]、深圳 [17]、五华 [4]、增城 [7]、中山 [10]、紫金 [31]。

江南卷柏 ***Selaginella moellendorffii*** Hieron.

分布：博罗 [35]、从化 [7]、东莞 [25]、丰顺 [95]、佛冈 [27]、惠东 [12]、蕉岭 [35]、乐昌 [29, 35, 41]、连南 [35]、连山 [35]、连州 [35]、南雄 [33, 35, 57]、饶平 [35]、仁化 [16, 35]、乳源 [26]、深圳 [17]、始兴 [28]、翁源 [35, 51]、五华 [4]、新丰 [63]、阳春 [35]、阳山 [26]、英德 [32]、云浮 [35]、增城 [116]、肇庆 [9]、中山 [10]、紫金 [31]。

单子卷柏 ***Selaginella monospora*** Spring

分布：信宜 [35]、阳春 [45]。

伏地卷柏 ***Selaginella nipponica*** Franch. & Sav.

分布：乐昌 [29]、翁源 [51]、新丰 [63]、英德 [32]。

东方卷柏 ***Selaginella orientalichinensis*** Ching & C. F. Zhang ex Hao W. Wang & W. B. Liao

分布：丰顺 [283]、仁化 [283]。

黑顶卷柏 ***Selaginella picta*** A. Braun ex Baker

分布：惠东 [501, 12]、阳春 [501, 35]、紫金 [31]。

疏叶卷柏 ***Selaginella remotifolia*** Spring

分布：潮州 [35] [严岳鸿、易绮斐 1861 (HUST)]、乐昌 [41]、始兴 [28]、英德 [32]。

糙叶卷柏 ***Selaginella scabrifolia*** Ching & Chu H. Wang

分布：江门 [8]、阳春 [511, 45]。

卷柏 ***Selaginella tamariscina*** (P. Beauv.) Spring

分布：博罗 [38, 100]、从化 [107]、东莞 [25]、广州 [35]、惠东 [12]、茂名 [35]、南雄 [33, 57]、平远 [35]、仁化 [16, 35]、深圳 [17]、五华 [4]、阳山 [26]、英德 [32]、肇庆 *[9, 35]、紫金 [31]。

粗叶卷柏 ***Selaginella trachyphylla*** Hieron.

分布：大埔 [35]、江门 [8]、仁化 [16]、汕头 [35]、深圳 [17]、阳春 [37]、增城 [116]。

毛枝卷柏 ***Selaginella trichoclada*** Alston

分布：南雄 [33]、乳源 [35]、始兴 [35]。

翠云草 ***Selaginella uncinata*** (Desv.) Spring

分布：博罗 #[35, 38, 100]、潮州 #[35] [钟晓玲 2014025 (CZH)]、从化 #[107]、东莞 #[25, 35]、东源 #[119]、丰顺 #[35, 95]、封开 #[35] [粤 74 74-5118 (IBSC)]、佛冈 #[27]、广州 #[35] [刘卓斌 198 (IBK)]、怀集 #[35] [曾怀德 22911 (IBK)]、惠东 #[12]、江门 #[8]、乐昌 #[29, 35, 41]、连南 # [35] [朱志淞 60799 (IBSC)]、连山 #[35] [南岭队 735 (IBSC)]、龙门 #[35] [南昆山调查队 82438 (IBSC)]、梅州 #[35] [曾宪锋 ZXF25485 (CZH)]、南雄 #[33, 35, 57]、平远 #[35] [邓良 4461 (IBSC)]、仁化 #[16, 35]、乳源 #[35] [董仕勇 2263 (IBSC)]、深圳 #[11, 17, 35]、五华 #[4]、阳春 #[45]、阳山 #[26, 35]、英德 #[32, 35]、增城 #[116]、肇庆 #[9, 35]、中山 #[10, 35]、紫金 #[31, 35]。

瓦氏卷柏 ***Selaginella wallichii*** (Hook. & Grev.) Spring

分布：博罗 [严岳鸿、王莹 WYD649 (CSH)]。

剑叶卷柏 ***Selaginella xipholepis*** Baker

分布：江门 [8]、乐昌 [41]、深圳 [17, 35]、翁源 [51]、英德 [32]、增城 [7]。

五、蕨类植物

100. 木贼科 Equisetaceae

木贼属 *Equisetum* L.

节节草 ***Equisetum ramosissimum*** Desf.

分布：博罗 #[35, 38, 100]、从化 #[35]、东源 #[59]、怀集 #[35]、惠东 #[12]、江门 #[8]、蕉岭 #[35]、乐昌 #[29, 35]、连南 #[35]、连平 #[35]、陆丰 #[35]、罗定 #[35]、梅州 #[22]、南澳 #[35]、南雄 #[33]、仁化 #[16]、乳源 #[26]、始兴 #[28, 35]、翁源 #[35, 51]、五华 #[4]、新丰 #[35, 63]、新兴 #[35]、阳春 #[35, 45]、阳山 #[26]、英德 #[32, 35]、肇庆 # [9, 35]、紫金 #[31]。

笔管草 ***Equisetum ramosissimum* subsp. *debile*** (Roxb. ex Vaucher) A. Love & D. Love

分布：博罗 [100]、潮州 [35] [严岳鸿 1873 (IBSC)]、从化 [7, 35, 107]、大埔 [35] [李学根 202793 (IBSC)]、东莞 [25, 35]、东源 [59]、丰顺 [95]、封开 [35] [王发国 648 (IBSC)]、佛冈 [27]、高州 [35] [周沛椿 10340 (IBSC)]、广州 [35] [中草药组 130 (IBSC)]、和平 [35] [张桂才 756 (IBSC)]、怀集 [35] [叶华谷 3038 (IBSC)]、惠东 [12, 35]、惠州 [35] [刘全儒、孟世勇 201001092 (BNU)]、蕉岭 [35] [王发国 1253 (IBSC)]、乐昌 [29, 35, 41]、连平 [35] [陈炳辉 1218 (IBSC)]、连州 [35] [陈少卿 5871 (IBSC)]、龙门 [35] [张桂才 281 (IBSC)]、陆丰 [35] [卫兆芬 121290 (IBSC)]、罗定 [35] [王、许 1303 (SYS)]、茂名 [35] [邓良 2208 (IBSC)]、梅州 [35] [曾怀德 21337 (PE)]、南雄 [57, 35]、平远 [35] [邓良 4413 (IBSC)]、仁化 [16, 35]、乳源 [26, 35]、韶关 [35] [高锡朋 50818 (IBSC)]、深圳 [11, 17, 35]、始兴 [28, 35]、翁源 [35, 51]、新丰 [63, 22]、新兴 [35] [刘瑛光 2305 (PE)]、信宜 [35] [严岳鸿等 WYD616 (CSH)]、阳春 [35] [叶华谷 6182 (IBSC)]、阳江 [35] [湛江区植物调查队 3307 (IBSC)]、阳山 [26, 35]、英德 [32, 35]、郁南 [35] [叶华谷、刘念 2920 (IBSC)]、云浮 [35] [黄志 37237 (IBSC)]、增城 [116]、肇庆 [9, 35]、中山 [10, 35]。

101. 松叶蕨科 Psilotaceae

松叶蕨属 *Psilotum* Sw.

松叶蕨 ***Psilotum nudum*** (L.) P. Beauv.

分布：博罗 [35, 38, 100]、东源 [59]、广州 [35]、惠东 [35]、江门 [8]、乐昌 [29, 35, 41]、深圳 [17, 35]、新丰 [35]、英德 [32]、云浮 [35]、增城 [116]、肇庆 [9]。

102. 瓶尔小草科 Ophioglossaceae

七指蕨属 *Helminthostachys* Kaulf.

七指蕨 ***Helminthostachys zeylanica*** (L.) Hook.

分布：吴川 [20]、肇庆 [9, 20, 35]。

瓶尔小草属 *Ophioglossum* L.

心叶瓶尔小草 ***Ophioglossum reticulatum*** L.

分布：博罗 [35]、广州 [35]、梅州 [35]。

狭叶瓶尔小草 ***Ophioglossum thermale*** Kom.

分布：紫金 [31]。

瓶尔小草 ***Ophioglossum vulgatum*** L.

分布：博罗 [38]、东莞 [25]、丰顺 [95]、广州 [7]、南雄 [33]、深圳 [17, 35]、五华 [4]、英德 [32]、增城 [116]、肇庆 [9, 35]、紫金 [31]。

阴地蕨属 *Sceptridium* Lyon

薄叶阴地蕨 ***Sceptridium daucifolium*** (Wall. ex Hook. & Grev.) Y. X. Lin

分布：乐昌 [26, 29, 35, 41]、乳源 [35]、五华 [4]、新丰 [35]、信宜 [35]、英德 [32]、紫金 [31]。

台湾阴地蕨 ***Sceptridium formosanum*** (Tagawa) Holub

分布：新丰 [邓良 8115 (PE)]。

华东阴地蕨 ***Sceptridium japonicum*** (Prantl) Y. X. Lin

分布：博罗 [35]、乐昌 [35]、乳源 [35]。

阴地蕨 ***Sceptridium ternatum*** (Thunb.) Lyon

分布：乳源 [26]。

103. 合囊蕨科 Marattiaceae

观音座莲属 *Angiopteris* Hoffm.

福建观音座莲 ***Angiopteris fokiensis*** Hieron.

分布：博罗 [35, 38]、潮州 [35] [叶华谷等 13147 (IBSC)]、从化 [7, 35, 107]、大埔 [35] [邓良 5376 (IBSC)]、德庆 [35] [刘瑛光 202370 (IBSC)]、东莞 [25, 35]、东源 [59]、丰顺 [35, 95]、封开 [35] [叶华谷 7549 (IBSC)]、佛冈 [27]、高州 [35] [周沛椿 10269 (IBSC)]、广州 [35] [严岳鸿 436 (IBSC)]、和平 [35] [谭沛祥 971875 (PE)]、怀集 [35] [曾怀德 23226 (SYS)]、惠东 [12, 35]、惠州 [35] [曾怀德 25704 (IBSC)]、江门 [8, 35]、蕉岭 [35] [李学根 202970 (HZ)]、乐昌 [26, 29, 35, 41]、连南 [35] [谭沛祥 59233 (IBSC)]、连平 [35] [粤 73 1867 (IBSC)]、连山 [35] [谭沛祥 58186 (IBSC)]、连州 [35] [左景烈 22674 (IBSC)]、龙门 [35] [严岳鸿、商辉 13734 (CSH)]、陆河 [35] [叶华谷 4695 (IBSC)]、罗定 [35] [叶华谷、刘念 2518 (IBSC)]、南雄 [33, 35, 57]、平远 [35] [曾宪锋 ZXF43890 (CZH)]、清远 [35] [黄成 161494 (IBSC)]、饶平 [35] [曾宪锋 ZXF4351 (IBSC)]、仁化 [16, 35]、乳源 [26, 35]、韶关 [35] [黄志 31647 (IBK)]、深圳 [17, 35]、始兴 [28, 35]、翁源 [35, 51]、五华 [4, 35]、新丰 [35, 63]、信宜 [35] [严岳鸿等 1569 (HUST)]、阳春 [35, 45]、阳山 [26, 35]、英德 [32, 35]、云浮 [35] [陈炳辉 1746 (IBSC)]、增城 [116]、肇庆 [9, 35]、中山 [10, 35]、紫金 [31, 35]。

104. 紫萁科 Osmundaceae

紫萁属 *Osmunda* L.

紫萁 ***Osmunda japonica*** Thunb.

分布：博罗 [5, 100]、从化 [7]、东莞 [25]、东源 [59]、丰顺 [95]、佛冈 [27]、惠东 [12]、乐昌 [29, 41]、连南 [35]、连州 [26]、南雄 [33, 57]、平远 [35]、饶平 [35]、仁化 [16, 35]、乳源 [26, 35]、韶关 [35]、深圳 [17]、始兴 [28, 35]、翁源 [51]、五华 [4]、新丰 [63]、信宜 [35]、阳山 [26]、英德 [32, 35]、云浮 [35]、增城 *[35, 116]、中山 [10]、紫金 [31]。

粤紫萁 ***Osmunda mildei*** C. Chr.

分布：深圳 [17]、紫金 [31, 35]。

桂皮紫萁属 *Osmundastrum* C. Presl

桂皮紫萁 ***Osmundastrum cinnamomeum*** (L.) C. Presl

分布：从化 [35]、乐昌 [41]。

羽节紫萁属 *Plenasium* C. Presl

狭叶羽节紫萁 ***Plenasium angustifolium*** (Ching) A. E. Bobrov

分布：从化 [107]、东莞 [25]、东源 [59]、广州 [35]、江门 [8, 35]、深圳 [17]、阳春 [35, 45]、阳山 [26]、中山 [10]。

羽节紫萁 *Plenasium banksiifolium* (C. Presl) C. Presl

分布：大埔 [35]、和平 [35]、连州 [26]、深圳 [17]、始兴 [35]、英德 [32]。

宽叶羽节紫萁 *Plenasium javanicum* (Blume) C. Presl

分布：连山 [35]、连州 [35]、郁南 [35]。

华南羽节紫萁 *Plenasium vachellii* (Hook.) C. Presl

分布: 博罗 [35, 100]、潮州 [35] [叶华谷等 13115 (IBSC)]、从化 [7, 35, 107]、大埔 [35] [大埔队 484 (IBSC)]、德庆 [35] [刘瑛光 1147 (IBSC)]、东莞 [25, 35]、东源 [59]、丰顺 [35, 95]、封开 [35] [粤 74 74-5123 (IBSC)]、佛冈 [27]、广州 [7, 35]、海丰 [35] [曾宪锋 ZXF9080 (CZH)]、和平 [35] [张桂才 519 (IBSC)]、河源 [35] [77 级科研组新 0422 (SN)]、怀集 [35] [刘瑛光 2852 (IBSC)]、惠东 [12]、惠州 [35] [叶华谷、曾飞燕 22004 (IBSC)]、江门 [8, 35]、乐昌 [29, 35, 41]、连南 [35] [谭沛祥 59487 (IBSC)]、连平 [35] [卫兆芬 120206 (IBSC)]、连山 [35] [严岳鸿 1199 (IBSC)]、连州 [26, 35]、龙川 [35] [杨晓萍 20110421 (SN)]、龙门 [35] [严岳鸿、商辉 13695 (CSH)]、陆丰 [35] [卫兆芬 121269 (IBSC)]、陆河 [35] [曾宪锋 ZXF42786 (CZH)]、罗定 [35] [叶华谷、刘念 2469 (IBSC)]、茂名 [35] [邓良 2321 (IBSC)]、梅州 [35] [曾宪锋 ZXF43664 (CZH)]、南雄 [33, 35, 57]、平远 [35] [曾宪锋 ZXF41862 (CZH)]、清远 [35] [黄成 161506 (IBSC)]、饶平 [35] [曾宪锋 ZXF44804 (CZH)]、仁化 [16, 35]、乳源 [26, 35]、韶关 [35] [高锡朋 50370 (IBSC)]、深圳 [11, 17, 35]、始兴 [28, 35]、台山 [35] [周联选 11629 (KUN)]、翁源 [35, 51]、五华 [4, 35]、新丰 [35, 63]、新兴 [35] [李楠、陈真传 11493 (SZG)]、信宜 [35] [严岳鸿等 WYD519 (CSH)]、阳春 [35, 45]、阳山 [26, 35]、英德 [32, 35]、郁南 [35] [叶华谷、刘念 2887 (IBSC)]、云浮 [35] [陈焕镛 10117 (IBSC)]、增城 [7, 35, 116]、肇庆 [9, 35]、中山 [10, 35]、珠海 [35] [严岳鸿、陈炳辉 246 (IBSC)]、紫金 [31, 35]。

105. 膜蕨科 Hymenophyllaceae

长片蕨属 *Abrodictyum* C. Presl

线片长筒蕨 *Abrodictyum obscurum* Ebihara & K. Iwats.

分布：增城 [7]。

广西长筒蕨 *Abrodictyum obscurum* var. *siamense* (Christ) K. Iwats.

分布: 东莞 [25]、封开 [35]、惠州 [35]、江门 [8]、深圳 [17]、台山 [35]、阳春 [35, 45]、英德 [32]、肇庆 [35]。

毛秆蕨属 *Callistopteris* Copel.

毛秆蕨 *Callistopteris apiifolia* (C. Presl) Copel.

分布：阳春 [512, 45]、阳西 [512]。

假脉蕨属 *Crepidomanes* C. Presl

南洋假脉蕨 *Crepidomanes bipunctatum* (Poir.) Copel.

分布：东莞 [25]、江门 [8]、深圳 [90, 17]、翁源 [90, 35]、阳春 [90, 35]。

边内假脉蕨 *Crepidomanes intramarginale* (Hook. & Grev.) Copel.

分布：深圳 [陈真传 , 曾治华 007219 (SZG)]。

翅柄假脉蕨 *Crepidomanes latealatum* (Bosch) Copel.

分布: 博罗 [35, 37, 100]、丰顺 [90]、惠东 [12]、连州 [26, 35]、龙门 [90]、乳源 [90]、深圳 [90, 17]、始兴 [28]、信宜 [90]。

阔边假脉蕨 *Crepidomanes latemarginale* (D. C. Eaton) Copel.

分布：汕头 [35]。

团扇蕨 *Crepidomanes minutum* (Blume) K. Iwats.

分布: 博罗 [35]、广州 [90, 7, 35]、连州 [26, 35]、深圳 [90, 17]、始兴 [28]、阳山 [35]。

深圳假脉蕨 *Crepidomanes shenzhenense* Hui Wang bis & X. Yun Wang

分布：深圳 [279]。

膜蕨属 *Hymenophyllum* Sm.

蕗蕨 *Hymenophyllum badium* Hook. & Grev.

分布：博罗 [35, 37, 100]、从化 [7, 35, 107]、东源 [59]、佛冈 [27]、惠州 [35]、乐昌 [29, 35, 41]、连州 [26]、龙门 [35]、茂名 [35]、梅州 [35]、仁化 [16, 35]、乳源 [26, 35]、韶关 [35]、五华 [4]、信宜 [35]、阳春 [35]、阳山 [26]、英德 [32]、增城 [116]、紫金 [31]。

华东膜蕨 *Hymenophyllum barbatum* (Bosch) Baker

分布：博罗 [35]、从化 [7]、丰顺 [90]、乐昌 [90, 29, 26, 35]、深圳 [90]、阳山 [26]、英德 [32]、增城 [116]。

厚壁蕨 *Hymenophyllum denticulatum* Sw.

分布：深圳 [90]、肇庆 [35]。

毛蕗蕨 *Hymenophyllum exsertum* Wall.

分布：博罗 [35]、深圳 [90, 17]、翁源 [35]。

细口团扇蕨 *Hymenophyllum nitidulum* Ebihara & K. Iwats.

分布：深圳 [35]、中山 [35]、珠海 [35]。

长柄蕗蕨 *Hymenophyllum polyanthos* Bedd.

分布：博罗 [35, 100]、从化 [7, 35]、丰顺 [95]、封开 [35]、佛冈 [27]、惠东 [35]、乐昌 [26, 29, 35]、南雄 [33, 57]、乳源 [26, 35]、深圳 [90, 17]、始兴 [28, 35]、翁源 [35]、新丰 [35]、阳山 [26, 35]、英德 [90, 32]、增城 [35]。

瓶蕨属 *Vandenboschia* Copel.

瓶蕨 *Vandenboschia auriculata* (Blume) Copel.

分布：从化 [7, 35, 107]、佛冈 [27]、怀集 [35]、江门 [90]、乐昌 [35, 41]、南雄 [33]、仁化 [90]、韶关 [35]、始兴 [28]、翁源 [35]、新丰 [35]、阳春 [35]、阳山 [90, 26, 35]、英德 [32, 35]、肇庆 [35]。

管苞瓶蕨 ***Vandenboschia kalamocarpa*** Ebihara

分布：连平 [498]。

罗浮山瓶蕨 ***Vandenboschia lofoushanensis*** Ching

分布：博罗 [90, 100, 37]。

南海瓶蕨 ***Vandenboschia striata*** (D. Don) Ebihara

分布：博罗 [35]、从化 [7]、佛山 [35]、怀集 [35] [刘瑛光 2791 (IBSC)]、乐昌 [35] [左景烈 20968 (IBSC)]、连州 [35]、南雄 [33, 35, 57]、平远 [35]、清远 [35]、乳源 [26, 35]、韶关 [35]、深圳 [90, 17]、始兴 [28, 35]、翁源 [35]、信宜 [35] [严岳鸿等 1584 (HUST)]、阳山 [26, 35]、英德 [35] [严岳鸿、邢福武 13309 (HUST)]。

106. 双扇蕨科 Dipteridaceae

燕尾蕨属 *Cheiropleuria* C. Presl

燕尾蕨 ***Cheiropleuria bicuspis*** (Blume) C. Presl

分布：惠东 [12]、信宜 [35]、阳春 [35]、英德 [32]、肇庆 [35]。

全缘燕尾蕨 ***Cheiropleuria integrifolia*** (D. C. Eaton ex Hook.) M. Kato, Y. Yatabe, Sahashi & N. Murak.

分布：江门 [8]、信宜 [陈珍传 906116 (SZG)]、肇庆 [9]。

双扇蕨属 *Dipteris* Reinw.

中华双扇蕨 ***Dipteris chinensis*** Christ

分布：罗定 [20, 35]、阳春 [20]、阳山 [26, 20]。

深圳双扇蕨 ***Dipteris shenzhenensis*** Y. H. Yan & Z. Y. Wei

分布：深圳 [288]。

107. 里白科 Gleicheniaceae

芒萁属 *Dicranopteris* Bernh.

大芒萁 ***Dicranopteris ampla*** Ching & P. S. Chiu

分布：从化 [7]、江门 [8]、深圳 [17]。

华南芒萁 ***Dicranopteris austrosinensis*** Y. H. Yan & Z. Y. Wei

分布：肇庆 [Liu H. G. 00904 (PE)]。

铁芒萁 ***Dicranopteris linearis*** (Burm. f.) Underw.

分布：博罗 [38]、从化 [7, 107]、大埔 [35]、佛冈 [27]、广州 [7]、茂名 [35]、南雄 [57]、仁化 [16]、深圳 [17]、阳春 [35]、英德 [32]、增城 [116]、肇庆 [35, 37]。

芒萁 ***Dicranopteris pedata*** (Houtt.) Nakaike

分布：博罗 [35, 38, 100]、潮州 [35] [郑秋敏 2015445 (CZH)]、从化 [107, 7, 35]、大埔 [35] [邓良 5208 (IBSC)]、德庆 [35] [刘瑛光 904 (IBSC)]、东莞 [25, 35]、东源 [59]、恩平 [35] [黄茂先 110436 (HZ)]、丰顺 [35, 95]、封开 [35] [粤 74 74-4751 (IBSC)]、佛冈 [27]、高州 [35] [周沛椿 10111 (IBSC)]、广州 [7, 35]、河源 [35] [曾怀德 29958 (IBSC)]、怀集 [35] [刘瑛光 1483 (IBSC)]、惠东 [12]、惠来 [35] [曾宪锋 ZXF10565 (CZH)]、惠州 [35] [曾怀德 25895 (IBSC)]、江门 [8, 35]、蕉岭 [35] [邓良 4776 (IBSC)]、揭西 [35] [许小婷 XXT078 (CZH)]、乐昌 [35, 41]、连平 [35] [粤 73 1552 (IBSC)]、连州 [26, 35]、龙门 [35] [严岳鸿、商辉 13697 (CSH)]、陆丰 [35] [许小婷 XXT051 (CZH)]、茂名 [35, 85]、梅州 [35] [曾宪锋 ZXF43666 (CZH)]、南雄 [33, 35]、普宁 [35] [曾宪锋 ZXF42944 (CZH)]、饶平 [35] [李学根 200806 (IBSC)]、仁化 [16, 35]、乳源 [26, 35]、汕头 [35] [曾宪锋 ZXF10138 (CZH)]、深圳 [11, 17, 35]、始兴 [28]、翁源 [51]、五华 [4]、新丰 [63]、信宜 [35] [严岳鸿等 1542 (HUST)]、徐闻 [35] [南路 743 (IBSC)]、阳春 [35, 45]、阳江 [35] [黄志 41740 (IBSC)]、阳山 [35] [周喜乐、陈红锋 977 (HUST)]、英德 [32, 35]、云浮 [35] [黄志 37424 (IBSC)]、增城 [116, 7]、肇庆 [9, 35]、中山 [10, 35]、珠海 [35] [严岳鸿、陈炳辉 211 (IBSC)]、紫金 [31, 35]。

大羽芒萁 ***Dicranopteris splendida*** (Hand. -Mazz.) Ching

分布：江门 [8]、信宜 [35]、阳春 [35]、阳江 [35]。

台湾芒萁 ***Dicranopteris taiwanensis*** Ching & P. S. Chiu

分布：深圳 [张寿洲、李良千 1846 (SZG)]。

里白属 *Diplopterygium* (Diels) Nakai

阔片里白 ***Diplopterygium blotianum*** (C. Chr.) Nakai

分布：江门 [8]、深圳 [17]、翁源 [51]、阳春 [511, 35, 45]、增城 [7]。

粤里白 ***Diplopterygium cantonense*** (Ching) Ching

分布：东莞 [25]、东源 [59]、广州 [35]、惠东 [12]、江门 [8]、深圳 [17]、新丰 [63]、信宜 [35]、中山 [10]。

中华里白 ***Diplopterygium chinense*** (Rosenst.) De Vol

分布：博罗 [35, 100]、潮州 [35] [叶华谷等 13169 (IBSC)]、从化 [7, 35, 107]、大埔 [35] [邓良 5033 (IBSC)]、东莞 [25, 35]、东源 [59]、丰顺 [35, 95]、封开 [35] [严岳鸿等 WYD234 (CSH)]、佛冈 [27]、广州 [7, 35]、和平 [35] [卫兆洪 120316 (IBSC)]、怀集 [35] [刘瑛光 2962 (IBSC)]、惠东 [12]、惠州 [35] [曾怀德 20027 (PE)]、江门 [8, 35]、揭西 [35] [曾宪锋 ZXF25059 (CZH)]、乐昌 [26, 41, 35]、连平 [35] [粤 73 1944 (IBSC)]、连山 [35] [严岳鸿 1196 (IBSC)]、龙门 [35] [严岳鸿、商辉 13626 (CSH)]、罗定 [35] [刘念 2369 (IBSC)]、梅州 [35] [曾宪锋 ZXF43769 (CZH)]、南雄 [33, 35, 57]、饶平 [35] [李学根 200767 (IBSC)]、仁化 [16]、乳源 [26, 35]、深圳 [17, 35]、始兴 [28, 35]、翁源 [35, 51]、五华 [4]、新丰 [35, 63]、信宜 [35] [湛江区植物调查队 3984 (IBSC)]、阳山 [26, 35]、英德 [32, 35]、增城 [7, 35, 116]、肇庆 [9, 35]、中山 [10, 35]、紫金 [31, 35]。

里白 ***Diplopterygium glaucum*** (Thunb. ex Houtt.) Nakai

分布：博罗 [5, 35]、从化 [7]、东莞 [25]、丰顺 [95]、江门 [8]、乐昌 [26]、连南 [35]、连州 [26]、茂名 [85]、南雄 [33]、仁化 [16]、乳源 [26, 35]、信宜 [35]、阳江 [35]、阳山 [26]、英德 [32]、增城 [7, 116]。

光里白 *Diplopterygium laevissimum* (Christ) Nakai

分布：从化 [35]、东源 [59]、佛冈 [27]、惠东 [12]、江门 [8]、乐昌 [41]、连南 [35]、连州 [26]、南雄 [33]、乳源 [26, 35]、深圳 [11]、五华 [4]、阳春 [45]、阳山 [26]、紫金 [31]。

海南里白 *Diplopterygium simulans* (Ching) Ching ex X. C. Zhang

分布：信宜 [528]。

假芒萁属 *Sticherus* C. Presl

假芒萁 *Sticherus truncatus* (Willd.) Nakai

分布：江门 [501, 8]、深圳 [501, 17]、阳春 [501]。

108. 海金沙科 Lygodiaceae

海金沙属 *Lygodium* Sw.

海南海金沙 *Lygodium circinnatum* (Burm. f.) Sw.

分布: 博罗 [35]、东莞 [25]、佛冈 [27]、高州 [35]、广州 [35]、江门 [8]、深圳 [11, 17]、台山 [35]、阳江 [35]、中山 [10]。

曲轴海金沙 *Lygodium flexuosum* (L.) Sw.

分布：博罗 [35, 38, 100]、潮州 [35] [叶华谷等 12932 (IBSC)]、从化 [35, 107]、大埔 [35] [邓良 5233 (IBSC)]、德庆 [35] [刘瑛光 1265 (PE)]、东莞 [25, 35]、东源 [59]、恩平 [35] [黄茂先 110465 (PE)]、丰顺 [35, 95]、封开 [35] [粤 74 74-5119 (IBSC)]、佛冈 [27]、佛山 [35] [黄奕孜、许先宏 HYZ058 (CZH)]、广州 [7, 35]、和平 [35] [张桂才 732 (IBSC)]、河源 [35] [卫兆芬 120778 (IBSC)]、怀集 [35] [刘瑛光 3059 (PE)]、惠东 [12, 35]、惠州 [35] [孟连调查队 25613 (SYS)]、江门 [8]、蕉岭 [35] [邓良 4692 (IBSC)]、揭西 [35] [叶华谷 4535 (IBSC)]、乐昌 [29, 35, 41]、雷州 [13]、连南 [35] [谭沛祥 59363 (IBSC)]、连平 [35] [粤 73 1474 (IBSC)]、连山 [35] [陈少卿 5552 (IBSC)]、连州 [26, 35]、廉江 [13]、龙川 [35] [曾宪锋 ZXF32439 (CZH)]、龙门 [35] [严岳鸿 1350 (IBSC)]、罗定 [35] [叶华谷、刘念 2167 (IBSC)]、茂名 [35, 85]、梅州 [35] [刘思婷 2016058 (CZH)]、南雄 [57]、平远 [35] [曾宪锋 ZXF44224 (CZH)]、清远 [35] [黄成 161531 (IBSC)]、饶平 [35] [李学根 200899 (IBSC)]、仁化 [16, 35]、乳源 [35] [叶华谷等 22289 (IBSC)]、深圳 [17, 35]、始兴 [35] [邢福武、叶华谷 924 (IBSC)]、台山 [35] [左景烈 22558 (PE)]、翁源 [35, 51]、新兴 [35] [刘瑛光 2231 (PE)]、信宜 [35] [严岳鸿等 WYD615 (CSH)]、徐闻 [35] [徐闻队 304 (KUN)]、阳春 [35, 45]、阳江 [35] [黄志 41574 (IBSC)]、阳山 [35] [严岳鸿 2337 (IBSC)]、英德 [32, 35]、郁南 [35] [叶华谷、刘念 2791 (IBSC)]、云浮 [35] [黄志 37266 (IBSC)]、增城 [116]、肇庆 [9, 35]、中山 [10, 35]、珠海 [35] [严岳鸿、陈炳辉 270 (IBSC)]、紫金 [31, 35]。

海金沙 *Lygodium japonicum* (Thunb.) Sw.

分布：博罗 [35, 38, 100]、潮州 [35] [曾宪锋 ZXF37322 (CZH)]、从化 [35, 107]、大埔 [35] [连文江 45 (SN)]、东莞 [25, 35]、东源 [59]、丰顺 [35, 95]、封开 [35] [王发国 606 (IBSC)]、佛冈 [27]、佛山 [35] [黄茂先 110950 (HZ)]、广州 [7, 35]、海丰 [35] [周业祝 ZYZ006 (CZH)]、和平 [35] [张桂才 767 (IBSC)]、怀集 [35] [王发国 679 (IBSC)]、惠东 [12]、惠来 [35] [曾宪锋 ZXF10603 (CZH)]、惠州 [35] [曾怀德 25753 (IBSC)]、江门 [8, 35]、揭西 [35] [叶华谷 4534 (IBSC)]、乐昌 [29, 35, 41]、雷州 [13]、连南 [35] [谭沛祥 59104 (IBSC)]、连山 [35] [谭沛祥 58407 (IBSC)]、连州 [26, 35]、廉江 [13, 35]、龙川 [35] [曾宪锋 ZXF32372 (CZH)]、龙门 [35] [张桂才 315 (IBSC)]、陆河 [35] [叶华谷 4628 (IBSC)]、罗定 [35] [叶华谷、刘念 2189 (IBSC)]、茂名 [35, 85]、梅州 [35] [曾宪锋 ZXF38969 (CZH)]、南澳 [35] [姚鹏程、魏亚男 20150367 (HSNU)]、南雄 [33, 35, 57]、平远 [35] [李学根 202141 (IBSC)]、普宁 [35] [曾宪锋 ZXF42930 (CZH)]、清远 [35] [黄成 161500 (IBSC)]、饶平 [35] [曾宪锋 ZXF44797 (CZH)]、仁化 [16, 35]、乳源 [26, 35]、汕头 [35] [曾宪锋 ZXF35669 (CZH)]、韶关 [35] [黄志 31725 (IBSC)]、深圳 [11, 17, 35]、始兴 [28, 35]、台山 [35] [周联选 11421 (KUN)]、翁源 [51]、五华 [4, 35]、新丰 [35] [叶华谷 1166 (IBSC)]、新兴 [35] [刘瑛光 2109 (PE)]、信宜 [35] [严岳鸿等 WYD599 (CSH)]、兴宁 [35] [曾宪锋 ZXF22103 (CZH)]、徐闻 [35] [南路 00096Q3 (IBSC)]、阳春 [35, 45]、阳山 [26, 35]、英德 [32, 35]、郁南 [35] [叶华谷、刘念 3004 (IBSC)]、云浮 [35] [黄志 37227 (IBSC)]、增城 [7, 35, 116]、肇庆 [9, 35]、中山 [10, 35]、珠海 [35] [粤 73 2978 (IBSC)]、紫金 [31, 35]。

小叶海金沙 *Lygodium microphyllum* (Cav.) R. Br.

分布: 博罗 [38]、从化 [7]、东莞 [25]、丰顺 [95]、广州 [7]、惠东 [12]、江门 [8]、南雄 [33]、深圳 [11, 17]、始兴 [28]、翁源 [51]、五华 [4]、阳山 [26]、英德 [32]、增城 [7]、肇庆 [9]、紫金 [31]。

柳叶海金沙 *Lygodium salicifolium* C. Presl

分布：博罗 [35]、佛冈 [27]、广州 [35]、肇庆 [35]。

109. 莎草蕨科 Schizaeaceae

莎草蕨属 *Actinostachys* Wall.

莎草蕨 *Actinostachys digitata* Wall.

分布：徐闻 [35]。

110. 槐叶蘋科 Salviniaceae

满江红属 *Azolla* Lam.

细叶满江红 *Azolla filiculoides* Lam.

分布：广州 #[22]。

羽叶满江红 *Azolla pinnata* R. Br.

分布：南雄 *[33]。

满江红 *Azolla pinnata* subsp. *asiatica* R. M. K. Saunders & K. Fowler

分布：博罗 #[5, 100]、东莞 #[25]、佛冈 #[27]、乐昌 #[29]、南雄 #[57]、仁化 #[16]、深圳 #[11, 17]、始兴 #[28]、英德 #[32]、肇庆 #[9]、中山 #[10]、紫金 #[31]。

槐叶蘋属 *Salvinia* Ség.

勺叶槐叶蘋 ***Salvinia cucullata*** Roxb. ex Bory

分布：阳春 *[22]、中山 *[35]。

人厌槐叶蘋 ***Salvinia molesta*** D. Mitch.

分布：广州 #[22]、阳春 #[22]。

槐叶蘋 ***Salvinia natans*** (L.) All.

分布：博罗 [100]、广州 [22, 35]、江门 [35] [黄荣焜 30535 (IBK)]、乐昌 [29, 35]、梅州 [35] [李娇兰 8207 (PE)]、仁化 [16]、汕头 [35] [陈耀东、倪瑞生 311 (PE)]、深圳 [11, 22, 35, 17]、信宜 [35] [黄志 38207 (IBSC)]、肇庆 [9, 35]。

111. 蘋科 Marsileaceae

蘋属 *Marsilea* L.

南国蘋 ***Marsilea minuta*** L.

分布：广州 [22,35]、翁源 [22,35]、阳春 [22]、肇庆 [22,35]。

蘋 ***Marsilea quadrifolia*** L.

分布：博罗 #[5, 100]、东莞 #[25]、东源 #[59]、佛冈 #[27]、乐昌 #[29]、茂名 #[85]、南雄 #[33, 57]、仁化 #[16]、深圳 #[11, 17]、始兴 #[28]、英德 #[32]、肇庆 #[9]、中山 #[10]。

112. 瘤足蕨科 Plagiogyriaceae

瘤足蕨属 *Plagiogyria* (Kunze) Mett.

瘤足蕨 ***Plagiogyria adnata*** (Blume) Bedd.

分布：博罗 [5]、从化 [7, 107]、丰顺 [95]、惠东 [12]、惠州 [35]、江门 [8]、乐昌 [29]、连南 [35]、连山 [35]、南雄 [33, 57]、乳源 [35]、韶关 [35]、深圳 [17, 35]、始兴 [28]、翁源 [51]、五华 [4]、新丰 [63]、阳山 [26, 35]、英德 [32]、紫金 [31]。

华中瘤足蕨 ***Plagiogyria euphlebia*** (Kunze) Mett.

分布：博罗 [5]、从化 [7]、丰顺 [95]、惠州 [35]、乐昌 [26, 29, 35, 41]、乳源 [26]、汕头 [35]、深圳 [11]、始兴 [28]。

镰羽瘤足蕨 ***Plagiogyria falcata*** Copel.

分布：从化 [7, 35, 107]、封开 [35]、怀集 [35]、惠东 [12]、江门 [8]、乐昌 [35, 41]、乳源 [26, 35]、深圳 [17]、五华 [4]、阳山 [35]、增城 [35, 116]、紫金 [31, 35]。

华东瘤足蕨 ***Plagiogyria japonica*** Nakai

分布：博罗 [35, 100]、东源 [59]、乐昌 [26, 41]、连州 [26, 35]、仁化 [16]、乳源 [26, 35]、始兴 [28]、翁源 [51]、信宜 [35]、阳春 [45]、阳山 [26, 35]、英德 [32, 35]、肇庆 [9]。

113. 金毛狗科 Cibotiaceae

金毛狗属 *Cibotium* Kaulf.

金毛狗 ***Cibotium barometz*** (L.) J. Sm.

分布：博罗 [35, 38, 100]、潮州 [35] [严岳鸿、易绮斐 1869 (HUST)]、从化 [7, 35, 107]、大埔 [35] [李学根 202596 (IBSC)]、德庆 [35] [刘瑛光 1165 (PE)]、东莞 [25, 35]、东源 [119]、恩平 [35] [黄茂先 110370 (PE)]、丰顺 [35, 95]、封开 [35] [中山大学黑石顶调查队 04-1-8126 (SYS)]、佛冈 [27]、高州 [35] [周沛椿 10391 (IBSC)]、广州 [7, 35]、和平 [35] [张桂才 710 (IBSC)]、河源 [35] [77 级科研组 53 (SN)]、怀集 [35] [刘瑛光 2731 (PE)]、惠东 [12]、惠州 [35] [曾怀德 25774 (IBSC)]、江门 [8, 35]、蕉岭 [35] [李学根 202219 (HZ)]、揭西 [35] [曾宪锋 ZXF24874 (CZH)]、乐昌 [29, 35, 41]、连南 [35] [谭沛祥 59336 (IBSC)]、连平 [35] [卫兆芬 120060 (IBSC)]、连山 [35] [严岳鸿 1186 (IBSC)]、连州 [26, 35]、龙门 [35] [严岳鸿、商辉 13707 (CSH)]、陆河 [35] [曾宪锋 ZXF42776 (CZH)]、罗定 [35] [叶华谷、刘念 2186 (IBSC)]、茂名 [35, 85]、梅州 [35] [曾宪锋 ZXF43803 (CZH)]、南雄 [33, 35, 57]、平远 [35] [邓良 4389 (IBSC)]、清远 [35] [黄成 161493 (IBSC)]、饶平 [35] [曾宪锋 ZXF1882 (IBSC)]、仁化 [16]、乳源 [26, 35]、深圳 [17, 35]、始兴 [28, 35]、台山 [35] [粤 73 2785 (IBSC)]、翁源 [35, 51]、五华 [4, 35]、新丰 [35, 63]、新兴 [35] [刘瑛光 2050 (PE)]、信宜 [35] [湛江区植物调查队 3957 (IBSC)]、阳春 [35, 45]、阳江 [35] [黄志 41887 (IBSC)]、阳山 [26, 35]、英德 [32, 35]、郁南 [35] [叶华谷、刘念 2782 (IBSC)]、云浮 [35] [黄季庄 530 (IBSC)]、增城 [7, 35, 116]、肇庆 [9, 35]、中山 [10, 35]、珠海 [35] [陈炳辉 1298 (IBSC)]、紫金 [31, 35]。

114. 桫椤科 Cyatheaceae

桫椤属 *Alsophila* R. Br.

中华桫椤 ***Alsophila costularis*** Baker

分布：茂名 [122]、信宜 [491, 20]。

桫椤 ***Alsophila spinulosa*** (Wall. ex Hook.) R. M. Tryon

分布：博罗 [122, 100, 35, 37, 38]、从化 [122, 7]、大埔 [122]、德庆 [122]、东莞 [25]、东源 [59]、恩平 [122, 35]、丰顺 [95]、佛冈 [27]、佛山 [122]、高州 [122, 35]、广州 [122, 7]、怀集 [122, 35]、惠东 [122, 12]、蕉岭 [122]、乐昌 [122, 29, 41]、连南 [122]、连山 [122, 35]、龙门 [122]、罗定 [122]、茂名 [85]、南雄 [122, 57]、仁化 [16]、乳源 [122, 26]、深圳 [122, 17]、翁源 [122, 51]、五华 [122, 4]、新兴 [122, 35]、信宜 [122, 35]、阳春 [122, 45]、英德 [122, 32, 35]、郁南 [122]、增城 [122, 7, 116]、肇庆 [122, 9, 35]、紫金 [31]。

黑桫椤属 *Gymnosphaera* Blume

结脉黑桫椤 ***Gymnosphaera bonii*** (Christ) S. Y. Dong

分布：博罗 [严岳鸿、王莹 WYD648 (CSH)]、从化 [7]、大埔 [曾怀德 21094 (PE)]、德庆 [刘瑛光 1416 (PE)]、恩平 [黄茂先 110369 (HZ027525)]、丰顺 [曾宪锋 ZXF8214 (CZH)]、广州 [7]、怀集 [刘瑛光 2903 (IBSC)]、连山 [曾飞燕 2384 (IBSC)]、龙门 [张桂才等 60 (IBK)]、平远 [曾宪

锋 ZXF38238 (CZH)]、深圳 [邢福武等 12346 (SZG)]、翁源 [刘心祈 2780 (IBSC)]、信宜 [谭策铭等信宜 340 (JJF)]、郁南 [吴磊 7027 (CSFI069654)]、肇庆 [杨均平 64-254 (GNUG0001959)]、中山 [严岳鸿、陈炳辉 164 (IBSC)]。

粗齿黑桫椤 ***Gymnosphaera denticulata*** (Baker) Copel.

分布：从化 [122, 7, 107, 35]、丰顺 [95]、封开 [122]、广州 [122, 7]、和平 [122]、怀集 [122]、乐昌 [122, 41]、连山 [122]、龙门 [122]、南雄 [122]、仁化 [16]、乳源 [122]、深圳 [122, 17]、始兴 [122, 28]、翁源 [51]、信宜 [122]、阳山 [122, 26]、英德 [122, 32]、肇庆 [122]、紫金 [31]。

平鳞黑桫椤 ***Gymnosphaera henryi*** (Baker) S. R. Ghosh

分布：博罗 [20]、恩平 [156]、丰顺 [95]、佛山 [122, 156, 35, 20]、高州 [122, 156, 35, 20]、怀集 [122, 156, 35]、连州 [26]、罗定 [122, 20]、茂名 [122, 35]、新兴 [122]、信宜 [122, 156, 35, 20]、阳春 [122, 156, 20]、英德 [32, 35, 20]、郁南 [122]、云浮 [20]、增城 [116]、肇庆 [122, 9, 20]、中山 [122, 10]、珠海 [122]。

小黑桫椤 ***Gymnosphaera metteniana*** (Hance) Tagawa

分布：博罗 [20]、封开 [122]、佛山 [122]、高州 [122]、广州 [122, 7]、怀集 [122, 20]、连山 [122]、连州 [26]、龙川 [20]、龙门 [122, 20]、罗定 [122]、乳源 [122, 20]、深圳 [17, 20]、信宜 [122, 20]、阳春 [122]、阳山 [20]、英德 [122, 35, 20]、增城 [7]、肇庆 [122]。

黑桫椤 ***Gymnosphaera podophylla*** (Hook.) Copel.

分布：博罗 [122, 20, 5]、潮州 [122, 20]、从化 [122, 7, 107]、德庆 [122, 20]、恩平 [122, 20]、丰顺 [95]、封开 [122, 20]、佛冈 [27]、佛山 [122]、高州 [20]、广州 [122, 20]、和平 [张桂才 823 (IBSC)]、怀集 [122]、惠东 [122, 12]、江门 [122, 20, 8]、乐昌 [122, 41, 20]、连山 [122]、连州 [26]、龙门 [122, 20]、梅州 [122, 20]、饶平 [122, 20]、乳源 [122, 20]、韶关 [20]、深圳 [122, 17, 20]、翁源 [122]、新兴 [20]、信宜 [122, 20]、阳春 [122, 20, 45]、阳江 [20]、阳西 [122]、英德 [122, 32, 20]、郁南 [122]、增城 [116]、肇庆 [122, 9, 20]、中山 [122, 10, 20]。

白桫椤属 *Sphaeropteris* Bernh.

白桫椤 ***Sphaeropteris brunoniana*** (Hook.) R. M. Tryon

分布：深圳 *[严岳鸿 4304 (HUST)]、信宜 [122, 491, 20]。

笔筒树 ***Sphaeropteris lepifera*** (Hook.) R. M. Tryon

分布：乐昌 *[41]、南澳 [289]、深圳 *[严岳鸿 4299 (HUST)]。

115. 鳞始蕨科 Lindsaeaceae

鳞始蕨属 *Lindsaea* Dryand. ex Sm.

钱氏鳞始蕨 ***Lindsaea chienii*** Ching

分布：从化 [7, 35, 107]、东莞 [25]、惠东 [12]、江门 [8]、南雄 [33, 57]、乳源 [26]、深圳 [17]、始兴 [28]、阳山 [26]、英德 [32, 35]、增城 [116]、肇庆 [9, 35]。

鳞始蕨 ***Lindsaea cultrata*** (Willd.) Sw.

分布：博罗 [5]、仁化 [16]、乳源 [26]、阳山 [26]、英德 [32]。

双唇蕨 ***Lindsaea ensifolia*** Sw.

分布：博罗 [35, 100]、从化 [7]、东莞 [25]、恩平 [35]、丰顺 [95]、佛冈 [27]、佛山 [35]、惠东 [12]、江门 [8]、深圳 [11, 17, 35]、翁源 [51]、英德 [32, 35]、肇庆 [9, 35]、中山 [10]、紫金 [31]。

异叶双唇蕨 ***Lindsaea heterophylla*** Dryand.

分布：博罗 [100]、潮州 [35] [曾宪锋 ZXF6132 (CZH)]、从化 [7, 107]、东莞 [25]、东源 [59]、丰顺 [35] [曾宪锋 ZXF41568 (CZH)]、佛冈 [27]、广州 [7, 35]、海丰 [35] [周业祝 ZYZ055 (CZH)]、惠东 [12]、惠州 [35] [曾怀德 26045 (IBSC)]、江门 [8]、揭西 [35] [叶华谷 4571 (IBSC)]、揭阳 [35] [曾宪锋 ZXF31664 (CZH)]、茂名 [85]、梅州 [35] [曾宪锋 ZXF38918 (CZH)]、南澳 [35] [陈炳辉 232 (IBSC)]、南雄 [33]、饶平 [35] [曾宪锋 ZXF24459 (CZH)]、深圳 [11, 17]、翁源 [51]、五华 [4]、英德 [32]、增城 [7]、肇庆 [9, 35]、中山 [10, 35]、紫金 [31]。

爪哇鳞始蕨 ***Lindsaea javanensis*** Blume

分布：乳源 [26]、英德 [32]、紫金 [31]。

团叶鳞始蕨 ***Lindsaea orbiculata*** (Lam.) Mett. ex Kuhn

分布：博罗 [35, 100]、潮州 [35] [曾宪锋 ZXF01356 (CZH)]、从化 [7, 35, 107]、大埔 [35] [曾宪锋 ZXF30345 (CZH)]、东莞 [25, 35]、东源 [59]、恩平 [35] [黄茂先 110449 (PE)]、丰顺 [35, 95]、封开 [35] [中山大学黑石顶调查队 91-1-34 (SYS)]、佛冈 [27]、佛山 [35] [王显智、张瑞麟 157 (IBK)]、广州 [7, 35]、和平 [35] [谭策铭等 Y06695A (HUST)]、河源 [35] [77 级科研组新 0725 (SN)]、怀集 [35] [刘瑛光 2880 (IBSC)]、惠东 [12, 35]、惠州 [35] [叶华谷、曾飞燕 21993 (IBSC)]、江门 [501, 35, 8]、揭西 [35] [叶华谷 4471 (IBSC)]、乐昌 [29, 35]、连山 [35] [叶华谷 3312 (IBSC)]、廉江 [35] [谭策铭等 03 廉江 035A (ccau0002482)]、龙川 [35] [曾宪锋 ZXF32467 (CZH)]、龙门 [35] [严岳鸿、商辉 13694 (CSH)]、陆河 [35] [叶华谷 4764 (IBSC)]、罗定 [35] [叶华谷、刘念 2218 (IBSC)]、茂名 [35, 85]、梅州 [35] [曾宪锋 ZXF43774 (CZH)]、南雄 [33, 35, 57]、平远 [35] [李学根 202089 (PE)]、饶平 [35] [曾宪锋 ZXF44831 (CZH)]、仁化 [16, 35]、乳源 [35] [王发国 482 (IBSC)]、深圳 [11, 17, 35]、始兴 [28, 35]、翁源 [35, 51]、五华 [4, 35]、新丰 [63]、新兴 [35] [刘瑛光 2385 (PE)]、信宜 [35] [严岳鸿等 1620 (HUST)]、兴宁 [35] [始兴采集队 456 (NK013317)]、徐闻 [35] [中国科学院华南植物研究所 742 (PE)]、阳春 [35, 45]、阳江 [35] [黄志 41549 (IBK)]、英德 [32, 35]、云浮 [35] [黄志 37706 (IBK)]、增城 [7, 35, 116]、肇庆 [501, 9, 35]、中山 [10, 35]、珠海 [35]

[严岳鸿、陈炳辉 226 (IBSC)]、**紫金** [31, 35]。

乌蕨属 *Odontosoria* (C. Presl) Fée

阔片乌蕨 *Odontosoria biflora* C. Chr.

分布：**深圳** [17]、**台山** [35]、**新丰** [63]、**阳江** [35]。

乌蕨 *Odontosoria chinensis* J. Sm.

分布：**博罗** [35, 38, 100]、**潮州** [35] [郑颖娜 2015039 (CZH)]、**从化** [7, 35, 107]、**大埔** [35] [李学根 202624 (PE)]、**德庆** [35] [刘瑛光 1146 (GZAC)]、**东莞** [25, 35]、**东源** [35, 59]、**丰顺** [35, 95]、**封开** [35] [严岳鸿等 WYD209 (CSH)]、**佛冈** [27]、**广州** [7, 35]、**和平** [35] [卫兆芬 12710 (NAS)]、**怀集** [35] [刘瑛光 2847 (PE)]、**惠东** [12, 35]、**惠州** [35] [曾怀德 20001 (PE)]、**江门** [8, 35]、**蕉岭** [35] [李学根 202382 (PE)]、**揭西** [35] [曾宪锋 ZXF31277 (CZH)]、**开平** [35] [黄茂先 110570 (PE)]、**乐昌** [29, 35, 41]、**连南** [35] [谭沛祥 59338 (KUN)]、**连平** [35] [卫兆芬 120216 (PE)]、**连山** [35] [谭沛祥 58394 (KUN)]、**连州** [26, 35]、**龙川** [35] [曾宪锋 ZXF27692 (CZH)]、**龙门** [35] [张桂才 299 (IBK)]、**陆河** [35] [曾宪锋 ZXF42855 (CZH)]、**罗定** [35] [刘念 2464 (IBSC)]、**茂名** [35, 85]、**梅州** [35] [许小婷 2016112 (CZH)]、**南澳** [35] [曾宪锋 ZXF6165 (CZH)]、**南雄** [33, 35, 57]、**平远** [35] [曾宪锋 ZXF44225 (CZH)]、**普宁** [35] [曾宪锋 ZXF42976 (CZH)]、**清远** [35] [黄成 161530 (IBSC)]、**饶平** [35] [李学根 200905 (PE)]、**仁化** [16, 35]、**乳源** [26, 35]、**韶关** [35] [杜庚平、曾怀德、曾远见 12088 (NAS)]、**深圳** [11, 17, 35]、**台山** [35] [陈炳辉 954 (IBSC)]、**翁源** [35, 51]、**五华** [4, 35]、**新丰** [35] [曾怀德 224 (IBSC)]、**新兴** [35] [刘瑛光 2279 (PE)]、**信宜** [35] [黄志 37843 (IBSC)]、**兴宁** [35] [曾宪锋 ZXF27740 (CZH)]、**阳春** [35, 45]、**阳江** [35] [黄志 41727 (IBSC)]、**阳山** [26, 35]、**英德** [32, 35]、**郁南** [35] [刘念 2719 (IBSC)]、**云浮** [35] [黄志 355 (PE)]、**增城** [7, 35, 116]、**肇庆** [9, 35]、**中山** [10, 35]、**珠海** [35] [严岳鸿、陈炳辉 268 (IBSC)]、**紫金** [31, 35]。

香鳞始蕨属 *Osmolindsaea* (K. U. Kramer) Lehtonen & Christenh.

日本香鳞始蕨 *Osmolindsaea japonica* (Baker) Lehtonen & Christenh.

分布：**仁化** [邓良 7727 (KUN)]。

香鳞始蕨 *Osmolindsaea odorata* (Roxb.) Lehtonen & Christenh.

分布：**博罗** [35] [陈念劬 41382 (IBSC)]、**潮州** [35] [叶华谷等 13231 (IBSC)]、**从化** [35] [曾怀德 25219 (IBSC)]、**丰顺** [35] [叶华谷 4154 (IBSC)]、**封开** [35] [粤 74 74 -5040 (NK013318)]、**怀集** [35] [刘瑛光 2681 (PE)]、**惠州** [35] [曾怀德 25473 (IBSC)]、**乐昌** [26, 29, 35, 41]、**连山** [35] [严岳鸿 1211 (IBSC)]、**龙门** [35] [严岳鸿、商辉 13623 (CSH)]、**罗定** [35] [刘念 2440 (IBSC)]、**茂名** [35] [刘念 1037 (IBSC)]、**梅州** [35] [曾宪锋 ZXF41715 (CZH)]、**平远** [35] [李学根 702089 (HZ)]、**饶平** [35] [曾宪锋 ZXF30504 (CZH)]、**仁化** [16]、**乳源** [26, 35]、**新丰** [35] [谭英华 222 (IBSC)]、**信宜** [35] [严岳鸿等 WYD402 (CSH)]、**阳春** [35, 45]、**阳山** [35] [周喜乐、陈红锋 964 (HUST)]、**英德** [35] [严岳鸿、邢福武 13046 (HUST)]、**增城** [35, 116]、**肇庆** [35] [陈颖 20145216 (SN)]。

116. 凤尾蕨科 Pteridaceae

卤蕨属 *Acrostichum* L.

卤蕨 *Acrostichum aureum* L.

分布：**东莞** [25]、**广州** [7]、**海丰** [35]、**茂名** [35]、**深圳** [17, 35]、**台山** [35]、**徐闻** [35]、**阳春** [35, 37]、**中山** [10]、**珠海** [35]。

尖叶卤蕨 *Acrostichum speciosum* Willd.

分布：**廉江** [13]。

铁线蕨属 *Adiantum* L.

团羽铁线蕨 *Adiantum capillus-junonis* Rupr.

分布：**东莞** [25]、**东源** [59]、**丰顺** [95]、**广州** [35]、**仁化** [16]、**乳源** [26, 35]、**深圳** [11]、**翁源** [35]、**阳春** [45]、**阳山** [26, 35]、**英德** [32, 35]。

铁线蕨 *Adiantum capillus-veneris* L.

分布：**博罗** [38, 100]、**东莞** [25, 35]、**佛冈** [27]、**广州** [35] [谢婉桦 20096215 (SN)]、**怀集** [35] [王发国 677 (IBSC)]、**惠东** [12]、**江门** [35] [古兜山调研小组 20098023 (SN)]、**乐昌** [26, 29, 35]、**连州** [35] [高锡朋 51038 (IBSC)]、**茂名** [85]、**清远** [35] [林正眉、张丹荔 20180007 (SN)]、**仁化** [16, 35]、**乳源** [26, 35]、**汕头** [35] [曾宪锋 ZXF35654 (CZH)]、**五华** [4]、**阳山** [26, 35]、**英德** [32, 35]、**云浮** [35] [王发国等 1125 (HUST)]、**中山** [10, 35]。

鞭叶铁线蕨 *Adiantum caudatum* L.

分布：**博罗** [35, 37, 100]、**从化** [107]、**东莞** [25]、**东源** [59]、**封开** [35]、**佛冈** [27]、**高州** [35]、**广州** [35]、**江门** [8]、**乐昌** [29]、**连州** [35]、**茂名** [85]、**清远** [35]、**仁化** [16]、**乳源** [26, 35]、**深圳** [11, 17, 35]、**阳春** [35]、**阳山** [26]、**英德** [32, 35]、**云浮** [35]、**增城** [116]、**肇庆** [9, 35]、**中山** [10]。

北江铁线蕨 *Adiantum chienii* Ching

分布：**仁化** [16]、**英德** [32, 35]。

长尾铁线蕨 *Adiantum diaphanum* Blume

分布：**博罗** [5, 100]、**大埔** [35]、**惠东** [12]、**蕉岭** [35]、**梅州** [35]。

扇叶铁线蕨 *Adiantum flabellulatum* L.

分布：**博罗** [35, 38, 100]、**潮州** [35] [严岳鸿 1878 (IBSC)]、**从化** [7, 35, 107]、**大埔** [35] [李学根 202588 (IBSC)]、**德庆** [35] [刘瑛光 1204 (IBSC)]、**东莞** [25, 35]、**东源** [59]、**恩平** [35] [黄茂先 110477 (PE)]、**丰顺** [35, 95]、**封开** [35] [粤 74 74-4694 (IBSC)]、**佛冈** [27]、**佛山** [35] [丁玉江 89 (3)-8-

4 (SN)]、高州 [35] [周沛椿 10124 (IBSC)]、广州 [7, 35]、海丰 [35] [周业祝 ZYZ054 (CZH)]、和平 [35] [卫兆芬 120234 (IBSC)]、河源 [35] [77 级科研组新 0331 (SN)]、怀集 [35] [曾怀德 23230 (PE)]、惠东 [12]、惠州 [35] [曾怀德 25814 (IBSC)]、江门 [8, 35]、蕉岭 [35] [李学根 202223 (IBSC)]、揭西 [35] [叶华谷 4419 (IBSC)]、乐昌 [29, 35, 41]、连南 [35] [谭沛祥 59089 (IBSC)]、连山 [35] [曾飞燕 2254 (IBSC)]、连州 [26, 35]、龙川 [35] [徐祥浩 1019 (IBSC)]、龙门 [35] [严岳鸿、商辉 13714 (CSH)]、陆河 [35] [叶华谷 4621 (IBSC)]、罗定 [35] [叶华谷、刘念 2082 (IBSC)]、茂名 [35, 85]、梅州 [35] [曾宪锋 ZXF43710 (CZH)]、南雄 [33, 35, 57]、平远 [35] [李学根 201918 (IBSC)]、普宁 [35] [曾宪锋 ZXF42892 (CZH)]、清远 [35] [曾飞燕 1147 (IBSC)]、饶平 [35] [李学根 200908 (IBSC)]、仁化 [16, 35]、乳源 [26, 35]、深圳 [11, 17, 35]、始兴 [28, 35]、翁源 [35, 51]、五华 [4, 35]、新丰 [63]、新兴 [35] [刘瑛光 2264 (IBSC)]、信宜 [35] [严岳鸿等 WYD622 (CSH)]、徐闻 [35] [徐闻队 191 (FUS00001018)]、阳春 [35, 45]、阳山 [26, 35]、英德 [32, 35]、郁南 [35] [叶华谷、刘念 2681 (IBSC)]、增城 [7, 35, 116]、湛江 [35] [刘琦观 2012 (JIU386950)]、肇庆 [9, 35]、中山 [10, 35]、珠海 [35] [严岳鸿、陈炳辉 235 (IBSC)]、紫金 [31, 35]。

白垩铁线蕨 ***Adiantum gravesii*** Hance

分布：乐昌 [35] [王发国 892 (IBSC)]、连州 [35] [陈少卿 5891 (IBSC)]、仁化 [16, 35]、乳源 [35] [周喜乐等 ZXL09980 (CSH)]、阳春 [35] [刘念 3048 (IBSC)]、英德 [32]、增城 [116]、肇庆 [35] [中德采集队 665 (IBSC)]。

毛叶铁线蕨 ***Adiantum hispidulum*** Hook.

分布：汕头 [35]。

仙霞铁线蕨 ***Adiantum juxtapositum*** Ching

分布：封开 [482]。

粤铁线蕨 ***Adiantum lianxianense*** Ching & Y. X. Lin

分布：连州 [王发国 812a (IBSC)]、乳源 [王发国等 1294 (HUST)]、阳山 [26]、英德 [32]。

假鞭叶铁线蕨 ***Adiantum malesianum*** Ghatak

分布：博罗 [38]、东莞 [25]、佛山 [35]、广州 [7]、惠东 [12]、连州 [35]、南雄 [33, 57]、清远 [35]、乳源 [26]、阳山 [26]、英德 [32]、增城 [7]、肇庆 [35]。

孟连铁线蕨 ***Adiantum menglianense*** Y. Y. Qian

分布：深圳 [528]。

半月形铁线蕨 ***Adiantum philippense*** L.

分布：博罗 [35, 37, 38, 100]、从化 [7]、德庆 [35]、东莞 [25]、高州 [35]、广州 [35]、惠东 [35]、惠州 [35]、乐昌 [29, 35]、仁化 [16]、深圳 [17]、阳春 [35, 37]、紫金 [31]。

粉背蕨属 ***Aleuritopteris* Fée**

粉背蕨 ***Aleuritopteris anceps*** (Blanf.) Panigrahi

分布：博罗 [35]、从化 [7]、惠州 [35]、乐昌 [29, 35, 41]、南雄 [33]、仁化 [16]、乳源 [26]、始兴 [28]、翁源 [35, 51]、英德 [32]、增城 [35, 116]、紫金 [31]。

银粉背蕨 ***Aleuritopteris argentea*** (S. G. Gmel.) Fée

分布：从化 [7]、佛山 [35]、乐昌 [29, 35]、连州 [35]、茂名 [85]、南雄 [33]、清远 [35]、仁化 [16]、乳源 [26, 35]、新丰 [63]、阳山 [26, 35]、英德 [32, 35]。

金粉背蕨 ***Aleuritopteris chrysophylla*** (Hook.) Ching

分布：乳源 [490]。

棕毛粉背蕨 ***Aleuritopteris rufa*** (Don) Ching

分布：乳源 [26, 35]。

车前蕨属 ***Antrophyum* Kaulf.**

美叶车前蕨 ***Antrophyum callifolium*** Blume

分布：平远 [378]。

车前蕨 ***Antrophyum henryi*** Hieron.

分布：博罗 [35, 37]。

长柄车前蕨 ***Antrophyum obovatum*** Baker

分布：信宜 [35]。

水蕨属 ***Ceratopteris* Brongn.**

坝光水蕨 ***Ceratopteris baguangensis*** F. G. Wang & Zi Xiang Li

分布：深圳 [582]。

焕镛水蕨 ***Ceratopteris chunii*** Y. H. Yan

分布：广州 [346]。

水蕨 ***Ceratopteris thalictroides*** (L.) Brongn.

分布：博罗 [5]、从化 [107]、德庆 [35]、东莞 [25]、东源 [119]、广宁 [22]、广州 [7, 22, 35]、怀集 [22, 35]、江门 [22, 8]、雷州 [13]、廉江 [13]、仁化 [16]、汕头 [22]、深圳 [11, 17]、遂溪 [13]、台山 [35]、翁源 [22, 35]、新兴 [22, 35]、徐闻 [22, 35]、阳春 [22]、英德 [32]、郁南 [35]、云浮 [35]、湛江 [13, 35]、肇庆 [9, 22]。

碎米蕨属 ***Cheilanthes* Sw.**

毛轴碎米蕨 ***Cheilanthes chusana*** Hook.

分布：从化 [7]、东莞 [25]、东源 [59]、佛山 [35]、惠州 [35]、乐昌 [35]、连平 [35]、连州 [35]、南雄 [33, 35]、清远 [35]、仁化 [16]、乳源 [35]、汕头 [35]、始兴 [28]、翁源 [35]、阳山 [26]、英德 [32, 35]、增城 [116]、肇庆 [9, 35]。

旱蕨 ***Cheilanthes nitidula*** Hook.

分布：连州 [35]。

隐囊蕨 ***Cheilanthes nudiuscula*** T. Moore

分布：博罗 [35, 37, 100]、潮州 [35]、大埔 [35]、丰顺 [35]、广州 [35]、惠州 [35]、梅州 [35]、仁化 [16]、汕头 [35]、韶关 [35]、深圳 [17, 35]、肇庆 [35]。

碎米蕨 ***Cheilanthes opposita*** Kaulf.

分布：大埔 [35]、封开 [35]、佛山 [35]、广州 [35]、乐昌 [29]、仁化 [16]、郁南 [35]、云浮 [35]、肇庆 [35]。

薄叶碎米蕨 ***Cheilanthes tenuifolia*** Hook.

分布：博罗 [35, 37, 100]、从化 [7, 107]、东莞 [25]、东源 [59]、恩平 [35]、佛冈 [27]、广州 [7, 35]、江门 [8]、茂名 [85]、南雄 [33]、仁化 [16]、汕头 [35]、深圳 [11, 17]、五华 [4]、阳春 [45]、阳山 [26]、增城 [7, 116]、肇庆 [9]、中山 [10]、紫金 [31]。

凤了蕨属 *Coniogramme* Fée

峨眉凤了蕨 *Coniogramme emeiensis* Ching & K. H. Shing

分布：乳源 [王发国等 4171 (AU067788)]、深圳 [杨桢禄 W06135 (SZG)]。

普通凤了蕨 *Coniogramme intermedia* Hieron.

分布：乐昌 [26, 29, 35]、龙门 [严岳鸿，商辉 13643 (CSH)]、南雄 [33]、仁化 [35]、乳源 [26]、始兴 [28]、信宜 [严岳鸿 1492 (IBSC)]、阳山 [26]、英德 [32]、增城 [116]。

无毛凤了蕨 *Coniogramme intermedia* var. *glabra* Ching

分布：博罗 [37, 100]、信宜 [490]。

凤了蕨 *Coniogramme japonica* (Thunb.) Diels

分布：从化 [7]、佛冈 [27]、和平 [35]、乐昌 [29, 501, 41]、连南 [35]、连州 [501, 35]、南雄 [33, 57]、平远 [35]、仁化 [16]、乳源 [26, 35]、始兴 [28]、翁源 [51]、五华 [4]、阳山 [26]、增城 [116]、紫金 [31]。

黑轴凤了蕨 *Coniogramme robusta* Christ

分布：乳源 [26, 35]。

棕轴凤了蕨 *Coniogramme robusta* var. *splendens* Ching ex K. H. Shing

分布：乳源 [黄志 44265 (GZAC0018442)]。

紫秆凤了蕨 *Coniogramme rubicaulis* Ching ex K. H. Shing

分布：信宜 [490]。

黑心蕨属 *Doryopteris* J. Sm.

黑心蕨 *Doryopteris concolor* (Langsd. & Fisch.) Kuhn

分布：博罗 [35, 37]、东莞 [25]、广州 [35]。

书带蕨属 *Haplopteris* C. Presl

剑叶书带蕨 *Haplopteris amboinensis* (Fée) X. C. Zhang

分布：南雄 [33]、韶关 [35]、信宜 [35]。

唇边书带蕨 *Haplopteris elongata* (Sw.) E. H. Crane

分布：博罗 [35]、佛冈 [27]、信宜 [35]、阳春 [35, 37]、阳江 [35]、增城 [116]、肇庆 [9]。

书带蕨 *Haplopteris flexuosa* (Fée) E. H. Crane

分布：博罗 [35]、潮州 [35]、从化 [7, 35, 107]、东莞 [25]、佛冈 [27]、广州 [35]、惠州 [35]、蕉岭 [35]、乐昌 [29, 35, 41]、连州 [26]、梅州 [35]、南雄 [33, 57]、仁化 [16]、乳源 [26, 35]、汕头 [35]、韶关 [35]、深圳 [17]、始兴 [28, 35]、翁源 [35, 51]、五华 [4]、信宜 [35]、阳春 [35, 45]、阳山 [26]、英德 [32]、增城 [116]、肇庆 [9]、紫金 [31]。

平肋书带蕨 *Haplopteris fudzinoi* (Makino) E. H. Crane

分布：乳源 [35]。

海南书带蕨 *Haplopteris hainanensis* (C. Chr. ex Ching) E. H. Crane

分布：广州 [35]、台山 [35]。

金粉蕨属 *Onychium* Kaulf.

野雉尾金粉蕨 *Onychium japonicum* (Thunb.) Kunze

分布：博罗 [35]、从化 [7, 35, 107]、大埔 [35]、东莞 [25]、东源 [59]、佛冈 [27]、和平 [35]、惠东 [12]、蕉岭 [35]、乐昌 [29, 35, 41]、连南 [35]、连平 [35]、连州 [26, 35]、南澳 [35]、南雄 [33, 35, 57]、平远 [35]、清远 [35]、仁化 [16, 35]、乳源 [26, 35]、深圳 [17]、始兴 [28, 35]、五华 [4]、阳春 [35, 45]、阳山 [26]、英德 [32, 35]、云浮 [35]、肇庆 [35]、紫金 [31]。

栗柄金粉蕨 *Onychium japonicum* var. *lucidum* (Don) Christ

分布：从化 [35]、乐昌 [35]、南雄 [33]、仁化 [16]、乳源 [26]、阳山 [35]。

粉叶蕨属 *Pityrogramma* Link

粉叶蕨 *Pityrogramma calomelanos* (L.) Link

分布: 东莞 #[25]、广州 #[7, 21, 35]、江门 #[8]、深圳 #[17, 35]、五华 #[4]、阳春 #[35]、阳江 #[35]。

凤尾蕨属 *Pteris* L.

Pteris* × *exspectata Fraser-Jenk.

分布：广州 [160]。

红秆凤尾蕨 *Pteris amoena* Blume

分布：始兴 [28]、信宜 [490]。

线羽凤尾蕨 *Pteris arisanensis* Tagawa

分布：从化 [7]、广州 [7, 35]、怀集 [35] [祝文志 DS7684 (ccau0002615)]、江门 [8]、仁化 [16]、深圳 [17]、翁源 [51]、五华 [4]、信宜 [35] [严岳鸿等 WYD514 (CSH)]、阳春 [35] [叶华谷、刘念 533 (IBSC)]、阳江 [35] [黄志 41581 (IBSC)]、英德 [32]、增城 [7, 116]、肇庆 [9, 35]、中山 [10]、紫金 [31]。

华南凤尾蕨 *Pteris austrosinica* (Ching) Ching

分布：河源 [102]、乐昌 [102, 29, 41, 35]、连州 [南岭队 243 (IBSC)]、罗定 [102]、南雄 [33]、乳源 [102, 26, 35]、韶关 [35]、始兴 [叶华谷 1132 (IBSC)]、翁源 [51]、信宜 [102, 35]、英德 [102, 32]。

狭眼凤尾蕨 *Pteris biaurita* L.

分布：博罗 [102]、从化 [7]、东莞 [102, 25]、丰顺 [95]、广州 [102, 7]、河源 [102]、怀集 [102]、惠东 [102]、惠州 [102]、江门 [102, 8]、揭西 [102]、连州 [102]、罗定 [102]、茂名 [102]、乳源 [102]、汕头 [35]、深圳 [102]、始兴 [102]、翁源 [102, 51]、新兴 [102]、信宜 [102]、阳春 [102]、阳江 [102]、英德 [102, 32]、肇庆 [102]、中山 [102]、紫金 [31]。

条纹凤尾蕨 *Pteris cadieri* Christ

分布: 博罗 [35, 37, 100, 102]、封开 [102, 35]、汕头 [127]、深圳 [102, 17]、翁源 [102, 35]、英德 [32]、肇庆 [102, 35]。

欧洲凤尾蕨 *Pteris cretica* L.

分布：佛冈 [27]、乐昌 [102, 26, 41]、连州 [102, 26, 35]、茂名 [85]、南雄 [33, 57]、乳源 [102, 26]、深圳 [11]、阳山 [102]、英德 [32]、增城 [116]、肇庆 [102]。

粗糙凤尾蕨 ***Pteris cretica* var. *laeta*** (Wall. ex Ettingsh.) C. Chr. & Tardieu

分布：乐昌 [26]、乳源 [102, 35]。

多羽凤尾蕨 ***Pteris decrescens*** Christ

分布：连州 [35]、翁源 [51]、阳春 [102, 35, 37]、英德 [102, 32]、中山 [102]。

岩凤尾蕨 ***Pteris deltodon*** Baker

分布：怀集 [王发国 675a (IBSC)]、乐昌 [王发国 922 (IBSC)]、乳源 [金摄郎，张九兵 JSL-TJ125 (CSH)]、英德 [32]、肇庆 [102]。

二形凤尾蕨 ***Pteris dimorpha*** Copel.

分布：县级不详 [127]。

尾叶凤尾蕨 ***Pteris dimorpha* var. *prolongata*** Y. S. Chao, H. Y. Liu & W. L. Chiou

分布：深圳 [127]。

刺齿半边旗 ***Pteris dispar*** Kunze

分布：博罗 [35, 102]、潮州 [35] [曾宪锋 ZXF06763 (CZH)]、从化 [7, 35]、大埔 [35] [曾怀德 21244 (PE)]、德庆 [102, 35]、东莞 [102, 25, 35]、东源 [59]、丰顺 [35, 95]、封开 [35] [粤 74 74-5036 (IBSC)]、佛冈 [27]、广州 [102, 35]、和平 [102]、怀集 [102, 35]、惠东 [12]、江门 [8]、乐昌 [102, 29, 41, 35]、连山 [102, 35]、连州 [102, 35]、龙门 [102, 35]、罗定 [102, 35]、梅州 [35] [曾宪锋 ZXF20580 (CZH)]、南雄 [102, 33, 35]、平远 [35] [曾宪锋 ZXF44184 (CZH)]、清远 [35] [林正眉、张丹荔 20180015 (SN)]、饶平 [35] [曾宪锋 ZXF8022 (CZH)]、仁化 [35] [曾怀德 26449 (PE)]、乳源 [102, 26, 35]、深圳 [102, 35, 17]、始兴 [102, 28, 35]、翁源 [102, 51, 35]、五华 [4]、信宜 [35] [严岳鸿等 1602 (HUST)]、阳春 [102, 35, 45]、阳山 [102, 35]、英德 [102, 32]、增城 [116]、中山 [102, 35]、珠海 [102, 35]、紫金 [31, 35]。

疏羽半边旗 ***Pteris dissitifolia*** Baker

分布：南雄 [33]、乳源 [102]、英德 [102]。

剑叶凤尾蕨 ***Pteris ensiformis*** Burm.

分布：博罗 [35, 38, 100, 102]、潮州 [102, 35]、从化 [7, 35, 107]、大埔 [102, 35]、东莞 [102, 25, 35]、东源 [35, 119]、恩平 [102, 35]、丰顺 [102, 95, 35]、封开 [35] [王发国 639 (IBSC)]、佛冈 [27]、佛山 [35] [黄奕孜、许先宏 HYZ020 (CZH)]、高州 [102, 35]、广州 [102, 7, 35]、和平 [102, 35]、怀集 [102, 35]、惠东 [102, 35, 12]、惠州 [35] [叶华谷、曾飞燕 22141 (IBSC)]、江门 [102, 35, 8]、蕉岭 [102, 35]、揭西 [102, 35]、乐昌 [102, 29, 35]、连南 [102, 35]、连平 [102, 35]、连州 [35] [王发国 812 (IBSC)]、龙川 [35] [曾宪锋 ZXF32359 (CZH)]、龙门 [102, 35]、茂名 [102, 85, 35]、梅州 [35] [曾宪锋 ZXF38927 (CZH)]、南澳 [35] [曾宪锋 ZXF2077 (IBSC)]、南雄 [102, 57, 33, 35]、平远 [102, 35]、清远 [35] [林正眉、张丹荔 20180055 (SN)]、饶平 [102, 35]、仁化 [16, 35]、乳源 [102, 26, 35]、深圳 [102, 11, 35, 17]、始兴 [28]、翁源 [102, 51, 35]、五华 [102, 35, 4]、新兴 [102, 35]、信宜 [35] [严岳鸿等 WYD619 (CSH)]、兴宁 [35] [曾宪锋 ZXF27559 (CZH)]、阳春 [102, 35, 45]、阳江 [102, 35]、阳山 [102, 26, 35]、英德 [102, 32, 35]、云浮 [102]、增城 [7, 35, 116]、肇庆 [102, 9, 35]、中山 [102, 10, 35]、珠海 [102, 35]、紫金 [31, 35]。

少羽凤尾蕨 ***Pteris ensiformis* var. *merrillii*** (C. Chr.) S. H. Wu

分布：仁化 [16]。

阔叶凤尾蕨 ***Pteris esquirolii*** Christ

分布：惠东 [12]、乐昌 [102, 29, 41, 35]、龙门 [102]、乳源 [26, 35]、始兴 [28]、新丰 [102]、信宜 [102, 35]、阳山 [102]、英德 [32]。

傅氏凤尾蕨 ***Pteris fauriei*** Hieron.

分布：博罗 [102]、潮州 [102]、从化 [7, 107]、大埔 [102, 35]、东莞 [25]、东源 [59]、佛冈 [27]、广州 [102, 7, 35]、惠东 [12]、惠州 [102]、江门 [102, 8]、蕉岭 [102, 35]、乐昌 [102, 41]、连平 [102]、茂名 [85]、梅州 [102]、南雄 [33, 57]、仁化 [16]、乳源 [102, 26]、深圳 [102, 11, 17]、始兴 [102, 28]、翁源 [102, 51]、五华 [4]、新丰 [63]、新兴 [102]、阳春 [102, 45]、阳山 [102, 26]、英德 [102, 32, 35]、云浮 [102]、增城 [116]、肇庆 [102, 9, 35]、紫金 [31]。

百越凤尾蕨 ***Pteris fauriei* var. *chinensis*** Ching & S. H. Wu

分布：乐昌 [29, 41]、仁化 [16]、韶关 [35]、云浮 [35]、肇庆 [35]。

疏裂凤尾蕨 ***Pteris finotii*** Christ

分布：深圳 [102, 17]、英德 [32]、肇庆 [102, 35]。

林下凤尾蕨 ***Pteris grevilleana*** Wall. ex J. Agardh

分布：丰顺 [95]、仁化 [16]、翁源 [51]、徐闻 [102, 35]、郁南 [102, 35]、肇庆 [102, 9, 35]。

白斑凤尾蕨 ***Pteris grevilleana* var. *ornata*** Alderw.

分布：仁化 [16]、肇庆 [102, 35]。

广东凤尾蕨 ***Pteris guangdongensis*** Ching ex Ching & S. H. Wu

分布：乐昌 [29]、连州 [102]、乳源 [102, 26]、翁源 [102, 35]、阳春 [102, 35, 37]、英德 [32]、云浮 [102, 35]。

海南凤尾蕨 ***Pteris hainanensis*** Ching

分布：仁化 [127]、翁源 [35]、肇庆 [35]。

中华凤尾蕨 ***Pteris inaequalis*** Baker

分布：乐昌 [29, 35, 41]、仁化 [16]、始兴 [28]、英德 [32]。

全缘凤尾蕨 ***Pteris insignis*** Mett. ex Kuhn

分布：潮州 [102]、从化 [7, 107]、大埔 [102, 35]、东莞

[102, 25]、丰顺 [95]、封开 [102, 35]、和平 [102]、怀集 [102, 35]、惠东 [12]、江门 [102, 8]、乐昌 [102, 29, 41, 35]、连山 [102, 35]、连州 [102]、龙门 [102]、罗定 [102]、南雄 [33, 57]、仁化 [16]、乳源 [102, 26, 35]、始兴 [102, 28]、翁源 [35, 51]、新丰 [102, 63, 35]、信宜 [102, 35]、阳山 [102, 26]、英德 [102, 32, 35]、郁南 [102]、增城 [7, 116]、紫金 [31]。

无柄凤尾蕨 ***Pteris kawabatae*** Sa. Kurata

分布：博罗 [http://ppbc. iplant. cn/tu/10381536]。

平羽凤尾蕨 ***Pteris kiuschiuensis*** Hieron.

分布：博罗 [35, 37, 102]、东源 [59]、乐昌 [102, 29, 26]、仁化 [102, 35]、英德 [32]。

华中凤尾蕨 ***Pteris kiuschiuensis* var. *centrochinensis*** Ching & S. H. Wu

分布：和平 [102, 30, 35]、惠东 [12]、江门 [8]、蕉岭 [102]、乐昌 [102, 30, 35]、连平 [30, 35]、仁化 [102, 30, 35]、乳源 [102, 30, 35]、始兴 [102, 30, 35]、英德 [102]。

两广凤尾蕨 ***Pteris maclurei*** Ching

分布：乐昌 [102, 29, 41, 35]、连山 [35]、连州 [102]、梅州 [35]、乳源 [102]、始兴 [35]、翁源 [51]、英德 [102, 32, 35]。

岭南凤尾蕨 ***Pteris maclurioides*** Ching ex Ching & S. H. Wu

分布：乐昌 [35]、始兴 [35]、翁源 [51]、英德 [32]。

硕大凤尾蕨 ***Pteris majestica*** Ching ex Ching & S. H. Wu

分布：乳源 [严岳鸿 0405042 (HUST)]、英德 [102]。

井栏边草 ***Pteris multifida*** Poir.

分布：博罗 [38, 100]、潮州 [35] [叶华谷等 12985 (IBSC)]、从化 [102, 7, 35]、大埔 [102, 35]、德庆 [35] [刘瑛光 869 (GZAC)]、东莞 [25, 35]、东源 [59]、丰顺 [35] [叶华谷 4189 (IBSC)]、封开 [35] [王发国 611 (IBSC)]、佛冈 [27]、广州 [102, 7, 35]、河源 [35] [77 级科研组新 0986 (SN)]、惠东 [12]、江门 [102, 35]、揭阳 [35] [黄雅凤 HYF066 (CZH)]、乐昌 [102, 29, 41, 35]、连南 [102]、连山 [102, 35]、连州 [26]、龙门 [35] [严岳鸿、商辉 13710 (CSH)]、罗定 [102, 35]、茂名 [102, 35]、梅州 [102, 35]、南雄 [102, 57, 33, 35]、仁化 [102, 16]、乳源 [102, 465, 26, 35]、深圳 [102, 11, 35, 17]、始兴 [102, 28, 35]、翁源 [102, 51, 35]、信宜 [102, 35]、阳春 [102, 35]、阳山 [102, 35]、英德 [32]、云浮 [102, 35]、增城 [35] [曾怀德 20207 (PE)]、湛江 [35] [全州专业队 6020235 (IBK)]、肇庆 [102, 9, 35]、中山 [102, 10, 35]、珠海 [102, 35]。

南岭凤尾蕨 ***Pteris nanlingensis*** R. H. Miao

分布：乳源 [465]。

斜羽凤尾蕨 ***Pteris oshimensis*** Hieron.

分布：大埔 [102, 35]、东莞 [25]、广州 [102, 35]、和平 [102]、连平 [35]、连州 [102, 35]、平远 [102, 35]、始兴 [102, 28, 35]、阳春 [102, 35, 37]、英德 [32]、云浮 [102, 35]、肇庆 [102, 35]。

尾头凤尾蕨 ***Pteris oshimensis* var. *paraemeiensis*** Ching ex Ching & S. H. Wu

分布：连南 [482]。

栗柄凤尾蕨 ***Pteris plumbea*** Christ

分布：从化 [35, 107]、佛冈 [27]、乐昌 [102, 29, 41, 35]、连州 [102, 35]、仁化 [16]、乳源 [102, 26]、汕头 [35]、翁源 [51]、阳春 [102]、阳山 [26]、英德 [102, 32, 35]、肇庆 [9, 35]。

假乌来凤尾蕨 ***Pteris pseudowulaiensis*** Y. S. Chao

分布：云浮 [129]。

五叶凤尾蕨 ***Pteris quinquefoliata*** (Copel.) Ching

分布：连州 [35]、乳源 [102, 26]。

半边旗 ***Pteris semipinnata*** L.

分布：博罗 [35, 38, 100, 102]、潮州 [102, 35]、从化 [7, 35, 107]、大埔 [102, 35]、东莞 [102, 25, 35]、东源 [59]、恩平 [102, 35]、丰顺 [35] [叶华谷 4003 (IBSC)]、封开 [102, 35]、佛冈 [27]、佛山 [102, 35]、高州 [102, 35]、广州 [102, 7, 35]、海丰 [35] [周业祝 ZYZ038 (CZH)]、和平 [35] [谭策铭等 Y06678-1 (JJF)]、河源 [102]、鹤山 [102, 35]、惠东 [12]、惠州 [102, 35]、江门 [102, 35, 8]、蕉岭 [35] [曾宪锋 ZXF20304 (CZH)]、揭西 [102, 35]、乐昌 [102, 29, 35]、连山 [35] [叶华谷 3775 (IBSC)]、连州 [35] [谭瑞祥 59907 (NAS)]、龙川 [35] [曾宪锋 ZXF32450 (CZH)]、龙门 [35] [严岳鸿、商辉 13712 (CSH)]、陆河 [35] [曾宪锋 ZXF42819 (CZH)]、茂名 [102, 85, 35]、梅州 [102, 35]、南澳 [35] [曾宪锋 ZXF2076 (IBSC)]、南雄 [33, 35, 57]、平远 [102, 35]、清远 [35] [黄志 32527 (PE)]、饶平 [102, 35]、仁化 [16, 35]、乳源 [102, 35]、汕头 [35] [曾宪锋 ZXF35671 (CZH)]、韶关 [35] [左景烈 20430 (IBSC)]、深圳 [102, 11, 35, 17]、始兴 [28]、四会 [35] [曾宪锋 ZXF38410 (CZH)]、翁源 [102, 51, 35]、五华 [4, 35]、新丰 [63]、信宜 [102, 35]、徐闻 [102, 35]、阳春 [102, 35, 45]、阳江 [102, 35]、阳山 [102, 35]、英德 [102, 32, 35]、郁南 [102, 35]、云浮 [102, 35]、增城 [7, 35, 116]、肇庆 [102, 9, 35]、中山 [102, 10, 35]、珠海 [102, 35]、紫金 [31, 35]。

有刺凤尾蕨 ***Pteris setulosocostulata*** Hayata

分布：乳源 [102, 501, 26]、信宜 [491]。

细羽凤尾蕨 ***Pteris splendida* var. *longlinensis*** Ching & S. H. Wu

分布：连南 [102, 482]、乳源 [102]。

溪边凤尾蕨 ***Pteris terminalis*** Wall.

分布：博罗 [5, 100]、从化 [107]、和平 [102, 35]、乐昌 [102, 29, 41, 35]、南雄 [33]、仁化 [16]、乳源 [102, 26]、深圳 [11]、始兴 [102, 28, 35]、翁源 [51]、五华 [4]、信宜 [102]、阳山 [26]、英德 [102, 32, 35]、肇庆 [9]、紫金 [31]。

三叉凤尾蕨 ***Pteris tripartita*** Sw.

分布：连州 [102]、始兴 [102]、英德 [32]。

蜈蚣凤尾蕨 ***Pteris vittata*** L.

分布：博罗 [35, 102, 100]、潮州 [35] [曾宪锋 ZXF11751 (CZH)]、从化 [35, 107]、大埔 [102]、东莞 [25, 35]、东源 [59]、丰顺 [35, 95]、封开 [102, 35]、佛冈 [27]、佛山 [102, 35]、广州 [102, 7, 35]、和平 [102, 35]、惠东 [12]、惠州 [102, 35]、江门 [102, 35, 8]、蕉岭 [35] [曾宪锋 ZXF20765 (CZH)]、揭西 [102, 35]、乐昌 [102, 29, 26, 41, 35]、连南 [102, 35]、连山 [102, 35]、连州 [102, 26, 35]、龙川 [35] [曾宪锋 ZXF32357 (CZH)]、龙门 [102, 35]、罗定 [102, 35]、茂名 [102, 35]、梅州 [102, 35]、南雄 [33, 35, 57]、平远 [35] [曾宪锋 ZXF42142 (CZH)]、普宁 [35] [曾宪锋 ZXF35622 (CZH)]、饶平 [35] [曾宪锋 ZXF26428 (CZH)]、仁化 [102, 16, 35]、乳源 [102, 26, 35]、汕头 [35] [曾宪锋 ZXF35651 (CZH)]、深圳 [102, 11, 35, 17]、始兴 [102, 28, 35]、翁源 [102, 51, 35]、五华 [35] [曾宪锋 ZXF28069 (CZH)]、信宜 [35] [严岳鸿等 1608 (HUST)]、兴宁 [35] [曾宪锋 ZXF32475 (CZH)]、徐闻 [35] [曾宪锋 ZXF35801 (CZH)]、阳春 [102, 35, 45]、阳江 [102, 35]、阳山 [102, 35]、英德 [102, 32, 35]、云浮 [102, 35]、增城 [35, 116]、湛江 [35] [湛江区植物调查队 4463 (IBSC)]、肇庆 [102, 9, 35]、中山 [102, 10, 35]、珠海 [102, 35]。

西南凤尾蕨 ***Pteris wallichiana*** C. Agardh

分布：乐昌 [41]、始兴 [28]、翁源 [51]、信宜 [102, 35]、英德 [102, 32]。

竹叶蕨属 *Taenitis* Willd. ex Schkuhr

竹叶蕨 ***Taenitis blechnoides*** (Willd.) Sw.

分布：惠东 [12]、阳春 [35]。

117. 碗蕨科 Dennstaedtiaceae

碗蕨属 *Dennstaedtia* Bernh.

细毛碗蕨 ***Dennstaedtia hirsuta*** (Sw.) Mett. ex Miq.

分布：乐昌 [29]、乳源 [26]、翁源 [51]。

光叶碗蕨 ***Dennstaedtia scabra* var. *glabrescens*** (Ching) C. Chr.

分布：博罗 [100]、潮州 [严岳鸿、易绮斐 1874 (HUST)]、从化 [107]、丰顺 [曾宪锋 ZXF7020 (CZH)]、惠东 [12]、连山 [叶华谷 3500 (IBSC)]、龙门 [严岳鸿、商辉 13728 (CSH)]、乳源 [26]、翁源 [51]、新丰 [叶华谷 1131 (IBSC)]、信宜 [严岳鸿等 WYD420 (CSH)]、阳山 [26]、英德 [严岳鸿 YYH12425 (CSH)]。

碗蕨 ***Dennstaedtia zeylanica*** (Sw.) Zink ex Fraser-Jenk. & Kandel

分布：从化 [7]、丰顺 [95]、广州 [35]、惠州 [35]、乐昌 [41]、乳源 [26, 35]、深圳 [17]、始兴 [28]、英德 [32]、肇庆 [9]。

栗蕨属 *Histiopteris* (J. Agardh) J. Sm.

栗蕨 ***Histiopteris incisa*** (Thunb.) J. Sm.

分布：从化 [7]、大埔 [35]、东莞 [25]、广州 [7]、惠东 [12]、乐昌 [41]、深圳 [17]、始兴 [28]、翁源 [35, 51]、信宜 [35]、阳春 [35]、英德 [32, 35]、肇庆 [9, 35]、紫金 [31]。

姬蕨属 *Hypolepis* Bernh.

无腺姬蕨 ***Hypolepis polypodioides*** (Blume) Hook.

分布：信宜 [严岳鸿等 WYD558 (CSH)]。

姬蕨 ***Hypolepis punctata*** (Thunb.) Mett.

分布：博罗 [5]、丰顺 [95]、惠东 [12]、乐昌 [29, 35]、连州 [26]、南雄 [33, 57]、乳源 [26]、深圳 [17]、始兴 [28]、翁源 [51]、新丰 [63]、阳山 [26]、英德 [32]。

鳞盖蕨属 *Microlepia* C. Presl

博罗鳞盖蕨 ***Microlepia boluoensis*** Y. Yuan & L. Fu

分布：博罗 [347]。

虎克鳞盖蕨 ***Microlepia hookeriana*** (Wall.) C. Presl

分布：乐昌 [29, 35, 41]、深圳 [17]、始兴 [28]、翁源 [35, 51]、新丰 [63]、信宜 [35]、阳春 [35]、阳山 [26]、英德 [32, 35]、云浮 [35]、肇庆 [9]、紫金 [31]。

边缘鳞盖蕨 ***Microlepia marginata*** (Houtt.) C. Chr.

分布：从化 [7]、大埔 [35]、东莞 [25]、丰顺 [95]、封开 [35]、广州 [7]、和平 [谭策铭、易桂花 51645 (JJF)]、惠东 [12]、江门 [8]、蕉岭 [35]、乐昌 [29, 35, 41]、南雄 [33, 57]、平远 [35]、饶平 [35]、仁化 [16]、乳源 [26]、韶关 [35]、深圳 [11, 17]、始兴 [28, 35]、翁源 [35, 51]、新丰 [63]、阳山 [26]、英德 [32, 35]、增城 [116]、紫金 [31]。

二回边缘鳞盖蕨 ***Microlepia marginata* var. *bipinnata*** Makino

分布：乳源 [26]、阳山 [26]。

光叶鳞盖蕨 ***Microlepia marginata* var. *calvescens*** (Wall. ex Hook.) C. Chr.

分布：大埔 [35]、阳山 [26]、英德 [35]。

毛叶边缘鳞盖蕨 ***Microlepia marginata* var. *villosa*** (C. Presl) Y. C. Wu

分布：乐昌 [王发国、叶育石 972 (IBSC)]、龙门 [严岳鸿、商辉 13723 (CSH)]、仁化 [周喜乐等 ZXL09949 (CSH)]、信宜 [严岳鸿等 WYD439 (CSH)]、阳山 [周喜乐、陈红锋 797 (HUST)]。

岭南鳞盖蕨 ***Microlepia matthewii*** Christ

分布：德庆 [35]、连州 [35]、深圳 [17]。

膜质鳞盖蕨 ***Microlepia membranacea*** B. S. Wang

分布：英德 [32]。

华南鳞盖蕨 ***Microlepia nepalensis*** (Spreng.) Fraser-Jenk., Kandel & Pariyar

分布：博罗 [35]、从化 [7]、大埔 [35]、东莞 [25]、东源 [59]、丰顺 [95]、佛冈 [27]、广州 [7, 35]、和平 [35]、惠东 [12]、江门 [8]、乐昌 [41]、罗定 [35]、茂名 [85]、南雄 [33, 57]、

乳源 [26]、韶关 [35]、深圳 [11, 17]、始兴 [28]、阳春 [35]、英德 [32, 35]、郁南 [35]、增城 [7, 116]、肇庆 [35]、中山 [10]、紫金 [31]。

团羽鳞盖蕨 ***Microlepia obtusiloba*** Hayata

分布：广州 [7]、乐昌 [35]、南雄 [33, 57]、信宜 [严岳鸿等 1462 (HUST)]。

阔叶鳞盖蕨 ***Microlepia platyphylla*** (Don) J. Sm.

分布：信宜 [490]。

假粗毛鳞盖蕨 ***Microlepia pseudostrigosa*** Makino

分布：英德 [32]。

斜方鳞盖蕨 ***Microlepia rhomboidea*** (Wall.) C. Presl

分布：博罗 [37, 100]、从化 [7]。

热带鳞盖蕨 ***Microlepia speluncae*** (L.) Moore

分布：广州 [严岳鸿 1412 (PE)]、信宜 [严岳鸿等 WYD271 (CSH)]、肇庆 [严岳鸿等 WYD099 (CSH)]。

粗毛鳞盖蕨 ***Microlepia strigosa*** (Thunb.) C. Presl

分布：东莞 [25]、惠州 [35]、乐昌 [29, 35, 41]、仁化 [35]、乳源 [26]、翁源 [51]、英德 [32]、增城 [116]。

针毛鳞盖蕨 ***Microlepia trapeziformis*** (Roxb.) Kuhn

分布：博罗 [5, 35]、惠东 [12]、乐昌 [29, 35]、韶关 [35]、信宜 [35]、阳山 [26]。

毛果鳞盖蕨 ***Microlepia trichocarpa*** Hayata

分布：信宜 [严岳鸿等 WYD489 (CSH)]、肇庆 [严岳鸿等 WYD124 (CSH)]。

稀子蕨属 *Monachosorum* Kunze

尾叶稀子蕨 ***Monachosorum flagellare*** (Maxim.) Hayata

分布：连平 [499]。

稀子蕨 ***Monachosorum henryi*** Christ

分布：博罗 [35]、从化 [35]、江门 [8]、乐昌 [26, 41, 35]、乳源 [26, 35]、韶关 [35]、始兴 [28]、翁源 [51]、信宜 [35]、英德 [32, 35]、肇庆 [9]。

蕨属 *Pteridium* Gled. ex Scop.

欧洲蕨 ***Pteridium aquilinum*** (L.) Kuhn

分布：丰顺 [95]、广州 [7]、南雄 [57]、增城 [7]。

蕨 ***Pteridium aquilinum* var. *latiusculum*** (Desv.) Underw. ex A. Heller

分布：博罗 [35, 38, 100]、潮州 [35] [曾宪锋 ZXF37608 (CZH)]、从化 [35, 107]、大埔 [35] [张桂才 537 (IBSC)]、东莞 [25, 35]、东源 [59]、丰顺 [35] [曾宪锋 ZXF6202 (CZH)]、佛冈 [27]、高州 [35] [周沛椿 10003 (IBSC)]、广州 [35] [严岳鸿 303 (HUST)]、惠东 [12, 35]、江门 [8]、揭西 [35] [叶华谷 4548 (IBSC)]、乐昌 [29, 35]、连山 [35] [叶华谷 3845 (IBSC)]、连州 [26, 35]、龙门 [35] [严岳鸿、商辉 13635 (CSH)]、陆河 [35] [曾宪锋 ZXF42655 (CZH)]、茂名 [85]、梅州 [35] [曾宪锋 ZXF40316 (CZH)]、南雄 [33, 35]、平远 [35] [曾宪锋 ZXF38235 (CZH)]、清远 [35] [林正眉、张丹荔 20180043 (SN)]、饶平 [35] [李学根 200828 (PE)]、仁化 [16]、乳源 [26, 35]、深圳 [11, 17, 35]、始兴 [28, 35]、四会 [35] [曾宪锋 ZXF38393 (CZH)]、翁源 [51]、五华 [4]、新丰 [63]、信宜 [35] [严岳鸿等 WYD518 (CSH)]、阳山 [26, 35]、英德 [32, 35]、增城 [116]、肇庆 [35] [刘瑛光 1976 (IBSC)]、中山 [10, 35]、珠海 [35] [严岳鸿、陈炳辉 229 (IBSC)]、紫金 [31, 35]。

食蕨 ***Pteridium esculentum*** (G. Forst.) Cockayne

分布：从化 [501, 35]、惠州 [501, 35]、龙门 [501]、翁源 [501, 35]、阳山 [501]、英德 [501, 32]、肇庆 [501, 35]。

毛轴蕨 ***Pteridium revolutum*** (Blume) Nakai

分布：东源 [59]、江门 [8]、乐昌 [29, 35]、罗定 [35]、南雄 [33, 57]、乳源 [26]、深圳 *[11]、翁源 [35]、信宜 [35]、阳山 [26, 35]、英德 [32]、郁南 [35]、肇庆 [9, 35]。

118. 冷蕨科 Cystopteridaceae

亮毛蕨属 *Acystopteris* Nakai

亮毛蕨 ***Acystopteris japonica*** (Luerss.) Nakai

分布：连平 [499]。

禾秆亮毛蕨 ***Acystopteris tenuisecta*** (Blume) Tagawa

分布：信宜 [491]。

119. 轴果蕨科 Rhachidosoraceae

轴果蕨属 *Rhachidosorus* Ching

喜钙轴果蕨 ***Rhachidosorus consimilis*** Ching

分布：英德 [435]。

120. 铁角蕨科 Aspleniaceae

铁角蕨属 *Asplenium* L.

信宜铁角蕨 ***Asplenium* × *xinyiense*** Ching & S. H. Wu

分布：信宜 [35]。

合生铁角蕨 ***Asplenium adnatum*** Copel.

分布：深圳 [35]。

广布铁角蕨 ***Asplenium anogrammoides*** Christ

分布：连南 [482]。

狭翅巢蕨 ***Asplenium antrophyoides*** Christ

分布：丰顺 [95]、连州 [35]、仁化 [16]、翁源 [51]、阳山 [26]、英德 [32]。

华南铁角蕨 ***Asplenium austrochinense*** Ching

分布：博罗 [35]、惠东 [12]、惠州 [35]、乐昌 [29]、连平 [35]、仁化 [16]、乳源 [26]、汕头 [35]、深圳 [17]、始兴 [28]、英德 [32]、肇庆 [9]、紫金 [31]。

线裂铁角蕨 ***Asplenium coenobiale*** Hance

分布：博罗 [37]、乐昌 [29, 35]、连州 [35] [朱志淞 691 (IBSC)]、南雄 [33]、仁化 [16]、乳源 [501, 26, 35]、阳山 [35] [严岳鸿 2350 (IBSC)]、英德 [32, 35]。

毛轴铁角蕨 ***Asplenium crinicaule*** Hance

分布：**博罗** [5, 35]、**潮州** [35] [曾宪锋 ZXF8887 (CZH)]、**从化** [35] [严岳鸿 864 (IBSC)]、**大埔** [35] [曾宪锋 ZXF20371 (CZH)]、**东莞** [25, 35]、**东源** [59]、**丰顺** [35, 95]、**佛冈** [27]、**广宁** [35] [陈炳辉 1631 (IBSC)]、**广州** [7, 35]、**海丰** [35] [曾宪锋 ZXF9113 (CZH)]、**和平** [35] [谭策铭等 Y06638 (ccau0000180)]、**怀集** [35] [陈炳辉 1303 (IBSC)]、**惠东** [12, 35]、**惠州** [35] [曾怀德 25909 (IBSC)]、**蕉岭** [35] [曾宪锋 ZXF20307 (CZH)]、**揭西** [35] [曾宪锋 ZXF25105 (CZH)]、**乐昌** [29, 35, 41]、**连山** [35] [叶华谷 3634 (IBSC)]、**龙川** [35] [杨晓萍 20110425 (SN)]、**陆河** [35] [叶华谷 4731 (IBSC)]、**茂名** [35] [邓良 2188 (IBSC)]、**梅州** [35] [曾宪锋 ZXF40408 (CZH)]、**南雄** [33, 35, 57]、**仁化** [35] [陈焕镛 5945 (NAS)]、**乳源** [35] [刘炳荣 5109 (HUST)]、**韶关** [35] [高锡朋 50301 (PE)]、**深圳** [11, 17, 35]、**始兴** [28, 35]、**台山** [35] [粤 73 2814 (IBSC)]、**翁源** [35, 51]、**五华** [4, 35]、**新丰** [35] [叶华谷 932 (IBSC)]、**新兴** [35] [刘瑛光 2185 (IBSC)]、**信宜** [35] [黄志 37854 (IBSC)]、**兴宁** [35] [曾宪锋 ZXF16497 (CZH)]、**阳春** [35, 45]、**英德** [32, 35]、**肇庆** [9, 35]、**中山** [10, 35]、**紫金** [31, 35]。

丹霞山铁角蕨 ***Asplenium danxiaense*** K. W. Xu

分布：**仁化** [312]。

剑叶铁角蕨 ***Asplenium ensiforme*** Wall. ex Hook. & Grev.

分布：**博罗** [35, 37]、**惠东** [12]、**乐昌** [41]、**乳源** [26]、**韶关** [35]、**始兴** [28]、**信宜** [35]、**阳山** [26]、**英德** [32, 35]、**肇庆** [9]。

高大铁角蕨 ***Asplenium excelsum*** Lellinger

分布：**怀集** [35]、**信宜** [35]、**肇庆** [35]。

南海铁角蕨 ***Asplenium formosae*** Christ

分布：**信宜** [35]。

厚叶铁角蕨 ***Asplenium griffithianum*** Hook.

分布：**仁化** [16, 35]、**深圳** [17]、**始兴** [28]、**英德** [32]、**肇庆** [9, 35]。

广东铁角蕨 ***Asplenium guangdongense*** Y. Fen Chang & H. Schneid.

分布：**乳源** [125]。

国达铁角蕨 ***Asplenium guodanum*** K. W. Xu & W. B. Liao

分布：**仁化** [577]。

海南铁角蕨 ***Asplenium hainanense*** Ching

分布：**潮州** [370]。

江南铁角蕨 ***Asplenium holosorum*** Christ

分布：**博罗** [35, 37]、**惠东** [12]、**乐昌** [29, 35]、**乳源** [35]、**韶关** [35]、**阳山** [26]、**英德** [35]、**紫金** [31]。

胎生铁角蕨 ***Asplenium indicum*** Sledge

分布：**博罗** [35]、**惠州** [35]、**江门** [8]、**乐昌** [29, 35, 41]、**梅州** [35]、**饶平** [35]、**韶关** [35]、**英德** [32]。

大羽铁角蕨 ***Asplenium neolaserpitiifolium*** Tardieu & Ching

分布：**博罗** [http://ppbc. iplant. cn/tu/11920779]、**乐昌** [41]、**英德** [32]。

巢蕨 ***Asplenium nidus*** L.

分布：**博罗** [38, 100]、**从化** *[107]、**东莞** [25]、**佛冈** [27]、**广州** [35]、**惠东** [12]、**惠州** [35]、**深圳** [17]、**阳春** [35, 37]、**英德** [32]、**肇庆** [9]。

假大羽铁角蕨 ***Asplenium nitidum*** Sw.

分布：**博罗** [37, 35]、**从化** [7]、**江门** [8]、**乐昌** [29, 35]、**南雄** [33]、**深圳** [17]、**始兴** [35]、**翁源** [35, 51]、**信宜** [35]、**英德** [32, 35]、**增城** [116]、**肇庆** [9, 35]。

倒挂铁角蕨 ***Asplenium normale*** Don

分布：**博罗** [35, 100]、**潮州** [35] [曾宪锋 ZXF37315 (CZH)]、**从化** [107]、**东莞** [25, 35]、**丰顺** [35, 95]、**佛山** [35] [黄茂先 110978 (HZ)]、**广州** [7, 35]、**和平** [35] [张桂才 708 (IBSC)]、**河源** [35] [77 级科研组新 0835 (SN)]、**江门** [8]、**蕉岭** [35] [南岭队 2340 (IBSC)]、**揭西** [35] [2015 级实习队 2016256 (CZH)]、**乐昌** [26, 29, 35, 41]、**连平** [35] [粤 73 1959 (IBSC)]、**连山** [35] [严岳鸿 1203 (IBSC)]、**连州** [35] [谭沛祥 60113 (IBSC)]、**梅州** [35] [曾宪锋 ZXF29471 (CZH)]、**南雄** [33, 35, 57]、**平远** [35] [曾宪锋 ZXF14341 (CZH)]、**饶平** [35] [陈念劬 42659 (IBSC)]、**仁化** [16]、**乳源** [26, 35]、**韶关** [35] [陈念劬 43010 (IBSC)]、**深圳** [17, 35]、**始兴** [28, 35]、**翁源** [35, 51]、**新丰** [63]、**新兴** [35] [黄志 38886 (IBSC)]、**信宜** [35] [严岳鸿等 WYD376 (CSH)]、**兴宁** [35] [曾宪锋 ZXF27557 (CZH)]、**阳春** [35] [叶华谷、刘念 498 (IBSC)]、**阳山** [35] [周喜乐、陈红锋 927 (HUST)]、**英德** [32, 35]、**云浮** [35] [辛树帜 5068 (IBSC)]、**增城** [7, 35, 116]、**肇庆** [9, 35]、**紫金** [31, 35]。

北京铁角蕨 ***Asplenium pekinense*** Hance

分布：**乐昌** [29]、**仁化** [16]、**乳源** [26, 35]。

镰叶铁角蕨 ***Asplenium polyodon*** G. Forst.

分布：**博罗** [35, 37]、**高州** [35]、**深圳** [17]、**阳春** [45]、**英德** [32]、**云浮** [35]。

长叶铁角蕨 ***Asplenium prolongatum*** Hook.

分布：**博罗** [35, 100]、**潮州** [35] [叶华谷等 13230 (IBSC)]、**从化** [7, 35, 107]、**大埔** [35] [曾怀德 21133 (AU)]、**东莞** [25, 35]、**东源** [59]、**丰顺** [35, 95]、**封开** [35] [粤 74 74-5121 (IBSC)]、**佛冈** [27]、**和平** [35] [张桂才 779 (IBSC)]、**河源** [35] [曾怀德 28753 (IBSC)]、**怀集** [35] [王发国等 1287 (HUST)]、**惠东** [12, 35]、**惠州** [35] [董仕勇 3546 (IBSC)]、**江门** [35] [严岳鸿等 498 (HUST)]、**揭西** [35] [曾宪锋 ZXF24844 (CZH)]、**乐昌** [29, 35, 41]、**连南** [35] [谭沛祥 59087 (IBSC)]、**连山** [35] [陈少卿 5727 (IBSC)]、**连州** [35] [谭沛祥 60160 (IBSC)]、**龙门** [35] [严岳鸿、商辉 13598 (CSH)]、**茂名** [35] [邓良 2325 (IBSC)]、**梅州** [35] [曾宪锋 ZXF43828 (CZH)]、

南雄 [33, 35, 57]、平远 [35] [王发国等 1280 (HUST)]、饶平 [35] [曾宪锋 ZXF1908 (IBSC)]、仁化 [35] [陈焕镛 5553 (FUS00001234)]、乳源 [26, 35]、韶关 [35] [陈念劬 43015 (IBSC)]、深圳 [17, 35]、始兴 [28, 35]、翁源 [35, 51]、五华 [4, 35]、新丰 [35, 63]、信宜 [35] [严岳鸿等 WYD552 (CSH)]、阳春 [35, 45]、阳山 [26, 35]、英德 [32, 35]、增城 [116]、肇庆 [9, 35]、中山 [10, 35]、紫金 [31, 35]。

骨碎补铁角蕨 ***Asplenium ritoense*** Hayata

分布：乳源 [26, 35]、英德 [32]、紫金 [31]。

过山蕨 ***Asplenium ruprechtii*** Sa. Kurata

分布：乳源 [465, 26]。

岭南铁角蕨 ***Asplenium sampsonii*** Hance

分布: 封开 [35]、佛山 [35]、阳春 [35]、云浮 [35]、紫金 [31]。

石生铁角蕨 ***Asplenium saxicola*** Rosenst.

分布：博罗 [5, 100]、江门 [8]、乐昌 [29]、连州 [35]、阳春 [35, 37]、英德 [32, 35]、云浮 [35]、肇庆 [35]。

狭叶铁角蕨 ***Asplenium scortechinii*** Bedd.

分布：信宜 [35]、英德 [32]。

黑边铁角蕨 ***Asplenium speluncae*** Christ

分布：乳源 [35]。

拟大羽铁角蕨 ***Asplenium sublaserpitiifolium*** Ching

分布：乐昌 [29, 41]、台山 [35]、信宜 [35]、英德 [35]。

细茎铁角蕨 ***Asplenium tenuicaule*** Hayata

分布：大埔 [393]。

细裂铁角蕨 ***Asplenium tenuifolium*** D. Don

分布：信宜 [491]。

铁角蕨 ***Asplenium trichomanes*** L.

分布: 乐昌 [29, 35]、平远 [35] [曾宪锋 ZXF8514 (CZH)]、清远 [35] [林正眉 Lin1903 (SN)]、仁化 [16]、肇庆 [35] [汤晓纯 20153115 (SN)]。

三翅铁角蕨 ***Asplenium tripteropus*** Nakai

分布：乐昌 [王发国 , 叶育石 901 (IBSC)]。

半边铁角蕨 ***Asplenium unilaterale*** Lam.

分布：乐昌 [29]、南雄 [33]、阳春 [http://ppbc. iplant.cn/tu/14079185]、英德 [32]。

变异铁角蕨 ***Asplenium varians*** Wall. ex Hook. & Grev.

分布：肇庆 [陈焕镛 6396 (IBK)]。

狭翅铁角蕨 ***Asplenium wrightii*** Eaton ex Hook.

分布：博罗 [35, 37]、从化 [7]、丰顺 [95]、广州 [35]、怀集 [35]、乐昌 [26, 41, 35]、连南 [35]、连平 [35]、梅州 [35]、南雄 [33, 57]、仁化 [16, 35]、乳源 [26]、始兴 [28]、翁源 [35, 51]、五华 [4]、新丰 [63]、信宜 [35]、阳山 [26]、英德 [32, 35]、增城 [116]、紫金 [31]。

棕鳞铁角蕨 ***Asplenium yoshinagae*** Makino

分布：南雄 [33]、乳源 [35]、阳山 [26]。

膜叶铁角蕨属 *Hymenasplenium* Hayata

齿果膜叶铁角蕨 ***Hymenasplenium cheilosorum*** Tagawa

分布：博罗 [35]、怀集 [35]、乐昌 [29, 35]、龙门 [35]、罗定 [35]、仁化 [16, 35]、乳源 [35]、始兴 [35]、翁源 [35]、信宜 [35]、阳春 [35]、英德 [32, 35]、肇庆 [9]、紫金 [31, 35]。

切边膜叶铁角蕨 ***Hymenasplenium excisum*** C. Presl

分布：东莞 [25]、东源 [59]、仁化 [16]、深圳 [17]、英德 [32]、紫金 [31]。

单边膜叶铁角蕨 ***Hymenasplenium murakami-hatanakae*** Nakaike

分布：连平 [498]。

阴湿膜叶铁角蕨 ***Hymenasplenium obliquissimum*** (Hayata) Sugim.

分布：广州 [7]、乐昌 [26, 29, 35]、乳源 [26, 35]、英德 [32]。

绿秆膜叶铁角蕨 ***Hymenasplenium obscurum*** (Blume) Tagawa

分布: 广州 [7]、怀集 [35]、清远 [35]、深圳 [17]、信宜 [35]、英德 [32]、云浮 [35]、肇庆 [35]。

尖峰岭膜叶铁角蕨 ***Hymenasplenium pseudobscurum*** Viane

分布：深圳 [528]。

膜叶铁角蕨 ***Hymenasplenium unilaterale*** (Lam.) Hayata

分布：怀集 [35]、乐昌 [35]、连州 [35]、清远 [35]、汕头 [35]、新兴 [35]、信宜 [35]、云浮 [35]。

121. 球子蕨科 Onocleaceae

东方荚果蕨属 *Pentarhizidium* Hayata

东方荚果蕨 ***Pentarhizidium orientale*** (Hook.) Hayata

分布：乐昌 [29, 41]、乳源 [26, 35]。

122. 乌毛蕨科 Blechnaceae

乌毛蕨属 *Blechnopsis* C. Presl

乌毛蕨 ***Blechnopsis orientalis*** (L.) C. Presl

分布：博罗 [35, 38, 100]、潮州 [54]、从化 [7, 107]、德庆 [35]、东莞 [25]、东源 [59]、恩平 [35]、佛冈 [27]、广州 [54, 7, 35]、惠东 [12]、江门 [8]、开平 [35]、乐昌 [29, 35, 41]、茂名 [85]、南雄 [33, 57]、仁化 [16]、乳源 [26]、韶关 [35]、深圳 [54, 11, 17]、始兴 [28]、台山 [35]、翁源 [51]、五华 [4]、新丰 [63]、阳春 [45]、阳山 [26]、英德 [32]、增城 [7, 116]、肇庆 [9, 35]、中山 [10]、紫金 [31]。

苏铁蕨属 *Brainea* J. Sm.

苏铁蕨 ***Brainea insignis*** (Hook.) J. Sm.

分布：博罗 [5, 35, 100]、潮州 [35] [曾宪锋 ZXF6119 (CZH)]、从化 [54, 7, 107, 35]、大埔 [35] [邓良 5189 (IBSC)]、东莞 [25, 35]、东源 [59]、丰顺 [35] [叶华谷 3999 (IBSC)]、

高州 [35] [蒋英 3137 (PE)]、广州 [35] [黄成 160649 (IBSC)]、海丰 [35] [曾宪锋 ZXF04532 (CZH)]、河源 [35] [77 级科研组新 0096 (SN)]、惠东 [12]、惠州 [35] [徐德明 133 (FUS00001403)]、陆河 [35] [曾宪锋 ZXF42698 (CZH)]、梅州 [35] [曾宪锋 ZXF43818 (CZH)]、乳源 [35] [左政裕 22 (KUN)]、深圳 [17, 35]、翁源 [35, 51]、五华 [4]、新丰 [63]、英德 [32]、增城 [7, 35, 116]、肇庆 [9, 35]、紫金 [31, 35]。

荚囊蕨属 *Cleistoblechnum* Gasper & Salino

荚囊蕨 ***Cleistoblechnum eburneum*** (Christ) Gasper & Salino

分布：乐昌 [54, 29, 26]、英德 [32]。

光叶藤蕨属 *Stenochlaena* J. Sm.

光叶藤蕨 ***Stenochlaena palustris*** (Burm.) Bedd.

分布：珠海 [54, 35]。

狗脊属 *Woodwardia* Sm.

崇澍蕨 ***Woodwardia harlandii*** Hook.

分布：博罗 [5]、从化 [54, 7, 107, 35]、大埔 [35]、东源 [59]、封开 [35]、广州 [35]、怀集 [35]、惠东 [12]、江门 [54, 35, 8]、乐昌 [29, 35]、连南 [35]、连山 [54, 35]、连州 [26]、龙门 [54, 35]、乳源 [26, 35]、深圳 [17]、翁源 [35]、五华 [4]、新丰 [63]、信宜 [35]、阳春 [45]、阳山 [54, 26]、英德 [32]、增城 [7, 35, 116]、肇庆 [9, 35]、紫金 [31]。

狗脊 ***Woodwardia japonica*** (L. f.) Sm.

分布：博罗 [35, 38, 100]、潮州 [35]、从化 [7, 35, 107]、大埔 [35]、德庆 [35]、东莞 [25, 35]、东源 [35, 59]、丰顺 [35, 95]、封开 [35]、佛冈 [27]、广州 [7, 54, 35]、和平 [35]、河源 [35]、怀集 [35]、惠东 [12, 35]、惠州 [54, 35]、江门 [54, 35, 8]、揭西 [35]、乐昌 [26, 29, 35, 41]、连山 [54, 35]、连州 [35]、龙川 [35]、龙门 [54, 35]、陆河 [35]、罗定 [35]、茂名 [35]、梅州 [35]、南雄 [33, 35, 57]、平远 [35]、清远 [35]、饶平 [35]、仁化 [16, 35]、乳源 [26, 35]、深圳 [11, 17, 35]、始兴 [28, 35]、翁源 [35, 51]、五华 [4, 35]、新丰 [35, 63]、信宜 [35]、阳春 [35, 45]、阳山 [26, 35]、英德 [32, 35]、郁南 [35]、云浮 [35]、增城 [7, 35, 116]、肇庆 [9, 35]、中山 [10, 35]、紫金 [31, 35]。

裂羽崇澍蕨 ***Woodwardia kempii*** Copel.

分布：潮州 [54]、从化 [54, 107]、丰顺 [54]、乐昌 [54, 29, 35]、龙门 [54]、深圳 [17]、新丰 [63]、增城 [7, 116]、紫金 [31]。

东方狗脊 ***Woodwardia orientalis*** Sw.

分布：潮州 [54, 35]、从化 [107]、丰顺 [54, 95]、佛山 [35]、龙门 [54]、南雄 [33]、清远 [35]、始兴 [28]、翁源 [51]、阳山 [54, 26]、英德 [32, 35]、增城 [116]、紫金 [31]。

珠芽狗脊 ***Woodwardia prolifera*** Hook. & Arn.

分布：从化 [7, 35]、大埔 [35]、丰顺 [95]、佛冈 [27]、和平 [35]、蕉岭 [35]、乐昌 [29, 35, 41]、陆丰 [35]、梅州 [35]、南雄 [57]、仁化 [16, 35]、深圳 [17]、始兴 [28]、翁源 [54, 51]、五华 [4]、新丰 [63]、阳山 [26]、英德 [32]、紫金 [31]。

顶芽狗脊 ***Woodwardia unigemmata*** (Makino) Nakai

分布：乐昌 [26, 29, 35]、乳源 [54, 35]。

123. 蹄盖蕨科 Athyriaceae

安蕨属 *Anisocampium* C. Presl

日本安蕨 ***Anisocampium niponicum*** (Mett.) Yea C. Liu, W. L. Chiou & M. Kato

分布：惠东 [12]、乳源 [周喜乐等 ZXL10099 (CSH)]、新丰 [63]。

华东安蕨 ***Anisocampium sheareri*** (Baker) Ching

分布：乐昌 [41]、仁化 [16, 35]、乳源 [465, 26]、阳山 [26]。

蹄盖蕨属 *Athyrium* Roth

宿蹄盖蕨 ***Athyrium anisopterum*** Christ

分布：博罗 [37]、惠州 [Tsang W. T. 25554 (PE)]、乳源 [金摄郎，金冬梅，刘子玥 JSL4125 (CSH)]、英德 [Tse Hai 625 (IBSC)]。

溪边蹄盖蕨 ***Athyrium deltoidofrons*** Makino

分布：乳源 [501]。

轴果蹄盖蕨 ***Athyrium epirachis*** (Christ) Ching

分布：海丰 [35]、惠州 [35]。

大盖蹄盖蕨 ***Athyrium foliolosum*** Moore ex Sim

分布：博罗 [30, 35]、惠州 [30, 35]。

广南蹄盖蕨 ***Athyrium guangnanense*** Ching

分布：信宜 [490]。

长江蹄盖蕨 ***Athyrium iseanum*** Rosenst.

分布：从化 [7]、广州 [35]、惠州 [35]、乐昌 [29, 35, 41]、仁化 [16]、阳山 [26]、英德 [32, 35]。

紫柄蹄盖蕨 ***Athyrium kenzo-satakei*** Kurata

分布：信宜 [严岳鸿等 1561 (HUST)]、阳山 [26]。

光蹄盖蕨 ***Athyrium otophorum*** (Miq.) Koidz.

分布：乐昌 [29, 35]、连州 [26, 35]、乳源 [26, 35]、阳山 [35]、英德 [32]。

软刺蹄盖蕨 ***Athyrium strigillosum*** (T. Moore ex E. J. Lowe) Salomon

分布：乐昌 [29]。

胎生蹄盖蕨 ***Athyrium viviparum*** Christ

分布：乐昌 [Tsang W. T. 20954 (PE)]、英德 [梁向日 61361 (PE)]。

华中蹄盖蕨 ***Athyrium wardii*** (Hook.) Makino

分布：潮州 [371]。

角蕨属 *Cornopteris* Nakai

角蕨 ***Cornopteris decurrentialata*** (Hook.) Nakai

分布：从化 [7]、乐昌 [26, 29, 35, 41]、连州 [35]、仁化 [16, 35]、乳源 [26]、始兴 [28]。

黑叶角蕨 ***Cornopteris opaca*** (Don) Tagawa

分布：乳源 [501, 26]、阳山 [26]。

对囊蕨属 *Deparia* Hook. & Grev.

羽裂叶对囊蕨 *Deparia* × *tomitaroana* R. Sano

分布：丰顺 [95]、广州 [7]。

裂单叶双盖蕨 *Deparia* × *zeylanica* (Hook.) M. Kato

分布：河源 [35]、翁源 [35]、新兴 [35]。

介蕨 *Deparia boryana* (Willd.) M. Kato

分布：仁化 [16]、乳源 [26]、深圳 [17]、翁源 [35]、英德 [32]、紫金 [31]。

短羽蛾眉蕨 *Deparia brevipinna* (Ching & K. H. Shing ex Z. R. Wang) Z. R. Wang

分布：信宜 [501]。

钝羽假蹄盖蕨 *Deparia conilii* (Franch. & Sav.) M. Kato

分布：连平 [498]、始兴 [28]。

无齿介蕨 *Deparia edentula* (Kunze) X. C. Zhang

分布：翁源 [Lau, S. K. 2391 (PE)]。

全缘网蕨 *Deparia formosana* (Rosenst.) R. Sano

分布：怀集 [35]、乳源 [26, 35]。

假蹄盖蕨 *Deparia japonica* (Thunb.) M. Kato

分布：从化 [7]、东莞 [25]、东源 [59]、广州 [7, 35]、江门 [8]、乐昌 [41]、乳源 [26]、始兴 [28, 35]、翁源 [35, 51]、阳春 [35, 45]、阳山 [26]、英德 [32, 35]、紫金 [31, 35]。

单叶双盖蕨 *Deparia lancea* Fraser-Jenk.

分布：博罗 [35, 100]、潮州 [35] [严岳鸿、易绮斐 1843 (HUST)]、从化 [7, 35, 107]、大埔 [35] [邓良 5149 (IBSC)]、东莞 [25, 35]、东源 [59]、丰顺 [35, 95]、封开 [35] [粤 74 4633 (IBSC)]、佛冈 [27]、高州 [35] [蒋英 2185 (IBSC)]、广州 [35] [杨天伦 13 (IBSC)]、和平 [35] [谭策铭等 Y06601 (HUST)]、河源 [35] [77 级科研组新 0786 (SN)]、怀集 [35] [曾怀德 23161 (IBSC)]、惠东 [12, 35]、惠州 [35] [董仕勇 3549 (IBSC)]、江门 [8, 35]、蕉岭 [35] [南岭队 2251 (IBSC)]、揭西 [35] [曾宪锋 ZXF24835 (CZH)]、乐昌 [35, 41]、连南 [35] [谭沛祥 59013 (IBSC)]、连平 [35] [粤 73 1553 (IBSC)]、连山 [35] [严岳鸿 1188 (IBSC)]、连州 [35] [谭沛祥 60146 (IBSC)]、龙川 [35] [曾宪锋 ZXF22357 (CZH)]、龙门 [35] [严岳鸿、商辉 13666 (CSH)]、陆河 [35] [叶华谷 4729 (IBSC)]、罗定 [35] [刘念 1991 (IBSC)]、茂名 [35] [邓良 2309 (IBSC)]、梅州 [35] [曾宪锋 ZXF42230 (CZH)]、南澳 [35] [陈炳辉 296 (IBSC)]、南雄 [33, 35, 57]、平远 [35] [中国科学院华南植物研究所 4181 (WUK)]、清远 [35] [黄志 30257 (IBSC)]、饶平 [35] [李学根 200681 (IBSC)]、仁化 [16, 35]、乳源 [26, 35]、深圳 [17, 35]、始兴 [35] [王学文 553 (IBSC)]、翁源 [35, 51]、五华 [4, 35]、新丰 [35, 63]、新兴 [35] [刘瑛光 2179 (IBSC)]、信宜 [35] [湛江区植物调查队 3878 (IBSC)]、兴宁 [35] [李学根 201794 (IBSC)]、阳春 [35, 45]、阳山 [35] [周喜乐、陈红锋 815 (HUST)]、英德 [32, 35]、郁南 [35] [刘念 2596 (IBSC)]、增城 [35, 116]、肇庆 [9, 35]、中山 [10, 35]、紫金 [31, 35]。

华中介蕨 *Deparia okuboana* (Makino) M. Kato

分布：从化 [107]、乳源 [26, 35]。

毛轴假蹄盖蕨 *Deparia petersenii* (Kunze) M. Kato

分布：惠州 [35] [曾怀德 26015 (IBSC)]、乐昌 [29, 35, 41]、深圳 [17, 35]、始兴 [28]、翁源 [35]、信宜 [35] [严岳鸿等 WYD515 (CSH)]、阳山 [35]、英德 [32, 35]、肇庆 [35] [鲁玲 1770 (IBSC)]、中山 [35]、珠海 [35]。

峨眉介蕨 *Deparia unifurcata* (Baker) M. Kato

分布：乳源 [490]。

绿叶介蕨 *Deparia viridifrons* (Makino) M. Kato

分布：连平 [498]。

双盖蕨属 *Diplazium* Sw.

百山祖短肠蕨 *Diplazium baishanzuense* (Ching & P. S. Chiu) Z. R. He

分布：连平 [498]。

中华短肠蕨 *Diplazium chinense* (Baker) C. Chr.

分布：始兴 [28]、阳山 [26]、英德 [32]、肇庆 [9, 35]。

边生短肠蕨 *Diplazium conterminum* Christ

分布：从化 [7, 35]、德庆 [35]、惠州 [35] [曾怀德 25562 (IBSC)]、江门 [8]、连南 [35]、梅州 [35] [曾怀德 21371 (NAS)]、乳源 [26]、韶关 [35] [黄志 31660 (IBSC)]、深圳 [35] [严岳鸿 2096 (IBSC)]、翁源 [35] [刘心祈 24833 (IBSC)]、五华 [4]、信宜 [35] [严岳鸿等 1534 (HUST)]、阳山 [26]、英德 [32]、增城 [116]、肇庆 [9]、中山 [35]、珠海 [35]。

厚叶双盖蕨 *Diplazium crassiusculum* Ching

分布：博罗 [35]、怀集 [35]、乐昌 [35, 41]、连南 [35]、连州 [35]、汕头 [35]、韶关 [35]、始兴 [28]、翁源 [51]、信宜 [35]、英德 [32, 35]、肇庆 [35]、珠海 [35]。

毛柄短肠蕨 *Diplazium dilatatum* Blume

分布：博罗 [100]、从化 [7]、佛冈 [27]、广州 [7]、南雄 [57]、仁化 [16]、乳源 [26]、翁源 [51]、五华 [4]、新丰 [63]、英德 [32]、肇庆 [9]、紫金 [31]。

鼎湖山毛轴线盖蕨 *Diplazium dinghushanicum* (Ching & S. H. Wu) Z. R. He

分布：肇庆 [9, 35]。

光脚短肠蕨 *Diplazium doederleinii* (Luerss.) Makino

分布：从化 [7]、德庆 [35] [刘瑛光 1363 (PE)]、广州 [7]、连州 [35]、龙门 [严岳鸿 1277 (IBSC)]、南雄 [57]、乳源 [26, 35]、深圳 [17, 35]、翁源 [51]、信宜 [35] [严岳鸿等 WYD512 (CSH)]、阳春 [35, 37]、阳山 [26]、英德 [32, 35]、中山 [35]、珠海 [35]。

双盖蕨 *Diplazium donianum* (Mett.) Tardieu

分布：博罗 [35, 37, 100]、大埔 [35]、封开 [35]、佛冈 [27]、广州 [7]、化州 [35]、惠州 [35]、茂名 [35]、深圳 [17]、翁源 [35]、

新丰 [63]、新兴 [35]、阳春 [35]、阳山 [35]、英德 [32]、增城 [116]、肇庆 [9, 35]、中山 [10]。

菜蕨 ***Diplazium esculentum*** (Retz.) Sm.

分布：博罗 [5]、东莞 [25]、丰顺 [95]、广州 [7, 35]、乐昌 [29, 41]、南雄 [33, 57]、深圳 [11, 17]、始兴 [28]、翁源 [51]、五华 [4]、新兴 [35]、阳春 [35]、英德 [32, 35]、紫金 [31]。

薄盖短肠蕨 ***Diplazium hachijoense*** Nakai

分布：惠东 [12]、乐昌 [29, 26]、始兴 [28]、英德 [32]。

海南双盖蕨 ***Diplazium hainanense*** Ching

分布：德庆 [刘瑛光 1406 (IBSC)]、信宜 [严岳鸿等 308018 (HUST)]、阳春 [45]。

鳞轴短肠蕨 ***Diplazium hirtipes*** Christ

分布：信宜 [521]。

疏裂短肠蕨 ***Diplazium incomptum*** Tagawa

分布：封开 [490]。

阔片双盖蕨 ***Diplazium latifolium*** T. Moore

分布：潮州 [35]、从化 [7]、东莞 [25, 35]、广州 [7, 35]、龙门 [35]、罗定 [35]、梅州 [35]、深圳 [17, 35]、翁源 [35]、新兴 [35]、信宜 [35]、英德 [35]、云浮 [35]、肇庆 [35]、中山 [10, 35]。

异裂短肠蕨 ***Diplazium laxifrons*** Rosenst.

分布：乐昌 [29]、南雄 [33, 57]。

马鞍山双盖蕨 ***Diplazium maonense*** Ching

分布：广州 [35]、英德 [32]。

阔片短肠蕨 ***Diplazium matthewii*** (Copel.) C. Chr.

分布：博罗 [35, 37]、丰顺 [95]、惠东 [12]、清远 [35]、乳源 [26]、韶关 [35]、深圳 [11, 17]、翁源 [35, 51]、新丰 [63]、新兴 [35]、英德 [32]、肇庆 [35]、中山 [35]、紫金 [31]。

大叶短肠蕨 ***Diplazium maximum*** (D. Don) C. Chr.

分布：乳源 [490]。

深裂短肠蕨 ***Diplazium metcalfii*** Ching

分布：翁源 [35]。

江南短肠蕨 ***Diplazium mettenianum*** (Miq.) C. Chr.

分布：博罗 [35, 37, 100]、从化 [7, 35, 107]、东源 [59]、丰顺 [95]、和平 [35]、惠东 [12]、江门 [8]、乐昌 [29, 35, 41]、连南 [35]、连州 [26, 35]、龙门 [35]、南雄 [33, 57]、乳源 [26]、韶关 [35]、深圳 [17]、始兴 [28, 35]、翁源 [35, 51]、五华 [4]、新丰 [63]、信宜 [35]、阳春 [35]、阳山 [26, 35]、英德 [32, 35]、增城 [35, 116]、肇庆 [35]、紫金 [31]。

小叶短肠蕨 ***Diplazium mettenianum* var. *fauriei*** (Christ) Tagawa

分布：惠州 [35]、乐昌 [29, 35]、始兴 [28]、英德 [35]、增城 [35]。

高大短肠蕨 ***Diplazium muricatum*** (Mett.) Alderw.

分布：信宜 [521]、英德 [521]。

刺轴菜蕨 ***Diplazium paradoxum*** Fée

分布：云浮 [35]。

假镰羽短肠蕨 ***Diplazium petrii*** Tardieu

分布：乳源 [501, 26]。

薄叶双盖蕨 ***Diplazium pinfaense*** Ching

分布：惠东 [12]、乐昌 [41]、南雄 [33, 57]、乳源 [26]、英德 [32]。

毛轴线盖蕨 ***Diplazium pullingeri*** (Baker) J. Sm.

分布：从化 [35] [中德采集队 906 (IBSC)]、广州 [7]、怀集 [35] [刘瑛光 2719 (PE)]、江门 [8]、乐昌 [35, 41]、连州 [26]、龙门 [35] [刘红梅 936 (SZG)]、乳源 [26]、深圳 [35] [严岳鸿 2181 (IBSC)]、翁源 [35] [刘心祈 25040 (IBSC)]、新丰 [35] [谭英华 254 (IBSC)]、信宜 [35] [严岳鸿等 WYD373 (CSH)]、阳春 [35, 37, 45]、英德 [32]、增城 [35] [曾怀德 20100 (NAS)]、中山 [35]、珠海 [35]。

锯齿双盖蕨 ***Diplazium serratifolium*** Ching

分布：丰顺 [95]、龙门 [501]、五华 [4]、英德 [32]、肇庆 [501]。

大叶双盖蕨 ***Diplazium splendens*** Ching

分布：乐昌 [35]、连州 [35]。

鳞柄短肠蕨 ***Diplazium squamigerum*** (Mett.) Matsum.

分布：乳源 [521]。

狭鳞双盖蕨 ***Diplazium stenolepis*** Ching

分布：罗定 [刘念 2517 (IBSC)]。

淡绿短肠蕨 ***Diplazium virescens*** Kunze

分布：从化 [7]、德庆 [35]、丰顺 [95]、广州 [35]、怀集 [35]、乐昌 [29, 41]、连南 [35]、梅州 [35]、乳源 [26, 35]、深圳 [17]、翁源 [51]、阳山 [26, 35]、英德 [32, 35]、增城 [116]。

冲绳短肠蕨 ***Diplazium virescens* var. *okinawaense*** (Tagawa) Kurata

分布：龙门 [严岳鸿 1277 (HUST)]。

异基短肠蕨 ***Diplazium virescens* var. *sugimotoi*** Kurata

分布：乳源 [26]、阳山 [26]。

深绿短肠蕨 ***Diplazium viridissimum*** Christ

分布：从化 [7]、深圳 [17]。

短果短肠蕨 ***Diplazium wheeleri*** (Baker) Diels

分布：连州 [35]。

耳羽短肠蕨 ***Diplazium wichurae*** (Mett.) Diels

分布：梅州 [35]、始兴 [28]。

124. 金星蕨科 Thelypteridaceae

星毛蕨属 *Ampelopteris* Kunze

星毛蕨 ***Ampelopteris prolifera*** (Retz.) Copel.

分布：从化 [107]、东莞 [25]、东源 [59]、佛山 [35]、江门 [8]、乐昌 [29]、翁源 [51]、肇庆 [9, 35]。

小毛蕨属 *Christella* H. Lév.

宽羽毛蕨 *Christella subpubscens* (Blume) Holttum

分布：博罗 [35]、从化 [7]、东莞 [25]、丰顺 [95]、广州 [7, 35]、深圳 [17]、翁源 [51]、英德 [32]。

栗金星蕨属 *Coryphopteris* Holttum

钝角栗金星蕨 *Coryphopteris angulariloba* (Ching) L. J. He & X. C. Zhang

分布：从化 [7]、丰顺 [95]、广州 [7]、江门 [8]、乐昌 [29, 35, 41]、饶平 [7]、乳源 [26]、深圳 [17]、英德 [32]、增城 [7]。

毛脚栗金星蕨 *Coryphopteris hirsutipes* Holttum

分布：英德 [32]。

光脚栗金星蕨 *Coryphopteris japonica* (Baker) L. J. He & X. C. Zhang

分布：潮州 [395]、连州 [26]、乳源 [26]。

钩毛蕨属 *Cyclogramma* Tagawa

焕镛钩毛蕨 *Cyclogramma chunii* (Ching) Tagawa

分布：信宜 [35]。

狭基钩毛蕨 *Cyclogramma leveillei* (Christ) Ching

分布：乐昌 [29, 26]、连州 [35]。

毛蕨属 *Cyclosorus* Link

渐尖毛蕨 *Cyclosorus acuminatus* (Houtt.) Nakai

分布：博罗 [35, 37]、潮州 [35] [严岳鸿 1916 (IBSC)]、从化 [7, 35, 107]、大埔 [35] [曾宪锋 ZXF30837 (CZH)]、东莞 [25, 35]、东源 [59]、丰顺 [35] [曾宪锋 ZXF39380 (CZH)]、封开 [35] [王发国 635 (IBSC)]、广州 [7, 35]、海丰 [35] [许小婷 XXT032 (CZH)]、和平 [35] [张桂才 108 (IBSC)]、河源 [35] [77 级科研组新 0943 (SN)]、惠东 [12]、惠州 [35] [叶华谷、曾飞燕 22174 (IBSC)]、江门 [8, 35]、揭西 [35] [曾宪锋 ZXF31287 (CZH)]、乐昌 [29, 35, 41]、连州 [35] [陈少卿 5807 (IBSC)]、龙川 [35] [刘全儒、孟世勇 201001163 (BNU)]、龙门 [35] [张桂才等 279 (IBK)]、陆河 [35] [曾宪锋 ZXF42755 (CZH)]、梅州 [35] [曾宪锋 ZXF42237 (CZH)]、南澳 [35] [曾宪锋 ZXF6173 (CZH)]、南雄 [33, 35, 57]、平远 [35] [曾宪锋 ZXF44247 (CZH)]、普宁 [35] [曾宪锋 ZXF35614 (CZH)]、仁化 [16]、乳源 [26, 35]、深圳 [17, 35]、始兴 [28, 35]、翁源 [35, 51]、五华 [35] [曾宪锋 ZXF32344 (CZH)]、新丰 [35] [刘全儒 201007353 (BNU)]、新兴 [35] [刘瑛光 2219 (IBSC)]、兴宁 [35] [曾宪锋 ZXF27568 (CZH)]、阳春 [35, 45]、阳山 [26, 35]、英德 [32, 35]、云浮 [35] [王发国 1122 (IBSC)]、增城 [116]、肇庆 [9, 35]、紫金 [31, 35]。

干旱毛蕨 *Cyclosorus aridus* (Don) Tagawa

分布：从化 [7]、德庆 [35]、广州 [35]、乐昌 [26, 29, 35, 41]、连州 [35]、罗定 [35]、南雄 [33]、乳源 [26]、韶关 [35]、深圳 [17]、始兴 [28]、阳山 [26, 35]、英德 [32, 35]、紫金 [31]。

鳞柄毛蕨 *Cyclosorus crinipes* (Hook.) Ching

分布：高州 [35]、新兴 [35]、英德 [32]、紫金 [31]。

齿牙毛蕨 *Cyclosorus dentatus* (Forssk.) Ching

分布：从化 [7]、东莞 [25]、广州 [35]、惠东 [12]、乐昌 [41]、连州 [26]、乳源 [26]、深圳 [17]、翁源 [51]、英德 [32]、增城 [7]、肇庆 [35]、紫金 [31]。

毛蕨 *Cyclosorus interruptus* (Willd.) H. Ito

分布：东莞 [25]、广州 [7, 35]、江门 [8]、乐昌 [41]、清远 [22]、韶关 [35]、深圳 [17, 35]、台山 [35]、英德 [32]。

闽台毛蕨 *Cyclosorus jaculosus* (Christ) H. Itô

分布：始兴 [35]、英德 [35]。

华南毛蕨 *Cyclosorus parasiticus* (L.) Farw.

分布：博罗 [35, 37]、从化 [7, 107]、大埔 [35]、德庆 [35]、东莞 [25]、东源 [59]、丰顺 [95]、佛冈 [27]、高州 [35]、广州 [7, 35]、怀集 [35]、惠东 [12]、惠州 [35]、江门 [8]、开平 [35]、乐昌 [29, 41]、龙门 [35]、茂名 [85]、南雄 [33, 57]、清远 [35]、仁化 [16]、汕头 [35]、深圳 [11, 17]、始兴 [28]、翁源 [51]、五华 [4]、新丰 [63]、新兴 [35]、信宜 [35]、徐闻 [35]、阳春 [45]、阳山 [26]、英德 [32]、云浮 [35]、增城 [7, 116]、肇庆 [9, 35]、中山 [10]、紫金 [31, 35]。

无腺毛蕨 *Cyclosorus procurrens* (Mett.) Ching

分布：博罗 [35]、东莞 [25]、惠州 [35]。

糙叶毛蕨 *Cyclosorus scaberulus* Ching

分布：翁源 [51]。

短尖毛蕨 *Cyclosorus subacutus* Ching

分布：英德 [32]。

截裂毛蕨 *Cyclosorus truncatus* (Poir.) Farw.

分布：翁源 [51]、英德 [32, 35]。

茯蕨属 *Leptogramma* J. Smith

峨眉茯蕨 *Leptogramma scallanii* (Christ) Ching

分布：从化 [7]、乐昌 [29]、乳源 [26, 35]、阳山 [26]。

小叶茯蕨 *Leptogramma tottoides* H. Ito

分布：乳源 [490]。

针毛蕨属 *Macrothelypteris* (H. Itô) Ching

刚鳞针毛蕨 *Macrothelypteris setigera* (Blume) Ching

分布：信宜 [521]。

普通针毛蕨 *Macrothelypteris torresiana* (Gaudich.) Ching

分布：博罗 [35]、从化 [7]、大埔 [35]、东莞 [25]、丰顺 [95]、佛冈 [27]、广州 [7, 35]、和平 [35]、惠东 [12]、惠州 [35]、江门 [8]、乐昌 [26, 29, 35, 41]、连州 [26, 35]、龙门 [35]、罗定 [35]、南澳 [35]、南雄 [33, 57]、仁化 [16]、乳源 [26]、韶关 [35]、深圳 [11, 17, 35]、始兴 [28]、台山 [35]、翁源 [35, 51]、五华 [4]、新丰 [63]、阳春 [45]、英德 [32]、云浮 [35]、增城 [7, 116]、肇庆 [9, 35]、中山 [10]、紫金 [31]。

翠绿针毛蕨 *Macrothelypteris viridifrons* (Tagawa) Ching

分布：乳源 [490, 26]、始兴 [28]。

凸轴蕨属 *Metathelypteris* (H. Itô) Ching

微毛凸轴蕨 ***Metathelypteris adscendens*** (Ching) Ching

分布：博罗 [35, 37]、从化 [7]、广州 [35]、汕头 [35]。

林下凸轴蕨 ***Metathelypteris hattorii*** (H. Itô) Ching

分布：南雄 [33, 57]、乳源 [490]。

疏羽凸轴蕨 ***Metathelypteris laxa*** (Franch. & Sav.) Ching

分布：怀集 [35]、惠东 [12]、罗定 [35]、始兴 [28]。

乌来凸轴蕨 ***Metathelypteris uraiensis*** (Rosenst.) Ching

分布：惠东 [12]、乐昌 [29]。

金星蕨属 ***Parathelypteris* (H. Itô) Ching**

中华金星蕨 ***Parathelypteris chinensis*** (Ching) Ching

分布：惠州 [35]、乐昌 [29, 35]、阳山 [26]、增城 [116]。

大羽金星蕨 ***Parathelypteris chingii* var. *major*** (Ching) K. H. Shing

分布：江门 [8]、增城 [37]。

金星蕨 ***Parathelypteris glanduligera*** (Kunze) Ching

分布：博罗 [35]、从化 [7]、东莞 [25]、丰顺 [95]、广州 [7, 35]、惠东 [35]、惠州 [35]、蕉岭 [35]、乐昌 [29, 35, 41]、连州 [26, 35]、龙门 [35]、南雄 [33, 57]、仁化 [16, 35]、乳源 [26]、深圳 [11, 17]、始兴 [28]、翁源 [51]、五华 [4]、阳春 [45]、阳山 [35]、英德 [32, 35]、增城 [7, 116]、紫金 [31]。

滇越金星蕨 ***Parathelypteris indochinensis*** (Christ) Ching

分布：封开 [490]、龙门 [490]、深圳 [17]。

中日金星蕨 ***Parathelypteris nipponica*** (Franch. & Sav.) Ching

分布：惠东 [12]、连平 [35]、乳源 [501, 26]、阳春 [501]、肇庆 [35]、紫金 [31]。

毛盖金星蕨 ***Parathelypteris trichochlamys*** Ching ex K. H. Shing

分布：怀集 [37]、英德 [32]。

卵果蕨属 ***Phegopteris* (C. Presl) Fée**

延羽卵果蕨 ***Phegopteris decursive-pinnata*** (H. C. Hall) Fée

分布：博罗 [35]、从化 [7, 35]、丰顺 [95]、海丰 [35]、和平 [35]、惠州 [35]、乐昌 [26, 29, 35, 41]、连州 [35]、龙门 [35]、梅州 [35]、南雄 [33, 57]、乳源 [26]、始兴 [28, 35]、翁源 [51]、阳春 [35, 45]、阳山 [26, 35]、增城 [116]。

新月蕨属 ***Pronephrium* C. Presl**

新月蕨 ***Pronephrium gymnopteridifrons*** (Hayata) Holttum

分布：博罗 [5, 35]、从化 [107]、东莞 [25]、东源 [59]、丰顺 [95]、广州 [35]、深圳 [17]、翁源 [51]、五华 [4]、新丰 [63]、新兴 [35]、英德 [32]、云浮 [35]、增城 [116]、肇庆 [9]、中山 [10]、紫金 [31]。

针毛新月蕨 ***Pronephrium hirsutum*** Ching & Y. X. Lin

分布：乐昌 [29]。

红色新月蕨 ***Pronephrium lakhimpurense*** (Rosenst.) Holttum

分布：博罗 [35]、从化 [7]、大埔 [35]、东源 [59]、丰顺 [95]、佛冈 [27]、广州 [7, 35]、怀集 [35]、惠东 [35]、乐昌 [29, 35, 41]、连山 [35]、龙门 [35]、南雄 [33]、平远 [35]、乳源 [26]、汕头 [35]、韶关 [35]、始兴 [28, 35]、翁源 [35]、五华 [4]、信宜 [35]、阳山 [35]、英德 [32, 35]、增城 [116]。

微红新月蕨 ***Pronephrium megacuspe*** (Baker) Holttum

分布：从化 [7]、封开 [35]、怀集 [35]、惠东 [12]、惠州 [35]、龙门 [35]、南雄 [33]、深圳 [17]、五华 [4, 35]、新丰 [63]、新兴 [35]、英德 [32]、增城 [116]、肇庆 [35]、紫金 [31]。

羽叶新月蕨 ***Pronephrium parishii*** (Bedd.) Holttum

分布：龙门 [490]。

披针新月蕨 ***Pronephrium penangianum*** (Hook.) Holttum

分布：乐昌 [29, 35, 41]、连州 [26, 35]、乳源 [26, 35]、始兴 [28, 35]、阳山 [26, 35]、英德 [32]。

单叶新月蕨 ***Pronephrium simplex*** (Hook.) Holttum

分布：博罗 [100]、从化 [7, 107]、东莞 [25]、东源 [119]、佛冈 [27]、广州 [7]、惠东 [12]、江门 [8]、茂名 [85]、深圳 [17]、始兴 [28]、台山 [周联选 11550 (KUN)]、五华 [4]、新丰 [63]、阳春 [45]、英德 [32]、增城 [7]、中山 [10]、紫金 [31]。

三羽新月蕨 ***Pronephrium triphyllum*** (Sw.) Holttum

分布：博罗 [35] [严岳鸿、王莹 WYD646 (CSH)]、潮州 [35] [曾宪锋 ZXF01140 (CZH)]、从化 [7, 35]、东莞 [25, 35]、东源 [59]、丰顺 [35] [叶华谷 4183 (IBSC)]、封开 [35] [黄成 164073 (IBSC)]、佛冈 [27]、佛山 [35] [高锡朋 51529 (IBSC)]、广州 [35] [严岳鸿 903 (IBSC)]、化州 [35] [湛江区植物调查队 3053 (IBSC)]、江门 [35] [左景烈 2033 (NAS)]、揭西 [35] [叶华谷 4584 (IBSC)]、连山 [35] [叶华谷 3778 (IBSC)]、龙门 [35] [祝文志 8926 (ccau0002818)]、陆河 [35] [曾宪锋 ZXF42796 (CZH)]、罗定 [35] [叶华谷、刘念 2221 (IBSC)]、南雄 [33, 35]、乳源 [26]、深圳 [17, 35]、始兴 [28]、翁源 [35, 51]、五华 [4]、徐闻 [35] [南路 806 (IBSC)]、阳春 [45]、阳江 [35] [黄志 41607 (IBSC)]、英德 [32, 35]、云浮 [35] [黄季庄 529 (PE)]、增城 [116]、肇庆 [9, 35]、紫金 [31, 35]。

假毛蕨属 ***Pseudocyclosorus* Ching**

青岩假毛蕨 ***Pseudocyclosorus cavaleriei*** (H. Lév.) Y. X. Lin

分布：乳源 [501]。

西南假毛蕨 ***Pseudocyclosorus esquirolii*** (Christ) Ching

分布：乐昌 [29]。

镰片假毛蕨 ***Pseudocyclosorus falcilobus*** (Hook.) Ching

分布：博罗 [5]、从化 [35]、封开 [35]、高州 [35]、怀集 [35]、惠东 [12]、江门 [8]、乐昌 [29, 41]、茂名 [35]、清远 [35]、乳源 [26, 35]、深圳 [17, 35]、始兴 [28]、翁源 [51]、信宜 [35]、阳春 [35, 37, 45]、英德 [32]、云浮 [35]、紫金 [31]。

普通假毛蕨 ***Pseudocyclosorus subochthodes*** (Ching) Ching

分布：从化 [7]、大埔 [35]、丰顺 [95]、和平 [35]、河

源 [35]、惠州 [35]、乐昌 [26, 29, 35, 41]、连州 [35]、乳源 [26]、韶关 [35]、始兴 [28, 35]、翁源 [51]、阳春 [35]、阳山 [26]、英德 [32]、肇庆 [9]。

景烈假毛蕨 ***Pseudocyclosorus tsoi*** Ching

分布：英德 [32]。

瘤羽假毛蕨 ***Pseudocyclosorus tuberculifer*** (C. Chr.) Ching

分布：信宜 [35]。

假毛蕨 ***Pseudocyclosorus tylodes*** (Kunze) Holttum

分布：从化 [7]、丰顺 [95]、南雄 [33, 57]、深圳 [17]、信宜 [35]、英德 [32]、增城 [116]。

紫柄蕨属 ***Pseudophegopteris* Ching**

耳状紫柄蕨 ***Pseudophegopteris aurita*** (Hook.) Ching

分布：连山 [35]、乳源 [26]、始兴 [35]、阳山 [26]。

密毛紫柄蕨 ***Pseudophegopteris hirtirachis*** (C. Chr.) Holttum

分布：乐昌 [29]。

禾秆紫柄蕨 ***Pseudophegopteris microstegia*** (Hook.) Ching

分布：乳源 [521]。

紫柄蕨 ***Pseudophegopteris pyrrhorhachis*** (Kunze) Ching

分布：乐昌 [26, 29, 35]。

圆腺蕨属 ***Sphaerostephanos* J. Sm.**

异果圆腺蕨 ***Sphaerostephanos heterocarpus*** (Blume) Holttum

分布：博罗 [35, 37]、从化 [7]、大埔 [35]、东莞 [25]、惠东 [12]、惠州 [35]、南雄 [33, 57]、深圳 [17]、翁源 [51]、阳江 [35]、英德 [32]、增城 [116]、紫金 [31]。

溪边蕨属 ***Stegnogramma* Blume**

圣蕨 ***Stegnogramma griffithii*** (Mett.) K. Iwats.

分布：潮州 [曾宪锋 ZXF7084 (CZH)]、从化 [7]、丰顺 [曾宪锋 ZXF6413 (CZH)]、乳源 [严岳鸿 1105 (IBSC)]、深圳 [17]、英德 [32]。

闽浙圣蕨 ***Stegnogramma mingchegensis*** (Ching) X. C. Zhang & L. J. He

分布：乳源 [26]。

戟叶圣蕨 ***Stegnogramma sagittifolia*** (Ching) L. J. He & X. C. Zhang

分布：德庆 [35]、东源 [59]、丰顺 [95]、怀集 [35]、惠东 [12]、乐昌 [26, 41, 35]、连平 [35]、连山 [35]、连州 [35]、南雄 [33, 57]、仁化 [16, 35]、乳源 [26, 35]、翁源 [51]、新丰 [35, 63]、阳山 [26, 35]、英德 [32, 35]、肇庆 [9]、中山 [10]。

羽裂圣蕨 ***Stegnogramma wilfordii*** (Hook.) Seriz.

分布：惠东 [12]、乐昌 [35]、龙门 [35]、南雄 [33]、韶关 [35]、深圳 [17]、始兴 [28]、翁源 [51]、五华 [4]、新丰 [35, 63]、英德 [32]、增城 [116]、肇庆 [9]、紫金 [31]。

三槽蕨属 ***Trigonospora* Holttum**

三槽蕨 ***Trigonospora ciliata*** (Benth.) Holttum

分布：博罗 [35]、从化 [7, 35]、东莞 [25, 35]、封开 [35]、广州 [7]、怀集 [35]、惠东 [12]、江门 [8]、乳源 [26]、深圳 [17]、新兴 [35]、信宜 [35]、阳春 [35, 37]、英德 [32, 35]、肇庆 [9]、紫金 [31]。

125. 肿足蕨科 Hypodematiaceae

肿足蕨属 ***Hypodematium* Kunze**

肿足蕨 ***Hypodematium crenatum*** (Forssk.) Kuhn

分布：乐昌 [35]、仁化 [16]、乳源 [26, 35]、阳春 [35]、阳江 [35]、阳山 [26, 35]、英德 [32]、云浮 [35]、增城 [116]、紫金 [31]。

福氏肿足蕨 ***Hypodematium fordii*** (Baker) Ching

分布：蕉岭 [274]、乐昌 [29]、阳春 [35] [黄志 38859 (IBSC)]、英德 [32]、肇庆 [35] [高锡朋 50597 (IBSC)]。

光轴肿足蕨 ***Hypodematium hirsutum*** (Don) Ching

分布：怀集 [王发国等 671b (HUST)]、乳源 [王发国等 993 (HUST)]。

毛叶肿足蕨 ***Hypodematium villosum*** F. G. Wang & F. W. Xing

分布：蕉岭 [274]。

126. 鳞毛蕨科 Dryopteridaceae

复叶耳蕨属 ***Arachniodes* Blume**

斜方复叶耳蕨 ***Arachniodes amabilis*** (Blume) Tindale

分布：从化 [7]、大埔 [曾宪锋 ZXF32921 (CZH)]、丰顺 [95]、惠东 [12]、江门 [8]、蕉岭 [35]、乐昌 [26, 29, 35, 41]、连州 [26, 35]、南雄 [33, 57]、仁化 [16]、乳源 [26, 35]、深圳 [17]、始兴 [28]、翁源 [51]、新丰 [63]、阳山 [26]、英德 [32, 35]、紫金 [31]。

多羽复叶耳蕨 ***Arachniodes amoena*** (Ching) Ching

分布：博罗 [35]、潮州 [詹思琪 2015372 (CZH)]、从化 [35]、丰顺 [曾宪锋 ZXF00624 (CZH)]、广州 [7]、河源 [35]、乐昌 [29, 26, 41]、连山 [35]、连州 [26, 35]、梅州 [35]、乳源 [26, 35]、韶关 [35]、始兴 [28]、五华 [35]、阳山 [35]、英德 [32]、肇庆 [9, 35]。

刺头复叶耳蕨 ***Arachniodes aristata*** (G. Forst.) Tindale

分布：大埔 [35]、广州 [35]、乐昌 [29, 35]、连平 [35]、连州 [35]、南澳 [35]、乳源 [26]、汕头 [35]、深圳 [17, 35]、始兴 [28]、英德 [32]、肇庆 [9]。

粗齿黔蕨 ***Arachniodes blinii*** Nakaike

分布：乳源 [465, 26, 35]、阳山 [26]。

大片复叶耳蕨 ***Arachniodes cavaleriei*** (Christ) Ohwi

分布：从化 [7, 35]、江门 [8]、深圳 [17]、大埔 [35]、封开 [35]、广州 [35]、乐昌 [35]、龙门 [35]、乳源 [35]、汕头 [35]、韶关 [35]、阳春 [35]、阳山 [35]、英德 [32, 35]、增城 [35]。

中华复叶耳蕨 ***Arachniodes chinensis*** (Rosenst.) Ching

分布：从化 [7, 35]、大埔 [35]、东莞 [25]、东源 [119]、

丰顺 [35, 95]、佛冈 [27]、广州 [7]、河源 [35]、惠州 [35]、江门 [8]、蕉岭 [35]、乐昌 [29, 35, 41]、连平 [35]、龙门 [35]、南澳 [35]、平远 [35]、清远 [35]、仁化 [16]、乳源 [26, 35]、汕头 [35]、韶关 [35]、深圳 [17]、始兴 [28, 35]、翁源 [51]、新丰 [63]、阳春 [35, 45]、阳山 [26]、英德 [32, 35]、郁南 [35]、增城 [116]、肇庆 [9, 35]。

华南复叶耳蕨 ***Arachniodes festina*** (Hance) Ching

分布：博罗 [35, 37]、和平 [35]、乐昌 [26, 29, 35, 41]、连州 [35]、龙门 [35]、仁化 [35]、乳源 [26, 35]、英德 [32, 35]、增城 [116]、紫金 [31]。

粗裂复叶耳蕨 ***Arachniodes grossa*** (Tardieu & C. Chr.) Ching

分布：从化 [7]、惠东 [12]、江门 [8]、乐昌 [41]、阳山 [26]、增城 [116]。

假斜方复叶耳蕨 ***Arachniodes hekiana*** Sa. Kurata

分布：和平 [张桂才 538 (IBSC)]、乐昌 [陈邦余 2431 (IBSC)]、连南 [曾飞燕 634 (IBSC)]、仁化 [16]、乳源 [粤 71 741 (IBSC)]。

缩羽复叶耳蕨 ***Arachniodes japonica*** (Sa. Kurata) Nakaike

分布：蕉岭 [501]、连南 [501]、深圳 [501]、阳春 [501]。

丽兵复叶耳蕨 ***Arachniodes libingii*** Liang Zhang, N. T. Lu & T. T. Nguyen

分布：连州 [222]。

黑鳞复叶耳蕨 ***Arachniodes nigrospinosa*** (Ching) Ching

分布：从化 [7]、怀集 [35]、乐昌 [29, 35, 41]、乳源 [26, 35]、信宜 [35]。

日本复叶耳蕨 ***Arachniodes nipponica*** (Rosenst.) Ohwi

分布：乳源 [邓良 5584 (IBSC)]、始兴 [28]、英德 [32]。

长尾复叶耳蕨 ***Arachniodes simplicior*** (Makino) Ohwi

分布：乐昌 [26]、连州 [26]、南雄 [33, 57]、乳源 [465, 26]、阳山 [26]。

美丽复叶耳蕨 ***Arachniodes speciosa*** (D. Don) Ching

分布：乳源 [26]、始兴 [28]、新丰 [63]、阳山 [26]、英德 [32]。

实蕨属 *Bolbitis* Schott

网脉实蕨 ***Bolbitis* × *laxireticulata*** K. Iwats.

分布：郁南 [482]、中山 [482]。

刺蕨 ***Bolbitis appendiculata*** (Willd.) K. Iwats.

分布：从化 [7]、怀集 [35]、江门 [8]、茂名 [35]、深圳 [17, 35]、翁源 [35]、信宜 [35]、阳春 [35, 45]、英德 [32]、增城 [116]。

长叶实蕨 ***Bolbitis heteroclita*** (C. Presl) Ching

分布：封开 [35] [黄成 164033 (IBSC)]、增城 [116]。

中华刺蕨 ***Bolbitis sinensis*** (Baker) K. Iwats.

分布：深圳 [35] [张宪春、陈真传 11144 (SZG)]、中山 [35]、珠海 [35]。

华南实蕨 ***Bolbitis subcordata*** (Copel.) Ching

分布：博罗 [5]、从化 [7]、大埔 [35]、东莞 [25]、东源 [59]、惠东 [12]、江门 [8]、乐昌 [41]、南雄 [33]、乳源 [26]、韶关 [35]、深圳 [17, 35]、始兴 [28, 35]、五华 [4]、新丰 [35]、阳春 [35, 45]、阳山 [26]、英德 [32, 35]、郁南 [35]、增城 [116]、肇庆 [9]、紫金 [31]。

肋毛蕨属 *Ctenitis* (C. Chr.) C. Chr.

二型肋毛蕨 ***Ctenitis dingnanensis*** Ching

分布：连平 [卫兆芬 120057 (PE)]、连山 [卫兆芬 120057 (PE)]。

直鳞肋毛蕨 ***Ctenitis eatonii*** (Baker) Ching

分布：连平 [501]、连州 [35] [董仕勇 1376 (IBSC)]、乳源 [26, 35]、阳山 [26]。

三相蕨 ***Ctenitis sinii*** (Ching) Ohwi

分布：封开 [35]、怀集 [35]、连南 [35]、连平 [35]、乳源 [26]、始兴 [28]、英德 [32]。

亮鳞肋毛蕨 ***Ctenitis subglandulosa*** (Hance) Ching

分布：惠东 [12]、乐昌 [29, 35, 41]、连平 [35]、连州 [26, 35]、南雄 [33, 35]、仁化 [16, 35]、乳源 [26]、汕头 [35]、韶关 [35]、深圳 [17]、始兴 [28, 35]、翁源 [51]、阳山 [26]、英德 [32, 35]、紫金 [31]。

贯众属 *Cyrtomium* C. Presl

刺齿贯众 ***Cyrtomium caryotideum*** (Wall. ex Hook. & Grev.) C. Presl

分布：乐昌 [29, 26]、南雄 [33]、乳源 [26, 35]。

披针贯众 ***Cyrtomium devexiscapulae*** (Koidz.) Ching

分布：乐昌 [29, 35]、连州 [35]、南雄 [33]、仁化 [16]、乳源 [26]、始兴 [28]、翁源 [35]、阳山 [26, 35]。

全缘贯众 ***Cyrtomium falcatum*** (L. f.) C. Presl

分布：惠东 [35]、南澳 [35]、深圳 [17]、英德 [32]。

贯众 ***Cyrtomium fortunei*** J. Sm.

分布：博罗 [38]、广州 [35]、乐昌 [26, 29, 35]、连州 [26]、南雄 [33, 57]、乳源 [26, 35]、阳山 [26]。

低头贯众 ***Cyrtomium nephrolepioides*** (Christ) Copel.

分布：连州 [26]。

斜基贯众 ***Cyrtomium obliquum*** Ching & K. H. Shing ex K. H. Shing

分布：乳源 [35]。

阔羽贯众 ***Cyrtomium yamamotoi*** Tagawa

分布：乳源 [26]、阳山 [501, 26]。

鳞毛蕨属 *Dryopteris* Adans.

顶囊轴鳞蕨 ***Dryopteris apiciflora*** (Wall. ex Mett.) Kuntze

分布：乳源 [26, 35]。

暗鳞鳞毛蕨 ***Dryopteris atrata*** (Kunze) Ching

分布：潮州 [370]、河源 [35]、乐昌 [26, 35]、仁化 [35]、乳源 [26, 35]、信宜 [35]。

阔鳞鳞毛蕨 ***Dryopteris championii*** (Benth.) C. Chr.

分布：博罗 [35, 100]、潮州 [35]、从化 [7, 35]、大埔 [35]

[曾宪锋 ZXF30299 (CZH)]、东莞 [25, 35]、丰顺 [35] [叶华谷 4156 (IBSC)]、封开 [35] [严岳鸿等 WYD218 (CSH)]、广州 [7, 35]、和平 [35] [谭策铭等 Y06592A (JJF)]、河源 [35] [77 级科研组新 0880 (SN)]、惠州 [35] [叶华谷、曾飞燕 21912 (IBSC)]、江门 [8, 35]、揭西 [35] [叶华谷 4454 (IBSC)]、乐昌 [29, 35, 41]、连平 [35] [粤 73 1845 (IBSC)]、连州 [35] [谭沛祥 59753 (IBSC)]、龙川 [35] [曾宪锋 ZXF32451 (CZH)]、龙门 [35] [严岳鸿、商辉 13588 (CSH)]、陆河 [35] [曾宪锋 ZXF42692 (CZH)]、茂名 [35] [刘念 1084 (IBSC)]、梅州 [35] [曾宪锋 ZXF42043 (CZH)]、南澳 [35] [陈炳辉 253 (IBSC)]、南雄 [33, 35, 57]、平远 [35] [曾宪锋 ZXF41835 (CZH)]、清远 [35] [黄志 32526 (IBSC)]、仁化 [16, 35]、乳源 [465, 26, 35]、深圳 [17, 35]、始兴 [28, 35]、翁源 [51]、新丰 [63]、信宜 [35] [严岳鸿等 WYD493 (CSH)]、兴宁 [35] [曾宪锋 ZXF27996 (CZH)]、阳春 [45]、阳山 [35] [周喜乐、陈红锋 886 (HUST)]、英德 [32, 35]、郁南 [35] [叶华谷、刘念 2957 (IBSC)]、增城 [7, 35]、湛江 [35] [赵强 2120 (JIU18371)]、肇庆 [9, 35]、紫金 [31, 35]。

膜边轴鳞蕨 ***Dryopteris clarkei*** Kuntze

分布：乐昌 [501, 26]。

近中肋鳞毛蕨 ***Dryopteris costalisora*** Tagawa

分布：韶关 [C. Wang 31589 (PE)]。

桫椤鳞毛蕨 ***Dryopteris cycadina*** (Franch. & Sav.) C. Chr.

分布：惠东 [12]、乐昌 [41]、南雄 [33]、乳源 [465, 26]、始兴 [28]、翁源 [51]、阳山 [26]。

迷人鳞毛蕨 ***Dryopteris decipiens*** (Hook.) Kuntze

分布：从化 [7, 35]、大埔 [35]、东莞 [25]、丰顺 [95]、和平 [35]、惠东 [35]、江门 [8]、乐昌 [29, 35, 41]、连山 [35]、龙门 [35]、乳源 [26, 35]、深圳 [17]、始兴 [28, 35]、翁源 [35, 51]、五华 [4]、阳山 [26]、英德 [32]、增城 [116]、紫金 [31]。

深裂迷人鳞毛蕨 ***Dryopteris decipiens* var. *diplazioides*** (Christ) Ching

分布：博罗 [35]、从化 [35]、大埔 [35]、龙门 [35]、仁化 [16]、乳源 [26, 35]、英德 [32]。

德化鳞毛蕨 ***Dryopteris dehuaensis*** Ching & K. H. Shing

分布：乐昌 [501]、龙门 [501]、平远 [曾宪锋 ZXF33971 (CZH)]、乳源 [501, 26]、深圳 [17]、阳山 [501, 26]、增城 [116]。

红盖鳞毛蕨 ***Dryopteris erythrosora*** (D. C. Eaton) Kuntze

分布：江门 [8]、乳源 [26]、增城 [116]。

黑足鳞毛蕨 ***Dryopteris fuscipes*** C. Chr.

分布：博罗 [5, 35, 100]、从化 [7]、东莞 [25]、丰顺 [95]、佛冈 [27]、广州 [7, 35]、怀集 [35]、惠东 [12]、蕉岭 [35]、乐昌 [26, 29, 35]、连州 [26]、龙门 [35]、南雄 [33, 57]、乳源 [26, 35]、汕头 [35]、深圳 [11, 17]、始兴 [28, 35]、翁源 [35, 51]、五华 [4]、新丰 [63]、阳山 [26, 35]、英德 [32, 35]、增城 [116]、紫金 [31]。

裸果鳞毛蕨 ***Dryopteris gymnosora*** (Makino) C. Chr.

分布：从化 [7]、深圳 [501]、英德 [501]。

平行鳞毛蕨 ***Dryopteris indusiata*** (Makino) Makino & Yamam.

分布：从化 [7]、丰顺 [95]、惠东 [12]、江门 [501, 8]、乐昌 [41]、连州 [26]、乳源 [501, 26]、始兴 [501, 28]、翁源 [51]、信宜 [501]、阳山 [26]、英德 [501, 32]、肇庆 [501]、紫金 [31]。

羽裂鳞毛蕨 ***Dryopteris integriloba*** C. Chr.

分布: 始兴 [28]、翁源 [35]、英德 [32]、云浮 [35]、肇庆 [35]。

泡鳞轴鳞蕨 ***Dryopteris kawakamii*** Hayata

分布：乐昌 [413]、乳源 [501]。

齿头鳞毛蕨 ***Dryopteris labordei*** (Christ) C. Chr.

分布：博罗 [5, 100]、从化 [7]、广州 [7]、乐昌 [29, 35]、连州 [26]、韶关 [35]、始兴 [28]。

两广鳞毛蕨 ***Dryopteris liangkwangensis*** Ching

分布：连山 [35]、罗定 [35]、信宜 [35]。

阔鳞轴鳞蕨 ***Dryopteris maximowicziana*** (Miq.) C. Chr.

分布：乐昌 [413]。

黑鳞远轴鳞毛蕨 ***Dryopteris namegatae*** (Kurata) Kurata

分布：乳源 [35]。

节毛鱼鳞蕨 ***Dryopteris nodosa*** (C. Presl) Li Bing Zhang

分布：惠州 [35]、乐昌 [35]。

太平鳞毛蕨 ***Dryopteris pacifica*** (Nakai) Tagawa

分布：乐昌 [29, 35]、龙川 [35]、乳源 [26, 35]、阳山 [26, 35]、云浮 [35]。

鱼鳞蕨 ***Dryopteris paleolata*** (Pic. Serm.) Li Bing Zhang

分布：乐昌 [29]、乳源 [26]、翁源 [51]、英德 [32]。

半岛鳞毛蕨 ***Dryopteris peninsulae*** Kitag.

分布：和平 [499]。

柄盖蕨 ***Dryopteris peranema*** Li Bing Zhang

分布：乳源 [501]。

柄叶鳞毛蕨 ***Dryopteris podophylla*** (Hook.) Kuntze

分布：博罗 [35]、从化 [7, 35]、东莞 [25]、东源 [119]、佛冈 [27]、广州 [7]、惠东 [12]、江门 [8]、龙门 [35]、茂名 [35]、饶平 [35]、汕头 [35]、深圳 [17]、台山 [35]、阳春 [35]、阳江 [35]、英德 [32]、增城 [7, 116]、中山 [10]、紫金 [31]。

蓝色鳞毛蕨 ***Dryopteris polita*** Rosenst.

分布：丰顺 [95]、信宜 [501]。

红腺蕨 ***Dryopteris pseudocaenopteris*** (Kunze) Li Bing Zhang

分布：信宜 [490]。

假稀羽鳞毛蕨 ***Dryopteris pseudosparsa*** Ching

分布：乳源 [陈红锋等 77 (IBSC)]、信宜 [严岳鸿等 1526 (HUST)]。

宽羽鳞毛蕨 ***Dryopteris ryo-itoana*** Kurata

分布：乳源 [26]、阳山 [26]。

无盖鳞毛蕨 ***Dryopteris scottii*** (Bedd.) Ching ex C. Chr.

分布：从化 [7, 35, 107]、丰顺 [95]、乐昌 [26, 29, 35, 41]、连州 [35]、南雄 [33]、饶平 [35]、乳源 [26, 35]、始兴 [28]、翁源 [35]、阳山 [26, 35]、英德 [32, 35]、紫金 [31]。

霞客鳞毛蕨 ***Dryopteris shiakeana*** H. Shang & Y. H. Yan

分布：仁化 [249]。

无盖肉刺蕨 ***Dryopteris shikokiana*** (Makino) C. Chr.

分布：始兴 [28]、信宜 [491]、阳山 [周喜乐 , 陈红锋 963 (HUST)]。

奇羽鳞毛蕨 ***Dryopteris sieboldii*** (van Houtte ex Mett.) Kuntze

分布：从化 [35]、江门 [8]、乐昌 [26, 29, 35, 41]、南雄 [33]、仁化 [16, 35]、乳源 [26, 35]、始兴 [28]、阳山 [26]。

稀羽鳞毛蕨 ***Dryopteris sparsa*** (Buch. -Ham. ex D. Don) Kuntze

分布：从化 [7, 35]、佛山 [35]、广州 [7]、惠州 [35]、江门 [8]、南雄 [33, 57]、清远 [35]、仁化 [16, 35]、乳源 [26]、汕头 [35]、深圳 [17]、始兴 [28, 35]、翁源 [51]、新兴 [35]、阳山 [26, 35]、英德 [32, 35]。

无柄鳞毛蕨 ***Dryopteris submarginata*** Rosenst.

分布：韶关 [高锡朋 5027 (IBK)]。

三角鳞毛蕨 ***Dryopteris subtriangularis*** (Hope) C. Chr.

分布: 博罗 [http://ppbc. iplant. cn/tu/11443621]、丰顺 [95]。

华南鳞毛蕨 ***Dryopteris tenuicula*** Matthew & Christ

分布：从化 [35]、广州 [35]、江门 [8]、乐昌 [29, 35]、连南 [35]、清远 [35]、乳源 [26]、汕头 [35]、深圳 [17]、翁源 [35, 51]、阳山 [26, 35]、英德 [32]。

东京鳞毛蕨 ***Dryopteris tokyoensis*** (Matsum. ex Makino) C. Chr.

分布：和平 [499]。

观光鳞毛蕨 ***Dryopteris tsoongii*** Ching

分布：连州 [谭沛祥 59904 (PE)]、乳源 [周喜乐等 ZXL09978 (CSH)]、英德 [严岳鸿 , 邢福武 13336 (HUST)]。

同形鳞毛蕨 ***Dryopteris uniformis*** (Makino) Makino

分布：乐昌 [王发国 973 (IBSC)]、乳源 [501]。

变异鳞毛蕨 ***Dryopteris varia*** (L.) Kuntze

分布：博罗 [35, 100]、从化 [7]、大埔 [35]、东莞 [25]、丰顺 [95]、佛山 [35]、河源 [35]、怀集 [35]、惠东 [12]、惠州 [35]、乐昌 [29, 26, 41]、连平 [35]、南雄 [33, 57]、饶平 [35]、仁化 [16]、乳源 [26, 35]、汕头 [35]、深圳 [17]、始兴 [28]、翁源 [35]、五华 [4]、信宜 [35]、英德 [32]、增城 [7]、紫金 [31, 35]。

细叶鳞毛蕨 ***Dryopteris woodsiisora*** Hayata

分布：博罗 [陈念劬 40905 (IBSC)]。

寻乌鳞毛蕨 ***Dryopteris xunwuensis*** Ching & K. H. Shing

分布：博罗 [501]、乳源 [501]、阳山 [501]。

南平鳞毛蕨 ***Dryopteris yenpingensis*** C. Chr. & Ching ex Ching

分布：阳山 [周喜乐 , 陈红锋 869 (HUST)]、肇庆 [严岳鸿等 WYD040 (CSH)]。

舌蕨属 *Elaphoglossum* Schott ex J. Sm.

华南吕宋舌蕨 ***Elaphoglossum luzonicum* var. *mcclurei*** (Ching) F. G. Wang & F. W. Xing

分布：乳源 [26]、信宜 [严岳鸿等 WYD377 (CSH)]。

舌蕨 ***Elaphoglossum marginatum*** T. Moore

分布：乳源 [严岳鸿 , 黎昌汉 2495 (HUST)]。

华南舌蕨 ***Elaphoglossum yoshinagae*** (Yatabe) Makino

分布：从化 [7]、东莞 [25]、乐昌 [29, 35, 41]、连州 [26]、南雄 [33, 35]、乳源 [26, 35]、深圳 [17]、始兴 [28, 35]、新丰 [35]、信宜 [35]、阳山 [26, 35]、英德 [32]、肇庆 [9, 35]、紫金 [31]。

云南舌蕨 ***Elaphoglossum yunnanense*** (Baker) C. Chr.

分布：信宜 [491]。

网藤蕨属 *Lomagramma* J. Sm.

网藤蕨 ***Lomagramma sorbifolia*** (Willd.) Ching

分布：东莞 [25]、连州 [35]。

黄腺羽蕨属 *Pleocnemia* C. Presl

黄腺羽蕨 ***Pleocnemia submembranacea*** (Hayata) Tagawa & Iwats.

分布：丰顺 [95]、广州 [7]、连州 [26]、深圳 [35]、英德 [32]、肇庆 [9]。

耳蕨属 *Polystichum* Roth

镰羽耳蕨 ***Polystichum balansae*** Christ

分布：博罗 [5, 35]、潮州 [35] [詹思琪 2015478 (CZH)]、从化 [7, 35]、大埔 [35] [曾宪锋 ZXF30864 (CZH)]、东莞 [25, 35]、东源 [59]、丰顺 [35, 95]、封开 [35] [粤 74 74-5122 (IBSC)]、佛冈 [27]、和平 [35] [谭策铭等 Y06588A (JJF)]、怀集 [35] [刘瑛光 2871 (HZ)]、惠东 [12]、蕉岭 [35] [南岭队 2331 (IBSC)]、揭西 [35] [刘思婷 2016023 (CZH)]、乐昌 [26, 29, 35, 41]、连山 [35] [叶华谷 4950 (IBSC)]、连州 [26, 35]、龙门 [35] [严岳鸿、商辉 13604 (CSH)]、梅州 [35] [曾宪锋 ZXF40412 (CZH)]、南雄 [33, 35, 57]、平远 [35] [曾宪锋 ZXF8535 (CZH)]、饶平 [35] [曾宪锋 ZXF1434 (IBSC)]、仁化 [16, 35]、乳源 [26, 35]、韶关 [35] [高锡朋 50386 (IBSC)]、深圳 [17, 35]、始兴 [35] [王学文、张桂才 325 (IBSC)]、翁源 [35, 51]、五华 [4, 35]、新丰 [35] [叶华谷 1034 (IBSC)]、信宜 [35] [湛江区植物调查队 3988 (IBSC)]、阳春 [35] [湛江区植物调查队 3362 (IBSC)]、阳山 [26, 35]、英德 [32, 35]、增城 [35, 116]、肇庆 [9, 35]、中山 [10, 35]、紫金 [31, 35]。

单叶鞭叶蕨 ***Polystichum basipinnatum*** Diels

分布：连州 [35]、仁化 [16]、乳源 [26]、翁源 [35]、肇庆 [35]。

陈氏耳蕨 ***Polystichum chunii*** Ching

分布：信宜 [490]。

鞭叶耳蕨 ***Polystichum craspedosorum*** (Maxim.) Diels

分布：乳源 [490]。

粗脉耳蕨 ***Polystichum crassinervium*** Ching ex W. M. Chu & Z. R. He

分布：乳源 [37]。

对生耳蕨 ***Polystichum deltodon*** (Baker) Diels

分布：乐昌 [26, 29, 35]、乳源 [26, 35]。

柳叶蕨 ***Polystichum fraxinellum*** (Christ) Diels

分布：乐昌 [483, 26]、连州 [483, 26]。

无盖耳蕨 ***Polystichum gymnocarpium*** Ching ex W. M. Chu & Z. R. He

分布：和平 [499]。

小戟叶耳蕨 ***Polystichum hancockii*** (Hance) Diels

分布：乐昌 [29, 35, 41]、连州 [26, 35]、南雄 [33]、平远 [35]、仁化 [16, 35]、乳源 [26, 35]、始兴 [28]、翁源 [35]、信宜 [35]、阳山 [26, 35]。

孟奇耳蕨 ***Polystichum hanmengqii*** Li Bing Zhang & Yan Liu

分布：连州 [165]。

戟羽耳蕨 ***Polystichum hastipinnum*** G. D. Tang & Li Bing Zhang

分布：韶关 [259]。

广东耳蕨 ***Polystichum kwangtungense*** Ching

分布：乐昌 [26, 29, 35]、连州 [35]、乳源 [35]、阳山 [26]。

鞭叶蕨 ***Polystichum lepidocaulon*** J. Sm.

分布：乳源 [465, 26]。

黑鳞耳蕨 ***Polystichum makinoi*** (Tagawa) Tagawa

分布：博罗 [35]、从化 [35]、广州 [35]、惠州 [35]、乐昌 [26, 29, 35]、南雄 [33]、乳源 [465, 26, 35]、肇庆 [35]。

假黑鳞耳蕨 ***Polystichum pseudomakinoi*** Tagawa

分布：乳源 [26]。

灰绿耳蕨 ***Polystichum scariosum*** C. V. Morton

分布：从化 [7]、丰顺 [35]、惠州 [35]、乐昌 [41]、龙门 [35]、茂名 [35]、南雄 [33, 57]、乳源 [26]、深圳 [17]、始兴 [28]、翁源 [51]、五华 [4]、新丰 [63]、阳春 [35, 45]、阳山 [26]、英德 [32, 35]、郁南 [35]、增城 [35, 116]、紫金 [31]。

离脉柳叶蕨 ***Polystichum tenuius*** (Ching) Li Bing Zhang

分布：乐昌 [29, 483, 26]、乳源 [26]。

梯羽耳蕨 ***Polystichum trapezoideum*** (Ching & K. H. Shing ex K. H. Shing) Li Bing Zhang

分布：乳源 [3]。

戟叶耳蕨 ***Polystichum tripteron*** (Kunze) C. Presl

分布：乐昌 [29, 35]、乳源 [26, 35]、英德 [32]。

对马耳蕨 ***Polystichum tsus-simense*** (Hook.) J. Sm.

分布：乐昌 [29, 26, 41]、乳源 [35]、翁源 [51]。

127. 肾蕨科 Nephrolepidaceae

肾蕨属 *Nephrolepis* Schott

长叶肾蕨 ***Nephrolepis biserrata*** (Sw.) Schott

分布：丰顺 [95]、广州 [7, 35]、深圳 [17]、台山 [35]、阳江 [35]、增城 [116]、肇庆 *[9]、珠海 [35]。

毛叶肾蕨 ***Nephrolepis brownii*** (Desv.) Hovenkamp & Miyam.

分布：博罗 [35]、德庆 [35]、东莞 [25]、恩平 [35]、佛冈 [27]、高州 [35]、广州 [7]、茂名 [35]、汕头 [35]、深圳 [17, 35]、五华 [4]、阳春 [45]、云浮 [35]、增城 [35]、肇庆 [35]、中山 [10]。

肾蕨 ***Nephrolepis cordifolia*** (L.) C. Presl

分布：博罗 [35, 38, 100]、潮州 [35]、从化 [7, 35, 107]、大埔 [35]、德庆 [35]、东莞 [25, 35]、东源 [59]、丰顺 [35, 95]、封开 [35]、佛冈 [27]、佛山 [35]、高州 [35]、广州 [7, 35]、海丰 [35]、河源 [35]、怀集 [35]、惠东 [12, 35]、惠州 [35]、江门 [8, 35]、蕉岭 [35]、揭西 [35]、乐昌 [29, 35, 41]、雷州 [13]、连山 [35]、连州 [26, 35]、廉江 [13]、龙门 [35]、陆河 [35]、罗定 [35]、茂名 [35]、梅州 [35]、南雄 [33, 35, 57]、普宁 [35]、清远 [35]、饶平 [35]、仁化 [16]、乳源 [26, 35]、深圳 *[11, 17, 35]、始兴 [28]、台山 [35]、翁源 [51]、五华 [4, 35]、新丰 [35]、新兴 [35]、信宜 [35]、阳春 [35, 45]、阳江 [35]、阳山 [26, 35]、英德 [32]、云浮 [35]、增城 [116]、湛江 [13]、肇庆 [9, 35]、中山 [10, 35]、紫金 [31, 35]。

128. 牙蕨科 Pteridryaceae

牙蕨属 *Pteridrys* C. Chr. & Ching

毛轴牙蕨 ***Pteridrys australis*** Ching

分布：信宜 [35]、肇庆 [9, 35]。

129. 三叉蕨科 Tectariaceae

三叉蕨属 *Tectaria* Cav.

无盖轴脉蕨 ***Tectaria austrosinensis*** (Christ) C. Chr.

分布：怀集 [王发国等 6746 (HUST)]。

大齿三叉蕨 ***Tectaria coadunata*** (Wall. ex Hook. & Grev.) C. Chr.

分布：阳山 [35] [山地植被组 451 (IBSC)]。

下延三叉蕨 ***Tectaria decurrens*** (C. Presl) Copel.

分布：东莞 [25]、东源 [59]、封开 [35]、佛冈 [27]、广州 [35]、连南 [35]、龙门 [35]、茂名 [35]、深圳 [11, 35]、翁源 [35, 51]、新丰 [35]、新兴 [35]、阳春 [45]、英德 [32]、增城 [116]、肇庆 [9, 35]。

毛叶轴脉蕨 ***Tectaria devexa*** Copel.

分布：从化 [35]、佛山 [35]、连州 [35]、阳春 [35]、阳山 [26]、英德 [32]。

黑鳞轴脉蕨 ***Tectaria fuscipes*** (Wall. ex Bedd.) C. Chr.

分布：阳春 [35]。

沙皮蕨 ***Tectaria harlandii*** (Hook.) C. M. Kuo

分布：东莞 [25]、封开 [35]、佛山 [35]、广州 [7]、江门 [8]、茂名 [35]、清远 [35]、仁化 [16]、汕头 [35]、韶关 [35]、深圳 [17, 35]、翁源 [51]、新丰 [63]、阳春 [45]、英德 [32]、肇庆 [9, 35]、紫金 [31]。

疣状三叉蕨 ***Tectaria impressa*** (Fée) Holttum

分布：高州 [501]。

西藏轴脉蕨 ***Tectaria ingens*** Holttum

分布：连州 [35]。

台湾轴脉蕨 ***Tectaria kusukusensis*** (Hayata) Lellinger

分布：阳春 [501]。

中型三叉蕨 ***Tectaria media*** Ching

分布：肇庆 [9, 35]。

条裂三叉蕨 ***Tectaria phaeocaulis*** (Rosenst.) C. Chr.

分布：潮州 [曾宪锋 ZXF8607 (CZH)]、丰顺 [95]、乐昌 [41]、连州 [35]、乳源 [26]、深圳 [35]、翁源 [35]、信宜 [35]、阳春 [35]、英德 [32, 35]、肇庆 [9, 35]。

多形三叉蕨 ***Tectaria polymorpha*** (Wall. ex Hook.) Copel.

分布：深圳 [17]。

棕毛轴脉蕨 ***Tectaria setulosa*** (Baker) Holttum

分布：信宜 [35]、英德 [32, 35]。

燕尾三叉蕨 ***Tectaria simonsii*** (Baker) Ching

分布：南雄 [33]、阳山 [刘红梅 LHM1957 (SZG)]、英德 [32]、云浮 [35]、肇庆 [35] [石国良 13908 (IBSC)]。

三叉蕨 ***Tectaria subtriphylla*** (Hook. & Arn.) Copel.

分布：博罗 [35, 37, 38]、潮州 [35] [曾宪锋 ZXF8653 (CZH)]、从化 [7, 35]、东莞 [25, 35]、东源 [59]、恩平 [35] [黄茂先 110382 (HZ)]、丰顺 [35] [曾宪锋 ZXF9039 (CZH)]、佛冈 [27]、佛山 [35] [王显智、张瑞麟 176 (IBK)]、高州 [35] [蒋英 2248 (IBK)]、广州 [7, 35]、和平 [35] [张桂才 778 (IBSC)]、河源 [35] [77 级科研组新 497 (SN)]、怀集 [35] [王发国 669 (IBSC)]、惠州 [35] [董仕勇 3548 (IBSC)]、江门 [8, 35]、揭西 [35] [莫雨沫 2016018 (CZH)]、乐昌 [29, 35]、龙川 [35] [曾宪锋 ZXF32457 (CZH)]、龙门 [35] [王学文、张桂才 8078 (IBSC)]、饶平 [35] [陈念劬 42789 (IBSC)]、仁化 [16, 35]、乳源 [26, 35]、深圳 [11, 17, 35]、台山 [35] [陈邦余、李泽贤 373 (IBSC)]、翁源 [35] [刘心祈 25148 (IBSC)]、五华 [4]、新丰 [63]、新兴 [35] [刘瑛光 2460 (IBSC)]、信宜 [35] [黄志 30530 (IBSC)]、阳春 [35] [黄志 41952 (IBSC)]、阳山 [35] [刘红梅 LHM1957 (SZG)]、英德 [32, 35]、增城 [116]、湛江 [35] [湛江区植物调查队 3455 (IBSC)]、肇庆 [9, 35]、中山 [10, 35]、珠海 [35] [粤 73 2974 (IBSC)]、紫金 [31, 35]。

地耳蕨 ***Tectaria zeilanica*** (Houtt.) Sledge

分布：博罗 [35, 37]、德庆 [35]、东莞 [25]、佛山 [35]、高州 [35]、广州 [7, 35]、深圳 [17, 35]、增城 [116]、肇庆 [9, 35]。

130. 蓧蕨科 Oleandraceae

蓧蕨属 *Oleandra* Cav.

华南蓧蕨 ***Oleandra cumingii*** J. Sm.

分布：博罗 [35, 37, 100]、广州 [7, 35]、惠州 [35]、清远 [35]、深圳 [17]、英德 [32]、增城 [7]、肇庆 [9, 35]。

波边蓧蕨 ***Oleandra undulata*** (Willd.) Ching

分布：惠东 [12]、乐昌 [29, 35]、英德 [32]、肇庆 [9]、紫金 [31]。

131. 骨碎补科 Davalliaceae

骨碎补属 *Davallia* Sm.

大叶骨碎补 ***Davallia divaricata*** Blume

分布：博罗 [35, 37, 38, 100]、从化 [7]、东莞 [25]、东源 [59]、丰顺 [95]、高州 [35]、惠东 [12]、惠州 [35]、江门 [8]、茂名 [85]、深圳 [17]、翁源 [51]、新兴 [35]、阳春 [35, 37]、阳江 [35]、英德 [32]、肇庆 [9]、紫金 [31]。

杯盖阴石蕨 ***Davallia griffithiana*** Hook.

分布：博罗 [79, 35]、从化 [79, 7, 35]、东莞 [25]、东源 [59]、佛冈 [27]、广州 [79]、河源 [79, 35]、惠东 [12]、乐昌 [29, 35, 41]、连州 [26]、南雄 [33, 57]、清远 [79, 35]、仁化 [16]、乳源 [26]、韶关 [35]、深圳 [17]、始兴 [79, 28, 35]、翁源 [79, 51, 35]、五华 [4]、新丰 [63]、英德 [79, 35]、增城 [116]、肇庆 [9, 35]、中山 [10]、紫金 [31]。

阴石蕨 ***Davallia repens*** (L. f.) Kuhn

分布：从化 [7, 107]、大埔 [79, 35]、东源 [59]、丰顺 [95]、佛冈 [27]、惠州 [79, 35]、乐昌 [29, 35]、南雄 [33, 57]、饶平 [35]、仁化 [16]、乳源 [26]、深圳 [17]、五华 [4]、新丰 [35]、阳春 [45]、阳山 [79, 26]、英德 [79, 32]、增城 [79, 116, 35]、肇庆 [9, 35]、紫金 [31]。

阔叶骨碎补 ***Davallia solida*** (G. Forst.) Sw.

分布：江门 [8]、乐昌 [41]、乳源 [26]、阳春 [45]、英德 [32, 35]、肇庆 [35]。

132. 水龙骨科 Polypodiaceae

连珠蕨属 *Aglaomorpha* Schott

槲蕨 ***Aglaomorpha fortunei*** (Kunze ex Mett.) Hovenkamp & S. Linds.

分布：博罗 [38]、从化 [7]、江门 [8]、南雄 [33]、五华 [4]、英德 [32]、增城 [7]、肇庆 [9]、紫金 [31]。

膜叶星蕨属 *Bosmania* Testo

膜叶星蕨 ***Bosmania membranacea*** (D. Don) Testo

分布：丰顺 [95]、怀集 [35]、翁源 [35]、信宜 [35]、英德 [35]。

荷包蕨属 *Calymmodon* C. Presl

短叶荷包蕨 ***Calymmodon asiaticus*** Copel.

分布：博罗 [http://ppbc. iplant. cn/tu/10329439]。

槲蕨属 ***Drynaria* (Bory) J. Sm.**

团叶槲蕨 ***Drynaria bonii*** Christ

分布：台山 [30]、英德 [32]。

崖姜 ***Drynaria coronans*** J. Sm.

分布：博罗 [100]、从化 [7]、东莞 [25]、东源 [59]、佛冈 [27]、惠东 [12]、江门 [8]、茂名 [85]、仁化 [16]、深圳 [11, 17]、翁源 [51]、五华 [4]、阳春 [45]、英德 [32]、肇庆 [9]、紫金 [31]。

棱脉蕨属 ***Goniophlebium* (Blume) C. Presl**

友水龙骨 ***Goniophlebium amoenum*** (Wall. ex Mett.) Bedd.

分布：博罗 [35]、从化 [7, 35]、封开 [35]、广州 [35]、和平 [35]、乐昌 [29, 35, 41]、连南 [35]、龙门 [35]、罗定 [35]、梅州 [35]、南雄 [33]、乳源 [26, 35]、始兴 [28, 35]、翁源 [35, 51]、信宜 [35]、阳山 [26]、英德 [32, 35]、增城 [116]。

尖齿拟水龙骨 ***Goniophlebium argutum*** (Wall. ex Hook.) Bedd.

分布：信宜 [521]。

蒙自拟水龙骨 ***Goniophlebium mengtzeense*** (Christ) G. Roedl-Linder

分布：信宜 [严岳鸿等 WYD380 (CSH)]。

日本水龙骨 ***Goniophlebium niponicum*** (Mett.) Bedd.

分布：乐昌 [29, 35]、连南 [35]、连山 [35]、连州 [26, 35]、南雄 [33]、饶平 [35]、仁化 [16]、乳源 [26, 35]、汕头 [35]、五华 [4]、阳山 [26]、英德 [35]。

禾叶蕨属 ***Grammitis* Sw.**

红毛禾叶蕨 ***Grammitis hirtella*** (Blume) Tuyama

分布：博罗 [35]、从化 [35]、乐昌 [35]、连山 [35]、乳源 [35]、汕头 [35]、信宜 [35]、阳春 [35]、阳山 [35]、英德 [35]、增城 [35]、湛江 [35]、紫金 [35]。

两广禾叶蕨 ***Grammitis lasiosora*** (Blume) Ching

分布：博罗 [35]、从化 [35, 107]、封开 [35]、乐昌 [35]、连山 [35]、仁化 [16]、乳源 [35]、汕头 [35]、翁源 [35]、信宜 [35]、阳春 [35, 45]、英德 [32, 35]、增城 [35]、肇庆 [9, 35]。

伏石蕨属 ***Lemmaphyllum* C. Presl**

披针骨牌蕨 ***Lemmaphyllum diversum*** (Rosenst.) De Vol & C. M. Kuo

分布：从化 [35]、东莞 [25]、怀集 [35]、惠东 [12]、惠州 [35]、乐昌 [29, 26, 41]、连南 [35]、连州 [26]、平远 [35]、乳源 [26, 35]、深圳 [17]、始兴 [28, 35]、翁源 [35]、信宜 [35]、阳山 [26, 35]、英德 [32]。

抱石莲 ***Lemmaphyllum drymoglossoides*** (Baker) Ching

分布：博罗 [38]、惠东 [12]、乐昌 [41]、南雄 [33]、平远 [35]、仁化 [16]、乳源 [26, 35]、深圳 [11]、五华 [4]、信宜 [35]、阳山 [26, 35]、英德 [32]。

伏石蕨 ***Lemmaphyllum microphyllum*** C. Presl

分布：博罗 [35, 38, 100]、从化 [7, 35, 107]、东莞 [25]、东源 [59]、恩平 [35]、丰顺 [95]、封开 [35]、佛冈 [27]、广州 [35]、惠东 [12, 35]、惠州 [35]、江门 [8]、乐昌 [35]、连平 [35]、连州 [26]、茂名 [85]、南澳 [35]、南雄 [33, 57]、仁化 [16]、乳源 [26, 35]、深圳 [11, 17]、始兴 [28, 35]、翁源 [35, 51]、五华 [4]、新丰 [35, 63]、信宜 [35]、阳春 [35, 45]、英德 [32, 35]、云浮 [35]、增城 [7, 116]、肇庆 [9, 35]、中山 [10]、紫金 [31]。

倒卵伏石蕨 ***Lemmaphyllum microphyllum*** var. ***obovatum*** (Harr.) C. Chr.

分布：仁化 [16]、肇庆 [9]。

瓦韦属 ***Lepisorus* (J. Sm.) Ching**

黄瓦韦 ***Lepisorus asterolepis*** (Baker) Ching

分布：乳源 [490]。

鳞果星蕨 ***Lepisorus buergerianus*** (Miq.) C. F. Zhao, R. Wei & X. C. Zhang

分布：博罗 [35] [王英强 642 (IBSC)]、潮州 [35] [叶华谷等 12960 (IBSC)]、从化 [35] [王学文、张桂才 8231 (IBSC)]、东莞 [25, 35]、东源 [59]、丰顺 [35, 95]、封开 [35] [粤 74 74-5298 (IBSC)]、佛冈 [27]、怀集 [35] [刘瑛光 2628 (IBSC)]、惠东 [12]、乐昌 [26, 29, 35, 41]、连南 [35] [谭沛祥 59018 (IBSC)]、连山 [35] [叶华谷 3346 (IBSC)]、连州 [26, 35]、龙川 [35] [曾宪锋 ZXF22319 (CZH)]、龙门 [35] [南昆山调查队 82172 (IBSC)]、陆河 [35] [曾宪锋 ZXF42797 (CZH)]、梅州 [35] [曾宪锋 ZXF29512 (CZH)]、南雄 [33, 35, 57]、平远 [35] [邓良 4184 (IBSC)]、饶平 [35] [李学根 200671 (IBSC)]、仁化 [16]、乳源 [26, 35]、韶关 [35] [黄志 31706 (IBSC)]、深圳 [35] [严岳鸿 812 (IBSC)]、始兴 [28, 35]、翁源 [35, 51]、新丰 [35, 63]、信宜 [35] [湛江区植物调查队 3989 (IBSC)]、阳山 [26, 35]、英德 [32, 35]、增城 [116]、紫金 [31, 35]。

剑叶盾蕨 ***Lepisorus ensatus*** (Thunb.) C. F. Zhao, R. Wei & X. C. Zhang

分布：丰顺 [95]、连平 [498]、始兴 [28]、翁源 [51]。

江南星蕨 ***Lepisorus fortunei*** (T. Moore) C. M. Kuo

分布：博罗 [35, 38, 100]、潮州 [35] [叶华谷等 13185 (IBSC)]、从化 [7, 35]、大埔 [35] [邓良 5053 (IBSC)]、东莞 [25, 35]、东源 [59]、丰顺 [35] [叶华谷 4126 (IBSC)]、封开 [35] [粤 74 74-5074 (IBSC)]、佛冈 [27]、广州 [7, 35]、和平 [35] [张桂才 701 (IBSC)]、河源 [35] [77 级科研组新 0781 (SN)]、怀集 [35] [刘瑛光 2900 (IBSC)]、惠东 [12, 35]、惠州 [35] [曾怀德 25792 (IBSC)]、江门 [8, 35]、蕉岭 [35] [李学根 202220 (IBSC)]、揭西 [35] [曾宪锋 ZXF25104 (CZH)]、乐昌 [26, 29, 35, 41]、连南 [35] [谭沛祥 59384 (IBSC)]、连平 [35] [粤 73 1690 (IBSC)]、连山 [35] [谭沛祥 58032 (IBSC)]、连州 [35] [南岭队 131 (IBSC)]、龙门 [35] [严岳鸿、商辉

13700 (CSH)]、陆河 [35] [曾宪锋 ZXF42827 (CZH)]、茂名 [35, 85]、梅州 [35] [曾宪锋 ZXF43706 (CZH)]、南雄 [33, 35, 57]、平远 [35] [李学根 201985 (IBSC)]、清远 [35] [黄成 161465 (IBSC)]、饶平 [35] [曾宪锋 ZXF4361 (IBSC)]、仁化 [16, 35]、乳源 [26, 35]、韶关 [35] [黄志 31635 (IBSC)]、深圳 [17, 35]、始兴 [28, 35]、翁源 [35, 51]、五华 [4, 35]、新丰 [35, 63]、信宜 [35] [湛江区植物调查队 3971 (IBSC)]、阳春 [35, 45]、阳山 [26, 35]、英德 [32, 35]、郁南 [35] [叶华谷、刘念 2599 (IBSC)]、云浮 [35] [黄志 1886 (IBSC)]、增城 [7, 35, 116]、肇庆 [9, 35]、中山 [10, 35]、紫金 [31, 35]。

庐山瓦韦 ***Lepisorus lewisii*** (Baker) Ching

分布：乐昌 [29]、连州 [26]、乳源 [26, 35]、韶关 [35]、阳山 [26]、英德 [32]。

丝带蕨 ***Lepisorus miyoshianus*** (Makino) Fraser-Jenk.

分布：乳源 [26, 35]。

粤瓦韦 ***Lepisorus obscurevenulosus*** (Hayata) Ching

分布：博罗 [5, 35]、从化 [7]、东莞 [25]、封开 [35]、高州 [35]、惠州 [35]、蕉岭 [35]、乐昌 [26, 29, 35, 41]、连南 [35]、龙门 [35]、茂名 [85]、南雄 [33, 57]、平远 [35]、饶平 [35]、仁化 [35]、乳源 [26, 35]、韶关 [35]、始兴 [28, 35]、翁源 [35]、新丰 [35]、信宜 [35]、阳山 [35]、英德 [32]、增城 [116]、紫金 [31]。

稀鳞瓦韦 ***Lepisorus oligolepidus*** (Baker) Ching

分布：从化 [107]、佛冈 [27]、乐昌 [29, 35]、连州 [35]、乳源 [26]、英德 [35]、增城 [116]。

盾蕨 ***Lepisorus ovatus*** (Wall. ex Bedd.) C. F. Zhao, R. Wei & X. C. Zhang

分布：博罗 [5]、和平 [35]、乐昌 [35, 41]、连州 [26, 35]、梅州 [35]、南雄 [33, 57]、平远 [35]、乳源 [26, 35]、始兴 [28]、五华 [4]、阳山 [26, 35]、英德 [32]、紫金 [31]。

骨牌蕨 ***Lepisorus rostratus*** (Bedd.) C. F. Zhao, R. Wei & X. C. Zhang

分布：博罗 [35, 100]、从化 [7, 35]、东莞 [25]、东源 [59]、封开 [35]、佛冈 [27]、怀集 [35]、惠东 [12]、江门 [8]、乐昌 [29, 35, 41]、连州 [35]、茂名 [35]、乳源 [26, 35]、深圳 [17]、始兴 [28, 35]、翁源 [35, 51]、五华 [4]、新丰 [35]、信宜 [35]、阳春 [35]、阳山 [26]、英德 [35]、增城 [116]、肇庆 [9, 35]、珠海 [35]、紫金 [31]。

短柄瓦韦 ***Lepisorus subsessilis*** Ching & Y. X. Lin

分布：怀集 [245]。

表面星蕨 ***Lepisorus superficialis*** (Blume) C. F. Zhao, R. Wei & X. C. Zhang

分布：从化 [7]、连州 [26]、南雄 [33]、乳源 [26]、深圳 [17]、阳山 [26]、增城 [7]。

瓦韦 ***Lepisorus thunbergianus*** (Kaulf.) Ching

分布：博罗 [35]、从化 [7]、大埔 [35]、东源 [59]、封开 [35]、佛冈 [27]、河源 [35]、惠东 [35]、乐昌 [26, 29, 35, 41]、连平 [35]、南澳 [35]、南雄 [33, 57]、平远 [35]、仁化 [16]、乳源 [26]、汕头 [35]、韶关 [35]、始兴 [28, 35]、翁源 [35, 51]、五华 [4]、信宜 [35]、阳春 [45]、阳山 [26, 35]、英德 [32, 35]、增城 [35, 116]、肇庆 [9]、紫金 [31]。

阔叶瓦韦 ***Lepisorus tosaensis*** (Makino) H. Itô

分布：博罗 [35]、东莞 [25]、河源 [35]、惠州 [35]、乐昌 [29, 35]、连平 [35]、龙门 [35]、乳源 [26, 35]、深圳 [17]、始兴 [35]、信宜 [35]、阳山 [26]、增城 [35]。

显脉星蕨 ***Lepisorus zippelii*** (Blume) C. F. Zhao, R. Wei & X. C. Zhang

分布：广州 [35]、深圳 [17]、英德 [35]。

薄唇蕨属 *Leptochilus* Kaulf.

胄叶线蕨 ***Leptochilus* × *hemitomus*** (Hance) Noot.

分布：博罗 [37]、从化 [7]、大埔 [35]、乐昌 [29, 35, 41]、连山 [35]、连州 [35]、南雄 [33, 35, 57]、乳源 [26]、汕头 [35]、韶关 [35]、始兴 [28, 35]、翁源 [35, 51]、新丰 [35, 63]、阳春 [35, 37]、英德 [32, 35]、肇庆 [35]、紫金 [31]。

新店线蕨 ***Leptochilus* × *shintenensis*** (Hayata) X. C. Zhang & Nooteboom

分布：始兴 [528]。

心叶薄唇蕨 ***Leptochilus cantoniensis*** (Baker) Ching

分布：乳源 [26, 35]、阳山 [26, 35]。

掌叶线蕨 ***Leptochilus digitatus*** (Baker) Noot.

分布：高州 [35]、深圳 [17]、阳春 [35, 37, 45]、阳江 [35]、英德 [32]、郁南 [35]。

线蕨 ***Leptochilus ellipticus*** (Thunb.) Noot.

分布：博罗 [35, 37]、潮州 [35] [叶华谷等 13111 (IBSC)]、从化 [7, 35]、大埔 [35] [李学根 202756 (IBSC)]、东莞 [25, 35]、东源 [119]、丰顺 [35, 95]、封开 [35] [黄成 164029 (IBSC)]、佛冈 [27]、广州 [35] [严岳鸿 430 (IBSC)]、和平 [35] [谭策铭等 Y06605A (JJF)]、怀集 [35] [刘瑛光 2623 (IBSC)]、惠东 [12]、惠州 [35] [卫兆芬 121587 (IBK)]、江门 [35] [左景烈 2038 (IBSC)]、揭西 [35] [曾宪锋 ZXF20470 (CZH)]、乐昌 [29, 35, 41]、连南 [35] [谭沛祥 59394 (IBK)]、连平 [35] [粤 73 1951 (IBSC)]、连山 [35] [谭沛祥 58239 (IBSC)]、连州 [35] [南岭队 210 (IBSC)]、龙门 [35] [严岳鸿、商辉 13601 (CSH)]、梅州 [35] [曾宪锋 ZXF43788 (CZH)]、南雄 [33, 35, 57]、平远 [35] [邓良 4059 (IBSC)]、清远 [35] [黄志 32557 (IBK)]、饶平 [35] [陈念劬 42801 (IBSC)]、仁化 [16, 35]、乳源 [26, 35]、韶关 [35] [高锡朋 51176 (IBSC)]、深圳 [11, 17, 35]、始兴 [28, 35]、翁源 [35, 51]、五华 [4]、新丰 [35, 63]、阳春 [45]、阳山 [35] [秦林川、王发国 35 (HUST)]、英德 [35] [严岳鸿 12966 (IBSC)]、增城 [7, 35, 116]、中山 [10, 35]、紫金 [31, 35]。

滇线蕨 ***Leptochilus ellipticus* var. *pentaphyllus*** (Baker) X.

C. Zhang & Noot.

分布：英德 [32]。

宽羽线蕨 ***Leptochilus ellipticus* var. *pothifolius*** (Buch.-Ham. ex D. Don) X. C. Zhang

分布：博罗 [35]、东莞 [25]、广州 [35]、怀集 [35]、乐昌 [29, 35, 41]、龙门 [35]、南雄 [33]、乳源 [26, 35]、韶关 [35]、深圳 [17]、始兴 [28]、新丰 [35, 63]、信宜 [35]、英德 [32, 35]、肇庆 [9, 35]。

断线蕨 ***Leptochilus hemionitideus*** (Wall. ex Mett.) Noot.

分布：博罗 [35, 37, 100]、大埔 [35]、东莞 [25]、东源 [59]、丰顺 [95]、佛冈 [27]、广州 [7]、河源 [35]、怀集 [35]、乐昌 [29, 35, 41]、连山 [35]、龙门 [35]、罗定 [35]、南雄 [33]、清远 [35]、乳源 [26]、深圳 [17]、始兴 [28, 35]、翁源 [35, 51]、新丰 [35, 63]、新兴 [35]、信宜 [35]、阳春 [35, 37]、阳山 [26]、英德 [32, 35]、增城 [7]、肇庆 [9, 35]、中山 [10]、紫金 [31]。

矩圆线蕨 ***Leptochilus henryi*** (Baker) X. C. Zhang

分布：江门 [8]、连平 [498]、始兴 [28]、英德 [32]。

绿叶线蕨 ***Leptochilus leveillei*** (Christ) X. C. Zhang & Noot.

分布：汕头 [35]、韶关 [35]、新兴 [35]、信宜 [35]。

卵叶薄唇蕨 ***Leptochilus ovatifolius*** Zhe Zhang, S. W. Yao & Yi Huang

分布：阳春 [514]。

具柄线蕨 ***Leptochilus pedunculatus*** (Hook. & Grev.) Fraser-Jenk.

分布：中山 [501]、珠海 [501]。

翅星蕨 ***Leptochilus pteropus*** (Blume) Fraser-Jenk.

分布：佛山 [35]、广州 [35]、怀集 [35]、连山 [35]、南雄 [33]、深圳 [17]、翁源 [35]、英德 [32, 35]。

攀缘线蕨 ***Leptochilus scandens*** H. J. Wei & Y. Huang

分布：阳春 [569]。

三指线蕨 ***Leptochilus tridigitatus*** H. J. Wei

分布：阳春 [583]。

褐叶线蕨 ***Leptochilus wrightii*** (Hook. & Baker) X. C. Zhang

分布：佛山 [35]、乐昌 [29, 35]、连山 [35]、清远 [35]、汕头 [35]、韶关 [35]、始兴 [28]、翁源 [35, 51]、英德 [32, 35]、肇庆 [9, 35]、紫金 [31]。

剑蕨属 *Loxogramme* (Blume) C. Presl

黑鳞剑蕨 ***Loxogramme assimilis*** Ching

分布：信宜 [491]。

中华剑蕨 ***Loxogramme chinensis*** Ching

分布：从化 [7]、乐昌 [29, 26]、乳源 [26, 35]、信宜 [35]、英德 [32]、紫金 [31]。

匙叶剑蕨 ***Loxogramme grammitoides*** (Baker) C. Chr.

分布：乐昌 [29]。

柳叶剑蕨 ***Loxogramme salicifolia*** (Makino) Makino

分布：博罗 [35]、从化 [35]、乐昌 [29]、仁化 [16]、乳源 [26, 35]、深圳 [17]、始兴 [28]、五华 [4]、阳春 [35]、紫金 [31]。

锯蕨属 *Micropolypodium* Hayata

叉毛锯蕨 ***Micropolypodium cornigerum*** (Baker) X. C. Zhang

分布：信宜 [35]。

锯蕨 ***Micropolypodium okuboi*** (Yatabe) Hayata

分布：连山 [叶华谷 3461 (IBSC)]、乳源 [田怀珍 423 (IBSC)]、信宜 [高锡朋 51362 (IBK)]。

星蕨属 *Microsorum* Link

光亮瘤蕨 ***Microsorum cuspidatum*** (D. Don) Tagawa

分布：博罗 [5, 35]、东莞 [25]、信宜 [35]。

羽裂星蕨 ***Microsorum insigne*** (Blume) Copel.

分布：博罗 [35, 37, 100]、大埔 [35]、丰顺 [95]、怀集 [35]、乐昌 [29]、连山 [35]、龙门 [王学文 8287 (HGAS052112)]、乳源 [26]、韶关 [35]、深圳 [17]、翁源 [35]、新丰 [35]、信宜 [35]、阳春 [37]、英德 [32, 35]、增城 [7]、肇庆 [9]、紫金 [31]。

显脉瘤蕨 ***Microsorum membranifolium*** (R. Br.) Ching

分布：信宜 [501]。

星蕨 ***Microsorum punctatum*** (L.) Copel.

分布：博罗 [35, 37, 100]、东莞 [25]、恩平 [35]、高州 [35]、广州 [7, 35]、惠东 [35]、江门 [8]、陆丰 [35]、茂名 [85]、清远 [35]、深圳 [17]、阳春 [35, 37]、云浮 [35]、增城 [116]、肇庆 [9, 35]、紫金 [31]。

瘤蕨 ***Microsorum scolopendria*** (Burm.) Copel.

分布：博罗 [5]、东莞 [25]、惠州 [35]、深圳 [17]、徐闻 [35]、阳江 [35]、英德 [32]、珠海 [35]。

滨禾蕨属 *Oreogrammitis* Copel.

无毛滨禾蕨 ***Oreogrammitis adspersa*** (Blume) Parris

分布：龙门 [528]、阳春 [528]。

短柄滨禾蕨 ***Oreogrammitis dorsipila*** Parris

分布：从化 [7]、惠东 [12]、江门 [8]、乐昌 [26]、连州 [26]、乳源 [26]、深圳 [17]、五华 [4]、阳山 [26]、英德 [32]、增城 [7, 116]、紫金 [31]。

隐脉滨禾蕨 ***Oreogrammitis sinohirtella*** Parris

分布：从化 [3]。

瘤蕨属 *Phymatosorus* Pic. Serm.

多羽瘤蕨 ***Phymatosorus longissimus*** (Blume) Pic. Serm.

分布：博罗 [35]、深圳 [17]、英德 [32]。

鹿角蕨属 *Platycerium* Desv.

鹿角蕨 ***Platycerium wallichii*** Hook.

分布：五华 *[4]、肇庆 *[9]。

穴子蕨属 *Prosaptia* C. Presl

缘生穴子蕨 ***Prosaptia contigua*** (G. Forst.) C. Presl

分布：信宜 [35]。

中间穴子蕨 ***Prosaptia intermedia*** (Ching) Tagawa

分布：**封开**［粤 74 74-5197 (IBSC)］、**佛冈** [27]、**罗定**［刘念、叶华谷 2497 (IBSC)］、**信宜**［黄志 30905 (IBSC)］、**英德** [32]。

华南穴子蕨 ***Prosaptia urceolaria*** (Hayata) Ching

分布：**封开** [35]、**罗定** [35]、**信宜** [35]、**阳春** [35]。

石韦属 ***Pyrrosia*** **Mirb.**

贴生石韦 ***Pyrrosia adnascens*** (Sw.) Ching

分布：**博罗** [35, 38, 100]、**潮州** [35]［曾宪锋 ZXF9754 (CZH)］、**东莞** [25, 35]、**东源** [59]、**丰顺** [95]、**佛山** [35]［高锡朋 51559 (IBSC)］、**广州** [7, 35]、**鹤山** [35]［黄茂先 110832 (HZ)］、**惠东** [12, 35]、**惠州** [35]［陈炳辉 451 (IBSC)］、**江门** [8, 35]、**揭西** [35]［叶华谷 4542 (IBSC)］、**陆丰** [35]［卫兆芬 121252 (IBSC)］、**陆河** [35]［叶华谷 4783 (IBSC)］、**茂名** [35, 85]、**饶平** [35]［曾宪锋 ZXF24436 (CZH)］、**仁化** [16]、**汕头** [35]［C. I. Lei 813 (NAS)］、**深圳** [17, 35]、**台山** [35]［粤 73 2813 (IBSC)］、**五华** [4]、**新丰** [63]、**新兴** [35]［刘瑛光 2226 (PE)］、**信宜** [35]［严岳鸿等 1432B (HUST)］、**徐闻** [35]［南路 363 (IBSC)］、**阳春** [35, 45]、**阳江** [35]［湛江区植物调查队 3024 (IBSC)］、**英德** [32]、**云浮** [35]［黄志 476 (IBSC)］、**增城** [116]、**肇庆** [9, 35]、**中山** [35]［严岳鸿、陈炳辉 200 (IBSC)］、**珠海** [35]［粤 73 3099 (IBSC)］、**紫金** [31, 35]。

石蕨 ***Pyrrosia angustissima*** (Giesenh. ex Diels) Tagawa & K. Iwats.

分布：**乐昌** [26, 29, 35]、**乳源** [35]、**阳山** [35]。

相近石韦 ***Pyrrosia assimilis*** (Baker) Ching

分布：**博罗** [35]、**东莞** [25]、**乐昌** [26, 29, 35]、**梅州** [35]、**南雄** [33]、**仁化** [16, 35]、**乳源** [26, 35]、**翁源** [35]、**信宜** [35]、**阳山** [26]、**英德** [32]。

光石韦 ***Pyrrosia calvata*** (Baker) Ching

分布：**连州** [35]、**仁化** [16]、**乳源** [35]、**阳山** [26, 35]。

石韦 ***Pyrrosia lingua*** (Thunb.) Farw.

分布：**博罗** [35, 38, 100]、**潮州** [35]［叶华谷等 13245 (IBSC)］、**从化** [7, 35, 107]、**大埔** [35]［李学根 202618 (IBSC)］、**东莞** [25, 35]、**东源** [59]、**丰顺** [35, 95]、**封开** [35]［粤 74 74-5035 (IBSC)］、**佛冈** [27]、**佛山** [35]［陈焕镛 9905 (PE)］、**高州** [35]［周沛椿 10364 (PE)］、**广州** [7, 35]、**河源** [35]［77 级科研组新 0056 (SN)］、**怀集** [35]［刘瑛光 2735 (IBSC)］、**惠东** [12, 35]、**惠州** [35]［卫兆芬 121588 (IBSC)］、**江门** [8, 35]、**蕉岭** [35]［邓良 4587 (IBSC)］、**揭西** [35]［曾宪锋 ZXF24836 (CZH)］、**乐昌** [26, 29, 35, 41]、**连南** [35]［谭沛祥 59068 (IBSC)］、**连平** [35]［粤 73 1968 (IBSC)］、**连山** [35]［严岳鸿 1202 (IBSC)］、**连州** [26, 35]、**龙川** [35]［徐祥浩 1051 (IBSC)］、**龙门** [35]［张桂才 238 (IBSC)］、**罗定** [35]［叶华谷、刘念 2396 (IBSC)］、**茂名** [35, 85]、**梅州** [35]［朱权芳 3 (SN)］、**南澳** [35]［陈炳辉 280 (IBSC)］、**南雄** [33, 35, 57]、**平远** [35]［孙王叶平 004 (SN)］、**清远** [35]［钟观光 1291 (PE)］、**饶平** [35]［曾宪锋 ZXF4237 (IBSC)］、**仁化** [16, 35]、**乳源** [26, 35]、**深圳** [17, 35]、**始兴** [28, 35]、**翁源** [35, 51]、**五华** [4]、**新丰** [35]［叶华谷 1105 (IBSC)］、**信宜** [35]［湛江区植物调查队 3877 (IBSC)］、**兴宁** [35]［曾宪锋 ZXF27969 (CZH)］、**阳春** [35, 45]、**阳江** [35]［刘集汉 89904 (IBSC)］、**阳山** [26, 35]、**英德** [32, 35]、**云浮** [35]［辛树帜 5075 (IBSC)］、**增城** [7, 35, 116]、**肇庆** [9, 35]、**中山** [10, 35]、**珠海** [35]［刘洁 200901507 (SN)］、**紫金** [31, 35]。

有柄石韦 ***Pyrrosia petiolosa*** (Christ) Ching

分布：**乐昌** [29]。

抱树莲 ***Pyrrosia piloselloides*** (L.) M. G. Price

分布：**博罗** [100]、**从化** [107]、**丰顺** [95]、**广州** [35]、**江门** [8]、**仁化** [16]、**深圳** [11]、**始兴** [28]、**新丰** [63]、**英德** [32]、**肇庆** [9]、**紫金** [31]。

庐山石韦 ***Pyrrosia sheareri*** (Baker) Ching

分布：**乐昌** [26, 29, 35, 41]、**连山** [35]、**仁化** [16, 35]、**乳源** [26, 35]、**阳山** [35]。

中越石韦 ***Pyrrosia tonkinensis*** (Giesenh.) Ching

分布：**阳春** [35, 37]。

革舌蕨属 ***Scleroglossum*** **Alderw.**

革舌蕨 ***Scleroglossum sulcatum*** Alderw.

分布：**乳源** [501, 26]。

修蕨属 ***Selliguea*** **Bory**

灰鳞假瘤蕨 ***Selliguea albipes*** (C. Chr. & Ching) S. G. Lu

分布：**惠州** [35]、**乐昌** [26]、**乳源** [26, 35]、**阳山** [26, 35]。

十字假瘤蕨 ***Selliguea cruciformis*** (Ching) Fraser-Jenk.

分布：**乐昌** [29]。

雨蕨 ***Selliguea dareiformis*** (Hook.) X. C. Zhang & L. J. He

分布：**乳源** [26, 35]、**英德** [32]。

掌叶假瘤蕨 ***Selliguea digitata*** (Ching) S. G. Lu

分布：**乳源**［刘炳荣 051175 (PE)］、**韶关**［金摄郎、张九兵 SL-TJ 124 (CSH)］。

修蕨 ***Selliguea feei*** Bory

分布：**县级不详** [30]。

海南假瘤蕨 ***Selliguea hainanensis*** (Ching) S. G. Lu

分布：**连南** [482]、**阳山** [26]。

金鸡脚假瘤蕨 ***Selliguea hastata*** (Thunb.) H. Ohashi & K. Ohashi

分布：**博罗** [35]、**大埔** [35]、**海丰** [35]、**蕉岭** [35]、**乐昌** [29, 35, 41]、**连南** [35]、**连平** [35]、**南雄** [33, 57]、**平远** [35]、**仁化** [16]、**乳源** [26, 35]、**始兴** [28]、**翁源** [51]、**五华** [4]、**徐闻** [35]。

节肢蕨 ***Selliguea lehmannii*** **(Mett.) Christenh.**

分布：博罗 [35]、封开 [35]、乐昌 [29]、乳源 [26, 35]、阳山 [26]。

龙头节肢蕨 ***Selliguea lungtauensis*** **(Ching) Christenh.**

分布：从化 [35]、乐昌 [26]、乳源 [26, 35]、韶关 [35]、翁源 [51]、新丰 [63]。

喙叶假瘤蕨 ***Selliguea rhynchophylla*** **(Hook.) H. Ohashi & K. Ohashi**

分布：博罗 [35]、从化 [7, 35]、丰顺 [95]、乐昌 [29, 35, 41]、连南 [35]、连州 [26]、乳源 [26, 35]、汕头 [35]、阳山 [26]、英德 [35]。

第四章 裸子植物

133. 苏铁科 Cycadaceae

苏铁属 *Cycas* L.

篦齿苏铁 *Cycas pectinata* Griff.

分布：肇庆 *[9]。

苏铁 *Cycas revoluta* Thunb.

分布：博罗 *[38, 100]、从化 *[107]、江门 *[8]、仁化 *[16]、始兴 *[28]、新丰 *[63]、信宜 *[52]、郁南 *[101]、肇庆 *[9]。

仙湖苏铁 *Cycas szechuanensis* W. C. Cheng & L. K. Fu

分布：江门 [17]、乐昌 [41, 17]、连州 [17]、深圳 [17]、翁源 *[51]、肇庆 [17]。

闽粤苏铁 *Cycas taiwaniana* Carruth.

分布：博罗 *[20, 37, 100]、鹤山 [20]、乐昌 [20]、平远 [20]、乳源 [20]、韶关 [20]、深圳 [17, 20]、台山 [20]、翁源 [20]、肇庆 [9, 20]。

134. 泽米铁科 Zamiaceae

泽米铁属 *Zamia* L.

鳞秕泽米 *Zamia furfuracea* Ait.

分布：从化 *[107]、广州 *[http://ppbc. iplant. cn/tu/3007657]、惠州 *[http://ppbc. iplant. cn/tu/5041213]、江门 *[8]、深圳 *[17]、湛江 *[http://ppbc. iplant. cn/tu/5747868]、肇庆 *[9]。

135. 银杏科 Ginkgoaceae

银杏属 *Ginkgo* L.

银杏 *Ginkgo biloba* L.

分布：博罗 *[38]、封开 *[14]、乐昌 *[29, 41]、南雄 *[57]、深圳 *[17]、新丰 *[63]、肇庆 *[9]。

136. 南洋杉科 Araucariaceae

南洋杉属 *Araucaria* Juss.

南洋杉 *Araucaria cunninghamii* Mudie

分布：博罗 *[38, 100]、从化 *[107]、广州 *[3]、乐昌 *[29]、仁化 *[16]、深圳 *[17]、始兴 *[28]、信宜 *[52]、肇庆 *[9]。

异叶南洋杉 *Araucaria heterophylla* (Salisb.) Franco

分布：封开 *[14]、广州 *[3]、惠州 *[http://ppbc. iplant. cn/tu/5015448]、深圳 *[17]、肇庆 *[9]。

137. 罗汉松科 Podocarpaceae

鸡毛松属 *Dacrycarpus* (Endl.) de Laub.

鸡毛松 *Dacrycarpus imbricatus* (Blume) de Laub.

分布：信宜 *[52]、肇庆 *[9]。

竹柏属 *Nageia* Gaertn.

长叶竹柏 *Nageia fleuryi* (Hickel) de Laub.

分布：博罗 [5, 100]、从化 [107]、佛冈 [27]、江门 [8]、龙门 [3, 35]、阳春 [45]、英德 [32]、增城 [116, 35, 3]、肇庆 [3, 9, 35]。

竹柏 *Nageia nagi* (Thunb.) Kuntze

分布：博罗 [35, 38]、潮州 [35] [曾宪锋 ZXF6117 (CZH)]、从化 *[35, 107]、大埔 [35] [邓良 5391 (IBSC)]、丰顺 [35, 95]、封开 [14]、佛冈 [27]、广州 [35] [叶华谷 16805 (IBSC)]、怀集 [35] [程用谦 170855 (IBSC)]、江门 [8, 35]、蕉岭 [35] [李学根 202367 (CSFI)]、揭西 [35] [曾宪锋 ZXF24801 (CZH)]、乐昌 [29, 35]、连山 [35] [叶华谷 3968 (IBSC)]、廉江 [35] [湛江区植物调查队 3087 (IBSC)]、龙门 [35] [张宏达 7023 (SYS)]、陆河 [35] [曾宪锋 ZXF42747 (CZH)]、茂名 [85]、梅州 [35] [曾宪锋 ZXF41671 (CZH)]、南澳 [35] [陈炳辉 291 (IBSC)]、平远 [35] [曾宪锋 ZXF41931 (CZH)]、仁化 [16]、乳源 [26]、深圳 *[17, 35]、始兴 [28, 35]、四会 [35] [曾宪锋 ZXF38371 (CZH)]、台山 [35] [郭艳鸿 s. n. (IBSC)]、五华 [35] [曾宪锋 ZXF5058 (CZH)]、信宜 [35, 52]、阳春 [35] [广东木材调查组 668 (IBSC)]、英德 [32, 35]、增城 [116]、湛江 [35] [南植地 3081 (SYS)]、肇庆 *[9, 35]、紫金 [31, 35]。

罗汉松属 *Podocarpus* L'Hér. ex Pers.

短叶罗汉松 *Podocarpus chinensis* Wall. ex J. Forbes

分布：从化 *[107]、丰顺 *[95]、惠东 [12]、信宜 * [52]、英德 [32]、肇庆 *[9]。

罗汉松 *Podocarpus macrophyllus* (Thunb.) Sweet

分布：博罗 *[5]、从化 *[107]、惠东 [12]、江门 [8]、乐昌 [29]、仁化 [16]、深圳 *[11, 17]、信宜 [52]、阳春 [45]、英德 [32]、增城 [116]、肇庆 *[9]。

百日青 *Podocarpus neriifolius* D. Don

分布：从化 [107]、封开 [14]、佛冈 [27]、惠东 [12]、江门 [8]、乐昌 [29, 41]、连州 [26]、仁化 [16]、乳源 [26, 35]、始兴 [28]、新丰 [63]、信宜 [52]、阳春 [45]、英德 [32]、珠海 [35]、紫金 [31]。

小叶罗汉松 ***Podocarpus pilgeri*** Foxw.

分布：紫金 *[31]。

138. 柏科 Cupressaceae

扁柏属 *Chamaecyparis* Spach

福建柏 ***Chamaecyparis hodginsii*** (Dunn) Rushforth

分布：封开 [14]、江门 [8]、乐昌 [29, 41, 35, 20]、连山 [20]、连州 [26, 20]、南雄 [33]、乳源 [20, 26, 35]、新丰 [20]、信宜 [52]、阳春 [20]、阳山 [20]、英德 [32]、增城 [116]。

日本花柏 ***Chamaecyparis pisifera*** (Siebold & Zucc.) Endl.

分布：肇庆 *[9]。

柳杉属 *Cryptomeria* D. Don

日本柳杉 ***Cryptomeria japonica*** (Thunb. ex L. f.) D. Don

分布：乐昌 *[29]、仁化 *[16]、始兴 *[28]。

柳杉 ***Cryptomeria japonica* var. *sinensis*** Miq.

分布：乐昌 *[41]、南雄 *[57]、仁化 *[16]、乳源 *[26]、新丰 *[63]、信宜 *[52]、肇庆 *[9]。

杉木属 *Cunninghamia* R. Br.

杉木 ***Cunninghamia lanceolata*** (Lamb.) Hook.

分布：博罗 *[38, 100]、从化 *[107]、东莞 [25]、丰顺 *[95]、封开 [14]、佛冈 [27]、惠东 [12]、江门 [8]、乐昌 [29, 41]、连州 [26]、南雄 [33, 57]、仁化 [16]、乳源 [26]、深圳 [11, 17]、始兴 [28]、翁源 [51]、五华 [4]、新丰 *[63]、信宜 *[52]、阳春 [45]、英德 [32]、郁南 [101]、增城 [116]、肇庆 *[9]、紫金 [31]。

柏木属 *Cupressus* L.

柏木 ***Cupressus funebris*** Endl.

分布：博罗 *[38, 100]、从化 *[107]、乐昌 [29, 41]、仁化 [16]、乳源 [26]。

水松属 *Glyptostrobus* Endl.

水松 ***Glyptostrobus pensilis*** (Staunton ex D. Don) K. Koch

分布：博罗 *[20, 38, 100]、从化 [35]、德庆 [35]、封开 [35]、佛山 [35]、高州 [20]、广宁 [35]、广州 [20, 35]、怀集 [20, 35]、惠州 [20]、江门 [8]、平远 [20]、深圳 [17]、四会 [35]、增城 [35]、肇庆 *[9, 35]、珠海 [20]。

刺柏属 *Juniperus* L.

圆柏 ***Juniperus chinensis*** L.

分布：博罗 *[100]、从化 *[107]、封开 [14]、江门 [8]、仁化 [16]、深圳 *[11]、始兴 *[28]、肇庆 *[9]。

刺柏 ***Juniperus formosana*** Hayata

分布：连州 *[26]、南雄 *[57]、仁化 [16]。

水杉属 *Metasequoia* Hu & W. C. Cheng

水杉 ***Metasequoia glyptostroboides*** Hu & W. C. Cheng

分布：信宜 *[52]、郁南 *[101]、肇庆 *[9]。

侧柏属 *Platycladus* Spach

侧柏 ***Platycladus orientalis*** (L.) Franco

分布：博罗 *[38, 100]、从化 *[107]、江门 *[8]、仁化 *[16]、深圳 *[11]、始兴 *[28]、信宜 *[52]、郁南 *[101]、肇庆 *[9]。

台湾杉属 *Taiwania* Hayata

台湾杉 ***Taiwania cryptomerioides*** Hayata

分布：乐昌 *[41]。

落羽杉属 *Taxodium* Rich.

落羽杉 ***Taxodium distichum*** (L.) Rich.

分布：从化 *[107]、江门 *[8]、乐昌 *[29, 41]、仁化 *[16]、肇庆 *[9]。

池杉 ***Taxodium distichum* var. *imbricatum*** (Nutt.) Croom

分布：从化 *[107]、肇庆 *[9]。

139. 三尖杉科 Cephalotaxaceae

三尖杉属 *Cephalotaxus* Siebold & Zucc. ex Endl.

三尖杉 ***Cephalotaxus fortunei*** Hook.

分布：从化 [107]、东莞 [25]、丰顺 [95]、佛冈 [27]、和平 [35] [张冰明 152898 (IBSC)]、乐昌 [29, 35, 41]、连平 [35] [卫兆芬 120168 (IBSC)]、连州 [26, 35]、龙川 [35] [曾宪锋 ZXF22291 (CZH)]、南雄 [33, 35, 57]、仁化 [16, 35]、乳源 [26, 35]、始兴 [28, 35]、五华 [4]、新丰 [63]、阳山 [26, 35]、英德 [32, 35]、紫金 [31, 35]。

海南粗榧 ***Cephalotaxus hainanensis*** H. L. Li

分布：信宜 [C. Wang 31117 (SYS)]。

宽叶粗榧 ***Cephalotaxus latifolia*** W. C. Cheng & L. K. Fu ex L. K. Fu & R. R. Mill

分布：乳源 [20]、信宜 [20]。

西双版纳粗榧 ***Cephalotaxus mannii*** Hook. f.

分布：信宜 [3, 35, 52, 20]。

矮三尖杉 ***Cephalotaxus nana*** Nakai

分布：乳源 [20]。

篦子三尖杉 ***Cephalotaxus oliveri*** Mast.

分布：乐昌 [29, 41, 35, 20]、连州 [20]、仁化 [20]、乳源 [20]、始兴 [20]。

粗榧 ***Cephalotaxus sinensis*** (Rehder & E. H. Wilson) H. L. Li

分布：罗定 [35] [中山大学普查队、王伯荪、许霖庆 271 (SYS)]、乳源 [26]、信宜 [52]、英德 [32]。

140. 红豆杉科 Taxaceae

穗花杉属 *Amentotaxus* Pilg.

穗花杉 ***Amentotaxus argotaenia*** (Hance) Pilg.

分布：博罗 [37, 38, 100]、潮州 [35] [曾宪锋 ZXF8935 (CZH)]、从化 [107]、东莞 [25]、东源 [59]、丰顺 [35, 95]、封开 [14]、佛冈 [27]、惠东 [12]、江门 [8]、乐昌 [29, 35, 41]、连山 [35] [叶华谷 8098 (IBSC)]、连州 [26]、梅州 [35] [F. A. McClure 103 (SYS)]、饶平 [35] [陈念劬 42782 (IBK)]、乳源 [26]、韶关 [35] [高锡朋 50787 (KUN)]、深圳 [17]、翁源 [18]、新丰 [35, 63]、阳春 [45]、阳山 [35] [邓良 1319 (KUN)]、英德 [32, 35]、增城 [116]、肇庆 [9]、紫金 [31, 35]。

白豆杉属 ***Pseudotaxus* W. C. Cheng**

白豆杉 ***Pseudotaxus chienii*** (W. C. Cheng) W. C. Cheng

分布：乐昌 [20]、连州 [26]、乳源 [20]、阳山 [26]、英德 [32]。

红豆杉属 ***Taxus* L.**

南方红豆杉 ***Taxus wallichiana* var. *mairei*** (Lemee & H. Lév.) L. K. Fu & Nan Li

分布：博罗 [38]、潮州 [20]、封开 [14]、怀集 [20]、乐昌 [29, 41, 35, 20]、连南 [20]、连山 [20, 35]、连州 [20, 26, 35]、南雄 [33, 35]、仁化 [20, 35]、乳源 [20, 35]、深圳 [17]、翁源 [18]、五华 [4]、阳山 [20, 26]、肇庆 *[9]。

141. 松科 Pinaceae

油杉属 ***Keteleeria* Carrière**

油杉 ***Keteleeria fortunei*** (A. Murray bis) Carrière

分布：江门 [8]、信宜 [52]。

江南油杉 ***Keteleeria fortunei* var. *cyclolepis*** (Flous) Silba

分布：乐昌 [35]、南雄 [33, 35]。

长苞铁杉属 ***Nothotsuga* Hu ex C. N. Page**

长苞铁杉 ***Nothotsuga longibracteata*** (W. C. Cheng) Hu ex C. N. Page

分布：乐昌 [29, 20]、连州 [20, 35]、乳源 [20, 26, 35]、阳山 [20]、英德 [32]。

松属 ***Pinus* L.**

湿地松 ***Pinus elliottii*** Engelm.

分布：博罗 *[5, 100]、从化 *[107]、丰顺 *[95]、封开 *[14]、广州 *[19]、惠东 *[12]、惠州 *[http://ppbc. iplant. cn/tu/4160839]、江门 *[8]、乐昌 *[29]、仁化 *[16]、韶关 *[http://ppbc. iplant. cn/tu/5308386]、深圳 *[http://ppbc. iplant. cn/tu/12593384]、始兴 *[28]、新兴 *[http://ppbc. iplant. cn/tu/10624762]、信宜 *[52]、英德 *[http://ppbc. iplant. cn/tu/12240785]、肇庆 *[9]、珠海 *[http://ppbc. iplant. cn/tu/12926059]。

华南五针松 ***Pinus kwangtungensis*** Chun ex Tsiang

分布：东莞 [25]、乐昌 [29, 41, 35, 20]、连南 [20]、连山 [20]、连州 [26, 20]、乳源 [20, 26, 35]、阳山 [26, 20]、英德 [32]、肇庆 *[9]。

南亚松 ***Pinus latteri*** Mason

分布：雷州 [35]、廉江 [35]、遂溪 [35]、吴川 [35]、徐闻 [35]、湛江 [35]。

马尾松 ***Pinus massoniana*** Lamb.

分布：博罗 [38, 100]、潮州 [35] [张少玲 2015031 (CZH)]、从化 [35, 107]、大埔 [35] [李学根 202670 (IBSC)]、东莞 [25, 35]、东源 [119]、丰顺 [35, 95]、封开 [14, 35]、佛冈 [27]、广州 [19, 35]、海丰 [35] [曾宪锋 ZXF04571 (CZH)]、和平 [35] [中国科学院华南植物研究所 120408 (PE)]、河源 [35] [曾怀德 28510 (SYS)]、惠东 [12]、惠州 [35] [曾怀德 20021 (IBSC)]、江门 [8, 35]、蕉岭 [35] [邓良 4874 (IBSC)]、揭西 [35] [曾宪锋 ZXF24863 (CZH)]、乐昌 [29, 35, 41]、连山 [35] [中国科学院华南植物研究所 58203 (PE)]、连州 [26, 35]、龙川 [35] [曾宪锋 ZXF22396 (CZH)]、龙门 [35] [南昆山调查队 82273 (IBSC)]、陆丰 [35] [许小婷 XXT054 (CZH)]、梅州 [35] [曾宪锋 ZXF24942 (CZH)]、南雄 [33, 35, 57]、平远 [35] [邓良 4198 (IBSC)]、清远 [35] [黄成 161414 (IBSC)]、饶平 [35] [曾宪锋 ZXF24468 (CZH)]、仁化 [16, 35]、乳源 [26, 35]、深圳 [11, 17, 35]、始兴 [28, 35]、台山 [35] [左景烈 22523 (IBSC)]、翁源 [35, 51]、五华 [4]、新丰 [35, 63]、信宜 [35, 52]、兴宁 [35] [曾宪锋 ZXF22118 (CZH)]、阳春 [45]、阳江 [35] [黄志 41817 (IBSC)]、阳山 [35] [谭沛祥 60437 (IBSC)]、英德 [32, 35]、郁南 [101]、云浮 [35] [黄荣焜 1823 (IBSC)]、增城 [116]、肇庆 [9, 35]、中山 [10, 35]、紫金 [31, 35]。

火炬松 ***Pinus taeda*** L.

分布：广州 *[3]。

黑松 ***Pinus thunbergii*** Parl.

分布：博罗 *[38]、乐昌 *[29, 41]、翁源 *[51]。

热带松 ***Pinus tropicalis*** Morelet

分布：湛江 *[3]。

铁杉属 ***Tsuga* Carrière**

铁杉 ***Tsuga chinensis*** (Franch.) E. Pritz.

分布：乐昌 [29]、连州 [26]、乳源 [26, 35]、英德 [32]。

142. 买麻藤科 Gnetaceae

买麻藤属 ***Gnetum* L.**

海南买麻藤 ***Gnetum hainanense*** C. Y. Cheng

分布：惠东 [卫兆芬 121135 (PE)]、茂名 [邓良 2227 (PE)]、清远 [黄志 30749 (IBK)]、徐闻 [徐闻队 5580 (IBK)]、阳江 [黄志 41523 (IBK)]。

罗浮买麻藤 ***Gnetum luofuense*** C. Y. Cheng

分布：博罗 [3, 35, 37, 38, 100]、潮州 [35] [曾宪锋 ZXF9776 (CZH)]、从化 [107]、东莞 [25, 35]、东源 [119]、丰顺 [35, 95]、封开 [14]、佛冈 [27]、海丰 [35] [曾宪锋 ZXF4579 (CZH)]、惠东 [12]、惠州 [35] [叶华谷、曾飞燕 22022 (IBSC)]、江门 [8]、仁化 [16]、乳源 [26]、深圳 [17, 35]、翁源 [51]、五华 [4]、新丰 [63]、信宜 [52]、阳春 [45]、

阳山 [26]、英德 [32]、郁南 [101]、增城 [116]、肇庆 [3, 35]、中山 [10, 35]、紫金 [31, 35]。

买麻藤 ***Gnetum montanum*** Markgr.

分布：博罗 [37, 100]、丰顺 [95]、茂名 [85]、深圳 [11, 17]、始兴 [28]、肇庆 [9]。

小叶买麻藤 ***Gnetum parvifolium*** (Warb.) C. Y. Cheng ex Chun

分布：博罗 [35, 100]、潮州 [35] [曾宪锋 ZXF37610 (CZH)]、从化 [35, 107]、大埔 [35] [邓良 5025 (IBSC)]、德庆 [35] [刘瑛光 1168 (IBSC)]、东莞 [25, 35]、东源 [35, 59]、丰顺 [35, 95]、封开 [14, 35]、佛冈 [27]、广州 [35] [叶华谷 300 (IBSC)]、和平 [35] [卫兆芬 120422 (KUN)]、怀集 [35] [程用谦 170810 (IBSC)]、惠东 [12]、惠州 [35] [曾怀德 122 (KUN)]、江门 [8, 35]、蕉岭 [35] [南岭队 2214 (IBSC)]、乐昌 [35, 41]、连南 [35] [朱志淞 60985 (IBSC)]、连平 [35] [粤 73 1647 (IBSC)]、连山 [35] [谭沛祥 58713 (KUN)]、连州 [35] [南岭队 305 (IBSC)]、龙门 [35] [卫兆芬 121942 (IBSC)]、茂名 [85]、南雄 [57, 35]、饶平 [35] [李学根 200733 (IBSC)]、仁化 [16]、乳源 [26, 35]、深圳 [11, 17, 35]、始兴 [28, 35]、台山 [35] [李泽贤 531 (IBSC)]、翁源 [35, 51]、五华 [4]、新丰 [63]、信宜 [52]、徐闻 [35] [徐闻队 8 (PE)]、阳春 [45]、阳江 [35] [湛江区植物调查队 3645 (IBSC)]、阳山 [35] [南植地 486 (IBSC)]、英德 [32, 35]、郁南 [35, 101]、增城 [116]、肇庆 [9, 35]、中山 [10, 35]、紫金 [31, 35]。

第五章　被子植物

143. 莼菜科 Cabombaceae

莼菜属 *Brasenia* Schreb.

莼菜 ***Brasenia schreberi*** J. F. Gmel.

分布：南雄 [33, 22, 20]、仁化 *[16]、阳山 [26, 22, 20]。

水盾草属 *Cabomba* Aubl.

水盾草 ***Cabomba caroliniana*** A. Gray

分布：深圳 #[82]。

红水盾草 ***Cabomba furcata*** Schult. & Schult. f.

分布：恩平 #[425]。

144. 睡莲科 Nymphaeaceae

芡属 *Euryale* Salisb.

芡 ***Euryale ferox*** Salisb. ex K. D. Koenig & Sims

分布：潮州 *[22]、广州 *[http://ppbc.iplant.cn/tu/11514594]、汕头 *[22]、韶关 *[22]、肇庆 *[9, 22]。

萍蓬草属 *Nuphar* Sm.

日本萍蓬草 ***Nuphar japonica*** DC.

分布：恩平 *[22]、广州 *[22]。

萍蓬草 ***Nuphar pumila*** (Timm) DC.

分布：广州 *[http://ppbc. iplant. cn/tu/7231676]、仁化 *[16]、深圳 *[17]、英德 [32]。

中华萍蓬草 ***Nuphar pumila* subsp. *sinensis*** (Hand. -Mazz.) Padgett

分布：恩平 [22]、阳山 [22]。

睡莲属 *Nymphaea* L.

红睡莲 ***Nymphaea alba* var. *rubra*** Lonnr.

分布：深圳 *[17]。

延药睡莲 ***Nymphaea nouchali*** Burm. f.

分布：恩平 *[22]、佛山 *[22]、深圳 *[17]、肇庆 [9]。

睡莲 ***Nymphaea tetragona*** Georgi

分布：博罗 *[38]、从化 *[107]、连州 [26]、南雄 [33, 22]、仁化 [16]、阳山 [26, 22]。

145. 五味子科 Schisandraceae

八角属 *Illicium* L.

大屿八角 ***Illicium angustisepalum*** A. C. Smith

分布：乳源 [26]、深圳 [17]、阳山 [26]、英德 [32]。

短柱八角 ***Illicium brevistylum*** A. C. Smith

分布：乐昌 [29, 41]。

红花八角 ***Illicium dunnianum*** Tutch.

分布：从化 [35, 107]、东源 [59]、封开 [14]、佛冈 [27]、惠州 [35]、江门 [8]、连州 [26]、阳春 [45]、增城 [35, 116]、肇庆 *[9]、紫金 [31]。

红茴香 ***Illicium henryi*** Diels

分布：潮州 [曾宪锋 ZXF9384 (CZH)]、揭西 [曾宪锋 ZXF09384 (CZH)]、饶平 [曾宪锋 ZXF30520 (CZH)]。

假地枫皮 ***Illicium jiadifengpi*** B. N. Chang

分布：乐昌 [29]、乳源 [26]。

红毒茴 ***Illicium lanceolatum*** A. C. Sm.

分布: 江门 [8]、乐昌 [29, 35, 41]、仁化 [16, 35]、乳源 [26, 35]、始兴 [35] [叶华谷等 1057 (IBSC)]、阳山 [26, 35]、英德 [32]。

平滑叶八角 ***Illicium leiophyllum*** A. C. Sm.

分布：台山 [35]。

大八角 ***Illicium majus*** Hook. f. & Thomson

分布：从化 [35] [林祁、郝刚 940 (PE)]、封开 [14, 35]、怀集 [35] [石国良 15009 (IBSC)]、乐昌 [35] [左景烈 20321 (PE)]、连南 [35] [朱志淞 60591 (IBSC)]、仁化 [35] [曾怀德 8736 (IBSC)]、乳源 [26, 35]、翁源 [35] [刘心祈 2627 (IBSC)]、新丰 [35] [叶华谷 1064 (IBSC)]、阳山 [35] [邓良 165 (PE)]、英德 [32, 35]、增城 [35] [曾怀德 20397A (PE)]、肇庆 [9]。

小花八角 ***Illicium micranthum*** Dunn

分布：江门 [8]、增城 [116]。

少药八角 ***Illicium oligandrum*** Merr. & Chun

分布：博罗 [35]、封开 [14]、饶平 [35]、阳山 [26]、云浮 [35]。

短梗八角 ***Illicium pachyphyllum*** A. C. Sm.

分布：信宜 [52]。

厚皮香八角 ***Illicium ternstroemioides*** A. C. Smith

分布：乐昌 [41]、乳源 [26]、始兴 [28]、增城 [116]。

粤中八角 ***Illicium tsangii*** A. C. Sm.

分布：从化 [35, 107]、乳源 [26]、增城 [35]。

八角 ***Illicium verum*** Hook. f.

分布：佛冈 *[27]、茂名 *[85]、乳源 *[26]、信宜 *[52]、郁南 *[101]。

南五味子属 ***Kadsura*** **Kaempf. ex Juss.**

黑老虎 ***Kadsura coccinea*** (Lem.) A. C. Sm.

分布：博罗 [5, 35, 100]、潮州 [35] [曾宪锋 ZXF6621 (CZH)]、从化 [35, 107]、大埔 [35] [李学根 202745 (PE)]、东莞 [25, 35]、东源 [119]、丰顺 [35, 95]、封开 [14, 35]、佛冈 [27]、广宁 [35] [蚁伟民 15945 (IBSC)]、河源 [35] [曾怀德 28921 (IBSC)]、怀集 [35] [程用谦 170706 (IBSC)]、惠东 [12, 35]、江门 [8, 35]、蕉岭 [35] [邓良 4871 (PE)]、乐昌 [29, 35, 41]、连南 [35] [曾飞燕等 635 (PE)]、连平 [35] [刘瑛光 302 (PE)]、连山 [35] [谭沛祥 58341 (PE)]、连州 [26, 35]、龙门 [35] [黄淑美 190913 (IBSC)]、罗定 [35] [中山大学普查队：许霖庆 927 (SYS)]、梅州 [35] [曾宪锋 ZXF5277 (CZH)]、南雄 [33, 35, 57]、平远 [35] [孙王叶　平 006 (SN)]、清远 [35] [黄志 30674 (PE)]、饶平 [35] [陈念劬 42629 (IBSC)]、仁化 [16]、乳源 [26, 35]、深圳 [17, 35]、始兴 [28]、台山 [35] [李泽贤等 560 (FJSI)]、翁源 [51]、五华 [4]、新丰 [35, 63]、信宜 [35, 52]、兴宁 [35] [李学根 201819 (PE)]、阳春 [35] [湛江区植物调查队 4230 (IBSC)]、阳江 [35] [黄志 41840 (IBSC)]、阳山 [26, 35]、英德 [32, 35]、郁南 [101]、增城 [116]、肇庆 [9, 35]、中山 [10, 35]、珠海 [35] [陈邦余 1022 (IBSC)]、紫金 [31, 35]。

异形南五味子 ***Kadsura heteroclita*** (Roxb.) Craib

分布：博罗 [100]、从化 [107]、东莞 [25, 35]、丰顺 [35, 95]、封开 [14, 35]、佛冈 [27]、高州 [35] [甘世南 40070 (IBSC)]、广宁 [35] [蚁伟民 15969 (IBSC)]、惠东 [12, 35]、乐昌 [29, 35, 41]、连山 [35] [谭沛祥 58148 (PE)]、连州 [35] [谭沛祥 59741 (NAS)]、龙门 [35] [张桂才 468 (HGAS)]、茂名 [85]、梅州 [35] [曾宪锋 ZXF41749 (CZH)]、南雄 [33, 35]、平远 [35] [曾宪锋 ZXF15017 (CZH)]、仁化 [16]、乳源 [35] [高锡朋 53610 (IBSC)]、深圳 [17, 35]、始兴 [28]、翁源 [35] [刘心祈 24783 (IBK)]、新丰 [35, 63]、信宜 [35, 52]、阳江 [35] [刘集汉、李祥禧 89880 (IBSC)]、英德 [32, 35]、郁南 [101]、增城 [116]、肇庆 [9, 35]、紫金 [31, 35]。

南五味子 ***Kadsura longipedunculata*** Finet & Gagnep.

分布：博罗 [38, 100]、潮州 [35] [曾宪锋 ZXF9800 (CZH)]、东源 [59]、丰顺 [35] [曾宪锋 ZXF01962 (CZH)]、封开 [14, 35]、海丰 [35] [曾宪锋 ZXF9089 (CZH)]、怀集 [35] [程用谦 170677 (IBSC)]、江门 [8]、乐昌 [29, 35, 41]、连南 [35] [谭沛谭 59054 (IBSC)]、连山 [35] [谭沛祥 58191 (KUN)]、连州 [26, 35]、龙川 [35] [蓝胜芳 7 (SYS)]、龙门 [35] [黄淑美 190914 (IBSC)]、罗定 [35] [叶华谷、刘念 2002 (IBSC)]、南雄 [33, 35, 57]、饶平 [35] [曾宪锋 ZXF06240 (CZH)]、仁化 [16, 35]、乳源 [26, 35]、深圳 [17, 35]、始兴 [28, 35]、翁源 [35, 51]、五华 [4]、新丰 [35, 63]、信宜 [52]、兴宁 [35] [南植地 7693 (IBSC)]、阳山 [26, 35]、英德 [32, 35]、增城 [116]、肇庆 [9]、紫金 [31, 35]。

冷饭藤 ***Kadsura oblongifolia*** Merr.

分布：封开 [14]、佛冈 [27]、深圳 [11, 17, 35]、翁源 [51]、信宜 [52]。

五味子属 ***Schisandra*** **Michx.**

绿叶五味子 ***Schisandra arisanensis* subsp. *viridis*** (A. C. Sm.) R. M. K. Saunders

分布：丰顺 [95]、蕉岭 [35]、乐昌 [29, 41]、连州 [35]、梅州 [35]、南雄 [57]、平远 [35]、乳源 [26, 35]、翁源 [35, 51]、五华 [4, 35]、阳山 [26, 35]、英德 [32, 35]、紫金 [31]。

翼梗五味子 ***Schisandra henryi*** C. B. Clarke

分布: 乐昌 [29, 41]、连州 [26]、南雄 [33, 35, 57]、乳源 [26, 35]、始兴 [28]、新丰 [63]、信宜 [52]、阳山 [26, 35]。

东南五味子 ***Schisandra henryi* subsp. *marginalis*** (A. C. Smith) R. M. K. Saunders

分布：乳源 [26]。

长柄五味子 ***Schisandra longipes*** (Merr. & Chun) R. M. K. Saunders

分布：乐昌 [35]、乳源 [26, 35]、阳山 [35]、英德 [32]。

华中五味子 ***Schisandra sphenanthera*** Rehder & E. H. Wilson

分布：乳源 [26]。

146. 三白草科 Saururaceae

裸蒴属 ***Gymnotheca*** **Decne.**

裸蒴 ***Gymnotheca chinensis*** Decne.

分布：乳源 [26, 35]、肇庆 [9]。

蕺菜属 ***Houttuynia*** **Thunb.**

蕺菜 ***Houttuynia cordata*** Thunb.

分布：博罗 [35, 38, 100]、从化 [35, 107]、大埔 [35] [李学根 202774 (IBSC)]、德庆 [35] [刘瑛光 961 (IBSC)]、东莞 [25, 35]、东源 [59, 22]、恩平 [35] [黄茂先 110491 (PE)]、丰顺 [35] [曾宪锋 ZXF27075 (CZH)]、封开 [14, 35]、佛冈 [27]、高州 [35] [周沛椿 10445 (IBSC)]、广州 [35] [叶育石 5379 (IBSC)]、和平 [35] [卫兆芬 120392 (IBSC)]、怀集 [35] [刘瑛光 2874 (IBSC)]、惠东 [12, 35]、惠州 [35] [叶华谷、曾飞燕 22092 (IBSC)]、蕉岭 [35] [南岭队 2332 (IBSC)]、乐昌 [29, 35, 41]、连平 [35] [粤 73 1824 (IBSC)]、连山 [35] [谭沛祥 58428 (PE)]、连州 [35] [南岭队 242 (IBSC)]、龙门 [35] [黄日聪 m309 (SN)]、茂名 [35, 85]、梅州 [35] [侯宽昭 74674 (IBSC)]、南雄 [33, 35, 57]、平远 [35] [李学根 201946 (IBSC)]、清远 [35] [黄志 30638 (IBSC)]、饶平 [35] [李学根 200781 (IBSC)]、仁化 [16, 35]、乳源 [26, 35]、深圳 [11, 17, 35]、始兴 [28, 35]、翁源 [35, 51]、五华 [4, 35]、新丰 [63]、信宜 [35, 52]、兴宁 [35] [李学根 201786 (IBSC)]、阳春 [35] [湛江区

植物调查队 3248 (IBSC)]、阳山 [26, 35]、英德 [32, 35]、郁南 [101]、云浮 [35] [黄志 37062 (IBSC)]、增城 [116]、肇庆 [9, 35]、中山 [10, 35]、紫金 [31, 35]。

三白草属 ***Saururus* L.**

三白草 ***Saururus chinensis*** (Lour.) Baill.

分布：博罗 [38, 100]、潮州 [35] [曾宪锋 ZXF6629 (CZH)]、从化 [35, 107]、大埔 [35] [曾宪锋 ZXF9264 (CZH)]、东莞 [25, 35]、东源 [59, 22, 35]、丰顺 [35] [曾宪锋 ZXF6087 (CZH)]、封开 [14, 35]、佛冈 [27]、高州 [35] [蒋英 2065 (IBSC)]、广州 [35] [中草药组 59 (IBSC)]、和平 [35] [卫兆芬 120484 (IBSC)]、化州 [35] [湛江区植物调查队 3021 (IBSC)]、蕉岭 [35] [邓良 4889 (IBSC)]、乐昌 [29, 35, 41]、连南 [35] [朱志淞 694 (IBSC)]、连平 [35] [卫兆芬 120191 (IBSC)]、连山 [35] [叶华谷 3726 (IBSC)]、龙门 [35] [陈邦余 2118 (IBSC)]、罗定 [35] [林茎 9483 (IBSC)]、茂名 [85]、梅州 [35] [曾宪锋 ZXF20687 (CZH)]、南雄 [33, 35, 57]、清远 [35] [陆德 11815 (PE)]、饶平 [35] [李学根 200809 (IBSC)]、仁化 [16, 35]、乳源 [26, 35]、深圳 [17, 35]、始兴 [28, 35]、新丰 [63]、信宜 [35, 52]、阳春 [35] [叶华谷、刘念 1951 (IBSC)]、阳江 [35] [湛江区植物调查队 3622 (IBSC)]、阳山 [35] [邓良 1619 (IBSC)]、英德 [32, 35]、云浮 [35] [黄志 36955 (IBSC)]、增城 [116]、肇庆 [9, 35]、中山 [10, 35]、紫金 [31, 35]。

147. 胡椒科 Piperaceae

草胡椒属 ***Peperomia* Ruiz & Pav.**

石蝉草 ***Peperomia blanda*** (Jacq.) Kunth

分布：博罗 [35] [陈念劬 41457 (IBSC)]、大埔 [35] [李学根 202609 (IBSC)]、东莞 [25, 35]、佛冈 [27]、河源 [35] [卫兆芬 120755 (IBSC)]、惠东 [12, 35]、茂名 [35, 85]、平远 [35] [曾宪锋 ZXF9631 (CZH)]、仁化 [16]、深圳 [17, 35]、信宜 [35, 52]、阳春 [35] [湛江区植物调查队 3325 (IBSC)]、阳江 [35] [黄志 41822 (IBSC)]、紫金 [31, 35]。

草胡椒 ***Peperomia pellucida*** (L.) Kunth

分布：博罗 #[15, 38, 100]、潮州 #[15]、从化 #[509]、东莞 #[25]、东源 #[59]、佛冈 #[27]、佛山 #[15, 500]、广州 #[15, 21]、惠东 #[12]、惠州 #[82]、江门 #[8]、乐昌 #[15, 29, 41, 526]、饶平 #[15]、仁化 #[16]、深圳 #[15, 17, 82]、翁源 #[51]、五华 #[4]、新丰 #[63]、阳江 #[15]、阳山 #[26]、英德 #[32]、郁南 #[101]、增城 #[116]、湛江 #[416]、肇庆 #[9, 15, 423]、中山 #[10, 82]、珠海 #[428]、紫金 #[31]。

豆瓣绿 ***Peperomia tetraphylla*** (G. Forst.) Hook. & Arn.

分布：博罗 [35, 100]、从化 *[107]、东莞 [25, 35]、仁化 [16]、信宜 [52]、肇庆 *[9]。

胡椒属 ***Piper* L.**

华南胡椒 ***Piper austrosinense*** Y. C. Tseng

分布：大埔 [118, 35]、东莞 [25]、恩平 [118]、封开 [118, 14]、佛冈 [27]、惠东 [12]、惠州 [118]、江门 [8]、深圳 [118, 17]、台山 [118, 35]、翁源 [51]、五华 [118, 4]、新丰 [63]、新兴 [35]、信宜 [118, 35, 52]、阳春 [118, 45]、英德 [32]、肇庆 [118, 9, 35]、紫金 [31]。

蒌叶 ***Piper betle*** L.

分布：广州 #[118]、深圳 #[118]、肇庆 #[9]。

苎叶蒟 ***Piper boehmeriifolium*** (Miq.) Wall. ex C. DC.

分布：郁南 [101]。

复毛胡椒 ***Piper bonii*** C. DC.

分布：信宜 [52]。

华山蒌 ***Piper cathayanum*** M. G. Gilbert & N. H. Xia

分布：博罗 [35] [王英强 1327 (IBSC)]、惠东 [12]、深圳 [17, 35]、五华 [4]、信宜 [118, 35, 52]、阳春 [35] [刘念 1721 (IBSC)]、郁南 [101]。

中华胡椒 ***Piper chinense*** Miq.

分布：丰顺 [95]、翁源 [51]、信宜 [52]、肇庆 [9, 35]。

海南蒟 ***Piper hainanense*** Hemsl.

分布：茂名 [35]、徐闻 [118, 35]。

山蒟 ***Piper hancei*** Maxim.

分布：博罗 [118, 100, 35, 38]、潮州 [118, 35]、从化 [118, 107, 35]、大埔 [118, 35]、东莞 [25, 35]、东源 [119]、丰顺 [35, 95]、封开 [118, 35, 14]、佛冈 [27]、高州 [35] [蒋英 2178 (IBSC)]、广州 [118, 35]、和平 [35] [谭策铭等 Y06594 (JJF)]、河源 [118, 35]、怀集 [118, 35]、惠东 [12, 35]、惠州 [118, 35]、江门 [8]、蕉岭 [35] [李学根 202302 (IBSC)]、揭阳 [35] [黄雅凤 HYF023 (CZH)]、乐昌 [118, 29, 41, 35]、连南 [118, 35]、连平 [118, 35]、连山 [35] [叶华谷等 4845 (IBSC)]、龙川 [118, 35]、龙门 [118, 35]、梅州 [118, 35]、南澳 [35] [陈炳辉 306 (IBSC)]、南雄 [33, 35, 57]、平远 [118, 35]、清远 [35] [林正眉、张丹荔 20180073 (SN)]、饶平 [35] [陈念劬 42820 (IBSC)]、仁化 [118, 16]、乳源 [26, 35]、韶关 [118, 35]、深圳 [118, 11, 35, 17]、始兴 [28, 35]、台山 [118, 35]、翁源 [118, 51, 35]、新丰 [118, 63, 35]、信宜 [35, 52]、阳春 [35, 45]、阳江 [118, 35]、阳山 [26, 35]、英德 [32, 35]、云浮 [118, 35]、增城 [35, 116]、肇庆 [118, 9, 35]、中山 [10, 35]、珠海 [35] [李泽贤、邢福武 667 (FJSI)]、紫金 [31, 35]。

毛蒟 ***Piper hongkongense*** C. DC.

分布：博罗 [35] [王英强 969 (IBSC)]、封开 [14]、惠东 [12]、江门 [8]、乳源 [26]、深圳 [17, 35]、始兴 [28]、新丰 [118, 63]、新兴 [118]、英德 [32]、郁南 [101]、肇庆 [118]。

风藤 ***Piper kadsura*** (Choisy) Ohwi

分布：封开 [14]、乐昌 [35, 41]、仁化 [16]、信宜 [35, 52]、郁南 [101]、肇庆 [9, 35]、紫金 [31, 35]。

大叶蒟 ***Piper laetispicum*** C. DC.

分布：广州 [118]、茂名 [118, 35]。

荜拔 ***Piper longum*** L.

分布：信宜 *[52]、湛江 *[118]。

变叶胡椒 ***Piper mutabile*** C. DC.

分布：封开 [118, 14]、阳春 [118]、肇庆 [118, 9, 35]。

胡椒 ***Piper nigrum*** L.

分布：博罗 *[5, 100]、广州 *[118]、台山 *[118]、肇庆 *[9]。

假荜拔 ***Piper retrofractum*** Vahl

分布：广州 *[118]。

假蒟 ***Piper sarmentosum*** Roxb.

分布：博罗 [118, 100, 35, 38]、潮州 [118, 35]、从化 [107]、东莞 [25, 35]、东源 [59]、恩平 [35] [黄茂先 110531 (PE)]、丰顺 [35, 95]、封开 [118, 35, 14]、佛冈 [27]、佛山 [118, 35]、高州 [35] [蒋英 911 (IBSC)]、广州 [118, 35]、和平 [35] [谭策铭等 051658A (JJF)]、鹤山 [118, 35]、惠东 [12]、江门 [118, 8]、揭西 [118, 35]、乐昌 [118]、连山 [35] [叶华谷等 5176 (IBSC)]、龙门 [35] [迪丽洪马尔 m232 (SN)]、陆丰 [118, 35]、罗定 [35] [叶华谷、刘念 2009 (IBSC)]、茂名 [118, 85, 35]、清远 [118, 35]、仁化 [16]、深圳 [118, 11, 35, 17]、台山 [118, 35]、翁源 [35] [刘心祈 2506 (IBSC)]、五华 [35] [张焕贵 144 (SN)]、新丰 [63]、新兴 [118, 35]、信宜 [52]、徐闻 [118, 35]、阳春 [118, 35, 45]、阳江 [118, 35]、英德 [118, 32, 35]、郁南 [101]、云浮 [118, 35]、增城 [116]、湛江 [35] [罗献瑞 980 (IBSC)]、肇庆 [118, 9, 35]、中山 [10, 35]、珠海 [118, 35]。

半透明胡椒 ***Piper semi-transparens*** C. Y. Hao & Y. H. Tan

分布：怀集 [167]、英德 [167]、肇庆 [118, 167]。

小叶爬崖香 ***Piper sintenense*** Hatus.

分布: 从化 [http://ppbc. iplant. cn/tu/5172092]、大埔 [118]、东莞 [25]、江门 [8]、乐昌 [118]、连山 [118]、龙门 [陈又生，徐晔春 LM2023061]、乳源 [118]、深圳 [http://ppbc. iplant. cn/tu/8995941]、五华 [4]、阳春 [118]、阳山 [118]、英德 [118]、肇庆 [118]。

石南藤 ***Piper wallichii*** (Miq.) Hand. -Mazz.

分布：乳源 [粤 73 937 (IBSC)]。

148. 马兜铃科 Aristolochiaceae

马兜铃属 *Aristolochia* L.

华南马兜铃 ***Aristolochia austrochinensis*** C. Y. Cheng & J. S. Ma

分布：从化 [107]、紫金 [31]。

马兜铃 ***Aristolochia debilis*** Siebold & Zucc.

分布：博罗 *[5, 38]、东莞 [25]。

通城虎 ***Aristolochia fordiana*** Hemsl.

分布: 博罗 [100]、封开 [14]、佛冈 [27]、江门 [8]、乐昌 [29, 35]、茂名 [85]、仁化 [16, 35]、深圳 [11, 17]、阳春 [37]、增城 [116]、中山 [10]、紫金 [31]。

蜂窝马兜铃 ***Aristolochia foveolata*** Merr.

分布：从化 [35, 107]。

大叶马兜铃 ***Aristolochia kaempferi*** Willd.

分布：乐昌 [29]。

耳叶马兜铃 ***Aristolochia tagala*** Champ.

分布：博罗 [35, 100]、封开 [14]、高州 [35] [蒋英 2349 (IBSC)]、广州 [35] [罗献瑞 516 (IBSC)]、茂名 [35, 85]、深圳 [11, 17, 35]、信宜 [52]、徐闻 [35] [李泽贤、邢福武 1906 (IBSC)]、增城 [35] [黄成 161950 (IBSC)]、肇庆 [9, 35]、珠海 [35] [陈炳辉 737 (IBSC)]、紫金 [31, 35]。

管花马兜铃 ***Aristolochia tubiflora*** Dunn

分布：乐昌 [29, 35, 41]、连州 [35] [程用谦 170371 (IBSC)]、仁化 [16]、乳源 [26, 35]、阳山 [26]、英德 [35] [南岭队 795 (IBSC)]。

细辛属 *Asarum* L.

花叶细辛 ***Asarum cardiophyllum*** Franch.

分布：阳山 [26]。

尾花细辛 ***Asarum caudigerum*** Hance

分布：从化 [35] [曾怀德 24879 (IBSC)]、丰顺 [95]、封开 [14]、广州 [35] [罗献瑞 1316 (IBSC)]、和平 [35] [张桂才 619 (IBSC)]、怀集 [35] [S. C. Ng 2941 (PE)]、惠东 [12]、乐昌 [29, 35, 41]、南雄 [33, 35, 57]、仁化 [16, 35]、乳源 [26, 35]、韶关 [35] [高锡朋 50164 (IBSC)]、始兴 [28, 35]、翁源 [51]、五华 [4]、新丰 [63]、信宜 [52]、阳山 [26, 35]、英德 [32, 35]、郁南 [101]、增城 [116]。

川北细辛 ***Asarum chinense*** Franch.

分布：信宜 *[52]。

地花细辛 ***Asarum geophilum*** Hemsl.

分布：乐昌 [29]。

小叶马蹄香 ***Asarum ichangense*** C. Y. Cheng & C. S. Yang

分布：广州 [35] [陈焕镛 11813 (IBSC)]、仁化 [16]。

金耳环 ***Asarum insigne*** Diels

分布：博罗 [38]、乐昌 [29, 35, 41]、南雄 [33, 35]、信宜 [52]、阳山 [35] [林有润 1 (IBSC)]、英德 [32, 35]、增城 [116]。

祁阳细辛 ***Asarum magnificum*** Tsiang ex C. Y. Cheng & C. S. Yang

分布：乐昌 [29, 35]、连州 [35] [罗献瑞 595 (IBSC)]、阳山 [35] [林有润 中 -9 (IBSC)]、肇庆 [9]。

鼎湖细辛 ***Asarum magnificum* var. *dinghuense*** C. Y. Cheng & C. S. Yang

分布：信宜 [52]、肇庆 [9]。

慈姑叶细辛 ***Asarum sagittarioides*** C. F. Liang

分布：博罗 [100]、封开 [14]、惠东 [12]、信宜 [52]、阳春 [45]、英德 [32]、湛江 [35]、肇庆 [9, 35]。

五岭细辛 ***Asarum wulingense*** C. F. Liang

分布：江门 [8]、乐昌 [29, 35]、连州 [26]、乳源 [35]、韶关 [35]、信宜 [52]。

关木通属 ***Isotrema*** **Raf.**

长叶关木通 ***Isotrema championii*** (Merr. & Chun) X. X. Zhu, S. Liao & J. S. Ma

分布：丰顺 [95]、信宜 [35, 52]。

广防己 ***Isotrema fangchi*** (Y. C. Wu ex L. D. Chow & S. M. Hwang) X. X. Zhu, S. Liao & J. S. Ma

分布：博罗 [5, 100]、从化 [107]、东源 [59]、封开 [14, 35]、佛冈 [27]、广州 [35] [陈少卿 18562 (IBSC)]、江门 [8]、信宜 [52]、阳春 [35] [刘素汉、肖嘉 89814 (IBSC)]、阳江 [35] [罗献瑞 874 (IBSC)]、英德 [32]、肇庆 [9, 35]。

兔耳关木通 ***Isotrema guangdongense*** Y. S. Chen & Y. C. Xu

分布：潮州 [313]、从化 [313]、梅州 [35, 313]。

海南关木通 ***Isotrema hainanense*** (Merr.) X. X. Zhu, S. Liao & J. S. Ma

分布：阳春 [511, 45]。

广西关木通 ***Isotrema kwangsiense*** (Chun & F. C. How ex C. F. Liang) X. X. Zhu, S. Liao & J. S. Ma

分布：信宜 [52]。

柔叶关木通 ***Isotrema molle*** (Dunn) X. X. Zhu, S. Liao & J. S. Ma

分布：紫金 [31]。

斜檐关木通 ***Isotrema plagiostomum*** X. X. Zhu & R. J. Wang

分布：阳春 [366]。

海边关木通 ***Isotrema thwaitesii*** (Hook.) X. X. Zhu, S. Liao & J. S. Ma

分布：深圳 [17, 35]、珠海 [3, 35]。

变色关木通 ***Isotrema versicolor*** (S. M. Hwang) X. X. Zhu, S. Liao & J. S. Ma

分布：博罗 [5]、潮州 [许为斌、刘演 8011 (IBK)]、惠东 [陈邦余、张桂才 654 (IBSC)]。

香港关木通 ***Isotrema westlandii*** (Hemsl.) H. Huber

分布：深圳 [17, 35]、增城 [http://ppbc. iplant. cn/tu/16737148]。

149. 肉豆蔻科 Myristicaceae

风吹楠属 ***Horsfieldia*** **Willd.**

风吹楠 ***Horsfieldia amygdalina*** (Wall. ex Hook. f. & Thomson) Warb.

分布：廉江 [35]。

大叶风吹楠 ***Horsfieldia kingii*** (Hook. f.) Warb.

分布：肇庆 *[9]。

150. 木兰科 Magnoliaceae

厚朴属 ***Houpoea*** **N. H. Xia & C. Y. Wu**

厚朴 ***Houpoea officinalis*** (Rehder & E. H. Wilson) N. H. Xia & C. Y. Wu

分布：博罗 *[5, 100]、连州 [26]、阳山 [26]、英德 [32]。

长喙木兰属 ***Lirianthe*** **Spach**

香港木兰 ***Lirianthe championii*** (Benth.) N. H. Xia & C. Y. Wu

分布：博罗 [5, 100]、江门 [8, 35]、罗定 [35] [叶华谷、刘念 2524 (IBSC)]、茂名 [35, 85]、深圳 [17, 35]、台山 [35] [李泽贤等 521 (WUK)]、信宜 [35, 52]、阳春 [35, 45]、增城 [116]、肇庆 [9]、中山 [10, 35]、珠海 [35] [周仁章 69 (IBSC)]。

夜香木兰 ***Lirianthe coco*** (Lour.) N. H. Xia & C. Y. Wu

分布：从化 *[107]、深圳 *[17]、肇庆 *[9]。

鹅掌楸属 ***Liriodendron*** **L.**

鹅掌楸 ***Liriodendron chinense*** (Hemsl.) Sarg.

分布：乐昌 *[29, 41]、深圳 *[17]、肇庆 *[9]。

北美木兰属 ***Magnolia*** **L.**

荷花木兰 ***Magnolia grandiflora*** L.

分布：博罗 *[38, 100]、从化 *[107]、乐昌 *[29]、深圳 *[17]、始兴 *[28]、肇庆 *[9]。

木莲属 ***Manglietia*** **Blume**

香木莲 ***Manglietia aromatica*** Dandy

分布：肇庆 *[9]。

桂南木莲 ***Manglietia conifera*** Dandy

分布：封开 [14]、广州 [69]、乐昌 [29, 35, 41]、连南 [69, 35]、连山 [69]、连州 [26]、仁化 [69, 35]、乳源 [69, 26, 35]、始兴 [69]、信宜 [69, 35, 52]、阳山 [26]、英德 [69, 32]、增城 [116]。

大叶木莲 ***Manglietia dandyi*** (Gagnep.) Dandy

分布：肇庆 *[9]。

木莲 ***Manglietia fordiana*** Oliv.

分布：博罗 [69, 100, 35]、潮州 [35] [曾宪锋 ZXF9823 (CZH)]、从化 [69, 35]、德庆 [69, 35]、东莞 [25, 35]、丰顺 [35, 95]、封开 [14, 35]、佛冈 [27]、广宁 [69, 35]、广州 [69, 35]、和平 [69, 35]、怀集 [69, 35]、惠东 [12]、江门 [69, 35, 8]、乐昌 [69, 29, 41, 35]、连南 [69, 35]、连平 [69, 35]、连州 [69, 26, 35]、龙门 [69, 35]、罗定 [69, 35]、南雄 [33, 35]、平远 [35] [曾宪锋 ZXF10982 (CZH)]、清远 [69, 35]、饶平 [69, 35]、仁化 [16]、乳源 [69, 26, 35]、韶关 [69, 35]、深圳 [69, 35, 17]、始兴 [69, 28]、台山 [69, 35]、翁源 [51]、五华 [4]、新丰 [63]、信宜 [69, 35, 52]、阳春 [69, 35]、阳江 [69]、阳山 [35] [谭沛祥、黄向旭 355 (IBSC)]、英德 [69, 32, 35]、郁南 [35] [叶华谷 7609 (IBSC)]、增城 [69, 116]、紫金 [69, 31, 35]。

滇桂木莲 ***Manglietia forrestii*** W. W. Sm. ex Dandy

分布：博罗 [69]。

灰木莲 ***Manglietia glauca*** Blume

分布：信宜 *[52]。

广州木莲 ***Manglietia guangzhouensis*** A. Q. Dong, Q. W.

Zeng & F. W. Xing

分布：从化 [154]。

红花木莲 ***Manglietia insignis*** (Wall.) Blume

分布：连南 [69]、肇庆 *[9]。

广东木莲 ***Manglietia kwangtungensis*** (Merr.) Dandy

分布：从化 [69, 107, 35]、德庆 [69, 35]、东源 [59]、封开 [69, 35, 14]、佛冈 [27]、广州 [69, 35]、怀集 [69, 35]、乐昌 [69, 29, 41, 35]、连南 [69, 35]、连山 [69, 35]、连州 [69, 26, 35]、仁化 [69]、乳源 [69, 26, 35]、韶关 [69, 35]、信宜 [52]、阳春 [69]、阳山 [69, 26, 35]、英德 [69, 32, 35]、郁南 [69, 101]、云浮 [35] [黄志 37283 (PE)]、增城 [116]、肇庆 [69, 9, 35]。

长梗木莲 ***Manglietia longipedunculata*** Q. W. Zeng & Y. W. Law

分布：龙门 [348, 3]、增城 [116]。

卵果木莲 ***Manglietia ovoidea*** Hung T. Chang & B. L. Chen

分布：肇庆 *[9]。

厚叶木莲 ***Manglietia pachyphylla*** Hung T. Chang

分布：从化 [69, 107, 35]、封开 [69]、广州 [20]、江门 [8, 35]、龙门 [69, 35, 20]、新丰 [69, 20]、阳春 [37]。

乳源木莲 ***Manglietia yuyuanensis*** Y. W. Law

分布：佛冈 [27]、乐昌 [41]、连州 [26]、乳源 [26, 35]、新丰 [63]、英德 [32]。

含笑属 ***Michelia* T. Durand**

白兰 ***Michelia × alba*** DC.

分布：博罗 *[38, 100]、从化 *[107]、佛冈 *[27]、江门 *[8]、乐昌 *[29]、仁化 *[16]、郁南 *[101]、肇庆 *[9]。

合果木 ***Michelia baillonii*** (Pierre) Finet & Gagnep.

分布：深圳 *[17]。

苦梓含笑 ***Michelia balansae*** (A. DC.) Dandy

分布：深圳 [35] [周仁章 23526 (SZG)]、肇庆 *[9]。

平伐含笑 ***Michelia cavaleriei*** Finet & Gagnep.

分布：县级不详 [3]。

阔瓣含笑 ***Michelia cavaleriei* var. *platypetala*** (Hand. -Mazz.) N. H. Xia

分布：增城 [116]、肇庆 *[9]。

黄缅桂 ***Michelia champaca*** L.

分布：博罗 *[38]、佛冈 *[27]、广州 *[http://ppbc. iplant. cn/tu/2125194]、惠州 *[http://ppbc.iplant. cn/ tu/5156118]、普宁 *[http://ppbc. iplant. cn/tu/5157951]、深圳 *[17]、五华 *[4]、阳春 *[37]、肇庆 *[9]。

乐昌含笑 ***Michelia chapensis*** Dandy

分布：从化 *[107]、封开 [14]、河源 [35] [曾怀德 28559 (SYS)]、怀集 [114]、乐昌 [114, 29, 41, 35]、连南 [114]、连山 [114]、南雄 *[114, 57, 33, 35]、仁化 *[16]、乳源 [26, 35]、韶关 [35] [黄立 20258 (IBSC)]、深圳 *[17]、始兴 [28]、翁源 [18, 51]、增城 [116]、肇庆 *[9]。

西畴含笑 ***Michelia coriacea*** Hung T. Chang & B. L. Chen

分布：肇庆 *[9]。

紫花含笑 ***Michelia crassipes*** Y. W. Law

分布：封开 [35]、乐昌 [29, 35]、连平 [35]、乳源 [114, 35]、阳山 [26]。

含笑花 ***Michelia figo*** (Lour.) Spreng.

分布：博罗 *[114, 100, 38]、从化 *[114, 107]、大埔 *[114]、德庆 *[114]、佛冈 *[27]、佛山 *[http://ppbc. iplant. cn/tu/4371607]、广州 *[114]、化州 *[http://ppbc. iplant. cn/tu/4910235]、怀集 *[114]、惠州 *[http://ppbc. iplant. cn/tu/6288515]、江门 *[8]、乐昌 *[114, 41]、连平 *[114]、连山 *[114]、连州 *[114]、龙门 *[114]、茂名 *[114]、梅州 *[114]、平远 *[114]、仁化 *[16]、韶关 *[114]、深圳 *[114, 17]、始兴 *[114, 28]、翁源 *[114]、新丰 *[114]、新兴 * [114]、信宜 *[52]、阳山 *[114]、郁南 *[101]、增城 * [114]、湛江 *[http://ppbc. iplant. cn/tu/4511847]、肇庆 * [114]、珠海 *[http://ppbc. iplant. cn/tu/2612225]。

金叶含笑 ***Michelia foveolata*** Merr. ex Dandy

分布：从化 [107]、封开 [114, 35, 14]、广宁 [114]、和平 [114]、怀集 [114, 35]、乐昌 [114, 29, 41, 35]、连南 [114, 35]、连山 [114]、连州 [114, 26]、南雄 [33]、仁化 [114, 16, 35]、乳源 [114, 26, 35]、始兴 [114, 28]、翁源 [114, 18, 51]、新丰 [114, 63]、信宜 [114, 52]、阳山 [114, 26]、英德 [114, 32, 35]、增城 [114, 116]、肇庆 [114, 9, 35]。

福建含笑 ***Michelia fujianensis*** Q. F. Zheng

分布：蕉岭 [114]。

香子含笑 ***Michelia gioii*** (A. Chev.) Sima & H. Yu

分布：深圳 *[17]、肇庆 *[9]。

广东含笑 ***Michelia guangdongensis*** Y. H. Yan, Q. W. Zeng & F. W. Xing

分布：乳源 [20]、英德 [114, 315, 32, 3, 20]。

广西含笑 ***Michelia guangxiensis*** Y. W. Law & R. Z. Zhou

分布：广州 *[114]、肇庆 *[9]。

醉香含笑 ***Michelia macclurei*** Dandy

分布：从化 [35, 107]、封开 [14, 35]、佛冈 [27]、高州 [35] [周沛椿 10275 (PE)]、广宁 [35] [W. M. Yi 15948 (IBSC)]、广州 [35] [叶育石 5560 (IBSC)]、怀集 [35] [程用谦 170719 (IBSC)]、惠州 [35] [曾怀德 25627 (IBSC)]、江门 [8]、茂名 [35, 85]、深圳 *[17, 35]、新丰 [63]、新兴 [35] [陈炳辉 1809 (IBSC)]、信宜 [35, 52]、阳春 [35, 45]、阳江 [35] [林业厅 84282 (IBSC)]、英德 [32]、增城 [116]、肇庆 [9, 35]。

黄心夜合 ***Michelia martini*** (H. Lév.) Finet & Gagnep. ex H. Lév.

分布：博罗 *[5, 100]、广州 [114]、乐昌 [114]、连山 [114, 35]、乳源 [114, 26, 35]。

深山含笑 *Michelia maudiae* Dunn

分布：博罗 [114, 100, 35]、从化 [114, 107, 35]、东源 [59]、封开 [14]、佛冈 [27]、广州 [35] [周仁章 87029 (IBSC)]、和平 [35] [张桂才 639 (IBSC)]、惠东 [12]、江门 [8]、乐昌 [114, 29, 41, 35]、连南 [114, 35]、连山 [35] [叶华谷 3959 (IBSC)]、连州 [26, 35]、龙门 [35] [肖家庚 5115 (CSFI)]、茂名 [114, 85]、南雄 [33, 35, 57]、仁化 [35] [邓良 7513 (PE)]、乳源 [114, 26, 35]、韶关 [114, 35]、深圳 [17, 35]、始兴 [28, 35]、翁源 [35, 51]、五华 [4]、新丰 [114, 63, 35]、信宜 [52]、阳春 [45]、阳江 [35] [农林厅 84077 (IBSC)]、阳山 [26, 35]、英德 [114, 32, 35]、增城 [116]、湛江 [35] [南植地 3806 (SYS)]、肇庆 [114, 9, 35]、中山 [10, 35]、紫金 [31, 35]。

白花含笑 *Michelia mediocris* Dandy

分布：从化 [114]、封开 [114]、广宁 [114]、广州 [114]、怀集 [114]、惠州 [114]、连山 [114]、茂名 [114]、乳源 [114]、新丰 [63]、新兴 [114]、信宜 [114, 52]、阳春 [114]、英德 [114]、增城 [116]、肇庆 *[114, 9]。

观光木 *Michelia odora* (Chun) Noot. & B. L. Chen

分布：从化 [107]、东源 [59]、封开 [14]、佛冈 [27]、广州 [20]、乐昌 [114, 29, 41, 35, 20]、连山 [20]、连州 [26]、龙门 [20]、茂名 [20, 35]、南雄 [33, 20]、仁化 [20, 35]、乳源 [20]、韶关 [114, 20]、始兴 [28]、翁源 [18, 51]、新丰 [63]、信宜 [114, 52, 20]、阳春 [20, 35]、阳山 [26]、英德 [32, 35, 20]、郁南 [101]、增城 [116]、肇庆 [114, 9, 35, 20]、紫金 [31]。

石碌含笑 *Michelia shiluensis* Chun & Y. F. Wu

分布：惠东 [12]、阳春 [114, 20]、肇庆 *[9]。

野含笑 *Michelia skinneriana* Dunn

分布：博罗 [5]、从化 [114, 107, 35]、大埔 [114]、德庆 [114, 35]、东莞 [25]、东源 [59]、丰顺 [95]、封开 [114, 35, 14]、佛冈 [27]、广州 [35] [周仁章 97080 (IBSC)]、和平 [114]、河源 [35] [曾怀德 28700 (SYS)]、怀集 [35] [W. M. Yi 10612 (IBSC)]、惠东 [12]、江门 [8]、乐昌 [114, 29, 41, 35]、连南 [114]、连平 [114]、连山 [114]、龙门 [114]、南雄 [33, 35, 57]、平远 [114]、仁化 [16]、乳源 [114, 35]、韶关 [114]、深圳 [17]、始兴 [114, 28, 35]、翁源 [35, 51]、五华 [4]、新丰 [114, 63, 35]、新兴 [114]、信宜 [52]、阳山 [114, 35]、英德 [32]、郁南 [114, 101]、增城 [116]、肇庆 [9, 35]、紫金 [31, 35]。

台山含笑 *Michelia taishanensis* Y. H. Tong, X. E. Ye, X. H. Ye & Yu Q. Chen

分布：台山 [339]。

云南含笑 *Michelia yunnanensis* Franch. ex Finet & Gagnep.

分布：深圳 *[17]。

拟单性木兰属 *Parakmeria* **Hu & W. C. Cheng**

乐东拟单性木兰 *Parakmeria lotungensis* (Chun & C. H. Tsoong) Y. W. Law

分布：江门 [8]、乐昌 [29, 41, 20]、连山 [20]、连州 [26]、乳源 [20, 26, 35]、信宜 [52]、阳春 [20, 35]、英德 [32]、肇庆 *[9]。

云南拟单性木兰 *Parakmeria yunnanensis* Hu

分布：肇庆 *[9]。

玉兰属 *Yulania* Spach

二乔玉兰 *Yulania* × *soulangeana* (Soul. -Bod.) D. L. Fu

分布：仁化 *[16]。

黄山玉兰 *Yulania cylindrica* (E. H. Wilson) D. L. Fu

分布：肇庆 *[9]。

玉兰 *Yulania denudata* (Desr.) D. L. Fu

分布：江门 [8]、乐昌 [29, 35]、连州 [26]、南雄 [33, 35]、仁化 [16]、乳源 [35]、深圳 *[17]。

紫玉兰 *Yulania liliiflora* (Desr.) D. L. Fu

分布：博罗 *[38]、仁化 *[16]、肇庆 *[9]。

151. 番荔枝科 Annonaceae

番荔枝属 *Annona* **L.**

番荔枝 *Annona squamosa* L.

分布：肇庆 *[9]。

鹰爪花属 *Artabotrys* **R. Br.**

狭瓣鹰爪花 *Artabotrys hainanensis* R. E. Fr.

分布：阳春 [424]。

鹰爪花 *Artabotrys hexapetalus* (L. f.) Bhandari

分布：博罗 *[38]、从化 *[35, 107]、封开 *[14]、佛冈 * [27]、广州 *[35]、江门 *[8]、乐昌 *[29]、连州 *[26]、仁化 * [16]、深圳 *[17]、始兴 *[28]、五华 *[4]、增城 *[116]、肇庆 *[9, 35]、中山 *[35]、珠海 *[35]、紫金 *[31]。

香港鹰爪花 *Artabotrys hongkongensis* Hance

分布：博罗 [35] [高锡朋 52517 (IBSC)]、东莞 [25, 35]、东源 [59]、封开 [14, 35]、佛冈 [27]、江门 [8, 35]、乐昌 [29, 35]、罗定 [35] [叶华谷、刘念 2363 (IBSC)]、乳源 [35] [吴磊、童毅 3234 (BNU)]、深圳 [17, 35]、始兴 [35] [王学文、张桂才 403 (IBSC)]、台山 [35] [李泽贤等 543 (FJSI)]、翁源 [51]、五华 [4]、新丰 [63]、信宜 [35, 52]、阳春 [35, 45]、英德 [32]、郁南 [35, 101]、增城 [116]、肇庆 [35] [叶华谷等 18356 (IBSC)]、中山 [10, 35]、珠海 [35] [张冰明 152946 (IBSC)]、紫金 [31, 35]。

多花鹰爪花 *Artabotrys multiflorus* C. E. C. Fisch.

分布：乳源 [刘心祈 29060 (PE)]、始兴 [邓良 6931 (PE)]、信宜 [黄志 31204 (PE)]。

厚瓣鹰爪花 *Artabotrys pachypetalus* B. Xue & Jun H. Chen

分布：清远 [陈又生等 QY20230230 (IBSC)]、乳源 [314]、阳春 [314]、阳山 [陈又生等 YS20230239 (IBSC)]。

毛叶鹰爪花 *Artabotrys pilosus* Merr. & Chun

分布：信宜 [52]、徐闻 [35]、湛江 [35]。

皂帽花属 *Dasymaschalon* **Dalla Torre & Harms**

喙果皂帽花 ***Dasymaschalon rostratum*** Merr. & Chun

分布：**肇庆**［高信芬 894 (CDBI0188257)］。

皂帽花 ***Dasymaschalon trichophorum*** Merr.

分布：**高州** [35]、**廉江** [35]、**茂名** [35]、**信宜** [52]、**徐闻** [35]、**湛江** [35]。

假鹰爪属 *Desmos* Lour.

假鹰爪 ***Desmos chinensis*** Lour.

分布：**博罗** [35, 38, 100]、**潮州** [35]［曾宪锋 ZXF6015 (CZH)］、**从化** [35, 107]、**大埔** [35]［邓良 5405 (IBSC)］、**德庆** [35]［刘瑛光 1316 (IBSC)］、**东莞** [25, 35]、**东源** [59]、**恩平** [35]［黄茂先 110348 (HZ)］、**丰顺** [35, 95]、**封开** [14, 35]、**佛冈** [27]、**佛山** [35]［张瑞麟 178 (IBSC)］、**高州** [35]［蒋英 861 (IBSC)］、**广州** [35]［中德采集队 2185 (IBSC)］、**海丰** [35]［卫兆芬 121431 (IBSC)］、**河源** [35]［左景烈 21544 (IBSC)］、**怀集** [35]［刘瑛光 2893 (IBSC)］、**惠东** [12]、**惠州** [35]［卫兆芬 121572 (IBSC)］、**江门** [8, 35]、**揭西** [35]［叶华谷等 4523 (IBSC)］、**乐昌** [35]［麦鹤云 21161 (SN)］、**连山** [35]［叶华谷等 5203 (IBSC)］、**龙川** [35]［曾宪锋 ZXF32452 (CZH)］、**龙门** [35]［王学文、张桂才 8051 (IBSC)］、**陆丰** [35]［卫兆芬 121325 (IBSC)］、**陆河** [35]［曾宪锋 ZXF42838 (CZH)］、**罗定** [35]［陈少卿 9474 (IBK)］、**茂名** [35, 85]、**梅州** [35]［曾宪锋 ZXF43694 (CZH)］、**南澳** [35]［陈炳辉 265 (IBSC)］、**平远** [35]［曾宪锋 ZXF42114 (CZH)］、**普宁** [35]［曾宪锋 ZXF42949 (CZH)］、**清远** [35]［黄志 32495 (IBSC)］、**饶平** [35]［李学根 200892 (IBSC)］、**仁化** [16]、**深圳** [11, 17, 35]、**始兴** [35]［邓良 6920 (IBSC)］、**台山** [35]［左景烈 22560 (IBSC)］、**翁源** [35, 51]、**五华** [4]、**新兴** [35]［刘瑛光 2064 (IBSC)］、**信宜** [35, 52]、**徐闻** [35]［徐闻队 157 (KUN)］、**阳春** [35, 37, 45]、**阳江** [35]［黄志 41404 (IBSC)］、**阳山** [35]［南岭队 1244 (IBSC)］、**英德** [32, 35]、**郁南** [35, 101]、**云浮** [35]［辛树帜 5044 (IBSC)］、**增城** [35, 116]、**湛江** [35]［湛江区植物调查队 3411 (IBSC)］、**肇庆** [9, 35]、**中山** [10, 35]、**珠海** [35]［粤 73 3030 (IBSC)］、**紫金** [31, 35]。

异萼花属 *Disepalum* Hook. f.

斜脉异萼花 ***Disepalum plagioneurum*** (Diels) D. M. Johnson

分布：**恩平**［陈又生调查］、**封开** [14, 35]、**广州** [35]、**怀集** [35]、**雷州** [35]、**廉江** [35]、**信宜** [52]、**阳春** [35, 37]、**英德** [32, 35]、**增城** [116]、**肇庆** [9, 35]。

瓜馥木属 *Fissistigma* Griff.

尖叶瓜馥木 ***Fissistigma acuminatissimum*** Merr.

分布：**封开** [429]、**深圳** [429, 17]。

白叶瓜馥木 ***Fissistigma glaucescens*** (Hance) Merr.

分布：**博罗** [5, 100]、**潮州** [35]［曾宪锋 ZXF3228 (IBSC)］、**从化** [35]［陈少卿 17456 (IBSC)］、**大埔** [35]［李学根 202548 (HZ)］、**德庆** [35]［刘瑛光 1360 (IBSC)］、**东莞** [25, 35]、**丰顺** [95]、**封开** [14, 35]、**佛冈** [27]、**怀集** [35]［刘瑛光 3068 (IBSC)］、**惠东** [12]、**江门** [8]、**乐昌** [35]［左景烈 20339 (IBSC)］、**罗定** [35]［蒋英 1163 (IBSC)］、**清远** [35]［黄荣焜 30225 (IBSC)］、**仁化** [16]、**深圳** [17, 35]、**五华** [4]、**信宜** [35, 52]、**阳春** [35]［叶华谷、刘念 1855 (IBSC)］、**英德** [32, 35]、**增城** [116]、**肇庆** [9, 35]、**紫金** [31, 35]。

瓜馥木 ***Fissistigma oldhamii*** (Hemsl.) Merr.

分布：**博罗** [35, 100]、**潮州** [35]［叶华谷等 12963 (IBSC)］、**从化** [35, 107]、**大埔** [35]［李学根 202707 (IBSC)］、**东莞** [25, 35]、**东源** [35, 59]、**丰顺** [35, 95]、**封开** [14, 35]、**佛冈** [27]、**广宁** [35]［石国良 14424 (IBSC)］、**广州** [35]［蒋英 20 (IBSC)］、**和平** [35]［谭策铭 971906 (PE)］、**怀集** [35]［刘瑛光 2660 (IBSC)］、**惠东** [12]、**惠州** [35]［卫兆芬 121578 (IBSC)］、**江门** [8, 35]、**蕉岭** [35]［南岭队 2253 (IBSC)］、**乐昌** [29, 35, 41]、**连南** [35]［温歇平 60668 (IBSC)］、**连平** [35]［粤 73 1678 (IBSC)］、**连山** [35]［谭沛祥 58277 (KUN)］、**连州** [26, 35]、**龙门** [35]［肖家庚 5072 (CSFI)］、**陆河** [35]［曾宪锋 ZXF42785 (CZH)］、**罗定** [35]［叶华谷、刘念 2447 (IBSC)］、**梅州** [35]［李学根 202451 (IBSC)］、**南雄** [33, 35, 57]、**平远** [35]［李学根 201913 (IBSC)］、**饶平** [35]［李学根 200868 (IBSC)］、**仁化** [16, 35]、**乳源** [26, 35]、**韶关** [35]［高锡朋 50244 (IBSC)］、**深圳** [17, 35]、**始兴** [28, 35]、**翁源** [35, 51]、**五华** [4, 35]、**新丰** [35, 63]、**信宜** [35, 52]、**阳春** [35, 45]、**阳山** [26, 35]、**英德** [32, 35]、**郁南** [101]、**增城** [116]、**湛江** [35]［湛江区植物调查队 11131 (IBSC)］、**肇庆** [9, 35]、**中山** [10, 35]、**紫金** [31, 35]。

黑风藤 ***Fissistigma polyanthum*** (Hook. f. & Thomson) Merr.

分布：**东莞** [25]、**封开** [14]、**广州** [35]、**怀集** [35]、**江门** [8]、**乐昌** [29, 35, 41]、**连南** [35]、**罗定** [35]、**茂名** [35]、**乳源** [35]、**始兴** [35]、**五华** [4]、**信宜** [35, 52]、**阳山** [26]、**英德** [32]、**肇庆** [9, 35]、**紫金** [31]。

凹叶瓜馥木 ***Fissistigma retusum*** (H. Lév.) Rehder

分布：**雷州** [35]、**廉江** [35]。

天堂瓜馥木 ***Fissistigma tientangense*** Tsiang & P. T. Li

分布：**阳春** [45]、**郁南** [101]。

香港瓜馥木 ***Fissistigma uonicum*** (Dunn) Merr.

分布：**博罗** [5, 35]、**从化** [35, 107]、**大埔** [35]［李学根 202585 (IBSC)］、**东莞** [25, 35]、**东源** [59]、**丰顺** [35]［曾宪锋 ZXF44284 (CZH)］、**封开** [14, 35]、**佛冈** [27]、**和平** [35]［谭策铭等 Y06573 (JJF)］、**河源** [35]［77 级科研组新 948 (SN)］、**惠东** [12]、**江门** [8, 35]、**蕉岭** [35]［邓良 4835 (IBSC)］、**乐昌** [41]、**连南** [35]［谭沛祥 59362 (IBSC)］、**龙门** [35]［南昆山调查队 71306 (IBSC)］、**梅州** [35]［曾怀德 21375 (IBSC)］、**南雄** [33, 35]、**平远** [35]［李学根 202026 (IBSC)］、**清远** [35]［黄荣焜 30271 (IBSC)］、**饶平** [35]［陈念劬 42713 (IBSC)］、**仁化** [16, 35]、**乳源** [26, 35]、**深圳** [11, 17, 35]、**始兴** [28, 35]、**翁源** [51]、**五华** [4, 35]、**新丰** [35, 63]、**信宜** [35]［黄

志 32015 (IBSC)]、阳春 [35, 45]、阳山 [35] [徐德明 698 (IBSC)]、英德 [32]、郁南 [101]、增城 [116]、肇庆 [9, 35]、中山 [10, 35]、紫金 [31, 35]。

细基丸属 *Huberantha* Chaowasku

细基丸 ***Huberantha cerasoides*** (Roxb.) Chaowasku

分布：雷州 [35]、廉江 [35]、徐闻 [35]。

弯瓣木属 *Marsypopetalum* Scheff.

海滨弯瓣木 ***Marsypopetalum littorale*** (Blume) B. Xue & R. M. K. Saunders

分布：徐闻 [172]。

野独活属 *Miliusa* Lesch. ex A. DC.

野独活 ***Miliusa balansae*** Finet & Gagnep.

分布：信宜 [35, 52]、徐闻 [35]、湛江 [35]。

囊瓣木 ***Miliusa horsfieldii*** (Benn.) Pierre

分布：阳春 [叶华谷 , 刘念 3133 (IBSC)]。

中华野独活 ***Miliusa sinensis*** Finet & Gagnep.

分布：信宜 [35, 52]、湛江 [35]。

单籽暗罗属 *Monoon* Miq.

长叶单籽暗罗 ***Monoon longifolium*** (Sonn.) B. Xue & R. M. K. Saunders

分布：佛山 *[http://ppbc. iplant. cn/tu/16235561]、广州 *[http://ppbc. iplant. cn/tu/11833908]、深圳 *[http://ppbc. iplant. cn/tu/6186418]、湛江 *[http://ppbc. iplant. cn/tu/ 16260253]。

暗罗属 *Polyalthia* Blume

暗罗 ***Polyalthia suberosa*** (Roxb.) Thwaites

分布：雷州 [35]、廉江 [35]、深圳 [11]、徐闻 [35]。

嘉陵花属 *Popowia* Endl.

嘉陵花 ***Popowia pisocarpa*** (Blume) Endl.

分布：深圳 [17]、台山 [35]、徐闻 [35]、阳春 [35]。

海岛木属 *Trivalvaria* Miq.

海岛木 ***Trivalvaria costata*** (Hook. f. & Thomson) I. M. Turner

分布：雷州 [35]、徐闻 [35]。

紫玉盘属 *Uvaria* L.

光叶紫玉盘 ***Uvaria boniana*** Finet & Gagnep.

分布：博罗 [35] [粤 786178 (IBSC)]、潮州 [35] [曾宪锋 ZXF9980 (CZH)]、从化 [35, 107]、大埔 [35] [李学根 202803 (IBSC)]、东莞 [25, 35]、丰顺 [35] [李学根 201046 (IBSC)]、封开 [14, 35]、佛冈 [27]、河源 [35] [77 级科研组 270 (IBSC)]、江门 [8, 35]、南雄 [33, 35, 57]、仁化 [16]、乳源 [26]、深圳 [11, 17, 35]、始兴 [35] [邓良 6794 (IBSC)]、台山 [35] [李泽贤 607 (IBSC)]、翁源 [35] [刘心祈 24468 (IBSC)]、新丰 [35, 63]、信宜 [35, 52]、阳春 [35] [叶华谷等 5468 (IBSC)]、英德 [32, 35]、郁南 [101]、增城 [116]、肇庆 [9, 35]、紫金 [31, 35]。

刺果紫玉盘 ***Uvaria calamistrata*** Hance

分布：东莞 [25]、丰顺 [95]、徐闻 [35]、阳春 [35]、阳江 [35]、英德 [32]。

大花紫玉盘 ***Uvaria grandiflora*** Roxb.

分布：博罗 [5, 35]、东莞 [25, 35]、东源 [119]、封开 [35] [丁广奇、余莲 6435 (CDBI)]、佛冈 [27]、广州 [35] [蒋英 16637 (IBSC)]、惠东 [35] [陈邦余、张桂才 414 (IBSC)]、江门 [8]、深圳 [11, 17, 35]、肇庆 [35] [刘慎谔 7334 (WUK)]、中山 [10, 35]、珠海 [35] [粤 73 3167 (IBSC)]。

紫玉盘 ***Uvaria macrophylla*** Roxb.

分布：博罗 [35, 38, 100]、潮州 [35] [叶华谷等 12900 (IBSC)]、从化 [107]、大埔 [35] [曾宪锋 ZXF26702 (CZH)]、德庆 [35] [刘瑛光 894 (HZ)]、东莞 [25, 35]、东源 [59]、恩平 [35] [黄茂先 110300 (HZ)]、封开 [14, 35]、佛冈 [27]、佛山 [35] [张瑞麟 175 (IBSC)]、高州 [35] [蒋英 2083 (IBSC)]、广州 [35] [中德采集队 2187 (IBSC)]、鹤山 [35] [黄茂先 110821 (HZ)]、化州 [35] [湛江区植物调查队 3052 (IBSC)]、怀集 [35] [刘瑛光 1464 (IBSC)]、惠东 [12]、惠州 [35] [陈炳辉 488 (IBSC)]、江门 [8, 35]、龙门 [35] [林正眉 m015 (SN)]、陆丰 [35] [卫兆芬 121265 (IBSC)]、罗定 [35] [蒋英 1161 (IBSC)]、茂名 [35, 85]、南澳 [35] [曾宪锋 ZXF7159 (CZH)]、清远 [35] [黄成 161438 (IBSC)]、仁化 [16]、深圳 [11, 17, 35]、台山 [35] [左景烈 22471 (IBSC)]、新兴 [35] [刘瑛光 2251 (IBSC)]、信宜 [52]、徐闻 [35] [西路 135 (IBSC)]、阳春 [35, 45]、阳江 [35] [黄志 41552 (IBSC)]、英德 [32, 35]、郁南 [35, 101]、云浮 [35] [黄志 37615 (IBSC)]、增城 [35, 116]、湛江 [35] [湛江区植物调查队 3453 (IBSC)]、肇庆 [9, 35]、中山 [10, 35]、珠海 [35] [缪小娟 20096412 (SN)]、紫金 [31, 35]。

东京紫玉盘 ***Uvaria tonkinensis*** Finet & Gagnep.

分布：佛冈 [469]、龙门 [469]、珠海 [469]。

152. 蜡梅科 Calycanthaceae

蜡梅属 *Chimonanthus* Lindl.

山蜡梅 ***Chimonanthus nitens*** Oliv.

分布：潮州 [419]。

蜡梅 ***Chimonanthus praecox*** (L.) Link

分布：博罗 *[100]、乐昌 *[41]、肇庆 *[9]。

153. 莲叶桐科 Hernandiaceae

青藤属 *Illigera* Blume

短蕊青藤 ***Illigera brevistaminata*** Y. R. Li

分布：清远 [陈又生 202204006 (IBSC)]、郁南 [101]。

宽药青藤 ***Illigera celebica*** Miq.

分布：东莞 [25, 35]、丰顺 [95]、佛冈 [27]、深圳 [17, 35]、台山 [35]、信宜 [35, 52]、阳春 [35]、阳山 [26]、郁南 [101]、肇庆 [9]。

小花青藤 *Illigera parviflora* Dunn

分布：博罗 [35]、潮州 [35] [曾宪锋 ZXF3252 (IBSC)]、丰顺 [35] [曾宪锋 ZXF9047 (CZH)]、封开 [14]、高州 [35] [周沛椿 80293 (IBSC)]、怀集 [35] [曾怀德 23288 (IBSC)]、惠东 [12]、揭西 [35] [汕头普查队 70506 (IBSC)]、龙门 [35] [王学文、张桂才 8130 (IBK)]、罗定 [35] [叶华谷、刘念 2519 (IBSC)]、茂名 [35] [邓良 2143 (KUN)]、乳源 [26]、深圳 [17, 35]、台山 [35] [左景烈 22362 (IBK)]、翁源 [35] [刘心祈 24495 (KUN)]、信宜 [35, 52]、阳春 [35] [叶华谷、刘念 163 (IBSC)]、阳江 [35] [黄志 41898 (KUN)]、英德 [32, 35]、郁南 [101]、肇庆 [9, 35]。

红花青藤 *Illigera rhodantha* Hance

分布：博罗 [35, 38, 100]、东莞 [25, 35]、恩平 [35]、封开 [14, 35]、惠东 [12, 35]、惠州 [35]、茂名 [85]、仁化 [16]、台山 [35]、新兴 [35]、信宜 [52]、徐闻 [35]、阳春 [35, 45]、阳山 [26]、英德 [32]、郁南 [35, 101]、云浮 [35]、增城 [116]、肇庆 [9, 35]、紫金 [31]。

锈毛青藤 *Illigera rhodantha* var. *dunniana* (H. Lév.) Kubitzki

分布：新兴 [专家意见]。

154. 樟科 Lauraceae

黄肉楠属 *Actinodaphne* Nees

南投黄肉楠 *Actinodaphne acuminata* (Blume) Meisn.

分布：肇庆 [9]。

广东黄肉楠 *Actinodaphne koshepangii* Chun ex Hung T. Chang

分布：乐昌 [35]、连南 [35]、连州 [35]、阳山 [35]。

柳叶黄肉楠 *Actinodaphne lecomtei* C. K. Allen

分布：乳源 [35] [2366 队 3023 (IBSC)]。

毛黄肉楠 *Actinodaphne pilosa* (Lour.) Merr.

分布：广州 [35]、化州 [35]、乐昌 [41]、茂名 [35, 85]、信宜 [52]、徐闻 [35]、阳春 [45]、阳江 [35]、增城 [116]。

琼楠属 *Beilschmiedia* Nees

山潺 *Beilschmiedia appendiculata* (C. K. Allen) S. K. Lee & Y. T. Wei

分布：台山 [35]、中山 [10]。

短序琼楠 *Beilschmiedia brevipaniculata* C. K. Allen

分布：深圳 [17]、阳春 [35, 45]、珠海 [35]。

广东琼楠 *Beilschmiedia fordii* Dunn

分布：博罗 [35]、从化 [35, 107]、大埔 [35]、丰顺 [35, 95]、封开 [14, 35]、佛冈 [27]、惠东 [12]、江门 [8]、龙门 [35]、仁化 [16]、乳源 [35]、韶关 [35]、深圳 [17]、始兴 [28, 35]、翁源 [35, 51]、阳春 [35, 45]、英德 [32]、增城 [116]。

糠秕琼楠 *Beilschmiedia furfuracea* Chun ex Hung T. Chang

分布：茂名 [35]、信宜 [35]、肇庆 [9]。

琼楠 *Beilschmiedia intermedia* C. K. Allen

分布：博罗 [35]、东莞 [25]、封开 [14]、广州 [35]、茂名 [35]、新丰 [63]、信宜 [52]、阳春 [35]、阳江 [35]、英德 [32]、增城 [35]、湛江 [35]、肇庆 [35]。

厚叶琼楠 *Beilschmiedia percoriacea* C. K. Allen

分布：博罗 [35]、惠州 [35]、茂名 [35]、阳春 [35]、阳江 [35]、肇庆 [9]。

网脉琼楠 *Beilschmiedia tsangii* Merr.

分布：从化 [107]、东莞 [25]、封开 [14]、佛冈 [27]、江门 [8]、茂名 [35]、乳源 [26]、深圳 [17]、始兴 [28]、翁源 [51]、五华 [4]、信宜 [35]、阳春 [45]、阳江 [35]、英德 [32]、郁南 [101]、增城 [116]、肇庆 [9]、紫金 [31]。

海南琼楠 *Beilschmiedia wangii* C. K. Allen

分布：封开 [14]、茂名 [35]、信宜 [35, 52]、阳春 [45]、阳江 [35]、英德 [32]、肇庆 [9]。

雅安琼楠 *Beilschmiedia yaanica* (N. Chao) N. Chao

分布：德庆 [35]、怀集 [35]、惠东 [12]、江门 [8]、连州 [35]、深圳 [17]、五华 [4]、信宜 [35]。

滇琼楠 *Beilschmiedia yunnanensis* Hu

分布：德庆 [35]、东莞 [25]、封开 [14]、惠州 [35]、江门 [35]、茂名 [35]、信宜 [35, 52]、增城 [35]、湛江 [35]、肇庆 [35]。

樟属 *Camphora* Fabr.

八角樟 *Camphora illicioides* (A. Chev.) Y. Yang, Bing Liu & Zhi Yang

分布：茂名 [35]、阳春 [35]、阳江 [35]。

沉水樟 *Camphora micrantha* (Hayata) Y. Yang, Bing Liu & Zhi Yang

分布：从化 [107]、佛冈 [27]、和平 [35]、乐昌 [29, 35]、连南 [35]、连州 [26]、龙门 [35]、乳源 [26]、深圳 * [17]、翁源 [18]、五华 [4]、新丰 [35]、信宜 [35, 52]、英德 [32]、肇庆 [35]、紫金 [31]。

樟 *Camphora officinarum* Nees

分布：博罗 [35, 100]、潮州 [35] [叶华谷等 13107 (IBSC)]、从化 [35, 107]、大埔 [35] [曾宪锋 ZXF30801 (CZH)]、德庆 [35] [刘瑛光 1225 (PE)]、东莞 [25, 35]、东源 [119]、丰顺 [35] [曾宪锋 ZXF39223 (CZH)]、封开 [14, 35]、佛冈 [27]、佛山 [35] [黄茂先 110713 (PE)]、高州 [35] [周沛椿 10869 (IBSC)]、广州 [35] [赵魁义 54 (IGA)]、海丰 [35] [曾宪锋 ZXF04523 (CZH)]、江门 [8, 35]、揭西 [35] [曾宪锋 ZXF25095 (CZH)]、乐昌 [29, 35, 41]、雷州 [35] [赵玉锋 90282 (IBSC)]、连南 [35] [谭沛祥 59137 (KUN)]、连州 [26, 35]、龙川 [35] [曾宪锋 ZXF27668 (CZH)]、陆河 [35] [叶华谷 4788 (IBSC)]、罗定 [35] [蒋英 1145 (IBSC)]、茂名 [35, 85]、梅州 [35] [曾宪锋 ZXF5250 (CZH)]、南雄 [33, 35, 57]、平远 [35] [曾宪锋 ZXF38273 (CZH)]、普宁 [35] [曾宪锋 ZXF42869 (CZH)]、清远 [35] [何思宁 60288 (SN)]、饶平 [35] [陈念劬 42834

(KUN)]、**仁化** [16, 35]、**乳源** [26, 35]、**汕头** [35] [梁其瑾 144 (PEY)]、**韶关** [35] [梁向日 60288 (IBSC)]、**深圳** *[11, 17, 35]、**始兴** [28, 35]、**四会** [35] [曾宪锋 ZXF38370 (CZH)]、**翁源** [35, 51]、**五华** [4, 35]、**新丰** *[63]、**信宜** [52]、**兴宁** [35] [曾宪锋 ZXF32523 (CZH)]、**徐闻** [35] [徐闻队 407 (KUN)]、**阳春** [35, 45]、**阳江** [35] [湛江区植物调查队 3530 (IBSC)]、**阳山** [26, 35]、**英德** [32, 35]、**郁南** [35, 101]、**云浮** [35] [黄志、邓良 510 (IBSC)]、**增城** [116]、**肇庆** [9, 35]、**中山** [10, 35]、**珠海** [35] [陈炳辉 2290 (IBSC)]、**紫金** [31, 35]。

黄樟 ***Camphora parthenoxylon*** (Jack) Nees

分布: **博罗** [35, 100]、**潮州** [35] [曾宪锋 ZXF9781 (CZH)]、**从化** [35, 107]、**德庆** [35] [刘瑛光 991 (HZ)]、**东莞** [25, 35]、**东源** [59]、**丰顺** [35, 95]、**封开** [14, 35]、**佛冈** [27]、**高州** [35] [蒋英 2337 (IBSC)]、**广宁** [35] [钟秀珍 1431 (IBSC)]、**广州** [35] [李沛琼、李勇 3413 (SZG)]、**和平** [35] [谭策铭等 Y06675 (JJF)]、**河源** [35] [卫兆芬 130639 (NAS)]、**化州** [35] [湛江区植物调查队 2832 (IBSC)]、**惠东** [12, 35]、**江门** [8, 35]、**蕉岭** [35] [邓良 4514 (PE)]、**揭西** [35] [曾宪锋 ZXF24828 (CZH)]、**乐昌** [29, 35, 41]、**连南** [35] [谭沛祥 59463 (PE)]、**连平** [35] [卫兆芬 120133 (KUN)]、**连山** [35] [谭沛祥 58712 (KUN)]、**连州** [26, 35]、**龙门** [35] [张桂才 417 (HGAS)]、**罗定** [35] [蒋英 9502 (SN)]、**茂名** [35] [江一勳 9226 (IBSC)]、**南雄** [33, 35, 57]、**平远** [35] [邓良 4172 (NAS)]、**饶平** [35] [李学根 200602 (PE)]、**仁化** [16, 35]、**乳源** [35] [2366 队 3004 (PE)]、**深圳** [17, 35]、**始兴** [28, 35]、**台山** [35] [李泽贤等 514 (FJSI)]、**翁源** [35, 51]、**五华** [4, 35]、**新丰** [35, 63]、**信宜** [35, 52]、**兴宁** [35] [曾宪锋 ZXF27924 (CZH)]、**阳春** [35]、**阳江** [35] [湛江区植物调查队 3576 (IBSC)]、**阳山** [26, 35]、**英德** [32, 35]、**郁南** [101]、**云浮** [35] [张镜清 83276 (IBSC)]、**增城** [35, 116]、**湛江** [35] [南植地 3576 (SYS)]、**肇庆** [9, 35]、**中山** [10, 35]、**紫金** [31, 35]。

紫樟 ***Camphora purpurea*** (H. G. Ye & F. G. Wang) Y. Yang, Bing Liu & Zhi Yang

分布：**阳春** [335, 570]。

无根藤属 *Cassytha* L.

无根藤 ***Cassytha filiformis*** L.

分布：**博罗** #[35, 38, 100]、**潮州** #[35] [曾宪锋 ZXF6221 (CZH)]、**从化** #[35, 107]、**大埔** #[35] [李学根 202811 (PE)]、**德庆** #[35] [刘瑛光 1049 (PE)]、**东莞** #[25, 35]、**恩平** #[35] [黄茂先 110410 (PE)]、**丰顺** #[35] [曾宪锋 ZXF39476 (CZH)]、**封开** #[14, 35]、**佛冈** #[27]、**高州** #[35] [蒋英 951 (NAS)]、**广州** #[19, 35]、**海丰** #[35] [卫兆芬 121363 (NAS)]、**河源** #[35] [77 级科研组 55 (SN)]、**怀集** #[35] [刘瑛光 1472 (PE)]、**惠东** #[12, 35]、**惠州** #[35] [叶华谷、曾飞燕 22087 (IBSC)]、**江门** #[8, 35]、**揭西** #[35] [叶华谷等 4480 (IBSC)]、**雷州** #[35] [姚鹏程、魏亚男 20150125 (HSNU)]、**连山** #[35] [叶华谷 5106 (IBSC)]、**连州** #[35] [林正眉 L2101 (SN)]、**廉江** #[35] [谭策铭等廉江 017 (JJF)]、**陆丰** #[35] [卫兆芬 121262 (KUN)]、**陆河** #[35] [曾宪锋 ZXF42739 (CZH)]、**罗定** #[35] [叶华谷、刘念 2085 (IBSC)]、**茂名** #[35, 85]、**梅州** #[35] [曾宪锋 ZXF22725 (CZH)]、**南澳** #[35] [姚鹏程、魏亚男 20150382 (HSNU)]、**平远** #[35] [曾宪锋 ZXF12775 (CZH)]、**普宁** #[35] [曾宪锋 ZXF42928 (CZH)]、**饶平** #[35] [曾宪锋 ZXF44796 (CZH)]、**仁化** #[16, 35]、**深圳** #[11, 17, 35]、**台山** #[35] [左景烈 22443 (IBK)]、**新兴** #[35] [刘瑛光 2112 (PE)]、**信宜** #[35, 52]、**徐闻** #[35] [徐闻队 666 (PE)]、**阳春** #[35, 45]、**阳江** #[35] [黄志 41567 (IBK)]、**英德** #[32]、**郁南** #[35, 101]、**云浮** #[35] [黄志 37390 (IBK)]、**增城** #[35] [黄成 162146 (IBSC)]、**湛江** #[35] [王发国等 RQHN02982 (CSH)]、**肇庆** #[9, 35]、**中山** #[10, 35]、**珠海** #[35] [王瑞江 RQHN00637 (CSH)]、**紫金** #[31, 35]。

桂属 *Cinnamomum* Schaeff.

毛桂 ***Cinnamomum appelianum*** Schewe

分布：**封开** [14, 35]、**乐昌** [29, 35]、**连山** [35] [叶华谷等 3910 (IBSC)]、**连州** [26, 35]、**龙门** [35] [肖家庚 55221 (CSFI)]、**仁化** [16, 35]、**乳源** [35] [粤 73 768 (CSFI)]、**深圳** [17, 35]、**翁源** [35, 51]、**新丰** [35] [叶华谷 969 (IBSC)]、**阳山** [26, 35]、**英德** [32, 35]、**郁南** [35, 101]、**增城** [116]、**肇庆** [9, 35]。

华南桂 ***Cinnamomum austrosinense*** Hung T. Chang

分布：**从化** [35, 107]、**大埔** [35]、**丰顺** [95]、**封开** [14, 35]、**佛冈** [27]、**江门** [8]、**乐昌** [29, 41]、**连山** [35]、**连州** [26]、**龙门** [35]、**南雄** [33]、**乳源** [35]、**始兴** [28]、**新丰** [63]、**信宜** [52]、**阳山** [26]、**增城** [116]。

钝叶桂 ***Cinnamomum bejolghota*** (Buch. -Ham.) Sweet

分布：**茂名** [35]、**阳春** [35]。

阴香 ***Cinnamomum burmanni*** (Nees & T. Nees) Blume

分布：**博罗** [35, 38, 100]、**潮州** [35] [叶华谷等 13280 (IBSC)]、**从化** [35, 107]、**东莞** [25, 35]、**东源** [59]、**丰顺** [95]、**佛冈** [27]、**佛山** [35] [谭沛祥 64066 (IBSC)]、**广州** [35] [叶华谷 16245 (IBSC)]、**和平** [35] [谭策铭、易桂花 Y06740 (JJF)]、**河源** [35] [卫兆芬 120797 (PE)]、**鹤山** [35] [黄茂先 110839 (PE)]、**惠东** [12, 35]、**惠州** [35] [卫兆芬 121570 (KUN)]、**江门** [8, 35]、**蕉岭** [35] [曾宪锋 ZXF20263 (CZH)]、**揭西** [35] [曾宪锋 ZXF20441 (CZH)]、**乐昌** [29, 35, 41]、**连南** [35] [谭沛祥 19138 (PE)]、**连山** [35] [叶华谷 3796 (IBSC)]、**龙川** [35] [曾宪锋 ZXF32460 (CZH)]、**龙门** [35] [肖家庚 5304 (CSFI)]、**罗定** [35] [陈炳辉 1798 (IBSC)]、**茂名** [35, 85]、**梅州** [35] [曾宪锋 ZXF42026 (CZH)]、**平远** [35] [曾宪锋 ZXF10720 (CZH)]、**清远** [35] [黄志 30177 (IBK)]、**仁化** [16]、**乳源** [26, 35]、**汕头** [35] [C. I. Lei 151 (NAS)]、**深圳** [11, 17, 35]、**始兴** [28]、**台山** [35] [周联选 11641 (KUN)]、**翁源** [35, 51]、

五华 [4]、信宜 [35, 52]、兴宁 [35] [曾宪锋 ZXF27709 (CZH)]、徐闻 [35] [周远瑞 100163 (IBK)]、阳春 [35, 45]、阳江 [35] [黄志 41762 (IBK)]、阳山 [26, 35]、英德 [32, 35]、郁南 [35, 101]、云浮 [35] [谭策铭、易桂花 2022 (JJF)]、增城 [116]、湛江 [35] [湛江区植物调查队 3436 (IBSC)]、肇庆 [9, 35]、中山 [10, 35]、珠海 [35] [李泽贤、邢福武 650 (FJSI)]、紫金 [35] [左景烈 21466 (KUN)]。

肉桂 ***Cinnamomum cassia*** (L.) D. Don

分布：博罗 *[38]、封开 [14]、江门 [8]、乳源 [26]、信宜 [52]、郁南 *[101]、肇庆 *[9]。

野黄桂 ***Cinnamomum jensenianum*** Hand. -Mazz.

分布：大埔 [35]、封开 [14]、和平 [35]、怀集 [35]、江门 [8]、乐昌 [35]、连州 [35]、南雄 [35]、仁化 [16]、乳源 [26]、韶关 [35]、翁源 [51]、新丰 [63]、阳山 [35]、英德 [32]。

兰屿肉桂 ***Cinnamomum kotoense*** Kaneh. & Sasaki

分布：广州 *[http://ppbc. iplant. cn/tu/9547453]、湛江 * [http://ppbc. iplant. cn/tu/5107771]。

红辣槁树 ***Cinnamomum kwangtungense*** Merr.

分布：从化 [35, 107]、东莞 [35]、乳源 [26]、增城 [35]。

软皮桂 ***Cinnamomum liangii*** C. K. Allen

分布：仁化 [16]、乳源 [26]、阳春 [37]、紫金 [31]。

少花桂 ***Cinnamomum pauciflorum*** Nees

分布: 封开 [14]、怀集 [35]、惠东 [12]、江门 [8]、乐昌 [29, 35, 41]、连南 [35]、连州 [26, 35]、南雄 [35]、仁化 [16]、乳源 [26]、深圳 [17]、始兴 [28]、信宜 [52]、阳山 [26]、英德 [32]、肇庆 [9]。

卵叶桂 ***Cinnamomum rigidissimum*** Hung T. Chang

分布：封开 [20]、佛冈 [27]、仁化 [16]、五华 [4]、新丰 [20]、肇庆 [20]。

香桂 ***Cinnamomum subavenium*** Miq.

分布：大埔 [35]、封开 [14, 35]、佛冈 [27]、江门 [8]、乐昌 [29, 35]、清远 [35]、乳源 [26, 35]、始兴 [35]、阳春 [35]、阳山 [26, 35]、英德 [32, 35]、肇庆 [9]。

辣汁树 ***Cinnamomum tsangii*** Merr.

分布：惠州 [35]、乐昌 [35]、翁源 [51]、阳山 [35]、英德 [32]。

粗脉桂 ***Cinnamomum validinerve*** Hance

分布：德庆 [35]、封开 [14]、怀集 [35]、惠东 [12]、江门 [8]、仁化 [16]、乳源 [26]、深圳 [17]、翁源 [51]、英德 [32]、紫金 [31]。

锡兰肉桂 ***Cinnamomum verum*** Presl

分布：深圳 *[17]。

川桂 ***Cinnamomum wilsonii*** Gamble

分布：从化 [35] [黄志 44918 (IBSC)]、怀集 [35] [刘瑛光 2549 (GZAC)]、连南 [35] [朱志淞 775 (IBSC)]、仁化 [16]、乳源 [26, 35]、始兴 [28]、新丰 [63]、英德 [32]。

厚壳桂属 *Cryptocarya* R. Br.

厚壳桂 ***Cryptocarya chinensis*** (Hance) Hemsl.

分布：博罗 [35, 100]、潮州 [35]、从化 [35, 107]、大埔 [35]、德庆 [35]、东莞 [25, 35]、东源 [119]、丰顺 [35, 95]、封开 [14, 35]、佛冈 [27]、广州 [19, 35]、惠东 [12, 35]、惠州 [35]、江门 [8, 35]、蕉岭 [35]、揭西 [35]、乐昌 [29, 35]、龙门 [35]、陆河 [35]、罗定 [35]、茂名 [35]、平远 [35]、仁化 [16]、乳源 [26, 35]、深圳 [17, 35]、翁源 [51]、五华 [4, 35]、新丰 [63]、信宜 [35, 52]、阳春 [35, 45]、英德 [32, 35]、郁南 [35]、云浮 [35]、增城 [35, 116]、湛江 [35]、肇庆 [9, 35]、中山 [10, 35]、紫金 [31, 35]。

硬壳桂 ***Cryptocarya chingii*** W. C. Cheng

分布：从化 [35]、封开 [14]、和平 [35]、怀集 [35]、乐昌 [29, 35, 41]、连南 [35]、连山 [35]、连州 [26]、廉江 [35]、龙门 [35]、陆丰 [35]、罗定 [35]、南雄 [33, 35, 57]、仁化 [16]、乳源 [35]、韶关 [35]、深圳 [35]、翁源 [35, 51]、五华 [4]、新丰 [35]、信宜 [35, 52]、阳山 [26]、英德 [32, 35]、郁南 [35, 101]、肇庆 [9, 35]。

黄果厚壳桂 ***Cryptocarya concinna*** Hance

分布：博罗 [5]、从化 [107]、东莞 [25]、东源 [59]、丰顺 [95]、封开 [14]、佛冈 [27]、广州 [35]、惠东 [12]、仁化 [16]、乳源 [26]、深圳 [17]、翁源 [51]、五华 [4]、新丰 [63]、信宜 [52]、阳山 [26]、英德 [32]、郁南 [101]、增城 [116]、肇庆 [9, 35]、紫金 [31]。

丛花厚壳桂 ***Cryptocarya densiflora*** Blume

分布：从化 [107]、东莞 [25]、封开 [14]、怀集 [35]、乐昌 [29, 41]、茂名 [35]、翁源 [51]、信宜 [52]、阳江 [35]、增城 [116]、紫金 [35]。

广东厚壳桂 ***Cryptocarya kwangtungensis*** Hung T. Chang

分布：乐昌 [35]、乳源 [26]、韶关 [35]、英德 [32]。

白背厚壳桂 ***Cryptocarya maclurei*** Merr.

分布：乳源 [26]。

莲桂属 *Dehaasia* Blume

广东莲桂 ***Dehaasia kwangtungensis*** Kosterm.

分布：茂名 [35]。

月桂属 *Laurus* L.

月桂 ***Laurus nobilis*** L.

分布：从化 *[107]、深圳 *[17]。

山胡椒属 *Lindera* Thunb.

乌药 ***Lindera aggregata*** (Sims) Kosterm.

分布：博罗 [100]、从化 [107]、封开 [14]、佛冈 [27]、惠东 [12]、江门 [8]、乐昌 [29, 41]、连州 [26]、茂名 [85]、南雄 [33, 57]、仁化 [16]、深圳 [17]、始兴 [28]、翁源 [51]、新丰 [63]、信宜 [52]、英德 [32]、郁南 [101]、肇庆 [9]。

小叶乌药 ***Lindera aggregata* var. *playfairii*** (Hemsl.) H. P. Tsui

分布：潮州 [35]、东源 [119]、丰顺 [35]、佛冈 [27]、梅州 [35]、仁化 [16]、深圳 [11, 17, 35]、兴宁 [35]、英德 [35]、肇庆 [9, 35]、中山 [10, 35]、紫金 [31, 35]。

狭叶山胡椒 ***Lindera angustifolia*** W. C. Cheng

分布：乐昌 [29, 35, 41]、南雄 [33, 35, 57]、汕头 [35]、韶关 [35]。

鼎湖钓樟 ***Lindera chunii*** Merr.

分布：博罗 [100]、从化 [107]、东源 [59]、封开 [14]、惠州 [35]、江门 [8]、茂名 [85]、仁化 [16]、新丰 [35]、信宜 [52]、阳春 [45]、阳江 [35]、英德 [32]、郁南 [101]、肇庆 [9, 35]、中山 [10]。

香叶树 ***Lindera communis*** Hemsl

分布：博罗 [35, 38, 100]、潮州 [35]、从化 [35, 107]、大埔 [35]、德庆 [35]、东莞 [25, 35]、东源 [35, 59]、恩平 [35]、丰顺 [35, 95]、封开 [14, 35]、佛冈 [27]、佛山 [35]、高州 [35]、广宁 [35]、广州 [35]、海丰 [35]、和平 [35]、河源 [35]、鹤山 [35]、怀集 [35]、惠东 [12, 35]、惠州 [35]、江门 [35]、蕉岭 [35]、揭西 [35]、开平 [35]、乐昌 [29, 35, 41]、连南 [35]、连平 [35]、连山 [35]、连州 [26, 35]、龙川 [35]、龙门 [35]、陆丰 [35]、陆河 [35]、罗定 [35]、茂名 [35]、梅州 [35]、南雄 [33, 35, 57]、平远 [35]、清远 [35]、仁化 [16, 35]、乳源 [26, 35]、汕头 [35]、韶关 [35]、深圳 [11, 17, 35]、始兴 [28, 35]、翁源 [35, 51]、五华 [4, 35]、新丰 [35, 63]、新兴 [35]、信宜 [35, 52]、阳春 [35, 45]、阳江 [35]、阳山 [35]、英德 [32, 35]、郁南 [101]、云浮 [35]、增城 [35, 116]、肇庆 [9, 35]、中山 [10, 35]、紫金 [31, 35]。

红果山胡椒 ***Lindera erythrocarpa*** Makino

分布：乐昌 [29, 35]、乳源 [26]。

绒毛钓樟 ***Lindera floribunda*** (C. K. Allen) H. P. Tsui

分布：乐昌 [29, 35]、连州 [35]、乳源 [26]、英德 [32]。

山胡椒 ***Lindera glauca*** (Siebold & Zucc.) Blume

分布：大埔 [35]、东源 [35]、丰顺 [35]、广州 [35]、和平 [35]、河源 [35]、惠东 [12]、蕉岭 [35]、乐昌 [29, 35, 41]、连南 [35]、连山 [35]、连州 [35]、龙川 [35]、梅州 [35]、南雄 [33, 35, 57]、平远 [35]、仁化 [16, 35]、乳源 [26, 35]、深圳 [35]、始兴 [28, 35]、翁源 [35]、新丰 [35]、信宜 [52]、阳山 [26, 35]、英德 [32]、郁南 [101]。

广东山胡椒 ***Lindera kwangtungensis*** (H. Liu) C. K. Allen

分布: 潮州 [35]、封开 [14]、惠东 [12]、乐昌 [41]、连山 [35]、茂名 [35]、清远 [35]、乳源 [35]、信宜 [35, 52]、阳山 [26]、英德 [32]、肇庆 [9, 35]。

黑壳楠 ***Lindera megaphylla*** Hemsl.

分布：潮州 [35] [叶华谷等 13258 (IBSC)]、从化 [35] [曾怀德 25036 (IBSC)]、大埔 [35] [曾宪锋 ZXF8317 (CZH)]、丰顺 [35] [曾宪锋 ZXF8491 (CZH)]、高州 [35] [甘世南 40164 (IBSC)]、海丰 [35] [曾宪锋 ZXF8850 (CZH)]、怀集 [35] [石国良 15130 (IBSC)]、蕉岭 [35] [南岭队 2395 (IBSC)]、乐昌 [29, 35, 41]、连平 [35] [粤 73 1666 (IBSC)]、连州 [26]、梅州 [35] [曾宪锋 ZXF29532 (CZH)]、南雄 [33, 35]、平远 [35] [李学根 202113 (CSFI)]、乳源 [35] [黄志 44221 (PE)]、韶关 [35] [黄志 31680 (IBK)]、始兴 [28, 35]、翁源 [35, 51]、五华 [4]、新丰 [35] [邓良 8158 (KUN)]、信宜 [35, 52]、阳山 [35] [谭沛祥 60425 (KUN)]、紫金 [31, 35]。

滇粤山胡椒 ***Lindera metcalfiana*** C. K. Allen

分布：封开 [14, 35]、惠东 [12]、江门 [8]、乐昌 [29, 35, 41]、龙门 [35]、茂名 [35]、乳源 [26]、台山 [35]、翁源 [51]、五华 [4]、信宜 [35, 52]、阳春 [35]、英德 [32, 35]、肇庆 [9, 35]。

绒毛山胡椒 ***Lindera nacusua*** (D. Don) Merr.

分布：潮州 [35]、从化 [35]、丰顺 [35]、惠东 [12, 35]、江门 [8, 35]、乐昌 [29, 35]、连州 [26, 35]、龙门 [35]、南雄 [35]、仁化 [16]、乳源 [26]、深圳 [17, 35]、翁源 [51]、五华 [4]、新丰 [63]、信宜 [52]、兴宁 [35]、阳春 [35]、阳江 [35]、阳山 [26]、英德 [32, 35]、肇庆 [9, 35]、紫金 [31, 35]。

香粉叶 ***Lindera pulcherrima* var. *attenuata*** C. K. Allen

分布：博罗 [37]、乐昌 [29, 41]、连州 [26]、南雄 [33]、信宜 [52]。

川钓樟 ***Lindera pulcherrima* var. *hemsleyana*** (Diels) H. P. Tsui

分布：博罗 [35]、丰顺 [35]、乳源 [26, 35]。

山橿 ***Lindera reflexa*** Hemsl.

分布：乐昌 [41]、连南 [35]、连州 [35]、南雄 [33, 35, 57]、平远 [35]、仁化 [35]、乳源 [26, 35]、始兴 [28, 35]、翁源 [35]、新丰 [63]、兴宁 [35]、英德 [32, 35]。

木姜子属 *Litsea* Lam.

尖脉木姜子 ***Litsea acutivena*** Hayata

分布: 东莞 [25]、封开 [14]、佛冈 [27]、江门 [8]、乐昌 [29, 41]、茂名 [35]、梅州 [35]、深圳 [17]、翁源 [51]、五华 [4]、信宜 [35, 52]、阳山 [26]、英德 [32]、肇庆 [9, 35]、紫金 [31]。

朝鲜木姜子 ***Litsea coreana*** H. Lév.

分布：乐昌 [南岭队 3957 (IBSC)]、乳源 [广东木材调查组 790 (IBSC)]、始兴 [王学文 , 张桂才 103 (IBSC)]。

毛豹皮樟 ***Litsea coreana* var. *lanuginosa*** (Migo) Yen C. Yang & P. H. Huang

分布：乐昌 [29]、南雄 [33]、仁化 [16]、始兴 [28]。

豹皮樟 ***Litsea coreana* var. *sinensis*** (C. K. Allen) Yen C. Yang & P. H. Huang

分布：揭西 [许小婷 XXT101 (CZH)]、陆丰 [许小婷 XXT046 (CZH)]、五华 [曾宪锋 ZXF9944 (CZH)]、肇庆 [杨均平 64-1206 (GNUG0003561)]。

山鸡椒 ***Litsea cubeba*** (Lour.) Pers.

分布：博罗 [35, 38, 100]、潮州 [35] [曾宪锋 ZXF9977

(CZH)]、从化 [35, 107]、大埔 [35] [李学根 202746 (PE)]、德庆 [35] [刘瑛光 917 (PE)]、东莞 [25, 35]、东源 [59]、恩平 [35] [黄茂先 110451 (PE)]、丰顺 [35, 95]、封开 [14, 35]、佛冈 [27]、佛山 [35] [黄茂先 111017 (PE)]、高州 [35] [蒋英 2307 (IBSC)]、广州 [35] [叶华谷 16509 (IBSC)]、海丰 [35] [曾宪锋 ZXF10542 (CZH)]、和平 [35] [卫兆芬 120707 (KUN)]、河源 [35] [77 级科研组新 0476 (SN)]、怀集 [35] [刘瑛光 2605 (PE)]、惠东 [12, 35]、惠州 [35] [卫兆芬 121656 (KUN)]、江门 [8, 35]、蕉岭 [35] [邓良 4838 (KUN)]、揭西 [35] [曾宪锋 ZXF31270 (CZH)]、揭阳 [35] [曾宪锋 ZXF31676 (CZH)]、开平 [35] [黄茂先 110563 (PE)]、乐昌 [29, 35, 41]、连南 [35] [谭沛祥 59312 (PE)]、连平 [35] [卫兆芬 120157 (KUN)]、连山 [35] [谭沛祥 57961 (PE)]、连州 [26, 35]、龙川 [35] [王颖 WY025 (CZH)]、龙门 [35] [张桂才 122 (HGAS)]、陆河 [35] [曾宪锋 ZXF42867 (CZH)]、罗定 [35] [王伯荪 155 (SYS)]、茂名 [35, 85]、梅州 [35] [杨青青 2016108 (CZH)]、南雄 [33, 35, 57]、平远 [35] [李学根 201922 (PE)]、普宁 [35] [曾宪锋 ZXF42924 (CZH)]、清远 [35] [黄志 30704 (PE)]、饶平 [35] [李学根 200745 (IBSC)]、仁化 [16, 35]、乳源 [26, 35]、韶关 [35] [刘棠瑞 429 (SN)]、深圳 [17, 35]、始兴 [28, 35]、台山 [35] [李泽贤等 550 (FJSI)]、翁源 [35, 51]、五华 [4]、新丰 [35] [邓良 7956 (KUN)]、新兴 [35] [刘瑛光 2023 (HZ)]、信宜 [35, 52]、兴宁 [35] [李学根 201802 (PE)]、阳春 [35, 45]、阳江 [35] [黄志 41503 (IBK)]、阳山 [26, 35]、英德 [32, 35]、郁南 [35, 101]、云浮 [35] [黄志 37422 (PE)]、增城 [35, 116]、肇庆 [9, 35]、中山 [10, 35]、珠海 [35] [高蕴璋 837 (IBSC)]、紫金 [31, 35]。

毛山鸡椒 ***Litsea cubeba* var. *formosana*** (Nakai) Yen C. Yang & P. H. Huang

分布：大埔 [35]、和平 [35]、乐昌 [35]、南雄 [35]、仁化 [16]。

黄丹木姜子 ***Litsea elongata*** (Wall. ex Ness) Benth. & Hook. f.

分布：博罗 [5, 35]、潮州 [35]、从化 [35, 107]、大埔 [35]、东莞 [25, 35]、丰顺 [35]、封开 [14, 35]、佛冈 [27]、广州 [35]、和平 [35]、怀集 [35]、惠东 [12]、蕉岭 [35]、乐昌 [29, 35, 41]、连南 [35]、连山 [35]、连州 [26, 35]、龙门 [35]、梅州 [35]、平远 [35]、仁化 [16, 35]、乳源 [26, 35]、韶关 [35]、始兴 [28, 35]、翁源 [51]、五华 [4]、新丰 [35, 63]、信宜 [35, 52]、阳春 [35, 45]、阳山 [26, 35]、英德 [32, 35]、郁南 [101]、增城 [116]、肇庆 [9, 35]、紫金 [31, 35]。

石木姜子 ***Litsea elongata* var. *faberi*** (Hemsl.) Yen C. Yang & P. H. Huang

分布：丰顺 [394]、郁南 [101]。

潺槁木姜子 ***Litsea glutinosa*** (Lour.) C. B. Rob.

分布：博罗 [35, 38, 100]、潮州 [35] [曾宪锋 ZXF26585 (CZH)]、从化 [35, 107]、大埔 [35] [曾宪锋 ZXF35449 (CZH)]、东莞 [25, 35]、东源 [59]、恩平 [35] [黄茂先 110307 (PE)]、丰顺 [35] [曾宪锋 ZXF27282 (CZH)]、佛山 [35] [张幕农 37 (NF)]、广州 [35] [余小琪 384 (BJFC)]、河源 [35] [刘全儒等 DJ20090721010 (BNU)]、鹤山 [35] [黄茂先 110772 (PE)]、惠东 [12, 35]、惠州 [35] [张寿洲等 ZSZ-012 (SZG)]、江门 [8, 35]、揭西 [35] [曾宪锋 ZXF24794 (CZH)]、开平 [35] [黄茂先 110598 (PE)]、雷州 [35] [蒋英 2589 (IBSC)]、陆丰 [35] [卫兆芬 121145 (IBSC)]、陆河 [35] [曾宪锋 ZXF42648 (CZH)]、茂名 [35, 85]、南澳 [35] [姚鹏程、魏亚男 20150394 (HSNU)]、普宁 [35] [曾宪锋 ZXF42881 (CZH)]、清远 [35] [黄志 30658 (PE)]、饶平 [35] [曾宪锋 ZXF26379 (CZH)]、仁化 [16]、乳源 [26]、深圳 [11, 17, 35]、四会 [35] [陈焕镛 8649 (SN)]、遂溪 [35] [林业厅 86097 (IBSC)]、台山 [35] [左景烈 22285 (IBSC)]、五华 [4]、信宜 [35, 52]、徐闻 [35] [徐闻队 512 (PE)]、阳春 [35, 45]、阳江 [35] [黄志 41417 (IBK)]、英德 [32]、增城 [35, 116]、湛江 [35] [周远瑞 100028 (IBK)]、肇庆 [9, 35]、中山 [10, 35]、珠海 [35] [林菊 200905516 (SN)]、紫金 [31, 35]。

白野槁树 ***Litsea glutinosa* var. *brideliifolia*** (Hayata) Merr.

分布：茂名 [35]、仁化 [16]、信宜 [35]。

华南木姜子 ***Litsea greenmaniana*** C. K. Allen

分布：封开 [14]、惠东 [12]、南雄 [33, 57]、深圳 [17]、翁源 [51]、五华 [4]、新丰 [63]、信宜 [35, 52]、阳春 [45]、郁南 [101]、云浮 [35]、肇庆 [9]、紫金 [31]。

广东木姜子 ***Litsea kwangtungensis*** Hung T. Chang

分布：从化 [35, 107]、龙门 [35]、翁源 [51]、新丰 [63]、增城 [35]、肇庆 [9]。

大果木姜子 ***Litsea lancilimba*** Merr.

分布：封开 [14]、南澳 [35]、汕头 [35]、始兴 [28]、新丰 [63]、信宜 [52]、阳春 [35]、阳江 [35]、肇庆 [9]。

毛豺皮樟 ***Litsea lanuginosa*** (Nees) Nees

分布：大埔 [35]、和平 [35]、怀集 [35]、乐昌 [35]、连州 [35]、仁化 [35]、信宜 [35]、肇庆 [35]。

润楠叶木姜子 ***Litsea machiloides*** Yen C. Yang & P. H. Huang

分布：德庆 [35]、封开 [35]、广宁 [35]、怀集 [35]、四会 [35]、肇庆 [3, 9, 35]。

毛叶木姜子 ***Litsea mollis*** Hemsl.

分布：和平 [35]、怀集 [35]、乐昌 [35]、连州 [35]、南雄 [35]、乳源 [26]、韶关 [35]、阳山 [26, 35]、英德 [32]、郁南 [101]。

假柿木姜子 ***Litsea monopetala*** (Roxb.) Pers.

分布：博罗 [35, 38, 100]、从化 [107]、东莞 [25, 35]、东源 [59]、恩平 [35] [黄茂先 110304 (PE)]、封开 [35] [祁、肖 51683 (CSFI)]、佛冈 [27]、佛山 [35] [张慕农 22 (NF)]、广州 [35] [中山大学生物系标本厂 171 (BJM)]、化州 [35] [湛江区植物调查队 2854 (IBSC)]、江门 [8, 35]、茂名 [35] [张

镜清 61052 (IBSC)]、**清远** [35] [杜庚平 2208 (IBSC)]、**仁化** [16]、**深圳** [11, 17, 35]、**台山** [35] [陈邦余、李泽贤 363 (FJSI)]、**信宜** [35] [黄志 32329 (IBSC)]、**徐闻** [35] [徐闻队 94 (KUN)]、**阳春** [35, 45]、**阳江** [35] [黄志 41615 (IBK)]、**英德** [32, 35]、**郁南** [101]、**增城** [35, 116]、**肇庆** [9, 35]、**中山** [10, 35]、**紫金** [31, 35]。

海桐叶木姜子 *Litsea pittosporifolia* Yen C. Yang & P. H. Huang

分布：**肇庆** [3, 9, 35]。

竹叶木姜子 *Litsea pseudoelongata* H. Liu

分布：**东莞** [25]、**佛冈** [27]、**雷州** [35]、**仁化** [16]、**乳源** [26]、**翁源** [51]、**新丰** [63]、**英德** [32, 35]、**增城** [116]。

木姜子 *Litsea pungens* Hemsl.

分布：**和平** [35]、**惠东** [12]、**乐昌** [29, 35]、**连州** [26, 35]、**南雄** [33, 35, 57]、**仁化** [16]、**韶关** [35]、**五华** [4]。

圆叶豺皮樟 *Litsea rotundifolia* Nees

分布：**博罗** [35]、**东莞** [35]、**封开** [14, 35]、**佛山** [35]、**广州** [35]、**惠东** [12]、**江门** [8, 35]、**龙门** [35]、**茂名** [35]、**深圳** [11, 17, 35]、**台山** [35]、**信宜** [52]、**阳春** [35, 45]、**阳江** [35]、**英德** [32]、**肇庆** [9, 35]、**珠海** [35]、**紫金** [31, 35]。

豺皮樟 *Litsea rotundifolia* var. *oblongifolia* (Nees) C. K. Allen

分布：**博罗** [35, 38, 100]、**潮州** [35] [叶华谷等 12981 (IBSC)]、**从化** [35, 107]、**大埔** [35] [邓良 5118 (PE)]、**东莞** [25, 35]、**东源** [59]、**丰顺** [35, 95]、**封开** [35] [黄成 164268 (KUN)]、**佛冈** [27]、**佛山** [35] [张慕衣 35 (NF)]、**高州** [35] [蒋英 6033 (NAS)]、**广州** [35] [朱园园 200905106 (SN)]、**海丰** [35] [卫兆芬 121375 (PE)]、**河源** [35] [77 级科研组新 01011 (SN)]、**惠东** [12, 35]、**惠州** [35] [卫兆芬 121571 (KUN)]、**江门** [8, 35]、**蕉岭** [35] [徐祥浩 303 (IBSC)]、**揭西** [35] [叶华谷 4417 (IBSC)]、**乐昌** [35] [左景烈 21260 (IBK)]、**廉江** [35] [刘集汉、李祥禧 89911 (IBSC)]、**龙门** [35] [张桂才 179 (HGAS)]、**陆丰** [35] [卫兆芬 121154 (PE)]、**陆河** [35] [曾宪锋 ZXF42705 (CZH)]、**罗定** [35] [叶华谷、刘念 2501 (IBSC)]、**茂名** [35, 85]、**南雄** [33, 35]、**平远** [35] [曾宪锋 ZXF38318 (CZH)]、**清远** [35] [邓良 9771 (IBSC)]、**饶平** [35] [曾宪锋 ZXF22633 (CZH)]、**仁化** [16]、**乳源** [26]、**汕头** [35] [梁其瑾 1218 (PE)]、**深圳** [11, 17, 35]、**四会** [35] [曾宪锋 ZXF38389 (CZH)]、**台山** [35] [陈邦余、李泽贤 37 (FJSI)]、**五华** [4]、**信宜** [52]、**阳春** [35] [黄志 38653 (PE)]、**阳江** [35] [黄志 41748 (IBK)]、**英德** [32]、**郁南** [101]、**增城** [35, 116]、**湛江** [35] [湛江区植物调查队 3410 (IBSC)]、**肇庆** [9, 35]、**中山** [10, 35]、**珠海** [35] [陆慧敏 2009050406 (SN)]、**紫金** [31, 35]。

卵叶豺皮樟 *Litsea rotundifolia* var. *ovatifolia* Yen C. Yang & P. H. Huang

分布：**信宜** [504]。

黑木姜子 *Litsea salicifolia* (Roxb. ex Wall.) Hook. f.

分布：**信宜** [52]。

圆果木姜子 *Litsea sinoglobosa* J. Li & H. W. Li

分布：**乐昌** [35]、**连山** [35]、**乳源** [26]、**阳山** [26]。

桂北木姜子 *Litsea subcoriacea* Yen C. Yang & P. H. Huang

分布：**封开** [14]、**江门** [8]、**乐昌** [29]、**连山** [35]、**连州** [35]、**乳源** [26]、**信宜** [35]、**英德** [32]、**紫金** [31]。

栓皮木姜子 *Litsea suberosa* Yen C. Yang & P. H. Huang

分布：**乐昌** [35]、**仁化** [16, 35]、**乳源** [35]、**阳山** [35]。

黄椿木姜子 *Litsea variabilis* Hemsl.

分布：**东莞** [25, 35]、**高州** [35] [蒋英 2346 (PE)]、**化州** [35] [湛江区植物调查队 3043 (IBSC)]、**廉江** [35] [湛江区植物调查队 3102 (IBSC)]、**茂名** [35] [邓良 1861 (KUN)]、**梅州** [35] [曾怀德 87 (NAS)]、**仁化** [16]、**乳源** [26]、**汕头** [35] [C. I. Lei 225 (NAS)]、**翁源** [51]、**信宜** [35] [朱志淞 1205 (IBSC)]、**徐闻** [35] [邓良 3827 (IBSC)]、**阳春** [35, 45]、**阳江** [35] [黄志 41597 (IBK)]、**湛江** [35] [南植地 3756 (SYS)]。

毛黄椿木姜子 *Litsea variabilis* var. *oblonga* Lecomte

分布：**仁化** [16]。

轮叶木姜子 *Litsea verticillata* Hance

分布：**从化** [107]、**佛冈** [27]、**鹤山** [35] [黄茂先 110805 (PE)]、**惠东** [12]、**江门** [8, 35]、**乐昌** [29, 41]、**龙门** [35] [张桂才 230 (HGAS)]、**仁化** [16]、**深圳** [11, 17, 35]、**台山** [35] [周联选 11541 (KUN)]、**新丰** [63]、**信宜** [52]、**英德** [32]、**郁南** [101]、**肇庆** [9]、**中山** [10, 35]、**珠海** [35] [粤 73 2979 (IBSC)]。

润楠属 *Machilus* Nees

短序润楠 *Machilus breviflora* (Benth.) Hemsl.

分布：**从化** [107]、**东莞** [25]、**东源** [59]、**封开** [14]、**佛冈** [27]、**惠东** [12]、**惠州** [35]、**江门** [8]、**深圳** [11, 17]、**翁源** [51]、**五华** [4]、**新丰** [35, 63]、**信宜** [35, 52]、**阳春** [45]、**英德** [32]、**增城** [116]、**肇庆** [9, 35]、**中山** [10]。

灰岩润楠 *Machilus calcicola* S. K. Lee & C. J. Qi

分布：**乳源** [高锡朋 53995 (IBK)]。

浙江润楠 *Machilus chekiangensis* S. K. Lee

分布：**博罗** [陈念劬 41479 (MO)]、**东莞** [25]、**东源** [59]、**佛冈** [27]、**惠东** [12]、**乐昌** [41]、**乳源** [26]、**深圳** [17]、**翁源** [51]、**五华** [4]、**信宜** [35, 52]、**阳山** [26]、**增城** [116]、**中山** [10]、**紫金** [31]。

华润楠 *Machilus chinensis* (Champ. ex Benth.) Hemsl.

分布：**博罗** [35, 100]、**潮州** [35] [曾宪锋 ZXF37230 (CZH)]、**从化** [35, 107]、**大埔** [35] [曾宪锋 ZXF8324 (CZH)]、**东莞** [25, 35]、**东源** [59]、**丰顺** [35, 95]、**封开** [14, 35]、**佛冈** [27]、**高州** [35] [周沛椿 10355 (PE)]、**广州** [35] [叶华谷 16519 (IBSC)]、**和平** [35] [谭策铭、易桂花、曹仕优等

Y06670 (JJF)]、怀集 [35] [冬升怀集 113 (CSH)]、惠东 [12]、江门 [8, 35]、揭西 [35] [曾宪锋 ZXF25079 (CZH)]、乐昌 [29, 35, 41]、连南 [35] [冬升连南 330 (CSH)]、连州 [26]、梅州 [35] [曾宪锋 ZXF25495 (CZH)]、平远 [35] [曾宪锋 ZXF10738 (CZH)]、仁化 [16, 35]、乳源 [26, 35]、韶关 [35] [高锡朋 50274 (PE)]、深圳 [11, 17, 35]、始兴 [28]、台山 [35] [粤 73 2783 (IBSC)]、翁源 [51]、五华 [4]、新丰 [63]、信宜 [35, 52]、兴宁 [35] [曾宪锋 ZXF27704 (CZH)]、徐闻 [35] [陈少卿 78758 (IBSC)]、阳春 [45]、阳江 [35] [刘集汉 89889 (IBSC)]、英德 [32, 35]、郁南 [101]、增城 [116]、肇庆 [9, 35]、中山 [10, 35]、珠海 [35] [郭少聪 12 (IBSC)]、紫金 [31, 35]。

基脉润楠 ***Machilus decursinervis*** Chun

分布：江门 [8]、乳源 [刘瑛光 353 (PE)]、阳春 [45]。

定安润楠 ***Machilus dinganensis*** S. K. Lee & F. N. Wei

分布：化州 [采集人不详 809174 (IBK)]、肇庆 [陈焕镛 6477 (IBK)]。

琼桂润楠 ***Machilus foonchewii*** S. K. Lee

分布：阳春 [35, 45]、阳江 [35]。

黄心树 ***Machilus gamblei*** King ex Hook. f.

分布：博罗 [5, 35]、东莞 [25]、江门 [8]、连山 [35]、连州 [35]、乳源 [26]、深圳 [17]、信宜 [35]、阳江 [35]、阳山 [26]、肇庆 [35]。

光叶润楠 ***Machilus glabrophylla*** J. F. Zuo

分布：广州 [陈焕镛 5473 (IBK)]。

黄绒润楠 ***Machilus grijsii*** Hance

分布：博罗 [5]、从化 [107]、大埔 [35]、东莞 [25]、丰顺 [95]、佛冈 [27]、惠东 [12]、江门 [8]、乐昌 [35]、茂名 [35]、南雄 [33]、仁化 [16, 35]、深圳 [17]、始兴 [28]、翁源 [51]、五华 [4]、阳春 [45]、阳江 [35]、英德 [32]、增城 [116]、肇庆 [9]、紫金 [31]。

宜昌润楠 ***Machilus ichangensis*** Rehder & E. H. Wilson

分布：佛冈 [27]、惠东 [12]、乐昌 [29]、仁化 [16]、乳源 [26]、信宜 [52]、英德 [32]。

广东润楠 ***Machilus kwangtungensis*** Yen C. Yang

分布：博罗 [100]、佛冈 [27]、惠东 [12]、乐昌 [35, 41]、连南 [35]、连山 [35]、连州 [35]、南雄 [33, 57]、仁化 [35]、乳源 [26]、深圳 [17]、信宜 [35, 52]、阳春 [45]、阳山 [35]、英德 [32]、云浮 [35]、增城 [116]、肇庆 [9]、紫金 [31]。

薄叶润楠 ***Machilus leptophylla*** Hand. -Mazz.

分布：东莞 [25]、丰顺 [95]、惠东 [12]、乐昌 [29, 41]、连州 [26]、南雄 [33]、乳源 [26]、韶关 [35]、深圳 [17]、始兴 [28]、翁源 [51]、新丰 [63]、阳山 [26]、英德 [32]、郁南 [101]、紫金 [31]。

木姜润楠 ***Machilus litseifolia*** S. K. Lee

分布：封开 [14]、怀集 [35]、惠东 [12]、乐昌 [35, 41]、南雄 [33, 35]、仁化 [16]、五华 [4]、阳山 [26, 35]、英德 [32, 35]。

东莞润楠 ***Machilus longipes*** Hung T. Chang

分布：东莞 [25, 35, 3]。

龙眼润楠 ***Machilus oculodracontis*** Chun

分布：广州 [35]、信宜 [35, 52]、英德 [32]。

建润楠 ***Machilus oreophila*** Hance

分布：博罗 [35]、封开 [35]、乐昌 [29, 35]、连南 [35]、连山 [35]、龙川 [35]、清远 [35]、饶平 [35]、仁化 [16]、乳源 [35]、深圳 [17]、翁源 [51]、英德 [32, 35]、紫金 [31, 35]。

刨花润楠 ***Machilus pauhoi*** Kaneh.

分布：潮州 [35]、从化 [107]、丰顺 [35, 95]、佛冈 [27]、乐昌 [35, 41]、连州 [26, 35]、罗定 [35]、平远 [35]、清远 [35]、饶平 [35]、仁化 [16, 35]、乳源 [26, 35]、韶关 [35]、深圳 [17, 35]、始兴 [28]、阳山 [26]、英德 [32]、郁南 [101]、增城 [116]、中山 [10, 35]。

凤凰润楠 ***Machilus phoenicis*** Dunn

分布：博罗 [5, 100]、从化 [107]、大埔 [35]、佛冈 [27]、和平 [35]、江门 [8]、乐昌 [29, 35, 41]、连州 [26]、南雄 [33, 35]、仁化 [16, 35]、乳源 [26]、韶关 [35]、翁源 [51]、信宜 [52]、阳山 [26, 35]、英德 [32]、肇庆 [9]、中山 [10]。

扁果润楠 ***Machilus platycarpa*** Chun

分布：怀集 [35]、茂名 [35]、信宜 [35, 52]、阳春 [35, 45]、云浮 [35]。

梨润楠 ***Machilus pomifera*** (Kosterm.) S. K. Lee

分布：紫金 [31]。

粗壮润楠 ***Machilus robusta*** W. W. Sm.

分布：博罗 [5, 35]、东莞 [25]、丰顺 [95]、乐昌 [29, 41]、清远 [35]、乳源 [26]、深圳 [17]、翁源 [51]、信宜 [52]、阳春 [45]、英德 [32]、肇庆 [9]。

柳叶润楠 ***Machilus salicina*** Hance

分布：博罗 [5]、从化 [107]、河源 [35] [77 级科研组新 0254 (SN)]、化州 [35] [湛江区植物调查队 2955 (IBSC)]、惠东 [12]、江门 [8]、乐昌 [29, 35]、连山 [35] [叶华谷 3971 (IBSC)]、连州 [35] [南岭队 255 (IBSC)]、南雄 [33, 35]、仁化 [16]、乳源 [26, 35]、始兴 [28]、翁源 [51]、新丰 [35] [林仰三 59 (IBSC)]、信宜 [52]、英德 [32, 35]、郁南 [101]、紫金 [31, 35]。

红楠 ***Machilus thunbergii*** Siebold & Zucc.

分布: 博罗 [38, 100]、潮州 [35] [叶华谷等 13171 (IBSC)]、从化 [35, 107]、德庆 [35] [刘瑛光 1087 (HZ)]、东莞 [25, 35]、东源 [59]、丰顺 [95]、封开 [14, 35]、佛冈 [27]、广州 [35] [黄克福 9 (FJSI)]、怀集 [35] [S. C. Ng 3003 (PE)]、惠东 [12]、江门 [8, 35]、乐昌 [29, 35, 41]、连山 [35] [叶华谷 3923 (IBSC)]、连州 [26, 35]、龙门 [35] [张桂才 411 (HGAS)]、南雄 [33, 35, 57]、清远 [35] [陆德 11818 (AU)]、仁化 [16, 35]、乳源 [26, 35]、韶关 [35] [田旗、王正伟、许源 TQ02627 (CSH)]、

深圳 [11, 17, 35]、始兴 [28]、翁源 [51]、五华 [4, 35]、新丰 [63]、信宜 [35, 52]、阳江 [35] [农林厅 84090 (IBSC)]、阳山 [26, 35]、英德 [32, 35]、郁南 [101]、云浮 [35] [黄季庄 543 (NAS)]、增城 [116]、肇庆 [35] [叶华谷等 18403 (IBSC)]、中山 [10, 35]、紫金 [31, 35]。

绒毛润楠 ***Machilus velutina*** Champ. ex Benth.

分布：博罗 [35, 38, 100]、潮州 [35] [郑彦琪 2015345 (CZH)]、从化 [107]、大埔 [35] [邓良 5256 (KUN)]、东莞 [25, 35]、东源 [35, 59]、丰顺 [35, 95]、封开 [14, 35]、佛冈 [27]、广州 [35] [余小琪 177 (BJFC)]、和平 [35] [谭策铭等 Y06570 (JJF)]、怀集 [35] [刘瑛光 2948 (PE)]、惠东 [12, 35]、惠州 [35] [张寿洲、刘兴尧 22411 (SZG)]、江门 [8, 35]、蕉岭 [35] [邓良 4711 (NAS)]、乐昌 [29, 35, 41]、连州 [35] [左景烈 22671 (KUN)]、龙门 [35] [肖家庚 5008 (CSFI)]、罗定 [35] [陈焕镛 9501 (IBK)]、梅州 [35] [曾宪锋 ZXF43674 (CZH)]、南澳 [35] [王国栋等 7709 (SZG)]、南雄 [33, 35, 57]、平远 [35] [曾宪锋 ZXF44209 (CZH)]、普宁 [35] [南植地 7952 (IBSC)]、清远 [35] [黄成 161406 (HITBC)]、仁化 [16]、乳源 [35] [郭素白 80274 (IBK)]、深圳 [11, 17, 35]、始兴 [28, 35]、台山 [35] [陈邦余、李泽贤 332 (FJSI)]、翁源 [35, 51]、五华 [4]、新丰 [35, 63]、信宜 [35, 52]、阳春 [35, 45]、阳山 [26]、英德 [32, 35]、郁南 [101]、云浮 [35] [蒋英 1897 (IBK)]、增城 [116]、肇庆 [9, 35]、中山 [10, 35]、珠海 [35] [高蕴 237 (HGAS)]、紫金 [31, 35]。

黄枝润楠 ***Machilus versicolora*** S. K. Lee & F. N. Wei

分布：信宜 [黄志 31860 (IBK)]、徐闻 [周远瑞 100105 (IBK)]。

信宜润楠 ***Machilus wangchiana*** Chun

分布：东莞 [25]、乳源 [26]、信宜 [35, 52]。

新木姜子属 ***Neolitsea*** **Merr.**

新木姜子 ***Neolitsea aurata*** (Hayata) Koidz.

分布：潮州 [392, 35]、封开 [14]、乐昌 [35, 41]、连南 [35] [谭沛祥 59147 (KUN)]、连山 [35] [谭沛祥 58798 (PE)]、连州 [26, 35]、南雄 [33, 35]、乳源 [26, 35]、始兴 [28, 35]、翁源 [35, 51]、新丰 [35] [邓良 8223 (AU)]、信宜 [52]、阳山 [35] [谭沛祥 60408 (KUN)]、英德 [32]、增城 [116]、肇庆 [9, 35]、中山 [10]、紫金 [31, 35]。

云和新木姜子 ***Neolitsea aurata* var. *paraciculata*** (Nakai) Yen C. Yang & P. H. Huang

分布: 和平 [35]、怀集 [35]、惠东 [12]、江门 [8]、乐昌 [35]、连州 [35]、平远 [35]、乳源 [35]、五华 [4]。

浙闽新木姜子 ***Neolitsea aurata* var. *undulatula*** Yen C. Yang & P. H. Huang

分布：潮州 [曾宪锋 ZXF8755 (CZH)]。

短梗新木姜子 ***Neolitsea brevipes*** H. W. Li

分布：封开 [14]、怀集 [35]、乐昌 [29, 35]、连州 [35]、乳源 [26]、始兴 [28]、信宜 [52]、阳山 [35]。

锈叶新木姜子 ***Neolitsea cambodiana*** Lecomte

分布：东莞 [25]、封开 [14]、惠州 [35]、乐昌 [29, 35, 41]、连州 [26]、茂名 [35]、南雄 [33, 57]、仁化 [35]、乳源 [26]、深圳 [17]、始兴 [28]、翁源 [51]、新丰 [35, 63]、阳山 [26]、英德 [32]、郁南 [101]、肇庆 [9]、紫金 [31]。

香港新木姜子 ***Neolitsea cambodiana* var. *glabra*** C. K. Allen

分布：东莞 [25]、丰顺 [95]、怀集 [35]、江门 [8]、仁化 [16]、汕头 [35]、深圳 [17]、五华 [4]、信宜 [52]、增城 [116]、紫金 [31]。

鸭公树 ***Neolitsea chui*** Merr.

分布：博罗 [100]、东莞 [25]、丰顺 [95]、封开 [14, 35]、佛冈 [27]、江门 [8]、乐昌 [29, 41]、南雄 [33]、仁化 [16]、乳源 [26]、深圳 [17]、始兴 [28]、翁源 [51]、五华 [4]、新丰 [63]、信宜 [52]、阳春 [45]、阳山 [26]、英德 [32]、郁南 [101]、增城 [116]、肇庆 [9]、紫金 [31]。

簇叶新木姜子 ***Neolitsea confertifolia*** (Hemsl.) Merr.

分布：乐昌 [29, 41]、连山 [35]、连州 [35]、仁化 [16]、乳源 [26]、信宜 [35]、阳山 [26]、云浮 [35]、增城 [116]。

香果新木姜子 ***Neolitsea ellipsoidea*** C. K. Allen

分布：江门 [8]、英德 [32]。

广西新木姜子 ***Neolitsea kwangsiensis*** H. Liu

分布：封开 [14]、佛冈 [27]、怀集 [35]、信宜 [35, 52]、阳春 [45]、英德 [32]、肇庆 [9]。

大叶新木姜子 ***Neolitsea levinei*** Merr.

分布：博罗 [E. D. Merrill 11071 (A]、从化 [107]、东莞 [25]、东源 [59]、封开 [14]、佛冈 [27]、惠东 [12]、乐昌 [29, 35, 41]、连州 [26]、梅州 [35]、南雄 [33, 57]、仁化 [16]、乳源 [26]、深圳 [17]、始兴 [28]、翁源 [51]、五华 [4]、新丰 [63]、信宜 [52]、英德 [32]、增城 [116]、紫金 [31]。

卵叶新木姜子 ***Neolitsea ovatifolia*** Yen C. Yang & P. H. Huang

分布：惠东 [12]、江门 [8]、连州 [26]、茂名 [35]、信宜 [35, 52]、阳春 [45]、阳江 [35]、英德 [32]。

显脉新木姜子 ***Neolitsea phanerophlebia*** Merr.

分布: 东莞 [25]、东源 [59]、封开 [14]、佛冈 [27]、和平 [35]、惠东 [12]、江门 [8]、乐昌 [29, 35, 41]、连州 [35]、乳源 [26]、深圳 [17]、始兴 [28]、翁源 [51]、五华 [4]、新丰 [63]、信宜 [52]、阳山 [26]、英德 [32]、增城 [116]、肇庆 [9]、紫金 [31]。

羽脉新木姜子 ***Neolitsea pinninervis*** Yen C. Yang & P. H. Huang

分布：丰顺 [95]、怀集 [35]、乐昌 [29, 35]、连山 [35]、连州 [35]、乳源 [35]、英德 [32]。

美丽新木姜子 ***Neolitsea pulchella*** (Meisn.) Merr.

分布：封开 [14]、惠东 [12]、江门 [8]、乐昌 [29, 41]、

南雄 [33, 57]、仁化 [16]、乳源 [26]、深圳 [17]、始兴 [28]、翁源 [51]、信宜 [52]、阳山 [26]、英德 [32]。

新宁新木姜子 ***Neolitsea shingningensis*** Yen C. Yang & P. H. Huang

分布：封开 [丁广奇 6503 (IBSC)]、惠东 [12]。

小新木姜 ***Neolitsea umbrosa*** (Nees) Gamble

分布：英德 *[32]。

毛叶新木姜子 ***Neolitsea velutina*** W. T. Wang

分布：云浮 [35]、肇庆 [9, 35]。

巫山新木姜子 ***Neolitsea wushanica*** (Chun) Merr.

分布：乐昌 [35]、连州 [35]、阳山 [35]。

南亚新木姜子 ***Neolitsea zeylanica*** (Nees & T. Nees) Merr.

分布：从化 [107]、始兴 [28]、信宜 [52]、英德 [32]。

鳄梨属 ***Persea*** **Mill.**

鳄梨 ***Persea americana*** Mill.

分布：广州 *[3]、汕头 *[3]、深圳 *[17]。

楠属 ***Phoebe*** **Nees**

闽楠 ***Phoebe bournei*** (Hemsl.) Yen C. Yang

分布：从化 [107]、大埔 [20]、德庆 [35]、怀集 [35]、乐昌 [29, 41, 35, 20]、连州 [35]、梅州 [35]、南雄 [33, 35]、平远 [20]、仁化 [20]、乳源 [26]、韶关 [20, 35]、始兴 [28, 20]、翁源 [18, 51]、新丰 [63]、阳山 [35]、英德 [32, 35, 20]、增城 [116]。

紫楠 ***Phoebe sheareri*** (Hemsl.) Gamble

分布：从化 [35]、和平 [35]、蕉岭 [35]、乐昌 [29, 35, 41]、连州 [35]、梅州 [35]、南雄 [33]、仁化 [16, 35]、乳源 [26, 35]、始兴 [28, 35]、翁源 [35, 51]、新丰 [35, 63]、阳山 [26, 35]、英德 [32, 35]、增城 [116]。

乌心楠 ***Phoebe tavoyana*** (Meisn.) Hook. f.

分布：廉江 [35]、遂溪 [35]、徐闻 [35]、湛江 [35]。

檫木属 ***Sassafras*** **L. ex Nees**

檫木 ***Sassafras tzumu*** (Hemsl.) Hemsl.

分布：博罗 *[5, 100]、封开 [14, 35]、和平 [35]、乐昌 [29, 35, 41]、连南 [35]、连州 [26]、龙川 [35]、南雄 [33, 57]、平远 [35]、仁化 [16]、乳源 [35]、韶关 [35]、始兴 [28, 35]、翁源 [51]、新丰 [63]、阳山 [35]、英德 [32, 35]、郁南 *[101]。

155. 金粟兰科 Chloranthaceae

金粟兰属 ***Chloranthus*** **Sw.**

丝穗金粟兰 ***Chloranthus fortunei*** (A. Gray) Solms

分布：乐昌 [29, 35]、南雄 [33, 57]、乳源 [35]、阳山 [26]、英德 [32, 35]。

宽叶金粟兰 ***Chloranthus henryi*** Hemsl.

分布：佛冈 [27]、乐昌 [29, 35, 41]、连南 [35]、平远 [35]、仁化 [16, 35]、乳源 [35]、韶关 [35]、始兴 [28]、翁源 [51]、英德 [32, 35]、紫金 [31]。

多穗金粟兰 ***Chloranthus multistachys*** S. J. Pei

分布：和平 [35]、乐昌 [29, 35, 41]、连平 [35]、连山 [35]、南雄 [35]、仁化 [16, 35]、始兴 [35]、翁源 [35, 51]、新丰 [63]、阳春 [45]。

及己 ***Chloranthus serratus*** (Thunb.) Roem. & Schult.

分布：博罗 [5, 35]、东莞 [25]、河源 [35]、连山 [35]、平远 [35]、仁化 [16]、深圳 [17]、始兴 [28]、翁源 [51]、阳山 [26]、英德 [32, 35]、紫金 [31]。

四川金粟兰 ***Chloranthus sessilifolius*** K. F. Wu

分布：大埔 [35]、乐昌 [29, 35]、乳源 [35]、韶关 [35]、英德 [32, 35]、紫金 [31]。

华南金粟兰 ***Chloranthus sessilifolius* var. *austrosinensis*** K. F. Wu

分布：从化 [http://ppbc. iplant. cn/tu/9532758]、乐昌 [程用谦 170058 (IBSC)]、英德 [黄成 163505 (IBSC)]。

金粟兰 ***Chloranthus spicatus*** (Thunb.) Makino

分布：博罗 [35, 100]、江门 [8]、英德 [32]、增城 [116]、肇庆 [9, 35]。

草珊瑚属 ***Sarcandra*** **Gardner**

草珊瑚 ***Sarcandra glabra*** (Thunb.) Nakai

分布：博罗 [35, 38, 100]、潮州 [35] [叶华谷 13156 (IBSC)]、从化 [35, 107]、大埔 [35] [肖开庆 202 (SN)]、德庆 [35] [刘瑛光 1061 (IBSC)]、东莞 [25, 35]、东源 [59]、恩平 [35] [卫兆芬 110326 (PE)]、丰顺 [35, 95]、封开 [14, 35]、佛冈 [27]、佛山 [35] [谭沛祥 64073 (IBSC)]、高州 [35] [周沛椿 10420 (IBSC)]、广宁 [35] [梁向日 61859 (IBSC)]、广州 [35] [叶华谷 16628 (IBSC)]、海丰 [35] [卫兆芬 121374 (IBSC)]、和平 [35] [卫兆芬 120602 (IBSC)]、河源 [35] [曾怀德 29944 (IBSC)]、怀集 [35] [刘瑛光 2743 (IBSC)]、惠东 [12, 35]、惠州 [35] [卫兆芬 121547 (IBSC)]、江门 [8, 35]、蕉岭 [35] [南岭队 2317 (IBSC)]、揭西 [35] [曾宪锋 ZXF21099 (CZH)]、揭阳 [35] [黄雅凤 HYF027 (CZH)]、开平 [35] [黄茂先 110583 (HZ)]、乐昌 [29, 35, 41]、连南 [35] [钟德尧 20430 (IBSC)]、连平 [35] [粤 73 1569 (IBSC)]、连山 [35] [叶华谷 3402 (IBSC)]、连州 [26, 35]、廉江 [35] [刘集汉、肖嘉 89925 (IBSC)]、龙川 [35] [宋佩君 20110404 (SN)]、龙门 [35] [张桂才 75 (IBSC)]、罗定 [35] [叶华谷、刘念 1974 (IBSC)]、茂名 [35, 85]、梅州 [35] [曾宪锋 ZXF26547 (CZH)]、南雄 [33, 35, 57]、平远 [35] [曾宪锋 ZXF38329 (CZH)]、清远 [35] [黄志 30691 (IBSC)]、仁化 [16, 35]、乳源 [26, 35]、韶关 [35] [梁向日、黄荣焜 31630 (IBSC)]、深圳 [11, 17, 35]、始兴 [28, 35]、台山 [35] [左景烈 22369 (IBSC)]、翁源 [35, 51]、五华 [4, 35]、新丰 [35, 63]、新兴 [35] [刘瑛光 2003 (IBSC)]、信宜 [35, 52]、兴宁 [35] [南植地 7683 (IBSC)]、徐闻 [35] [周远瑞 100129 (IBK)]、阳春 [35, 45]、阳山 [26, 35]、英德 [32, 35]、郁南 [35, 101]、云浮 [35]

[辛树帜 5064 (IBSC)]、增城 [35, 116]、肇庆 [9, 35]、中山 [10, 35]、珠海 [35] [粤 73 2888 (IBSC)]、紫金 [31, 35]。

海南草珊瑚 *Sarcandra glabra* subsp. *brachystachys* (Blume) Verdc.

分布：和平 [35]、惠东 [35]、连州 [35]、龙门 [35]、翁源 [35]、阳山 [35]、增城 [35]、肇庆 [35]。

156. 菖蒲科 Acoraceae

菖蒲属 *Acorus* L.

菖蒲 *Acorus calamus* L.

分布：博罗 [38, 100]、广州 [35]、南雄 [33]、乳源 [35]、信宜 [52]、英德 [32]、肇庆 [9]。

金钱蒲 *Acorus gramineus* Soland.

分布：博罗 [35, 38, 100]、潮州 [35] [叶华谷 12874 (IBSC)]、从化 [35, 107]、大埔 [35] [邓良 5163 (IBSC)]、德庆 [35] [刘瑛光 1394 (IBSC)]、东莞 [25, 35]、东源 [59]、丰顺 [35] [李学根 201369 (IBSC)]、封开 [14, 35]、佛冈 [27]、广州 [35] [邓良 10535 (IBSC)]、海丰 [35] [曾宪锋 ZXF4470 (CZH)]、河源 [35] [曾怀德 28602 (IBSC)]、化州 [35] [湛江区植物调查队 2924 (IBSC)]、惠东 [12]、惠州 [35] [徐德明 112 (IBSC)]、江门 [8, 35]、蕉岭 [35] [邓良 4702 (IBSC)]、揭西 [35] [2015 级实习队 2016279 (CZH)]、乐昌 [29, 35, 41]、连平 [35] [卫兆芬 120042 (IBSC)]、连山 [35] [谭沛祥 58190 (IBSC)]、连州 [35] [伍世忠 70195 (IBSC)]、龙川 [35] [曾宪锋 ZXF22377 (CZH)]、龙门 [35] [周联选 11402 (KUN)]、茂名 [85]、梅州 [35] [曾宪锋 ZXF09937 (CZH)]、南雄 [33, 35, 57]、平远 [35] [邓良 4044 (IBSC)]、清远 [35] [黄成 161448 (IBSC)]、饶平 [35] [李学根 200659 (IBSC)]、仁化 [16, 35]、乳源 [26, 35]、韶关 [35] [梁向日、黄荣焜 31711 (IBSC)]、深圳 [17, 35]、始兴 [28, 35]、翁源 [51]、五华 [4]、新丰 [63]、信宜 [35, 52]、阳春 [35, 45]、阳江 [35] [罗献瑞 470 (IBSC)]、阳山 [26, 35]、英德 [22, 32, 35]、郁南 [101]、云浮 [35] [黄志 1844 (PE)]、增城 [116]、肇庆 [9, 35]、中山 [10, 35]、紫金 [31, 35]。

157. 天南星科 Araceae

广东万年青属 *Aglaonema* Schott

广东万年青 *Aglaonema modestum* Schott ex Engl.

分布：博罗 *[38, 100]、广州 *[http://ppbc. iplant. cn/tu/12265146]、深圳 *[17]、郁南 *[101]、肇庆 *[9]。

海芋属 *Alocasia* (Schott) G. Don

尖尾芋 *Alocasia cucullata* (Lour.) Schott

分布：博罗 [35, 38, 100]、从化 [107]、东莞 [25]、东源 [59]、封开 [14, 35]、佛冈 [27]、高州 [35]、广州 [22, 35]、化州 [35]、惠东 [12]、蕉岭 [35]、乐昌 [29, 35]、龙门 [35]、茂名 [85]、梅州 [35]、南澳 [35]、南雄 [33, 57]、清远 [35]、仁化 [16]、汕头 [22]、深圳 [11, 22, 35, 17]、始兴 [28, 35]、新丰 [35, 63]、信宜 [52]、阳春 [22, 35]、阳山 [35]、郁南 [101]、增城 [116]、肇庆 [9, 22, 35]、中山 [10]、珠海 [22, 35]、紫金 [31]。

尖叶海芋 *Alocasia longiloba* Miq.

分布：恩平 [黄茂先 110548 (PE)]、阳春 [http://ppbc. iplant. cn/tu/12993859]、阳江 [http://ppbc. iplant. cn/tu/11951984]。

热亚海芋 *Alocasia macrorrhizos* (L.) G. Don

分布：深圳 [17]、阳山 [26]、肇庆 [9]。

海芋 *Alocasia odora* (Roxb.) K. Koch

分布：博罗 [38]、从化 [http://ppbc. iplant. cn/tu/3413097]、封开 [14]、佛冈 [27]、广州 [http://ppbc. iplant. cn/tu/6293577]、惠州 [http://ppbc. iplant. cn/tu/4322800]、江门 [8]、深圳 [http://ppbc. iplant. cn/tu/6194094]、翁源 [51]、五华 [4]、英德 [32]、湛江 [http://ppbc. iplant. cn/tu/5756130]、珠海 [http://ppbc. iplant. cn/tu/2642744]。

魔芋属 *Amorphophallus* Blume ex Decne.

南蛇棒 *Amorphophallus dunnii* Tutcher

分布：博罗 [100]、东莞 [25]、怀集 [http://ppbc. iplant. cn/tu/9103347]、乐昌 [http://ppbc. iplant. cn/tu/6767379]、连南 [35]、南雄 [33, 57]、清远 [http://ppbc. iplant. cn/tu/13530210]、仁化 [16]、乳源 [26]、深圳 [17, 35]、始兴 [28, 35]、阳山 [26]、英德 [35]、肇庆 [35]、珠海 [35]、紫金 [35]。

东亚魔芋 *Amorphophallus kiusianus* (Makino) Makino

分布：仁化 [http://ppbc. iplant. cn/tu/9763411]、深圳 [17, 35]、翁源 [http://ppbc. iplant. cn/tu/10680480]、英德 [http://ppbc. iplant. cn/tu/12214455]、紫金 [31]。

魔芋 *Amorphophallus konjac* K. Koch

分布：东莞 [25]、乐昌 [29, 35, 41]、连州 [35]、茂名 [85]、仁化 [16]、乳源 [35]、深圳 [11]、始兴 [28]、新丰 [63]、英德 [32]、肇庆 [9]、中山 [10]。

疣柄魔芋 *Amorphophallus paeoniifolius* (Dennst.) Nicolson

分布：化州 [http://ppbc. iplant. cn/tu/963393]、江门 [8]、台山 [35]。

梗序魔芋 *Amorphophallus stipitatus* Engl.

分布：县级不详 [158]。

滇魔芋 *Amorphophallus yunnanensis* Engl.

分布：佛冈 [27]、乐昌 [29, 35]。

雷公连属 *Amydrium* Schott

穿心藤 *Amydrium hainanense* (K. C. Ting & T. L. Wu ex H. Li, Y. Shiao & S. L. Tseng) H. Li

分布：高州 [http://ppbc. iplant. cn/tu/9083601]、阳春 [http://ppbc. iplant. cn/tu/11902743]。

雷公连 *Amydrium sinense* (Engl.) H. Li

分布：信宜 [52]、阳春 [35]。

花烛属 *Anthurium* Schott

花烛 ***Anthurium andraeanum*** Linden

分布：从化 *[107]、深圳 *[17]。

天南星属 *Arisaema* Mart.

灯台莲 ***Arisaema bockii*** Engl.

分布：怀集 [35]、江门 [8]、乐昌 [29, 35, 41]、连山 [35]、乳源 [35]。

陈氏南星 ***Arisaema chenii*** Z. X. Ma & Yi Jun Huang

分布：江门 [8]、台山 [224]。

心檐南星 ***Arisaema cordatum*** N. E. Br.

分布：东莞 [25]、龙门 [35]、深圳 [17, 35]、翁源 [51]、增城 [116]。

一把伞南星 ***Arisaema erubescens*** (Wall.) Schott

分布：从化 [35]、东莞 [25]、佛冈 [27]、惠东 [12]、乐昌 [29, 35, 41]、连州 [26]、南雄 [33, 57]、乳源 [26]、深圳 [17]、新丰 [63]、信宜 [52]、英德 [32]、紫金 [31]。

象头花 ***Arisaema franchetianum*** Engl.

分布：雷州 [35]、廉江 [35]、遂溪 [35]、吴川 [35]、徐闻 [35]、湛江 [35]。

天南星 ***Arisaema heterophyllum*** Blume

分布：博罗 [35]、封开 [14]、高州 [35]、乐昌 [29, 35]、连南 [35]、茂名 [35]、南雄 [33, 57]、饶平 [35]、仁化 [16]、乳源 [26, 35]、深圳 [17]、始兴 [28]、新丰 [63]、信宜 [52]、兴宁 [35]、阳山 [35]、英德 [32]、紫金 [31]。

湘南星 ***Arisaema hunanense*** Hand. -Mazz.

分布：乐昌 [29, 35, 41]。

墨喉南星 ***Arisaema melanostomum*** Z. X. Ma, X. Yun Wang & W. Y. Du

分布：深圳 [225]、博罗 [http://ppbc. iplant. cn/tu/16739557]。

画笔南星 ***Arisaema penicillatum*** N. E. Br.

分布：大埔 [35]、深圳 [17]、英德 [35]。

鄂西南星 ***Arisaema silvestrii*** Pamp.

分布：封开 [14]、连平 [35]。

五彩芋属 *Caladium* Vent.

五彩芋 ***Caladium bicolor*** (Ait.) Vent.

分布：从化 *[107]、茂名 *[85]、深圳 *[17]。

芋属 *Colocasia* Schott

野芋 ***Colocasia antiquorum*** Schott

分布：博罗 [35]、从化 [107]、佛冈 [27]、和平 [35]、连平 [35]、连州 [26]、龙门 [35]、茂名 [85]、南雄 [33, 57]、饶平 [35]、深圳 [11, 17]、始兴 [28]、翁源 [35]、五华 [4]、新丰 [35]、兴宁 [35]、阳春 [35]、肇庆 [9, 35]、中山 [10]。

芋 ***Colocasia esculenta*** (L.) Schott

分布：博罗 *[5, 38]、从化 #[107]、东莞 #[25]、封开 #[14]、乐昌 #[29]、茂名 #[85]、深圳 #[17]、始兴 #[28]、翁源 #[51]、信宜 #[52]、肇庆 #[9]。

野芋头 ***Colocasia esculenta* var. *antiquorum*** (Schott) Hubbard & Rehder

分布：英德 [32]、紫金 [31]。

隐棒花属 *Cryptocoryne* Fisch. ex Wydler

旋苞隐棒花 ***Cryptocoryne crispatula*** Engl.

分布：从化 [35, 107]、恩平 [474, 22]、高州 [474, 22]、龙门 [22]、翁源 [474, 22]、阳春 [474, 22]、英德 [35]。

广西隐棒花 ***Cryptocoryne crispatula* var. *balansae*** (Gagnep.) N. Jacobsen

分布：从化 [474]、云浮 [474, 22]。

柔叶隐棒花 ***Cryptocoryne crispatula* var. *flaccidifolia*** N. Jacobsen

分布：翁源 [陈又生等 WY20231118 (IBSC)]、河源 [http://ppbc. iplant. cn/tu/9086854]。

北越隐棒花 ***Cryptocoryne crispatula* var. *tonkinensis*** (Gagnep.) N. Jacobsen

分布：恩平 [http://ppbc. iplant. cn/tu/9167613]、阳春 [http://ppbc. iplant. cn/tu/12993846]。

黛粉芋属 *Dieffenbachia* Schott

黛粉芋 ***Dieffenbachia seguine*** (Jacq.) Schott

分布：深圳 *[17]、肇庆 *[9]。

麒麟叶属 *Epipremnum* Schott

绿萝 ***Epipremnum aureum*** (Linden & Andre) Bunting

分布：从化 *[107]、惠州 *[http://ppbc. iplant. cn/tu/5315480]、深圳 *[17]、湛江 *[http://ppbc. iplant. cn/tu/6052127]。

麒麟叶 ***Epipremnum pinnatum*** (L.) Engl.

分布：博罗 [38, 100]、从化 [http://ppbc. iplant. cn/tu/6070858]、高州 [35]、仁化 [16]、深圳 *[17]、徐闻 [35]、阳春 [37]、英德 [32]、肇庆 [9]、中山 [10]。

千年健属 *Homalomena* Schott

千年健 ***Homalomena occulta*** (Lour.) Schott

分布：仁化 [16]、阳春 [35]、阳江 [35]、肇庆 [9, 35]。

刺芋属 *Lasia* Lour.

刺芋 ***Lasia spinosa*** (L.) Thwaites

分布：封开 [14]、佛冈 [27]、广州 [22, 35]、江门 [8]、茂名 [85, 22]、深圳 [22, 17]、阳春 [22, 35]、阳江 [35]、肇庆 [9, 22, 35]。

浮萍属 *Lemna* L.

稀脉浮萍 ***Lemna aequinoctialis*** Welwitsch

分布：阳春 #[22]。

浮萍 ***Lemna minor*** L.

分布：博罗 [5, 38]、东莞 [25, 35]、佛冈 [27]、乐昌 [29, 35]、南雄 [33, 35, 57]、仁化 [16]、深圳 [17, 35]、五华 [4]、中山 [10, 35]、紫金 [31, 35]。

大野芋属 *Leucocasia* Schott

大野芋 *Leucocasia gigantea* (Blume) Schott

分布：恩平 [http://ppbc. iplant. cn/tu/12012869]、广州 [http://ppbc. iplant. cn/tu/6701376]、江门 [8]、深圳 [http://ppbc. iplant. cn/tu/6194065]、肇庆 [http://ppbc. iplant. cn/tu/10946719]、珠海 [http://ppbc. iplant. cn/tu/11034108]。

龟背竹属 *Monstera* Adans.

龟背竹 *Monstera deliciosa* Liebm.

分布：从化 *[107]、深圳 *[17]、肇庆 *[9]。

喜林芋属 *Philodendron* Schott

红苞喜林芋 *Philodendron erubescens* C. Koch & Augustin

分布：从化 *[107]、肇庆 *[9]。

三裂喜林芋 *Philodendron tripartitum* (Jacq.) Schott

分布：肇庆 *[9]。

半夏属 *Pinellia* Ten.

滴水珠 *Pinellia cordata* N. E. Br.

分布：乐昌 [29, 35]、南雄 [33, 57]、仁化 [16]、乳源 [26, 35]。

二色半夏 *Pinellia discolor* R. Luo

分布：乳源 [588]。

盾叶半夏 *Pinellia peltata* C. Pei

分布：陆河 [559]。

半夏 *Pinellia ternata* (Thunb.) Ten. ex Breitenb.

分布：博罗 [5, 100]、封开 [14]、乐昌 [29, 35, 41]、南雄 [33, 57]、饶平 [35]、仁化 [16]、乳源 [26, 35]、汕头 [35]、深圳 [17]、信宜 [52]、阳山 [26]、肇庆 [35]、紫金 [31]。

大薸属 *Pistia* L.

大薸 *Pistia stratiotes* L.

分布：博罗 #[5, 100]、潮州 #[15]、从化 #[15, 35]、东莞 #[25, 35, 82]、佛山 #[35] [王瑞江 RQHN00549 (CSH)]、广州 #[15, 21, 35]、怀集 #[15, 35]、惠州 #[82]、江门 #[8, 35]、蕉岭 #[15, 35]、乐昌 #[29, 41, 526, 35]、清远 #[35] [王瑞江 RQHN00066 (CSH)]、饶平 #[35] [曾宪锋 ZXF24364 (CZH)]、仁化 #[16]、汕头 #[15, 35]、汕尾 #[35] [王瑞江 RQHN00270 (CSH)]、深圳 #[82, 35, 17]、五华 #[4]、郁南 #[101]、云浮 #[35] [王发国等 RQHN02898 (CSH)]、湛江 #[416]、肇庆 #[9, 15, 423, 35]、中山 #[10, 82, 35]、紫金 #[31, 35]。

石柑属 *Pothos* L.

石柑子 *Pothos chinensis* (Raf.) Merr.

分布：博罗 [35, 38, 100]、从化 [107]、东莞 [25, 35]、东源 [119]、丰顺 [35]、封开 [14, 35]、佛冈 [27]、广州 [35]、河源 [35]、化州 [35]、怀集 [35]、惠东 [12, 35]、惠州 [35]、江门 [8]、乐昌 [35]、连南 [35]、连平 [35]、连山 [35]、龙门 [35]、茂名 [85]、普宁 [35]、清远 [35]、仁化 [16]、乳源 [26, 35]、深圳 [11, 17, 35]、翁源 [35, 51]、五华 [4, 35]、新丰 [35, 63]、信宜 [35, 52]、阳春 [35, 45]、阳山 [26]、英德 [32, 35]、郁南 [101]、云浮 [35]、增城 [116]、肇庆 [9, 35]、中山 [10]、紫金 [31]。

百足藤 *Pothos repens* (Lour.) Druce

分布：博罗 [5, 100]、从化 [107]、东莞 [25]、东源 [59]、高州 [35]、广州 [35]、江门 [8]、乐昌 [29]、茂名 [35, 85]、深圳 [17]、信宜 [52]、徐闻 [35]、阳春 [45]、阳江 [35]、英德 [32]、云浮 [35]、肇庆 [9, 35]、中山 [10]。

崖角藤属 *Rhaphidophora* Hassk.

爬树龙 *Rhaphidophora decursiva* (Roxb.) Schott

分布：博罗 [5, 100]、惠东 [12]、惠州 [35]、深圳 * [17]、阳江 [35]。

狮子尾 *Rhaphidophora hongkongensis* Schott

分布：博罗 [5, 100]、封开 [14]、佛冈 [27]、高州 [35]、惠东 [12, 35]、江门 [8]、茂名 [35, 85]、深圳 [17]、新兴 [35]、信宜 [35, 52]、阳春 [35, 45]、郁南 [101]、肇庆 [9, 35]、紫金 [31]。

毛过山龙 *Rhaphidophora hookeri* Schott

分布：博罗 [35]、肇庆 [9]。

白鹤芋属 *Spathiphyllum* Schott

白鹤芋 *Spathiphyllum lanceifolium* (Jacq.) Schott

分布：从化 *[107]、广州 *[http://ppbc. iplant. cn/tu/13476727]、珠海 *[http://ppbc. iplant. cn/tu/4818662]。

紫萍属 *Spirodela* Schleid.

紫萍 *Spirodela polyrhiza* (L.) Schleid.

分布：博罗 [5, 100]、从化 [35] [汪发缵　温 056 (PE)]、东莞 [25, 35]、乐昌 [29, 35]、深圳 [17, 35]、英德 [32]、肇庆 [35] [石国良 13934 (IBSC)]、紫金 [31, 35]。

合果芋属 *Syngonium* Schott

合果芋 *Syngonium podophyllum* Schott

分布：从化 #[107]、东莞 #[82]、惠州 #[82]、深圳 #[17, 82]、中山 #[82]。

鹅掌芋属 *Thaumatophyllum* Schott

春羽 *Thaumatophyllum bipinnatifidum* (Schott ex Endl.) Sakur., Calazans & Mayo

分布：佛山 *[http://ppbc. iplant. cn/tu/543441]、广州 *[http://ppbc. iplant. cn/tu/12309463]、惠州 *[http://ppbc. iplant. cn/tu/2814292]、廉江 *[http://ppbc. iplant. cn/tu/1007447]、深圳 *[17]、珠海 *[http://ppbc. iplant. cn/tu/5195013]。

犁头尖属 *Typhonium* Schott

白脉犁头尖 *Typhonium albidinervium* C. Z. Tang & H. Li

分布：从化 [107]。

犁头尖 *Typhonium blumei* Nicolson & Sivad.

分布：博罗 [35, 38, 100]、大埔 [35]、东莞 [25]、佛冈 [27]、广州 [35]、江门 [8]、乐昌 [29, 35]、龙门 [35]、南雄 [33]、平远 [35]、饶平 [35]、仁化 [16]、深圳 [11, 17, 35]、五华 [4]、新丰 [63]、兴宁 [35]、阳春 [35]、英德 [32]、云浮 [35]、肇

庆 [9, 35]、中山 [10]、珠海 [35]、紫金 [31]。

鞭檐犁头尖 ***Typhonium flagelliforme*** (Lodd.) Blume

分布：从化 [107, 22, 35]、连山 [35]。

马蹄犁头尖 ***Typhonium trilobatum*** (L.) Schott

分布: 广州 [35]、茂名 [85]、深圳 [35]、中山 [35]、珠海 [35]。

无根萍属 *Wolffia* Horkel ex Schleid

芜萍 ***Wolffia arrhiza*** (L.) Horkel ex Wimm.

分布：佛山 [35] [黄青 G04070604 (IBSC)]。

无根萍 ***Wolffia globosa*** (Roxb.) Hartog & Plas

分布：仁化 #[16]。

千年芋属 *Xanthosoma* Schott

紫柄芋 ***Xanthosoma sagittifolium*** (L.) Schott

分布：广州 #[http://ppbc. iplant. cn/tu/5683132]。

雪铁芋属 *Zamioculcas* Schott

雪铁芋 ***Zamioculcas zamiifolia*** (G. Lodd.) Engl.

分布：深圳 *[17]。

马蹄莲属 *Zantedeschia* Spreng.

马蹄莲 ***Zantedeschia aethiopica*** (L.) Spreng.

分布：深圳 *[17]。

158. 泽泻科 Alismataceae

泽泻属 *Alisma* L.

窄叶泽泻 ***Alisma canaliculatum*** A. Braun & Bouche

分布：广州 [22]、乐昌 [22]、连州 [22, 35]、仁化 [16]、乳源 [22, 35]。

东方泽泻 ***Alisma orientale*** (Samuel) Juz.

分布：肇庆 [35]。

泽泻 ***Alisma plantago-aquatica*** L.

分布：茂名 [85]、仁化 [16]、肇庆 [9]。

泽苔草属 *Caldesia* Parl.

宽叶泽苔草 ***Caldesia grandis*** Samuel.

分布：从化 [35]、广州 [22]、连州 [26]、南雄 [33, 22]、阳山 [22]。

黄花蔺属 *Limnocharis* Bonpl.

黄花蔺 ***Limnocharis flava*** (L.) Buchenau

分布：恩平 #[http://ppbc. iplant. cn/tu/9088870]、广州 #[http://ppbc. iplant. cn/tu/7647870]。

慈姑属 *Sagittaria* L.

冠果草 ***Sagittaria guayanensis* subsp. *lappula*** (D. Don) Bogin

分布：肇庆 [9]。

泽泻慈姑 ***Sagittaria lancifolia*** L.

分布：广州 *[22]。

利川慈姑 ***Sagittaria lichuanensis*** J. K. Chen, S. C. Sun & H. Q. Wang

分布：南雄 [22]、仁化 [35]。

长瓣慈姑 ***Sagittaria longiloba*** Engelm. ex J. G. Sm.

分布: 广州 [35]、乐昌 [35]、连南 [35]、连州 [35]、龙门 [35]、乳源 [35]、翁源 [35]、信宜 [35]、阳春 [35]、阳山 [35]、肇庆 [35]。

小慈姑 ***Sagittaria potamogetonifolia*** Merr.

分布：和平 [35]、惠东 [35]、南雄 [35]、平远 [35]、饶平 [35]、信宜 [35, 52]、阳春 [35]、湛江 [35]。

矮慈姑 ***Sagittaria pygmaea*** Miq.

分布：封开 #[35]、乐昌 #[29, 35, 41]、连州 #[22, 35]、南雄 #[57]、仁化 #[16, 22]、翁源 #[35]、新兴 #[22, 35]、信宜 #[35]、阳春 #[22, 35]、英德 #[22, 32, 35]、郁南 #[101]、肇庆 #[9, 22, 35]。

欧洲慈姑 ***Sagittaria sagittifolia*** L.

分布：深圳 *[11]、始兴 *[28]、信宜 *[52]。

野慈姑 ***Sagittaria trifolia*** L.

分布：博罗 #[38]、德庆 #[35]、广州 #[35]、和平 # [35]、怀集 #[35]、江门 #[8]、乐昌 #[35]、连南 #[35]、连平 #[35]、连州 #[35]、龙门 #[35]、南雄 #[33, 57]、仁化 #[16, 35]、乳源 #[22, 35]、始兴 #[35]、翁源 #[35, 51]、信宜 #[35, 52]、阳春 #[35]、阳山 #[26, 35]、英德 #[32, 35]、郁南 # [101]、云浮 #[35]、肇庆 #[9, 35]、紫金 #[31]。

华夏慈姑 ***Sagittaria trifolia* subsp. *leucopetala*** (Miquel) Q. F. Wang

分布：深圳 *[17]。

159. 水鳖科 Hydrocharitaceae

水筛属 *Blyxa* Thouars

无尾水筛 ***Blyxa aubertii*** Rich.

分布: 佛山 [22]、惠东 [22, 35]、乐昌 [29, 22]、南雄 [33]、仁化 [16, 22]、乳源 [22]、信宜 [52, 22, 35]、阳春 [22]、英德 [22, 32, 35]、肇庆 [9, 22, 35]、紫金 [31]。

有尾水筛 ***Blyxa echinosperma*** (C. B. Clarke) Hook. f.

分布：仁化 [16]、始兴 [28]、翁源 [22]、肇庆 [9, 22, 35]。

水筛 ***Blyxa japonica*** (Miq.) Maxim. ex Asch. & Gurke

分布: 佛山 [22]、广州 [22, 35]、仁化 [16, 22]、深圳 [17]、阳春 [22, 35]、阳江 [35]、英德 [32]、肇庆 [9, 22, 35]。

光滑水筛 ***Blyxa leiosperma*** Koidz.

分布：肇庆 [35]。

八药水筛 ***Blyxa octandra*** (Roxb.) Planch. ex Thwaites

分布：英德 [35] [梁向日 11227 (AU)]、肇庆 [9]。

水蕴草属 *Elodea* Michx.

柱蕊水蕴草 ***Elodea najas*** (Planch.) Casp.

分布：恩平 #[22]。

喜盐草属 *Halophila* Thouars

贝克喜盐草 ***Halophila beccarii*** Asch.

分布：湛江 [35]。

喜盐草 ***Halophila ovalis*** (R. Br.) Hook. f.

分布：雷州 [13]、徐闻 [13]。

黑藻属 ***Hydrilla*** **Rich.**

黑藻 ***Hydrilla verticillata*** (L. f.) Royle

分布：广州 [35]、惠东 [35]、连州 [35]、南澳 [35]、仁化 [16]、乳源 [35]、深圳 [17]、始兴 [28]、翁源 [51]、五华 [4]、阳春 [35]、英德 [32, 35]、郁南 [101]、肇庆 [9, 35]、紫金 [31]。

光果黑藻 ***Hydrilla verticillata* var. *roxburghii*** Casp.

分布：阳春 [35]。

水鳖属 ***Hydrocharis*** **L.**

水鳖 ***Hydrocharis dubia*** (Blume) Backer

分布：从化 [http://ppbc. iplant. cn/tu/9100890]、茂名 [85]、肇庆 [9]。

水蛛花属 ***Limnobium*** **Rich.**

水鬼花 ***Limnobium laevigatum*** (Humb. & Bonpl. ex Willd.) Heine

分布：阳春 #[https://ppbc. iplant. cn/tu/15155587]。

茨藻属 ***Najas*** **L.**

东方茨藻 ***Najas chinensis*** N. Z. Wang

分布：肇庆 [22, 35]。

纤细茨藻 ***Najas gracillima*** (A. Br.) Magnus

分布：肇庆 [35]。

草茨藻 ***Najas graminea*** Delile

分布：仁化 [16]、阳春 [35]、肇庆 [9, 35]。

大茨藻 ***Najas marina*** L.

分布：汕头 [陈耀东、倪瑞生 307 (PE)]。

小茨藻 ***Najas minor*** All.

分布：佛山 [22]、仁化 [16, 22]、汕头 [22, 35]、肇庆 [9, 22, 35]、紫金 [31]。

虾子菜属 ***Nechamandra*** **Planch.**

虾子菜 ***Nechamandra alternifolia*** (Roxb. ex Wight) Thwaites

分布：恩平 [22]、深圳 [17]、英德 [22, 35]、肇庆 [9, 22, 35]。

水车前属 ***Ottelia*** **Pers.**

龙舌草 ***Ottelia alismoides*** (L.) Pers.

分布：博罗 [35]、潮州 [35]、佛山 [35]、广州 [22, 35]、惠州 [35]、蕉岭 [35]、乐昌 [22]、仁化 [16, 22]、乳源 [26, 22, 35]、汕头 [35]、深圳 [35]、始兴 [35]、翁源 [22, 35]、徐闻 [22, 35]、阳春 [22, 35]、阳江 [35]、英德 [22, 35]、郁南 [35]、云浮 [35]、肇庆 [9, 35]、紫金 [31]。

苦草属 ***Vallisneria*** **L.**

密刺苦草 ***Vallisneria denseserrulata*** (Makino) Makino

分布：恩平 [22]、河源 [http://ppbc. iplant. cn/tu/9087017]、乐昌 [22]、龙门 [22]。

苦草 ***Vallisneria natans*** (Lour.) H. Hara

分布：广州 #[35]、怀集 #[22]、乐昌 #[22]、连南 #[22]、连州 #[22]、仁化 #[16]、深圳 #[17]、始兴 #[22]、阳山 #[22]、英德 #[32, 35]、云浮 #[22]、肇庆 #[9, 35]、紫金 #[31]。

160. 水蕹科 Aponogetonaceae

水蕹属 ***Aponogeton*** **L. f.**

水蕹 ***Aponogeton lakhonensis*** A. Camus

分布：博罗 [22]、东源 [22]、佛山 [22]、高州 [35]、广州 [22, 35]、乐昌 [29, 41, 22, 35]、连州 [22, 35]、仁化 [16, 22]、深圳 [17]、始兴 [28]、英德 [22, 35]、肇庆 [9, 22, 35]、中山 [10]。

161. 眼子菜科 Potamogetonaceae

眼子菜属 ***Potamogeton*** **L.**

菹草 ***Potamogeton crispus*** L.

分布：怀集 [22]、乐昌 [22]、连平 [22]、连州 [35]、龙门 [22]、南雄 [33]、仁化 [16]、台山 [35]、翁源 [51]、阳山 [22]、英德 [32]、肇庆 [9]。

鸡冠眼子菜 ***Potamogeton cristatus*** Regel & Maack

分布：乐昌 [22]、连南 [22, 35]、始兴 [28]、英德 [32]、肇庆 [22, 35]。

眼子菜 ***Potamogeton distinctus*** A. Benn.

分布：乐昌 [22]、乳源 [26]、云浮 [22]、紫金 [31]。

光叶眼子菜 ***Potamogeton lucens*** L.

分布：翁源 [22]。

浮叶眼子菜 ***Potamogeton natans*** L.

分布：乐昌 [22]、平远 [22, 35]、仁化 [22]、云浮 [22, 35]、肇庆 [9, 22, 35]。

小节眼子菜 ***Potamogeton nodosus*** Poir.

分布：从化 [35]、广州 [35]、乐昌 [29]、连州 [35]、仁化 [16]、阳山 [35]、英德 [35]、肇庆 [9, 35]。

八蕊眼子菜 ***Potamogeton octandrus*** Poir.

分布：博罗 [22, 35]、佛山 [22]、惠东 [22]、平远 [22, 35]、仁化 [22]、始兴 [22]、新丰 [22]、肇庆 [9]、中山 [10]。

小眼子菜 ***Potamogeton pusillus*** L.

分布：潮州 [22]、连平 [22]、梅州 [22]、仁化 [16]、阳山 [22, 35]、肇庆 [9]。

竹叶眼子菜 ***Potamogeton wrightii*** Morong

分布：从化 [http://ppbc. iplant. cn/tu/3496938]、广州 [22]、乐昌 [22]、连南 [22]、始兴 [22]、阳山 [22]、英德 [32]、肇庆 [22]。

篦齿眼子菜属 ***Stuckenia*** Börner

篦齿眼子菜 ***Stuckenia pectinata*** (L.) Börner

分布：恩平 [22]、阳春 [http://ppbc. iplant. cn/tu/13190996]。

162. 川蔓藻科 Ruppiaceae

川蔓藻属 ***Ruppia*** **L.**

川蔓藻 ***Ruppia maritima*** L.

分布：深圳 [17]、台山 [35]、肇庆 [9]。

163. 丝粉藻科 Cymodoceaceae

针叶藻属 ***Syringodium*** **Kütz.**

针叶藻 ***Syringodium isoetifolium*** (Asch.) Dandy

分布：湛江 [3, 35]。

164. 无叶莲科 Petrosaviaceae

无叶莲属 ***Petrosavia*** **Becc.**

疏花无叶莲 ***Petrosavia sakuraii*** (Makino) J. J. Sm. ex Steenis

分布：乳源 [35]。

165. 沼金花科 Nartheciaceae

肺筋草属 ***Aletris*** **L.**

短柄肺筋草 ***Aletris scopulorum*** Dunn

分布：连州 [26]、南雄 [33, 57]。

肺筋草 ***Aletris spicata*** (Thunb.) Franch.

分布：蕉岭 [35]、乐昌 [29, 35, 41]、连山 [35]、连州 [26]、南雄 [35]、清远 [35]、饶平 [35]、仁化 [16, 35]、乳源 [26, 35]、始兴 [28]、阳山 [35]、英德 [32]。

166. 水玉簪科 Burmanniaceae

水玉簪属 ***Burmannia*** **L.**

头花水玉簪 ***Burmannia championii*** Thwaites

分布：封开 [http://ppbc. iplant. cn/tu/14182646]、深圳 [专家意见]、阳山 [26]、紫金 [31]。

香港水玉簪 ***Burmannia chinensis*** Gand.

分布：深圳 [http://ppbc. iplant. cn/tu/5743210]。

三品一枝花 ***Burmannia coelestis*** D. Don

分布：广州 [35]、南雄 [33, 57]、深圳 [17]、翁源 [35]、新丰 [35]、英德 [32, 35]。

透明水玉簪 ***Burmannia cryptopetala*** Makino

分布：深圳 [专家意见]。

下延水玉簪 ***Burmannia decurrens*** Xiao Juan Li & D. X. Zhang

分布：高州 [202]。

水玉簪 ***Burmannia disticha*** L.

分布：佛山 [35]、惠东 [12]、惠州 [35]、饶平 [35]、韶关 [35]、深圳 [17]、阳春 [35]、肇庆 [9]。

粤东水玉簪 ***Burmannia filamentosa*** D. X. Zhang & R. M. K. Saunders

分布：博罗 [353]、从化 [353]、惠东 [353]、仁化 [353]、翁源 [353]、新丰 [353]、紫金 [31]。

纤草 ***Burmannia itoana*** Makino

分布: 博罗 [35]、东莞 [25]、惠东 [12]、连州 [35]、茂名 [35]、深圳 [17]、五华 [4]、信宜 [52]、肇庆 [9]、紫金 [31]。

宽翅水玉簪 ***Burmannia nepalensis*** (Miers) Hook. f.

分布：肇庆 [9]、博罗 [https://ppbc.iplant.cn/tu/11113744]、从化 [https://ppbc.iplant.cn/tu/4559702]、清远 [https://ppbc.iplant.cn/tu/8731042]、五华 [https://ppbc.iplant.cn/tu/8630420]、信宜 [https://ppbc.iplant.cn/tu/15997126]、云浮 [https://ppbc.iplant.cn/tu/15382541]。

亭立 ***Burmannia wallichii*** (Miers) Hook. f.

分布：惠东 [12, 35]、博罗 [https://ppbc.iplant.cn/tu/18951907]、深圳 [https://ppbc.iplant.cn/tu/3991396]、新丰 [https://ppbc.iplant.cn/tu/18928068]、阳江 [https://ppbc.iplant.cn/tu/16895795]。

水玉杯属 ***Thismia*** **Griff.**

广东水玉杯 ***Thismia guangdongensis*** X. J. Li, A. Liu & D. X. Zhang

分布：怀集 [205]。

香港水玉杯 ***Thismia hongkongensis*** S. S. Mar & R. M. K. Saunders

分布：深圳 [http://ppbc. iplant. cn/tu/9072144]。

167. 薯蓣科 Dioscoreaceae

薯蓣属 ***Dioscorea*** **L.**

参薯 ***Dioscorea alata*** L.

分布：东莞 *[25]、封开 *[14]、乐昌 *[29, 41]、茂名 *[85]、深圳 *[11]、始兴 *[28]、信宜 *[52]、英德 *[32]、郁南 *[101]。

大青薯 ***Dioscorea benthamii*** Prain & Burkill

分布：大埔 [35]、东莞 [25]、丰顺 [35, 95]、封开 [14, 35]、佛冈 [27]、惠东 [12, 35]、江门 [8]、乐昌 [29, 35, 41]、陆丰 [35]、梅州 [35]、南雄 [33, 35]、饶平 [35]、乳源 [26]、深圳 [11, 17, 35]、始兴 [28, 35]、翁源 [51]、新丰 [63]、英德 [35]、郁南 [101]、中山 [10]。

黄独 ***Dioscorea bulbifera*** L.

分布：博罗 [35, 38, 100]、从化 [35, 107]、东莞 [25]、丰顺 [95]、封开 [14]、佛冈 [27]、高州 [35]、广州 [35]、海丰 [35]、惠东 [12, 35]、惠州 [35]、乐昌 [29, 35, 41]、龙门 [35]、茂名 [35, 85]、南雄 [33, 35, 57]、仁化 [16, 35]、乳源 [35]、深圳 [11, 17]、始兴 [28, 35]、台山 [35]、翁源 [51]、五华 [4]、新丰 [35, 63]、信宜 [52]、阳山 [26, 35]、英德 [32, 35]、增城 [116]、肇庆 [9]、中山 [10]、紫金 [31]。

薯茛 ***Dioscorea cirrhosa*** Lour.

分布：博罗 [35, 38, 100]、从化 [35, 107]、大埔 [35]、东莞 [25]、丰顺 [95]、封开 [14]、佛冈 [27]、和平 [35]、河源 [35]、惠东 [12, 35]、江门 [8, 35]、乐昌 [35, 41]、连平 [35]、连山 [35]、连州 [26]、龙门 [35]、茂名 [35]、梅州 [35]、南雄 [33, 57]、平远 [35]、仁化 [16]、乳源 [35]、深圳 [17]、

始兴 [28, 35]、遂溪 [35]、翁源 [51]、五华 [4]、新丰 [63]、新兴 [35]、信宜 [52]、阳春 [35, 45]、阳山 [35]、英德 [32, 35]、郁南 [101]、增城 [116]、肇庆 [9, 35]、中山 [10]、紫金 [31]。

叉蕊薯蓣 ***Dioscorea collettii*** Hook. f.

分布：德庆 [刘瑛光 1996 (NAS00547655)]。

粉背薯蓣 ***Dioscorea collettii* var. *hypoglauca*** (Palib.) C. Pei & C. T. Ting

分布：潮州 [曾宪锋 ZXF37493 (CZH)]、丰顺 [曾宪锋 ZXF2016 (IBSC)]。

龟甲龙 ***Dioscorea elephantipes*** (L'Hér.) Engl.

分布：仁化 *[16]。

甘薯 ***Dioscorea esculenta*** (Lour.) Burkill

分布：化州 *[http://ppbc. iplant. cn/tu/2230659]、惠东 *[http://ppbc. iplant. cn/tu/9792372]、江门 *[8]、茂名 *[http://ppbc. iplant. cn/tu/7225619]、吴川 *[http://ppbc. iplant. cn/tu/4509059]。

无翅参薯 ***Dioscorea exalata*** C. T. Ting & M. C. Chang

分布：从化 [http://ppbc. iplant. cn/tu/2558634]。

山薯 ***Dioscorea fordii*** Prain & Burkill

分布：博罗 [5, 35]、东莞 [25]、丰顺 [95]、封开 [14, 35]、佛冈 [27]、怀集 [35]、惠东 [12]、江门 [8]、乐昌 [29, 35]、南澳 [35]、乳源 [26]、深圳 [11, 17]、台山 [35]、翁源 [51]、阳山 [26]、英德 [35]、肇庆 [35]、珠海 [35]、紫金 [31]。

福州薯蓣 ***Dioscorea futschauensis*** Uline ex R. Knuth

分布：乐昌 [29, 35]、南雄 [33]、乳源 [35]。

白薯茛 ***Dioscorea hispida*** Dennst.

分布：博罗 [5, 100]、东莞 [25]、高州 [35]、广州 [35]、惠东 [35]、茂名 [85]、深圳 [17]、始兴 [28]、徐闻 [35]、阳山 [26]、肇庆 [9, 35]、中山 [10]。

日本薯蓣 ***Dioscorea japonica*** Thunb.

分布：丰顺 [95]、封开 [14, 35]、和平 [35]、惠东 [12]、乐昌 [29, 35, 41]、连南 [35]、连平 [35]、连州 [26, 35]、龙门 [35]、茂名 [85]、南雄 [35]、仁化 [16, 35]、乳源 [26, 35]、始兴 [28, 35]、五华 [4]、新丰 [35, 63]、阳山 [26, 35]、英德 [32, 35]、紫金 [31]。

细叶日本薯蓣 ***Dioscorea japonica* var. *oldhamii*** Uline ex R. Knuth

分布：江门 [8]、乐昌 [29, 35, 41]、连州 [26]、仁化 [16]。

毛芋头薯蓣 ***Dioscorea kamoonensis*** Kunth

分布：丰顺 [374]、阳山 [26]。

柳叶薯蓣 ***Dioscorea linearicordata*** Prain & Burkill

分布: 封开 [35]、和平 [35]、河源 [35]、连平 [35]、连山 [35]、龙门 [35]、南雄 [33]、仁化 [16]、乳源 [26, 35]、深圳 [17]、翁源 [51]、五华 [4]、肇庆 [35]、紫金 [31]。

五叶薯蓣 ***Dioscorea pentaphylla*** L.

分布：博罗 [100]、从化 [107]、德庆 [35]、东莞 [25]、丰顺 [95]、封开 [14, 35]、佛冈 [27]、惠东 [12]、江门 [8]、乐昌 [29, 41]、连州 [35]、南雄 [33, 57]、清远 [35]、深圳 [17]、始兴 [28]、翁源 [51]、五华 [4]、阳山 [26, 35]、英德 [32, 35]、郁南 [101]、云浮 [35]、增城 [116]、肇庆 [9, 35]、中山 [10]、紫金 [31]。

褐苞薯蓣 ***Dioscorea persimilis*** Prain & Burkill

分布：博罗 [100]、从化 [107]、封开 [14, 35]、佛冈 [27]、广州 [35]、怀集 [35]、惠东 [35]、乐昌 [29, 41]、连州 [35]、龙门 [35]、罗定 [35]、乳源 [26, 35]、深圳 [17, 35]、始兴 [35]、翁源 [35, 51]、五华 [4]、徐闻 [35]、阳春 [35]、阳山 [26, 35]、英德 [35]、郁南 [101]、紫金 [31]。

薯蓣 ***Dioscorea polystachya*** Turcz.

分布：博罗 [38, 100]、东莞 [25]、佛冈 [27]、南雄 [33, 57]、乳源 [26]、新丰 [63]、信宜 [52]、英德 [32]、肇庆 [9]。

马肠薯蓣 ***Dioscorea simulans*** Prain & Burkill

分布：连州 [35]、阳山 [35]。

绵萆薢 ***Dioscorea spongiosa*** J. Q. Xi, M. Mizuno & W. L. Zhao

分布：乳源 [高锡朋 53083 (IBK)]。

细柄薯蓣 ***Dioscorea tenuipes*** Franch. & Sav.

分布：阳山 [26]。

裂果薯属 *Schizocapsa* Hance

裂果薯 ***Schizocapsa plantaginea*** Hance

分布：丰顺 [95]、封开 [22, 14]、和平 [22, 35]、惠东 [22]、乐昌 [29, 22, 35]、连山 [22]、连州 [26, 22]、龙门 [22]、茂名 [22]、南雄 [22]、清远 [22]、乳源 [26, 22, 35]、深圳 [11, 17]、始兴 [28, 22]、翁源 [51, 22]、五华 [22]、新丰 [22, 35]、信宜 [52]、阳春 [22]、阳江 [22]、阳山 [26, 22, 35]、英德 [22, 32]、肇庆 [9]。

蒟蒻薯属 *Tacca* J. R. Forst. & G. Forst.

箭根薯 ***Tacca chantrieri*** Andre

分布：封开 [14, 35]、和平 [35]、惠东 [35]、惠州 [35]、乐昌 [35]、连山 [35]、连州 [35]、龙门 [35]、茂名 [35]、南雄 [35]、清远 [35]、乳源 [35]、始兴 [35]、翁源 [35]、新丰 [35]、阳春 [35] [陈又生等 YC2023067 (IBSC)]、阳江 [35]、英德 [35]、郁南 [101]、肇庆 [35]。

168. 霉草科 Triuridaceae

霉草属 *Sciaphila* Blume

尖峰霉草 ***Sciaphila jianfenglingensis*** Han Xu, Y. D. Li & H. Q. Chen

分布：紫金 [31]。

小霉草 ***Sciaphila nana*** Blume

分布：深圳 [专家意见]。

多枝霉草 ***Sciaphila ramosa*** Fukuy. & T. Suzuki

分布：紫金 [31]。

大柱霉草 ***Sciaphila secundiflora*** Thwaites ex Benth.

分布：封开 [http://ppbc. iplant. cn/tu/14182597]、江门 [8]、龙门 [525]、紫金 [31]。

169. 百部科 Stemonaceae

百部属 *Stemona* Lour.

大百部 ***Stemona tuberosa*** Lour.

分布：博罗 [5, 100]、东莞 [25]、东源 [59]、惠东 [12]、江门 [8]、乐昌 [29, 35, 41]、梅州 [35]、南雄 [33, 57]、平远 [35]、仁化 [16]、乳源 [35]、深圳 [17, 35]、五华 [4]、信宜 [35, 52]、阳山 [26]、英德 [32]、肇庆 [9, 35]、中山 [10]、紫金 [31]。

170. 露兜树科 Pandanaceae

露兜树属 *Pandanus* Parkinson

露兜草 ***Pandanus austrosinensis*** T. L. Wu

分布：博罗 [38, 100]、从化 [35, 107]、东源 [119]、丰顺 [95]、封开 [14]、佛冈 [27]、江门 [8]、连山 [35]、茂名 [85]、深圳 [17]、五华 [4]、英德 [32]、郁南 [35, 101]、增城 [116]、肇庆 [9, 35]、中山 [10]、紫金 [31]。

小露兜 ***Pandanus fibrosus*** Gagnep. ex Humbert.

分布：陆丰 [35]、徐闻 [35]。

簕古子 ***Pandanus kaida*** Kurz.

分布：封开 [14, 35]、连山 [35]、廉江 [35]、深圳 [17]、信宜 [52]、阳春 [35, 45]。

露兜树 ***Pandanus tectorius*** Parkinson

分布：东莞 [25]、茂名 [85]、深圳 [11, 17]、台山 [35]、阳江 [35] [黄志 41613 (IBK)]、英德 [32]、珠海 [35]。

分叉露兜 ***Pandanus urophyllus*** Hance

分布: 东莞 [25]、东源 [59]、汕头 [35]、深圳 [17]、信宜 [52]。

扇叶露兜树 ***Pandanus utilis*** Borg.

分布：从化 *[107]、广州 *[http://ppbc. iplant. cn/tu/6598338]、惠州 *[http://ppbc. iplant. cn/tu/5066638]、深圳 * [17]、湛江 *[http://ppbc. iplant. cn/tu/5554990]、珠海 *[http:// ppbc. iplant. cn/tu/5895910]。

171. 白玉簪科 Corsiaceae

白玉簪属 *Corsiopsis* D. X. Zhang, R. M. K. Saunders & C. M. Hu

白玉簪 ***Corsiopsis chinensis*** D. X. Zhang, R. M. K. Saunders & C. M. Hu

分布：封开 [3, 35, 14]。

172. 藜芦科 Melanthiaceae

白丝草属 *Chamaelirium* Willd.

白丝草 ***Chamaelirium chinense*** (K. Krause) N. Tanaka

分布: 从化 [35]、惠东 [12]、乐昌 [41]、连州 [26]、乳源 [26, 35]、五华 [4]、新丰 [111]、信宜 [52]、阳春 [35, 45]、阳山 [35]、英德 [32]、增城 [35]、肇庆 [9, 35]。

南岭白丝草 ***Chamaelirium nanlingense*** (L. Wu, Y. Tong & Q. R. Liu) N. Tanaka

分布：乳源 [300]。

石门台白丝草 ***Chamaelirium shimentaiense*** Y. H. Tong, C. M. He & Y. Q. Li

分布：英德 [266]。

重楼属 *Paris* L.

华重楼 ***Paris chinensis*** Franch.

分布：从化 [1b]、大埔 [1b]、德庆 [1b]、封开 [1b]、广宁 [1b]、和平 [1b]、怀集 [1b]、蕉岭 [1b]、乐昌 [1b]、连平 [1b]、龙门 [1b]、梅州 [1b]、饶平 [1b]、仁化 [1b]、乳源 [1b]、韶关 [1b]、始兴 [1b]、信宜 [1b]、阳春 [1b]、阳山 [1b]、英德 [1b]、增城 [1b]。

海南重楼 ***Paris dunniana*** H. Lév.

分布：阳春 [陈又生等 YC2023066 (IBSC)] [http://ppbc. iplant. cn/tu/14104339]。

球药隔重楼 ***Paris fargesii*** Franch.

分布：乳源 [1b, 35]。

藜芦属 *Veratrum* L.

牯岭藜芦 ***Veratrum schindleri*** Loes.

分布：东莞 [25]、丰顺 [95]、佛冈 [27]、和平 [35]、惠东 [12]、乐昌 [29, 35, 41]、连山 [35]、连州 [26]、龙门 [35]、南雄 [33]、乳源 [26]、深圳 [17]、始兴 [28]、翁源 [51]、五华 [4]、新丰 [63]、阳山 [35]、英德 [32]、紫金 [31]。

丫蕊花属 *Ypsilandra* Franch.

小果丫蕊花 ***Ypsilandra cavaleriei*** H. Lév. & Vaniot

分布：乐昌 [29, 35]、乳源 [26, 35]、阳山 [26, 35]。

173. 秋水仙科 Colchicaceae

万寿竹属 *Disporum* Salisb.

万寿竹 ***Disporum cantoniense*** (Lour.) Merr.

分布：丰顺 [95]、怀集 [35]、江门 [8]、乐昌 [29, 35]、连州 [35]、乳源 [26, 35]、深圳 *[17]、五华 [35]、新丰 [63]、阳山 [26, 35]、英德 [32, 35]、郁南 [101]、肇庆 *[9]。

海南万寿竹 ***Disporum hainanense*** Merr.

分布：阳春 [陈又生等 YC20230097 (IBSC)]。

横脉万寿竹 ***Disporum trabeculatum*** Gagnep.

分布：江门 [8]、深圳 [17, 35]、信宜 [52]。

少花万寿竹 ***Disporum uniflorum*** Baker ex S. Moore

分布: 博罗 [100]、东莞 [25]、江门 [8]、乐昌 [29]、深圳 [17]。

山慈菇属 *Iphigenia* Kunth

山慈菇 ***Iphigenia indica*** Kunth

分布：雷州 [35]。

174. 菝葜科 Smilacaceae

菝葜属 *Smilax* L.

弯梗菝葜 *Smilax aberrans* Gagnep.

分布：**博罗** [陈又生等 LFS08 (IBSC)]、**怀集** [35]、**惠东** [12]、**乐昌** [29, 35, 41]、**连山** [35]、**茂名** [35]、**仁化** [16, 35]、**乳源** [35]、**翁源** [35, 51]、**信宜** [52]、**阳山** [26]。

尖叶菝葜 *Smilax arisanensis* Hayata

分布：**从化** [35]、**乳源** [26, 35]、**韶关** [35]、**始兴** [35]、**翁源** [35, 51]、**信宜** [52]、**阳山** [26]。

灰叶菝葜 *Smilax astrosperma* F. T. Wang & Tang

分布：**乳源** [26]、**阳春** [447, 35]、**英德** [32]。

圆锥菝葜 *Smilax bracteata* C. Presl

分布：**连州** [26]、**茂名** [35]、**新兴** [35]、**信宜** [52]。

菝葜 *Smilax china* L.

分布：**博罗** [35, 38, 100]、**潮州** [35] [郑金华 2014036 (CZH)]、**从化** [35, 107]、**大埔** [35] [李学根 202751 (IBSC)]、**德庆** [35] [刘瑛光 1209 (PE)]、**东莞** [25, 35]、**东源** [35] [分类室 116 (IBSC)]、**恩平** [35] [黄茂先 110330 (HZ)]、**丰顺** [35, 95]、**封开** [14, 35]、**佛冈** [27]、**佛山** [35] [谭沛祥 64000 (IBSC)]、**高州** [35] [蒋英 934 (IBSC)]、**广州** [35] [左景烈 20008 (IBSC)]、**海丰** [35] [周业祝 ZYZ028 (CZH)]、**河源** [35] [刘全儒等 201007386 (BNU)]、**鹤山** [35] [黄茂先 110770 (HZ)]、**怀集** [35] [刘瑛光 2835 (IBSC)]、**惠东** [12]、**惠州** [35] [李凤华 19 (ZY0004544)]、**江门** [8, 35]、**蕉岭** [35] [徐祥浩、林辉奉 220 (IBSC)]、**揭西** [35] [曾宪锋 ZXF31272 (CZH)]、**乐昌** [29, 35, 41]、**连平** [35] [卫兆芬 1120138 (PE)]、**连山** [35] [谭沛祥 58215 (IBSC)]、**连州** [26, 35]、**龙门** [35] [黄成 162111 (IBSC)]、**陆丰** [35] [许小婷 XXT056 (CZH)]、**罗定** [35] [张桂才、刘念 2114 (IBSC)]、**茂名** [35, 85]、**梅州** [35] [李学根 202424 (IBSC)]、**南澳** [35] [姚鹏程、魏亚男 20150424 (HSNU)]、**南雄** [33, 35, 57]、**平远** [35] [曾宪锋 ZXF44215 (CZH)]、**清远** [35] [黄志 30514 (IBK)]、**饶平** [35] [李学根 200549 (IBSC)]、**仁化** [16, 35]、**乳源** [26, 35]、**汕头** [35] [F. A. McClure 270 (SYS)]、**深圳** [11, 17, 35]、**始兴** [28, 35]、**台山** [35] [左景烈 22444 (IBSC)]、**翁源** [35, 51]、**五华** [4, 35]、**新丰** [35, 63]、**信宜** [35, 52]、**徐闻** [35] [南路 261 (IBSC)]、**阳春** [35, 45]、**阳江** [35] [罗献瑞 856 (IBSC)]、**阳山** [26, 35]、**英德** [32, 35]、**郁南** [35, 101]、**云浮** [35] [蒋英 1878 (PE)]、**增城** [116]、**肇庆** [9, 35]、**中山** [10, 35]、**珠海** [35] [唐国旺等 TuTY4972 (KUN)]、**紫金** [31, 35]。

华肖菝葜 *Smilax chinensis* (F. T. Wang) P. Li & C. X. Fu

分布：**韶关** [35]、**英德** [32, 35]。

柔毛菝葜 *Smilax chingii* F. T. Wang & Tang

分布：**江门** [8]、**乐昌** [29, 35, 41]、**仁化** [16, 35]、**乳源** [26, 35]、**韶关** [35]、**始兴** [35]、**新丰** [35]、**信宜** [35, 52]。

银叶菝葜 *Smilax cocculoides* Warb.

分布：**连州** [26]、**乳源** [26, 35]、**翁源** [51]、**信宜** [52]、**增城** [35]。

筐条菝葜 *Smilax corbularia* Kunth

分布：**博罗** [35] [王英强 416 (IBSC)]、**大埔** [35] [徐德明 21180 (NAS)]、**德庆** [35] [刘瑛光 1354 (IBSC)]、**东莞** [25, 35]、**丰顺** [35, 95]、**封开** [14, 35]、**高州** [35] [周沛椿 80313 (IBSC)]、**广宁** [35] [蚁伟民 15984 (IBSC)]、**和平** [35] [张桂才 788 (IBSC)]、**河源** [35] [华南师范学院 1014 (IBSC)]、**惠东** [35] [陈邦余、张桂才 631 (IBSC)]、**江门** [8]、**蕉岭** [35] [徐祥浩、林辉奉 183 (IBSC)]、**平远** [35] [李学根 202172 (IBSC)]、**清远** [35] [黄荣焜 30230 (IBSC)]、**仁化** [16]、**深圳** [17, 35]、**五华** [4]、**新丰** [63]、**信宜** [35, 52]、**徐闻** [35] [徐闻队 68 (NAS)]、**阳春** [35, 45]、**阳山** [35] [谭沛祥 60442 (IBSC)]、**英德** [32]、**肇庆** [9, 35]、**中山** [10, 35]、**紫金** [31, 35]。

小果菝葜 *Smilax davidiana* A. DC.

分布：**博罗** [35]、**从化** [35]、**大埔** [35]、**河源** [35]、**江门** [8]、**蕉岭** [35]、**乐昌** [41]、**龙门** [35]、**南雄** [35]、**平远** [35]、**仁化** [35]、**深圳** [11, 17]、**始兴** [35]、**翁源** [51]、**五华** [4]、**新丰** [35]、**信宜** [52]、**英德** [32]、**紫金** [31]。

托柄菝葜 *Smilax discotis* Warb.

分布：**丰顺** [385]。

长托菝葜 *Smilax ferox* Wall. ex Kunth

分布：**丰顺** [95]、**惠州** [35]、**乐昌** [29, 41]、**连南** [35]、**仁化** [35]、**五华** [35]、**信宜** [35, 52]、**阳春** [35]、**阳山** [26]、**肇庆** [35]。

四翅菝葜 *Smilax gagnepainii* T. Koyama

分布：**茂名** [447, 35]。

合丝肖菝葜 *Smilax gaudichaudiana* Kunth

分布：**大埔** [35] [邓良 5183 (IBSC)]、**东莞** [25, 35]、**佛山** [35] [黄茂先 111134 (HZ)]、**广州** [35] [陈文 8231 (IBSC)]、**鹤山** [35] [黄茂先 110829 (PE)]、**江门** [35] [李沛峰、林正眉等 2017106 (SN)]、**蕉岭** [35] [邓良 4791 (IBSC)]、**乐昌** [29, 35, 41]、**连南** [35] [谭沛祥 59163 (IBSC)]、**罗定** [35] [中山大学普查队 1011 (SYS)]、**乳源** [26, 35]、**深圳** [17, 35]、**台山** [35] [陈邦余、李泽贤 49 (IBSC)]、**翁源** [51]、**新兴** [35] [刘瑛光 2495 (PE)]、**信宜** [52]、**徐闻** [35] [梁向日 65593 (IBSC)]、**阳春** [35] [刘念 900 (IBSC)]、**阳山** [35] [罗献瑞 1193 (IBSC)]、**英德** [32, 35]、**云浮** [35] [黄华泽 10 (IBSC)]、**肇庆** [35] [石国良 2948 (IBSC)]、**中山** [10, 35]。

土茯苓 *Smilax glabra* Roxb.

分布：**博罗** [35, 38, 100]、**潮州** [35] [曾宪锋 ZXF01448 (CZH)]、**从化** [35, 107]、**大埔** [35] [李学根 202715 (IBSC)]、**东莞** [25, 35]、**丰顺** [35] [曾宪锋 ZXF2654 (IBSC)]、**封开** [14, 35]、**佛冈** [27]、**广州** [35] [中德采集队 2184 (IBSC)]、**和平** [35] [张桂才 627 (IBSC)]、**河源** [35] [左景烈 21549 (IBSC)]、**怀**

集 [35] [刘瑛光 3009 (PE)]、惠东 [12, 35]、惠州 [35] [卫兆芬 121604 (PE)]、江门 [8, 35]、蕉岭 [35] [邓良 4759 (IBSC)]、乐昌 [29, 35, 41]、连南 [35] [谭沛祥 59443 (IBSC)]、连平 [35] [粤 73 1981 (IBSC)]、连州 [26, 35]、龙门 [35] [王学文、张桂才 8088 (IBSC)]、罗定 [35] [张桂才、刘念 2246 (IBSC)]、茂名 [35, 85]、南雄 [33, 35, 57]、平远 [35] [邓良 4206 (IBSC)]、清远 [35] [黄志 30118 (IBK)]、仁化 [16, 35]、乳源 [26, 35]、韶关 [35] [高锡朋 51990 (IBSC)]、深圳 [11, 17, 35]、始兴 [28, 35]、台山 [35] [左景烈 22450 (IBSC)]、翁源 [35, 51]、五华 [4, 35]、新丰 [35, 63]、信宜 [35, 52]、徐闻 [35] [徐闻队 765 (PE)]、阳春 [35, 45]、阳山 [26, 35]、英德 [32, 35]、郁南 [35, 101]、云浮 [35] [蒋英 1867 (PE)]、增城 [116]、肇庆 [9, 35]、中山 [10, 35]、珠海 [35] [粤 73 2855 (IBSC)]、紫金 [31, 35]。

黑果菝葜 ***Smilax glaucochina*** Warb.

分布：博罗 [35]、乳源 [35]、阳山 [26]。

菱叶菝葜 ***Smilax hayatae*** T. Koyama

分布：乐昌 [29, 35]、仁化 [35]、乳源 [35]、韶关 [35]、阳山 [35]、英德 [32, 35]。

粉背菝葜 ***Smilax hypoglauca*** Benth.

分布：从化 [107]、东莞 [25]、惠东 [12]、江门 [8]、连州 [26]、深圳 [17]、五华 [4]、新丰 [63]、英德 [32]、紫金 [31]。

肖菝葜 ***Smilax japonica*** (Kunth) P. Li & C. X. Fu

分布：博罗 [5, 35]、潮州 [35] [曾宪锋 ZXF9563 (CZH)]、大埔 [35] [罗献瑞 1269 (IBSC)]、东莞 [25, 35]、广州 [35] [叶育石 5490 (IBSC)]、和平 [35] [谭策铭、曹仕优 99599A (JJF)]、惠东 [12]、惠州 [35] [陈炳辉 443 (IBSC)]、江门 [8, 35]、乐昌 [29, 35]、连州 [35] [罗献瑞 1160 (IBSC)]、罗定 [35] [中山大学普查队 32 (SYS)]、茂名 [85]、仁化 [16]、乳源 [26, 35]、深圳 [17, 35]、翁源 [35] [刘心祈 25075 (IBSC)]、新丰 [63]、新兴 [35] [刘瑛光 2495 (IBSC)]、信宜 [52]、阳春 [35] [叶华谷 6013 (IBSC)]、阳江 [35] [罗献瑞 847 (IBSC)]、英德 [32, 35]、肇庆 [9, 35]、珠海 [35] [唐国旺等 TuTY5048 (KUN)]、紫金 [31, 35]。

缘毛菝葜 ***Smilax kwangsiensis*** F. T. Wang & Tang

分布：广州 [35]、罗定 [35]、茂名 [35]、信宜 [35]、阳春 [35]。

小刚毛菝葜 ***Smilax kwangsiensis* var. *setulosa*** F. T. Wang & Tang

分布：信宜 [52, 3]。

马甲菝葜 ***Smilax lanceifolia*** Roxb.

分布：博罗 [35, 100]、潮州 [35] [曾宪锋 ZXF8798 (CZH)]、从化 [35, 107]、大埔 [35] [罗献瑞 1270 (IBSC)]、德庆 [35] [刘瑛光 1021 (IBSC)]、东莞 [25, 35]、恩平 [35] [黄茂先 110461 (HZ)]、丰顺 [35, 95]、封开 [14, 35]、佛冈 [27]、高州 [35] [周沛椿 80312 (IBSC)]、广州 [35] [黄成 164752 (IBSC)]、海丰 [35] [卫兆芬 121383 (IBSC)]、和平 [35] [张桂才 807 (IBSC)]、河源 [35] [卫兆芬 120729 (IBSC)]、怀集 [35] [刘瑛光 2671 (IBSC)]、惠东 [12, 35]、惠州 [35] [徐德明 144 (IBSC)]、江门 [8, 35]、蕉岭 [35] [徐祥浩、林辉奉 298 (IBSC)]、揭西 [35] [曾宪锋 ZXF25090 (CZH)]、乐昌 [29, 35, 41]、连南 [35] [朱志淞 60928 (IBSC)]、连平 [35] [粤 73 1950 (IBSC)]、连山 [35] [南岭队 503 (IBSC)]、连州 [26, 35]、龙川 [35] [曾宪锋 ZXF22285 (CZH)]、龙门 [35] [南昆山调查队 71358 (IBSC)]、罗定 [35] [张桂才、刘念 2129 (IBSC)]、茂名 [85]、梅州 [35] [曾宪锋 ZXF43791 (CZH)]、南雄 [57, 35]、平远 [35] [曾宪锋 ZXF41964 (CZH)]、清远 [35] [黄成 161621 (IBSC)]、饶平 [35] [曾宪锋 ZXF2532 (IBSC)]、仁化 [16, 35]、乳源 [26, 35]、韶关 [35] [梁向日、黄荣焜 31665 (IBSC)]、深圳 [17, 35]、始兴 [28, 35]、翁源 [35, 51]、五华 [4]、新丰 [35, 63]、新兴 [35] [刘瑛光 2184 (IBSC)]、信宜 [35, 52]、阳春 [35, 45]、阳江 [35] [湛江区植物调查队 3673 (IBSC)]、阳山 [26, 35]、英德 [32, 35]、郁南 [35, 101]、云浮 [35] [蒋英 1822 (PE)]、增城 [35, 116]、湛江 [35] [南植地 3673 (SYS)]、肇庆 [9, 35]、中山 [10, 35]、珠海 [35] [粤 73 3094 (IBSC)]、紫金 [31, 35]。

大果菝葜 ***Smilax megacarpa*** A. DC.

分布：封开 [35]、怀集 [35]、惠东 [12]、江门 [35]、仁化 [16]、翁源 [51]、新丰 [35]、信宜 [35, 52]、阳山 [26]、英德 [35]、肇庆 [9, 35]、紫金 [31]。

白背牛尾菜 ***Smilax nipponica*** Miq.

分布：乳源 [26, 35]、始兴 [28]、新丰 [63]、阳山 [26]、增城 [116]。

抱茎菝葜 ***Smilax ocreata*** A. DC.

分布：乐昌 [29]、阳山 [26]、英德 [32]。

穿鞘菝葜 ***Smilax perfoliata*** Lour.

分布：封开 [14]、江门 [8]、乐昌 [35]、连南 [35]、仁化 [16]、乳源 [35]、韶关 [35]、徐闻 [35]、阳江 [35]、阳山 [26, 35]、英德 [35]。

牛尾菜 ***Smilax riparia*** A. DC.

分布：博罗 [5, 35]、潮州 [35] [曾宪锋 ZXF08395 (CZH)]、从化 [107]、大埔 [35] [邓良 5413 (IBSC)]、东莞 [25, 35]、恩平 [35] [黄茂先 110383 (HZ)]、丰顺 [35, 95]、封开 [35] [中大黑石顶调查队 04-2-8085 (SYS)]、佛冈 [27]、高州 [35] [周沛椿 10030 (IBSC)]、怀集 [35] [刘瑛光 3041 (IBSC)]、惠东 [35] [陈邦余、张桂才 516 (IBSC)]、惠州 [35] [叶华谷、曾飞燕 22024 (IBSC)]、蕉岭 [35] [邓良 4892 (IBSC)]、乐昌 [29, 35, 41]、连南 [35] [朱志淞 761 (IBSC)]、连山 [35] [谭沛祥 58623 (IBSC)]、连州 [26, 35]、龙川 [35] [陈炳辉 978 (IBSC)]、梅州 [35] [李淑玉 180253 (IBSC)]、南雄 [33, 35, 57]、平远 [35] [李学根 202011 (IBSC)]、仁化 [16, 35]、乳源 [26, 35]、深圳 [17, 35]、始兴 [28, 35]、台山 [35] [粤 73 2826 (IBSC)]、翁源 [35, 51]、五华 [35] [李学根 201594 (IBSC)]、新丰 [63]、阳春 [35]

[叶华谷、刘念 1883 (IBSC)]、阳江 [35] [罗献瑞 858 (IBSC)]、阳山 [26, 35]、英德 [32, 35]、增城 [116]、肇庆 [9, 35]、中山 [10, 35]、紫金 [31, 35]。

短梗菝葜 *Smilax scobinicaulis* C. H. Wright

分布：乐昌 [29, 447, 35]。

鞘柄菝葜 *Smilax stans* Maxim.

分布：深圳 [17]。

175. 百合科 Liliaceae

大百合属 *Cardiocrinum* (Endl.) Lindl.

大百合 *Cardiocrinum giganteum* (Wall.) Makino

分布：乐昌 [26, 35]、乳源 [35]。

百合属 *Lilium* L.

野百合 *Lilium brownii* F. E. Br. ex Miellez

分布：博罗 [35, 38, 100]、东莞 [25]、东源 [59]、封开 [14]、佛冈 [27]、广州 [35]、和平 [35]、惠州 [35]、江门 [8]、乐昌 [29, 35, 41]、连州 [26]、南雄 [33, 57]、仁化 [16]、乳源 [26]、深圳 [17]、始兴 [28]、新丰 [35]、信宜 [52]、阳山 [26]、英德 [32, 35]、增城 [116]、肇庆 [9]。

条叶百合 *Lilium callosum* Siebold & Zucc.

分布：乐昌 [29, 35]、连州 [35]、乳源 [26]。

麝香百合 *Lilium longiflorum* Thunb.

分布：博罗 *[100]、从化 *[107]、增城 *[116]、肇庆 *[9]。

油点草属 *Tricyrtis* Wall.

中国油点草 *Tricyrtis chinensis* Hir. Takah. bis

分布：博罗 [258]、和平 [258]、乐昌 [258]、乳源 [258]、始兴 [258]、阳山 [258]。

油点草 *Tricyrtis macropoda* Miq.

分布：博罗 [35]、从化 [35]、东莞 [25]、和平 [35]、河源 [35]、惠东 [12]、惠州 [35]、乐昌 [29, 35, 41]、连州 [26]、南雄 [33, 35, 57]、仁化 [16]、乳源 [26, 35]、深圳 [17]、始兴 [28]、翁源 [51]、新丰 [63]、信宜 [35, 52]、阳山 [35]。

176. 兰科 Orchidaceae

脆兰属 *Acampe* Lindl.

多花脆兰 *Acampe rigida* (Buch. -Ham. ex Sm.) P. F. Hunt

分布：博罗 [20, 35, 37]、东莞 [25]、丰顺 [95]、广州 [20]、惠东 [35]、惠州 [20, 35]、江门 [8]、深圳 [17, 20]、台山 [20, 35]、阳春 [35, 20, 45]、英德 [20, 35]、云浮 [20, 35]、增城 [116]、肇庆 [9, 20, 35]、中山 [10]、紫金 [31]。

坛花兰属 *Acanthephippium* Blume ex Endl.

锥囊坛花兰 *Acanthephippium striatum* Lindl.

分布：汕头 [35, 37, 20]、深圳 [专家意见]、信宜 [52]。

安兰属 *Ania* Lindl.

香港安兰 *Ania hongkongensis* (Rolfe) Tang & F. T. Wang

分布：潮州 [64, 35, 20]、从化 [64]、大埔 [20, 35]、东莞 [25]、惠东 [64, 12]、江门 [8]、蕉岭 [20, 35]、深圳 [64, 17, 20]、五华 [4]、新丰 [63]、阳春 [陈又生等 YC20230093 (IBSC)]、增城 [116]、肇庆 [64, 9, 35, 20]、紫金 [31]。

绿花安兰 *Ania penangiana* (Hook. f.) Summerh.

分布：潮州 [20]、惠东 [20]、江门 [8]、深圳 [17, 20]、肇庆 [20]。

南方安兰 *Ania ruybarrettoi* S. Y. Hu & Barretto

分布：肇庆 [20]、紫金 [31, 20]、深圳 [https://ppbc.iplant.cn/tu/16359632]。

金线兰属 *Anoectochilus* Blume

金线兰 *Anoectochilus roxburghii* (Wall.) Lindl.

分布：博罗 [20, 38]、从化 [107]、东莞 [25]、东源 [59]、丰顺 [95]、封开 [14]、佛冈 [27]、惠东 [20, 12]、惠州 [35]、江门 [8]、乐昌 [29, 35, 20]、连平 [35] [粤 73 1921 (IBSC)]、连州 [26]、茂名 [85]、南雄 [33]、韶关 [20, 35]、深圳 [35, 17, 20]、始兴 [28]、翁源 [18, 51, 35, 20]、五华 [4]、新丰 [35, 63, 20]、信宜 [52]、阳春 [35, 20, 45]、阳山 [35] [田怀珍、胡爱群 373 (IBSC)]、英德 [32, 35, 20]、郁南 [101, 20]、增城 [116]、肇庆 [9, 20]、中山 [35]、珠海 [35]、紫金 [31]。

浙江金线兰 *Anoectochilus zhejiangensis* Z. Wei & Y. B. Chang

分布：乳源 [https://ppbc. iplant. cn/tu/3434830]。

无叶兰属 *Aphyllorchis* Blume

无叶兰 *Aphyllorchis montana* Rchb. f.

分布：封开 [14]、深圳 [17, 20]、紫金 [31]、博罗 [https://ppbc.iplant.cn/tu/11443233]、清远 [https://ppbc.iplant.cn/tu/17779307]。

单唇无叶兰 *Aphyllorchis simplex* Tang & F. T. Wang

分布：梅州 [20, 35]。

拟兰属 *Apostasia* Blume

佛冈拟兰 *Apostasia fogangica* Y. Y. Yin, P. S. Zhong & Z. J. Liu

分布：佛冈 [342, 20, 27]、广州 [20]。

多枝拟兰 *Apostasia nipponica* Masam.

分布：封开 [35, 20, 191]、河源 [20, 191]、惠东 [20, 191, 12]、梅州 [20, 191]、韶关 [20, 191]、深圳 [134, 17, 20, 191]、五华 [4]、新丰 [35, 20, 191]、阳春 [http://ppbc. iplant. cn/tu/13421775]、紫金 [31, 191]。

拟兰 *Apostasia odorata* Blume

分布：博罗 [20, 35]、封开 [http://ppbc. iplant. cn/tu/14180764]、广州 [20]、翁源 [18, 51, 35, 3, 20]、增城 [3, 35]。

牛齿兰属 *Appendicula* Blume

牛齿兰 *Appendicula cornuta* Blume

分布：博罗 [20]、东莞 [25]、江门 [8]、茂名 [20, 35]、

深圳 [17, 20]、信宜 [20, 35, 52]、阳春 [35, 20, 37, 45]、紫金 [31]。

竹叶兰属 ***Arundina*** **Blume**

竹叶兰 ***Arundina graminifolia*** (D. Don) Hochr.

分布：博罗 [35, 100]、潮州 [35] [曾宪锋、曾庆宜 ZXF7365 (CZH)]、从化 [35, 107]、东莞 [25, 35]、东源 [119]、丰顺 [35] [曾宪锋 ZXF7076 (CZH)]、封开 [14, 35]、佛冈 [27]、广宁 [35] [石国良 14449 (IBSC)]、广州 [35] [黄成 165221 (IBSC)]、海丰 [35] [周业祝 ZYZ003 (CZH)]、惠东 [12, 35]、惠州 [35] [董仕勇、李世晋 3500 (IBSC)]、江门 [8, 35]、乐昌 [29, 35]、连南 [35] [谭沛祥 59263 (IBSC)]、连平 [35] [粤 73 1538 (IBSC)]、龙门 [35] [卫兆芬 121907 (IBSC)]、陆丰 [35] [南植地 8471 (IBSC)]、罗定 [35] [王伯荪、许霖庆 958 (SYS)]、茂名 [35, 85]、普宁 [35] [曾宪锋 ZXF42914 (CZH)]、仁化 [16, 35]、乳源 [26, 35]、汕头 [35] [梁其瑾 1210 (PE)]、深圳 [17, 35]、台山 [35] [粤 73 2781 (IBSC)]、翁源 [35, 51]、五华 [4, 35]、新兴 [35] [刘瑛光 2322 (PE)]、信宜 [35, 52]、阳春 [35, 45]、阳江 [35] [黄志 41747 (IBSC)]、阳山 [26, 35]、英德 [32, 35]、郁南 [101]、云浮 [35] [黄志 37301 (IBSC)]、增城 [116]、肇庆 [9, 35]、中山 [10, 35]、珠海 [35] [粤 73 3043 (IBSC)]、紫金 [31, 35]。

白及属 ***Bletilla*** **Rchb. f.**

白及 ***Bletilla striata*** (Thunb. ex A. Murray) Rchb. f.

分布：博罗 [5, 100]、广州 [20]、乐昌 [29, 35]、连州 [20, 35]、仁化 [16]、乳源 [20, 35]、阳山 [26]、英德 [32]、肇庆 [9]。

苞叶兰属 ***Brachycorythis*** **Lindl.**

短距苞叶兰 ***Brachycorythis galeandra*** (Rchb. f.) Summerh.

分布：博罗 [20]、封开 [14]、高州 [20, 35]、乐昌 [29, 41, 35, 20]、连州 [20, 35]、乳源 [20, 26, 35]、阳山 [20, 26, 35]、英德 [20, 35]、肇庆 [20, 35]。

石豆兰属 ***Bulbophyllum*** **Thouars**

赤唇石豆兰 ***Bulbophyllum affine*** Lindl.

分布：深圳 [17, 20]、肇庆 [9, 20, 35]、紫金 [31]。

芳香石豆兰 ***Bulbophyllum ambrosia*** (Hance) Schltr.

分布：博罗 [20, 35]、从化 [107]、东莞 [25]、广州 [20]、江门 [8]、深圳 [17, 20]、翁源 [18, 51]、五华 [4]、新丰 [63]、阳春 [20]、肇庆 [9, 20, 35]、紫金 [31]。

梳帽卷瓣兰 ***Bulbophyllum andersonii*** (Hook. f.) J. J. Sm.

分布：英德 [503]。

二色卷瓣兰 ***Bulbophyllum bicolor*** Lindl.

分布：深圳 [17, 20]、阳春 [https://ppbc. iplant. cn/tu/16947586]。

直唇卷瓣兰 ***Bulbophyllum delitescens*** Hance

分布：海丰 [20, 35]、南雄 [57]、深圳 [17, 20]。

戟唇石豆兰 ***Bulbophyllum depressum*** King & Pantl.

分布：信宜 [20, 35, 52]。

圆叶石豆兰 ***Bulbophyllum drymoglossum*** Maxim. ex M. Okubo

分布：乳源 [20, 26, 35]。

狭唇卷瓣兰 ***Bulbophyllum fordii*** (Rolfe) J. J. Sm.

分布：连州 [20]。

莲花卷瓣兰 ***Bulbophyllum hirundinis*** (Gagnep.) Seidenf.

分布：深圳 [20]。

瘤唇卷瓣兰 ***Bulbophyllum japonicum*** (Makino) Makino

分布：深圳 [6, 20]、紫金 [31, 20]。

广东石豆兰 ***Bulbophyllum kwangtungense*** Schltr.

分布：博罗 [20, 35, 37]、大埔 [20, 35]、德庆 [20, 35]、东莞 [25]、东源 [59]、封开 [14, 20, 35]、佛冈 [27]、广州 [20, 35]、和平 [20, 35]、河源 [20, 35]、怀集 [20]、惠东 [12]、惠州 [20, 35]、江门 [8]、乐昌 [29]、连平 [20, 35]、龙门 [20, 35]、罗定 [20, 35]、茂名 [85]、梅州 [20]、南雄 [33, 57]、仁化 [16]、乳源 [20, 26, 35]、深圳 [35, 17, 20]、翁源 [18, 51]、五华 [20, 4]、新丰 [35, 63, 20]、信宜 [20, 35, 52]、阳春 [20, 45]、阳山 [20, 26, 35]、英德 [32]、增城 [35, 116]、肇庆 [9, 20, 35]、紫金 [31, 35, 20]。

齿瓣石豆兰 ***Bulbophyllum levinei*** Schltr.

分布：博罗 [20, 35, 37]、封开 [14, 20, 35]、龙门 [20, 35]、仁化 [16]、乳源 [20, 26, 35]、深圳 [6]、始兴 [20, 28, 35]、新丰 [20, 35]。

密花石豆兰 ***Bulbophyllum odoratissimum*** (J. E. Sm.) Lindl.

分布：博罗 [20, 35, 37]、江门 [8]、龙门 [20, 35]、饶平 [20, 35]、深圳 [17, 20]、翁源 [18, 51, 35, 20]、五华 [4]、信宜 [20, 35, 52]、阳春 [20]、英德 [20, 35]、肇庆 [9, 20, 35]、紫金 [31]。

毛药卷瓣兰 ***Bulbophyllum omerandrum*** Hayata

分布：乳源 [20, 26, 35]。

斑唇卷瓣兰 ***Bulbophyllum pecten-veneris*** (Gagnep.) Seidenf.

分布：乳源 [26, 20]、深圳 [17, 20]、紫金 [31]。

伞花石豆兰 ***Bulbophyllum shweliense*** W. W. Sm.

分布：乳源 [20, 35]。

短足石豆兰 ***Bulbophyllum stenobulbon*** E. C. Parish & Rchb. f.

分布：信宜 [20, 35, 52]、肇庆 [9, 20, 35]。

虎斑卷瓣兰 ***Bulbophyllum tigridum*** Hance

分布：博罗 [20, 35, 37]。

等萼卷瓣兰 ***Bulbophyllum violaceolabellum*** Seidenf.

分布：英德 [440]。

永泰卷瓣兰 ***Bulbophyllum yongtaiense*** J. F. Liu, S. R. Lan & Y. C. Liang

分布：深圳 [468]。

虾脊兰属 ***Calanthe*** **R. Br.**

泽泻虾脊兰 ***Calanthe alismatifolia*** Lindl.

分布：连南 [20]、仁化 [20]、乳源 [20]、翁源 [20]、信宜 [20, 52]。

狭叶虾脊兰 ***Calanthe angustifolia*** (Blume) Lindl.

分布：新丰 [20, 35]。

银带虾脊兰 ***Calanthe argenteostriata*** C. Z. Tang & S. J. Cheng

分布：从化 [35]、广州 [20]、新丰 [63]。

翘距虾脊兰 ***Calanthe aristulifera*** Rchb. f.

分布：乐昌 [20]。

棒距虾脊兰 ***Calanthe clavata*** Lindl.

分布：博罗 [20, 35, 37]、潮州 [20]、江门 [8]、五华 [4]、阳春 [35, 20, 45]、紫金 [31]。

密花虾脊兰 ***Calanthe densiflora*** Lindl.

分布：博罗 [20, 35]、封开 [14, 20, 35]、惠东 [20, 35]、江门 [35, 20, 8]、始兴 [28]、信宜 [20, 35, 52]、阳春 [20]。

虾脊兰 ***Calanthe discolor*** Lindl.

分布：从化 [107]、佛冈 [27]、广州 [20]、乐昌 [41]、仁化 [20, 35]、乳源 [20, 26, 35]、韶关 [20, 35]、始兴 [20, 28, 35]、翁源 [20, 35]、新丰 [20, 35]、信宜 [20, 35, 52]、阳山 [20, 35]、增城 [35]。

钩距虾脊兰 ***Calanthe graciliflora*** Hayata

分布：博罗 [20]、从化 [35]、德庆 [20, 35]、东莞 [25]、封开 [20, 14]、广州 [20]、怀集 [20, 35]、乐昌 [26, 41, 35, 20]、龙门 [20]、罗定 [20]、南雄 [33]、仁化 [16, 35, 20]、乳源 [20, 26, 35]、韶关 [20, 35]、始兴 [20, 28, 35]、翁源 [18, 51, 35, 20]、信宜 [20, 52]、阳春 [20]、阳山 [26]、肇庆 [9, 20, 35]、紫金 [31]。

乐昌虾脊兰 ***Calanthe lechangensis*** Z. H. Tsi & Tang

分布：德庆 [20]、广州 [20]、乐昌 [29, 41, 35, 20]、乳源 [35]、阳山 [26]、增城 [116]。

南方虾脊兰 ***Calanthe lyroglossa*** Rchb. f.

分布：潮州 [393, 20]、河源 [20]。

细花虾脊兰 ***Calanthe mannii*** Hook. f.

分布：平远 [20, 35]。

长距虾脊兰 ***Calanthe masuca*** (D. Don) Lindl.

分布：博罗 [20, 37]、封开 [14]、广州 [20]、惠东 [12]、乐昌 [41, 35, 20]、连南 [20, 35]、连山 [20, 35]、连州 [20, 35]、龙门 [20, 35]、茂名 [35]、仁化 [16, 35, 20]、乳源 [20, 35]、汕头 [20]、翁源 [18, 51, 35, 20]、新丰 [63]、信宜 [20, 35, 52]、阳春 [35, 20, 45]、阳山 [20, 26, 35]、英德 [20, 35]、增城 [35, 116]、肇庆 [9, 20, 35]。

南昆虾脊兰 ***Calanthe nankunensis*** Z. H. Tsi

分布：龙门 [35]、增城 [20]。

车前虾脊兰 ***Calanthe plantaginea*** Lindl.

分布：封开 [14]、怀集 [20]、乐昌 [20]、龙门 [20]、乳源 [20]、增城 [116]。

镰萼虾脊兰 ***Calanthe puberula*** Lindl.

分布：乳源 [20]。

反瓣虾脊兰 ***Calanthe reflexa*** Maxim.

分布：博罗 [20, 35]、乐昌 [29, 35, 20]、乳源 [20, 26, 35]。

二列叶虾脊兰 ***Calanthe speciosa*** (Blume) Lindl.

分布：江门 [8]、乐昌 [29, 35, 20]、连山 [20, 35]、深圳 [17, 20]。

三褶虾脊兰 ***Calanthe triplicata*** (Willemet) Ames

分布：东莞 [25]、佛冈 [27]、乐昌 [29, 20]、乳源 [20, 26, 35]、深圳 [17, 20]、始兴 [28]、台山 [20, 35]、翁源 [18, 51]、信宜 [20, 35, 52]、阳春 [http://ppbc. iplant. cn/tu/11952057]。

头蕊兰属 *Cephalanthera* Rich.

银兰 ***Cephalanthera erecta*** (Thunb.) Blume

分布：乐昌 [20, 35]、连州 [20, 35]、乳源 [20, 35]。

南岭头蕊兰 ***Cephalanthera erecta* var. *oblanceolata*** N. Pearce & P. J. Cribb

分布：乳源 [174, 26, 20]。

金兰 ***Cephalanthera falcata*** (Thunb. ex A. Murray) Blume

分布：连山 [20, 35]、乳源 [20, 26, 35]。

黄兰属 *Cephalantheropsis* Guillaumin

铃花黄兰 ***Cephalantheropsis halconensis*** (Ames) S. S. Ying

分布：博罗 [35]、封开 [35]、佛冈 [27]、怀集 [35]、龙门 [35]、罗定 [35]、信宜 [20, 35, 52]、阳春 [35, 37]、肇庆 [35]、紫金 [31]。

白花黄兰 ***Cephalantheropsis longipes*** (Hook. f.) Ormerod

分布：阳春 [陈又生等 YC20231107]。

黄兰 ***Cephalantheropsis obcordata*** (Lindl.) Ormer.

分布：博罗 [20, 5]、封开 [20]、怀集 [20]、惠东 [20]、龙门 [20]、罗定 [20]、深圳 [6]、信宜 [20]、阳春 [20]、英德 [32]、肇庆 [20]、紫金 [34]。

扁莛兰属 *Cestichis* Thouars ex Pfitzer

扁莛兰 ***Cestichis cespitosa*** (Lam.) Ames

分布：深圳 [17, 20]。

叉柱兰属 *Cheirostylis* Blume

中华叉柱兰 ***Cheirostylis chinensis*** Rolfe

分布：阳山 [26]、英德 [503]。

斑叶叉柱兰 ***Cheirostylis chinensis* var. *clibborndyeri*** (S. Y. Hu & Barretto) T. P. Lin

分布：深圳 [17, 20]。

粉红叉柱兰 ***Cheirostylis jamesleungii*** S. Y. Hu et Barretto

分布：深圳 [6, 17]。

琉球叉柱兰 ***Cheirostylis liukiuensis*** Masam.

分布：深圳 [20]、紫金 [31]。

全唇叉柱兰 ***Cheirostylis takeoi*** (Hayata) Schltr.

分布：高州 [503]、惠东 [12]。

云南叉柱兰 ***Cheirostylis yunnanensis*** Rolfe

分布：从化 [http://ppbc. iplant. cn/tu/9509520]、连州 [20, 35]、清远 [http://ppbc. iplant. cn/tu/13529836]、深圳 [6]、阳春 [http://ppbc. iplant. cn/tu/13420250]、英德 [20, 35]。

异型兰属 *Chiloschista* Lindl.

广东异型兰 ***Chiloschista guangdongensis*** Z. H. Tsi

分布：乳源 [20, 26, 35]、阳山 [20]。

金唇兰属 *Chrysoglossum* Blume

锚钩金唇兰 ***Chrysoglossum assamicum*** Hook. f.

分布：博罗 [http://ppbc. iplant. cn/tu/16739033]。

高宝兰属 *Cionisaccus* Breda

高宝兰 ***Cionisaccus procera*** (Ker Gawl.) M. C. Pace

分布：博罗 [88, 100, 35, 20]、从化 [107]、东莞 [25]、东源 [59]、封开 [88, 35, 20, 14]、佛冈 [27]、高州 [88, 20]、广州 [88, 35, 20]、河源 [88]、惠东 [88, 20, 12]、江门 [8]、蕉岭 [88, 35, 20]、乐昌 [29]、连山 [88, 35, 20]、连州 [35]、龙门 [88, 35, 20]、南雄 [33, 57]、仁化 [16]、深圳 [17, 20]、始兴 [88, 28, 35, 20]、五华 [4]、新丰 [63]、信宜 [88, 52, 35, 20]、阳春 [88, 20, 45]、阳江 [88]、阳山 [26]、英德 [88, 32, 35, 20]、云浮 [88, 20]、增城 [116]、肇庆 [88, 9, 35, 20]、紫金 [31]。

隔距兰属 *Cleisostoma* Blume

大序隔距兰 ***Cleisostoma paniculatum*** (Ker Gawl.) Garay

分布：博罗 [20, 35, 37]、大埔 [20]、封开 [14]、乐昌 [29, 35, 20]、连山 [20, 35]、连州 [35]、乳源 [20, 26, 35]、韶关 [20, 35]、深圳 [17, 20]、始兴 [20, 28, 35]、翁源 [18, 51]、五华 [4]、新丰 [63]、阳山 [26]、英德 [32, 35, 20]、紫金 [31]。

短茎隔距兰 ***Cleisostoma parishii*** (Hook. f.) Garay

分布：乳源 [20]、翁源 [20, 35]。

尖喙隔距兰 ***Cleisostoma rostratum*** (Lodd. ex Lind.) Garay

分布：东莞 [25]、江门 [8]、深圳 [17, 20]。

蜈蚣兰 ***Cleisostoma scolopendrifolium*** (Makino) Garay

分布：龙川 [467]。

广东隔距兰 ***Cleisostoma simondii* var. *guangdongense*** Z. H. Tsi

分布：博罗 [20, 35, 37]、东莞 [25]、深圳 [17, 20]、紫金 [31]。

红花隔距兰 ***Cleisostoma williamsonii*** (Rchb. f.) Garay

分布：高州 [20]、云浮 [20, 35]、肇庆 [9, 20, 35]。

贝母兰属 *Coelogyne* Lindl.

流苏贝母兰 ***Coelogyne fimbriata*** Lindl.

分布：博罗 [20, 35]、从化 [107]、大埔 [20]、东莞 [25, 243]、东源 [59]、封开 [20, 14]、佛冈 [27]、广州 [20]、和平 [35]、怀集 [20, 35]、惠东 [12]、惠州 [20, 35]、江门 [8]、乐昌 [29, 41, 35, 20]、连南 [20, 35]、连平 [20, 35]、连山 [35]、连州 [35]、龙门 [20, 35]、南雄 [33, 57]、清远 [35]、仁化 [16]、乳源 [20, 26, 35]、深圳 [17, 20]、始兴 [20, 28, 35]、翁源 [18, 51, 35, 20]、五华 [4]、新丰 [35, 63, 20]、信宜 [20, 35, 52]、阳春 [20, 45]、阳山 [26]、英德 [32, 35, 20]、增城 [35, 116]、肇庆 [9, 20, 35]、中山 [10]、紫金 [31]。

吻兰属 *Collabium* Blume

吻兰 ***Collabium chinense*** (Rolfe) Tang & F. T. Wang

分布：大埔 [20, 35]、乐昌 [29, 41, 35, 20]、英德 [32, 35, 20]、肇庆 [9, 20, 35]。

南方吻兰 ***Collabium delavayi*** (Gagnep.) Seidenf.

分布：乳源 [20]、阳春 [20]。

蛤兰属 *Conchidium* Griff.

蛤兰 ***Conchidium pusillum*** Griff.

分布：从化 [107]、江门 [8]、乳源 [35]、深圳 [35, 17, 20]、新丰 [35]、信宜 [20, 35, 52]、阳春 [35, 45]、肇庆 [9, 35]、紫金 [31]。

杜鹃兰属 *Cremastra* Lindl.

杜鹃兰 ***Cremastra appendiculata*** (D. Don) Makino

分布：连州 [20, 35]、乳源 [20, 35]。

沼兰属 *Crepidium* Blume

二脊沼兰 ***Crepidium finetii*** (Gagnep.) S. C. Chen & J. J. Wood

分布：深圳 [17, 20]、阳春 [20]、肇庆 [20]。

深裂沼兰 ***Crepidium purpureum*** (Lindl.) Szlach.

分布：东莞 [25]、深圳 [6, 20]、紫金 [31]。

宿苞兰属 *Cryptochilus* Wall.

玫瑰宿苞兰 ***Cryptochilus roseus*** (Lindl.) S. C. Chen & J. J. Wood

分布：江门 [8]、深圳 [17, 20]、台山 [6, 20]、信宜 [35, 52]、英德 [32]、云浮 [35]。

隐柱兰属 *Cryptostylis* R. Br.

隐柱兰 ***Cryptostylis arachnites*** (Blume) Hassk.

分布：阳春 [35]、肇庆 [9, 20, 35]。

兰属 *Cymbidium* Sw.

纹瓣兰 ***Cymbidium aloifolium*** (L.) Sw.

分布：博罗 [100]、清远 [20, 35]、仁化 [16]、信宜 [20, 52]。

冬凤兰 ***Cymbidium dayanum*** Rchb. f.

分布：广州 [35]、信宜 [20, 35, 52]。

独占春 ***Cymbidium eburneum*** Lindl.

分布：信宜 [20]、阳春 [陈又生等 JZ20230030 (IBSC)]。

建兰 ***Cymbidium ensifolium*** (L.) Sw.

分布：博罗 [20, 100]、从化 [35, 107]、大埔 [20, 35]、东莞 [25]、东源 [59]、丰顺 [35]、封开 [14, 20, 35]、佛冈 [27]、广州 [20]、和平 [35]、怀集 [35]、惠东 [20, 35]、惠州 [35]、江门 [8]、蕉岭 [35]、乐昌 [29, 26, 35, 20]、连南 [20, 35]、

连平 [20, 35]、连山 [20, 35]、连州 [35]、龙川 [35]、龙门 [20, 35]、罗定 [35]、梅州 [35]、南雄 [57, 33, 35, 20]、平远 [35]、饶平 [35]、仁化 [16, 35, 20]、乳源 [20, 26, 35]、韶关 [20, 35]、深圳 [11, 17, 20]、始兴 [20, 28, 35]、台山 [35]、翁源 [51, 35, 20]、五华 [4, 35]、新丰 [35, 63, 20]、信宜 [20, 35, 52]、兴宁 [35]、阳春 [20, 35]、阳山 [35]、英德 [32, 35, 20]、增城 [35, 116]、肇庆 *[9, 20]、珠海 [20, 35]、紫金 [31]。

蕙兰 ***Cymbidium faberi*** Rolfe

分布：乐昌 [20, 35]、连州 [20, 35]、南雄 [33]、乳源 [20, 35]。

多花兰 ***Cymbidium floribundum*** Lindl.

分布：博罗 [20]、从化 [35]、东源 [59]、封开 [35]、佛冈 [27]、广州 [20, 35]、和平 [35]、怀集 [35]、蕉岭 [20, 35]、乐昌 [29, 41, 35, 20]、连南 [20, 35]、连平 [35]、连山 [35]、连州 [20, 35]、龙门 [20, 35]、罗定 [20]、南雄 [33, 57]、乳源 [20, 26, 35]、韶关 [35]、始兴 [35]、翁源 [35]、新丰 [35, 63]、信宜 [20, 35, 52]、阳春 [20, 35]、阳山 [20, 26, 35]、英德 [32]、肇庆 [9, 20, 35]。

春兰 ***Cymbidium goeringii*** (Rchb. f.) Rchb. f.

分布：乐昌 [29, 35, 20]、连州 [35]、南雄 [33]、仁化 [16]、乳源 [26, 35]、韶关 [20, 35]。

寒兰 ***Cymbidium kanran*** Makino

分布：博罗 [20]、从化 [107]、佛冈 [27]、广州 [20]、乐昌 [29, 35, 20]、连南 [35]、连山 [35]、连州 [20, 35]、南雄 [33, 57]、仁化 [16]、乳源 [20, 35]、韶关 [20, 35]、始兴 [28]、翁源 [20, 35]、五华 [4]、新丰 [35, 63, 20]、信宜 [20, 52]、英德 [32, 35, 20]、紫金 [31]。

兔耳兰 ***Cymbidium lancifolium*** Hook.

分布：从化 [35]、封开 [14]、佛冈 [27]、广州 [20]、惠东 [12]、乐昌 [29, 35]、连南 [35]、连平 [20, 35]、连州 [20, 35]、南雄 [33]、乳源 [20, 26, 35]、韶关 [20]、深圳 [6]、始兴 [35]、翁源 [18, 51, 20]、新丰 [63]、阳春 [20]、英德 [20]。

大根兰 ***Cymbidium macrorhizon*** Lindl.

分布：连州 [https://ppbc.iplant.cn/tu/19229243]。

硬叶兰 ***Cymbidium mannii*** Rchb. f.

分布：广州 [20, 35]、清远 [20, 35]、饶平 [20, 35]、深圳 [20]、信宜 [20, 35, 52]、云浮 [20, 35]、肇庆 [9]。

墨兰 ***Cymbidium sinense*** (Jack. ex Andr.) Willd.

分布：从化 [35]、东莞 [25]、封开 [14, 20, 35]、广州 [20]、怀集 [35]、惠东 [35]、惠州 [20, 35]、江门 [20, 8]、乐昌 [29, 35]、连州 [20]、龙门 [35]、罗定 [35]、茂名 [35]、仁化 [16]、深圳 [11, 17, 20]、新丰 [35]、信宜 [20, 35, 52]、阳春 [20, 35]、阳江 [35]、英德 [32]、增城 [35, 116]、肇庆 [20]、珠海 [35]、紫金 [31]。

肉果兰属 *Cyrtosia* Blume

肉果兰 ***Cyrtosia javanica*** Blume

分布：阳春 [陈又生等 YC2023074 (IBSC)]。

丹霞兰属 *Danxiaorchis* J. W. Zhai, F. W. Xing & Z. J. Liu

丹霞兰 ***Danxiaorchis singchiana*** J. W. Zhai, F. W. Xing & Z. J. Liu

分布：仁化 [352, 20]。

石斛属 *Dendrobium* Sw.

钩状石斛 ***Dendrobium aduncum*** Wall. ex Lindl.

分布：博罗 [35, 20, 37, 100]、封开 [20, 35]、南雄 [33, 57]、始兴 [20, 28, 35]、信宜 [20, 35, 52]、阳春 [20, 35]、阳江 [20, 35]、英德 [32, 35, 20]、肇庆 [9, 20, 35]、紫金 [31]。

密花石斛 ***Dendrobium densiflorum*** Lindl.

分布：乐昌 [29, 41, 35, 20]、龙门 [20, 35]、新丰 [20, 35]。

串珠石斛 ***Dendrobium falconeri*** Hooker

分布：乐昌 [https://ppbc.iplant.cn/tu/19229275]。

海南石斛 ***Dendrobium hainanense*** Rolfe

分布：阳春 [554]。

河南石斛 ***Dendrobium henanense*** J. L. Lu & L. X. Gao

分布：乐昌 [李立、金梓超、张步云 ZL2024059 (IBSC)]。

疏花石斛 ***Dendrobium henryi*** Schltr.

分布：高州 [20, 35]、郁南 [101]。

重唇石斛 ***Dendrobium hercoglossum*** Rchb. f.

分布：台山 [20, 35]、信宜 [3, 35, 52, 20]、英德 [20, 35]、紫金 [31]。

广东石斛 ***Dendrobium kwangtungense*** C. L. Tso

分布：乐昌 [20]、乳源 [20]。

美花石斛 ***Dendrobium loddigesii*** Rolfe

分布：博罗 [3, 35, 20, 37]、广州 [20]、连山 [20, 35]、连州 [20, 35]、龙门 [20, 35]、信宜 [20, 35, 52]、阳春 [20, 35]、阳江 [20, 35]、郁南 [101]、肇庆 [9, 20, 35]。

罗河石斛 ***Dendrobium lohohense*** Tang & F. T. Wang

分布：连州 [20, 35]、郁南 [101]。

细茎石斛 ***Dendrobium moniliforme*** (L.) Sw.

分布：乐昌 [29, 41, 35, 20]、连州 [20, 35]、南雄 [33, 35, 20]、仁化 [16]、乳源 [20, 26, 35]、翁源 [18, 51]、信宜 [20, 35, 52]、阳山 [20, 35]、英德 [32]。

石斛 ***Dendrobium nobile*** Lindl.

分布：蕉岭 [142]、乐昌 [20]。

铁皮石斛 ***Dendrobium officinale*** Kimura & Migo

分布：平远 [173, 31]、韶关 [173, 31]、紫金 [31]。

单葶草石斛 ***Dendrobium porphyrochilum*** Lindl.

分布：连南 [3, 20]、连山 [20, 35]。

始兴石斛 ***Dendrobium shixingense*** Z. L. Chen, S. J. Zeng & J. Duan

分布：仁化 [20]、始兴 [133, 20]。

剑叶石斛 ***Dendrobium spatella*** Rchb. f.

分布：南雄 [33]、深圳 [35]、中山 [35]、珠海 [35]、紫金 [31, 20]。

四翅石斛 ***Dendrobium tetrapterum*** M. Z. Huang, C. Y. Wei & M. H. Li

分布：博罗 [20, 35, 37, 584]、恩平 [20, 35, 584]、广州 [20, 584]、信宜 [20, 35, 52, 584]、阳江 [20, 35, 584]、英德 [20, 35, 584]。

大花石斛 ***Dendrobium wilsonii*** Rolfe

分布：乐昌 [29, 35]、仁化 [16]、信宜 [35, 52]、阳江 [20, 35]、阳山 [26, 35]、英德 [20, 35]。

绒兰属 ***Dendrolirium* Blume**

白绵绒兰 ***Dendrolirium lasiopetalum*** (Willd.) S. C. Chen & J. J. Wood

分布：深圳 [17, 20]、增城 [https://ppbc. iplant. cn/tu/15607548]、海丰 [https://ppbc.iplant.cn/tu/18844157]。

绒兰 ***Dendrolirium tomentosum*** (J. Koenig) S. C. Chen & J. J. Wood

分布：阳春 [556]。

双唇兰属 ***Didymoplexis* Griff.**

小双唇兰 ***Didymoplexis micradenia*** (Rchb. f.) Hemsl.

分布：阳春 [https://ppbc.iplant.cn/tu/17726867]。

双唇兰 ***Didymoplexis pallens*** Griff.

分布：仁化 [460, 20]。

无耳沼兰属 ***Dienia* Lindl.**

无耳沼兰 ***Dienia ophrydis*** (J. Koenig) Seidenf.

分布：博罗 [80, 35, 20, 37]、大埔 [80, 35, 20]、东莞 [25]、封开 [20, 35]、广州 [20, 35]、惠东 [20, 35]、惠州 [20, 35]、江门 [8]、茂名 [35]、饶平 [20, 35]、深圳 [17, 20]、始兴 [28]、五华 [4]、信宜 [80, 52, 35, 20]、阳春 [80, 35, 20]、云浮 [20, 35]、增城 [116]、肇庆 [80, 9, 35, 20]、紫金 [31]。

蛇舌兰属 ***Diploprora* Hook. f.**

蛇舌兰 ***Diploprora championii*** (Lindl.) Hook. f.

分布：东莞 [25]、惠东 [12]、江门 [8]、乳源 [20]、深圳 [17, 20]、五华 [4]、阳春 [20, 45]、英德 [32]、中山 [10]、紫金 [31]。

厚唇兰属 ***Epigeneium* Gagnep.**

单叶厚唇兰 ***Epigeneium fargesii*** (Finet) Gagnep.

分布：潮州 [20, 35]、佛冈 [27]、乐昌 [29, 35, 20]、连州 [20, 35]、南雄 [33]、饶平 [20, 35]、乳源 [20, 26, 35]、信宜 [20, 35, 52]、紫金 [31]。

虎舌兰属 ***Epipogium* J. G. Gmel. ex Borkh.**

虎舌兰 ***Epipogium roseum*** (D. Don) Lindl.

分布：乳源 [20, 26, 35]、始兴 [20, 35]、英德 [20, 35]。

毛兰属 ***Eria* Lindl.**

半柱毛兰 ***Eria corneri*** Rchb. f.

分布：博罗 [20, 35]、东莞 [25]、封开 [14, 20, 35]、化州 [20, 35]、惠东 [35, 20, 12]、惠州 [35]、龙门 [20, 35]、茂名 [35]、饶平 [20]、仁化 [16]、深圳 [17, 20]、翁源 [18, 51, 35, 20]、五华 [4]、新丰 [35]、新兴 [20, 35]、信宜 [20, 35, 52]、阳春 [35, 20, 45]、阳西 [陈又生等 JZ20230007 (IBSC)]、英德 [32]、郁南 [101]、增城 [116]、肇庆 [20, 35]、紫金 [31]。

足茎毛兰 ***Eria coronaria*** (Lindl.) Rchb. f.

分布：茂名 [35]、信宜 [20, 35, 52]、阳春 [35, 20, 45]、肇庆 [9]。

香港毛兰 ***Eria gagnepainii*** Hawkes & Heller

分布：广州 [35]、信宜 [35, 52]。

钳唇兰属 ***Erythrodes* Blume**

钳唇兰 ***Erythrodes blumei*** (Lindl.) Schltr.

分布：博罗 [http://ppbc. iplant. cn/tu/13417929]、从化 [http://ppbc. iplant. cn/tu/4208595]、丰顺 [95]、广州 [20]、惠东 [12]、乐昌 [20, 35]、连州 [20, 35]、龙门 [http://ppbc. iplant. cn/tu/4252248]、南雄 [33]、仁化 [http://ppbc. iplant. cn/tu/5454754]、深圳 [6]、始兴 [28]、新丰 [http://ppbc. iplant. cn/tu/10564593]、阳春 [陈又生等 YC20230165 (IBSC)]、英德 [32]、肇庆 [20]。

开宝兰属 ***Eucosia* Blume**

歌绿开宝兰 ***Eucosia seikoomontana*** (Yamam.) M. C. Pace

分布：惠东 [12]、揭西 [430]、深圳 [35, 17, 20]、五华 [4]、信宜 [88, 20]、阳山 [26, 20]、中山 [35]、珠海 [35]、紫金 [31]。

开宝兰 ***Eucosia viridiflora*** (Blume) M. C. Pace

分布：乳源 [88]、深圳 [35, 17, 20]、信宜 [20, 35, 52]、阳山 [26]、紫金 [31]。

美冠兰属 ***Eulophia* R. Br.**

长苞美冠兰 ***Eulophia bracteosa*** Lindl.

分布：乐昌 [20]、连南 [20]、连山 [35]。

黄花美冠兰 ***Eulophia flava*** (Lindl.) Hook. f.

分布：封开 [14]、广州 [35]、台山 [20, 35]、信宜 [52]。

美冠兰 ***Eulophia graminea*** Lindl.

分布：从化 [http://ppbc. iplant. cn/tu/3429324]、东莞 [25]、佛冈 [27]、广州 [20, 35]、揭西 [http://ppbc. iplant. cn/tu/5761629]、连州 [20, 35]、龙门 [20, 35]、茂名 [http://ppbc. iplant. cn/tu/13511331]、深圳 [35, 17, 20]、翁源 [18, 51]、阳春 [20]、增城 [116]、湛江 [20, 35]、肇庆 [http://ppbc. iplant. cn/tu/9198996]、紫金 [31]。

紫花美冠兰 ***Eulophia spectabilis*** (Dennst.) Suresh

分布：乐昌 [29, 35, 20]、连南 [20, 35]。

无叶美冠兰 ***Eulophia zollingeri*** (Rchb. f.) J. J. Sm.

分布：从化 [http://ppbc. iplant. cn/tu/6477795]、大埔 [20, 35]、东莞 [25]、广州 [20]、江门 [8]、茂名 [35]、南雄 [33]、深圳 [17, 20]、始兴 [28]、信宜 [20, 52]、紫金 [31]。

金石斛属 ***Flickingeria* Hawkes**

流苏金石斛 ***Flickingeria fimbriata*** (Blume) Hawkes

分布：阳江 [20, 35]。

山珊瑚属 *Galeola* Lour.

毛萼山珊瑚 *Galeola lindleyana* (Hook. f. & Thomson) Rchb. f.

分布：乳源 [26, 20]、信宜 [20, 35, 52]。

盆距兰属 *Gastrochilus* D. Don

广东盆距兰 *Gastrochilus guangtungensis* Z. H. Tsi

分布：翁源 [20, 35]。

黄松盆距兰 *Gastrochilus japonicus* (Makino) Schltr.

分布：深圳 [35]、中山 [35]、珠海 [20, 35]。

江口盆距兰 *Gastrochilus nanus* Z. H. Tsi

分布：乳源 [478, 26]。

天麻属 *Gastrodia* R. Br.

无喙天麻 *Gastrodia albida* T. C. Hsu & C. M. Kuo

分布：从化 [20]、封开 [20]、广州 [20]、龙门 [20]。

闭花天麻 *Gastrodia clausa* T. C. Hsu, S. W. Chung & C. M. Kuo

分布：从化 [http://ppbc. iplant. cn/tu/9597483]、深圳 [http://ppbc. iplant. cn/tu/13293012]、博罗 [http://ppbc.iplant. cn/tu/16818805]、龙门 [http://ppbc.iplant.cn/tu/17029457]。

折柱天麻 *Gastrodia flexistyla* T. C. Hsu & C. M. Kuo

分布：从化 [503]、阳春 [http://ppbc. iplant. cn/tu/12994174]。

北插天天麻 *Gastrodia peichatieniana* S. S. Ying

分布：梅州 [20]、乳源 [478, 26, 20]、深圳 [6]。

青云山天麻 *Gastrodia qingyunshanensis* Jiu X. Huang, H. Xu & H. J. Yang

分布：翁源 [252]。

地宝兰属 *Geodorum* Andrews

大花地宝兰 *Geodorum attenuatum* Griff.

分布：高州 [20, 35]、阳江 [35]。

地宝兰 *Geodorum densiflorum* (Lam.) Schltr.

分布：江门 [8]、茂名 [85]、深圳 [17, 20]、阳春 [http://ppbc. iplant. cn/tu/11340753]、阳江 [20, 35]。

多花地宝兰 *Geodorum recurvum* (Roxb.) Alston

分布：高州 [20, 35]、江门 [8]。

斑叶兰属 *Goodyera* R. Br.

大花斑叶兰 *Goodyera biflora* (Lindl.) Hook. f.

分布：封开 [88, 35, 20, 14]、连州 [35]、乳源 [88, 26, 35, 20]、翁源 [18, 51]、信宜 [88, 52, 35, 20]、英德 [32]。

多叶斑叶兰 *Goodyera foliosa* (Lindl.) Benth. ex C. B. Clarke

分布：博罗 [E. Faber s. n. (Herb. Hance no. 22147, BM000076005)]、大埔 [88, 35, 20]、惠州 [88, 35, 20]、江门 [88, 8]、连州 [20, 35]、龙门 [20, 35]、仁化 [88, 16, 35, 20]、乳源 [88, 35, 20]、深圳 [17, 20]、始兴 [28]、翁源 [88, 18, 51, 35, 20]、新丰 [20, 35]、信宜 [88, 52, 35, 20]、英德 [32]、增城 [116]、紫金 [31]。

光萼斑叶兰 *Goodyera henryi* Rolfe

分布：乐昌 [20, 35]、连州 [20, 35]、乳源 [88, 26]。

小小斑叶兰 *Goodyera pusilla* Blume

分布：乐昌 [41]、乳源 [88, 26]、始兴 [88, 35, 20]。

垂叶斑叶兰 *Goodyera recurva* Lindl.

分布：乳源 [88, 264, 26, 20]。

斑叶兰 *Goodyera schlechtendaliana* Rchb. f.

分布：博罗 [100]、和平 [20, 35]、乐昌 [88, 29, 41, 35, 20]、连州 [20, 26, 35]、梅州 [88, 35, 20]、南雄 [33]、仁化 [16]、乳源 [88, 26, 35, 20]、始兴 [28]、翁源 [18, 51]、紫金 [31]。

绒叶斑叶兰 *Goodyera velutina* Maxim.

分布：封开 [88, 35, 20, 14]、河源 [20, 35]、江门 [8]、乐昌 [29]、连州 [20, 35]、乳源 [88]。

玉凤花属 *Habenaria* Willd.

毛莛玉凤花 *Habenaria ciliolaris* Kraenzl.

分布：博罗 [20, 35]、东莞 [25]、高州 [20, 35]、和平 [20, 35]、江门 [8]、连平 [20, 35]、乳源 [20, 35]、始兴 [28]、信宜 [52]、阳山 [20, 35]。

鹅毛玉凤花 *Habenaria dentata* (Sw.) Schltr.

分布：大埔 [20, 35]、东莞 [25]、惠东 [20, 35]、蕉岭 [20, 35]、乐昌 [35]、南雄 [33]、清远 [35]、仁化 [16, 35, 20]、乳源 [20, 35]、深圳 [17, 20]、始兴 [28, 35]、翁源 [18, 51, 35, 20]、阳春 [20, 35]、阳山 [20, 26, 35]、云浮 [20, 35]、增城 [116]、肇庆 [20, 35]、珠海 [20, 35]、紫金 [31]。

线瓣玉凤花 *Habenaria fordii* Rolfe

分布：博罗 [20, 35]、封开 [20]、高州 [35]、和平 [20, 35]、乐昌 [41]、连平 [20, 35]、乳源 [20, 35]、阳山 [20, 35]。

粤琼玉凤花 *Habenaria hystrix* Ames

分布：高州 [20, 35]、始兴 [20, 35]。

细裂玉凤花 *Habenaria leptoloba* Benth.

分布：从化 [陈又生，白琳 22239 (IBSC)]、东莞 [25]、惠州 [20]、江门 [8]、深圳 [17, 20]、五华 [4]、紫金 [31]。

坡参 *Habenaria linguella* Lindl.

分布：博罗 [20, 35]、从化 [107]、佛冈 [27]、惠东 [20, 35]、连州 [35]、清远 [20, 35]、乳源 [20, 35]、深圳 [17, 20]、始兴 [28]、信宜 [52]、阳山 [26, 35]、英德 [32, 35, 20]、肇庆 [9, 20, 35]。

细花玉凤花 *Habenaria lucida* Lindl.

分布：肇庆 [9]。

南方玉凤花 *Habenaria malintana* (Blanco) Merr.

分布：博罗 [20, 35]、信宜 [52]。

丝瓣玉凤花 *Habenaria pantlingiana* Kraenzl.

分布：阳山 [412, 26, 20]。

裂瓣玉凤花 *Habenaria petelotii* Gagnep.

分布：乳源 [20]。

肾叶玉凤花 ***Habenaria reniformis*** (D. Don) Hook. f.

分布：珠海 [20, 35]。

橙黄玉凤花 ***Habenaria rhodocheila*** Hance

分布：博罗 [35, 20, 38, 100]、从化 [107]、大埔 [20]、德庆 [20, 35]、东莞 [25]、东源 [59]、丰顺 [95]、封开 [14, 20, 35]、佛冈 [27]、高州 [20, 35]、广州 [20]、惠东 [12]、惠州 [20, 35]、乐昌 [29]、连南 [20, 35]、连平 [20, 35]、连山 [20, 35]、龙门 [20, 35]、陆丰 [35]、罗定 [20]、茂名 [35]、南雄 [33]、清远 [20]、仁化 [16, 35, 20]、乳源 [26]、深圳 [17, 20]、始兴 [20, 28, 35]、翁源 [51, 35, 20]、五华 [4]、新丰 [63]、信宜 [20, 35, 52]、阳春 [35, 20, 45]、阳江 [35]、阳山 [20, 26, 35]、英德 [32, 35, 20]、增城 [116]、肇庆 [9, 20, 35]、中山 [10]、紫金 [31]。

十字兰 ***Habenaria schindleri*** Schltr.

分布：仁化 [20, 35]、乳源 [20, 35]、阳山 [26, 412]。

舌喙兰属 *Hemipilia* Lindl.

盔花舌喙兰 ***Hemipilia galeata*** Y. Tang, X. X. Zhu & H. Peng

分布：乐昌 [张步云、李立 ZL2024033 (IBSC)]。

角盘兰属 *Herminium* L.

叉唇角盘兰 ***Herminium lanceum*** (Thunb. ex Sw.) Vuijk

分布：博罗 [C. O. Levine 1479 (PE00341153)]、封开 [20]、连州 [20, 35]、乳源 [26]、始兴 [28]、信宜 [52]。

翻唇兰属 *Hetaeria* Blume

白肋翻唇兰 ***Hetaeria cristata*** Blume

分布：惠东 [12]、翁源 [18]。

长序翻唇兰 ***Hetaeria finlaysoniana*** Seidenf.

分布：湛江 [https://ppbc. iplant. cn/tu/2055993]。

盂兰属 *Lecanorchis* Blume

盂兰 ***Lecanorchis japonica*** Blume

分布：英德 [32, 35]。

全唇盂兰 ***Lecanorchis nigricans*** Honda

分布：广州 [20]、惠东 [369, 20, 12]、紫金 [31]、阳春 [https://ppbc.iplant.cn/tu/17726786] 。

羊耳蒜属 *Liparis* Rich.

镰翅羊耳蒜 ***Liparis bootanensis*** Griff.

分布：博罗 [35, 20, 5]、从化 [35, 107]、东莞 [25]、丰顺 [95]、封开 [14, 20, 35]、佛冈 [27]、广宁 [20, 35]、广州 [20, 35]、怀集 [20, 35]、江门 [8]、乐昌 [29, 41, 35, 20]、连山 [20, 35]、龙门 [20, 35]、罗定 [20]、南雄 [33]、仁化 [16]、乳源 [20, 26, 35]、韶关 [20, 35]、深圳 [17, 20]、始兴 [20, 28, 35]、翁源 [51, 35, 20]、五华 [4]、新丰 [35, 63, 20]、信宜 [20, 52]、阳春 [20, 45]、阳山 [20, 26, 35]、英德 [32, 20]、增城 [35, 116]、肇庆 [9, 20]、紫金 [31]。

褐花羊耳蒜 ***Liparis brunnea*** Ormer.

分布：博罗 [http://ppbc. iplant. cn/tu/13832375]、从化 [239, 20]、龙门 [http://ppbc. iplant. cn/tu/9680902]。

大花羊耳蒜 ***Liparis distans*** C. B. Clarke

分布：信宜 [20, 35, 52]、英德 [32]。

扁球羊耳蒜 ***Liparis elliptica*** Wight

分布：信宜 [503]。

锈色羊耳蒜 ***Liparis ferruginea*** Lindl.

分布：阳春 [https://ppbc.iplant.cn/tu/18037912]、珠海 [https://ppbc.iplant.cn/tu/14732974]。

宝岛羊耳蒜 ***Liparis formosana*** Rchb. f.

分布：从化 [http://ppbc. iplant. cn/tu/9100025]、封开 [http://ppbc. iplant. cn/tu/9109936]、龙门 [http://ppbc. iplant. cn/tu/9180297]、深圳 [468]。

巨花羊耳蒜 ***Liparis gigantea*** C. L. Tso

分布：东莞 [25]、深圳 [17, 20]、信宜 [20, 35, 52]。

尾唇羊耳蒜 ***Liparis krameri*** Franch. & Sav.

分布：乳源 [478, 26]。

广东羊耳蒜 ***Liparis kwangtungensis*** Schltr.

分布：博罗 [20, 35, 37]、连州 [26]、梅州 [20, 35]、乳源 [20]、阳山 [26]、紫金 [31]。

黄花羊耳蒜 ***Liparis luteola*** Lindl.

分布：封开 [14]、佛冈 [27]、江门 [8]、乐昌 [29]、乳源 [20]、阳春 [510, 20]。

南岭羊耳蒜 ***Liparis nanlingensis*** H. Z. Tian & F. W. Xing

分布：乳源 [261, 20]。

见血青 ***Liparis nervosa*** (Thunb. ex A. Murray) Lindl.

分布：博罗 [35, 100]、从化 [107]、东莞 [25]、东源 [119]、丰顺 [95]、封开 [14]、佛冈 [27]、惠东 [12, 35]、江门 [8]、乐昌 [29, 35, 41]、连平 [35]、连山 [35]、南雄 [33, 57]、仁化 [16]、乳源 [26]、韶关 [35]、深圳 [35, 17, 20]、始兴 [28, 35]、翁源 [35, 51]、五华 [4]、新丰 [63]、信宜 [35, 52]、阳春 [45]、阳山 [26, 35]、英德 [32, 35]、郁南 [101]、云浮 [35]、增城 [116]、肇庆 [9, 35]、中山 [10]、珠海 [35]、紫金 [31]。

香花羊耳蒜 ***Liparis odorata*** (Willd.) Lindl.

分布：东莞 [25]、乐昌 [41, 35, 20]、仁化 [16]、阳春 [https://ppbc. iplant. cn/tu/14657730]、云浮 [20, 35]、紫金 [31]。

长唇羊耳蒜 ***Liparis pauliana*** Hand. -Mazz.

分布：乳源 [20]。

若氏羊耳蒜 ***Liparis rockii*** Ormerod

分布：阳春 [http://ppbc. iplant. cn/tu/13225453]。

插天山羊耳蒜 ***Liparis sootenzanensis*** Fukuy.

分布：深圳 [467]、阳春 [陈又生等 YC2023081 (IBSC)]。

扇唇羊耳蒜 ***Liparis stricklandiana*** Rchb. f.

分布：博罗 [20]、从化 [35]、广州 [20]、乐昌 [29]、信宜 [20, 35, 52]、阳春 [20, 35]、阳西 [陈又生等 JZ20230006 (IBSC)]、增城 [116]、肇庆 [9, 20, 35]。

吉氏羊耳蒜 ***Liparis tsii*** H. Z. Tian & A. Q. Hu

分布：乳源 [262, 20]。

长茎羊耳蒜 ***Liparis viridiflora*** (Blume) Lindl.

分布: 博罗 [20, 35]、东莞 [25]、惠东 [35, 20, 12]、惠州 [20, 35]、江门 [8]、茂名 [35]、深圳 [17, 20]、翁源 [51, 35, 20]、信宜 [20, 52]、阳春 [35, 20, 45]、肇庆 [9, 20, 35]、紫金 [31]。

血叶兰属 *Ludisia* A. Rich.

血叶兰 ***Ludisia discolor*** (Ker Gawl.) A. Rich.

分布：博罗 [35, 20, 38, 100]、从化 [107]、东莞 [25]、广州 [20, 35]、江门 [8]、茂名 [85]、深圳 [17, 20]、信宜 [52]、英德 [32]、云浮 [20, 35]。

原沼兰属 *Malaxis* Sol. ex Sw.

原沼兰 ***Malaxis monophyllos*** (L.) Sw.

分布：乳源 [503]。

葱叶兰属 *Microtis* R. Br.

葱叶兰 ***Microtis unifolia*** (Forst.) Rchb. f.

分布：丰顺 [95, 35, 20]、连州 [35]、饶平 [20, 35]、仁化 [16]。

全唇兰属 *Myrmechis* Blume

阿里山全唇兰 ***Myrmechis drymoglossifolia*** Hayata

分布：深圳 [17, 20]、信宜 [20, 52]。

宽瓣全唇兰 ***Myrmechis urceolata*** Tang & K. Y. Lang

分布：乳源 [20, 26, 35]、信宜 [20, 35, 52]。

鸟巢兰属 *Neottia* Guett.

日本对叶兰 ***Neottia japonica*** (Blume) Szlach.

分布：怀集 [503]。

芋兰属 *Nervilia* Comm. ex Gaudich.

毛唇芋兰 ***Nervilia fordii*** (Hance) Schltr.

分布：博罗 [20, 35, 37]、封开 [14, 20, 35]、怀集 [20, 35]、乐昌 [29]、连州 [20, 35]、乳源 [26, 20]、阳春 [20, 35]、阳山 [20, 26, 35]、英德 [32]、云浮 [20, 35]、紫金 [31]。

毛叶芋兰 ***Nervilia plicata*** (Andr.) Schltr.

分布：封开 [14, 20, 35]、惠东 [20, 35]、乐昌 [29]、乳源 [26]、深圳 [20, 6]。

三蕊兰属 *Neuwiedia* Blume

麻栗坡三蕊兰 ***Neuwiedia malipoensis*** Z. J. Liu, L. J. Chen & K. Wei Liu

分布：深圳 [17, 20]。

三蕊兰 ***Neuwiedia zollingeri* var. *singapureana*** (Baker) de Vogel

分布：封开 [14, 35]、佛冈 [27]、江门 [8]、深圳 [17, 20]、台山 [35]、阳春 [20]。

鸢尾兰属 *Oberonia* Lindl.

狭叶鸢尾兰 ***Oberonia caulescens*** Lindl.

分布：乳源 [68, 26, 35, 20]、信宜 [20, 35, 52]。

小叶鸢尾兰 ***Oberonia japonica*** (Maxim.) Makino

分布：乳源 [68, 26, 20]。

密花鸢尾兰 ***Oberonia seidenfadenii*** (H. J. Su) Ormer.

分布：龙川 [68, 207]。

小沼兰属 *Oberonioides* Szlach.

小沼兰 ***Oberonioides pusillus*** (Rolfe) Marg. & Szlach.

分布：潮州 [419, 20]、南雄 [33]、乳源 [56, 80, 478, 26, 20]、紫金 [31]。

齿唇兰属 *Odontochilus* Blume

西南齿唇兰 ***Odontochilus elwesii*** C. B. Clarke ex Hook. f.

分布：怀集 [557]。

广东齿唇兰 ***Odontochilus guangdongensis*** S. C. Chen, S. W. Gale & P. J. Cribb

分布：乳源 [260, 26, 20]。

齿唇兰 ***Odontochilus lanceolatus*** (Lindl.) Blume

分布：从化 [107]、茂名 [35]、信宜 [20]、阳春 [20, 35]。

南岭齿唇兰 ***Odontochilus nanlingensis*** (L. P. Siu & K. Y. Lang) Ormer.

分布：乳源 [195, 26, 20]。

腐生齿唇兰 ***Odontochilus saprophyticus*** (Aver.) Ormer.

分布：仁化 [460]、深圳 [6]。

羽唇兰属 *Ornithochilus* (Wall. ex Lindl.) Benth. & Hook. f.

羽唇兰 ***Ornithochilus difformis*** (Wall. ex Lindl.) Schltr.

分布：博罗 [20, 35, 37]。

粉口兰属 *Pachystoma* Blume

粉口兰 ***Pachystoma pubescens*** Blume

分布：广州 [20, 35]、连南 [20]、连山 [35]、信宜 [20, 35, 52]。

兜兰属 *Paphiopedilum* Pfitzer

卷萼兜兰 ***Paphiopedilum appletonianum*** (Gower) Rolfe

分布：肇庆 *[9]。

小叶兜兰 ***Paphiopedilum barbigerum*** Tang & F. T. Wang

分布：阳春 [440]。

同色兜兰 ***Paphiopedilum concolor*** (Bateman) Pfitzer

分布：肇庆 *[9]。

广东兜兰 ***Paphiopedilum guangdongense*** Z. J. Liu & L. J. Chen

分布：信宜 [132, 20]。

带叶兜兰 ***Paphiopedilum hirsutissimum*** (Lindl. ex Hook. f.) Stein

分布：肇庆 *[9]。

硬叶兜兰 ***Paphiopedilum micranthum*** Tang & F. T. Wang

分布：阳春 [http://ppbc. iplant. cn/tu/14762784]、肇庆 *[9]。

紫纹兜兰 ***Paphiopedilum purpuratum*** (Lindl.) Stein

分布：博罗 [20]、东莞 [25]、惠东 [12]、江门 [8]、龙门 [20]、深圳 [17, 20]、台山 [20]、阳春 [35, 20, 37, 45]、阳江 [35]、增城 [116]、中山 [10]、紫金 [31]。

白蝶兰属 **Pecteilis Raf.**

龙头兰 ***Pecteilis susannae*** (L.) Raf.

分布：博罗 [20, 35]、大埔 [20, 35]、高州 [20, 35]、广宁 [20]、广州 [20, 35]、连州 [35]、龙门 [20, 35]、茂名 [35]、乳源 [20, 26, 35]、深圳 [17, 20]、五华 [20, 35]、信宜 [20, 35, 52]、阳春 [20, 35]、阳江 [20]、英德 [20, 35]、增城 [116]。

阔蕊兰属 **Peristylus Blume**

小花阔蕊兰 ***Peristylus affinis*** (D. Don) Seidenf.

分布：广州 [20, 35]、乳源 [20, 35]、阳春 [20, 35]、阳山 [26]。

长须阔蕊兰 ***Peristylus calcaratus*** (Rolfe) S. Y. Hu

分布：博罗 [20, 35, 37]、江门 [20, 8]、龙门 [20]、南澳 [20]、深圳 [17, 20]、信宜 [20, 52]、阳春 [20]、增城 [35, 116]、肇庆 [20]、紫金 [31]。

狭穗阔蕊兰 ***Peristylus densus*** (Lindl.) Santapau & Kapadia

分布：博罗 [20, 35]、丰顺 [35]、广州 [20, 35]、乐昌 [41]、罗定 [20]、仁化 [16, 35, 20]、乳源 [20]、信宜 [20, 35, 52]、阳山 [26]、增城 [35]。

台湾阔蕊兰 ***Peristylus formosanus*** (Schltr.) T. P. Lin

分布：深圳 [17, 20]。

阔蕊兰 ***Peristylus goodyeroides*** (D. Don) Lindl.

分布：河源 [20, 35]、乐昌 [29, 20]、连平 [20, 35]、南雄 [20, 35]、乳源 [20, 26, 35]、韶关 [20, 35]、翁源 [35]、阳山 [20, 35]、英德 [20, 35]。

撕唇阔蕊兰 ***Peristylus lacertifer*** (Lindl.) J. J. Smith

分布：东莞 [25]、茂名 [35]、信宜 [20, 52]、肇庆 [9, 20]、紫金 [31]。

短裂阔蕊兰 ***Peristylus lacertifer* var. *taipoensis*** (S. Y. Hu & Barretto) S. C. Chen, S. W. Gale & P. J. Cribb

分布：深圳 [20]。

触须阔蕊兰 ***Peristylus tentaculatus*** (Lindl.) J. J. Sm.

分布：博罗 [20, 35, 37]、广州 [20, 35]、惠东 [20, 12]、江门 [8]、深圳 [17, 20]、翁源 [51]、增城 [116]、紫金 [31]。

鹤顶兰属 **Phaius Lour.**

仙笔鹤顶兰 ***Phaius columnaris*** C. Z. Tang & S. J. Cheng

分布：英德 [20, 35]。

黄花鹤顶兰 ***Phaius flavus*** (Blume) Lindl.

分布：博罗 [20, 35, 37]、从化 [35]、大埔 [20, 35]、封开 [14, 20, 35]、佛冈 [27]、广州 [20]、怀集 [20, 35]、惠东 [20]、江门 [8]、蕉岭 [20]、乐昌 [29, 41, 35, 20]、连南 [20, 35]、连山 [20, 35]、连州 [20, 35]、龙门 [20, 35]、南雄 [33, 35, 20]、饶平 [20, 35]、仁化 [16, 35, 20]、乳源 [20, 26, 35]、始兴 [20, 28, 35]、翁源 [20, 35]、五华 [4]、新丰 [20, 35]、信宜 [20, 35, 52]、阳春 [20]、阳山 [20, 26, 35]、英德 [20, 35]、增城 [116]、紫金 [31]。

紫花鹤顶兰 ***Phaius mishmensis*** (Lindl. & Paxton) Rchb. f.

分布：博罗 [20, 35]、怀集 [20, 35]、深圳 [17, 20]。

鹤顶兰 ***Phaius tancarvilleae*** (L'Her.) Blume

分布：博罗 [20, 35]、从化 [107]、东莞 [25]、东源 [59]、封开 [14]、惠东 [20, 35]、江门 [8]、蕉岭 [20, 35]、连山 [20, 35]、连州 [20, 35]、龙门 [20, 35]、饶平 [20, 35]、仁化 [16, 35, 20]、汕头 [20]、深圳 [17, 20]、翁源 [20, 35]、五华 [4]、新丰 [20, 35]、信宜 [20, 35, 52]、阳春 [20, 35]、英德 [32]、增城 [116]、中山 [10]、紫金 [31]。

蝴蝶兰属 **Phalaenopsis Blume**

东亚蝴蝶兰 ***Phalaenopsis subparishii*** (Z. H. Tsi) Kocyan & Schuit.

分布：乳源 [20, 26, 35]。

石仙桃属 **Pholidota Lindl.**

细叶石仙桃 ***Pholidota cantonensis*** Rolfe

分布：博罗 [94, 35, 20]、从化 [94, 35]、丰顺 [95]、佛冈 [27]、广州 [20]、惠州 [20, 35]、乐昌 [94, 29, 41, 35, 20]、清远 [20]、仁化 [16]、深圳 [94, 17, 20]、始兴 [20, 28, 35]、翁源 [94, 18, 51, 35, 20]、阳山 [26]、郁南 [101]、紫金 [94, 31, 35, 20]。

石仙桃 ***Pholidota chinensis*** Lindl.

分布：博罗 [94, 100, 35, 38]、潮州 [94, 35]、从化 [94, 107, 35]、大埔 [94, 35]、东莞 [25, 35]、东源 [59]、恩平 [94, 35]、封开 [14, 35]、佛冈 [27]、广宁 [35] [陈炳辉 1590 (IBSC)]、河源 [35] [77 级科研组新 0498 (SN)]、怀集 [35] [叶华谷 3180 (IBSC)]、惠东 [12, 35]、惠州 [94, 35]、江门 [8]、乐昌 [94, 29, 41, 35]、连山 [35] [叶华谷 3365 (IBSC)]、龙门 [35] [南昆山调查队 71543 (IBSC)]、罗定 [35] [刘念 2326 (IBSC)]、茂名 [94, 85, 35]、南雄 [57]、平远 [35] [孙王叶　平 079 (SN)]、清远 [35] [黄志 30646 (IBK)]、饶平 [35] [陈念劬 42787 (IBSC)]、仁化 [16]、乳源 [94, 26, 35]、深圳 [94, 11, 35, 17]、始兴 [94, 28, 35]、翁源 [94, 51, 35]、五华 [4]、新丰 [35, 63]、信宜 [94, 35, 52]、阳春 [94, 35, 45]、阳山 [26, 35]、英德 [94, 32, 35]、郁南 [101]、增城 [35, 116]、湛江 [35] [南植地 3346 (SYS)]、肇庆 [9, 35]、中山 [10, 35]、紫金 [31, 35]。

苹兰属 **Pinalia Buch. -Ham. ex D. Don**

马齿苹兰 ***Pinalia szetschuanica*** (Schltr.) S. C. Chen & J. J. Wood

分布：乐昌 [29, 35, 20]、连州 [20, 35]、乳源 [26]。

舌唇兰属 **Platanthera Rich.**

大明山舌唇兰 ***Platanthera damingshanica*** K. Y. Lang & H. S. Guo

分布：乳源 [20, 26, 35]。

广东舌唇兰 ***Platanthera guangdongensis*** Y. F. Li, L. F. Wu & L. J. Chen

分布：紫金 [338, 31, 20]。

密花舌唇兰 ***Platanthera hologlottis*** Maxim.

分布：封开 [14]、乐昌 [41]、连州 [35]、乳源 [26, 35]。

尾瓣舌唇兰 ***Platanthera mandarinorum*** Rchb. f.

分布：封开 [20]、佛冈 [27]、蕉岭 [35]、乐昌 [29, 35, 20]、连州 [20, 35]、饶平 [20, 35]、乳源 [26, 35]、韶关 [20, 35]、信宜 [20, 35, 52]、阳春 [20]、阳山 [26, 35]、英德 [35]、增城 [35]、中山 [10]。

小舌唇兰 ***Platanthera minor*** (Miq.) Rchb. f.

分布：博罗 [5, 100]、佛冈 [27]、广州 [20, 35]、江门 [8]、乐昌 [29, 35, 20]、连山 [35]、连州 [35]、龙门 [20, 35]、南雄 [33, 35]、平远 [35]、饶平 [20, 35]、乳源 [20, 26, 35]、深圳 [17, 20]、五华 [4]、信宜 [20, 35, 52]、阳春 [35, 20, 45]、增城 [116]、肇庆 [9]。

南岭舌唇兰 ***Platanthera nanlingensis*** X. H. Jin & W. T. Jin

分布：连州 [20]、乳源 [187, 20]。

筒距舌唇兰 ***Platanthera tipuloides*** (L. f.) Lindl.

分布：深圳 [35]、中山 [35]、珠海 [35]。

黄山舌唇兰 ***Platanthera whangshanensis*** (S. S. Chien) Efimov

分布：乳源 [503]。

紫金舌唇兰 ***Platanthera zijinensis*** Q. L. Ye, Z. M. Zhong & Ming H. Li

分布：紫金 [338, 31, 20]。

独蒜兰属 ***Pleione* D. Don**

陈氏独蒜兰 ***Pleione chunii*** C. L. Tso

分布：乐昌 [20, 35]、平远 [20, 35]、乳源 [20, 35]。

台湾独蒜兰 ***Pleione formosana*** Hayata

分布：从化 [107]、封开 [14]、佛冈 [27]、乐昌 [29, 35, 41]、连山 [35]、连州 [35]、龙门 [http://ppbc. iplant. cn/tu/9680732]、南雄 [33]、乳源 [26]、新丰 [63]、英德 [32]、紫金 [31]。

毛唇独蒜兰 ***Pleione hookeriana*** (Lindl.) B. S. Williams

分布：封开 [14]、乐昌 [29, 35, 20]。

小叶独蒜兰 ***Pleione microphylla*** S. C. Chen & Z. H. Tsi

分布：博罗 [407, 35, 20]、乳源 [20]。

柄唇兰属 ***Podochilus* Blume**

柄唇兰 ***Podochilus khasianus*** Hook. f.

分布：江门 [8]、台山 [20]。

朱兰属 ***Pogonia* Juss.**

朱兰 ***Pogonia japonica*** Rchb. f.

分布：丰顺 [20, 35]、广州 [20, 35]、惠州 [20, 35]。

小朱兰 ***Pogonia minor*** (Makino) Makino

分布：丰顺 [391]。

小红门兰属 ***Ponerorchis* Rchb. f.**

无柱兰 ***Ponerorchis gracilis*** (Blume) X. H. Jin, Schuit. & W. T. Jin

分布：乐昌 [35]、南雄 [33, 57]、乳源 [26, 35]、五华 [4]。

火焰兰属 ***Renanthera* Lour.**

火焰兰 ***Renanthera coccinea*** Lour.

分布：肇庆 *[9]。

菱兰属 ***Rhomboda* Lindl.**

小片菱兰 ***Rhomboda abbreviata*** (Lindl.) Ormer.

分布：江门 [8]、饶平 [20, 35]、深圳 [6, 17, 20]、始兴 [20, 28, 35]、翁源 [18, 51]、英德 [20, 35]、肇庆 [20, 35]、紫金 [31]。

艳丽菱兰 ***Rhomboda moulmeinensis*** (E. C. Parish & Rchb. f.) Ormer.

分布：乳源 [432]、深圳 [20]、英德 [20]。

白肋菱兰 ***Rhomboda tokioi*** (Fukuy) Ormer.

分布：深圳 [20]、翁源 [51]、新丰 [20]、信宜 [http://ppbc. iplant. cn/tu/9078778]、阳春 [http://ppbc. iplant. cn/tu/13225079]。

寄树兰属 ***Robiquetia* Gaudich.**

寄树兰 ***Robiquetia succisa*** (Lindl.) Seidenf. & Garay

分布：博罗 [20]、东莞 [25]、封开 [20, 14]、怀集 [20, 35]、惠东 [20]、龙门 [20]、深圳 [17, 20]、肇庆 [9, 20]、紫金 [31]。

苞舌兰属 ***Spathoglottis* Blume**

苞舌兰 ***Spathoglottis pubescens*** Lindl.

分布：博罗 [20, 35, 37]、东莞 [25]、封开 [14]、广宁 [20]、和平 [20, 35]、乐昌 [29, 26, 41, 35, 20]、连南 [20, 35]、连山 [20, 35]、连州 [26]、茂名 [35]、梅州 [20, 35]、南雄 [57]、乳源 [20, 26, 35]、汕头 [20, 35]、深圳 [17, 20]、始兴 [20, 28, 35]、翁源 [51, 20]、新丰 [35, 63, 20]、信宜 [20, 35, 52]、阳春 [35, 20, 45]、阳山 [26, 35]、英德 [32, 35, 20]、肇庆 [9, 20, 35]、中山 [10]、紫金 [31]。

绶草属 ***Spiranthes* Rich.**

香港绶草 ***Spiranthes × hongkongensis*** S. Y. Hu & Barretto

分布：惠东 [12]、深圳 [11, 17, 20]、紫金 [31]。

绶草 ***Spiranthes sinensis*** (Pers.) Ames

分布：博罗 [35, 20, 38, 100]、大埔 [20, 35]、东莞 [25]、丰顺 [95, 35, 20]、封开 [20, 35]、佛冈 [27]、高州 [20]、广州 [20, 35]、河源 [20, 35]、化州 [20]、惠东 [20, 35]、惠州 [20, 35]、江门 [35, 20, 8]、乐昌 [29, 35, 20]、雷州 [13]、连南 [35]、连山 [20, 35]、连州 [35]、廉江 [13]、茂名 [85]、南雄 [33]、平远 [20, 35]、饶平 [20, 35]、仁化 [16]、乳源 [20, 26, 35]、深圳 [35, 17, 20]、始兴 [20, 28]、台山 [20, 35]、五华 [4]、新丰 [35, 63]、信宜 [20, 35, 52]、阳春 [35]、阳江 [20, 35]、阳山 [35]、英德 [35, 20, 32]、增城 [116]、湛江 [13]、肇庆 [9, 20, 35]、紫金 [31]。

坚唇兰属 ***Stereochilus* Lindl.**

坚唇兰 ***Stereochilus dalatensis*** (Guillaumin) Garay

分布：仁化 [503]。

带叶兰属 *Taeniophyllum* Blume

带叶兰 ***Taeniophyllum glandulosum*** Blume

分布：连平 [20]、连山 [20, 35]。

带唇兰属 *Tainia* Blume

心叶球柄兰 ***Tainia cordifolia*** Hook. f.

分布：博罗 [20, 35]、大埔 [64, 35, 20]、封开 [14]、饶平 [64, 35, 20]、翁源 [18, 51]、信宜 [64]、阳春 [35, 20, 45]、英德 [64, 35, 20]。

带唇兰 ***Tainia dunnii*** Rolfe

分布：从化 [64, 35]、大埔 [64, 35, 20]、佛冈 [27]、广州 [20]、惠东 [12]、江门 [8]、蕉岭 [64]、乐昌 [41]、连南 [64, 35, 20]、连平 [64, 35, 20]、龙门 [20, 35]、南雄 [33]、饶平 [64, 35, 20]、仁化 [16]、乳源 [64, 26, 35, 20]、韶关 [20, 35]、深圳 [20]、始兴 [20, 28, 35]、翁源 [18, 51, 35, 20]、五华 [4]、新丰 [63]、信宜 [20, 35, 52]、阳山 [64, 26, 35, 20]、英德 [32]、增城 [116]、紫金 [31]。

大花带唇兰 ***Tainia macrantha*** Hook. f.

分布：博罗 [20, 35, 37]、乳源 [64]、信宜 [64, 52, 35, 20]、肇庆 [64]。

云叶兰 ***Tainia tenuiflora*** (Blume) Gagnep.

分布：深圳 [35, 17, 20]、阳春 [陈又生等 JZ20230038 (IBSC)]、中山 [35]、珠海 [35]。

矮柱兰属 *Thelasis* Blume

矮柱兰 ***Thelasis pygmaea*** (Griff.) Blume

分布：阳春 [555]。

白点兰属 *Thrixspermum* Lour.

白点兰 ***Thrixspermum centipeda*** Lour.

分布：博罗 [20]、珠海 [20]。

小叶白点兰 ***Thrixspermum japonicum*** (Miq.) Rchb. f.

分布：乳源 [20, 26, 35]。

长轴白点兰 ***Thrixspermum saruwatarii*** (Hayata) Schltr.

分布：南雄 [33]、乳源 [478]。

吉氏白点兰 ***Thrixspermum tsii*** W. H. Chen & Y. M. Shui

分布：阳春 [https://ppbc.iplant.cn/tu/17753736]。

竹茎兰属 *Tropidia* Lindl.

阔叶竹茎兰 ***Tropidia angulosa*** (Lindl.) Blume

分布：深圳 [20]。

短穗竹茎兰 ***Tropidia curculigoides*** Lindl.

分布：封开 [14, 20, 35]、深圳 [35, 17, 20]、阳春 [20]、肇庆 [9, 20, 35]、中山 [35]、珠海 [35]。

竹茎兰 ***Tropidia nipponica*** Masam.

分布：仁化 [410]。

长喙兰属 *Tsaiorchis* Tang & F. T. Wang

长喙兰 ***Tsaiorchis keiskeoides*** (Gagnep.) X. H. Jin, Schuit. & W. T. Jin

分布：乳源 [478]。

万代兰属 *Vanda* Jones ex R. Br.

广东万代兰 ***Vanda fuscoviridis*** Lindl.

分布：英德 [32, 20, 35]。

拟万代兰属 *Vandopsis* Pfitzer

拟万代兰 ***Vandopsis gigantea*** (Lindl.) Pfitzer

分布：阳春 [556]。

香荚兰属 *Vanilla* Plum. ex Mill.

深圳香荚兰 ***Vanilla shenzhenica*** Z. J. Liu & S. C. Chen

分布：从化 [陈又生、徐晔春 JZ20230057 (IBSC)]、东莞 [专家意见]、惠州 [20]、深圳 [217, 17, 20]、阳西 [陈又生等 JZ20230001 (IBSC)]。

二尾兰属 *Vrydagzynea* Blume

二尾兰 ***Vrydagzynea nuda*** Blume

分布：博罗 [20, 35]、深圳 [17, 20]、阳春 [20]。

线柱兰属 *Zeuxine* Lindl.

宽叶线柱兰 ***Zeuxine affinis*** (Lindl.) Benth. ex Hook. f.

分布：广州 [20]、乐昌 [41]、珠海 [20, 35]。

黄花线柱兰 ***Zeuxine flava*** (Wall. ex Lindl.) Trimen

分布：深圳 [17, 20]、紫金 [31, 20]。

白花线柱兰 ***Zeuxine parvifolia*** (Ridl.) Seidenf.

分布：惠东 [12]、深圳 [17, 20]、英德 [20]、紫金 [31, 20]。

黄唇线柱兰 ***Zeuxine sakagutii*** Tuyama

分布：博罗 [http://ppbc. iplant. cn/tu/13417355]。

线柱兰 ***Zeuxine strateumatica*** (L.) Schltr.

分布：从化 [http://ppbc. iplant. cn/tu/815839]、广州 [20, 35]、惠州 [http://ppbc. iplant. cn/tu/3351583]、江门 [8]、连州 [20, 35]、深圳 [17, 20]、英德 [20, 35]、云浮 [20, 35]、湛江 [http://ppbc. iplant. cn/tu/3445670]、肇庆 [9]、中山 [http://ppbc. iplant. cn/tu/3358453]、紫金 [31]。

177. 仙茅科 Hypoxidaceae

仙茅属 *Curculigo* Gaertn.

短莛仙茅 ***Curculigo breviscapa*** S. C. Chen

分布：惠东 [12]、江门 [8]、郁南 [101]。

大叶仙茅 ***Curculigo capitulata*** (Lour.) Kuntze

分布：博罗 [35, 100]、潮州 [35] [曾宪锋 ZXF5963 (CZH)]、东莞 [25, 35]、东源 [59]、封开 [14, 35]、广州 [35] [黄成 73 (IBSC)]、和平 [35] [谭策铭等 Y06750 (JJF)]、怀集 [35] [叶华谷 3266 (IBSC)]、惠东 [12, 35]、江门 [8]、连山 [35] [叶华谷 3334 (IBSC)]、龙门 [35] [南昆山调查队 71312 (IBSC)]、罗定 [35] [叶华谷、刘念 2351 (IBSC)]、深圳 [17, 35]、五华 [4]、新丰 [63]、信宜 [35, 52]、阳春 [35] [张桂才、刘念 261 (IBSC)]、阳山 [35] [邓良 224 (IBSC)]、英德 [32, 35]、郁南 [101]、肇庆 [9, 35]、中山 [10, 35]、紫金 [31, 35]。

光叶仙茅 ***Curculigo glabrescens*** (Ridl.) Merr.

分布：江门 [8]、深圳 [17]、信宜 [35]。

仙茅 ***Curculigo orchioides*** Gaertn.

分布：博罗 [35, 100]、从化 [107]、东莞 [25, 35]、东源 [35, 59]、封开 [14]、佛冈 [27]、广州 [35] [侯宽昭 71175 (IBSC)]、河源 [35] [曾怀德 28658 (SYS)]、化州 [35] [湛江区植物调查队 2873 (IBSC)]、怀集 [35] [陈国强 3973 (IBSC)]、惠东 [12, 35]、蕉岭 [35] [南岭队 2366 (IBSC)]、乐昌 [29, 35, 41]、连山 [35] [谭沛祥 376 (IBSC)]、连州 [26, 35]、茂名 [85]、梅州 [35] [邱启纯、朱权芳 129 (SN)]、南雄 [33, 35, 57]、平远 [35] [邓良 4468 (IBSC)]、仁化 [16, 35]、乳源 [26, 35]、韶关 [35] [高锡朋 50239 (IBSC)]、深圳 [17, 35]、始兴 [28, 35]、五华 [35] [李淑玉 180402 (IBSC)]、信宜 [52]、徐闻 [35] [南路 384 (IBSC)]、阳春 [35] [叶华谷、刘念 1901 (IBSC)]、阳江 [35] [刘集汉 89888 (IBSC)]、阳山 [26, 35]、英德 [32, 35]、肇庆 [9, 35]、中山 [10, 35]、紫金 [31, 35]。

小金梅草属 *Hypoxis* L.

小金梅草 ***Hypoxis aurea*** Lour.

分布：从化 [35] [黄志 44741 (IBSC)]、封开 [14]、怀集 [35] [75 进修怀集组 10022 (SYS)]、惠东 [12]、连州 [26]、仁化 [16, 35]、乳源 [35] [粤 73 1133 (IBSC)]、韶关 [35] [高锡朋 50238 (IBSC)]、深圳 [17, 35]、五华 [4]、信宜 [35, 52]、阳春 [35] [叶华谷、刘念 1900 (IBSC)]、英德 [32, 35]、肇庆 [9, 35]、紫金 [31, 35]。

台山仙茅属 *Sinocurculigo* Z. J. Liu, L. J. Chen & K. Wei Liu

台山仙茅 ***Sinocurculigo taishanica*** Z. J. Liu, L. J. Chen & K. Wei Liu

分布：江门 [8]、台山 [219]。

178. 鸢尾科 Iridaceae

射干属 *Belamcanda* Adans.

射干 ***Belamcanda chinensis*** (L.) Redoute

分布：博罗 [5, 100]、东莞 [35]、封开 [14, 35]、佛冈 [27]、广州 [35]、和平 [35]、乐昌 [29, 35, 41]、连州 [26]、龙门 [35]、茂名 [35, 85]、梅州 [35]、仁化 [16, 35]、乳源 [35]、深圳 [11, 17]、始兴 [28]、台山 [35]、翁源 [35]、新丰 [63]、信宜 [35, 52]、阳江 [35]、阳山 [26, 35]、英德 [32]、肇庆 [9, 35]。

香雪兰属 *Freesia* Klatt

香雪兰 ***Freesia refracta*** (Jacq.) Klatt

分布：深圳 *[17]。

鸢尾属 *Iris* L.

蝴蝶花 ***Iris japonica*** Thunb.

分布：乐昌 [29, 35, 41]、南雄 [33, 57]、饶平 [35]、仁化 [16, 35]、乳源 [35]、韶关 [35]、始兴 [28]、英德 [35]。

黄菖蒲 ***Iris pseudacorus*** L.

分布：广州 #[22]。

小花鸢尾 ***Iris speculatrix*** Hance

分布：博罗 [5, 35]、佛冈 [27]、和平 [35]、蕉岭 [35]、乐昌 [29, 35, 41]、南雄 [33, 57]、平远 [35]、仁化 [16]、乳源 [35]、始兴 [28]、阳山 [26]、紫金 [31]。

鸢尾 ***Iris tectorum*** Maxim.

分布：乐昌 [29, 35]、连南 [35]、乳源 [26, 35]、新丰 [63]、云浮 [35]。

179. 阿福花科 Asphodelaceae

芦荟属 *Aloe* L.

僧帽芦荟 ***Aloe perfoliata*** L.

分布：广州 *[http://ppbc. iplant. cn/tu/9440914]、深圳 *[17]。

芦荟 ***Aloe vera*** (L.) Burm. f.

分布：博罗 *[38, 100]、从化 *[107]、封开 *[14]、仁化 *[16]、深圳 *[11, 17]、肇庆 *[9]。

山菅兰属 *Dianella* Lam. ex Juss.

山菅兰 ***Dianella ensifolia*** (L.) DC.

分布：博罗 [35, 38, 100]、潮州 [35] [叶华谷 12860 (IBSC)]、从化 [35, 107]、大埔 [35] [李学根 202783 (IBSC)]、德庆 [35] [刘瑛光 1381 (PE)]、东莞 [25, 35]、东源 [35, 59]、丰顺 [35, 95]、封开 [14, 35]、佛冈 [27]、佛山 [35] [黄奕孜、许先宏 HYZ063 (CZH)]、高州 [35] [蒋英 2489 (IBSC)]、广州 [35] [钟罗军 862301 (SN)]、海丰 [35] [曾宪锋 ZXF4475 (CZH)]、和平 [35] [卫兆芬 120571 (PE)]、河源 [35] [左景烈 21540 (IBSC)]、化州 [35] [湛江区植物调查队 2860 (IBSC)]、怀集 [35] [刘瑛光 2784 (PE)]、惠东 [12, 35]、惠州 [35] [曾怀德 20032 (IBSC)]、江门 [8, 35]、蕉岭 [35] [邓良 4641 (IBSC)]、揭西 [35] [许小婷 XXT111 (CZH)]、乐昌 [29, 35, 41]、连平 [35] [刘瑛光 251 (PE)]、连山 [35] [谭沛祥 58051 (IBSC)]、连州 [26]、廉江 [35] [谭策铭等 03 廉江 042-1 (JJF)]、陆河 [35] [曾宪锋 ZXF42791 (CZH)]、罗定 [35] [刘念等 2248 (IBSC)]、茂名 [35, 85]、梅州 [35] [曾宪锋 ZXF43672 (CZH)]、南雄 [33, 35, 57]、清远 [35] [黄志 32552 (IBSC)]、饶平 [35] [李学根 200694 (IBSC)]、仁化 [16]、乳源 [26, 35]、汕头 [35] [梁其瑾 1228 (PE)]、深圳 [11, 17, 35]、始兴 [28, 35]、台山 [35] [左景烈 22496 (IBSC)]、翁源 [51]、五华 [4, 35]、新丰 [63]、新兴 [35] [刘瑛光 2299 (IBSC)]、信宜 [35, 52]、兴宁 [35] [曾宪锋 ZXF27538 (CZH)]、徐闻 [35] [徐闻队 6189 (IBK)]、阳春 [35, 45]、阳江 [35] [湛江区植物调查队 3304 (IBSC)]、阳山 [26]、英德 [32, 35]、郁南 [35, 101]、云浮 [35] [黄志 37665 (IBSC)]、增城 [35, 116]、湛江 [35] [李平 4062061 (JIU21950)]、肇庆 [9, 35]、中山 [10, 35]、珠海 [35] [粤 73 2872 (IBSC)]、紫金 [31, 35]。

萱草属 *Hemerocallis* L.

黄花菜 ***Hemerocallis citrina*** Baroni

分布：惠东 [12]、江门 [8]、仁化 [16]、乳源 [26, 35]、

深圳 [11]、始兴 [35]、翁源 [51]、信宜 [35, 52]、阳春 [35]、阳山 [26, 35]、英德 [35]。

萱草 ***Hemerocallis fulva*** (L.) L.

分布：博罗 #[38, 100]、大埔 #[35]、东莞 #[25]、丰顺 #[95]、封开 #[14]、广州 #[35]、惠东 #[12]、乐昌 #[29, 41]、连南 #[35]、连山 #[35]、连州 #[26]、龙门 #[35]、罗定 #[35]、茂名 #[85]、梅州 #[35]、南雄 #[33, 57]、仁化 # [16]、乳源 #[26, 35]、深圳 #[17]、始兴 #[28, 35]、五华 #[4]、新丰 #[63]、信宜 #[35, 52]、阳山 #[26, 35]、英德 # [32, 35]、郁南 #[101]、增城 #[116]、肇庆 #[9, 35]、紫金 #[31]。

180. 石蒜科 Amaryllidaceae

百子莲属 *Agapanthus* L'Hér.

百子莲 ***Agapanthus africanus*** Hoffmgg.

分布：珠海 *[http://ppbc. iplant. cn/tu/10679523]。

葱属 *Allium* L.

洋葱 ***Allium cepa*** L.

分布：乐昌 *[29]、深圳 *[17]、信宜 *[52]、英德 *[http://ppbc. iplant. cn/tu/12224768]、肇庆 *[9]。

藠头 ***Allium chinense*** G. Don

分布：博罗 *[陈又生等 LFS05 (IBSC)]、江门 *[8]、乐昌 *[29]、仁化 *[16]、深圳 *[11]、始兴 *[28]、五华 *[4]、信宜 *[52]、郁南 *[101]、肇庆 *[9]。

葱 ***Allium fistulosum*** L.

分布：博罗 *[5, 100]、从化 *[107]、广州 *[http://ppbc. iplant. cn/tu/1449235]、化州 *[http://ppbc. iplant. cn/tu/783931]、南雄 *[57]、仁化 *[16]、深圳 *[11, 17]、始兴 *[28]、信宜 *[52]、郁南 *[101]、肇庆 *[9]。

宽叶韭 ***Allium hookeri*** Thwaites

分布：乐昌 *[41]、乳源 *[26]、五华 *[4]、信宜 *[52]、郁南 *[101]、紫金 *[31]。

薤白 ***Allium macrostemon*** Bunge

分布：南雄 #[57]、乳源 #[26, 35]。

蒜 ***Allium sativum*** L.

分布：博罗 *[5, 100]、从化 *[107]、乐昌 *[29]、南雄 *[57]、仁化 *[16]、深圳 *[11, 17]、始兴 *[28]、信宜 * [52]、郁南 *[101]、肇庆 *[9]。

韭 ***Allium tuberosum*** Rottler ex Spreng.

分布：博罗 *[100]、从化 *[107]、仁化 *[16]、深圳 * [11, 17]、始兴 *[28]、郁南 *[101]、肇庆 *[9]。

多星韭 ***Allium wallichii*** Kunth

分布：连州 [26]、乳源 [26]、英德 [32]。

君子兰属 *Clivia* Lindl.

君子兰 ***Clivia miniata*** Regel Gartenfl.

分布：从化 *[107]、乐昌 *[29]、肇庆 *[9]。

文殊兰属 *Crinum* L.

文殊兰 ***Crinum asiaticum* var. *sinicum*** (Roxb. ex Herb.) Baker

分布：博罗 *[38, 100]、从化 [35, 107]、东莞 [25]、封开 [35]、广州 [35]、怀集 [35]、雷州 *[13]、连南 [35]、连州 [35]、廉江 *[13]、龙门 [35]、茂名 [35]、梅州 [35]、清远 [35]、仁化 [16, 35]、深圳 *[11, 17, 35]、信宜 [52]、徐闻 * [13]、阳春 [35]、阳江 [35]、阳山 *[26]、郁南 [101]、云浮 [35]、湛江 *[13]、肇庆 [9]、中山 [10, 35]。

朱顶红属 *Hippeastrum* Herb.

白肋朱顶红 ***Hippeastrum reticulatum*** (L'Hér.) Herb.

分布：从化 *[http://ppbc. iplant. cn/tu/1889735]、广州 *[http://ppbc. iplant. cn/tu/12945794]、梅州 *[http://ppbc. iplant. cn/tu/9373971]。

朱顶红 ***Hippeastrum striatum*** (Lam.) H. E. Moore

分布：博罗 *[5, 38]、从化 #[107]、东莞 #[82]、惠州 #[82]、江门 #[8]、深圳 #[82]、中山 #[82]。

花朱顶红 ***Hippeastrum vittatum*** (L'Hér.) Herb.

分布：乐昌 #[29]、深圳 #[17]。

水鬼蕉属 *Hymenocallis* Salisb.

水鬼蕉 ***Hymenocallis littoralis*** (Jacq.) Salisb.

分布：博罗 *[5, 38]、从化 *[107]、乐昌 *[29]、深圳 * [17]。

石蒜属 *Lycoris* Herb.

忽地笑 ***Lycoris aurea*** (L'Hér.) Herb.

分布：博罗 [5, 100]、从化 [35]、东莞 [25]、广州 [35]、和平 [35]、惠州 [35]、乐昌 [29]、连南 [35]、连州 [35]、龙门 [35]、南雄 [33, 57]、仁化 [16]、乳源 [35]、始兴 [28]、新丰 [35]、阳山 [26, 35]、英德 [32]、云浮 [35]、肇庆 [9, 35]、紫金 [31]。

石蒜 ***Lycoris radiata*** (L'Hér.) Herb.

分布：博罗 [5, 100]、东莞 [25]、东源 [59]、广州 [22, 35]、惠东 [12]、乐昌 [29, 41, 22, 35]、连南 [22, 35]、龙门 [22, 35]、南雄 [33, 57]、仁化 [16, 22, 35]、深圳 *[17]、始兴 [28, 22, 35]、翁源 [51, 22, 35]、阳山 [22, 35]、郁南 [101]、肇庆 [9]。

水仙属 *Narcissus* L.

水仙 ***Narcissus tazetta* subsp. *chinensis*** (M. Roem.) Masam. & Yanagih.

分布：广州 *[http://ppbc. iplant. cn/tu/9841496]、惠州 *[http://ppbc. iplant. cn/tu/5072524]、深圳 *[17]。

网球花属 *Scadoxus* Raf.

网球花 ***Scadoxus multiflorus*** Raf.

分布：深圳 *[17]。

葱莲属 *Zephyranthes* Herb.

葱莲 ***Zephyranthes candida*** (Lindl.) Herb.

分布：潮州 #[15]、乐昌 #[29]、仁化 #[16]、乳源 # [15]、湛江 #[416]、肇庆 #[9]。

韭莲 ***Zephyranthes carinata*** Herb.

分布：博罗 #[100]、乐昌 #[29, 526]、乳源 #[26]、深圳 # [17]、湛江 #[416]、肇庆 #[9]。

玫瑰葱莲 ***Zephyranthes rosea*** Lindl.

分布：广州 *[http://ppbc. iplant. cn/tu/8605834]、惠州 * [http://ppbc. iplant. cn/tu/5352257]、湛江 *[http://ppbc. iplant. cn/tu/6315305]。

181. 天门冬科 Asparagaceae

龙舌兰属 *Agave* L.

龙舌兰 ***Agave americana*** L.

分布：从化 #[107]、南澳 #[15]、深圳 #[17]。

狭叶龙舌兰 ***Agave angustifolia*** Haw.

分布：深圳 *[11, 17]。

翡翠盘 ***Agave attenuata*** Salm-Dyck

分布：广州 *[http://ppbc. iplant. cn/tu/1251842]、惠州 * [http://ppbc. iplant. cn/tu/5015487]、深圳 *[17]、湛江 *[http:// ppbc. iplant. cn/tu/5704615]。

剑麻 ***Agave sisalana*** Perr. ex Engelm.

分布：乐昌 #[526]、深圳 #[11, 17]。

天门冬属 *Asparagus* L.

山文竹 ***Asparagus acicularis*** F. T. Wang & S. C. Chen

分布：广州 [35]、仁化 [16]、阳山 [35]。

天门冬 ***Asparagus cochinchinensis*** (Lour.) Merr.

分布：博罗 [35, 38, 100]、潮州 [35] [陈晓华 2015516 (CZH)]、从化 [35, 107]、大埔 [35] [大埔队 438 (IBSC)]、东莞 [25, 35]、东源 [59]、丰顺 [35, 95]、封开 [14]、佛冈 [27]、佛山 [35] [黄奕孜、许先宏 HYZ046 (CZH)]、高州 [35] [蒋英 2177 (IBSC)]、广州 [35] [叶华谷 16175 (IBSC)]、河源 [35] [左景烈 21541 (IBSC)]、怀集 [35] [陈炳辉 1300 (IBSC)]、惠东 [12, 35]、惠州 [35] [卫兆芬 121736 (IBSC)]、江门 [8, 35]、揭西 [35] [马培华 2016072 (CZH)]、乐昌 [29, 35]、连州 [35] [梁宝汉 85368 (IBSC)]、龙门 [35] [南昆山调查队 71207 (IBSC)]、罗定 [35] [中山大学普查队　王、许 532 (SYS)]、茂名 [85]、梅州 [35] [李淑玉 180184 (IBSC)]、南澳 [35] [姚鹏程、魏亚男 20150404 (HSNU)]、南雄 [33, 35, 57]、平远 [35] [邓良 4429 (IBSC)]、饶平 [35] [李学根 200584 (IBSC)]、仁化 [16, 35]、乳源 [26, 35]、韶关 [35] [C. O. Levine 15 (SYS)]、深圳 [11, 17, 35]、始兴 [28, 35]、翁源 [51]、五华 [4, 35]、新丰 [35, 63]、信宜 [52]、徐闻 [13, 35]、阳春 [35, 45]、阳江 [35] [湛江区植物调查队 3698 (IBSC)]、阳山 [26, 35]、英德 [32, 35]、增城 [35, 116]、湛江 [13, 35]、肇庆 [9, 35]、中山 [10, 35]、紫金 [31, 35]。

石刁柏 ***Asparagus officinalis*** L.

分布：仁化 *[16]、肇庆 *[9]。

文竹 ***Asparagus setaceus*** (Kunth) Jessop

分布：从化 *[107]、江门 *[8]、仁化 *[16]、深圳 * [17]、肇庆 *[9]。

蜘蛛抱蛋属 *Aspidistra* Ker Gawl.

蜘蛛抱蛋 ***Aspidistra elatior*** Blume

分布：博罗 *[5, 100]、从化 *[107]、东源 *[59]、封开 * [14]、佛冈 *[27]、江门 *[8]、乳源 *[26]、深圳 *[17]、始兴 * [28]、阳山 *[26]、英德 *[32]、增城 *[116]、肇庆 *[9]。

带叶蜘蛛抱蛋 ***Aspidistra fasciaria*** G. Z. Li

分布：封开 [558]。

流苏蜘蛛抱蛋 ***Aspidistra fimbriata*** F. T. Wang & K. Y. Lang

分布：博罗 [35]、封开 [14]、乐昌 [29, 41]、信宜 [52]。

海南蜘蛛抱蛋 ***Aspidistra hainanensis*** Chun & F. C. How

分布：江门 [8]、信宜 [3, 35, 52]、珠海 [3, 35]。

阔柱蜘蛛抱蛋 ***Aspidistra latistyla*** F. Y. Mo, C. R. Lin & Yan Liu

分布：深圳 [231]。

罗浮山蜘蛛抱蛋 ***Aspidistra luofushanensis*** C. R. Lin, Z. R. Liu & Y. B. Zeng

分布：博罗 [573]、紫金 [573]。

九龙盘 ***Aspidistra lurida*** Ker Gawl.

分布：博罗 [35]、封开 [14, 35]、惠东 [12, 35]、江门 [8]、乐昌 [35]、龙门 [35]、南雄 [33]、清远 [35]、仁化 [16]、深圳 [17]、五华 [4]、阳山 [26, 35]、英德 [32]、郁南 [101]、肇庆 [9, 35]、紫金 [31]。

小花蜘蛛抱蛋 ***Aspidistra minutiflora*** Stapf

分布：博罗 [35]、从化 [35, 107]、东莞 [25]、封开 [14, 35]、佛冈 [27]、惠东 [12]、江门 [8]、龙门 [35]、仁化 [16, 35, 3]、深圳 [17]、翁源 [51]、新丰 [63]、阳春 [35]、英德 [32]、郁南 [35, 101]、肇庆 [9, 35]、珠海 [35]、紫金 [31]。

南昆山蜘蛛抱蛋 ***Aspidistra nankunshanensis*** Yan Liu & C. R. Lin

分布：龙门 [212]。

斑点蜘蛛抱蛋 ***Aspidistra punctata*** Lindl.

分布：郁南 [101, 35, 3]、增城 [116, 35, 3]、肇庆 *[9]。

石门台蜘蛛抱蛋 ***Aspidistra shimentaiensis*** C. X. Peng, Y. Q. Li & C. R. Lin

分布：英德 [529]。

辐花蜘蛛抱蛋 ***Aspidistra subrotata*** Y. Wan & C. C. Huang

分布：阳春 [个人观察]。

湖南蜘蛛抱蛋 ***Aspidistra triloba*** F. T. Wang & K. Y. Lang

分布：乐昌 [https://ppbc. iplant. cn/tu/16987305]。

深圳蜘蛛抱蛋 ***Aspidistra xiaoyunii*** C. R. Lin, B. M. Wang & Yan Liu

分布：深圳 [215]。

阳春蜘蛛抱蛋 ***Aspidistra yangchunensis*** S. P. Dong & Z.

L. Ning

分布：阳春 [578]。

绵枣儿属 *Barnardia* Lindl.

绵枣儿 ***Barnardia japonica*** (Thunb.) Schult. & Schult. f.

分布：博罗 [35]、东莞 [25]、广州 [35]、乐昌 [29, 35]、乳源 [26]、深圳 [17]、肇庆 [35]、珠海 [35]、紫金 [31]。

酒瓶兰属 *Beaucarnea* Lem.

酒瓶兰 ***Beaucarnea recurvata*** Lem.

分布：从化 *[107]、广州 *[http://ppbc. iplant. cn/tu/6061553]、惠州 *[http://ppbc. iplant. cn/tu/5705554]、深圳 *[17]。

吊兰属 *Chlorophytum* Ker Gawl.

南非吊兰 ***Chlorophytum capense*** (L.) Voss

分布：英德 *[32]。

吊兰 ***Chlorophytum comosum*** (Thunb.) Jacques

分布：博罗 *[38]、江门 *[8]、深圳 *[17]。

小花吊兰 ***Chlorophytum laxum*** R. Br.

分布：东莞 [25]、封开 [35]、广州 [35]、惠东 [35]、江门 [8]、雷州 [35]、龙门 [35]、茂名 [85]、深圳 [17]、信宜 [52]、徐闻 [35]、阳江 [35]、英德 [32]、云浮 [35]、肇庆 [9, 35]、中山 [10]。

朱蕉属 *Cordyline* Comm. ex R. Br.

朱蕉 ***Cordyline fruticosa*** (L.) A. Chev.

分布：博罗 *[35, 38, 100]、从化 *[107]、广州 *[35]、茂名 *[85]、南澳 *[35]、仁化 *[16]、深圳 *[17]、郁南 * [101]、肇庆 *[9, 35]。

剑叶铁树 ***Cordyline stricta*** (Sims) Endl.

分布：从化 *[107]、肇庆 *[9]。

竹根七属 *Disporopsis* Hance

散斑竹根七 ***Disporopsis aspersa*** (Hua) Engl. ex K. Krause

分布：乐昌 [35, 41]、南雄 [33]、仁化 [16, 35]、乳源 [26]。

竹根七 ***Disporopsis fuscopicta*** Hance

分布：博罗 [E. Faber s. n. (Herb. Hance no. 22186, BM000958225]、东莞 [25]、佛冈 [27]、广州 [35]、乐昌 [29, 35, 41]、连山 [35]、龙门 [35]、仁化 [16]、乳源 [26, 35]、韶关 [35]、翁源 [35, 51]、五华 [35]、信宜 [35, 52]、阳山 [35]、英德 [32]、紫金 [31]。

深裂竹根七 ***Disporopsis pernyi*** (Hua) Diels

分布：和平 [35]、乐昌 [29, 35, 41]、始兴 [28]、信宜 [35, 52]。

龙血树属 *Dracaena* Vand. ex L.

柬埔寨龙血树 ***Dracaena cambodiana*** Pierre ex Gagnep.

分布：广州 *[http://ppbc. iplant. cn/tu/11556895]、肇庆 *[35]。

细枝龙血树 ***Dracaena elliptica*** Thunb.

分布：茂名 *[35]、信宜 *[35]。

香龙血树 ***Dracaena fragrans*** (L.) Ker Gawl.

分布：从化 *[107]、深圳 *[17]、肇庆 *[9]。

富贵竹 ***Dracaena sanderiana*** Mast.

分布：广州 *[http://ppbc. iplant. cn/tu/9397247]、惠州 *[http://ppbc. iplant. cn/tu/4108136]、深圳 *[17]。

巨麻属 *Furcraea* Vent.

万年麻 ***Furcraea foetida*** (L.) Haw.

分布：广州 *[http://ppbc. iplant. cn/tu/12261422]、深圳 *[http://ppbc. iplant. cn/tu/11793872]、增城 *[http://ppbc. iplant. cn/tu/12531649]。

玉簪属 *Hosta* Tratt.

玉簪 ***Hosta plantaginea*** (Lam.) Asch.

分布：英德 [32]。

紫萼 ***Hosta ventricosa*** (Salisb.) Stearn

分布：和平 [35]、乐昌 [29, 41]、连州 [26]、乳源 [26, 35]、阳山 [35]、肇庆 [9]。

山麦冬属 *Liriope* Lour.

禾叶山麦冬 ***Liriope graminifolia*** (L.) Baker

分布：博罗 [5, 35]、东莞 [25]、江门 [8, 35]、蕉岭 [35]、仁化 [16]、乳源 [35]、深圳 [17, 35]、始兴 [28]、阳山 [26]、英德 [32]。

短葶山麦冬 ***Liriope muscari*** (Decne.) L. H. Bailey

分布：封开 [14, 35]、佛冈 [27]、和平 [35] [张桂才等 140 (IBSC)]、惠东 [12]、江门 [8]、乐昌 [35, 41]、连南 [35] [谭沛祥 59107 (NAS)]、连州 [26]、南雄 [33, 35, 57]、平远 [35] [邓良 4398 (IBSC)]、仁化 [16]、乳源 [26, 35]、深圳 [17, 35]、始兴 [35] [叶华谷、邢福武 863 (IBSC)]、五华 [35] [李淑玉 180126 (IBSC)]、阳春 [35] [刘念等 597 (IBSC)]、阳山 [26]、英德 [32]、郁南 [35, 101]、紫金 [31, 35]。

阔叶山麦冬 ***Liriope platyphylla*** F. T. Wang & Tang

分布：乐昌 [29]、深圳 [11]、始兴 [28]、新丰 [63]、英德 [32]。

山麦冬 ***Liriope spicata*** (Thunb.) Lour.

分布：博罗 [35, 100]、大埔 [35] [王学文等 193 (IBSC)]、东莞 [25, 35]、东源 [59]、丰顺 [35, 95]、封开 [14, 35]、佛山 [35] [高锡朋 50019 (IBSC)]、广州 [35] [张宏达 4732 (IBSC)]、海丰 [35] [卫兆芬 121445 (PE)]、惠东 [12]、江门 [8, 35]、乐昌 [29, 35, 41]、连州 [35] [谭沛祥 59699 (PE)]、龙门 [35] [张桂才、王学文 8201 (IBSC)]、罗定 [35] [中山大学普查队 898 (SYS)]、茂名 [35, 85]、南澳 [35] [侯学良 92014 (AU)]、南雄 [33, 35, 57]、清远 [35] [黄荣焜 30113 (IBSC)]、仁化 [16, 35]、乳源 [26, 35]、深圳 [11, 17, 35]、始兴 [28, 35]、台山 [35] [左景烈 22361 (IBSC)]、翁源 [35] [刘心祈 904 (SYS)]、五华 [4, 35]、新丰 [35, 63]、信宜 [35, 52]、徐闻 [35] [徐闻队 6193 (IBK)]、阳江 [35] [黄志 38837 (IBSC)]、阳山 [26, 35]、英德 [32, 35]、郁南 [101]、云浮 [35] [辛树帜 5110 (IBSC)]、增城 [116]、肇庆 [9, 35]、珠海 [35] [粤 73 2977 (IBSC)]、紫金 [31, 35]。

沿阶草属 ***Ophiopogon* Ker Gawl.**

深圳沿阶草 ***Ophiopogon acerobracteatus*** R. H. Miao ex W. B. Liao, J. H. Jin & W. Q. Liu

分布：深圳 [216]。

长茎沿阶草 ***Ophiopogon chingii*** F. T. Wang & Tang

分布：东莞 [25]、化州 [35]、江门 [8]、茂名 [35]、信宜 [35, 52]、英德 [32]、郁南 [101]。

棒叶沿阶草 ***Ophiopogon clavatus*** C. H. Wright ex Oliv.

分布：乐昌 [35]、乳源 [35]。

广州沿阶草 ***Ophiopogon guangzhouensis*** H .Z. Feng, Xin Jun Gan & Q. Fan

分布：从化 [585]。

间型沿阶草 ***Ophiopogon intermedius*** D. Don

分布：东莞 [25]、佛山 [35] [黄奕孜、许先宏 HYZ093 (CZH)]、怀集 [35] [刘瑛光 2709 (PE)]、乐昌 [29, 35, 41]、连山 [35] [谭沛祥 58737 (PE)]、连州 [35] [南岭队 334 (IBSC)]、仁化 [16]、乳源 [26, 35]、深圳 [11]、始兴 [28]、阳山 [26]、肇庆 [35] [刘慎谔 L. 819 (WUK)]。

剑叶沿阶草 ***Ophiopogon jaburan*** (Kunth) Lodd.

分布：广州 *[http://ppbc. iplant. cn/tu/9346172]、肇庆 * [9]。

麦冬 ***Ophiopogon japonicus*** (L. f.) Ker Gawl.

分布：博罗 [38]、从化 [107]、大埔 [35]、东莞 [25]、佛冈 [27]、广州 [35]、惠东 [35]、乐昌 [29, 35, 41]、南雄 [33, 35, 57]、仁化 [16]、乳源 [26, 35]、深圳 [17]、翁源 [35]、五华 [35]、新丰 [35]、信宜 [52]、英德 [32]、肇庆 [9, 35]。

宽叶沿阶草 ***Ophiopogon platyphyllus*** Merr. & Chun

分布：茂名 [35]、乳源 [26]、信宜 [52]、阳春 [35, 45]、英德 [32]、肇庆 *[9]。

广东沿阶草 ***Ophiopogon reversus*** C. C. Huang

分布：东莞 [25]、丰顺 [95]、乐昌 [29, 41]、乳源 [26]、深圳 [17]、翁源 [51]、新丰 [63]、阳山 [26]、增城 [116]、肇庆 [9]。

疏花沿阶草 ***Ophiopogon sparsiflorus*** Wang & Dai

分布：东莞 [25]、连州 [26]、阳山 [35]。

狭叶沿阶草 ***Ophiopogon stenophyllus*** (Merr.) Rodrig.

分布：博罗 [35, 100]、封开 [14, 35]、龙门 [35]、信宜 [35, 52]、肇庆 [9, 35]。

球子草属 ***Peliosanthes* Andrews**

大盖球子草 ***Peliosanthes macrostegia*** Hance

分布：博罗 [C. Ford s. n. (Herb. Hance no. 22282, BM000958236]、从化 [35]、东莞 [25]、丰顺 [95]、惠东 [12, 35]、乐昌 [29]、连州 [26]、龙门 [35]、饶平 [35]、仁化 [16]、深圳 [17]、阳春 [35]、增城 [35, 116]、肇庆 [9, 35]、紫金 [31]。

簇花球子草 ***Peliosanthes teta*** Andr.

分布：阳春 [510]、肇庆 [9]。

阳春球子草 ***Peliosanthes yangchunensis*** F. Z. Feng & W. B. Liao

分布：阳春 [586]。

黄精属 ***Polygonatum* Mill.**

多花黄精 ***Polygonatum cyrtonema*** Hua

分布：从化 [107]、东莞 [25]、封开 [14, 35]、佛冈 [27]、乐昌 [29, 35, 41]、连南 [35]、连山 [35]、连州 [26]、龙门 [35]、南雄 [33, 57]、清远 [35]、仁化 [16]、乳源 [26, 35]、始兴 [28, 35]、翁源 [51]、五华 [4]、新丰 [63]、阳山 [26, 35]、英德 [32]、增城 [116]、紫金 [31]。

长梗黄精 ***Polygonatum filipes*** Merr. ex C. Jeffrey & McEwan

分布：和平 [35]、乐昌 [29]、乳源 [26, 35]。

玉竹 ***Polygonatum odoratum*** (Mill.) Druce

分布：乐昌 *[29]、乳源 *[26]、英德 *[32]。

点花黄精 ***Polygonatum punctatum*** Royle ex Kunth

分布：乳源 [26, 35]。

吉祥草属 ***Reineckea* Kunth**

吉祥草 ***Reineckea carnea*** (Andrews) Kunth

分布：从化 [35]、乐昌 [35, 41]、仁化 [16]、乳源 [26]、英德 [32]、郁南 [101]、增城 [116]、肇庆 [9, 35]。

万年青属 ***Rohdea* Roth**

南岭开口箭 ***Rohdea brachyanthera*** W. B. Liao, Y. N. Gong & H. Z. Feng

分布：乳源 [568]。

开口箭 ***Rohdea fargesii*** (Baill.) Y. F. Deng

分布：封开 [14, 35]、乐昌 [29, 35]、乳源 [26, 35]。

万年青 ***Rohdea japonica*** (Thunb.) Roth

分布：深圳 *[17]、阳山 [26]、肇庆 *[9]。

弯蕊开口箭 ***Rohdea wattii*** (C. B. Clarke) Yamashita & M. N. Tamura

分布：罗定 [35]、茂名 [35]、乳源 [26]、深圳 [17]、信宜 [35, 52]。

虎尾兰属 ***Sansevieria* Thunb.**

虎尾兰 ***Sansevieria trifasciata*** Prain

分布：博罗 *[38, 100]、从化 *[107]、广州 *[http://ppbc. iplant. cn/tu/6199709]、惠州 *[http://ppbc. iplant. cn/tu/2813025]、仁化 *[16]、深圳 *[17]。

金边虎尾兰 ***Sansevieria trifasciata* var. *laurentii*** (De Wildem.) N. E. Brown

分布：从化 *[107]、肇庆 *[9]。

异蕊草属 ***Thysanotus* R. Br.**

异蕊草 ***Thysanotus chinensis*** Benth.

分布：东莞 [25]、广州 [35]、陆丰 [35]、汕头 [35]、深圳 [17, 35]、珠海 [35]。

丝兰属 ***Yucca* L.**

柔软丝兰 ***Yucca filamentosa*** L.

分布：深圳 *[17]。

凤尾丝兰 ***Yucca gloriosa*** L.

分布：深圳 #[17]。

182. 棕榈科 Arecaceae

假槟榔属 *Archontophoenix* H. Wendl. & Drude

假槟榔 ***Archontophoenix alexandrae*** (F. Muell.) H. Wendl. & Drude

分布：博罗 *[38, 100]、从化 *[107]、乐昌 *[29]、深圳 *[11, 17]、肇庆 *[9]。

槟榔属 *Areca* L.

三药槟榔 ***Areca triandra*** Roxb. ex Buch. -Ham.

分布：从化 *[107]、广州 *[http://ppbc. iplant. cn/tu/4559816]、惠州 *[http://ppbc. iplant. cn/tu/3406823]、深圳 *[17]、肇庆 *[9]。

桄榔属 *Arenga* Labill.

山棕 ***Arenga engleri*** Becc.

分布：广州 *[http://ppbc. iplant. cn/tu/11480086]、惠州 *[http://ppbc. iplant. cn/tu/3271550]、深圳 *[17]、肇庆 [9]。

长果桄榔 ***Arenga longicarpa*** Wei

分布：茂名 [493]。

砂糖椰子 ***Arenga pinnata*** (Wurmb) Merr.

分布：广州 *[3]、深圳 *[17]。

鱼骨葵 ***Arenga tremula*** (Blanco) Becc.

分布：广州 *[http://ppbc. iplant. cn/tu/10183148]。

桄榔 ***Arenga westerhoutii*** Griff.

分布：深圳 *[17]。

霸王棕属 *Bismarckia* Hildebrandt & H. Wendl.

霸王棕 ***Bismarckia nobilis*** Hildebr. & H. Wendl.

分布：广州 *[http://ppbc. iplant. cn/tu/965126]、深圳 *[17]、湛江 *[http://ppbc. iplant. cn/tu/3381005]、珠海 *[http://ppbc. iplant. cn/tu/5895824]。

果冻椰子属 *Butia* Becc.

果冻椰子 ***Butia capitata*** (Mart.) Becc.

分布：广州 *[http://ppbc. iplant. cn/tu/6118395]、深圳 *[17]、湛江 *[http://ppbc. iplant. cn/tu/5752473]。

省藤属 *Calamus* L.

桂南省藤 ***Calamus austroguangxiensis*** S. J. Pei & S. Y. Chen

分布：罗定 [53]、郁南 [53]。

短轴省藤 ***Calamus compsostachys*** Burret

分布：江门 [53, 8]、阳春 [35, 37, 45]、肇庆 [53, 9]。

电白省藤 ***Calamus dianbaiensis*** C. F. Wei

分布：茂名 [53]、阳春 [37]。

大喙省藤 ***Calamus macrorrhynchus*** Burret

分布：博罗 [53, 35]、信宜 [35, 52]、郁南 [53, 101]、肇庆 [53, 9, 35]。

杖藤 ***Calamus rhabdocladus*** Burret

分布：博罗 [35, 100]、潮州 [35] [叶华谷 13098 (IBSC)]、从化 [53, 107]、大埔 [35] [邓良 5001 (IBSC)]、德庆 [35] [刘瑛光 1333 (IBSC)]、东莞 [25, 35]、丰顺 [95]、封开 [53, 35, 14]、广州 [35] [Tong & Ho 36 (IBSC)]、怀集 [35] [刘瑛光 3023 (IBSC)]、惠东 [12, 35]、江门 [8]、乐昌 [53, 41]、龙门 [35] [李学根 200317 (IBSC)]、仁化 [16]、深圳 [17, 35]、始兴 [28]、五华 [4]、兴宁 [35] [李雪根 201834 (HZ)]、阳春 [45]、阳山 [26]、英德 [32]、郁南 [101]、增城 [35] [曾怀德 20073 (IBSC)]、肇庆 [53, 9, 35]、紫金 [31]。

白藤 ***Calamus tetradactylus*** Hance

分布：潮州 [35] [曾宪锋 ZXF3022 (IBSC)]、东莞 [25, 35]、广州 [53, 35]、化州 [35] [陈少卿 7623 (IBSC)]、惠东 [12]、江门 [8]、茂名 [35] [侯、王、陈、赵 15223 (PE)]、深圳 [11, 17, 35]、徐闻 [53, 35]、阳江 [53, 35]、郁南 [35, 101]、珠海 [53, 35]。

毛鳞省藤 ***Calamus thysanolepis*** Hance

分布：博罗 [5]、从化 [35] [中德采集队 865 (IBSC)]、大埔 [53]、东莞 [25]、丰顺 [35] [曾宪锋 ZXF39355 (CZH)]、和平 [35] [卫兆芬 120332 (KUN)]、河源 [35] [卫兆芬 120722 (IBSC)]、惠东 [35] [陈邦余 17 (IBSC)]、江门 [8]、蕉岭 [35] [邓良 4757 (IBSC)]、揭西 [35] [曾宪锋 ZXF21127 (CZH)]、乐昌 [29, 35]、南雄 [33, 35, 57]、平远 [35] [邓良 4388 (IBSC)]、仁化 [16, 35]、乳源 [26]、深圳 [17, 35]、五华 [4]、紫金 [31, 35]。

多果省藤 ***Calamus walkeri*** Hance

分布：江门 [53, 8]、珠海 [35] [高蕴璋、陈都 841 (IBSC)]。

鱼尾葵属 *Caryota* L.

鱼尾葵 ***Caryota maxima*** Blume ex Mart.

分布：博罗 *[38, 100]、从化 *[107]、东莞 [25]、封开 [14]、广州 [35]、乐昌 [29]、茂名 [85]、深圳 *[17]、信宜 [52]、郁南 [101]、肇庆 [9, 35]。

短穗鱼尾葵 ***Caryota mitis*** Lour.

分布：博罗 *[5, 38]、从化 *[107]、广州 [35] [叶育石 5190 (IBSC)]、乐昌 [29]、深圳 *[17, 35]、郁南 [101]、肇庆 * [9, 35]。

董棕 ***Caryota obtusa*** Griff.

分布：深圳 *[17]、信宜 *[52]、肇庆 *[9]。

竹节椰属 *Chamaedorea* Willd.

袖珍椰子 ***Chamaedorea elegans*** Mart.

分布：深圳 *[17]。

玲珑竹节椰 ***Chamaedorea seifrizii*** Burret

分布：深圳 *[17]。

椰子属 *Cocos* L.

椰子 ***Cocos nucifera*** L.

分布：茂名 [85]、深圳 *[17]、徐闻 [35]。

黄藤属 *Daemonorops* Blume ex Schult. f.

黄藤 ***Daemonorops jenkinsiana*** (Griff.) Mart.

分布：博罗 [5, 100]、东莞 [25, 35]、龙门 [35] [肖家庚 5270 (CSFI)]、深圳 [17, 35]、增城 [116]、肇庆 [53, 9]。

金果椰属 *Dypsis* Noronha ex Mart.

三角椰子 ***Dypsis decaryi*** (Jum.) Beentje & J. Dransf.

分布：潮州 *[http://ppbc. iplant. cn/tu/1757295]、广州 *[http://ppbc. iplant. cn/tu/485474]、深圳 *[17]、湛江 *[http://ppbc. iplant. cn/tu/1786840]、珠海 *[http://ppbc. iplant. cn/tu/5164736]。

散尾葵 ***Dypsis lutescens*** (H. Wendl.) Beentje & Dransf.

分布：博罗 *[5, 38]、乐昌 *[29]、深圳 *[17]、郁南 * [101]、肇庆 *[9]。

油棕属 *Elaeis* Jacq.

油棕 ***Elaeis guineensis*** Jacq.

分布：潮州 *[http://ppbc. iplant. cn/tu/1757282]、广州 *[http://ppbc. iplant. cn/tu/1373117]、深圳 *[17]、湛江 *[http://ppbc. iplant. cn/tu/5726240]。

石山棕属 *Guihaia* J. Dransf., S. K. Lee & F. N. Wei

石山棕 ***Guihaia argyrata*** (S. K. Lee & F. N. Wei) S. K. Lee, F. N. Wei & J. Dransf.

分布：阳春 [叶华谷 8025 (IBSC)]。

两广石山棕 ***Guihaia grossifibrosa*** (Gagnep.) J. Dransf., S. K. Lee & F. N. Wei

分布：阳春 [http://ppbc. iplant. cn/tu/11972446]。

酒瓶椰属 *Hyophorbe* Gaertn.

酒瓶椰子 ***Hyophorbe lagenicaulis*** (L. H. Bailey) H. E. Moore

分布：从化 *[107]、广州 *[http://ppbc. iplant. cn/tu/3286901]、深圳 *[17]、湛江 *[http://ppbc. iplant. cn/tu/7323824]。

轴榈属 *Licuala* Wurmb

穗花轴榈 ***Licuala fordiana*** Becc.

分布：博罗 [35, 100]、东莞 [25]、深圳 [17]、肇庆 * [9]。

海南轴榈 ***Licuala hainanensis*** A. J. Hend., L. X. Guo & Barfod

分布：深圳 *[17]、肇庆 *[9]。

蒲葵属 *Livistona* R. Br.

蒲葵 ***Livistona chinensis*** (Jacq.) R. Br. ex Mart.

分布：博罗 *[38, 100]、从化 *[107]、乐昌 [29]、仁化 [16]、深圳 *[17]、新丰 *[63]、郁南 *[101]、肇庆 *[9]。

美丽蒲葵 ***Livistona jenkinsiana*** Griff.

分布：封开 [14, 35]。

大叶蒲葵 ***Livistona saribus*** (Lour.) Merr. ex A. Chev.

分布：封开 [37]。

海枣属 *Phoenix* L.

加拿利海枣 ***Phoenix canariensis*** Chabaud

分布：深圳 *[17]。

海枣 ***Phoenix dactylifera*** L.

分布：博罗 *[5, 100]、茂名 *[85]、深圳 *[17]、肇庆 * [9]。

刺葵 ***Phoenix loureiroi*** Kunth

分布：东莞 [25, 35]、江门 [8]、雷州 [13]、茂名 [35] [湛江区植物调查队 4051 (IBSC)]、深圳 [17, 35]、信宜 [52]、徐闻 [13, 35]、阳江 [35] [黄志 41502 (IBSC)]、湛江 [13]、中山 [10, 35]。

江边刺葵 ***Phoenix roebelenii*** O'Brien

分布：佛山 *[http://ppbc. iplant. cn/tu/543459]、广州 *[http://ppbc. iplant. cn/tu/11205130]、惠州 *[http://ppbc. iplant. cn/tu/3890942]、深圳 *[11, 17]。

林刺葵 ***Phoenix sylvestris*** (L.) Roxb.

分布：从化 *[http://ppbc. iplant. cn/tu/480966]、广州 *[http://ppbc. iplant. cn/tu/10883553]、深圳 *[17]、珠海 *[http://ppbc. iplant. cn/tu/5895884]。

山槟榔属 *Pinanga* Blume

变色山槟榔 ***Pinanga baviensis*** Becc.

分布：博罗 [35] [陈念劬 41116 (IBSC)]、从化 [35] [邓良 8720 (IBSC)]、封开 [14, 35]、怀集 [35] [刘瑛光 2783 (IBSC)]、连山 [35] [谭沛祥 58630 (IBSC)]、龙门 [35] [王学文、薛兆文 8280 (IBSC)]、茂名 [35] [邓良 1781 (IBSC)]、信宜 [35, 52]、阳春 [35, 45]、英德 [32, 35]、郁南 [35, 101]、肇庆 *[9, 35]。

射叶椰属 *Ptychosperma* Labill.

青棕 ***Ptychosperma macarthurii*** (H. Wendl. ex H. J. Veitch) H. Wendl. ex Hook. f.

分布：深圳 *[17]。

国王椰属 *Ravenea* H. Wendl. ex C. D. Bouché

国王椰子 ***Ravenea rivularis*** Jum. et H. Perrier

分布：广州 *[http://ppbc. iplant. cn/tu/12266472]、深圳 *[17]。

棕竹属 *Rhapis* L. f.

棕竹 ***Rhapis excelsa*** (Thunb.) A. Henry

分布：博罗 *[38, 100]、从化 [107]、大埔 [35] [邓良 5427 (IBSC)]、东莞 [25, 35]、东源 [59]、丰顺 [35] [李雪根 201559 (HZ)]、广州 [35] [赵魁义 46 (IGA)]、江门 [8]、乐昌 [29]、仁化 [16]、深圳 [11, 17, 35]、始兴 *[28]、郁南 * [101]、肇庆 [9, 35]、中山 [10, 35]、紫金 [31]。

细棕竹 ***Rhapis gracilis*** Burret

分布：博罗 [5, 100]、云浮 [35]、肇庆 *[9]。

多裂棕竹 ***Rhapis multifida*** Burret

分布：从化 *[107]、深圳 *[17]、肇庆 *[9]。

大王椰属 ***Roystonea* O. F. Cook**

大王椰 ***Roystonea regia*** (Kunth) O. F. Cook

分布：从化 *[107]、深圳 *[17]、郁南 *[101]、肇庆 * [9]。

女王椰子属 ***Syagrus* Mart.**

女王椰子 ***Syagrus romanzoffiana*** (Cham.) Glassman

分布：深圳 *[17]、肇庆 *[9]。

棕榈属 ***Trachycarpus* H. Wendl.**

棕榈 ***Trachycarpus fortunei*** (Hook.) H. Wendl.

分布：从化 *[107]、德庆 [35] [刘瑛光 1333 (HIB0138395)]、广州 [35] [叶育石 5098 (IBSC)]、河源 [35] [曾怀德 28795 (IBSC)]、乐昌 [29, 35, 41]、连州 [26]、南雄 *[57, 35]、仁化 [16, 35]、乳源 [35] [黄志 44410 (IBSC)]、韶关 [35] [高锡朋 50215 (IBSC)]、始兴 [28]、五华 [4]、信宜 [52]、阳山 [26, 35]、英德 [32, 35]、增城 [35, 116]。

丝葵属 ***Washingtonia* H. Wendl.**

丝葵 ***Washingtonia filifera*** (Linden ex Andre) H. Wendl.

分布：从化 *[107]。

大丝葵 ***Washingtonia robusta*** H. Wendl.

分布：深圳 *[17]。

狐尾椰属 ***Wodyetia* A. K. Irvine**

狐尾椰子 ***Wodyetia bifurcata*** A. K. Irvine

分布：深圳 *[17]。

183. 鸭跖草科 Commelinaceae

穿鞘花属 ***Amischotolype* Hassk.**

穿鞘花 ***Amischotolype hispida*** (A. Rich.) D. Y. Hong

分布：东莞 [25]、丰顺 [95]、封开 [14]、佛山 [22]、广州 [22]、和平 [22, 35]、惠东 [12]、乐昌 [29, 41, 22, 35]、仁化 [16]、乳源 [22, 35]、深圳 [17]、翁源 [51]、新丰 [63]、信宜 [52]、阳春 [22, 35]、英德 [32]、郁南 [101]、增城 [116]、肇庆 [9]。

假紫万年青属 ***Belosynapsis* Hassk.**

假紫万年青 ***Belosynapsis ciliata*** (Blume) R. S. Rao

分布: 廉江 [http://ppbc. iplant. cn/tu/10390073]、仁化 [16]、信宜 [http://ppbc. iplant. cn/tu/8691439]、阳春 [http://ppbc. iplant. cn/tu/11593648]、阳山 [26]。

锦竹草属 ***Callisia* Loefl.**

锦竹草 ***Callisia repens*** L.

分布：广州 #[http://ppbc. iplant. cn/tu/12100636]、化州 #[http://ppbc. iplant. cn/tu/4122947]。

鸭跖草属 ***Commelina* L.**

耳苞鸭跖草 ***Commelina auriculata*** Blume

分布：从化 [35]、蕉岭 [35]、阳山 [35]。

饭包草 ***Commelina benghalensis*** L.

分布：博罗 [22, 35, 37, 100]、从化 [107]、东莞 [25]、封开 [22, 14]、广州 [22]、和平 [22, 35]、怀集 [22]、惠东 [12]、乐昌 [29, 22]、茂名 [85]、南雄 [33, 57]、仁化 [16]、乳源 [26, 22]、深圳 [17]、五华 [4]、新丰 [63]、阳春 [45]、阳山 [26]、英德 [32]、肇庆 [9]、中山 [10]、紫金 [31]。

二色鸭跖草 ***Commelina bicolor*** D. Q. Wang & M. E. Cheng

分布：仁化 [410]。

鸭跖草 ***Commelina communis*** L.

分布：博罗 [38, 100]、从化 [107]、东莞 [25]、丰顺 [95]、封开 [14]、佛冈 [27]、广州 [22, 35]、惠东 [12]、江门 [8]、乐昌 [29, 41, 22]、连州 [26]、茂名 [85]、梅州 [22]、南雄 [33, 57]、仁化 [16]、乳源 [26, 22]、深圳 [11, 17]、始兴 [28]、翁源 [51]、五华 [4]、新丰 [63]、信宜 [52]、阳山 [26]、英德 [22, 32]、郁南 [101]、增城 [116]、肇庆 [9]、中山 [10]、紫金 [31]。

丹霞鸭跖草 ***Commelina danxiaensis*** Q. Fan, Long Y. Wang & W. Guo

分布：仁化 [284]。

竹节菜 ***Commelina diffusa*** Burm. f.

分布：博罗 [35]、从化 [35]、大埔 [35]、德庆 [35]、东莞 [25]、封开 [14, 35]、广州 [35]、惠东 [12]、茂名 [85]、梅州 [35]、清远 [35]、仁化 [16]、深圳 [17]、始兴 [35]、翁源 [51]、阳春 [45]、阳江 [35]、英德 [32, 35]、肇庆 [9, 35]、中山 [10]。

大苞鸭跖草 ***Commelina paludosa*** Blume

分布：博罗 [35, 100]、从化 [107]、大埔 [35]、东莞 [25]、丰顺 [95]、佛冈 [27]、惠东 [12]、江门 [8]、蕉岭 [35]、乐昌 [29, 35, 41]、连南 [35]、连山 [35]、龙门 [35]、罗定 [35]、茂名 [35, 85]、南雄 [33, 35, 57]、仁化 [16, 35]、深圳 [17, 35]、始兴 [28]、台山 [35]、翁源 [35, 51]、五华 [4]、新丰 [35, 63]、新兴 [35]、信宜 [52]、阳春 [35]、阳江 [35]、阳山 [26]、英德 [32, 35]、郁南 [101]、云浮 [35]、增城 [116]、中山 [10]、紫金 [31, 35]。

波缘鸭跖草 ***Commelina undulata*** R. Br.

分布：广州 [35]、英德 [32]。

蓝耳草属 ***Cyanotis* D. Don**

蛛丝毛蓝耳草 ***Cyanotis arachnoidea*** C. B. Clarke

分布：博罗 [100]、东莞 [25]、乐昌 [29]、仁化 [16]、深圳 [17]、翁源 [51]、信宜 [52]、肇庆 [9]、紫金 [31]。

鞘苞花 ***Cyanotis axillaris*** (L.) D. Don ex Sweet

分布：紫金 [31]。

四孔草 ***Cyanotis cristata*** (L.) D. Don

分布：广州 [35]、怀集 [35]、惠州 [35]、连平 [35]、连山 [35]、梅州 [35]、乳源 [26]、深圳 [17]、翁源 [35]、新兴 [3]、信宜 [52]、肇庆 [35]。

沙地蓝耳草 ***Cyanotis loureiroana*** (Schult. & Schult. f.) Merr.

分布：徐闻 [3, 35]。

蓝耳草 ***Cyanotis vaga*** (Lour.) Roem. & Schult.

分布：东莞 [25]、广州 [3, 35]、仁化 [16]、深圳 [17]、

始兴 [28]、翁源 [51]、英德 [32]、郁南 [101]、紫金 [31]。

聚花草属 ***Floscopa*** **Lour.**

聚花草 ***Floscopa scandens*** Lour.

分布：博罗 [38, 100]、从化 [35, 107]、东莞 [25]、丰顺 [95]、封开 [14]、佛冈 [27]、惠东 [12]、惠州 [35]、乐昌 [29, 35, 41]、连平 [35]、罗定 [35]、南雄 [33, 57]、仁化 [16]、乳源 [26]、深圳 [11, 17]、始兴 [28]、翁源 [51]、五华 [4]、新丰 [63]、新兴 [35]、信宜 [52]、阳春 [35]、阳山 [26, 35]、英德 [32]、郁南 [101]、增城 [116]、肇庆 [9, 35]、中山 [10]、珠海 [35]、紫金 [31]。

水竹叶属 ***Murdannia*** **Royle**

大苞水竹叶 ***Murdannia bracteata*** (C. B. Clarke) J. K. Morton ex D. Y. Hong

分布：博罗 [35, 37, 100]、东莞 [25]、佛山 [35]、惠东 [12]、茂名 [35, 85]、仁化 [16]、始兴 [28]、信宜 [52]、英德 [32]、肇庆 [9]。

莛花水竹叶 ***Murdannia edulis*** (Stokes) Faden

分布：东莞 [25]、陆丰 [3, 35]、深圳 [17]。

根茎水竹叶 ***Murdannia hookeri*** (C. B. Clarke) Bruckn.

分布：阳山 [26, 35, 3]。

狭叶水竹叶 ***Murdannia kainantensis*** (Masam.) D. Y. Hong

分布：博罗 [35]、封开 [14, 35]、广州 [3, 35]、海丰 [35]、怀集 [35]、雷州 [13, 35]、阳春 [35]、阳山 [26]、湛江 [13]。

牛轭草 ***Murdannia loriformis*** (Hassk.) Rolla Rao & Kammathy

分布：潮州 [35]、德庆 [35]、东莞 [25]、丰顺 [95]、封开 [14]、乐昌 [29, 41]、连平 [35]、茂名 [85]、南雄 [33, 57]、平远 [35]、深圳 [17]、翁源 [51]、五华 [4]、徐闻 [35]。

大果水竹叶 ***Murdannia macrocarpa*** D. Y. Hong

分布：台山 [3, 35]。

少叶水竹叶 ***Murdannia medica*** (Lour.) D. Y. Hong

分布：陆丰 [3, 35]、信宜 [52]、肇庆 [9]。

裸花水竹叶 ***Murdannia nudiflora*** (L.) Brenan

分布：博罗 [35] [粤 786408 (IBSC)]、潮州 [35] [叶华谷 13123 (IBSC)]、从化 [107]、大埔 [35] [李学根 202729 (IBSC)]、东莞 [25, 35]、丰顺 [35] [曾宪锋 ZXF6316 (CZH)]、封开 [14, 35]、佛冈 [27]、广州 [35] [刘昉勳 10706 (IBSC)]、惠东 [12, 35]、惠州 [35] [陈炳辉 494 (IBSC)]、揭西 [35] [许小婷 XXT084 (CZH)]、乐昌 [29, 35, 41]、连南 [35] [谭沛祥 59224 (IBSC)]、龙川 [35] [刘全儒等 201007325 (BNU)]、罗定 [35] [张桂才、刘念 2074 (IBSC)]、茂名 [35] [邓良 2048 (IBSC)]、南雄 [33, 35, 57]、仁化 [16, 35]、乳源 [35] [Shan598 (NAS)]、汕头 [35] [梁其瑾 1279 (PEY)]、深圳 [17, 35]、始兴 [28, 35]、翁源 [35, 51]、五华 [4, 35]、新兴 [35] [刘瑛光 2076 (NAS)]、信宜 [52]、阳春 [35, 45]、阳江 [35] [罗献瑞 844 (IBSC)]、阳山 [26, 35]、英德 [32, 35]、郁南 [35, 101]、云浮 [35] [黄志 37703 (IBSC)]、肇庆 [9, 35]、紫金 [31, 35]。

细竹篙草 ***Murdannia simplex*** (Vahl) Brenan

分布：博罗 [35, 37]、从化 [35]、东莞 [25]、封开 [14]、广州 [35]、乐昌 [29]、仁化 [16]、深圳 [17]、信宜 [52]、肇庆 [9]。

腺毛水竹叶 ***Murdannia spectabilis*** (Kurz) Faden

分布：博罗 [3, 35, 37]、肇庆 [35]。

矮水竹叶 ***Murdannia spirata*** (L.) Bruckn.

分布：恩平 [22, 35, 3]、丰顺 [95]、封开 [14]、广州 [22]、河源 [22]、湛江 [22]。

水竹叶 ***Murdannia triquetra*** (Wall.) Bruckn.

分布：博罗 #[100]、大埔 #[35]、广州 #[22, 35]、连州 #[26, 22, 35]、仁化 #[16]、乳源 #[26, 22]、翁源 #[22, 35]、信宜 #[52]、阳山 #[26]、英德 #[22, 32]、郁南 #[101]、肇庆 # [9]、紫金 #[31]。

细柄水竹叶 ***Murdannia vaginata*** (L.) Bruckn.

分布：东莞 [25]、广州 [35]、陆丰 [35]、深圳 [17]、台山 [35]。

杜若属 ***Pollia*** **Thunb.**

大杜若 ***Pollia hasskarlii*** R. S. Rao

分布：连南 [3]、连山 [35]、信宜 [3, 35, 52]、阳山 [26]。

杜若 ***Pollia japonica*** Thunb.

分布：博罗 [5]、大埔 [35]、东莞 [25]、丰顺 [95]、和平 [35]、惠东 [12]、乐昌 [29, 41]、连州 [35]、南雄 [33, 35, 57]、仁化 [16, 35]、乳源 [26, 35]、始兴 [28]、翁源 [51]、五华 [4]、新丰 [63]、信宜 [52]、阳山 [26, 35]、英德 [32, 35]、紫金 [31]。

长花枝杜若 ***Pollia secundiflora*** (Blume) Bakh. f.

分布：乐昌 [29, 41]、乳源 [26]、始兴 [28]、阳山 [26]。

长柄杜若 ***Pollia siamensis*** (Craib) Faden ex D. Y. Hong

分布：仁化 [16]、深圳 [17]、信宜 [52]。

密花杜若 ***Pollia thyrsiflora*** (Blume) Endl. ex Hassk.

分布：郁南 [101]。

钩毛子草属 ***Rhopalephora*** **Hassk.**

钩毛子草 ***Rhopalephora scaberrima*** (Blume) Faden

分布：东莞 [25]、翁源 [51]、信宜 [52]、阳山 [26]、英德 [3, 35]、郁南 [101]。

竹叶吉祥草属 ***Spatholirion*** **Ridl.**

竹叶吉祥草 ***Spatholirion longifolium*** (Gagnep.) Dunn

分布：乐昌 [41]、仁化 [16, 35, 3]、乳源 [26, 35, 3]、始兴 [28]。

竹叶子属 ***Streptolirion*** **Edgew.**

竹叶子 ***Streptolirion volubile*** Edgew.

分布：乐昌 [29, 41]。

紫露草属 ***Tradescantia* L.**

白花紫露草 ***Tradescantia fluminensis*** Vell.

分布：从化 #[107]、广州 #[http://ppbc. iplant. cn/tu/10352654]。

白雪姬 ***Tradescantia sillamontana*** Matuda

分布：广州 *[http://ppbc. iplant. cn/tu/9385616]。

紫背万年青 ***Tradescantia spathacea*** Sw.

分布：博罗 *[5, 38]、从化 *[107]。

吊竹梅 ***Tradescantia zebrina*** Bosse

分布：博罗 #[38, 100]、肇庆 #[9]。

184. 田葱科 Philydraceae

田葱属 ***Philydrum* Banks ex Gaertn.**

田葱 ***Philydrum lanuginosum*** Gaertn.

分布：博罗 [22, 35, 5]、东莞 [25]、佛山 [22]、广州 [22, 35]、海丰 [22, 35]、江门 [22, 8]、陆丰 [35]、南澳 [35]、仁化 [16]、深圳 [22, 17]、台山 [35]、徐闻 [22, 35]、阳春 [22, 35]、阳江 [35]。

185. 雨久花科 Pontederiaceae

凤眼莲属 ***Eichhornia* Kunth**

凤眼莲 ***Eichhornia crassipes*** (Mart.) Solms

分布：博罗 #[5, 100]、潮州 #[404]、从化 #[107]、东莞 #[25, 82]、封开 #[14]、佛山 #[15, 500]、广州 #[15, 21]、惠州 #[82]、揭阳 #[471]、乐昌 #[29, 41, 526]、仁化 #[16]、汕尾 #[15]、深圳 #[11, 82, 17]、始兴 #[28]、翁源 #[15, 51]、信宜 #[52]、阳春 #[15]、英德 #[32]、湛江 #[416]、肇庆 #[9, 423]、中山 #[10, 82]、珠海 #[428]、紫金 #[31]。

雨久花属 ***Monochoria* C. Presl**

箭叶雨久花 ***Monochoria hastata*** (L.) Solms

分布：佛山 [22]、广州 [22, 35]。

鸭舌草 ***Monochoria vaginalis*** (Burm. f.) C. Presl ex Kunth

分布：博罗 [5, 100]、潮州 [22, 35]、从化 [107]、大埔 [35][邓良 5302 (IBSC)]、德庆 [35][刘瑛光 1304 (IBSC)]、东莞 [25, 35]、东源 [59, 22]、恩平 [35][黄茂先 40323 (PE)]、丰顺 [35][曾宪锋 ZXF6440 (CZH)]、封开 [14, 35]、佛冈 [27]、佛山 [35][高锡朋 51540 (IBSC)]、高州 [35][蒋英 2474 (IBSC)]、广州 [22, 35]、和平 [35][卫兆芬 120426 (IBSC)]、江门 [8]、蕉岭 [35][邓良 4923 (IBSC)]、乐昌 [29, 35, 41]、连南 [35][谭沛祥 59424 (IBSC)]、连平 [35][粤 73 1506 (CDBI)]、连州 [26, 35]、龙门 [35][卫兆芬 121851 (IBSC)]、罗定 [35][刘念等 2199 (IBSC)]、茂名 [35, 85]、梅州 [35][曾宪锋 ZXF40343 (CZH)]、南雄 [33, 35, 57]、清远 [35][黄志 30625 (IBK)]、仁化 [16, 22, 35]、乳源 [22, 35]、汕头 [35][梁其瑾 169 (PEY)]、深圳 [17, 35]、始兴 [28, 35]、台山 [35][左景烈 22359 (IBSC)]、翁源 [35, 51]、五华 [4, 35]、新丰 [22]、新兴 [35][刘瑛光 2010 (IBSC)]、信宜 [35, 52]、徐闻 [35][徐闻队 439 (KUN)]、阳春 [22, 35]、阳江 [35][黄志 41645 (IBK)]、英德 [32, 35]、郁南 [101]、湛江 [35][陈炳辉 1100 (IBSC)]、肇庆 [9, 35]、中山 [10, 35]、紫金 [31, 35]。

梭鱼草属 ***Pontederia* L.**

梭鱼草 ***Pontederia cordata*** L.

分布：广州 *[http://ppbc. iplant. cn/tu/7267297]、和平 *[http://ppbc. iplant. cn/tu/602441]。

186. 鹤望兰科 Strelitziaceae

旅人蕉属 ***Ravenala* Adans.**

旅人蕉 ***Ravenala madagascariensis*** Sonn.

分布：从化 *[107]、广州 *[http://ppbc. iplant. cn/tu/12454838]、惠州 *[http://ppbc. iplant. cn/tu/4069120]、茂名 *[http://ppbc. iplant. cn/tu/6043196]、深圳 *[17]、珠海 *[http://ppbc. iplant. cn/tu/2557488]。

鹤望兰属 ***Strelitzia* Banks**

大鹤望兰 ***Strelitzia nicolai*** Regel & Korn.

分布：深圳 *[17]。

鹤望兰 ***Strelitzia reginae*** Aiton

分布：从化 *[107]、深圳 *[17]。

187. 兰花蕉科 Lowiaceae

兰花蕉属 ***Orchidantha* N. E. Br.**

兰花蕉 ***Orchidantha chinensis*** T. L. Wu

分布：信宜 [20, 35, 52]、阳春 [20, 45]。

188. 芭蕉科 Musaceae

芭蕉属 ***Musa* L.**

大蕉 ***Musa* × *paradisiaca*** L.

分布：从化 *[107]、乐昌 *[29]、南雄 *[57]、深圳 * [11]、信宜 *[52]、肇庆 *[9]。

小果野蕉 ***Musa acuminata*** Colla

分布：从化 *[107]、封开 *[14]、茂名 *[85]、深圳 * [11]、信宜 *[52]、英德 *[32]。

野蕉 ***Musa balbisiana*** Colla

分布：博罗 [38, 100]、从化 [35, 107]、大埔 [35]、东莞 [25]、东源 [59]、丰顺 [95]、佛冈 [27]、惠东 [12]、乐昌 [29, 35]、茂名 [35]、仁化 [16]、深圳 [17]、始兴 [28]、台山 [35]、翁源 [51]、五华 [4]、新丰 [63]、信宜 [35, 52]、阳春 [45]、阳山 [26]、英德 [32, 35]、郁南 [101]、增城 [116]、紫金 [31]。

芭蕉 ***Musa basjoo*** Siebold & Zucc. ex Iinuma

分布：仁化 *[16]。

红蕉 ***Musa coccinea*** Andrews

分布：博罗 *[5, 100]、封开 [14]、深圳 *[17]、英德 [32]、肇庆 *[9]。

香阿宽蕉 ***Musa itinerans* var. *annamica*** (R. V. Valmayor, L. D. Danh & Hakkinen) Hakkinen

分布：从化 [226]。

中国阿宽蕉 ***Musa itinerans* var. *chinensis*** Hakkinen

分布：从化 [226]。

广东阿宽蕉 ***Musa itinerans* var. *guangdongensis*** Hakkinen

分布：从化 [226]、乐昌 [226]。

乐昌阿宽蕉 ***Musa itinerans* var. *lechangensis*** Hakkinen

分布：乐昌 [226]。

蕉麻 ***Musa textilis*** Nee

分布：湛江 *[http://ppbc. iplant. cn/tu/2230391]。

189. 美人蕉科 Cannaceae

美人蕉属 *Canna* L.

大花美人蕉 ***Canna* × *generalis*** L. H. Bailey

分布：从化 *[107]、乐昌 *[29]、郁南 *[101]。

兰花美人蕉 ***Canna* × *orchiodes*** L. H. Bailey

分布：仁化 *[16]、肇庆 *[9]。

柔瓣美人蕉 ***Canna flaccida*** Salisb.

分布：郁南 *[101]。

粉美人蕉 ***Canna glauca*** L.

分布：恩平 *[http://ppbc. iplant. cn/tu/9088778]、广州 *[http://ppbc. iplant. cn/tu/3007860]、惠州 *[http://ppbc. iplant. cn/tu/5141003]、深圳 *[http://ppbc. iplant. cn/tu/5955556]、云浮 *[http://ppbc. iplant. cn/tu/8729986]、湛江 *[http://ppbc. iplant. cn/tu/3369101]、珠海 *[http://ppbc. iplant. cn/tu/ 7774867]。

美人蕉 ***Canna indica*** L.

分布：博罗 *[38, 100]、潮州 #[15]、从化 #[107]、东莞 #[25, 82]、丰顺 #[15]、佛冈 #[27]、广州 #[15]、惠州 #[82]、江门 #[8]、蕉岭 #[15]、乐昌 #[15, 29]、连平 #[15]、茂名 #[15, 85]、南雄 #[57]、平远 #[15]、仁化 #[16]、乳源 #[15]、深圳 #[17, 82]、始兴 #[28]、翁源 #[15, 51]、五华 #[15]、新丰 #[15]、信宜 #[52]、阳春 #[15]、阳山 #[26]、郁南 #[101]、云浮 #[15]、肇庆 #[9]、中山 #[82]。

190. 竹芋科 Marantaceae

肖竹芋属 *Goeppertia* Nees

节根竹芋 ***Goeppertia lietzei*** (E. Morren) Saka

分布：深圳 *[17]。

孔雀竹芋 ***Goeppertia makoyana*** (E. Morren) Borchs. & S. Suarez

分布：从化 *[107]。

绒叶肖竹芋 ***Goeppertia zebrina*** (Sims) Nees

分布：深圳 *[17]。

竹芋属 *Maranta* L.

竹芋 ***Maranta arundinacea*** L.

分布：茂名 *[85]、深圳 *[17]。

花叶竹芋 ***Maranta bicolor*** Ker Gawl.

分布：深圳 *[17]。

柊叶属 *Phrynium* Willd.

尖苞柊叶 ***Phrynium placentarium*** (Lour.) Merr.

分布：博罗 [100]、从化 [107]、佛山 [35]、广州 [35]、深圳 [17]、肇庆 [9]。

柊叶 ***Phrynium rheedei*** Suresh & Nicolson

分布：博罗 *[35, 38, 100]、从化 [35, 107]、封开 [14]、怀集 [35] [刘瑛光 1456 (IBSC)]、惠东 [12, 35]、乐昌 [29, 35, 41]、连山 [35] [叶华谷 8112 (IBSC)]、廉江 [35] [谭策铭等廉江 016 (JJF)]、龙门 [35] [王学文、张桂才 8160 (IBSC)]、茂名 [35] [邓良 1775 (IBSC)]、清远 [35] [黄志 3082 (IBSC)]、饶平 [35] [曾宪锋 ZXF1932 (IBSC)]、深圳 [17, 35]、五华 [4]、新丰 [35] [粤 7777-5510 (IBSC)]、信宜 [35, 52]、阳春 [35] [张奠湘、陈炳辉 459 (IBSC)]、英德 [32, 35]、郁南 [101]、肇庆 [9, 35]、中山 [10, 35]、紫金 [31, 35]。

紫背竹芋属 *Stromanthe* Sond.

紫背竹芋 ***Stromanthe sanguinea*** Sond.

分布：广州 *[http://ppbc. iplant. cn/tu/4607443]、深圳 *[17]、湛江 *[http://ppbc. iplant. cn/tu/5756121]。

水竹芋属 *Thalia* L.

垂花再力花 ***Thalia geniculata*** L.

分布：博罗 *[http://ppbc. iplant. cn/tu/4658438]、潮州 *[http://ppbc. iplant. cn/tu/2928971]、广州 *[http://ppbc. iplant. cn/tu/4932230]、惠州 *[http://ppbc. iplant. cn/tu/2844200]。

191. 闭鞘姜科 Costaceae

闭鞘姜属 *Hellenia* Retz.

闭鞘姜 ***Hellenia speciosa*** (J. Koenig) S. R. Dutta

分布：博罗 [35, 38, 100]、东莞 [25]、东源 [59]、丰顺 [95]、佛冈 [27]、高州 [35]、广州 [35]、惠东 [35]、惠州 [35]、江门 [8]、乐昌 [29]、茂名 [35, 85]、仁化 [16, 35]、深圳 [11, 17]、始兴 [28, 35]、台山 [35]、翁源 [51]、新丰 *[63]、新兴 [35]、信宜 [52]、阳山 [26]、英德 [32, 35]、郁南 [101]、云浮 [35]、增城 [116]、肇庆 [9, 35]。

地莴笋花属 *Parahellenia* N. H. Xia, Juan Chen, L. Y. Zeng & S. Jin Zeng

地莴笋花 ***Parahellenia tonkinensis*** (Gagnep.) Juan Chen, N. H. Xia, L. Y. Zeng & S. Jin Zeng

分布：恩平 [140]、茂名 [35, 140]、信宜 [52]、阳春 [140]、肇庆 [9, 35, 140]。

192. 姜科 Zingiberaceae

山姜属 *Alpinia* Roxb.

三叶山姜 ***Alpinia austrosinense*** (D. Fang) P. Zou & Y. S.

Ye

分布：乐昌 [29]、连州 [26]、南雄 [33, 57]、英德 [32]。

光叶云南草蔻 ***Alpinia blepharocalyx* var. *glabrior*** (Hand.-Mazz.) T. L. Wu

分布：乐昌 [35]。

距花山姜 ***Alpinia calcarata*** Roscoe

分布：广州 [35] [陈升振 277 (IBSC)]、深圳 [35] [陈景芳 1748 (SZG)]、云浮 [35] [黄志 37061 (IBK)]、湛江 [35] [罗献瑞 979 (IBSC)]。

从化山姜 ***Alpinia conghuaensis*** J. P. Liao & T. L. Wu

分布: 博罗 [http://ppbc. iplant. cn/tu/13647145]、从化 [444, 107]、惠东 [12]、龙门 [http://ppbc. iplant. cn/tu/9562902]。

红豆蔻 ***Alpinia galanga*** (L.) Willd.

分布：博罗 [35, 100]、东莞 [25]、广州 [35]、惠东 [12]、惠州 [35]、江门 [8]、揭阳 [35]、陆丰 [35]、茂名 [35, 85]、普宁 [35]、清远 [35]、汕头 [35]、深圳 [17]、台山 [35]、信宜 [35, 52]、阳江 [35]、英德 [32]、云浮 [35]、肇庆 [9, 35]、紫金 [31]。

光叶假益智 ***Alpinia guangdongensis*** S. J. Chen & Z. Y. Chen

分布：惠东 [3]。

海南山姜 ***Alpinia hainanensis*** K. Schum.

分布：博罗 [38]、大埔 [35]、东莞 [25]、丰顺 [95]、佛冈 [27]、高州 [35]、广州 [35]、惠东 [12]、惠州 [35]、江门 [8]、乐昌 [29, 35]、茂名 [35, 85]、饶平 [35]、汕头 [35]、深圳 [17, 35]、遂溪 [35]、台山 [35]、信宜 [35, 52]、徐闻 [35]、阳春 [35]、阳江 [35]、阳山 [26]、郁南 [101]、增城 [116]、中山 [10]、紫金 [31]。

光叶山姜 ***Alpinia intermedia*** Gagnep.

分布：饶平 [35]。

山姜 ***Alpinia japonica*** (Thunb.) Miq.

分布：博罗 [5]、潮州 [35] [许晓燕 2015310 (CZH)]、从化 [35, 107]、大埔 [35] [罗德修 356 (SN)]、丰顺 [35] [曾宪锋 ZXF6865 (CZH)]、封开 [35] [丁广奇 6561 (IBSC)]、佛冈 [27]、和平 [35] [谭策铭、曹仕优 971857 (JJF)]、怀集 [35] [陈炳辉 1378 (IBSC)]、蕉岭 [35] [南岭队 2318 (IBSC)]、乐昌 [29, 35, 41]、连南 [35] [曾飞燕等 616 (PE)]、连平 [35] [粤 73 1991 (IBSC)]、连山 [35] [叶华谷 8107 (IBSC)]、连州 [26, 35]、南雄 [33, 35, 57]、平远 [35] [孙王叶　平 046 (SN)]、饶平 [35] [陈念劬 42775 (IBK)]、仁化 [16, 35]、乳源 [26, 35]、韶关 [35] [高锡朋 50331 (IBSC)]、深圳 [17]、始兴 [28, 35]、翁源 [51]、五华 [4]、新丰 [35, 63]、信宜 [52]、阳春 [45]、阳山 [26, 35]、英德 [32, 35]、增城 [35, 116]、肇庆 [9, 35]、紫金 [31, 35]。

箭秆风 ***Alpinia jianganfeng*** T. L. Wu

分布：丰顺 [95]、乐昌 [41]、乳源 [26]、翁源 [51]、信宜 [52]、阳山 [26]。

长柄山姜 ***Alpinia kwangsiensis*** T. L. Wu & S. J. Chen

分布：广宁 [35]、广州 [35]、阳山 [26]、英德 [35]、郁南 [101]。

假益智 ***Alpinia maclurei*** Merr.

分布：从化 [35]、封开 [14]、怀集 [35]、清远 [35]、仁化 [16]、乳源 [26]、信宜 [52]、英德 [32, 35]。

华山姜 ***Alpinia oblongifolia*** Hayata

分布：博罗 [35, 100]、从化 [107]、大埔 [35]、东莞 [25]、东源 [59]、丰顺 [35, 95]、封开 [14]、佛冈 [27]、广州 [35]、怀集 [35]、惠东 [12]、江门 [8]、蕉岭 [35]、乐昌 [29, 35, 41]、连南 [35]、连山 [35]、龙门 [35]、梅州 [35]、南雄 [33, 57]、清远 [35]、饶平 [35]、仁化 [16]、深圳 [11, 17]、始兴 [28]、翁源 [51]、五华 [4]、新丰 [63]、信宜 [52]、阳春 [35, 45]、阳江 [35]、阳山 [26]、英德 [32, 35]、郁南 [101]、云浮 [35]、增城 [35, 116]、肇庆 [9, 35]、中山 [10]、紫金 [31]。

高良姜 ***Alpinia officinarum*** Hance

分布：博罗 [5, 100]、东莞 [25]、广州 [35]、雷州 [35]、连州 [26]、茂名 [35, 85]、翁源 [51]、信宜 [52]、徐闻 [35]、阳江 [35]、英德 [32]。

卵唇山姜 ***Alpinia ovata*** Z. L. Zhao & L. S. Xu

分布：阳春 [517]。

益智 ***Alpinia oxyphylla*** Miq.

分布：博罗 [38]、广州 [35]、茂名 [85]。

花叶山姜 ***Alpinia pumila*** Hook. f.

分布：博罗 [35]、从化 [35]、惠东 [12]、龙门 [35]、翁源 [51]、五华 [4]、新丰 [35, 63]、信宜 [35, 52]、阳春 [35]、英德 [32, 35]、增城 [116]、肇庆 [9, 35]、紫金 [31]。

密苞山姜 ***Alpinia stachyodes*** Hance

分布：从化 [35, 107]、大埔 [35]、东莞 [25]、丰顺 [95]、封开 [14]、佛冈 [27]、广州 [35]、和平 [35]、惠东 [12]、惠州 [35]、江门 [8]、乐昌 [29, 35]、连南 [35]、连平 [35]、连山 [35]、龙门 [35]、茂名 [35]、南雄 [35]、仁化 [16, 35]、乳源 [26, 35]、深圳 [17, 35]、始兴 [28, 35]、翁源 [35, 51]、五华 [4]、新丰 [63]、阳春 [35]、阳山 [26, 35]、英德 [35]、郁南 [101]、中山 [10]、紫金 [31, 35]。

阳春山姜 ***Alpinia stachyodes* var. *yangchunensis*** Z. L. Zhao & L. S. Xu

分布：阳春 [http://ppbc. iplant. cn/tu/9230758]。

球穗山姜 ***Alpinia strobiliformis*** T. L. Wu & S. J. Chen

分布：阳春 [陈又生等 22084 (IBSC)]。

光叶球穗山姜 ***Alpinia strobiliformis* var. *glabra*** T. L. Wu & S. J. Chen

分布：阳春 [512]。

艳山姜 ***Alpinia zerumbet*** (Pers.) B. L. Burtt & R. M. Sm.

分布：博罗 [35, 38, 100]、从化 [107]、东莞 [25]、东源 [59]、丰顺 [95]、佛冈 [27]、高州 [35]、广州 [35]、江门 [8,

35]、乐昌 [41]、仁化 [16]、汕头 [35]、深圳 [11, 17, 35]、信宜 [52]、英德 [32]、郁南 [101]、肇庆 [9, 35]。

姜黄属 *Curcuma* L.

郁金 *Curcuma aromatica* Salisb.

分布：博罗 *[44, 5]、东莞 [25]、封开 [14]、广州 [35]、惠州 [35]、江门 [8]、连南 [44]、乳源 [44]、韶关 [35]、深圳 [17]、信宜 [52]、阳山 [44]、英德 [44, 32]、郁南 [101]、肇庆 *[44, 9, 35]。

广西莪术 *Curcuma kwangsiensis* S. K. Lee & C. F. Liang

分布：肇庆 *[44, 9]。

南岭莪术 *Curcuma kwangsiensis* var. *nanlingensis* N. Liu & X. Y. Ma

分布：乳源 [462, 26]。

姜黄 *Curcuma longa* L.

分布：博罗 *[44]、化州 *[44]、江门 *[8]、茂名 *[44]、始兴 *[28]、信宜 *[52]、肇庆 *[9]、紫金 *[31]。

南昆山莪术 *Curcuma nankunshanensis* N. Liu, X. B. Ye & Juan Chen

分布：龙门 [44, 337]。

莪术 *Curcuma phaeocaulis* Valeton

分布：东莞 *[25]、封开 *[44, 14]、高州 *[44, 35]、广州 *[35]、乐昌 *[44, 29, 41]、茂名 *[85]、新丰 *[44]、阳春 *[44]、肇庆 *[44, 9]。

英德姜黄 *Curcuma yingdeensis* N. H. Xia & Juan Chen

分布：英德 [136]。

舞花姜属 *Globba* L.

舞花姜 *Globba racemosa* Sm.

分布：东源 [59]、和平 [35]、乐昌 [29, 35, 41]、连南 [35]、连山 [35]、南雄 [35]、仁化 [16, 35]、乳源 [26, 35]、始兴 [28, 35]、翁源 [35]、新丰 [63]、信宜 [35, 52]、阳山 [26, 35]、英德 [32, 35]、增城 [116]、肇庆 [9]。

姜花属 *Hedychium* J. Koenig

姜花 *Hedychium coronarium* J. Koenig

分布：博罗 #[38, 100]、从化 #[107]、佛冈 #[http://ppbc. iplant. cn/tu/3028575]、广宁 #[22]、广州 #[22]、惠州 #[http://ppbc. iplant. cn/tu/2988907]、乐昌 #[22]、梅州 # [22]、乳源 #[22]、深圳 #[17]、郁南 #[101]、肇庆 #[9]。

大豆蔻属 *Hornstedtia* Retz.

大豆蔻 *Hornstedtia hainanensis* T. L. Wu & S. J. Chen

分布：阳春 [340]。

山柰属 *Kaempferia* L.

山柰 *Kaempferia galanga* L.

分布：博罗 *[38]、茂名 [85]。

海南三七 *Kaempferia rotunda* L.

分布：郁南 *[101]。

野草果属 *Meistera* Giseke

海南假砂仁 *Meistera chinensis* (Chun) Skornick. & M. F. Newman

分布：广州 *[104, 35]。

疣果豆蔻 *Meistera vespertilio* (Gagnep.) Skornick. & M. F. Newman

分布：广州 *[35]、清远 [104, 35]、信宜 [104, 35]、阳春 [104, 35, 37]、郁南 [104, 101, 35]。

大苞姜属 *Monolophus* Delafosse, Guill. & Je. Kuhn

黄花大苞姜 *Monolophus coenobialis* Hance

分布：从化 [35, 107]、东源 [59]、丰顺 [95]、佛冈 [27]、龙门 [35]、乳源 [26, 35]、翁源 [18, 51]、新丰 [63]、阳山 [35]、英德 [32, 35]、增城 [116]、肇庆 [9]。

偏穗姜属 *Plagiostachys* Ridl.

偏穗姜 *Plagiostachys austrosinensis* T. L. Wu & S. J. Chen

分布：信宜 [35, 52]。

土田七属 *Stahlianthus* Kuntze

土田七 *Stahlianthus involucratus* (King ex Baker) Craib ex Loes.

分布：博罗 *[38, 100]、封开 [14]、广州 [35]、茂名 [85]、汕头 [35]、徐闻 [35]、郁南 [101]。

砂仁属 *Wurfbainia* Giseke

海南砂仁 *Wurfbainia longiligularis* (T. L. Wu) Skornick. & A. D. Poulsen

分布：广州 *[35] [陈升振 282 (HITBC、IBSC)]。

砂仁 *Wurfbainia villosa* (Lour.) Skornick. & A. D. Poulsen

分布：博罗 *[5, 100]、广宁 [104]、广州 [104]、江门 [8]、罗定 [104]、茂名 [85]、深圳 *[http://ppbc. iplant. cn/tu/8018040]、新兴 [104]、信宜 *[52]、阳春 [104]、阳江 [104]、郁南 [101]、云浮 [104]、肇庆 *[104, 9]。

姜属 *Zingiber* Mill.

珊瑚姜 *Zingiber corallinum* Hance

分布：博罗 [35]、从化 [35, 107]、东莞 [25]、广州 [35]、惠州 [39]、乐昌 [29]、茂名 [39]、韶关 [39]、深圳 [17]、翁源 [35]、五华 [4]、信宜 [35, 52]、英德 [32, 35]、紫金 [31, 35]。

桂姜 *Zingiber guangxiense* D. Fang

分布：博罗 [http://ppbc. iplant. cn/tu/12066660]、从化 [专家意见]、封开 [专家意见]、怀集 [39]、惠东 [专家意见]、惠州 [39]、乐昌 [专家意见]、连山 [专家意见]、龙门 [39]、陆河 [专家意见]、罗定 [专家意见]、深圳 [http://ppbc. iplant. cn/tu/7019110]、新丰 [专家意见]、信宜 [39]、阳春 [http://ppbc. iplant. cn/tu/9792729]、英德 [39]。

全唇姜 *Zingiber integrilabrum* Hance

分布：从化 [http://ppbc. iplant. cn/tu/9268708]、深圳 [https://s. weibo. com/weibo?q=%E5%85%A8%E5%94%87%E5%A7

%9C]。

囊荷 ***Zingiber mioga*** (Thunb.) Roscoe

分布：东莞 [25]、广州 [35]、连州 [26, 35]、仁化 [16]、深圳 [17]、始兴 [28]、翁源 [51]、信宜 [35, 52]、英德 [32, 35]。

南岭姜 ***Zingiber nanlingense*** Lin Chen, A. Q. Dong & F. W. Xing

分布：从化 [http://ppbc. iplant. cn/tu/11444498]、和平 [39]、连平 [39]、乳源 [39]、阳山 [39, 135, 26]。

光果姜 ***Zingiber nudicarpum*** D. Fang

分布：恩平 [39]、茂名 [39]。

姜 ***Zingiber officinale*** Roscoe

分布：博罗 *[38, 100]、从化 *[107]、江门 *[8]、乐昌 *[29]、南雄 *[57]、仁化 *[16]、深圳 *[17]、翁源 *[51]、信宜 *[52]、郁南 *[101]、肇庆 *[39, 9]。

少叶姜 ***Zingiber oligophyllum*** K. Schum.

分布：台山 [39]、英德 [39]。

红球姜 ***Zingiber zerumbet*** (L.) Roscoe ex Sm.

分布：博罗 *[35, 38, 100]、从化 *[107]、东源 *[59]、封开 *[14]、广州 *[35]、龙门 *[35]、罗定 *[39]、茂名 * [85]、深圳 *[17, 35]、台山 *[35]、阳江 *[35]、云浮 *[35]、肇庆 *[39, 9, 35]。

193. 香蒲科 Typhaceae

黑三棱属 *Sparganium* L.

曲轴黑三棱 ***Sparganium fallax*** Graebn.

分布：阳山 [412, 26, 22]。

香蒲属 *Typha* L.

水烛 ***Typha angustifolia*** L.

分布：和平 [35]、连州 [22]、南雄 [22, 35]、仁化 [16, 22]、乳源 [22, 35]、汕头 [22]、徐闻 [13]、湛江 [13]。

宽叶香蒲 ***Typha latifolia*** L.

分布：仁化 *[16]。

香蒲 ***Typha orientalis*** C. Presl

分布：博罗 [38]、封开 [22]、佛山 [22]、广宁 [22]、广州 [22]、乐昌 [29]、仁化 [16]、深圳 [22]、新丰 [22, 35]、阳山 [22, 35]、云浮 [22, 35]。

194. 凤梨科 Bromeliaceae

光萼荷属 *Aechmea* Ruiz & Pav.

美叶光萼荷 ***Aechmea fasciata*** (Lindl.) Baker

分布：广州 *[http://ppbc. iplant. cn/tu/10265157]、深圳 *[17]。

凤梨属 *Ananas* Mill.

凤梨 ***Ananas comosus*** (L.) Merr.

分布：博罗 *[http://ppbc. iplant. cn/tu/3033009]、东莞 *[http://ppbc. iplant. cn/tu/5250760]、海丰 *[http://ppbc. iplant. cn/tu/5081708]、惠东 *[12]、深圳 *[17]、湛江 *[http://ppbc. iplant. cn/tu/11605530]、肇庆 *[9]。

水塔花属 *Billbergia* Thunb.

水塔花 ***Billbergia pyramidalis*** (Sims) Lindl.

分布：深圳 *[17]。

虎纹凤梨属 *Lutheria* Barfuss & W. Till

虎纹凤梨 ***Lutheria splendens*** (Brongn.) Barfuss & W. Till

分布：深圳 *[17]。

彩叶凤梨属 *Neoregelia* L. B. Sm.

端红凤梨 ***Neoregelia spectabilis*** (Moore) L. B. Sm.

分布：深圳 *[17]。

195. 黄眼草科 Xyridaceae

黄眼草属 *Xyris* L.

中国黄眼草 ***Xyris bancana*** Miq.

分布：广州 [35]、惠东 [35]、阳春 [35]、中山 [35]。

硬叶葱草 ***Xyris complanata*** R. Br.

分布：广州 [35]、江门 [8]、廉江 [13]、陆丰 [35]、遂溪 [35]、湛江 [35]。

黄眼草 ***Xyris indica*** L.

分布：从化 [107]、东莞 [25, 22, 35]、广州 [22, 35]、惠东 [12]、仁化 [16]、汕尾 [22]、深圳 [17]、台山 [22, 35]、五华 [4]、徐闻 [22, 35]、阳春 [22, 35]、英德 [32]、紫金 [31]。

葱草 ***Xyris pauciflora*** Willd.

分布：博罗 [35]、东莞 [25]、高州 [35]、广州 [35]、连平 [35]、仁化 [16, 35]、深圳 [17, 35]、台山 [35]、翁源 [35]、阳春 [35]、肇庆 [9, 35]、珠海 [35]。

196. 谷精草科 Eriocaulaceae

谷精草属 *Eriocaulon* L.

毛谷精草 ***Eriocaulon australe*** R. Br.

分布：广州 [35]、惠东 [12]、惠州 [35]、江门 [8, 35]、乐昌 [29, 35]、雷州 [35]、南雄 [33, 35, 57]、平远 [35]、仁化 [16, 35]、乳源 [35]、阳春 [35, 45]、英德 [32]、珠海 [35]。

云南谷精草 ***Eriocaulon brownianum*** Mart.

分布：连南 [35]、乳源 [35]、阳山 [22]。

谷精草 ***Eriocaulon buergerianum*** Korn.

分布：博罗 [22, 35, 38]、从化 [107]、东莞 [25]、丰顺 [95]、封开 [14, 35]、怀集 [35]、江门 [8]、乐昌 [29, 41, 22, 35]、连州 [26, 22, 35]、龙门 [35]、茂名 [85]、仁化 [16]、深圳 [72, 17]、始兴 [28, 22, 35]、翁源 [51, 22, 35]、新丰 [22, 35]、信宜 [52]、阳山 [26, 22, 35]、英德 [32]、肇庆 [22, 35]。

白药谷精草 ***Eriocaulon cinereum*** R. Br.

分布：东莞 [25]、广州 [35]、惠东 [12]、乐昌 [41]、

连南 [35]、连山 [35]、连州 [26, 35]、陆丰 [35]、茂名 [35, 85]、仁化 [16]、乳源 [35]、深圳 [17, 35]、始兴 [28, 35]、翁源 [35]、五华 [35]、阳江 [35]、英德 [35]、肇庆 [9, 35]。

长苞谷精草 ***Eriocaulon decemflorum*** Maxim.

分布：大埔 [35]、乐昌 [29, 35, 41]、连州 [35]、仁化 [16]、乳源 [26, 35]、阳山 [26]。

尖苞谷精草 ***Eriocaulon echinulatum*** Mart.

分布：广州 [35]。

越南谷精草 ***Eriocaulon fluviatile*** Trimen

分布：广州 [22]、惠东 [22]、乐昌 [29]、深圳 [17]。

光瓣谷精草 ***Eriocaulon glabripetalum*** W. L. Ma

分布：县级不详 [30]。

南投谷精草 ***Eriocaulon nantoense*** Hayata

分布：广州 [22, 35]、江门 [8]、连平 [35]、深圳 [72, 17]、翁源 [22, 35]、信宜 [22, 35]、阳山 [22]、云浮 [72, 22, 35]、肇庆 [22, 35]、紫金 [31]。

尼泊尔谷精草 ***Eriocaulon nepalense*** Prescott ex Bong.

分布：乐昌 [29]、罗定 [35]、翁源 [35]。

硬叶谷精草 ***Eriocaulon sclerophyllum*** W. L. Ma

分布：广州 [35]、翁源 [35]、信宜 [35]。

丝叶谷精草 ***Eriocaulon setaceum*** L.

分布：广州 [35]、阳春 [35]。

华南谷精草 ***Eriocaulon sexangulare*** L.

分布: 博罗 [35, 100]、潮州 [35] [曾宪锋 ZXF5989 (CZH)]、从化 [35] [刘全儒、张潮、徐丹 LXH2004100 (BNU)]、大埔 [35] [曾怀德 21110 (IBSC)]、德庆 [35] [刘瑛光 1307 (IBSC)]、东莞 [25, 35]、丰顺 [35, 95]、封开 [14, 35]、佛山 [35] [陈念劬 44407 (IBSC)]、高州 [35] [蒋英 2458B (IBSC)]、广州 [35] [左景烈 20015 (IBSC)]、怀集 [35] [伍世忠 5028 (IBSC)]、惠东 [12, 35]、惠州 [35] [陈炳辉 464 (IBSC)]、江门 [8, 35]、蕉岭 [35] [徐祥浩、林辉奉 175 (IBSC)]、揭阳 [35] [曾宪锋 ZXF31686 (CZH)]、乐昌 [29, 35, 41]、连州 [35] [郭丽秀、李世晋 13 (IBSC)]、廉江 [35] [湛江区植物调查队 3143 (IBSC)]、龙川 [35] [曾宪锋 ZXF22363 (CZH)]、陆丰 [35] [温永华 5028 (IBSC)]、茂名 [35] [李祥禧 90101 (IBSC)]、梅州 [35] [曾宪锋 ZXF33219 (CZH)]、南澳 [35] [陈炳辉 221 (IBSC)]、南雄 [33, 35, 57]、平远 [35] [曾宪锋 ZXF34078 (CZH)]、仁化 [16]、深圳 [72, 35, 17]、台山 [35] [粤 73 2796 (IBSC)]、五华 [4]、新丰 [63]、新兴 [35] [刘瑛光 2471 (IBSC)]、徐闻 [35] [徐闻队 831 (IBK)]、阳春 [35, 45]、阳江 [35] [黄志 41473 (IBSC)]、阳山 [26]、英德 [32]、增城 [116]、肇庆 [9, 35]、中山 [10, 35]、珠海 [35] [粤 73 2874 (IBSC)]、紫金 [31, 35]。

菲律宾谷精草 ***Eriocaulon truncatum*** Buch. -Ham. ex Mart.

分布: 博罗 [22, 35]、东莞 [25]、广州 [72, 22, 35]、河源 [22, 35]、惠东 [22, 35]、江门 [8]、乐昌 [29, 22, 35]、深圳 [22]、始兴 [28]、信宜 [52]、阳山 [26]、肇庆 [9, 22, 35]。

197. 花水藓科 Mayacaceae

花水藓属 *Mayaca* Aubl.

花水藓 ***Mayaca fluviatilis*** Aubl.

分布：恩平 #[22]。

198. 灯心草科 Juncaceae

灯心草属 *Juncus* L.

翅茎灯心草 ***Juncus alatus*** Franch. & Sav.

分布：潮州 [35]、乐昌 [26]。

星花灯心草 ***Juncus diastrophanthus*** Buchenau

分布：乳源 [35]、阳山 [35]。

灯心草 ***Juncus effusus*** L.

分布：博罗 [38]、从化 [107]、大埔 [35]、东莞 [25]、丰顺 [95]、封开 [14, 35]、佛冈 [27]、惠东 [12]、江门 [8]、蕉岭 [35]、乐昌 [29, 26, 41, 22, 35]、连山 [35]、连州 [26]、龙川 [35]、罗定 [35]、茂名 [35, 85]、南雄 [33, 57]、平远 [35]、仁化 [16]、乳源 [26, 22, 35]、深圳 [17]、始兴 [28, 35]、翁源 [51]、五华 [4]、信宜 [35, 52]、阳春 [22, 35, 45]、英德 [22, 32, 35]、郁南 [101]、增城 [35, 116]、肇庆 [9, 22, 35]、中山 [10]、紫金 [31]。

细子灯心草 ***Juncus leptospermus*** Buchenau

分布：乳源 [26]。

笄石菖 ***Juncus prismatocarpus*** R. Br.

分布：博罗 [22]、从化 [107]、德庆 [22]、东莞 [25]、东源 [119]、恩平 [22]、丰顺 [95]、封开 [14, 35]、佛冈 [27]、佛山 [22]、广州 [22, 35]、化州 [35]、惠东 [12]、江门 [8]、乐昌 [29, 41]、雷州 [35]、连州 [26]、龙门 [35]、罗定 [22]、南雄 [33, 57]、平远 [22]、饶平 [35]、乳源 [26, 22]、深圳 [17]、始兴 [28]、翁源 [51]、五华 [4]、信宜 [52, 22, 35]、阳春 [22, 35]、阳山 [26, 22]、英德 [32]、郁南 [101]、增城 [116]、肇庆 [9, 22, 35]、中山 [10]、紫金 [31]。

圆柱叶灯心草 ***Juncus prismatocarpus* subsp. *teretifolius*** K. F. Wu

分布：博罗 [35]、大埔 [35]、东莞 [25]、丰顺 [95]、封开 [35]、广州 [35]、惠东 [12, 35]、江门 [8]、蕉岭 [35]、连山 [35]、龙门 [35]、南雄 [33]、平远 [35]、乳源 [26, 35]、深圳 [17]、五华 [4]、阳春 [45]、阳山 [26, 35]、增城 [35]、肇庆 [35]、紫金 [31]。

野灯心草 ***Juncus setchuensis*** Buchenau ex Diels

分布：东莞 [25]、连南 [35]、连山 [35]、南雄 [33, 57]、仁化 [16]、乳源 [26]、深圳 [17]、始兴 [28, 35]、阳山 [26]。

199. 莎草科 Cyperaceae

星穗莎属 *Actinoschoenus* Benth.

星穗莎 ***Actinoschoenus thouarsii*** (Kunth) Benth.

分布：博罗 [35]、乳源 [35]、阳春 [35]、阳山 [26]。

大薰草属 ***Actinoscirpus* (Ohwi) R. W. Haines & Lye**

大薰草 *Actinoscirpus grossus* (L. f.) Goetgh. & D. A. Simpson

分布：英德 [22, 35]、肇庆 [9, 22, 35]。

球柱草属 ***Bulbostylis* Kunth**

球柱草 *Bulbostylis barbata* (Rottb.) C. B. Clarke

分布：博罗 [5, 35]、从化 [107]、东莞 [25]、高州 [35]、广州 [35]、惠来 [35]、江门 [8]、连平 [35]、陆丰 [35]、茂名 [85]、南澳 [35]、仁化 [16]、深圳 [11, 17]、始兴 [28]、台山 [35]、翁源 [51]、新丰 [63]、徐闻 [35]、阳春 [35]、阳山 [26, 35]、湛江 [35]、肇庆 [9]。

丝叶球柱草 *Bulbostylis densa* (Wall.) Hand. -Mazz.

分布：博罗 [5, 35]、大埔 [35]、惠东 [12]、惠州 [35]、蕉岭 [35]、乐昌 [35]、连平 [35]、连州 [35]、茂名 [35, 85]、梅州 [35]、仁化 [16]、乳源 [26, 35]、深圳 [17]、始兴 [35]、信宜 [52]、阳春 [45]、阳山 [26, 35]、英德 [32]。

毛鳞球柱草 *Bulbostylis puberula* Kunth

分布：深圳 [17]、台山 [35]。

薹草属 ***Carex* L.**

广东薹草 *Carex adrienii* E. G. Camus

分布：博罗 [35]、从化 [35]、封开 [14, 35]、和平 [35]、惠东 [12]、江门 [8]、乐昌 [29, 35, 41]、连南 [35]、连山 [35]、龙门 [35]、南雄 [33, 57]、仁化 [16, 35]、乳源 [26, 35]、翁源 [35]、五华 [4]、新丰 [35]、阳春 [35]、英德 [35]、肇庆 [35]、紫金 [31]。

禾状薹草 *Carex alopecuroides* D. Don ex Tilloch & Taylor

分布：广州 [76]、连南 [76]、连平 [76]。

阿里山薹草 *Carex arisanensis* Hayata

分布：从化 [35]、南雄 [33]、平远 [35]、乳源 [26]、深圳 [17]、阳春 [35]、英德 [35]。

华南薹草 *Carex austrosinensis* Tang & F. T. Wang ex S. Yun Liang

分布：云浮 [35]。

浆果薹草 *Carex baccans* Nees

分布：博罗 [38]、从化 [35, 107]、东莞 [25]、封开 [14, 35]、佛冈 [35, 27]、怀集 [35]、惠东 [12, 35]、江门 [35]、乐昌 [29, 35, 41]、连平 [35]、连山 [35]、连州 [35]、龙门 [35]、南雄 [33, 57]、清远 [35]、仁化 [16, 35]、乳源 [26, 35]、韶关 [35]、深圳 [17, 35]、翁源 [51]、五华 [4]、新丰 [63]、信宜 [35, 52]、阳春 [35]、阳山 [26, 35]、英德 [32, 35]、郁南 [35]、增城 [116]、肇庆 [9, 35]、中山 [10]、紫金 [31]。

滨海薹草 *Carex bodinieri* Franch.

分布：从化 [35]、封开 [35]、连南 [35]、连平 [35]、连州 [35]、乳源 [35]、深圳 [17]、始兴 [35]、五华 [35]、阳山 [26, 35]。

青绿薹草 *Carex breviculmis* R. Br.

分布：博罗 [35]、从化 [35]、乐昌 [29, 35]、连平 [35]、连州 [35]、南雄 [33, 57]、乳源 [26]、深圳 [17]、徐闻 [35]、阳山 [26]、肇庆 [9, 35]。

短尖薹草 *Carex brevicuspis* C. B. Clarke

分布：大埔 [35]、乐昌 [29]、连平 [35]、连山 [35]、连州 [26, 35]、南雄 [33, 57]、始兴 [28, 35]、紫金 [31]。

褐果薹草 *Carex brunnea* Thunb.

分布：封开 [14]、佛冈 [27]、惠东 [12, 35]、乐昌 [26, 29, 35, 41]、连南 [35]、连州 [26, 35]、南澳 [35]、仁化 [16]、乳源 [35]、深圳 [17]、始兴 [28, 35]、阳山 [26, 35]、英德 [35]、肇庆 [9, 35]。

戟叶薹草 *Carex canina* Dunn

分布：博罗 [35]、乳源 [26]。

中华薹草 *Carex chinensis* Retz.

分布：博罗 [35]、潮州 [35]、从化 [35]、东莞 [25]、佛冈 [27]、广州 [35]、河源 [35]、惠东 [35]、江门 [8]、乐昌 [29, 35, 41]、连州 [35]、梅州 [35]、南雄 [33, 57]、平远 [35]、乳源 [35]、深圳 [17, 35]、始兴 [28, 35]、翁源 [51]、五华 [4]、信宜 [35, 52]、阳春 [35]、阳山 [26]、英德 [32]、增城 [116]、肇庆 [9, 35]、紫金 [31]。

缘毛薹草 *Carex craspedotricha* Nelmes

分布：连山 [35]、英德 [35]。

十字薹草 *Carex cruciata* Wahlenb.

分布：博罗 [5, 35]、潮州 [35]、从化 [35, 107]、大埔 [35]、德庆 [35]、东莞 [25]、丰顺 [95]、封开 [14]、佛冈 [27]、广州 [35]、海丰 [35]、河源 [35]、惠东 [12]、惠州 [35]、江门 [8]、揭阳 [35]、乐昌 [26, 29, 35, 41]、连南 [35]、连平 [35]、连山 [35]、连州 [35]、龙门 [35]、罗定 [35]、茂名 [35]、梅州 [35]、南雄 [33, 35, 57]、清远 [35]、饶平 [35]、仁化 [16, 35]、乳源 [26, 35]、韶关 [35]、深圳 [17, 35]、始兴 [28, 35]、翁源 [35, 51]、五华 [4, 35]、新丰 [63]、信宜 [52]、阳春 [35]、阳山 [26, 35]、英德 [32, 35]、郁南 [35, 101]、云浮 [35]、肇庆 [9, 35]、紫金 [31, 35]。

隐穗薹草 *Carex cryptostachys* Brongn.

分布：博罗 [35, 100]、从化 [35]、东莞 [25]、封开 [14]、佛冈 [35, 27]、惠东 [12, 35]、江门 [8, 35]、乐昌 [29, 35, 41]、连平 [35]、连山 [35]、茂名 [35]、清远 [35]、仁化 [16]、乳源 [26, 35]、深圳 [17, 35]、始兴 [28, 35]、台山 [35]、翁源 [51]、新丰 [63]、信宜 [35, 52]、阳春 [35]、阳江 [35]、阳山 [26]、英德 [32]、郁南 [35, 101]、肇庆 [9, 35]、紫金 [31]。

粗毛流苏薹草 *Carex densifimbriata* var. *hirsuta* P. C. Li

分布：仁化 [16]。

二形鳞薹草 *Carex dimorpholepis* Steud.

分布：乳源 [35]、始兴 [28, 35]、肇庆 [9]。

长穗薹草 *Carex dolichostachya* Hayata

分布：博罗 [http://ppbc. iplant. cn/tu/13643252]。

签草 ***Carex doniana*** Spreng.

分布：博罗 [35]、东莞 [25]、江门 [8]、乐昌 [29, 35, 41]、连山 [35]、连州 [35]、南雄 [33]、平远 [35]、仁化 [16, 35]、乳源 [26, 35]、韶关 [35]、始兴 [35]、阳山 [26, 35]、紫金 [31]。

蕨状薹草 ***Carex filicina*** Nees

分布：博罗 [35]、从化 [35]、东莞 [25]、封开 [14]、佛冈 [27]、怀集 [35]、惠东 [12]、惠州 [35]、乐昌 [26, 29, 35, 41]、连山 [35]、连州 [26, 35]、罗定 [35]、乳源 [26, 35]、深圳 [17]、翁源 [51]、新丰 [63]、信宜 [35, 52]、阳春 [45]、阳山 [26, 35]、英德 [35]、肇庆 [9, 35]。

拟穿孔薹草 ***Carex foraminatiformis*** Y. C. Tang & S. Yun Liang

分布：丰顺 [395]。

穹隆薹草 ***Carex gibba*** Wahlenb.

分布：潮州 [35]、从化 [35]、封开 [14]、乐昌 [29, 35]、连南 [35]、连平 [35]、连山 [35]、连州 [35]、南雄 [33]、平远 [35]、清远 [35]、乳源 [26]、信宜 [35, 52]、阳山 [26]、英德 [32]、云浮 [35]、增城 [35]、肇庆 [9]、紫金 [31]。

长梗薹草 ***Carex glossostigma*** Hand. -Mazz.

分布：大埔 [35]、江门 [8]、连南 [35]、连平 [35]、连山 [35]、连州 [26, 35]、乳源 [26, 35]、阳山 [26, 35]、英德 [32]。

韩江薹草 ***Carex hanensis*** Dunn

分布：潮州 [35]、饶平 [35]。

长囊薹草 ***Carex harlandii*** Boott

分布：从化 [35]、封开 [14, 35]、化州 [35]、江门 [8]、乐昌 [29, 35, 41]、连山 [35]、连州 [35]、龙门 [35]、南雄 [33, 57]、平远 [35]、深圳 [17, 35]、始兴 [28, 35]、信宜 [52]、阳山 [26, 35]、英德 [32, 35]、肇庆 [9, 35]。

疏果薹草 ***Carex hebecarpa*** C. A. Mey.

分布：从化 [107]、大埔 [35]、丰顺 [35]、佛冈 [35]、乐昌 [29, 35]、始兴 [28, 35]、五华 [35]。

凤凰薹草 ***Carex hoozanensis*** Hayata

分布：博罗 [http://ppbc. iplant. cn/tu/13793120]。

狭穗薹草 ***Carex ischnostachya*** Steud.

分布：从化 [35]、乐昌 [29, 35, 41]、连山 [35]、南雄 [33, 57]、始兴 [35]、英德 [35]。

季庄薹草 ***Carex jizhuangensis*** S. Yun Liang

分布：云浮 [35, 37]。

高氏薹草 ***Carex kaoi*** Tang & F. T. Wang ex S. Yun Liang

分布：从化 [35]、连山 [35]、乳源 [3, 35]。

古城薹草 ***Carex kuchunensis*** Tang & F. T. Wang ex S. Yun Liang

分布：从化 [35]、连南 [35]、信宜 [35, 52]。

弯喙薹草 ***Carex laticeps*** C. B. Clarke ex Franch.

分布：乐昌 [29]、连州 [26, 35]、南雄 [33, 57]、乳源 [26]。

香港薹草 ***Carex ligata*** Boott ex Benth.

分布：连山 [35]、龙门 [35]。

舌叶薹草 ***Carex ligulata*** Nees

分布：封开 [14, 35]、佛冈 [35]、惠东 [35]、乐昌 [29, 35]、连州 [35]、南雄 [33, 57]、平远 [35]、乳源 [26, 35]、阳山 [35]。

林氏薹草 ***Carex lingii*** F. T. Wang & Tang

分布：大埔 [35]。

刘氏薹草 ***Carex liouana*** F. T. Wang & Tang

分布：从化 [35]、封开 [35]、南雄 [35]、英德 [35]、增城 [35]、肇庆 [9, 35]。

聚穗薹草 ***Carex longicolla*** Tang & F. T. Wang

分布：封开 [149]、蕉岭 [149]、乐昌 [149]、连山 [149]、连州 [149]、龙门 [149]、平远 [149]、乳源 [149]、阳春 [149]、英德 [149]。

龙胜薹草 ***Carex longshengensis*** Y. C. Tang & S. Yun Liang

分布：连山 [35]、阳山 [26, 35]。

斑点果薹草 ***Carex maculata*** Boott

分布：博罗 [35, 100]、丰顺 [35, 95]、广州 [35]、连平 [35]、连州 [26, 35]、龙门 [35]、平远 [35]、饶平 [35]、深圳 [17]、始兴 [28]、阳山 [35]、肇庆 [9, 35]。

弯柄薹草 ***Carex manca*** Boott

分布：乐昌 [29, 35]、连州 [26]、乳源 [26]、深圳 [17, 35]、阳山 [26]、肇庆 [9]、紫金 [31]。

短叶薹草 ***Carex manca* subsp. *wichurae*** (Boeckeler) S. Yun Liang

分布：珠海 [35]。

套鞘薹草 ***Carex maubertiana*** Boott

分布：从化 [107]、封开 [14, 35]、佛冈 [35]、江门 [35]、乐昌 [29]、连州 [35]、南雄 [35]、平远 [35]、仁化 [16]、乳源 [35]、翁源 [51]、五华 [35]、阳山 [26, 35]、英德 [32]。

条穗薹草 ***Carex nemostachys*** Steud.

分布：从化 [35]、德庆 [35]、封开 [14, 35]、佛冈 [35]、和平 [35]、怀集 [35]、惠东 [12, 35]、乐昌 [29, 35]、连平 [35]、连山 [35]、连州 [35]、龙门 [35]、南雄 [33, 57]、清远 [35]、饶平 [35]、乳源 [35]、深圳 [17]、始兴 [28, 35]、翁源 [35, 51]、新丰 [35]、阳春 [35]、阳山 [26, 35]、英德 [35]、郁南 [101]、肇庆 [9, 35]、紫金 [31]。

矩圆薹草 ***Carex oblanceolata*** T. Koyama

分布：英德 [35]。

肿喙薹草 ***Carex oedorrhampha*** Nelmes

分布：从化 [35]、乐昌 [41]、肇庆 [35]。

霹雳薹草 ***Carex perakensis*** C. B. Clarke

分布：博罗 [35]、从化 [35]、怀集 [35]、乐昌 [26, 29, 35, 41]、连南 [35]、连州 [26]、乳源 [35]、阳春 [35]、阳山 [26, 35]、紫金 [31]。

镜子薹草 ***Carex phacota*** Spreng.

分布：潮州 [35]、东莞 [25]、封开 [35]、广州 [35]、河源 [35]、惠州 [35]、蕉岭 [35]、连平 [35]、连山 [35]、连州 [26, 35]、龙门 [35]、南雄 [33]、平远 [35]、乳源 [26]、深圳 [17]、翁源 [51]、阳江 [35]、阳山 [26]、英德 [32, 35]、增城 [35]、肇庆 [9, 35]。

朝芳薹草 ***Carex phoenicis*** Dunn

分布：潮州 [35]、乐昌 [41]。

密苞叶薹草 ***Carex phyllocephala*** T. Koyama

分布：从化 [35]、德庆 [35]、东莞 [25]、封开 [14, 35]、佛冈 [35]、广州 [35]、和平 [35]、惠东 [35]、江门 [8]、蕉岭 [35]、乐昌 [29, 35, 41]、连州 [26, 35]、龙门 [35]、南雄 [33, 35, 57]、平远 [35]、乳源 [26, 35]、始兴 [35]、五华 [4]、阳春 [陈又生等 YC20230214 (IBSC)]、阳山 [26, 35]、紫金 [31]。

扁茎薹草 ***Carex planiscapa*** Chun & F. C. How

分布：博罗 [35]。

粉被薹草 ***Carex pruinosa*** Boott

分布：潮州 [35]、封开 [35]、连山 [35]、连州 [26, 35]、南雄 [33, 57]、深圳 [17]、肇庆 [35]。

弥勒山薹草 ***Carex pseudolaticeps*** Tang & F. T. Wang ex S. Yun Liang

分布：深圳 [17]、信宜 [35, 52]、阳春 [35]。

假头序薹草 ***Carex pseudophyllocephala*** L. K. Dai

分布：乳源 [35]。

矮生薹草 ***Carex pumila*** Thunb.

分布：阳江 [35]。

清远薹草 ***Carex qingyuanensis*** Y. L. Li & H. F. Chen

分布：清远 [574]。

根花薹草 ***Carex radiciflora*** Dunn

分布：从化 [35]、大埔 [35]、佛冈 [27]、平远 [35]、乳源 [35]、增城 [35]、中山 [35]、紫金 [31]。

松叶薹草 ***Carex rara*** Boott

分布：增城 [35]。

垂果薹草 ***Carex recurvisaccus*** T. Koyama

分布：增城 [35]。

反折果薹草 ***Carex retrofracta*** Kuk.

分布：乐昌 [29, 35]、英德 [35]。

喙果薹草 ***Carex rhynchachaenium*** C. B. Clarke

分布：封开 [35]、蕉岭 [35]、连山 [35]、龙门 [35]、南雄 [33]、乳源 [26]、阳春 [35]、英德 [35]。

长颈薹草 ***Carex rhynchophora*** Franch.

分布：大埔 [35]、封开 [35]、连山 [35]、龙门 [35]、阳山 [26]、肇庆 [35]。

点囊薹草 ***Carex rubrobrunnea*** C. B. Clarke

分布：博罗 [徐德明 74 (MO)]、连州 [26, 35]、阳山 [26]、英德 [32]。

大理薹草 ***Carex rubrobrunnea* var. *taliensis*** (Franch.) Kuk.

分布：博罗 [35]、乳源 [26]、始兴 [28]。

花莛薹草 ***Carex scaposa*** C. B. Clarke

分布：博罗 [35, 37]、从化 [107]、大埔 [35]、丰顺 [35, 95]、封开 [14, 35]、佛冈 [35, 27]、广州 [35]、河源 [35]、怀集 [35]、惠东 [12]、惠州 [35]、江门 [8]、乐昌 [29, 35, 41]、连南 [35]、连平 [35]、连州 [26, 35]、罗定 [35]、梅州 [35]、南雄 [33, 35]、平远 [35]、仁化 [16, 35]、乳源 [26, 35]、深圳 [17]、始兴 [28, 35]、翁源 [35, 51]、五华 [35]、新丰 [63]、信宜 [35, 52]、阳山 [26, 35]、英德 [32, 35]、郁南 [101]、云浮 [35]、增城 [35, 116]、肇庆 [9, 35]、紫金 [31, 35]。

长雄薹草 ***Carex scaposa* var. *dolicostachya*** F. T. Wang & Tang

分布：河源 [35]、乐昌 [35]、乳源 [35]、英德 [35]。

糙叶花莛薹草 ***Carex scaposa* var. *hirsuta*** P. C. Li

分布：翁源 [51]。

硬果薹草 ***Carex sclerocarpa*** Franch.

分布：乐昌 [29, 35]。

华芒鳞薹草 ***Carex sinoaristata*** Tang & F. T. Wang ex L. K. Dai

分布：封开 [35]。

澳门薹草 ***Carex spachiana*** Boott

分布：潮州 [35]。

柄果薹草 ***Carex stipitinux*** C. B. Clarke ex Franch.

分布：从化 [107]、封开 [14, 35]、佛冈 [35]、江门 [8]、乐昌 [41]、连州 [26, 35]、南雄 [33, 57]。

似柔果薹草 ***Carex submollicula*** Tang & F. T. Wang ex L. K. Dai

分布：博罗 [76, 35, 37]、丰顺 [76, 95, 35]、乐昌 [76, 29, 35]、连山 [76]、乳源 [26, 35]、阳山 [26, 35]。

肿胀果薹草 ***Carex subtumida*** (Kuk.) Ohwi

分布：博罗 [http://ppbc. iplant. cn/tu/13814756]。

长柱头薹草 ***Carex teinogyna*** Boott

分布：从化 [35, 107]、封开 [14, 35]、佛冈 [35]、怀集 [35]、惠州 [35]、乐昌 [29, 35]、连山 [35]、连州 [26, 35]、平远 [35]、乳源 [26, 35]、深圳 [17]、始兴 [28, 35]、翁源 [35]、阳春 [35, 45]、阳山 [26, 35]、英德 [32]。

芒尖鳞薹草 ***Carex tenebrosa*** Boott

分布：新丰 [35]、英德 [35]。

纤穗薹草 ***Carex tenuispicula*** Tang ex S. Yun Liang

分布：乐昌 [29, 35]、深圳 [17]、英德 [35]。

藏薹草 ***Carex thibetica*** Franch.

分布：信宜 [52]。

高节薹草 ***Carex thomsonii*** Boott

分布：平远 [35]、阳山 [35]。

横果薹草 *Carex transversa* Boott

分布：连南 [35]。

三穗薹草 *Carex tristachya* Thunb.

分布：乐昌 [29]、深圳 [17]、肇庆 [9]。

合鳞薹草 *Carex tristachya* var. *pocilliformis* (Boott) Kuk.

分布：博罗 [35]、东莞 [35]、广州 [35]、蕉岭 [35]、乐昌 [29, 35]、连州 [35]、仁化 [16, 35]、肇庆 [35]。

截鳞薹草 *Carex truncatigluma* C. B. Clarke

分布：博罗 [35]、从化 [35]、惠州 [35]、乐昌 [29, 35]、连山 [35]、连州 [35]、南雄 [33]、平远 [35]、乳源 [26]、深圳 [17]、增城 [35]、肇庆 [35]。

三念薹草 *Carex tsiangii* F. T. Wang & Tang

分布：从化 [35]、封开 [35]、龙门 [35]、英德 [35]、增城 [35]、肇庆 [35]。

东方薹草 *Carex tungfangensis* L. K. Dai & S. M. Huang

分布：博罗 [http://ppbc. iplant. cn/tu/13646010]、深圳 [17]。

丫蕊薹草 *Carex ypsilandrifolia* F. T. Wang & Tang

分布：博罗 [35]、丰顺 [35]、乐昌 [29, 35, 41]、连州 [35]、乳源 [26, 35]、翁源 [35]、阳山 [26]、英德 [35]。

遵义薹草 *Carex zunyiensis* Tang & F. T. Wang

分布：博罗 [35]、佛冈 [35]、南雄 [33]、平远 [35]、乳源 [35]、深圳 [17]、阳春 [35]、英德 [35]。

一本芒属 *Cladium* P. Browne

华一本芒 *Cladium mariscus* (L.) Pohl

分布：乳源 [26]、深圳 [17]、阳山 [26]。

一本芒 *Cladium mariscus* subsp. *jamaicense* Kuk.

分布：东莞 [25]、惠州 [35]、乳源 [35]、英德 [35]、珠海 [35]。

莎草属 *Cyperus* L.

野生风车草 *Cyperus alternifolius* L.

分布：东莞 #[82]、惠州 #[82]、深圳 #[82]、中山 #[82]。

长板栗莎草 *Cyperus castaneus* Willd.

分布：广州 [35]、陆丰 [35]、茂名 [35]、清远 [35]、阳春 [35]。

密穗砖子苗 *Cyperus compactus* Retz.

分布：东莞 [22]、广州 [22, 35]、吴川 [22]、英德 [22, 35]、郁南 [101, 22, 35]、肇庆 [22]。

扁穗莎草 *Cyperus compressus* L.

分布：从化 [107]、东莞 [25]、丰顺 [95]、封开 [14]、高州 [35]、广州 [35]、江门 [35]、乐昌 [26, 29, 35]、茂名 [35]、南澳 [35]、南雄 [33, 57]、仁化 [16]、乳源 [35]、深圳 [11, 17]、始兴 [28]、翁源 [51]、新丰 [63]、阳春 [35, 45]、英德 [32]、郁南 [101]、增城 [116]、肇庆 [9, 35]、中山 [10]。

长尖莎草 *Cyperus cuspidatus* Kunth

分布：广州 [35]、陆丰 [35]、茂名 [35]、清远 [35]、深圳 [17]、信宜 [52]、阳春 [35]。

莎状砖子苗 *Cyperus cyperinus* Retz.) Valck. Sur.

分布：博罗 [35]、东莞 [25]、广州 [35]、蕉岭 [35]、乐昌 [29]、连州 [35]、茂名 [35]、清远 [35]、仁化 [16]、乳源 [35]、深圳 [17]、台山 [35]、阳山 [35]、郁南 [101]、肇庆 [35]。

砖子苗 *Cyperus cyperoides* (L.) Kuntze

分布：博罗 [5]、从化 [107]、东莞 [25]、丰顺 [95]、封开 [14]、佛冈 [27]、惠东 [12]、江门 [8]、乐昌 [29, 41]、茂名 [85]、南雄 [33, 57]、仁化 [16]、乳源 [26]、深圳 [11, 17]、始兴 [28]、翁源 [51]、五华 [4]、新丰 [63]、信宜 [52]、阳春 [45]、阳山 [26]、英德 [32]、郁南 [101]、增城 [116]、肇庆 [9]、紫金 [31]。

异型莎草 *Cyperus difformis* L.

分布：博罗 #[5]、从化 #[107]、东莞 #[25]、封开 #[14, 35]、高州 #[35]、广州 #[35]、乐昌 #[29, 35]、廉江 #[35]、龙门 #[35]、南澳 #[35]、南雄 #[33, 57]、仁化 #[16, 35]、乳源 #[35]、深圳 #[17]、始兴 #[28]、台山 #[35]、翁源 #[35, 51]、五华 #[4]、新丰 #[63]、徐闻 #[35]、阳春 #[35, 45]、阳山 #[35]、英德 #[32, 35]、郁南 #[35, 101]、增城 #[116]、湛江 #[35]、肇庆 #[9, 35]、中山 #[10]、紫金 #[31]。

多脉莎草 *Cyperus diffusus* Vahl

分布：博罗 [35]、高州 [35]、广州 [35]、惠东 [12, 35]、江门 [8]、连州 [26]、仁化 [16]、乳源 [26]、深圳 [17]、阳春 [35]、阳山 [26]、肇庆 [9]。

宽叶多脉莎草 *Cyperus diffusus* var. *latifolius* L. K. Dai

分布：翁源 [51]。

疏穗莎草 *Cyperus distans* L. f.

分布：广州 [35]、深圳 [17]、信宜 [52]、肇庆 [9]、紫金 [31]。

鳞茎砖子苗 *Cyperus dubius* Rottb.

分布：广州 [35]。

䅟穗莎草 *Cyperus eleusinoides* Kunth

分布：广州 [35]、惠东 [12]、乐昌 [29, 35]、平远 [35]、深圳 [17]、英德 [35]。

高秆莎草 *Cyperus exaltatus* Retz.

分布：从化 [107]、惠东 [12]、茂名 [22]、仁化 [16]、肇庆 [9]。

广东高秆莎草 *Cyperus exaltatus* var. *tenuispicatus* L. K. Dai

分布：县级不详 [3, 35]。

畦畔莎草 *Cyperus haspan* L.

分布：博罗 [5, 35]、从化 [35, 107]、大埔 [35]、东莞 [25]、丰顺 [95]、封开 [14]、佛冈 [27]、高州 [35]、惠东 [12, 35]、江门 [8]、乐昌 [29, 41]、连南 [35]、连州 [26, 35]、茂名 [35]、南雄 [33]、平远 [35]、仁化 [16]、乳源 [26]、深圳 [17, 35]、始兴 [28]、台山 [35]、翁源 [51]、五华 [4]、新丰 [63]、信宜 [52]、徐闻 [35]、阳春 [35, 45]、阳江 [35]、阳山 [26]、

英德 [32]、郁南 [35, 101]、肇庆 [9, 35]、中山 [10]、紫金 [31]。

叠穗莎草 ***Cyperus imbricatus*** Retz.

分布：东莞 [25]、丰顺 [95]、广州 [35]、汕头 [22]、深圳 [17]、阳山 [26]、肇庆 [9, 35]。

风车草 ***Cyperus involucratus*** Rottb.

分布：博罗 #[38, 100]、从化 #[107]、东源 #[59]、佛冈 #[27]、佛山 #[http://ppbc. iplant. cn/tu/949684]、广州 #[http://ppbc. iplant. cn/tu/6061355]、惠东 #[12]、惠州 #[http://ppbc. iplant. cn/tu/3467302]、江门 #[8]、汕头 #[15]、深圳 #[17]、英德 #[32]、湛江 #[http://ppbc. iplant. cn/tu/11121115]、肇庆 #[9]。

碎米莎草 ***Cyperus iria*** L.

分布：潮州 #[22]、从化 #[107]、大埔 #[35]、丰顺 #[95]、封开 #[35]、佛冈 #[27]、高州 #[22, 35]、惠东 #[22, 12]、惠州 #[35]、江门 #[8]、乐昌 #[29, 41, 22, 35]、连南 #[35]、连平 #[22]、连州 #[35]、龙门 #[35]、茂名 #[35]、梅州 #[22]、南雄 #[57, 33, 22]、清远 #[22]、仁化 #[16, 22]、乳源 #[26, 22, 35]、深圳 #[11, 17]、始兴 #[28, 22, 35]、翁源 # [35, 51]、五华 #[4, 35]、新丰 #[63]、信宜 #[52]、阳春 # [35, 45]、英德 #[32]、郁南 #[101]、增城 #[116]、肇庆 #[9, 35]、中山 #[10]、珠海 #[35]、紫金 #[31]。

羽状穗砖子苗 ***Cyperus javanicus*** Houtt.

分布：南澳 [35]、深圳 [17]、台山 [35]。

茳芏 ***Cyperus malaccensis*** Lam.

分布：东莞 [35]、广州 [35]、江门 [35]、乐昌 [29]、南澳 [35]、深圳 [11, 17, 35]、台山 [35]、云浮 [35]、中山 [10]、珠海 [35]。

短叶茳芏 ***Cyperus malaccensis* subsp. *monophyllus*** (Vahl) T. Koyama

分布：东莞 [25]、茂名 [85]、深圳 [17]。

旋鳞莎草 ***Cyperus michelianus*** (L.) Link

分布：佛山 [22]、广州 [35]、仁化 [16]、肇庆 [9, 35]、中山 [10]。

具芒碎米莎草 ***Cyperus microiria*** Steud.

分布：信宜 #[52]、阳山 #[35]、肇庆 #[9]。

垂穗莎草 ***Cyperus nutans*** Vahl

分布：东莞 [25]、乐昌 [29]、深圳 [17]、阳山 [26]、中山 [10]。

断节莎 ***Cyperus odoratus*** L.

分布：雷州 #[13]、汕头 #[22]、吴川 #[13]、湛江 #[13]。

纸莎草 ***Cyperus papyrus*** L.

分布：东莞 *[25]、深圳 *[17]。

毛轴莎草 ***Cyperus pilosus*** Vahl

分布：从化 [107]、东莞 [25]、东源 [22]、丰顺 [95]、佛冈 [27]、高州 [22]、广州 [35]、惠东 [22, 12]、乐昌 [29, 35]、连州 [26, 35]、龙门 [22, 35]、罗定 [35]、南雄 [33, 57]、清远 [22]、仁化 [22]、汕头 [22]、深圳 [17, 35]、始兴 [28]、翁源 [51]、新丰 [22]、信宜 [52]、徐闻 [35]、阳春 [35]、阳山 [26]、英德 [32]、郁南 [101]、肇庆 [9, 35]、珠海 [35]。

多枝扁莎 ***Cyperus polystachyos*** Rottb.

分布：东莞 [25]、广州 [150, 35]、惠东 [12]、惠州 [22, 35]、江门 [8]、深圳 [17]、新丰 [63]、信宜 [52]、阳春 [150, 22, 35, 45]、郁南 [101]、云浮 [22, 35]、肇庆 [150, 9, 22, 35]、中山 [10]。

拟毛轴莎草 ***Cyperus procerus*** Rottb.

分布：广州 [35]、深圳 [17, 35]、台山 [35]、徐闻 [35]、阳山 [26, 35]。

矮莎草 ***Cyperus pygmaeus*** Rottb.

分布：德庆 [35]、封开 [35]、广宁 [35]、怀集 [35]、仁化 [16]、始兴 [22]、四会 [35]、肇庆 [9, 22, 35]。

辐射砖子苗 ***Cyperus radians*** Nees & C. A. Mey. ex Kunth

分布：深圳 [17]、阳江 [35]。

香附子 ***Cyperus rotundus*** L.

分布：博罗 #[38, 100]、从化 #[107]、东莞 #[82]、佛冈 #[27]、佛山 #[http://ppbc. iplant. cn/tu/3382837]、广州 # [21]、海丰 #[http://ppbc. iplant. cn/tu/5081851]、惠州 # [82]、连州 #[26]、茂名 #[85]、南雄 #[57]、仁化 #[16]、乳源 #[http://ppbc. iplant. cn/tu/4423820]、深圳 #[11, 82]、五华 # [4]、信宜 #[52]、徐闻 #[497]、英德 #[32]、郁南 #[101]、增城 # [116]、湛江 #[416]、肇庆 #[9]、中山 #[82]、紫金 #[31]。

水莎草 ***Cyperus serotinus*** Rottb.

分布：广州 #[35]、乐昌 #[29]、茂名 #[85]、仁化 #[16]、深圳 #[17]、英德 #[32]、郁南 #[101]、肇庆 #[9]。

广东水莎草 ***Cyperus serotinus* var. *inundatus*** Kuk.

分布：广州 [35]、连州 [35]。

粗根茎莎草 ***Cyperus stoloniferus*** Retz.

分布：雷州 [35]、廉江 [35]、遂溪 [35]、吴川 [35]、徐闻 [35]、湛江 [35]。

白鳞异型莎草 ***Cyperus subdifformis*** L. K. Dai & P. C. Li

分布：深圳 [145, 17]。

苏里南莎草 ***Cyperus surinamensis*** Rottb.

分布：广州 #[21]、雷州 #[13]、廉江 #[13]、遂溪 # [13]、吴川 #[13]、徐闻 #[13]、湛江 #[13]。

四棱穗莎草 ***Cyperus tenuiculmis*** Boeckeler

分布：博罗 [35]、高州 [35]、广州 [35]、惠东 [35]、连州 [35]、翁源 [35]、阳春 [35]、英德 [35]、肇庆 [35]。

窄穗莎草 ***Cyperus tenuispica*** Steud.

分布：惠东 [12]、连州 [35]、茂名 [22]、深圳 [22, 17]、翁源 [22, 35]、五华 [4]、肇庆 [22]。

三翅秆砖子苗 ***Cyperus trialatus*** (Boeckeler) J. Kern

分布：雷州 [35]。

裂颖茅属 *Diplacrum* R. Br.

裂颖茅 *Diplacrum caricinum* R. Br.

分布：博罗 [35]、东莞 [25]、封开 [14, 35]、广州 [22, 35]、江门 [8, 35]、乐昌 [22]、连平 [35]、连州 [22]、仁化 [16, 35]、深圳 [17]、台山 [35]、英德 [35]、肇庆 [9, 22]、珠海 [35]。

荸荠属 *Eleocharis* R. Br.

锐棱荸荠 *Eleocharis acutangula* (Roxb.) Schult.

分布：深圳 [17]、肇庆 [9]。

紫果蔺 *Eleocharis atropurpurea* (Retz.) J. Presl & C. Presl

分布：广州 [22, 35]、河源 [22]、仁化 [16]、深圳 [17]、信宜 [52]。

密花荸荠 *Eleocharis congesta* D. Don

分布：封开 [14, 35]、广州 [35]、乐昌 [41]、饶平 [35]、仁化 [35]、乳源 [35]、始兴 [35]、阳山 [35]、肇庆 [9, 35]。

荸荠 *Eleocharis dulcis* (Burm. f.) Trin. ex Hensch.

分布: 东莞 [25, 35]、丰顺 [35] [曾宪锋 ZXF8086 (CZH)]、广州 [35] [邓良 10284 (IBSC)]、化州 [35] [湛江区植物调查队 3059 (IBSC)]、乐昌 [29, 35]、连州 [35] [梁宝汉 83301 (IBSC)]、仁化 [16]、汕头 [35] [陈耀东、倪瑞生 301 (PE)]、深圳 *[17, 35]、始兴 [28, 35]、阳春 [35] [叶华谷 5774 (IBSC)]、英德 [35] [梁向日 60619 (IBSC)]、肇庆 *[9, 35]。

黑籽荸荠 *Eleocharis geniculata* (L.) Roem. & Schult.

分布：东莞 [25]、海丰 [35]、惠东 [35]、廉江 [13]、深圳 [17]、阳江 [35]、阳山 [26]、湛江 [35]。

假马蹄 *Eleocharis ochrostachys* Steud.

分布：高州 [35]、广州 [35]、江门 [8]、翁源 [51]、肇庆 [9, 35]。

透明鳞荸荠 *Eleocharis pellucida* J. Presl & C. Presl

分布：深圳 [17]、翁源 [51]。

贝壳叶荸荠 *Eleocharis retroflexa* (Poir.) Urban

分布：肇庆 [9, 35]、珠海 [35]。

螺旋鳞荸荠 *Eleocharis spiralis* (Rottb.) Roem. & Schult.

分布：封开 [14]、惠东 [12]、雷州 [13]、连南 [35]、廉江 [13]、遂溪 [13]、肇庆 [35]。

龙师草 *Eleocharis tetraquetra* Nees

分布：博罗 [22, 35]、东莞 [25]、丰顺 [95]、封开 [22, 35, 14]、佛冈 [27]、惠东 [22, 35]、连州 [26]、仁化 [16]、乳源 [26, 22, 35]、深圳 [17]、阳山 [26, 22, 35]、郁南 [101]、肇庆 [9]。

牛毛毡 *Eleocharis yokoscensis* (Franch. & Sav.) Tang & F. T. Wang

分布：广州 #[35]、江门 #[8]、乐昌 #[29, 35, 41]、连州 #[35]、南雄 #[33, 57]、深圳 #[17]、新丰 #[63]、信宜 # [52]、阳山 #[26]、英德 #[32]、郁南 #[101]、肇庆 #[9, 35]。

飘拂草属 *Fimbristylis* Vahl

披针穗飘拂草 *Fimbristylis acuminata* Vahl

分布：从化 [107]、深圳 [17]、台山 [22, 35]、肇庆 [9, 22, 35]。

夏飘拂草 *Fimbristylis aestivalis* (Retz.) Vahl

分布：博罗 [5]、东莞 [25]、丰顺 [95]、封开 [14]、高州 [22, 35]、广州 [22, 35]、惠东 [12]、梅州 [22, 35]、仁化 [16]、韶关 [22, 35]、深圳 [17]、翁源 [22, 35]、五华 [4]、信宜 [52]、阳春 [45]、阳江 [22, 35]、阳山 [26]、英德 [32]、肇庆 [9]、中山 [10]、紫金 [31]。

复序飘拂草 *Fimbristylis bisumbellata* (Forssk.) Bubani

分布：德庆 [35]、封开 [35]、广宁 [35]、怀集 [35]、江门 [8]、深圳 [17]、四会 [35]、肇庆 [35]。

扁鞘飘拂草 *Fimbristylis complanata* (Retz.) Link

分布：大埔 [35]、东莞 [25]、高州 [35]、广州 [35]、惠东 [12]、连州 [26]、茂名 [35]、乳源 [35]、深圳 [17]、信宜 [52]、阳春 [35]、阳山 [26]。

矮扁鞘飘拂草 *Fimbristylis complanata* var. *exaltata* (T. Koyama) Y. C. Tang ex S. R. Zhang & T. Koyama

分布：高州 [35]、惠东 [12]、茂名 [35]、深圳 [17]。

黑果飘拂草 *Fimbristylis cymosa* R. Br.

分布：东莞 [25]、惠州 [35]、陆丰 [35]、深圳 [17]、徐闻 [35]。

佛焰苞飘拂草 *Fimbristylis cymosa* var. *spathacea* (Roth) T. Koyama

分布：翁源 [51]。

两歧飘拂草 *Fimbristylis dichotoma* (L.) Vahl

分布：博罗 [5, 35, 100]、潮州 [35] [曾宪锋 ZXF8797 (CZH)]、从化 [107]、大埔 [35] [李学根 202734 (IBSC)]、德庆 [35] [刘瑛光 1308 (IBSC)]、东莞 [25, 35]、丰顺 [95]、封开 [14, 35]、佛冈 [27]、佛山 [35] [黄奕孜、许先宏 HYZ087 (CZH)]、高州 [35] [蒋英 2426 (IBSC)]、广州 [35] [叶育石 5542 (IBSC)]、河源 [35] [77 级科研组 155 (SN)]、惠东 [12]、惠来 [35] [陈炳辉 412 (IBSC)]、江门 [8, 35]、乐昌 [29, 35, 41]、连南 [35] [谭沛祥 59409 (IBSC)]、连平 [35] [粤 73 1632 (IBSC)]、连州 [26, 35]、茂名 [35] [叶华谷 6411 (IBSC)]、南澳 [35] [侯学良 91992 (AU)]、平远 [35] [曾宪锋 ZXF9884 (CZH)]、仁化 [16]、乳源 [26, 35]、深圳 [17, 35]、始兴 [28, 35]、台山 [35] [左景烈 22332 (IBSC)]、翁源 [35, 51]、新兴 [35] [刘瑛光 2346 (IBSC)]、信宜 [52]、徐闻 [35] [徐闻队 162 (KUN)]、阳春 [35] [叶华谷、刘念 684 (IBSC)]、阳山 [26, 35]、英德 [32, 35]、郁南 [35, 101]、肇庆 [9, 35]、珠海 [35] [陈炳辉 622 (IBSC)]、紫金 [31, 35]。

绒毛飘拂草 *Fimbristylis dichotoma* subsp. *podocarpa* (Nees) T. Koyama

分布：广州 [35]、乐昌 [35]、五华 [4]。

拟二叶飘拂草 *Fimbristylis diphylloides* Makino

分布：乐昌 [35]、乳源 [35]、深圳 [17]、英德 [32]。

起绒飘拂草 ***Fimbristylis dipsacea*** (Rottb.) Benth.

分布：佛山 [22]、南雄 [33]、始兴 [22]、阳江 [22, 35]、肇庆 [9, 22, 35]。

疣果飘拂草 ***Fimbristylis dipsacea* var. *verrucifera*** (Maxim.) T. Koyama

分布：开平 [432]。

红鳞飘拂草 ***Fimbristylis disticha*** Boeckeler

分布：德庆 [35]、封开 [35]、广宁 [35]、怀集 [35]、乳源 [35]、四会 [35]、肇庆 [35]。

知风飘拂草 ***Fimbristylis eragrostis*** (Nees) Hance

分布：博罗 [35]、广州 [35]、惠东 [12]、惠州 [35]、乐昌 [29, 35]、茂名 [35]、南澳 [35]、清远 [35]、深圳 [17]、信宜 [52]、阳江 [35]、英德 [35]、湛江 [35]、肇庆 [9, 35]、紫金 [31]。

矮飘拂草 ***Fimbristylis fimbristyloides*** (F. Muell.) Druce

分布：乳源 [35]、阳江 [35]。

暗褐飘拂草 ***Fimbristylis fusca*** (Nees) C. B. Clarke

分布：博罗 [35]、东莞 [25]、惠东 [12]、惠州 [35]、江门 [8]、乐昌 [29]、茂名 [35]、南雄 [57]、深圳 [17]、信宜 [52]、阳山 [35]、肇庆 [9]。

纤细飘拂草 ***Fimbristylis gracilenta*** Hance

分布：德庆 [35]、广州 [35]、惠东 [35]、乐昌 [35]、茂名 [35]、仁化 [16]、信宜 [52]、肇庆 [9, 35]。

宜昌飘拂草 ***Fimbristylis henryi*** C. B. Clarke

分布：乐昌 [29, 35]、乳源 [35]、翁源 [35]。

金色飘拂草 ***Fimbristylis hookeriana*** Boeckeler

分布：博罗 [35]、广州 [35]、惠州 [35]、深圳 [17]。

硬穗飘拂草 ***Fimbristylis insignis*** Thwaites

分布：广州 [35]、乐昌 [35]、深圳 [17]。

广东飘拂草 ***Fimbristylis kwantungensis*** C. B. Clarke

分布：连州 [3, 35]。

细茎飘拂草 ***Fimbristylis leptoclada*** Benth.

分布：广州 [35]、惠东 [35]、茂名 [35]、仁化 [16]、深圳 [17]、肇庆 [9, 35]。

水虱草 ***Fimbristylis littoralis*** Gaudich.

分布：从化 [107]、东莞 [25]、封开 [14, 35]、广州 [35]、惠东 [12]、江门 [8]、蕉岭 [35]、乐昌 [29, 41]、连南 [35]、连州 [35]、龙门 [35]、南雄 [33, 57]、仁化 [16]、乳源 [26, 35]、深圳 [17]、始兴 [28]、翁源 [51]、五华 [4]、信宜 [52]、阳春 [35, 45]、阳山 [26]、英德 [32]、云浮 [35]、肇庆 [9]、紫金 [31]。

长穗飘拂草 ***Fimbristylis longispica*** Steud.

分布：广州 [35]、江门 [8]、乐昌 [35]、深圳 [17]、紫金 [31]。

长柄果飘拂草 ***Fimbristylis longistipitata*** Tang & F. T. Wang

分布：东莞 [25]、广州 [35]、惠东 [35]、惠来 [35]、深圳 [17]、信宜 [52]。

褐鳞飘拂草 ***Fimbristylis nigrobrunnea*** Thwaites

分布：博罗 [35]、东莞 [25]、广州 [35]、清远 [35]、阳江 [35]、英德 [35]。

垂穗飘拂草 ***Fimbristylis nutans*** (Retz.) Vahl

分布：广州 [35]、仁化 [16]、深圳 [17]、始兴 [28]、信宜 [52]、肇庆 [9, 35]。

独穗飘拂草 ***Fimbristylis ovata*** (Burm. f.) J. Kern

分布：高州 [35]、广州 [35]、乐昌 [29, 35]、南澳 [35]、乳源 [35]、汕尾 [35]、深圳 [17]、阳江 [35]、肇庆 [35]。

海南飘拂草 ***Fimbristylis pauciflora*** R. Br.

分布：深圳 [17, 35]。

细叶飘拂草 ***Fimbristylis polytrichoides*** (Retz.) Vahl

分布：惠东 [35]、惠来 [35]、江门 [8]、廉江 [13]、阳江 [35]、湛江 [13, 35]。

五棱秆飘拂草 ***Fimbristylis quinquangularis*** (Vahl) Kunth

分布：江门 [8]、深圳 [17]、信宜 [52]。

结壮飘拂草 ***Fimbristylis rigidula*** Nees

分布：乳源 [35]、深圳 [17]。

少穗飘拂草 ***Fimbristylis schoenoides*** (Retz.) Vahl

分布：博罗 [5]、从化 [107]、封开 [14]、佛冈 [27]、惠东 [12]、罗定 [22]、深圳 [17]、信宜 [52]。

绢毛飘拂草 ***Fimbristylis sericea*** R. Br.

分布：东莞 [25]、陆丰 [35]、南澳 [35]、深圳 [17]、徐闻 [35]、湛江 [35]。

锈鳞飘拂草 ***Fimbristylis sieboldii*** Miq. ex Franch. & Sav.

分布：东莞 [25]、惠东 [12]、惠州 [35]、江门 [8]、深圳 [17, 35]、台山 [35]、英德 [35]、肇庆 [35]、中山 [10]、珠海 [35]。

畦畔飘拂草 ***Fimbristylis squarrosa*** Vahl

分布：丰顺 [95]、深圳 [17]、英德 [32]。

短尖飘拂草 ***Fimbristylis squarrosa* var. *esquarrosa*** Makino

分布：东莞 [25]、乐昌 [35]。

双穗飘拂草 ***Fimbristylis subbispicata*** Nees & Meyen

分布：东莞 [25]、海丰 [35]、惠州 [35]、乐昌 [29, 26]、深圳 [17]、台山 [35]、肇庆 [9]。

四棱飘拂草 ***Fimbristylis tetragona*** R. Br.

分布：博罗 [35]、东莞 [25]、广州 [35]、惠东 [35]、江门 [8]、深圳 [17]、台山 [35]、翁源 [35, 51]、五华 [4]、阳春 [35]、肇庆 [9]、紫金 [31]。

西南飘拂草 ***Fimbristylis thomsonii*** Boeckeler

分布：博罗 [35]、东莞 [25]、丰顺 [95]、封开 [14]、广州 [35]、乐昌 [29, 26]、平远 [35]、深圳 [17]、信宜 [52]、肇庆 [9]、紫金 [31]。

三穗飘拂草 ***Fimbristylis tristachya*** R. Br.

分布：廉江 [35]。

伞形飘拂草 ***Fimbristylis umbellaris*** (Lam.) Vahl

分布：高州 [35]、肇庆 [35]。

芙兰草属 ***Fuirena*** **Rottb.**

毛芙兰草 ***Fuirena ciliaris*** (L.) Roxb.

分布：从化 [107]、东莞 [25]、广州 [35]、深圳 [17, 35]、台山 [35]、翁源 [35]、阳春 [35]。

芙兰草 ***Fuirena umbellata*** Rottb.

分布：博罗 [5, 35]、从化 [35]、德庆 [35]、东莞 [25]、东源 [22]、佛山 [22]、广州 [35]、惠东 [12, 35]、江门 [8]、罗定 [22]、南雄 [33, 57]、平远 [22]、仁化 [16, 22]、深圳 [22, 35, 17]、台山 [35]、新兴 [35]、阳春 [35]、阳江 [35]、英德 [32, 35]、肇庆 [9]、中山 [10]、珠海 [35]、紫金 [31]。

黑莎草属 ***Gahnia*** **J. R. Forst. & G. Forst.**

散穗黑莎草 ***Gahnia baniensis*** Benl

分布：博罗 [100]、东莞 [25]、封开 [35]、河源 [35]、江门 [8, 35]、蕉岭 [35]、连州 [35]、龙门 [35]、南雄 [35]、乳源 [26, 35]、五华 [4]、新丰 [63]、新兴 [35]、阳春 [35, 45]、阳山 [26, 35]、肇庆 [9]、紫金 [31]。

黑莎草 ***Gahnia tristis*** Nees

分布：博罗 [35, 100]、从化 [107]、东莞 [25]、丰顺 [35, 95]、封开 [14]、佛冈 [27]、广州 [35]、惠东 [12, 35]、江门 [8]、乐昌 [29, 35]、连州 [26, 35]、罗定 [35]、南雄 [33, 57]、仁化 [16]、乳源 [26]、深圳 [17]、始兴 [28]、翁源 [51]、五华 [4, 35]、新丰 [63]、信宜 [52]、阳春 [35, 45]、阳江 [35]、阳山 [26, 35]、英德 [32, 35]、郁南 [35, 101]、增城 [116]、肇庆 [9, 35]、中山 [10]、紫金 [31]。

割鸡芒属 ***Hypolytrum*** **Pers.**

海南割鸡芒 ***Hypolytrum hainanense*** (Merr.) Tang & F. T. Wang

分布：江门 [8]、深圳 [17]。

割鸡芒 ***Hypolytrum nemorum*** (Vahl) Spreng.

分布：博罗 [100]、从化 [107]、东莞 [25]、丰顺 [95]、封开 [14, 35]、佛冈 [27]、河源 [35]、惠东 [12]、江门 [8]、乐昌 [26]、龙门 [35]、茂名 [35]、仁化 [16]、乳源 [26]、深圳 [17]、翁源 [51]、五华 [4]、新丰 [63]、信宜 [35, 52]、阳春 [35, 45]、阳山 [26, 35]、英德 [32]、郁南 [35, 101]、云浮 [35]、肇庆 [9, 35]、中山 [10]、珠海 [35]、紫金 [31]。

水蜈蚣属 ***Kyllinga*** **Rottb.**

短叶水蜈蚣 ***Kyllinga brevifolia*** Rottb.

分布：博罗 #[35, 100]、从化 #[107]、大埔 #[35]、德庆 #[35]、东莞 #[25]、丰顺 #[35]、封开 #[14, 35]、佛冈 #[27]、高州 #[35]、广州 #[35]、怀集 #[35]、惠东 #[35]、乐昌 #[29, 35, 41]、连南 #[35]、连州 #[26, 35]、茂名 #[35]、南澳 #[35]、南雄 #[33, 57]、平远 #[35]、饶平 #[35]、仁化 #[16, 35]、乳源 #[26]、深圳 #[11, 17, 35]、始兴 #[28]、翁源 #[51]、新丰 #[63]、新兴 #[35]、信宜 #[35, 52]、徐闻 # [35]、阳春 #[35, 45]、阳江 #[35]、阳山 #[26, 35]、英德 #[32]、郁南 #[101]、增城 #[35, 116]、肇庆 #[9, 35]、中山 #[10]。

三头水蜈蚣 ***Kyllinga bulbosa*** P. Beauv.

分布：东莞 [25]、翁源 [51]、紫金 [31]。

黑籽水蜈蚣 ***Kyllinga melanosperma*** Nees

分布：东莞 [25]、阳山 [35]。

单穗水蜈蚣 ***Kyllinga nemoralis*** (J. R. Forst. & G. Forst.) Dandy ex Hatch. & Dalziel

分布：博罗 [100]、大埔 #[35]、德庆 #[35]、东莞 [25]、丰顺 [95]、佛冈 [27]、广州 #[21, 35]、惠东 [12]、蕉岭 #[35]、乐昌 [29, 41]、连平 #[35]、茂名 #[35]、仁化 [16]、乳源 #[35]、深圳 #[17, 35]、翁源 [51]、五华 [4]、信宜 [52]、阳春 #[35]、阳山 [26]、英德 [32]、肇庆 [9]、中山 [10]。

鳞籽莎属 ***Lepidosperma*** **Labill.**

鳞籽莎 ***Lepidosperma chinense*** Nees & Meyen ex Kunth

分布：博罗 [5, 100]、从化 [35, 107]、东莞 [25]、丰顺 [95]、封开 [35]、佛冈 [27]、高州 [35]、惠东 [12]、江门 [8]、连平 [35]、连州 [26]、罗定 [35]、南雄 [35]、仁化 [16]、乳源 [26]、深圳 [17]、翁源 [51]、五华 [4]、新丰 [63]、阳春 [35, 45]、阳山 [26, 22]、英德 [32]、郁南 [35]、增城 [116]、肇庆 [9, 35]、中山 [10]、紫金 [31]。

石龙刍属 ***Lepironia*** **Pers.**

石龙刍 ***Lepironia articulata*** (Retz.) Domin

分布：深圳 *[17]、肇庆 *[9, 22]。

湖瓜草属 ***Lipocarpha*** **R. Br. in Tuckey**

华湖瓜草 ***Lipocarpha chinensis*** (Osbeck) Kern

分布：东莞 [25]、丰顺 [35]、封开 [14, 35]、高州 [35]、惠东 [12, 35]、江门 [8]、乐昌 [41]、连州 [35]、廉江 [35]、茂名 [22, 35]、南雄 [33, 57]、仁化 [16]、深圳 [17]、五华 [4]、信宜 [35, 52]、阳春 [22, 35, 45]、增城 [116]、肇庆 [9, 22, 35]、紫金 [31]。

湖瓜草 ***Lipocarpha microcephala*** (R. Br.) Kunth

分布：博罗 [100]、东莞 [25]、江门 [8]、仁化 [16]、乳源 [35]、深圳 [17]、肇庆 [9]。

毛毯湖瓜草 ***Lipocarpha squarrosa*** (L.) Goetgh.

分布：广州 [3, 35]、阳江 [35]。

剑叶莎属 ***Machaerina*** **Vahl**

剑叶莎 ***Machaerina ensigera*** (Hance) T. Koyama

分布：珠海 [30]。

圆叶剑叶莎 ***Machaerina rubiginosa*** (Sol. ex G. Forst.) T. Koyama

分布：珠海 [30]。

擂鼓簕属 ***Mapania*** **Aubl.**

华擂鼓簕 ***Mapania silhetensis*** C. B. Clarke

分布：深圳 [17]。

单穗擂鼓簕 ***Mapania wallichii*** C. B. Clarke

分布：博罗 [35, 100]、封开 [14, 35]、惠东 [35]、茂名 [35]、台山 [35]、信宜 [52]、阳春 [35, 45]、肇庆 [9, 35]。

扁莎属 ***Pycreus* P. Beauv.**

球穗扁莎 ***Pycreus flavidus*** (Retz.) T. Koyama

分布：东莞 [25]、丰顺 [95]、封开 [14, 35]、广州 [35]、惠东 [35]、惠州 [35]、乐昌 [26, 41, 35]、连平 [35]、连州 [35]、龙门 [35]、梅州 [35]、南雄 [33, 57]、仁化 [16, 35]、深圳 [17]、始兴 [28]、翁源 [51]、新兴 [35]、信宜 [52]、阳春 [35]、阳山 [26, 35]、英德 [32, 35]、郁南 [101]、云浮 [35]、增城 [116]、肇庆 [9]、紫金 [31]。

小球穗扁莎 ***Pycreus flavidus* var. *nilagiricus*** (Hoschst. ex Steud.) C. Y. Wu ex Karthik.

分布：广州 [http://ppbc. iplant. cn/tu/1254131]。

直球穗扁莎 ***Pycreus flavidus* var. *strictus*** (Roxb.) C. Y. Wu ex Karthik.

分布：广州 [陈少卿 6316 (IBSC)]。

矮扁莎 ***Pycreus pumilus*** (L.) Nees

分布：东莞 [25]、封开 [14]、广州 [35]、茂名 [35]、仁化 [16]、深圳 [17]、始兴 [28]、英德 [32]、郁南 [101]、肇庆 [9]。

红鳞扁莎 ***Pycreus sanguinolentus*** (Vahl) Nees ex C. B. Clarke

分布：东莞 [25]、封开 [14, 35]、广州 [35]、乐昌 [41]、连平 [35]、罗定 [35]、茂名 [35]、乳源 [26, 35]、深圳 [17]、翁源 [35, 51]、新兴 [35]、信宜 [35, 52]、阳山 [26]、郁南 [101]、肇庆 [9]、中山 [10]、紫金 [31]。

槽果扁莎 ***Pycreus sulcinux*** (C. B. Clarke) C. B. Clarke

分布：深圳 [17]。

海滨莎属 ***Remirea* Aubl.**

海滨莎 ***Remirea maritima*** Aubl.

分布：深圳 [17]、阳江 [35]。

刺子莞属 ***Rhynchospora* Vahl**

华刺子莞 ***Rhynchospora chinensis*** Nees & C. A. Mey.

分布：丰顺 [95]、佛冈 [27]、江门 [8]、深圳 [17]。

三俭草 ***Rhynchospora corymbosa*** (L.) Britton

分布：博罗 [35] [刘全儒等 DJ20090718004 (BNU)]、从化 [107]、恩平 [22]、封开 [35] [黄威 164343 (WH08053991)]、佛冈 [27]、佛山 [22]、广州 [35] [黄成 160093 (IBSC)]、河源 [22]、惠东 [12]、江门 [8]、乐昌 [29]、雷州 [13]、廉江 [13]、乳源 [26, 22]、深圳 [22, 35, 17]、徐闻 [13]、阳春 [22]、英德 [32]、湛江 [13]、肇庆 [22]。

细叶刺子莞 ***Rhynchospora faberi*** C. B. Clarke

分布：大埔 [35]、阳山 [26]。

柔弱刺子莞 ***Rhynchospora gracillima*** Thwaites

分布：深圳 [17, 35]。

日本刺子莞 ***Rhynchospora malasica*** C. B. Clarke

分布：封开 [22, 35]、惠东 [22, 35]、江门 [8]、深圳 [17]、阳山 [22]。

刺子莞 ***Rhynchospora rubra*** (Lour.) Makino

分布：博罗 [35, 100]、潮州 [35] [曾宪锋 ZXF5857 (CZH)]、从化 [107]、大埔 [35] [李学根 202682 (IBSC)]、德庆 [35] [刘瑛光 1183 (IBSC)]、东莞 [25, 35]、丰顺 [35, 95]、封开 [14]、佛冈 [27]、高州 [35] [蒋英 2428 (IBSC)]、广州 [35] [蒋英 2798 (KUN)]、河源 [35] [77 级科研组新 0908 (SN)]、怀集 [35] [曾怀德 22817 (IBSC)]、惠东 [12, 35]、惠州 [35] [曾怀德 26008 (IBSC)]、江门 [8, 35]、蕉岭 [35] [李学根 202315 (IBSC)]、揭西 [35] [曾宪锋 ZXF21176 (CZH)]、乐昌 [26, 29, 35]、连南 [35] [谭沛祥 59515 (IBSC)]、连平 [35] [粤 73 1496 (IBSC)]、连州 [26, 35]、龙川 [35] [宋佩君 20110402 (SN)]、罗定 [35] [张桂才、刘念 2267 (IBSC)]、茂名 [35] [邓良 1804 (IBSC)]、梅州 [35] [曾宪锋 ZXF38853 (CZH)]、南雄 [33, 35, 57]、普宁 [35] [曾宪锋 ZXF42969 (CZH)]、清远 [35] [黄成 161434 (IBSC)]、仁化 [16, 35]、乳源 [26, 35]、深圳 [17, 35]、始兴 [28, 35]、台山 [35] [左景烈 22430 (IBSC)]、翁源 [35, 51]、五华 [4]、新丰 [63]、信宜 [52]、阳春 [35, 45]、阳江 [35] [黄志 41742 (IBSC)]、英德 [32, 35]、郁南 [101]、云浮 [35] [辛树帜 5054 (IBSC)]、增城 [116]、肇庆 [9, 35]、中山 [10, 35]、紫金 [31, 35]。

皱刺子莞 ***Rhynchospora rugosa*** (Vahl) Gale

分布：东莞 *[25]、封开 *[14, 35]、英德 *[32]、肇庆 * [9]。

白喙刺子莞 ***Rhynchospora rugosa* subsp. *brownii*** (Roem. & Schult.) T. Koyama

分布：从化 *[107]、佛冈 *[27]、惠东 *[12]、江门 * [8]、乐昌 *[29]、连州 *[26]、仁化 *[16]、深圳 *[17]、阳春 * [45]、阳山 *[26]、肇庆 *[9]。

萤蔺属 ***Schoenoplectiella* Lye**

萤蔺 ***Schoenoplectiella juncoides*** (Roxb.) Lye

分布：博罗 [35, 100]、东莞 [25]、东源 [22]、丰顺 [95]、封开 [14, 35]、高州 [35]、广州 [35]、惠东 [35]、乐昌 [29, 35]、连州 [26]、茂名 [85]、梅州 [35]、南雄 [33, 35, 57]、仁化 [16]、乳源 [35]、深圳 [17]、始兴 [28, 35]、翁源 [35, 51]、五华 [4]、信宜 [52]、阳春 [35]、阳山 [26, 35]、英德 [32, 35]、郁南 [101]、肇庆 [9, 35]。

水毛花 ***Schoenoplectiella mucronata*** (L.) J. Jung & H. K. Choi

分布：博罗 [100]、恩平 [22]、佛山 [22]、广州 [35]、海丰 [22]、江门 [8]、连州 [26]、龙门 [22]、仁化 [22]、乳源 [26, 35]、韶关 [35]、深圳 [17]、台山 [22]、翁源 [35]、信宜 [35]、徐闻 [35]、阳春 [35]、阳山 [22, 35]、英德 [35]、云浮 [35]、肇庆 [9, 35]、紫金 [31]。

猪毛草 ***Schoenoplectiella wallichii*** (Nees) Lye

分布：封开 [14]、乐昌 [22, 35]、乳源 [22, 35]、深圳 [17]、五华 [4]、阳春 [22]、阳山 [26]。

水葱属 ***Schoenoplectus* (Rchb.) Palla**

细匍匐茎水葱 ***Schoenoplectus lineolatus*** (Franch. & Sav.) T. Koyama

分布：广州 [35]。

水葱 ***Schoenoplectus tabernaemontani*** (C. C. Gmel.) Palla

分布：东莞 [25]、海丰 [22]、廉江 [13]、陆丰 [35]、深圳 [22, 17]、台山 [35]、翁源 [22]、吴川 [13]。

三棱水葱 ***Schoenoplectus triqueter*** (L.) Palla

分布：佛山 [22]、广州 [22, 35]、江门 [8]、廉江 [13]。

赤箭莎属 ***Schoenus* L.**

长穗赤箭莎 ***Schoenus calostachyus*** (R. Br.) Poir.

分布：化州 [35]、江门 [8]、深圳 [17, 35]、湛江 [35]。

赤箭莎 ***Schoenus falcatus*** R. Br.

分布：江门 [8]、深圳 [17]。

藨草属 ***Scirpus* L.**

陈氏藨草 ***Scirpus chunianus*** Tang & F. T. Wang

分布：和平 [卫兆芬 120366 (IBSC)]、蕉岭 [邓良 4687 (IBSC)]、乳源 [粤 73 00074 (IBSC)]、阳山 [邓良 1172 (IBSC)]、肇庆 [石国良 13381 (IBSC)]。

细枝藨草 ***Scirpus filipes*** C. B. Clarke

分布：乐昌 [29, 35]、梅州 [35]、肇庆 [9, 35]。

庐山藨草 ***Scirpus lushanensis*** Ohwi

分布：乐昌 [35]、连州 [35]。

百球藨草 ***Scirpus rosthornii*** Diels

分布：博罗 [35]、东莞 [25]、封开 [14]、江门 [8]、乐昌 [29]、连州 [26]、南雄 [33, 57]、乳源 [26]、翁源 [51]、五华 [4]、信宜 [52]、紫金 [31]。

百穗藨草 ***Scirpus ternatanus*** Reinw. ex Miq.

分布：博罗 [5]、惠东 [12]、乳源 [26]、深圳 [17]、始兴 [28]、信宜 [52]、阳山 [26]、英德 [32]、增城 [116]、肇庆 [9]。

珍珠茅属 ***Scleria* P. J. Bergius**

二花珍珠茅 ***Scleria biflora*** Roxb.

分布：从化 [107]、德庆 [35]、东莞 [25]、丰顺 [95]、封开 [14]、广州 [35]、惠东 [12, 35]、深圳 [17]、翁源 [51]、五华 [4]、新丰 [63]、新兴 [35]、阳春 [35]、阳山 [35]、肇庆 [35]、中山 [10]、紫金 [31]。

华珍珠茅 ***Scleria ciliaris*** Nees

分布：博罗 [35]、东莞 [25]、高州 [35]、惠东 [12, 35]、惠州 [35]、江门 [8]、南澳 [35]、仁化 [16]、深圳 [17]、台山 [35]、阳春 [35, 45]、英德 [32]、增城 [116]、肇庆 [9]、珠海 [35]。

伞房珍珠茅 ***Scleria corymbosa*** Roxb.

分布：封开 [35]、深圳 [17]、阳春 [35]。

圆秆珍珠茅 ***Scleria harlandii*** Hance

分布：博罗 [35]、东莞 [25]、封开 [14]、高州 [35]、广州 [35]、惠东 [12]、清远 [35]、深圳 [17]、信宜 [35, 52]、阳春 [35, 45]、阳山 [35]、肇庆 [9, 35]。

黑鳞珍珠茅 ***Scleria hookeriana*** Boeckeler

分布：东莞 [25]、广州 [35]、惠东 [12]、乐昌 [29, 35]、连州 [26]、南雄 [33, 57]、仁化 [16]、乳源 [26, 35]、始兴 [28]、五华 [4]、新丰 [63]、阳山 [26, 35]、英德 [32]。

疏松珍珠茅 ***Scleria laxa*** R. Br.

分布：惠东 [35]、陆丰 [35]、台山 [35]。

毛果珍珠茅 ***Scleria levis*** Retz

分布：博罗 [38, 100]、从化 [107]、东莞 [25]、封开 [14]、佛冈 [27]、广州 [35]、河源 [35]、惠东 [12, 35]、乐昌 [29, 35]、茂名 [35]、南雄 [33, 57]、乳源 [26]、深圳 [11, 17, 35]、始兴 [28]、翁源 [51]、信宜 [52]、徐闻 [35]、阳山 [26]、英德 [32]、肇庆 [9, 35]、中山 [10]、珠海 [35]、紫金 [31]。

石果珍珠茅 ***Scleria lithosperma*** (L.) Sw.

分布：东莞 [25]、深圳 [17]。

角架珍珠茅 ***Scleria novae-hollandiae*** Boeckeler

分布：英德 [35]。

扁果珍珠茅 ***Scleria oblata*** S. T. Blake

分布：县级不详 [3]。

小型珍珠茅 ***Scleria parvula*** Steud.

分布：封开 [14, 35]、江门 [8]、仁化 [16]、深圳 [17]、阳山 [26, 35]、肇庆 [9]。

紫花珍珠茅 ***Scleria purpurascens*** Steud.

分布：大埔 [35]、丰顺 [35]、封开 [14, 35]、河源 [35]、连山 [35]、龙门 [35]、深圳 [17]、阳春 [35]、阳江 [35]、增城 [35]。

光果珍珠茅 ***Scleria radula*** Hance

分布：江门 [8]、茂名 [邓良 2138 (PE)]。

垂序珍珠茅 ***Scleria rugosa*** R. Br.

分布：仁化 [16]、深圳 [17]。

轮叶珍珠茅 ***Scleria scrobiculata*** Nees & Meyen

分布：连州 [3]。

高秆珍珠茅 ***Scleria terrestris*** (L.) Fassett

分布：博罗 [5]、从化 [107]、东莞 [25]、丰顺 [95]、封开 [14]、佛冈 [27]、广州 [35]、河源 [35]、惠东 [12]、蕉岭 [35]、乐昌 [29, 35, 41]、茂名 [85]、仁化 [16]、乳源 [26, 35]、深圳 [17, 35]、始兴 [28]、翁源 [51]、新丰 [63]、信宜 [52]、阳春 [35, 45]、阳山 [26]、英德 [32]、郁南 [101]、增城 [116]、肇庆 [9, 35]。

越南珍珠茅 ***Scleria tonkinensis*** C. B. Clarke

分布：雷州 [35]。

蔺藨草属 ***Trichophorum* Pers.**

三棱蔺藨草 ***Trichophorum mattfeldianum*** (Kuk.) S. Yun Liang

分布：乐昌 [41]、珠海 [35]。

玉山蔺藨草 ***Trichophorum subcapitatum*** (Thwaites & Hook.)

D. A. Simpson

分布：博罗 [35]、从化 [35, 107]、封开 [14, 35]、乐昌 [29]、茂名 [35]、南雄 [33, 57]、仁化 [16]、乳源 [26, 35]、深圳 [17]、翁源 [51]、五华 [4]、信宜 [35, 52]、阳山 [26, 35]、英德 [32]、紫金 [31]。

200. 帚灯草科 Restionaceae

刺鳞草属 *Centrolepis* Labill.

刺鳞草 *Centrolepis banksii* (R. Br.) Roem. & Schult.

分布：陆丰 [35]、乳源 [26]。

201. 须叶藤科 Flagellariaceae

须叶藤属 *Flagellaria* L.

须叶藤 *Flagellaria indica* L.

分布：雷州 [13]、廉江 [13]、湛江 [http://ppbc. iplant. cn/ tu/ 5625467]。

202. 禾本科 Poaceae

酸竹属 *Acidosasa* C. D. Chu & C. S. Chao ex Keng f.

小叶酸竹 *Acidosasa breviclavata* W. T. Lin

分布：从化 [107]、封开 [66]、江门 [66, 35, 3]。

异枝酸竹 *Acidosasa carinata* (W. T. Lin) D. Z. Li & Y. X. Zhang

分布：江门 [66]、台山 [204, 35]、英德 [32]。

酸竹 *Acidosasa chinensis* C. D. Chu & C. S. Chao ex Keng f.

分布：茂名 [20]、阳春 [66, 35, 3, 20, 37, 45]。

长舌酸竹 *Acidosasa nanunica* (McClure) C. S. Chao & G. Y. Yang

分布：江门 [35]、揭西 [35]、乐昌 [35]、平远 [35]、清远 [66, 35]、乳源 [35]、信宜 [35, 52]、英德 [35]。

斑箨酸竹 *Acidosasa notata* (Z. P. Wang & G. H. Ye) S. S. You

分布：平远 [35]。

黎竹 *Acidosasa venusta* (McClure) Z. P. Wang & G. H. Ye ex C. S. Chao ex Ohrnb. & Goerrings

分布：广州 [66, 35, 3]。

凤头黍属 *Acroceras* Stapf

凤头黍 *Acroceras munroanum* (Balansa) Henrard

分布：深圳 [35]、肇庆 [9]。

山鸡谷草 *Acroceras tonkinense* (Balansa) C. E. Hubb. ex Bor

分布：东莞 [25]、深圳 [17]、阳春 [35]。

山羊草属 *Aegilops* L.

节节麦 *Aegilops tauschii* Coss.

分布：惠州 #[469]。

剪股颖属 *Agrostis* L.

华北剪股颖 *Agrostis clavata* Trin.

分布：连州 [26]、始兴 [28]。

玉山剪股颖 *Agrostis infirma* Buse

分布：广州 [35]、深圳 [35]。

台湾剪股颖 *Agrostis sozanensis* Hayata

分布：平远 [曾宪锋 ZXF34029 (CZH)]、兴宁 [曾宪锋 ZXF22097 (CZH)]。

毛颖草属 *Alloteropsis* J. Presl

臭虫草 *Alloteropsis cimicina* (L.) Stapf

分布：深圳 [17, 35]、中山 [35]、珠海 [35]。

毛颖草 *Alloteropsis semialata* (R. Br.) Hitchc.

分布：博罗 [35, 100]、东莞 [25]、广州 [35]、乐昌 [29]、仁化 [16]、深圳 [17, 35]、阳春 [35]、阳江 [35]、英德 [32]、肇庆 [9, 35]。

紫纹毛颖草 *Alloteropsis semialata* var. *eckloniana* (Nees) Pilger

分布：深圳 [17]。

看麦娘属 *Alopecurus* L.

看麦娘 *Alopecurus aequalis* Sobol.

分布：潮州 #[15]、从化 #[15]、大埔 #[15, 35]、东莞 # [25]、佛山 #[15]、广州 #[15]、和平 #[15, 35]、江门 #[8]、蕉岭 # [15, 35]、乐昌 #[15, 29, 35]、连南 #[15, 35]、连平 #[15, 35]、连山 #[15, 35]、连州 #[26]、龙门 #[15]、南雄 #[33, 57]、平远 # [15]、清远 #[15, 35]、仁化 #[16]、乳源 #[15, 26, 35]、始兴 # [28]、翁源 #[15, 22, 35]、五华 #[4]、新丰 #[15, 35]、信宜 # [15, 52]、阳春 #[15, 35]、阳山 #[15, 26, 35]、英德 #[15, 32, 35]、郁南 #[101]、增城 #[15, 116]、肇庆 #[9]、紫金 #[31]。

日本看麦娘 *Alopecurus japonicus* Steud.

分布：大埔 #[35]、和平 #[35]、蕉岭 #[35]、乐昌 # [29, 41, 526, 35]、连南 #[35]、连平 #[35]、连山 #[35]、南雄 # [33, 57]、清远 #[35]、仁化 #[16]、乳源 #[35]、始兴 # [28]、翁源 #[35]、五华 #[4]、新丰 #[35]、阳山 #[35]、英德 # [35]、紫金 #[31]。

须芒草属 *Andropogon* L.

华须芒草 *Andropogon chinensis* (Nees) Merr.

分布：博罗 [35]、河源 [35]、连州 [35]、仁化 [16]。

水蔗草属 *Apluda* L.

水蔗草 *Apluda mutica* L.

分布：博罗 [35, 100]、从化 [35, 107]、大埔 [35] [曾宪锋 ZXF29430 (CZH)]、东莞 [25, 35]、丰顺 [35] [曾宪锋 ZXF33580 (CZH)]、佛冈 [27]、佛山 [35] [冯肇南 908 (N019123021)]、广州 [35] [叶育石 5487 (IBSC)]、和平 [35] [谭策铭、易桂花 Y06733 (JJF)]、惠东 [12, 35]、惠州 [35] [叶华谷、曾飞燕 22066 (IBSC)]、江门 [8]、揭西 [35] [许小婷 XXT122 (CZH)]、乐昌 [29, 35, 41]、连平 [35] [粤

73 1439 (IBSC)]、连州 [35] [陈少卿 5811 (IBSC)]、廉江 [35] [王正平 64 (N019123004)]、龙川 [35] [王颖 WY056 (CZH)]、茂名 [35] [刘昂 LA19110703 (CSFI)]、梅州 [35] [曾宪锋 ZXF42010 (CZH)]、南雄 [33, 35]、平远 [35] [曾宪锋 ZXF33881 (CZH)]、普宁 [35] [曾宪锋 ZXF11897 (CZH)]、饶平 [35] [曾飞燕 1672 (IBSC)]、仁化 [16]、乳源 [35] [李耀 2008 (IBK)]、汕头 [35] [彭会瑶、王颖 WP034 (CZH)]、深圳 [11, 17, 35]、始兴 [28, 35]、台山 [35] [周联选 11562 (KUN)]、翁源 [35] [刘心祈 25126 (IBK)]、五华 [4, 35]、新丰 [63]、兴宁 [35] [曾宪锋 ZXF32508 (CZH)]、徐闻 [35] [徐闻队 835 (PE)]、阳山 [26, 35]、英德 [32, 35]、郁南 [35] [张桂才、刘念 2898 (IBSC)]、云浮 [35] [C. J. Hwang 580 (PE)]、增城 [116]、湛江 [35] [曾宪锋 ZXF11659 (CZH)]、肇庆 [9, 35]、中山 [10, 35]、珠海 [35] [刘莹、李静 112 (SYS)]、紫金 [31, 35]。

楔颖草属 *Apocopis* Nees

异穗楔颖草 *Apocopis intermedius* (A. Camus) Chai-Anan

分布：深圳 [35]、中山 [35]、珠海 [35]。

瑞氏楔颖草 *Apocopis wrightii* Munro

分布：广州 [35]、海丰 [35]、连平 [35]、连州 [35]、陆丰 [35]、汕尾 [35]、台山 [35]、英德 [35]、紫金 [35]。

三芒草属 *Aristida* L.

华三芒草 *Aristida chinensis* Munro

分布：东莞 [25]、高州 [35]、广州 [35]、廉江 [35]、南澳 [35]、深圳 [17, 35]、遂溪 [35]、翁源 [51]、吴川 [35]、徐闻 [35]、英德 [35]。

黄草毛 *Aristida cumingiana* Trin. & Rupr.

分布：大埔 [35]、广州 [35]、惠州 [35]、连平 [35]、仁化 [16, 35]、英德 [32]。

荩草属 *Arthraxon* P. Beauv.

荩草 *Arthraxon hispidus* (Thunb.) Makino

分布：博罗 [100]、从化 [107]、丰顺 [95]、封开 [14, 35]、广州 [35]、和平 [35]、乐昌 [29, 35, 41]、连州 [26, 35]、罗定 [35]、仁化 [16]、乳源 [35]、深圳 [17, 35]、始兴 [28]、台山 [35]、五华 [4]、信宜 [52]、阳春 [35, 45]、阳山 [26, 35]、英德 [32]、郁南 [35, 101]、肇庆 [9, 35]、紫金 [31]。

矛叶荩草 *Arthraxon lanceolatus* (Roxb.) Hochst.

分布：河源 [华南师范学院 863 (IBSC)]。

茅叶荩草 *Arthraxon prionodes* (Steud.) Dandy

分布：河源 [35]、惠州 [35]、深圳 [35]、肇庆 [35]。

洱源荩草 *Arthraxon typicus* (Buse) Koord.

分布：乳源 [37]。

青篱竹属 *Arundinaria* Michx.

苦篱竹 *Arundinaria acerba* W. T. Lin

分布：广宁 [35]。

从化青篱竹 *Arundinaria conghuaensis* W. T. Lin

分布：从化 [451, 35]。

蒲竹 *Arundinaria rectirama* W. T. Lin

分布：广宁 [35]。

野古草属 *Arundinella* Raddi

毛节野古草 *Arundinella barbinodis* Keng ex B. S. Sun & Z. H. Hu

分布：从化 [35, 107]、乐昌 [29, 35]、连平 [35]、清远 [35]、仁化 [35]、深圳 [17]、新丰 [35]、阳山 [35]。

孟加拉野古草 *Arundinella bengalensis* (Spreng.) Druce

分布：乐昌 [29, 35]。

溪边野古草 *Arundinella fluviatilis* Hand. -Mazz.

分布：佛山 [22]。

野古草 *Arundinella hirta* (Thunberg) Tanaka

分布：博罗 [35, 100]、从化 [107]、东莞 [25]、封开 [14, 35]、广州 [35]、江门 [8]、乐昌 [29]、连南 [35]、连州 [26, 35]、南雄 [33, 57]、仁化 [16]、乳源 [26, 35]、深圳 [11]、始兴 [28, 35]、翁源 [51]、新丰 [63]、信宜 [52]、阳山 [26, 35]、英德 [32]、郁南 [101]、增城 [116]、肇庆 [9]。

石芒草 *Arundinella nepalensis* Trin.

分布：博罗 [35, 100]、从化 [107]、大埔 [35]、东莞 [25]、丰顺 [95]、封开 [14, 35]、佛冈 [27]、广州 [35]、河源 [35]、惠东 [35]、惠州 [35]、乐昌 [29, 35]、连平 [35]、连州 [26]、梅州 [35]、清远 [35]、乳源 [26]、深圳 [11, 17, 35]、始兴 [28]、台山 [35]、翁源 [51]、信宜 [35, 52]、兴宁 [35]、阳春 [35]、阳江 [35]、阳山 [26, 35]、英德 [32, 35]、郁南 [101]、云浮 [35]、肇庆 [9, 35]、紫金 [31, 35]。

刺芒野古草 *Arundinella setosa* Trin.

分布：博罗 [C. Ford 125 (K000943310)]、从化 [107]、东莞 [25]、丰顺 [95]、封开 [14]、高州 [35]、广州 [35]、惠州 [35]、连南 [35]、连州 [26, 35]、茂名 [35]、南澳 [35]、深圳 [11, 17, 35]、始兴 [35]、翁源 [51]、信宜 [52]、徐闻 [35]、阳山 [26]、英德 [32, 35]、郁南 [101]、珠海 [35]。

无刺野古草 *Arundinella setosa* var. *esetosa* Bor ex S. M. Phillip & S. L. Chen

分布：东莞 [25]。

芦竹属 *Arundo* L.

芦竹 *Arundo donax* L.

分布：博罗 #[38]、从化 #[107]、东莞 #[25]、封开 #[14]、佛冈 #[27]、佛山 #[500]、广州 #[35]、江门 #[8, 35]、南澳 #[35]、仁化 #[16]、深圳 #[11, 17, 35]、台山 #[35]、翁源 #[51]、五华 #[4]、阳春 #[35]、英德 #[35]、郁南 #[35, 101]、珠海 #[428]、紫金 #[31]。

燕麦属 *Avena* L.

野燕麦 *Avena fatua* L.

分布：乐昌 #[29, 35, 526]、连州 #[26]、南雄 #[33]、乳源 #[26, 35]、肇庆 #[9, 35]。

光稃野燕麦 ***Avena fatua* var. *glabrata*** Peterm.

分布：广州 [35]、深圳 [17, 35]。

燕麦 ***Avena sativa*** L.

分布：肇庆 #[9]。

地毯草属 *Axonopus* P. Beauv.

地毯草 ***Axonopus compressus*** (Sw.) P. Beauv.

分布：潮州 #[15]、从化 #[107]、东莞 #[25, 82]、东源 #[59]、佛冈 #[27]、佛山 #[500]、广州 #[15, 21]、海丰 # [15]、惠东 #[12]、惠州 #[82]、乐昌 #[526]、茂名 #[15, 85]、仁化 # [16]、汕头 #[15]、深圳 #[15, 17, 82]、五华 #[4]、新丰 # [63]、信宜 #[52]、阳春 #[15]、英德 #[32]、郁南 #[101]、增城 # [116]、湛江 #[416]、肇庆 #[9, 15, 423]、中山 #[10, 82]、珠海 #[428]、紫金 #[31]。

类地毯草 ***Axonopus fissifolius*** (Raddi) Kuhlm.

分布：广州 [冯学琳 s. n. (IBSC)]。

簕竹属 *Bambusa* Schreb.

花竹 ***Bambusa albolineata*** (McClure) L. C. Chia

分布：仁化 [16]、始兴 [28]。

抱秆黄竹 ***Bambusa amplexicaulis*** W. T. Lin & Z. M. Wu

分布：从化 [107]。

狭耳坭竹 ***Bambusa angustiaurita*** W. T. Lin

分布：怀集 [3, 35]。

狭耳簕竹 ***Bambusa angustissima*** L. C. Chia & H. L. Fung

分布：高州 [3, 35]。

印度簕竹 ***Bambusa bambos*** (L.) Voss. ex Vilm.

分布：英德 [32]。

扁竹 ***Bambusa basihirsuta*** McClure

分布：广州 [35]、河源 [35]。

凹箨绿竹 ***Bambusa basihirsutoides*** N. H. Xia

分布：广宁 [35]。

阳春石竹 ***Bambusa basisolida*** W. T. Lin

分布：阳春 [35]。

吊丝球竹 ***Bambusa beecheyana*** Munro

分布：博罗 [38]、乐昌 [29]、仁化 [16]、肇庆 *[9]。

大头典竹 ***Bambusa beecheyana* var. *pubescens*** (P. F. Li) W. C. Lin

分布：仁化 [16]、英德 [32]、郁南 [101]。

簕竹 ***Bambusa blumeana*** Schult. & Schult. f.

分布：英德 #[32]。

单竹 ***Bambusa cerosissima*** McClure

分布：封开 [14]、乐昌 [29]、清远 [35]、仁化 [16]、始兴 [28]、英德 [32]、中山 [10]。

粉单竹 ***Bambusa chungii*** McClure

分布: 博罗 [38, 100]、从化 *[107]、佛冈 [27]、广州 [35] [汤彦承 s. n. (PE)]、惠东 [12]、乐昌 [29, 35]、仁化 [16]、深圳 * [17, 35]、始兴 [28]、翁源 [51]、新丰 [63]、信宜 *[52]、阳春 [45]、阳山 *[26]、英德 [32]、郁南 [101]、增城 [116]、肇庆 *[9]、中山 [10, 35]、紫金 [31, 35]。

牛角竹 ***Bambusa cornigera*** McClure

分布：乐昌 [41]。

皱耳石竹 ***Bambusa crispiaurita*** W. T. Lin & Z. M. Wu

分布：广宁 [3, 35]。

坭簕竹 ***Bambusa dissimulator*** McClure

分布：广州 [35]、乐昌 [29]、翁源 [51]。

白节簕竹 ***Bambusa dissimulator* var. *albinodia*** McClure

分布：广州 [37]。

毛簕竹 ***Bambusa dissimulator* var. *hispida*** McClure

分布：广州 [37]。

大眼竹 ***Bambusa eutuldoides*** McClure

分布：佛冈 [27]、惠东 [12]、英德 [32]、肇庆 *[9]。

银丝大眼竹 ***Bambusa eutuldoides* var. *basistriata*** McClure

分布：仁化 [16]。

青丝黄竹 ***Bambusa eutuldoides* var. *viridivittata*** (W. T. Lin) L. C. Chia

分布：惠东 [12]、英德 [32]。

小簕竹 ***Bambusa flexuosa*** Munro

分布: 从化 [107]、乐昌 [29, 35]、深圳 [17, 35]、信宜 [52]、英德 [32]、郁南 [101]、紫金 [31, 35]。

鸡窦簕竹 ***Bambusa funghomii*** McClure

分布：广州 [35]。

坭竹 ***Bambusa gibba*** McClure

分布: 从化 [107]、广州 [35] [汤彦承 40 (PE)]、深圳 [11, 17, 35]、英德 [32]。

鱼肚腩竹 ***Bambusa gibboides*** W. T. Lin

分布：广州 [37]。

毛秆竹 ***Bambusa hirticaulis*** R. S. Lin

分布：广州 [211]。

乡土竹 ***Bambusa indigena*** L. C. Chia & H. L. Fung

分布：广州 [3, 35]。

黎庵高竹 ***Bambusa insularis*** L. C. Chia & H. L. Fung

分布：广州 [35]。

油簕竹 ***Bambusa lapidea*** McClure

分布：从化 [107]、乐昌 [29]、深圳 *[17]、信宜 [52]、肇庆 *[9]。

软簕竹 ***Bambusa latideltata*** W. T. Lin

分布：佛山 [3, 35]、广州 [35]。

紫斑簕竹 ***Bambusa longipalea*** W. T. Lin

分布：广州 [3, 35]。

大耳坭竹 ***Bambusa macrotis*** L. C. Chia & H. L. Fung

分布：清远 [3, 35]。

马岭竹 ***Bambusa malingensis*** McClure

分布：广州 [35]。

孝顺竹 ***Bambusa multiplex*** (Lour.) Raeusch. ex Schult. & Schult. f.

分布：从化 [107]、佛冈 [27]、惠东 [12]、乐昌 [29]、连州 *[26]、深圳 [17]、英德 [32]、增城 [116]、紫金 [31]。

毛凤尾竹 ***Bambusa multiplex* var. *incana*** B. M. Yang

分布：深圳 *[17]、始兴 *[28]、英德 *[32]。

观音竹 ***Bambusa multiplex* var. *riviereorum*** Maire

分布：从化 *[107]、英德 [32]。

绿竹 ***Bambusa oldhamii*** Munro

分布：佛冈 [27]、和平 [35] [谭策铭等 Y06663 (JJF)]。

米筛竹 ***Bambusa pachinensis*** Hayata

分布：紫金 [31]。

长毛米筛竹 ***Bambusa pachinensis* var. *hirsutissima*** (Odash.) W. C. Lin

分布：乐昌 [41]、肇庆 *[9]。

撑篙竹 ***Bambusa pervariabilis*** McClure

分布：从化 [107]、东源 [59]、佛冈 [27]、广州 [35] [汤彦承 22 (PE)]、乐昌 [29, 35]、仁化 [16]、深圳 [35] [张敏 8055 (SZG)]、翁源 [51]、信宜 [52]、英德 [32]、郁南 [101]、增城 [35] [冯钦 21206 (SYS)]、肇庆 *[9]、紫金 [31, 35]。

花身竹 ***Bambusa pervariabilis* var. *multistriata*** W. T. Lin

分布：广州 [35]。

孖竹 ***Bambusa rectocuneata*** (W. T. Lin) N. H. Xia, R. S. Lin & R. H. Wang

分布：英德 [55, 32, 35]。

甲竹 ***Bambusa remotiflora*** (Kuntze) L. C. Chia & H. L. Fung

分布：广州 *[陈绍云，孙明山 76012 (HZ032878)]、深圳 *[张敏 8015 (SZG)]。

硬头黄竹 ***Bambusa rigida*** Keng & P. C. Keng

分布：从化 [107]。

皱纹单竹 ***Bambusa rugata*** (W. T. Lin) Ohrnb.

分布：珠海 [3, 35]。

木竹 ***Bambusa rutila*** McClure

分布：乐昌 [29]、韶关 [35]、英德 [32]。

掩耳黄竹 ***Bambusa semitecta*** W. T. Lin & Z. M. Wu

分布：广宁 [3, 35]。

车筒竹 ***Bambusa sinospinosa*** McClure

分布：封开 [14]、惠东 [12]、深圳 *[17]、信宜 [52]、郁南 [101]、肇庆 *[9]、紫金 [31]。

信宜石竹 ***Bambusa subtruncata*** L. C. Chia & H. L. Fung

分布：信宜 [3, 35, 52]。

绥江青竹 ***Bambusa suijiangensis*** J. B. Ni, Z. Y. Niu & Y. H. Tong

分布：广宁 [232]、怀集 [232]。

青皮竹 ***Bambusa textilis*** McClure

分布：从化 [107]、东源 [59]、佛冈 [27]、惠东 [12]、乐昌 [41]、南雄 *[57]、深圳 *[11, 17]、始兴 *[28]、信宜 * [52]、英德 [32]、郁南 [101]、肇庆 *[9]、紫金 [31]。

光竿青皮竹 ***Bambusa textilis* var. *glabra*** McClure

分布：增城 [116]。

崖州竹 ***Bambusa textilis* var. *gracilis*** McClure

分布：深圳 *[17]。

横脉甲竹 ***Bambusa transvenula*** (W. T. Lin & Z. J. Feng) N. H. Xia

分布：信宜 [35]。

青秆竹 ***Bambusa tuldoides*** Munro

分布：广州 [35] [叶育石 5282 (IBSC)]、和平 [35] [谭策铭、曹仕优 972013 (JJF)]、河源 [35] [冯钦 A-626 (SYS)]、惠东 [12]、乐昌 [29, 35]、茂名 [85]、仁化 [16]、深圳 *[17, 35]、翁源 [35] [刘心祈 24997 (SYS)]、信宜 [52]、肇庆 *[9, 35]、紫金 [31, 35]。

吊丝单竹 ***Bambusa variostriata*** (W. T. Lin) L. C. Chia & H. L. Fung

分布：英德 [32]、紫金 [31]。

佛肚竹 ***Bambusa ventricosa*** McClure

分布：博罗 *[5, 38]、封开 [14]、广州 [37]、江门 [8]、仁化 *[16]、深圳 *[17]。

龙头竹 ***Bambusa vulgaris*** Schrad. ex J. C. Wendland

分布：从化 *[107]、仁化 *[16]、肇庆 *[9]。

霞山坭竹 ***Bambusa xiashanensis*** L. C. Chia & H. L. Fung

分布：湛江 [3]。

学琳石竹 ***Bambusa xueliniana*** R. S. Lin & C. H. Zheng

分布：台山 [213]。

阳山簕竹 ***Bambusa yangshanensis*** J. B. Ni & M. L. Li

分布：阳山 [575]。

菵草属 *Beckmannia* Host

菵草 ***Beckmannia syzigachne*** (Steud.) Fernald

分布：广州 #[22, 35]、连州 #[26]、南雄 #[33]、翁源 # [22]、紫金 #[31]。

越南竹属 *Bonia* Balansa

小花单枝竹 ***Bonia parvifloscula*** (W. T. Lin) N. H. Xia

分布：德庆 [35]、封开 [35]、广宁 [35]、怀集 [35]、四会 [35]、肇庆 [3, 35]。

单枝竹 ***Bonia saxatilis*** (L. C. Chia & al.) N. H. Xia

分布：阳山 [35]、英德 [32]。

丹霞单枝竹 ***Bonia saxatilis* var. *danxiaensis*** X. Li, J. B. Ni & Y. H. Tong

分布：仁化 [438]。

孔颖草属 *Bothriochloa* Kuntze

臭根子草 ***Bothriochloa bladhii*** (Retz.) S. T. Blake

分布：东莞 [25]、丰顺 [95]、广州 [22, 35]、乐昌 [29, 22, 35]、连州 [22, 35]、仁化 [16]、深圳 [11, 17]、台山 [22,

35]、信宜 [52]、徐闻 [22, 35]、阳春 [22, 35, 45]、湛江 [22]、肇庆 [9]。

白羊草 ***Bothriochloa ischaemum*** (L.) Keng

分布：高州 [35]、广州 [35]、乐昌 [29, 35]、连平 [35]、南澳 [35]、南雄 [33]、汕头 [35]、深圳 [17]、五华 [35]。

孔颖草 ***Bothriochloa pertusa*** (L.) A. Camus

分布: 东莞 [25]、广州 [35]、翁源 [51]、肇庆 [35]、紫金 [31]。

臂形草属 *Brachiaria* (Trin.) Griseb.

巴拉草 ***Brachiaria mutica*** (Forssk.) Stapf

分布：潮州 #[15]、丰顺 #[15]、广州 #[21]、惠州 #[15, 82]、揭阳 #[15]、茂名 #[15]、南澳 #[15]、汕头 #[15]、深圳 # [17]、湛江 #[416]、珠海 #[15, 428]。

四生臂形草 ***Brachiaria subquadripara*** (Trin.) Hitchc.

分布：从化 [107]、东莞 [25]、广州 [35]、惠东 [12]、乐昌 [29]、深圳 [17, 35]、信宜 [52]、增城 [116]、肇庆 [9, 35]、中山 [10]。

毛臂形草 ***Brachiaria villosa*** (Lam.) A. Camus

分布：从化 [107]、封开 [14]、海丰 [35]、乐昌 [35]、连州 [26]、南澳 [35]、南雄 [33]、仁化 [16]、始兴 [28, 35]、阳山 [35]。

雀麦属 *Bromus* L.

扁穗雀麦 ***Bromus catharticus*** Vahl

分布：潮州 #[15, 401]。

雀麦 ***Bromus japonicus*** Thunb.

分布：平远 #[15]。

拂子茅属 *Calamagrostis* Adans.

拂子茅 ***Calamagrostis epigeios*** (L.) Roth

分布：博罗 [22, 35]、连州 [26]、清远 [22, 35]、乳源 [26, 22, 35]、始兴 [28, 22, 35]、阳山 [26]。

细柄草属 *Capillipedium* Stapf

硬秆子草 ***Capillipedium assimile*** (Steud.) A. Camus

分布：从化 [107]、封开 [14]、佛冈 [27]、高州 [35]、广州 [35]、河源 [35]、怀集 [35]、乐昌 [29, 35]、连南 [35]、连州 [26, 35]、梅州 [35]、南雄 [33, 57]、仁化 [16]、乳源 [35]、深圳 [17, 35]、始兴 [28, 35]、翁源 [35]、信宜 [52]、阳山 [35]、英德 [35]、肇庆 [9, 35]。

细柄草 ***Capillipedium parviflorum*** (R. Br.) Stapf

分布：博罗 [5, 100]、潮州 [35] [曾宪锋 ZXF00122 (CZH)]、从化 [35, 107]、大埔 [35] [邓良 5245 (IBSC)]、东莞 [25, 35]、东源 [35] [刘全儒、孟世勇 201001136 (BNU)]、丰顺 [35, 95]、封开 [14, 35]、佛冈 [27]、广州 [35] [徐祥浩 7 (IBSC)]、和平 [35] [卫兆芬 120550 (PE)]、河源 [35] [刘全儒、孟世勇 201001126 (BNU)]、怀集 [35] [曾怀德 22900 (IBSC)]、惠州 [35] [曾怀德 26035 (IBSC)]、江门 [8]、蕉岭 [35] [邓良 4779 (IBSC)]、乐昌 [29, 35, 41]、连州 [26, 35]、龙川 [35] [刘全儒、孟世勇 201001157 (BNU)]、罗定 [35] [张桂才、刘念 2161 (IBSC)]、梅州 [35] [曾宪锋 ZXF33215 (CZH)]、南雄 [33, 35, 57]、平远 [35] [曾宪锋 ZXF33912 (CZH)]、清远 [35] [黄荣焜 30243 (IBSC)]、仁化 [16]、乳源 [26, 35]、汕尾 [35] [陈炳辉 594 (IBSC)]、深圳 [11, 17, 35]、始兴 [28, 35]、遂溪 [35] [曾沛 10357 (SYS)]、翁源 [51]、五华 [35] [李学根 201756 (IBSC)]、新丰 [63]、信宜 [52]、兴宁 [35] [曾宪锋 ZXF27730 (CZH)]、徐闻 [35] [徐闻队 767 (IBK)]、阳春 [35] [叶华谷 6535 (IBSC)]、阳山 [26]、英德 [32]、郁南 [35] [张桂才、刘念 2832 (IBSC)]、增城 [116]、肇庆 [9, 35]、紫金 [31, 35]。

多节细柄草 ***Capillipedium spicigerum*** S. T. Blake

分布：惠州 [https://ppbc.iplant.cn/tu/7022760]、广州 [https://ppbc.iplant.cn/tu/7022770]、湛江 [https://ppbc.iplant.cn/tu/1882458]、中山 [https://ppbc.iplant.cn/tu/9084976]。

蒺藜草属 *Cenchrus* L.

蒺藜草 ***Cenchrus echinatus*** L.

分布：潮州 #[15]、东莞 #[25]、高州 #[15, 35]、广州 #[15, 21]、海丰 #[15, 35]、惠东 #[15, 35]、惠州 #[15, 82, 35]、江门 #[494]、揭阳 #[15]、雷州 #[15, 35]、廉江 #[13]、陆丰 #[15, 35]、茂名 #[15, 35]、饶平 #[15, 35]、汕头 #[15, 35]、深圳 #[15, 82, 35, 17]、吴川 #[15, 35]、徐闻 #[15, 35]、阳江 #[15, 35]、阳西 #[15, 35]、湛江 #[15, 13, 416, 35]、中山 #[10, 82]、珠海 #[15, 35]。

酸模芒属 *Centotheca* Desv.

酸模芒 ***Centotheca lappacea*** (L.) Desv.

分布：从化 #[107]、东莞 #[25]、封开 #[14]、佛冈 # [27]、高州 #[35]、惠东 #[35]、惠州 #[35]、茂名 #[35]、仁化 # [16]、深圳 #[17, 35]、新丰 #[63]、阳春 #[35, 45]、阳江 # [35]、阳西 #[35]、英德 #[32]、肇庆 #[9]、珠海 #[35]、紫金 #[31]。

山涧草属 *Chikusichloa* Koidz.

无芒山涧草 ***Chikusichloa mutica*** Keng

分布：从化 [35]、惠东 [12]、仁化 [35]、翁源 [51]、博罗 [https://ppbc.iplant.cn/tu/11744270]、龙门 [https://ppbc.iplant.cn/tu/7133262]。

寒竹属 *Chimonobambusa* Makino

细茎寒竹 ***Chimonobambusa gracilis*** (W. T. Lin) N. H. Xia

分布：阳山 [210, 35]。

方竹 ***Chimonobambusa quadrangularis*** (Franceschi) Makino

分布：乐昌 [29]、从化 [https://ppbc.iplant.cn/tu/16968136]。

虎尾草属 *Chloris* Sw.

孟仁草 ***Chloris barbata*** Sw.

分布：东莞 #[25]、高州 #[35]、惠东 #[35]、惠州 # [35]、雷州 #[35]、茂名 #[35]、深圳 #[17, 35]、徐闻 #[35]、阳江 #[35]、阳西 #[35]、湛江 #[35]、中山 #[10]、珠海 #[35]。

台湾虎尾草 *Chloris formosana* (Honda) Keng ex B. S. Sun & Z. H. Hu

分布：东莞 [25]、海丰 [35] [南植地 8353 (IBSC)]、雷州 [35] [周远瑞 100180 (IBK)]、陆丰 [35] [李泽贤 749 (IBSC)]、深圳 [17, 35]、台山 [35] [周联选 11572 (KUN)]、阳江 [35] [黄志 41651 (IBK)]、增城 [116]。

虎尾草 *Chloris virgata* Sw.

分布：湛江 #[416]。

金须茅属 ***Chrysopogon*** **Trin.**

竹节草 *Chrysopogon aciculatus* (Retz.) Trin.

分布：博罗 [35, 100]、从化 [107]、大埔 [35]、德庆 [35]、东莞 [25]、丰顺 [95]、封开 [14]、高州 [35]、广州 [35]、和平 [35]、河源 [35]、惠东 [12]、江门 [8]、乐昌 [29]、连平 [35]、连州 [26]、龙川 [35]、龙门 [35]、茂名 [35, 85]、清远 [35]、仁化 [16]、乳源 [26]、深圳 [17, 35]、翁源 [35]、五华 [35]、新丰 [35, 63]、信宜 [52]、兴宁 [35]、徐闻 [35]、阳春 [35]、阳江 [35]、阳西 [35]、英德 [32, 35]、郁南 [101]、增城 [116]、肇庆 [9, 35]、中山 [10]、紫金 [31]。

金须茅 *Chrysopogon orientalis* (Desv.) A. Camus

分布：徐闻 [35]、湛江 [35]。

香根草 *Chrysopogon zizanioides* (L.) Roberty

分布：广州 #[15, 35]、化州 #[15, 35]、汕头 #[15, 35]、深圳 #[17]、吴川 #[15, 22, 35]、阳春 #[15, 35]。

小丽草属 ***Coelachne*** **R. Br.**

小丽草 *Coelachne simpliciuscula* (Wight & Arn. ex Steud.) Munro ex Benth.

分布：东莞 [25]、佛山 [22]、广州 [22, 35]、江门 [8]、南雄 [22]、仁化 [16, 22]、深圳 [22, 35, 17]、翁源 [22]、阳春 [22, 35]、肇庆 [9]。

薏苡属 ***Coix*** **L.**

水生薏苡 *Coix aquatica* Roxb.

分布：博罗 [卫兆芬 121767 (KUN322817)]、乐昌 [陈念劬 42228 (KUN)]、仁化 [邓良 7477 (KUN)]、翁源 [刘心祈 24964 (KUN)]、阳山 [谭沛祥 60456 (KUN)]。

薏苡 *Coix lacryma-jobi* L.

分布：博罗 #[35, 38, 100]、潮州 #[35] [曾宪锋 ZXF16196 (CZH)]、从化 #[107, 509, 35]、大埔 #[35] [大埔 78 (SN)]、东莞 #[25, 35]、东源 #[59]、丰顺 #[35] [曾宪锋 ZXF39200 (CZH)]、佛山 #[500, 35]、广州 #[21, 35]、海丰 #[35] [王瑞江 RQHN00252 (CSH)]、和平 #[35] [张桂才 338 (IBSC)]、怀集 #[35] [刘瑛光 2816 (IBSC)]、惠东 #[12]、惠州 #[35] [叶华谷、曾飞燕 22064 (IBSC)]、蕉岭 #[35] [李学根 202255 (IBSC)]、揭阳 #[35] [黄雅凤 HYF069 (CZH)]、乐昌 #[29, 35, 41]、连平 #[35] [粤 73 2010 (IBSC)]、连州 #[26, 35]、龙门 #[35] [王学文、张桂才 8284 (IBSC)]、罗定 #[35] [张桂才、刘念 2420 (IBSC)]、茂名 #[85]、梅州 #[35] [李沛琼 23302 (SZG)]、南雄 #[33, 35, 57]、平远 #[35] [李学根 201912 (IBSC)]、清远 #[35] [王瑞江 RQHN00465 (CSH)]、饶平 #[35] [曾宪锋 ZXF23215 (CZH)]、仁化 #[16, 35]、乳源 #[26, 35]、深圳 #[17, 35]、始兴 #[28]、四会 #[35] [王瑞江 RQHN00468 (CSH)]、台山 #[35] [周联选 11520 (KUN)]、翁源 #[35, 51]、五华 #[4, 35]、新丰 #[35, 63]、新兴 #[35] [刘瑛光 2192 (IBSC)]、信宜 #[52]、兴宁 #[35] [张伟城 157 (SN)]、阳春 #[35] [张桂才、刘念 1166 (IBSC)]、阳山 #[35] [徐德明 770 (IBSC)]、英德 #[32, 35]、郁南 #[101]、云浮 #[35] [黄志 37655 (IBSC)]、增城 #[116]、肇庆 #[9, 35]、中山 #[35] [王瑞江 RQHN00607 (CSH)]、珠海 #[35] [高蕴璋 906 (IBSC)]、紫金 #[31, 35]。

薏米 *Coix lacryma-jobi* var. *ma-yuen* (Rom. Caill.) Stapf

分布：佛冈 [27]、台山 [35]、珠海 [35]。

香茅属 ***Cymbopogon*** **Spreng.**

柠檬草 *Cymbopogon citratus* (DC.) Stapf

分布：博罗 #[38]、高州 #[35]、广州 #[35]、雷州 #[35]、茂名 #[35, 85]、深圳 #[35]、徐闻 #[35]、阳春 #[35]、阳江 #[35]、阳西 #[35]、湛江 #[35]、肇庆 #[35]、中山 #[35]、珠海 #[35]。

橘草 *Cymbopogon goeringii* (Steud.) A. Camus

分布: 高州 [35]、广州 [35]、惠东 [35]、雷州 [35]、连南 [35]、连州 [26]、茂名 [35]、深圳 [17, 35]、始兴 [28]、翁源 [51]、徐闻 [35]、阳春 [35]、阳江 [35]、阳西 [35]、郁南 [101]、湛江 [35]、肇庆 [35]。

青香茅 *Cymbopogon mekongensis* A. Camus

分布：博罗 [35, 100]、从化 [107]、东莞 [25]、封开 [14]、广州 [35]、海丰 [35]、惠东 [35]、惠州 [35]、乐昌 [29]、连州 [26]、陆丰 [35]、汕尾 [35]、深圳 [17, 35]、徐闻 [35]、阳春 [35]、阳江 [35]、英德 [32]、增城 [116]、肇庆 [9, 35]、中山 [10, 35]、紫金 [31]。

扭鞘香茅 *Cymbopogon tortilis* (J. Presl) A. Camus

分布：博罗 [5, 100]、从化 [107]、大埔 [35]、东莞 [25]、封开 [35]、广州 [35]、河源 [35]、惠州 [35]、乐昌 [29, 35]、连州 [35]、茂名 [85]、南澳 [35]、饶平 [35]、仁化 [16]、汕尾 [35]、深圳 [11, 17, 35]、台山 [35]、徐闻 [35]、阳山 [35]、英德 [35]、云浮 [35]。

狗牙根属 ***Cynodon*** **Rich.**

狗牙根 *Cynodon dactylon* (L.) Persoon

分布：博罗 [5, 100]、从化 [107]、东莞 [25]、东源 [59]、丰顺 [95]、佛冈 [27]、高州 [35]、广州 [35]、惠东 [12]、乐昌 [29, 35]、雷州 [35]、连州 [26, 35]、茂名 [35, 85]、南雄 [33, 35, 57]、饶平 [35]、仁化 [16]、深圳 [11, 17, 35]、始兴 [28]、新丰 [63]、信宜 [52]、徐闻 [35]、阳春 [35]、阳江 [35]、阳山 [35]、阳西 [35]、英德 [32, 35]、郁南 [101]、增城 [116]、

湛江 [35]、肇庆 [9, 35]、中山 [35]、珠海 [35]。

弓果黍属 ***Cyrtococcum*** **Stapf**

尖叶弓果黍 ***Cyrtococcum oxyphyllum*** (Hochst. ex Steud.) Stapf

分布：中山 [35]。

弓果黍 ***Cyrtococcum patens*** (L.) A. Camus

分布：博罗 #[100]、从化 #[107]、东莞 #[25]、丰顺 #[95]、佛冈 #[27]、广州 #[35]、河源 #[35]、江门 #[8]、乐昌 #[29, 41]、连南 #[35]、连州 #[35]、南澳 #[35]、南雄 #[33, 35, 57]、仁化 #[16]、深圳 #[11, 17, 35]、始兴 #[28]、翁源 #[51]、五华 #[4]、新丰 #[63]、信宜 #[52]、阳春 #[35, 45]、英德 #[32]、郁南 #[101]、增城 #[116]、肇庆 #[9, 35]、中山 # [10]、珠海 #[35]、紫金 #[31]。

散穗弓果黍 ***Cyrtococcum patens*** **var.** ***latifolium*** (Honda) Ohwi

分布：东莞 [25]、惠东 [12]、江门 [8]、仁化 [16]、深圳 [11, 17, 35]、始兴 [28, 35]、阳春 [35, 45]、郁南 [35, 101]、紫金 [31]。

龙爪茅属 ***Dactyloctenium*** **Willd.**

龙爪茅 ***Dactyloctenium aegyptium*** (L.) Willd.

分布：博罗 #[5, 35, 100]、从化 #[107]、德庆 #[35]、东莞 #[25]、佛冈 #[27]、广州 #[35]、海丰 #[35]、惠东 #[12, 35]、惠州 #[35]、陆丰 #[35]、茂名 #[85]、南雄 #[33]、汕尾 # [35]、深圳 #[11, 17, 35]、台山 #[35]、翁源 #[35, 51]、徐闻 # [35]、阳春 #[35, 45]、阳江 #[35]、阳山 #[26]、增城 # [116]、肇庆 #[9, 35]、中山 #[10, 35]、紫金 #[31]。

牡竹属 ***Dendrocalamus*** **Nees**

麻竹 ***Dendrocalamus latiflorus*** Munro

分布：潮州 #[55]、从化 #[107]、封开 #[14]、广宁 #[55]、广州 #[55]、乐昌 #[29]、茂名 #[85]、南雄 #[57]、清远 # [55]、仁化 #[16]、韶关 #[55]、深圳 #[17]、始兴 #[28]、翁源 #[51]、新丰 #[63]、信宜 #[52]、英德 #[32]、郁南 #[101]、肇庆 #[55, 9]、紫金 #[31]。

吊丝竹 ***Dendrocalamus minor*** (McClure) L. C. Chia & H. L. Fung

分布：怀集 [55]、乐昌 [55, 29, 41, 35]、连州 [55]、清远 [55]、仁化 [16]、韶关 [55]、英德 [55, 32]。

小麻竹 ***Dendrocalamus pulverulentoides*** N. H. Xia, J. B. Ni, Y. H. Tong & Z. Y. Niu

分布：仁化 [466]。

粉麻竹 ***Dendrocalamus pulverulentus*** L. C. Chia & But

分布：乐昌 [41]、阳山 [35] [曹照忠等 4201]。

黄麻竹 ***Dendrocalamus stenoauritus*** (W. T. Lin) N. H. Xia

分布：广州 *[55, 37]、怀集 [37, 35]。

白沙竹 ***Dendrocalamus suberosus*** (W. T. Lin & Z. M. Wu) N. H. Xia

分布：广宁 [55, 35]。

三枝麻竹 ***Dendrocalamus triramus*** (W. T. Lin & Z. M. Wu) N. H. Xia

分布：广宁 [55, 35]。

野青茅属 ***Deyeuxia*** **Clarion ex P. Beauv.**

疏穗野青茅 ***Deyeuxia effusiflora*** Rendle

分布：连州 [35]、始兴 [28]、阳山 [35]。

箱根野青茅 ***Deyeuxia hakonensis*** (Franch. & Sav.) Keng

分布：广州 [37]。

野青茅 ***Deyeuxia pyramidalis*** (Host) Veldkamp

分布：潮州 [曾宪锋 ZXF06514 (CZH)]、乐昌 [南岭队 3106 (IBSC)]、乳源 [邓良 5685 (NAS00518282)]、翁源 [刘心祈 2366 (SYS)]、阳山 [南岭队 1542 (IBSC)]。

双花草属 ***Dichanthium*** **P. Willemet**

双花草 ***Dichanthium annulatum*** (Forssk.) Stapf

分布：博罗 [35]、广州 [35]、肇庆 [9, 35]。

马唐属 ***Digitaria*** **Haller**

粒状马唐 ***Digitaria abludens*** (Roem. & Schult.) Veldkamp

分布：惠东 [35]。

升马唐 ***Digitaria ciliaris*** (Retz.) Koeler

分布：从化 [107]、大埔 [35]、东莞 [25]、丰顺 [95]、封开 [14, 35]、高州 [35]、广州 [35]、惠东 [12, 35]、江门 [8, 35]、乐昌 [29, 35]、连南 [35]、连平 [35]、连州 [26, 35]、茂名 [35]、南澳 [35]、南雄 [33, 57]、仁化 [16]、汕头 [35]、深圳 [17, 35]、始兴 [35]、翁源 [51]、信宜 [52]、阳春 [35, 45]、阳山 [26, 35]、英德 [32, 35]、郁南 [101]、增城 [116]、中山 [10]。

毛马唐 ***Digitaria ciliaris*** **var.** ***chrysoblephara*** (Figari & De Notaris) R. R. Stewart

分布：深圳 [17, 35]、珠海 [35]。

十字马唐 ***Digitaria cruciata*** (Nees ex Steud.) A. Camus

分布：深圳 [17, 35]、中山 [35]、珠海 [35]。

纤维马唐 ***Digitaria fibrosa*** (Hack.) Stapf

分布：广州 [35]、乐昌 [29, 35]、深圳 [35]、英德 [32]、中山 [35]、珠海 [35]。

亨利马唐 ***Digitaria henryi*** Rendle

分布：东莞 [25]、高州 [35]、广州 [35]、茂名 [35]、深圳 [17, 35]、信宜 [52]、肇庆 [35]。

二型马唐 ***Digitaria heterantha*** (Hook. f.) Merr.

分布：博罗 [35]、东莞 [25]、南澳 [35]、深圳 [17, 35]、徐闻 [35]。

止血马唐 ***Digitaria ischaemum*** (Schreb.) Muhl.

分布：高州 [35]、乐昌 [29, 35]、连州 [35]、南雄 [33, 57]、仁化 [16]、乳源 [35]、阳山 [26]、郁南 [101]、肇庆 [9, 35]。

长花马唐 ***Digitaria longiflora*** (Retz.) Pers.

分布：博罗 [5, 100]、东莞 [25]、高州 [35]、广州 [35]、乐昌 [29, 35]、茂名 [35]、深圳 [11, 17, 35]、始兴 [28]、遂溪 [35]、信宜 [52]、徐闻 [35]、阳春 [35]、英德 [32, 35]、肇庆 [9, 35]。

红尾翎 *Digitaria radicosa* (J. Presl) Miq.

分布：博罗 [35]、东莞 [25]、丰顺 [95]、广州 [35]、罗定 [35]、南澳 [35]、深圳 [17, 35]、翁源 [51]、徐闻 [35]、阳山 [35]、肇庆 [9, 35]、中山 [10]。

马唐 *Digitaria sanguinalis* (L.) Scop.

分布：博罗 #[38, 100]、从化 #[107]、东莞 #[25]、佛冈 #[27]、惠东 #[12]、乐昌 #[29, 35]、仁化 #[16]、乳源 # [26]、深圳 #[11]、始兴 #[28]、翁源 #[51]、五华 #[4]、新丰 # [63]、英德 #[32]、增城 #[116]、肇庆 #[9]、紫金 #[31]。

海南马唐 *Digitaria setigera* Roth

分布: 封开 [14]、深圳 [17]、信宜 [52]、肇庆 [9]、中山 [10]。

宿根马唐 *Digitaria thwaitesii* (Hack.) Henrard

分布：雷州 [35]、廉江 [35]、徐闻 [35]、湛江 [35]。

紫马唐 *Digitaria violascens* Link

分布：博罗 [35, 100]、东莞 [25]、广州 [35]、河源 [35]、化州 [35]、乐昌 [29, 35]、连平 [35]、茂名 [35]、仁化 [16]、乳源 [35]、深圳 [17, 35]、始兴 [28]、遂溪 [35]、翁源 [35]、信宜 [35, 52]、阳春 [35]、云浮 [35]、肇庆 [9]。

雁茅属 *Dimeria* R. Br.

镰形雁茅 *Dimeria falcata* Hack.

分布：饶平 [35]、深圳 [35]、中山 [35]、珠海 [35]。

广西雁茅 *Dimeria guangxiensis* S. L. Chen & G. Y. Sheng

分布：怀集 [35]。

雁茅 *Dimeria ornithopoda* Trin.

分布：从化 [107]、东莞 [25]、乐昌 [29]、仁化 [16]、深圳 [17, 35]、始兴 [28]、信宜 [52]、阳春 [35]、阳山 [26]、英德 [32]、肇庆 [9]。

小雁茅 *Dimeria parva* (Keng & Y. L. Yang) S. L. Chen & G. Y. Sheng

分布：阳春 [35]。

华雁茅 *Dimeria sinensis* Rendle

分布：东莞 [25]、广州 [35]、乐昌 [29]、深圳 [17, 35]、翁源 [51]、中山 [35]、珠海 [35]。

单生雁茅 *Dimeria solitaria* Keng & Y. L. Yang

分布：博罗 [35, 37]。

镰序竹属 *Drepanostachyum* Keng f.

紫斑镰序竹 *Drepanostachyum naibunensoides* W. T. Lin & Z. M. Wu

分布：广宁 [449]。

匍匐镰序竹 *Drepanostachyum stoloniforme* S. H. Chen & Z. Z. Wang

分布：深圳 *[115]。

稗属 *Echinochloa* P. Beauv.

长芒稗 *Echinochloa caudata* Roshev.

分布：广州 [35]、紫金 [31]。

光头稗 *Echinochloa colona* (L.) Link

分布：从化 [107]、德庆 [35]、东莞 [25]、广州 [35]、惠东 [12]、乐昌 [29, 35, 41]、南雄 [33, 57]、仁化 [16]、深圳 [17, 35]、始兴 [28]、台山 [35]、翁源 [35, 51]、五华 [4]、新丰 [63]、新兴 [35]、徐闻 [35]、阳春 [35]、英德 [32, 35]、增城 [116]、肇庆 [9, 35]、紫金 [31]。

稗 *Echinochloa crus-galli* (L.) P. Beauv.

分布：博罗 #[38, 100]、从化 #[107]、东莞 #[25]、广州 #[35]、和平 #[35]、惠东 #[35]、乐昌 #[29, 41, 526, 35]、连州 #[26]、龙门 #[35]、茂名 #[35]、南雄 #[33, 35, 57]、仁化 # [16, 35]、深圳 #[17, 35]、始兴 #[28]、台山 #[35]、新丰 # [63]、信宜 #[52]、阳春 #[35]、阳山 #[35]、英德 #[32]、肇庆 #[9, 35]、珠海 #[35]。

小旱稗 *Echinochloa crus-galli* var. *austrojaponensis* Ohwi

分布：广州 [35]、深圳 [17]。

短芒稗 *Echinochloa crus-galli* var. *breviseta* (Doll) Neilr.

分布：东莞 [25]、广州 [35]、惠东 [12]、阳江 [35]、肇庆 [35]、紫金 [31]。

无芒稗 *Echinochloa crus-galli* var. *mitis* (Pursh) Peterm.

分布：江门 [8]、深圳 [17]、始兴 [28, 35]、中山 [10]。

细叶旱稗 *Echinochloa crus-galli* var. *praticola* Ohwi

分布：乐昌 [442]、深圳 [442, 17]、肇庆 [442]。

西来稗 *Echinochloa crus-galli* var. *zelayensis* (Kunth) Hitchc.

分布：广州 [35]、深圳 [17]、肇庆 [9]。

孔雀稗 *Echinochloa crus-pavonis* (Kunth) Schult.

分布：从化 [107]、广州 [35]、南澳 [35]、深圳 [17]、翁源 [51]、肇庆 [9, 35]。

硬稃稗 *Echinochloa glabrescens* Munro ex Hook. f.

分布：东莞 [25]、乳源 [26]、深圳 [17]、阳山 [26]。

水田稗 *Echinochloa oryzoides* (Ard.) Fritsch

分布：怀集 [35]。

䅟属 *Eleusine* Gaertn.

䅟 *Eleusine coracana* (L.) Gaertn.

分布：乐昌 *[29, 41]。

牛筋草 *Eleusine indica* (L.) Gaertn.

分布：博罗 #[38, 100]、潮州 #[15, 404]、从化 #[15, 107]、大埔 #[15]、德庆 #[15]、东莞 #[25]、恩平 #[15]、丰顺 #[9, 155]、封开 #[15, 35, 14]、佛冈 #[27]、高州 #[15, 35]、广州 #[15, 35]、惠东 #[12]、惠州 #[15, 35]、江门 # [8]、乐昌 #[29, 41, 526, 35]、连平 #[15, 35]、连州 #[26, 35]、茂名 #[35, 85]、梅州 #[15]、南雄 #[33, 57]、普宁 #[15]、清远 #[15]、饶平 #[15]、仁化 #[15, 16]、乳源 #[15, 26, 35]、深圳 #[15, 11, 35, 17]、始兴 #[15, 28, 35]、翁源 #[15, 51, 35]、五

华 #[4]、新丰 #[15, 63, 35]、新兴 #[15]、信宜 #[52]、徐闻 #[497]、阳春 #[15, 35, 45]、阳山 #[15]、英德 #[15, 32]、郁南 # [35, 101]、云浮 #[35]、增城 #[116]、肇庆 #[9, 472]、中山 # [10]、紫金 #[31]。

披碱草属 ***Elymus* L.**

纤毛鹅观草 ***Elymus ciliaris*** (Trin. ex Bunge) Tzvelev

分布：广州 [35]、英德 [32]。

日本纤毛草 ***Elymus ciliaris* var. *hackelianus*** (Honda) G. H. Zhu & S. L. Chen

分布：连州 [26, 35]、始兴 [28]、阳山 [35]。

鹅观草 ***Elymus kamoji*** (Ohwi) S. L. Chen

分布：连州 [26]、龙川 [35]、南雄 [33, 35]、乳源 [26, 35]、始兴 [28]、翁源 [51]、阳春 [35]、阳山 [26]、英德 [35]。

总苞草属 ***Elytrophorus* P. Beauv.**

总苞草 ***Elytrophorus spicatus*** (Willd.) A. Camus

分布：德庆 [35]、封开 [35]、广宁 [35]、怀集 [35]、四会 [35]、肇庆 [35]。

肠须草属 ***Enteropogon* Nees**

肠须草 ***Enteropogon dolichostachyus*** (Lagasca) Keng ex Lazarides

分布：从化 [http://ppbc. iplant. cn/tu/6974658]、湛江 [https://ppbc.iplant.cn/tu/1924017]。

画眉草属 ***Eragrostis* Wolf**

鼠妇草 ***Eragrostis atrovirens*** (Desf.) Trin. ex Steud.

分布：东莞 [25]、丰顺 [95]、佛山 [22]、广州 [35]、怀集 [35]、惠东 [12]、惠州 [35]、江门 [8]、乐昌 [29, 41]、陆丰 [35]、茂名 [35, 85]、南雄 [33, 57]、清远 [35]、仁化 [16]、深圳 [17, 35]、翁源 [51]、五华 [4]、阳春 [35, 45]、英德 [35]、肇庆 [9, 35]、珠海 [35]、紫金 [31]。

秋画眉草 ***Eragrostis autumnalis*** Keng

分布：龙门 [469]。

长画眉草 ***Eragrostis brownii*** (Kunth) Nees

分布：东莞 [25, 35]、丰顺 [95]、封开 [14]、高州 [35] [蒋英 2420 (IBK)]、广州 [35] [叶华谷 16455 (IBSC)]、惠东 [35] [陈邦余、张桂才 355 (IBSC)]、乐昌 [29, 35]、连州 [26]、罗定 [35] [张桂才、刘念 2176 (IBSC)]、茂名 [35] [叶华谷 6313 (IBSC)]、南澳 [35] [陈炳辉 106 (IBSC)]、汕头 [35] [南植地 7397 (IBSC)]、深圳 [17, 35]、信宜 [52]、徐闻 [35] [周远瑞、王铸豪 859 (IBK)]、阳春 [35] [叶华谷等 6701 (IBSC)]、阳山 [35] [南岭队 1348 (IBSC)]、郁南 [35, 101]、湛江 [35] [周远瑞 100013 (IBK)]、肇庆 [9, 35]、珠海 [35] [陈炳辉 716 (IBSC)]。

大画眉草 ***Eragrostis cilianensis*** (All.) Vignolo-Lutati ex Janch.

分布：和平 [35] [谭策铭、曹仕优 99555 (JJF)]、江门 [8]、乐昌 [29, 35]、连州 [26]、茂名 [85]、肇庆 [9]。

珠芽画眉草 ***Eragrostis cumingii*** Steud.

分布：广州 [35]、深圳 [17]、英德 [35]。

短穗画眉草 ***Eragrostis cylindrica*** (Roxb.) Nees ex Hook. & Arn.

分布：从化 [107]、广州 [35]、乐昌 [29]、陆丰 [35]、深圳 [17, 35]、遂溪 [35]、徐闻 [35]、英德 [35]。

双药画眉草 ***Eragrostis elongata*** (Willd.) Jacq.

分布：博罗 [粤 78 6055 (IBSC)]、高州 [蒋英 2420B (IBSC)]、广州 [麦鹤云 20222 (SN)]、化州 [湛江区植物调查队 3065 (IBSC)]、雷州 [曾沛 10213 (SYS)]、茂名 [邓良 2428 (IBSC)]、深圳 [深圳考察队 1129 (PE)]、遂溪 [广东林业厅勘测队 85790 (IBSC)]、翁源 [刘心祈 2618 (SYS)]、徐闻 [南路 859 (IBSC)]、阳江 [湛江区植物调查队 3525 (IBSC)]、英德 [黄荣焜 2856 (IBSC)]、云浮 [黄季庄 574 (IBSC)]、肇庆 [石国良 10071 (IBSC)]。

知风草 ***Eragrostis ferruginea*** (Thunb.) P. Beauv.

分布：潮州 [35] [曾宪锋 ZXF06519 (CZH)]、东莞 [25, 35]、丰顺 [35] [曾宪锋 ZXF34196 (CZH)]、广州 [35] [黄成 160716 (IBSC)]、惠东 [12]、揭西 [35] [许小婷 XXT115 (CZH)]、乐昌 [41]、连州 [26]、仁化 [16]、乳源 [35] [粤 73 559 (IBSC)]、深圳 [17, 35]、翁源 [51]、阳山 [26]、英德 [32]。

乱草 ***Eragrostis japonica*** (Thunb.) Trin.

分布：东莞 [25]、丰顺 [95]、广州 [35]、乐昌 [41]、连平 [35]、连州 [22, 35]、茂名 [35]、南雄 [33, 57]、仁化 [16, 35]、深圳 [17]、始兴 [28, 35]、翁源 [35]、信宜 [52]、阳山 [26]、郁南 [101]、增城 [116]、肇庆 [9]。

多秆画眉草 ***Eragrostis multicaulis*** Steud.

分布：仁化 [16]。

华南画眉草 ***Eragrostis nevinii*** Hance

分布：封开 [14]、高州 [35]、广州 [35]、清远 [35]、遂溪 [35]、徐闻 [35]、阳江 [35]、英德 [35]、云浮 [35]。

细叶画眉草 ***Eragrostis nutans*** (Retz.) Nees ex Steud.

分布：惠州 [35]。

宿根画眉草 ***Eragrostis perennans*** Keng

分布：从化 [107]、东莞 [25]、丰顺 [95]、封开 [14, 35]、广州 [35]、河源 [35]、惠东 [35]、乐昌 [29, 35]、连平 [35]、连州 [35]、仁化 [16]、深圳 [11, 17, 35]、始兴 [28]、翁源 [51]、徐闻 [35]、阳江 [35]、英德 [32, 35]、云浮 [35]、肇庆 [9, 35]、中山 [10]。

疏穗画眉草 ***Eragrostis perlaxa*** Keng ex P. C. Keng & L. Liu

分布：东莞 [25]、广州 [35]、乐昌 [29]、深圳 [17, 35]、肇庆 [9]。

画眉草 ***Eragrostis pilosa*** (L.) P. Beauv.

分布：博罗 [5, 100]、从化 [107]、大埔 [35]、东莞 [25]、封开 [14, 35]、佛冈 [27]、高州 [35]、广州 [35]、和平 [35]、

江门 [8]、乐昌 [29, 41]、连州 [35]、仁化 [16]、乳源 [26]、深圳 [17]、始兴 [28, 35]、新丰 [63]、阳春 [35]、阳山 [26]、英德 [32]、郁南 [101]、肇庆 [9]、中山 [10]、紫金 [31]。

多毛知风草 *Eragrostis pilosissima* Link

分布：从化 [107]、东莞 [25]、高州 [35]、广州 [35]、惠州 [35]、饶平 [35]、仁化 [16, 35]、深圳 [17, 35]、英德 [32, 35]、郁南 [35, 101]、肇庆 [9, 35]。

鲫鱼草 *Eragrostis tenella* (L.) P. Beauv. ex Roemer & Schult.

分布：博罗 [5, 35, 100]、从化 [107]、东莞 [25]、封开 [14]、广州 [35]、河源 [35]、惠东 [12]、江门 [8]、乐昌 [29]、雷州 [13]、连州 [35]、廉江 [13]、仁化 [16]、乳源 [26]、深圳 [17]、始兴 [28]、翁源 [51]、徐闻 [35]、英德 [32, 35]、郁南 [101]、云浮 [35]、湛江 [13]、肇庆 [9]。

灰穗画眉草 *Eragrostis tephrosanthos* Schult.

分布：从化 [107]、仁化 [16]、阳山 [35]。

牛虱草 *Eragrostis unioloides* (Retz.) Nees ex Steud.

分布：博罗 [35]、从化 [107]、大埔 [35]、东莞 [25, 35]、丰顺 [95]、封开 [14, 35]、佛冈 [27]、广州 [35]、河源 [35]、惠东 [12]、惠州 [35]、乐昌 [29, 35, 41]、连南 [35]、连平 [35]、连州 [35]、罗定 [35]、茂名 [35]、南雄 [33, 57]、乳源 [26]、深圳 [11, 17, 35]、始兴 [28, 35]、台山 [35]、翁源 [51]、信宜 [52]、阳春 [35]、阳山 [26, 35]、英德 [32, 35]、郁南 [35, 101]、肇庆 [9, 35]、中山 [10]。

蜈蚣草属 *Eremochloa* Buse

蜈蚣草 *Eremochloa ciliaris* (L.) Merr.

分布：博罗 [35, 100]、潮州 [35] [曾宪锋 ZXF44782 (CZH)]、从化 [107]、大埔 [35] [曾宪锋 ZXF44364 (CZH)]、东莞 [25, 35]、高州 [35] [叶华谷 7798 (IBSC)]、广州 [35] [叶华谷 287 (IBSC)]、化州 [35] [湛江区植物调查队 3061 (IBSC)]、惠东 [12]、江门 [8, 35]、揭阳 [35] [黄雅凤 HYF067 (CZH)]、乐昌 [29, 35]、雷州 [35] [南京大学师生 3 (N019124295)]、龙门 [35] [黄成 162130 (IBSC)]、陆河 [35] [曾宪锋 ZXF42762 (CZH)]、罗定 [35] [王伯荪、许霖庆 671 (SYS)]、茂名 [35] [邓良 2430 (IBSC)]、梅州 [35] [曾宪锋 ZXF41764 (CZH)]、南雄 [33, 35, 57]、平远 [35] [曾宪锋 ZXF38316 (CZH)]、普宁 [35] [方琼苗 ZXF12443 (CZH)]、清远 [35] [黄成 161613 (IBSC)]、仁化 [16]、深圳 [17, 35]、遂溪 [35] [林业厅 86102 (IBSC)]、台山 [35] [左景烈 22500 (IBSC)]、信宜 [35] [严岳鸿等 WYD300 (CSH)]、兴宁 [35] [曾飞燕 2128 (IBSC)]、徐闻 [35] [徐闻队 665 (PE)]、阳江 [35] [湛江区植物调查队 3608 (IBSC)]、英德 [35] [左景烈 22062 (IBSC)]、肇庆 [9, 35]、珠海 [35] [陈邦余、李泽贤 465 (IBSC)]、紫金 [31, 35]。

瘤糙假俭草 *Eremochloa muricata* (Retz.) Hack.

分布：广州 [3, 35]。

假俭草 *Eremochloa ophiuroides* (Munro) Hack.

分布：博罗 [5, 100]、从化 [107]、东莞 [25, 35]、东源 [59]、丰顺 [35] [曾宪锋 ZXF2594 (IBSC)]、广州 [35] [叶华谷 16795 (IBSC)]、惠东 [35] [陈邦余 771 (IBSC)]、乐昌 [29, 35]、连州 [26, 35]、南雄 [33, 35, 57]、仁化 [16]、乳源 [35] [刘瑛光 712 (IBSC)]、汕头 [35] [梁其瑾 1269 (PE)]、深圳 [17, 35]、始兴 [28, 35]、遂溪 [35] [张超常 18 (N019124089)]、新丰 [63]、信宜 [52]、英德 [32, 35]、郁南 [101]、增城 [116]、肇庆 [9, 35]。

马陆草 *Eremochloa zeylanica* (Hack. ex Trimen) Hack.

分布：博罗 [100]、深圳 [17]、肇庆 [9]。

鹧鸪草属 *Eriachne* R. Br.

鹧鸪草 *Eriachne pallescens* R. Br.

分布：博罗 [5, 100]、从化 [107]、东莞 [25]、广州 [35]、和平 [35]、河源 [35]、惠东 [12]、惠州 [35]、江门 [8]、乐昌 [29, 35]、连平 [35]、南雄 [33, 57]、仁化 [16]、深圳 [11, 17, 35]、遂溪 [35]、新丰 [35]、英德 [32, 35]、增城 [116]、肇庆 [9, 35]、紫金 [31]。

野黍属 *Eriochloa* Kunth

高野黍 *Eriochloa procera* (Retz.) C. E. Hubb.

分布：从化 [107]、东莞 [25]、广州 [22, 35]、惠东 [22, 35, 12]、深圳 [17, 35]、吴川 [22]、中山 [10]。

野黍 *Eriochloa villosa* (Thunb.) Kunth

分布：南雄 [33, 57]、乳源 [26, 35]、紫金 [31]。

黄金茅属 *Eulalia* Kunth

龚氏金茅 *Eulalia leschenaultiana* (Decne.) Ohwi

分布：海丰 [35]、南澳 [35]、遂溪 [35]。

棕茅 *Eulalia phaeothrix* (Hack.) Kuntze

分布：怀集 [35]、乐昌 [29, 35]。

四脉金茅 *Eulalia quadrinervis* (Hack.) Kuntze

分布：博罗 [5, 100]、东莞 [25]、广州 [35]、惠东 [12]、乐昌 [29, 35]、连平 [35]、仁化 [16, 35]、汕头 [35]、深圳 [17, 35]、信宜 [52]、阳春 [35]、阳山 [35]、英德 [32]、肇庆 [9, 35]。

金茅 *Eulalia speciosa* (Debeaux) Kuntze

分布：博罗 [100]、封开 [14, 35]、广州 [35]、河源 [35]、怀集 [35]、惠东 [12]、惠州 [35]、江门 [8]、连州 [35]、深圳 [17, 35]、始兴 [28]、信宜 [52]、徐闻 [35]、阳春 [35]、阳江 [35]、阳山 [26, 35]、英德 [32, 35]、云浮 [35]、肇庆 [35]、珠海 [35]、紫金 [31]。

拟金茅属 *Eulaliopsis* Honda

拟金茅 *Eulaliopsis binata* (Retz.) C. E. Hubb.

分布：连州 [35]、仁化 [16]、信宜 [52]。

箭竹属 *Fargesia* Franch.

箭竹 *Fargesia spathacea* Franch.

分布：翁源 *[51]。

耳稃草属 *Garnotia* Brongn.

三芒耳稃草 *Garnotia acutigluma* (Steud.) Ohwi

分布：博罗 [37]、广州 [35]、怀集 [35]、茂名 [35]、信宜 [35, 52]、肇庆 [9, 35]。

纤毛耳稃草 *Garnotia ciliata* Merr.

分布：博罗 [35, 37]、信宜 [52]。

耳稃草 *Garnotia patula* (Munro) Benth.

分布：博罗 [35, 100]、从化 [107]、东莞 [25]、封开 [14, 35]、佛冈 [27]、广州 [35]、怀集 [35]、江门 [8]、蕉岭 [35]、乐昌 [29, 35]、清远 [35]、仁化 [16]、乳源 [26]、深圳 [17]、信宜 [35, 52]、阳春 [35]、阳山 [26]、郁南 [35, 101]、云浮 [35]、增城 [116]、肇庆 [9, 35]。

无芒耳稃草 *Garnotia patula* var. *mutica* (Munro) Rendle

分布：怀集 [35]、连州 [26]、乳源 [26]、阳山 [26]、英德 [32]、肇庆 [9]。

脆枝耳稃草 *Garnotia tenella* (Arn. ex Miq.) Janowski

分布：茂名 [35]、信宜 [52]。

短枝竹属 *Gelidocalamus* T. H. Wen

绞剪竹 *Gelidocalamus albopubescens* W. T. Lin & Z. J. Feng

分布：广宁 [35]。

封开短枝竹 *Gelidocalamus fengkaiensis* N. H. Xia & Z. Y. Cai

分布：封开 [124]。

井冈寒竹 *Gelidocalamus stellatus* T. H. Wen

分布：从化 [65]、封开 [65]、龙门 [65]、南雄 [519, 33]。

近实心井冈寒竹 *Gelidocalamus subsolidus* W. T. Lin & Z. J. Feng

分布：广宁 [65]、信宜 [65, 35]、郁南 [65]。

抽筒竹 *Gelidocalamus tessellatus* T. H. Wen & C. C. Chang

分布：乐昌 [29, 35]。

绒毛寒竹 *Gelidocalamus velutinus* W. T. Lin

分布：郁南 [35]。

筒穗草属 *Germainia* Balansa & Poitr.

筒穗草 *Germainia capitata* Balansa & Poitr.

分布：广州 [35]、阳江 [35]。

巨竹属 *Gigantochloa* Kurz ex Munro

毛笋竹 *Gigantochloa levis* (Blanco) Merr.

分布：广州 *[35]。

甜茅属 *Glyceria* R. Br.

甜茅 *Glyceria acutiflora* subsp. *japonica* (Steud.) T. Koyama & Kawano

分布：仁化 [488]。

球穗草属 *Hackelochloa* Kuntze

球穗草 *Hackelochloa granularis* (L.) Kuntze

分布：博罗 [100]、从化 [35] [中德采集队 1040 (IBSC)]、德庆 [35] [刘瑛光 1236 (IBSC)]、封开 [14, 35]、广州 [35] [曾怀德 A-332 (SYS)]、海丰 [35] [南植地 8340 (IBSC)]、乐昌 [29, 35]、连南 [35] [谭沛祥 59454 (IBSC)]、连平 [35] [粤 73 1613 (IBSC)]、连州 [35] [南岭队 402 (IBSC)]、龙川 [35] [刘全儒等 201007322 (BNU)]、平远 [35] [曾宪锋 ZXF15028 (CZH)]、仁化 [16]、乳源 [35] [刘瑛光 716 (IBSC)]、始兴 [28, 35]、四会 [35] [丘华兴 123 (IBSC)]、遂溪 [35] [刘守炉等 890469 (NAS)]、翁源 [35] [刘心祈 2082 (SYS)]、新兴 [35] [刘瑛光 2321 (IBSC)]、兴宁 [35] [曾飞燕 2250 (IBSC)]、阳山 [35] [南岭队 1341 (IBSC)]、英德 [35] [黄荣焜 2841 (IBSC)]、郁南 [101]、云浮 [35] [黄志 37640 (IBSC)]、肇庆 [9, 35]。

牛鞭草属 *Hemarthria* R. Br.

大牛鞭草 *Hemarthria altissima* (Poir.) Stapf & C. E. Hubb.

分布：潮州 [曾宪锋 ZXF9833 (CZH)]、梅州 [曾宪锋 ZXF20681 (CZH)]、饶平 [曾宪锋 ZXF26405 (CZH)]。

扁穗牛鞭草 *Hemarthria compressa* (L. f.) R. Br.

分布：博罗 [100]、东莞 [25, 35]、广州 [35] [陈少卿 6304 (IBSC)]、惠州 [35] [曾怀德 25633 (IBSC)]、乐昌 [35, 41]、连平 [35] [粤 73 1780 (IBSC)]、龙川 [35] [刘全儒等 201007323 (BNU)]、龙门 [35] [南昆山调查队 82219 (IBSC)]、茂名 [35] [邓良 2037 (IBSC)]、饶平 [35] [曾飞燕 1622 (IBSC)]、仁化 [16, 35]、乳源 [35] [粤 73 1223 (IBSC)]、韶关 [35] [南岭队 842 (IBSC)]、深圳 [17, 35]、始兴 [28, 35]、遂溪 [35] [曾沛 10310 (SYS)]、信宜 [52]、阳春 [35] [叶华谷、刘念 611 (IBSC)]、阳山 [26]、英德 [35] [黄志 2850 (PE)]、郁南 [101]、增城 [116]、肇庆 [9, 35]。

小牛鞭草 *Hemarthria humilis* Keng

分布：高州 [37]。

牛鞭草 *Hemarthria sibirica* (Gand.) Ohwi

分布：潮州 [22]、佛山 [22]、高州 [22]、广州 [22]。

具鞘牛鞭草 *Hemarthria vaginata* Buse

分布：深圳 [17]。

黄茅属 *Heteropogon* Pers.

黄茅 *Heteropogon contortus* (L.) P. Beauv. ex Roemer & Schult.

分布: 博罗 [5, 100]、潮州 [35] [曾宪锋 ZXF8159 (CZH)]、从化 [107]、东莞 [25, 35]、封开 [35] [丁广奇 6839 (IBSC)]、广州 [35] [徐月邦 10536 (KUN)]、海丰 [35] [陈炳辉 570 (IBSC)]、惠州 [35] [曾宪锋 ZXF11164 (CZH)]、江门 [8]、乐昌 [29, 35]、连州 [35] [南岭队 404 (IBSC)]、茂名 [35] [曾宪锋 ZXF11144 (CZH)]、南澳 [35] [陈炳辉 127 (IBSC)]、南雄 [33, 35, 57]、清远 [35] [黄荣焜 30089 (IBSC)]、仁化 [16, 35]、乳源 [35] [粤 73 1195 (IBSC)]、韶关 [35] [To & Tsang12717 (IBSC)]、深圳 [11, 17, 35]、翁源 [35, 51]、五华 [35] [南植地 7902 (IBSC)]、徐闻 [35] [徐闻队 664 (IBK)]、阳春 [35] [湛江区植物调查队 3371 (IBSC)]、阳山 [35] [曾飞燕 1008 (IBSC)]、郁南 [101]、增城 [116]、肇庆 [9, 35]、珠海 [35] [粤

73 2846 (IBSC)]。

大麦属 **Hordeum L.**

大麦 ***Hordeum vulgare*** L.

分布：信宜 *[52]。

水禾属 ***Hygroryza*** **Nees**

水禾 ***Hygroryza aristata*** (Retz.) Nees

分布：肇庆 [9]。

膜稃草属 ***Hymenachne*** **P. Beauv.**

膜稃草 ***Hymenachne amplexicaulis*** (Rudge) Nees

分布：高州 [22]、广州 *[22, 35]、海丰 [22]、连州 * [26]、廉江 *[13]、深圳 *[35]、遂溪 *[13]、肇庆 *[9]、中山 * [35]、珠海 *[35]。

弊草 ***Hymenachne assamica*** (J. D. Hooker) Hitchc.

分布：博罗 [100]、佛山 [22]、广州 [22]、吴川 [22]。

苞茅属 ***Hyparrhenia*** **Andersson ex E. Fourn.**

短梗苞茅 ***Hyparrhenia diplandra*** (Hack.) Stapf

分布：徐闻 [华南植物研究所 00844 (IBK)]。

苞茅 ***Hyparrhenia newtonii*** (Hack.) Stapf

分布：县级不详 [30]。

距花黍属 ***Ichnanthus*** **P. Beauv.**

大距花黍 ***Ichnanthus pallens*** **var.** ***major*** (Nees) Stieber

分布：博罗 [35]、从化 [107]、大埔 [35]、东莞 [25]、丰顺 [95]、封开 [14, 35]、惠东 [12]、惠州 [35]、乐昌 [29, 35]、茂名 [35]、南雄 [33]、仁化 [35]、深圳 [17]、始兴 [28, 35]、五华 [4]、新丰 [35]、信宜 [52]、阳春 [35]、英德 [32]、郁南 [35, 101]、肇庆 [9, 35]、紫金 [31]。

白茅属 ***Imperata*** **Cirillo**

白茅 ***Imperata cylindrica*** (L.) P. Beauv.

分布：博罗 #[35, 38]、潮州 #[35] [曾宪锋 ZXF25162 (CZH)]、大埔 #[35] [邓良 4992 (IBSC)]、东莞 #[25, 35, 82]、封开 #[35] [李婧 Li100394 (IBSC)]、佛山 #[35] [黄奕孜、许先宏 HYZ086 (CZH)]、高州 #[35] [蒋英 2473 (IBSC)]、广州 #[35] [李若璋 195611 (BJFC)]、惠东 #[12]、惠州 #[35, 82]、蕉岭 #[35] [邓良 4695 (IBSC)]、揭西 #[35] [曾宪锋 ZXF35553 (CZH)]、揭阳 #[35] [黄雅凤 HYF058 (CZH)]、乐昌 #[526]、连州 #[35] [陈少卿 5870 (IBSC)]、廉江 #[35] [湛江区植物调查队 3072 (IBSC)]、茂名 #[35] [邓良 2022 (IBSC)]、梅州 #[35] [曾宪锋 ZXF29401 (CZH)]、南雄 #[57]、清远 #[35] [黄成 161499 (IBSC)]、仁化 #[16, 35]、乳源 #[35] [辛树帜 9787 (IBSC)]、韶关 #[35] [曾宪锋 ZXF12630 (CZH)]、深圳 #[35, 82]、台山 #[35] [左景烈 22509 (IBSC)]、五华 #[4, 35]、信宜 #[35, 52]、兴宁 #[35] [曾宪锋 ZXF32516 (CZH)]、徐闻 #[35] [南路 448 (IBSC)]、阳春 #[45]、阳江 #[35] [湛江区植物调查队 3570 (IBSC)]、英德 #[35] [左景烈 22163 (IBSC)]、云浮 #[35] [黄季庄 559 (IBSC)]、肇庆 #[35] [冼培芪 62034 (SN)]、中山 #[82]、紫金 #[31, 35]。

大白茅 ***Imperata cylindrica*** **var.** ***major*** (Nees) C. E. Hubb.

分布：博罗 #[100]、从化 #[107]、东莞 #[25]、佛冈 # [27]、乐昌 #[29, 41]、连州 #[26]、茂名 #[85]、南雄 #[33]、乳源 # [26]、深圳 #[11, 17]、始兴 #[28]、信宜 #[52]、英德 #[32]、郁南 #[101]、肇庆 #[9]、中山 #[10]。

箬竹属 ***Indocalamus*** **Nakai**

紧锋箬竹 ***Indocalamus amplexicaulis*** W. T. Lin

分布：佛冈 [35]。

车八岭箬竹 ***Indocalamus chebalingensis*** W. T. Lin

分布：始兴 [435, 52]。

广东箬竹 ***Indocalamus guangdongensis*** H. R. Zhao & Y. L. Yang

分布：连山 [35]。

粽巴箬竹 ***Indocalamus herklotsii*** McClure

分布：惠东 [12]、深圳 [17]、五华 [4]、紫金 [31]。

粤西箬竹 ***Indocalamus inaequilaterus*** W. T. Lin & Z. M. Wu

分布：封开 [3, 35]。

阔叶箬竹 ***Indocalamus latifolius*** (Keng) McClure

分布：博罗 [5, 100]、乐昌 [41]。

箬叶竹 ***Indocalamus longiauritus*** Hand. -Mazz.

分布：博罗 [5, 100]、从化 [107]、东莞 [25]、东源 [59]、封开 [14]、佛冈 [27]、广州 [35]、河源 [35]、怀集 [35]、乐昌 [29, 35, 41]、连州 [26]、南雄 [33, 57]、平远 [35]、清远 [35]、韶关 [35]、深圳 [17, 35]、始兴 [28, 35]、翁源 [51]、信宜 [52]、阳山 [35]、英德 [32]、肇庆 *[9, 35]、中山 [10]、紫金 [31]、乳源 [https://ppbc.iplant.cn/tu/17165380]。

密脉箬竹 ***Indocalamus pseudosinicus*** **var.** ***densinervillus*** H. R. Zhao & Y. L. Yang

分布：徐闻 [35]。

水银竹 ***Indocalamus sinicus*** (Hance) Nakai

分布：江门 [8]、深圳 [17]、阳春 [35]、阳江 [35]。

箬竹 ***Indocalamus tessellatus*** (Munro) P. C. Keng

分布：东莞 [25]、东源 [59]、封开 [14]、佛冈 [27]、惠东 [12]、江门 [8]、仁化 [16]、翁源 [51]、五华 [4]、新丰 [63]、信宜 [52]、阳春 [45]、英德 [32]、中山 [10]。

大节竹属 ***Indosasa*** **McClure**

浦竹仔 ***Indosasa hispida*** McClure

分布：博罗 [35]、惠东 [12]、龙门 [35]。

摆竹 ***Indosasa shibataeoides*** McClure

分布：博罗 [35, 37]、从化 [107]、德庆 [35]、乐昌 [29, 35]、连山 [35]、连州 [26]、龙门 [35]、茂名 [35]、信宜 [35, 52]、阳山 [35]、英德 [32, 35]、肇庆 [35]、紫金 [31]。

柳叶箬属 ***Isachne*** **R. Br.**

白花柳叶箬 ***Isachne albens*** Trin.

分布：封开 [14]、深圳 [11]、信宜 [35, 52]、阳春 [35]、肇庆 [9]。

柳叶箬 ***Isachne globosa*** (Thunb.) Kuntze

分布：博罗 [35, 100]、从化 [107]、东莞 [25]、丰顺 [95]、封开 [14, 35]、广州 [35]、和平 [35]、惠东 [12, 35]、连州 [26, 35]、南雄 [33, 57]、仁化 [16]、乳源 [26, 35]、深圳 [17, 35]、始兴 [28]、台山 [35]、翁源 [51]、阳春 [35]、阳山 [26]、英德 [32]、郁南 [101]、增城 [116]、肇庆 [9, 35]、紫金 [31]。

浙江柳叶箬 ***Isachne hoi*** P. C. Keng

分布：县级不详 [30]。

日本柳叶箬 ***Isachne nipponensis*** Ohwi

分布：乐昌 [29, 35]、肇庆 [35]。

矮小柳叶箬 ***Isachne pulchella*** Roth

分布：深圳 [11]、阳春 [35]、阳山 [35]。

匍匐柳叶箬 ***Isachne repens*** Keng

分布：博罗 [100]、河源 [35]、连州 [26]、罗定 [35]、茂名 [35]、仁化 [16]、深圳 [17]、信宜 [52]、肇庆 [9, 35]。

刺毛柳叶箬 ***Isachne sylvestris*** Ridl.

分布：潮州 [381]、深圳 [17]。

平颖柳叶箬 ***Isachne truncata*** A. Camus

分布：博罗 [35]、惠东 [12]、惠州 [35]、乐昌 [29, 35]、连平 [35]、连州 [26, 35]、梅州 [35]、乳源 [26, 35]、新丰 [63]、阳春 [35, 45]、阳山 [26, 35]、英德 [32]、郁南 [101]、肇庆 [9, 35]。

鸭嘴草属 *Ischaemum* L.

毛鸭嘴草 ***Ischaemum anthephoroides*** (Steud.) Miquel

分布：东莞 [25]。

有芒鸭嘴草 ***Ischaemum aristatum*** L.

分布：博罗 [5, 35, 100]、从化 [107]、东莞 [25, 35]、封开 [14]、高州 [35] [蒋英 2460 (IBSC)]、广州 [35] [徐祥浩 7A (IBSC)]、惠东 [35] [陈邦余、张桂才 670 (IBSC)]、江门 [8, 35]、乐昌 [35] [陈少卿 12272 (IBK)]、连平 [35] [粤 73 1795 (IBSC)]、连山 [35] [陈少卿 5645 (IBSC)]、连州 [35] [李用华 104 (IBSC)]、茂名 [35] [邓良 2199 (IBSC)]、仁化 [16]、深圳 [17, 35]、遂溪 [35] [刘守炉等 890485 (NAS)]、台山 [35] [周联选 11441 (KUN)]、信宜 [52]、徐闻 [35] [周远瑞 100082 (IBK)]、阳春 [35] [叶华谷、刘念 458 (IBSC)]、阳山 [35] [南岭队 1395 (IBSC)]、英德 [32, 35]、肇庆 [9, 35]、紫金 [31, 35]。

鸭嘴草 ***Ischaemum aristatum* var. *glaucum*** (Honda) T. Koyama

分布：潮州 [曾宪锋 ZXF2198 (IBSC)]、惠东 [12]。

粗毛鸭嘴草 ***Ischaemum barbatum*** Retz.

分布：从化 [107]、东莞 [25]、丰顺 [95]、惠东 [12]、乐昌 [29, 35, 41]、连州 [26]、南雄 [33, 57]、仁化 [16]、深圳 [17, 35]、始兴 [28]、翁源 [51]、五华 [4]、阳春 [35, 45]、阳山 [26]、中山 [10]。

细毛鸭嘴草 ***Ischaemum ciliare*** Retz.

分布：博罗 [35, 100]、潮州 [35] [曾宪锋 ZXF00322 (CZH)]、从化 [35, 107]、大埔 [35] [邓良 5305 (IBSC)]、东莞 [25, 35]、丰顺 [35, 95]、封开 [14, 35]、佛冈 [27]、佛山 [35] [冯肇南 899 (N019125161)]、高州 [35] [蒋英 2468 (IBSC)]、广州 [35] [周根生 528 (PE)]、海丰 [35] [南植地 8488 (IBSC)]、和平 [35] [卫兆芬 120555 (KUN)]、河源 [35] [77 级科研组新 0758 (SN)]、怀集 [35] [曾怀德 22726 (IBSC)]、江门 [8, 35]、乐昌 [29, 35, 41]、连南 [35] [谭沛祥 89194 (KUN)]、连平 [35] [粤 73 1494 (IBSC)]、连州 [26, 35]、龙川 [35] [曾宪锋 ZXF32420 (CZH)]、罗定 [35] [张桂才、刘念 2231 (IBSC)]、茂名 [35] [叶华谷、刘念 1049 (IBSC)]、梅州 [35] [曾宪锋 ZXF40330 (CZH)]、南雄 [33, 35, 57]、平远 [35] [曾宪锋 ZXF33993 (CZH)]、饶平 [35] [曾宪锋 ZXF35178 (CZH)]、深圳 [11, 17, 35]、始兴 [28, 35]、遂溪 [35] [广东林业厅勘测队 85801 (IBSC)]、翁源 [35, 51]、新丰 [63]、新兴 [35] [刘瑛光 2537 (HZ)]、信宜 [52]、兴宁 [35] [曾宪锋 ZXF32477 (CZH)]、徐闻 [35] [徐闻队 367 (KUN)]、阳春 [35] [叶华谷、刘念 478 (IBSC)]、阳山 [26]、英德 [32, 35]、郁南 [101]、云浮 [35] [黄志 37314 (IBSC)]、肇庆 [9, 35]、中山 [10, 35]、紫金 [31, 35]。

田间鸭嘴草 ***Ischaemum rugosum*** Salisb.

分布：丰顺 [95]、广州 [35]、江门 [8]、乐昌 [29, 35, 41]、连州 [26]、仁化 [16]、深圳 [17]、始兴 [28]、肇庆 [9, 35]、紫金 [31]。

以礼竹属 *Kengiochloa* Y. H. Tong & N. H. Xia

以礼竹 ***Kengiochloa pubiflora*** (Keng) Y. H. Tong & N. H. Xia

分布：乳源 [265]、始兴 [265]、信宜 [265]、英德 [66, 32]。

假稻属 *Leersia* Sw.

李氏禾 ***Leersia hexandra*** Sw.

分布：博罗 [100]、从化 [107]、东莞 [25]、乐昌 [41]、连州 [22]、仁化 [16]、深圳 [11, 17, 35]、始兴 [28]、五华 [4]、信宜 [52]、阳春 [35, 45]、肇庆 [9]、珠海 [35]、紫金 [31]。

秕壳草 ***Leersia sayanuka*** Ohwi

分布：乐昌 [曾怀德 20821 (IBSC)]、平远 [曾宪锋 ZXF15024 (CZH)]、肇庆 [邓懋彬 5104 (NAS00523637)]。

千金子属 *Leptochloa* P. Beauv.

千金子 ***Leptochloa chinensis*** (L.) Nees

分布：博罗 #[5, 100]、从化 #[107]、东莞 #[25]、高州 #[35]、广州 #[35]、惠东 #[12]、乐昌 #[29, 41]、南雄 #[33]、仁化 #[16]、深圳 #[11, 17, 35]、翁源 #[51]、五华 #[4]、英德 #[32]、郁南 #[101]、肇庆 #[9]、中山 #[10]。

细穗双稃草 ***Leptochloa fusca* subsp. *uninervia*** (J.Presl) N. Snow

分布：珠海 [https://ppbc.iplant.cn/tu/15927598]。

虮子草 *Leptochloa panicea* (Retz.) Ohwi

分布：东莞 #[25]、广州 #[35]、乐昌 #[29, 35]、连州 #[35]、深圳 #[17]、英德 #[32]、郁南 #[101]、肇庆 #[9, 35]、中山 #[10]、紫金 #[31]。

黑麦草属 ***Lolium*** **L.**

多花黑麦草 *Lolium multiflorum* Lamk.

分布：平远 #[15, 401]、肇庆 #[9]。

黑麦草 *Lolium perenne* L.

分布：东莞 #[82]、惠州 #[82]、乐昌 #[526]、深圳 # [82]、中山 #[82]。

毒麦 *Lolium temulentum* L.

分布：乐昌 #[29, 526]。

淡竹叶属 ***Lophatherum*** **Brongn.**

淡竹叶 *Lophatherum gracile* Brongn.

分布：博罗 [35, 38, 100]、潮州 [35] [曾宪锋 ZXF6006 (CZH)]、从化 [107]、大埔 [35] [曾宪锋 ZXF32967 (CZH)]、德庆 [35] [刘瑛光 1123 (IBSC)]、东莞 [25, 35]、丰顺 [35] [曾宪锋 ZXF7263 (CZH)]、封开 [14, 35]、佛冈 [27]、佛山 [35] [黄奕孜、许先宏 HYZ047 (CZH)]、高州 [35] [周沛椿 10490 (PE)]、广州 [35] [中草药组 108 (IBSC)]、和平 [35] [卫兆芬 120535 (KUN)]、河源 [35] [卫兆芬 120580 (KUN)]、怀集 [35] [刘瑛光 2717 (IBSC)]、惠东 [12]、惠州 [35] [曾怀德 25585 (IBSC)]、江门 [8, 35]、蕉岭 [35] [李学根 202211 (IBSC)]、揭阳 [35] [黄雅凤 HYF040 (CZH)]、乐昌 [29, 35, 41]、连南 [35] [谭沛祥 59326 (IBSC)]、连山 [35] [陈少卿 5546 (IBSC)]、连州 [26, 35]、龙川 [35] [曾宪锋 ZXF32419 (CZH)]、龙门 [35] [王学文、张桂才 8115 (IBSC)]、罗定 [35] [张桂才、刘念 2200 (IBSC)]、茂名 [35, 85]、梅州 [35] [李运 2016049 (CZH)]、南雄 [33, 35, 57]、平远 [35] [李学根 201881 (IBSC)]、饶平 [35] [曾宪锋 ZXF2361 (IBSC)]、仁化 [16, 35]、乳源 [26, 35]、深圳 [11, 17, 35]、始兴 [28, 35]、台山 [35] [周联选 11475 (KUN)]、翁源 [35, 51]、五华 [4, 35]、新丰 [35, 63]、新兴 [35] [刘瑛光 2295 (HZ)]、信宜 [52]、兴宁 [35] [曾宪锋 ZXF27985 (CZH)]、徐闻 [35] [徐闻队 379 (KUN)]、阳春 [35, 45]、阳山 [26, 35]、英德 [32, 35]、郁南 [35, 101]、云浮 [35] [黄华泽 26 (IBSC)]、增城 [116]、肇庆 [9, 35]、中山 [10, 35]、紫金 [31, 35]。

糖蜜草属 ***Melinis*** **P. Beauv.**

糖蜜草 *Melinis minutiflora* P. Beauv.

分布：广州 #[21]、惠东 #[12]、梅州 #[383]。

红毛草 *Melinis repens* (Willd.) Zizka

分布：博罗 #[35]、潮州 #[15]、从化 #[107]、东莞 #[25, 82]、佛山 #[500]、广州 #[15, 21, 35]、海丰 #[35]、惠东 #[12]、惠州 #[82]、江门 #[8, 494]、揭阳 #[15]、茂名 #[15]、梅州 #[15]、平远 #[15]、普宁 #[15]、汕头 #[15]、深圳 #[15, 11, 82, 35, 17]、阳江 #[15]、湛江 #[15, 416]、中山 #[10, 82]、珠海 #[15, 428, 35]、紫金 #[31]。

小草属 ***Microchloa*** **R. Br.**

小草 *Microchloa indica* (L. f.) P. Beauv.

分布：广州 [35]。

莠竹属 ***Microstegium*** **Nees**

刚莠竹 *Microstegium ciliatum* (Trin.) A. Camus

分布：从化 [35, 107]、东莞 [25]、丰顺 [95]、封开 [14]、佛冈 [27]、惠东 [12, 35]、乐昌 [29]、连州 [26]、仁化 [16, 35]、深圳 [17, 35]、始兴 [28]、翁源 [51]、阳山 [26]、增城 [116]、紫金 [31]。

蔓生莠竹 *Microstegium fasciculatum* (L.) Henrard

分布：博罗 [38, 100]、从化 [35, 107]、东莞 [25, 35]、东源 [35] [刘全儒 201001115 (BNU)]、丰顺 [95]、封开 [14, 35]、佛冈 [27]、广州 [35] [叶育石 5499 (IBSC)]、河源 [35] [华南师范学院 890 (IBSC)]、惠东 [12, 35]、乐昌 [29, 35, 41]、连平 [35] [粤 73 1761 (IBSC)]、龙门 [35] [王学文、张桂才 8138 (IBSC)]、罗定 [35] [张桂才、刘念 2066 (IBSC)]、南雄 [57]、仁化 [16]、乳源 [35] [黄志 42276 (SYS)]、深圳 [11, 17, 35]、始兴 [28]、翁源 [35, 51]、五华 [4]、新丰 [63]、信宜 [35, 52]、徐闻 [35] [中国科学院华南植物研究所 837 (IBK)]、阳春 [35, 45]、英德 [32, 35]、郁南 [35] [张桂才、刘念 2602 (IBSC)]、增城 [116]、肇庆 [35] [中德采集队 679 (IBSC)]、中山 [10, 35]、紫金 [31, 35]。

膝曲莠竹 *Microstegium fauriei* **subsp.** *geniculatum* (Hayata) T. Koyama

分布：博罗 [http://ppbc. iplant. cn/tu/11743892]、平远 [曾宪锋 ZXF34026 (CZH)]。

单序莠竹 *Microstegium monoracemum* W. C. Wu

分布：深圳 [17]。

竹叶茅 *Microstegium nudum* (Trin.) A. Camus

分布：丰顺 [95]、阳春 [35]。

多芒莠竹 *Microstegium somae* (Hayata) Ohwi

分布：从化 [http://ppbc. iplant. cn/tu/11848433]、乐昌 [443]、深圳 [443, 17]。

莠竹 *Microstegium vimineum* (Trin.) A. Camus

分布：广州 [35]、怀集 [35]、惠东 [12]、乐昌 [29, 35]、乳源 [35]、始兴 [28]、信宜 [52]、郁南 [101]、肇庆 [9]。

芒属 ***Miscanthus*** **Andersson**

五节芒 *Miscanthus floridulus* (Labill.) Warburg ex K. Schumann

分布：博罗 #[35, 38, 61, 100]、从化 #[61]、大埔 #[61]、东莞 #[25, 35]、丰顺 #[35, 95]、封开 #[61, 35, 14]、佛冈 # [27]、高州 #[35] [蒋英 2496 (IBSC)]、广州 #[61, 35]、和平 # [61]、河源 #[61, 35]、惠东 #[61, 35, 12]、惠州 #[61, 35]、江门 #[8]、蕉岭 #[35] [邓良 4868 (IBSC)]、揭阳 #[35] [黄雅凤

HYF043 (CZH)]、乐昌 #[61, 29, 35]、连平 #[35] [粤 73 1892 (IBSC)]、连山 #[61, 35]、连州 #[61, 26, 35]、茂名 #[61, 85, 35]、梅州 #[61, 35]、南澳 #[35] [李婧 Li-HHS-002 (IBSC)]、南雄 # [61, 57, 33, 35]、平远 #[35] [曾宪锋 ZXF12780 (CZH)]、仁化 #[61, 16, 35]、乳源 #[61, 35]、汕头 #[61]、韶关 #[35] [To & Tsang12450 (IBSC)]、深圳 #[61, 11, 35, 17]、始兴 #[28]、翁源 #[51]、五华 #[61, 35, 4]、新丰 #[63]、信宜 #[61, 35, 52]、兴宁 #[61, 35]、徐闻 #[61, 35]、阳春 #[35, 45]、阳山 #[61, 35]、英德 #[61, 32, 35]、郁南 #[101]、增城 #[116]、肇庆 #[61, 9, 35]、中山 #[10, 35]、紫金 #[31, 35]。

尼泊尔芒 ***Miscanthus nepalensis*** (Trin.) Hack.

分布：博罗 [35]、大埔 [35]、封开 [35]、广州 [35]、和平 [35]、惠州 [35]、江门 [8]、蕉岭 [35]、乐昌 [35]、连南 [35]、连平 [35]、梅州 [35]、清远 [35]、仁化 [16, 35]、韶关 [35]、深圳 [35]、始兴 [35]、台山 [35]、翁源 [35]、信宜 [35, 52]、徐闻 [35]、阳春 [35]、阳江 [35]、阳山 [35]、英德 [35]、郁南 [35, 101]、云浮 [35]、肇庆 [35]、珠海 [35]。

芒 ***Miscanthus sinensis*** Andersson

分布：博罗 [61, 100, 35, 38]、潮州 [35] [曾宪锋 ZXF00163 (CZH)]、从化 [35, 107]、东莞 [25, 35]、丰顺 [35, 95]、封开 [61, 35, 14]、佛冈 [27]、广州 [35] [叶育石 5522 (IBSC)]、和平 [61, 35]、河源 [35] [李婧 Li-XG-003 (IBSC)]、鹤山 [61, 35]、惠东 [12]、惠州 [61, 35]、江门 [8]、乐昌 [29, 35, 41]、连南 [35] [谭沛祥 59550 (IBSC)]、连平 [35] [粤 73 1503 (IBSC)]、连山 [35] [叶华谷 2512 (IBSC)]、连州 [26, 35]、罗定 [35] [张桂才、刘念 2025 (IBSC)]、梅州 [35] [南植地 7328 (IBSC)]、南澳 [35] [李婧 Li-HHS-003 (IBSC)]、南雄 [33, 35, 57]、清远 [61, 35]、饶平 [35] [曾飞燕 1617 (IBSC)]、仁化 [61, 16, 35]、乳源 [61, 26, 35]、汕头 [61]、韶关 [35] [高锡朋 50412 (IBSC)]、深圳 [11, 17, 35]、始兴 [28]、台山 [61, 35]、翁源 [51]、五华 [61, 35, 4]、新丰 [63]、信宜 [61, 35, 52]、兴宁 [35] [曾宪锋 ZXF22107 (CZH)]、徐闻 [61, 35]、阳春 [35, 45]、阳山 [61, 26, 35]、英德 [61, 32, 35]、郁南 [35, 101]、增城 [116]、肇庆 [61, 9, 35]、珠海 [61]、紫金 [31, 35]。

毛俭草属 ***Mnesithea*** **Kunth**

假蛇尾草 ***Mnesithea laevis*** (Retz.) Kunth

分布：广州 [35]、徐闻 [35]。

毛俭草 ***Mnesithea mollicoma*** (Hance) A. Camus

分布：博罗 [35]、东莞 [25]、封开 [14]、高州 [35]、广州 [35]、惠东 [12, 35]、江门 [8]、乐昌 [29]、茂名 [35]、信宜 [52]、徐闻 [35]、阳春 [35]、阳山 [26]、英德 [32]、肇庆 [35]、紫金 [31, 35]。

乱子草属 ***Muhlenbergia*** **Schreb.**

粉黛乱子草 ***Muhlenbergia capillaris*** Trin.

分布：广州 *[http://ppbc. iplant. cn/tu/11699748]、江门 *[http://ppbc. iplant. cn/tu/5719098]、深圳 *[http://ppbc. iplant. cn/tu/5621452]、珠海 *[http://ppbc. iplant. cn/tu/12923073]。

日本乱子草 ***Muhlenbergia japonica*** Steud.

分布：乳源 [35]。

类芦属 ***Neyraudia*** **Hook. f.**

大类芦 ***Neyraudia arundinacea*** (L.) Henrard

分布：乐昌 [29, 35, 41]、肇庆 [35]。

类芦 ***Neyraudia reynaudiana*** (Kunth) Keng ex Hitchc.

分布：博罗 [5, 35]、从化 [107]、东莞 [25]、封开 [14, 35]、佛冈 [27]、广州 [35]、惠东 [12, 35]、江门 [8, 35]、乐昌 [29, 35, 41]、连州 [26, 35]、陆丰 [35]、茂名 [35]、南雄 [33, 57]、清远 [35]、仁化 [16, 35]、乳源 [26, 35]、汕头 [35]、深圳 [11, 17, 35]、始兴 [28, 35]、台山 [35]、翁源 [51]、五华 [4]、信宜 [35, 52]、阳春 [35, 45]、阳江 [35]、阳山 [35]、英德 [32, 35]、郁南 [35, 101]、肇庆 [9, 35]、中山 [10]、珠海 [35]、紫金 [31]。

少穗竹属 ***Oligostachyum*** **Z. P. Wang & G. H. Ye**

裂舌少穗竹 ***Oligostachyum bilobum*** W. T. Lin & Z. J. Feng

分布：信宜 [35]。

凤竹 ***Oligostachyum hupehense*** (J. L. Lu) Z. P. Wang & G. H. Ye

分布：广宁 [35]、英德 [32, 35]、郁南 [35]。

糙花少穗竹 ***Oligostachyum scabriflorum*** (McClure) Z. P. Wang & G. H. Ye

分布：从化 [107]、广宁 [35]、惠东 [35]、南雄 [35]、乳源 [35]、始兴 [66, 28]、信宜 [66, 35, 52]、肇庆 [35]。

短舌少穗竹 ***Oligostachyum scabriflorum*** **var.** ***breviligulatum*** Z. P. Wang & G. H. Ye

分布：南雄 [33]。

斗竹 ***Oligostachyum spongiosum*** (C. D. Chu & C. S. Chao) G. H. Ye

分布：广宁 [66]、始兴 [28]。

蛇尾草属 ***Ophiuros*** **C. F. Gaertn.**

蛇尾草 ***Ophiuros exaltatus*** (L.) Kuntze

分布：广州 [35]、阳山 [26]、紫金 [31]。

求米草属 ***Oplismenus*** **P. Beauv.**

竹叶草 ***Oplismenus compositus*** (L.) P. Beauv.

分布：博罗 [100]、从化 [107]、东莞 [25]、丰顺 [95]、封开 [14]、佛冈 [27]、广州 [35]、河源 [35]、惠东 [12]、乐昌 [29, 35, 41]、罗定 [35]、南雄 [57]、仁化 [16]、乳源 [26]、深圳 [17, 35]、始兴 [28]、翁源 [51]、信宜 [52]、徐闻 [35]、阳春 [35]、阳山 [26]、英德 [32]、郁南 [101]、肇庆 [9, 35]、中山 [10]。

台湾竹叶草 ***Oplismenus compositus*** **var.** ***formosanus*** (Honda) S. L. Chen & Y. X. Jin

分布：连平 [35]、阳山 [35]、肇庆 [35]。

中间型竹叶草 ***Oplismenus compositus*** **var.** ***intermedius***

(Honda) Ohwi

分布：东莞 [25]、丰顺 [95]、惠东 [35]、连州 [26]、深圳 [17, 35]、翁源 [51]、五华 [4]、阳山 [26]、紫金 [31]。

大叶竹叶草 ***Oplismenus compositus* var. *owatarii*** (Honda) Ohwi

分布：广州 [35]、惠州 [35]、乐昌 [29]、南雄 [33]、仁化 [16]、英德 [32]、肇庆 [9]。

疏穗竹叶草 ***Oplismenus patens*** Honda

分布：封开 [14]、始兴 [28]、肇庆 [9]、中山 [35]、珠海 [35]。

求米草 ***Oplismenus undulatifolius*** (Ard.) Roemer & Schuit.

分布：博罗 [35]、丰顺 [95]、封开 [14]、广州 [35]、怀集 [35]、江门 [8]、乐昌 [29, 35]、连州 [26, 35]、仁化 [16]、乳源 [35]、五华 [4]、阳山 [35]。

日本求米草 ***Oplismenus undulatifolius* var. *japonicus*** (Steud.) Koidz.

分布：乐昌 [29, 35]、连平 [35]、仁化 [16]、肇庆 [35]。

稻属 *Oryza* L.

疣粒稻 ***Oryza meyeriana* subsp. *granulata*** (Nees & Arn. ex Watt) Tateoka

分布：雷州 [35]、徐闻 [35]。

药用稻 ***Oryza officinalis*** Wall. ex G. Watt

分布：封开 [20]、广宁 [20]、怀集 [20]、雷州 [20, 35]、罗定 [20]、四会 [20]、新兴 [20]、徐闻 [20, 35]、郁南 [20]、云浮 [20]、肇庆 [22, 20]。

野生稻 ***Oryza rufipogon*** Griff.

分布：博罗 [20]、恩平 [20]、佛冈 [20]、高州 [22, 20]、广州 [22]、海丰 [20]、河源 [20]、化州 [20]、惠东 [20]、惠来 [20]、惠州 [20]、开平 [20]、雷州 [20]、龙门 [20]、陆丰 [20]、陆河 [20]、茂名 [20]、普宁 [20]、饶平 [20]、遂溪 [20]、台山 [20]、吴川 [22]、阳春 [20]、阳江 [20]、阳西 [20]、英德 [20]、紫金 [20]。

稻 ***Oryza sativa*** L.

分布：博罗 *[100]、从化 *[107]、封开 *[14]、茂名 *[85]、南雄 *[57]、仁化 *[16]、深圳 *[17]、始兴 *[28]、翁源 *[51]、新丰 *[63]、信宜 *[52]、郁南 *[101]、肇庆 *[9]。

露籽草属 *Ottochloa* Dandy

露籽草 ***Ottochloa nodosa*** (Kunth) Dandy

分布：从化 [107]、东莞 [25]、丰顺 [95]、佛冈 [27]、广州 [35]、江门 [8]、乐昌 [29]、乳源 [26]、深圳 [17, 35]、始兴 [28]、翁源 [51]、英德 [32]、肇庆 [9, 35]、紫金 [31]。

小花露籽草 ***Ottochloa nodosa* var. *micrantha*** (Balansa ex A. Camus) S. L. Chen & S. M. Phillips

分布：从化 [107]、丰顺 [95]、河源 [35]、惠东 [12]、深圳 [17]、阳春 [35]、肇庆 [35]。

黍属 *Panicum* L.

紧序黍 ***Panicum auritum*** J. Presl ex Nees

分布：广州 [22]、翁源 [51]、吴川 [22]。

糠稷 ***Panicum bisulcatum*** Thunb.

分布：从化 #[107]、东莞 #[25]、封开 #[14, 35]、广州 #[35]、乐昌 #[29, 35]、连州 #[26]、仁化 #[16]、始兴 #[28, 35]、阳春 #[35]、阳山 #[26, 35]、英德 #[32]、郁南 #[35, 101]、肇庆 #[9, 35]、紫金 #[31]。

短叶黍 ***Panicum brevifolium*** L.

分布：博罗 [5, 100]、从化 [107]、东莞 [25]、丰顺 [95]、封开 [14]、佛冈 [27]、广州 [35]、惠东 [12, 35]、江门 [8]、乐昌 [29, 35, 41]、连州 [26]、茂名 [35]、南澳 [35]、南雄 [33, 57]、仁化 [16]、乳源 [26]、深圳 [17, 35]、翁源 [51]、新丰 [63]、信宜 [52]、阳春 [35, 45]、阳山 [26]、英德 [32]、肇庆 [9, 35]。

洋野黍 ***Panicum dichotomiflorum*** Michx.

分布：东莞 #[25]、高州 #[35]、广州 #[35]、惠东 #[35]、仁化 #[16]、深圳 #[17, 35]、新兴 #[35]、阳春 #[35]、肇庆 #[9, 35]。

旱黍草 ***Panicum elegantissimum*** Hook. f.

分布：徐闻 [35]。

南亚黍 ***Panicum humile*** Nees ex Steud.

分布：德庆 [35]、广州 [35]、连州 [35]、英德 [35]、肇庆 [35]。

藤竹草 ***Panicum incomtum*** Trin.

分布：东莞 [25]、封开 [35]、怀集 [35]、惠东 [12]、乐昌 [29, 35, 41]、南雄 [33]、始兴 [28, 35]、台山 [35]、翁源 [51]、阳山 [26]、珠海 [35]。

大罗湾草 ***Panicum luzonense*** J. Presl

分布：广州 [35]、惠东 [12]、江门 [8]。

大黍 ***Panicum maximum*** Jacq.

分布：潮州 #[15]、东莞 #[82]、佛冈 #[27]、广州 #[15, 21]、惠州 #[82]、乐昌 #[41]、陆丰 #[15]、南澳 #[15]、深圳 # [17, 82]、兴宁 #[15]、阳山 #[26]、湛江 #[15, 416]、肇庆 # [423]、中山 #[82]。

心叶稷 ***Panicum notatum*** Retz.

分布：博罗 [35]、从化 [107]、东莞 [25]、丰顺 [95]、封开 [14]、佛冈 [27]、广州 [35]、河源 [35]、惠东 [12, 35]、南雄 [57]、深圳 [17, 35]、翁源 [51]、信宜 [52]、徐闻 [35]、阳春 [35]、英德 [32]、郁南 [101]、肇庆 [9, 35]。

铺地黍 ***Panicum repens*** L.

分布：博罗 #[5, 100]、从化 #[107]、大埔 #[15]、东莞 #[25, 82]、封开 #[14]、佛冈 #[27]、高州 #[35]、广州 #[21, 35]、和平 #[35]、怀集 #[35]、惠东 #[12, 35]、惠州 #[82]、江门 #[494]、揭阳 #[15]、乐昌 #[29, 35, 526]、连州 #[35]、陆丰 #[35]、南雄 #[33, 57]、普宁 #[15]、仁化 #[16, 35]、韶

关 #[15]、深圳 #[11, 82, 35, 17]、台山 #[35]、翁源 #[51]、吴川 #[35]、五华 #[4]、新丰 #[63]、徐闻 #[497]、阳春 #[35, 45]、英德 #[32]、郁南 #[35, 101]、湛江 #[416]、肇庆 #[9, 35]、中山 #[10, 82]、紫金 #[31]。

细柄黍 ***Panicum sumatrense*** Roth ex Roem. & Schult.

分布：博罗 [35]、惠东 [12]、江门 [8]、深圳 [17]、阳山 [26]、肇庆 [9]。

发枝稷 ***Panicum trichoides*** Sw.

分布：英德 *[http://ppbc. iplant. cn/tu/9085139]。

类雀稗属 ***Paspalidium*** **Stapf**

类雀稗 ***Paspalidium flavidum*** (Retz.) A. Camus

分布：县级不详 [30]。

尖头类雀稗 ***Paspalidium punctatum*** (Burm. f.) A. Camus

分布：县级不详 [30]。

雀稗属 ***Paspalum*** **L.**

两耳草 ***Paspalum conjugatum*** Bergius

分布：博罗 #[5, 100]、潮州 #[15]、从化 #[509]、东莞 # [25, 82]、丰顺 #[9, 155]、佛冈 #[27]、广州 #[15, 21, 35]、惠东 #[12]、惠州 #[82]、江门 #[8]、揭阳 #[15]、乐昌 #[29, 41]、普宁 #[15]、饶平 #[15]、仁化 #[16]、汕头 #[15]、深圳 #[15, 11, 82, 35, 17]、新丰 #[63]、阳山 #[26]、英德 #[32]、湛江 #[416]、肇庆 #[9, 15, 423, 35]、中山 #[10, 82]、紫金 #[31]。

毛花雀稗 ***Paspalum dilatatum*** Poir.

分布：广州 #[15]、连州 #[26]。

双穗雀稗 ***Paspalum distichum*** L.

分布: 博罗 #[5, 100]、从化 #[107]、东莞 #[25]、佛山 # [500]、广州 #[35]、海丰 #[35]、廉江 #[35]、罗定 #[35]、茂名 #[35, 85]、仁化 #[16]、乳源 #[26]、深圳 #[17, 35]、台山 # [35]、新丰 #[63]、徐闻 #[35]、肇庆 #[9, 35]、中山 #[10]、珠海 #[428, 35]、紫金 #[31]。

台湾雀稗 ***Paspalum hirsutum*** Retz.

分布：广州 [35]、深圳 [35]。

长叶雀稗 ***Paspalum longifolium*** Roxb.

分布：东莞 [25]、封开 [14, 35]、广州 [35]、怀集 [35]、惠东 [35]、连平 [35]、连山 [35]、南雄 [35]、深圳 [17, 35]、始兴 [35]、翁源 [51]、阳春 [35]、阳山 [35]、肇庆 [35]。

百喜草 ***Paspalum notatum*** Flugge

分布：东莞 #[25]。

鸭虱草 ***Paspalum scrobiculatum*** L.

分布：博罗 [35, 100]、东莞 [25]、广州 [35]、河源 [35]、惠东 [12, 35]、连州 [35]、陆丰 [35]、茂名 [35]、南澳 [35]、南雄 [33, 57]、仁化 [16, 35]、乳源 [26]、深圳 [17]、翁源 [51]、信宜 [52]、徐闻 [35]、阳春 [35]、阳山 [26]、英德 [32]、肇庆 [35]、紫金 [31]。

囡雀稗 ***Paspalum scrobiculatum*** **var.** ***bispicatum*** Hack.

分布：广州 [35]、深圳 [17]、阳春 [35]、肇庆 [9, 35]。

圆果雀稗 ***Paspalum scrobiculatum*** **var.** ***orbiculare*** (G. Forst.) Hack.

分布：从化 [107]、东莞 [25]、丰顺 [95]、封开 [14, 35]、佛冈 [27]、高州 [35]、广州 [35]、河源 [35]、化州 [35]、惠东 [12]、惠来 [35]、江门 [8]、乐昌 [29, 41]、龙门 [35]、罗定 [35]、茂名 [35]、仁化 [16]、深圳 [17, 35]、始兴 [28, 35]、五华 [4]、新丰 [63]、信宜 [52]、徐闻 [35]、阳春 [35]、阳山 [26]、英德 [32, 35]、郁南 [35, 101]、肇庆 [9, 35]、中山 [10]、珠海 [35]、紫金 [31]。

雀稗 ***Paspalum thunbergii*** Kunth ex Steud.

分布：东莞 [25, 35]、丰顺 [95]、惠东 [12]、连南 [35] [谭沛祥 59483 (NAS)]、连州 [26]、平远 [35] [曾宪锋 ZXF10871 (CZH)]、乳源 [26]、翁源 [51]、五华 [4]、阳山 [26]、肇庆 [9]、紫金 [31, 35]。

丝毛雀稗 ***Paspalum urvillei*** Steud.

分布：潮州 #[15, 382]、东莞 #[25]、丰顺 #[15]、广州 #[15, 21]、乐昌 #[41]、连平 #[15]、南雄 #[33, 57]、平远 #[15]、乳源 #[26]、韶关 #[15]、深圳 #[17]、阳山 #[26]、湛江 #[416]。

海雀稗 ***Paspalum vaginatum*** Sw.

分布：东莞 *[25]、深圳 *[17, 35]、中山 *[35]、珠海 *[35]。

狼尾草属 ***Pennisetum*** **Rich.**

狼尾草 ***Pennisetum alopecuroides*** (L.) Spreng.

分布：博罗 [35, 38, 100]、从化 [107]、大埔 [35]、东莞 [25]、东源 [59]、丰顺 [95]、封开 [14, 35]、佛冈 [27]、广州 [35]、河源 [35]、怀集 [35]、惠东 [12]、乐昌 [29, 35, 41]、连平 [35]、连州 [26, 35]、罗定 [35]、南雄 [33, 57]、仁化 [16, 35]、乳源 [26]、深圳 [11, 17, 35]、始兴 [28, 35]、五华 [4]、新丰 [63]、徐闻 [35]、阳春 [35]、阳山 [35]、英德 [32]、郁南 [35, 101]、肇庆 [9, 35]、珠海 [35]、紫金 [31]。

牧地狼尾草 ***Pennisetum polystachion*** (L.) Schult.

分布：潮州 #[15]、东莞 #[82]、惠州 #[82]、茂名 # [15]、普宁 #[15]、饶平 #[15]、汕头 #[15]、汕尾 #[15]、深圳 #[15, 17, 82]、阳江 #[15]、湛江 #[15]、中山 #[82]、珠海 #[15]。

象草 ***Pennisetum purpureum*** Schumach.

分布：潮州 #[15]、从化 #[107]、大埔 #[15]、东莞 #[82]、丰顺 #[95]、佛山 #[500]、广州 #[15, 21]、惠州 #[82]、揭阳 #[15]、乐昌 #[526]、陆丰 #[http://ppbc. iplant. cn/tu/472611]、茂名 #[15]、汕头 #[15]、深圳 #[15, 11, 82, 17]、翁源 #[51]、阳春 #[15]、阳江 #[15]、英德 #[32]、郁南 #[101]、湛江 #[416]、肇庆 # [9]、中山 #[15, 82]、珠海 #[15, 428]、紫金 #[31]。

茅根属 ***Perotis*** **Aiton**

茅根 ***Perotis indica*** (L.) Kuntze

分布：海丰 [35]、惠东 [35]、雷州 [13]、廉江 [13,

35]、深圳 [17, 35]、遂溪 [35]、吴川 [35]、阳春 [35]、湛江 [13, 35]。

大花茅根 ***Perotis rara*** R. Br.

分布：深圳 [17, 35]。

显子草属 *Phaenosperma* Munro ex Benth.

显子草 ***Phaenosperma globosum*** Munro ex Benth.

分布：从化 [35]、新丰 [35]。

虉草属 *Phalaris* L.

虉草 ***Phalaris arundinacea*** L.

分布：乐昌 [35]。

芦苇属 *Phragmites* Adans.

芦苇 ***Phragmites australis*** (Cav.) Trin. ex Steud.

分布：博罗 #[38, 100]、东莞 #[25]、丰顺 #[95]、佛冈 #[27]、广州 #[35]、惠东 #[35]、乐昌 #[29, 35]、清远 # [35]、仁化 #[16]、乳源 #[35]、深圳 #[17, 35]、徐闻 #[35]、阳春 #[35]、英德 #[32]、肇庆 #[9, 35]、中山 #[10]、珠海 #[35]、紫金 #[31]。

卡开芦 ***Phragmites karka*** (Retz.) Trin. ex Steud.

分布：博罗 [100]、从化 [107]、东莞 [25, 35]、广州 [35]、乐昌 [29, 35, 41]、连州 [35]、龙门 [35]、茂名 [35]、梅州 [35]、南雄 [33, 57]、清远 [35]、深圳 [11, 17, 35]、始兴 [28]、新丰 [35]、信宜 [52]、阳春 [35]、阳山 [26]、肇庆 [9]、珠海 [35]、紫金 [31]。

刚竹属 *Phyllostachys* Siebold & Zucc.

人面竹 ***Phyllostachys aurea*** Riviere & C. Rivière

分布：和平 [35]、乐昌 [29, 35]、连平 [120, 35]、连山 [120]、清远 [35]、深圳 *[17]、新丰 [35]、信宜 [120, 35, 52]、云浮 [120]、肇庆 *[120, 9]。

桂竹 ***Phyllostachys bambusoides*** Sieb. & Zucc.

分布：博罗 [120]、广宁 [120]、怀集 [120]、惠东 [120]、乐昌 [120, 29, 41]、连平 [120]、连山 [120]、南雄 [33, 57]、韶关 [120]、始兴 [120, 28]、信宜 [120]、兴宁 [120]、阳山 [120]、英德 [120, 32]、肇庆 [120, 9]、中山 [10]。

丹霞山刚竹 ***Phyllostachys danxiashanensis*** N. H. Xia & X. R. Zheng

分布：仁化 [120, 359]。

毛竹 ***Phyllostachys edulis*** (Carriere) J. Houz.

分布：从化 #[107]、东莞 #[25]、东源 #[59]、丰顺 # [95]、广宁 #[120]、河源 #[35]、怀集 #[120]、惠州 #[35]、揭西 #[120]、乐昌 #[120, 29, 41]、连平 #[120]、连山 #[120]、连州 #[26]、龙门 #[120]、梅州 #[35]、南雄 #[33, 57]、清远 #[35]、仁化 #[120, 16]、韶关 #[120, 35]、始兴 #[28]、四会 #[120]、翁源 #[51]、信宜 #[52]、兴宁 #[120]、阳山 #[26]、英德 #[120, 32]、郁南 #[101]、增城 #[116]、肇庆 #[9, 35]、紫金 #[31]。

甜笋竹 ***Phyllostachys elegans*** McClure

分布：广宁 [120, 35]、乐昌 [29]。

水竹 ***Phyllostachys heteroclada*** Oliv.

分布：大埔 [120]、广宁 [120]、广州 [120, 35]、乐昌 [120, 29, 41]、连平 [120]、南雄 [33, 57]、清远 [35]、乳源 [120]、韶关 [120]、阳山 [120]、英德 [120]。

黎子竹 ***Phyllostachys heteroclada* f. *purpurata*** (McClure) Wen

分布：广宁 [120]。

假毛竹 ***Phyllostachys kwangsiensis*** W. Y. Hsiung, Q. H. Dai & J. K. Liu

分布：怀集 *[120]、乐昌 *[29, 35]、连山 *[120]。

篌竹 ***Phyllostachys nidularia*** Munro

分布：博罗 [120, 30, 37]、从化 [107]、大埔 [120]、东莞 [25]、东源 [59]、丰顺 [95]、广州 [120, 35]、惠东 [120, 35]、乐昌 [120, 29, 41, 35]、连平 [120]、连山 [35]、连州 [26]、南雄 [33, 57]、仁化 [120, 16]、乳源 [120, 35]、韶关 [120]、深圳 [17, 35]、兴宁 [120]、英德 [120, 32]、肇庆 [120, 193, 35]。

紫竹 ***Phyllostachys nigra*** (Lodd. ex Lindl.) Munro

分布：封开 [14]、乐昌 [120, 29]、深圳 *[17]、肇庆 *[9]。

毛金竹 ***Phyllostachys nigra* var. *henonis*** (Mitford) Stapf ex Rendle

分布：韶关 [120]、英德 [120]。

河竹 ***Phyllostachys rivalis*** H. R. Zhao & A. T. Liu

分布：南雄 [120, 33, 35]、仁化 [120]、始兴 [120, 28]。

红边竹 ***Phyllostachys rubromarginata*** McClure

分布：怀集 [120]、云浮 [120]。

金竹 ***Phyllostachys sulphurea*** (Carrière) Riviere & C. Rivière

分布：博罗 *[100]、乐昌 *[29]、连平 [120]、南雄 *[33, 57]、乳源 [120]。

乌哺鸡竹 ***Phyllostachys vivax*** McClure

分布：广州 *[30]。

苦竹属 *Pleioblastus* Nakai

银环苦竹 ***Pleioblastus alboserica*** W.T. Lin

分布：佛冈 [35]。

苦竹 ***Pleioblastus amarus*** (Keng) P. C. Keng

分布：丰顺 [95]、广宁 [35]、惠东 [12]、连州 [26]、南雄 [33, 57]、翁源 [51]、新丰 [63]、英德 [35]。

斑苦竹 ***Pleioblastus maculatus*** (McClure) C. D. Chu & C. S. Chao

分布：信宜 [35]。

油苦竹 ***Pleioblastus oleosus*** T. H. Wen

分布：连山 [35] [王、叶、赵 780031 (N019021015)]、信宜 [66]。

蝶环苦竹 ***Pleioblastus patellaris*** W. T. Lin & Z. M. Wu

分布：广宁 [450]。

早熟禾属 *Poa* L.

白顶早熟禾 *Poa acroleuca* Steud.

分布：乐昌 [29, 35]、平远 [35]、乳源 [35]、始兴 [28, 35]、信宜 [35, 52]、阳山 [26]。

早熟禾 *Poa annua* L.

分布：惠东 #[12]、乐昌 #[29, 35, 41]、南雄 #[33, 57]、仁化 #[16]、深圳 #[17]、紫金 #[31]。

金发草属 *Pogonatherum* P. Beauv.

金丝草 *Pogonatherum crinitum* (Thunb.) Kunth

分布：博罗 [35, 38, 100]、潮州 [35] [刘晓燕 2014082 (CZH)]、从化 [35, 107]、大埔 [35] [邓良 5246 (IBSC)]、东莞 [25, 35]、东源 [59]、丰顺 [35] [叶华谷 4129 (IBSC)]、封开 [14, 35]、佛冈 [27]、佛山 [35] [陈文 9908 (IBSC)]、广州 [35] [中草药组 160 (IBSC)]、和平 [35] [卫兆芬 120480 (IBSC)]、河源 [35] [华南师范学院 927 (IBSC)]、怀集 [35] [叶华谷 3042 (IBSC)]、惠东 [12, 35]、江门 [8]、蕉岭 [35] [李学根 202352 (IBSC)]、揭阳 [35] [黄雅凤 HYF029 (CZH)]、乐昌 [29, 35, 41]、连南 [35] [谭沛祥 59469 (IBSC)]、连平 [35] [粤 73 1768 (IBSC)]、连山 [35] [谭沛祥 58393 (IBSC)]、连州 [35] [谭沛祥 60224 (IBSC)]、龙川 [35] [曾宪锋 ZXF27617 (CZH)]、龙门 [35] [南昆山调查队 82277 (IBSC)]、罗定 [35] [张桂才、刘念 1993 (IBSC)]、茂名 [35, 85]、梅州 [35] [曾宪锋 ZXF40336 (CZH)]、南雄 [33, 35]、平远 [35] [李学根 202087 (IBSC)]、普宁 [35] [曾宪锋 ZXF42900 (CZH)]、清远 [35] [曾飞燕 1141 (IBSC)]、饶平 [35] [李学根 200643 (IBSC)]、仁化 [16]、乳源 [26, 35]、汕头 [35] [杜庚平 96 (SYS)]、深圳 [11, 17, 35]、始兴 [28, 35]、台山 [35] [陈邦余、李泽贤 371 (IBSC)]、翁源 [51]、五华 [4, 35]、新丰 [35, 63]、新兴 [35] [刘瑛光 2042 (PE)]、信宜 [52]、兴宁 [35] [曾飞燕 2110 (IBSC)]、阳春 [35] [张桂才、刘念 190 (IBSC)]、阳江 [35] [黄志 41734 (IBK)]、阳山 [26, 35]、英德 [32, 35]、郁南 [35, 101]、肇庆 [9, 35]、中山 [10, 35]、紫金 [31, 35]。

金发草 *Pogonatherum paniceum* (Lam.) Hack.

分布：博罗 [5, 35, 100]、丰顺 [95]、高州 [35]、广州 [35]、惠东 [12]、惠州 [35]、江门 [8]、蕉岭 [35]、乐昌 [29, 35]、连山 [35]、龙门 [35]、清远 [35]、仁化 [16, 35]、韶关 [35]、深圳 [17, 35]、信宜 [35, 52]、阳春 [35]、阳山 [35]、英德 [35]、郁南 [101]、云浮 [35]、肇庆 [9, 35]。

棒头草属 *Polypogon* Desf.

棒头草 *Polypogon fugax* Nees ex Steud.

分布：博罗 #[35]、广州 #[35]、南雄 #[33, 57]、乳源 # [35]、深圳 #[17]、肇庆 #[9, 35]。

长芒棒头草 *Polypogon monspeliensis* (L.) Desf.

分布：广州 [35]。

多裔草属 *Polytoca* R. Br.

多裔草 *Polytoca digitata* (L. f.) Druce

分布：连州 [35]、徐闻 [35]。

钩毛草属 *Pseudechinolaena* Stapf

钩毛草 *Pseudechinolaena polystachya* (Kunth) Stapf

分布：珠海 [35]。

假金发草属 *Pseudopogonatherum* A. Camus

笔草 *Pseudopogonatherum contortum* (Brongn.) A. Camus

分布：翁源 [刘心祈 25018 (NAS00529859)]、肇庆 [刘慎愕 848 (NAS00529861)]。

线叶笔草 *Pseudopogonatherum contortum* var. *linearifolium* S. L. Chen

分布：深圳 [442, 17]。

中华笔草 *Pseudopogonatherum contortum* var. *sinense* (Keng ex S. L. Chen) Keng & S. L. Chen

分布：乐昌 [29]、深圳 [35]、云浮 [35]。

刺叶假金发草 *Pseudopogonatherum koretrostachys* (Trin.) Henrard

分布：广州 [35]、惠州 [35]、仁化 [16, 35]、深圳 [17, 35]、遂溪 [35]、翁源 [35]、阳山 [35]、英德 [35]、云浮 [35]、肇庆 [35]、紫金 [35]。

伪针茅属 *Pseudoraphis* Griff. ex R. Pilg.

长稃伪针茅 *Pseudoraphis balansae* Henrard

分布：肇庆 [9, 35]。

伪针茅 *Pseudoraphis brunoniana* (Wall. & Griff.) Pilg.

分布：高州 [35]、广州 [35]、深圳 [17]、肇庆 [35]。

矢竹属 *Pseudosasa* Makino ex Nakai

茶秆竹 *Pseudosasa amabilis* (McClure) P. C. Keng ex S. L. Chen & al.

分布：封开 [14]、广宁 [35]、怀集 [35]、南雄 [33, 57]、英德 [32]、肇庆 *[9]、紫金 [31]。

抱秆茶秆竹 *Pseudosasa amplexicaulis* W. T. Lin & Z. J. Feng

分布：平远 [30]。

托竹 *Pseudosasa cantorii* (Munro) P. C. Keng ex S. L. Chen & al

分布：博罗 [35] [张丽娜、张玉霄 ZLN-2011021 (KUN)]、东莞 [25, 35]、丰顺 [95]、佛冈 [27]、广宁 [35] [张丽娜、张玉霄 ZLN-2011010 (KUN)]、广州 [35] [陈守良 1695 (NAS)]、河源 [35] [冯钦 21341 (SYS)]、惠东 [12]、乐昌 [29, 35, 41]、连山 [35] [王正平、周鸿彬等 780032 (N019023013)]、仁化 [16, 35]、深圳 [17, 35]、翁源 [51]、信宜 [52]、阳江 [35] [冯钦 20948 (SYS)]、阳山 [26]。

篲竹 *Pseudosasa hindsii* (Munro) C. D. Chu & C. S. Chao

分布：东莞 [25, 35]、封开 [14]、佛冈 [27]、惠东 [12]、南雄 [33, 35]、深圳 [17, 35]、始兴 [66]、翁源 [51]、信宜 [52]、英德 [32]、紫金 [31, 35]。

筒轴茅属 *Rottboellia* L. f.

筒轴茅 *Rottboellia cochinchinensis* (Lour.) Clayton

分布：博罗 [5, 35, 100]、从化 [107]、东莞 [25]、佛冈 [27]、高州 [35]、广州 [35]、惠东 [35]、乐昌 [29, 35, 41]、雷州 [13]、连平 [35]、连州 [35]、南雄 [33, 35, 57]、仁化 [16]、汕头 [35]、深圳 [17, 35]、始兴 [28, 35]、翁源 [51]、新丰 [35]、徐闻 [13, 35]、阳山 [26, 35]、英德 [32]、郁南 [35, 101]、肇庆 [9, 35]、中山 [10]、紫金 [31]。

甘蔗属 *Saccharum* L.

斑茅 *Saccharum arundinaceum* Retz.

分布：博罗 [5, 100]、从化 [107]、东莞 [25]、封开 [14]、佛冈 [27]、广州 [35]、惠东 [12, 35]、惠州 [35]、江门 [8]、乐昌 [29, 35, 41]、连平 [35]、连州 [26]、清远 [35]、仁化 [16]、深圳 [11, 17, 35]、始兴 [28, 35]、徐闻 [35]、阳春 [35]、英德 [32]、郁南 [35, 101]、肇庆 [9, 35]、紫金 [31]。

金猫尾 *Saccharum fallax* Balansa

分布：徐闻 [35]。

台蔗茅 *Saccharum formosanum* (Stapf) Ohwi

分布：深圳 [深圳考察队 1866 (PE)]。

河八王 *Saccharum narenga* (Nees ex Steud.) Wall. ex Hack.

分布：广州 [35]、乐昌 [29, 35]、连州 [35]、南雄 [33]。

甘蔗 *Saccharum officinarum* L.

分布：从化 *[107]、鹤山 *[http://ppbc. iplant. cn/tu/9400483]、化州 *[http://ppbc. iplant. cn/tu/113557]、惠州 *[http://ppbc. iplant. cn/tu/1950539]、乐昌 *[29]、陆丰 *[http://ppbc. iplant. cn/tu/293792]、深圳 *[17]、郁南 *[101]。

竹蔗 *Saccharum sinense* Roxb.

分布：博罗 *[100]、从化 *[107]、仁化 [16]、肇庆 *[9]。

甜根子草 *Saccharum spontaneum* L.

分布：博罗 [5, 100]、东莞 [25]、广州 [35]、乐昌 [29, 35]、连州 [35]、罗定 [35]、南澳 [35]、清远 [35]、仁化 [16]、深圳 [17, 35]、肇庆 [9, 35]。

囊颖草属 *Sacciolepis* Nash

囊颖草 *Sacciolepis indica* (L.) Chase

分布：博罗 [35, 100]、从化 [107]、大埔 [35]、德庆 [35]、东莞 [25]、丰顺 [95]、封开 [14, 35]、佛冈 [27]、高州 [35]、广州 [35]、怀集 [35]、惠东 [12]、江门 [8]、乐昌 [29, 35, 41]、连平 [35]、连山 [35]、连州 [26]、罗定 [35]、茂名 [35, 85]、南雄 [33, 57]、仁化 [35]、深圳 [17, 35]、始兴 [28, 35]、翁源 [51]、五华 [4]、新丰 [35, 63]、信宜 [35, 52]、阳春 [35, 45]、阳山 [26, 35]、英德 [32]、郁南 [101]、肇庆 [9, 35]、中山 [10]、珠海 [35]、紫金 [31]。

鼠尾囊颖草 *Sacciolepis myosuroides* (R. Br.) Chase ex E. G. Camus

分布：从化 [107]、东莞 [25]、封开 [14, 35]、广州 [35]、陆丰 [35]、清远 [35]、深圳 [35]、始兴 [28]、信宜 [35, 52]、阳山 [35]、英德 [32]、郁南 [35, 101]、肇庆 [9, 35]。

赤竹属 *Sasa* Makino & Shibata

银环赤竹 *Sasa albosericea* W. T. Lin & J. Y. Lin

分布：佛冈 [35]。

孖竹仔 *Sasa duplicata* W. T. Lin & Z. J. Feng

分布：广宁 [35]。

矩叶赤竹 *Sasa oblongula* Cheng H. Hu

分布：广州 [3]。

裂稃草属 *Schizachyrium* Nees

裂稃草 *Schizachyrium brevifolium* (Sw.) Nees ex Buse

分布：博罗 [5, 100]、从化 [107]、封开 [35]、广州 [35]、海丰 [35]、惠东 [35]、江门 [8]、乐昌 [29, 35]、连平 [35]、连州 [35]、仁化 [16]、深圳 [17, 35]、始兴 [28, 35]、信宜 [52]、阳春 [35]、郁南 [35, 101]、肇庆 [9, 35]。

斜须裂稃草 *Schizachyrium fragile* (R. Br.) A. Camus

分布：海丰 [35]、饶平 [35]、遂溪 [35]、肇庆 [9]、紫金 [31]。

红裂稃草 *Schizachyrium sanguineum* (Retz.) Alston

分布：博罗 [100]、从化 [107]、东莞 [25]、广州 [35]、和平 [35]、惠东 [35]、乐昌 [29]、连平 [35]、饶平 [35]、仁化 [16]、深圳 [17, 35]、始兴 [28, 35]、徐闻 [35]、英德 [32]、肇庆 [9, 35]。

篙笋竹属 *Schizostachyum* Nees

苗竹仔 *Schizostachyum dumetorum* (Hance ex Walp.) Munro

分布：从化 [35]、东莞 [25]、河源 [35]、惠东 [12]、龙门 [35]、仁化 [16]、深圳 [17, 35]、新丰 [63]、兴宁 [35]、阳春 [35, 45]、阳江 [35]、增城 [116]、紫金 [31]。

沙罗单竹 *Schizostachyum funghomii* McClure

分布：德庆 [35]、高州 [35]、化州 [35]、茂名 [35]、信宜 [52]。

篙笋竹 *Schizostachyum pseudolima* McClure

分布：从化 [107]。

业平竹属 *Semiarundinaria* Makino ex Nakai

短穗竹 *Semiarundinaria densiflora* (Rendle) T. H. Wen

分布：县级不详 [30]。

狗尾草属 *Setaria* P. Beauv.

大狗尾草 *Setaria faberi* R. A. W. Herrmann

分布：和平 [35]、乐昌 [29, 35, 41]、连平 [35]、连州 [35]、陆丰 [35]、仁化 [16]、乳源 [35]、始兴 [28, 35]、肇庆 [35]、珠海 [35]。

西南莩草 *Setaria forbesiana* (Nees ex Steud.) Hook. f.

分布：乐昌 [29, 35]、乳源 [35]、始兴 [28]。

莠狗尾草 *Setaria geniculata* (Lam.) Beauv.

分布：博罗 #[100]、从化 #[107]、东莞 #[82]、东源 # [59]、丰顺 #[95]、封开 #[14]、惠东 #[12]、惠州 #[82]、乐昌 #[29,

41, 526]、仁化 #[16]、深圳 #[82]、始兴 #[28]、信宜 #[52]、英德 #[32]、郁南 #[101]、中山 #[10, 82]、紫金 #[31]。

梁 ***Setaria italica*** (L.) P. Beauv.

分布：广州 #[http://ppbc. iplant. cn/tu/7421805]、深圳 # [http://ppbc. iplant. cn/tu/11245926]、肇庆 #[9]。

棕叶狗尾草 ***Setaria palmifolia*** (J. Konig) Stapf

分布：博罗 #[15, 35]、潮州 #[15]、从化 #[509]、大埔 # [15]、东莞 #[25, 82]、封开 #[14, 15]、佛冈 #[27]、广州 # [15, 21, 35]、怀集 #[15]、惠东 #[12]、惠州 #[15, 82]、江门 #[8, 35]、乐昌 #[15, 41, 526]、连平 #[15]、连州 #[26]、罗定 #[15, 35]、茂名 #[35]、南澳 #[35]、南雄 #[33, 57]、饶平 #[15]、仁化 #[15, 16]、乳源 #[15]、深圳 #[15, 82, 35, 17]、始兴 # [28, 35]、翁源 #[15, 51]、新丰 #[15, 63]、新兴 # [15]、信宜 #[15, 52]、徐闻 #[15]、阳春 #[15, 35, 45]、阳江 # [15]、阳山 #[26, 35]、英德 #[15, 32, 35]、郁南 #[35, 101]、云浮 # [15]、湛江 #[416]、肇庆 #[9, 472, 35]、中山 #[10, 82]、珠海 # [35]。

幽狗尾草 ***Setaria parviflora*** (Poir.) Kerguelen

分布：从化 #[15]、大埔 #[35]、德庆 #[15]、丰顺 # [15]、广州 #[15, 35]、和平 #[15]、惠东 #[35]、江门 #[15, 35]、乐昌 #[35]、连平 #[35]、连山 #[15]、罗定 #[35]、茂名 # [35]、南雄 #[15, 33]、清远 #[15]、深圳 #[15, 35, 17]、翁源 # [51]、五华 #[15]、徐闻 #[15, 35]、阳春 #[35]、阳山 # [26]、英德 # [15]、郁南 #[35]、肇庆 #[9, 35]。

皱叶狗尾草 ***Setaria plicata*** (Lam.) T. Cooke

分布：博罗 #[5, 35, 100]、从化 #[107, 509]、东莞 # [25]、封开 #[14, 35]、佛冈 #[27]、广州 #[35]、惠东 #[12, 35]、江门 #[8]、乐昌 #[29, 35, 41]、连州 #[35]、南雄 #[33, 57]、仁化 #[16]、乳源 #[26]、深圳 #[17, 35]、翁源 #[51]、新丰 # [63]、信宜 #[52]、阳春 #[35]、阳山 #[26, 35]、英德 #[32, 35]、郁南 #[101]、肇庆 #[35]、中山 #[10]、紫金 #[31]。

光花狗尾草 ***Setaria plicata* var. *leviflora*** (Keng ex S. L. Chen) S. L. Chen & S. M. Philips

分布：县级不详 [30]。

金色狗尾草 ***Setaria pumila*** (Poir.) Roem. & Schult.

分布：博罗 #[5, 35, 100]、从化 #[107]、东莞 #[25]、东源 #[59]、封开 #[35]、佛冈 #[27]、广州 #[35]、和平 # [35]、惠东 #[12, 35]、惠州 #[35]、江门 #[8]、乐昌 #[29, 35, 41]、连南 #[35]、连山 #[35]、连州 #[26]、龙门 #[35]、南雄 #[33, 57]、仁化 #[16]、深圳 #[17, 35]、始兴 #[28]、翁源 #[51]、五华 #[35]、阳春 #[35, 45]、阳山 #[26, 35]、英德 # [32, 35]、郁南 #[35, 101]、云浮 #[35]、肇庆 #[9, 35]、紫金 # [31]。

南非狗尾草 ***Setaria sphacelata*** (Schumach.) Stapf & C. E. Hubb. ex Moss

分布：清远 # [http://ppbc. iplant. cn/tu/15074425]。

倒刺狗尾草 ***Setaria verticillata*** (L.) P. Beauv.

分布：深圳 *[35]、中山 *[35]、珠海 *[35]。

狗尾草 ***Setaria viridis*** (L.) P. Beauv.

分布：博罗 #[100]、潮州 #[15, 404]、从化 #[107]、东莞 #[82]、东源 #[59]、丰顺 #[95]、封开 #[15]、佛冈 #[27]、佛山 #[500]、广州 #[15]、惠东 #[12]、惠州 #[82]、江门 # [15, 8]、乐昌 #[15]、连州 #[26]、茂名 #[85]、南雄 #[15, 57]、仁化 # [16]、乳源 #[15, 26]、汕头 #[15]、深圳 #[15, 17, 82]、始兴 # [28]、翁源 #[15, 51]、五华 #[4]、新丰 #[63]、信宜 #[52]、英德 #[15, 32]、郁南 #[101]、肇庆 #[9]、中山 #[82]、紫金 # [31]。

厚穗狗尾草 ***Setaria viridis* subsp. *pachystachys*** (Franch. & Sav.) Masam. & Yanag

分布：南雄 [35]。

三毛草属 ***Sibirotrisetum* Barberá, Soreng, Romasch., Quintanar & P. M. Peterson**

三毛草 ***Sibirotrisetum bifidum*** (Thunb.) Barberá

分布：蕉岭 [35]、南雄 [35]、始兴 [28, 35]、增城 [35]、紫金 [31]。

唐竹属 ***Sinobambusa* Makino ex Nakai**

白皮唐竹 ***Sinobambusa farinosa*** (McClure) T. H. Wen

分布：河源 [35]、惠东 [12]。

少毛唐竹 ***Sinobambusa glabrata*** W. T. Lin & Z. J. Feng

分布：广宁 [35]。

扛竹 ***Sinobambusa henryi*** (McClure) C. D. Chu & C. S. Chao

分布：清远 [35]。

竹仔 ***Sinobambusa humilis*** McClure

分布：清远 [35]。

毛环唐竹 ***Sinobambusa incana*** T. H. Wen

分布：县级不详 [30]。

晾衫竹 ***Sinobambusa intermedia*** McClure

分布：乐昌 [41]、增城 [35]、肇庆 *[9, 35]。

肾耳唐竹 ***Sinobambusa nephroaurita*** C. D. Chu & C. S. Chao

分布：广州 [35]、南雄 [33]。

红舌唐竹 ***Sinobambusa rubroligula*** McClure

分布：广州 [35]、英德 [32, 35]。

唐竹 ***Sinobambusa tootsik*** (Makino) Makino

分布：从化 [107]、东源 [59]、佛冈 [27]、乐昌 [29, 41]、乳源 [26]、增城 [116]。

满山爆竹 ***Sinobambusa tootsik* var. *laeta*** (McClure) T. H. Wen

分布：封开 [14]、广州 [35]、清远 [35]。

华赤竹属 ***Sinosasa* L. C. Chia ex N. H. Xia, Q. M. Qin & Y. H. Tong**

华赤竹 ***Sinosasa longiligulata*** (McClure) N. H. Xia, Q. M. Qin & J. B. Ni

分布：博罗 [37, 247]、从化 [247]。

多毛华赤竹 *Sinosasa polytricha* N. H. Xia, Q. M. Qin & X. R. Zheng

分布：乐昌 [247]、乳源 [247]、阳山 [247]。

高粱属 *Sorghum* Moench

高粱 *Sorghum bicolor* (L.) Moench

分布：东莞 *[25]、乐昌 *[29]、仁化 *[16]、肇庆 *[9]。

石茅 *Sorghum halepense* (L.) Pers.

分布：潮州 #[15]、广州 #[15, 22, 21, 35]、连州 #[15]、陆丰 #[15]、深圳 #[15]、湛江 #[416]、肇庆 #[9, 15, 22, 423, 35]、珠海 #[15]。

光高粱 *Sorghum nitidum* (Vahl) Pers.

分布：封开 [14]、广州 [35]、惠东 [35]、乐昌 [35]、连州 [35]、南澳 [35]、深圳 [17]、阳春 [35]、阳山 [35]、紫金 [31, 35]。

拟高粱 *Sorghum propinquum* (Kunth) Hitchc.

分布：佛山 [22]、广州 [20, 35]、乐昌 [29, 35, 20]。

米草属 *Spartina* Schreb.

互花米草 *Spartina alterniflora* Loisel.

分布：东莞 #[82]、惠州 #[82]、雷州 #[13]、廉江 #[13]、深圳 #[82]、徐闻 #[13, 497]、湛江 #[13, 416]、中山 #[82]、珠海 #[428]。

大米草 *Spartina anglica* C. E. Hubb.

分布：东莞 #[82]、惠州 #[82]、茂名 #[15]、深圳 # [82]、中山 #[82]、珠海 #[15]。

稗荩属 *Sphaerocaryum* Nees ex Hook. f.

稗荩 *Sphaerocaryum malaccense* (Trin.) Pilg.

分布：博罗 [35]、从化 [107]、东莞 [25]、封开 [14]、佛冈 [27]、惠东 [12]、江门 [8]、乐昌 [29, 35]、连州 [26]、仁化 [16]、乳源 [26]、深圳 [17, 35]、翁源 [51]、阳春 [35, 45]、阳山 [26]、英德 [32]、肇庆 [9]、紫金 [31]。

鬣刺属 *Spinifex* L.

鬣刺 *Spinifex littoreus* (Burm. f.) Merr.

分布：雷州 [35]、南澳 [35]、深圳 [11, 17, 35]、台山 [35]、徐闻 [35]、阳江 [35]、珠海 [35]。

大油芒属 *Spodiopogon* Trin.

油芒 *Spodiopogon cotulifer* (Thunb.) Hack.

分布：惠东 [12]、乐昌 [29, 35]、连州 [26]、始兴 [28]。

大油芒 *Spodiopogon sibiricus* Trin.

分布：连州 [35]、肇庆 [9]。

鼠尾粟属 *Sporobolus* R. Br.

双蕊鼠尾粟 *Sporobolus diandrus* (Retz.) P. Beauv.

分布：广州 [35]、廉江 [35]、肇庆 [9]。

牛廾草 *Sporobolus elongatus* R. Br.

分布：博罗 *[100]、英德 *[32]。

鼠尾粟 *Sporobolus fertilis* (Steud.) Clayton

分布：博罗 [38]、从化 [107]、东莞 [25]、丰顺 [95]、封开 [14]、佛冈 [27]、广州 [35]、怀集 [35]、乐昌 [29, 35, 41]、连州 [26]、南雄 [33, 57]、仁化 [16]、乳源 [26]、深圳 [17, 35]、始兴 [28, 35]、翁源 [51]、五华 [4]、新丰 [63]、信宜 [52]、阳春 [35, 45]、阳山 [26]、肇庆 [9]、中山 [10]、紫金 [31]。

广州鼠尾粟 *Sporobolus hancei* Rendle

分布：东莞 [25]、广州 [35]。

盐地鼠尾粟 *Sporobolus virginicus* (L.) Kunth

分布：东莞 [25]、广州 [35]、深圳 [11, 17]。

钝叶草属 *Stenotaphrum* Trin.

钝叶草 *Stenotaphrum helferi* Munro ex Hook. f.

分布：广州 #[21, 35]、深圳 #[17]、徐闻 #[35]、阳春 # [35]。

菅属 *Themeda* Forssk.

苞子草 *Themeda caudata* (Nees) A. Camus

分布：博罗 [35]、东莞 [25]、封开 [14, 35]、广州 [35]、惠东 [12, 35]、江门 [8]、乐昌 [29, 35, 41]、南雄 [57]、清远 [35]、深圳 [17, 35]、翁源 [35]、五华 [35]、新丰 [35]、阳春 [35]、阳山 [35]、郁南 [101]、紫金 [31]。

黄背草 *Themeda triandra* Forssk.

分布：博罗 #[100]、广州 #[35]、惠东 #[35]、惠州 #[35]、南雄 #[33, 57]、仁化 #[16]、乳源 #[35]、深圳 #[17]、新丰 # [35]、肇庆 #[9, 35]、紫金 #[31]。

菅 *Themeda villosa* (Poir.) A. Camus

分布：丰顺 [95]、封开 [14]、佛冈 [27]、广州 [35]、江门 [8]、乐昌 [29, 35, 41]、连州 [35]、龙门 [35]、南雄 [33, 57]、仁化 [16]、深圳 [17, 35]、翁源 [51]、五华 [4]、新丰 [35]、信宜 [52]、阳春 [35, 45]、阳山 [26]、英德 [32, 35]、郁南 [35, 101]、云浮 [35]、肇庆 [9]、紫金 [31]。

云南菅 *Themeda yunnanensis* S. L. Chen & T. D. Zhuang

分布：深圳 [443, 17]。

砂滨草属 *Thuarea* Pers.

砂滨草 *Thuarea involuta* (G. Forst.) R. Br. ex Sm.

分布：台山 [35]。

粽叶芦属 *Thysanolaena* Nees

粽叶芦 *Thysanolaena latifolia* (Roxb. ex Hornem.) Honda

分布：博罗 [35, 38, 100]、潮州 [35]、从化 [107]、大埔 [35]、恩平 [35]、丰顺 [35, 95]、封开 [14]、佛冈 [27]、广州 [35]、和平 [35]、惠东 [12]、江门 [8]、开平 [35]、乐昌 [29, 35]、连南 [35]、连平 [35]、连山 [35]、连州 [35]、龙川 [35]、茂名 [85]、梅州 [35]、清远 [35]、饶平 [35]、仁化 [16]、乳源 [26, 35]、深圳 [11, 17, 35]、翁源 [35]、五华 [4, 35]、新丰 [35, 63]、新兴 [35]、信宜 [35, 52]、兴宁 [35]、阳春 [35, 45]、英德 [32]、郁南 [101]、肇庆 [9, 35]、中山 [10]、紫金 [31]。

草沙蚕属 *Tripogon* Roem. & Schult.

线形草沙蚕 *Tripogon filiformis* Nees ex Steud.

分布：新丰 [35]。

长芒草沙蚕 ***Tripogon longearistatus*** Hack. ex Honda

分布：清远 [35]、仁化 [16]、阳春 [35]。

小麦属 ***Triticum*** **L.**

小麦 ***Triticum aestivum*** L.

分布：博罗 *[38, 100]、仁化 *[16]。

硬粒小麦 ***Triticum turgidum*** **subsp.** ***durum*** (Desf.) Husnot

分布：深圳 *[17]。

尾稃草属 ***Urochloa*** **P. Beauv.**

尾稃草 ***Urochloa reptans*** (L.) Stapf

分布：广州 [35]、肇庆 [9]。

玉山竹属 ***Yushania*** **Keng f.**

毛玉山竹 ***Yushania basihirsuta*** (McClure) Z. P. Wang & G. H. Ye

分布：连州 [26]、乳源 [26, 35]、英德 [32]。

玉蜀黍属 ***Zea*** **L.**

玉蜀黍 ***Zea mays*** L.

分布：博罗 *[38, 100]、从化 *[107]、东莞 *[25]、茂名 *[85]、南雄 *[57]、仁化 *[16]、深圳 *[17]、肇庆 *[9]。

菰属 ***Zizania*** **L.**

菰 ***Zizania latifolia*** (Griseb.) Turcz. ex Stapf

分布：博罗 *[5, 100]、仁化 *[16]、始兴 [28]、英德 [32]、郁南 [101]、肇庆 *[9]。

结缕草属 ***Zoysia*** **Willd.**

沟叶结缕草 ***Zoysia matrella*** (L.) Merr.

分布：从化 #[107]、东莞 #[25]、丰顺 #[95]、仁化 #[16]、深圳 #[11, 17, 35]、信宜 #[52]、徐闻 #[35]、阳江 #[35]、肇庆 #[9]。

细叶结缕草 ***Zoysia pacifica*** (Goudswaard) M. Hotta & S. Kuroki

分布：深圳 *[17]。

中华结缕草 ***Zoysia sinica*** Hance

分布：潮州 [20]、东莞 [25]、广州 [35]、仁化 [16]、汕头 [20]、深圳 [11, 17, 35]。

203. 金鱼藻科 Ceratophyllaceae

金鱼藻属 ***Ceratophyllum*** **L.**

金鱼藻 ***Ceratophyllum demersum*** L.

分布：博罗 [38]、乐昌 [29]、仁化 [16]、乳源 [26]、深圳 [17]、翁源 [51, 22]、英德 [32]、郁南 [101]、肇庆 [9]。

204. 罂粟科 Papaveraceae

蓟罂粟属 ***Argemone*** **L.**

蓟罂粟 ***Argemone mexicana*** L.

分布：深圳 #[15, 82]、珠海 #[15]。

紫堇属 ***Corydalis*** **DC.**

北越紫堇 ***Corydalis balansae*** Prain

分布：博罗 [35]、从化 [35, 107]、大埔 [35]、东莞 [25]、广州 [35]、惠州 [35]、蕉岭 [35]、乐昌 [29, 35, 41]、连平 [35]、南雄 [33, 57]、平远 [35]、清远 [35]、仁化 [16]、乳源 [35]、翁源 [51]、五华 [4]、新丰 [63]、信宜 [52]、阳春 [35]、阳山 [26]、英德 [32, 35]、郁南 [101]、增城 [35]、湛江 [35]、肇庆 [35]、紫金 [31]。

夏天无 ***Corydalis decumbens*** (Thunb.) Pers.

分布：南雄 [33]。

刻叶紫堇 ***Corydalis incisa*** (Thunb.) Pers.

分布：连南 [https://ppbc. iplant. cn/tu/4875014]。

黄堇 ***Corydalis pallida*** (Thunb.) Pers.

分布：乳源 [26]、始兴 [28]、英德 [32]、肇庆 [9]。

小花黄堇 ***Corydalis racemosa*** (Thunb.) Pers.

分布：博罗 [5, 35]、大埔 [35]、佛冈 [27]、广州 [35]、连州 [35]、龙门 [35]、清远 [35]、仁化 [16]、乳源 [35]、始兴 [28, 35]、五华 [4]、英德 [32]、增城 [116]、肇庆 [35]、紫金 [31]。

地锦苗 ***Corydalis sheareri*** S. Moore

分布: 乐昌 [29, 35, 41]、连山 [35]、南雄 [33, 57]、仁化 [16, 35]、乳源 [35]、韶关 [35]、阳山 [26]、英德 [32, 35]。

血水草属 ***Eomecon*** **Hance**

血水草 ***Eomecon chionantha*** Hance

分布：乐昌 [29, 41]、连山 [35]、南雄 [33]、乳源 [35]、阳山 [26, 35]。

博落回属 ***Macleaya*** **R. Br.**

博落回 ***Macleaya cordata*** (Willd.) R. Br.

分布：怀集 [35]、乐昌 [29, 35, 41]、连山 [35]、连州 [35]、南雄 [33]、仁化 [16, 35]、乳源 [26, 35]、韶关 [35]、始兴 [28]、信宜 [52]、阳山 [26, 35]、英德 [32]。

205. 木通科 Lardizabalaceae

木通属 ***Akebia*** **Decne.**

长序木通 ***Akebia longeracemosa*** Matsum.

分布：乐昌 [29]。

木通 ***Akebia quinata*** (Houtt.) Decne.

分布：乐昌 [29, 41]、南雄 [57]、乳源 [26]、新丰 [63]、英德 [32]、增城 [116]。

三叶木通 ***Akebia trifoliata*** (Thunb.) Koidz.

分布：丰顺 [385]、佛冈 [27]、南雄 [57]、乳源 [26]、阳山 [26]、英德 [32]、增城 [116]。

白木通 ***Akebia trifoliata*** **subsp.** ***australis*** (Diels) T. Shimizu

分布：乐昌 [29, 41]、连州 [26]、南雄 [33]、始兴 [28]、翁源 [51]、阳山 [26]、英德 [32]。

八月瓜属 ***Holboellia*** **Hook.**

五月瓜藤 ***Holboellia angustifolia*** Wall.

分布：从化 [107]、封开 [14]、江门 [8]、连州 [26]、始兴 [28]、英德 [32]。

牛藤果属 ***Parvatia* Decne.**

牛藤果 ***Parvatia brunoniana* subsp. *elliptica*** (Hemsl.) H. N. Qin

分布：博罗 [35]、封开 [14]、怀集 [35]、乐昌 [29, 35, 41]、连南 [35]、连山 [35]、南雄 [57]、乳源 [26, 35]、深圳 [17]、始兴 [35]、翁源 [51]、五华 [4]、信宜 [35, 52]、阳山 [26]、英德 [35]。

翅野木瓜 ***Parvatia decora*** Dunn

分布：博罗 [35]、龙门 [35]、乳源 [26, 35]、翁源 [51]、新丰 [35]、新兴 [35]、英德 [32]、增城 [35]。

大血藤属 ***Sargentodoxa* Rehder & E. H. Wilson**

大血藤 ***Sargentodoxa cuneata*** (Oliv.) Rehd. & E. H. Wilson

分布：博罗 [5, 38]、东莞 [25]、东源 [59]、封开 [14]、佛冈 [27]、惠东 [12]、江门 [8]、乐昌 [29, 35, 41]、连州 [26, 35]、茂名 [85]、南雄 [33]、仁化 [16, 35]、乳源 [35]、深圳 [17]、翁源 [18, 51]、新丰 [63]、新兴 [35]、信宜 [52]、阳山 [26]、英德 [32]、郁南 [101]、肇庆 [9, 35]、紫金 [31]。

串果藤属 ***Sinofranchetia* Hemsl.**

串果藤 ***Sinofranchetia chinensis*** (Franch.) Hemsl.

分布：乳源 [26, 35]。

野木瓜属 ***Stauntonia* DC.**

野木瓜 ***Stauntonia chinensis*** DC.

分布：博罗 [5]、从化 [107]、东莞 [25]、东源 [119]、封开 [14, 35]、佛冈 [27]、和平 [35]、惠东 [12, 35]、惠州 [35]、江门 [8]、乐昌 [29, 35, 41]、连州 [26]、南雄 [33, 57]、平远 [35]、清远 [35]、仁化 [16]、乳源 [26, 35]、深圳 [17]、翁源 [51]、五华 [4]、信宜 [35, 52]、阳山 [26, 35]、英德 [32, 35]、郁南 [101]、肇庆 [9, 35]、中山 [10]、珠海 [35]、紫金 [31]。

日本野木瓜 ***Stauntonia hexaphylla*** (Thunb.) Decne.

分布：从化 *[107]、东源 *[59]、英德 *[32]。

斑叶野木瓜 ***Stauntonia maculata*** Merr.

分布: 丰顺 [95]、封开 [14]、佛冈 [27]、惠东 [12]、江门 [8]、连州 [26]、龙门 [35]、乳源 [26, 35]、韶关 [35]、五华 [4]、新丰 [63]、信宜 [52]、英德 [32, 35]、增城 [35, 116]、中山 [10]、紫金 [31]。

倒卵叶野木瓜 ***Stauntonia obovata*** Hemsl.

分布：大埔 [35]、东源 [59]、丰顺 [95]、封开 [14, 35]、佛冈 [27]、和平 [35]、河源 [35]、江门 [8]、蕉岭 [35]、乐昌 [29, 35, 41]、连南 [35]、龙门 [35]、仁化 [16]、乳源 [26, 35]、深圳 [17]、始兴 [28, 35]、翁源 [51]、新丰 [63]、阳春 [35]、英德 [32, 35]、郁南 [101]、增城 [35]、肇庆 [9, 35]、紫金 [31]。

石月 ***Stauntonia obovatifoliola*** Hayata

分布: 从化 [35]、大埔 [35]、丰顺 [95]、韶关 [35]、英德 [32]。

尾叶那藤 ***Stauntonia obovatifoliola* subsp. *urophylla*** (Hand.-Mazz.) H. N. Qin

分布：博罗 [R. E. Mell 151 (A00003398, WU0039341)]、和平 [35]、江门 [8]、乐昌 [41]、龙门 [35]、平远 [35]、仁化 [16, 35]、乳源 [26, 37]、始兴 [28]、新丰 [63]、阳春 [45]。

三脉野木瓜 ***Stauntonia trinervia*** Merr.

分布：从化 [107]、大埔 [35]、东莞 [25]、封开 [14]、蕉岭 [35]、乳源 [26, 37]、深圳 [17]、翁源 [3, 35]、五华 [35]、新丰 [63]、信宜 [52]、增城 [116, 35, 3]。

206. 防己科 Menispermaceae

木防己属 ***Cocculus* DC.**

樟叶木防己 ***Cocculus laurifolius*** DC.

分布：乐昌 [29]、南雄 [33, 57]、仁化 [16]、乳源 [26]、韶关 [35]、阳山 [26]。

木防己 ***Cocculus orbiculatus*** (L.) DC.

分布：博罗 [35, 100]、潮州 [35] [曾宪锋 ZXF6673 (CZH)]、从化 [107]、大埔 [35] [邓良 5403 (IBSC)]、东莞 [25, 35]、东源 [59]、封开 [14]、佛冈 [27]、佛山 [35] [陈焕镛 9886 (PE)]、广州 [35] [蒋英 477 (FUS00014592)]、海丰 [35] [卫兆芬 121428 (IBSC)]、惠东 [12, 35]、惠州 [35] [卫兆芬 121574 (KUN)]、江门 [8]、蕉岭 [35] [邓良 4574 (IBSC)]、揭西 [35] [叶华谷 7690 (IBSC)]、乐昌 [29, 35]、连州 [26]、陆丰 [35] [卫兆芬 121260 (KUN)]、茂名 [35, 85]、梅州 [35] [郑海燕 2016116 (CZH)]、南澳 [35] [姚鹏程、魏亚男 20150381 (HSNU)]、南雄 [57]、清远 [35] [黄志 39773 (IBK)]、饶平 [35] [邓良 200871 (IBSC)]、仁化 [16]、乳源 [35] [粤 73 1281 (IBSC)]、汕头 [35] [梁其瑾 1115 (PEY)]、深圳 [11, 17, 35]、台山 [35] [粤 73 2711 (IBSC)]、五华 [4]、新丰 [63]、兴宁 [35] [曾宪锋 ZXF22078 (CZH)]、阳春 [35] [黄志 38489 (IBSC)]、阳山 [35] [邓良 253 (IBK)]、英德 [32]、郁南 [101]、云浮 [35] [黄志 36962 (IBSC)]、增城 [116]、肇庆 [9, 35]、中山 [10, 35]、珠海 [35] [粤 73 73-3119 (IBSC)]、紫金 [31, 35]。

轮环藤属 ***Cyclea* Arn. ex Wight**

毛叶轮环藤 ***Cyclea barbata*** Miers

分布：博罗 [5, 38]、东莞 [25]、东源 [59]、丰顺 [95]、封开 [14]、佛冈 [27]、惠东 [12]、江门 [8]、乐昌 [41]、雷州 [35]、廉江 [35]、茂名 [85]、深圳 [11]、遂溪 [35]、翁源 [51]、吴川 [35]、五华 [4]、新丰 [63]、徐闻 [35]、英德 [32]、湛江 [35]、中山 [10]。

纤细轮环藤 ***Cyclea gracillima*** Diels

分布：乐昌 [41]。

粉叶轮环藤 ***Cyclea hypoglauca*** (Schauer) Diels

分布：博罗 [35, 38, 100]、潮州 [35] [曾宪锋 ZXF7997 (CZH)]、从化 [35, 107]、大埔 [35] [邓良 5074 (IBSC)]、德庆 [35] [刘瑛光 970 (IBSC)]、东源 [59]、恩平 [35] [黄茂先 110473 (HZ)]、丰顺 [35, 95]、封开 [14, 35]、佛冈 [27]、广宁 [35] [陈炳辉 1651 (IBSC)]、广州 [35] [叶育石 5038 (IBSC)]、和

平 [35] [卫兆芬 120346 (KUN)]、河源 [35] [卫兆芬 120734 (KUN)]、怀集 [35] [刘瑛光 1495 (IBSC)]、惠东 [12, 35]、江门 [8, 35]、蕉岭 [35] [李学根 202225 (IBSC)]、揭西 [35] [叶华谷等 4382 (IBSC)]、揭阳 [35] [黄雅凤 HYF046 (CZH)]、乐昌 [29, 35, 41]、连南 [35] [谭沛祥 59465 (IBSC)]、连平 [35] [粤 73 1432 (IBSC)]、连州 [26, 35]、龙门 [35] [张桂才 140 (IBSC)]、陆河 [35] [叶华谷等 4659 (IBSC)]、罗定 [35] [叶华谷、刘念 2083 (IBSC)]、茂名 [35, 85]、梅州 [35] [曾宪锋 ZXF41677 (CZH)]、南雄 [33, 35, 57]、平远 [35] [李学根 201995 (IBSC)]、清远 [35] [黄志 30606 (IBK)]、仁化 [35] [黄成就、张永田 26 (IBSC)]、乳源 [26, 35]、韶关 [35] [丘理和 20231 (IBSC)]、深圳 [17, 35]、始兴 [28, 35]、台山 [35] [左景烈 22428 (IBSC)]、翁源 [35, 51]、五华 [4, 35]、新丰 [63]、信宜 [35] [黄志 31181 (IBK)]、徐闻 [35] [南路 776 (IBSC)]、阳春 [35, 45]、阳江 [35] [罗献瑞 879 (IBSC)]、阳山 [26, 35]、英德 [32, 35]、郁南 [35, 101]、云浮 [35] [黄志 36933 (IBSC)]、增城 [116]、肇庆 [9, 35]、中山 [10, 35]、珠海 [35] [粤 73 2891 (IBSC)]、紫金 [31, 35]。

轮环藤 *Cyclea racemosa* Oliv.

分布：乐昌 [29, 35, 41]、龙川 [35] [曾宪锋 ZXF32424 (CZH)]、仁化 [16, 35]、乳源 [26, 35]、始兴 [28, 35]、五华 [4]、信宜 [52]、英德 [32]。

四川轮环藤 *Cyclea sutchuenensis* Gagnep.

分布：博罗 [5, 100]、乐昌 [29, 35]、连山 [35] [叶华谷 3553 (IBSC)]、连州 [26]、乳源 [26, 35]、信宜 [52]、阳山 [35] [李学根 201324 (IBSC)]。

秤钩风属 *Diploclisia* Miers

秤钩风 *Diploclisia affinis* (Oliv.) Diels

分布：从化 [35, 107]、封开 [14]、惠东 [12]、江门 [8]、乐昌 [35, 41]、连州 [26, 35]、茂名 [85]、南雄 [57]、乳源 [35] [粤 73 787 (IBSC)]、深圳 [11]、翁源 [51]、阳春 [45]、阳山 [26]、英德 [32]。

苍白秤钩风 *Diploclisia glaucescens* (Blume) Diels

分布：博罗 [35, 100]、潮州 [35]、从化 [107]、大埔 [35]、东莞 [25, 35]、东源 [59]、恩平 [35]、丰顺 [35]、封开 [14]、海丰 [35]、鹤山 [35]、惠东 [35] [陈邦余、张桂才 587 (IBSC)]、惠来 [35]、惠州 [35] [徐德明 170 (IBSC)]、江门 [8, 35]、蕉岭 [35]、揭西 [35]、揭阳 [35]、开平 [35]、龙门 [35]、陆丰 [35]、陆河 [35]、梅州 [35]、南澳 [35]、平远 [35]、普宁 [35]、饶平 [35]、仁化 [16]、汕头 [35]、汕尾 [35]、深圳 [11, 17, 35]、台山 [35]、翁源 [51]、五华 [35]、兴宁 [35]、阳山 [26]、英德 [32]、郁南 [101]、增城 [116]、肇庆 [9]、中山 [10, 35]、珠海 [35]。

天仙藤属 *Fibraurea* Lour.

天仙藤 *Fibraurea recisa* Pierre

分布：封开 [14]、江门 [8]、湛江 [35]、肇庆 [9, 35]。

夜花藤属 *Hypserpa* Miers

夜花藤 *Hypserpa nitida* Miers

分布：博罗 [5, 35]、潮州 [35] [曾宪锋 ZXF7979 (CZH)]、从化 [35, 107]、大埔 [35] [邓良 4958 (IBSC)]、德庆 [35] [刘瑛光 1357 (IBSC)]、东莞 [25, 35]、丰顺 [35, 95]、封开 [14, 35]、佛冈 [27]、高州 [35] [周沛椿 80318 (IBSC)]、广州 [35] [邓良 10703 (IBSC)]、海丰 [35] [南植地 7608 (IBSC)]、惠东 [12, 35]、惠州 [35] [董仕勇、李世晋 3535 (IBSC)]、江门 [8, 35]、揭阳 [35] [曾宪锋 ZXF31675 (CZH)]、乐昌 [29, 41]、连山 [35] [叶华谷 3704 (IBSC)]、龙门 [35] [陈邦余 2159 (IBSC)]、陆河 [35] [叶华谷等 4672 (IBSC)]、罗定 [35] [叶华谷、刘念 2283 (IBSC)]、茂名 [85]、清远 [35] [黄志 32556 (IBSC)]、汕头 [35] [梁其瑾 1096 (PEY)]、深圳 [17, 35]、始兴 [28]、遂溪 [35] [李泽贤 2120 (IBSC)]、台山 [35] [李泽贤等 530 (FJSI)]、翁源 [51]、五华 [4, 35]、新丰 [63]、信宜 [52]、徐闻 [35] [徐闻队 433 (KUN)]、阳春 [35] [湛江区植物调查队 4192 (IBSC)]、阳江 [35] [罗献瑞 877 (IBSC)]、英德 [32, 35]、增城 [116]、肇庆 [9, 35]、中山 [10, 35]、珠海 [35] [朱园园 200905104 (SN)]、紫金 [31, 35]。

粉绿藤属 *Pachygone* Miers

粉绿藤 *Pachygone sinica* Diels

分布：德庆 [35]、封开 [14, 35]、广宁 [35]、怀集 [35] [曾怀德 23328 (IBSC)]、惠东 [12]、惠州 [35]、江门 [8]、乐昌 [29, 35]、南雄 [35]、仁化 [16, 35]、乳源 [35]、韶关 [35]、始兴 [35]、四会 [35]、翁源 [35] [刘心祈 24531 (JXU0010449)]、新丰 [35, 63]、英德 [32]、肇庆 [9, 35]。

细圆藤属 *Pericampylus* Miers

细圆藤 *Pericampylus glaucus* (Lam.) Merr.

分布：博罗 [35, 100]、潮州 [35] [曾宪锋 ZXF2750 (IBSC)]、从化 [35, 107]、大埔 [35] [邓良 5274 (IBSC)]、德庆 [35] [刘瑛光 1208 (IBSC)]、东莞 [25, 35]、东源 [59]、丰顺 [35, 95]、封开 [14, 35]、佛冈 [27]、高州 [35] [蒋英 2304 (IBSC)]、海丰 [35] [周业祝 ZYZ013 (CZH)]、和平 [35] [卫兆芬 120428 (KUN)]、河源 [35] [曾怀德 28748 (IBSC)]、惠东 [12, 35]、江门 [8, 35]、开平 [35] [黄茂先 110556 (HZ)]、乐昌 [29, 35]、连平 [35] [卫兆芬 120150 (KUN)]、连山 [35] [叶华谷等 3385 (IBSC)]、连州 [26]、龙门 [35] [南昆山调查队 71458 (IBSC)]、罗定 [35] [中山大学普查队 653 (SYS)]、茂名 [85]、梅州 [35] [曾宪锋 ZXF26574 (CZH)]、南雄 [33, 35, 57]、平远 [35] [李学根 201957 (IBK)]、清远 [35] [黄成 161470 (IBSC)]、饶平 [35] [李学根 200904 (IBSC)]、仁化 [16, 35]、乳源 [26, 35]、韶关 [35] [To & Tsang12654 (IBSC)]、深圳 [17, 35]、始兴 [28, 35]、翁源 [35, 51]、五华 [4, 35]、新丰 [35, 63]、信宜 [35, 52]、徐闻 [35] [南路 316 (IBSC)]、阳春 [35, 45]、阳山 [26, 35]、英德 [32, 35]、郁南 [101]、云浮 [35] [黄志 37625 (IBSC)]、增城 [116]、肇庆 [9, 35]、珠海 [35] [李

盛春 LSC23 (IBSC)]、紫金 [31, 35]。

密花藤属 ***Pycnarrhena* Miers ex Hook. f. & Thomson**

硬骨藤 *Pycnarrhena poilanei* (Gagnep.) Forman

分布：廉江 [420]。

风龙属 ***Sinomenium* Diels**

风龙 *Sinomenium acutum* (Thunb.) Rehder & E. H. Wilson

分布：乐昌 [29, 35]、仁化 [16]、乳源 [35]、信宜 [52]、阳山 [35]。

千金藤属 ***Stephania* Kuntze**

金线吊乌龟 *Stephania cephalantha* Hayata

分布：博罗 [38]、潮州 [35] [曾宪锋 ZXF2749 (IBSC)]、从化 [35, 107]、大埔 [35] [邓良 4988 (IBSC)]、东源 [59]、怀集 [35] [75 进修怀集组 10001 (SYS)]、惠东 [35] [缪绅裕等 461 (SYS)]、蕉岭 [35] [邓良 11567 (PE)]、乐昌 [29, 35, 41]、连南 [35] [朱志淞 636 (IBSC)]、连平 [35] [刘瑛光 219 (IBSC)]、连州 [35] [南岭队 328 (IBSC)]、龙门 [35] [陈邦余 2032 (IBSC)]、茂名 [85]、南雄 [33, 35, 57]、平远 [35] [邓良 4463 (IBSC)]、乳源 [26, 35]、韶关 [35] [杜庚平 41 (SYS)]、始兴 [28, 35]、翁源 [35] [梁向日 60919 (IBSC)]、五华 [4, 35]、新丰 [63]、信宜 [52]、阳山 [26, 35]、英德 [32]、郁南 [101]、肇庆 [9, 35]、中山 [10, 35]、紫金 [31, 35]。

血散薯 *Stephania dielsiana* Y. C. Wu

分布：博罗 [35, 100]、封开 [14]、高州 [35] [周沛椿 10474 (IBSC)]、连南 [35] [谭沛祥 59241 (IBSC)]、连州 [35] [谭沛祥 60228 (IBSC)]、龙门 [35] [黄成 162107 (IBSC)]、乳源 [26, 35]、始兴 [35] [邓良 6736 (IBSC)]、新丰 [35] [叶华谷 1062 (IBSC)]、阳山 [26, 35]、英德 [32]、郁南 [101]、云浮 [35] [黄华泽 5 (IBSC)]、肇庆 [9]。

粪箕笃 *Stephania longa* Lour.

分布：博罗 [35, 38, 100]、潮州 [35] [曾宪锋 ZXF8199 (CZH)]、从化 [35, 107]、东莞 [25, 35]、东源 [119]、封开 [14]、佛冈 [27]、高州 [35] [蒋英 2094 (IBSC)]、广州 [35] [中山大学生物系标本厂 97 (BMNH157944)]、海丰 [35] [衡兆芳 121461 (IBSC)]、河源 [35] [卫兆芬 120794 (IBK)]、怀集 [35] [刘瑛光 1493 (IBSC)]、惠东 [12, 35]、惠州 [35] [杨敏仪 YMY035 (CZH)]、江门 [8, 35]、乐昌 [29, 35]、连州 [26]、龙川 [35] [谭策铭、易桂花 51539 (JJF)]、茂名 [85]、南澳 [35] [曾宪锋 ZXF2056 (IBSC)]、清远 [35] [黄志 32511 (CQNM0003378)]、饶平 [35] [李学根 200800 (IBSC)]、仁化 [16]、乳源 [35] [陈林等 20 (IBSC)]、汕头 [35] [曾宪锋 ZXF35674 (CZH)]、深圳 [11, 17, 35]、台山 [35] [陈邦余、李泽贤 181 (IBSC)]、翁源 [35, 51]、五华 [4]、新丰 [63]、信宜 [35] [黄志 31048 (IBK)]、徐闻 [35] [徐闻队 272 (IBK)]、阳春 [35, 45]、阳江 [35] [黄志 41605 (IBK)]、阳山 [26]、英德 [32, 35]、郁南 [101]、肇庆 [9, 35]、中山 [10, 35]、珠海 [35] [粤 73 73-3168 (IBSC)]、紫金 [31, 35]。

粉防己 *Stephania tetrandra* S. Moore

分布：博罗 [5, 100]、东莞 [25, 35]、封开 [14]、佛冈 [27]、佛山 [35] [黄茂先 110668 (HZ)]、广州 [35] [叶华谷 486 (IBSC)]、和平 [35] [张桂才 797 (IBSC)]、惠东 [12]、乐昌 [29, 35, 41]、连州 [26]、南雄 [33, 35, 57]、清远 [35] [黄志 32509 (IBSC)]、仁化 [16]、深圳 [11, 17, 35]、始兴 [35] [邓良 7167 (IBSC)]、翁源 [35] [梁向日 60984 (IBSC)]、五华 [4]、新兴 [35] [伍辉民 79 (IBSC)]、信宜 [52]、阳江 [35] [罗献瑞 501 (IBSC)]、英德 [32, 35]、郁南 [101]。

青牛胆属 ***Tinospora* Miers**

青牛胆 *Tinospora sagittata* (Oliv.) Gagnep.

分布：东莞 [25]、江门 [8]、乐昌 [29, 35, 41]、连州 [35] [药检所 2015 (IBSC)]、茂名 [85]、仁化 [16]、乳源 [26, 35]、深圳 [17]、信宜 [52]、阳山 [26]、英德 [32]。

中华青牛胆 *Tinospora sinensis* (Lour.) Merr.

分布：博罗 [35, 38, 100]、东莞 [25, 35]、封开 [14]、广州 [35] [中草药组 129 (IBSC)]、江门 [8]、乐昌 [29, 35]、茂名 [85]、清远 [35] [黄志 32519 (IBSC)]、仁化 [16]、乳源 [26]、深圳 [11, 17, 35]、新丰 [35, 63]、阳春 [35, 45]、英德 [32]、肇庆 [9, 35]、珠海 [35] [王瑞江 3681 (AU)]、紫金 [31, 35]。

207. 小檗科 Berberidaceae

小檗属 ***Berberis* L.**

华东小檗 *Berberis chingii* Cheng

分布：乳源 [26, 35]。

南岭小檗 *Berberis impedita* C. K. Schneid.

分布：乐昌 [41]、乳源 [26, 35]、阳山 [26]、英德 [32]。

豪猪刺 *Berberis julianae* C. K. Schneid.

分布：丰顺 [385]、连州 [26]。

石楠叶小檗 *Berberis photiniifolia* C. M. Hu

分布：饶平 [35]、信宜 [52]、紫金 [35]。

庐山小檗 *Berberis virgetorum* C. K. Schneid.

分布：乐昌 [29, 35]、仁化 [35] [邓良 7555 (IBSC)]、增城 [116]、肇庆 *[9]。

鬼臼属 ***Dysosma* Woodson**

八角莲 *Dysosma versipellis* (Hance) M. Cheng

分布：博罗 [35, 37, 38, 100]、封开 [14, 35]、乐昌 [29, 41]、连州 [26]、南雄 [33]、仁化 [16]、乳源 [35]、始兴 [28]、信宜 [35, 52]、阳山 [26]、英德 [32]、郁南 [101]、肇庆 [9, 35]。

淫羊藿属 ***Epimedium* L.**

黔岭淫羊藿 *Epimedium leptorrhizum* Stearn

分布：乳源 [519]。

三枝九叶草 *Epimedium sagittatum* (Siebold & Zucc.) Maxim.

分布：乐昌 [29, 35]、南雄 [33]、仁化 [16]、乳源 [26, 35]、阳山 [26]。

十大功劳属 ***Mahonia*** **Nutt.**

阔叶十大功劳 ***Mahonia bealei*** (Fortune) Carr.

分布：博罗 [38]、佛冈 [27]、乐昌 [29, 35, 41]、连州 [26, 35]、南雄 [33, 57]、仁化 [16, 35]、乳源 [26, 35]、翁源 [35, 51]、阳山 [35]、英德 [32, 35]、肇庆 *[9]、紫金 [31]。

小果十大功劳 ***Mahonia bodinieri*** Gagnep.

分布：乳源 [26]。

北江十大功劳 ***Mahonia fordii*** C. K. Schneid.

分布：从化 [35, 107]、丰顺 [95]、连州 [26]、仁化 [16]、五华 [4]、新丰 [35, 63]、阳山 [26]、紫金 [31]。

十大功劳 ***Mahonia fortunei*** (Lindl.) Fedde

分布：博罗 *[38]、南雄 [57]、乳源 *[26]。

台湾十大功劳 ***Mahonia japonica*** (Thunb.) DC.

分布：惠东 [12]、始兴 [28]、英德 [32]。

沈氏十大功劳 ***Mahonia shenii*** Chun

分布: 东莞 [25]、封开 [14]、佛冈 [27]、怀集 [35]、乐昌 [29]、连南 [35]、连山 [35]、连州 [26, 35]、平远 [35]、仁化 [35]、乳源 [26, 35]、翁源 [35]、五华 [4]、阳山 [26]、英德 [32]。

南天竹属 ***Nandina*** **Thunb.**

南天竹 ***Nandina domestica*** Thunb.

分布：博罗 *[5, 38]、从化 *[107]、封开 [35]、连州 [26]、南雄 [57]、平远 [35]、乳源 [26, 35]、深圳 *[17]、信宜 *[52]、肇庆 *[9]。

208. 毛茛科 Ranunculaceae

乌头属 ***Aconitum*** **L.**

乌头 ***Aconitum carmichaelii*** Debeaux

分布：乐昌 [29]、乳源 [26, 35]。

类叶升麻属 ***Actaea*** **L.**

小升麻 ***Actaea japonica*** Thunb.

分布：乳源 [77, 26, 35]。

单穗升麻 ***Actaea simplex*** (DC.) Wormsk. ex Fisch. & C. A. Mey.

分布：乳源 [77, 35]。

银莲花属 ***Anemone*** **L.**

卵叶银莲花 ***Anemone begoniifolia*** H. Lév. & Vaniot

分布：阳山 [26]。

打破碗花花 ***Anemone hupehensis*** (Lemoine) Lemoine

分布: 乐昌 [黄志 31265 (IBK)]、乳源 [粤 71 687 (IBSC)]。

秋牡丹 ***Anemone hupehensis* var. *japonica*** (Thunb.) Bowles & Stearn

分布：乐昌 [29, 35, 41]、梅州 [35]、乳源 [35]。

铁线莲属 ***Clematis*** **L.**

女萎 ***Clematis apiifolia*** DC.

分布：怀集 [35]、南雄 [57]、乳源 [26]、肇庆 [9]。

钝齿铁线莲 ***Clematis apiifolia* var. *argentilucida*** (H. Lév. & Vaniot) W. T. Wang

分布：乐昌 [29, 35, 41]、连州 [26, 35]、南雄 [33]、乳源 [26, 35]、阳山 [35]。

小木通 ***Clematis armandii*** Franch.

分布：博罗 [5, 38]、封开 [14]、佛冈 [27]、乐昌 [29, 41]、连山 [35] [叶华谷 3805 (IBSC)]、连州 [26, 35]、茂名 [85]、仁化 [16]、乳源 [26]、五华 [4]、信宜 [52]、阳山 [26, 35]、英德 [32, 35]、郁南 [101]、增城 [116]、肇庆 [9]、紫金 [31]。

短柱铁线莲 ***Clematis cadmia*** Buch. -Ham. ex Hook. f. & Thomson

分布：英德 [32]。

威灵仙 ***Clematis chinensis*** Osbeck

分布：博罗 [35, 38, 100]、东莞 [25]、东源 [59]、封开 [14, 35]、佛冈 [27]、乐昌 [29, 35, 41]、仁化 [16]、乳源 [26]、深圳 [11, 17, 35]、翁源 [35]、新丰 [63]、阳山 [26]、英德 [32, 35]、郁南 [101]、云浮 [35]、增城 [116]、肇庆 [9, 35]、紫金 [31]。

两广铁线莲 ***Clematis chingii*** W. T. Wang

分布：阳山 [26, 35]。

厚叶铁线莲 ***Clematis crassifolia*** Benth.

分布：东莞 [25]、东源 [59]、封开 [14]、佛冈 [27]、惠东 [12]、江门 [8]、乐昌 [29, 35, 41]、南雄 [33, 35]、仁化 [16]、乳源 [26, 35]、深圳 [17]、始兴 [28]、翁源 [35] [刘心祈 25290 (IBSC)]、五华 [4]、新丰 [35, 63]、信宜 [52]、阳春 [35] [张彩飞 1592 (PE)]、阳山 [26, 35]、英德 [32]、郁南 [101]、肇庆 [9]、中山 [10]、紫金 [31, 35]。

山木通 ***Clematis finetiana*** H. Lév. & Vaniot

分布：从化 [107]、东莞 [25]、东源 [59]、和平 [35] [张桂才 197 (IBSC)]、怀集 [35] [陈炳辉 1271 (IBSC)]、惠东 [12]、乐昌 [29, 35, 41]、连南 [35] [朱志淞 60733 (IBSC)]、连平 [35] [粤 73 1821 (IBSC)]、连州 [35] [程用谦 170337 (IBSC)]、龙川 [35] [刘全儒、孟世勇 201001156 (BNU)]、清远 [35] [黄成 161561 (IBSC)]、仁化 [16, 35]、乳源 [26, 35]、韶关 [35] [高锡朋 50320 (IBSC)]、始兴 [28, 35]、翁源 [51]、五华 [4]、新丰 [35, 63]、信宜 [52]、阳春 [45]、阳山 [26, 35]、英德 [32, 35]、郁南 [101]、肇庆 [35] [杨祥学 12042 (JXU0009764)]。

铁线莲 ***Clematis florida*** Thunb.

分布：佛山 [35]、仁化 [16]、信宜 [52]、肇庆 [9, 35]。

重瓣铁线莲 ***Clematis florida* var. *flore-pleno*** D. Don

分布：仁化 *[16]。

小蓑衣藤 ***Clematis gouriana*** Roxb. & E. H. Wilson

分布：乐昌 [29]、南雄 [33]、乳源 [26, 35]、翁源 [51]、

英德 [32, 35]。

单叶铁线莲 ***Clematis henryi*** Oliv.

分布：东莞 [25]、怀集 [35]、江门 [8]、乐昌 [29, 35, 41]、连州 [26, 35]、南雄 [33]、乳源 [26, 35]、阳山 [26]、英德 [32]。

毛蕊铁线莲 ***Clematis lasiandra*** Maxim.

分布：乐昌 [29]、乳源 [26, 35]。

锈毛铁线莲 ***Clematis leschenaultiana*** DC.

分布：和平 [35] [张桂才 816 (IBSC)]、乐昌 [29, 35, 41]、连州 [35] [高锡朋 50876 (IBSC)]、南雄 [33, 35]、仁化 [16, 35]、韶关 [35] [高锡朋 50307 (IBSC)]、始兴 [28]、翁源 [35, 51]、阳山 [26, 35]、英德 [32, 35]。

丝铁线莲 ***Clematis loureiroana*** DC.

分布：博罗 [5, 35]、东莞 [25, 35]、封开 [14, 35]、广州 [35] [陈少卿 18672 (IBSC)]、怀集 [35] [曾怀德 23356 (IBSC)]、惠东 [35] [陈邦余、张桂才 653 (IBSC)]、江门 [8]、乐昌 [29, 35, 41]、连州 [26, 35]、南雄 [33, 35, 57]、乳源 [35] [粤 73 593 (IBSC)]、深圳 [17, 35]、翁源 [51]、新丰 [35] [粤 775615 (IBSC)]、新兴 [35] [黄志 38879 (IBSC)]、信宜 [35, 52]、阳春 [35] [叶华谷、刘念 3132 (IBSC)]、英德 [35] [黄荣焜 541 (IBSC)]、云浮 [35] [邓良、陈忠毅 s. n. (IBSC)]、肇庆 [9, 35]、紫金 [31, 35]。

毛柱铁线莲 ***Clematis meyeniana*** Walp.

分布：博罗 [100]、从化 [107]、东莞 [25]、东源 [59]、丰顺 [95]、封开 [14]、佛冈 [27]、高州 [35] [周沛椿 10374 (PE)]、和平 [35] [张桂才 156 (IBSC)]、惠东 [12]、江门 [8]、乐昌 [29, 35, 41]、连南 [35] [谭沛祥 59555 (IBSC)]、连山 [35] [谭沛祥 58720 (PE)]、连州 [35] [两广队 472 (PE)]、龙川 [35] [曾宪锋 ZXF22304 (CZH)]、罗定 [35] [刘念等 2320 (IBSC)]、清远 [35] [林正眉、张丹荔 20180038 (SN)]、乳源 [26, 35]、韶关 [35] [韶关队 1214 (IBSC)]、深圳 [11, 17]、翁源 [35, 51]、五华 [4]、新兴 [35] [刘瑛光 42477 (HIB0104837)]、信宜 [35] [黄志 30966 (PE)]、阳春 [35] [张彩飞 2606 (PE)]、阳山 [35] [山地植被组 102 (IBSC)]、英德 [32, 35]、郁南 [101]、云浮 [35] [黄志 37267 (IBSC)]、肇庆 [9]、中山 [10]、紫金 [31, 35]。

沙叶铁线莲 ***Clematis meyeniana* var. *granulata*** Finet & Gagnep.

分布：丰顺 [95]、信宜 [52]。

绣球藤 ***Clematis montana*** Buch. -Ham. ex DC.

分布：阳山 [412, 26]。

裂叶铁线莲 ***Clematis parviloba*** Gardner & Champ.

分布：丰顺 [95]、怀集 [35]、连山 [35]、乳源 [26]、韶关 [35]、深圳 [17]、始兴 [28, 35]、肇庆 [9]。

扬子铁线莲 ***Clematis puberula* var. *ganpiniana*** (H. Lév. & Vaniot) W. T. Wang

分布：乐昌 [29]、信宜 [52]、阳山 [26]。

曲柄铁线莲 ***Clematis repens*** Finet & Gagnep.

分布：仁化 [16, 35]、乳源 [35]、肇庆 [9]。

鼎湖铁线莲 ***Clematis tinghuensis*** C. T. Ting

分布：德庆 [35]、封开 [14, 35]、广宁 [35]、怀集 [35]、四会 [35]、肇庆 [3, 9, 35]。

柱果铁线莲 ***Clematis uncinata*** Champ. & Benth.

分布：东莞 [25]、东源 [59]、封开 [14]、佛冈 [27]、江门 [8]、乐昌 [29, 35, 41]、连南 [35] [谭沛祥 58912 (PE)]、连州 [26, 35]、南雄 [35] [邓良 6584 (HZ)]、仁化 [16]、乳源 [26, 35]、深圳 [17]、五华 [4]、新丰 [63]、阳春 [45]、阳山 [26, 35]、英德 [32, 35]、郁南 [101]、肇庆 [9]、紫金 [31, 35]。

尾叶铁线莲 ***Clematis urophylla*** Franch.

分布：乐昌 [29, 35, 41]、乳源 [35]、阳山 [35]。

新会铁线莲 ***Clematis xinhuiensis*** R. J. Wang

分布：江门 [3]。

飞燕草属 *Consolida* Riv. ex Ruppius

飞燕草 ***Consolida ajacis*** (L.) Schur

分布：深圳 #[17]、肇庆 #[9]。

黄连属 *Coptis* Salisb.

短萼黄连 ***Coptis chinensis* var. *brevisepala*** W. T. Wang & P. G. Xiao

分布：博罗 [5, 35, 100]、从化 [107]、乐昌 [29]、连山 [35]、连州 [26]、龙门 [35]、仁化 [16, 35]、五华 [4]、英德 [32]。

翠雀属 *Delphinium* L.

还亮草 ***Delphinium anthriscifolium*** Hance

分布：云浮 [35]、肇庆 [9, 35]。

卵瓣还亮草 ***Delphinium anthriscifolium* var. *savatieri*** (Franch.) Munz

分布：德庆 [35]、封开 [35]、广宁 [35]、怀集 [35]、四会 [35]、肇庆 [35]。

人字果属 *Dichocarpum* W. T. Wang & P. K. Hsiao

蕨叶人字果 ***Dichocarpum dalzielii*** (J. R. Drumm. & Hutch.) W. T. Wang & P. K. Hsiao

分布：从化 [35, 107]、乐昌 [35, 41]、连山 [35]、南雄 [33]、乳源 [26, 35]、汕头 [35]、韶关 [35]、信宜 [35, 52]、阳山 [26]。

锡兰莲属 *Naravelia* Adans.

两广锡兰莲 ***Naravelia pilulifera*** Hance

分布：封开 [14]、怀集 [35]、清远 [35]、新兴 [35]、阳春 [35]、云浮 [35]、肇庆 [35]。

毛茛属 *Ranunculus* L.

田野毛茛 ***Ranunculus arvensis*** L.

分布：仁化 #[16]。

禺毛茛 ***Ranunculus cantoniensis*** DC.

分布：博罗 [5, 35]、从化 [35]、大埔 [35]、东莞 [25]、东源 [59]、丰顺 [35, 95]、封开 [35]、河源 [22]、惠东 [12, 35]、惠州 [22]、蕉岭 [35]、乐昌 [29, 35, 41]、连平 [35]、连州 [26]、龙川 [35]、南雄 [33, 35, 57]、平远 [35]、清远 [22]、饶平 [35]、仁化 [16]、乳源 [26, 35]、韶关 [35]、深圳 [17]、始兴 [35]、翁源 [51, 22]、五华 [4]、信宜 [52]、阳春 [35]、阳山 [22]、英德 [32, 35]、郁南 [101]、云浮 [35]、肇庆 [9, 22, 35]、紫金 [31]。

茴茴蒜 ***Ranunculus chinensis*** Bunge

分布：乐昌 [29]、始兴 [28]、新丰 [63]、阳山 [26]、英德 [32]、郁南 [101]、肇庆 [9]。

毛茛 ***Ranunculus japonicus*** Thunb.

分布：博罗 #[35]、封开 #[14]、惠州 #[22]、乐昌 #[29, 35, 41]、连南 #[35]、连州 #[26]、南雄 #[33, 57]、平远 # [35]、清远 #[22]、仁化 #[16]、乳源 #[26, 35]、韶关 #[22, 35]、始兴 #[28]、翁源 #[51]、阳山 #[26, 35]、英德 #[35]、郁南 # [101]、增城 #[116]、肇庆 #[9]。

石龙芮 ***Ranunculus sceleratus*** L.

分布：潮州 #[35] [曾宪锋 ZXF00999 (CZH)]、东莞 # [25, 35]、封开 #[14]、佛冈 #[27]、广州 #[35] [王文采 29618 (PE)]、江门 #[8]、乐昌 #[29, 35, 41]、南澳 #[35] [曾宪锋 ZXF01640 (CZH)]、南雄 #[33, 35, 57]、仁化 #[16]、乳源 # [26]、深圳 #[11, 17, 35]、始兴 #[28, 35]、翁源 #[51]、信宜 # [52]、英德 #[32]、郁南 #[101]、肇庆 #[9, 35]、中山 #[10, 35]、紫金 #[31, 35]。

扬子毛茛 ***Ranunculus sieboldii*** Miq.

分布：茂名 [85]、英德 [http://ppbc. iplant. cn/tu/ 12220165]。

钩柱毛茛 ***Ranunculus silerifolius*** H. Lév.

分布: 大埔 [邓良 5176 (PE)]、连平 [卫兆芬 120089 (PE)]、南雄 [邓良 6112 (PE)]、乳源 [刘瑛光 00526 (PE)]、始兴 [邓良 6997 (PE)]。

猫爪草 ***Ranunculus ternatus*** Thunb.

分布：仁化 [410]。

天葵属 ***Semiaquilegia*** **Makino**

天葵 ***Semiaquilegia adoxoides*** (DC.) Makino

分布：乐昌 [29]、南雄 [33, 57]、乳源 [26]、阳山 [26]。

丹霞天葵 ***Semiaquilegia danxiashanensis*** L. Wu, J. J. Zhou, Qiang Zhang & W. S. Deng

分布：仁化 [367]。

唐松草属 ***Thalictrum*** **L.**

尖叶唐松草 ***Thalictrum acutifolium*** (Hand. -Mazz.) B. Boivin

分布：博罗 [42, 5, 35, 37]、潮州 [42]、从化 [107]、东莞 [25]、封开 [42, 35, 14]、惠州 [42]、乐昌 [42, 29, 41, 35]、连南 [42, 35]、连平 [42, 35]、连州 [26]、龙门 [42, 35]、南雄 [33]、平远 [42]、饶平 [42, 35]、仁化 [42, 16, 35]、乳源 [42, 26, 35]、韶关 [42, 35]、深圳 [42, 17]、翁源 [51]、五华 [42, 35, 4]、阳山 [42, 26, 35]、英德 [42, 32]、郁南 [101]、紫金 [31]。

大叶唐松草 ***Thalictrum faberi*** Ulbr.

分布：阳山 [42]、英德 [42]。

盾叶唐松草 ***Thalictrum ichangense*** Lecoy. ex Oliv.

分布：连州 [42, 35]、仁化 [16]、阳山 [42, 26]。

东亚唐松草 ***Thalictrum minus*** **subsp.** ***thunbergii*** (DC.) Vorosch.

分布：乐昌 [42]、乳源 [42, 26, 35]、韶关 [35]。

菲律宾唐松草 ***Thalictrum philippinense*** C. B. Rob.

分布：丰顺 [385]。

阴地唐松草 ***Thalictrum umbricola*** Ulbr.

分布：乳源 [26]、始兴 [28]、阳山 [26]。

新宁唐松草 ***Thalictrum xinningense*** W. T. Wang

分布：连南 [42]。

尾囊草属 ***Urophysa*** **Ulbr.**

尾囊草 ***Urophysa henryi*** (Oliv.) Ulbr.

分布：阳山 [412, 26]。

209. 清风藤科 Sabiaceae

泡花树属 ***Meliosma*** **Blume**

狭叶泡花树 ***Meliosma angustifolia*** Merr.

分布：廉江 [35] [刘什汉、肖嘉 89917 (IBSC)]、信宜 [35, 52]、徐闻 [35] [南路 810 (IBK)]、阳江 [35] [黄志 41458 (IBK)]、英德 [32]。

垂枝泡花树 ***Meliosma flexuosa*** Pamp.

分布：乐昌 [29, 35, 41]、乳源 [26, 35]、新丰 [63]。

香皮树 ***Meliosma fordii*** Hemsl.

分布：博罗 [35, 37, 100]、从化 [35, 107]、大埔 [35]、东莞 [25, 35]、东源 [119]、丰顺 [95]、封开 [14, 35]、佛冈 [27]、高州 [35]、和平 [35]、怀集 [35]、惠东 [12]、乐昌 [29, 35, 41]、连南 [35]、连州 [26, 35]、廉江 [35]、龙门 [35]、陆丰 [35]、茂名 [35]、梅州 [35]、南雄 [33, 35, 57]、平远 [35]、清远 [35]、仁化 [16, 35]、乳源 [35]、韶关 [35]、深圳 [17, 35]、始兴 [28, 35]、翁源 [35, 51]、五华 [4]、新丰 [35, 63]、信宜 [35, 52]、阳春 [35]、阳山 [35]、英德 [32, 35]、郁南 [101]、云浮 [35]、增城 [35]、肇庆 [35]、紫金 [31, 35]。

辛氏泡花树 ***Meliosma fordii*** **var.** ***sinii*** (Diels) Y. W. Law

分布：英德 [32]。

腺毛泡花树 ***Meliosma glandulosa*** Cufod.

分布：乐昌 [29, 35]、连州 [26]、乳源 [26, 35]、始兴 [28]、翁源 [51]。

华南泡花树 ***Meliosma laui*** Merr.

分布：连州 [南岭队 303 (IBSC)]、龙门 [南昆山调查队 70998 (IBSC)]、茂名 [刘集汉 90052 (IBSC)]。

多花泡花树 ***Meliosma myriantha*** Siebold & Zucc.

分布：始兴 [28]。

异色泡花树 ***Meliosma myriantha*** **var.** ***discolor*** Dunn

分布：乐昌 [29, 35]、南雄 [35] [广东木材调查队 719 (IBSC)]、翁源 [35, 51]、阳山 [26]。

红柴枝 ***Meliosma oldhamii*** Miq. ex Maxim.

分布：乐昌 [29, 35, 41]、连州 [26]、南雄 [33, 57]、乳源 [26, 35]、韶关 [35]、始兴 [28]、阳山 [26, 35]、英德 [32]。

狭序泡花树 ***Meliosma paupera*** Hand. -Mazz.

分布：封开 [14]、乐昌 [29, 35, 41]、连南 [35]、南雄 [33, 35, 57]、仁化 [16]、翁源 [35, 51]、阳山 [26, 35]、英德 [32, 35]。

腋毛泡花树 ***Meliosma rhoifolia*** **var.** ***barbulata*** (Cufod.) Y. W. Law

分布：乐昌 [29, 35]、连州 [26]、乳源 [26, 35]、韶关 [35]、英德 [32]。

笔罗子 ***Meliosma rigida*** Siebold & Zucc.

分布：博罗 [100]、从化 [107]、大埔 [35]、东莞 [25]、丰顺 [95]、封开 [14]、惠东 [12]、江门 [8]、龙川 [35]、梅州 [35]、南雄 [33, 57]、平远 [35]、饶平 [35]、仁化 [16]、深圳 [17]、始兴 [28]、翁源 [51]、五华 [4]、新丰 [63]、信宜 [52]、阳春 [45]、阳山 [26]、英德 [32]、郁南 [101]、肇庆 [35]、紫金 [31]。

毡毛泡花树 ***Meliosma rigida*** **var.** ***pannosa*** (Hand. -Mazz.) Y. W. Law

分布：乐昌 [41]、始兴 [28]。

樟叶泡花树 ***Meliosma squamulata*** Hance

分布：从化 [35, 107]、大埔 [35] [邓良 5343 (IBK)]、封开 [14]、佛冈 [27]、海丰 [35]、惠东 [12, 35]、惠来 [35]、惠州 [35] [曾怀德 25933 (IBSC)]、江门 [8]、乐昌 [29, 35, 41]、雷州 [35]、连州 [26]、陆丰 [35]、茂名 [35]、梅州 [35] [曾宪锋 ZXF25017 (CZH)]、南澳 [35]、饶平 [35] [李学根 200874 (HZ)]、仁化 [16, 35]、乳源 [26, 35]、汕头 [35]、汕尾 [35]、韶关 [35]、深圳 [17, 35]、台山 [35]、翁源 [51]、吴川 [35]、五华 [4]、新丰 [63]、信宜 [35, 52]、徐闻 [35]、阳春 [45]、阳江 [35] [湛江区植物调查队 3678 (IBSC)]、阳山 [26, 35]、阳西 [35]、英德 [32, 35]、郁南 [101]、增城 [35, 116]、湛江 [35]、中山 [10, 35]、珠海 [35]、紫金 [31]。

山檨叶泡花树 ***Meliosma thorelii*** Lecomte

分布: 惠东 [12]、乐昌 [29]、茂名 [35]、乳源 [26]、深圳 [17]、翁源 [51]、五华 [4]、信宜 [35, 52]、英德 [32, 35]、增城 [35]、紫金 [31]。

毛泡花树 ***Meliosma velutina*** Rehder & E. H. Wilson

分布：乐昌 [高锡朋 54546 (IBK)]、连山 [谭沛祥 58036 (IBK)]、梅州 [李学根 201094 (IBK)]、南雄 [邓良 6217 (IBK)]、阳江 [农林厅 84284 (IBSC)]。

清风藤属 ***Sabia*** **Colebr.**

鄂西清风藤 ***Sabia campanulata*** **subsp.** ***ritchieae*** (Rehder & E. H. Wilson) Y. F. Wu

分布：乐昌 [29, 35]、连南 [35]、英德 [32]。

革叶清风藤 ***Sabia coriacea*** Rehder & E. H. Wilson

分布：丰顺 [95]、惠东 [12]、惠州 [35]、江门 [8]、乐昌 [41]、梅州 [35]、饶平 [35]、仁化 [16]、始兴 [28]、翁源 [35, 51]、阳山 [26]、紫金 [31]。

灰背清风藤 ***Sabia discolor*** Dunn

分布：从化 [35, 107]、大埔 [35] [邓良 5350 (KUN)]、东源 [59]、丰顺 [35, 95]、封开 [14, 35]、佛冈 [27]、和平 [35] [卫兆芬 120261 (KUN)]、河源 [35] [曾怀德 28579 (IBSC)]、蕉岭 [35] [邓良 4728 (KUN)]、乐昌 [29, 35, 41]、连南 [35] [邹香林 60605 (IBSC)]、连州 [26, 35]、梅州 [35] [李学根 202416 (CSFI)]、南雄 [33, 35, 57]、平远 [35] [邓良 4347 (IBK)]、清远 [35] [黄志 30708 (IBK)]、饶平 [35] [曾宪锋 ZXF2551 (IBSC)]、仁化 [16]、乳源 [26, 35]、始兴 [35] [邓良 6781 (KUN)]、五华 [4]、新丰 [63]、信宜 [35, 52]、阳山 [26]、英德 [32, 35]、增城 [116]、肇庆 [35] [石国良 14346 (IBSC)]、紫金 [31, 35]。

簇花清风藤 ***Sabia fasciculata*** Lecomte ex H. Y. Chen

分布：乐昌 [29, 35, 41]、郁南 [101]。

清风藤 ***Sabia japonica*** Maxim.

分布：从化 [107]、东源 [59]、封开 [14]、乐昌 [29, 35, 41]、连平 [35]、连州 [26]、平远 [35]、仁化 [16, 35]、乳源 [26]、韶关 [35]、始兴 [28]、新丰 [63]、阳山 [26]、英德 [32, 35]。

中华清风藤 ***Sabia japonica*** **var.** ***sinensis*** (Stapf ex Koidz) H. Y. Chen

分布：乐昌 [29, 35, 41]、仁化 [16, 35]、乳源 [35] [郭素白 80341 (IBK)]、阳山 [35] [徐德明、679 (IBSC)]、英德 [35] [邓良 937 (IBSC)]。

柠檬清风藤 ***Sabia limoniacea*** Wall. ex Hook. f. & Thomson

分布：博罗 [35, 38, 100]、从化 [35] [中德采集队 1196 (IBSC)]、大埔 [35] [邓良 5361 (KUN)]、德庆 [35] [刘瑛光 1091 (IBSC)]、东莞 [25, 35]、恩平 [35] [陈炳辉等 1860 (IBSC)]、封开 [14, 35]、佛冈 [27]、高州 [35] [周沛椿 80343 (IBSC)]、怀集 [35] [刘瑛光 3072 (HZ)]、惠东 [35] [陈邦余、张桂才 651 (IBSC)]、惠州 [35] [叶华谷、曾飞燕 22079 (IBSC)]、江门 [8]、乐昌 [29]、龙门 [35] [张桂才等 188 (IBSC)]、罗定 [35] [刘念、叶华谷 2112 (IBSC)]、茂名 [35] [邓良 2411 (KUN)]、平远 [35] [李学根 202035 (CSFI)]、乳源 [26]、深圳 [17, 35]、翁源 [51]、五华 [4]、新兴 [35] [刘瑛光 2329 (HZ)]、信宜 [35, 52]、徐闻 [35] [陈少卿 7546 (IBSC)]、阳春 [35, 45]、阳山 [26]、英德 [32]、郁南 [35, 101]、云浮 [35] [黄志、邓良 506 (IBSC)]、肇庆 [35] [叶华谷等 18219 (IBSC)]、

珠海 [35] [粤 73 3147 (IBSC)]、紫金 [31]。

长脉清风藤 ***Sabia nervosa*** Chun ex Y. F. Wu

分布：丰顺 [95]、蕉岭 [35]、乐昌 [29, 35]、连南 [35]、乳源 [26]、始兴 [28]、翁源 [51]、信宜 [35, 52]、阳春 [陈又生等 YC20230175 (IBSC)]、阳山 [26]、英德 [32]。

尖叶清风藤 ***Sabia swinhoei*** Hemsl.

分布：东莞 [25]、丰顺 [95]、广州 [35]、江门 [8]、乐昌 [29, 35, 41]、连南 [35]、连州 [35]、南雄 [33, 57]、平远 [35]、仁化 [16, 35]、乳源 [26, 35]、深圳 [17]、始兴 [35]、翁源 [51]、五华 [4]、新丰 [63]、信宜 [35, 52]、阳春 [陈又生等 YC20230139 (IBSC)]、阳山 [26, 35]、英德 [32]、郁南 [101]、增城 [35, 116]、紫金 [31]。

210. 莲科 Nelumbonaceae

莲属 *Nelumbo* Adans.

莲 ***Nelumbo nucifera*** Gaertn.

分布：博罗 *[5, 38]、从化 *[107]、仁化 *[16]、肇庆 *[9]。

211. 悬铃木科 Platanaceae

悬铃木属 *Platanus* L.

二球悬铃木 ***Platanus × acerifolia*** (Aiton) Willd.

分布：乳源 *[26]。

212. 山龙眼科 Proteaceae

银桦属 *Grevillea* R. Br. ex Knight

银桦 ***Grevillea robusta*** A. Cunn. ex R. Br.

分布：博罗 *[5, 38]、封开 *[14]、江门 *[8]、乐昌 *[41]、仁化 *[16]、深圳 *[17]、始兴 *[28]、肇庆 *[9]。

山龙眼属 *Helicia* Lour.

小果山龙眼 ***Helicia cochinchinensis*** Lour.

分布: 博罗 [35, 100]、潮州 [35] [曾宪锋 ZXF7996 (CZH)]、从化 [35, 107]、德庆 [35] [刘瑛光 921 (IBSC)]、东莞 [25, 35]、丰顺 [95]、封开 [14, 35]、佛冈 [27]、佛山 [35] [黄茂先 111031 (HZ)]、高州 [35] [周沛椿 80337 (IBSC)]、广州 [35] [中山大学生物系标本厂 112 (BJM)]、和平 [35] [张桂才等 335 (IBSC)]、化州 [35] [湛江区植物调查队 2923 (IBSC)]、怀集 [35] [曾怀德 23257 (IBSC)]、惠东 [12]、江门 [35] [黄茂先 110895 (HZ)]、乐昌 [29, 35, 41]、雷州 [35] [蒋英 2548 (IBSC)]、连平 [35] [粤 73 1970 (IBSC)]、连州 [26, 35]、龙川 [35] [李学根 200227 (IBSC)]、龙门 [35] [肖家庚 5110 (CSFI)]、陆河 [35] [曾宪锋 ZXF42702 (CZH)]、罗定 [35] [刘念 2435 (IBSC)]、茂名 [35] [肖嘉 89997 (IBSC)]、南雄 [33, 35, 57]、平远 [35] [李学根 202119 (IBSC)]、清远 [35] [黄荣焜 30285 (IBSC)]、仁化 [16, 35]、乳源 [26, 35]、汕头 [35] [李泽贤、邢福武 722 (IBSC)]、韶关 [35] [梁向日、黄荣焜 31687 (IBSC)]、深圳 [17, 35]、始兴 [28, 35]、翁源 [35, 51]、五华 [4]、新丰 [35, 63]、新兴 [35] [刘瑛光 2303 (IBSC)]、信宜 [35, 52]、徐闻 [35] [朱志淞 923 (CAF00007197)]、阳江 [35] [黄志 41707 (IBSC)]、阳山 [35] [山地植被组 139 (IBSC)]、英德 [32, 35]、郁南 [35, 101]、云浮 [35] [辛树帜 5329 (IBSC)]、增城 [116]、肇庆 [9, 35]、中山 [10, 35]、珠海 [35] [高蕴璋、陈炳辉 243 (IBSC)]、紫金 [31, 35]。

海南山龙眼 ***Helicia hainanensis*** Hayata

分布：信宜 [35, 52]。

广东山龙眼 ***Helicia kwangtungensis*** W. T. Wang

分布：博罗 [100]、潮州 [35] [曾宪锋 ZXF9005 (CZH)]、从化 [35] [邓良 8521 (IBSC)]、丰顺 [35, 95]、佛冈 [27]、河源 [35] [卫兆芬 120677 (IBSC)]、怀集 [35] [程用谦 170806 (IBSC)]、惠东 [12]、江门 [8]、连南 [35] [邹香林 60603 (IBSC)]、连平 [35] [卫兆芬 120166 (IBSC)]、连州 [35] [左景烈 22669 (IBSC)]、梅州 [35] [曾宪锋 ZXF40360 (CZH)]、清远 [35] [黄志 30232 (IBK)]、乳源 [26, 35]、深圳 [17]、始兴 [28, 35]、五华 [4]、新丰 [35, 63]、信宜 [52]、阳山 [35] [徐德明 747 (NAS)]、英德 [32, 35]、郁南 [101]、云浮 [35] [黄志 37277 (IBSC)]、增城 [116]、肇庆 [9, 35]、紫金 [31, 35]。

长柄山龙眼 ***Helicia longipetiolata*** Merr. & Chun

分布：高州 [35]、仁化 [16]、信宜 [35, 52]。

倒卵叶山龙眼 ***Helicia obovatifolia*** Merr. & Chun

分布：信宜 [35, 52]、阳春 [35]。

枇杷叶山龙眼 ***Helicia obovatifolia* var. *mixta*** (H. L. Li) Sleumer

分布：信宜 [35]、阳春 [35]、云浮 [35]。

网脉山龙眼 ***Helicia reticulata*** W. T. Wang

分布：博罗 [35, 38, 100]、潮州 [35] [陈佳云 2015442 (CZH)]、从化 [35, 107]、大埔 [35] [王学文等 248 (IBSC)]、东莞 [25, 35]、东源 [119]、丰顺 [35] [曾宪锋 ZXF8112 (CZH)]、封开 [14, 35]、佛冈 [27]、河源 [35] [77 级科研组新 0263 (SN)]、怀集 [35] [石国良 14640 (IBSC)]、惠东 [12, 35]、惠州 [35] [曾怀德 25544 (IBSC)]、江门 [8, 35]、蕉岭 [35] [徐祥浩、林辉奉 234 (IBSC)]、乐昌 [29, 35, 41]、连南 [35] [谭沛祥 58895 (IBSC)]、连山 [35] [谭沛祥 58756 (PE)]、连州 [35] [南岭队 177 (IBSC)]、龙门 [35] [南岭队 2040 (IBSC)]、罗定 [35] [刘念、叶华谷 2428 (IBSC)]、梅州 [35] [南植地 7346 (IBSC)]、仁化 [16, 35]、乳源 [26, 35]、深圳 [17, 35]、始兴 [28]、翁源 [51]、五华 [4, 35]、新丰 [63]、信宜 [35, 52]、阳春 [35, 45]、阳山 [35] [南植地 512 (IBSC)]、英德 [32, 35]、郁南 [101]、增城 [116]、肇庆 [9, 35]、中山 [10, 35]、紫金 [31, 35]。

阳春山龙眼 ***Helicia yangchunensis*** H. S. Kiu

分布：阳春 [308, 3, 45]。

假山龙眼属 *Heliciopsis* Sleumer

痄腮树 ***Heliciopsis terminalis*** (Kurz.) Sleumer

分布：信宜 [52]。

澳洲坚果属 *Macadamia* **F. Muell.**

四叶澳洲坚果 *Macadamia tetraphylla* Johnson

分布：广州 *[3]。

213. 黄杨科 Buxaceae

黄杨属 *Buxus* **L.**

雀舌黄杨 *Buxus bodinieri* H. Lév.

分布：从化 *[107]、东莞 [25]、东源 [59]、封开 [14]、佛冈 [27]、惠东 [12]、连州 [26]、增城 [116]。

汕头黄杨 *Buxus cephalantha* **var.** *shantouensis* M. Cheng

分布：潮州 [331, 3]、汕头 [3, 35]。

匙叶黄杨 *Buxus harlandii* Hance

分布：博罗 [100]、江门 [8]、连州 [26]、始兴 *[28]、英德 [32]、郁南 *[101]、肇庆 *[9]。

大叶黄杨 *Buxus megistophylla* H. Lév.

分布：从化 [107]、东源 [59]、封开 [14]、佛冈 [27]、连南 [35] [邹香林 60635 (IBSC)]、连州 [26, 3]、仁化 [16]、乳源 [35] [南岭队 1824 (IBSC)]、深圳 [17]、翁源 [35] [刘心祈 25160 (IBSC)]、五华 [4]、阳春 [35, 45]、阳山 [26, 35]、中山 [10]、紫金 [31, 35]。

杨梅黄杨 *Buxus myrica* H. Lév.

分布：江门 [8]、阳春 [45]、阳山 [26]。

黄杨 *Buxus sinica* (Rehder & E. H. Wilson) M. Cheng

分布: 博罗 [35, 38]、潮州 [35] [曾宪锋 ZXF06728 (CZH)]、从化 [35] [中德采集队 1123 (IBSC)]、东莞 [25, 35]、封开 [35] [丁广奇 6105 (IBSC)]、广州 [35] [孙知雨 2018GZH109 (SN)]、惠东 [35] [陈邦余、张桂才 482 (IBSC)]、江门 [8, 35]、乐昌 [35] [南岭队 3867 (IBSC)]、连山 [35] [刘棠瑞 179 (SN)]、连州 [26]、南澳 [35] [陈炳辉 180 (IBSC)]、南雄 [57]、乳源 [26, 35]、深圳 *[17, 35]、信宜 [52]、增城 [35] [曾怀德 201131 (PE)]、珠海 [35] [粤 73 2984 (IBSC)]。

尖叶黄杨 *Buxus sinica* **var.** *aemulans* (Rehder & E. H. Wilson) P. Bruckn. & T. L. Ming

分布：东莞 [25]、阳山 [26]。

越橘叶黄杨 *Buxus sinica* **var.** *vacciniifolia* M. Cheng

分布：乳源 [26, 35, 3]。

狭叶黄杨 *Buxus stenophylla* Hance

分布：广州 [35]、连州 [35]、深圳 [11]、信宜 [52]。

板凳果属 *Pachysandra* **Michx.**

板凳果 *Pachysandra axillaris* Franch.

分布：乐昌 [http://ppbc. iplant. cn/tu/11182934]、乳源 [http://ppbc. iplant. cn/tu/8323697]、阳山 [http://ppbc. iplant. cn/tu/10009081]。

多毛板凳果 *Pachysandra axillaris* **var.** *stylosa* (Dunn) M. Cheng

分布：和平 [35] [和平队 649 (IBSC)]、乐昌 [29, 35]、南雄 [33, 35]、乳源 [26, 35]、始兴 [28]。

野扇花属 *Sarcococca* **Lindl.**

长叶柄野扇花 *Sarcococca longipetiolata* M. Cheng

分布：乐昌 [41]、南雄 [33, 35]、乳源 [344, 26, 35, 3]、阳山 [3]、英德 [32]。

东方野扇花 *Sarcococca orientalis* C. Y. Wu ex M. Cheng

分布：连平 [35] [粤 73 1699 (IBSC)]、乳源 [35] [吴磊、童毅 3210 (BNU)]、始兴 [28, 35]、新丰 [35] [叶华谷 1090 (IBSC)]。

214. 五桠果科 Dilleniaceae

五桠果属 *Dillenia* **L.**

大花五桠果 *Dillenia turbinata* Finet & Gagnep.

分布：江门 [8]、深圳 *[17]、肇庆 [9, 35]。

锡叶藤属 *Tetracera* **L.**

锡叶藤 *Tetracera sarmentosa* (L.) Vahl

分布：博罗 [35, 38, 100]、从化 [35, 107]、德庆 [35] [刘瑛光 890 (PE)]、东莞 [25, 35]、东源 [59]、恩平 [35] [陈炳辉 1698 (IBSC)]、封开 [14, 35]、佛冈 [27]、广州 [35] [钟嘉怡 200901200 (SN)]、惠东 [12, 35]、惠州 [35] [叶华谷、曾飞燕 21898 (IBSC)]、江门 [8, 35]、开平 [35] [黄茂先 110574 (PE)]、茂名 [85]、仁化 [16]、深圳 [11, 17, 35]、台山 [35] [左景烈 22248 (IBSC)]、新丰 [63]、信宜 [52]、阳春 [45]、英德 [32]、郁南 [101]、增城 [35, 116]、肇庆 [9, 35]、中山 [10, 35]、珠海 [35] [杨超 200902514 (SN)]、紫金 [31]。

215. 芍药科 Paeoniaceae

芍药属 *Paeonia* **L.**

芍药 *Paeonia lactiflora* Pall.

分布：从化 *[107]。

太白山紫斑牡丹 *Paeonia rockii* **subsp.** *atava* (Bruhl) D. Y. Hong & K. Y. Pan

分布：信宜 *[52]。

216. 蕈树科 Altingiaceae

蕈树属 *Altingia* **Noronha**

蕈树 *Altingia chinensis* (Champ. ex Benth.) Oliv. ex Hance

分布：博罗 [38, 100]、从化 [35, 107]、德庆 [35] [刘瑛光 971 (IBSC)]、东莞 [25]、丰顺 [95]、封开 [14, 35]、佛冈 [27]、广宁 [35] [石国良 14360 (IBSC)]、怀集 [35] [刘瑛光 2577 (IBSC)]、惠东 [12]、江门 [8]、乐昌 [29, 35, 41]、连南 [35] [邓柏林 60567 (IBSC)]、连山 [35] [谭沛祥 58795 (PE)]、连州 [35] [左景烈 22711 (IBSC)]、龙川 [35] [徐祥浩 1067 (IBSC)]、南雄 [33, 35, 57]、仁化 [16, 35]、乳源 [35] [粤 73 10064 (HGAS)]、韶关 [35] [邹香林 20273 (IBSC)]、深圳 [17]、

始兴 [28, 35]、翁源 [35, 51]、五华 [4]、新丰 [35, 63]、信宜 [52]、阳春 [45]、阳山 [26, 35]、英德 [32, 35]、郁南 [101]、增城 [35, 116]、肇庆 [9, 35]、中山 [10]、紫金 [31, 35]。

细柄蕈树 ***Altingia gracilipes*** Hemsl.

分布：潮州 [35] [李觉、许纬东 9 (IBSC)]、大埔 [35] [叶华谷 7701 (IBSC)]、丰顺 [35, 95]、佛冈 [27]、惠东 [12]、蕉岭 [35] [南岭队 2242 (IBSC)]、梅州 [35] [曾宪锋 ZXF33221 (CZH)]、平远 [35] [李学根 202036 (IBSC)]、饶平 [35] [陈念劬 42718 (IBSC)]、始兴 [28]、五华 [4, 35]、兴宁 [35] [曾宪锋 ZXF16554 (CZH)]、紫金 [31]。

镰光蕈树 ***Altingia siamensis*** Craib

分布：大埔 [35] [邓良 5031 (PE)]。

枫香树属 ***Liquidambar* L.**

缺萼枫香树 ***Liquidambar acalycina*** Hung. T. Chang

分布：乐昌 [29, 35, 41]、乳源 [35] [刘瑛光 598 (IBSC)]、阳山 [26]、英德 [32, 35]。

枫香树 ***Liquidambar formosana*** Hance

分布：博罗 [35, 38, 100]、潮州 [35] [曾宪锋 ZXF9613 (CZH)]、从化 [35, 107]、大埔 [35] [李学根 202782 (IBSC)]、德庆 [35] [刘瑛光 1199 (IBSC)]、东莞 [25, 35]、东源 [59]、丰顺 [35, 95]、封开 [14, 35]、佛冈 [27]、佛山 [35] [陈念劬 7775 (IBSC)]、高州 [35] [蒋英 2311 (IBSC)]、广州 [35] [孙祥 24 (JCE00042132)]、和平 [35] [卫兆芬 120462 (IBSC)]、河源 [35] [卫兆芬 120695 (IBSC)]、化州 [35] [湛江区植物调查队 2966 (IBSC)]、怀集 [35] [陈国强 4125 (IBSC)]、惠东 [12]、惠州 [35] [叶华谷、曾飞燕 21987 (IBSC)]、江门 [8, 35]、蕉岭 [35] [南岭队 2247 (IBSC)]、乐昌 [29, 35, 41]、连南 [35] [钟德尧 20467 (IBSC)]、连山 [35] [谭沛祥 58264 (PE)]、连州 [35] [陈国强 3882 (IBSC)]、龙门 [35] [李学根 200080 (IBSC)]、茂名 [35] [赵丕铎 90246 (IBSC)]、梅州 [35] [南植地 7331 (IBSC)]、南雄 [33, 35, 57]、平远 [35] [邓良 4486 (IBSC)]、仁化 [16, 35]、乳源 [26, 35]、深圳 [17, 35]、始兴 [28, 35]、四会 [35] [曾宪锋 ZXF38359 (CZH)]、翁源 [51]、五华 [4, 35]、新丰 [35, 63]、信宜 [35, 52]、兴宁 [35] [曾宪锋 ZXF27920 (CZH)]、阳春 [45]、阳山 [26, 35]、英德 [32, 35]、郁南 [101]、增城 [116]、肇庆 [9, 35]、中山 [10, 35]、紫金 [31, 35]。

半枫荷属 ***Semiliquidambar* H. T. Chang**

半枫荷 ***Semiliquidambar cathayensis*** H. T. Chang

分布：博罗 [5, 100]、东源 [59]、丰顺 [95]、封开 [14]、蕉岭 [20]、乐昌 [29, 35, 41]、陆河 [20]、茂名 [85]、仁化 [16]、乳源 [26, 20]、翁源 [18, 51]、五华 [20, 4]、新丰 [63]、信宜 [20]、英德 [32, 20]、增城 [116]、紫金 [31]。

细柄半枫荷 ***Semiliquidambar chingii*** (F. P. Metcalf) H. T. Chang

分布：乐昌 [29, 35]、英德 [32, 35]。

217. 金缕梅科 Hamamelidaceae

蜡瓣花属 ***Corylopsis* Siebold & Zucc.**

瑞木 ***Corylopsis multiflora*** Hance

分布：封开 [14]、乐昌 [29, 35, 41]、南雄 [33, 35, 57]、仁化 [35] [高锡朋 50670 (IBSC)]、韶关 [35] [陈焕镛 31357 (SN)]、徐闻 [35] [朱志淞 938 (CAF00013400)]、阳山 [26]、郁南 [35, 101]、肇庆 [9]、紫金 [31, 35]。

蜡瓣花 ***Corylopsis sinensis*** Hemsl.

分布：乐昌 [29, 35]、连州 [26, 35]、南雄 [33, 35]、乳源 [26, 35]、始兴 [28]、阳山 [26]。

秃蜡瓣花 ***Corylopsis sinensis* var. *calvescens*** Rehder & E. H. Wilson

分布：乐昌 [29]、乳源 [26, 35]。

双花木属 ***Disanthus* Maxim.**

长柄双花木 ***Disanthus cercidifolius* subsp. *longipes*** (H. T. Chang) K. Y. Pan

分布：连州 [26, 20]、乳源 [35]、阳山 [26]。

假蚊母属 ***Distyliopsis* P. K. Endress**

假蚊母 ***Distyliopsis dunnii*** (Hemsl.) P. K. Endress

分布：潮州 [35] [曾宪锋 ZXF9843 (CZH)]、从化 [107]、大埔 [35] [辛树帜 50077 (IBK)]、东莞 [25]、丰顺 [35, 95]、封开 [14, 35]、怀集 [35] [曾怀德 22795 (IBSC)]、龙川 [35] [左景烈 21638 (IBSC)]、梅州 [35] [F. A. McClure 474 (PE)]、饶平 [35] [李学根 200663 (IBSC)]、仁化 [16]、韶关 [35] [高锡朋 50209 (IBSC)]、深圳 [17]、五华 [4, 35]、新丰 [35] [谭英华 142 (IBSC)]、英德 [32]、郁南 [101]、肇庆 [9, 35]、紫金 [31, 35]。

钝叶假蚊母 ***Distyliopsis tutcheri*** (Hemsl.) P. K. Endress

分布：博罗 [5, 100]、东莞 [25]、封开 [35] [广东木材调查队 285 (IBSC)]、江门 [8]、深圳 [17]、信宜 [52]、英德 [32]。

蚊母树属 ***Distylium* Siebold & Zucc.**

小叶蚊母树 ***Distylium buxifolium*** (Hance) Merr.

分布：丰顺 [35] [曾宪锋 ZXF7197 (CZH)]、江门 [8]、揭西 [35] [曾宪锋 ZXF21118 (CZH)]、梅州 [35] [2015 级实习队 2016161 (CZH)]、平远 [35] [邓良 4431 (IBSC)]。

闽粤蚊母树 ***Distylium chungii*** (F. P. Metcalf) W. C. Cheng

分布：饶平 [李学根 200844 (IBSC)]。

窄叶蚊母树 ***Distylium dunnianum*** H. Lév.

分布：深圳 [17]。

鳞毛蚊母树 ***Distylium elaeagnoides*** H. T. Chang

分布：乳源 [26, 35, 3]。

大叶蚊母树 ***Distylium macrophyllum*** H. T. Chang

分布：乳源 [26, 35]、新丰 [63]、紫金 [31]。

杨梅叶蚊母树 ***Distylium myricoides*** Hemsl.

分布: 博罗 [38, 100]、从化 [35, 107]、东莞 [25]、丰顺 [95]、

封开 [35] [中山大学黑石顶调查队 04-2-8159 (SYS)]、佛冈 [27]、蕉岭 [35] [邓良 4627 (IBSC)]、乐昌 [35, 41]、连州 [35] [周远瑞 16 (IBSC)]、龙川 [35] [左景烈 21628 (IBSC)]、平远 [35] [邓良 4056 (IBSC)]、饶平 [35] [陈念劬 42797 (IBSC)]、仁化 [16, 35]、乳源 [26, 35]、始兴 [28, 35]、阳山 [26]、英德 [32, 35]、肇庆 [9, 35]、紫金 [31, 35]。

蚊母树 *Distylium racemosum* Siebold & Zucc.

分布：博罗 [5, 100]、潮州 [35] [叶华谷等 13178 (IBSC)]、东莞 [25]、丰顺 [35] [曾宪锋 ZXF34119 (CZH)]、封开 [14]、佛冈 [27]、惠东 [12]、江门 [8]、乐昌 [41]、梅州 [35] [曾宪锋 ZXF20641 (CZH)]、南雄 [33, 35, 57]、乳源 [26]、深圳 [17, 35]、台山 [35] [陈树培、郭少聪 19 (IBSC)]、五华 [4]、阳山 [26]、增城 [116]、肇庆 [9, 35]、珠海 [35] [陈炳辉 670 (IBSC)]。

秀柱花属 *Eustigma* Gardner & Champ.

褐毛秀柱花 *Eustigma balansae* Oliv.

分布：惠东 [12]、肇庆 [9]。

秀柱花 *Eustigma oblongifolium* Gardner & Champ.

分布：博罗 [35] [陈念劬 40455 (IBSC)]、从化 [35] [黄志 44563 (IBSC)]、东莞 [25, 35]、封开 [14]、佛冈 [27]、海丰 [35] [南植地 7604 (IBSC)]、惠东 [12, 35]、江门 [8]、龙门 [35] [张挺、刘成、丘文亮 17CS15579 (KUN)]、深圳 [17, 35]、始兴 [28]、台山 [35] [南植地 8076 (IBSC)]、五华 [4]、英德 [32]、增城 [116]、肇庆 [9, 35]、中山 [10, 35]、紫金 [31]。

马蹄荷属 *Exbucklandia* R. W. Br.

马蹄荷 *Exbucklandia populnea* (R. Br. ex Griff.) R. W. Br.

分布：乐昌 [29]、五华 [4]、英德 [32]。

大果马蹄荷 *Exbucklandia tonkinensis* (Lecomte) H. T. Chang

分布：博罗 [35, 100]、潮州 [35] [曾宪锋 ZXF9844 (CZH)]、从化 [107]、大埔 [35] [邓良 5341 (IBSC)]、丰顺 [35] [曾宪锋 ZXF34140 (CZH)]、封开 [14, 35]、佛冈 [27]、和平 [35] [张冰明 152900 (IBSC)]、怀集 [35] [石国良 15085 (IBSC)]、江门 [8]、乐昌 [29, 35, 41]、连南 [35] [朱志淞 60596 (IBSC)]、连山 [35] [谭沛祥 58657 (PE)]、连州 [35] [南岭队 12 (IBSC)]、梅州 [35] [李学根 201066 (IBSC)]、南雄 [33, 35]、平远 [35] [曾宪锋 ZXF10662 (CZH)]、饶平 [35] [李学根 200829 (IBSC)]、仁化 [35] [陈焕镛 5852 (PE)]、乳源 [26, 35]、韶关 [35] [南岭队 860 (IBSC)]、翁源 [51]、五华 [4, 35]、新丰 [35, 63]、信宜 [35, 52]、阳春 [35, 45]、阳山 [26, 35]、英德 [32, 35]、郁南 [101]、增城 [116]、紫金 [31, 35]。

金缕梅属 *Hamamelis* L.

金缕梅 *Hamamelis mollis* Oliv.

分布：南雄 [519, 33]。

檵木属 *Loropetalum* R. Br.

广州檵木 *Loropetalum axillare* Y. S. Chen & Y. C. Xu

分布：增城 [187b]、龙门 [http://ppbc. iplant. cn/tu/9351592]。

檵木 *Loropetalum chinense* (R. Br.) Oliv.

分布：博罗 [5, 100]、从化 [35, 107]、德庆 [35] [刘瑛光 1315 (IBSC)]、东莞 [25]、东源 [35, 119]、封开 [14, 35]、佛冈 [27]、广州 [35] [邢福武、陈炳辉 305 (IBSC)]、和平 [35] [卫兆芬 120444 (IBSC)]、河源 [35] [卫兆芬 120736 (IBSC)]、怀集 [35] [刘瑛光 3071 (IBSC)]、惠东 [12]、江门 [8]、乐昌 [29, 35, 41]、连南 [35] [谭沛祥 59378 (KUN)]、连平 [35] [粤 73 1460 (IBSC)]、连山 [35] [谭沛祥 58372 (PE)]、连州 [35] [谭沛祥 60092 (IBSC)]、龙川 [35] [张寿洲 W07053 (SZG)]、南雄 [33, 35, 57]、清远 [35] [黄成 161636 (IBSC)]、仁化 [16, 35]、乳源 [26, 35]、韶关 [35] [邬香林 20273 (CAF00013506)]、深圳 [11, 17]、始兴 [28, 35]、翁源 [35, 51]、五华 [4]、新丰 [35, 63]、信宜 [52]、阳山 [35] [徐德明 591 (IBSC)]、英德 [32, 35]、郁南 [101]、增城 [35, 116]、肇庆 [9, 35]、中山 [10]、紫金 [31, 35]。

红花檵木 *Loropetalum chinense* var. *rubrum* Yieh

分布：从化 *[http://ppbc. iplant. cn/tu/6249541]、广州 *[http://ppbc. iplant. cn/tu/3445656]、惠东 [12]、惠州 *[http://ppbc. iplant. cn/tu/4124192]、江门 [8]、平远 *[http://ppbc. iplant. cn/tu/5332016]、仁化 *[16]、深圳 *[http://ppbc. iplant. cn/tu/5134724]、肇庆 [9]。

四药门花 *Loropetalum subcordatum* (Benth.) Oliv.

分布：江门 [8]、台山 [20]、中山 [10, 35, 20]。

壳菜果属 *Mytilaria* Lecomte

壳菜果 *Mytilaria laosensis* Lecomte

分布：封开 [14, 35]、江门 [8]、罗定 [35]、深圳 [17]、信宜 [35, 52]、郁南 *[101]、肇庆 *[9]。

红花荷属 *Rhodoleia* Champ. ex Hook.

红花荷 *Rhodoleia championii* Hook. f.

分布：博罗 [38, 100]、从化 [35] [叶华谷 5241 (IBSC)]、东莞 [25]、广州 [35] [叶育石 6193 (IBSC)]、惠东 [12]、江门 [8]、深圳 [17, 35]、台山 [35] [周联选 11642 (KUN)]、五华 [4]、新丰 [63]、信宜 [52]、阳春 [45]、增城 [35, 116]。

小花红花荷 *Rhodoleia parvipetala* K. Y. Tong

分布：罗定 [35] [林荟 9481 (IBSC)]、茂名 [35] [广东木材调查组 673 (IBSC)]、信宜 [35] [朱志淞 1184 (IBSC)]、阳春 [35] [农林厅 1580 (IBSC)]。

窄瓣红花荷 *Rhodoleia stenopetala* H. T. Chang

分布：江门 [8]、信宜 [35, 52]。

水丝梨属 *Sycopsis* Oliv.

水丝梨 *Sycopsis sinensis* Oliv.

分布：南雄 [33, 35]、阳山 [26, 35]。

218. 虎皮楠科 Daphniphyllaceae

虎皮楠属 *Daphniphyllum* Blume

牛耳枫 *Daphniphyllum calycinum* Benth.

分布：博罗 [35, 38, 100]、潮州 [35] [曾宪锋 ZXF9132 (CZH)]、从化 [35, 107]、大埔 [35] [曾宪锋 ZXF5318 (IBSC)]、德庆 [35] [刘瑛光 997 (IBSC)]、东莞 [25, 35]、东源 [35, 59]、恩平 [35] [黄茂先 110308 (HZ)]、丰顺 [35, 95]、封开 [14, 35]、佛冈 [27]、佛山 [35] [黄茂先 111123 (HZ)]、高州 [35] [蒋英 933 (IBSC)]、广州 [35] [左景烈 20045 (IBSC)]、海丰 [35] [卫兆芬 121404 (IBSC)]、和平 [35] [卫兆芬 120597 (KUN)]、河源 [35] [左景烈 21556 (IBSC)]、鹤山 [35] [黄茂先 110854 (HZ)]、怀集 [35] [刘瑛光 3014 (IBSC)]、惠东 [12, 35]、惠州 [35] [卫兆芬 121540 (IBSC)]、江门 [8, 35]、蕉岭 [35] [南岭队 2255 (IBSC)]、揭西 [35] [叶华谷 4576 (IBSC)]、乐昌 [29, 35, 41]、连南 [35] [朱志淞 60722 (IBSC)]、连平 [35] [粤 73 1834 (IBSC)]、连山 [35] [谭沛祥 58054 (KUN)]、连州 [26, 35]、龙川 [35] [左景烈 21610 (IBSC)]、龙门 [35] [肖家庚 5172 (CSFI)]、陆河 [35] [曾宪锋 ZXF42641 (CZH)]、罗定 [35] [叶华谷、刘念 2096 (IBSC)]、茂名 [35, 85]、梅州 [35] [南植地 7326 (IBSC)]、南雄 [33, 35, 57]、平远 [35] [李学根 201951 (IBSC)]、清远 [35] [黄志 32501 (IBSC)]、饶平 [35] [李学根 200561 (IBSC)]、仁化 [16, 35]、乳源 [26, 35]、韶关 [35] [高锡朋 50347 (IBSC)]、深圳 [11, 17, 35]、始兴 [28, 35]、台山 [35] [周联选 11549 (KUN)]、翁源 [35, 51]、五华 [4, 35]、新丰 [35, 63]、新兴 [35] [刘瑛光 2070 (IBSC)]、信宜 [35, 52]、徐闻 [35] [梁向日 65616 (IBSC)]、阳春 [35, 45]、阳江 [35] [黄志 41704 (IBSC)]、阳山 [26, 35]、英德 [32, 35]、郁南 [35, 101]、云浮 [35] [梁向日 37503 (IBK)]、增城 [35, 116]、肇庆 [9, 35]、中山 [10, 35]、珠海 [35] [粤 73 3090 (IBSC)]、紫金 [31, 35]。

交让木 ***Daphniphyllum macropodum*** Miq.

分布：封开 [14]、佛冈 [27]、乐昌 [29, 35, 41]、连州 [26]、南雄 [57]、仁化 [16]、乳源 [26, 35]、深圳 [11]、翁源 [51]、新丰 [63]、阳山 [26]、英德 [32]、增城 [116]。

虎皮楠 ***Daphniphyllum oldhamii*** (Hemsl.) K. Rosenth.

分布：博罗 [35, 100]、潮州 [35] [曾宪锋 ZXF9996 (CZH)]、从化 [35, 107]、大埔 [35] [曾宪锋 ZXF8301 (CZH)]、德庆 [35] [刘瑛光 996 (HZ)]、东莞 [25, 35]、东源 [59]、丰顺 [35] [叶华谷 4027 (IBSC)]、封开 [14, 35]、佛冈 [27]、佛山 [35] [王显智 35 (SN)]、高州 [35] [周沛椿 10894 (IBSC)]、广宁 [35] [石国良 14413 (IBSC)]、化州 [35] [湛江区植物调查队 2901 (IBSC)]、怀集 [35] [刘瑛光 2716 (IBSC)]、惠东 [12, 35]、惠州 [35] [曾怀德 25764 (IBSC)]、江门 [8]、揭西 [35] [叶华谷 4416 (IBSC)]、乐昌 [29, 35, 41]、连南 [35] [邹香林 60701 (IBSC)]、连平 [35] [卫兆芬 120128 (IBSC)]、连山 [35] [谭沛祥 58672 (KUN)]、连州 [26, 35]、龙门 [35] [曾怀德 25299 (IBSC)]、梅州 [35] [李学根 202444 (IBSC)]、南雄 [33, 35, 57]、平远 [35] [邓良 4215 (IBSC)]、仁化 [16, 35]、乳源 [26, 35]、韶关 [35] [梁向日、黄荣焜 31619 (IBSC)]、深圳 [11, 17, 35]、始兴 [28, 35]、翁源 [35, 51]、五华 [4]、新丰 [35, 63]、信宜 [52]、兴宁 [35] [李学根 201787 (IBSC)]、阳春 [35, 45]、阳山 [26, 35]、英德 [32, 35]、郁南 [101]、增城 [35, 116]、肇庆 [9, 35]、珠海 [35] [唐国旺等 TuTY4978 (KUN)]、紫金 [31, 35]。

脉叶虎皮楠 ***Daphniphyllum paxianum*** K. Rosenth.

分布：德庆 [35]、封开 [14]、乐昌 [41]、茂名 [35]、乳源 [26]、新丰 [63]、新兴 [35]、信宜 [35, 52]、阳山 [26]、云浮 [35]。

假轮叶虎皮楠 ***Daphniphyllum subverticillatum*** Merr.

分布：从化 [107, 35, 3]、丰顺 [35, 95]、封开 [3]、江门 [8]、龙门 [3, 35]、饶平 [3, 35]、乳源 [26]、新丰 [35]、阳春 [3]、阳山 [26]、增城 [35, 116]。

219. 鼠刺科 Iteaceae

鼠刺属 *Itea* Gronov. ex L.

鼠刺 ***Itea chinensis*** Hook. & Arn.

分布：博罗 [35, 38, 100]、从化 [107]、东莞 [25]、丰顺 [95]、封开 [14]、佛冈 [27]、广州 [35]、惠东 [12]、惠州 [35]、江门 [8]、乐昌 [29, 41]、龙门 [35]、南雄 [33, 57]、清远 [35]、仁化 [16]、乳源 [26]、深圳 [11, 17]、始兴 [28]、翁源 [51]、五华 [4]、新丰 [63]、信宜 [52]、阳春 [45]、阳山 [26]、英德 [32, 35]、郁南 [101]、增城 [35, 116]、肇庆 [9]、中山 [10]、紫金 [31]。

厚叶鼠刺 ***Itea coriacea*** Y. C. Wu

分布：博罗 [35, 37]、丰顺 [95]、佛冈 [27]、连州 [26]、乳源 [26, 35]、阳山 [26]、英德 [32]、肇庆 [9, 35]。

毛鼠刺 ***Itea indochinensis*** Merr.

分布：新兴 [35]、信宜 [35, 52]。

毛脉鼠刺 ***Itea indochinensis* var. *pubinervia*** (H. T. Chang) C. Y. Wu

分布：茂名 [35]、乳源 [26]、信宜 [52]、阳春 [35, 37]、肇庆 [35]。

峨眉鼠刺 ***Itea omeiensis*** C. K. Schneid.

分布：博罗 [35, 100]、从化 [35] [黄志 44891 (IBSC)]、大埔 [35] [黄志、邓良 4956 (IBSC)]、封开 [14]、蕉岭 [35] [徐祥浩等 227 (IBSC)]、乐昌 [29, 35, 41]、连南 [35] [朱志淞 60920 (IBSC)]、连平 [35] [卫兆芬 120154 (IBSC)]、连山 [35] [谭沛祥 58065 (NAS)]、南雄 [35] [邓良 6417 (IBSC)]、平远 [35] [邓良 4344 (IBSC)]、清远 [35] [黄志 32534 (IBSC)]、饶平 [35] [李学根 200616 (IBSC)]、仁化 [35] [曾怀德 26186 (IBSC)]、乳源 [26, 35]、韶关 [35] [高锡朋 52006 (IBSC)]、深圳 [35] [高蕴璋 636 (IBSC)]、始兴 [35] [林亲众 37 (CSFI)]、翁源 [35, 51]、新丰 [35] [叶华谷 1196 (IBSC)]、信宜 [52]、阳山 [35] [南植地 238 (IBSC)]、英德 [32, 35]、郁南 [101]、云浮 [35] [辛树帜 5104 (IBK)]、肇庆 [9]、紫金 [31, 35]。

阳春鼠刺 *Itea yangchunensis* S. Y. Jin

分布：阳春 [3, 37, 45]。

220. 虎耳草科 Saxifragaceae

落新妇属 *Astilbe* Buch. -Ham.

落新妇 *Astilbe chinensis* (Maxim.) Franch. & Sav.

分布：乳源 [26, 35]、紫金 [31]。

大落新妇 *Astilbe grandis* Stapf ex E. H. Wilson

分布：博罗 [35]、乐昌 [29, 35, 41]、连州 [26]、仁化 [16]、乳源 [26]、信宜 [35, 52]。

金腰属 *Chrysosplenium* L.

肾萼金腰 *Chrysosplenium delavayi* Franch.

分布：乐昌 [29, 35]。

广东金腰 *Chrysosplenium hydrocotylifolium* var. *guangdongense* S. J. Xu & Z. X. Li

分布：乳源 [3]。

绵毛金腰 *Chrysosplenium lanuginosum* Hook. f. & Thomson

分布：乳源 [35]。

大叶金腰 *Chrysosplenium macrophyllum* Oliv.

分布：乐昌 [29, 35]、仁化 [35]、乳源 [35]。

毛柄金腰 *Chrysosplenium pilosum* var. *pilosopetiolatum* (Z. P. Jien) J. T. Pan

分布：乳源 [35]。

虎耳草属 *Saxifraga* L.

大桥虎耳草 *Saxifraga daqiaoensis* F. G. Wang & F. W. Xing

分布：乳源 [272, 26]、阳山 [26]。

蒙自虎耳草 *Saxifraga mengtzeana* Engl. & Irmsch.

分布：乐昌 [29, 35]、乳源 [35]。

单脉红毛虎耳草 *Saxifraga rufescens* var. *uninervata* J. T. Pan

分布：阳山 [26]。

虎耳草 *Saxifraga stolonifera* Curtis

分布：博罗 #[38, 100]、佛冈 #[27]、惠东 #[12]、蕉岭 #[35]、乐昌 #[29, 35, 41]、连平 #[35]、龙门 #[35]、南雄 #[33, 35, 57]、仁化 #[16]、乳源 #[35]、深圳 #[17]、始兴 #[28]、新丰 #[63]、信宜 #[35, 52]、阳山 #[35]、英德 # [32]、增城 #[116]、肇庆 #[9]。

黄水枝属 *Tiarella* L.

黄水枝 *Tiarella polyphylla* D. Don

分布：乳源 [35]。

221. 景天科 Crassulaceae

青锁龙属 *Crassula* L.

玉树 *Crassula arborescens* (Mill.) Willd.

分布：广州 *[http://ppbc. iplant. cn/tu/7527570]、江门 *[8]。

八宝属 *Hylotelephium* H. Ohba

八宝 *Hylotelephium erythrostictum* (Miq.) H. Ohba

分布：深圳 *[17]。

伽蓝菜属 *Kalanchoe* Adans.

箭叶落地生根 *Kalanchoe* × *houghtonii* D. B. Ward

分布：广州 #[http://ppbc. iplant. cn/tu/6307649]、惠州 #[http://ppbc. iplant. cn/tu/4443244]、清远 #[http://ppbc. iplant. cn/tu/13845600]、深圳 #[http://ppbc. iplant. cn/tu/13261755]、英德 #[http://ppbc. iplant. cn/tu/12222736]。

长寿花 *Kalanchoe blossfeldiana* Poelln.

分布：从化 *[107]、广州 *[http://ppbc. iplant. cn/tu/1237489]、惠州 *[http://ppbc. iplant. cn/tu/6246526]、深圳 *[17]。

伽蓝菜 *Kalanchoe ceratophylla* Haw.

分布：广州 [35]、信宜 [52]、肇庆 *[9]。

大叶落地生根 *Kalanchoe daigremontiana* Raym. -Hamet & H. Perrier

分布：广州 #[http://ppbc. iplant. cn/tu/878866]、化州 #[http://ppbc. iplant. cn/tu/9633291]。

棒叶落地生根 *Kalanchoe delagoensis* Eckl. & Zeyh.

分布：广州 #[21]、江门 #[8]、乐昌 #[526]、深圳 # [http://ppbc. iplant. cn/tu/6227881]、信宜 #[52]、阳江 #[http://ppbc. iplant. cn/tu/6159843]、湛江 #[416]、中山 #[10]。

掌上珠 *Kalanchoe gastonis-bonnieri* Raym. -Hamet et H. Perrier

分布：深圳 *[17]。

匙叶伽蓝菜 *Kalanchoe integra* (Medik.) Kuntze

分布：阳春 #[35]、云浮 #[35]、肇庆 #[9]。

落地生根 *Kalanchoe pinnata* (Lam.) Pers.

分布：博罗 #[15, 38, 100]、从化 #[107]、东莞 #[82]、广州 #[15, 21]、化州 #[http://ppbc. iplant. cn/tu/2662032]、惠东 #[12]、惠州 #[82]、乐昌 #[526]、廉江 #[13]、陆丰 # [http://ppbc. iplant. cn/tu/506169]、茂名 #[15]、仁化 # [16]、韶关 #[15]、深圳 #[15, 11, 82, 17]、信宜 #[52]、阳春 # [15]、郁南 #[101]、湛江 #[15, 13, 416]、肇庆 #[9, 15]、中山 #[82]、珠海 # [15]。

趣蝶莲 *Kalanchoe synsepala* Baker

分布：广州 *[http://ppbc. iplant. cn/tu/3358529]、深圳 *[17]、湛江 *[http://ppbc. iplant. cn/tu/6226945]。

费菜属 *Phedimus* Raf.

阳山费菜 *Phedimus yangshanicus* Z. Chao

分布：阳山 [128]。

景天属 *Sedum* L.

东南景天 *Sedum alfredii* Hance

分布：丰顺 [95]、乐昌 [29, 41]、连州 [26]、龙门 [35]、

南雄 [33, 57]、清远 [陈又生等 QY20230232 (IBSC)]、乳源 [26, 35]、深圳 *[17]、始兴 [35]、翁源 [51]、五华 [35]、阳山 [26]、英德 [32]、云浮 [35]、增城 [116]、肇庆 [9, 35]、紫金 [31]。

对叶景天 ***Sedum baileyi*** Praeger

分布：连山 [35]、阳山 [26]、英德 [32]、肇庆 [35]。

珠芽景天 ***Sedum bulbiferum*** Makino

分布：封开 [14]、乐昌 [29, 35]、连平 [35]、连山 [35]、连州 [26]、南雄 [33, 57]、平远 [35]、仁化 [16, 35]、乳源 [26]、翁源 [51]、英德 [32, 35]。

大叶火焰草 ***Sedum drymarioides*** Hance

分布：东莞 [25]、南雄 [33]、仁化 [16]、英德 [32, 35]、云浮 [35]、肇庆 [35]、紫金 [31]。

凹叶景天 ***Sedum emarginatum*** Migo

分布：乐昌 [41]、南雄 [33, 57]、仁化 [16, 35]、乳源 [35]。

台湾佛甲草 ***Sedum formosanum*** N. E. Br.

分布：平远 [397]。

禾叶景天 ***Sedum grammophyllum*** Frod.

分布：从化 [35]、惠州 [35]、龙门 [35]、乳源 [26, 35]、始兴 [28]、英德 [32]、增城 [35]。

本州景天 ***Sedum hakonense*** Makino

分布：博罗 [35]、东莞 [25]、惠州 [35]、仁化 [3, 35]、乳源 [35]、五华 [35]、英德 [32]。

景兰景天 ***Sedum jinglanii*** Yan S. Huang & Q. Fan

分布：仁化 [181]。

佛甲草 ***Sedum lineare*** Thunb.

分布：博罗 [38]、封开 [35]、乐昌 [29, 35]、南雄 [33, 57]、清远 [35]、仁化 [16]、乳源 [35]、深圳 *[17]、阳山 [26, 35]、郁南 [101]、云浮 [35]、增城 [116]、肇庆 *[9, 35]。

龙泉景天 ***Sedum lungtsuanense*** S. H. Fu

分布：乐昌 [29, 35]、南雄 [33]、乳源 [35]。

大苞景天 ***Sedum oligospermum*** Maire

分布：乳源 [35]。

垂盆草 ***Sedum sarmentosum*** Bunge

分布：博罗 [5, 100]、乐昌 [29, 35, 41]、龙门 [35]、乳源 [26, 35]、深圳 [17]、信宜 [52]、阳山 [35]、英德 [32]、紫金 [31]。

繁缕景天 ***Sedum stellariifolium*** Franch.

分布：南雄 [33]、仁化 [410]。

细小景天 ***Sedum subtile*** Miq.

分布：东莞 [25]、乳源 [35]。

四芒景天 ***Sedum tetractinum*** Frod.

分布：博罗 [35]、仁化 [16, 35]、始兴 [28]、英德 [32]、肇庆 [9]。

土佐景天 ***Sedum tosaense*** Makino

分布：仁化 [446]。

日本景天 ***Sedum uniflorum* var. *japonicum*** (Siebold ex Miq.) H. Ohba

分布：博罗 [35]、封开 [14]、乳源 [35]。

石莲属 ***Sinocrassula* A. Berger**

石莲 ***Sinocrassula indica*** (Decne.) A. Berger

分布：清远 [陈又生、徐晔春 22262 (IBSC)]、阳山 [403]。

222. 扯根菜科 Penthoraceae

扯根菜属 ***Penthorum* L.**

扯根菜 ***Penthorum chinense*** Pursh

分布：佛山 [22]、广州 [35]、连州 [22]、乳源 [35]、英德 [32]、肇庆 [9]、中山 [10, 22]。

223. 小二仙草科 Haloragaceae

小二仙草属 ***Gonocarpus* Thunb.**

黄花小二仙草 ***Gonocarpus chinensis*** (Lour.) Orchard

分布：博罗 [5, 35, 100]、从化 [107]、东莞 [25]、丰顺 [95]、封开 [14]、佛冈 [27]、广州 [22, 35]、和平 [35]、惠东 [22, 35, 12]、惠州 [35]、江门 [8, 35]、蕉岭 [35]、罗定 [22]、茂名 [35, 85]、仁化 [16]、韶关 [22]、深圳 [22, 35, 17]、台山 [35]、五华 [4, 35]、新丰 [63]、信宜 [52]、阳春 [35, 45]、英德 [32, 35]、增城 [116]、肇庆 [9, 22, 35]、中山 [10, 35]、珠海 [35]、紫金 [31]。

小二仙草 ***Gonocarpus micranthus*** Thunb.

分布：博罗 [35]、从化 [35, 107]、大埔 [35]、东莞 [25]、丰顺 [95]、封开 [14]、广州 [35]、惠东 [12]、江门 [8]、蕉岭 [35]、乐昌 [35, 41]、连州 [26, 35]、茂名 [35]、南雄 [33, 35, 57]、饶平 [35]、仁化 [16]、乳源 [26, 35]、深圳 [17, 35]、始兴 [28, 35]、五华 [4]、新兴 [35]、信宜 [35, 52]、阳春 [35]、英德 [32]、郁南 [101]、肇庆 [9, 35]、紫金 [31]。

狐尾藻属 ***Myriophyllum* L.**

粉绿狐尾藻 ***Myriophyllum aquaticum*** (Vell.) Verdc.

分布：从化 #[http://ppbc. iplant. cn/tu/498241]、广州 #[21]、惠州 #[http://ppbc. iplant. cn/tu/13433107]、深圳 #[http:// ppbc. iplant. cn/tu/5758534]、湛江 #[http://ppbc. iplant. cn/tu/6209265]。

二分果狐尾藻 ***Myriophyllum dicoccum*** F. Muell.

分布：恩平 [22]、广州 [35]、肇庆 [35]。

穗状狐尾藻 ***Myriophyllum spicatum*** L.

分布：东莞 [25]、恩平 [22]、乐昌 [22]、连南 [22]、连州 [22]、龙门 [22]、梅州 [22]、仁化 [16]、韶关 [35]、翁源 [22]、信宜 [52]、阳春 [22]、英德 [32, 35]、肇庆 [9, 35]、中山 [10]、紫金 [31]。

刺果狐尾藻 ***Myriophyllum tuberculatum*** Roxb.

分布：英德 [343]。

乌苏里狐尾藻 ***Myriophyllum ussuriense*** (Regel) Maxim.

分布：肇庆 [9]。

狐尾藻 ***Myriophyllum verticillatum*** L.

分布：东莞 [25]、仁化 [16]、信宜 [52]、英德 [22, 35]、肇庆 [9]。

224. 葡萄科 Vitaceae

蛇葡萄属 *Ampelopsis* Michx.

蓝果蛇葡萄 ***Ampelopsis bodinieri*** (H. Lév. & Vaniot) Rehder

分布：乐昌 [41]。

三裂蛇葡萄 ***Ampelopsis delavayana*** Planch.

分布: 封开 [35]、乐昌 [29]、连州 [35]、龙川 [35]、南雄 [33, 57]、乳源 [35]、始兴 [28]、英德 [35]。

毛三裂蛇葡萄 ***Ampelopsis delavayana* var. *setulosa*** (Diels & Gilg) C. L. Li

分布：乳源 [26]。

蛇葡萄 ***Ampelopsis glandulosa*** (Wall.) Momiy.

分布: 博罗 [35]、从化 [35]、大埔 [35]、德庆 [35]、封开 [14, 35]、广州 [35]、和平 [35]、河源 [35]、怀集 [35]、乐昌 [29, 35, 41]、连南 [35]、连山 [35]、连州 [35]、龙门 [35]、罗定 [35]、梅州 [35]、平远 [35]、仁化 [16]、乳源 [26, 35]、深圳 [35]、翁源 [35, 51]、信宜 [35, 52]、徐闻 [35]、阳春 [35]、阳山 [35]、英德 [35]、郁南 [35, 101]、云浮 [35]、肇庆 [35]。

光叶蛇葡萄 ***Ampelopsis glandulosa* var. *hancei*** (Planch.) Momiy.

分布: 丰顺 [95]、高州 [35]、广州 [35]、连平 [35]、连州 [35]、龙门 [35]、南澳 [35]、仁化 [16]、乳源 [26, 35]、深圳 [17]、始兴 [35]、台山 [35]、阳春 [35]、珠海 [35]。

异叶蛇葡萄 ***Ampelopsis glandulosa* var. *heterophylla*** (Thunb.) Momiy.

分布：从化 [35]、广州 [35]、乐昌 [35, 41]、连南 [35]、连山 [35]、连州 [26, 35]、龙门 [35]、南雄 [57]、平远 [35]、仁化 [16]、乳源 [26, 35]、韶关 [35]、深圳 [17, 35]、阳山 [26, 35]、肇庆 [35]、紫金 [31]。

牯岭蛇葡萄 ***Ampelopsis glandulosa* var. *kulingensis*** (Rehder) Momiy.

分布：博罗 [35]、德庆 [35]、东莞 [25]、封开 [35]、广州 [35]、和平 [35]、河源 [35]、怀集 [35]、乐昌 [29, 35]、连山 [35]、连州 [26]、龙门 [35]、罗定 [35]、茂名 [85]、梅州 [35]、南雄 [33]、仁化 [16]、乳源 [26, 35]、深圳 [35]、台山 [35]、翁源 [35, 51]、五华 [4]、徐闻 [35]、阳春 [35]、阳山 [35]、英德 [35]、郁南 [35, 101]、肇庆 [35]、紫金 [31]。

葎叶蛇葡萄 ***Ampelopsis humulifolia*** Bunge

分布：乳源 [26]。

白蔹 ***Ampelopsis japonica*** (Thunb.) Makino

分布：乐昌 [29, 35]、连州 [35]、南雄 [35]、乳源 [35]。

乌蔹莓属 *Causonis* Raf.

角花乌蔹莓 ***Causonis corniculata*** (Benth.) J. Wen & L. M. Lu

分布：从化 [107]、东莞 [25]、东源 [119]、封开 [14]、佛冈 [27]、和平 [35]、江门 [8]、乐昌 [29, 35, 41]、连南 [35]、连山 [35]、连州 [35]、龙门 [35]、茂名 [85]、梅州 [35]、清远 [35]、仁化 [16, 35]、乳源 [26, 35]、深圳 [17]、始兴 [28, 35]、翁源 [35, 51]、五华 [4, 35]、新丰 [35, 63]、新兴 [35]、信宜 [52]、阳春 [45]、阳山 [35]、英德 [32]、增城 [116]、肇庆 [35]、中山 [10]、紫金 [31, 35]。

乌蔹莓 ***Causonis japonica*** (Thunb.) Raf.

分布：博罗 #[38, 100]、从化 #[107]、东莞 #[25]、东源 #[119]、丰顺 #[95]、封开 #[14]、佛冈 #[27]、和平 #[35]、惠东 #[12]、乐昌 #[26, 29, 35, 41]、连南 #[35]、连山 #[35]、连州 #[26, 35]、龙门 #[35]、茂名 #[85]、梅州 #[35]、南雄 #[33, 57]、清远 #[35]、仁化 #[16, 35]、乳源 # [26, 35]、深圳 #[11, 17]、始兴 #[28, 35]、翁源 #[35]、五华 # [35]、新丰 #[35, 63]、新兴 #[35]、信宜 #[52]、阳山 #[26, 35]、英德 #[32]、郁南 #[101]、增城 #[116]、肇庆 #[35]、中山 # [10]、紫金 #[35]。

尖叶乌蔹莓 ***Causonis japonica* var. *pseudotrifolia*** (W. T. Wang) G. Parmar & J. Wen

分布：博罗 [35]、从化 [35]、德庆 [35]、和平 [35]、乐昌 [35]、连平 [35]、连州 [35]、清远 [35]、翁源 [35]、新丰 [35]、阳江 [35]。

毛乌蔹莓 ***Causonis mollis*** (Wall. ex M. A. Lawson) G. Parmar & J. Wen

分布：和平 [35]、乐昌 [29, 35, 41]、连南 [35]、连山 [35]、连州 [35]、龙门 [35]、梅州 [35]、清远 [35]、仁化 [16, 35]、乳源 [26, 35]、始兴 [28, 35]、翁源 [35]、五华 [35]、新丰 [35]、新兴 [35]、阳山 [26, 35]、英德 [32]、肇庆 [35]、紫金 [31, 35]。

大麻藤属 *Cayratia* Juss.

膝曲大麻藤 ***Cayratia geniculata*** (Blume) Gagnep.

分布：阳春 [35]、肇庆 [35]。

白粉藤属 *Cissus* L.

苦郎藤 ***Cissus assamica*** (M. A. Lawson) Craib

分布：封开 [14]、佛冈 [27]、和平 [35]、江门 [35]、乐昌 [29, 35, 41]、连南 [35]、连山 [35]、连州 [35]、龙门 [35]、梅州 [35]、清远 [35]、仁化 [16, 35]、乳源 [26, 35]、始兴 [28, 35]、翁源 [35, 51]、五华 [35]、新丰 [35]、新兴 [35]、信宜 [35, 52]、阳春 [35]、阳山 [26, 35]、郁南 [101]、肇庆 [35]、紫金 [31, 35]。

翅茎白粉藤 ***Cissus hexangularis*** Thorel ex Planch.

分布：封开 [14]、茂名 [85]、徐闻 [35]、肇庆 [35]。

鸡心藤 ***Cissus kerrii*** Craib

分布：东莞 [25]、深圳 [17]、信宜 [52]。

翼茎白粉藤 ***Cissus pteroclada*** Hayata

分布：博罗 [35, 100]、怀集 [35]、茂名 [35]、深圳 [17]、翁源 [35]、信宜 [52]、阳江 [35]、英德 [32, 35]、云浮 [35]、肇庆 [35]、紫金 [31]。

白粉藤 ***Cissus repens*** Lam.

分布：博罗 [35, 38, 100]、从化 [107]、东莞 [25]、东源 [59]、佛冈 [27]、广州 [35]、惠东 [35]、茂名 [85]、梅州 [35]、仁化 [16]、深圳 [17, 35]、新兴 [35]、信宜 [35, 52]、阳春 [35]、阳江 [35]、英德 [32, 35]、云浮 [35]、增城 [116]、肇庆 [35]、中山 [10]。

火筒树属 *Leea* D. Royen

台湾火筒树 ***Leea guineensis*** G. Don

分布：广州 *[http://ppbc. iplant. cn/tu/12064775]、深圳 * [17]。

火筒树 ***Leea indica*** (Burm. f.) Merr.

分布：广州 [35]、阳江 [35]。

牛果藤属 *Nekemias* Raf.

牛果藤 ***Nekemias cantoniensis*** (Hook. & Arn.) J. Wen & Z. L. Nie

分布：博罗 [35, 38, 100]、从化 [35, 107]、大埔 [35]、东莞 [25]、东源 [59]、丰顺 [35, 95]、封开 [14, 35]、佛冈 [27]、高州 [35]、广州 [35]、海丰 [35]、怀集 [35]、惠东 [12, 35]、惠州 [35]、江门 [8, 35]、蕉岭 [35]、乐昌 [29, 35, 41]、连山 [35]、连州 [26]、龙门 [35]、陆丰 [35]、罗定 [35]、茂名 [35, 85]、梅州 [35]、南澳 [35]、南雄 [33, 57]、饶平 [35]、仁化 [16, 35]、乳源 [26]、深圳 [11, 17, 35]、始兴 [28]、台山 [35]、翁源 [35, 51]、五华 [4]、新丰 [63]、新兴 [35]、信宜 [35, 52]、阳春 [35, 45]、阳山 [26, 35]、英德 [32, 35]、郁南 [101]、云浮 [35]、增城 [116]、肇庆 [35]、中山 [10]、珠海 [35]、紫金 [31, 35]。

羽叶牛果藤 ***Nekemias chaffanjonii*** (H. Lév. & Vaniot) J. Wen & Z. L. Nie

分布：乐昌 [41]、连州 [26]、乳源 [26]、信宜 [52]、英德 [32]、郁南 [101]。

大齿牛果藤 ***Nekemias grossedentata*** (Hand. -Mazz.) J. Wen & Z. L. Nie

分布：博罗 [35]、从化 [35]、大埔 [35]、德庆 [35]、东莞 [25]、丰顺 [95]、封开 [14, 35]、佛冈 [27]、广宁 [35]、和平 [35]、河源 [35]、怀集 [35]、惠东 [12]、蕉岭 [35]、乐昌 [29, 35, 41]、连南 [35]、连山 [35]、连州 [26, 35]、龙川 [35]、龙门 [35]、梅州 [35]、南雄 [57, 35]、仁化 [16, 35]、乳源 [26, 35]、始兴 [28, 35]、翁源 [35, 51]、五华 [4]、新丰 [35, 63]、信宜 [35, 52]、阳春 [35]、阳山 [26, 35]、英德 [32, 35]、郁南 [35, 101]、增城 [116]、肇庆 [35]、紫金 [31]。

粉叶牛果藤 ***Nekemias hypoglauca*** (Hance) J. Wen & Z. L. Nie

分布：连州 [26]、乳源 [26]、阳山 [26]。

毛枝牛果藤 ***Nekemias rubifolia*** (Wall.) J. Wen & Z. L. Nie

分布：连州 [26]、乳源 [https://ppbc. iplant. cn/tu/5426970]。

地锦属 *Parthenocissus* Planch.

异叶地锦 ***Parthenocissus dalzielii*** Gagnep.

分布：博罗 [5, 35]、大埔 [35]、丰顺 [95]、封开 [35]、广州 [35]、和平 [35]、惠东 [12]、蕉岭 [35]、乐昌 [35, 41]、连南 [35]、连山 [35]、连州 [26, 35]、龙门 [35]、茂名 [35]、南雄 [33, 35, 57]、清远 [35]、饶平 [35]、仁化 [16]、乳源 [26, 35]、韶关 [35]、深圳 [17]、始兴 [35]、翁源 [51]、五华 [4, 35]、信宜 [35, 52]、阳春 [35]、阳山 [26, 35]、郁南 [101]、肇庆 [35]、珠海 [35]、紫金 [31, 35]。

长柄地锦 ***Parthenocissus feddei*** (H. Lév.) C. L. Li

分布：乳源 [曹亚玲、何永华 87-03 (CDBI0075863)]。

异叶爬山虎 ***Parthenocissus heterophylla*** Merr.

分布：博罗 [100]、从化 [107]、东源 [59]、佛冈 [27]、乐昌 [29]、始兴 [28]、英德 [32]。

绿叶地锦 ***Parthenocissus laetevirens*** Rehder

分布：丰顺 [95]、南雄 [57]、乳源 [26, 35]、信宜 [52]、阳山 [35]、英德 [35]、紫金 [31]。

三叶地锦 ***Parthenocissus semicordata*** (Wall.) Planch.

分布：博罗 [5, 100]、始兴 [28]、五华 [4]、信宜 [52]、英德 [32]、郁南 [101]。

地锦 ***Parthenocissus tricuspidata*** (Siebold & Zucc.) Planch.

分布：博罗 [38]、从化 [107]、佛冈 [27]、乐昌 [29]、仁化 [16]、乳源 [26]、五华 [4]、信宜 [52]。

拟乌蔹莓属 *Pseudocayratia* J. Wen, L. M. Lu & Z. D. Chen

异果拟乌蔹莓 ***Pseudocayratia dichromocarpa*** (H. Lév.) J. Wen & Z. D. Chen

分布：连州 [26]、翁源 [51]、新丰 [63]。

拟乌蔹莓 ***Pseudocayratia speciosa*** J. Wen & L. M. Lu

分布：乳源 [296]。

崖爬藤属 *Tetrastigma* Planch.

尾叶崖爬藤 ***Tetrastigma caudatum*** Merr. & Chun

分布：博罗 [100]、封开 [14, 35]、广州 [35]、江门 [8]、乐昌 [29, 35]、仁化 [16]、信宜 [35, 52]、阳春 [35]、英德 [35]、郁南 [35, 101]、云浮 [35]、肇庆 [35]。

红枝崖爬藤 ***Tetrastigma erubescens*** Planch.

分布：佛冈 [27]、英德 [32]、中山 [10]。

三叶崖爬藤 ***Tetrastigma hemsleyanum*** Diels & Gilg

分布：博罗 [35]、从化 [107]、大埔 [35]、东莞 [25]、东源 [59]、丰顺 [95]、封开 [14, 35]、佛冈 [27]、广宁 [35]、和平 [35]、惠东 [12]、江门 [8]、蕉岭 [35]、乐昌 [29, 35, 41]、连南 [35]、连平 [35]、连山 [35]、连州 [26, 35]、龙门 [35]、罗定 [35]、南雄 [33, 57]、平远 [35]、饶平 [35]、仁化 [16, 35]、乳源 [26, 35]、韶关 [35]、深圳 [17]、始兴 [28, 35]、翁源 [35, 51]、五华 [4]、新丰 [63]、信宜 [35, 52]、阳春 [35]、

英德 [32, 35]、郁南 [35, 101]、云浮 [35]、增城 [35, 116]、肇庆 [35]、紫金 [31]。

崖爬藤 ***Tetrastigma obtectum*** (Wall.) Planch.

分布：广州 [http://ppbc. iplant. cn/tu/10780245]、乐昌 [29]、连州 [26]、仁化 [16]、新丰 [63]、信宜 [52]、阳山 [26]。

无毛崖爬藤 ***Tetrastigma obtectum* var. *glabrum*** (H. Lév. & Vaniot) Gagnep.

分布：从化 [http://ppbc. iplant. cn/tu/810655]、始兴 [28]。

厚叶崖爬藤 ***Tetrastigma pachyphyllum*** (Hemsl.) Chun

分布：封开 [14]、徐闻 [35]、阳江 [35]、郁南 [35, 101]。

扁担藤 ***Tetrastigma planicaule*** (Hook.) Gagnep.

分布：博罗 [35, 38, 100]、从化 [107]、大埔 [35]、东莞 [25]、东源 [59]、恩平 [35]、丰顺 [95]、封开 [14]、佛冈 [27]、怀集 [35]、惠东 [12]、江门 [8]、茂名 [35, 85]、梅州 [35]、南澳 [35]、清远 [35]、仁化 [16]、乳源 [26, 35]、深圳 [11, 17, 35]、翁源 [35, 51]、五华 [4]、新丰 [35, 63]、新兴 [35]、信宜 [35, 52]、阳春 [35, 45]、英德 [32, 35]、郁南 [35, 101]、增城 [116]、肇庆 [35]、中山 [10]、紫金 [31]。

过山崖爬藤 ***Tetrastigma pseudocruciatum*** C. L. Li

分布：徐闻 [421]。

毛脉崖爬藤 ***Tetrastigma pubinerve*** Merr. & Chun

分布：博罗 [100]、封开 [14]、茂名 [35]、信宜 [52]。

狭叶崖爬藤 ***Tetrastigma serrulatum*** (Roxb.) Planch.

分布：新丰 [63]。

葡萄属 *Vitis* L.

小果葡萄 ***Vitis balansana*** Planch.

分布：博罗 [5, 100]、从化 [107]、东莞 [25]、东源 [59]、广州 [35]、江门 [8]、乐昌 [41]、雷州 [35]、连山 [35]、罗定 [35]、茂名 [85]、南雄 [33, 57]、仁化 [16]、深圳 [11, 17, 35]、台山 [35]、新丰 [63]、阳江 [35]、阳山 [26]、英德 [32]、肇庆 [35]、珠海 [35]、紫金 [31]。

美丽葡萄 ***Vitis bellula*** (Rehder) W. T. Wang

分布：乳源 [26]、阳山 [26]。

华南美丽葡萄 ***Vitis bellula* var. *pubigera*** C. L. Li

分布：连南 [谭沛祥 59061 (PE)]。

蘡薁 ***Vitis bryoniifolia*** Bunge

分布：蕉岭 [35]、乐昌 [29, 35, 41]、连山 [35]、南雄 [33, 57]、平远 [35]、乳源 [26, 35]、韶关 [35]、深圳 [17]、始兴 [28, 35]、增城 [116]。

东南葡萄 ***Vitis chunganensis*** Hu

分布：从化 [107]、广宁 [35]、乐昌 [29, 41]、连州 [26, 35]、乳源 [26, 35]。

闽赣葡萄 ***Vitis chungii*** F. P. Metcalf

分布：大埔 [35]、封开 [14, 35]、连南 [35]、连山 [35]、连州 [35]、平远 [35]、乳源 [35]、五华 [4]、肇庆 [35]、紫金 [31]。

刺葡萄 ***Vitis davidii*** (Rom. Caill.) Foëx

分布：连州 [26]、南雄 [33, 57]、乳源 [26]、阳山 [26]。

锈毛刺葡萄 ***Vitis davidii* var. *ferruginea*** Merr. & Chun

分布：南雄 [33]、乳源 [26, 35]、阳山 [35]。

葛藟葡萄 ***Vitis flexuosa*** Thunb.

分布：博罗 [35]、从化 [35]、大埔 [35]、丰顺 [95]、佛冈 [27]、乐昌 [29, 35, 41]、连南 [35]、连山 [35]、龙门 [35]、饶平 [35]、仁化 [16]、乳源 [26, 35]、新丰 [63]、信宜 [35, 52]、阳山 [26, 35]、英德 [35]。

毛葡萄 ***Vitis heyneana*** Roem. & Schult.

分布：东莞 [25]、丰顺 [95]、佛冈 [27]、怀集 [35]、惠东 [35]、连南 [35]、连山 [35]、连州 [35]、梅州 [35]、乳源 [26, 35]、始兴 [28]、信宜 [52]、阳山 [26]、英德 [32]、中山 [10]。

桑叶葡萄 ***Vitis heyneana* subsp. *ficifolia*** (Bunge) C. L. Li

分布：乐昌 [29]。

鸡足葡萄 ***Vitis lanceolatifoliosa*** C. L. Li

分布：乐昌 [29, 35]、乳源 [26, 35]。

连山葡萄 ***Vitis luochengensis* var. *tomentosonerva*** C. L. Li

分布：连山 [35]。

变叶葡萄 ***Vitis piasezkii*** Maxim.

分布：乳源 [26]。

毛脉葡萄 ***Vitis pilosonervia*** F. P. Metcalf

分布：乐昌 [35]、乳源 [26, 35]。

华东葡萄 ***Vitis pseudoreticulata*** W. T. Wang

分布：连州 [35]、乳源 [26, 35]、信宜 [52]、阳山 [26, 35]、紫金 [31]。

绵毛葡萄 ***Vitis retordii*** Rom. Caill. ex Planch.

分布：博罗 [35]、德庆 [35]、东莞 [25]、封开 [14, 35]、怀集 [35]、惠东 [35]、连州 [26]、仁化 [16]、深圳 [17]、新兴 [35]、信宜 [35, 52]、肇庆 [35]、珠海 [35]。

乳源葡萄 ***Vitis ruyuanensis*** C. L. Li

分布：乳源 [26, 35]。

狭叶葡萄 ***Vitis tsoi*** Merr.

分布：封开 [14, 35]、和平 [35]、乐昌 [29, 35]、连平 [35]、连山 [35]、连州 [35]、龙川 [35]、龙门 [35]、梅州 [35]、南雄 [33, 35, 57]、仁化 [16, 35]、乳源 [35]、始兴 [28, 35]、阳山 [26]、增城 [116]。

葡萄 ***Vitis vinifera*** L.

分布：博罗 *[38, 100]、从化 *[107]、惠东 *[12]、乐昌 *[29]、仁化 *[16]、深圳 *[11, 17]、信宜 *[52]、郁南 *[101]。

俞藤属 *Yua* C. L. Li

大果俞藤 ***Yua austro-orientalis*** (F. P. Metcalf) C. L. Li

分布：佛冈 [27]、和平 [35]、乐昌 [29, 35]、连山 [35]、连州 [26, 35]、龙门 [35]、南雄 [33]、平远 [35]、仁化 [16, 35]、乳源 [26]、韶关 [35]、始兴 [28, 35]、翁源 [35]、信宜 [35,

52]、阳山 [26, 35]、英德 [32]、肇庆 [35]。

俞藤 ***Yua thomsonii*** (M. A. Lawson) C. L. Li

分布：连州 [26]、南雄 [57]、平远 [377]、乳源 [26]、始兴 [28]。

225. 蒺藜科 Zygophyllaceae

蒺藜属 *Tribulus* L.

蒺藜 ***Tribulus terrestris*** L.

分布: 深圳 [http://ppbc. iplant. cn/tu/1116651]、湛江 [http://ppbc. iplant. cn/tu/31050]。

226. 豆科 Fabaceae

相思子属 *Abrus* Adans.

相思子 ***Abrus precatorius*** L.

分布：东莞 [25]、惠东 [35]、饶平 [35]、深圳 [11, 17]、台山 [35]、徐闻 [35]、湛江 [35]。

广州相思子 ***Abrus pulchellus*** subsp. ***cantoniensis*** (Hance) Verdc.

分布: 博罗 [38, 100]、从化 [107]、东莞 [25, 35]、丰顺 [35] [李世政 84 (SN)]、广州 [35] [麦鹤云 20485 (IBSC)]、惠东 [12]、茂名 [85]、深圳 [17, 35]、五华 [4]、新丰 [63]、湛江 [35] [贺海生 44 (JIU14529)]、肇庆 [9]、紫金 [31]。

毛相思子 ***Abrus pulchellus*** subsp. ***mollis*** (Hance) Verdc.

分布：博罗 [100]、从化 [107]、大埔 [35]、德庆 [35]、东莞 [25]、封开 [14]、佛冈 [27]、高州 [35]、海丰 [35]、惠东 [12, 35]、陆丰 [35]、罗定 [35]、茂名 [85]、饶平 [35]、深圳 [17]、新兴 [35]、信宜 [52]、徐闻 [35]、阳春 [35, 45]、阳江 [35]、英德 [32]、郁南 [101]、云浮 [35]、增城 [116]、肇庆 [9, 35]、中山 [10]、紫金 [31]。

相思树属 *Acacia* Mill.

大叶相思 ***Acacia auriculiformis*** A. Cunn. ex Benth.

分布：潮州 #[15]、从化 #[107]、东莞 #[15, 82]、佛山 #[500]、广州 #[15]、惠东 #[12]、惠州 #[82]、江门 #[8]、揭阳 #[15]、罗定 #[15]、汕头 #[15]、深圳 #[15, 11, 82, 17]、郁南 #[101]、肇庆 #[9, 15]、中山 #[82]。

台湾相思 ***Acacia confusa*** Merr.

分布：博罗 #[38, 100]、从化 #[107]、东莞 #[82]、丰顺 #[95]、封开 #[14]、佛冈 #[27]、惠东 #[12]、惠州 #[82]、江门 #[8]、茂名 #[85]、仁化 #[16]、深圳 #[11, 82, 17]、五华 #[4]、信宜 #[52]、郁南 #[101]、肇庆 #[9]、中山 #[82]。

马占相思 ***Acacia mangium*** Willd.

分布：潮州 #[15]、从化 #[107]、东莞 #[82]、惠州 #[82]、江门 #[8]、深圳 #[17, 82]、郁南 #[101]、中山 #[82]。

黑荆 ***Acacia mearnsii*** De Wild.

分布：广州 #[15]、茂名 #[15]、南雄 #[15]、信宜 #[52]、阳春 #[15]。

珍珠相思 ***Acacia podalyriifolia*** A. Cunn. ex G. Don

分布：从化 *[http://ppbc. iplant. cn/tu/6493561]、广州 *[http://ppbc. iplant. cn/tu/4103185]、惠州 *[http://ppbc. iplant. cn/tu/5141069]、深圳 *[http://ppbc. iplant. cn/tu/6225538]、兴宁 *[http://ppbc. iplant. cn/tu/4946936]、珠海 *[http://ppbc. iplant. cn/tu/16565584]。

海红豆属 *Adenanthera* L.

海红豆 ***Adenanthera microsperma*** Teijsm. & Binn.

分布：博罗 [35, 38]、从化 [107]、德庆 [35]、东莞 [25]、东源 [59]、封开 [14, 35]、佛冈 [27]、高州 [35]、广州 [35]、海丰 [35]、惠东 [35]、江门 [8]、茂名 [35]、清远 [35]、仁化 [16]、深圳 [17]、新丰 [63]、信宜 [52]、徐闻 [35]、阳春 [35]、阳山 [35]、英德 [35]、郁南 [35, 101]、云浮 [35]、增城 [116]、肇庆 [9, 35]、中山 [10]、珠海 [35]。

合萌属 *Aeschynomene* L.

敏感合萌 ***Aeschynomene americana*** L.

分布：广州 #[21]、湛江 #[416]。

合萌 ***Aeschynomene indica*** L.

分布: 博罗 #[5, 35]、从化 #[107]、东莞 #[25]、封开 # [14]、佛冈 #[27]、广州 #[21, 35]、江门 #[8]、乐昌 #[41]、连南 #[35]、廉江 #[13]、陆丰 #[35]、梅州 #[35]、南澳 #[35]、南雄 #[33, 35, 57]、仁化 #[16, 35]、深圳 #[17, 35]、始兴 #[28, 35]、翁源 #[35, 51]、阳江 #[35]、英德 #[32]、郁南 #[101]、湛江 #[13]、肇庆 #[9, 35]、中山 #[10]。

缅茄属 *Afzelia* Sm.

缅茄 ***Afzelia xylocarpa*** (Kurz) Craib

分布：茂名 *[3]、信宜 *[52]、徐闻 *[3]。

双束鱼藤属 *Aganope* Miq.

鼎湖双束鱼藤 ***Aganope dinghuensis*** (P. Y. Chen) T. C. Chen & Pedley

分布：肇庆 [3, 9, 35]。

双束鱼藤 ***Aganope thyrsiflora*** (Benth.) Polhill

分布：佛冈 [27]、罗定 [35]、肇庆 [9]。

合欢属 *Albizia* Durazz.

光腺合欢 ***Albizia calcarea*** Y. H. Huang

分布：连州 [552]、仁化 [457]、乳源 [552]、英德 [552]。

楹树 ***Albizia chinensis*** (Osbeck) Merr.

分布：博罗 [5, 100]、从化 [35]、东莞 [25]、东源 [59]、封开 [14]、佛冈 [27]、佛山 [35]、高州 [35]、惠东 [12, 35]、惠州 [35]、江门 [8]、乐昌 [29]、罗定 [35]、茂名 [35]、清远 [35]、仁化 [16]、深圳 [17, 35]、始兴 [28]、台山 [35]、信宜 [52]、徐闻 [35]、阳春 [35]、英德 [32]、增城 [116]、肇庆 *[9, 35]、中山 [10]、紫金 [31]。

天香藤 ***Albizia corniculata*** (Lour.) Druce

分布: 博罗 [35, 100]、从化 [35, 107]、大埔 [35]、德庆 [35]、东莞 [25]、东源 [59]、丰顺 [35, 95]、封开 [14, 35]、佛冈

[27]、高州 [35]、广州 [35]、海丰 [35]、怀集 [35]、惠东 [12, 35]、惠州 [35]、江门 [8]、蕉岭 [35]、乐昌 [29, 35, 41]、龙门 [35]、茂名 [35]、南澳 [35]、南雄 [35]、清远 [35]、仁化 [16]、深圳 [11, 17]、始兴 [35]、台山 [35]、翁源 [35, 51]、五华 [4, 35]、新丰 [35, 63]、新兴 [35]、信宜 [35, 52]、徐闻 [35]、阳春 [35]、阳江 [35]、阳山 [26, 35]、英德 [32, 35]、郁南 [101]、云浮 [35]、肇庆 [9, 35]、中山 [10]、珠海 [35]、紫金 [31]。

合欢 ***Albizia julibrissin*** Durazz.

分布：博罗 #[38]、乳源 #[26]、紫金 #[31]。

阔荚合欢 ***Albizia lebbeck*** (L.) Benth.

分布：陆丰 [552]。

山槐 ***Albizia macrophylla*** (Bunge) P. C. Huang

分布：和平 [552]、连南 [552]、连山 [552]、连州 [552]、始兴 [552]、阳山 [552]。

香合欢 ***Albizia odoratissima*** (L. f.) Benth.

分布：博罗 [35]、高州 [35]、广州 [35]、茂名 [35]、信宜 [52]、徐闻 [35]、阳江 [35]、肇庆 [35]。

黄豆树 ***Albizia procera*** (Roxb.) Benth.

分布：广州 [35]、英德 [32]、肇庆 [9]。

链荚豆属 *Alysicarpus* Neck. ex Desv.

柴胡叶链荚豆 ***Alysicarpus bupleurifolius*** (L.) DC.

分布：南雄 [http://ppbc. iplant. cn/tu/9086255]。

链荚豆 ***Alysicarpus vaginalis*** (L.) DC.

分布: 博罗 [5, 35]、从化 [35, 107]、东莞 [25, 35]、封开 [14, 35]、佛冈 [27]、高州 [35]、广州 [35]、海丰 [35]、惠东 [12, 35]、江门 [8]、茂名 [85]、南澳 [35]、南雄 [33]、仁化 [16]、汕头 [35]、深圳 [11, 17, 35]、台山 [35]、翁源 [35, 51]、吴川 [35]、五华 [4]、新丰 [63]、信宜 [52]、徐闻 [35]、阳春 [45]、阳江 [35]、增城 [116]、肇庆 [9, 35]、中山 [10]、紫金 [31]。

紫穗槐属 *Amorpha* L.

紫穗槐 ***Amorpha fruticosa*** L.

分布：博罗 #[http://ppbc. iplant. cn/tu/13745074]、仁化 #[16]、深圳 #[http://ppbc. iplant. cn/tu/4267554]、肇庆 #[9]。

两型豆属 *Amphicarpaea* Elliott ex Nutt.

两型豆 ***Amphicarpaea edgeworthii*** Benth.

分布：乐昌 [29, 35]、连州 [26]、乳源 [26, 35]。

土圞儿属 *Apios* Fabr.

肉色土圞儿 ***Apios carnea*** (Wall.) Benth. ex Baker

分布：怀集 [35]、乐昌 [26, 29, 35]、连山 [35]、南雄 [57]、仁化 [16, 35]、乳源 [35]、信宜 [355, 52]、阳山 [35]。

中华豆 ***Apios chendezhaoana*** (Y. K. Yang, L. H. Liu & J. K. Wu) B. Pan bis, X. L. Yu & F. Zhang

分布：和平 [355]、乐昌 [355]、韶关 [355]、始兴 [355]。

土圞儿 ***Apios fortunei*** Maxim.

分布：南雄 [355]、始兴 [28]。

落花生属 *Arachis* L.

落花生 ***Arachis hypogaea*** L.

分布：博罗 *[38, 100]、从化 *[107]、封开 *[14]、乐昌 *[29]、茂名 *[85]、仁化 *[16]、深圳 *[17]、信宜 *[52]、郁南 *[101]、肇庆 *[9]。

蔓花生 ***Arachis pintoi*** Krapov. et W. C. Greg.

分布：从化 *[http://ppbc. iplant. cn/tu/3646578]、佛山 *[http://ppbc. iplant. cn/tu/566234]、广州 *[http://ppbc. iplant. cn/tu/3427731]、惠州 *[http://ppbc. iplant. cn/tu/3829392]、龙门 *[http://ppbc. iplant. cn/tu/15601609]、陆丰 *[http://ppbc. iplant. cn/tu/477935]、仁化 *[http://ppbc. iplant. cn/tu/7395429]、深圳 *[17]、阳春 *[http://ppbc. iplant. cn/tu/4274209]、湛江 *[http://ppbc. iplant. cn/tu/3369135]、中山 *[http://ppbc. iplant. cn/tu/3436239]。

猴耳环属 *Archidendron* F. Muell.

猴耳环 ***Archidendron clypearia*** (Jack) I. C. Nielsen

分布：博罗 [35, 38, 100]、从化 [107]、大埔 [35]、东莞 [25]、东源 [119]、丰顺 [35, 95]、封开 [14, 35]、佛冈 [27]、佛山 [35]、高州 [35]、广州 [35]、惠东 [12]、江门 [8, 35]、蕉岭 [35]、乐昌 [29, 35]、连山 [35]、茂名 [35, 85]、梅州 [35]、清远 [35]、饶平 [35]、仁化 [16]、深圳 [11, 17]、翁源 [51]、五华 [4, 35]、新丰 [63]、信宜 [35, 52]、兴宁 [35]、徐闻 [35]、阳春 [35, 45]、阳江 [35]、阳山 [35]、英德 [32, 35]、郁南 [101]、增城 [116]、湛江 [35]、肇庆 [9, 35]、中山 [10]、紫金 [31]。

亮叶猴耳环 ***Archidendron lucidum*** (Benth.) I. C. Nielsen

分布：博罗 [35, 38, 100]、从化 [35, 107]、大埔 [35]、东莞 [25]、东源 [119]、丰顺 [35, 95]、封开 [14, 35]、佛冈 [27]、广州 [35]、惠东 [12, 35]、江门 [8, 35]、蕉岭 [35]、乐昌 [29, 35, 41]、雷州 [35]、连南 [35]、连州 [26]、龙川 [35]、龙门 [35]、南澳 [35]、南雄 [33, 57]、饶平 [35]、仁化 [16]、韶关 [35]、深圳 [11, 17, 35]、始兴 [28, 35]、台山 [35]、翁源 [51]、五华 [4, 35]、新丰 [63]、信宜 [35]、徐闻 [35]、阳春 [35, 45]、阳山 [26]、英德 [32, 35]、郁南 [35, 101]、增城 [116]、肇庆 [9, 35]、中山 [10]、珠海 [35]、紫金 [31]。

大叶合欢 ***Archidendron turgidum*** (Merr.) I. C. Nielsen

分布：从化 [107]、高州 [35]、惠东 [12]、信宜 [35, 52]、阳春 [35]、云浮 [35]、肇庆 [9, 35]。

薄叶猴耳环 ***Archidendron utile*** (Chun & F. C. How) I. C. Nielsen

分布：博罗 [35]、大埔 [35]、东莞 [25]、东源 [59]、丰顺 [95]、封开 [14, 35]、惠东 [12]、江门 [8]、深圳 [17]、始兴 [28, 35]、翁源 [51]、五华 [4]、信宜 [52]、阳春 [35]、郁南 [35]、云浮 [35]、增城 [116]、中山 [10]、紫金 [31]。

黄芪属 *Astragalus* L.

紫云英 ***Astragalus sinicus*** L.

分布: 博罗 *[5, 100]、乐昌 [29, 41]、仁化 [16]、始兴 [28]、

肇庆 [9]。

羊蹄甲属 ***Bauhinia* Plum. ex L.**

红花羊蹄甲 ***Bauhinia* × *blakeana*** Dunn

分布：博罗 *[5, 100]、从化 *[107]、肇庆 *[9]。

白花羊蹄甲 ***Bauhinia acuminata*** L.

分布：连州 [26]。

羊蹄甲 ***Bauhinia purpurea*** L.

分布：博罗 *[38, 100]、从化 *[107]、深圳 *[17]、郁南 *[101]、肇庆 *[9]。

黄花羊蹄甲 ***Bauhinia tomentosa*** L.

分布：肇庆 *[9]。

宫粉羊蹄甲 ***Bauhinia variegata*** L.

分布：博罗 *[38, 100]、从化 *[107]、佛山 *[http://ppbc. iplant. cn/tu/13045725]、广州 *[http://ppbc. iplant. cn/tu/13182027]、乐昌 *[41]、深圳 *[11, 17]、肇庆 *[9]。

白花宫粉羊蹄甲 ***Bauhinia variegata* var. *candida*** (Roxb.) Voigt

分布：从化 *[http://ppbc. iplant. cn/tu/1690924]、佛山 *[http://ppbc. iplant. cn/tu/13045657]、广州 *[http://ppbc. iplant. cn/tu/13195621]、深圳 *[17]、肇庆 *[9]。

云实属 ***Biancaea* Tod.**

云实 ***Biancaea decapetala*** (Roth) O. Deg.

分布：从化 [35]、大埔 [35]、东莞 [25]、封开 [14, 35]、和平 [35]、蕉岭 [35]、乐昌 [35, 41]、连平 [35]、连州 [35]、罗定 [35]、南雄 [33, 35, 57]、仁化 [16]、乳源 [26, 35]、深圳 [11]、始兴 [28, 35]、五华 [4]、阳山 [26, 35]、英德 [35]、紫金 [31]。

小叶云实 ***Biancaea millettii*** (Hook. & Arn.) Gagnon & G. P. Lewis

分布：博罗 [35, 100]、从化 [35, 107]、丰顺 [95]、怀集 [35]、始兴 [28, 35]、台山 [35]、翁源 [35]、五华 [4]、新丰 [63]、英德 [32, 35]、肇庆 [9, 35]、紫金 [31]。

苏木 ***Biancaea sappan*** (L.) Tod.

分布：佛冈 *[27]、信宜 *[35]、徐闻 *[35]、英德 *[32]、肇庆 *[35]、珠海 *[35]。

藤槐属 ***Bowringia* Champ. ex Benth.**

藤槐 ***Bowringia callicarpa*** Champ. ex Benth.

分布：博罗 [35] [粤 786289 (IBSC)]、潮州 [35] [叶华谷等 12964 (IBSC)]、从化 [107]、大埔 [35] [李学根 202621 (IBSC)]、德庆 [35] [刘瑛光 1344 (IBSC)]、东莞 [25, 35]、丰顺 [35, 95]、封开 [14, 35]、佛冈 [27]、广州 [35] [郑永利 2029 (IBSC)]、海丰 [35] [李泽贤 817 (IBSC)]、河源 [35] [77 级科研组新 0991 (SN)]、怀集 [35] [刘瑛光 3040 (IBSC)]、惠东 [12, 35]、惠州 [35] [陈炳辉 504 (IBSC)]、江门 [8, 35]、开平 [35] [黄茂先 110554 (PE)]、乐昌 [35] [左景烈 20721 (IBSC)]、廉江 [35] [湛江区植物调查队 3080 (IBSC)]、龙川 [35] [杨晓萍 20110408 (SN)]、龙门 [35] [陈邦余 2089 (IBSC)]、罗定 [35] [刘念、叶华谷 2152 (IBSC)]、清远 [35] [黄志 30179 (IBK)]、乳源 [35] [辛树帜 9569 (IBSC)]、汕头 [35] [F. A. McClure 301 (SYS)]、深圳 [17, 35]、台山 [35] [李泽贤 542 (IBSC)]、翁源 [35, 51]、五华 [4]、新丰 [35, 63]、信宜 [35, 52]、阳春 [35, 45]、阳江 [35] [黄志 41453 (IBSC)]、阳山 [35] [邓良 1702 (IBSC)]、英德 [32, 35]、郁南 [101]、增城 [116]、湛江 [35] [南植地 3080 (SYS)]、肇庆 [9, 35]、中山 [10, 35]、紫金 [31, 35]。

小凤花属 ***Caesalpinia* Plum. ex L.**

洋金凤 ***Caesalpinia pulcherrima*** (L.) Sw.

分布：东莞 #[82]、惠州 #[82]、深圳 #[17, 82]、肇庆 # [9]、中山 #[82]。

木豆属 ***Cajanus* Adans.**

木豆 ***Cajanus cajan*** (L.) Millsp.

分布：博罗 #[15, 100]、潮州 #[15]、大埔 #[15]、德庆 #[15]、东莞 #[25, 82]、丰顺 #[9, 155]、封开 #[14, 15]、高州 # [15]、广州 #[15]、海丰 #[15]、河源 #[15]、怀集 #[15]、惠东 #[15, 12]、惠州 #[15, 82]、开平 #[15]、廉江 #[15]、龙门 #[15]、罗定 #[15]、茂名 #[85]、南雄 #[15]、平远 #[15]、清远 #[15]、仁化 #[16]、乳源 #[15]、韶关 #[15]、深圳 #[15, 17, 82]、台山 #[15]、翁源 #[15, 51]、新丰 #[15]、新兴 #[15]、信宜 #[15, 52]、徐闻 #[15]、阳春 #[15]、阳江 #[15]、阳山 #[15]、英德 #[15]、郁南 #[101]、云浮 #[15]、肇庆 #[9, 15]、中山 #[82]、珠海 #[15]、紫金 #[15, 31]。

蔓草虫豆 ***Cajanus scarabaeoides*** (L.) Thouars

分布：博罗 [35, 100]、潮州 [35] [曾宪锋 ZXF01381 (CZH)]、德庆 [35] [刘瑛光 1222 (IBSC)]、东莞 [25, 35]、封开 [14, 35]、佛冈 [27]、广州 [35] [叶育石 5375 (IBSC)]、惠东 [12, 35]、江门 [8]、雷州 [35] [姚鹏程、魏亚男 20150123 (HSNU)]、龙川 [35] [曾宪锋 ZXF32355 (CZH)]、罗定 [35] [陈炳辉 1794 (IBSC)]、茂名 [85]、梅州 [35] [曾宪锋 ZXF22681 (CZH)]、南澳 [35] [曾宪锋 ZXF10453 (CZH)]、平远 [35] [曾宪锋 ZXF8531 (CZH)]、饶平 [35] [曾宪锋 ZXF22572 (CZH)]、仁化 [16]、深圳 [17, 35]、台山 [35] [陈邦余、李泽贤 87 (IBSC)]、翁源 [35] [刘心祈 24994 (IBSC)]、五华 [35] [南植地 7023 (IBSC)]、兴宁 [35] [曾飞燕 2125 (IBSC)]、徐闻 [35] [周远瑞 100110 (IBK)]、阳山 [26, 35]、英德 [32, 35]、郁南 [35, 101]、湛江 [35] [张代贵等 zdg7870 (JIU32764)]、肇庆 [9, 35]、中山 [10, 35]、珠海 [35] [粤 73 3165 (IBSC)]、紫金 [31, 35]。

鸡血藤属 ***Callerya* Endl.**

灰毛鸡血藤 ***Callerya cinerea*** (Benth.) Schot

分布：德庆 [35]、罗定 [35]、茂名 [35]、深圳 [17]、信宜 [35, 52]、徐闻 [35]、阳春 [35, 45]、郁南 [35]、云浮 [35]。

密花鸡血藤 ***Callerya congestiflora*** (T. C. Chen) Z. Wei & Pedley

分布：丰顺 [95]、乳源 [35]。

香花鸡血藤 ***Callerya dielsiana*** (Harms) P. K. Loc ex Z. Wei & Pedley

分布：博罗 [38, 100]、从化 [35, 107]、大埔 [35]、德庆 [35]、东莞 [25]、东源 [59]、丰顺 [35, 95]、封开 [14, 35]、佛冈 [27]、广州 [35]、海丰 [35]、和平 [35]、河源 [35]、怀集 [35]、惠东 [12]、惠州 [35]、江门 [8]、蕉岭 [35]、乐昌 [29, 35, 41]、连州 [26]、龙门 [35]、陆丰 [35]、罗定 [35]、梅州 [35]、南雄 [33, 57]、平远 [35]、清远 [35]、仁化 [16, 35]、乳源 [26, 35]、深圳 [11, 17, 35]、始兴 [28, 35]、台山 [35]、翁源 [35, 51]、五华 [4, 35]、新丰 [35, 63]、信宜 [52]、阳春 [35]、阳山 [26, 35]、英德 [32, 35]、郁南 [35, 101]、增城 [116]、肇庆 [9, 35]、中山 [10]、珠海 [35]、紫金 [31, 35]。

异果鸡血藤 ***Callerya dielsiana* var. *heterocarpa*** (Chun ex T. C. Chen) X. Y. Zhu ex Z. Wei & Pedley

分布：从化 [35]、德庆 [35]、和平 [35]、怀集 [35]、乐昌 [29, 35, 41]、连南 [35]、连山 [35]、连州 [26, 35]、龙门 [35]、仁化 [16, 35]、乳源 [26, 35]、始兴 [35]、五华 [35]、新丰 [35]、信宜 [52]、阳山 [26]、英德 [35]、增城 [116]。

亮叶鸡血藤 ***Callerya nitida*** (Benth.) R. Geesink

分布：博罗 [35]、从化 [107]、大埔 [35]、东莞 [25]、东源 [59]、丰顺 [95]、封开 [14]、惠东 [12]、江门 [8, 35]、乐昌 [41]、连山 [35]、连州 [26, 35]、仁化 [16]、乳源 [26, 35]、韶关 [35]、深圳 [11, 17]、始兴 [28]、台山 [35]、翁源 [51]、五华 [4, 35]、新丰 [63]、信宜 [35, 52]、阳春 [35, 45]、阳山 [26]、英德 [32]、增城 [116]、肇庆 [9, 35]、中山 [10]、紫金 [31]。

丰城鸡血藤 ***Callerya nitida* var. *hirsutissima*** (Z. Wei) X. Y. Zhu

分布：连平 [35]、乳源 [26, 35]、英德 [35]、紫金 [31]。

峨眉鸡血藤 ***Callerya nitida* var. *minor*** (Z. Wei) X. Y. Zhu

分布：仁化 [16]、乳源 [26]、英德 [35] [W. T. Tsang & K. C. Wong 3198 (SYS)]。

喙果鸡血藤 ***Callerya tsui*** (F. P. Metcalf) Z. Wei & Pedley

分布：从化 [35]、德庆 [35]、封开 [14]、佛冈 [27]、怀集 [35]、江门 [8]、乐昌 [29, 35, 41]、连州 [35]、茂名 [35, 85]、南雄 [33]、清远 [35]、乳源 [26, 35]、韶关 [35]、新丰 [63]、信宜 [35, 52]、阳江 [35]、阳山 [35]、英德 [35]、郁南 [101]、肇庆 [9, 35]。

朱缨花属 *Calliandra* Benth.

朱缨花 ***Calliandra haematocephala*** Hassk.

分布：从化 *[107]、深圳 *[17]、郁南 *[101]、肇庆 * [9]。

小朱缨花 ***Calliandra riparia*** Pittier

分布：深圳 *[17]。

苏里南朱缨花 ***Calliandra surinamensis*** Benth.

分布：从化 *[107]、深圳 *[http://ppbc. iplant. cn/tu/3278069]。

毛蔓豆属 *Calopogonium* Desv.

毛蔓豆 ***Calopogonium mucunoides*** Desv.

分布：从化 #[107]、广州 #[15]、徐闻 #[15]。

笐子梢属 *Campylotropis* Bunge

笐子梢 ***Campylotropis macrocarpa*** (Bunge) Rehder

分布：连州 [35]、梅州 [35]、乳源 [26, 35]。

刀豆属 *Canavalia* DC.

小刀豆 ***Canavalia cathartica*** Thouars

分布：博罗 [35] [粤 786431 (IBSC)]、从化 [107]、东莞 [25, 35]、丰顺 [95]、广州 [35] [叶华谷 7618 (IBSC)]、惠东 [35] [陈邦余 159 (IBSC)]、惠州 [35] [卫兆芬 121679 (IBK)]、江门 [35] [高蕴璋 135 (IBSC)]、清远 [35] [黄志 32488 (IBSC)]、汕头 [35] [F. A. McClure 310 (SYS)]、深圳 [17, 35]、台山 [35] [左景烈 22489 (IBSC)]、翁源 [35] [刘心祈 2518 (IBSC)]、徐闻 [35] [朱志淞 974 (IBSC)]、英德 [35] [左景烈 22232 (IBSC)]、肇庆 [9, 35]、中山 [10, 35]、珠海 [35] [陈炳辉 657 (IBSC)]。

刀豆 ***Canavalia gladiata*** (Jacq.) DC.

分布：乐昌 *[29]、信宜 *[52]、郁南 *[101]、肇庆 *[9]。

狭刀豆 ***Canavalia lineata*** (Thunb.) DC.

分布：深圳 [17]。

海刀豆 ***Canavalia rosea*** (Sw.) DC.

分布：东莞 [25]、深圳 [17]、肇庆 [9]。

锦鸡儿属 *Caragana* Lam.

锦鸡儿 ***Caragana sinica*** (Buc'hoz) Rehder

分布：仁化 [488]。

腊肠树属 *Cassia* L.

腊肠树 ***Cassia fistula*** L.

分布：博罗 *[38, 100]、从化 *[107]、深圳 *[17]、肇庆 * [9]。

距瓣豆属 *Centrosema* (DC.) Benth.

距瓣豆 ***Centrosema pubescens*** Benth.

分布：广州 #[15]、徐闻 #[15]。

长角豆属 *Ceratonia* L.

长角豆 ***Ceratonia siliqua*** L.

分布：广州 *[3]。

紫荆属 *Cercis* L.

紫荆 ***Cercis chinensis*** Bunge

分布：肇庆 *[9]。

黄山紫荆 ***Cercis chingii*** Chun

分布：南雄 [57]、乳源 [26]。

广西紫荆 ***Cercis chuniana*** F. P. Metcalf

分布：乐昌 [29, 35, 41]、连山 [35]、连州 [26, 35]。

湖北紫荆 ***Cercis glabra*** Pamp.

分布：乐昌 [29, 26, 41]、连州 [35]、乳源 [35]。

山扁豆属 ***Chamaecrista* Moench**

大叶山扁豆 ***Chamaecrista leschenaultiana*** (DC.) O. Deg.

分布：博罗 [35] [王英强 1068 (IBSC)]、丰顺 [95]、广州 [35] [叶育石 5378 (IBSC)]、怀集 [35] [陈炳辉 1416 (IBSC)]、惠东 [35] [陈炳辉 529 (IBSC)]、饶平 [35] [曾飞燕 1748 (IBSC)]、乳源 [26, 35]、深圳 [17, 35]、翁源 [35] [刘心祈 2550 (IBSC)]、阳山 [26, 35]、郁南 [35] [陈炳辉等 1665 (IBSC)]、中山 [10, 35]、紫金 [31, 35]。

含羞草山扁豆 ***Chamaecrista mimosoides*** (L.) Greene

分布：博罗 #[100]、大埔 #[15]、东莞 #[25]、丰顺 # [95]、封开 #[14, 15]、佛冈 #[27]、广州 #[15, 21]、怀集 #[15]、惠东 #[12]、惠州 #[15, 82]、江门 #[8]、乐昌 #[15, 526]、南雄 # [57]、仁化 #[15, 16]、乳源 #[15]、深圳 #[15, 17, 82]、始兴 # [15, 28]、翁源 #[15]、新丰 #[15, 63]、信宜 #[15, 52]、阳春 #[15]、阳山 #[15, 26]、英德 #[32]、郁南 #[101]、云浮 #[15]、湛江 # [15, 416]、肇庆 #[9, 15]、紫金 #[31]。

山扁豆 ***Chamaecrista nictitans*** (L.) Moench

分布：茂名 #[85]。

柄腺山扁豆 ***Chamaecrista pumila*** (Lam.) K. Larsen

分布：珠海 [粤 73 3080 (IBSC)]。

首冠藤属 ***Cheniella* R. Clark & Mackinder**

首冠藤 ***Cheniella corymbosa*** (Roxb.) R. Clark & Mackinder

分布：从化 [107]、东源 [59]、佛冈 [27]、江门 [8]、茂名 [85]、乳源 [26]、深圳 [11, 17]、始兴 [28]、翁源 [51]、新丰 [63]、信宜 [52]、阳春 [35, 37, 45]、英德 [32]、增城 [116]、中山 [10]。

李叶首冠藤 ***Cheniella didyma*** (H. Y. Chen) R. Clark & Mackinder

分布：信宜 [35, 52]、阳春 [35, 37]、阳江 [35]。

粉叶首冠藤 ***Cheniella glauca*** (Benth.) R. Clark & Mackinder

分布：从化 [35]、东莞 [25]、东源 [59]、丰顺 [95]、封开 [14, 35]、佛冈 [27]、广州 [35]、和平 [35]、惠东 [12]、江门 [8]、乐昌 [29, 41]、连南 [35]、连平 [35]、清远 [35]、饶平 [35]、乳源 [26]、深圳 [17]、翁源 [51]、五华 [4]、信宜 [52]、阳春 [35]、英德 [32]、云浮 [35]、肇庆 [35]、紫金 [31]。

柔毛首冠藤 ***Cheniella quinnanensis* subsp. *villosa*** R. Clark & Mackinder

分布：阳西 [144]。

细花首冠藤 ***Cheniella tenuiflora*** (Watt ex C. B. Clarke) R. Clark & Mackinder

分布：博罗 [35]、蕉岭 [35]、乐昌 [35]、连平 [35]、平远 [35]、乳源 [26, 35]、信宜 [35]、英德 [35]。

肇庆德昭藤 ***Cheniella tsoongii*** X. Peng, K. W. Jiang & T. Y. Tu

分布：广宁 [587]。

蝙蝠草属 ***Christia* Moench**

台湾蝙蝠草 ***Christia campanulata*** (Wall.) Thoth.

分布：紫金 [31]。

长管蝙蝠草 ***Christia constricta*** (Schindl.) T. C. Chen

分布：雷州 [35]、茂名 [85]。

铺地蝙蝠草 ***Christia obcordata*** (Poir.) Bakh. f.

分布：东莞 [25]、广州 [35]、雷州 [35]、茂名 [85]、南雄 [33, 57]、乳源 [26, 35]、汕尾 [35]、深圳 [17]、徐闻 [13]、肇庆 [9, 35]。

蝙蝠草 ***Christia vespertilionis*** (L. f.) Bakh. f. ex Meeuwen

分布：佛冈 [27]、深圳 [17]、肇庆 [9, 35]。

香槐属 ***Cladrastis* Raf.**

小花香槐 ***Cladrastis delavayi*** (Franch.) Prain

分布：乐昌 [29]。

蝶豆属 ***Clitoria* L.**

广东蝶豆 ***Clitoria hanceana*** Hemsl.

分布：广州 [35]、开平 [35]、乐昌 [29, 35]、清远 [35]、阳山 [35]。

棱荚蝶豆 ***Clitoria laurifolia*** Poir.

分布：广州 *[37]。

蝶豆 ***Clitoria ternatea*** L.

分布：广州 #[15]、深圳 #[17]、肇庆 #[9]。

舞草属 ***Codariocalyx* Hassk.**

圆叶舞草 ***Codariocalyx gyroides*** (Roxb. ex Link) X. Y. Zhu

分布：博罗 [35]、丰顺 [95]、广州 [35]、惠东 [12]、乐昌 [29, 35, 41]、信宜 [52]、阳春 [35]、英德 [32]、郁南 [35, 101]、云浮 [35]、肇庆 [9, 35]、紫金 [31]。

舞草 ***Codariocalyx motorius*** (Houtt.) H. Ohashi

分布：乐昌 [29, 35]、始兴 [28]、郁南 [35, 101]、肇庆 [9]。

猪屎豆属 ***Crotalaria* L.**

翅托叶猪屎豆 ***Crotalaria alata*** Buch. -Ham. ex D. Don

分布：湛江 [30]。

响铃豆 ***Crotalaria albida*** B. Heyne ex Roth

分布：东莞 [25]、封开 [14]、佛冈 [27]、乐昌 [29, 41]、茂名 [85]、南雄 [33, 57]、仁化 [16]、乳源 [26]、深圳 [11, 17]、始兴 [28]、翁源 [51]、五华 [4]、新丰 [63]、信宜 [52]、阳山 [26]、郁南 [101]、肇庆 [9]、紫金 [31]。

大猪屎豆 ***Crotalaria assamica*** Benth.

分布：博罗 [35, 100]、封开 [14]、广州 [35]、和平 [35]、鹤山 [35]、怀集 [35]、惠东 [12, 35]、江门 [8]、罗定 [35]、茂名 [35]、清远 [35]、深圳 [17, 35]、翁源 [35, 51]、五华 [4]、新兴 [35]、信宜 [35, 52]、阳春 [35]、郁南 [101]、云浮 [35]、肇庆 [9, 35]、紫金 [31]。

长萼猪屎豆 ***Crotalaria calycina*** Schrank

分布：惠东 [35]、乐昌 [29, 35]、汕头 [35]、深圳 [17, 35]、台山 [35]、新丰 [63]、徐闻 [35]、肇庆 [9, 35]、珠海 [35]。

中国猪屎豆 *Crotalaria chinensis* L.

分布：广州 [35]、和平 [35]、河源 [35]、怀集 [35]、惠东 [35]、蕉岭 [35]、翁源 [35, 51]、阳山 [35]、英德 [32]。

假地蓝 *Crotalaria ferruginea* Graham ex Benth.

分布：博罗 [35]、从化 [35]、大埔 [35]、丰顺 [95]、封开 [14, 35]、佛冈 [27]、广州 [35]、和平 [35]、怀集 [35]、惠东 [35]、蕉岭 [35]、乐昌 [29, 35, 41]、连州 [35]、龙门 [35]、罗定 [35]、茂名 [85]、仁化 [16, 35]、乳源 [26, 35]、深圳 *[17]、始兴 [28]、翁源 [35, 51]、新丰 [35]、信宜 [52]、徐闻 [35]、阳春 [35]、阳山 [26, 35]、郁南 [35, 101]、云浮 [35]、肇庆 [9, 35]、紫金 [31]。

圆叶猪屎豆 *Crotalaria incana* L.

分布：肇庆 #[9, 15]。

菽麻 *Crotalaria juncea* L.

分布：肇庆 #[9]。

长果猪屎豆 *Crotalaria lanceolata* E. Mey.

分布：潮州 #[399]、惠州 #[15, 82]、蕉岭 #[15]、湛江 # [15, 416]。

线叶猪屎豆 *Crotalaria linifolia* L. f.

分布：从化 [35]、乐昌 [29, 35]、乳源 [26, 35]、始兴 [28, 35]、徐闻 [35]、湛江 [35]、肇庆 [9, 35]、紫金 [31]。

假苜蓿 *Crotalaria medicaginea* Lam.

分布：陆丰 [35]、珠海 [35]。

三尖叶猪屎豆 *Crotalaria micans* Link

分布：潮州 #[15]、丰顺 #[15]、广州 #[15]、蕉岭 # [15]、揭阳 #[15]、平远 #[15]、普宁 #[15]、韶关 #[15]、深圳 #[17, 82]、徐闻 #[15]。

小猪屎豆 *Crotalaria nana* Burm. f.

分布：梅州 [曾宪锋 ZXF40305 (CZH)]。

座地猪屎豆 *Crotalaria nana* var. *patula* Graham ex Baker

分布：珠海 [469]。

狭叶猪屎豆 *Crotalaria ochroleuca* G. Don

分布：东莞 #[25]、广州 #[15]、雷州 #[13]、徐闻 #[13]、湛江 #[13]。

猪屎豆 *Crotalaria pallida* Aiton

分布：博罗 #[35, 38, 100]、从化 #[107, 509]、德庆 #[35]、东莞 #[25]、东源 #[119]、封开 #[14, 35]、佛冈 #[27]、高州 #[35]、广州 #[21, 35]、惠东 #[12]、罗定 #[35]、茂名 #[35, 85]、梅州 # [http://ppbc. iplant. cn/tu/4614154]、仁化 #[16]、深圳 #[11, 17, 35]、翁源 #[51]、五华 #[4]、新丰 #[63]、信宜 #[52]、徐闻 #[35]、阳春 #[35, 45]、阳江 #[35]、阳山 #[26]、阳西 #[http://ppbc. iplant. cn/tu/5733769]、英德 #[35]、郁南 #[35, 101]、云浮 #[35]、增城 #[116]、肇庆 #[9, 35]、中山 #[10]、紫金 #[31]。

吊裙草 *Crotalaria retusa* L.

分布：丰顺 [95]、雷州 [13]、陆丰 [http://ppbc. iplant. cn/tu/9131572]、吴川 [13]、增城 [116]、湛江 [13]、肇庆 [9]、珠海 [http://ppbc. iplant. cn/tu/3409303]。

农吉利 *Crotalaria sessiliflora* L.

分布：博罗 [35]、大埔 [35]、广州 [35]、和平 [35]、怀集 [35]、惠东 [35]、乐昌 [29, 35, 41]、连南 [35]、连山 [35]、连州 [26]、茂名 [85]、梅州 [35]、南雄 [33, 57]、仁化 [16, 35]、乳源 [26, 35]、深圳 [17, 35]、始兴 [28, 35]、翁源 [35]、五华 [4]、新丰 [63]、新兴 [35]、信宜 [52]、徐闻 [35]、阳山 [26, 35]、肇庆 [9]、紫金 [31]。

大托叶猪屎豆 *Crotalaria spectabilis* Roth

分布：潮州 [曾宪锋 ZXF00155 (CZH)]、广州 [黄成 152 (FUS00027696)]、肇庆 [石国良 12578 (IBSC)]。

四棱猪屎豆 *Crotalaria tetragona* Roxb. ex Andr.

分布：广州 [35]。

光萼猪屎豆 *Crotalaria trichotoma* Bojer

分布：潮州 #[15]、广州 #[15, 21]、海丰 #[15]、江门 #[8, 494]、蕉岭 #[15]、揭阳 #[15]、乐昌 #[41]、雷州 #[13]、廉江 #[13]、徐闻 #[15]、英德 #[15]、湛江 #[13, 416]、肇庆 # [9]。

球果猪屎豆 *Crotalaria uncinella* Lam.

分布：从化 [107]、雷州 [13]、廉江 [13]、深圳 [11, 17]、台山 [35]、徐闻 [13, 35]、阳江 [35]、湛江 [13]、中山 [10]、珠海 [35]。

多疣猪屎豆 *Crotalaria verrucosa* L.

分布：广州 [35]、雷州 [35]、汕头 [35]。

补骨脂属 ***Cullen* Medik.**

补骨脂 *Cullen corylifolium* (L.) Medik.

分布：湛江 *[13]。

黄檀属 ***Dalbergia* L. f.**

秧青 *Dalbergia assamica* Benth.

分布：从化 [35, 107]、东莞 [25]、东源 [59]、丰顺 [95]、封开 [14]、佛冈 [27]、惠东 [12]、乐昌 [29, 35, 41]、连州 [26, 35]、龙门 [35]、罗定 [35]、茂名 [35]、梅州 [35]、南雄 [33, 35, 57]、平远 [35]、清远 [35]、仁化 [16]、乳源 [26, 35]、深圳 [11, 17]、始兴 [28]、翁源 [35, 51]、五华 [4]、新丰 [35]、信宜 [52]、阳山 [26]、英德 [32, 35]、增城 [116]、肇庆 [9, 35]、紫金 [31]。

两粤黄檀 *Dalbergia benthamii* Prain

分布：博罗 [35]、大埔 [35]、东莞 [25, 35]、东源 [59]、佛冈 [27]、江门 [8]、乐昌 [29, 41]、连州 [26]、茂名 [85]、深圳 [11, 17, 35]、遂溪 [35]、信宜 [52]、阳春 [45]、阳江 [35]、阳山 [26]、肇庆 [35]、中山 [10]、紫金 [31]。

弯枝黄檀 *Dalbergia candenatensis* (Dennst.) Prain

分布：雷州 [13]、廉江 [13]、深圳 [17]、遂溪 [13]、翁源 [51]、徐闻 [13]、湛江 [黄向旭 11793 (IBSC)]。

大金刚藤 *Dalbergia dyeriana* Prain ex Harms

分布：乐昌 [南岭队 4146 (IBSC)]、连山 [曾飞燕等 253 (PE)]、连州 [谭沛祥 60084 (PE)]、乳源 [陈焕镛 10795

(PE)]、阳山 [谭沛祥 60443 (IBSC)]。

藤黄檀 ***Dalbergia hancei*** Benth.

分布：博罗 [35, 38, 100]、从化 [35, 107]、德庆 [35]、东莞 [25]、东源 [119]、丰顺 [35, 95]、封开 [14, 35]、佛冈 [27]、广州 [35]、和平 [35]、惠东 [12]、惠州 [35]、江门 [8]、蕉岭 [35]、乐昌 [29, 35, 41]、连南 [35]、连山 [35]、连州 [26, 35]、龙门 [35]、罗定 [35]、茂名 [35, 85]、南雄 [33, 57]、清远 [35]、饶平 [35]、仁化 [16]、乳源 [26, 35]、深圳 [11, 17]、始兴 [28, 35]、台山 [35]、翁源 [35, 51]、五华 [4]、新丰 [35, 63]、新兴 [35]、信宜 [52]、阳江 [35]、阳山 [26, 35]、英德 [32, 35]、郁南 [35, 101]、增城 [35, 116]、肇庆 [9]、中山 [10]、紫金 [31]。

黄檀 ***Dalbergia hupeana*** Hance

分布：博罗 [35, 38]、广州 [35]、怀集 [35]、乐昌 [29, 35, 41]、连州 [35]、罗定 [35]、南雄 [33, 57]、仁化 [16]、乳源 [26, 35]、始兴 [28, 35]、新丰 [35]、阳山 [26, 35]、英德 [32, 35]、增城 [35]。

香港黄檀 ***Dalbergia millettii*** Benth.

分布：博罗 [35]、大埔 [35]、东莞 [25]、东源 [119]、丰顺 [95]、佛冈 [27]、惠东 [12, 35]、惠州 [35]、江门 [8]、乐昌 [29]、连山 [35]、龙门 [35]、乳源 [26, 35]、深圳 [17, 35]、五华 [4]、新丰 [35, 63]、阳春 [45]、英德 [32]、中山 [10]、紫金 [31]。

象鼻藤 ***Dalbergia mimosoides*** Franch.

分布：从化 [107]、丰顺 [394]、乳源 [26]、英德 [32]、紫金 [31]。

降香 ***Dalbergia odorifera*** T. C. Chen

分布：博罗 *[5, 38]、从化 *[107]、丰顺 *[95]、广州 *[http://ppbc. iplant. cn/tu/13376604]、海丰 *[http://ppbc. iplant. cn/tu/ 5082125]、茂名 *[http://ppbc. iplant. cn/tu/5627701]、深圳 *[17]、湛江 *[http://ppbc. iplant. cn/tu/1699032]。

斜叶黄檀 ***Dalbergia pinnata*** (Lour.) Merr.

分布：博罗 [35]、高州 [35]、信宜 [35, 52]、阳江 [35]、云浮 [35]、肇庆 [9, 35]、紫金 [31]。

多裂黄檀 ***Dalbergia rimosa*** Roxb.

分布：郁南 [http://ppbc. iplant. cn/tu/10039254]。

印度黄檀 ***Dalbergia sissoo*** Roxb. ex DC.

分布：从化 *[https://ppbc. iplant. cn/tu/4177570]、广州 *[https://ppbc. iplant. cn/tu/9866601]、深圳 *[https://ppbc. iplant. cn/tu/4332859]、湛江 *[https://ppbc. iplant. cn/tu/13672240]、紫金 *[https://ppbc. iplant. cn/tu/14642571]。

绒叶黄檀 ***Dalbergia velutina*** Benth.

分布：阳春 [http://ppbc. iplant. cn/tu/14107921]。

凤凰木属 ***Delonix* Raf.**

凤凰木 ***Delonix regia*** (Bojer) Raf.

分布：博罗 *[38, 100]、从化 *[107]、深圳 *[17]、肇庆 *[9]。

假木豆属 ***Dendrolobium* (Wight & Arn.) Benth.**

假木豆 ***Dendrolobium triangulare*** (Retz.) Schindl.

分布：郁南 [35, 101]、紫金 [31]。

鱼藤属 ***Derris* Lour.**

白花鱼藤 ***Derris alborubra*** Hemsl.

分布：佛山 [35]、广州 [35]、惠东 [12]、江门 [8]、深圳 [11, 17]、台山 [35]、翁源 [51]、阳山 [26]、英德 [32]、增城 [116]、肇庆 [9, 35]。

尾叶鱼藤 ***Derris caudatilimba*** F. C. How

分布：博罗 [35]、大埔 [35]、蕉岭 [35]、茂名 [35]、台山 [35]、信宜 [35]。

毛鱼藤 ***Derris elliptica*** (Roxb.) Benth.

分布：潮州 #[15]、从化 #[107]、丰顺 #[15]、广州 #[15]、深圳 #[17, 82]、英德 #[32]。

锈毛鱼藤 ***Derris ferruginea*** (Roxb.) Benth.

分布：广州 [35]、深圳 [11, 17]、信宜 [35, 52]、肇庆 [9, 35]。

中南鱼藤 ***Derris fordii*** Oliv.

分布：博罗 [100]、大埔 [35]、东莞 [25]、丰顺 [95]、佛冈 [27]、怀集 [35]、乐昌 [29, 35, 41]、连平 [35]、连山 [35]、连州 [35]、龙川 [35]、龙门 [35]、南雄 [33, 35, 57]、仁化 [16, 35]、乳源 [26, 35]、深圳 [11, 17]、始兴 [28, 35]、翁源 [35]、阳春 [35]、阳山 [26, 35]、英德 [35]、紫金 [31]。

亮叶中南鱼藤 ***Derris fordii* var. *lucida*** F. C. How

分布：博罗 [35]、惠州 [35]、连州 [35]、深圳 [17]、阳江 [35]、英德 [32, 35]、云浮 [35]。

粉叶鱼藤 ***Derris glauca*** Merr. & Chun

分布：广州 #[陈少卿 6783 (IBSC)]、罗定 #[叶华谷 2272 (IBSC)]。

粤东鱼藤 ***Derris hancei*** Hemsl.

分布：博罗 [5, 100]、广州 [35]、廉江 [35]、肇庆 [9, 35]。

异翅鱼藤 ***Derris malaccensis*** (Benth.) Prain

分布：广州 *[3]。

边荚鱼藤 ***Derris marginata*** (Roxb.) Benth.

分布：博罗 [35]、广州 [35]。

厚果鱼藤 ***Derris taiwaniana*** (Hayata) Z. Q. Song

分布：博罗 [35, 100]、从化 [107]、大埔 [35]、东莞 [25, 35]、丰顺 [95]、佛冈 [27]、高州 [35]、河源 [35]、惠东 [12, 35]、江门 [8]、蕉岭 [35]、乐昌 [29, 35, 41]、连南 [35]、连州 [26, 35]、罗定 [35]、茂名 [85]、南雄 [33, 57]、饶平 [35]、仁化 [16]、乳源 [35]、深圳 [17]、始兴 [28, 35]、翁源 [35, 51]、五华 [4]、新丰 [63]、信宜 [35, 52]、阳春 [35]、阳山 [26, 35]、英德 [32, 35]、郁南 [101]、云浮 [35]、增城 [116]、肇庆 [9, 35]、紫金 [31]。

大叶东京鱼藤 ***Derris tonkinensis* var. *compacta*** Gagnep.

分布：台山 [35]、云浮 [35]。

鱼藤 ***Derris trifoliata*** Lour.

分布：从化 [107]、东莞 [25, 35]、广州 [35]、海丰 [宋柱秋 2022009 (IBSC)]、惠东 [35]、深圳 [11, 17, 35]、台山 [35]、新丰 [63]、徐闻 [35]、增城 [116]、中山 [10]、珠海 [35]。

合欢草属 *Desmanthus* Willd.

合欢草 ***Desmanthus pernambucanus*** (L.) Thell.

分布：广州 #[15]、台山 #[http://ppbc. iplant. cn/sp/221836]。

多枝草合欢 ***Desmanthus virgatus*** (L.) Willd.

分布：珠海 #[428]。

山蚂蟥属 *Desmodium* Desv.

南美山蚂蟥 ***Desmodium tortuosum*** (Sw.) DC.

分布：潮州 #[15]、广州 #[15, 21]、蕉岭 #[15]、揭阳 #[15]、乐昌 #[526]、平远 #[15]、饶平 #[15]、乳源 #[26]、汕头 # [15]、深圳 #[15, 17, 82]、湛江 #[15]、珠海 #[15]、紫金 #[31]。

银叶山蚂蟥 ***Desmodium uncinatum*** (Jacq.) DC.

分布：广州 #[571]。

山黑豆属 *Dumasia* DC.

硬毛山黑豆 ***Dumasia hirsuta*** Craib

分布：乐昌 [29, 35]、南雄 [57]、阳山 [35]。

山黑豆 ***Dumasia truncata*** Siebold & Zucc.

分布：封开 [14]、怀集 [35]、乐昌 [29, 35]、连山 [35]、龙门 [35]、仁化 [240, 16, 35]、始兴 [35]、新丰 [35]、阳山 [26]、紫金 [31]。

野扁豆属 *Dunbaria* Wight & Arn.

黄毛野扁豆 ***Dunbaria fusca*** (Wall.) Kurz

分布：德庆 [35]、广州 [35]、海丰 [35]、深圳 [17, 35]。

长柄野扁豆 ***Dunbaria podocarpa*** Kurz

分布：博罗 [5, 35]、从化 [35, 107]、德庆 [35] [刘瑛光 912 (PE)]、东莞 [25, 35]、丰顺 [35, 95]、封开 [14, 35]、高州 [35] [周沛椿 10506 (IBSC)]、海丰 [35] [卫兆芬 121416 (PE)]、惠东 [12, 35]、惠州 [35] [卫兆芬 121555 (KUN)]、蕉岭 [35] [曾宪锋 ZXF14183 (CZH)]、雷州 [35] [蒋英 2572 (IBSC)]、连山 [35] [叶华谷 5170 (IBSC)]、罗定 [35] [蒋英 1147 (IBSC)]、茂名 [35, 85]、平远 [35] [曾宪锋 ZXF11597 (CZH)]、深圳 [17, 35]、信宜 [35, 52]、徐闻 [35] [徐闻队 619 (PE)]、阳春 [35, 45]、阳江 [35] [黄志 41426 (IBSC)]、郁南 [35, 101]、云浮 [35] [黄志 37260 (IBSC)]、肇庆 [35] [黄成 162293 (IBSC)]、紫金 [31, 35]。

圆叶野扁豆 ***Dunbaria punctata*** (Wight & Arn.) Benth.

分布：博罗 [5]、潮州 [35] [曾宪锋 ZXF01196 (CZH)]、从化 [107]、大埔 [35] [曾怀德 31722 (NAS)]、东莞 [25, 35]、丰顺 [95]、封开 [14]、佛冈 [27]、广州 [35] [叶华谷等 500 (IBSC)]、惠东 [35] [惠东队 729 (IBSC)]、乐昌 [35, 41]、连南 [35] [谭沛祥 58867 (IBSC)]、连平 [35] [粤 73 1435 (IBSC)]、龙门 [35] [王学文、张桂才 8090 (IBSC)]、茂名 [85]、南雄 [33, 35, 57]、深圳 [11, 17, 35]、始兴 [28]、翁源 [35, 51]、五华 [4]、新丰 [35, 63]、新兴 [35] [刘瑛光 2277 (PE)]、徐闻 [35] [曾宪锋 ZXF13171 (CZH)]、阳山 [26, 35]、英德 [32]、云浮 [35] [黄志 37519 (IBSC)]、湛江 [35] [周远瑞 100030 (IBK)]、肇庆 [9, 35]、中山 [10, 35]、珠海 [35] [刘莹、李静 77 (SYS)]、紫金 [31, 35]。

鸽仔豆 ***Dunbaria truncata*** (Miq.) Maesen

分布：东莞 [25]、惠东 [35]、徐闻 [35]。

榼藤属 *Entada* Adans.

榼藤 ***Entada phaseoloides*** (L.) Merr.

分布：博罗 [35, 38, 100]、从化 [107]、江门 [8]、茂名 [85]、深圳 [17]、台山 [35]、阳山 [35]、郁南 [101]、云浮 [35]、肇庆 [9, 35]、紫金 [31]。

眼镜豆 ***Entada rheedei*** Spreng.

分布：阳江 [35]。

鸡头薯属 *Eriosema* (DC.) G. Don

鸡头薯 ***Eriosema chinense*** Vogel

分布：博罗 [35, 100]、从化 [107]、大埔 [35]、东莞 [25]、封开 [14, 35]、广州 [35]、和平 [35]、河源 [35]、惠东 [35]、惠州 [35]、乐昌 [29, 35, 41]、连山 [35]、连州 [35]、茂名 [35, 85]、南雄 [33, 35]、清远 [35]、仁化 [16]、乳源 [26, 35]、深圳 [17, 35]、始兴 [28, 35]、翁源 [35, 51]、信宜 [52]、徐闻 [35]、阳山 [26, 35]、英德 [32, 35]、郁南 [101]、云浮 [35]、增城 [35]、肇庆 [9, 35]、中山 [10]、紫金 [31]。

刺桐属 *Erythrina* L.

龙牙花 ***Erythrina corallodendron*** L.

分布：博罗 #[100]、从化 #[107]、深圳 #[17]、肇庆 # [9]。

鸡冠刺桐 ***Erythrina crista-galli*** L.

分布：江门 *[8]、深圳 *[17]。

刺桐 ***Erythrina variegata*** L.

分布：博罗 *[5, 100]、从化 *[107]、封开 *[14]、深圳 *[17]、始兴 *[28]、五华 *[4]、信宜 *[52]、阳春 *[45]、肇庆 *[9]。

格木属 *Erythrophleum* Afzel. ex G. Don

格木 ***Erythrophleum fordii*** Oliv.

分布：博罗 [35, 38, 100]、封开 [14, 35]、佛冈 [27]、怀集 [35]、仁化 [16]、信宜 [35, 52]、郁南 [35, 101]、增城 [116]、肇庆 [9, 35]、紫金 [31, 35]。

山豆根属 *Euchresta* Benn.

山豆根 ***Euchresta japonica*** Hook. f. ex Regel

分布：乐昌 [29, 41, 35, 20]、仁化 [16, 35, 20]、阳山 [26]。

南洋楹属 *Falcataria* (I. C. Nielsen) Barneby & J. W. Grimes

南洋楹 ***Falcataria falcata*** (L.) Greuter & R. Rankin

分布：博罗 *[38]、从化 *[107]、东莞 *[25]、江门 *[8]、深圳 *[17]、肇庆 *[9]。

千斤拔属 ***Flemingia*** **Roxb. ex W. T. Aiton**

大叶千斤拔 ***Flemingia macrophylla*** (Willd.) Kuntze ex Merr.

分布：博罗 [38, 100]、从化 [107]、东莞 [25]、封开 [14]、佛冈 [27]、广州 [35]、和平 [35]、河源 [35]、惠东 [12, 35]、惠州 [35]、乐昌 [29, 35, 41]、龙川 [35]、龙门 [35]、茂名 [85]、南雄 [33]、清远 [35]、仁化 [16]、深圳 [11, 17, 35]、始兴 [28, 35]、台山 [35]、翁源 [35, 51]、新丰 [63]、信宜 [35, 52]、阳春 [35]、阳山 [35]、英德 [32, 35]、郁南 [35, 101]、云浮 [35]、增城 [35]、肇庆 [9, 35]、紫金 [31]。

千斤拔 ***Flemingia prostrata*** Roxb. Junior ex Roxb.

分布：博罗 [38, 100]、东莞 [25]、封开 [14, 35]、广州 [35]、蕉岭 [35]、乐昌 [29, 41]、连州 [35]、罗定 [35]、梅州 [35]、南雄 [33, 57]、仁化 [16]、韶关 [35]、深圳 [17]、阳春 [35]、英德 [32]、肇庆 [9]、紫金 [31]。

球穗千斤拔 ***Flemingia strobilifera*** (L.) W. T. Aiton

分布：乐昌 [29]、乳源 [26]、阳山 [26]。

干花豆属 ***Fordia*** **Hemsl.**

干花豆 ***Fordia cauliflora*** Hemsl.

分布：封开 [14, 35]、台山 [35]、阳春 [35]、肇庆 [9, 35]、珠海 [35]。

乳豆属 ***Galactia*** **P. Browne**

乳豆 ***Galactia tenuiflora*** (Klein ex Willd.) Wight & Arn.

分布：乐昌 [29, 35, 41]、南澳 [35]、乳源 [26, 35]、深圳 [17]、始兴 [28]、阳山 [26, 35]。

睫苞豆属 ***Geissaspis*** **Wight & Arn.**

睫苞豆 ***Geissaspis cristata*** Wight & Arn.

分布：广州 [3, 35]。

皂荚属 ***Gleditsia*** **L.**

小果皂荚 ***Gleditsia australis*** F. B. Forbes & Hemsl.

分布：博罗 [5]、东莞 [25]、封开 [14]、高州 [35]、乐昌 [35]、茂名 [35]、南雄 [33]、平远 [35]、仁化 [16]、乳源 [35]、深圳 [17]、始兴 [28, 35]、新丰 [63]、信宜 [52]、阳山 [26, 35]。

华南皂荚 ***Gleditsia fera*** (Lour.) Merr.

分布：从化 [107]、东莞 [25]、佛冈 [27]、广州 [35]、惠东 [12]、仁化 [16]、韶关 [35]、深圳 [17]、始兴 [28, 35]、台山 [35]、翁源 [35]、五华 [4]、信宜 [52]、徐闻 [35]、英德 [35]、肇庆 [35]、中山 [10]、紫金 [31]。

皂荚 ***Gleditsia sinensis*** Lam.

分布：博罗 [100]、连州 [26]、仁化 [16]、乳源 [26]、五华 [4]、郁南 [101]、肇庆 [9]。

大豆属 ***Glycine*** **Willd.**

大豆 ***Glycine max*** (L.) Merr.

分布：博罗 *[38, 100]、从化 *[107]、仁化 *[16]、深圳 *[17]、信宜 *[52]、阳春 *[45]、郁南 *[101]、肇庆 *[9]。

野大豆 ***Glycine soja*** Siebold & Zucc.

分布：广州 [35]、连州 [35]、茂名 [85]、梅州 [20]、乳源 [20, 26, 35]、始兴 [20, 28, 35]、阳江 [20]、郁南 [101]。

短绒野大豆 ***Glycine tomentella*** Hayata

分布：惠东 [20]、惠来 [35]、陆丰 [20, 35]。

假地豆属 ***Grona*** **Lour.**

假地豆 ***Grona heterocarpos*** (L.) H. Ohashi & K. Ohashi

分布：博罗 [35] [粤 786268 (IBSC)]、潮州 [35] [叶华谷等 12887 (IBSC)]、从化 [35, 107]、大埔 [35] [曾宪锋 ZXF8325 (CZH)]、东莞 [25, 35]、东源 [119]、丰顺 [35, 95]、封开 [14, 35]、佛冈 [27]、佛山 [35] [陈文 9871 (IBSC)]、高州 [35] [蒋英 869 (IBSC)]、广州 [35] [叶育石 5192 (IBSC)]、海丰 [35] [周业祝 ZYZ027 (CZH)]、和平 [35] [张桂才 681 (IBSC)]、河源 [35] [77 级科研组新 0892 (SN)]、鹤山 [35] [林正眉 L2098 (SN)]、怀集 [35] [刘瑛光 2806 (IBSC)]、惠东 [12, 35]、惠州 [35] [陈炳辉 510 (IBSC)]、江门 [8, 35]、蕉岭 [35] [徐祥浩、林辉奉 219 (IBSC)]、揭西 [35] [曾宪锋 ZXF35571 (CZH)]、揭阳 [35] [黄雅凤 HYF034 (CZH)]、乐昌 [29, 35, 41]、连平 [35] [粤 73 1529 (CDBI)]、连山 [35] [叶华谷 5120 (IBSC)]、连州 [35] [谭沛祥 60141 (IBSC)]、龙门 [35] [卫兆芬 121916 (KUN)]、陆丰 [35] [许小婷 XXT036 (CZH)]、罗定 [35] [叶华谷、刘念 2072 (IBSC)]、茂名 [35, 85]、梅州 [35] [李学根 202457 (IBSC)]、南澳 [35] [陈炳辉 244 (IBSC)]、普宁 [35] [曾宪锋 ZXF11893 (CZH)]、清远 [35] [侯宽昭 74162 (IBSC)]、饶平 [35] [曾宪锋 ZXF26391 (CZH)]、仁化 [16, 35]、乳源 [26, 35]、汕头 [35] [梁其瑾 1053 (PE)]、汕尾 [35] [陈炳辉 595 (IBSC)]、深圳 [11, 17, 35]、始兴 [28, 35]、台山 [35] [左景烈 22280 (IBSC)]、翁源 [35, 51]、五华 [4, 35]、新丰 [63]、新兴 [35] [刘瑛光 2436 (IBSC)]、信宜 [52]、兴宁 [35] [曾宪锋 ZXF32478 (CZH)]、徐闻 [35] [徐闻队 648 (PE)]、阳春 [35] [叶华谷等 5796 (IBSC)]、阳江 [35] [黄志 41884 (IBSC)]、阳山 [26, 35]、英德 [32, 35]、郁南 [35, 101]、云浮 [35] [黄志 37256 (IBSC)]、增城 [116]、湛江 [35] [陈淑华 20153216 (SN)]、肇庆 [9, 35]、中山 [10, 35]、珠海 [35] [粤 73 2944 (IBSC)]、紫金 [31, 35]。

糙毛假地豆 ***Grona heterocarpos* var. *strigosa*** (Meeuwen) H. Ohashi & K. Ohashi

分布：德庆 [35]、封开 [35]、广宁 [35]、怀集 [35]、四会 [35]、肇庆 [35]。

异叶三点金 ***Grona heterophylla*** (Willd.) H. Ohashi & K. Ohashi

分布：博罗 [5, 100]、大埔 [35]、封开 [14, 35]、广州 [35]、惠东 [12, 35]、惠州 [35]、蕉岭 [35]、龙门 [35]、陆丰 [35]、茂名 [35, 85]、平远 [35]、仁化 [16]、深圳 [17]、台山 [35]、新兴 [35]、信宜 [52]、徐闻 [35]、郁南 [101]、肇庆 [9, 35]。

显脉假地豆 ***Grona reticulata*** (Champ. ex Benth.) H. Ohashi & K. Ohashi

分布：博罗 [35]、东莞 [25]、封开 [14, 35]、广州 [35]、惠东 [12, 35]、惠州 [35]、江门 [8]、茂名 [35]、南雄 [33, 57]、仁化 [16]、深圳 [17, 35]、新丰 [63]、信宜 [52]、徐闻 [35]、阳春 [45]、云浮 [35]、肇庆 [9, 35]、中山 [10]、紫金 [31]。

赤三点金 ***Grona rubra*** (Lour.) H. Ohashi & K. Ohashi

分布：丰顺 [95]、雷州 [35]、深圳 [17]、吴川 [35]、阳江 [35]、湛江 [35]。

广东金钱草 ***Grona styracifolia*** (Osbeck) H. Ohashi & K. Ohashi

分布：博罗 [35, 38, 100]、广州 [35]、海丰 [35]、茂名 [85]、深圳 [17, 35]、新丰 [63]、新兴 [35]、英德 [32]、云浮 [35]、肇庆 [9, 35]、紫金 [31]。

三点金 ***Grona triflora*** (L.) H. Ohashi & K. Ohashi

分布：博罗 [5, 100]、东莞 [25]、丰顺 [95]、封开 [14]、佛冈 [27]、广州 [35]、海丰 [35]、惠东 [35]、江门 [8]、蕉岭 [35]、乐昌 [35]、罗定 [35]、茂名 [35, 85]、南澳 [35]、仁化 [16]、深圳 [11, 17]、五华 [4]、新丰 [63]、信宜 [52]、徐闻 [35]、阳春 [35, 45]、郁南 [35, 101]、增城 [116]、中山 [10]、紫金 [31]。

鹰叶刺属 *Guilandina* L.

鹰叶刺 ***Guilandina bonduc*** L.

分布：惠东 [12, 35]、江门 [8]、茂名 [85]、深圳 [17]、台山 [35]、翁源 [35]、徐闻 [35]、阳江 [35]、珠海 [35]。

喙荚鹰叶刺 ***Guilandina minax*** (Hance) G. P. Lewis

分布：博罗 [5, 100]、从化 [35, 107]、德庆 [35]、东莞 [25]、封开 [14]、佛冈 [27]、广州 [35]、河源 [35]、化州 [35]、江门 [8]、乐昌 [29, 35]、罗定 [35]、茂名 [85]、仁化 [16]、深圳 [17]、台山 [35]、阳江 [35]、英德 [32, 35]、云浮 [35]、增城 [35]、肇庆 [9, 35]、中山 [10, 35]、紫金 [31]。

肥皂荚属 *Gymnocladus* Lam.

肥皂荚 ***Gymnocladus chinensis*** Baill.

分布：连州 [26, 35]、南雄 [33]、乳源 [26, 35]。

采木属 *Haematoxylum* L.

采木 ***Haematoxylum campechianum*** L.

分布：广州 *[3]。

长柄山蚂蟥属 *Hylodesmum* H. Ohashi & R. R. Mill

密毛长柄山蚂蟥 ***Hylodesmum densum*** (C. Chen & X. J. Cui) H. Ohashi & R. R. Mill

分布：始兴 [473]。

侧序长柄山蚂蟥 ***Hylodesmum laterale*** (Schindl.) H. Ohashi & R. R. Mill

分布：广州 [84]、惠东 [84]、连平 [84]、乳源 [84]、深圳 [84]、始兴 [84]、英德 [84]。

疏花长柄山蚂蟥 ***Hylodesmum laxum*** (DC.) H. Ohashi & R. R. Mill

分布：和平 [84]、惠东 [12]、乐昌 [84]、连平 [84]、龙川 [84]、梅州 [84]、仁化 [84]、始兴 [84]、翁源 [84]、五华 [4]。

细长柄山蚂蟥 ***Hylodesmum leptopus*** (A. Gray ex Benth.) H. Ohashi & R. R. Mill

分布：博罗 [84]、从化 [84]、大埔 [84]、封开 [84, 14]、怀集 [84]、惠东 [12]、惠来 [84]、惠州 [84]、连南 [84]、罗定 [84]、茂名 [84]、乳源 [84]、深圳 [84]、翁源 [84]、新丰 [84]、信宜 [84]、阳春 [84]、英德 [84]、肇庆 [84]。

长柄山蚂蟥 ***Hylodesmum podocarpum*** (DC.) H. Ohashi & R. R. Mill

分布：和平 [84]。

宽卵叶长柄山蚂蟥 ***Hylodesmum podocarpum* subsp. *fallax*** (Schindl.) H. Ohashi & R. R. Mill

分布：封开 [14]、乳源 [84]。

尖叶长柄山蚂蟥 ***Hylodesmum podocarpum* subsp. *oxyphyllum*** (DC.) H. Ohashi & R. R. Mill

分布：博罗 [84]、大埔 [84]、封开 [14]、和平 [84]、怀集 [84]、惠州 [84]、乐昌 [84]、连南 [84]、连平 [84]、连山 [84]、连州 [84]、平远 [84]、仁化 [84]、乳源 [84]、始兴 [84]、翁源 [84]、五华 [4]、新丰 [84]、阳山 [84]、英德 [84]。

木蓝属 *Indigofera* L.

深紫木蓝 ***Indigofera atropurpurea*** Buch. -Ham. ex Hornem.

分布：大埔 [35]、德庆 [35]、广州 [35]、乐昌 [29, 35, 41]、梅州 [35]、乳源 [26, 35]、韶关 [35]、始兴 [28, 35]、翁源 [35, 51]、阳山 [35]。

疏花木蓝 ***Indigofera colutea*** (Burm. f.) Merr.

分布：吴川 [35]、徐闻 [13]。

细心木蓝 ***Indigofera cordifolia*** B. Heyne ex Roth

分布：连州 [418, 26, 35]。

庭藤 ***Indigofera decora*** Lindl.

分布：从化 [35]、东莞 [25]、广州 [35]、和平 [35]、怀集 [35]、乐昌 [29, 35, 41]、连南 [35]、连平 [35]、连山 [35]、连州 [26]、南雄 [33, 57]、清远 [35]、饶平 [35]、仁化 [16]、乳源 [26, 35]、深圳 [17]、始兴 [35]、翁源 [35, 51]、新丰 [35]、阳山 [26, 35]、英德 [32, 35]。

宜昌木蓝 ***Indigofera decora* var. *ichangensis*** (Craib) Y. Y. Fang & C. Z. Zheng

分布：蕉岭 [35]、龙川 [35]、南雄 [35]、仁化 [16]、乳源 [35]、始兴 [28]。

密果木蓝 ***Indigofera densifructa*** Y. Y. Fang & C. Z. Zheng

分布：江门 [8]、乐昌 [29, 35, 41]。

穗序木蓝 ***Indigofera hendecaphylla*** Jacq.

分布：广州 [35]、深圳 [17]、肇庆 [9]。

硬毛木蓝 ***Indigofera hirsuta*** L.

分布：博罗 [35]、从化 [107]、东莞 [25, 35]、佛冈 [27]、广州 [35]、惠东 [35]、江门 [8]、陆丰 [35]、茂名 [85]、乳源 [26]、

深圳 [11, 17, 35]、台山 [35]、吴川 [35]、徐闻 [35]、阳江 [35]、郁南 [35, 101]、湛江 [35]、中山 [10]、珠海 [35]。

花木蓝 ***Indigofera kirilowii*** Maxim. ex Palib.

分布：蕉岭 [35]。

单叶木蓝 ***Indigofera linifolia*** (L. f.) Retz.

分布：徐闻 [13]。

九叶木蓝 ***Indigofera linnaei*** Ali

分布：廉江 [http://ppbc. iplant. cn/tu/7052053]、徐闻 [13]。

滨海木蓝 ***Indigofera litoralis*** Chun & T. C. Chen

分布：陆丰 [卫兆芬 121235 (IBSC)]。

黑叶木蓝 ***Indigofera nigrescens*** Kurz ex King & Prain

分布：和平 [35]、怀集 [35]、乐昌 [29, 35]、连州 [35]、仁化 [16, 35]、乳源 [35]、翁源 [35]。

浙江木蓝 ***Indigofera parkesii*** Craib

分布：仁化 [446]。

远志木蓝 ***Indigofera squalida*** Prain

分布：乐昌 [陈少卿 2232 (IBK)]、阳山 [邓良 1618 (IBSC)]。

野青树 ***Indigofera suffruticosa*** Mill.

分布：博罗 #[5, 15, 100]、从化 #[15]、东莞 #[25]、封开 #[15]、广州 #[15]、惠东 #[15]、惠州 #[82]、蕉岭 #[15]、廉江 #[15]、龙门 #[15]、罗定 #[15]、茂名 #[85]、深圳 # [15, 11, 82, 17]、台山 #[15]、翁源 #[15]、新兴 #[15]、信宜 #[52]、徐闻 #[15]、阳春 #[15]、阳江 #[15]、英德 #[32]、云浮 #[15]、增城 #[15]、肇庆 #[9, 15]。

木蓝 ***Indigofera tinctoria*** L.

分布：佛冈 #[27]、仁化 #[16]。

三叶木蓝 ***Indigofera trifoliata*** L.

分布：广州 [35]、乐昌 [29]、连州 [35]、罗定 [35]、饶平 [35]、乳源 [26, 35]、阳山 [35]、英德 [35]。

脉叶木蓝 ***Indigofera venulosa*** Champ. ex Benth.

分布：惠州 [35]、江门 [8]、深圳 [17]。

尖叶木蓝 ***Indigofera zollingeriana*** Miq.

分布：广州 [35]、深圳 [17, 35]、英德 [32]、肇庆 [9, 35]。

鸡眼草属 *Kummerowia* Schindl.

长萼鸡眼草 ***Kummerowia stipulacea*** (Maxim.) Makino

分布：梅州 [曾宪锋 ZXF33151 (CZH)]、平远 [曾宪锋 ZXF34076 (CZH)]、仁化 [邓良 7509 (WUK0192541)]、新兴 [刘瑛光 2271 (HZ019808)]、肇庆 [刘瑛光 1845 (HZ019809)]。

鸡眼草 ***Kummerowia striata*** (Thunb.) Schindl.

分布：博罗 [38, 100]、从化 [107]、东莞 [25]、丰顺 [95]、封开 [14]、佛冈 [27]、广州 [35]、江门 [8]、乐昌 [29, 41]、连州 [26]、南雄 [33, 57]、仁化 [16]、乳源 [26]、深圳 [11, 17]、始兴 [28]、翁源 [51]、五华 [4]、新丰 [63]、信宜 [52]、阳山 [26]、英德 [32]、郁南 [101]、肇庆 [9]、中山 [10]、紫金 [31]。

扁豆属 *Lablab* Adans.

扁豆 ***Lablab purpureus*** (L.) Sweet

分布：东莞 #[25]、江门 #[8]、乐昌 #[29, 41]、南雄 #[57]、仁化 #[16]、深圳 #[17]、始兴 #[28]、信宜 #[52]、郁南 #[101]、肇庆 #[9]。

山黧豆属 *Lathyrus* L.

香豌豆 ***Lathyrus odoratus*** L.

分布：信宜 *[52]、郁南 *[101]。

细蚂蟥属 *Leptodesmia* (Benth.) Benth. & Hook. f.

小叶细蚂蟥 ***Leptodesmia microphylla*** (Thunb.) H. Ohashi & K. Ohashi

分布：东莞 [25]、怀集 [35]、惠东 [12]、乐昌 [35, 41]、连州 [26]、南雄 [33, 35, 57]、仁化 [16, 35]、乳源 [26, 35]、深圳 [17, 35]、始兴 [28, 35]、翁源 [35, 51]、新丰 [63]、信宜 [52]、阳山 [26, 35]、英德 [32, 35]、紫金 [31]。

胡枝子属 *Lespedeza* Michx.

胡枝子 ***Lespedeza bicolor*** Turcz.

分布：从化 [107]、大埔 [35]、东莞 [25]、东源 [59]、丰顺 [95]、封开 [14, 35]、佛冈 [27]、广州 [35]、惠州 [35]、江门 [8]、乐昌 [29, 35, 41]、连州 [35]、南雄 [33, 35, 57]、仁化 [16, 35]、乳源 [26]、始兴 [28, 35]、台山 [35]、翁源 [35, 51]、五华 [35]、新丰 [63]、阳山 [26]、英德 [32, 35]、云浮 [35]。

中华胡枝子 ***Lespedeza chinensis*** G. Don

分布：从化 [107]、大埔 [35]、德庆 [35]、东莞 [25]、封开 [35]、广宁 [35]、怀集 [35]、惠东 [12]、江门 [8]、乳源 [26]、深圳 [17]、始兴 [28]、四会 [35]、翁源 [35]、信宜 [52]、阳山 [26]、英德 [32]、郁南 [101]、增城 [116]、肇庆 [35]、紫金 [31]。

截叶铁扫帚 ***Lespedeza cuneata*** (Dum. Cours.) G. Don

分布：博罗 [5, 100]、从化 [35, 107]、东源 [59]、丰顺 [95]、封开 [14, 35]、佛冈 [27]、广州 [35]、和平 [35]、惠东 [35]、江门 [8]、乐昌 [26, 29, 35, 41]、连南 [35]、连平 [35]、连山 [35]、连州 [26, 35]、南澳 [35]、南雄 [33, 35, 57]、仁化 [16]、乳源 [26, 35]、深圳 [17]、始兴 [28, 35]、翁源 [35, 51]、五华 [4]、新丰 [35, 63]、新兴 [35]、信宜 [52]、兴宁 [35]、阳山 [26, 35]、英德 [32, 35]、郁南 [35, 101]、云浮 [35]、肇庆 [9, 35]、紫金 [31]。

丹霞铁马鞭 ***Lespedeza danxiaensis*** Q. Fan, W. Y. Zhao & K. W. Jiang

分布：仁化 [357]。

大叶胡枝子 ***Lespedeza davidii*** Franch.

分布：乐昌 [26, 29, 35, 41]、连南 [35]、连山 [35]、连州 [26, 35]、南雄 [33, 35]、乳源 [26, 35]、始兴 [28, 35]、阳山 [26, 35]、英德 [32]。

春花胡枝子 ***Lespedeza dunnii*** Schindl.

分布：乳源 [26, 35]。

多花胡枝子 ***Lespedeza floribunda*** Bunge

分布：封开 [14, 35]、乐昌 [29, 35]、饶平 [35]、仁化 [16]、乳源 [26, 35]、始兴 [28, 35]、台山 [35]、兴宁 [35]、阳山 [26]、珠海 [35]。

广东胡枝子 ***Lespedeza fordii*** Schindl.

分布：大埔 [35]、连州 [35]、翁源 [35]、英德 [32]。

铁马鞭 ***Lespedeza pilosa*** (Thunb.) Siebold & Zucc.

分布：连州 [35]、仁化 [16]、乳源 [26]、始兴 [28, 35]。

美丽胡枝子 ***Lespedeza thunbergii* subsp. *formosa*** (Vogel) H. Ohashi

分布：博罗 [35, 100]、从化 [35, 107]、大埔 [35]、东莞 [25]、东源 [59]、封开 [14, 35]、佛冈 [27]、广州 [35]、和平 [35]、河源 [35]、怀集 [35]、惠东 [12, 35]、乐昌 [29, 35, 41]、连山 [35]、连州 [26]、龙门 [35]、梅州 [35]、仁化 [16]、乳源 [35]、深圳 [17]、翁源 [35]、五华 [4]、新丰 [35, 63]、阳山 [26, 35]、英德 [32, 35]、肇庆 [35]、紫金 [31]。

绒毛胡枝子 ***Lespedeza tomentosa*** (Thunb.) Siebold ex Maxim.

分布：连州 [35]、乳源 [26, 35]。

细梗胡枝子 ***Lespedeza virgata*** (Thunb.) DC.

分布：博罗 [35]、连州 [26]、饶平 [35]、乳源 [26, 35]。

南胡枝子 ***Lespedeza wilfordii*** Ricker

分布：珠海 [30]。

银合欢属 *Leucaena* Benth.

银合欢 ***Leucaena leucocephala*** (Lam.) de Wit

分布：博罗 #[38, 100]、潮州 #[15, 404]、从化 #[107]、东莞 #[25]、东源 #[119]、丰顺 #[15]、封开 #[14]、佛冈 #[27]、佛山 #[500]、广州 #[15, 21]、惠东 #[12]、江门 #[8]、蕉岭 #[15]、揭阳 #[15]、乐昌 #[41, 526]、梅州 #[15]、饶平 #[15]、深圳 #[15, 11, 82, 17]、五华 #[4]、徐闻 #[15]、云浮 #[15]、湛江 #[15, 416]、肇庆 #[9, 15, 423]、中山 #[10, 82]、珠海 #[15, 428]、紫金 #[31]。

仪花属 *Lysidice* Hance

短萼仪花 ***Lysidice brevicalyx*** C. F. Wei

分布：东莞 [25]、封开 [35]、高州 [35]、广州 [35]、茂名 [35]、信宜 [52]、云浮 [35]、肇庆 [35]。

仪花 ***Lysidice rhodostegia*** Hance

分布：封开 [14]、茂名 [85]、深圳 *[17]、信宜 [52]、肇庆 *[9]。

马鞍树属 *Maackia* Rupr.

华南马鞍树 ***Maackia australis*** (Dunn) Takeda

分布：海丰 [宋柱秋 2022008 (IBSC)]、惠州 [35]、深圳 [17]、台山 [35]、肇庆 [35]、珠海 [35]。

大翼豆属 *Macroptilium* (Benth.) Urb.

紫花大翼豆 ***Macroptilium atropurpureum*** (DC.) Urb.

分布：潮州 #[15]、东莞 #[25]、广州 #[15, 21]、揭阳 # [15]、茂名 #[15]、南澳 #[15]、汕头 #[15, 386]、深圳 #[17, 82]、湛江 #[416]、珠海 #[15]。

大翼豆 ***Macroptilium lathyroides*** (L.) Urb.

分布：潮州 #[398]、东莞 #[82]、广州 #[15]、惠州 # [82]、揭阳 #[15]、乐昌 #[526]、茂名 #[15]、汕头 #[15]、深圳 # [82]、徐闻 #[13]、郁南 #[101]、湛江 #[15, 13]、中山 #[10, 82]、珠海 #[15]。

苜蓿属 *Medicago* L.

天蓝苜蓿 ***Medicago lupulina*** L.

分布：乐昌 [43, 29, 35]、南雄 [33, 57]、韶关 [43]。

南苜蓿 ***Medicago polymorpha*** L.

分布：广州 #[43, 15, 35]、深圳 #[82]、肇庆 #[9]、中山 # [82]。

苜蓿 ***Medicago sativa*** L.

分布：乐昌 #[43, 29, 41, 526]、仁化 #[16]。

草木樨属 *Melilotus* (L.) Mill.

白花草木樨 ***Melilotus albus*** Medik.

分布：东莞 #[82]、惠州 #[82]、南澳 #[384]、南雄 #[33, 57]、深圳 #[82]、中山 #[82]。

印度草木樨 ***Melilotus indicus*** (L.) All.

分布：广州 #[陈少卿 7423 (IBSC)]。

草木樨 ***Melilotus officinalis*** (L.) Lam.

分布：潮州 #[386]、乐昌 #[29]。

见血飞属 *Mezoneuron* Desf.

九羽见血飞 ***Mezoneuron enneaphyllum*** (Roxb.) Wight & Arn. ex Voigt

分布：从化 [https://ppbc. iplant. cn/tu/7924615]。

崖豆藤属 *Millettia* Wight & Arn.

香港崖豆 ***Millettia oraria*** Dunn

分布：连州 [35]、乳源 [26]、深圳 [17]。

海南崖豆藤 ***Millettia pachyloba*** Drake

分布：广州 [35]、怀集 [35]、徐闻 [35]、英德 [32]、云浮 [35]、肇庆 [9, 35]。

印度崖豆 ***Millettia pulchra*** (Benth.) Kurz

分布：东莞 [25]、东源 [59]、封开 [14, 35]、佛冈 [27]、高州 [35]、广州 [35]、乐昌 [29, 35]、连南 [35]、连州 [35]、茂名 [35]、南澳 [35]、仁化 [16]、乳源 [26, 35]、汕头 [35]、韶关 [35]、深圳 [17, 35]、台山 [35]、翁源 [35, 51]、新丰 [63]、新兴 [35]、信宜 [35, 52]、阳春 [35]、阳山 [35]、云浮 [35]。

绒毛崖豆 ***Millettia velutina*** Dunn

分布：东莞 [25]、封开 [肖锦韵 51758 (CSFI015669)]、茂名 [朱志淞 1108 (IBSC)]、英德 [32, 35]。

含羞草属 *Mimosa* L.

光荚含羞草 ***Mimosa bimucronata*** (DC.) Kuntze

分布：从化 #[107, 509]、东莞 #[25, 82]、丰顺 #[95]、佛冈 #[27]、广州 #[21]、惠东 #[12]、惠州 #[82]、江门 # [8]、

乐昌 #[526]、乳源 #[26]、韶关 #[15]、深圳 #[17, 82]、翁源 #[51]、五华 #[4]、信宜 #[52]、徐闻 #[497]、郁南 #[101]、湛江 #[416]、中山 #[10, 82]、紫金 #[31]。

巴西含羞草 ***Mimosa diplotricha*** C. Wright

分布：东莞 #[82]、封开 #[14]、广州 #[15, 21]、惠州 #[82]、乐昌 #[41]、茂名 #[15]、深圳 #[82]、湛江 #[15, 416]、中山 #[10, 82]。

无刺含羞草 ***Mimosa diplotricha* var. *inermis*** (Adelb.) Alam & Yusof

分布：潮州 #[15]、东莞 #[25]、佛冈 #[27]、广州 #[15]、茂名 #[15]、深圳 #[15, 17, 82]、肇庆 #[9, 15]、中山 #[10, 82]、珠海 #[15]。

含羞草 ***Mimosa pudica*** L.

分布：博罗 #[38, 100]、潮州 #[15, 404]、从化 #[107, 509]、东莞 #[25, 82]、东源 #[59]、封开 #[14]、佛冈 #[27]、佛山 #[500]、广州 #[15, 21]、惠东 #[12]、惠来 #[15]、惠州 #[82]、江门 #[8, 494]、蕉岭 #[15]、揭阳 #[15]、乐昌 #[41, 526]、茂名 #[85]、平远 #[15]、普宁 #[15]、饶平 #[15]、汕头 #[15]、深圳 #[15, 11, 82, 17]、五华 #[4]、新丰 #[63]、徐闻 #[15]、阳春 #[15]、郁南 #[101]、增城 #[116]、湛江 #[15, 416]、肇庆 #[9, 15, 423]、中山 #[10, 82]、珠海 #[428]、紫金 #[31]。

肉荚云实属 *Moullava* Adans.

扭果苏木 ***Moullava tortuosa*** (Roxb.) Gagnon & G. P. Lewis

分布：广州 [3]。

油麻藤属 *Mucuna* Adans.

白花油麻藤 ***Mucuna birdwoodiana*** Tutcher

分布：博罗 [35, 38, 100]、从化 [35]、大埔 [35]、东莞 [25, 35]、东源 [119]、丰顺 [95]、佛冈 [27]、河源 [35]、惠东 [12, 35]、惠州 [35]、蕉岭 [35]、连山 [35]、陆丰 [35]、罗定 [35]、茂名 [35, 85]、清远 [35]、饶平 [35]、仁化 [16]、深圳 [17]、始兴 [28]、五华 [4]、新丰 [63]、信宜 [35, 52]、阳春 [35, 45]、英德 [32]、郁南 [101]、增城 [116]、肇庆 [9, 35]、中山 [10]、紫金 [31]。

黄毛黧豆 ***Mucuna bracteata*** DC.

分布：丰顺 [95]。

港油麻藤 ***Mucuna championii*** Benth.

分布：深圳 [17]。

琼油麻藤 ***Mucuna hainanensis*** Hayata

分布：深圳 [11]。

褶皮油麻藤 ***Mucuna lamellata*** Wilmot-Dear

分布：博罗 [35]、封开 [35]、连州 [35]、南雄 [33]、乳源 [35]、阳山 [26, 35]、英德 [35]。

大球油麻藤 ***Mucuna macrobotrys*** Hance

分布：连南 [黄立 60795 (IBSC)]。

大果油麻藤 ***Mucuna macrocarpa*** Wall.

分布：江门 [8]、廉江 [35]、台山 [35]、阳江 [35]。

黧豆 ***Mucuna pruriens* var. *utilis*** (Wall. ex Wight) Baker ex Burck.

分布：从化 *[http://ppbc. iplant. cn/tu/2636177]、梅州 *[http://ppbc. iplant. cn/tu/9090509]、深圳 *[17]、信宜 *[http:// ppbc. iplant. cn/tu/4520226]、增城 *[http://ppbc. iplant. cn/tu/7070025]、湛江 *[http://ppbc. iplant. cn/tu/ 4512632]、肇庆 *[http://ppbc. iplant. cn/tu/9688889]。

油麻藤 ***Mucuna sempervirens*** Hemsl.

分布：广州 *[http://ppbc. iplant. cn/tu/12350462]、惠东 [12, 35]、惠州 [http://ppbc. iplant. cn/tu/4143747]、茂名 [85]、仁化 [16]、肇庆 [9]。

南海藤属 *Nanhaia* J. Compton & Schrire

广东南海藤 ***Nanhaia fordii*** (Dunn) J. Compton & Schrire

分布：封开 [14, 35]、连州 [35]、罗定 [35]、英德 [32]、云浮 [35]、肇庆 [35]。

南海藤 ***Nanhaia speciosa*** (Champ. ex Benth.) J. Compton & Schrire

分布：博罗 [38, 100]、从化 [107]、东莞 [25]、佛冈 [27]、广州 [35]、惠州 [35]、乐昌 [29, 35]、茂名 [35, 85]、仁化 [16]、深圳 [11, 17]、台山 [35]、信宜 [35, 52]、徐闻 [35]、阳春 [35]、阳山 [26]、肇庆 [9, 35]、珠海 [35]、紫金 [31]。

假含羞草属 *Neptunia* Lour.

假含羞草 ***Neptunia plena*** (L.) Benth.

分布：广州 #[22]、阳春 #[22]。

草葛属 *Neustanthus* Benth.

草葛 ***Neustanthus phaseoloides*** (Roxb.) Benth.

分布：博罗 #[35, 100]、从化 #[35] [中德采集队 1115 (IBSC)]、大埔 #[35] [曾怀德 21600 (IBSC)]、德庆 #[35] [刘瑛光 1297 (IBSC)]、东莞 #[25, 35]、东源 #[59]、丰顺 # [95]、封开 #[14]、佛冈 #[27]、广宁 #[35] [陈炳辉 1660 (IBSC)]、广州 #[35] [叶育石 5474 (IBSC)]、海丰 #[35] [卫兆芬 121405 (IBSC)]、河源 #[35] [77 级科研组新 0353 (SN)]、惠东 #[12, 35]、惠州 #[35] [叶华谷、曾飞燕 21871 (IBSC)]、江门 #[8]、乐昌 #[35, 41]、雷州 #[13]、廉江 #[13]、龙门 #[35] [王学文、张桂才 8239 (IBSC)]、罗定 #[35] [刘念、叶华谷 2286 (IBSC)]、茂名 #[85]、仁化 #[16]、汕头 #[35] [曾宪锋 ZXF10153 (CZH)]、深圳 #[11, 17, 35]、台山 #[35] [粤 73 2672 (IBSC)]、新丰 #[63]、新兴 #[35] [刘瑛光 2328 (IBSC)]、信宜 #[52]、徐闻 #[35] [徐闻队 787 (PE)]、阳春 #[35, 45]、英德 #[32, 35]、郁南 #[35, 101]、云浮 #[35] [黄志 37586 (IBSC)]、增城 #[116]、湛江 #[13]、肇庆 #[9, 35]、中山 #[10, 35]、珠海 #[35] [唐国旺等 TangGW013 (KUN)]。

小槐花属 *Ohwia* H. Ohashi

小槐花 ***Ohwia caudata*** (Thunb.) H. Ohashi

分布：从化 [35, 107]、大埔 [35]、丰顺 [95]、封开 [14,

35]、佛冈 [27]、和平 [35]、怀集 [35]、惠东 [12]、乐昌 [29, 35, 41]、连山 [35]、连州 [26, 35]、龙门 [35]、南澳 [35]、南雄 [33, 35, 57]、仁化 [16, 35]、乳源 [26, 35]、深圳 [17]、始兴 [28]、翁源 [51]、五华 [4]、新丰 [35, 63]、信宜 [52]、阳春 [35]、阳山 [26, 35]、英德 [32]、郁南 [35, 101]、肇庆 [9, 35]、中山 [10]、珠海 [35]、紫金 [31]。

红豆属 *Ormosia* Jacks.

博罗红豆 *Ormosia boluoensis* Y. Q. Wang & P. Y. Chen

分布：博罗 [王英强 775 (IBSC)]、龙门 [http://ppbc.iplant. cn/tu/14260719]。

厚荚红豆 *Ormosia elliptica* Q. W. Yao & R. H. Chang

分布：饶平 [35]。

凹叶红豆 *Ormosia emarginata* (Hook. & Arn.) Benth.

分布：东莞 [25]、惠东 [12]、江门 [8, 35]、深圳 [17]、阳春 [35, 45]、阳江 [35]、中山 [10]、珠海 [35]、紫金 [31]。

锈枝红豆 *Ormosia ferruginea* R. H. Chang

分布：惠东 [12]、阳春 [3, 35, 37, 45]、紫金 [31]。

肥荚红豆 *Ormosia fordiana* Oliv.

分布：博罗 [35, 100]、德庆 [35]、封开 [14]、怀集 [35]、江门 [8]、罗定 [35]、茂名 [35]、五华 [4]、信宜 [35, 52]、阳春 [35]、阳江 [35]、英德 [32]、郁南 [101]、云浮 [35]、增城 [116]、肇庆 [9, 35]、紫金 [31]。

胀荚红豆 *Ormosia inflata* Merr. & Chun ex H. Y. Chen

分布：珠海 [https://ppbc.iplant.cn/tu/18196808]。

光叶红豆 *Ormosia glaberrima* Y. C. Wu

分布：博罗 [100]、从化 [107]、封开 [14, 35]、惠东 [12]、江门 [8]、乐昌 [29, 35]、仁化 [16, 35]、乳源 [26, 35]、五华 [4]、新兴 [35]、信宜 [35, 52]、英德 [32, 35]、云浮 [35]、肇庆 [9, 35]、中山 [10]。

花榈木 *Ormosia henryi* Prain

分布：封开 [14]、广州 [20, 35]、惠东 [12]、江门 [8]、乐昌 [29, 35, 20]、南雄 [57, 33, 35, 20]、仁化 [16]、始兴 [20, 28, 35]、翁源 [18, 51]、五华 [20, 35]、英德 [32, 35, 20]、郁南 [101]、增城 [116]。

韧荚红豆 *Ormosia indurata* H. Y. Chen

分布：博罗 [3, 35, 37]、惠东 [35]、惠州 [35]、江门 [8]、深圳 [17]、增城 [116]。

云开红豆 *Ormosia merrilliana* H. Y. Chen

分布：封开 [14]、廉江 [35]、龙门 [35]、罗定 [35]、郁南 [35, 101]、增城 [116]、肇庆 [9, 35]。

小叶红豆 *Ormosia microphylla* Merr. & H. Y. Chen

分布：大埔 [35] [L. Teng 5115 (IBSC)]。

秃叶红豆 *Ormosia nuda* (F. C. How) R. H. Chang & Q. W. Yao

分布：乳源 [26, 35]。

茸荚红豆 *Ormosia pachycarpa* Champ. ex Benth.

分布：大埔 [35]、封开 [14, 35]、江门 [8]、英德 [32]、紫金 [31]。

海南红豆 *Ormosia pinnata* (Lour.) Merr.

分布：从化 *[107]、高州 [35]、江门 [8]、深圳 *[17]、徐闻 [35]、阳江 [35]、增城 [116]、肇庆 [9, 35]。

紫花红豆 *Ormosia purpureiflora* H. Y. Chen

分布：龙门 [3, 35]、罗定 [3, 35]、仁化 [16]、增城 [https://ppbc.iplant.cn/tu/17591492]。

软荚红豆 *Ormosia semicastrata* Hance

分布：博罗 [5, 35]、从化 [35, 107]、德庆 [35]、东莞 [25]、丰顺 [35]、封开 [14, 35]、佛冈 [27]、河源 [35]、惠东 [12]、江门 [8]、蕉岭 [35]、乐昌 [29, 35, 41]、连平 [35]、连山 [35]、龙门 [35]、梅州 [35]、平远 [35]、清远 [35]、仁化 [16]、乳源 [26, 35]、韶关 [35]、深圳 [17]、始兴 [35]、翁源 [51]、五华 [4]、新丰 [35, 63]、阳山 [26]、英德 [32, 35]、增城 [116]、肇庆 [9, 35]、紫金 [31]。

亮毛红豆 *Ormosia sericeolucida* H. Y. Chen

分布：阳春 [35, 37, 45]。

木荚红豆 *Ormosia xylocarpa* Chun ex H. Y. Chen

分布：大埔 [35]、丰顺 [35, 95]、封开 [14, 35]、佛冈 [27]、惠东 [12]、江门 [8]、蕉岭 [35]、乐昌 [29, 35, 41]、连南 [35]、连山 [35]、连州 [26, 35]、梅州 [35]、南雄 [33, 35]、平远 [35]、仁化 [16]、乳源 [26, 35]、韶关 [35]、始兴 [28, 35]、翁源 [35, 51]、五华 [4]、新丰 [35, 63]、信宜 [52]、英德 [32, 35]、肇庆 [9, 35]、紫金 [31]。

饿蚂蟥属 *Ototropis* Nees

饿蚂蟥 *Ototropis multiflora* (DC.) H. Ohashi & K. Ohashi

分布：乐昌 [26, 41]、乳源 [26]、阳山 [26]、英德 [32]。

豆薯属 *Pachyrhizus* Rich. ex DC.

豆薯 *Pachyrhizus erosus* (L.) Urb.

分布：博罗 *[5, 38]、乐昌 #[29]、仁化 #[16]、深圳 #[17, 82]、翁源 #[51]、郁南 #[101]、肇庆 #[9]。

猪腰豆属 *Padbruggea* Miq.

猪腰豆 *Padbruggea filipes* (Dunn) Craib

分布：高州 [35]。

盾柱木属 *Peltophorum* (Vogel) Benth.

盾柱木 *Peltophorum pterocarpum* (DC.) Baker ex K. Heyne

分布：广州 *[3]、深圳 *[17]。

火索藤属 *Phanera* Lour.

阔裂叶龙须藤 *Phanera apertilobata* (Merr. & F. P. Metcalf) K. W. Jiang

分布：博罗 [35]、从化 [35, 107]、丰顺 [95]、封开 [14, 35]、佛冈 [27]、江门 [8]、乐昌 [29, 35, 41]、连南 [35]、连山 [35]、连州 [26]、龙门 [35]、南雄 [33, 35, 57]、仁化 [16]、乳源 [26, 35]、始兴 [35]、五华 [4]、新丰 [35, 63]、兴宁 [35]、阳山 [35]、紫金 [31]。

火索藤 ***Phanera aurea*** (H. Lév.) Mackinder & R. Clark

分布：**封开** [14]、**茂名** [85]、**阳春** [45]、**肇庆** [9]。

龙须藤 ***Phanera championii*** Benth.

分布：**博罗** [38, 100]、**从化** [35, 107]、**东莞** [25]、**东源** [119]、**丰顺** [95]、**封开** [14]、**佛冈** [27]、**惠东** [12]、**江门** [8]、**乐昌** [29, 35, 41]、**连南** [35]、**连山** [35]、**罗定** [35]、**茂名** [85]、**南雄** [33, 57]、**仁化** [16]、**乳源** [26, 35]、**深圳** [11, 17]、**始兴** [28]、**翁源** [51]、**五华** [4]、**新丰** [63]、**信宜** [35, 52]、**阳山** [26, 35]、**英德** [32, 35]、**郁南** [35, 101]、**增城** [116]、**肇庆** [9, 35]、**中山** [10]、**紫金** [31, 35]。

锈荚藤 ***Phanera erythropoda*** (Hayata) Mackinder & R. Clark

分布：**封开** [14]、**肇庆** [35] [石国良 11477 (IBSC)]。

日本火索藤 ***Phanera japonica*** (Maxim.) H. Ohashi

分布：**深圳** [17]、**徐闻** [35]。

褐毛火索藤 ***Phanera ornata* var. *kerrii*** (Gagnep.) Bandyop.

分布: **德庆** [35]、**惠东** [12]、**茂名** [35]、**信宜** [52]、**阳春** [35, 37]、**阳江** [35]、**英德** [32]。

菜豆属 *Phaseolus* L.

棉豆 ***Phaseolus lunatus*** L.

分布：**肇庆** #[9]。

菜豆 ***Phaseolus vulgaris*** L.

分布：**乐昌** #[29]、**南雄** #[57]、**仁化** #[16]、**深圳** #[17]、**信宜** #[52]、**郁南** #[101]、**肇庆** #[9]。

排钱树属 *Phyllodium* Desv.

毛排钱树 ***Phyllodium elegans*** (Lour.) Desv.

分布：**博罗** [35, 38, 100]、**潮州** [35] [曾宪锋 ZXF02377 (CZH)]、**从化** [107]、**东莞** [25, 35]、**丰顺** [35, 95]、**封开** [14, 35]、**佛冈** [27]、**佛山** [35] [黄茂先 111160 (PE)]、**广州** [35] [叶华谷等 451 (IBSC)]、**海丰** [35] [卫兆芬 121403 (IBSC)]、**河源** [35] [77 级科研组新 0509 (SN)]、**化州** [35] [湛江区植物调查队 2961 (IBSC)]、**惠东** [12, 35]、**江门** [8]、**蕉岭** [35] [徐祥浩、林辉奉 141 (IBSC)]、**揭西** [35] [叶华谷等 4528 (IBSC)]、**陆丰** [35] [卫兆芬 121288 (IBSC)]、**陆河** [35] [叶华谷等 4598 (IBSC)]、**罗定** [35] [刘念等 2271 (IBSC)]、**茂名** [35, 85]、**饶平** [35] [曾宪锋 ZXF2327 (IBSC)]、**仁化** [16]、**深圳** [11, 17, 35]、**台山** [35] [左景烈 22275 (IBSC)]、**翁源** [35] [刘心祈 2682 (IBSC)]、**五华** [4]、**信宜** [35] [湛江区植物调查队 3834 (IBSC)]、**徐闻** [35] [徐闻队 119 (FUS00027934)]、**阳春** [35] [叶华谷 6019 (IBSC)]、**阳江** [35] [黄志 41733 (IBSC)]、**英德** [32]、**郁南** [35, 101]、**增城** [35, 116]、**湛江** [35] [南植地 2961 (SYS)]、**肇庆** [9, 35]、**中山** [10, 35]、**珠海** [35] [粤 73 2879 (IBSC)]、**紫金** [31, 35]。

长柱排钱树 ***Phyllodium kurzianum*** (Kuntze) H. Ohashi

分布：**德庆** [35] [刘瑛光 1223 (IBSC)]。

排钱树 ***Phyllodium pulchellum*** (L.) Desv.

分布：**博罗** [35, 38, 100]、**潮州** [35] [曾宪锋 ZXF6567 (CZH)]、**从化** [35, 107]、**大埔** [35] [李学根 202694 (IBSC)]、**东莞** [25, 35]、**丰顺** [35] [曾宪锋、曾庆宜 ZXF7372 (CZH)]、**封开** [14, 35]、**佛冈** [27]、**广州** [35] [朱志淞 1375 (CAF00018987)]、**海丰** [35] [卫兆芬 121442 (IBSC)]、**和平** [35] [谭策铭、易桂花、曹仕优等 Y06617 (JJF)]、**河源** [35] [77 级科研组新 0360 (SN)]、**怀集** [35] [刘瑛光 2965 (JXU0004186)]、**惠东** [35] [缪绅裕、廖文波 679 (SYS)]、**惠州** [35] [叶华谷、曾飞燕 22015 (IBSC)]、**江门** [35] [古兜山调研队 20098002 (SN)]、**乐昌** [29, 35, 41]、**连平** [35] [粤 73 1407 (CDBI)]、**龙川** [35] [杨晓萍 20110410 (SN)]、**茂名** [35, 85]、**梅州** [35] [徐德明 21336 (NAS)]、**南澳** [35] [曾宪锋 ZXF2055 (IBSC)]、**南雄** [33, 35]、**仁化** [16]、**乳源** [26, 35]、**汕头** [35] [刘慎谔 557 (PE)]、**深圳** [11, 17, 35]、**台山** [35] [左景烈 22276 (IBSC)]、**翁源** [35] [刘心祈 24804 (IBSC)]、**新兴** [35] [刘瑛光 2099 (IBSC)]、**信宜** [52]、**徐闻** [35] [朱志淞 924 (CAF00019835)]、**阳春** [45]、**阳山** [35] [徐德明 619 (IBSC)]、**英德** [32, 35]、**郁南** [35, 101]、**云浮** [35] [黄志 37210 (IBSC)]、**增城** [116]、**肇庆** [9, 35]、**中山** [10, 35]、**珠海** [35] [粤 73 3135 (IBSC)]、**紫金** [31, 35]。

豌豆属 *Pisum* L.

豌豆 ***Pisum sativum*** L.

分布: **博罗** *[5, 38]、**乐昌** *[29]、**南雄** *[57]、**仁化** * [16]、**深圳** *[17]、**信宜** *[52]、**郁南** *[101]、**肇庆** *[9]。

牛蹄豆属 *Pithecellobium* Mart.

牛蹄豆 ***Pithecellobium dulce*** (Roxb.) Benth.

分布：**广州** *[https://ppbc. iplant. cn/tu/14152626]、**深圳** *[https://ppbc. iplant. cn/tu/2333057]、**湛江** *[https://ppbc. iplant. cn/tu/1786937]。

翅荚香槐属 *Platyosprion* (Maxim.) Maxim.

翅荚香槐 ***Platyosprion platycarpum*** (Maxim.) Maxim.

分布: **乐昌** [29, 35]、**连南** [35]、**连州** [26, 35]、**乳源** [35]、**韶关** [35]、**始兴** [35]、**阳山** [26, 35]。

蝉豆属 *Pleurolobus* J. St. -Hil.

蝉豆 ***Pleurolobus gangeticus*** (L.) J. St. -Hil. ex H. Ohashi & K. Ohashi

分布：**博罗** [35, 100]、**从化** [35]、**佛山** [35]、**广州** [35]、**茂名** [35, 85]、**深圳** [11, 17]、**台山** [35]、**信宜** [52]、**徐闻** [35]、**阳山** [26, 35]、**郁南** [35, 101]、**云浮** [35]、**肇庆** [9, 35]、**中山** [10]、**紫金** [31]。

绒毛山蚂蝗属 *Polhillides* H. Ohashi & K. Ohashi

绒毛山蚂蝗 ***Polhillides velutina*** (Willd.) H. Ohashi & K. Ohashi

分布：**惠东** [35]、**茂名** [85]、**深圳** [17, 35]、**新兴** [35]、**阳春** [35]、**郁南** [35, 101]、**云浮** [35]、**紫金** [31]。

水黄皮属 *Pongamia* Adans.

水黄皮 *Pongamia pinnata* (L.) Pierre

分布：东莞 [25, 35]、深圳 [17, 35]、信宜 [52]、英德 [32]、中山 [10]。

四棱豆属 *Psophocarpus* Neck. ex DC.

四棱豆 *Psophocarpus tetragonolobus* (L.) DC.

分布：深圳 *[17]、肇庆 *[9]。

紫檀属 *Pterocarpus* Jacq.

紫檀 *Pterocarpus indicus* Willd.

分布：深圳 *[17]。

老虎刺属 *Pterolobium* R. Br. ex Wight & Arn.

老虎刺 *Pterolobium punctatum* Hemsl.

分布：和平 [35]、乐昌 [29, 41]、连州 [35]、南雄 [33]、仁化 [16]、乳源 [26, 35]、深圳 [17, 35]、始兴 [35]、阳山 [26]、郁南 [35, 101]。

葛属 *Pueraria* DC.

山葛 *Pueraria montana* (Lour.) Merr.

分布：博罗 [38]、潮州 [35] [曾宪锋 ZXF3578 (CZH)]、大埔 [35] [曾宪锋 ZXF32944 (CZH)]、东莞 [25, 35]、东源 [59]、丰顺 [35, 95]、佛冈 [27]、佛山 [35] [王瑞江 RQHN00563 (CSH)]、广州 [35] [王瑞江 RQHN00368 (CSH)]、和平 [35] [谭策铭、曹仕优 971886 (JJF)]、河源 [35] [王瑞江 RQHN00332 (CSH)]、怀集 [35] [刘瑛光 2804 (HZ)]、惠东 [12]、江门 [8]、蕉岭 [35] [陈森生 50 (SN)]、揭西 [35] [曾宪锋 ZXF35877 (CZH)]、乐昌 [26, 29, 35, 41]、连州 [26]、龙川 [35] [曾宪锋 ZXF22309 (CZH)]、梅州 [35] [曾宪锋 ZXF42211 (CZH)]、平远 [35] [曾宪锋 ZXF33915 (CZH)]、清远 [35] [王瑞江 RQHN00442 (CSH)]、饶平 [35] [曾宪锋 ZXF34734 (CZH)]、仁化 [16]、乳源 [26, 35]、汕头 [35] [曾宪锋 ZXF11627 (CZH)]、韶关 [35] [王瑞江 RQHN00384 (CSH)]、深圳 [11, 17, 35]、始兴 [28]、台山 [35] [周联选 11582 (KUN)]、翁源 [51]、新丰 [63]、信宜 [52]、兴宁 [35] [曾宪锋 ZXF32514 (CZH)]、阳春 [45]、英德 [32, 35]、肇庆 [9]、中山 [10, 35]、紫金 [31, 35]。

葛 *Pueraria montana* var. *lobata* (Willd.) Maesen & S. M. Almeida ex Sanjappa & Predeep

分布：博罗 #[35, 100]、潮州 #[35] [曾宪锋 ZXF02219 (CZH)]、从化 #[35, 107]、大埔 #[35] [肖开庆 33 (SN)]、东莞 #[25, 35]、东源 #[59]、丰顺 #[35, 95]、封开 #[14, 35]、高州 #[35] [蒋英 2184 (IBSC)]、广州 #[35] [叶育石 5429 (IBSC)]、和平 #[35] [张桂才等 440 (IBSC)]、河源 #[35] [77 级科研组 522 (IBSC)]、怀集 #[35] [刘瑛光 2601 (IBSC)]、惠东 #[35] [陈邦余、张桂才 626 (IBSC)]、江门 #[8]、乐昌 #[29, 35, 41]、连平 #[35] [粤 73 1903 (CDBI)]、连山 #[35] [陈少卿 5528 (IBSC)]、连州 #[35] [谭沛祥 60116 (IBSC)]、龙门 #[35] [卫兆芬 122004 (KUN)]、罗定 #[35] [叶华谷、刘念 2159 (IBSC)]、茂名 #[85]、梅州 #[35] [曾宪锋 ZXF40293 (CZH)]、南雄 #[33, 35, 57]、饶平 #[35] [曾宪锋 ZXF2356 (IBSC)]、仁化 #[16, 35]、乳源 #[26, 35]、汕头 #[35] [曾宪锋 ZXF35848 (CZH)]、深圳 #[11, 17, 35]、始兴 #[28, 35]、台山 #[35] [陈邦余、李泽贤 900 (FJSI)]、翁源 #[35, 51]、五华 #[4, 35]、新丰 #[35, 63]、新兴 #[35] [刘瑛光 2015 (IBSC)]、信宜 #[52]、兴宁 #[35] [曾宪锋 ZXF22034 (CZH)]、徐闻 # [35] [周远瑞 100100 (IBK)]、阳春 #[35, 45]、阳山 #[26, 35]、英德 #[32, 35]、郁南 #[35, 101]、肇庆 #[9, 35]、珠海 #[35] [李泽贤、邢福武 676 (FJSI)]。

粉葛 *Pueraria montana* var. *thomsonii* (Benth.) Wiersema ex D. B. Ward

分布：博罗 [100]、从化 *[107]、和平 [35] [谭策铭、曹仕优 99537 (JJF)]、深圳 *[17, 35]、信宜 [52]、肇庆 *[9]、紫金 [31, 35]。

瓦子草属 *Puhuaea* H. Ohashi & K. Ohashi

瓦子草 *Puhuaea sequax* (Wall.) H. Ohashi & K. Ohashi

分布：丰顺 [95]、封开 [14, 35]、怀集 [35]、江门 [8]、罗定 [35]、五华 [4]、信宜 [52]、阳山 [26]、紫金 [31]。

密子豆属 *Pycnospora* R. Br. ex Wight & Arn.

密子豆 *Pycnospora lutescens* (Poir.) Schindl.

分布：博罗 [5, 35]、东莞 [25]、佛冈 [27]、广州 [35]、海丰 [35]、河源 [35]、惠东 [35]、江门 [8]、龙门 [35]、罗定 [35]、茂名 [85]、南雄 [57]、饶平 [35]、深圳 [17, 35]、五华 [4]、新兴 [35]、信宜 [52]、徐闻 [35]、阳山 [26, 35]、郁南 [101]、肇庆 [9, 35]、珠海 [35]、紫金 [31]。

鹿藿属 *Rhynchosia* Lour.

中华鹿藿 *Rhynchosia chinensis* Hung T. Chang ex Y. T. Wei & S. K. Lee

分布：封开 [14]、怀集 [35] [刘瑛光 2607 (PE)]、乐昌 [29, 35, 41]、连南 [35] [谭沛祥 59523 (KUN)]、阳山 [26]。

菱叶鹿藿 *Rhynchosia dielsii* Harms

分布：封开 [14]、南雄 [33, 35]。

小鹿藿 *Rhynchosia minima* (L.) DC.

分布：徐闻 [13]。

鹿藿 *Rhynchosia volubilis* Lour.

分布：博罗 [35, 38, 100]、从化 [35]、大埔 [35]、东莞 [25]、封开 [14, 35]、高州 [35]、广州 [35]、和平 [35]、怀集 [35]、惠州 [35]、蕉岭 [35]、乐昌 [29, 35, 41]、连南 [35]、连平 [35]、连州 [26, 35]、龙门 [35]、罗定 [35]、南雄 [33, 57]、平远 [35]、清远 [35]、仁化 [16, 35]、乳源 [35]、韶关 [35]、深圳 [17, 35]、始兴 [28, 35]、台山 [35]、翁源 [35]、五华 [4]、新丰 [63]、信宜 [35, 52]、徐闻 [35]、阳山 [26, 35]、英德 [32, 35]、郁南 [35, 101]、云浮 [35]、增城 [35, 116]、肇庆 [9, 35]、紫金 [31]。

落地豆属 *Rothia* Pers.

落地豆 *Rothia indica* (L.) Druce

分布：雷州 [13]、遂溪 [13]、徐闻 [35]。

雨树属 ***Samanea* (Benth.) Merr.**

雨树 ***Samanea saman*** (Jacq.) Merr.

分布：深圳 *[17]。

无忧花属 ***Saraca* L.**

中国无忧花 ***Saraca dives*** Pierre

分布：深圳 *[17]。

儿茶属 ***Senegalia* Raf.**

广东儿茶 ***Senegalia guangdongensis*** Maslin, B. C. Ho, H. Sun & L. Bai

分布：信宜 [227]、阳春 [227]、阳西 [227]。

东方儿茶 ***Senegalia orientalis*** Maslin, B. C. Ho, H. Sun & L. Bai

分布：龙门 [227]、阳山 [227]、郁南 [227]、肇庆 [227]。

臭菜藤 ***Senegalia pennata* subsp. *insuavis*** (Lace) Maslin, Seigler & Ebinger

分布：博罗 [227]。

老虎刺儿茶 ***Senegalia prominens*** Maslin, B. C. Ho, H. Sun & L. Bai

分布：博罗 [227]、从化 [227]、大埔 [227]、封开 [227]、和平 [227]、乐昌 [227]、连南 [227]、连山 [227]、连州 [227]、龙门 [227]、罗定 [227]、饶平 [227]、乳源 [227]、深圳 [227]、始兴 [227]、翁源 [227]、新丰 [227]、兴宁 [227]、阳春 [227]、阳山 [227]。

皱荚藤儿茶 ***Senegalia rugata*** (Lam.) Britton & Rose

分布：封开 [14]、佛冈 [27]、江门 [227, 8]、五华 [4]。

决明属 ***Senna* Mill.**

多花决明 ***Senna* × *floribunda*** (Cav.) H. S. Irwin & Barneby

分布：深圳 #[82]、肇庆 #[9]。

翅荚决明 ***Senna alata*** (L.) Roxb.

分布：潮州 #[15]、从化 #[107]、乐昌 #[526]、茂名 #[15]、深圳 #[15, 17, 82]、信宜 #[52]、郁南 #[101]、湛江 #[416]、肇庆 #[15]。

双荚决明 ***Senna bicapsularis*** (L.) Roxb.

分布：从化 #[107]、乐昌 #[526]、深圳 #[17]、郁南 #[101]。

大叶决明 ***Senna fruticosa*** (Mill.) H. S. Irwin & Barneby

分布：湛江 #[416]。

密叶决明 ***Senna multijuga*** (Rich.) H. S. Irwin & Barneby

分布：广州 *[3]。

望江南 ***Senna occidentalis*** (L.) Link

分布：博罗 #[38, 100]、潮州 #[15]、德庆 #[15]、东莞 #[25]、封开 #[14, 15]、佛冈 #[27]、高州 #[15]、广州 #[15, 21]、惠东 #[12]、江门 #[8, 494]、揭西 #[15]、乐昌 #[15, 526]、连州 #[15]、陆丰 #[15]、茂名 #[15, 85]、仁化 #[16]、韶关 #[15]、深圳 #[15, 11, 82, 17]、台山 #[15]、翁源 #[15]、五华 #[4]、新丰 #[63]、新兴 #[15]、信宜 #[52]、徐闻 # [15]、阳春 #[15]、英德 #[32]、郁南 #[15, 101]、云浮 #[15]、湛江 #[15, 416]、肇庆 #[9, 15]、中山 #[10, 82]、珠海 # [15, 428]、紫金 #[31]。

光叶决明 ***Senna septemtrionalis*** (Viv.) H. S. Irwin & Barneby

分布：广州 #[15]、罗定 #[15]、深圳 #[15]、肇庆 #[15]。

铁刀木 ***Senna siamea*** (Lam.) H. S. Irwin & Barneby

分布：深圳 *[17]。

槐叶决明 ***Senna sophera*** (L.) Roxb.

分布：广州 #[35]、台山 #[35]、翁源 #[35]、英德 #[35]、云浮 #[35]、肇庆 #[9]。

黄槐决明 ***Senna surattensis*** (Burm. f.) H. S. Irwin & Barneby

分布：从化 #[107]、江门 #[8]、乐昌 #[41]、茂名 #[85]、深圳 #[17]、郁南 #[101]、肇庆 #[9]。

决明 ***Senna tora*** (L.) Roxb.

分布：博罗 #[38]、从化 #[107]、东莞 #[82]、东源 #[59]、封开 #[14, 15]、佛冈 #[27]、广州 #[15, 21]、海丰 #[15]、河源 #[15]、怀集 #[15]、惠东 #[12]、惠州 #[http://ppbc. iplant. cn/tu/3541501]、江门 #[8]、蕉岭 #[15]、乐昌 #[15, 526]、龙门 #[15]、罗定 #[15]、茂名 #[15, 85]、南雄 #[57]、清远 # [15]、仁化 #[16]、乳源 #[15, 26]、汕头 #[15]、深圳 #[15, 17, 82]、台山 #[15]、翁源 #[15]、新兴 #[15]、信宜 #[52]、阳春 # [15]、阳山 #[15]、英德 #[15, 32]、郁南 #[15, 101]、云浮 # [15]、湛江 #[http://ppbc. iplant. cn/tu/1008361]、肇庆 #[9, 15]、中山 #[82]、珠海 #[http://ppbc. iplant. cn/tu/7775098]、紫金 #[31]。

田菁属 ***Sesbania* Scop.**

刺田菁 ***Sesbania bispinosa*** (Jacq.) W. Wight

分布：深圳 #[http://ppbc. iplant. cn/tu/5693554]、湛江 #[http://ppbc. iplant. cn/tu/2230477]、清远 #[https://ppbc.iplant.cn/tu/15074015]。

田菁 ***Sesbania cannabina*** (Retz.) Poir.

分布：博罗 #[5, 38]、大埔 #[15]、东莞 #[25, 82]、佛冈 #[27]、广州 #[15, 21]、海丰 #[15]、惠州 #[82]、江门 #[8]、揭阳 #[15]、乐昌 #[29, 526]、南雄 #[33, 57]、仁化 #[16]、韶关 #[15]、深圳 #[17, 82]、湛江 #[416]、肇庆 #[9]、中山 #[10, 82]、紫金 #[31]。

大花田菁 ***Sesbania grandiflora*** (L.) Pers.

分布：东莞 #[25]、肇庆 #[9]。

油楠属 ***Sindora* Miq.**

油楠 ***Sindora glabra*** Merr. ex de Wit

分布：雷州 *[张宏达 6167 (SYS)]。

东京油楠 ***Sindora tonkinensis*** A. Chev. ex K. Larsen & S. S. Larsen

分布：广州 *[3]、深圳 *[17]。

华扁豆属 *Sinodolichos* Verdc.

华扁豆 ***Sinodolichos lagopus*** (Dunn) Verdc.

分布：信宜 [52]、徐闻 [35]、阳春 [http://ppbc. iplant. cn/tu/9179898]。

坡油甘属 *Smithia* Aiton

缘毛合叶豆 ***Smithia ciliata*** Royle

分布：怀集 [35] [曾怀德 22850 (SYS)]、惠东 [12]、连州 [35] [谭沛祥 59912 (PE)]、紫金 [31, 35]。

密节坡油甘 ***Smithia conferta*** Sm.

分布：德庆 [35]、东莞 [25]、怀集 [35]、江门 [35]、乐昌 [29, 41]、连州 [26]、龙门 [35]、罗定 [35]、深圳 [17, 35]、台山 [35]、新丰 [35]、郁南 [35, 101]、云浮 [35]、珠海 [35]。

盐碱土坡油甘 ***Smithia salsuginea*** Hance

分布：深圳 [30]。

坡油甘 ***Smithia sensitiva*** Aiton

分布：博罗 [35, 100]、广州 [35]、惠东 [35]、江门 [35]、清远 [35]、乳源 [26, 35]、深圳 [17]、始兴 [28, 35]、翁源 [35, 51]、五华 [4]、新丰 [35]、信宜 [52]、英德 [35]、云浮 [35]、肇庆 [9, 35]、紫金 [31]。

拿身草属 *Sohmaea* H. Ohashi & K. Ohashi

拿身草 ***Sohmaea laxiflora*** (DC.) H. Ohashi & K. Ohashi

分布：博罗 [5]、封开 [14]、惠东 [12]、连州 [26]、龙门 [35]、罗定 [35]、始兴 [28, 35]、翁源 [35, 51]、新丰 [35]、新兴 [35]、信宜 [35, 52]、阳春 [35]、增城 [116]、肇庆 [9, 35]、紫金 [31]。

单叶拿身草 ***Sohmaea zonata*** (Miq.) H. Ohashi & K. Ohashi

分布：雷州 [421]、紫金 [31]。

苦参属 *Sophora* L.

苦参 ***Sophora flavescens*** Aiton

分布：佛山 [http://ppbc. iplant. cn/tu/12362560]、乳源 [26]、英德 [32]。

闽槐 ***Sophora franchetiana*** Dunn

分布：和平 [35]、连平 [35]、乳源 [26, 35]。

绒毛槐 ***Sophora tomentosa*** L.

分布：惠东 [35]、惠州 [35]。

密花豆属 *Spatholobus* Hassk.

红血藤 ***Spatholobus sinensis*** Chun & T. C. Chen

分布：江门 [https://www. cfh. ac. cn/album/ShowPhoto. aspx?photoid=d8ed190d-cd54-4319-802f-997f2c27b5ff]、云浮 [35]。

密花豆 ***Spatholobus suberectus*** Dunn

分布：博罗 [38, 100]、茂名 [85]、深圳 [17]、新丰 [63]、英德 [32, 35]、肇庆 [9, 35]、紫金 [31]。

笔花豆属 *Stylosanthes* Sw.

圭亚那笔花豆 ***Stylosanthes guianensis*** (Aubl.) Sw.

分布：博罗 #[15]、潮州 #[15]、丰顺 #[15]、广州 #[15, 21]、惠州 #[82]、蕉岭 #[15]、揭阳 #[15]、平远 #[15]、深圳 #[17]、珠海 #[15]、紫金 #[31]。

槐属 *Styphnolobium* Schott

槐 ***Styphnolobium japonicum*** (L.) Schott

分布：乐昌 *[29, 41]、仁化 *[16]、乳源 *[26]、深圳 *[17]、始兴 *[28]。

葫芦茶属 *Tadehagi* H. Ohashi

蔓茎葫芦茶 ***Tadehagi pseudotriquetrum*** (DC.) Yen C. Yang & P. H. Huang

分布：阳山 [26, 35]、紫金 [31]。

葫芦茶 ***Tadehagi triquetrum*** (L.) H. Ohashi

分布：博罗 [35, 38, 100]、潮州 [35] [曾宪锋 ZXF9752 (CZH)]、从化 [35, 107]、大埔 [35] [肖开庆 46 (SN)]、东莞 [25, 35]、恩平 [35] [黄茂先 110431 (HZ)]、丰顺 [35, 95]、封开 [14, 35]、佛冈 [27]、广州 [35] [中草药组 15 (IBSC)]、海丰 [35] [曾宪锋 ZXF4486 (CZH)]、和平 [35] [张桂才 755 (IBSC)]、河源 [35] [77 级科研组新 0407 (SN)]、怀集 [35] [刘瑛光 2761 (IBSC)]、惠东 [12, 35]、惠州 [35] [曾怀德 25727 (IBSC)]、江门 [8]、蕉岭 [35] [徐祥浩等 209 (IBSC)]、揭西 [35] [叶华谷等 4514 (IBSC)]、揭阳 [35] [曾宪锋 ZXF31658 (CZH)]、开平 [35] [李学梅 201963 (PE)]、乐昌 [29, 35, 41]、连平 [35] [粤 73 1681 (CDBI)]、连山 [35] [谭沛祥 58536 (PE)]、龙川 [35] [徐祥浩 1020 (IBSC)]、龙门 [35] [卫兆芬 121847 (IBSC)]、罗定 [35] [叶华谷、刘念 2069 (IBSC)]、茂名 [35, 85]、梅州 [35] [曾宪锋 ZXF41729 (CZH)]、平远 [35] [孙王叶　平 023 (SN)]、普宁 [35] [曾宪锋 ZXF42903 (CZH)]、饶平 [35] [曾宪锋 ZXF26396 (CZH)]、仁化 [16]、乳源 [35] [钟济新 10731 (IBSC)]、深圳 [11, 17, 35]、始兴 [28]、台山 [35] [左景烈 22254 (IBSC)]、翁源 [35, 51]、五华 [4]、新丰 [35, 63]、新兴 [35] [刘瑛光 2074 (IBSC)]、信宜 [35, 52]、兴宁 [35] [曾宪锋 ZXF22050 (CZH)]、徐闻 [35] [徐闻队 135 (FUS00026091)]、阳春 [35, 45]、阳山 [26]、英德 [32, 35]、郁南 [35, 101]、云浮 [35] [黄志 37209 (IBSC)]、增城 [35, 116]、肇庆 [9, 35]、中山 [10, 35]、珠海 [35] [李泽贤、邢福武 684 (IBSC)]、紫金 [31, 35]。

酸豆属 *Tamarindus* Tourn. ex L.

酸豆 ***Tamarindus indica*** L.

分布：茂名 #[85]、深圳 #[17]。

灰毛豆属 *Tephrosia* Pers.

白灰毛豆 ***Tephrosia candida*** DC.

分布：潮州 #[15]、东莞 #[25]、广州 #[15, 21]、惠东 #[15, 12]、惠州 #[82]、乐昌 #[526]、平远 #[15]、仁化 #[15]、乳源 #[15]、深圳 #[15, 17, 82]、台山 #[15]、五华 #[4]、徐闻 #[15]、阳江 #[15]、英德 #[15]、肇庆 #[9, 15]、中山 #[82]、紫金 #[31]。

矮灰毛豆 ***Tephrosia pumila*** (Lam.) Pers.

分布：阳西 [30]、湛江 [http://ppbc. iplant. cn/tu/9245152]。

灰毛豆 ***Tephrosia purpurea*** (L.) Pers.

分布：广州 [35]、雷州 [13]、陆丰 [35]、南澳 [35]、徐闻 [13, 35]、湛江 [13, 35]、紫金 [31]。

黄灰毛豆 ***Tephrosia vestita*** Vogel

分布：东莞 [25]、惠东 [35]、南澳 [35]、饶平 [35]、深圳 [17]、徐闻 [35]。

南天藤属 *Ticanto* Adans.

南天藤 ***Ticanto crista*** (L.) R. Clark & Gagnon

分布：博罗 [38, 100]、从化 [107]、东莞 [25]、东源 [59]、丰顺 [95]、封开 [14]、佛冈 [27]、化州 [35]、惠东 [12]、江门 [8, 35]、乐昌 [35]、雷州 [13]、龙门 [35]、仁化 [16]、乳源 [26, 35]、深圳 [11, 17, 35]、始兴 [28]、五华 [4]、新丰 [63]、信宜 [52]、阳春 [45]、阳山 [26, 35]、英德 [32]、郁南 [101]、增城 [116]、湛江 [35]、肇庆 [9]、中山 [10]、紫金 [31]。

椭圆叶南天藤 ***Ticanto elliptifolia*** (S. J. Li, Z. Y. Chen & D. X. Zhang) R. Clark & Gagnon

分布：封开 [196, 3]。

大叶南天藤 ***Ticanto magnifoliolata*** (Metcalf) R. Clark & Gagnon

分布：封开 [14, 35]、深圳 [17, 35]。

鸡嘴簕 ***Ticanto sinensis*** (Hemsl.) R. Clark & Gagnon

分布：江门 [8]、深圳 [17]、阳春 [35]。

乌爪簕 ***Ticanto vernalis*** (Champ. ex Benth.) R. Clark & Gagnon

分布：博罗 [5, 35]、东莞 [25]、佛冈 [27]、惠东 [12, 35]、江门 [8]、乐昌 [29]、龙门 [35]、深圳 [17, 35]、新丰 [63]、阳山 [26]、增城 [116]、中山 [10]。

车轴草属 *Trifolium* L.

红车轴草 ***Trifolium pratense*** L.

分布：广州 #[15]。

白车轴草 ***Trifolium repens*** L.

分布：从化 #[http://ppbc. iplant. cn/tu/6498320]、广州 #[http://ppbc. iplant. cn/tu/33420]、乐昌 #[526]、深圳 #[17]、云浮 #[http://ppbc. iplant. cn/tu/10626579]。

狸尾豆属 *Uraria* Desv.

越南兔尾草 ***Uraria cochinchinensis*** Schindl.

分布：惠东 [237, 35]。

猫尾草 ***Uraria crinita*** (L.) Desv. ex DC.

分布：博罗 [38, 100]、从化 [107]、大埔 [35]、东莞 [25]、东源 [119]、封开 [14]、佛冈 [27]、乐昌 [29, 35, 41]、茂名 [85]、仁化 [16]、深圳 [17]、台山 [35]、阳山 [26, 35]、郁南 [101]、增城 [116]、肇庆 [9]、中山 [10]、珠海 [35]、紫金 [31]。

滇南狸尾豆 ***Uraria lacei*** Craib

分布：乐昌 [29, 35]、阳山 [35, 26]、英德 [237, 35]。

狸尾豆 ***Uraria lagopodioides*** (L.) Desv. ex DC.

分布：博罗 [100]、从化 [35]、封开 [14]、广州 [35]、惠东 [35]、江门 [8]、乐昌 [29, 35]、南雄 [33, 57]、乳源 [26, 35]、韶关 [35]、深圳 [17, 35]、始兴 [28]、翁源 [237, 51, 35]、英德 [32]、云浮 [35]、肇庆 [9, 35]。

黑狸尾豆 ***Uraria neglecta*** Prain

分布：南雄 [57]、仁化 [16]、乳源 [237, 26, 35]、始兴 [28, 35]、翁源 [237, 35]、阳山 [237]。

美花狸尾豆 ***Uraria picta*** (Jacq.) Desv. ex DC.

分布：深圳 [11, 17]。

钩柄狸尾豆 ***Uraria rufescens*** (DC.) Schindl.

分布：惠东 [35]。

中华狸尾豆 ***Uraria sinensis*** (Hemsl.) Franch.

分布：英德 [32]。

金合欢属 *Vachellia* Wight & Arn.

金合欢 ***Vachellia farnesiana*** (L.) Wight & Arn.

分布：广州 #[15]、南雄 #[15]、仁化 #[16]、深圳 #[15, 82]、增城 #[116]、肇庆 #[9, 15]。

野豌豆属 *Vicia* L.

广布野豌豆 ***Vicia cracca*** L.

分布：广州 [35]、乳源 [26, 35]、肇庆 [35]。

蚕豆 ***Vicia faba*** L.

分布：乐昌 *[29]、南雄 *[57]、仁化 *[16]、信宜 *[52]、阳山 *[26]、肇庆 *[9]。

小巢菜 ***Vicia hirsuta*** (L.) Gray

分布：广州 [35]、乐昌 [29, 35]、南雄 [33, 57]、韶关 [35]、五华 [4]、紫金 [31]。

救荒野豌豆 ***Vicia sativa*** L.

分布：东莞 #[82]、广州 #[15]、惠州 #[82]、梅州 #[15]、南雄 #[57]、仁化 #[16]、乳源 #[26]、深圳 #[82]、信宜 #[52]、英德 #[15]、郁南 #[101]、肇庆 #[9]、中山 #[82]。

豇豆属 *Vigna* Savi

赤豆 ***Vigna angularis*** (Willd.) Ohwi & H. Ohashi

分布：从化 *[http://ppbc. iplant. cn/tu/2584020]、连州 *[26]、龙门 *[http://ppbc. iplant. cn/tu/9886187]、深圳 *[17]、翁源 *[51]、信宜 *[52]、阳山 *[26]、郁南 *[101]、肇庆 *[9]。

滨豇豆 ***Vigna marina*** (Burm.) Merr.

分布：雷州 [13]、深圳 [17]、信宜 [52]、徐闻 [13]、阳江 [35]。

贼小豆 ***Vigna minima*** (Roxb.) Ohwi & H. Ohashi

分布：广州 [35]、连州 [26]、深圳 [17]、始兴 [28]、翁源 [51]、五华 [4]、信宜 [52]、阳山 [26]、英德 [32]、紫金 [31]。

绿豆 ***Vigna radiata*** (L.) R. Wilczek

分布：博罗 *[5, 38]、东莞 *[25]、乐昌 *[29]、仁化 * [16]、深圳 *[17]、信宜 *[52]、郁南 *[101]、肇庆 *[9]。

赤小豆 ***Vigna umbellata*** (Thunb.) Ohwi & H. Ohashi

分布：博罗 *[38]、从化 #[http://ppbc. iplant. cn/tu/2608911]、惠州 #[http://ppbc. iplant. cn/tu/6962663]、深圳 #[17]、信宜 #[52]、英德 #[http://ppbc. iplant. cn/tu/11172161]、肇庆 #[9]、紫金 #[http://ppbc. iplant. cn/tu/9793582]。

豇豆 ***Vigna unguiculata*** (L.) Walp.

分布：从化 *[107]、乐昌 *[29]、南雄 *[57]、仁化 *[16]、深圳 *[17]、信宜 *[52]、郁南 *[101]、肇庆 *[9]。

短豇豆 ***Vigna unguiculata* subsp. *cylindrica*** (L.) Verdc.

分布：深圳 *[17]、郁南 *[101]。

长豇豆 ***Vigna unguiculata* subsp. *sesquipedalis*** (L.) Verdc.

分布：丰顺 *[95]、乐昌 *[29]、深圳 *[17]、信宜 *[52]、郁南 *[101]。

野豇豆 ***Vigna vexillata*** (L.) A. Rich.

分布：始兴 [28]、阳山 [26]。

紫藤属 *Wisteria* Nutt.

紫藤 ***Wisteria sinensis*** (Sims) Sweet

分布：从化 *[107]、广州 *[http://ppbc. iplant. cn/tu/5107418]、仁化 *[16]、深圳 *[17]。

夏藤属 *Wisteriopsis* J. Compton & Schrire

绿花夏藤 ***Wisteriopsis championii*** (Benth.) J. Compton & Schrire

分布：丰顺 [95]、惠州 [35]、仁化 [16]、乳源 [26, 35]、深圳 [17]、信宜 [52]。

宽序夏藤 ***Wisteriopsis eurybotrya*** (Drake) J. Compton & Schrire

分布：广州 [胡启明 7252 (IBSC)]、云浮 [黄志 37530 (IBSC)]。

网络夏藤 ***Wisteriopsis reticulata*** (Benth.) J. Compton & Schrire

分布：博罗 [100]、从化 [107]、东莞 [25]、东源 [59]、丰顺 [35, 95]、佛冈 [27]、高州 [35]、广州 [35]、和平 [35]、惠东 [12]、江门 [8]、乐昌 [29, 35]、连南 [35]、连州 [26, 35]、龙门 [35]、南澳 [35]、南雄 [33, 35, 57]、清远 [35]、饶平 [35]、仁化 [16, 35]、乳源 [26, 35]、韶关 [35]、深圳 [11, 17]、始兴 [35]、阳春 [35]、阳江 [35]、阳山 [26, 35]、英德 [32, 35]、肇庆 [9, 35]、中山 [10]、珠海 [35]、紫金 [31]。

任豆属 *Zenia* Chun

任豆 ***Zenia insignis*** Chun

分布：封开 [20]、怀集 [20]、蕉岭 [20]、乐昌 [29, 41, 35, 20]、连南 [20]、连州 [20]、罗定 [20]、清远 [20]、始兴 [20]、翁源 [18]、阳春 [35]、阳江 [20]、阳山 [20]、英德 [32, 20]。

丁癸草属 *Zornia* J. F. Gmel.

丁癸草 ***Zornia gibbosa*** Span.

分布：博罗 [38, 100]、东莞 [25]、封开 [14]、茂名 [85]、南雄 [33]、深圳 [11, 17]、翁源 [51]、信宜 [52]、英德 [32]、肇庆 [9]。

227. 远志科 Polygalaceae

鳞叶草属 *Epirixanthes* Blume

鳞叶草 ***Epirixanthes elongata*** Blume

分布：惠东 [陈邦余 , 张桂才 585 (IBSC)]。

远志属 *Polygala* L.

尾叶远志 ***Polygala caudata*** Rehder & E. H. Wilson

分布：从化 [35, 107]、封开 [35]、佛冈 [27]、乐昌 [29, 35]、乳源 [35]、阳山 [26, 35]、英德 [32]。

华南远志 ***Polygala chinensis*** L.

分布：博罗 [35, 100]、潮州 [35] [曾宪锋 ZXF5840 (CZH)]、从化 [35, 107]、德庆 [35] [刘瑛光 1284 (IBSC)]、东莞 [25, 35]、东源 [59]、丰顺 [35, 95]、封开 [14, 35]、佛冈 [27]、佛山 [35] [谭沛祥 64005 (IBSC)]、高州 [35] [蒋英 2688 (IBSC)]、广州 [35] [中草药组 121 (IBSC)]、和平 [35] [张桂才 745 (IBSC)]、怀集 [35] [刘瑛光 3000 (IBSC)]、惠东 [12, 35]、惠州 [35] [卫兆芬 121601 (KUN)]、江门 [8, 35]、乐昌 [29, 35, 41]、连南 [35] [谭沛祥 59485 (IBSC)]、连平 [35] [粤 73 1467 (IBSC)]、连山 [35] [叶华谷等 5202 (IBSC)]、龙门 [35] [王学文、张桂才 8069 (IBSC)]、罗定 [35] [叶华谷、刘念 2195 (IBSC)]、茂名 [85]、梅州 [35] [曾宪锋 ZXF22719 (CZH)]、南雄 [33, 35]、仁化 [16, 35]、乳源 [26, 35]、深圳 [17, 35]、始兴 [28, 35]、翁源 [35, 51]、五华 [4]、新丰 [63]、新兴 [35] [刘瑛光 2173 (IBSC)]、信宜 [52]、徐闻 [35] [中国科学院热带林调查队 66 (IBSC)]、阳春 [35, 45]、阳江 [35] [黄志 41787 (IBSC)]、阳山 [26, 35]、英德 [32, 35]、郁南 [35, 101]、云浮 [35] [黄志 37643 (IBSC)]、增城 [35, 116]、湛江 [35] [贺乐 813031 (JIU20197)]、肇庆 [9, 35]、中山 [10, 35]、珠海 [35] [粤 73 73-2850 (IBSC)]、紫金 [31, 35]。

黄花倒水莲 ***Polygala fallax*** Hemsl.

分布：博罗 [35, 38, 100]、潮州 [35] [曾宪锋 ZXF5858 (CZH)]、从化 [35] [中德采集队 963 (IBSC)]、德庆 [35] [刘瑛光 1031 (IBSC)]、东莞 [25, 35]、东源 [59]、丰顺 [95]、封开 [14, 35]、佛冈 [27]、高州 [35] [周沛椿 10277 (IBSC)]、广州 [35] [陈焕镛 8802 (IBSC)]、和平 [35] [卫兆芬 120297 (IBSC)]、河源 [35] [卫兆芬 120651 (IBSC)]、怀集 [35] [石国良 15162 (IBSC)]、惠东 [12, 35]、惠州 [35] [卫兆芬 121643 (KUN)]、江门 [8, 35]、蕉岭 [35] [南岭队 2348 (IBSC)]、揭西 [35] [曾宪锋 ZXF35864 (CZH)]、乐昌 [29, 35, 41]、连南 [35] [谭沛祥 58932 (PE)]、连平 [35] [粤 73 2006 (IBSC)]、连山 [35] [叶华谷 8079 (IBSC)]、连州 [26, 35]、龙门 [35] [张桂才 68 (IBSC)]、罗定 [35] [叶华谷、刘念 2400 (IBSC)]、茂名 [35, 85]、梅州 [35] [李学根 201102 (IBSC)]、南雄 [33, 35, 57]、平远 [35] [孙剑光　平 103 (SN)]、仁化 [16, 35]、乳源 [26, 35]、韶关 [35] [韶关队 2272 (IBSC)]、深圳 [17,

35]、始兴 [28, 35]、翁源 [35, 51]、五华 [4, 35]、新丰 [35, 63]、信宜 [35, 52]、阳春 [35, 45]、阳山 [26, 35]、英德 [32, 35]、郁南 [35] [陈炳辉 1708 (IBSC)]、云浮 [35] [陈焕镛 10134 (PE)]、增城 [116]、肇庆 [9, 35]、中山 [10, 35]、紫金 [31, 35]。

香港远志 ***Polygala hongkongensis*** Hemsl.

分布：从化 [35, 107]、东莞 [25]、东源 [59]、封开 [14]、江门 [8]、蕉岭 [35]、乐昌 [29, 35, 41]、连南 [35]、连州 [26]、龙门 [35]、南雄 [33, 57]、乳源 [26, 35]、深圳 [17]、阳山 [26]、增城 [35, 116]、紫金 [31]。

狭叶香港远志 ***Polygala hongkongensis* var. *stenophylla*** Migo

分布：博罗 [35]、大埔 [35]、蕉岭 [35]、连南 [35]、连州 [26]、南雄 [33]、饶平 [35]、仁化 [16]、乳源 [35]、始兴 [28]、五华 [4]、信宜 [35, 52]、阳山 [26]、英德 [32, 35]、紫金 [31]。

瓜子金 ***Polygala japonica*** Houtt.

分布：博罗 [35, 100]、乐昌 [29, 35]、连州 [26]、平远 [35]、仁化 [16]、乳源 [26, 35]、深圳 [17]、阳山 [35]、英德 [32, 35]。

曲江远志 ***Polygala koi*** Merr.

分布：乐昌 [29, 35, 41]、连州 [26]、乳源 [26, 35]、韶关 [35]、信宜 [52]、英德 [32, 35]。

大叶金牛 ***Polygala latouchei*** Franch.

分布：封开 [14, 35]、江门 [8]、饶平 [35]、深圳 [17]、五华 [4]、信宜 [35, 52]、阳春 [45]、英德 [32]、增城 [35]、肇庆 [9, 35]、紫金 [31]。

长叶远志 ***Polygala longifolia*** Poir.

分布：乐昌 [29, 35]、乳源 [35]、始兴 [28]、阳山 [26]。

圆锥花远志 ***Polygala paniculata*** L.

分布：潮州 #[http://ppbc. iplant. cn/tu/1915765]、广州 #[21]、深圳 #[http://ppbc. iplant. cn/tu/3114910]。

小扁豆 ***Polygala tatarinowii*** Regel

分布：乳源 [35]。

小花远志 ***Polygala telephioides*** Willd.

分布：乐昌 [29]、茂名 [85]、乳源 [26]、深圳 [17]、始兴 [28]、信宜 [52]、英德 [32]、郁南 [101]、肇庆 [9]。

长毛籽远志 ***Polygala wattersii*** Hance

分布：封开 [14, 35]、英德 [32]。

齿果草属 *Salomonia* Lour.

齿果草 ***Salomonia cantoniensis*** Lour.

分布：博罗 [35] [粤 786355 (IBSC)]、从化 [35, 107]、德庆 [35] [刘瑛光 1288 (IBSC)]、东莞 [25, 35]、丰顺 [35, 95]、封开 [14, 35]、佛冈 [27]、佛山 [35] [谭沛祥 64059 (IBSC)]、高州 [35] [蒋英 967 (IBSC)]、广宁 [35] [林正眉 20160002 (SN)]、广州 [35] [叶华谷等 361 (IBSC)]、惠东 [12, 35]、惠州 [35] [卫兆芬 121575 (IBSC)]、江门 [8, 35]、乐昌 [29, 35, 41]、连平 [35] [粤 73 1572 (IBSC)]、连山 [35] [叶华谷等 5194 (IBSC)]、龙川 [35] [杨晓萍 20110415 (SN)]、陆河 [35] [叶华谷等 4762 (IBSC)]、罗定 [35] [叶华谷、刘念 2270 (IBSC)]、茂名 [35, 85]、梅州 [35] [曾宪锋 ZXF31179 (CZH)]、南雄 [33, 35, 57]、清远 [35] [彭会瑶、王颖 PW014 (CZH)]、仁化 [16]、乳源 [26, 35]、汕尾 [35] [曾宪锋 ZXF9620 (CZH)]、深圳 [17, 35]、始兴 [28, 35]、翁源 [35, 51]、五华 [4]、新丰 [63]、新兴 [35] [刘瑛光 2352 (IBSC)]、信宜 [52]、阳春 [35] [叶华谷、刘念 838 (IBSC)]、阳江 [35] [黄志 41726 (IBSC)]、英德 [32, 35]、郁南 [35, 101]、云浮 [35] [陈焕镛 9593 (IBSC)]、增城 [35, 116]、肇庆 [9, 35]、中山 [10, 35]、紫金 [31, 35]。

椭圆叶齿果草 ***Salomonia ciliata*** (L.) DC.

分布：博罗 [35]、封开 [14]、广州 [35]、陆丰 [35]、清远 [35]、深圳 [17]、台山 [35]、阳山 [26]。

蝉翼藤属 *Securidaca* L.

蝉翼藤 ***Securidaca inappendiculata*** Hassk.

分布：博罗 [5, 100]、封开 [14]、高州 [35]、茂名 [35]、深圳 [17]、新兴 [35]、信宜 [52]、增城 [116]、肇庆 [9]。

瑶山蝉翼藤 ***Securidaca yaoshanensis*** K. S. Hao

分布：封开 [35]、信宜 [35, 52]、肇庆 [35]。

黄叶树属 *Xanthophyllum* Roxb.

黄叶树 ***Xanthophyllum hainanense*** Hu

分布：从化 [35, 107]、东莞 [25]、丰顺 [95]、封开 [14, 35]、佛冈 [27]、惠东 [12]、江门 [8]、茂名 [35]、清远 [35]、深圳 [17]、翁源 [51]、新丰 [63]、信宜 [35, 52]、阳春 [35, 45]、阳江 [35]、英德 [32, 35]、郁南 [101]、增城 [116]、肇庆 [9, 35]、中山 [10]。

228. 蔷薇科 Rosaceae

龙牙草属 *Agrimonia* L.

日本龙牙草 ***Agrimonia nipponica*** Koidz.

分布：封开 *[14]、惠东 *[12]、乳源 *[26]、肇庆 *[9]。

小花龙牙草 ***Agrimonia nipponica* var. *occidentalis*** Skalicky

分布：博罗 [100]、从化 [107]、封开 [35]、佛冈 [27]、怀集 [35]、惠东 [12]、乐昌 [29, 35]、连南 [35]、龙门 [35]、茂名 [35]、乳源 [35]、始兴 [28]、翁源 [35, 51]、新丰 [35, 63]、新兴 [35]、信宜 [52]、英德 [32]、郁南 [101]、肇庆 [35]。

龙牙草 ***Agrimonia pilosa*** Ledeb.

分布：大埔 [35] [李学根 202678 (IBSC)]、丰顺 [35, 95]、封开 [14]、广宁 [35] [石国良 14403 (IBSC)]、广州 [35] [李淑玉 180931 (IBSC)]、和平 [35] [谭策铭 972007 (PE)]、怀集 [35] [石国良 15149 (IBSC)]、蕉岭 [35] [徐祥浩、林辉奉 116 (IBSC)]、揭西 [35] [曾宪锋 ZXF21080 (CZH)]、乐昌 [29, 35, 41]、连南 [35] [谭沛祥 58852 (PE)]、连州 [26, 35]、梅州 [35] [曾宪锋 ZXF33154 (CZH)]、南雄 [33, 35, 57]、平远 [35] [孙

王叶　平 071 (SN)]、仁化 [16, 35]、乳源 [26, 35]、深圳 [17]、始兴 [28, 35]、翁源 [35, 51]、五华 [4]、新丰 [63]、兴宁 [35] [张伟城 39 (SN)]、阳春 [45]、阳山 [26, 35]、英德 [32, 35]、郁南 [101]、增城 [116]、肇庆 [35] [石国良 132 (IBSC)]、中山 [10]、紫金 [31, 35]。

黄龙尾 ***Agrimonia pilosa* var. *nepalensis*** (D. Don) Nakai

分布: 从化 [35]、封开 [35]、惠州 [35]、仁化 [16]、深圳 [17]。

木瓜海棠属 *Chaenomeles* Lindl.

木瓜海棠 ***Chaenomeles cathayensis*** (Hemsl.) C. K. Schneid.

分布：韶关 [35]。

贴梗海棠 ***Chaenomeles speciosa*** (Sweet) Nakai

分布：饶平 [陈念劬 42632 (IBSC)]。

山楂属 *Crataegus* L.

野山楂 ***Crataegus cuneata*** Siebold & Zucc.

分布：乐昌 [29, 35, 41]、乳源 [26, 35]、五华 [4]、信宜 [52]、英德 [32]。

山楂 ***Crataegus pinnatifida*** Bunge

分布：翁源 *[51]。

蛇莓属 *Duchesnea* Sm.

皱果蛇莓 ***Duchesnea chrysantha*** (Zoll. & Moritzi) Miq.

分布：从化 [35]、惠州 [35]、连南 [35]、平远 [35]、翁源 [35]、阳山 [26]、英德 [35]、郁南 [101]。

蛇莓 ***Duchesnea indica*** (Andrews) Teschem.

分布：博罗 [35, 38, 100]、潮州 [35] [叶华谷等 12879 (IBSC)]、从化 [35, 107]、大埔 [35] [曾宪锋 ZXF30868 (CZH)]、东莞 [25, 35]、东源 [119]、丰顺 [95]、封开 [14, 35]、佛冈 [27]、高州 [35] [蒋英 2129 (IBSC)]、广州 [35] [中草药组 204 (IBSC)]、河源 [35] [曾怀德 28624 (SYS)]、怀集 [35] [刘瑛光 1442 (IBSC)]、惠东 [12, 35]、揭阳 [35] [曾宪锋 ZXF10186 (CZH)]、乐昌 [29, 35, 41]、连平 [35] [粤 73 1828 (IBSC)]、连山 [35] [曾飞燕等 343 (PE)]、连州 [26, 35]、罗定 [35] [叶华谷、刘念 2361 (IBSC)]、茂名 [85]、南雄 [33, 35, 57]、平远 [35] [邓良 4246 (SYS)]、清远 [35] [F. P. Metcalf et al. 18159 (SYS)]、饶平 [35] [李学根 200645 (IBSC)]、仁化 [16, 35]、乳源 [26, 35]、韶关 [35] [高锡朋 50352 (IBSC)]、深圳 [11, 17, 35]、始兴 [28]、翁源 [35, 51]、五华 [4]、新丰 [63]、信宜 [35, 52]、兴宁 [35] [曾宪锋 ZXF16544 (CZH)]、阳春 [35, 45]、阳山 [26]、英德 [32]、郁南 [101]、增城 [116]、湛江 [35] [李科 2102 (JIU14878)]、肇庆 [9, 35]、中山 [10, 35]、紫金 [31, 35]。

枇杷属 *Eriobotrya* Lindl.

大花枇杷 ***Eriobotrya cavaleriei*** (H. Lév.) Rehder

分布：从化 [35]、大埔 [35]、德庆 [35]、东莞 [25]、封开 [35]、佛冈 [27]、和平 [35]、惠东 [35]、江门 [8]、蕉岭 [35]、乐昌 [29]、连南 [35]、连州 [35]、茂名 [35]、平远 [35]、乳源 [26, 35]、深圳 [17]、翁源 [51]、新丰 [35, 63]、信宜 [35, 52]、阳山 [26, 35]、英德 [35]、郁南 [101]、肇庆 [9, 35]。

台湾枇杷 ***Eriobotrya deflexa*** (Hemsl.) Nakai

分布：从化 [35]、饶平 [35]、乳源 [35]、信宜 [35, 52]、阳春 [35]。

香花枇杷 ***Eriobotrya fragrans*** Champ. ex Benth.

分布：博罗 [35, 100]、从化 [35, 107]、东莞 [25, 35]、恩平 [35] [陈炳辉 1853 (IBSC)]、封开 [14, 35]、佛冈 [27]、广宁 [35] [石国良 14375 (IBSC)]、惠东 [12]、惠州 [35] [卫兆芬 121617 (IBSC)]、江门 [35] [古兜山调研队 20098179 (SN)]、连南 [35] [朱志淞 60712 (IBSC)]、连山 [35] [谭沛祥 58735 (PE)]、连州 [26]、龙门 [35] [肖家庚 5097 (CSFI)]、茂名 [35] [刘集汉 90047 (IBSC)]、梅州 [35] [萧蔚秋 1 (IBSC)]、乳源 [26, 35]、深圳 [17, 35]、始兴 [28]、翁源 [35, 51]、五华 [4]、新丰 [35, 63]、信宜 [35, 52]、阳春 [35, 45]、阳山 [35] [徐德明 814 (IBSC)]、英德 [32, 35]、增城 [116]、湛江 [35] [南植地 3717 (SYS)]、肇庆 [9, 35]、中山 [10, 35]、紫金 [31, 35]。

黄毛枇杷 ***Eriobotrya fulvicoma*** W. Y. Chun ex W. B. Liao, F. F. Li & D. F. Cui

分布：信宜 [197]。

枇杷 ***Eriobotrya japonica*** (Thunb.) Lindl.

分布：博罗 *[38, 100]、从化 *[107]、封开 *[14]、佛冈 *[27]、广州 *[http://ppbc. iplant. cn/tu/13424869]、惠州 *[http://ppbc. iplant. cn/tu/3399247]、江门 *[8]、廉江 *[http://ppbc. iplant. cn/tu/12893448]、南雄 *[57]、仁化 *[16]、乳源 *[26]、深圳 *[17]、始兴 *[28]、翁源 *[51]、新丰 *[63]、信宜 *[52]、郁南 *[101]、肇庆 *[9]。

草莓属 *Fragaria* L.

草莓 ***Fragaria* × *ananassa*** (Weston) Duchesne ex Rozier

分布：连州 *[26]。

棣棠属 *Kerria* DC.

棣棠 ***Kerria japonica*** (L.) DC.

分布：乐昌 [29, 26, 41]、乳源 [26]。

苹果属 *Malus* Mill.

台湾林檎 ***Malus doumeri*** (Bois) A. Chev.

分布：大埔 [35]、封开 [14, 35]、广州 [35]、和平 [35]、河源 [35]、惠州 [35]、乐昌 [29, 35]、连南 [35]、连平 [35]、连山 [35]、连州 [26, 35]、梅州 [35]、南雄 [33]、平远 [35]、仁化 [16, 35]、乳源 [26, 35]、始兴 [28]、五华 [4, 35]、新丰 [35]、信宜 [35, 52]、阳山 [26, 35]、英德 [32, 35]、肇庆 [9, 35]、紫金 [31]。

湖北海棠 ***Malus hupehensis*** (Pamp.) Rehder

分布：信宜 [52]。

光萼海棠 ***Malus leiocalyca*** S. Z. Huang

分布：丰顺 [95]。

苹果 ***Malus pumila*** Mill.

分布：连州 *[26]。

三叶海棠 ***Malus toringo*** (Siebold) Siebold ex de Vriese

分布：乐昌 [26, 29, 35, 41]、连南 [35]、连州 [26, 35]、仁化 [35]、乳源 [26, 35]、阳山 [26]、英德 [32]。

绣线梅属 *Neillia* D. Don

中华绣线梅 ***Neillia sinensis*** Oliv.

分布：连南 [35]、连山 [35]、连州 [35]、阳山 [35]。

小石积属 *Osteomeles* Lindl.

圆叶小石积 ***Osteomeles subrotunda*** K. Koch

分布：南雄 [57]、仁化 [16, 35, 3]。

无毛圆叶小石积 ***Osteomeles subrotunda* var. *glabrata*** T. T. Yu

分布：县级不详 [513]。

石楠属 *Photinia* Lindl.

波叶红果树 ***Photinia davidiana* var. *undulata*** (Decne.) Long Y. Wang, W. Guo & W. B. Liao

分布：怀集 [93]、乐昌 [41]、连南 [93, 35]、连州 [26]、乳源 [93, 26, 35]、新丰 [93]、阳山 [93, 26, 35]、英德 [32]。

光叶石楠 ***Photinia glabra*** (Thunb.) Maxim.

分布：从化 [93]、封开 [93, 35, 14]、和平 [35]、河源 [35]、惠东 [35]、蕉岭 [93, 35]、乐昌 [93, 29, 26, 41, 35]、连南 [93, 35]、连山 [93, 35]、连州 [26, 35]、梅州 [93, 35]、南雄 [33, 57]、平远 [35]、仁化 [16]、乳源 [93, 35]、韶关 [93, 35]、五华 [4]、阳山 [93, 26, 35]、英德 [93, 32, 35]、郁南 [101]、紫金 [31, 35]。

脱毛石楠 ***Photinia lasiogyna* var. *glabrescens*** L. T. Lu & C. L. Li

分布：深圳 [17]。

桃叶石楠 ***Photinia prunifolia*** (Hook. & Arn.) Lindl.

分布：博罗 [93, 100, 35]、潮州 [93, 35]、从化 [93, 107]、大埔 [93, 35]、东莞 [25, 35]、东源 [59]、丰顺 [93, 95, 35]、封开 [93, 35, 14]、佛冈 [27]、广州 [93, 35]、海丰 [93, 35]、和平 [93, 35]、河源 [93, 35]、怀集 [93, 35]、惠东 [93, 35, 12]、惠州 [93, 35]、江门 [93, 35, 8]、蕉岭 [93, 35]、揭西 [35]、乐昌 [93, 29, 26, 41, 35]、连南 [93, 35]、连平 [93, 35]、连州 [93, 26, 35]、龙门 [93, 35]、陆河 [35]、罗定 [93, 35]、梅州 [93, 35]、南雄 [93, 57, 33, 35]、平远 [93, 35]、清远 [93, 35]、饶平 [93, 35]、仁化 [16]、乳源 [93, 26, 35]、韶关 [93, 35]、深圳 [93]、始兴 [93, 28, 35]、翁源 [93, 51, 35]、五华 [4]、新丰 [93, 63, 35]、信宜 [35, 52]、兴宁 [35]、阳春 [93, 35, 45]、阳江 [35]、阳山 [93, 26, 35]、英德 [93, 32, 35]、郁南 [101]、云浮 [93, 35]、增城 [93, 116, 35]、肇庆 [93, 9, 35]、中山 [10, 35]、紫金 [31, 35]。

饶平石楠 ***Photinia raupingensis*** K. C. Kuan

分布：从化 [35]、东莞 [25]、江门 [8]、饶平 [35]、深圳 [17]、翁源 [51]、五华 [4]、信宜 [52]、增城 [35]、紫金 [31]。

石楠 ***Photinia serratifolia*** (Desf.) Kalkman

分布：封开 [14]、江门 [8]、乐昌 [29, 35]、连南 [35]、连州 [35]、平远 [35]、仁化 [16]、乳源 [26, 35]、阳山 [26, 35]、英德 [32]、郁南 [101]、增城 [116]、紫金 [31]。

委陵菜属 *Potentilla* L.

蛇莓委陵菜 ***Potentilla centigrana*** Maxim.

分布：连南 [445]。

翻白草 ***Potentilla discolor*** Bunge

分布：乐昌 [29, 35, 41]、连南 [35]、南雄 [33, 57]、平远 [35]、仁化 [16]、乳源 [26, 35]、阳山 [35]、英德 [32, 35]。

三叶委陵菜 ***Potentilla freyniana*** Bornm.

分布：乐昌 [29, 35]、连山 [35]、连州 [26]、南雄 [33]、仁化 [16]、英德 [32]。

蛇含委陵菜 ***Potentilla kleiniana*** Wight & Arn.

分布：乐昌 [29, 35, 41]、南雄 [33, 35, 57]、仁化 [16, 35]、乳源 [26, 35]、始兴 [28, 35]、英德 [32, 35]。

朝天委陵菜 ***Potentilla supina*** L.

分布：广州 #[35]、连平 #[35]、梅州 #[35]、清远 #[35]、翁源 #[35]、肇庆 #[9, 35]。

三叶朝天委陵菜 ***Potentilla supina* var. *ternata*** Peterm.

分布：深圳 [17]、肇庆 [35]、紫金 [31]。

落叶石楠属 *Pourthiaea* Decne.

中华落叶石楠 ***Pourthiaea arguta*** (Wall. ex Lindl.) Decne.

分布：博罗 [35, 100]、从化 [35]、佛冈 [27]、和平 [35]、河源 [35]、乐昌 [29, 35]、连山 [35]、连州 [26, 35]、龙门 [35]、南雄 [33]、平远 [35]、饶平 [35]、仁化 [16, 35]、乳源 [26, 35]、韶关 [35]、始兴 [28, 35]、信宜 [35, 52]、阳山 [35]、英德 [35, 32]、肇庆 [9, 35]、紫金 [31]。

闽粤落叶石楠 ***Pourthiaea arguta* subsp. *pustulata*** (Lindl.) B. B. Liu & D. Y. Hong

分布：博罗 [35]、从化 [107]、东莞 [25]、广州 [35]、惠来 [35]、惠州 [35]、江门 [35]、蕉岭 [35]、陆丰 [35]、平远 [35]、仁化 [16]、深圳 [17, 35]、台山 [35]、信宜 [35, 52]、英德 [32]、增城 [116]、肇庆 [9, 35]、珠海 [35]、紫金 [31, 35]。

褐毛落叶石楠 ***Pourthiaea hirsuta*** (Hand. -Mazz.) Iketani & H. Ohashi

分布：乐昌 [29, 35]、连州 [26]、乳源 [26]。

陷脉落叶石楠 ***Pourthiaea impressivena*** (Hayata) Iketani & H. Ohashi

分布：从化 [35]、大埔 [35]、丰顺 [35]、封开 [14, 35]、广宁 [35]、江门 [8]、乐昌 [29, 35, 41]、龙门 [35]、梅州 [35]、饶平 [35]、乳源 [35]、始兴 [28]、新丰 [35]、阳山 [26, 35]、英德 [32, 35]、云浮 [35]。

小叶落叶石楠 ***Pourthiaea villosa*** (Thunb.) Decne.

分布：从化 [35] [曾怀德 25074 (IBSC)]、封开 [14, 35]、佛冈 [27]、广宁 [35] [陈炳辉 1568 (IBSC)]、和平 [35] [张桂才 49 (IBSC)]、河源 [35] [曾怀德 28787 (SYS)]、怀集 [35] [石国良 15159 (IBSC)]、惠东 [12, 35]、惠州 [35] [曾怀德 25608 (IBSC)]、蕉岭 [35] [南岭队 2310 (IBSC)]、乐昌 [29, 35, 41]、连南 [35] [谭沛祥 59306 (IBSC)]、连平 [35] [刘瑛光 145 (PE)]、连山 [35]、连州 [26, 35]、龙川 [35] [左景烈 21605 (IBSC)]、龙门 [35] [陈邦余 2016 (IBSC)]、罗定 [35] [中山大学普查队 1182 (SYS)]、南雄 [33, 35, 57]、平远 [379, 35]、饶平 [35] [李学根 200563 (IBSC)]、仁化 [16, 35]、乳源 [26, 35]、韶关 [35] [高锡朋 50340 (IBSC)]、始兴 [28, 35]、翁源 [35, 51]、五华 [4, 35]、新丰 [35] [叶华谷等 7568 (IBSC)]、信宜 [52]、兴宁 [35] [李学根 201805 (IBSC)]、阳春 [35] [湛江区植物调查队 4209 (IBSC)]、阳山 [35, 26]、英德 [32, 35]、紫金 [31, 35]。

李属 **Prunus L.**

冬青叶桂樱 ***Prunus aquifolioides*** (Chun ex T. T. Yu & L. T. Lu) W. C. Chen ex Huan C. Wang

分布：平远 [35]、清远 [3, 35]、乳源 [3, 35]。

南方桂樱 ***Prunus austrosinensis*** Huan C. Wang

分布：连南 [445]。

橉木 ***Prunus buergeriana*** Miq.

分布：乐昌 [29, 35]、始兴 [28]、翁源 [51]、英德 [32]。

钟花樱 ***Prunus campanulata*** Maxim.

分布：博罗 [97, 35]、潮州 [97]、从化 [97, 35]、东源 [59]、丰顺 [95]、封开 [14]、佛冈 [27]、惠东 [12]、乐昌 [97, 29, 41, 35]、连山 [97, 35]、连州 [26]、南雄 [33, 57]、平远 [97]、仁化 [97, 16, 35]、乳源 [97, 26, 35]、韶关 [97, 35]、深圳 *[17]、始兴 [28]、翁源 [51]、五华 [4]、新丰 [63]、信宜 [97, 35, 52]、兴宁 [97, 35]、英德 [32]、郁南 [101]、增城 [116]、紫金 [31]。

襄阳山樱桃 ***Prunus cyclamina*** Koehne

分布：乳源 [35]。

华南桂樱 ***Prunus fordiana*** Dunn

分布：茂名 [35]、深圳 [17]、台山 [304]、信宜 [52]、阳春 [304]、郁南 [304]。

麦李 ***Prunus glandulosa*** Thunb.

分布：仁化 [16, 35]、乳源 [35]。

灰叶稠李 ***Prunus grayana*** Maxim.

分布：乐昌 [29, 35]、乳源 [35]。

毛背桂樱 ***Prunus hypotricha*** Rehder

分布：和平 [35]、始兴 [28]、翁源 [51]。

郁李 ***Prunus japonica*** Thunb.

分布：深圳 *[17]。

全缘桂樱 ***Prunus marginata*** Dunn

分布：从化 [35]、大埔 [35]、东莞 [25]、江门 [8]、蕉岭 [35]、龙门 [35]、梅州 [35]、清远 [35]、乳源 [35]、深圳 [17]、新丰 [35]。

梅 ***Prunus mume*** Siebold & Zucc.

分布：博罗 *[38, 100]、从化 *[107]、封开 *[14]、惠东 *[12]、连州 *[26]、南雄 *[57]、仁化 *[16]、深圳 *[11]、始兴 *[28]、五华 *[4]、信宜 *[52]、增城 *[116]、肇庆 *[9]。

桃 ***Prunus persica*** (L.) Batsch

分布：博罗 *[38, 100]、从化 *[107]、丰顺 *[95]、封开 *[14]、江门 *[8]、乐昌 *[41]、连州 *[26]、南雄 *[57]、仁化 *[16]、深圳 *[11, 17]、始兴 *[28]、翁源 *[51]、信宜 *[52]、阳山 *[26]、郁南 *[101]、增城 *[116]、肇庆 *[9]。

腺叶桂樱 ***Prunus phaeosticta*** (Hance) Maxim.

分布：博罗 [35, 38, 100]、潮州 [35] [曾宪锋、曾庆宜 ZXF7358 (CZH)]、从化 [35, 107]、德庆 [35] [刘瑛光 110 (HIB0029538)]、东莞 [25, 35]、东源 [119]、丰顺 [35, 95]、封开 [14, 35]、佛冈 [27]、佛山 [35] [陈焕镛 34 (SN)]、广宁 [35] [石国良 14436 (IBSC)]、广州 [35] [叶育石 5096 (IBSC)]、河源 [35] [曾怀德 28829 (IBSC)]、怀集 [35] [刘瑛光 7924 (HZ)]、惠东 [12]、惠州 [35] [卫兆芬 121727 (IBSC)]、江门 [8, 35]、蕉岭 [35] [李学根 202365 (IBSC)]、乐昌 [26, 29, 35, 41]、连南 [35] [谭沛祥 59195 (IBSC)]、连山 [35] [谭沛祥 58764 (PE)]、连州 [26, 35]、龙门 [35] [王学文、张桂才 8237 (IBSC)]、陆河 [35] [曾宪锋 ZXF42658 (CZH)]、茂名 [35] [湛江区植物调查队 4081 (IBSC)]、梅州 [35] [曾宪锋 ZXF21745 (CZH)]、南雄 [33, 35, 57]、平远 [35] [邓良 4160 (IBSC)]、普宁 [35] [南植地 7961 (IBSC)]、清远 [35] [黄荣焜 30187 (IBSC)]、仁化 [16, 35]、乳源 [26, 35]、韶关 [35] [高锡朋 50362 (IBSC)]、深圳 [17, 35]、始兴 [28, 35]、翁源 [35, 51]、五华 [4]、新丰 [63]、新兴 [35] [陈炳辉 1805 (IBSC)]、信宜 [35, 52]、阳春 [35, 45]、阳江 [35] [刘什汗、李祥禧 89886 (IBSC)]、阳山 [26, 35]、英德 [32, 35]、郁南 [35, 101]、云浮 [35] [辛树帜 5335 (IBSC)]、增城 [35, 116]、肇庆 [9, 35]、中山 [10, 35]、珠海 [35] [陈炳辉 644 (IBSC)]、紫金 [31, 35]。

长尾毛柱郁李 ***Prunus pogonostyla* var. *obovata*** Koehne

分布：乳源 [26, 35]。

樱桃 ***Prunus pseudocerasus*** Lindl.

分布：江门 *[8]、仁化 *[16]。

尾叶樱桃 ***Prunus rufoides*** C. K. Schneid.

分布：连州 [26, 303]、南雄 [57, 33, 303]、乳源 [97, 26, 35, 303]、阳山 [26, 303]。

李 ***Prunus salicina*** Lindl.

分布：从化 *[107]、封开 *[14]、连州 *[26]、茂名 *[85]、南雄 *[57]、仁化 *[16]、深圳 *[11, 17]、始兴 *[28]、信宜 *[52]、郁南 *[101]、肇庆 *[9]。

山樱桃 ***Prunus serrulata*** Lindl.

分布：封开 [14]、惠东 [12]、乐昌 [35]、连州 [26]、翁源 [51]。

日本晚樱 ***Prunus serrulata* var. *lannesiana*** (Carrière) Makino

分布：肇庆 *[9]。

杏李 ***Prunus simonii*** Carrière

分布：博罗 [35]。

刺叶桂樱 ***Prunus spinulosa*** Siebold & Zucc.

分布：从化 [35, 107]、大埔 [35]、东莞 [25]、佛冈 [27]、和平 [35]、怀集 [35]、惠东 [12]、江门 [8]、蕉岭 [35]、乐昌 [29, 35, 41]、连南 [35]、连州 [26, 35]、龙门 [35]、平远 [35]、仁化 [16]、乳源 [35]、始兴 [28]、五华 [4, 35]、新丰 [35, 63]、英德 [32]、中山 [10]、紫金 [31]。

尖叶桂樱 ***Prunus undulata*** Buch. -Ham. ex D. Don

分布：从化 [35]、封开 [14, 35]、和平 [35]、怀集 [35]、乐昌 [29, 35]、连平 [35]、龙门 [35]、平远 [35]、清远 [35]、乳源 [26, 35]、翁源 [51]、信宜 [35, 52]、阳山 [26, 35]、英德 [35]、郁南 [101]、紫金 [31]。

绢毛稠李 ***Prunus wilsonii*** (C. K. Schneid.) Koehne

分布：乐昌 [35]、乳源 [35]。

云开山桂樱 ***Prunus yunkaishanensis*** B. H. Wu, W. Y. Zhao & W. B. Liao

分布：高州 [304]。

大叶桂樱 ***Prunus zippeliana*** Miq.

分布：博罗 [5, 100]、从化 [35]、东莞 [25]、封开 [35]、佛冈 [27]、佛山 [35]、广州 [35]、怀集 [35]、乐昌 [29, 35, 41]、连平 [35]、连山 [35]、连州 [35]、南雄 [33, 57]、清远 [35]、仁化 [16]、乳源 [26, 35]、韶关 [35]、深圳 [17]、始兴 [35]、台山 [35]、翁源 [35, 51]、信宜 [52]、阳山 [26]、英德 [32, 35]、郁南 [101]、云浮 [35]、肇庆 [35]、中山 [10]、紫金 [31]。

木瓜属 *Pseudocydonia* (C. K. Schneid.) C. K. Schneid.

木瓜 ***Pseudocydonia sinensis*** (Thouin) C. K. Schneid.

分布：博罗 *[5, 100]。

臀果木属 *Pygeum* Gaertn.

臀果木 ***Pygeum topengii*** Merr.

分布：博罗 [35, 100]、潮州 [35] [叶华谷 7699 (IBSC)]、从化 [35, 107]、大埔 [35] [曾宪锋 ZXF9688 (CZH)]、东莞 [25, 35]、东源 [119]、恩平 [35] [陈炳辉 1841 (IBSC)]、丰顺 [35, 95]、封开 [14, 35]、佛冈 [27]、佛山 [35] [高锡朋 51539 (IBSC)]、高州 [35] [周沛椿 10303 (IBSC)]、广州 [35] [杨祥学 12112 (JXU0004479)]、海丰 [35] [卫兆芬 121435 (PE)]、和平 [35] [张桂才 652 (IBSC)]、化州 [35] [湛江区植物调查队 3015 (IBSC)]、怀集 [35] [刘瑛光 2680 (IBSC)]、惠东 [12]、惠州 [35] [曾怀德 25720 (IBSC)]、江门 [35] [张瑞麟 147 (IBSC)]、揭西 [35] [曾宪锋 ZXF24860 (CZH)]、乐昌 [29, 35]、连平 [35] [谭英华 1227 (SYS)]、龙门 [35] [肖家庚 5070 (CSFI)]、陆丰 [35] [卫兆芬 121247 (IBSC)]、罗定 [35] [中山大学普查队 858 (SYS)]、茂名 [35] [湛江区植物调查队 4120 (IBSC)]、梅州 [35] [曾怀德 21398 (IBSC)]、平远 [35] [曾宪锋 ZXF8593 (CZH)]、仁化 [16]、乳源 [26, 35]、韶关 [35] [梁向日、黄荣焜 31662 (IBSC)]、深圳 [17, 35]、翁源 [35, 51]、五华 [4]、新丰 [35, 63]、信宜 [35, 52]、阳春 [35] [叶华谷、刘念 469 (IBSC)]、阳江 [35] [湛江区植物调查队 3550 (IBSC)]、阳山 [26, 35]、英德 [32, 35]、郁南 [35, 101]、云浮 [35] [黄志 1874 (PEY)]、增城 [116]、湛江 [35] [南植地 3015 (SYS)]、肇庆 [9, 35]、中山 [10, 35]、紫金 [31, 35]。

火棘属 *Pyracantha* M. Roem.

细圆齿火棘 ***Pyracantha crenulata*** (D. Don) M. Roem.

分布：清远 [陈又生等 QY20230234 (IBSC)]、仁化 [16]、阳山 [26]。

全缘火棘 ***Pyracantha loureiroi*** (Kostel.) Merr.

分布：乐昌 [26, 29, 35, 41]、连南 [35]、连州 [26, 35]、仁化 [16]、乳源 [26, 35]、阳山 [26, 35]、英德 [32, 35]。

梨属 *Pyrus* L.

豆梨 ***Pyrus calleryana*** Decne.

分布：博罗 [35, 100]、从化 [35, 107]、大埔 [35]、德庆 [35]、东莞 [25]、东源 [59]、丰顺 [35, 95]、封开 [14, 35]、佛冈 [27]、蕉岭 [35]、乐昌 [29, 35, 41]、连平 [35]、连州 [26]、茂名 [85]、南雄 [33, 35, 57]、平远 [35]、仁化 [16, 35]、乳源 [35]、深圳 [17]、始兴 [28, 35]、翁源 [51]、五华 [4]、新丰 [35, 63]、新兴 [35]、信宜 [35, 52]、阳春 [35]、阳山 [26, 35]、英德 [32, 35]、郁南 [101]、肇庆 [9, 35]、中山 [10]、紫金 [31]。

楔叶豆梨 ***Pyrus calleryana* var. *koehnei*** (C. K. Schneid.) T. T. Yu

分布：博罗 [35, 100]、东莞 [25, 35]、封开 [35] [粤 74 4911 (IBSC)]、高州 [35] [蒋英 929 (IBSC)]、广州 [35] [陈炳辉、黄向旭、刘世忠 3042 (IBSC)]、河源 [35] [77 级科研组新 0721 (SN)]、惠东 [35] [陈邦余、张桂才 344 (IBSC)]、蕉岭 [35] [徐祥浩、林辉奉 216 (IBSC)]、乐昌 [29, 35, 41]、连州 [26, 35]、龙川 [35] [左景烈 21633 (IBSC)]、龙门 [35] [南昆山调查队 82401 (IBSC)]、清远 [35] [黄荣焜 30126 (IBSC)]、仁化 [16, 35]、乳源 [26, 35]、韶关 [35] [梁向日、黄荣焜 31623 (IBSC)]、始兴 [28, 35]、翁源 [35] [刘心祈 23992 (IBSC)]、新丰 [35] [林仰三 108 (IBSC)]、信宜 [52]、阳春 [35, 45]、阳山 [26, 35]、英德 [32, 35]、云浮 [35] [辛树帜 5227 (IBSC)]、增城 [116]、肇庆 [9, 35]。

沙梨 ***Pyrus pyrifolia*** (Burm. f.) Nakai

分布：博罗 *[5, 100]、封开 [14]、佛冈 [27]、乐昌 *[41]、南雄 *[57]、深圳 [11]、始兴 [28]、阳山 *[26]、增城 [116]、肇庆 *[9]。

麻梨 ***Pyrus serrulata*** Rehder

分布：博罗 [35]、丰顺 [35, 95]、乐昌 [29, 35]、连平 [35]、

连州 [26, 35]、龙门 [35]、饶平 [35]、乳源 [26]、深圳 [17]、英德 [35]、肇庆 [35]。

石斑木属 ***Rhaphiolepis* Lindl.**

锈毛石斑木 ***Rhaphiolepis ferruginea*** F. P. Metcalf

分布：从化 [35]、大埔 [35]、德庆 [35]、丰顺 [35]、封开 [14, 35]、广宁 [35]、乐昌 [29, 41]、饶平 [35]、始兴 [28, 35]、紫金 [31]。

齿叶锈毛石斑木 ***Rhaphiolepis ferruginea* var. *serrata*** F. P. Metcalf

分布：韶关 [35]、翁源 [35]、新丰 [35]。

石斑木 ***Rhaphiolepis indica*** (L.) Lindl.

分布：博罗 [35, 38, 100]、潮州 [35] [曾宪锋 ZXF8442 (CZH)]、从化 [35, 107]、大埔 [35] [李学根 202479 (IBSC)]、德庆 [35] [刘瑛光 958 (IBSC)]、东莞 [25, 35]、东源 [35, 119]、恩平 [35] [黄茂先 110427 (HZ)]、丰顺 [35, 95]、封开 [14, 35]、佛冈 [27]、佛山 [35] [黄茂先 111050 (HZ)]、高州 [35] [周沛椿 80304 (IBSC)]、广州 [35] [左景烈 20037 (IBSC)]、海丰 [35] [卫兆芬 121386 (IBSC)]、和平 [35] [卫兆芬 120702 (IBSC)]、河源 [35] [77 级科研组新 O313 (SN)]、鹤山 [35] [黄茂先 110739 (PE)]、怀集 [35] [刘瑛光 3027 (IBSC)]、惠东 [12, 35]、惠州 [35] [曾怀德 25772 (IBSC)]、江门 [8, 35]、蕉岭 [35] [徐祥浩、林辉奉 307 (IBSC)]、揭西 [35] [叶华谷等 4439 (IBSC)]、乐昌 [29, 35, 41]、连南 [35] [谭沛祥 59501 (IBSC)]、连平 [35] [粤 73 1531 (IBSC)]、连山 [35] [刘棠瑞 163 (SN)]、连州 [35] [谭沛祥 59652 (NAS)]、龙川 [35] [徐祥浩 1061 (IBSC)]、龙门 [35] [肖家庚 5091 (CSFI)]、陆丰 [35] [卫兆芬 121192 (PE)]、陆河 [35] [叶华谷等 4602 (IBSC)]、罗定 [35] [刘念、叶华谷 2100 (IBSC)]、茂名 [35, 85]、梅州 [35] [萧蔚秋 5 (IBSC)]、南澳 [35] [简曙光、李永泉 8 (IBSC)]、南雄 [33, 35, 57]、平远 [35] [李学根 201857 (IBSC)]、清远 [35] [黄志 30461 (IBK)]、饶平 [35] [李学根 200657 (IBSC)]、仁化 [16, 35]、乳源 [26, 35]、汕头 [35] [彭会瑶、王颖 WP006 (CZH)]、韶关 [35] [李学根 200512 (IBSC)]、深圳 [11, 17, 35]、始兴 [28, 35]、台山 [35] [左景烈 22372 (IBSC)]、翁源 [35, 51]、五华 [4, 35]、新丰 [35, 63]、新兴 [35] [刘瑛光 2104 (IBSC)]、信宜 [35, 52]、徐闻 [35] [朱志淞 1050 (IBSC)]、阳春 [35, 45]、阳江 [35] [湛江区植物调查队 3491 (IBSC)]、阳山 [26, 35]、英德 [32, 35]、郁南 [35, 101]、云浮 [35] [辛树帜 5065 (IBSC)]、增城 [35, 116]、湛江 [35] [湛江区植物调查队 3911 (IBSC)]、肇庆 [9, 35]、中山 [10, 35]、珠海 [35] [张奠湘等 TuTY5030 (KUN)]、紫金 [31, 35]。

细叶石斑木 ***Rhaphiolepis lanceolata*** Hu

分布：东源 [119]、惠东 [12]、深圳 [11]、阳春 [35, 45]、阳山 [26]、英德 [32]。

柳叶石斑木 ***Rhaphiolepis salicifolia*** Lindl.

分布：东莞 [25]、东源 [59]、封开 [14, 35]、佛冈 [27]、惠东 [12]、江门 [8]、连山 [35]、连州 [35]、南雄 [35]、仁化 [16, 35]、乳源 [26, 35]、韶关 [35]、深圳 [17]、阳山 [26]、英德 [35]、中山 [10]。

厚叶石斑木 ***Rhaphiolepis umbellata*** (Thunb.) Makino

分布：江门 [8]、仁化 [16, 35]、阳春 [35]、阳山 [26]。

蔷薇属 ***Rosa* L.**

月季花 ***Rosa chinensis*** Jacq.

分布：博罗 *[38, 100]、从化 *[107]、丰顺 *[95]、封开 *[14]、广州 *[http://ppbc. iplant. cn/tu/4988078]、惠州 *[http://ppbc. iplant. cn/tu/4634649]、江门 *[8]、仁化 *[16]、深圳 *[17]、始兴 *[28]、信宜 *[52]、郁南 *[101]、肇庆 *[9]、珠海 *[http://ppbc. iplant. cn/tu/2642804]。

小果蔷薇 ***Rosa cymosa*** Tratt.

分布：博罗 [38]、潮州 [35] [吴文彬 2014028 (CZH)]、从化 [35, 107]、大埔 [35] [邓良 5160 (IBSC)]、东源 [59]、丰顺 [35] [李学根 201120 (IBSC)]、佛冈 [27]、佛山 [35] [黄茂先 111136 (PE)]、广州 [35] [梁其瑾 111 (PEY)]、和平 [35] [卫兆芬 120371 (IBSC)]、河源 [35] [左景烈 21517 (IBSC)]、怀集 [35] [石国良 14612 (IBSC)]、惠东 [12]、惠州 [35] [刘兴尧、张寿洲 22422 (SZG)]、蕉岭 [35] [李学根 202226 (IBSC)]、揭西 [35] [2015 级实习队 2016314 (CZH)]、乐昌 [26, 29, 35, 41]、连南 [35] [邹香林等 60653 (IBSC)]、连平 [35] [粤 73 1600 (IBSC)]、连山 [35] [曾飞燕等 277 (PE)]、连州 [26, 35]、龙门 [35] [南昆山调查队 82236 (IBSC)]、梅州 [35] [侯宽昭 71194 (IBSC)]、南雄 [33, 35, 57]、平远 [35] [李学根 202052 (IBSC)]、清远 [35] [黄志 30805 (IBSC)]、饶平 [35] [简曙光、李永泉 23 (IBSC)]、仁化 [16, 35]、乳源 [26, 35]、汕头 [35] [梁其瑾 110 (PEY)]、韶关 [35] [陈焕镛 42922 (SN)]、深圳 [35] [王学文 53161 (SZG)]、始兴 [28, 35]、翁源 [35, 51]、五华 [4, 35]、新丰 [63]、信宜 [52]、兴宁 [35] [李学根 201790 (CSFI)]、阳山 [26, 35]、英德 [32, 35]、郁南 [101]、云浮 [35] [辛树帜 5024 (IBSC)]、增城 [35, 116]、中山 [10, 35]、紫金 [31, 35]。

毛叶山木香 ***Rosa cymosa* var. *puberula*** T. T. Yu & T. C. Ku

分布：乐昌 [29, 35]。

软条七蔷薇 ***Rosa henryi*** Boulenger

分布：潮州 [35] [吴锐冰 2014051 (CZH)]、从化 [35] [中德采集队 1052 (IBSC)]、大埔 [35] [大埔队 363 (IBSC)]、东莞 [25, 35]、丰顺 [35, 95]、封开 [14, 35]、海丰 [35] [曾宪锋 ZXF8844 (CZH)]、河源 [35] [曾怀德 28637 (IBSC)]、惠东 [35] [陈邦余等 89 (IBSC)]、蕉岭 [35] [邓良 4715 (IBSC)]、揭西 [35] [叶华谷等 4430 (IBSC)]、乐昌 [29, 35, 41]、连平 [35] [B. S. Leung 141 (SYS)]、连州 [35] [程用谦 170421 (IBSC)]、龙门 [35] [张桂才等 268 (IBSC)]、梅州 [35] [曾宪锋 ZXF24951 (CZH)]、南雄 [33, 35, 57]、平远 [35] [邓良 4374 (IBSC)]、

饶平 [35] [李学根 200644 (IBSC)]、仁化 [16, 35]、乳源 [26, 35]、深圳 [35] [徐有财 2111 (SZG)]、始兴 [28, 35]、翁源 [35, 51]、五华 [4, 35]、新丰 [35] [叶华谷等 7566 (IBSC)]、信宜 [35, 52]、兴宁 [35] [李淑玉 181015 (IBSC)]、阳山 [26, 35]、英德 [32, 35]、郁南 [101]、增城 [35, 116]、肇庆 [35] [叶华谷等 18486 (IBSC)]、紫金 [31, 35]。

广东蔷薇 ***Rosa kwangtungensis*** T. T. Yu & H. T. Tsai

分布：博罗 [35]、从化 [35]、广州 [35]、江门 [35]、蕉岭 [35]、深圳 [17]、云浮 [35]、肇庆 [9, 35]。

毛叶广东蔷薇 ***Rosa kwangtungensis* var. *mollis*** F. P. Metcalf

分布：广州 [35]、兴宁 [35]。

金樱子 ***Rosa laevigata*** Michx.

分布：博罗 [35, 38, 100]、潮州 [35] [曾宪锋 ZXF37252 (CZH)]、从化 [35, 107]、大埔 [35] [罗佳修 367 (SN)]、德庆 [35] [刘瑛光 499 (NAS)]、东莞 [25, 35]、东源 [119]、丰顺 [35, 95]、封开 [14, 35]、佛冈 [27]、佛山 [35] [黄茂先 111163 (PE)]、高州 [35] [蒋英 2128 (IBSC)]、广州 [35] [中草药组 176 (IBSC)]、和平 [35] [卫兆芬 120393 (IBSC)]、河源 [35] [曾怀德 28616 (IBSC)]、惠东 [12, 35]、惠州 [35] [徐德明 136 (IBSC)]、江门 [8, 35]、蕉岭 [35] [徐祥浩、林辉奉 271 (IBSC)]、揭西 [35] [许钰 2016063 (CZH)]、开平 [35] [黄茂先 110551 (PE)]、乐昌 [26, 29, 35, 41]、连平 [35] [卫兆芬 120017 (IBSC)]、连山 [35] [曾飞燕等 158 (PE)]、连州 [26, 35]、龙川 [35] [徐祥浩 1045 (IBSC)]、龙门 [35] [张桂才 7 (IBSC)]、罗定 [35] [叶华谷、刘念 2118 (IBSC)]、茂名 [35, 85]、梅州 [35] [曾宪锋 ZXF24996 (CZH)]、南雄 [33, 35, 57]、平远 [35] [孙王叶　平 042 (SN)]、普宁 [35] [曾宪锋 ZXF42951 (CZH)]、清远 [35] [朱志淞 604 (CAF00016131)]、饶平 [35] [李学根 200540 (IBSC)]、仁化 [16, 35]、乳源 [26, 35]、汕头 [35] [F. A. McClure 269 (SYS)]、韶关 [35] [高锡朋 50224 (IBSC)]、深圳 [11, 17, 35]、始兴 [28, 35]、台山 [35] [左景烈 22433 (IBSC)]、翁源 [35, 51]、五华 [4, 35]、新丰 [63]、新兴 [35] [刘瑛光 2394 (IBSC)]、信宜 [35, 52]、兴宁 [35] [张伟城 75 (SN)]、阳春 [35, 45]、阳江 [35] [湛江区植物调查队 3545 (IBSC)]、阳山 [35] [徐德明 723 (IBSC)]、英德 [32, 35]、郁南 [35, 101]、云浮 [35] [黄志 37701 (IBSC)]、增城 [35, 116]、湛江 [35] [南植地 3821 (SYS)]、肇庆 [9, 35]、中山 [10, 35]、紫金 [31, 35]。

光叶蔷薇 ***Rosa luciae*** Franch. & Roch. ex Crep.

分布：东莞 [25]、深圳 [17]、肇庆 [35]、紫金 [31, 35]。

亮叶月季 ***Rosa lucidissima*** H. Lév.

分布：德庆 [35]、封开 [14, 35]。

野蔷薇 ***Rosa multiflora*** Thunb.

分布：东莞 [25]、乐昌 [29, 41]、乳源 [26]、深圳 [17]、肇庆 *[9]。

粉团蔷薇 ***Rosa multiflora* var. *cathayensis*** Rehder & E. H. Wilson

分布：乐昌 [29, 35]、连州 [26]、南雄 [33, 35, 57]、平远 [35]、乳源 [26, 35]、韶关 [35]、英德 [32, 35]、肇庆 [35]。

悬钩子蔷薇 ***Rosa rubus*** H. Lév. & Vaniot

分布：惠州 [35]、乐昌 [29, 35, 41]、连南 [35]、连山 [35]、连州 [26, 35]、仁化 [16, 35]、乳源 [35]、韶关 [35]、五华 [4]、阳山 [26]、英德 [35]、肇庆 [9]。

玫瑰 ***Rosa rugosa*** Thunb.

分布：从化 *[107]、信宜 *[52]。

悬钩子属 *Rubus* L.

腺毛莓 ***Rubus adenophorus*** Rolfe

分布：乐昌 [29, 35, 41]、连南 [35]、连山 [35]、南雄 [33, 35, 57]、仁化 [16, 35]、乳源 [26, 35]、五华 [4]、阳山 [26, 35]、英德 [32]。

粗叶悬钩子 ***Rubus alceifolius*** Poir.

分布：博罗 [35, 100]、从化 [107]、大埔 [35] [王学文等 89 (IBSC)]、德庆 [35] [刘瑛光 69169 (GZAC)]、东莞 [25, 35]、丰顺 [35] [曾宪锋 ZXF33732 (CZH)]、封开 [14]、佛冈 [27]、佛山 [35] [黄茂先 111165 (PE)]、高州 [35] [蒋英 979 (IBSC)]、广州 [35] [中草药组 101 (IBSC)]、和平 [35] [谭策铭等 51700 (JJF)]、怀集 [35] [刘瑛光 2685 (IBSC)]、惠东 [12, 35]、惠州 [35] [曾怀德 25946 (IBSC)]、江门 [8, 35]、乐昌 [26, 29, 35, 41]、连南 [35] [谭沛祥 59091 (IBSC)]、连平 [35] [粤 73 1894 (IBSC)]、连州 [26, 35]、龙门 [35] [王学文、张桂才 8157 (IBSC)]、罗定 [35] [叶华谷、刘念 2314 (IBSC)]、茂名 [35, 85]、南雄 [33, 35, 57]、清远 [35] [邓良 9742 (IBSC)]、饶平 [35] [曾宪锋 ZXF34724 (CZH)]、仁化 [16, 35]、乳源 [26, 35]、汕头 [35] [C. I. Lei 226 (PE)]、深圳 [11, 17, 35]、始兴 [28]、台山 [35] [左景烈 22495B (IBSC)]、翁源 [35, 51]、五华 [4]、新丰 [35, 63]、新兴 [35] [刘瑛光 2261 (IBSC)]、信宜 [35, 52]、阳春 [35, 45]、阳山 [26, 35]、英德 [32, 35]、郁南 [35, 101]、增城 [35, 116]、肇庆 [9, 35]、中山 [10, 35]、紫金 [31, 35]。

周毛悬钩子 ***Rubus amphidasys*** Focke ex Diels

分布：丰顺 [95]、封开 [14, 35]、连州 [26]、南雄 [33, 35, 57]、始兴 [28]。

寒莓 ***Rubus buergeri*** Miq.

分布：博罗 [100]、大埔 [35]、东莞 [25]、和平 [35]、乐昌 [26, 29, 35]、龙门 [35]、南雄 [33, 57]、平远 [35]、乳源 [26, 35]、深圳 [17]、始兴 [28, 35]、翁源 [35, 51]、五华 [4]、新丰 [35]、阳山 [26, 35]、英德 [32]、紫金 [31]。

掌叶覆盆子 ***Rubus chingii*** Hu

分布：连州 [26]、乳源 [26]。

毛萼莓 ***Rubus chroosepalus*** Focke

分布：乐昌 [29, 35]、连州 [26, 35]、乳源 [26, 35]、阳山 [26, 35]。

大乌藨 ***Rubus clinocephalus*** Focke

分布：封开 [14]、河源 [35]、惠东 [12]、阳山 [35]、英德 [32]、云浮 [35]、肇庆 [35]。

蛇藨筋 ***Rubus cochinchinensis*** Tratt.

分布：江门 [8]、雷州 [13]、廉江 [13]、茂名 [85]、仁化 [16]、台山 [35]、徐闻 [35]、阳江 [35]。

小柱悬钩子 ***Rubus columellaris*** Tutcher

分布：博罗 [35]、大埔 [35]、和平 [35]、乐昌 [29, 35]、连南 [35]、连平 [35]、连州 [26]、南雄 [33, 35, 57]、平远 [35]、乳源 [26, 35]、始兴 [35]、五华 [4]、阳山 [35]、英德 [32, 35]、肇庆 [35]、紫金 [31]。

柔毛小柱悬钩子 ***Rubus columellaris* var. *villosus*** T. T. Yu & L. T. Lu

分布：连南 [3]、连山 [35]、龙门 [35]。

山莓 ***Rubus corchorifolius*** L. f.

分布：博罗 [5, 100]、从化 [35, 107]、丰顺 [95]、封开 [14]、佛冈 [27]、河源 [35]、乐昌 [29, 35, 41]、连南 [35]、连州 [26, 35]、龙门 [35]、梅州 [35]、南雄 [33, 57]、平远 [35]、清远 [35]、仁化 [16, 35]、乳源 [26, 35]、始兴 [28]、翁源 [51]、五华 [4]、信宜 [35, 52]、阳山 [26]、英德 [32, 35]、郁南 [101]、云浮 [35]、肇庆 [9, 35]、中山 [10]、紫金 [31]。

插田藨 ***Rubus coreanus*** Miq.

分布：乐昌 [29, 35]、仁化 [16]。

厚叶悬钩子 ***Rubus crassifolius*** T. T. Yu & L. T. Lu

分布：连州 [26]、乳源 [35]。

闽粤悬钩子 ***Rubus dunnii*** F. P. Metcalf

分布：丰顺 [95]、和平 [35]、翁源 [51]、五华 [4, 35]、紫金 [31]。

大红藨 ***Rubus eustephanos*** Focke

分布：潮州 [370]。

台湾悬钩子 ***Rubus formosensis*** Kuntze

分布：乳源 [35]。

福建悬钩子 ***Rubus fujianensis*** T. T. Yu & L. T. Lu

分布：丰顺 [379]。

光果悬钩子 ***Rubus glabricarpus*** W. C. Cheng

分布：丰顺 [394]。

中南悬钩子 ***Rubus grayanus*** Maxim.

分布：乐昌 [29, 35, 41]、连州 [26]、乳源 [35]。

江西悬钩子 ***Rubus gressittii*** F. P. Metcalf

分布：博罗 [35]、从化 [35]、惠东 [12, 35]、深圳 [17]、始兴 [28]。

华南悬钩子 ***Rubus hanceanus*** Kuntze

分布：封开 [14, 35]、连州 [35]、阳山 [https://ppbc.iplant.cn/tu/17175662]。

戟叶悬钩子 ***Rubus hastifolius*** H. Lév. & Vaniot

分布：从化 [35]、乐昌 [29, 35, 41]、连南 [35]、阳山 [26]。

蓬藟 ***Rubus hirsutus*** Thunb.

分布：惠东 [12]、平远 [35]、五华 [4]、阳山 [26]。

湖南悬钩子 ***Rubus hunanensis*** Hand. -Mazz.

分布：怀集 [35]、乐昌 [29, 35, 41]、乳源 [35]、英德 [32]。

宜昌悬钩子 ***Rubus ichangensis*** Hemsl. & Kuntze

分布：博罗 [5, 100]、佛冈 [27]、南雄 [33]、五华 [4]。

陷脉悬钩子 ***Rubus impressinervus*** F. P. Metcalf

分布：连州 [26]。

白叶莓 ***Rubus innominatus*** S. Moore

分布：乐昌 [26, 29, 35]、连山 [35]、仁化 [16]、乳源 [26, 35]、始兴 [28, 35]、五华 [35]。

蜜腺白叶莓 ***Rubus innominatus* var. *aralioides*** (Hance) T. T. Yu & L. T. Lu

分布：博罗 [35]、蕉岭 [35]、南雄 [35]、仁化 [16]、乳源 [26, 35]。

无腺白叶莓 ***Rubus innominatus* var. *kuntzeanus*** (Hemsl.) L. H. Bailey

分布：仁化 [16]、乳源 [35]。

灰毛藨 ***Rubus irenaeus*** Focke ex Diels

分布：乐昌 [29, 35]、南雄 [33, 57]、乳源 [26, 35]、新丰 [63]、阳山 [35]。

蒲桃叶悬钩子 ***Rubus jambosoides*** Hance

分布：博罗 [5, 35]、从化 [35]、丰顺 [95]、佛冈 [27]、惠东 [12]、龙门 [35]、饶平 [35]、乳源 [26]、新丰 [63]、信宜 [52]、紫金 [31]。

高粱藨 ***Rubus lambertianus*** Ser.

分布：博罗 [35]、从化 [35]、大埔 [35]、东莞 [25]、佛冈 [27]、和平 [35]、蕉岭 [35]、乐昌 [29, 35, 41]、连南 [35]、连平 [35]、连州 [26, 35]、龙川 [35]、龙门 [35]、梅州 [35]、南雄 [33]、仁化 [16, 35]、乳源 [26, 35]、韶关 [35]、始兴 [28, 35]、翁源 [35, 51]、五华 [4]、新丰 [35, 63]、信宜 [35, 52]、阳山 [26, 35]、英德 [32, 35]。

白花悬钩子 ***Rubus leucanthus*** Hance

分布：博罗 [35, 100]、从化 [107]、大埔 [35]、德庆 [35]、东莞 [25]、丰顺 [35, 95]、封开 [14, 35]、佛冈 [27]、广州 [35]、和平 [35]、河源 [35]、惠东 [12, 35]、江门 [8]、乐昌 [41]、连山 [35]、茂名 [35, 85]、饶平 [35]、仁化 [16]、乳源 [26]、深圳 [11, 17, 35]、始兴 [28]、翁源 [51]、五华 [4]、新丰 [63]、信宜 [35, 52]、阳春 [35, 45]、英德 [32]、郁南 [101]、云浮 [35]、肇庆 [9, 35]、中山 [10]、珠海 [35]、紫金 [31]。

光滑悬钩子 ***Rubus linearifoliolus*** Hayata

分布：博罗 [35]、丰顺 [95]、仁化 [16]、信宜 [35, 52]。

角裂悬钩子 ***Rubus lobophyllus*** Y. K. Shih ex F. P. Metcalf

分布：乐昌 [41]、信宜 [35, 52]。

罗浮山悬钩子 ***Rubus lohfauensis*** F. P. Metcalf

分布：博罗 [3]。

棠叶悬钩子 ***Rubus malifolius*** Focke

分布：从化 [35]、大埔 [35]、丰顺 [35, 95]、乐昌 [29, 35]、连南 [35]、乳源 [26, 35]、新丰 [35]、信宜 [35, 52]。

太平莓 ***Rubus pacificus*** Hance

分布：乳源 [35]。

琴叶悬钩子 ***Rubus panduratus*** Hand. -Mazz.

分布：乐昌 [29, 35]、乳源 [26, 35]、信宜 [52]、阳山 [26]。

脱毛琴叶悬钩子 ***Rubus panduratus* var. *etomentosus*** Hand. -Mazz.

分布：乳源 [粤 73 979 (IBSC)]。

茅莓 ***Rubus parvifolius*** L.

分布：博罗 [35, 38, 100]、潮州 [35] [曾宪锋 ZXF44777 (CZH)]、从化 [35, 107]、东莞 [25, 35]、丰顺 [35, 95]、封开 [14]、佛冈 [27]、佛山 [35] [黄茂先 110257 (PE)]、高州 [35] [蒋英 2279 (IBSC)]、广州 [35] [中草药组 173 (IBSC)]、河源 [35] [曾怀德 28656 (IBSC)]、惠东 [12, 35]、江门 [35] [刘敏仪 200901215 (SN)]、蕉岭 [35] [邓良 4624 (IBSC)]、揭西 [35] [林彦孜 2016002 (CZH)]、乐昌 [29, 35]、雷州 [13]、连平 [35] [卫兆芬 120197 (IBSC)]、连山 [35] [谭沛祥 58289 (PE)]、连州 [26, 35]、廉江 [13]、龙川 [35] [曾宪锋 ZXF27603 (CZH)]、茂名 [85]、梅州 [35] [张胜安 175 (SN)]、南雄 [33, 35, 57]、平远 [35] [李学根 202140 (IBSC)]、普宁 [35] [曾宪锋 ZXF11892 (CZH)]、清远 [35] [黄志 30470 (IBSC)]、饶平 [35] [李学根 19571515 (IBSC)]、仁化 [16, 35]、乳源 [26, 35]、汕头 [35] [梁其瑾 1111 (PE)]、深圳 [11, 17, 35]、始兴 [28, 35]、五华 [4]、新丰 [63]、信宜 [35, 52]、兴宁 [35] [李淑玉 181002 (IBSC)]、徐闻 [35] [徐闻队 293 (PE)]、阳春 [35, 45]、阳山 [26]、英德 [32, 35]、郁南 [101]、增城 [116]、湛江 [35] [南植地 3836 (SYS)]、肇庆 [9, 35]、中山 [10, 35]、紫金 [31, 35]。

少齿悬钩子 ***Rubus paucidentatus*** T. T. Yu & L. T. Lu

分布：连州 [26]、乳源 [26, 35]、阳山 [26, 35]。

梨叶悬钩子 ***Rubus pyrifolius*** Sm.

分布：博罗 [35]、从化 [35, 107]、大埔 [35]、德庆 [35]、东莞 [25]、丰顺 [95]、封开 [14, 35]、佛冈 [27]、广州 [35]、怀集 [35]、惠东 [12]、惠州 [35]、江门 [8]、乐昌 [29, 35, 41]、连南 [35]、连山 [35]、龙门 [35]、南雄 [33]、清远 [35]、乳源 [26, 35]、深圳 [17]、始兴 [28]、翁源 [35, 51]、五华 [4]、新丰 [35]、新兴 [35]、信宜 [35, 52]、阳山 [26, 35]、英德 [32, 35]、增城 [35, 116]、肇庆 [9, 35]、紫金 [31]。

柔毛梨叶悬钩子 ***Rubus pyrifolius* var. *permollis*** Merr.

分布：台山 [35]。

饶平悬钩子 ***Rubus raopingensis*** T. T. Yu & L. T. Lu

分布：饶平 [35]。

锈毛莓 ***Rubus reflexus*** Ker Gawl.

分布：从化 [107]、大埔 [35]、东莞 [25]、东源 [119]、丰顺 [95]、封开 [14, 35]、佛冈 [27]、惠东 [12]、江门 [8, 35]、蕉岭 [35]、乐昌 [29, 35, 41]、连州 [35]、南雄 [33, 57]、平远 [35]、清远 [35]、饶平 [35]、仁化 [16]、乳源 [26, 35]、深圳 [17, 35]、始兴 [28, 35]、翁源 [51]、五华 [4]、新丰 [63]、兴宁 [35]、阳山 [26]、英德 [32]、郁南 [101]、增城 [116]、肇庆 [9]、中山 [10]、紫金 [31]。

浅裂锈毛莓 ***Rubus reflexus* var. *hui*** (Diels ex Hu) F. P. Metcalf

分布：从化 [35]、大埔 [35]、德庆 [35]、东莞 [25]、和平 [35]、惠东 [12, 35]、江门 [8]、蕉岭 [35]、乐昌 [29, 35]、龙门 [35]、南雄 [35]、深圳 [35]、始兴 [35]、五华 [4]、英德 [32, 35]、肇庆 [9, 35]、紫金 [35]。

深裂锈毛莓 ***Rubus reflexus* var. *lanceolobus*** F. P. Metcalf

分布：博罗 [35, 38, 100]、东源 [119]、封开 [35]、高州 [35]、江门 [8]、乐昌 [29, 35, 41]、连平 [35]、连山 [35]、龙门 [35]、茂名 [35]、南雄 [33]、乳源 [35]、深圳 [35]、始兴 [35]、翁源 [51]、新丰 [63]、新兴 [35]、信宜 [35, 52]、阳春 [45]、英德 [32, 35]、郁南 [101]、肇庆 [9, 35]、紫金 [31]。

大叶锈毛莓 ***Rubus reflexus* var. *macrophyllus*** T. T. Yu & L. T. Lu

分布：阳春 [叶华谷、刘念 1762 (IBSC)]。

空心藨 ***Rubus rosifolius*** Sm.

分布：博罗 [35, 38, 100]、从化 [35]、东莞 [25]、丰顺 [95]、封开 [14]、佛冈 [27]、广州 [35]、河源 [35]、惠东 [12]、惠州 [35]、乐昌 [29, 35, 41]、连南 [35]、连州 [26]、龙门 [35]、罗定 [35]、茂名 [85]、南雄 [33, 57]、平远 [35]、饶平 [35]、仁化 [16, 35]、韶关 [35]、深圳 *[17]、始兴 [28]、翁源 [51]、五华 [4, 35]、信宜 [35, 52]、阳春 [45]、英德 [32, 35]、郁南 [101]、云浮 [35]、增城 [116]、肇庆 [9, 35]、中山 [10]、紫金 [31]。

棕红悬钩子 ***Rubus rufus*** Focke

分布：乐昌 [29, 35]、连州 [26]、乳源 [26, 35]。

红腺悬钩子 ***Rubus sumatranus*** Miq.

分布：博罗 [5, 100]、潮州 [35] [曾宪锋 ZXF9139 (CZH)]、从化 [35] [曾怀德 25023 (IBSC)]、大埔 [35] [曾宪锋 ZXF32889 (CZH)]、德庆 [35] [刘瑛光 1414 (IBSC)]、丰顺 [35, 95]、封开 [14, 35]、惠东 [12, 35]、惠州 [35] [曾怀德 20067 (IBSC)]、江门 [35] [刘瑛光 7485 (PE)]、揭西 [35] [曾宪锋 ZXF35541 (CZH)]、乐昌 [29, 35, 41]、连南 [35] [谭沛祥 59323 (IBSC)]、连山 [35] [谭沛祥 58727 (PE)]、连州 [26, 35]、龙门 [35] [南昆山调查队 82413 (IBSC)]、罗定 [35] [刘念、叶华谷 2317 (IBSC)]、梅州 [35] [曾宪锋 ZXF43742 (CZH)]、南雄 [33, 35, 57]、饶平 [35] [李学根 200779 (IBSC)]、乳源 [26, 35]、始兴 [28, 35]、翁源 [35, 51]、五华 [4, 35]、新丰 [35] [粤 775673 (IBSC)]、新兴 [35] [刘瑛光 2485 (IBSC)]、信宜 [35, 52]、阳山 [26]、英德 [32, 35]、郁南 [35, 101]、肇庆 [9, 35]、紫金 [31, 35]。

木莓 ***Rubus swinhoei*** Hance

分布：博罗 [35, 100]、从化 [35]、大埔 [35]、丰顺 [95]、惠州 [35]、乐昌 [29, 35, 41]、连南 [35]、连州 [26]、南雄 [35]、平远 [35]、饶平 [35]、仁化 [16, 35]、乳源 [26, 35]、韶关 [35]、深圳 [17]、始兴 [28, 35]、新丰 [63]、信宜 [35, 52]、阳山 [26, 35]、英德 [32, 35]。

灰白毛莓 ***Rubus tephrodes*** Hance

分布：乐昌 [29, 35]、连州 [26]、乳源 [35]、阳山 [26, 35]。

无腺灰白毛莓 ***Rubus tephrodes* var. *ampliflorus*** (H. Lév. & Vaniot) Hand. -Mazz.

分布：乐昌 [29, 35]、连南 [35]、乳源 [35]。

长腺灰白毛莓 ***Rubus tephrodes* var. *setosissimus*** Hand. -Mazz.

分布：乳源 [陈少卿 1361 (IBSC)]。

五裂悬钩子 ***Rubus tetsunii*** Huan C. Wang & H. Sun

分布：连南 [285]、连山 [35]、连州 [26]、乳源 [26]、阳山 [26, 35]、英德 [32]、肇庆 [9]、紫金 [31]。

三花悬钩子 ***Rubus trianthus*** Focke

分布：丰顺 [370]、新丰 [63]。

东南悬钩子 ***Rubus tsangiorum*** Hand. -Mazz.

分布：大埔 [35]、封开 [14, 35]、蕉岭 [35]、乐昌 [29]、连平 [35]、饶平 [35]、乳源 [35]、始兴 [35]。

大苞悬钩子 ***Rubus wangii*** F. P. Metcalf

分布：信宜 [35, 52]。

黄脉莓 ***Rubus xanthoneurus*** Focke ex Diels

分布：从化 [35]、封开 [35]、乐昌 [29, 35]、连州 [26]、乳源 [26, 35]。

地榆属 *Sanguisorba* L.

地榆 ***Sanguisorba officinalis*** L.

分布：乐昌 [29, 35]、连州 [35]、仁化 [16]、乳源 [26, 35]、阳山 [35]。

长叶地榆 ***Sanguisorba officinalis* var. *longifolia*** (Bertol.) T. T. Yu & C. L. Li

分布：乐昌 [26, 29, 35]、连州 [26]。

花楸属 *Sorbus* L.

水榆花楸 ***Sorbus alnifolia*** (Siebold & Zucc.) C. Koch

分布：乐昌 [29, 35]。

美脉花楸 ***Sorbus caloneura*** (Stapf) Rehder

分布：博罗 [35]、丰顺 [35, 95]、封开 [14]、佛冈 [27]、怀集 [35]、乐昌 [29, 35]、连南 [35]、连州 [26]、饶平 [35]、仁化 [16, 35]、乳源 [26, 35]、翁源 [18]、五华 [35]、信宜 [35, 52]、阳山 [26]、英德 [32, 35]。

广东美脉花楸 ***Sorbus caloneura* var. *kwangtungensis*** T. T. Yu

分布：乐昌 [29, 35, 3]、乳源 [26]、翁源 [51]。

疣果花楸 ***Sorbus corymbifera*** (Miq.) Khep & Yakovlev

分布：封开 [14, 35]、连山 [35]、仁化 [16]、乳源 [26, 35]、信宜 [35, 52]、英德 [32]。

石灰花楸 ***Sorbus folgneri*** (C. K. Schneid.) Rehder

分布：乐昌 [29, 35, 41]、连州 [26, 35]、南雄 [33]、乳源 [26, 35]、阳山 [26]。

江南花楸 ***Sorbus hemsleyi*** (C. K. Schneid.) Rehder

分布：乳源 [35]、五华 [4]、英德 [32]。

绣线菊属 *Spiraea* L.

绣球绣线菊 ***Spiraea blumei*** G. Don

分布：连州 [26]、乳源 [26, 35]、紫金 [31]。

宽瓣绣球绣线菊 ***Spiraea blumei* var. *latipetala*** Hemsl.

分布：乳源 [26, 35]。

麻叶绣线菊 ***Spiraea cantoniensis*** Lour.

分布：连州 [35]、仁化 *[16]、深圳 *[17]、英德 [35]。

毛萼麻叶绣线菊 ***Spiraea cantoniensis* var. *pilosa*** T. T. Yu

分布：乳源 [粤 71 108 (IBSC)]。

中华绣线菊 ***Spiraea chinensis*** Maxim.

分布：博罗 [5, 35]、从化 [35]、东莞 [25]、和平 [35]、连州 [35]、南雄 [33, 57]、平远 [35]、仁化 [16]、乳源 [26]、始兴 [28]、五华 [4]、阳山 [26, 35]、英德 [32]、紫金 [31]。

疏毛绣线菊 ***Spiraea hirsuta*** (Hemsl.) C. K. Schneid.

分布：饶平 [371]。

粉花绣线菊 ***Spiraea japonica*** L. f.

分布：南雄 [57]。

渐尖叶粉花绣线菊 ***Spiraea japonica* var. *acuminata*** Franch.

分布：乐昌 [29, 35, 41]、南雄 [33]、乳源 [26, 35]。

光叶粉花绣线菊 ***Spiraea japonica* var. *fortunei*** (Planch.) Rehder

分布：深圳 *[17]。

野珠兰属 *Stephanandra* Siebold & Zucc.

野珠兰 ***Stephanandra chinensis*** Hance

分布：连南 [35]、连州 [26]、南雄 [33]、仁化 [16, 35]、乳源 [26, 35]、阳山 [26]。

红果树属 *Stranvaesia* Lindl.

贵州石楠 ***Stranvaesia bodinieri*** (H. Lév.) B. B. Liu & J. Wen

分布：丰顺 [95]、乐昌 [29, 41]、南雄 [33, 57]、平远 [曾宪锋 ZXF10786 (CZH)]、仁化 [16]、乳源 [26]、始兴 [28]、五华 [4]、阳山 [26]、紫金 [31]。

229. 胡颓子科 Elaeagnaceae

胡颓子属 *Elaeagnus* L.

密花胡颓子 ***Elaeagnus conferta*** Roxb.

分布：封开 [14]、广州 [35] [植物园 72171 (IBSC)]。

巴东胡颓子 ***Elaeagnus difficilis*** Servettaz

分布：从化 [35]、连平 [35]、仁化 [16]、乳源 [26,

35]、英德 [32]。

蔓胡颓子 ***Elaeagnus glabra*** Thunb.

分布：博罗 [35, 100]、潮州 [35] [曾宪锋 ZXF9026 (CZH)]、从化 [35, 107]、德庆 [35] [刘瑛光 1337 (NAS)]、东源 [59]、丰顺 [35] [曾宪锋 ZXF3500 (IBSC)]、封开 [14]、佛冈 [27]、高州 [35] [甘世南 40133 (PE)]、广州 [35] [陈少卿 7098 (KUN)]、和平 [35] [谭策铭、易桂花、曹仕优 Y06591A (SZG)]、怀集 [35] [刘瑛光 2744 (HZ)]、惠东 [12, 35]、江门 [8]、蕉岭 [35] [南岭队 2337 (IBSC)]、乐昌 [29, 35, 41]、连南 [35] [朱志淞 618 (IBSC)]、连州 [35] [谭沛祥 60022 (KUN)]、龙川 [35] [曾宪锋 ZXF22307 (CZH)]、龙门 [35] [王学文、张桂才 8236 (IBK)]、梅州 [35] [曾宪锋 ZXF43722 (CZH)]、平远 [35] [曾宪锋 ZXF43941 (CZH)]、仁化 [16]、乳源 [35] [李耀 2177 (KUN)]、深圳 [11, 35]、始兴 [28]、五华 [4]、新丰 [63]、信宜 [35, 52]、兴宁 [35] [曾宪锋 ZXF22087 (CZH)]、英德 [32, 35]、郁南 [101]、紫金 [31, 35]。

角花胡颓子 ***Elaeagnus gonyanthes*** Benth.

分布：从化 [35, 107]、东莞 [25]、东源 [59]、封开 [14, 35]、佛冈 [27]、广州 [35]、惠东 [12]、江门 [8]、龙门 [35]、罗定 [35]、仁化 [16]、乳源 [26]、台山 [35]、五华 [4]、新丰 [63]、信宜 [35, 52]、徐闻 [35]、阳春 [35]、阳山 [26]、英德 [32]、郁南 [101]、云浮 [35]、肇庆 [35]、中山 [10]、珠海 [35]。

宜昌胡颓子 ***Elaeagnus henryi*** Warb. ex Diels

分布：博罗 [Tsui, T. m. 23 (IBSC)]、乳源 [黄志 43825 (IBSC)]、增城 [Tsang, W. T. 20305 (IBSC)]。

披针叶胡颓子 ***Elaeagnus lanceolata*** Warb.

分布：怀集 [35]、乳源 [35]。

鸡柏紫藤 ***Elaeagnus loureiroi*** Champ.

分布：东莞 [25]、丰顺 [95]、封开 [14]、化州 [35]、惠州 [35]、江门 [8]、茂名 [35]、深圳 [17]、信宜 [35, 52]、英德 [32]、增城 [116]、紫金 [31]。

银果牛奶子 ***Elaeagnus magna*** (Servett.) Rehder

分布：东莞 [25]、乐昌 [29, 35]、仁化 [16]、乳源 [26, 35]、阳山 [26, 35]、英德 [32]。

长萼木半夏 ***Elaeagnus multiflora* var. *siphonantha*** (Nakai) C. Y. Chang

分布：乳源 [35]、阳山 [26]。

福建胡颓子 ***Elaeagnus oldhamii*** Maxim.

分布：惠州 [35] [李泽贤、邢福武 826 (IBSC)]、深圳 [17]、徐闻 [35] [周远瑞 100157 (IBK)]。

胡颓子 ***Elaeagnus pungens*** Thunb.

分布：博罗 [35]、从化 [35]、丰顺 [95]、封开 [35]、怀集 [35]、惠东 [12]、乐昌 [26, 29, 35]、连州 [35]、茂名 [85]、南雄 [33, 57]、仁化 [16]、乳源 [26, 35]、深圳 [11]、翁源 [51]、五华 [4]、阳山 [26, 35]、英德 [32, 35]、增城 [35, 116]、紫金 [31]。

香港胡颓子 ***Elaeagnus tutcheri*** Dunn

分布：深圳 [17]、英德 [32]。

230. 鼠李科 Rhamnaceae

勾儿茶属 *Berchemia* Neck. ex DC.

越南勾儿茶 ***Berchemia annamensis*** Pit.

分布：德庆 [35] [刘瑛光 1073 (IBSC)]、封开 [14, 35]、佛冈 [27]、龙门 [3, 35]、深圳 [35] [深圳考察队 1258 (PE)]、信宜 [52]。

多花勾儿茶 ***Berchemia floribunda*** (Wall.) Brongn.

分布：博罗 [35, 100]、潮州 [35] [曾宪锋 ZXF3904 (IBSC)]、从化 [35, 107]、大埔 [35] [李学根 202716 (PE)]、德庆 [35] [刘瑛光 1073 (HZ)]、东莞 [25, 35]、东源 [59]、丰顺 [35] [曾宪锋 ZXF6290 (CZH)]、封开 [14, 35]、佛冈 [27]、广州 [35] [叶育石 5092 (IBSC)]、和平 [35] [谭策铭等 Y06621 (JJF)]、河源 [35] [77 级科研组新 0233 (SN)]、怀集 [35] [刘瑛光 2649 (PE)]、惠东 [12, 35]、惠州 [35] [卫兆芬 121613 (KUN)]、江门 [8, 35]、蕉岭 [35] [徐祥浩 195 (IBSC)]、揭西 [35] [曾宪锋 ZXF31291 (CZH)]、乐昌 [29, 35, 41]、连南 [35] [邹香林 60759 (IBSC)]、连平 [35] [粤 73 1512 (CDBI)]、连山 [35] [曾飞燕等 381 (PE)]、连州 [26, 35]、龙川 [35] [徐祥浩 1036 (IBSC)]、龙门 [35] [卫兆芬 121848 (KUN)]、陆河 [35] [曾宪锋 ZXF42703 (CZH)]、罗定 [35] [刘念、叶华谷 2119 (IBSC)]、茂名 [35, 85]、梅州 [35] [侯宽昭 74031 (IBK)]、南雄 [33, 35, 57]、普宁 [35] [曾宪锋 ZXF42870 (CZH)]、清远 [35] [黄志 30070 (IBSC)]、饶平 [35] [李学根 200683 (IBSC)]、仁化 [16, 35]、乳源 [26, 35]、韶关 [35] [高锡朋 50321 (IBK)]、深圳 [11, 17, 35]、始兴 [28, 35]、台山 [35] [左景烈 22460 (IBSC)]、翁源 [35, 51]、五华 [4, 35]、新丰 [35, 63]、新兴 [35] [刘瑛光 2405 (PE)]、信宜 [35, 52]、兴宁 [35] [江琼华、张伟城 81 (SN)]、阳春 [35, 45]、阳江 [35] [湛江区植物调查队 3503 (IBSC)]、阳山 [26, 35]、英德 [32, 35]、郁南 [35, 101]、云浮 [35] [梁向日 37689 (IBK)]、增城 [116]、肇庆 [9, 35]、中山 [10, 35]、紫金 [31, 35]。

牯岭勾儿茶 ***Berchemia kulingensis*** C. K. Schneid.

分布：饶平 [388]。

铁包金 ***Berchemia lineata*** (L.) DC.

分布：博罗 [35, 38, 100]、从化 [35, 107]、大埔 [35] [曾宪锋 ZXF5316 (IBSC)]、东莞 [25, 35]、佛冈 [27]、佛山 [35] [高锡朋 50003 (IBK)]、广州 [35] [叶育石 5333 (IBSC)]、江门 [8]、乐昌 [29, 35, 41]、廉江 [13]、龙川 [35] [苏宏汉 68433 (PE)]、茂名 [85]、南澳 [35] [曾宪锋 ZXF10460 (CZH)]、饶平 [35] [简曙光、李永泉 1 (IBSC)]、仁化 [16, 35]、乳源 [26, 35]、汕头 [35] [梁其瑾 2 (PEY)]、深圳 [11, 17, 35]、台山 [35] [周联选 11666 (KUN)]、翁源 [35, 51]、新丰 [63]、信宜 [52]、阳春 [35] [叶华谷等 5807 (IBSC)]、阳山 [26, 35]、英德 [32, 35]、云浮 [35] [黄志 37352 (PE)]、增城 [35, 116]、湛江 [13]、

肇庆 [35] [左景烈 21233 (KUN)]、**中山** [10, 35]。

多叶勾儿茶 ***Berchemia polyphylla*** Wall. ex M. A. Lawson

分布：**乐昌** [陈少卿 2195 (PE)]、**连州** [谭沛祥 59621 (PE)]、**台山** [陈邦余、李泽贤 0040]、**信宜** [黄志 38217 (PE)]、**徐闻** [徐闻队 656 (PE)]、**阳春** [黄志 42136 (IBK)]、**阳江** [黄志 42136 (PE)]、**肇庆** [周根生 78645 (PE)]。

勾儿茶 ***Berchemia sinica*** C. K. Schneid.

分布：**大埔** [35] [曾宪锋 ZXF20373 (CZH)]、**封开** [14]、**高州** [35] [蒋英 2310 (IBSC)]、**蕉岭** [35] [曾宪锋 ZXF20323 (CZH)]、**揭西** [35] [马敏璇 2016120 (CZH)]、**乐昌** [29, 35]、**茂名** [35] [邓良 2003 (IBSC)]、**乳源** [26, 35]、**台山** [35] [陈邦余、李泽贤 40 (FJSI)]、**翁源** [51]、**信宜** [35, 52]、**徐闻** [35] [南路 656 (IBK)]、**阳春** [35] [黄志 42136 (KUN)]、**阳江** [35] [黄志 41524 (IBK)]、**阳山** [26]、**肇庆** [35] [周根生 78645 (PE)]、**珠海** [35] [高蕴璋 895 (IBSC)]。

蛇藤属 *Colubrina* Rich. ex Brongn.

蛇藤 ***Colubrina asiatica*** (L.) Brongn.

分布：**雷州** [13]、**廉江** [13]、**遂溪** [13]、**台山** [35] [陈邦余、李泽贤 1 (FJSI)]。

封怀木属 *Fenghwaia* G. T. Wang & R. J. Wang

封怀木 ***Fenghwaia gardeniicarpa*** G. T. Wang & R. J. Wang

分布：**江门** [281, 8]、**珠海** [https://ppbc.iplant.cn/tu/15415442]。

裸芽鼠李属 *Frangula* Mill.

长叶冻绿 ***Frangula crenata*** (Siebold & Zucc.) Miq.

分布：**博罗** [35, 38, 100]、**潮州** [35] [叶华谷等 13198 (IBSC)]、**从化** [35, 107]、**大埔** [35] [李学根 202760 (PE)]、**德庆** [35] [刘瑛光 927 (HZ)]、**东莞** [25, 35]、**东源** [35] [分类室 117 (IBSC)]、**恩平** [35] [黄茂先 110411 (PE)]、**丰顺** [35] [李学根 201043 (PE)]、**封开** [14, 35]、**佛冈** [27]、**佛山** [35] [高锡朋 51564 (IBSC)]、**高州** [35] [周沛椿 10385 (PE)]、**广州** [35] [黄成 164606 (KUN)]、**海丰** [35] [卫兆芬 121429 (PE)]、**和平** [35] [卫兆芬 120311 (KUN)]、**河源** [35] [77 级科研组新 905 (SN)]、**鹤山** [35] [黄茂先 110855 (PE)]、**怀集** [35] [刘瑛光 2825 (PE)]、**惠东** [12, 35]、**惠州** [35] [刘兴尧、张寿洲 22423 (SZG)]、**蕉岭** [35] [李学根 202342 (PE)]、**揭西** [35] [曾宪锋 ZXF31286 (CZH)]、**开平** [35] [黄茂先 110608 (HIB0060979)]、**乐昌** [26, 41, 35]、**连南** [35] [谭沛祥 59192 (KUN)]、**连平** [35] [粤 73 1444 (CDBI)]、**连山** [35] [曾飞燕等 405 (PE)]、**连州** [26, 35]、**龙川** [35] [徐祥浩 1018 (IBSC)]、**龙门** [35] [张桂才 132 (IBSC)]、**罗定** [35] [陈少卿 9488 (IBK)]、**茂名** [35, 85]、**梅州** [35] [张远花 2016084 (CZH)]、**南雄** [33, 35, 57]、**平远** [35] [李学根 201887 (PE)]、**清远** [35] [钟观光 387 (PEY)]、**饶平** [35] [曾宪锋 ZXF30496 (CZH)]、**仁化** [16, 35]、**乳源** [26, 35]、**汕头** [35] [梁其瑾 1223 (PEY)]、**韶关** [35] [叶华谷 7245 (IBSC)]、**深圳** [17, 35]、**始兴** [28, 35]、**台山** [35] [左景烈 22300 (IBSC)]、**翁源** [35, 51]、**五华** [4, 35]、**新丰** [35, 63]、**新兴** [35] [刘瑛光 2146 (PE)]、**信宜** [35, 52]、**兴宁** [35] [李学根 201801 (PE)]、**阳春** [35] [叶华谷、刘念 372 (IBSC)]、**阳江** [35] [李泽贤、邢福武 2324 (IBSC)]、**阳山** [26, 35]、**英德** [32, 35]、**郁南** [101]、**云浮** [35] [张镜清 83314 (IBSC)]、**增城** [116]、**湛江** [35] [李科 6212103 (JIU19960)]、**肇庆** [35] [叶华谷等 18467 (IBSC)]、**中山** [10, 35]、**紫金** [31, 35]。

长柄鼠李 ***Frangula longipes*** (Merr. & Chun) Grubov

分布：**潮州** [35] [叶华谷等 13179 (IBSC)]、**大埔** [35] [曾怀德 21628 (PE)]、**东莞** [25, 35]、**佛冈** [27]、**龙门** [35] [努尔比亚木·买买提义明 y111 (SN)]、**茂名** [35] [邓良 2230 (KUN)]、**清远** [35] [林科所 468 (IBSC)]、**仁化** [16, 35]、**乳源** [26, 35]、**翁源** [35, 51]、**信宜** [35, 52]、**阳春** [35] [梁向日 38540 (IBK)]、**英德** [32]、**紫金** [31, 35]。

杜鹃叶鼠李 ***Frangula rhododendriphylla*** (Y. L. Chen & P. K. Chou) H. Yu, H. G. Ye & N. H. Xia

分布：**阳春** [3, 35, 37]。

咀签属 *Gouania* Jacq.

毛咀签 ***Gouania javanica*** Miq.

分布：**云浮** [35]、**肇庆** [35]。

枳椇属 *Hovenia* Thunb.

枳椇 ***Hovenia acerba*** Lindl.

分布：**博罗** [5, 35]、**潮州** [35] [陈绮娇 2014089 (CZH)]、**大埔** [35] [邓良 5083 (PE)]、**德庆** [35] [刘瑛光 1250 (PE)]、**丰顺** [35] [曾宪锋 ZXF6279 (CZH)]、**封开** [14, 35]、**佛冈** [27]、**广州** [35] [叶华谷 16789 (IBSC)]、**和平** [35] [卫兆芬 120509 (KUN)]、**河源** [35] [77 级科研组新 0266 (SN)]、**蕉岭** [35] [李学根 202356 (PE)]、**乐昌** [29, 35, 41]、**连南** [35] [谭沛祥 59206 (KUN)]、**连州** [35] [南岭队 101 (IBSC)]、**龙川** [35] [沈碧端 201104203 (SN)]、**龙门** [35] [陈邦余 2052 (IBSC)]、**罗定** [35] [叶华谷、刘念 2079 (IBSC)]、**梅州** [35] [曾宪锋 ZXF38714 (CZH)]、**南雄** [33, 35, 57]、**平远** [35] [李学根 201980 (PE)]、**仁化** [16]、**乳源** [26, 35]、**始兴** [28, 35]、**翁源** [51]、**五华** [4, 35]、**新丰** [63]、**新兴** [35] [刘瑛光 2206 (HZ)]、**信宜** [52]、**阳春** [35] [叶华谷、刘念 1958 (IBSC)]、**阳山** [35] [徐德明 513 (PE)]、**英德** [35] [梁向日 60601 (IBK)]、**郁南** [101]、**肇庆** [35] [叶华谷等 18303 (IBSC)]、**紫金** [31, 35]。

北枳椇 ***Hovenia dulcis*** Thunb.

分布：**博罗** [100]、**封开** [14]、**乐昌** [41]、**连州** [26]、**仁化** [16]、**乳源** [26]、**阳山** [26]、**英德** [32]、**增城** [116]。

毛果枳椇 ***Hovenia trichocarpa*** Chun & Tsiang

分布：**连州** [26]、**乳源** [35]、**始兴** [28]、**英德** [35]。

光叶毛果枳椇 ***Hovenia trichocarpa* var. *robusta*** (Nakai & Y. Kimura) Y. L. Chou & P. K. Chou

分布：**连州** [26]、**乳源** [26, 35]。

马甲子属 *Paliurus* Mill.

铜钱树 *Paliurus hemsleyanus* Rehder

分布：**封开** [14, 35]、**乐昌** [29, 35]、**连州** [35] [邓良 23 (KUN)]、**乳源** [26, 35]、**阳山** [26]、**英德** [32]。

硬毛马甲子 *Paliurus hirsutus* Hemsl.

分布：**博罗** [35]、**封开** [35]、**连州** [35]、**仁化** [16]、**始兴** [35]、**翁源** [35, 51]、**增城** [35]、**肇庆** [35]。

马甲子 *Paliurus ramosissimus* (Lour.) Poir.

分布：**博罗** [35, 38, 100]、**潮州** [35]、**从化** [107]、**大埔** [35]、**德庆** [35]、**东莞** [25, 35]、**东源** [119]、**丰顺** [35]、**封开** [14, 35]、**佛冈** [27]、**佛山** [35]、**高州** [35]、**广州** [35]、**和平** [35]、**河源** [35]、**怀集** [35]、**惠东** [12, 35]、**蕉岭** [35]、**乐昌** [29, 35, 41]、**雷州** [13]、**连平** [35]、**连州** [35]、**廉江** [13, 35]、**龙川** [35]、**陆丰** [35]、**梅州** [35]、**南雄** [33, 35]、**平远** [35]、**清远** [35]、**饶平** [35]、**仁化** [16]、**乳源** [26, 35]、**汕头** [35]、**深圳** [11, 17, 35]、**始兴** [28, 35]、**翁源** [35, 51]、**五华** [4, 35]、**信宜** [35, 52]、**兴宁** [35]、**阳山** [26, 35]、**英德** [32]、**增城** [116]、**肇庆** [35]、**中山** [10, 35]、**珠海** [35]、**紫金** [31, 35]。

猫乳属 *Rhamnella* Miq.

尾叶猫乳 *Rhamnella caudata* Merr. & Chun

分布：**连州** [26]、**乳源** [35]。

多脉猫乳 *Rhamnella martini* (H. Lév.) C. K. Schneid.

分布：**乳源** [26, 35]。

苞叶木 *Rhamnella rubrinervis* (H. Lév.) Rehder

分布：**乐昌** [麦鹤云 21128 (PEY)]。

鼠李属 *Rhamnus* L.

山绿柴 *Rhamnus brachypoda* C. Y. Wu ex Y. L. Chen

分布：**博罗** [35] [侯宽昭 74062 (IBK)]、**潮州** [35] [曾宪锋 ZXF8929 (CZH)]、**从化** [35] [曾怀德 20452 (PE)]、**大埔** [35] [邓良 5140 (PE)]、**东莞** [25, 35]、**丰顺** [35] [曾宪锋 ZXF6996 (CZH)]、**封开** [14, 35]、**高州** [35] [周沛椿 10885 (PE)]、**和平** [35] [卫兆芬 120250 (KUN)]、**怀集** [35] [刘瑛光 2584 (HZ)]、**惠东** [35] [陈邦余 85 (IBSC)]、**乐昌** [26, 41, 35]、**连南** [35] [谭沛祥 59036 (KUN)]、**连平** [35] [刘瑛光 147 (PE)]、**连山** [35] [曾飞燕等 247 (PE)]、**连州** [35] [谭沛祥 58773 (PE)]、**龙门** [35] [张桂才 395 (IBSC)]、**梅州** [35] [南植地 7338 (IBSC)]、**平远** [35] [李学根 202053 (PE)]、**饶平** [35] [李学根 200839 (PE)]、**仁化** [16, 35]、**乳源** [26, 35]、**深圳** [17, 35]、**始兴** [28, 35]、**信宜** [35, 52]、**阳山** [26, 35]、**英德** [32]、**增城** [35] [曾怀德 20414 (KUN)]、**珠海** [35] [粤 73 2999 (IBSC)]、**紫金** [31, 35]。

革叶鼠李 *Rhamnus coriophylla* Hand. -Mazz.

分布：**阳春** [35, 37]、**阳山** [26]、**云浮** [35]。

黄鼠李 *Rhamnus fulvotincta* F. P. Metcalf

分布：**从化** [35]、**乐昌** [35]、**阳山** [26, 35]、**英德** [32]。

钩齿鼠李 *Rhamnus lamprophylla* C. K. Schneid.

分布：**丰顺** [曾宪锋 ZXF6409 (CZH)]。

薄叶鼠李 *Rhamnus leptophylla* C. K. Schneid.

分布：**博罗** [5, 100]、**封开** [35] [石国良 14748 (IBSC)]、**乐昌** [29, 35]、**连州** [35] [谭沛祥 60261 (KUN)]、**南雄** [35] [南岭区系组 895 (IBSC)]、**仁化** [16, 35]、**乳源** [26, 35]、**始兴** [28]、**五华** [4]、**阳山** [35] [徐德明 443A (IBSC)]、**英德** [32]、**增城** [116]、**肇庆** [35] [叶华谷等 18159 (IBSC)]。

尼泊尔鼠李 *Rhamnus napalensis* (Wall.) Lawson

分布：**东莞** [25, 35]、**封开** [35] [丁广奇、余连 6828 (WUK)]、**河源** [35] [卫兆芬 120586 (KUN)]、**怀集** [35] [石国良 14611 (IBSC)]、**乐昌** [26, 29, 35, 41]、**连南** [35] [谭沛祥 59397 (KUN)]、**连平** [35] [陈炳辉 1230 (IBSC)]、**连州** [26, 35]、**南雄** [33, 35]、**仁化** [16, 35]、**乳源** [26, 35]、**韶关** [35] [高锡朋 52009 (IBK)]、**深圳** [17, 35]、**始兴** [28, 35]、**阳山** [26, 35]、**英德** [32, 35]、**郁南** [101]、**珠海** [35] [陈炳辉 725 (IBSC)]。

皱叶鼠李 *Rhamnus rugulosa* Hemsl.

分布：**乐昌** [29, 35]、**连州** [35]、**乳源** [26, 35]、**信宜** [52]、**阳春** [陈又生等 JZ20230062 (IBSC)]、**阳山** [35]、**英德** [32]、**肇庆** [35]。

冻绿 *Rhamnus utilis* Decne.

分布：**和平** [35]、**乐昌** [26, 29, 35, 41]、**连州** [26, 35]、**仁化** [16]、**乳源** [26, 35]、**始兴** [28]。

山鼠李 *Rhamnus wilsonii* C. K. Schneid.

分布：**连山** [35]、**连州** [26]、**乳源** [35]。

雀梅藤属 *Sageretia* Brongn.

椭果雀梅藤 *Sageretia ellipsoidea* Yi Yang, H. Sun & H. Peng

分布：**博罗** [341]、**潮州** [341]、**从化** [341]、**封开** [341]、**怀集** [341]、**乳源** [341]、**深圳** [341]、**阳春** [341]、**英德** [341]、**肇庆** [341]。

钩刺雀梅藤 *Sageretia hamosa* (Wall.) Brongn.

分布：**从化** [35, 107]、**德庆** [35] [刘瑛光 940 (HZ)]、**封开** [14, 35]、**佛冈** [27]、**和平** [35] [张桂才 706 (IBSC)]、**怀集** [35] [刘瑛光 2875 (HZ)]、**江门** [8]、**乐昌** [29, 35, 41]、**连州** [26, 35]、**仁化** [16]、**乳源** [26, 35]、**始兴** [28]、**翁源** [35] [刘心祈 2724 (IBSC)]、**新丰** [63]、**阳山** [26, 35]、**英德** [32, 35]。

亮叶雀梅藤 *Sageretia lucida* Merr.

分布：**潮州** [35] [叶华谷等 12974 (IBSC)]、**从化** [35] [邓良 8915 (IBK)]、**东莞** [25, 35]、**丰顺** [35] [曾宪锋 ZXF2098 (IBSC)]、**封开** [14, 35]、**怀集** [35] [刘瑛光 2707 (HZ)]、**惠东** [12]、**江门** [8]、**乐昌** [29, 35, 41]、**连山** [35] [曾飞燕等 370 (PE)]、**龙门** [35] [罗献瑞 1788 (IBSC)]、**罗定** [35] [叶华谷、刘念 2488 (IBSC)]、**平远** [35] [曾宪锋 ZXF33941 (CZH)]、**乳源** [26, 35]、**深圳** [17, 35]、**翁源** [35, 51]、**五华** [4]、**新丰** [35] [谭英华 238 (IBSC)]、**信宜** [52]、**阳春** [35] [叶华谷、刘念 1509 (IBSC)]、**阳山** [26]、**英德** [32, 35]、**郁南** [101]、**增城** [116]、

肇庆 [35] [丁广奇、石国良 1132 (WUK)]、紫金 [31, 35]。

刺藤子 ***Sageretia melliana*** Hand. -Mazz.

分布：和平 [35]、连州 [26]、仁化 [16, 35]、阳山 [26]。

皱叶雀梅藤 ***Sageretia rugosa*** Hance

分布：乐昌 [26, 29, 35]、连州 [35] [谭沛祥 59619 (KUN)]、仁化 [16]、乳源 [26, 35]、阳山 [26, 35]、英德 [35] [黄成 163882 (KUN)]。

尾叶雀梅藤 ***Sageretia subcaudata*** C. K. Schneid.

分布：乳源 [26, 35]、阳山 [26]。

雀梅藤 ***Sageretia thea*** (Osbeck) M. C. Johnst.

分布：博罗 [38, 100]、从化 [35, 107]、东莞 [25]、东源 [35, 59]、封开 [14, 35]、佛冈 [27]、佛山 [35] [高锡朋 51557 (IBK)]、广州 [35] [叶育石 5202 (IBSC)]、惠东 [12]、江门 [8]、乐昌 [29, 35, 41]、茂名 [85]、南雄 [33, 35, 57]、清远 [35] [黄成 161570 (IBSC)]、仁化 [16]、乳源 [35] [黄志 42697 (IBSC)]、深圳 [11, 17]、始兴 [28]、翁源 [35, 51]、五华 [4]、新丰 [63]、信宜 [52]、阳春 [45]、阳山 [26]、英德 [32, 35]、郁南 [101]、增城 [116]、肇庆 [35] [叶华谷等 18288 (IBSC)]、中山 [10]、紫金 [31, 35]。

毛叶雀梅藤 ***Sageretia thea* var. *tomentosa*** (C. K. Schneid.) Y. L. Chen & P. K. Chou

分布：英德 [32]。

翼核果属 *Ventilago* Gaertn.

翼核果 ***Ventilago leiocarpa*** Benth.

分布：博罗 [35, 100]、潮州 [35] [叶华谷等 12958 (IBSC)]、从化 [107]、大埔 [35] [曾宪锋 ZXF9727 (CZH)]、德庆 [35] [刘瑛光 1340 (IBSC)]、东莞 [25, 35]、丰顺 [35] [曾宪锋 ZXF5712 (CZH)]、封开 [14, 35]、佛冈 [27]、广州 [35] [刘卓斌 349 (IBK)]、海丰 [35] [曾宪锋 ZXF9118 (CZH)]、和平 [35] [卫兆芬 120382 (IBSC)]、河源 [35] [77 级科研组新 0239 (SN)]、惠东 [12]、惠州 [35] [叶华谷、曾飞燕 22124 (IBSC)]、江门 [8, 35]、蕉岭 [35] [邓良 11913 (AU)]、乐昌 [29, 35, 41]、连平 [35]、连山 [35] [谭沛祥 58634 (PE)]、连州 [35] [伍世忠 3694 (IBSC)]、龙门 [35] [南昆山调查队 71398 (IBSC)]、茂名 [85]、梅州 [35] [曾宪锋 ZXF33142 (CZH)]、南雄 [33, 35, 57]、平远 [35] [曾宪锋 ZXF38231 (CZH)]、饶平 [35] [李学根 200798 (IBSC)]、仁化 [16]、乳源 [26, 35]、深圳 [11, 17, 35]、始兴 [28, 35]、台山 [35] [李泽贤 565 (FJSI)]、翁源 [51]、五华 [4, 35]、新丰 [63]、新兴 [35] [刘瑛光 2472 (IBSC)]、信宜 [52]、阳江 [35] [黄志 41500 (IBK)]、阳山 [35] [邓良 1047 (KUN)]、英德 [32, 35]、郁南 [101]、增城 [116]、肇庆 [35] [叶华谷等 18258 (IBSC)]、中山 [10, 35]、珠海 [35] [张冰明 152945 (IBSC)]、紫金 [31, 35]。

枣属 *Ziziphus* Mill.

枣 ***Ziziphus jujuba*** Mill.

分布：广州 *[http://ppbc. iplant. cn/tu/2852102]、南雄 *[57]、仁化 *[16]、乳源 *[26]、深圳 *[http://ppbc. iplant. cn/tu/251240]、信宜 *[52]、阳山 *[26]、英德 *[http://ppbc. iplant. cn/tu/11172858]、郁南 *[101]。

无刺枣 ***Ziziphus jujuba* var. *inermis*** (Bunge) Rehder

分布：潮州 *[李觉，许纬东 13 (IBSC)]、南雄 *[药检所 2014 (IBSC)]、新丰 *[叶华谷 1098 (IBSC)]。

滇刺枣 ***Ziziphus mauritiana*** Lam.

分布：东莞 [35]、广州 [35]、乐昌 [29]、徐闻 [35]、肇庆 [35]。

231. 榆科 Ulmaceae

榆属 *Ulmus* L.

多脉榆 ***Ulmus castaneifolia*** Hemsl.

分布：乐昌 [29, 35, 41]、连山 [35]、南雄 [33]、乳源 [26, 35]、始兴 [28]、翁源 [51]。

榔榆 ***Ulmus parvifolia*** Jacq.

分布：从化 *[107]、广州 [35]、乐昌 [29, 41]、梅州 [35]、南雄 [33, 35, 57]、仁化 [16]、乳源 [35]、始兴 [28]、英德 [32]、增城 [116]。

榉属 *Zelkova* Spach

大叶榉树 ***Zelkova schneideriana*** Hand. -Mazz.

分布：乐昌 [29, 41, 20]、连南 [20]、连州 [20]、乳源 [20, 26, 35]。

榉树 ***Zelkova serrata*** (Thunb.) Makino

分布：东源 [59]、乳源 [35] [郭素白 80354 (SN)]、阳山 [26]、英德 [32]。

232. 大麻科 Cannabaceae

糙叶树属 *Aphananthe* Planch.

糙叶树 ***Aphananthe aspera*** (Thunb.) Planch.

分布：博罗 [35]、大埔 [35]、东莞 [25]、佛冈 [27]、高州 [35]、蕉岭 [35]、乐昌 [29, 35, 41]、南雄 [33]、仁化 [16, 35]、乳源 [26, 35]、始兴 [28]、翁源 [35, 51]、阳山 [26, 35]、英德 [32, 35]、增城 [116]。

滇糙叶树 ***Aphananthe cuspidata*** (Blume) Planch.

分布：从化 [107]、东莞 [25]、东源 [59]、丰顺 [95]、深圳 [17]、徐闻 [35]、中山 [10]。

大麻属 *Cannabis* L.

大麻 ***Cannabis sativa*** L.

分布：广州 #[15]、乐昌 #[15, 29]、云浮 #[15]。

朴属 *Celtis* L.

紫弹树 ***Celtis biondii*** Pamp.

分布：博罗 [5, 100]、大埔 [35]、东莞 [25]、连南 [35]、连平 [35]、仁化 [16]、乳源 [26, 35]、深圳 [17]、始兴 [28]、翁源 [35]、五华 [4, 35]、阳春 [45]、阳山 [35]、英德 [32]、紫金 [31]。

珊瑚朴 ***Celtis julianae*** C. K. Schneid.

分布：乳源 [35] [高锡朋 53605 (IBK)]。

菲律宾朴树 ***Celtis philippensis*** Blanco

分布：广州 *[http://ppbc. iplant. cn/tu/13424793]。

朴树 ***Celtis sinensis*** Pers.

分布：博罗 [35, 38, 100]、潮州 [35] [曾宪锋 ZXF6624 (CZH)]、从化 [35, 107]、大埔 [35] [曾宪锋 ZXF5344 (IBSC)]、东莞 [25, 35]、东源 [59]、丰顺 [35] [李学根 201448 (CSFI)]、封开 [14]、佛冈 [27]、佛山 [35] [黄茂先 110955 (HIB0115305)]、高州 [35] [江一勳 9212 (IBSC)]、广州 [35] [左景烈 20055 (IBK)]、和平 [35] [张桂才 815 (IBSC)]、鹤山 [35] [黄茂光 110761 (PE)]、惠东 [12]、惠州 [35] [徐德明 108 (NAS)]、江门 [35] [侯、王、陈、赵 14920 (PE)]、蕉岭 [35] [徐祥浩、林辉奉 247 (IBSC)]、揭西 [35] [曾宪锋 ZXF24855 (CZH)]、乐昌 [29, 35, 41]、雷州 [35] [李泽贤等 2003 (IBSC)]、连州 [35] [邹香林 60525 (IBSC)]、龙川 [35] [曾宪锋 ZXF32453 (CZH)]、茂名 [35] [侯、王、陈、赵 15566 (PE)]、梅州 [35] [曾宪锋 ZXF33179 (CZH)]、南雄 [33, 35, 57]、平远 [35] [李学根 201902 (CSFI)]、饶平 [35] [曾宪锋 ZXF9682 (CZH)]、仁化 [16]、乳源 [26, 35]、汕头 [35] [梁其瑾 66 (PEY)]、深圳 [11, 17, 35]、始兴 [28, 35]、翁源 [35, 51]、五华 [4]、新丰 [63]、信宜 [35, 52]、兴宁 [35] [曾宪锋 ZXF27530 (CZH)]、阳春 [45]、阳江 [35] [湛江区植物调查队 3485 (IBSC)]、阳山 [26, 35]、英德 [32, 35]、郁南 [101]、增城 [116]、湛江 [35] [杨彬 7052816 (JIU03743)]、肇庆 [9, 35]、中山 [10, 35]、紫金 [31, 35]。

假玉桂 ***Celtis timorensis*** Span.

分布：博罗 [35]、从化 [107]、东莞 [25]、东源 [59]、封开 [14, 35]、佛冈 [27]、江门 [8]、乐昌 [29]、茂名 [35, 85]、南雄 [33]、仁化 [16]、深圳 [17]、翁源 [51]、信宜 [52]、阳山 [26]、英德 [32]、肇庆 [9, 35]、中山 [10]、紫金 [31, 35]。

西川朴 ***Celtis vandervoetiana*** C. K. Schneid.

分布：封开 [14]、乐昌 [29]、连南 [35] [邓柏林 60881 (IBSC)]、始兴 [28]、翁源 [35] [刘心祈 24629 (IBK)]、信宜 [35, 52]、英德 [32]。

白颜树属 *Gironniera* Gaudich.

白颜树 ***Gironniera subaequalis*** Planch.

分布：博罗 [35, 38, 100]、东莞 [25, 35]、东源 [59]、恩平 [35] [黄茂光 110366 (PE)]、佛冈 [27]、佛山 [35] [黄茂光 110996 (PE)]、广州 [35] [祁承经 6316 (CSFI)]、鹤山 [35] [黄茂光 110859 (PE)]、江门 [8, 35]、仁化 [16]、深圳 [17, 35]、台山 [35] [左景烈 22554 (NAS)]、信宜 [52]、阳春 [45]、郁南 [101]、增城 [116]、肇庆 [9]、中山 [10, 35]。

葎草属 *Humulus* L.

葎草 ***Humulus scandens*** (Lour.) Merr.

分布：博罗 #[5, 38]、东莞 #[82]、广州 #[15, 35]、惠州 #[82]、乐昌 #[29, 41]、连州 #[15]、南雄 #[33, 57]、平远 #[15]、仁化 #[16]、乳源 #[15, 26]、韶关 #[15]、深圳 # [82]、始兴 #[28]、翁源 #[15, 51, 35]、五华 #[4]、新丰 # [63]、阳山 #[15, 35]、英德 #[15, 32]、中山 #[10, 82]、紫金 #[31]。

青檀属 *Pteroceltis* Maxim.

青檀 ***Pteroceltis tatarinowii*** Maxim.

分布：乐昌 [29]、仁化 [16]、乳源 [35]、阳春 [陈又生等 YC20230195 (IBSC)]、阳山 [35]、英德 [32]。

山黄麻属 *Trema* Lour.

狭叶山黄麻 ***Trema angustifolia*** (Planch.) Blume

分布：博罗 [35, 38, 100]、德庆 [35]、东莞 [25]、封开 [14]、惠东 [12]、茂名 [35]、清远 [35]、仁化 [16]、深圳 [11]、新丰 [63]、信宜 [52]、阳春 [45]、阳山 [26]、英德 [32]、郁南 [101]、增城 [116]、肇庆 [9, 35]、紫金 [31]。

光叶山黄麻 ***Trema cannabina*** Lour.

分布：博罗 [5]、潮州 [35] [曾宪锋 ZXF9748 (CZH)]、从化 [107]、大埔 [35] [曾宪锋 ZXF44008 (CZH)]、东莞 [25, 35]、恩平 [35] [黄茂光 110498 (PE)]、丰顺 [35, 95]、封开 [14, 35]、佛冈 [27]、佛山 [35] [黄奕孜、许先宏 HYZ040 (CZH)]、广州 [35] [张郁梅 200902503 (SN)]、和平 [35] [卫兆芬 120593 (IBK)]、河源 [35] [77 级科研组新 0740 (SN)]、鹤山 [35] [黄茂光 110799 (PE)]、惠东 [12]、江门 [35] [黄茂光 110053 (PE)]、揭西 [35] [曾宪锋 ZXF31294 (CZH)]、乐昌 [29, 35, 41]、连州 [26]、龙川 [35] [杨晓萍 20110411 (SN)]、龙门 [35] [林正眉 m0120 (SN)]、陆河 [35] [曾宪锋 ZXF42844 (CZH)]、梅州 [35] [曾宪锋 ZXF43681 (CZH)]、南雄 [33, 35, 57]、平远 [35] [曾宪锋 ZXF8528 (CZH)]、饶平 [35] [曾宪锋 ZXF26297 (CZH)]、仁化 [16]、乳源 [26, 35]、深圳 [17, 35]、始兴 [28]、翁源 [51]、五华 [4]、信宜 [52]、兴宁 [35] [曾宪锋 ZXF27718 (CZH)]、徐闻 [35] [曾宪锋 ZXF35813 (CZH)]、阳春 [45]、英德 [32, 35]、郁南 [101]、肇庆 [9, 35]、中山 [10, 35]、紫金 [31, 35]。

山油麻 ***Trema cannabina* var. *dielsiana*** (Hand. -Mazz.) C. J. Chen

分布：从化 [107]、封开 [14]、广州 [35]、怀集 [35]、乐昌 [29, 35, 41]、连州 [26]、仁化 [16]、乳源 [26, 35]、韶关 [35]、翁源 [51]、信宜 [52]、英德 [32]、增城 [35]、肇庆 [35]、中山 [10]、紫金 [31]。

银毛叶山黄麻 ***Trema nitida*** C. J. Chen

分布：封开 [14]、连山 [511]。

异色山黄麻 ***Trema orientalis*** (L.) Blume

分布：博罗 [35, 100]、从化 [35] [中德采集队 956 (IBSC)]、东莞 [25, 35]、恩平 [35] [黄茂先 110408 (HZ)]、封开 [14]、佛山 [35] [黄茂先 111006 (HZ)]、广州 [35] [中山大学生物系标本厂 102 (BMNH160339)]、惠东 [12, 35]、惠州 [35] [陈

炳辉 478 (IBSC)]、江门 [8]、龙门 [35] [王学文、张桂才 8049 (IBSC)]、仁化 [16]、乳源 [26]、深圳 [11, 17, 35]、台山 [35] [陈邦余、李泽贤 258 (FJSI)]、五华 [4]、阳春 [45]、阳山 [26]、英德 [32]、肇庆 [9]、珠海 [35] [粤 73 3103 (IBSC)]、紫金 [31]。

山黄麻 *Trema tomentosa* (Roxb.) H. Hara

分布：博罗 [38]、从化 [107]、东莞 [25]、丰顺 [95]、佛冈 [27]、广州 [22]、惠东 [12]、惠州 [22]、江门 [22, 8]、茂名 [85]、梅州 [22]、汕头 [22]、汕尾 [22]、深圳 [17]、新丰 [63]、信宜 [52]、郁南 [101]、增城 [116]、中山 [10]、珠海 [22]。

233. 桑科 Moraceae

见血封喉属 *Antiaris* Lesch.

见血封喉 *Antiaris toxicaria* Lesch.

分布：高州 [20]、茂名 [85, 35, 20]、信宜 [52]、徐闻 [20, 35]、阳春 [20, 35]、阳江 [20, 35]、肇庆 *[9]。

波罗蜜属 *Artocarpus* J. R. Forst. & G. Forst.

面包树 *Artocarpus altilis* (Parkinson) Fosberg

分布：佛山 *[http://ppbc. iplant. cn/tu/10182249]、广州 * [http://ppbc. iplant. cn/tu/6266011]、江门 *[8]、珠海 *[http:// ppbc. iplant. cn/tu/5015323]。

波罗蜜 *Artocarpus heterophyllus* Lam.

分布：博罗 *[38, 100]、从化 *[107]、江门 *[8]、茂名 * [85]、深圳 *[11]、信宜 *[52]、肇庆 *[9]。

白桂木 *Artocarpus hypargyreus* Hance

分布：博罗 [5, 38]、潮州 [35] [曾宪锋 ZXF8189 (CZH)]、从化 [35, 107]、大埔 [35] [邓良 4996 (PE)]、东莞 [25, 35]、东源 [119]、丰顺 [35, 95]、封开 [14, 35]、佛冈 [27]、广宁 [35] [蚁伟民 15970 (IBSC)]、广州 [35] [曾呈奎 183 (AU)]、和平 [35] [卫兆芬 120357 (IBK)]、惠东 [12]、江门 [8, 35]、蕉岭 [35] [南岭队 2244 (IBSC)]、揭西 [35] [2015 级实习队 2016281 (CZH)]、乐昌 [29, 35]、连南 [35] [朱志淞 678 (IBSC)]、连平 [35] [陈炳辉 1223 (IBSC)]、连山 [35] [谭沛祥 58030 (PE)]、连州 [35] [南岭队 363 (IBSC)]、龙门 [35] [张挺、刘成、丘文亮 17CS15593 (KUN)]、梅州 [35] [孙欢婷 2016050 (CZH)]、南澳 [35] [陈炳辉 254 (IBSC)]、南雄 [33, 35, 57]、平远 [35] [李学根 202070 (PE)]、饶平 [35] [曾宪锋 ZXF3666 (IBSC)]、仁化 [16, 35]、乳源 [26, 35]、深圳 [11, 17, 35]、始兴 [28, 35]、翁源 [35, 51]、五华 [4, 35]、新丰 [63]、信宜 [52]、兴宁 [35] [李学根 201813 (PE)]、阳江 [35] [黄志 41709 (IBK)]、阳山 [26, 35]、英德 [32]、郁南 [101]、增城 [116]、中山 [10, 35]、珠海 [35] [陈炳辉 741 (IBSC)]、紫金 [31, 35]。

桂木 *Artocarpus parvus* Gagnep.

分布：东莞 [25]、广州 [35] [左大勋等 156 (NAS)]、化州 [35] [周远瑞 50046 (IBK)]、惠东 [12]、江门 [8]、廉江 [35] [刘集汉、李祥禧 89912 (IBSC)]、深圳 *[11, 17]、徐闻 [35] [王瑞江 28 (IBSC)]、阳山 [26]、增城 [116]。

二色波罗蜜 *Artocarpus styracifolius* Pierre

分布：博罗 [35] [陈念劬 40969 (IBSC)]、从化 [35, 107]、德庆 [35] [刘瑛光 1389 (PE)]、东莞 [25, 35]、东源 [59]、封开 [14, 35]、佛冈 [27]、高州 [35] [周沛椿 80291 (PE)]、广宁 [35] [蚁伟民 15973 (IBSC)]、广州 [35] [植物组 10214 (NAU00025189)]、河源 [35] [77 级科研组新 1027 (SN)]、怀集 [35] [刘瑛光 2708 (PE)]、惠东 [12]、江门 [8, 35]、乐昌 [29, 35, 41]、龙门 [35] [肖家庚 5081 (CSFI)]、罗定 [35] [叶华谷、刘念 2413 (IBSC)]、茂名 [35] [朱志淞 1146 (IBSC)]、仁化 [16, 35]、深圳 [17, 35]、始兴 [28]、翁源 [35, 51]、五华 [4]、新丰 [35, 63]、新兴 [35] [刘瑛光 2327 (PE)]、信宜 [35, 52]、阳春 [35] [湛江组 89781 (IBSC)]、阳江 [35] [罗献瑞 862 (IBSC)]、英德 [32, 35]、郁南 [101]、云浮 [35] [张镜清 83306 (IBSC)]、增城 [35, 116]、肇庆 [9, 35]、中山 [10, 35]、紫金 [31, 35]。

胭脂 *Artocarpus tonkinensis* A. Chev. ex Gagnep.

分布：博罗 [100]、东莞 [25]、深圳 [17]、始兴 [28]、新兴 [35] [刘瑛光 2498 (PE)]、信宜 [35, 52]、徐闻 [35] [南路 672 (IBK)]、英德 [32]、云浮 [35] [辛树帜 5289 (IBSC)]、增城 [35, 116]、肇庆 [9, 35]、紫金 [31]。

构属 *Broussonetia* L'Hér. ex Vent.

藤构 *Broussonetia kaempferi* Siebold

分布：佛冈 [27]、南雄 [57]、仁化 [16]、始兴 [28]、郁南 [101]、肇庆 [9]、中山 [10]、紫金 [31]。

楮 *Broussonetia monoica* Hance

分布：博罗 [35, 100]、潮州 [35]、从化 [35, 107]、大埔 [35] [王学文 177 (IBSC)]、东莞 [25, 35]、丰顺 [35, 95]、封开 [14, 35]、佛冈 [27]、海丰 [35]、和平 [35] [刘全儒等 201007328 (BNU)]、惠东 [12]、揭西 [35] [曾宪锋 ZXF20486 (CZH)]、乐昌 [35, 41]、连南 [35] [曾飞燕等 483 (PE)]、连州 [35] [曾飞燕等 784 (PE)]、龙门 [35] [南岭队 2019 (IBSC)]、梅州 [35] [曾宪锋 ZXF25426 (CZH)]、南雄 [33, 35]、仁化 [16]、乳源 [26, 35]、深圳 [17, 35]、始兴 [28, 35]、翁源 [51]、五华 [4]、新丰 [63]、信宜 [52]、阳春 [35] [叶华谷、刘念 1966 (IBSC)]、阳山 [26]、英德 [32]、云浮 [35]、增城 [35, 116]、肇庆 [35] [石国良 12790 (IBSC)]、中山 [10, 35]。

构 *Broussonetia papyrifera* (L.) L'Hér. ex Vent.

分布：博罗 [38, 100]、潮州 [35] [曾宪锋 ZXF25160 (CZH)]、从化 [35, 107]、德庆 [35] [刘瑛光 1135 (HZ)]、东莞 [25, 35]、东源 [59]、封开 [14]、佛冈 [27]、佛山 [35] [黄奕孜、许先宏 HYZ080 (CZH)]、广州 [35] [叶华谷 16231 (IBSC)]、鹤山 [35] [黄茂先 110813 (HZ)]、惠东 [12]、惠州 [35] [徐德明 123 (PE)]、江门 [8]、乐昌 [35] [南岭队 3913 (IBSC)]、连南 [35] [曾飞燕等 681 (PE)]、廉江 [13]、茂名 [35, 85]、南雄 [33, 35, 57]、平远 [35] [李学根 202166 (IBSC)]、清远 [35]

[李东生 10136 (CAF00006578)]、仁化 [16, 35]、乳源 [35] [胡绍明 59069 (SN)]、韶关 [35] [南岭队 836 (IBSC)]、深圳 [11, 17, 35]、始兴 [28, 35]、遂溪 [13]、翁源 [35, 51]、新丰 [63]、信宜 [35, 52]、徐闻 [35] [徐闻队 426 (PE)]、阳山 [26, 35]、英德 [32, 35]、郁南 [101]、增城 [116]、湛江 [13]、肇庆 [9, 35]、中山 [10, 35]、紫金 [31, 35]。

水蛇麻属 *Fatoua* Gaudich.

细齿水蛇麻 ***Fatoua pilosa*** Gaudich.

分布：广州 [35] [黄成 160664 (IBSC)]、乳源 [26]、英德 [32]。

水蛇麻 ***Fatoua villosa*** (Thunb.) Nakai

分布：乐昌 [29, 26]、仁化 [16]、乳源 [26]、深圳 [17]、翁源 [51]、阳山 [26]、肇庆 [9]、紫金 [31]。

榕属 *Ficus* L.

石榕树 ***Ficus abelii*** Miq.

分布：博罗 [5, 35, 100]、从化 [35, 107]、东源 [119]、封开 [14, 35]、佛冈 [27]、广宁 [35] [陈炳辉 1640 (IBSC)]、广州 [35] [庄莹莹 20093310 (SN)]、和平 [35] [张桂才 784 (IBSC)]、怀集 [35] [曾怀德 23240 (IBK)]、惠东 [12, 35]、惠州 [35] [叶华谷、曾飞燕 22127 (IBSC)]、江门 [8]、乐昌 [29, 35, 41]、连南 [35] [丘理和 60721 (IBSC)]、连平 [35] [粤 73 1796 (IBSC)]、连州 [35] [谭沛祥 59941 (PE)]、龙门 [35] [张桂才 8028 (HGAS)]、茂名 [85]、南雄 [33, 35, 57]、清远 [35] [袁初群 13734 (IBSC)]、仁化 [16, 35]、乳源 [35] [刘瑛光 366 (PE)]、深圳 [17, 35]、翁源 [22, 35]、新丰 [63]、信宜 [52]、阳春 [35] [黄志 38445 (IBSC)]、阳山 [26, 35]、英德 [32, 35]、郁南 [101]、肇庆 [9, 35]、紫金 [31, 35]。

高山榕 ***Ficus altissima*** Blume

分布：博罗 *[5, 38]、从化 *[107]、东莞 [25, 35]、化州 [35] [湛江区植物调查队 2991 (IBSC)]、廉江 [35] [华南考察队 244 (IBSC)]、茂名 [35] [朱志淞 1098 (IBSC)]、深圳 [11, 17, 35]、台山 [35] [陈邦余、李泽贤 50 (FJSI)]、徐闻 [35] [朱志淞 1074 (IBSC)]、增城 [116]、珠海 [35] [李泽贤、邢福武 687 (FJSI)]。

大果榕 ***Ficus auriculata*** Lour.

分布：江门 [8]、信宜 [35, 52]、徐闻 [35] [徐闻队 833 (PE)]、阳春 [35, 45]。

垂叶榕 ***Ficus benjamina*** L.

分布：博罗 [5, 38]、从化 *[107]、江门 [8]、雷州 [35] [广东木材调查组 467 (IBSC)]、仁化 *[16]、深圳 *[17]、信宜 [52]、徐闻 [35] [朱志淞 1075 (IBSC)]、阳江 [35] [黄志 41761 (IBK)]、湛江 [35] [徐粹新 9 (HENU1003181)]。

无花果 ***Ficus carica*** L.

分布：博罗 *[38]、封开 *[14]、江门 *[8]、乐昌 *[29]、仁化 *[16]、乳源 *[26]、深圳 *[17]、翁源 *[51]、肇庆 *[9]。

纸叶榕 ***Ficus chartacea*** Wall. ex King

分布：乐昌 [41]、连州 [26]、南雄 [33]、乳源 [26]。

无柄纸叶榕 ***Ficus chartacea* var. *torulosa*** King

分布：乳源 [35]。

雅榕 ***Ficus concinna*** (Miq.) Miq.

分布：丰顺 [35]、封开 [14]、乐昌 [29]、连山 [35]、南雄 [33, 35]、深圳 [11]、翁源 [35]、阳山 [35]。

印度榕 ***Ficus elastica*** Roxb. ex Hornem.

分布：博罗 *[38]、从化 *[107]、深圳 *[17]、肇庆 *[9]。

天仙果 ***Ficus erecta*** Thunb.

分布：博罗 [100]、从化 [35, 107]、德庆 [35] [刘瑛光 1186 (HZ)]、东莞 [25]、丰顺 [95]、封开 [14, 35]、佛冈 [27]、广宁 [35] [蚁伟民 15944 (IBSC)]、广州 [35] [梁其瑾 52 (PEY)]、和平 [35] [谭策铭、曹仕优 971957 (JJF)]、河源 [35] [卫兆芬 120719 (PE)]、怀集 [35] [曾怀德 22808 (IBK)]、惠东 [12]、江门 [8]、乐昌 [29, 35, 41]、连南 [35] [谭沛祥 59552 (PE)]、连平 [35] [卫兆芬 120158 (PE)]、连山 [35] [谭沛祥 58721 (PE)]、连州 [26, 35]、南雄 [33, 35]、清远 [35] [袁初群 13750 (IBSC)]、仁化 [16, 35]、乳源 [26, 35]、深圳 [17]、始兴 [28, 35]、翁源 [35, 51]、五华 [4]、新丰 [35, 63]、信宜 [52]、阳山 [26, 35]、英德 [32, 35]、郁南 [101]、增城 [35, 116]、肇庆 [9, 35]、紫金 [31, 35]。

黄毛榕 ***Ficus esquiroliana*** H. Lév.

分布：博罗 [38]、东莞 [25]、东源 [119]、丰顺 [95]、佛冈 [27]、惠东 [12]、江门 [8]、乐昌 [29]、仁化 [16]、乳源 [26]、深圳 [17]、翁源 [51]、五华 [4]、新丰 [63]、信宜 [52]、阳春 [45]、郁南 [101]、肇庆 [9]、中山 [10]、紫金 [31]。

波缘榕 ***Ficus fengkaiensis*** Doweld

分布：封开 [157, 3]。

水同木 ***Ficus fistulosa*** Reinw. ex Blume

分布：博罗 [35, 38, 100]、潮州 [35] [曾宪锋 ZXF6815 (CZH)]、从化 [107]、大埔 [35] [曾怀德 21293 (PE)]、东莞 [25, 35]、丰顺 [35, 95]、封开 [14]、佛冈 [27]、惠东 [12, 35]、惠州 [35] [叶华谷、曾飞燕 21968 (IBSC)]、江门 [8]、揭西 [35] [曾宪锋 ZXF24805 (CZH)]、茂名 [35] [湛江区植物调查队 4063 (IBSC)]、饶平 [35] [陈念劬 42828 (IBSC)]、仁化 [16]、深圳 [17, 35]、翁源 [51]、五华 [4, 35]、新丰 [63]、信宜 [52]、阳春 [35, 45]、阳山 [26]、英德 [32]、郁南 [101]、增城 [116]、肇庆 [9]、中山 [10, 35]、珠海 [35] [粤 73 2960 (IBSC)]、紫金 [31]。

台湾榕 ***Ficus formosana*** Maxim.

分布: 博罗 [35, 100]、潮州 [35] [曾宪锋 ZXF8399 (CZH)]、从化 [35, 107]、大埔 [35] [李学根 202672 (PE)]、德庆 [35] [刘瑛光 1139 (PE)]、东莞 [25, 35]、恩平 [35] [黄茂先 110476 (PE)]、丰顺 [35, 95]、封开 [14, 35]、佛冈 [27]、佛山 [35] [谭沛祥 64069 (IBSC)]、高州 [35] [周沛椿 80295 (PE)]、广州 [35] [曾呈奎 152 (AU)]、海丰 [35] [周业祝 ZYZ020 (CZH)]、和平 [35] [卫兆芬 120299 (PE)]、河源 [35] [77 级科研组新

0871 (SN)]、**怀集** [35] [刘瑛光 2644 (PE)]、**惠东** [12, 35]、**惠州** [35] [叶华谷、曾飞燕 21976 (IBSC)]、**江门** [8]、**蕉岭** [35] [李学根 202292 (PE)]、**揭西** [35] [曾宪锋 ZXF21067 (CZH)]、**乐昌** [29, 35, 41]、**连南** [35] [谭沛祥 59242 (PE)]、**连平** [35] [卫兆芬 120074 (PE)]、**连山** [35] [谭沛祥 58037 (PE)]、**连州** [35] [谭沛祥 60190 (PE)]、**廉江** [35] [湛江区植物调查队 3175 (IBSC)]、**龙门** [35] [张桂才 8184 (HGAS)]、**罗定** [35] [叶华谷、刘念 2122 (IBSC)]、**茂名** [35, 85]、**梅州** [35] [曾宪锋 ZXF38841 (CZH)]、**南雄** [33, 35, 57]、**平远** [35] [李学根 201905 (PE)]、**饶平** [35] [陈念劬 42730 (PE)]、**仁化** [16, 35]、**乳源** [26, 35]、**韶关** [35] [黄志 31593 (IBK)]、**深圳** [17, 35]、**始兴** [28, 35]、**台山** [35] [左景烈 22309 (IBSC)]、**翁源** [35, 51]、**五华** [4, 35]、**新丰** [35, 63]、**新兴** [35] [刘瑛光 2161 (PE)]、**信宜** [35, 52]、**兴宁** [35] [李学根 201841 (PE)]、**阳春** [35] [叶华谷、刘念 22 (IBSC)]、**阳江** [35] [湛江区植物调查队 3572 (IBSC)]、**阳山** [35] [徐德明 687 (PE)]、**英德** [32, 35]、**郁南** [35, 101]、**云浮** [35] [黄季庄 510 (NAU00025341)]、**增城** [35, 116]、**肇庆** [35] [叶华谷等 18210 (IBSC)]、**中山** [10, 35]、**紫金** [31, 35]。

金毛榕 ***Ficus fulva*** Reinw. ex Blume

分布：**博罗** [35, 100]、**从化** [35] [广东木材调查组 518 (IBSC)]、**封开** [14]、**广州** [35] [植物组 10207 (NAU00025154)]、**惠州** [35] [曾怀德 25746 (IBSC)]、**蕉岭** [35] [邓良 4794 (IBSC)]、**揭西** [35] [叶华谷 4559 (IBSC)]、**乐昌** [35] [程用谦 170014 (IBSC)]、**连南** [35] [邓柏林 60978 (IBSC)]、**龙川** [35] [左景烈 21661 (IBSC)]、**龙门** [35] [南昆山调查队 82141 (IBSC)]、**罗定** [35] [刘念、叶华谷 2265 (IBSC)]、**茂名** [35] [李祥禧 90066 (IBSC)]、**平远** [35] [邓良 4418 (IBSC)]、**清远** [35] [黄荣焜 30099 (IBSC)]、**新兴** [35] [刘瑛光 2239 (HIB0116015)]、**信宜** [35] [谭策铭等　信宜 209 (JJF)]、**阳春** [35] [叶华谷、张桂才 130 (IBSC)]、**英德** [32, 35]、**郁南** [35] [叶华谷、刘念 2537 (IBSC)]、**云浮** [35] [辛树帜 5177 (IBSC)]、**肇庆** [35] [萧绵韵 20801 (FUS00007883)]。

冠毛榕 ***Ficus gasparriniana*** Miq.

分布：**封开** [黄成 164196 (IBSC)]、**乐昌** [陈少卿 3146 (IBK)]、**龙门** [黄成 162104 (IBSC)]。

长叶冠毛榕 ***Ficus gasparriniana* var. *esquirolii*** (H. Lév. & Vaniot) Corner

分布：**封开** [石国良 14906 (IBSC)]、**乐昌** [蒋英 1471 (IBSC)]、**连州** [李用华 8 (IBSC)]、**龙门** [广东所 420 (HGAS009539)]、**平远** [李学根 202186 (IBSC)]、**始兴** [王学文，张桂才 174 (IBSC)]。

大叶水榕 ***Ficus glaberrima*** Blume

分布：**县级不详** [3]。

藤榕 ***Ficus hederacea*** Roxb.

分布：**丰顺** [95]、**佛冈** [27]、**高州** [35] [周沛椿 10194 (PE)]、**惠东** [12]、**江门** [35] [邝秋婷 2009111 (SN)]、**乐昌** [41]、**茂名** [35] [朱志淞 1145 (IBSC)]、**仁化** [16]、**翁源** [51]、**五华** [4]、**新丰** [63]、**新兴** [35] [刘瑛光 2288 (PE)]、**信宜** [35, 52]、**阳春** [35] [叶华谷、刘念 557 (IBSC)]、**郁南** [101]、**肇庆** [9]。

异叶榕 ***Ficus heteromorpha*** Hemsl.

分布：**从化** [107]、**佛冈** [27]、**乐昌** [29, 35, 41]、**连南** [35] [谭沛祥 58902 (PE)]、**连山** [35] [谭沛祥 58206 (KUN)]、**连州** [35] [南岭队 28 (IBSC)]、**南雄** [35] [邓良 6164 (NAS)]、**仁化** [16]、**乳源** [26, 35]、**始兴** [28]、**翁源** [51]、**信宜** [52]、**阳山** [35] [山地植被组 104 (IBSC)]、**英德** [32]、**郁南** [101]。

山榕 ***Ficus heterophylla*** L. f.

分布：**肇庆** [9]。

粗叶榕 ***Ficus hirta*** Vahl

分布：**博罗** [35, 38, 100]、**从化** [35, 107]、**大埔** [35] [李学根 202552 (HZ)]、**德庆** [35] [刘瑛光 1142 (HZ)]、**东莞** [25, 35]、**东源** [119]、**恩平** [35] [黄茂先 110340 (HZ)]、**丰顺** [35, 95]、**封开** [14, 35]、**佛冈** [27]、**佛山** [35] [黄奕孜、许先宏 HYZ036 (CZH)]、**高州** [35] [周沛椿 10470 (IBSC)]、**广州** [35] [叶育石 5049 (IBSC)]、**和平** [35] [谭策铭等 051684A (JJF)]、**河源** [35] [77 级科研组新 0311 (SN)]、**鹤山** [35] [黄茂先 110845 (HZ)]、**怀集** [35] [刘瑛光 2845 (HZ)]、**惠东** [12, 35]、**惠州** [35] [叶华谷、曾飞燕 21943 (IBSC)]、**江门** [8, 35]、**蕉岭** [35] [南岭队 2249 (IBSC)]、**揭西** [35] [曾宪锋 ZXF35568 (CZH)]、**开平** [35] [黄茂先 110601 (HZ)]、**乐昌** [29, 35, 41]、**连平** [35] [卫兆芬 120209 (IBK)]、**连山** [35] [谭沛祥 58589 (PE)]、**连州** [35] [谭沛祥 59956 (IBK)]、**龙川** [35] [谭策铭、易桂花 51545 (JJF)]、**龙门** [35] [张桂才 98 (HGAS)]、**罗定** [35] [蒋英 1158 (IBK)]、**茂名** [35, 85]、**梅州** [35] [曾宪锋 ZXF22677 (CZH)]、**南雄** [33, 35, 57]、**平远** [35] [李学根 201933 (CSFI)]、**清远** [35] [黄志 32539 (IBK)]、**饶平** [35] [曾宪锋 ZXF2330 (IBSC)]、**仁化** [16, 35]、**乳源** [26, 35]、**韶关** [35] [刘慎谔 696 (WUK)]、**深圳** [11, 17, 35]、**始兴** [28, 35]、**台山** [35] [周联选 11558 (KUN)]、**翁源** [35, 51]、**五华** [4]、**新丰** [35, 63]、**新兴** [35] [刘瑛光 2487 (PE)]、**信宜** [35, 52]、**徐闻** [35] [南路 00139Q4 (IBSC)]、**阳春** [35, 45]、**阳江** [35] [黄志 41622 (IBK)]、**阳山** [35] [徐德明 433 (NAS)]、**英德** [32, 35]、**郁南** [35, 101]、**云浮** [35] [黄志 37262 (IBK)]、**增城** [35, 116]、**湛江** [35] [徐亮 45 (JIU383248)]、**肇庆** [9, 35]、**中山** [10, 35]、**珠海** [35] [钟素怡 200901206 (SN)]、**紫金** [31, 35]。

对叶榕 ***Ficus hispida*** L. f.

分布：**博罗** [35, 38, 100]、**潮州** [35] [曾宪锋 ZXF00278 (CZH)]、**从化** [35, 107]、**德庆** [35] [刘瑛光 1251 (HZ)]、**东莞** [25, 35]、**恩平** [35] [黄茂先 110395 (HZ)]、**封开** [14, 35]、**佛山** [35] [黄奕孜、许先宏 HYZ028 (CZH)]、**广州** [35] [王正伟、沈彬、苏永欣 WZW01045 (CSH)]、**海丰** [35] [周业祝 ZYZ029 (CZH)]、**河源** [35] [77 级科研组新 0836 (SN)]、

鹤山 [35] [黄茂先 110840 (HZ)]、**怀集** [35] [曾怀德 23216 (IBSC)]、**惠东** [12, 35]、**惠州** [35] [叶华谷、曾飞燕 21879 (IBSC)]、**江门** [8]、**乐昌** [29, 35]、**陆河** [35] [叶华谷 4662 (IBSC)]、**罗定** [35] [陈少卿 9484 (IBK)]、**茂名** [35, 85]、**清远** [35] [袁初群 13745 (IBSC)]、**仁化** [16]、**乳源** [26]、**深圳** [11, 17, 35]、**台山** [35] [陈邦余、李泽贤 82 (FJSI)]、**翁源** [35] [刘心祈 24623 (IBK)]、**五华** [4]、**新丰** [35, 63]、**新兴** [35] [刘瑛光 2262 (HZ)]、**信宜** [35, 52]、**徐闻** [35] [徐闻队 303 (FUS00007848)]、**阳春** [35, 45]、**阳江** [35] [黄志 41521 (IBK)]、**英德** [32, 35]、**郁南** [101]、**云浮** [35] [辛树帜 5236 (IBSC)]、**增城** [116]、**湛江** [35] [王晖 70826014 (JIU03702)]、**肇庆** [9, 35]、**中山** [10, 35]、**珠海** [35] [高蕴璋、陈炳辉 200 (HGAS)]、**紫金** [31, 35]。

青藤公 ***Ficus langkokensis*** Drake

分布：**博罗** [35] [陈念劬 41406 (IBK)]、**从化** [35] [中德采集队 1077 (IBSC)]、**大埔** [35] [邓良 5388 (NAS)]、**德庆** [35] [刘瑛光 1219 (HZ)]、**丰顺** [95]、**封开** [14, 35]、**佛冈** [27]、**高州** [35] [周沛椿 80290 (IBSC)]、**和平** [35] [张桂才 666 (IBSC)]、**怀集** [35] [刘瑛光 2626 (HZ)]、**惠州** [35] [李凤华 357 (ZY0002255)]、**乐昌** [29, 35, 41]、**连山** [35] [陈少卿 5606 (PE)]、**陆河** [35] [曾宪锋 ZXF42847 (CZH)]、**茂名** [35] [湛江区植物调查队 4118 (IBSC)]、**梅州** [35] [曾宪锋 ZXF29489 (CZH)]、**平远** [35] [曾宪锋 ZXF9330 (CZH)]、**乳源** [26]、**韶关** [35] [To & Tsang12660 (IBSC)]、**深圳** [17, 35]、**翁源** [35, 51]、**新丰** [35, 63]、**新兴** [35] [伍辉民 74 (IBSC)]、**信宜** [35, 52]、**阳春** [35] [叶华谷、张桂才 129 (IBSC)]、**英德** [32, 35]、**郁南** [101]、**增城** [116]、**肇庆** [9, 35]、**珠海** [35] [陈炳辉 720 (IBSC)]。

大琴叶榕 ***Ficus lyrata*** Warb.

分布：**佛山** *[http://ppbc. iplant. cn/tu/293979]、**广州** *[http://ppbc. iplant. cn/tu/2181091]、**惠州** *[http://ppbc. iplant. cn/tu/5141036]、**深圳** *[17]、**珠海** *[http://ppbc. iplant. cn/tu/11059052]。

竹叶榕 ***Ficus macropodocarpa*** H. Lév. & Vaniot

分布：**博罗** [38, 100]、**从化** [107]、**东莞** [25]、**封开** [14, 35]、**佛冈** [27]、**怀集** [35] [刘瑛光 2631 (HZ)]、**惠东** [12]、**江门** [8]、**乐昌** [29, 41]、**南雄** [33, 57]、**仁化** [16]、**乳源** [26]、**深圳** [17]、**始兴** [28]、**翁源** [51]、**五华** [4]、**新丰** [63]、**信宜** [35, 52]、**阳江** [35] [黄志 41739 (IBK)]、**肇庆** [9, 35]、**中山** [10]、**紫金** [31]。

榕树 ***Ficus microcarpa*** L. f.

分布：**博罗** [35, 38, 100]、**潮州** [35] [曾宪锋 ZXF21477 (CZH)]、**从化** [35, 107]、**德庆** [35] [刘瑛光 1273 (HZ)]、**东莞** [25, 35]、**东源** [59]、**封开** [14]、**佛冈** [27]、**佛山** [35] [黄茂先 110966 (HZ)]、**广州** [35] [赵魁义 56 (IGA)]、**海丰** [35] [卫兆芬 121464 (NAS)]、**惠州** [35] [叶华谷、曾飞燕 22103 (IBSC)]、**江门** [8]、**乐昌** [29, 35]、**茂名** [35] [邓良 2006 (IBSC)]、**清远** [35] [袁初群 13739 (IBSC)]、**饶平** [35] [曾宪锋 ZXF22545 (CZH)]、**仁化** [16]、**深圳** *[11, 17, 35]、**信宜** *[35, 52]、**阳春** [35] [叶华谷、刘念 3102 (IBSC)]、**英德** [32, 35]、**郁南** [101]、**增城** [116]、**湛江** [35] [王晖 70826011 (JIU21208)]、**肇庆** *[9, 35]、**中山** [10, 35]、**珠海** [35] [陈邦余、李泽贤 440 (FJSI)]。

九丁榕 ***Ficus nervosa*** B. Heyne ex Roth

分布：**博罗** [35] [高锡朋 52402 (IBK)]、**潮州** [35] [曾宪锋 ZXF9296 (CZH)]、**东莞** [25, 35]、**丰顺** [35] [曾宪锋 ZXF39423 (CZH)]、**封开** [14]、**佛冈** [27]、**惠东** [12, 35]、**惠州** [35] [曾怀德 26005 (IBSC)]、**江门** [8]、**揭西** [35] [曾宪锋 ZXF09405 (CZH)]、**茂名** [35] [叶华谷、刘念 1091 (IBSC)]、**深圳** [17, 35]、**翁源** [51]、**五华** [4, 35]、**信宜** [52]、**阳春** [35] [叶华谷、刘念 1818 (IBSC)]、**阳江** [35] [湛江区植物调查队 3662 (IBSC)]、**英德** [32]、**郁南** [35, 101]、**增城** [116]、**肇庆** [9]、**中山** [10, 35]、**紫金** [31]。

琴叶榕 ***Ficus pandurata*** Hance

分布：**博罗** [35, 38, 100]、**潮州** [35] [曾宪锋 ZXF8508 (CZH)]、**从化** [35, 107]、**大埔** [35] [李学根 202604 (IBK)]、**德庆** [35] [刘瑛光 1290 (HZ)]、**东莞** [25, 35]、**东源** [59]、**丰顺** [35, 95]、**封开** [14]、**佛冈** [27]、**佛山** [35] [黄茂先 11173 (HZ)]、**广州** [35] [梁其瑾 1178 (PEY)]、**和平** [35] [卫兆芬 120443 (IBK)]、**河源** [35] [卫兆芬 120673 (IBK)]、**怀集** [35] [刘瑛光 2738 (HZ)]、**惠东** [12, 35]、**惠州** [35] [叶华谷、曾飞燕 22125 (IBSC)]、**蕉岭** [35] [李学根 202353 (HZ)]、**揭西** [35] [曾宪锋 ZXF31290 (CZH)]、**揭阳** [35] [黄雅凤 HYF019 (CZH)]、**乐昌** [29, 35, 41]、**连南** [35] [谭沛祥 58978 (IBK)]、**连平** [35] [粤 73 1404 (IBSC)]、**连山** [35] [谭沛祥 58813 (PE)]、**连州** [35] [谭沛祥 60185 (IBK)]、**龙川** [35] [王颖 WY038 (CZH)]、**龙门** [35] [卫兆芬 121909 (IBK)]、**陆丰** [35] [卫兆芬 121241 (IBSC)]、**陆河** [35] [曾宪锋 ZXF42694 (CZH)]、**茂名** [35] [侯学煜等 15497 (PE)]、**梅州** [35] [李学根 202450 (HZ)]、**南澳** [35] [陈炳辉 179 (IBSC)]、**南雄** [33, 35, 57]、**平远** [35] [李学根 202144 (HZ)]、**清远** [35] [袁初群 13744 (IBSC)]、**饶平** [35] [曾宪锋 ZXF22653 (CZH)]、**仁化** [16]、**乳源** [35] [粤 71416 (IBSC)]、**汕头** [35] [梁其瑾 L1178A (PE)]、**韶关** [35] [To & Tsang12618 (IBSC)]、**深圳** [17, 35]、**始兴** [28, 35]、**翁源** [35, 51]、**五华** [4, 35]、**新丰** [35, 63]、**信宜** [52]、**兴宁** [35] [曾宪锋 ZXF27917 (CZH)]、**徐闻** [35] [徐闻队 659 (IBK)]、**阳春** [35] [叶华谷、刘念 845 (IBSC)]、**阳江** [35] [李泽贤 2254 (IBSC)]、**阳山** [26, 35]、**英德** [22, 32, 35]、**郁南** [101]、**肇庆** [9, 35]、**中山** [10, 35]、**紫金** [31, 35]。

褐叶榕 ***Ficus pubigera*** (Wall. ex Miq.) Miq.

分布：**信宜** [谭策铭等 信宜 207 (JJF)]、**英德** [黄志 163529 (KUN)]。

球果山榕 ***Ficus pubilimba*** Merr.

分布：**廉江** [华南综考队 247 (IBSC)]。

薜荔 ***Ficus pumila*** L.

分布：**博罗** [35, 38, 100]、**潮州** [35] [陈娜洁 2014037 (CZH)]、**从化** [35, 107]、**东莞** [25, 35]、**东源** [59]、**丰顺** [95]、**封开** [14, 35]、**佛冈** [27]、**佛山** [35] [黄春生 110273 (NAS)]、**广州** [35] [叶华谷 16533 (IBSC)]、**河源** [35] [卫兆芬 120798 (IBK)]、**怀集** [35] [程用谦 170777 (IBSC)]、**惠东** [12, 35]、**蕉岭** [35] [李学根 202369 (HZ)]、**乐昌** [29, 35, 41]、**连南** [35] [朱志淞 60790 (IBSC)]、**龙川** [35] [左景烈 21563 (IBSC)]、**龙门** [35] [李学根 200184 (IBSC)]、**茂名** [35, 85]、**梅州** [35] [张胜安、朱权芳、邱启能 76 (SN)]、**南雄** [33, 35, 57]、**平远** [35] [孙王叶　平 075 (SN)]、**清远** [35] [林正眉、张丹荔 20180056 (SN)]、**仁化** [16, 35]、**乳源** [26, 35]、**汕头** [35] [曾宪锋 ZXF10163 (CZH)]、**深圳** [11, 17, 35]、**始兴** [28, 35]、**台山** [35] [陈邦余、李泽贤 174 (FJSI)]、**翁源** [35, 51]、**五华** [4]、**新丰** [63]、**信宜** [52]、**徐闻** [35] [南路 691 (IBK)]、**阳春** [35] [湛江区植物调查队 3384 (IBSC)]、**阳山** [35] [杨文福 83387 (IBSC)]、**英德** [32, 35]、**郁南** [101]、**云浮** [35] [黄季庄 533 (NAU00025260)]、**增城** [116]、**肇庆** [9, 35]、**中山** [10, 35]、**珠海** [35] [粤 73 3127 (IBSC)]、**紫金** [31, 35]。

爱玉子 ***Ficus pumila* var. *awkeotsang*** (Makino) Corner

分布：**深圳** *[17]。

舶梨榕 ***Ficus pyriformis*** Hook. & Arn.

分布: **博罗** [35, 100]、**潮州** [35] [叶华谷等 12866 (IBSC)]、**从化** [35, 107]、**德庆** [35] [刘瑛光 960 (IBSC)]、**东莞** [25, 35]、**东源** [119]、**封开** [14, 35]、**佛冈** [27]、**佛山** [35] [高锡朋 51547 (SN)]、**广宁** [35] [陈炳辉 1644 (IBSC)]、**广州** [35] [G. W. Groff 2245 (PE)]、**海丰** [35] [曾宪锋 ZXF4442 (CZH)]、**河源** [35] [77 级科研组新 0063 (SN)]、**化州** [35] [湛江区植物调查队 2836 (IBSC)]、**怀集** [35] [刘瑛光 3032 (HZ)]、**惠东** [12, 35]、**惠州** [35] [徐德明 128 (NAS)]、**江门** [8, 35]、**连州** [35] [南岭队 229 (IBSC)]、**龙门** [35] [南昆山调查队 71337 (IBSC)]、**陆丰** [35] [卫兆芬 121295 (IBSC)]、**罗定** [35] [叶华谷、刘念 2471 (IBSC)]、**茂名** [85]、**梅州** [35] [F. A. McClure 6674 (PE)]、**清远** [35] [黄志 30200 (IBK)]、**饶平** [35] [李学根 200775 (IBSC)]、**仁化** [16]、**深圳** [17, 35]、**台山** [35] [粤 73 2810 (IBSC)]、**新丰** [63]、**新兴** [35] [刘瑛光 2351 (HZ)]、**信宜** [35, 52]、**阳春** [35, 45]、**英德** [32]、**郁南** [35, 101]、**增城** [35, 116]、**肇庆** [9, 35]、**中山** [10, 35]、**珠海** [35] [陈邦余、李泽贤 424 (FJSI)]、**紫金** [31, 35]。

菩提树 ***Ficus religiosa*** L.

分布：**博罗** *[5, 38]、**东莞** *[25]、**惠东** *[12]、**江门** *[8]、**仁化** *[16]、**深圳** *[17]、**肇庆** *[9]。

乳源榕 ***Ficus ruyuanensis*** S. S. Chang

分布：**乳源** [3]。

羊乳榕 ***Ficus sagittata*** Vahl

分布：**博罗** [100]、**恩平** [35] [黄茂先 110471 (PE)]、**江门** [8]、**深圳** [17]、**信宜** [35, 52]、**阳春** [35, 45]、**阳江** [35] [黄志 41494 (IBSC)]、**肇庆** [9, 35]。

匍茎榕 ***Ficus sarmentosa*** Buch. -Ham. ex Sm.

分布：**南雄** [57]、**英德** [32]。

珍珠莲 ***Ficus sarmentosa* var. *henryi*** (King ex Oliv.) Corner

分布：**博罗** [35] [陈念劬 66836 (KUN)]、**潮州** [35] [曾宪锋 ZXF9277 (CZH)]、**从化** [35, 107]、**大埔** [35] [邓良 5476 (PE)]、**东莞** [25, 35]、**丰顺** [35, 95]、**佛冈** [27]、**怀集** [35] [曾怀德 22890 (IBK)]、**惠州** [35] [曾怀德 25845 (IBSC)]、**乐昌** [29, 35, 41]、**连南** [35] [丘理和 60760 (IBSC)]、**连平** [35] [刘瑛光 142 (PE)]、**连州** [35] [谭沛祥 60245 (PE)]、**龙门** [35] [南昆山调查队 70958 (IBSC)]、**罗定** [35] [叶华谷、刘念 2416 (IBSC)]、**茂名** [35] [邓良 2376 (PE)]、**梅州** [35] [曾怀德 21419 (PE)]、**南雄** [33, 35]、**饶平** [35] [李学根 200835 (PE)]、**仁化** [16, 35]、**乳源** [26, 35]、**韶关** [35] [To & Tsang12609 (IBSC)]、**深圳** [17, 35]、**始兴** [28, 35]、**翁源** [35, 51]、**五华** [35] [李学根 201604 (HZ)]、**新丰** [63]、**信宜** [35, 52]、**阳江** [35] [罗献瑞 872 (IBSC)]、**阳山** [26, 35]、**郁南** [101]、**云浮** [35] [黄季庄 545A (IBSC)]、**增城** [35] [曾怀德 20353 (IBSC)]、**肇庆** [35] [石国良 14300 (IBSC)]、**珠海** [35] [聂敏祥，赖书坤 3008 (WUK)]、**紫金** [31, 35]。

爬藤榕 ***Ficus sarmentosa* var. *impressa*** (Champ.) Corner

分布：**博罗** [35] [王英强 563 (IBSC)]、**潮州** [35] [曾宪锋 ZXF5000 (CZH)]、**东莞** [25, 35]、**丰顺** [35, 95]、**封开** [14]、**江门** [8]、**揭西** [35] [叶华谷 4435 (IBSC)]、**乐昌** [29, 41]、**罗定** [35] [叶华谷、刘念 2515 (IBSC)]、**梅州** [35] [曾宪锋 ZXF5291 (CZH)]、**平远** [35] [曾宪锋 ZXF8540 (CZH)]、**饶平** [35] [曾宪锋 ZXF1926 (IBSC)]、**深圳** [17, 35]、**信宜** [35] [谭策铭等　信宜 355 (JJF)]、**阳春** [35] [叶华谷 5577 (IBSC)]、**阳山** [26]。

尾尖爬藤榕 ***Ficus sarmentosa* var. *lacrymans*** (H. Lév.) Corner

分布：**封开** [14]、**乐昌** [29, 35]、**连州** [35] [高锡朋 51037 (PE)]、**乳源** [26, 35]、**韶关** [35] [黄志 31596 (IBK)]、**翁源** [35, 51]、**信宜** [35, 52]、**阳山** [26]、**英德** [35] [南岭队 799 (IBSC)]、**云浮** [35] [黄季庄 466 (PE)]。

长柄爬藤榕 ***Ficus sarmentosa* var. *luducca*** (Roxb.) Corner

分布：**博罗** [100]、**丰顺** [95]、**翁源** [51]、**肇庆** [9]。

白背爬藤榕 ***Ficus sarmentosa* var. *nipponica*** (Fr. & Sav.) Corner

分布：**江门** [8]、**信宜** [52]。

极简榕 ***Ficus simplicissima*** Lour.

分布：**深圳** [17]。

缘毛榕 ***Ficus sinociliata*** Z. K. Zhou & M. G. Gilbert

分布：兴宁 [3]。

笔管榕 ***Ficus subpisocarpa*** Gagnep.

分布：**博罗** [38]、**从化** [107]、**东莞** [25]、**东源** [59]、**丰顺** [95]、**佛冈** [27]、**惠东** [12]、**江门** [8]、**雷州** [13]、**廉江** [13]、**南雄** [33]、**仁化** [16]、**深圳** [17]、**翁源** [51]、**新丰** [63]、**信宜** [52]、**阳山** [26]、**郁南** [101]、**中山** [10]、**紫金** [31]。

假斜叶榕 ***Ficus subulata*** Blume

分布：**东莞** [25]、**佛山** [35] [高锡朋 50020 (IBSC)]、**茂名** [35] [邓良 1770 (IBSC)]、**深圳** [17]、**台山** [35] [左景烈 22464 (IBSC)]、**新兴** [35] [刘瑛光 2285 (PE)]、**信宜** [35, 52]、**阳春** [35] [叶华谷、张桂才 139 (IBSC)]、**郁南** [35, 101]、**肇庆** [9, 35]。

地果 ***Ficus tikoua*** Bureau

分布：**广州** *[http://ppbc. iplant. cn/tu/11690660]、**深圳** *[17]。

斜叶榕 ***Ficus tinctoria* subsp. *gibbosa*** (Blume) Corner

分布：**佛冈** [27]、**雷州** [13]、**廉江** [13]、**深圳** *[11, 17]、**信宜** [52]、**阳春** [45]、**湛江** [13]、**中山** [10]。

楔叶榕 ***Ficus trivia*** Corner

分布：**和平** [35] [卫兆芬 1206505 (NAS)]、**乐昌** [29, 35]、**乳源** [35] [中植联广西队 1355 (IBK)]、**阳山** [26, 35]。

杂色榕 ***Ficus variegata*** Blume

分布：**博罗** [100]、**从化** [107]、**东莞** [25]、**东源** [119]、**恩平** [35] [陈炳辉 1827 (IBSC)]、**丰顺** [95]、**封开** [14]、**佛冈** [27]、**佛山** [35] [黄茂先 110145 (PE)]、**广州** [35] [中山大学生物系标本厂 108 (BMNH160173)]、**鹤山** [35] [黄茂先 110810 (PE)]、**惠东** [12]、**江门** [8]、**乐昌** [29]、**廉江** [35] [广东木材调查组 641 (IBSC)]、**深圳** [11, 17]、**四会** [35] [江一勳 8650 (IBSC)]、**台山** [35] [陈邦余、李泽贤 375 (FJSI)]、**五华** [4]、**信宜** [35, 52]、**徐闻** [35] [朱志淞 1044 (IBSC)]、**阳春** [35, 45]、**英德** [32]、**郁南** [101]、**增城** [35, 116]、**肇庆** [9, 35]、**中山** [10]、**紫金** [31]。

变叶榕 ***Ficus variolosa*** Lindl. ex Benth.

分布：**博罗** [35, 100]、**潮州** [35] [曾宪锋 ZXF7978 (CZH)]、**从化** [35, 107]、**大埔** [35] [李学根 202739 (PE)]、**德庆** [35] [刘瑛光 952 (PE)]、**东莞** [25, 35]、**东源** [35, 119]、**丰顺** [35, 95]、**封开** [14, 35]、**佛冈** [27]、**佛山** [35] [黄奕孜、许先宏 HYZ030 (CZH)]、**广州** [35] [叶育石 5233 (IBSC)]、**海丰** [35] [曾宪锋 ZXF4476 (CZH)]、**和平** [35] [卫兆芬 120616 (PE)]、**河源** [35] [卫兆芬 120737 (PE)]、**化州** [35] [周远瑞 50038 (IBK)]、**怀集** [35] [刘瑛光 2914 (PE)]、**惠东** [12, 35]、**惠州** [35] [卫兆芬 121667 (PE)]、**江门** [8, 35]、**蕉岭** [35] [李学根 202247 (IBK)]、**揭西** [35] [2015 级实习队 2015260 (CZH)]、**乐昌** [29, 35, 41]、**连南** [35] [谭沛祥 59115 (PE)]、**连平** [35] [刘瑛光 112 (PE)]、**连山** [35] [谭沛祥 58698 (KUN)]、**连州** [35] [谭沛祥 59771 (PE)]、**龙川** [35] [杜荣裕 20110430 (SN)]、**龙门** [35] [张桂才 329 (HGAS)]、**陆丰** [35] [卫兆芬 21248 (PE)]、**陆河** [35] [曾宪锋 ZXF42863 (CZH)]、**罗定** [35] [叶华谷、刘念 2484 (IBSC)]、**茂名** [35, 85]、**梅州** [35] [李学根 202398 (PE)]、**南澳** [35] [陈炳辉 230 (IBSC)]、**南雄** [33, 35, 57]、**平远** [35] [曾宪锋 ZXF42126 (CZH)]、**清远** [35] [林正眉、张丹荔 20180069 (SN)]、**饶平** [35] [李学根 200568 (PE)]、**仁化** [16, 35]、**乳源** [35] [粤 73 999 (PE)]、**韶关** [35] [黄立 20253 (IBSC)]、**深圳** [17, 35]、**始兴** [28, 35]、**台山** [35] [周联选 11646 (KUN)]、**翁源** [35, 51]、**五华** [4, 35]、**新丰** [35, 63]、**信宜** [35, 52]、**兴宁** [35] [李学根 201807 (PE)]、**阳春** [35] [湛江区植物调查队 3270 (IBSC)]、**阳山** [35] [谭沛祥 60515 (IBSC)]、**英德** [32, 35]、**郁南** [35, 101]、**云浮** [35] [周沛椿 2844 (PE)]、**增城** [35, 116]、**肇庆** [9, 35]、**中山** [10, 35]、**珠海** [35] [苏心怡 200901402 (SN)]、**紫金** [31, 35]。

白肉榕 ***Ficus vasculosa*** Wall. ex Miq.

分布：**博罗** [35] [王英强 434 (IBSC)]、**从化** [35, 107]、**德庆** [35] [刘瑛光 1347 (PE)]、**东莞** [25, 35]、**丰顺** [95]、**佛冈** [27]、**广州** [35] [伍彤尉 2019GZL220 (SN)]、**鹤山** [35] [黄茂先 110859 (HZ)]、**惠东** [35] [陈邦余、陈炳辉、张桂才 125 (IBK)]、**惠州** [35] [曾怀德 25821 (IBSC)]、**江门** [8]、**深圳** [17, 35]、**台山** [35] [陈邦余、李泽贤 342 (FJSI)]、**信宜** [52]、**阳春** [45]、**郁南** [101]、**增城** [35] [黄成 162183 (IBSC)]、**肇庆** [9, 35]、**珠海** [35] [陈邦余、李泽贤 453 (FJSI)]。

黄葛树 ***Ficus virens*** Aiton

分布：**博罗** *[38, 100]、**从化** *[107]、**封开** [14]、**广州** *[http://ppbc. iplant. cn/tu/4924872]、**惠东** [12]、**惠州** *[http://ppbc. iplant. cn/tu/4578157]、**乐昌** [41]、**茂名** [http://ppbc. iplant. cn/tu/5416772]、**仁化** [16]、**深圳** [11, 17]、**始兴** [28]、**翁源** [51]、**五华** [4]、**信宜** [52]、**阳春** [45]、**英德** [32]、**郁南** [101]、**增城** [116]、**肇庆** [9]、**紫金** [31]。

橙桑属 *Maclura* Nutt.

构棘 ***Maclura cochinchinensis*** (Lour.) Corner

分布：**博罗** [35, 38, 100]、**潮州** [35] [叶华谷等 13141 (IBSC)]、**从化** [35, 107]、**大埔** [35] [邓良 5217 (PE)]、**德庆** [35] [刘瑛光 1056 (HZ)]、**东莞** [25, 35]、**丰顺** [35, 95]、**封开** [14, 35]、**佛冈** [27]、**高州** [35] [蒋英 1003 (IBK)]、**广州** [35] [陈少卿 8277 (PE)]、**河源** [35] [卫兆芬 120725 (PE)]、**鹤山** [35] [黄茂先 110846 (PE)]、**怀集** [35] [刘瑛光 2992 (PE)]、**惠东** [12, 35]、**惠州** [35] [徐德明 104 (FUS00007634)]、**江门** [8]、**蕉岭** [35] [邓良 4684 (PE)]、**乐昌** [29, 35, 41]、**雷州** [13]、**连南** [35] [谭沛祥 58911 (IBSC)]、**连平** [35] [卫兆芬 120195 (PE)]、**连山** [35] [谭沛祥 58593 (KUN)]、**连州** [35] [高锡朋 51005 (PE)]、**廉江** [13]、**龙川** [35] [左景烈 21645 (IBK)]、**龙门** [35] [张桂才 388 (HGAS)]、**茂名** [35, 85]、**南雄** [33, 35, 57]、**平远** [35] [李学根 201977 (PE)]、**清远** [35] [黄志 30800 (PE)]、**饶平** [35]

[李学根 200838 (PE)]、**仁化** [16, 35]、**乳源** [35] [张挺等 12CS3998 (KUN)]、**韶关** [35] [高锡朋 50414 (IBK)]、**深圳** [11, 17, 35]、**始兴** [28, 35]、**台山** [35] [左景烈 22315 (IBK)]、**翁源** [35, 51]、**五华** [4, 35]、**新丰** [35, 63]、**新兴** [35] [刘瑛光 2171 (PE)]、**信宜** [35, 52]、**徐闻** [13, 35]、**阳春** [35] [叶华谷、刘念 285 (IBSC)]、**阳江** [35] [黄志 41810 (IBK)]、**阳山** [26, 35]、**英德** [32, 35]、**郁南** [101]、**云浮** [35] [辛树帜 5293 (IBSC)]、**增城** [35, 116]、**湛江** [13]、**肇庆** [9, 35]、**中山** [10, 35]、**珠海** [35] [高蕴 169 (HGAS)]、**紫金** [31, 35]。

毛柘藤 ***Maclura pubescens*** (Trecul) Z. K. Zhou & M. G. Gilbert

分布：**德庆** [35] [刘瑛光 1249 (IBSC)]、**惠州** [35] [左景烈 21434 (IBSC)]、**乐昌** [29, 35]、**龙川** [35] [左景烈 21562 (IBSC)]、**龙门** [35] [陈邦余 12177 (IBSC)]、**仁化** [16, 35]、**乳源** [35] [蔡杰、涂铁要 12CS5497 (KUN)]、**韶关** [35] [高锡朋 50424 (IBSC)]、**信宜** [52]、**英德** [32, 35]、**郁南** [101]、**肇庆** [9, 35]、**紫金** [31, 35]。

柘 ***Maclura tricuspidata*** Carrière

分布：**河源** [35] [叶华谷 7730 (IBSC)]、**惠东** [12]、**乐昌** [29, 35, 41]、**茂名** [85]、**南雄** [33, 35]、**仁化** [16, 35]、**乳源** [26, 35]、**深圳** [17]、**始兴** [28]、**阳山** [35] [徐德明 789 (PE)]、**英德** [32]、**肇庆** [9]、**紫金** [31, 35]。

牛筋藤属 *Malaisia* Blanco

牛筋藤 ***Malaisia scandens*** (Lour.) Planch.

分布：**佛冈** [27]、**高州** [35] [蒋英 895 (FUS00008174)]、**鹤山** [35] [黄茂先 110824 (PE)]、**化州** [35] [罗献瑞 1114 (IBSC)]、**深圳** [17, 35]、**台山** [35] [陈邦余、李泽贤 95 (FJSI)]、**徐闻** [35] [徐闻队 445 (FUS00008172)]、**阳春** [35, 45]、**阳江** [35] [黄志 41587 (IBK)]、**中山** [10, 35]、**珠海** [35] [粤 73 3068 (IBSC)]。

桑属 *Morus* L.

桑 ***Morus alba*** L.

分布：**博罗** *[35, 38, 100]、**潮州** [35] [曾宪锋 ZXF37279 (CZH)]、**从化** *[35, 107]、**东莞** [25, 35]、**丰顺** [35] [曾宪锋 ZXF36485 (CZH)]、**封开** [14]、**广州** [35] [贺士元 570106 (BNU)]、**惠东** [12]、**惠州** [35] [曾怀德 25919 (IBSC)]、**江门** [8]、**蕉岭** [35] [邓良 4749 (IBSC)]、**乐昌** [35] [陈少卿 3170 (AU)]、**茂名** [85]、**梅州** [35] [曾宪锋 ZXF20409 (CZH)]、**清远** [35] [黄志 30506 (IBK)]、**饶平** [35] [曾宪锋 ZXF44827 (CZH)]、**仁化** *[16]、**乳源** [26, 35]、**深圳** *[11, 17, 35]、**始兴** *[28, 35]、**翁源** [51]、**信宜** *[52]、**阳春** [35] [叶华谷 5760 (IBSC)]、**阳山** [26]、**英德** [32]、**郁南** *[101]、**增城** [116]、**肇庆** *[9, 35]。

鸡桑 ***Morus australis*** Poir.

分布：**封开** [14]、**河源** [35] [77 级科研组 250 (IBSC)]、**乐昌** [35] [南岭队 3875 (IBSC)]、**南雄** [33, 35]、**仁化** [35] [曾怀德 26301 (IBSC)]、**乳源** [26, 35]、**韶关** [35] [高锡朋 50204 (IBSC)]、**始兴** [28, 35]、**翁源** [35, 51]、**阳山** [26]、**肇庆** *[9]。

华桑 ***Morus cathayana*** Hemsl.

分布：**乐昌** [35, 41]。

长穗桑 ***Morus wittiorum*** Hand. -Mazz.

分布：**惠东** [12]、**乐昌** [35, 41]、**乳源** [26]、**信宜** [35, 52]、**紫金** [31]。

鹊肾树属 *Streblus* Lour.

鹊肾树 ***Streblus asper*** Lour.

分布：**雷州** [35] [蒋英 2591 (NAS)]、**徐闻** [35] [陈少卿 7505 (CAF00006972)]、**湛江** [35] [张代贵 8 (JIU378808)]。

234. 荨麻科 Urticaceae

舌柱麻属 *Archiboehmeria* C. J. Chen

舌柱麻 ***Archiboehmeria atrata*** (Gagnep.) C. J. Chen

分布：**乐昌** [41]、**连州** [35]、**深圳** [17]、**始兴** [28, 35]、**翁源** [35, 51]、**信宜** [35, 52]、**阳春** [35]、**英德** [32, 35]、**云浮** [35]、**肇庆** [9, 35]、**紫金** [31]。

苎麻属 *Boehmeria* Jacq.

序叶苎麻 ***Boehmeria clidemioides* var. *diffusa*** (Wedd.) Hand. -Mazz.

分布：**乐昌** [29, 35, 41]、**深圳** [17]、**始兴** [28]、**阳春** [35]、**英德** [32, 35]。

密花苎麻 ***Boehmeria densiflora*** Hook. & Arn.

分布：**丰顺** [95]、**连州** [35]、**翁源** [51]、**新丰** [63]。

密球苎麻 ***Boehmeria densiglomerata*** W. T. Wang

分布：**蕉岭** [35]、**乐昌** [29, 35, 41]、**南雄** [33]、**始兴** [28, 35]、**翁源** [35, 51]、**新丰** [63]、**英德** [32, 35]。

长序苎麻 ***Boehmeria dolichostachya*** W. T. Wang

分布：**阳山** [35]。

柔毛苎麻 ***Boehmeria dolichostachya* var. *mollis*** (W. T. Wang) W. T. Wang & C. J. Chen

分布：**云浮** [35]、**肇庆** [35]。

海岛苎麻 ***Boehmeria formosana*** Hayata

分布：**从化** [35, 107]、**大埔** [35]、**东莞** [25]、**广州** [35]、**和平** [35]、**怀集** [35]、**龙门** [35]、**罗定** [35]、**平远** [35]、**始兴** [28, 35]、**翁源** [35]。

福州苎麻 ***Boehmeria formosana* var. *stricta*** (C. H. Wright) C. J. Chen

分布：**翁源** [51]。

野线麻 ***Boehmeria japonica*** (L. f.) Miq.

分布：**从化** [35]、**和平** [35]、**蕉岭** [35]、**乐昌** [29, 35, 41]、**连南** [35]、**梅州** [35]、**南雄** [33, 57]、**仁化** [16]、**乳源** [35]、**始兴** [28]、**翁源** [35]、**五华** [4]、**新丰** [35, 63]、**信宜** [52]、**阳山** [26]、**英德** [32]、**增城** [116]、**紫金** [31]。

琼海苎麻 ***Boehmeria lohuiensis*** S. S. Chien

分布：潮州 [380]。

水苎麻 ***Boehmeria macrophylla*** Hornem.

分布：乐昌 [29, 35, 41]、乳源 [35]、深圳 [11]、新丰 [63]、信宜 [35, 52]、阳春 [35]、肇庆 [9, 35]、紫金 [31]。

糙叶水苎麻 ***Boehmeria macrophylla* var. *scabrella*** (Roxb.) D. G. Long

分布：博罗 [35]、从化 [35]、广州 [35]、龙门 [35]、罗定 [35]、茂名 [35]、翁源 [35]、新兴 [35]、信宜 [52]、阳春 [35]、英德 [32]、郁南 [35, 101]、肇庆 [9, 35]。

苎麻 ***Boehmeria nivea*** (L.) Gaudich.

分布：博罗 [35, 38, 100]、潮州 [35] [曾宪锋 ZXF5578 (CZH)]、从化 [35, 107]、大埔 [35] [曾宪锋 ZXF32884 (CZH)]、东莞 [25, 35]、丰顺 [35, 95]、封开 [14, 35]、佛冈 [27]、佛山 [35] [陈念劬 7773 (IBSC)]、广州 [35] [叶育石 5461 (IBSC)]、和平 [35] [和平队 528 (IBSC)]、河源 [35] [77 级科研组新 0773 (SN)]、怀集 [35] [刘瑛光 3078 (PE)]、惠东 [12, 35]、惠州 [35] [曾怀德 25905 (IBSC)]、江门 [8]、揭西 [35] [曾宪锋 ZXF35861 (CZH)]、揭阳 [35] [黄雅凤 HYF030 (CZH)]、乐昌 [29, 35, 41]、连平 [35] [粤 73 1516 (IBSC)]、连州 [35] [谭沛祥 59920 (KUN)]、龙川 [35] [曾宪锋 ZXF32431 (CZH)]、龙门 [35] [李学根 200167 (IBSC)]、陆河 [35] [曾宪锋 ZXF42837 (CZH)]、罗定 [35] [刘念、叶华谷 2033 (IBSC)]、茂名 [85]、梅州 [35] [曾宪锋 ZXF43772 (CZH)]、南澳 [35] [陈炳辉 211 (IBSC)]、南雄 [33, 35, 57]、平远 [35] [曾宪锋 ZXF41855 (CZH)]、普宁 [35] [曾宪锋 ZXF42893 (CZH)]、饶平 [35] [曾宪锋 ZXF2329 (IBSC)]、仁化 [16]、乳源 [26, 35]、深圳 [11, 17, 35]、始兴 [28, 35]、台山 [35] [周联选 11554 (KUN)]、翁源 [35, 51]、五华 [4]、新丰 [63]、新兴 [35] [刘瑛光 2881 (HZ)]、信宜 [35, 52]、阳春 [45]、阳山 [35] [徐德明 648 (KUN)]、英德 [32, 35]、云浮 [35] [黄志 37348 (PE)]、肇庆 [9, 35]、中山 [10, 35]、珠海 [35] [高蕴璋、陈炳辉 187 (HGAS)]、紫金 [31, 35]。

青叶苎麻 ***Boehmeria nivea* var. *tenacissima*** (Gaudich.) Miq.

分布：从化 [35, 107]、大埔 [35]、连南 [35]、罗定 [35]、深圳 [11, 17]、翁源 [51]、新兴 [35]、信宜 [52]、阳春 [35]、阳山 [35]、郁南 [101]、肇庆 [9, 35]、紫金 [31]。

八角麻 ***Boehmeria platanifolia*** (Maxim.) C. H. Wright

分布：东莞 [25]、丰顺 [95]、和平 [35]、乐昌 [29, 35, 41]、连山 [35]、连州 [35]、龙门 [35]、南雄 [33, 35, 57]、饶平 [35]、仁化 [16, 35]、乳源 [26, 35]、始兴 [28, 35]、翁源 [51]、五华 [4]、阳山 [35]、英德 [32]。

小赤麻 ***Boehmeria spicata*** (Thunb.) Thunb.

分布：封开 [14]、始兴 [28]、信宜 [52]。

微柱麻属 ***Chamabainia*** **Wight**

微柱麻 ***Chamabainia cuspidata*** Wight

分布：惠东 [12]、乳源 [邓良 5635 (KUN)]。

水麻属 ***Debregeasia*** **Gaudich.**

水麻 ***Debregeasia orientalis*** C. J. Chen

分布：乐昌 [29]、英德 [32]、肇庆 [9]。

鳞片水麻 ***Debregeasia squamata*** King ex Hook. f.

分布：大埔 [35]、封开 [14, 35]、和平 [35]、龙门 [35]、新兴 [35]、阳春 [35]、郁南 [101]、肇庆 [9, 35]。

火麻树属 ***Dendrocnide*** **Miq.**

全缘火麻树 ***Dendrocnide sinuata*** (Blume) Chew

分布：阳春 [35]、肇庆 [35]。

楼梯草属 ***Elatostema*** **J. R. Forst. & G. Forst.**

渐尖楼梯草 ***Elatostema acuminatum*** (Poir.) Brongn.

分布：罗定 [35]、信宜 [35]、郁南 [101]。

华南楼梯草 ***Elatostema balansae*** Gagnep.

分布：乐昌 [29, 35, 41]、龙门 [35]。

锐齿楼梯草 ***Elatostema cyrtandrifolium*** (Zoll. & Moritzi) Miq.

分布：和平 [35]、南雄 [33, 57]、乳源 [35]、始兴 [28]、阳春 [35]、英德 [32]。

盘托楼梯草 ***Elatostema dissectum*** Wedd.

分布：五华 [4]、信宜 [35, 52]、紫金 [31]。

楼梯草 ***Elatostema involucratum*** Franch. & Sav.

分布：封开 [14]、佛冈 [27]、江门 [8]、蕉岭 [35]、乐昌 [29, 35, 41]、仁化 [16]、乳源 [35]、新丰 [63]、阳山 [26, 35]、增城 [116]、肇庆 [9]。

狭叶楼梯草 ***Elatostema lineolatum*** Wight

分布：博罗 [5, 35, 100]、从化 [107]、封开 [14]、江门 [8]、乐昌 [29, 35, 41]、茂名 [35]、清远 [35]、仁化 [16]、深圳 [17]、翁源 [35, 51]、新兴 [35]、信宜 [52]、阳春 [45]、英德 [32, 35]、云浮 [35]、肇庆 [9, 35]。

多序楼梯草 ***Elatostema macintyrei*** Dunn

分布：博罗 [35]、茂名 [35]、深圳 [17, 35]、新丰 [35]、信宜 [52]、郁南 [101]、云浮 [35]、肇庆 [35]。

异叶楼梯草 ***Elatostema monandrum*** (D. Don) H. Hara

分布：信宜 [http://ppbc. iplant. cn/tu/11956209]。

托叶楼梯草 ***Elatostema nasutum*** Hook. f.

分布：信宜 [52]。

短毛楼梯草 ***Elatostema nasutum* var. *puberulum*** (W. T. Wang) W. T. Wang

分布：怀集 [35]、乐昌 [29, 35]、乳源 [35]、信宜 [35]、阳山 [35]。

三齿钝叶楼梯草 ***Elatostema obtusum* var. *trilobulatum*** (Hayata) W. T. Wang

分布：连州 [35]、乳源 [35]。

小叶楼梯草 ***Elatostema parvum*** (Blume) Miq.

分布：韶关 [35]、新丰 [63]。

曲毛楼梯草 ***Elatostema retrohirtum*** Dunn

分布：翁源 [51]、阳山 [35]。

条叶楼梯草 ***Elatostema sublineare*** W. T. Wang

分布：英德 [https://ppbc. iplant. cn/tu/11698098]。

歧序楼梯草 ***Elatostema subtrichotomum*** W. T. Wang

分布：乐昌 [29, 35, 41]。

糯米团属 ***Gonostegia*** **Turcz.**

糯米团 ***Gonostegia hirta*** (Blume) Miq.

分布：博罗 [35, 38, 100]、从化 [107]、东莞 [25]、丰顺 [95]、封开 [14, 35]、佛冈 [27]、广州 [35]、和平 [35]、惠东 [12, 35]、江门 [8]、乐昌 [35, 41]、连南 [35]、连州 [35]、罗定 [35]、茂名 [35, 85]、南雄 [33, 57]、清远 [35]、仁化 [16]、乳源 [26, 35]、韶关 [35]、深圳 [17, 35]、始兴 [28, 35]、翁源 [35, 51]、五华 [4]、新丰 [63]、新兴 [35]、信宜 [52]、阳春 [45]、阳江 [35]、阳山 [26, 35]、英德 [32, 35]、郁南 [35, 101]、增城 [116]、肇庆 [9, 35]、中山 [10]、珠海 [35]、紫金 [31]。

台湾糯米团 ***Gonostegia parvifolia*** (Wight) Miq.

分布：深圳 [414, 17]、英德 [32]。

五蕊糯米团 ***Gonostegia pentandra*** (Roxb.) Miq.

分布：阳春 [35]。

艾麻属 ***Laportea*** **Gaudich.**

珠芽艾麻 ***Laportea bulbifera*** (Siebold & Zucc.) Wedd.

分布：和平 [35]、乐昌 [26, 29, 35]、乳源 [26, 35]、始兴 [28]。

艾麻 ***Laportea cuspidata*** (Wedd.) Friis

分布：乐昌 [558]。

假楼梯草属 ***Lecanthus*** **Wedd.**

假楼梯草 ***Lecanthus peduncularis*** (Wall. ex Royle) Wedd.

分布：连山 [35]、乳源 [26]。

花点草属 ***Nanocnide*** **Blume**

毛花点草 ***Nanocnide lobata*** Wedd.

分布：乐昌 [41]、南雄 [33]、肇庆 [9, 35]。

紫麻属 ***Oreocnide*** **Miq.**

紫麻 ***Oreocnide frutescens*** (Thunb.) Miq.

分布：博罗 [35, 38]、东莞 [25, 35]、封开 [14]、佛冈 [27]、广州 [35]、和平 [35]、怀集 [35]、乐昌 [29, 35, 41]、连南 [35]、连州 [35]、龙门 [35]、茂名 [85]、南雄 [33, 57]、仁化 [16]、乳源 [35]、韶关 [35]、深圳 [17]、始兴 [28, 35]、翁源 [35, 51]、五华 [4]、新丰 [35, 63]、信宜 [35, 52]、阳春 [45]、阳山 [26, 35]、英德 [32, 35]、肇庆 [9]、紫金 [31]。

细梗紫麻 ***Oreocnide frutescens*** **subsp.** ***insignis*** C. J. Chen

分布：信宜 [35, 52]。

倒卵叶紫麻 ***Oreocnide obovata*** (C. H. Wright) Merr.

分布：博罗 [35]、封开 [14]、肇庆 [35]、中山 [10]。

墙草属 ***Parietaria*** **L.**

墙草 ***Parietaria micrantha*** Ledeb.

分布：仁化 [446]、英德 [32]。

赤车属 ***Pellionia*** **Gaudich.**

短叶赤车 ***Pellionia brevifolia*** Benth.

分布：丰顺 [35, 95]、佛冈 [27]、惠东 [12]、龙门 [35]、乳源 [26]、翁源 [51]、五华 [4]、新丰 [35, 63]、信宜 [52]、阳山 [26]、紫金 [31]。

翅茎赤车 ***Pellionia caulialata*** S. Y. Liou

分布：郁南 [https://ppbc. iplant. cn/tu/9094646]。

华南赤车 ***Pellionia grijsii*** Hance

分布：从化 [35]、大埔 [35]、东莞 [25]、丰顺 [95]、封开 [35]、佛冈 [27]、乐昌 [29, 35, 41]、乳源 [35]、韶关 [35]、深圳 [17]、五华 [4]、新丰 [35, 63]、信宜 [35, 52]、阳春 [35]、阳山 [26]、英德 [32, 35]、郁南 [35, 101]、增城 [116]、肇庆 [9, 35]、紫金 [31]。

异被赤车 ***Pellionia heteroloba*** Wedd.

分布：博罗 [100]、仁化 [16, 35]、始兴 [28]、新兴 [35]、阳山 [26]、英德 [32]、云浮 [35]。

羽脉赤车 ***Pellionia incisoserrata*** (H. Schroet.) W. T. Wang

分布：乐昌 [29, 35]、清远 [陈又生等 QY20230225 (IBSC)]、乳源 [35]。

长柄赤车 ***Pellionia latifolia*** (Blume) Boerl.

分布：阳春 [http://ppbc. iplant. cn/tu/11673788]、云浮 [http://ppbc. iplant. cn/tu/2661063]、肇庆 [http://ppbc. iplant. cn/tu/1772347]。

赤车 ***Pellionia radicans*** (Siebold & Zucc.) Wedd.

分布：博罗 [38, 100]、东莞 [25]、丰顺 [95]、封开 [14, 35]、佛冈 [27]、怀集 [35]、惠东 [12]、乐昌 [29, 41]、连州 [35]、龙门 [35]、罗定 [35]、南雄 [33, 57]、仁化 [16]、乳源 [26, 35]、韶关 [35]、深圳 [17]、始兴 [28, 35]、翁源 [35, 51]、新丰 [35]、信宜 [52]、阳春 [45]、阳山 [26, 35]、英德 [32, 35]、郁南 [101]、肇庆 [9, 35]、紫金 [31]。

吐烟花 ***Pellionia repens*** (Lour.) Merr.

分布：封开 *[14]、广州 *[http://ppbc. iplant. cn/tu/1293046]、深圳 *[17]。

蔓赤车 ***Pellionia scabra*** Benth.

分布：博罗 [5, 35]、从化 [35] [刘全儒、张潮、徐丹 LXH2004049 (BNU)]、东莞 [25, 35]、东源 [35] [77 级科研组新 0284 (SN)]、丰顺 [95]、封开 [35] [余连等 6236 (IBSC)]、佛冈 [27]、河源 [35] [77 级科研组 284 (IBSC)]、惠东 [12, 35]、江门 [35] [左景烈 2039 (IBSC)]、乐昌 [29, 35, 41]、连平 [35] [刘瑛光 129 (PE)]、连州 [35] [朱志淞 695 (IBSC)]、龙门 [35] [王学文、张桂才 8145 (HGAS)]、陆河 [35] [曾宪锋 ZXF42849 (CZH)]、平远 [35] [邓良 4294 (PE)]、清远 [35] [黄成 161443 (IBSC)]、仁化 [16, 35]、乳源 [26, 35]、深圳 [11,

17, 35]、翁源 [35, 51]、五华 [4]、新丰 [63]、信宜 [52]、阳春 [35] [叶华谷、刘念 1617 (IBSC)]、阳江 [35] [湛江区植物调查队 3692 (IBSC)]、阳山 [26]、英德 [32, 35]、郁南 [35, 101]、增城 [116]、肇庆 [35] [石国良 12648 (IBSC)]、紫金 [31, 35]。

细尖赤车 ***Pellionia tenuicuspis*** W. T. Wang, Y. G. Wei & F. Wen

分布：乳源 [287]。

冷水花属 ***Pilea*** **Lindl.**

圆瓣冷水花 ***Pilea angulata*** (Blume) Blume

分布：和平 [35]、乐昌 [29, 35, 41]、乳源 [35]、始兴 [28]、翁源 [35, 51]、新丰 [63]、英德 [32]、肇庆 [9]。

长柄冷水花 ***Pilea angulata*** **subsp.** ***petiolaris*** (Siebold & Zucc.) C. J. Chen

分布：怀集 [35]、连平 [35]。

湿生冷水花 ***Pilea aquarum*** Dunn

分布：大埔 [35]、乐昌 [29, 35, 41]、连山 [35]、龙门 [35]、南雄 [33, 57]、仁化 [16, 35]、新丰 [63]、英德 [35]。

锐齿湿生冷水花 ***Pilea aquarum*** **subsp.** ***acutidentata*** C. J. Chen

分布：信宜 [35, 52]、肇庆 [35]。

短角湿生冷水花 ***Pilea aquarum*** **subsp.** ***brevicornuta*** (Hayata) C. J. Chen

分布：丰顺 [35]、英德 [35]、郁南 [101]。

花叶冷水花 ***Pilea cadierei*** Gagnep. & Guillaumin

分布：从化 *[107]、深圳 *[17]。

波缘冷水花 ***Pilea cavaleriei*** H. Lév.

分布：封开 [22, 35, 14]、连南 [22, 35]、南雄 [33, 57]、仁化 [16, 22, 35]、乳源 [26, 22, 35]、阳山 [22, 35]、英德 [32]、紫金 [31]。

纸质冷水花 ***Pilea chartacea*** C. J. Chen

分布：南雄 [35]、平远 [35]、乳源 [35]。

心托冷水花 ***Pilea cordistipulata*** C. J. Chen

分布：阳山 [35]。

丹霞冷水花 ***Pilea danxiaensis*** L. F. Fu, A. K. Monro & Y. G. Wei

分布：仁化 [161]。

瘤果冷水花 ***Pilea dolichocarpa*** C. J. Chen

分布：阳春 [https://ppbc. iplant. cn/tu/15594643]。

点乳冷水花 ***Pilea glaberrima*** (Blume) Blume

分布：蕉岭 [35]、深圳 [17]、肇庆 [35]。

疣果冷水花 ***Pilea gracilis*** Hand. -Mazz.

分布：和平 [35] [卫兆芬 120256 (PE)]、乐昌 [29, 35, 41]、乳源 [26]、翁源 [51]。

山冷水花 ***Pilea japonica*** (Maxim.) Hand. -Mazz.

分布：乐昌 [41]、南雄 [22]、仁化 [22]、翁源 [22, 35]、紫金 [31]。

隆脉冷水花 ***Pilea lomatogramma*** Hand. -Mazz.

分布：平远 [415]、始兴 [28]。

大叶冷水花 ***Pilea martini*** (H. Lév.) Hand. -Mazz.

分布：始兴 [28]。

小叶冷水花 ***Pilea microphylla*** (L.) Liebm.

分布：博罗 #[38, 100]、潮州 #[35] [曾宪锋 ZXF6564 (CZH)]、从化 #[107]、东莞 #[25, 35, 82]、东源 #[59]、丰顺 #[35] [曾宪锋 ZXF39330 (CZH)]、佛冈 #[27]、佛山 #[500]、广州 #[15, 21, 35]、鹤山 #[35] [王发国、段磊 RQHN03203 (CSH)]、惠东 #[12]、惠来 #[35] [曾宪锋 ZXF29723 (CZH)]、惠州 #[82]、江门 #[8, 35]、蕉岭 #[35] [曾宪锋 ZXF14363 (CZH)]、揭阳 #[35] [黄雅凤 HYF119 (CZH)]、乐昌 #[29, 35, 526]、龙川 #[35] [曾宪锋 ZXF27623 (CZH)]、罗定 #[35] [王发国、段磊、王永琪 RQHN03254 (CSH)]、茂名 #[35] [王发国等 RQHN03033 (CSH)]、梅州 #[35] [曾宪锋 ZXF38681 (CZH)]、南雄 #[33, 35, 57]、饶平 #[35] [曾宪锋 ZXF24359 (CZH)]、仁化 #[16]、乳源 #[35] [王瑞江 RQHN00008 (CSH)]、汕头 #[15, 35]、韶关 #[35] [曾宪锋 ZXF12715 (CZH)]、深圳 #[15, 82, 35, 17]、台山 #[35] [黄茂先 110284 (HZ)]、翁源 #[51]、五华 #[4, 35]、信宜 #[52]、兴宁 #[35] [曾宪锋 ZXF27543 (CZH)]、徐闻 #[35] [曾宪锋 ZXF35818 (CZH)]、阳春 #[15, 35]、阳山 #[35] [王瑞江 RQHN00020 (CSH)]、英德 #[32]、郁南 #[101]、云浮 #[35] [王发国等 RQHN02855 (CSH)]、增城 #[116]、湛江 #[35, 416]、肇庆 #[9, 15, 423, 35]、中山 #[10, 82, 35]、珠海 #[428]、紫金 #[31, 35]。

冷水花 ***Pilea notata*** C. H. Wright

分布：丰顺 [95]、连南 [22, 35]、连平 [22, 35]、仁化 [16, 22, 35]、乳源 [26, 22, 35]、翁源 [51]、五华 [4]、新丰 [63]、信宜 [52]、阳山 [26]、紫金 [31]。

盾叶冷水花 ***Pilea peltata*** Hance

分布：乐昌 [29]、连州 [35]、乳源 [26, 35]、阳春 [陈又生等 JZ20230060 (IBSC)]、云浮 [35]、肇庆 [9, 35]。

卵形盾叶冷水花 ***Pilea peltata*** **var.** ***ovatifolia*** C. J. Chen

分布：从化 [35]、乐昌 [35]、乳源 [35]、阳山 [26]。

矮冷水花 ***Pilea peploides*** (Gaudich.) Hook. & Arn.

分布：丰顺 [95]、封开 [14]、乐昌 [29, 35, 41]、连平 [35]、连州 [35]、仁化 [16, 35]、乳源 [26, 35]、始兴 [28, 35]、翁源 [51]、新丰 [63]、信宜 [52]、阳山 [26]、英德 [32, 35]、肇庆 [9]。

透茎冷水花 ***Pilea pumila*** (L.) A. Gray

分布：和平 [35]、怀集 [35]、乐昌 [29, 35, 41]、连平 [35]、连州 [26]、乳源 [35]、翁源 [51]、五华 [4]、新丰 [35, 63]、阳山 [26, 35]、紫金 [31]。

厚叶冷水花 ***Pilea sinocrassifolia*** C. J. Chen

分布: 广州 [http://ppbc. iplant. cn/tu/9697805]、清远 [http://

ppbc. iplant. cn/tu/13846411]、仁化 [http://ppbc. iplant.cn/tu/9764327]。

粗齿冷水花 ***Pilea sinofasciata*** C. J. Chen

分布：博罗 [35]、封开 [14]、连州 [35]、仁化 [16]、乳源 [35]、始兴 [28]、阳山 [35]。

刺果冷水花 ***Pilea spinulosa*** C. J. Chen

分布：连州 [35]、乳源 [35]、阳山 [35]。

三角形冷水花 ***Pilea swinglei*** Merr.

分布：博罗 [35, 37]、封开 [14]、和平 [35]、蕉岭 [35]、连州 [35]、翁源 [51]、紫金 [35]。

生根冷水花 ***Pilea wightii*** Wedd.

分布：东莞 [25]、乐昌 [35]、连山 [35]、乳源 [35]、肇庆 [9]。

雾水葛属 *Pouzolzia* Gaudich.

雾水葛 ***Pouzolzia zeylanica*** (L.) Benn. & R. Br.

分布：博罗 [35, 38, 100]、从化 [107]、东莞 [25]、丰顺 [35, 95]、封开 [14]、佛冈 [27]、广州 [35]、惠东 [12]、惠州 [35]、乐昌 [29, 41]、茂名 [85]、乳源 [26, 35]、深圳 [17]、始兴 [28, 35]、翁源 [51]、五华 [4]、新丰 [63]、阳春 [45]、英德 [32]、肇庆 [9]、中山 [10]、紫金 [31]。

狭叶雾水葛 ***Pouzolzia zeylanica* var. *angustifolia*** (Wight) C. J. Chen

分布：广州 [35]、肇庆 [35]。

多枝雾水葛 ***Pouzolzia zeylanica* var. *microphylla*** (Wedd.) Masam.

分布：高州 [35] [周沛椿 10218 (PE)]、惠东 [12]、惠州 [35] [叶华谷、曾飞燕 22074 (IBSC)]、江门 [8]、乐昌 [29, 35]、南雄 [33, 35]、深圳 [35] [张寿洲等 5564 (PE)]、郁南 [101]、紫金 [31, 35]。

藤麻属 *Procris* Comm. ex Juss.

藤麻 ***Procris crenata*** C. B. Rob.

分布：博罗 [35]、从化 [35]、东莞 [25]、丰顺 [95]、怀集 [35]、惠东 [12, 35]、龙门 [35]、茂名 [35]、深圳 [17]、翁源 [35]、五华 [4, 35]、新丰 [35, 63]、信宜 [52]、阳春 [35, 45]、英德 [32]、肇庆 [35]、紫金 [31]。

235. 壳斗科 Fagaceae

栗属 *Castanea* Mill.

锥栗 ***Castanea henryi*** (Skan) Rehder & E. H. Wilson

分布: 广州 [35]、乐昌 [35]、连州 [26]、乳源 [35]、肇庆 [35]。

栗 ***Castanea mollissima*** Blume

分布：博罗 *[38, 100]、从化 *[107]、丰顺 *[95]、封开 *[14]、南雄 *[57]、仁化 *[16]、乳源 *[26]、始兴 *[28]、翁源 *[51]、五华 *[4]、郁南 *[101]、肇庆 *[9]。

茅栗 ***Castanea seguinii*** Dode

分布：乐昌 [35, 41]、连州 [26]、南雄 [33]、阳山 [35]。

锥属 *Castanopsis* (D. Don) Spach

米槠 ***Castanopsis carlesii*** (Hemsl.) Hayata

分布：博罗 [5, 100]、从化 [107]、大埔 [35]、东莞 [25]、东源 [59]、丰顺 [35, 95]、封开 [14, 35]、佛冈 [27]、佛山 [35]、广州 [35]、和平 [35]、河源 [35]、怀集 [35]、惠东 [12]、江门 [8]、乐昌 [35, 41]、连南 [35]、连山 [35]、廉江 [35]、龙门 [35]、南雄 [33, 35, 57]、乳源 [26, 35]、深圳 [17, 35]、始兴 [28]、翁源 [35, 51]、五华 [4]、新丰 [63]、信宜 [35, 52]、阳春 [35]、阳山 [26, 35]、英德 [32, 35]、郁南 [101]、肇庆 [9, 35]、中山 [10]、紫金 [31]。

短刺米槠 ***Castanopsis carlesii* var. *spinulosa*** W. C. Cheng & C. S. Chao

分布：英德 [32]。

锥 ***Castanopsis chinensis*** (Spreng.) Hance

分布：博罗 [35, 100]、从化 [107]、东莞 [25]、东源 [59]、广州 [35]、海丰 [35]、河源 [35]、惠东 [12]、雷州 [35]、茂名 [35]、清远 [35]、仁化 [16]、深圳 [17]、遂溪 [35]、信宜 [52]、阳春 [35, 45]、英德 [32]、云浮 [35]、增城 [116]、肇庆 [9, 35]、中山 [10]、紫金 [31]。

厚皮锥 ***Castanopsis chunii*** W. C. Cheng

分布：江门 [8]、乐昌 [35, 41]、连州 [26]、仁化 [35]、乳源 [35]、信宜 [52]、阳山 [35]、英德 [35]。

华南锥 ***Castanopsis concinna*** (Champ. ex Benth.) A. DC.

分布：博罗 [5, 100]、广宁 [20, 35]、广州 [20]、江门 [20, 8]、连山 [20, 35]、平远 [20, 35]、台山 [20]、翁源 [18, 51]、信宜 [20, 35, 52]、阳春 [35, 20, 45]、阳江 [20, 35]、英德 [32]、郁南 [101]、增城 [116]。

尖叶栲 ***Castanopsis cuspidata*** (Thunb.) Schottky

分布：博罗 *[100]。

甜槠 ***Castanopsis eyrei*** (Champ. ex Benth.) Tutcher

分布：博罗 [35, 100]、从化 [35, 107]、大埔 [35]、东莞 [25]、东源 [59]、丰顺 [35]、封开 [14]、佛冈 [27]、和平 [35]、惠东 [12]、江门 [8]、蕉岭 [35]、乐昌 [35, 41]、连南 [35]、连山 [35]、连州 [26, 35]、龙门 [35]、南雄 [33, 35, 57]、平远 [35]、仁化 [16, 35]、乳源 [26, 35]、深圳 [17, 35]、始兴 [28, 35]、台山 [35]、翁源 [35, 51]、五华 [4, 35]、新丰 [35, 63]、兴宁 [35]、阳春 [35, 45]、阳山 [26, 35]、英德 [32, 35]、增城 [35, 116]、肇庆 [9, 35]、紫金 [31]。

罗浮锥 ***Castanopsis fabri*** Hance

分布: 博罗 [35, 100]、潮州 [35] [曾宪锋 ZXF9388 (CZH)]、从化 [35, 107]、大埔 [35] [李学根 202772 (IBSC)]、德庆 [35] [刘瑛光 929 (IBSC)]、东莞 [25, 35]、东源 [59]、丰顺 [35, 95]、封开 [14, 35]、佛冈 [27]、广宁 [35] [林业厅 1425 (IBSC)]、广州 [35] [余小琪 207 (BJFC)]、海丰 [35] [南植地 8487 (IBSC)]、和平 [35] [张冰明 152878 (IBSC)]、河源 [35] [卫兆芬 120619 (IBSC)]、怀集 [35] [石国良 15091 (IBSC)]、

惠东 [12, 35]、惠州 [35] [卫兆芬 121711 (IBSC)]、江门 [8]、揭西 [35] [曾宪锋 ZXF24871 (CZH)]、乐昌 [35, 41]、连南 [35] [朱志淞 632 (IBSC)]、连平 [35] [粤 73 1919 (IBSC)]、连山 [35] [谭沛祥 58785 (KUN)]、连州 [35] [南岭队 350 (IBSC)]、龙门 [35] [卫兆芬 122016 (IBSC)]、罗定 [35] [刘念、叶华谷 2204 (IBSC)]、梅州 [35] [曾怀德 21520 (IBSC)]、南雄 [33, 35]、清远 [35] [宋以刚、李全建 DM04084 (CSH)]、仁化 [16, 35]、乳源 [26, 35]、韶关 [35] [梁向日、黄荣焜 31540 (IBSC)]、深圳 [17, 35]、始兴 [28, 35]、翁源 [35, 51]、五华 [4, 35]、新丰 [35, 63]、新兴 [35] [陈炳辉 1810 (IBSC)]、信宜 [35, 52]、兴宁 [35] [曾宪锋 ZXF22128 (CZH)]、阳春 [35, 45]、阳江 [35] [湛江区植物调查队 3563 (IBSC)]、阳山 [26, 35]、英德 [32, 35]、郁南 [35, 101]、云浮 [35] [黄志、邓良 528 (IBSC)]、增城 [35, 116]、湛江 [35] [南植地 3563 (SYS)]、肇庆 [9, 35]、中山 [10, 35]、紫金 [31, 35]。

栲 ***Castanopsis fargesii*** Franch.

分布：博罗 [35]、从化 [35, 107]、大埔 [35]、东源 [119]、丰顺 [95]、封开 [14, 35]、佛冈 [27]、和平 [35]、河源 [35]、惠东 [12]、江门 [8]、蕉岭 [35]、乐昌 [35, 41]、连南 [35]、连平 [35]、连山 [35]、连州 [26, 35]、龙门 [35]、梅州 [35]、南雄 [33, 35, 57]、平远 [35]、饶平 [35]、仁化 [35]、乳源 [26, 35]、韶关 [35]、深圳 [17, 35]、始兴 [28, 35]、台山 [35]、翁源 [51]、五华 [4]、新丰 [35, 63]、信宜 [52]、兴宁 [35]、阳春 [35]、阳山 [26, 35]、英德 [32, 35]、郁南 [101]、增城 [116]、肇庆 [9, 35]、紫金 [31, 35]。

黧蒴锥 ***Castanopsis fissa*** (Champ. ex Benth.) Rehder & E. H. Wilson

分布：博罗 [35, 100]、潮州 [35] [曾宪锋 ZXF9577 (CZH)]、从化 [35, 107]、大埔 [35] [李学根 202495 (IBSC)]、德庆 [35] [刘瑛光 1100 (IBSC)]、东莞 [25, 35]、东源 [35, 59]、恩平 [35] [黄茂先 110545 (PE)]、丰顺 [35, 95]、封开 [14, 35]、佛冈 [27]、佛山 [35] [谭沛祥 64062 (IBSC)]、广宁 [35] [梁向日 61841 (IBSC)]、广州 [35] [朱志淞 1322 (CAF00004334)]、海丰 [35] [曾宪锋 ZXF8834 (CZH)]、和平 [35] [谭策铭等 Y06627 (JJF)]、河源 [35] [左景烈 21536 (IBSC)]、化州 [35] [湛江区植物调查队 2950 (IBSC)]、怀集 [35] [刘瑛光 2854 (PE)]、惠东 [12]、惠州 [35] [叶华谷、曾飞燕 22144 (IBSC)]、江门 [8, 35]、蕉岭 [35] [李学根 202287 (IBSC)]、乐昌 [35, 41]、连南 [35] [钟德尧 20465 (IBSC)]、连平 [35] [刘瑛光 247 (IBSC)]、连山 [35] [曾飞燕等 302 (PE)]、连州 [35] [左景烈 22666 (IBSC)]、龙门 [35] [张桂才 327 (IBSC)]、罗定 [35] [叶华谷、刘念 2213 (IBSC)]、茂名 [35] [湛江区植物调查队 4068 (IBSC)]、梅州 [35] [南植地 7317 (IBSC)]、南雄 [33, 35, 57]、平远 [35] [曾宪锋 ZXF41841 (CZH)]、清远 [35] [黄志 30074 (IBK)]、饶平 [35] [李学根 200593 (IBSC)]、仁化 [16, 35]、乳源 [26, 35]、深圳 [17, 35]、始兴 [28, 35]、翁源 [35, 51]、五华 [4, 35]、新丰 [35, 63]、信宜 [35, 52]、阳春 [35, 45]、阳江 [35] [湛江区植物调查队 3642 (IBSC)]、阳山 [26, 35]、英德 [32, 35]、郁南 [35, 101]、云浮 [35] [黄志、邓良 550 (IBSC)]、增城 [116]、湛江 [35] [南植地 3642 (SYS)]、肇庆 [9, 35]、中山 [10, 35]、珠海 [35] [李泽贤、邢福武 626 (FJSI)]、紫金 [31, 35]。

毛锥 ***Castanopsis fordii*** Hance

分布：博罗 [35, 37, 100]、从化 [35, 107]、大埔 [35]、东莞 [25]、东源 [59]、丰顺 [95]、封开 [14, 35]、佛冈 [27]、和平 [35]、怀集 [35]、惠东 [12, 35]、江门 [8]、蕉岭 [35]、乐昌 [35, 41]、连南 [35]、龙门 [35]、茂名 [35]、南雄 [33, 35, 57]、平远 [35]、清远 [35]、饶平 [35]、乳源 [35]、韶关 [35]、始兴 [28, 35]、翁源 [35, 51]、五华 [4, 35]、新丰 [35, 63]、信宜 [35, 52]、阳春 [35]、阳山 [26, 35]、英德 [32, 35]、增城 [35, 116]、肇庆 [9, 35]、紫金 [31]。

红锥 ***Castanopsis hystrix*** Hook. f. & Thomson ex A. DC.

分布：博罗 [35, 37, 38, 100]、从化 [107]、大埔 [35]、东莞 [25]、东源 [59]、丰顺 [95]、封开 [14, 35]、佛冈 [27]、广宁 [35]、广州 [35]、海丰 [35]、和平 [35]、河源 [35]、惠东 [12, 35]、江门 [8, 35]、乐昌 [41]、连山 [35]、连州 [35]、龙川 [35]、陆丰 [35]、茂名 [35]、梅州 [35]、清远 [35]、饶平 [35]、仁化 [16]、深圳 [17]、始兴 [28, 35]、翁源 [51]、五华 [4, 35]、新丰 [63]、信宜 [35, 52]、阳春 [35]、阳江 [35]、英德 [32, 35]、郁南 [101]、云浮 [35]、增城 [116]、肇庆 [9, 35]、中山 [10]、紫金 [31]。

秀丽锥 ***Castanopsis jucunda*** Hance

分布：博罗 [5, 100]、和平 [35]、乐昌 [35]、龙门 [35]、南雄 [33, 35]、平远 [35]、仁化 [16, 35]、乳源 [35]、始兴 [28, 35]。

吊皮锥 ***Castanopsis kawakamii*** Hayata

分布：从化 [35, 107]、大埔 [35]、德庆 [35]、东源 [59]、封开 [14, 35]、佛冈 [27]、和平 [35]、惠东 [12, 35]、江门 [8]、蕉岭 [35]、揭西 [35]、连平 [35]、连州 [35]、龙门 [35]、梅州 [35]、平远 [35]、饶平 [35]、仁化 [16]、乳源 [35]、韶关 [35]、翁源 [51]、五华 [4]、新丰 [35]、新兴 [35]、信宜 [52]、阳春 [35]、阳山 [26]、英德 [32, 35]、增城 [116]、肇庆 [35]、紫金 [31]。

鹿角锥 ***Castanopsis lamontii*** Hance

分布：博罗 [5, 35]、从化 [35, 107]、大埔 [35]、东莞 [25]、东源 [59]、丰顺 [95]、封开 [14]、佛冈 [27]、和平 [35]、怀集 [35]、惠东 [12, 35]、江门 [8]、蕉岭 [35]、乐昌 [35, 41]、连南 [35]、连山 [35]、龙门 [35]、陆丰 [35]、南雄 [33, 57]、平远 [35]、清远 [35]、饶平 [35]、仁化 [16, 35]、乳源 [26, 35]、韶关 [35]、深圳 [17, 35]、始兴 [28, 35]、翁源 [35, 51]、五华 [4]、新丰 [35, 63]、信宜 [35, 52]、阳春 [35]、阳山 [26, 35]、英德 [32, 35]、郁南 [35, 101]、云浮 [35]、增城 [116]、肇庆 [9, 35]、紫金 [31]。

乐东锥 ***Castanopsis ledongensis*** C. C. Huang & Y. T. Chang

分布：阳春 [35]。

黑叶锥 ***Castanopsis nigrescens*** Chun & C. C. Huang

分布：从化 [35, 107]、封开 [14, 35]、乐昌 [35, 41]、龙门 [35]、五华 [4]、肇庆 [35]、紫金 [31]。

苦槠 ***Castanopsis sclerophylla*** (Lindl.) Schottky

分布：博罗 [100]、东莞 [25]、广州 [35]、乐昌 [35, 41]、连州 [35]、南雄 [33]、仁化 [16]、乳源 [35]、翁源 [51]、阳山 [26, 35]、英德 [32]。

钻刺锥 ***Castanopsis subuliformis*** Chun & C. C. Huang

分布：封开 [35]。

钩锥 ***Castanopsis tibetana*** Hance

分布：博罗 [35]、和平 [35]、河源 [35]、乐昌 [35, 41]、连南 [35]、连山 [35]、连州 [35]、龙门 [35]、南雄 [33, 57]、仁化 [35]、乳源 [26, 35]、韶关 [35]、始兴 [28, 35]、翁源 [35, 51]、新丰 [35]、阳山 [35]、英德 [32, 35]、郁南 [101]、紫金 [31]。

公孙锥 ***Castanopsis tonkinensis*** Seemen

分布：茂名 [35]、信宜 [35, 52]、阳春 [35]、云浮 [35]。

淋漓锥 ***Castanopsis uraiana*** (Hayata) Kaneh. & Sasaki

分布：乳源 [26, 35]。

水青冈属 *Fagus* L.

水青冈 ***Fagus longipetiolata*** Seemen

分布：和平 [35]、怀集 [35]、乐昌 [29, 35, 41]、连南 [35]、连州 [26, 35]、乳源 [26, 35]、翁源 [51]、阳山 [35]、英德 [32, 35]。

光叶水青冈 ***Fagus lucida*** Rehder & E. H. Wilson

分布：乐昌 [29, 35]、连山 [35]、南雄 [33]、乳源 [26]、英德 [32, 35]。

柯属 *Lithocarpus* Blume

愉柯 ***Lithocarpus amoenus*** Chun & C. C. Huang

分布：从化 [35]、封开 [121, 35, 14]、怀集 [121]、江门 [8]、肇庆 [35]。

杏叶柯 ***Lithocarpus amygdalifolius*** (Skan) Hayata

分布：佛冈 [27]、信宜 [52]、增城 [116]、紫金 [31]。

尖叶柯 ***Lithocarpus attenuatus*** (Skan) Rehder

分布：大埔 [曾怀德 21178 (PE)]。

短穗柯 ***Lithocarpus brachystachyus*** Chun

分布：阳春 [35]。

短尾柯 ***Lithocarpus brevicaudatus*** (Skan) Hayata

分布：博罗 [35]、惠东 [12]、乳源 [26]、英德 [32]。

美叶柯 ***Lithocarpus calophyllus*** Chun ex C. C. Huang & Y. T. Chang

分布：博罗 [121, 35, 5]、丰顺 [95]、封开 [121, 14]、佛冈 [27]、广州 [35]、和平 [35]、惠东 [12, 35]、惠州 [35]、江门 [8]、蕉岭 [35]、乐昌 [121, 29, 41, 35]、连南 [35]、连山 [121, 35]、连州 [26, 35]、龙门 [35]、南雄 [121, 35]、饶平 [35]、仁化 [35]、乳源 [121, 26, 35]、韶关 [35]、始兴 [28, 35]、翁源 [51]、五华 [4, 35]、新丰 [35]、信宜 [121, 35, 52]、阳山 [26, 35]、英德 [32, 35]、紫金 [31, 35]。

尾叶柯 ***Lithocarpus caudatilimbus*** (Merr.) A. Camus

分布：阳春 [3, 35]。

粤北柯 ***Lithocarpus chifui*** Chun & Tsiang

分布：乳源 [121, 26, 35, 3]。

金毛柯 ***Lithocarpus chrysocomus*** Chun & Tsiang

分布：博罗 [35, 100]、乐昌 [29, 35, 41]、连山 [35]、连州 [26]、仁化 [16]、乳源 [121, 35]、新丰 [63]、阳山 [35]、英德 [32]。

烟斗柯 ***Lithocarpus corneus*** (Lour.) Rehder

分布：博罗 [35, 37, 100]、从化 [107]、大埔 [35]、东莞 [25]、东源 [59]、丰顺 [35, 95]、封开 [14, 35]、佛冈 [27]、广宁 [35]、海丰 [35]、怀集 [121, 35]、惠东 [12, 35]、惠州 [35]、江门 [8]、蕉岭 [35]、揭西 [35]、开平 [35]、连平 [35]、龙门 [35]、茂名 [35]、梅州 [35]、平远 [35]、清远 [35]、深圳 [121, 35, 17]、翁源 [51]、五华 [4]、新丰 [35, 63]、新兴 [35]、信宜 [35, 52]、阳春 [35]、英德 [32]、郁南 [35, 101]、增城 [116]、湛江 [35]、肇庆 [9, 35]、中山 [10]、珠海 [35]、紫金 [31, 35]。

环鳞烟斗柯 ***Lithocarpus corneus*** var. ***zonatus*** C. C. Huang & Y. T. Chang

分布：博罗 [35]、东莞 [25]、封开 [35]、英德 [32]、郁南 [101]。

风兜柯 ***Lithocarpus cucullatus*** C. C. Huang & Y. T. Chang

分布：仁化 [35]、乳源 [35]、英德 [32, 35]。

鱼蓝柯 ***Lithocarpus cyrtocarpus*** (Drake) A. Camus

分布：江门 [8]、茂名 [35]、台山 [35]、信宜 [52]、阳春 [121, 35, 37]、紫金 [31]。

厚斗柯 ***Lithocarpus elizabethae*** (Tutcher) Rehder

分布：博罗 [35]、东莞 [25]、深圳 [17]、始兴 [28]、新丰 [35, 63]、信宜 [52]、阳山 [35]、增城 [116]、紫金 [31]。

泥柯 ***Lithocarpus fenestratus*** (Roxb.) Rehder

分布：封开 [14, 35]、惠东 [12]、连州 [26]、罗定 [35] [中山大学普查队 489 (SYS)]、信宜 [35] [谭策铭等　信宜 129 (JJF)]、阳春 [35] [林万涛 30842 (WUK)]、英德 [32]、肇庆 [9, 35]。

卷毛柯 ***Lithocarpus floccosus*** C. C. Huang & Y. T. Chang

分布：大埔 [121]、封开 [121, 14]、和平 [121, 35]、惠州 [35]、陆丰 [121, 35]、饶平 [35]、乳源 [26]、深圳 [121, 35]、翁源 [51]、肇庆 [35]。

柯 ***Lithocarpus glaber*** (Thunb.) Nakai

分布：博罗 [35, 100]、从化 [107]、大埔 [35]、德庆 [121, 35]、东莞 [25, 35]、东源 [59]、丰顺 [121, 95, 35]、封开 [121,

35, 14]、佛冈 [27]、广州 [121, 35]、海丰 [35]、和平 [35]、河源 [35]、惠东 [35]、江门 [8]、蕉岭 [35]、乐昌 [29, 35, 41]、连南 [121]、连平 [35]、连州 [35]、廉江 [35]、龙川 [35]、梅州 [35]、南雄 [33, 35]、平远 [35]、清远 [121, 35]、饶平 [35]、仁化 [16, 35]、乳源 [26, 35]、汕头 [35]、韶关 [35]、深圳 [121, 35, 17]、始兴 [28, 35]、翁源 [35, 51]、五华 [35]、新丰 [35, 63]、信宜 [52]、兴宁 [35]、阳山 [26, 35]、英德 [32, 35]、增城 [116]、肇庆 [35]、中山 [10]、紫金 [31]。

粉绿柯 ***Lithocarpus glaucus*** Chun & C. C. Huang ex H. G. Ye

分布：封开 [121, 333, 35]、化州 [35]、阳春 [121, 333, 35, 45]、阳江 [121]、云浮 [121, 35]。

假鱼蓝柯 ***Lithocarpus gymnocarpus*** A. Camus

分布：江门 [121, 35, 8]、阳春 [35, 37, 45]、阳江 [35]。

庵耳柯 ***Lithocarpus haipinii*** Chun

分布：大埔 [121, 35]、丰顺 [95]、封开 [121, 35, 14]、惠东 [35]、江门 [8]、乐昌 [29, 35]、连山 [121]、龙门 [35]、饶平 [35]、乳源 [121, 26, 35]、翁源 [51]、五华 [4]、新丰 [35, 63]、信宜 [121, 35, 52]、阳山 [26]、英德 [32]、增城 [116]、肇庆 [9, 35]、紫金 [31]。

硬壳柯 ***Lithocarpus hancei*** (Benth.) Rehder

分布: 博罗 [35, 100]、从化 [35, 107]、德庆 [35]、东莞 [25]、东源 [59]、丰顺 [35, 95]、封开 [14, 35]、佛冈 [27]、和平 [35]、怀集 [35]、惠东 [12, 35]、江门 [8]、蕉岭 [35]、乐昌 [29, 35, 41]、连南 [35]、连山 [35]、连州 [26, 35]、龙门 [35]、南雄 [33, 35, 57]、平远 [35]、清远 [35]、饶平 [35]、仁化 [16, 35]、乳源 [26, 35]、韶关 [35]、深圳 [17, 35]、始兴 [28, 35]、翁源 [121, 51, 35]、五华 [4]、新丰 [35, 63]、信宜 [35, 52]、阳春 [35, 45]、阳江 [35]、阳山 [26, 35]、英德 [32]、郁南 [101]、增城 [35, 116]、肇庆 [9, 35]、紫金 [31]。

港柯 ***Lithocarpus harlandii*** (Hance ex Walp.) Rehder

分布: 博罗 [35]、从化 [35]、东莞 [25]、惠东 [12]、乐昌 [29]、连山 [35]、仁化 [16]、乳源 [26, 35]、韶关 [35]、新丰 [35]、阳山 [35]、英德 [32]、紫金 [31]。

梨果柯 ***Lithocarpus howii*** Chun

分布：阳春 [3, 35]。

广南柯 ***Lithocarpus irwinii*** (Hance) Rehder

分布：英德 [32]。

鼠刺叶柯 ***Lithocarpus iteaphyllus*** (Hance) Rehder

分布：翁源 [35, 51]、英德 [32]、肇庆 [9]。

挺叶柯 ***Lithocarpus ithyphyllus*** Chun ex H. T. Chang

分布：博罗 [100]、海丰 [121, 35]、惠东 [12]、龙门 [121, 35]、五华 [121, 35]、新丰 [121, 35]、紫金 [31, 35]。

油叶柯 ***Lithocarpus konishii*** (Hayata) Hayata

分布：珠海 [35]。

木姜叶柯 ***Lithocarpus litseifolius*** (Hance) Chun

分布: 博罗 [35, 38, 100]、潮州 [35] [黄全 820259 (IBSC)]、从化 [35] [王学文、张桂才 8257 (IBK)]、丰顺 [35] [曾宪锋 ZXF34136 (CZH)]、封开 [14, 35]、广宁 [35] [陈炳辉 1589 (IBSC)]、广州 [35] [叶华谷 16757 (IBSC)]、海丰 [35] [南植地 8495 (IBSC)]、和平 [35] [谭策铭等 Y06610 (JJF)]、惠东 [12, 35]、江门 [8, 35]、蕉岭 [35] [南岭队 2341 (IBSC)]、乐昌 [29, 35, 41]、连州 [26, 35]、龙门 [35] [卫兆芬 121837 (PE)]、罗定 [35] [叶华谷、刘念 2503 (IBSC)]、梅州 [35] [李学根 201085 (PE)]、南雄 [33, 35]、平远 [35] [李学根 202176 (IBSC)]、仁化 [16, 35]、乳源 [26, 35]、韶关 [35] [高锡朋 5200 (NAS)]、深圳 [17, 35]、始兴 [35] [林亲众 49 (CSFI)]、台山 [35] [南植地 8072 (IBSC)]、翁源 [35, 51]、五华 [4]、新兴 [35] [刘瑛光 2463 (PE)]、信宜 [35, 52]、阳春 [35, 45]、阳江 [35] [农业厅 84287 (IBSC)]、阳山 [26, 35]、英德 [32, 35]、郁南 [35, 101]、湛江 [35] [南植地 2865 (SYS)]、肇庆 [9, 35]、紫金 [31, 35]。

龙眼柯 ***Lithocarpus longanoides*** C. C. Huang & Y. T. Chang

分布：博罗 [121, 35]、大埔 [35]、封开 [121, 35, 14]、怀集 [35]、龙门 [121, 35]、信宜 [35, 52]、阳春 [35, 37]、肇庆 [35]。

柄果柯 ***Lithocarpus longipedicellatus*** (Hickel & A. Camus) A. Camus

分布：信宜 [35]、云浮 [35]。

粉叶柯 ***Lithocarpus macilentus*** Chun & C. C. Huang

分布：德庆 [35]、封开 [14, 35]、江门 [8]、肇庆 [35]、紫金 [31]。

黑柯 ***Lithocarpus melanochromus*** Chun & Tsiang ex C. C. Huang & Y. T. Chang

分布：阳春 [35, 37]。

水仙柯 ***Lithocarpus naiadarum*** (Hance) Chun

分布: 东莞 [25]、广州 [121, 35]、江门 [121, 8]、翁源 [51]、新兴 [35]、阳江 [121, 35]、紫金 [31]。

榄叶柯 ***Lithocarpus oleifolius*** A. Camus

分布：博罗 [35]、江门 [8]、乐昌 [121, 29, 35]、连南 [121, 35]、连平 [121, 35]、始兴 [28, 35]、翁源 [35, 51]、五华 [4]、新丰 [121, 35]、英德 [121, 35]、紫金 [31]。

大叶苦柯 ***Lithocarpus paihengii*** Chun & Tsiang

分布: 从化 [35]、佛山 [35]、惠东 [12]、乐昌 [29]、龙门 [35]、平远 [35]、五华 [4, 35]、阳山 [35]、英德 [32]、紫金 [31]。

圆锥柯 ***Lithocarpus paniculatus*** Hand. -Mazz.

分布：江门 [8]、乐昌 [29, 35]、乳源 [121, 35]、深圳 [121, 17]、五华 [4]、肇庆 [9]。

毛果柯 ***Lithocarpus pseudovestitus*** A. Camus

分布：阳春 [35, 37]。

栎叶柯 ***Lithocarpus quercifolius*** C. C. Huang & Y. T. Chang

分布：惠州 [3, 35]、南雄 [121, 35]、深圳 [17, 35]。

南川柯 ***Lithocarpus rosthornii*** (Schottky) Barnett

分布：博罗 [35, 37]、从化 [35, 107]、广州 [35]、惠东 [12, 35]、乐昌 [29, 41]、龙门 [35]、五华 [4]、英德 [32]、增城 [35]、肇庆 [9, 35]、紫金 [31]。

犁耙柯 ***Lithocarpus silvicolarum*** (Hance) Chun

分布：佛冈 [27]、新丰 [63]。

滑皮柯 ***Lithocarpus skanianus*** (Dunn) Rehder

分布：乐昌 [29, 35, 41]、连南 [35]、南雄 [33, 35]、仁化 [35]、乳源 [26, 35]、英德 [35]。

菱果柯 ***Lithocarpus taitoensis*** (Hayata) Hayata

分布：封开 [14]、仁化 [16]。

薄叶柯 ***Lithocarpus tenuilimbus*** H. T. Chang

分布：德庆 [35]、封开 [14]、乐昌 [29, 35]、连南 [35]、韶关 [35]、翁源 [35]、新丰 [35]。

紫玉盘柯 ***Lithocarpus uvariifolius*** (Hance) Rehder

分布：博罗 [100]、从化 [107]、东莞 [25]、东源 [59]、丰顺 [35, 95]、封开 [121, 14]、佛冈 [27]、广宁 [121]、惠东 [12]、揭西 [35]、乐昌 [29, 41]、连南 [35]、连山 [35]、龙门 [121]、清远 [121]、仁化 [16, 35]、乳源 [26]、深圳 [121, 17]、五华 [4]、新丰 [63]、信宜 [52]、阳山 [26]、英德 [32]、郁南 [101]、紫金 [31]。

卵叶玉盘柯 ***Lithocarpus uvariifolius* var. *ellipticus*** (F. P. Metcalf) C. C. Huang & Y. T. Chang

分布：丰顺 [35]、封开 [121]、揭西 [35]、连南 [35]、连山 [35]、仁化 [16, 35]。

阳春柯 ***Lithocarpus yangchunensis*** H. G. Ye & F. G. Wang

分布：封开 [121]、阳春 [121, 269, 35, 45]。

栎属 ***Quercus* L.**

麻栎 ***Quercus acutissima*** Carruth.

分布：封开 [14]、广州 [35]、乐昌 [29, 35]、南雄 [33, 35]、清远 [35]、乳源 [26, 35]、韶关 [35]、深圳 [35]、翁源 [51]、阳山 [35]、英德 [32, 35]、肇庆 [35]。

槲栎 ***Quercus aliena*** Blume

分布：乐昌 [29, 35]、连州 [26]、仁化 [16]、乳源 [35]、紫金 [31]。

锐齿槲栎 ***Quercus aliena* var. *acutiserrata*** Maxim. ex Wenz.

分布：乳源 [35]。

倒卵叶青冈 ***Quercus arbutifolia*** B. Hickel & A. Camus

分布：从化 [35]、东莞 [25]、丰顺 [387]、江门 [8]、乳源 [35]、英德 [32]。

贵州青冈 ***Quercus argyrotricha*** A. Camus

分布：始兴 [28]。

槟榔青冈 ***Quercus bella*** Chun & Tsiang

分布：从化 [35, 107]、封开 [14, 35]、怀集 [35]、惠东 [12]、连山 [35]、龙门 [35]、清远 [35]、仁化 [16]、乳源 [26, 35]、五华 [4]、新丰 [35]、英德 [32]、肇庆 [9, 35]、紫金 [31]。

栎子青冈 ***Quercus blakei*** Skan

分布：博罗 [35, 100]、封开 [14, 35]、佛冈 [27]、怀集 [35]、江门 [8]、连山 [35]、龙门 [35]、茂名 [35]、清远 [35]、深圳 [17]、翁源 [51]、信宜 [35, 52]、阳春 [35]、阳江 [35]、云浮 [35]、肇庆 [9, 35]。

岭南青冈 ***Quercus championii*** Benth.

分布：从化 [35, 107]、东莞 [25]、东源 [59]、封开 [14, 35]、佛冈 [27]、怀集 [35]、江门 [8]、龙门 [35]、饶平 [35]、仁化 [16]、乳源 [26, 35]、深圳 [17, 35]、台山 [35]、新丰 [35]、阳春 [35, 45]、阳江 [35]、英德 [32]、增城 [116]、肇庆 [9, 35]、紫金 [31, 35]。

福建青冈 ***Quercus chungii*** F. P. Metcalf

分布：博罗 [35]、东莞 [25]、封开 [35]、佛冈 [27]、惠东 [12]、蕉岭 [35]、连州 [35]、龙川 [35]、梅州 [35]、平远 [35]、仁化 [16, 35]、五华 [4]、英德 [32]、郁南 [35, 101]、增城 [116]、紫金 [31]。

上思青冈 ***Quercus delicatula*** Chun & Tsiang

分布：恩平 [黄茂先 110520 (IBSC)]、信宜 [黄荣焜 31225 (IBSC)]。

鼎湖青冈 ***Quercus dinghuensis*** C. C. Huang

分布：封开 [35]、肇庆 [3, 9, 35]。

碟斗青冈 ***Quercus disciformis*** Chun & Tsiang

分布：信宜 [35]、云浮 [35]。

华南青冈 ***Quercus edithiae*** Skan

分布：惠东 [387, 12]、深圳 [35]、中山 [35]、珠海 [35]。

巴东栎 ***Quercus engleriana*** Seemen

分布：乐昌 [29, 35]。

白栎 ***Quercus fabri*** Hance

分布：乐昌 [29, 35, 41]、连州 [35]、仁化 [16]、乳源 [35]、阳山 [35]。

饭甑青冈 ***Quercus fleuryi*** Hickel & A. Camus

分布：从化 [107]、东莞 [25]、东源 [59]、封开 [35]、佛冈 [27]、广州 [35]、怀集 [35]、惠东 [12]、江门 [8]、乐昌 [29, 35]、连南 [35]、连山 [35]、龙门 [35]、茂名 [35]、饶平 [35]、仁化 [16, 35]、乳源 [26, 35]、韶关 [35]、深圳 [17]、始兴 [28]、台山 [35]、翁源 [35]、五华 [35]、新丰 [35, 63]、信宜 [35, 52]、阳春 [35, 45]、阳江 [35]、阳山 [26, 35]、英德 [32, 35]、增城 [35]、肇庆 [9, 35]、紫金 [31]。

赤皮青冈 ***Quercus gilva*** Blume

分布：乳源 [35]。

青冈 ***Quercus glauca*** Thunb.

分布：博罗 [5, 35]、从化 [35]、大埔 [35]、东莞 [25]、丰顺 [95]、封开 [14, 35]、佛冈 [27]、和平 [35]、乐昌 [29, 35, 41]、连南 [35]、连山 [35]、连州 [35]、南雄 [33, 35, 57]、平远 [35]、仁化 [16, 35]、乳源 [26, 35]、韶关 [35]、深圳 [17]、始兴 [28, 35]、翁源 [35, 51]、五华 [4]、新丰 [35]、

兴宁 [35]、阳山 [26, 35]、英德 [32]、郁南 [101]、云浮 [35]、肇庆 [9, 35]、紫金 [31]。

雷公青冈 ***Quercus hui*** Chun

分布：从化 [107]、德庆 [35]、东莞 [25]、东源 [59]、封开 [14, 35]、佛冈 [27]、广宁 [35]、广州 [35]、怀集 [35]、江门 [8]、乐昌 [29, 35, 41]、连山 [35]、连州 [35]、龙门 [35]、南雄 [33, 35]、仁化 [16, 35]、乳源 [26, 35]、深圳 [17, 35]、始兴 [28, 35]、翁源 [35]、新丰 [35, 63]、信宜 [35]、阳春 [35, 45]、阳江 [35]、阳山 [26, 35]、英德 [32, 35]、增城 [116]、肇庆 [9, 35]。

大叶青冈 ***Quercus jenseniana*** Hand. -Mazz.

分布：从化 [107]、东莞 [25]、东源 [59]、惠东 [12]、乐昌 [29]、连山 [35]、南雄 [33]、乳源 [35]、韶关 [35]、翁源 [51]、五华 [4]、新丰 [35]、阳山 [35]、英德 [32, 35]、紫金 [31]。

木姜叶青冈 ***Quercus litseoides*** Dunn

分布：佛冈 [27]、惠东 [12]、惠州 [35]、江门 [8]、深圳 [17]、阳春 [35, 45]、阳江 [35]。

大萼青冈 ***Quercus macrocalyx*** Hickel & A. Camus

分布：乐昌 [陈少卿 3129 (AU037086)]。

多脉青冈 ***Quercus multinervis*** (W. C. Cheng & T. Hong) J. Q. Li

分布：佛冈 [27]、乐昌 [29, 35, 41]、连山 [35]、乳源 [35]、肇庆 [35]。

小叶青冈 ***Quercus myrsinifolia*** Blume

分布：博罗 [35, 100]、从化 [107]、大埔 [35]、德庆 [35]、东莞 [25]、东源 [59]、丰顺 [35, 95]、封开 [14, 35]、佛冈 [27]、和平 [35]、惠东 [12, 35]、惠州 [35]、江门 [8]、乐昌 [29, 35, 41]、连南 [35]、连山 [35]、连州 [26, 35]、龙门 [35]、南雄 [35]、仁化 [16, 35]、乳源 [26, 35]、深圳 [17, 35]、始兴 [28, 35]、翁源 [51]、五华 [4]、新丰 [35, 63]、信宜 [52]、阳山 [26, 35]、英德 [32]、郁南 [35, 101]、增城 [116]、肇庆 [9, 35]、中山 [10]、珠海 [35]、紫金 [31]。

竹叶青冈 ***Quercus neglecta*** (Schottky) Koidz.

分布：从化 [107]、东莞 [25]、丰顺 [95]、惠东 [12]、江门 [8]、仁化 [16]、乳源 [26]、深圳 [17, 35]、翁源 [51]、五华 [4]、阳春 [35]、阳江 [35]、中山 [35]、珠海 [35]、紫金 [31]。

曼青冈 ***Quercus oxyodon*** Miq.

分布：乳源 [35]。

尖叶栎 ***Quercus oxyphylla*** (E. H. Wilson) Hand. -Mazz.

分布：连州 [35]、阳山 [邓良 43 (PE)]。

毛果青冈 ***Quercus pachyloma*** Seemen

分布：博罗 [35]、大埔 [35]、封开 [35]、海丰 [35]、惠州 [35]、乐昌 [29]、连平 [35]、龙川 [35]、平远 [35]、普宁 [35]、饶平 [35]、乳源 [35]、韶关 [35]、深圳 [17, 35]、阳山 [35]、英德 [32]、肇庆 [9, 35]、珠海 [35]、紫金 [31]。

托盘青冈 ***Quercus patelliformis*** Chun

分布：东莞 [25]、乳源 [35]。

乌冈栎 ***Quercus phillyreoides*** A. Gray

分布：从化 [35]、大埔 [35]、东莞 [25]、东源 [59]、封开 [14, 35]、惠东 [12]、蕉岭 [35]、乐昌 [41]、连州 [35]、南雄 [33, 57]、仁化 [16, 35]、韶关 [35]、深圳 [17]、五华 [4]、阳山 [26]、英德 [32]、紫金 [31]。

万山栎 ***Quercus pseudosetulosa*** Q. S. Li & T. Y. Tu

分布：珠海 [201]。

枹栎 ***Quercus serrata*** Thunb.

分布：乐昌 [29, 35, 41]、连南 [35]、仁化 [16]。

云山青冈 ***Quercus sessilifolia*** Blume

分布：博罗 [35]、和平 [35]、乐昌 [29, 35]、连南 [35]、连山 [35]、南雄 [57]、仁化 [16, 35]、乳源 [35]、始兴 [35]、肇庆 [35]。

富宁栎 ***Quercus setulosa*** Hickel & A. Camus

分布：云浮 [辛树帜 5240 (IBSC)]。

细叶青冈 ***Quercus shennongii*** C. C. Huang & S. H. Fu

分布：连平 [35]、连州 [35]、南雄 [33, 57]、仁化 [16]、乳源 [26]、翁源 [51]、五华 [4]、英德 [32]、肇庆 [9, 35]。

刺叶高山栎 ***Quercus spinosa*** David ex Franch.

分布：潮州 [392]。

褐叶青冈 ***Quercus stewardiana*** A. Camus

分布：连南 [35]、连州 [35]、南雄 [33]、乳源 [35]、英德 [35]。

栓皮栎 ***Quercus variabilis*** Blume

分布：乐昌 [29, 35]、连州 [35]、南雄 [35]、乳源 [26, 35]、翁源 [51]、阳山 [35]。

236. 杨梅科 Myricaceae

杨梅属 *Morella* Lour.

青杨梅 ***Morella adenophora*** (Hance) J. Herb.

分布：封开 [14]、江门 [8]、徐闻 [35]。

毛杨梅 ***Morella esculenta*** (Buch. -Ham. ex D. Don) I. M. Turner

分布：博罗 [5, 100]、封开 [14, 35]、佛冈 [27]、广州 [35]、信宜 [52]、阳江 [35]、英德 [32, 35]、郁南 [101]、肇庆 [9]。

杨梅 ***Morella rubra*** Lour.

分布：博罗 [35, 38, 100]、潮州 [35] [曾宪锋 ZXF5530 (CZH)]、从化 [107]、大埔 [35] [邓良 5174 (IBK)]、东莞 [25, 35]、东源 [35] [分类室 109 (IBSC)]、丰顺 [35, 95]、封开 [14]、佛冈 [27]、海丰 [35] [曾宪锋 ZXF4509 (CZH)]、和平 [35] [卫兆芬 120317 (KUN)]、河源 [35] [左景烈 21525 (IBSC)]、惠东 [12, 35]、惠州 [35] [叶华谷、曾飞燕 22040 (IBSC)]、江门 [8, 35]、蕉岭 [35] [邓良 4761 (IBSC)]、揭西 [35] [曾宪锋 ZXF25083 (CZH)]、乐昌 [35, 41]、连南 [35] [邓柏林

60839 (CAF00003334)]、连平 [35] [卫兆芬 120051 (KUN)]、连州 [26, 35]、龙门 [35] [肖家庚 5031 (CSFI)]、梅州 [35] [曾宪锋 ZXF5272 (CZH)]、南雄 [33, 35, 57]、平远 [35] [邓良 4370 (KUN)]、清远 [35] [F. A. McClure 1459 (PE)]、饶平 [35] [李学根 200776 (IBSC)]、仁化 [16, 35]、乳源 [35] [粤 73 216 (CSFI)]、汕头 [35] [梁其瑾 165 (PEY)]、韶关 [35] [石同岱 878 (CAF00003346)]、深圳 [17, 35]、始兴 [28, 35]、翁源 [51]、五华 [4, 35]、新丰 [63]、信宜 [52]、阳春 [45]、阳山 [35] [邓良 1227 (KUN)]、英德 [32, 35]、郁南 [101]、增城 [116]、肇庆 [9]、中山 [10, 35]、紫金 [31, 35]。

237. 胡桃科 Juglandaceae

青钱柳属 *Cyclocarya* Iljinsk.

青钱柳 *Cyclocarya paliurus* (Batalin) Iljinsk.

分布：乐昌 [29, 35]、连州 [26]、乳源 [26, 35]、始兴 [28]、英德 [35] [严岳鸿、邢福武 110144 (HUST)]。

黄杞属 *Engelhardia* Lesch. ex Blume

黄杞 *Engelhardia roxburghiana* Wall.

分布：博罗 [35, 38, 100]、潮州 [35] [曾宪锋 ZXF6236 (CZH)]、从化 [35, 107]、大埔 [35] [李学根 202558 (HZ)]、德庆 [35] [刘瑛光 1162 (HZ)]、东莞 [25, 35]、东源 [59]、丰顺 [35, 95]、封开 [14, 35]、佛冈 [27]、广州 [35] [梁向日 61925 (KUN)]、海丰 [35] [南植地 8482 (IBSC)]、怀集 [35] [曾怀德 22768 (IBSC)]、惠东 [12, 35]、惠州 [35] [曾怀德 25556 (IBSC)]、江门 [8]、蕉岭 [35] [李学根 202379 (HZ)]、揭西 [35] [曾宪锋 ZXF35551 (CZH)]、乐昌 [29, 35, 41]、连南 [35] [朱志淞 746 (CAF00003370)]、连山 [35] [谭沛祥 58009 (IBK)]、连州 [26, 35]、龙川 [35] [曾宪锋 ZXF22290 (CZH)]、龙门 [35] [张桂才 130 (IBSC)]、茂名 [35] [邓良 1810 (KUN)]、梅州 [35] [曾宪锋 ZXF42192 (CZH)]、南雄 [33, 35, 57]、平远 [35] [李学根 202017 (CSFI)]、清远 [35] [陈焕镛 9764 (NAS)]、饶平 [35] [李学根 200897 (HZ)]、仁化 [16, 35]、乳源 [26, 35]、韶关 [35] [高锡朋 50822 (KUN)]、深圳 [17, 35]、始兴 [28, 35]、翁源 [35, 51]、五华 [4, 35]、新丰 [35, 63]、信宜 [35, 52]、阳春 [35, 45]、阳江 [35] [黄志 41865 (KUN)]、阳山 [26, 35]、英德 [32, 35]、郁南 [101]、云浮 [35] [黄志 37290 (NAS)]、增城 [35, 116]、肇庆 [35] [叶华谷等 18425 (IBSC)]、中山 [10, 35]、紫金 [31, 35]。

胡桃属 *Juglans* L.

胡桃 *Juglans regia* L.

分布：乳源 *[26]。

化香树属 *Platycarya* Siebold & Zucc.

化香树 *Platycarya strobilacea* Siebold & Zucc.

分布：封开 [14, 35]、乐昌 [26, 29, 35]、连州 [26, 35]、南雄 [33, 35]、仁化 [16]、乳源 [26, 35]、阳山 [26, 35]、英德 [32, 35]、肇庆 [35] [石国良 15398 (IBSC)]。

枫杨属 *Pterocarya* Kunth

枫杨 *Pterocarya stenoptera* C. DC.

分布：德庆 [35] [刘瑛光 874 (IBSC)]、佛冈 [27]、广州 [35] [陈少卿 7374 (KUN)]、和平 [35] [张桂才等 417 (IBSC)]、乐昌 [35, 41]、连南 [35] [谭沛祥 58480 (KUN)]、南雄 [33, 35, 57]、仁化 [16]、乳源 [35] [高锡朋 52580 (KUN)]、韶关 [35] [高锡朋 51172 (IBK)]、始兴 [28, 35]、翁源 [35, 51]、阳山 [26, 35]、英德 [32, 35]、增城 [116]、肇庆 [35] [刘瑛光 874 (HZ)]、中山 [10]、紫金 [31, 35]。

238. 木麻黄科 Casuarinaceae

木麻黄属 *Casuarina* L.

细枝木麻黄 *Casuarina cunninghamiana* Miq.

分布：佛山 #[500]、深圳 #[11]。

木麻黄 *Casuarina equisetifolia* L.

分布：博罗 #[38, 100]、从化 #[107]、封开 #[14]、佛山 #[500]、惠东 #[12]、江门 #[494]、茂名 #[85]、深圳 #[11, 17]、肇庆 #[9]。

239. 桦木科 Betulaceae

桤木属 *Alnus* Mill.

日本桤木 *Alnus japonica* (Thunb.) Steud.

分布：广州 [35]。

江南桤木 *Alnus trabeculosa* Hand. -Mazz.

分布：乐昌 [83, 29, 41, 35]、连山 [83]、连州 [26]、南雄 [83, 33, 35]、韶关 [35]、翁源 [51]、英德 [35]、增城 [116]。

桦木属 *Betula* L.

西桦 *Betula alnoides* Buch. -Ham. ex D. Don

分布：乐昌 [黄志 31531 (KUN)]。

华南桦 *Betula austrosinensis* Chun ex P. C. Li

分布：乐昌 [29, 35, 41]、乳源 [26, 35]、韶关 [35]、始兴 [28]、阳山 [26, 35]、英德 [35]。

亮叶桦 *Betula luminifera* H. J. P. Winkl.

分布：封开 [14]、广州 [35]、乐昌 [29, 35]、连南 [35]、南雄 [33, 57]、乳源 [35]、韶关 [35]、始兴 [28, 35]、翁源 [51]、五华 [4]、阳山 [26]、英德 [32, 35]。

鹅耳枥属 *Carpinus* L.

粤北鹅耳枥 *Carpinus chuniana* Hu

分布：乐昌 [29, 35, 3]、乳源 [26, 35]。

川鄂鹅耳枥 *Carpinus henryana* (H. J. P. Winkl.) H. J. P. Winkl.

分布：乳源 [26, 35]、阳山 [35]。

短尾鹅耳枥 *Carpinus londoniana* H. J. P. Winkl.

分布：乐昌 [26, 29, 35, 41]、连南 [35]、信宜 [52]。

多脉鹅耳枥 *Carpinus polyneura* Franch.

分布：乳源 [26, 35]。

云贵鹅耳枥 ***Carpinus pubescens*** Burkill

分布：乳源 [26, 35]、阳山 [35]。

雷公鹅耳枥 ***Carpinus viminea*** Lindl.

分布：乐昌 [29, 35, 41]、连南 [35]、连州 [26, 35]、南雄 [33]、乳源 [26, 35]、始兴 [28, 35]、五华 [4]、阳山 [35]、英德 [32]、紫金 [31]。

240. 葫芦科 Cucurbitaceae

盒子草属 *Actinostemma* Griff.

盒子草 ***Actinostemma tenerum*** Griff.

分布：连州 [22]、南雄 [33, 57]、清远 [35]、乳源 [26]、英德 [35]、肇庆 [9, 22, 35]、中山 [22]。

白兼果属 *Baijiania* A. M. Lu & J. Q. Li

南洋白兼果 ***Baijiania borneensis*** (Merr.) A. M. Lu & J. Q. Li

分布：乐昌 [35]、英德 [35]。

冬瓜属 *Benincasa* Savi

冬瓜 ***Benincasa hispida*** (Thunb.) Cogn.

分布：博罗 *[38, 100]、从化 *[107]、乐昌 *[29]、茂名 *[85]、南雄 *[57]、仁化 *[16]、深圳 *[11, 17]、新丰 *[63]、信宜 *[52]、郁南 *[101]、肇庆 *[9]。

节瓜 ***Benincasa hispida* var. *chieh-qua*** F. C. How

分布：从化 *[107]、深圳 *[11, 17]、信宜 *[52]。

西瓜属 *Citrullus* Schrad.

西瓜 ***Citrullus lanatus*** (Thunb.) Matsum. & Nakai

分布：博罗 *[38, 100]、封开 *[14]、乐昌 *[29, 41]、仁化 *[16]、深圳 *[17]、翁源 *[51]、肇庆 *[9]。

红瓜属 *Coccinia* Wight & Arn.

红瓜 ***Coccinia grandis*** (L.) Voigt

分布：佛冈 #[27]、惠东 #[12]、雷州 #[15, 13, 35]、汕头 #[15]、始兴 #[28]、新丰 #[63]、信宜 #[52]、徐闻 #[15, 13]、湛江 #[13]、肇庆 #[9]、中山 #[10]、珠海 #[15]。

黄瓜属 *Cucumis* L.

甜瓜 ***Cucumis melo*** L.

分布：博罗 *[5, 100]、乐昌 #[29]、肇庆 #[9]。

菜瓜 ***Cucumis melo* var. *conomon*** (Thunb.) Makino

分布：博罗 *[5, 100]、深圳 *[11]、信宜 *[52]、肇庆 *[9]。

黄瓜 ***Cucumis sativus*** L.

分布：博罗 *[38, 100]、从化 *[107]、乐昌 *[29]、仁化 *[16]、深圳 *[11, 17]、信宜 *[52]、郁南 *[101]、肇庆 *[9]。

南瓜属 *Cucurbita* L.

南瓜 ***Cucurbita moschata*** (Duchesne ex Lam.) Duchesne ex Poir.

分布：博罗 *[38, 100]、从化 *[107]、乐昌 *[29]、南雄 *[57]、深圳 *[11, 17]、信宜 *[52]、郁南 *[101]、肇庆 *[9]。

毒瓜属 *Diplocyclos* (Endl.) T. Post & Kuntze

毒瓜 ***Diplocyclos palmatus*** (L.) C. Jeffrey

分布：徐闻 [35]、英德 [32]。

绞股蓝属 *Gynostemma* Blume

光叶绞股蓝 ***Gynostemma laxum*** (Wall.) Cogn.

分布：乐昌 [41]、仁化 [16]、乳源 [26]、始兴 [28]、信宜 [52]、肇庆 [9]。

绞股蓝 ***Gynostemma pentaphyllum*** (Thunb.) Makino

分布：博罗 [100]、东莞 [25]、丰顺 [95]、封开 [14]、佛冈 [27]、惠东 [12]、江门 [8]、乐昌 [26, 41]、茂名 [85]、南雄 [33, 57]、仁化 [16]、乳源 [26]、深圳 [17]、始兴 [28]、翁源 [51]、五华 [4]、信宜 [52]、英德 [32]、郁南 [101]、肇庆 [9]、中山 [10]、紫金 [31]。

雪胆属 *Hemsleya* Cogn. ex F. B. Forbes & Hemsl.

马铜铃 ***Hemsleya graciliflora*** (Harms) Cogn.

分布：连州 [35]、阳山 [35]。

蛇莲 ***Hemsleya sphaerocarpa*** Kuang & A. M. Lu

分布：连州 [26]、乳源 [35]。

油渣果属 *Hodgsonia* Hook. f. & Thomson

油渣果 ***Hodgsonia heteroclita*** (Roxb.) Hook. f. & Thomson

分布：肇庆 *[9]。

葫芦属 *Lagenaria* Ser.

葫芦 ***Lagenaria siceraria*** (Molina) Standl.

分布：博罗 *[38]、乐昌 *[29]、信宜 *[52]、肇庆 *[9]。

瓠瓜 ***Lagenaria siceraria* var. *depressa*** (Ser.) H. Hara

分布：郁南 *[101]。

瓠子 ***Lagenaria siceraria* var. *hispida*** (Thunb.) H. Hara

分布：茂名 *[85]、深圳 *[17]、新丰 *[63]。

丝瓜属 *Luffa* Mill.

广东丝瓜 ***Luffa acutangula*** (L.) Roxb.

分布：博罗 *[5, 100]、化州 *[http://ppbc. iplant. cn/tu/112251]、乐昌 *[29]、茂名 *[85]、南雄 *[57]、仁化 *[16]、深圳 *[11, 17]、信宜 *[52]、郁南 *[101]、肇庆 *[9]。

丝瓜 ***Luffa aegyptiaca*** Mill.

分布：从化 *[107]、乐昌 *[29]、南雄 *[57]、仁化 *[16]、深圳 *[17]、新丰 *[63]、信宜 *[52]、郁南 *[101]、肇庆 *[9]。

番马瓟属 *Melothria* L.

番马瓟 ***Melothria pendula*** L.

分布：博罗 #[http://ppbc. iplant. cn/tu/9043969]、深圳 #[http://ppbc. iplant. cn/tu/6279038]。

苦瓜属 *Momordica* L.

苦瓜 ***Momordica charantia*** L.

分布：博罗 *[38, 100]、潮州 #[399]、从化 #[107]、广

州 #[15]、乐昌 #[41]、连平 #[15]、南雄 #[57]、仁化 #[16]、汕头 #[15]、深圳 #[17]、信宜 #[52]、郁南 #[101]、肇庆 #[9, 15]、中山 #[15]。

木鳖子 ***Momordica cochinchinensis*** (Lour.) Spreng.

分布：博罗 [38]、深圳 *[11, 17]、信宜 [52]、英德 [32]、郁南 [101]、肇庆 [9]、紫金 [31]。

凹萼木鳖 ***Momordica subangulata*** Blume

分布：乐昌 [35, 41]、信宜 [52]、阳山 [35]、肇庆 [9, 35]。

帽儿瓜属 *Mukia* Arn.

爪哇帽儿瓜 ***Mukia javanica*** (Miq.) C. Jeffrey

分布：梅州 [35]、五华 [4]、信宜 [35, 52]、阳山 [35]、英德 [35]、肇庆 [35]、紫金 [31]。

帽儿瓜 ***Mukia maderaspatana*** (L.) M. J. Roem.

分布: 深圳 [http://ppbc. iplant. cn/tu/1314545]、阳山 [26]。

佛手瓜属 *Sechium* P. Browne

佛手瓜 ***Sechium edule*** (Jacq.) Sw.

分布：新丰 #[63]、肇庆 #[9]。

罗汉果属 *Siraitia* Merr.

罗汉果 ***Siraitia grosvenorii*** (Swingle) C. Jeffrey ex A. M. Lu & Zhi Y. Zhang

分布：从化 *[http://ppbc. iplant. cn/tu/2590687]、封开 *[14]、龙门 *[http://ppbc. iplant. cn/tu/9769088]、乳源 *[26]、始兴 *[28]、翁源 *[51]、信宜 *[52]。

茅瓜属 *Solena* Lour.

茅瓜 ***Solena heterophylla*** Lour.

分布: 博罗 [35, 100]、潮州 [35] [曾宪锋 ZXF3059 (CZH)]、从化 [107]、大埔 [35] [李学根 202614 (HZ)]、德庆 [35] [刘瑛光 1423 (IBSC)]、东莞 [25, 35]、东源 [59]、恩平 [35] [黄茂先 110403 (HZ)]、丰顺 [35] [曾宪锋 ZXF5680 (CZH)]、封开 [14, 35]、佛冈 [27]、高州 [35] [蒋英 2316 (IBSC)]、广州 [35] [徐月邦 10420 (PE)]、和平 [35] [卫兆芬 120342 (IBSC)]、河源 [35] [77 级科研组 246 (IBSC)]、化州 [35] [周远瑞 50040 (IBK)]、惠东 [35] [陈邦余、张桂才 350 (IBSC)]、蕉岭 [35] [邓良 4884 (IBSC)]、揭西 [35] [叶华谷等 4533 (IBSC)]、雷州 [13]、茂名 [35, 85]、梅州 [35] [李学根 201073 (HZ)]、南雄 [33, 35, 57]、平远 [35] [李学根 201878 (CSFI)]、饶平 [35] [李学根 200870 (IBK)]、乳源 [26]、汕头 [35] [梁其瑾 1334 (PE)]、深圳 [11, 17, 35]、翁源 [51]、新丰 [63]、信宜 [35, 52]、徐闻 [13, 35]、阳春 [35, 45]、阳江 [35] [罗献瑞 850 (IBSC)]、英德 [32, 35]、郁南 [101]、增城 [116]、湛江 [35] [李晓腾 825075 (JIU19184)]、肇庆 *[9, 35]、中山 [10, 35]、珠海 [35] [粤 73 2952 (IBSC)]、紫金 [31, 35]。

赤瓟属 *Thladiantha* Bunge

大苞赤瓟 ***Thladiantha cordifolia*** (Blume) Cogn.

分布：封开 [14]、惠东 [12]、乐昌 [29, 26, 41]、乳源 [26]、深圳 [17]、翁源 [51]、阳山 [26]、英德 [32]、肇庆 [9]。

球果赤瓟 ***Thladiantha globicarpa*** A. M. Lu & Zhi Y. Zhang

分布：乐昌 [41]、信宜 [52]、郁南 [101]、紫金 [31]。

异叶赤瓟 ***Thladiantha hookeri*** C. B. Clarke

分布：连平 [35]、乳源 [26, 35]。

南赤瓟 ***Thladiantha nudiflora*** Hemsl. ex Forbes & Hemsl.

分布：乐昌 [29, 26]、仁化 [16]、乳源 [26, 35]、始兴 [28]、翁源 [51]、新丰 [63]、阳山 [35]。

台湾赤瓟 ***Thladiantha punctata*** Hayata

分布：韶关 [35]。

栝楼属 *Trichosanthes* L.

蛇瓜 ***Trichosanthes anguina*** L.

分布：深圳 *[17]、肇庆 *[9]。

金瓜 ***Trichosanthes costata*** Blume

分布：从化 [107]、东莞 [25, 35]、广州 [35]、仁化 [16]、深圳 [17]、阳春 [35, 45]、阳山 [26]、郁南 [101]、紫金 [31]。

瓜叶栝楼 ***Trichosanthes cucumerina*** L.

分布：从化 *[http://ppbc. iplant. cn/tu/1863083]、佛冈 *[http://ppbc. iplant. cn/tu/14208938]、广州 *[http://ppbc. iplant. cn/tu/15367793]、惠州 *[http://ppbc. iplant. cn/tu/ 9364926]、阳春 *[http://ppbc. iplant. cn/tu/15594796]、英德 *[http:// ppbc. iplant. cn/tu/9688322]、云浮 *[http://ppbc. iplant. cn/tu/ 15873336]。

王瓜 ***Trichosanthes cucumeroides*** (Ser.) Maxim.

分布：从化 [107]、连州 [26]、乳源 [26]、深圳 [17]、始兴 [28]、英德 [32]。

海南栝楼 ***Trichosanthes cucumeroides* var. *hainanensis*** (Hayata) S. K. Chen

分布：徐闻 [徐闻队 863 (PE)]。

长萼栝楼 ***Trichosanthes laceribractea*** Hayata

分布：乐昌 [26, 29, 35]、连州 [26, 35]、仁化 [16, 35]、乳源 [26, 35]、始兴 [35]、翁源 [35, 51]、五华 [4]、信宜 [52]、徐闻 [35]、英德 [32]、紫金 [31]。

趾叶栝楼 ***Trichosanthes pedata*** Merr. & Chun

分布：博罗 [35] [粤 786171 (IBSC)]、从化 [35] [邓良 8945 (IBSC)]、东莞 [25, 35]、丰顺 [95]、和平 [35] [和平队 634 (IBSC)]、河源 [35] [S. H. Lau 24052 (PE)]、开平 [35] [南植地 8039 (IBSC)]、乐昌 [29, 35]、连南 [35] [谭沛祥 59342 (IBSC)]、连平 [35] [粤 73 1644 (IBSC)]、龙门 [35] [张桂才等 146 (HGAS)]、茂名 [35] [邓良 2123 (IBSC)]、梅州 [35] [曾怀德 21323 (IBSC)]、平远 [35] [李学根 202012 (IBSC)]、深圳 [17, 35]、始兴 [28, 35]、翁源 [35, 51]、新丰 [35] [邓良 8178 (IBSC)]、新兴 [35] [刘瑛光 2110 (IBSC)]、信宜 [35, 52]、阳春 [35] [刘念、叶华谷 52 (IBSC)]、阳江 [35] [罗献瑞 885 (IBSC)]、阳山 [35] [邓良 1680 (IBSC)]、郁南 [35, 101]、云浮 [35] [辛树帜 5265 (IBSC)]、增城 [116]。

全缘栝楼 ***Trichosanthes pilosa*** Wall.

分布：东莞 [25, 35]、封开 [14]、惠东 [35] [陈邦余、张桂才 70 (IBSC)]、乐昌 [29, 35, 41]、连平 [35] [粤 73 1781 (IBSC)]、连州 [26, 35]、龙门 [35] [张桂才等 317 (HGAS)]、南雄 [33, 35, 57]、清远 [35] [黄荣焜 30184 (IBSC)]、乳源 [26, 35]、深圳 [17, 35]、翁源 [35, 51]、新丰 [35, 63]、信宜 [52]、阳山 [26, 35]、英德 [35] [梁向日 61383 (IBSC)]、郁南 [101]、肇庆 [9]。

两广栝楼 ***Trichosanthes reticulinervis*** C. Y. Wu ex S. K. Chen

分布：恩平 [http://ppbc. iplant. cn/tu/10510612]、封开 [14, 35]、乐昌 [41]、连山 [35]、阳春 [45]、郁南 [101]、肇庆 [35]。

中华栝楼 ***Trichosanthes rosthornii*** Harms

分布：潮州 [35] [曾宪锋 ZXF5559 (CZH)]、东莞 [25, 35]、丰顺 [35, 95]、封开 [14, 35]、和平 [35] [和平队 822 (IBSC)]、惠东 [12]、江门 [8]、乐昌 [29, 35, 41]、连州 [26, 35]、龙门 [35] [黄成 161998 (IBSC)]、梅州 [35] [曾宪锋 ZXF40351 (CZH)]、仁化 [16]、乳源 [26, 35]、深圳 [17, 35]、始兴 [35] [王学文、张桂才 115 (IBSC)]、翁源 [51]、信宜 [52]、英德 [32]、紫金 [31, 35]。

多卷须栝楼 ***Trichosanthes rosthornii* var. *multicirrata*** (C. Y. Cheng & C. H. Yueh) S. K. Chen

分布：信宜 [52]、肇庆 [9]。

红花栝楼 ***Trichosanthes rubriflos*** Thorel ex Cayla

分布：乐昌 [29, 35]。

凤瓜 ***Trichosanthes scabra*** Lour.

分布：徐闻 [35]。

马㼎儿属 ***Zehneria*** **Endl.**

纽子瓜 ***Zehneria bodinieri*** (H. Lév.) W. J. de Wilde & Duyfjes

分布：从化 [107]、东莞 [25, 35]、丰顺 [95]、和平 [35] [谭策铭、曹仕优 971894 (JJF)]、怀集 [35] [石国良 15068 (IBSC)]、蕉岭 [35] [南岭队 2381 (IBSC)]、乐昌 [29, 35, 41]、龙门 [35] [张桂才等 430 (HGAS)]、茂名 [85]、南雄 [33, 35, 57]、平远 [35] [曾宪锋 ZXF12796 (CZH)]、仁化 [16]、深圳 [17, 35]、始兴 [28, 35]、翁源 [35] [刘心祈 2528 (IBSC)]、五华 [4]、新丰 [63]、阳山 [26, 35]、英德 [35] [南植地 6021 (IBSC)]、郁南 [101]、增城 [116]、珠海 [35] [陈炳辉 806 (IBSC)]、紫金 [31, 35]。

马㼎儿 ***Zehneria japonica*** (Thunb.) H. Y. Liu

分布：博罗 [35, 100]、潮州 [35] [罗献瑞 1292 (IBSC)]、从化 [35, 107]、大埔 [35] [李学根 202796 (IBSC)]、东莞 [25, 35]、东源 [59]、丰顺 [35] [曾宪锋 ZXF33593 (CZH)]、封开 [14, 35]、佛冈 [27]、佛山 [35] [黄茂先 111100 (PE)]、高州 [35] [蒋英 2696 (AU)]、广州 [35] [叶育石 5310 (IBSC)]、怀集 [35] [刘瑛光 2984 (IBSC)]、惠东 [12, 35]、惠州 [35] [叶华谷、曾飞燕 22160 (IBSC)]、江门 [35] [黄成就 130419 (IBSC)]、揭西 [35] [许小婷 XXT094 (CZH)]、乐昌 [29, 35, 41]、连南 [35] [谭沛祥 59340 (IBSC)]、连平 [35] [粤 73 1933 (IBSC)]、连州 [26, 35]、龙门 [35] [张桂才等 8206 (HGAS)]、罗定 [35] [刘念、叶华谷 2338 (IBSC)]、茂名 [35, 85]、梅州 [35] [曾宪锋 ZXF41647 (CZH)]、平远 [35] [曾宪锋 ZXF8530 (CZH)]、仁化 [16, 35]、乳源 [26, 35]、深圳 [11, 17, 35]、始兴 [28, 35]、四会 [35] [曾宪锋 ZXF38404 (CZH)]、翁源 [35, 51]、五华 [4, 35]、新丰 [35, 63]、新兴 [35] [刘瑛光 2340 (IBSC)]、阳春 [35] [黄志 42131 (IBSC)]、阳江 [35] [黄志 41687 (IBSC)]、阳山 [26, 35]、英德 [32, 35]、郁南 [35, 101]、云浮 [35] [黄志 37587 (IBSC)]、肇庆 [9, 35]、中山 [10, 35]、紫金 [31, 35]。

241. 秋海棠科 Begoniaceae

秋海棠属 ***Begonia*** **L.**

粤闽秋海棠 ***Begonia* × *yueminensis*** D. K. Tian & C. Z. Yang

分布：惠州 [563]、信宜 [563]。

周裂秋海棠 ***Begonia circumlobata*** Hance

分布：博罗 [35]、怀集 [35]、连山 [35]、信宜 [35, 52]、英德 [32]、肇庆 [35]。

大红秋海棠 ***Begonia coccinea*** Hook.

分布：深圳 *[17]。

阳春秋海棠 ***Begonia coptidifolia*** H. G. Ye & al.

分布：阳春 [332, 3, 45]。

四季秋海棠 ***Begonia cucullata*** Willd.

分布：郁南 #[101]、肇庆 #[9]。

虎克四季秋海棠 ***Begonia cucullata* var. *hookeri*** (Sweet) L. B. Sm. & B. G. Schub.

分布：从化 *[107]、江门 *[8]、乐昌 *[29]、深圳 *[17]。

食用秋海棠 ***Begonia edulis*** H. Lév.

分布：从化 [35] [邓良 8808 (IBSC)]、怀集 [35] [石国良 15107 (IBSC)]、连南 [35] [李湘鹏、李行娟 TDK00895 (CSH)]、仁化 [35] [邓良 7463 (IBSC)]、乳源 [35] [李耀 2010 (IBSC)]、韶关 [35] [梁向日、黄荣焜 31627 (IBSC)]、始兴 [28, 35]、翁源 [51]、新丰 [35, 63]、阳山 [26, 35]、英德 [32]、郁南 [101]、肇庆 [35] [石国良 14030 (IBSC)]。

鹅凰嶂秋海棠 ***Begonia ehuangzhangensis*** Q. L. Ding, W. Y. Zhao & W. B. Liao

分布：阳春 [151]。

紫背天葵 ***Begonia fimbristipula*** Hance

分布：博罗 [37, 38, 100]、东莞 [25]、东源 [59]、封开 [14]、佛冈 [27]、乐昌 [29, 41]、连州 [26]、南雄 [33, 57]、仁化 [16]、乳源 [26]、深圳 [17]、始兴 [28]、翁源 [51]、五华 [4]、信宜 [52]、阳春 [45]、阳山 [26]、英德 [32]、郁南 [101]、增城 [116]、肇庆 [9]、中山 [10]、紫金 [31]。

西江秋海棠 ***Begonia fordii*** Irmsch.

分布：新丰 [63]、信宜 [3]。

广东秋海棠 ***Begonia guangdongensis*** W. H. Tu, B. M. Wang & Yu L. Li

分布：阳春 [268]。

香花秋海棠 ***Begonia handelii*** Irmsch.

分布：封开 [14]、佛冈 [27]、信宜 [35, 52]、肇庆 [9, 35]。

铺地秋海棠 ***Begonia handelii* var. *prostrata*** (Irmsch.) Tebbitt

分布：信宜 [52]。

癞叶秋海棠 ***Begonia leprosa*** Hance

分布：清远 [35] [林正眉、张丹荔 20180061 (SN)]、信宜 [52]、阳春 [35, 37]、阳江 [35] [童毅、彭凤 14082421 (CSH)]、阳山 [26, 35]。

粗喙秋海棠 ***Begonia longifolia*** Blume

分布：博罗 [100]、东莞 [25]、东源 [59]、佛冈 [27]、惠东 [12]、江门 [8]、乐昌 [29, 41]、南雄 [33, 57]、乳源 [26]、深圳 [17]、始兴 [28]、翁源 [51]、五华 [4]、新丰 [63]、信宜 [52]、阳山 [26]、英德 [32]、增城 [116]、肇庆 [9]、紫金 [31]。

竹节秋海棠 ***Begonia maculata*** Raddi

分布：从化 *[107]、乐昌 *[29]、深圳 *[17]、肇庆 *[9]。

裂叶秋海棠 ***Begonia palmata*** D. Don

分布：博罗 [35, 38, 100]、潮州 [35] [曾宪锋 ZXF8658 (CZH)]、从化 [107]、东莞 [25, 35]、东源 [35, 59]、恩平 [35] [陈炳辉 1872 (IBSC)]、丰顺 [35, 95]、封开 [14, 35]、佛冈 [27]、广宁 [35] [石国良 14427 (IBSC)]、广州 [35] [左景烈、陈念劬 43107 (IBSC)]、和平 [35] [张桂才 42 (IBSC)]、怀集 [35] [陈炳辉 1346 (IBSC)]、惠东 [12, 35]、惠州 [35] [曾怀德 25456 (IBSC)]、江门 [35] [蒋英 2035 (IBSC)]、蕉岭 [35] [南岭队 3004 (IBSC)]、乐昌 [29, 35, 41]、连南 [35] [李湘鹏、李行娟 TDK00899 (CSH)]、连平 [35] [粤 73 1642 (IBSC)]、连州 [35] [南岭队 239 (IBSC)]、龙门 [35] [李学根 200059 (IBSC)]、茂名 [35, 85]、梅州 [35] [曾宪锋 ZXF38686 (CZH)]、南雄 [33, 35, 57]、平远 [35] [曾宪锋 ZXF14335 (CZH)]、清远 [35] [黄志 30647bis (IBSC)]、仁化 [35] [丹霞山综合科考队 DX080822025 (SYS)]、乳源 [35] [夏念和、刘念 74 (IBSC)]、深圳 [35] [邢福武 10414 (IBSC)]、始兴 [28, 35]、台山 [35] [陈炳辉 1189 (IBSC)]、翁源 [51]、五华 [4, 35]、新丰 [35, 63]、新兴 [35] [刘瑛光 2195 (IBSC)]、信宜 [35, 52]、阳春 [35, 45]、阳山 [35] [邓良 106 (IBSC)]、英德 [32, 35]、郁南 [101]、云浮 [35] [辛树帜 5281 (IBSC)]、增城 [116]、肇庆 [9, 35]、中山 [10, 35]、珠海 [35] [高蕴璋、陈炳辉 254 (IBSC)]。

红孩儿 ***Begonia palmata* var. *bowringiana*** (Champ. ex Benth.) Golding & Kareg.

分布：江门 [8]、仁化 [16]、乳源 [26]、深圳 [17]、五华 [4]、阳山 [26]、紫金 [31]。

掌裂叶秋海棠 ***Begonia pedatifida*** H. Lév.

分布：乐昌 [29]、翁源 [51]、信宜 [52]、英德 [32]、肇庆 [9]。

汝城秋海棠 ***Begonia ruchengensis*** D. K. Tian

分布：乳源 [http://ppbc. iplant. cn/tu/17176005]。

深圳秋海棠 ***Begonia shenzhenensis*** D. K. Tian & X. Yun Wang

分布：深圳 [263]。

242. 卫矛科 Celastraceae

南蛇藤属 *Celastrus* L.

过山枫 ***Celastrus aculeatus*** Merr.

分布：从化 [35]、大埔 [35]、德庆 [35]、东莞 [25]、丰顺 [35, 95]、封开 [14, 35]、河源 [35]、惠东 [12]、江门 [8]、乐昌 [35, 41]、连平 [35]、连州 [26]、龙门 [35]、梅州 [35]、南雄 [33]、乳源 [26, 35]、深圳 [17]、始兴 [28, 35]、翁源 [51]、五华 [4]、信宜 [52]、英德 [32]、郁南 [101]、肇庆 [9]。

苦皮藤 ***Celastrus angulatus*** Maxim.

分布：乐昌 [35]、连州 [26]、乳源 [35]、始兴 [28]。

大芽南蛇藤 ***Celastrus gemmatus*** Loes.

分布：佛冈 [27]、乐昌 [26, 41, 35]、仁化 [16, 35]、乳源 [26, 35]、始兴 [28]、翁源 [51]、阳山 [35]、郁南 [101]。

青江藤 ***Celastrus hindsii*** Benth.

分布：博罗 [35]、从化 [35, 107]、东莞 [25]、丰顺 [95]、封开 [14]、佛冈 [27]、广宁 [35]、惠东 [12, 35]、江门 [8]、乐昌 [35, 41]、龙川 [35]、梅州 [35]、南澳 [35]、清远 [35]、仁化 [16]、乳源 [26, 35]、深圳 [11, 17, 35]、始兴 [35]、遂溪 [35]、台山 [35]、翁源 [35]、五华 [4]、新丰 [63]、信宜 [35, 52]、徐闻 [35]、阳春 [45]、阳江 [35]、英德 [32, 35]、云浮 [35]、增城 [116]、肇庆 [9]、中山 [10]。

滇边南蛇藤 ***Celastrus hookeri*** Prain

分布：丰顺 [95]、乳源 [26]、信宜 [52]、英德 [32]。

薄叶南蛇藤 ***Celastrus hypoleucoides*** P. L. Chiu

分布：博罗 [35]、乐昌 [35]、乳源 [35]、阳山 [35]。

粉背南蛇藤 ***Celastrus hypoleucus*** (Oliv.) Warb. ex Loes.

分布：连州 [26]、乳源 [26]。

圆叶南蛇藤 ***Celastrus kusanoi*** Hayata

分布：大埔 [35]、东莞 [25]、佛冈 [27]、和平 [35]、惠东 [35]、乐昌 [35, 41]、廉江 [35]、龙川 [35]、南雄 [33, 57]、饶平 [35]、乳源 [26]、深圳 [35]、信宜 [52]、英德 [32]、增城 [116]、肇庆 [35]、紫金 [31]。

独子藤 ***Celastrus monospermus*** Roxb.

分布：大埔 [35]、东莞 [25]、封开 [14]、惠东 [12]、江门 [8]、乐昌 [35, 41]、茂名 [35]、饶平 [35]、深圳 [17]、翁源 [35]、五华 [4]、信宜 [35, 52]、阳春 [35]、英德 [32, 35]、肇庆 [9, 35]、紫金 [31]。

窄叶南蛇藤 ***Celastrus oblanceifolius*** C. H. Wang & P. C. Tsoong

分布：乐昌 [41]、连州 [26]、乳源 [26, 35]、始兴 [28]、

阳山 [26, 35]、紫金 [31]。

灯油藤 ***Celastrus paniculatus*** Willd.

分布：连州 [26]、龙门 [35] [吴磊、杨丽华、李运龙 3148 (BNU)]、仁化 [16]、乳源 [26]。

短梗南蛇藤 ***Celastrus rosthornianus*** Loes.

分布：乐昌 [35]、连州 [26]、始兴 [28]、五华 [4]、信宜 [52]、阳山 [26]、英德 [32]。

显柱南蛇藤 ***Celastrus stylosus*** Wall.

分布：连州 [26]、乳源 [35]、深圳 [17]、紫金 [31]。

长序南蛇藤 ***Celastrus vaniotii*** (H. Lév.) Rehder

分布：大埔 [377]。

卫矛属 ***Euonymus*** **L.**

刺果卫矛 ***Euonymus acanthocarpus*** Franch.

分布：乐昌 [26, 29, 35]、乳源 [26, 35]、阳春 [陈又生等 YC20230197 (IBSC)]。

星刺卫矛 ***Euonymus actinocarpus*** Loes.

分布：东莞 [25]、乐昌 [29, 35]、乳源 [35]、深圳 [11, 17]、信宜 [52]、阳山 [26, 35]。

软刺卫矛 ***Euonymus aculeatus*** Hemsl.

分布：乳源 [26]。

卫矛 ***Euonymus alatus*** (Thunb.) Siebold

分布：封开 [14]、佛冈 [27]、乐昌 [26]、仁化 [16]、乳源 [26, 35]。

肉花卫矛 ***Euonymus carnosus*** Hemsl.

分布：乳源 [35]、肇庆 [35]。

百齿卫矛 ***Euonymus centidens*** H. Lév.

分布：封开 [14, 35]、佛冈 [27]、佛山 [35]、广州 [35]、和平 [35]、河源 [35]、惠东 [12]、乐昌 [29, 35, 41]、连南 [35]、连平 [35]、连山 [35]、连州 [35]、龙门 [35]、南雄 [35]、平远 [35]、仁化 [35]、乳源 [35]、韶关 [35]、始兴 [28, 35]、翁源 [51]、新丰 [35]、信宜 [35, 52]、阳山 [26, 35]、英德 [32, 35]、增城 [35]。

静容卫矛 ***Euonymus chengiae*** J. S. Ma

分布：恩平 [35]、阳春 [45]。

阳西静容卫矛 ***Euonymus chengiae*** **var.** ***yangxiensis*** Y. S. Ye & L. F. Wu

分布：阳西 [496]。

裂果卫矛 ***Euonymus dielsianus*** Loes. & Diels

分布：封开 [35]、连南 [35]、连州 [35]、乳源 [26, 35]、翁源 [51]、阳山 [26, 35]、英德 [35]。

双歧卫矛 ***Euonymus distichus*** H. Lév.

分布：封开 [http://ppbc. iplant. cn/tu/9110033]。

棘刺卫矛 ***Euonymus echinatus*** Wall. ex Roxb.

分布：大埔 [35]、连州 [35]。

鸦椿卫矛 ***Euonymus euscaphis*** Hand. -Mazz.

分布：江门 [8]、乐昌 [41]、连南 [35]、连州 [26]。

扶芳藤 ***Euonymus fortunei*** (Turcz.) Hand. -Mazz.

分布：博罗 [35, 100]、从化 [107]、大埔 [35]、东莞 [25]、东源 [59]、封开 [14, 35]、佛冈 [27]、和平 [35]、惠东 [12]、江门 [8]、乐昌 [29, 35, 41]、连南 [35]、连平 [35]、连山 [35]、连州 [26, 35]、龙门 [35]、茂名 [85]、南雄 [33, 57]、平远 [35]、仁化 [16, 35]、乳源 [26, 35]、韶关 [35]、深圳 [11, 17]、始兴 [28, 35]、翁源 [35]、五华 [4]、新丰 [35, 63]、信宜 [35, 52]、阳春 [45]、阳山 [35]、英德 [32, 35]、增城 [35]、肇庆 [9, 35]、紫金 [31]。

流苏卫矛 ***Euonymus gibber*** Hance

分布：封开 [14]、乳源 [26, 35]、信宜 [52]。

纤细卫矛 ***Euonymus gracillimus*** Hemsl.

分布：博罗 [35]、大埔 [35]、高州 [35]、茂名 [35]。

西南卫矛 ***Euonymus hamiltonianus*** Wall.

分布：怀集 [35]、乐昌 [26, 29, 35]、乳源 [26, 35]、阳山 [35]。

湖广卫矛 ***Euonymus hukuangensis*** C. Y. Cheng ex J. S. Ma

分布：乳源 [35]、阳山 [35]。

冬青卫矛 ***Euonymus japonicus*** Thunb.

分布：乐昌 *[41]、始兴 *[28]。

稀序卫矛 ***Euonymus laxicymosus*** C. Y. Cheng ex J. S. Ma

分布：阳江 [罗献瑞 871 (IBSC)]。

疏花卫矛 ***Euonymus laxiflorus*** Champ. & Benth.

分布：博罗 [35, 38, 100]、潮州 [35] [叶华谷等 13152 (IBSC)]、从化 [35, 107]、大埔 [35] [李学根 202767 (IBSC)]、德庆 [35] [刘瑛光 982 (HZ)]、东莞 [25, 35]、恩平 [35] [黄茂先 110517 (HZ)]、丰顺 [35, 95]、封开 [14, 35]、佛冈 [27]、高州 [35] [周沛椿 80306 (IBSC)]、广宁 [35] [陈炳辉等 1578 (IBSC)]、广州 [35] [郭素白 249W (IBSC)]、海丰 [35] [李泽贤 815 (IBSC)]、怀集 [35] [刘瑛光 2715 (IBSC)]、惠东 [12]、江门 [8, 35]、蕉岭 [35] [南岭队 2239 (IBSC)]、揭西 [35] [曾宪锋 ZXF35561 (CZH)]、开平 [35] [南植地 8037 (IBSC)]、乐昌 [29, 35]、连南 [35] [钟德尧 20463 (IBSC)]、连州 [35] [朱志淞 731 (IBSC)]、龙门 [35] [张桂才 252 (HGAS)]、罗定 [35] [叶华谷、刘念 2468 (IBSC)]、茂名 [35] [湛江区植物调查队 4076 (IBSC)]、梅州 [35] [曾宪锋 ZXF5244 (CZH)]、南雄 [33, 35, 57]、平远 [35] [南植地 7691 (IBSC)]、清远 [35] [苏茂森 810 (IBSC)]、仁化 [16]、乳源 [26, 35]、韶关 [35] [梁向日、黄荣焜 31681 (IBSC)]、深圳 [11, 17, 35]、始兴 [28, 35]、翁源 [35, 51]、五华 [4, 35]、新丰 [35, 63]、新兴 [35] [刘瑛光 2093 (IBSC)]、信宜 [35, 52]、阳春 [35, 45]、阳江 [35] [田代科、李湘鹏 TDK00857 (CSH)]、阳山 [26, 35]、英德 [32, 35]、郁南 [35, 101]、云浮 [35] [黄志 37633 (IBSC)]、增城 [35, 116]、肇庆 [9, 35]、珠海 [35] [高蕴璋、陈炳辉 292 (IBSC)]、紫金 [31, 35]。

庐山卫矛 ***Euonymus lushanensis*** F. H. Chen & M. C. Wang

分布：茂名 [35]、信宜 [52]。

大果卫矛 ***Euonymus myrianthus*** Hemsl.

分布：博罗 [35]、大埔 [35]、怀集 [35]、乐昌 [26, 29, 35, 41]、连南 [35]、连山 [35]、南雄 [33]、仁化 [16, 35]、乳源 [26, 35]、始兴 [28]、信宜 [35]、阳山 [26, 35]、增城 [116]、肇庆 [35]。

中华卫矛 ***Euonymus nitidus*** Benth.

分布：博罗 [38]、从化 [107]、东莞 [25]、东源 [59]、丰顺 [95]、封开 [14, 35]、佛冈 [27]、广州 [35]、海丰 [35]、河源 [35]、惠东 [12, 35]、惠州 [35]、江门 [8, 35]、蕉岭 [35]、乐昌 [29, 35]、连州 [26, 35]、龙门 [35]、南澳 [35]、平远 [35]、清远 [35]、仁化 [16]、乳源 [26, 35]、韶关 [35]、深圳 [11, 17]、始兴 [28]、台山 [35]、翁源 [35, 51]、五华 [4, 35]、新丰 [35, 63]、信宜 [52]、阳春 [45]、阳江 [35]、阳山 [26, 35]、英德 [32]、云浮 [35]、增城 [116]、肇庆 [9, 35]、中山 [10]、珠海 [35]、紫金 [31]。

北部湾卫矛 ***Euonymus tonkinensis*** (Loes.) Loes.

分布：肇庆 [35]。

狭叶卫矛 ***Euonymus tsoi*** Merr.

分布：德庆 [35]、封开 [14, 35]、高州 [35]、怀集 [35]、惠东 [12]、乐昌 [29, 35, 41]、阳山 [26]、郁南 [101]、肇庆 [9, 35]。

沟瓣木属 *Glyptopetalum* Thwaites

大陆沟瓣木 ***Glyptopetalum continentale*** (Chun & F. C. How) C. Y. Cheng & Q. S. Ma

分布：连州 [35]、阳山 [35]。

白树沟瓣木 ***Glyptopetalum geloniifolium*** (Chun & F. C. How) C. Y. Cheng

分布：龙门 [35]。

硬果沟瓣木 ***Glyptopetalum sclerocarpum*** (Kurz) M. A. Lawson

分布：阳山 [邓良 37 (KUN)]。

美登木属 *Gymnosporia* (Wight & Arn.) Benth. & Hook. f.

变叶裸实 ***Gymnosporia diversifolia*** Maxim.

分布：海丰 [35]、茂名 [85]、阳江 [35]。

翅子藤属 *Loeseneriella* A. C. Sm.

程香仔树 ***Loeseneriella concinna*** A. C. Sm.

分布：博罗 [5]、从化 [http://ppbc. iplant. cn/tu/2781785]、大埔 [35]、东莞 [25]、封开 [14]、惠东 [12]、江门 [8]、深圳 [17]、五华 [4]、英德 [http://ppbc. iplant. cn/tu/12236351]、增城 [http://ppbc. iplant. cn/tu/11794684]、肇庆 [9, 35]、珠海 [http://ppbc. iplant. cn/tu/12498899]、紫金 [31]。

假卫矛属 *Microtropis* Wall. ex Meisn.

双花假卫矛 ***Microtropis biflora*** Merr. & F. L. Freeman

分布：博罗 [35, 37]、信宜 [35, 52]、珠海 [35]。

福建假卫矛 ***Microtropis fokienensis*** Dunn

分布：博罗 [35]、佛冈 [27]、和平 [35]、惠东 [12]、罗定 [35]、新丰 [35]、肇庆 [9]、紫金 [31]。

密花假卫矛 ***Microtropis gracilipes*** Merr. & F. P. Metcalf

分布: 从化 [35]、封开 [14]、佛冈 [27]、惠东 [12]、乐昌 [26, 29, 35]、龙门 [35]、乳源 [26, 35]、深圳 [11]、阳山 [26]、英德 [32]、增城 [116]、肇庆 [9]、紫金 [31]。

斜脉假卫矛 ***Microtropis obliquinervia*** Merr. & F. L. Freeman

分布：封开 [14]、乐昌 [29, 35]、乳源 [26, 35]、五华 [4]、肇庆 [9]。

木樨假卫矛 ***Microtropis osmanthoides*** Hand. -Mazz.

分布：台山 [35]、阳春 [35, 45]。

少脉假卫矛 ***Microtropis paucinervia*** Merr. & Chun ex Merr. & F. L. Freeman

分布：英德 [32]。

广序假卫矛 ***Microtropis petelotii*** Merr. & F. L. Freeman

分布：丰顺 [曾宪锋 ZXF8446 (CZH)]、梅州 [曾宪锋 ZXF42196 (CZH)]。

网脉假卫矛 ***Microtropis reticulata*** Dunn

分布：博罗 [35]、深圳 [17]、珠海 [35]。

深圳假卫矛 ***Microtropis shenzhenensis*** Lin Chen & F. W. Xing

分布：深圳 [131]。

灵香假卫矛 ***Microtropis submembranacea*** Merr. & F. L. Freeman

分布：乳源 [26]。

梅花草属 *Parnassia* L.

鸡肫梅花草 ***Parnassia wightiana*** Wall. ex Wight & Arn.

分布：丰顺 [95]、惠东 [35]、乐昌 [29, 35]、连州 [26]、龙门 [35]、仁化 [16]、乳源 [26, 35]、深圳 [17]、新丰 [35]、阳山 [26, 35]、英德 [32]、增城 [35, 116]。

扁蒴藤属 *Reissantia* N. Hallé

二籽扁蒴藤 ***Reissantia arborea*** (Roxb.) H. Hara

分布：封开 [426]。

扁蒴藤 ***Reissantia indica*** (Willd.) N. Hallé

分布：徐闻 [3, 35]。

五层龙属 *Salacia* L.

五层龙 ***Salacia chinensis*** L.

分布：佛冈 [27]、雷州 [13]、廉江 [13, 35]。

无柄五层龙 ***Salacia sessiliflora*** Hand. -Mazz.

分布：连州 [3, 35]、清远 [http://ppbc. iplant. cn/tu/11700257]、阳山 [26, 35]。

雷公藤属 *Tripterygium* Hook. f.

雷公藤 ***Tripterygium wilfordii*** Hook. f.

分布：怀集 [35]、连州 [35]、乳源 [26, 35]、韶关 [35]、始兴 [28]、五华 [4]、阳山 [26, 35]、紫金 [31, 35]。

243. 牛栓藤科 Connaraceae

红叶藤属 *Rourea* Aubl.

长尾红叶藤 ***Rourea caudata*** Planch.

分布：阳山 [35]。

小叶红叶藤 ***Rourea microphylla*** (Hook. & Arn.) Planch.

分布：博罗 [35, 38, 100]、潮州 [35] [曾宪锋 ZXF9392 (CZH)]、从化 [35, 107]、大埔 [35] [曾宪锋 ZXF30830 (CZH)]、德庆 [35] [刘瑛光 1064 (IBSC)]、东莞 [25, 35]、东源 [119]、丰顺 [35, 95]、封开 [14, 35]、佛冈 [27]、佛山 [35] [黄茂先 11041 (HZ)]、广州 [35] [左景烈 20014 (IBK)]、河源 [35] [77 级科研组新 0899 (SN)]、化州 [35] [湛江区植物调查队 2918 (IBSC)]、怀集 [35] [刘瑛光 3044 (HZ)]、惠东 [12]、惠州 [35] [叶华谷、曾飞燕 22083 (IBSC)]、江门 [8, 35]、蕉岭 [35] [徐祥浩、林辉奉 210 (IBSC)]、乐昌 [29, 35]、龙门 [35] [李学根 200428 (IBSC)]、罗定 [35] [叶华谷、刘念 2178 (IBSC)]、茂名 [35, 85]、梅州 [35] [曾宪锋 ZXF43739 (CZH)]、普宁 [35] [曾宪锋 ZXF42922 (CZH)]、清远 [35] [黄志 30119 (IBK)]、饶平 [35] [曾宪锋 ZXF24474 (CZH)]、仁化 [16, 35]、深圳 [11, 17, 35]、台山 [35] [左景烈 22274 (IBK)]、翁源 [35, 51]、五华 [4, 35]、新丰 [63]、新兴 [35] [刘瑛光 2505 (HZ)]、信宜 [35, 52]、阳春 [35] [黄志 38664 (IBK)]、阳江 [35] [黄志 41781 (IBK)]、英德 [35] [严岳鸿、邢福武 110208 (HUST)]、郁南 [35, 101]、云浮 [35] [黄志 37664 (IBK)]、增城 [116]、肇庆 [35] [叶华谷等 18304 (IBSC)]、中山 [10, 35]、珠海 [35] [陈邦余、李泽贤 404 (FJSI)]、紫金 [31, 35]。

红叶藤 ***Rourea minor*** (Gaertn.) Leenh.

分布：博罗 [5, 35]、潮州 [35] [曾宪锋 ZXF06114 (CZH)]、德庆 [35] [刘瑛光 1042 (IBSC)]、东莞 [25, 35]、东源 [59]、丰顺 [35] [曾宪锋 ZXF21546 (CZH)]、封开 [14, 35]、佛冈 [27]、广州 [35] [黄成 164726 (IBSC)]、化州 [35] [湛江区植物调查队 2916 (IBSC)]、怀集 [35] [刘瑛光 3044 (IBSC)]、惠州 [35] [卫兆芬 121700 (KUN)]、江门 [8]、茂名 [35] [邓良 1744 (KUN)]、韶关 [35] [刘棠瑞 421 (IBSC)]、深圳 [11, 17, 35]、台山 [35] [李泽贤、陈邦余 27 (FJSI)]、翁源 [35] [刘心祈 24497 (KUN)]、新兴 [35] [刘瑛光 2505 (IBSC)]、信宜 [35, 52]、阳春 [35, 45]、英德 [32, 35]、云浮 [35] [黄志 37626 (IBSC)]、增城 [116]、肇庆 [35] [叶华谷等 18339 (IBSC)]、珠海 [35] [高蕴璋、陈炳辉 218 (IBSC)]、紫金 [31, 35]。

244. 酢浆草科 Oxalidaceae

阳桃属 *Averrhoa* L.

阳桃 *Averrhoa carambola* L.

分布：博罗 *[38, 100]、从化 *[107]、东莞 *[25]、丰顺 *[95]、封开 *[14]、佛冈 *[27]、江门 *[8]、乐昌 *[29]、茂名 *[85]、深圳 *[11, 17]、信宜 *[52]、郁南 *[101]、肇庆 *[9]。

酢浆草属 *Oxalis* L.

大花酢浆草 ***Oxalis bowiei*** Lindl.

分布：广州 #[http://ppbc. iplant. cn/tu/9598455]、龙门 #[http://ppbc. iplant. cn/tu/9609013]。

酢浆草 ***Oxalis corniculata*** L.

分布：博罗 #[35, 38, 100]、潮州 #[35] [叶华谷等 12916 (IBSC)]、从化 #[35, 107]、大埔 #[35] [邓良 5259 (KUN)]、德庆 #[35] [刘瑛光 1269 (PE)]、东莞 #[25, 35, 82]、东源 # [59]、丰顺 #[35, 95]、封开 #[14, 35]、佛冈 #[27]、佛山 #[35] [黄茂先 110275 (PE)]、广州 #[35] [叶育石 5592 (IBSC)]、和平 #[35] [卫兆芬 120321 (KUN)]、化州 #[35] [湛江区植物调查队 3013 (IBSC)]、怀集 #[35] [刘瑛光 1446 (PE)]、惠东 # [12]、惠州 #[82]、江门 #[8]、蕉岭 #[35] [邓良 4842 (KUN)]、乐昌 #[29, 35, 41]、连南 #[35] [谭沛祥 59468 (KUN)]、连平 # [35] [刘瑛光 270 (PE)]、连州 #[26, 35]、茂名 #[35, 85]、梅州 # [35] [曾宪锋 ZXF29592 (CZH)]、南雄 #[33, 35, 57]、平远 #[35] [邓良 4276 (PE)]、普宁 #[35] [方琼苗 ZXF12432 (CZH)]、饶平 #[35] [李学根 200787 (IBSC)]、仁化 #[16, 35]、乳源 #[26, 35]、深圳 #[11, 82, 35, 17]、始兴 #[28, 35]、台山 #[35] [陈邦余、李泽贤 284 (FJSI)]、翁源 #[35, 51]、五华 #[4]、新丰 #[63]、新兴 #[35] [刘瑛光 2314 (PE)]、信宜 # [35, 52]、徐闻 #[35] [徐闻队 230 (KUN)]、阳春 #[35, 45]、阳山 #[26, 35]、英德 #[32, 35]、郁南 #[35, 101]、云浮 #[35] [黄志 37448 (IBSC)]、增城 #[35, 116]、肇庆 #[9, 35]、中山 # [10, 82, 35]、紫金 #[31, 35]。

红花酢浆草 ***Oxalis corymbosa*** DC.

分布：博罗 #[38, 100]、潮州 #[404]、从化 #[107]、大埔 #[15]、东莞 #[82]、东源 #[59]、封开 #[14]、佛冈 # [27]、佛山 #[500]、广州 #[21]、惠东 #[12]、惠州 #[82]、江门 #[8]、蕉岭 #[15]、乐昌 #[41, 526]、连州 #[26]、南雄 #[57]、仁化 #[16]、乳源 #[http://ppbc. iplant. cn/tu/4273081]、汕头 #[15]、深圳 #[11, 82, 17]、翁源 #[51]、五华 #[4]、信宜 #[52]、阳春 #[45]、阳山 #[http://ppbc. iplant. cn/tu/13535040]、英德 #[32]、郁南 #[101]、湛江 #[416]、肇庆 # [15, 423, 9]、中山 #[82]、珠海 #[428]、紫金 #[31]。

山酢浆草 ***Oxalis griffithii*** Edgew. & Hook. f.

分布：乐昌 [26, 29, 35]、连州 [26]、乳源 [26, 35]。

宽叶酢浆草 ***Oxalis latifolia*** Kunth

分布：深圳 #[17]。

黄花酢浆草 ***Oxalis pes-caprae*** L.

分布：茂名 *[85]。

245. 杜英科 Elaeocarpaceae

杜英属 *Elaeocarpus* L.

黑腺杜英 ***Elaeocarpus atropunctatus*** Hung T. Chang

分布：罗定 [3, 35]。

中华杜英 ***Elaeocarpus chinensis*** (Gardner & Champ.) Hook. f. ex Benth.

分布：**博罗** [100]、**从化** [107]、**德庆** [35] [刘瑛光 1058 (HZ)]、**东源** [59]、**封开** [14, 35]、**佛冈** [27]、**广州** [35] [黄成 164615 (IBSC)]、**河源** [35] [卫兆芬 120681 (KUN)]、**惠东** [12]、**江门** [8]、**乐昌** [29, 35]、**连南** [35] [朱志淞 742 (IBSC)]、**连平** [35] [刘瑛光 248 (IBSC)]、**连山** [35] [谭沛祥 58182 (PE)]、**连州** [35] [曾飞燕等 864 (PE)]、**南雄** [33, 35, 57]、**仁化** [16, 35]、**乳源** [26, 35]、**韶关** [35] [To & Tsang12442 (IBSC)]、**深圳** [17]、**始兴** [28]、**翁源** [51]、**五华** [4]、**新丰** [35, 63]、**信宜** [52]、**阳山** [26, 35]、**英德** [32, 35]、**郁南** [101]、**增城** [35, 116]、**肇庆** [9, 35]、**中山** [10]、**紫金** [31, 35]。

杜英 ***Elaeocarpus decipiens*** Hemsl.

分布：**潮州** [35] [曾宪锋 ZXF5477 (IBSC)]、**从化** [107]、**东莞** [25]、**东源** [59]、**丰顺** [35] [曾宪锋 ZXF6349 (CZH)]、**封开** [14, 35]、**佛冈** [27]、**蕉岭** [35] [邓良 4873 (IBK)]、**连州** [26, 35]、**梅州** [35] [曾宪锋 ZXF5255 (CZH)]、**仁化** [16]、**乳源** [26]、**深圳** [17]、**五华** [4, 35]、**新丰** [35] [叶华谷等 7576 (IBSC)]、**兴宁** [35] [曾宪锋 ZXF27982 (CZH)]、**阳山** [26]、**英德** [32]、**郁南** [101]、**增城** [116]、**中山** [10]。

显脉杜英 ***Elaeocarpus dubius*** Aug. DC.

分布：**恩平** [35] [黄茂先 110364 (HZ)]、**高州** [35] [Canton Christian College Herbarium 2686 (PE)]、**广州** [35] [李沛琼、李勇 3409 (SZG)]、**化州** [35] [周远瑞 50060 (GAC0003649)]、**惠州** [35] [曾怀德 25728 (IBSC)]、**江门** [35] [黄荣焜 30531 (IBSC)]、**廉江** [35] [广东木材调查组 648 (IBSC)]、**茂名** [35] [赵丕铎 90243 (IBSC)]、**深圳** [17, 35]、**翁源** [51]、**信宜** [35, 52]、**徐闻** [35] [周远瑞 100184 (IBK)]、**阳春** [35] [叶华谷、刘念 1650 (IBSC)]、**阳江** [35] [黄志 41717 (IBK)]、**英德** [32]、**云浮** [35] [黄志 1843 (SN)]、**增城** [35] [黄成 161962 (IBSC)]、**肇庆** [9, 35]、**中山** [10, 35]、**珠海** [35] [高蕴璋、陈柄辉 298 (HGAS)]、**紫金** [31, 35]。

褐毛杜英 ***Elaeocarpus duclouxii*** Gagnep.

分布：**封开** [14, 35]、**惠东** [12]、**乐昌** [29, 35, 41]、**连南** [35] [朱志淞 738 (IBSC)]、**连平** [35] [卫兆芬 120155 (KUN)]、**连州** [26]、**南雄** [33, 35, 57]、**仁化** [16, 35]、**乳源** [26, 35]、**韶关** [35] [高锡朋 50246 (IBK)]、**始兴** [28, 35]、**翁源** [51]、**新丰** [35] [邓良 7883 (KUN)]、**信宜** [52]、**阳山** [26, 35]、**英德** [32, 35]、**郁南** [101]、**肇庆** [9, 35]、**紫金** [31, 35]。

秃瓣杜英 ***Elaeocarpus glabripetalus*** Merr.

分布：**潮州** [35] [曾宪锋 ZXF9596 (CZH)]、**封开** [14, 35]、**广州** [35] [叶华谷等 399 (IBSC)]、**和平** [35] [张桂才 787 (IBSC)]、**怀集** [35] [石国良 15137 (IBSC)]、**乐昌** [29, 35, 41]、**连南** [35] [谭沛祥 58497 (PE)]、**连平** [35] [粤 73 1831 (IBSC)]、**连山** [35] [谭沛祥 58438 (PE)]、**连州** [26, 35]、**梅州** [35] [F. A. McClure 7213 (PE)]、**南澳** [35] [李泽贤、邢福武 713 (IBSC)]、**南雄** [35] [邓良 6464 (IBK)]、**平远** [35] [李学根 202021 (IBK)]、**清远** [35] [黄志 30601 (IBK)]、**饶平** [35] [田代科、李春 TDK00809 (CSH)]、**乳源** [26, 35]、**韶关** [35] [南岭队 848 (IBSC)]、**深圳** [17]、**始兴** [35] [王学文、张桂才 90 (IBSC)]、**五华** [4]、**新丰** [35, 63]、**阳山** [26, 35]、**英德** [32, 35]、**紫金** [31, 35]。

秃蕊杜英 ***Elaeocarpus gymnogynus*** H. T. Chang

分布：**信宜** [52]。

水石榕 ***Elaeocarpus hainanensis*** Oliv.

分布：**从化** *[107]、**封开** *[14]、**广州** *[http://ppbc. iplant. cn/tu/3007464]、**惠州** *[http://ppbc. iplant. cn/tu/4124182]、**江门** *[8]、**深圳** *[17]、**肇庆** *[9]、**珠海** *[http://ppbc. iplant. cn/tu/111843]。

日本杜英 ***Elaeocarpus japonicus*** Siebold & Zucc.

分布：**博罗** [5, 35]、**潮州** [35] [曾宪锋 ZXF4830 (IBSC)]、**从化** [35, 107]、**大埔** [35] [李学根 202525 (IBSC)]、**德庆** [35] [刘瑛光 1185 (IBSC)]、**东莞** [25, 35]、**东源** [119]、**丰顺** [35, 95]、**封开** [14, 35]、**佛冈** [27]、**高州** [35] [周沛椿 10284 (PE)]、**广州** [35] [郑永利 267 (IBSC)]、**海丰** [35] [曾宪锋 ZXF4533 (CZH)]、**和平** [35] [卫兆芬 120538 (KUN)]、**河源** [35] [卫兆芬 120659 (IBSC)]、**怀集** [35] [刘瑛光 3863 (HZ)]、**惠东** [12, 35]、**惠州** [35] [卫兆芬 121633 (IBK)]、**江门** [8, 35]、**蕉岭** [35] [南岭队 2301 (IBSC)]、**揭西** [35] [叶华谷 4447 (IBSC)]、**乐昌** [29, 35, 41]、**连南** [35] [邹香林、黄立 60935 (IBSC)]、**连山** [35] [谭沛祥 58300 (PE)]、**连州** [26, 35]、**龙门** [35] [吴文诗 y108 (SN)]、**茂名** [35] [蒋英 2888 (IBK)]、**梅州** [35] [曾宪锋 ZXF25204 (CZH)]、**南雄** [33, 35, 57]、**平远** [35] [李学根 201909 (IBSC)]、**饶平** [35] [李学根 200576 (IBSC)]、**仁化** [16, 35]、**乳源** [26, 35]、**深圳** [17, 35]、**始兴** [28, 35]、**台山** [35] [陈炳辉 879 (IBSC)]、**翁源** [35, 51]、**五华** [4, 35]、**新丰** [63]、**信宜** [35, 52]、**兴宁** [35] [李学根 201792 (IBSC)]、**阳春** [35, 45]、**阳山** [26, 35]、**英德** [32, 35]、**郁南** [35, 101]、**增城** [116]、**肇庆** [9, 35]、**中山** [10, 35]、**珠海** [35] [陈炳辉 664 (IBSC)]、**紫金** [31, 35]。

披针叶杜英 ***Elaeocarpus lanceifolius*** Roxb.

分布：**乳源** [26]、**信宜** [52]、**阳山** [26]、**英德** [32]、**紫金** [31]。

小花杜英 ***Elaeocarpus limitaneoides*** Y. Tang

分布：**高州** [476]。

灰毛杜英 ***Elaeocarpus limitaneus*** Hand. -Mazz.

分布：**封开** [14]、**江门** [8]、**始兴** [28]。

绢毛杜英 ***Elaeocarpus nitentifolius*** Merr. & Chun

分布：**丰顺** [95]、**封开** [14, 35]、**佛冈** [27]、**惠东** [12]、**江门** [8]、**信宜** [35, 52]、**阳春** [35] [叶华谷、刘念 632 (IBSC)]、**阳江** [35] [邢福武、李泽贤 2340 (IBSC)]、**英德** [32, 35]、**郁南** [35] [叶华谷、刘念 2783 (IBSC)]、**云浮** [35] [张镜清

83308 (IBSC)]、肇庆 [9, 35]、紫金 [31, 35]。

长柄杜英 ***Elaeocarpus petiolatus*** (Jack) Wall. ex Stued.

分布：信宜 [52]、阳春 [35] [黄志 38754 (IBSC)]、肇庆 [9]。

毛果杜英 ***Elaeocarpus rugosus*** Roxb.

分布：博罗 *[http://ppbc. iplant. cn/tu/2839752]、从化 *[107]、广州 *[http://ppbc. iplant. cn/tu/3528458]、惠东 [12]、江门 [8]、仁化 [16]、深圳 *[17]。

锡兰榄 ***Elaeocarpus serratus*** L.

分布：深圳 *[17]、阳西 *[http://ppbc. iplant. cn/tu/6667598]。

山杜英 ***Elaeocarpus sylvestris*** (Lour.) Poir.

分布：博罗 [35, 38, 100]、潮州 [35] [张雯 2015204 (CZH)]、从化 [35, 107]、大埔 [35] [邓良 5091 (IBSC)]、德庆 [35] [刘瑛光 1170 (IBSC)]、东莞 [25, 35]、东源 [59]、丰顺 [35, 95]、封开 [14, 35]、佛冈 [27]、佛山 [35] [谭沛祥 64070 (IBSC)]、高州 [35] [周沛椿 10893 (PE)]、广宁 [35] [W. M. Yi 15935 (IBSC)]、广州 [35] [叶华谷 16296 (IBSC)]、和平 [35] [卫兆芬 120230 (IBSC)]、河源 [35] [李楠 22475 (SZG)]、怀集 [35] [刘瑛光 3039 (HZ)]、惠东 [12]、惠州 [35] [曾怀德 25813 (IBSC)]、江门 [8]、蕉岭 [35] [南岭队 2227 (IBSC)]、揭西 [35] [曾宪锋 ZXF35543 (CZH)]、乐昌 [29, 35, 41]、雷州 [35] [李泽贤、邢福武 2057 (IBSC)]、连南 [35] [谭沛祥 59380 (KUN)]、连平 [35] [卫兆芬 120068 (IBSC)]、连山 [35] [谭沛祥 58545 (PE)]、龙门 [35] [杨捷梅 2017m136 (SN)]、罗定 [35] [林茎 9518 (IBSC)]、茂名 [35] [邓良 2234 (IBSC)]、梅州 [35] [曾宪锋 ZXF5294 (CZH)]、南澳 [35] [曾宪锋 ZXF6230 (CZH)]、清远 [35] [黄荣焜 30176 (IBSC)]、饶平 [35] [陈念劬 42777 (IBSC)]、仁化 [16, 35]、乳源 [26, 35]、韶关 [35] [南岭队 833 (IBSC)]、深圳 [17, 35]、始兴 [28]、台山 [35] [陈邦余、李泽贤 350 (IBSC)]、翁源 [35, 51]、五华 [4, 35]、新丰 [35, 63]、信宜 [35, 52]、徐闻 [35] [徐闻队 405 (KUN)]、阳春 [35, 45]、阳江 [35] [湛江区植物调查队 3612 (IBSC)]、英德 [32, 35]、郁南 [101]、云浮 [35] [张镜清 83313 (IBSC)]、增城 [116]、肇庆 [9, 35]、中山 [10, 35]、珠海 [35] [陈炳辉 757 (IBSC)]、紫金 [31, 35]。

美脉杜英 ***Elaeocarpus varunua*** Buch. -Ham.

分布：博罗 [5, 100]、茂名 [35] [赵丕铎 90240 (IBSC)]、信宜 [35, 52]、阳春 [35] [叶华谷、刘念 7 (IBSC)]、肇庆 [9]。

猴欢喜属 *Sloanea* L.

薄果猴欢喜 ***Sloanea leptocarpa*** Diels

分布：封开 [14, 35]、和平 [35]、乐昌 [29, 35, 41]、连南 [35]、连州 [35]、清远 [35]、韶关 [35]、始兴 [28, 35]、翁源 [35, 51]、信宜 [52]、阳山 [26]、英德 [32, 35]、肇庆 [9, 35]。

猴欢喜 ***Sloanea sinensis*** (Hance) Hemsl.

分布：博罗 [35, 37]、潮州 [35] [张雯 2016020 (CZH)]、从化 [35, 107]、大埔 [35] [李学根 202607 (IBSC)]、德庆 [35] [刘瑛光 948 (IBSC)]、东莞 [25, 35]、东源 [119]、丰顺 [35, 95]、封开 [14, 35]、佛冈 [27]、广宁 [35] [石国良 14417 (IBSC)]、广州 [35] [陈炳辉、邢福武 528 (IBSC)]、和平 [35] [张冰明 152856 (IBSC)]、怀集 [35] [石国良 15016 (IBSC)]、惠东 [12, 35]、惠州 [35] [曾怀德 25911 (IBSC)]、江门 [8, 35]、蕉岭 [35] [南岭队 2389 (IBSC)]、揭西 [35] [叶华谷等 4451 (IBSC)]、乐昌 [29, 35, 41]、连南 [35] [谭沛祥 59538 (IBSC)]、连平 [35] [刘瑛光 260 (IBSC)]、连山 [35] [谭沛祥 58550 (PE)]、连州 [26, 35]、龙门 [35] [卫兆芬 121838 (IBSC)]、陆丰 [35] [南植地 8463 (IBSC)]、梅州 [35] [曾宪锋 ZXF42212 (CZH)]、南雄 [33, 35, 57]、平远 [35] [李学根 202134 (IBSC)]、饶平 [35] [李学根 200845 (IBSC)]、仁化 [16, 35]、乳源 [26, 35]、韶关 [35] [邹香林 20267 (IBSC)]、深圳 [17, 35]、始兴 [28, 35]、翁源 [35, 51]、五华 [4, 35]、新丰 [35] [粤 775541 (IBSC)]、信宜 [35, 52]、阳春 [35, 45]、阳山 [26, 35]、英德 [32, 35]、郁南 [35, 101]、云浮 [35] [辛树帜 5113 (IBK)]、增城 [35, 116]、肇庆 [9, 35]、中山 [10, 35]、紫金 [31, 35]。

246. 小盘木科 Pandaceae

小盘木属 *Microdesmis* Hook. f.

小盘木 ***Microdesmis caseariifolia*** Planch. ex Hook. f.

分布：博罗 [35, 100]、从化 [107]、东莞 [25, 35]、恩平 [35] [黄茂先 110511 (HZ)]、封开 [14]、高州 [35] [蒋英 2236 (IBSC)]、鹤山 [35] [黄茂先 110815 (HZ)]、化州 [35] [湛江区植物调查队 2988 (IBSC)]、惠东 [35]、惠州 [35] [叶华谷、曾飞燕 22044 (IBSC)]、江门 [8, 35]、开平 [35]、雷州 [35]、廉江 [35] [湛江区植物调查队 3089 (IBSC)]、龙门 [35]、罗定 [35] [陈炳辉 1769 (IBSC)]、茂名 [35]、清远 [35] [黄志 32542 (IBSC)]、深圳 [17, 35]、遂溪 [35]、台山 [35] [李泽贤 549 (IBSC)]、吴川 [35]、新丰 [63]、新兴 [35]、信宜 [35, 52]、徐闻 [35]、阳春 [35] [湛江区植物调查队 4442 (IBSC)]、阳江 [35] [湛江区植物调查队 3617 (IBSC)]、阳西 [35]、郁南 [35, 101]、云浮 [35]、湛江 [35] [南植地 3617 (SYS)]、肇庆 [9, 35]、中山 [10, 35]、珠海 [35] [陈炳辉 767 (IBSC)]、紫金 [31]。

247. 红树科 Rhizophoraceae

木榄属 *Bruguiera* Lam.

木榄 ***Bruguiera gymnorhiza*** (L.) Savigny

分布：廉江 [13]、深圳 [17]、遂溪 [13]、台山 [35]、徐闻 [35]、阳江 [35]、湛江 [13, 35]。

竹节树属 *Carallia* Roxb.

竹节树 ***Carallia brachiata*** (Lour.) Merr.

分布：博罗 [35, 100]、从化 [35, 107]、东莞 [25, 35]、

东源 [59]、封开 [14, 35]、佛冈 [27]、佛山 [35] [王显智 158 (IBK)]、广宁 [35] [陈炳辉 1647 (IBSC)]、广州 [35] [中山大学生物系标本厂 106 (BMNH151153)]、惠东 [12, 35]、惠州 [35] [陈炳辉 470 (IBSC)]、江门 [8, 35]、茂名 [85]、深圳 [17, 35]、台山 [35] [周联选 11650 (KUN)]、信宜 [52]、阳春 [45]、英德 [32]、增城 [116]、肇庆 [9, 35]、中山 [10, 35]、珠海 [35] [粤 73 3018 (IBSC)]、紫金 [31]。

锯叶竹节树 *Carallia diplopetala* Hand. -Mazz.

分布：信宜 [黄志 37721 (PE)]、肇庆 [叶华谷等 18347 (IBSC)]。

旁杞木 *Carallia pectinifolia* W. C. Ko

分布：封开 [14]、高州 [35] [周沛椿 10410 (IBSC)]、化州 [35] [湛江区植物调查队 2906 (IBSC)]、罗定 [35] [陈焕镛 9475 (IBK)]、茂名 [85]、信宜 [35, 52]、阳春 [35, 45]、郁南 [35] [叶华谷、刘念 2673 (IBSC)]、云浮 [35] [黄荣焜 1873 (IBK)]。

角果木属 *Ceriops* Arn.

角果木 *Ceriops tagal* (Perr.) C. B. Rob.

分布：徐闻 [13, 35]。

秋茄树属 *Kandelia* (DC.) Wight & Arn.

秋茄树 *Kandelia obovata* Sheue & al.

分布: 东莞 [25]、雷州 [35]、廉江 [35]、汕头 [35]、深圳 [17]、台山 [35]、徐闻 [35]、阳江 [35]、湛江 [35]、中山 [10]。

红树属 *Rhizophora* L.

红海兰 *Rhizophora stylosa* Griff.

分布：廉江 [35]、徐闻 [35]、阳江 [35]。

248. 古柯科 Erythroxylaceae

古柯属 *Erythroxylum* P. Browne

南粤古柯 *Erythroxylum austroguangdongense* C. M. He, X. X. Zhou & Y. H. Tong

分布：阳春 [169]、珠海 [https://ppbc.iplant.cn/tu/14620826]、茂名 [https://ppbc.iplant.cn/tu/15997685]。

东方古柯 *Erythroxylum sinense* C. Y. Wu

分布：从化 [35] [曾怀德 20462 (KUN)]、大埔 [35] [曾宪锋 ZXF20392 (CZH)]、丰顺 [35] [曾宪锋 ZXF4629 (CZH)]、封开 [14, 35]、高州 [35] [伍辉民 58 (IBSC)]、和平 [35] [卫兆芬 120274 (KUN)]、江门 [8]、蕉岭 [35] [邓良 4790 (IBK)]、揭西 [35] [曾宪锋 ZXF24818 (CZH)]、乐昌 [29, 35, 41]、连南 [35] [曾飞燕等 804 (PE)]、连平 [35] [卫兆芬 120151 (PE)]、连山 [35] [曾飞燕等 170 (PE)]、连州 [26, 35]、茂名 [35] [邓良 2408 (KUN)]、梅州 [35] [曾宪锋 ZXF5239 (CZH)]、南雄 [33, 35]、仁化 [35] [曾怀德 26468 (IBSC)]、乳源 [26, 35]、韶关 [35] [黄立 20238 (IBSC)]、台山 [35] [黄茂先 110121 (PE)]、翁源 [51]、五华 [4, 35]、新丰 [63]、信宜 [35, 52]、兴宁 [35] [曾宪锋 ZXF27977 (CZH)]、阳春 [35, 45]、阳山 [26, 35]、英德 [32, 35]、肇庆 [9, 35]、紫金 [31, 35]。

249. 金莲木科 Ochnaceae

金莲木属 *Ochna* L.

金莲木 *Ochna integerrima* (Lour.) Merr.

分布：封开 [14]、廉江 [35] [湛江区植物调查队 3167 (IBSC)]、阳江 [35] [湛江区植物调查队 3611 (IBSC)]。

蒴莲木属 *Sauvagesia* L.

合柱金莲木 *Sauvagesia rhodoleuca* (Diels) M. C. E. Amaral

分布: 封开 [14, 20, 35]、广宁 [20]、怀集 [20, 35]、连山 [20, 35]、阳江 [20]。

250. 藤黄科 Clusiaceae

藤黄属 *Garcinia* L.

木竹子 *Garcinia multiflora* Champ. ex Benth.

分布：博罗 [35, 38, 100]、潮州 [35] [叶华谷等 13168 (IBSC)]、从化 [35, 107]、大埔 [35] [李学根 202528 (IBSC)]、德庆 [35] [刘瑛光 990 (IBSC)]、东莞 [25, 35]、东源 [59]、丰顺 [35, 95]、封开 [14, 35]、佛冈 [27]、广州 [35] [黄成 164684 (IBSC)]、和平 [35] [张冰明 152850 (IBSC)]、化州 [35] [湛江区植物调查队 3039A (IBSC)]、怀集 [35] [刘瑛光 3010 (IBSC)]、惠东 [12, 35]、惠州 [35] [董仕勇、李世晋 3528 (IBSC)]、江门 [8, 35]、蕉岭 [35] [南岭队 2234 (IBSC)]、揭西 [35] [2015 级实习队 2016295 (CZH)]、乐昌 [29, 35, 41]、连南 [35] [谭沛祥 59051 (IBSC)]、连平 [35] [卫兆芬 120165 (KUN)]、连山 [35] [谭沛祥 58094 (PE)]、连州 [35] [左景烈 22724 (IBSC)]、廉江 [35] [刘仕汗、李祥禧 89931 (IBSC)]、龙川 [35] [左景烈 21637 (IBSC)]、龙门 [35] [李学根 200357 (IBSC)]、罗定 [35] [叶华谷、刘念 2424 (IBSC)]、茂名 [85]、梅州 [35] [曾宪锋 ZXF5259 (CZH)]、南雄 [33, 35, 57]、平远 [35] [邓良 4298 (IBSC)]、清远 [35] [黄志 30626 (IBSC)]、饶平 [35] [李学根 200856 (IBSC)]、仁化 [16, 35]、乳源 [26, 35]、韶关 [35] [麦鹤云 21131 (SN)]、深圳 [17, 35]、始兴 [28, 35]、台山 [35] [李泽贤 556 (IBSC)]、翁源 [35, 51]、五华 [4, 35]、新丰 [35, 63]、新兴 [35] [刘瑛光 2336 (IBSC)]、信宜 [35, 52]、兴宁 [35] [李学根 201833 (IBSC)]、阳春 [35, 45]、阳江 [35] [湛江区植物调查队 3693 (IBSC)]、阳山 [26, 35]、英德 [32, 35]、郁南 [35, 101]、云浮 [35] [张镜清 83310 (IBSC)]、增城 [116]、肇庆 [9, 35]、中山 [10, 35]、紫金 [31, 35]。

岭南山竹子 *Garcinia oblongifolia* Champ. ex Benth.

分布：博罗 [35, 100]、从化 [107]、东莞 [25, 35]、东源 [119]、恩平 [35]、封开 [14]、佛冈 [27]、广州 [35]、惠东 [12, 35]、惠州 [35]、江门 [8, 35]、茂名 [85]、仁化 [16]、乳源 [26]、深圳 [17, 35]、台山 [35]、新丰 [63]、信宜 [52]、阳春 [45]、阳山 [26]、英德 [32]、增城 [116]、肇庆 [9]、中山 [10, 35]、珠海 [35]、紫金 [31]。

菲岛福木 *Garcinia subelliptica* Merr.

分布：广州 *[http://ppbc. iplant. cn/tu/5528004]、廉江 *[http://ppbc. iplant. cn/tu/1047556]、茂名 *[http://ppbc. iplant. cn/tu/785886]、深圳 *[http://ppbc. iplant. cn/tu/5426902]、湛江 *[http://ppbc. iplant. cn/tu/15435091]、中山 *[http://ppbc. iplant. cn/tu/2266291]。

251. 红厚壳科 Calophyllaceae

红厚壳属 *Calophyllum* L.

薄叶红厚壳 *Calophyllum membranaceum* Gardner & Champ.

分布：博罗 [35, 100]、潮州 [35] [曾宪锋 ZXF9790 (CZH)]、从化 [107]、德庆 [35] [刘瑛光 1343 (IBSC)]、东莞 [25, 35]、东源 [119]、恩平 [35] [陈炳辉 1881 (IBSC)]、丰顺 [35, 95]、封开 [14, 35]、佛冈 [27]、广州 [35] [植物组 10415 (NAU00014821)]、河源 [35] [77 级科研组新 0988 (SN)]、鹤山 [35] [黄茂先 110822 (PE)]、怀集 [35] [刘瑛光 2676 (IBSC)]、惠东 [12, 35]、惠州 [35] [叶华谷、曾飞燕 22048 (IBSC)]、江门 [8, 35]、廉江 [35] [湛江区植物调查队 3170 (IBSC)]、龙门 [35] [肖家庚 55236 (CSFI)]、罗定 [35] [叶华谷、刘念 2127 (IBSC)]、梅州 [35] [曾怀德 21525 (IBSC)]、清远 [35] [黄志 30785 (IBSC)]、深圳 [17, 35]、台山 [35] [左景烈 22374 (IBSC)]、翁源 [35] [刘心祈 25067 (IBSC)]、五华 [4, 35]、新兴 [35] [刘瑛光 2222 (IBSC)]、信宜 [35, 52]、阳春 [35, 45]、英德 [32, 35]、云浮 [35] [黄志 37628 (IBSC)]、增城 [116]、肇庆 [9, 35]、中山 [10, 35]、珠海 [35] [李泽贤、邢福武 645 (FJSI)]、紫金 [31, 35]。

铁力木属 *Mesua* L.

铁力木 *Mesua ferrea* L.

分布：信宜 [3]。

252. 川苔草科 Podostemaceae

川苔草属 *Cladopus* H. A. Möller

华南飞瀑草 *Cladopus austrosinensis* Mak. Kato & Y. Kita

分布：博罗 [专家意见]。

福建飞瀑草 *Cladopus fukienensis* (H. C. Chao) H. C. Chao

分布：从化 [https://ppbc.iplant.cn/tu/15834839]。

鹦哥岭飞瀑草 *Cladopus yinggelingensis* Q. W. Lin, Gang Lu & Z. Yu Li

分布：深圳 [https://ppbc.iplant.cn/tu/9287039]。

253. 金丝桃科 Hypericaceae

黄牛木属 *Cratoxylum* Blume

黄牛木 *Cratoxylum cochinchinense* (Lour.) Blume

分布：博罗 [35, 38, 100]、从化 [35, 107]、德庆 [35]、东莞 [25, 35]、东源 [119]、恩平 [35]、封开 [14, 35]、佛冈 [27]、佛山 [35]、高州 [35]、广州 [35]、鹤山 [35]、怀集 [35]、惠东 [12, 35]、惠州 [35]、江门 [8, 35]、开平 [35]、乐昌 [29]、廉江 [35]、龙门 [35]、罗定 [35]、茂名 [35, 85]、南雄 [33, 57]、清远 [35]、仁化 [16]、深圳 [11, 17, 35]、台山 [35]、五华 [4]、新丰 [63]、新兴 [35]、信宜 [35, 52]、徐闻 [35]、阳春 [35, 45]、阳江 [35]、英德 [32]、郁南 [35, 101]、云浮 [35]、增城 [35, 116]、肇庆 [9, 35]、中山 [10, 35]、珠海 [35]、紫金 [31]。

金丝桃属 *Hypericum* Tourn. ex L.

黄海棠 *Hypericum ascyron* L.

分布：乐昌 [29, 26]、南雄 [33, 57]、仁化 [16]、乳源 [26, 35]、始兴 [28, 35]、阳山 [26, 35]。

赶山鞭 *Hypericum attenuatum* Fisch. ex Choisy

分布：博罗 [35, 100]、东莞 [25]、佛冈 [27]、海丰 [35]、怀集 [35]、惠东 [12]、惠州 [35]、乐昌 [29, 35, 41]、南雄 [33, 57]、仁化 [35]、乳源 [26, 35]、始兴 [28]、五华 [4]、信宜 [35, 52]、阳山 [26]、紫金 [31]。

挺茎遍地金 *Hypericum elodeoides* Choisy

分布：丰顺 [393]、连州 [26]。

小连翘 *Hypericum erectum* Thunb. ex Murray

分布：连州 [26]、乳源 [26]。

扬子小连翘 *Hypericum faberi* R. Keller

分布：乳源 [26]。

衡山金丝桃 *Hypericum hengshanense* W. T. Wang

分布：连南 [3]、连山 [35]、连州 [26]、阳山 [26]。

地耳草 *Hypericum japonicum* Thunb.

分布：博罗 [35, 38, 100]、潮州 [35] [李达洋 2015064 (CZH)]、从化 [35, 107]、大埔 [35] [曾宪锋 ZXF32961 (CZH)]、东莞 [25, 35]、丰顺 [35, 95]、封开 [14, 35]、佛冈 [27]、佛山 [35] [陈念劬 44426 (IBSC)]、高州 [35] [周沛椿 10373 (IBSC)]、广宁 [35] [陈炳辉 1639 (IBSC)]、广州 [35] [叶育石 5276 (IBSC)]、海丰 [35] [曾宪锋 ZXF4480 (CZH)]、和平 [35] [卫兆芬 120486 (KUN)]、河源 [35] [77 级科研组新 0469 (SN)]、化州 [35] [湛江区植物调查队 2934 (IBSC)]、怀集 [35] [陈炳辉 1341 (IBSC)]、惠东 [12, 35]、惠州 [35] [杨敏仪 YMY049 (CZH)]、江门 [8, 35]、蕉岭 [35] [邓良 4536 (IBSC)]、揭阳 [35] [黄雅凤 HYF014 (CZH)]、乐昌 [29, 35, 41]、连南 [35] [谭沛祥 59154 (KUN)]、连平 [35] [刘瑛光 240 (IBSC)]、连山 [35] [谭沛祥 58356 (PE)]、连州 [26, 35]、龙门 [35] [南岭队 2184 (IBSC)]、茂名 [35, 85]、梅州 [35] [曾宪锋 ZXF29543 (CZH)]、南雄 [33, 35, 57]、清远 [35] [黄志 30609 (IBK)]、饶平 [35] [李学根 200626 (IBSC)]、仁化 [16, 35]、乳源 [26, 35]、深圳 [11, 17, 35]、始兴 [28, 35]、台山 [35] [左景烈 22487 (IBSC)]、翁源 [35, 51]、新丰 [63]、新兴 [35] [刘瑛光 2390 (IBSC)]、信宜 [35, 52]、兴宁 [35] [李学根 201848 (CSFI)]、徐闻 [35] [徐闻队 306 (KUN)]、阳春 [35, 45]、阳江 [35] [黄志 41488 (IBK)]、阳山 [26, 35]、英德 [32,

35]、郁南 [35, 101]、云浮 [35] [黄季庄 350 (IBSC)]、增城 [35, 116]、肇庆 [9, 35]、中山 [10, 35]、紫金 [31, 35]。

金丝桃 ***Hypericum monogynum*** L.

分布：博罗 [38, 100]、乐昌 [26, 35]、连州 [26, 35]、仁化 [16]、乳源 [26, 35]、阳山 [26, 35]、英德 [32, 35]。

云南小连翘 ***Hypericum petiolulatum*** **subsp.** ***yunnanense*** (Franch.) N. Robson

分布：乳源 [35]、阳山 [26]。

元宝草 ***Hypericum sampsonii*** Hance

分布：博罗 [100]、封开 [14, 35]、佛冈 [27]、和平 [35] [张桂才等 147 (IBSC)]、乐昌 [29, 35, 41]、连南 [35] [谭沛祥 58486 (IBSC)]、连州 [35] [南岭队 111 (IBSC)]、龙川 [35] [曾宪锋 ZXF27694 (CZH)]、龙门 [35] [徐德明 25350 (IBSC)]、梅州 [35] [曾宪锋 ZXF41684 (CZH)]、南雄 [35] [邓良 6209 (IBSC)]、平远 [35] [李学根 201942 (IBSC)]、仁化 [16, 35]、乳源 [26, 35]、始兴 [28, 35]、翁源 [51]、五华 [35] [李学根 201606 (IBSC)]、新丰 [63]、阳山 [26, 35]、英德 [32, 35]、郁南 [101]、增城 [116]、肇庆 [9, 35]、紫金 [31]。

密腺小连翘 ***Hypericum seniawinii*** Maxim.

分布：博罗 [305]、惠州 [305]、连州 [298]、龙门 [305]、乳源 [305, 26]。

三腺金丝桃属 *Triadenum* Raf.

三腺金丝桃 ***Triadenum breviflorum*** (Wall. ex Dyer) Y. Kimura

分布：南雄 [519, 33]、阳山 [22]。

254. 核果木科 Putranjivaceae

核果木属 *Drypetes* Vahl

拱网核果木 ***Drypetes arcuatinervia*** Merr. & Chun

分布：罗定 [35]、茂名 [35]、信宜 [35, 52]、郁南 [35, 101]。

核果木 ***Drypetes indica*** (Müll. Arg.) Pax & K. Hoffm.

分布：郁南 [101]。

全缘叶核果木 ***Drypetes integrifolia*** Merr. & Chun

分布：信宜 [高锡朋 51498 (SN)]。

广东核果木 ***Drypetes kwangtungensis*** F. W. Xing, X. S. Qin & H. F. Chen

分布：深圳 [246]。

钝叶核果木 ***Drypetes obtusa*** Merr. & Chun

分布：深圳 [17]。

网脉核果木 ***Drypetes perreticulata*** Gagnep.

分布：阳春 [35]。

假黄杨属 *Putranjiva* Wall.

台湾假黄杨 ***Putranjiva formosana*** Kaneh. & Sasaki ex Shimada

分布：珠海 [470, 35, 3]。

255. 沟繁缕科 Elatinaceae

田繁缕属 *Bergia* L.

田繁缕 ***Bergia ammannioides*** Roxb. ex Roth

分布：广州 [35] [Theophilus Sampson37 (PE)]、连州 [35] [谭沛祥 59607 (IBSC)]、仁化 [16]、乳源 [35] [粤 71788 (IBSC)]、翁源 [35] [刘心祈 2651 (IBSC)]、肇庆 [9, 35]。

大叶田繁缕 ***Bergia capensis*** L.

分布：广州 [35]。

沟繁缕属 *Elatine* L.

三蕊沟繁缕 ***Elatine triandra*** Schkuhr

分布：佛山 [22]、广州 [22, 35]、深圳 [17]、阳春 [22]、肇庆 [9, 22, 35]、紫金 [31]。

256. 金虎尾科 Malpighiaceae

盾翅藤属 *Aspidopterys* Juss. ex S. L. Endlicher

贵州盾翅藤 ***Aspidopterys cavaleriei*** H. Lév.

分布：博罗 [35]、从化 [陈又生等 22023 (IBSC)]、肇庆 [9, 35]、龙门 [https://ppbc.iplant.cn/tu/10082539]。

金英属 *Galphimia* Cav.

金英 ***Galphimia gracilis*** Bartl.

分布：深圳 *[17]。

风筝果属 *Hiptage* Gaertn.

风筝果 ***Hiptage benghalensis*** (L.) Kurz

分布：博罗 [35, 100]、从化 [107]、东莞 [25, 35]、丰顺 [95]、封开 [14]、佛冈 [27]、广州 [35] [陈少卿 7251 (KUN)]、惠东 [12]、惠州 [35] [徐德明 187 (NAS)]、江门 [8, 35]、乐昌 [29]、深圳 [17, 35]、五华 [4]、信宜 [52]、英德 [32]、肇庆 [9, 35]、紫金 [31]。

金虎尾属 *Malpighia* L.

金虎尾 ***Malpighia coccigera*** L.

分布：深圳 *[17]。

光叶金虎尾 ***Malpighia glabra*** L.

分布：深圳 *[17]。

三星果属 *Tristellateia* Thouars

三星果 ***Tristellateia australasiae*** A. Rich.

分布：广州 *[http://ppbc. iplant. cn/tu/6297964]、深圳 * [17]。

257. 毒鼠子科 Dichapetalaceae

毒鼠子属 *Dichapetalum* Thouars

海南毒鼠子 ***Dichapetalum longipetalum*** (Turcz.) Engl.

分布：徐闻 [陈少卿 7587 (IBSC)]。

258. 堇菜科 Violaceae

鼠鞭堇属 *Afrohybanthus* Flicker

鼠鞭堇 ***Afrohybanthus enneaspermus*** (L.) Flicker

分布：阳江 [35]、珠海 [35]。

堇菜属 ***Viola*** **L.**

如意草 ***Viola arcuata*** Blume

分布：博罗 [35, 100]、从化 [35, 107]、大埔 [35]、东莞 [25]、丰顺 [35, 95]、封开 [14, 35]、佛冈 [27]、河源 [35]、惠东 [12, 35]、乐昌 [29, 35, 41]、连平 [35]、连山 [35]、连州 [26]、龙门 [35]、南雄 [33, 57]、平远 [35]、清远 [35]、饶平 [35]、仁化 [35]、乳源 [26, 35]、深圳 [17, 35]、始兴 [28]、翁源 [35, 51]、信宜 [35, 52]、阳春 [35]、阳山 [26, 35]、英德 [32, 35]、郁南 [101]、云浮 [35]、增城 [116]、肇庆 [9, 35]、中山 [10]、紫金 [31]。

华南堇菜 ***Viola austrosinensis*** Y. S. Chen & Q. E. Yang

分布：龙门 [http://ppbc. iplant. cn/tu/11394460]、信宜 [52]、紫金 [31]、增城 [https://ppbc.iplant.cn/tu/13940358]、从化 [https://ppbc.iplant.cn/tu/3422226]。

戟叶堇菜 ***Viola betonicifolia*** Sm.

分布：东莞 [25, 35]、乐昌 [29]、平远 [35]、仁化 [16]、乳源 [520, 26, 35]、深圳 [17]、始兴 [28]、信宜 [52]、徐闻 [35]、阳山 [26]、郁南 [101]、肇庆 [9]。

张氏堇菜 ***Viola changii*** J. S. Zhou & F. W. Xing

分布：潮州 [陈又生等 2019056 (IBSC)]、从化 [360]、龙门 [35]、南雄 [33]、仁化 [陈又生，金梓超 SG01 (IBSC)]、乳源 [26]、韶关 [360]、阳山 [26]。

潮州堇菜 ***Viola chaozhouensis*** Y. S. Huang, J. H. Ding & Q. Fan

分布：潮州 [182]。

深圆齿堇菜 ***Viola davidii*** Franch.

分布：博罗 [http://ppbc. iplant. cn/tu/13646574]、从化 [35]、封开 [14, 35]、广宁 [35]、和平 [35]、河源 [35]、江门 [8]、乐昌 [29]、连山 [35]、连州 [26]、南雄 [33]、平远 [35]、乳源 [26, 35]、翁源 [51]、新丰 [63]、信宜 [35, 52]、增城 [116]。

七星莲 ***Viola diffusa*** Ging.

分布：博罗 [5, 35]、潮州 [35] [叶华谷 12957 (IBSC)]、从化 [35, 107]、大埔 [35]、德庆 [35] [刘瑛光 1375 (IBSC)]、东莞 [25, 35]、丰顺 [35, 95]、封开 [14, 35]、佛冈 [27]、河源 [35] [卫兆芬 120727 (PE)]、怀集 [35] [刘瑛光 2609 (IBSC)]、惠东 [12, 35]、江门 [8, 35]、蕉岭 [35] [南岭队 2369 (IBSC)]、乐昌 [29, 35, 41]、连南 [35] [邹香林 60565 (IBSC)]、连平 [35] [粤 73 1941 (IBSC)]、连山 [35] [叶华谷等 3368 (IBSC)]、连州 [26, 35]、廉江 [35] [湛江区植物调查队 3186 (IBSC)]、龙川 [35] [曾宪锋 ZXF22387 (CZH)]、龙门 [35] [王学文、张桂才 8167 (IBSC)]、罗定 [35] [叶华谷、刘念 2325 (IBSC)]、梅州 [35] [侯宽昭 71192 (IBSC)]、南雄 [33, 35, 57]、平远 [35] [邓良 4165 (IBSC)]、清远 [35] [林正眉、张丹荔 20180059 (SN)]、饶平 [35] [陈念劬 42811 (IBSC)]、仁化 [16, 35]、乳源 [26, 35]、深圳 [11, 17, 35]、始兴 [28, 35]、翁源 [35, 51]、五华 [4]、新丰 [35, 63]、新兴 [35] [刘瑛光 2152 (IBSC)]、信宜 [35, 52]、兴宁 [35] [曾宪锋 ZXF22112 (CZH)]、阳春 [35, 45]、阳山 [26, 35]、英德 [32, 35]、郁南 [101]、增城 [35, 116]、肇庆 [9, 35]、中山 [10, 35]、珠海 [35] [粤 73 73-3160 (IBSC)]、紫金 [31, 35]。

柔毛堇菜 ***Viola fargesii*** H. Boissieu

分布：连山 [35]、乳源 [26, 35]。

紫花堇菜 ***Viola grypoceras*** A. Gray

分布：乐昌 [41]、连州 [26, 35]、南雄 [33, 57]、仁化 [16]、乳源 [26, 35]、阳山 [26]、增城 [116]。

广州堇菜 ***Viola guangzhouensis*** A. Q. Dong

分布：从化 [152]、龙门 [http://ppbc. iplant. cn/tu/10082204]、增城 [http://ppbc. iplant. cn/tu/13618839]。

河源堇菜 ***Viola heyuanensis*** Y. S. Huang, Q. L. Ye & Q. Fan

分布：紫金 [182]。

惠州堇菜 ***Viola huizhouensis*** Y. S. Huang & Q. Fan

分布：潮州 [陈又生等 2019055 (IBSC)]、惠州 [180]、深圳 [http://ppbc. iplant. cn/tu/9287037]。

鼠鞭堇状堇菜 ***Viola hybanthoides*** W. B. Liao & Q. Fan

分布：仁化 [159]。

长萼堇菜 ***Viola inconspicua*** Blume

分布：博罗 [35, 38, 100]、潮州 [35] [曾宪锋 ZXF15214 (CZH)]、从化 [35, 107]、大埔 [35] [曾宪锋 ZXF9273 (CZH)]、德庆 [35] [刘瑛光 1428 (IBSC)]、东莞 [25, 35]、丰顺 [95]、封开 [14, 35]、佛冈 [27]、广州 [35] [中草药组 206 (IBSC)]、河源 [35] [77 级科研组 222 (IBSC)]、惠东 [12, 35]、惠州 [35] [刘全儒、孟世勇 201001087 (BNU)]、江门 [8, 35]、乐昌 [29, 35, 41]、连南 [35] [谭沛祥 59505 (PE)]、连平 [35] [粤 73 1598 (IBSC)]、连山 [35] [叶华谷 3822 (IBSC)]、连州 [26, 35]、龙川 [35] [徐祥浩 1044 (IBSC)]、陆河 [35] [叶华谷等 4727 (IBSC)]、罗定 [35] [叶华谷、刘念 2224 (IBSC)]、梅州 [35] [侯宽昭 71191 (IBSC)]、南雄 [33, 35, 57]、平远 [35] [曾宪锋 ZXF9174 (CZH)]、饶平 [35] [曾宪锋 ZXF24450 (CZH)]、仁化 [16, 35]、乳源 [26, 35]、深圳 [17, 35]、始兴 [28, 35]、翁源 [35, 51]、五华 [4]、新丰 [35] [邓良 8285 (IBSC)]、新兴 [35] [刘瑛光 2404 (IBSC)]、信宜 [35, 52]、阳春 [35] [张桂才、刘念 3119 (IBSC)]、阳山 [26, 35]、英德 [32, 35]、郁南 [35] [叶华谷、刘念 2675 (IBSC)]、增城 [116]、肇庆 [9, 35]、中山 [10, 35]、紫金 [31, 35]。

福建堇菜 ***Viola kosanensis*** Hayata

分布：从化 [35]、乐昌 [29, 41]、连州 [26]、仁化 [16, 35]、乳源 [520, 26]、始兴 [28]、新丰 [63]、信宜 [35]。

广东堇菜 ***Viola kwangtungensis*** Melch.

分布：封开 [14]、龙门 [陈又生，费文群 2019060 (IBSC)]。

长茎堇菜 ***Viola longissima*** Y. S. Huang & Q. Fan

分布：平远 [182]。

犁头叶堇菜 ***Viola magnifica*** C. J. Wang ex X. D. Wang

分布：连山 [520]。

荁 ***Viola moupinensis*** Franch.

分布：惠东 [12]、乐昌 [29, 35]、连山 [35]、乳源 [26, 35]。

南岭堇菜 ***Viola nanlingensis*** J. S. Zhou & F. W. Xing

分布：从化 [陈又生 202203010 (IBSC)]、东莞 [25]、龙门 [陈又生，费文群 2019062 (IBSC)]、乳源 [26]、韶关 [361]、深圳 [17]、翁源 [51]、五华 [4]、阳山 [26]、紫金 [31]。

白湾堇菜 ***Viola pendulipes*** Yan S. Huang & Q. Fan

分布：清远 [566]。

紫花地丁 ***Viola philippica*** Cav.

分布：连州 [26]、仁化 [16]、乳源 [26]、信宜 [52]、阳山 [26]、增城 [116]。

庆瑞堇菜 ***Viola qingruii*** Y. S. Huang & Q. Fan

分布：乳源 [182]、英德 [182]、增城 [182]。

庐山堇菜 ***Viola stewardiana*** W. Becker

分布：连州 [26, 35]、仁化 [16]、乳源 [26, 35]。

三角叶堇菜 ***Viola triangulifolia*** W. Becker

分布：丰顺 [95]、乐昌 [29, 35, 41]、连山 [35]、连州 [26]、仁化 [16]、乳源 [26, 35]、始兴 [28]、翁源 [51]、英德 [35]。

三色堇 ***Viola tricolor*** L.

分布：乐昌 *[29]、深圳 *[17]。

紫背堇菜 ***Viola violacea*** Makino

分布：从化 [陈又生等 22090 (IBSC)]。

259. 西番莲科 Passifloraceae

蒴莲属 *Adenia* Forssk.

异叶蒴莲 ***Adenia heterophylla*** (Blume) Koord.

分布：化州 [35]、茂名 [35]、信宜 [35, 52]、徐闻 [35]、阳春 [35]。

西番莲属 *Passiflora* L.

西番莲 ***Passiflora caerulea*** L.

分布：从化 #[107]、东莞 #[82]、惠州 #[82]、深圳 #[82]、中山 #[82]。

蛇王藤 ***Passiflora cochinchinensis*** Spreng.

分布：高州 [35]、深圳 [11]、信宜 [35, 52]、徐闻 [35]、阳春 [45]、肇庆 *[9]、珠海 [35]。

鸡蛋果 ***Passiflora edulis*** Sims

分布：博罗 #[38]、江门 #[8]、茂名 #[85]、仁化 #[16]、深圳 #[17]、郁南 #[101]、湛江 #[416]、肇庆 #[9]。

龙珠果 ***Passiflora foetida*** L.

分布：博罗 #[15, 5]、从化 #[15, 107]、东莞 #[15, 25, 82]、佛冈 #[27]、佛山 #[500]、高州 #[15]、广州 #[21]、惠州 #[82]、江门 #[8, 494]、乐昌 #[29]、茂名 #[15, 85]、饶平 # [15]、仁化 #[16]、汕头 #[15]、深圳 #[15, 11, 82, 17]、台山 # [15]、徐闻 #[15, 497]、阳春 #[15, 45]、阳江 #[15]、英德 #[32]、郁南 #[101]、湛江 #[15, 416]、肇庆 #[9, 15]、中山 #[15, 10, 82]、珠海 #[15, 428]。

尖峰西番莲 ***Passiflora jianfengensis*** S. M. Hwang & Q. Huang

分布：龙门 [35]。

广东西番莲 ***Passiflora kwangtungensis*** Merr.

分布：从化 [190]、东莞 [25]、封开 [190, 35, 14]、和平 [190]、江门 [8]、蕉岭 [190]、乐昌 [190, 29, 35]、连山 [190, 35]、连州 [26]、龙门 [190]、南雄 [190, 35]、乳源 [190, 35]、始兴 [28]、五华 [4]、阳山 [190, 26, 35]、英德 [190, 32, 35]、紫金 [31]。

樟叶西番莲 ***Passiflora laurifolia*** L.

分布：广州 *[3]。

细柱西番莲 ***Passiflora suberosa*** L.

分布：东莞 #[82]、广州 #[21]、惠州 #[82]、深圳 #[17, 82]、中山 #[82]。

260. 杨柳科 Salicaceae

山桂花属 *Bennettiodendron* Merr.

山桂花 ***Bennettiodendron leprosipes*** (Clos) Merr.

分布：从化 [35, 107]、德庆 [35] [刘瑛光 983 (IBSC)]、封开 [14, 35]、化州 [35] [湛江区植物调查队 2893 (IBSC)]、怀集 [35] [石国良 15104 (IBSC)]、江门 [8]、乐昌 [29, 35, 41]、连南 [35] [朱志淞 60703 (IBSC)]、连山 [35] [谭沛祥 58064 (IBK)]、连州 [26]、茂名 [35] [叶华谷 6407 (IBSC)]、南雄 [33, 35]、仁化 [16, 35]、乳源 [35] [吴磊、童毅 3232 (BNU)]、韶关 [35] [高锡朋 50309 (IBSC)]、始兴 [28]、信宜 [35, 52]、阳春 [35, 45]、阳山 [26, 35]、英德 [32, 35]。

山羊角树属 *Carrierea* Franch.

贵州嘉丽树 ***Carrierea dunniana*** H. Lév.

分布：乳源 [26, 35]。

脚骨脆属 *Casearia* Jacq.

球花脚骨脆 ***Casearia glomerata*** Roxb. ex DC.

分布：博罗 [100]、从化 [107]、东莞 [25]、东源 [59]、丰顺 [95]、佛冈 [27]、化州 [35]、江门 [8]、乐昌 [35]、茂名 [35]、仁化 [16]、乳源 [26]、深圳 [11, 17]、台山 [35]、翁源 [35]、信宜 [52]、徐闻 [35]、阳春 [35, 45]、阳江 [35]、英德 [32, 35]、郁南 [101]、云浮 [35]、增城 [35, 116]、肇庆 [9, 35]、中山 [10]。

膜叶脚骨脆 ***Casearia membranacea*** Hance

分布：封开 [14]、佛冈 [27]、信宜 [35, 52]、徐闻 [35]、阳春 [35, 45]、英德 [32]。

爪哇脚骨脆 ***Casearia velutina*** Blume

分布: 博罗 [35, 100]、潮州 [35] [叶华谷等 13282 (IBSC)]、

从化 [35, 107]、东莞 [25, 35]、丰顺 [35, 95]、封开 [14, 35]、佛冈 [27]、广宁 [35] [陈堂情 1768 (SZG)]、广州 [35] [姚庆渭 77142 (NF)]、惠东 [12, 35]、惠州 [35] [叶华谷、曾飞燕 21948 (IBSC)]、江门 [8]、乐昌 [35, 41]、连南 [35] [朱志淞 795 (IBSC)]、陆河 [35] [曾宪锋 ZXF42831 (CZH)]、罗定 [35] [林荃 9473 (IBSC)]、茂名 [35] [李祥禧 90077 (IBSC)]、平远 [35] [曾宪锋 ZXF41969 (CZH)]、清远 [35] [黄成 161464 (IBSC)]、仁化 [16, 35]、乳源 [26]、深圳 [11, 17, 35]、翁源 [51]、五华 [4, 35]、新丰 [63]、信宜 [35, 52]、阳春 [35] [黄志 38644 (IBSC)]、阳江 [35] [黄志 41445 (IBSC)]、英德 [32, 35]、云浮 [35] [黄志、邓良 492 (IBSC)]、肇庆 [9, 35]、中山 [10, 35]、紫金 [31, 35]。

刺篱木属 *Flacourtia* Comm. ex L'Hér.

刺篱木 ***Flacourtia indica*** (Burm. f.) Merr.

分布：雷州 [13, 35]、廉江 [13]、茂名 [85]、徐闻 [35]。

大叶刺篱木 ***Flacourtia rukam*** Zoll. & Moritzi.

分布：茂名 [35]、新兴 [35]、信宜 [35, 52]、阳江 [35]、郁南 [101]、肇庆 [9, 35]、紫金 [31]。

天料木属 *Homalium* Jacq.

短穗天料木 ***Homalium breviracemosum*** F. C. How & W. C. Ko

分布：江门 [8]、台山 [35]、阳春 [35, 37]。

斯里兰卡天料木 ***Homalium ceylanicum*** (Gardner) Benth.

分布：博罗 *[38, 100]、广州 *[http://ppbc. iplant. cn/tu/4456741]、惠州 *[http://ppbc. iplant. cn/tu/3158043]、陆丰 *[http://ppbc. iplant. cn/tu/422983]、乳源 *[26]、深圳 *[17]、信宜 *[52]、肇庆 *[9]。

天料木 ***Homalium cochinchinense*** (Lour.) Druce

分布：博罗 [35, 100]、潮州 [35] [曾宪锋 ZXF1865 (IBSC)]、从化 [35, 107]、大埔 [35] [曾宪锋 ZXF9226 (CZH)]、德庆 [35] [刘瑛光 1411 (IBSC)]、东莞 [25, 35]、东源 [59]、丰顺 [35, 95]、封开 [14, 35]、佛冈 [27]、佛山 [35] [谭沛祥 64060 (IBSC)]、广州 [35] [左景烈 40006 (WUK)]、河源 [35] [77 级科研组新 0261 (SN)]、化州 [35] [湛江区植物调查队 3050 (IBSC)]、惠东 [12, 35]、惠州 [35] [叶华谷、曾飞燕 21901 (IBSC)]、江门 [8, 35]、蕉岭 [35] [邓良 4581 (IBSC)]、乐昌 [29, 35, 41]、连南 [35] [朱志淞 60870 (IBSC)]、连平 [35] [卫兆芬 120167 (IBSC)]、连山 [35] [谭沛祥 57966 (PE)]、连州 [35] [程用谦 170275 (IBSC)]、龙门 [35] [南昆山调查队 71139 (IBSC)]、梅州 [35] [曾宪锋 ZXF24603 (CZH)]、南雄 [33, 35, 57]、平远 [35] [邓良 4406 (IBSC)]、清远 [35] [邓良 320 (IBSC)]、仁化 [16, 35]、乳源 [26, 35]、韶关 [35] [高锡朋 50422 (IBSC)]、深圳 [11, 17, 35]、始兴 [28, 35]、台山 [35] [粤 73 2734 (IBSC)]、翁源 [51]、五华 [4]、新丰 [63]、信宜 [52]、徐闻 [35] [徐闻队 628 (PE)]、阳春 [35, 45]、阳江 [35] [李泽贤、邢福武 2320 (IBSC)]、阳山 [26, 35]、英德 [32, 35]、郁南 [101]、云浮 [35] [黄志 37011 (IBSC)]、增城 [35, 116]、肇庆 [9, 35]、中山 [10, 35]、珠海 [35] [张冰明 152936 (IBSC)]、紫金 [31, 35]。

阔瓣天料木 ***Homalium kainantense*** Masam.

分布：台山 [李泽贤 544 (IBSC)]。

毛天料木 ***Homalium mollissimum*** Merr.

分布：阳春 [叶华谷 , 刘念 3067 (IBSC)]。

广南天料木 ***Homalium paniculiflorum*** F. C. How & W. C. Ko

分布：新丰 [63]、紫金 [31]。

显脉天料木 ***Homalium phanerophlebium*** F. C. How & W. C. Ko

分布：从化 [107]、茂名 [35]、阳春 [45]、阳江 [35]、英德 [32]。

山桐子属 *Idesia* Maxim.

山桐子 ***Idesia polycarpa*** Maxim.

分布：佛冈 [27]、和平 [35] [张桂才 72 (IBSC)]、怀集 [35] [石国良 15083 (IBSC)]、乐昌 [29, 35, 41]、连南 [35] [邹番林 60835 (IBSC)]、连平 [35] [粤 73 1728 (IBSC)]、连山 [35] [南岭队 542 (IBSC)]、连州 [26, 35]、南雄 [33, 35, 57]、仁化 [35] [邓良 7303 (KUN)]、乳源 [26, 35]、韶关 [35] [高锡朋 50825 (KUN)]、始兴 [28, 35]、翁源 [35, 51]、五华 [4]、新丰 [35, 63]、阳山 [26, 35]、英德 [32, 35]、增城 [116]、紫金 [31, 35]。

栀子皮属 *Itoa* Hemsl.

栀子皮 ***Itoa orientalis*** Hemsl.

分布：阳山 [412, 26]。

山拐枣属 *Poliothyrsis* Oliv.

山拐枣 ***Poliothyrsis sinensis*** Oliv.

分布：乳源 [26, 35]。

杨属 *Populus* L.

响叶杨 ***Populus adenopoda*** Maxim.

分布：乐昌 [29, 35, 41]、连州 [26]。

柳属 *Salix* L.

垂柳 ***Salix babylonica*** L.

分布：博罗 *[38, 100]、从化 *[107]、惠东 *[12]、仁化 *[16]、始兴 *[28]、肇庆 *[9]。

长梗柳 ***Salix dunnii*** C. K. Schneid.

分布：和平 [35]、乐昌 [29, 35, 41]、连平 [35]、连山 [35]、连州 [35]、梅州 [35]、南雄 [33, 35, 57]、乳源 [35]、始兴 [28, 35]、翁源 [35]、新丰 [35]、阳山 [26]、英德 [32]。

粤柳 ***Salix mesnyi*** Hance

分布：广州 [35]、乐昌 [29, 35, 41]、南雄 [33, 57]、仁化 [16]、紫金 [31]。

南川柳 ***Salix rosthornii*** Seemen

分布：翁源 [51]。

四子柳 ***Salix tetrasperma*** Roxb.

分布：佛山 [22]。

箣柊属 *Scolopia* Schreb.

箣柊 ***Scolopia chinensis*** (Lour.) Clos

分布：博罗 [100]、从化 [107]、东莞 [25]、化州 [35]、江门 [8, 35]、雷州 [13]、廉江 [13]、茂名 [35]、深圳 [11, 17]、信宜 [52]、阳江 [35]、英德 [32]、肇庆 [9]、中山 [10]、珠海 [35]、紫金 [31]。

广东箣柊 ***Scolopia saeva*** (Hance) Hance

分布：博罗 [35] [粤 786097 (IBSC)]、潮州 [35] [曾宪锋 ZXF8858 (CZH)]、从化 [35, 107]、东莞 [25, 35]、东源 [59]、丰顺 [95]、广州 [35] [陈焕镛 9376 (IBK)]、惠东 [35] [李泽贤 830 (IBSC)]、惠州 [35] [卫兆芬 121691 (KUN)]、江门 [8]、廉江 [35] [谭策铭等 廉江 002 (JJF)]、深圳 [17, 35]、台山 [35] [粤 73 2648 (IBSC)]、徐闻 [35] [朱志淞 973 (IBSC)]、阳春 [35] [黄志 38752 (IBSC)]、阳江 [35] [黄志 41796 (KUN)]、英德 [32]、郁南 [101]、增城 [116]、肇庆 [9, 35]、珠海 [35] [粤 73 3075 (IBSC)]。

柞木属 *Xylosma* G. Forst.

柞木 ***Xylosma congesta*** (Lour.) Merr.

分布：博罗 [35] [辛树帜 5274 (IBSC)]、潮州 [35] [曾宪锋 ZXF8441 (CZH)]、从化 [35] [邓良 8432 (IBSC)]、东莞 [25, 35]、佛山 [35] [谭沛祥 64011 (IBSC)]、广州 [35] [麦学榜 5461 (IBSC)]、惠东 [12]、江门 [8]、乐昌 [29, 35]、连州 [26, 35]、龙门 [35] [王学文、张桂才 8066 (IBSC)]、梅州 [35] [广东木材调查组 702 (IBSC)]、普宁 [35] [曾宪锋 ZXF42906 (CZH)]、乳源 [26, 35]、韶关 [35] [钟观光 1180 (PE)]、深圳 [17, 35]、始兴 [28]、台山 [35] [左景烈 22566 (IBSC)]、翁源 [35, 51]、五华 [35] [林英 80143 (IBSC)]、兴宁 [35] [徐祥浩 1012 (IBK)]、阳山 [26, 35]、英德 [32, 35]、郁南 [101]、云浮 [35] [辛树帜 5031 (IBK)]、增城 [116]、肇庆 [35] [Chun7828 (AU)]、中山 [10, 35]。

南岭柞木 ***Xylosma controversa*** Clos

分布：从化 [107]、封开 [14]、佛冈 [27]、乐昌 [29, 41]、连山 [35]、南雄 [33, 57]、仁化 [16]、乳源 [26, 35]、翁源 [35]、信宜 [35, 52]、阳山 [35]、英德 [32, 35]、肇庆 [35]。

毛叶南岭柞木 ***Xylosma controversa* var. *pubescens*** Q. E. Yang

分布：乳源 [刘瑛光 673 (PE)]、阳山 [邓良 1492 (PE)]。

长叶柞木 ***Xylosma longifolia*** Clos

分布：博罗 [35, 100]、潮州 [392, 35]、从化 [35] [湛江区植物调查队 2977 (IBSC)]、东莞 [25, 35]、封开 [14, 35]、佛冈 [27]、佛山 [35] [蒋英 7799 (IBK)]、广州 [35] [徐月邦 10476 (IBK)]、惠东 [35] [陈邦余、张桂才、陈炳辉 244 (IBK)]、江门 [35] [左景烈、蒋英 2047 (IBSC)]、连州 [26]、茂名 [35, 85]、清远 [35] [黄志 30482 (IBSC)]、仁化 [16]、乳源 [26, 35]、韶关 [35] [陈汝芬 30392 (SN)]、深圳 [17, 35]、翁源 [35, 51]、信宜 [35, 52]、阳春 [35] [叶华谷、刘念 3057 (IBSC)]、阳江 [35] [农林厅 60279 (IBSC)]、英德 [32, 35]、增城 [116]、肇庆 [9, 35]、中山 [10, 35]。

261. 大戟科 Euphorbiaceae

铁苋菜属 *Acalypha* L.

铁苋菜 ***Acalypha australis*** L.

分布：博罗 #[5, 100]、潮州 #[35] [叶华谷等 13132 (IBSC)]、从化 #[107, 509]、东莞 #[25]、封开 #[14, 35]、佛冈 #[27]、广州 #[35] [叶育石 5369 (IBSC)]、惠东 #[12]、江门 #[8]、乐昌 #[26, 29, 35, 41]、连南 #[35] [谭沛祥 59315 (KUN)]、连平 #[35] [粤 73 1771 (IBSC)]、连山 #[35] [谭沛祥 58403 (PE)]、连州 #[26, 35]、龙川 #[35] [曾宪锋 ZXF32430 (CZH)]、南雄 #[33, 35, 57]、清远 #[35] [彭会瑶、王颖 PW037 (CZH)]、仁化 #[16]、乳源 #[26, 35]、深圳 #[11, 17]、始兴 #[28, 35]、翁源 #[35, 51]、五华 #[4]、阳春 #[45]、阳山 #[26, 35]、英德 #[32, 35]、郁南 #[101]、肇庆 # [9, 35]、中山 #[10]、紫金 #[31, 35]。

红穗铁苋菜 ***Acalypha hispida*** Burm. f.

分布：乐昌 *[29]、深圳 *[17]。

热带铁苋菜 ***Acalypha indica*** L.

分布：徐闻 [曾宪锋 ZXF13200 (CZH)]。

红尾铁苋菜 ***Acalypha pendula*** C. Wright ex Griseb.

分布：深圳 *[17]。

裂苞铁苋菜 ***Acalypha supera*** Forssk.

分布：潮州 [35]、封开 [14, 35]、乐昌 [26, 29, 35]、乳源 [26, 35]、肇庆 [35]。

红桑 ***Acalypha wilkesiana*** Müll. Arg.

分布：博罗 *[38, 100]、从化 *[107]、乐昌 *[29]、深圳 * [17]、肇庆 *[9]。

印禅铁苋菜 ***Acalypha wui*** H. S. Kiu

分布：封开 [14, 35]、肇庆 [35]。

山麻秆属 *Alchornea* Sw.

山麻秆 ***Alchornea davidii*** Franch.

分布：平远 [35]。

羽脉山麻秆 ***Alchornea rugosa*** (Lour.) Müll. Arg.

分布：化州 [35]、廉江 [35]、徐闻 [35]、阳春 [35]、阳江 [35]、湛江 [35]。

海南山麻秆 ***Alchornea rugosa* var. *pubescens*** (Pax & K. Hoffm.) H. S. Kiu

分布：遂溪 [421]。

椴叶山麻秆 ***Alchornea tiliifolia*** (Benth.) Müll. Arg.

分布：恩平 [35]、封开 [35]、信宜 [35, 52]、肇庆 [35]。

红背山麻秆 ***Alchornea trewioides*** (Benth.) Müll. Arg.

分布：博罗 [35, 38, 100]、潮州 [35] [邱梅香 2015003

(CZH)]、从化 [35, 107]、大埔 [35] [李学根 202637 (IBK)]、东莞 [25, 35]、东源 [35, 59]、丰顺 [35, 95]、封开 [14, 35]、佛冈 [27]、广州 [35] [左景烈 20013 (IBK)]、海丰 [35] [曾宪锋 ZXF04577 (CZH)]、和平 [35] [谭策铭、易桂花、曹仕优等 Y06687 (JJF)]、河源 [35] [77 级科研组新 0219 (SN)]、化州 [35] [湛江区植物调查队 2922 (IBSC)]、怀集 [35] [陈国强 4100 (IBSC)]、惠东 [12, 35]、惠州 [35] [叶华谷、曾飞燕 21932 (IBSC)]、江门 [8, 35]、蕉岭 [35] [邓良 4569 (IBK)]、揭西 [35] [E. P. Mission 77 (IBSC)]、乐昌 [29, 35, 41]、连南 [35] [曾飞燕等 531 (PE)]、连平 [35] [刘瑛光 179 (IBSC)]、连山 [35] [谭沛祥 58109 (PE)]、连州 [26, 35]、龙门 [35] [南昆山调查队 71222 (IBSC)]、罗定 [35] [陈焕镛 9521 (IBK)]、茂名 [85]、梅州 [35] [曾宪锋 ZXF26540 (CZH)]、南雄 [33, 35, 57]、清远 [35] [黄志 32558 (IBK)]、饶平 [35] [陈念劬 42798 (KUN)]、仁化 [16, 35]、乳源 [26, 35]、韶关 [35] [C. O. Levine 26 (SYS)]、深圳 [11, 17, 35]、始兴 [28, 35]、遂溪 [35] [李泽贤、邢福武 2103 (IBSC)]、翁源 [51]、五华 [4, 35]、新丰 [35, 63]、信宜 [35, 52]、徐闻 [35] [南路 227 (IBSC)]、阳春 [35, 45]、阳江 [35] [湛江区植物调查队 3514 (IBSC)]、阳山 [26]、英德 [32, 35]、郁南 [101]、云浮 [35] [黄志 36974 (IBSC)]、增城 [35, 116]、湛江 [35] [南植地 3514 (SYS)]、肇庆 [9, 35]、中山 [10, 35]、紫金 [31, 35]。

石栗属 *Aleurites* J. R. Forst. & G. Forst.

石栗 *Aleurites moluccanus* (L.) Willd.

分布：博罗 *[38, 100]、从化 *[107]、东莞 *[25]、江门 *[8]、仁化 *[16]、深圳 *[17]、新丰 *[63]、肇庆 *[9]。

留萼木属 *Blachia* Baill.

大果留萼木 *Blachia andamanica* (Kurz) Hook. f.

分布：阳江 [3, 35]。

留萼木 *Blachia pentzii* (Müll. Arg.) Benth.

分布：徐闻 [35]。

白桐树属 *Claoxylon* A. Juss.

海南白桐树 *Claoxylon hainanense* Pax & K. Hoffm.

分布：信宜 [52]、徐闻 [3, 35]。

白桐树 *Claoxylon indicum* (Reinw. ex Blume) Hassk.

分布：博罗 [35, 38, 100]、从化 [107]、东莞 [25, 35]、佛山 [35] [陈念劬 7794 (AU)]、高州 [35] [蒋英 881 (IBSC)]、广州 [35] [中山大学生物系标本厂 155 (BMNH153027)]、江门 [35] [黄茂先 110940 (PE)]、雷州 [13, 35]、茂名 [35] [湛江区植物调查队 4113 (IBSC)]、乳源 [26]、深圳 [11, 17, 35]、台山 [35] [周联选 11578 (KUN)]、吴川 [35] [湛江区植物调查队 3190 (IBSC)]、徐闻 [13, 35]、阳春 [35] [黄志 42116 (KUN)]、阳江 [35] [黄志 41778 (IBK)]、增城 [116]、湛江 [35] [南植地 3631 (SYS)]、肇庆 *[9, 35]、中山 [10, 35]、珠海 [35] [粤 73 3025 (IBSC)]。

蝴蝶果属 *Cleidiocarpon* Airy Shaw

蝴蝶果 *Cleidiocarpon cavaleriei* (H. Lév.) Airy Shaw

分布：从化 *[107]、封开 *[14]、佛山 *[http://ppbc. iplant. cn/tu/2742919]、广州 *[http://ppbc. iplant. cn/tu/9884364]、深圳 *[17]、肇庆 *[9]。

棒柄花属 *Cleidion* Blume

棒柄花 *Cleidion brevipetiolatum* Pax & K. Hoffm.

分布：博罗 [35, 100]、东莞 [25]、仁化 [16]、深圳 [17]、阳山 [26, 35]、英德 [35]、云浮 [35]、增城 [116]、肇庆 [9, 35]。

粗毛藤属 *Cnesmone* Blume

海南粗毛藤 *Cnesmone hainanensis* (Merr. & Chun) Croizat

分布：徐闻 [35]。

灰岩粗毛藤 *Cnesmone tonkinensis* (Gagnep.) Croizat

分布：深圳 [516]。

变叶木属 *Codiaeum* A. Juss.

变叶木 *Codiaeum variegatum* (L.) Rumph. ex A. Juss.

分布：博罗 *[38]、从化 *[107]、江门 *[8]、乐昌 *[29]、茂名 *[85]、深圳 *[17]、信宜 *[52]、肇庆 *[9]。

巴豆属 *Croton* L.

银叶巴豆 *Croton cascarilloides* Raeusch.

分布：乐昌 [41]、南澳 [35]。

鸡骨香 *Croton crassifolius* Geiseler

分布：博罗 [5, 35]、潮州 [35]、东莞 [25]、佛冈 [27]、广州 [35]、海丰 [35]、惠东 [35]、雷州 [35]、廉江 [35]、茂名 [35, 85]、仁化 [16]、深圳 [17]、遂溪 [35]、吴川 [35]、信宜 [52]、徐闻 [35]、增城 [116]、湛江 [35]、肇庆 [35]。

鼎湖巴豆 *Croton dinghuensis* H. S. Kiu

分布：恩平 [35]、广州 [3, 35]、肇庆 [308, 9, 35, 3]。

石山巴豆 *Croton euryphyllus* W. W. Sm.

分布：封开 [14, 35]、连州 [35]。

香港巴豆 *Croton hancei* Benth.

分布：深圳 [35]、中山 [35]、珠海 [35]。

毛果巴豆 *Croton lachynocarpus* Benth.

分布：博罗 [35, 100]、从化 [35, 107]、大埔 [35] [曾宪锋 ZXF35375 (CZH)]、东莞 [25, 35]、东源 [35, 119]、恩平 [35] [黄茂先 110439 (HZ)]、封开 [14, 35]、佛冈 [27]、广宁 [35] [陈炳辉 1629 (IBSC)]、广州 [35] [叶华谷 16410 (IBSC)]、海丰 [35] [曾宪锋 ZXF4514 (CZH)]、和平 [35] [卫兆芬 120262 (KUN)]、河源 [35] [77 级科研组新 50208 (SN)]、鹤山 [35] [胡佐熙 30133 (IBSC)]、惠东 [12, 35]、惠州 [35] [徐德明 188 (NAS)]、江门 [8, 35]、乐昌 [29, 35, 41]、连南 [35] [朱志淞 60796 (IBSC)]、连平 [35] [卫兆芬 120030 (KUN)]、连山 [35] [谭沛祥 58789 (PE)]、连州 [26, 35]、龙门 [35] [杨捷梅 2017m119 (SN)]、茂名 [35] [湛江区植物调查队 4080 (IBSC)]、南雄 [33, 35, 57]、平远 [35] [李学根 201991 (CSFI)]、清远

[35] [黄志 30709 (IBK)]、仁化 [16]、乳源 [26, 35]、深圳 [17, 35]、始兴 [28, 35]、台山 [35] [李泽贤 559 (FJSI)]、翁源 [35, 51]、五华 [4, 35]、新丰 [35, 63]、新兴 [35] [刘瑛光 2513 (GZAC)]、信宜 [52]、阳春 [35, 45]、阳江 [35] [李泽贤、邢福武 2315 (IBSC)]、阳山 [26, 35]、英德 [32, 35]、郁南 [101]、增城 [116]、肇庆 [9, 35]、中山 [10, 35]、紫金 [31, 35]。

榄绿巴豆 ***Croton lauioides*** Radcl. -Sm. & Govaerts

分布：阳春 [3, 35]。

淡紫毛巴豆 ***Croton purpurascens*** Y. T. Chang

分布：乳源 [26, 35, 3]、阳春 [336, 3, 45]、阳山 [26, 35, 3]、英德 [3, 35]。

巴豆 ***Croton tiglium*** L.

分布：博罗 [5, 100]、从化 [107]、大埔 [35] [李学根 202616 (CSFI)]、德庆 [35] [刘瑛光 1124 (IBSC)]、东莞 [25, 35]、丰顺 [35, 95]、封开 [35] [黄成 164010 (KUN)]、佛冈 [27]、高州 [35] [周沛椿 10125 (IBSC)]、广宁 [35] [陈炳辉 1583 (IBSC)]、广州 [35] [林有润 89-198 (BJM)]、海丰 [35] [陈树培 79 (IBSC)]、怀集 [35] [刘瑛光 3073 (HZ)]、惠东 [12]、揭西 [35] [F. A. McClure 7137 (NAS)]、乐昌 [29, 35]、连州 [35] [朱志淞 702 (IBSC)]、茂名 [35, 85]、梅州 [35] [陈森生 90 (SN)]、普宁 [35] [南植地 7948 (IBSC)]、清远 [35] [黄志 30643 (IBK)]、仁化 [16]、乳源 [35] [中植联广西队 1360 (IBK)]、汕头 [35] [梁其瑾 1240 (PE)]、深圳 [17, 35]、台山 [35] [粤 73 2738 (IBSC)]、新兴 [35] [刘瑛光 2359 (HZ)]、信宜 [35, 52]、徐闻 [35] [徐闻队 370 (KUN)]、阳春 [35] [湛江区植物调查队 4413 (IBSC)]、阳江 [35] [黄志 41443 (IBK)]、阳山 [35] [徐德明 467 (NAS)]、英德 [32, 35]、郁南 [101]、云浮 [35] [黄志 36990 (IBK)]、增城 [116]、湛江 [35] [陈炳辉 1110 (IBSC)]、肇庆 *[9, 35]、中山 [10, 35]。

丹麻秆属 *Discocleidion* Pax & K. Hoffm.

毛丹麻秆 ***Discocleidion rufescens*** (Franch.) Pax & Hoffm.

分布：连州 [35]、阳山 [35]。

丹麻秆 ***Discocleidion ulmifolium*** (Müll. Arg.) Pax & K. Hoffm.

分布：南雄 [57]、仁化 [3]。

黄桐属 *Endospermum* Benth.

黄桐 ***Endospermum chinense*** Benth.

分布：博罗 [35, 100]、潮州 [35] [曾宪锋 ZXF6504 (CZH)]、从化 [107]、东莞 [25, 35]、丰顺 [95]、封开 [14]、佛冈 [27]、广州 [35] [余小琪 150 (BJFC)]、惠东 [12]、江门 [8]、陆河 [35] [叶华谷等 4798 (IBSC)]、深圳 [17, 35]、徐闻 [35] [徐闻队 463 (KUN)]、阳春 [35, 45]、阳江 [35] [黄志 41429 (IBK)]、英德 [32]、增城 [116]、肇庆 [9, 35]、中山 [10, 35]。

大戟属 *Euphorbia* L.

火殃簕 ***Euphorbia antiquorum*** L.

分布：博罗 #[100]、封开 #[14]、深圳 #[17]、肇庆 #[9]。

海滨大戟 ***Euphorbia atoto*** G. Forst.

分布：从化 [107]、深圳 [17]、吴川 [35]、珠海 [35]。

细齿大戟 ***Euphorbia bifida*** Hook. & Arn.

分布：雷州 [13]、汕尾 [35]、深圳 [35]、台山 [35]、阳江 [35]、湛江 [13, 35]、珠海 [35]。

紫锦木 ***Euphorbia cotinifolia*** Miq.

分布：从化 *[107]、深圳 *[17]。

猩猩草 ***Euphorbia cyathophora*** Murray

分布：广州 #[21]、茂名 #[85]、汕头 #[15]、深圳 #[17, 82]、信宜 #[52]、湛江 #[416]。

乳浆大戟 ***Euphorbia esula*** L.

分布：乐昌 #[29]、南雄 #[35]、乳源 #[26]、肇庆 #[35]。

禾叶大戟 ***Euphorbia graminea*** Jacq.

分布：广州 #[http://ppbc. iplant. cn/tu/12377625]、深圳 #[http://ppbc. iplant. cn/tu/5926029]。

白苞猩猩草 ***Euphorbia heterophylla*** L.

分布：潮州 #[15]、东莞 #[25]、广州 #[15]、乐昌 #[15, 526]、汕头 #[15]、深圳 #[15]、徐闻 #[15]、郁南 #[101]、珠海 #[15]、紫金 #[31]。

飞扬草 ***Euphorbia hirta*** L.

分布：博罗 #[5, 100]、潮州 #[404]、从化 #[107, 509]、大埔 #[15]、东莞 #[25, 82]、东源 #[119]、封开 #[14]、佛冈 #[27]、佛山 #[15]、广州 #[15, 21]、和平 #[15]、惠东 #[15, 12]、惠州 #[82]、江门 #[15, 8]、揭阳 #[15]、乐昌 #[29, 41, 526]、连平 #[15]、连州 #[26]、茂名 #[85]、梅州 #[15]、南雄 #[33, 57]、普宁 #[15]、仁化 #[15, 16]、乳源 #[15]、汕头 #[15]、汕尾 #[15]、韶关 #[15]、深圳 #[11, 82, 17]、始兴 #[28]、翁源 #[51]、五华 #[4]、新丰 #[63]、新兴 #[15]、信宜 #[52]、徐闻 #[497]、阳春 #[45]、阳江 #[15]、阳山 #[15, 26]、英德 #[32]、郁南 #[101]、湛江 #[416]、肇庆 #[9, 423]、中山 #[10, 82]、紫金 #[31]。

地锦草 ***Euphorbia humifusa*** Willd. ex Schltdl.

分布：惠东 #[12]、乐昌 #[29, 35]、茂名 #[85]、南雄 # [33, 57]、乳源 #[26, 35]、深圳 #[17]、新丰 #[63]、紫金 #[31]。

湖北大戟 ***Euphorbia hylonoma*** Hand. -Mazz.

分布：连平 [35]、乳源 [26, 35]。

通奶草 ***Euphorbia hypericifolia*** L.

分布：博罗 #[5, 35, 100]、潮州 #[35] [曾宪锋 ZXF01173 (CZH)]、从化 #[35] [中德采集队 1030 (IBSC)]、东莞 #[25, 35]、丰顺 #[35] [叶华谷 4340 (IBSC)]、封开 #[14, 35]、佛山 #[35] [王瑞江 RQHN00543 (CSH)]、广宁 #[35] [王瑞江 RQHN00104 (CSH)]、广州 #[21, 35]、海丰 #[35] [王瑞江 RQHN00276 (CSH)]、鹤山 #[35] [王发国、段磊 RQHN03216 (CSH)]、惠州 #[35, 82]、江门 #[35] [王发国、李西贝阳 RQHN02672 (CSH)]、蕉岭 #[35] [徐祥浩、林辉奉 248 (IBSC)]、乐昌 #[29, 41, 526, 35]、连平 #[35] [王瑞江

RQHN00403 (CSH)]、连州 #[35] [李永泉 LYQ15 (IBSC)]、龙川 #[35] [曾宪锋 ZXF27596 (CZH)]、梅州 #[35] [曾宪锋 ZXF38870 (CZH)]、平远 #[35] [曾宪锋 ZXF42094 (CZH)]、清远 #[35] [彭会瑶、王颖 PW039 (CZH)]、仁化 #[16]、乳源 #[26, 35]、汕头 #[35] [曾宪锋 ZXF35647 (CZH)]、深圳 # [82, 35, 17]、四会 #[35] [曾宪锋 ZXF38397 (CZH)]、翁源 #[35, 51]、新丰 #[63]、信宜 #[52]、阳春 #[35] [王发国、段磊、王永琪 RQHN03265 (CSH)]、阳山 #[26, 35]、英德 #[35] [梁向日 61224 (WUK)]、郁南 #[101]、云浮 #[35] [王发国等 RQHN02863 (CSH)]、增城 #[35] [黄成 162209 (IBSC)]、湛江 #[35, 416]、肇庆 #[9, 35]、中山 #[10, 35]、紫金 #[31, 35]。

紫斑大戟 ***Euphorbia hyssopifolia*** L.

分布：东莞 #[15, 82]、丰顺 #[15]、封开 #[15]、佛山 #[15]、广州 #[15]、乐昌 #[15]、连平 #[15]、平远 #[15]、乳源 #[15]、汕头 #[15, 382]、翁源 #[15]、阳江 #[15]、英德 #[15]。

斑地锦草 ***Euphorbia maculata*** L.

分布：东莞 #[25]、紫金 #[31]、从化 #[https://ppbc.iplant.cn/tu/18938687]。

银边翠 ***Euphorbia marginata*** Pursh

分布：深圳 #[17]。

铁海棠 ***Euphorbia milii*** Des Moul.

分布：博罗 *[5, 100]、从化 *[107]、深圳 *[17]、信宜 *[52]、郁南 *[101]、肇庆 *[9]。

金刚纂 ***Euphorbia neriifolia*** L.

分布：从化 *[107]、深圳 *[17]、郁南 *[101]。

大戟 ***Euphorbia pekinensis*** Rupr.

分布：蕉岭 [35]、连州 [35]、梅州 [35]、平远 [35]、乳源 [26, 35]、兴宁 [35]、英德 [35]、郁南 [101]。

南欧大戟 ***Euphorbia peplus*** L.

分布：广州 #[http://ppbc. iplant. cn/tu/12341090]、揭西 #[15]、汕头 #[15]。

匍匐大戟 ***Euphorbia prostrata*** Aiton

分布：博罗 #[15]、潮州 #[15]、从化 #[http://ppbc. iplant. cn/tu/3425601]、东莞 #[25]、广州 #[15, 21]、惠东 #[12]、惠州 #[82]、连州 #[15]、龙门 #[http://ppbc. iplant. cn/tu/6962583]、普宁 #[15]、乳源 #[15]、汕头 #[15]、韶关 #[15]、深圳 #[15, 17, 82]、台山 #[15]、阳春 #[15]、阳江 #[15]、湛江 #[416]、肇庆 #[15]、珠海 #[15]。

一品红 ***Euphorbia pulcherrima*** Willd. ex Klotzsch

分布：博罗 #[38, 100]、从化 #[107]、东莞 #[82]、广州 # [15]、惠州 #[82]、江门 #[8]、仁化 #[16]、深圳 #[17, 82]、信宜 #[52]、郁南 #[101]、肇庆 #[9]、中山 #[82]。

匍根大戟 ***Euphorbia serpens*** Kunth

分布：雷州 #[13]、湛江 #[13]。

钩腺大戟 ***Euphorbia sieboldiana*** C. Morren & Decne.

分布：乐昌 [29, 35]、连州 [35]、乳源 [35]、英德 [35]。

千根草 ***Euphorbia thymifolia*** L.

分布：博罗 [35, 38, 100]、潮州 [35] [曾宪锋 ZXF15073 (CZH)]、从化 [107]、大埔 [35] [曾宪锋 ZXF11355 (CZH)]、德庆 [35] [刘瑛光 1253 (IBSC)]、东莞 [25, 35]、丰顺 [35] [曾宪锋 ZXF33686 (CZH)]、封开 [14, 35]、佛冈 [27]、佛山 [35] [黄茂先 110283 (PE)]、广州 [35] [叶育石 5533 (IBSC)]、海丰 [35] [卫兆芬 121498 (KUN)]、和平 [35] [卫兆芬 120479 (KUN)]、怀集 [35] [刘瑛光 1451 (HZ)]、惠东 [12, 35]、惠州 [35] [刘全儒、孟世勇 201001078 (BNU)]、蕉岭 [35] [陈淼生 12 (SN)]、揭西 [35] [叶华谷 4546 (IBSC)]、乐昌 [29, 35, 41]、龙门 [35] [刘全儒 201007239 (BNU)]、陆丰 [35] [南植地 8438 (IBSC)]、茂名 [35, 85]、梅州 [35] [曾怀德 21394 (NAS)]、仁化 [16, 35]、韶关 [35] [曾宪锋 ZXF12719 (CZH)]、深圳 [11, 17, 35]、始兴 [28, 35]、台山 [35] [陈邦余、李泽贤 728 (FJSI)]、新丰 [63]、徐闻 [35] [陈炳辉 1064 (IBSC)]、阳春 [35, 45]、阳江 [35] [曾宪锋 ZXF11135 (CZH)]、英德 [32, 35]、郁南 [101]、肇庆 [9, 35]、中山 [10, 35]。

绿玉树 ***Euphorbia tirucalli*** L.

分布：博罗 #[38]、佛山 #[500]、深圳 #[17]、信宜 #[52]、肇庆 #[9]。

海漆属 *Excoecaria* L.

云南土沉香 ***Excoecaria acerifolia*** Didr.

分布：连平 [刘瑛光 00182 (PE)]。

海漆 ***Excoecaria agallocha*** L.

分布：惠东 [35] [姚鹏程、魏亚男 20150266 (HSNU)]、汕头 [35] [曾宪锋 ZXF8869 (CZH)]、深圳 [11, 17, 35]、台山 [35] [李泽贤、陈邦余 89 (WUK)]、徐闻 [35] [周远瑞 100117 (IBK)]、阳江 [35] [黄志 38808 (IBK)]、湛江 [35] [湛江区植物调查队 3118 (IBSC)]、珠海 [35] [李泽贤、陈邦余 435 (WUK)]。

红背桂 ***Excoecaria cochinchinensis*** Lour.

分布：博罗 *[5, 100]、从化 *[107]、仁化 *[16]、深圳 *[17]、郁南 *[101]、肇庆 *[9]。

绿背桂花 ***Excoecaria cochinchinensis* var. *formosana*** (Hayata) Hurus.

分布：信宜 [35, 52]、阳春 [35, 37]。

粗毛野桐属 *Hancea* Seem.

粗毛野桐 ***Hancea hookeriana*** Seem.

分布：博罗 [35]、东莞 [25]、惠东 [12]、江门 [8, 35]、陆丰 [35]、深圳 [17]、台山 [35]、信宜 [35, 52]、阳春 [35, 45]、肇庆 [9, 35]、珠海 [35]。

橡胶树属 *Hevea* Aubl.

橡胶树 ***Hevea brasiliensis*** (Willd. ex A. Juss.) Müll. Arg.

分布：信宜 *[52]。

麻风树属 *Jatropha* L.

麻风树 *Jatropha curcas* L.

分布：东莞 #[15, 25, 82]、高州 #[15]、广州 #[15]、惠州 #[15, 82]、罗定 #[15]、茂名 #[15]、南澳 #[15]、汕头 # [15]、深圳 #[15, 17, 82]、台山 #[15]、信宜 #[52]、徐闻 #[15]、阳江 #[15]、阳西 #[15]、云浮 #[15]、肇庆 #[9, 15]、珠海 #[15, 428]。

棉叶珊瑚花 *Jatropha gossypiifolia* L.

分布：深圳 *[17]。

变叶珊瑚花 *Jatropha integerrima* Jacq.

分布：深圳 *[17]。

佛肚树 *Jatropha podagrica* Hook.

分布：从化 *[107]、深圳 *[17]、肇庆 *[9]。

血桐属 *Macaranga* Thouars

轮苞血桐 *Macaranga andamanica* Kurz

分布：恩平 [35]、封开 [14, 35]、高州 [35]、怀集 [35]、廉江 [35]、茂名 [35]、信宜 [52]、阳春 [35]、英德 [35]、肇庆 [9, 35]。

中平树 *Macaranga denticulata* (Blume) Müll. Arg.

分布：博罗 [100]、从化 [107]、封开 [14]、惠东 [12]、深圳 [17]、新丰 [63]、信宜 [52]、英德 [32]。

印度血桐 *Macaranga indica* Wight

分布：博罗 [35]、德庆 [35]、化州 [35]、江门 [8]、罗定 [35]、茂名 [35]、信宜 [35, 52]、阳春 [35, 45]、郁南 [101]、肇庆 [9, 35]。

刺果血桐 *Macaranga lowii* King ex Hook. f.

分布：博罗 [35]、潮州 [35]、丰顺 [35]、高州 [35]、深圳 [17]、珠海 [35]。

鼎湖血桐 *Macaranga sampsonii* Hance

分布：博罗 [35]、潮州 [35]、从化 [35, 107]、大埔 [35]、东莞 [25]、东源 [119]、丰顺 [35, 95]、封开 [14, 35]、佛冈 [27]、广宁 [35]、怀集 [35]、惠东 [12, 35]、江门 [8]、乐昌 [29, 35]、廉江 [35]、茂名 [35]、清远 [35]、深圳 [17]、翁源 [51]、五华 [4]、信宜 [35, 52]、阳春 [35, 45]、阳山 [35]、英德 [32, 35]、郁南 [101]、增城 [116]、肇庆 [9, 35]、中山 [10]、紫金 [31]。

光血桐 *Macaranga tanarius* Müll. Arg.

分布：佛冈 [27]、广州 [35]、深圳 [35]、台山 [35]、中山 [35]、珠海 [35]。

血桐 *Macaranga tanarius* var. *tomentosa* (Blume) Müll. Arg.

分布：博罗 *[5, 38]、东莞 [25]、江门 [8]、深圳 [17]、中山 [10]。

野桐属 *Mallotus* Lour.

白背叶 *Mallotus apelta* (Lour.) Müll. Arg.

分布：博罗 [113, 100, 38]、从化 [107]、大埔 [35]、东莞 [25]、东源 [119]、丰顺 [95]、封开 [14]、佛冈 [27]、和平 [35]、河源 [35]、惠东 [12]、江门 [8]、蕉岭 [35]、乐昌 [29, 35, 41]、连州 [26]、龙门 [35]、陆丰 [35]、罗定 [35]、茂名 [85]、南雄 [33, 57]、平远 [35]、清远 [35]、仁化 [16]、乳源 [26, 35]、深圳 [11, 17]、始兴 [28, 35]、翁源 [35, 51]、五华 [4]、新丰 [35]、信宜 [35, 52]、阳春 [35, 45]、阳山 [26, 35]、英德 [32]、郁南 [35, 101]、增城 [116]、肇庆 [9, 35]、中山 [10, 35]、紫金 [31]。

广西白背叶 *Mallotus apelta* var. *kwangsiensis* F. P. Metcalf

分布：和平 [113]、怀集 [35]、乳源 [26]、始兴 [35]、英德 [35]。

毛桐 *Mallotus barbatus* (Wall. ex Baill.) Müll. Arg.

分布：封开 [113, 35, 126, 14]、罗定 [35]、茂名 [35]、乳源 [26]、信宜 [52]、阳春 [35]、郁南 [101]、云浮 [35, 126]、增城 [116]、肇庆 [113, 9, 35, 126]。

南平野桐 *Mallotus dunnii* F. P. Metcalf

分布：封开 [14, 35]、怀集 [35]、连山 [35]、平远 [113, 35]。

野梧桐 *Mallotus japonicus* (L. f.) Müll. Arg.

分布：乳源 [26]、始兴 [28]、英德 [32]、郁南 [101]。

东南野桐 *Mallotus lianus* Croizat

分布：大埔 [35]、德庆 [35]、丰顺 [95]、封开 [113, 35, 14]、和平 [35]、怀集 [35]、乐昌 [113, 29, 26, 41, 35]、龙门 [35]、梅州 [35]、南雄 [35]、乳源 [26, 35]、始兴 [35]、翁源 [113, 51, 35]、新丰 [35, 63]、信宜 [35, 52]、阳山 [26]、英德 [32, 35]、郁南 [101]、肇庆 [35]、紫金 [31]。

罗定野桐 *Mallotus lotingensis* F. P. Metcalf

分布：罗定 [35]。

小果野桐 *Mallotus microcarpus* Pax & Hoffm.

分布：封开 [14]、连南 [113, 35]、南雄 [33, 35, 57]、乳源 [35]。

贵州野桐 *Mallotus millietii* H. Lév.

分布：封开 [14]、和平 [35]、乳源 [35]、阳山 [26]。

山地野桐 *Mallotus oreophilus* Müll. Arg.

分布：乐昌 [29, 35]、仁化 [16, 35]、乳源 [35]。

白楸 *Mallotus paniculatus* (Lam.) Müll. Arg.

分布：博罗 [5, 35]、从化 [107]、东莞 [25]、东源 [119]、佛冈 [27]、惠东 [12]、惠州 [35]、茂名 [35]、南雄 [33]、仁化 [16]、乳源 [26, 35]、深圳 [11, 17]、始兴 [35]、台山 [35]、翁源 [35, 51]、五华 [4]、新丰 [63]、信宜 [52]、徐闻 [35]、阳春 [35, 45]、英德 [32, 35]、郁南 [101]、增城 [116]、肇庆 [113, 9, 35]、中山 [10]、珠海 [35]、紫金 [31]。

山苦茶 *Mallotus peltatus* (Geiseler) Müll. Arg.

分布：高州 [35]、茂名 [35]、深圳 [17]、台山 [35]、信宜 [35]、阳春 [35]、阳江 [35]。

粗糠柴 *Mallotus philippensis* (Lamarck) Müll. Arg.

分布：博罗 [35, 100]、潮州 [35] [叶华谷等 13295

(IBSC)]、从化 [35, 107]、大埔 [35] [王学文 228 (IBSC)]、德庆 [35] [刘瑛光 1144 (IBSC)]、东莞 [25, 35]、丰顺 [35] [曾宪锋 ZXF4749 (IBSC)]、封开 [14, 35]、佛冈 [27]、广州 [113, 35]、江门 [8]、蕉岭 [113, 35]、乐昌 [29, 35, 41]、雷州 [35] [广东木材调查组 487 (IBSC)]、连南 [113, 35]、连山 [35] [谭沛祥 58331 (SZ00228923)]、连州 [26, 35]、龙川 [35] [左景烈 21559 (IBSC)]、龙门 [35] [裴男才 141 (IBSC)]、南澳 [35] [李泽贤 714 (IBSC)]、南雄 [33, 35]、平远 [35] [曾宪锋 ZXF11043 (CZH)]、饶平 [35] [陈念劬 42808 (IBSC)]、仁化 [16]、乳源 [26, 35]、汕头 [35] [F. A. McClure 347 (SYS)]、韶关 [35] [高锡朋 50795 (IBSC)]、深圳 [11, 17, 35]、始兴 [28, 35]、翁源 [35, 51]、新丰 [63]、信宜 [52]、徐闻 [35] [徐闻队 85 (KUN)]、阳春 [35] [湛江区植物调查队 3332 (IBSC)]、阳山 [26, 35]、英德 [32, 35]、郁南 [35, 101]、云浮 [35] [黄志 37624 (IBSC)]、增城 [35, 116]、湛江 [35] [张代贵 70826008 (JIU21206)]、肇庆 [9, 35]、中山 [10, 35]、紫金 [31, 35]。

网脉粗糠柴 ***Mallotus philippensis* var. *reticulatus*** (Dunn) F. P. Metcalf

分布：翁源 [35]、阳山 [26, 35]。

石岩枫 ***Mallotus repandus*** (Willd.) Müll. Arg.

分布：博罗 [5, 100]、从化 [107]、大埔 [35]、东莞 [25]、丰顺 [95]、封开 [14]、佛冈 [27]、和平 [35]、惠东 [35]、江门 [8]、乐昌 [29, 35, 41]、连南 [35]、连平 [35]、连州 [26, 35]、龙川 [35]、茂名 [85]、南雄 [33, 57]、平远 [35]、仁化 [16]、乳源 [26, 35]、深圳 [17]、始兴 [28]、翁源 [35, 51]、五华 [4, 35]、新丰 [35, 63]、阳春 [35]、阳江 [35]、英德 [32, 35]、郁南 [101]、增城 [116]、中山 [10]、紫金 [31, 35]。

杠香藤 ***Mallotus repandus* var. *chrysocarpus*** (Pamp.) S. M. Hwang

分布：惠州 [E. D. Merrill et al. 142 (KUN)]、乳源 [刘瑛光 371 (PE)]、阳山 [曾飞燕等 1021 (PE)]、英德 [E. D. Merrill et al. 331 (KUN)]。

卵叶石岩枫 ***Mallotus repandus* var. *scabrifolius*** (A. Juss.) Müll. Arg.

分布：乳源 [26]、阳山 [26]。

乐昌野桐 ***Mallotus tenuifolius* var. *castanopsis*** (F. P. Metcalf) H. S. Kiu

分布：乐昌 [29, 35]、乳源 [26]。

红叶野桐 ***Mallotus tenuifolius* var. *paxii*** (Pamp.) H. S. Kiu

分布：乐昌 [29, 35]、乳源 [35]。

黄背野桐 ***Mallotus tenuifolius* var. *subjaponicus*** Croizat

分布：县级不详 [3]。

木薯属 *Manihot* Mill.

木薯 ***Manihot esculenta*** Crantz

分布：博罗 *[5, 100]、从化 #[15, 107]、东莞 #[82]、丰顺 #[95]、佛山 #[15]、广州 #[15]、惠州 #[82]、乐昌 #[29, 526]、茂名 #[85]、汕尾 #[15]、深圳 #[11, 82, 17]、信宜 # [52]、郁南 #[101]、肇庆 #[9]、中山 #[82]。

山靛属 *Mercurialis* L.

山靛 ***Mercurialis leiocarpa*** Siebold & Zucc.

分布：怀集 [http://ppbc. iplant. cn/tu/9094748]、清远 [http://ppbc. iplant. cn/tu/15826623]、乳源 [26, 35]、阳山 [http://ppbc. iplant. cn/tu/15152033]。

地杨桃属 *Microstachys* A. Juss.

地杨桃 ***Microstachys chamaelea*** (L.) Müll. Arg.

分布：罗定 [35]、茂名 [35, 85]、深圳 [17]、台山 [35]、徐闻 [35]、阳江 [35]、湛江 [35]、珠海 [35]。

白木乌桕属 *Neoshirakia* Esser

斑子乌桕 ***Neoshirakia atrobadiomaculata*** (F. P. Metcalf) Esser & P. T. Li

分布：潮州 [35]、从化 [35]、大埔 [35]、丰顺 [35]、乐昌 [29, 35]、连州 [26]、龙门 [35]、仁化 [16]、新丰 [35]、增城 [35]。

白木乌桕 ***Neoshirakia japonica*** (Siebold & Zucc.) Esser

分布：乐昌 [29, 41]、连山 [35]、连州 [26, 35]、仁化 [16, 35]、乳源 [26, 35]、增城 [116]、紫金 [31]。

红雀珊瑚属 *Pedilanthus* Neck. ex Poit.

红雀珊瑚 ***Pedilanthus tithymaloides*** (L.) Poit.

分布：博罗 #[5, 100]、从化 #[http://ppbc. iplant. cn/tu/270711]、东莞 #[http://ppbc. iplant. cn/tu/7668989]、广州 # [http://ppbc. iplant. cn/tu/6055461]、惠州 #[http://ppbc. iplant. cn/tu/3487555]、深圳 #[17]、信宜 #[52]、肇庆 #[9]。

蓖麻属 *Ricinus* L.

蓖麻 ***Ricinus communis*** L.

分布：博罗 #[15, 38, 100]、潮州 #[15]、从化 #[107, 509]、东莞 #[25, 82]、封开 #[14]、佛冈 #[27]、佛山 #[500]、广州 # [15, 21]、惠州 #[82]、江门 #[8]、蕉岭 #[15]、揭阳 # [15]、乐昌 #[29, 526]、茂名 #[15, 85]、清远 #[15]、仁化 # [16]、深圳 #[11, 82, 17]、翁源 #[15, 51]、五华 #[4]、信宜 # [52]、徐闻 #[15, 497]、阳山 #[15, 26]、英德 #[15, 32]、郁南 # [101]、湛江 #[416]、肇庆 #[9]、中山 #[10, 82]、珠海 # [428]、紫金 # [31]。

地构叶属 *Speranskia* Baill.

广东地构叶 ***Speranskia cantonensis*** (Hance) Pax & K. Hoffm.

分布：乐昌 [29, 35]、连州 [35]、南雄 [33]、乳源 [26, 35]、阳山 [26]。

白树属 *Suregada* Roxb. ex Rottler

白树 ***Suregada multiflora*** (A. Juss.) Baill.

分布：雷州 [35]、廉江 [13]、茂名 [35]、台山 [35]、信宜 [52]、徐闻 [35]、阳江 [35]。

乌桕属 *Triadica* Lour.

山乌桕 ***Triadica cochinchinensis*** Lour.

分布: **博罗** [35, 100]、**潮州** [35] [王泽旋 2015486 (CZH)]、**从化** [35, 107]、**大埔** [35] [李学根 202487 (IBSC)]、**东莞** [25, 35]、**东源** [119]、**丰顺** [35, 95]、**封开** [14, 35]、**佛冈** [27]、**佛山** [35] [黄茂先 110281 (HZ)]、**高州** [35] [周沛椿 10319 (IBSC)]、**广宁** [35] [梁向日 61873 (IBSC)]、**广州** [35] [中草药组 152 (IBSC)]、**海丰** [35] [周业祝 ZYZ019 (CZH)]、**和平** [35] [张冰明 152858 (IBSC)]、**河源** [35] [刘全儒、孟世勇 201001121 (BNU)]、**化州** [35] [周远瑞 50001 (IBK)]、**怀集** [35] [刘瑛光 2861 (IBSC)]、**惠东** [12, 35]、**惠州** [35] [曾怀德 25875 (IBSC)]、**江门** [8, 35]、**蕉岭** [35] [南岭队 2205 (IBSC)]、**揭西** [35] [叶华谷等 4420 (IBSC)]、**揭阳** [35] [曾宪锋 ZXF31693 (CZH)]、**乐昌** [29, 35, 41]、**连南** [35] [朱志淞 633 (IBSC)]、**连平** [35] [卫兆芬 120212 (IBSC)]、**连州** [26, 35]、**龙门** [35] [林仰三 203 (IBSC)]、**陆河** [35] [叶华谷等 4658 (IBSC)]、**罗定** [35] [叶华谷、刘念 2258 (IBSC)]、**茂名** [35, 85]、**梅州** [35] [曾宪锋 ZXF40325 (CZH)]、**南雄** [33, 35, 57]、**平远** [35] [李学根 202069 (IBSC)]、**清远** [35] [曾飞燕等 1095 (PE)]、**饶平** [35] [李学根 200761 (IBSC)]、**仁化** [16, 35]、**乳源** [26, 35]、**汕头** [35] [曾宪锋 ZXF10167 (CZH)]、**深圳** [11, 17, 35]、**始兴** [28, 35]、**台山** [35] [周联选 11480 (KUN)]、**翁源** [35, 51]、**五华** [4, 35]、**新丰** [35, 63]、**新兴** [35] [刘瑛光 2107 (IBSC)]、**信宜** [35, 52]、**兴宁** [35] [曾宪锋 ZXF27751 (CZH)]、**徐闻** [35] [徐闻队 381 (KUN)]、**阳春** [35, 45]、**阳江** [35] [黄志 41820 (IBSC)]、**阳山** [26, 35]、**英德** [32, 35]、**郁南** [35, 101]、**云浮** [35] [蒋英 5042 (IBK)]、**增城** [116]、**肇庆** [9, 35]、**中山** [10, 35]、**珠海** [35] [唐国旺等 TuTY4967 (KUN)]、**紫金** [31, 35]。

圆叶乌桕 ***Triadica rotundifolia*** (Hemsl.) Esser

分布：**博罗** [5, 100]、**封开** [14]、**怀集** [35]、**乐昌** [29]、**连南** [35]、**连州** [26, 35]、**乳源** [26, 35]、**韶关** [35]、**阳春** [35]、**阳山** [26, 35]、**英德** [32, 35]、**云浮** [35]、**肇庆** [35]。

乌桕 ***Triadica sebifera*** (L.) Small

分布：**博罗** #[35, 38, 100]、**从化** #[35, 107]、**大埔** #[35] [邓良 5044 (IBSC)]、**德庆** #[35] [刘瑛光 1227 (IBSC)]、**东莞** #[25, 35]、**东源** #[59]、**丰顺** #[35] [曾宪锋 ZXF6961 (CZH)]、**封开** #[14, 35]、**佛山** #[35] [黄茂先 111055 (HZ)]、**高州** #[35] [周沛椿 10198 (PE)]、**广州** #[35] [中草药组 4 (IBSC)]、**海丰** #[35] [许小婷 XXT021 (CZH)]、**河源** #[35] [卫兆芬 120796 (IBSC)]、**鹤山** #[35] [黄茂先 110730 (HZ)]、**怀集** #[35] [程用谦 170637 (IBSC)]、**惠东** #[12, 35]、**江门** #[8, 35]、**蕉岭** #[35] [徐祥浩、林辉奉 239 (IBSC)]、**揭西** #[35] [许小婷 XXT085 (CZH)]、**乐昌** #[29, 35, 41]、**雷州** #[13]、**连南** #[35] [曾飞燕等 715 (PE)]、**连山** #[35] [谭沛祥 58586 (PE)]、**连州** #[26, 35]、**廉江** #[13]、**陆丰** #[35] [许小婷 XXT067 (CZH)]、**罗定** #[35] [王伯荪、许霖庆 515 (SYS)]、**茂名** #[85]、**梅州** #[35] [李学根 201083 (IBSC)]、**南雄** #[33, 35, 57]、**平远** #[35] [曾宪锋 ZXF41837 (CZH)]、**饶平** #[35] [李学根 200696 (IBSC)]、**仁化** #[16]、**乳源** #[26, 35]、**汕头** #[35] [彭会瑶、王颖 WP038 (CZH)]、**深圳** #[11, 17, 35]、**始兴** #[28, 35]、**遂溪** #[13]、**台山** #[35] [左景烈 22521 (IBSC)]、**翁源** #[35, 51]、**五华** #[4, 35]、**新兴** #[35] [刘瑛光 2524 (IBSC)]、**信宜** #[52]、**兴宁** #[35] [曾宪锋 ZXF27728 (CZH)]、**阳春** #[35, 45]、**阳江** #[35] [黄志 41475 (IBSC)]、**阳山** #[26, 35]、**英德** #[32, 35]、**郁南** #[101]、**增城** #[35, 116]、**肇庆** # [9, 35]、**中山** #[10, 35]、**珠海** #[35] [李娜娜 200901308 (SN)]、**紫金** #[31, 35]。

三宝木属 ***Trigonostemon*** **Blume**

白花三宝木 ***Trigonostemon albiflorus*** Airy Shaw

分布：**封开** [http://ppbc. iplant. cn/tu/14182430]、**阳春** [陈又生等 YC2023082 (IBSC)]。

三宝木 ***Trigonostemon chinensis*** Merr.

分布：**封开** [14, 35]、**深圳** [17]、**云浮** [35]。

油桐属 ***Vernicia*** **Lour.**

油桐 ***Vernicia fordii*** (Hemsl.) Airy Shaw

分布：**博罗** *[38]、**从化** *[107]、**丰顺** *[95]、**封开** [14]、**佛冈** [27]、**惠东** [12]、**乐昌** [41]、**连州** *[26]、**南雄** [57]、**平远** [http://ppbc. iplant. cn/tu/5332265]、**仁化** [16]、**乳源** * [26]、**韶关** [http://ppbc. iplant. cn/tu/1703146]、**深圳** [http://ppbc. iplant. cn/tu/1698121]、**始兴** [28]、**翁源** [http://ppbc. iplant. cn/tu/10681064]、**五华** [4]、**信宜** [52]、**阳山** *[26]、**英德** [32]、**增城** [116]、**紫金** [31]。

木油桐 ***Vernicia montana*** Lour.

分布: **博罗** #[38, 100]、**从化** #[107]、**丰顺** #[95]、**封开** # [14]、**佛冈** #[27]、**广州** #[http://ppbc. iplant. cn/tu/ 13480081]、**惠东** # [12]、**惠州** #[http://ppbc. iplant. cn/tu/ 5433319]、**江门** # [8]、**乐昌** # [41]、**龙门** #[http://ppbc. iplant. cn/tu/4253124]、**罗定** # [http://ppbc. iplant. cn/tu/11984059]、**茂名** #[85]、**南雄** #[57]、**平远** # [http://ppbc. iplant. cn/tu/5054275]、**仁化** #[16]、**乳源** #[26]、**韶关** #[http://ppbc. iplant. cn/tu/5308395]、**深圳** #[17]、**始兴** # [28]、**翁源** #[51]、**五华** #[4]、**阳山** #[26]、**英德** #[32]、**郁南** # [101]、**增城** #[116]、**肇庆** #[9]、**中山** #[http://ppbc. iplant. cn/tu/2107505]、**紫金** #[31]。

262. 亚麻科 Linaceae

亚麻属 ***Linum*** **L.**

野亚麻 ***Linum stelleroides*** Planch.

分布：**乳源** [35]。

石海椒属 ***Reinwardtia*** **Dumort.**

石海椒 ***Reinwardtia indica*** Dumort.

分布：**广州** *[http://ppbc. iplant. cn/tu/1298775]、**深圳** * [17]、**肇庆** *[9]。

263. 黏木科 Ixonanthaceae

黏木属 *Ixonanthes* Jack

黏木 *Ixonanthes reticulata* Jack

分布：博罗 [5, 35]、从化 [107]、东莞 [25, 35]、东源 [59]、丰顺 [95]、封开 [14, 35]、佛冈 [27]、广宁 [35] [石国良 14396 (IBSC)]、广州 [35] [陈覃清 1775 (SZG)]、惠东 [12, 35]、惠州 [35] [董仕勇、李世晋 3509 (IBSC)]、江门 [8, 35]、龙门 [35] [陈邦余 2045 (IBSC)]、乳源 [26]、深圳 [17, 35]、台山 [35] [李泽贤 603 (FJSI)]、翁源 [18, 51]、五华 [4]、信宜 [52]、阳春 [45]、英德 [32]、增城 [35, 116]、中山 [10, 35]、珠海 [35] [陈炳辉 671 (IBSC)]、紫金 [31]。

264. 叶下珠科 Phyllanthaceae

五月茶属 *Antidesma* L.

五月茶 *Antidesma bunius* (L.) Spreng.

分布：博罗 [35, 38, 100]、潮州 [35] [曾宪锋 ZXF5575 (CZH)]、从化 [107]、东莞 [25, 35]、东源 [59]、封开 [14]、佛冈 [27]、佛山 [35] [陈文 9889 (IBSC)]、高州 [35] [蒋英 2237 (AU)]、广州 [35] [周汉泉 12018 (IBK)]、鹤山 [35] [黄茂先 110741 (HZ)]、惠州 [35] [徐德明 113 (NAS)]、江门 [8, 35]、雷州 [35] [蒋英 2588 (IBSC)]、茂名 [35, 85]、仁化 [16]、深圳 *[11, 17, 35]、信宜 [35, 52]、徐闻 [35] [徐闻队 86 (KUN)]、阳春 [35] [叶华谷等 5790 (IBSC)]、阳江 [35] [李泽贤、邢福武 2234 (IBSC)]、英德 [32]、云浮 [35] [黄志 36979 (NAS)]、增城 [116]、肇庆 [9, 35]、中山 [10, 35]、珠海 [35] [李泽贤、邢福武 655 (FJSI)]。

黄毛五月茶 *Antidesma fordii* Hemsl.

分布：博罗 [35, 37]、潮州 [35] [曾宪锋 ZXF9588 (CZH)]、从化 [107]、大埔 [35] [曾宪锋 ZXF8960 (CZH)]、德庆 [35] [刘瑛光 1136 (HZ)]、恩平 [35] [黄茂先 110506 (HZ)]、丰顺 [35, 95]、封开 [14, 35]、佛冈 [27]、佛山 [35] [黄茂先 110704 (PE)]、高州 [35] [周沛椿 2884 (IBSC)]、怀集 [35] [刘瑛光 31436 (GZAC)]、惠东 [12]、惠州 [35] [卫兆芬 121653 (KUN)]、江门 [8, 35]、龙门 [35] [陈启基 89379 (IBSC)]、陆河 [35] [叶华谷等 4743 (IBSC)]、罗定 [35] [蒋英 1162 (NAS)]、茂名 [35] [邓良 2144 (KUN)]、平远 [35] [曾宪锋 ZXF9654 (CZH)]、深圳 [17, 35]、台山 [35] [左景烈 22412 (IBSC)]、五华 [35] [曾宪锋 ZXF5145 (CZH)]、新兴 [35] [刘瑛光 2022 (PE)]、信宜 [35, 52]、阳春 [35] [童毅、李玉玲 TY2785 (CSH)]、阳江 [35] [黄志 41862 (KUN)]、英德 [32]、郁南 [35, 101]、云浮 [35] [黄志 37251 (IBK)]、增城 [35, 116]、肇庆 [9, 35]、中山 [10, 35]。

方叶五月茶 *Antidesma ghaesembilla* Gaertn.

分布：博罗 [35, 100]、东莞 [25, 35]、佛冈 [27]、广州 [35] [陶德定 83127 (KUN)]、雷州 [13, 35]、廉江 [13]、罗定 [35] [蒋英 1125 (IBSC)]、茂名 [85]、深圳 [11, 17, 35]、遂溪 [13]、吴川 [35] [李泽贤、邢福武 2166 (IBSC)]、徐闻 [35] [周远瑞 100074 (IBK)]、阳春 [35] [湛江区植物调查队 4466 (IBSC)]、阳江 [35] [黄志 41540 (IBK)]、湛江 [35] [周远瑞 100033 (IBK)]、中山 [10, 35]。

日本五月茶 *Antidesma japonicum* Siebold & Zucc.

分布：博罗 [35] [陈念劬 41169 (SN)]、潮州 [35] [曾宪锋 ZXF7945 (CZH)]、从化 [35, 107]、大埔 [35] [李学根 202493 (HZ)]、德庆 [35] [刘瑛光 985 (HZ)]、东莞 [25, 35]、东源 [35, 119]、恩平 [35] [黄茂先 111316 (HZ)]、丰顺 [35, 95]、封开 [14, 35]、佛冈 [27]、佛山 [35] [黄茂先 110280 (PE)]、高州 [35] [周沛椿 80282 (PE)]、广州 [35] [王孝 7 (IBSC)]、和平 [35] [卫兆芬 120599 (KUN)]、怀集 [35] [刘瑛光 2555 (HZ)]、惠东 [12, 35]、江门 [8, 35]、蕉岭 [35] [李学根 202279 (HZ)]、揭西 [35] [张逸敏 2016035 (CZH)]、乐昌 [29, 35, 41]、连南 [35] [卫兆芬 58469 (PE)]、连平 [35] [卫兆芬 120075 (KUN)]、连山 [35] [谭沛祥 58139 (PE)]、连州 [26, 35]、龙川 [35] [左景烈 21598 (IBK)]、龙门 [35] [卫兆芬 122033 (KUN)]、陆丰 [35] [南植地 8456 (IBSC)]、罗定 [35] [中山大学普查队 406 (SYS)]、梅州 [35] [曾宪锋 ZXF43839 (CZH)]、南雄 [33, 35, 57]、平远 [35] [李学根 201855 (CSFI)]、清远 [35] [黄志 32551 (IBSC)]、饶平 [35] [田代科、李春 TDK00814 (CSH)]、仁化 [16, 35]、乳源 [26, 35]、韶关 [35] [黄志 31642 (KUN)]、深圳 [17, 35]、始兴 [28, 35]、四会 [35] [杜庚平 1474327 (PE)]、台山 [35] [李泽贤 525 (FJSI)]、翁源 [35, 51]、五华 [4, 35]、新丰 [35, 63]、信宜 [35, 52]、兴宁 [35] [李学根 201821 (CSFI)]、阳春 [35, 45]、阳山 [26, 35]、英德 [32, 35]、郁南 [35, 101]、增城 [116]、肇庆 [9, 35]、中山 [10, 35]、紫金 [31, 35]。

山地五月茶 *Antidesma montanum* Blume

分布：深圳 [17]。

小叶五月茶 *Antidesma montanum* var. *microphyllum* (Hemsl.) Petra Hoffm.

分布：从化 [107]、东源 [59]、封开 [14]、佛冈 [27]、惠东 [12]、乐昌 [29]、仁化 [16]、乳源 [26]、深圳 [17]、始兴 [28]、五华 [4]、新丰 [63]、信宜 [52]、英德 [32]、增城 [116]、肇庆 [9]。

银柴属 *Aporosa* Blume

银柴 *Aporosa dioica* (Roxb.) Müll. Arg.

分布：博罗 [35, 38, 100]、从化 [35, 107]、东莞 [25, 35]、东源 [59]、佛冈 [27]、佛山 [35] [黄茂先 111035 (HZ)]、高州 [35] [蒋英 2288 (IBSC)]、广州 [35] [左景烈 20001 (SN)]、海丰 [35] [曾宪锋 ZXF9110 (CZH)]、鹤山 [35] [黄茂先 110817 (PE)]、惠东 [12, 35]、惠州 [35] [徐德明 182 (NAS)]、江门 [8, 35]、开平 [35] [黄茂先 110568 (PE)]、雷州 [35] [蒋英 2541 (IBSC)]、廉江 [35] [刘集汉、李祥禧 89916 (IBSC)]、龙门 [35] [林正眉 m014 (SN)]、陆河 [35] [叶华谷 4769

(IBSC)]、罗定 [35] [陈少卿 9486 (IBK)]、茂名 [35, 85]、仁化 [16]、深圳 [11, 17, 35]、遂溪 [35] [林业厅 86098 (IBSC)]、台山 [35] [李泽贤 548 (FJSI)]、五华 [4]、新丰 [63]、新兴 [35] [李楠、陈真传等 11483 (SZG)]、信宜 [35, 52]、徐闻 [35] [徐闻队 67 (KUN)]、阳春 [35, 45]、英德 [32]、云浮 [35] [蒋英 1900 (IBK)]、增城 [116]、湛江 [35] [徐亮 40+2 (JIU14240)]、肇庆 [9, 35]、中山 [10, 35]、紫金 [31]。

毛银柴 *Aporosa villosa* (Lindl.) Baill.

分布：从化 [35]。

云南银柴 *Aporosa yunnanensis* (Pax & K. Hoffm.) F. P. Metcalf

分布：高州 [35]、河源 [35]、深圳 [35]、信宜 [35, 52]、阳春 [45]、阳江 [35]、郁南 [101]、云浮 [35]、增城 [35]、肇庆 [9, 35]。

木奶果属 ***Baccaurea* Lour.**

木奶果 ***Baccaurea ramiflora*** Lour.

分布：廉江 [35]。

秋枫属 ***Bischofia* Blume**

秋枫 ***Bischofia javanica*** Blume

分布：博罗 [35, 38, 100]、潮州 [35] [曾宪锋 ZXF37306 (CZH)]、从化 *[35, 107]、德庆 [35] [刘瑛光 1043 (PE)]、东莞 [25, 35]、东源 [119]、丰顺 [35, 95]、封开 [14]、佛冈 [27]、佛山 [35] [谭策铭 110968 (HIB0049080)]、广州 [35] [钟济新 981058 (IBK)]、海丰 [35] [卫兆芬 121385 (KUN)]、怀集 [35] [刘瑛光 3064 (PE)]、惠东 [12, 35]、惠州 [35] [徐德明 179 (NAS)]、江门 [8]、揭西 [35] [叶华谷等 4488 (IBSC)]、乐昌 [29]、龙门 [35] [肖家庚 5026 (CSFI)]、陆丰 [35] [卫兆芬 121321 (KUN)]、罗定 [35] [中山大学普查队 524 (SYS)]、茂名 [35] [侯学煜等 15305 (PE)]、南澳 [35] [陈炳辉 292 (IBSC)]、乳源 [26]、深圳 *[11, 17, 35]、信宜 [35, 52]、徐闻 [35] [徐闻队 83 (KUN)]、英德 [32]、郁南 [101]、云浮 [35] [黄志 40833 (IBK)]、增城 [116]、肇庆 [9, 35]、中山 [10, 35]、珠海 [35] [李泽贤、邢福武 659 (FJSI)]、紫金 [31]。

重阳木 ***Bischofia polycarpa*** (H, Lév.) Airy Shaw

分布：封开 [14]、乐昌 [29]、茂名 [85]、仁化 [16]、乳源 [26]、翁源 [51]、英德 [32]。

黑面神属 ***Breynia* J. R. Forst. & G. Forst.**

守宫木 ***Breynia androgyna*** (L.) Chakrab. & N. P. Balakr

分布: 从化 *[107]、广州 *[244]、惠州 *[244]、深圳 * [244]、阳春 *[244]、珠海 *[244]、紫金 [31]。

黑面神 ***Breynia fruticosa*** (L.) Hook. f.

分布：博罗 [35, 38, 100]、潮州 [35] [曾宪锋 ZXF6076 (CZH)]、从化 [35, 107]、德庆 [35] [刘瑛光 882 (IBSC)]、东莞 [25, 35]、东源 [119]、恩平 [35] [黄茂先 110423 (HZ)]、丰顺 [35, 95]、封开 [14, 35]、佛冈 [27]、佛山 [35] [刘瑛光 879 (HZ)]、高州 [35] [蒋英 992 (NF)]、广州 [35] [左景烈 20029 (SN)]、海丰 [35] [周业祝 ZYZ026 (CZH)]、和平 [35] [谭策铭等 Y06602 (JJF)]、河源 [35] [77 级科研组 161 (SN)]、鹤山 [35] [黄茂先 110833 (PE)]、怀集 [35] [刘瑛光 2844 (HZ)]、惠东 [12, 35]、惠州 [35] [姚纲 132 (IBSC)]、江门 [8, 35]、揭西 [35] [许小婷 XXT112 (CZH)]、乐昌 [35, 41]、龙门 [35] [南昆山调查队 82432 (IBSC)]、陆丰 [35] [许小婷 XXT050 (CZH)]、陆河 [35] [叶华谷 4609 (IBSC)]、罗定 [35] [中山大学普查队 257 (SYS)]、茂名 [35, 85]、梅州 [35] [曾宪锋 ZXF43654 (CZH)]、南澳 [35] [姚鹏程、魏亚男 20150372 (HSNU)]、普宁 [35] [曾宪锋 ZXF42974 (CZH)]、饶平 [35] [曾宪锋 ZXF26419 (CZH)]、仁化 [16]、乳源 [35] [75 年进修班 1 组 15090 (SYS)]、汕头 [35] [曾宪锋 ZXF35673 (CZH)]、深圳 [11, 17, 35]、遂溪 [35] [广东林业厅勘测队 85794 (IBSC)]、台山 [35] [周联选 11669 (KUN)]、翁源 [35] [刘心祈 775 (SYS)]、五华 [4, 35]、新丰 [63]、信宜 [35, 52]、徐闻 [35] [徐闻队 235 (KUN)]、阳春 [35, 45]、阳江 [35] [黄志 41469 (IBK)]、阳山 [26]、英德 [32, 35]、郁南 [35, 101]、云浮 [35] [黄志 37415 (SZ000225511)]、增城 [35, 116]、湛江 [35] [湛江区植物调查队 3441 (IBSC)]、肇庆 [9, 35]、中山 [10, 35]、珠海 [35] [邱丽娉 200901216 (SN)]、紫金 [31, 35]。

苍叶守宫木 ***Breynia garrettii*** (Craib) Chakrab. & N. P. Balakr

分布：信宜 [52, 244, 35]。

彩叶山漆茎 ***Breynia nivosa*** (W. G. Smith.) Small

分布：佛山 *[http://ppbc. iplant. cn/tu/3381732]、广州 * [http://ppbc. iplant. cn/tu/13346003]、深圳 *[17]。

方枝守宫木 ***Breynia quadrangularis*** (Willd.) Chakrab. & N. P. Balakr.

分布：惠东 [12]、始兴 [244, 35]、阳春 [陈又生等 YC2023086 (IBSC)]。

喙果黑面神 ***Breynia rostrata*** Merr.

分布: 博罗 [5, 100]、潮州 [35] [曾宪锋 ZXF8739 (CZH)]、丰顺 [35] [叶华谷 4196 (IBSC)]、佛冈 [27]、揭西 [35] [叶华谷 4560 (IBSC)]、乐昌 [35, 41]、连南 [35] [南岭队 130 (IBSC)]、连州 [35] [程用谦 3750 (IBSC)]、饶平 [35] [李学根 200723 (IBSC)]、翁源 [35, 51]、五华 [4]、信宜 [52]、阳春 [35] [叶华谷等 6676 (IBSC)]、阳山 [26]、英德 [35] [牛春山 8107 (IBSC)]、紫金 [31, 35]。

龙脷叶 ***Breynia spatulifolia*** (Beille) Welzen & Pruesapan

分布：博罗 *[100]、广州 *[244]、深圳 *[244, 17]、阳春 *[38]、肇庆 *[9, 244]。

小叶黑面神 ***Breynia vitis-idaea*** (Burm. f.) C. E. C. Fisch.

分布：广宁 [35]、茂名 [35]、清远 [35]、深圳 [17]、信宜 [35, 52]、肇庆 [9]。

土蜜树属 *Bridelia* Willd.

禾串树 ***Bridelia balansae*** Tutcher

分布：博罗 [35, 38]、潮州 [35] [曾宪锋 ZXF9792 (CZH)]、从化 [35, 107]、东莞 [25, 35]、丰顺 [95]、封开 [14, 35]、佛冈 [27]、广州 [35] [向其柏 634 (NF)]、怀集 [35] [刘瑛光 1435 (HZ)]、惠东 [12]、惠州 [35] [曾怀德 25759 (IBSC)]、江门 [8]、乐昌 [41]、龙门 [35] [王学文、张桂才 8105 (IBK)]、罗定 [35] [陈炳辉 1759 (IBSC)]、茂名 [35] [李祥禧 90081 (IBSC)]、梅州 [35] [南植地 7371 (IBSC)]、仁化 [16]、深圳 [17, 35]、台山 [35] [粤 73 73-2824 (IBSC)]、翁源 [51]、五华 [4]、新丰 [63]、新兴 [35] [刘瑛光 2054 (HZ)]、信宜 [52]、徐闻 [35] [徐闻队 775 (PE)]、阳春 [35] [刘念等 636 (IBSC)]、英德 [32]、郁南 [35, 101]、云浮 [35] [黄志 37027 (IBK)]、增城 [116]、肇庆 [9, 35]、中山 [10, 35]、珠海 [35] [粤 73 3151 (IBSC)]、紫金 [31]。

大叶土蜜树 ***Bridelia fordii*** Hemsl.

分布：东源 [59]、封开 [208, 35, 14]、佛冈 [27]、惠东 [12]、乐昌 [208, 35]、连南 [208, 35]、连州 [208, 35]、仁化 [16]、乳源 [208, 35]、翁源 [208, 35]、新丰 [63]、信宜 [52]、阳山 [26, 208, 35]、云浮 [208, 35]。

膜叶土蜜树 ***Bridelia glauca*** Blume

分布：从化 [中德采集队 1150 (IBSC)]、大埔 [王学文等 342 (IBSC)]、封开 [石国良 14871 (IBSC)]、海丰 [李泽贤，邢福武 801 (IBSC)]、惠东 [12]、连南 [陈焕镛 7339 (IBSC)]、梅州 [李永泉 LYQ110 (IBSC)]、五华 [4]、徐闻 [朱志淞 969 (IBSC)]、英德 [许纬东 8568 (IBSC)]、肇庆 [中德采集队 825 (IBSC)]。

土蜜藤 ***Bridelia stipularis*** (L.) Blume

分布：深圳 [17]。

土蜜树 ***Bridelia tomentosa*** Blume

分布：博罗 [35, 38, 100]、潮州 [35]、从化 [107]、东莞 [25, 35]、东源 [59]、丰顺 [95]、封开 [14, 35]、佛冈 [27]、佛山 [35]、高州 [35]、广州 [35]、海丰 [35]、化州 [35]、惠东 [12, 35]、惠来 [35]、惠州 [35]、江门 [8, 35]、陆河 [35]、茂名 [35, 85]、饶平 [35]、仁化 [16]、深圳 [11, 17, 35]、台山 [35]、翁源 [51]、新兴 [35]、信宜 [35, 52]、徐闻 [35]、阳春 [35, 45]、阳山 [26]、英德 [32]、郁南 [101]、云浮 [35]、增城 [35, 116]、肇庆 [9, 35]、中山 [10, 35]、珠海 [35]、紫金 [31]。

山格木属 *Cathetus* Lour.

越南叶下珠 ***Cathetus fasciculata*** Lour.

分布：博罗 [100]、从化 [107]、东莞 [123, 25]、东源 [59]、封开 [14]、佛冈 [27]、佛山 [35, 123]、高州 [35, 123]、广州 [35, 123]、江门 [8]、雷州 [35, 123]、茂名 [85]、仁化 [16]、深圳 [11, 17]、信宜 [52]、徐闻 [35, 123]、阳春 [35, 123, 45]、阳江 [35, 123]、英德 [32]、增城 [116]、肇庆 [9, 35]、中山 [123, 10]。

蜜甘草 ***Cathetus ussuriensis*** (Rupr. & Maxim.) R. W. Bouman

分布：从化 [107]、大埔 [35, 123]、东莞 [123, 25]、海丰 [35, 123]、茂名 [85]、平远 [35, 123]、深圳 [35, 123, 17]、始兴 [28]、台山 [35, 123]、徐闻 [35, 123]。

黄珠子草 ***Cathetus virgatus*** (G. Forst.) R. W. Bouman

分布：从化 [107]、大埔 [35, 123]、封开 [35, 123, 14]、佛冈 [27]、惠东 [12]、江门 [8]、乐昌 [29, 123, 35]、连平 [35, 123]、连州 [35, 123]、茂名 [85]、梅州 [35, 123]、南雄 [35, 123, 33, 57]、乳源 [26, 35]、韶关 [35, 123]、深圳 [35, 123, 17]、始兴 [35, 123]、翁源 [35, 51]、五华 [35, 123]、信宜 [52]、阳山 [26, 35]、英德 [35, 123]、郁南 [101]、肇庆 [9, 35]、紫金 [35, 123, 31]。

闭花木属 *Cleistanthus* Hook. f. ex Planch.

闭花木 ***Cleistanthus sumatranus*** (Miq.) Müll. Arg.

分布：廉江 [35]、深圳 [17]。

馒头果 ***Cleistanthus tonkinensis*** Jabl.

分布：茂名 [35]、信宜 [52]。

余甘子属 *Emblica* Gaertn.

沙地叶下珠 ***Emblica arenarius*** R. W. Bouman

分布：深圳 [123, 17]。

余甘子 ***Emblica officinalis*** Gaertner

分布：博罗 [35, 100]、从化 [107]、德庆 [35, 123]、东莞 [35, 123, 25]、东源 [59]、恩平 [35, 123]、丰顺 [95]、封开 [14]、佛冈 [27]、佛山 [35, 123]、广州 [35, 123]、惠东 [12]、惠来 [35, 123]、惠州 [35, 123]、江门 [8]、揭西 [35, 123]、茂名 [35, 85]、饶平 [35, 123]、汕头 [35, 123]、深圳 [11, 17, 35]、五华 [4]、信宜 [52]、徐闻 [35, 123]、阳春 [35, 123, 45]、英德 [32]、郁南 [101]、增城 [116]、肇庆 [9, 35]、中山 [35, 123, 10]、珠海 [35, 123]、紫金 [31]。

水油甘 ***Emblica rheophyticus*** (Gilbert & P. T. Li) R. W. Bouman

分布：丰顺 [曾宪锋 ZXF8163 (CZH)]。

叶下珠 ***Emblica urinaria*** (L.) R. W. Bouman

分布：博罗 [38, 100, 35]、潮州 [35, 123]、从化 [107]、大埔 [35, 123]、德庆 [35, 123]、东莞 [35, 123, 25]、东源 [119]、丰顺 [35, 123]、封开 [35, 123, 14]、佛冈 [27]、佛山 [35, 123]、广州 [35, 123]、和平 [35, 123]、河源 [35, 123]、怀集 [35, 123]、惠东 [35, 123, 12]、惠州 [35, 123]、江门 [8]、蕉岭 [35, 123]、揭西 [35, 123]、乐昌 [41, 29, 123, 35]、连南 [35, 123]、连州 [26]、龙川 [35, 123]、陆丰 [35, 123]、陆河 [35, 123]、罗定 [35, 123]、茂名 [85]、梅州 [35, 123]、南澳 [35, 123]、南雄 [35, 123, 33, 57]、平远 [35, 123]、普宁 [35, 123]、清远 [35, 123]、仁化 [35, 123, 16]、乳源 [26]、汕头 [35, 123]、深圳 [35, 123, 17]、始兴 [35, 123, 28]、台山 [35, 123]、翁源 [35, 123, 51]、五华 [4]、新丰 [63]、新兴 [35, 123]、信宜 [52]、兴宁 [35, 123]、徐闻 [35, 123]、阳春 [35, 123, 45]、阳江 [35, 123]、阳山 [35, 123, 26]、英德 [32,

35]、郁南 [35, 101]、增城 [116]、湛江 [35, 123]、肇庆 [9, 35]、中山 [35, 123, 10]、紫金 [35, 123, 31]。

白饭树属 ***Flueggea* Willd.**

一叶萩 ***Flueggea suffruticosa*** (Pall.) Baill.

分布：和平 [35]、乐昌 [29, 35]、仁化 [16, 35]、乳源 [26, 35]。

白饭树 ***Flueggea virosa*** (Roxb. ex Willd.) Royle

分布：博罗 [35, 38, 100]、大埔 [35] [邓良 5287 (KUN)]、东莞 [25, 35]、丰顺 [35] [曾宪锋、曾庆宜 ZXF7374 (CZH)]、高州 [35] [周沛椿 10067 (IBSC)]、广州 [35] [左景烈 21825 (IBK)]、河源 [35] [刘全儒、孟世勇 201001127 (BNU)]、惠东 [12]、惠州 [35] [卫兆芬 121535 (KUN)]、江门 [8]、蕉岭 [35] [曾宪锋 ZXF20746 (CZH)]、雷州 [13]、廉江 [13]、龙门 [35] [王学文 8235 (HGAS)]、陆丰 [35] [许小婷 XXT062 (CZH)]、茂名 [35, 85]、南雄 [57]、清远 [35] [黄志 30798 (IBK)]、仁化 [16]、深圳 [11, 17, 35]、台山 [35] [左景烈 22253 (IBK)]、翁源 [35] [刘心祈 24766 (KUN)]、五华 [35] [曾宪锋 ZXF22457 (CZH)]、信宜 [35, 52]、徐闻 [35] [曾宪锋 ZXF35807 (CZH)]、阳春 [35] [黄志 42106 (IBK)]、阳山 [26, 35]、英德 [32, 35]、郁南 [35, 101]、云浮 [35] [黄志 37569 (IBK)]、肇庆 [35] [叶华谷等 18261 (IBSC)]、中山 [10, 35]、紫金 [31, 35]。

算盘子属 ***Glochidion* J. R. Forst. & G. Forst.**

里白算盘子 ***Glochidion acuminatum*** Müll. Arg.

分布：博罗 [100]、潮州 [328, 35]、大埔 [328, 35]、东莞 [328, 25, 35]、丰顺 [35, 95]、封开 [328, 35, 14]、惠东 [328, 35, 12]、江门 [328, 35, 8]、揭西 [328, 35]、龙门 [328, 35]、罗定 [328, 35]、南澳 [328, 35]、南雄 [328, 33, 57]、普宁 [328, 35]、饶平 [328, 35]、翁源 [51]、五华 [328, 35, 4]、信宜 [35, 52]、兴宁 [328, 35]、阳春 [328, 35]、阳山 [26]、英德 [32]、增城 [116]、肇庆 [9, 35]。

两广珠子木 ***Glochidion liangkwangense*** Gang Yao & Z. Q. Song

分布：罗定 [590]、阳春 [35]。

革叶算盘子 ***Glochidion daltonii*** (Müll. Arg.) Kurz

分布：封开 [35]、郁南 [35, 101]。

四裂算盘子 ***Glochidion ellipticum*** Wight

分布：博罗 [35]、惠东 [35]、廉江 [35]、茂名 [35]、深圳 [35]、信宜 [52]、徐闻 [325, 35]、阳春 [35]、珠海 [35]。

毛果算盘子 ***Glochidion eriocarpum*** Champ. ex Benth.

分布：博罗 [35, 38, 100]、潮州 [35] [曾宪锋 ZXF9796 (CZH)]、从化 [35, 107]、大埔 [35] [李学根 202889 (HZ)]、德庆 [35] [刘瑛光 1205 (IBSC)]、东莞 [25, 35]、东源 [35, 59]、丰顺 [35, 95]、封开 [14, 35]、佛冈 [27]、佛山 [35] [黄茂先 110267 (PE)]、高州 [35] [周沛椿 80333 (IBSC)]、广宁 [35] [林正眉 L2011 (SN)]、广州 [35] [中草药组 14 (IBSC)]、和平 [35] [谭策铭 971891 (PE)]、河源 [35] [卫兆芬 120774 (IBK)]、怀集 [35] [刘瑛光 3018 (HZ)]、惠东 [12, 35]、惠州 [35] [姚纲 135 (IBSC)]、江门 [8, 35]、揭西 [35] [叶华谷 4509 (IBSC)]、揭阳 [35] [曾宪锋 ZXF31685 (CZH)]、乐昌 [35, 41]、连南 [35] [黄立 60880 (IBSC)]、连山 [35] [谭沛祥 57963 (PE)]、连州 [35] [刘棠瑞 302 (SN)]、廉江 [35] [刘集汉、李祥禧 89921 (IBSC)]、陆河 [35] [叶华谷 4758 (IBSC)]、罗定 [35] [叶华谷、刘念 2015 (IBSC)]、茂名 [35, 85]、梅州 [35] [侯宽昭 74026 (IBSC)]、南雄 [33, 35, 57]、平远 [35] [曾宪锋 ZXF44239 (CZH)]、清远 [35] [黄成 161445 (IBSC)]、饶平 [35] [李学根 200757 (IBSC)]、仁化 [16]、乳源 [26, 35]、深圳 [11, 17, 35]、始兴 [28]、台山 [35] [左景烈 22308 (IBSC)]、翁源 [35, 51]、五华 [4, 35]、新丰 [63]、新兴 [35] [刘瑛光 2019 (IBSC)]、信宜 [35, 52]、兴宁 [35] [曾飞燕 2231 (IBSC)]、徐闻 [35] [南路 263 (IBSC)]、阳春 [35, 45]、阳江 [35] [黄志 41519 (IBSC)]、阳山 [26, 35]、英德 [32, 35]、郁南 [35, 101]、云浮 [35] [黄季庄 340 (AU)]、增城 [35, 116]、湛江 [35] [南植地 3510 (SYS)]、肇庆 [9, 35]、中山 [10, 35]、紫金 [31, 35]。

艾胶算盘子 ***Glochidion lanceolarium*** (Roxb.) Voigt

分布：博罗 [35, 100]、从化 [107]、东莞 [25, 35]、东源 [59]、佛冈 [27]、佛山 [35] [陈炳辉 2496 (IBSC)]、广州 [35] [姚纲 73 (IBSC)]、惠东 [12]、惠州 [35] [叶华谷、曾飞燕 22154 (IBSC)]、江门 [8]、茂名 [85]、深圳 [11, 17, 35]、翁源 [51]、信宜 [52]、肇庆 [9]、中山 [10]、紫金 [31]。

宽果算盘子 ***Glochidion oblatum*** Hook. f.

分布：江门 [506]、肇庆 [506]。

甜叶算盘子 ***Glochidion philippicum*** (Cav.) C. B. Rob.

分布：封开 [14]、翁源 [51]、英德 [32]、紫金 [31]。

算盘子 ***Glochidion puberum*** (L.) Hutch.

分布：博罗 [35, 100]、潮州 [35] [叶华谷等 12873 (IBSC)]、从化 [35, 107]、大埔 [35] [李学根 202598 (IBSC)]、东莞 [25, 35]、东源 [59]、恩平 [35] [黄茂先 110402 (HZ)]、丰顺 [35] [叶华谷 4071 (IBSC)]、封开 [14, 35]、佛冈 [27]、佛山 [35] [陈念劬 7765 (IBSC)]、广宁 [35] [蚁伟民 15921 (IBSC)]、广州 [35] [中草药组 36 (IBSC)]、海丰 [35] [卫兆芬 121411 (IBSC)]、和平 [35] [卫兆芬 120356 (IBSC)]、河源 [35] [曾怀德 28880 (IBSC)]、怀集 [35] [刘瑛光 2702 (IBSC)]、惠东 [12, 35]、惠州 [35] [董仕勇、李世晋 3487 (IBSC)]、蕉岭 [35] [南岭队 2357 (IBSC)]、揭西 [35] [叶华谷 4445 (IBSC)]、乐昌 [35, 41]、连南 [35] [邹香林 60894 (IBSC)]、连平 [35] [粤 73 1412 (IBSC)]、连山 [35] [谭沛祥 58554 (PE)]、连州 [26, 35]、龙川 [35] [徐祥浩 1063 (IBSC)]、龙门 [35] [张桂才 71 (IBSC)]、陆丰 [35] [卫兆芬 121279 (IBSC)]、陆河 [35] [叶华谷 4642 (IBSC)]、罗定 [35] [中山大学普查队 1066 (SYS)]、茂名 [35, 85]、梅州 [35] [曾宪锋 ZXF38876 (CZH)]、南雄 [33, 35, 57]、平远 [35] [李学根 202188 (IBSC)]、清远 [35] [黄

志 32516 (IBSC)]、仁化 [16, 35]、乳源 [26, 35]、汕头 [35] [梁其瑾 1179 (PE)]、深圳 [11, 17, 35]、始兴 [28, 35]、台山 [35] [左景烈 22452 (IBSC)]、翁源 [35, 51]、五华 [4, 35]、新丰 [35, 63]、新兴 [35] [刘瑛光 2187 (IBSC)]、信宜 [35, 52]、阳春 [35] [叶华谷、刘念 824 (IBSC)]、阳山 [26, 35]、英德 [32, 35]、郁南 [35, 101]、云浮 [35] [辛树帜 5167 (IBSC)]、增城 [116]、肇庆 [325, 9, 35]、中山 [10, 35]、紫金 [31, 35]。

台闽算盘子 ***Glochidion rubrum*** Blume

分布：东莞 [505, 25]、陆丰 [506]、南澳 [505, 35]、饶平 [曾宪锋 ZXF47187]、汕头 [曾宪锋 ZXF35842]、深圳 [505, 17]。

湖北算盘子 ***Glochidion wilsonii*** Hutch.

分布：连平 [448]、连州 [26]、始兴 [28]、信宜 [52]。

白背算盘子 ***Glochidion wrightii*** Benth.

分布：博罗 [100]、从化 [35, 107]、东莞 [25]、东源 [119]、丰顺 [95]、封开 [14]、佛冈 [27]、广州 [35] [李永泉 LYQ49 (IBSC)]、海丰 [35] [卫兆芬 121432 (IBSC)]、化州 [35] [湛江区植物调查队 2917 (IBSC)]、惠东 [12]、惠州 [35] [叶华谷、曾飞燕 22021 (IBSC)]、江门 [8]、茂名 [35] [邓良 1745 (KUN)]、南澳 [35] [曾宪锋 ZXF2075 (IBSC)]、仁化 [16]、深圳 [11, 17, 35]、台山 [35] [王梓维 2 (IBSC)]、五华 [4]、新丰 [63]、新兴 [35] [刘瑛光 2092 (PE)]、信宜 [35, 52]、阳春 [35, 45]、阳江 [35] [湛江区植物调查队 3556 (IBSC)]、英德 [32]、云浮 [35] [辛树帜 5052 (IBSC)]、湛江 [35] [南植地 2917 (SYS)]、肇庆 [9, 35]、中山 [10, 35]、珠海 [35] [陈炳辉 701 (IBSC)]、紫金 [31]。

阳春珠子木 ***Glochidion yangchunense*** Z. Q. Song & Gang Yao

分布：阳春 [560]。

香港算盘子 ***Glochidion zeylanicum*** (Gaertn.) A. Juss.

分布：博罗 [35, 38, 100]、潮州 [35] [曾宪锋 ZXF8435 (CZH)]、从化 [35, 107]、德庆 [35] [刘瑛光 1324 (HZ)]、东莞 [25, 35]、东源 [119]、丰顺 [35] [曾宪锋 ZXF21255 (CZH)]、佛冈 [27]、广州 [35] [叶育石 5186 (IBSC)]、海丰 [35] [陈炳辉 577 (IBSC)]、惠东 [12, 35]、惠州 [35] [陈炳辉 493 (IBSC)]、江门 [8, 35]、揭西 [35] [叶华谷 4578 (IBSC)]、陆丰 [35] [姚纲 52 (IBSC)]、茂名 [85]、饶平 [35] [曾宪锋 ZXF44818 (CZH)]、仁化 [16]、深圳 [11, 17, 35]、四会 [35] [曾宪锋 ZXF38369 (CZH)]、台山 [35] [左景烈 22317 (IBSC)]、信宜 [52]、阳春 [45]、英德 [32]、增城 [35] [黄成 162148 (IBSC)]、肇庆 [9, 35]、珠海 [35] [粤 73 2915 (IBSC)]、紫金 [31]。

厚叶算盘子 ***Glochidion zeylanicum* var. *tomentosum*** (Dalzell) Trimen

分布: 博罗 [35, 100]、潮州 [327, 35]、从化 [107]、德庆 [327, 35]、东莞 [327, 25, 35]、东源 [59]、封开 [327, 35, 14]、佛冈 [27]、佛山 [327, 35]、广州 [327, 35]、海丰 [327, 35]、化州 [327, 35]、怀集 [327, 35]、惠东 [12]、惠州 [327, 35]、江门 [8]、揭西 [327, 35]、罗定 [327, 35]、茂名 [35, 85]、饶平 [327, 35]、仁化 [16]、深圳 [327, 35, 17]、信宜 [35, 52]、阳春 [327, 35, 45]、阳江 [327, 35]、英德 [32]、郁南 [35, 101]、云浮 [327, 35]、湛江 [327, 35]、肇庆 [9, 35]、中山 [327, 10, 35]、珠海 [327, 35]、紫金 [31]。

浆果叶下珠属 *Kirganelia* Juss.

落萼叶下珠 ***Kirganelia flexuosa*** (Siebold & Zuccarini) R. W. Bouman

分布：封开 [35, 123, 14]、乐昌 [29, 123, 41]、连南 [35, 123]、连州 [26, 35]、乳源 [26, 35]、五华 [4]、阳山 [26, 35]、紫金 [31]。

青灰叶下珠 ***Kirganelia glauca*** (Wall. ex Müll. Arg.) R. W. Bouman

分布：博罗 [35, 123]、从化 [123]、东莞 [123, 25]、河源 [35, 123]、惠东 [12]、乐昌 [29, 41, 123, 35]、雷州 [13]、连南 [35, 123]、南雄 [35, 123, 33, 57]、平远 [35, 123]、仁化 [16, 35]、乳源 [26]、始兴 [28, 35]、五华 [35, 123]、徐闻 [13]、阳山 [26, 35]、英德 [32, 123, 35]、紫金 [31]。

小果叶下珠 ***Kirganelia reticulata*** (Poir.) Baill.

分布：博罗 [35, 100]、从化 [107]、德庆 [35, 123]、东莞 [35, 123, 25]、东源 [119]、封开 [14]、佛冈 [27]、高州 [35, 123]、广州 [35, 123]、鹤山 [35, 123]、惠东 [35, 123]、惠州 [35, 123]、江门 [8]、雷州 [13]、廉江 [13]、茂名 [35, 85]、仁化 [16, 35]、乳源 [26, 35]、深圳 [11, 17, 35]、始兴 [28]、遂溪 [13]、台山 [35, 123]、新丰 [35, 123]、新兴 [35, 123]、信宜 [52]、徐闻 [35, 123]、阳春 [35, 123, 45]、阳山 [26]、英德 [32, 35]、郁南 [101]、云浮 [35, 123]、增城 [116]、肇庆 [9, 35]、中山 [35, 123, 10]、珠海 [35, 123]、紫金 [35, 123, 31]。

水含珠属 *Moeroris* Raf.

锐尖叶下珠 ***Moeroris debilis*** (J. G. Klein ex Willd.) R. W. Bouman

分布：佛山 #[http://ppbc. iplant. cn/tu/12366172]、广州 #[123]、茂名 #[http://ppbc. iplant. cn/tu/9958543]、深圳 #[35, 123, 17, 82]、湛江 #[http://ppbc. iplant. cn/tu/4511321]、珠海 #[123]。

红叶下珠属 *Nymphanthus* Lour.

浙江叶下珠 ***Nymphanthus chekiangensis*** (Croizat & Metcalf) R. W. Bouman

分布：和平 [35, 123]、乐昌 [29, 123, 35]、紫金 [31]。

隐脉叶下珠 ***Nymphanthus guangdongensis*** (P. T. Li) R. W. Bouman

分布：封开 [35, 123, 14]、怀集 [35, 123]、乳源 [35, 123]、阳春 [35, 123]。

细枝叶下珠 ***Nymphanthus leptoclados*** (Benth.) R. W. Bouman

分布：南澳 [35, 123]。

红叶下珠 ***Nymphanthus ruber*** Lour.

分布：徐闻 [35, 123]。

叶下珠属 ***Phyllanthus*** **L.**

苦味叶下珠 ***Phyllanthus amarus*** Shumach. & Thonn.

分布：广州 #[15]、茂名 #[85]、南澳 #[15]、汕头 # [15]、深圳 #[15]、翁源 #[51]、珠海 #[15]。

浮水叶下珠 ***Phyllanthus fluitans*** Benth. ex Müll. Arg.

分布：阳春 #[22]。

纤梗叶下珠 ***Phyllanthus tenellus*** Roxb.

分布：博罗 #[http://ppbc. iplant. cn/tu/11943803]、广州 # [http://ppbc. iplant. cn/tu/12293684]、茂名 #[http://ppbc. iplant. cn/tu/14053239]、深圳 #[http://ppbc. iplant. cn/tu/9863197]。

艾堇属 ***Synostemon*** **F. Muell.**

艾堇 ***Synostemon bacciformis*** (L.) G. L. Webster

分布：东莞 [244, 25]、惠东 [244, 35]、惠州 [244, 35]、陆丰 [244, 35]、茂名 [244, 35]、汕头 [244, 35]、深圳 [244, 35, 17]、台山 [244, 35]、徐闻 [244, 35]、阳江 [244, 35]、湛江 [244, 35]、珠海 [244, 35]。

265. 牻牛儿苗科 Geraniaceae

老鹳草属 ***Geranium*** **L.**

野老鹳草 ***Geranium carolinianum*** L.

分布：潮州 #[15]、东莞 #[82]、丰顺 #[15]、惠州 # [82]、乐昌 #[15, 29, 526]、连州 #[15]、南雄 #[33, 57]、平远 # [15]、乳源 #[15]、深圳 #[82]、五华 #[4]、中山 #[82]、紫金 # [31]。

中日老鹳草 ***Geranium thunbergii*** Siebold ex Lindl. & Paxton

分布：乐昌 [29, 41]、仁化 [16]、乳源 [26, 35]、信宜 [52]、阳山 [26]。

天竺葵属 ***Pelargonium*** **L'Hér.**

天竺葵 ***Pelargonium × hortorum*** L. H. Bailey

分布：从化 *[107]、仁化 *[16]、肇庆 *[9]。

香叶天竺葵 ***Pelargonium graveolens*** L'Hér. & Aiton

分布：深圳 *[17]。

马蹄纹天竺葵 ***Pelargonium zonale*** Aif.

分布：广州 *[http://ppbc. iplant. cn/tu/7206416]、深圳 * [17]。

266. 使君子科 Combretaceae

风车子属 ***Combretum*** **Loefl.**

风车子 ***Combretum alfredii*** Hance

分布：博罗 [100]、从化 [35] [邓良 8480 (KUN)]、德庆 [35] [刘瑛光 1378 (HZ)]、东莞 [25]、封开 [14, 35]、广州 [35] [叶华谷 482 (IBSC)]、怀集 [35] [刘瑛光 3054 (HZ)]、乐昌 [29, 35, 41]、连州 [35] [谭沛祥 59623 (KUN)]、龙川 [35] [徐祥浩 1055 (IBSC)]、梅州 [35] [曾宪锋 ZXF41725 (CZH)]、南雄 [33, 35]、平远 [35] [曾宪锋 ZXF8543 (CZH)]、仁化 [16, 35]、乳源 [26, 35]、韶关 [35] [高锡朋 51995 (KUN)]、深圳 [17, 35]、台山 [35] [左景烈 22306 (IBSC)]、翁源 [51]、五华 [4]、新丰 [35] [叶华谷 1184 (IBSC)]、阳春 [35] [叶华谷、刘念 1957 (IBSC)]、英德 [32, 35]、郁南 [101]、肇庆 [9, 35]、紫金 [31, 35]。

使君子 ***Combretum indicum*** (L.) Jongkind

分布：博罗 *[38, 100]、从化 *[107]、东源 [59]、佛冈 [27]、佛山 *[http://ppbc. iplant. cn/tu/5632569]、广州 *[19]、龙门 * [http://ppbc. iplant. cn/tu/12642733]、茂名 *[http://ppbc. iplant. cn/tu/5627614]、深圳 *[http://ppbc. iplant. cn/tu/5137042]、英德 [32]、湛江 *[http://ppbc. iplant. cn/tu/4785824]、肇庆 *[9]。

水密花 ***Combretum punctatum*** **var.** ***squamosum*** (Roxb. ex G. Don) M. G. Gangopadhyay & Chatraba

分布：徐闻 [3, 35]。

榄形风车子 ***Combretum sundaicum*** Miq.

分布：雷州 [13]、廉江 [13]、徐闻 [13]。

石风车子 ***Combretum wallichii*** DC.

分布：肇庆 [丁广奇 , 石国良 1001 (HITBC011408)]。

对叶榄李属 ***Laguncularia*** **C. F. Gaertn.**

对叶榄李 ***Laguncularia racemosa*** (L.) C. F. Gaertn.

分布：雷州 *[13]、廉江 *[13]、徐闻 *[13]。

榄李属 ***Lumnitzera*** **Willd.**

榄李 ***Lumnitzera racemosa*** Willd.

分布：雷州 [13]、廉江 [13]、徐闻 [13, 35]。

榄仁属 ***Terminalia*** **L.**

阿江榄仁 ***Terminalia arjuna*** (Roxb. ex DC.) Wight & Arn.

分布：从化 *[107]、深圳 *[17]、肇庆 *[9]。

榄仁 ***Terminalia catappa*** L.

分布：深圳 *[17]、信宜 *[35, 52]、徐闻 [35] [赵玉锋 90285 (IBSC)]、湛江 [35] [周远瑞 100090 (IBK)]。

卵果榄仁 ***Terminalia muelleri*** Benth.

分布：深圳 *[17]。

千果榄仁 ***Terminalia myriocarpa*** Van Heurck & Müll. Arg.

分布：肇庆 *[9]。

小叶榄仁 ***Terminalia neotaliala*** Capuron

分布：从化 *[107]、高州 *[http://ppbc. iplant. cn/tu/3642095]、惠州 *[http://ppbc. iplant. cn/tu/3630686]、深圳 *[17]、肇庆 * [9]。

267. 千屈菜科 Lythraceae

水苋菜属 ***Ammannia*** **L.**

耳基水苋菜 ***Ammannia auriculata*** Willd.

分布：东莞 [25]、佛冈 [27]、深圳 [17]、始兴 [28]、信

宜 [52]、肇庆 [9]。

水苋菜 ***Ammannia baccifera*** L.

分布：东莞 [25]、广州 [22, 35]、蕉岭 [35]、乐昌 [29, 41]、连山 [22, 35]、南雄 [22]、乳源 [26]、深圳 [17]、翁源 [51, 22, 35]、郁南 [101]、云浮 [22, 35]、肇庆 [9, 22, 35]、中山 [10]。

多花水苋菜 ***Ammannia multiflora*** Roxb.

分布：乐昌 #[22]、台山 #[22, 35]。

萼距花属 *Cuphea* P. Browne

香膏萼距花 ***Cuphea carthagenensis*** (Jacq.) J. F. Macbr.

分布：潮州 #[15]、从化 #[107, 509]、大埔 #[15]、东莞 # [25]、东源 #[59]、丰顺 #[15]、封开 #[http://ppbc. iplant. cn/tu/4073907]、佛冈 #[27]、广州 #[21]、惠东 #[12]、江门 # [8]、蕉岭 #[15]、乐昌 #[526]、平远 #[15]、仁化 #[16]、乳源 # [15]、深圳 #[17, 82]、五华 #[4]、新丰 #[63]、信宜 #[52]、增城 #[116]、湛江 #[416]、肇庆 #[9, 423]、中山 #[10]、紫金 #[31]。

细叶萼距花 ***Cuphea hyssopifolia*** Kunth

分布：潮州 #[15]、惠来 #[15]、汕尾 #[15]、深圳 *[17]、肇庆 *[9]。

小瓣萼距花 ***Cuphea micropetala*** Kunth

分布：广州 *[37]。

八宝树属 *Duabanga* Buch. -Ham.

八宝树 ***Duabanga grandiflora*** (Roxb. ex DC.) Walp.

分布：博罗 *[5, 100]、肇庆 *[9]。

黄薇属 *Heimia* Link

黄薇 ***Heimia myrtifolia*** Cham. & Schltdl.

分布：深圳 *[17]。

紫薇属 *Lagerstroemia* L.

尾叶紫薇 ***Lagerstroemia caudata*** Chun & F. C. How ex S. K. Lee & L. F. Lau

分布：乳源 [35]、阳春 [35, 37]、阳山 [26]。

广东紫薇 ***Lagerstroemia fordii*** Oliv. & Koehne

分布：东莞 [25]、惠东 [12]、五华 [4]、紫金 [31]。

光紫薇 ***Lagerstroemia glabra*** (Koehne) Koehne

分布：从化 [35, 107]、乐昌 [29]。

紫薇 ***Lagerstroemia indica*** L.

分布：博罗 *[38, 100]、从化 *[107]、佛冈 [27]、乐昌 * [29, 41]、南雄 *[33, 57]、仁化 *[16]、深圳 *[17]、始兴 [28]、翁源 [51]、新丰 [63]、信宜 [52]、英德 [32]、肇庆 *[9]、中山 *[10]、紫金 [31]。

大花紫薇 ***Lagerstroemia speciosa*** (L.) Pers.

分布：博罗 *[38, 100]、从化 *[107]、江门 *[8]、仁化 * [16]、深圳 *[17]、肇庆 *[9]。

南紫薇 ***Lagerstroemia subcostata*** Koehne

分布：博罗 [5, 100]、从化 [35] [曾怀德 20543 (AU)]、德庆 [35] [刘瑛光 903 (HZ)]、广州 [35] [陈少卿 7405 (IBSC)]、和平 [35] [张桂才等 392 (IBSC)]、惠东 [12]、乐昌 [29, 35]、连山 [35] [谭沛祥 58444 (PE)]、清远 [35] [黄志 32497 (IBSC)]、仁化 [16]、深圳 *[17]、始兴 [28, 35]、英德 [32, 35]、云浮 [35] [黄志 37662 (IBSC)]、肇庆 [9, 35]。

散沫花属 *Lawsonia* L.

散沫花 ***Lawsonia inermis*** L.

分布：仁化 *[16]、深圳 *[17]。

千屈菜属 *Lythrum* L.

千屈菜 ***Lythrum salicaria*** L.

分布：广州 #[22]、乐昌 #[22]、连州 #[22]、乳源 #[26, 22]、深圳 #[17]、英德 #[32]。

石榴属 *Punica* L.

石榴 ***Punica granatum*** L.

分布：博罗 *[38, 100]、从化 *[107]、乐昌 *[29, 41]、茂名 *[85]、仁化 *[16]、深圳 *[17]、始兴 *[28]、肇庆 *[9]。

节节菜属 *Rotala* L.

密花节节菜 ***Rotala densiflora*** (Roth) Koehne

分布：东莞 [25]、乐昌 [29]、深圳 [17]、信宜 [52]。

节节菜 ***Rotala indica*** (Willd.) Koehne

分布：封开 #[14, 35]、佛冈 #[27]、广州 #[35] [陈少卿 6879 (IBSC)]、河源 #[35] [刘全儒、孟世勇 201001125 (BNU)]、怀集 #[35] [曾怀德 23170A (IBSC)]、惠东 #[12]、乐昌 #[29, 35, 41]、连州 #[26, 35]、仁化 #[16]、乳源 #[26]、深圳 #[11, 17, 35]、始兴 #[28, 35]、翁源 #[35] [刘心祈 2646 (IBSC)]、信宜 #[52]、英德 #[32]、郁南 #[35, 101]、肇庆 #[9, 35]。

轮叶节节菜 ***Rotala mexicana*** Cham. & Schltdl.

分布：英德 [https://ppbc. iplant. cn/tu/12201403]。

圆叶节节菜 ***Rotala rotundifolia*** (Buch. -Ham. ex Roxb.) Koehne

分布：博罗 [35] [粤 785934 (IBSC)]、潮州 [35] [曾宪锋 ZXF1653 (IBSC)]、从化 [107]、东莞 [25, 35]、丰顺 [35, 95]、封开 [14, 35]、佛冈 [27]、佛山 [35] [陈念劬 43055 (IBSC)]、广州 [35] [张劲林 11030621 (BNU)]、惠东 [12, 35]、惠州 [35] [徐德明 101 (IBSC)]、江门 [8, 35]、蕉岭 [35] [邓良 4753 (IBSC)]、乐昌 [29, 35, 41]、龙门 [35] [南昆山调查队 71267 (IBSC)]、茂名 [85]、南雄 [33, 35, 57]、平远 [35] [邓良 4425 (IBSC)]、饶平 [35] [陈念劬 42692 (IBSC)]、仁化 [16, 35]、汕头 [35] [S. T. Dunn 5834 (IBSC)]、深圳 [11, 17, 35]、始兴 [28, 35]、五华 [4, 35]、新丰 [63]、信宜 [52]、徐闻 [35] [徐闻队徐 00440 (PE)]、阳春 [35, 45]、英德 [32, 35]、郁南 [101]、增城 [35, 116]、湛江 [35] [湛江区植物调查队 3609 (IBSC)]、肇庆 [9, 22, 35]、中山 [10, 35]、紫金 [31, 35]。

瓦氏节节菜 ***Rotala wallichii*** (J. D. Hook.) Koehne

分布：广州 [35] [陈少卿 6940 (IBSC)]、海丰 [35]、清远 [35] [黄志 30182 (IBSC)]、阳春 [35, 37]。

海桑属 ***Sonneratia* L. f.**

无瓣海桑 ***Sonneratia apetala*** Buch. -Ham.

分布：东莞 #[25]、广州 #[21]、惠州 #[82]、深圳 #[82, 17, 3]、徐闻 #[497]、湛江 #[416]、中山 #[82]、珠海 #[428]。

海桑 ***Sonneratia caseolaris*** (L.) Engler

分布：深圳 *[17]。

菱属 ***Trapa* L.**

细果野菱 ***Trapa incisa*** Siebold & Zucc.

分布：惠州 [20, 35]、肇庆 [20, 35]。

欧菱 ***Trapa natans*** L.

分布：广州 [22]、南雄 [22]、仁化 [22]、深圳 *[17]、翁源 [51]、肇庆 [9]。

虾子花属 ***Woodfordia* Salisb.**

虾子花 ***Woodfordia fruticosa*** (L.) Kurz

分布：深圳 *[17]、云浮 [35]。

268. 柳叶菜科 Onagraceae

露珠草属 ***Circaea* L.**

谷蓼 ***Circaea erubescens*** Franch. & Sav.

分布：乳源 [35]、阳山 [26]。

南方露珠草 ***Circaea mollis*** Siebold & Zucc.

分布：和平 [35]、怀集 [35]、乐昌 [29, 41]、连南 [35]、连州 [26]、南雄 [33, 57]、乳源 [26, 35]、始兴 [28, 35]、翁源 [35, 51]、阳山 [35]。

柳叶菜属 ***Epilobium* L.**

光滑柳叶菜 ***Epilobium amurense* subsp. *cephalostigma*** (Hausskn.) C. J. Chen, Hoch & P. H. Raven

分布：乐昌 [35, 41]、连州 [26]、乳源 [26, 35]。

腺茎柳叶菜 ***Epilobium brevifolium* subsp. *trichoneurum*** (Hausskn.) P. H. Raven

分布：乐昌 [35]、茂名 [35]、乳源 [26, 35]、信宜 [52]、阳山 [26]。

柳叶菜 ***Epilobium hirsutum*** L.

分布：乐昌 [22, 35]、连州 [22]、乳源 [26]、翁源 [22, 35]、新丰 [22, 35]。

长籽柳叶菜 ***Epilobium pyrricholophum*** Franch. & Sav.

分布：和平 [35]、怀集 [35]、乐昌 [29, 35, 41]、南雄 [33, 57]、仁化 [35]、乳源 [26, 35]、翁源 [35, 51]、信宜 [52]、阳山 [26, 35]。

丁香蓼属 ***Ludwigia* L.**

台湾水龙 ***Ludwigia* × *taiwanensis*** C. I Peng

分布：丰顺 [95]、海丰 [22]、惠东 [22, 12]、乐昌 [22]、龙川 [22]、南雄 [22]、肇庆 [22]。

水龙 ***Ludwigia adscendens*** (L.) Hara

分布：博罗 [35, 38, 100]、从化 [107]、东莞 [25, 35]、封开 [35] [丁广奇 6822 (IBSC)]、佛冈 [27]、高州 [35] [蒋英 2493 (NAS)]、广州 [35] [麦鹤云 20431 (SN)]、和平 [35] [和平队 802 (IBSC)]、惠东 [12]、惠州 [35] [刘全儒、孟世勇 201001076 (BNU)]、乐昌 [29, 35, 41]、茂名 [85]、南雄 [33, 35, 57]、仁化 [16]、汕头 [35] [陈耀东、倪瑞生 310 (PE)]、深圳 [17, 35]、五华 [4, 35]、新丰 [63]、阳春 [35, 45]、阳江 [35] [黄志 41541 (IBSC)]、英德 [22, 32]、增城 [116]、湛江 [35] [姚鹏程、魏亚男 20150180 (HSNU)]、肇庆 [9, 35]、中山 [10, 35]。

翼茎水龙 ***Ludwigia decurrens*** Walter

分布：佛山 *[22]、连平 *[22]。

假柳叶菜 ***Ludwigia epilobioides*** Maxim.

分布：和平 [35]、连南 [35]、连平 [35]、连州 [35]、郁南 [101]。

草龙 ***Ludwigia hyssopifolia*** (G. Don) Exell

分布：博罗 #[15, 38, 100]、从化 #[107]、德庆 #[15]、东莞 #[82]、丰顺 #[95]、封开 #[14]、佛冈 #[27]、广州 # [21]、惠东 #[12]、惠州 #[82]、江门 #[8]、蕉岭 #[15]、乐昌 #[15, 41]、龙门 #[15]、茂名 #[85]、南雄 #[57]、仁化 #[16]、深圳 #[11, 82]、始兴 #[15, 28]、翁源 #[51]、五华 #[4]、新丰 # [63]、阳春 #[15]、阳山 #[26]、英德 #[32]、增城 #[116]、湛江 #[416]、肇庆 #[9, 15]、中山 #[82]、紫金 #[31]。

毛草龙 ***Ludwigia octovalvis*** (Jacq.) Raven

分布：博罗 #[38, 100]、潮州 #[15]、从化 #[107, 509]、大埔 #[15]、德庆 #[15]、东莞 #[82]、丰顺 #[9, 155]、封开 # [14]、佛冈 #[27]、广州 #[21]、怀集 #[15]、惠东 #[12]、惠州 #[82]、江门 #[8]、乐昌 #[41]、茂名 #[85]、南雄 #[57]、普宁 #[15]、仁化 #[16]、深圳 #[11, 82]、翁源 #[51]、五华 # [4]、新丰 #[63]、信宜 #[52]、阳山 #[26]、英德 #[32]、郁南 # [101]、增城 #[116]、肇庆 #[9, 15]、中山 #[82]、紫金 # [31]。

卵叶丁香蓼 ***Ludwigia ovalis*** Miq.

分布：肇庆 [35]、乳源 [https://ppbc.iplant.cn/tu/17165462]。

黄花水龙 ***Ludwigia peploides* subsp. *stipulacea*** (Ohwi) Raven

分布: 从化 [http://ppbc. iplant. cn/tu/4365115]、广州 [http://ppbc. iplant. cn/tu/9455625]、惠东 [http://ppbc. iplant. cn/tu/10569514]、紫金 [31]。

细花丁香蓼 ***Ludwigia perennis*** L.

分布：德庆 [35]、封开 [14]、广州 [35]、深圳 [17]、肇庆 [9, 35]。

丁香蓼 ***Ludwigia prostrata*** Roxb.

分布：惠东 #[12]、连州 #[26]、仁化 #[16]、深圳 #[11]、始兴 #[28]、翁源 #[51]、五华 #[4]、阳春 #[45]、郁南 # [101]。

月见草属 ***Oenothera* L.**

海边月见草 ***Oenothera drummondii*** Hook.

分布：惠东 #[15]、惠州 #[82]、陆丰 #[http://ppbc. iplant.

cn/tu/391685]、汕尾 #[http://ppbc. iplant. cn/tu/506151]、深圳 #[17]、吴川 #[13]、湛江 #[13]。

裂叶月见草 ***Oenothera laciniata*** Hill

分布：汕头 #[15, 393]。

粉花月见草 ***Oenothera rosea*** L'Hér. ex Aiton

分布：从化 #[https://ppbc.iplant.cn/tu/3424606]。

269. 桃金娘科 Myrtaceae

野凤榴属 *Acca* O. Berg

菲油果 ***Acca sellowiana*** (O. Berg) Burret

分布：广州 *[http://ppbc. iplant. cn/tu/10374833]。

岗松属 *Baeckea* L.

岗松 ***Baeckea frutescens*** L.

分布：博罗 [35, 38, 100]、从化 [35, 107]、德庆 [35] [刘瑛光 1129 (HZ)]、东莞 [25, 35]、恩平 [35] [黄茂先 110434 (HZ)]、丰顺 [35, 95]、封开 [14, 35]、佛冈 [27]、高州 [35] [蒋英 893 (IBSC)]、广州 [35] [叶华谷 16608 (IBSC)]、海丰 [35] [周业祝 ZYZ023 (CZH)]、和平 [35] [谭策铭 971924 (PE)]、怀集 [35] [曾怀德 22756 (IBK)]、惠东 [12, 35]、惠州 [35] [叶华谷、曾飞燕 21909 (IBSC)]、江门 [8, 35]、揭西 [35] [曾宪锋 ZXF31301 (CZH)]、乐昌 [29, 35]、连山 [35] [谭沛祥 58708 (PE)]、廉江 [35] [谭策铭等　廉江 022 (JJF)]、龙川 [35] [徐祥浩 1016 (IBK)]、龙门 [35] [张桂才等 795 (HGAS)]、陆丰 [35] [许小婷 XXT071 (CZH)]、罗定 [35] [叶华谷、刘念 1994 (IBSC)]、茂名 [35, 85]、梅州 [35] [曾宪锋 ZXF42012 (CZH)]、普宁 [35] [曾宪锋 ZXF42896 (CZH)]、清远 [35] [黄成 161566 (IBSC)]、仁化 [16, 35]、乳源 [35] [姚振生　粤 066 (JXCM0006581)]、韶关 [35] [To & Tsang12205 (NAS)]、深圳 [11, 17, 35]、始兴 [28, 35]、台山 [35] [黄茂先 110014 (HZ)]、翁源 [35, 51]、五华 [4, 35]、新丰 [35, 63]、新兴 [35] [刘瑛光 2121 (HZ)]、信宜 [52]、阳春 [35, 45]、阳江 [35] [黄志 41418 (IBK)]、英德 [32, 35]、郁南 [35, 101]、云浮 [35] [黄季庄 536 (NAU00016383)]、增城 [35, 116]、湛江 [35] [徐亮 813054 (JIU15768)]、肇庆 [9, 35]、中山 [10, 35]、珠海 [35] [陈邦余、李泽贤 379 (FJSI)]、紫金 [31, 35]。

红千层属 *Callistemon* R. Br.

美花红千层 ***Callistemon citrinus*** (Curtis) Skeels

分布：从化 *[http://ppbc. iplant. cn/tu/1299322]、深圳 *[http://ppbc. iplant. cn/tu/9662383]。

红千层 ***Callistemon rigidus*** R. Br.

分布：博罗 *[5, 100]、深圳 *[17]、肇庆 *[9]。

垂枝红千层 ***Callistemon viminalis*** (Sol. ex Gaertn.) G. Don

分布：深圳 *[17]。

风蜡花属 *Chamelaucium* Desf.

蜡花 ***Chamelaucium uncinatum*** Schauer

分布：广州 *[http://ppbc. iplant. cn/tu/12473871]、深圳 *[http://ppbc. iplant. cn/tu/5019431]、增城 *[http://ppbc. iplant. cn/tu/6130739]。

伞房桉属 *Corymbia* K. D. Hill & L. A. S. Johnson

皱果桉 ***Corymbia ptychocarpa*** (F. Muell.) K. D. Hill & L. A. S. Johnson

分布：珠海 *[http://ppbc. iplant. cn/tu/8823185]。

子楝树属 *Decaspermum* J. R. Forst. & G. Forst.

秃子楝树 ***Decaspermum glabrum*** H. T. Chang & R. H. Miao

分布：雷州 [35]、廉江 [35]、遂溪 [35]、吴川 [35]、徐闻 [35]、湛江 [35]。

子楝树 ***Decaspermum gracilentum*** (Hance) Merr. & L. M. Perry

分布：恩平 [35] [黄茂先 110425 (PE)]、封开 [14]、高州 [35] [蒋英 2186 (IBSC)]、江门 [8]、廉江 [35] [中国科学院广东合浦区植物调查队 2035 (IBSC)]、茂名 [35, 85]、仁化 [16]、乳源 [35] [黄志 42270 (IBSC)]、台山 [35] [李泽贤 602 (FJSI)]、信宜 [52]、阳春 [35] [叶华谷等 5683 (IBSC)]、阳江 [35] [李泽贤等 2302 (IBSC)]、郁南 [101]、云浮 [35] [黄志 37250 (IBK)]、湛江 [35] [湛江区植物调查队 4286 (IBSC)]。

五瓣子楝树 ***Decaspermum parviflorum*** (Lam.) A. J. Scott

分布：阳山 [26]。

桉属 *Eucalyptus* L'Hér.

广叶桉 ***Eucalyptus amplifolia*** Naudin

分布：肇庆 *[9]。

赤桉 ***Eucalyptus camaldulensis*** Dehnh.

分布：博罗 *[5, 100]、南雄 *[57]、仁化 *[16]、肇庆 * [9]。

柠檬桉 ***Eucalyptus citriodora*** Hook.

分布：博罗 *[38, 100]、从化 *[107]、封开 *[14]、茂名 *[85]、仁化 *[16]、深圳 *[17]、郁南 *[101]、肇庆 *[9]。

白皮桉 ***Eucalyptus dealbata*** A. Cunn. ex Schauer

分布：博罗 *[100]。

窿缘桉 ***Eucalyptus exserta*** F. Muell.

分布：博罗 #[5, 100]、佛山 #[500]、仁化 #[16]、深圳 #[17]、肇庆 #[9]。

蓝桉 ***Eucalyptus globulus*** Labill.

分布：乐昌 #[29]。

纤脉桉 ***Eucalyptus leptophleba*** F. Muell.

分布：肇庆 *[9]。

阔叶桉 ***Eucalyptus platyphylla*** F. Muell.

分布：广州 *[3]。

桉 ***Eucalyptus robusta*** Sm.

分布：博罗 #[38, 100]、从化 #[107]、东莞 #[82]、丰顺 #[95]、封开 #[14]、惠州 #[82]、江门 #[8]、茂名 #[85]、仁化 #[16]、乳源 #[26]、深圳 #[11, 82, 17]、郁南 #[101]、肇庆 #[9]、中山 #[82]。

野桉 *Eucalyptus rudis* Endl.

分布：肇庆 *[9]。

柳叶桉 *Eucalyptus saligna* Sm.

分布：博罗 *[5, 100]、肇庆 *[9]。

细叶桉 *Eucalyptus tereticornis* Sm.

分布：博罗 *[38, 100]、深圳 *[17]、肇庆 *[9]。

尾叶桉 *Eucalyptus urophylla* S. T. Blake

分布：从化 *[107]、仁化 *[16]。

番樱桃属 *Eugenia* L.

红果仔 *Eugenia uniflora* L.

分布：从化 *[107]、江门 *[8]、深圳 *[17]、肇庆 *[9]。

鱼柳梅属 *Leptospermum* J. R. Forst. & G. Forst.

松红梅 *Leptospermum scoparium* J. R. Forst. et G. Forst.

分布：广州 *[http://ppbc. iplant. cn/tu/4272452]、惠州 *[http://ppbc. iplant. cn/tu/4984876]、深圳 *[http://ppbc. iplant. cn/tu/4973708]。

红胶木属 *Lophostemon* Schott

红胶木 *Lophostemon confertus* (R. Br.) Peter G. Wilson & J. T. Waterh.

分布：始兴 *[28]。

白千层属 *Melaleuca* L.

溪畔白千层 *Melaleuca bracteata* F. Muell.

分布：广州 *[http://ppbc. iplant. cn/tu/4104221]、江门 *[8]、湛江 *[http://ppbc. iplant. cn/tu/6044621]。

白千层 *Melaleuca cajuputi* subsp. *cumingiana* (Turcz.) Barlow

分布：博罗 *[38]、深圳 *[17]、肇庆 *[9]。

长叶白千层 *Melaleuca leucadendra* (L.) L.

分布：博罗 *[100]、从化 *[107]。

多香果属 *Pimenta* Lindl.

众香 *Pimenta racemosa* (Mill.) J. W. Moore

分布：广州 *[http://ppbc. iplant. cn/tu/12295772]。

树番樱属 *Plinia* L.

嘉宝果 *Plinia cauliflora* (Mart.) Kausel

分布：从化 *[http://ppbc. iplant. cn/tu/3554778]、广州 *[http://ppbc. iplant. cn/tu/5078140]、惠州 *[http://ppbc. iplant. cn/tu/5041187]、深圳 *[http://ppbc. iplant. cn/tu/4939610]。

番石榴属 *Psidium* L.

番石榴 *Psidium guajava* L.

分布：博罗 #[38, 100]、从化 #[107]、东莞 #[15, 25]、丰顺 #[95]、封开 #[14]、佛冈 #[27]、佛山 #[500]、广州 #[15]、江门 #[8]、乐昌 #[526]、罗定 #[15]、茂名 #[85]、南雄 #[15]、仁化 #[16]、深圳 #[11, 17]、信宜 #[52]、徐闻 # [15]、英德 #[32]、郁南 #[101]、肇庆 #[9, 15]、中山 # [10]。

桃金娘属 *Rhodomyrtus* (DC.) Rchb.

桃金娘 *Rhodomyrtus tomentosa* (Aiton) Hassk.

分布：博罗 [35, 38, 100]、潮州 [35] [练佩玲 2015208 (CZH)]、从化 [35, 107]、大埔 [35]、德庆 [35] [刘瑛光 1970 (HZ)]、东莞 [25, 35]、东源 [59]、丰顺 [35, 95]、封开 [14, 35]、佛冈 [27]、佛山 [35] [陈文 9900 (IBSC)]、高州 [35] [蒋英 2099 (IBSC)]、广州 [35] [钟东方 91-2-6-AF (SN)]、海丰 [35] [许小婷 XXT024 (CZH)]、和平 [35] [谭策铭等 Y06571 (JJF)]、怀集 [35] [刘瑛光 2895 (HZ)]、惠东 [12, 35]、惠州 [35] [叶华谷、曾飞燕 21927 (IBSC)]、江门 [8, 35]、蕉岭 [35] [邓良 4708 (KUN)]、揭西 [35] [曾宪锋 ZXF21173 (CZH)]、揭阳 [35] [曾宪锋 ZXF31680 (CZH)]、乐昌 [29, 35, 41]、雷州 [35] [侯、王、陈、赵 15068 (PE)]、连平 [35] [刘全儒等 DJ20090727005 (BNU)]、连山 [35] [谭沛祥 58447 (PE)]、连州 [35] [和用谦 170285 (IBSC)]、龙川 [35] [王颖 WY014 (CZH)]、龙门 [35] [张桂才等 110 (HGAS)]、陆丰 [35] [许小婷 XXT038 (CZH)]、陆河 [35] [曾宪锋 ZXF42737 (CZH)]、罗定 [35] [叶华谷、刘念 2108 (IBSC)]、茂名 [35, 85]、梅州 [35] [郑鸿祥 2016042 (CZH)]、南澳 [35] [曾宪锋 ZXF6166 (CZH)]、南雄 [33, 35, 57]、饶平 [35] [曾宪锋 ZXF4380 (IBSC)]、仁化 [16, 35]、乳源 [26, 35]、韶关 [35] [秦、王、韩 41 (PE)]、深圳 [11, 17, 35]、始兴 [28]、台山 [35] [周联选 11430 (KUN)]、翁源 [35, 51]、五华 [4, 35]、新丰 [35, 63]、新兴 [35] [刘瑛光 2317 (HZ)]、信宜 [35, 52]、兴宁 [35] [曾宪锋 ZXF27573 (CZH)]、徐闻 [35] [徐闻队 215 (KUN)]、阳春 [35, 45]、阳江 [35] [黄志 41403 (IBK)]、阳山 [26, 35]、英德 [32, 35]、郁南 [101]、云浮 [35] [梁向日 37722 (IBK)]、增城 [116]、湛江 [35] [柳贡刚 5145 (JIU19209)]、肇庆 [9, 35]、中山 [10, 35]、珠海 [35] [罗捷 200902202 (SN)]、紫金 [31, 35]。

蒲桃属 *Syzygium* P. Browne ex Gaertn.

肖蒲桃 *Syzygium acuminatissimum* (Blume) DC.

分布：博罗 [5, 100]、从化 [107]、东莞 [25, 35]、封开 [14]、佛冈 [27]、广州 [35] [叶华谷 16295 (IBSC)]、深圳 [17, 35]、信宜 [52]、阳春 [45]、阳山 [26]、郁南 [101]、增城 [116]、肇庆 [9, 35]、中山 [10, 35]。

华南蒲桃 *Syzygium austrosinense* (Merr. & L. M. Perry) H. T. Chang & R. H. Miao

分布：博罗 [5, 100]、潮州 [35] [曾宪锋 ZXF9001 (CZH)]、大埔 [35] [大埔队 522 (IBSC)]、丰顺 [35] [曾宪锋 ZXF8488 (CZH)]、封开 [14, 35]、高州 [35] [周沛椿 80298 (IBSC)]、和平 [35] [张永明 152852 (IBSC)]、惠东 [12, 35]、江门 [8, 35]、蕉岭 [35] [南岭队 2336 (IBSC)]、揭西 [35] [叶华谷等 4511 (IBSC)]、乐昌 [41]、始兴 [28, 35]、五华 [4]、新丰 [35] [谭英华 135 (IBSC)]、信宜 [52]、阳山 [26, 35]、英德 [32, 35]、郁南 [35, 101]、肇庆 [9, 35]、中山 [10, 35]、紫金 [31, 35]。

黑嘴蒲桃 *Syzygium bullockii* (Hance) Merr. & L. M. Perry

分布：化州 [35] [湛江区植物调查队 2831 (IBSC)]、雷州 [35] [蒋英 2528 (IBSC)]、仁化 [16]、徐闻 [35] [周远瑞

100003 (IBK)]、中山 [10, 35]。

赤楠 ***Syzygium buxifolium*** Hook. & Arn.

分布: 博罗 [35, 100]、潮州 [35] [叶华谷等 13199 (IBSC)]、从化 [35, 107]、大埔 [35] [曾宪锋 ZXF44091 (CZH)]、东莞 [25, 35]、东源 [59]、丰顺 [35, 95]、封开 [14, 35]、佛冈 [27]、广州 [35] [麦鹤云 21520 (IBSC)]、和平 [35] [张桂才 219 (IBSC)]、怀集 [35] [石国良 15005 (IBSC)]、惠东 [12, 35]、惠州 [35] [卫兆芬 121690 (KUN)]、江门 [8, 35]、蕉岭 [35] [徐祥浩 108 (IBSC)]、揭西 [35] [曾宪锋 ZXF35890 (CZH)]、乐昌 [29, 35, 41]、连南 [35] [钟德尧 20431 (IBSC)]、连平 [35] [粤 73 1835 (IBSC)]、连州 [26, 35]、龙川 [35] [曾宪锋 ZXF27691 (CZH)]、龙门 [35] [肖家庚 5145 (CSFI)]、陆河 [35] [曾宪锋 ZXF42730 (CZH)]、罗定 [35] [叶华谷、刘念 2266 (IBSC)]、茂名 [35] [蒋英 2898 (IBK)]、梅州 [35] [林文静 2016059 (CZH)]、南澳 [35] [曾宪锋 ZXF2059 (IBSC)]、南雄 [33, 35, 57]、平远 [35] [李学根 201860 (IBSC)]、仁化 [16, 35]、乳源 [26, 35]、韶关 [35] [南植地 7408 (IBSC)]、深圳 [11, 17, 35]、始兴 [28, 35]、台山 [35] [南植地 8083 (IBSC)]、翁源 [35, 51]、五华 [4, 35]、新丰 [35, 63]、信宜 [35, 52]、兴宁 [35] [曾宪锋 ZXF27922 (CZH)]、阳春 [35, 45]、阳山 [26, 35]、英德 [32, 35]、郁南 [35, 101]、增城 [116]、肇庆 [9, 35]、中山 [10, 35]、珠海 [35] [粤 73 3081 (IBSC)]、紫金 [31, 35]。

子凌蒲桃 ***Syzygium championii*** (Benth.) Merr. & L. M. Perry

分布：博罗 [35, 100]、东莞 [25]、丰顺 [95]、封开 [14]、佛冈 [27]、惠东 [12]、江门 [8]、乐昌 [29]、深圳 [11, 17]、郁南 [101]、增城 [116]、肇庆 [9]。

乌墨 ***Syzygium cumini*** (L.) Skeels

分布：博罗 [38]、从化 *[107]、广州 [35] [余小琪 137 (BJFC)]、雷州 [35] [李泽贤、邢福武 1983 (IBSC)]、廉江 [35] [湛江区植物调查队 3127 (IBSC)]、深圳 *[17, 35]、徐闻 [35] [徐闻队徐 00417 (PE)]、增城 [116]、肇庆 [9]。

卫矛叶蒲桃 ***Syzygium euonymifolium*** (F. P. Metcalf) Merr. & L. M. Perry

分布：博罗 [100]、惠东 [12]、深圳 [11, 17]、翁源 [35, 51]、信宜 [35, 52]、英德 [32]、增城 [116]、肇庆 [9, 35]。

轮叶蒲桃 ***Syzygium grijsii*** (Hance) Merr. & L. M. Perry

分布：博罗 *[5, 100]、东源 [119]、佛冈 [27]、和平 [35] [张桂才 759 (IBSC)]、河源 [35] [77 级科研组新 0301 (SN)]、惠东 [12]、江门 [8]、乐昌 [41]、连山 [35] [谭沛祥 58445 (PE)]、连州 [26]、乳源 [26]、深圳 [17]、始兴 [28]、新丰 [35] [邓良 8279 (IBSC)]、英德 [32, 35]、中山 [10]。

红鳞蒲桃 ***Syzygium hancei*** Merr. & L. M. Perry

分布：博罗 [5, 35]、潮州 [35] [曾宪锋 ZXF9222 (CZH)]、从化 [107]、大埔 [35] [曾宪锋 ZXF9251 (CZH)]、东莞 [25, 35]、东源 [119]、丰顺 [35, 95]、封开 [14, 35]、佛冈 [27]、佛山 [35] [张瑞麟 166 (IBSC)]、高州 [35] [张镜清 61051 (IBSC)]、广州 [35] [周远瑞 100088 (IBK)]、鹤山 [35] [黄茂先 110766 (PE)]、化州 [35] [湛江区植物调查队 3007 (IBSC)]、惠东 [12]、惠州 [35] [卫兆芬 121566 (IBSC)]、江门 [8, 35]、蕉岭 [35] [徐祥浩、林辉奉 145 (IBSC)]、龙门 [35] [张桂才等 106 (HGAS)]、陆河 [35] [叶华谷等 4767 (IBSC)]、罗定 [35] [叶华谷、刘念 2254 (IBSC)]、茂名 [35] [邓良 1765 (KUN)]、普宁 [35] [曾宪锋 ZXF42936 (CZH)]、乳源 [26]、深圳 [11, 17, 35]、始兴 [28, 35]、台山 [35] [左景烈 22525 (IBSC)]、翁源 [35] [刘心祈 24589 (IBSC)]、五华 [4, 35]、信宜 [35, 52]、徐闻 [35] [徐闻队 324 (KUN)]、阳春 [35, 45]、阳江 [35] [刘仕汗、肖嘉 89887 (IBSC)]、阳山 [26]、英德 [32, 35]、郁南 [101]、云浮 [35] [辛树帜 5080 (IBSC)]、增城 [116]、湛江 [35] [申香花 628503 (JIU19228)]、肇庆 [9, 35]、中山 [10, 35]、珠海 [35] [陈炳辉 676 (IBSC)]、紫金 [31, 35]。

贵州蒲桃 ***Syzygium handelii*** Merr. & L. M. Perry

分布：惠东 [陈邦余 , 张桂才 484 (IBSC)]。

蒲桃 ***Syzygium jambos*** (L.) Alston

分布：博罗 #[38, 100]、从化 #[107]、佛冈 #[27]、佛山 # [500]、广州 #[http://ppbc. iplant. cn/tu/5006942]、惠东 # [12]、惠州 #[http://ppbc. iplant. cn/tu/5198647]、江门 #[8]、仁化 # [16]、深圳 #[11, 17]、信宜 #[52]、英德 #[32]、增城 # [116]、肇庆 #[9]。

广东蒲桃 ***Syzygium kwangtungense*** (Merr.) Merr. & L. M. Perry

分布：封开 [14]、化州 [35] [湛江区植物调查队 3047 (IBSC)]、江门 [8]、雷州 [35] [蒋英 2552 (IBSC)]、茂名 [35] [叶华谷、刘念 1046 (IBSC)]、信宜 [52]、徐闻 [35] [南路 100 (IBSC)]、阳春 [35, 45]、增城 [116]、肇庆 [9]。

粗叶木蒲桃 ***Syzygium lasianthifolium*** H. T. Chang & R. H. Miao

分布：廉江 [3, 35]。

山蒲桃 ***Syzygium levinei*** (Merr.) Merr. & L. M. Perry

分布：博罗 [35, 100]、从化 [35, 107]、东莞 [25, 35]、东源 [59]、佛冈 [27]、佛山 [35] [黄茂先 110992 (PE)]、广州 [35] [黄荣焜 30559 (IBSC)]、鹤山 [35] [黄茂先 110828 (PE)]、惠东 [12]、惠州 [35] [陈炳辉 505 (IBSC)]、江门 [8, 35]、深圳 [11, 17, 35]、台山 [35] [左景烈 22540 (IBSC)]、新丰 [63]、信宜 [52]、阳春 [45]、英德 [32]、增城 [116]、肇庆 [9, 35]、中山 [10, 35]、珠海 [35] [粤 73 3033 (IBSC)]、紫金 [31]。

水翁蒲桃 ***Syzygium nervosum*** DC.

分布：博罗 [35, 38, 100]、从化 [35, 107]、德庆 [35] [刘瑛光 1220 (HZ)]、东莞 [25, 35]、东源 [59]、封开 [35] [丁广奇、余连 6681 (WUK)]、佛冈 [27]、佛山 [35] [黄茂先 111027 (PE)]、广州 [35] [叶华谷 16338 (IBSC)]、惠东 [12, 35]、惠州 [35] [叶华谷、曾飞燕 21877 (IBSC)]、江门 [8, 35]、开平 [35] [谭沛

祥 110609 (PE)]、茂名 [85]、仁化 [16]、深圳 [11, 17, 35]、台山 [35] [左景烈 22242 (IBSC)]、信宜 [52]、阳春 [45]、郁南 [101]、增城 [35, 116]、肇庆 [9, 35]、中山 [10, 35]。

香蒲桃 ***Syzygium odoratum*** (Lour.) DC.

分布：封开 [14]、佛冈 [27]、雷州 [13]、深圳 *[17]、遂溪 [13]、徐闻 [13]。

红枝蒲桃 ***Syzygium rehderianum*** Merr. & L. M. Perry

分布：博罗 [100]、从化 [35, 107]、东莞 [25]、东源 [59]、丰顺 [95]、封开 [14, 35]、佛冈 [27]、广宁 [35] [石国良 14371 (IBSC)]、和平 [35] [谭策铭、易桂花、曹仕优等 Y06694 (JJF)]、怀集 [35] [石国良 14589 (IBSC)]、惠东 [12]、江门 [8]、乐昌 [29, 35, 41]、南雄 [33, 35, 57]、清远 [35] [黄志 30733 (IBSC)]、仁化 [16]、深圳 [11]、翁源 [35, 51]、五华 [4]、新丰 [35, 63]、信宜 [52]、阳山 [26, 35]、英德 [32, 35]、郁南 [101]、肇庆 [9, 35]、中山 [10]、紫金 [31, 35]。

洋蒲桃 ***Syzygium samarangense*** (Blume) Merr. & L. M. Perry

分布：博罗 *[5, 38]、从化 *[107]、深圳 *[17]。

四角蒲桃 ***Syzygium tetragonum*** (Wight) Wall. ex Walp.

分布：肇庆 [9]。

狭叶蒲桃 ***Syzygium tsoongii*** (Merr.) Merr. & L. M. Perry

分布：潮州 [392]。

锡兰蒲桃 ***Syzygium zeylanicum*** (L.) DC.

分布：封开 [14]、信宜 [35, 52]、阳春 [35, 45]。

金缨木属 *Xanthostemon* F. Muell.

金蒲桃 ***Xanthostemon chrysanthus*** (F. Muell.) Benth.

分布：惠州 *[http://ppbc. iplant. cn/tu/4658457]、深圳 *[http://ppbc. iplant. cn/tu/5794157]、湛江 *[http://ppbc. iplant. cn/tu/5756197]。

270. 野牡丹科 Melastomataceae

异形木属 *Allomorphia* Blume

异形木 ***Allomorphia balansae*** Cogn.

分布：信宜 *[417, 52]。

棱果花属 *Barthea* Hook. f.

棱果花 ***Barthea barthei*** (Hance) Krass.

分布：博罗 [35, 100]、丰顺 [95]、封开 [14]、佛冈 [27]、惠东 [12]、江门 [8, 35]、乐昌 [29, 26]、连州 [26, 35]、乳源 [26, 35]、深圳 [17]、阳春 [35, 45]、阳江 [35]、阳山 [26, 35]、阳西 [陈又生等 JZ20230015 (IBSC)]、英德 [32]、紫金 [31]。

柏拉木属 *Blastus* Lour.

南亚柏拉木 ***Blastus borneensis*** Cogn. ex Boerl.

分布：封开 [14]、乐昌 [41]、始兴 [35]。

柏拉木 ***Blastus cochinchinensis*** Lour.

分布：博罗 [35, 38, 100]、从化 [107]、东莞 [25]、东源 [59]、丰顺 [95]、封开 [14, 35]、佛冈 [27]、广宁 [35]、和平 [35]、怀集 [35]、惠东 [12]、乐昌 [29, 35, 41]、连南 [35]、连山 [35]、连州 [35]、龙门 [35]、南雄 [33, 57]、仁化 [16]、乳源 [35]、韶关 [35]、深圳 [17]、翁源 [51]、五华 [4]、信宜 [35, 52]、阳春 [45]、阳山 [26]、英德 [32]、郁南 [101]、增城 [116]、肇庆 [9]、中山 [10]、紫金 [31]。

少花柏拉木 ***Blastus pauciflorus*** (Benth.) Guillaumin

分布：博罗 [35, 100]、潮州 [35] [曾宪锋、曾庆宜 ZXF7354 (CZH)]、从化 [35] [龙秀斌、龙成红 26611 (SZG)]、大埔 [35] [李学根 202547 (HZ)]、德庆 [35] [刘瑛光 989 (PE)]、东源 [119]、丰顺 [35, 95]、封开 [14, 35]、佛冈 [27]、广宁 [35] [陈炳辉 1621 (IBSC)]、广州 [35] [邓良 9533 (IBSC)]、和平 [35] [卫兆芬 120607 (KUN)]、河源 [35] [77 级科研组新 0805 (SN)]、怀集 [35] [陈炳辉 1328 (IBSC)]、惠东 [12]、惠州 [35] [曾怀德 25557 (IBSC)]、江门 [8]、蕉岭 [35] [邓良 4607 (IBK)]、揭西 [35] [曾宪锋 ZXF35509 (CZH)]、乐昌 [26, 29, 35, 41]、连南 [35] [谭沛祥 59015 (NAS)]、连平 [35] [卫兆芬 120095 (KUN)]、连山 [35] [谭沛祥 58152 (KUN)]、连州 [26, 35]、龙川 [35] [左景烈 21636 (IBSC)]、龙门 [35] [张桂才等 269 (HGAS)]、茂名 [35] [蒋英 2864 (IBK)]、梅州 [35] [李学根 201089 (IBK)]、南雄 [33, 35, 57]、平远 [35] [李学根 201897 (HZ)]、清远 [35] [黄志 30810 (IBK)]、仁化 [16, 35]、乳源 [26, 35]、韶关 [35] [南岭队 837 (IBSC)]、始兴 [28, 35]、翁源 [35, 51]、五华 [4]、新丰 [35, 63]、信宜 [35, 52]、兴宁 [35] [南植地 7305 (IBSC)]、阳山 [26, 35]、英德 [32, 35]、郁南 [101]、增城 [116]、肇庆 [9, 35]、中山 [10, 35]、紫金 [31, 35]。

刺毛柏拉木 ***Blastus setulosus*** Diels

分布：封开 [14]、乐昌 [35]、连州 [35]、阳山 [35]。

野海棠属 *Bredia* Blume

叶底红 ***Bredia fordii*** (Hance) Diels

分布：博罗 [5]、从化 [107]、封开 [14]、乐昌 [29, 35]、梅州 [35]、始兴 [28]、新丰 [63]、信宜 [52]、阳春 [45]、英德 [32]、郁南 [101]、增城 [116]、肇庆 [9]、紫金 [31]。

长萼野海棠 ***Bredia longiloba*** (Hand. -Mazz.) Diels

分布：封开 [14]、和平 [35]、乐昌 [35]、连州 [26]、乳源 [26]、阳山 [26, 35]。

小叶野海棠 ***Bredia microphylla*** H. L. Li

分布：英德 [32]。

异药花属 *Fordiophyton* Stapf

短茎异药花 ***Fordiophyton brevicaule*** C. Chen

分布：封开 [14]、海丰 [35]、惠东 [12]、汕头 [35]、阳春 [45]、阳江 [35]。

短莛无距花 ***Fordiophyton breviscapum*** (C. Chen) Y. F. Deng & T. L. Wu

分布：乐昌 [35]、连南 [35]、连州 [26]、乳源 [26, 35]、信宜 [52]、郁南 [101]。

陈氏异药花 *Fordiophyton chenii* S. Jin Zeng & X. Y. Zhuang

分布：恩平 [350]。

心叶异药花 *Fordiophyton cordifolium* C. Y. Wu ex C. Chen

分布：封开 [14]、信宜 [3, 35, 52]。

败蕊无距花 *Fordiophyton degeneratum* (C. Chen) Y. F. Deng & T. L. Wu

分布：茂名 [35]、信宜 [52]。

异药花 *Fordiophyton faberi* Stapf

分布：博罗 [35, 37]、丰顺 [95]、封开 [14]、广宁 [35] [陈炳辉 1599 (IBSC)]、和平 [35] [张桂才 588 (IBSC)]、怀集 [35] [蚁伟民 16005 (IBSC)]、惠东 [12]、惠州 [35] [曾怀德 25452 (IBSC)]、乐昌 [26, 29, 35, 41]、连南 [35] [谭沛祥 59290 (KUN)]、连州 [26, 35]、龙川 [35] [曾宪锋 ZXF22338 (CZH)]、南雄 [33, 35, 57]、仁化 [16, 35]、乳源 [26, 35]、韶关 [35] [周仁章、巫锡良、王国栋 12528 (SZG)]、始兴 [28, 35]、翁源 [35, 51]、五华 [35] [南植地 7647 (IBSC)]、阳山 [35] [李学根 201274 (IBK)]、英德 [32, 35]、郁南 [101]、肇庆 [9, 35]、紫金 [31, 35]。

惠州异药花 *Fordiophyton huizhouense* S. Jin Zeng & X. Y. Zhuang

分布：惠东 [12]、惠州 [350]。

无距花 *Fordiophyton peperomiifolium* (Oliv.) Hansen

分布：清远 [35] [黄志 30456 (IBK)]。

庄氏异药花 *Fordiophyton zhuangiae* S. Jin Zeng & G. D. Tang

分布：阳春 [349]。

四瓣果属 *Heterocentron* Hook. & Arn.

蔓茎四瓣果 *Heterocentron elegans* (Schltdl.) O. Kuntze

分布：广州 *[http://ppbc. iplant. cn/tu/9565346]。

湿地棯属 *Heterotis* Benth.

蔓性野牡丹 *Heterotis rotundifolia* (Smith.) Jacq. -Fel.

分布：广州 *[http://ppbc. iplant. cn/tu/13617136]、深圳 * [http://ppbc. iplant. cn/tu/4332975]。

野牡丹属 *Melastoma* L.

细叶野牡丹 *Melastoma* × *intermedium* Dunn

分布：东莞 [25]、封开 [14]、惠东 [12]、江门 [8]、乐昌 [29, 41]、乳源 [26]、深圳 [17]、五华 [4]、紫金 [31]。

野牡丹 *Melastoma candidum* D. Don

分布：博罗 [100]、从化 [107]、东莞 [25]、东源 [119]、封开 [14]、茂名 [85]、仁化 [16]、深圳 [11]、信宜 [52]、阳春 [45]、英德 [32]、郁南 [101]、增城 [116]、中山 [10]、紫金 [31]。

地棯 *Melastoma dodecandrum* Lour.

分布：博罗 [35, 38, 100]、潮州 [35] [曾宪锋 ZXF5462 (IBSC)]、从化 [35, 107]、大埔 [35] [李学根 202530 (HZ)]、德庆 [35] [刘瑛光 1109 (GZAC)]、东莞 [25, 35]、东源 [119]、恩平 [35] [黄茂先 110305 (HZ)]、丰顺 [35, 95]、封开 [14, 35]、佛冈 [27]、高州 [35] [蒋英 2261 (NAS)]、广州 [35] [中山大学生物系标本厂 176 (BMNH150963)]、海丰 [35] [曾怀德 25591 (IBSC)]、和平 [35] [卫兆芬 120600 (KUN)]、河源 [35] [77 级科研组 559 (IBSC)]、惠东 [12]、江门 [8, 35]、蕉岭 [35] [徐祥浩、林辉奉 223 (IBSC)]、揭西 [35] [曾宪锋 ZXF31266 (CZH)]、揭阳 [35] [黄雅凤 HYF036 (CZH)]、乐昌 [29, 35, 41]、连南 [35] [谭沛祥 59467 (KUN)]、连平 [35] [卫兆芬 120186 (KUN)]、连山 [35] [谭沛祥 58288 (KUN)]、连州 [26, 35]、龙门 [35] [张桂才等 158 (HGAS)]、陆河 [35] [曾宪锋 ZXF42724 (CZH)]、茂名 [35, 85]、梅州 [35] [侯宽昭 74013 (IBK)]、南雄 [33, 35, 57]、平远 [35] [李学根 202010 (HZ)]、清远 [35] [黄志 30490 (NAS)]、饶平 [35] [曾宪锋 ZXF30536 (CZH)]、仁化 [16, 35]、乳源 [26, 35]、汕头 [35] [梁其瑾 1028 (PE)]、韶关 [35] [刘慎谔 733 (PE)]、深圳 [17, 35]、始兴 [28, 35]、翁源 [35, 51]、新丰 [35, 63]、新兴 [35] [刘瑛光 2517 (GZAC)]、信宜 [35, 52]、兴宁 [35] [曾宪锋 ZXF27999 (CZH)]、阳春 [35, 45]、阳江 [35] [黄志 41545 (IBK)]、阳山 [35] [徐德明 549 (AU)]、英德 [32, 35]、郁南 [35, 101]、增城 [35, 116]、肇庆 [9, 35]、中山 [10, 35]、紫金 [31, 35]。

印度野牡丹 *Melastoma malabathricum* L.

分布：博罗 #[35, 38, 100]、潮州 #[35] [曾宪锋 ZXF9804 (CZH)]、从化 #[35] [王学文、张桂才 8226 (HGAS)]、大埔 #[35] [曾宪锋 ZXF44333 (CZH)]、德庆 #[35] [刘瑛光 1348 (HZ)]、东莞 #[25, 35]、东源 #[59]、丰顺 #[35, 95]、封开 #[14, 35]、佛冈 #[27]、佛山 #[35] [陈文 9906 (IBSC)]、高州 #[35] [周沛椿 10220 (IBSC)]、广州 #[35] [叶育石 5029 (IBSC)]、和平 #[35] [卫兆芬 120306 (KUN)]、河源 #[35] [77 级科研组 558 (IBSC)]、鹤山 #[35] [林正眉 2017405 (SN)]、化州 #[35] [湛江区植物调查队 2834 (IBSC)]、怀集 #[35] [刘瑛光 2912 (IBSC)]、惠东 #[12, 35]、惠州 #[35] [叶华谷、曾飞燕 21971 (IBSC)]、江门 #[8, 35]、蕉岭 #[35] [南岭队 2230 (IBSC)]、揭西 #[35] [曾宪锋 ZXF21178 (CZH)]、乐昌 #[29, 35, 41]、连平 #[35] [粤 73 1954 (IBSC)]、连山 #[35] [谭沛祥 58452 (IBSC)]、连州 #[35] [程用谦 170387 (IBSC)]、龙川 #[35] [曾宪锋 ZXF27608 (CZH)]、龙门 #[35] [林正眉 m0130 (SN)]、陆河 #[35] [曾宪锋 ZXF42687 (CZH)]、罗定 #[35] [叶华谷、刘念 2059 (IBSC)]、茂名 #[35] [邓良 2014 (KUN)]、梅州 #[35] [曾宪锋 ZXF5249 (CZH)]、南澳 #[35] [侯学良 91996 (AU)]、南雄 #[33, 35, 57]、平远 #[35] [曾宪锋 ZXF38232 (CZH)]、普宁 #[35] [曾宪锋 ZXF42926 (CZH)]、清远 #[35] [黄志 30481 (IBSC)]、饶平 #[35] [李学根 200891 (HZ)]、仁化 #[16, 35]、乳源 #[26, 35]、韶关 #[35] [丘理和 20272 (IBSC)]、深圳 #[11, 17, 35]、始兴 #[35] [邓良 6919 (IBSC)]、台山 #[35] [周联选 11505 (KUN)]、翁源 #[35,

51]、五华 #[4, 35]、新丰 #[35, 63]、信宜 #[35, 52]、阳春 #[35, 45]、阳江 #[35] [湛江区植物调查队 3512 (IBSC)]、阳山 #[26, 35]、英德 #[35] [左景烈 22056 (IBSC)]、郁南 #[35] [叶华谷、刘念 2674 (IBSC)]、增城 #[35, 116]、肇庆 #[9, 35]、中山 #[35] [唐有恒 12 (IBSC)]、珠海 #[35] [高蕴璋 892 (IBSC)]、紫金 #[31, 35]。

展毛野牡丹 ***Melastoma normale*** D. Don

分布：博罗 [35, 100]、从化 [35, 107]、东莞 [25, 35]、东源 [59]、丰顺 [35] [曾宪锋 ZXF1949 (IBSC)]、封开 [14]、广州 [35] [叶育石 5040 (IBSC)]、和平 [35] [谭策铭、易桂花 51577 (JJF)]、鹤山 [35] [林正眉 2017404 (SN)]、惠东 [12]、惠州 [35] [刘兴尧、张寿洲 22413 (SZG)]、江门 [35] [张清春 20072501917-2 (SN)]、乐昌 [29, 35, 41]、仁化 [16]、深圳 [11]、五华 [4]、信宜 [35, 52]、阳春 [45]、英德 [32]、郁南 [101]、肇庆 [35] [叶华谷等 18292 (IBSC)]、中山 [10, 35]、珠海 [35] [杨国强 20093305 (SN)]、紫金 [31, 35]。

毛棯 ***Melastoma sanguineum*** Sims

分布：博罗 [35, 38, 100]、潮州 [35] [林晓惠 2014072 (CZH)]、从化 [107]、德庆 [35] [刘瑛光 1196 (HZ)]、东莞 [25, 35]、东源 [59]、恩平 [35] [黄茂先 110350 (NAS)]、丰顺 [35, 95]、封开 [14, 35]、佛冈 [27]、高州 [35] [周沛椿 80335 (IBSC)]、广州 [35] [源咏琪 2018GZW220 (SN)]、海丰 [35] [周业祝 ZYZ056 (CZH)]、惠东 [12, 35]、惠州 [35] [叶华谷、曾飞燕 21920 (IBSC)]、江门 [8, 35]、揭西 [35] [曾宪锋 ZXF35536 (CZH)]、揭阳 [35] [曾宪锋 ZXF31673 (CZH)]、开平 [35] [黄茂先 110589 (PE)]、雷州 [35] [蒋英 2565 (IBSC)]、陆丰 [35] [许小婷 XXT048 (CZH)]、陆河 [35] [叶华谷等 4722 (IBSC)]、茂名 [35, 85]、梅州 [35] [2015 级实习队 2016262 (CZH)]、普宁 [35] [曾宪锋 ZXF42968 (CZH)]、清远 [35] [黄成 161511 (IBSC)]、仁化 [16]、韶关 [35] [刘慎谔 7384 (PE)]、深圳 [11, 17, 35]、台山 [35] [陈邦余、李泽贤 255 (FJSI)]、翁源 [51]、新丰 [63]、新兴 [35] [刘瑛光 2031 (HIB0072108)]、信宜 [35, 52]、徐闻 [35] [徐闻队 154 (KUN)]、阳春 [35, 45]、阳江 [35] [黄志 41504 (IBK)]、英德 [32]、郁南 [101]、云浮 [35] [辛树帜 5146 (IBSC)]、增城 [116]、肇庆 [9, 35]、中山 [10, 35]、珠海 [35] [王嘉华 200902215 (SN)]、紫金 [31, 35]。

谷木属 *Memecylon* L.

谷木 ***Memecylon ligustrifolium*** Champ.

分布：博罗 [35, 100]、从化 [107]、大埔 [35]、德庆 [35]、东莞 [25]、丰顺 [35, 95]、封开 [14, 35]、佛冈 [27]、高州 [35]、广州 [35]、怀集 [35]、惠东 [12]、惠州 [35]、江门 [8]、揭阳 [35]、乐昌 [29, 35, 41]、茂名 [85]、南澳 [35]、清远 [35]、饶平 [35]、仁化 [16]、深圳 [17, 35]、台山 [35]、翁源 [35, 51]、五华 [4]、新丰 [35]、信宜 [35, 52]、阳春 [35, 45]、阳江 [35]、阳山 [35]、英德 [32, 35]、郁南 [35, 101]、增城 [116]、肇庆 [9, 35]、中山 [10]、珠海 [35]、紫金 [31]。

黑叶谷木 ***Memecylon nigrescens*** Hook. & Arn.

分布：博罗 [35]、东莞 [25]、丰顺 [95]、封开 [14]、佛冈 [27]、惠东 [35]、雷州 [35]、茂名 [35]、深圳 [17, 35]、阳江 [35]、增城 [116]、肇庆 [9, 35]、珠海 [35]。

棱果谷木 ***Memecylon octocostatum*** Merr. & Chun

分布：封开 [14]、江门 [8]、茂名 [35]、台山 [35]、徐闻 [35]、阳江 [35]。

细叶谷木 ***Memecylon scutellatum*** (Lour.) Hook. & Arn.

分布：博罗 [35]、东莞 [25]、封开 [14]、高州 [35]、揭阳 [35]、雷州 [35]、廉江 [35]、茂名 [35]、遂溪 [35]、信宜 [52]、徐闻 [35]、珠海 [35]。

金锦香属 *Osbeckia* L.

金锦香 ***Osbeckia chinensis*** L.

分布：博罗 [35, 38, 100]、从化 [107]、大埔 [35] [李学根 202668 (IBK)]、德庆 [35] [刘瑛光 1212 (GZAC)]、东莞 [25, 35]、东源 [59]、丰顺 [95]、封开 [14]、佛冈 [27]、广州 [35] [王加胜 G171 (NAU00003676)]、海丰 [35] [卫兆芬 121430 (IBSC)]、和平 [35] [谭策铭、曹仕优 99593 (JJF)]、河源 [35] [77 级科研组新 0514 (SN)]、怀集 [35] [曾怀德 22733 (IBK)]、惠东 [35] [陈邦余、陈炳辉、张桂才 116 (IBK)]、惠州 [35] [陈炳辉 437 (IBSC)]、江门 [8]、开平 [35] [黄茂先 110639 (HZ)]、乐昌 [29, 35, 41]、连平 [35] [粤 73 1792 (IBSC)]、连州 [26, 35]、龙门 [35] [李学根 200115 (IBSC)]、罗定 [35] [叶华谷、刘念 2004 (IBSC)]、茂名 [35, 85]、梅州 [35] [李学根 202431 (HZ)]、南雄 [33, 35, 57]、平远 [35] [曾宪锋 ZXF9911 (CZH)]、清远 [35] [黄志 30760 (IBK)]、饶平 [35] [曾宪锋 ZXF26423 (CZH)]、仁化 [16, 35]、乳源 [26, 35]、深圳 [17, 35]、始兴 [28]、台山 [35] [左景烈 22271 (IBSC)]、翁源 [35, 51]、五华 [35] [张焕贵、张学文 201 (SN)]、新丰 [35, 63]、信宜 [35, 52]、徐闻 [35] [南路 801 (IBK)]、阳春 [35, 45]、阳江 [35] [黄志 41746 (IBK)]、阳山 [26, 35]、英德 [32, 35]、郁南 [101]、云浮 [35] [黄志 37312 (IBK)]、增城 [35, 116]、肇庆 [9, 35]、中山 [10, 35]。

朝天罐 ***Osbeckia opipara*** C. Y. Wu & C. Chen

分布：博罗 [35]、东源 [59]、封开 [14]、怀集 [35]、乐昌 [41]、龙门 [35]、南雄 [33, 57]、仁化 [16]、新丰 [63]。

星毛金锦香 ***Osbeckia stellata*** Buch. -Ham. ex D. Don

分布：佛冈 [27]、乳源 [26]、翁源 [51]、阳山 [26]。

毛锦香属 *Perilimnastes* Ridl.

小毛锦香 ***Perilimnastes nana*** C. Y. Zou & Ying Liu

分布：台山 [564]。

刺蕊锦香草 ***Perilimnastes setotheca* var. *setotuba*** (C. Chen) Ying Liu

分布：封开 [14]、阳春 [35, 45]、阳江 [35]。

三瓣锦香草 ***Perilimnastes ternata*** (C. Chen) Ying Liu

分布：信宜 [3, 35, 52]。

团锦香属 ***Phyllagathis*** **Blume**

锦香草 ***Phyllagathis cavaleriei*** (H. Lév. & Vaniot) Guillaumin

分布：大埔 [35]、德庆 [35]、封开 [14, 35]、佛冈 [27]、广宁 [35]、乐昌 [29, 35, 41]、连南 [35]、连山 [35]、乳源 [26, 35]、新丰 [63]、信宜 [35, 52]、阳山 [26]、英德 [32, 35]、增城 [116]。

短毛熊巴掌 ***Phyllagathis cavaleriei* var. *tankahkeei*** (Merr.) C. Y. Wu ex C. Chen

分布：大埔 [35]、连州 [35]、乳源 [35]、阳山 [35]。

红敷地发 ***Phyllagathis elattandra*** Diels

分布：封开 [14]、惠东 [12]、江门 [8]、罗定 [35]、信宜 [35, 52]、郁南 [35, 101]。

密毛锦香草 ***Phyllagathis hispidissima*** (C. Chen) C. Chen

分布：信宜 [417, 52]。

酸脚杆属 ***Pseudodissochaeta*** **Nayar**

北酸脚杆 ***Pseudodissochaeta septentrionalis*** (W. W. Sm.) M. P. Nayar

分布：封开 [14, 35]、高州 [35]、茂名 [35]、信宜 [35, 52]、阳春 [35]、肇庆 [9, 35]。

肉穗草属 ***Sarcopyramis*** **Wall.**

肉穗草 ***Sarcopyramis bodinieri*** H. Lév. & Vaniot

分布：封开 [14]、乐昌 [29]、连州 [26]、仁化 [16]、始兴 [28]、信宜 [52]、肇庆 [9]。

楮头红 ***Sarcopyramis napalensis*** Wall.

分布: 从化 [107]、封开 [14, 35]、乐昌 [29, 35, 41]、连平 [35] [粤 73 1664 (IBSC)]、连山 [35] [谭沛祥 58114 (PE)]、连州 [26, 35]、南雄 [33, 35]、清远 [35] [葛学军、颜海飞 Y2010068 (IBSC)]、乳源 [26, 35]、韶关 [35] [温歇平 20232 (IBSC)]、翁源 [35, 51]、五华 [4]、新丰 [35, 63]、阳山 [26, 35]、英德 [35] [梁向日 60676 (IBSC)]、郁南 [101]、肇庆 [9, 35]、紫金 [31, 35]。

蜂斗草属 ***Sonerila*** **Roxb.**

蜂斗草 ***Sonerila cantonensis*** Stapf

分布：博罗 [35]、从化 [35, 107]、大埔 [35]、德庆 [35]、东源 [59]、丰顺 [95]、封开 [14, 35]、佛冈 [27]、高州 [35]、和平 [35]、化州 [35]、怀集 [35]、惠东 [12, 35]、江门 [8]、龙门 [35]、陆丰 [35]、罗定 [35]、茂名 [85]、仁化 [16]、乳源 [26, 35]、始兴 [35]、翁源 [51]、五华 [4]、新丰 [35, 63]、信宜 [35, 52]、阳春 [35, 45]、英德 [32, 35]、郁南 [101]、肇庆 [9, 35]、紫金 [31]。

直立蜂斗草 ***Sonerila erecta*** Jack

分布：博罗 [35]、封开 [14, 35]、和平 [35]、连平 [35]、连山 [35]、乳源 [26]、始兴 [28, 35]、翁源 [35, 51]、信宜 [52]、阳山 [26, 35]。

溪边蜂斗草 ***Sonerila maculata*** Roxb.

分布：丰顺 [95]、封开 [14]、高州 [35]、和平 [35]、江门 [35]、蕉岭 [35]、连山 [35]、龙川 [35]、茂名 [35]、翁源 [35, 51]、五华 [4]、新丰 [63]、信宜 [35, 52]、兴宁 [35]、阳春 [35]、英德 [35]、云浮 [35]、紫金 [31]。

海棠叶蜂斗草 ***Sonerila plagiocardia*** Diels

分布：封开 [14]、乐昌 [35]、连州 [35]、乳源 [26, 35]、韶关 [35]、新丰 [35]、阳山 [35]、英德 [32, 35]。

鸭脚茶属 ***Tashiroea*** **Matsum. ex T. Itô & Matsum.**

秀丽鸭脚茶 ***Tashiroea amoena*** (Diels) R. Zhou & Ying Liu

分布：大埔 [35]、和平 [35]、乐昌 [35]、仁化 [16, 35]、英德 [32, 35]。

秃柄鸭脚茶 ***Tashiroea nudipes*** (C. Chen) R. Zhou & Ying Liu

分布：封开 [14]、乳源 [35]、新丰 [35]。

毛柄鸭脚茶 ***Tashiroea oligotricha*** (Merr.) R. Zhou & Ying Liu

分布：封开 [14]、乐昌 [29, 35, 41]、连山 [35] [谭沛祥 58799 (IBSC)]、连州 [26, 35]、仁化 [35] [Y. Tateishietal. 1612 (IBSC)]、乳源 [26, 35]、阳山 [26, 35]、英德 [32]。

过路惊 ***Tashiroea quadrangularis*** (Cogn.) R. Zhou & Ying Liu

分布：乳源 [26]、翁源 [51]。

短柄鸭脚茶 ***Tashiroea sessilifolia*** (H. L. Li) R. Zhou & Ying Liu

分布：封开 [14]、高州 [35]、信宜 [35, 52]、阳春 [35]、肇庆 [9, 35]。

鸭脚茶 ***Tashiroea sinensis*** Diels

分布：大埔 [35]、封开 [14]、蕉岭 [35]、梅州 [35]、紫金 [31]。

蒂牡花属 ***Tibouchina*** **Aubl.**

巴西野牡丹 ***Tibouchina semidecandra*** (Mart. et Schrank ex DC.) Cogn.

分布：从化 *[http://ppbc. iplant. cn/tu/4571550]、广州 *[http://ppbc. iplant. cn/tu/6064778]、惠州 *[http://ppbc. iplant. cn/tu/5409215]、乐昌 *[http://ppbc. iplant. cn/tu/1588155]、深圳 *[17]、中山 *[http://ppbc. iplant. cn/tu/3230082]、珠海 *[http://ppbc. iplant. cn/tu/1963997]。

虎颜花属 ***Tigridiopalma*** **C. Chen**

无翅虎颜花 ***Tigridiopalma exalata*** S. Jin Zeng, Y. C. Xu & D. F. Cui

分布：龙门 [351, 282]。

虎颜花 ***Tigridiopalma magnifica*** C. Chen

分布：封开 [14]、高州 [20]、龙门 [20]、茂名 [20]、深圳 [17]、信宜 [52, 3, 20]、阳春 [3, 35, 20, 37, 45]、阳江 [20]、阳西 [20]。

271. 省沽油科 Staphyleaceae

野鸦椿属 *Euscaphis* Siebold & Zucc.

野鸦椿 ***Euscaphis japonica*** (Thunb. ex Roem. & Schult.) Kanitz

分布：从化 [107]、东源 [59]、丰顺 [95]、封开 [14, 35]、佛冈 [27]、和平 [35]、惠东 [12]、乐昌 [26, 29, 35, 41]、连州 [26, 35]、龙门 [35]、茂名 [35]、南雄 [33, 57]、仁化 [16]、乳源 [26, 35]、始兴 [28]、新丰 [35, 63]、信宜 [52]、阳山 [26, 35]、英德 [32]、增城 [116]、紫金 [31]。

省沽油属 *Staphylea* L.

嵩明省沽油 ***Staphylea forrestii*** Balf. f.

分布：乳源 [3]。

膀胱果 ***Staphylea holocarpa*** Hemsl.

分布：从化 [35]、大埔 [35]、乳源 [26]、韶关 [35]。

山香圆属 *Turpinia* Vent.

锐尖山香圆 ***Turpinia arguta*** (Lindl.) Seem.

分布：博罗 [35, 100]、潮州 [35] [叶华谷等 12862 (IBSC)]、从化 [35, 107]、大埔 [35] [李学根 202711 (HZ)]、德庆 [35] [刘瑛光 1097 (HZ)]、东莞 [25, 35]、东源 [35, 119]、恩平 [35] [黄茂先 11418 (HZ)]、丰顺 [35, 95]、封开 [14, 35]、佛冈 [27]、高州 [35] [周沛椿 10481 (IBSC)]、广州 [35] [陈少卿 7292 (IBSC)]、和平 [35] [卫兆芬 120235 (KUN)]、河源 [35] [卫兆芬 120644 (KUN)]、化州 [35] [湛江区植物调查队 2903 (IBSC)]、怀集 [35] [刘瑛光 3081 (PE)]、惠东 [12, 35]、惠州 [35] [叶华谷、曾飞燕 22051 (IBSC)]、江门 [8, 35]、蕉岭 [35] [邓良 4840 (PE)]、揭西 [35] [曾宪锋 ZXF25087 (CZH)]、揭阳 [35] [曾宪锋 ZXF31691 (CZH)]、乐昌 [29, 35, 41]、连南 [35] [谭沛祥 58906 (KUN)]、连平 [35] [卫兆芬 120053 (IBSC)]、连山 [35] [谭沛祥 58558 (PE)]、连州 [26, 35]、龙川 [35] [沈碧端 20110449 (SN)]、龙门 [35] [肖家庚 5178 (CSFI)]、陆丰 [35] [钟济新 80916 (IBK)]、罗定 [35] [叶华谷、刘念 2527 (IBSC)]、茂名 [35] [侯、王、陈、赵 15510 (PE)]、梅州 [35] [曾宪锋 ZXF43717 (CZH)]、南雄 [33, 35, 57]、平远 [35] [李学根 201896 (HZ)]、清远 [35] [黄志 30508 (IBK)]、饶平 [35] [曾宪锋 ZXF1424 (IBSC)]、仁化 [35] [邓良 7452 (KUN)]、乳源 [26, 35]、韶关 [35] [高锡朋 50297 (IBK)]、深圳 [17, 35]、始兴 [28, 35]、翁源 [35, 51]、五华 [4]、新丰 [35, 63]、新兴 [35] [刘瑛光 2138 (PE)]、信宜 [35, 52]、阳春 [35, 45]、阳江 [35] [湛江区植物调查队 3672 (IBSC)]、阳山 [26, 35]、英德 [32, 35]、郁南 [35, 101]、云浮 [35] [黄志 37656 (IBK)]、增城 [35, 116]、肇庆 [35] [叶华谷等 18164 (IBSC)]、中山 [10, 35]、珠海 [35] [陈邦余、李泽贤 490 (FJSI)]、紫金 [31, 35]。

绒毛锐尖山香圆 ***Turpinia arguta* var. *pubescens*** T. Z. Hsu

分布：连州 [26]、仁化 [16]、乳源 [26]、阳山 [26]。

越南山香圆 ***Turpinia cochinchinensis*** (Lour.) Merr.

分布：高州 [35]、茂名 [35]、信宜 [35, 52]、阳春 [35]。

山香圆 ***Turpinia montana*** (Blume) Kurz.

分布：博罗 [5, 35]、从化 [107]、东莞 [25]、丰顺 [95]、封开 [14]、佛冈 [27]、海丰 [35]、惠东 [12, 35]、江门 [8]、乳源 [26]、深圳 [17]、五华 [4]、新丰 [35, 63]、信宜 [35, 52]、增城 [116]、中山 [10]、紫金 [31]。

亮叶山香圆 ***Turpinia simplicifolia*** Merr.

分布：封开 [14]、阳江 [35]。

272. 旌节花科 Stachyuraceae

旌节花属 *Stachyurus* Siebold & Zucc.

中国旌节花 ***Stachyurus chinensis*** Franch.

分布：和平 [35]、乐昌 [29, 35, 41]、连山 [35]、南雄 [33]、乳源 [35]、始兴 [35]、翁源 [51]、新丰 [63]、阳山 [26, 35]。

西域旌节花 ***Stachyurus himalaicus*** Hook. f. & Thomson ex Benth.

分布：乐昌 [29, 35, 41]、连南 [35] [朱志淞 651 (IBSC)]、连山 [35] [谭沛祥 58304 (PE)]、连州 [35] [谭沛祥 60070 (IBSC)]、南雄 [33, 35]、乳源 [26, 35]、阳山 [26, 35]。

云南旌节花 ***Stachyurus yunnanensis*** Franch.

分布：阳山 [26, 3]。

273. 橄榄科 Burseraceae

橄榄属 *Canarium* L.

乌榄 ***Canarium pimela*** K. D. Koenig

分布：博罗 *[38, 100]、惠东 [12]、江门 [8]、仁化 [16]、深圳 *[17]、信宜 *[52]、英德 [32]、郁南 [101]。

毛叶榄 ***Canarium subulatum*** Guillaumin

分布：博罗 *[38, 100]、封开 [14]、惠东 [12]、江门 [8]、茂名 [85]、仁化 [16]、深圳 *[17]、五华 [4]、信宜 *[52]、英德 [32]、郁南 [101]、紫金 [31]。

274. 漆树科 Anacardiaceae

岭南酸枣属 *Allospondias* Stapf

岭南酸枣 ***Allospondias lakonensis*** (Pierre) Stapf

分布：东莞 [25, 35]、佛冈 [27]、仁化 [16]、深圳 [17, 35]、中山 [10, 35]、紫金 [31]。

南酸枣属 *Choerospondias* B. L. Burtt & A. W. Hill

南酸枣 ***Choerospondias axillaris*** (Roxb.) B. L. Burtt & A. W. Hill

分布：博罗 [35, 38, 100]、潮州 [35] [曾宪锋 ZXF6678 (CZH)]、从化 *[35, 107]、大埔 [35] [邓良 5065 (IBK)]、东莞 [25, 35]、东源 [119]、丰顺 [35, 95]、封开 [14, 35]、佛冈 [27]、广州 [35] [叶育石 5313 (IBSC)]、和平 [35] [张桂才

168 (IBSC)]、化州 [35] [湛江区植物调查队 2857 (IBSC)]、惠东 [12]、惠州 [35] [曾怀德 25761 (IBSC)]、蕉岭 [35] [李学根 202323 (HZ)]、乐昌 [29, 35, 41]、连南 [35] [丘理和 60738 (IBSC)]、连州 [26, 35]、龙门 [35] [陈邦余 2050 (IBSC)]、茂名 [35] [邓良 2174 (KUN)]、梅州 [35] [曾宪锋 ZXF29607 (CZH)]、南雄 [33, 35, 57]、平远 [35] [李学根 202125 (CSFI)]、饶平 [35] [李学根 200711 (IBSC)]、仁化 [16, 35]、乳源 [26, 35]、韶关 [35] [高锡朋 50775 (KUN)]、深圳 [11, 17, 35]、始兴 [28, 35]、翁源 [35, 51]、五华 [4, 35]、新丰 [63]、信宜 [35, 52]、徐闻 [35] [梁向日 65607 (IBSC)]、阳春 [35] [张桂才、刘念 622 (IBSC)]、阳山 [26, 35]、英德 [32, 35]、郁南 [35, 101]、增城 [35, 116]、肇庆 [35] [叶华谷等 18038 (IBSC)]、中山 [10, 35]、紫金 [31, 35]。

人面子属 *Dracontomelon* Blume

人面子 ***Dracontomelon duperreanum*** Pierre

分布：博罗 *[38, 100]、从化 *[107]、广州 *[http://ppbc.iplant.cn/tu/11313095]、茂名 [85]、深圳 *[17]、郁南 *[101]。

厚皮树属 *Lannea* A. Rich.

厚皮树 ***Lannea coromandelica*** (Houtt.) Merr.

分布：雷州 [35]、廉江 [35]、茂名 [85]、遂溪 [35]、吴川 [35]、信宜 [52]、徐闻 [35]、湛江 [35]。

杧果属 *Mangifera* L.

杧果 ***Mangifera indica*** L.

分布：博罗 #[38, 100]、从化 #[107]、江门 #[8]、深圳 # [11, 17]、信宜 #[52]、阳春 *[45]。

天桃木 ***Mangifera persiciforma*** C. Y. Wu & T. L. Ming

分布：从化 *[107]、广州 *[http://ppbc. iplant. cn/tu/1345479]、深圳 *[17]、郁南 *[101]。

藤漆属 *Pegia* Coleb.

利黄藤 ***Pegia sarmentosa*** (Lecomte) Hand. -Mazz.

分布：阳春 [https://ppbc. iplant. cn/tu/14112624]、阳山 [https://ppbc. iplant. cn/tu/13840433]、云浮 [35] [黄志 1898 (IBK)]。

黄连木属 *Pistacia* L.

黄连木 ***Pistacia chinensis*** Bunge

分布：广州 [35] [陈少卿 8363 (IBK)]、江门 [35] [高锡朋 50976 (WH17087766)]、乐昌 [29, 35]、连州 [35] [高锡朋 50976 (KUN)]、陆丰 [35] [南植地 8439 (IBSC)]、南雄 [33, 35]、饶平 [35] [陈炳辉 401 (IBSC)]、仁化 [16, 35]、乳源 [26, 35]、韶关 [35] [周仁章、巫锡良 11865 (SZG)]、深圳 [17, 35]、四会 [35] [曾宪锋 ZXF38387 (CZH)]、信宜 [52]、兴宁 [35] [曾宪锋 ZXF19561 (CZH)]、阳山 [26, 35]、英德 [32]、云浮 [35] [黄志 37030 (IBK)]。

盐麸木属 *Rhus* L.

盐麸木 ***Rhus chinensis*** Mill.

分布：博罗 [35, 38, 100]、潮州 [35] [谭惠琼 2015036 (CZH)]、从化 [35, 107]、大埔 [35] [曾宪锋 ZXF5310 (IBSC)]、东莞 [25, 35]、丰顺 [35, 95]、封开 [14, 35]、佛冈 [27]、佛山 [35] [陈念劬 7770 (IBSC)]、高州 [35] [蒋英 948 (IBSC)]、广州 [35] [叶育石 5260 (IBSC)]、河源 [35] [77 级科研组新 0982 (SN)]、惠东 [12]、惠州 [35] [叶华谷、曾飞燕 21940 (IBSC)]、江门 [8]、蕉岭 [35] [李学根 204469 (HZ)]、揭西 [35] [曾宪锋 ZXF31253 (CZH)]、乐昌 [26, 29, 35, 41]、连平 [35] [颜农化 44 (NF)]、连州 [26]、陆丰 [35] [许小婷 XXT070 (CZH)]、茂名 [85]、梅州 [35] [曾宪锋 ZXF42041 (CZH)]、南雄 [33, 35, 57]、饶平 [35] [曾宪锋 ZXF21347 (CZH)]、仁化 [16, 35]、乳源 [26, 35]、汕头 [35] [曾宪锋 ZXF35853 (CZH)]、深圳 [11, 17, 35]、始兴 [28, 35]、四会 [35] [曾宪锋 ZXF38388 (CZH)]、台山 [35] [周联选 11676 (KUN)]、翁源 [35, 51]、五华 [4, 35]、新丰 [63]、信宜 [35, 52]、兴宁 [35] [丘琼华、张伟城 55 (SN)]、徐闻 [35] [徐闻队 618 (PE)]、阳春 [45]、阳山 [26, 35]、英德 [32, 35]、郁南 [101]、增城 [116]、肇庆 [35] [叶华谷等 18180 (IBSC)]、中山 [10, 35]、珠海 [35] [王崇书 340 (PE)]、紫金 [31, 35]。

滨盐麸木 ***Rhus chinensis*** var. ***roxburghii*** (DC.) Rehder

分布：博罗 [100]、从化 [107]、佛冈 [27]、乐昌 [29]、连州 [26]、茂名 [85]、深圳 [17]、翁源 [51]、信宜 [52]、英德 [32]、郁南 [101]。

白背麸杨 ***Rhus hypoleuca*** Champ. ex Benth.

分布：东莞 [25]、南澳 [35] [陈炳辉 241 (IBSC)]、仁化 [16]、乳源 [26]、英德 [32]。

槟榔青属 *Spondias* L.

食用槟榔青 ***Spondias dulcis*** G. Forst.

分布：广州 *[http://ppbc. iplant. cn/tu/11731572]、深圳 *[http://ppbc. iplant. cn/tu/11907579]。

漆树属 *Toxicodendron* Mill.

野漆 ***Toxicodendron succedaneum*** (L.) Kuntze

分布：博罗 [35, 100]、潮州 [35] [曾宪锋 ZXF1660 (IBSC)]、从化 [35] [王佳、范红 2017424 (SN)]、大埔 [35] [曾宪锋 ZXF30883 (CZH)]、东莞 [25, 35]、恩平 [35] [黄茂先 110400 (PE)]、丰顺 [35, 95]、封开 [14, 35]、佛冈 [27]、佛山 [35] [谭沛祥 64058 (IBSC)]、高州 [35] [蒋英 2100 (IBSC)]、广州 [35] [叶华谷 16482 (IBSC)]、惠东 [12, 35]、惠州 [35] [徐德明 177 (NAS)]、江门 [8, 35]、蕉岭 [35] [邓良 4598 (AU)]、乐昌 [29, 35, 41]、连南 [35] [谭沛祥 59164 (KUN)]、连州 [35] [南岭调查队 113 (IBSC)]、龙门 [35] [帕克努尔 y314 (SN)]、陆丰 [35] [卫兆芬 121286 (IBSC)]、茂名 [35, 85]、梅州 [35] [曾宪锋 ZXF24988 (CZH)]、南雄 [33, 35, 57]、平远 [35] [曾宪锋 ZXF38291 (CZH)]、清远 [35] [邓良 318 (IBK)]、饶平 [35] [李学根 200591 (IBSC)]、乳源 [26, 35]、汕头 [35] [梁其瑾 77 (PEY)]、韶关 [35] [刘慎谔 7221 (PE)]、深圳 [17,

35]、始兴 [28, 35]、台山 [35] [周联选 11645 (KUN)]、翁源 [51]、五华 [35] [李淑玉 180041 (IBSC)]、新丰 [63]、信宜 [35, 52]、兴宁 [35] [曾宪锋 ZXF27990 (CZH)]、徐闻 [35] [徐闻队 337 (KUN)]、阳春 [35, 45]、阳山 [26, 35]、英德 [32]、郁南 [101]、云浮 [35] [黄志 36841 (IBK)]、增城 [116]、湛江 [35] [张代贵 81313 (JIU20372)]、肇庆 [35] [朱政德、火树华 37 (NF)]、中山 [10, 35]、珠海 [35] [唐国旺等 TuTY5061 (KUN)]、紫金 [31, 35]。

木蜡树 *Toxicodendron sylvestre* (Siebold & Zucc.) Kuntze

分布：博罗 [5, 100]、从化 [107]、大埔 [35] [邓良 5032 (NAS)]、丰顺 [35, 95]、封开 [14]、和平 [35] [卫兆芬 120291 (KUN)]、河源 [35] [77 级科研组新 0714 (SN)]、惠东 [12]、江门 [8]、蕉岭 [35] [李学根 202308 (HZ)]、乐昌 [29, 35, 41]、连平 [35] [粤 73 1586 (CDBI)]、连山 [35] [谭沛祥 58718 (PE)]、连州 [26, 35]、梅州 [35] [李淑美 180206 (IBSC)]、南雄 [33, 35]、平远 [35] [李学根 201955 (HZ)]、清远 [35] [黄志 30635 (IBSC)]、仁化 [16, 35]、乳源 [26, 35]、深圳 [11]、始兴 [28, 35]、翁源 [35, 51]、五华 [4, 35]、新丰 [35, 63]、新兴 [35] [刘瑛光 2052 (HZ)]、信宜 [35] [黄志 31917 (KUN)]、阳山 [26, 35]、英德 [32, 35]、云浮 [35] [黄志 37357 (NAS)]、增城 [116]。

漆 *Toxicodendron vernicifluum* (Stokes) F. A. Barkley

分布：博罗 [38]、惠东 [12]、乐昌 [29]、五华 [4]、信宜 *[52]、紫金 [31]。

275. 无患子科 Sapindaceae

槭属 *Acer* L.

阔叶槭 *Acer amplum* Rehder

分布：县级不详 [3]。

三角槭 *Acer buergerianum* Miq.

分布：博罗 [5, 100]、乐昌 [29, 35]、增城 [116]。

乳源槭 *Acer chunii* W. P. Fang

分布：乳源 [26, 35]。

密叶槭 *Acer confertifolium* Merr. & F. P. Metcalf

分布：大埔 [35] [曾宪锋 ZXF30297 (CZH)]、梅州 [35] [曾宪锋 ZXF05279 (CZH)]、平远 [35] [曾宪锋 ZXF10692 (CZH)]。

紫果槭 *Acer cordatum* Pax

分布：大埔 [35] [李学根 202536 (CSFI)]、丰顺 [35] [曾宪锋 ZXF41595 (CZH)]、乐昌 [29, 35, 41]、连州 [26, 35]、平远 [35] [邓良 4249 (IBK)]、仁化 [35] [丹霞山综合科考队 DX0806077 (SYS)]、乳源 [26, 35]、翁源 [51]、五华 [35] [李学根 201751 (HZ)]、新丰 [35] [叶华谷 1157 (IBSC)]、阳山 [26]、英德 [32]、紫金 [31, 35]。

两型叶紫果槭 *Acer cordatum* var. *dimorphifolium* (F. P. Metcalf) Y. S. Chen

分布：大埔 [35] [曾怀德 21124 (AU)]、丰顺 [35] [曾宪锋 ZXF6902 (CZH)]、平远 [35] [曾宪锋 ZXF38267 (CZH)]。

樟叶槭 *Acer coriaceifolium* H. Lév.

分布：东莞 [25]、东源 [59]、佛冈 [27]、乐昌 [29, 35]、连州 [35] [南岭队 302 (IBSC)]、南雄 [33, 35]、清远 [35] [陈又生 202204002 (IBSC)]、仁化 [16, 35]、始兴 [28, 35]、翁源 [51]、新丰 [63]、英德 [35] [梁宝汉 84286 (IBK)]。

青榨槭 *Acer davidii* Franch.

分布：东源 [59]、丰顺 [35] [曾宪锋 ZXF2660 (IBSC)]、佛冈 [27]、江门 [8]、乐昌 [29, 35, 41]、连南 [35] [谭沛祥 58929 (KUN)]、连山 [35] [谭沛祥 58375 (SZ00133220)]、连州 [26, 35]、龙川 [35] [曾宪锋 ZXF22305 (CZH)]、南雄 [33, 35, 57]、平远 [35] [邓良 4134 (IBK)]、乳源 [26, 35]、始兴 [28, 35]、翁源 [51]、新丰 [63]、信宜 [52]、阳山 [26, 35]、英德 [32, 35]、紫金 [31, 35]。

罗浮槭 *Acer fabri* Hance

分布：博罗 [37, 38, 100]、从化 [35, 107]、东莞 [25]、东源 [59]、丰顺 [95]、封开 [14]、佛冈 [27]、广州 [35] [董安强 2225 (AU)]、和平 [35] [张桂才 704 (IBSC)]、河源 [35] [卫兆芬 120676 (KUN)]、怀集 [35] [石国良 14590 (IBSC)]、惠东 [12]、江门 [8]、乐昌 [29, 35, 41]、连南 [35] [谭沛祥 59461 (KUN)]、连平 [35] [刘瑛光 150 (IBSC)]、连山 [35] [谭沛祥 58305 (PE)]、连州 [26, 35]、南雄 [33, 35, 57]、仁化 [35] [曾怀德 26350 (IBSC)]、乳源 [26, 35]、深圳 [17]、始兴 [28, 35]、翁源 [35, 51]、五华 [4]、新丰 [63]、信宜 [35, 52]、阳山 [26, 35]、英德 [32, 35]、郁南 [101]、增城 [35, 116]、肇庆 [35] [叶华谷等 18234 (IBSC)]、中山 [10]、紫金 [31, 35]。

光叶槭 *Acer laevigatum* Wall.

分布：封开 [14]、惠州 [35] [吴磊、童毅 3164 (BNU)]、深圳 [17, 35]、信宜 [52]。

亮叶槭 *Acer lucidum* F. P. Metcalf

分布：清远 [陈又生，徐晔春 QY20230298]、仁化 [16, 35]、深圳 [270, 17]。

南岭槭 *Acer metcalfii* Rehder

分布：从化 [陈又生 CYS21002 (IBSC)]、丰顺 [95]、乐昌 [29, 35, 41]、连南 [35] [黄立 60846 (IBSC)]、连平 [35] [刘瑛光 284 (IBSC)]、连州 [26, 35]、仁化 [16, 35]、乳源 [26, 35]、翁源 [51]、新丰 [35] [叶华谷 988 (IBSC)]、信宜 [52]、英德 [32, 35]。

飞蛾槭 *Acer oblongum* Wall. ex DC.

分布：仁化 [16]、阳山 [35]。

五裂槭 *Acer oliverianum* Pax

分布：大埔 [375]、江门 [8]、连州 [26]。

鸡爪槭 *Acer palmatum* Thunb.

分布：博罗 *[5, 100]。

稀花槭 *Acer pauciflorum* W. P. Fang

分布：饶平 [375]。

毛脉槭 ***Acer pubinerve*** Rehder

分布：乐昌 [29, 35, 41]、乳源 [26]、翁源 [51]。

中华槭 ***Acer sinense*** Pax

分布：丰顺 [95]、惠东 [12]、乐昌 [29, 35]、乳源 [26, 35]、始兴 [28]、翁源 [51]、信宜 [35, 52]、阳春 [45]。

滨海槭 ***Acer sino-oblongum*** F. P. Metcalf

分布：东莞 [25]、封开 [14]、惠东 [12]、深圳 [17, 35]、珠海 [35] [粤 73 3071 (IBSC)]、紫金 [31]。

粗柄槭 ***Acer tonkinense*** Lecomte

分布：清远 [陈又生 202204001 (IBSC)]。

岭南槭 ***Acer tutcheri*** Duthie

分布：从化 [107]、东莞 [25]、东源 [59]、封开 [14]、佛冈 [27]、惠东 [12]、江门 [8]、乐昌 [29, 41]、连州 [26]、南雄 [33, 57]、乳源 [26]、深圳 [17]、始兴 [28]、五华 [4]、新丰 [63]、信宜 [52]、阳山 [26]、英德 [32]、郁南 [101]、增城 [116]、紫金 [31]。

三峡槭 ***Acer wilsonii*** Rehder

分布：大埔 [35] [李学根 202503 (PE)]、海丰 [35] [曾宪锋 ZXF9084 (CZH)]、乐昌 [41]、连南 [35] [邹番林 60851 (IBSC)]、连山 [35] [谭沛祥 58061 (SZ00135481)]、连州 [26, 35]、清远 [35] [黄志 30728 (IBSC)]、饶平 [35] [陈念劬 42669 (SN)]、仁化 [16]、乳源 [26, 35]、新丰 [63]、信宜 [52]、阳山 [26]、英德 [32]。

七叶树属 *Aesculus* L.

天师栗 ***Aesculus chinensis* var. *wilsonii*** (Rehder) Turland & N. H. Xia

分布：乳源 [26, 35]。

异木患属 *Allophylus* L.

异木患 ***Allophylus viridis*** Radlk.

分布：徐闻 [35]。

滨木患属 *Arytera* Blume

滨木患 ***Arytera littoralis*** Blume

分布：廉江 [13]、遂溪 [13]。

黄梨木属 *Boniodendron* Gagnep.

黄梨木 ***Boniodendron minius*** (Hemsl.) T. C. Chen

分布：封开 [14]、连州 [35] [南岭队 391 (IBSC)]、乳源 [26, 35]、阳山 [26, 35]、英德 [32, 35]。

倒地铃属 *Cardiospermum* L.

倒地铃 ***Cardiospermum halicacabum*** L.

分布：博罗 #[5, 38]、从化 #[107]、东源 #[119]、佛冈 # [27]、佛山 #[500]、惠东 #[12]、茂名 #[85]、仁化 #[16]、乳源 # [26]、信宜 #[52]、英德 #[32]、郁南 #[101]、增城 #[116]、珠海 #[428]、紫金 #[31]。

龙眼属 *Dimocarpus* Lour.

龙荔 ***Dimocarpus confinis*** (F. C. How & C. N. Ho) H. S. Lo

分布：封开 [14, 35]、信宜 [52]。

龙眼 ***Dimocarpus longan*** Lour.

分布：博罗 *[38, 100]、从化 *[107]、封开 *[14]、广州 *[http://ppbc. iplant. cn/tu/4930635]、化州 *[http://ppbc. iplant. cn/tu/786430]、江门 *[8]、陆河 *[http://ppbc. iplant. cn/tu/3744975]、茂名 *[85]、深圳 *[11, 17]、五华 *[4]、信宜 * [52]、兴宁 *[http://ppbc. iplant. cn/tu/4949717]、阳春 *[45]、英德 *[32]、云浮 *[http://ppbc. iplant. cn/tu/5621303]。

车桑子属 *Dodonaea* Mill.

车桑子 ***Dodonaea viscosa*** Jacquem.

分布：江门 [8]、雷州 [35]、廉江 [35]、汕头 [35]、深圳 [17]、徐闻 [35]。

伞花木属 *Eurycorymbus* Hand. -Mazz.

伞花木 ***Eurycorymbus cavaleriei*** (H. Lév.) Rehder & Hand. -Mazz.

分布：大埔 [20]、东源 [59]、和平 [20]、乐昌 [29, 41, 35, 20]、连山 [20]、连州 [20, 35]、平远 [20, 35]、乳源 [20, 26, 35]、始兴 [28, 20]、翁源 [51, 20]、阳山 [20, 35]、英德 [32, 20]、紫金 [31]。

假山椤属 *Harpullia* Roxb.

假山椤 ***Harpullia cupanioides*** Roxb.

分布：徐闻 [35]。

栾属 *Koelreuteria* Laxm.

复羽叶栾 ***Koelreuteria bipinnata*** Franch.

分布：博罗 *[38]、从化 *[107]、广州 *[http://ppbc. iplant. cn/tu/2962892]、惠州 *[http://ppbc. iplant. cn/tu/5687887]、仁化 *[16]、乳源 [26]、深圳 *[17]、英德 [32]、湛江 *[http:// ppbc. iplant. cn/tu/5756128]。

栾 ***Koelreuteria paniculata*** Laxm.

分布：深圳 [11]。

鳞花木属 *Lepisanthes* Blume

赤才 ***Lepisanthes rubiginosa*** (Roxb.) Leenh.

分布：徐闻 [35]。

荔枝属 *Litchi* Sonn.

荔枝 ***Litchi chinensis*** Sonn.

分布：博罗 *[38, 100]、从化 *[107]、江门 [8]、茂名 * [85]、深圳 *[11, 17]、信宜 *[52]、徐闻 [3]、阳春 *[45]。

柄果木属 *Mischocarpus* Blume

褐叶柄果木 ***Mischocarpus pentapetalus*** (Roxb.) Radlk.

分布：博罗 [100]、恩平 [35] [黄茂先 110349 (PE)]、信宜 [52]、增城 [116]、肇庆 [35] [叶华谷等 18281 (IBSC)]。

韶子属 *Nephelium* L.

韶子 ***Nephelium chryseum*** Blume

分布：封开 [14]、信宜 [35, 52]、阳春 [45]、郁南 [101]、肇庆 [35]。

无患子属 ***Sapindus* L.**

无患子 ***Sapindus saponaria*** L.

分布：博罗 [100]、从化 [107]、东源 [59]、封开 [14]、佛冈 [27]、乐昌 [41]、南雄 [57]、仁化 [16]、乳源 [26]、始兴 [28]、翁源 [51]、五华 [4]、信宜 [52]、阳春 [45]、英德 [32]、郁南 [101]、增城 [116]、紫金 [31]。

276. 芸香科 Rutaceae

山油柑属 ***Acronychia* J. R. Forst. & G. Forst.**

山油柑 ***Acronychia pedunculata*** (L.) Miq.

分布：博罗 [35, 38, 100]、从化 [107]、东莞 [25, 35]、东源 [119]、恩平 [35] [黄茂先 110365 (PE)]、佛冈 [27]、佛山 [35] [张瑞麟 174 (IBSC)]、高州 [35] [周沛椿 10084 (IBSC)]、广州 [35] [中山大学生物系标本厂 69 (BMNH153370)]、鹤山 [35] [黄茂先 110820 (PE)]、化州 [35] [周远瑞 50005 (IBK)]、惠东 [12, 35]、惠州 [35] [卫兆芬 121637 (KUN)]、江门 [8, 35]、开平 [35] [黄茂先 110564 (PE)]、雷州 [35] [蒋英 2562 (IBSC)]、龙门 [35] [林正眉 m001 (SN)]、罗定 [35] [林荃 9516 (IBSC)]、茂名 [35, 85]、仁化 [16]、深圳 [11, 17, 35]、台山 [35] [左景烈 22475 (IBSC)]、新丰 [63]、新兴 [35] [刘瑛光 2255 (IBSC)]、信宜 [35, 52]、徐闻 [35] [朱志淞 971 (IBSC)]、阳春 [35, 45]、阳江 [35] [罗献瑞 848 (IBSC)]、英德 [32]、云浮 [35] [辛树帜 5066 (IBSC)]、增城 [35, 116]、肇庆 [35] [周根生 78634 (PE)]、中山 [10, 35]、珠海 [35] [粤 73 3091 (IBSC)]、紫金 [31]。

酒饼簕属 ***Atalantia* Corrêa**

酒饼簕 ***Atalantia buxifolia*** (Poir.) Oliv.

分布：从化 [107]、东莞 [25, 35]、东源 [59]、封开 [14]、佛冈 [27]、佛山 [35] [黄茂先 110201 (PE)]、广州 [35] [叶华谷 284 (IBSC)]、鹤山 [35] [黄茂先 110756 (PE)]、化州 [35] [周远瑞 50073 (IBK)]、惠东 [35] [姚鹏程、魏亚男 20150318 (HSNU)]、江门 [8]、雷州 [35] [姚鹏程、魏亚男 20150136 (HSNU)]、龙门 [35] [陈沂章 167 (IBSC)]、陆丰 [35] [卫兆芬 12161 (IBSC)]、茂名 [35, 85]、饶平 [35] [曾宪锋 ZXF22667 (CZH)]、深圳 [11, 17, 35]、台山 [35] [周联选 11429 (KUN)]、信宜 [52]、徐闻 [35] [徐闻队 31 (PE)]、阳江 [35] [湛江区植物调查队 3420 (IBSC)]、增城 [116]、湛江 [35] [徐亮 046+1 (JIU19294)]、中山 [10, 35]、珠海 [35] [高蕴璋、陈都 819 (IBSC)]。

封开酒饼簕 ***Atalantia fongkaica*** C. C. Huang

分布：封开 [184, 3]。

广东酒饼簕 ***Atalantia kwangtungensis*** Merr.

分布：茂名 [85]。

石椒草属 ***Boenninghausenia* Rchb. ex Meisn.**

臭节草 ***Boenninghausenia albiflora*** (Hook.) Rchb. ex Meisn.

分布：东源 [35]、乐昌 [29, 35, 41]、连南 [35] [谭沛祥 59124 (IBSC)]、连山 [35] [叶华谷 2506 (IBSC)]、连州 [26, 35]、南雄 [33, 35, 57]、仁化 [16]、乳源 [26, 35]、信宜 [52]、阳山 [26, 35]。

柑橘属 ***Citrus* L.**

酸橙 ***Citrus × aurantium*** L.

分布：封开 *[14]、茂名 *[85]、仁化 *[16]、英德 *[32]。

柠檬 ***Citrus × limon*** (L.) Osbeck

分布：博罗 *[38, 100]、从化 *[107]、封开 *[14]、广州 *[http://ppbc. iplant. cn/tu/3947345]、乐昌 *[41]、连州 *[26]、信宜 *[http://ppbc. iplant. cn/tu/4111154]、郁南 *[101]。

道县野橘 ***Citrus daoxianensis*** S. W. He & G. F. Liu

分布：阳山 [李立、张步云 ZL2024200 (IBSC)]。

甜橙 ***Citrus × sinensis*** (L.) Osbeck

分布：从化 *[107]、乐昌 *[29]、信宜 *[52]。

山橘 ***Fortunella hindsii*** Swingle（Flora of China 作为金柑 *Citrus japonica* Thunb.）

分布：从化 [107]、东源 [119]、丰顺 [95]、封开 [14]、佛冈 [27]、惠东 [12]、江门 [8]、茂名 [85]、仁化 [16]、深圳 *[http://ppbc. iplant. cn/tu/2610762]、始兴 [28]、翁源 [51]、新丰 [63]、信宜 [52]、阳山 [26]、英德 [32]、增城 [116]、紫金 [31]。

柚 ***Citrus maxima*** (Burm.) Merr.

分布: 博罗 *[38, 100]、从化 *[107]、丰顺 *[95]、封开 * [14]、乐昌 *[41]、连州 *[26]、茂名 *[85]、仁化 *[16]、深圳 *[11, 17]、始兴 *[28]、翁源 *[51]、五华 *[4]、信宜 *[52]、郁南 *[101]。

香橼 ***Citrus medica*** L.

分布：博罗 *[38]、茂名 *[85]、深圳 *[17]、郁南 *[101]。

柑橘 ***Citrus reticulata*** Blanco

分布：博罗 *[5, 100]、从化 *[107]、丰顺 *[95]、封开 *[14]、乐昌 *[41]、南雄 *[57]、仁化 *[16]、深圳 *[11, 17]、信宜 *[52]、阳山 *[26]、郁南 *[101]。

枳 ***Citrus trifoliata*** L.

分布：乐昌 [29]。

黄皮属 ***Clausena* Burm. f.**

齿叶黄皮 ***Clausena dunniana*** H. Lév.

分布: 封开 [81, 35]、乐昌 [81, 29]、连州 [81]、仁化 [16]、乳源 [81, 26]、新丰 [81]、阳山 [81, 26]、英德 [81, 32, 35]、云浮 [81, 35]、肇庆 [35] [岑庆雅 82 (SYS)]。

假黄皮 ***Clausena excavata*** N. L. Burman

分布: 封开 [14]、高州 [35] [蒋英 2267 (IBSC)]、广州 [81]、雷州 [35] [朱志淞 1056 (IBSC)]、茂名 [35] [侯学煜 15571 (PE)]、新兴 [81, 35]、信宜 [35, 52]、徐闻 [35] [南路 25 (IBSC)]、阳春 [35] [南植地 3317 (IBSC)]、阳山 [26]。

黄皮 ***Clausena lansium*** (Lour.) Skeels

分布：博罗 *[81, 100, 38]、从化 *[107]、丰顺 *[95]、

广州 *[81]、怀集 *[81]、乐昌 *[81]、仁化 *[16]、深圳 *[81, 11, 17]、翁源 *[81]、信宜 *[52]、徐闻 *[81]、阳春 *[81]、英德 *[81]、郁南 *[101]、湛江 *[81]、肇庆 *[81]。

光滑黄皮 ***Clausena lenis*** Drake

分布：阳春 [81]、郁南 [81]。

山小橘属 ***Glycosmis*** **Corrêa**

毛山小橘 ***Glycosmis craibii*** Tanaka

分布：陆丰 [81]。

光叶山小橘 ***Glycosmis craibii*** **var.** ***glabra*** (Craib) Tanaka

分布：惠东 [480]。

小花山小橘 ***Glycosmis parviflora*** Kurz.

分布：博罗 [81, 100, 35]、从化 [107]、德庆 [81, 35]、东莞 [81, 25, 35]、恩平 [81]、封开 [81, 35]、佛冈 [27]、佛山 [81, 35]、高州 [81, 35]、广州 [81, 35]、鹤山 [81, 35]、化州 [81, 35]、怀集 [81, 35]、惠东 [12]、江门 [35] [黄茂先 110860 (HZ)]、乐昌 [81, 29]、连州 [81]、陆丰 [81]、罗定 [81, 35]、茂名 [81, 35]、清远 [81]、仁化 [16]、深圳 [81, 11, 35, 17]、台山 [81, 35]、翁源 [81, 51]、新兴 [81, 35]、信宜 [52]、阳春 [81, 35, 45]、阳山 [81]、英德 [81, 32]、云浮 [81, 35]、增城 [81, 35]、肇庆 [81, 35]、中山 [10, 35]、珠海 [81, 35]、紫金 [31]。

牛筋果属 ***Harrisonia*** **R. Br. ex A. Juss.**

牛筋果 ***Harrisonia perforata*** (Blanco) Merr.

分布：徐闻 [35]。

贡甲属 ***Maclurodendron*** **T. G. Hartley**

贡甲 ***Maclurodendron oligophlebia*** (Merr.) T. G. Harthey

分布：江门 [8]、茂名 [叶华谷 6372 (IBSC)]、阳春 [45]。

蜜茱萸属 ***Melicope*** **J. R. Forst. & G. Forst.**

三椏苦 ***Melicope pteleifolia*** (Champ. ex Benth.) Hartley

分布：博罗 [35, 38, 100]、潮州 [35] [叶华谷等 12875 (IBSC)]、从化 [35, 107]、大埔 [35] [邓良 5048 (IBSC)]、德庆 [35] [刘瑛光 1197 (IBSC)]、东莞 [25, 35]、东源 [35, 119]、恩平 [35] [黄茂先 110306 (PE)]、丰顺 [35, 95]、封开 [14, 35]、佛冈 [27]、佛山 [35] [黄茂先 111176 (PE)]、高州 [35] [王显智 4 (IBSC)]、广州 [35] [左景烈 20048 (IBSC)]、海丰 [35] [卫兆芬 121387 (IBSC)]、和平 [35] [张桂才 662 (IBSC)]、河源 [35] [曾怀德 28744 (IBSC)]、鹤山 [35] [黄茂先 110801 (PE)]、怀集 [35] [叶华谷 3240 (IBSC)]、惠东 [12, 35]、惠州 [35] [徐德明 138 (IBSC)]、江门 [8, 35]、蕉岭 [35] [徐祥浩、林辉奉 228 (IBSC)]、揭西 [35] [叶华谷 4558 (IBSC)]、乐昌 [29, 35, 41]、连山 [35] [叶华谷 3602 (IBSC)]、廉江 [35] [刘什汗、李祥禧 89936 (IBSC)]、龙门 [35] [南昆山调查队 82428 (IBSC)]、陆丰 [35] [卫兆芬 121296 (IBSC)]、罗定 [35] [叶华谷、刘念 2125 (IBSC)]、茂名 [35, 85]、梅州 [35] [曾宪锋 ZXF43696 (CZH)]、清远 [35] [黄志 32490 (IBSC)]、饶平 [35] [李学根 200869 (PE)]、仁化 [16]、乳源 [35] [姚振生 粤 043 (JXCM0008228)]、深圳 [11, 17, 35]、台山 [35] [周联选 1551 (KUN)]、翁源 [35, 51]、五华 [4, 35]、新丰 [35, 63]、新兴 [35] [刘瑛光 4496 (GZAC)]、信宜 [35, 52]、兴宁 [35] [曾宪锋 ZXF27548 (CZH)]、徐闻 [35] [朱志淞 1040 (IBSC)]、阳春 [35, 45]、阳江 [35] [黄志 41566 (IBSC)]、英德 [32, 35]、郁南 [35, 101]、云浮 [35] [辛树帜 5063 (IBSC)]、增城 [35, 116]、湛江 [35] [贺乐 814019 (JIU19302)]、肇庆 [35] [邹璞 38 (IBSC)]、中山 [10, 35]、珠海 [35] [粤 73 3146 (IBSC)]、紫金 [31, 35]。

小芸木属 ***Micromelum*** **Blume**

大管 ***Micromelum falcatum*** (Lour.) Tanaka

分布：雷州 [35]、廉江 [35]、茂名 [85]、遂溪 [35]、吴川 [35]、新丰 [63]、徐闻 [35]、阳山 [26]、湛江 [35]。

小芸木 ***Micromelum integerrimum*** (Buch. -Ham. ex DC.) Wight & Arn. ex M. Roem.

分布：封开 [14]、连南 [35] [温歇平 60744 (IBSC)]、连州 [35] [蒋英 50966 (NAS)]、茂名 [85]、信宜 [52]、阳春 [陈又生等 YC20230088 (IBSC)]、阳山 [26, 35]。

九里香属 ***Murraya*** **J. Koenig**

翼叶九里香 ***Murraya alata*** Drake

分布：雷州 [13]、徐闻 [81, 13, 35]。

豆叶九里香 ***Murraya euchrestifolia*** Hayata

分布：封开 [3, 35]、南澳 [3, 35]、阳山 [26]、珠海 [81]。

九里香 ***Murraya exotica*** L.

分布：博罗 [81, 100, 35, 37, 38]、大埔 [81, 35]、广州 [81, 35]、和平 [81, 35]、惠东 [12]、惠州 [81, 35]、江门 [8]、陆丰 [81, 35]、饶平 [81, 35]、乳源 [81, 26, 35]、深圳 [81, 11, 35, 17]、翁源 [81, 51, 35]、徐闻 [81, 35]、阳春 [81, 35]、肇庆 [81, 35]、中山 [81, 10, 35]。

调料九里香 ***Murraya koenigii*** (L.) Spreng.

分布：乳源 *[26]。

小叶九里香 ***Murraya microphylla*** (Merr. & Chun) Swingle

分布：雷州 [13]、徐闻 [13]。

千里香 ***Murraya paniculata*** (L.) Jack

分布：博罗 [81]、从化 [81]、东莞 [25, 35]、高州 [81]、乐昌 [81]、连南 [81]、连州 [81]、茂名 [81]、仁化 [16, 35]、乳源 [81]、翁源 [81]、阳江 [81]、阳山 [81, 35]、英德 [81]、云浮 [81]、肇庆 [81]。

单叶藤橘属 ***Paramignya*** **Wight**

单叶藤橘 ***Paramignya confertifolia*** Swingle

分布：徐闻 [曾宪锋 ZXF35802 (CZH)]。

黄檗属 ***Phellodendron*** **Rupr.**

黄檗 ***Phellodendron amurense*** Rupr.

分布：信宜 *[52]。

秃叶黄檗 ***Phellodendron chinense*** **var.** ***glabriusculum*** C. K. Schneid.

分布：和平 [35] [张桂才 600 (IBSC)]、乐昌 [29, 35,

41]、连南 [35] [朱志淞 754 (IBSC)]、连山 [35] [南岭队 622 (IBSC)]、连州 [35] [伍世忠 70092 (IBSC)]、韶关 [35] [韶关队 1111 (IBSC)]、翁源 [35]、英德 [35] [罗献瑞 705 (IBSC)]。

芸香属 *Ruta* L.

芸香 ***Ruta graveolens*** L.

分布：从化 *[107]、连州 *[26]、深圳 *[17]。

茵芋属 *Skimmia* Thunb.

乔木茵芋 ***Skimmia arborescens*** T. Anderson ex Gamble

分布：博罗 [35] [梁向日 60188 (IBSC)]、从化 [35, 107]、封开 [14]、江门 [8]、龙门 [35] [卫兆芬 121952 (IBSC)]、乳源 [26]、新兴 [35] [伍辉民 69 (IBSC)]、信宜 [35, 52]、阳春 [35] [叶华谷 6169 (IBSC)]、增城 [35] [曾怀德 20302 (IBSC)]、湛江 [35] [南植地 3709 (SYS)]、紫金 [31]。

日本茵芋 ***Skimmia japonica*** Lindl.

分布：广州 *[http://ppbc. iplant. cn/tu/9365706]、深圳 * [http://ppbc. iplant. cn/tu/5843537]。

茵芋 ***Skimmia reevesiana*** (Fortune) Fortune

分布：佛冈 [27]、乐昌 [29]、仁化 [16]、乳源 [26, 35]、翁源 [51]、新丰 [63]、英德 [32]、增城 [116]、紫金 [31]。

吴茱萸属 *Tetradium* Lour.

华南吴萸 ***Tetradium austrosinense*** (Hand-Mazz.) T. G. Hartley

分布：丰顺 [95]、乐昌 [29, 35, 41]、连山 [35] [叶华谷 4964 (IBSC)]、连州 [35] [南岭调查队 206 (IBSC)]、南雄 [33, 35, 57]、仁化 [16]、乳源 [26, 35]、始兴 [35] [邓良 7003 (IBSC)]、翁源 [51]、新丰 [63]、信宜 [52]、阳山 [26]、英德 [32, 35]、增城 [116]、紫金 [31, 35]。

楝叶吴萸 ***Tetradium glabrifolium*** (Champ. ex Benth.) T. G. Hartley

分布：博罗 [35, 38, 100]、从化 [107]、东莞 [25, 35]、东源 [59]、恩平 [35] [黄茂先 110444 (HZ)]、丰顺 [95]、封开 [14]、佛冈 [27]、鹤山 [35] [黄茂先 110836 (PE)]、惠东 [12, 35]、惠州 [35] [曾怀德 25921 (IBSC)]、江门 [8, 35]、乐昌 [29, 41]、连州 [26]、茂名 [85]、仁化 [16]、乳源 [26, 35]、深圳 [11, 17, 35]、始兴 [28]、台山 [35] [粤 73 2766 (IBSC)]、翁源 [51]、五华 [4]、新丰 [63]、信宜 [52]、阳春 [45]、阳山 [26]、英德 [32]、郁南 [101]、增城 [116]、中山 [10, 35]、珠海 [35] [唐国旺等 TuTY4984 (KUN)]、紫金 [31]。

吴茱萸 ***Tetradium ruticarpum*** (A. Juss.) T. G. Hartley

分布：博罗 [35] [陈念劬 41339 (IBSC)]、从化 [35] [邓良 8939 (IBSC)]、德庆 [35] [刘瑛光 1384 (IBSC)]、封开 [14, 35]、佛冈 [27]、佛山 [35] [黄茂先 110715 (HZ)]、怀集 [35] [蚁伟民 15988 (IBSC)]、乐昌 [29, 35, 41]、连南 [35] [谭沛祥 59001 (IBSC)]、连州 [26, 35]、罗定 [35] [叶华谷、刘念 2344 (IBSC)]、南雄 [33, 35]、平远 [35] [李学根 201853 (IBSC)]、仁化 [16, 35]、乳源 [26, 35]、翁源 [35, 51]、五华 [35] [张焕贵 16 (SN)]、新丰 [35] [叶华谷 1187 (IBSC)]、信宜 [52]、阳春 [35] [叶华谷、刘念 1131 (IBSC)]、阳山 [26, 35]、英德 [32, 35]、云浮 [35] [黄华泽 9 (IBSC)]、增城 [116]、肇庆 [35] [叶华谷等 21281 (IBSC)]、紫金 [31, 35]。

牛斜吴萸 ***Tetradium trichotomum*** Lour.

分布：封开 [14]、乐昌 [29, 41]、翁源 [51]、信宜 [52]、肇庆 [35]。

飞龙掌血属 *Toddalia* Juss.

飞龙掌血 ***Toddalia asiatica*** (L.) Lam.

分布：博罗 [35, 38, 100]、潮州 [35] [曾宪锋 ZXF8421 (CZH)]、从化 [35, 107]、大埔 [35] [邓良 5371 (NAS)]、德庆 [35] [刘瑛光 10367 (NAS)]、东莞 [25, 35]、东源 [119]、丰顺 [35, 95]、封开 [14, 35]、佛冈 [27]、高州 [35] [甘世南 40166 (IBSC)]、广州 [35] [杨捷梅 2017m141 (SN)]、海丰 [35] [曾宪锋 ZXF4441 (CZH)]、和平 [35] [谭策铭等 Y06613 (JJF)]、河源 [35] [卫兆芬 12740 (NAS)]、怀集 [35] [刘瑛光 2666 (HZ)]、惠东 [12, 35]、惠州 [35] [徐德明 99 (NAS)]、江门 [8, 35]、蕉岭 [35] [邓良 4890 (IBK)]、揭阳 [35] [曾宪锋 ZXF31683 (CZH)]、乐昌 [29, 35, 41]、连南 [35] [谭沛祥 59428 (IBK)]、连平 [35] [卫兆芬 120061 (KUN)]、连山 [35] [谭沛祥 58732 (KUN)]、连州 [26, 35]、龙门 [35] [张桂才 8077 (HGAS)]、陆丰 [35] [卫兆芬 121306 (KUN)]、陆河 [35] [曾宪锋 ZXF42688 (CZH)]、罗定 [35] [中山大学普查队 984 (SYS)]、梅州 [35] [曾宪锋 ZXF43768 (CZH)]、南雄 [35] [邓良 6284 (KUN)]、平远 [35] [李学根 202050 (CSFI)]、清远 [35] [黄志 30754 (IBK)]、饶平 [35] [陈念劬 42776 (KUN)]、仁化 [16, 35]、乳源 [26, 35]、汕头 [35] [F. A. McClure 330 (SYS)]、韶关 [35] [黄志 31669 (IBK)]、深圳 [11, 17, 35]、始兴 [28, 35]、台山 [35] [陈邦余、李泽贤 167 (FJSI)]、翁源 [35, 51]、五华 [4, 35]、新丰 [35, 63]、信宜 [35, 52]、徐闻 [35] [徐闻队 305 (KUN)]、阳春 [35, 45]、阳山 [26, 35]、英德 [32, 35]、郁南 [35, 101]、增城 [35, 116]、湛江 [35] [南植地 3720 (SYS)]、肇庆 [35] [叶华谷等 18235 (IBSC)]、中山 [10, 35]、珠海 [35] [邱丽娉 200901202 (SN)]、紫金 [31, 35]。

花椒属 *Zanthoxylum* L.

椿叶花椒 ***Zanthoxylum ailanthoides*** Siebold & Zucc.

分布：东莞 [25]、乐昌 [29, 35, 41]、连州 [35] [左景烈 22721 (IBSC)]、南雄 [33, 35]、深圳 [17]、翁源 [51]、五华 [4]、新丰 [63]、英德 [32, 35]、紫金 [31, 35]。

毛椿叶花椒 ***Zanthoxylum ailanthoides* var. *pubescens*** Hatus.

分布：怀集 [40]、惠东 [40]、乐昌 [40]、连南 [40]、连州 [40]、深圳 [40]、阳春 [40]、英德 [40]。

竹叶花椒 ***Zanthoxylum armatum*** DC.

分布：博罗 [40]、从化 [40]、东莞 [25]、封开 [40, 14]、和平 [40]、乐昌 [40, 29, 41, 35]、连南 [35] [朱志淞

657 (IBSC)]、连平 [40, 35]、连州 [40, 26, 35]、龙川 [40, 35]、龙门 [40]、南雄 [40, 57, 33, 35]、仁化 [40, 16]、乳源 [40, 26, 35]、始兴 [40, 28, 35]、翁源 [40, 51]、新丰 [40, 35]、阳春 [40, 35]、阳山 [40, 26, 35]、英德 [40, 32, 35]、郁南 [101]、云浮 [40, 35]、增城 [116]、肇庆 [40]、中山 [10]。

毛竹叶花椒 ***Zanthoxylum armatum*** **var.** ***ferrugineum*** (Rehder & E. H. Wilson) C. C. Huang

分布：乐昌 [40, 29, 35]、连南 [40, 35]、乳源 [40, 26, 35]、翁源 [35] [刘伟心 24416 (KUN)]、新丰 [35] [75 进修新丰组 7 (SYS)]、阳山 [40, 35]、英德 [35] [E. D. Merrill 302 (KUN)]。

岭南花椒 ***Zanthoxylum austrosinense*** C. C. Huang

分布：博罗 [5, 100]、仁化 [16]、乳源 [40, 26, 35]。

簕欓花椒 ***Zanthoxylum avicennae*** (Lam.) DC.

分布：博罗 [40, 100, 35, 38]、潮州 [35] [曾宪锋 ZXF3830 (CZH)]、从化 [35, 107]、德庆 [35] [刘瑛光 1034 (HZ)]、东莞 [25, 35]、丰顺 [95]、封开 [40, 35, 14]、佛冈 [27]、佛山 [35] [黄茂先 111172 (HZ)]、广州 [40, 35]、海丰 [40, 35]、鹤山 [35] [黄茂先 110844 (HZ)]、怀集 [40, 35]、惠东 [40, 35, 12]、惠州 [35] [卫兆芬 121694 (KUN)]、江门 [40, 35, 8]、龙门 [40, 35]、陆丰 [35] [南植地 8442 (IBSC)]、陆河 [35] [曾宪锋 ZXF42864 (CZH)]、罗定 [40, 35]、茂名 [40, 85, 35]、南澳 [40, 35]、普宁 [35] [曾宪锋 ZXF42948 (CZH)]、清远 [40, 35]、仁化 [16]、深圳 [40, 11, 35, 17]、台山 [40, 35]、翁源 [40, 51, 35]、五华 [40, 35, 4]、新丰 [63]、新兴 [40, 35]、信宜 [40, 35, 52]、徐闻 [40, 35]、阳春 [40, 35, 45]、阳江 [40, 35]、阳山 [26]、英德 [32, 35]、郁南 [40, 101, 35]、云浮 [40, 35]、增城 [40, 116, 35]、湛江 [35] [贺乐 814041 (JIU19570)]、肇庆 [40, 35]、中山 [10, 35]、珠海 [40, 35]、紫金 [40, 31, 35]。

琉球花椒 ***Zanthoxylum beecheyanum*** K. Koch

分布：博罗 *[http://ppbc. iplant. cn/tu/4658545]、从化 *[http://ppbc. iplant. cn/tu/2590871]、高州 *[http://ppbc. iplant. cn/tu/6255543]、广州 *[http://ppbc. iplant. cn/tu/13424770]、惠州 *[http://ppbc. iplant. cn/tu/4115040]、南澳 *[http://ppbc. iplant. cn/tu/5246451]、深圳 *[http://ppbc. iplant. cn/tu/ 3531487]、湛江 *[http://ppbc. iplant. cn/tu/3518549]、肇庆 * [http:// ppbc. iplant. cn/tu/1767047]。

花椒 ***Zanthoxylum bungeanum*** Maxim.

分布：潮州 *[http://ppbc. iplant. cn/tu/1757322]、佛山 * [http://ppbc. iplant. cn/tu/6327516]、广州 *[http://ppbc. iplant. cn/tu/1098482]、南澳 *[http://ppbc. iplant. cn/tu/3368048]、中山 *[http://ppbc. iplant. cn/tu/3429629]。

异叶花椒 ***Zanthoxylum dimorphophyllum*** Hemsl.

分布：博罗 [40, 35]、乐昌 [40, 29, 35]、罗定 [40, 35]、仁化 [16, 35]、乳源 [40, 26, 35]、阳山 [26]、英德 [32]、郁南 [101]、珠海 [40, 35]。

蚬壳花椒 ***Zanthoxylum dissitum*** Hemsl.

分布：博罗 [5, 100]、从化 [107]、茂名 [85]、深圳 [11]、阳春 [40]。

刺壳花椒 ***Zanthoxylum echinocarpum*** Hemsl.

分布：江门 [8]、乐昌 [40, 29, 35]、连州 [40, 35]、乳源 [40, 26, 35]、阳山 [40, 35]、云浮 [40]。

拟蚬壳花椒 ***Zanthoxylum laetum*** Drake

分布：信宜 [40]、阳春 [40]、阳江 [40]、湛江 [3]。

大叶臭花椒 ***Zanthoxylum myriacanthum*** Dunn & Tutch.

分布：从化 [40, 107, 35]、大埔 [40, 35]、德庆 [40, 35]、丰顺 [95]、封开 [40, 35, 14]、佛冈 [27]、高州 [40, 35]、海丰 [40, 35]、和平 [35] [谭策铭等 Y06684 (JJF)]、怀集 [40, 35]、惠东 [12]、开平 [35] [黄茂先 110580 (NAS)]、乐昌 [40, 29, 41, 35]、连南 [35] [谭沛祥 59099 (KUN)]、连平 [40, 35]、连山 [40]、连州 [35] [陈国强 3939 (IBSC)]、龙门 [40]、罗定 [35] [中山大学普查队 707 (SYS)]、茂名 [40, 35]、仁化 [40, 35]、乳源 [40, 26, 35]、始兴 [28]、翁源 [40, 51, 35]、新丰 [63]、阳春 [40, 35, 45]、英德 [32]、郁南 [101]、云浮 [40, 35]、增城 [116]、肇庆 [40, 35]、紫金 [31, 35]。

两面针 ***Zanthoxylum nitidum*** (Roxb.) DC.

分布：博罗 [40, 100, 35, 38]、从化 [40, 107, 35]、东莞 [40, 25, 35]、东源 [119]、丰顺 [40]、封开 [40, 35, 14]、佛冈 [27]、佛山 [40, 35]、高州 [40]、广宁 [40, 35]、广州 [40, 35]、河源 [40]、怀集 [40, 35]、惠东 [40, 35]、江门 [40, 35, 8]、连州 [26]、龙门 [40, 35]、罗定 [40]、茂名 [85]、梅州 [40]、清远 [40]、仁化 [16]、深圳 [40, 11, 35, 17]、遂溪 [40]、台山 [40, 35]、五华 [4]、新丰 [63]、新兴 [40]、信宜 [52]、阳春 [40, 45]、阳江 [40]、英德 [40, 32]、郁南 [40, 101]、云浮 [40]、增城 [116]、肇庆 [40, 35]、中山 [10, 35]、紫金 [31]。

花椒簕 ***Zanthoxylum scandens*** Blume

分布：博罗 [40, 100, 35]、潮州 [35] [曾宪锋 ZXF6014 (CZH)]、从化 [40, 107, 35]、大埔 [40, 35]、德庆 [40, 35]、东莞 [25, 35]、恩平 [35] [黄茂先 110504 (HZ)]、丰顺 [40, 95, 35]、封开 [40, 35, 14]、佛冈 [27]、广宁 [40, 35]、广州 [35] [曾宪锋 ZXF24263 (CZH)]、和平 [40, 35]、怀集 [40, 35]、惠东 [12]、惠州 [35] [徐德明 137 (KUN)]、江门 [8, 35]、乐昌 [40, 29, 26, 41, 35]、连南 [40, 35]、连平 [40, 35]、连山 [40, 35]、连州 [40, 26, 35]、龙门 [40, 35]、罗定 [35] [中山大学普查队 220 (SYS)]、南澳 [40]、南雄 [40, 57, 33, 35]、平远 [35] [李学根 202068 (CSFI)]、饶平 [35] [曾宪锋 ZXF24440 (CZH)]、仁化 [16, 35]、乳源 [40, 26, 35]、深圳 [17, 35]、始兴 [40, 28, 35]、台山 [40, 35]、翁源 [40, 51, 35]、五华 [4]、新丰 [40]、信宜 [40, 35]、徐闻 [35] [徐闻队 334 (KUN)]、阳春 [40, 35, 45]、阳山 [40, 26, 35]、英德 [40, 32, 35]、郁南 [40, 101, 35]、增城 [35, 116]、肇庆 [40, 35]、中山 [10, 35]、珠海 [40, 35]、紫金 [31, 35]。

青花椒 ***Zanthoxylum schinifolium*** Siebold & Zucc.

分布：乐昌 [40, 29, 26, 41, 35]、连州 [40, 26, 35]、南雄 [33, 35, 57]、乳源 [40, 26, 35]、阳山 [35] [徐德明 460 (NAS)]、肇庆 [40]、紫金 [31, 35]。

野花椒 ***Zanthoxylum simulans*** Hance

分布：南雄 [40]、仁化 [16]、乳源 [40]。

狭叶花椒 ***Zanthoxylum stenophyllum*** Hemsl.

分布：连州 [40]。

梗花椒 ***Zanthoxylum stipitatum*** C. C. Huang

分布：乳源 [40, 26]。

277. 苦木科 Simaroubaceae

臭椿属 *Ailanthus* Desf.

臭椿 ***Ailanthus altissima*** (Mill.) Swingle

分布：乐昌 [29]、新丰 [63]。

常绿臭椿 ***Ailanthus fordii*** Noot.

分布：深圳 [17]。

岭南臭椿 ***Ailanthus triphysa*** (Dennst.) Alston

分布：佛冈 [27]、怀集 [35]、深圳 [17]、信宜 [35, 52]、徐闻 [35] [邓良 3839 (IBSC)]。

鸦胆子属 *Brucea* J. F. Mill.

鸦胆子 ***Brucea javanica*** (L.) Merr.

分布：博罗 [35, 38, 100]、从化 [107]、东莞 [25, 35]、丰顺 [95]、佛冈 [27]、高州 [35] [蒋英 2148 (AU)]、广州 [35] [叶育石 5216 (IBSC)]、惠东 [12]、惠州 [35] [张寿洲等 ZSZ-006 (SZG)]、江门 [8, 35]、廉江 [35] [湛江区植物调查队 3121 (IBSC)]、茂名 [35, 85]、饶平 [35] [曾宪锋 ZXF26380 (CZH)]、仁化 [16]、汕头 [35] [梁其瑾 1312 (PE)]、深圳 [11, 17, 35]、台山 [35] [周联选 11556 (KUN)]、五华 [35] [张焕贵、张学文 111 (SN)]、信宜 [52]、徐闻 [35] [南路 764 (IBK)]、阳春 [35, 45]、阳江 [35] [黄志 41414 (IBK)]、英德 [32]、增城 [116]、湛江 [35] [周远瑞 100031 (IBK)]、中山 [10, 35]、珠海 [35] [唐国旺等 TuTY5067 (KUN)]。

苦木属 *Picrasma* Blume

苦木 ***Picrasma quassioides*** (D. Don) Benn.

分布：博罗 [5, 100]、大埔 [35] [邓良 5213 (IBK)]、东莞 [25]、乳源 [26, 35]、深圳 [17]、信宜 [52]、阳春 [陈又生等 JZ20230074 (IBSC)]、阳山 [26]、英德 [32]、郁南 [101]、增城 [116]、紫金 [31, 35]。

278. 楝科 Meliaceae

米仔兰属 *Aglaia* Lour.

四季米仔兰 ***Aglaia duperreana*** Pierre

分布：从化 *[107]、深圳 *[17]。

山椤 ***Aglaia elaeagnoidea*** (A. Juss.) Benth.

分布：乳源 [http://ppbc. iplant. cn/tu/3657119]。

望谟崖摩 ***Aglaia lawii*** (Wight) C. J. Saldanha & Ramamorthy

分布：博罗 [5]、连州 [35]、翁源 [35]、信宜 [35, 52]、云浮 [35]。

米仔兰 ***Aglaia odorata*** Lour.

分布：博罗 *[38, 100]、从化 *[107]、东莞 [25, 35]、江门 [8]、乐昌 [29]、仁化 *[16]、深圳 *[17, 35]、郁南 *[101]、中山 [35] [唐有恒 135 (IBSC)]。

山楝属 *Aphanamixis* Blume

山楝 ***Aphanamixis polystachya*** (Wall.) R. Parker

分布：东莞 [25]、化州 [35]、江门 [8]、廉江 [35]、茂名 [35]、乳源 [26]、深圳 *[17]、信宜 [35, 52]、徐闻 [35]、阳江 [35]、增城 [116]、中山 [10]。

洋椿属 *Cedrela* P. Browne

洋椿 ***Cedrela odorata*** L.

分布：广州 *[3]。

麻楝属 *Chukrasia* A. Juss.

麻楝 ***Chukrasia tabularis*** A. Juss.

分布：博罗 *[5, 38]、从化 *[107]、丰顺 *[95]、封开 [14]、佛冈 [27]、高州 [35]、乐昌 [29]、连州 [35]、茂名 [35, 85]、南雄 [57]、仁化 [16]、乳源 [35]、深圳 *[11, 17]、五华 [4]、信宜 [52]、徐闻 [35]、阳江 [35]、英德 [32]、郁南 [101]、紫金 [31]。

浆果楝属 *Cipadessa* Blume

浆果楝 ***Cipadessa baccifera*** (Roth) Miq.

分布：信宜 *[52]。

樫木属 *Dysoxylum* Blume

多脉樫木 ***Dysoxylum grande*** Hiern

分布：信宜 [35, 52]、阳江 [35]。

香港樫木 ***Dysoxylum hongkongense*** (Tutcher) Merr.

分布：丰顺 [95]、茂名 [35]、深圳 [17]、台山 [35]、信宜 [52]、阳春 [35, 45]、阳江 [35]、英德 [32]、肇庆 [35]。

海南樫木 ***Dysoxylum mollissimum*** Blume

分布：茂名 [406, 35]、信宜 [52]。

鹧鸪花属 *Heynea* Roxb.

鹧鸪花 ***Heynea trijuga*** Roxb.

分布：怀集 [35]、信宜 [35]、阳江 [35]。

非洲楝属 *Khaya* A. Juss.

非洲楝 ***Khaya senegalensis*** (Desr.) A. Juss.

分布：从化 *[107]、深圳 *[17]。

楝属 *Melia* L.

楝 ***Melia azedarach*** L.

分布：博罗 [38, 100]、潮州 [35] [曾宪锋 ZXF37255 (CZH)]、从化 [107]、大埔 [35] [管双庆 110 (SN)]、东莞 [25, 35]、东源 [59]、丰顺 [35, 95]、封开 [14, 35]、佛冈 [27]、佛山 [35] [黄奕孜、许先宏 HYZ029 (CZH)]、广州 [35] [吴惠欣 200905117 (SN)]、河源 [35] [卫兆芬 120795 (IBSC)]、怀

集 [35] [陈国强 4044 (IBSC)]、惠东 [12]、江门 [8, 35]、蕉岭 [35] [陈森生 48 (SN)]、乐昌 [29, 35, 41]、连平 [35] [刘全儒等 DJ20090726002 (BNU)]、连州 [26]、龙川 [35] [曾宪锋 ZXF32458 (CZH)]、龙门 [35] [南昆山调查队 71192 (IBSC)]、陆丰 [35] [卫兆芬 121152 (KUN)]、茂名 [85]、梅州 [35] [曾宪锋 ZXF25016 (CZH)]、南雄 [33, 35, 57]、平远 [35]、清远 [35] [黄成 161606 (IBSC)]、饶平 [35] [曾宪锋 ZXF26412 (CZH)]、仁化 *[16, 35]、乳源 [26, 35]、汕头 [35] [梁其瑾 1284 (PE)]、韶关 [35] [高锡朋 50348 (IBSC)]、深圳 [11, 17, 35]、始兴 [28, 35]、翁源 [35, 51]、五华 [4, 35]、新丰 [63]、新兴 [35] [刘瑛光 2419 (HZ)]、信宜 [35, 52]、徐闻 [35] [赵丕铎 90286 (IBSC)]、阳春 [35, 45]、阳山 [26, 35]、英德 [32, 35]、郁南 * [101]、增城 [116]、肇庆 [35] [赵嘉欣 2011060605 (SN)]、中山 [10, 35]、珠海 [35] [张文燕 20094215 (SN)]、紫金 [31, 35]。

地黄连属 ***Munronia*** **Wight**

羽状地黄连 ***Munronia pinnata*** (Wall.) W. Theob.

分布：雷州 [35]、阳春 [陈又生等 YC20230222 (IBSC)]。

单叶地黄连 ***Munronia unifoliolata*** Oliv.

分布：雷州 [3]。

桃花心木属 ***Swietenia*** **Jacq.**

桃花心木 ***Swietenia mahagoni*** (L.) Jacq.

分布：从化 *[107]、江门 *[8]、深圳 *[17]。

香椿属 ***Toona*** **(Endl.) M. Roem.**

红椿 ***Toona ciliata*** M. Roem.

分布：博罗 *[20, 35, 100]、东莞 [25]、封开 [14]、佛冈 [27]、惠东 [12]、乐昌 [29, 41, 35, 20]、茂名 [35, 85]、仁化 [16]、乳源 [20, 35]、韶关 [20, 35]、深圳 [17]、始兴 [28]、五华 [4]、信宜 [20, 52]、阳春 [20]、英德 [32]、郁南 [101]、云浮 [20, 35]、增城 [116]、肇庆 [20, 35]、珠海 [20]。

红花香椿 ***Toona fargesii*** A. Chev.

分布：从化 [http://ppbc. iplant. cn/tu/8606120]。

香椿 ***Toona sinensis*** (Juss.) Roem.

分布：博罗 *[38, 100]、封开 [14, 35]、乐昌 [29, 35, 41]、连州 [35]、仁化 [16]、乳源 [26, 35]、始兴 [28]、五华 [4]、新丰 [63]、信宜 *[52]、英德 [32, 35]、郁南 *[101]、增城 [116]、肇庆 [35]、紫金 [31]。

杜楝属 ***Turraea*** **L.**

杜楝 ***Turraea pubescens*** Hell.

分布：徐闻 [35]。

割舌树属 ***Walsura*** **Roxb.**

越南割舌树 ***Walsura pinnata*** Hassk.

分布：广州 *[http://ppbc. iplant. cn/tu/9921944]。

279. 瘿椒树科 Tapisciaceae

瘿椒树属 ***Tapiscia*** **Oliv.**

瘿椒树 ***Tapiscia sinensis*** Oliv.

分布：乐昌 [29, 35]、乳源 [26]、始兴 [28]、信宜 [52]。

280. 文定果科 Muntingiaceae

文定果属 ***Muntingia*** **L.**

文定果 ***Muntingia calabura*** L.

分布：深圳 *[17]。

281. 锦葵科 Malvaceae

秋葵属 ***Abelmoschus*** **Medik.**

咖啡黄葵 ***Abelmoschus esculentus*** (L.) Moench

分布：惠东 #[12]、南雄 #[57]、肇庆 #[9]。

黄蜀葵 ***Abelmoschus manihot*** (L.) Medik.

分布：博罗 [100]。

刚毛黄蜀葵 ***Abelmoschus manihot* var. *pungens*** (Roxb.) Hochr.

分布：连平 [35]、连山 [35]、仁化 [16, 35]、乳源 [35]、阳山 [35]。

黄葵 ***Abelmoschus moschatus*** Medik.

分布：博罗 #[5, 100]、从化 #[107]、大埔 #[15]、东莞 #[82]、东源 #[59]、丰顺 #[95]、封开 #[14]、佛冈 #[27]、佛山 #[专家意见]、广州 #[15]、怀集 #[专家意见]、惠东 #[12]、惠州 #[82]、江门 #[8]、乐昌 #[41]、连州 #[26]、龙门 #[15]、茂名 #[85]、南雄 #[57]、平远 #[15]、仁化 # [16]、乳源 #[26]、汕头 #[15]、汕尾 #[15]、韶关 #[15]、深圳 # [11, 82]、始兴 #[15, 28]、翁源 #[15, 51]、五华 #[4]、新丰 # [63]、阳春 #[15, 45]、阳江 #[15]、阳山 #[26]、英德 #[15, 32]、郁南 #[101]、云浮 #[专家意见]、增城 #[116]、肇庆 #[9]、中山 #[82]、紫金 #[31]。

箭叶秋葵 ***Abelmoschus sagittifolius*** (Kurz) Merr.

分布：雷州 [35]、徐闻 [35]。

昂天莲属 ***Abroma*** **Jacq.**

昂天莲 ***Abroma augustum*** (L.) L. f.

分布：东莞 [25]、广州 [35]、乐昌 [35]、茂名 [35, 85]、信宜 [52]。

苘麻属 ***Abutilon*** **Mill.**

磨盘草 ***Abutilon indicum*** (L.) Sweet

分布：博罗 [35, 38, 100]、潮州 [35] [曾宪锋 ZXF01134 (CZH)]、从化 [107]、大埔 [35] [管双庆 140 (SN)]、东莞 [25, 35]、东源 [119]、丰顺 [35] [曾宪锋 ZXF8466 (CZH)]、佛冈 [27]、佛山 [35] [王瑞江 RQHN00542 (CSH)]、广州 [35] [叶华谷 7660 (IBSC)]、惠东 [35] [姚鹏程、魏亚男 20150313 (HSNU)]、惠州 [35] [曾怀德 25976 (IBSC)]、乐昌 [29, 35]、雷州 [35] [姚鹏程、魏亚男 20150040 (HSNU)]、廉江 [35] [湛江区植物调查队 3112 (IBSC)]、陆河 [35] [曾宪锋 ZXF42744 (CZH)]、茂名 [85]、南澳 [35] [曾宪锋 ZXF7167 (CZH)]、汕头 [35] [曾宪锋 ZXF18395 (CZH)]、深圳 [11, 17,

35]、台山 [35] [周联选 11451 (KUN)]、翁源 [35] [刘心祈 2765 (IBSC)]、兴宁 [35] [丘琼华、张伟城、钟子文 158 (SN)]、徐闻 [35] [周远瑞 100143 (IBK)]、阳春 [35] [黄志 41994 (IBSC)]、阳江 [35] [黄志 41447 (IBSC)]、郁南 [35, 101]、湛江 [35] [杨彬 7052926 (JIU15929)]、肇庆 [9, 35]、中山 [10, 35]、珠海 [35] [粤 73 3122 (IBSC)]、紫金 [31, 35]。

金铃花 ***Abutilon pictum*** (Gillies ex Hook. & Arn.) Walp.

分布：广州 *[http://ppbc. iplant. cn/tu/1298280]、龙门 *[http://ppbc. iplant. cn/tu/3399287]、深圳 *[17]。

苘麻 ***Abutilon theophrasti*** Medik.

分布：从化 #[107]、广州 #[15, 248]、仁化 #[16]、乳源 #[15, 26]、深圳 #[17]、湛江 #[416]、肇庆 #[9, 15]。

蜀葵属 *Alcea* L.

蜀葵 ***Alcea rosea*** L.

分布：乐昌 *[29]、仁化 *[16]、肇庆 *[9]。

木棉属 *Bombax* L.

木棉 ***Bombax ceiba*** L.

分布：博罗 #[38, 100]、从化 #[107]、封开 #[14]、广州 #[http://ppbc. iplant. cn/tu/4925284]、惠州 #[http://ppbc. iplant. cn/tu/5485354]、仁化 #[16]、深圳 #[11, 17]、郁南 #[101]、湛江 #[http://ppbc. iplant. cn/tu/4116816]、肇庆 #[9]。

刺果藤属 *Byttneria* Loefl.

刺果藤 ***Byttneria grandifolia*** DC.

分布：博罗 [35, 38, 100]、从化 [107]、东莞 [25, 35]、东源 [119]、佛冈 [27]、广州 [35]、惠东 [12]、惠州 [35]、江门 [8]、雷州 [13]、廉江 [13]、茂名 [85]、清远 [35]、汕头 [35]、深圳 [11, 17]、新丰 [63]、信宜 [52]、阳春 [35, 45]、英德 [32]、云浮 [35]、增城 [116]、肇庆 [9, 35]、中山 [10]、紫金 [31]。

吉贝属 *Ceiba* Mill.

吉贝 ***Ceiba pentandra*** (L.) Gaertn.

分布：从化 *[107]、深圳 *[17]。

美丽异木棉 ***Ceiba speciosa*** (A. St. -Hil.) Ravenna

分布：从化 *[107]、江门 *[8]、深圳 *[17]。

山麻树属 *Commersonia* J. R. Forst. & G. Forst.

山麻树 ***Commersonia bartramia*** (L.) Merr.

分布：恩平 [http://ppbc. iplant. cn/tu/10501242]、阳江 [黄志 41853 (IBSC)]。

田麻属 *Corchoropsis* Siebold & Zucc.

田麻 ***Corchoropsis crenata*** Siebold & Zucc.

分布：广州 [19]、和平 [35] [张桂才 764 (IBSC)]、怀集 [35] [石国良 15042 (IBSC)]、乐昌 [29, 35, 41]、连州 [26, 35]、南雄 [33, 35, 57]、仁化 [16, 35]、乳源 [26, 35]、始兴 [28, 35]、五华 [4]、新丰 [63]、阳山 [26, 35]、英德 [32]、郁南 [101]、紫金 [31, 35]。

黄麻属 *Corchorus* L.

甜麻 ***Corchorus aestuans*** L.

分布：博罗 [35, 100]、潮州 [35] [曾宪锋 ZXF7184 (CZH)]、从化 [35, 107]、大埔 [35] [曾宪锋 ZXF32997 (CZH)]、德庆 [35] [刘瑛光 900 (IBSC)]、东莞 [25, 35]、东源 [35] [刘全儒 201007270 (BNU)]、丰顺 [35] [曾宪锋 ZXF8164 (CZH)]、封开 [14, 35]、佛冈 [27]、佛山 [35] [陈文 9883 (IBSC)]、高州 [35] [蒋英 971 (IBSC)]、广州 [35] [叶育石 5277 (IBSC)]、鹤山 [35] [林正眉 20160003 (SN)]、惠东 [12]、江门 [8]、蕉岭 [35] [曾宪锋 ZXF14489 (CZH)]、揭西 [35] [许小婷 XXT092 (CZH)]、揭阳 [35] [黄雅凤 HYF088 (CZH)]、乐昌 [26, 29, 35]、连平 [35] [粤 73 1816 (IBSC)]、龙川 [35] [曾宪锋 ZXF32369 (CZH)]、茂名 [85]、梅州 [35] [曾宪锋 ZXF38952 (CZH)]、南雄 [33, 35, 57]、仁化 [16]、乳源 [26, 35]、韶关 [35] [曾宪锋 ZXF12635 (CZH)]、深圳 [11, 17, 35]、始兴 [28, 35]、台山 [35] [陈邦余、李泽贤 194 (IBSC)]、翁源 [35, 51]、五华 [35] [曾宪锋 ZXF9964 (CZH)]、新丰 [63]、新兴 [35] [刘瑛光 2278 (IBSC)]、信宜 [52]、兴宁 [35] [曾宪锋 ZXF32479 (CZH)]、阳春 [35, 45]、阳山 [26, 35]、英德 [32, 35]、增城 [35] [王瑞江 RQHN00181 (CSH)]、湛江 [35] [李晓腾 825040 (JIU18580)]、肇庆 [9, 35]、中山 [10, 35]、珠海 [35] [粤 73 2943 (IBSC)]、紫金 [35] [冼宇婷 XYT037 (CZH)]。

黄麻 ***Corchorus capsularis*** L.

分布：博罗 *[38]、惠东 #[12]、茂名 #[85]、仁化 #[16]、始兴 #[28]、五华 #[4]、信宜 #[52]、郁南 #[101]、肇庆 #[9]、紫金 #[31]。

长蒴黄麻 ***Corchorus olitorius*** L.

分布：肇庆 #[9]。

十裂葵属 *Decaschistia* Wight & Arn.

中越十裂葵 ***Decaschistia mouretii*** Gagnep.

分布：雷州 [张宏达 185 (IBSC)]。

梧桐属 *Firmiana* Marsili

丹霞梧桐 ***Firmiana danxiaensis*** H. H. Hsue & H. S. Kiu

分布：南雄 [57, 33, 20]、仁化 [16, 20]、始兴 [439]、英德 [439]。

梧桐 ***Firmiana simplex*** (L.) W. Wight

分布：博罗 *[38, 100]、仁化 *[16]、乳源 *[26]、深圳 *[17]、信宜 *[52]、肇庆 *[9]、紫金 *[31]。

棉属 *Gossypium* L.

钝叶树棉 ***Gossypium arboreum* var. *obtusifolium*** (Roxb.) Roberty

分布：翁源 *[51]。

海岛棉 ***Gossypium barbadense*** L.

分布：肇庆 *[9]。

草棉 ***Gossypium herbaceum*** L.

分布：肇庆 *[9]。

陆地棉 ***Gossypium hirsutum*** L.

分布：乐昌 *[41]、雷州 *[13]、廉江 *[13]、仁化 *[16]、

徐闻 *[13]、湛江 *[13]、肇庆 *[9]。

扁担杆属 *Grewia* L.

苘麻叶扁担杆 *Grewia abutilifolia* W. Vent ex Juss.

分布：广州 *[邓良 9693 (IBSC)]。

扁担杆 *Grewia biloba* G. Don

分布: 东莞 [25]、佛冈 [27]、连州 [26]、南雄 [57]、平远 [35][曾宪锋、邱贺媛 ZXF15186 (CZH)]、仁化 [16]、乳源 [26]、深圳 [17]、始兴 [28]、信宜 [52]、英德 [32]、肇庆 [9]、紫金 [31, 35]。

小叶扁担杆 *Grewia biloba* var. *microphylla* (Maxim.) Hand.-Mazz.

分布：雷州 [李泽贤 , 邢福武 2002 (IBSC)]。

小花扁担杆 *Grewia biloba* var. *parviflora* (Bunge) Hand.-Mazz.

分布：从化 [107]、仁化 [16]、乳源 [26]。

黄麻叶扁担杆 *Grewia henryi* Burret

分布：大埔 [35]、东莞 [25]、丰顺 [95]、和平 [35]、河源 [35]、乐昌 [35, 41]、连南 [35]、乳源 [26, 35]、五华 [4]、阳山 [26]、紫金 [31]。

广东扁担杆 *Grewia kwangtungensis* H. T. Chang

分布：乐昌 [37]。

长瓣扁担杆 *Grewia macropetala* Burret

分布：乐昌 [http://ppbc. iplant. cn/tu/1588169]。

寡蕊扁担杆 *Grewia oligandra* Pierre

分布：博罗 [35]、广州 [35]、深圳 [17]。

无柄扁担杆 *Grewia sessiliflora* Gagnep.

分布：广州 [黄成 160426 (IBSC)]。

山芝麻属 *Helicteres* Pluk. ex L.

山芝麻 *Helicteres angustifolia* L.

分布：博罗 [35, 38, 100]、从化 [35, 107]、大埔 [35][李学根 202675 (IBSC)]、德庆 [35][刘瑛光 897 (IBSC)]、东莞 [25, 35]、东源 [119]、恩平 [35][黄茂先 110302 (HZ)]、丰顺 [35][李学根 201463 (IBSC)]、封开 [14, 35]、佛冈 [27]、佛山 [35][黄茂先 111159 (PE)]、广州 [35][左景烈 20017 (IBSC)]、海丰 [35][周业视 ZYZ035 (CZH)]、和平 [35][谭策铭、曹仕优 971979 (JJF)]、河源 [35][卫兆芬 120786 (IBSC)]、怀集 [35][刘瑛光 2822 (IBSC)]、惠东 [12]、惠州 [35][叶华谷、曾飞燕 21881 (IBSC)]、江门 [8, 35]、蕉岭 [35][徐祥浩、林辉奉 180 (IBSC)]、揭西 [35][叶华谷等 4512 (IBSC)]、开平 [35][黄茂先 110636 (HZ)]、乐昌 [35][左景烈 21082 (IBSC)]、雷州 [35][蒋英 2545 (IBSC)]、连山 [35][谭沛祥 58451 (PE)]、连州 [35][程用谦 170518 (IBSC)]、龙川 [35][杨晓萍 20110409 (SN)]、龙门 [35][王学文、张桂才 8126 (IBSC)]、陆丰 [35][许小婷 XXT033 (CZH)]、陆河 [35][叶华谷等 4638 (IBSC)]、茂名 [35, 85]、梅州 [35][朱权芳 67 (SN)]、南雄 [33, 35, 57]、普宁 [35][曾宪锋 ZXF42946 (CZH)]、清远 [35][黄志 32460 (IBSC)]、饶平 [35][曾宪锋 ZXF26426 (CZH)]、仁化 [16, 35]、乳源 [35][姚振生粤 091 (JXCM0005051)]、韶关 [35][刘慎谔 692 (PE)]、深圳 [11, 17, 35]、始兴 [28, 35]、四会 [35][曾宪锋 ZXF38386 (CZH)]、台山 [35][左景烈 22451 (IBSC)]、翁源 [35, 51]、五华 [4, 35]、新丰 [35][叶华谷 1172 (IBSC)]、新兴 [35][刘瑛光 2090 (IBSC)]、信宜 [35, 52]、兴宁 [35][丘琼华 57 (SN)]、徐闻 [35][徐闻队 402 (KUN)]、阳春 [35, 45]、阳江 [35][黄志 41412 (IBSC)]、阳山 [26, 35]、英德 [32, 35]、郁南 [35, 101]、云浮 [35][黄季庄 441 (IBSC)]、增城 [35][黄成 16215 (IBSC)]、湛江 [35][湛江区植物调查队 2847 (IBSC)]、肇庆 [9, 35]、中山 [10, 35]、珠海 [35][唐国旺、黄宏龙 TuTY5006 (KUN)]、紫金 [31, 35]。

雁婆麻 *Helicteres hirsuta* Lour.

分布：茂名 [35]、仁化 [16]、信宜 [52]。

剑叶山芝麻 *Helicteres lanceolata* DC.

分布：茂名 [35]、信宜 [52]、阳春 [45]。

脬果苘属 *Herissantia* Medik.

脬果苘 *Herissantia crispa* (L.) Brizicky

分布：南澳 #[15, 372]、深圳 #[82]。

银叶树属 *Heritiera* Aiton

银叶树 *Heritiera littoralis* Dryand.

分布: 雷州 [13]、廉江 [13]、深圳 [17]、台山 [35]、湛江 [13]。

木槿属 *Hibiscus* L.

大麻槿 *Hibiscus cannabinus* L.

分布：乐昌 *[29]、肇庆 *[9]。

美丽芙蓉 *Hibiscus indicus* (Burm. f.) Hochr.

分布: 东源 [35][刘全儒等 201007405 (BNU)]、和平 [35][谭策铭、易桂花、曹仕优等 Y06685 (JJF)]、乐昌 [29, 35, 41]、翁源 [35][刘心祈 24761 (IBSC)]。

木芙蓉 *Hibiscus mutabilis* L.

分布：博罗 *[38, 100]、从化 *[107]、东源 [119]、丰顺 [95]、封开 [14]、佛冈 [27]、江门 [8]、乐昌 [29, 41]、茂名 [85]、仁化 *[16]、乳源 [26]、深圳 *[17]、始兴 [28]、翁源 [51]、信宜 *[52]、阳山 [26]、郁南 *[101]、增城 [116]、肇庆 *[9]。

庐山芙蓉 *Hibiscus paramutabilis* L. H. Bailey.

分布：连山 *[35]。

朱槿 *Hibiscus rosa-sinensis* L.

分布：博罗 *[38, 100]、从化 *[107]、江门 *[8]、仁化 *[16]、深圳 *[11, 17]、信宜 *[52]、郁南 *[101]、肇庆 *[9]。

玫瑰茄 *Hibiscus sabdariffa* L.

分布：博罗 *[38]、惠东 *[12]、郁南 *[101]。

吊灯扶桑 *Hibiscus schizopetalus* (Dyer) Hook. f.

分布：博罗 *[38, 100]、从化 *[107]、深圳 *[17]、肇庆 *[9]。

木槿 *Hibiscus syriacus* L.

分布：**博罗** *[38]、**从化** [107]、**封开** [14]、**佛冈** [27]、**乐昌** *[41]、**仁化** *[16]、**乳源** *[26]、**深圳** *[17]、**翁源** *[51]、**信宜** *[52]、**阳山** *[26]、**肇庆** *[9]。

野西瓜苗 ***Hibiscus trionum*** L.

分布：**信宜** #[52]。

锦葵属 *Malva* L.

锦葵 ***Malva cathayensis*** M. G. Gilbert, Y. Tang & Dorr

分布：**肇庆** *[9]。

野葵 ***Malva verticillata*** L.

分布：**乐昌** #[29]、**南雄** #[57]、**五华** #[4]、**肇庆** #[9]、**紫金** #[31]。

赛葵属 *Malvastrum* A. Gray

赛葵 ***Malvastrum coromandelianum*** (L.) Garcke

分布：**博罗** #[35, 38, 100]、**潮州** #[35] [曾宪锋 ZXF44785 (CZH)]、**从化** #[509, 35]、**大埔** #[35] [曾宪锋 ZXF20293 (CZH)]、**东莞** #[25, 35, 82]、**东源** #[35, 59]、**丰顺** #[35, 95]、**佛冈** #[27]、**佛山** #[35] [王瑞江 RQHN00507 (CSH)]、**广州** #[15, 21, 35]、**海丰** #[15, 35]、**惠东** #[12]、**惠来** #[35] [曾宪锋 ZXF16067 (CZH)]、**惠州** #[35, 82]、**江门** #[8]、**蕉岭** #[35] [曾宪锋 ZXF20758 (CZH)]、**揭西** #[35] [曾宪锋 ZXF21166 (CZH)]、**揭阳** #[35] [黄雅凤 HYF070 (CZH)]、**乐昌** #[29, 35, 526]、**连平** #[15, 35]、**廉江** #[35] [李泽贤、邢福武 2146 (IBSC)]、**龙川** #[35] [曾宪锋 ZXF27611 (CZH)]、**陆河** #[35] [曾宪锋 ZXF42733 (CZH)]、**茂名** #[35, 85]、**梅州** #[15, 35]、**南澳** #[35] [侯学良 92016 (AU)]、**南雄** #[33, 35, 57]、**平远** #[35] [曾宪锋 ZXF42129 (CZH)]、**普宁** #[15, 35]、**饶平** #[35] [曾宪锋 ZXF9701 (CZH)]、**仁化** #[15]、**汕头** #[15, 35]、**韶关** #[15, 35]、**深圳** #[15, 11, 82, 35, 17]、**始兴** #[35] [王瑞江 RQHN00429 (CSH)]、**四会** #[35] [王瑞江 RQHN00467 (CSH)]、**台山** #[35] [周联选 11458 (KUN)]、**五华** #[4, 35]、**信宜** #[52]、**徐闻** #[15, 497, 35]、**阳山** #[26, 35]、**英德** #[32]、**郁南** #[35] [王发国、段磊、王永琪 RQHN03243 (CSH)]、**云浮** #[35] [王发国等 RQHN02893 (CSH)]、**湛江** #[35, 416]、**肇庆** #[9, 35]、**中山** #[10, 82, 35]、**紫金** #[31, 35]。

悬铃花属 *Malvaviscus* Fabr.

悬铃花 ***Malvaviscus arboreus*** Cav.

分布：**广州** *[3]、**深圳** *[17]。

垂花悬铃花 ***Malvaviscus penduliflorus*** DC.

分布：**从化** *[107]、**广州** *[3]、**乐昌** *[29]、**深圳** *[17]、**郁南** *[101]、**肇庆** *[9]。

马松子属 *Melochia* L.

马松子 ***Melochia corchorifolia*** L.

分布：**从化** [107]、**大埔** [35] [曾怀德 21732 (PE)]、**东莞** [25, 35]、**丰顺** [35] [曾宪锋 ZXF8166 (CZH)]、**佛冈** [27]、**佛山** [35] [刘慎谔 7881 (WUK)]、**广州** [35] [中山大学生物系标本厂 121 (BJM)]、**和平** [35] [张桂才 675 (IBSC)]、**河源** [35] [王瑞江 RQHN00330 (CSH)]、**惠东** [12]、**惠州** [35] [杨敏仪 YMY014 (CZH)]、**江门** [8]、**乐昌** [29, 35]、**连南** [35] [谭沛祥 59347 (IBSC)]、**连平** [35] [粤 73 1817 (IBSC)]、**陆丰** [35] [许小婷 XXT063 (CZH)]、**罗定** [35] [蒋英 1149 (IBSC)]、**茂名** [85]、**南雄** [33, 35, 57]、**平远** [35] [曾宪锋 ZXF8518 (CZH)]、**仁化** [16]、**汕头** [35] [曾宪锋 ZXF10070 (CZH)]、**韶关** [35] [王瑞江 RQHN00419 (CSH)]、**深圳** [17, 35]、**始兴** [28, 35]、**翁源** [35, 51]、**五华** [4]、**阳山** [26, 35]、**英德** [35] [彭会瑶 PHY012 (CZH)]、**郁南** [35, 101]、**增城** [35] [王菁兰、龚玲 DJ-S037 (BNU)]、**肇庆** [9, 35]、**中山** [10, 35]、**珠海** [35] [粤 73 3073 (IBSC)]、**紫金** [31, 35]。

破布叶属 *Microcos* Burm. ex L.

破布叶 ***Microcos paniculata*** L.

分布：**博罗** [35, 38, 100]、**从化** [107]、**德庆** [35] [刘瑛光 898 (IBSC)]、**东莞** [25, 35]、**东源** [59]、**恩平** [35] [黄茂先 110430 (PE)]、**封开** [14, 35]、**佛冈** [27]、**佛山** [35] [高锡朋 51520 (IBSC)]、**高州** [35] [蒋英 885 (IBSC)]、**广州** [35] [中山大学生物系标本厂 71 (BMNH151985)]、**惠东** [12]、**惠州** [35] [陈炳辉 486 (IBSC)]、**江门** [8]、**雷州** [35] [蒋英 2542 (IBSC)]、**茂名** [35, 85]、**清远** [35] [黄志 36767 (SN)]、**仁化** [16]、**韶关** [35] [刘慎谔 702 (PE)]、**深圳** [11, 17, 35]、**台山** [35] [左景烈 22403 (IBSC)]、**翁源** [51]、**新丰** [63]、**新兴** [35] [刘瑛光 2142 (IBSC)]、**信宜** [52]、**徐闻** [35] [周远瑞 100083 (IBK)]、**阳春** [35, 45]、**阳江** [35] [黄志 41420 (IBSC)]、**阳山** [26]、**英德** [32]、**郁南** [35, 101]、**云浮** [35] [黄志 37359 (IBSC)]、**增城** [35, 116]、**湛江** [35] [朱杰 70826019 (JIU21211)]、**肇庆** [9, 35]、**中山** [10, 35]、**珠海** [35] [郑娴 200906414 (SN)]。

瓜栗属 *Pachira* Aubl.

瓜栗 ***Pachira aquatica*** AuBlume

分布：**从化** #[107]、**深圳** #[17]、**肇庆** #[9]。

翅子树属 *Pterospermum* Schreb.

翻白叶树 ***Pterospermum heterophyllum*** Hance

分布：**博罗** [35, 38, 100]、**从化** [107]、**大埔** [35]、**东莞** [25]、**东源** [59]、**封开** [14]、**佛冈** [27]、**广宁** [35]、**广州** [35]、**惠东** [12]、**乐昌** [29, 41]、**连州** [26]、**茂名** [35]、**清远** [35]、**仁化** [16]、**韶关** [35]、**深圳** [11, 17, 35]、**始兴** [28]、**翁源** [35, 51]、**五华** [4]、**新丰** [63]、**信宜** [35, 52]、**阳山** [26, 35]、**英德** [32, 35]、**郁南** [101]、**肇庆** [9, 35]、**中山** [10]、**紫金** [31]。

窄叶半枫荷 ***Pterospermum lanceifolium*** Roxb. ex DC.

分布：**博罗** [5, 100]、**仁化** [16]、**深圳** [11]、**信宜** [35, 52]、**增城** [116]、**肇庆** [9, 35]。

梭罗树属 *Reevesia* Lindl.

瑶山梭罗树 ***Reevesia glaucophylla*** H. H. Hsue

分布：**乐昌** [29, 35]、**始兴** [28]。

罗浮梭罗树 ***Reevesia lofouensis*** Chun & H. H. Hsue

分布：博罗 [3, 35, 37, 100]、封开 [14]。

长柄梭罗树 ***Reevesia longipetiolata*** Merr. & Chun

分布：江门 [8]、阳春 [叶华谷 , 刘念 904 (IBSC)]。

梭罗树 ***Reevesia pubescens*** Mast.

分布：翁源 [51]、阳春 [http://ppbc. iplant. cn/tu/10146651]。

两广梭罗树 ***Reevesia thyrsoidea*** Lindl.

分布：博罗 [35, 100]、从化 [107]、大埔 [35]、东莞 [25]、东源 [59]、丰顺 [95]、封开 [14]、佛冈 [27]、惠东 [12]、惠州 [35]、江门 [8]、饶平 [35]、仁化 [16]、深圳 [17]、翁源 [35]、五华 [4]、新丰 [63]、信宜 [35, 52]、阳春 [35, 45]、英德 [32, 35]、云浮 [35]、增城 [35, 116]、肇庆 [9]、中山 [10]、紫金 [31]。

绒果梭罗树 ***Reevesia tomentosa*** H. L. Li

分布：大埔 [35]、连南 [35]、饶平 [35]、郁南 [101]。

黄花稔属 ***Sida*** **L.**

黄花稔 ***Sida acuta*** Burm. f.

分布：博罗 #[35, 38, 100]、潮州 #[404, 35]、从化 #[107]、东莞 #[25, 35, 82]、丰顺 #[35] [曾宪锋 ZXF8246 (CZH)]、佛冈 #[27]、广州 #[21, 35]、惠东 #[12]、惠来 #[35] [曾宪锋 ZXF16123 (CZH)]、惠州 #[82]、江门 #[35] [王发国、李西贝阳 RQHN02676 (CSH)]、茂名 #[35, 85]、梅州 #[35] [侯宽昭 71195 (IBSC)]、南澳 #[35] [姚鹏程、魏亚男 20150348 (HSNU)]、平远 #[35] [曾宪锋、邱贺媛 ZXF18274 (CZH)]、饶平 #[35] [曾宪锋 ZXF26416 (CZH)]、汕头 #[35] [彭会瑶、王颖 WP061 (CZH)]、汕尾 #[35] [曾宪锋 ZXF11729 (CZH)]、深圳 #[11, 82, 35, 17]、台山 #[35] [周联选 11597 (KUN)]、新丰 #[63]、信宜 #[52]、徐闻 #[35] [徐闻队 270 (KUN)]、英德 #[32]、郁南 #[101]、增城 #[116]、湛江 #[35, 416]、肇庆 #[9, 35]、中山 #[82]、珠海 #[35] [粤 73 2867 (IBSC)]。

桤叶黄花稔 ***Sida alnifolia*** L.

分布：东莞 [25, 35]、惠东 [35] [卫兆芬 121077 (KUN)]、惠州 [35] [曾怀德 25963 (IBSC)]、雷州 [13]、廉江 [13]、深圳 [17, 35]、始兴 [28]、台山 [35] [左景烈 22329 (IBSC)]、翁源 [51]、新丰 [63]、徐闻 [13]、郁南 [101]、中山 [10, 35]。

小叶黄花稔 ***Sida alnifolia* var. *microphylla*** (Cav.) S. Y. Hu

分布：博罗 [100]、江门 [8]、肇庆 [9]。

倒卵叶黄花稔 ***Sida alnifolia* var. *obovata*** (Wall.) S. Y. Hu

分布：肇庆 [9]。

圆叶黄花稔 ***Sida alnifolia* var. *orbiculata*** S. Y. Hu

分布：吴川 [林科所 83788 (IBSC)]、珠海 [曾宪锋 ZXF11990 (CZH)]。

中华黄花稔 ***Sida chinensis*** Retz.

分布：东莞 [25]、徐闻 [13]。

长梗黄花稔 ***Sida cordata*** (Burm. f.) Borss. Waalk.

分布：博罗 [35] [粤 786486 (IBSC)]、潮州 [35] [曾宪锋 ZXF9610 (CZH)]、东莞 [25, 35]、丰顺 [35] [曾宪锋 ZXF36476 (CZH)]、广州 [35] [麦鹤云 20412 (SN)]、惠东 [35] [陈炳辉 555 (IBSC)]、雷州 [13]、廉江 [13]、茂名 [35] [湛江区植物调查队 4026 (IBSC)]、梅州 [35] [侯宽昭 71214 (IBSC)]、南澳 [35] [曾宪锋 ZXF9659 (CZH)]、饶平 [35] [曾宪锋 ZXF9974 (CZH)]、汕头 [35] [曾宪锋 ZXF6053 (CZH)]、深圳 [11, 17, 35]、遂溪 [13]、台山 [35] [周联选 11583 (KUN)]、信宜 [52]、徐闻 [35] [周远瑞 100125 (IBK)]、湛江 [13, 35]、肇庆 [9, 35]、珠海 [35] [粤 73 3069 (IBSC)]、紫金 [31, 35]。

心叶黄花稔 ***Sida cordifolia*** L.

分布：博罗 [5, 35]、潮州 [35] [曾宪锋 ZXF01319 (CZH)]、从化 [107]、东莞 [25, 35]、佛冈 [27]、广州 [35] [陈少卿 7979 (IBSC)]、海丰 [35] [卫兆芬 121509 (IBSC)]、惠东 [12]、江门 [35] [黄志 30537 (SN)]、陆丰 [35] [南植地 8323 (IBSC)]、茂名 [35, 85]、南澳 [35] [曾宪锋 ZXF2070 (IBSC)]、饶平 [35] [陈炳辉 325 (IBSC)]、汕头 [35] [彭会瑶、王颖 WP052 (CZH)]、深圳 [17, 35]、台山 [35] [周联选 11624 (KUN)]、新兴 [35] [刘瑛光 2423 (PE)]、信宜 [52]、徐闻 [35] [李泽贤等 1884 (IBSC)]、阳春 [35, 45]、云浮 [35] [黄志 37476 (IBSC)]、湛江 [35] [周远瑞 100023 (IBK)]、肇庆 [9, 35]、中山 [10, 35]、珠海 [35] [粤 73 3065 (IBSC)]。

黏毛黄花稔 ***Sida mysorensis*** Wight & Arn.

分布：广州 [蒋英 11175 (IBSC)]、饶平 [曾宪锋 ZXF6215 (CZH)]。

白背黄花稔 ***Sida rhombifolia*** L.

分布：博罗 #[100]、从化 #[107, 509]、东莞 #[25]、丰顺 #[95]、封开 #[14]、佛冈 #[27]、广州 #[21]、海丰 #[35] [周业祝 ZYZ046 (CZH)]、惠东 #[12, 35]、惠来 #[35] [曾宪锋 ZXF10592 (CZH)]、惠州 #[35] [杨敏仪 YMY009 (CZH)]、江门 #[8]、乐昌 #[29, 26, 41]、茂名 #[35, 85]、南雄 #[33, 57]、仁化 #[16]、乳源 #[26]、汕头 #[35] [曾宪锋 ZXF10127 (CZH)]、深圳 #[11, 17, 35]、始兴 #[28]、台山 #[35] [左景烈 22493 (IBSC)]、翁源 #[51]、五华 #[4]、信宜 #[52]、徐闻 #[35] [曾宪锋 ZXF35796 (CZH)]、阳春 #[45]、阳江 #[35] [黄志 41450 (IBSC)]、阳山 #[26]、英德 #[32]、郁南 #[101]、增城 #[116]、肇庆 #[9]、紫金 #[31]。

榛叶黄花稔 ***Sida subcordata*** Span.

分布：惠州 [35] [刘全儒等 DJ2009077006 (BNU)]、深圳 [11, 35]、郁南 [101]。

拔毒散 ***Sida szechuensis*** Matsuda

分布：江门 #[494]、中山 #[10]。

云南黄花稔 ***Sida yunnanensis*** S. Y. Hu

分布：从化 [邓良 8617 (PE)]、封开 [丁广奇 , 余连 6658 (CDBI)]、广州 [陈焕镛 7624 (IBSC)]、怀集 [刘瑛光 2913 (IBSC)]、江门 [8]、翁源 [刘心祈 24454 (IBSC)]、阳山 [Tsui, T. M 677 (PE)]。

沙稔属 ***Sidastrum*** **Baker f.**

小花沙稔 ***Sidastrum micranthum*** (J. St. -Hil.) Fryxell

分布：雷州 *[485]。

沙稔 ***Sidastrum quinquenervium*** (Duchass. ex Triana & Planch.) Baker f.

分布：广州 [35]。

苹婆属 ***Sterculia*** **L.**

假苹婆 ***Sterculia lanceolata*** Cav.

分布：博罗 [35, 38, 100]、从化 [35, 107]、德庆 [35]、东莞 [25, 35]、东源 [119]、恩平 [35]、封开 [14, 35]、佛冈 [27]、佛山 [35]、高州 [35]、广州 [35]、怀集 [35]、惠东 [12, 35]、惠州 [35]、江门 [8, 35]、廉江 [35]、茂名 [35, 85]、清远 [35]、深圳 [11, 17, 35]、台山 [35]、新丰 [63]、新兴 [35]、信宜 [35, 52]、徐闻 [35]、阳春 [35, 45]、阳江 [35]、英德 [32]、郁南 [35, 101]、云浮 [35]、增城 [35, 116]、湛江 [35]、肇庆 [9, 35]、中山 [10, 35]、珠海 [35]、紫金 [31]。

苹婆 ***Sterculia monosperma*** Vent.

分布：博罗 *[38, 100]、从化 *[107]、广州 *[http://ppbc.iplant.cn/tu/5053900]、江门 *[8]、深圳 *[17]、信宜 *[52]、英德 *[http://ppbc.iplant.cn/tu/11170061]、增城 *[http://ppbc.iplant.cn/tu/10353723]、湛江 *[http://ppbc.iplant.cn/tu/13274971]、肇庆 *[9]、珠海 *[http://ppbc.iplant.cn/tu/7775096]。

家麻树 ***Sterculia pexa*** Pierre

分布：广州 *[3]。

罗浮苹婆 ***Sterculia subnobilis*** H. H. Hsue

分布：博罗 [35, 37, 100]。

信宜苹婆 ***Sterculia subracemosa*** Chun & H. H. Hsue

分布：信宜 [3, 35, 52]、阳春 [陈又生等 YC20230098 (IBSC)]。

黄槿属 ***Talipariti*** **Fryxell**

黄槿 ***Talipariti tiliaceum*** (L.) Fryxell

分布：博罗 *[38, 100]、从化 *[107]、东莞 [25]、海丰 [35] [李泽贤 796 (IBSC)]、惠州 [35] [卫兆芬 121734 (IBSC)]、茂名 [35, 85]、南澳 [35] [陈炳辉 289 (IBSC)]、深圳 *[11, 17, 35]、台山 [35] [周联选 11667 (KUN)]、徐闻 [35] [周远瑞 100154 (IBK)]、阳江 [35] [黄志 41631 (IBSC)]、湛江 [35] [湛江区植物调查队 3462 (IBSC)]、肇庆 *[9]、中山 [10]、珠海 [35] [粤 73 3017 (IBSC)]。

桐棉属 ***Thespesia*** **Sol. ex Corrêa**

白脚桐棉 ***Thespesia lampas*** (Cav.) Dalzell & A. Gibson

分布：广州 [邓良 10799 (IBSC)]、茂名 [李泽贤 2215 (IBSC)]、深圳 [张寿洲 11602 (SZG)]。

桐棉 ***Thespesia populnea*** (L.) Solander ex Corrêa

分布：东莞 [25]、雷州 [13]、廉江 [13, 35]、茂名 [35, 85]、深圳 [17, 35]、湛江 [13]。

椴属 ***Tilia*** **L.**

白毛椴 ***Tilia endochrysea*** Hand. -Mazz.

分布：乐昌 [29, 26]、连州 [26]、乳源 [26, 35]、阳山 [26]。

南京椴 ***Tilia miqueliana*** Maxim.

分布：乳源 [35]。

帽峰椴 ***Tilia mofungensis*** Chun & H. D. Wong

分布：乳源 [35]。

刺蒴麻属 ***Triumfetta*** **Plum. ex L.**

单毛刺蒴麻 ***Triumfetta annua*** L.

分布：丰顺 [95]、封开 [14]、佛冈 [27]、乐昌 [35] [曾怀德 20755 (PE)]、连南 [35] [谭沛祥 59369 (IBSC)]、龙川 [35] [曾宪锋 ZXF32389 (CZH)]、仁化 [35] [邓良 7744 (IBSC)]、乳源 [26, 35]、深圳 [17]、始兴 [28, 35]、翁源 [35, 51]、阳山 [26]、英德 [32, 35]。

毛刺蒴麻 ***Triumfetta cana*** Blume

分布：博罗 [5, 35]、从化 [35, 107]、德庆 [35] [刘瑛光 1413 (HZ)]、东莞 [25, 35]、丰顺 [95]、封开 [14, 35]、佛冈 [27]、广州 [35] [梁其荣 249 (IBSC)]、怀集 [35] [曾怀德 13231 (IBSC)]、惠东 [12, 35]、惠州 [35] [陈炳辉 455 (IBSC)]、江门 [35] [黄成就 130425 (IBSC)]、乐昌 [29, 41]、连州 [26]、龙门 [35] [王学文、张桂才 8190 (IBSC)]、茂名 [85]、深圳 [11, 17, 35]、台山 [35] [陈邦余、李泽贤 323 (IBSC)]、五华 [4]、信宜 [52]、英德 [32]、郁南 [101]、肇庆 [9, 35]、紫金 [31]。

粗齿刺蒴麻 ***Triumfetta grandidens*** Hance

分布：廉江 [13]、遂溪 [13]、台山 [35]。

长勾刺蒴麻 ***Triumfetta pilosa*** Roth

分布：从化 [107]、乐昌 [29, 35]、连州 [35]、罗定 [35]、南雄 [33, 57]、乳源 [35]、始兴 [28]、翁源 [51]、新丰 [35]、阳春 [35]、阳山 [35]。

刺蒴麻 ***Triumfetta rhomboidea*** Jacq.

分布：博罗 #[35, 38, 100]、潮州 #[35] [曾宪锋 ZXF5830 (CZH)]、大埔 #[35] [李学根 202809 (IBSC)]、东莞 #[25, 35]、东源 #[35] [刘国权 LGQ006 (SN)]、丰顺 #[35] [曾宪锋 ZXF8039 (CZH)]、封开 #[35] [黄成 164152 (IBSC)]、佛冈 #[27]、佛山 #[35] [陈文 9878 (IBSC)]、高州 #[35] [蒋英 2367 (IBSC)]、广州 #[21, 35]、海丰 #[35] [卫兆芬 121402 (IBSC)]、河源 #[35] [王瑞江 RQHN00401 (CSH)]、怀集 #[35]、惠东 #[12, 35]、惠州 #[35] [曾怀德 25856 (IBSC)]、江门 #[8]、揭西 #[35] [叶华谷等 4486 (IBSC)]、揭阳 #[35] [黄雅凤 HYF080 (CZH)]、乐昌 #[29, 35, 41]、罗定 #[35] [叶华谷、刘念 2068 (IBSC)]、茂名 #[85]、梅州 #[35] [曾宪锋 ZXF40338 (CZH)]、南澳 #[35]、饶平 #[35] [曾宪锋 ZXF2325 (IBSC)]、仁化 #[16]、汕头 #[35] [王瑞江 RQHN00286 (CSH)]、深圳 #[11, 17, 35]、台山 #[35] [周联选 11468 (KUN)]、翁源 #[35, 51]、五华 #[4, 35]、新丰 #[63]、信宜 #[52]、兴宁 #[35] [曾宪锋 ZXF32505 (CZH)]、徐闻 #[35] [周远瑞 250 (IBK)]、阳春 #[35, 45]、阳山 #[35] [两广

队 213 (PE)]、英德 #[32, 35]、郁南 #[35, 101]、云浮 #[35] [黄志 37213 (IBSC)]、增城 #[116]、肇庆 #[9, 35]、中山 #[10, 35]、紫金 #[31, 35]。

梵天花属 *Urena* L.

地桃花 *Urena lobata* L.

分布：博罗 #[35, 38, 100]、潮州 #[35] [曾宪锋 ZXF15657 (CZH)]、从化 #[35, 107]、大埔 #[35] [李学根 202758 (IBSC)]、东莞 #[25, 35]、东源 #[35, 59]、丰顺 #[35, 95]、封开 #[14, 35]、佛冈 #[27]、佛山 #[35] [黄茂先 110720 (PE)]、高州 # [35] [蒋英 2333 (IBSC)]、广州 #[35] [中山大学生物系标本厂 62 (BMNH151883)]、海丰 #[35] [卫兆芬 121408 (IBSC)]、和平 # [35] [卫兆芬 120458 (IBSC)]、河源 #[35] [77 级科研组新 0861 (SN)]、怀集 #[35] [刘瑛光 2996 (IBSC)]、惠东 #[12, 35]、惠来 #[35] [曾宪锋 ZXF16121 (CZH)]、惠州 #[35] [杨敏仪 YMY001 (CZH)]、江门 #[8, 35]、蕉岭 #[35] [李学根 202344 (IBSC)]、揭西 #[35] [许小婷 XXT120 (CZH)]、揭阳 #[35] [黄雅凤 HYF102 (CZH)]、乐昌 #[29, 35, 41]、连南 #[35] [曾飞燕等 702 (PE)]、连平 #[35] [粤 73 1801 (IBSC)]、连山 #[35] [谭沛祥 58130 (PE)]、连州 #[35] [谭沛祥 59954 (KUN)]、龙川 #[35] [曾宪锋 ZXF27674 (CZH)]、陆丰 #[35] [许小婷 XXT040 (CZH)]、陆河 #[35] [曾宪锋 ZXF42817 (CZH)]、罗定 #[35] [叶华谷、刘念 2123 (IBSC)]、茂名 #[35, 85]、梅州 #[35] [曾宪锋 ZXF41745 (CZH)]、南澳 #[35] [姚鹏程、魏亚男 20150360 (HSNU)]、南雄 #[33, 35, 57]、平远 #[35] [曾宪锋、邱贺媛 ZXF18268 (CZH)]、普宁 #[35] [曾宪锋 ZXF35604 (CZH)]、饶平 #[35] [曾宪锋 ZXF24370 (CZH)]、仁化 #[16]、乳源 #[26]、汕头 #[35] [曾宪锋 ZXF35847 (CZH)]、韶关 #[35] [刘慎谔 7048 (PE)]、深圳 #[11, 17, 35]、始兴 # [28, 35]、台山 #[35] [左景烈 22327 (IBSC)]、翁源 #[35, 51]、五华 #[4, 35]、新丰 #[63]、新兴 #[35] [刘瑛光 2008 (HZ)]、信宜 #[35, 52]、兴宁 #[35] [李学根 201835 (IBSC)]、徐闻 # [35] [南路 252 (IBSC)]、阳春 #[35, 45]、阳山 #[26, 35]、英德 #[32, 35]、郁南 #[35, 101]、增城 #[116]、湛江 #[35] [贺乐 813055 (JIU19297)]、肇庆 #[9, 35]、中山 #[10, 35]、珠海 # [35] [唐国旺等 TuTY5035 (KUN)]、紫金 #[31, 35]。

中华地桃花 *Urena lobata* var. *chinensis* (Osbeck) S. Y. Hu

分布：始兴 [28]、信宜 [52]。

粗叶地桃花 *Urena lobata* var. *glauca* (Blume) Borss. Waalk.

分布：惠东 [12]、翁源 [51]、信宜 [52]、郁南 [101]。

梵天花 *Urena procumbens* L.

分布：博罗 [5, 100]、从化 [35, 107]、大埔 [35] [李学根 202569 (IBSC)]、东莞 [25, 35]、东源 [59]、丰顺 [35, 95]、封开 [14, 35]、佛冈 [27]、广州 [35] [中草药组 144 (IBSC)]、和平 [35] [张桂才 711 (IBSC)]、怀集 [35] [程用谦 170731 (IBSC)]、惠东 [12]、揭西 [35] [曾宪锋 ZXF16025 (CZH)]、揭阳 [35] [曾宪锋 ZXF31661 (CZH)]、乐昌 [29, 35, 41]、雷州 [35] [姚鹏程、魏亚男 20150066 (HSNU)]、连平 [35] [曾宪锋 ZXF12696 (CZH)]、连山 [35] [谭沛祥 58080 (PE)]、连州 [26, 35]、龙川 [35] [曾宪锋 ZXF22343 (CZH)]、罗定 [35] [叶华谷、刘念 2155 (IBSC)]、茂名 [35, 85]、梅州 [35] [曾宪锋 ZXF38784 (CZH)]、南澳 [35] [陈炳辉 194 (IBSC)]、南雄 [33, 35, 57]、仁化 [16, 35]、乳源 [26, 35]、汕头 [35] [曾宪锋 ZXF10123 (CZH)]、韶关 [35] [曾宪锋 ZXF12730 (CZH)]、深圳 [11, 17, 35]、始兴 [28]、五华 [4, 35]、新丰 [63]、信宜 [52]、阳春 [35, 45]、阳山 [26]、英德 [32, 35]、郁南 [101]、肇庆 [9, 35]、中山 [10, 35]、珠海 [35] [高蕴璋 817 (IBSC)]、紫金 [31, 35]。

蛇婆子属 *Waltheria* L.

蛇婆子 *Waltheria indica* L.

分布：从化 #[107]、东莞 #[25, 82]、佛冈 #[27]、广州 #[15, 21, 35]、惠州 #[82]、江门 #[494]、乐昌 #[526]、雷州 #[35]、陆丰 #[http://ppbc. iplant. cn/tu/4177824]、茂名 #[85]、汕尾 #[http://ppbc. iplant. cn/tu/4177824]、深圳 #[15, 17, 82]、台山 #[15]、徐闻 #[35]、阳江 #[15]、阳西 #[http://ppbc. iplant. cn/tu/4177824]、增城 #[116]、湛江 #[416]、中山 #[82]、珠海 #[15]、紫金 #[31]。

282. 瑞香科 Thymelaeaceae

沉香属 *Aquilaria* Lam.

土沉香 *Aquilaria sinensis* (Lour.) Spreng.

分布：博罗 [20, 38, 100]、从化 [35] [广东木材研究组 566 (IBSC)]、东莞 [25, 20]、恩平 [35] [黄茂先 110398 (PE)]、佛山 [35] [黄茂先 110675 (PE)]、高州 [35] [蒋英 2207B (NAS)]、广州 [20, 35]、鹤山 [35] [黄茂先 110740 (HZ)]、惠东 [20, 12]、江门 [20, 35]、开平 [35] [黄茂先 110597 (HZ)]、茂名 [35, 85]、深圳 [17, 20]、遂溪 [35] [吕居娴等 791145 (XAJD00001783)]、新丰 [20]、信宜 [52]、徐闻 [35] [徐闻队 466 (KUN)]、阳春 [35, 20, 45]、阳江 [20, 35]、增城 [35, 116]、肇庆 [9, 20, 35]、中山 [10, 20]、珠海 [20]、紫金 [31]。

瑞香属 *Daphne* L.

长柱瑞香 *Daphne championii* Benth.

分布：博罗 [5]、大埔 [35] [邓良 5016 (KUN)]、东莞 [25]、丰顺 [35] [李学根 201530 (HZ)]、封开 [14]、佛冈 [27]、蕉岭 [35] [南岭队 2391 (IBSC)]、乐昌 [35] [黄志、梁向日 31626 (PE)]、连州 [26, 35]、乳源 [26, 35]、深圳 [17]、始兴 [28]、翁源 [35] [刘心祈 35317 (WUK)]、五华 [4]、新丰 [35, 63]、阳山 [26, 35]、英德 [32, 35]、增城 [116]、中山 [10]、紫金 [31, 35]。

日本毛瑞香 *Daphne kiusiana* Miq.

分布：乳源 [高锡朋 53729 (PE)]。

毛瑞香 *Daphne kiusiana* var. *atrocaulis* (Rehder) F. Maek.

分布：从化 [107]、新丰 [63]。

瑞香 ***Daphne odora*** Thunb.

分布：从化 *[107]、南雄 *[57]。

白瑞香 ***Daphne papyracea*** Wall. ex G. Don

分布：从化 [35]［黄志 44471 (IBSC)］、佛冈 [27]、乐昌 [29, 35]、仁化 [16, 35]、乳源 [26, 35]、韶关 [35]［陈念劬 43029 (IBSC)］、信宜 [35, 52]、阳山 [26, 35]、增城 [116]、中山 [10]、紫金 [31, 35]。

结香属 *Edgeworthia* Meisn.

结香 ***Edgeworthia chrysantha*** Lindl.

分布：乐昌 [29, 35, 41]、仁化 [35]［邓良 7508 (IBSC)］、乳源 [35]［郭素白 80016 (IBSC)］。

荛花属 *Wikstroemia* Endl.

香花荛花 ***Wikstroemia fragrans*** W. B. Liao, Q. Fan & J. R. Chen

分布：仁化 [141]。

了哥王 ***Wikstroemia indica*** (L.) C. A. Mey.

分布：博罗 [35, 38, 100]、潮州 [35]［曾宪锋 ZXF44127 (CZH)］、从化 [35, 107]、大埔 [35]［曾宪锋 ZXF44058 (CZH)］、德庆 [35]［刘瑛光 1282 (HZ)］、东莞 [25, 35]、丰顺 [35, 95]、封开 [14]、佛冈 [27]、佛山 [35]［黄茂先 110656 (HZ)］、广州 [35]［中草药组 45 (IBSC)］、和平 [35]［卫兆芬 120343 (KUN)］、河源 [35]［卫兆芬 120785 (IBSC)］、鹤山 [35]［黄茂先 110762 (HZ)］、怀集 [35]［刘瑛光 2833 (HZ)］、惠东 [12]、惠州 [35]［卫兆芬 121702 (IBSC)］、江门 [8, 35]、蕉岭 [35]［南岭队 2299 (IBSC)］、揭西 [35]［叶华谷等 4378 (IBSC)］、乐昌 [29, 35, 41]、雷州 [35]［姚鹏程、魏亚男 20150121 (HSNU)］、连平 [35]［粤 73 1604 (IBSC)］、连山 [35]［谭沛祥 58259 (KUN)］、连州 [26]、龙川 [35]［曾宪锋 ZXF32396 (CZH)］、龙门 [35]［林正眉 m0124 (SN)］、陆丰 [35]［许小婷 XXT059 (CZH)］、陆河 [35]［叶华谷等 4601 (IBSC)］、罗定 [35]［刘念等 1985 (IBSC)］、茂名 [35, 85]、梅州 [35]［曾宪锋 ZXF42030 (CZH)］、南雄 [33, 35, 57]、平远 [35]［曾宪锋 ZXF43908 (CZH)］、清远 [35]［陈汝芬 30494 (IBK)］、饶平 [35]［曾宪锋 ZXF26390 (CZH)］、仁化 [16, 35]、乳源 [26, 35]、汕头 [35]［梁其瑾 1207 (PEY)］、深圳 [11, 17, 35]、始兴 [28, 35]、台山 [35]［周联选 11674 (KUN)］、翁源 [35, 51]、五华 [4, 35]、新丰 [63]、新兴 [35]［刘瑛光 2169 (HZ)］、信宜 [52]、徐闻 [35]［徐闻队 724 (PE)］、阳春 [35, 45]、阳江 [35]［侯、王、陈、赵 14968 (PE)］、阳山 [26, 35]、英德 [32, 35]、郁南 [35, 101]、云浮 [35]［黄季庄 461 (NAU00014728)］、增城 [116]、肇庆 [9, 35]、中山 [10, 35]、珠海 [35]［唐国旺等 TuTY4974 (KUN)］、紫金 [31, 35]。

小黄构 ***Wikstroemia micrantha*** Hemsl.

分布：连州 [26]、肇庆 [35]。

北江荛花 ***Wikstroemia monnula*** Hance

分布：博罗 [38, 100]、从化 [35]［黄志 44706 (IBSC)］、东莞 [25]、东源 [59]、丰顺 [95]、佛冈 [27]、广宁 [35]［陈炳辉等 1605 (IBSC)］、广州 [35]［邓良 9991 (IBSC)］、和平 [35]［张桂才 183 (IBSC)］、惠东 [12]、乐昌 [29, 35, 41]、连州 [26]、茂名 [85]、南雄 [33, 35, 57]、仁化 [16, 35]、乳源 [26, 35]、深圳 [17]、始兴 [28]、翁源 [51]、五华 [4]、新丰 [63]、阳春 [45]、阳山 [26]、英德 [32, 35]、增城 [35, 116]、肇庆 [9, 35]、紫金 [31, 35]。

细轴荛花 ***Wikstroemia nutans*** Champ. ex Benth.

分布：博罗 [5, 35]、潮州 [35]［曾宪锋 ZXF4169 (IBSC)］、从化 [35, 107]、大埔 [35]［大埔队 544 (IBSC)］、东莞 [25, 35]、恩平 [35]［陈炳辉等 1879 (IBSC)］、丰顺 [35, 95]、封开 [14, 35]、佛冈 [27]、和平 [35]［谭策铭、易桂花、曹仕优等 Y06614 (JJF)］、怀集 [35]［刘瑛光 2684 (HZ)］、惠东 [12, 35]、惠州 [35]［徐德明 147 (KUN)］、江门 [8]、揭西 [35]［曾宪锋 ZXF20479 (CZH)］、乐昌 [29, 35]、连平 [35]［卫兆芬 120153 (IBSC)］、龙门 [35]［王学文、张桂才 8197 (IBSC)］、陆河 [35]［曾宪锋 ZXF42795 (CZH)］、茂名 [85]、梅州 [35]［曾宪锋 ZXF43785 (CZH)］、平远 [35]［曾宪锋 ZXF9647 (CZH)］、仁化 [16]、乳源 [26, 35]、韶关 [35]［高锡朋 50235 (KUN)］、深圳 [11, 17, 35]、翁源 [35, 51]、五华 [4]、新丰 [35, 63]、信宜 [35, 52]、英德 [32, 35]、郁南 [101]、增城 [35, 116]、肇庆 [9, 35]、中山 [10, 35]、珠海 [35]［高蕴璋、陈炳辉 266 (IBSC)］、紫金 [31, 35]。

粗轴荛花 ***Wikstroemia pachyrachis*** S. L. Tsai

分布：珠海 [35]。

多毛荛花 ***Wikstroemia pilosa*** W. C. Cheng

分布：乳源［高锡朋 52988 (SN)］。

白花荛花 ***Wikstroemia trichotoma*** (Thunb.) Makino

分布：连州 [35]［谭沛祥 59783 (IBSC)］、仁化 [16]、乳源 [35]［粤 71510 (IBSC)］、始兴 [35]［王学文、张桂才 445 (IBSC)］、阳山 [35]［南岭队 1437 (IBSC)］。

283. 红木科 Bixaceae

红木属 *Bixa* L.

红木 ***Bixa orellana*** L.

分布：博罗 *[38]、深圳 *[17]、肇庆 *[9]。

284. 叠珠树科 Akaniaceae

伯乐树属 *Bretschneidera* Hemsl.

伯乐树 ***Bretschneidera sinensis*** Hemsl.

分布：从化 [35, 107]、封开 [14, 20, 35]、广州 [20]、怀集 [20]、乐昌 [29, 35, 41]、连南 [20]、连州 [20, 26, 35]、龙门 [20]、南雄 [33, 35]、乳源 [20, 26, 35]、韶关 [20, 35]、始兴 [20, 28, 35]、翁源 [18, 51]、新丰 [63]、新兴 [20]、信宜 [20, 52]、阳山 [20, 26, 35]、英德 [32]、增城 [116]、肇庆 [20]、紫金 [31, 35]。

285. 旱金莲科 Tropaeolaceae

旱金莲属 *Tropaeolum* L.

旱金莲 ***Tropaeolum majus*** L.

分布：乐昌 *[29]、深圳 *[17]、肇庆 *[9]。

286. 辣木科 Moringaceae

辣木属 *Moringa* Adans.

象腿树 ***Moringa drouhardii*** Jum.

分布：广州 *[http://ppbc. iplant. cn/tu/3113535]、深圳 *[17]。

辣木 ***Moringa oleifera*** Lam.

分布：博罗 *[38]、从化 *[http://ppbc. iplant. cn/tu/ 3640076]、惠州 *[http://ppbc. iplant. cn/tu/4168892]、翁源 *[51]、湛江 *[http://ppbc. iplant. cn/tu/5739036]。

287. 番木瓜科 Caricaceae

番木瓜属 *Carica* L.

番木瓜 ***Carica papaya*** L.

分布：博罗 *[5, 100]、从化 *[107]、江门 *[8]、深圳 *[11, 17]、信宜 *[52]、郁南 *[101]、肇庆 *[9]。

288. 刺茉莉科 Salvadoraceae

刺茉莉属 *Azima* Lam.

刺茉莉 ***Azima sarmentosa*** (Blume) Benth. & Hook. f.

分布：徐闻 [421]。

289. 山柑科 Capparaceae

山柑属 *Capparis* L.

独行千里 ***Capparis acutifolia*** Sweet

分布：博罗 [35] [王英强 1184 (IBSC)]、从化 [35, 107]、东莞 [25, 35]、封开 [14, 35]、佛冈 [27]、和平 [35] [张桂才 714 (IBSC)]、惠州 [35] [吴磊、杨丽华、李运龙 3172 (BNU)]、江门 [8]、蕉岭 [35] [徐祥浩、林辉奉 260 (IBSC)]、乐昌 [29, 35]、龙门 [35] [张桂才 205 (IBSC)]、清远 [35] [蒋英 13717 (IBSC)]、仁化 [16]、韶关 [35] [黄志 31668 (IBSC)]、深圳 [11, 17, 35]、始兴 [28, 35]、新丰 [35, 63]、信宜 [35, 52]、阳春 [35] [叶华谷、刘念 267 (IBSC)]、阳江 [35] [刘集汉、肖嘉 89879 (IBSC)]、英德 [32, 35]、郁南 [101]、云浮 [35] [黄志 37018 (IBSC)]、增城 [35, 116]、湛江 [35] [叶华谷 11211 (IBSC)]、肇庆 [9, 35]、中山 [10, 35]、珠海 [35] [粤 73 2909 (IBSC)]、紫金 [31, 35]。

广州山柑 ***Capparis cantoniensis*** Lour.

分布：博罗 [35, 100]、潮州 [35] [曾宪锋 ZXF9787 (CZH)]、从化 [35, 107]、大埔 [35] [王学文 318 (IBSC)]、东莞 [25, 35]、恩平 [35] [黄茂先 110527 (HZ)]、丰顺 [35] [曾宪锋 ZXF9044 (CZH)]、封开 [14]、佛冈 [27]、佛山 [35] [张瑞麟 160 (IBSC)]、广州 [35] [徐月邦 10465 (IBK)]、怀集 [35] [刘瑛光 2979 (IBSC)]、江门 [8, 35]、揭西 [35] [曾宪锋 ZXF24852 (CZH)]、乐昌 [29, 35]、龙川 [35] [曾宪锋 ZXF32463 (CZH)]、罗定 [35] [叶华谷、刘念 2528 (IBSC)]、梅州 [35] [曾宪锋 ZXF43737 (CZH)]、南雄 [33, 35]、清远 [35] [黄荣焜 30228 (IBSC)]、仁化 [16]、深圳 [17, 35]、台山 [35] [左景烈 22569 (IBSC)]、翁源 [35] [左景烈 25060 (IBK)]、五华 [4]、新丰 [63]、新兴 [35] [刘瑛光 2033 (IBSC)]、信宜 [35] [湛江区植物调查队 3743 (IBSC)]、阳春 [35] [叶华谷、刘念 273 (IBSC)]、阳江 [35] [罗献瑞 505 (IBSC)]、阳山 [35] [邓良 307 (IBSC)]、英德 [32, 35]、郁南 [35, 101]、云浮 [35] [蒋英 1806 (NAS)]、增城 [116]、肇庆 [9, 35]、珠海 [35] [粤 73 3026 (IBSC)]、紫金 [31, 35]。

马槟榔 ***Capparis masaikai*** H. Lév

分布：五华 [谢学文 155 (SN)]。

雷公橘 ***Capparis membranifolia*** Kurz.

分布：封开 [14]、英德 [32]。

小刺山柑 ***Capparis micracantha*** DC.

分布：深圳 [17]、信宜 [52]。

毛蕊山柑 ***Capparis pubiflora*** DC.

分布: 博罗 [35] [王英强 866 (IBSC)]、珠海 [35] [高蕴璋、陈炳辉 173 (IBSC)]。

青皮刺 ***Capparis sepiaria*** L.

分布：深圳 [35] [王国栋等 7739 (SZG)]。

屈头鸡 ***Capparis versicolor*** Griff.

分布：从化 [35] [中德采集队 1194 (IBSC)]、封开 [14, 35]、广州 [35] [罗献瑞 676 (IBSC)]、河源 [35] [曾怀德 28663 (IBSC)]、化州 [35] [罗献瑞 983 (IBSC)]、龙门 [35] [张桂才 8194 (HGAS)]、罗定 [35] [叶华谷、刘念 2255 (IBSC)]、清远 [35] [黄荣焜 30201 (IBSC)]、英德 [35] [Tse Hai261 (IBSC)]、云浮 [35] [辛树帜 5047 (IBSC)]、增城 [35] [曾怀德 20229 (IBSC)]、肇庆 [9, 35]。

牛眼睛 ***Capparis zeylanica*** L.

分布：江门 [35] [古兜山调研队 2009038 (SN)]、英德 [32]、增城 [116]。

鱼木属 *Crateva* L.

台湾鱼木 ***Crateva formosensis*** (Jacobs) B. S. Sun

分布：乳源 [26]。

沙梨木 ***Crateva magna*** (Lour.) DC.

分布：信宜 [52, 3]。

鱼木 ***Crateva religiosa*** G. Forster

分布：深圳 [11]。

钝叶鱼木 ***Crateva trifoliata*** (Roxb.) B. S. Sun

分布：深圳 [17, 35]。

树头菜 ***Crateva unilocularis*** Buch. -Ham.

分布：深圳 [17, 35]。

290. 白花菜科 Cleomaceae

黄花草属 *Arivela* Raf.

黄花草 ***Arivela viscosa*** (L.) Raf.

分布：东莞 [25, 35]、封开 [14, 35]、佛冈 [27]、广州 [35] [黄成 206 (IBSC)]、海丰 [35] [王瑞江 RQHN00247 (CSH)]、江门 [8]、揭阳 [35] [黄雅凤 HYF074 (CZH)]、连平 [35] [王瑞江 RQHN00348 (CSH)]、连州 [35] [罗献瑞 735 (IBSC)]、饶平 [35] [曾宪锋 ZXF21508 (CZH)]、深圳 [17, 35]、始兴 [35] [王瑞江 RQHN00427 (CSH)]、四会 [35] [曾宪锋 ZXF38405 (CZH)]、台山 [35] [粤 73 2605 (IBSC)]、阳江 [35] [罗献瑞 836 (IBSC)]、湛江 [35] [徐亮 813002 (JIU19438)]、肇庆 [9, 35]、中山 [10, 35]、珠海 [35] [高蕴璋 886 (IBSC)]、紫金 [31, 35]。

鸟足菜属 *Cleome* L.

皱子鸟足菜 ***Cleome rutidosperma*** DC.

分布：广州 #[21]、雷州 #[13]、廉江 #[13]、深圳 #[17]、遂溪 #[13]、徐闻 #[13]、湛江 #[15, 416]。

白花菜属 *Gynandropsis* DC.

白花菜 ***Gynandropsis gynandra*** (L.) Briq.

分布：仁化 #[16]、信宜 #[52]、英德 #[32]。

醉蝶花属 *Tarenaya* Raf.

醉蝶花 ***Tarenaya hassleriana*** (Chodat) Iltis

分布：博罗 *[38]、深圳 *[17]。

291. 十字花科 Brassicaceae

芸薹属 *Brassica* L.

芥菜 ***Brassica juncea*** (L.) Czern.

分布：博罗 #[38, 100]、从化 #[107]、南雄 #[57]、仁化 #[16]、深圳 #[11]、始兴 #[28]、信宜 #[52]、肇庆 #[9]。

蔓菁甘蓝 ***Brassica napus* var. *napobrassica*** (L.) Rchb.

分布：深圳 *[11]、肇庆 *[9]。

野甘蓝 ***Brassica oleracea*** L.

分布：南雄 *[57]。

白花甘蓝 ***Brassica oleracea* var. *albiflora*** Kuntze

分布：博罗 *[5, 100]、从化 *[107]、南雄 *[57]、深圳 *[11]、信宜 *[52]、肇庆 *[9]。

花椰菜 ***Brassica oleracea* var. *botrytis*** L.

分布：博罗 *[5, 100]、从化 *[107]、信宜 *[52]、肇庆 *[9]。

甘蓝 ***Brassica oleracea* var. *capitata*** L.

分布：博罗 *[38, 100]、从化 *[107]、深圳 *[11]、肇庆 *[9]。

擘蓝 ***Brassica oleracea* var. *gongylodes*** L.

分布：博罗 *[5, 100]、从化 *[107]、深圳 *[11]、信宜 *[52]、肇庆 *[9]。

蔓菁 ***Brassica rapa*** L.

分布：信宜 *[52]。

青菜 ***Brassica rapa* var. *chinensis*** (L.) Kitam.

分布：博罗 *[5, 100]、从化 *[107]、仁化 *[16]、深圳 * [11, 17]、始兴 *[28]、信宜 *[52]、郁南 *[101]、肇庆 * [9]。

白菜 ***Brassica rapa* var. *glabra*** Regel

分布：博罗 *[5, 100]、南雄 *[57]、深圳 *[11, 17]、信宜 *[52]、郁南 *[101]、肇庆 *[9]。

芸薹 ***Brassica rapa* var. *oleifera*** DC.

分布：博罗 *[5, 100]、乐昌 *[41]、南雄 *[57]、仁化 * [16]、深圳 *[11]、信宜 *[52]、肇庆 *[9]。

荠属 *Capsella* Medik.

荠 ***Capsella bursa-pastoris*** (L.) Medik.

分布：博罗 #[5, 38]、封开 #[14]、佛冈 #[27]、惠东 #[12]、乐昌 #[41]、南雄 #[57]、仁化 #[16]、乳源 #[26]、始兴 #[28]、翁源 #[51]、五华 #[4]、新丰 #[63]、阳山 #[26]、英德 #[32]、郁南 #[101]、增城 #[116]、肇庆 #[9]、紫金 # [31]。

碎米荠属 *Cardamine* L.

露珠碎米荠 ***Cardamine circaeoides*** Hook. f. & Thomson

分布：仁化 [35]、肇庆 [9]。

弯曲碎米荠 ***Cardamine flexuosa*** With.

分布：博罗 #[35]、东莞 #[82]、封开 #[22, 35, 14]、广州 #[22, 35]、惠州 #[82]、乐昌 #[29]、连山 #[22, 35]、连州 #[26]、罗定 #[22]、平远 #[22, 35]、深圳 #[17, 82]、翁源 # [22, 35]、信宜 #[52]、英德 #[32]、郁南 #[101]、中山 # [82]。

莓叶碎米荠 ***Cardamine fragariifolia*** O. E. Schulz

分布：仁化 [16, 35]。

粗毛碎米荠 ***Cardamine hirsuta*** L.

分布：潮州 #[35] [叶华谷 12852 (IBSC)]、从化 # [107]、大埔 #[35] [曾宪锋 ZXF20294 (CZH)]、东莞 #[25, 35]、丰顺 #[35, 95]、佛冈 #[27]、广州 #[35] [叶育石 5577 (IBSC)]、化州 #[35] [湛江区植物调查队 2943 (IBSC)]、惠东 #[12]、揭阳 #[35] [黄雅凤 HYF086 (CZH)]、乐昌 #[29, 35, 41]、连平 #[35] [粤 73 2021 (IBSC)]、南雄 #[33, 35, 57]、普宁 #[35] [方琼苗 ZXF12131 (CZH)]、仁化 #[16, 35]、乳源 #[26, 35]、深圳 #[11, 17, 35]、始兴 #[28]、翁源 #[35, 51]、五华 #[4]、新丰 #[63]、信宜 #[52]、阳春 #[45]、阳山 #[26, 35]、英德 # [32]、郁南 #[101]、增城 #[116]、肇庆 #[9, 35]、中山 #[10, 35]、紫金 #[31, 35]。

弹裂碎米荠 ***Cardamine impatiens*** L.

分布：广州 [http://ppbc. iplant. cn/tu/12962811]。

碎米荠 ***Cardamine occulta*** Hornem.

分布：翁源 [刘心祈 24750 (IBK)]。

圆齿碎米荠 ***Cardamine scutata*** Thunb.

分布：从化 [35]、乐昌 [29, 35]、乳源 [35]、深圳 [17]、始兴 [35]。

播娘蒿属 *Descurainia* Webb & Berthel.

播娘蒿 *Descurainia sophia* (L.) Webb ex Prantl

分布：平远 #[376]。

芝麻菜属 *Eruca* Mill.

芝麻菜 *Eruca vesicaria* subsp. *sativa* (Mill.) Thell.

分布：广州 #[http://ppbc. iplant. cn/tu/9782078]。

盱果荠属 *Hilliella* (O. E. Schulz) Y. H. Zhang & H. W. Li

黎川盱果荠 *Hilliella lichuanensis* Y. H. Zhang

分布：连南 [曾飞燕等 698 (PE)]。

卵叶盱果荠 *Hilliella paradoxa* (Hance) Y. H. Zhang & H. W. Li

分布：德庆 [35]、封开 [35]、广宁 [35]、怀集 [35]、清远 [陈又生 202204005 (IBSC)]、四会 [35]、肇庆 [35]。

弯缺盱果荠 *Hilliella sinuata* (K. C. Kuan) Y. H. Zhang & H. W. Li

分布：仁化 [曾怀德 26144 (NAS00330416)]、五华 [4]。

寻乌盱果荠 *Hilliella sinuata* subsp. *qianwuensis* (Y. H. Zhang) Al-Shehbaz & D. A. German

分布：仁化 [446]。

独行菜属 *Lepidium* L.

独行菜 *Lepidium apetalum* Willd.

分布：广州 [麦鹤云 20336 (SN)]。

臭荠 *Lepidium didymum* L.

分布: 东莞 #[82]、佛冈 #[27]、广州 #[15, 35]、惠东 #[35] [姚鹏程、魏亚男 20150316 (HSNU)]、惠州 #[82]、乐昌 #[29, 35, 526]、南澳 #[35] [姚鹏程、魏亚男 20150358 (HSNU)]、南雄 #[33, 35, 57]、平远 #[35] [曾宪锋 ZXF13811 (CZH)]、仁化 #[16]、汕头 #[15, 35]、深圳 #[82]、信宜 #[52]、郁南 #[101]、中山 #[82]、珠海 #[428]。

北美独行菜 *Lepidium virginicum* L.

分布：潮州 #[15, 35]、东莞 #[82]、广州 #[15, 35]、惠州 #[82]、揭阳 #[35] [汕头普查队 30557 (IBSC)]、乐昌 #[29, 35, 526]、雷州 #[13]、连州 #[26, 35]、龙川 #[35] [刘全儒 201001162 (BNU)]、平远 #[15, 35]、饶平 #[35] [曾宪锋 ZXF01310 (CZH)]、仁化 #[16]、乳源 #[26, 35]、汕头 #[15, 35]、深圳 #[35, 82]、始兴 #[35] [始兴采集队 488 (IBSC)]、信宜 #[52]、郁南 #[101]、湛江 #[13, 416, 35]、肇庆 #[9, 35]、中山 #[82]。

紫罗兰属 *Matthiola* W. T. Aiton

紫罗兰 *Matthiola incana* (L.) W. T. Aiton

分布：深圳 *[17]。

豆瓣菜属 *Nasturtium* W. T. Aiton

豆瓣菜 *Nasturtium officinale* R. Br. ex W. T. Aiton

分布: 潮州 #[15]、从化 #[107]、乐昌 #[15, 526]、饶平 # [15]、乳源 #[26]、深圳 #[17]、信宜 #[52]、肇庆 #[9]、中山 #[82]

萝卜属 *Raphanus* L.

萝卜 *Raphanus sativus* L.

分布：博罗 *[38, 100]、从化 *[107]、丰顺 *[95]、南雄 *[57]、深圳 *[17]、信宜 *[52]、郁南 *[101]。

蔊菜属 *Rorippa* Scop.

广州蔊菜 *Rorippa cantoniensis* (Lour.) Ohwi

分布：东莞 #[25]、佛冈 #[27]、广州 #[22, 35]、惠东 #[12]、南雄 #[33, 57]、清远 #[22, 35]、深圳 #[22, 17]、翁源 #[22, 35]、五华 #[4]、信宜 #[52]、郁南 #[101]、肇庆 #[9, 22, 35]、中山 #[10]、紫金 #[31]。

无瓣蔊菜 *Rorippa dubia* (Pers.) Hara

分布：德庆 #[22]、东莞 #[25]、惠东 #[12]、连州 #[35]、平远 #[22]、清远 #[22]、仁化 #[16, 22, 35]、乳源 #[26, 22, 35]、深圳 #[17, 35]、五华 #[4]、郁南 #[101]、云浮 #[22, 35]、肇庆 #[22, 35]、紫金 #[31]。

风花菜 *Rorippa globosa* (Turcz. ex Fisch. & C. A. Mey.) Hayek

分布：东莞 [25]、广州 [35]、乐昌 [22]、深圳 [17]、五华 [4]、英德 [32]、肇庆 [9, 35]、紫金 [31]。

蔊菜 *Rorippa indica* (L.) Hiern

分布：博罗 [35, 38, 100]、潮州 [35] [叶华谷 12857 (IBSC)]、从化 [107]、大埔 [35] [曾宪锋 ZXF20276 (CZH)]、德庆 [35] [刘瑛光 1266 (IBSC)]、东莞 [25, 35]、丰顺 [35] [曾宪锋 ZXF04611 (CZH)]、封开 [14, 35]、佛冈 [27]、广州 [35] [中草药组 169 (IBSC)]、惠来 [35] [曾宪锋 ZXF29719 (CZH)]、惠州 [35] [杨敏仪 YMY005 (CZH)]、江门 [8]、蕉岭 [35] [曾宪锋 ZXF20269 (CZH)]、揭阳 [35] [黄雅凤 HYF084 (CZH)]、乐昌 [29, 35, 41]、连州 [35] [两广队 408 (PE)]、梅州 [35] [曾宪锋 ZXF33048 (CZH)]、南雄 [33, 35, 57]、平远 [35] [邓良 4317 (IBSC)]、清远 [35] [林正眉、张丹荔 20180032 (SN)]、仁化 [16]、乳源 [26, 35]、汕头 [35] [曾宪锋 ZXF10105 (CZH)]、深圳 [11, 17, 35]、始兴 [28, 35]、翁源 [51, 22]、五华 [4]、新丰 [63]、信宜 [52]、阳春 [45]、阳山 [26, 35]、英德 [32]、郁南 [101]、增城 [116]、肇庆 [9, 35]、中山 [10, 35]、紫金 [31, 35]。

292. 赤苍藤科 Erythropalaceae

赤苍藤属 *Erythropalum* Blume

赤苍藤 *Erythropalum scandens* Blume

分布：恩平 [35] [黄茂先 110441 (PE)]、封开 [14, 35]、江门 [8]、开平 [35] [南植地 8034 (IBSC)]、台山 [35] [左景烈 22414 (IBSC)]、信宜 [52]、阳春 [45]、郁南 [101]。

293. 蛇菰科 Balanophoraceae

蛇菰属 *Balanophora* J. R. Forst. & G. Forst.

短穗蛇菰 *Balanophora abbreviata* Blume

分布：博罗 [35]、东莞 [25]、怀集 [35]、乐昌 [26, 35]、连南 [35]、连山 [35]、连州 [26, 35]、龙门 [35]、南雄 [33]、仁化 [35]、乳源 [35]、信宜 [35]、阳山 [35]。

粤西蛇菰 *Balanophora appressa* R. X. Yu & S. Y. Zhou

分布：封开 [345]、信宜 [345]。

红冬蛇菰 *Balanophora harlandii* Hook. f.

分布：博罗 [35, 38, 100]、潮州 [35]、从化 [35, 107]、东莞 [25]、东源 [119]、丰顺 [95]、封开 [14, 35]、佛冈 [27]、河源 [35]、怀集 [35]、惠东 [12, 35]、江门 [8]、乐昌 [29]、连州 [35]、龙门 [35]、仁化 [16]、乳源 [35]、深圳 [17, 35]、翁源 [51]、五华 [4]、新丰 [35]、阳山 [26, 35]、英德 [32, 35]、增城 [116]、肇庆 [9, 35]、中山 [10]、紫金 [31]。

印度蛇菰 *Balanophora indica* (Arn.) Griff.

分布：高州 [https://ppbc. iplant. cn/tu/9083682]、信宜 [https://ppbc. iplant. cn/tu/8690538]。

日本蛇菰 *Balanophora japonica* Makino

分布：信宜 [http://ppbc. iplant. cn/tu/13380096]、阳春 [http://ppbc. iplant. cn/tu/13380096]。

疏花蛇菰 *Balanophora laxiflora* Hemsl.

分布：封开 [14, 35]、乐昌 [35, 41]、连南 [35]、连州 [26, 35]、龙门 [35]、茂名 [35, 85]、仁化 [16, 35]、乳源 [26, 35]、深圳 [17, 35]、信宜 [52]、阳春 [35, 45]、阳江 [35]、阳山 [26]、英德 [32, 35]、郁南 [35, 101]、云浮 [35]。

拟日本蛇菰 *Balanophora parajaponica* R. X. Yu, S. Y. Zhou & Y. Q. Li

分布：英德 [345]。

多蕊蛇菰 *Balanophora polyandra* Griff.

分布：封开 [14, 35]、连州 [26]、阳春 [35]、阳江 [35]、郁南 [101]。

杯茎蛇菰 *Balanophora subcupularis* P. C. Tam

分布：乐昌 [29, 41]、仁化 [16]、信宜 [52]。

海桐蛇菰 *Balanophora tobiracola* Makino

分布：连州 [35]、仁化 [35]。

294. 山柚子科 Opiliaceae

山柑藤属 *Cansjera* Juss.

山柑藤 *Cansjera rheedei* J. F. Gmel.

分布：东莞 [25, 35]、广州 [35]、江门 [8]、雷州 [13, 35]、廉江 [13]、南澳 [35]、汕头 [35]、深圳 [11, 17, 35]、台山 [35]、徐闻 [35]、阳春 [35]、云浮 [35]、增城 [116]、湛江 [13]、珠海 [35]、紫金 [31]。

295. 檀香科 Santalaceae

寄生藤属 *Dendrotrophe* Miq.

寄生藤 *Dendrotrophe varians* (Blume) Miq.

分布：博罗 [35, 100]、潮州 [35] [曾宪锋 ZXF9751 (CZH)]、从化 [35, 107]、大埔 [35] [曾宪锋 ZXF5358 (IBSC)]、东莞 [25, 35]、恩平 [35] [黄茂先 110422 (NAS)]、丰顺 [35] [李学根 201469 (HZ)]、封开 [14, 35]、佛冈 [27]、佛山 [35] [夏振岱 81018 (PE)]、广宁 [35] [陈炳辉等 1586 (IBSC)]、广州 [35] [钟智波等 14 (IBSC)]、海丰 [35] [卫兆芬 121360 (NAS)]、河源 [35] [77 级科研组 52 (SN)]、鹤山 [35] [黄茂先 110743 (HZ)]、怀集 [35] [刘瑛光 2899 (HZ)]、惠东 [12, 35]、惠州 [35] [董仕勇、李世晋 3477 (IBSC)]、江门 [8, 35]、蕉岭 [35] [邓良 4939 (NAS)]、揭西 [35] [曾宪锋 ZXF24854 (CZH)]、雷州 [35] [蒋英 2554 (IBSC)]、龙川 [35] [徐祥浩 1060 (IBSC)]、龙门 [35] [王学文、张桂才 8199 (HGAS)]、陆河 [35] [曾宪锋 ZXF42759 (CZH)]、罗定 [35] [刘念 2133 (IBSC)]、茂名 [35, 85]、梅州 [35] [曾宪锋 ZXF24617 (CZH)]、普宁 [35] [曾宪锋 ZXF42888 (CZH)]、清远 [35] [黄志 30617 (IBK)]、饶平 [35] [曾宪锋 ZXF44801 (CZH)]、仁化 [16]、汕头 [35] [梁其瑾 1194 (PEY)]、深圳 [11, 17, 35]、台山 [35] [粤 73 2655 (IBSC)]、翁源 [35] [刘心祈 25139 (KUN)]、五华 [4, 35]、新丰 [63]、新兴 [35] [刘瑛光 2254 (HZ)]、信宜 [35, 52]、徐闻 [35] [徐闻队 00667a (PE)]、阳春 [35, 45]、阳江 [35] [湛江区植物调查队 3594 (IBSC)]、英德 [32, 35]、郁南 [101]、云浮 [35] [黄志 37596 (IBK)]、增城 [35, 116]、湛江 [35] [湛江区植物调查队 3568 (IBSC)]、肇庆 [9, 35]、中山 [10, 35]、珠海 [35] [高蕴璋、陈炳辉 305 (HGAS)]、紫金 [31, 35]。

栗寄生属 *Korthalsella* Tiegh.

栗寄生 *Korthalsella japonica* (Thunb.) Engl.

分布：潮州 [35] [曾宪锋 ZXF2999 (IBSC)]、大埔 [35] [邓良 5396 (IBSC)]、封开 [14, 35]、饶平 [35] [陈念劬 42625 (IBSC)]、仁化 [16]、始兴 [28, 35]、五华 [4]、信宜 [35, 52]、兴宁 [35] [陈峥熙 s. n. (IBSC)]、阳春 [35] [叶华谷等 6552 (IBSC)]、增城 [35] [曾怀德 20159-A (PE)]、紫金 [31, 35]。

重寄生属 *Phacellaria* Benth.

硬序重寄生 *Phacellaria rigidula* Benth.

分布：乐昌 [35]。

长序重寄生 *Phacellaria tonkinensis* Lecomte

分布：封开 [14]、乐昌 [29]、连山 [35]、韶关 [35]、紫金 [31]。

檀梨属 *Pyrularia* Michx.

檀梨 *Pyrularia edulis* (Wall.) A. DC.

分布：和平 [35]、乐昌 [35]、连山 [35]、乳源 [35]、信宜 [52]、阳山 [26]。

檀香属 *Santalum* L.

檀香 *Santalum album* L.

分布：博罗 *[38, 100]、连州 *[26]、茂名 *[85]、肇庆 *[9]。

硬核属 *Scleropyrum* Arn.

硬核 *Scleropyrum wallichianum* (Wight & Arn.) Arn.

分布：乳源 [30]。

百蕊草属 **Thesium** L.

百蕊草 ***Thesium chinense*** Turcz.

分布：乐昌 [26, 29, 35]、连州 [26]、茂名 [35]、仁化 [16]、乳源 [26, 35]、始兴 [28]、信宜 [35, 52]、英德 [32, 35]。

白云百蕊草 ***Thesium psilotoides*** Hance

分布：广州 [35]、阳江 [35]。

槲寄生属 **Viscum** L.

扁枝槲寄生 ***Viscum articulatum*** Burm. f.

分布：博罗 [35, 37, 100]、惠东 [35] [李泽贤 838 (IBSC)]、茂名 [166]、始兴 [28]、英德 [32]、肇庆 [9, 35]。

槲寄生 ***Viscum coloratum*** (Kom.) Nakai

分布：从化 [107]、惠东 [12]、茂名 [85]、五华 [4]、紫金 [31]。

棱枝槲寄生 ***Viscum diospyrosicola*** Hayata

分布：博罗 #[35] [粤 786184 (IBSC)]、潮州 #[35] [曾宪锋 ZXF6616 (CZH)]、大埔 #[35] [曾宪锋 ZXF44072 (CZH)]、丰顺 #[35] [李学根 201536 (CSFI)]、封开 #[14, 35]、广州 #[35] [陈少卿 7224 (KUN)]、海丰 #[35] [卫兆芬 121339 (IBK)]、河源 #[35] [左景烈 21534 (IBSC)]、乐昌 #[26, 29, 35]、连平 #[35] [粤 73 1805 (IBSC)]、连州 #[35] [左景烈 22621 (IBSC)]、廉江 #[35] [黄荣焜 30164 (IBSC)]、南雄 #[33, 35, 57]、平远 #[35] [曾宪锋 ZXF43897 (CZH)]、仁化 #[16, 35]、乳源 #[26, 35]、韶关 #[35] [黄志 31558 (IBK)]、深圳 #[17, 35]、五华 #[4, 35]、新兴 #[35] [刘瑛光 2391 (HZ)]、信宜 #[52]、兴宁 #[35] [徐祥浩 1017 (IBK)]、阳山 #[35] [徐德明 709 (IBSC)]、英德 #[35] [梁向日 60585 (IBK)]、郁南 #[101]、云浮 #[35] [黄志、邓良 532 (IBSC)]、中山 #[10, 35]、紫金 #[31, 35]。

枫香槲寄生 ***Viscum liquidambaricola*** Hayata

分布：博罗 [5]、封开 [14, 35]、乐昌 [29, 35]、连州 [35] [T. T. Liu 301 (IBSC)]、南雄 [33, 35, 57]、仁化 [16]、始兴 [28, 35]、翁源 [35] [刘心祈 25107 (IBK)]、新丰 [35] [叶华谷 1176 (IBSC)]、信宜 [52]、英德 [32, 35]、郁南 [101]、肇庆 [9, 35]。

柄果槲寄生 ***Viscum multinerve*** (Hayata) Hayata

分布：大埔 [35] [邓良 5106 (NAS)]、封开 [14, 35]、佛冈 [27]、怀集 [35] [刘瑛光 3065 (HZ)]、梅州 [35] [林楚芳 2016078 (CZH)]、始兴 [28]、翁源 [51]、五华 [4]、信宜 [35, 52]、阳春 [35] [叶华谷、刘念 591 (IBSC)]、云浮 [35] [黄季庄 520 (NAS)]、增城 [35] [F. P. Metcalf 20376 (KUN)]、肇庆 [9, 35]。

瘤果槲寄生 ***Viscum ovalifolium*** DC.

分布：博罗 [5, 35]、东莞 [25, 35]、封开 [14, 35]、广州 [35] [丘华兴 484 (IBSC)]、化州 [35] [湛江区植物调查队 2913 (IBSC)]、惠东 [12, 35]、惠州 [35] [卫兆芬 121606 (KUN)]、罗定 [35] [陈炳辉 1792 (IBSC)]、茂名 [35] [邓良 2229 (KUN)]、深圳 [17, 35]、台山 [35] [陈邦余、李泽贤 372 (FJSI)]、新兴 [35] [陈炳辉 1818 (IBSC)]、信宜 [52]、阳春 [35, 45]、阳江 [35] [黄志 41829 (IBK)]、郁南 [101]、云浮 [35] [黄志 37411 (IBK)]、湛江 [35] [南植地 2913 (SYS)]、肇庆 [9, 35]。

296. 青皮木科 Schoepfiaceae

青皮木属 **Schoepfia** Schreb.

华南青皮木 ***Schoepfia chinensis*** Gardner & Champ.

分布：博罗 [35] [高锡朋 50070 (IBK)]、潮州 [35] [曾宪锋 ZXF3909 (IBSC)]、从化 [35] [黄志 44456 (KUN)]、东莞 [25, 35]、东源 [119]、丰顺 [95]、封开 [14, 35]、佛冈 [27]、和平 [35] [卫兆芬 120476 (IBK)]、河源 [35] [77 级科研组 221 (IBSC)]、化州 [35] [湛江区植物调查队 2978 (IBSC)]、惠东 [12, 35]、惠州 [35] [徐德明 134 (KUN)]、江门 [8]、乐昌 [29, 35, 41]、连南 [35] [朱志淞 747 (IBSC)]、连平 [35] [卫兆芬 120141 (IBK)]、连山 [35] [谭沛祥 58312 (PE)]、龙川 [35] [左景烈 21597 (IBK)]、龙门 [35] [南昆山调查队 70902 (IBSC)]、茂名 [35, 85]、南雄 [33, 35, 57]、清远 [35] [邓良 325 (IBK)]、饶平 [35] [陈念劬 42585 (AU)]、仁化 [16, 35]、乳源 [26, 35]、韶关 [35] [高锡朋 50308 (IBK)]、深圳 [17, 35]、始兴 [35] [王学文等 556 (IBSC)]、翁源 [51]、五华 [4]、信宜 [35, 52]、阳春 [35, 45]、阳江 [35] [湛江区植物调查队 3574 (IBSC)]、阳山 [26, 35]、英德 [32, 35]、云浮 [35] [蒋英 1876 (KUN)]、肇庆 [9, 35]、紫金 [31, 35]。

青皮木 ***Schoepfia jasminodora*** Siebold & Zucc.

分布：惠东 [12]、乐昌 [41]、连平 [35] [刘瑛光 170 (PE)]、连山 [35] [曾飞燕等 356 (PE)]、连州 [26, 35]、仁化 [35] [曾怀德 26467 (IBSC)]、乳源 [35] [张挺等 12CS3947 (KUN)]、始兴 [28]、新丰 [63]、阳山 [26]、英德 [32, 35]、增城 [116]、肇庆 [9]、紫金 [31, 35]。

297. 桑寄生科 Loranthaceae

五蕊寄生属 **Dendrophthoe** Mart.

五蕊寄生 ***Dendrophthoe pentandra*** (L.) Miq.

分布：博罗 [5, 100]、封开 [14]、广州 [35] [杜庚平 2079 (FUS00009256)]、化州 [35] [南植地 2985 (IBSC)]、深圳 [17, 35]、阳春 [35] [叶华谷等 5724 (IBSC)]、云浮 [35] [黄志 40931 (IBK)]、增城 [35] [丘华兴 517 (SYS)]、肇庆 [9, 35]。

离瓣寄生属 **Helixanthera** Lour.

离瓣寄生 ***Helixanthera parasitica*** Lour.

分布：博罗 [35, 100]、东莞 [25, 35]、丰顺 [35] [李学根 200937 (IBSC)]、封开 [14, 35]、高州 [35] [蒋英 2491 (IBK)]、广州 [35] [陈焕镛 10167 (IBK)]、河源 [35] [77 级科研组新 0965 (SN)]、怀集 [35] [刘瑛光 2891 (HZ)]、惠东 [12, 35]、惠州 [35] [叶华谷、曾飞燕 22058 (IBSC)]、揭阳 [35] [南

植地 7942 (IBSC)]、**连南** [35] [邹香林 60751 (IBSC)]、**龙门** [35] [王学文、张桂才 8045 (HGAS)]、**罗定** [35] [林茎 9477 (IBSC)]、**茂名** [35] [F. A. McClure 581 (SYS)]、**乳源** [35] [中植联广西队 1417 (IBK)]、**韶关** [35] [邹香林 20283 (IBSC)]、**深圳** [17, 35]、**信宜** [35, 52]、**徐闻** [35] [徐闻队 248 (KUN)]、**阳春** [35] [湛江区植物调查队 4438 (IBSC)]、**阳江** [35] [黄志 41794 (IBK)]、**英德** [32, 35]、**郁南** [35, 101]、**云浮** [35] [黄季庄 430 (IBK)]、**肇庆** [9, 35]。

油茶离瓣寄生 ***Helixanthera sampsonii*** (Hance) Danser

分布：**博罗** [35] [粤 786186 (IBSC)]、**东源** [35] [分类室 130 (IBSC)]、**丰顺** [35] [李学根 201061 (HZ)]、**封开** [14, 35]、**佛山** [35] [黄茂先 111125 (HZ)]、**惠东** [12, 35]、**蕉岭** [35] [邓良 4932 (NAS)]、**连州** [35] [朱志淞 725 (CAF00007299)]、**龙门** [35] [陈邦余 2034 (IBSC)]、**茂名** [35] [邓良 2248 (KUN)]、**深圳** [17, 35]、**五华** [4, 35]、**新兴** [35] [刘瑛光 2134 (HZ)]、**信宜** [35, 52]、**阳春** [35] [叶华谷等 5460 (IBSC)]、**阳山** [35] [邓良 1611 (IBSC)]、**英德** [35] [黄成 163515 (KUN)]、**郁南** [101]、**云浮** [35] [黄志 37280 (IBSC)]、**肇庆** [9, 35]。

桑寄生属 *Loranthus* Jacq.

椆树桑寄生 ***Loranthus delavayi*** Tiegh.

分布：**从化** [35, 107]、**大埔** [35] [李学根 202773 (CSFI)]、**丰顺** [35] [李学根 200982 (HZ)]、**封开** [14, 35]、**和平** [35] [卫兆芬 120617 (IBK)]、**乐昌** [29, 35]、**连南** [35] [朱志淞 60908 (IBSC)]、**连平** [35] [粤 73 1994 (IBSC)]、**连州** [26, 35]、**梅州** [35] [南植地 7316 (IBSC)]、**平远** [35] [曾宪锋 ZXF38245 (CZH)]、**仁化** [35] [黄成就、张永田 4 (IBSC)]、**乳源** [26, 35]、**始兴** [28, 35]、**翁源** [35] [刘心祈 2559 (SYS)]、**五华** [4]、**新丰** [35] [邓良 7984 (KUN)]、**英德** [32, 35]、**紫金** [31, 35]。

南桑寄生 ***Loranthus guizhouensis*** H. S. Kiu

分布：**封开** [丘华兴 301 (IBK)]、**连州** [南岭队 385 (IBSC)]。

鞘花属 *Macrosolen* (Blume) Rchb.

双花鞘花 ***Macrosolen bibracteolatus*** (Hance) Danser

分布：**封开** [14]、**乐昌** [29, 35, 41]、**连州** [35] [左景烈 22726 (IBSC)]、**仁化** [35] [陈焕镛 5975 (FUS00009238)]、**乳源** [35] [辛树帜 11631 (IBSC)]、**信宜** [35, 52]、**阳山** [26, 35]、**英德** [32, 35]。

鞘花 ***Macrosolen cochinchinensis*** (Lour.) Tiegh.

分布：**博罗** [35, 100]、**潮州** [35] [曾宪锋 ZXF9570 (CZH)]、**从化** [35] [2017 调查组 2017492 (SN)]、**大埔** [35] [丘华兴 537 (IBSC)]、**东源** [35] [分类室 98 (IBSC)]、**丰顺** [35] [李学根 200927 (HZ)]、**封开** [14, 35]、**佛冈** [27]、**高州** [35] [蒋英 2079 (IBSC)]、**广州** [35] [叶华谷 16550 (IBSC)]、**河源** [35] [77 级科研组 209 (IBSC)]、**化州** [35] [南植地 2849 (IBSC)]、**惠东** [12, 35]、**乐昌** [29, 35]、**龙门** [35] [陈邦余 2025 (IBSC)]、**罗定** [35] [陈焕镛 9497 (IBK)]、**茂名** [35, 85]、**仁化** [16]、**乳源** [35] [中植联广西队 1402 (IBK)]、**深圳** [17, 35]、**翁源** [35, 51]、**五华** [4]、**新丰** [63]、**新兴** [35] [刘瑛光 2053 (HZ)]、**信宜** [35, 52]、**徐闻** [35] [徐闻队 156 (KUN)]、**阳春** [35] [叶华谷等 5519 (IBSC)]、**阳江** [35] [南植地 3646 (IBSC)]、**英德** [32, 35]、**郁南** [101]、**云浮** [35] [蒋英 1808 (KUN)]、**增城** [116]、**肇庆** [9, 35]、**紫金** [31, 35]。

三色鞘花 ***Macrosolen tricolor*** (Lecomte) Danser

分布：**佛冈** [27]、**徐闻** [35] [南路 18 (IBSC)]。

梨果寄生属 *Scurrula* L.

小叶梨果寄生 ***Scurrula notothixoides*** (Hance) Danser

分布：**廉江** [35]、**遂溪** [35]、**湛江** [35]。

红花寄生 ***Scurrula parasitica*** L.

分布：**博罗** [35, 100]、**潮州** [35] [曾宪锋 ZXF01192 (CZH)]、**从化** [107]、**德庆** [35] [刘瑛光 1322 (HIB0154366)]、**封开** [14, 35]、**佛冈** [27]、**广州** [35] [丘华兴 134 (HZU 60075372)]、**海丰** [35] [卫兆芬 121438 (IBK)]、**和平** [35] [张桂才等 475 (IBSC)]、**河源** [35] [曾怀德 28683 (SYS)]、**怀集** [35] [刘瑛光 2982 (PE)]、**惠东** [35] [陈邦余、陈炳辉、张桂才 45 (IBK)]、**蕉岭** [35] [徐祥浩等 311 (IBSC)]、**乐昌** [29, 35, 41]、**连南** [35] [谭策铭 59500 (KUN)]、**连州** [35] [连县队 117 (PE)]、**陆丰** [35] [丘华兴 209 (IBSC)]、**茂名** [35] [邓良 2225 (KUN)]、**梅州** [35] [叶华谷 7703 (IBSC)]、**南雄** [35] [陈焕镛 5694 (IBSC)]、**饶平** [35] [丘华兴 157 (IBSC)]、**仁化** [35] [黄成就、张永田 6 (IBSC)]、**乳源** [35] [钟济新 10798 (IBSC)]、**汕头** [35] [丘华兴 481 (IBSC)]、**深圳** [17, 35]、**四会** [35] [杜庚平 672074 (PE)]、**台山** [35] [陈邦余、李泽贤 333 (FJSI)]、**翁源** [35, 51]、**新丰** [63]、**新兴** [35] [刘瑛光 2091 (PE)]、**信宜** [52]、**阳春** [35] [黄志 38727 (IBSC)]、**阳山** [26, 35]、**英德** [32, 35]、**郁南** [101]、**云浮** [35] [黄季庄 464 (AU)]、**肇庆** [35] [石国良 224 (IBSC)]、**珠海** [35] [李泽贤、邢福武 636 (FJSI)]、**紫金** [31, 35]。

钝果寄生属 *Taxillus* Tiegh.

松柏钝果寄生 ***Taxillus caloreas*** (Diels) Danser

分布：**乳源** [26, 35]。

广寄生 ***Taxillus chinensis*** (DC.) Danser

分布：**博罗** [38, 100]、**从化** [107]、**东莞** [25]、**封开** [14]、**佛冈** [27]、**惠东** [12]、**乐昌** [29]、**连州** [26]、**茂名** [85]、**南雄** [33, 57]、**仁化** [16]、**深圳** [17]、**翁源** [51]、**五华** [4]、**新丰** [63]、**信宜** [52]、**阳春** [45]、**英德** [32]、**郁南** [101]、**肇庆** [9]、**中山** [10]、**紫金** [31]。

锈毛钝果寄生 ***Taxillus levinei*** (Merr.) H. S. Kiu

分布：**博罗** [5, 100]、**从化** [35] [王学文、张桂才 8261 (IBK)]、**德庆** [35] [刘瑛光 1180 (HZ)]、**丰顺** [35] [曾宪锋 ZXF7342 (CZH)]、**封开** [14, 35]、**怀集** [35] [石国良 15097 (IBSC)]、**惠东** [12]、**乐昌** [29, 35, 41]、**连南** [35] [谭沛祥

59459 (IBSC)]、连平 [35] [粤 73 1804 (IBSC)]、连州 [35] [左景烈 22604 (IBSC)]、仁化 [16, 35]、乳源 [26, 35]、始兴 [28]、翁源 [35, 51]、新丰 [35] [谭英华 235 (IBSC)]、兴宁 [35] [徐祥浩 1015 (IBSC)]、英德 [32, 35]、郁南 [101]、增城 [116]、紫金 [31, 35]。

木兰寄生 ***Taxillus limprichtii*** (Gruning) H. S. Kiu

分布：丰顺 [95]、乐昌 [29, 35]、仁化 [16, 35]、乳源 [26, 35]、始兴 [28]、翁源 [35, 51]、新丰 [35] [丘华兴 173 (IBSC)]、阳山 [26]、英德 [32]。

枫香钝果寄生 ***Taxillus liquidambaricola*** (Hayata) Hosok.

分布：大埔 [35]。

川桑寄生 ***Taxillus sutchuenensis*** (Lecomte) Danser

分布：封开 #[14]、河源 #[35] [77 级科研组 334 (IBSC)]、乐昌 #[26, 29, 35]、茂名 #[85]、南雄 #[35] [石国良 14988 (IBSC)]、乳源 #[26, 35]、英德 #[32]、紫金 #[35] [冼宇婷 XYT009 (CZH)]。

大苞寄生属 *Tolypanthus* (Blume) Rchb.

大苞寄生 ***Tolypanthus maclurei*** (Merr.) Danser

分布：潮州 [35] [曾宪锋 ZXF9791 (CZH)]、大埔 [35] [李学根 202488 (HZ)]、德庆 [35] [刘瑛光 1032 (HZ)]、丰顺 [35] [李学根 201455 (CSFI)]、封开 [14, 35]、怀集 [35] [石国良 15096 (IBSC)]、惠东 [12]、蕉岭 [35] [邓良 4872 (IBK)]、乐昌 [29, 35, 41]、连南 [35] [朱志淞 60750 (IBSC)]、连平 [35] [236 任务组 1226 (PE)]、连山 [35] [谭沛祥 58142 (IBK)]、连州 [35] [南岭队 372 (IBSC)]、梅州 [35] [曾宪锋 ZXF24991 (CZH)]、南雄 [33, 35, 57]、平远 [35] [李学根 202183 (IBK)]、饶平 [35] [李学根 200862 (IBSC)]、仁化 [16, 35]、乳源 [26, 35]、始兴 [28, 35]、翁源 [51]、五华 [4]、阳山 [26, 35]、英德 [32, 35]、增城 [35] [曾怀德 20378 (NAS)]、紫金 [31, 35]。

298. 柽柳科 Tamaricaceae

柽柳属 *Tamarix* L.

柽柳 ***Tamarix chinensis*** Lour.

分布：广州 *[19]。

299. 白花丹科 Plumbaginaceae

补血草属 *Limonium* Mill.

补血草 ***Limonium sinense*** (Girard) Kuntze

分布：东莞 [25]、惠东 [35] [姚鹏程、魏亚男 20150263 (HSNU)]、惠州 [35] [陈炳辉 431 (IBSC)]、雷州 [13]、廉江 [13]、陆丰 [35] [卫兆芬 121168 (IBSC)]、深圳 [17, 35]、遂溪 [13]、徐闻 [13, 35]、阳江 [35] [黄志 41661 (IBSC)]、湛江 [13, 35]。

白花丹属 *Plumbago* L.

蓝花丹 ***Plumbago auriculata*** Lam.

分布：惠州 *[http://ppbc. iplant. cn/tu/5743741]、仁化 *[http://ppbc. iplant. cn/tu/6605507]、深圳 *[http://ppbc. iplant. cn/tu/5134698]、湛江 *[http://ppbc. iplant. cn/tu/6296185]、肇庆 *[http://ppbc. iplant. cn/tu/6730701]、珠海 *[http://ppbc. iplant. cn/tu/7761478]。

紫花丹 ***Plumbago indica*** L.

分布：广州 *[http://ppbc. iplant. cn/tu/9777332]、深圳 *[http://ppbc. iplant. cn/tu/9400484]。

白花丹 ***Plumbago zeylanica*** L.

分布：博罗 #[38, 100]、从化 #[107]、东莞 #[25]、惠东 # [12, 35]、惠州 #[35] [刘全儒、孟世勇 201001094 (BNU)]、江门 #[8]、乐昌 #[29]、茂名 #[85]、南澳 #[35] [陈炳辉 58 (IBSC)]、汕头 #[35] [梁其瑾 1114 (PEY)]、深圳 #[11, 17, 35]、台山 #[35] [周联选 11543 (KUN)]、五华 #[4]、肇庆 # [9]、中山 #[10]、珠海 #[35] [高蕴璋、陈炳辉 216 (IBSC)]、紫金 #[31]。

300. 蓼科 Polygonaceae

珊瑚藤属 *Antigonon* Endl.

珊瑚藤 ***Antigonon leptopus*** Hook. & Arn.

分布：潮州 #[15]、东莞 #[15, 82]、广州 #[15]、乳源 # [15]、信宜 #[52]、肇庆 #[9]。

荞麦属 *Fagopyrum* Mill.

金荞麦 ***Fagopyrum dibotrys*** (D. Don) Hara

分布：佛山 [20]、怀集 [20]、乐昌 [29, 41, 20]、连平 [20]、连山 [20]、连州 [20, 35]、南雄 [33, 57]、清远 [20]、仁化 [35]、乳源 [20, 26, 35]、深圳 [20]、始兴 [20, 35]、新丰 [20]。

荞麦 ***Fagopyrum esculentum*** Moench

分布：封开 #[14]、乐昌 #[41]、连州 #[26]、翁源 # [51]、信宜 #[52]、阳山 #[26]。

千叶兰属 *Muehlenbeckia* Meisn.

竹节蓼 ***Muehlenbeckia platyclada*** (F. Muell. ex Hook.) Meisn.

分布：博罗 #[38]、潮州 #[15]、广州 #[15]、深圳 #[15, 82]、肇庆 #[9]、珠海 #[15]。

蓼属 *Persicaria* (L.) Mill.

毛蓼 ***Persicaria barbata*** (L.) H. Hara

分布：博罗 [38, 100]、潮州 [22]、从化 [107]、东莞 [25]、恩平 [22]、丰顺 [95]、海丰 [22]、惠东 [22, 12]、连州 [26]、茂名 [85]、南雄 [57]、饶平 [35]、仁化 [16]、乳源 [22]、深圳 [11, 17]、翁源 [22]、五华 [4]、阳山 [26, 35]、英德 [32]、郁南 [101]、湛江 [22]、肇庆 [9, 22]、紫金 [31]。

头花蓼 ***Persicaria capitata*** (Buch. -Ham. ex D. Don) H. Gross

分布：博罗 [35, 38]、封开 [14, 35]、怀集 [35]、惠东 [12]、英德 [32]。

火炭母 ***Persicaria chinensis*** (L.) H. Gross

分布：博罗 [35, 38, 100]、潮州 [35] [曾宪锋 ZXF3209 (IBSC)]、从化 [107]、东莞 [25, 35]、东源 [59]、丰顺 [35, 95]、封开 [14, 35]、佛冈 [27]、佛山 [35] [中德采集队 689 (IBSC)]、广州 [35] [中草药组 159 (IBSC)]、和平 [35] [谭策铭等 Y06678A (SZG)]、河源 [35] [77 级科研组新 0141 (SN)]、怀集 [35] [刘瑛光 2756 (PE)]、惠东 [12, 35]、惠州 [35] [曾怀德 26038 (IBSC)]、江门 [8]、蕉岭 [35] [李学根 202227 (IBSC)]、揭西 [35] [曾宪锋 ZXF31304 (CZH)]、揭阳 [35] [黄雅凤 HYF072 (CZH)]、乐昌 [29, 35, 41]、连南 [35] [邓良 59150 (NAS)]、连平 [35] [粤 73 1861 (IBSC)]、连山 [35] [叶华谷等 4890 (IBSC)]、连州 [35] [黄茂先 111576 (IBSC)]、龙川 [35] [曾宪锋 ZXF22317 (CZH)]、龙门 [35] [李学根 200152 (SYS)]、陆河 [35] [叶华谷等 4698 (IBSC)]、罗定 [35] [叶华谷、刘念 2175 (IBSC)]、茂名 [35, 85]、梅州 [35] [曾宪锋 ZXF43763 (CZH)]、南澳 [35] [姚鹏程、魏亚男 20150419 (HSNU)]、南雄 [33, 35, 57]、平远 [35] [曾宪锋 ZXF44232 (CZH)]、普宁 [35] [曾宪锋 ZXF42943 (CZH)]、清远 [35] [黄志 30279 (IBK)]、饶平 [35] [曾宪锋 ZXF24477 (CZH)]、仁化 [16]、乳源 [26, 35]、汕头 [35] [曾宪锋 ZXF10135 (CZH)]、韶关 [35] [陈焕镛 5509 (IBSC)]、深圳 [11, 17, 35]、始兴 [28, 35]、台山 [35] [周联选 11565 (KUN)]、翁源 [35, 51]、五华 [4, 35]、新丰 [63, 22, 35]、新兴 [35] [周沛椿 10756 (IBSC)]、信宜 [35, 52]、兴宁 [35] [徐祥浩 1009 (IBSC)]、徐闻 [35] [朱志淞 1033 (IBSC)]、阳春 [35, 45]、阳山 [26, 35]、英德 [32, 35]、郁南 [35, 101]、云浮 [35] [黄志 37407 (IBSC)]、增城 [116]、湛江 [35] [徐文友等 791187 (XAJD00000600)]、肇庆 [9, 35]、中山 [10, 35]、珠海 [35] [刘莹、李静 2 (SYS)]、紫金 [31, 35]。

蓼子草 ***Persicaria criopolitana*** (Hance) Migo

分布：乐昌 [29, 26, 41]、连州 [26, 22, 35]、南雄 [33, 57]、仁化 [22]、乳源 [26, 22, 35]、肇庆 [9, 22, 35]、紫金 [31]。

二歧蓼 ***Persicaria dichotoma*** (Blume) Masam.

分布：广州 [35]、连州 [26]。

金线草 ***Persicaria filiformis*** (Thunb.) Nakai

分布：博罗 [38, 100]、封开 [14]、乐昌 [29, 35, 41]、南雄 [33, 57]、乳源 [26]、始兴 [28]、翁源 [51]、新丰 [35, 63]、信宜 [52]、阳春 [35]、英德 [32]、郁南 [101]、增城 [116]。

光蓼 ***Persicaria glabra*** (Willd.) M. Gómez

分布：潮州 [22]、佛山 [22]、广州 [22, 35]、惠东 [12]、仁化 [16]、乳源 [26]、翁源 [22, 35]、阳春 [22, 35]、英德 [22, 35]、肇庆 [9, 22, 35]、紫金 [31]。

长箭叶蓼 ***Persicaria hastatosagittata*** (Makino) Nakai ex T. Mori

分布：从化 [107]、东莞 [25]、丰顺 [95]、佛冈 [27]、河源 [35]、乐昌 [41]、连州 [26]、龙川 [22]、龙门 [22, 35]、乳源 [26, 22]、深圳 [17]、始兴 [22]、翁源 [51]、新丰 [22]、信宜 [52]、阳山 [26, 35]、英德 [22, 32]、紫金 [31]。

华南蓼 ***Persicaria huananensis*** (A. J. Li) Bo Li

分布：佛山 [37]。

水蓼 ***Persicaria hydropiper*** (L.) Spach

分布：博罗 [35, 38, 100]、潮州 [35] [叶华谷等 13130 (IBSC)]、从化 [35, 107]、大埔 [35] [邓良 5258 (IBSC)]、德庆 [35] [刘瑛光 883 (IBSC)]、东莞 [25, 35]、东源 [35, 59]、丰顺 [35, 95]、封开 [14, 35]、佛冈 [27]、广州 [35] [叶育石 5428 (IBSC)]、河源 [35] [77 级科研组新 0938 (SN)]、怀集 [35] [程用谦 170768 (IBSC)]、惠东 [12]、惠州 [35] [叶华谷、曾飞燕 22061 (IBSC)]、蕉岭 [35] [徐祥浩、林辉奉 251 (IBSC)]、揭西 [35] [许小婷 XXT089 (CZH)]、揭阳 [35] [黄雅凤 HYF054 (CZH)]、乐昌 [29, 35, 41]、连平 [35] [卫兆芬 8201 (PE)]、连山 [35] [叶华谷等 5192 (IBSC)]、连州 [26, 35]、龙川 [35] [曾宪锋 ZXF32364 (CZH)]、龙门 [35] [李学根 200050 (SYS)]、陆河 [35] [叶华谷等 4796 (IBSC)]、茂名 [85]、梅州 [35] [曾宪锋 ZXF38720 (CZH)]、南雄 [33, 35, 57]、平远 [35] [邓良 4487 (IBSC)]、仁化 [35] [郑良 7243 (SZ000252287)]、乳源 [26]、深圳 [11, 17, 35]、始兴 [28, 35]、台山 [35] [周联选 11425 (KUN)]、翁源 [51]、五华 [4]、新丰 [63]、信宜 [52]、兴宁 [35] [曾宪锋 ZXF16540 (CZH)]、阳春 [35, 45]、英德 [32, 35]、郁南 [101]、增城 [116]、肇庆 [9, 35]、中山 [10, 35]、珠海 [35] [粤 73 2881 (IBSC)]、紫金 [31, 35]。

蚕茧草 ***Persicaria japonica*** (Meisn.) H. Gross ex Nakai

分布：丰顺 [396]、封开 [14]、广州 [22, 35]、乐昌 [29]、连南 [22]、连州 [22]、罗定 [22]、南雄 [57]、乳源 [26, 22]、深圳 [22, 35]。

愉悦蓼 ***Persicaria jucunda*** (Meisn.) Migo

分布：从化 [35] [中德采集队 1157 (IBSC)]、佛山 [35] [高锡朋 50033 (IBSC)]、广州 [35] [梁其荣 30 (IBSC)]、和平 [35] [张桂才 546 (IBSC)]、怀集 [35] [刘瑛光 2768 (IBSC)]、乐昌 [26, 29, 35, 41]、连平 [35] [粤 781715 (IBSC)]、连州 [35] [谭沛祥 59929 (IBSC)]、罗定 [35] [叶华谷、刘念 2182 (IBSC)]、南雄 [35] [南岭队 1223 (IBSC)]、清远 [35] [刘心祈 30091 (IBK)]、乳源 [26, 35]、深圳 [11, 17]、始兴 [35] [叶华谷、邢福武 774 (IBSC)]、新丰 [35, 63]、新兴 [35] [刘瑛光 2088 (PE)]、阳春 [35, 45]、阳山 [26, 35]、英德 [22, 35]、郁南 [35] [叶华谷、刘念 2915 (IBSC)]、云浮 [35] [C. J. H wang 576 (NAS)]、肇庆 [9, 35]、紫金 [31, 35]。

柔茎蓼 ***Persicaria kawagoeana*** (Makino) Nakai

分布：东源 [22]、佛山 [22]、江门 [8]、乐昌 [29]、梅州 [22]、南雄 [33]、汕头 [22]、深圳 [17]、五华 [4]、新丰 [22]、信宜 [52]、中山 [10]。

烂柯山蓼 ***Persicaria lankeshanensis*** T. J. Liang & Bo Li

分布：肇庆 [209]。

酸模叶蓼 ***Persicaria lapathifolia*** (L.) Delarbre

分布：东莞 #[25]、恩平 #[22]、广州 #[35]、乐昌 #[29]、连平 #[22]、连州 #[22]、茂名 #[85, 22]、南雄 #[33, 57]、清远 #[35]、仁化 #[16]、汕头 #[22]、深圳 #[17]、翁源 #[51]、五华 #[4]、信宜 #[35, 52]、英德 #[22, 32]、云浮 #[22]、肇庆 #[22]、紫金 #[31]。

密毛酸模叶蓼 ***Persicaria lapathifolia* var. *lanata*** (Roxb.) H. Hara

分布：肇庆 [石国良 2879 (IBSC)]。

绵毛酸模叶蓼 ***Persicaria lapathifolia* var. *salicifolia*** (Sibth.) Miyabe

分布：东莞 #[25]、乐昌 #[29, 41]、深圳 #[17]、信宜 # [35, 52]、肇庆 #[9]、紫金 #[31]。

污泥蓼 ***Persicaria limicola*** (Sam.) Yonek. & H. Ohashi

分布：肇庆 [9]。

长鬃蓼 ***Persicaria longiseta*** (Bruijn) Moldenke

分布：恩平 [22]、广州 [35]、惠东 [22]、惠州 [35]、乐昌 [29, 26, 41, 22, 35]、连平 [35]、连山 [35]、连州 [26, 35]、茂名 [22, 35]、南雄 [35]、清远 [22]、饶平 [35]、乳源 [26, 35]、韶关 [22]、深圳 [17]、翁源 [22, 35]、五华 [4]、新丰 [63]、信宜 [35, 52]、阳春 [35]、阳山 [26, 22]、英德 [22, 32]、郁南 [101]、肇庆 [9, 35]、紫金 [31]。

圆基长鬃蓼 ***Persicaria longiseta* var. *rotundata*** (A. J. Li) Bo Li

分布：广州 [35]、乐昌 [29, 35]、连州 [26, 35]、仁化 [16]、阳山 [26, 35]、英德 [35]、紫金 [31]。

长戟叶蓼 ***Persicaria maackiana*** (Regel) Nakai ex Mori

分布：惠东 [12]、肇庆 [9]。

小蓼 ***Persicaria minor*** (Huds.) Opiz

分布：东莞 *[25]、丰顺 *[95]、封开 *[14]、广州 *[35]、信宜 *[52]、肇庆 *[9]。

小蓼花 ***Persicaria muricata*** (Meisn.) Nemoto

分布：大埔 [35]、封开 [22, 35, 14]、佛山 [22]、怀集 [22]、惠东 [22, 12]、乐昌 [29]、连州 [22, 35]、龙川 [22, 35]、南雄 [33, 57]、乳源 [26]、深圳 [17]、翁源 [51, 22, 35]、阳春 [22]、阳山 [26]、英德 [22, 32]、郁南 [101]、肇庆 [9, 22, 35]、紫金 [31]。

短毛金线草 ***Persicaria neofiliformis*** (Nakai) Ohki

分布：佛冈 [27]、乐昌 [29]、南雄 [33]、乳源 [26]、始兴 [28]、英德 [32]。

尼泊尔蓼 ***Persicaria nepalensis*** (Meisn.) H. Gross

分布：博罗 [5, 100]、和平 [35]、惠东 [12]、乐昌 [29, 35, 41]、连州 [26]、南雄 [33]、乳源 [26, 35]、始兴 [28]、翁源 [51]、信宜 [52]、阳山 [26]、英德 [32]、增城 [116]、紫金 [31]。

暗果春蓼 ***Persicaria opaca*** (Sam.) Koidz.

分布：潮州 [381]。

红蓼 ***Persicaria orientalis*** (L.) Spach

分布：博罗 #[38]、东莞 #[25]、高州 #[22]、江门 #[8]、仁化 #[16]、乳源 #[26]、深圳 #[17]、信宜 #[52]、英德 #[32]、肇庆 #[9]、中山 #[10]。

掌叶蓼 ***Persicaria palmata*** (Dunn) Yonek. & H. Ohashi

分布：从化 [35]、连平 [35]、南雄 [33]、始兴 [28]、新丰 [35, 63]、肇庆 [9, 35]。

扛板归 ***Persicaria perfoliata*** (L.) H. Gross

分布：博罗 [38, 100]、从化 [107]、东莞 [25]、佛冈 [27]、怀集 [35]、惠东 [12]、乐昌 [29, 26, 41]、雷州 [13]、连州 [26]、廉江 [13]、茂名 [35, 85]、南雄 [33, 57]、清远 [35]、仁化 [16]、深圳 [11, 17]、始兴 [28]、遂溪 [13]、翁源 [35, 51]、五华 [4]、新丰 [63]、信宜 [52]、兴宁 [35]、徐闻 [13]、阳山 [26]、英德 [32, 35]、郁南 [101]、增城 [35]、湛江 [13]、肇庆 [9, 35]、中山 [10]、紫金 [31]。

丛枝蓼 ***Persicaria posumbu*** (Buch. -Ham. ex D. Don) H. Gross

分布：从化 [107]、丰顺 [95]、封开 [14]、惠东 [12]、乐昌 [29, 41]、连平 [35]、连州 [26]、仁化 [16]、乳源 [26]、深圳 [11, 17]、始兴 [28]、翁源 [35, 51]、五华 [4]、英德 [32]、郁南 [101]、肇庆 [9, 35]、紫金 [31]。

疏蓼 ***Persicaria praetermissa*** (Hook. f.) H. Hara

分布：广州 [22]、江门 [22, 8]、连山 [22]、连州 [26]、清远 [22]、乳源 [26]、吴川 [22]、阳山 [26]。

伏毛蓼 ***Persicaria pubescens*** (Blume) H. Hara

分布：大埔 [35]、东莞 [25]、怀集 [35]、惠东 [12]、连州 [35]、乳源 [26]、深圳 [17]、翁源 [51]、五华 [4]、新丰 [22]、云浮 [35]、肇庆 [9, 35]、紫金 [31]。

刺蓼 ***Persicaria senticosa*** (Meisn.) H. Gross ex Nakai

分布：博罗 [35]、连州 [35]、南雄 [33, 57]、仁化 [16]、韶关 [35]、始兴 [35]、翁源 [35, 51]、五华 [4]、紫金 [31]。

大箭叶蓼 ***Persicaria senticosa* var. *sagittifolia*** (H. Lév. & Vaniot) Yonek. & H. Ohashi

分布：乐昌 [29]、乳源 [26]、肇庆 [9]。

糙毛蓼 ***Persicaria strigosa*** (R. Br.) Nakai

分布：广州 [22]、仁化 [16]、深圳 [17]、五华 [4]、新兴 [22, 35]、阳春 [22, 35]、阳山 [22, 35]、英德 [22, 35]、湛江 [22]、肇庆 [9, 22, 35]、紫金 [31]。

细叶蓼 ***Persicaria taquetii*** (H. Lév.) Koidz.

分布：乳源 [26]、肇庆 [9]。

戟叶蓼 ***Persicaria thunbergii*** (Siebold & Zucc.) H. Gross

分布：乐昌 [29, 41]、南雄 [33, 57]、乳源 [26]、始兴 [28]、信宜 [52]、郁南 [101]、肇庆 [9]。

香蓼 ***Persicaria viscosa*** (Buch. -Ham. ex D. Don) H. Gross ex Nakai

分布：东莞 [25]、广州 [22, 35]、河源 [22]、乐昌 [22]、

茂名 [35, 85]、乳源 [26]、深圳 [22, 35, 17]、翁源 [22]、肇庆 [9, 22, 35]。

何首乌属 *Pleuropterus* Turcz.

何首乌 *Pleuropterus multiflorus* (Thunb.) Nakai

分布：博罗 #[38, 100]、从化 #[107]、德庆 #[35]、东莞 #[25]、东源 #[59]、佛冈 #[27]、怀集 #[35]、惠东 #[12]、江门 #[8]、乐昌 #[29, 26, 41]、连州 #[26]、茂名 #[85]、仁化 # [16]、乳源 #[26, 35]、五华 #[4]、新丰 #[63]、阳山 #[26]、英德 #[32]、郁南 #[101]、增城 #[116]、肇庆 #[9]、中山 #[10]、紫金 #[31]。

萹蓄属 *Polygonum* L.

萹蓄 *Polygonum aviculare* L.

分布：乐昌 #[29]、连州 #[35]、仁化 #[16]、乳源 #[26, 35]、英德 #[32]、郁南 #[101]。

习见萹蓄 *Polygonum plebeium* R. Br.

分布：博罗 [35, 38, 5]、潮州 [35] [曾宪锋 ZXF01357 (CZH)]、从化 [35, 107]、大埔 [35] [蒋英 126 (IBSC)]、东莞 [25, 35]、东源 [59]、丰顺 [35] [曾宪锋 ZXF7267 (CZH)]、封开 [35] [丁广奇、余莲 6571 (CDBI)]、佛冈 [27]、广州 [35] [钟观光 3015 (PE)]、河源 [35] [77 级科研组新 0294 (SN)]、化州 [35]、惠东 [12]、江门 [8]、乐昌 [29, 35, 41]、雷州 [35] [李泽贤、邢福武 2062 (IBSC)]、连山 [35] [叶华谷 5217 (IBSC)]、连州 [26, 35]、罗定 [35] [叶华谷、刘念 2168 (IBSC)]、梅州 [35] [侯宽昭 71215 (IBSC)]、南雄 [33, 35, 57]、清远 [35] [黄成 161564 (IBSC)]、乳源 [26, 35]、深圳 [17, 35]、始兴 [28]、翁源 [35] [刘心祈 2647 (IBSC)]、五华 [4]、信宜 [52]、徐闻 [35] [徐闻队 174 (FUS00010094)]、阳春 [35] [刘念等 1595 (IBSC)]、阳山 [26]、英德 [32]、肇庆 [9, 35]、中山 [10, 35]、紫金 [31, 35]。

深圳蓼 *Polygonum shenzhenense* A. J. Li & Z. X. Li

分布：深圳 [200, 17]。

虎杖属 *Reynoutria* Houtt.

虎杖 *Reynoutria japonica* Houtt.

分布：博罗 #[22, 35, 100]、从化 #[107]、封开 #[14]、佛冈 #[27]、怀集 #[22]、惠东 #[12]、乐昌 #[29, 41, 22, 35]、连平 #[22, 35]、连州 #[26]、南雄 #[33, 57]、饶平 #[35]、仁化 #[16]、乳源 #[26]、深圳 #[11]、始兴 #[28, 22, 35]、翁源 #[51, 22]、五华 #[4]、新丰 #[63, 22, 35]、信宜 #[52, 22]、阳春 #[22, 35, 45]、阳山 #[26]、英德 #[22, 32]、郁南 #[101]、云浮 #[22]、肇庆 #[9]、紫金 #[31]。

酸模属 *Rumex* L.

酸模 *Rumex acetosa* L.

分布：东莞 #[25]、乐昌 #[41]、连山 #[35]、仁化 #[16, 35]、乳源 #[35]、五华 #[4]、增城 #[116]、紫金 #[31]。

皱叶酸模 *Rumex crispus* L.

分布：东莞 [25]、封开 [14, 35]、和平 [35]、阳山 [26]、英德 [32]。

齿果酸模 *Rumex dentatus* L.

分布：深圳 [17]。

羊蹄 *Rumex japonicus* Houtt.

分布：从化 #[35]、乐昌 #[22]、连平 #[35]、连山 #[35]、南雄 #[35]、深圳 #[17]、始兴 #[28]、翁源 #[22]、英德 # [32]。

刺酸模 *Rumex maritimus* L.

分布：东莞 [25]、广州 [35] [赵喜欢 10215 (IBSC)]、河源 [35] [刘全儒等 DJ20090722025 (BNU)]、乐昌 [29, 35]、连州 [26]、始兴 [28, 35]、英德 [32]、肇庆 [9, 35]。

小果酸模 *Rumex microcarpus* Campd.

分布：乐昌 [41]、南雄 [33, 57]、深圳 [17]、阳春 [45]、紫金 [31]。

长刺酸模 *Rumex trisetifer* Stokes

分布：佛冈 [27]、江门 [8]、乐昌 [41]、南雄 [33, 57]、仁化 [16]、深圳 [17]、中山 [10]、紫金 [31]。

301. 茅膏菜科 Droseraceae

茅膏菜属 *Drosera* L.

锦地罗 *Drosera burmannii* Vahl

分布：博罗 [35, 38, 100]、东莞 [25, 35]、东源 [59]、佛冈 [27]、惠东 [12, 35]、惠来 [35] [李泽贤 736 (IBSC)]、江门 [8]、连州 [26]、陆丰 [35] [卫兆芬 121206 (IBSC)]、茂名 [35, 85]、深圳 [17, 35]、信宜 [52]、阳春 [45]、湛江 [35] [周远瑞 100189 (IBK)]、肇庆 [9]。

长叶茅膏菜 *Drosera indica* L.

分布：雷州 [35] [李泽贤、邢福武 2069 (IBSC)]、遂溪 [35] [陈少卿 7625 (IBSC)]、阳江 [35] [黄志 41690 (IBSC)]、中山 [10]。

长柱茅膏菜 *Drosera oblanceolata* Y. Z. Ruan

分布：深圳 [17]、阳春 [35, 45]。

茅膏菜 *Drosera peltata* Thunb.

分布：博罗 [35, 100]、从化 [35] [黄志 44570 (IBSC)]、大埔 [35] [曾宪锋 ZXF5360 (IBSC)]、丰顺 [35] [李学根 201420 (IBSC)]、封开 [14, 35]、佛冈 [27]、佛山 [35] [陈念劬 44412 (IBSC)]、广州 [35] [张焕贵 185 (SN)]、河源 [35] [曾怀德 28657 (IBSC)]、蕉岭 [35] [南岭队 2370 (IBSC)]、乐昌 [35] [左景烈 20316 (IBSC)]、连山 [35] [叶华谷 3496 (IBSC)]、连州 [35] [曾飞燕等 794 (PE)]、梅州 [35] [曾宪锋 ZXF24587 (CZH)]、南雄 [33, 35, 57]、平远 [35] [邓良 4280 (IBSC)]、清远 [35] [黄志 30467 (IBSC)]、仁化 [16, 35]、乳源 [26, 35]、深圳 [17, 35]、始兴 [28, 35]、翁源 [51]、五华 [4]、新丰 [63]、信宜 [35, 52]、阳春 [35] [田代科、李湘鹏 TDK00861 (CSH)]、阳山 [35] [邓良 1141 (IBSC)]、英德 [32, 35]、肇庆 [9, 35]、紫金 [31, 35]。

圆叶茅膏菜 *Drosera rotundifolia* L.

分布：连州 [35] [谭沛祥 59779 (IBSC)]、仁化 [16]、乳源 [35] [高锡朋 52829 (IBSC)]、阳山 [26, 35]。

匙叶茅膏菜 ***Drosera spatulata*** Labill.

分布：从化 [35, 107]、恩平 [22]、广州 [22, 35]、鹤山 [35] [冯振文 1 (IBSC)]、化州 [35] [湛江区植物调查队 2825 (IBSC)]、惠东 [22, 12]、江门 [8]、连州 [26]、深圳 [22, 17]、阳春 [35] [张桂才、刘念 1282 (IBSC)]、阳江 [35] [湛江区植物调查队 3470 (IBSC)]、英德 [32]、增城 [116]、肇庆 [9, 35]、中山 [10]、珠海 [22]、紫金 [31]。

302. 猪笼草科 Nepenthaceae

猪笼草属 *Nepenthes* L.

猪笼草 ***Nepenthes mirabilis*** (Lour.) Druce

分布：江门 [8, 35]、茂名 [85]、深圳 [17, 35]、台山 [35] [粤 73 2679 (IBSC)]、阳春 [45]、中山 [10, 35]、珠海 [35] [高蕴璋 898 (IBSC)]。

303. 石竹科 Caryophyllaceae

麦仙翁属 *Agrostemma* L.

麦仙翁 ***Agrostemma githago*** L.

分布：广州 #[http://ppbc. iplant. cn/tu/7291447]、仁化 #[http://ppbc. iplant. cn/tu/6613345]。

无心菜属 *Arenaria* L.

无心菜 ***Arenaria serpyllifolia*** L.

分布：乐昌 #[29]、连州 #[26]、南雄 #[33]、仁化 #[16]、乳源 #[35]、阳山 #[26]。

卷耳属 *Cerastium* L.

泉卷耳 ***Cerastium fontanum*** Baumg.

分布：阳山 [王发国等 3454 (IBSC)]。

簇生泉卷耳 ***Cerastium fontanum* subsp. *vulgare*** (Hartm.) Greuter & Burdet

分布：乐昌 [29, 41]、龙门 [35]、南雄 [33, 57]、乳源 [26]、始兴 [28]、翁源 [51]、阳山 [26]、紫金 [31]。

球序卷耳 ***Cerastium glomeratum*** Thuill.

分布：连州 #[26]。

石竹属 *Dianthus* L.

须苞石竹 ***Dianthus barbatus*** L.

分布：广州 *[http://ppbc. iplant. cn/tu/9920047]、深圳 *[17]。

香石竹 ***Dianthus caryophyllus*** L.

分布：深圳 *[17]。

石竹 ***Dianthus chinensis*** L.

分布：博罗 *[38]、从化 *[107]、深圳 *[17]、肇庆 *[9]。

日本石竹 ***Dianthus japonicus*** Thunb.

分布：从化 *[107]、肇庆 *[9]。

长萼瞿麦 ***Dianthus longicalyx*** Miq.

分布：广州 [35] [罗献瑞 637 (IBSC)]、乐昌 [35] [左景烈 21190 (IBSC)]、南雄 [35] [高锡朋 50750 (IBSC)]、深圳 [17, 35]。

瞿麦 ***Dianthus superbus*** L.

分布：博罗 *[38]、深圳 *[17]。

荷莲豆草属 *Drymaria* Willd. ex Schult.

荷莲豆草 ***Drymaria cordata*** (L.) Willd. ex Schult.

分布：博罗 *[100]、东莞 *[25, 35]、丰顺 *[95]、佛冈 *[27]、惠东 *[12]、乐昌 *[41]、茂名 *[85]、仁化 *[16]、深圳 * [17]、始兴 *[28]、新丰 *[63]、信宜 *[52]、英德 *[32]、郁南 *[101]、增城 *[116]、肇庆 *[9]、中山 *[10]、紫金 *[31, 35]。

石头花属 *Gypsophila* L.

圆锥石头花 ***Gypsophila paniculata*** L.

分布：广州 *[http://ppbc. iplant. cn/tu/9906369]、深圳 *[17]。

浅裂繁缕属 *Nubelaria* M. T. Sharples & E. A. Tripp

巫山浅裂繁缕 ***Nubelaria wushanensis*** (F. N. Williams) M. T. Sharples & E. A. Tripp

分布：南雄 [33, 57]、英德 [32, 35]。

白鼓钉属 *Polycarpaea* Lam.

白鼓钉 ***Polycarpaea corymbosa*** (L.) Lam.

分布：茂名 [85]、深圳 [35] [邢福武等 10608 (IBSC)]、遂溪 [13]、湛江 [13]、珠海 [35] [张琪玥 200901304 (SN)]。

大花白鼓钉 ***Polycarpaea gaudichaudii*** Gagnep.

分布：阳江 [35]。

多荚草属 *Polycarpon* Loefl.

多荚草 ***Polycarpon prostratum*** (Forssk.) Asch. & Schweinf.

分布：东莞 [25]、广州 [35]、深圳 [17]、阳江 [35]、肇庆 [9, 35]。

漆姑草属 *Sagina* L.

漆姑草 ***Sagina japonica*** (Sw.) Ohwi

分布：广州 #[35]、乐昌 #[29, 41]、连平 #[35]、南雄 #[33, 57]、仁化 #[16, 35]、乳源 #[26, 35]、深圳 #[17]、始兴 #[28]、信宜 #[52]、英德 #[32]、郁南 #[101]。

独子繁缕属 *Schizotechium* Rchb.

独子繁缕 ***Schizotechium monospermum*** (Buch. -Ham. ex D. Don) Pusalkar & S. K. Srivast.

分布：乐昌 [高锡朋 54735 (IBK)]。

蝇子草属 *Silene* L.

女娄菜 ***Silene aprica*** Turcz. ex Fisch. & C. A. Mey.

分布：清远 [35]。

剪红纱花 ***Silene bungeana*** (D. Don) H. Ohashi & H. Nakai

分布：南雄 [519, 33]。

繁缕属 *Stellaria* L.

雀舌草 ***Stellaria alsine*** Grimm

分布：博罗 #[35, 100]、潮州 #[35] [曾宪锋 ZXF01725

(CZH)]、从化 #[35] [林正眉 2017049 (SN)]、大埔 #[35] [大埔队 515 (IBSC)]、东莞 #[25, 35]、封开 #[14]、佛冈 #[27]、广州 #[35] [陈少卿 7215 (IBSC)]、惠东 #[12]、惠州 #[35] [刘全儒、孟世勇 201001086 (BNU)]、揭西 #[35] [曾宪锋 ZXF20429 (CZH)]、乐昌 #[29, 35, 41]、连山 #[35] [叶华谷 3489 (IBSC)]、连州 #[26, 35]、龙川 #[35] [刘全儒、孟世勇 201001149 (BNU)]、南雄 #[33, 35, 57]、平远 #[35] [曾宪锋 ZXF44195 (CZH)]、仁化 #[16]、乳源 #[26, 35]、深圳 #[17, 35]、始兴 #[28]、翁源 #[35, 51]、五华 #[4]、新丰 #[63]、信宜 #[35, 52]、阳春 #[45]、阳山 #[26, 35]、英德 #[32]、郁南 #[101]、增城 #[35, 116]、肇庆 #[9, 35]、紫金 #[31, 35]。

鹅肠菜 ***Stellaria aquatica*** (L.) Scop.

分布：博罗 #[35, 38]、潮州 #[35] [曾宪锋 ZXF16181 (CZH)]、从化 #[35] [黄志 44717 (IBSC)]、大埔 #[35] [大埔队 491 (IBSC)]、东莞 #[25, 35, 82]、丰顺 #[35] [曾宪锋 ZXF36464 (CZH)]、封开 #[14]、佛山 #[35] [陈念劬 43962 (IBSC)]、广州 #[21, 35]、和平 #[35] [卫兆芬 120398 (IBSC)]、化州 #[35] [湛江区植物调查队 2936 (IBSC)]、惠东 #[12, 35]、惠州 #[35, 82]、江门 #[8, 35]、蕉岭 #[35] [邓良 4570 (IBSC)]、揭西 #[35] [曾宪锋 ZXF24838 (CZH)]、乐昌 #[29, 35, 41]、连山 #[35] [谭沛祥 58281 (PE)]、连州 #[35] [谭沛祥 60200 (IBSC)]、茂名 #[35] [湛江区植物调查队 4031 (IBSC)]、梅州 #[35] [曾宪锋 ZXF29564 (CZH)]、南雄 #[33, 35, 57]、清远 #[35] [黄成 161551 (IBSC)]、仁化 #[16, 35]、乳源 #[26, 35]、深圳 #[82, 35, 17]、始兴 #[28]、翁源 #[35, 51]、五华 #[4]、新丰 #[63]、信宜 #[35, 52]、阳山 #[26, 35]、英德 #[32]、郁南 #[101]、云浮 #[35] [黄季庄 556 (IBSC)]、增城 #[35] [曾怀德 20233 (IBSC)]、肇庆 #[9, 35]、中山 #[10, 82, 35]、紫金 #[31, 35]。

繁缕 ***Stellaria media*** (L.) Vill.

分布：博罗 #[38, 100]、潮州 #[35] [曾宪锋 ZXF8996 (CZH)]、从化 #[107]、东莞 #[25]、封开 #[14]、河源 #[35] [曾怀德 28810 (IBSC)]、江门 #[8]、乐昌 #[35] [南岭队 3786 (IBSC)]、连山 #[35] [叶华谷 3655 (IBSC)]、连州 #[26]、梅州 #[35] [侯宽昭 71216 (IBSC)]、平远 #[35] [曾宪锋 ZXF44194 (CZH)]、仁化 #[16]、乳源 #[35] [麦鹤云 118 (IBSC)]、深圳 #[11, 17]、翁源 #[51]、五华 #[35] [曾宪锋 ZXF16517 (CZH)]、新丰 #[63]、信宜 #[52]、阳春 #[45]、英德 #[32, 35]、郁南 #[101]、增城 #[116]、肇庆 #[9]、紫金 # [31, 35]。

皱叶繁缕 ***Stellaria monosperma* var. *japonica*** Maxim.

分布：乳源 [高锡朋 54735 IBK00018954]。

无瓣繁缕 ***Stellaria pallida*** (Dumort.) Crep.

分布：深圳 #[82]。

304. 苋科 Amaranthaceae

牛膝属 *Achyranthes* L.

土牛膝 ***Achyranthes aspera*** L.

分布：博罗 #[38, 100]、从化 #[107]、东莞 #[82]、封开 #[14]、佛冈 #[27]、广州 #[15]、惠东 #[12]、惠州 #[82]、江门 #[8]、揭阳 #[15]、连平 #[15]、连州 #[26, 15]、茂名 #[85]、南澳 #[15]、南雄 #[57]、仁化 #[16]、乳源 #[26]、汕头 #[15]、汕尾 #[15]、韶关 #[15]、深圳 #[15, 11, 82]、始兴 #[28]、翁源 #[51]、五华 #[4]、新丰 #[15, 63]、信宜 #[52]、徐闻 #[15]、阳春 #[45]、阳江 #[15]、阳山 #[26]、英德 #[32]、郁南 #[101]、增城 #[116]、湛江 #[15]、肇庆 #[9]、中山 #[82]、紫金 #[31]。

钝叶土牛膝 ***Achyranthes aspera* var. *indica*** L.

分布：仁化 [16]。

牛膝 ***Achyranthes bidentata*** Blume

分布：大埔 [35] [罗献瑞 1275 (IBSC)]、东莞 [25]、丰顺 [35] [曾宪锋 ZXF21620 (CZH)]、封开 [14]、佛冈 [27]、乐昌 [26, 29, 35, 41]、连州 [35] [罗献瑞 72 (IBSC)]、龙川 [35] [曾宪锋 ZXF22383 (CZH)]、罗定 [35] [中山大学普查队 378 (SYS)]、梅州 [35] [曾宪锋 ZXF33079 (CZH)]、南雄 [33, 35, 57]、仁化 [16]、乳源 [26, 35]、深圳 [17]、始兴 [35] [邓良 6764 (IBSC)]、翁源 [35, 51]、阳春 [35] [叶华谷、刘念 564 (IBSC)]、阳山 [26, 35]、英德 [32, 35]、郁南 [101]、云浮 [35] [黄志 37690 (IBSC)]、肇庆 [9]。

柳叶牛膝 ***Achyranthes longifolia*** (Makino) Makino

分布：博罗 [5, 100]、怀集 [35]、乐昌 [29, 41]、连平 [35]、连山 [35]、茂名 [85]、南雄 [33, 57]、乳源 [26]、始兴 [28, 35]、翁源 [35, 51]、新兴 [35]、阳山 [26, 35]、英德 [32, 35]、肇庆 [9, 35]、紫金 [31]。

莲子草属 *Alternanthera* Forssk.

锦绣苋 ***Alternanthera bettzickiana*** (Regel) G. Nicholson

分布：从化 #[107]、东莞 #[25]、仁化 #[16]、深圳 #[17]、湛江 #[416]、肇庆 #[9]、紫金 #[31]。

巴西莲子草 ***Alternanthera brasiliana*** (L.) Kuntze

分布：从化 #[107]、东莞 #[82]、惠州 #[82]、深圳 # [82]、新丰 #[63]、中山 #[82]。

美洲虾钳菜 ***Alternanthera paronychioides*** A. St. -Hil.

分布：潮州 #[15]、东莞 #[25, 82]、深圳 #[15, 17, 82]、湛江 #[416]、中山 #[10]、珠海 #[15]。

喜旱莲子草 ***Alternanthera philoxeroides*** (Mart.) Griseb.

分布：博罗 #[5, 38]、潮州 #[15]、从化 #[107, 509]、东莞 #[25, 82]、封开 #[14]、佛冈 #[27]、佛山 #[500]、广州 #[21]、惠东 #[12]、惠州 #[82]、揭阳 #[471]、乐昌 #[29, 41, 526]、连南 #[15]、茂名 #[85]、南澳 #[15]、南雄 #[33, 57]、普宁 #[15]、仁化 #[15, 16]、韶关 #[15]、深圳 #[15, 17, 82]、五华 #[4]、信宜 #[52]、徐闻 #[497]、英德 #[32]、郁南 #

[101]、湛江 #[416]、肇庆 #[9, 423]、中山 #[10, 82]、珠海 #[428]、紫金 #[31]。

刺花莲子草 ***Alternanthera pungens*** Kunth

分布：广州 #[15]、惠州 #[82]、南澳 #[15, 399]、深圳 #[82]、阳江 #[http://ppbc. iplant. cn/tu/6159868]。

莲子草 ***Alternanthera sessilis*** (L.) R. Br. ex DC.

分布：博罗 #[100]、从化 #[107]、东源 #[http://ppbc. iplant. cn/tu/8608743]、丰顺 #[95]、封开 #[14]、佛冈 #[27]、广州 #[http://ppbc. iplant. cn/tu/5875466]、惠东 #[12]、惠州 #[http://ppbc. iplant. cn/tu/4126891]、江门 #[8]、乐昌 #[41]、茂名 #[85]、南雄 #[57]、仁化 #[16]、深圳 #[11]、始兴 #[28]、翁源 #[51]、五华 #[4]、信宜 #[52]、阳春 #[http://ppbc. iplant. cn/tu/7347956]、英德 #[32]、郁南 #[101]、增城 #[116]、湛江 #[http://ppbc. iplant. cn/tu/9326255]、肇庆 # [9]、珠海 #[http://ppbc. iplant. cn/tu/9949818]、紫金 #[31]。

苋属 *Amaranthus* L.

凹头苋 ***Amaranthus blitum*** L.

分布：博罗 #[35, 38, 100]、广州 #[21, 35]、和平 #[15, 35]、惠东 #[12]、乐昌 #[15, 29, 526]、连南 #[15]、连平 # [15]、连山 #[15]、连州 #[15, 35]、龙门 #[15]、茂名 # [85]、仁化 # [15]、乳源 #[15]、深圳 #[17]、始兴 #[15, 28, 35]、翁源 #[15, 51, 35]、新丰 #[15, 63]、阳春 #[15]、英德 #[32]、湛江 #[416]、肇庆 #[9, 472, 35]、中山 #[10, 82]、紫金 #[31]。

尾穗苋 ***Amaranthus caudatus*** L.

分布：东莞 #[25]、和平 #[15]、惠东 #[12]、连平 #[15]、南澳 #[15]、深圳 #[82]、台山 #[15]、新丰 #[15]、湛江 #[13]、紫金 #[31]。

老鸦谷 ***Amaranthus cruentus*** L.

分布：佛冈 #[27]、广州 #[21]、江门 #[8]、郁南 #[101]。

假刺苋 ***Amaranthus dubius*** Mart. ex Thell.

分布：潮州 #[486]、东莞 #[采集人不详 DJ20090715016 (BNU)]、河源 #[刘全儒 DJ20090724004 (BNU)]、揭阳 #[曾宪锋 ZXF16118 (CZH)]、梅州 #[曾宪锋 ZXF20743 (CZH)]、普宁 #[曾宪锋 ZXF11847 (CZH)]、汕头 #[曾宪锋 ZXF18375 (CZH)]、汕尾 #[曾宪锋 ZXF45985 (CZH)]、深圳 #[杨敏仪 , 王景琳 YW071 (CZH)]。

绿穗苋 ***Amaranthus hybridus*** L.

分布：封开 #[14]、乐昌 #[29, 526]、深圳 #[17]、信宜 #[52]。

反枝苋 ***Amaranthus retroflexus*** L.

分布：佛冈 #[27]、广州 #[21]、江门 #[8]。

刺苋 ***Amaranthus spinosus*** L.

分布：博罗 #[35, 38, 100]、潮州 #[404, 35]、从化 # [107, 509]、德庆 #[15, 35]、东莞 #[25, 35, 82]、恩平 #[15, 35]、丰顺 #[35] [曾宪锋 ZXF33864 (CZH)]、封开 #[14]、佛山 #[500, 35]、广州 #[15, 21, 35]、海丰 #[35] [许小婷 XXT004 (CZH)]、惠东 #[15, 35, 12]、惠来 #[35] [曾宪锋 ZXF16124 (CZH)]、惠州 #[35, 82]、江门 #[15, 35, 8]、揭西 #[35] [曾宪锋 ZXF25103 (CZH)]、揭阳 #[35] [黄雅凤 HYF112 (CZH)]、乐昌 #[29, 41, 526, 35]、雷州 #[35] [姚鹏程、魏亚男 20150060 (HSNU)]、连南 #[15, 35]、陆丰 #[35] [叶华谷等 4700 (IBSC)]、罗定 #[35] [叶华谷、刘念 2228 (IBSC)]、茂名 #[15, 85, 35]、梅州 #[15, 35]、南雄 #[33, 35, 57]、平远 #[15, 35]、普宁 #[35] [曾宪锋 ZXF35632 (CZH)]、清远 #[35] [黄成 161574 (IBSC)]、饶平 #[35] [曾宪锋 ZXF24426 (CZH)]、仁化 #[16]、汕头 #[15, 35]、韶关 #[15, 35]、深圳 #[15, 11, 82, 35, 17]、始兴 #[15, 28, 35]、台山 #[35] [周联选 11514 (KUN)]、五华 #[4, 35]、信宜 #[52]、兴宁 #[35] [曾宪锋 ZXF27697 (CZH)]、徐闻 #[497]、阳春 #[15, 35]、阳山 #[26]、英德 #[32, 35]、郁南 #[101]、云浮 #[35] [王发国等 RQHN02890 (CSH)]、增城 #[35] [王瑞江 RQHN00182 (CSH)]、湛江 #[35, 416]、肇庆 #[9, 423, 35]、中山 #[10, 82, 35]、珠海 #[428]、紫金 #[31, 35]。

苋 ***Amaranthus tricolor*** L.

分布：博罗 #[38, 100]、潮州 #[404]、从化 #[107]、东莞 #[82]、封开 #[14]、惠州 #[82]、乐昌 #[29]、仁化 #[16]、深圳 #[11, 82, 17]、始兴 #[28]、郁南 #[101]、肇庆 #[9]、中山 #[82]。

皱果苋 ***Amaranthus viridis*** L.

分布：博罗 #[5, 35, 100]、潮州 #[404, 35]、从化 #[107, 509]、大埔 #[35] [曾宪锋 ZXF20290 (CZH)]、东莞 #[25, 35, 82]、封开 #[14, 35]、佛山 #[35] [黄奕孜、许先宏 HYZ084 (CZH)]、高州 #[35] [蒋英 2277 (IBSC)]、广州 #[15, 21, 35]、惠东 #[12]、惠来 #[35] [曾宪锋 ZXF16131 (CZH)]、惠州 #[35, 82]、蕉岭 #[35] [曾宪锋 ZXF14449 (CZH)]、揭西 #[35] [曾宪锋 ZXF20442 (CZH)]、揭阳 #[35] [黄雅凤 HYF104 (CZH)]、开平 #[15, 35]、乐昌 #[29, 35, 526]、连平 #[15, 35]、连山 #[35] [王瑞江 RQHN00059 (CSH)]、连州 #[26]、龙川 #[35] [曾宪锋 ZXF27619 (CZH)]、陆河 #[35] [叶华谷等 4623 (IBSC)]、罗定 #[35] [叶华谷、刘念 2064 (IBSC)]、梅州 #[35] [曾宪锋 ZXF31230 (CZH)]、南澳 #[35] [姚鹏程、魏亚男 20150330 (HSNU)]、南雄 #[33, 35, 57]、平远 #[35] [曾宪锋、邱贺媛 ZXF18293 (CZH)]、普宁 #[15, 35]、饶平 #[35] [曾宪锋 ZXF26418 (CZH)]、仁化 #[16]、乳源 #[26]、汕头 #[15, 35]、韶关 #[15]、深圳 #[15, 11, 82, 35, 17]、台山 #[35] [陈邦余、李泽贤 732 (FJSI)]、五华 #[4, 35]、信宜 #[52]、徐闻 #[497, 35]、阳春 #[35] [叶华谷等 5737 (IBSC)]、阳山 #[35] [王瑞江 RQHN00035 (CSH)]、英德 #[32]、郁南 #[35, 101]、湛江 #[35, 416]、肇庆 #[9, 15, 423, 35]、中山 #[10, 82, 35]、珠海 #[35] [粤 73 73-3138 (IBSC)]、紫金 #[31, 35]。

滨藜属 *Atriplex* L.

海滨藜 ***Atriplex maximowicziana*** Makino

分布：深圳 [17]。

匍匐滨藜 ***Atriplex repens*** Roth

分布：雷州 [35]。

沙冰藜属 ***Bassia*** **Allem**

地肤 ***Bassia scoparia*** (L.) A. J. Scott

分布：仁化 #[16]、郁南 #[101]。

甜菜属 ***Beta*** **L.**

莙荙菜 ***Beta vulgaris*** **var.** ***cicla*** L.

分布：博罗 *[5, 100]、从化 *[107]、乐昌 *[29]、信宜 *[52]、肇庆 *[9]。

青葙属 ***Celosia*** **L.**

青葙 ***Celosia argentea*** L.

分布：博罗 #[15, 35, 38, 100]、潮州 #[35] [曾宪锋 ZXF15662 (CZH)]、从化 #[107, 509, 35]、大埔 #[35] [官双庆 159 (SN)]、德庆 #[15, 35]、东莞 #[25, 35, 82]、东源 #[59]、丰顺 #[35, 95]、封开 #[14, 35]、佛冈 #[27]、佛山 #[35] [王瑞江 RQHN00535 (CSH)]、广州 #[21, 35]、海丰 #[35] [许小婷 XXT003 (CZH)]、化州 #[35] [王发国等 RQHN03005 (CSH)]、怀集 #[15, 35]、惠东 #[12]、惠州 #[35, 82]、江门 #[494, 35, 8]、蕉岭 #[35] [王纪恩 260 (SN)]、揭西 #[35] [曾宪锋 ZXF21180 (CZH)]、揭阳 #[35] [曾宪锋 ZXF31666 (CZH)]、乐昌 #[15, 41, 526, 35]、雷州 #[35] [姚鹏程、魏亚男 20150055 (HSNU)]、连南 #[15, 35]、连平 #[15, 35]、连山 #[15, 35]、连州 #[26, 15, 35]、龙川 #[35] [王颖 WY001 (CZH)]、陆丰 #[15]、陆河 #[35] [叶华谷等 4756 (IBSC)]、茂名 #[35, 85]、梅州 #[35] [曾宪锋 ZXF33143 (CZH)]、南雄 #[33, 35, 57]、平远 #[35] [孙王叶 平065 (SN)]、普宁 #[35] [曾宪锋 ZXF35605 (CZH)]、饶平 #[35] [曾宪锋、黄雅凤 ZXF18415 (CZH)]、仁化 #[16]、乳源 #[15, 26, 35]、汕头 #[15, 35]、韶关 #[35] [曾宪锋 ZXF12728 (CZH)]、深圳 #[15, 82, 35, 17]、始兴 #[15, 28, 35]、台山 #[35] [周联选 11530 (KUN)]、翁源 #[15, 51, 35]、五华 #[4, 35]、新丰 #[35, 63]、新兴 #[15, 35]、信宜 #[52]、兴宁 #[35] [丘琼华、张伟城 111 (SN)]、徐闻 #[15, 497, 35]、阳春 #[15, 35]、阳江 #[15, 35]、阳山 #[15, 26, 35]、英德 #[15, 32, 35]、郁南 #[35, 101]、云浮 #[35] [黄志、邓良 548 (IBSC)]、增城 #[116]、湛江 #[35, 416]、肇庆 #[9, 15, 35]、中山 #[10, 82, 35]、珠海 # [15, 35]、紫金 #[31, 35]。

鸡冠花 ***Celosia cristata*** L.

分布：博罗 #[38, 100]、从化 #[107]、封开 #[14]、仁化 #[16]、深圳 #[17]、信宜 #[52]、郁南 #[101]、湛江 #[416]、肇庆 #[9]。

麻叶藜属 ***Chenopodiastrum*** **S. Fuentes, Uotila & Borsch**

细穗藜 ***Chenopodiastrum gracilispicum*** (H. W. Kung) Uotila

分布：乐昌 [29, 35]、阳山 [35]。

藜属 ***Chenopodium*** **L.**

尖头叶藜 ***Chenopodium acuminatum*** Willd.

分布：深圳 [17]。

狭叶尖头叶藜 ***Chenopodium acuminatum*** **subsp.** ***virgatum*** (Thunb.) Kitam.

分布：东莞 [25]、深圳 [17]、台山 [35]、阳江 [35]。

藜 ***Chenopodium album*** L.

分布：博罗 #[38, 100]、从化 #[107]、大埔 #[15]、佛山 #[500]、广州 #[15]、惠东 #[12]、江门 #[8]、乐昌 #[15, 26]、连山 #[15]、连州 #[15]、南雄 #[15]、乳源 #[15]、汕头 #[15]、汕尾 #[15]、深圳 #[15, 11, 82]、始兴 #[28]、信宜 #[52]、英德 #[32]、湛江 #[http://ppbc. iplant. cn/tu/9386906]、肇庆 #[9, 15]、珠海 #[428]。

小藜 ***Chenopodium ficifolium*** Sm.

分布：东莞 #[82]、广州 #[21]、惠东 #[12]、惠州 # [82]、深圳 #[82]、五华 #[4]、中山 #[82]、紫金 #[31]。

杯苋属 ***Cyathula*** **Blume**

杯苋 ***Cyathula prostrata*** (L.) Blume

分布：博罗 *[38, 100]、广州 [http://ppbc. iplant. cn/tu/9951751]、惠东 [12]、江门 [8]、茂名 [85]、信宜 [52]、阳春 [45]、增城 [http://ppbc. iplant. cn/tu/1790904]、湛江 [http://ppbc. iplant. cn/tu/5783489]、肇庆 [9]、紫金 [31]。

腺毛藜属 ***Dysphania*** **R. Br.**

土荆芥 ***Dysphania ambrosioides*** (L.) Mosyakin & Clemants

分布：博罗 #[38, 100]、从化 #[107]、东莞 #[25, 82]、丰顺 #[95]、佛冈 #[27]、佛山 #[15, 500]、广州 #[15, 21]、惠东 #[12]、惠州 #[82]、揭阳 #[15]、乐昌 #[29, 41, 526]、连州 #[26]、茂名 #[85]、南雄 #[33, 57]、普宁 #[15]、仁化 # [16]、乳源 #[26]、汕尾 #[15]、韶关 #[15]、深圳 #[15, 11, 82, 17]、始兴 #[28]、翁源 #[51]、五华 #[4]、新丰 #[63]、信宜 #[52]、阳春 #[45]、阳山 #[26]、英德 #[32]、郁南 #[101]、湛江 #[416]、肇庆 #[9, 423]、中山 #[10, 82]、珠海 #[428]、紫金 #[31]。

千日红属 ***Gomphrena*** **L.**

银花苋 ***Gomphrena celosioides*** Mart.

分布：博罗 #[15, 100]、东莞 #[25]、佛山 #[500]、广州 # [15, 21]、惠州 #[82]、廉江 #[15]、茂名 #[85]、南澳 # [15]、饶平 #[15]、汕头 #[15]、深圳 #[15, 11, 82, 17]、遂溪 #[15]、徐闻 #[497]、湛江 #[15, 416]、肇庆 #[15]、珠海 # [428]、紫金 #[31]。

千日红 ***Gomphrena globosa*** L.

分布：博罗 #[5, 38]、从化 #[107]、仁化 #[16]、深圳 # [17]、信宜 #[52]、郁南 #[101]、肇庆 #[9]。

血苋属 ***Iresine*** **P. Browne**

血苋 ***Iresine herbstii*** Hook. f. ex Lindl.

分布：博罗 *[38]、从化 *[107]、郁南 *[101]、肇庆 *[9]。

白花苋属 ***Ouret*** **Adans.**

少毛白花苋 ***Ouret glabrata*** (Hook. f.) Kuntze

分布：肇庆 [9]。

白花苋 ***Ouret sanguinolenta*** (L.) Kuntze

分布：从化 [35]、封开 [35]、广州 [35]、乐昌 [29, 35]、连州 [35]、阳山 [35]、肇庆 [35]。

市藜属 ***Oxybasis*** **Kar. & Kir.**

灰绿藜 ***Oxybasis glauca*** (L.) S. Fuentes, Uotila & Borsch

分布：广州 #[http://ppbc. iplant. cn/tu/13329895]。

菠菜属 ***Spinacia*** **L.**

菠菜 ***Spinacia oleracea*** L.

分布：博罗 *[5, 100]、从化 *[107]、乐昌 *[29]、南雄 *[57]、仁化 *[16]、始兴 *[28]、信宜 *[52]、肇庆 *[9]。

碱蓬属 ***Suaeda*** **Forssk. ex J. F. Gmel.**

南方碱蓬 ***Suaeda australis*** (R. Br.) Moq.

分布：东莞 [25]、深圳 [17]。

海滨碱蓬 ***Suaeda maritima*** (L.) Dumort.

分布：台山 [35]、徐闻 [35]。

澳海蓬属 ***Tecticornia*** **Hook. f.**

印度肉苞海蓬 ***Tecticornia indica*** (Willd.) K. A. Sheph. & Paul G. Wilson

分布：雷州 *[13]、阳西 [http://ppbc. iplant. cn/tu/7331091]、湛江 *[13]。

305. 针晶粟草科 Gisekiaceae

针晶粟草属 ***Gisekia*** **L.**

针晶粟草 ***Gisekia pharnaceoides*** L.

分布：雷州 [13]、徐闻 [13]、湛江 [13]。

306. 番杏科 Aizoaceae

海马齿属 ***Sesuvium*** **L.**

海马齿 ***Sesuvium portulacastrum*** (L.) L.

分布：东莞 [25]、海丰 [35] [南植地 8355 (IBSC)]、惠州 [35] [陈炳辉 429 (IBSC)]、陆丰 [35] [南植地 8418 (IBSC)]、深圳 [11, 17, 35]、台山 [35] [陈邦余、李泽贤 161 (FJSI)]、阳江 [35] [黄志 41655 (IBK)]、湛江 [35] [姚鹏程、魏亚男 20150158 (HSNU)]。

番杏属 ***Tetragonia*** **L.**

番杏 ***Tetragonia tetragonoides*** (Pall.) Kuntze

分布：广州 #[15]、海丰 #[15]、雷州 #[13]、南澳 #[15]、饶平 #[15]、徐闻 #[13]、湛江 #[13]。

假海马齿属 ***Trianthema*** **L.**

假海马齿 ***Trianthema portulacastrum*** L.

分布：广州 [http://ppbc. iplant. cn/tu/11976902]、徐闻 [http://ppbc. iplant. cn/tu/11739590]、湛江 [http://ppbc. iplant. cn/tu/31088]。

307. 商陆科 Phytolaccaceae

商陆属 ***Phytolacca*** **L.**

商陆 ***Phytolacca acinosa*** Roxb.

分布：博罗 #[100]、潮州 #[35] [曾宪锋 ZXF6142 (CZH)]、从化 #[107]、东莞 #[25]、丰顺 #[35] [曾宪锋 ZXF5169 (CZH)]、封开 #[14]、河源 #[35] [77 级科研组 937 (IBSC)]、乐昌 #[29, 35, 41]、连南 #[35] [Y. N. Chen 60618 (IBSC)]、连州 #[26]、平远 #[35] [李学根 201952 (IBSC)]、仁化 #[16, 35]、乳源 #[26, 35]、韶关 #[35] [高锡朋 50374 (IBSC)]、深圳 #[17]、始兴 #[28]、新丰 #[35] [叶华谷 1077 (IBSC)]、信宜 #[52]、阳山 #[26, 35]、英德 #[32]、增城 #[116]、肇庆 # [9]、紫金 #[31, 35]。

垂序商陆 ***Phytolacca americana*** L.

分布：博罗 #[5, 38]、潮州 #[15]、东莞 #[25]、东源 #[59]、丰顺 #[15]、封开 #[14, 15]、广州 #[15, 21]、蕉岭 #[15]、乐昌 #[526]、南雄 #[33, 57]、乳源 #[15, 26]、深圳 #[82]、翁源 #[51]、五华 #[4]、新丰 #[63]、郁南 #[101]、湛江 #[416]、肇庆 #[15]、中山 #[10, 82]、紫金 #[31]。

二十蕊商陆 ***Phytolacca icosandra*** Roxb.

分布：广州 #[21]、深圳 #[http://ppbc. iplant. cn/tu/9540799]。

日本商陆 ***Phytolacca japonica*** Makino

分布：阳山 [26]、紫金 [31]。

308. 蒜香草科 Petiveriaceae

数珠珊瑚属 ***Rivina*** **Plum. ex L.**

数珠珊瑚 ***Rivina humilis*** L.

分布：广州 #[3]。

309. 紫茉莉科 Nyctaginaceae

黄细心属 ***Boerhavia*** **L.**

黄细心 ***Boerhavia diffusa*** L.

分布：广州 [35]、深圳 [17]、台山 [35]。

直立黄细心 ***Boerhavia erecta*** L.

分布：珠海 [http://ppbc. iplant. cn/tu/2817118]。

匍匐黄细心 ***Boerhavia repens*** L.

分布：徐闻 [http://ppbc. iplant. cn/tu/11581672]。

叶子花属 ***Bougainvillea*** **Comm. ex Juss.**

红宝巾 ***Bougainvillea buttiana*** Holttum et Standl.

分布：信宜 *[52]。

光叶子花 ***Bougainvillea glabra*** Choisy

分布：博罗 #[38, 100]、从化 #[107]、东莞 #[82]、封开 #[14]、惠州 #[82]、乐昌 #[526]、仁化 #[16]、深圳 #[11, 82, 17]、信宜 #[52]、肇庆 #[9]、中山 #[82]。

叶子花 ***Bougainvillea spectabilis*** Wild.

分布：东莞 #[82]、惠州 #[82]、江门 #[8]、深圳 #[17,

82]、郁南 #[101]、中山 #[82]。

紫茉莉属 ***Mirabilis* L.**

紫茉莉 *Mirabilis jalapa* L.

分布：博罗 #[38, 100]、从化 #[107, 509]、东莞 #[25, 82]、封开 #[14]、广州 #[21, 19]、惠东 #[12]、惠州 #[82]、江门 #[494]、乐昌 #[41, 526]、茂名 #[85]、普宁 #[15]、仁化 #[16]、汕头 #[15]、深圳 #[17, 82]、翁源 #[15]、信宜 # [52]、郁南 #[101]、湛江 #[416]、肇庆 #[9]、中山 #[82]。

避霜花属 ***Pisonia* L.**

避霜花 *Pisonia aculeata* L.

分布：雷州 [13]、徐闻 [35]、湛江 [13]。

310. 粟米草科 Molluginaceae

星粟草属 ***Glinus* Loefl. ex L.**

长梗星粟草 *Glinus oppositifolius* (L.) A. DC.

分布：海丰 [35]、陆丰 [35]。

毯粟草属 ***Mollugo* L.**

毯粟草 *Mollugo verticillata* L.

分布：东莞 #[25]、广州 #[35]、海丰 #[37]、廉江 # [35]、陆丰 #[35]、深圳 #[17]、阳江 #[35]。

无茎粟草属 ***Paramollugo* Thulin**

无茎粟草 *Paramollugo nudicaulis* (Lam.) Thulin

分布：雷州 [13]、徐闻 [13]。

粟米草属 ***Trigastrotheca* F. Muell.**

粟米草 *Trigastrotheca stricta* (L.) Thulin

分布：博罗 [5, 35]、潮州 [35] [叶华谷等 13129 (IBSC)]、大埔 [35] [邓良 5452 (IBSC)]、德庆 [35] [刘瑛光 905 (IBSC)]、东莞 [25, 35]、东源 [35] [刘全儒等 201007403 (BNU21470)]、丰顺 [35] [曾宪锋 ZXF8465 (CZH)]、封开 [14, 35]、高州 [35] [蒋英 2376 (IBSC)]、广州 [35] [叶育石 5614 (IBSC)]、惠东 [12]、惠州 [35] [杨敏仪 YMY050 (CZH)]、江门 [8]、蕉岭 [35] [李学根 202375 (IBSC)]、乐昌 [35, 41]、雷州 [35] [李泽贤、邢福武 1960 (IBSC)]、连南 [35] [谭沛祥 59418 (IBSC)]、连平 [35] [粤 73 1627 (IBSC)]、连州 [35] [谭沛祥 60243 (IBSC)]、茂名 [85]、梅州 [35] [曾宪锋 ZXF29501 (CZH)]、南雄 [57]、普宁 [35] [方琼苗 ZXF12433 (CZH)]、仁化 [16]、乳源 [26, 35]、韶关 [35] [刘慎谔 736 (PE)]、深圳 [11, 17, 35]、始兴 [28, 35]、翁源 [35, 51]、五华 [4]、新兴 [35] [刘瑛光 2363 (IBSC)]、信宜 [52]、阳春 [35] [黄志 41910 (IBSC)]、阳山 [35] [南植地 502 (IBSC)]、英德 [32, 35]、郁南 [35, 101]、湛江 [35] [侯学煜等 15173 (PE)]、肇庆 [9, 35]、中山 [10, 35]、紫金 [31, 35]。

311. 落葵科 Basellaceae

落葵薯属 ***Anredera* Juss.**

落葵薯 *Anredera cordifolia* (Ten.) Steenis

分布：潮州 #[15]、广州 #[15, 21]、乐昌 #[526]、茂名 #[85]、南澳 #[15]、普宁 #[15]、饶平 #[15]、深圳 #[17, 82]、五华 #[4]、湛江 #[416]、中山 #[82]、紫金 #[31]。

落葵属 ***Basella* L.**

落葵 *Basella alba* L.

分布：博罗 #[38, 100]、从化 #[107, 509]、东莞 #[25, 82]、海丰 #[15]、乐昌 #[29, 41]、茂名 #[85]、仁化 #[16]、深圳 #[15, 17, 82]、翁源 #[51]、信宜 #[52]、郁南 #[101]、湛江 #[416]、肇庆 #[9]。

312. 土人参科 Talinaceae

土人参属 ***Talinum* Adans.**

棱轴土人参 *Talinum fruticosum* (L.) Juss.

分布：博罗 #[http://ppbc. iplant. cn/tu/4658473]、从化 #[http://ppbc. iplant. cn/tu/5473680]、广州 #[http://ppbc. iplant. cn/tu/12255362]、惠州 #[http://ppbc. iplant. cn/tu/6035800]、雷州 #[13]、廉江 #[13]、深圳 #[http://ppbc. iplant. cn/tu/ 4987145]、徐闻 #[13]、增城 #[http://ppbc. iplant. cn/tu/ 1842746]。

土人参 *Talinum paniculatum* (Jacq.) Gaertn.

分布：博罗 #[15, 38, 100]、从化 #[107]、东莞 #[25, 82]、丰顺 #[95]、封开 #[14]、佛冈 #[27]、佛山 #[500]、广州 #[15, 21]、惠东 #[12]、惠州 #[15, 82]、江门 #[15]、乐昌 #[29, 41]、连州 #[15]、龙门 #[15]、罗定 #[15]、南雄 #[57]、平远 #[15]、深圳 #[11, 82, 17]、五华 #[15, 4]、新丰 #[63]、信宜 #[52]、阳江 #[15]、阳山 #[15]、郁南 #[101]、增城 #[116]、湛江 #[416]、肇庆 #[9]、中山 #[10, 82]、紫金 # [31]。

313. 马齿苋科 Portulacaceae

马齿苋属 ***Portulaca* L.**

大花马齿苋 *Portulaca grandiflora* Hook.

分布：博罗 #[38, 100]、东莞 #[25]、广州 #[15]、惠州 #[82]、仁化 #[16]、深圳 #[15, 17, 82]、珠海 #[15]。

马齿苋 *Portulaca oleracea* L.

分布：博罗 #[35, 38, 100]、从化 #[107]、德庆 #[35] [刘瑛光 1254 (IBSC)]、东莞 #[25, 35]、东源 #[59]、封开 #[14]、佛冈 #[27]、广州 #[35] [叶育石 5343 (IBSC)]、惠东 #[12, 35]、蕉岭 #[35] [邓良 4735 (IBSC)]、揭西 #[35] [曾宪锋 ZXF35593 (CZH)]、乐昌 #[29, 35]、连州 #[35] [谭沛祥 60121 (KUN)]、茂名 #[35, 85]、南澳 #[35] [曾宪锋 ZXF10465 (CZH)]、南雄 #[33, 35, 57]、仁化 #[16, 35]、深圳 # [11, 17, 35]、始兴 #[28, 35]、五华 #[4]、新丰 #[63]、信宜 # [52]、徐闻 #[35] [叶华谷 7792 (IBSC)]、阳春 #[35] [叶华谷等 5732 (IBSC)]、阳江 #[35] [黄志 41652 (IBSC)]、阳山 #[35] [邓良 1590 (IBSC)]、英德 #[32]、郁南 #[101]、增城 #[116]、湛江 #[35] [侯、王、陈、赵 15149 (PE)]、肇庆 #[9, 35]、中山 #[10, 35]、紫金 #[31, 35]。

毛马齿苋 *Portulaca pilosa* L.

分布：东莞 #[25]、海丰 #[35]、惠东 #[35]、惠来 #[35]、惠州 #[35]、陆丰 #[35] [卫兆芬 121159 (IBSC)]、茂名 #[35, 85]、南澳 #[35] [侯学良 92008 (AU)]、汕头 #[35]、汕尾 #[35]、深圳 #[17, 35]、台山 #[35] [周联选 11577 (KUN)]、吴川 #[35] [湛江区植物调查队 3192 (IBSC)]、五华 #[4]、徐闻 #[35]、阳江 #[35] [王发国、段磊、王永琪 RQHN03294 (CSH)]、阳西 #[35]、湛江 #[35, 416]、肇庆 #[9]、珠海 #[35] [叶国栋 2014 (FJSI)]、紫金 #[31]。

沙生马齿苋 *Portulaca psammotropha* Hance

分布：陆丰 [37]。

四瓣马齿苋 *Portulaca quadrifida* L.

分布：雷州 *[13]、茂名 *[85]、徐闻 *[13]。

环翅马齿苋 *Portulaca umbraticola* Kunth

分布：从化 *[http://ppbc. iplant. cn/tu/2422568]、广州 *[http://ppbc. iplant. cn/tu/11731117]、惠州 *[http://ppbc. iplant. cn/tu/9362577]、深圳 *[http://ppbc. iplant. cn/tu/9370081]、肇庆 *[http://ppbc. iplant. cn/tu/1766993]、中山 *[http://ppbc. iplant. cn/tu/3429701]、珠海 *[http://ppbc. iplant. cn/tu/259008]。

314. 仙人掌科 Cactaceae

星球属 *Astrophytum* Lem.

鸾凤玉 *Astrophytum myriostigma* Lem.

分布：深圳 *[17]。

圆筒掌属 *Austrocylindropuntia* Backeb.

将军 *Austrocylindropuntia subulata* (Muehlenpf.) Backeb.

分布：深圳 *[17]。

戒尺掌属 *Brasiliopuntia* (K. Schum.) A. Berger

猪耳掌 *Brasiliopuntia brasiliensis* (Willd.) Berger

分布：深圳 *[17]。

仙人柱属 *Cereus* Mill.

连城角 *Cereus fernambucensis* Lem.

分布：深圳 *[17]。

六棱柱 *Cereus hexagonus* (L.) Mill.

分布：从化 *[107]。

神代柱 *Cereus hildmannianus* K. Schum.

分布：深圳 *[17]。

牙买加天轮柱 *Cereus jamacaru* DC.

分布：深圳 *[17]。

红尾令箭属 *Disocactus* Lindl.

令箭荷花 *Nopalxochia ackermannii* Br. et Rose.

分布：从化 *[107]。

小令箭荷花 *Disocactus phyllanthoides* (DC.) Barthlott

分布：深圳 *[17]。

金琥属 *Echinocactus* Link & Otto

金琥 *Echinocactus grusonii* Hildm.

分布：深圳 *[17]。

仙人球属 *Echinopsis* Zucc.

金盛球 *Echinopsis calochlora* K. Schum.

分布：深圳 *[17]。

白檀柱 *Echinopsis chamaecereus* H. Friedrich et Glaetzle

分布：深圳 *[17]。

短毛丸 *Echinopsis eyriesii* (Turpin) Pfeiff. & Otto

分布：深圳 *[17]。

旺盛球 *Echinopsis multiplex* (Pfeiff.) Zucc. ex Pfeiff. & Otto

分布：从化 *[107]。

锐棱海胆 *Echinopsis oxygona* (Link et Otto) Zucc. ex Pfeiff.

分布：深圳 *[17]。

昙花属 *Epiphyllum* Haw.

昙花 *Epiphyllum oxypetalum* (DC.) Haw.

分布：博罗 *[38, 100]、从化 *[107]、乐昌 *[29]、深圳 *[17]、信宜 *[52]、肇庆 *[9]。

强刺球属 *Ferocactus* Britton & Rose

日出 *Ferocactus latispinus* (Haw.) Britton et Rose

分布：深圳 *[17]。

裸萼球属 *Gymnocalycium* Pfeiff. ex Mittler

绯花玉 *Gymnocalycium baldianum* Speg.

分布：深圳 *[17]。

红瑞云 *Gymnocalycium mihanovichii* (Fric et Gurke) Britton et Rose

分布：深圳 *[17]。

量天尺属 *Hylocereus* (A. Berger) Britton & Rose

量天尺 *Hylocereus undatus* (Haw.) Britton & Rose

分布：博罗 #[38, 100]、从化 #[107]、广州 #[15]、深圳 #[17, 82]、信宜 #[52]、郁南 #[101]、肇庆 #[9]、中山 #[82]、珠海 #[15]。

乳突球属 *Mammillaria* Haw.

白龙球 *Mammillaria compressa* DC.

分布：深圳 *[17]。

金手指 *Mammillaria elongata* DC.

分布：深圳 *[17]。

玉翁 *Mammillaria hahniana* Werderm.

分布：深圳 *[17]。

鹤裳球 *Mammillaria hahniana* subsp. *mendeliana* (Bravo) D. R. Hunt

分布：深圳 *[17]。

海王星 *Mammillaria longimamma* DC.

分布：深圳 *[17]。

梦幻城 *Mammillaria magnimamma* Haw.

分布：深圳 *[17]。

红多刺柱 *Mammillaria mazatlanensis* K. Schum. ex Gurke

分布：深圳 *[17]。

松霞 *Mammillaria prolifera* (Mill.) Haw.

分布：深圳 *[17]。

羽衣 *Mammillaria sphaerica* A. Dietr.

分布：深圳 *[17]。

银鯱 *Mammillaria surculosa* Boed.

分布：深圳 *[17]。

龙神柱属 *Myrtillocactus* Console

龙神柱 *Myrtillocactus geometrizans* (Mart. ex Pfeiff.) Console

分布：深圳 *[17]。

仙人掌属 *Opuntia* Mill.

胭脂掌 *Opuntia cochenillifera* (L.) Mill.

分布：深圳 *[17]。

仙人掌 *Opuntia dillenii* (Ker Gawl.) Haw.

分布：博罗 #[38, 100]、从化 #[107]、佛山 #[500]、惠州 #[82]、江门 #[494]、乐昌 #[526]、饶平 #[15]、深圳 # [11, 82, 17]、信宜 #[52]、徐闻 #[497]、郁南 #[101]、湛江 # [416]、肇庆 #[9]、中山 #[15, 82]、珠海 #[428]。

梨果仙人掌 *Opuntia ficus-indica* (L.) Mill.

分布：深圳 #[17]。

黄毛掌 *Opuntia microdasys* (Lehm.) Pfeiff.

分布：深圳 *[17]。

单刺仙人掌 *Opuntia monacantha* Haw.

分布：乐昌 #[526]、深圳 #[17]、郁南 #[101]。

锦绣玉属 *Parodia* Speg.

金晃丸 *Parodia leninghausii* (Haage) F. H. Brandt

分布：深圳 *[17]。

英冠玉 *Parodia magnifica* (F. Ritter) F. H. Brandt

分布：深圳 *[17]。

金冠 *Parodia schumanniana* (Nicolai) F. H. Brandt

分布：深圳 *[17]。

小町 *Parodia scopa* (Spreng.) N. P. Taylor

分布：深圳 *[17]。

木麒麟属 *Pereskia* Mill.

木麒麟 *Pereskia aculeata* Mill.

分布：潮州 #[15]、广州 #[15]、深圳 #[17]、肇庆 #[9]。

子孙球属 *Rebutia* K. Schum.

黑丽丸 *Rebutia rauschii* Zecher

分布：深圳 *[17]。

仙人指属 *Schlumbergera* Lem.

蟹爪兰 *Schlumbergera truncata* (Haw.) Moran

分布：博罗 *[38, 100]、从化 *[107]、乐昌 *[29]、深圳 *[17]、肇庆 *[9]。

315. 蓝果树科 Nyssaceae

喜树属 *Camptotheca* Decne.

喜树 *Camptotheca acuminata* Decne.

分布：博罗 *[38, 100]、佛冈 [27]、和平 [35]、怀集 [35]、乐昌 [29, 35, 41]、连南 [35]、连山 [35]、连州 [35]、仁化 [16]、乳源 [26, 35]、韶关 [35]、翁源 *[18, 51]、紫金 [31, 35]。

马蹄参属 *Diplopanax* Hand. -Mazz.

马蹄参 *Diplopanax stachyanthus* Hand. -Mazz.

分布：江门 [8]、乳源 [26, 35, 3]、信宜 [52]、阳春 [3, 35, 37]、阳江 [3, 35]、英德 [32]。

蓝果树属 *Nyssa* Gronov. ex L.

华南蓝果树 *Nyssa javanica* (Blume) Wangerin

分布：英德 [http://ppbc. iplant. cn/tu/12241277]。

蓝果树 *Nyssa sinensis* Oliver

分布：博罗 [35]、从化 [35]、大埔 [35]、封开 [14, 35]、和平 [35]、蕉岭 [35]、乐昌 [26, 29, 35, 41]、连南 [35]、连平 [35]、连山 [35]、连州 [26]、梅州 [35]、南雄 [33]、平远 [35]、乳源 [26, 35]、韶关 [35]、始兴 [28]、翁源 [51]、五华 [4, 35]、新丰 [35]、信宜 [35, 52]、英德 [32, 35]、增城 [116]、紫金 [31]。

316. 绣球科 Hydrangeaceae

草绣球属 *Cardiandra* Siebold & Zucc.

疏花草绣球 *Cardiandra moellendorffii* var. *laxiflora* (H. L. Li) C. F. Wei

分布: 乳源 [邓良 5867 (IBSC)]、阳山 [邓良 130 (IBSC)]。

溲疏属 *Deutzia* Thunb.

四川溲疏 *Deutzia setchuenensis* Franch.

分布：乐昌 [35] [南岭队 3846 (IBSC)]、仁化 [16, 35]、乳源 [26, 35]、阳山 [26]。

常山属 *Dichroa* Lour.

常山 *Dichroa febrifuga* Lour.

分布：博罗 [35, 100]、潮州 [35] [叶华谷等 13223 (IBSC)]、从化 [35, 107]、大埔 [35] [李学根 202591 (IBSC)]、德庆 [35] [刘瑛光 913 (GZAC)]、东莞 [25, 35]、东源 [119]、封开 [14, 35]、佛冈 [27]、广宁 [35] [蚁伟民 15960 (IBSC)]、广州 [35] [钟智波 23 (IBSC)]、和平 [35] [张桂才等 179 (IBSC)]、河源 [35] [曾怀德 29945 (IBSC)]、怀集 [35] [程用谦 170643 (IBSC)]、惠东 [12, 35]、惠州 [35] [卫兆芬 121466 (KUN)]、江门 [8, 35]、蕉岭 [35] [张其样 271 (SN)]、揭西 [35] [曾宪锋 ZXF35525 (CZH)]、乐昌 [26, 41, 35]、连南 [35] [朱志淞 679 (IBSC)]、连平 [35] [粤 73 1670 (IBSC)]、连山 [35] [谭沛祥 58454 (PE)]、连州 [35] [左景烈 22700 (IBSC)]、龙川 [35] [曾宪锋 ZXF22334 (CZH)]、龙门 [35] [卫兆芬 121941 (IBSC)]、陆丰 [35] [叶华谷等 4746 (IBSC)]、罗定 [35] [张桂才、刘念 2389 (IBSC)]、茂名 [35, 85]、梅州

[35] [李学根 201104 (IBSC)]、南雄 [33, 35, 57]、平远 [35] [李学根 202112 (IBSC)]、清远 [35] [林正眉、张丹荔 20180065 (SN)]、饶平 [35] [李学根 200783 (IBSC)]、仁化 [16, 35]、乳源 [26, 35]、韶关 [35] [梁向日、黄荣焜 31641 (IBSC)]、深圳 [17, 35]、始兴 [28, 35]、翁源 [35, 51]、五华 [4, 35]、新丰 [35, 63]、信宜 [35, 52]、阳春 [35] [叶华谷、刘念 63 (IBSC)]、阳山 [26, 35]、英德 [32, 35]、郁南 [35, 101]、云浮 [35] [辛树帜 5082 (IBSC)]、增城 [116]、肇庆 [9, 35]、中山 [10, 35]、紫金 [31, 35]。

广东常山 ***Dichroa fistulosa*** G. H. Huang & G. Hao

分布：惠东 [178]、江门 [178, 8]、阳春 [178]、肇庆 [178]、紫金 [31]。

罗蒙常山 ***Dichroa yaoshanensis*** Y. C. Wu

分布：封开 [14]、怀集 [35]、连山 [35]、连州 [35]、乳源 [26, 35]、翁源 [51]、新丰 [35]。

绣球属 *Hydrangea* Gronov.

冠盖绣球 ***Hydrangea anomala*** D. Don

分布：潮州 [叶华谷等 13229 (IBSC)]。

中国绣球 ***Hydrangea chinensis*** Maxim.

分布：从化 [107]、丰顺 [95]、乐昌 [35]、连州 [26, 35]、南雄 [33, 35]、乳源 [26, 35]、始兴 [28]、信宜 [52]、英德 [32]、肇庆 [9, 35]。

酥醪绣球 ***Hydrangea coenobialis*** Chun

分布：博罗 [35, 37]、丰顺 [95]、乐昌 [29, 35]、连平 [35]、翁源 [35, 51]、新丰 [35]、英德 [32, 35]。

粤西绣球 ***Hydrangea kwangsiensis*** Hu

分布：封开 [14]、惠东 [12]、乐昌 [29, 35]、连南 [35] [T. S. Chu & N. Y. Chen 60963 (IBSC)]、连州 [26, 35]、仁化 [16, 35]、乳源 [26, 35]、韶关 [35] [邓柏林 20261 (IBSC)]、始兴 [28, 35]、翁源 [51]、新丰 [63]、信宜 [52]、阳春 [45]、阳山 [35] [谭沛祥 60406 (IBSC)]、英德 [32]、肇庆 [9]。

广东绣球 ***Hydrangea kwangtungensis*** Merr.

分布：大埔 [35]、惠东 [12]、翁源 [35]、五华 [4, 35]、英德 [32]、紫金 [31]。

狭叶绣球 ***Hydrangea lingii*** G. Hoo

分布：大埔 [35]、梅州 [35]、紫金 [31]。

绣球 ***Hydrangea macrophylla*** (Thunb.) Ser.

分布：博罗 *[38, 100]、广州 *[http://ppbc. iplant. cn/tu/13539918]、惠州 *[http://ppbc. iplant. cn/tu/3677515]、陆丰 *[http://ppbc. iplant. cn/tu/266037]、深圳 *[17]、信宜 *[52]。

莽山绣球 ***Hydrangea mangshanensis*** C. F. Wei

分布：乳源 [26]。

圆锥绣球 ***Hydrangea paniculata*** Siebold

分布：大埔 [35] [王学文、张桂才 40 (IBSC)]、丰顺 [35, 95]、封开 [14]、佛冈 [27]、和平 [35] [卫兆芬 120504 (IBSC)]、蕉岭 [35] [徐祥浩、林辉奉 243 (IBSC)]、乐昌 [29, 35, 41]、连南 [35] [谭沛祥 59275 (IBSC)]、连平 [35] [粤 73 1924 (IBSC)]、连山 [35] [刘棠瑞 133 (SN)]、连州 [26, 35]、梅州 [35] [曾宪锋 ZXF42165 (CZH)]、南雄 [33, 35, 57]、平远 [35] [李学根 201854 (IBSC)]、仁化 [16, 35]、乳源 [26, 35]、韶关 [35] [苏竟驰 92 (IBSC)]、始兴 [28, 35]、翁源 [35, 51]、新丰 [35] [叶华谷 924 (IBSC)]、兴宁 [35] [曾宪锋 ZXF27978 (CZH)]、阳山 [26, 35]、英德 [32, 35]。

粗枝绣球 ***Hydrangea robusta*** Hook. f. & Thomson

分布：乐昌 [梁向日，黄荣焜 31396 (IBSC)]。

柳叶绣球 ***Hydrangea stenophylla*** Merr. & Chun

分布：丰顺 [95]、封开 [14]、惠东 [12]、乐昌 [35, 41]、连州 [26]、南雄 [33]、仁化 [16, 35]、乳源 [26]、翁源 [51]、阳山 [26]、英德 [32]。

蜡莲绣球 ***Hydrangea strigosa*** Rehder

分布：东源 [35]、佛冈 [35]、和平 [35]、河源 [35]、乐昌 [29, 35, 41]、连南 [35]、连平 [35]、连山 [35]、连州 [35] [程用谦 170525 (IBSC)]、龙川 [35]、南雄 [35]、清远 [35]、仁化 [35]、乳源 [26, 35]、韶关 [35]、始兴 [28, 35]、翁源 [35]、新丰 [35]、阳山 [35]、英德 [35]、紫金 [35]。

冠盖藤属 *Pileostegia* Turcz.

星毛冠盖藤 ***Pileostegia tomentella*** Hand. -Mazz.

分布：博罗 [5, 35]、从化 [107]、大埔 [35]、德庆 [35]、东源 [35, 59]、丰顺 [35]、封开 [14, 35]、佛冈 [35, 27]、广宁 [35]、和平 [35]、河源 [35]、怀集 [35] [石国良 15113 (IBSC)]、惠东 [12, 35]、惠州 [35]、蕉岭 [35] [徐祥浩、林辉奉 199 (IBSC)]、乐昌 [29, 35, 41]、连南 [35]、连平 [35] [粤 73 1675 (IBSC)]、连山 [35]、连州 [35]、龙川 [35]、龙门 [35] [肖家庚 5261 (CSFI)]、梅州 [35] [曾宪锋 ZXF43814 (CZH)]、南雄 [35]、平远 [35] [曾宪锋 ZXF44197 (CZH)]、清远 [35]、仁化 [35]、乳源 [26, 35]、韶关 [35] [梁向日、黄荣焜 31703 (IBSC)]、始兴 [28, 35]、四会 [35]、翁源 [35, 51]、五华 [4, 35]、新丰 [35, 63]、信宜 [52]、兴宁 [35]、阳春 [45]、阳山 [26, 35]、英德 [32, 35]、肇庆 [9, 35]、紫金 [31, 35]。

冠盖藤 ***Pileostegia viburnoides*** Hook. f. & Thomson

分布：博罗 [35, 100]、从化 [107]、东莞 [25, 35]、东源 [35, 59]、恩平 [35]、丰顺 [35, 95]、封开 [14, 35]、佛冈 [27]、高州 [35] [周沛椿 80342 (IBSC)]、广宁 [35] [蚁伟民 15953 (IBSC)]、怀集 [35] [石国良 14558 (IBSC)]、惠东 [12]、惠州 [35] [卫兆芬 121585 (KUN)]、江门 [8]、乐昌 [29, 35, 41]、连州 [26, 35]、茂名 [35] [邓良 2280 (IBSC)]、梅州 [35] [曾宪锋 ZXF41773 (CZH)]、南雄 [33, 35, 57]、饶平 [35]、仁化 [35]、乳源 [26, 35]、汕头 [35]、汕尾 [35]、韶关 [35]、深圳 [17, 35]、翁源 [35, 51]、吴川 [35]、五华 [35] [李学根 201636 (IBSC)]、新丰 [63]、信宜 [35, 52]、阳春 [35, 45]、阳山 [35] [南植地 329 (IBSC)]、英德 [32]、郁南 [101]、肇庆 [9, 35]、紫金 [31, 35]。

钻地风属 *Schizophragma* Siebold & Zucc.

白背钻地风 *Schizophragma hypoglaucum* Rehder

分布：乳源 [高锡朋 52881 (IBSC)]。

钻地风 *Schizophragma integrifolium* Oliv.

分布：封开 [14]、江门 [8]、乐昌 [29]、仁化 [16]、乳源 [26, 35]、信宜 [35, 52]。

粉绿钻地风 *Schizophragma integrifolium* var. *glaucescens* Rehder

分布：仁化 [16]、乳源 [26, 35]。

柔毛钻地风 *Schizophragma molle* (Rehder) Chun

分布：怀集 [35]、江门 [8]、乳源 [26]。

317. 山茱萸科 Cornaceae

八角枫属 *Alangium* Lam.

髯毛八角枫 *Alangium barbatum* (R. Br.) Baill.

分布：河源 [35]、乳源 [26]。

八角枫 *Alangium chinense* (Lour.) Harms

分布：博罗 [35, 38, 100]、潮州 [35] [叶华谷等 13106 (IBSC)]、从化 [35, 107]、德庆 [35] [陈焕镛 10104 (IBK)]、东莞 [25, 35]、东源 [59]、封开 [14, 35]、佛冈 [27]、佛山 [35] [陈焕镛 7754 (NAS)]、高州 [35] [蒋英 409 (IBSC)]、广州 [35] [叶华谷 16526 (IBSC)]、海丰 [35] [曾宪锋 ZXF9077 (CZH)]、鹤山 [35] [黄茂生 110778 (PE)]、惠东 [12]、惠州 [35] [C. I. Lei 168 (PE)]、江门 [8, 35]、乐昌 [29, 35, 41]、连南 [35] [邹香林 60779 (IBSC)]、连山 [35] [谭沛祥 58574 (PE)]、连州 [26, 35]、龙川 [35] [左景烈 21664 (IBSC)]、龙门 [35] [吴文诗 y107 (SN)]、茂名 [35, 85]、南澳 [35] [陈炳辉 396 (IBSC)]、南雄 [33, 35, 57]、平远 [35] [曾宪锋 ZXF9194 (CZH)]、清远 [35] [黄志 30302 (PE)]、仁化 [16, 35]、乳源 [26, 35]、深圳 [11, 17, 35]、始兴 [28, 35]、翁源 [51]、五华 [4]、新丰 [63]、新兴 [35] [刘瑛光 2410 (HZ)]、信宜 [52]、阳春 [35, 45]、阳山 [26, 35]、英德 [32, 35]、郁南 [101]、云浮 [35] [黄志 36943 (IBK)]、增城 [116]、肇庆 [35] [叶华谷等 18299 (IBSC)]、中山 [10, 35]、紫金 [31, 35]。

小花八角枫 *Alangium faberi* Oliv.

分布：封开 [14]、乐昌 [29, 35, 41]、连南 [35] [朱志淞 771 (IBSC)]、连山 [35] [谭沛祥 58635 (PE)]、连州 [35] [南岭调查队 223 (IBSC)]、南雄 [57, 35]、仁化 [16]、乳源 [35] [粤 73 543 (PE)]、始兴 [35] [邓良 6810 (KUN)]、翁源 [35] [刘心祈 25080 (KUN)]、阳山 [35] [邓良 215 (IBK)]、英德 [32, 35]、郁南 [35] [刘念 2685 (IBSC)]、紫金 [31, 35]。

毛八角枫 *Alangium kurzii* Craib

分布: 博罗 [35, 100]、潮州 [35] [曾宪锋 ZXF4914 (CZH)]、从化 [35, 107]、丰顺 [35, 95]、封开 [14, 35]、佛冈 [27]、高州 [35] [伍辉民 66 (IBSC)]、广州 [35] [李钦 20187 (AU)]、江门 [8, 35]、蕉岭 [35] [李学根 70727 (HZ)]、揭西 [35]、揭阳 [35]、乐昌 [29, 35, 41]、雷州 [35]、连南 [35]、连山 [35] [谭沛祥 58654 (PE)]、龙川 [35] [刘全儒 201007234 (BNU)]、龙门 [35] [肖家庚 5140 (CSFI)]、南雄 [33, 35]、仁化 [16]、乳源 [26]、韶关 [35] [南岭队 831 (IBSC)]、深圳 [11, 17, 35]、始兴 [28]、台山 [35]、翁源 [35, 51]、吴川 [35]、五华 [4, 35]、新丰 [35, 63]、新兴 [35]、信宜 [35, 52]、兴宁 [35] [曾宪锋 ZXF27724 (CZH)]、徐闻 [35]、阳春 [35] [叶华谷等 5349 (IBSC)]、阳江 [35]、阳山 [26, 35]、阳西 [35]、英德 [32, 35]、郁南 [35, 101]、云浮 [35]、增城 [35]、肇庆 [35] [陆德 11814 (AU)]、紫金 [31, 35]。

云山八角枫 *Alangium kurzii* var. *handelii* (Schnarf) W. P. Fang

分布：博罗 [35] [陈念劬 40797 (IBK)]、潮州 [35]、从化 [35]、大埔 [35]、德庆 [35]、东莞 [35]、东源 [35]、恩平 [35]、丰顺 [35]、封开 [35]、佛冈 [35]、佛山 [35]、高州 [35]、广宁 [35]、广州 [35] [刘瑛光 34 (IBSC)]、海丰 [35]、和平 [35]、河源 [35]、鹤山 [35]、化州 [35] [湛江区植物调查队 2838 (IBSC)]、怀集 [35]、惠东 [35] [陈邦余、张桂才等 410 (IBSC)]、惠来 [35]、惠州 [35]、江门 [35]、蕉岭 [35]、揭西 [35]、揭阳 [35]、开平 [35]、乐昌 [29, 35, 41]、雷州 [35]、连南 [35]、连平 [35]、连山 [35]、连州 [35] [朱志淞 710 (IBSC)]、廉江 [35]、龙川 [35]、龙门 [35]、陆丰 [35]、陆河 [35]、罗定 [35]、茂名 [35] [蒋英 2996 (IBK)]、梅州 [35]、南澳 [35]、南雄 [35]、平远 [35]、普宁 [35]、清远 [35]、饶平 [35] [陈念劬 42725 (IBK)]、仁化 [16, 35]、乳源 [35]、汕头 [35]、汕尾 [35]、韶关 [35]、深圳 [35]、始兴 [35]、四会 [35]、遂溪 [35]、台山 [35]、翁源 [35]、吴川 [35]、五华 [35]、新丰 [35]、新兴 [35]、信宜 [35, 52]、兴宁 [35]、徐闻 [35] [梁向日 65602 (IBK)]、阳春 [35]、阳江 [35] [黄志 41505 (IBK)]、阳山 [35]、阳西 [35]、英德 [35] [梁宝汉 84284 (IBK)]、郁南 [35]、云浮 [35]、增城 [35]、湛江 [35]、肇庆 [35]、中山 [35]、珠海 [35]、紫金 [35]。

广西八角枫 *Alangium kwangsiense* Melch.

分布：潮州 [35] [曾宪锋 ZXF5606 (CZH)]、从化 [35] [曾怀德 25255 (IBSC)]、大埔 [35]、德庆 [35]、丰顺 [35, 95]、封开 [14, 35]、佛冈 [35]、佛山 [35]、广宁 [35] [石国良 14456 (IBSC)]、广州 [35]、海丰 [35]、怀集 [35]、惠来 [35]、蕉岭 [35] [邓良 4870 (NAS)]、揭西 [35]、揭阳 [35]、连南 [35]、连山 [35]、连州 [35]、陆丰 [35]、陆河 [35]、梅州 [35] [F. A. McClure 7193 (PE)]、南澳 [35]、平远 [35]、普宁 [35]、清远 [35]、饶平 [35]、仁化 [16]、汕头 [35]、汕尾 [35]、四会 [35]、五华 [35]、兴宁 [35]、阳山 [35]、英德 [35]、增城 [35]、肇庆 [35]。

土坛树 *Alangium salviifolium* (L. f.) Wangerin

分布：茂名 [35, 85]、吴川 [35]、徐闻 [35] [赵华策 221 (IBSC)]、阳江 [35]、阳西 [35]、湛江 [35]。

山茱萸属 **Cornus L.**

华南梾木 ***Cornus austrosinensis*** W. P. Fang & W. K. Hu

分布：乳源 [35]。

头状四照花 ***Cornus capitata*** Wall.

分布：大埔 [35]、德庆 [35]、乐昌 [35, 41]、乳源 [26, 35]、阳山 [35]。

川鄂山茱萸 ***Cornus chinensis*** Wanger

分布：乳源 [黄志 44224 (KUN)]。

灯台树 ***Cornus controversa*** Hemsl.

分布：乐昌 [29, 35, 41]、乳源 [26, 35]。

尖叶四照花 ***Cornus elliptica*** (Pojark.) Q. Y. Xiang & Bofford

分布：大埔 [35]、东源 [59]、封开 [35]、佛冈 [27]、和平 [35]、乐昌 [26, 29, 35, 41]、连平 [35]、连山 [35]、南雄 [33, 35, 57]、平远 [35]、乳源 [26, 35]、始兴 [28, 35]、阳山 [26, 35]、英德 [32]、中山 [10]。

香港四照花 ***Cornus hongkongensis*** Hemsl.

分布：从化 [107]、东莞 [25]、东源 [59]、丰顺 [35]、封开 [14, 35]、佛冈 [27]、河源 [35]、惠东 [12]、惠州 [35]、江门 [8]、乐昌 [29, 41]、连州 [26]、仁化 [16]、乳源 [26]、深圳 [17]、始兴 [28]、翁源 [51]、五华 [35]、新丰 [63]、信宜 [52]、兴宁 [35]、阳春 [45]、阳山 [26]、英德 [32]、郁南 [101]、增城 [116]、肇庆 [35]、中山 [10]、紫金 [31, 35]。

秀丽四照花 ***Cornus hongkongensis* subsp. *elegans*** (W. P. Fang & Y. T. Hsieh) Q. Y. Xiang

分布：丰顺 [395]。

褐毛四照花 ***Cornus hongkongensis* subsp. *ferruginea*** (Y. C. Wu) Q. Y. Xiang

分布：从化 [35]、德庆 [35]、丰顺 [95]、封开 [14, 35]、广宁 [35]、怀集 [35]、惠东 [12]、乐昌 [35]、连南 [35]、连山 [35]、连州 [35]、龙门 [35]、罗定 [35]、茂名 [35]、仁化 [35]、乳源 [35]、深圳 [35]、始兴 [35]、翁源 [35]、五华 [4]、新丰 [35]、信宜 [35]、阳春 [35]、阳山 [35]、英德 [35]、郁南 [35]。

毛梾 ***Cornus walteri*** Wangerin

分布：连州 [35]。

光皮梾木 ***Cornus wilsoniana*** Wangerin

分布：乐昌 [26, 29, 35, 41]、连州 [35]、乳源 [26, 35]、阳山 [35]、英德 [35]。

318. 凤仙花科 Balsaminaceae

凤仙花属 ***Impatiens* L.**

大叶凤仙花 ***Impatiens apalophylla*** Hook. f.

分布：信宜 [35, 52]、阳春 [35]、云浮 [35]、增城 [116]、肇庆 [9, 35]。

凤仙花 ***Impatiens balsamina*** L.

分布：博罗 #[38, 100]、东莞 #[82]、惠州 #[82]、乐昌 #[29]、茂名 #[15]、仁化 #[16]、深圳 #[17, 82]、翁源 #[15, 51]、信宜 #[52]、湛江 #[416]、肇庆 #[9]、中山 #[82]。

睫毛萼凤仙花 ***Impatiens blepharosepala*** Pritz. ex Diels

分布：乐昌 [29, 26, 41]、南雄 [33, 57]、乳源 [26, 35]、翁源 [51]。

华凤仙 ***Impatiens chinensis*** L.

分布：博罗 [35, 100]、从化 [35, 107]、东莞 [25, 35]、东源 [59]、恩平 [35] [黄茂先 110359 (HZ)]、丰顺 [35] [曾宪锋 ZXF21284 (CZH)]、封开 [14, 35]、佛冈 [27]、高州 [35] [周沛椿 10424 (IBSC)]、广州 [35] [中草药组 142 (IBSC)]、海丰 [35] [曾宪锋 ZXF9066 (CZH)]、和平 [35] [卫兆芬 120568 (KUN)]、河源 [35] [77 级科研组新 0515 (SN)]、怀集 [35] [刘瑛光 2823 (IBSC)]、惠东 [12, 35]、江门 [8, 35]、开平 [35] [黄茂先 110577 (PE)]、乐昌 [29, 35, 41]、连南 [35] [谭沛祥 588711 (IBK)]、连平 [35] [粤 73 1589 (IBSC)]、连州 [35] [谭沛祥 60011 (IBSC)]、龙门 [35] [卫兆芬 121850 (IBSC)]、罗定 [35] [叶华谷、刘念 2198 (IBSC)]、茂名 [35, 85]、南澳 [35] [张寿洲、李良千等 1853 (PE)]、南雄 [33, 35, 57]、平远 [35] [曾宪锋 ZXF9869 (CZH)]、饶平 [35] [曾宪锋 ZXF26371 (CZH)]、仁化 [16, 35]、乳源 [26, 22, 35]、深圳 [11, 17, 35]、始兴 [28, 35]、台山 [35] [左景烈 22264 (IBSC)]、翁源 [35, 51]、新丰 [35, 63]、新兴 [35] [刘瑛光 2123 (IBSC)]、信宜 [35, 52]、阳春 [35, 45]、阳江 [35] [李泽贤、邢福武 2227 (IBSC)]、阳山 [26, 35]、英德 [32, 35]、郁南 [101]、云浮 [35] [黄志 37241 (IBSC)]、增城 [35, 116]、肇庆 [9, 35]、中山 [10, 35]、珠海 [35] [高蕴璋、陈都 858 (IBSC)]、紫金 [31, 35]。

绿萼凤仙花 ***Impatiens chlorosepala*** Hand. -Mazz.

分布：丰顺 [95]、佛冈 [27]、和平 [35]、怀集 [35]、乐昌 [29, 35, 41]、连平 [35]、连山 [35]、龙门 [35]、乳源 [26, 22, 35]、始兴 [28, 35]、翁源 [51]、五华 [4]、新丰 [63]、信宜 [52]、阳山 [26]、英德 [32]、增城 [116]、紫金 [31]。

棒凤仙花 ***Impatiens clavigera*** Hook. f.

分布：信宜 [512, 52]。

鸭跖草状凤仙花 ***Impatiens commelinoides*** Hand. -Mazz.

分布：丰顺 [95]、乐昌 [29, 26, 41, 22, 35]、南雄 [57, 33, 22, 35]、仁化 [16, 35]、乳源 [26, 22, 35]、始兴 [28]、阳山 [26]、英德 [32]。

牯岭凤仙花 ***Impatiens davidii*** Franch.

分布：博罗 [5, 100]、乐昌 [29]、连州 [35]、新丰 [63]。

滇南凤仙花 ***Impatiens duclouxii*** Hook. f.

分布：连南 [https://mp. weixin. qq. com/s/k7fv5IQ64N8Pr5Zer9IZtA]。

海南凤仙花 ***Impatiens hainanensis*** Y. L. Chen

分布：云浮 [436]。

新几内亚凤仙花 ***Impatiens hawkeri*** W. Bull

分布：深圳 *[17]。

香港凤仙花 ***Impatiens hongkongensis*** Grey-Wilson

分布：东莞 [25]、深圳 [98, 17, 3]。

湖南凤仙花 ***Impatiens hunanensis*** Y. L. Chen

分布：和平 [35]、怀集 [35]、连山 [35]、连州 [35]、翁源 [51]、阳山 [26]。

井冈山凤仙花 ***Impatiens jinggangensis*** Y. L. Chen

分布：乐昌 [26]、乳源 [26]。

新几内亚凤仙 ***Impatiens linearifolia*** Warb.

分布：从化 *[107]。

瑶山凤仙花 ***Impatiens macrovexilla* var. *yaoshanensis*** S. X. Yu, Y. L. Chen & H. N. Qin

分布：龙门 [徐晔春，龚理 20170604006 (IBSC)]、清远 [陈又生等 QY20230236 (IBSC)]、仁化 [http://ppbc. iplant. cn/tu/5454926]。

南岭凤仙花 ***Impatiens nanlingensis*** A. Q. Dong & F. W. Xing

分布：乳源 [26]、韶关 [153]、阳山 [26]。

水金凤 ***Impatiens noli-tangere*** L.

分布：乳源 [35]。

丰满凤仙花 ***Impatiens obesa*** Hook. f.

分布：从化 [35]、和平 [35]、连州 [26]、乳源 [26, 35]、韶关 [35]、翁源 [18]、信宜 [52]、阳春 [35]、阳山 [26]、英德 [32, 35]、云浮 [35]、增城 [116]、肇庆 [9]。

多脉凤仙花 ***Impatiens polyneura*** K. M. Liu

分布：韶关 [436]。

黄金凤 ***Impatiens siculifer*** Hook. f.

分布：乐昌 [29, 35, 41]、仁化 [16, 35]、乳源 [26, 35]。

田林凤仙花 ***Impatiens tianlinensis*** S. X. Yu, Y. L. Chen et H. N. Qin

分布：肇庆 [98]。

管茎凤仙花 ***Impatiens tubulosa*** Hemsley

分布：博罗 [98, 37]、从化 [98, 35]、丰顺 [95]、和平 [35] [谭策铭、易桂花、曹仕优等 Y06631 (JJF)]、惠东 [98]、乐昌 [98, 29, 41, 35]、连平 [98, 35]、连州 [35] [南岭队 314 (IBSC)]、龙门 [98]、南雄 [33, 35]、清远 [35] [黄志 30210 (IBK)]、仁化 [98, 35]、五华 [4]、新丰 [35] [邓良 8041 (IBSC)]、阳山 [98, 26, 35]、英德 [98, 32, 35]、肇庆 [98, 35]、紫金 [31, 35]。

苏丹凤仙花 ***Impatiens walleriana*** Hook. f.

分布：从化 #[107]、江门 #[8]、深圳 #[17]、肇庆 #[9]。

阳山凤仙花 ***Impatiens yangshanensis*** A. Q. Dong & F. W. Xing

分布：阳山 [155, 26]。

319. 花荵科 Polemoniaceae

福禄考属 *Phlox* L.

福禄考 ***Phlox drummondii*** Hook.

分布：肇庆 *[9]。

320. 玉蕊科 Lecythidaceae

玉蕊属 *Barringtonia* J. R. Forst. & G. Forst.

玉蕊 ***Barringtonia racemosa*** (L.) Spreng.

分布：遂溪 [13]、湛江 [13]。

321. 五列木科 Pentaphylacaceae

杨桐属 *Adinandra* Jack

尖叶川杨桐 ***Adinandra bockiana* var. *acutifolia*** (Hand. -Mazz.) Kobuski

分布：惠东 [12]、江门 [8]、乐昌 [29, 35, 41]、连州 [26]、仁化 [16]、乳源 [26, 35]、始兴 [28]、阳春 [37, 45]、阳山 [26]、英德 [32]、郁南 [101]、紫金 [31]。

长梗杨桐 ***Adinandra elegans*** F. C. How & W. C. Ko ex Hung T. Chang

分布：阳春 [3, 35, 37, 45]。

两广杨桐 ***Adinandra glischroloma*** Hand. -Mazz.

分布：从化 [107]、封开 [14]、佛冈 [27]、惠东 [12]、江门 [8]、乐昌 [29]、连平 [35]、连州 [26]、乳源 [26]、翁源 [35, 51]、五华 [4]、新丰 [63]、信宜 [52]、阳山 [26]、英德 [32, 35]、郁南 [101]、紫金 [31]。

长毛杨桐 ***Adinandra glischroloma* var. *jubata*** (H. L. Li) Kobuski

分布：高州 [35]、惠东 [12]、惠州 [35]、江门 [8]、罗定 [35]、信宜 [52]、阳春 [35]。

大萼杨桐 ***Adinandra glischroloma* var. *macrosepala*** (F. P. Metcalf) Kobuski

分布：惠东 [12]、江门 [8]、梅州 [35]、英德 [32, 35]。

海南杨桐 ***Adinandra hainanensis*** Hayata

分布：封开 [14]、雷州 [35]、廉江 [35]、茂名 [85]、遂溪 [35]、吴川 [35]、信宜 [52]、徐闻 [35]、阳春 [37, 45]、郁南 [101]、湛江 [35]。

粗毛杨桐 ***Adinandra hirta*** Gagnep.

分布：惠东 [12]、乐昌 [41]、信宜 [52]。

保亭杨桐 ***Adinandra howii*** Merr. & Chun

分布：惠州 [480]。

杨桐 ***Adinandra millettii*** (Hook. & Arn.) Benth. & Hook. f. ex Hance

分布：博罗 [35, 100]、潮州 [35] [郑颖娜 2015078 (CZH)]、从化 [35, 107]、大埔 [35] [李学根 202638 (PE)]、东莞 [25, 35]、东源 [35, 59]、丰顺 [35, 95]、封开 [14, 35]、佛冈 [27]、广州 [35] [钟亿珠 JS406 (SN)]、海丰 [35] [曾宪锋 ZXF4472 (CZH)]、和平 [35] [卫兆芬 120598 (PE)]、河源 [35] [77 级科研组 872 (IBSC)]、怀集 [35] [石国良 14562 (IBSC)]、惠东 [12]、惠州 [35] [卫兆芬 121661 (PE)]、江门

[35] [古兜山调研小组 200808872 (SN)]、蕉岭 [35] [李学根 702230 (HZ)]、揭西 [35] [2015 级实习队 2016316 (CZH)]、乐昌 [29, 35, 41]、连南 [35] [周桥纤 83462 (IBSC)]、连平 [35] [卫兆芬 120026 (PE)]、连山 [35] [刘棠瑞 142 (SN)]、连州 [26, 35]、龙川 [35] [王颖 WY010 (CZH)]、龙门 [35] [林正眉 m018 (SN)]、陆丰 [35] [卫兆芬 121270 (PE)]、陆河 [35] [叶华谷等 4645 (IBSC)]、茂名 [85]、梅州 [35] [朱彦芳 2016098 (CZH)]、南雄 [33, 35, 57]、平远 [35] [李学根 201856 (CSFI)]、饶平 [35] [陈念劬 42581 (PE)]、仁化 [16, 35]、乳源 [26]、深圳 [11, 17, 35]、始兴 [28, 35]、翁源 [35, 51]、五华 [4, 35]、新丰 [35, 63]、信宜 [35, 52]、兴宁 [35] [李学根 201808 (PE)]、阳江 [35] [农林厅 84283 (IBSC)]、阳山 [35] [谭沛祥 60430 (IBSC)]、英德 [32, 35]、增城 [116]、肇庆 [9, 35]、中山 [10, 35]、紫金 [31, 35]。

亮叶杨桐 ***Adinandra nitida*** Merr. ex H. L. Li

分布：博罗 [5, 100]、惠东 [12]、惠州 [35]、江门 [8]、茂名 [85]、信宜 [52]、阳春 [37, 45]、英德 [32, 35]、郁南 [101]、湛江 [35]、肇庆 [9, 35]。

茶梨属 *Anneslea* Wall.

茶梨 ***Anneslea fragrans*** Wall.

分布：博罗 [5, 100]、从化 [35] [邓良 8568 (PE)]、封开 [14, 35]、广州 [35] [吴征镒 81-1308 (KUN)]、怀集 [35] [S. C. Ng 3008 (PE)]、揭西 [35] [叶华谷等 4467 (IBSC)]、乐昌 [29, 35]、连山 [35] [南岭队 617 (IBSC)]、连州 [26, 35]、乳源 [26, 35]、翁源 [35, 51]、新丰 [35] [邓良 8265 (PE)]、信宜 [35, 52]、阳春 [35, 45]、阳江 [35] [湛江区植物调查队 3670 (IBSC)]、英德 [35] [梁向日 61358 (PE)]、增城 [35, 116]、湛江 [35] [南植地 3670 (SYS)]、肇庆 [9, 35]。

红淡比属 *Cleyera* Thunb.

锐尖肖柃 ***Cleyera cuspidata*** H. T. Chang & S. H. Shi

分布：封开 [施苏华 封 -85-632 (SYS)]。

凹脉红淡比 ***Cleyera incornuta*** Y. C. Wu

分布：乳源 [26]。

红淡比 ***Cleyera japonica*** Thunb.

分布：从化 [107]、德庆 [35] [刘瑛光 1016 (IBSC)]、东莞 [25]、丰顺 [95]、封开 [14, 35]、佛冈 [27]、广宁 [35] [石国良 14433 (IBSC)]、怀集 [35] [刘瑛光 2558 (IBSC)]、乐昌 [29, 35, 41]、连南 [35] [谭沛祥 58875 (IBK)]、连州 [26, 35]、南雄 [33, 35, 57]、清远 [35] [黄志 30688 (IBK)]、仁化 [16, 35]、乳源 [26, 35]、始兴 [28, 35]、翁源 [35, 51]、五华 [4]、新丰 [35, 63]、信宜 [52]、阳山 [26, 35]、英德 [32, 35]、郁南 [101]、增城 [116]、紫金 [31, 35]。

厚叶红淡比 ***Cleyera pachyphylla*** Chun ex Hung T. Chang

分布：从化 [107]、高州 [35] [周沛椿 80273 (IBSC)]、惠东 [12]、江门 [8]、乐昌 [29, 35, 41]、连州 [26, 35]、罗定 [35] [中山大学普查队 179 (SYS)]、茂名 [35] [邓良 2384 (IBSC)]、南雄 [33, 35]、仁化 [16, 35]、乳源 [26, 35]、信宜 [35, 52]、阳春 [45]、阳山 [35] [邓良 1404 (IBSC)]、英德 [32]。

小叶红淡比 ***Cleyera parvifolia*** (Kobuski) Hu ex L. K. Ling

分布：潮州 [35] [周晓彤 2014022 (CZH)]、东莞 [25]、丰顺 [35] [曾宪锋 ZXF6845 (CZH)]、封开 [14]、江门 [8]、揭西 [35] [2015 级实习队 2016283 (CZH)]、饶平 [35] [曾宪锋 ZXF30507 (CZH)]、仁化 [16]、信宜 [52]、阳山 [26]。

阳春红淡比 ***Cleyera yangchunensis*** L. K. Ling

分布：信宜 [52]、阳春 [3, 37, 45]。

柃属 *Eurya* Thunb.

尖叶毛柃 ***Eurya acuminatissima*** Merr. & Chun

分布：封开 [14, 35]、广宁 [35] [石国良 14435 (IBSC)]、怀集 [35] [刘瑛光 2637 (IBSC)]、惠东 [12]、江门 [8]、乐昌 [29, 41]、连州 [26]、罗定 [35]、南雄 [33, 57]、清远 [35]、仁化 [35]、乳源 [26, 35]、始兴 [28]、信宜 [35, 52]、阳春 [37, 45]、阳山 [26, 35]、英德 [32, 35]、郁南 [35, 101]、云浮 [35]、肇庆 [9]、紫金 [31]。

尖萼毛柃 ***Eurya acutisepala*** Hu & L. K. Ling

分布：封开 [14]、江门 [8]、乐昌 [29, 41]、连州 [26]、五华 [4]、新丰 [63]、阳山 [26]、紫金 [31]。

翅柃 ***Eurya alata*** Kobuski

分布：丰顺 [95]、佛冈 [27]、乐昌 [29, 35, 41]、连州 [26]、仁化 [16]、乳源 [26, 35]、翁源 [51]、五华 [4]、信宜 [52]、阳山 [26]。

穿心柃 ***Eurya amplexifolia*** Dunn

分布：大埔 [35] [曾宪锋 ZXF44318 (CZH)]、丰顺 [95]、饶平 [35] [曾宪锋 ZXF30517 (CZH)]、紫金 [31]。

黄腺柃 ***Eurya aureopunctata*** (Hung T. Chang) Z. H. Chen & P. L. Chiu

分布：广宁 [35] [蚁伟民 15934 (IBSC)]、怀集 [35] [刘瑛光 2561 (IBSC)]、惠东 [12]、乐昌 [29, 35]、深圳 [17]、信宜 [52]、阳山 [35] [南植地 421 (IBSC)]、肇庆 [9]。

耳叶柃 ***Eurya auriformis*** Hung T. Chang

分布：封开 [14]、惠东 [12]、龙门 [35]、乳源 [26]、深圳 [17]、紫金 [31]。

短柱柃 ***Eurya brevistyla*** Kobuski

分布：连州 [26]、乳源 [26, 35]、新丰 [63]、英德 [32]。

米碎花 ***Eurya chinensis*** R. Brown

分布：博罗 [35, 38, 100]、潮州 [35] [张旭炎 2015387 (CZH)]、从化 [35, 107]、大埔 [35] [曾宪锋 ZXF5328 (IBSC)]、德庆 [35] [刘瑛光 953 (PE)]、东莞 [25, 35]、东源 [119]、恩平 [35] [黄茂先 110485 (HZ)]、丰顺 [35, 95]、封开 [14, 35]、佛冈 [27]、佛山 [35] [王显智、张瑞麟 155 (IBK)]、广宁 [35] [梁向日 61843 (IBSC)]、广州 [35] [叶育石 5569 (IBSC)]、海丰 [35] [曾宪锋 ZXF8835 (CZH)]、和平 [35] [卫兆芬 120252 (IBK)]、河源 [35] [77 级科研组新 0413 (SN)]、

化州 [35] [湛江区植物调查队 2965 (IBSC)]、**怀集** [35] [程用谦 170748 (IBSC)]、**惠东** [12, 35]、**惠州** [35] [卫兆芬 121560 (IBK)]、**江门** [8, 35]、**蕉岭** [35] [徐祥浩、林辉奉 204 (IBSC)]、**揭西** [35] [曾宪锋 ZXF31271 (CZH)]、**揭阳** [35] [黄雅凤 HYF042 (CZH)]、**开平** [35] [黄茂先 110610 (HZ)]、**乐昌** [29, 35, 41]、**连平** [35] [颜农化 22 (NF)]、**连州** [26, 35]、**龙川** [35] [刘全儒、孟世勇 201001164 (BNU)]、**龙门** [35] [肖家庚 5100 (CSFI)]、**陆河** [35] [叶华谷 4619 (IBSC)]、**罗定** [35] [林茎 9490 (IBK)]、**茂名** [35, 85]、**梅州** [35] [曾宪锋 ZXF43701 (CZH)]、**南雄** [33, 35, 57]、**平远** [35] [曾宪锋 ZXF42125 (CZH)]、**清远** [35] [李波 LB007 (IBSC)]、**饶平** [35] [曾宪锋 ZXF9975 (CZH)]、**仁化** [16, 35]、**乳源** [26, 35]、**韶关** [35] [叶华谷 7249 (IBSC)]、**深圳** [11, 17, 35]、**始兴** [28, 35]、**台山** [35] [左景烈 22287 (IBSC)]、**翁源** [35, 51]、**五华** [4, 35]、**新丰** [35, 63]、**新兴** [35] [刘瑛光 2096 (IBSC)]、**信宜** [35, 52]、**兴宁** [35] [曾宪锋 ZXF27555 (CZH)]、**阳春** [35, 45]、**阳山** [26, 35]、**英德** [32, 35]、**郁南** [101]、**云浮** [35] [黄志 1851 (LBG00077475)]、**增城** [35, 116]、**湛江** [35] [南植地 2965 (SYS)]、**肇庆** [9, 35]、**中山** [10, 35]、**珠海** [35] [庄莹莹 20093303 (SN)]、**紫金** [31, 35]。

光枝米碎花 ***Eurya chinensis* var. *glabra*** Hu & L. K. Ling

分布：**东莞** [25]、**广州** [35] [叶育石 5155 (IBSC)]、**连州** [26]、**仁化** [16]、**乳源** [26]、**深圳** [17]、**英德** [32, 35]、**肇庆** [35] [叶华谷等 18447 (IBSC)]、**紫金** [31, 35]。

华南毛柃 ***Eurya ciliata*** Merr.

分布：**东莞** [25]、**东源** [119]、**丰顺** [95]、**惠东** [12]、**乐昌** [29]、**仁化** [16]、**翁源** [51]、**五华** [4]、**新丰** [63]、**信宜** [52]、**英德** [32]、**增城** [116]。

秃小耳柃 ***Eurya disticha*** Chun

分布：**封开** [14]、**信宜** [35, 52]、**阳春** [37]、**英德** [32]。

二列叶柃 ***Eurya distichophylla*** Hemsl.

分布：**博罗** [35, 37, 38, 100]、**潮州** [35] [刘丽莉 2015397 (CZH)]、**从化** [35, 107]、**大埔** [35] [李学根 202602 (HZ)]、**东莞** [25, 35]、**丰顺** [35, 95]、**封开** [14, 35]、**佛冈** [27]、**海丰** [35] [曾宪锋 ZXF8833 (CZH)]、**和平** [35] [卫兆芬 120251 (IBK)]、**怀集** [35] [曾怀德 22818 (IBK)]、**惠东** [12, 35]、**惠州** [35] [叶华谷、曾飞燕 21980 (IBSC)]、**江门** [8]、**蕉岭** [35] [邓良 4530 (WUK)]、**揭西** [35] [曾宪锋 ZXF35865 (CZH)]、**连平** [35] [粤 73 1965 (IBSC)]、**连山** [35] [谭沛祥 58676 (PE)]、**连州** [26, 35]、**龙川** [35] [左景烈 21635 (IBSC)]、**龙门** [35] [卫兆芬 121939 (IBK)]、**梅州** [35] [曾宪锋 ZXF43827 (CZH)]、**平远** [35] [曾宪锋 ZXF34017 (CZH)]、**饶平** [35] [田代科、李春 TDK00815 (CSH)]、**仁化** [16]、**乳源** [26, 35]、**韶关** [35] [梁向日、黄志 31617 (IBK)]、**深圳** [17, 35]、**始兴** [28, 35]、**翁源** [35, 51]、**五华** [4, 35]、**新丰** [35, 63]、**信宜** [52]、**阳春** [45]、**阳山** [35] [谭沛祥 60502 (IBSC)]、**英德** [32]、**郁南** [101]、**增城** [35, 116]、**肇庆** [9, 35]、**紫金** [31, 35]。

腺柃 ***Eurya glandulosa*** Merr.

分布：**博罗** [35, 37, 100]。

楔基腺柃 ***Eurya glandulosa* var. *cuneiformis*** Hung T. Chang

分布：**潮州** [35] [叶华谷等 13237 (IBSC)]、**从化** [107]、**大埔** [35] [曾宪锋 ZXF33000 (CZH)]、**丰顺** [35, 95]、**海丰** [35] [曾宪锋 ZXF4522 (CZH)]、**惠东** [12]、**江门** [8]、**揭西** [35] [曾宪锋 ZXF31300 (CZH)]、**陆河** [35] [叶华谷 4717 (IBSC)]、**梅州** [35] [曾宪锋 ZXF41698 (CZH)]、**平远** [35] [曾宪锋 ZXF41994 (CZH)]、**饶平** [35] [曾宪锋 ZXF4258 (IBSC)]、**乳源** [26]、**五华** [4]、**阳春** [45]、**增城** [116]、**紫金** [31]。

粗枝腺柃 ***Eurya glandulosa* var. *dasyclados*** (Kobuski) Hung T. Chang

分布：**从化** [35, 107]、**封开** [14]、**广宁** [35]、**惠东** [12]、**五华** [4]、**紫金** [31]。

岗柃 ***Eurya groffii*** Merr.

分布：**博罗** [35, 38, 100]、**潮州** [35] [曾宪锋 ZXF6639 (CZH)]、**从化** [35, 107]、**大埔** [35] [曾宪锋 ZXF33003 (CZH)]、**德庆** [35] [刘瑛光 923 (HZ)]、**东莞** [25, 35]、**东源** [35] [刘全儒 201007255 (BNU)]、**丰顺** [35, 95]、**封开** [14, 35]、**佛冈** [27]、**佛山** [35] [黄茂先 110646 (PE)]、**广州** [35] [黄米龙 200902106 (SN)]、**海丰** [35] [卫兆芬 121441 (IBSC)]、**和平** [35] [张桂才 725 (IBSC)]、**河源** [35] [77 级科研组新 0705 (SN)]、**鹤山** [35] [黄茂先 110826 (PE)]、**怀集** [35] [刘瑛光 2746 (IBSC)]、**惠东** [12, 35]、**惠州** [35] [卫兆芬 121544 (IBK)]、**江门** [8, 35]、**揭西** [35] [曾宪锋 ZXF21094 (CZH)]、**连州** [35] [程用谦 170372 (IBSC)]、**龙门** [35] [王学文、张桂才 8048 (IBK)]、**陆河** [35] [曾宪锋 ZXF42643 (CZH)]、**罗定** [35] [蒋英 9511 (SN)]、**茂名** [35, 85]、**梅州** [35] [曾宪锋 ZXF31190 (CZH)]、**清远** [35] [黄荣焜 30196 (IBSC)]、**饶平** [35] [曾宪锋 ZXF4077 (IBSC)]、**仁化** [16]、**乳源** [35] [75 进修 2 组 20163 (SYS)]、**深圳** [35] [邢福武、张永夏 12123 (IBSC)]、**台山** [35] [粤 73 2792 (IBSC)]、**翁源** [35] [刘心祈 24427 (IBK)]、**五华** [4, 35]、**新丰** [35] [叶华谷 1180 (IBSC)]、**新兴** [35] [刘瑛光 2237 (HZ)]、**信宜** [35, 52]、**阳春** [35, 45]、**阳江** [35] [湛江区植物调查队 3553 (IBSC)]、**阳山** [26, 35]、**英德** [32, 35]、**郁南** [101]、**云浮** [35] [黄季庄 386 (NAU00013607)]、**增城** [35, 116]、**肇庆** [9, 35]、**中山** [10, 35]、**紫金** [31, 35]。

微毛柃 ***Eurya hebeclados*** Ling

分布：**潮州** [35] [曾宪锋 ZXF5472 (CZH)]、**大埔** [35] [大埔队 457 (IBSC)]、**东莞** [25]、**丰顺** [35, 95]、**封开** [14]、**海丰** [35] [曾宪锋 ZXF8831 (CZH)]、**和平** [35] [和平队 628 (IBSC)]、**惠东** [12]、**江门** [8]、**揭西** [35] [叶华谷 4422 (IBSC)]、**乐昌** [26, 29, 35, 41]、**连南** [35] [钟德尧 20440 (IBSC)]、**连平** [35] [粤 73 1844 (IBSC)]、**连山** [35] [谭沛祥

58533 (PE)]、连州 [26, 35]、仁化 [16, 35]、乳源 [26, 35]、韶关 [35] [黄志 31616 (IBK)]、始兴 [28, 35]、翁源 [51]、五华 [4]、新丰 [63]、信宜 [52]、阳山 [26, 35]、郁南 [101]、肇庆 [9]。

凹脉柃 ***Eurya impressinervis*** Kobuski

分布：博罗 [37]、乐昌 [29]、乳源 [26, 35]、翁源 [51]、信宜 [52]、阳山 [26]、英德 [32]。

柃木 ***Eurya japonica*** Thunberg

分布：封开 [14]、佛冈 [27]、始兴 [28]、信宜 [52]、英德 [32]。

细枝柃 ***Eurya loquaiana*** Dunn

分布: 博罗 [35, 100]、潮州 [35] [曾宪锋 ZXF9771 (CZH)]、从化 [35] [刘全儒、张潮、徐丹 LXH2004066 (BNU)]、大埔 [35] [王学文等 125 (IBSC)]、东莞 [25, 35]、丰顺 [95]、封开 [14, 35]、佛冈 [27]、广州 [35] [秦雪儿 y404 (SN)]、海丰 [35] [南植地 8499 (IBSC)]、和平 [35] [谭策铭、易桂花、曹仕优等 Y06697 (JJF)]、怀集 [35] [刘瑛光 2747 (HZ)]、江门 [8, 35]、蕉岭 [35] [李学根 202253 (HZ)]、乐昌 [29, 35, 41]、连南 [35] [谭沛祥 59252 (IBK)]、连平 [35] [粤 73 1680 (IBSC)]、连山 [35] [谭沛祥 58010 (SZ00079767)]、连州 [26, 35]、龙门 [35] [卫兆芬 21873 (IBK)]、罗定 [35] [刘念、叶华谷 2443 (IBSC)]、平远 [35] [邓良 4030 (WUK)]、饶平 [35] [李学根 200548 (IBSC)]、仁化 [16, 35]、乳源 [26, 35]、深圳 [17, 35]、始兴 [28, 35]、台山 [35] [周联选 11673 (KUN)]、翁源 [35, 51]、五华 [4, 35]、新丰 [35, 63]、信宜 [35, 52]、阳山 [26, 35]、英德 [32, 35]、郁南 [35, 101]、增城 [116]、肇庆 [9, 35]。

黑柃 ***Eurya macartneyi*** Champion

分布：博罗 [35, 100]、潮州 [35] [曾宪锋 ZXF8770 (CZH)]、从化 [35, 107]、德庆 [35] [刘瑛光 931 (IBSC)]、东莞 [25, 35]、封开 [14, 35]、广宁 [35] [陈炳辉 1572 (IBSC)]、广州 [35] [刘嘉琪 201651012 (SN)]、和平 [35] [卫兆芬 120341 (IBK)]、河源 [35] [卫兆芬 120763 (IBK)]、怀集 [35] [刘瑛光 2553 (IBSC)]、惠东 [12, 35]、江门 [8, 35]、揭西 [35] [叶华谷 4449 (IBSC)]、乐昌 [29, 35, 41]、连南 [35] [谭沛祥 58999 (IBK)]、连平 [35] [卫兆芬 120123 (IBK)]、连州 [26, 35]、龙门 [35] [卫兆芬 121945 (IBK)]、梅州 [35] [曾宪锋 ZXF40375 (CZH)]、南雄 [33, 35, 57]、仁化 [16, 35]、乳源 [26, 35]、韶关 [35] [黄志 31643 (IBK)]、深圳 [17, 35]、始兴 [28, 35]、翁源 [35, 51]、五华 [4, 35]、新丰 [35, 63]、信宜 [52]、阳春 [35] [叶华谷等 5523 (IBSC)]、阳山 [26, 35]、英德 [32, 35]、郁南 [101]、增城 [116]、肇庆 [9, 35]、珠海 [35] [高蕴 247 (HGAS)]、紫金 [31, 35]。

从化柃 ***Eurya metcalfiana*** Kobuski

分布：从化 [35, 107]、江门 [8]、龙门 [35]、增城 [116]。

格药柃 ***Eurya muricata*** Dunn

分布：从化 [35] [曾怀德 50431 (NAS)]、丰顺 [95]、封开 [14, 35]、和平 [35] [73 级 76110 (SYS)]、惠东 [12]、江门 [8]、乐昌 [29, 35, 41]、连州 [26, 35]、仁化 [16]、乳源 [26]、始兴 [28, 35]、翁源 [51]、五华 [4]、新丰 [63]、信宜 [52]、英德 [32]。

细齿叶柃 ***Eurya nitida*** Korth.

分布：博罗 [35, 100]、从化 [35, 107]、大埔 [35] [李学根 202490 (HZ)]、德庆 [35] [刘瑛光 998 (HZ)]、东莞 [25, 35]、恩平 [35] [黄茂先 110426 (HZ)]、丰顺 [35, 95]、封开 [14, 35]、佛冈 [27]、高州 [35] [周沛椿 80336 (IBSC)]、广宁 [35] [石国良 14370 (IBSC)]、海丰 [35] [陈炳辉 582 (IBSC)]、和平 [35] [卫兆芬 120226 (IBK)]、河源 [35] [77 级科研组新 0900 (SN)]、怀集 [35] [刘瑛光 2933 (HZ)]、惠东 [12, 35]、惠州 [35] [叶华谷、曾飞燕 21799 (IBSC)]、江门 [8, 35]、蕉岭 [35] [李学根 202266 (HZ)]、乐昌 [29, 35, 41]、雷州 [35] [李泽贤等 1948 (IBSC)]、连平 [35] [刘全儒 201007223 (BNU)]、连山 [35] [谭沛祥 58136 (KUN)]、连州 [26, 35]、龙门 [35] [杨捷梅 2017m140 (SN)]、茂名 [35, 85]、梅州 [35] [李学根 202422 (HZ)]、南雄 [35] [邓良 6367 (AU)]、平远 [35] [李学根 202124 (CSFI)]、普宁 [35] [南植地 7947 (IBSC)]、清远 [35] [黄荣焜 30278 (IBSC)]、饶平 [35] [李学根 200866 (IBK)]、仁化 [16]、乳源 [26, 35]、韶关 [35] [黄志 31663 (IBK)]、深圳 [11, 17, 35]、始兴 [28]、台山 [35] [陈邦余、李泽贤 188 (FJSI)]、翁源 [35, 51]、五华 [4]、新丰 [35, 63]、信宜 [35, 52]、兴宁 [35] [李学根 201791 (CSFI)]、徐闻 [35] [徐闻队 262 (IBK)]、阳春 [35, 45]、阳江 [35] [黄志 41501 (IBK)]、阳山 [26]、英德 [32, 35]、郁南 [101]、增城 [116]、湛江 [35] [南植地 3575 (SYS)]、肇庆 [9, 35]、中山 [10, 35]、珠海 [35] [刘莹、李静 88 (SYS)]、紫金 [31, 35]。

长毛柃 ***Eurya patentipila*** Chun

分布：广宁 [35] [陈炳辉 1607 (IBSC)]、怀集 [35] [石国良 15006 (IBSC)]、连南 [35] [谭沛祥 59283 (IBK)]、连山 [35] [谭沛祥 58205 (SZ00080591)]、仁化 [16]、新丰 [35] [叶华谷 993 (IBSC)]、信宜 [52]、阳春 [37]、阳山 [35] [谭沛祥 60305 (IBK)]、英德 [35] [Tse Hai378 (SYS)]、郁南 [101]。

多脉柃 ***Eurya polyneura*** Chun

分布：信宜 [35, 52]。

大叶五室柃 ***Eurya quinquelocularis*** Kobuski

分布：阳春 [511]。

红褐柃 ***Eurya rubiginosa*** Hung T. Chang

分布：从化 [35, 107]、封开 [14]、惠东 [12]、龙门 [35]、乳源 [26]。

窄基红褐柃 ***Eurya rubiginosa* var. *attenuata*** Hung T. Chang

分布：潮州 [35] [曾宪锋 ZXF4824 (CZH)]、大埔 [35] [曾宪锋 ZXF44374 (CZH)]、丰顺 [35] [曾宪锋 ZXF6873 (CZH)]、广宁 [35] [陈炳辉等 1630 (IBSC)]、怀集 [35] [刘瑛光 2546

(HZ)]、**江门** [8]、**蕉岭** [35] [邓良 4670 (WUK)]、**乐昌** [35, 41]、**连南** [35] [张冰明 60597 (IBSC)]、**连山** [35] [谭沛祥 58345 (KUN)]、**连州** [35] [谭沛祥 59736 (IBK)]、**龙川** [35] [曾宪锋 ZXF22312 (CZH)]、**梅州** [35] [曾宪锋 ZXF42214 (CZH)]、**平远** [35] [曾宪锋 ZXF43960 (CZH)]、**仁化** [16, 35]、**乳源** [35] [李学根 201154 (HZ)]、**五华** [4, 35]、**新丰** [63]、**信宜** [52]、**兴宁** [35] [南植地 7684 (IBSC)]、**阳山** [26]、**英德** [32, 35]、**肇庆** [9, 35]、**紫金** [31, 35]。

岩柃 ***Eurya saxicola*** Hung T. Chang

分布：**乐昌** [41]、**连州** [26, 35]、**乳源** [26, 35]、**翁源** [51]、**阳山** [26]、**英德** [32]。

窄叶柃 ***Eurya stenophylla*** Merr.

分布：**怀集** [35]、**惠东** [12]、**江门** [8]、**深圳** [17]、**阳春** [45]、**增城** [116]、**紫金** [31]。

长尾窄叶柃 ***Eurya stenophylla*** **var.** ***caudata*** Hung T. Chang

分布：**县级不详** [35, 37]。

毛窄叶柃 ***Eurya stenophylla*** **var.** ***pubescens*** T. L. Ming

分布：**惠州** [35]。

假杨桐 ***Eurya subintegra*** Kobuski

分布：**封开** [14]、**罗定** [35]、**信宜** [35, 52]、**阳春** [45]、**云浮** [35]。

四角柃 ***Eurya tetragonoclada*** Merr. & Chun

分布：**乐昌** [26, 29, 35, 41]、**连州** [26]、**乳源** [26, 35]、**始兴** [28, 35]、**翁源** [35, 51]、**信宜** [52]、**阳春** [37]、**英德** [32, 35]。

毛果柃 ***Eurya trichocarpa*** Korthals

分布：**从化** [107]、**德庆** [35] [刘瑛光 925 (HZ)]、**东莞** [25]、**封开** [14, 35]、**高州** [35] [周沛椿 80279 (IBSC)]、**罗定** [35] [刘念、叶华谷 2259 (IBSC)]、**乳源** [26, 35]、**信宜** [35, 52]、**阳春** [35] [黄志 38578 (IBK)]、**阳山** [26]、**英德** [32, 35]、**肇庆** [9, 35]。

信宜毛柃 ***Eurya velutina*** Chun

分布：**信宜** [3, 35, 52]。

单耳柃 ***Eurya weissiae*** Chun

分布：**封开** [14]、**乐昌** [26, 29, 35, 41]、**南雄** [33, 35]、**仁化** [35] [Y. Tateishietal. 1611 (IBSC)]、**乳源** [26, 35]、**韶关** [35] [黄荣焜 31683 (IBSC)]、**阳山** [35] [南植地 428 (IBSC)]、**英德** [32]。

猪血木属 ***Euryodendron*** **Hung T. Chang**

猪血木 ***Euryodendron excelsum*** Hung T. Chang

分布：**信宜** [20, 52]、**阳春** [3, 35, 20, 37, 45]。

五列木属 ***Pentaphylax*** **Gardner & Champ.**

五列木 ***Pentaphylax euryoides*** Gardner & Champ.

分布：**博罗** [35, 100]、**潮州** [35] [裴斌 2015077 (CZH)]、**从化** [35, 107]、**大埔** [35] [曾宪锋 ZXF44389 (CZH)]、**东莞** [25, 35]、**东源** [59]、**丰顺** [35, 95]、**封开** [14, 35]、**佛冈** [27]、**广州** [35] [裴男才 15 (IBSC)]、**海丰** [35] [曾宪锋 ZXF4545 (CZH)]、**惠东** [12, 35]、**惠州** [35] [卫兆芬 121743 (IBK)]、**江门** [8, 35]、**蕉岭** [35] [邓良 4656 (PE)]、**揭西** [35] [曾宪锋 ZXF24812 (CZH)]、**乐昌** [29, 35, 41]、**连州** [26, 35]、**茂名** [35] [杨世雄、赵东伟 3666 (KUN)]、**梅州** [35] [李学根 202454 (PE)]、**平远** [35] [曾宪锋 ZXF44250 (CZH)]、**乳源** [35] [周仁章、巫锡良、王国栋 12550 (SZG)]、**韶关** [35] [胡绍明 90096 (SN)]、**深圳** [17, 35]、**台山** [35] [李泽贤 555 (FJSI)]、**翁源** [51]、**五华** [4, 35]、**新丰** [35, 63]、**信宜** [35, 52]、**阳春** [35, 45]、**阳江** [35] [湛江区植物调查队 3677 (IBSC)]、**阳山** [35] [李学根 201205 (PE)]、**英德** [32, 35]、**增城** [116]、**肇庆** [9, 35]、**中山** [10, 35]、**珠海** [35] [李泽贤、邢福武 628 (FJSI)]、**紫金** [31, 35]。

厚皮香属 ***Ternstroemia*** **Mutis ex L. f.**

锥果厚皮香 ***Ternstroemia conicocarpa*** L. K. Ling

分布：**乐昌** [37, 29]、**仁化** [16]、**乳源** [37]。

异色厚皮香 ***Ternstroemia discolor*** H. T. Chang & S. H. Shi

分布：**封开** [施苏华 封 -84-0214 (SYS)]。

厚皮香 ***Ternstroemia gymnanthera*** (Wight & Arn.) Bedd.

分布：**博罗** [5, 35, 100]、**潮州** [35] [曾宪锋 ZXF8691 (CZH)]、**从化** [107]、**大埔** [35] [大埔队 421 (IBK)]、**东莞** [25, 35]、**东源** [59]、**丰顺** [35] [曾宪锋 ZXF7328 (CZH)]、**封开** [14, 35]、**佛冈** [27]、**广州** [35] [陈景方 3276 (SZG)]、**怀集** [35] [程用谦 170608 (IBSC)]、**惠东** [12, 35]、**惠州** [35] [卫兆芬 121595 (IBK)]、**江门** [8, 35]、**蕉岭** [35] [邓良 4867 (IBSC)]、**揭西** [35] [叶华谷等 4442 (IBSC)]、**乐昌** [29, 35, 41]、**连平** [35] [刘瑛光 299 (IBSC)]、**龙川** [35] [曾宪锋 ZXF22282 (CZH)]、**龙门** [35] [张桂才 321 (HGAS)]、**茂名** [35] [Q. Fan4410 (SYS)]、**梅州** [35] [曾宪锋 ZXF5283 (CZH)]、**平远** [35] [邓良 4350 (IBK)]、**饶平** [35] [曾宪锋 ZXF1904 (IBSC)]、**仁化** [16]、**乳源** [26, 35]、**深圳** [17, 35]、**始兴** [35] [邢福武、叶华谷 977 (IBSC)]、**台山** [35] [陈炳辉 893 (IBSC)]、**翁源** [51]、**五华** [4, 35]、**新丰** [63]、**信宜** [35, 52]、**阳春** [35] [梁葵 69256 (PE)]、**阳山** [26, 35]、**英德** [32, 35]、**郁南** [101]、**增城** [116]、**肇庆** [9, 35]、**中山** [10, 35]、**紫金** [31, 35]。

厚叶厚皮香 ***Ternstroemia kwangtungensis*** Merr.

分布：**博罗** [35, 37]、**从化** [107]、**丰顺** [95]、**封开** [14]、**海丰** [35]、**乐昌** [41]、**仁化** [16]、**乳源** [35]、**始兴** [28]、**信宜** [52]、**阳春** [35, 37]、**英德** [32]、**增城** [116]、**肇庆** [9, 35]。

尖萼厚皮香 ***Ternstroemia luteoflora*** L. K. Ling

分布：**东莞** [25]、**封开** [14]、**江门** [8]、**乐昌** [29, 41]、**连州** [26]、**南雄** [33, 57]、**乳源** [26]、**深圳** [17]、**始兴** [28]、**翁源** [51]、**信宜** [52]、**阳春** [45]、**阳山** [26]、**英德** [32]、**郁南** [101]、**紫金** [31]。

小叶厚皮香 ***Ternstroemia microphylla*** Merr.

分布：**封开** [14]、**化州** [35]、**雷州** [35]、**深圳** [17]、**翁**

源 [51]、阳春 [35, 37, 45]、紫金 [31]。

亮叶厚皮香 ***Ternstroemia nitida*** Merr.

分布：**封开** [14]、**乐昌** [29, 35]、**连州** [26]、**仁化** [35]、**乳源** [26, 35]、**翁源** [35]、**阳山** [26]、**英德** [32, 35]、**肇庆** [9]、**紫金** [31]。

322. 山榄科 Sapotaceae

金叶树属 *Donella* Pierre ex Baill.

多花金叶树 ***Donella lanceolata*** (Blume) Aubrév.

分布：**深圳** [邢福武，张永夏 10701 (IBSC)]。

金叶树 ***Donella lanceolata* var. *stellatocarpa*** (P. Royen) X. Y. Zhuang

分布：**博罗** [100]、**从化** [35] [广东木材调查组 563 (IBSC)]、**东莞** [25, 35]、**丰顺** [95]、**广州** [35] [陈焕镛 11112 (IBK)]、**惠东** [35] [陈邦余、陈炳辉、张桂才 138 (IBK)]、**深圳** [17, 35]、**英德** [32]、**肇庆** [35] [石国良 13419 (IBSC)]。

紫荆木属 *Madhuca* J. F. Gmel.

紫荆木 ***Madhuca pasquieri*** (Dubard) H. J. Lam

分布：**从化** [107]、**封开** [20, 14]、**广宁** [20]、**江门** [8]、**平远** [20]、**清远** [35]、**信宜** [52]、**阳春** [20, 45]、**英德** [32]、**湛江** [20, 35]、**肇庆** [20]。

铁线子属 *Manilkara* Adans.

铁线子 ***Manilkara hexandra*** (Roxb.) Dubard

分布：**遂溪** [420, 13]。

人心果 ***Manilkara zapota*** (L.) van Royen

分布：**博罗** *[38, 100]、**从化** *[107]、**江门** *[8]、**深圳** *[17]。

香榄属 *Mimusops* L.

香榄 ***Mimusops elengi*** L.

分布：**深圳** *[17]。

桃榄属 *Pouteria* Aubl.

桃榄 ***Pouteria annamensis*** (Pierre) Baehni

分布：**雷州** [35]、**廉江** [35]、**遂溪** [35]、**吴川** [35]、**信宜** [52]、**徐闻** [35]、**湛江** [35]。

蛋黄果 ***Pouteria campechiana*** (Kunth) Baehni

分布：**佛山** *[http://ppbc. iplant. cn/tu/12607693]、**广州** *[http://ppbc. iplant. cn/tu/12147636]、**汕头** *[http://ppbc. iplant. cn/tu/9528177]、**深圳** *[17]。

肉实树属 *Sarcosperma* Hook. f.

肉实树 ***Sarcosperma laurinum*** (Benth.) Hook. f.

分布: **博罗** [35, 100]、**从化** [107]、**东莞** [25, 35]、**丰顺** [95]、**封开** [14]、**佛冈** [27]、**广宁** [35] [陈炳辉 1650 (IBSC)]、**广州** [35] [邓良 10458 (CDBI)]、**怀集** [35] [刘瑛光 3066 (HZ)]、**惠东** [12, 35]、**惠州** [35] [曾怀德 25993 (IBSC)]、**江门** [8, 35]、**廉江** [35] [赵丕铎 90279 (IBSC)]、**茂名** [35] [黄志 38700 (IBK)]、**清远** [35] [蒋英 13715 (IBSC)]、**仁化** [16]、**深圳** [17, 35]、**台山** [35] [陈邦余、李泽贤 335 (FJSI)]、**五华** [4]、**新兴** [35] [刘瑛光 2525 (HZ)]、**信宜** [35, 52]、**徐闻** [35] [广东木材调查组 499 (IBSC)]、**阳春** [35, 45]、**阳江** [35] [湛江区植物调查队 3490 (IBSC)]、**英德** [32, 35]、**郁南** [35, 101]、**云浮** [35] [黄志 37632 (IBK)]、**增城** [116]、**湛江** [35] [湛江区植物调查队 4075 (IBSC)]、**肇庆** [9, 35]、**中山** [10, 35]、**珠海** [35] [陈炳辉 758 (IBSC)]、**紫金** [31, 35]。

华南肉实树 ***Sarcosperma pedunculatum*** Hemsl.

分布：**连州** [35] [朱志淞 707 (IBSC)]、**乳源** [35] [钟济新 10939 (IBSC)]、**英德** [35] [南岭队 802 (IBSC)]、**肇庆** [35] [石国良 12710 (IBSC)]。

铁榄属 *Sinosideroxylon* (Engl.) Aubrév.

铁榄 ***Sinosideroxylon pedunculatum*** (Hemsl.) H. Chuang

分布：**东莞** [25]、**丰顺** [95]、**江门** [8]、**深圳** [17]、**五华** [4]、**阳春** [陈又生等 JZ20230063 (IBSC)]。

革叶铁榄 ***Sinosideroxylon wightianum*** (Hook. & Arn.) Aubrév.

分布：**博罗** [35, 100]、**潮州** [35] [曾宪锋 ZXF6812 (CZH)]、**从化** [35, 107]、**大埔** [35] [曾宪锋 ZXF44338 (CZH)]、**德庆** [35] [刘瑛光 987 (IBSC)]、**东莞** [25, 35]、**恩平** [35] [黄茂先 110443 (PE)]、**丰顺** [35] [曾宪锋 ZXF5223 (CZH)]、**封开** [14, 35]、**佛冈** [27]、**广宁** [35] [蚁伟民 15982 (IBSC)]、**广州** [35] [黄成 164664 (KUN36837)]、**海丰** [35] [南植地 8500 (IBSC)]、**惠东** [12, 35]、**惠州** [35] [卫兆芬 121729 (KUN36829)]、**江门** [8, 35]、**揭西** [35] [曾宪锋 ZXF35870 (CZH)]、**揭阳** [35] [曾宪锋 ZXF31697 (CZH)]、**龙门** [35] [卫兆芬 121874 (KUN36830)]、**陆河** [35] [曾宪锋 ZXF42699 (CZH)]、**饶平** [35] [陈念劬 42817 (AU)]、**仁化** [16]、**深圳** [17, 35]、**台山** [35] [陈邦余、李泽贤 196 (FJSI)]、**五华** [4, 35]、**信宜** [52]、**阳春** [45]、**阳山** [26]、**英德** [32]、**增城** [35, 116]、**肇庆** [35] [叶华谷等 18078 (IBSC)]、**中山** [10, 35]、**珠海** [35] [唐国旺等 TuTY5058 (KUN)]、**紫金** [31]。

神秘果属 *Synsepalum* (A. DC.) Daniell

神秘果 ***Synsepalum dulcificum*** Daniell

分布：**深圳** *[17]。

刺榄属 *Xantolis* Raf.

琼刺榄 ***Xantolis longispinosa*** (Merr.) H. S. Lo

分布：**徐闻** [421]。

323. 柿科 Ebenaceae

柿属 *Diospyros* L.

崖柿 ***Diospyros chunii*** F. P. Metcalf & H. Y. Chen

分布：**始兴** [28]、**阳山** [26]。

丹霞柿 ***Diospyros danxiaensis*** (R. H. Miao & W. Q. Liu) Y. H. Tong & N. H. Xia

分布：**乐昌** [479]、**仁化** [479, 356, 16]。

光叶柿 *Diospyros diversilimba* Merr. & Chun

分布：廉江 [13]、遂溪 [13]、湛江 [420]。

乌材 *Diospyros eriantha* Cham. ex Benth.

分布：博罗 [35, 38, 100]、潮州 [35] [叶华谷等 13299 (IBSC)]、从化 [35, 107]、大埔 [35] [曾怀德 21738 (IBSC)]、德庆 [35] [刘瑛光 1326 (HZ)]、东莞 [25, 35]、恩平 [35] [陈炳辉 1846 (IBSC)]、丰顺 [35, 95]、封开 [14, 35]、佛冈 [27]、广州 [35] [黄成 164661 (KUN35099)]、惠东 [12, 35]、惠州 [35] [叶华谷、曾飞燕 22046 (IBSC)]、江门 [8]、揭西 [35] [曾宪锋 ZXF21124 (CZH)]、开平 [35] [黄茂先 110578 (PE)]、龙门 [35] [陈邦余 2180 (IBSC)]、陆河 [35] [曾宪锋 ZXF42799 (CZH)]、普宁 [35] [曾宪锋 ZXF42939 (CZH)]、仁化 [16]、深圳 [17, 35]、始兴 [28]、台山 [35] [左景烈 22370 (IBSC)]、五华 [4, 35]、新丰 [63]、信宜 [52]、阳春 [45]、英德 [32]、郁南 [101]、增城 [116]、肇庆 [35] [周香露 20113316 (SN)]、中山 [10, 35]、紫金 [31]。

柿 *Diospyros kaki* Thunb.

分布：博罗 *[38, 100]、从化 *[107]、东莞 *[25]、丰顺 *[95]、封开 [14]、惠东 [12]、乐昌 *[29, 41]、南雄 *[57]、深圳 *[17]、始兴 [28]、翁源 *[51]、五华 [4]、新丰 [63]、信宜 [52]、郁南 *[101]、增城 [116]。

野柿 *Diospyros kaki* var. *silvestris* Makino

分布：从化 [35]、丰顺 [95]、惠东 [12]、乐昌 [29, 41]、连南 [35]、连山 [35]、连州 [35]、南雄 [33, 35]、乳源 [26, 35]、翁源 [51]、英德 [32]、紫金 [31]。

君迁子 *Diospyros lotus* L.

分布：和平 [35]、乐昌 [29, 41]、南雄 [33]、仁化 [16]、乳源 [35]、始兴 [28]、阳山 [26]、英德 [32]。

罗浮柿 *Diospyros morrisiana* Hance

分布：博罗 [35, 38, 100]、潮州 [35] [叶华谷等 12980 (IBSC)]、从化 [35, 107]、大埔 [35] [李学根 202687 (HZ)]、德庆 [35] [刘瑛光 1163 (HZ)]、东莞 [25, 35]、恩平 [35] [黄茂先 110464 (HZ)]、丰顺 [35, 95]、封开 [14, 35]、佛冈 [27]、佛山 [35] [陈焕镛 42177 (SN)]、广州 [35] [叶华谷 16601 (IBSC)]、海丰 [35] [曾宪锋 ZXF8846 (CZH)]、河源 [35] [卫兆芬 120723 (KUN35902)]、怀集 [35] [刘瑛光 2837 (HZ)]、惠东 [12, 35]、惠州 [35] [卫兆芬 121598 (KUN35917)]、江门 [8, 35]、蕉岭 [35] [邓良 4805 (KUN35912)]、揭西 [35] [曾宪锋 ZXF35873 (CZH)]、揭阳 [35] [曾宪锋 ZXF31700 (CZH)]、乐昌 [29, 35, 41]、连平 [35] [卫兆芬 120175 (KUN35904)]、连山 [35] [谭沛祥 58663 (KUN35927)]、连州 [26, 35]、龙门 [35] [张挺、刘成、丘文亮 17CS15574 (KUN)]、陆丰 [35] [南植地 8466 (IBSC)]、陆河 [35] [曾宪锋 ZXF42800 (CZH)]、罗定 [35] [叶华谷、刘念 2366 (IBSC)]、茂名 [35, 85]、梅州 [35] [曾宪锋 ZXF43716 (CZH)]、南雄 [33, 35]、平远 [35] [李学根 201863 (CSFI)]、清远 [35] [黄志 32535 (IBK)]、饶平 [35] [李学根 200860 (IBK)]、仁化 [16, 35]、乳源 [26, 35]、韶关 [35] [邓柏林 20280 (IBSC)]、深圳 [17, 35]、始兴 [28, 35]、台山 [35] [李泽贤 502 (FJSI)]、翁源 [35, 51]、五华 [4, 35]、新丰 [35, 63]、信宜 [35, 52]、兴宁 [35] [曾宪锋 ZXF27921 (CZH)]、阳春 [35, 45]、阳江 [35] [黄志 41860 (KUN35916)]、阳山 [26, 35]、英德 [32, 35]、郁南 [35, 101]、云浮 [35] [梁向日 37510 (IBK)]、增城 [116]、湛江 [35] [湛江区植物调查队 3567 (IBSC)]、肇庆 [35] [叶华谷等 18168 (IBSC)]、中山 [10, 35]、珠海 [35] [李泽贤、邢福武 609 (FJSI)]、紫金 [31, 35]。

油柿 *Diospyros oleifera* Cheng

分布：博罗 [http://ppbc. iplant. cn/tu/10249663]、乐昌 [29]、仁化 [http://ppbc. iplant. cn/tu/9134130]、英德 [http://ppbc. iplant. cn/tu/12220726]。

老鸦柿 *Diospyros rhombifolia* Hemsl.

分布：仁化 [16]、英德 [32]。

石生柿 *Diospyros saxicola* Chang ex Miau

分布：英德 [464]。

毛柿 *Diospyros strigosa* Hemsl.

分布：封开 [14]、徐闻 [35]。

信宜柿 *Diospyros sunyiensis* Chun & H. Y. Chen

分布：茂名 [35]、信宜 [3, 35, 52]、阳春 [45]。

延平柿 *Diospyros tsangii* Merr.

分布：从化 [35]、大埔 [35]、东莞 [25]、丰顺 [95]、封开 [14, 35]、佛冈 [27]、和平 [35]、惠东 [12]、乐昌 [29, 41]、连州 [26, 35]、龙门 [35]、饶平 [35]、仁化 [16]、乳源 [35]、深圳 [17]、始兴 [28, 35]、翁源 [35, 51]、新丰 [35, 63]、阳山 [26]、英德 [32]、增城 [116]、紫金 [31, 35]。

岭南柿 *Diospyros tutcheri* Dunn

分布：博罗 [5, 35]、从化 [107]、东莞 [25]、佛冈 [27]、广宁 [35]、惠东 [12, 35]、龙门 [35]、清远 [35]、深圳 [17]、翁源 [51]、五华 [4]、郁南 [101]、增城 [116]、肇庆 [35]、紫金 [31]。

小果柿 *Diospyros vaccinioides* Lindl.

分布：东莞 [25]、惠州 [35]、江门 [8, 35]、深圳 [11, 17]、台山 [35]、阳春 [35, 37, 45]、阳江 [35]、增城 [116]、中山 [10]、珠海 [35]。

324. 报春花科 Primulaceae

蜡烛果属 *Aegiceras* Gaertn.

蜡烛果 *Aegiceras corniculatum* (L.) Blanco

分布：东莞 [25]、江门 [8]、深圳 [11, 17, 35]、中山 [10, 35]、珠海 [35]。

琉璃繁缕属 *Anagallis* L.

琉璃繁缕 *Anagallis arvensis* L.

分布：陆丰 *[http://ppbc. iplant. cn/tu/506171]、南雄 *[33]、

仁化 *[16]、汕头 *[35]。

点地梅属 ***Androsace* L.**

点地梅 ***Androsace umbellata*** (Lour.) Merr.

分布：乐昌 [29, 35]、乳源 [26, 35]。

紫金牛属 ***Ardisia* Sw.**

细罗伞 ***Ardisia affinis*** Hemsl.

分布：乐昌 [58, 29, 35]、连南 [58]、连州 [26, 35]、罗定 [91]、清远 [陈又生等 QY20230226 (IBSC)]、仁化 [16]、乳源 [58, 26, 35]、始兴 [28]、阳春 [58]、阳山 [58, 26, 35]、英德 [32]。

少年红 ***Ardisia alyxiifolia*** Tsiang ex C. Chen

分布：从化 [91]、和平 [58]、惠东 [12]、江门 [8]、乐昌 [58, 29, 41]、连山 [91]、连州 [35]、龙门 [58]、南雄 [33]、乳源 [58]、韶关 [58, 35]、始兴 [58, 28]、翁源 [58, 35]、阳山 [58, 35]、英德 [32]。

九管血 ***Ardisia brevicaulis*** Diels

分布：潮州 [58]、大埔 [91]、封开 [14]、和平 [91]、河源 [91]、怀集 [58]、江门 [8]、蕉岭 [91]、乐昌 [58, 29, 41, 35]、连南 [58]、连山 [91]、连州 [26, 35]、龙门 [58]、仁化 [91, 16]、乳源 [58, 26, 35]、韶关 [91, 35]、始兴 [28]、翁源 [51]、新丰 [91, 63]、阳山 [58, 26, 35]、英德 [91, 32, 35]、郁南 [91, 101]、肇庆 [58]、紫金 [31]。

凹脉紫金牛 ***Ardisia brunnescens*** E. Walker

分布：博罗 [58, 100]、封开 [35]、信宜 [52]、云浮 [58, 35]、肇庆 [58, 9]。

尾叶紫金牛 ***Ardisia caudata*** Hemsl.

分布：信宜 [58, 35, 52]。

朱砂根 ***Ardisia crenata*** Sims

分布：博罗 [58, 100, 35, 38]、潮州 [35] [曾宪锋 ZXF37457 (CZH)]、从化 [58, 107, 35]、大埔 [58, 35]、东莞 [25, 35]、东源 [59]、恩平 [58, 35]、丰顺 [35, 95]、封开 [91, 35, 14]、佛冈 [27]、佛山 [58, 35]、广州 [58, 35]、和平 [58, 35]、河源 [91, 35]、怀集 [58, 35]、惠东 [58, 35, 12]、惠州 [35] [叶华谷、曾飞燕 22006 (IBSC)]、江门 [8, 35]、蕉岭 [58, 35]、揭西 [35] [曾宪锋 ZXF25108 (CZH)]、乐昌 [58, 29, 41, 35]、连平 [58, 35]、连山 [58, 35]、连州 [26, 35]、龙川 [58]、龙门 [58, 35]、陆河 [35] [曾宪锋 ZXF42646 (CZH)]、罗定 [35] [叶华谷、刘念 2485 (IBSC)]、茂名 [58, 35]、梅州 [35] [曾宪锋 ZXF43794 (CZH)]、南雄 [58, 57, 33, 35]、平远 [58, 35]、清远 [58, 35]、饶平 [58, 35]、仁化 [58, 16, 35]、乳源 [58, 26, 35]、韶关 [58, 35]、深圳 [58, 11, 35, 17]、始兴 [58, 28, 35]、台山 [58, 35]、翁源 [91, 51, 35]、五华 [4]、新丰 [58, 63]、新兴 [91, 35]、信宜 [58, 35, 52]、兴宁 [58, 35]、徐闻 [58, 35]、阳春 [35, 45]、阳江 [58, 35]、阳山 [91, 26, 35]、英德 [58, 32, 35]、郁南 [101]、云浮 [58, 35]、增城 [116]、肇庆 [58, 9, 35]、中山 [10, 35]、珠海 [58, 35]、紫金 [58, 31, 35]。

百两金 ***Ardisia crispa*** (Thunb.) A. DC.

分布：博罗 [100]、从化 [107]、东源 [59]、丰顺 [95]、封开 [58, 14]、惠东 [12]、江门 [8]、乐昌 [58, 29, 41]、连州 [91, 35]、平远 [58]、仁化 [58, 16, 35]、乳源 [58, 26, 35]、五华 [58, 4]、信宜 [52]、阳山 [58, 26]、英德 [32]、增城 [116]、肇庆 [9]、紫金 [31]。

小紫金牛 ***Ardisia cymosa*** Blume

分布：博罗 [58, 100]、从化 [91, 107, 35]、大埔 [58, 35]、封开 [14, 35]、佛山 [91, 35]、广州 [91]、和平 [91]、蕉岭 [91]、乐昌 [58, 29, 41, 35]、连平 [58]、连山 [91]、龙门 [58]、南雄 [58, 57, 33, 35]、乳源 [58, 35]、深圳 [91, 35, 17]、始兴 [58, 28, 35]、翁源 [91, 51, 35]、五华 [4]、新丰 [91, 63, 35]、阳春 [58, 35]、阳山 [91, 26]、英德 [91, 32]、增城 [91, 116, 35]、肇庆 [58, 9, 35, 324]、珠海 [58, 35]、紫金 [31]。

东方紫金牛 ***Ardisia elliptica*** Thunb.

分布：广州 *[91]、深圳 *[17]。

剑叶紫金牛 ***Ardisia ensifolia*** E. Walker

分布：封开 [492]、阳春 [58]。

月月红 ***Ardisia faberi*** Hemsl.

分布：德庆 [58]、和平 [35]、连南 [91]、乳源 [58, 35]。

狭叶紫金牛 ***Ardisia filiformis*** E. Walker

分布：阳春 [58, 512]。

灰色紫金牛 ***Ardisia fordii*** Hemsl.

分布：从化 [35] [王学文、张桂才 8221 (HGAS)]、大埔 [58]、德庆 [91]、封开 [91, 35, 14]、怀集 [58, 35]、茂名 [91]、乳源 [26]、深圳 [17]、台山 [58]、新兴 [91]、信宜 [58]、阳春 [58]、阳西 [陈又生等 JZ20230011 (IBSC)]、英德 [58, 32, 35]、肇庆 [58, 9, 35]。

大罗伞树 ***Ardisia hanceana*** Mez

分布：博罗 [58]、从化 [107]、大埔 [58, 35]、德庆 [91]、东莞 [25]、东源 [59]、丰顺 [58]、封开 [58, 14]、佛冈 [27]、高州 [58]、广宁 [91]、怀集 [58]、惠东 [91]、江门 [8]、乐昌 [58, 29, 41, 35]、连南 [91]、连山 [58]、龙门 [58, 35]、罗定 [91]、茂名 [58, 85]、南雄 [33]、仁化 [16]、乳源 [58, 26, 35]、深圳 [17]、始兴 [28]、翁源 [58, 51]、五华 [4]、新丰 [91]、信宜 [58, 52]、阳春 [58]、阳山 [58, 26]、英德 [58, 32]、郁南 [101]、增城 [116]、肇庆 [91, 9]、珠海 [91]、紫金 [31]。

矮紫金牛 ***Ardisia humilis*** Vahl

分布：徐闻 [58, 35]。

紫金牛 ***Ardisia japonica*** (Thunb.) Blume

分布：大埔 [58]、丰顺 [95]、乐昌 [58, 29, 41, 35]、连州 [91]、龙门 [91]、茂名 [85]、南雄 [58, 33, 35]、乳源 [58, 26, 35]、翁源 [51]、阳山 [58, 35]、英德 [58, 32]、增城 [116]、紫金 [31]。

走马胎 ***Ardisia kteniophylla*** A. DC.

分布：博罗 [5, 38]、大埔 [176, 58]、封开 [91, 35, 14]、

高州 [91, 35]、广州 [35] [陈焕镛 8531 (IBSC)]、怀集 [176, 58, 35]、乐昌 [176, 58, 29, 35]、南雄 [33, 35, 57]、仁化 [16]、乳源 [176, 58, 26, 35]、韶关 [176, 58, 35]、始兴 [91, 35]、新丰 [176, 58, 35]、信宜 [176, 58, 35]、阳江 [176, 58, 35]、英德 [176, 58, 32, 35]、增城 [116]、肇庆 [176, 58, 9, 35]。

岭南紫金牛 ***Ardisia linangensis*** C. M. Hu

分布：博罗 [58]、潮州 [58]、大埔 [58]、蕉岭 [91]、乐昌 [58, 29]、连南 [91]、连山 [58]、连州 [91]、龙门 [58]、梅州 [58]、乳源 [58]、深圳 [58]、始兴 [58]、信宜 [91]、阳春 [58]、阳山 [91]、英德 [58]、珠海 [58]。

山血丹 ***Ardisia lindleyana*** D. Dietr.

分布：博罗 [58, 100, 35, 38]、从化 [91, 35]、大埔 [58, 35]、东莞 [25, 35]、东源 [59]、丰顺 [35, 95]、封开 [58, 35, 14]、佛冈 [27]、佛山 [35] [高锡朋 51561 (IBK)]、广州 [58, 35]、海丰 [91, 35]、和平 [91, 35]、河源 [35] [华南师范学院 299 (IBSC)]、鹤山 [35] [胡佐熙 30131 (IBSC)]、惠东 [91, 35, 12]、江门 [91, 35, 8]、蕉岭 [91, 35]、乐昌 [58, 29, 41, 35]、连南 [58, 35]、连平 [91, 35]、连州 [35] [伍世忠 3721 (IBSC)]、龙门 [58, 35]、陆丰 [58, 35]、罗定 [35] [刘念等 2498 (IBSC)]、茂名 [85]、南澳 [58]、南雄 [58, 57, 33, 35]、平远 [58, 35]、清远 [58, 35]、饶平 [58, 35]、仁化 [58, 16, 35]、乳源 [26, 35]、韶关 [35] [陈焕镛 30193 (SN)]、深圳 [58, 35, 17]、始兴 [58, 28, 35]、台山 [91, 35]、翁源 [58, 51, 35]、五华 [58, 35, 4]、新丰 [58, 63, 35]、信宜 [58, 35, 52]、徐闻 [35] [徐闻队 43 (PE)]、阳春 [58, 35]、阳山 [35] [南植地 389 (IBSC)]、英德 [58, 32, 35]、郁南 [101]、增城 [35] [曾怀德 20427 (PE)]、肇庆 [58, 9, 35]、中山 [10, 35]、珠海 [58, 35]、紫金 [58, 31, 35]。

狭叶山血丹 ***Ardisia lindleyana* var. *angustifolia*** C. M. Hu & X. J. Ma

分布：恩平 [58, 461]、茂名 [叶华谷等 6491 (IBSC)]、阳春 [58]。

心叶紫金牛 ***Ardisia maclurei*** Merr.

分布：大埔 [58]、封开 [91, 14]、和平 [58]、乐昌 [91]、连平 [91]、龙门 [58]、仁化 [58, 16, 35]、深圳 [17]、阳春 [58]、阳山 [58]、肇庆 [58, 9, 35]、紫金 [31]。

虎舌红 ***Ardisia mamillata*** Hance

分布：博罗 [91, 100, 35, 37, 38]、潮州 [58]、从化 [58, 107, 35]、大埔 [58]、德庆 [58, 35]、东莞 [25, 35]、东源 [119]、丰顺 [95]、封开 [58, 35, 14]、佛冈 [27]、和平 [58, 35]、河源 [91, 35]、怀集 [58, 35]、惠东 [91, 35, 12]、江门 [8, 35]、蕉岭 [58]、乐昌 [58, 29, 41, 35]、连南 [58, 35]、连平 [58, 35]、连山 [58, 35]、龙川 [35] [宋佩君 20110405 (SN)]、龙门 [58, 35]、罗定 [91, 35]、南雄 [58, 35]、平远 [58]、清远 [58, 35]、仁化 [58, 16, 35]、乳源 [58, 26, 35]、韶关 [58, 35]、深圳 [58, 35, 17]、始兴 [58, 28, 35]、翁源 [58, 51, 35]、五华 [58, 4]、新丰 [58, 63, 35]、信宜 [91, 35, 52]、阳春 [58, 35]、阳山 [58, 26, 35]、英德 [91, 32, 35]、郁南 [91, 101, 35]、云浮 [58, 35]、增城 [58, 116, 35]、肇庆 [58, 9, 35]、中山 [10, 35]、紫金 [58, 31, 35]。

铜盆花 ***Ardisia obtusa*** Mez

分布：徐闻 [58, 35]。

光萼紫金牛 ***Ardisia omissa*** C. M. Hu

分布：博罗 [58]、从化 [58]、封开 [91]、高州 [91]、广宁 [58]、广州 [58]、和平 [58]、怀集 [58]、惠东 [12]、惠来 [91]、江门 [8]、开平 [91]、乐昌 [58, 29, 41]、连平 [91]、连山 [58]、龙门 [58]、茂名 [58]、清远 [58]、乳源 [91]、韶关 [58]、始兴 [58]、翁源 [58, 51]、新丰 [58]、新兴 [91]、信宜 [58]、阳春 [58]、阳山 [58]、英德 [58]、紫金 [58, 31]。

矮短紫金牛 ***Ardisia pedalis*** E. Walker

分布：茂名 [58, 35]、信宜 [58, 91, 35, 52]、阳春 [陈又生等 YC2023087 (IBSC)]、英德 [32]。

纽子果 ***Ardisia polysticta*** Migo

分布：佛冈 [27]、连州 [26]、乳源 [26]、信宜 [91, 512]、阳山 [26]、增城 [116]、肇庆 [9]。

莲座紫金牛 ***Ardisia primulifolia*** Gardner & Champ.

分布：博罗 [58, 100, 35]、潮州 [35] [曾宪锋 ZXF8859 (CZH)]、从化 [58, 107, 35]、大埔 [91, 35]、德庆 [58, 35]、东莞 [25, 35]、丰顺 [58, 95, 35]、封开 [14, 35]、佛冈 [27]、和平 [58, 35]、怀集 [58, 35]、惠东 [91, 35, 12]、惠州 [58, 35]、江门 [8, 35]、乐昌 [58, 29, 41, 35]、连南 [58, 35]、连平 [91, 35]、连山 [58, 35]、连州 [58, 35]、龙门 [35] [张桂才等 57 (HGAS)]、陆河 [35] [曾宪锋 ZXF42794 (CZH)]、罗定 [35] [叶华谷、刘念 2371 (IBSC)]、梅州 [35] [曾宪锋 ZXF41642 (CZH)]、普宁 [58, 35]、清远 [35] [黄志 30255 (IBK)]、仁化 [58, 35]、乳源 [58, 26, 35]、韶关 [58, 35]、深圳 [58, 35, 17]、始兴 [58, 28, 35]、翁源 [58, 51, 35]、五华 [4]、新丰 [91, 63, 35]、信宜 [58, 35, 52]、阳春 [58, 35]、阳山 [91, 26, 35]、英德 [58, 32, 35]、郁南 [91, 101, 35]、增城 [58, 116, 35]、肇庆 [58, 9, 35]、中山 [10, 35]、珠海 [58]、紫金 [58, 31, 35]。

九节龙 ***Ardisia pusilla*** A. DC.

分布：博罗 [100]、大埔 [58]、丰顺 [95]、高州 [58]、和平 [58]、怀集 [58]、乐昌 [58, 29, 41]、连平 [58]、连山 [58]、龙门 [58]、南雄 [58, 35]、乳源 [58]、韶关 [58, 35]、始兴 [91, 28, 35]、翁源 [58, 51, 35]、五华 [4]、新丰 [91, 63]、信宜 [52]、阳江 [35]、阳山 [58, 26, 35]、英德 [58, 32, 35]、紫金 [31]。

罗伞树 ***Ardisia quinquegona*** Blume

分布：博罗 [58, 100, 35]、潮州 [58, 35]、从化 [58, 107, 35]、大埔 [58, 35]、德庆 [58]、东莞 [25, 35]、东源 [35, 59]、恩平 [35] [黄茂先 110311 (HZ)]、丰顺 [58, 95, 35]、封开 [58, 35, 14]、佛冈 [27]、佛山 [58, 35]、高州 [58, 35]、广宁 [35] [梁向日 61858 (IBSC)]、广州 [58, 35]、海丰 [58,

35]、和平 [35] [谭策铭、曹仕优 971933 (JJF)]、河源 [58, 35]、鹤山 [58, 35]、化州 [35] [周远瑞 50050 (IBK)]、怀集 [58, 35]、惠东 [58, 35, 12]、惠州 [91, 35]、江门 [58, 35, 8]、蕉岭 [58, 35]、揭西 [58, 35]、乐昌 [58, 29, 41, 35]、连南 [58, 35]、连山 [58, 35]、连州 [35] [南岭队 148 (IBSC)]、廉江 [58, 35]、龙川 [35] [左景烈 21665 (IBK)]、龙门 [58, 35]、陆河 [35] [叶华谷 4742 (IBSC)]、罗定 [35] [蒋英 1166 (NF)]、茂名 [58, 85, 35]、梅州 [58, 35]、南澳 [58, 35]、南雄 [33, 35, 57]、平远 [35] [曾宪锋 ZXF33972 (CZH)]、普宁 [35] [曾宪锋 ZXF42878 (CZH)]、清远 [58, 35]、饶平 [58, 35]、仁化 [58, 16, 35]、乳源 [58, 35]、韶关 [35] [Wang & Ling7344 (NF)]、深圳 [58, 11, 35, 17]、始兴 [58, 28, 35]、台山 [58, 35]、翁源 [58, 51, 35]、五华 [58, 35, 4]、新丰 [91, 63, 35]、新兴 [35] [刘瑛光 2032 (PE)]、信宜 [58, 35, 52]、徐闻 [58, 35]、阳春 [58, 35, 45]、阳江 [35] [黄志 41568 (IBK)]、阳山 [91, 26, 35]、英德 [58, 32, 35]、郁南 [91, 101, 35]、云浮 [58, 35]、增城 [35, 116]、肇庆 [58, 9, 35]、中山 [10, 35]、珠海 [91, 35]、紫金 [58, 31, 35]。

多枝紫金牛 ***Ardisia sieboldii*** Miq.

分布：南澳 [58]。

南方紫金牛 ***Ardisia thyrsiflora*** D. Don

分布：大埔 [91, 58]、茂名 [58]、乳源 [58]、信宜 [58]、云浮 [58]、紫金 [31]。

长毛紫金牛 ***Ardisia verbascifolia*** Mez

分布：惠东 [58]。

雪下红 ***Ardisia villosa*** Roxb.

分布：高州 [58]、广州 [58]、鹤山 [58]、化州 [91, 35]、雷州 [58]、茂名 [58, 85, 35]、南雄 [33, 57]、翁源 [51]、信宜 [58, 35, 52]、阳春 [58, 35, 45]、阳江 [91, 35]、阳西 [58]、英德 [32]、湛江 [58]、肇庆 [35]。

越南紫金牛 ***Ardisia waitakii*** C. M. Hu

分布：茂名 [58, 35]、信宜 [58, 35]、阳春 [58]、云浮 [58, 35]。

酸藤子属 *Embelia* Burm. f.

酸藤子 ***Embelia laeta*** (L.) Mez

分布：博罗 [92, 100, 35, 38]、从化 [35, 107]、东莞 [92, 25, 35]、丰顺 [92, 95]、封开 [92, 35, 14]、佛冈 [27]、佛山 [92, 35]、高州 [92]、广州 [92, 35]、河源 [92]、惠东 [92, 35, 12]、惠州 [35] [吴磊、杨丽华、李运龙 3175 (BNU)]、江门 [92, 35, 8]、乐昌 [92, 41]、连山 [92]、龙门 [92, 35]、茂名 [85]、南雄 [92, 57, 33]、清远 [92]、饶平 [92]、仁化 [16]、乳源 [92, 26]、汕头 [92]、深圳 [92, 11, 35, 17]、始兴 [92, 28]、台山 [35] [黄茂先 110013 (PE)]、翁源 [51]、五华 [92, 4]、新丰 [92, 63]、信宜 [92, 52]、徐闻 [92]、阳春 [92]、阳江 [92]、英德 [92, 32]、郁南 [101]、云浮 [92]、增城 [116]、肇庆 [92, 9, 35]、中山 [10, 35]、珠海 [35] [唐国旺 Tang GW002 (KUN)]、紫金 [92, 31]。

当归藤 ***Embelia parviflora*** Wall.

分布：博罗 [5, 100]、从化 [35, 107]、大埔 [92]、德庆 [92]、东莞 [25]、封开 [14]、佛冈 [27]、高州 [92]、广州 [92]、和平 [92]、怀集 [92]、蕉岭 [92]、乐昌 [92, 41, 35]、连山 [92]、龙门 [92]、茂名 [92]、清远 [92]、饶平 [92]、乳源 [92, 35]、深圳 [17]、始兴 [92, 28]、翁源 [92, 51, 35]、五华 [4]、新丰 [92, 63, 35]、信宜 [92, 52]、阳春 [92]、阳山 [26]、英德 [92, 32, 35]、郁南 [101]、增城 [116]、肇庆 [92, 9]。

白花酸藤果 ***Embelia ribes*** Burm. f.

分布：博罗 [92, 100, 35]、潮州 [92]、从化 [35, 107]、德庆 [92, 35]、东莞 [25, 35]、恩平 [35] [黄茂先 110459 (PE)]、丰顺 [92]、封开 [92, 35, 14]、佛冈 [27]、广宁 [35] [梁向日 61848 (IBSC)]、广州 [92, 35]、河源 [92]、怀集 [35] [刘瑛光 25585 (HZ)]、惠东 [92, 35, 12]、惠州 [35] [徐德明 121 (IBSC)]、江门 [8, 35]、开平 [35] [黄茂先 110210 (HZ)]、连山 [92]、龙门 [92, 35]、茂名 [92, 85]、清远 [92]、饶平 [92]、仁化 [16]、乳源 [26]、深圳 [92, 11, 35, 17]、台山 [35] [李泽贤等 566 (FJSI)]、五华 [4]、新丰 [63]、信宜 [92, 52]、阳春 [92, 45]、阳江 [92]、英德 [92, 32]、郁南 [101]、云浮 [92]、增城 [116]、肇庆 [92, 9, 35]、中山 [10, 35]、珠海 [92, 35]、紫金 [31]。

厚叶白花酸藤果 ***Embelia ribes* var. *pachyphylla*** Chun ex C. Y. Wu & C. Chen

分布：博罗 [92, 100]、东源 [35] [分类室 100 (IBSC)]、丰顺 [92, 95, 35]、封开 [92, 35]、广宁 [92, 35]、河源 [92]、惠东 [12]、江门 [8]、乐昌 [92, 29, 35]、连山 [35] [曾飞燕 2290 (IBSC)]、罗定 [92, 35]、韶关 [92, 35]、五华 [4]、信宜 [92, 35]、阳春 [35] [张桂才、刘念 694 (IBSC)]、英德 [92, 32]、郁南 [101]、云浮 [92, 35]、肇庆 [92, 9, 35]、紫金 [35]。

瘤皮孔酸藤子 ***Embelia scandens*** (Lour.) Mez

分布：雷州 [92]、徐闻 [92]。

平叶酸藤子 ***Embelia undulata*** (Wall.) Mez

分布：博罗 [92]、潮州 [35] [曾宪锋 ZXF37587 (CZH)]、从化 [35, 107]、大埔 [92]、东莞 [25, 35]、封开 [92, 35, 14]、广州 [92]、和平 [92, 35]、河源 [35] [曾怀德 28769 (IBSC)]、怀集 [92, 35]、蕉岭 [92, 35]、乐昌 [92, 29, 41, 35]、连南 [92, 35]、连平 [92, 35]、连山 [92, 35]、连州 [35] [南岭队 237 (IBSC)]、龙川 [92, 35]、龙门 [92, 35]、陆丰 [35] [叶华谷 7595 (IBSC)]、南雄 [92, 35]、仁化 [35] [丹霞山综合科考队 DX0801064 (SYS)]、乳源 [92, 35]、韶关 [92, 35]、深圳 [35] [王国栋等 7875 (SZG)]、始兴 [92, 28, 35]、翁源 [92, 51, 35]、五华 [92, 4]、新丰 [92, 35]、信宜 [92, 35]、阳春 [92, 35]、阳山 [92, 26, 35]、英德 [92, 32, 35]、郁南 [92, 101, 35]、肇庆 [92, 9, 35]、紫金 [31, 35]。

密齿酸藤子 ***Embelia vestita*** Roxb.

分布：博罗 [92, 100, 35, 37]、潮州 [92, 35]、从化 [35,

107]、大埔 [92, 35]、德庆 [92, 35]、东莞 [25, 35]、东源 [119]、恩平 [92]、丰顺 [35, 95]、封开 [92, 35, 14]、佛冈 [27]、和平 [92, 35]、河源 [35] [卫兆芬 120731 (IBSC)]、怀集 [35] [叶华谷 3239 (IBSC)]、惠东 [92, 35, 12]、江门 [8]、蕉岭 [35] [邓良 4543 (IBSC)]、开平 [35] [黄茂先 110549 (PE)]、乐昌 [92, 29, 41, 35]、连南 [35] [朱志淞 639 (IBSC)]、连平 [92, 35]、连山 [35] [叶华谷 2519 (IBSC)]、连州 [26, 35]、龙门 [35] [张桂才 41 (IBSC)]、罗定 [92, 35]、茂名 [92, 35]、南雄 [33, 35, 57]、平远 [35] [李学根 24720 (HZ)]、饶平 [35] [李学根 200618 (IBSC)]、仁化 [16, 35]、乳源 [92, 26, 35]、深圳 [17, 35]、始兴 [28, 35]、翁源 [92, 51, 35]、五华 [4, 35]、新丰 [35, 63]、新兴 [92, 35]、信宜 [92, 35, 52]、阳春 [92, 35, 45]、阳山 [26, 35]、英德 [92, 32, 35]、郁南 [92, 101, 35]、云浮 [92, 35]、增城 [116]、肇庆 [92, 9, 35]、中山 [10, 35]、紫金 [31, 35]。

珍珠菜属 *Lysimachia* L.

广西过路黄 *Lysimachia alfredii* Hance

分布：大埔 [35] [曾宪锋 ZXF5317 (IBSC)]、丰顺 [35] [李学根 201534 (HZ)]、封开 [14]、和平 [35] [张桂才 275 (IBSC)]、蕉岭 [35] [邓良 4605 (NAS)]、乐昌 [29, 35, 41]、连南 [35] [张水明 60871 (IBSC)]、连平 [35] [卫兆芬 120062 (IBK)]、连山 [35] [谭沛祥 58038 (KUN)]、连州 [35] [南岭队 345 (IBSC)]、梅州 [35] [曾宪锋 ZXF5375 (CZH)]、南雄 [33, 35, 57]、平远 [35] [邓良 4343 (NAS)]、仁化 [16, 35]、乳源 [26, 35]、韶关 [35] [高锡朋 50323 (IBSC)]、始兴 [28]、翁源 [51]、五华 [4]、新丰 [35, 63]、阳山 [26, 35]、英德 [32, 35]、郁南 [101]。

香港过路黄 *Lysimachia alpestris* Champion ex Bentham

分布：江门 [3, 8]、台山 [http://ppbc. iplant. cn/tu/9045170]。

泽珍珠菜 *Lysimachia candida* Lindl.

分布：博罗 #[5, 35]、潮州 #[35] [曾宪锋 ZXF01091 (CZH)]、东莞 #[35] [刘守仁 20002 (IBSC)]、丰顺 #[35] [曾宪锋 ZXF9244 (CZH)]、封开 #[14]、广州 #[35] [C. O. Levine 岭南 443 (PE)]、化州 #[35] [湛江区植物调查队 2841 (IBSC)]、惠州 #[35] [刘全儒、孟世勇 201001085 (BNU)]、乐昌 #[29, 35]、连山 #[35] [谭沛祥 58133 (PE)]、南雄 #[33, 35, 57]、清远 #[35] [黄成 161597 (IBSC)]、韶关 #[35] [李学根 200513 (IBSC)]、始兴 #[28, 35]、信宜 #[35, 52]、英德 #[32]、云浮 #[35] [黄成、邓良 564 (IBSC)]、湛江 #[35] [湛江区植物调查队 3524 (IBSC)]、肇庆 #[9, 35]、紫金 #[31, 35]。

细梗香草 *Lysimachia capillipes* Hemsl.

分布：南雄 [33, 57]、乳源 [26, 35]。

石山细梗香草 *Lysimachia capillipes* var. *cavaleriei* (H. Lév.) Hand. -Mazz.

分布：乐昌 [29]、乳源 [35]。

过路黄 *Lysimachia christinae* Hance

分布：乐昌 [29]、连州 [35]、南雄 [33, 57]、仁化 [16]、乳源 [35]、始兴 [28]、翁源 [51]、新丰 [63]、阳山 [26]、英德 [32]。

矮桃 *Lysimachia clethroides* Duby

分布：惠东 [12]、乐昌 [41]、连州 [26]、仁化 [16]、五华 [4]、郁南 [101]、增城 [116]、紫金 [31]。

临时救 *Lysimachia congestiflora* Hemsl.

分布：封开 [14]、佛冈 [27]、和平 [35] [卫兆芬 125018 (IBK)]、乐昌 [29, 35, 41]、连南 [35] [Y. N. Chen 60777 (IBSC)]、连山 [35] [谭沛祥 58132 (KUN)]、连州 [26, 35]、南雄 [33, 35, 57]、仁化 [16]、乳源 [26, 35]、始兴 [28, 35]、信宜 [52]、阳山 [26, 35]、英德 [32]、郁南 [101]。

丹霞山过路黄 *Lysimachia danxiashanensis* W. B. Liao, Q. Fan & G. D. Tang

分布：仁化 [561]。

大桥过路黄 *Lysimachia daqiaoensis* G. D. Tang & R. Z. Huang

分布：乳源 [179]。

延叶珍珠菜 *Lysimachia decurrens* G. Forst.

分布：潮州 [35] [曾宪锋 ZXF9217 (CZH)]、丰顺 [35] [曾宪锋 ZXF27385 (CZH)]、揭阳 [35] [黄雅凤 HYF114 (CZH)]、龙川 [35] [左景烈 21564 (IBK)]、梅州 [35] [曾宪锋 ZXF25492 (CZH)]、南雄 [33, 35]、平远 [35] [曾宪锋 ZXF9157 (CZH)]、饶平 [35] [李学根 200735 (IBSC)]、始兴 [28]、五华 [4]、信宜 [52]、阳春 [45]、阳山 [26]、英德 [35] [梁向日 60939 (PE)]、郁南 [101]、肇庆 [9]、紫金 [31, 35]。

五岭管茎过路黄 *Lysimachia fistulosa* var. *wulingensis* F. H. Chen & C. M. Hu

分布：连南 [35]、南雄 [33]、始兴 [28]、英德 [32, 35]。

灵香草 *Lysimachia foenum-graecum* Hance

分布：乐昌 [29, 35]、乳源 [26]、阳山 [35]。

大叶过路黄 *Lysimachia fordiana* Oliv.

分布：德庆 [35]、封开 [14, 35]、乐昌 [29, 35, 41]、南雄 [33]、仁化 [16]、乳源 [35]、韶关 [35]、始兴 [28]、新丰 [63]、信宜 [35, 52]、阳山 [26, 35]、英德 [32]、郁南 [101]、肇庆 [9]。

星宿菜 *Lysimachia fortunei* Maxim.

分布：博罗 [100]、从化 [35, 107]、德庆 [35] [刘瑛光 1211 (GZAC)]、东莞 [25]、丰顺 [95]、封开 [14, 35]、佛冈 [27]、佛山 [35] [黄茂先 111132 (HZ)]、广州 [35] [邓良 10661 (IBSC)]、和平 [35] [卫兆芬 120415 (PE)]、河源 [35] [卫兆芬 120666 (PE)]、惠东 [12]、乐昌 [29, 35, 41]、连南 [35] [谭沛祥 59474 (PE)]、连平 [35] [卫兆芬 120199 (PE)]、连山 [35] [谭沛祥 58117 (KUN)]、连州 [26, 35]、龙川 [22, 35]、南雄 [33, 35, 57]、清远 [35] [黄志 32461 (WH17082317)]、仁化 [16, 35]、乳源 [26, 35]、深圳 [17]、始兴 [28, 35]、翁源 [35, 51]、五华 [4]、新丰 [35, 63]、阳春 [45]、阳山 [26, 35]、英

德 [32, 35]、郁南 [101]、增城 [116]、肇庆 [9, 35]、中山 [10]、紫金 [31, 35]。

福建过路黄 ***Lysimachia fukienensis*** Hand. -Mazz.

分布：连平 [35]。

黑腺珍珠菜 ***Lysimachia heterogenea*** Klatt

分布：乐昌 [29, 35, 41]、南雄 [33, 35, 57]、始兴 [28]、英德 [32]。

白花过路黄 ***Lysimachia huitsunae*** S. S. Chien

分布：阳山 [412, 26]。

广东临时救 ***Lysimachia kwangtungensis*** (Hand. -Mazz.) C. M. Hu

分布：仁化 [16]、乳源 [35]、阳山 [26]、英德 [32, 35]。

滨海珍珠菜 ***Lysimachia mauritiana*** Lam.

分布：汕头 [35]。

南平过路黄 ***Lysimachia nanpingensis*** F. H. Chen & C. M. Hu

分布：大埔 [35]、英德 [32]。

落地梅 ***Lysimachia paridiformis*** Franch.

分布：封开 [14]、新兴 [http://ppbc. iplant. cn/tu/2833548]、英德 [http://ppbc. iplant. cn/tu/9690256]。

狭叶落地梅 ***Lysimachia paridiformis* var. *stenophylla*** Franch.

分布：连山 [35] [谭沛祥 58150 (PE)]。

小叶珍珠菜 ***Lysimachia parvifolia*** Franch.

分布：始兴 [28]。

巴东过路黄 ***Lysimachia patungensis*** Hand. -Mazz.

分布：连山 [35]、连州 [26]、南雄 [35]、乳源 [35]、信宜 [52]、紫金 [31]。

阔叶假排草 ***Lysimachia petelotii*** Merr.

分布：从化 [107]、乐昌 [29, 35]、南雄 [33]、乳源 [26, 35]、信宜 [35, 52]、阳山 [35]、紫金 [31]。

疏头过路黄 ***Lysimachia pseudohenryi*** Pamp.

分布：乳源 [http://ppbc. iplant. cn/tu/3657140]。

英德过路黄 ***Lysimachia yingdeensis*** F. H. Chen & C. M. Hu

分布：乳源 [26]、始兴 [28]、翁源 [35]、英德 [32, 35]。

杜茎山属 *Maesa* Forssk.

顶花杜茎山 ***Maesa balansae*** Mez

分布：湛江 [421]。

毛穗杜茎山 ***Maesa insignis*** Chun

分布：封开 [14]、乳源 [26]、信宜 [35, 52]、郁南 [101]。

杜茎山 ***Maesa japonica*** (Thunb.) Moritzi

分布：博罗 [35, 100]、潮州 [35] [李达洋 2015483 (CZH)]、从化 [35, 107]、大埔 [35] [李学根 202643 (IBSC)]、德庆 [35] [刘瑛光 1112 (IBSC)]、东莞 [25, 35]、丰顺 [35, 95]、封开 [14, 35]、佛冈 [27]、高州 [35] [周沛椿 80341 (IBSC)]、广宁 [35] [蚁伟民 15940 (IBSC)]、广州 [35] [叶华谷 16377 (IBSC)]、海丰 [35] [曾宪锋 ZXF9124 (CZH)]、和平 [35] [张桂才 581 (IBSC)]、河源 [35] [77 级科研组 142 (SN)]、怀集 [35] [刘瑛光 2908 (PE)]、惠东 [12, 35]、惠州 [35] [董仕勇、李世晋 3485 (IBSC)]、江门 [8, 35]、蕉岭 [35] [南岭队 2219 (IBSC)]、乐昌 [29, 35, 41]、连南 [35] [谭沛祥 59213 (NAS)]、连平 [35] [粤 73 1874 (IBSC)]、连山 [35] [叶华谷 2432 (IBSC)]、连州 [26, 35]、龙门 [35] [张桂才等 55 (HGAS)]、陆河 [35] [曾宪锋 ZXF42695 (CZH)]、梅州 [35] [侯宽昭 74027 (IBSC)]、南雄 [33, 35, 57]、平远 [35] [李学根 201870 (IBSC)]、清远 [35] [林正眉、张丹荔 20180045 (SN)]、饶平 [35] [曾宪锋 ZXF4192 (IBSC)]、仁化 [16, 35]、乳源 [26, 35]、韶关 [35] [梁向日、黄荣焜 31618 (IBSC)]、深圳 [17, 35]、始兴 [28, 35]、翁源 [35, 51]、五华 [35] [曾宪锋 ZXF5144 (CZH)]、新丰 [35, 63]、信宜 [35, 52]、阳春 [35, 45]、阳山 [26, 35]、英德 [32, 35]、郁南 [101]、云浮 [35] [黄季庄 423 (IBSC)]、增城 [35, 116]、肇庆 [9, 35]、中山 [10, 35]、珠海 [35] [李泽贤、邢福武 661 (FJSI)]、紫金 [31, 35]。

金珠柳 ***Maesa montana*** A. DC.

分布：博罗 [35] [李日光 70 (IBSC)]、潮州 [35] [曾宪锋 ZXF00361 (CZH)]、大埔 [35] [曾宪锋 ZXF30893 (CZH)]、丰顺 [35] [曾宪锋 ZXF33658 (CZH)]、封开 [14]、广州 [35] [邓云飞 14322 (IBSC)]、惠州 [35] [曾怀德 25799 (IBSC)]、开平 [35] [黄茂先 110603 (PE)]、乐昌 [35] [左景烈 20550 (IBSC)]、连平 [35] [卫兆芬 120071 (KUN)]、连山 [35] [南岭队 688 (IBSC)]、龙门 [35] [南昆山调查队 71163 (IBSC)]、梅州 [35] [曾宪锋 ZXF43756 (CZH)]、清远 [35] [胡启明 9121 (IBSC)]、乳源 [26, 35]、始兴 [35] [王学文、张桂才 241 (IBSC)]、翁源 [51]、五华 [35] [曾宪锋 ZXF28003 (CZH)]、信宜 [52]、兴宁 [35] [曾宪锋 ZXF27918 (CZH)]、英德 [32]。

小叶杜茎山 ***Maesa parvifolia*** A. DC.

分布：东莞 [25, 35]。

鲫鱼胆 ***Maesa perlarius*** (Lour.) Merr.

分布：博罗 [35, 38, 100]、潮州 [35] [郑灿圻 2014043 (CZH)]、从化 [35, 107]、大埔 [35] [曾宪锋 ZXF35410 (CZH)]、东莞 [25, 35]、恩平 [35] [黄茂先 110290 (HZ)]、丰顺 [35, 95]、封开 [14, 35]、佛冈 [27]、佛山 [35] [张瑞麟 163 (CQNM0010450)]、高州 [35] [周沛椿 10093 (IBSC)]、广宁 [35] [梁向日 61863 (IBSC)]、广州 [35] [左景烈 20012 (IBSC)]、海丰 [35] [曾宪锋 ZXF4507 (CZH)]、和平 [35] [谭策铭、曹仕优 971934 (JJF)]、河源 [35] [曾怀德 28725 (IBSC)]、鹤山 [35] [黄茂先 110856 (PE)]、怀集 [35] [叶华谷 3046 (IBSC)]、惠东 [12, 35]、惠州 [35] [徐德明 120 (IBSC)]、江门 [8, 35]、蕉岭 [35] [徐祥浩、林辉奉 305 (IBSC)]、揭西 [35] [曾宪锋 ZXF20489 (CZH)]、开平 [35] [黄茂先 110604 (HZ)]、乐昌 [29, 35]、连南 [35] [钟德尧 20455 (IBSC)]、连平 [35] [刘瑛

光 156 (IBSC)]、**连山** [35] [叶华谷 3562 (IBSC)]、**连州** [26]、**龙门** [35] [刘全儒等 201007375 (BNU)]、**陆河** [35] [叶华谷 4741 (IBSC)]、**罗定** [35] [刘念、叶华谷 1978 (IBSC)]、**茂名** [35, 85]、**梅州** [35] [萧蔚秋 6 (IBSC)]、**清远** [35] [罗溥鍒 270 (IBSC)]、**饶平** [35] [曾宪锋 ZXF4334 (IBSC)]、**仁化** [16, 35]、**乳源** [35] [王军 840 (IBSC)]、**深圳** [11, 17, 35]、**始兴** [28]、**台山** [35] [左景烈 22396 (IBSC)]、**翁源** [35, 51]、**五华** [4, 35]、**新丰** [63]、**新兴** [35] [刘瑛光 2044 (IBSC)]、**信宜** [35, 52]、**徐闻** [35] [徐闻队 758 (PE)]、**阳春** [35, 45]、**英德** [32, 35]、**郁南** [35, 101]、**云浮** [35] [黄志、邓良 504 (IBSC)]、**增城** [35, 116]、**肇庆** [9, 35]、**中山** [10, 35]、**珠海** [35] [高蕴璋等 222 (HGAS)]、**紫金** [31, 35]。

柳叶杜茎山 ***Maesa salicifolia*** E. Walker

分布：**博罗** [5, 100]、**东莞** [25]、**封开** [14]、**惠东** [12, 35]、**深圳** [17]、**英德** [32]、**肇庆** [9, 35]、**紫金** [31]。

软弱杜茎山 ***Maesa tenera*** Mez

分布：**潮州** [35] [曾宪锋 ZXF8728 (CZH)]、**东莞** [25]、**佛冈** [27]、**乐昌** [29]、**南澳** [35] [陈炳辉 216 (IBSC)]、**深圳** [35] [杨敏仪、王景琳 YW093 (CZH)]、**始兴** [28]、**信宜** [52]、**英德** [32]、**肇庆** [9, 35]。

铁仔属 ***Myrsine*** **L.**

铁仔 ***Myrsine africana*** L.

分布：**广州** [蒋英 13017 (WUK0483537)]。

打铁树 ***Myrsine linearis*** (Lour.) Poir.

分布：**博罗** [5, 100]、**深圳** [17]、**遂溪** [35]、**徐闻** [35]。

密花树 ***Myrsine seguinii*** H. Lév.

分布：**博罗** [35, 38, 100]、**潮州** [35] [曾宪锋 ZXF9131 (CZH)]、**从化** [35, 107]、**大埔** [35] [邓良 5110 (NAS)]、**东莞** [25, 35]、**东源** [59]、**丰顺** [35, 95]、**封开** [14, 35]、**佛冈** [27]、**高州** [35] [甘世南 40142 (IBSC)]、**广宁** [35] [陈炳辉 1573 (IBSC)]、**广州** [35] [叶华谷 295 (IBSC)]、**海丰** [35] [曾宪锋 ZXF04518 (CZH)]、**化州** [35] [湛江区植物调查队 2995 (IBSC)]、**怀集** [35] [刘瑛光 2942 (PE)]、**惠东** [12, 35]、**惠州** [35] [卫兆芬 121744 (KUN)]、**江门** [8, 35]、**揭西** [35] [叶华谷 4406 (IBSC)]、**乐昌** [35, 41]、**连平** [35] [粤 73 1811 (IBSC)]、**连山** [35] [叶华谷 3435 (IBSC)]、**连州** [26, 35]、**龙门** [35] [张桂才等 38 (HGAS)]、**陆河** [35] [曾宪锋 ZXF42697 (CZH)]、**茂名** [35] [朱志淞 1156 (IBSC)]、**梅州** [35] [曾宪锋 ZXF5295 (CZH)]、**南雄** [33, 35, 57]、**平远** [35] [曾宪锋 ZXF43955 (CZH)]、**饶平** [35] [陈念劬 42705 (IBK)]、**仁化** [16, 35]、**乳源** [35] [刘心祈 28973 (PE)]、**韶关** [35] [高锡朋 50263 (PE)]、**深圳** [17, 35]、**始兴** [28, 35]、**台山** [35] [周联选 11482 (KUN)]、**翁源** [35, 51]、**五华** [4, 35]、**新丰** [63]、**信宜** [35, 52]、**阳春** [35, 45]、**阳江** [35] [林万涛 30807 (WUK)]、**阳山** [26, 35]、**英德** [32, 35]、**郁南** [101]、**云浮** [35] [黄志 37049 (SN)]、**增城** [35, 116]、**肇庆** [9, 35]、**中山** [10, 35]、**珠海** [35] [唐国旺、黄宏龙 TUTY5008 (KUN)]、**紫金** [31, 35]。

针齿铁仔 ***Myrsine semiserrata*** Wall.

分布：**从化** [35] [陈炳辉 1251 (IBSC)]、**封开** [14]、**乐昌** [29, 35, 41]、**连州** [35] [两广队 473 (PE)]、**南雄** [33, 35]、**乳源** [26]、**五华** [4]、**阳山** [26, 35]、**英德** [35] [梁宝汉 84395 (PE)]、**紫金** [31, 35]。

光叶铁仔 ***Myrsine stolonifera*** (Koidz.) E. Walker

分布：**潮州** [35] [曾宪锋 ZXF4069 (CZH)]、**从化** [35] [黄志 4720 (KUN)]、**大埔** [35] [李学根 202625 (PE)]、**丰顺** [35] [曾宪锋 ZXF5738 (CZH)]、**封开** [14, 35]、**广宁** [35] [陈炳辉 1627 (IBSC)]、**广州** [35] [黄成 164628 (IBSC)]、**海丰** [35] [南植地 8485 (IBSC)]、**怀集** [35] [刘瑛光 9821 (HZ)]、**江门** [8]、**乐昌** [29, 35, 41]、**连南** [35] [谭沛祥 59557 (PE)]、**连山** [35] [叶华谷 4935 (IBSC)]、**连州** [26, 35]、**龙门** [35] [陈炳辉 356 (IBSC)]、**饶平** [35] [李学根 200846 (IBSC)]、**仁化** [16, 35]、**乳源** [26, 35]、**始兴** [28]、**翁源** [35] [刘心祈 2734 (IBSC)]、**新丰** [63]、**信宜** [35] [黄志 32191 (KUN)]、**阳春** [35] [叶华谷 6210 (IBSC)]、**阳山** [35] [邓良 1356 (KUN)]、**英德** [32, 35]、**增城** [35] [曾怀德 20160 (NAS)]、**肇庆** [9, 35]、**紫金** [31, 35]。

报春花属 ***Primula*** **L.**

广东报春 ***Primula kwangtungensis*** W. W. Sm.

分布：**乐昌** [29, 35, 3]、**乳源** [26, 35, 3]。

鄂报春 ***Primula obconica*** Hance

分布：**乐昌** [29]、**乳源** [35]、**阳山** [26]。

水茴草属 ***Samolus*** **L.**

水茴草 ***Samolus valerandi*** L.

分布：**广州** [https://ppbc. iplant. cn/tu/16873798]、**乳源** [26, 35]。

假婆婆纳属 ***Stimpsonia*** **C. Wright ex A. Gray**

假婆婆纳 ***Stimpsonia chamaedryoides*** Wright ex A. Gray

分布：**南雄** [33,35]、**仁化** [16,35]、**乳源** [35][张挺等 12CS4001(KUN)]、**阳山** [26]。

南岭假婆婆纳 ***Stimpsonia nanlingensis*** G. H. Huang & G. Hao

分布：**乳源** [177]。

325. 山茶科 Theaceae

圆籽荷属 ***Apterosperma*** **Hung T. Chang**

圆籽荷 ***Apterosperma oblata*** Hung T. Chang

分布：**恩平** [20]、**信宜** [20, 35, 52]、**阳春** [3, 35, 20, 37, 45]。

山茶属 ***Camellia*** **L.**

Camellia andrefrancisii Orel & Curry

分布：县级不详 [2]。

大萼毛蕊茶 *Camellia assimiloides* Sealy

分布：惠东 [35]、乐昌 [29, 35]、仁化 [16]、乳源 [35]、阳山 [35] [邓良 1067 (SYS)]、英德 [32]、紫金 [31, 35]。

杜鹃叶山茶 *Camellia azalea* C. F. Wei

分布：江门 [8]、阳春 [3, 20, 37, 45]。

短柱茶 *Camellia brevistyla* (Hayata) Cohen-Stuart

分布：乐昌 [29, 35]、仁化 [16]、乳源 [26, 35]、英德 [32]、增城 [116]。

长尾毛蕊茶 *Camellia caudata* Wall.

分布：博罗 [35, 100]、潮州 [35] [曾宪锋 ZXF5497 (CZH)]、从化 [107]、大埔 [35] [曾宪锋 ZXF9239 (CZH)]、德庆 [35] [刘瑛光 01059A (IBSC)]、东莞 [25, 35]、东源 [59]、恩平 [35] [陈炳辉 1844 (IBSC)]、丰顺 [35] [曾宪锋 ZXF4775 (CZH)]、封开 [14, 35]、佛冈 [27]、高州 [35] [周沛椿 10274 (PE)]、广州 [35] [叶创兴 4922 (SYS)]、海丰 [35] [南植地 7602 (IBSC)]、怀集 [35] [刘瑛光 2600 (PE)]、惠东 [12, 35]、惠州 [35] [卫兆芬 121723 (PE)]、江门 [8, 35]、乐昌 [29, 35, 41]、连州 [35] [左景烈 22610 (IBSC)]、龙门 [35] [张宏达 7024 (SYS)]、罗定 [35] [中山大学普查队 514 (SYS)]、茂名 [35, 85]、梅州 [35] [曾宪锋 ZXF42201 (CZH)]、南雄 [33, 35, 57]、平远 [35] [曾宪锋 ZXF9874 (CZH)]、清远 [35] [黄志 30067 (IBK)]、仁化 [16, 35]、乳源 [26, 35]、汕头 [35] [F. A. McClure 71 (SYS)]、深圳 [17, 35]、始兴 [28]、台山 [35] [粤 73 2822 (IBSC)]、翁源 [35, 51]、信宜 [35, 52]、阳春 [35, 45]、阳山 [26, 35]、英德 [32]、郁南 [35, 101]、增城 [116]、湛江 [35] [南植地 3759 (SYS)]、肇庆 [9, 35]、中山 [10, 35]、紫金 [31, 35]。

小长尾毛蕊茶 *Camellia caudata* var. *gracilis* (Hemsl.) Yamam. ex H. Keng

分布：肇庆 [35]。

心叶毛蕊茶 *Camellia cordifolia* (F. P. Metcalf) Nakai

分布：博罗 [100]、从化 [35, 107]、德庆 [35] [刘瑛光 988 (PE)]、丰顺 [95]、封开 [14, 35]、佛冈 [27]、广宁 [35] [陈炳辉 1626 (IBSC)]、和平 [35] [谭策铭等 Y06626 (SZG)]、河源 [35] [77 级科研组新 0486 (SN)]、怀集 [35] [程用谦 170669 (IBSC)]、惠东 [12]、江门 [8]、乐昌 [29, 35, 41]、连南 [35] [谭沛祥 59225 (PE)]、连平 [35] [刘瑛光 244 (PE)]、连州 [35] [李用华 43 (IBSC)]、仁化 [16, 35]、乳源 [26, 35]、翁源 [35, 51]、五华 [4]、新丰 [35, 63]、阳山 [26, 35]、英德 [35] [叶创兴 9600 (SYS)]、郁南 [101]、肇庆 [9, 35]、紫金 [31, 35]。

突肋茶 *Camellia costata* Hu & S. Ye Liang ex Hung T. Chang

分布：阳山 [35]。

贵州连蕊茶 *Camellia costei* H. Lév.

分布：从化 [107]、罗定 [35]、仁化 [16]、英德 [32, 35]、增城 [116]。

红皮糙果茶 *Camellia crapnelliana* Tutcher

分布：深圳 [17]。

尖连蕊茶 *Camellia cuspidata* (Kochs) H. J. Veitch Gard. Chron.

分布：博罗 [37]、丰顺 [35, 95]、惠东 [12]、江门 [8]、蕉岭 [35]、乐昌 [29, 35, 41]、连山 [35]、连州 [26]、仁化 [16, 35]、乳源 [26, 35]、新丰 [63]、阳山 [26]、英德 [32]、郁南 [101]、紫金 [31]。

浙江尖连蕊茶 *Camellia cuspidata* var. *chekiangensis* Sealy

分布：怀集 [35]、乐昌 [29, 26, 41]、连南 [35]、连州 [26]、清远 [35]、仁化 [16, 35]、乳源 [26, 35]、阳山 [26]、紫金 [31]。

大花尖连蕊茶 *Camellia cuspidata* var. *grandiflora* Sealy

分布：惠东 [12]、连山 [35]、乳源 [35] [叶创兴 83067 (SYS)]。

越南油茶 *Camellia drupifera* Lour.

分布：高州 [35]。

尖萼红山茶 *Camellia edithae* Hance

分布：大埔 [35]、丰顺 [35, 95]、平远 [35]。

柃叶连蕊茶 *Camellia euryoides* Lindl.

分布：大埔 [35]、丰顺 [35]、乐昌 [29]、连州 [26]、梅州 [35]、平远 [35]、仁化 [16, 35]、新丰 [63]、兴宁 [35]、阳山 [26]、英德 [32]、郁南 [101]、增城 [116]、肇庆 [9]。

窄叶短柱茶 *Camellia fluviatilis* Hand. -Mazz.

分布：深圳 [17]、英德 [32, 35]、郁南 [101]。

毛柄连蕊茶 *Camellia fraterna* Hance

分布：江门 [8]、南雄 [高锡朋 50761 (IBK)]。

糙果茶 *Camellia furfuracea* (Merr.) Cohen-Stuart

分布：博罗 [37]、从化 [107]、封开 [14, 35]、佛冈 [27]、海丰 [35]、惠东 [12]、惠州 [35]、乐昌 [29, 487, 41]、仁化 [16]、深圳 [17]、翁源 [35, 51]、新丰 [63]、阳春 [45]、英德 [487, 32, 35]、增城 [116]、肇庆 [9]、紫金 [31]。

阔柄糙果茶 *Camellia furfuracea* var. *latipetiolata* (C. W. Chi) T. L. Ming

分布：信宜 [35, 52]。

大苞山茶 *Camellia granthamiana* Sealy

分布：大埔 [20, 35]、东莞 [25]、封开 [14, 20, 35]、海丰 [20]、惠州 [20, 35]、江门 [8]、陆丰 [20, 35]、深圳 [17, 20]、中山 [10]、紫金 [31, 20]。

长瓣短柱茶 *Camellia grijsii* Hance

分布：广州 [黄锦添 s. n. (SYS)]、乐昌 [陈少卿 149 (IBK)]。

秃房茶 *Camellia gymnogyna* Hung T. Chang

分布：高州 [35]、信宜 [52]。

香港红山茶 *Camellia hongkongensis* Seem.

分布：惠州 [35] [曾怀德 25602 (SYS)]、增城 [116]、肇庆 [9]。

山茶 *Camellia japonica* L.

分布：博罗 *[38]、从化 *[107]、茂名 [85]、仁化 *[16]、始兴 *[28]、肇庆 *[9]。

落瓣油茶 *Camellia kissii* Wall.

分布：博罗 [35]、从化 [35, 107]、东莞 [25]、封开 [14]、惠东 [12]、龙门 [35]、深圳 [17]、信宜 [52]、英德 [32, 35]、紫金 [31]。

大果红山茶 *Camellia lanceolata* (Blume) Seem.

分布：乳源 [35]。

微花连蕊茶 *Camellia lutchuensis* var. *minutiflora* (Hung T. Chang) Ming

分布：丰顺 [394]。

石果毛蕊山茶 *Camellia mairei* var. *lapidea* (Y. C. Wu) Sealy

分布：怀集 [35]、连山 [35]、肇庆 [9]。

广东毛蕊茶 *Camellia melliana* Hand. -Mazz.

分布：从化 [35, 107]、东莞 [25]、惠东 [12]、江门 [8]、乐昌 [41]、龙门 [35]、乳源 [26]、翁源 [51]、郁南 [101]、增城 [35]、紫金 [31]。

油茶 *Camellia oleifera* Abel

分布：博罗 *[38, 100]、从化 [107]、东莞 [25]、丰顺 [95]、封开 [14]、佛冈 [27]、惠东 [12]、江门 [8]、乐昌 [29, 26, 41]、连州 [26]、茂名 [85]、南雄 [33, 57]、仁化 [16]、乳源 [26]、深圳 [17]、始兴 [28]、翁源 [51]、五华 [4]、新丰 *[63]、信宜 [52]、阳春 [45]、阳山 [26]、英德 [32]、郁南 [101]、肇庆 *[9]、紫金 [31]。

金花茶 *Camellia petelotii* (Merr.) Sealy

分布：肇庆 *[9]。

毛籽短蕊茶 *Camellia pilosperma* S. Ye Liang

分布：云浮 [432]。

多齿红山茶 *Camellia polyodonta* How ex Hu

分布：封开 [模式标本，陈少卿 18404 (IBSC)]。

长尾多齿山茶 *Camellia polyodonta* var. *longicaudata* (H. T. Chang & S. Y. Liang) T. L. Ming

分布：湛江 [35]、肇庆 [35]。

亮果红山茶 *Camellia psilocarpa* X. G. Shi & C. X. Ye

分布：龙门 [251]。

毛叶茶 *Camellia ptilophylla* Hung T. Chang

分布：从化 [35, 107]、龙门 [35]、肇庆 [9]。

毛瓣金花茶 *Camellia pubipetala* Y. Wan & S. Z. Huang

分布：肇庆 *[9]。

毛药山茶 *Camellia renshanxiangiae* C. X. Ye & X. Q. Zheng

分布：阳山 [507]。

柳叶毛蕊茶 *Camellia salicifolia* Champion ex Bentham

分布：博罗 [100]、潮州 [35] [曾宪锋 ZXF9987 (CZH)]、从化 [107]、大埔 [35] [曾宪锋 ZXF44393 (CZH)]、丰顺 [35, 95]、封开 [14, 35]、海丰 [35] [南植地 7601 (IBSC)]、怀集 [35] [刘瑛光 3033 (PE)]、惠东 [12]、蕉岭 [35] [南岭队 2306 (IBSC)]、乐昌 [29, 41]、梅州 [35] [曾宪锋 ZXF43726 (CZH)]、平远 [35] [曾宪锋 ZXF10753 (CZH)]、深圳 [17]、始兴 [28]、翁源 [51]、五华 [4, 35]、新丰 [63]、英德 [32]、增城 [116]、肇庆 [9, 35]、紫金 [31]。

南山茶 *Camellia semiserrata* C. W. Chi

分布：从化 [35, 107]、封开 [14, 35]、佛冈 [27]、江门 [8]、乐昌 [29]、深圳 [17]、阳春 [45]、英德 [32]、云浮 [35] [辛树帜 5305 (IBSC)]、肇庆 *[9, 35]。

大果南山茶 *Camellia semiserrata* var. *magnocarpa* Hu & T. C. Huang

分布：封开 [14]、信宜 [52]。

茶 *Camellia sinensis* (L.) Kuntze

分布：博罗 *[38, 100]、从化 *[107]、东莞 [25]、丰顺 *[95]、封开 [14]、佛冈 [27]、和平 [35] [谭策铭等 51629 (JJF)]、河源 [35] [77 级科研组 179 (SN)]、惠东 [12]、江门 [8]、乐昌 *[29, 35, 41]、连南 [35] [钟德尧 20471 (IBSC)]、连平 [35] [颜农化 17 (NF)]、连山 [35] [谭沛祥 58802 (PE)]、连州 *[26, 35]、龙川 [35] [徐祥浩 1035 (IBSC)]、南雄 [35] [陈焕镛 6111 (IBSC)]、清远 [35] [李波 LB008 (IBSC)]、仁化 *[16, 35]、乳源 *[26, 35]、韶关 [35] [邢福武等 1485 (IBSC)]、深圳 [17]、始兴 [28, 35]、翁源 [35, 51]、五华 [4]、新丰 *[35, 63]、信宜 *[52]、阳山 *[26, 35]、英德 [32, 35]、郁南 [101]、肇庆 *[9]。

普洱茶 *Camellia sinensis* var. *assamica* (J. W. Mast.) Kitam.

分布：从化 *[107]、东莞 *[25]、江门 *[8]、仁化 *[16]、深圳 *[17]、翁源 *[51]。

白毛茶 *Camellia sinensis* var. *pubilimba* Hung T. Chang

分布：从化 [http://ppbc. iplant. cn/tu/2611112]、德庆 [刘瑛光 01074 (PE)]、乐昌 [陈念劬 42302 (PE)]、连州 [谭沛祥 59950 (PE)]、茂名 [邓良 2220 (PE)]、仁化 *[16]、韶关 [http://ppbc. iplant. cn/sp/40392]、翁源 [刘心祈 25187 (PE)]、阳春 [梁葵 69433 (PE)]、肇庆 [丁广奇 , 石国良 768 (HITBC)]。

全缘红山茶 *Camellia subintegra* P. C. Huang ex Hung T. Chang

分布：连山 [35]。

毛枝连蕊茶 *Camellia trichoclada* (Rehder) S. S. Chien

分布：潮州 [384]。

紫金短柱茶 *Camellia zijinica* M. Lin, Q. L. Ye & Q. Fan

分布：紫金 [562]。

折柄茶属 *Hartia* Dunn

小叶折柄茶 *Hartia tonkinensis* Merr.

分布：信宜 [35, 52]。

大头茶属 *Polyspora* Sweet

大头茶 *Polyspora axillaris* (Roxb. ex Ker Gawl.) Sweet

分布：潮州 [35] [曾宪锋 ZXF3753 (IBSC)]、从化 [107]、

东莞 [25]、东源 [59]、丰顺 [95]、佛冈 [27]、广州 [35] [林有润、黎梦真 258 (NF)]、海丰 [35] [曾宪锋 ZXF9062 (CZH)]、惠东 [12]、江门 [8]、揭西 [35] [曾宪锋 ZXF35860 (CZH)]、陆河 [35] [曾宪锋 ZXF42647 (CZH)]、茂名 [85]、梅州 [35] [2015 级实习队 2016230 (CZH)]、深圳 [17]、五华 [4, 35]、阳春 [45]、增城 [116]、中山 [10]、紫金 [31]。

核果茶属 *Pyrenaria* Blume

粗毛核果茶 *Pyrenaria hirta* H. Keng

分布：乐昌 [29, 35, 41]、连南 [35] [叶创兴 83080 (SYS)]、连山 [35] [陈少卿 5532 (PE)]、连州 [26]、清远 [35] [黄志 30190 (IBK)]、乳源 [26, 35]、阳山 [26]、肇庆 [9]。

小果核果茶 *Pyrenaria microcarpa* Keng

分布：博罗 [C. Ford 610 (K000704238, IBSC0003762]、从化 [107]、大埔 [35] [李学根 202666 (CSFI)]、东莞 [25]、东源 [119]、丰顺 [35, 95]、封开 [14]、佛冈 [27]、惠东 [12]、江门 [8]、蕉岭 [35] [南岭队 2387 (IBSC)]、揭西 [35] [叶华谷 7677 (IBSC)]、乐昌 [29, 41]、梅州 [35] [李学根 201096 (IBK)]、南雄 [33, 57]、平远 [35] [曾宪锋 ZXF41990 (CZH)]、乳源 [26]、深圳 [17]、翁源 [51]、五华 [4]、新丰 [63]、阳山 [26]、增城 [116]、紫金 [31]。

卵叶核果茶 *Pyrenaria microcarpa* var. *ovalifolia* (H. L. Li) T. L. Ming & S. X. Yang

分布：大埔 [35]、英德 [32]。

大果核果茶 *Pyrenaria spectabilis* (Champ.) C. Y. Wu & S. X. Yang

分布：博罗 [38, 100]、从化 [107]、德庆 [35] [刘瑛光 1059 (PE)]、东莞 [25]、东源 [59]、丰顺 [95]、封开 [14, 35]、佛冈 [27]、广州 [35] [胡启明 7245 (IBSC)]、惠东 [12]、江门 [8]、乐昌 [29, 35]、连州 [26]、仁化 [16]、乳源 [26, 35]、深圳 [17]、信宜 [52]、阳山 [35] [邓良 1236 (HTC0001135)]、英德 [32, 35]、郁南 [101]、增城 [35, 116]、肇庆 [9, 35]、中山 [10]、紫金 [31, 35]。

长柱核果茶 *Pyrenaria spectabilis* var. *greeniae* (Chun) S. X. Yang

分布：从化 [107]、封开 [14]、江门 [8]、乐昌 [29, 35]、连州 [35] [黄茂先 111608 (IBSC)]、清远 [35] [张伟廉 63 (SYS)]、乳源 [26, 35]、韶关 [35] [邓柏林 20233 (IBSC)]、阳春 [35, 37, 45]、阳山 [26, 35]、肇庆 [9]。

长萼核果茶 *Pyrenaria wuana* (Hung T. Chang) S. X. Yang

分布：封开 [14]、罗定 [3, 35]。

木荷属 *Schima* Reinw. ex Blume

银木荷 *Schima argentea* E. Pritz.

分布：江门 [8]、乐昌 [29, 41]、仁化 *[16]、郁南 [101]。

短梗木荷 *Schima brevipedicellata* Hung T. Chang

分布：韶关 [http://ppbc. iplant. cn/tu/9296623]。

钝齿木荷 *Schima crenata* Korth.

分布：乐昌 [26]、乳源 [26]、英德 [32]、肇庆 [9]。

疏齿木荷 *Schima remotiserrata* Hung T. Chang

分布：封开 [14]、佛冈 [27]、江门 [8]、连州 [26]、仁化 [16]、乳源 [26, 35]、五华 [4]、新丰 [63]、信宜 [52]、阳山 [26]、英德 [32]、紫金 [31]。

木荷 *Schima superba* Gardner & Champ.

分布：博罗 [35, 38, 100]、潮州 [35] [曾宪锋 ZXF5412 (IBSC)]、从化 [35, 107]、大埔 [35] [曾宪锋 ZXF35382 (CZH)]、德庆 [35] [刘瑛光 11821 (HZ)]、东莞 [25, 35]、东源 [59]、丰顺 [35, 95]、封开 [14, 35]、佛冈 [27]、佛山 [35] [黄奕孜、许先宏 HYZ035 (CZH)]、高州 [35] [蒋英 2214 (AU)]、广州 [35] [钟亿珠 JS401 (SN)]、和平 [35] [卫兆芬 120536 (IBK)]、河源 [35] [77 级科研组新 0341 (SN)]、怀集 [35] [刘瑛光 2576 (HZ)]、惠东 [12]、惠州 [35] [叶华谷、曾飞燕 22153 (IBSC)]、江门 [8, 35]、蕉岭 [35] [李学根 202276 (IBK)]、揭西 [35] [吴泽璇 2016015 (CZH)]、乐昌 [29, 35, 41]、连平 [35] [颜农化 33 (NF)]、连山 [35] [谭沛祥 57976 (KUN)]、连州 [26, 35]、龙川 [35] [曾宪锋 ZXF32461 (CZH)]、龙门 [35] [南昆山调查队 71024 (IBSC)]、陆河 [35] [叶华谷 4759 (IBSC)]、罗定 [35] [中山大学普查队 385 (SYS)]、茂名 [85]、梅州 [35] [陈彦纯 2016101 (CZH)]、南雄 [33, 35, 57]、平远 [35] [曾宪锋 ZXF38324 (CZH)]、清远 [35] [黄志 30679 (IBK)]、饶平 [35] [李学根 200578 (IBK)]、仁化 [16, 35]、乳源 [26, 35]、汕头 [35] [F. A. McClure 295 (SYS)]、韶关 [35] [Lo & Zsang12151 (IBSC)]、深圳 [17, 35]、始兴 [28, 35]、台山 [35] [南植地 8099 (IBSC)]、翁源 [35, 51]、五华 [4, 35]、新丰 [35, 63]、新兴 [35]、信宜 [35, 52]、兴宁 [35] [李学根 201782 (CSFI)]、徐闻 [35]、阳春 [35, 45]、阳江 [35]、阳山 [35] [山地植被组 143 (IBSC)]、阳西 [35]、英德 [35] [徐祥浩 60077 (SN)]、郁南 [101]、云浮 [35] [辛树帜 5078 (IBSC)]、增城 [116]、肇庆 [9, 35]、中山 [10, 35]、珠海 [35] [李泽贤、邢福武 654 (FJSI)]、紫金 [31, 35]。

西南木荷 *Schima wallichii* (DC.) Korth.

分布：从化 *[107]、怀集 [http://ppbc. iplant. cn/tu/9203526]、深圳 *[17]、英德 [32]、郁南 [101]、云浮 [http://ppbc. iplant. cn/tu/11423889]。

紫茎属 *Stewartia* I. Lawson

厚叶紫茎 *Stewartia crassifolia* (S. Z. Yan) J. Li & T. L. Ming

分布：佛冈 [27]、乐昌 [29]、连州 [26]、乳源 [26, 35]、阳山 [26]。

小花紫茎 *Stewartia micrantha* (Chun) Sealy

分布：大埔 [3, 35]、饶平 [3, 35]、乳源 [26]、阳山 [26]。

钝叶紫茎 *Stewartia obovata* (Chun ex Hung T. Chang) J. Li & T. L. Ming

分布：信宜 [52]、阳春 [35, 37, 45]。

红皮紫茎 *Stewartia rubiginosa* Hung T. Chang

分布：乳源 [35]、英德 [32, 35]。

柔毛紫茎 *Stewartia villosa* Merr.

分布：封开 [14, 35]、广宁 [35] [陈炳辉 1576 (IBSC)]、怀集 [35] [刘瑛光 2598 (PE)]、惠东 [12]、江门 [8]、龙门 [35] [张挺、刘成、丘文亮 17CS15591 (KUN)]、乳源 [26]、翁源 [35, 51]、五华 [4]、信宜 [52]、英德 [32, 35]、增城 [116]、肇庆 [9]、紫金 [31, 35]。

广东柔毛紫茎 *Stewartia villosa* var. *kwangtungensis* (Chun) J. Li & T. L. Ming

分布：封开 [35]、江门 [8]、信宜 [35, 52]、英德 [32]、肇庆 [9]。

326. 山矾科 Symplocaceae

革瓣山矾属 *Cordyloblaste* Hensch. ex Moritzi

南岭革瓣山矾 *Cordyloblaste confusa* (Brand) Ridl.

分布：封开 [14]、江门 [8]、乐昌 [29, 35, 41]、连山 [35] [谭沛祥 58266 (PE)]、连州 [35] [南岭调查队 69 (IBSC)]、仁化 [16, 35]、乳源 [35] [粤 73 508 (IBSC)]、深圳 [17]、始兴 [28, 35]、翁源 [35, 51]、英德 [32, 35]、增城 [116]、肇庆 [9]、紫金 [31, 35]。

吊钟革瓣山矾 *Cordyloblaste pendula* (Wight) Alston

分布：乳源 [邢福武，张永夏 12102 (IBSC)]。

山矾属 *Symplocos* Jacq.

腺叶山矾 *Symplocos adenophylla* Wall.

分布：潮州 [35] [曾宪锋 ZXF4972 (CZH)]、大埔 [35] [曾怀德 21297 (IBSC)]、丰顺 [35] [李学根 200965 (IBSC)]、封开 [14]、蕉岭 [35] [邓良 4925 (IBSC)]、茂名 [35] [李祥禧 90063 (IBSC)]、仁化 [16]、翁源 [51]、五华 [4, 35]、信宜 [35, 52]、英德 [32]、云浮 [35] [蒋英 1866 (KUN36941)]。

腺柄山矾 *Symplocos adenopus* Hance

分布：博罗 [37]、从化 [35, 107]、德庆 [35] [刘瑛光 951 (IBSC)]、恩平 [35] [黄茂先 110415 (HZ)]、封开 [14, 35]、佛冈 [27]、高州 [35] [周沛椿 80288 (IBSC)]、怀集 [35] [刘瑛光 2604 (IBSC)]、惠东 [12]、江门 [8]、乐昌 [29, 35]、连南 [35] [邹香林 60969 (IBSC)]、连州 [35] [高锡朋 50901 (IBSC)]、罗定 [35] [叶华谷、刘念 2427 (IBSC)]、茂名 [35] [刘集汉 90023 (IBSC)]、南雄 [33, 35, 57]、清远 [35] [黄志 30687 (IBSC)]、仁化 [16, 35]、乳源 [26, 35]、新丰 [35, 63]、信宜 [35, 52]、阳春 [35, 45]、阳山 [35] [谭沛祥 60357 (IBSC)]、英德 [32, 35]、云浮 [35] [黄志 37293 (IBSC)]、增城 [35, 116]、肇庆 [9, 35]。

薄叶山矾 *Symplocos anomala* Brand

分布：封开 [14]、和平 [35] [卫兆芬 63439 (IBK)]、化州 [35] [湛江区植物调查队 2952 (IBSC)]、江门 [8, 35]、乐昌 [29, 35, 41]、廉江 [35] [湛江区植物调查队 3098 (IBSC)]、罗定 [35] [叶华谷、刘念 2445 (IBSC)]、茂名 [35] [湛江区植物调查队 3792 (IBSC)]、南雄 [33, 35]、乳源 [26, 35]、韶关 [35] [南岭队 859 (IBSC)]、翁源 [35] [左景烈 24970 (IBK)]、五华 [4]、信宜 [35, 52]、阳春 [35, 45]、阳山 [35] [谭沛祥 60267 (IBSC)]、英德 [32, 35]、肇庆 [9]、紫金 [31, 35]。

阿里山山矾 *Symplocos arisanensis* Hayata

分布：潮州 [35] [叶华谷等 13191 (IBSC)]、乐昌 [29, 41]、仁化 [16]、乳源 [26]、始兴 [28]、英德 [32]。

南国山矾 *Symplocos austrosinensis* Hand. -Mazz.

分布：乐昌 [35] [左景烈 21015 (IBSC)]、仁化 [16]、乳源 [26, 35]、韶关 [35] [郭相林 20241 (IBSC)]。

潮安山矾 *Symplocos chaoanensis* F. G. Wang & H. G. Ye

分布：潮州 [481]。

华山矾 *Symplocos chinensis* (Lour.) Druce

分布：博罗 [35, 100]、潮州 [35] [卢丹丹 2015432 (CZH)]、从化 [35, 107]、大埔 [35] [李学根 202784 (IBSC)]、德庆 [35] [刘瑛光 1325 (IBSC)]、东莞 [25, 35]、东源 [35] [分类室 112 (IBSC)]、丰顺 [35, 95]、封开 [14, 35]、佛冈 [27]、佛山 [35] [高锡朋 51565 (IBSC)]、高州 [35] [蒋英 2154 (IBSC)]、广州 [35] [中草药组 211 (IBSC)]、和平 [35] [谭策铭、曹仕优 971926 (JJF)]、河源 [35] [华南师范学院 229 (IBSC)]、鹤山 [35] [黄茂先 110827 (PE)]、化州 [35] [湛江区植物调查队 2998 (IBSC)]、怀集 [35] [刘瑛光 1475 (IBSC)]、惠东 [35] [陈邦余、张桂才 354 (IBSC)]、惠州 [35] [刘光芝、张寿洲 224417 (SZG)]、江门 [35] [左景烈 2003 (IBSC)]、蕉岭 [35] [徐祥浩、林辉奉 144 (IBSC)]、揭西 [35] [叶华谷 7678 (IBSC)]、乐昌 [29, 35, 41]、连南 [35] [邹香林 60651 (IBSC)]、连平 [35] [刘瑛光 119 (IBSC)]、连山 [35] [谭沛祥 58511 (KUN37633)]、连州 [35] [陈国强 3459 (IBSC)]、龙川 [35] [徐祥浩 1025 (IBSC)]、龙门 [35] [刘全儒等 201007370 (BNU)]、陆河 [35] [曾宪锋 ZXF42661 (CZH)]、茂名 [35, 85]、梅州 [35] [李学根 202413 (IBSC)]、南雄 [33, 35, 57]、平远 [35] [邓良 4066 (IBSC)]、清远 [35] [黄成 161568 (IBSC)]、饶平 [35] [李学根 200688 (IBSC)]、仁化 [16, 35]、乳源 [26, 35]、韶关 [35] [叶华谷 7248 (IBSC)]、深圳 [11, 35]、始兴 [28, 35]、翁源 [35] [刘心祈 24258 (IBSC)]、五华 [35] [曾宪锋 ZXF5054 (CZH)]、新丰 [35, 63]、新兴 [35] [刘瑛光 2296 (IBSC)]、信宜 [52]、兴宁 [35] [王兴 20492 (IBSC)]、徐闻 [35] [李泽贤、邢福武 1919 (IBSC)]、阳春 [35] [张桂才、刘念 1586 (IBSC)]、阳江 [35] [湛江区植物调查队 3494 (IBSC)]、阳山 [26, 35]、英德 [32, 35]、郁南 [35] [叶华谷、刘念 2687 (IBSC)]、云浮 [35] [黄志、邓良 500 (IBSC)]、增城 [35, 116]、湛江 [35] [侯、王、陈、赵 15122 (PE)]、肇庆 [35] [叶华谷等 18463 (IBSC)]、中山 [10, 35]、紫金 [31, 35]。

越南山矾 *Symplocos cochinchinensis* (Lour.) S. Moore

分布：从化 [107]、德庆 [35] [刘瑛光 943 (IBSC)]、东莞 [25, 35]、恩平 [35] [黄茂先 110379 (HZ)]、丰顺 [35]

[李学根 201029 (IBSC)]、封开 [14, 35]、高州 [35] [周沛椿 80294 (IBSC)]、广宁 [35] [农林厅 1428 (IBSC)]、广州 [35] [叶华谷 480 (IBSC)]、化州 [35] [湛江区植物调查队 2951 (IBSC)]、怀集 [35] [石国良 15114 (IBSC)]、惠东 [12]、蕉岭 [35] [李学根 202293 (IBSC)]、乐昌 [29, 35]、廉江 [35] [刘什汗、李祥禧 89928 (IBSC)]、龙门 [35] [卫兆芬 121932 (IBSC)]、茂名 [35, 85]、梅州 [35] [曾怀德 21377 (IBSC)]、清远 [35] [黄志 30723 (IBSC)]、仁化 [16]、乳源 [26, 35]、始兴 [28, 35]、台山 [35] [左景烈 22366 (IBSC)]、翁源 [35, 51]、五华 [4]、新丰 [35, 63]、新兴 [35] [刘瑛光 2004 (IBSC)]、信宜 [35, 52]、阳春 [35] [张桂才、刘念 492 (IBSC)]、阳江 [35] [湛江区植物调查队 3543 (IBSC)]、英德 [32, 35]、郁南 [35, 101]、云浮 [35] [黄志 37616 (IBSC)]、增城 [35, 116]、肇庆 [9, 35]、紫金 [31, 35]。

密花山矾 ***Symplocos congesta*** Benth.

分布：博罗 [5]、从化 [107]、东莞 [25]、东源 [119]、丰顺 [95]、封开 [14]、佛冈 [27]、和平 [35] [张冰明 152905 (IBSC)]、化州 [35] [湛江区植物调查队 2905 (IBSC)]、惠东 [12]、江门 [8, 35]、乐昌 [29, 35, 41]、连南 [35] [谭沛祥 59576 (IBSC)]、连平 [35] [粤 73 1872 (IBSC)]、连州 [26, 35]、龙川 [35] [曾宪锋 ZXF22286 (CZH)]、茂名 [35] [Q. Fan 4405 (SYS)]、仁化 [16, 35]、乳源 [35] [南岭队 1940 (IBSC)]、韶关 [35] [黄志 31653 (IBSC)]、深圳 [17]、始兴 [28, 35]、台山 [35] [李泽贤 538 (IBSC)]、翁源 [35, 51]、五华 [4]、新丰 [35, 63]、信宜 [35, 52]、阳春 [35, 45]、阳山 [26, 35]、英德 [32, 35]、郁南 [35, 101]、增城 [116]、肇庆 [9]、中山 [10]、紫金 [31, 35]。

长毛山矾 ***Symplocos dolichotricha*** Merr.

分布：乐昌 [29]、罗定 [35] [叶华谷、刘念 2081 (IBSC)]、信宜 [35] [湛江区植物调查队 3940 (IBSC)]、阳春 [35] [张桂才、刘念 58 (IBSC)]、阳山 [26]、肇庆 [9]、紫金 [31]。

三裂山矾 ***Symplocos fordii*** Hance

分布：恩平 [35] [黄茂先 110524 (NAS)]、惠东 [12]、江门 [8, 35]、阳春 [45]、紫金 [31]。

羊舌树 ***Symplocos glauca*** (Thunb.) Koidz.

分布：潮州 [35] [曾宪锋 ZXF8375 (CZH)]、从化 [107]、大埔 [35] [曾宪锋 ZXF8979 (CZH)]、东莞 [25]、丰顺 [35] [曾宪锋 ZXF01490 (CZH)]、封开 [14]、佛冈 [27]、和平 [35] [张冰明 152876 (IBSC)]、江门 [8]、蕉岭 [35] [南岭队 2345 (IBSC)]、乐昌 [29, 35, 41]、饶平 [35] [李学根 200878 (IBSC)]、仁化 [16]、乳源 [35] [南岭队 1957 (IBSC)]、深圳 [17]、翁源 [35, 51]、新丰 [63]、阳春 [45]、阳山 [26]、英德 [32, 35]、增城 [116]。

团花山矾 ***Symplocos glomerata*** King ex Gamble

分布：乳源 [26]。

毛山矾 ***Symplocos groffii*** Merr.

分布：博罗 [37]、从化 [35] [黄志 44561 (IBSC)]、佛冈 [27]、和平 [35] [张桂才 641 (IBSC)]、惠东 [12]、乐昌 [29, 35, 41]、南雄 [33, 35, 57]、乳源 [26, 35]、韶关 [35] [高锡朋 51983 (IBSC)]、翁源 [35, 51]、阳山 [26, 35]、英德 [32]。

光叶山矾 ***Symplocos lancifolia*** Siebold & Zucc.

分布：博罗 [35, 100]、潮州 [35] [张雯 2015005 (CZH)]、从化 [35, 107]、大埔 [35] [李学根 202665 (IBSC)]、德庆 [35] [刘瑛光 911 (IBSC)]、东莞 [25, 35]、东源 [35] [刘全儒 201007273 (BNU)]、丰顺 [35, 95]、封开 [14, 35]、佛冈 [27]、佛山 [35] [王显智 50 (SN)]、高州 [35] [周沛椿 80275 (IBSC)]、广宁 [35] [石国良 14391 (IBSC)]、广州 [35] [左景烈 20072 (IBSC)]、海丰 [35] [曾宪锋 ZXF9087 (CZH)]、和平 [35] [卫兆芬 12402 (KUN38805)]、河源 [35] [卫兆芬 120720 (IBSC)]、怀集 [35] [叶华谷等 3191 (IBSC)]、惠东 [12, 35]、惠州 [35] [曾怀德 25878 (IBSC)]、江门 [8, 35]、蕉岭 [35] [徐祥浩、林辉奉 299 (IBSC)]、揭西 [35] [曾宪锋 ZXF20456 (CZH)]、揭阳 [35] [南植地 7938 (IBSC)]、乐昌 [29, 35, 41]、连南 [35] [谭沛祥 59462 (IBSC)]、连平 [35] [粤 73 1978 (IBSC)]、连山 [35] [谭沛祥 58739 (KUN38819)]、连州 [26, 35]、龙川 [35] [左景烈 21623 (IBSC)]、龙门 [35] [肖家庚 5124 (CSFI)]、陆丰 [35] [2366 队 3602 (PE)]、罗定 [35] [刘念、叶华谷 2308 (IBSC)]、茂名 [35, 85]、梅州 [35] [李学根 202442 (IBSC)]、南雄 [57, 35]、平远 [35] [李学根 202009 (IBSC)]、清远 [35] [苏茂森 811 (IBSC)]、饶平 [35] [李学根 200861 (IBSC)]、仁化 [16, 35]、乳源 [26, 35]、韶关 [35] [梁向日、黄荣焜 31691 (IBSC)]、深圳 [17, 35]、始兴 [28, 35]、台山 [35] [粤 73 2821 (IBSC)]、翁源 [35, 51]、五华 [4, 35]、新丰 [35, 63]、新兴 [35] [刘瑛光 2332 (GZAC)]、信宜 [35, 52]、兴宁 [35] [南植地 7692 (IBSC)]、徐闻 [35] [南路 627 (IBSC)]、阳春 [35, 45]、阳江 [35] [刘什汗、李祥禧 89893 (IBSC)]、阳山 [26, 35]、英德 [32, 35]、郁南 [35, 101]、云浮 [35] [蒋英 5507 (NAS)]、增城 [35, 116]、肇庆 [9, 35]、中山 [10, 35]、珠海 [35] [粤 73 2969 (IBSC)]、紫金 [31, 35]。

光亮山矾 ***Symplocos lucida*** (Thunb.) Siebold & Zucc.

分布：博罗 [5, 35]、东莞 [25, 35]、丰顺 [95]、封开 [14]、佛冈 [27]、江门 [8, 35]、乐昌 [29, 35]、连州 [26]、龙川 [35] [杨晓萍 20110437 (SN)]、龙门 [35] [龙门林业局 82504 (IBSC)]、茂名 [35] [黄志 38705 (IBSC)]、仁化 [16, 35]、乳源 [26, 35]、深圳 [17, 35]、台山 [35] [陈炳辉 882 (IBSC)]、翁源 [51]、新丰 [35, 63]、信宜 [52]、阳江 [35] [农林厅 84270 (PE)]、阳山 [26, 35]、英德 [32, 35]、肇庆 [9]、珠海 [35] [张冰明 152919 (IBSC)]。

白檀 ***Symplocos paniculata*** (Thunb.) Miq.

分布：从化 [35] [2017 调查组 2017470 (SN)]、东莞 [25]、丰顺 [95]、封开 [14, 35]、怀集 [35] [程用谦 170668 (IBSC)]、乐昌 [29, 35]、连平 [35] [刘全儒等 DJ20090729003 (BNU)]、连山 [35] [谭沛祥 58827 (PE)]、连州 [26]、龙川 [35] [王颖

WY034 (CZH)]、**南雄** [33, 35, 57]、**仁化** [16]、**乳源** [35] [粤 71729 (IBSC)]、**深圳** [17]、**始兴** [28, 35]、**翁源** [35, 51]、**五华** [4]、**新丰** [63]、**新兴** [35] [刘瑛光 2298 (IBSC)]、**信宜** [35] [黄志 31863 (IBSC)]、**英德** [32, 35]、**云浮** [35] [辛树帜 5163 (IBSC)]、**肇庆** [9, 35]、**紫金** [35] [曾治华 12222 (SZG)]。

丛花山矾 *Symplocos poilanei* Guill.

分布：**江门** [8, 35]、**雷州** [35] [李泽贤、邢福武 2081 (IBSC)]、**廉江** [35] [湛江区植物调查队 3164 (IBSC)]、**茂名** [35] [侯、王、陈、赵 15415 (PE)]、**仁化** [16]、**徐闻** [35] [南路 782 (IBSC)]、**阳江** [35] [湛江区植物调查队 3590 (IBSC)]。

黑山山矾 *Symplocos prunifolia* Siebold & Zucc.

分布：**乐昌** [29]、**仁化** [16]、**翁源** [51]、**新丰** [63]、**英德** [32]。

铁山矾 *Symplocos pseudobarberina* Gontsch.

分布：**从化** [35] [中德采集队 1187 (IBSC)]、**封开** [14, 35]、**佛冈** [27]、**怀集** [35] [刘瑛光 2588 (IBSC)]、**乐昌** [29, 35]、**连州** [26, 35]、**乳源** [35] [南岭队 1797 (IBSC)]、**始兴** [28, 35]、**翁源** [35, 51]、**五华** [4]、**新丰** [63]、**阳山** [26, 35]、**英德** [32, 35]。

珠仔树 *Symplocos racemosa* Roxb.

分布：**雷州** [35] [李泽贤、邢福武 1937 (IBSC)]、**廉江** [35] [湛江区植物调查队 3090 (IBSC)]、**茂名** [35] [江一勳 9197 (IBSC)]、**遂溪** [35] [广东林业厅勘测队 s. n. (IBSC)]、**信宜** [52]、**徐闻** [35] [朱志淞 1049 (IBSC)]、**湛江** [35] [湛江区植物调查队 3800 (IBSC)]。

多花山矾 *Symplocos ramosissima* Wall. ex G. Don

分布：**乐昌** [29]、**连南** [35] [邓柏林、黄立 60822 (IBSC)]、**连山** [35] [谭沛祥 58378 (KUN80267)]、**连州** [35] [陈国强 3849 (IBSC)]、**仁化** [16]、**始兴** [28]、**信宜** [52]、**阳山** [26, 35]、**英德** [32, 35]。

老鼠屎 *Symplocos stellaris* Brand

分布：**潮州** [35] [曾宪锋 ZXF5002 (CZH)]、**从化** [35, 107]、**大埔** [35] [李学根 202685 (IBSC)]、**封开** [14, 35]、**佛冈** [27]、**和平** [35] [卫兆芬 120510 (KUN80310)]、**怀集** [35] [刘瑛光 2718 (IBSC)]、**江门** [8]、**蕉岭** [35] [邓良 4671 (IBSC)]、**揭西** [35] [曾宪锋 ZXF24814 (CZH)]、**乐昌** [29, 35, 41]、**连南** [35] [朱志淞 60627 (IBSC)]、**连山** [35] [谭沛祥 58759 (KUN80304)]、**连州** [26, 35]、**梅州** [35] [李学根 201067 (IBSC)]、**南雄** [33, 35, 57]、**平远** [35] [李学根 201929 (IBSC)]、**清远** [35] [黄志 30718 (IBSC)]、**饶平** [35] [李学根 200574 (IBSC)]、**仁化** [35] [陈焕镛 5921 (PE)]、**乳源** [26, 35]、**始兴** [28, 35]、**翁源** [51]、**五华** [4, 35]、**新丰** [35, 63]、**兴宁** [35] [曾宪锋 ZXF27925 (CZH)]、**阳山** [26, 35]、**英德** [32]、**增城** [116]、**紫金** [31, 35]。

山矾 *Symplocos sumuntia* Buch. -Ham. ex D. Don

分布：**博罗** [38, 100]、**潮州** [35] [曾宪锋 ZXF4808 (CZH)]、**大埔** [35] [邓良 5379 (IBK)]、**封开** [14]、**和平** [35] [张冰明 152885 (IBSC)]、**化州** [35] [湛江区植物调查队 2994 (IBSC)]、**惠州** [35] [吴磊、童毅 3165 (BNU)]、**江门** [8]、**乐昌** [29, 35, 41]、**连南** [35] [邓柏林 60621 (IBSC)]、**连山** [35] [谭沛祥 58809 (KUN37974)]、**连州** [26, 35]、**陆河** [35] [曾宪锋 ZXF42765 (CZH)]、**茂名** [35] [湛江区植物调查队 4050 (IBSC)]、**平远** [35] [邓良 4467 (KUN37537)]、**清远** [35] [陈少卿 273 (IBK)]、**饶平** [35] [李学根 200553 (IBSC)]、**仁化** [16, 35]、**乳源** [26, 35]、**韶关** [35] [高锡朋 50409 (PE)]、**深圳** [17, 35]、**翁源** [51]、**新丰** [63]、**信宜** [35, 52]、**兴宁** [35] [曾宪锋 ZXF27965 (CZH)]、**阳春** [35] [湛江区植物调查队 3361 (IBSC)]、**阳江** [35] [黄志 41547 (IBK)]、**阳山** [26]、**英德** [32]、**增城** [116]、**肇庆** [9]、**紫金** [31, 35]。

黄牛奶树 *Symplocos theophrastifolia* Siebold & Zucc.

分布：**博罗** [35, 100]、**潮州** [35] [郑炎慈 2015330 (CZH)]、**从化** [35, 107]、**大埔** [35] [南植地 7932 (IBSC)]、**德庆** [35] [刘瑛光 1157 (HZ)]、**东莞** [25, 35]、**封开** [14, 35]、**佛冈** [27]、**佛山** [35] [黄茂先 110983 (PE)]、**广宁** [35] [蚁伟民 15927 (IBSC)]、**广州** [35] [叶华谷 16494 (IBSC)]、**海丰** [35] [陈炳辉 588 (IBSC)]、**和平** [35] [张桂才 733 (IBSC)]、**怀集** [35] [石国良 15121 (IBSC)]、**惠东** [12, 35]、**惠州** [35] [曾怀德 25939 (IBSC)]、**江门** [8]、**蕉岭** [35] [南岭队 2324 (IBSC)]、**揭阳** [35] [南植地 7944 (IBSC)]、**乐昌** [29, 35, 41]、**连南** [35] [谭沛祥 68940 (NAS)]、**连山** [35] [谭沛祥 58292 (PE)]、**连州** [26, 35]、**龙川** [35] [曾宪锋 ZXF22359 (CZH)]、**龙门** [35] [卫兆芬 121954 (IBSC)]、**陆丰** [35] [卫兆芬 121329 (NAS)]、**茂名** [35] [邓良 2308 (IBSC)]、**梅州** [35] [曾宪锋 ZXF24931 (CZH)]、**南雄** [33, 35, 57]、**平远** [35] [李学根 202047 (IBSC)]、**普宁** [35] [南植地 7954 (IBSC)]、**清远** [35] [苏茂森 809 (IBSC)]、**饶平** [35] [李学根 200918 (IBSC)]、**仁化** [16, 35]、**乳源** [26, 35]、**韶关** [35] [周仁章、巫锡良、王国栋 12512 (SZG)]、**深圳** [17, 35]、**始兴** [28, 35]、**台山** [35] [左景烈 22356 (IBSC)]、**翁源** [35, 51]、**五华** [4, 35]、**新丰** [35, 63]、**信宜** [35, 52]、**兴宁** [35] [南植地 7664 (IBSC)]、**阳春** [35] [张桂才、刘念 859 (IBSC)]、**阳山** [26, 35]、**英德** [32, 35]、**增城** [116]、**肇庆** [9, 35]、**中山** [10, 35]、**紫金** [31, 35]。

卷毛山矾 *Symplocos ulotricha* Y. Ling

分布：**潮州** [35]、**东莞** [25]、**惠东** [12]、**饶平** [35]、**紫金** [31]。

乌饭树叶山矾 *Symplocos vacciniifolia* H. S. Chen & H. G. Ye

分布：**阳春** [405]。

绿枝山矾 *Symplocos viridissima* Brand

分布：**翁源** [51]、**英德** [32]。

微毛山矾 *Symplocos wikstroemiifolia* Hayata

分布：**从化** [35, 107]、**封开** [14, 35]、**怀集** [35] [刘瑛光

2927 (IBSC)]、乐昌 [29, 35, 41]、连山 [35] [谭沛祥 58208 (KUN80760)]、连州 [26]、南雄 [33, 35]、乳源 [26, 35]、翁源 [35] [刘心祈 2794 (IBSC)]、信宜 [52]、英德 [32, 35]、肇庆 [9, 35]。

阳春山矾 ***Symplocos yangchunensis*** H. G. Ye & F. W. Xing

分布：阳春 [508]。

327. 安息香科 Styracaceae

赤杨叶属 *Alniphyllum* Malsum.

赤杨叶 ***Alniphyllum fortunei*** (Hemsl.) Makino

分布：博罗 [35, 100]、潮州 [35] [曾宪锋 ZXF5988 (CZH)]、从化 [35, 107]、大埔 [35] [曾宪锋 ZXF8262 (CZH)]、东源 [59]、丰顺 [95]、封开 [14, 35]、佛冈 [27]、高州 [35] [甘世南 40077 (IBSC)]、和平 [35] [卫兆芬 120603 (IBSC)]、怀集 [35] [程用谦 176923 (IBSC)]、惠东 [12]、江门 [8]、蕉岭 [35] [李学根 202324 (IBSC)]、乐昌 [29, 35, 41]、连南 [35] [朱志淞 763 (IBSC)]、连平 [35] [粤 73 1730 (IBSC)]、连山 [35] [谭沛祥 58615 (KUN24859)]、连州 [35] [谭沛祥 59729 (IBSC)]、龙川 [35] [左景烈 21618 (IBSC)]、龙门 [35] [卫兆芬 121887 (IBSC)]、梅州 [35] [F. A. McClure 417 (PE)]、南雄 [33, 35, 57]、平远 [35] [邓良 4216 (IBSC)]、仁化 [16, 35]、乳源 [26, 35]、韶关 [35] [高锡朋 50298 (IBSC)]、深圳 [35] [王学文 53070 (SZG)]、始兴 [28, 35]、翁源 [35, 51]、五华 [4, 35]、新丰 [35, 63]、信宜 [35, 52]、兴宁 [35] [李学根 201795 (IBSC)]、阳春 [35, 37, 45]、阳山 [26, 35]、英德 [32, 35]、云浮 [35] [黄志 37276 (IBSC)]、增城 [116]、肇庆 [9, 35]、中山 [10, 35]、珠海 [35] [李泽贤、邢福武 613 (FJSI)]、紫金 [31, 35]。

山茉莉属 *Huodendron* Rehder

双齿山茉莉 ***Huodendron biaristatum*** (W. W. Sm.) Rehder

分布：封开 [14]、仁化 [16]。

岭南山茉莉 ***Huodendron biaristatum* var. *parviflorum*** (Merr.) Rehder

分布：东莞 [25]、江门 [8]、乐昌 [29, 35, 41]、连平 [35] [刘瑛光 168 (IBSC)]、连山 [35] [谭沛祥 58153 (KUN)]、龙川 [35] [左景烈 21639 (IBSC)]、南雄 [33, 35]、乳源 [26, 35]、始兴 [28]、翁源 [35, 51]、信宜 [35, 52]、阳山 [35] [邓良 137 (IBSC)]、英德 [35] [钟德尧 20402 (IBSC)]、增城 [116]。

陀螺果属 *Melliodendron* Hand. -Mazz.

陀螺果 ***Melliodendron xylocarpum*** Hand. -Mazz.

分布：德庆 [35] [刘瑛光 1169 (IBSC)]、怀集 [35] [石国良 14630 (IBSC)]、乐昌 [29, 35, 41]、连南 [35] [谭沛祥 59198 (IBSC)]、连山 [35] [谭沛祥 58790 (KUN25076)]、南雄 [33, 35]、清远 [35] [苏茂森 806 (IBSC)]、仁化 [16, 35]、乳源 [26, 35]、韶关 [35] [高锡朋 50776 (IBSC)]、始兴 [35] [邓良 6862 (IBSC)]、新丰 [63]、阳山 [35] [王发国、陈林等 2565 (IBSC)]、英德 [32, 35]、肇庆 [9, 35]。

银钟花属 *Perkinsiodendron* P. W. Fritsch

银钟花 ***Perkinsiodendron macgregorii*** (Chun) P. W. Fritsch

分布：乐昌 [29, 35, 41]、连南 [35] [谭沛祥 59005 (IBSC)]、连州 [26, 35]、仁化 [16]、乳源 [20, 26, 35]、韶关 [20, 35]、阳山 [20]、英德 [32, 35, 20]、增城 [116]。

白辛树属 *Pterostyrax* Siebold & Zucc.

小叶白辛树 ***Pterostyrax corymbosus*** Siebold & Zucc.

分布：阳山 [26]、乳源 [https://ppbc.iplant.cn/tu/4217874]。

白辛树 ***Pterostyrax psilophyllus*** Diels ex Perkins

分布：南雄 [33, 35]、乳源 [26, 35]、阳山 [26]。

木瓜红属 *Rehderodendron* Hu

广东木瓜红 ***Rehderodendron kwangtungense*** Chun

分布：从化 [35] [曾怀德 25041 (IBSC)]、封开 [35] [广东木材调查组 757 (IBSC)]、连山 [35] [谭沛祥 58351 (PE)]、乳源 [26, 35]、信宜 [52]、阳山 [26]、英德 [32]、增城 [116]、肇庆 [35] [石国良、张坤明 10848 (IBSC)]。

贵州木瓜红 ***Rehderodendron kweichowense*** Hu

分布：封开 [14]、阳春 [陈又生等 YC20230127 (IBSC)]、云浮 [35]。

秤锤树属 *Sinojackia* Hu

狭果秤锤树 ***Sinojackia rehderiana*** Hu

分布：乳源 [35] [H. Y. Mai167 (IBSC)]。

安息香属 *Styrax* L.

赛山梅 ***Styrax confusus*** Hemsl.

分布：博罗 [206, 75, 100, 35]、潮州 [75, 35]、从化 [206, 75, 107, 35]、大埔 [206, 75, 35]、德庆 [75, 35]、东莞 [25, 35]、东源 [206, 59]、丰顺 [75, 95, 35]、封开 [206, 75, 35, 14]、高州 [75, 35]、广州 [206, 35]、海丰 [75, 35]、和平 [206, 75, 35]、河源 [75, 35]、怀集 [75, 35]、惠东 [206, 75, 35]、惠州 [206, 75]、蕉岭 [75, 35]、揭西 [206, 75, 35]、开平 [75, 35]、乐昌 [206, 75, 29, 41, 35]、连南 [206, 75, 35]、连平 [206, 75, 35]、连山 [206, 75, 35]、连州 [206]、龙川 [75, 35]、龙门 [206, 75, 35]、陆丰 [206, 75, 35]、梅州 [206, 75, 35]、南雄 [206, 75, 57, 35, 33]、平远 [206, 75, 35]、饶平 [75, 35]、仁化 [206, 75, 16, 35]、乳源 [206, 75, 26, 35, 3]、韶关 [206, 75, 35]、深圳 [75, 35, 17]、始兴 [28, 35]、翁源 [206, 75, 51, 35]、五华 [75, 35]、新丰 [206, 75, 63, 35]、新兴 [75, 35]、信宜 [206, 75, 35, 52]、兴宁 [75, 35]、阳春 [75, 35]、阳山 [206, 75, 26, 35]、英德 [206, 75, 32, 35]、郁南 [101]、增城 [206, 75, 116, 35]、肇庆 [206, 75, 35]、珠海 [206]、紫金 [206, 75, 35]。

白花龙 ***Styrax faberi*** Perkins

分布：博罗 [75, 100, 35]、潮州 [75, 35]、从化 [35, 107]、德庆 [75, 35]、东莞 [25, 35]、东源 [119]、恩平 [75, 35]、封开 [75, 35, 14]、佛冈 [27]、高州 [75, 35]、广州 [75, 35]、河源 [75, 35]、鹤山 [75, 35]、化州 [75, 35]、怀集 [75]、惠东 [12]、惠州 [35] [叶华谷、曾飞燕 21970 (IBSC)]、蕉岭 [75,

35]、乐昌 [75, 29, 41, 35]、连南 [75, 35]、连平 [75]、连山 [75, 35]、连州 [75, 35]、龙川 [75, 35]、罗定 [75, 35]、茂名 [75]、梅州 [75]、南雄 [75, 57, 33, 35]、平远 [75, 35]、清远 [75, 35]、饶平 [75]、仁化 [75, 16, 35]、乳源 [75, 26, 35]、韶关 [75, 35]、深圳 [17, 35]、始兴 [75, 28, 35]、台山 [35]、翁源 [51]、五华 [4]、新丰 [75, 63]、新兴 [35] [李楠、陈真传等 11480 (SZG)]、信宜 [75, 35, 52]、兴宁 [75]、阳春 [45]、阳江 [75, 35]、阳山 [26]、英德 [75, 32, 35]、郁南 [35] [刘念、叶华谷 2748 (IBSC)]、云浮 [75, 35]、增城 [116]、肇庆 [75, 9, 35]、紫金 [31, 35]。

台湾安息香 ***Styrax formosanus*** Matsum.

分布：博罗 [75]、连山 [75]、乳源 [75, 26, 35]。

野茉莉 ***Styrax japonicus*** Siebold & Zucc.

分布：潮州 [35] [曾宪锋 ZXF5459 (IBSC)]、佛冈 [27]、和平 [75]、怀集 [35] [S. C. Ng 3035b (PE)]、乐昌 [29, 35]、连南 [75, 35]、连山 [75]、平远 [75]、仁化 [16]、乳源 [75, 26, 35]、深圳 [75, 17]、翁源 [35, 51]、新丰 [63]、信宜 [52]、阳山 [26, 35]。

大果安息香 ***Styrax macrocarpus*** Cheng

分布：封开 [75, 35]、乳源 [75, 26, 35]、翁源 [51]。

芬芳安息香 ***Styrax odoratissimus*** Champion ex Bentham

分布：博罗 [75]、大埔 [75, 35]、东莞 [25]、丰顺 [35, 95]、封开 [14]、佛冈 [27]、和平 [75]、惠东 [12]、蕉岭 [75, 35]、乐昌 [75, 29, 41, 35]、连南 [75, 35]、连山 [75, 35]、连州 [75, 35]、梅州 [75, 35]、平远 [75, 35]、仁化 [75, 16, 35]、乳源 [75, 26, 35]、韶关 [75, 35]、深圳 [75, 17]、始兴 [28]、翁源 [51]、五华 [75, 4]、新丰 [75, 63]、阳山 [75, 26, 35]、英德 [75, 32, 35]、紫金 [31, 35]。

皱果安息香 ***Styrax rhytidocarpus*** W. Yang & X. L. Yu

分布：乳源 [558]。

齿叶安息香 ***Styrax serrulatus*** Roxb.

分布：博罗 [100]、广州 [75]、茂名 [75]、饶平 [75]、深圳 [75]、信宜 [75]、阳春 [75]。

栓叶安息香 ***Styrax suberifolius*** Hook. & Arn.

分布：博罗 [75, 35, 38]、潮州 [75, 35]、从化 [75, 107, 35]、大埔 [75, 35]、东莞 [25, 35]、丰顺 [75, 95, 35]、封开 [75, 35, 14]、佛冈 [27]、广州 [75, 35]、海丰 [75, 35]、和平 [35] [张冰明 152889 (IBSC)]、河源 [75, 35]、怀集 [75, 35]、惠东 [75, 35, 12]、惠州 [75, 35]、江门 [75, 35, 8]、蕉岭 [75]、乐昌 [75, 29, 41, 35]、连南 [75, 35]、连平 [75, 35]、连山 [75, 35]、连州 [35] [程用谦 170305 (IBSC)]、廉江 [35] [湛江区植物调查队 3174 (IBSC)]、龙川 [75, 35]、龙门 [75, 35]、陆丰 [35] [南植地 8469 (IBSC)]、梅州 [35] [李学根 201100 (IBSC)]、南雄 [33, 35, 57]、平远 [75, 35]、饶平 [75, 35]、仁化 [75, 16, 35]、乳源 [75, 26, 35]、汕头 [75]、韶关 [75, 35]、深圳 [75, 35, 17]、始兴 [75, 28, 35]、台山 [35] [粤 73 2816 (IBSC)]、翁源 [75, 51, 35]、五华 [75, 35, 4]、新丰 [75, 63, 35]、信宜 [52]、阳春 [75, 35]、阳江 [75]、阳山 [26, 35]、英德 [75, 32, 35]、郁南 [75, 35]、增城 [116]、肇庆 [75, 9, 35]、珠海 [75, 35]、紫金 [31, 35]。

裂叶安息香 ***Styrax supaii*** Chun & F. Chun

分布：乐昌 [29, 35]、乳源 [75, 26, 35]、韶关 [35] [郭素白 80419 (IBSC)]、信宜 [75]。

越南安息香 ***Styrax tonkinensis*** (Pierre) Craib ex Hartwich

分布：博罗 [75]、丰顺 [95]、封开 [75, 35, 14]、佛冈 [27]、高州 [75]、广州 [75, 35]、化州 [75, 35]、惠东 [12]、惠州 [75, 35]、乐昌 [75, 29, 41, 35]、茂名 [75, 35]、南雄 [33, 35, 57]、乳源 [75, 26, 35]、深圳 [35] [张寿洲 11594 (SZG)]、翁源 [51]、信宜 [75, 35, 52]、阳春 [75, 35]、阳江 [75, 35]、阳山 [75]、英德 [75, 32, 35]、肇庆 *[75, 9, 35]、紫金 [31, 35]。

328. 猕猴桃科 Actinidiaceae

猕猴桃属 *Actinidia* Lindl.

硬齿猕猴桃 ***Actinidia callosa*** Lindl.

分布：南雄 [57]、仁化 [16]、乳源 [26]、始兴 [28]。

异色猕猴桃 ***Actinidia callosa* var. *discolor*** C. F. Liang

分布：从化 [35]、大埔 [35]、封开 [14]、和平 [35]、惠东 [35]、乐昌 [29, 35, 41]、连平 [35]、龙川 [35]、龙门 [35]、南雄 [35]、平远 [35]、饶平 [35]、仁化 [16, 35]、乳源 [26, 35]、韶关 [35]、始兴 [35]、翁源 [35, 51]、五华 [4]、新丰 [35]、信宜 [35, 52]、阳山 [26, 35]、英德 [35]、增城 [35]、紫金 [31]。

京梨猕猴桃 ***Actinidia callosa* var. *henryi*** Maxim.

分布：乐昌 [26, 29, 35, 41]、连南 [35]、南雄 [33]、乳源 [26, 35]、始兴 [28]、信宜 [35, 52]、阳山 [35]、英德 [32, 35]。

中华猕猴桃 ***Actinidia chinensis*** Planch.

分布：乐昌 [26, 29, 35, 41]、乳源 [26, 35]、阳山 [35]、英德 [32]、郁南 [101]、增城 [116]。

金花猕猴桃 ***Actinidia chrysantha*** C. F. Liang

分布：乐昌 [29]、连州 [26]、乳源 [26, 35]、阳山 [35]。

毛花猕猴桃 ***Actinidia eriantha*** Bentham

分布：大埔 [35]、封开 [14]、佛冈 [27]、和平 [35]、河源 [35]、江门 [8]、蕉岭 [35]、乐昌 [29, 35, 41]、连南 [35]、连平 [35]、连山 [35]、连州 [26, 35]、龙川 [35]、梅州 [35]、南雄 [35]、平远 [35]、饶平 [35]、仁化 [16, 35]、乳源 [26, 35]、始兴 [28]、翁源 [35, 51]、五华 [35]、新丰 [35]、阳山 [35]、英德 [32, 35]、肇庆 [9]、紫金 [31]。

条叶猕猴桃 ***Actinidia fortunatii*** Finet & Gagnep.

分布：博罗 [35]、东莞 [25]、封开 [14, 35]、江门 [8]、乐昌 [26, 29, 35, 41]、连南 [35]、连州 [26]、仁化 [16, 35]、乳源 [26, 35]、信宜 [35, 52]、阳春 [45]、阳山 [26, 35]、英德 [32]、

肇庆 [9, 35]。

黄毛猕猴桃 ***Actinidia fulvicoma*** Hance

分布：博罗 [35, 37]、从化 [35]、大埔 [35]、东莞 [25]、丰顺 [35]、封开 [14]、佛冈 [27]、和平 [35]、惠州 [35]、蕉岭 [35]、乐昌 [29, 35, 41]、连平 [35]、龙门 [35]、南雄 [33, 35, 57]、饶平 [35]、仁化 [16, 35]、乳源 [26, 35]、始兴 [28, 35]、翁源 [51]、五华 [4, 35]、新丰 [63]、信宜 [52]、阳山 [35]、英德 [32, 35]、郁南 [101]、增城 [116]、紫金 [31]。

灰毛猕猴桃 ***Actinidia fulvicoma* var. *cinerascens*** (C. F. Liang) J. Q. Li & Soejarto

分布：博罗 [35]、惠州 [35]、蕉岭 [35]、乐昌 [41]、乳源 [35]、翁源 [35]、五华 [35]、信宜 [52]。

糙毛猕猴桃 ***Actinidia fulvicoma* var. *hirsuta*** Finet & Gagnep.

分布：德庆 [35]、河源 [35]、怀集 [35]、乐昌 [29, 35]、连山 [35]、连州 [35]、南雄 [33]、平远 [35]、饶平 [35]、仁化 [16]、乳源 [35]、始兴 [28, 35]、新丰 [63]、信宜 [35, 52]、肇庆 [35]。

厚叶猕猴桃 ***Actinidia fulvicoma* var. *pachyphylla*** (Dunn) H. L. Li

分布：从化 [35]、丰顺 [35, 95]、和平 [3]、乐昌 [3]、龙门 [3, 35]。

蒙自猕猴桃 ***Actinidia henryi*** Dunn

分布：德庆 [35]、封开 [35]、乐昌 [29, 35]、连南 [35]、仁化 [16, 35]、乳源 [35]、深圳 [17]、信宜 [35, 52]、云浮 [35]、肇庆 [9, 35]。

中越猕猴桃 ***Actinidia indochinensis*** Merr.

分布：乐昌 [41]、信宜 [35, 52]、阳山 [26]。

小叶猕猴桃 ***Actinidia lanceolata*** Dunn

分布：大埔 [35]、乐昌 [29, 35, 41]、连州 [26]、梅州 [35]、仁化 [16, 35]、乳源 [26]、阳山 [35]。

阔叶猕猴桃 ***Actinidia latifolia*** (Gardner & Champ.) Merr.

分布：博罗 [35] [粤 786278 (IBSC)]、潮州 [35] [曾宪锋 ZXF5824 (CZH)]、从化 [35, 107]、大埔 [35] [李学根 202576 (HZ)]、德庆 [35] [刘瑛光 1085 (HZ)]、东莞 [25, 35]、东源 [119]、丰顺 [35, 95]、封开 [14, 35]、佛冈 [27]、广宁 [35] [蚁伟民 15980 (IBSC)]、广州 [35] [陈念劬 40332 (IBSC)]、河源 [35] [卫兆芬 120777 (IBK)]、怀集 [35] [刘瑛光 2515 (PE)]、惠东 [12, 35]、惠州 [35] [卫兆芬 121612 (KUN)]、江门 [8, 35]、蕉岭 [35] [邓良 4769 (WUK)]、揭西 [35] [刘玉琴 2016013 (CZH)]、乐昌 [29, 35, 41]、连南 [35] [朱志淞 637 (IBSC)]、连平 [35] [卫兆芬 120036 (KUN)]、连山 [35] [谭沛祥 57960 (KUN)]、连州 [26, 35]、龙门 [35] [张桂才 218 (HGAS)]、陆河 [35] [叶华谷 4652 (IBSC)]、罗定 [35] [叶华谷、刘念 2143 (IBSC)]、梅州 [35] [曾宪锋 ZXF24964 (CZH)]、南雄 [33, 35, 57]、平远 [35] [李学根 702102 (HZ)]、清远 [35] [黄志 30701 (IBK)]、仁化 [16, 35]、乳源 [26, 35]、汕头 [35] [陈德昭 s. n. (IBK)]、深圳 [17, 35]、始兴 [28, 35]、台山 [35] [左景烈 22378 (IBSC)]、翁源 [35, 51]、五华 [4]、新丰 [35, 63]、新兴 [35] [刘瑛光 2247 (GZAC)]、信宜 [35, 52]、阳春 [35, 45]、阳山 [26, 35]、英德 [32, 35]、郁南 [101]、增城 [116]、湛江 [35] [湛江区植物调查队 11121 (IBSC)]、肇庆 [9, 35]、中山 [10, 35]、珠海 [35] [陈邦余 1032 (IBSC)]、紫金 [31, 35]。

两广猕猴桃 ***Actinidia liangguangensis*** C. F. Liang

分布：怀集 [35]、连南 [35]、连山 [35]、清远 [35]、英德 [32]。

大籽猕猴桃 ***Actinidia macrosperma*** C. F. Liang

分布：乳源 [35]。

美丽猕猴桃 ***Actinidia melliana*** Hand. -Mazz.

分布：德庆 [35]、封开 [14, 35]、怀集 [35]、连山 [35]、仁化 [16]、乳源 [26, 35]、始兴 [28]、翁源 [51]、新丰 [63]、信宜 [35, 52]、阳山 [26, 35]、英德 [32, 35]。

伞花猕猴桃 ***Actinidia umbelloides*** C. F. Liang

分布：揭西 [430]。

对萼猕猴桃 ***Actinidia valvata*** Dunn

分布：乳源 [35]、阳山 [35]。

水东哥属 *Saurauia* Willd.

水东哥 ***Saurauia tristyla*** DC.

分布：博罗 [35, 38, 100]、潮州 [35] [叶华谷等 12967 (IBSC)]、从化 [35, 107]、大埔 [35] [邓良 5407 (KUN)]、德庆 [35] [刘瑛光 1127 (HZ)]、东莞 [25, 35]、东源 [119]、恩平 [35] [黄茂先 110433 (HZ)]、丰顺 [35, 95]、封开 [14, 35]、佛冈 [27]、高州 [35] [蒋英 2146 (KUN)]、广州 [35] [蒋英 11050 (IBSC)]、海丰 [35] [李泽贤 806 (IBSC)]、河源 [35] [卫兆芬 120749 (IBK)]、怀集 [35] [刘瑛光 2668 (HZ)]、惠东 [12, 35]、惠州 [35] [卫兆芬 121532 (KUN)]、江门 [8]、揭西 [35] [曾宪锋 ZXF21128 (CZH)]、开平 [35] [黄茂先 110617 (HZ)]、乐昌 [29, 35, 41]、连山 [35] [谭沛祥 58548 (PE)]、龙门 [35] [王学文、张桂才 8298 (IBK)]、罗定 [35] [叶华谷、刘念 2140 (IBSC)]、茂名 [35] [邓良 1821 (KUN)]、梅州 [35] [黄奕孜 2016109 (CZH)]、饶平 [35] [李学根 200887 (IBK)]、仁化 [16]、乳源 [26, 35]、深圳 [17, 35]、台山 [35] [左景烈 22345 (IBSC)]、翁源 [35, 51]、五华 [35] [李学根 201618 (HZ)]、新丰 [63]、新兴 [35] [刘瑛光 2035 (HZ)]、信宜 [35, 52]、阳春 [35, 45]、阳江 [35] [黄志 41493 (IBK)]、阳山 [26, 35]、英德 [32, 35]、郁南 [35, 101]、云浮 [35] [黄志 1831 (IBK)]、增城 [35, 116]、肇庆 [9, 35]、中山 [10, 35]、紫金 [31, 35]。

329. 桤叶树科 Clethraceae

桤叶树属 *Clethra* L.

单毛桤叶树 ***Clethra bodinieri*** H. Lév.

分布：从化 [35, 107]、惠东 [12]、惠州 [35]、连州 [26]、清远 [35]、五华 [4]、英德 [32]、紫金 [31]。

云南桤叶树 ***Clethra delavayi*** Franch.

分布：博罗 [100]、大埔 [35] [曾宪锋 ZXF33001 (CZH)]、丰顺 [35] [曾宪锋 ZXF7252 (CZH)]、封开 [14]、佛冈 [27]、乐昌 [29, 35, 41]、连南 [35] [谭沛祥 58898 (KUN)]、连州 [26, 35]、梅州 [35] [曾宪锋 ZXF29509 (CZH)]、乳源 [26, 35]、韶关 [35] [邹香林 20263 (IBSC)]、翁源 [51]、五华 [35] [南植地 7916 (IBSC)]、阳山 [26]、英德 [32, 35]、紫金 [31, 35]。

华南桤叶树 ***Clethra fabri*** Hance

分布：博罗 [35, 37, 100]、连州 [26]、茂名 [35]、始兴 [28]、翁源 [51]、信宜 [52]、英德 [32, 35]、增城 [116]。

贵州桤叶树 ***Clethra kaipoensis*** H. Lév.

分布：乐昌 [29, 41]、连平 [35]、连州 [35]、仁化 [16, 35]、乳源 [26]、阳山 [35]。

330. 杜鹃花科 Ericaceae

金叶子属 *Craibiodendron* W. W. Sm.

广东金叶子 ***Craibiodendron scleranthum* var. *kwangtungense*** (S. Y. Hu) Judd

分布：东源 [59]、封开 [14]、佛冈 [27]、化州 [35]、连山 [35]、仁化 [16]、新丰 [63]、信宜 [35, 52]、阳春 [45]、英德 [32]、郁南 [101]、肇庆 [35]。

金叶子 ***Craibiodendron stellatum*** (Pierre) W. W. Sm.

分布：信宜 [52]、郁南 [http://ppbc. iplant. cn/tu/10039652]。

吊钟花属 *Enkianthus* Lour.

灯笼树 ***Enkianthus chinensis*** Franch.

分布：乐昌 [41]、乳源 [26, 35]。

吊钟花 ***Enkianthus quinqueflorus*** Lour.

分布：博罗 [35, 100]、潮州 [35]、从化 [35, 107]、大埔 [35]、东莞 [25, 35]、东源 [59]、丰顺 [35]、封开 [14, 35]、佛冈 [27]、高州 [35]、广州 [35]、海丰 [35]、化州 [35]、怀集 [35]、惠东 [12]、江门 [8, 35]、乐昌 [35, 41]、连南 [35]、连州 [26, 35]、龙门 [35]、陆丰 [35]、罗定 [35]、茂名 [35]、梅州 [35]、清远 [35]、仁化 [16]、乳源 [35]、深圳 [17, 35]、台山 [35]、五华 [4]、新丰 [35]、信宜 [35, 52]、阳春 [35, 45]、阳江 [35]、阳山 [26, 35]、英德 [32, 35]、增城 [35, 116]、湛江 [35]、肇庆 [35]、中山 [10, 35]、珠海 [35]、紫金 [31, 35]。

齿缘吊钟花 ***Enkianthus serrulatus*** (E. H. Wilson) C. K. Schneid.

分布：博罗 [35, 38, 100]、东莞 [25, 35]、封开 [14]、惠东 [12]、江门 [8]、乐昌 [35, 41]、连南 [35] [朱志淞 667 (IBSC)]、连州 [26, 35]、龙门 [35] [南昆山调查队 82249 (IBSC)]、仁化 [16]、乳源 [26, 35]、深圳 [17, 35]、翁源 [51]、五华 [4]、信宜 [52]、阳山 [26]、英德 [32, 35]、紫金 [31, 35]。

白珠属 *Gaultheria* L.

滇白珠 ***Gaultheria crenulata*** kurz

分布：乐昌 [35, 41]、连州 [26]、南雄 [33, 35]、乳源 [26, 35]、韶关 [35]、始兴 [28]、阳山 [26]、英德 [32, 35]。

珍珠花属 *Lyonia* Nutt.

珍珠花 ***Lyonia ovalifolia*** (Wall.) Drude

分布：大埔 [35] [曾宪锋 ZXF32910 (CZH)]、东源 [35] [分类室 103 (IBSC)]、丰顺 [35] [曾宪锋 ZXF7347 (CZH)]、河源 [35] [华南师范学院 736 (IBSC)]、乐昌 [26, 29, 35, 41]、连南 [35] [谭沛祥 59442 (IBK)]、连州 [26, 35]、梅州 [35] [曾宪锋 ZXF25205 (CZH)]、南雄 [33, 35, 57]、平远 [35] [李学根 201873 (HZ)]、清远 [35] [黄志 32532 (IBSC)]、仁化 [16, 35]、乳源 [26, 35]、韶关 [35] [陈念劬 43021 (IBK)]、始兴 [35] [林亲众 67 (CSFI)]、翁源 [35, 51]、兴宁 [35] [刘林翰 15148 (KUN)]、阳山 [35] [陈焕镛 51018 (SN)]、英德 [32, 35]。

小果珍珠花 ***Lyonia ovalifolia* var. *elliptica*** (Siebold & Zucc.) Hand. -Mazz.

分布：博罗 [35, 100]、大埔 [35]、乐昌 [41]、清远 [35]、乳源 [26]、始兴 [28]、翁源 [51]、英德 [32]、肇庆 [35]。

毛果珍珠花 ***Lyonia ovalifolia* var. *hebecarpa*** (Franch. ex F. B. Forbes & Hemsl.) Chun

分布：梅州 [http://ppbc. iplant. cn/tu/11864441]。

狭叶珍珠花 ***Lyonia ovalifolia* var. *lanceolata*** (Wall.) Hand. -Mazz.

分布：广州 [35]、乐昌 [29]、连山 [35]、乳源 [26]、五华 [4]、英德 [32]、肇庆 [35]。

红脉珍珠花 ***Lyonia ovalifolia* var. *rubrovenia*** (Merr.) Judd

分布：广州 [刘卓斌 335 (IBK)]。

水晶兰属 *Monotropa* L.

水晶兰 ***Monotropa uniflora*** L.

分布：佛冈 [27]、乐昌 [29, 35, 41]、乳源 [26, 35]、韶关 [35]、英德 [32, 35]。

假沙晶兰属 *Monotropastrum* Andres

球果假沙晶兰 ***Monotropastrum humile*** (D. Don) H. Hara

分布：翁源 [http://ppbc. iplant. cn/tu/9786206]。

马醉木属 *Pieris* D. Don

美丽马醉木 ***Pieris formosa*** (Wall.) D. Don

分布：蕉岭 [35]、乐昌 [29, 26]、乳源 [26, 35]。

长萼马醉木 ***Pieris swinhoei*** Hemsl.

分布：封开 [14]、惠东 [12]、饶平 [35] [陈念劬 42689 (PE)]、紫金 [31]。

鹿蹄草属 *Pyrola* L.

普通鹿蹄草 ***Pyrola decorata*** Andres

分布：连州 [26]。

长叶鹿蹄草 ***Pyrola elegantula*** Andres

分布：乳源 [26, 35]、阳山 [35]。

杜鹃花属 ***Rhododendron* L.**

锦绣杜鹃 ***Rhododendron* × *pulchrum*** Sweet

分布：丰顺 *[95]、惠东 *[12]、仁化 *[16]、新丰 *[63]、信宜 *[52]。

短脉杜鹃 ***Rhododendron brevinerve*** Chun & Fang

分布：封开 [14]、连南 [35]、韶关 [35]、阳山 [35]。

多花杜鹃 ***Rhododendron cavaleriei*** H. Lév.

分布：东莞 [25]、佛冈 [27]、连州 [35]、乳源 [26]、翁源 [51]、信宜 [35, 52]、阳山 [35]、英德 [32]、增城 [116]。

刺毛杜鹃 ***Rhododendron championiae*** Hook.

分布：东源 [59]、封开 [14, 35]、佛冈 [27]、乐昌 [29, 41]、连州 [26]、南雄 [33, 57]、乳源 [26, 35]、深圳 [17, 35]、始兴 [28]、五华 [4]、信宜 [52]、阳山 [26]、英德 [32, 35]、增城 [116]、肇庆 [35] [李启精 80 (SYS)]、紫金 [31, 35]。

潮安杜鹃 ***Rhododendron chaoanense*** T. C. Wu & P. C. Tam

分布：从化 [3]。

大田顶杜鹃 ***Rhododendron datiandingense*** Z. J. Feng

分布：信宜 [3]。

大云锦杜鹃 ***Rhododendron faithiae*** Chun

分布：乳源 [26]、信宜 [35, 52]。

丁香杜鹃 ***Rhododendron farrerae*** Sweet

分布：博罗 [35, 100]、潮州 [35] [林高明 2015081 (CZH)]、从化 [35, 107]、大埔 [35] [邓良 5107 (PE)]、东莞 [25, 35]、东源 [59]、丰顺 [35] [李学根 200996 (PE)]、封开 [14, 35]、佛冈 [27]、广州 [35] [陈焕镛 5494 (IBK)]、海丰 [35] [徐坚、金水虎 HF-002 (HTC0010218)]、河源 [35] [77 级科研组新 0508 (SN)]、怀集 [35] [S. C. Ng2997 (PE)]、惠东 [12, 35]、惠州 [35] [卫兆芬 121593 (PE)]、江门 [8, 35]、蕉岭 [35] [南植地 7324 (IBSC)]、乐昌 [29, 35, 41]、连州 [26]、龙川 [35] [杨晓萍 20110417 (SN)]、龙门 [35] [徐坚、金水虎 AKS-002 (HTC0006026)]、茂名 [35] [王献溥等 15489 (PE)]、梅州 [35] [曾宪锋 ZXF25006 (CZH)]、平远 [35] [李学根 201931 (PE)]、清远 [35] [徐坚、金水虎 QY-008 (HTC0006015)]、饶平 [35] [陈念劬 42600 (IBK)]、仁化 [16]、乳源 [26, 35]、韶关 [35] [高锡朋 50405 (PE)]、深圳 [17, 35]、始兴 [28, 35]、五华 [4, 35]、新丰 [63]、信宜 [52]、阳江 [35] [农林厅 84089 (IBSC)]、阳山 [26]、英德 [32, 35]、郁南 [101]、增城 [116]、肇庆 [35] [叶华谷等 18346 (IBSC)]、中山 [10, 35]、紫金 [31, 35]。

云锦杜鹃 ***Rhododendron fortunei*** Lindl.

分布：丰顺 [95]、乐昌 [29, 35]、连州 [26]、乳源 [26, 35]、阳山 [26, 35]、英德 [32]。

贵定杜鹃 ***Rhododendron fuchsiifolium*** H. Lév.

分布：海丰 [35]、乳源 [26, 35]、韶关 [35]、英德 [32]、增城 [116]。

海南杜鹃 ***Rhododendron hainanense*** Merr.

分布：江门 [8]、阳春 [511, 45]。

光枝杜鹃 ***Rhododendron haofui*** Chun & Fang

分布：乳源 [26, 35]、翁源 [51]。

弯蒴杜鹃 ***Rhododendron henryi*** Hance

分布：博罗 [5, 100]、潮州 [35] [曾宪锋 ZXF37434 (CZH)]、丰顺 [35] [曾宪锋 ZXF44298 (CZH)]、封开 [14]、海丰 [35] [金孝锋 s. n. (HTC)]、惠东 [12]、惠州 [35] [曾怀德 25948 (IBSC)]、江门 [8]、蕉岭 [35] [邓良 4706 (IBSC)]、揭西 [35] [曾宪锋 ZXF20434 (CZH)]、梅州 [35] [曾宪锋 ZXF41644 (CZH)]、饶平 [35] [陈念劬 42602 (IBSC)]、仁化 [16]、五华 [4, 35]、信宜 [35, 52]、英德 [32]、增城 [116]、紫金 [31]。

秃房杜鹃 ***Rhododendron henryi* var. *dunnii*** (E. H. Wilson) M. Y. He

分布：大埔 [35]、信宜 [35]。

白马银花 ***Rhododendron hongkongense*** Hutchinson

分布：从化 [35, 107]、东莞 [25]、东源 [59]、深圳 [17]、紫金 [31]。

湖南杜鹃 ***Rhododendron hunanense*** Chun ex P. C. Tam

分布：连州 [26]、乳源 [26]。

鹿角杜鹃 ***Rhododendron latoucheae*** Franch.

分布：从化 [107]、乐昌 [26, 29, 35, 41]、连州 [26]、南雄 [33, 35, 57]、平远 [35]、仁化 [16, 35]、乳源 [26, 35]、韶关 [35]、始兴 [28, 35]、新丰 [63]、信宜 [52]、兴宁 [35]、英德 [32]、增城 [116]、紫金 [31]。

南岭杜鹃 ***Rhododendron levinei*** Merr.

分布：博罗 [37]、封开 [14]、惠东 [12]、惠州 [35] [曾怀德 25545 (IBSC)]、乐昌 [41]、连州 [26]、乳源 [26]、深圳 [17]、五华 [4]、阳山 [26]、英德 [32, 35]、肇庆 [35] [叶华谷等 18381 (IBSC)]、紫金 [31, 35]。

岭南杜鹃 ***Rhododendron mariae*** Hance

分布：博罗 [35] [卫兆芬 121819 (PE)]、从化 [35, 107]、大埔 [35] [林洪滨 201 (SN)]、德庆 [35] [刘瑛光 963 (PE)]、东源 [59]、丰顺 [35, 95]、封开 [14, 35]、佛冈 [27]、广宁 [35] [陈炳辉 1548 (IBSC)]、广州 [35] [陈焕镛 12012 (IBSC)]、海丰 [35] [徐坚、金水虎 HF-005 (HTC0001421)]、河源 [35] [77 级科研组新 0336 (SN)]、怀集 [35] [刘瑛光 2665 (PE)]、惠东 [12]、惠州 [35] [吴磊、杨丽华、李运龙 3168 (BNU)]、江门 [8, 35]、蕉岭 [35] [邓良 4595 (PE)]、乐昌 [29, 35, 41]、连南 [35] [谭沛祥 58939 (PE)]、连平 [35] [卫兆芬 120029 (PE)]、连山 [35] [谭沛祥 58608 (PE)]、连州 [35] [伍世忠 70180 (IBSC)]、龙门 [35] [李学根 200087 (IBSC)]、罗定 [35] [叶华谷、刘念 2405 (IBSC)]、茂名 [35, 85]、清远 [35] [徐坚、金水虎 QY-012 (HTC0001274)]、仁化 [16, 35]、乳源 [26, 35]、韶关 [35] [高锡朋 50355 (IBK)]、始兴 [35] [王

学文 661 (IBSC)]、翁源 [35, 51]、五华 [4]、新丰 [35] [邓良 8045 (PE)]、信宜 [35, 52]、阳春 [35] [南植地 4244 (IBSC)]、阳山 [26, 35]、英德 [32, 35]、云浮 [35] [黄志、邓良 541 (IBSC)]、增城 [116]、肇庆 [35] [叶华谷等 18052 (IBSC)]、珠海 [35] [陈邦余、李泽贤 427 (IBSC)]。

羊踯躅 ***Rhododendron molle*** (Blume) G. Don

分布：乐昌 [29, 35, 41]、连州 [35]、南雄 [33, 35]、韶关 [35]、英德 [32]。

毛棉杜鹃 ***Rhododendron moulmainense*** Hook.

分布：博罗 [5]、东莞 [25]、东源 [59]、丰顺 [95]、佛冈 [27]、惠东 [12]、江门 [8]、乐昌 [41]、连州 [26]、仁化 [16]、乳源 [26]、深圳 [17]、始兴 [28]、翁源 [51]、五华 [4]、新丰 [63]、信宜 [52]、阳山 [26]、英德 [32]、郁南 [101]、增城 [116]、中山 [10]、紫金 [31]。

南昆杜鹃 ***Rhododendron naamkwanense*** Merr.

分布：从化 [35, 107]、龙门 [35]、平远 [35]、饶平 [35]、乳源 [35]、深圳 [17]、增城 [35, 116]。

马银花 ***Rhododendron ovatum*** (Lindl.) Planch. ex Maxim.

分布：博罗 [5, 100]、从化 [35, 107]、东莞 [25]、东源 [59]、佛冈 [27]、惠东 [12]、乐昌 [29, 35, 41]、连南 [35] [谭沛祥 59559 (PE)]、连山 [35] [谭沛祥 58335 (PE)]、连州 [26, 35]、龙川 [35] [南植地 998 (IBSC)]、南雄 [35] [邓良 6303 (PE)]、清远 [35] [黄志 30471 (PE)]、仁化 [16, 35]、乳源 [26, 35]、韶关 [35] [高锡朋 50291 (PE)]、始兴 [28, 35]、翁源 [35, 51]、五华 [4]、阳山 [26, 35]、英德 [32]、增城 [116]、紫金 [31, 35]。

乳源杜鹃 ***Rhododendron rhuyuenense*** Chun ex P. C. Tam

分布：乐昌 [41]、乳源 [26, 35]、阳山 [26]。

溪畔杜鹃 ***Rhododendron rivulare*** Hand. -Mazz.

分布：封开 [14]、乐昌 [29, 26, 41]、阳山 [26, 35]。

广东杜鹃 ***Rhododendron rivulare* var. *kwangtungense*** (Merr. & Chun) X. F. Jin & B. Y. Ding

分布：封开 [14, 35]、江门 [8]、乐昌 [29, 35, 41]、连州 [26, 35]、仁化 [16, 35]、乳源 [26, 35]、翁源 [35, 51]、新丰 [63]、阳山 [26, 35]、英德 [32, 35]、增城 [116]。

岩谷杜鹃 ***Rhododendron rupivalleculatum*** P. C. Tam

分布：乐昌 [29, 35]、英德 [32]。

毛果杜鹃 ***Rhododendron seniavinii*** Maxim.

分布：乳源 [35, 26]。

猴头杜鹃 ***Rhododendron simiarum*** Hance

分布：博罗 [37]、潮州 [35]、从化 [35] [邓良 8903 (PE)]、大埔 [35]、德庆 [35]、丰顺 [35]、封开 [35] [熊耀国 6404 (PE)]、佛冈 [27]、佛山 [35]、广宁 [35]、广州 [35] [C. P. Gu 54050 (IBK)]、海丰 [35]、怀集 [35]、惠来 [35]、蕉岭 [35]、揭西 [35]、揭阳 [35]、乐昌 [29, 26, 41]、陆丰 [35]、陆河 [35]、梅州 [35] [曾宪锋 ZXF29555 (CZH)]、南澳 [35]、平远 [35]、普宁 [35]、饶平 [35]、乳源 [26]、汕头 [35]、汕尾 [35]、四会 [35]、翁源 [51]、五华 [35]、信宜 [35, 52]、兴宁 [35]、阳春 [35] [叶华谷、刘念 691 (IBSC)]、阳山 [26]、英德 [32]、云浮 [35]、增城 [35]、肇庆 [35] [石国良 11956 (IBSC)]。

杜鹃 ***Rhododendron simsii*** Planch.

分布：博罗 [35, 38, 100]、潮州 [35] [叶华谷等 13249 (IBSC)]、从化 [35, 107]、大埔 [35] [徐坚 DP-005 (HTC0000733)]、东莞 [35] [刘守仁 20013 (IBSC)]、东源 [59]、丰顺 [35, 95]、封开 [14, 35]、佛冈 [27]、广州 [35] [钱崇澍 4596 (PE)]、海丰 [35] [徐坚、金水虎 HF-007 (HTC0000409)]、和平 [35] [卫兆芬 120391 (IBK)]、河源 [35] [77 级科研组新 0719 (SN)]、怀集 [35] [程用谦 170781 (IBSC)]、惠东 [12, 35]、惠州 [35] [叶华谷、曾飞燕 21803 (IBSC)]、江门 [8, 35]、蕉岭 [35] [徐祥浩、林辉奉 293 (IBSC)]、乐昌 [35, 41]、连南 [35] [邹香林、麦一飞 60655 (IBSC)]、连平 [35] [粤 73 1800 (IBSC)]、连州 [26, 35]、龙川 [35] [徐祥浩 1048 (IBSC)]、龙门 [35] [徐坚、金水虎 NKS-006 (HTC0000623)]、茂名 [35] [侯学煜 15413 (PE)]、南雄 [33, 35, 57]、平远 [35] [金 PY-005 (HTC0006613)]、清远 [35] [邓良 322 (IBK)]、饶平 [35] [曾宪锋 ZXF4276 (IBSC)]、仁化 [16, 35]、乳源 [26, 35]、韶关 [35] [高锡朋 50220 (PE)]、深圳 *[17, 35]、始兴 [28, 35]、翁源 [35, 51]、五华 [4]、新丰 [35, 63]、信宜 [35, 52]、阳春 [35] [张桂才、刘念 1214 (IBSC)]、阳江 [35] [湛江区植物调查队 3571 (IBSC)]、阳山 [26, 35]、英德 [32, 35]、郁南 [101]、增城 [116]、湛江 [35] [南植地 3571 (SYS)]、肇庆 [35] [叶华谷等 18270 (IBSC)]、中山 [10, 35]、紫金 [31, 35]。

长蕊杜鹃 ***Rhododendron stamineum*** Franch.

分布：大埔 [徐金 DP-007 (HTC0009666)]、乐昌 [伍世忠 70005 (IBSC)]、龙门 [南昆山调查队 70939 (IBSC)]、信宜 [刘集汉 90127 (IBSC)]。

蜡黄杜鹃 ***Rhododendron subcerinum*** P. C. Tam

分布：阳春 [35, 37]。

单花无柄杜鹃 ***Rhododendron subestipitatum*** Chun ex P. C. Tam

分布：信宜 [475]。

大埔杜鹃 ***Rhododendron taipaoense*** T. C. Wu & P. C. Tam

分布：蕉岭 [3]、河源 [https://ppbc.iplant.cn/tu/7705657]。

两广杜鹃 ***Rhododendron tsoi*** Merr.

分布：增城 [35]。

细石榴花 ***Rhododendron tsoi* var. *nudistylum*** (P. C. Tam) X. F. Jin & B. Y. Ding

分布：惠州 [3]、肇庆 [35]。

千针叶杜鹃 ***Rhododendron tsoi* var. *polyraphidoideum*** (P. C. Tam) X. F. Jin & B. Y. Ding

分布：海丰 [曾宪锋 ZXF04526 (CZH)]。

凯里杜鹃 ***Rhododendron westlandii*** Hemsl.

分布：**博罗** [35, 100]、**从化** [35, 107]、**东莞** [35] [刘守仁 20014 (SYS)]、**乐昌** [29, 35]、**连平** [35] [粤 73 1653 (IBSC)]、**罗定** [35] [中山大学普查队 186 (SYS)]、**南雄** [33, 35, 57]、**清远** [35] [蒋英 13710 (IBSC)]、**乳源** [35] [夏念和、刘念 72 (IBSC)]、**韶关** [35] [陈焕镛 31682 (SN)]、**深圳** [35] [王学文 53257 (SZG)]、**翁源** [35] [刘心祈 314757 (KUN)]、**新丰** [63]、**信宜** [35] [陈焕镛 51220 (SN)]、**阳山** [35] [南岭队 1602 (IBSC)]、**英德** [32, 35]、**肇庆** [35] [谭沛祥 7337 (IBSC)]。

越橘属 *Vaccinium* L.

南烛 ***Vaccinium bracteatum*** Thunb.

分布：**博罗** [35, 100]、**潮州** [35] [曾宪锋 ZXF9590 (CZH)]、**从化** [107]、**东莞** [25, 35]、**东源** [35, 59]、**丰顺** [35] [曾宪锋 ZXF8235 (CZH)]、**封开** [14, 35]、**佛冈** [27]、**高州** [35] [周沛椿 80315 (IBSC)]、**和平** [35] [卫兆芬 120614 (PE)]、**河源** [35] [77 级科研组新 0717 (SN)]、**怀集** [35] [刘瑛光 2568 (HZ)]、**惠东** [12]、**惠州** [35] [曾怀德 25470 (IBSC)]、**江门** [8, 35]、**揭西** [35] [郑馥琪 2016009 (CZH)]、**揭阳** [35] [陈少卿 797 (PE)]、**乐昌** [29, 35, 41]、**雷州** [35] [曾沛 10236 (SYS)]、**连南** [35] [朱志淞 772 (IBSC)]、**连平** [35] [韦兆芬 120126 (IBK)]、**连州** [26, 35]、**廉江** [35] [湛江区植物调查队 3133 (IBSC)]、**茂名** [35] [侯学煜等 15493 (PE)]、**南雄** [33, 35, 57]、**平远** [35] [李学根 202121 (CSFI)]、**清远** [35] [黄志 30693 (IBK)]、**仁化** [16, 35]、**乳源** [26, 35]、**汕尾** [35] [陈炳辉 605 (IBSC)]、**韶关** [35] [黄志 31314 (IBK)]、**深圳** [17, 35]、**始兴** [28, 35]、**翁源** [35, 51]、**五华** [4, 35]、**新丰** [35, 63]、**信宜** [35, 52]、**阳春** [35, 45]、**阳山** [26, 35]、**英德** [32, 35]、**云浮** [35] [辛树帜 5118 (IBSC)]、**增城** [116]、**肇庆** [35] [叶华谷等 18155 (IBSC)]、**中山** [10, 35]、**紫金** [31, 35]。

小叶南烛 ***Vaccinium bracteatum* var. *chinense*** (Lodd.) Chun ex Sleumer

分布：**江门** [8]、**深圳** [17]、**信宜** [52]、**紫金** [31]。

倒卵叶南烛 ***Vaccinium bracteatum* var. *obovatum*** C. Y. Wu & R. C. Fang

分布：**从化** [陈又生等 22088 (IBSC)]、**海丰** [3]。

短尾越橘 ***Vaccinium carlesii*** Dunn

分布：**丰顺** [95]、**佛冈** [27]、**蕉岭** [35]、**乐昌** [29, 41]、**连州** [26]、**龙川** [35]、**平远** [35]、**乳源** [26]、**始兴** [28]、**翁源** [35, 51]、**信宜** [52]、**阳山** [26]、**英德** [32, 35]。

潮州越橘 ***Vaccinium chaozhouense*** Y. H. Tong & J. H. Ding

分布：**潮州** [565]。

流苏萼越橘 ***Vaccinium fimbricalyx*** Chun & Fang

分布：**阳山** [26]、**英德** [32, 35]。

广东乌饭 ***Vaccinium guangdongense*** Fang & Z. H. Pan

分布：**新丰** [63]、**阳春** [37]、**阳江** [3]。

黄背越橘 ***Vaccinium iteophyllum*** Hance

分布：**博罗** [5]、**和平** [35]、**惠东** [12]、**乐昌** [29, 35]、**连南** [35] [Y. N. Chen 60844 (IBSC)]、**连州** [35] [南岭队 240 (IBSC)]、**南雄** [33]、**仁化** [16]、**乳源** [35] [邓良 5841 (IBK)]、**韶关** [35] [陈焕镛 50458 (SN)]、**始兴** [35] [始兴林业局 45 (IBSC)]、**五华** [4]、**新丰** [35] [叶华谷 921 (IBSC)]、**信宜** [52]、**阳山** [26, 35]、**英德** [32, 35]、**郁南** [101]、**紫金** [31, 35]。

扁枝越橘 ***Vaccinium japonicum* var. *sinicum*** (Nakai) Rehder

分布：**乐昌** [29, 41]、**乳源** [26, 35]。

亮叶越橘 ***Vaccinium lamprophyllum*** C. Y. Wu & R. C. Fang

分布：**封开** [3]。

长尾乌饭 ***Vaccinium longicaudatum*** Chun ex Fang & Z. H. Pan

分布：**江门** [8]、**连州** [26]、**乳源** [35]、**韶关** [35]、**阳山** [26, 35]。

江南越橘 ***Vaccinium mandarinorum*** Diels

分布：**连州** [26]、**乳源** [26]、**阳山** [26]。

草地越橘 ***Vaccinium pratense*** Tam ex C. Y. Wu & R. C. Fang

分布：**肇庆** [37]。

椭圆叶越橘 ***Vaccinium pseudorobustum*** Sleum.

分布：**信宜** [35, 52]。

峦大越橘 ***Vaccinium randaiense*** Hayata

分布：**博罗** [35]、**连州** [26, 35]、**乳源** [26, 35]、**阳山** [35]、**英德** [32, 35]、**肇庆** [35]。

石生越橘 ***Vaccinium saxicola*** Chun ex Sleum.

分布：**乳源** [26]、**信宜** [3, 35, 52]。

广西越橘 ***Vaccinium sinicum*** Sleum.

分布：**封开** [14]、**乳源** [26, 35]、**阳山** [26]、**英德** [32]。

米饭花 ***Vaccinium sprengelii*** (G. Don) Sleum.

分布：**英德** [32]。

镰叶越橘 ***Vaccinium subfalcatum*** Merr. ex Sleum.

分布：**江门** [8]、**乳源** [35]、**阳春** [35, 45]、**增城** [116]。

刺毛越橘 ***Vaccinium trichocladum*** Merr. & F. P. Metcalf

分布：**丰顺** [95]、**惠东** [12]、**翁源** [35, 51]、**新丰** [63]、**英德** [32, 35]。

平萼乌饭 ***Vaccinium truncatocalyx*** Chun ex Fang & Z. H. Pan

分布：**信宜** [3, 35, 52]。

瑶山越橘 ***Vaccinium yaoshanicum*** Sleum.

分布：**罗定** [37]。

331. 帽蕊草科 Mitrastemonaceae

帽蕊草属 *Mitrastemon* Makino

帽蕊草 ***Mitrastemon yamamotoi*** Makino

分布：**怀集** [35]、**信宜** [35]。

332. 茶茱萸科 Icacinaceae

微花藤属 *Iodes* Blume

小果微花藤 *Iodes vitiginea* (Hance) Hance

分布：高州 [35]、雷州 [13]、罗定 [35]、新丰 [63]、徐闻 [13]、阳春 [35] [陈又生等 YC2023085 (IBSC)]、英德 [32]、肇庆 [35]。

定心藤属 *Mappianthus* Hand. -Mazz.

定心藤 *Mappianthus iodoides* Hand. -Mazz.

分布：博罗 [5, 100]、从化 [107]、德庆 [35]、东莞 [25]、丰顺 [95]、封开 [14, 35]、佛冈 [27]、怀集 [35]、惠东 [12]、惠州 [35]、江门 [8]、连州 [26]、龙门 [35]、平远 [35]、仁化 [16]、深圳 [17]、始兴 [28]、翁源 [51]、五华 [4]、新丰 [63]、新兴 [35]、信宜 [52]、阳春 [35, 45]、阳江 [35]、英德 [32]、郁南 [101]、增城 [116]、肇庆 [9, 35]、中山 [10]、紫金 [31]。

假柴龙树属 *Nothapodytes* Blume

马比木 *Nothapodytes pittosporoides* (Oliv.) Sleum.

分布：乐昌 [29, 35]、乳源 [26, 35]、阳山 [26, 35]、英德 [32, 35]。

333. 杜仲科 Eucommiaceae

杜仲属 *Eucommia* Oliv.

杜仲 *Eucommia ulmoides* Oliv.

分布：博罗 *[5, 100]、乐昌 *[41]、乳源 *[26]、肇庆 *[9]。

334. 丝缨花科 Garryaceae

桃叶珊瑚属 *Aucuba* Thunb.

桃叶珊瑚 *Aucuba chinensis* Benth.

分布：博罗 [35, 100]、从化 [35]、东莞 [25]、东源 [59]、佛冈 [27]、广宁 [35]、河源 [35]、惠东 [12]、江门 [8]、乐昌 [29]、茂名 [35, 85]、饶平 [35]、仁化 [16]、深圳 [17, 35]、信宜 [52]、阳春 [35, 45]、郁南 [35, 101]、增城 [116]、肇庆 [35]、紫金 [31]。

狭叶桃叶珊瑚 *Aucuba chinensis* var. *angusta* F. T. Wang

分布：封开 [14]、仁化 [16, 35]、深圳 [35]、信宜 [35, 52]、肇庆 [35]。

细齿桃叶珊瑚 *Aucuba chlorascens* F. T. Wang

分布：信宜 [35, 52]。

长叶珊瑚 *Aucuba himalaica* var. *dolichophylla* W. P. Fang & T. P. Soong

分布：乳源 [26, 35]、阳山 [26, 35]。

倒披针叶珊瑚 *Aucuba himalaica* var. *oblanceolata* W. P. Fang & T. P. Soong

分布：封开 [14]、广州 [35]、乐昌 [29, 35]、乳源 [26, 35]、信宜 [35, 52]、阳山 [26]。

倒心叶珊瑚 *Aucuba obcordata* (Rehder) Fu ex W. K. Hu & T. P. Soong

分布：博罗 [35]、从化 [http://ppbc. iplant. cn/tu/3454663]、封开 [14]、乳源 [26, 35]、阳春 [陈又生等 YC20230126 (IBSC)]。

335. 茜草科 Rubiaceae

水团花属 *Adina* Salisb.

水团花 *Adina pilulifera* (Lam.) Franch. ex Drake

分布：博罗 [35, 38, 100]、潮州 [35] [曾宪锋 ZXF9986 (CZH)]、从化 [35, 107]、大埔 [35] [李学根 202600 (IBSC)]、德庆 [35] [刘瑛光 1017 (IBSC)]、东莞 [25, 35]、东源 [59]、恩平 [35] [黄茂先 110397 (HZ)]、丰顺 [35, 95]、封开 [14, 35]、佛冈 [27]、佛山 [35] [陈念劬 7793 (IBSC)]、高州 [35] [蒋英 2685 (IBSC)]、广州 [35] [左景烈 20022 (IBSC)]、海丰 [35] [曾宪锋 ZXF10545 (CZH)]、和平 [35] [卫兆芬 120266 (IBSC)]、河源 [35] [77 级科研组新 711 (SN)]、鹤山 [35] [黄茂先 11763 (HZ)]、化州 [35] [湛江区植物调查队 2839 (IBSC)]、怀集 [35] [刘瑛光 2618 (IBSC)]、惠东 [12, 35]、惠州 [35] [曾怀德 25597 (IBSC)]、江门 [8, 35]、蕉岭 [35] [李学根 202228 (IBSC)]、揭西 [35] [曾宪锋 ZXF21133 (CZH)]、开平 [35] [黄茂先 110620 (HZ)]、乐昌 [29, 35, 41]、连南 [35] [谭沛祥 59239 (IBSC)]、连平 [35] [粤 73 1478 (IBSC)]、连山 [35] [谭沛祥 58716 (KUN)]、连州 [35] [谭沛祥 60253 (IBK)]、龙川 [35] [徐祥浩 1024 (IBSC)]、龙门 [35] [卫兆芬 121992 (IBSC)]、陆丰 [35] [卫兆芬 121324 (IBSC)]、陆河 [35] [曾宪锋 ZXF42848 (CZH)]、茂名 [35] [邓良 1886 (IBSC)]、梅州 [35] [曾宪锋 ZXF43796 (CZH)]、南雄 [33, 35, 57]、平远 [35] [李学根 201982 (IBSC)]、普宁 [35] [曾宪锋 ZXF42927 (CZH)]、清远 [35] [黄成 161556 (IBSC)]、饶平 [35] [李学根 200734 (IBSC)]、仁化 [16, 35]、乳源 [35] [钟济新 10699 (IBSC)]、韶关 [35] [梁向日、黄荣焜 31595 (IBSC)]、深圳 [11, 17, 35]、始兴 [28, 35]、台山 [35] [左景烈 22353 (IBSC)]、翁源 [35, 51]、五华 [4, 35]、新丰 [35, 63]、新兴 [35] [刘瑛光 2433 (IBSC)]、信宜 [35, 52]、兴宁 [35] [曾宪锋 ZXF27750 (CZH)]、阳春 [35, 45]、阳江 [35] [黄志 41507 (IBSC)]、阳山 [26, 35]、英德 [32, 35]、郁南 [101]、云浮 [35] [黄志 37684 (IBSC)]、增城 [35, 116]、肇庆 [9, 35]、中山 [10, 35]、珠海 [35] [唐国旺等 TuTY4965 (KUN)]、紫金 [31, 35]。

细叶水团花 *Adina rubella* Hance

分布：德庆 [35]、封开 [35]、和平 [35]、乐昌 [29, 35, 41]、连州 [35]、茂名 [85]、南雄 [35]、平远 [35]、仁化 [16, 35]、乳源 [26, 35]、韶关 [35]、翁源 [35, 51]、阳山 [22, 35]、英德 [32, 35]、肇庆 [9, 35]。

茜树属 *Aidia* Lour.

香楠 *Aidia canthioides* (Champ. ex Benth.) Masam.

分布：博罗 [35] [王英强 668 (IBSC)]、潮州 [35] [曾

宪锋 ZXF2790 (IBSC)]、大埔 [35] [邓良 5275 (NAS)]、东莞 [25, 35]、东源 [35] [分类室 115 (IBSC)]、恩平 [35] [黄茂先 110515 (HZ)]、丰顺 [35] [李学根 201109 (IBSC)]、封开 [14, 35]、佛冈 [27]、广州 [35] [冼培芪 7419 (SN)]、海丰 [35] [卫兆芬 121453 (IBSC)]、怀集 [35] [曾怀德 23163 (IBSC)]、惠东 [12, 35]、惠州 [35] [卫兆芬 121728 (IBSC)]、江门 [8]、乐昌 [29, 35, 41]、连州 [26]、龙川 [35] [曾宪锋 ZXF22297 (CZH)]、龙门 [35] [林正眉 20180602013 (SN)]、陆河 [35] [曾宪锋 ZXF42853 (CZH)]、罗定 [35] [刘念等 2212 (IBSC)]、平远 [35] [曾宪锋 ZXF44208 (CZH)]、清远 [35] [黄志 30662 (IBSC)]、仁化 [16, 35]、乳源 [35] [钟济新 10816 (IBSC)]、深圳 [17, 35]、始兴 [28]、翁源 [35, 51]、五华 [4]、新丰 [35, 63]、信宜 [35, 52]、阳春 [35, 45]、英德 [32, 35]、郁南 [35, 101]、云浮 [35] [辛树帜 5206 (IBSC)]、增城 [35, 116]、肇庆 [9, 35]、紫金 [31, 35]。

茜树 ***Aidia cochinchinensis*** Lour.

分布：**博罗** [35, 100]、**从化** [35, 107]、**大埔** [35] [李学根 202522 (IBSC)]、**德庆** [35] [刘瑛光 1133 (IBSC)]、**东莞** [25, 35]、**东源** [59]、**丰顺** [35, 95]、**封开** [14, 35]、**佛冈** [27]、**广宁** [35] [石国良 14445 (IBSC)]、**和平** [35] [张桂才 476 (IBSC)]、**河源** [35] [曾怀德 28914 (IBSC)]、**怀集** [35] [刘瑛光 3022 (IBSC)]、**惠东** [12]、**惠州** [35] [卫兆芬 121631 (IBSC)]、**江门** [8, 35]、**蕉岭** [35] [南岭队 2197 (IBSC)]、**乐昌** [29, 35, 41]、**连南** [35] [朱志淞 664 (IBSC)]、**连平** [35] [粤 73 1753 (IBSC)]、**连州** [35] [左景烈 22707 (IBSC)]、**龙川** [35] [左景烈 21581 (IBSC)]、**龙门** [35] [张桂才 8294 (HGAS)]、**梅州** [35] [南植地 7356 (IBSC)]、**南雄** [33, 35]、**平远** [35] [邓良 4339 (IBSC)]、**清远** [35] [黄志 30741 (IBSC)]、**饶平** [35] [李学根 200857 (IBSC)]、**仁化** [16, 35]、**乳源** [26, 35]、**韶关** [35] [梁向日、黄荣焜 31661 (IBSC)]、**深圳** [17, 35]、**始兴** [28, 35]、**翁源** [35, 51]、**五华** [4, 35]、**新丰** [35, 63]、**信宜** [35, 52]、**兴宁** [35] [曾宪锋 ZXF27575 (CZH)]、**阳春** [35] [云开考察队 76 (IBSC)]、**阳山** [26, 35]、**英德** [32, 35]、**云浮** [35] [辛树帜 5152 (IBSC)]、**增城** [35, 116]、**肇庆** [9, 35]、**紫金** [31, 35]。

亨氏香楠 ***Aidia henryi*** (E. Pritz.) T. Yamaz.

分布：**英德** [32]。

尖萼茜树 ***Aidia oxyodonta*** (Drake) T. Yamaz.

分布：**化州** [35]、**连南** [445]、**廉江** [35]、**郁南** [101]。

多毛茜草树 ***Aidia pycnantha*** (Drake) Tirveng.

分布：**博罗** [5, 35]、**从化** [35] [中德采集队 965 (IBSC)]、**大埔** [35] [李学根 202563 (IBSC)]、**东莞** [25, 35]、**恩平** [35] [黄茂先 110387 (HZ)]、**丰顺** [35, 95]、**封开** [14]、**佛山** [35] [黄茂先 111036 (HZ)]、**高州** [35] [周沛椿 80320 (IBSC)]、**广州** [35] [徐月邦 10444 (IBK)]、**海丰** [35] [卫兆芬 121436 (IBSC)]、**河源** [35] [李楠等 22451 (SZG)]、**鹤山** [35] [黄茂先 110780 (HZ)]、**怀集** [35] [刘瑛光 1444 (IBSC)]、**惠东** [12]、**江门** [8, 35]、**揭西** [35] [曾宪锋 ZXF24795 (CZH)]、**乐昌** [29, 35, 41]、**龙门** [35] [南岭队 2163 (IBSC)]、**陆河** [35] [曾宪锋 ZXF42854 (CZH)]、**罗定** [35] [林茎 9508 (IBSC)]、**茂名** [35] [刘集汉 90032 (IBSC)]、**梅州** [35] [曾宪锋 ZXF43792 (CZH)]、**清远** [35] [黄志 30661 (IBSC)]、**仁化** [16]、**深圳** [17, 35]、**台山** [35] [华南综考队 164 (IBSC)]、**翁源** [35, 51]、**新丰** [35] [粤 775638 (IBSC)]、**新兴** [35] [刘瑛光 2522 (IBSC)]、**信宜** [35, 52]、**阳春** [35] [刘念 1741 (IBSC)]、**阳江** [35] [湛江区植物调查队 3554 (IBSC)]、**英德** [35] [徐德明 6367 (IBSC)]、**郁南** [101]、**云浮** [35] [辛树帜 5205 (IBSC)]、**增城** [35] [黄成 161953 (IBSC)]、**肇庆** [9, 35]、**紫金** [31, 35]。

白香楠属 *Alleizettella* Pit.

白香楠 ***Alleizettella leucocarpa*** (Champ. ex Benth.) Tirveng.

分布：**博罗** [35]、**从化** [35]、**大埔** [35]、**丰顺** [95]、**封开** [14, 35]、**惠东** [12, 35]、**江门** [8]、**龙门** [35]、**饶平** [35]、**深圳** [17]、**翁源** [51]、**新丰** [35]、**信宜** [35, 52]、**阳春** [35]、**增城** [116]、**肇庆** [35]、**紫金** [31]。

毛茶属 *Antirhea* Comm. ex Juss.

毛茶 ***Antirhea chinensis*** (Champ. ex Benth.) Benth. & Hook. f. ex F. B. Forbes & Hemsl.

分布：**博罗** [5, 100]、**东莞** [25]、**江门** [8]、**深圳** [17]、**增城** [116]、**中山** [10]。

雪花属 *Argostemma* Wall.

粤西雪花 ***Argostemma ehuangzhangense*** H. G. Ye, Jia Liu & W. B. Liao

分布：**阳春** [221]。

岩雪花 ***Argostemma saxatile*** Chun & F. C. How ex W. C. Ko

分布：**阳春** [45]。

鸡爪簕属 *Benkara* Adans.

浓子茉莉 ***Benkara scandens*** (Thunb.) Ridsdale

分布: **雷州** [35]、**台山** [35]、**阳江** [35]、**英德** [32]、**珠海** [35]。

鸡爪簕 ***Benkara sinensis*** (Lour.) Ridsdale

分布：**博罗** [35]、**东莞** [25]、**佛山** [35]、**高州** [35]、**广州** [35]、**海丰** [35]、**惠州** [35]、**江门** [35]、**仁化** [16]、**深圳** [11, 17]、**台山** [35]、**徐闻** [35]、**阳春** [35]、**云浮** [35]、**肇庆** [9, 35]。

穴果木属 *Caelospermum* Blume

穴果木 ***Caelospermum truncatum*** (Wall.) Baill. ex K. Schum.

分布：**茂名** [35]、**信宜** [52]。

猪肚木属 *Canthium* Lam.

猪肚木 ***Canthium horridum*** Blume

分布：**博罗** [5]、**东莞** [25]、**封开** [14]、**佛冈** [27]、**茂名** [85]、**仁化** [16]、**深圳** [11, 17]、**郁南** [101]、**肇庆** [9]、**中山** [10]。

大叶猪肚木 *Canthium simile* Merr. & Chun

分布：博罗 [5, 100]、茂名 [35]、信宜 [35, 52]。

山石榴属 *Catunaregam* Wolf

山石榴 *Catunaregam spinosa* (Thunb.) Tirveng.

分布：博罗 [35, 38, 100]、潮州 [35] [曾宪锋 ZXF25158 (CZH)]、从化 [107]、大埔 [35] [邓良 5028 (IBSC)]、东莞 [25, 35]、东源 [119]、封开 [14]、佛冈 [27]、佛山 [35] [黄茂先 111158 (HZ)]、高州 [35] [周沛椿 10249 (IBSC)]、广州 [35] [邢福武、陈炳辉、黄超雄 532 (IBSC)]、河源 [35] [77 级科研组新 0827 (SN)]、怀集 [35] [刘瑛光 2995 (PE)]、廉江 [35] [湛江区植物调查队 3131 (IBSC)]、龙川 [35] [曾宪锋 ZXF32354 (CZH)]、龙门 [35] [李学根 200022 (IBSC)]、陆丰 [35] [卫兆芬 121224 (IBSC)]、茂名 [35, 85]、梅州 [35] [广东木材调查组 703 (IBSC)]、平远 [35] [林英 15154 (IBSC)]、仁化 [16]、深圳 [11, 17, 35]、台山 [35] [左景烈 22357 (IBSC)]、五华 [35] [李学根 201779 (IBSC)]、新丰 [63]、信宜 [52]、徐闻 [35] [南路 72 (IBSC)]、阳春 [35] [黄志 42025 (IBSC)]、阳江 [35] [黄志 41590 (IBSC)]、英德 [32, 35]、郁南 [35, 101]、云浮 [35] [辛树帜 5101 (IBSC)]、增城 [116]、湛江 [35] [湛江区植物调查队 4034 (IBSC)]、肇庆 [9, 35]、紫金 [31, 35]。

风箱树属 *Cephalanthus* L.

风箱树 *Cephalanthus tetrandrus* (Roxb.) Ridsdale & Bakh. f.

分布：博罗 [35]、从化 [107]、大埔 [35]、德庆 [35]、东莞 [35]、封开 [14, 35]、佛冈 [27]、高州 [35]、广州 [35]、和平 [35]、河源 [35]、惠东 [12, 35]、江门 [8]、乐昌 [29, 35, 41]、连州 [35]、南雄 [33, 35, 57]、平远 [35]、饶平 [35]、仁化 [16, 35]、乳源 [26, 35]、始兴 [35]、翁源 [35, 51]、新丰 [35]、兴宁 [35]、阳春 [35]、阳山 [26, 35]、英德 [35]、肇庆 [9, 35]。

弯管花属 *Chassalia* Comm. ex Poir.

弯管花 *Chassalia curviflora* (Wall.) Thwaites

分布：封开 [35]、龙门 [35]、信宜 [35, 52]、阳春 [35]、英德 [32]、云浮 [35]、肇庆 [9, 35]。

岩上珠属 *Clarkella* Hook. f.

岩上珠 *Clarkella nana* (Edgew.) Hook. f.

分布：连南 [3, 35]、清远 [陈又生，徐晔春 QY20230299]、仁化 [16]、阳山 [35]。

咖啡属 *Coffea* L.

小粒咖啡 *Coffea arabica* L.

分布：肇庆 *[9]。

中粒咖啡 *Coffea canephora* Pierre ex A. Froehner

分布：深圳 *[17]、肇庆 *[9]。

流苏子属 *Coptosapelta* Korth.

流苏子 *Coptosapelta diffusa* (Champ. ex Benth.) Steenis

分布：博罗 [5, 35]、潮州 [35] [曾宪锋 ZXF6805 (CZH)]、从化 [35, 107]、大埔 [35] [李学根 202633 (IBSC)]、德庆 [35] [刘瑛光 933 (HZ)]、东莞 [25, 35]、丰顺 [35, 95]、封开 [14, 35]、佛冈 [27]、海丰 [35] [曾宪锋 ZXF04540 (CZH)]、和平 [35] [卫兆芬 120221 (IBSC)]、河源 [35] [77 级科研组新 0456 (SN)]、怀集 [35] [刘瑛光 2569 (IBSC)]、惠东 [12]、江门 [8]、蕉岭 [35] [李学根 202313 (IBSC)]、乐昌 [29, 35, 41]、连南 [35] [朱志淞 612 (IBSC)]、连平 [35] [粤 73 1520 (IBSC)]、连山 [35] [谭沛祥 58301 (PE)]、连州 [35] [伍世忠 3786 (IBSC)]、龙门 [35] [张桂才 136 (IBSC)]、陆丰 [35] [南植地 8464 (IBSC)]、罗定 [35] [张桂才、刘念 2257 (IBSC)]、梅州 [35] [侯宽昭 74024 (IBSC)]、南雄 [33, 35, 57]、平远 [35] [李学根 202190 (IBSC)]、清远 [35] [吴磊、王炳谋 6231 (CSFI)]、饶平 [35] [李学根 200571 (IBSC)]、仁化 [16, 35]、乳源 [35] [钟济新 10718 (IBSC)]、韶关 [35] [黄志、梁向日 31293 (SN)]、深圳 [17, 35]、始兴 [28, 35]、翁源 [35, 51]、五华 [4, 35]、新丰 [35, 63]、信宜 [35, 52]、兴宁 [35] [李淑玉 180942 (IBSC)]、阳春 [35, 45]、阳山 [26, 35]、英德 [32, 35]、增城 [35, 116]、肇庆 [9, 35]、中山 [10, 35]、紫金 [31, 35]。

虎刺属 *Damnacanthus* C. F. Gaertn.

短刺虎刺 *Damnacanthus giganteus* (Makino) Nakai

分布：和平 [35]、乐昌 [29, 35]、乳源 [26, 35]、始兴 [28]、翁源 [35]。

虎刺 *Damnacanthus indicus* C. F. Gaertn.

分布：怀集 [35]、乐昌 [29, 35]、龙川 [35]、茂名 [85]、南雄 [33]、仁化 [16]、乳源 [26, 35]、始兴 [28, 35]、翁源 [35]、肇庆 *[9]。

柳叶虎刺 *Damnacanthus labordei* (H. Lév.) H. S. Lo

分布：乐昌 [41]、连州 [26]、乳源 [26, 35]、阳山 [26, 35]、英德 [35]。

浙皖虎刺 *Damnacanthus macrophyllus* Siebold ex Miq.

分布：阳山 [26, 35]。

大卵叶虎刺 *Damnacanthus major* Siebold & Zucc.

分布：乐昌 [29, 35, 41]。

小牙草属 *Dentella* J. R. Forst. & G. Forst.

小牙草 *Dentella repens* (L.) J. R. Forst. & G. Forst.

分布：广州 [35]。

狗骨柴属 *Diplospora* DC.

狗骨柴 *Diplospora dubia* (Lindl.) Masam.

分布：博罗 [35, 100]、潮州 [35] [叶华谷 12898 (IBSC)]、从化 [35, 107]、大埔 [35] [邓良 5439 (IBSC)]、德庆 [35] [刘瑛光 1014 (IBSC)]、东莞 [25, 35]、丰顺 [35, 95]、封开 [14, 35]、佛冈 [27]、佛山 [35] [谭沛祥 64071 (IBSC)]、广州 [35] [左景烈 20005 (IBSC)]、海丰 [35] [曾宪锋 ZXF4447 (CZH)]、和平 [35] [张冰明 152882 (IBSC)]、河源 [35] [左景烈 21555 (IBSC)]、化州 [35] [湛江区植物调查队 3005 (IBSC)]、惠东 [12, 35]、惠州 [35] [徐德明 116 (IBSC)]、江门 [8, 35]、蕉岭 [35] [徐祥浩 273 (IBSC)]、开平 [35] [黄茂先 110241 (HZ)]、乐昌 [29,

35, 41]、雷州 [35] [李泽贤、邢福武 1949 (IBSC)]、连平 [35] [粤 73 1977 (IBSC)]、连州 [35] [谭沛祥 60182 (IBSC)]、龙川 [35] [曾宪锋 ZXF32454 (CZH)]、龙门 [35] [王学文、张桂才 8182 (IBSC)]、陆丰 [35] [南植地 8453 (IBSC)]、罗定 [35] [张桂才、刘念 2216 (IBSC)]、茂名 [35] [邓良 2314 (IBSC)]、梅州 [35] [李学根 202438 (IBSC)]、南雄 [33, 35, 57]、平远 [35] [邓良 4309 (IBSC)]、清远 [35] [黄成 161433 (IBSC)]、仁化 [16, 35]、乳源 [35] [粤 73 137 (IBSC)]、韶关 [35] [南岭队 835 (IBSC)]、深圳 [11, 17, 35]、始兴 [28]、台山 [35] [周联选 11643 (KUN)]、翁源 [35, 51]、五华 [4, 35]、新丰 [35, 63]、信宜 [35, 52]、阳春 [35, 45]、阳江 [35] [农林厅 84265 (IBSC)]、阳山 [26, 35]、英德 [32, 35]、郁南 [101]、云浮 [35] [黄志 37033 (IBSC)]、增城 [35, 116]、肇庆 [9, 35]、中山 [10, 35]、珠海 [35] [粤 73 3148 (IBSC)]、紫金 [31, 35]。

毛狗骨柴 ***Diplospora fruticosa*** Hemsl.

分布：封开 [14]、高州 [35]、怀集 [35]、乐昌 [29, 35]、连南 [35]、连山 [35]、仁化 [16, 35]、韶关 [35]、始兴 [28, 35]、信宜 [35, 52]、英德 [32, 35]。

绣球茜属 *Dunnia* Tutch.

绣球茜 ***Dunnia sinensis*** Tutcher

分布：从化 [http://ppbc. iplant. cn/tu/12866140]、广州 [20]、江门 [35, 20, 8]、龙门 [20, 35]、台山 [20, 35]、阳春 [35, 20, 37, 45]、阳江 [35]、增城 [116]、中山 [10]、珠海 [20, 35]。

香果树属 *Emmenopterys* Oliv.

香果树 ***Emmenopterys henryi*** Oliv.

分布：乐昌 [29, 20]、连州 [20]。

宽昭木属 *Foonchewia* R. J. Wang

宽昭木 ***Foonchewia coriacea*** (Dunn) Z. Q. Song

分布：博罗 [255, 35, 37]、潮州 [255, 291]、大埔 [255, 35]、东源 [255, 35]、丰顺 [255, 35]、惠东 [255, 35]、梅州 [255, 291, 35]、饶平 [255, 35]。

拉拉藤属 *Galium* L.

四叶葎 ***Galium bungei*** Steud.

分布：从化 [35]、大埔 [35]、乐昌 [29, 35, 41]、连州 [26]、南雄 [33, 57]、平远 [35]、清远 [35]、乳源 [26, 35]、始兴 [28, 35]、新丰 [63]、英德 [32, 35]、郁南 [101]、肇庆 [9, 35]。

阔叶四叶葎 ***Galium bungei* var. *trachyspermum*** (A. Gray) Cufod.

分布：乳源 [26, 35]。

小猪殃殃 ***Galium innocuum*** Miq.

分布：乐昌 [35, 41]、连州 [26]、南雄 [57]、仁化 [16]、始兴 [28]。

拉拉藤 ***Galium spurium*** L.

分布：连州 #[26]、南雄 #[57]、仁化 #[16]、五华 #[4]、增城 #[116]、肇庆 #[9]、紫金 #[31]。

栀子属 *Gardenia* J. Ellis

栀子 ***Gardenia jasminoides*** J. Ellis

分布：博罗 [35, 38, 100]、潮州 [35] [叶华谷 12861 (IBSC)]、从化 [35, 107]、大埔 [35]、德庆 [35] [刘瑛光 950 (HZ)]、东莞 [25, 35]、东源 [35, 119]、恩平 [35] [黄茂先 110310 (HZ)]、丰顺 [35, 95]、封开 [14, 35]、佛冈 [27]、佛山 [35] [张瑞麟 171 (IBSC)]、高州 [35] [周沛椿 10372 (IBSC)]、广州 [35] [周利 97-1-3-10/97-1-6 (SN)]、海丰 [35] [卫兆芬 121394 (IBSC)]、和平 [35] [卫兆芬 120301 (IBSC)]、河源 [35] [华南师范学院 916 (IBSC)]、鹤山 [35] [黄茂先 110744 (HZ)]、怀集 [35] [刘瑛光 2593 (IBSC)]、惠东 [12, 35]、惠州 [35] [徐德明 169 (IBSC)]、江门 [8, 35]、蕉岭 [35] [南岭队 2330 (IBSC)]、揭西 [35] [曾宪锋 ZXF31258 (CZH)]、揭阳 [35] [黄雅凤 HYF051 (CZH)]、开平 [35] [黄茂先 110626 (HZ)]、乐昌 [29, 35, 41]、连南 [35] [钟德尧 20478 (IBSC)]、连平 [35] [粤 73 1983 (IBSC)]、连州 [26, 35]、龙川 [35] [徐祥浩 1032 (IBSC)]、龙门 [35] [张桂才等 264 (HGAS)]、陆丰 [35] [卫兆芬 12145 (NAS)]、罗定 [35] [张桂才、刘念 2321 (IBSC)]、茂名 [35] [江一勳 9220 (IBSC)]、梅州 [35] [杨青青 2016097 (CZH)]、南澳 [35] [简曙光、李永泉 16 (IBSC)]、南雄 [33, 35, 57]、平远 [35] [孙王叶 平 029 (SN)]、普宁 [35] [曾宪锋 ZXF42962 (CZH)]、清远 [35] [黄荣焜 30098 (IBSC)]、饶平 [35] [李学根 200605 (IBSC)]、仁化 [16, 35]、乳源 [26, 35]、汕头 [35] [梁其瑾 86 (PEY)]、韶关 [35] [To & Tsang12050 (IBSC)]、深圳 [11, 17, 35]、始兴 [28, 35]、台山 [35] [左景烈 22330 (IBSC)]、翁源 [35, 51]、五华 [4, 35]、新丰 [35, 63]、新兴 [35] [李楠、陈真传等 11481 (SZG)]、信宜 [35, 52]、阳春 [35, 45]、阳江 [35] [罗献瑞 7471 (IBSC)]、阳山 [35] [徐德明 804 (IBSC)]、英德 [32, 35]、郁南 [35, 101]、云浮 [35] [辛树帜 5208 (IBSC)]、增城 [116]、肇庆 [9, 35]、中山 [10, 35]、珠海 [35] [粤 73 2988 (IBSC)]、紫金 [31, 35]。

白蟾 ***Gardenia jasminoides* var. *fortuniana*** (Lindl.) H. Hara

分布：从化 *[http://ppbc. iplant. cn/tu/5171524]、佛山 *[http://ppbc. iplant. cn/tu/3470227]、惠州 *[http://ppbc. iplant. cn/tu/5041327]、龙门 *[http://ppbc. iplant. cn/tu/9569303]、南澳 *[http://ppbc. iplant. cn/tu/4430354]、仁化 *[16]、深圳 *[http://ppbc. iplant. cn/tu/149261]、湛江 *[http://ppbc. iplant. cn/tu/13274263]、肇庆 *[9]。

狭叶栀子 ***Gardenia stenophylla*** Merr.

分布：惠东 [35]、龙门 [35]、深圳 *[11, 17]、五华 [35]、阳春 [35, 45]、英德 [32]、肇庆 *[9]、紫金 [31]。

爱地草属 *Geophila* D. Don

爱地草 ***Geophila repens*** (L.) I. M. Johnst.

分布：博罗 [5, 100]、大埔 [35]、东莞 [25]、佛冈 [27]、清远 [35]、仁化 [16]、深圳 [17]、新兴 [35]、阳山 [26]、英德 [32]、增城 [35, 116]、肇庆 [9, 35]、紫金 [31]。

长隔木属 ***Hamelia* Jacq.**

长隔木 ***Hamelia patens*** Jacq.

分布：惠东 *[12]、江门 *[8]、深圳 *[17]、肇庆 *[9]。

耳草属 ***Hedyotis* L.**

金草 ***Hedyotis acutangula*** Champ. ex Benth.

分布：博罗 [100]、从化 [107]、东莞 [25]、丰顺 [95]、佛冈 [27]、惠东 [12]、江门 [8]、深圳 [17]、五华 [4]、新丰 [63]、英德 [32]、紫金 [31]。

蓝花耳草 ***Hedyotis affinis*** Roem. & Schult.

分布：湛江 [409]。

清远耳草 ***Hedyotis assimilis*** Tutcher

分布：博罗 [http://ppbc. iplant. cn/tu/11065416]、从化 [3, 35]、龙门 [http://ppbc. iplant. cn/tu/9635383]、清远 [3, 35]、仁化 [http://ppbc. iplant. cn/tu/9085703]、阳山 [http://ppbc. iplant. cn/tu/9085405]。

耳草 ***Hedyotis auricularia*** L.

分布：从化 #[107]、封开 #[14, 35]、佛冈 #[27]、怀集 #[35]、惠东 #[12]、乐昌 #[29, 35, 41]、龙门 #[35]、罗定 #[35]、梅州 #[35]、仁化 #[16]、深圳 #[11, 17, 35]、始兴 #[28]、阳春 #[35, 45]、英德 #[32]、郁南 #[35, 101]、增城 #[116]、肇庆 #[9]、紫金 #[31]。

细叶亚婆潮 ***Hedyotis auricularia* var. *mina*** W. C. Ko

分布：徐闻 [35]。

华南耳草 ***Hedyotis austrosinica*** L. Wu & L. H. Yang

分布：惠东 [321]。

大帽山耳草 ***Hedyotis bodinieri*** H. Lév.

分布：潮州 [叶华谷 13203 (IBSC)]。

大苞耳草 ***Hedyotis bracteosa*** Hance

分布：博罗 [35, 37]、东莞 [25]、江门 [8, 35]、中山 [10]。

广州耳草 ***Hedyotis cantoniensis*** F. C. How ex W. C. Ko

分布：广州 [35]、乳源 [26]、阳春 [35]、增城 [35]。

败酱耳草 ***Hedyotis capituligera*** Hance

分布：阳山 [26]。

剑叶耳草 ***Hedyotis caudatifolia*** Merr. & F. P. Metcalf

分布：博罗 [5]、从化 [107]、封开 [14]、佛冈 [27]、惠东 [12]、江门 [8, 35]、乐昌 [26, 29, 35]、连州 [26]、仁化 [16]、深圳 [17]、翁源 [51]、五华 [4]、新丰 [63]、信宜 [52]、阳春 [45]、阳山 [26]、肇庆 [35]、中山 [10]、紫金 [31]。

金毛耳草 ***Hedyotis chrysotricha*** (Palib.) Merr.

分布：丰顺 [95]、乐昌 [29, 41]、连州 [26]、龙门 [35]、南雄 [33, 57]、仁化 [16, 35]、乳源 [26, 35]、新丰 [63]、信宜 [52]、阳山 [26, 35]、肇庆 [9]。

拟金草 ***Hedyotis consanguinea*** Hance

分布：博罗 [35, 38, 100]、东莞 [25]、广州 [35]、惠州 [35]、江门 [8]、龙门 [35]、仁化 [16]、乳源 [35]、深圳 [17, 35]、台山 [35]、五华 [35]、新丰 [63]、英德 [32]、肇庆 [9]。

鼎湖耳草 ***Hedyotis effusa*** Hance

分布：江门 [8]、台山 [35]、信宜 [35, 52]、肇庆 [9, 35]。

牛白藤 ***Hedyotis hedyotidea*** (DC.) Merr.

分布：博罗 [38, 100]、从化 [35, 107]、东莞 [25]、丰顺 [95]、封开 [14]、佛冈 [27]、广州 [35]、惠东 [12]、惠来 [35]、江门 [8]、乐昌 [29, 41]、雷州 [13, 35]、廉江 [13]、茂名 [85]、清远 [35]、仁化 [16]、乳源 [26]、深圳 [11, 17]、遂溪 [13]、翁源 [51]、五华 [4]、新丰 [63]、信宜 [52]、阳春 [45]、英德 [32]、郁南 [101]、增城 [116]、湛江 [13]、肇庆 [9]、中山 [10]、紫金 [31]。

丹草 ***Hedyotis herbacea*** L.

分布：广州 [35] [陈少卿 6527 (IBSC)]、乐昌 [35] [陈少卿 2233 (IBK)]、台山 [35] [左景烈 22514 (IBSC)]、英德 [32]、肇庆 [9]。

连山耳草 ***Hedyotis lianshanensis*** W. C. Ko

分布：连山 [3, 35]。

粤港耳草 ***Hedyotis loganioides*** Benth.

分布：惠东 [12]、惠州 [35]、深圳 [17]、阳春 [陈又生等 YC20230146 (IBSC)]、紫金 [31]。

长瓣耳草 ***Hedyotis longipetala*** Merr.

分布：仁化 [16, 35]、紫金 [31]。

鹅凰嶂耳草 ***Hedyotis longiramulis*** Y. D. Xu & R. J. Wang

分布：阳春 [527]。

疏花耳草 ***Hedyotis matthewii*** Dunn

分布：博罗 [35]、从化 [35]、东莞 [25]、丰顺 [35]、封开 [35]、佛冈 [27]、惠东 [12]、蕉岭 [35]、乐昌 [29, 35, 41]、连州 [26, 35]、梅州 [35]、平远 [35]、清远 [35]、乳源 [26, 35]、韶关 [35]、始兴 [28]、翁源 [51]、兴宁 [35]、阳山 [26, 35]、英德 [32, 35]、增城 [35, 116]、肇庆 [9, 35]。

粗毛耳草 ***Hedyotis mellii*** Tutcher

分布：丰顺 [95]、惠东 [12]、江门 [8]、蕉岭 [35]、乐昌 [29, 35, 41]、龙门 [35]、南雄 [33, 57]、仁化 [16]、乳源 [26, 35]、始兴 [28, 35]、翁源 [51]、五华 [4]、新丰 [63]、阳山 [26]、英德 [32]、肇庆 [9]、紫金 [31]。

南昆山耳草 ***Hedyotis nankunshanensis*** R. J. Wang & S. J. Deng

分布：惠州 [148]、增城 [http://ppbc. iplant. cn/tu/11568507]。

南岭耳草 ***Hedyotis nanlingensis*** R. J. Wang

分布：怀集 [http://ppbc. iplant. cn/tu/11664655]、乳源 [275]、阳山 [275]。

阔托叶耳草 ***Hedyotis platystipula*** Merr.

分布：深圳 [17]、信宜 [52]、阳春 [35, 45]。

绒叶耳草 ***Hedyotis puberulifolia*** Y. D. Xu & R. J. Wang

分布：揭西 [310]、梅州 [310]。

毛花轴耳草 ***Hedyotis pubirachis*** Y. D. Xu & R. J. Wang

分布：茂名 [311]、阳春 [311]。

艳丽耳草 ***Hedyotis pulcherrima*** Dunn

分布：饶平 [3, 35]。

深圳耳草 ***Hedyotis shenzhenensis*** Tao Chen

分布：深圳 [130, 17, 3]。

台山耳草 ***Hedyotis taishanensis*** G. T. Wang & R. J. Wang

分布：江门 [8]、台山 [278]。

细梗耳草 ***Hedyotis tenuipes*** Hemsl.

分布：博罗 [35]、大埔 [35]、乐昌 [29, 35, 41]、汕头 [35]、翁源 [51]。

方茎耳草 ***Hedyotis tetrangularis*** (Korth.) Walp.

分布：博罗 [100]、雷州 [35]。

长节耳草 ***Hedyotis uncinella*** Hook. & Arn.

分布：东莞 [25]、佛冈 [27]、高州 [35]、惠东 [12]、江门 [8]、乐昌 [29]、连州 [35]、茂名 [85]、仁化 [16]、乳源 [26]、深圳 [17]、新丰 [63]、信宜 [52]、英德 [32]、郁南 [101]、肇庆 [9]。

脉耳草 ***Hedyotis vestita*** R. Br. ex G. Don

分布：肇庆 [35]。

黄叶耳草 ***Hedyotis xanthochroa*** Hance

分布：博罗 [37]、增城 [35]。

信宜耳草 ***Hedyotis xinyiensis*** X. Guo & R. J. Wang

分布：信宜 [162]。

阳春耳草 ***Hedyotis yangchunensis*** W. C. Ko & Zhang

分布：阳春 [3, 37, 45]。

龙船花属 ***Ixora* L.**

龙船花 ***Ixora chinensis*** Lam.

分布：博罗 [38, 100]、从化 [107]、东莞 [25]、东源 [59]、佛冈 [27]、惠东 [12]、江门 [8]、仁化 [16]、深圳 [11, 17]、英德 [32]、增城 [116]、肇庆 [9]、中山 [10]。

海南龙船花 ***Ixora hainanensis*** Merr.

分布: 高州 [35]、海丰 [35]、徐闻 [35]、湛江 [35]、珠海 [35]。

泡叶龙船花 ***Ixora nienkui*** Merr. & Chun

分布：阳春 [35]、阳西 [陈又生等 JZ20230013 (IBSC)]。

红芽大戟属 ***Knoxia* L.**

红大戟 ***Knoxia roxburghii*** (Spreng.) M. A. Rau

分布：连州 [35]。

红芽大戟 ***Knoxia sumatrensis*** (Retz.) DC.

分布：博罗 [35]、大埔 [35]、封开 [14]、惠东 [35]、连州 [35]、平远 [35]、珠海 [35]。

粗叶木属 ***Lasianthus* Jack**

斜基粗叶木 ***Lasianthus attenuatus*** Jack

分布：博罗 [35, 100]、德庆 [35]、东莞 [25]、佛冈 [27]、惠东 [35]、茂名 [35]、清远 [35]、仁化 [16]、深圳 [17, 35]、翁源 [51]、新兴 [35]、信宜 [52]、阳春 [35]、阳江 [35]、郁南 [101]、云浮 [35]、增城 [116]、肇庆 [35]。

华南粗叶木 ***Lasianthus austrosinensis*** H. S. Lo

分布：惠东 [12]、信宜 [35, 52]、肇庆 [35]。

粗梗粗叶木 ***Lasianthus biermannii* subsp. *crassipedunculatus*** C. Y. Wu & H. Zhu

分布：阳春 [35]。

粗叶木 ***Lasianthus chinensis*** (Champ. ex Benth.) Benth.

分布：博罗 [35, 38, 100]、从化 [107]、东莞 [25]、恩平 [35]、丰顺 [35]、封开 [14]、佛冈 [27]、高州 [35]、广州 [35]、化州 [35]、惠东 [12, 35]、江门 [8]、龙门 [35]、罗定 [35]、茂名 [35]、深圳 [17]、始兴 [28]、台山 [35]、翁源 [51]、五华 [4]、新丰 [63]、信宜 [35, 52]、阳春 [35, 45]、阳江 [35]、英德 [32, 35]、云浮 [35]、增城 [116]、肇庆 [9, 35]、紫金 [31]。

焕镛粗叶木 ***Lasianthus chunii*** H. S. Lo

分布：博罗 [35]、从化 [35]、大埔 [35]、封开 [35]、和平 [35]、惠东 [12, 35]、江门 [8]、乐昌 [29, 35]、连平 [35]、连山 [35]、龙门 [35]、五华 [4]、新兴 [35]、信宜 [35, 52]、阳春 [35, 45]、阳山 [35]、英德 [35]、紫金 [31]。

广东粗叶木 ***Lasianthus curtisii*** King & Gamble

分布：怀集 [35]、信宜 [35, 52]、阳春 [35]、肇庆 [9]。

长梗粗叶木 ***Lasianthus filipes*** Chun ex H. S. Lo

分布：封开 [14]、茂名 [35]、信宜 [35, 52]、阳春 [35]、肇庆 [9, 35]。

罗浮粗叶木 ***Lasianthus fordii*** Hance

分布：博罗 [35, 37]、从化 [35, 107]、丰顺 [95]、封开 [14, 35]、佛冈 [35]、高州 [35]、广州 [35]、和平 [35]、化州 [35]、惠东 [12]、惠州 [35]、江门 [8]、龙门 [35]、罗定 [35]、茂名 [35]、深圳 [17]、始兴 [28, 35]、翁源 [51]、五华 [4]、新丰 [35, 63]、信宜 [35, 52]、阳春 [35]、英德 [32]、云浮 [35]、增城 [116]、肇庆 [9, 35]、紫金 [31]。

台湾粗叶木 ***Lasianthus formosensis*** Matsum.

分布：高州 [35]、茂名 [35]、新丰 [35]、信宜 [35, 52]、阳春 [35]、云浮 [35]、肇庆 [9, 35]。

西南粗叶木 ***Lasianthus henryi*** Hutch.

分布：博罗 [5, 35]、从化 [35, 107]、丰顺 [95]、封开 [35]、佛冈 [35]、高州 [35]、广州 [35]、和平 [35]、化州 [35]、惠州 [35]、乐昌 [29]、龙门 [35]、罗定 [35]、茂名 [35]、南雄 [33, 57]、乳源 [26]、始兴 [35]、翁源 [51]、五华 [4]、新丰 [35, 63]、信宜 [35, 52]、阳春 [35]、英德 [32]、云浮 [35]、肇庆 [9, 35]、紫金 [31]。

鸡屎树 ***Lasianthus hirsutus*** (Roxb.) Merr.

分布：惠东 [12]、仁化 [16]、阳春 [35, 45]、阳江 [35]、珠海 [35]。

文山粗叶木 ***Lasianthus hispidulus*** (Drake) Pit.

分布：德庆 [35]、封开 [35]、广宁 [35]、怀集 [35]、四会 [35]、肇庆 [35]。

日本粗叶木 ***Lasianthus japonicus*** Miq.

分布：博罗 [35]、从化 [35, 107]、大埔 [35]、德庆 [35]、丰顺 [95]、封开 [35]、佛冈 [27]、和平 [35]、怀集 [35]、惠东 [12]、江门 [8]、蕉岭 [35]、乐昌 [26, 29, 35, 41]、连南 [35]、连平 [35]、连山 [35]、连州 [26, 35]、龙门 [35]、南雄 [35]、平远 [35]、饶平 [35]、仁化 [16, 35]、乳源 [26, 35]、韶关 [35]、始兴 [28, 35]、翁源 [35, 51]、新丰 [35]、信宜 [35, 52]、兴宁 [35]、阳山 [26, 35]、英德 [32, 35]、增城 [116]、肇庆 [9, 35]、紫金 [31]。

美脉粗叶木 ***Lasianthus lancifolius*** Hook. f.

分布：封开 [35]、深圳 [17]、肇庆 [35]。

小花粗叶木 ***Lasianthus micranthus*** Hook. f.

分布：乐昌 [29, 35]、龙门 [35]、茂名 [35]、乳源 [26]、新兴 [35]、信宜 [52]、阳春 [35]、英德 [32, 35]、肇庆 [9, 35]。

锡金粗叶木 ***Lasianthus sikkimensis*** Hook. f.

分布：英德 [32, 35]、云浮 [35]、肇庆 [9, 35]。

钟萼粗叶木 ***Lasianthus trichophlebus*** Hemsl.

分布：博罗 [35, 37]、佛冈 [27]、江门 [8]、仁化 [16]、翁源 [51]、信宜 [52]、阳春 [45]、英德 [32]、肇庆 [9]。

斜脉粗叶木 ***Lasianthus verticillatus*** (Lour.) Merr.

分布：博罗 [35]、深圳 [17]、信宜 [52]、阳江 [35]。

野丁香属 ***Leptodermis*** **Wall.**

卵叶野丁香 ***Leptodermis ovata*** H. J. P. Winkl.

分布：乐昌 [29, 35]、连州 [35]、乳源 [26, 35]。

广东野丁香 ***Leptodermis vestita*** Hemsl.

分布：连州 [3]、乳源 [26, 35, 3]。

网籽耳草属 ***Leptopetalum*** **Hook. & Arn.**

双花耳草 ***Leptopetalum biflorum*** (L.) Neupane & N. Wikstr.

分布：从化 [107]、惠东 [12]、深圳 [17]、英德 [32]、肇庆 [9, 35]。

翅果耳草 ***Leptopetalum pteritum*** (Blume) Neupane & N. Wikstr.

分布：肇庆 [35]。

肉叶耳草 ***Leptopetalum strigulosum*** (DC.) Neupane & N. Wikstr.

分布：惠东 [35]。

黄棉木属 ***Metadina*** **Bakh. f.**

黄棉木 ***Metadina trichotoma*** (Zoll. & Moritzi) Bakh. f.

分布：德庆 [35]、封开 [14, 35]、高州 [35]、和平 [35]、惠东 [12]、江门 [8]、仁化 [16]、乳源 [26, 35]、深圳 [17]、始兴 [28]、新丰 [63]、信宜 [35, 52]、阳春 [35]、阳山 [35]、英德 [32]、紫金 [31]。

盖裂果属 ***Mitracarpus*** **Zucc.**

盖裂果 ***Mitracarpus hirtus*** (L.) DC.

分布：从化 #[http://ppbc. iplant. cn/tu/2584144]、丰顺 #[95]、广州 #[21]、惠东 #[12]、惠州 #[15, 82]、江门 #[8, 494]、揭阳 #[15]、茂名 #[15]、平远 #[15]、汕尾 #[15]、深圳 #[17]、吴川 #[http://ppbc. iplant. cn/tu/4509053]、五华 #[4]、阳江 #[15]、湛江 #[15, 416]、珠海 #[15]、紫金 #[31]。

巴戟天属 ***Morinda*** **L.**

栗色巴戟 ***Morinda badia*** Y. Z. Ruan

分布：广州 [3]、怀集 [35]、乐昌 [29, 35]、乳源 [26, 35]、阳山 [35]、肇庆 [35]。

短柄鸡眼藤 ***Morinda brevipes*** S. Y. Hu

分布：广州 [73]、肇庆 [73, 9]。

金叶巴戟 ***Morinda citrina*** Y. Z. Ruan

分布：从化 [35]、封开 [35]、怀集 [35]、韶关 [35]、信宜 [35, 52]。

大果巴戟 ***Morinda cochinchinensis*** DC.

分布：博罗 [73, 5]、从化 [35] [林正眉、张丹荔、刘雅芬 2017709 (SN)]、德庆 [73, 35]、封开 [73, 35, 14]、河源 [73]、怀集 [73, 35]、茂名 [73, 35]、深圳 [17]、台山 [73]、新兴 [35] [刘瑛光 2143 (IBSC)]、信宜 [73, 35, 52]、阳春 [73, 35]、英德 [73]、郁南 [101]、肇庆 [73, 9, 35]、紫金 [31]。

糠藤 ***Morinda howiana*** S. Y. Hu

分布：封开 [14]、五华 [73]、阳江 [73, 35, 3]。

南岭鸡眼藤 ***Morinda nanlingensis*** Y. Z. Ruan

分布：乳源 [26, 35]、阳山 [35]。

巴戟天 ***Morinda officinalis*** F. C. How

分布：博罗 [73, 100, 35, 20, 37, 38]、从化 [73, 107]、大埔 [73, 35]、德庆 [73, 35]、东莞 [25]、东源 [119]、恩平 [73]、丰顺 [95]、封开 [73, 35, 14]、佛冈 [27]、化州 [73]、怀集 [73]、江门 [8]、龙门 [35]、茂名 [73, 85]、南雄 [57]、饶平 [73]、仁化 [16]、始兴 [28]、台山 [73]、翁源 [18, 51]、五华 [73, 35, 4]、新丰 [63]、信宜 [73, 35, 52]、阳春 [73, 45]、阳江 [73]、阳山 [26]、英德 [73, 32, 35]、郁南 [101]、云浮 [73, 35]、肇庆 [73, 9, 35]、中山 [73, 10]、珠海 [73]、紫金 [31]。

鸡眼藤 ***Morinda parvifolia*** Bartl. ex DC.

分布：博罗 [73, 100, 35]、从化 [107]、东莞 [25]、丰顺 [95]、封开 [14]、佛冈 [27]、高州 [73, 35]、广州 [73, 35]、惠东 [12]、惠州 [73]、江门 [8]、雷州 [73, 35]、茂名 [73, 85]、南澳 [73]、深圳 [73, 17]、台山 [73]、翁源 [51]、新丰 [63]、信宜 [52]、徐闻 [73, 35]、阳江 [73]、英德 [32]、中山 [10]、珠海 [73]。

细毛巴戟 ***Morinda pubiofficinalis*** Y. Z. Ruan

分布：怀集 [35]、连州 [35]。

假巴戟 ***Morinda shuanghuaensis*** C. Y. Chen & M. S. Huang

分布：德庆 [73]、封开 [73]、乐昌 [73]、连州 [73]、乳源 [73]、韶关 [73]、台山 [73, 35]、五华 [73, 218]、英德 [32]、肇庆 [35]。

印度羊角藤 ***Morinda umbellata*** L.

分布：博罗 [73, 100]、从化 [73]、大埔 [73]、德庆 [73]、

东莞 [73, 25]、东源 [119]、丰顺 [73, 95, 35]、封开 [73]、佛冈 [27]、高州 [73]、广宁 [73]、广州 [73, 35]、海丰 [73]、和平 [73]、河源 [73]、怀集 [73]、惠东 [73, 12]、惠州 [73]、江门 [8]、蕉岭 [73]、乐昌 [73, 29, 41]、连南 [73]、连平 [73]、连山 [73]、连州 [73, 26]、龙门 [73, 35]、罗定 [73]、茂名 [85]、梅州 [73]、南雄 [73, 57, 33, 35]、平远 [73]、清远 [73]、仁化 [73, 16]、乳源 [73, 26, 35]、韶关 [73]、深圳 [17]、始兴 [73, 28, 35]、台山 [73]、翁源 [73, 51]、五华 [73, 4]、新丰 [73, 63]、信宜 [73, 52]、兴宁 [73]、阳春 [73, 45]、阳江 [73]、阳山 [73, 26]、英德 [73, 32]、郁南 [73, 101, 101]、云浮 [73]、增城 [116]、湛江 [73]、肇庆 [73, 9, 35]、中山 [10]、珠海 [73]、紫金 [73, 31]。

牡丽草属 *Mouretia* Pit.

广东牡丽草 ***Mouretia inaequalis*** (H. S. Lo) Tange

分布：高州 [35]、信宜 [52]、阳春 [45]、阳西 [陈又生等 JZ20230012 (IBSC)]。

玉叶金花属 *Mussaenda* L.

展枝玉叶金花 ***Mussaenda divaricata*** Hutch.

分布：肇庆 [49, 9]。

楠藤 ***Mussaenda erosa*** Champ. ex Benth.

分布：博罗 [49, 35, 5]、从化 [49, 107, 35]、德庆 [49, 35]、东莞 [25]、丰顺 [49, 95, 35]、封开 [49, 35, 14]、佛冈 [27]、高州 [35]、化州 [35]、怀集 [49, 35]、惠东 [49, 35, 12]、惠州 [49, 35]、江门 [8]、龙门 [49, 35]、罗定 [49, 35]、茂名 [49, 35]、清远 [49, 35]、饶平 [49, 35]、仁化 [16]、深圳 [11, 17]、台山 [49, 35]、翁源 [51]、新丰 [63]、新兴 [49, 35]、信宜 [49, 35, 52]、阳春 [49, 35, 45]、阳江 [49, 35]、英德 [49, 32, 35]、郁南 [49, 101, 35]、云浮 [49, 35]、增城 [116]、肇庆 [49, 9, 35]、紫金 [49, 31]。

粗毛玉叶金花 ***Mussaenda hirsutula*** Miq.

分布：东莞 [25]、高州 [49]、广州 [49, 35]、深圳 [11, 17]、信宜 [49, 35, 52]、徐闻 [49, 35]、阳春 [49, 35, 37]、云浮 [35]。

广西玉叶金花 ***Mussaenda kwangsiensis*** H. L. Li

分布：龙门 [49]、云浮 [49]、肇庆 [49]。

广东玉叶金花 ***Mussaenda kwangtungensis*** H. L. Li

分布：博罗 [49, 35]、从化 [49]、东莞 [25]、封开 [14]、惠东 [12]、江门 [49, 35, 8]、龙门 [49, 35]、乳源 [49, 26, 35]、深圳 [17]、翁源 [18, 51]、五华 [4]、新丰 [49]、英德 [32]、增城 [116]、紫金 [31]。

白纸扇 ***Mussaenda philippica*** A. Rich.

分布：广州 *[http://ppbc. iplant. cn/tu/5732576]、湛江 *[http:// ppbc. iplant. cn/tu/12053216]。

玉叶金花 ***Mussaenda pubescens*** W. T. Aiton

分布：博罗 [49, 100, 35, 38]、潮州 [35] [黄琳凤 2014040 (CZH)]、从化 [49, 107, 35]、大埔 [49, 35]、德庆 [35] [刘瑛光 1286 (IBSC)]、东莞 [49, 25, 35]、东源 [35, 119]、恩平 [35] [黄茂先 110331 (HZ)]、丰顺 [49, 95, 35]、封开 [49, 35, 14]、佛冈 [27]、佛山 [49, 35]、高州 [35] [周沛椿 10038 (IBSC)]、广州 [49, 35]、海丰 [35] [卫兆芬 121397 (IBSC)]、和平 [49, 35]、河源 [49, 35]、怀集 [49, 35]、惠东 [12]、惠州 [49, 35]、江门 [8, 35]、蕉岭 [49, 35]、揭西 [35] [曾宪锋 ZXF35524 (CZH)]、揭阳 [35] [曾宪锋 ZXF19459 (CZH)]、开平 [49]、乐昌 [49, 29, 41, 35]、连南 [49, 35]、连山 [35] [谭沛祥 57969 (PE)]、连州 [49, 35]、龙川 [35] [曾宪锋 ZXF32442 (CZH)]、龙门 [49, 35]、陆丰 [35] [许小婷 XXT055 (CZH)]、陆河 [35] [曾宪锋 ZXF42814 (CZH)]、罗定 [49, 35]、茂名 [49, 85, 35]、梅州 [35] [曾宪锋 ZXF43728 (CZH)]、南澳 [35] [曾宪锋 ZXF2078 (IBSC)]、南雄 [33, 35, 57]、平远 [49, 35]、普宁 [35] [曾宪锋 ZXF42929 (CZH)]、清远 [49, 35]、饶平 [49, 35]、仁化 [49, 16, 35]、乳源 [49, 26, 35]、韶关 [49, 35]、深圳 [49, 11, 35, 17]、始兴 [49, 28, 35]、四会 [35] [曾宪锋 ZXF38378 (CZH)]、台山 [49, 35]、翁源 [49, 51, 35]、五华 [49, 35, 4]、新丰 [49, 63, 35]、新兴 [49, 35]、信宜 [49, 35, 52]、兴宁 [35] [曾宪锋 ZXF32492 (CZH)]、徐闻 [49, 35]、阳春 [49, 35, 45]、阳江 [49, 35]、阳山 [49, 26, 35]、英德 [49, 32, 35]、郁南 [35, 101]、云浮 [49, 35]、增城 [116]、肇庆 [49, 9, 35]、中山 [10, 35]、珠海 [35] [高蕴璋、陈都 828 (IBSC)]、紫金 [31, 35]。

白花玉叶金花 ***Mussaenda pubescens* var. *alba*** X. F. Deng & D. X. Zhang

分布：博罗 [49, 411]、大埔 [49]、东莞 [25]、广州 [49]、和平 [49]、江门 [8]、乐昌 [49, 411]、连山 [49]、龙门 [49]、南雄 [49]、深圳 [17]、五华 [4]、信宜 [49]、阳山 [49]、肇庆 [49]。

大叶白纸扇 ***Mussaenda shikokiana*** Makino

分布：大埔 [49, 35]、封开 [49, 35]、佛冈 [27]、和平 [49, 35]、化州 [35]、怀集 [49, 35]、惠东 [12]、蕉岭 [49, 35]、乐昌 [49, 29, 41, 35]、连南 [49, 35]、连山 [49, 35]、连州 [49, 35]、龙门 [49, 35]、梅州 [49, 35]、南雄 [49, 33, 35]、平远 [49, 35]、仁化 [49, 16]、乳源 [49, 35]、韶关 [49]、始兴 [49, 28, 35]、翁源 [49, 51, 35]、新丰 [49, 63, 35]、信宜 [52]、阳山 [49, 35]、英德 [49, 32, 35]、紫金 [49, 31, 35]。

腺萼木属 *Mycetia* Reinw.

华腺萼木 ***Mycetia sinensis*** (Hemsl.) Craib

分布：博罗 [35, 37]、大埔 [35]、丰顺 [95]、封开 [14, 35]、佛冈 [27]、和平 [35]、怀集 [35]、惠东 [12]、惠州 [35]、乐昌 [29, 35, 41]、连南 [35]、连平 [35]、连山 [35]、连州 [35]、龙门 [35]、罗定 [35]、茂名 [35]、梅州 [35]、清远 [35]、仁化 [16, 35]、乳源 [26, 35]、韶关 [35]、始兴 [28, 35]、翁源 [35, 51]、五华 [4]、新丰 [35, 63]、新兴 [35]、信宜 [35, 52]、阳春 [35, 45]、英德 [32, 35]、云浮 [35]、肇庆 [9, 35]、紫金 [31]。

密脉木属 ***Myrioneuron* R. Br. ex Benth. & Hook. f.**

越南密脉木 ***Myrioneuron tonkinensis*** Pit.

分布：信宜 [35, 52]。

乌檀属 ***Nauclea* L.**

乌檀 ***Nauclea officinalis*** (Pierre ex Pit.) Merr. & Chun

分布：东莞 [25]、封开 [14]、高州 [35]、惠东 [12]、深圳 [17]、信宜 [35, 52]、阳春 [35]、英德 [32]、增城 [116]、肇庆 [9, 35]。

新耳草属 ***Neanotis* W. H. Lewis**

卷毛新耳草 ***Neanotis boerhaavioides*** Hance

分布：仁化 [16]、始兴 [28]、肇庆 [9, 35]。

薄叶新耳草 ***Neanotis hirsuta*** (L. f.) W. H. Lewis

分布：乐昌 [29, 41]、深圳 [11]、始兴 [28]、翁源 [51]、英德 [32]、肇庆 [9]、紫金 [31]。

广东新耳草 ***Neanotis kwangtungensis*** (Merr. & F. P. Metcalf) W. H. Lewis

分布：南雄 [33]、翁源 [35, 51]、肇庆 [9]、紫金 [31]。

新耳草 ***Neanotis thwaitesiana*** (Hance) W. H. Lewis

分布：博罗 [35, 37]、广州 [35]、乳源 [26]、肇庆 [9, 35]、紫金 [http://ppbc. iplant. cn/tu/13707621]。

团花属 ***Neolamarckia* Bosser**

团花 ***Neolamarckia cadamba*** (Roxb.) Bosser

分布：博罗 [38, 100]、广州 [35]、深圳 *[17]、肇庆 [9, 35]。

薄柱草属 ***Nertera* Banks ex Gaertn.**

薄柱草 ***Nertera sinensis*** Hemsl.

分布：怀集 [35] [石国良 15061 (IBSC)]、乐昌 [29, 35]、连山 [35]、南雄 [33, 57]、仁化 [16, 35]、始兴 [28, 35]、阳山 [35] [谭沛祥 60518 (IBSC)]。

水线草属 ***Oldenlandia* L.**

水线草 ***Oldenlandia corymbosa*** L.

分布：博罗 #[100]、从化 #[107, 509]、东莞 #[25]、佛冈 #[27]、惠东 #[12]、江门 #[8]、乐昌 #[29]、茂名 #[85]、南雄 #[33, 57]、仁化 #[16]、深圳 #[11, 17]、五华 #[4]、英德 #[32]、郁南 #[101]、增城 #[116]、肇庆 #[9]、中山 #[10]、紫金 #[31]。

圆茎水线草 ***Oldenlandia corymbosa* var. *tereticaulis*** (W. C. Ko) R. J. Wang

分布：翁源 [51]。

蛇根草属 ***Ophiorrhiza* L.**

广州蛇根草 ***Ophiorrhiza cantonensis*** Hance

分布：博罗 [5, 35]、从化 [107]、东莞 [25]、东源 [119]、丰顺 [95]、封开 [14, 35]、佛冈 [27]、化州 [35]、怀集 [35]、惠东 [12, 35]、江门 [8]、连山 [35]、茂名 [35]、南雄 [33]、清远 [35]、深圳 [17]、始兴 [28]、台山 [35]、翁源 [35, 51]、新丰 [63]、信宜 [35, 52]、阳春 [35, 45]、阳江 [35]、阳山 [26, 35]、英德 [32, 35]、郁南 [35, 101]、云浮 [35]、增城 [116]、肇庆 [9, 35]、中山 [10]、珠海 [35]、紫金 [31]。

两广螺序草 ***Ophiorrhiza chenii*** Razafim. & Rydin

分布：连南 [48]、连州 [48, 35, 3]。

中华蛇根草 ***Ophiorrhiza chinensis*** H. S. Lo

分布：东莞 [25]、平远 [35]、阳山 [35]、郁南 [101]。

丹霞螺序草 ***Ophiorrhiza danxiashanensis*** (R. J. Wang) Razafim. & Rydin

分布：仁化 [48, 276]。

大桥蛇根草 ***Ophiorrhiza filibracteolata*** H. S. Lo

分布：仁化 [http://ppbc. iplant. cn/tu/4171613]、乳源 [26, 35, 3]。

光滑螺序草 ***Ophiorrhiza glabra*** (L. Wu & Q. R. Liu) Razafim. & Rydin

分布：阳春 [301]。

腺叶螺序草 ***Ophiorrhiza glandulosa*** (L. Wu & Q. R. Liu) Razafim. & Rydin

分布：乳源 [299]。

广东螺序草 ***Ophiorrhiza guangdongensis*** (H. S. Lo) Razafim. & Rydin

分布：惠州 [48]、龙门 [48, 35]、仁化 [16, 35]。

日本蛇根草 ***Ophiorrhiza japonica*** Blume

分布：博罗 [5, 35]、从化 [35]、大埔 [35]、东莞 [25]、丰顺 [35, 95]、封开 [14, 35]、佛冈 [27]、高州 [35]、怀集 [35]、惠东 [12, 35]、乐昌 [29, 35, 41]、连平 [35]、连山 [35]、连州 [35]、龙门 [35]、罗定 [35]、南雄 [35]、平远 [35]、饶平 [35]、仁化 [16, 35]、乳源 [35]、韶关 [35]、深圳 [17]、翁源 [51]、五华 [4, 35]、新丰 [35]、信宜 [35, 52]、阳春 [35]、阳山 [26, 35]、英德 [32, 35]、郁南 [101]、增城 [116]、紫金 [31]。

两广蛇根草 ***Ophiorrhiza liangkwangensis*** H. S. Lo

分布：信宜 [3, 35, 52]。

东南蛇根草 ***Ophiorrhiza mitchelloides*** (Masam.) H. S. Lo

分布：南雄 [33, 57]、平远 [35]、仁化 [16, 35]、乳源 [26, 35]。

南岭蛇根草 ***Ophiorrhiza nanlingensis*** L. Wu & Q. R. Liu

分布：乳源 [175]。

短小蛇根草 ***Ophiorrhiza pumila*** Champ. & Benth.

分布：博罗 [35]、从化 [107]、德庆 [35]、东莞 [25]、丰顺 [95]、封开 [14]、佛冈 [27]、和平 [35]、怀集 [35]、惠东 [12, 35]、江门 [8]、乐昌 [29, 35, 41]、连平 [35]、龙门 [35]、平远 [35]、仁化 [16]、乳源 [26]、深圳 [17, 35]、始兴 [28, 35]、翁源 [35, 51]、五华 [4]、新丰 [35, 63]、信宜 [52]、阳春 [陈又生等 YC20230122 (IBSC)]、英德 [32]、郁南 [101]、增城 [116]、肇庆 [9, 35]、珠海 [35]、紫金 [31]。

石生螺序草 ***Ophiorrhiza ridsdalei*** Razafim. & Rydin

分布：阳春 [48, 35, 3, 37]。

变红蛇根草 ***Ophiorrhiza subrubescens*** Drake

分布：乳源 *[26]、阳山 *[26]。

粗筒螺序草 ***Ophiorrhiza tubiflora*** (L. Wu, B. M. Wang & B. Pan) Idrees

分布：英德 [302]。

伞花螺序草 ***Ophiorrhiza umbelliformis*** (H. S. Lo) Razafim. & Rydin

分布：乳源 [26, 35, 3]。

阳春螺序草 ***Ophiorrhiza yangchunensis*** (R. J. Wang) Razafim. & Rydin

分布：阳春 [277]。

鸡屎藤属 *Paederia* L.

耳叶鸡屎藤 ***Paederia cavaleriei*** H. Lév.

分布：连州 [高锡朋 50957 (IBSC)]、乳源 [刘心祈 29032 (IBSC)]、阳山 [徐德明 828 (IBSC)]。

鸡屎藤 ***Paederia foetida*** L.

分布：博罗 #[35, 38, 100]、潮州 #[35] [曾宪锋 ZXF7112 (CZH)]、从化 #[35, 107]、大埔 #[35] [李学根 202690 (HZ)]、东莞 #[25, 35]、丰顺 #[372, 95, 35]、封开 #[14, 35]、佛冈 #[27]、佛山 #[35] [谭沛祥 64063 (IBSC)]、高州 #[35] [甘世南 40072 (IBSC)]、广州 #[35] [朱双双 RQHN00128 (CSH)]、和平 #[35] [张桂才 734 (IBSC)]、河源 #[35] [卫兆芬 120649 (IBSC)]、怀集 #[35] [刘瑛光 2613 (IBSC)]、惠东 #[12]、惠州 #[35] [曾怀德 25955 (IBSC)]、江门 #[8, 35]、蕉岭 #[35] [南岭队 2241 (IBSC)]、揭西 #[35] [曾宪锋 ZXF35575 (CZH)]、揭阳 #[35] [黄雅凤 HYF065 (CZH)]、乐昌 #[26, 29, 35, 41]、连南 #[35] [谭沛祥 58463 (PE)]、连州 #[35] [谭沛祥 60029 (IBSC)]、龙川 #[35] [王颖 WY036 (CZH)]、龙门 #[35] [王学文、张桂才 8132 (IBSC)]、罗定 #[35] [张桂才、刘念 2157 (IBSC)]、茂名 #[35, 85]、梅州 #[35] [曾宪锋 ZXF20663 (CZH)]、南澳 #[35] [姚鹏程、魏亚男 20150426 (HSNU)]、南雄 #[33, 35, 57]、普宁 #[35] [方琼苗 ZXF12130 (CZH)]、清远 #[35] [侯宽昭 74149 (IBSC)]、饶平 #[35] [曾宪锋、黄雅凤 ZXF18412 (CZH)]、仁化 #[16, 35]、乳源 #[26, 35]、汕头 #[35] [彭会瑶、王颖 WP039 (CZH)]、深圳 #[11, 17, 35]、始兴 #[28, 35]、台山 #[35] [左景烈 22358 (IBSC)]、翁源 #[35] [刘心祈 25145 (IBSC)]、五华 #[4]、新丰 #[35, 63]、新兴 #[35] [刘瑛光 2457 (IBSC)]、信宜 #[35, 52]、兴宁 #[35] [曾宪锋 ZXF32495 (CZH)]、徐闻 #[35] [曾宪锋 ZXF35806 (CZH)]、阳春 #[35, 45]、阳江 #[35] [黄志 41476 (IBSC)]、阳山 #[26, 35]、英德 #[32, 35]、郁南 #[35, 101]、云浮 #[35] [辛树帜 5015 (IBSC)]、增城 #[116]、湛江 #[35] [周远瑞 100057 (IBK)]、肇庆 #[9, 35]、中山 #[10, 35]、珠海 #[35] [粤 73 3118 (IBSC)]、紫金 #[31, 35]。

白毛鸡屎藤 ***Paederia pertomentosa*** Merr. ex Li

分布：大埔 [35]、丰顺 [95]、封开 [35]、和平 [35]、惠东 [35]、蕉岭 [35]、乐昌 [29, 35, 41]、连州 [35]、仁化 [16]、乳源 [26, 35]、深圳 [17]、新丰 [35]、阳山 [26]。

狭序鸡屎藤 ***Paederia stenobotrya*** Merr.

分布：江门 [35]、始兴 [28, 35]、阳山 [26]、英德 [32]、肇庆 [9, 35]、紫金 [31]。

大沙叶属 *Pavetta* L.

大沙叶 ***Pavetta arenosa*** Lour.

分布：英德 [32]、肇庆 [9]。

香港大沙叶 ***Pavetta hongkongensis*** Bremek.

分布：博罗 [35, 100]、从化 [35, 107]、德庆 [35] [刘瑛光 1011 (IBSC)]、东莞 [25, 35]、恩平 [35] [黄茂先 110317 (HZ)]、丰顺 [95]、封开 [14, 35]、佛冈 [27]、高州 [35] [蒋英 2684 (IBSC)]、广州 [35] [杨杏 20165101 (SN)]、海丰 [35] [曾宪锋 ZXF04510 (CZH)]、化州 [35] [南植地 3020 (IBSC)]、怀集 [35] [刘瑛光 2615 (IBSC)]、惠东 [12, 35]、惠州 [35] [陈炳辉 506 (IBSC)]、江门 [8, 35]、连南 [35] [谭沛祥 58488 (IBSC)]、陆丰 [35] [卫兆芬 121193 (IBSC)]、茂名 [35] [邓良 1778 (IBSC)]、南澳 [35] [陈炳辉 224 (IBSC)]、清远 [35] [黄荣焜 30111 (IBSC)]、深圳 [11, 17, 35]、台山 [35] [左景烈 22401 (IBSC)]、信宜 [35, 52]、徐闻 [35] [南路 673 (IBSC)]、阳春 [35, 45]、阳山 [35] [邓良 1554 (IBSC)]、英德 [32, 35]、郁南 [101]、增城 [116]、湛江 [35] [湛江区植物调查队 3415 (IBSC)]、肇庆 [9, 35]、中山 [10, 35]、珠海 [35] [粤 73 3027 (IBSC)]、紫金 [31, 35]。

多花大沙叶 ***Pavetta polyantha*** (Hook. f.) R. Br. ex Bremek.

分布：英德 [35]。

汕头大沙叶 ***Pavetta swatowica*** Bremekamp

分布：揭阳 [35]、汕头 [35]。

五星花属 *Pentas* Benth.

五星花 ***Pentas lanceolata*** (Forssk.) K. Schum.

分布：深圳 *[17]、肇庆 *[9]。

槽裂木属 *Pertusadina* Ridsdale

海南槽裂木 ***Pertusadina metacalfii*** (Merr. ex H. L. Li) Y. F. Deng & C. M. Hu

分布：封开 [14]、惠东 [12]、乐昌 [29, 41]、乳源 [26]、信宜 [52]、英德 [32]。

南山花属 *Prismatomeris* Thwaites

南山花 ***Prismatomeris tetrandra*** (Roxb.) K. Schum.

分布: 高州 [35]、广州 [35]、廉江 [35]、茂名 [35]、信宜 [52]。

九节属 *Psychotria* L.

九节 ***Psychotria asiatica*** L.

分布：博罗 [35, 38, 100]、潮州 [35] [曾宪锋 ZXF9306 (CZH)]、从化 [35, 107]、大埔 [35] [邓良 5049 (IBSC)]、德庆 [35] [刘瑛光 1132 (IBSC)]、东莞 [25, 35]、恩平 [35] [黄茂先 110508 (HZ)]、丰顺 [35, 95]、封开 [14, 35]、佛冈 [27]、

佛山 [35] [张瑞麟 156 (IBSC)]、高州 [35] [蒋英 2287 (IBSC)]、广宁 [35] [梁向日 61861 (IBSC)]、广州 [35] [左景烈 20044 (IBSC)]、海丰 [35] [周业祝 ZYZ034 (CZH)]、河源 [35] [77 级科研组新 0706 (SN)]、鹤山 [35] [黄茂先 110764 (HZ)]、化州 [35] [周远瑞 50039 (IBK)]、怀集 [35] [农林厅 50244 (IBSC)]、惠东 [12, 35]、惠州 [35] [曾怀德 25864 (IBSC)]、江门 [8, 35]、蕉岭 [35] [徐祥浩、林辉奉 110 (IBSC)]、揭西 [35] [许小婷 XXT083 (CZH)]、开平 [35] [黄茂先 110612 (HZ)]、乐昌 [35] [梁向日、黄荣焜 31448 (IBSC)]、廉江 [35] [谭策铭等　廉江 024A (JJF)]、龙川 [35] [徐祥浩 1068 (IBSC)]、龙门 [35] [林正眉 2018052705 (SN)]、陆丰 [35] [许小婷 XXT065 (CZH)]、陆河 [35] [曾宪锋 ZXF42798 (CZH)]、罗定 [35] [张桂才、刘念 2177 (IBSC)]、茂名 [35, 85]、梅州 [35] [曾宪锋 ZXF42013 (CZH)]、南澳 [35] [侯学良 91976 (AU)]、平远 [35] [曾宪锋 ZXF38271 (CZH)]、清远 [35] [黄志 32491 (IBSC)]、仁化 [16]、乳源 [26]、深圳 [11, 17, 35]、始兴 [28]、台山 [35] [周联选 11664 (KUN)]、翁源 [35] [刘心祈 249801 (WH18091592)]、五华 [4, 35]、新丰 [63]、新兴 [35] [刘瑛光 2176 (IBSC)]、信宜 [35, 52]、徐闻 [35] [徐闻队 239 (IBK)]、阳春 [35, 45]、阳江 [35] [湛江区植物调查队 3532 (IBSC)]、阳山 [35] [邓良 1696 (IBSC)]、英德 [32, 35]、郁南 [35, 101]、云浮 [35] [黄志 37225 (IBSC)]、增城 [35, 116]、湛江 [35] [侯、王、陈、赵 15119 (PE)]、肇庆 [9, 35]、中山 [10, 35]、珠海 [35] [唐国旺等 TuTY5031 (KUN)]、紫金 [31, 35]。

溪边九节 ***Psychotria fluviatilis*** Chun ex W. C. Chen

分布：封开 [14, 35]、怀集 [35]、乐昌 [35, 41]、连山 [35]、龙门 [35]、乳源 [26, 35]、韶关 [35]、始兴 [28, 35]、翁源 [35, 51]、新丰 [63]、信宜 [35, 52]、阳春 [35] [陈又生等 YC2023080 (IBSC)]、英德 [32, 35]、紫金 [31]。

驳骨九节 ***Psychotria prainii*** H. Lév.

分布：阳山 [3, 35]。

蔓九节 ***Psychotria serpens*** L.

分布：博罗 [35, 38, 100]、从化 [35, 107]、东莞 [25]、东源 [59]、封开 [14]、佛冈 [27]、高州 [35]、广州 [35]、河源 [35]、惠东 [12]、惠州 [35]、江门 [8]、茂名 [35, 85]、仁化 [16]、乳源 [26, 35]、深圳 [11, 17]、始兴 [28]、五华 [4]、新丰 [63]、信宜 [52]、阳春 [35, 45]、英德 [32, 35]、云浮 [35]、增城 [35, 116]、肇庆 [9, 35]、中山 [10]、紫金 [31]。

黄脉九节 ***Psychotria straminea*** Hutch.

分布：佛冈 [27]、茂名 [35]、信宜 [52]、阳春 [45]。

假九节 ***Psychotria tutcheri*** Dunn

分布：大埔 [35]、东莞 [25]、丰顺 [35, 95]、封开 [14, 35]、和平 [35]、怀集 [35]、乐昌 [35, 41]、龙门 [35]、仁化 [16]、深圳 [17]、始兴 [35]、翁源 [35, 51]、五华 [4]、新丰 [35]、信宜 [35, 52]、阳山 [26]、英德 [35]、郁南 [101]、云浮 [35]、肇庆 [9, 35]、紫金 [31]。

鱼骨木属 ***Psydrax*** **Gaertn.**

鱼骨木 ***Psydrax dicocca*** Gaertn.

分布：博罗 [100]、从化 [107]、东莞 [25]、封开 [14]、佛冈 [27]、惠东 [12]、江门 [8]、深圳 [11, 17]、英德 [32]、增城 [116]、肇庆 [9]、中山 [10]、紫金 [31]。

墨苜蓿属 ***Richardia*** **L.**

巴西墨苜蓿 ***Richardia brasiliensis*** Gomes

分布：高州 #[431]。

墨苜蓿 ***Richardia scabra*** L.

分布：博罗 #[15, 37]、潮州 #[15]、东莞 #[25]、广州 #[21]、惠东 #[12]、惠州 #[82]、江门 #[8]、乐昌 #[526]、茂名 #[15]、饶平 #[15]、深圳 #[17, 82]、五华 #[4]、信宜 #[15, 52]、湛江 #[15, 416]、中山 #[82]、紫金 #[31]。

郎德木属 ***Rondeletia*** **L.**

银叶郎德木 ***Rondeletia leucophylla*** Kunth

分布：广州 *[http://ppbc. iplant. cn/tu/5914199]、深圳 *[http://ppbc. iplant. cn/tu/4747463]、湛江 *[http://ppbc. iplant. cn/tu/12053246]。

茜草属 ***Rubia*** **L.**

金剑草 ***Rubia alata*** Wall.

分布：从化 [35]、大埔 [35]、封开 [14]、佛冈 [27]、和平 [35]、怀集 [35]、惠东 [12]、蕉岭 [35]、乐昌 [29, 35, 41]、连南 [35]、连山 [35]、连州 [35]、龙门 [35]、南雄 [33, 57]、乳源 [35]、韶关 [35]、翁源 [35, 51]、五华 [35]、新丰 [35]、信宜 [35, 52]、阳春 [35]、阳山 [26, 35]、英德 [32, 35]。

东南茜草 ***Rubia argyi*** (H. Lév. & Vaniot) H. Hara ex Lauener & D. K. Ferguson

分布：封开 [14]、佛冈 [27]、和平 [35]、怀集 [35]、乐昌 [29, 35, 41]、连南 [35]、连平 [35]、连州 [35]、罗定 [35]、南雄 [33, 57]、乳源 [26, 35]、五华 [4]、信宜 [35, 52]、阳山 [35]、英德 [35]、紫金 [31]。

孙航茜草 ***Rubia hangii*** L. E. Yang & Z. L. Nie

分布：阳山 [319]。

多花茜草 ***Rubia wallichiana*** Decne.

分布：博罗 [35]、东莞 [25]、封开 [14]、乐昌 [29, 35]、连州 [26, 35]、南雄 [33, 57]、仁化 [16, 35]、乳源 [35]、韶关 [35]、新丰 [63]。

蛇舌草属 ***Scleromitrion*** **(Wight & Arn.) Meisn.**

纤花耳草 ***Scleromitrion angustifolium*** (Cham. & Schltdl.) Benth.

分布：从化 [107]、大埔 [35]、东莞 [25]、封开 [14, 35]、佛冈 [27]、惠东 [12]、惠州 [35]、江门 [8]、乐昌 [29, 35, 41]、连平 [35]、连山 [35]、茂名 [85]、南雄 [33, 57]、仁化 [16]、乳源 [26, 35]、深圳 [11, 17]、始兴 [28, 35]、翁源 [51]、信宜 [52]、阳春 [35]、阳山 [26, 35]、英德 [32]、增城 [116]、

肇庆 [9]、珠海 [35]、紫金 [31]。

白花蛇舌草 ***Scleromitrion diffusum*** (Willd.) R. J. Wang

分布：博罗 [38, 100]、从化 [107]、东莞 [25]、封开 [14]、佛冈 [27]、惠东 [12]、江门 [8]、乐昌 [29, 41]、连州 [26]、茂名 [85]、南雄 [33, 57]、仁化 [16]、乳源 [26]、深圳 [11, 17]、始兴 [28]、翁源 [51]、五华 [4]、新丰 [63]、信宜 [52]、阳春 [45]、阳山 [26]、英德 [32]、郁南 [101]、肇庆 [9]、中山 [10]、紫金 [31]。

蕴璋耳草 ***Scleromitrion koanum*** (R. J. Wang) R. J. Wang

分布：惠东 [271]、乐昌 [271]、雷州 [271]。

松叶耳草 ***Scleromitrion pinifolium*** (Wall. ex G. Don) R. J. Wang

分布：从化 [107]、东莞 [25]、丰顺 [95]、仁化 [16]、深圳 [11, 17]、始兴 [28]、信宜 [52]、英德 [32]。

粗叶耳草 ***Scleromitrion verticillatum*** (L.) R. J. Wang

分布：博罗 [100]、东莞 [25]、封开 [14]、惠东 [12]、乐昌 [29, 41]、仁化 [16]、深圳 [11, 17]、始兴 [28]、翁源 [51]、五华 [4]、新丰 [63]、阳山 [26]、英德 [32]、郁南 [101]、增城 [116]、肇庆 [9]、中山 [10]、紫金 [31]。

白马骨属 *Serissa* Comm. ex Juss.

六月雪 ***Serissa japonica*** (Thunb.) Thunb.

分布：博罗 [5, 38]、从化 [35]、惠州 [35]、龙门 [35]、饶平 [35]、乳源 [26]、深圳 *[17]、新丰 [63]、英德 [32]。

白马骨 ***Serissa serissoides*** (DC.) Druce

分布：博罗 [100]、乐昌 [29, 41]、茂名 [85]、南雄 [33, 57]、仁化 [16]、乳源 [26]、翁源 [51]、英德 [32]、肇庆 *[9]。

鸡仔木属 *Sinoadina* Ridsdale

鸡仔木 ***Sinoadina racemosa*** (Siebold & Zucc.) Ridsdale

分布：封开 [14]、乐昌 [29, 35]、连州 [35]、南雄 [33, 35]、仁化 [16, 35]、乳源 [26, 35]、始兴 [28, 35]、阳山 [35]、英德 [32, 35]。

纽扣草属 *Spermacoce* L.

阔叶丰花草 ***Spermacoce alata*** Aubl.

分布：潮州 #[15]、从化 #[509]、东莞 #[25, 82]、佛冈 #[27]、佛山 #[500]、广州 #[15, 21]、惠东 #[12]、惠州 #[15, 82]、江门 #[8]、揭阳 #[15]、乐昌 #[41, 526]、罗定 #[15]、南雄 #[33, 57]、平远 #[15]、饶平 #[15]、汕头 #[15]、韶关 #[15]、深圳 #[15, 17, 82]、翁源 #[51]、五华 #[4]、阳春 # [15]、郁南 #[15, 101]、湛江 #[15, 416]、肇庆 #[15]、中山 #[10, 82]、珠海 #[428]、紫金 #[31]。

长管糙叶丰花草 ***Spermacoce articularis*** L. f.

分布：东莞 #[25]、深圳 #[17]、肇庆 #[9]。

二萼丰花草 ***Spermacoce exilis*** (L. O. Williams) C. D. Adams

分布：博罗 #[http://ppbc. iplant. cn/tu/11981383]、广州 #[21]。

糙叶丰花草 ***Spermacoce hispida*** L.

分布：广州 #[http://ppbc. iplant. cn/tu/12358328]。

丰花草 ***Spermacoce pusilla*** Wall.

分布：从化 #[509]、封开 #[14]、广州 #[http://ppbc. iplant. cn/tu/3403744]、江门 #[8]、乐昌 #[41]、连州 #[26]、茂名 # [85]、新丰 #[63]、郁南 #[101]、增城 #[116]、肇庆 #[9]。

光叶丰花草 ***Spermacoce remota*** Lam.

分布：广州 #[21]、惠东 #[12]、江门 #[8]、雷州 # [13]、廉江 #[13]、遂溪 #[13]、吴川 #[13]、徐闻 #[13]、湛江 # [13]。

乌口树属 *Tarenna* Gaertn.

尖萼乌口树 ***Tarenna acutisepala*** F. C. How ex W. C. Chen

分布：封开 [14]、乐昌 [29, 35, 41]、连山 [35]、乳源 [35]、翁源 [51]、阳山 [26, 35]、紫金 [31]。

假桂乌口树 ***Tarenna attenuata*** (Hook. f.) Hutch.

分布：东莞 [25]、封开 [14, 35]、佛山 [35]、广州 [35]、雷州 [35]、茂名 [35]、仁化 [16]、深圳 [17, 35]、台山 [35]、信宜 [52]、徐闻 [35]、阳江 [35]、英德 [32]、增城 [116]、珠海 [35]。

华南乌口树 ***Tarenna austrosinensis*** Chun & F. C. How ex W. C. Chen

分布：信宜 [3, 35, 52]。

白皮乌口树 ***Tarenna depauperata*** Hutch.

分布：封开 [35]、乐昌 [29]、连州 [35]、仁化 [16]、乳源 [35]、阳山 [26, 35]、英德 [32, 35]、郁南 [101]。

白花苦灯笼 ***Tarenna mollissima*** (Hook. & Arn.) B. L. Rob.

分布：博罗 [5, 100]、潮州 [35] [叶华谷 12858 (IBSC)]、从化 [35, 107]、大埔 [35] [李学根 202575 (HZ)]、德庆 [35] [刘瑛光 935 (HZ)]、东莞 [25, 35]、丰顺 [35, 95]、封开 [14, 35]、佛冈 [27]、海丰 [35] [曾宪锋 ZXF8849 (CZH)]、和平 [35] [卫兆芬 120326 (IBK)]、河源 [35] [卫兆芬 120688 (IBK)]、怀集 [35] [程用谦 170790 (IBSC)]、惠东 [12, 35]、惠州 [35] [卫兆芬 121659 (IBK)]、江门 [8, 35]、蕉岭 [35] [李学根 202203 (HZ)]、乐昌 [29, 35, 41]、连平 [35] [粤 73 1650 (CDBI)]、连山 [35] [谭沛祥 58049 (IFP12099999w0150)]、连州 [35] [谭沛祥 59697 (IBK)]、龙门 [35] [卫兆芬 121836 (IBK)]、罗定 [35] [张桂才、刘念 2390 (IBSC)]、梅州 [35] [李学根 202470 (IBK)]、南雄 [33, 35, 57]、平远 [35] [李学根 202189 (HZ)]、仁化 [16, 35]、乳源 [26, 35]、韶关 [35] [梁向日、黄荣焜 31624 (IBSC)]、深圳 [11, 17, 35]、始兴 [28, 35]、台山 [35] [黄茂先 110041 (HZ)]、翁源 [35, 51]、五华 [4, 35]、新丰 [35, 63]、信宜 [35, 52]、兴宁 [35] [李学根 201842 (HZ)]、阳春 [35] [张桂才、刘念 938 (IBSC)]、阳江 [35] [黄志 41809 (IBK)]、阳山 [26, 35]、英德 [32, 35]、郁南 [35, 101]、增城 [116]、湛江 [35] [贺乐 814042 (JIU17134)]、肇庆 [9, 35]、中山 [10, 35]、珠海 [35] [陈炳辉 674 (IBSC)]、紫金 [31, 35]。

多籽乌口树 *Tarenna polysperma* Chun & How ex W. C. Chen

分布：从化 [35]、龙门 [35]。

海南乌口树 *Tarenna tsangii* Merr.

分布：茂名 [3, 35]、信宜 [52]。

岭罗麦属 *Tarennoidea* Tirveng. & Sastre

岭罗麦 *Tarennoidea wallichii* (Hook. f.) Tirveng. & Sastre

分布：阳江 [35]、增城 [116]。

钩藤属 *Uncaria* Schreb.

毛钩藤 *Uncaria hirsuta* Havil.

分布：博罗 [35]、大埔 [35]、封开 [14, 35]、佛冈 [35, 27]、广州 [35]、怀集 [35]、乐昌 [29, 35, 41]、深圳 [17]、翁源 [35, 51]、新丰 [63]、信宜 [35, 52]、阳春 [35]、英德 [32, 35]、郁南 [35, 101]、增城 [116]、肇庆 [9, 35]。

北越钩藤 *Uncaria homomalla* Miq.

分布：珠海 [30]。

大叶钩藤 *Uncaria macrophylla* Wall.

分布：博罗 [35, 100]、高州 [35]、新兴 [35]、信宜 [35, 52]、阳春 [35]、阳西 [陈又生等 JZ20230020 (IBSC)]。

钩藤 *Uncaria rhynchophylla* (Miq.) Miq. ex Havil.

分布：博罗 [35, 38]、从化 [35, 107]、德庆 [35]、东莞 [25]、东源 [119]、丰顺 [95]、封开 [14, 35]、佛冈 [27]、和平 [35]、怀集 [35]、惠东 [12]、乐昌 [29, 35]、连南 [35]、连山 [35]、连州 [35]、龙门 [35]、南雄 [33, 35, 57]、饶平 [35]、仁化 [16, 35]、乳源 [26, 35]、始兴 [28, 35]、翁源 [51]、五华 [4]、新丰 [35, 63]、信宜 [52]、阳春 [45]、阳江 [35]、阳山 [26, 35]、英德 [32, 35]、郁南 [101]、云浮 [35]、增城 [116]、肇庆 [35]、中山 [10]、紫金 [31]。

侯钩藤 *Uncaria rhynchophylloides* F. C. How

分布：德庆 [35]、封开 [14, 35]、广宁 [35]、广州 [35]、罗定 [35]、新兴 [35]、阳春 [35]、阳山 [35]、英德 [35]、云浮 [35]、肇庆 [9, 35]。

攀茎钩藤 *Uncaria scandens* (Sm.) Hutch.

分布：封开 [14]、怀集 [35]、仁化 [16]、信宜 [35, 52]、阳春 [35]。

白钩藤 *Uncaria sessilifructus* Roxb.

分布：广州 [35]、阳江 [35]。

尖叶木属 *Urophyllum* Wall.

尖叶木 *Urophyllum chinense* Merr. & Chun

分布：封开 [14, 35]、高州 [35]、怀集 [35]、罗定 [35]、茂名 [35]、信宜 [35, 52]、阳春 [35, 45]、云浮 [35]。

水锦树属 *Wendlandia* Bartl. ex DC.

短筒水锦树 *Wendlandia brevituba* Chun & F. C. How ex W. C. Chen

分布：德庆 [35]、恩平 [35]、封开 [14, 35]、惠东 [12]、信宜 [35, 52]、郁南 [101]。

水金京 *Wendlandia formosana* Cowan

分布：德庆 [刘瑛光 01093 (PE)]。

广东水锦树 *Wendlandia guangdongensis* W. C. Chen

分布：高州 [35]、信宜 [35, 52]、徐闻 [35]、增城 [116]。

水锦树 *Wendlandia uvariifolia* Hance

分布：博罗 [35, 100]、从化 [107]、封开 [14, 35]、佛冈 [27]、佛山 [35]、广州 [35]、怀集 [35]、惠东 [12]、江门 [8, 35]、茂名 [85]、清远 [35]、仁化 [16]、新兴 [35]、信宜 [35, 52]、阳春 [45]、英德 [32]、郁南 [101]、云浮 [35]、增城 [35]、肇庆 [9, 35]、中山 [10]、紫金 [31]。

中华水锦树 *Wendlandia uvariifolia* subsp. *chinensis* (Merr.) Cowan

分布：高州 [35]、化州 [35]、惠东 [12]、茂名 [35]、信宜 [52]、徐闻 [35]、阳江 [35]。

336. 龙胆科 Gentianaceae

穿心草属 *Canscora* Lam.

罗星草 *Canscora andrographioides* Griff. ex C. B. Clarke

分布：博罗 [35] [王英强 328 (IBSC)]、从化 [35, 107]、德庆 [35] [刘瑛光 1373 (IBSC)]、封开 [14, 35]、佛冈 [27]、怀集 [35] [曾怀德 22906 (IBSC)]、江门 [8, 35]、揭西 [430]、连州 [26]、龙门 [35] [张桂才 82 (IBSC)]、罗定 [35] [张桂才 2106 (IBSC)]、乳源 [35] [林正眉 2008133 (SN)]、韶关 [35] [陈念劬 43022 (IBSC)]、始兴 [35] [邓良 7147 (IBSC)]、台山 [35] [粤 73 2776 (IBSC)]、翁源 [35, 51]、新丰 [35] [邓良 7989 (IBSC)]、新兴 [35] [刘瑛光 2128 (IBSC)]、信宜 [52]、徐闻 [35] [李泽贤、邢福武 1871 (IBSC)]、阳春 [35, 45]、英德 [32, 35]、郁南 [101]、云浮 [35] [黄志 37644 (IBSC)]、肇庆 [9, 35]、珠海 [35] [陈邦余、李泽贤 390 (IBSC)]。

铺地穿心草 *Canscora diffusa* (Vahl) R. Br. ex Roem. & Schult.

分布：云浮 [553]、肇庆 [https://ppbc. iplant. cn/tu/11952912]。

穿心草 *Canscora lucidissima* (H. Lév. & Vaniot) Hand. -Mazz.

分布：阳春 [https://ppbc. iplant. cn/tu/11972392]。

百金花属 *Centaurium* Hill

百金花 *Centaurium pulchellum* var. *altaicum* (Griseb.) Kitag. & Hara

分布：从化 [35]、肇庆 [35]。

杯药草属 *Cotylanthera* Blume

杯药草 *Cotylanthera paucisquama* C. B. Clarke

分布：龙门 [徐晔春，龚理 20170604002 (IBSC)]。

蔓龙胆属 *Crawfurdia* Wall.

福建蔓龙胆 *Crawfurdia pricei* (C. Marquand) Harry Sm.

分布：江门 [8]、乐昌 [29, 35]、连南 [35]、连州 [35]、

乳源 [26, 35]、韶关 [35]、始兴 [28]、信宜 [35, 52]、阳山 [26, 35]、英德 [32]、肇庆 [9]。

藻百年属 ***Exacum* L.**

藻百年 ***Exacum tetragonum*** Roxb.

分布：和平 [35]、乐昌 [29, 35]、连南 [35]、茂名 [35]、始兴 [28, 35]、翁源 [35, 51]、信宜 [52]、阳山 [35]、云浮 [35]。

灰莉属 ***Fagraea* Thunb.**

灰莉 ***Fagraea ceilanica*** Thunb.

分布：从化 *[107]、东莞 *[http://ppbc. iplant. cn/tu/6232539]、封开 [14]、佛山 *[http://ppbc. iplant. cn/tu/543484]、广州 *[http:// ppbc. iplant. cn/tu/12332929]、惠东 [12]、惠州 *[http:// ppbc. iplant. cn/tu/3649540]、江门 [8]、深圳 *[17]、信宜 *[52]、阳春 [45]、郁南 *[101]、湛江 *[http://ppbc. iplant. cn/tu/5107834]。

龙胆属 ***Gentiana* L.**

五岭龙胆 ***Gentiana davidii*** Franch.

分布：博罗 [35]、封开 [14, 35]、佛冈 [27]、乐昌 [29, 41]、仁化 [16]、乳源 [26, 35]、五华 [4]、新丰 [63]、阳山 [26, 35]、英德 [32]。

广西龙胆 ***Gentiana kwangsiensis*** T. N. Ho

分布：连州 [26]、乳源 [35]。

华南龙胆 ***Gentiana loureiroi*** (G. Don) Griseb.

分布：博罗 [35, 100]、潮州 [35] [吴倩 2015311 (CZH)]、从化 [35, 107]、东莞 [25, 35]、东源 [59]、丰顺 [35] [曾宪锋 ZXF6194 (CZH)]、广州 [35] [左景烈 20033 (IBSC)]、海丰 [35] [曾宪锋 ZXF4547 (CZH)]、化州 [35] [湛江区植物调查队 2984 (IBSC)]、惠东 [12]、揭西 [35] [曾宪锋 ZXF20414 (CZH)]、乐昌 [29, 35, 41]、连平 [35] [粤 73 1798 (IBSC)]、梅州 [35] [侯宽昭 74010 (IBSC)]、南雄 [33, 35]、清远 [35] [黄成 161424 (IBSC)]、饶平 [35] [李学根 200675 (IBSC)]、仁化 [16, 35]、乳源 [26, 35]、深圳 [17, 35]、始兴 [28, 35]、五华 [4]、信宜 [35, 52]、英德 [32, 35]、增城 [116]、湛江 [35] [湛江区植物调查队 3607 (IBSC)]、肇庆 [9]。

条叶龙胆 ***Gentiana manshurica*** Kitag.

分布：乐昌 [29, 35]、英德 [32]。

流苏龙胆 ***Gentiana panthaica*** Prain & Burkill

分布：高州 [35]、乐昌 [41]、乳源 [35]、阳山 [26]。

龙胆 ***Gentiana scabra*** Bunge

分布：乐昌 [29, 35]、连州 [35]、乳源 [26, 35]、兴宁 [35]。

灰绿龙胆 ***Gentiana yokusai*** Burkill

分布：乳源 [35]。

匙叶草属 ***Latouchea* Franch.**

匙叶草 ***Latouchea fokienensis*** Franch.

分布：博罗 [http://ppbc. iplant. cn/tu/9087191]、连山 [35]、乳源 [26, 35]。

獐牙菜属 ***Swertia* L.**

狭叶獐牙菜 ***Swertia angustifolia*** Buch. -Ham. ex D. Don

分布：蕉岭 [35]、乐昌 [29, 35]、连平 [35]、乳源 [26, 35]、翁源 [35, 51]、阳山 [35]。

美丽獐牙菜 ***Swertia angustifolia* var. *pulchella*** (D. Don) Burkill

分布：乐昌 [29]、始兴 [28]。

獐牙菜 ***Swertia bimaculata*** (Siebold & Zucc.) Hook. f. & Thomson ex C. B. Clarke

分布：怀集 [35]、乐昌 [29, 35, 41]、连州 [35]、乳源 [26, 35]、翁源 [51]、阳山 [26, 35]。

新店獐牙菜 ***Swertia shintenensis*** Hayata

分布：梅州 [35]。

双蝴蝶属 ***Tripterospermum* Blume**

南方双蝴蝶 ***Tripterospermum australe*** J. Murata

分布：连州 [高锡朋 50852 (IBK)]、饶平 [陈念劬 42872 (IBK)]、乳源 [李学根 201163 (IBK)]、信宜 [黄志 37966 (IBK)]。

细茎双蝴蝶 ***Tripterospermum filicaule*** (Hemsl.) Harry Sm.

分布：从化 [107]、怀集 [35]、乐昌 [29, 35]、连平 [35]、乳源 [26]、翁源 [35]、新丰 [63]、信宜 [35, 52]、郁南 [101]。

玉山双蝴蝶 ***Tripterospermum lanceolatum*** (Hayata) H. Hara ex Satake

分布：乳源 [35]。

香港双蝴蝶 ***Tripterospermum nienkui*** (C. Marquand) C. J. Wu

分布：博罗 [5, 35]、从化 [35, 107]、东莞 [25, 35]、东源 [59]、丰顺 [35, 95]、封开 [14, 35]、佛冈 [27]、和平 [35] [和平队 514 (IBSC)]、河源 [35] [Adrien Favre29 (KUN)]、怀集 [35] [张彩飞 2568 (PE)]、惠东 [12]、江门 [8]、乐昌 [29, 35, 41]、连州 [35] [伍世忠 3803 (IBSC)]、龙门 [35] [王学文、张桂才 8111 (IBSC)]、罗定 [35] [张桂才、刘念 2300 (IBSC)]、南雄 [33, 35, 57]、仁化 [16]、乳源 [26, 35]、深圳 [17, 35]、翁源 [35, 51]、五华 [4]、新丰 [63]、信宜 [52]、阳春 [35] [张桂才、刘念 893 (IBSC)]、阳山 [26, 35]、英德 [32]、增城 [116]、肇庆 [9, 35]、中山 [10, 35]、紫金 [31, 35]。

337. 马钱科 Loganiaceae

蓬莱葛属 ***Gardneria* Wall.**

柳叶蓬莱葛 ***Gardneria lanceolata*** Rehder & E. H. Wilson

分布：佛冈 [27]、深圳 [17]、英德 [32]。

蓬莱葛 ***Gardneria multiflora*** Makino

分布：从化 [107]、东莞 [25]、丰顺 [95]、封开 [35]、江门 [8]、龙门 [35]、乳源 [35]、深圳 [17]、五华 [4]、信宜 [35, 52]、增城 [116]、紫金 [31]。

尖帽草属 ***Mitrasacme* Labill.**

尖帽草 ***Mitrasacme indica*** Wight

分布：南雄 [57]、深圳 [http://ppbc. iplant. cn/tu/4947941]。

水田白 ***Mitrasacme pygmaea*** R. Br.

分布：博罗 [35]、东莞 [25]、佛冈 [27]、广州 [35]、江门 [8]、茂名 [35, 85]、清远 [35]、乳源 [35]、深圳 [17]、遂溪 [35]、信宜 [52]、阳春 [35]、增城 [35]、肇庆 [9, 35]、中山 [10]。

密叶水田白 ***Mitrasacme pygmaea*** **var.** ***confertifolia*** Tirel

分布：茂名 [85]。

度量草属 ***Mitreola*** **L.**

大叶度量草 ***Mitreola pedicellata*** Benth.

分布：封开 [35]、阳春 [35]。

阳春度量草 ***Mitreola yangchunensis*** Q. X. Ma, H. G. Ye & F. W. Xing

分布：阳春 [223]。

马钱属 ***Strychnos*** **L.**

牛眼马钱 ***Strychnos angustiflora*** Benth.

分布：博罗 [35]、东莞 [25]、丰顺 [95]、封开 [14]、佛冈 [27]、广州 [35]、惠东 [12]、江门 [8, 35]、雷州 [13]、廉江 [13]、茂名 [85]、仁化 [16]、深圳 [17]、台山 [35]、徐闻 [35]、阳山 [26]、增城 [116]、珠海 [35]。

华马钱 ***Strychnos cathayensis*** Merr.

分布：博罗 [35, 38, 100]、潮州 [35]、从化 [35, 107]、德庆 [35]、东莞 [25, 35]、丰顺 [35]、封开 [14, 35]、佛冈 [27]、广州 [35]、河源 [35]、怀集 [35]、惠东 [12, 35]、惠州 [35]、江门 [8, 35]、连州 [35]、龙门 [35]、仁化 [16]、乳源 [26, 35]、深圳 [17, 35]、翁源 [35, 51]、五华 [4]、信宜 [52]、阳春 [35, 45]、阳江 [35]、英德 [32, 35]、肇庆 [9, 35]、中山 [10, 35]、紫金 [31, 35]。

刺马钱 ***Strychnos cathayensis*** **var.** ***spinata*** P. T. Li

分布：中山 [37]。

吕宋果 ***Strychnos ignatii*** Berg.

分布：陆丰 [卫兆芬 121257 (IBSC)]。

马钱子 ***Strychnos nux-vomica*** L.

分布：广州 *[http://ppbc. iplant. cn/tu/5186101]、深圳 *[http://ppbc. iplant. cn/tu/4123316]。

密花马钱 ***Strychnos ovata*** Hill

分布：惠东 [12]、徐闻 [35]。

伞花马钱 ***Strychnos umbellata*** (Lour.) Merr.

分布：东莞 [25]、封开 [14]、深圳 [17]、台山 [35]、郁南 [101]、珠海 [35]。

338. 钩吻科 Gelsemiaceae

钩吻属 ***Gelsemium*** **Juss.**

钩吻 ***Gelsemium elegans*** (Gardner & Champ.) Benth.

分布：博罗 [35, 38, 100]、潮州 [35] [曾宪锋 ZXF3923 (CZH)]、从化 [35, 107]、大埔 [35] [李学根 202800 (IBK)]、德庆 [35] [刘瑛光 1191 (IBSC)]、东莞 [25, 35]、东源 [35] [分类室 122 (IBSC)]、恩平 [35] [黄茂先 110447 (PE)]、丰顺 [35, 95]、封开 [14, 35]、佛冈 [27]、广宁 [35] [梁向日 61871 (IBSC)]、广州 [35] [邓良 9123 (IBSC)]、和平 [35] [张桂才 722 (IBSC)]、河源 [35] [左景烈 21527 (IBSC)]、怀集 [35] [刘瑛光 2701 (IBSC)]、惠东 [12, 35]、惠州 [35] [叶华谷、曾飞燕 22036 (IBSC)]、江门 [8]、乐昌 [29, 35, 41]、连南 [35] [钟德尧 20438 (IBSC)]、连山 [35] [谭沛祥 58027 (KUN24131)]、连州 [35] [谭沛祥 59971 (NAS)]、龙门 [35] [张肇骞 12150 (KUN24111)]、陆丰 [35] [南植地 8467 (IBSC)]、罗定 [35] [叶华谷、刘念 2142 (IBSC)]、茂名 [35] [邓良 2412 (IBSC)]、梅州 [35] [曾宪锋 ZXF43746 (CZH)]、南雄 [33, 35, 57]、平远 [35] [林英 15155 (IBSC)]、仁化 [16]、乳源 [26, 35]、深圳 [17, 35]、始兴 [28, 35]、翁源 [35, 51]、五华 [4, 35]、新丰 [35, 63]、新兴 [35] [刘瑛光 2055 (IBSC)]、信宜 [35, 52]、阳春 [35, 45]、阳江 [35] [湛江区植物调查队 3584 (IBSC)]、阳山 [35] [徐德明 693 (IBSC)]、英德 [32, 35]、郁南 [35, 101]、云浮 [35] [黄季庄 354 (IBSC)]、增城 [35, 116]、肇庆 [9, 35]、中山 [10, 35]、紫金 [31, 35]。

339. 夹竹桃科 Apocynaceae

沙漠玫瑰属 ***Adenium*** **Roem. & Schult.**

沙漠玫瑰 ***Adenium obesum*** (Forssk.) Roem. & Schult.

分布：广州 *[http://ppbc. iplant. cn/tu/1353061]、惠州 *[http://ppbc. iplant. cn/tu/4919326]、深圳 *[17]、湛江 *[http://ppbc. iplant. cn/tu/5740126]。

香花藤属 ***Aganosma*** **G. Don**

香花藤 ***Aganosma marginata*** (Roxb.) G. Don

分布：徐闻 [35]。

黄蝉属 ***Allamanda*** **L.**

紫蝉花 ***Allamanda blanchetii*** A. DC.

分布：广州 *[http://ppbc. iplant. cn/tu/12665376]、惠州 *[http://ppbc. iplant. cn/tu/6029574]、深圳 *[17]、湛江 *[http://ppbc. iplant. cn/tu/5742223]。

软枝黄蝉 ***Allamanda cathartica*** L.

分布：博罗 *[38]、从化 *[107]、仁化 *[16]、深圳 *[17]。

黄蝉 ***Allamanda schottii*** Pohl

分布：博罗 *[38, 100]、从化 *[107]、乐昌 *[29]、仁化 *[16]、深圳 *[17]、郁南 *[101]、肇庆 *[9]。

鸡骨常山属 ***Alstonia*** **R. Br.**

盆架树 ***Alstonia rostrata*** C. E. C. Fisch.

分布：博罗 *[38]、肇庆 *[9]。

糖胶树 ***Alstonia scholaris*** (L.) R. Br.

分布：从化 #[107]、广州 #[http://ppbc. iplant. cn/tu/4640262]、惠州 #[http://ppbc. iplant. cn/tu/5141147]、江门 #[8]、茂名 #[http://ppbc. iplant. cn/tu/4910297]、深圳 #[17]、云浮 #[http://ppbc. iplant. cn/tu/4965752]、肇庆 #[9]。

链珠藤属 *Alyxia* Banks ex R. Br.

橄榄果链珠藤 *Alyxia balansae* Pit.

分布：信宜 [35, 52]、阳春 [http://ppbc. iplant. cn/tu/6644697]、阳山 [26]、英德 [32]、肇庆 [http://ppbc. iplant. cn/tu/4492502]。

海南链珠藤 *Alyxia hainanensis* Merr. & Chun

分布：化州 [35]、乐昌 [29]、连南 [35]、茂名 [35, 85]、南雄 [35]、仁化 [16, 35]、乳源 [35]、信宜 [52]、云浮 [35]。

链珠藤 *Alyxia sinensis* Champ. ex Benth.

分布：博罗 [100]、从化 [107]、德庆 [35] [刘瑛光 979 (HZ)]、东莞 [25]、东源 [119]、丰顺 [95]、封开 [14]、佛冈 [27]、佛山 [35]、怀集 [35] [刘瑛光 2617 (IBSC)]、惠东 [12]、惠州 [35] [徐德明 126 (KUN)]、江门 [8]、乐昌 [29, 35, 41]、连南 [35] [谭沛祥 59439 (IBSC)]、连山 [35] [谭沛祥 58111 (KUN)]、连州 [26]、茂名 [35, 85]、梅州 [35] [浙江植物资源普查队 26447 (HZ)]、南雄 [33, 57]、仁化 [16]、乳源 [26, 35]、汕头 [35] [叶华谷 11198 (IBSC)]、韶关 [35] [梁向日、黄荣焜 31672 (IBSC)]、深圳 [17]、始兴 [28, 35]、翁源 [51]、新丰 [63]、信宜 [35, 52]、阳春 [35, 45]、阳山 [26, 35]、英德 [32]、云浮 [35] [黄志 37399 (IBSC)]、增城 [116]、湛江 [35]、肇庆 [9, 35]、中山 [10]、紫金 [31]。

鳝藤属 *Anodendron* A. DC.

鳝藤 *Anodendron affine* (Hook. & Arn.) Druce

分布：博罗 [5, 35]、潮州 [35] [曾宪锋 ZXF8910 (CZH)]、从化 [35] [黄志 44764 (IBSC)]、东莞 [25, 35]、丰顺 [35] [曾宪锋 ZXF6280 (CZH)]、封开 [14, 35]、佛冈 [27]、和平 [35] [张桂才 777 (IBSC)]、河源 [35] [曾怀德 28691 (IBSC)]、化州 [35] [湛江区植物调查队 3044 (IBSC)]、怀集 [35] [刘瑛光 3015 (IBSC)]、惠东 [35] [陈邦余、张桂才 512 (IBSC)]、蕉岭 [35] [邓良 4906 (IBSC)]、乐昌 [29, 35, 41]、龙门 [35] [南昆山调查队 71484 (IBSC)]、陆丰 [35] [2366 队 3604 (PE)]、罗定 [35] [叶华谷、刘念 2481 (IBSC)]、南澳 [35] [张寿洲等 4445 (SZG)]、平远 [35] [曾宪锋 ZXF10695 (CZH)]、清远 [35] [黄成 161449 (IBSC)]、乳源 [26, 35]、深圳 [17, 35]、台山 [35] [周联选 11414 (KUN)]、翁源 [35, 51]、五华 [4]、新丰 [63]、信宜 [35, 52]、徐闻 [35] [朱志凇 981 (IBSC)]、阳春 [35, 45]、阳江 [35] [湛江区植物调查队 3546 (IBSC)]、阳山 [26, 35]、英德 [35] [梁向日 60466 (IBSC)]、郁南 [35, 101]、增城 [35] [曾怀德 20357 (IBSC)]、湛江 [35] [湛江区植物调查队 3446 (IBSC)]、肇庆 [9, 35]、珠海 [35] [粤 73 3093 (IBSC)]、紫金 [31, 35]。

马利筋属 *Asclepias* L.

马利筋 *Asclepias curassavica* L.

分布：博罗 #[15, 100]、东莞 #[82]、高州 #[15]、广州 #[15]、惠州 #[82]、乐昌 #[526]、罗定 #[15]、深圳 #[15, 17, 82]、翁源 #[15, 51]、新兴 #[15]、信宜 #[52]、阳春 #[15]、云浮 #[15]、增城 #[15]、湛江 #[15]、肇庆 #[9]、中山 #[82]、珠海 #[428]。

秦岭藤属 *Biondia* Schltr.

祛风藤 *Biondia microcentra* (Tsiang) P. T. Li

分布：仁化 [446]。

牛角瓜属 *Calotropis* R. Br.

牛角瓜 *Calotropis gigantea* (L.) W. T. Aiton

分布：徐闻 [13, 35]。

长春花属 *Catharanthus* G. Don

长春花 *Catharanthus roseus* (L.) G. Don

分布：博罗 #[15, 38, 100]、潮州 #[15]、从化 #[107]、东莞 #[25, 82]、佛山 #[500]、广州 #[15]、惠州 #[82]、江门 #[494]、乐昌 #[15, 29, 526]、雷州 #[15]、仁化 #[16]、汕头 #[15]、深圳 #[15, 17, 82]、信宜 #[52]、徐闻 #[15]、阳春 #[15]、英德 #[15]、郁南 #[101]、湛江 #[15, 416]、肇庆 #[9, 15]、中山 #[82]、珠海 #[15]。

海杧果属 *Cerbera* L.

海杧果 *Cerbera manghas* L.

分布：东莞 [25, 35]、广州 [35] [叶华谷、邢福武、陈炳辉 264 (IBSC)]、雷州 [13]、廉江 [13]、深圳 [11, 17, 35]、台山 [35] [周联选 11598 (KUN)]、湛江 [13]、肇庆 *[9, 35]、中山 [10, 35]、珠海 [35] [李婵丹 20096102 (SN)]。

吊灯花属 *Ceropegia* L.

吊灯花 *Ceropegia trichantha* Hemsl.

分布：德庆 [刘瑛光 1150 (IBSC)]、怀集 [陈炳辉 1388 (IBSC)]、罗定 [蒋英 1197 (IBSC)]、茂名 [邓良 2161 (IBSC)]、韶关 [35]、信宜 [蒋英 2672 (IBSC)]、阳江 [罗献瑞 873 (IBSC)]、湛江 [35]、肇庆 [35]。

鹿角藤属 *Chonemorpha* G. Don

鹿角藤 *Chonemorpha eriostylis* Pit.

分布：博罗 [5, 100]、阳春 [45]、肇庆 [9]。

海南鹿角藤 *Chonemorpha splendens* Chun & Tsiang

分布：阳江 [35]。

尖子藤 *Chonemorpha verrucosa* (Blume) D. J. Middleton

分布：茂名 [35]、信宜 [52]、徐闻 [35]。

白叶藤属 *Cryptolepis* R. Br.

白叶藤 *Cryptolepis sinensis* (Lour.) Merr.

分布：博罗 [100]、从化 [107]、东莞 [25]、封开 [14]、佛冈 [27]、佛山 [35]、惠州 [35]、茂名 [85]、韶关 [35]、翁源 [51]、新丰 [63]、信宜 [52]、英德 [32]、郁南 [101]、增城 [116]、湛江 [35]、肇庆 [9, 35]、中山 [10]。

鹅绒藤属 *Cynanchum* L.

铰剪藤 *Cynanchum annularium* (Roxb.) Liede & Khanum

分布：佛冈 [27]、信宜 [52]、肇庆 [35]。

牛皮消 *Cynanchum auriculatum* Royle ex Wight

分布：从化 [107]、德庆 [35]、封开 [35] [石国良 14990 (IBSC)]、佛冈 [27]、广宁 [35]、怀集 [35]、惠州 [35]、乐

昌 [29, 35, 41]、梅州 [35] [曾怀德 21440 (IBSC)]、南雄 [33, 35, 57]、仁化 [16, 35]、乳源 [26, 35]、韶关 [35]、始兴 [28, 35]、四会 [35]、翁源 [35]、新丰 [35, 63]、信宜 [52]、阳山 [26]、英德 [32]、增城 [116]、肇庆 [35] [丁广奇、石国良 10331 (IBSC)]。

折冠牛皮消 ***Cynanchum boudieri*** H. Lév. & Vaniot

分布：从化 [http://ppbc. iplant. cn/tu/3577942]。

刺瓜 ***Cynanchum corymbosum*** Wight

分布：博罗 [5]、从化 [107]、德庆 [35]、东莞 [25]、丰顺 [95]、封开 [35]、佛冈 [27]、佛山 [35]、广宁 [35]、怀集 [35] [刘瑛光 1440 (IBSC)]、惠东 [12]、惠州 [35] [卫兆芬 121663 (KUN)]、乐昌 [29, 35, 41]、南雄 [35]、仁化 [16, 35]、乳源 [26, 35]、韶关 [35]、深圳 [17]、始兴 [35]、四会 [35]、翁源 [35, 51]、五华 [4]、新丰 [35]、阳山 [26]、英德 [32]、肇庆 [35] [石国良 14129 (IBSC)]、紫金 [31]。

天星藤 ***Cynanchum graphistemmatoides*** Liede & Khanum

分布：恩平 [陈又生 , 徐晔春 22060 (IBSC)]、封开 [14]、江门 [8]、茂名 [85]、深圳 [17]、新丰 [63]、信宜 [52]、郁南 [101]、湛江 [35]、肇庆 [9, 35]、中山 [10]。

海南杯冠藤 ***Cynanchum insulanum*** (Hance) Hemsl.

分布：阳春 [http://ppbc. iplant. cn/tu/13222870]、湛江 [http://ppbc. iplant. cn/tu/1773232]。

线叶杯冠藤 ***Cynanchum insulanum* var. *lineare*** (Tsiang & H. D. Zhang) Tsiang & H. D. Zhang

分布：阳江 [35]。

朱砂藤 ***Cynanchum officinale*** (Hemsl.) Tsiang & H. D. Zhang

分布：佛冈 [27]、乳源 [26]。

萝藦 ***Cynanchum rostellatum*** (Turcz.) Liede & Khanum

分布：丰顺 [95]。

马兰藤属 ***Dischidanthus* Tsiang**

马兰藤 ***Dischidanthus urceolatus*** (Decne.) Tsiang

分布：高州 [35]、化州 [35]、茂名 [35, 85]、信宜 [52]、徐闻 [35]、湛江 [http://ppbc. iplant. cn/tu/2032761]。

眼树莲属 ***Dischidia* R. Br.**

眼树莲 ***Dischidia chinensis*** Champ. ex Benth.

分布：博罗 [35, 100]、潮州 [35] [曾宪锋、邱贺媛 ZXF15231 (CZH)]、东莞 [25, 35]、东源 [59]、丰顺 [95]、封开 [14]、佛冈 [27]、广州 [35] [陈少卿 8413 (IBSC)]、惠东 [12, 35]、罗定 [35] [叶华谷、刘念 2500 (IBSC)]、茂名 [35, 85]、乳源 [26]、深圳 [17, 35]、五华 [4]、信宜 [35, 52]、徐闻 [35] [徐闻队　徐 00455 (PE)]、阳春 [35, 45]、英德 [32]、郁南 [101]、云浮 [35] [黄志 36927 (IBSC)]、增城 [116]、肇庆 [9, 35]、中山 [10, 35]、紫金 [31, 35]。

圆叶眼树莲 ***Dischidia nummularia*** R. Br.

分布：茂名 [35]、信宜 [52]。

南山藤属 ***Dregea* E. Mey.**

南山藤 ***Dregea volubilis*** (L. f.) Benth. ex Hook. f.

分布：高州 [35]、徐闻 [35]、湛江 [13]。

钉头果属 ***Gomphocarpus* R. Br.**

钝钉头果 ***Gomphocarpus physocarpus*** E. Mey.

分布：深圳 *[17]。

纤冠藤属 ***Gongronema* (Endl.) Decne.**

纤冠藤 ***Gongronema napalense*** (Wall.) Decne.

分布：佛冈 [27]、深圳 [17]、新丰 [63]、英德 [32]、湛江 [35]、肇庆 [9, 35]。

海岛藤属 ***Gymnanthera* R. Br.**

海岛藤 ***Gymnanthera oblonga*** (Burm. f.) P. S. Green

分布：海丰 [35] [李泽贤等 797 (IBSC)]、惠州 [35] [陈炳辉 435 (IBSC)]、茂名 [35] [叶华谷 6373 (IBSC)]、深圳 [17, 35]、台山 [35] [粤 73 2666 (IBSC)]、徐闻 [35] [陈少卿 7857 (IBSC)]、珠海 [35] [李泽贤等 623 (IBSC)]。

匙羹藤属 ***Gymnema* R. Br.**

广东匙羹藤 ***Gymnema inodorum*** (Lour.) Decne.

分布：博罗 [5]、东莞 [25]、佛山 [35]、惠州 [35]、仁化 [16]、韶关 [35]、肇庆 [9, 35]。

匙羹藤 ***Gymnema sylvestre*** (Retz.) R. Br. ex Schult.

分布：博罗 [35, 38, 100]、潮州 [35] [曾宪锋 ZXF8210 (CZH)]、从化 [107]、大埔 [35] [李学根 202798 (IBSC)]、东莞 [25, 35]、东源 [119]、丰顺 [35] [李学根 201527 (IBSC)]、封开 [14]、佛冈 [27]、高州 [35] [蒋英 937 (IBSC)]、广州 [35] [叶育石 5336 (IBSC)]、河源 [35] [77 级科研组新 0813 (SN)]、鹤山 [35] [黄茂先 110831 (HZ)]、惠东 [35] [陈邦余、张桂才等 405 (IBSC)]、江门 [8, 35]、揭阳 [35] [南植地 7941 (IBSC)]、开平 [35] [黄茂先 110640 (NAS)]、雷州 [35] [罗献瑞 1183 (IBSC)]、龙门 [35] [李学根 200301 (IBSC)]、陆丰 [35] [卫兆芬 12169 (IBK)]、茂名 [35, 85]、南澳 [35] [姚鹏程、魏亚男 20150384 (HSNU)]、普宁 [35] [曾宪锋 ZXF42877 (CZH)]、清远 [35] [黄志 32481 (IBSC)]、饶平 [35] [李学根 200903 (IBSC)]、仁化 [16]、汕头 [35] [梁其瑾 1097 (PE)]、深圳 [11, 17, 35]、台山 [35] [陈邦余、李泽贤 35 (IBSC)]、翁源 [35, 51]、五华 [4]、新丰 [63]、新兴 [35] [刘瑛光 2366 (HZ)]、信宜 [52]、徐闻 [35] [李树刚 8 (IBSC)]、阳春 [35] [刘念等 3105 (IBSC)]、阳江 [35] [罗献瑞 835 (IBSC)]、英德 [32, 35]、郁南 [101]、增城 [35, 116]、肇庆 [9, 35]、中山 [10, 35]、珠海 [35] [粤 73 3108 (IBSC)]、紫金 [31, 35]。

醉魂藤属 ***Heterostemma* Wight & Arn.**

醉魂藤 ***Heterostemma alatum*** Wight & Arn.

分布：丰顺 [95]、乐昌 [29, 41]、仁化 [16]、韶关 [35]、翁源 [51]、湛江 [35]、肇庆 [35]、紫金 [31]。

台湾醉魂藤 ***Heterostemma brownii*** Hayata

分布：从化 [http://ppbc. iplant. cn/tu/7924957]、仁化 [http://ppbc. iplant. cn/tu/8482541]、乳源 [http://ppbc. iplant. cn/tu/3382476]。

大花醉魂藤 ***Heterostemma grandiflorum*** Costantin

分布：云浮 [蒋英 1857 (PE)]。

催乳藤 ***Heterostemma oblongifolium*** Costantin

分布：封开 [14]、佛冈 [27]、乐昌 [29, 41]。

球兰属 ***Hoya*** **R. Br.**

球兰 ***Hoya carnosa*** (L. f.) R. Br.

分布：潮州 [35] [罗献瑞 1281 (IBSC)]、东莞 [25, 35]、丰顺 [35, 95]、广州 [35] [叶华谷、邢福武、陈炳辉 358 (IBSC)]、惠东 [12]、江门 [8, 35]、茂名 [35] [侯学煜等 15378 (PE)]、平远 [35] [曾宪锋 ZXF11085 (CZH)]、饶平 [35] [曾宪锋 ZXF24434 (CZH)]、深圳 [17, 35]、信宜 [52]、英德 [32]、增城 [116]、肇庆 [9]、紫金 [31, 35]。

崖县球兰 ***Hoya diversifolia*** Blume

分布：湛江 [https://ppbc.iplant.cn/tu/1882446]。

荷秋藤 ***Hoya griffithii*** Hook. f.

分布：茂名 [35] [邓良 1817 (IBSC)]、信宜 [52]、英德 [32]、郁南 [101]、肇庆 [9, 35]。

铁草鞋 ***Hoya pottsii*** J. Traill

分布：茂名 [35, 85]、阳江 [35] [湛江区植物调查队 3623 (IBSC)]、肇庆 [9]、紫金 [31]。

匙叶球兰 ***Hoya radicalis*** Tsiang & P. T. Li

分布：茂名 [35]、信宜 [52]。

腰骨藤属 ***Ichnocarpus*** **R. Br.**

腰骨藤 ***Ichnocarpus frutescens*** (L.) W. T. Aiton

分布：博罗 [5, 100]、德庆 [35]、封开 [35]、佛山 [35]、广宁 [35]、怀集 [35]、乐昌 [29, 35]、雷州 [35]、廉江 [35]、梅州 [35]、南雄 [35]、仁化 [35]、乳源 [35]、韶关 [35]、深圳 [17]、始兴 [35]、四会 [35]、遂溪 [35]、翁源 [35]、吴川 [35]、新丰 [35]、徐闻 [35] [陈少卿 7557 (IBSC)]、阳山 [26]、湛江 [35]、肇庆 [35] [石国良 14281 (IBSC)]。

少花腰背藤 ***Ichnocarpus jacquetii*** (Pierre) D. J. Middleton

分布：乐昌 [41]、英德 [32, 35]、肇庆 [9]。

小花藤 ***Ichnocarpus polyanthus*** (Blume) P. I. Forst.

分布：深圳 [17]。

黑鳗藤属 ***Jasminanthes*** **Blume**

假木通 ***Jasminanthes chunii*** (Tsiang) W. D. Stevens & P. T. Li

分布：信宜 [52]、肇庆 [9, 35]。

黑鳗藤 ***Jasminanthes mucronata*** (Blanco) W. D. Stevens & P. T. Li

分布：东莞 [25]、佛山 [35]、惠州 [35]、乐昌 [29, 35]、雷州 [35]、廉江 [35]、南雄 [35]、仁化 [35]、乳源 [35] [谭沛祥、黄向旭 338 (IBSC)]、韶关 [35]、始兴 [28, 35]、遂溪 [35]、翁源 [35]、吴川 [35]、五华 [4]、新丰 [35]、徐闻 [35]、湛江 [35]、紫金 [31]。

蕊木属 ***Kopsia*** **Blume**

蕊木 ***Kopsia arborea*** Blume

分布：信宜 [35, 52]、英德 [32]、湛江 [35]、肇庆 [9]。

折冠藤属 ***Lygisma*** **Hook. f.**

折冠藤 ***Lygisma inflexum*** (Costantin) Kerr

分布：云浮 [35]、肇庆 [35]。

飘香藤属 ***Mandevilla*** **Lindl.**

红蝉花 ***Mandevilla sanderi*** (Hemsl.) Woodson

分布：佛冈 *[http://ppbc. iplant. cn/tu/4518123]、佛山 *[http://ppbc. iplant. cn/tu/810777]、惠州 *[http://ppbc. iplant. cn/tu/3311518]、深圳 *[17]。

牛奶菜属 ***Marsdenia*** **R. Br.**

大叶牛奶菜 ***Marsdenia koi*** Tsiang

分布：信宜 [35, 52]、阳春 [http://ppbc. iplant. cn/tu/10653218]。

牛奶菜 ***Marsdenia sinensis*** Hemsl.

分布：封开 [14]、惠东 [12]、翁源 [51]。

蓝叶藤 ***Marsdenia tinctoria*** R. Br.

分布：博罗 [5, 35]、封开 [14]、佛冈 [27]、惠东 [12]、乐昌 [29, 41]、仁化 [16]、韶关 [35]、始兴 [28]、翁源 [51]、阳山 [26]、英德 [32]、郁南 [101]、云浮 [35]、湛江 [35]、肇庆 [35]。

山橙属 ***Melodinus*** **J. R. Forst. & G. Forst.**

思茅山橙 ***Melodinus cochinchinensis*** (Lour.) Merr.

分布：博罗 [35] [粤 785958 (IBSC)]、潮州 [35] [曾宪锋 ZXF5437 (IBSC)]、从化 [107]、东莞 [25, 35]、东源 [59]、恩平 [35] [黄茂先 110448 (PE)]、丰顺 [35] [曾宪锋 ZXF5189 (CZH)]、佛冈 [27]、广州 [35] [谢琼 JS-508 (SN)]、海丰 [35] [曾宪锋 ZXF9070 (CZH)]、化州 [35] [湛江区植物调查队 2882 (IBSC)]、惠东 [12, 35]、惠州 [35] [徐德明 150 (IBSC)]、江门 [8, 35]、茂名 [35] [邓良 2221 (IBSC)]、南澳 [35] [陈炳辉 256 (IBSC)]、普宁 [35] [曾宪锋 ZXF42921 (CZH)]、清远 [35] [黄成 161496 (IBSC)]、仁化 [16]、深圳 [11, 17, 35]、始兴 [28]、台山 [35] [粤 73 2638 (IBSC)]、吴川 [35] [湛江区植物调查队 4487 (IBSC)]、五华 [35] [曾宪锋 ZXF5060 (CZH)]、新丰 [63]、徐闻 [35] [周远瑞 100126 (IBK)]、阳春 [35, 45]、阳江 [35] [黄志 41764 (IBSC)]、英德 [32]、增城 [116]、肇庆 [9, 35]、中山 [10, 35]、珠海 [35] [高蕴璋等 283 (HGAS)]。

尖山橙 ***Melodinus fusiformis*** Champ. ex Benth.

分布：博罗 [35, 100]、潮州 [35] [曾宪锋 ZXF8751 (CZH)]、从化 [35, 107]、大埔 [35] [邓良 5372 (IBSC)]、德庆 [35] [刘瑛光 1137 (IBSC)]、东莞 [25, 35]、东源 [119]、丰顺 [35, 95]、封开 [14, 35]、佛冈 [27]、广州 [35] [刘晓华、林正眉 2017504 (SN)]、和平 [35] [张桂才 832 (IBSC)]、惠东 [12,

35]、惠州 [35] [曾怀德 25786 (IBSC)]、江门 [8, 35]、蕉岭 [35] [南岭队 2204 (IBSC)]、揭西 [35] [2015 级实习队 2016298 (CZH)]、乐昌 [41]、龙川 [35] [左景烈 21641 (IBSC)]、龙门 [35] [张桂才等 135 (IBSC)]、罗定 [35] [叶华谷、刘念 2242 (IBSC)]、梅州 [35] [苏佳玲 2016093 (CZH)]、清远 [35] [黄志 30743 (IBSC)]、饶平 [35] [李学根 200914 (IBSC)]、深圳 [11, 17, 35]、五华 [4]、新丰 [63]、信宜 [35, 52]、阳春 [35, 45]、英德 [32]、郁南 [35, 101]、云浮 [35] [辛树帜 5248 (IBSC)]、增城 [35] [曾怀德 20218 (IBSC)]、肇庆 [9, 35]、中山 [10, 35]、紫金 [31, 35]。

驼峰藤属 *Merrillanthus* Chun & Tsiang

驼峰藤 *Merrillanthus hainanensis* Chun & Tsiang

分布：封开 [14]、肇庆 [9, 20, 35]、中山 [10, 20]。

夹竹桃属 *Nerium* L.

夹竹桃 *Nerium oleander* L.

分布：博罗 #[38, 100]、从化 #[107]、东莞 #[82]、广州 #[15]、惠州 #[82]、乐昌 #[15, 29]、仁化 #[15, 16]、乳源 #[15]、汕头 #[15]、深圳 #[15, 11, 82, 17]、始兴 #[28]、信宜 #[52]、肇庆 #[9]、中山 #[82]。

玫瑰树属 *Ochrosia* Juss.

玫瑰树 *Ochrosia maculata* Jacq.

分布：广州 *[http://ppbc. iplant. cn/tu/12064278]、湛江 *[http://ppbc. iplant. cn/tu/4874751]。

尖槐藤属 *Oxystelma* R. Br.

尖槐藤 *Oxystelma esculentum* (L. f.) Sm.

分布：江门 [35]、肇庆 [9, 35]。

同心结属 *Parsonsia* R. Br.

海南同心结 *Parsonsia alboflavescens* (Dennst.) Mabb.

分布：乳源 [35]。

石萝藦属 *Pentasachme* Wall. ex Wight

石萝藦 *Pentasachme caudatum* Wall. ex Wight

分布：佛冈 [27]、惠州 [35]、江门 [8]、梅州 [35]、韶关 [35]、深圳 [17]、信宜 [52]、阳春 [45]、湛江 [35]、肇庆 [9, 35]。

鸡蛋花属 *Plumeria* L.

鸡蛋花 *Plumeria rubra* L.

分布：博罗 *[38, 100]、从化 *[107]、深圳 *[17]、郁南 *[101]、肇庆 *[9]。

帘子藤属 *Pottsia* Hook. & Arn.

大花帘子藤 *Pottsia grandiflora* Markgr.

分布：乐昌 [29, 35, 41]、连州 [26]、南雄 [33, 35]、饶平 [35] [李学根 200872 (IBSC)]、仁化 [16]、乳源 [26, 35]、始兴 [28, 35]。

帘子藤 *Pottsia laxiflora* (Blume) Kuntze

分布：德庆 [35] [刘瑛光 891 (HZ)]、东莞 [25]、丰顺 [95]、封开 [14, 35]、佛冈 [27]、佛山 [35] [黄茂先 111180 (HZ)]、广宁 [35]、怀集 [35] [刘瑛光 18459 (HZ)]、惠东 [12]、惠州 [35]、乐昌 [29, 35, 41]、雷州 [35]、廉江 [35]、茂名 [85]、南雄 [35]、仁化 [16, 35]、乳源 [35]、韶关 [35]、深圳 [11, 17]、始兴 [35]、四会 [35]、遂溪 [35]、翁源 [35, 51]、吴川 [35]、五华 [4]、新丰 [35]、信宜 [52]、徐闻 [35] [陈少卿 7544 (IBSC)]、英德 [32]、郁南 [101]、增城 [116]、湛江 [35]、肇庆 [9, 35]、紫金 [31]。

萝芙木属 *Rauvolfia* L.

蛇根木 *Rauvolfia serpentina* (L.) Benth. ex Kurz

分布：广州 *[35] [蒋英 16609 (IBSC)]。

萝芙木 *Rauvolfia verticillata* (Lour.) Baill.

分布：博罗 [5, 100]、佛山 [35] [黄茂先 111135 (PE)]、连州 [26]、梅州 [35] [曾怀德 21526 (IBSC)]、信宜 [52]、英德 [32]、湛江 [35] [吕居娴等 791142 (XAJD00003447)]、肇庆 *[9, 35]、中山 [10, 35]、珠海 [35] [蒋英 16617 (IBSC)]。

毒虎藤属 *Sarcolobus* R. Br.

球状毒虎藤 *Sarcolobus globosus* Wall.

分布：廉江 [13]、遂溪 [13]。

鲫鱼藤属 *Secamone* R. Br.

鲫鱼藤 *Secamone elliptica* R. Br.

分布：丰顺 [95]、雷州 [35]、廉江 [35]、遂溪 [35]、吴川 [35]、徐闻 [35]、湛江 [35]。

锈毛鲫鱼藤 *Secamone ferruginea* Pierre ex Costantin

分布：广州 [PE01025881]。

吊山桃 *Secamone sinica* Hand. -Mazz.

分布：徐闻 [35] [朱志淞 967 (IBSC)]。

羊角拗属 *Strophanthus* DC.

羊角拗 *Strophanthus divaricatus* (Lour.) Hook. & Arn.

分布：博罗 [35, 38, 100]、潮州 [35] [曾宪锋 ZXF37290 (CZH)]、从化 [35, 107]、大埔 [35] [邓良 5419 (IBSC)]、德庆 [35] [刘瑛光 1153 (IBSC)]、东莞 [25, 35]、东源 [119]、丰顺 [35] [曾宪锋 ZXF6287 (CZH)]、封开 [14, 35]、佛冈 [27]、高州 [35] [蒋英 2188 (IBSC)]、广州 [35] [叶华谷 16581 (IBSC)]、河源 [35] [曾怀德 28799 (IBSC)]、化州 [35] [湛江区植物调查队 3000 (IBSC)]、惠东 [12]、惠州 [35] [徐德明 132 (IBSC)]、江门 [8, 35]、开平 [35] [黄茂先 110630 (PE)]、乐昌 [29, 35, 41]、龙门 [35] [南昆山调查队 82435 (IBSC)]、陆丰 [35] [卫兆芬 121199 (IBSC)]、茂名 [35, 85]、南雄 [33, 35, 57]、清远 [35] [黄成 161573 (IBSC)]、饶平 [35] [陈念劬 42827 (IBSC)]、仁化 [16, 35]、乳源 [35] [李耀 2002 (IBSC)]、深圳 [11, 17, 35]、始兴 [35] [邓良 6926 (IBSC)]、台山 [35] [左景烈 22293 (IBSC)]、翁源 [35] [刘心祈 2689 (IBSC)]、五华 [4]、新丰 [63]、新兴 [35] [李楠、陈真传等 11488 (SZG)]、信宜 [35, 52]、徐闻 [35] [朱志淞 988 (IBSC)]、阳春 [35] [张桂才、刘念 915 (IBSC)]、阳山 [35] [徐德明 903 (AU)]、英德 [32, 35]、郁南 [35, 101]、云浮 [35] [黄志、邓良 555 (IBSC)]、肇庆 [9, 35]、中山 [10, 35]、珠海 [35] [粤 73 3142 (IBSC)]、紫金 [31, 35]。

狗牙花属 *Tabernaemontana* L.

狗牙花 *Tabernaemontana divaricata* (L.) R. Br. ex Roem. & Schult.

分布：博罗 *[38, 100]、从化 *[107]、深圳 *[17]、信宜 *[52]、郁南 *[101]、肇庆 *[9]。

夜来香属 *Telosma* Coville

夜来香 *Telosma cordata* (Burm. f.) Merr.

分布：佛冈 [27]、江门 [8]、乐昌 [29]、深圳 *[17]。

卧茎夜来香 *Telosma procumbens* (Blanco) Merr.

分布：博罗 [35, 37]、深圳 [11]、云浮 [35]。

黄花夹竹桃属 *Thevetia* L.

黄花夹竹桃 *Thevetia peruviana* (Pers.) K. Schum.

分布：博罗 *[5, 38]、从化 *[107]、佛山 *[http://ppbc.iplant.cn/tu/2743859]、广州 *[http://ppbc.iplant.cn/tu/1080989]、惠东 *[12]、惠州 *[http://ppbc.iplant.cn/tu/5101778]、仁化 *[16]、深圳 *[11, 17]、信宜 *[52]、郁南 *[101]、湛江 * [http://ppbc.iplant.cn/tu/5756194]、肇庆 *[9]、珠海 *[http://ppbc.iplant.cn/tu/5895719]。

弓果藤属 *Toxocarpus* Wight & Arn.

锈毛弓果藤 *Toxocarpus fuscus* Tsiang

分布：从化 [http://ppbc.iplant.cn/tu/5040567]、仁化 [16]、始兴 [28]。

弓果藤 *Toxocarpus wightianus* Hook. & Arn.

分布：东莞 [25]、佛冈 [27]、广州 [35] [麦鹤云 20495 (IBSC)]、惠州 [35] [卫兆芬 121746 (IBSC)]、雷州 [13]、廉江 [13]、茂名 [35, 85]、深圳 [11, 17, 35]、台山 [35] [南植地 8056 (IBSC)]、信宜 [52]、徐闻 [13, 35]、阳江 [35] [湛江区植物调查队 4283 (IBSC)]、增城 [116]、湛江 [13, 35]、中山 [35] [唐有恒 28 (IBSC)]、珠海 [35] [李泽贤、邢福武 622 (IBSC)]。

络石属 *Trachelospermum* Lem.

亚洲络石 *Trachelospermum asiaticum* (Siebold & Zucc.) Nakai

分布：东莞 [25]、乐昌 [35] [左景烈 20911 (IBSC)]、连州 [35] [伍世忠 70149 (IBSC)]、南雄 [33, 35]、仁化 [16, 35]、乳源 [26, 35]。

紫花络石 *Trachelospermum axillare* Hook. f.

分布：从化 [35, 107]、封开 [14]、佛冈 [27]、江门 [8]、乐昌 [29, 35, 41]、乳源 [26, 35]、阳山 [26]、英德 [32]。

贵州络石 *Trachelospermum bodinieri* (H. Lév.) Woods. ex Rehder

分布：从化 [35] [曾怀德 25209 (IBSC)]、丰顺 [95]、乐昌 [29]、饶平 [35] [李学根 200848 (IBSC)]。

短柱络石 *Trachelospermum brevistylum* Hand. -Mazz.

分布：从化 [35, 107]、德庆 [35]、封开 [14, 35]、广宁 [35]、怀集 [35]、乐昌 [35]、连州 [26]、南雄 [35]、清远 [陈又生等 QY20230224 (IBSC)]、仁化 [35]、乳源 [26, 35]、韶关 [35]、始兴 [35]、四会 [35]、翁源 [35]、新丰 [35]、郁南 [101]、肇庆 [35]。

络石 *Trachelospermum jasminoides* (Lindl.) Lem.

分布：博罗 [35, 38, 100]、潮州 [35] [曾宪锋 ZXF6517 (CZH)]、从化 [35, 107]、大埔 [35] [曾宪锋 ZXF9243 (CZH)]、东莞 [25, 35]、东源 [59]、封开 [14]、佛冈 [27]、高州 [35] [蒋英 2093 (IBSC)]、广宁 [35] [梁向日 61867 (IBSC)]、广州 [35] [中草药组 199 (IBSC)]、和平 [35] [谭策铭、易桂花 51607 (JJF)]、惠东 [12]、江门 [8]、乐昌 [29, 35, 41]、连平 [35] [粤 73 1660 (IBSC)]、连州 [35] [朱志淞 60517 (IBSC)]、龙川 [35] [徐祥浩 1057 (IBSC)]、龙门 [35] [王学文、张桂才 8217 (IBSC)]、罗定 [35] [林茎 9496 (IBSC)]、茂名 [35, 85]、南雄 [33, 35, 57]、平远 [35] [邓良 4285 (IBSC)]、清远 [35] [黄成 161580 (IBSC)]、仁化 [16, 35]、乳源 [35] [钟济新 10797 (IBSC)]、韶关 [35] [高锡朋 50344 (IBSC)]、深圳 [11, 17, 35]、始兴 [28, 35]、翁源 [35, 51]、五华 [4]、新丰 [63]、信宜 [35, 52]、阳春 [35] [叶华谷、刘念 3109 (IBSC)]、阳江 [35] [湛江区植物调查队 3580 (IBSC)]、阳山 [26, 35]、英德 [32, 35]、郁南 [101]、云浮 [35] [辛树帜 5298 (IBSC)]、增城 [116]、肇庆 [9, 35]、中山 [10, 35]、紫金 [31, 35]。

水壶藤属 *Urceola* Roxb.

毛杜仲藤 *Urceola huaitingii* (Chun & Tsiang) D. J. Middleton

分布：连山 [35]、仁化 [https://ppbc.iplant.cn/tu/11394124]、阳山 [35]、英德 [32, 35]、郁南 [101]。

杜仲藤 *Urceola micrantha* (Wall. ex G. Don) D. J. Middleton

分布：德庆 [35]、东莞 [25]、封开 [14, 35]、佛山 [35]、广宁 [35]、怀集 [35]、乐昌 [29, 35]、雷州 [35]、廉江 [35]、梅州 [35]、南雄 [35]、仁化 [35]、乳源 [26, 35]、韶关 [35]、深圳 [11, 17]、始兴 [35]、四会 [35]、遂溪 [35]、翁源 [35]、吴川 [35]、新丰 [35]、徐闻 [35] [陈少卿 7872 (IBSC)]、郁南 [101]、湛江 [35]、肇庆 [9, 35]。

华南水壶藤 *Urceola napeensis* (Quintaret) D. J. Middleton

分布：肇庆 [229]。

华南杜仲藤 *Urceola quintaretii* (Pierre) D. J. Middleton

分布：封开 [14, 35]、江门 [8]、信宜 [35, 52]、阳春 [35]、英德 [32, 35]、肇庆 [9, 35]。

酸叶胶藤 *Urceola rosea* (Hook. & Arn.) D. J. Middleton

分布：博罗 [38, 100]、从化 [107]、德庆 [35]、东莞 [25]、丰顺 [95]、封开 [14, 35]、佛冈 [27]、广宁 [35]、怀集 [35]、惠东 [12]、江门 [8]、乐昌 [29, 35]、雷州 [35]、廉江 [35]、茂名 [85]、梅州 [35] [龚俊明 2016040 (CZH)]、南雄 [33, 35]、仁化 [16, 35]、乳源 [35] [钟济新 10942 (IBSC)]、韶关 [35]、深圳 [17]、始兴 [28, 35]、四会 [35]、遂溪 [35]、翁源 [35, 51]、吴川 [35]、五华 [4]、新丰 [35]、信宜 [52]、徐闻 [35]、阳春 [45]、阳山 [26]、英德 [32]、郁南 [101]、增城 [116]、湛江 [35]、肇庆 [9, 35]、紫金 [31]。

白前属 *Vincetoxicum* Wolf

白薇 ***Vincetoxicum atratum*** (Bunge) Morren & Decne.

分布：连州 [35] [邓良 15 (IBSC)]、乳源 [26, 35]、英德 [35] [梁宝汉 84372 (IBK)]。

光叶娃儿藤 ***Vincetoxicum brownii*** (Hayata) Meve & Liede

分布：茂名 [35]、信宜 [52]、徐闻 [35]。

蔓剪草 ***Vincetoxicum chekiangense*** (M. Cheng) C. Y. Wu & D. Z. Li

分布：乳源 [高锡朋 52648 (NAS)]。

毛白前 ***Vincetoxicum chinense*** S. Moore

分布：乐昌 [29, 35]、翁源 [51]。

轮环娃儿藤 ***Vincetoxicum cycleoides*** (Tsiang) Meve & Liede

分布：封开 [62]。

小叶娃儿藤 ***Vincetoxicum flexuosum*** (R. Br.) Kuntze

分布：博罗 [62]、乐昌 [62, 29]、深圳 [11, 17]、徐闻 [62, 35]、阳山 [62]、英德 [32]、云浮 [62]。

七层楼 ***Vincetoxicum floribundum*** (Miq.) Franch. & Sav.

分布：博罗 [100]、德庆 [35]、封开 [14, 35]、广宁 [35]、和平 [62]、怀集 [35]、惠州 [35]、乐昌 [62, 29, 41, 35]、南雄 [35]、仁化 [35]、乳源 [62, 35]、韶关 [35]、始兴 [35]、四会 [35]、翁源 [62, 35]、新丰 [35]、阳山 [62]、英德 [62])]、云浮 [62]、肇庆 [62, 9, 35]。

山白前 ***Vincetoxicum fordii*** (Hemsl.) Kuntze

分布：博罗 [37]、德庆 [35]、封开 [14, 35]、佛山 [35]、广宁 [35]、怀集 [35]、惠州 [35]、乐昌 [29, 35, 41]、雷州 [35]、廉江 [35]、南雄 [35]、仁化 [35]、乳源 [26, 35]、韶关 [35]、始兴 [35]、四会 [35]、遂溪 [35]、翁源 [35, 51]、吴川 [35]、新丰 [35] [粤 7777-5545 (IBSC)]、徐闻 [35]、英德 [32]、湛江 [35]、肇庆 [35]。

娃儿藤 ***Vincetoxicum hirsutum*** (Wall.) Kuntze

分布：潮州 [35] [许楠娜 2015347 (CZH)]、从化 [107]、东莞 [25, 35]、丰顺 [95]、封开 [62, 35, 14]、佛冈 [27]、高州 [62, 35]、广州 [62, 35]、和平 [35] [谭策铭等 Y06658 (JJF)]、惠东 [12]、惠州 [62, 35]、江门 [8]、连州 [35] [陈国强 3940 (IBSC)]、罗定 [62, 35]、茂名 [85]、南澳 [35] [陈炳辉 143 (IBSC)]、南雄 [33, 35, 57]、平远 [35] [曾宪锋 ZXF9934 (CZH)]、仁化 [16]、乳源 [62, 26, 35]、汕头 [62]、深圳 [62, 35, 17]、台山 [62, 35]、翁源 [51]、五华 [4]、新丰 [63]、信宜 [52]、徐闻 [62, 35], PE, IBK)]、阳春 [62, 35]、英德 [32]、郁南 [101]、云浮 [62, 35]、增城 [116]、肇庆 [62, 9, 35]、中山 [10, 35]、珠海 [62, 35]、紫金 [31, 35]。

建水娃儿藤 ***Vincetoxicum hui*** (Tsiang) Meve & Liede

分布：大埔 [62]。

人参娃儿藤 ***Vincetoxicum kerrii*** (Craib) A. Kidyoo

分布：封开 [14]、和平 [62]、阳山 [62, 26]、肇庆 [62, 9]。

通天连 ***Vincetoxicum koi*** (Merr.) Meve & Liede

分布：博罗 [62, 5]、封开 [14]、惠州 [35]、乐昌 [62, 29, 41]、连南 [62]、连山 [62]、梅州 [62, 35]、南澳 [62]、南雄 [57]、仁化 [16]、乳源 [62, 26]、韶关 [35]、信宜 [62]、湛江 [35]、肇庆 [62, 9, 35]、紫金 [31]。

广花娃儿藤 ***Vincetoxicum leptanthum*** (Tsiang) Meve & Liede

分布: 德庆 [http://ppbc. iplant. cn/tu/10673436]、封开 [62]。

膜叶娃儿藤 ***Vincetoxicum membranaceum*** (Tsiang & P. T. Li) Meve & Liede

分布：乳源 [62]。

徐长卿 ***Vincetoxicum pycnostelma*** Kitag.

分布：乐昌 [29, 35]、梅州 [35]、南雄 [35] [邓良 6309 (IBSC)]、仁化 [35]、乳源 [35]、韶关 [35]、深圳 [17]、始兴 [35]、翁源 [35]、新丰 [35]、阳山 [26]、英德 [32]。

长梗娃儿藤 ***Vincetoxicum renchangii*** (Tsiang) Meve & Liede

分布：高州 [62, 35]。

圆叶娃儿藤 ***Vincetoxicum rotundifolium*** (Buch. -Ham. ex Wight) Kuntze

分布：江门 [8]、深圳 [11]、肇庆 [http://ppbc. iplant. cn/tu/1842968]。

贵州娃儿藤 ***Vincetoxicum silvestre*** (Tsiang) Meve & Liede

分布：阳山 [62, 35]。

柳叶白前 ***Vincetoxicum stauntonii*** (Decne.) C. Y. Wu & D. Z. Li

分布：乐昌 [29, 35]、南雄 [33, 35]、乳源 [26, 35]、韶关 [35] [To & Tsang12693 (IBSC)]、翁源 [35, 51]。

倒吊笔属 *Wrightia* R. Br.

蓝树 ***Wrightia laevis*** Hook. f.

分布：博罗 [35, 100]、东莞 [25, 35]、广州 [35] [陈焕镛 8857 (IBSC)]、茂名 [35] [侯学煜等 15553 (PE)]、清远 [35] [黄志 32562 (IBSC)]、新兴 [35] [刘瑛光 2045 (IBSC)]、信宜 [35] [蒋英 2679 (IBSC)]、阳江 [35] [刘集汉、李祥禧 89897 (IBSC)]、郁南 [101]、肇庆 [9, 35]。

倒吊笔 ***Wrightia pubescens*** R. Br.

分布：博罗 [5, 100]、佛山 [35] [高锡朋 50042 (IBSC)]、高州 [35] [蒋英 886 (IBSC)]、广州 [35] [钟济新 84956 (IBK)]、雷州 [35] [蒋英 2534 (IBSC)]、廉江 [35] [刘集汉、李祥禧 89924 (IBSC)]、茂名 [35, 85]、清远 [35] [黄荣焜 30066 (IBSC)]、乳源 [35] [刘卓斌 319 (KUN)]、韶关 [35] [高锡朋 56510 (SN)]、台山 [35] [李泽贤等 584 (IBSC)]、新兴 [35] [刘瑛光 2490 (IBSC)]、信宜 [52]、徐闻 [35] [徐闻队 73 (KUN)]、阳春 [35, 45]、阳江 [35] [黄志 41452 (IBSC)]、云浮 [35] [黄志 36978 (IBSC)]、增城 [116]、湛江 [35] [贺乐 6081425 (JIU17337)]、肇庆 [9, 35]、中山 [10, 35]。

无冠倒吊笔 ***Wrightia religiosa*** (Teijsm. & Binn.) Benth.

分布：县级不详 [3]。

340. 紫草科 Boraginaceae

斑种草属 *Bothriospermum* Bunge

斑种草 ***Bothriospermum chinense*** Bunge

分布：乐昌 [477, 35]、连州 [26]、阳山 [26]。

柔弱斑种草 ***Bothriospermum zeylanicum*** (J. Jacq.) Druce

分布：博罗 [5, 35, 100]、从化 [107]、东莞 [25]、封开 [14, 35]、佛冈 [27]、广州 [35]、怀集 [35]、惠东 [12]、江门 [8]、乐昌 [29, 41]、梅州 [35]、南雄 [33, 57]、仁化 [16]、乳源 [26, 35]、深圳 [11, 17]、始兴 [28, 35]、翁源 [51]、五华 [4]、新丰 [63]、信宜 [35, 52]、徐闻 [35]、阳春 [45]、阳山 [26]、英德 [32, 35]、增城 [116]、肇庆 [9, 35]、中山 [10]、紫金 [31]。

基及树属 *Carmona* Cav.

基及树 ***Carmona microphylla*** (Lam.) G. Don

分布：博罗 *[5, 38]、从化 *[107]、广州 [35]、江门 [8]、乐昌 [29]、深圳 *[17, 35]、徐闻 [35]、阳江 [35]、肇庆 [9, 35]。

破布木属 *Cordia* L.

破布木 ***Cordia dichotoma*** G. Forst.

分布：东莞 [25]、广州 [35]、河源 [35]、江门 [8]、龙川 [35]、茂名 [85]、深圳 [11, 17, 35]、徐闻 [35]、阳江 [35]、英德 [32]、增城 [116]、肇庆 [9, 35]、紫金 [31]。

琉璃草属 *Cynoglossum* L.

倒提壶 ***Cynoglossum amabile*** Stapf & Drummond

分布：广州 [477, 35]。

琉璃草 ***Cynoglossum furcatum*** Wall.

分布：丰顺 [95]、和平 [35]、乐昌 [29, 35, 41]、连南 [35]、龙门 [35]、乳源 [26, 35]、始兴 [28, 35]。

小花琉璃草 ***Cynoglossum lanceolatum*** Forssk.

分布：连平 [35]、龙门 [35]、梅州 [35]、始兴 [35]、翁源 [35, 51]、新丰 [63]、信宜 [52]、阳山 [26]。

厚壳树属 *Ehretia* P. Browne

厚壳树 ***Ehretia acuminata*** R. Br.

分布：博罗 [35, 100]、东莞 [25]、广州 [35]、惠东 [12]、乐昌 [29, 35]、连州 [26]、南雄 [33, 57]、仁化 [16]、深圳 [17]、始兴 [28]、翁源 [35, 51]、信宜 [52]、阳江 [35]、阳山 [35]、英德 [32, 35]、增城 [116]、肇庆 [9]、中山 [10]、紫金 [31]。

宿苞厚壳树 ***Ehretia asperula*** Zoll. & Moritzi

分布：雷州 [13, 35]、廉江 [35]、遂溪 [35]、吴川 [35]、徐闻 [13, 35]、湛江 [13, 35]。

粗糠树 ***Ehretia dicksonii*** Hance

分布：大埔 [35]、梅州 [35]、乳源 [26]、始兴 [35]、信宜 [35, 52]、阳江 [35]、云浮 [35]。

海南厚壳树 ***Ehretia hainanensis*** I. M. Johnst.

分布：徐闻 [35]。

长花厚壳树 ***Ehretia longiflora*** Champ. ex Benth.

分布：从化 [35, 107]、东莞 [25]、丰顺 [95]、封开 [14, 35]、佛冈 [27]、和平 [35]、河源 [35]、惠东 [12]、江门 [8]、乐昌 [29, 35, 41]、连南 [35]、龙门 [35]、茂名 [85]、南雄 [33]、仁化 [16]、乳源 [26]、深圳 [17]、始兴 [28, 35]、翁源 [51]、五华 [4]、新丰 [63]、信宜 [35, 52]、阳春 [35, 45]、阳山 [26]、英德 [32]、增城 [116]、肇庆 [9, 35]、中山 [10]、珠海 [35]、紫金 [31]。

天剑菜属 *Euploca* Nutt.

细叶天剑菜 ***Euploca strigosa*** (Willd.) Diane & Hilger

分布：海丰 *[35] [陈树培 75 (IBSC)]、惠东 *[35]、雷州 *[13]、廉江 *[35] [湛江区植物调查队 3183 (IBSC)]、陆丰 *[35] [卫兆芬 121230 (IBSC)]、徐闻 *[13, 35]、阳春 * [35] [湛江区植物调查队 4479 (IBSC)]、阳江 *[35] [罗献瑞 832 (IBSC)]、湛江 *[35]。

天芥菜属 *Heliotropium* L.

大尾摇 ***Heliotropium indicum*** L.

分布：博罗 [35, 38, 100]、东莞 *[25, 35]、封开 [14]、广州 *[35]、惠东 [12]、惠州 *[35]、廉江 *[35]、茂名 *[35, 85]、仁化 *[16]、深圳 *[11, 17, 35]、信宜 *[52]、徐闻 *[35]、阳江 *[35]、阳山 *[26]、英德 *[32]、郁南 *[101]、云浮 *[35]、肇庆 *[9, 35]、中山 *[10]。

聚合草属 *Symphytum* L.

聚合草 ***Symphytum officinale*** L.

分布：东莞 #[82]、惠州 #[82]、深圳 #[82]、中山 #[82]。

盾果草属 *Thyrocarpus* Hance

弯齿盾果草 ***Thyrocarpus glochidiatus*** Maxim.

分布：乐昌 [29, 35, 41]、南雄 [33, 57]、乳源 [26]、阳山 [26]。

盾果草 ***Thyrocarpus sampsonii*** Hance

分布：乐昌 [29, 35, 41]、连平 [35]、南雄 [33, 57]、平远 [35]、清远 [35]、仁化 [16, 35]、阳山 [26, 35]、英德 [35]、肇庆 [9, 35]。

紫丹属 *Tournefortia* L.

银毛树 ***Tournefortia argentea*** L. f.

分布：深圳 [11]。

紫丹 ***Tournefortia montana*** Lour.

分布：广州 [35]、乳源 [26]。

附地菜属 *Trigonotis* Steven

瘤果附地菜 ***Trigonotis macrophylla* var. *verrucosa*** I. M. Johnst.

分布：连南 [35]。

附地菜 ***Trigonotis peduncularis*** (Trevis.) Benth. ex Baker & S. Moore

分布：从化 [35]、丰顺 [95]、乐昌 [29, 35, 41]、连山 [35]、南雄 [33, 57]、仁化 [16, 35]、乳源 [26, 35]、始兴 [28]、新

丰 [63]、阳山 [35]、英德 [32]。

341. 旋花科 Convolvulaceae

银背藤属 *Argyreia* Lour.

白鹤藤 *Argyreia acuta* Lour.

分布：博罗 [38, 100]、佛山 [35] [谭沛祥 64047 (IBSC)]、广州 [35] [黄成 160358 (IBSC)]、茂名 [35] [朱志淞 1120 (IBSC)]、仁化 [16]、深圳 [17]、新兴 [35] [刘瑛光 2238 (IBSC)]、信宜 [35, 52]、徐闻 [35] [南路 00119Q3 (IBSC)]、阳春 [35, 45]、阳江 [35] [黄志 41625 (IBSC)]、肇庆 [9, 35]。

头花银背藤 *Argyreia capitiformis* (Poir.) Ooststr.

分布：博罗 [35]、东莞 [25]、广州 [35]、江门 [8]、深圳 [11, 17, 35]、台山 [35]、新兴 [35]、阳春 [35]、郁南 [101]、增城 [35]、肇庆 [9, 35]、紫金 [31]。

银背藤 *Argyreia mollis* (Burm. f.) Choisy

分布：博罗 [35, 100]、东莞 [25]、丰顺 [95]、惠东 [35]、茂名 [85]、仁化 [16]、深圳 [17]、阳江 [35]、珠海 [35]。

美丽银背藤 *Argyreia nervosa* (Burm. f.) Bojer

分布：佛山 *[http://ppbc. iplant. cn/tu/9775677]、深圳 * [17]。

打碗花属 *Calystegia* R. Br.

打碗花 *Calystegia hederacea* Wall.

分布：肇庆 #[9, 35]。

茉栾藤属 *Camonea* Raf.

掌叶茉栾藤 *Camonea vitifolia* (Burm. f.) A. R. Simoes & Staples

分布：雷州 [13]、徐闻 [13]。

菟丝子属 *Cuscuta* L.

南方菟丝子 *Cuscuta australis* R. Br.

分布：广州 #[35]、茂名 #[85]、仁化 #[16]、深圳 #[17, 35]、始兴 #[28, 35]、英德 #[35]、肇庆 #[9, 35]。

原野菟丝子 *Cuscuta campestris* Yunck.

分布：东莞 #[25]、广州 #[21]、深圳 #[17]。

菟丝子 *Cuscuta chinensis* Lam.

分布：博罗 #[5, 100]、从化 #[107]、东莞 #[25]、佛冈 #[27]、广州 #[35]、惠东 #[35]、乐昌 #[29, 41]、龙门 #[35]、南雄 #[33, 57]、普宁 #[35]、仁化 #[16]、乳源 # [26]、深圳 #[17]、台山 #[35]、阳山 #[26]、英德 #[32]、肇庆 #[9]、中山 #[10]。

金灯藤 *Cuscuta japonica* Choisy

分布：博罗 #[100]、从化 #[107]、东莞 #[25]、封开 #[35] [丁广奇、余连 6798 (IBSC)]、佛冈 #[27]、广州 #[35] [叶华谷 338 (IBSC)]、和平 #[35] [张桂才 545 (IBSC)]、怀集 #[35] [石国良 14598 (IBSC)]、乐昌 #[29, 26, 41, 526, 35]、连平 #[35] [粤 73 1735 (IBSC)]、连州 #[35] [高锡朋 50834 (IBSC)]、南雄 #[33, 35, 57]、仁化 #[16]、乳源 #[26, 35]、深圳 #[17]、始兴 #[28, 35]、翁源 #[35] [刘心祈 25153 (IBSC)]、新丰 #[35] [粤 77 5661 (IBSC)]、信宜 #[52]、阳春 #[35] [黄志 38460 (IBSC)]、阳山 #[26, 35]、英德 #[32]、肇庆 #[9, 35]、中山 #[10]、紫金 #[31, 35]。

马蹄金属 *Dichondra* J. R. Forst. & G. Forst.

马蹄金 *Dichondra micrantha* Urb.

分布：从化 [35] [刘全儒、张潮、徐丹 LXH2004036 (BNU)]、广州 [35] [侯宽昭 74679 (IBSC)]、惠来 [35] [汕头普查队 60492 (IBSC)]、乐昌 [29, 35]、连州 [35] [丘华兴 115 (IBSC)]、普宁 [35] [汕头普查队 80450 (IBSC)]、仁化 [16]、乳源 [35] [粤 73 1289 (IBSC)]、深圳 [17]、始兴 [28]、增城 [116]、肇庆 [9]。

飞蛾藤属 *Dinetus* Buch. -Ham. ex D. Don

飞蛾藤 *Dinetus racemosus* (Wall.) Buch. -Ham. ex Sweet

分布：怀集 [35]、乐昌 [29, 35, 41]、连州 [35]、罗定 [35]、南雄 [33, 57]、乳源 [26, 35]、始兴 [28, 35]、翁源 [35, 51]、五华 [4]、阳山 [35]、英德 [32]、紫金 [31]。

毛果飞蛾藤 *Dinetus truncatus* (Kurz) Staples

分布：连州 [谭沛祥 60083 (NAS00211506)]。

丁公藤属 *Erycibe* Roxb.

多花丁公藤 *Erycibe myriantha* Merr.

分布：阳江 [35]。

丁公藤 *Erycibe obtusifolia* Benth.

分布：博罗 [5]、东莞 [25, 35]、东源 [119]、封开 [14]、佛冈 [27]、化州 [35] [湛江区植物调查队 2990 (IBSC)]、惠州 [35] [丘华兴 221 (IBSC)]、江门 [8]、龙门 [35] [2366 队 3594 (PE)]、陆丰 [35] [王木发 s. n. (IBSC)]、茂名 [85]、仁化 [16]、深圳 [11, 17, 35]、增城 [116]、肇庆 [9, 35]、中山 [10, 35]。

光叶丁公藤 *Erycibe schmidtii* Craib

分布：封开 [14]、阳春 [35, 45]、肇庆 [35] [谢、李 52 (IBSC)]。

土丁桂属 *Evolvulus* L.

土丁桂 *Evolvulus alsinoides* (L.) L.

分布：博罗 [35] [粤 786376 (IBSC)]、大埔 [35] [邓良 5317 (IBSC)]、东莞 [25, 35]、封开 [14, 35]、广州 [35] [侯宽昭 74642 (IBSC)]、海丰 [35] [陈炳辉 590 (IBSC)]、蕉岭 [35] [南岭队 2368 (IBSC)]、乐昌 [29, 35]、连州 [35] [南岭队 77 (IBSC)]、茂名 [85]、梅州 [35] [曾宪锋 ZXF24582 (CZH)]、南澳 [35] [姚鹏程、魏亚男 20150376 (HSNU)]、南雄 [33, 35, 57]、饶平 [35] [曾宪锋 ZXF8018 (CZH)]、仁化 [16, 35]、汕头 [35] [梁其瑾 29 (PEY)]、韶关 [35] [To & Tsang12808 (IBSC)]、深圳 [17, 35]、始兴 [35] [邢福武、叶华谷 1008 (IBSC)]、兴宁 [35] [李学根 201851 (IBSC)]、徐闻 [35] [邢福武、李泽贤 1883 (IBSC)]、英德 [35] [陈焕镛 7012 (IBSC)]、珠海 [35] [粤 73 73-2925 (IBSC)]。

银丝草 ***Evolvulus alsinoides* var. *decumbens*** (R. Br.) Ooststr.

分布：仁化 [16]。

蓝星花 ***Evolvulus nuttallianus*** Roem. et Schult.

分布：广州 *[http://ppbc. iplant. cn/tu/13214636]、深圳 *[http://ppbc. iplant. cn/tu/6562560]、珠海 *[http://ppbc. iplant. cn/tu/7774861]。

猪菜藤属 ***Hewittia*** **Wight & Arn.**

猪菜藤 ***Hewittia malabarica*** (L.) Suresh

分布：高州 [35]、茂名 [35]、信宜 [52]、徐闻 [35]、阳江 [35]。

番薯属 ***Ipomoea*** **L.**

月光花 ***Ipomoea alba*** L.

分布：潮州 #[15]、封开 #[14]、广州 #[15]、汕头 #[15]、深圳 #[82]、阳江 #[15]、英德 #[32]、肇庆 #[9, 15]。

蕹菜 ***Ipomoea aquatica*** Forssk.

分布：博罗 *[38, 100]、从化 #[107]、东莞 #[25]、江门 #[8]、乐昌 #[29]、南雄 #[57]、仁化 #[16]、深圳 #[17]、始兴 #[28]、信宜 #[52]、郁南 #[101]、肇庆 #[9]。

番薯 ***Ipomoea batatas*** (L.) Lam.

分布：博罗 *[38, 100]、从化 #[107]、东莞 #[25]、江门 #[8]、乐昌 #[29, 526]、南雄 #[57]、仁化 #[16]、深圳 #[11, 17]、始兴 #[28]、信宜 #[52]、郁南 #[101]、肇庆 #[9]。

毛牵牛 ***Ipomoea biflora*** (L.) Pers.

分布：东源 [35] [刘全儒 201007246 (BNU)]、广州 [35] [王瑞江 RQHN00492 (CSH)]、和平 [35] [张桂才 673 (IBSC)]、河源 [35] [王瑞江 RQHN00311 (CSH)]、惠来 [35] [曾宪锋 ZXF16137 (CZH)]、江门 [8]、连平 [35] [粤 73 1468 (IBSC)]、南澳 [35] [曾宪锋 ZXF2082 (IBSC)]、南雄 [33, 35, 57]、饶平 [35] [陈炳辉 338 (IBSC)]、乳源 [26, 35]、汕头 [35] [王瑞江 RQHN00285 (CSH)]、韶关 [35] [王瑞江 RQHN00392 (CSH)]、深圳 [17, 35]、始兴 [28]、翁源 [35, 51]、五华 [4]、英德 [35] [梁向日 61100 (AU)]、郁南 [101]、肇庆 [9]、紫金 [31, 35]。

五爪金龙 ***Ipomoea cairica*** (L.) Sweet

分布：博罗 #[5, 100]、潮州 #[15, 404, 35]、从化 #[15, 107]、大埔 #[15]、东莞 #[15, 25, 82, 35]、丰顺 #[15, 35]、佛冈 #[27]、佛山 #[15, 500]、广州 #[15, 21]、海丰 #[15, 35]、惠东 #[12, 35]、惠来 #[35] [曾宪锋 ZXF16042 (CZH)]、惠州 #[15, 82, 35]、江门 #[8, 35]、蕉岭 #[15, 35]、揭西 #[35] [曾宪锋 ZXF35595 (CZH)]、揭阳 #[15, 471, 35]、乐昌 #[15, 29, 526]、梅州 #[15, 35]、南澳 #[35] [姚鹏程、魏亚男 20150342 (HSNU)]、平远 #[15, 35]、普宁 #[15, 35]、饶平 #[35] [曾宪锋 ZXF24334 (CZH)]、仁化 #[16]、乳源 #[15]、汕头 #[15, 35]、深圳 #[15, 11, 82, 35, 17]、台山 #[35] [黄茂先 110133 (HZ)]、五华 #[4, 35]、兴宁 #[35] [曾宪锋 ZXF32472 (CZH)]、徐闻 #[15]、阳春 #[15]、阳山 #[15]、英德 #[32]、郁南 #[101]、云浮 #[15]、湛江 #[416]、肇庆 #[9, 15, 423]、中山 #[10, 82, 35]、珠海 #[15, 428, 35]、紫金 #[31]。

树牵牛 ***Ipomoea carnea* subsp. *fistulosa*** (Mart. ex Choisy) D. F. Austin

分布：深圳 *[17]。

齿萼薯 ***Ipomoea fimbriosepala*** Choisy

分布：海丰 [35]。

橙红茑萝 ***Ipomoea hederifolia*** L. Syst. Nat.

分布：阳山 #[26]。

假厚藤 ***Ipomoea imperati*** (Vahl) Griseb.

分布：东莞 [25]、惠东 [35]、惠来 [35]、雷州 [13, 35]、陆丰 [35]、茂名 [35]、饶平 [35]、深圳 [17]、遂溪 [13]、台山 [35]、吴川 [35]、徐闻 [13, 35]、阳江 [35]、阳西 [35]、湛江 [13]。

变色牵牛 ***Ipomoea indica*** (Burm.) Merr.

分布：广州 #[15, 21]、湛江 #[416]。

瘤梗番薯 ***Ipomoea lacunosa*** L.

分布：英德 #[http://ppbc. iplant. cn/tu/12213612]、紫金 #[31]。

七爪龙 ***Ipomoea mauritiana*** Jacq.

分布：博罗 #[15, 35, 100]、潮州 #[15, 35]、东莞 #[25]、佛山 #[35]、广州 #[15, 35]、惠州 #[15, 82]、龙门 #[15]、茂名 #[85]、深圳 #[15, 17, 82]、五华 #[15, 35]、徐闻 #[15, 35]、阳春 #[15]、肇庆 #[15, 35]、珠海 #[15]、紫金 #[31]。

牵牛 ***Ipomoea nil*** (L.) Roth

分布：博罗 #[38]、从化 #[509]、东莞 #[25, 82]、东源 #[59]、封开 #[14]、广州 #[21]、惠州 #[82]、揭阳 #[15]、乐昌 #[29, 526]、茂名 #[85]、南雄 #[33, 57]、仁化 #[16]、乳源 #[26]、汕头 #[15]、深圳 #[17, 82]、翁源 #[15]、新丰 #[63]、湛江 #[416]、肇庆 #[9]、中山 #[10, 82]、紫金 #[31]。

小心叶薯 ***Ipomoea obscura*** (L.) Ker Gawl.

分布：徐闻 #[http://ppbc. iplant. cn/tu/11738782]、湛江 #[http://ppbc. iplant. cn/tu/3516908]、珠海 #[http://ppbc. iplant. cn/tu/4805597]。

厚藤 ***Ipomoea pes-caprae*** (L.) R. Br.

分布：东莞 [25]、惠来 [35] [曾宪锋 ZXF10587 (CZH)]、惠州 [35] [卫兆芬 121733 (IBSC)]、江门 [8]、陆丰 [35] [卫兆芬 121167 (IBSC)]、茂名 [35, 85]、南澳 [35] [曾宪锋 ZXF6179 (CZH)]、汕头 [35] [梁其瑾 135 (PEY)]、深圳 [11, 17, 35]、台山 [35] [周联选 11622 (KUN)]、徐闻 [35] [朱志淞 964 (IBSC)]、阳江 [35] [湛江区植物调查队 3480 (IBSC)]、湛江 [35] [张代贵 0530025+1 (JIU16817)]、中山 [10]、珠海 [35] [杨旸 20094214 (SN)]。

虎掌藤 ***Ipomoea pes-tigridis*** L.

分布：雷州 [13]、深圳 [17, 35]、徐闻 [13]、湛江 [13, 35]。

帽苞薯藤 ***Ipomoea pileata*** Roxb.

分布：博罗 [35]、惠东 [35]、深圳 [17, 35]、台山 [35]、徐闻 [35]。

圆叶牵牛 ***Ipomoea purpurea*** (L.) Roth

分布：博罗 #[15]、潮州 #[404]、从化 #[15]、东莞 #[25, 82]、广州 #[15, 21]、惠州 #[82]、乐昌 #[15, 526]、连平 #[15]、南澳 #[15]、清远 #[15]、乳源 #[15]、深圳 #[15, 82]、台山 #[15]、翁源 #[15]、新丰 #[63]、阳春 #[15]、阳山 #[15]、英德 #[32]、湛江 #[416]、肇庆 #[15]、中山 #[82]。

茑萝 ***Ipomoea quamoclit*** L.

分布：博罗 #[5, 38]、从化 #[107, 509]、广州 #[21]、江门 #[8]、乐昌 #[41]、仁化 #[16]、深圳 #[17]、翁源 #[51]、肇庆 #[9]。

海南薯 ***Ipomoea sumatrana*** (Miq.) Ooststr.

分布：开平 [35]、阳江 [35]。

三裂叶薯 ***Ipomoea triloba*** L.

分布：潮州 #[15]、从化 #[509]、东莞 #[25]、丰顺 # [95]、广州 #[15, 21]、海丰 #[15]、和平 #[15]、惠东 #[12]、江门 #[8]、蕉岭 #[15]、揭阳 #[15]、乐昌 #[526]、南雄 #[33, 57]、平远 #[15]、普宁 #[15]、仁化 #[15]、乳源 #[15]、汕头 #[15]、韶关 #[15]、深圳 #[15, 17, 82]、翁源 #[51]、五华 #[4]、英德 #[32]、湛江 #[15, 416]、肇庆 #[9, 15, 423]、中山 #[10]、珠海 #[15]、紫金 #[31]。

管花薯 ***Ipomoea violacea*** L.

分布：徐闻 [37]。

小牵牛属 ***Jacquemontia*** **Choisy**

小牵牛 ***Jacquemontia paniculata*** (Burm. f.) Hallier f.

分布：博罗 [5, 35]、东莞 [25]、广州 [35]、和平 [35]、惠东 [12]、雷州 [13]、廉江 [13]、饶平 [35]、深圳 [11, 17, 35]、台山 [35]、徐闻 [13]、珠海 [35]、紫金 [31]。

苞片小牵牛 ***Jacquemontia tamnifolia*** (L.) Griseb.

分布：南雄 #[33]。

鳞蕊藤属 ***Lepistemon*** **Blume**

鳞蕊藤 ***Lepistemon binectarifer*** (Wall.) Kuntze

分布：阳春 [https://ppbc. iplant. cn/tu/15494325]。

裂叶鳞蕊藤 ***Lepistemon lobatum*** Pilg.

分布：封开 [14, 35]、连南 [35]、清远 [35]、英德 [32, 35]、肇庆 [9, 35]。

鱼黄草属 ***Merremia*** **Dennst. ex Endl.**

金钟藤 ***Merremia boisiana*** (Gagnep.) Ooststr.

分布：博罗 #[100]、东莞 #[82]、广州 #[15, 21, 19]、惠州 #[82]、深圳 #[82]、中山 #[82]。

多裂鱼黄草 ***Merremia dissecta*** (Jacq.) Hallier f.

分布：东莞 *[25]、广州 *[http://ppbc. iplant. cn/tu/12303482]。

篱栏网 ***Merremia hederacea*** (Burm. f.) Hallier f.

分布：博罗 [5, 38]、潮州 [35] [黄雅凤 HYF003 (CZH)]、从化 [107]、东莞 [25, 35]、东源 [59]、封开 [35] [丁广奇、余连 6785 (IBSC)]、佛冈 [27]、佛山 [35] [黄奕孜、许先宏 HYZ012 (CZH)]、广州 [35] [叶育石 5615 (IBSC)]、惠东 [12]、惠来 [35] [曾宪锋 ZXF10604 (CZH)]、惠州 [35] [杨敏仪 YMY010 (CZH)]、江门 [8]、乐昌 [29, 35]、雷州 [35] [姚鹏程、魏亚男 20150067 (HSNU)]、罗定 [35] [蒋英 1133 (IBSC)]、梅州 [35] [曾宪锋 ZXF42006 (CZH)]、南雄 [33, 35]、清远 [35] [黄志 30092 (IBK)]、饶平 [35] [曾宪锋、黄雅凤 ZXF18433 (CZH)]、仁化 [16]、汕头 [35] [曾宪锋 ZXF10120 (CZH)]、深圳 [11, 17, 35]、台山 [35] [陈邦余、李泽贤 197 (IBSC)]、翁源 [35, 51]、五华 [4, 35]、新兴 [35] [刘瑛光 2403 (IBSC)]、信宜 [52]、阳春 [35] [黄志 38514 (IBSC)]、英德 [32]、郁南 [35, 101]、云浮 [35] [黄志 37437 (IBSC)]、湛江 [35] [张代贵等 zdg7848 (JIU32767)]、肇庆 [9, 35]、中山 [10, 35]、珠海 [35] [唐国旺等 Tang GW005 (KUN)]、紫金 [31, 35]。

毛山猪菜 ***Merremia hirta*** (L.) Merr.

分布：东莞 [25]、广州 [35]、海丰 [35]、深圳 [17, 35]、徐闻 [35]。

指叶山猪菜 ***Merremia quinata*** (R. Br.) Ooststr.

分布：深圳 [17]、阳江 [35] [陈炳辉 1007 (IBSC)]。

木玫瑰 ***Merremia tuberosa*** (L.) Rendle

分布：深圳 #[17]。

山猪菜 ***Merremia umbellata* subsp. *orientalis*** (Hallier f.) Ooststr.

分布：博罗 #[5, 35]、从化 #[107]、东莞 #[25]、东源 #[59]、广州 #[35]、惠东 #[12, 35]、江门 #[8]、乳源 #[26]、汕头 #[35]、深圳 #[11, 17, 35]、台山 #[35]、新兴 #[35]、信宜 #[52]、徐闻 #[35]、阳春 #[35]、郁南 #[101]、云浮 #[35]、肇庆 #[9, 35]、珠海 #[35]。

掌叶鱼黄草 ***Merremia vitifolia*** (Burm. f.) Hallier f.

分布：徐闻 [35]。

盒果藤属 ***Operculina*** **Silva Manso**

盒果藤 ***Operculina turpethum*** (L.) Silva Manso

分布：博罗 [38]、东莞 [25]、广州 [35]、深圳 [17, 35]、台山 [35]、阳江 [35]、肇庆 [9, 35]、中山 [10]。

腺叶藤属 ***Stictocardia*** **Hallier f.**

腺叶藤 ***Stictocardia tiliifolia*** (Desr.) Hallier f.

分布：深圳 [11]、徐闻 [35]。

三翅藤属 ***Tridynamia*** **Gagnep.**

大果三翅藤 ***Tridynamia sinensis*** (Hemsl.) Staples

分布：乐昌 [29, 35]、乳源 [26, 35]、始兴 [35]、翁源 [18, 51]、阳春 [35]、阳山 [35]、英德 [35]。

地旋花属 *Xenostegia* D. F. Austin & Staples

地旋花 *Xenostegia tridentata* (L.) D. F. Austin & Staples

分布：高州 [35]、海丰 [35]、茂名 [85]、汕头 [35]、深圳 [17, 35]、台山 [35]、徐闻 [35]、阳江 [35]。

342. 茄科 Solanaceae

酸浆属 *Alkekengi* Mill.

酸浆 *Alkekengi officinarum* Moench

分布：始兴 *[28]、郁南 *[101]。

颠茄属 *Atropa* L.

颠茄 *Atropa belladonna* L.

分布：东莞 #[82]、惠东 #[12]、惠州 #[82]、深圳 #[82]、新丰 #[63]、中山 #[82]。

木曼陀罗属 *Brugmansia* Pers.

木本曼陀罗 *Brugmansia arborea* (L.) Lagerh.

分布：深圳 *[http://ppbc. iplant. cn/tu/5134529]。

鸳鸯茉莉属 *Brunfelsia* Plum. ex L.

鸳鸯茉莉 *Brunfelsia brasiliensis* (Spreng.) L. B. Sm. & Downs

分布：博罗 *[5, 38]、从化 *[107]、东莞 *[http://ppbc. iplant. cn/tu/5163670]、广州 *[http://ppbc. iplant. cn/tu/3327825]、惠州 *[http://ppbc. iplant. cn/tu/4144150]、深圳 *[17]、肇庆 *[9]。

少花鸳鸯茉莉 *Brunfelsia pauciflora* (Cham. & Schltdl.) Benth.

分布：东莞 *[http://ppbc. iplant. cn/tu/5163724]、广州 *[http://ppbc. iplant. cn/tu/9437614]、深圳 *[http://ppbc. iplant. cn/tu/2053207]。

辣椒属 *Capsicum* L.

辣椒 *Capsicum annuum* L.

分布：博罗 *[5, 38]、从化 #[107]、乐昌 #[29, 41]、南雄 #[57]、仁化 #[16]、深圳 #[17]、始兴 #[28]、新丰 #[63]、信宜 #[52]、肇庆 #[9]。

夜香树属 *Cestrum* L.

夜香树 *Cestrum nocturnum* L.

分布：博罗 #[38, 100]、从化 #[107]、乐昌 #[41]、仁化 #[16]、深圳 #[17]、郁南 #[101]、肇庆 #[9]。

曼陀罗属 *Datura* L.

洋金花 *Datura metel* L.

分布：博罗 #[38, 100]、佛山 #[500]、广州 #[21]、茂名 #[85]、深圳 #[17]、翁源 #[51]、郁南 #[101]、肇庆 #[9]、中山 #[10, 82]、珠海 #[428]。

曼陀罗 *Datura stramonium* L.

分布：乐昌 #[41]、仁化 #[16]、徐闻 #[497]、湛江 #[416]、中山 #[82]。

红丝线属 *Lycianthes* (Dunal) Hassl.

红丝线 *Lycianthes biflora* (Lour.) Bitter

分布：博罗 [35, 38]、从化 [35, 107]、大埔 [35]、德庆 [35]、东莞 [25, 35]、东源 [35]、丰顺 [35, 95]、佛冈 [27]、佛山 [35]、高州 [35]、广州 [35]、和平 [35]、惠东 [35]、江门 [35]、蕉岭 [35]、乐昌 [29, 35, 41]、连南 [35]、连平 [35]、连山 [35]、连州 [35]、龙门 [35]、陆丰 [35]、陆河 [35]、罗定 [35]、梅州 [35]、南雄 [33, 35, 57]、平远 [35]、清远 [35]、仁化 [16, 35]、乳源 [26, 35]、韶关 [35]、深圳 [17, 35]、始兴 [28, 35]、翁源 [35, 51]、五华 [4]、新丰 [63]、信宜 [52]、兴宁 [35]、阳春 [35]、阳山 [26, 35]、英德 [32, 35]、郁南 [35, 101]、云浮 [35]、增城 [116]、肇庆 [9, 35]、中山 [10, 35]、紫金 [31, 35]。

密毛红丝线 *Lycianthes biflora* var. *subtusochracea* Bitter

分布：乐昌 [35] [黄成 163209 (IBSC)]、仁化 [16]、乳源 [26, 35]。

鄂红丝线 *Lycianthes hupehensis* (Bitter) C. Y. Wu & S. C. Huang

分布：翁源 [刘心祈 24488 (IBSC)]。

单花红丝线 *Lycianthes lysimachioides* (Wall.) Bitter

分布：龙门 [35]、乳源 [26]、郁南 [101]。

茎根红丝线 *Lycianthes lysimachioides* var. *caulorhiza* (Dunal) Bitter

分布：乐昌 [29]。

中华红丝线 *Lycianthes lysimachioides* var. *sinensis* Bitter

分布：乐昌 [29, 35]、乳源 [26, 35]。

截齿红丝线 *Lycianthes neesiana* (Wall. ex Nees) D'Arcy & Z. Y. Zhang

分布：茂名 [http://ppbc. iplant. cn/tu/9079553]。

滇红丝线 *Lycianthes yunnanensis* (Bitter) C. Y. Wu & S. C. Huang

分布：怀集 [35]、英德 [32, 35]。

枸杞属 *Lycium* L.

枸杞 *Lycium chinense* Mill.

分布：博罗 *[38, 100]、从化 *[http://ppbc. iplant. cn/tu/345175]、广州 *[http://ppbc. iplant. cn/tu/6131768]、乐昌 [41]、仁化 [16]、乳源 [26]、深圳 *[17]、信宜 *[52]、英德 *[专家意见]、郁南 [101]、湛江 *[http://ppbc. iplant. cn/tu/12044758]、肇庆 *[9]。

假酸浆属 *Nicandra* Adans.

假酸浆 *Nicandra physalodes* (L.) Gaertn.

分布：广州 #[21]、汕尾 #[390]、深圳 #[17]、湛江 #[416]。

烟草属 *Nicotiana* L.

花烟草 *Nicotiana alata* Link et Otto

分布：广州 *[http://ppbc. iplant. cn/tu/620652]、深圳 *[http://ppbc. iplant. cn/tu/5839274]、湛江 *[http://ppbc. iplant. cn/tu/13273192]。

黄花烟草 ***Nicotiana rustica*** L.

分布：乐昌 *[29]。

烟草 ***Nicotiana tabacum*** L.

分布：博罗 *[38, 100]、佛冈 #[27]、乐昌 #[29, 41]、南雄 #[57]、仁化 #[16]、深圳 #[17]、翁源 #[51]、信宜 #[52]、郁南 #[101]、肇庆 #[9]。

矮牵牛属 *Petunia* Juss.

矮牵牛 ***Petunia hybrida*** (Hook.) E. Vilm.

分布：潮州 #[http://ppbc. iplant. cn/tu/1299116]、广州 #[http://ppbc. iplant. cn/tu/4113302]、惠州 #[http://ppbc. iplant. cn/tu/4871281]、江门 #[8]、深圳 #[17]、郁南 #[101]、肇庆 #[9]。

洋酸浆属 *Physalis* L.

苦蘵 ***Physalis angulata*** L.

分布：博罗 #[35, 38, 100]、潮州 #[35] [曾宪锋 ZXF6843 (CZH)]、从化 #[35] [邓良 84721 (SZ000253779)]、德庆 #[35] [刘瑛光 1330 (IBSC)]、东莞 #[25, 35]、封开 #[35] [粤 74 74-4971 (IBSC)]、佛冈 #[27]、佛山 #[35] [王瑞江 RQHN00524 (CSH)]、广州 #[21, 35]、和平 #[35] [张桂才 685 (IBSC)]、化州 #[35] [王发国等 RQHN03000 (CSH)]、惠东 #[12, 35]、惠州 #[35] [王瑞江 RQHN00201 (CSH)]、江门 #[35] [王发国、段磊 RQHN03212 (CSH)]、揭西 #[35] [曾宪锋 ZXF35554 (CZH)]、乐昌 #[29, 26, 41, 526, 35]、雷州 #[35] [海岸调查队 1959 (IBSC)]、连南 #[35] [谭沛祥 58853 (IBSC)]、龙川 #[35] [曾宪锋 ZXF32436 (CZH)]、茂名 #[35, 85]、梅州 #[35] [曾宪锋 ZXF25473 (CZH)]、南雄 #[33, 35, 57]、平远 #[35] [曾宪锋 ZXF25612 (CZH)]、清远 #[35] [王瑞江 RQHN00454 (CSH)]、饶平 #[35] [曾宪锋 ZXF26389 (CZH)]、仁化 #[16]、汕头 #[35] [彭会瑶、王颖 WP050 (CZH)]、深圳 #[17, 35]、翁源 #[35, 51]、新丰 #[35] [粤 77 77-5679 (IBSC)]、阳山 #[35] [邓良 1616 (IBSC)]、郁南 #[35, 101]、云浮 #[35] [王发国等 RQHN02903 (CSH)]、湛江 #[35, 416]、肇庆 #[9, 35]、中山 #[10, 82, 35]、珠海 #[35] [王瑞江 RQHN00680 (CSH)]、紫金 #[31, 35]。

小酸浆 ***Physalis minima*** L.

分布：博罗 #[5, 100]、从化 #[107]、封开 #[14]、惠东 #[12]、仁化 #[16]、乳源 #[26]、始兴 #[28]、阳春 #[45]、肇庆 #[9]。

灯笼果 ***Physalis peruviana*** L.

分布：深圳 #[82]。

茄属 *Solanum* L.

喀西茄 ***Solanum aculeatissimum*** Jacquem.

分布：江门 #[8]、南雄 #[57]、深圳 #[17]、始兴 #[28]。

少花龙葵 ***Solanum americanum*** Mill.

分布：博罗 #[35, 38, 100]、潮州 #[35] [叶华谷 12986 (IBSC)]、从化 #[107, 509]、大埔 #[35] [曾宪锋 ZXF44094 (CZH)]、德庆 #[35] [刘瑛光 886 (HZ)]、东莞 #[25, 35, 82]、丰顺 #[35, 95]、封开 #[14]、佛冈 #[27]、佛山 #[35] [黄奕孜、许先宏 HYZ091 (CZH)]、广宁 #[35] [王瑞江 RQHN00101 (CSH)]、广州 #[21, 35]、海丰 #[35] [王瑞江 RQHN00273 (CSH)]、河源 #[35] [刘全儒、孟世勇 201001142 (BNU)]、怀集 #[35] [王瑞江 RQHN00069 (CSH)]、惠东 #[12]、惠来 #[35] [曾宪锋 ZXF29695 (CZH)]、惠州 #[82]、江门 #[8]、揭西 #[35] [许小婷 XXT104 (CZH)]、揭阳 #[35] [黄雅凤 HYF060 (CZH)]、乐昌 #[29, 35, 41]、连山 #[35] [曾飞燕等 386 (PE)]、连州 #[26, 35]、龙川 #[35] [曾宪锋 ZXF32387 (CZH)]、龙门 #[35] [陈邦余 2110 (IBSC)]、陆河 #[35] [曾宪锋 ZXF42668 (CZH)]、罗定 #[35] [刘念、张桂才 2029 (IBSC)]、茂名 #[85]、梅州 #[35] [曾宪锋 ZXF43797 (CZH)]、南雄 #[33, 35, 57]、平远 #[35] [曾宪锋 ZXF41932 (CZH)]、普宁 #[35] [方琼苗 ZXF12435 (CZH)]、清远 #[35] [彭会瑶、王颖 PW020 (CZH)]、饶平 #[35] [曾宪锋 ZXF24341 (CZH)]、仁化 #[16]、乳源 #[26, 35]、汕头 #[35] [曾宪锋 ZXF35650 (CZH)]、深圳 #[11, 82, 35, 17]、始兴 #[35] [王瑞江 RQHN00418 (CSH)]、台山 #[35] [周联选 11518 (KUN)]、翁源 #[51]、五华 #[4, 35]、新兴 #[35] [刘瑛光 2287 (PE)]、阳春 #[35, 45]、阳山 #[26, 35]、英德 #[32]、增城 #[116]、湛江 #[35] [李振宇等 11619 (PE)]、肇庆 #[9, 35]、中山 #[10, 82, 35]、珠海 #[35] [王瑞江 RQHN00681 (CSH)]、紫金 #[31, 35]。

牛茄子 ***Solanum capsicoides*** All.

分布：博罗 #[5]、丰顺 #[95]、乐昌 #[29, 526]、连州 #[26]、南雄 #[33, 57]、深圳 #[17]、翁源 #[51]、阳山 #[26]、郁南 #[101]、湛江 #[416]。

假烟叶树 ***Solanum erianthum*** D. Don

分布：博罗 #[15, 38, 100]、潮州 #[15]、东莞 #[25]、封开 #[15]、佛冈 #[27]、高州 #[15]、广州 #[15, 21]、惠东 #[12]、惠州 #[15, 82]、龙门 #[15]、汕头 #[15]、深圳 #[82]、翁源 #[15]、新兴 #[15]、徐闻 #[15]、阳春 #[15]、阳江 #[15]、英德 #[15, 32]、云浮 #[15]、湛江 #[416]、肇庆 #[15]、中山 #[10, 82]、紫金 #[31]。

野海茄 ***Solanum japonense*** Nakai

分布：乳源 [邓良 5778 (IBSC)]。

毛茄 ***Solanum lasiocarpum*** Dunal

分布: 台山 [35] [陈邦余、李泽贤 328 (IBSC)]、信宜 [52]、肇庆 [9, 35]、珠海 [35] [粤 73 73-2923 (IBSC)]。

番茄 ***Solanum lycopersicum*** L.

分布：从化 #[107]、江门 #[8]、乐昌 #[29]、仁化 #[16]、深圳 #[11, 17]、信宜 #[52]、郁南 #[101]、肇庆 #[9]。

白英 ***Solanum lyratum*** Thunb.

分布：博罗 [5]、从化 [35, 107]、丰顺 [95]、封开 [14, 35]、佛冈 [27]、和平 [35] [张桂才 589 (IBSC)]、怀集 [35] [石

国良 15029 (IBSC)]、乐昌 [29, 35]、连平 [35] [粤 73 1601 (IBSC)]、连州 [35] [谭沛祥 60191 (IBSC)]、南雄 [33, 35, 57]、仁化 [16, 35]、乳源 [35] [钟济新 10764 (IBSC)]、始兴 [28, 35]、翁源 [35, 51]、五华 [4]、新丰 [63]、信宜 [52]、阳山 [26, 35]、英德 [32, 35]、郁南 [101]、增城 [116]、肇庆 [9, 35]、中山 [10]、紫金 [31, 35]。

山茄 ***Solanum macaonense*** Dunal

分布：东莞 [25]、台山 [35] [陈邦余、李泽贤 289 (IBSC)]。

乳茄 ***Solanum mammosum*** L.

分布：博罗 #[38]、深圳 #[17]。

茄 ***Solanum melongena*** L.

分布：博罗 *[5, 38]、从化 *[107]、南雄 *[57]、深圳 *[17]、始兴 *[28]、郁南 *[101]、肇庆 *[9]。

光枝木龙葵 ***Solanum merrillianum*** Liou

分布：深圳 [35] [深圳考察队 1700 (PE)]、肇庆 [35] [刘慎谔 7955 (PE)]。

龙葵 ***Solanum nigrum*** L.

分布：从化 #[35] [邓良 8507 (WUK)]、广州 #[35] [蒋英 1054 (PEY)]、怀集 #[35] [刘瑛光 2872 (PE)]、惠东 #[12]、江门 #[8]、乐昌 #[29, 41]、连州 #[26]、南雄 #[33, 57]、仁化 #[16]、始兴 #[28]、翁源 #[51]、信宜 #[52]、英德 #[32]、肇庆 #[35] [丁广奇、石国良 207 (NAS)]、紫金 #[31]。

海桐叶白英 ***Solanum pittosporifolium*** Hemsl.

分布：乐昌 [29, 35]、乳源 [26, 35]、翁源 [35, 51]、信宜 [52]、阳山 [26]、英德 [32, 35]。

海南茄 ***Solanum procumbens*** Lour.

分布：广州 [35] [杜庚平 2738 (PE)]、茂名 [85]、台山 [35] [粤 73 73-2688 (IBSC)]、信宜 [52]。

珊瑚樱 ***Solanum pseudocapsicum*** L.

分布：博罗 #[15]、丰顺 #[15]、高州 #[15]、惠州 #[82]、乐昌 #[15, 29]、乳源 #[15]、深圳 #[15, 17, 82]、肇庆 #[9]。

木龙葵 ***Solanum scabrum*** Mill.

分布：郁南 *[101]。

蒜芥茄 ***Solanum sisymbriifolium*** Lam.

分布：深圳 #[http://ppbc. iplant. cn/tu/15385033]。

水茄 ***Solanum torvum*** Sw.

分布：博罗 #[15, 35, 100]、潮州 #[15, 404]、从化 #[107, 509]、东莞 #[15, 25, 82, 35]、佛冈 #[27]、佛山 #[500, 35]、高州 #[15]、广宁 #[35] [王瑞江 RQHN00099 (CSH)]、广州 #[15, 21, 35]、海丰 #[15]、鹤山 #[35] [黄茂先 110776 (PE)]、怀集 #[35] [王瑞江 RQHN00075 (CSH)]、惠东 #[12]、惠州 #[15, 82, 35]、江门 #[8, 35]、乐昌 #[41, 526]、茂名 #[85]、普宁 #[15]、清远 #[15]、饶平 #[15]、仁化 #[16]、乳源 #[15]、汕头 #[15]、深圳 #[15, 82, 35, 17]、台山 #[15, 35]、新丰 #[63]、阳春 #[15]、阳山 #[26]、英德 #[32]、郁南 #[101]、增城 #[15, 35]、湛江 #[416]、肇庆 #[9, 15, 423, 35]、中山 #[10, 82, 35]、珠海 #[15, 428, 35]、紫金 #[31]。

马铃薯 ***Solanum tuberosum*** L.

分布：从化 *[107]、乐昌 *[29]、仁化 *[16]、郁南 *[101]、肇庆 *[9]。

野茄 ***Solanum undatum*** Lam.

分布：东莞 #[25, 35]、仁化 #[16]、台山 #[35] [陈邦余、李泽贤 52 (FJSI)]、信宜 #[52]、肇庆 #[9]。

刺天茄 ***Solanum violaceum*** Ortega

分布：博罗 [5, 35, 100]、德庆 [35] [刘瑛光 884 (HZ)]、恩平 [35] [黄茂先 110320 (HZ)]、封开 [35] [丁广奇、余连 6767 (WUK)]、佛山 [35] [黄茂先 111030 (PE)]、广州 [35] [白思九 8119 (IBSC)]、鹤山 [35] [黄茂先 110749 (PE)]、化州 [35] [湛江区植物调查队 2942 (IBSC)]、蕉岭 [35] [陈淼生 207 (SN)]、乐昌 [41]、雷州 [35] [侯、王、陈、赵 15071 (PE)]、茂名 [35] [侯、王、陈、赵 15364 (PE)]、仁化 [16]、深圳 [35] [陈少卿 9637 (IBK)]、台山 [35] [左景烈 22504 (IBSC)]、翁源 [35] [左景烈 24867 (IBK)]、新兴 [35] [刘瑛光 2379 (IBSC)]、信宜 [35, 52]、徐闻 [35] [侯、王、陈、赵 15085 (PE)]、阳春 [35] [黄志 42134 (IBSC)]、阳江 [35] [黄志 41542 (IBSC)]、云浮 [35] [黄志 37439 (IBSC)]、湛江 [35] [曾宪锋 ZXF13308 (CZH)]、肇庆 [35] [石国良 12691 (IBSC)]、中山 [10, 35]、珠海 [35] [李泽贤、邢福武 675 (FJSI)]。

黄果茄 ***Solanum virginianum*** L.

分布：博罗 #[35, 100]、从化 #[107]、大埔 #[35]、德庆 #[35]、东莞 #[25, 35, 82]、佛冈 #[27]、广州 #[35]、和平 #[35]、惠州 #[82]、蕉岭 #[35]、乐昌 #[29, 35]、雷州 #[35]、连州 #[35]、龙门 #[35]、茂名 #[85]、梅州 #[35]、饶平 #[35]、深圳 #[35, 82]、始兴 #[28]、台山 #[35]、翁源 #[35]、阳春 #[35]、英德 #[32, 35]、云浮 #[35]、增城 #[35]、肇庆 #[9, 35]、中山 #[10, 82, 35]、珠海 #[35]、紫金 #[31, 35]。

大花茄 ***Solanum wrightii*** Benth.

分布：东莞 *[http://ppbc. iplant. cn/tu/9765791]、广州 *[http://ppbc. iplant. cn/tu/9952300]、惠州 *[http://ppbc. iplant. cn/tu/5184399]、深圳 *[17]、湛江 *[http://ppbc. iplant. cn/tu/4785228]。

龙珠属 *Tubocapsicum* Makino

龙珠 ***Tubocapsicum anomalum*** (Franch. & Sav.) Makino

分布：和平 [35] [张桂才 584 (IBSC)]、怀集 [35] [石国良 15015 (IBSC)]、乐昌 [29, 35, 41]、连平 [35] [粤 73 1696 (IBSC)]、南雄 [57]、仁化 [16]、乳源 [26, 35]、始兴 [28, 35]、翁源 [35, 51]、信宜 [52]、阳山 [26, 35]、英德 [35] [南植地 6086 (IBSC)]、紫金 [31, 35]。

343. 楔瓣花科 Sphenocleaceae

楔瓣花属 *Sphenoclea* Gaertn.

楔瓣花 ***Sphenoclea zeylanica*** Gaertn.

分布：广州 [35]、台山 [35]、阳江 [35]。

344. 田基麻科 Hydroleaceae

田基麻属 *Hydrolea* L.

田基麻 ***Hydrolea zeylanica*** (L.) Vahl

分布：东莞 [25]、广州 [35]、连州 [35]、深圳 [17]、阳山 [26]、肇庆 [9]。

345. 木樨科 Oleaceae

万钧木属 *Chengiodendron* C. B. Shang, X. R. Wang, Yi F. Duan & Yong F. Li

万钧木 ***Chengiodendron marginatum*** (Champ. ex Benth.) C. B. Shang, X. R. Wang, Yi F. Duan & Yong F. Li

分布：大埔 [35]、丰顺 [95]、封开 [14, 35]、乐昌 [26, 29, 35]、龙门 [35]、仁化 [16, 35]、乳源 [26, 35]、深圳 [17]、始兴 [28]、新丰 [35]、信宜 [52]、阳春 [35]、阳山 [35]、英德 [32, 35]、肇庆 [9, 35]。

牛屎果 ***Chengiodendron matsumuranum*** (Hayata) C. B. Shang, X. R. Wang, Yi F. Duan & Yong F. Li

分布: 博罗 [35, 100]、从化 [35, 107]、东莞 [25]、丰顺 [95]、佛冈 [27]、佛山 [35]、高州 [35]、广州 [35]、海丰 [35]、惠东 [35]、乐昌 [26]、连平 [35]、仁化 [16]、乳源 [35]、深圳 [17]、台山 [35]、翁源 [35, 51]、五华 [4]、新丰 [63]、徐闻 [35]、阳春 [35]、阳江 [35]、英德 [32, 35]、云浮 [35]、增城 [35, 116]、肇庆 [9, 35]、中山 [10]、珠海 [35]、紫金 [31]。

小叶万钧木 ***Chengiodendron minor*** (P. S. Green) C. B. Shang, X. R. Wang, Yi F. Duan & Yong F. Li

分布：大埔 [35]、丰顺 [35, 95]、封开 [14]、广宁 [35]、龙门 [35]、茂名 [35]、饶平 [35]、乳源 [35]、汕头 [35]、深圳 [17]、翁源 [35, 51]、新丰 [35]、阳春 [35]、肇庆 [9, 35]、紫金 [31]。

流苏树属 *Chionanthus* D. Royen

枝花李榄 ***Chionanthus ramiflorus*** Roxb.

分布：从化 [35]、东莞 [25]、封开 [14, 35]、佛冈 [27]、怀集 [35]、乐昌 [41]、乳源 [35]、翁源 [35]、新丰 [63]、徐闻 [35]、阳春 [35, 45]、阳山 [35]、英德 [32, 35]、肇庆 [9, 35]。

流苏树 ***Chionanthus retusus*** Lindl. & Paxton

分布：潮州 [35] [李觉、许纬东 16 (IBSC)]、东莞 [25]、深圳 [17]。

梣属 *Fraxinus* L.

白蜡树 ***Fraxinus chinensis*** Roxb.

分布：博罗 *[38]、东莞 [25]、东源 [59]、封开 [14, 35]、佛冈 [27]、佛山 [35]、广州 [35]、江门 [35]、乐昌 [29, 35, 41]、清远 [35]、仁化 [16, 35]、乳源 [26, 35]、翁源 [51]、五华 [4]、信宜 [52]、英德 [32, 35]、增城 [116]、肇庆 [9, 35]、紫金 [31]。

多花梣 ***Fraxinus floribunda*** Wall.

分布：大埔 [35]、乐昌 [29]、新丰 [35]。

光蜡树 ***Fraxinus griffithii*** C. B. Clarke

分布：从化 [107]、东莞 [25]、江门 [8]、阳春 [35]、珠海 [35]。

苦枥木 ***Fraxinus insularis*** Hemsl.

分布：博罗 [35]、东莞 [25]、惠东 [12]、乐昌 [29, 41]、茂名 [85]、清远 [35]、仁化 [16]、乳源 [26, 35]、深圳 [17]、始兴 [28, 35]、翁源 [51]、五华 [4]、新丰 [63]、英德 [32, 35]、紫金 [31]。

白枪杆 ***Fraxinus malacophylla*** Hemsl.

分布：郁南 *[101]。

尖萼梣 ***Fraxinus odontocalyx*** Hand. -Mazz. ex E. Peter

分布：博罗 [35]、乳源 [35]。

素馨属 *Jasminum* L.

华南素馨 ***Jasminum cathayense*** Chun ex L. C. Chia

分布：乐昌 [109, 29]、乳源 [109, 26]、信宜 [109, 52]、阳山 [109]、英德 [109]。

扭肚藤 ***Jasminum elongatum*** (Bergius) Willd.

分布：博罗 [109, 100, 35]、从化 [107]、德庆 [109, 35]、东莞 [109, 25, 35]、东源 [59]、封开 [35]、佛冈 [27]、佛山 [109, 35]、高州 [109, 35]、广州 [109, 35]、鹤山 [109, 35]、怀集 [109, 35]、江门 [8]、开平 [109]、雷州 [109]、廉江 [109]、茂名 [109, 85, 35]、清远 [109, 35]、深圳 [17]、台山 [109, 35]、新丰 [63]、信宜 [52]、徐闻 [109, 35]、阳春 [109, 45]、阳江 [109, 35]、阳山 [109, 35]、英德 [109, 32, 35]、郁南 [101]、增城 [116]、湛江 [109]、肇庆 [109, 9, 35]、中山 [10]、珠海 [109, 35]。

素馨花 ***Jasminum grandiflorum*** L.

分布：广州 *[109]。

清香藤 ***Jasminum lanceolaria*** Roxb.

分布：博罗 [109, 100, 35]、潮州 [109]、从化 [109, 107, 35]、大埔 [109, 35]、德庆 [109, 35]、东莞 [25]、东源 [59]、丰顺 [109, 95]、封开 [109, 35, 14]、佛冈 [27]、广宁 [109]、广州 [109, 35]、和平 [109, 35]、河源 [109, 35]、怀集 [109, 35]、惠东 [109, 35, 12]、惠州 [109, 35]、江门 [109, 35, 8]、蕉岭 [109]、乐昌 [109, 29, 41, 35]、连南 [109, 35]、连平 [109]、连山 [109, 35]、连州 [109]、龙门 [109, 35]、罗定 [35]、茂名 [109, 85, 35]、梅州 [109]、南雄 [109, 57, 33]、平远 [109]、清远 [109]、仁化 [109, 16, 35]、乳源 [109, 26]、深圳 [109, 17]、始兴 [109, 28, 35]、台山 [35]、翁源 [109, 51, 35]、五华 [4]、新丰 [109, 63, 35]、信宜 [109, 35, 52]、阳春 [109, 35, 45]、阳江 [109]、阳山 [109, 26, 35]、英德 [109, 32, 35]、郁南 [109, 101, 35]、增城 [116]、肇庆 [109, 9, 35]、中山 [10]、珠海 [109, 35]、

紫金 [31]。

野迎春 ***Jasminum mesnyi*** Hance

分布：从化 *[107]、广州 *[http://ppbc. iplant. cn/tu/9508960]、惠州 *[http://ppbc. iplant. cn/tu/4129431]、乐昌 *[http://ppbc. iplant. cn/tu/5749740]、深圳 *[17]、始兴 *[28]、肇庆 *[9]。

小萼素馨 ***Jasminum microcalyx*** Hance

分布：徐闻 [109]。

毛茉莉 ***Jasminum multiflorum*** (Burm. f.) Andr.

分布：广州 *[109]、肇庆 *[109, 9]。

青藤仔 ***Jasminum nervosum*** Lour.

分布：恩平 [109]、高州 [109, 35]、广州 [109]、雷州 [35]、茂名 [109, 35]、仁化 [16]、信宜 [109, 35, 52]、徐闻 [109, 35]、阳江 [109, 35]、郁南 [101]、云浮 [109, 35]。

迎春花 ***Jasminum nudiflorum*** Lindl.

分布：仁化 *[16]。

厚叶素馨 ***Jasminum pentaneurum*** Hand. -Mazz.

分布：博罗 [109, 100, 35]、从化 [109, 107, 35]、东源 [59]、恩平 [109]、封开 [109, 35, 14]、佛冈 [27]、怀集 [109, 35]、雷州 [109]、连山 [109]、廉江 [109]、龙门 [109, 35]、罗定 [109, 35]、茂名 [109, 35]、清远 [109, 35]、乳源 [109, 26, 35]、深圳 [17]、新兴 [109, 35]、信宜 [109, 35, 52]、徐闻 [109]、阳春 [109, 35]、英德 [109, 32, 35]、郁南 [109, 101]、云浮 [109, 35]、肇庆 [109, 9, 35]。

多花素馨 ***Jasminum polyanthum*** Franch.

分布：深圳 *[17]。

白皮素馨 ***Jasminum rehderianum*** Kobuski

分布：雷州 [109, 13]、廉江 [109]、徐闻 [13]、湛江 [109]。

茉莉花 ***Jasminum sambac*** (L.) Aiton

分布：博罗 *[38, 100]、从化 *[107]、广州 *[109]、惠州 *[109]、乐昌 *[29]、雷州 *[109]、仁化 *[16]、深圳 *[17]、信宜 *[52]、肇庆 *[109, 9]。

华素馨 ***Jasminum sinense*** Hemsl.

分布：博罗 [109, 5]、东莞 [109, 25, 35]、封开 [14]、和平 [109, 35]、怀集 [109, 35]、蕉岭 [109, 35]、乐昌 [109, 29, 41, 35]、连南 [109, 35]、连平 [109]、连山 [109]、连州 [109, 35]、龙川 [109]、龙门 [35]、梅州 [109]、仁化 [109, 16]、乳源 [109, 26, 35]、深圳 [17]、始兴 [109, 28]、翁源 [109, 35]、兴宁 [109]、阳山 [109, 26, 35]、英德 [109, 32, 35]、紫金 [31]。

女贞属 ***Ligustrum* L.**

扩展女贞 ***Ligustrum expansum*** Rehder

分布：乐昌 [29, 35, 3]。

广东女贞 ***Ligustrum guangdongensis*** R. J. Wang & H. Z. Wen

分布：江门 [8]、深圳 [292, 17]。

日本女贞 ***Ligustrum japonicum*** Thunb.

分布：博罗 *[100]、东莞 *[25]、惠东 *[12]、乐昌 *[29]、连州 *[26]、翁源 *[51]、信宜 *[52]、肇庆 *[9]。

华女贞 ***Ligustrum lianum*** Hsu

分布：博罗 [5, 35]、从化 [35]、丰顺 [95]、封开 [14, 35]、怀集 [35]、惠东 [35]、惠州 [35]、江门 [8]、乐昌 [29, 35, 41]、连南 [35]、连山 [35]、连州 [26, 35]、龙门 [35]、饶平 [35]、仁化 [16, 35]、乳源 [26, 35]、深圳 [17, 35]、翁源 [35]、五华 [4, 35]、信宜 [35]、兴宁 [35]、阳山 [26, 35]、肇庆 [35]、紫金 [31]。

女贞 ***Ligustrum lucidum*** W. T. Aiton

分布：大埔 [35]、丰顺 [95]、封开 [14]、佛冈 [27]、广州 [35]、惠东 [12]、江门 [8]、乐昌 [29, 35, 41]、连南 [35]、连山 [35]、连州 [35]、龙门 [35]、南雄 [33, 35, 57]、仁化 [16, 35]、乳源 [26, 35]、韶关 [35]、深圳 *[17]、始兴 [28]、翁源 [35, 51]、新丰 [63]、信宜 [35, 52]、阳山 [35]、英德 [32, 35]、郁南 [35, 101]、增城 [116]、肇庆 [9, 35]、紫金 [31]。

倒卵叶女贞 ***Ligustrum obovatilimbum*** B. M. Miao

分布：博罗 [3, 35, 37, 100]、江门 [8]。

凹叶女贞 ***Ligustrum retusum*** Merr.

分布：广州 *[http://ppbc. iplant. cn/tu/9108859]、深圳 *[17]、信宜 *[52]。

小蜡 ***Ligustrum sinense*** Lour.

分布：博罗 [38, 100]、从化 [35, 107]、大埔 [35]、德庆 [35]、东莞 [25]、东源 [59]、丰顺 [95]、封开 [14, 35]、佛冈 [27]、佛山 [35]、高州 [35]、广州 [35]、和平 [35]、怀集 [35]、惠东 [12, 35]、江门 [8, 35]、乐昌 [29, 35, 41]、连南 [35]、连平 [35]、龙门 [35]、罗定 [35]、茂名 [35, 85]、南雄 [33, 57]、清远 [35]、仁化 [16, 35]、乳源 [26, 35]、深圳 [17]、始兴 [28]、翁源 [35, 51]、五华 [4]、新丰 [35, 63]、信宜 [35, 52]、阳春 [35]、阳江 [35]、阳山 [26, 35]、英德 [32, 35]、郁南 [101]、云浮 [35]、增城 [116]、肇庆 [9, 35]、中山 [10]、紫金 [31, 35]。

光萼小蜡 ***Ligustrum sinense* var. *myrianthum*** (Diels) Hofk.

分布：从化 [35]、丰顺 [35]、乐昌 [29, 35, 41]、连南 [35]、连山 [35]、连州 [35]、龙门 [35]、南雄 [35]、平远 [35]、仁化 [16, 35]、乳源 [26, 35]、始兴 [28, 35]、翁源 [35, 51]、阳山 [26, 35]、英德 [35]、云浮 [35]、紫金 [31, 35]。

木樨榄属 ***Olea* L.**

滨木樨榄 ***Olea brachiata*** (Lour.) Merr.

分布：丰顺 [95]、徐闻 [35]。

木樨榄 ***Olea europaea*** L.

分布：五华 *[4]、新丰 *[63]。

锈鳞木樨榄 ***Olea europaea* subsp. *cuspidata*** (Wall. ex G. Don) Cif.

分布：从化 *[107]、深圳 *[17]、始兴 *[28]。

海南木樨榄 ***Olea hainanensis*** H. L. Li

分布：封开 [14]、深圳 [11]、阳山 [26]。

云南木樨榄 *Olea tsoongii* (Merr.) P. S. Green

分布：博罗 [35]、大埔 [35]、丰顺 [35]、封开 [14, 35]、佛山 [35]、怀集 [35]、蕉岭 [35]、乐昌 [35, 41]、连州 [35]、仁化 [35]、乳源 [26]、深圳 [17]、始兴 [35]、翁源 [35, 51]、五华 [4]、新丰 [35]、信宜 [35]、阳春 [35]、英德 [35]、肇庆 [35]。

木樨属 *Osmanthus* Lour.

石山桂花 *Osmanthus fordii* Hemsl.

分布：连州 [35]、阳山 [35]。

木樨 *Osmanthus fragrans* (Thunb.) Lour.

分布：博罗 *[38, 100]、从化 *[107]、佛山 *[http://ppbc. iplant. cn/tu/12366777]、广州 *[http://ppbc. iplant. cn/tu/13380613]、惠州 *[http://ppbc. iplant. cn/tu/4018585]、江门 *[8]、乐昌 * [41]、南澳 *[http://ppbc. iplant. cn/tu/4751778]、南雄 *[57]、仁化 *[16]、乳源 *[26]、深圳 *[17]、始兴 *[28]、吴川 *[http:// ppbc. iplant. cn/tu/4116727]、新丰 *[63]、信宜 *[52]、英德 * [http://ppbc. iplant. cn/tu/12213669]、郁南 *[101]、肇庆 *[9]、珠海 * [http://ppbc. iplant. cn/tu/2585313]。

细脉木樨 *Osmanthus gracilinervis* L. C. Chia ex R. L. Lu

分布：连州 [35]、乳源 [26, 35]。

毛柄木樨 *Osmanthus pubipedicellatus* L. C. Chia ex Hung T. Chang

分布：大埔 [35]。

网脉木樨 *Osmanthus reticulatus* P. S. Green

分布：乳源 [26]、深圳 [17]。

346. 苦苣苔科 Gesneriaceae

芒毛苣苔属 *Aeschynanthus* Jack

芒毛苣苔 *Aeschynanthus acuminatus* Wall. ex A. DC.

分布：博罗 [35]、东莞 [25]、丰顺 [95]、高州 [35]、怀集 [35]、江门 [8]、深圳 [17, 35]、翁源 [35]、五华 [4]、新丰 [35]、信宜 [35, 52]、阳春 [45]、肇庆 [9, 35]、紫金 [31]。

毛萼口红花 *Aeschynanthus pulcher* (Blume) G. Don

分布：广州 *[http://ppbc. iplant. cn/tu/8334066]、化州 * [http://ppbc. iplant. cn/tu/4909263]、江门 *[8]、深圳 *[17]。

横蒴苣苔属 *Beccarinda* Kuntze

横蒴苣苔 *Beccarinda tonkinensis* (Pellegr.) Burtt

分布：封开 [14]、乳源 [26]、信宜 [35, 52]、阳春 [35]。

短筒苣苔属 *Boeica* C. B. Clarke

匍茎短筒苣苔 *Boeica stolonifera* K. Y. Pan

分布：高州 [518, 35]。

四数苣苔属 *Bournea* Oliv.

四数苣苔 *Bournea sinensis* Oliv.

分布：博罗 [35, 37]、怀集 [35]、蕉岭 [35]、新丰 [35]、信宜 [35, 52]、英德 [32, 35]。

金红岩桐属 *Chrysothemis* Decne.

金红花 *Chrysothemis pulchella* (Donn ex Sims) Decne.

分布：广州 *[http://ppbc. iplant. cn/tu/12304313]、深圳 * [17]、湛江 *[http://ppbc. iplant. cn/tu/2060127]。

苦苣苔属 *Conandron* Siebold & Zucc.

苦苣苔 *Conandron ramondioides* Siebold & Zucc.

分布：博罗 [408]、佛冈 [408]。

珊瑚苣苔属 *Corallodiscus* Batalin

珊瑚苣苔 *Corallodiscus lanuginosus* (Wall. ex A. DC.) B. L. Burtt

分布：县级不详 [3, 35]。

长蒴苣苔属 *Didymocarpus* Wall.

闽赣长蒴苣苔 *Didymocarpus heucherifolius* Hand. -Mazz.

分布：平远 [35]、信宜 [52]、紫金 [31]。

合萼闽赣长蒴苣苔 *Didymocarpus heucherifolius* var. *gamosepalus* Xin Hong & F. Wen

分布：平远 [309]、紫金 [http://ppbc. iplant. cn/tu/ 13707044]。

平远长蒴苣苔 *Didymocarpus pingyuanensis* Ling H. Yang, Q. Fan & F. Wen

分布：平远 [580]。

双片苣苔属 *Didymostigma* W. T. Wang

双片苣苔 *Didymostigma obtusum* (C. B. Clarke) W. T. Wang

分布：博罗 [35]、从化 [107]、德庆 [35]、丰顺 [95]、封开 [35]、惠东 [12]、乐昌 [29, 35, 41]、龙门 [35]、深圳 [17]、翁源 [51]、五华 [4]、新丰 [35, 63]、英德 [32, 35]、增城 [116]、肇庆 [35]、紫金 [31]。

毛药双片苣苔 *Didymostigma trichanthera* C. X. Ye & X. G. Shi

分布：龙门 [329]。

旋蒴苣苔属 *Dorcoceras* Bunge

旋蒴苣苔 *Dorcoceras hygrometricum* Bunge

分布：龙川 [35]、南雄 [33, 57]、仁化 [16]。

盾座苣苔属 *Epithema* Blume

盾座苣苔 *Epithema carnosum* (G. Don) Benth.

分布：阳山 [26, 35]。

圆唇苣苔属 *Gyrocheilos* W. T. Wang

圆唇苣苔 *Gyrocheilos chorisepalus* W. T. Wang

分布：封开 [14]、肇庆 [518, 9, 35]。

北流圆唇苣苔 *Gyrocheilos chorisepalus* var. *synsepalus* W. T. Wang

分布：封开 [35]、阳春 [45]、肇庆 [35]。

微毛圆唇苣苔 *Gyrocheilos microtrichus* W. T. Wang

分布：信宜 [3, 35, 52]。

折毛圆唇苣苔 *Gyrocheilos retrotrichus* W. T. Wang

分布：信宜 [35, 52]、云浮 [35]。

稀裂圆唇苣苔 ***Gyrocheilos retrotrichus* var. *oligolobus*** W. T. Wang

分布：高州 [35]、茂名 [35]、信宜 [52]。

台山圆唇苣苔 ***Gyrocheilos taishanensis*** G. T. Wang, Yu Q. Chen & R. J. Wang

分布：江门 [280]。

半蒴苣苔属 ***Hemiboea* C. B. Clarke**

贵州半蒴苣苔 ***Hemiboea cavaleriei*** H. Lév.

分布：广州 [35]、怀集 [35]、连平 [35]、罗定 [35]、新丰 [35]、信宜 [35, 52]、英德 [32, 35]、郁南 [35, 101]、肇庆 [9, 35]。

华南半蒴苣苔 ***Hemiboea follicularis*** C. B. Clarke

分布：封开 [35]、连州 [35]、清远 [陈又生，徐晔春 QY20230300]、仁化 [16]、乳源 [26, 35]、始兴 [35]、信宜 [35, 52]、阳春 [35]、阳山 [26, 35]、英德 [32, 35]、云浮 [35]、肇庆 [9]。

广东半蒴苣苔 ***Hemiboea guangdongensis*** (Z. Yu Li) X. Q. Li & X. G. Xiang

分布：连州 [203, 35, 3]、深圳 [203, 17]。

粉花半蒴苣苔 ***Hemiboea roseoalba*** S. B. Zhou, Xin Hong & F. Wen

分布：连南 [362]。

石门台半蒴苣苔 ***Hemiboea shimentaiensis*** S. Y. Miao, Y. Q. Li & Tao Chen

分布：英德 [228]。

腺毛半蒴苣苔 ***Hemiboea strigosa*** Chun ex W. T. Wang

分布：怀集 [35]、乐昌 [26, 29, 35]、连山 [35]、乳源 [26, 35]。

短茎半蒴苣苔 ***Hemiboea subacaulis*** Hand. -Mazz.

分布：连州 [518, 35]、乳源 [518]。

半蒴苣苔 ***Hemiboea subcapitata*** C. B. Clarke

分布：广州 [35]、怀集 [35]、乐昌 [29, 35]、信宜 [35]、阳山 [35]、英德 [32]、云浮 [35]。

汉克苣苔属 ***Henckelia* Spreng.**

光萼汉克苣苔 ***Henckelia anachoreta*** (Hance) D. J. Middleton & Mich. Möller

分布：博罗 [35]、高州 [35]、海丰 [35]、龙门 [334, 35]、清远 [35]、乳源 [26, 35]、翁源 [35, 51]、五华 [4]、新丰 [35, 63]、信宜 [52]、阳江 [35]、阳山 [35]、英德 [32, 35]、紫金 [31]。

斜柱苣苔属 ***Loxostigma* C. B. Clarke**

东兴粗筒苣苔 ***Loxostigma dongxingense*** (Chun ex K. Y. Pan) Mich. Möller & H. J. Atkins

分布：德庆 [455]。

吊石苣苔属 ***Lysionotus* D. Don**

吊石苣苔 ***Lysionotus pauciflorus*** Maxim.

分布：封开 [14, 35]、高州 [35]、乐昌 [29, 35, 41]、乳源 [26, 35]、翁源 [35]、五华 [4]、新丰 [63]、信宜 [35, 52]、阳春 [35]、英德 [32]、紫金 [31]。

盾叶苣苔属 ***Metapetrocosmea* W. T. Wang**

弯果奇柱苣苔 ***Metapetrocosmea cyrtocarpa*** (D. Fang & L. Zeng) Yin Z. Wang & P. W. Li

分布：阳春 [http://ppbc. iplant. cn/tu/14120812]、紫金 [31]。

马铃苣苔属 ***Oreocharis* Benth.**

小花后蕊苣苔 ***Oreocharis acaulis*** (Merr.) Mich. Möller & A. Weber

分布：龙门 [https://ppbc. iplant. cn/tu/16871814]、增城 [3, 35]。

紫花马铃苣苔 ***Oreocharis argyreia*** Chun ex K. Y. Pan

分布：仁化 [16]、乳源 [35]、阳山 [26]、肇庆 [35]。

长瓣马铃苣苔 ***Oreocharis auricula*** (S. Moore) C. B. Clarke

分布：大埔 [35]、佛冈 [27]、广州 [35]、和平 [35]、惠东 [12]、惠州 [35]、乐昌 [26, 29, 35, 41]、连南 [35]、连平 [35]、连山 [35]、连州 [35]、南雄 [33, 35, 57]、仁化 [16]、乳源 [26, 35]、始兴 [35]、信宜 [35]、阳山 [26, 35]、英德 [32, 35]。

大叶石上莲 ***Oreocharis benthamii*** C. B. Clarke

分布：博罗 [35, 38, 100]、大埔 [35]、德庆 [35]、东源 [119]、封开 [14]、佛冈 [27]、广州 [35]、江门 [8]、蕉岭 [35]、梅州 [35]、清远 [35]、仁化 [16]、深圳 [17]、翁源 [35]、五华 [4]、新丰 [35]、英德 [32, 35]、肇庆 [9, 35]、中山 [10]、紫金 [31]。

石上莲 ***Oreocharis benthamii* var. *reticulata*** Dunn

分布：从化 [107]、大埔 [35]、德庆 [35]、东莞 [25]、东源 [59]、广州 [35]、惠东 [12]、蕉岭 [35]、梅州 [35]、仁化 [16]、韶关 [35]、翁源 [51]、五华 [4]、信宜 [52]、阳春 [45]、阳山 [26]、增城 [116]、肇庆 [9, 35]。

龙南后蕊苣苔 ***Oreocharis burttii*** (W. T. Wang) Mich. Möller & A. Weber

分布：翁源 [502]。

汕头后蕊苣苔 ***Oreocharis dalzielii*** (W. W. Sm.) Mich. Möller & A. Weber

分布：汕头 [3, 35]、新丰 [3, 35]、紫金 [31]。

鼎湖后蕊苣苔 ***Oreocharis dinghushanensis*** (W. T. Wang) Mich. Möller & A. Weber

分布：肇庆 [3, 35]。

佳氏马铃苣苔 ***Oreocharis guileana*** (B. L. Burtt) Li H. Yang & F. Wen

分布：深圳 [17, 35]、广州 [http://ppbc.iplant.cn/tu/3407575]。

大齿马铃苣苔 ***Oreocharis magnidens*** Chun ex K. Y. Pan

分布：平远 [518, 35]、乳源 [26]、英德 [32]。

大花石上莲 ***Oreocharis maximowiczii*** C. B. Clarke

分布：海丰 [35]、南雄 [33, 57]、始兴 *[28]、肇庆 [9]。

绵毛马铃苣苔 ***Oreocharis nemoralis* var. *lanata*** Y. L. Zheng & N. H. Xia

分布：江门 [8]、肇庆 [518, 9, 35]、紫金 [31]。

卵圆叶马铃苣苔 ***Oreocharis ovata*** Li H. Yang, L. X. Zhou & M. Kang

分布：连南 [322]。

毛梗马铃苣苔 ***Oreocharis pilosopetiolata*** Li H. Yang & M. Kang

分布：惠东 [316, 12]、紫金 [31]。

毡毛后蕊苣苔 ***Oreocharis sinohenryi*** (Chun) Mich. Möller & A. Weber

分布：翁源 [518, 35]。

条纹马铃苣苔 ***Oreocharis striata*** F. Wen & C. Z. Yang

分布：新丰 [陈又生、徐晔春 XF20231092 (IBSC)]。

单花马铃苣苔 ***Oreocharis uniflora*** Li H. Yang & M. Kang

分布：惠东 [317]。

蛛毛苣苔属 ***Paraboea* (C. B. Clarke) Ridl.**

网脉蛛毛苣苔 ***Paraboea dictyoneura*** (Hance) Burtt

分布：封开 [35]、连州 [35]、乳源 [26, 35]、阳山 [26, 35]、英德 [32]、云浮 [35]。

丝梗蛛毛苣苔 ***Paraboea filipes*** (Hance) Burtt

分布：连州 [3, 35]、阳山 [26]。

锈色蛛毛苣苔 ***Paraboea rufescens*** (Franch.) Burtt

分布：阳春 [35]。

四苞蛛毛苣苔 ***Paraboea tetrabracteata*** F. Wen, Xin Hong & Y. G. Wei

分布：阳春 [293]。

云浮蛛毛苣苔 ***Paraboea yunfuensis*** F. Wen & Y. G. Wei

分布：云浮 [290]。

石山苣苔属 ***Petrocodon* Hance**

密花石山苣苔 ***Petrocodon confertiflorus*** H. Q. Li & Y. Q. Wang

分布：阳山 [199]。

石山苣苔 ***Petrocodon dealbatus*** Hance

分布：阳山 [26, 35]。

东南长蒴苣苔 ***Petrocodon hancei*** (Hemsl.) A. Weber & Mich. Möller

分布：乐昌 [29, 35]、乳源 [26, 35]。

报春苣苔属 ***Primulina* Hance**

淡黄报春苣苔 ***Primulina alutacea*** F. Wen, B. Pan & B. M. Wang

分布：英德 [241]。

异序报春苣苔 ***Primulina anisocymosa*** F. Wen, Xin Hong & Z. J. Qiu

分布：高州 [171]、阳春 [171]。

银叶报春苣苔 ***Primulina argentea*** Xin Hong, F. Wen & S. B. Zhou

分布：连南 [170]。

齿苞报春苣苔 ***Primulina beiliuensis* var. *fimbribracteata*** F. Wen & B. D. Lai

分布：韶关 [192]。

二色报春苣苔 ***Primulina bicolor*** (W. T. Wang) Mich. Möller & A. Weber

分布：云浮 [3, 35]。

密小花苣苔 ***Primulina confertiflora*** (W. T. Wang) Mich. Möller & A. Weber

分布：阳山 [3, 35]。

心柱报春苣苔 ***Primulina cordistigma*** F. Wen, B. D. Lai & B. M. Wang

分布：阳春 [194]。

丹霞小花苣苔 ***Primulina danxiaensis*** (W. B. Liao, S. S. Lin & R. J. Shen) W. B. Liao & K. F. Chung

分布：仁化 [250, 16, 3]。

巨柱报春苣苔 ***Primulina demissa*** (Hance) Mich. Möller & A. Weber

分布：连州 [3, 35]、云浮 [35]。

短序报春苣苔 ***Primulina depressa*** (Hook. f.) Mich. Möller & A. Weber

分布：南雄 [33, 57]、乳源 [35]。

东莞报春苣苔 ***Primulina dongguanica*** F. Wen, Y. G. Wei & R. Q. Luo

分布：东莞 [295]。

中华报春苣苔 ***Primulina dryas*** (Dunn) Mich. Möller & A. Weber

分布：东莞 [25]、封开 [35]、佛冈 [27]、仁化 [16]、深圳 [17, 35]、增城 [116]、肇庆 [9]。

牛耳朵 ***Primulina eburnea*** (Hance) Yin Z. Wang

分布：博罗 [5, 100]、东莞 [25]、封开 [14]、江门 [8]、乐昌 [29]、仁化 [16]、乳源 [26, 35]、深圳 [35]、信宜 [52]、阳山 [35]、英德 [32, 35]、增城 [116]、肇庆 [9, 35]。

散序小花苣苔 ***Primulina effusa*** F. Wen & B. Pan

分布：连山 [242]。

封开报春苣苔 ***Primulina fengkaiensis*** Z. L. Ning & M. Kang

分布：封开 [235]、怀集 [235]。

蚂蟥七 ***Primulina fimbrisepala*** (Hand. -Mazz.) Yin Z. Wang

分布：从化 [107]、东莞 [25]、封开 [14, 35]、广州 [35]、乐昌 [29, 35, 41]、连南 [35]、仁化 [16]、乳源 [35]、韶关 [35]、始兴 [28]、新丰 [63]、信宜 [52]、阳春 [35]、阳山 [35]、英德 [32, 35]、肇庆 [9]、紫金 [31]。

桂粤报春苣苔 ***Primulina fordii*** (Hemsl.) Yin Z. Wang

分布：郁南 [101]。

鼎湖报春苣苔 ***Primulina fordii* var. *dolichotricha*** (W. T. Wang) Mich. Möller & A. Weber

分布：郁南 [101]、肇庆 [3, 35]。

桂林报春苣苔 ***Primulina gueilinensis*** (W. T. Wang) Yin Z. Wang & Yan Liu

分布：云浮 [3, 35]。

怀集报春苣苔 ***Primulina huaijiensis*** Z. L. Ning & J. Wang

分布：怀集 [233]。

黄进报春苣苔 ***Primulina huangjiniana*** W. B. Liao, Q. Fan & C. Y. Huang

分布：仁化 [427]。

大齿报春苣苔 ***Primulina juliae*** (Hance) Mich. Möller & A. Weber

分布：阳山 [35]。

乐昌报春苣苔 ***Primulina lechangensis*** Xin Hong, F. Wen & S. B. Zhou

分布：乐昌 [363]。

良婉报春苣苔 ***Primulina liangwaniae*** B. M. Wang & Y. H. Tong

分布：英德 [567]。

连平报春苣苔 ***Primulina lianpingensis*** Li H. Yang, H. H. Kong & M. Kang

分布：从化 [323]、连平 [323]、龙门 [323]、翁源 [323]、英德 [323]。

连县报春苣苔 ***Primulina lienxienensis*** (W. T. Wang) Mich. Möller & A. Weber

分布：连州 [3, 35]。

浅裂小花苣苔 ***Primulina lobulata*** (W. T. Wang) Mich. Möller & A. Weber

分布：阳山 [26, 35, 3]。

黄花牛耳朵 ***Primulina lutea*** (Yan Liu & Y. G. Wei) Mich. Möller & A. Weber

分布：封开 [502]。

黄纹报春苣苔 ***Primulina lutvittata*** F. Wen & Y. G. Wei

分布：阳春 [294]。

马坝报春苣苔 ***Primulina mabaensis*** K. F. Chung & W. B. Xu

分布：韶关 [143]。

广东报春苣苔 ***Primulina maciejewskii*** F. Wen, R. L. Zhang & A. Q. Dong

分布：阳山 [354]。

花叶牛耳朵 ***Primulina maculata*** W. B. Xu & J. Guo

分布：阳春 [163]。

莫氏报春苣苔 ***Primulina moi*** F. Wen & Y. G. Wei

分布：翁源 [365]。

直蕊报春苣苔 ***Primulina orthandra*** (W. T. Wang) Mich. Möller & A. Weber

分布：连南 [3, 35]。

彭氏报春苣苔 ***Primulina pengii*** W. B. Xu & K. F. Chung

分布：韶关 [163]。

羽裂报春苣苔 ***Primulina pinnatifida*** (Hand. -Mazz.) Yin Z. Wang

分布：怀集 [35]、乐昌 [29, 35, 41]、连南 [35]、仁化 [35]、乳源 [26, 35]、阳山 [35]。

多莛报春苣苔 ***Primulina polycephala*** (Chun) Mich. Möller & A. Weber

分布：乳源 [26, 35, 3]、阳山 [3, 35]、紫金 [31]。

假烟叶报春苣苔 ***Primulina pseudoheterotricha*** (T. J. Zhou, B. Pan & W. B. Xu) Mich. Möller & A. Weber

分布：怀集 [502]。

清远报春苣苔 ***Primulina qingyuanensis*** Z. L. Ning & M. Kang

分布：清远 [234]。

卵圆报春苣苔 ***Primulina rotundifolia*** (Hemsl.) Mich. Möller & A. Weber

分布：乐昌 [29, 35]、仁化 [16, 35]。

红花报春苣苔 ***Primulina rubella*** Li H. Yang & M. Kang

分布：清远 [318]。

钻丝小花苣苔 ***Primulina subulata*** (W. T. Wang) Mich. Möller & A. Weber

分布：阳春 [3]、肇庆 [3, 35]。

阳春小花苣苔 ***Primulina subulata* var. *yangchunensis*** (W. T. Wang) Mich. Möller & A. Weber

分布：阳春 [3, 35]。

遂川报春苣苔 ***Primulina suichuanensis*** X. L. Yu & J. J. Zhou

分布：乐昌 [502]。

钟冠报春苣苔 ***Primulina swinglei*** (Merr.) Mich. Möller & A. Weber

分布：博罗 [3, 35, 37, 100]、乳源 [26, 35]、增城 [3]、紫金 [31]。

报春苣苔 ***Primulina tabacum*** Hance

分布：乐昌 [29, 35, 20]、连州 [3, 35, 20]、清远 [20]、阳山 [3, 35]。

多色报春苣苔 ***Primulina versicolor*** F. Wen, B. Pan & B. M. Wang

分布：英德 [241]。

长毛报春苣苔 ***Primulina villosissima*** (W. T. Wang) Mich. Möller & A. Weber

分布：阳春 [35]、肇庆 [3, 35]。

阳春报春苣苔 ***Primulina yangchunensis*** Y. L. Zheng & Y.

F. Deng

分布：阳春 [358]。

阳山报春苣苔 *Primulina yangshanensis* W. B. Xu & B. Pan

分布：阳山 [163]。

英德报春苣苔 *Primulina yingdeensis* Z. L. Ning, M. Kang & X. Y. Zhuang

分布：英德 [236]。

漏斗苣苔属 ***Raphiocarpus* Chun**

长筒漏斗苣苔 *Raphiocarpus macrosiphon* (Hance) Burtt

分布：高州 [35]、广州 [35]、惠东 [12]、新兴 [35]、信宜 [35, 52]、阳春 [35, 45]、肇庆 [9, 35]。

线柱苣苔属 ***Rhynchotechum* Blume**

异色线柱苣苔 *Rhynchotechum discolor* (Maxim.) Burtt

分布：丰顺 [95]、广州 [35]、梅州 [35]、紫金 [31]。

椭圆线柱苣苔 *Rhynchotechum ellipticum* (Wall. ex D. Dietr.) A. DC.

分布：博罗 [35]、丰顺 [95]、封开 [14, 35]、佛冈 [27]、高州 [35]、河源 [35]、怀集 [35]、惠东 [12, 35]、惠州 [35]、乐昌 [35, 41]、连南 [35]、连山 [35]、龙门 [35]、罗定 [35]、深圳 [35]、台山 [35]、翁源 [35, 51]、五华 [4, 35]、新丰 [35]、新兴 [35]、信宜 [35, 52]、阳春 [35]、阳山 [35]、英德 [35]、郁南 [35]、云浮 [35]、肇庆 [9, 35]、紫金 [31]。

冠萼线柱苣苔 *Rhynchotechum formosanum* Hatus.

分布：东莞 [25]、深圳 [17]、信宜 [52]、英德 [32]、郁南 [101]。

线柱苣苔 *Rhynchotechum obovatum* (Griff.) Burtt

分布：从化 [107]、乐昌 [29]、新丰 [63]、阳春 [45]、英德 [32]、中山 [10]。

非洲堇属 ***Saintpaulia* H. Wendl.**

非洲紫罗兰 *Saintpaulia ionantha* H. Wendl.

分布：广州 *[http://ppbc. iplant. cn/tu/620542]、惠州 *[http://ppbc. iplant. cn/tu/4918875]、深圳 *[17]、增城 *[http://ppbc. iplant. cn/tu/6130687]。

大岩桐属 ***Sinningia* Nees**

大岩桐 *Sinningia speciosa* (G. Lodd. ex Ker Gawl.) Hiern

分布：佛山 *[http://ppbc. iplant. cn/tu/9700258]。

辐冠苣苔属 ***Skogea* U. B. Deshmukh**

辐冠苣苔 *Skogea enpingensis* (F. Wen, Y. G. Wei & Z. B. Xin) U. B. Deshmukh

分布：恩平 [297]、阳春 [陈又生等 YC2023069 (IBSC)]。

347. 车前科 Plantaginaceae

毛麝香属 ***Adenosma* R. Br.**

毛麝香 *Adenosma glutinosa* (L.) Druce

分布：博罗 [35, 38, 100]、潮州 [35] [曾宪锋 ZXF5935 (CZH)]、从化 [35, 107]、大埔 [35] [李学根 202645 (IBSC)]、东莞 [25, 35]、东源 [119]、丰顺 [35, 95]、封开 [14, 35]、佛冈 [27]、佛山 [35] [高锡朋 51562 (IBSC)]、高州 [35] [蒋英 995 (IBSC)]、广宁 [35] [林正眉 L2019 (SN)]、广州 [35] [中草药组 82 (IBSC)]、海丰 [35] [周业祝 ZYZ053 (CZH)]、和平 [35] [张桂才 795 (IBSC)]、河源 [35] [华南师范学院 887 (IBSC)]、鹤山 [35] [林正眉 20160004 (SN)]、怀集 [35] [伍世忠 3956 (IBSC)]、惠东 [12, 35]、惠州 [35] [卫兆芬 121618 (IBK)]、江门 [8, 35]、蕉岭 [35] [徐祥浩、林辉奉 259 (IBSC)]、揭西 [35] [许小婷 XXT127 (CZH)]、揭阳 [35] [黄雅凤 HYF038 (CZH)]、开平 [35] [黄茂先 110624 (PE)]、乐昌 [29, 35, 41]、连南 [35] [谭沛祥 59345 (IBSC)]、龙川 [35] [杨晓萍 20110416 (SN)]、龙门 [35] [张挺、刘成、丘文亮 17CS15585 (KUN)]、陆河 [35] [曾宪锋 ZXF42828 (CZH)]、罗定 [35] [张桂才、刘念 2005 (IBSC)]、茂名 [35, 85]、梅州 [35] [曾宪锋 ZXF43727 (CZH)]、南雄 [33, 35]、平远 [35] [曾宪锋 ZXF41904 (CZH)]、清远 [35] [侯宽昭 74151 (IBSC)]、饶平 [35] [曾宪锋 ZXF30534 (CZH)]、仁化 [16]、乳源 [35] [刘心祈 29026 (IBSC)]、深圳 [17, 35]、始兴 [28, 35]、台山 [35] [粤 73 73-2762 (IBSC)]、翁源 [35, 51]、五华 [4, 35]、新丰 [35, 63]、新兴 [35] [刘瑛光 2051 (IBSC)]、信宜 [35, 52]、兴宁 [35] [张伟城 185 (SN)]、徐闻 [35] [徐闻队 412 (IBK)]、阳春 [35, 45]、阳江 [35] [黄志 41738 (IBSC)]、阳山 [26, 35]、英德 [32, 35]、郁南 [35, 101]、云浮 [35] [黄志 37612 (IBSC)]、增城 [35, 116]、肇庆 [9, 35]、中山 [10, 35]、珠海 [35] [粤 73 73–2989 (IBSC)]、紫金 [31, 35]。

球花毛麝香 *Adenosma indiana* (Lour.) Merr.

分布：博罗 [35, 38, 100]、丰顺 [95]、广州 [35]、和平 [35]、河源 [35]、惠来 [35]、惠州 [35]、乐昌 [29, 35, 41]、连平 [35]、连州 [35]、龙门 [35]、仁化 [16]、乳源 [35]、深圳 [17, 35]、始兴 [28, 35]、翁源 [35, 51]、新兴 [35]、阳春 [35]、英德 [32, 35]、肇庆 [9, 35]、紫金 [31, 35]。

金鱼草属 ***Antirrhinum* L.**

金鱼草 *Antirrhinum majus* L.

分布：江门 *[8]、仁化 *[16]、深圳 *[17]、肇庆 *[9]。

假马齿苋属 ***Bacopa* Aubl.**

卡莱罗纳假马齿苋 *Bacopa caroliniana* (Walter) B. L. Rob.

分布：广州 *[22]。

麦花草 *Bacopa floribunda* (R. Br.) Wettst.

分布：肇庆 [9]。

假马齿苋 *Bacopa monnieri* (L.) Wettst.

分布：博罗 #[35]、潮州 #[35]、东莞 #[25, 35]、佛冈 #[27]、佛山 #[35]、广州 #[35]、海丰 #[35]、揭西 #[35]、陆丰 #[35]、饶平 #[35]、汕头 #[35]、深圳 #[17, 35]、台山 #[35]、徐闻 #[35]、阳江 #[35]、湛江 #[35]、肇庆 #[9, 35]、中山 #[10, 35]。

田玄参 ***Bacopa repens*** (Sw.) Wettst.

分布：潮州 #[22]、从化 #[http://ppbc. iplant. cn/tu/2578742]、广州 #[22, 3]、廉江 #[13]、深圳 #[17]、英德 #[22]、增城 #[http://ppbc. iplant. cn/tu/1844254]。

水马齿属 *Callitriche* L.

水马齿 ***Callitriche palustris*** L.

分布：广州 [22, 35]、龙门 [22]、英德 [22]、肇庆 [9, 22, 35]。

广东水马齿 ***Callitriche palustris* var. *oryzetorum*** (Petrov) Lansdown

分布：德庆 [35]、恩平 [22]、封开 [35]、广宁 [35]、怀集 [35]、深圳 [17]、四会 [35]、肇庆 [9, 35]。

泽番椒属 *Deinostema* T. Yamaz.

泽番椒 ***Deinostema violacea*** (Maxim.) T. Yamaz.

分布：恩平 [474, 22]。

毛地黄属 *Digitalis* Tourn. ex L.

毛地黄 ***Digitalis purpurea*** L.

分布：广州 #[http://ppbc. iplant. cn/tu/4925440]、深圳 #[http://ppbc. iplant. cn/tu/5000443]。

虻眼属 *Dopatrium* Buch. -Ham. ex Benth.

虻眼 ***Dopatrium junceum*** (Roxb.) Buch. -Ham. ex Benth.

分布：封开 [35] [粤 74 74–5007 (IBSC)]、广州 [35] [陈少卿 6933 (IBSC)]、深圳 [17]、肇庆 [9, 35]。

水八角属 *Gratiola* L.

黄花水八角 ***Gratiola griffithii*** Hook. f.

分布：东莞 [35]、恩平 [22]、佛山 [22]、肇庆 [22]。

水八角 ***Gratiola japonica*** Miq.

分布：江门 [8]、肇庆 [9, 35]、紫金 [31]。

石龙尾属 *Limnophila* R. Br.

大石龙尾 ***Limnophila aquatica*** Alston

分布：广州 *[22]。

紫苏草 ***Limnophila aromatica*** (Lam.) Merr.

分布：博罗 [35, 100]、东莞 [25, 35]、广州 [35] [黄成 160336 (IBSC)]、惠东 [12, 35]、乐昌 [29, 35]、连平 [35] [粤 73 1585 (IBSC)]、龙门 [35] [李学根 200243 (IBSC)]、乳源 [35] [黄志 42470 (IBSC)]、深圳 [17, 35]、始兴 [28]、台山 [35] [陈邦余、李泽贤 149 (IBSC)]、翁源 [35] [刘心祈 24883 (IBSC)]、新丰 [35] [曾怀德 155 (IBSC)]、阳山 [26, 35]、英德 [32]、郁南 [35, 101]、肇庆 [9, 35]、紫金 [31, 35]。

中华石龙尾 ***Limnophila chinensis*** (Osbeck) Merr.

分布：德庆 [35] [刘瑛光 1327 (PE)]、东莞 [25, 35]、恩平 [22]、广州 [35] [曾呈奎 247 (AU)]、怀集 [35] [刘瑛光 3056 (IBSC)]、惠东 [35] [陈邦余、张桂才 628 (IBSC)]、乐昌 [29]、南雄 [33, 57]、深圳 [17, 35]、台山 [35] [陈邦余、李泽贤 306 (IBSC)]、阳春 [22]、郁南 [101]、肇庆 [9, 35]、珠海 [35] [粤 73 73–2937 (IBSC)]、紫金 [31]。

抱茎石龙尾 ***Limnophila connata*** (Buch. -Ham. ex D. Don) Hand. -Mazz.

分布：封开 [14]、和平 [35] [张桂才 592 (IBSC)]、梅州 [22]、仁化 [22]、乳源 [26, 35]、翁源 [35] [刘心源 24893 (WUK)]、英德 [32, 35]、肇庆 [9]。

直立石龙尾 ***Limnophila erecta*** Benth.

分布：广州 [35] [陈少卿 6895 (IBSC)]、乐昌 [41]、廉江 [13]、肇庆 [35] [刘慎谔 7203 (PE)]。

异叶石龙尾 ***Limnophila heterophylla*** (Roxb.) Benth.

分布：新兴 [35]、英德 [35]、肇庆 [9, 35]。

匍匐石龙尾 ***Limnophila repens*** (Benth.) Benth.

分布: 从化 [王学文、张桂才 8263 (IBSC)]、封开 [丁广奇、余连 6075 (IBSC)]。

大叶石龙尾 ***Limnophila rugosa*** (Roth) Merr.

分布：博罗 [35, 100]、从化 [35] [王学文、张桂才 8230 (IBSC)]、大埔 [35] [曾怀德 21633 (IBSC)]、广州 [35] [黄志 32349 (IBK)]、惠州 [35] [曾怀德 25837 (IBSC)]、乐昌 [29, 35]、龙门 [35] [黄淑美 190935 (IBSC)]、罗定 [35] [张桂才、刘念 2188 (IBSC)]、仁化 [16, 22]、乳源 [35] [黄志 42574 (IBSC)]、深圳 [17, 35]、翁源 [35] [刘心祈 2668 (IBSC)]、新兴 [35] [刘瑛光 2323 (IBSC)]、阳春 [35] [张桂才、刘念 3122 (IBSC)]、英德 [32, 35]、云浮 [35] [黄志 37580 (IBSC)]、肇庆 [35] [黄成 162380 (IBSC)]、珠海 [35] [粤 73 73-2864 (IBSC)]。

石龙尾 ***Limnophila sessiliflora*** (Vahl) Blume

分布：佛山 [22]、广州 [35] [陈少卿 8497 (IBSC)]、南雄 [57, 33, 22, 35]、仁化 [16, 22]、乳源 [35] [李耀 2017 (IBSC)]、翁源 [35] [刘心祈 2665 (IBSC)]、新丰 [22, 35]、英德 [32]、增城 [116]、肇庆 [9, 35]。

伏胁花属 *Mecardonia* Ruiz & Pav.

伏胁花 ***Mecardonia procumbens*** (Mill.) Small

分布：东莞 #[25]、广州 #[21]、深圳 #[17]、紫金 #[31]。

蓝金花属 *Otacanthus* Lindl.

蓝金花 ***Otacanthus azureus*** (Linden) Ronse

分布：广州 *[http://ppbc. iplant. cn/tu/13242667]、深圳 *[http://ppbc. iplant. cn/tu/6080050]、云浮 *[http://ppbc. iplant. cn/tu/4558044]。

车前属 *Plantago* L.

车前 ***Plantago asiatica*** L.

分布：博罗 #[38, 100]、从化 #[107]、丰顺 #[95]、封开 #[14]、江门 #[8]、乐昌 #[29, 41]、连州 #[26]、茂名 #[85]、南雄 #[33, 57]、仁化 #[16]、乳源 #[26]、深圳 #[17]、始兴 #[28]、翁源 #[51]、五华 #[4]、新丰 #[63]、阳山 #[26]、英德 #[32]、郁南 #[101]、肇庆 #[9]、中山 #[10]、紫金 #[31]。

疏花车前 ***Plantago asiatica* subsp. *erosa*** (Wall.) Z. Yu Li

分布：潮州 [陈念劬 42661 (IFP13501999w0007)]、大埔

[李学根 202754 (PE)]、连山 [谭沛祥 58426 (PE)]、英德 [Tsiang Ying 1937 (PE)]、肇庆 [黄成 162737 (PE)]。

大车前 *Plantago major* L.

分布：博罗 [5, 35]、从化 [35] [曾怀德 24853 (IBSC)]、大埔 [35] [邓良 5036 (IBSC)]、东莞 [25, 35]、丰顺 [95]、封开 [14, 35]、佛冈 [27]、佛山 [35] [黄茂先 1111065 (HZ)]、广州 [35] [朱禧文 89 (1)-5-3 (SN)]、化州 [35] [湛江区植物调查队 3854 (IBSC)]、怀集 [35] [陈国强 4153 (IBSC)]、惠东 [12, 35]、惠州 [35] [左景烈 21439 (IBSC)]、江门 [35] [刘瑛光 2393 (HZ)]、蕉岭 [35] [徐祥浩、林辉奉 126 (IBSC)]、乐昌 [29, 35, 41]、连平 [35] [卫兆芬 120115 (IBSC)]、连州 [35] [伍世忠 3737 (IBSC)]、廉江 [35] [李泽贤、邢福武 2145 (IBSC)]、龙门 [35] [南昆山调查队 71581 (IBSC)]、罗定 [35] [张桂才、刘念 2223 (IBSC)]、茂名 [35] [侯、王、陈、赵 15197 (PE)]、平远 [35] [邓良 4074 (IBSC)]、饶平 [35] [陈念劬 21457 (IBSC)]、仁化 [16, 35]、乳源 [26, 35]、汕头 [35] [梁其瑾 127 (PEY)]、深圳 [11, 35]、始兴 [28]、翁源 [51]、五华 [4, 35]、新兴 [35] [刘瑛光 2392 (IBSC)]、信宜 [35, 52]、阳春 [35] [张桂才、刘念 810 (IBSC)]、阳山 [26, 35]、英德 [32, 35]、郁南 [35] [张桂才、刘念 2924 (IBSC)]、云浮 [35] [黄志 37638 (IBSC)]、增城 [116]、肇庆 [9, 35]、紫金 [31, 35]。

北美车前 *Plantago virginica* L.

分布：乐昌 #[526]。

兔尾苗属 *Pseudolysimachion* (W. D. J. Koch) Opiz

水蔓菁 *Pseudolysimachion linariifolium* subsp. *dilatatum* (Nakai & Kitag.) D. Y. Hong

分布：广州 [35] [C. O. Levine 3193 (PE)]、乳源 [35] [钟济新 10850 (IBSC)]、始兴 [28]、英德 [35] [黄荣焜 2828 (IBSC)]。

爆仗竹属 *Russelia* Jacq.

爆仗竹 *Russelia equisetiformis* Schltdl. & Cham.

分布：博罗 *[38]、从化 *[107]、仁化 *[16]、深圳 *[17]、肇庆 *[9]。

野甘草属 *Scoparia* L.

野甘草 *Scoparia dulcis* L.

分布：博罗 #[15, 35, 38, 100]、潮州 #[35] [曾宪锋 ZXF44115 (CZH)]、从化 #[35, 107]、大埔 #[15, 35]、东莞 #[15, 25, 82, 35]、丰顺 #[35] [曾宪锋 ZXF27337 (CZH)]、封开 #[14, 35]、佛冈 #[27]、佛山 #[500, 35]、广宁 #[35] [王瑞江 RQHN00103 (CSH)]、广州 #[15, 21, 35]、海丰 #[35] [许小婷 XXT026 (CZH)]、河源 #[35] [华南师范学院 932 (IBSC)]、化州 #[35] [王发国等 RQHN03017 (CSH)]、怀集 #[35] [王瑞江 RQHN00073 (CSH)]、惠东 #[12, 35]、惠来 #[15, 35]、惠州 #[35, 82]、江门 #[8, 35]、蕉岭 #[35] [曾宪锋 ZXF14473 (CZH)]、揭西 #[35] [曾宪锋 ZXF21163 (CZH)]、揭阳 #[35] [曾宪锋 ZXF31681 (CZH)]、乐昌 #[41, 526]、连平 #[15, 35]、廉江 #[35] [湛江区植物调查队 3113 (IBSC)]、龙川 #[35] [曾宪锋 ZXF32380 (CZH)]、龙门 #[35] [王瑞江 RQHN00111 (CSH)]、陆河 #[35] [曾宪锋 ZXF42662 (CZH)]、罗定 #[35] [张桂才、刘念 2229 (IBSC)]、茂名 #[35, 85]、梅州 #[35] [曾宪锋 ZXF31243 (CZH)]、南澳 #[35] [姚鹏程、魏亚男 20150437 (HSNU)]、南雄 #[33, 35, 57]、平远 #[35] [曾宪锋 ZXF14664 (CZH)]、普宁 #[15, 35]、饶平 #[15, 35]、仁化 #[16, 35]、汕头 #[15, 35]、韶关 #[15, 35]、深圳 #[11, 82, 35, 17]、始兴 #[28]、台山 #[35] [周联选 11584 (KUN)]、五华 #[4, 35]、新丰 #[63]、新兴 #[15, 35]、信宜 #[52]、兴宁 #[35] [曾宪锋 ZXF32506 (CZH)]、阳春 #[35, 45]、英德 #[32, 35]、郁南 #[35, 101]、云浮 #[15, 35]、湛江 #[15, 416, 35]、肇庆 #[9, 15, 423, 35]、中山 #[10, 82, 35]、珠海 #[428, 35]、紫金 #[31, 35]。

离药草属 *Stemodia* L.

轮叶离药草 *Stemodia verticillata* (Mill.) Hassl.

分布：广州 #[489, 21]、深圳 #[17]、肇庆 #[专家意见]、紫金 #[31]。

茶菱属 *Trapella* Oliv.

茶菱 *Trapella sinensis* Oliv.

分布：肇庆 [9]。

婆婆纳属 *Veronica* L.

直立婆婆纳 *Veronica arvensis* L.

分布：翁源 #[22]。

多枝婆婆纳 *Veronica javanica* Blume

分布：乐昌 [29, 35]、肇庆 [9, 35]、紫金 [31]。

蚊母草 *Veronica peregrina* L.

分布：连南 #[445]、南雄 #[33, 57]、深圳 #[17]。

阿拉伯婆婆纳 *Veronica persica* Poir.

分布：潮州 #[15]、东莞 #[82]、广州 #[21]、惠州 #[82]、蕉岭 #[15]、乐昌 #[526]、连州 #[26]、南雄 #[33, 57]、饶平 #[15]、深圳 #[82]、翁源 #[51]、中山 #[82]。

婆婆纳 *Veronica polita* Fries

分布：从化 #[35]、乐昌 #[15, 29, 41, 526]、龙门 #[15, 35]、南雄 #[33, 57]、仁化 #[15, 16]、乳源 #[26]、英德 #[32]、紫金 #[31]。

水苦荬 *Veronica undulata* Wall. ex Jack

分布：潮州 #[35] [曾宪锋 ZXF00526 (CZH)]、东莞 #[25]、广州 #[35] [赵喜欢 10184 (IBSC)]、乐昌 #[29, 35]、梅州 #[35] [侯宽昭 71227 (IBSC)]、南雄 #[33, 35, 57]、平远 #[35] [曾宪锋 ZXF10780 (CZH)]、深圳 #[17]、翁源 #[22]、英德 #[22, 32]、肇庆 #[9, 35]。

腹水草属 *Veronicastrum* Heist. ex Fabr.

爬岩红 *Veronicastrum axillare* (Siebold & Zucc.) T. Yamaz.

分布：乐昌 [26, 35]、龙川 [35] [曾宪锋 ZXF22374 (CZH)]、乳源 [3]、翁源 [18, 51]、英德 [32]、紫金 [31, 35]。

四方麻 ***Veronicastrum caulopterum*** (Hance) T. Yamaz.

分布：乐昌 [29, 35]、乳源 [35]、始兴 [35]、阳山 [26, 35]、云浮 [35]。

长穗腹水草 ***Veronicastrum longispicatum*** (Merr.) T. Yamaz.

分布：乐昌 [29, 35, 41]、南雄 [33, 35, 57]、仁化 [16, 35]、阳山 [35] [南植地 453 (IBSC)]。

腹水草 ***Veronicastrum stenostachyum* subsp. *plukenetii*** (T. Yamaz.) D. Y. Hong

分布: 大埔 [35] [曾宪锋 ZXF32930 (CZH)]、和平 [35] [张桂才 813 (IBSC)]、乐昌 [29, 35]、始兴 [28, 35]、阳山 [35] [南岭队 1634 (IBSC)]。

348. 玄参科 Scrophulariaceae

醉鱼草属 *Buddleja* Houst. ex L.

白背枫 ***Buddleja asiatica*** Lour.

分布：博罗 [35] [高锡朋 50088 (PE)]、潮州 [35] [叶华谷等 13127 (IBSC)]、从化 [35, 107]、大埔 [35] [王学文等 37 (IBSC)]、东莞 [25, 35]、丰顺 [35, 95]、封开 [14, 35]、佛冈 [27]、佛山 [35] [高锡朋 50022 (IBSC)]、广宁 [35] [农林厅 1423 (IBSC)]、广州 [35] [叶育石 5534 (IBSC)]、和平 [35] [张桂才等 226 (IBSC)]、河源 [35] [刘全儒、孟世勇 201001120 (BNU)]、化州 [35] [湛江区植物调查队 3060 (IBSC)]、惠东 [12]、惠州 [35] [曾怀德 20006 (IBSC)]、江门 [8, 35]、蕉岭 [35] [徐祥浩、林辉奉 181 (IBSC)]、乐昌 [29, 35, 41]、连南 [35] [谭沛祥 58484 (IBSC)]、连平 [35] [粤 73 1515 (IBSC)]、龙川 [35] [曾宪锋 ZXF27620 (CZH)]、龙门 [35] [卫兆芬 122021 (IBSC)]、陆河 [35] [曾宪锋 ZXF42784 (CZH)]、罗定 [35] [刘念、叶华谷 2419 (IBSC)]、梅州 [35] [曾宪锋 ZXF43734 (CZH)]、南雄 [33, 35, 57]、平远 [35] [李学根 201889 (IBSC)]、仁化 [16]、乳源 [26, 35]、深圳 [17, 35]、始兴 [28, 35]、台山 [35] [左景烈 22328 (IBSC)]、翁源 [35, 51]、五华 [4, 35]、新丰 [63]、信宜 [35, 52]、阳春 [35, 45]、阳山 [26, 35]、英德 [32, 35]、郁南 [101]、云浮 [35] [黄志、邓良 522 (IBSC)]、增城 [116]、肇庆 [9, 35]、中山 [10, 35]、紫金 [31, 35]。

醉鱼草 ***Buddleja lindleyana*** Fortune

分布：博罗 [38]、东源 [119]、丰顺 [95]、佛冈 [27]、广宁 [35] [陈炳辉等 1559 (IBSC)]、广州 [35] [叶华谷等 353 (IBSC)]、和平 [35] [张桂才等 298 (IBSC)]、河源 [35] [77 级科研组 93 (SN)]、怀集 [35] [程用谦 170794 (IBSC)]、乐昌 [29, 35, 41]、连南 [35] [谭沛祥 59240 (IBSC)]、连平 [35] [粤 73 1999 (IBSC)]、连山 [35] [陈少卿 5714 (IBSC)]、连州 [35] [左景烈 22654 (IBSC)]、龙川 [35] [左景烈 21586 (IBSC)]、南雄 [33, 35, 57]、清远 [35] [林正眉、张丹荔 20180024 (SN)]、仁化 [16]、乳源 [26, 35]、韶关 [35] [To & Tsang12675 (PE)]、深圳 *[17]、五华 [4]、新丰 [63]、信宜 [52]、阳山 [26, 35]、英德 [32]、肇庆 [9, 35]。

密蒙花 ***Buddleja officinalis*** Maxim.

分布：茂名 [85]。

玉芙蓉属 *Leucophyllum* Bonpl.

红花玉芙蓉 ***Leucophyllum frutescens*** (Berland.) I. M. Johnst.

分布：广州 *[http://ppbc. iplant. cn/tu/12369221]、深圳 *[http://ppbc. iplant. cn/tu/3746464]。

苦槛蓝属 *Pentacoelium* Siebold & Zucc.

苦槛蓝 ***Pentacoelium bontioides*** Siebold & Zucc.

分布：廉江 #[13, 35]、遂溪 #[13]、台山 #[35]、珠海 #[35]。

玄参属 *Scrophularia* L.

玄参 ***Scrophularia ningpoensis*** Hemsl.

分布：东源 [35] [刘国权 LGQ010 (SN)]、和平 [35] [张冰明 152880 (IBSC)]、连平 [35] [粤 73 1827 (IBSC)]、连州 [35] [李用华 37 (IBSC)]、韶关 [35] [To & Tsang12810 (PE)]、翁源 [35] [左景烈 24799 (IBK)]、信宜 [52]、英德 [32, 35]、肇庆 *[9]。

毛蕊花属 *Verbascum* L.

琴叶毛蕊花 ***Verbascum chinense*** (L.) Santapau

分布：肇庆 [35]。

349. 母草科 Linderniaceae

三翅萼属 *Legazpia* Blanco

三翅萼 ***Legazpia polygonoides*** (Benth.) T. Yamaz.

分布：肇庆 [35]。

母草属 *Lindernia* All.

长蒴母草 ***Lindernia anagallis*** (Burm. f.) Pennell

分布：博罗 [35, 100]、潮州 [35] [曾宪锋、黄雅凤 ZXF15251 (CZH)]、从化 [35, 107]、大埔 [35] [曾宪锋 ZXF30793 (CZH)]、德庆 [35] [刘瑛光 871 (IBSC)]、东莞 [25, 35]、东源 [35] [刘全儒、孟世勇 201001134 (BNU)]、丰顺 [95]、封开 [14, 35]、佛冈 [27]、佛山 [35] [陈文 9873 (IBSC)]、广州 [35] [中草药组 167 (IBSC)]、河源 [35] [曾怀德 29967 (IBSC)]、化州 [35] [湛江区植物调查队 2928 (IBSC)]、怀集 [35] [刘瑛光 1430 (IBSC)]、惠东 [12, 35]、惠州 [35] [杨敏仪 YMY013 (CZH)]、蕉岭 [35] [徐祥浩、林辉奉 281 (IBSC)]、揭西 [35] [曾宪锋 ZXF31303 (CZH)]、乐昌 [41]、连南 [35] [谭沛祥 59234 (IBSC)]、连平 [35] [刘全儒等 201007339 (BNU)]、连州 [26, 35]、龙川 [35] [刘全儒 201007233 (BNU)]、龙门 [35] [黄淑美 190956 (IBSC)]、罗定 [35] [张桂才、刘念 2041 (IBSC)]、茂名 [85]、南雄 [33, 35, 57]、饶平 [35] [李学根 200805 (IBSC)]、仁化 [35] [吴磊 6702 (CSFI)]、深圳 [17, 35]、始兴 [28]、台山 [35] [陈炳辉 899 (IBSC)]、翁源 [35, 51]、五华 [4]、新丰 [63]、阳春 [35] [张桂才、刘念 1878 (IBSC)]、英德 [32]、郁南 [35, 101]、增城 [116]、肇庆 [9, 35]、珠海 [35]

[粤 73 73-3130 (IBSC)]、紫金 [31, 35]。

泥花草 ***Lindernia antipoda*** (L.) Alston

分布：博罗 [5, 35]、从化 [107]、大埔 [35] [曾宪锋 ZXF11414 (CZH)]、德庆 [35] [刘瑛光 1329 (IBSC)]、东莞 [25, 35]、丰顺 [95]、封开 [14]、佛山 [35] [陈念劬 43064 (IBSC)]、广州 [35] [刘卓斌 130 (IBSC)]、鹤山 [35] [黄茂先 110789 (PE)]、化州 [35] [湛江区植物调查队 3029 (IBSC)]、惠东 [12, 35]、乐昌 [29, 35, 41]、连州 [26]、茂名 [85]、南雄 [35] [邓良 6620 (IBSC)]、平远 [35] [曾宪锋 ZXF33949 (CZH)]、仁化 [16, 35]、深圳 [17, 35]、始兴 [28]、五华 [4]、新丰 [63]、新兴 [35] [刘瑛光 2269 (IBSC)]、阳春 [35] [张桂才、刘念 1442 (IBSC)]、英德 [32, 35]、郁南 [101]、肇庆 [35] [石国良 13955 (IBSC)]、中山 [10, 35]、珠海 [35] [粤 73 3060 (IBSC)]、紫金 [31, 35]。

刺齿泥花草 ***Lindernia ciliata*** (Colsm.) Pennell

分布：博罗 [35] [杨敏仪 YMY067 (CZH)]、东莞 [25, 35]、封开 [14]、佛冈 [27]、广州 [35] [陈少卿 6487 (IBSC)]、惠州 [35] [杨敏仪 YMY037 (CZH)]、连平 [35] [粤 73 1633 (IBSC)]、茂名 [85]、南雄 [57]、仁化 [16, 35]、深圳 [17, 35]、翁源 [35, 51]、徐闻 [35] [陈炳辉 1048 (IBSC)]、阳江 [35] [黄志 41689 (IBK)]、英德 [35] [左景烈 22144 (IBSC)]、增城 [116]、肇庆 [9, 35]。

母草 ***Lindernia crustacea*** (L.) F. Muell.

分布：博罗 [35, 38, 100]、潮州 [35] [曾宪锋 ZXF8794 (CZH)]、从化 [107]、大埔 [35] [曾宪锋 ZXF32882 (CZH)]、德庆 [35] [刘瑛光 1296 (IBSC)]、东莞 [25, 35]、丰顺 [35, 95]、封开 [14, 35]、佛冈 [27]、高州 [35] [蒋英 2689 (IBSC)]、广州 [35] [叶育石 5421 (IBSC)]、海丰 [35] [卫兆芬 121496 (KUN)]、河源 [35] [刘全儒等 201007382 (BNU)]、怀集 [35] [刘瑛光 1436 (IBSC)]、惠东 [12, 35]、惠州 [35] [陈炳辉 440 (IBSC)]、江门 [8, 35]、乐昌 [35, 41]、连平 [35] [粤 73 1609 (IBSC)]、连州 [26, 35]、茂名 [85]、仁化 [16, 35]、乳源 [35] [刘瑛光 732 (IBSC)]、深圳 [11, 17, 35]、始兴 [28, 35]、翁源 [35, 51]、五华 [4]、新丰 [63]、新兴 [35] [刘瑛光 2501 (IBSC)]、信宜 [52]、阳春 [35, 45]、阳江 [35] [黄志 41692 (IBSC)]、阳山 [35] [南岭队 1338 (IBSC)]、英德 [32, 35]、郁南 [101]、云浮 [35] [黄志 37344 (IBSC)]、肇庆 [9, 35]、中山 [10, 35]、紫金 [31, 35]。

荨麻母草 ***Lindernia elata*** (Benth.) Wettst.

分布：深圳 [17]、五华 [4]、新丰 [35]、郁南 [101]、肇庆 [9, 35]、紫金 [31]。

尖果母草 ***Lindernia hyssopoides*** (L.) Haines

分布：深圳 [17]、始兴 [28, 35]、阳春 [35]、肇庆 [9, 35]。

长序母草 ***Lindernia macrobotrys*** P. C. Tsoong

分布：韶关 [3, 35]。

狭叶母草 ***Lindernia micrantha*** D. Don

分布：博罗 [35] [王英强 764 (IBSC)]、潮州 [35] [曾宪锋 ZXF3219 (IBSC)]、东莞 [25, 35]、封开 [14, 35]、海丰 [35] [陈炳辉 567 (IBSC)]、怀集 [35] [刘瑛光 2808 (IBSC)]、惠东 [12]、乐昌 [29, 35, 41]、陆丰 [35] [南植地 8425 (IBSC)]、南雄 [57]、乳源 [26, 35]、深圳 [17, 35]、始兴 [28, 35]、翁源 [35, 51]、阳春 [35] [黄志 38466 (IBSC)]、阳山 [26, 35]、英德 [35] [W. T. Tsang & K. C. Wong 14451 (IBSC)]。

红骨母草 ***Lindernia mollis*** (Benth.) Wettst.

分布：从化 [35] [邓良 8536 (IBSC)]、恩平 [22]、高州 [35] [周沛椿 10219 (IBSC)]、广州 [22]、化州 [35] [湛江区植物调查队 2929 (IBSC)]、怀集 [35] [程用谦 170830 (IBSC)]、连南 [35] [谭沛祥 58969 (IBSC)]、连平 [35] [粤 73 1551 (IBSC)]、连州 [35] [程用谦 170885 (IBSC)]、龙门 [35] [王学文、张桂才 8091 (IBSC)]、罗定 [35] [张桂才、刘念 2063 (IBSC)]、茂名 [35, 85]、平远 [35] [李学根 202167 (IBSC)]、深圳 [22, 35, 17]、始兴 [28, 35]、新丰 [63, 22, 35]、新兴 [35] [刘瑛光 2451 (IBSC)]、信宜 [35, 52]、阳春 [35] [张桂才、刘念 54 (IBSC)]、肇庆 [9]。

棱萼母草 ***Lindernia oblonga*** (Benth.) Merr. & Chun

分布：惠东 [12]、陆丰 [35]、深圳 [17]、始兴 [28]。

陌上菜 ***Lindernia procumbens*** (Krock.) Borbás

分布：潮州 [22]、东莞 [25]、广州 [22, 35]、揭阳 [22]、清远 [22]、深圳 [22, 17]、始兴 [28, 22, 35]、五华 [4]、新丰 [63]、英德 [32]、肇庆 [9, 22, 35]、中山 [10]、紫金 [31]。

细茎母草 ***Lindernia pusilla*** (Willd.) Bold.

分布：博罗 [35] [陈念劬 41485A (IBSC)]、丰顺 [95]、封开 [35] [丁广奇、余连 6613 (IBSC)]、广州 [35] [陈少卿 7468 (IBSC)]、乐昌 [29, 35]、连平 [35] [粤 73 1884 (IBSC)]、陆丰 [35] [曾宪锋 ZXF09619 (CZH)]、南雄 [33, 35, 57]、深圳 [17, 35]、翁源 [35] [刘心祈 24077 (IBSC)]、五华 [4]、新兴 [35] [刘瑛光 2469 (IBSC)]、阳春 [35] [张桂才、刘念 189 (IBSC)]、阳江 [35] [黄万方 72001 (IBSC)]、肇庆 [9, 35]、紫金 [31, 35]。

圆叶母草 ***Lindernia rotundifolia*** (L.) Alston

分布：东莞 #[25]、江门 #[8]、茂名 #[85]、深圳 #[17]、紫金 #[31]。

旱田草 ***Lindernia ruellioides*** (Colsm.) Pennell

分布: 博罗 [35, 100]、潮州 [35] [曾宪锋 ZXF9799 (CZH)]、从化 [35] [王学文、张桂才 8245 (IBSC)]、大埔 [35] [李学根 202539 (IBSC)]、德庆 [35] [刘瑛光 1201 (IBSC)]、东莞 [25, 35]、丰顺 [35, 95]、封开 [14, 35]、佛冈 [27]、佛山 [35] [高锡朋 51558 (IBSC)]、广州 [35] [梁其荣 225 (IBSC)]、和平 [35] [张桂才 679 (IBSC)]、惠东 [12]、惠州 [35] [曾怀德 25861 (PE)]、乐昌 [29, 35, 41]、连平 [35] [粤 73 1631 (IBSC)]、连州 [35] [谭沛祥 60181 (IBSC)]、龙门 [35] [张桂才 284

(IBSC)]、罗定 [35] [张桂才、刘念 2205 (IBSC)]、茂名 [35, 85]、南雄 [33, 35, 57]、仁化 [16, 35]、深圳 [17, 35]、始兴 [28, 35]、翁源 [35, 51]、五华 [4]、新丰 [35, 63]、新兴 [35] [刘瑛光 2220 (IBSC)]、信宜 [52]、阳春 [35] [张桂才、刘念 367 (IBSC)]、英德 [32, 35]、郁南 [101]、云浮 [35] [黄志 37434 (IBSC)]、增城 [116]、肇庆 [9, 35]、紫金 [31, 35]。

刺毛母草 ***Lindernia setulosa*** (Maxim.) Tuyama ex H. Hara

分布：河源 [35] [77 级科研组新 856 (SN)]、乐昌 [29, 35]、连平 [35] [粤 781932 (IBSC)]、连山 [35] [谭沛祥 58185 (IBK)]、乳源 [26, 35]、韶关 [35] [南岭队 869 (IBSC)]、翁源 [51]、信宜 [52]、肇庆 [9]、紫金 [31, 35]。

细叶母草 ***Lindernia tenuifolia*** (Colsm.) Alston

分布：广州 [35]、廉江 [13]。

黏毛母草 ***Lindernia viscosa*** (Hornem.) Bold.

分布：德庆 [35] [刘瑛光 1420 (IBSC)]、丰顺 [95]、广州 [35] [梁向日 60229 (PE)]、惠东 [12]、龙门 [35] [孟世勇 112711 (BNU)]、深圳 [17, 35]、肇庆 [35] [石国良 11656 (IBSC)]。

小泥花属 *Micranthemum* Michx.

微花草 ***Micranthemum umbrosum*** (J. F. Gmel.) S. F. Blake

分布：广州 *[http://ppbc. iplant. cn/tu/12158789]、深圳 * [17]。

苦玄参属 *Picria* Lour.

苦玄参 ***Picria felterrae*** Lour.

分布：深圳 [17]、紫金 [31]。

蝴蝶草属 *Torenia* L.

长叶蝴蝶草 ***Torenia asiatica*** L.

分布：从化 [107]、丰顺 [35] [曾宪锋 ZXF6304 (CZH)]、封开 [14]、和平 [35] [张桂才 672 (IBSC)]、河源 [35] [卫兆芬 120715 (IBSC)]、乐昌 [29, 41]、连平 [35] [粤 73 1536 (IBSC)]、梅州 [35] [曾宪锋 ZXF31208 (CZH)]、仁化 [16]、乳源 [26]、始兴 [28]、五华 [4, 35]、新丰 [63]、英德 [32]、肇庆 [9]、紫金 [31, 35]。

毛叶蝴蝶草 ***Torenia benthamiana*** Hance

分布：东莞 [25, 35]、丰顺 [95]、广州 [35] [侯宽昭 74658 (IBSC)]、茂名 [85]、仁化 [16]、深圳 [17, 35]、始兴 [28]、肇庆 [9, 35]、紫金 [31]。

二花蝴蝶草 ***Torenia biniflora*** T. L. Chin & D. Y. Hong

分布：东莞 [25]、封开 [35] [丁广奇、余连 6530 (IBSC)]、佛山 [35] [高锡朋 51522 (IBSC)]、高州 [35] [周沛椿 80344 (IBSC)]、怀集 [35] [刘瑛光 2683 (PE)]、惠东 [12]、深圳 [17]、翁源 [51]、五华 [4]、新丰 [63]、信宜 [52]、阳春 [35, 45]、英德 [32]、肇庆 [9, 35]、紫金 [31]。

单色蝴蝶草 ***Torenia concolor*** Lindl.

分布：潮州 [35] [曾宪锋 ZXF8788 (CZH)]、东莞 [25, 35]、恩平 [35] [黄茂先 110334 (PE)]、丰顺 [35, 95]、封开 [14]、佛山 [35] [高锡朋 51545 (IBSC)]、广州 [35] [林正眉 2015005 (SN)]、河源 [35] [77 级科研组新 0539 (SN)]、鹤山 [35] [黄茂先 110738 (PE)]、怀集 [35] [刘瑛光 2646 (IBSC)]、惠东 [12, 35]、江门 [8, 35]、龙川 [35] [杜荣裕 20110450 (SN)]、龙门 [35] [王学文、张桂才 8195 (IBSC)]、罗定 [35] [张桂才、刘念 2169 (IBSC)]、茂名 [35, 85]、南雄 [33, 35, 57]、清远 [35] [葛学军、颜海飞 Y2010072 (IBSC)]、仁化 [16]、乳源 [26, 35]、深圳 [17, 35]、始兴 [28]、台山 [35] [左景烈 22281 (IBSC)]、翁源 [51]、五华 [4]、新丰 [63]、新兴 [35] [刘瑛光 2245 (IBSC)]、信宜 [35, 52]、兴宁 [35] [曾宪锋 ZXF27560 (CZH)]、阳春 [35] [张桂才、刘念 901 (IBSC)]、阳江 [35] [黄志 41845 (IBSC)]、阳山 [26, 35]、英德 [32]、郁南 [101]、云浮 [35] [黄志 37658 (IBSC)]、增城 [116]、肇庆 [9, 35]、紫金 [31, 35]。

黄花蝴蝶草 ***Torenia flava*** Buch. -Ham. ex Benth.

分布：潮州 [35] [曾宪锋 ZXF9813 (CZH)]、大埔 [35] [王学文 94 (IBSC)]、东莞 [25]、丰顺 [35, 95]、封开 [14]、佛冈 [27]、高州 [35] [蒋英 968 (IBSC)]、广州 [35] [叶华谷 16397 (IBSC)]、鹤山 [35] [林正眉 20160007 (SN)]、惠东 [12]、茂名 [35, 85]、梅州 [35] [曾宪锋 ZXF38740 (CZH)]、南雄 [33]、深圳 [17]、始兴 [28]、翁源 [51]、新丰 [63]、信宜 [52]、阳春 [35] [黄志 38408 (IBSC)]、阳江 [35] [黄志 41842 (IBSC)]、英德 [32]、郁南 [101]、增城 [116]、肇庆 [9, 35]、紫金 [31]。

紫斑蝴蝶草 ***Torenia fordii*** Hook. f.

分布：博罗 [35]、从化 [35] [王加胜 G240 (NAU 00001166)]、德庆 [35] [刘瑛光 1019 (IBSC)]、丰顺 [95]、封开 [14, 35]、广州 [35] [王加胜 G199 (NAU00004297)]、乐昌 [29, 35, 41]、南雄 [33, 35, 57]、平远 [35] [曾宪锋 ZXF12793 (CZH)]、仁化 [16, 35]、乳源 [35] [钟济新 10705 (IBSC)]、始兴 [28, 35]、台山 [35] [左景烈 22255 (IBSC)]、翁源 [35, 51]、五华 [4]、新丰 [63]、新兴 [35] [刘瑛光 2397 (IBSC)]、信宜 [52]、阳春 [35] [张桂才、刘念 34 (IBSC)]、英德 [32, 35]、郁南 [35, 101]、云浮 [35] [黄志 37648 (IBSC)]、肇庆 [9, 35]、紫金 [31, 35]。

蓝猪耳 ***Torenia fournieri*** Linden ex E. Fourn.

分布：广州 #[35]、龙门 #[35]、深圳 #[11, 17, 35]、阳山 #[26]、英德 #[32]、肇庆 #[9, 35]。

紫萼蝴蝶草 ***Torenia violacea*** (Azaola ex Blanco) Pennell

分布：和平 [35] [张桂才 678 (IBSC)]、惠东 [12]、乐昌 [26, 29, 35]、连平 [35] [粤 73 1988 (IBSC)]、连州 [35] [谭沛祥 59913 (PE)]、仁化 [16]、乳源 [35] [钟济新 10807 (IBSC)]、深圳 [17]、始兴 [28]、翁源 [35, 51]、新丰 [63]、阳山 [26, 35]、英德 [32, 35]、郁南 [101]、紫金 [31, 35]。

350. 芝麻科 Pedaliaceae

芝麻属 *Sesamum* L.

芝麻 ***Sesamum indicum*** L.

分布：博罗 *[38]、乐昌 *[29, 41]、深圳 *[17]、郁南 *[101]、肇庆 *[9]。

351. 爵床科 Acanthaceae

老鼠簕属 *Acanthus* L.

小花老鼠簕 *Acanthus ebracteatus* Vahl

分布：东莞 [25]、廉江 [13]、台山 [35]、徐闻 [35]。

老鼠簕 *Acanthus ilicifolius* L.

分布：东莞 [25, 35]、广州 [35]、惠东 [35]、廉江 [35]、陆丰 [35]、汕头 [35]、深圳 [11, 17, 35]、台山 [35]、阳江 [35]、湛江 [35]、中山 [10]、珠海 [35]。

穿心莲属 *Andrographis* Wall. ex Nees

穿心莲 *Andrographis paniculata* (Burm. f.) Wall. ex Nees

分布：博罗 #[5, 100]、东莞 #[25]、佛山 #[500]、惠东 #[12]、茂名 #[85]、深圳 #[17]、肇庆 #[9]。

单药花属 *Aphelandra* R. Br.

单药花 *Aphelandra squarrosa* Nees

分布：深圳 *[17]。

十万错属 *Asystasia* Blume

宽叶十万错 *Asystasia gangetica* (L.) T. Anderson

分布：东莞 #[25]、广州 #[21, 35]。

小花十万错 *Asystasia gangetica* subsp. *micrantha* (Nees) Ensermu

分布：佛山 *[http://ppbc. iplant. cn/tu/12368512]、广州 *[http://ppbc. iplant. cn/tu/11260535]、江门 *[8]、韶关 *[http://ppbc. iplant. cn/tu/5792668]、深圳 *[http://ppbc. iplant. cn/tu/3114497]、湛江 *[http://ppbc. iplant. cn/tu/13506069]、中山 *[http://ppbc. iplant. cn/tu/7766396]、珠海 *[http://ppbc. iplant. cn/tu/4805596]。

白接骨 *Asystasia neesiana* (Wall.) Nees

分布：东莞 #[25]、和平 #[35]、怀集 #[35]、惠东 #[12]、惠州 #[35]、乐昌 #[29, 35, 41]、连平 #[35]、龙门 #[35]、南雄 #[33, 57]、乳源 #[26, 35]、汕头 #[35]、深圳 #[17]、始兴 #[28, 35]、翁源 #[35, 51]、五华 #[4]、新丰 #[35]、信宜 #[52]、阳春 #[35]、阳山 #[35]、肇庆 #[9, 35]、紫金 #[31]。

十万错 *Asystasia nemorum* Nees

分布：怀集 [35]、乳源 [35]、韶关 [35]、紫金 [31]。

海榄雌属 *Avicennia* L.

海榄雌 *Avicennia marina* (Forssk.) Vierh.

分布：东莞 [25]、海丰 [35] [李泽贤、邢福武 783 (IBSC)]、惠东 [35] [陈炳辉 548 (IBSC)]、深圳 [11, 17, 35]、台山 [35] [粤 73 2768 (IBSC)]、徐闻 [35] [朱志淞 994 (IBSC)]、阳江 [35] [黄志 41639 (IBSC)]、湛江 [35] [周远瑞 100039 (IBK)]。

假杜鹃属 *Barleria* L.

假杜鹃 *Barleria cristata* L.

分布：博罗 #[15, 35, 100]、从化 #[107]、东莞 #[25]、东源 #[59]、丰顺 #[15]、佛冈 #[27]、佛山 #[500]、广州 #[15, 35]、惠州 #[82]、清远 #[15, 35]、仁化 #[16]、深圳 #[15, 11, 82, 35, 17]、新丰 #[63]、徐闻 #[15, 35]、英德 #[32]、湛江 #[15]、肇庆 #[9, 15, 35]、中山 #[10]、珠海 #[15, 428, 35]、紫金 #[31]。

鳄嘴花属 *Clinacanthus* Nees

鳄嘴花 *Clinacanthus nutans* (Burm. f.) Lindau

分布：广州 [35]、肇庆 [9, 35]。

钟花草属 *Codonacanthus* Nees

钟花草 *Codonacanthus pauciflorus* (Nees) Nees

分布：博罗 [35]、东莞 [25]、丰顺 [95]、封开 [14]、佛冈 [27]、和平 [35]、惠东 [12]、江门 [8]、乐昌 [35]、连州 [35]、龙门 [35]、茂名 [35]、南雄 [33]、清远 [35]、仁化 [16]、乳源 [35]、深圳 [17, 35]、翁源 [35]、五华 [4]、新丰 [35]、信宜 [52]、阳春 [35, 37]、英德 [32, 35]、郁南 [101]、云浮 [35]、增城 [116]、肇庆 [9, 35]、中山 [10]、珠海 [35]、紫金 [31]。

十字爵床属 *Crossandra* Salisb.

十字爵床 *Crossandra infundibuliformis* Nees

分布：深圳 *[17]。

尼罗河鸟尾花 *Crossandra nilotica* Oliv.

分布：广州 *[http://ppbc. iplant. cn/tu/12295895]、深圳 *[17]。

狗肝菜属 *Dicliptera* Juss.

狗肝菜 *Dicliptera chinensis* (L.) Juss.

分布：博罗 [38, 100]、从化 [107]、大埔 [35]、东莞 [25]、佛冈 [27]、广州 [35]、怀集 [35]、惠东 [12]、乐昌 [29]、茂名 [85]、南雄 [33]、清远 [35]、仁化 [16]、深圳 [11, 17, 35]、始兴 [28]、台山 [35]、翁源 [51]、五华 [4]、新丰 [63]、信宜 [52]、阳山 [26]、英德 [32]、增城 [116]、肇庆 [9, 35]、中山 [10]、紫金 [31]。

恋岩花属 *Echinacanthus* Nees

龙州恋岩花 *Echinacanthus longzhouensis* H. S. Lo

分布：阳春 [http://ppbc. iplant. cn/tu/11972451]。

喜花草属 *Eranthemum* L.

华南可爱花 *Eranthemum austrosinense* H. S. Lo

分布：乳源 [26]、肇庆 [9, 35]。

喜花草 *Eranthemum pulchellum* Andrews

分布：博罗 *[5, 100]、东莞 *[25]、封开 *[14]、深圳 *[17]。

网纹草属 *Fittonia* Coem.

网纹草 *Fittonia albivenis* (Veitch) Brummitt

分布：深圳 *[17]。

水蓑衣属 ***Hygrophila*** **R. Br.**

小叶水蓑衣 ***Hygrophila erecta*** (Burm. f.) Hochr.

分布：深圳 [17]。

毛水蓑衣 ***Hygrophila phlomoides*** Nees

分布：德庆 [刘瑛光 01113 (GZAC0018384)]。

小狮子草 ***Hygrophila polysperma*** (Roxb.) T. Anderson

分布：梅州 [35]、肇庆 [9, 35]。

水蓑衣 ***Hygrophila ringens*** (L.) R. Brown ex Spreng.

分布：博罗 [35, 100]、从化 [107]、东莞 [25]、恩平 [22]、丰顺 [95]、封开 [14, 35]、佛冈 [35]、佛山 [22]、广州 [35]、和平 [35]、河源 [22]、怀集 [35]、惠东 [12, 35]、惠州 [35]、江门 [8]、乐昌 [29, 35]、连南 [35]、连平 [35]、龙门 [35]、南雄 [33, 57]、饶平 [35]、仁化 [16, 22, 35]、乳源 [22, 35]、深圳 [22, 35, 17]、始兴 [28, 35]、翁源 [35, 51]、新丰 [35]、徐闻 [35]、阳春 [22, 35]、英德 [22, 32, 35]、郁南 [35, 101]、云浮 [35]、增城 [116]、肇庆 [9, 35]、珠海 [35]、紫金 [31, 22]。

枪刀药属 ***Hypoestes*** **Sol. ex R. Br.**

枪刀药 ***Hypoestes purpurea*** (L.) R. Br.

分布：东莞 [25, 35]、佛山 [35]、广州 [35]、清远 [35]、深圳 [17]、台山 [35]、珠海 [35]。

叉序草属 ***Isoglossa*** **Oerst.**

叉序草 ***Isoglossa collina*** (T. Anderson) B. Hansen

分布：博罗 [35]、丰顺 [95]、怀集 [35]、乐昌 [29, 35, 41]、连平 [35]、连州 [35]、仁化 [35]、乳源 [26, 35]、始兴 [28]、翁源 [35, 51]、阳春 [45]、阳山 [26, 35]、英德 [32, 35]。

爵床属 ***Justicia*** **L.**

鸭嘴花 ***Justicia adhatoda*** L.

分布：博罗 #[5, 100]、广州 #[15]、惠州 #[15, 82]、乐昌 #[15, 29, 41]、连州 #[15]、清远 #[15]、深圳 #[17, 82]、阳春 #[15]、阳山 #[26]、英德 #[32]、云浮 #[15]。

华南爵床 ***Justicia austrosinensis*** H. S. Lo & D. Fang

分布：大埔 [86, 35]、和平 [86, 35]、乐昌 [86, 41, 35]、连南 [86, 35]、连山 [35]、连州 [35]、梅州 [35]、南雄 [86, 35]、乳源 [86, 26]、始兴 [86, 35]、翁源 [51]、新丰 [63]、阳山 [26]、英德 [86, 35]、肇庆 [86, 35]。

绿苞爵床 ***Justicia betonica*** L.

分布：广州 *[http://ppbc. iplant. cn/tu/12191894]、深圳 *[17]、五华 *[4]。

虾衣花 ***Justicia brandegeeana*** Wassh. & L. B. Sm.

分布：深圳 *[17]、肇庆 *[9]。

圆苞杜根藤 ***Justicia championii*** T. Anderson

分布：博罗 [35]、从化 [107]、德庆 [35]、东莞 [25]、丰顺 [95]、佛冈 [27]、乐昌 [29]、乳源 [26]、深圳 [17]、新丰 [63]、阳山 [26]、英德 [32]、中山 [10]、珠海 [35]。

小叶散爵床 ***Justicia diffusa*** Willd.

分布：东莞 [http://ppbc. iplant. cn/tu/5264846]、廉江 [http://ppbc. iplant. cn/tu/1026914]。

小驳骨 ***Justicia gendarussa*** Burm. f.

分布：博罗 #[38, 100]、从化 #[107]、东莞 #[25]、佛冈 #[35]、佛山 #[35]、高州 #[35]、广州 #[35]、惠东 #[35]、深圳 #[11, 17, 35]、五华 #[35]、徐闻 #[35]、肇庆 #[9, 35]、中山 #[35]、珠海 #[35]。

粉绿萼小驳骨 ***Justicia glauca*** Rottler

分布：乐昌 *[29]。

广西赛爵床 ***Justicia kwangsiensis*** (H. S. Lo) H. S. Lo

分布：封开 [89]、怀集 [89]、清远 [89]、阳春 [89, 35, 37]、云浮 [89]。

南岭爵床 ***Justicia leptostachya*** Hemsl.

分布：乐昌 [35]、连州 [35]、乳源 [86, 26, 35]、阳山 [86, 26, 35]。

广东爵床 ***Justicia lianshanica*** (H. S. Lo) H. S. Lo

分布：德庆 [86, 35]、封开 [86, 35]、怀集 [35]、连山 [35]、阳春 [86]、阳山 [86]、英德 [32]。

线叶爵床 ***Justicia neolinearifolia*** N. H. Xia & Y. F. Deng

分布：廉江 [35]。

爵床 ***Justicia procumbens*** L.

分布：博罗 #[35, 100]、从化 #[107]、大埔 #[35]、东莞 #[25]、丰顺 #[95]、封开 #[14, 35]、佛冈 #[27]、高州 #[35]、广州 #[35]、和平 #[35]、河源 #[35]、惠东 #[12, 35]、惠州 #[35]、江门 #[8]、蕉岭 #[35]、乐昌 #[26, 29, 35, 41]、连南 #[35]、连州 #[35]、龙门 #[35]、陆丰 #[35]、茂名 #[85]、南澳 #[35]、南雄 #[33, 35, 57]、平远 #[35]、仁化 #[16]、乳源 #[26, 35]、汕头 #[35]、汕尾 #[35]、深圳 #[17, 35]、始兴 #[28, 35]、台山 #[35]、翁源 #[35]、五华 #[4]、新丰 #[35, 63]、信宜 #[52]、徐闻 #[35]、阳春 #[35, 45]、阳江 #[35]、阳山 #[26, 35]、英德 #[32, 35]、郁南 #[35, 101]、云浮 #[35]、增城 #[116]、肇庆 #[9, 35]、中山 #[10]、珠海 #[35]、紫金 #[31]。

杜根藤 ***Justicia quadrifaria*** (Nees) T. Anderson

分布：博罗 [89, 35, 37]、从化 [35, 107]、德庆 [35]、东莞 [25]、丰顺 [89, 95]、封开 [89, 35, 14]、佛冈 [35]、广宁 [89]、广州 [89]、和平 [89, 35]、怀集 [35]、江门 [8]、开平 [89]、乐昌 [89, 41, 35]、仁化 [16]、乳源 [89, 26, 35]、深圳 [89, 35, 17]、翁源 [51]、五华 [4]、阳山 [89, 26, 35]、肇庆 [89, 35]、珠海 [89, 35]、紫金 [31]。

黑叶小驳骨 ***Justicia ventricosa*** Wall. ex Hook. f.

分布：博罗 *[38, 100]、从化 *[107]、东莞 *[25]、封开 *[14]、佛冈 *[27]、仁化 *[16]、深圳 *[11, 17]、英德 *[32]、郁南 *[101]、肇庆 *[9]、中山 *[10]。

鳞花草属 ***Lepidagathis*** **Willd.**

台湾鳞花草 ***Lepidagathis formosensis*** C. B. Clarke ex

Hayata

分布：博罗 [35, 37]、东莞 [25]、肇庆 [35]。

鳞花草 ***Lepidagathis incurva*** Buch. -Ham. ex D. Don

分布：博罗 [35, 100]、东莞 [25]、佛山 [35]、广州 [35]、惠东 [12]、茂名 [85]、深圳 [17, 35]、台山 [35]、新丰 [63]、阳春 [35, 37, 45]、英德 [32]、肇庆 [9, 35]。

纤穗爵床属 *Leptostachya* Nees

纤穗爵床 ***Leptostachya wallichii*** Nees

分布：茂名 [35]、乳源 [35]、翁源 [35, 51]、新丰 [63]、英德 [35]。

鸡冠爵床属 *Odontonema* Nees

红楼花 ***Odontonema strictum*** (Nees) O. Kuntze

分布：广州 *[http://ppbc. iplant. cn/tu/5874114]、惠州 *[http://ppbc. iplant. cn/tu/6029756]、深圳 *[http://ppbc. iplant. cn/tu/5838101]、湛江 *[http://ppbc. iplant. cn/tu/6044627]、肇庆 *[http://ppbc. iplant. cn/tu/6058260]。

金苞花属 *Pachystachys* Nees

金苞花 ***Pachystachys lutea*** Nees

分布：从化 *[107]、深圳 *[17]。

观音草属 *Peristrophe* Nees

观音草 ***Peristrophe bivalvis*** (L.) Merr.

分布：广州 [35]、肇庆 *[9]。

海南山蓝 ***Peristrophe floribunda*** (Hemsl.) C. Y. Wu & H. S. Lo

分布：徐闻 [35]、阳春 [35, 37]。

九头狮子草 ***Peristrophe japonica*** (Thunb.) Bremek.

分布：博罗 [35]、佛冈 [27]、广州 [35]、和平 [35]、怀集 [35]、乐昌 [29, 35, 41]、连平 [35]、连山 [35]、南雄 [33, 35]、仁化 [16]、乳源 [26, 35]、始兴 [28, 35]、中山 [10]。

山壳骨属 *Pseuderanthemum* Radlk.

海康钩粉草 ***Pseuderanthemum haikangense*** C. Y. Wu & H. S. Lo

分布：雷州 [35]、徐闻 [35]。

山壳骨 ***Pseuderanthemum latifolium*** (Vahl) B. Hansen

分布：徐闻 [35]。

紫云杜鹃 ***Pseuderanthemum laxiflorum*** (Vahl) B. Hansen

分布：东莞 *[http://ppbc. iplant. cn/tu/9795248]、佛山 *[http://ppbc. iplant. cn/tu/13231328]、广州 *[http://ppbc. iplant. cn/tu/5005953]、深圳 *[http://ppbc. iplant. cn/tu/9400694]。

灵枝草属 *Rhinacanthus* Nees

灵枝草 ***Rhinacanthus nasutus*** (L.) Kurz

分布：博罗 [5, 100]、潮州 [384]、东莞 [25]、深圳 [17]、阳春 [37]。

芦莉草属 *Ruellia* L.

艳芦莉 ***Ruellia elegans*** Poir.

分布：深圳 *[17]。

楠草 ***Ruellia repens*** L.

分布：广州 [35]、茂名 [85]、汕头 [35]、深圳 [17, 35]、阳江 [35]。

蓝花草 ***Ruellia simplex*** C. Wright

分布：惠州 *[http://ppbc. iplant. cn/tu/5705580]、汕头 *[http://ppbc. iplant. cn/tu/5256524]、深圳 *[17]、珠海 *[http://ppbc. iplant. cn/tu/2557346]。

飞来蓝 ***Ruellia venusta*** Hance

分布：清远 [35]、紫金 [31]。

孩儿草属 *Rungia* Nees

狭叶孩儿草 ***Rungia angustifolia*** Bremek.

分布：博罗 [70]、恩平 [70]、广州 [70]、惠东 [70]、清远 [70]、台山 [70]、新兴 [70]、阳春 [70]、云浮 [70]、肇庆 [70]。

中华孩儿草 ***Rungia chinensis*** Benth.

分布：广州 [35]、连山 [70, 35]、始兴 [28]、英德 [32]、肇庆 [70, 9, 35]。

匍匐鼠尾黄 ***Rungia stolonifera*** C. B. Clarke

分布：连平 [214, 70, 35]、始兴 [214, 70, 35, 28]、肇庆 [35]。

少君木属 *Sanchezia* Ruiz & Pav.

黄脉爵床 ***Sanchezia nobilis*** Hook. f.

分布：从化 #[107]。

小苞黄脉爵床 ***Sanchezia parvibracteata*** Sprague & Hutch.

分布：广州 *[http://ppbc. iplant. cn/tu/9756251]、深圳 *[17]。

叉柱花属 *Staurogyne* Wall.

弯花叉柱花 ***Staurogyne chapaensis*** Benoist

分布：博罗 [99, 35]、从化 [99, 35]、封开 [99, 35]、惠东 [12]、龙门 [35]、翁源 [51]、阳山 [99, 26, 35]、英德 [32]、肇庆 [99, 9, 35]。

叉柱花 ***Staurogyne concinnula*** (Hance) Kuntze

分布：从化 [107]、丰顺 [95]、惠东 [12]、江门 [8]、揭西 [35]、饶平 [99, 35]。

大花叉柱花 ***Staurogyne sesamoides*** (Hand. -Mazz.) B. L. Burtt

分布：封开 [14]、信宜 [99, 35, 52]、阳春 [35]、阳江 [99, 35]、肇庆 [99, 9, 35]。

中华叉柱花 ***Staurogyne sinica*** C. Y. Wu & H. S. Lo

分布：江门 [99, 35, 8]、揭西 [35]。

马蓝属 *Strobilanthes* Blume

肖笼鸡 ***Strobilanthes affinis*** (Griff.) Terao ex J. R. I. Wood & J. R. Benn.

分布：阳山 [50]。

翅枝马蓝 ***Strobilanthes alatiramosa*** H. S. Lo & D. Fang

分布：阳春 [https://www. cfh. ac. cn/album/ShowPhoto. aspx?

photoid=07150f8c-177e-420d-ab11-3591fb1eaab2]。

山一笼鸡 ***Strobilanthes aprica*** (Hance) T. Anderson

分布：广州 [50, 35]、连州 [50, 35]、深圳 [50, 35, 17]、阳春 [50, 35, 37]、英德 [50, 32, 35]。

翅柄马蓝 ***Strobilanthes atropurpurea*** Nees

分布：博罗 [50, 35]、封开 [50, 35]、惠东 [12]、乐昌 [29]、乳源 [50, 26, 35]。

华南马蓝 ***Strobilanthes austrosinensis*** Y. F. Deng & J. R. I. Wood

分布：怀集 [146]、乐昌 [50, 146]、连南 [50, 146]、连州 [50, 146]、仁化 [146]、乳源 [146, 26]、翁源 [146]。

湖南马蓝 ***Strobilanthes biocullata*** Y. F. Deng & J. R. I. Wood

分布：乐昌 [147]。

黄球花***Strobilanthes chinensis*** (Nees) J. R. I. Wood & Y. F. Deng

分布：广州 [50, 35]、罗定 [50]、茂名 [50, 35]、乳源 [26]、新兴 [50]、信宜 [50, 35, 52]、阳春 [50, 35]、阳山 [26]、云浮 [50, 35]。

密苞紫云菜 ***Strobilanthes compacta*** D. Fang & H. S. Lo

分布：封开 [50]、乐昌 [50]。

板蓝 ***Strobilanthes cusia*** (Nees) Kuntze

分布：博罗 [50, 35]、从化 [50]、大埔 [50, 35]、东莞 [25]、封开 [50, 35, 14]、高州 [50, 35]、广州 [50, 35]、河源 [50, 35]、怀集 [50, 35]、惠东 [12]、乐昌 [50, 29, 35]、龙门 [50, 35]、罗定 [50]、茂名 [50, 35]、清远 [50, 35]、仁化 [16]、乳源 [26]、韶关 [35]、深圳 [50, 35, 17]、始兴 [28]、翁源 [50, 51, 35]、五华 [4]、新丰 [50, 63, 35]、新兴 [50]、信宜 [50, 35, 52]、徐闻 [50, 35]、阳春 [50, 35, 45]、阳山 [26]、英德 [50, 32, 35]、郁南 [50, 101, 35]、云浮 [50, 35]、增城 [116]、肇庆 [50, 9, 35]、紫金 [31]。

曲枝假蓝 ***Strobilanthes dalzielii*** (W. W. Sm.) Benoist

分布：博罗 [50]、潮州 [50]、德庆 [50, 35]、东莞 [25]、封开 [50, 14]、河源 [50]、怀集 [50, 35]、惠东 [12]、惠州 [50, 35]、罗定 [50]、梅州 [50]、平远 [50]、清远 [50, 35]、饶平 [50]、乳源 [50, 26, 35]、汕头 [50, 35]、深圳 [50, 35, 17]、始兴 [50, 35]、翁源 [50, 51, 35]、五华 [4, 35]、新丰 [50, 35]、新兴 [50]、信宜 [50, 52]、阳春 [50, 35, 37]、阳山 [26]、英德 [50, 32, 35]、郁南 [50, 101, 35]、云浮 [50]、肇庆 [50, 35]、紫金 [31]。

球花马蓝 ***Strobilanthes dimorphotricha*** Hance

分布：乐昌 [50, 35]、连南 [50, 35]、连平 [50, 35]、连山 [50, 35]、连州 [50, 35]、梅州 [50, 35]、平远 [50, 35]、乳源 [50, 26, 35]、深圳 [17]、始兴 [50, 35]、翁源 [50, 35]、阳春 [50, 35]、阳山 [26]、英德 [陈又生, 徐晔春 22263 (IBSC)]、肇庆 [50, 35]。

长苞蓝 ***Strobilanthes echinata*** Nees

分布：阳春 [50, 510, 35]。

叉花草 ***Strobilanthes hamiltoniana*** (Steud.) Bosser & Heine

分布：广州 *[http://ppbc. iplant. cn/tu/12372450]、深圳 *[http://ppbc. iplant. cn/tu/6223399]、云浮 * [http://ppbc. iplant. cn/tu/4965865]。

薄叶马蓝 ***Strobilanthes labordei*** H. Lév.

分布：博罗 [50, 35]、丰顺 [95]、封开 [50, 35, 14]、佛冈 [50, 35]、怀集 [50, 35]、乐昌 [50, 26, 41, 35]、仁化 [50]、乳源 [50, 26, 35]、汕头 [50, 35]、深圳 [17]、新丰 [50, 35]、紫金 [31]。

少花马蓝 ***Strobilanthes oligantha*** Miq.

分布：潮州 [388]、南雄 [33, 57]、始兴 [28]。

四子马蓝 ***Strobilanthes tetrasperma*** (Champ. ex Benth.) Druce

分布：博罗 [50, 35]、从化 [50, 107]、大埔 [50, 35]、东莞 [50, 25, 35]、丰顺 [95]、封开 [50, 35, 14]、佛冈 [27]、广州 [50, 35]、和平 [50, 35]、怀集 [50, 35]、惠东 [50, 35, 12]、江门 [50, 35, 8]、乐昌 [50, 29, 35]、连州 [50, 35]、龙门 [50, 35]、仁化 [50, 16, 35]、乳源 [50, 35]、深圳 [50, 35, 17]、始兴 [50, 35]、台山 [50, 35]、翁源 [50, 51, 35]、五华 [50, 35, 4]、新丰 [50, 63, 35]、阳山 [50, 26, 35]、英德 [32]、肇庆 [50, 9, 35]、珠海 [50, 35]。

山牵牛属 ***Thunbergia* Retz.**

翼叶山牵牛 ***Thunbergia alata*** Bojer ex Sims

分布：深圳 #[17]。

直立山牵牛 ***Thunbergia erecta*** (Benth.) T. Anders

分布：深圳 *[17]。

碗花草 ***Thunbergia fragrans*** Roxb.

分布：博罗 [35]、从化 [107]、广州 [35]、廉江 [35]、茂名 [85]、深圳 [11, 17]、徐闻 [35]、湛江 [35]。

山牵牛 ***Thunbergia grandiflora*** Roxb.

分布：博罗 #[38, 100]、潮州 #[http://ppbc. iplant. cn/tu/2762034]、从化 #[http://ppbc. iplant. cn/tu/3006087]、东莞 #[82]、佛山 #[500]、高州 #[http://ppbc. iplant. cn/tu/2863449]、广州 #[21]、惠州 #[82]、乐昌 #[41, 526]、茂名 #[85]、清远 #[http://ppbc. iplant. cn/tu/5267088]、仁化 #[16]、乳源 #[26]、韶关 #[http://ppbc. iplant. cn/tu/5792627]、深圳 #[11, 82, 17]、翁源 #[51]、阳春 #[45]、阳山 #[26]、英德 #[32]、郁南 #[101]、肇庆 #[9]、中山 #[82]、珠海 #[15]、紫金 #[http://ppbc. iplant. cn/tu/9789788]。

桂叶山牵牛 ***Thunbergia laurifolia*** Lindl.

分布：深圳 *[17]、湛江 *[http://ppbc. iplant. cn/tu/5736992]。

352. 紫葳科 Bignoniaceae

凌霄属 ***Campsis* Lour.**

凌霄 ***Campsis grandiflora*** (Thunb.) Schum.

分布：丰顺 [35] [曾宪锋 ZXF27379 (CZH)]、广州 [35]

[陶德定 83181 (KUN)]、和平 [35] [卫兆芬 120474 (KUN)]、乐昌 [29, 35, 41]、连山 [35] [谭沛祥 58371 (KUN)]、连州 [35] [伍世忠 3809 (IBSC)]、梅州 [35] [曾宪锋 ZXF29446 (CZH)]、南雄 [33, 35, 57]、平远 [35] [曾宪锋 ZXF9880 (CZH)]、清远 [35] [彭会瑶、王颖 PW032 (CZH)]、仁化 [16, 35]、乳源 [26, 35]、深圳 *[17, 35]、始兴 [28]、翁源 *[35, 51]、五华 [4]、英德 [32, 35]、中山 [35] [唐有恒 137 (IBSC)]、紫金 [35] [冼宇婷 XYT043 (CZH)]。

梓属 *Catalpa* Scop.

灰楸 ***Catalpa fargesii*** Bureau

分布：乳源 [35]、信宜 [52]。

鹰爪藤属 *Dolichandra* Cham.

猫爪藤 ***Dolichandra unguis-cati*** (L.) L. G. Lohmann

分布：广州 #[http://ppbc. iplant. cn/tu/13290357]、深圳 #[17]。

银角树属 *Dolichandrone* (Fenzl) Seem.

大叶猫尾木 ***Dolichandrone spathacea*** (L. f.) Baillon ex Schumann

分布：雷州 *[35]。

风铃木属 *Handroanthus* Mattos

黄花风铃木 ***Handroanthus chrysanthus*** (Jacq.) S. O. Grose

分布：江门 *[8]、深圳 *[17]。

金毛风铃木 ***Handroanthus chrysotrichus*** (Mart. ex DC.) Mattos.

分布：广州 *[http://ppbc. iplant. cn/tu/13379968]、深圳 *[http://ppbc. iplant. cn/tu/9408968]。

紫花风铃木 ***Handroanthus impetiginosus*** (Mart. ex DC.) Mattos

分布：佛山 *[http://ppbc. iplant. cn/tu/3202782]、广州 *[http://ppbc. iplant. cn/tu/4025587]、深圳 *[http://ppbc. iplant. cn/tu/3441737]。

蓝花楹属 *Jacaranda* Juss.

蓝花楹 ***Jacaranda mimosifolia*** D. Don

分布：深圳 *[17]、肇庆 *[9]。

吊瓜树属 *Kigelia* DC.

吊瓜树 ***Kigelia africana*** (Lam.) Benth.

分布：深圳 *[17]、肇庆 *[9]。

蒜香藤属 *Mansoa* DC.

蒜香藤 ***Mansoa alliacea*** (Lam.) A. H. Gentry

分布：深圳 *[17]。

猫尾木属 *Markhamia* Seem. ex Baill.

猫尾木 ***Markhamia stipulata*** (Wall.) Seem. ex K. Schum.

分布：茂名 [王显志 59 (IBSC)]、深圳 [闫斌 24267 (SZG)]、徐闻 [南路 237 (IBSC)]、肇庆 [中德采集队 843 (IBSC)]。

毛叶猫尾木 ***Markhamia stipulata* var. *kerrii*** Sprague

分布：博罗 *[100]、从化 *[107]、茂名 [35, 85]、深圳 *[17]、信宜 [52]、肇庆 *[9]。

火烧花属 *Mayodendron* Kurz

火烧花 ***Mayodendron igneum*** (Kurz) Kurz

分布：信宜 [52]、阳春 *[45]。

木蝴蝶属 *Oroxylum* Vent.

木蝴蝶 ***Oroxylum indicum*** (L.) Kurz

分布：南澳 [35]、深圳 *[17]、信宜 [52]、郁南 [101]、肇庆 *[9]。

非洲凌霄属 *Podranea* Sprague

非洲凌霄 ***Podranea ricasoliana*** (Tanfani) Sprague

分布：惠州 *[http://ppbc. iplant. cn/tu/5743782]、深圳 *[http://ppbc. iplant. cn/tu/6057715]、湛江 *[http://ppbc. iplant. cn/tu/5108108]。

炮仗藤属 *Pyrostegia* C. Presl

炮仗藤 ***Pyrostegia venusta*** (Ker Gawl.) Miers

分布：博罗 #[38, 100]、从化 #[107]、江门 #[8]、仁化 #[16]、深圳 #[17]、肇庆 #[9]。

菜豆树属 *Radermachera* Zoll. & Moritzi

美叶菜豆树 ***Radermachera frondosa*** Chun & F. C. How

分布：徐闻 [35]。

海南菜豆树 ***Radermachera hainanensis*** Merr.

分布：阳江 [35]。

菜豆树 ***Radermachera sinica*** (Hance) Hemsl.

分布：博罗 *[5, 100]、连南 [35]、连州 [35]、仁化 [16]、乳源 [35]、阳山 [35]、英德 [32, 35]、郁南 [35, 101]、增城 [116]、肇庆 *[9, 35]。

火焰树属 *Spathodea* P. Beauv.

火焰树 ***Spathodea campanulata*** P. Beauv.

分布：从化 #[107]、江门 #[8]、深圳 #[17]。

粉铃木属 *Tabebuia* Gomes ex DC.

掌叶黄钟木 ***Tabebuia rosea*** (Bertol.) DC.

分布：广州 *[http://ppbc. iplant. cn/tu/6291749]。

黄钟花属 *Tecoma* Juss.

黄钟花 ***Tecoma stans*** (L.) Juss. ex Kunth

分布：深圳 *[17]、肇庆 *[9]。

硬骨凌霄属 *Tecomaria* Spach

硬骨凌霄 ***Tecomaria capensis*** (Thunb.) Spach

分布：从化 *[107]、乐昌 *[29]、仁化 *[16]、深圳 *[17]、肇庆 *[9]。

353. 狸藻科 Lentibulariaceae

狸藻属 *Utricularia* L.

黄花狸藻 ***Utricularia aurea*** Lour.

分布：博罗 [5, 35, 100]、德庆 [35] [刘瑛光 1320 (IBSC)]、广州 [35] [颜素珠 7920 (IBSC)]、惠州 [35] [卫兆芬 121685

(KUN)]、乐昌 [29, 35]、南雄 [33, 35]、仁化 [16, 35]、深圳 [17, 35]、翁源 [35] [刘心祈 25123 (IBSC)]、五华 [4]、阳春 [35, 45]、英德 [35] [左景烈 22180 (IBSC)]、肇庆 [9, 35]、紫金 [31, 35]。

南方狸藻 ***Utricularia australis*** R. Br.

分布：佛山 [22]、廉江 [22]。

挖耳草 ***Utricularia bifida*** L.

分布：博罗 [35, 100]、潮州 [35] [曾宪锋 ZXF00342 (CZH)]、从化 [35, 107]、德庆 [35] [刘瑛光 1303 (IBSC)]、东莞 [25, 35]、丰顺 [35] [曾宪锋 ZXF5772 (CZH)]、封开 [14, 35]、广州 [35] [麦鹤云 20326 (SN)]、惠东 [12]、惠州 [35] [陈炳辉 461 (IBSC)]、江门 [8, 35]、乐昌 [29, 35]、连南 [35] [谭沛祥 58990 (IBSC)]、连平 [35] [粤 73 1493 (IBSC)]、连州 [35] [黄茂先 111603 (IBSC)]、罗定 [35] [张桂才、刘念 2329 (IBSC)]、茂名 [35] [邓良 2042 (IBSC)]、南澳 [35] [陈炳辉 228 (IBSC)]、南雄 [33, 35, 57]、平远 [35] [李学根 20278 (HZ)]、清远 [35] [黄志 30603 (IBSC)]、仁化 [16, 35]、乳源 [26, 35]、深圳 [17, 35]、始兴 [28, 35]、台山 [35] [左景烈 22497 (IBSC)]、五华 [4, 35]、新兴 [35] [刘瑛光 2450 (IBSC)]、信宜 [35, 52]、阳山 [26, 35]、英德 [32, 35]、肇庆 [9, 35]、中山 [10, 35]、紫金 [31, 35]。

短梗挖耳草 ***Utricularia caerulea*** L.

分布：博罗 [35] [黄成就、张永田 84 (IBSC)]、广州 [35] [陈少卿 6747 (IBSC)]、怀集 [35] [曾怀德 22916 (IBSC)]、惠东 [12, 35]、惠州 [35] [陈炳辉 466 (IBSC)]、江门 [8]、连州 [26, 35]、南雄 [57]、清远 [35] [黄志 30669 (IBSC)]、乳源 [26, 35]、深圳 [17, 35]、阳春 [35] [黄志 38552 (IBSC)]、英德 [32]、中山 [10, 35]、紫金 [31, 35]。

少花狸藻 ***Utricularia gibba*** L.

分布：潮州 [22]、从化 [35] [邓良 8342 (IBSC)]、东莞 [25]、广州 [35] [曾呈奎 341 (AU)]、仁化 [16]、深圳 [22, 17]、肇庆 [9]。

禾叶挖耳草 ***Utricularia graminifolia*** Vahl

分布：江门 [8]、深圳 [17]。

长梗挖耳草 ***Utricularia limosa*** R. Br.

分布：广州 [35]。

莽山挖耳草 ***Utricularia mangshanensis*** G. W. Hu

分布：乳源 [https://ppbc. iplant. cn/tu/7161672]。

斜果挖耳草 ***Utricularia minutissima*** Vahl

分布：深圳 [http://ppbc. iplant. cn/tu/4948320]。

圆叶挖耳草 ***Utricularia striatula*** Sm.

分布：博罗 [35] [黄成就、张永田 87 (IBSC)]、潮州 [35] [曾宪锋 ZXF6729 (CZH)]、丰顺 [95]、封开 [35] [石国良 14953 (IBSC)]、惠东 [12]、江门 [8]、连南 [35] [谭沛祥 59166 (IBSC)]、仁化 [16, 35]、乳源 [35] [黄志 42460 (IBSC)]、深圳 [17, 35]、五华 [4]、新丰 [63]、阳山 [26]、增城 [116]、肇庆 [9, 35]、中山 [10, 35]、紫金 [31, 35]。

齿萼挖耳草 ***Utricularia uliginosa*** Vahl

分布：博罗 [35] [王英强 1241 (IBSC)]、东莞 [25, 35]、广州 [35] [陈少卿 6852 (IBSC)]、惠东 [12, 35]、江门 [8]、深圳 [17, 35]。

钩突挖耳草 ***Utricularia warburgii*** Goebel

分布：乳源 [https://ppbc. iplant. cn/tu/4282146]。

354. 马鞭草科 Verbenaceae

假连翘属 *Duranta* L.

假连翘 ***Duranta erecta*** L.

分布：博罗 #[38, 100]、从化 #[107]、江门 #[8]、乐昌 #[526]、仁化 #[16]、深圳 #[17]、肇庆 #[9]。

美女樱属 *Glandularia* J. F. Gmel.

细叶美女樱 ***Glandularia tenera*** (Spreng.) Cabrera

分布：深圳 *[17]。

马缨丹属 *Lantana* L.

马缨丹 ***Lantana camara*** L.

分布：博罗 #[15, 38, 100]、潮州 #[15, 404]、从化 #[107]、大埔 #[15]、德庆 #[15]、东莞 #[15, 25, 82]、东源 #[59]、丰顺 #[9, 155]、封开 #[14, 15]、佛冈 #[27]、佛山 #[500]、高州 #[15]、广州 #[15, 21]、惠东 #[12]、惠来 #[15]、惠州 #[82]、江门 #[8, 494]、蕉岭 #[15]、揭阳 #[471]、乐昌 #[15, 526]、陆丰 #[15]、罗定 #[15]、茂名 #[15, 85]、梅州 #[15]、南澳 #[15]、平远 #[15]、普宁 #[15]、饶平 #[15]、仁化 #[16]、乳源 #[15]、汕头 #[15]、韶关 #[15]、深圳 #[15, 11, 82, 17]、台山 #[15]、翁源 #[15]、五华 #[4]、新丰 #[63]、新兴 #[15]、信宜 #[52]、徐闻 #[15, 497]、阳春 #[15, 45]、阳江 #[15]、英德 #[15, 32]、郁南 #[101]、云浮 #[15]、湛江 #[15, 416]、肇庆 #[9, 15, 423]、中山 #[10, 82]、珠海 #[15, 428]、紫金 #[31]。

蔓马缨丹 ***Lantana montevidensis*** Briq.

分布：潮州 #[15]、从化 #[107]、东莞 #[82]、广州 #[15]、惠州 #[82]、连平 #[15]、平远 #[15]、深圳 #[15, 17, 82]、中山 #[82]。

蓝花藤属 *Petrea* L.

蓝花藤 ***Petrea volubilis*** L.

分布：广州 *[37]。

过江藤属 *Phyla* Lour.

过江藤 ***Phyla nodiflora*** (L.) Greene

分布：东莞 [25, 35]、封开 [35] [黄成 164590 (IBSC)]、广州 [35] [黄志 30581 (IBSC)]、海丰 [35] [卫兆芬 121524 (IBK)]、雷州 [35] [姚鹏程、魏亚男 20150037 (HSNU)]、平远 [35] [曾宪锋 ZXF9640 (CZH)]、普宁 [35] [方琼苗 ZXF12125 (CZH)]、仁化 [16]、乳源 [35] [李恒、王汉津 1022 (KUN)]、深圳 [17, 35]、台山 [35] [陈邦余、李泽贤

154 (IBSC)]、阳江 [35] [黄志 41657 (IBSC)]、湛江 [35] [曾宪锋 ZXF13311 (CZH)]、肇庆 [9, 35]、中山 [10, 35]、珠海 [35] [曾宪锋 ZXF11991 (CZH)]。

假马鞭属 *Stachytarpheta* Vahl

白花假马鞭 ***Stachytarpheta cayennensis*** (Rich.) Vahl

分布：大埔 #[248]。

假马鞭 ***Stachytarpheta jamaicensis*** (L.) Vahl

分布：潮州 #[15]、从化 #[107]、东莞 #[25, 82]、佛山 #[500]、广州 #[15, 21]、惠州 #[82]、江门 #[8]、揭阳 #[15]、茂名 #[85]、南澳 #[15]、汕头 #[15]、深圳 #[15, 11, 82, 17]、徐闻 #[15, 497]、湛江 #[416]、中山 #[10, 82]、珠海 #[15, 428]。

马鞭草属 *Verbena* L.

狭叶马鞭草 ***Verbena brasiliensis*** Vell.

分布：潮州 #[15]、乐昌 #[15]、连平 #[15]、紫金 #[31]。

马鞭草 ***Verbena officinalis*** L.

分布：博罗 #[35, 38, 100]、潮州 #[35] [叶华谷 12881 (IBSC)]、从化 #[35, 107]、大埔 #[35] [李学根 202741 (IBSC)]、东莞 #[25, 35]、丰顺 #[35, 95]、封开 #[14, 35]、佛冈 #[27]、佛山 #[500]、广州 #[35] [中草药组 64 (IBSC)]、惠东 #[12, 35]、惠来 #[35] [曾宪锋 ZXF29717 (CZH)]、惠州 #[35] [陈文 9689 (IBSC)]、蕉岭 #[35] [邓良 4775 (IBSC)]、揭西 #[35] [曾宪锋 ZXF24880 (CZH)]、乐昌 #[29, 35, 41]、连南 #[35] [程用谦 1705508 (IBSC)]、连山 #[35] [曾飞燕等 324 (PE)]、连州 #[26, 35]、龙川 #[35] [左景烈 21587 (IBSC)]、龙门 #[35] [张桂才等 143 (HGAS)]、梅州 #[35] [曾宪锋 ZXF31241 (CZH)]、南雄 #[33, 35, 57]、平远 #[35] [李学根 202139 (IBSC)]、清远 #[35] [王瑞江 RQHN00456 (CSH)]、饶平 #[35] [陈念劬 21443 (IBSC)]、仁化 #[16, 35]、乳源 #[26, 35]、韶关 #[35] [王瑞江 RQHN00005 (CSH)]、深圳 #[11, 17, 35]、始兴 #[28, 35]、台山 #[35] [周联选 11635 (KUN)]、翁源 #[35, 51]、五华 #[4]、新丰 #[63]、信宜 #[52]、兴宁 #[35] [曾宪锋 ZXF32491 (CZH)]、阳春 #[35, 45]、阳山 #[26, 35]、英德 #[32]、郁南 #[101]、增城 #[35, 116]、湛江 #[35] [张代贵 70826126 (JIU17000)]、肇庆 #[9, 35]、中山 #[10, 35]、珠海 #[428]、紫金 #[31, 35]。

355. 唇形科 Lamiaceae

藿香属 *Agastache* Clayton ex Gronov.

藿香 ***Agastache rugosa*** (Fisch. & C. A. Mey.) Kuntze

分布：封开 *[14]、广州 *[http://ppbc. iplant. cn/tu/4230356]、惠东 *[12]、惠州 *[http://ppbc. iplant. cn/tu/5156129]、连州 *[26]、仁化 *[16]、乳源 *[26]、郁南 *[101]、肇庆 *[9]。

筋骨草属 *Ajuga* L.

金疮小草 ***Ajuga decumbens*** Thunb.

分布：博罗 [38, 100]、东莞 [25]、佛冈 [27]、广州 [35] [中草药组 202 (IBSC)]、惠东 [12]、乐昌 [29, 35, 41]、连平 [35] [刘瑛光 237 (IBSC)]、南雄 [33, 35, 57]、清远 [35] [黄成 161533 (IBSC)]、仁化 [16, 35]、乳源 [26, 35]、深圳 [17]、始兴 [28, 35]、翁源 [51]、五华 [4]、新丰 [63]、信宜 [52]、阳山 [26]、英德 [32, 35]、郁南 [101]、增城 [116]、肇庆 [9, 35]、中山 [10]、紫金 [31, 35]。

紫背金盘 ***Ajuga nipponensis*** Makino

分布：博罗 [35]、佛冈 [27]、广州 [35]、惠州 [35]、龙门 [35]、仁化 [16]、深圳 [35]、始兴 [28]、五华 [4]、英德 [35]、肇庆 [9, 35]、紫金 [31, 35]。

广防风属 *Anisomeles* R. Br.

广防风 ***Anisomeles indica*** (L.) Kuntze

分布：博罗 [35, 38, 100]、从化 [35, 107]、大埔 [35] [曾怀德 21757 (IBSC)]、德庆 [35] [刘瑛光 1339 (HZ)]、东莞 [25, 35]、东源 [35] [刘国权 LGQ011 (SN)]、恩平 [35] [黄茂先 110535 (HZ)]、丰顺 [35, 95]、封开 [14, 35]、佛冈 [27]、佛山 [35] [陈念劬 7822 (IBSC)]、高州 [35] [蒋英 411 (IBSC)]、广州 [35] [中山大学生物系标本厂 111 (BMNH147861)]、和平 [35] [张桂才 609 (IBSC)]、鹤山 [35] [黄茂先 110834 (HZ)]、怀集 [35] [伍世忠 3954 (IBSC)]、惠东 [12, 35]、惠州 [35] [杨敏仪 YMY042 (CZH)]、江门 [8]、蕉岭 [35] [徐祥浩、林辉奉 253 (IBSC)]、揭西 [35] [许小婷 XXT107 (CZH)]、揭阳 [35] [黄雅凤 HYF115 (CZH)]、乐昌 [29, 35, 41]、连平 [35] [粤 73 1461 (IBSC)]、龙川 [35] [沈碧端 20110445 (SN)]、龙门 [35] [张桂才 8039 (HGAS)]、罗定 [35] [张桂才、刘念 2055 (IBSC)]、茂名 [85]、梅州 [35] [曾宪锋 ZXF41737 (CZH)]、南澳 [35] [陈炳辉 197 (IBSC)]、南雄 [33, 35, 57]、平远 [35] [曾宪锋 ZXF42113 (CZH)]、仁化 [16]、乳源 [35] [姚振生　粤 008 (JXCM0006163)]、汕头 [35] [曾宪锋 ZXF10174 (CZH)]、深圳 [11, 17, 35]、始兴 [28, 35]、台山 [35] [周联选 11438 (KUN)]、翁源 [35, 51]、五华 [4, 35]、新丰 [35, 63]、新兴 [35] [刘瑛光 2225 (IBSC)]、信宜 [52]、兴宁 [35] [丘琼华、张伟城 89 (SN)]、阳春 [35, 45]、阳江 [35] [黄志 41402 (IBSC)]、阳山 [26, 35]、英德 [32, 35]、郁南 [35, 101]、云浮 [35] [黄志 37211 (IBSC)]、增城 [116]、肇庆 [9, 35]、珠海 [35] [唐国旺等 Tang GW012 (KUN)]、紫金 [31, 35]。

紫珠属 *Callicarpa* L.

尖叶紫珠 ***Callicarpa acutifolia*** Hung T. Chang

分布：广州 [35]、云浮 [35]。

紫珠 ***Callicarpa bodinieri*** H. Lév.

分布：封开 [14, 35]、广州 [35] [叶华谷等 394 (IBSC)]、怀集 [35] [程用谦 170636 (IBSC)]、江门 [8]、乐昌 [26, 29, 35]、连南 [35] [谭沛祥 59350 (IBSC)]、连山 [35] [谭沛祥 58399 (PE)]、连州 [35] [左景烈 22634 (IBSC)]、乳源 [26, 35]、翁源 [51]、新丰 [63]、信宜 [52]、阳山 [26, 35]、英德 [32, 35]、郁南 [101]、增城 [116]、肇庆 [9, 35]、紫金 [31, 35]。

短柄紫珠 ***Callicarpa brevipes*** (Benth.) Hance

分布：**博罗** [35] [粤 786205 (IBSC)]、**潮州** [35] [叶华谷 13202 (IBSC)]、**从化** [35] [曾怀德 25249 (IBSC)]、**东莞** [25, 35]、**东源** [35] [分类室 102 (IBSC)]、**封开** [35] [粤 74 74-4680 (IBSC)]、**佛山** [35] [陈文 9901 (IBSC)]、**广宁** [35] [石国良 14376 (IBSC)]、**和平** [35] [张桂才 630 (IBSC)]、**河源** [35] [曾怀德 28853 (IBSC)]、**鹤山** [35] [黄茂先 110737 (PE)]、**惠东** [12, 35]、**江门** [8, 35]、**乐昌** [29, 35]、**连南** [35] [周侨仟 83476 (IBSC)]、**连平** [35] [粤 73 1878 (IBSC)]、**龙川** [35] [左景烈 21643 (IBK)]、**龙门** [35] [南昆山调查队 82239 (IBSC)]、**罗定** [35] [张桂才、刘念 2365 (IBSC)]、**茂名** [85]、**梅州** [35] [2015 级实习队 2016165 (CZH)]、**乳源** [26, 35]、**深圳** [17, 35]、**台山** [35] [左景烈 22495 (IBSC)]、**翁源** [51]、**新丰** [63]、**信宜** [35, 52]、**徐闻** [35] [陈少卿 7565 (IBSC)]、**阳春** [35] [张桂才、刘念 1894 (IBSC)]、**阳山** [26]、**英德** [32, 35]、**云浮** [35] [黄志 36848 (IBK)]、**珠海** [35] [粤 73 2841 (IBSC)]。

白毛紫珠 ***Callicarpa candicans*** (Burm. f.) Hochr.

分布：**深圳** [17, 35]、**台山** [35] [周联选 11595 (KUN)]、**增城** [116]、**肇庆** [9]。

华紫珠 ***Callicarpa cathayana*** Hung T. Chang

分布：**博罗** [35] [粤 786144 (IBSC)]、**大埔** [35] [王学文等 32 (IBSC)]、**东莞** [25, 35]、**恩平** [35] [黄 110389 (PE)]、**封开** [14, 35]、**佛冈** [27]、**广州** [35] [叶华谷 16546 (IBSC)]、**河源** [35] [卫兆芬 120687 (IBSC)]、**惠州** [35] [卫兆芬 121562 (IBSC)]、**蕉岭** [35] [李学根 202298 (IBSC)]、**乐昌** [29, 35]、**连山** [35] [文绍康 580736 (KUN)]、**龙门** [35] [张桂才等 10 (IBSC)]、**南雄** [35] [邓良 6452A (IBSC)]、**平远** [35] [李学根 202007 (IBSC)]、**清远** [35] [黄志 30636 (IBSC)]、**仁化** [16]、**乳源** [26, 35]、**韶关** [35] [陈焕镛 5538 (IBSC)]、**深圳** [11, 17, 35]、**始兴** [28, 35]、**翁源** [35, 51]、**新丰** [35] [叶华谷 914 (IBSC)]、**阳山** [26]、**英德** [32, 35]、**增城** [116]、**肇庆** [9, 35]、**中山** [10, 35]、**珠海** [35] [陈炳辉 1311 (IBSC)]、**紫金** [31, 35]。

丘陵紫珠 ***Callicarpa collina*** Diels

分布：**从化** [107]、**乳源** [26]、**新丰** [35] [粤 7777-5668 (IBSC)]、**英德** [32, 35]。

多齿紫珠 ***Callicarpa dentosa*** (Hung T. Chang) W. Z. Fang

分布：**清远** [35] [黄志 30715B (IBSC)]、**乳源** [35] [刘瑛光 323 (IBSC)]、**英德** [35] [梁向日 60877 (IBSC)]。

白棠子树 ***Callicarpa dichotoma*** (Lour.) K. Koch

分布：**潮州** [35] [曾宪锋 ZXF9556 (CZH)]、**从化** [35, 107]、**东莞** [25, 35]、**东源** [59]、**恩平** [35] [黄茂先 110389 (HZ)]、**丰顺** [35, 95]、**封开** [35] [中山大学黑石顶调查队 04-2-8058 (SYS)]、**佛冈** [27]、**佛山** [35] [黄茂先 111155 (PE)]、**广州** [35] [中草药组 103 (IBSC)]、**和平** [35] [卫兆芬 120576 (IBK)]、**怀集** [35] [刘瑛光 2901 (IBSC)]、**惠东** [35] [陈邦余、张桂才 692 (IBSC)]、**乐昌** [29, 35, 41]、**连南** [35] [谭沛祥 58989 (IBSC)]、**连州** [35] [伍世忠 70179 (IBSC)]、**梅州** [35] [曾宪锋 ZXF38796 (CZH)]、**南雄** [33, 35, 57]、**清远** [35] [黄志、刘心祈 30621 (IBK)]、**仁化** [16]、**乳源** [26, 35]、**翁源** [35, 51]、**新兴** [35] [刘瑛光 2087 (HZ)]、**信宜** [52]、**阳春** [35, 45]、**阳山** [26, 35]、**英德** [32, 35]、**增城** [35, 116]、**肇庆** [9, 35]。

尖尾枫 ***Callicarpa dolichophylla*** Merr.

分布：**潮州** [35] [曾宪锋 ZXF5586 (CZH)]、**德庆** [35] [刘瑛光 1010 (IBSC)]、**东莞** [25, 35]、**东源** [35] [刘全儒等 2010007277 (BNU)]、**佛山** [35] [张慕农 46 (NF)]、**广州** [35] [张宏达 4752 (IBSC)]、**海丰** [35] [李泽贤、邢福武等 788 (IBSC)]、**和平** [35] [谭策铭、易桂花 51596 (JJF)]、**怀集** [35] [刘瑛光 1478 (IBSC)]、**平远** [35] [李学根 202137 (IBSC)]、**清远** [35] [黄志 30204 (IBK)]、**仁化** [16, 35]、**汕头** [35] [蒋英 6922 (PEY)]、**台山** [35] [左景烈 22350 (IBSC)]、**翁源** [35] [刘心祈 25112 (IBSC)]、**新丰** [63]、**信宜** [52]、**阳春** [45]、**阳山** [35] [邓良 61 (IBSC)]、**英德** [32]、**郁南** [101]、**增城** [116]、**肇庆** [9, 35]。

老鸦糊 ***Callicarpa giraldii*** Hesse ex Rehder

分布：**丰顺** [35] [曾宪锋 ZXF2839 (IBSC)]、**封开** [35] [丁广奇、余连 6849 (WUK)]、**高州** [35] [周沛椿 80278 (PE)]、**怀集** [35] [石国良 15135 (IBSC)]、**连山** [35] [曾飞燕等 413 (PE)]、**连州** [35] [南岭队 383 (IBSC)]、**仁化** [16]、**乳源** [26, 35]、**兴宁** [35] [曾宪锋 ZXF22081 (CZH)]、**英德** [32]。

毛叶老鸦糊 ***Callicarpa giraldii* var. *subcanescens*** Rehder

分布：**封开** [35] [粤 74 74-5269 (IBSC)]、**乳源** [26]、**信宜** [52]、**肇庆** [35] [石国良 13640 (IBSC)]。

厚萼紫珠 ***Callicarpa hungtaii*** C. Pei & S. L. Chen

分布：**封开** [14]、**阳春** [3, 35]。

全缘叶紫珠 ***Callicarpa integerrima*** Champ.

分布：**潮州** [35] [曾宪锋 ZXF5844 (CZH)]、**从化** [35] [中德采集队 1146 (IBSC)]、**大埔** [35] [曾怀德 21650 (IBSC)]、**东莞** [25]、**丰顺** [35] [李学根 200973 (IBSC)]、**封开** [14, 35]、**佛冈** [27]、**和平** [35] [张桂才 762 (IBSC)]、**惠东** [12]、**江门** [8]、**梅州** [35] [李学根 202440 (IBSC)]、**平远** [35] [曾宪锋 ZXF42146 (CZH)]、**仁化** [16]、**深圳** [17]、**新丰** [35] [邓良 8215 (IBSC)]、**增城** [116]。

藤紫珠 ***Callicarpa integerrima* var. *chinensis*** (C. Pei) S. L. Chen

分布：**丰顺** [95]、**封开** [14]、**惠东** [12]、**江门** [8]、**乐昌** [29, 35, 41]、**连州** [35] [南岭队 203 (IBSC)]、**南雄** [33, 35, 57]、**仁化** [35] [陈焕镛 5828 (NAU00017783)]、**乳源** [26, 35]、**翁源** [35] [刘心祈 25152 (IBSC)]、**新丰** [35, 63]、**阳山** [35] [邓良 118 (IBK)]、**英德** [32]、**郁南** [101]、**紫金** [31, 35]。

枇杷叶紫珠 ***Callicarpa kochiana*** Makino

分布：**博罗**[35, 38]、**潮州**[35][叶华谷13283 (IBSC)]、**从化**[35][钟智波41 (IBSC)]、**大埔**[35][王学文等22 (IBSC)]、**德庆**[35][刘瑛光875 (HIB0025032)]、**东莞**[25, 35]、**东源**[35][刘全儒201007268 (BNU)]、**丰顺**[35, 95]、**封开**[14, 35]、**佛冈**[27]、**佛山**[35][黄茂先111051 (HZ)]、**广州**[35][中草药组164 (IBSC)]、**海丰**[35][卫兆芬121377 (IBSC)]、**和平**[35][谭策铭等51698 (JJF)]、**河源**[35][华南师范学院743 (IBSC)]、**鹤山**[35][黄茂先110804 (HZ)]、**怀集**[35][伍世忠3797 (IBSC)]、**惠东**[12]、**惠州**[35][曾怀德25807 (IBSC)]、**江门**[8, 35]、**蕉岭**[35][徐祥浩、林辉奉146 (IBSC)]、**揭西**[35][曾宪锋ZXF31276 (CZH)]、**开平**[35][黄茂先110642 (HZ)]、**乐昌**[29, 35, 41]、**连平**[35][粤73 1640 (IBSC)]、**连州**[35][程用谦170488 (IBSC)]、**龙川**[35][曾宪锋ZXF22356 (CZH)]、**龙门**[35][张桂才等36 (IBSC)]、**梅州**[35][曾宪锋ZXF40331 (CZH)]、**南雄**[33, 35, 57]、**平远**[35][曾宪锋ZXF42148 (CZH)]、**饶平**[35][曾宪锋ZXF26420 (CZH)]、**仁化**[16, 35]、**乳源**[35][钟济新10780 (IBSC)]、**韶关**[35][梁向日、黄志31600 (IBK)]、**深圳**[11, 17, 35]、**始兴**[28]、**台山**[35][周联选11499 (KUN)]、**翁源**[35, 51]、**五华**[4, 35]、**新丰**[35, 63]、**阳春**[35][张桂才、刘念222 (IBSC)]、**阳山**[26, 35]、**英德**[32, 35]、**郁南**[35, 101]、**增城**[116]、**肇庆**[35][叶华谷等18175 (IBSC)]、**中山**[10, 35]、**珠海**[35][粤73 2903 (IBSC)]、**紫金**[31, 35]。

广东紫珠 ***Callicarpa kwangtungensis*** Chun

分布：**从化**[107]、**丰顺**[95]、**封开**[35][中山大学黑石顶调查队04-2-8073 (SYS)]、**佛冈**[27]、**广州**[35][陈焕镛8671 (IBSC)]、**江门**[8]、**乐昌**[29, 35, 41]、**连南**[35][谭沛祥58910 (IBSC)]、**连州**[26, 35]、**南雄**[35][邓良6468 (WUK)]、**清远**[35][黄志30715 (IBSC)]、**仁化**[16]、**乳源**[26, 35]、**深圳**[17]、**始兴**[28]、**信宜**[52]、**阳山**[26, 35]、**英德**[32]、**郁南**[101]、**增城**[116]、**肇庆**[35][叶华谷等21148 (IBSC)]、**紫金**[31, 35]。

尖萼紫珠 ***Callicarpa loboapiculata*** F. P. Metcalf

分布：**博罗**[35][高锡朋50049 (IBSC)]、**封开**[14, 35]、**怀集**[35][曾怀德23119 (IBSC)]、**连州**[35][谭沛祥60058 (IBSC)]、**罗定**[35][张桂才、叶华谷2323 (IBSC)]、**乳源**[26]、**信宜**[52]、**徐闻**[35][南路679 (IBSC)]、**阳江**[35][黄志41586 (IBSC)]、**英德**[32]、**增城**[35, 116]、**肇庆**[9, 35]。

长叶紫珠 ***Callicarpa longifolia*** Lam.

分布：**江门**[35][高益询20072501208-2 (SN)]、**新丰**[63]、**增城**[116]、**肇庆**[9]。

长柄紫珠 ***Callicarpa longipes*** Dunn

分布：**潮州**[35][曾宪锋ZXF5938 (CZH)]、**丰顺**[35, 95]、**和平**[35][谭策铭、易桂花51580 (JJF)]、**乐昌**[29, 41]、**连平**[35][粤731854 (IBSC)]、**梅州**[35][曾宪锋ZXF21741 (CZH)]、**仁化**[16]、**乳源**[26]、**新丰**[63]、**阳山**[26]、**英德**[32]、**郁南**[101]。

大叶紫珠 ***Callicarpa macrophylla*** Vahl

分布：**博罗**[5, 35, 100]、**从化**[107]、**德庆**[35][刘瑛光875 (HZ)]、**东莞**[25, 35]、**丰顺**[95]、**封开**[35][祁肖9078 (CSFI)]、**佛冈**[27]、**广州**[35][张宏达4736 (IBSC)]、**江门**[35][张春燕2008040509 (SN)]、**平远**[35][邓良4412 (IBSC)]、**仁化**[16]、**深圳**[11, 17, 35]、**始兴**[28]、**新丰**[63]、**英德**[32]、**肇庆**[9, 35]、**中山**[10, 35]。

窄叶紫珠 ***Callicarpa membranacea*** Hung T. Chang

分布：**丰顺**[95]、**怀集**[35][刘瑛光2901 (PE)]。

裸花紫珠 ***Callicarpa nudiflora*** Hook. & Arn.

分布：**博罗**[35][陈念劬40422 (IBSC)]、**潮州**[35][曾宪锋ZXF5845 (CZH)]、**从化**[35][钟智波等37 (IBSC)]、**东莞**[25, 35]、**佛冈**[27]、**高州**[35][蒋英872 (IBSC)]、**广州**[35][中草药组50 (IBSC)]、**鹤山**[35][黄茂先110849 (HZ)]、**化州**[35][湛江区植物调查队2972 (IBSC)]、**连州**[35][陈真传12819 (SZG)]、**茂名**[85]、**乳源**[26]、**深圳**[11, 17, 35]、**台山**[35][粤73 2739 (IBSC)]、**新兴**[35][刘瑛光2113 (HZ)]、**信宜**[35, 52]、**徐闻**[35][梁向日65634 (IBSC)]、**阳春**[35][张桂才、刘念648 (IBSC)]、**阳山**[26]、**英德**[32]、**云浮**[35][黄志1835 (PEY)]、**湛江**[35][杨彬824019 (JIU16927)]、**肇庆**[35][刘瑛光1773 (HZ)]、**珠海**[35][高蕴璋等306 (HGAS)]。

罗浮紫珠 ***Callicarpa oligantha*** Merr.

分布：**博罗**[3, 35, 37, 100]。

少花紫珠 ***Callicarpa pauciflora*** Chun ex Hung T. Chang

分布：**乳源**[26, 35, 3]、**阳山**[26]、**英德**[32]、**紫金**[31]。

杜虹花 ***Callicarpa pedunculata*** R. Br.

分布：**博罗**[35, 100]、**潮州**[35][朱国根2014108 (CZH)]、**从化**[35, 107]、**大埔**[35][李学根202512 (IBSC)]、**德庆**[35][刘瑛光922 (HZ)]、**东莞**[25, 35]、**东源**[59]、**丰顺**[35, 95]、**封开**[14, 35]、**佛冈**[27]、**广州**[35][叶华谷等287 (IBSC)]、**海丰**[35][陈炳辉579 (IBSC)]、**和平**[35][张桂才等169 (IBSC)]、**河源**[35][曾怀德28715 (IBSC)]、**化州**[35][湛江区植物调查队3026 (IBSC)]、**怀集**[35][刘瑛光2732 (PE)]、**惠东**[12, 35]、**惠州**[35][卫兆芬121569 (IBSC)]、**江门**[8]、**蕉岭**[35][南岭队2288 (IBSC)]、**揭西**[35][黄秀娴2016027 (CZH)]、**乐昌**[29, 35, 41]、**连南**[35][谭沛祥58462 (IBSC)]、**连平**[35][粤73 1463 (IBSC)]、**连山**[35][谭沛祥58546 (PE)]、**龙川**[35][杨晓萍20110454 (SN)]、**龙门**[35][南岭队2051 (IBSC)]、**陆丰**[35][南植地8470 (IBSC)]、**茂名**[35][湛江区植物调查队3779 (IBSC)]、**梅州**[35][曾宪锋ZXF5240 (CZH)]、**南雄**[33, 35, 57]、**平远**[35][李学根201903 (IBSC)]、**清远**[35][黄成161622 (IBSC)]、**饶平**[35][李学根200551 (IBSC)]、**仁化**[16, 35]、**乳源**[26, 35]、**韶关**[35][To & Tsang12008 (PE)]、**深圳**[17, 35]、**始兴**[28, 35]、**翁源**

[35, 51]、五华 [4, 35]、新丰 [35, 63]、信宜 [52]、阳山 [35] [徐德明 613 (IBSC)]、英德 [32, 35]、增城 [35, 116]、肇庆 [9, 35]、紫金 [31, 35]。

钩毛紫珠 ***Callicarpa peichieniana*** Chun & S. L. Chen

分布：从化 [35, 107]、德庆 [35] [刘瑛光 1388 (IBSC)]、封开 [14, 35]、广宁 [35] [石国良 14379 (IBSC)]、怀集 [35] [刘瑛光 3025 (HZ)]、江门 [8]、乐昌 [29, 35]、连州 [35] [左景烈 22690 (IBSC)]、乳源 [26, 35]、韶关 [35] [梁向日、黄荣焜 31698 (IBSC)]、始兴 [28]、翁源 [51]、新丰 [35, 63]、阳春 [45]、阳山 [26]、英德 [32, 35]、增城 [116]。

拟红紫珠 ***Callicarpa pseudorubella*** Hung T. Chang

分布：乳源 [26]、肇庆 [35]。

红紫珠 ***Callicarpa rubella*** Lindl.

分布：博罗 [35, 38, 100]、潮州 [35] [曾宪锋 ZXF5823 (CZH)]、从化 [35, 107]、大埔 [35] [张桂才 561 (IBSC)]、德庆 [35] [刘瑛光 1006 (PE)]、东莞 [25, 35]、恩平 [35] [黄茂先 110404 (NAS)]、丰顺 [35, 95]、封开 [14, 35]、佛冈 [27]、高州 [35] [周沛椿 80314 (IBSC)]、广宁 [35] [石国良 14374 (IBSC)]、广州 [35] [叶华谷 315 (IBSC)]、和平 [35] [张桂才等 75 (IBSC)]、河源 [35] [华南师范学院 873 (IBSC)]、鹤山 [35] [黄茂先 110847 (PE)]、化州 [35] [湛江区植物调查队 2953 (IBSC)]、怀集 [35] [农林厅 30099 (IBSC)]、惠东 [12, 35]、惠州 [35] [曾怀德 25640 (IBSC)]、江门 [8, 35]、揭西 [35] [曾宪锋 ZXF21154 (CZH)]、开平 [35] [黄茂先 110605 (HZ)]、乐昌 [29, 35, 41]、连南 [35] [曾飞燕等 514 (PE)]、连山 [35] [谭沛祥 584354 (PE)]、连州 [26, 35]、龙门 [35] [张桂才等 24 (IBSC)]、陆河 [35] [曾宪锋 ZXF42689 (CZH)]、罗定 [35] [张桂才、刘念 2431 (IBSC)]、茂名 [35] [朱志淞 1087 (IBSC)]、梅州 [35] [南植地 7334 (IBSC)]、南雄 [33, 35, 57]、平远 [35] [曾宪锋 ZXF44217 (CZH)]、清远 [35] [刘心祈、黄志 30716 (IBK)]、仁化 [16]、乳源 [26, 35]、深圳 [17, 35]、始兴 [28, 35]、四会 [35] [曾宪锋 ZXF38365 (CZH)]、台山 [35] [左景烈 22416 (IBSC)]、翁源 [51]、五华 [4, 35]、新丰 [35, 63]、新兴 [35] [刘瑛光 2122 (PE)]、信宜 [35, 52]、兴宁 [35] [曾宪锋 ZXF27991 (CZH)]、阳春 [35] [张桂才、刘念 850 (IBSC)]、阳江 [35] [黄志 41510 (IBSC)]、阳山 [26, 35]、英德 [32, 35]、郁南 [35, 101]、增城 [116]、肇庆 [9, 35]、中山 [10, 35]、珠海 [35] [陈炳辉 723 (IBSC)]、紫金 [31, 35]。

秃红紫珠 ***Callicarpa rubella*** **var.** ***subglabra*** (C. Pei) Hung T. Chang

分布：乳源 [26]、新丰 [63]、信宜 [52]。

裂叶紫珠 ***Callicarpa ruptofoliata*** R. H. Miao

分布：乳源 [464, 3]。

鼎湖紫珠 ***Callicarpa tingwuensis*** Hung T. Chang

分布：肇庆 [3, 9, 35]。

莸属 *Caryopteris* Bunge

潮州莸 ***Caryopteris alternifolia*** Y. S. Chen & C. L. Xiang

分布：潮州 [137]。

兰香草 ***Caryopteris incana*** (Thunb.) Miq.

分布：潮州 [35] [曾宪锋 ZXF2566 (IBSC)]、大埔 [35] [曾怀德 21714 (IBSC)]、东莞 [25]、东源 [35] [刘国权 LGQ016 (SN)]、丰顺 [35] [曾宪锋 ZXF8243 (CZH)]、封开 [14, 35]、广州 [35] [中草药组 207 (IBSC)]、怀集 [35] [石国良 14528 (IBSC)]、蕉岭 [35] [南岭队 2398 (IBSC)]、揭西 [35] [曾宪锋 ZXF35883 (CZH)]、乐昌 [29, 35, 41]、连平 [35] [粤 73 1729 (IBSC)]、连州 [35] [两广队 407 (PE)]、龙川 [35] [曾宪锋 ZXF32446 (CZH)]、陆丰 [35] [南植地 8335 (IBSC)]、陆河 [35] [曾宪锋 ZXF42731 (CZH)]、梅州 [35] [侯宽昭 71196 (IBSC)]、南澳 [35] [陈炳辉 279 (IBSC)]、南雄 [33, 35, 57]、平远 [35] [南岭队 3019 (IBSC)]、饶平 [35] [曾宪锋 ZXF34729 (CZH)]、仁化 [16, 35]、乳源 [26, 35]、深圳 [17]、始兴 [28, 35]、翁源 [35, 51]、五华 [4]、新丰 [63]、兴宁 [35] [曾宪锋 ZXF22071 (CZH)]、阳山 [26, 35]、英德 [32, 35]、紫金 [31, 35]。

铃子香属 *Chelonopsis* Miq.

浙江铃子香 ***Chelonopsis chekiangensis*** C. Y. Wu

分布：乳源 [307]。

短梗浙江铃子香 ***Chelonopsis chekiangensis*** **var.** ***brevipes*** C. Y. Wu & H. W. Li

分布：乐昌 [29, 35]、乳源 [307, 26, 35]。

毛药花 ***Chelonopsis deflexa*** (Benth.) Diels

分布：乐昌 [29]、乳源 [26]、始兴 [28]。

大青属 *Clerodendrum* L.

臭牡丹 ***Clerodendrum bungei*** Steud.

分布：博罗 [38]、从化 [107]、封开 [14]、江门 [8]、龙门 [http://ppbc. iplant. cn/tu/3579350]、清远 [http://ppbc. iplant. cn/tu/13106377]、肇庆 [http://ppbc. iplant. cn/tu/1740292]。

灰毛大青 ***Clerodendrum canescens*** Wall.

分布：博罗 [5, 35]、潮州 [35] [曾宪锋 ZXF6619 (CZH)]、大埔 [35] [邓良 5410 (IBSC)]、德庆 [35] [刘瑛光 1041 (IBSC)]、东莞 [25, 35]、丰顺 [35, 95]、高州 [35] [周沛椿 80347 (IBSC)]、广州 [35] [王雨童 2017GZZ305 (SN)]、惠东 [35] [陈邦余、张桂才 446 (IBSC)]、江门 [8, 35]、蕉岭 [35] [南岭队 2233 (IBSC)]、揭西 [35] [曾宪锋 ZXF21111 (CZH)]、乐昌 [29, 35, 41]、连州 [35] [陈国强 3899 (IBSC)]、龙川 [35] [曾宪锋 ZXF32373 (CZH)]、茂名 [85]、南澳 [35] [陈炳辉 198 (IBSC)]、南雄 [33, 35, 57]、平远 [35] [曾宪锋 ZXF9321 (CZH)]、清远 [35] [黄志 30766 (IBSC)]、饶平 [35] [李学根 200704 (IBSC)]、仁化 [16]、汕头 [35] [梁其瑾 1233 (PEY)]、深圳 [17, 35]、始兴 [28, 35]、台山 [35] [粤 73 2740 (IBSC)]、五华 [4]、新丰 [35] [粤 7777 5647 (IBSC)]、信宜 [35, 52]、

徐闻 [35] [南路 683 (IBK)]、阳春 [35] [张桂才、刘念 1953 (IBSC)]、阳江 [35] [黄志 41485 (IBSC)]、阳山 [35] [徐德明 526 (IBSC)]、郁南 [35, 101]、增城 [35] [黄成 161943 (IBSC)]、肇庆 [35] [叶华谷等 18474 (IBSC)]、中山 [10, 35]、珠海 [35] [粤 73 2899 (IBSC)]、紫金 [31, 35]。

重瓣臭茉莉 ***Clerodendrum chinense*** (Osbeck) Mabb.

分布：**博罗** *[38]、**从化** #[107]、**佛冈** #[27]、**广州** #[http://ppbc. iplant. cn/tu/10118596]、**江门** #[8]、**茂名** #[85]、**深圳** #[17]、**翁源** #[51]、**信宜** #[52]、**阳山** #[26]、**英德** #[32]、**郁南** #[101]、**肇庆** #[9]、**紫金** #[31]。

臭茉莉 ***Clerodendrum chinense*** **var.** ***simplex*** (Moldenke) S. L. Chen

分布：**博罗** [5, 38]、**从化** [107]、**丰顺** [95]、**佛冈** [27]、**深圳** [11]、**信宜** [52]、**英德** [32]、**郁南** [101]、**中山** [10]。

腺茉莉 ***Clerodendrum colebrookianum*** Walp.

分布：**新兴** [35] [刘瑛光 2149 (IBSC)]、**阳春** [35] [张桂才、刘念 642 (IBSC)]。

大青 ***Clerodendrum cyrtophyllum*** Turcz.

分布：**博罗** [38, 100]、**潮州** [35] [曾宪锋 ZXF9557 (CZH)]、**从化** [107]、**大埔** [35] [李学根 202606 (IBSC)]、**东莞** [25, 35]、**丰顺** [35, 95]、**佛冈** [27]、**佛山** [35] [黄奕孜、许先宏 HYZ039 (CZH)]、**高州** [35] [周沛椿 10107 (IBSC)]、**广宁** [35] [石国良 14426 (IBSC)]、**广州** [35] [叶育石 5325 (IBSC)]、**和平** [35] [张桂才等 89 (IBSC)]、**河源** [35] [卫兆芬 120766 (IBSC)]、**蕉岭** [35] [南岭队 2200 (IBSC)]、**揭西** [35] [曾宪锋 ZXF35521 (CZH)]、**乐昌** [29, 35, 41]、**连南** [35] [谭沛祥 59516 (IBSC)]、**连平** [35] [粤 73 1953 (IBSC)]、**连州** [26, 35]、**龙川** [35] [曾宪锋 ZXF32356 (CZH)]、**龙门** [35] [张桂才等 426 (HGAS)]、**罗定** [35] [张桂才、刘念 1990 (IBSC)]、**茂名** [35, 85]、**梅州** [35] [李学根 202402 (IBSC)]、**南雄** [33, 35, 57]、**平远** [35] [李学根 202163 (IBSC)]、**饶平** [35] [曾宪锋 ZXF34726 (CZH)]、**仁化** [16]、**乳源** [26, 35]、**深圳** [11, 17, 35]、**始兴** [28, 35]、**台山** [35] [左景烈 22279 (IBSC)]、**翁源** [51]、**五华** [4, 35]、**新丰** [35, 63]、**新兴** [35] [刘瑛光 2028 (IBSC)]、**信宜** [35, 52]、**兴宁** [35] [李学根 201827 (IBSC)]、**徐闻** [35] [周远瑞 100156 (IBK)]、**阳春** [35, 45]、**阳江** [35] [黄志 41572 (IBSC)]、**阳山** [26, 35]、**英德** [32]、**郁南** [35, 101]、**增城** [116]、**湛江** [35] [徐亮 813016 (JIU16956)]、**肇庆** [9, 35]、**中山** [10, 35]、**珠海** [35] [李泽贤、邢福武 673 (IBSC)]、**紫金** [31, 35]。

白花灯笼 ***Clerodendrum fortunatum*** L.

分布：**博罗** [35, 38, 100]、**潮州** [35] [曾宪锋 ZXF6004 (CZH)]、**从化** [35, 107]、**大埔** [35] [李学根 202663 (IBSC)]、**德庆** [35] [刘瑛光 881 (IBSC)]、**东莞** [25, 35]、**东源** [35, 59]、**恩平** [35] [黄茂先 110293 (PE)]、**丰顺** [35, 95]、**封开** [14, 35]、**佛冈** [27]、**佛山** [35] [黄茂先 111049 (HZ)]、**高州** [35] [周沛椿 10378 (PE)]、**广宁** [35] [汪一勋 8651 (IBSC)]、**广州** [35] [朱淑英 93-1-5-4-5 (SN)]、**海丰** [35] [周业祝 ZYZ037 (CZH)]、**和平** [35] [张桂才 643 (IBSC)]、**怀集** [35] [刘瑛光 2952 (IBSC)]、**惠东** [12, 35]、**惠来** [35] [曾宪锋 ZXF29702 (CZH)]、**惠州** [35] [叶华谷、曾飞燕 21973 (IBSC)]、**江门** [8, 35]、**揭西** [35] [许小婷 XXT082 (CZH)]、**揭阳** [35] [曾宪锋 ZXF31660 (CZH)]、**开平** [35] [黄茂先 110618 (PE)]、**乐昌** [29, 35]、**连平** [35] [粤 73 1906 (IBSC)]、**连山** [35] [谭沛祥 58509 (KUN)]、**连州** [35] [黄茂先 111572 (IBSC)]、**龙川** [35] [王颖 WY049 (CZH)]、**龙门** [35] [林正眉 2018052704 (SN)]、**陆丰** [35] [许小婷 XXT045 (CZH)]、**陆河** [35] [曾宪锋 ZXF42727 (CZH)]、**罗定** [35] [张桂才、刘念 2247 (IBSC)]、**茂名** [35, 85]、**梅州** [35] [曾宪锋 ZXF43668 (CZH)]、**南澳** [35] [曾宪锋 ZXF6171 (CZH)]、**南雄** [57]、**平远** [35] [李学根 201879 (IBSC)]、**普宁** [35] [曾宪锋 ZXF42938 (CZH)]、**饶平** [35] [曾宪锋 ZXF30501 (CZH)]、**仁化** [16]、**乳源** [26, 35]、**汕头** [35] [曾宪锋 ZXF35833 (CZH)]、**韶关** [35] [麦一飞 20271 (IBSC)]、**深圳** [11, 17, 35]、**台山** [35] [左景烈 22453 (IBSC)]、**翁源** [35, 51]、**五华** [4, 35]、**新丰** [35, 63]、**新兴** [35] [刘瑛光 2065 (IBSC)]、**信宜** [35, 52]、**兴宁** [35] [徐祥浩 1011 (IBSC)]、**阳春** [35, 45]、**阳江** [35] [黄志 41460 (IBSC)]、**阳山** [26, 35]、**英德** [32, 35]、**郁南** [35, 101]、**云浮** [35] [黄志 37416 (IBSC)]、**增城** [116]、**湛江** [35] [贺乐 813029 (JIU16974)]、**肇庆** [9, 35]、**中山** [10, 35]、**紫金** [31, 35]。

长管大青 ***Clerodendrum indicum*** (L.) Kuntze

分布：**台山** [35] [周联选 11586 (KUN)]。

赪桐 ***Clerodendrum japonicum*** (Thunb.) Sweet

分布：**博罗** [35, 38, 100]、**潮州** [35] [曾宪锋 ZXF01889 (CZH)]、**大埔** [35] [曾怀德 21068 (IBSC)]、**东莞** [25, 35]、**东源** [59]、**恩平** [35] [黄茂先 110392 (HZ)]、**丰顺** [35, 95]、**封开** [14]、**佛冈** [27]、**佛山** [35] [黄茂先 110727 (PE)]、**高州** [35] [周沛椿 10140 (IBSC)]、**广州** [35] [邓良 9423 (IBSC)]、**惠东** [12]、**乐昌** [29, 35, 41]、**连州** [35] [朱志淞 723 (IBSC)]、**茂名** [35, 85]、**南雄** [33, 35, 57]、**清远** [35] [黄志 32554 (IBSC)]、**饶平** [35] [李学根 200812 (IBSC)]、**仁化** [16]、**深圳** [17, 35]、**始兴** [35] [邓良 6972 (IBSC)]、**信宜** [52]、**徐闻** [35] [南路 364 (IBSC)]、**阳春** [35, 45]、**阳江** [35] [黄志 41561 (IBSC)]、**阳山** [35] [邓良 1667 (IBSC)]、**英德** [32, 35]、**肇庆** [9, 35]、**中山** [10, 35]。

广东大青 ***Clerodendrum kwangtungense*** Hand. -Mazz.

分布：**大埔** [35] [王学文等 108 (IBSC)]、**丰顺** [35] [曾宪锋 ZXF6894 (CZH)]、**封开** [14, 35]、**怀集** [35] [朱志淞 50116 (IBSC)]、**乐昌** [29, 35, 41]、**龙门** [35] [王学文、张桂才 8117 (IBSC)]、**平远** [35] [曾宪锋 ZXF10916 (CZH)]、**清远** [35] [黄志 30104 (IBSC)]、**仁化** [16, 35]、**乳源** [26, 35]、**始兴** [28]、**翁源** [35, 51]、**信宜** [35, 52]、**阳山** [26]、**英德** [32,

35]、郁南 [35, 101]、肇庆 [9, 35]、紫金 [31, 35]。

尖齿臭茉莉 ***Clerodendrum lindleyi*** Decne. ex Planch.

分布：潮州 [35] [叶华谷 12987 (IBSC)]、从化 [35] [中德采集队 1028 (IBSC)]、大埔 [35] [王学文等 34 (IBSC)]、丰顺 [35, 95]、封开 [14, 35]、佛山 [35] [陈念劬 7818 (IBSC)]、广州 [35] [虞珏曼 5495 (IBK)]、河源 [35] [左景烈 21669 (IBSC)]、怀集 [35] [曾怀德 23297 (IBSC)]、惠东 [35] [陈邦余、张桂才等 473 (IBSC)]、江门 [8]、乐昌 [29, 35, 41]、连南 [35] [朱志淞 60778 (IBSC)]、连平 [35] [卫兆芬 120011 (IBSC)]、连山 [35] [谭沛祥 58107 (KUN)]、连州 [35] [谭沛祥 60132 (IBSC)]、龙门 [35] [张桂才等 150 (IBSC)]、罗定 [35] [张桂才、刘念 2048 (IBSC)]、南雄 [33, 35, 57]、仁化 [16, 35]、乳源 [26, 35]、韶关 [35] [丘理和 20268 (IBSC)]、深圳 [17, 35]、始兴 [28, 35]、台山 [35] [李泽贤等 503 (IBSC)]、翁源 [35, 51]、五华 [4, 35]、信宜 [35] [高锡朋 51430 (IBSC)]、阳春 [35] [张桂才、刘念 1827 (IBSC)]、阳山 [26, 35]、英德 [32, 35]、增城 [116]、肇庆 [35] [中德采集队 847 (IBSC)]、紫金 [31, 35]。

海通 ***Clerodendrum mandarinorum*** Diels

分布：高州 [35] [周沛椿 10145 (PE)]、乐昌 [29, 35, 41]、连南 [35] [谭沛祥 59404 (IBSC)]、连州 [35] [左景烈 22698 (IBSC)]、清远 [陈又生 , 徐晔春 QY20230301]、仁化 [16]、乳源 [26, 35]、始兴 [28, 35]、信宜 [35, 52]、阳山 [26]、英德 [32]。

杨梅叶大青 ***Clerodendrum myricoides*** R. Br.

分布：深圳 *[17]。

圆锥大青 ***Clerodendrum paniculatum*** L.

分布：英德 [Tsui T. M. 306 (NAS00217179)]。

九连灯 ***Clerodendrum petasites*** (Lour.) S. Moore

分布：博罗 *[100]、英德 *[32]。

烟火树 ***Clerodendrum quadriloculare*** (Blanco) Merr.

分布：佛山 *[http://ppbc. iplant. cn/tu/10183643]、广州 *[http://ppbc. iplant. cn/tu/13270777]、惠州 *[http://ppbc. iplant. cn/tu/6145746]。

美丽赪桐 ***Clerodendrum speciosissimum*** Drapiez

分布：仁化 *[16]。

华丽龙吐珠 ***Clerodendrum splendens*** G. Don

分布：深圳 *[17]。

龙吐珠 ***Clerodendrum thomsoniae*** Balf. f.

分布：博罗 *[38]、从化 *[107]、乐昌 *[29]、仁化 *[16]、深圳 *[17]、肇庆 *[9]。

垂茉莉 ***Clerodendrum wallichii*** Merr.

分布：深圳 *[17]。

风轮菜属 *Clinopodium* L.

风轮菜 ***Clinopodium chinense*** (Benth.) Kuntze

分布：博罗 #[5, 38]、东莞 #[25]、丰顺 #[35] [曾宪锋 ZXF05776 (CZH)]、和平 #[35] [张桂才 614 (IBSC)]、乐昌 #[26, 29, 35, 41]、连平 #[35] [粤 73 1865 (IBSC)]、连州 #[35] [南岭队 390 (IBSC)]、南雄 #[33, 35, 57]、仁化 #[16]、乳源 #[26, 35]、始兴 #[28, 35]、翁源 #[35, 51]、信宜 #[52]、阳山 #[35] [徐德明 784 (IBSC)]、英德 #[32, 35]、肇庆 #[9]、紫金 #[31, 35]。

邻近风轮菜 ***Clinopodium confine*** (Hance) Kuntze

分布：封开 [14]、乐昌 [29, 35]、连州 [26]、平远 [35] [邓良 4475 (IBSC)]、乳源 [26]。

细风轮菜 ***Clinopodium gracile*** (Benth.) Matsum.

分布：博罗 [5, 38]、潮州 [35] [曾宪锋 ZXF6539 (CZH)]、从化 [35] [黄志 44735 (IBSC)]、大埔 [35] [邓良 5223 (IBSC)]、东莞 [25, 35]、东源 [35] [分类室 141 (IBSC)]、丰顺 [35, 95]、封开 [14, 35]、佛冈 [27]、广州 [35] [林有润 89-122 (BJM)]、河源 [35] [左景烈 21513 (IBSC)]、惠东 [12, 35]、惠州 [35] [曾怀德 25584 (IBSC)]、蕉岭 [35] [邓良 4537 (IBSC)]、乐昌 [29, 35, 41]、连平 [35] [刘瑛光 271 (IBSC)]、龙门 [35] [张桂才 296 (IBSC)]、罗定 [35] [张桂才、刘念 2019 (IBSC)]、梅州 [35] [曾宪锋 ZXF31246 (CZH)]、南雄 [33, 35, 57]、平远 [35] [李学根 201943 (IBSC)]、普宁 [35] [曾宪锋 ZXF12449 (CZH)]、饶平 [35] [李学根 200624 (IBSC)]、仁化 [16, 35]、乳源 [26, 35]、深圳 [17, 35]、始兴 [35] [王学文、张桂才 163 (IBSC)]、翁源 [35, 51]、五华 [4]、新丰 [63]、信宜 [35, 52]、阳春 [35, 45]、阳山 [26]、英德 [35] [梁宝汉 84135 (IBSC)]、郁南 [101]、云浮 [35] [黄志、邓良 521 (IBSC)]、增城 [35, 116]、肇庆 [9, 35]、紫金 [31, 35]。

鞘蕊花属 *Coleus* Lour.

肉叶鞘蕊花 ***Coleus carnosifolius*** (Hemsl.) Dunn

分布：深圳 *[17]、阳春 [35, 37]、阳山 [26]、云浮 [35] [辛树帜 5263 (IBSC)]。

五彩苏 ***Coleus scutellarioides*** (L.) Benth.

分布：封开 *[14]、江门 *[8]、乐昌 *[29]、仁化 *[16]、深圳 *[17]、郁南 *[101]。

小五彩苏 ***Coleus scutellarioides* var. *crispipilus*** (Merr.) H. Keng

分布：深圳 *[17]、英德 [32]、肇庆 [9]。

绵穗苏属 *Comanthosphace* S. Moore

天人草 ***Comanthosphace japonica*** (Miq.) S. Moore

分布：乳源 [26, 35]。

香薷属 *Elsholtzia* Willd.

紫花香薷 ***Elsholtzia argyi*** H. Lév.

分布：丰顺 [35, 95]、和平 [35] [张桂才 655 (IBSC)]、乐昌 [29, 35, 41]、连平 [35] [粤 73 1917 (IBSC)]、连州 [35] [高锡朋 50845 (IBSC)]、南雄 [33, 35, 57]、平远 [35] [曾宪锋 ZXF09904 (CZH)]、清远 [35] [黄志 30224 (IBK)]、仁化 [16]、乳源 [26, 35]、深圳 [17]、翁源 [35] [刘心祈 27914 (KUN)]、信宜 [52]、阳山 [26, 35]、英德 [32]、紫金 [31, 35]。

香薷 ***Elsholtzia ciliata*** (Thunb.) Hyl.

分布：封开 #[14]、佛冈 #[27]、广州 #[35] [曾呈奎 250 (AU)]、怀集 #[35] [刘瑛光 3201 (HZ)]、乐昌 #[29, 35, 41]、乳源 #[35] [姚振生 粤 056 (JXCM0006162)]、始兴 #[28, 35]、肇庆 #[35] [丁广奇、石国良 1981 (IBSC)]。

水香薷 ***Elsholtzia kachinensis*** Prain

分布：乐昌 [29, 35]、连州 [35] [左景烈 22644 (IBSC)]、乳源 [35] [高锡朋 53405 (IBSC)]、韶关 [22]、阳山 [26, 35]。

海州香薷 ***Elsholtzia splendens*** Nakai ex F. Maek.

分布: 乐昌 [26, 29, 35]、乳源 [35] [高锡朋 54736 (IBSC)]、始兴 [28]、信宜 [52]、阳山 [26]、英德 [32]、肇庆 [9]。

穗状香薷 ***Elsholtzia stachyodes*** (Link) C. Y. Wu

分布：乐昌 [29, 35]。

活血丹属 *Glechoma* L.

日本活血丹 ***Glechoma grandis*** (A. Gray) Kupr.

分布：潮州 #[397]。

活血丹 ***Glechoma longituba*** (Nakai) Kupr.

分布：博罗 [5, 38]、从化 [35] [黄志 44716 (IBSC)]、丰顺 [95]、封开 [14]、江门 [8]、乐昌 [29, 35, 41]、茂名 [85]、南雄 [33, 35, 57]、仁化 [16, 35]、乳源 [35] [粤 7188 (IBSC)]、深圳 [17, 35]、始兴 [28, 35]、翁源 [51]、信宜 [52]、阳山 [26]、云浮 [35] [黄志 40824 (IBSC)]、增城 [35] [曾怀德 20076 (IBSC)]、肇庆 [9, 35]。

石梓属 *Gmelina* L.

云南石梓 ***Gmelina arborea*** Roxb.

分布：肇庆 *[9]。

亚洲石梓 ***Gmelina asiatica*** L.

分布：博罗 [35] [王显智 69 (IBSC)]、紫金 [31]。

石梓 ***Gmelina chinensis*** Benth.

分布：广州 [35] [王崇书 294 (PE)]、江门 [8]、兴宁 [35] [曾宪锋 ZXF27528 (CZH)]。

苦梓 ***Gmelina hainanensis*** Oliv.

分布：丰顺 [35] [曾宪锋 ZXF07028 (CZH)]、广州 [20, 35]、江门 [8]、乳源 [20, 35]、深圳 [35] [刘芳齐 3487 (SZG)]、阳春 [35, 20, 45]、阳江 [20, 35]、英德 [32]、郁南 [101]、增城 [116]。

锥花属 *Gomphostemma* Wall. ex Benth.

中华锥花 ***Gomphostemma chinense*** Oliv.

分布: 博罗 [35, 37]、潮州 [35] [曾宪锋 ZXF8377 (CZH)]、从化 [35] [钟智波 45 (IBSC)]、东莞 [25, 35]、丰顺 [35, 95]、封开 [14, 35]、佛冈 [27]、海丰 [35] [曾宪锋 ZXF4463 (CZH)]、和平 [35] [张桂才 10 (IBSC)]、惠东 [12, 35]、乐昌 [29, 35, 41]、连平 [35] [粤 73 1957 (IBSC)]、龙门 [35] [王学文、张桂才 8112 (IBSC)]、罗定 [35] [张桂才、刘念 2337 (IBSC)]、茂名 [35] [邓良 2133 (IBSC)]、梅州 [35] [曾怀德 21458 (IBSC)]、平远 [35] [曾宪锋 ZXF10727 (CZH)]、饶平 [35] [曾宪锋 ZXF3398 (IBSC)]、仁化 [16, 35]、乳源 [26, 35]、深圳 [17, 35]、始兴 [28, 35]、翁源 [51]、五华 [4]、新丰 [35, 63]、信宜 [35, 52]、阳春 [35] [张桂才、刘念 369 (IBSC)]、阳山 [26, 35]、英德 [32, 35]、郁南 [35, 101]、增城 [116]、肇庆 [9, 35]、紫金 [31, 35]。

紫花锥花 ***Gomphostemma chinense f. purpureum*** Zhi H. Chen & W. B. Liao

分布：信宜 [138]。

光泽锥花 ***Gomphostemma lucidum*** Wall. ex Benth.

分布：信宜 [52]、郁南 [101]。

四轮香属 *Hanceola* Kudô

出蕊四轮香 ***Hanceola exserta*** Y. Z. Sun

分布：乐昌 [26, 29, 35, 41]、连州 [35] [谭沛祥 59828 (IBK)]、乳源 [26, 35]、郁南 [101]。

冬红属 *Holmskioldia* Retz.

冬红 ***Holmskioldia sanguinea*** Retz.

分布：深圳 *[17]。

吊球草属 *Hyptis* Jacq.

短柄吊球草 ***Hyptis brevipes*** Poit.

分布：博罗 #[5]、惠东 #[12]、茂名 #[15]、梅州 #[15]、深圳 #[82]、阳江 #[15]。

吊球草 ***Hyptis rhomboidea*** M. Martens & Galeotti

分布：广州 #[15]、惠东 #[12]、深圳 #[82]、台山 #[15]、湛江 #[416]。

香茶菜属 *Isodon* (Schrad. ex Benth.) Spach

香茶菜 ***Isodon amethystoides*** (Benth.) H. Hara

分布：潮州 [35] [曾宪锋 ZXF8644 (CZH)]、从化 [107]、东莞 [25]、丰顺 [35] [曾宪锋 ZXF8046 (CZH)]、封开 [14]、佛冈 [27]、广州 [35] [叶育石 5179 (IBSC)]、和平 [35] [谭策铭、曹仕优 99533 (JJF)]、怀集 [35] [刘瑛光 3002 (IBSC)]、江门 [8]、乐昌 [35, 41]、连平 [35] [粤 73 1409 (IBSC)]、龙川 [35] [曾宪锋 ZXF22301 (CZH)]、平远 [35] [曾宪锋 ZXF41924 (CZH)]、乳源 [26, 35]、深圳 [17]、始兴 [28, 35]、翁源 [35, 51]、五华 [4]、信宜 [52]、兴宁 [35] [罗献瑞 1247 (IBSC)]、阳山 [26]、英德 [32]、郁南 [101]、增城 [116]、紫金 [31, 35]。

短距香茶菜 ***Isodon brevicalcaratus*** (C. Y. Wu & H. W. Li) H. Hara

分布：连州 [3]。

短梗香茶菜 ***Isodon brevipedunculatus*** Y. P. Chen & C. L. Xiang

分布：连山 [139]。

细锥香茶菜 ***Isodon coetsa*** (Buch. -Ham. ex D. Don) Kudô

分布：河源 [35] [刘全儒等 DJ20090721001 (BNU)]、南雄 [33, 35, 57]、翁源 [51]、英德 [32]。

线纹香茶菜 ***Isodon lophanthoides*** (Buch. -Ham. ex D. Don)

H. Hara

分布：从化 [35] [中德采集队 1056 (IBSC)]、丰顺 [35, 95]、封开 [35] [丁广奇、余连 6612 (WUK)]、佛冈 [27]、广州 [35] [罗献瑞 1150 (IBSC)]、怀集 [35] [刘瑛光 26691 (HZ)]、乐昌 [26, 41, 35]、连平 [35] [粤 73 1929 (IBSC)]、连州 [35] [梁宝汉 85380 (IBSC)]、罗定 [35] [张桂才、刘念 2039 (IBSC)]、南雄 [33, 35, 57]、清远 [35] [刘心祈 30194 (IBK)]、仁化 [16, 35]、乳源 [26, 35]、深圳 [17]、始兴 [28, 35]、翁源 [35, 51]、新丰 [35, 63]、新兴 [35] [刘瑛光 2455 (IBSC)]、信宜 [35, 52]、阳山 [35] [南岭队 1723 (IBSC)]、英德 [35] [W. T. Tsang & K. C. Wong 14723 (IBSC)]、郁南 [35, 101]、云浮 [35] [黄志 37246 (IBSC)]、肇庆 [9, 35]、紫金 [31, 35]。

细花线纹香茶菜 ***Isodon lophanthoides* var. *graciliflorus*** (Benth.) H. Hara

分布：潮州 [35] [曾宪锋 ZXF09837 (CZH)]、大埔 [35] [曾宪锋 ZXF08309 (CZH)]、丰顺 [35] [曾宪锋 ZXF08226 (CZH)]、广州 [35] [叶育石 453 (IBSC)]、和平 [35] [张桂才 522 (IBSC)]、怀集 [35] [程用谦 170655 (IBSC)]、连平 [35] [粤 73 2015 (IBSC)]、始兴 [35] [叶华谷、邢福武 895 (IBSC)]、新丰 [35] [粤 7777-5554 (IBSC)]、英德 [35] [陈亚萍、蒋蕾 EM287 (KUN)]、肇庆 [9]、紫金 [31, 35]。

大萼香茶菜 ***Isodon macrocalyx*** (Dunn) Kudô

分布：大埔 [35] [李学根 202508 (HZ)]、丰顺 [35] [曾宪锋 ZXF41585 (CZH)]、和平 [35] [张桂才 657 (IBSC)]、蕉岭 [35] [南岭队 2397 (IBSC)]、连州 [35] [程用谦 170460 (IBSC)]、梅州 [35] [曾宪锋 ZXF33233 (CZH)]、南雄 [33, 35, 57]、平远 [35] [曾宪锋 ZXF41880 (CZH)]、仁化 [16]、乳源 [26, 35]、肇庆 [9]。

显脉香茶菜 ***Isodon nervosus*** (Hemsl.) Kudô

分布：江门 [8]、乐昌 [41]、仁化 [16, 35]、肇庆 [9]。

溪黄草 ***Isodon serra*** (Maxim.) Kudô

分布：博罗 [100]、潮州 [35] [曾宪锋 ZXF3215 (IBSC)]、丰顺 [35] [曾宪锋 ZXF2821 (CZH)]、封开 [14]、广州 [35] [叶育石 5398 (IBSC)]、梅州 [35] [曾宪锋 ZXF41776 (CZH)]、平远 [35] [曾宪锋 ZXF41854 (CZH)]、仁化 [16]、汕头 [35] [曾钖隆 s. n. (FJSI)]、始兴 [28]、新丰 [63]、英德 [32]、肇庆 *[9]、紫金 [31]。

牛尾草 ***Isodon ternifolius*** (D. Don) Kudô

分布：和平 [35] [张桂才 760 (IBSC)]、连平 [35] [粤 73 1825 (IBSC)]、乳源 [35] [刘心祈 29097 (IBK)]、始兴 [28, 35]、信宜 [52]、肇庆 [9, 35]。

长叶香茶菜 ***Isodon walkeri*** (Arn.) H. Hara

分布: 江门 [8]、龙门 [35] [王学文、张桂才 8031 (HGAS)]、茂名 [35] [朱志淞 1143 (IBSC)]、信宜 [35, 52]、肇庆 [9]。

香简草属 *Keiskea* Miq.

南方香简草 ***Keiskea australis*** C. Y. Wu & H. W. Li

分布：从化 [http://ppbc. iplant. cn/tu/15720892]、南雄 [33, 35]、仁化 [http://ppbc. iplant. cn/tu/7857916]、新丰 [35] [邓良 8015 (IBK)]。

香薷状香简草 ***Keiskea elsholtzioides*** Merr.

分布：封开 [14]、和平 [35] [张桂才 804 (IBSC)]、乐昌 [29, 35]、连州 [26, 35]、仁化 [16]、乳源 [35] [刘心祈 29122 (IBSC)]、深圳 [17]、始兴 [28, 35]。

野芝麻属 *Lamium* L.

宝盖草 ***Lamium amplexicaule*** L.

分布：惠东 #[12]、肇庆 #[9]、紫金 #[35]。

益母草属 *Leonurus* L.

益母草 ***Leonurus japonicus*** Houtt.

分布：博罗 [35, 38, 100]、潮州 [35] [叶华谷 13146 (IBSC)]、从化 [35] [王佳、范红 2017430 (SN)]、大埔 [35] [曾宪锋 ZXF44112 (CZH)]、东莞 [25, 35]、丰顺 [35] [曾宪锋 ZXF6351 (CZH)]、封开 [14, 35]、高州 [35] [蒋英 959 (IBSC)]、广州 [35] [叶育石 5553 (IBSC)]、和平 [35] [谭策铭、易桂花 51599 (JJF)]、怀集 [35] [陈国强 4069 (IBSC)]、江门 [8]、揭西 [35] [刘润倩 2016012 (CZH)]、揭阳 [35] [黄雅凤 HYF113 (CZH)]、乐昌 [29, 35]、雷州 [35] [海岸调查队 2078 (IBSC)]、连平 [35] [刘全儒等 DJ20090725007 (BNU)]、连州 [26]、龙川 [35] [王颖 WY046 (CZH)]、龙门 [35] [南昆山调查队 82406 (IBSC)]、罗定 [35] [张桂才、刘念 2227 (IBSC)]、茂名 [85]、梅州 [35] [曾宪锋 ZXF33137 (CZH)]、南雄 [33, 35, 57]、平远 [35] [曾宪锋 ZXF43899 (CZH)]、饶平 [35] [曾宪锋 ZXF35902 (CZH)]、仁化 [16]、乳源 [26, 35]、深圳 *[17, 35]、始兴 [28, 35]、台山 [35] [陈邦余、李泽贤 226 (IBSC)]、翁源 [35, 51]、五华 [4, 35]、新丰 [63]、信宜 [35, 52]、兴宁 [35] [曾宪锋 ZXF16557 (CZH)]、阳春 [35] [张桂才、刘念 1156 (IBSC)]、阳江 [35] [黄志 41582 (IBSC)]、英德 [32]、云浮 [35] [黄志、邓良 563 (IBSC)]、增城 [116]、肇庆 [9, 35]、中山 [10, 35]、紫金 [31, 35]。

绣球防风属 *Leucas* R. Br.

蜂巢草 ***Leucas aspera*** (Willd.) Link

分布：茂名 [35, 85]。

滨海白绒草 ***Leucas chinensis*** (Retz.) R. Br.

分布：封开 [14]、茂名 [85]、深圳 [17]。

白绒草 ***Leucas mollissima*** Wall.

分布：封开 [14]、深圳 [17]。

疏毛白绒草 ***Leucas mollissima* var. *chinensis*** Benth.

分布：东莞 [25, 35]、封开 [35] [梁宝汉 837 (IBSC)]、惠州 [35] [陈炳辉 477 (IBSC)]、龙门 [35] [李泽贤、邢福武 1980 (IBSC)]、深圳 [35] [高蕴璋 745 (IBSC)]、肇庆 [9]。

绉面草 ***Leucas zeylanica*** (L.) R. Br.

分布：茂名 [85]、肇庆 [9]。

地笋属 *Lycopus* L.

硬毛地笋 ***Lycopus lucidus* var. *hirtus*** Regel

分布：乐昌 [29, 35]、始兴 [28]、增城 [116]、肇庆 *[9]。

小野芝麻属 *Matsumurella* Makino

小野芝麻 ***Matsumurella chinense*** (Benth.) Bendiksby

分布：乐昌 [29, 35]、南雄 [33, 35]、紫金 [31, 35]。

广东小野芝麻 ***Matsumurella kwangtungensis*** (C. Y. Wu) Bendiksby

分布：乐昌 [29, 35]、乳源 [26, 35]。

块根小野芝麻 ***Matsumurella tuberifera*** (Makino) Makino

分布：乐昌 [29, 35]、乳源 [26, 35]。

龙头草属 *Meehania* Britton

走茎华西龙头草 ***Meehania fargesii* var. *radicans*** (Vaniot) C. Y. Wu

分布：乐昌 [29, 35, 41]。

蜜蜂花属 *Melissa* Tourn. ex L.

蜜蜂花 ***Melissa axillaris*** (Benth.) Bakh. f.

分布：和平 [35] [张桂才 342 (IBSC)]、乐昌 [29, 35, 41]、信宜 [52]。

薄荷属 *Mentha* L.

薄荷 ***Mentha canadensis*** L.

分布：博罗 *[5, 38]、从化 #[http://ppbc. iplant. cn/tu/1068219]、封开 #[14]、广州 #[http://ppbc. iplant. cn/tu/9485174]、江门 #[8]、茂名 #[85]、仁化 #[16]、乳源 #[26]、深圳 #[11, 17]、始兴 #[28]、信宜 #[52]、英德 #[32]、郁南 #[101]、增城 #[116]、肇庆 #[9]。

皱叶留兰香 ***Mentha crispata*** Schrad. ex Willd.

分布：乐昌 #[29]、信宜 #[52]。

留兰香 ***Mentha spicata*** L.

分布：封开 #[14]、江门 #[8]、新丰 #[63]、信宜 #[52]。

山香属 *Mesosphaerum* P. Browne

山香 ***Mesosphaerum suaveolens*** (L.) Kuntze

分布：博罗 #[15, 35, 100]、潮州 #[15]、东莞 #[15, 25, 82, 35]、佛山 #[500, 35]、广州 #[15, 35]、惠州 #[15, 82, 35]、揭阳 #[15]、茂名 #[85]、仁化 #[16]、汕头 #[15]、深圳 #[15, 11, 82, 35, 17]、台山 #[35] [周联选 11535 (KUN)]、新兴 #[15]、徐闻 #[15]、阳春 #[15]、郁南 #[15, 101]、湛江 #[15, 416]、肇庆 #[9, 15, 35]、中山 #[82]、珠海 #[15, 428, 35]。

冠唇花属 *Microtoena* Prain

冠唇花 ***Microtoena insuavis*** (Hance) Prain ex Dunn

分布：博罗 [100]、惠东 [12]、乐昌 [29]、翁源 [51]、增城 [116]、肇庆 [9]。

石荠苎属 *Mosla* (Benth.) Buch. -Ham. ex Maxim.

小花荠苎 ***Mosla cavaleriei*** H. Lév.

分布：惠东 [12]、深圳 [17]、新丰 [63]、信宜 [35, 52]、阳山 [26]、肇庆 [9]、紫金 [31]。

石香薷 ***Mosla chinensis*** Maxim.

分布：博罗 [37]、丰顺 [35, 95]、封开 [14]、广州 [35] [植物园 72294 (IBSC)]、河源 [35] [华南师范学院 533 (IBSC)]、怀集 [35] [曾怀德 22709 (IBSC)]、蕉岭 [35] [徐祥浩、林辉奉 203 (IBSC)]、乐昌 [29, 35, 41]、连南 [35] [谭沛祥 59518 (IBSC)]、连州 [26, 35]、平远 [35] [南岭队 3014 (IBSC)]、清远 [35] [黄志 30696 (IBSC)]、仁化 [16, 35]、乳源 [26, 35]、始兴 [28, 35]、翁源 [51]、新丰 [63]、兴宁 [35] [罗献瑞 1248 (IBSC)]、阳山 [26]、英德 [32]、肇庆 [9, 35]、紫金 [31, 35]。

小鱼仙草 ***Mosla dianthera*** (Buch. -Ham. ex Roxb.) Maxim.

分布：博罗 [35, 100]、从化 [107]、德庆 [35] [刘瑛光 1151 (HIB0094125)]、东莞 [25, 35]、东源 [35] [刘全儒 201007218 (BNU)]、丰顺 [35] [曾宪锋 ZXF8078 (CZH)]、封开 [14, 35]、佛冈 [27]、广州 [35] [中草药组 155 (IBSC)]、河源 [35] [华南师范学院 356 (IBSC)]、怀集 [35] [石国良 15143 (IBSC)]、惠东 [12]、惠州 [35] [杨敏仪 YMY057 (CZH)]、江门 [8]、揭西 [35] [曾宪锋 ZXF35574 (CZH)]、乐昌 [26, 29, 35, 41]、龙川 [35] [曾宪锋 ZXF22267 (CZH)]、龙门 [35] [卫兆芬 121906 (KUN)]、罗定 [35] [张桂才、刘念 2008 (IBSC)]、梅州 [35] [曾宪锋 ZXF42219 (CZH)]、南雄 [33, 35, 57]、仁化 [16]、乳源 [26, 35]、深圳 [17, 35]、翁源 [35, 51]、五华 [4, 35]、新丰 [63]、信宜 [52]、兴宁 [35] [李肇骞 201826 (IBSC)]、阳春 [35] [张桂才、刘念 716 (IBSC)]、阳山 [26, 35]、英德 [32, 35]、郁南 [35, 101]、云浮 [35] [黄志 37464 (IBSC)]、肇庆 [9, 35]、中山 [35] [杜庚平 254. 7333 (PE)]、紫金 [31, 35]。

杭州石荠苎 ***Mosla hangchowensis*** Matsuda

分布：平远 [373]。

石荠苎 ***Mosla scabra*** (Thunb.) C. Y. Wu & H. W. Li

分布：博罗 [5, 100]、从化 [35] [2017 调查组 20170044 (SN)]、大埔 [35] [李学根 202812 (HZ)]、德庆 [35] [刘瑛光 1294 (GZAC)]、东莞 [25, 35]、东源 [35] [刘全儒、孟世勇 201001131 (BNU)]、丰顺 [35, 95]、封开 [14, 35]、佛山 [35] [黄茂先 111021 (PE)]、广州 [35] [刘卓斌 85 (IBK)]、惠东 [12]、乐昌 [29, 35, 41]、连南 [35] [谭沛祥 58861 (KUN)]、连州 [26, 35]、龙川 [35] [沈碧端 20110451 (SN)]、龙门 [35] [张桂才 8034 (HGAS)]、茂名 [85]、南雄 [57]、仁化 [16]、乳源 [26]、深圳 [17, 35]、始兴 [28]、台山 [35] [左景烈 22492 (IBSC)]、翁源 [35, 51]、新丰 [63]、新兴 [35] [刘瑛光 2212 (GZAC)]、兴宁 [35] [李学根 201826 (IBK)]、阳春 [35] [黄志 42100 (KUN)]、阳山 [26, 35]、英德 [32, 35]、云浮 [35] [辛树帜 5014 (IBSC)]、肇庆 [9, 35]、中山 [10, 35]。

荆芥属 *Nepeta* L.

心叶荆芥 ***Nepeta fordii*** Hemsl.

分布：封开 [14]、乐昌 [29, 35]。

罗勒属 ***Ocimum* L.**

罗勒 ***Ocimum basilicum*** L.

分布：博罗 #[15]、潮州 #[15]、大埔 #[15]、东莞 #[25, 35, 82]、丰顺 #[15]、广州 #[15, 35]、海丰 #[15]、和平 #[15]、惠东 #[15, 12]、惠州 #[15, 82, 35]、蕉岭 #[15]、揭西 #[15]、揭阳 #[15]、乐昌 #[29]、连南 #[15]、连平 #[15]、龙川 #[15]、陆丰 #[15]、梅州 #[15]、平远 #[15]、饶平 #[15]、仁化 #[16]、乳源 #[15]、汕头 #[15]、汕尾 #[15]、深圳 #[15, 82, 35, 17]、五华 #[15]、新丰 #[15]、兴宁 #[15]、阳春 #[15]、英德 #[15]、郁南 #[101]、增城 #[116]、肇庆 #[9, 15, 35]。

疏柔毛罗勒 ***Ocimum basilicum* var. *pilosum*** (Willd.) Benth.

分布：连南 [谭沛祥 59507 (PE)]、连州 [谭沛祥 60202 (PE)]。

丁香罗勒 ***Ocimum gratissimum*** L.

分布：茂名 #[85]。

毛叶丁香罗勒 ***Ocimum gratissimum* var. *suave*** (Willd.) Hook. f.

分布：从化 #[107]。

圣罗勒 ***Ocimum tenuiflorum*** Burm. f.

分布：徐闻 [曾宪锋 ZXF13187 (CZH)]。

牛至属 ***Origanum* Tourn. ex L.**

牛至 ***Origanum vulgare*** L.

分布：乐昌 [29, 35]、连州 [35] [梁宝汉 83300 (IBK)]。

鸡脚参属 ***Orthosiphon* Benth.**

肾茶 ***Orthosiphon aristatus*** (Blume) Miq.

分布：博罗 *[38]、广州 *[http://ppbc. iplant. cn/tu/6231283]、海丰 *[http://ppbc. iplant. cn/tu/5161696]、惠州 *[http://ppbc. iplant. cn/tu/5140891]、茂名 [85]、深圳 *[17]、肇庆 *[9]。

石生鸡脚参 ***Orthosiphon marmoritis*** (Hance) Dunn

分布：云浮 [http://ppbc. iplant. cn/tu/11432073]。

假糙苏属 ***Paraphlomis* Prain**

白毛假糙苏 ***Paraphlomis albida*** Hand. -Mazz.

分布：乐昌 [29, 35]、连南 [35] [谭沛祥 59221 (KUN)]、南雄 [57]、乳源 [26]。

短齿白毛假糙苏 ***Paraphlomis albida* var. *brevidens*** Hand. -Mazz.

分布：乐昌 [29, 35]、仁化 [16]、乳源 [26]、始兴 [35] [邓良 6632 (KUN)]、英德 [35] [黄成 163447 (KUN)]。

白湾假糙苏 ***Paraphlomis baiwanensis*** W. Y. Zhao, Y. P. Chen & Q. Fan

分布：清远 [581]。

小叶假糙苏 ***Paraphlomis coronata*** (Vaniot) Y. P. Chen & C. L. Xiang

分布：博罗 [35] [陈念劬 41588 (IBK)]、封开 [306, 35, 14]、乐昌 [29, 35, 41]、连州 [35] [谭沛祥 60186 (KUN)]、仁化 [16, 35]、乳源 [26]、深圳 [17, 35]、始兴 [28]、翁源 [51]、五华 [4]、新丰 [63]、信宜 [52]、阳春 [45]、阳山 [26]、英德 [35] [梁向日 60835 (IBK)]、增城 [116]、肇庆 [9]、紫金 [31, 35]。

曲茎假糙苏 ***Paraphlomis foliata*** (Dunn) C. Y. Wu & H. W. Li

分布：乐昌 [41]。

纤细假糙苏 ***Paraphlomis gracilis*** Kudô

分布：翁源 [51]。

罗甸纤细假糙苏 ***Paraphlomis gracilis* var. *lutienensis*** (Y. Z. Sun) C. Y. Wu

分布：乐昌 [29, 35]、南雄 [33, 35]、阳山 [35] [邓良 172 (IBK)]。

假糙苏 ***Paraphlomis javanica*** (Blume) Prain

分布：乐昌 [29]、南雄 [33, 57]、翁源 [51]、英德 [32]。

八角花 ***Paraphlomis kwangtungensis*** C. Y. Wu & H. W. Li

分布：阳春 [陈又生等 YC20230196 (IBSC)]。

长叶假糙苏 ***Paraphlomis lanceolata*** Hand. -Mazz.

分布：乐昌 [29, 35]、阳山 [26]。

展毛假糙苏 ***Paraphlomis patentisetulosa*** C. Y. Wu ex H. W. Li

分布：信宜 [35, 52]。

清远假糙苏 ***Paraphlomis qingyuanensis*** W. Y. Zhao, R. M. Wu & Q. Fan

分布：英德 [581]。

近革叶假糙苏 ***Paraphlomis subcoriacea*** C. Y. Wu ex H. W. Li

分布：乐昌 [29, 35]、清远 [陈又生，徐晔春 QY20230302]、阳山 [35] [邓良 263 (IBK)]。

英德假糙苏 ***Paraphlomis yingdeensis*** W. Y. Zhao, Y. Q. Li & Q. Fan

分布：英德 [164]。

紫苏属 ***Perilla* L.**

紫苏 ***Perilla frutescens*** (L.) Britton

分布：博罗 *[5, 38]、从化 #[107]、封开 #[14]、惠东 #[12]、乐昌 #[41]、茂名 #[85]、南雄 #[57]、仁化 #[16]、乳源 #[26]、深圳 #[11, 17]、始兴 #[28]、阳山 #[26]、英德 #[32]、郁南 #[101]、增城 #[116]、肇庆 #[9]。

茴茴苏 ***Perilla frutescens* var. *crispa*** (Thunb.) Hand. -Mazz.

分布：连州 *[26]、郁南 *[101]、肇庆 *[9]。

野生紫苏 ***Perilla frutescens* var. *purpurascens*** (Hayata) H. W. Li

分布：大埔 [35] [曾宪锋 ZXF32939 (CZH)]、东莞 [25, 35]、东源 [35] [刘全儒等 201007387 (BNU)]、丰顺 [35, 95]、佛冈 [27]、广州 [35] [陈少卿 6923 (KUN)]、惠东 [12]、揭西 [35] [曾宪锋 ZXF35855 (CZH)]、乐昌 [29, 35]、连南 [35]

[谭沛祥 59506 (KUN)]、龙川 [35] [曾宪锋 ZXF22339 (CZH)]、梅州 [35] [曾宪锋 ZXF33157 (CZH)]、南雄 [33, 35]、平远 [35] [曾宪锋 ZXF34058 (CZH)]、深圳 [17, 35]、始兴 [28]、翁源 [51]、五华 [4]、新丰 [63]、信宜 [52]、兴宁 [35] [曾宪锋 ZXF22084 (CZH)]、阳山 [26, 35]、英德 [32]、肇庆 [35] [广东队 78140 (PE)]、中山 [10, 35]、紫金 [31, 35]。

糙苏属 ***Phlomoides*** **Moench**

糙苏 ***Phlomoides umbrosa*** (Turcz.) Kamelin & Makhm.

分布：封开 [14]、乐昌 [29, 35]、乳源 [26, 35]。

逐风草属 ***Platostoma*** **P. Beauv.**

尖头花 ***Platostoma hispidum*** (L.) A. J. Paton

分布：翁源 [51]、英德 [32]、云浮 [35] [黄志 37634 (IBSC)]。

凉粉草 ***Platostoma palustre*** (Blume) A. J. Paton

分布：博罗 [35] [王英强 1278 (IBSC)]、从化 [107]、大埔 [35] [曾怀德 21691 (IBSC)]、东莞 [25, 35]、丰顺 [95]、封开 [14]、佛冈 [27]、广州 [35] [黄成 165218 (KUN)]、和平 [35] [张桂才 752 (IBSC)]、怀集 [35] [刘瑛光 2739 (IBSC)]、惠东 [35] [陈邦余 7 (IBSC)]、惠州 [35] [曾怀德 25940 (IBSC)]、蕉岭 [35] [曾宪锋 ZXF15033 (CZH)]、乐昌 [29, 35]、龙门 [35] [卫兆芬 122014 (IBSC)]、罗定 [35] [张桂才、刘念 2070 (IBSC)]、平远 [35] [曾宪锋 ZXF41883 (CZH)]、清远 [35] [黄志 30216 (IBK)]、深圳 [17, 35]、五华 [35] [李淑玉 180145 (IBSC)]、新丰 [35, 63]、新兴 [35] [刘瑛光 2401 (IBSC)]、信宜 [52]、阳春 [35] [张桂才、刘念 3121 (IBSC)]、英德 [32]、云浮 [35] [黄志 37610 (IBSC)]、肇庆 [9, 35]、珠海 [35] [粤 73 2954 (IBSC)]、紫金 [31, 35]。

刺蕊草属 ***Pogostemon*** **Desf.**

水珍珠菜 ***Pogostemon auricularius*** (L.) Hassk.

分布: 博罗 [38, 100]、从化 [103]、大埔 [103, 35]、东莞 [25, 35]、东源 [35] [刘全儒、孟世勇 201001130 (BNU)]、丰顺 [35, 95]、封开 [14, 35]、佛山 [35] [陈念劬 7803 (IBSC)]、广州 [103, 35]、和平 [103, 35]、河源 [103, 35]、怀集 [103, 35]、惠东 [103, 12]、惠州 [35] [叶华谷、曾飞燕 22173 (IBSC)]、江门 [35] [黄茂先 110874 (HIB0094626)]、蕉岭 [103, 35]、揭阳 [35] [黄雅凤 HYF049 (CZH)]、乐昌 [29, 35]、龙门 [103, 35]、陆丰 [103, 35]、罗定 [35] [蒋英 1183 (IBSC)]、茂名 [35, 85]、梅州 [35] [曾宪锋 ZXF41719 (CZH)]、平远 [103, 35]、清远 [103, 35]、汕头 [35] [梁其瑾 1221 (PEY)]、深圳 [17, 35]、台山 [35] [周联选 11463 (KUN)]、翁源 [103, 51, 35]、新丰 [103, 63]、新兴 [35] [刘瑛光 2078 (IBSC)]、阳春 [35] [黄志 42084 (IBSC)]、阳江 [35] [黄志 41419 (IBSC)]、阳山 [26]、英德 [103, 32, 35]、郁南 [101]、云浮 [35] [黄志 37224 (IBSC)]、增城 [103, 116]、肇庆 [103, 9, 35]、中山 [10, 35]、珠海 [35] [高蕴璋 217 (HGAS)]、紫金 [103, 31, 35]。

髯毛刺蕊草 ***Pogostemon barbatus*** Bhatti & Ingr.

分布：佛山 [103]、广州 [103, 326]、茂名 [103]、深圳 [103]、新兴 [103]、阳春 [103]、阳江 [103]、云浮 [103]、肇庆 [103]。

广藿香 ***Pogostemon cablin*** (Blanco) Benth.

分布：封开 [14]、广州 *[http://ppbc. iplant. cn/tu/4161275]、惠州 *[http://ppbc. iplant. cn/tu/7167144]、肇庆 [9]。

长苞刺蕊草 ***Pogostemon chinensis*** C. Y. Wu & Y. C. Huang

分布：乐昌 [41]、始兴 [28]、翁源 [51]、阳山 [26]、英德 [32]、紫金 [31]。

短穗刺蕊草 ***Pogostemon parviflorus*** Benth.

分布：博罗 [103]、惠州 [103]、深圳 [103, 17]、阳山 [26]。

齿叶水蜡烛 ***Pogostemon sampsonii*** (Hance) Press

分布：博罗 [5, 103]、德庆 [103, 35]、恩平 [22]、广州 [103, 35]、乐昌 [103]、连州 [103]、龙门 [103]、乳源 [103]、翁源 [103]、阳山 [26]、英德 [32]、肇庆 [103, 9, 35]、中山 [10]。

北刺蕊草 ***Pogostemon septentrionalis*** C. Y. Wu & Y. C. Huang

分布：从化 [103]、大埔 [103]、和平 [103, 326, 35]、怀集 [103]、乐昌 [103, 29, 41, 35]、连南 [103, 326, 35]、连平 [103]、连山 [103]、龙门 [103]、罗定 [103]、南雄 [33, 35, 57]、清远 [103]、韶关 [103, 35]、始兴 [103, 35]、翁源 [103, 51, 35]、阳山 [103, 326, 35]、英德 [103, 32, 35]、紫金 [326, 35]。

水虎尾 ***Pogostemon stellatus*** (Lour.) Kuntze

分布：博罗 [5, 35, 100]、德庆 [35] [刘瑛光 1328 (HIB0093158)]、广州 [103, 35]、江门 [8]、蕉岭 [103, 35]、乐昌 [29, 35]、梅州 [103, 35]、仁化 [16, 35]、乳源 [26, 35]、翁源 [103, 51, 35]、阳春 [103, 35]、阳山 [103]、英德 [103, 35]、肇庆 [103, 9]。

豆腐柴属 ***Premna*** **L.**

黄药豆腐柴 ***Premna cavaleriei*** H. Lév.

分布：乐昌 [29, 35]、连南 [35] [谭沛祥 59048 (IBSC)]、乳源 [26]、信宜 [52]、紫金 [31, 35]。

淡黄豆腐柴 ***Premna flavescens*** Buch. -Ham.

分布：高州 [周沛椿 10089 (IBSC)]。

长序臭黄荆 ***Premna fordii*** Dunn

分布：恩平 [35] [黄茂先 110435 (HZ)]、高州 [35] [周沛椿 10051 (IBSC)]、罗定 [35] [张桂才、刘念 2215 (IBSC)]、仁化 [16]、台山 [35] [粤 73 2769 (IBSC)]、信宜 [35, 52]、阳春 [35] [张桂才、刘念 453 (IBSC)]、阳江 [35] [黄志 41428 (IBSC)]、郁南 [35, 101]、肇庆 [9, 35]。

臭黄荆 ***Premna ligustroides*** Hemsl.

分布：东莞 [25]、乐昌 [29]、仁化 [16]。

豆腐柴 ***Premna microphylla*** Turcz.

分布：潮州 [35] [曾宪锋 ZXF06778 (CZH)]、大埔 [35] [邓良 4997 (IBSC)]、东莞 [25]、丰顺 [35] [李学根 201470

(IBSC)]、封开 [14, 35]、佛冈 [27]、和平 [35] [卫兆芬 120331 (IBSC)]、怀集 [35] [程用谦 4024 (IBSC)]、蕉岭 [35] [南岭队 2218 (IBSC)]、乐昌 [29, 35, 41]、连南 [35] [朱志淞 634 (IBSC)]、连平 [35] [卫兆芬 120122 (IBSC)]、连山 [35] [谭沛祥 58155 (PE)]、连州 [35] [伍世忠 70160 (IBSC)]、龙川 [35] [左景烈 21647 (PE)]、茂名 [85]、梅州 [35] [李淑玉 180220 (IBSC)]、南雄 [33, 35, 57]、平远 [35] [邓良 4493 (IBSC)]、仁化 [16, 35]、乳源 [26, 35]、始兴 [28, 35]、五华 [4]、新丰 [63]、兴宁 [35] [曾宪锋 ZXF27939 (CZH)]、阳山 [35] [邓良 987 (IBSC)]、英德 [32]、增城 [116]、紫金 [31, 35]。

毛鱼臭木 ***Premna odorata*** Blanco

分布：封开 [14]、肇庆 [9]。

狐臭柴 ***Premna puberula*** Pamp.

分布：阳山 [35] [邓良 148 (IBK)]。

伞序臭黄荆 ***Premna serratifolia*** L.

分布：东莞 [25, 35]、惠东 [35] [陈炳辉 547 (IBSC)]、惠州 [35] [陈炳辉 436 (IBSC)]、深圳 [17, 35]、台山 [35] [粤 73 2726 (IBSC)]、珠海 [35] [粤 73 3149 (IBSC)]。

塘虱角 ***Premna sunyiensis*** C. Pei

分布：乳源 [26, 3]、信宜 [35, 52]。

塔序豆腐柴 ***Premna tomentosa*** Willd.

分布：肇庆 [35]。

夏枯草属 *Prunella* L.

夏枯草 ***Prunella vulgaris*** L.

分布：大埔 #[35] [邓良 5175 (IBSC)]、封开 #[14]、蕉岭 #[35] [邓良 4555 (IBSC)]、乐昌 #[29, 35, 41]、连平 #[35] [卫兆芬 120173 (KUN)]、连山 #[35] [谭沛祥 58070 (KUN)]、连州 #[26]、南雄 #[33, 35, 57]、平远 #[35] [曾宪锋 ZXF10978 (CZH)]、仁化 #[16]、乳源 #[26, 35]、始兴 #[28, 35]、英德 #[32, 35]。

三对节属 *Rotheca* Raf.

蓝蝴蝶 ***Rotheca myricoides*** (Hochst.) Steane et Mabb.

分布：广州 *[http://ppbc. iplant. cn/tu/3110291]、惠州 *[http://ppbc. iplant. cn/tu/4710742]、深圳 *[http://ppbc. iplant. cn/tu/6231309]、湛江 *[http://ppbc. iplant. cn/tu/6296122]。

鼠尾草属 *Salvia* L.

铁线鼠尾草 ***Salvia adiantifolia*** E. Peter

分布：乐昌 [29, 35]、连州 [35] [黄艳波 S0917 (CSH)]、清远 [35] [魏宇昆、景鹏飞 S0126 (CSH)]、乳源 [35] [刘心祈 29058 (IBK)]、阳山 [35] [胡超、花志祥、蒋凯 S0853 (CSH)]。

附片鼠尾草 ***Salvia appendiculata*** E. Peter

分布：乐昌 [29, 35, 41]、乳源 [26]、阳山 [26]。

南丹参 ***Salvia bowleyana*** Dunn

分布：乐昌 [29, 35]、南雄 [33, 35]、平远 [35] [胡国雄、赵飞 89 (KUN)]、乳源 [26, 35]、阳山 [26]、英德 [32]。

贵州鼠尾草 ***Salvia cavaleriei*** H. Lév.

分布：封开 [14]、乐昌 [29, 35]、南雄 [33, 35, 57]、乳源 [26, 35]、始兴 [28]、新丰 [63]、阳山 [26]。

血盆草 ***Salvia cavaleriei* var. *simplicifolia*** E. Peter

分布：乐昌 [29, 35]、南雄 [35] [邓良 6187 (KUN)]、仁化 [16]、乳源 [26]、韶关 [35] [魏宇昆、景鹏飞 SAGD0002 (CSH)]、阳山 [26]。

华鼠尾草 ***Salvia chinensis*** Benth.

分布：乐昌 [29, 35, 41]、连州 [26]、仁化 [16, 35]、乳源 [26, 35]、深圳 [17]、始兴 [28]、英德 [32]。

朱唇 ***Salvia coccinea*** Buc'hoz ex Etl.

分布：广州 #[http://ppbc. iplant. cn/tu/966568]、深圳 #[17]、湛江 #[http://ppbc. iplant. cn/tu/507550]、肇庆 #[9]。

蓝花鼠尾草 ***Salvia farinacea*** Benth.

分布：深圳 *[17]。

蕨叶鼠尾草 ***Salvia filicifolia*** Merr.

分布：从化 [35] [刘全儒、张潮、徐丹 LXH2004098 (BNU)]、封开 [35] [丁广奇、余连 6127 (CDBI)]、广州 [35] [陈焕镛 8908 (IBSC)]、惠东 [12]、乐昌 [29, 35]、乳源 [26]、五华 [4]、阳山 [35] [花志祥、胡超、蒋凯 HCC024 (CSH)]、紫金 [31, 35]。

鼠尾草 ***Salvia japonica*** Thunb.

分布：博罗 [100]、大埔 [35] [李学根 202541 (IBK)]、丰顺 [35, 95]、封开 [14, 35]、佛冈 [27]、怀集 [35] [刘瑛光 2634 (HIB0094997)]、乐昌 [29, 35]、连南 [35] [谭沛祥 58920 (KUN)]、连山 [35] [谭沛祥 58275 (KUN)]、连州 [26, 35]、梅州 [35] [曾宪锋 ZXF29458 (CZH)]、平远 [35] [曾宪锋 ZXF10953 (CZH)]、仁化 [16]、乳源 [35] [高锡朋 54796 (IBK)]、深圳 [17]、始兴 [28, 35]、翁源 [35, 51]、阳山 [26, 35]、英德 [32, 35]、郁南 [101]、增城 [116]、紫金 [31, 35]。

多小叶鼠尾草 ***Salvia japonica* var. *multifoliolata*** E. Peter

分布：博罗 [37]、从化 [http://ppbc. iplant. cn/tu/10834190]、龙门 [http://ppbc. iplant. cn/tu/11065115]。

荔枝草 ***Salvia plebeia*** R. Br.

分布：潮州 [35] [曾宪锋 ZXF6660 (CZH)]、从化 [35] [曾怀德 20437 (NAS)]、大埔 [35] [曾宪锋 ZXF9263 (CZH)]、东莞 [25, 35]、封开 [14, 35]、佛山 [35] [陈念劬 44425 (IBK)]、广州 [35] [梁健彤 93-3-9-5-4 (SN)]、惠州 [35] [杨敏仪 YMY017 (CZH)]、江门 [8]、连州 [26]、梅州 [35] [侯宽昭 71189 (IBK)]、南雄 [57]、仁化 [16]、乳源 [26, 35]、深圳 [17, 35]、始兴 [35] [胡国雄、上官法智 Pengh0038 (KUN)]、新丰 [63]、信宜 [35] [黄志 32170 (IBK)]、英德 [32]、郁南 [101]、增城 [116]、肇庆 [9, 35]、紫金 [31, 35]。

红根草 ***Salvia prionitis*** Hance

分布：乐昌 [29, 35]、仁化 [16, 35]、英德 [32]。

地埂鼠尾草 ***Salvia scapiformis*** Hance

分布：封开 [14]、乐昌 [29, 41]、南雄 [33, 57]、乳源 [26]、英德 [32]。

钟萼地埂鼠尾草 ***Salvia scapiformis* var. *carphocalyx*** E. Peter

分布：乐昌 [29, 35]、南雄 [33, 35]。

硬毛地埂鼠尾草 ***Salvia scapiformis* var. *hirsuta*** E. Peter

分布：乐昌 [29, 35]、仁化 [35] [周卓、王志威 Zhou1034 (KUN)]。

一串红 ***Salvia splendens*** Ker Gawl.

分布：博罗 #[5, 38]、从化 #[107]、封开 #[14]、仁化 #[16]、深圳 #[17]、始兴 #[28]、郁南 #[101]、肇庆 #[9]。

佛光草 ***Salvia substolonifera*** E. Peter

分布：大埔 [373]。

裂叶荆芥属 *Schizonepeta* (Benth.) Briq.

裂叶荆芥 ***Schizonepeta tenuifolia*** (Benth.) Briq.

分布：平远 [35]。

四棱草属 *Schnabelia* Hand. -Mazz.

单花莸 ***Schnabelia nepetifolia*** (Benth.) P. D. Cantino

分布：连州 [35] [陈又生、徐晔春、曾佑派 YS20230243]、阳山 [26, 35]。

四棱草 ***Schnabelia oligophylla*** Hand. -Mazz.

分布：乐昌 [29, 35]、阳山 [26]。

黄芩属 *Scutellaria* L.

半枝莲 ***Scutellaria barbata*** D. Don

分布：博罗 [38, 100]、潮州 [35] [曾宪锋 ZXF4804 (IBSC)]、东莞 [25, 35]、丰顺 [35] [曾宪锋 ZXF7012 (CZH)]、封开 [14]、广州 [35] [陆文光、苏可旺 10440 (KUN)]、和平 [35] [谭策铭 97604 (KUN)]、江门 [8]、蕉岭 [35] [陈森生 74 (SN)]、乐昌 [29, 35]、连南 [35] [谭沛祥 59450 (KUN)]、南雄 [33, 35, 57]、平远 [35] [曾宪锋 ZXF10872 (CZH)]、饶平 [35] [陈念劬 42768 (IBK)]、仁化 [16]、乳源 [26]、深圳 [17, 35]、始兴 [28]、翁源 [35] [刘心祈 25102 (IBK)]、五华 [4]、兴宁 [35] [丘琼华、钟子文 129 (SN)]、徐闻 [35] [徐闻队 314 (KUN)]、英德 [32, 35]、增城 [35, 116]、肇庆 [9, 35]、紫金 [31, 35]。

蓝花黄芩 ***Scutellaria formosana*** N. E. Br.

分布：潮州 [35] [曾宪锋、曾庆宜 ZXF7356 (CZH)]、大埔 [35] [李学根 202671 (HZ)]、丰顺 [35, 95]、江门 [8]、平远 [35] [李学根 202135 (HZ)]、紫金 [31]。

粗齿黄芩 ***Scutellaria grossecrenata*** Merr. & Chun ex H. W. Li

分布：仁化 [16]、乳源 [3, 35]、阳山 [26]。

韩信草 ***Scutellaria indica*** L.

分布：博罗 [38, 100]、潮州 [35] [纪亚丹 2014039 (CZH)]、从化 [107]、大埔 [35] [邓良 4979 (WUK)]、东莞 [25, 35]、东源 [119]、丰顺 [95]、封开 [14]、佛冈 [27]、佛山 [35] [叶华谷 11220 (IBSC)]、广州 [35] [叶华谷 16422 (IBSC)]、惠东 [12]、江门 [35] [梁瑞延 20072501422-1 (SN)]、乐昌 [29, 35, 41]、梅州 [35] [曾宪锋 ZXF24889 (CZH)]、南雄 [33, 35, 57]、平远 [35] [曾宪锋 ZXF9189 (CZH)]、饶平 [35] [曾宪锋 ZXF4191 (IBSC)]、仁化 [16, 35]、乳源 [26, 35]、深圳 [11, 17, 35]、始兴 [28]、翁源 [51]、五华 [4]、新丰 [63]、信宜 [52]、兴宁 [35] [曾宪锋 ZXF27961 (CZH)]、阳春 [45]、阳山 [26]、英德 [32, 35]、郁南 [101]、增城 [116]、肇庆 [9, 35]、中山 [10, 35]、紫金 [31, 35]。

长毛韩信草 ***Scutellaria indica* var. *elliptica*** Y. Z. Sun ex C. H. Hu

分布：博罗 [陈念劬 40387 (PE)]、广州 [蒋英 24 (NAS00227018)]。

小叶韩信草 ***Scutellaria indica* var. *parvifolia*** (Makino) Makino

分布：乐昌 [陈少卿 1508 (IBK)]、信宜 [黄志 32236 (IBK)]、云浮 [黄志 36916 (IBK)]、肇庆 [黄成 162690 (KUN821129)]。

缩茎韩信草 ***Scutellaria indica* var. *subacaulis*** (Y. Z. Sun ex C. H. Hu) C. Y. Wu & C. Chen

分布：英德 [32]。

永泰黄芩 ***Scutellaria inghokensis*** F. P. Metcalf

分布：乳源 [26]。

爪哇黄芩 ***Scutellaria javanica*** Jungh.

分布：乐昌 [41]、乳源 [26]、紫金 [31]。

黑心黄芩 ***Scutellaria nigrocardia*** C. Y. Wu & H. W. Li

分布：阳山 [陈又生等 YS20230238 (IBSC)]、英德 [32, 35, 3]。

少脉黄芩 ***Scutellaria oligophlebia*** Merr. & Chun

分布：饶平 [3, 35]。

紫茎京黄芩 ***Scutellaria pekinensis* var. *purpureicaulis*** (Migo) C. Y. Wu & H. W. Li

分布：潮州 [392]。

狭管黄芩 ***Scutellaria stenosiphon*** Hemsl.

分布：博罗 [3, 37]。

两广黄芩 ***Scutellaria subintegra*** C. Y. Wu & H. W. Li

分布：英德 [32, 35]、紫金 [31]。

偏花黄芩 ***Scutellaria tayloriana*** Dunn

分布：仁化 [16]、深圳 [17, 35]、阳山 [26]、增城 [116]、紫金 [31]。

南粤黄芩 ***Scutellaria wongkei*** Dunn

分布: 东莞 [25]、惠东 [12]、江门 [8]、龙门 [35]、台山 [35]、信宜 [52]、紫金 [31]。

英德黄芩 ***Scutellaria yingtakensis*** Y. Z. Sun ex C. H. Hu

分布：乐昌 [29, 35, 41]、英德 [32, 35]、紫金 [31, 35]。

筒冠花属 *Siphocranion* Kudô

光柄筒冠花 ***Siphocranion nudipes*** (Hemsl.) Kudô

分布：封开 [14]、乐昌 [26, 29, 35]、仁化 [16]、肇庆 [9]。

水苏属 *Stachys* L.

田野水苏 ***Stachys arvensis*** L.

分布：仁化 #[吴磊 , 明月 7005 (CSFI071872)]。

地蚕 ***Stachys geobombycis*** C. Y. Wu

分布：乐昌 [29, 35]、南雄 [33, 35]、平远 [35] [邓良 4451 (PE)]、仁化 [16]、乳源 [26]、始兴 [28]、翁源 [51]、英德 [35] [梁宝汉 84487 (IBK)]、肇庆 [9]、紫金 [31, 35]。

白花地蚕 ***Stachys geobombycis* var. *alba*** C. Y. Wu & H. W. Li

分布：乳源 [郭素白 80373]。

针筒菜 ***Stachys oblongifolia*** Benth.

分布：清远 [http://ppbc. iplant. cn/tu/12237541]。

细柄针筒菜 ***Stachys oblongifolia* var. *leptopoda*** (Hayata) C. Y. Wu

分布：乐昌 [29, 35]、肇庆 [9, 35]。

甘露子 ***Stachys sieboldii*** Miq.

分布：乐昌 #[29, 35]、信宜 #[52]、阳山 #[26]。

柚木属 *Tectona* L. f.

柚木 ***Tectona grandis*** L. f.

分布：博罗 *[5, 100]、深圳 *[17]、肇庆 *[9]。

香科科属 *Teucrium* L.

二齿香科科 ***Teucrium bidentatum*** Hemsl.

分布：乐昌 [29]、乳源 [26]。

穗花香科科 ***Teucrium japonicum*** Willd.

分布：乐昌 [29, 35]、仁化 [16]、乳源 [35] [高锡朋 52994 (IBK)]、肇庆 [9]。

庐山香科科 ***Teucrium pernyi*** Franch.

分布：乐昌 [29, 35]、乳源 [26, 35]、阳山 [26]。

铁轴草 ***Teucrium quadrifarium*** Buch. -Ham.

分布：德庆 [35] [刘瑛光 1099 (HZ)]、东莞 [25]、封开 [14, 35]、佛冈 [27]、怀集 [35] [曾怀德 22734 (IBK)]、乐昌 [29, 35, 41]、连南 [35] [谭沛祥 59300 (KUN)]、连州 [26, 35]、南雄 [57]、仁化 [16, 35]、乳源 [26, 35]、始兴 [28]、翁源 [51]、五华 [4]、新丰 [63]、阳山 [26, 35]、英德 [32, 35]、肇庆 [9, 35]、紫金 [31, 35]。

香科科 ***Teucrium simplex*** Vaniot

分布：乐昌 [26]。

血见愁 ***Teucrium viscidum*** Blume

分布：博罗 [38, 100]、潮州 [35] [曾宪锋 ZXF8193 (CZH)]、从化 [107]、大埔 [35] [曾宪锋 ZXF32924 (CZH)]、东莞 [35] [林正眉等科考队 20171031 (SN)]、恩平 [35] [黄茂先 110372 (PE)]、丰顺 [95]、封开 [14, 35]、佛山 [35] [黄茂先 111152 (PE)]、广州 [35] [曾呈奎 200 (AU)]、和平 [35] [卫兆芬 120612 (KUN)]、鹤山 [35] [黄茂先 110745 (PE)]、惠东 [12]、揭西 [35] [曾宪锋 ZXF21095 (CZH)]、乐昌 [26, 29, 35]、连州 [35] [谭沛祥 60226 (KUN)]、龙门 [35] [张桂才 8144 (HGAS)]、梅州 [35] [曾宪锋 ZXF31214 (CZH)]、南雄 [33, 35, 57]、平远 [35] [李学根 202136 (CSFI)]、仁化 [16, 35]、乳源 [26]、深圳 [17, 35]、始兴 [28]、台山 [35] [周联选 11568 (KUN)]、翁源 [51]、五华 [4]、新丰 [35] [邓良 8120 (PE)]、信宜 [52]、兴宁 [35] [曾宪锋 ZXF27519 (CZH)]、阳山 [26, 35]、英德 [32, 35]、郁南 [101]、肇庆 [9, 35]、中山 [10, 35]、珠海 [35] [李泽贤、邢福武 637 (FJSI)]、紫金 [31, 35]。

牡荆属 *Vitex* L.

假紫珠 ***Vitex axillariflora*** (Merr.) Bramley

分布：信宜 [52]、英德 [32, 35]。

灰毛牡荆 ***Vitex canescens*** Kurz

分布：乐昌 [29, 35, 41]、始兴 [28, 35]、阳山 [26, 35]。

黄荆 ***Vitex negundo*** L.

分布：博罗 [35, 38, 100]、潮州 [35] [曾宪锋 ZXF37612 (CZH)]、从化 [35, 107]、德庆 [35] [林茎 9580 (IBSC)]、东莞 [25, 35]、东源 [35, 59]、丰顺 [35] [李学根 201440 (IBSC)]、封开 [14, 35]、佛冈 [27]、佛山 [35] [黄茂先 111150 (HIB0025660)]、高州 [35] [周沛椿 2740 (IBSC)]、广州 [35] [中山大学生物系标本厂 40 (BMNH148152)]、和平 [35] [张桂才 696 (IBSC)]、河源 [35] [曾怀德 28941 (IBSC)]、怀集 [35] [刘瑛光 2751 (IBSC)]、惠东 [12, 35]、惠州 [35] [曾怀德 25710 (IBSC)]、蕉岭 [35] [李学根 202232 (IBSC)]、揭西 [35] [许小婷 XXT077 (CZH)]、揭阳 [35] [黄雅凤 HYF052 (CZH)]、开平 [35] [黄茂先 110602 (HZ)]、乐昌 [29, 35, 41]、连南 [35] [谭沛祥 59499 (IBSC)]、连平 [35] [粤 73 1913 (IBSC)]、连州 [35] [南岭队 379 (IBSC)]、龙川 [35] [王颖 WY031 (CZH)]、龙门 [35] [黄淑美 190939 (IBSC)]、茂名 [35] [邓良 2421 (IBSC)]、梅州 [35] [朱权芳 6 (SN)]、南雄 [33, 35, 57]、平远 [35] [孙王叶 平 017 (SN)]、清远 [35] [罗溥鍒 265 (IBSC)]、饶平 [35] [李学根 200759 (IBSC)]、仁化 [16, 35]、乳源 [26, 35]、汕头 [35] [曾宪锋 ZXF10142 (CZH)]、韶关 [35] [陈焕镛 5533 (IBSC)]、深圳 [11, 17, 35]、始兴 [28]、四会 [35] [曾宪锋 ZXF38399 (CZH)]、翁源 [35, 51]、五华 [4, 35]、新丰 [35, 63]、徐闻 [35] [周远瑞 100182 (IBK)]、阳春 [35] [张桂才、刘念 1865 (IBSC)]、阳山 [26, 35]、英德 [32, 35]、郁南 [35] [张桂才、刘念 2590 (IBSC)]、肇庆 [9, 35]、中山 [10, 35]、紫金 [31, 35]。

牡荆 ***Vitex negundo* var. *cannabifolia*** (Siebold & Zucc.) Hand. -Mazz.

分布：东源 [59]、佛冈 [27]、惠东 [12]、江门 [8]、连南 [35] [曾子燕等 707 (PE)]、连山 [35] [谭沛祥 58370 (PE)]、龙川 [35] [曾宪锋 ZXF32428 (CZH)]、南雄 [33, 35]、乳源 [26]、深圳 [11, 17]、五华 [4]、信宜 [52]、阳春 [45]、阳山 [26, 35]、英德 [32,

35]、郁南 [101]、增城 [116]、中山 [10]、紫金 [31, 35]。

拟黄荆 ***Vitex negundo* var. *thyrsoides*** C. Pei & S. L. Liou

分布：河源 [35] [华南师范学院 358 (IBSC)]。

山牡荆 ***Vitex quinata*** (Lour.) Will.

分布：博罗 [35, 38, 100]、潮州 [35] [曾宪锋 ZXF5928 (CZH)]、从化 [35, 107]、大埔 [35] [邓良 5443 (IBSC)]、德庆 [35] [刘瑛光 1038 (IBSC)]、东莞 [25, 35]、恩平 [35] [黄茂先 110528 (HZ)]、丰顺 [35, 95]、封开 [14, 35]、佛冈 [27]、佛山 [35] [谭沛祥 64068 (IBSC)]、广州 [35] [叶育石 5012 (IBSC)]、鹤山 [35] [黄茂先 110753 (PE)]、怀集 [35] [刘瑛光 2998 (IBSC)]、惠东 [12, 35]、惠州 [35] [卫兆芬 12548 (IBSC)]、江门 [8, 35]、乐昌 [29, 35]、龙门 [35] [肖家庚 5239 (CSFI)]、陆丰 [35] [卫兆芬 121256 (IBSC)]、陆河 [35] [曾宪锋 ZXF42840 (CZH)]、茂名 [35] [朱志淞 1135 (IBSC)]、梅州 [35] [林佳芸 2016088 (CZH)]、南雄 [33, 35]、平远 [35] [李学根 202029 (IBSC)]、清远 [35] [黄志 36010 (WUK)]、仁化 [16]、乳源 [26, 35]、深圳 [11, 17, 35]、始兴 [28, 35]、翁源 [51]、五华 [4, 35]、新丰 [63]、新兴 [35] [刘瑛光 2496 (HZ)]、信宜 [35, 52]、徐闻 [35] [徐闻队 134 (IBK)]、阳春 [35, 45]、阳山 [26]、英德 [32, 35]、郁南 [35, 101]、增城 [35, 116]、肇庆 [9, 35]、中山 [10, 35]、珠海 [35] [李泽贤、邢福武 658 (FJSI)]、紫金 [31, 35]。

单叶蔓荆 ***Vitex rotundifolia*** L. f.

分布：东莞 [25]、惠东 [35] [姚鹏程、魏亚男 20150204 (HSNU)]、茂名 [35] [刘昂 LA19110613 (CSFI)]、南澳 [35] [张寿洲等 10969 (SZG)]、深圳 [11, 17, 35]、台山 [35] [周联选 11589 (KUN)]、徐闻 [35] [徐闻队 694 (PE)]、英德 [32]、湛江 [35] [周慧敏 20090708001 (JIU02283)]、珠海 [35] [唐国旺等 TuTY4971 (KUN)]。

广东牡荆 ***Vitex sampsonii*** Hance

分布：博罗 [100]、肇庆 [9]。

蔓荆 ***Vitex trifolia*** L.

分布：东莞 [25]、海丰 [35] [李泽贤 784 (IBSC)]、惠州 [35] [卫兆芬 121682 (IBK)]、廉江 [13]、陆丰 [35] [南植地 8404 (IBSC)]、南澳 [35] [曾宪锋 ZXF1632 (IBSC)]、深圳 [17, 35]、五华 [4]、徐闻 [35] [朱志淞 991 (IBSC)]、阳江 [35] [华南综考队 248 (IBSC)]、郁南 [101]、湛江 [13]、肇庆 [9]、中山 [10]、珠海 [35] [张冰明 152959 (IBSC)]。

异叶蔓荆 ***Vitex trifolia* var. *subtrisecta*** (Kuntze) Moldenke

分布：佛山 [http://ppbc. iplant. cn/tu/12371685]、深圳 [http://ppbc. iplant. cn/tu/11778968]。

越南牡荆 ***Vitex tripinnata*** (Lour.) Merr.

分布：东莞 [25]。

苦郎树属 *Volkameria* L.

苦郎树 ***Volkameria inermis*** L.

分布：博罗 [100]、东莞 [25]、陆丰 [35] [卫兆芬 121166 (IBSC)]、茂名 [35, 85]、汕头 [35] [苏冬娜 A0101 (SN)]、深圳 [11, 17, 35]、台山 [35] [左景烈 22529 (IBSC)]、信宜 [52]、徐闻 [35] [南路 851 (IBSC)]、阳江 [35] [林万涛 30814 (WUK)]、郁南 [101]、湛江 [35] [周远瑞 100006 (IBK)]、肇庆 [9]、中山 [10]、珠海 [35] [张冰明 152960 (IBSC)]。

356. 通泉草科 Mazaceae

通泉草属 *Mazus* Lour.

匍茎通泉草 ***Mazus miquelii*** Makino

分布：惠东 [12]、乐昌 [29]、南雄 [33, 57]、郁南 [101]。

通泉草 ***Mazus pumilus*** (Burm. f.) Steenis

分布：博罗 [78, 100, 35, 38]、潮州 [78, 35]、从化 [35, 107]、大埔 [35] [曾宪锋 ZXF32993 (CZH)]、东莞 [25, 35]、佛冈 [27]、广州 [35] [林有润 89-143 (BJM)]、怀集 [35] [刘瑛光 1453 (IBSC)]、乐昌 [29, 35, 41]、南雄 [33, 35, 57]、平远 [78, 35]、清远 [35] [黄成 161545 (IBSC)]、仁化 [16]、乳源 [78, 26, 35]、深圳 [78, 11, 35, 17]、始兴 [28]、翁源 [78, 51, 35]、新丰 [63]、信宜 [52]、阳山 [26]、英德 [32]、郁南 [101]、肇庆 [78, 9, 35]、中山 [10, 35]、紫金 [78, 31, 35]。

大萼通泉草 ***Mazus pumilus* var. *macrocalyx*** (Bonati) T. L. Chin ex D. Y. Hong

分布：信宜 [52]。

林地通泉草 ***Mazus saltuarius*** Hand. -Mazz.

分布：乳源 [78, 35]。

弹刀子菜 ***Mazus stachydifolius*** (Turcz.) Maxim.

分布：乐昌 [29]、仁化 [16]、乳源 [35]。

357. 透骨草科 Phrymaceae

小果草属 *Microcarpaea* R. Br.

小果草 ***Microcarpaea minima*** (J. Koenig ex Retz.) Merr.

分布：恩平 [22]、乐昌 [41]、深圳 [17]、翁源 [35]、肇庆 [9, 35]。

358. 泡桐科 Paulowniaceae

泡桐属 *Paulownia* Siebold & Zucc.

南方泡桐 ***Paulownia* × *taiwaniana*** T. W. Hu & H. J. Chang

分布：和平 [谭策铭等 Y06677 (JJF)]、乳源 [王发国等 2809 (IBSC)]。

白花泡桐 ***Paulownia fortunei*** (Seem.) Hemsl.

分布：博罗 [38, 100]、从化 *[107]、丰顺 [95]、封开 [14]、惠东 [12]、乐昌 [29, 41]、南雄 [33, 57]、仁化 [16]、乳源 [26]、深圳 [17]、始兴 [28]、翁源 [51]、五华 [4]、新丰 [63]、信宜 [52]、阳山 [26]、英德 [32]、肇庆 [9]、紫金 [31]。

台湾泡桐 ***Paulownia kawakamii*** T. Itô

分布：封开 [14]、乐昌 [29, 41]、南雄 [33, 57]、乳源 [26]、始兴 [28]、翁源 [51]、五华 [4]、新丰 [63]、英德 [32]、紫

金 [31]。

359. 列当科 Orobanchaceae

野菰属 *Aeginetia* L.

野菰 *Aeginetia indica* L.

分布：博罗 [35] [粤 786388 (IBSC)]、潮州 [35] [曾宪锋 ZXF01169 (CZH)]、大埔 [35] [王学文等 191 (IBSC)]、东莞 [25, 35]、丰顺 [35, 95]、封开 [14]、广宁 [35] [石国良 14440 (IBSC)]、和平 [35] [张桂才 663 (IBSC)]、惠东 [12, 35]、惠州 [35] [曾怀德 25528 (IBSC)]、乐昌 [29, 35, 41]、连南 [35] [谭沛祥 59270 (IBSC)]、茂名 [35] [邓良 1928 (IBSC)]、南澳 [35] [陈炳辉 294 (IBSC)]、南雄 [33, 35]、仁化 [16, 35]、乳源 [26, 35]、深圳 [17, 35]、始兴 [35] [邓良 6986 (IBSC)]、翁源 [35, 51]、五华 [4]、新丰 [35, 63]、信宜 [35, 52]、阳春 [35] [张桂才、刘念 709 (IBSC)]、阳江 [35] [黄志 41899 (IBSC)]、阳山 [26, 35]、英德 [32, 35]、郁南 [101]、云浮 [35] [黄志 37396 (IBSC)]、增城 [116]、肇庆 [9, 35]、中山 [10, 35]、紫金 [31, 35]。

黑蒴属 *Alectra* Thunb.

黑蒴 *Alectra arvensis* (Benth.) Merr.

分布：惠州 [35]、茂名 [35]、信宜 [52]。

来江藤属 *Brandisia* Hook. f. & Thomson

岭南来江藤 *Brandisia swinglei* Merr.

分布：博罗 [E. D. Merrill 10851 (NY)]、从化 [35] [中德采集队 991 (IBSC)]、怀集 [35] [刘瑛光 2562 (IBSC)]、乐昌 [29, 35, 41]、连山 [35] [谭沛祥 58755 (PE)]、连州 [35] [程用谦 170409 (IBSC)]、仁化 [16, 35]、乳源 [26, 35]、韶关 [35] [黄立 20279 (PE)]、新丰 [63]、信宜 [52]、阳春 [45]、阳山 [26, 35]、英德 [32, 35]、增城 [116]。

黑草属 *Buchnera* L.

黑草 *Buchnera cruciata* Buch. -Ham. ex D. Don

分布：博罗 *[5]、南雄 #[57]、仁化 #[16]、乳源 #[26]、始兴 #[28]、阳西 #[http://ppbc. iplant. cn/tu/9179513]、英德 #[32]。

胡麻草属 *Centranthera* R. Br.

胡麻草 *Centranthera cochinchinensis* (Lour.) Merr.

分布：广州 [35] [陈少卿 8446 (IBSC)]、乐昌 [29, 35]、茂名 [35] [邓良 2085 (IBSC)]、清远 [35] [黄志 30751 (IBSC)]、乳源 [26, 35]、始兴 [28]、翁源 [35, 51]、新丰 [35] [邓良 7941 (IBSC)]、新兴 [35] [刘瑛光 2515 (IBSC)]、信宜 [52]、阳山 [35] [邓良 289 (IBSC)]、英德 [35] [谭沛祥 57012 (IBSC)]、云浮 [35] [黄志 37311 (IBSC)]。

矮胡麻草 *Centranthera tranquebarica* (Spreng.) Merr.

分布：广州 [35] [麦鹤云 20388 (SN)]、连州 [35] [梁宝汉 85366 (IBSC)]、陆丰 [35] [卫兆芬 19580813 (IBK)]、茂名 [85]、翁源 [35, 51]、阳江 [35] [罗献瑞 899 (IBSC)]、英德 [35] [左景烈 22189 (IBSC)]、肇庆 [9, 35]。

假野菰属 *Christisonia* Gardner

假野菰 *Christisonia hookeri* Clarke

分布：仁化 [16]、信宜 [35, 52]。

广东假野菰 *Christisonia kwangtungensis* (Hu) G. D. Tang, J. F. Liu & W. B. Yu

分布: 从化 [http://ppbc. iplant. cn/tu/8542623]、仁化 [http://ppbc. iplant. cn/tu/9773760]。

齿鳞草属 *Lathraea* L.

齿鳞草 *Lathraea japonica* Miq.

分布：乳源 [26, 35]。

钟萼草属 *Lindenbergia* Lehm.

封开钟萼草 *Lindenbergia fengkaiensis* R. H. Miao & Q. Y. Cen

分布：封开 [463]。

野地钟萼草 *Lindenbergia muraria* (Roxb. ex D. Don) Bruhl

分布：清远 [35]、阳春 [35]、阳山 [35]。

钟萼草 *Lindenbergia philippensis* (Cham.) Benth.

分布：封开 [35] [黄成 164572 (IBSC)]、佛山 [35] [高锡朋 50011 (IBSC)]、广州 [35] [H. F. Hance 5592 (PE)]、新丰 [63]、肇庆 [9, 35]。

山罗花属 *Melampyrum* L.

山罗花 *Melampyrum roseum* Maxim.

分布：连州 [3]、紫金 [31]。

钝叶山罗花 *Melampyrum roseum* var. *obtusifolium* (Bonati) D. Y. Hong

分布：连州 [26, 35, 3]、仁化 [16]。

鹿茸草属 *Monochasma* Maxim. ex Franch. & Sav.

单花鹿茸草 *Monochasma monantha* Hemsl.

分布： 南雄 [519, 57, 33]、仁化 [519]。

马先蒿属 *Pedicularis* L.

江南马先蒿 *Pedicularis henryi* Maxim.

分布：乐昌 [29, 41]、仁化 [16]、乳源 [26]、始兴 [28]、阳山 [26]。

松蒿属 *Phtheirospermum* Bunge ex Fisch. & C. A. Mey.

松蒿 *Phtheirospermum japonicum* (Thunb.) Kanitz

分布：怀集 [35]、乐昌 [29, 26]、乳源 [26, 35]、始兴 [28]。

阴行草属 *Siphonostegia* Benth.

阴行草 *Siphonostegia chinensis* Benth.

分布：乐昌 [29]、南雄 [33, 57]、仁化 [16]、乳源 [26]、深圳 [17]、始兴 [28]、阳山 [26]、肇庆 [9]、紫金 [31]。

腺毛阴行草 *Siphonostegia laeta* S. Moore

分布：乐昌 [29, 41]、连州 [26]、南雄 [33, 57]、仁化 [16]、乳源 [26]、翁源 [51]、五华 [4]、英德 [32]、紫金 [31]。

短冠草属 *Sopubia* Buch. -Ham. ex D. Don

毛果短冠草 *Sopubia matsumurae* (T. Yamaz.) C. Y. Wu

分布：南雄 [57]。

短冠草 *Sopubia trifida* Buch. -Ham. ex D. Don

分布：从化 [35]、封开 [14]、乐昌 [29, 41]、连州 [35]、仁化 [16]、乳源 [26]、始兴 [28]、翁源 [51]、英德 [32]。

独脚金属 *Striga* Lour.

独脚金 *Striga asiatica* (L.) Kuntze

分布：博罗 #[38, 100]、从化 #[107]、大埔 #[35] [邓良 5135 (IBSC)]、德庆 #[35] [刘瑛光 1232 (IBSC)]、东莞 #[25, 35]、丰顺 #[35, 95]、封开 #[14, 35]、高州 #[35] [蒋英 2690 (IBSC)]、广州 #[35] [黄成 164689 (IBSC)]、惠东 #[12]、江门 #[8, 35]、开平 #[35] [黄茂先 110562 (PE)]、乐昌 #[526]、连平 #[35] [粤 73 1591 (IBSC)]、龙川 #[35] [杜荣裕 20110456 (SN)]、茂名 #[35, 85]、南澳 #[35] [陈炳辉 227 (IBSC)]、南雄 #[33, 35]、平远 #[35] [李学根 202194 (IBSC)]、仁化 #[16]、汕头 #[35] [梁其瑾 1215 (PEY)]、深圳 #[17, 35]、始兴 #[28]、台山 #[35] [左景烈 22519 (IBSC)]、翁源 #[35, 51]、新兴 #[35] [刘瑛光 2300 (IBSC)]、信宜 #[52]、徐闻 #[35] [温大明 11061 (IBSC)]、阳江 #[35] [黄志 41663 (IBSC)]、英德 #[32, 35]、增城 #[35, 116]、肇庆 #[9, 35]、珠海 #[35] [陈炳辉 718 (IBSC)]。

大独脚金 *Striga masuria* (Ham. ex Benth.) Benth.

分布：乐昌 [29, 35]、连州 [35]。

360. 粗丝木科 Stemonuraceae

粗丝木属 *Gomphandra* Wall. ex Lindl.

粗丝木 *Gomphandra tetrandra* (Wall.) Sleumer

分布：博罗 [侯宽昭 74042 (IBK)]。

361. 青荚叶科 Helwingiaceae

青荚叶属 *Helwingia* Willd.

钝齿青荚叶 *Helwingia chinensis* var. *crenata* (Lingelsh. ex H. Limpr.) W. P. Fang

分布：信宜 [35, 52]。

西域青荚叶 *Helwingia himalaica* Hook. f. & Thomson ex C. B. Clarke

分布：信宜 [35, 52]。

青荚叶 *Helwingia japonica* (Thunb.) F. Dietr.

分布：饶平 [35]、乳源 [26, 35]。

362. 冬青科 Aquifoliaceae

冬青属 *Ilex* L.

满树星 *Ilex aculeolata* Nakai

分布：东源 [119]、封开 [14]、和平 [35]、惠东 [12]、乐昌 [29, 35, 41]、连南 [35]、连平 [35]、连山 [35]、连州 [35]、南雄 [33, 35, 57]、清远 [35]、仁化 [16, 35]、乳源 [35]、始兴 [28, 35]、阳山 [26, 35]、英德 [32, 35]。

秤星树 *Ilex asprella* (Hook. & Arn.) Champ. ex Benth.

分布：博罗 [35, 38, 100]、潮州 [35] [吴锐冰 2014019 (CZH)]、从化 [35, 107]、大埔 [35] [埔管 104 (SN)]、德庆 [35] [刘瑛光 1295 (HZ)]、东莞 [25, 35]、东源 [35, 59]、丰顺 [35, 95]、封开 [35] [黄成 164053 (KUN)]、佛冈 [27]、佛山 [35] [高锡朋 51532 (IBK)]、高州 [35] [蒋英 969 (AU)]、广州 [35] [钟观光 394 (PEY)]、海丰 [35] [曾宪锋 ZXF4581 (CZH)]、和平 [35] [卫兆芬 120591 (KUN)]、河源 [35] [77 级科研组新 0214 (SN)]、鹤山 [35] [黄茂先 110732 (PE)]、化州 [35] [湛江区植物调查队 2940 (IBSC)]、惠东 [12, 35]、惠州 [35] [徐德明 146 (KUN)]、江门 [8, 35]、蕉岭 [35] [李学根 202296 (IBK)]、揭西 [35] [曾宪锋 ZXF31273 (CZH)]、开平 [35] [黄茂先 110616 (HZ)]、乐昌 [29, 35]、雷州 [35] [蒋英 2558 (IBSC)]、连山 [35] [谭沛祥 58453 (PE)]、龙门 [35] [刘全儒等 201007372 (BNU)]、陆丰 [35] [卫兆芬 121310 (KUN)]、茂名 [35, 85]、梅州 [35] [曾宪锋 ZXF31223 (CZH)]、南澳 [35] [姚鹏程、魏亚男 20150391 (HSNU)]、平远 [35] [邓良 4483 (KUN)]、清远 [35] [黄志 32493 (CQNM0009679)]、饶平 [35] [陈念劬 42616 (AU)]、仁化 [16]、乳源 [26, 35]、深圳 [11, 17, 35]、台山 [35] [陈邦余、李泽贤 271 (FJSI)]、翁源 [35, 51]、新丰 [35, 63]、新兴 [35] [刘瑛光 2402 (GZAC)]、信宜 [35, 52]、兴宁 [35] [曾宪锋 ZXF27986 (CZH)]、徐闻 [35] [徐闻队 382 (KUN)]、阳春 [35, 45]、阳江 [35] [黄志 41439 (IBK)]、英德 [32, 35]、郁南 [101]、增城 [35, 116]、湛江 [35] [李泽贤 1912 (IBSC)]、肇庆 [9, 35]、中山 [10, 35]、珠海 [35] [唐国旺、王向平 Tang GW003 (KUN)]、紫金 [31, 35]。

大埔秤星树 *Ilex asprella* var. *tapuensis* S. Y. Hu

分布：大埔 [3, 35]、信宜 [52]、英德 [3, 35]、肇庆 [3, 9, 35]。

两广冬青 *Ilex austrosinensis* C. J. Tseng

分布：乳源 [3, 35]、肇庆 [3, 35]。

短梗冬青 *Ilex buergeri* Miq.

分布：封开 [广东木材调查组 361 (IBSC)]、佛冈 [27]、连南 [邹香林 60898 (IBSC)]、英德 [梁宝汉 84392 (IBK)]、肇庆 [石国良 2316 (IBSC)]。

黄杨冬青 *Ilex buxoides* S. Y. Hu

分布：阳春 [35, 37]、阳山 [26, 35]、增城 [35]、肇庆 [9, 35]。

凹叶冬青 *Ilex championii* Loes.

分布：博罗 [35, 37]、从化 [陈又生等 22093 (IBSC)]、东莞 [25]、封开 [14]、佛冈 [27]、惠东 [12]、惠州 [35]、江门 [8]、乐昌 [29, 26, 41]、连州 [26]、乳源 [26]、深圳 [17]、翁源 [51]、新丰 [63]、信宜 [52]、阳春 [45]、英德 [32]、增城 [116]、肇庆 [9]、紫金 [31]。

沙坝冬青 *Ilex chapaensis* Merr.

分布：封开 [14, 35]、佛冈 [27]、高州 [35]、河源 [35]、

惠东 [12]、乐昌 [29, 35, 41]、连州 [26]、廉江 [35]、龙门 [35]、茂名 [35]、梅州 [35]、清远 [35]、乳源 [26]、台山 [35]、翁源 [35, 51]、五华 [4]、新丰 [35, 63]、信宜 [35, 52]、阳春 [35, 37]、郁南 [101]、云浮 [35]、增城 [35, 116]、肇庆 [9, 35]、紫金 [31]。

冬青 ***Ilex chinensis*** Sims

分布：乐昌 [29, 35]、连山 [35]、南雄 [33, 57]、乳源 [26, 35]、始兴 [28]、阳山 [35]、英德 [32]。

苗山冬青 ***Ilex chingiana*** Hu & Tang

分布：连南 [3]。

巨果冬青 ***Ilex chingiana* var. *megacarpa*** (H. G. Ye & H. S. Chen) L. G. Lei

分布：连南 [3]、连山 [330, 35]。

铁仔冬青 ***Ilex chuniana*** S. Y. Hu

分布：台山 [3, 35]。

灰冬青 ***Ilex cinerea*** Champ.

分布：台山 [35]、增城 [116]、珠海 [3]。

越南冬青 ***Ilex cochinchinensis*** (Lour.) Loes.

分布：从化 [35]、封开 [14, 35]、信宜 [35, 52]、肇庆 [9, 35]。

密花冬青 ***Ilex confertiflora*** Merr.

分布：博罗 [35, 37, 100]、从化 [35]、乐昌 [29, 35, 41]、乳源 [26]、信宜 [35, 52]、阳春 [35, 37]、英德 [32]、增城 [35]、肇庆 [9]。

广西密花冬青 ***Ilex confertiflora* var. *kwangsiensis*** S. Y. Hu

分布：怀集 [35]、信宜 [52]。

枸骨 ***Ilex cornuta*** Lindl. & Paxton

分布：博罗 *[38]、仁化 *[16]、深圳 *[17]、增城 [116]、肇庆 [9]。

齿叶冬青 ***Ilex crenata*** Thunb.

分布: 博罗 [5, 100]、惠州 [35]、乳源 [26, 35]、台山 [35]、阳春 [35, 37]、英德 [32]、珠海 [35]。

弯尾冬青 ***Ilex cyrtura*** Merr.

分布：从化 [3, 35]、新丰 [63]。

黄毛冬青 ***Ilex dasyphylla*** Merr.

分布：博罗 [5, 100]、大埔 [35]、东源 [119]、丰顺 [35, 95]、封开 [14, 35]、佛冈 [27]、河源 [35]、怀集 [35]、惠东 [12]、江门 [8]、乐昌 [29, 41]、连山 [35]、南雄 [33]、乳源 [26]、始兴 [28]、翁源 [35, 51]、五华 [4]、新丰 [35, 63]、信宜 [35, 52]、英德 [32, 35]、增城 [116]、紫金 [31]。

显脉冬青 ***Ilex editicostata*** Hu & Tang

分布：丰顺 [95]、封开 [14]、佛冈 [27]、乐昌 [29]、梅州 [35]、仁化 [16, 35]、乳源 [26, 35]、始兴 [28]、新丰 [63]、信宜 [35, 52]、肇庆 [9]、紫金 [31]。

厚叶冬青 ***Ilex elmerrilliana*** S. Y. Hu

分布：封开 [14, 35]、佛冈 [27]、和平 [35]、惠东 [12]、江门 [8]、乐昌 [29]、连平 [35]、连山 [35]、连州 [35]、南雄 [33, 57]、平远 [35]、饶平 [35]、乳源 [26, 35]、五华 [4]、新丰 [63]、信宜 [35, 52]、阳春 [35, 37, 45]、阳山 [26, 35]、紫金 [31]。

硬叶冬青 ***Ilex ficifolia*** C. J. Tseng ex S. K. Chen & Y. X. Feng

分布：东莞 [25]、乳源 [26, 35]。

榕叶冬青 ***Ilex ficoidea*** Hemsl.

分布：博罗 [5, 35]、从化 [107]、德庆 [35]、东莞 [25]、佛冈 [27]、广州 [35]、和平 [35]、惠东 [12]、惠州 [35]、江门 [8]、蕉岭 [35]、乐昌 [29, 35, 41]、连南 [35]、连平 [35]、连山 [35]、连州 [35]、龙门 [35]、梅州 [35]、南雄 [33, 57]、平远 [35]、仁化 [16, 35]、乳源 [26, 35]、韶关 [35]、深圳 [17]、始兴 [28]、台山 [35]、翁源 [51]、五华 [4]、新丰 [35, 63]、信宜 [52]、阳春 [45]、阳山 [35]、英德 [32]、郁南 [101]、增城 [116]、肇庆 [9, 35]、紫金 [31, 35]。

台湾冬青 ***Ilex formosana*** Maxim.

分布：德庆 [35]、封开 [14]、佛冈 [27]、高州 [35]、怀集 [35]、乐昌 [29, 35]、平远 [35]、仁化 [16]、乳源 [26, 35]、韶关 [35]、始兴 [28, 35]、翁源 [51]、五华 [4]、新丰 [35, 63]、信宜 [35, 52]、阳春 [35, 37]、英德 [32, 35]、增城 [116]、肇庆 [9, 35]。

大核台湾冬青 ***Ilex formosana* var. *macropyrena*** S. Y. Hu

分布：翁源 [3, 35]。

团花冬青 ***Ilex glomerata*** King

分布：大埔 [35]、江门 [8]、乐昌 [29, 35]、英德 [35]。

纤花冬青 ***Ilex graciliflora*** Champ.

分布：东莞 [25]、佛冈 [27]、江门 [8]、深圳 [17, 35]、中山 [35]、珠海 [35]。

海南冬青 ***Ilex hainanensis*** Merr.

分布：江门 [8]、茂名 [85, 35, 3]、信宜 [52]、阳春 [45]、阳江 [3, 35]、肇庆 [9]。

青茶香 ***Ilex hanceana*** Maxim.

分布：大埔 [35]、东莞 [25]、封开 [35]、佛冈 [27]、乳源 [26, 35]、五华 [4]、新丰 [63]、阳山 [26, 35]、英德 [32]、增城 [116]、珠海 [35]、紫金 [31]。

光叶细刺枸骨 ***Ilex hylonoma* var. *glabra*** S. Y. Hu

分布：乐昌 [29, 35]、仁化 [16]、乳源 [26, 35]。

江门冬青 ***Ilex jiangmenensis*** Lei Jiang & K. W. Xu

分布：江门 [185, 8]。

蕉岭冬青 ***Ilex jiaolingensis*** C. J. Tseng & H. H. Liu

分布：蕉岭 [3, 35]。

扣树 ***Ilex kaushue*** S. Y. Hu

分布：乳源 [35]、英德 [32, 35]、肇庆 [35]。

皱柄冬青 ***Ilex kengii*** S. Y. Hu

分布：封开 [35]、江门 [8]、乐昌 [29, 35]、连平 [35]、乳源 [35]、信宜 [35, 52]、阳春 [35, 37]、英德 [35]。

江西满树星 ***Ilex kiangsiensis*** (S. Y. Hu) C. J. Tseng & B. W. Liu

分布：乳源 [3, 35]。

凸脉冬青 ***Ilex kobuskiana*** S. Y. Hu

分布：大埔 [3, 35]、乐昌 [41]、乳源 [26, 35, 3]。

广东冬青 ***Ilex kwangtungensis*** Merr.

分布：博罗 [5, 35]、大埔 [35]、封开 [14, 35]、广州 [35]、和平 [35]、怀集 [35]、惠东 [12]、惠州 [35]、蕉岭 [35]、乐昌 [26, 29, 35, 41]、连南 [35]、连平 [35]、连山 [35]、连州 [26, 35]、龙门 [35]、南雄 [35]、仁化 [16, 35]、乳源 [35]、韶关 [35]、深圳 [17]、始兴 [28, 35]、翁源 [35, 51]、五华 [4]、新丰 [35, 63]、信宜 [35, 52]、阳山 [35]、英德 [32, 35]、郁南 [101]、肇庆 [9, 35]、紫金 [31]。

剑叶冬青 ***Ilex lancilimba*** Merr.

分布：从化 [107]、大埔 [35]、封开 [14, 35]、乐昌 [29, 35]、饶平 [35]、新丰 [35]、阳春 [35, 37]、阳山 [26, 35]、英德 [32, 35]、肇庆 [9]。

大叶冬青 ***Ilex latifolia*** Thunb.

分布：大埔 [35]、丰顺 [35]、江门 [8]、揭西 [35]、乐昌 [29, 35, 41]、连州 [35]、陆河 [35]、梅州 [35]、乳源 [26]、始兴 [28]、阳山 [35]、英德 [32, 35]、肇庆 [9]。

阔叶冬青 ***Ilex latifrons*** Chun

分布：封开 [35]、信宜 [35, 52]。

汝昌冬青 ***Ilex linii*** C. J. Tseng

分布：五华 [380]。

木姜冬青 ***Ilex litseifolia*** Hu & Tang

分布：从化 [35]、和平 [35]、连州 [35]、紫金 [31]。

矮冬青 ***Ilex lohfauensis*** Merr.

分布：博罗 [37, 100]、从化 [35]、大埔 [35]、丰顺 [95]、封开 [14, 35]、和平 [35]、河源 [35]、怀集 [35]、惠东 [12]、乐昌 [29, 35, 41]、连南 [35]、连平 [35]、连山 [35]、连州 [35]、龙门 [35]、南雄 [35]、饶平 [35]、乳源 [26, 35]、韶关 [35]、深圳 [17]、始兴 [28, 35]、翁源 [35, 51]、五华 [4]、新丰 [35]、阳山 [35]、英德 [32, 35]、肇庆 [9, 35]、紫金 [31]。

长圆叶冬青 ***Ilex maclurei*** Merr.

分布：廉江 [3, 35]、英德 [32]。

大果冬青 ***Ilex macrocarpa*** Oliv.

分布：德庆 [35]、佛冈 [27]、惠东 [12]、乐昌 [35, 41]、连州 [35]、仁化 [16]、乳源 [35]、深圳 [17]、始兴 [28]、信宜 [35, 52]、阳山 [26, 35]、英德 [32]、郁南 [101]、增城 [116]、肇庆 [9, 35]。

黑叶冬青 ***Ilex melanophylla*** Hung T. Chang

分布：乐昌 [29, 41, 3]、乳源 [26]。

谷木叶冬青 ***Ilex memecylifolia*** Champ. ex Benth.

分布：从化 [107]、丰顺 [95]、封开 [14, 35]、佛冈 [27]、和平 [35]、怀集 [35]、江门 [8]、连州 [26]、清远 [35]、仁化 [16]、深圳 [17]、始兴 [28]、台山 [35]、翁源 [51]、五华 [4]、信宜 [52]、英德 [32, 35]、增城 [116]、肇庆 [9, 35]、中山 [10]。

小果冬青 ***Ilex micrococca*** Maxim.

分布：从化 [107]、封开 [14, 35]、佛冈 [27]、广宁 [35]、惠东 [12]、乐昌 [29, 35, 41]、连山 [35]、连州 [35]、饶平 [35]、仁化 [16, 35]、乳源 [26, 35]、始兴 [28]、翁源 [51]、五华 [4]、新丰 [35]、信宜 [52]、阳山 [35]、英德 [32, 35]、肇庆 [9, 35]、紫金 [31]。

南宁冬青 ***Ilex nanningensis*** Hand. -Mazz.

分布：新丰 [3, 35]。

粤桂冬青 ***Ilex occulta*** C. J. Tseng

分布：阳春 [3, 35, 37]。

疏齿冬青 ***Ilex oligodonta*** Merr. & Chun

分布：从化 [35]、乐昌 [29, 35]、仁化 [16, 35]、乳源 [26, 35]。

平南冬青 ***Ilex pingnanensis*** S. Y. Hu

分布：德庆 [3, 35]、封开 [3, 35, 14]、肇庆 [9]。

毛冬青 ***Ilex pubescens*** Hook. & Arn.

分布：博罗 [35, 38, 100]、从化 [35, 107]、大埔 [35]、德庆 [35]、东莞 [25]、东源 [119]、恩平 [35]、丰顺 [35, 95]、封开 [14, 35]、佛冈 [27]、高州 [35]、广宁 [35]、广州 [35]、和平 [35]、怀集 [35]、惠东 [12]、惠州 [35]、江门 [8]、蕉岭 [35]、乐昌 [29, 35, 41]、连南 [35]、连平 [35]、连山 [35]、连州 [26, 35]、龙门 [35]、陆丰 [35]、茂名 [85]、南雄 [33, 35, 57]、饶平 [35]、仁化 [16, 35]、乳源 [26, 35]、韶关 [35]、深圳 [11, 17]、始兴 [28, 35]、台山 [35]、翁源 [35, 51]、五华 [4, 35]、新丰 [35, 63]、信宜 [35, 52]、阳春 [35, 45]、阳江 [35]、阳山 [26, 35]、英德 [32]、郁南 [101]、云浮 [35]、增城 [116]、肇庆 [9, 35]、中山 [10]、紫金 [31]。

粗脉冬青 ***Ilex robustinervosa*** C. J. Tseng ex S. K. Chen & Y. X. Feng

分布：阳春 [3, 35, 37, 45]、阳江 [3, 35]。

铁冬青 ***Ilex rotunda*** Thunb.

分布：博罗 [35, 38, 100]、从化 [35, 107]、大埔 [35] [徐德明 21190 (NAS)]、德庆 [35] [刘瑛光 867 (IBSC)]、东莞 [25, 35]、东源 [119]、恩平 [35] [黄茂先 110454 (HZ)]、丰顺 [35, 95]、封开 [14, 35]、佛冈 [27]、佛山 [35] [黄茂先 111008 (HZ)]、高州 [35] [蒋英 912 (AU)]、广州 [35] [麦鹤云 20428 (SN)]、海丰 [35] [陈炳辉 581 (IBSC)]、和平 [35] [卫兆芬 120596 (KUN)]、河源 [35] [77 级科研组新 0232 (SN)]、鹤山 [35] [黄茂先 110838 (HZ)]、化州 [35] [湛江区植物调查队 4488 (IBSC)]、怀集 [35] [刘瑛光 3006 (HZ)]、惠东 [12, 35]、惠州 [35] [徐德明 102 (NAS)]、江门 [35] [黄茂先 110897 (HZ)]、蕉岭 [35] [南岭队 2257 (IBSC)]、乐昌 [29, 35, 41]、雷州 [13, 35]、连南 [35] [朱志凇 794 (IBSC)]、连平 [35] [卫兆芬 120085 (KUN)]、连山 [35] [谭沛祥 58456

(KUN)]、连州 [35] [谭沛祥 59962 (KUN)]、廉江 [13]、龙川 [35] [徐祥浩 1062 (IBSC)]、龙门 [35] [张桂才 111 (HGAS)]、陆丰 [35] [卫兆芬 121312 (KUN)]、茂名 [35, 85]、梅州 [35] [曾宪锋 ZXF42017 (CZH)]、南雄 [33, 35, 57]、平远 [35] [孙玉叶平 037 (SN)]、清远 [35] [黄志 30731 (KUN)]、饶平 [35] [陈念劬 42830 (IBSC)]、仁化 [16, 35]、乳源 [26, 35]、韶关 [35] [黄志 31590 (IBK)]、深圳 [11, 17, 35]、始兴 [28, 35]、台山 [35] [陈邦余、李泽贤 346 (FJSI)]、翁源 [35, 51]、五华 [4, 35]、新丰 [35, 63]、新兴 [35] [刘瑛光 2018 (IBSC)]、信宜 [35, 52]、兴宁 [35] [张伟城 17 (SN)]、徐闻 [35] [徐闻队 404 (KUN)]、阳春 [35, 45]、阳山 [26, 35]、英德 [32, 35]、郁南 [35, 101]、云浮 [35] [黄志 37316 (IBK)]、增城 [35, 116]、湛江 [13, 35]、肇庆 [9, 35]、中山 [10, 35]、珠海 [35] [李泽贤、邢福武 634 (FJSI)]、紫金 [31, 35]。

书坤冬青 ***Ilex shukunii*** Yi Yang & H. Peng

分布：韶关 [320]、始兴 [320]、新丰 [320]、信宜 [320]、云浮 [320]。

华南冬青 ***Ilex sterrophylla*** Merr. & Chun

分布：惠东 [12]、乐昌 [41]、乳源 [26, 35, 3]。

粗毛冬青 ***Ilex strigillosa*** T. R. Dudley

分布：新丰 [3, 35]。

香冬青 ***Ilex suaveolens*** (H. Lév.) Loes.

分布：惠东 [12]、乐昌 [29, 26]、乳源 [26, 35]、信宜 [52]、阳山 [26]、英德 [32]、紫金 [31]。

拟榕叶冬青 ***Ilex subficoidea*** S. Y. Hu

分布：封开 [14]、连山 [35]、清远 [35]、乳源 [35]、阳春 [35, 37]、英德 [35]。

蒲桃叶冬青 ***Ilex syzygiophylla*** C. J. Tseng ex S. K. Chen & Y. X. Feng

分布：乳源 [26, 35, 3]、阳山 [3, 35]。

四川冬青 ***Ilex szechwanensis*** Loes.

分布：博罗 [35]、封开 [14]、乐昌 [29, 35]、连南 [35]、连山 [35]、连州 [26, 35]、乳源 [26, 35]、五华 [35]、阳山 [26, 35]、英德 [32]。

卷边冬青 ***Ilex tamii*** T. R. Dudley

分布：台山 [35]、珠海 [3]。

薄核冬青 ***Ilex tenuis*** C. J. Tseng

分布：连南 [3]、连山 [35]。

三花冬青 ***Ilex triflora*** Blume

分布：博罗 [35, 100]、从化 [107]、大埔 [35]、东莞 [25]、丰顺 [95]、封开 [14, 35]、佛冈 [27]、佛山 [35]、广宁 [35]、和平 [35]、怀集 [35]、惠东 [12, 35]、江门 [8]、乐昌 [29, 35, 41]、连南 [35]、连平 [35]、连山 [35]、连州 [26, 35]、龙门 [35]、茂名 [85]、南雄 [35]、仁化 [16, 35]、乳源 [26, 35]、深圳 [17]、始兴 [28, 35]、翁源 [35, 51]、新丰 [35, 63]、信宜 [52]、阳春 [35, 45]、阳山 [35]、英德 [35]、云浮 [35]、增城 [116]、肇庆 [9, 35]、中山 [10]、紫金 [31]。

钝头冬青 ***Ilex triflora* var. *kanehirai*** (Yamam.) S. Y. Hu

分布：潮州 [35]、从化 [35]、龙门 [35]。

细枝冬青 ***Ilex tsangii*** S. Y. Hu

分布：大埔 [35]、封开 [14]。

紫果冬青 ***Ilex tsoi*** Merr. & Chun

分布：丰顺 [95]、河源 [35]、乐昌 [29, 35]、南雄 [33]、仁化 [35]、乳源 [26, 35]、翁源 [51]、信宜 [52]。

罗浮冬青 ***Ilex tutcheri*** Merr.

分布：博罗 [35, 37]、从化 [35, 107]、丰顺 [95]、河源 [35]、怀集 [35]、乐昌 [26]、连平 [35]、龙门 [35]、南雄 [33]、乳源 [26, 35]、深圳 [11]、翁源 [35, 51]、新丰 [35]、信宜 [35, 52]、阳山 [26, 35]、英德 [32, 35]、增城 [35, 116]、肇庆 [9, 35]。

湿生冬青 ***Ilex verisimilis*** Chun ex C. J. Tseng ex S. K. Chen & Y. X. Feng

分布：连州 [35]、乳源 [35]、阳山 [35]。

绿冬青 ***Ilex viridis*** Champ. ex Benth.

分布：博罗 [35]、从化 [35]、德庆 [35]、东莞 [25]、丰顺 [95]、封开 [14]、佛冈 [27]、和平 [35]、惠东 [12]、江门 [8, 35]、乐昌 [29, 35, 41]、连平 [35]、连山 [35]、龙门 [35]、南澳 [35]、南雄 [33, 57]、仁化 [16]、乳源 [26, 35]、深圳 [17]、翁源 [35, 51]、五华 [4]、新丰 [35]、信宜 [52]、阳江 [35]、阳山 [35]、英德 [32]、增城 [116]、中山 [10]、紫金 [31]。

尾叶冬青 ***Ilex wilsonii*** Loes.

分布：封开 [14]、惠东 [12]、乐昌 [41]、阳山 [26, 35]。

小金冬青 ***Ilex xiaojinensis*** Y. Q. Wang & P. Y. Chen

分布：博罗 [3, 35]。

阳春冬青 ***Ilex yangchunensis*** C. J. Tseng

分布：阳春 [3, 35, 37]。

363. 桔梗科 Campanulaceae

沙参属 *Adenophora* Fisch.

杏叶沙参 ***Adenophora petiolata* subsp. *hunanensis*** (Nannf.) D. Y. Hong & S. Ge

分布：乐昌 [29, 41]、连南 [3]、连州 [35]、仁化 [3, 35]、乳源 [26, 35, 3]、英德 [32]。

中华沙参 ***Adenophora sinensis*** A. DC.

分布：乐昌 [29, 35]、连南 [3, 35]、连州 [26]、乳源 [26]、始兴 [28]、阳山 [26]。

轮叶沙参 ***Adenophora tetraphylla*** (Thunb.) Fisch.

分布：乐昌 [29]、南雄 [33]、乳源 [26, 35]、始兴 [28]、英德 [32, 35]。

牧根草属 *Asyneuma* Griseb. & Schenk

球果牧根草 ***Asyneuma chinense*** D. Y. Hong

分布：英德 [https://ppbc. iplant. cn/tu/12242505]。

风铃草属 *Campanula* L.

一年生风铃草 *Campanula dimorphantha* Schweinf.

分布：肇庆 [9]。

党参属 *Codonopsis* Wall.

金钱豹 *Codonopsis javanica* (Blume) Hook. f.

分布：博罗 [100]、潮州 [35] [曾宪锋 ZXF8815 (CZH)]、从化 [35, 107]、大埔 [35] [邓良 5383 (IBSC)]、德庆 [35] [刘瑛光 1396 (IBSC)]、东莞 [25, 35]、丰顺 [95]、封开 [14, 35]、佛冈 [27]、和平 [35] [谭策铭 971890 (PE)]、怀集 [35] [陈国强 3994 (IBSC)]、乐昌 [29, 35, 41]、连南 [35] [邓柏林 60983 (IBSC)]、连州 [35] [陈国强 3608 (IBSC)]、龙门 [35] [王学文、张桂才 816 (IBSC)]、茂名 [35, 85]、梅州 [35] [梅县药材公司赠 s. n. (IBSC)]、南雄 [33, 35, 57]、平远 [35] [曾宪锋 ZXF8573 (CZH)]、仁化 [16, 35]、乳源 [35] [钟济新 11061 (IBSC)]、深圳 [17, 35]、始兴 [35] [邢福武、叶华谷 930 (IBSC)]、翁源 [35, 51]、五华 [35] [李淑玉 180595 (IBSC)]、新丰 [35, 63]、信宜 [35, 52]、阳山 [26, 35]、英德 [32, 35]、郁南 [101]、云浮 [35] [辛树帜 5162 (IBSC)]、增城 [116]、肇庆 [9, 35]、中山 [10, 35]、紫金 [31, 35]。

小花金钱豹 *Codonopsis javanica* subsp. *japonica* (Makino) Lammers

分布：封开 [14]、怀集 [3, 35]、乐昌 [29]、连州 [3, 35]、乳源 [26, 35]、始兴 [28]、五华 [4]。

羊乳 *Codonopsis lanceolata* (Siebold & Zucc.) Trautv.

分布：博罗 [35, 100]、东莞 [25]、佛冈 [27]、怀集 [35]、惠东 [12]、惠州 [35]、乐昌 [29, 35, 41]、连州 [35]、南雄 [33, 57]、仁化 [16]、乳源 [26, 35]、深圳 [17]、始兴 [28]、翁源 [51]、五华 [4]、新丰 [63]、兴宁 [35]、阳山 [26]、英德 [32]、紫金 [31]。

轮钟草属 *Cyclocodon* Griff.

轮钟花 *Cyclocodon axillaris* (Oliv.) W. J. de Wilde & Duyfjes

分布：乐昌 [陈念劬 41996 (PE)]。

轮钟草 *Cyclocodon lancifolius* (Roxb.) Kurz

分布：潮州 [35] [曾宪锋 ZXF9733 (CZH)]、从化 [35, 107]、大埔 [35] [李学根 202501 (IBSC)]、封开 [14, 35]、佛冈 [27]、和平 [35] [张桂才 769 (IBSC)]、怀集 [35] [石国良 15079 (IBSC)]、乐昌 [29, 35, 41]、连州 [35] [左景烈 22720 (IBSC)]、龙川 [35] [曾宪锋 ZXF22382 (CZH)]、龙门 [35] [李学根 200163 (IBSC)]、梅州 [35] [曾宪锋 ZXF38947 (CZH)]、南雄 [33, 35, 57]、仁化 [16, 35]、乳源 [26, 35]、韶关 [35] [高锡朋 50810 (IBSC)]、始兴 [28]、翁源 [35, 51]、五华 [4]、新丰 [35, 63]、信宜 [35, 52]、阳春 [35] [张桂才、刘念 3118 (IBSC)]、阳山 [26, 35]、英德 [32, 35]、肇庆 [35] [丁广奇、石国良 1783 (IBSC)]、紫金 [31, 35]。

长星花属 *Lithotoma* E. B. Knox

长星花 *Lithotoma axillaris* (Lindl.) E. B. Knox

分布：广州 *[http://ppbc. iplant. cn/tu/13501275]、深圳 *[http://ppbc. iplant. cn/tu/6256606]。

半边莲属 *Lobelia* L.

短柄半边莲 *Lobelia alsinoides* Lam.

分布：佛冈 [27]、乐昌 [29]、茂名 [85]、信宜 [52]、阳春 [35] [黄志 42168 (IBSC)]、肇庆 [9]。

假半边莲 *Lobelia alsinoides* subsp. *hancei* (Hara) Lam.

分布：深圳 [17]。

半边莲 *Lobelia chinensis* Lour.

分布：博罗 #[35, 38, 100]、潮州 #[35] [叶华谷 13124 (IBSC)]、从化 #[35] [黄志 44602 (IBSC)]、大埔 #[35] [邓良 5096 (IBSC)]、德庆 #[35] [刘瑛光 1318 (IBSC)]、东莞 #[25, 35]、丰顺 #[95]、封开 #[35] [黄成 164145 (IBSC)]、佛冈 #[27]、佛山 #[35] [陈文 9870 (IBSC)]、广州 #[35] [中草药组 57 (IBSC)]、和平 #[35] [卫兆芬 120280 (IBSC)]、河源 #[35] [77 级科研组新 0442 (SN)]、惠州 #[35] [杨敏仪 YMY048 (CZH)]、江门 #[8]、乐昌 #[29, 35, 41]、连平 #[35] [粤 73 1611 (IBSC)]、连州 #[26, 35]、廉江 #[35] [湛江区植物调查队 3068 (IBSC)]、龙门 #[35] [黄成 162090 (IBSC)]、罗定 #[35] [张桂才、刘念 2042 (IBSC)]、茂名 #[85]、南雄 #[33, 35, 57]、平远 #[35] [邓良 4473 (IBSC)]、清远 #[35] [陈汝芬 30624 (IBSC)]、饶平 #[35] [李学根 200652 (IBSC)]、仁化 #[16]、乳源 #[35] [钟济新 10806 (IBSC)]、深圳 #[11, 17, 35]、始兴 #[28, 35]、台山 #[35] [左景烈 22513 (IBSC)]、翁源 #[35, 51]、五华 #[4]、新丰 #[63]、新兴 #[35] [刘瑛光 2408 (IBSC)]、信宜 #[35, 52]、阳春 #[35, 45]、阳山 #[35] [南岭队 1654 (IBSC)]、英德 #[32, 35]、郁南 #[101]、增城 #[35, 116]、肇庆 #[9, 35]、中山 #[10, 35]、紫金 #[31, 35]。

江南山梗菜 *Lobelia davidii* Franch.

分布：乐昌 [41]、连州 [35]、乳源 [26, 35]、新丰 [63]。

六倍利 *Lobelia erinus* Thunb.

分布：佛山 *[http://ppbc. iplant. cn/tu/9426676]、广州 *[http://ppbc. iplant. cn/tu/4112838]、深圳 *[http://ppbc. iplant. cn/tu/6080420]。

线萼山梗菜 *Lobelia melliana* E. Wimm.

分布：潮州 [35] [曾宪锋 ZXF9811 (CZH)]、从化 [107]、大埔 [35] [李学根 202477 (IBSC)]、东源 [119]、丰顺 [35, 95]、佛冈 [27]、和平 [35] [张桂才 625 (IBSC)]、怀集 [35] [刘瑛光 2956 (IBSC)]、揭西 [35] [曾宪锋 ZXF21137 (CZH)]、乐昌 [29, 35, 41]、连南 [35] [谭沛祥 52905 (IBSC)]、连平 [35] [粤 73 1689 (IBSC)]、梅州 [35] [曾宪锋 ZXF42197 (CZH)]、南雄 [33, 35, 57]、平远 [35] [曾宪锋 ZXF33988 (CZH)]、乳源 [26, 35]、始兴 [28]、翁源 [35, 51]、五华 [4]、新丰 [35, 63]、信宜 [52]、阳山 [26, 35]、英德 [32, 35]、增城 [116]、肇庆 [9, 35]、紫金 [31, 35]。

铜锤玉带草 *Lobelia nummularia* Lam.

分布：博罗 [100]、从化 [107]、东莞 [25]、东源 [59]、

丰顺 [95]、封开 [14]、佛冈 [27]、和平 [35] [谭策铭、曹仕优 971910 (JJF)]、惠东 [12]、乐昌 [29, 35, 41]、连南 [35] [朱志淞 776 (IBSC)]、连平 [35] [粤 73 1908 (IBSC)]、连山 [35] [谭沛祥 58104 (KUN)]、连州 [35] [伍世忠 70217 (IBSC)]、南雄 [33, 35, 57]、仁化 [16, 35]、乳源 [26, 35]、深圳 [17]、始兴 [28]、翁源 [35, 51]、五华 [4]、新丰 [35, 63]、信宜 [52]、阳春 [45]、英德 [32, 35]、郁南 [101]、增城 [116]、肇庆 [9]、中山 [10]、紫金 [31, 35]。

卵叶半边莲 ***Lobelia zeylanica*** L.

分布：博罗 [35, 100]、从化 [35] [王学文、张桂才 8248 (IBSC)]、东莞 [25, 35]、丰顺 [95]、封开 [14, 35]、广州 [35] [陈少卿 7952 (IBSC)]、惠东 [12, 35]、惠州 [35] [叶华谷、曾飞燕 22134 (IBSC)]、江门 [8]、龙门 [35] [王学文、张桂才 8165 (IBSC)]、仁化 [16]、乳源 [26]、深圳 [17, 35]、始兴 [28]、翁源 [51]、五华 [4]、新丰 [63]、信宜 [52]、英德 [32]、郁南 [101]、增城 [35, 116]、肇庆 [9, 35]、珠海 [35] [粤 73 2865 (IBSC)]、紫金 [31]。

桔梗属 *Platycodon* A. DC.

桔梗 ***Platycodon grandiflorus*** (Jacq.) A. DC.

分布：博罗 [35]、东莞 [25]、广州 [35]、乐昌 [29]、连州 [26, 35]、乳源 [35]、深圳 [17]。

蓝花参属 *Wahlenbergia* Schrad. ex Roth

蓝花参 ***Wahlenbergia marginata*** (Thunb.) A. DC.

分布：博罗 [35] [粤 785950 (IBSC)]、潮州 [35] [曾宪锋 ZXF9840 (CZH)]、东莞 [25, 35]、丰顺 [35] [曾宪锋 ZXF7039 (CZH)]、封开 [14, 35]、广州 [35] [陈少卿 7182 (IBSC)]、惠东 [35] [李泽贤、邢福武 835 (IBSC)]、乐昌 [29, 35, 41]、连平 [35] [卫兆芬 120119 (IBSC)]、连山 [35] [曾飞燕等 431 (PE)]、连州 [26, 35]、龙门 [35] [陈邦余 2093 (IBSC)]、茂名 [85]、南雄 [33, 35, 57]、平远 [35] [曾宪锋 ZXF9158 (CZH)]、清远 [35] [黄志 30604 (IBSC)]、饶平 [35] [李学根 200814 (IBSC)]、乳源 [26, 35]、深圳 [17, 35]、始兴 [28, 35]、五华 [4]、阳春 [35] [张桂才、刘念 1688 (IBSC)]、阳山 [26, 35]、英德 [32, 35]、肇庆 [9]、紫金 [31, 35]。

364. 五膜草科 Pentaphragmataceae

五膜草属 *Pentaphragma* Wall. ex G. Don

直序五膜草 ***Pentaphragma spicatum*** Merr.

分布：高州 [35]、信宜 [3, 35, 52]、阳春 [陈又生等 YC2023071 (IBSC)]、阳西 [陈又生等 JZ20230004 (IBSC)]。

365. 花柱草科 Stylidiaceae

花柱草属 *Stylidium* Sw. ex Willd.

狭叶花柱草 ***Stylidium tenellum*** Sw.

分布：惠东 [12]、珠海 [30]。

花柱草 ***Stylidium uliginosum*** Sw.

分布：博罗 [22, 35]、东莞 [25]、广州 [22, 35]、化州 [22, 35]、惠东 [22, 12]、江门 [8]、开平 [22, 35]、清远 [22, 35]、乳源 [26]、深圳 [22, 17]、信宜 [52]、阳江 [35]、肇庆 [9, 22]、珠海 [22, 35]。

366. 睡菜科 Menyanthaceae

荇菜属 *Nymphoides* Seg.

小荇菜 ***Nymphoides coreana*** (H. Lév.) Hara

分布：阳江 [http://ppbc. iplant. cn/tu/6159980]、珠海 [22]、紫金 [http://ppbc. iplant. cn/tu/11628636]。

海丰荇菜 ***Nymphoides coronata*** (Dunn) Chun ex Y. D. Zhou & G. W. Hu

分布：海丰 [364, 35]。

圆齿荇菜 ***Nymphoides crenata*** (F. Muell.) Kuntze

分布：广州 *[http://ppbc. iplant. cn/tu/6997993]。

水皮莲 ***Nymphoides cristata*** (Roxb.) Kuntze

分布：东莞 [35]、恩平 [22]、高州 [22, 35]、广州 [22, 35]、清远 [35]、仁化 [16]、翁源 [51, 22, 35]、阳春 [22, 35]、英德 [22, 35]、肇庆 [35]、珠海 [35]。

刺种荇菜 ***Nymphoides hydrophylla*** (Lour.) Kuntze

分布：恩平 [http://ppbc. iplant. cn/tu/9090919]。

金银莲花 ***Nymphoides indica*** (L.) Kuntze

分布：东莞 [22, 35]、佛山 [22]、清远 [35]、仁化 [16]、阳春 [22, 35]、英德 [22, 35]、肇庆 [9, 22, 35]。

荇菜 ***Nymphoides peltata*** (S. G. Gmel.) Kuntze

分布：乐昌 [29]、南雄 [33]、仁化 [16]、翁源 [51]。

367. 草海桐科 Goodeniaceae

离根香属 *Goodenia* Sm.

离根香 ***Goodenia pilosa* subsp. *chinensis*** (Benth.) D. G. Howarth & D. Y. Hong

分布：东莞 [25]、惠来 [3]、饶平 [3]、汕头 [35]、深圳 [17, 35]。

草海桐属 *Scaevola* L.

小草海桐 ***Scaevola hainanensis*** Hance

分布：海丰 [35] [李泽贤 805 (IBSC)]、惠州 [35] [陈炳辉 433 (IBSC)]、雷州 [35] [李泽贤 2071 (IBSC)]、廉江 [13, 35]、遂溪 [13]、台山 [35] [粤 73 2665 (IBSC)]、徐闻 [13, 35]、阳江 [35] [湛江区植物调查队 3629 (IBSC)]、湛江 [13]。

草海桐 ***Scaevola taccada*** (Gaertn.) Roxb.

分布：东莞 [25]、惠州 [35]、陆丰 [35]、深圳 [11, 17]、徐闻 [35]、珠海 [35]。

368. 菊科 Asteraceae

刺苞果属 *Acanthospermum* Schrank

刺苞果 ***Acanthospermum hispidum*** DC.

分布：东莞 #[82]、惠州 #[82]、深圳 #[82]、中山 #[82]、紫金 #[31]。

蓍属 **Achillea L.**

蓍 ***Achillea millefolium*** L.

分布：深圳 #[17]。

尖鸠菊属 ***Acilepis* D. Don**

糙叶尖鸠菊 ***Acilepis aspera*** (Buch. -Ham.) H. Rob.

分布：罗定 [35]、阳春 [35]、郁南 [101]、肇庆 [9, 35]。

岗尖鸠菊 ***Acilepis clivorum*** (Hance) H. Rob.

分布：佛山 [35]、深圳 [17]、肇庆 [35]。

柳叶尖鸠菊 ***Acilepis saligna*** (DC.) H. Rob.

分布：深圳 [17, 35]、郁南 [101]、肇庆 [9]、中山 [35]、珠海 [35]。

金纽扣属 ***Acmella* Rich. ex Pers.**

短舌花金纽扣 ***Acmella brachyglossa*** Cass.

分布：广州 #[422]。

美形金纽扣 ***Acmella calva*** (DC.) R. K. Jansen

分布：雷州 [35]、深圳 [17]、徐闻 [35]。

天文草 ***Acmella ciliata*** (Kunth) Cass.

分布：广州 [http://ppbc. iplant. cn/tu/3399072]。

白花金纽扣 ***Acmella radicans*** (Jacq.) R. K. Jansen

分布：从化 #[http://ppbc. iplant. cn/tu/4051180]、广州 #[http://ppbc. iplant. cn/tu/9891205]。

沼生金纽扣 ***Acmella uliginosa*** (Sw.) Cass.

分布：广州 *[陈又生 21271 (IBSC)]。

和尚菜属 ***Adenocaulon* Hook.**

和尚菜 ***Adenocaulon himalaicum*** Edgew.

分布：乳源 [26]。

下田菊属 ***Adenostemma* J. R. Forst. & G. Forst.**

下田菊 ***Adenostemma lavenia*** (L.) Kuntze

分布：博罗 #[5, 35, 100]、潮州 #[404]、从化 #[107]、东莞 #[25]、丰顺 #[396, 95]、封开 #[14]、佛冈 #[27]、广州 #[35]、和平 #[35]、惠东 #[12]、乐昌 #[26, 29, 35, 41]、连南 #[35]、连山 #[35]、连州 #[26]、龙门 #[35]、罗定 #[35]、茂名 #[35]、南雄 #[33, 57]、仁化 #[16, 35]、乳源 #[35]、深圳 #[11, 17]、始兴 #[28]、翁源 #[35, 51]、五华 #[4]、新丰 #[63]、新兴 #[35]、信宜 #[52]、阳春 #[35, 45]、阳山 #[26, 35]、英德 #[32, 35]、郁南 #[35, 101]、云浮 #[35]、增城 #[116]、肇庆 #[9, 35]、珠海 #[35]、紫金 #[31]。

紫茎泽兰属 ***Ageratina* Spach**

紫茎泽兰 ***Ageratina adenophora*** (Spreng.) R. M. King & H. Rob.

分布：龙门 #[https://ppbc. iplant. cn/tu/15645051]。

藿香蓟属 ***Ageratum* L.**

藿香蓟 ***Ageratum conyzoides*** L.

分布：博罗 #[38, 100]、潮州 #[15, 404]、从化 #[15, 107]、大埔 #[15]、德庆 #[15]、东莞 #[25, 82]、丰顺 #[95]、封开 #[14]、佛冈 #[27]、佛山 #[500]、广州 #[15, 21]、惠东 #[12]、惠州 #[82]、江门 #[8]、揭阳 #[15]、乐昌 #[15, 29, 41, 526]、连州 #[26]、茂名 #[15, 85]、南雄 #[33, 57]、清远 #[15]、仁化 #[16]、乳源 #[15, 26]、汕头 #[15]、汕尾 #[15]、韶关 #[15]、深圳 #[11, 82, 17]、始兴 #[28]、台山 #[15]、翁源 #[15, 51]、五华 #[15, 4]、新丰 #[63]、新兴 #[15]、信宜 #[52]、徐闻 #[497]、阳春 #[15, 45]、英德 #[32]、郁南 #[101]、增城 #[116]、湛江 #[15, 416]、肇庆 #[9, 15, 423]、中山 #[10, 82]、珠海 #[428]、紫金 #[31]。

熊耳草 ***Ageratum houstonianum*** Mill.

分布：博罗 #[5, 100]、从化 #[15]、东莞 #[82]、佛山 #[500]、广州 #[15]、惠州 #[82]、揭阳 #[15]、梅州 #[15]、平远 #[15]、深圳 #[17, 82]、信宜 #[52]、英德 #[32]、郁南 #[101]、湛江 #[416]、肇庆 #[9, 15]、中山 #[82]、珠海 #[428]。

兔儿风属 ***Ainsliaea* DC.**

细辛叶兔儿风 ***Ainsliaea asaroides*** Y. S. Ye, J. Wang & H. G. Ye

分布：阳春 [273, 3]。

蓝兔儿风 ***Ainsliaea caesia*** Hand. -Mazz.

分布：英德 [32]、紫金 [31]。

闭花兔儿风 ***Ainsliaea cavaleriei*** H. Lév.

分布：揭西 [37]。

杏香兔儿风 ***Ainsliaea fragrans*** Champ.

分布：博罗 [35, 100]、从化 [35]、东莞 [25]、丰顺 [95]、封开 [14, 35]、佛冈 [27]、怀集 [35]、惠东 [35]、乐昌 [29, 35, 41]、连平 [35]、连州 [26, 35]、龙门 [35]、南澳 [35]、南雄 [33, 57]、平远 [35]、仁化 [16]、乳源 [26, 35]、深圳 [17]、始兴 [28, 35]、翁源 [35, 51]、五华 [4]、新丰 [35, 63]、信宜 [52]、阳山 [26, 35]、英德 [32, 35]、增城 [116]、紫金 [31]。

纤枝兔儿风 ***Ainsliaea gracilis*** Franch.

分布：封开 [35]、乐昌 [29, 35, 41]、连州 [35]、乳源 [26, 35]、深圳 [17]、信宜 [35, 52]、阳山 [26, 35]、英德 [32]、肇庆 [9, 35]。

灯台兔儿风 ***Ainsliaea kawakamii*** Hayata

分布：封开 [14]、翁源 [51]、五华 [4]。

阿里山兔儿风 ***Ainsliaea macroclinidioides*** Hayata

分布：东莞 [25]、乐昌 [29, 35, 41]、连州 [26]、南雄 [33, 35, 57]、深圳 [17]、信宜 [52]、英德 [32]、肇庆 [9, 35]、紫金 [31]。

小叶兔儿风 ***Ainsliaea parvifolia*** Merr.

分布：博罗 [37]、从化 [http://ppbc. iplant. cn/tu/ 3421032]、惠东 [http://ppbc. iplant. cn/tu/11893717]、深圳 [http://ppbc. iplant. cn/tu/7035813]。

莲沱兔儿风 ***Ainsliaea ramosa*** Hemsl.

分布：从化 [35]、丰顺 [95]、怀集 [35]、连平 [35]、

连山 [35]、连州 [35]、仁化 [35]、翁源 [35]、新丰 [35]、英德 [32]、增城 [35]。

细穗兔儿风 ***Ainsliaea spicata*** Vaniot

分布：乳源 [35]。

三脉兔儿风 ***Ainsliaea trinervis*** Y. C. Tseng

分布：丰顺 [95]、连州 [35]、仁化 [16, 35]、乳源 [26, 35]、韶关 [35]、紫金 [31]。

华南兔儿风 ***Ainsliaea walkeri*** Hook. f.

分布：惠东 [12]、江门 [8]、连州 [26]、乳源 [26]、深圳 [17, 35]、阳春 [35, 37, 45]、英德 [32]。

豚草属 *Ambrosia* L.

豚草 ***Ambrosia artemisiifolia*** L.

分布：潮州 #[15]、从化 #[http://ppbc. iplant. cn/tu/4529059]、大埔 #[15]、东莞 #[82]、丰顺 #[15]、佛冈 #[http://ppbc. iplant. cn/tu/3402193]、广州 #[21]、海丰 #[http://ppbc. iplant. cn/tu/9177265]、惠州 #[82]、蕉岭 #[15]、揭阳 #[15]、乐昌 #[15, 29, 41, 526]、连南 #[15]、连山 #[15]、连州 #[15]、廉江 #[13]、梅州 #[15]、南澳 #[15]、平远 #[15]、仁化 #[http://ppbc. iplant. cn/tu/1588464]、乳源 #[15]、汕尾 #[15]、韶关 #[15]、深圳 #[82]、翁源 #[15, 51]、英德 #[15]、湛江 #[13, 416]、中山 #[82]。

香青属 *Anaphalis* DC.

黄腺香青 ***Anaphalis aureopunctata*** Lingelsh. & Borza

分布：阳山 [26]。

蛛毛香青 ***Anaphalis busua*** (Buch. -Ham. ex D. Don) DC.

分布：乐昌 [29, 26]、乳源 [26]。

珠光香青 ***Anaphalis margaritacea*** (L.) Benth. & Hook. f.

分布：乐昌 [29, 35, 41]、南雄 [33]、仁化 [35]、乳源 [26, 35]、阳山 [26]。

黄褐珠光香青 ***Anaphalis margaritacea* var. *cinnamomea*** (DC.) Herder ex Maxim.

分布：乳源 [邓良 7191 (KUN)]。

香青 ***Anaphalis sinica*** Hance

分布：乐昌 [29, 35]、连州 [35]、仁化 [16, 35]、乳源 [26]、深圳 [17]、阳山 [35]、英德 [35]。

山黄菊属 *Anisopappus* Hook. & Arn.

山黄菊 ***Anisopappus chinensis*** (L.) Hook. & Arn.

分布：博罗 [35, 100]、东莞 [25]、佛冈 [27]、广州 [35]、和平 [35]、惠州 [35]、蕉岭 [35]、乐昌 [29, 35, 41]、连南 [35]、连山 [35]、连州 [35]、仁化 [16]、乳源 [35]、深圳 [11, 17, 35]、始兴 [28]、翁源 [35, 51]、新丰 [35]、徐闻 [35]、阳春 [35]、阳山 [35]、英德 [32, 35]、云浮 [35]、肇庆 [9, 35]、紫金 [31]。

牛蒡属 *Arctium* L.

牛蒡 ***Arctium lappa*** L.

分布：乐昌 #[29, 35]、连州 #[35]、南雄 #[57]、阳山 #[35]。

木茼蒿属 *Argyranthemum* Webb

木茼蒿 ***Argyranthemum frutescens*** (L.) Sch. -Bip

分布：深圳 *[17]。

蒿属 *Artemisia* L.

黄花蒿 ***Artemisia annua*** L.

分布：博罗 #[38, 100]、东莞 #[25]、丰顺 #[95]、佛冈 #[27]、广州 #[35]、怀集 #[35]、乐昌 #[26, 29, 35]、连州 #[35]、梅州 #[35]、南雄 #[33]、清远 #[35]、仁化 #[16]、乳源 #[26, 35]、翁源 #[35]、新丰 #[35, 63]、阳春 #[35]、阳山 #[26, 35]、英德 #[32]、郁南 #[35, 101]、云浮 #[35]、肇庆 #[9, 35]。

奇蒿 ***Artemisia anomala*** S. Moore

分布：从化 [35]、德庆 [35]、佛冈 [27]、和平 [35]、怀集 [35]、乐昌 [26, 29, 35, 41]、连南 [35]、连平 [35]、连山 [35]、南雄 [33, 35, 57]、清远 [35]、仁化 [16]、乳源 [26, 35]、深圳 [17]、始兴 [28, 35]、翁源 [35, 51]、新丰 [35]、信宜 [35, 52]、阳山 [26, 35]、英德 [32, 35]。

密毛奇蒿 ***Artemisia anomala* var. *tomentella*** Hand. -Mazz.

分布：乐昌 [29, 35]、连州 [35]、乳源 [35]。

艾 ***Artemisia argyi*** H. Lév. & Vaniot

分布：从化 [107]、东莞 [25]、封开 [14]、佛冈 [27]、和平 [35]、乐昌 [29, 35, 41]、连州 [35]、仁化 [16, 35]、乳源 [26]、韶关 [35]、深圳 [11, 17]、始兴 [28]、五华 [4]、英德 [32, 35]、中山 [10]、紫金 [31]。

暗绿蒿 ***Artemisia atrovirens*** Hand. -Mazz.

分布：乐昌 [35]、连州 [35]、阳山 [26]。

茵陈蒿 ***Artemisia capillaris*** Thunb.

分布：蕉岭 [35]、乐昌 [29, 41]、茂名 [85]、梅州 [35]、南雄 [33, 57]、仁化 [16]、深圳 [17]、始兴 [28]、阳春 [35]、英德 [32]、紫金 [31]。

青蒿 ***Artemisia caruifolia*** Buch. -Ham. ex Roxb.

分布：博罗 [5, 100]、封开 [14]、仁化 [16]、翁源 [51]、信宜 [52]、英德 [32]、肇庆 [9]。

大头青蒿 ***Artemisia caruifolia* var. *schochii*** (Mattf.) Pamp.

分布：德庆 [35]、封开 [35]、广宁 [35]、怀集 [35]、四会 [35]、肇庆 [35]。

南毛蒿 ***Artemisia chingii*** Pamp.

分布：从化 [35]、和平 [35]、怀集 [35]、惠东 [35]、乐昌 [35]、连州 [35]、茂名 [35]、深圳 [17, 35]、翁源 [35]、信宜 [35, 52]、阳山 [26, 35]。

细裂叶莲蒿 ***Artemisia gmelinii*** Weber ex Stechm.

分布：乳源 [李耀 2024 (IBK)]、翁源 [高锡朋 53392 (NAS00481303)]。

灰莲蒿 ***Artemisia gmelinii* var. *incana*** (Besser) H. C. Fu

分布：乐昌 [26, 29, 35]、乳源 [35] [黄志 42408 (IBSC)]。

雷琼牡蒿 ***Artemisia hancei*** (Pamp.) Y. Ling & Y. R. Ling

分布：雷州 [35]、徐闻 [35]。

五月艾 ***Artemisia indica*** Willd.

分布：博罗 [5, 38]、东莞 [25]、丰顺 [95]、封开 [35]、惠东 [12]、江门 [8]、乐昌 [29, 41]、廉江 [13]、茂名 [85]、南雄 [33, 57]、乳源 [26]、深圳 [17]、始兴 [28, 35]、遂溪 [13]、台山 [35]、翁源 [51]、五华 [4]、新丰 [63]、徐闻 [13]、阳春 [35, 45]、英德 [32]、湛江 [13]、紫金 [31]。

牡蒿 ***Artemisia japonica*** Thunb.

分布：博罗 [38, 100]、从化 [107]、大埔 [35]、德庆 [35]、封开 [14]、佛冈 [27]、广州 [35]、和平 [35]、怀集 [35]、江门 [8, 35]、乐昌 [26, 29, 35, 41]、连南 [35]、连平 [35]、连山 [35]、罗定 [35]、南雄 [33, 35, 57]、清远 [35]、乳源 [26, 35]、深圳 [17]、始兴 [28, 35]、翁源 [35, 51]、新丰 [35]、信宜 [35, 52]、阳春 [35, 45]、阳山 [26, 35]、英德 [32, 35]、郁南 [35, 101]、肇庆 [9, 35]、中山 [10]、珠海 [35]、紫金 [31]。

白苞蒿 ***Artemisia lactiflora*** Wall. ex DC.

分布：博罗 [100]、从化 [107]、东莞 [25]、丰顺 [95]、封开 [14]、佛冈 [27]、惠东 [12]、乐昌 [26, 29, 35, 41]、连州 [26]、茂名 [85]、南雄 [33, 57]、仁化 [16]、乳源 [26]、深圳 [17]、始兴 [28]、翁源 [51]、五华 [4]、信宜 [52]、阳春 [35]、阳山 [26, 35]、英德 [32]、郁南 [101]、增城 [116]、肇庆 [9]、紫金 [31]。

矮蒿 ***Artemisia lancea*** Vaniot

分布：封开 [35]、深圳 [17]、始兴 [28, 35]、台山 [35]、翁源 [51]。

野艾蒿 ***Artemisia lavandulifolia*** DC.

分布：博罗 [38]、和平 [35]、乐昌 [29, 35]、连州 [26, 35]、仁化 [16]、英德 [35]、肇庆 [9]。

蒙古蒿 ***Artemisia mongolica*** (Fisch. ex Besser) Nakai

分布：和平 [35]、乐昌 [35]、连州 [35]、乳源 [35]、英德 [35]。

山地蒿 ***Artemisia montana*** (Nakai) Pamp.

分布：和平 [35]、乐昌 [35]、乳源 [35]、韶关 [35]。

魁蒿 ***Artemisia princeps*** Pamp.

分布：深圳 [35]、阳山 [26]、中山 [35]、珠海 [35]、紫金 [31]。

猪毛蒿 ***Artemisia scoparia*** Waldst. & Kit.

分布：广州 [35]、梅州 [35]。

蒌蒿 ***Artemisia selengensis*** Turcz. ex Besser

分布：乐昌 [35]。

中南蒿 ***Artemisia simulans*** Pamp.

分布：广州 [35]、乐昌 [29]。

南艾蒿 ***Artemisia verlotorum*** Lamotte

分布：封开 [35]。

毛莲蒿 ***Artemisia vestita*** Wall. ex Besser

分布：乳源 [26, 35]、阳山 [35]。

紫菀属 ***Aster*** **L.**

三脉紫菀 ***Aster ageratoides*** Turcz.

分布：博罗 [35, 38]、从化 [107]、东莞 [25]、丰顺 [95]、封开 [14, 35]、佛冈 [27]、惠东 [12]、江门 [8]、乐昌 [26, 29, 35, 41]、连南 [35]、连山 [35]、连州 [26]、南雄 [33, 57]、仁化 [16, 35]、乳源 [26, 35]、深圳 [17]、始兴 [28]、翁源 [51]、五华 [4]、新丰 [63]、信宜 [35, 52]、阳春 [35, 45]、阳山 [26, 35]、英德 [32, 35]、增城 [116]、肇庆 [9]、中山 [10]、紫金 [31]。

狭叶三脉紫菀 ***Aster ageratoides*** **var.** ***gerlachii*** (Hance) C. C. Chang ex Y. Ling

分布：乐昌 [29, 35]、连州 [35]、乳源 [26]、阳山 [26, 35]。

毛枝三脉紫菀 ***Aster ageratoides*** **var.** ***lasiocladus*** (Hayata) Hand. -Mazz.

分布：连州 [26]、阳山 [35]、紫金 [31]。

宽伞三脉紫菀 ***Aster ageratoides*** **var.** ***laticorymbus*** (Vaniot) Hand. -Mazz.

分布：连州 [26]、深圳 [17]、阳山 [26, 35]、紫金 [31]。

微糙三脉紫菀 ***Aster ageratoides*** **var.** ***scaberulus*** (Miq.) Y. Ling

分布：大埔 [35]、惠东 [12]、蕉岭 [35]、乐昌 [29, 35]、连州 [35]、茂名 [35]、南雄 [33]、乳源 [26]、韶关 [35]、深圳 [17]、始兴 [28]、信宜 [52]、阳山 [26, 35]、英德 [35]。

华南狗娃花 ***Aster asagrayi*** Makino

分布：惠来 [35]、南澳 [35]、汕头 [35]、汕尾 [35]。

白舌紫菀 ***Aster baccharoides*** (Benth.) Steetz

分布：从化 [陈又生 CYS21217 (IBSC)]、大埔 [35]、东莞 [25]、东源 [119]、丰顺 [95]、佛冈 [27]、惠东 [12]、江门 [8, 35]、乐昌 [29]、连州 [26]、梅州 [35]、仁化 [16]、乳源 [26]、深圳 [17]、台山 [35]、翁源 [51]、五华 [4]、阳江 [35]、阳山 [26]、郁南 [101]、中山 [10]、紫金 [31]。

马兰 ***Aster indicus*** L.

分布：从化 [107]、东莞 [25]、丰顺 [95]、封开 [14]、佛冈 [27]、惠东 [12]、江门 [8]、乐昌 [29, 35, 41]、连州 [26]、茂名 [85]、仁化 [16]、乳源 [26, 35]、韶关 [35]、深圳 [11, 17]、始兴 [28]、翁源 [51]、五华 [4]、新丰 [63]、信宜 [52]、阳春 [45]、阳山 [26, 35]、英德 [32]、郁南 [101]、肇庆 [9]、紫金 [31]。

丘陵马兰 ***Aster indicus*** **var.** ***collinus*** (Hance) Soejima & Igari

分布：大埔 [王学文等 192 (IBSC)]、惠东 [陈邦余等 221 (IBSC)]。

狭苞马兰 ***Aster indicus*** **var.** ***stenolepis*** (Hand. -Mazz.) Soejima & Igari

分布：乐昌 [35]、乳源 [35]、韶关 [35]、阳山 [35]。

莽山紫菀 ***Aster mangshanensis*** Y. Ling

分布：乐昌 [29, 41]、仁化 [457, 16]、乳源 [26]。

短冠东风菜 ***Aster marchandii*** H. Lév.

分布：丰顺 [95]、封开 [14, 35]、和平 [35]、怀集 [35]、乐昌 [29, 35, 41]、连南 [35]、罗定 [35]、乳源 [35]、深圳 [17]、始兴 [28, 35]、翁源 [35, 51]、阳山 [35]、郁南 [101]、肇庆 [9, 35]、紫金 [31]。

琴叶紫菀 ***Aster panduratus*** Nees ex Walpers

分布：博罗 [C. Ford 88 (K000890414)]、东莞 [25]、丰顺 [95]、封开 [14]、和平 [35]、惠东 [35]、乐昌 [29, 35]、连州 [35]、南澳 [35]、仁化 [陈又生, 金梓超 SG09 (IBSC)]、深圳 [17]、台山 [35]、阳山 [26]、珠海 [35]。

短舌紫菀 ***Aster sampsonii*** (Hance) Hemsl.

分布：怀集 [35]、乐昌 [26, 29, 35]、连州 [26]、南雄 [33, 57]、仁化 [16, 35]、乳源 [26]、翁源 [35, 51]、阳春 [35]、阳江 [35]、阳山 [26]、云浮 [35]、肇庆 [35]、紫金 [31]。

等毛短舌紫菀 ***Aster sampsonii* var. *isochaetus*** C. C. Chang

分布：乳源 [35]。

东风菜 ***Aster scaber*** Thunb.

分布：博罗 [35, 38]、封开 [14]、乐昌 [26, 29, 35, 41]、连州 [26]、梅州 [35]、乳源 [26, 35]、深圳 [17]、新丰 [35]、阳山 [26, 35]、云浮 [35]。

毡毛马兰 ***Aster shimadae*** (Kitam.) Nemoto

分布：丰顺 [95]、乐昌 [35]、连州 [26, 35]、乳源 [35]、阳山 [35]。

陀螺紫菀 ***Aster turbinatus*** S. Moore

分布：大埔 [35]、蕉岭 [35]、乐昌 [35]、南雄 [33, 57]。

秋分草 ***Aster verticillatus*** (Reinw.) Brouillet

分布：乳源 [邓良 5760 (IBSC)]、信宜 [张宏达 85335 (IBK)]。

苍术属 *Atractylodes* DC.

苍术 ***Atractylodes lancea*** (Thunb.) DC.

分布：连山 [35]、连州 [35]、阳山 [35]。

雏菊属 *Bellis* L.

雏菊 ***Bellis perennis*** L.

分布：深圳 #[17]。

鬼针草属 *Bidens* L.

白花鬼针草 ***Bidens alba*** (L.) DC.

分布：博罗 #[35, 38, 100]、潮州 #[404]、从化 #[107, 509, 35]、大埔 #[35]、德庆 #[35]、东莞 #[25, 82]、丰顺 #[95]、封开 #[35]、佛山 #[500]、广州 #[21, 35]、惠东 #[12, 35]、惠州 #[82]、江门 #[494]、蕉岭 #[35]、乐昌 #[29, 526, 26, 41, 526, 35]、连南 #[35]、连平 #[35]、连山 #[35]、连州 #[26]、龙门 #[35]、罗定 #[35]、茂名 #[85]、南雄 #[33, 57, 35]、清远 #[35]、饶平 #[35]、仁化 #[16]、乳源 #[26]、深圳 #[11, 82, 35, 17]、始兴 #[35]、台山 #[35]、翁源 #[35, 51]、五华 #[4, 35]、新丰 #[63]、新兴 #[35]、信宜 #[35, 52]、徐闻 #[497]、阳春 #[35]、阳山 #[26, 35]、英德 #[32, 35]、郁南 #[35, 101]、增城 #[116]、湛江 #[416]、肇庆 #[9, 423, 35]、中山 #[10, 82]、珠海 #[428, 35]、紫金 #[31]。

婆婆针 ***Bidens bipinnata*** L.

分布：博罗 #[100]、佛冈 #[27]、广州 #[35]、和平 #[35]、怀集 #[35]、乐昌 #[29, 41, 526]、仁化 #[16]、乳源 #[26, 35]、深圳 #[11, 17]、英德 #[32]、郁南 #[101]、云浮 #[35]、肇庆 #[9]、珠海 #[428]。

金盏银盘 ***Bidens biternata*** (Lour.) Merr. & Sherff

分布：博罗 #[35]、东莞 #[25]、佛冈 #[27]、海丰 #[35]、连南 #[35]、连山 #[35]、龙门 #[35]、南雄 #[33, 57]、深圳 #[11, 17]、始兴 #[28]、翁源 #[35]、新丰 #[35, 63]、徐闻 #[35]、阳春 #[35]、阳山 #[26]、英德 #[32]、云浮 #[35]、肇庆 #[9, 35]。

大狼耙草 ***Bidens frondosa*** L.

分布：东莞 #[82]、惠州 #[82]、南雄 #[57]、深圳 #[82]、肇庆 #[472]、中山 #[82]。

狼耙草 ***Bidens tripartita*** L.

分布：潮州 #[15]、从化 #[15]、大埔 #[15]、封开 #[15]、佛冈 #[27]、广州 #[15]、和平 #[35]、怀集 #[35]、惠州 #[15]、江门 #[15]、揭阳 #[15]、开平 #[15]、乐昌 #[29, 35]、连平 #[15]、南雄 #[33, 35, 57]、平远 #[15]、普宁 #[15]、仁化 #[15]、乳源 #[15]、汕头 #[15]、韶关 #[15]、始兴 #[28, 35]、翁源 #[15, 51, 35]、五华 #[15]、信宜 #[15]、阳春 #[15]、阳山 #[15]、英德 #[15]、肇庆 #[15]、紫金 #[31]。

艾纳香属 *Blumea* DC.

馥芳艾纳香 ***Blumea aromatica*** DC.

分布：博罗 [35]、从化 [35]、丰顺 [95]、佛冈 [27]、和平 [35]、惠州 [35]、江门 [8]、乐昌 [29, 35]、乳源 [35]、阳春 [35]、阳山 [26, 35]。

柔毛艾纳香 ***Blumea axillaris*** (Lam.) DC.

分布：大埔 [35]、东莞 [25]、丰顺 [95]、惠东 [12]、江门 [8]、蕉岭 [35]、梅州 [35]、南雄 [33, 57]、始兴 [28]、翁源 [35]、新丰 [63]、云浮 [35]、肇庆 [9, 35]、紫金 [31]。

艾纳香 ***Blumea balsamifera*** (L.) DC.

分布：博罗 [5, 100]、从化 [107]、东莞 [25]、广州 [35]、仁化 [16]、乳源 [26]、深圳 [11, 17, 35]、台山 [35]、阳春 [35]、肇庆 [9, 35]。

七里明 ***Blumea clarkei*** Hook. f.

分布：博罗 [35]、东莞 [25]、江门 [8]、蕉岭 [35]、仁化 [16]、深圳 [17, 35]、始兴 [28, 35]、信宜 [35, 52]、阳春 [35]、阳江 [35]、郁南 [101]。

节节红 ***Blumea fistulosa*** (Roxb.) Kurz

分布：乐昌 [29, 35]、清远 [35]、乳源 [35]、深圳 [17]、英德 [35]。

拟艾纳香 ***Blumea flava*** DC.

分布: 雷州 [35]、茂名 [35]、信宜 [52]、徐闻 [35]、湛江 [35]。

台北艾纳香 ***Blumea formosana*** Kitam.

分布：博罗 [35]、封开 [14]、广州 [35]、乐昌 [29, 35, 41]、龙门 [35]、南雄 [33, 57]、仁化 [35]、乳源 [35]、新丰 [35]、英德 [32]、紫金 [31]。

少叶艾纳香 ***Blumea hamiltonii*** DC.

分布：封开 [14]、广州 [35]、乳源 [26, 35]、始兴 [35]、五华 [35]、徐闻 [35]、阳春 [35]、英德 [35]、肇庆 [35]。

毛毡草 ***Blumea hieraciifolia*** (Spreng.) DC.

分布：东莞 [25]、佛冈 [27]、乳源 [26]、深圳 [17]、始兴 [28]、阳春 [35]、阳江 [35]、英德 [32]、肇庆 [9]。

见霜黄 ***Blumea lacera*** (N. L. Burman) DC.

分布: 东莞 [25]、丰顺 [95]、封开 [14]、广州 [35]、乐昌 [29]、茂名 [35]、南雄 [57]、深圳 [17]、信宜 [35, 52]、阳春 [35]、肇庆 [9]、紫金 [31]。

千头艾纳香 ***Blumea lanceolaria*** (Roxb.) Druce

分布：博罗 [35, 100]、佛山 [35]、乐昌 [26, 29, 35]、乳源 [26, 35]、深圳 [17]、肇庆 [9, 35]。

东风草 ***Blumea megacephala*** (Randeria) C. C. Chang & Y. Q. Tseng

分布：博罗 [35, 38, 100]、从化 [35, 107]、大埔 [35]、德庆 [35]、东莞 [25]、丰顺 [95]、封开 [14, 35]、佛冈 [27]、和平 [35]、河源 [35]、怀集 [35]、惠东 [12, 35]、江门 [8]、乐昌 [26, 29, 35, 41]、连山 [35]、连州 [26, 35]、龙门 [35]、罗定 [35]、茂名 [35, 85]、南澳 [35]、南雄 [33, 57]、平远 [35]、仁化 [16, 35]、乳源 [26, 35]、深圳 [17, 35]、始兴 [28, 35]、台山 [35]、翁源 [35, 51]、五华 [4]、新丰 [35, 63]、信宜 [35, 52]、阳春 [35, 45]、阳山 [26]、阳西 [陈又生等 JZ20230029 (IBSC)]、英德 [32, 35]、郁南 [35, 101]、云浮 [35]、增城 [116]、肇庆 [9, 35]、中山 [10]、珠海 [35]、紫金 [31]。

长柄艾纳香 ***Blumea membranacea*** DC.

分布：广州 [陈又生 21267 (IBSC)]。

长圆叶艾纳香 ***Blumea oblongifolia*** Kitam.

分布：博罗 [35, 37]、从化 [35]、东莞 [25]、丰顺 [95]、广州 [35]、惠东 [12]、惠州 [35]、龙川 [35]、梅州 [35]、深圳 [17]、翁源 [35]、五华 [4]、新丰 [35]、紫金 [31]。

假东风草 ***Blumea riparia*** DC.

分布：怀集 [35]、罗定 [35]、茂名 [35]、新丰 [63]、信宜 [35, 52]、阳山 [35]。

无梗艾纳香 ***Blumea sessiliflora*** Decne.

分布：博罗 [35]、东莞 [25]、广州 [陈又生 21268 (IBSC)]、惠州 [35]、深圳 [17]。

六耳铃 ***Blumea sinuata*** (Lour.) Merr.

分布：佛山 [35]、乐昌 [29, 35, 41]、深圳 [17]、始兴 [28, 35]、信宜 [35, 52]、徐闻 [35]、阳山 [26]、英德 [32]、肇庆 [9, 35]。

金盏花属 *Calendula* L.

金盏花 ***Calendula officinalis*** L.

分布：博罗 *[38]、深圳 #[17]。

翠菊属 *Callistephus* Cass.

翠菊 ***Callistephus chinensis*** (L.) Nees

分布：深圳 *[17]。

伏金腰箭属 *Calyptocarpus* Less.

伏金腰箭 ***Calyptocarpus vialis*** Less.

分布：广州 [579]。

天名精属 *Carpesium* L.

天名精 ***Carpesium abrotanoides*** L.

分布：和平 #[35]、惠东 #[12]、乐昌 #[29, 35, 41]、龙门 #[35]、南雄 #[33, 57]、仁化 #[16]、乳源 #[26, 35]、始兴 #[28, 35]、翁源 #[35, 51]、新丰 #[63]、阳山 #[35]、英德 #[35]、郁南 #[101]、肇庆 #[9, 35]。

烟管头草 ***Carpesium cernuum*** L.

分布：封开 [35]、乐昌 [29]、连州 [35]、南雄 [33, 35, 57]、仁化 [16]、乳源 [26, 35]、翁源 [51]、英德 [32]。

金挖耳 ***Carpesium divaricatum*** Siebold & Zucc.

分布：博罗 [C. Ford 317 (K000974622)]、大埔 [35]、丰顺 [95]、乐昌 [29, 26, 41]、连州 [26]、龙门 [35]、南雄 [33, 57]、乳源 [26]、始兴 [28, 35]、翁源 [51]、信宜 [52]、阳山 [26]、英德 [32]、增城 [116]。

红花属 *Carthamus* L.

红花 ***Carthamus tinctorius*** L.

分布：深圳 *[17]。

矢车菊属 *Centaurea* L.

矢车菊 ***Centaurea cyanus*** L.

分布：深圳 #[17]。

石胡荽属 *Centipeda* Lour.

石胡荽 ***Centipeda minima*** (L.) A. Braun & Asch.

分布：博罗 [35, 38, 100]、德庆 [35]、东莞 [25]、丰顺 [35, 95]、封开 [14, 35]、佛冈 [27]、和平 [35]、惠东 [12]、江门 [8]、乐昌 [29, 35]、连平 [35]、连山 [35]、连州 [26, 35]、龙门 [35]、罗定 [35]、茂名 [85]、南雄 [33, 35]、仁化 [16]、乳源 [26, 35]、深圳 [11, 17, 35]、始兴 [35]、台山 [35]、翁源 [35]、五华 [4]、新丰 [35]、阳春 [35]、阳山 [26, 35]、英德 [32]、郁南 [35, 101]、增城 [116]、肇庆 [9, 35]、中山 [10]、紫金 [31]。

蓝冠菊属 *Centratherum* Cass.

蓝冠菊 ***Centratherum punctatum*** Cass.

分布：从化 *[http://ppbc. iplant. cn/tu/7888110]、广州 *[http://ppbc. iplant. cn/tu/12336901]。

飞机草属 *Chromolaena* DC.

飞机草 ***Chromolaena odorata*** (L.) R. M. King & H. Rob.

分布：潮州 #[15, 404]、东莞 #[25, 82]、广州 #[15, 21]、惠州 #[82]、江门 #[494]、乐昌 #[41]、茂名 #[15, 85]、

汕头 #[15]、汕尾 #[15]、深圳 #[11, 82, 17]、翁源 #[51]、徐闻 #[497]、阳春 #[15]、阳西 #[15]、湛江 #[416]、中山 #[82]、珠海 #[428]。

菊属 *Chrysanthemum* L.

野菊 ***Chrysanthemum indicum*** L.

分布：博罗 [38, 100]、从化 [107]、东莞 [25]、丰顺 [95]、佛冈 [27]、和平 [35]、惠东 [12]、江门 [8]、乐昌 [29, 35, 41]、连南 [35]、连平 [35]、连山 [35]、连州 [26, 35]、龙门 [35]、罗定 [35]、茂名 [85]、南雄 [33, 35, 57]、仁化 [16]、乳源 [26, 35]、深圳 [17]、始兴 [28, 35]、台山 [35]、五华 [4]、新丰 [35, 63]、信宜 [52]、阳山 [26, 35]、英德 [32]、郁南 [101]、增城 [116]、肇庆 [9]、中山 [10]、紫金 [31]。

菊花 ***Chrysanthemum morifolium*** Ramat.

分布：博罗 *[38, 100]、从化 *[107]、江门 *[8]、乐昌 *[41]、深圳 *[17]、始兴 *[28]、信宜 *[52]、肇庆 *[9]。

菊苣属 *Cichorium* L.

菊苣 ***Cichorium intybus*** L.

分布：乐昌 #[526]。

蓟属 *Cirsium* Mill.

绿蓟 ***Cirsium chinense*** Gardner & Champ.

分布：封开 [14]、深圳 [徐有财 1607 (SZG)]。

蓟 ***Cirsium japonicum*** Fisch. ex DC.

分布：博罗 [38]、封开 [14]、佛冈 [27]、连平 [60]、龙门 [60]、南雄 [60]、饶平 [60]、五华 [4]、阳山 [60]、云浮 [60]。

线叶蓟 ***Cirsium lineare*** (Thunb.) Sch. Bip.

分布：从化 [60]、封开 [60, 14]、乐昌 [60]、连州 [60]、始兴 [60]、翁源 [60]、新丰 [60]、肇庆 [60]。

总序蓟 ***Cirsium racemiforme*** Y. Ling & C. Shih

分布：连南 [60]、乳源 [60]。

日本烟管蓟 ***Cirsium sieboldii*** Miq.

分布：和平 [60]、龙门 [60]、始兴 [60]、翁源 [60]、新丰 [60]、阳山 [60]。

藤菊属 *Cissampelopsis* Miq.

藤菊 ***Cissampelopsis volubilis*** (Blume) Miq.

分布：信宜 #[52]、阳山 #[26]、郁南 #[101]、肇庆 #[472]。

锥托泽兰属 *Conoclinium* DC.

锥托泽兰 ***Conoclinium coelestinum*** (L.) DC.

分布：东莞 #[82]、惠州 #[82]、深圳 #[82]、中山 #[82]。

金鸡菊属 *Coreopsis* L.

剑叶金鸡菊 ***Coreopsis lanceolata*** L.

分布：广州 #[15]、深圳 #[17]、肇庆 #[9, 15]。

两色金鸡菊 ***Coreopsis tinctoria*** Nutt.

分布：深圳 #[17]、肇庆 #[9]。

秋英属 *Cosmos* Cav.

秋英 ***Cosmos bipinnatus*** Cav.

分布：从化 #[107]、丰顺 #[95]、深圳 #[17, 82]、肇庆 #[9]。

黄秋英 ***Cosmos sulphureus*** Cav.

分布：深圳 #[17]。

山芫荽属 *Cotula* L.

芫荽菊 ***Cotula anthemoides*** L.

分布：佛冈 [27]、广州 [35]、南雄 [33, 57]、清远 [35]、深圳 [35]、五华 [4]、信宜 [35, 52]、阳春 [35]、肇庆 [9, 35]、中山 [10]、紫金 [31]。

野茼蒿属 *Crassocephalum* Moench

野茼蒿 ***Crassocephalum crepidioides*** (Benth.) S. Moore

分布：博罗 #[38, 100]、潮州 #[404]、从化 #[107]、东莞 #[25, 82]、丰顺 #[9, 155]、封开 #[14]、佛冈 #[27]、佛山 #[500]、广州 #[21]、怀集 #[15]、惠东 #[12]、惠州 #[82]、江门 #[8]、揭阳 #[15]、开平 #[15]、乐昌 #[29, 26, 41, 526]、连州 #[26]、茂名 #[85]、南雄 #[33, 57]、平远 #[15]、仁化 #[16]、乳源 #[26]、汕头 #[15]、汕尾 #[15]、深圳 #[11, 82, 17]、始兴 #[28]、台山 #[15]、翁源 #[51]、五华 #[4]、新丰 #[63]、信宜 #[52]、阳春 #[45]、阳山 #[26]、英德 #[32]、郁南 #[101]、增城 #[116]、湛江 #[416]、肇庆 #[9, 423]、中山 #[10, 82]、珠海 #[428]、紫金 #[31]。

蓝花野茼蒿 ***Crassocephalum rubens*** (Jacq.) S. Moore

分布：广州 #[http://ppbc. iplant. cn/tu/962776]。

假还阳参属 *Crepidiastrum* Nakai

黄瓜菜 ***Crepidiastrum denticulatum*** (Houtt.) Pak & Kawano

分布：东莞 [25]、怀集 [35]、惠东 [12, 35]、蕉岭 [35]、乐昌 [26, 29, 35, 41]、连山 [35]、连州 [26, 35]、南雄 [33, 57]、仁化 [16, 35]、乳源 [26, 35]、深圳 [35]、始兴 [28, 35]、台山 [35]、翁源 [35]、信宜 [52]、阳春 [35]、阳山 [26, 35]、英德 [32]、肇庆 [9]、珠海 [35]。

尖裂假还阳参 ***Crepidiastrum sonchifolium*** (Bunge) Pak & Kawano

分布：丰顺 [95]、乐昌 [35]、连山 [35]、南雄 [35]、信宜 [35, 52]、英德 [35]。

还阳参属 *Crepis* L.

绿茎还阳参 ***Crepis lignea*** (Vaniot) Babc.

分布：肇庆 [9]。

芙蓉菊属 *Crossostephium* Less.

芙蓉菊 ***Crossostephium chinense*** (L.) Makino

分布：博罗 *[5, 38]、茂名 #[85]、深圳 #[17]。

夜香牛属 *Cyanthillium* Blume

夜香牛 ***Cyanthillium cinereum*** (L.) H. Rob.

分布：博罗 #[35, 38, 100]、潮州 #[35] [曾宪锋 ZXF8198 (CZH)]、从化 #[107, 509, 35]、大埔 #[35] [罗献瑞 1273

(IBSC)]、**德庆**#[35][刘瑛光 1274 (IBSC)]、**东莞**#[35][刘全儒、孟世勇等 201001017 (BNU)]、**恩平**#[35][黄茂先 110474 (PE)]、**丰顺**#[35, 95]、**封开**#[14, 35]、**佛冈**#[27]、**高州**#[35][蒋英 2341 (IBSC)]、**广州**#[21, 35]、**海丰**#[35][周业祝 ZYZ042 (CZH)]、**和平**#[35][卫兆芬 120345 (IBSC)]、**河源**#[35][曾怀德 28895 (IBSC)]、**化州**#[35][湛江区植物调查队 2932 (IBSC)]、**怀集**#[35][刘瑛光 2906 (IBSC)]、**惠东**#[12, 35]、**惠来**#[35][曾宪锋 ZXF29699 (CZH)]、**惠州**#[35][曾怀德 25965 (IBSC)]、**江门**#[8]、**蕉岭**#[35][邓良 4882 (IBSC)]、**揭西**#[35][曾宪锋 ZXF15990 (CZH)]、**揭阳**#[35][黄雅凤 HYF093 (CZH)]、**乐昌**#[29, 35, 41]、**连南**#[35][谭沛祥 59502 (IBSC)]、**连平**#[35][粤 73 1403 (CDBI)]、**连州**#[26, 35]、**龙川**#[35][曾宪锋 ZXF22390 (CZH)]、**陆丰**#[35][卫兆芬 121203 (IBSC)]、**陆河**#[35][曾宪锋 ZXF42671 (CZH)]、**罗定**#[35][张桂才、刘念 1986 (IBSC)]、**茂名**#[35, 85]、**梅州**#[35][侯宽昭 71230 (IBSC)]、**南雄**#[33, 35, 57]、**平远**#[35][曾宪锋 ZXF41864 (CZH)]、**清远**#[35][黄成 161567 (IBSC)]、**饶平**#[35][曾宪锋 ZXF24378 (CZH)]、**仁化**#[16, 35]、**乳源**#[26, 35]、**汕头**#[35][刘慎谔 660 (PE)]、**韶关**#[35][To & Tsang12481 (NAS)]、**深圳**#[11, 17, 35]、**始兴**#[28, 35]、**台山**#[35][周联选 11410 (KUN)]、**翁源**#[51]、**五华**#[4, 35]、**新丰**#[35, 63]、**新兴**#[35][刘瑛光 2202 (PE)]、**信宜**#[35, 52]、**兴宁**#[35][钟义 4093 (PE)]、**徐闻**#[35][徐闻队 708 (PE)]、**阳春**#[35][张桂才、刘念 755 (IBSC)]、**阳江**#[35][黄志 41814 (IBSC)]、**阳山**#[26, 35]、**英德**#[32, 35]、**郁南**#[35, 101]、**增城**#[116]、**湛江**#[35][叶华谷 11210 (IBSC)]、**肇庆**#[9, 35]、**中山**#[10, 35]、**紫金**#[31, 35]。

滨海夜香牛 ***Cyanthillium maritimum*** (Merr.) H. Rob. & Skvarla

分布：**深圳** [35]、**中山** [35]、**珠海** [35]。

咸虾花 ***Cyanthillium patulum*** (Aiton) H. Rob.

分布：**博罗** [38, 100]、**从化** [107]、**佛冈** [27]、**河源** [35]、**怀集** [35]、**惠东** [35]、**江门** [8]、**乐昌** [29, 35]、**罗定** [35]、**茂名** [35, 85]、**梅州** [35]、**南雄** [33, 57]、**仁化** [16]、**汕头** [35]、**深圳** [17, 35]、**始兴** [28]、**台山** [35]、**翁源** [51]、**新丰** [35, 63]、**信宜** [35, 52]、**阳春** [35]、**阳江** [35]、**英德** [32]、**郁南** [35, 101]、**湛江** [35]、**肇庆** [9, 35]、**中山** [10]、**紫金** [31]。

杯菊属 *Cyathocline* Cass.

杯菊 ***Cyathocline purpurea*** (Buch. -Ham. ex D. Don) Kuntze

分布：**封开** [35]、**怀集** [35]、**肇庆** [9, 35]。

大丽花属 *Dahlia* Cav.

大丽花 ***Dahlia pinnata*** Cav.

分布：**博罗** *[38]、**从化** #[107]、**乐昌** #[29]、**深圳** #[17]、**肇庆** #[9]。

蔓斑鸠菊属 *Decaneuropsis* H. Rob. & Skvarla

蔓斑鸠菊 ***Decaneuropsis cumingiana*** (Benth.) H. Rob. & Skvarla

分布：**博罗** [35, 37, 38]、**从化** [107]、**东莞** [35]、**丰顺** [95]、**封开** [14]、**佛冈** [27]、**广州** [35]、**惠东** [12]、**惠州** [35]、**江门** [8]、**乐昌** [29]、**仁化** [16]、**乳源** [26, 35]、**深圳** [17, 35]、**翁源** [35, 51]、**五华** [4]、**新丰** [63]、**新兴** [35]、**信宜** [35, 52]、**阳春** [45]、**阳山** [26]、**英德** [32, 35]、**郁南** [101]、**云浮** [35]、**增城** [35, 116]、**肇庆** [9]、**紫金** [31]。

台湾蔓斑鸠菊 ***Decaneuropsis gratiosa*** (Hance) H. Rob. & Skvarla

分布：**江门** [8]、**深圳** [17, 35]、**中山** [35]、**珠海** [35]、**紫金** [31]。

鱼眼草属 *Dichrocephala* L'Hér. ex DC.

鱼眼草 ***Dichrocephala integrifolia*** (L. f.) Kuntze

分布：**博罗** #[35, 38, 100]、**潮州** #[35][曾宪锋 ZXF4429 (CZH)]、**从化** #[35, 107]、**大埔** #[35][邓良 5237 (IBSC)]、**东莞** #[25, 35]、**丰顺** #[35, 95]、**封开** #[14, 35]、**佛冈** #[27]、**广州** #[35][叶华谷等 149 (IBSC)]、**和平** #[35][卫兆芬 120410 (IBSC)]、**惠东** #[12, 35]、**惠州** #[35][董仕勇、李世晋 3531 (IBSC)]、**江门** #[8]、**揭西** #[35][曾宪锋 ZXF24841 (CZH)]、**乐昌** #[29, 35, 41]、**连南** #[35][谭沛祥 59510 (IBSC)]、**连平** #[35][刘瑛光 211 (IBSC)]、**连山** #[35][谭沛祥 58402 (NAS)]、**连州** #[26, 35]、**龙门** #[35][张桂才 285 (HGAS)]、**陆河** #[35][曾宪锋 ZXF42637 (CZH)]、**罗定** #[35][刘念等 2207 (IBSC)]、**茂名** #[35, 85]、**南雄** #[33, 35, 57]、**平远** #[35][邓良 4496 (IBSC)]、**清远** #[35][黄成 161478 (IBSC)]、**饶平** #[35][李学根 200718 (IBSC)]、**仁化** #[16]、**乳源** #[26, 35]、**韶关** #[35][To & Tsang12018 (NAS)]、**深圳** #[17, 35]、**始兴** #[28]、**翁源** #[35, 51]、**五华** #[4]、**新丰** #[35, 63]、**信宜** #[35, 52]、**兴宁** #[35][李学根 201829 (IBSC)]、**阳春** #[35][刘念等 950 (IBSC)]、**阳山** #[26]、**英德** #[32, 35]、**郁南** #[101]、**增城** #[35][曾怀德 20171 (PE)]、**肇庆** #[9, 35]、**中山** #[10, 35]、**紫金** #[31, 35]。

羊耳菊属 *Duhaldea* DC.

羊耳菊 ***Duhaldea cappa*** (Buch. -Ham. ex DC.) Anderb.

分布：**博罗** [35, 100]、**潮州** [35][曾宪锋 ZXF00269 (CZH)]、**从化** [35, 107]、**大埔** [35][王学文等 179 (IBSC)]、**德庆** [35][刘瑛光 1179 (IBSC)]、**东莞** [25, 35]、**丰顺** [35, 95]、**封开** [14, 35]、**佛冈** [27]、**广州** [35][中草药组 12 (IBSC)]、**和平** [35][张桂才 798 (IBSC)]、**河源** [35][华南师范学院 474 (IBSC)]、**鹤山** [35][胡佐熙 30138 (IBSC)]、**怀集** [35][刘瑛光 2538 (PE)]、**惠东** [12, 35]、**惠州** [35][曾怀德 25885 (IBSC)]、**江门** [8, 35]、**蕉岭** [35][徐祥浩、林辉奉 149 (IBSC)]、**揭西** [35][曾宪锋 ZXF35874 (CZH)]、**乐昌** [26, 29, 35, 41]、**连南** [35][谭沛祥 59257 (IBSC)]、**连平**

[35] [粤 73 1513 (IBSC)]、连山 [35] [刘崇瑞 256 (SN)]、连州 [26, 35]、龙川 [35] [徐祥浩 1052 (IBSC)]、龙门 [35] [张桂才 117 (HGAS)]、罗定 [35] [张桂才、刘念 2173 (IBSC)]、茂名 [35, 85]、梅州 [35] [曾怀德 21522 (IBSC)]、南雄 [33, 35, 57]、平远 [35]、普宁 [35] [南植地 7963 (IBSC)]、仁化 [16, 35]、乳源 [26, 35]、深圳 [11, 17, 35]、始兴 [28, 35]、台山 [35] [陈邦余、李泽贤 144 (IBSC)]、翁源 [35, 51]、五华 [4, 35]、新丰 [35, 63]、新兴 [35] [刘瑛光 2083 (PE)]、信宜 [35, 52]、兴宁 [35] [曾宪锋 ZXF22106 (CZH)]、阳春 [35] [张桂才、刘念 686 (IBSC)]、阳山 [26, 35]、英德 [32, 35]、郁南 [35, 101]、云浮 [35] [黄志 37307 (IBSC)]、增城 [35, 116]、肇庆 [9, 35]、中山 [10, 35]、珠海 [35] [高蕴璋、陈炳辉 220 (IBSC)]、紫金 [31, 35]。

蓝刺头属 *Echinops* L.

华东蓝刺头 *Echinops grijsii* Hance

分布：**乐昌** [29, 35]、**乳源** [26, 35]、**阳山** [35]。

鳢肠属 *Eclipta* L.

鳢肠 *Eclipta prostrata* (L.) L.

分布：博罗 #[35, 38, 100]、潮州 #[35] [叶华谷 12883 (IBSC)]、从化 #[107, 509, 35]、大埔 #[35] [肖开庆 48 (SN)]、德庆 #[35] [刘瑛光 1036 (IBSC)]、东莞 #[25, 35, 82]、丰顺 #[35, 95]、封开 #[14, 35]、佛冈 #[27]、佛山 #[35] [王瑞江 RQHN00527 (CSH)]、高州 #[35] [蒋英 2380 (IBSC)]、广州 #[21, 35]、和平 #[35] [卫兆芬 120416 (IBSC)]、河源 #[35] [77 级科研组新 0920 (SN)]、鹤山 #[35] [王发国、段磊 RQHN03207 (CSH)]、化州 #[35] [湛江区植物调查队 2927 (IBSC)]、怀集 #[35] [陈国强 4061 (IBSC)]、惠东 #[12, 35]、惠来 #[35] [曾宪锋 ZXF29714 (CZH)]、惠州 #[35, 82]、江门 #[494, 35, 8]、蕉岭 #[35] [徐祥浩、林辉奉 249 (IBSC)]、揭西 #[35] [曾宪锋 ZXF27764 (CZH)]、开平 #[35] [黄茂先 110237 (HZ)]、乐昌 #[29, 35, 41]、雷州 #[35] [姚鹏程、魏亚男 20150009 (HSNU)]、连南 #[35] [谭沛祥 59407 (IBSC)]、连平 #[35] [粤 73 1617 (IBSC)]、连山 #[35] [谭沛祥 58234 (KUN)]、连州 #[26, 35]、廉江 #[http://ppbc. iplant. cn/tu/537610]、龙川 #[35] [曾宪锋 ZXF27657 (CZH)]、龙门 #[35] [http://ppbc. iplant. cn/tu/5362233]、陆丰 #[35] [南植地 8405 (IBSC)]、罗定 #[35] [刘念等 2214 (IBSC)]、茂名 #[85]、梅州 #[35] [侯宽昭 71209 (IBK)]、南澳 #[35] [姚鹏程、魏亚男 20150337 (HSNU)]、南雄 #[33, 35, 57]、平远 #[35] [孙玉叶 平 072 (SN)]、普宁 #[35] [方琼苗 ZXF12126 (CZH)]、清远 #[35] [王瑞江 RQHN00443 (CSH)]、饶平 #[35] [曾宪锋 ZXF24349 (CZH)]、仁化 #[16, 35]、乳源 #[26, 35]、汕头 #[35] [王瑞江 RQHN00246 (CSH)]、韶关 #[35] [http://ppbc. iplant. cn/tu/2287264]、深圳 #[11, 82, 35, 17]、始兴 #[28, 35]、翁源 #[35, 51]、五华 #[4, 35]、新丰 #[63]、新兴 #[35] [刘瑛光 2270 (IBSC)]、信宜 #[52]、兴宁 #[35] [张伟城 49 (SN)]、徐闻 #[35] [徐闻队 357 (KUN)]、阳春 #[35, 45]、阳江 #[35] [湛江区植物调查队 3311 (IBSC)]、阳山 #[26, 35]、英德 #[32, 35]、郁南 #[35, 101]、云浮 #[35] [王发国等 RQHN02861 (CSH)]、湛江 #[35, 416]、肇庆 #[9, 35]、中山 #[10, 82, 35]、珠海 #[35] [粤 73 3131 (IBSC)]、紫金 #[31, 35]。

地胆草属 *Elephantopus* L.

地胆草 *Elephantopus scaber* L.

分布：博罗 #[35, 100]、潮州 #[35] [曾宪锋 ZXF2314 (IBSC)]、从化 #[35, 107]、大埔 #[35] [王学文等 258 (IBSC)]、德庆 #[35] [刘瑛光 1279 (IBSC)]、东莞 #[25, 35]、东源 #[35] [刘全儒等 201007395 (BNU)]、丰顺 #[95]、封开 #[14, 35]、佛冈 #[27]、佛山 #[35] [谭沛祥 64002 (IBSC)]、广州 #[35] [周根生 78515 (PE)]、海丰 #[35] [卫兆芬 121448 (IBSC)]、和平 #[35] [和平队 702 (IBSC)]、河源 #[35] [77 级科研组新 0762 (SN)]、鹤山 #[35] [黄茂先 110843 (HZ)]、怀集 #[35] [刘瑛光 3019 (PE)]、惠东 #[12]、惠州 #[35] [卫兆芬 121654 (PE)]、江门 #[35] [陈玲燕 200806123 (SN)]、揭阳 #[35] [曾宪锋 ZXF12153 (CZH)]、乐昌 #[29, 35, 41]、连平 #[35] [粤 73 1519 (CDBI)]、连州 #[35] [谭沛祥 60230 (IBSC)]、罗定 #[35] [刘念等 2077 (IBSC)]、茂名 #[85]、梅州 #[35] [曾宪锋 ZXF33111 (CZH)]、南雄 #[33, 35, 57]、平远 #[35] [曾宪锋 ZXF41890 (CZH)]、饶平 #[35] [曾宪锋 ZXF22617 (CZH)]、仁化 #[16, 35]、汕头 #[35] [曾宪锋 ZXF10172 (CZH)]、深圳 #[11, 17, 35]、始兴 #[28, 35]、台山 #[35] [周联选 11412 (KUN)]、翁源 #[35, 51]、五华 #[35] [李淑玉 180161 (IBSC)]、新丰 #[63]、新兴 #[35] [刘瑛光 2014 (PE)]、信宜 #[35, 52]、徐闻 #[35] [徐闻队 734 (PE)]、阳春 #[35, 45]、阳山 #[26, 35]、英德 #[32, 35]、郁南 #[35, 101]、云浮 #[35] [黄志 37358 (IBSC)]、增城 #[116]、肇庆 #[9, 35]、中山 #[10, 35]、紫金 #[31, 35]。

白花地胆草 *Elephantopus tomentosus* L.

分布：博罗 #[35, 100]、从化 #[107]、东莞 #[25]、佛冈 #[27]、佛山 #[500]、广州 #[21]、惠东 #[12]、惠州 #[http://ppbc. iplant. cn/tu/3948386]、江门 #[8]、乐昌 #[29]、龙门 #[35]、陆丰 #[35]、罗定 #[35]、茂名 #[35, 85]、南澳 #[http://ppbc. iplant. cn/tu/9133790]、仁化 #[16]、乳源 #[26]、深圳 #[11, 17, 35]、五华 #[4]、新丰 #[35]、新兴 #[http://ppbc. iplant. cn/tu/971111]、信宜 #[52]、阳春 #[35, 45]、阳江 #[35]、阳西 #[35] [http://ppbc. iplant. cn/tu/7330739]、英德 #[32]、郁南 #[101]、增城 #[116]、湛江 #[416]、肇庆 #[9, 35]、中山 #[10]、珠海 #[428]、紫金 #[31]。

一点红属 *Emilia* Cass.

绒缨菊 *Emilia coccinea* (Sims) G. Don

分布：博罗 *[100]。

黄花紫背草 *Emilia praetermissa* Milne-Redhead

分布：从化 #[422]、佛山 #[http://ppbc. iplant. cn/tu/5744840]、广州 #[陈又生 21262 (IBSC)]、鹤山 #[422]、惠州 #[http://ppbc. iplant. cn/tu/8783018]、江门 #[8]、深圳 #[http://ppbc. iplant. cn/tu/10455916]、台山 #[http://ppbc. iplant. cn/tu/12497116]、新兴 #[http://ppbc. iplant. cn/tu/11737192]、阳春 #[http://ppbc. iplant. cn/tu/11664214]、珠海 #[http://ppbc. iplant. cn/tu/12928099]。

小一点红 *Emilia prenanthoidea* DC.

分布：博罗 [35]、东莞 [25]、丰顺 [35]、封开 [14, 35]、广州 [35]、河源 [35]、怀集 [35]、惠东 [12, 35]、蕉岭 [35]、乐昌 [29, 35, 41]、连南 [35]、连山 [35]、连州 [26, 35]、龙门 [35]、梅州 [35]、南雄 [35]、平远 [35]、饶平 [35]、仁化 [16, 35]、乳源 [26, 35]、韶关 [35]、深圳 [17]、始兴 [28, 35]、五华 [4]、新丰 [63]、信宜 [35, 52]、阳春 [35, 45]、英德 [32, 35]、肇庆 [9, 35]、紫金 [31]。

一点红 *Emilia sonchifolia* (L.) DC.

分布：博罗 #[100]、从化 #[107, 509]、东源 #[59]、丰顺 #[95]、封开 #[14]、佛冈 #[27]、广州 #[21]、惠东 #[12]、江门 #[8]、乐昌 #[41]、连州 #[26]、茂名 #[85]、南雄 #[57]、仁化 #[16]、乳源 #[26]、深圳 #[11]、始兴 #[28]、翁源 #[51]、五华 #[4]、新丰 #[63]、信宜 #[52]、阳春 #[45]、阳山 #[26]、英德 #[32]、郁南 #[101]、增城 #[116]、肇庆 #[9]、紫金 #[31]。

沼菊属 *Enydra* Lour.

沼菊 *Enydra fluctuans* Lour.

分布: 潮州 [22]、恩平 [22]、和平 [22]、台山 [22]、阳春 [22]。

球菊属 *Epaltes* Cass.

球菊 *Epaltes australis* Less.

分布：博罗 [5, 100]、从化 [107]、东莞 [25]、封开 [14, 35]、海丰 [35]、惠东 [12]、江门 [8]、陆丰 [35]、茂名 [85]、深圳 [11, 17, 35]、始兴 [28, 35]、台山 [35]、阳江 [35]、英德 [32]、郁南 [101]、肇庆 [9, 35]。

菊芹属 *Erechtites* Raf.

梁子菜 *Erechtites hieraciifolius* (L.) Raf. ex DC.

分布：博罗 #[http://ppbc. iplant. cn/tu/11744900]、从化 #[509]、东莞 #[25]、封开 #[14]、廉江 #[13]、深圳 #[35] [深圳考察队 268 (PE)]、信宜 #[http://ppbc. iplant. cn/tu/5241783]、中山 #[35]、珠海 #[35]、紫金 #[31]。

败酱叶菊芹 *Erechtites valerianifolius* (Link ex Spreng.) DC.

分布：从化 #[http://ppbc. iplant. cn/tu/3401372]、东莞 #[82]、恩平 #[http://ppbc. iplant. cn/tu/10501871]、丰顺 #[95]、封开 #[14]、佛冈 #[27]、广州 #[21]、惠东 #[12]、惠州 #[82]、江门 #[8]、蕉岭 #[http://ppbc. iplant. cn/tu/12009557]、龙门 #[陈又生 CYS21221 (IBSC)]、南雄 #[33, 57]、乳源 #[26]、深圳 #[17, 82]、翁源 #[51]、五华 #[4]、新丰 #[63]、新兴 #[http://ppbc. iplant. cn/tu/971094]、信宜 #[52]、阳山 #[26]、阳西 #[http://ppbc. iplant. cn/tu/13003621]、郁南 #[101]、湛江 #[416]、肇庆 #[9]、中山 #[10, 82]、紫金 #[31]。

飞蓬属 *Erigeron* L.

一年蓬 *Erigeron annuus* (L.) Pers.

分布：从化 #[509]、东莞 #[82]、广州 #[15]、惠州 #[82]、蕉岭 #[15]、乐昌 #[15, 29, 26, 526]、连南 #[http://ppbc. iplant. cn/tu/815043]、连州 #[15]、梅州 #[15]、南雄 #[33, 57]、平远 #[15]、仁化 #[16]、乳源 #[15, 26]、深圳 #[82]、翁源 #[51]、信宜 #[52]、阳山 #[15]、郁南 #[101]、增城 #[116]、中山 #[82]。

香丝草 *Erigeron bonariensis* L.

分布：从化 #[107, 509]、东莞 #[25, 82]、封开 #[14]、佛冈 #[27]、佛山 #[500]、广州 #[21]、和平 #[15]、惠东 #[12]、惠州 #[82]、江门 #[8]、乐昌 #[29, 41, 526]、饶平 #[15]、仁化 #[16]、乳源 #[15, 26]、韶关 #[15]、深圳 #[17, 82]、始兴 #[28]、翁源 #[15, 51]、五华 #[4]、信宜 #[52]、阳春 #[45]、阳山 #[26]、英德 #[32]、湛江 #[416]、肇庆 #[9, 472]、中山 #[82]、珠海 #[428]、紫金 #[31]。

小蓬草 *Erigeron canadensis* L.

分布：潮州 #[404]、从化 #[107, 509]、东莞 #[25, 82]、丰顺 #[95]、封开 #[14]、佛冈 #[27]、佛山 #[500]、广州 #[21]、惠东 #[12]、惠州 #[82]、江门 #[8]、揭阳 #[15]、乐昌 #[29, 41, 526]、连州 #[26]、茂名 #[85]、南雄 #[33, 57]、普宁 #[15]、仁化 #[16]、韶关 #[15]、深圳 #[11, 82, 17]、始兴 #[28]、翁源 #[51]、五华 #[4]、新丰 #[63]、信宜 #[52]、徐闻 #[497]、阳春 #[45]、阳山 #[26]、英德 #[32]、郁南 #[101]、湛江 #[416]、肇庆 #[9, 423]、中山 #[10, 82]、珠海 #[428]、紫金 #[31]。

苏门白酒草 *Erigeron sumatrensis* Retz.

分布：东莞 #[25, 82]、佛山 #[http://ppbc. iplant. cn/tu/5737754]、广州 #[15, 21]、惠州 #[82]、连州 #[26]、廉江 #[http://ppbc. iplant. cn/tu/1016454]、乳源 #[26]、深圳 #[82]、翁源 #[51]、新丰 #[63]、徐闻 #[15, 497]、英德 #[http://ppbc. iplant. cn/tu/12233844]、湛江 #[http://ppbc. iplant. cn/tu/1016455]、中山 #[82]。

白酒草属 *Eschenbachia* Moench

埃及白酒草 *Eschenbachia aegyptiaca* (L.) Brouillet

分布：惠州 [35]、雷州 [35]、汕头 [35]、徐闻 [35]、湛江 [35]。

白酒草 *Eschenbachia japonica* (Thunb.) J. Kost.

分布：博罗 #[http://ppbc. iplant. cn/tu/10254113]、潮州 #[http://ppbc. iplant. cn/tu/1911069]、封开 #[14]、佛冈 #[27]、蕉岭 #[http://ppbc. iplant. cn/tu/12009524]、南雄 #[57]、乳源 #[26]、始兴 #[28]、五华 #[4]、新丰 #[63]、信宜 #[52]、阳山 #[26]、郁南 #[101]、肇庆 #[9]、紫金 #[31]。

黏毛白酒草 *Eschenbachia leucantha* (D. Don) Brouillet

分布：深圳 [17]。

泽兰属 ***Eupatorium*** **L.**

多须公 ***Eupatorium chinense*** L.

分布：博罗 [35, 100]、从化 [107]、大埔 [35]、东莞 [25]、丰顺 [95]、封开 [14, 35]、佛冈 [27]、海丰 [35]、和平 [35]、河源 [35]、惠东 [35]、江门 [8]、乐昌 [29, 35, 41]、连州 [26]、龙门 [35]、罗定 [35]、茂名 [35, 85]、南雄 [33, 57]、仁化 [16, 35]、乳源 [26]、深圳 [17, 35]、始兴 [28, 35]、翁源 [35, 51]、五华 [35]、新丰 [35, 63]、新兴 [35]、信宜 [52]、阳春 [35]、阳山 [26, 35]、英德 [32]、郁南 [35, 101]、云浮 [35]、增城 [35, 116]、肇庆 [9, 35]、中山 [10]。

佩兰 ***Eupatorium fortunei*** Turcz.

分布：博罗 [35]、封开 [14, 35]、广州 [35]、和平 [35]、河源 [35]、惠东 [35]、乐昌 [29, 35]、龙门 [35]、罗定 [35]、仁化 [35]、乳源 [35]、深圳 [35]、始兴 [28]、翁源 [35]、新丰 [35, 63]、阳山 [26, 35]、郁南 [35]、云浮 [35]、肇庆 [9, 35]、紫金 [31]。

白头婆 ***Eupatorium japonicum*** Thunb.

分布：东莞 [25]、封开 [14]、佛冈 [27]、惠东 [12]、乐昌 [29, 26]、连州 [26]、乳源 [26]、深圳 [17, 35]、始兴 [28]、翁源 [51]、阳山 [26]、英德 [32]、郁南 [101]、肇庆 *[9]、紫金 [31]。

林泽兰 ***Eupatorium lindleyanum*** DC.

分布：大埔 [35]、德庆 [35]、高州 [35]、广州 [35]、和平 [35]、蕉岭 [35]、乐昌 [29, 35, 41]、连南 [35]、茂名 [35]、仁化 [16]、乳源 [26, 35]、深圳 [17]、始兴 [28, 35]、台山 [35]、翁源 [51]、五华 [4]、信宜 [52]、徐闻 [35]、阳山 [26, 35]、英德 [32, 35]、郁南 [101]、云浮 [35]、肇庆 [9, 35]、珠海 [35]、紫金 [31]。

大吴风草属 ***Farfugium*** **Lindl.**

大吴风草 ***Farfugium japonicum*** (L. f.) Kitam.

分布：博罗 [38, 100]、潮州 [http://ppbc. iplant. cn/tu/ 2536319]、江门 [8]、深圳 [http://ppbc. iplant. cn/tu/ 2981435]、信宜 [52]。

天人菊属 ***Gaillardia*** **Foug.**

天人菊 ***Gaillardia pulchella*** Foug.

分布：深圳 #[17]、肇庆 #[9]。

牛膝菊属 ***Galinsoga*** **Ruiz & Pav.**

牛膝菊 ***Galinsoga parviflora*** Cav.

分布：潮州 #[15]、从化 #[509]、大埔 #[15]、东莞 #[82]、佛冈 #[27]、广州 #[15, 21]、惠州 #[15, 82]、蕉岭 #[15]、乐昌 #[15, 29, 41, 526]、连州 #[26]、南雄 #[33, 57]、平远 #[15]、乳源 #[15, 26]、深圳 #[17, 82]、翁源 #[51]、五华 #[4]、湛江 #[416]、中山 #[82]、紫金 #[31]。

粗毛牛膝菊 ***Galinsoga quadriradiata*** Ruiz & Pav.

分布：大埔 #[454]、丰顺 #[454]、龙川 #[454]、梅州 #[454]、平远 #[454]、五华 #[454]。

合冠鼠曲属 ***Gamochaeta*** **Wedd.**

匙叶合冠鼠曲 ***Gamochaeta pensylvanica*** (Willd.) Cabrera

分布：东莞 #[25]、佛冈 #[35]、广州 #[35]、和平 #[35]、江门 #[8]、乐昌 #[29, 41, 526, 35]、连州 #[26, 35]、清远 #[35]、仁化 #[16, 35]、深圳 #[17, 35]、翁源 #[35, 51]、五华 #[4]、阳春 #[35, 45]、阳山 #[26, 35]、英德 #[32, 35]、肇庆 #[9, 35]、紫金 #[31]。

非洲菊属 ***Gerbera*** **L.**

非洲菊 ***Gerbera jamesonii*** Bolus

分布：从化 #[107]、深圳 #[17]。

兔耳一支箭 ***Gerbera piloselloides*** (L.) Cass.

分布：博罗 [5, 100]、大埔 [35]、东莞 [35]、封开 [14, 35]、广州 [35]、蕉岭 [35]、乐昌 [29, 35]、连南 [35]、连州 [26, 35]、茂名 [35, 85]、平远 [35]、仁化 [16, 35]、乳源 [35]、深圳 [17]、台山 [35]、五华 [4, 35]、新丰 [63]、信宜 [35, 52]、阳江 [35]、英德 [32]、郁南 [101]、肇庆 [9, 35]、珠海 [35]、紫金 [31]。

茼蒿属 ***Glebionis*** **Cass.**

茼蒿 ***Glebionis coronaria*** (L.) Cass. ex Spach

分布：潮州 #[15]、东莞 #[82]、广州 #[15]、惠州 #[82]、平远 #[15]、深圳 #[82]、郁南 #[101]、肇庆 #[9, 15]、中山 #[82]。

南茼蒿 ***Glebionis segetum*** (L.) Fourr.

分布：博罗 #[38]、江门 #[8]、乐昌 #[29, 526]、仁化 #[16]、深圳 #[17]。

鹿角草属 ***Glossocardia*** **Cass.**

鹿角草 ***Glossocardia bidens*** (Retz.) Veldkamp

分布：东莞 [25]、惠东 [35]、惠州 [35]、南澳 [35]、深圳 [17, 35]、台山 [35]、徐闻 [35]、阳春 [35]、阳江 [35]、珠海 [35]。

湿鼠曲草属 ***Gnaphalium*** **L.**

细叶湿鼠曲草 ***Gnaphalium japonicum*** Thunb.

分布：博罗 [5, 100]、广州 [35]、怀集 [35]、乐昌 [29, 35, 41]、南雄 [33, 35, 57]、乳源 [26, 35]、信宜 [52]、阳山 [26]、英德 [32]。

多茎湿鼠曲草 ***Gnaphalium polycaulon*** Pers.

分布：博罗 #[35] [陈念劬 40396B (IBSC)]、从化 #[107]、东莞 #[25]、海丰 #[35]、惠东 #[35]、惠来 #[35]、惠州 #[35]、乐昌 #[29]、雷州 #[35]、陆丰 #[35]、茂名 #[35]、梅州 #[35] [侯宽昭 71202 (IBSC)]、南澳 #[35]、南雄 #[33, 57]、饶平 #[35]、仁化 #[16]、汕头 #[35]、汕尾 #[35]、深圳 #[17, 35]、台山 #[35]、吴川 #[35]、信宜 #[52]、徐闻 #[35] [南路 00263A (IBSC)]、阳春 #[45]、阳江 #[35]、阳山 #[26]、阳西 #[35]、湛江 #[35]、肇庆 #[9]、中山 #[35]、珠海 #[35]、紫金 #[31]。

田基黄属 *Grangea* **Adans.**

田基黄 *Grangea maderaspatana* (L.) Poir.

分布: 博罗 [35]、东莞 [25]、广州 [35]、惠东 [12]、惠州 [35]、乳源 [26]、汕头 [35]、深圳 [17]、五华 [4]、新丰 [63]、徐闻 [35]、阳山 [35]、增城 [116]、湛江 [35]、肇庆 [9, 35]、紫金 [31]。

裸冠菊属 *Gymnocoronis* **DC.**

裸冠菊 *Gymnocoronis spilanthoides* (D. Don ex Hook. et Arn.) DC.

分布：广州 #[437, 21]。

菊三七属 *Gynura* **Cass.**

红凤菜 *Gynura bicolor* (Roxb. ex Willd.) DC.

分布：博罗 *[38]、从化 #[107]、封开 #[14]、佛冈 #[27]、怀集 #[35]、江门 #[8]、乐昌 #[29]、龙门 #[35]、深圳 #[17]、新丰 #[35]、阳春 #[35]、英德 #[32]、郁南 #[101]、肇庆 #[9]、中山 #[10]。

白子菜 *Gynura divaricata* (L.) DC.

分布：博罗 *[38]、从化 [107]、东莞 [25]、丰顺 [95]、封开 [14]、佛冈 [27]、佛山 [35]、广州 [35]、惠东 [12]、江门 [8]、乐昌 [29]、龙门 [35]、茂名 [85]、深圳 [17]、新丰 [35]、信宜 [52]、阳山 [26]、中山 [10]、珠海 [陈又生 20002 (IBSC)]、紫金 [31]。

菊三七 *Gynura japonica* (Thunb.) Juel

分布：封开 [14]、惠州 [35]、连州 [35]、仁化 [16]、乳源 [26]、韶关 [35]、阳山 [35]、英德 [35]、肇庆 *[9]。

平卧菊三七 *Gynura procumbens* (Lour.) Merr.

分布：乐昌 [35]、信宜 [35, 52]、阳春 [35]、肇庆 *[9]、珠海 [陈又生 20005 (IBSC)]。

狗头七 *Gynura pseudochina* (L.) DC.

分布：紫金 [31]。

向日葵属 *Helianthus* **L.**

向日葵 *Helianthus annuus* L.

分布：博罗 *[38]、从化 *[107]、广州 *[http://ppbc.iplant.cn/tu/9530052]、乐昌 *[29]、仁化 *[16]、深圳 *[17]、肇庆 *[9]。

菊芋 *Helianthus tuberosus* L.

分布：乐昌 #[15, 29, 26, 41, 526]、连山 #[15]、连州 #[26]、南雄 #[57]、清远 #[15]、乳源 #[15, 26]、始兴 #[15, 28]、阳山 #[15, 26]、郁南 #[15, 101]。

泥胡菜属 *Hemisteptia* **Bunge ex Fisch. & C. A. Mey.**

泥胡菜 *Hemisteptia lyrata* (Bunge) Fisch. & C. A. Mey.

分布：博罗 #[38]、东莞 #[25]、广州 #[35]、乐昌 #[29, 35]、连州 #[26]、南雄 #[33, 57]、深圳 #[17, 35]、始兴 #[28]、五华 #[4]、新丰 #[63]、阳春 #[35]、阳山 #[26]、英德 #[32]、肇庆 #[9, 35]、紫金 #[31]。

异裂菊属 *Heteroplexis* **C.C.Chang**

绢叶异裂菊 *Heteroplexis sericophylla* Y. L. Chen

分布：英德 [李立、张步云 ZL2024195]。

须弥菊属 *Himalaiella* **Raab-Straube**

三角叶须弥菊 *Himalaiella deltoidea* (DC.) Raab-Straube

分布：乐昌 [26, 29, 35, 41]、连州 [26, 35]、南雄 [57]、仁化 [16, 35]、乳源 [26, 35]、始兴 [28]、信宜 [52]、阳山 [26, 35]、英德 [32]。

山蟛蜞菊属 *Indocypraea* **Orchard**

山蟛蜞菊 *Indocypraea montana* (Blume) Orchard

分布：博罗 [35]、大埔 [35]、东莞 [25]、封开 [14, 35]、高州 [35]、广州 [35]、和平 [35]、怀集 [35]、惠东 [35]、蕉岭 [35]、乐昌 [29, 35, 41]、雷州 [35]、连州 [35]、廉江 [35]、龙门 [35]、仁化 [16]、乳源 [26, 35]、汕头 [35]、始兴 [28, 35]、遂溪 [35]、翁源 [35]、吴川 [35]、五华 [4]、徐闻 [35]、阳春 [35] [陈又生、宋柱秋、张步云、王震 YC20230123 (IBSC)]、阳江 [35]、阳山 [26, 35]、英德 [35]、湛江 [35]、肇庆 [9, 35]、珠海 [35]、紫金 [31]。

旋覆花属 *Inula* **L.**

旋覆花 *Inula japonica* Thunb.

分布：乐昌 [29]。

小苦荬属 *Ixeridium* **(A. Gray) Tzvelev**

小苦荬 *Ixeridium dentatum* (Thunb.) Tzvelev

分布：丰顺 [95]、乐昌 [29]、连州 [26]、南雄 [33, 57]、翁源 [51]、五华 [4]、紫金 [31]。

细叶小苦荬 *Ixeridium gracile* (DC.) C. Shih

分布：博罗 [5]、从化 [35]、东莞 [25]、封开 [14, 35]、乐昌 [29, 41]、连平 [35]、连州 [26]、龙门 [35]、仁化 [16, 35]、乳源 [26]、深圳 [17]、始兴 [28]、翁源 [35]、信宜 [52]、阳山 [26]、肇庆 [9]。

褐冠小苦荬 *Ixeridium laevigatum* (Blume) C. Shih

分布：丰顺 [395]、英德 [32]。

苦荬菜属 *Ixeris* **(Cass.) Cass.**

中华苦荬菜 *Ixeris chinensis* (Thunb.) Nakai

分布：东莞 [25]、陆丰 [35]、深圳 [17]、阳山 [26]、肇庆 [9]、紫金 [31]。

变色苦荬菜 *Ixeris chinensis* **subsp.** *versicolor* (Fisch. ex Link) Kitam.

分布：东莞 [25]、和平 [35]、怀集 [35]、乐昌 [29, 35]、连州 [35]、南雄 [33, 35]、乳源 [26]、英德 [35]、紫金 [31]。

剪刀股 *Ixeris japonica* (Burm. f.) Nakai

分布：东莞 [25, 35]、江门 [35] [侯学煜等 14916 (PE)]、雷州 [13]、陆丰 [35] [李泽贤、邢福武等 754 (IBSC)]、深圳 [17, 35]、徐闻 [35] [南路 698 (IBK)]、阳江 [35] [黄志 41654 (IBSC)]、湛江 [13, 35]、肇庆 [35] [丁广奇、石国良 10407 (IBSC)]。

苦荬菜 *Ixeris polycephala* Cass. ex DC.

分布：博罗 [38]、广州 [35]、连平 [35]、仁化 [16]、深

圳 [17]、翁源 [51]、新丰 [63]、阳山 [26]、肇庆 [9]。

沙苦荬 ***Ixeris repens*** (L.) A. Gray

分布：东莞 [25]、深圳 [17, 35]、遂溪 [13]、湛江 [13]。

莴苣属 *Lactuca* L.

台湾翅果菊 ***Lactuca formosana*** Maxim.

分布：蕉岭 [35]、连山 [35]、阳山 [26]、肇庆 [35]。

翅果菊 ***Lactuca indica*** L.

分布：博罗 #[35]、从化 #[107, 509, 35]、东莞 #[25]、高州 #[35]、广州 #[35]、和平 #[35]、怀集 #[35]、惠东 #[12]、乐昌 #[35, 41]、连南 #[35]、连州 #[26]、龙门 #[35]、茂名 #[35, 85]、南雄 #[33, 35, 57]、仁化 #[16, 35]、乳源 #[26, 35]、深圳 #[11, 17]、始兴 #[28, 35]、台山 #[35]、翁源 #[35, 51]、五华 #[4]、信宜 #[52]、徐闻 #[35]、阳春 #[35, 45]、阳江 #[35]、阳山 #[26, 35]、英德 #[32, 35]、肇庆 #[35]、珠海 #[35]、紫金 #[31]。

毛脉翅果菊 ***Lactuca raddeana*** Maxim.

分布：乐昌 [41]、连州 [26]、仁化 [35]、乳源 [26]、阳山 [26]。

莴苣 ***Lactuca sativa*** L.

分布：从化 #[107]、乐昌 #[29]、南雄 #[57]、仁化 #[16]、深圳 #[11, 17]、信宜 #[52]、郁南 #[101]、肇庆 #[9]。

野莴苣 ***Lactuca serriola*** L.

分布：肇庆 #[黄成 161695 (IBSC)]。

瓶头草属 *Lagenophora* Cass.

瓶头草 ***Lagenophora sublyrata*** (Cass.) A. R. Bean & Jian Wang tris

分布：封开 [14]、信宜 [35, 52]、肇庆 [35]。

六棱菊属 *Laggera* Sch. Bip. ex Benth.

六棱菊 ***Laggera alata*** (D. Don) Sch. -Bip. ex Oliv.

分布：博罗 [35]、东莞 [25]、封开 [14]、佛冈 [27]、广州 [35]、怀集 [35]、惠东 [35]、连山 [35]、龙川 [35]、龙门 [35]、罗定 [35]、茂名 [85]、乳源 [35]、深圳 [17, 35]、台山 [35]、翁源 [35, 51]、信宜 [52]、徐闻 [35]、阳春 [35]、阳山 [26, 35]、郁南 [35, 101]、肇庆 [9, 35]、珠海 [35]。

稻槎菜属 *Lapsanastrum* Pak & K. Bremer

稻槎菜 ***Lapsanastrum apogonoides*** (Maxim.) Pak & K. Bremer

分布：佛冈 [27]、乐昌 [29]、南雄 [33, 57]、深圳 [17]、翁源 [51]、阳春 [35]、英德 [35]、肇庆 [9]、中山 [10]、紫金 [31]。

栓果菊属 *Launaea* Cass.

匐枝栓果菊 ***Launaea sarmentosa*** (Willd.) Merr. & Chun

分布：从化 [107]、东莞 [25]、海丰 [35]、惠东 [35]、雷州 [35]、陆丰 [35]、汕头 [35]、深圳 [17, 35]、台山 [35]、徐闻 [35]、阳江 [35]、湛江 [35]、珠海 [35]。

大丁草属 *Leibnitzia* Cass.

大丁草 ***Leibnitzia anandria*** (L.) Turcz.

分布：封开 [14, 35]、乐昌 [26, 29, 35]、连州 [26]、平远 [35] [曾宪锋 ZXF10994 (CZH)]、乳源 [26, 35]。

滨菊属 *Leucanthemum* Mill.

滨菊 ***Leucanthemum vulgare*** Lam.

分布：佛山 #[http://ppbc. iplant. cn/tu/12361702]。

蛇鞭菊属 *Liatris* Gaertn. ex Schreb.

蛇鞭菊 ***Liatris spicata*** (L.) Willd.

分布：广州 *[http://ppbc. iplant. cn/tu/7919228]、深圳 *[17]。

橐吾属 *Ligularia* Cass.

大头橐吾 ***Ligularia japonica*** (Thunb.) Less.

分布：博罗 [35]、从化 [http://ppbc. iplant. cn/tu/6299168]、封开 [14, 35]、高州 [http://ppbc. iplant. cn/tu/10396515]、广宁 [35]、乐昌 [29, 35]、连州 [26, 35]、南雄 [33]、乳源 [26, 35]、深圳 [17, 35]、翁源 [35, 51]、信宜 [35, 52]、英德 [32, 35]、云浮 [35]。

糙叶大头橐吾 ***Ligularia japonica* var. *scaberrima*** (Hayata) Hayata

分布：博罗 [35]、封开 [14, 35]、广宁 [35]、乐昌 [29, 35]、连州 [35]、乳源 [35]、深圳 [35]、翁源 [35]、信宜 [35, 52]、英德 [35]、云浮 [35]。

窄头橐吾 ***Ligularia stenocephala*** (Maxim.) Matsum. & Koidz.

分布：乐昌 [26, 35]、连州 [35]、乳源 [26]、阳山 [26]、英德 [35]。

黑足菊属 *Melampodium* L.

黄帝菊 ***Melampodium divaricatum*** (Rich.) DC.

分布：广州 *[http://ppbc. iplant. cn/tu/9882020]、惠州 *[http://ppbc. iplant. cn/tu/3664747]、陆丰 *[http://ppbc. iplant. cn/tu/ 550487]。

小舌菊属 *Microglossa* DC.

小舌菊 ***Microglossa pyrifolia*** (Lam.) Kuntze

分布：东莞 [25]、佛山 [35]、怀集 [35]、深圳 [17]、肇庆 [9, 35]、紫金 [31]。

假泽兰属 *Mikania* Willd.

假泽兰 ***Mikania cordata*** (N. L. Burman) B. L. Rob.

分布：深圳 [易桂花 , 谭英 10007 (JJF)]、新兴 [刘瑛光 2268 (HZ047578)]、云浮 [辛树帜 5280 (IBSC)]。

微甘菊 ***Mikania micrantha*** Kunth

分布：潮州 #[15, 404]、从化 #[509]、东莞 #[15, 25, 82]、佛山 #[15, 500]、广州 #[15, 21]、海丰 #[15]、惠东 #[12]、惠州 #[35, 82]、江门 #[8, 494]、揭阳 #[15]、雷州 #[35]、茂名 #[35]、饶平 #[15]、乳源 #[26]、汕头 #[15, 35]、汕尾 #[15]、韶关 #[15]、深圳 #[15, 11, 82, 17]、徐闻 #[35]、湛江 #[416]、中山 #[15, 10, 82]、珠海 #[15, 428]。

黏冠草属 ***Myriactis* Less.**

圆舌黏冠草 ***Myriactis nepalensis*** Less.

分布：博罗 [35]、惠州 [35]、乐昌 [29, 35]、连州 [35]、乳源 [26, 35]、信宜 [52]、阳山 [35]、肇庆 [9]。

紫菊属 ***Notoseris* C. Shih**

紫菊 ***Notoseris macilenta*** (Vaniot & H. Lév.) N. Kilian

分布：乐昌 [96, 29]、连州 [96, 35]、仁化 [16]、乳源 [96, 26, 35]、阳山 [96]。

米花菊属 ***Ozothamnus* R. Br.**

澳洲米花 ***Ozothamnus diosmifolius*** DC.

分布：深圳 *[http://ppbc. iplant. cn/tu/9783082]。

假福王草属 ***Paraprenanthes* Chang ex C. Shih**

林生假福王草 ***Paraprenanthes diversifolia*** (Vaniot) N. Kilian

分布：博罗 [王英强 927 (IBSC)]、从化 [96]、河源 [96]、怀集 [石国良 15146 (IBSC)]、乐昌 [南岭队 3158 (IBSC)]、连山 [96]、乳源 [黄志 43881 (IBSC)]、阳山 [邓良 1250 (IBSC)]、英德 [96]。

黑花假福王草 ***Paraprenanthes melanantha*** (Franch.) Ze H. Wang

分布：乐昌 [29, 35]、乳源 [35]、翁源 [51]、阳山 [26]。

三裂假福王草 ***Paraprenanthes multiformis*** C. Shih

分布：乐昌 [35]、南雄 [35]、英德 [35]。

假福王草 ***Paraprenanthes sororia*** (Miq.) C. Shih

分布：博罗 [35] [王英强 804 (IBSC)]、从化 [96, 35]、大埔 [35] [邓良 5210 (IBSC)]、丰顺 [95]、封开 [14, 35]、和平 [35] [卫兆芬 120714 (IBSC)]、惠东 [12]、乐昌 [26, 29, 35, 41]、连南 [35] [朱志淞 751 (IBSC)]、连山 [35] [谭沛祥 58366 (KUN)]、连州 [26]、南雄 [33, 35, 57]、仁化 [16, 35]、乳源 [26, 35]、始兴 [28]、信宜 [52]、阳山 [26]、英德 [32, 35]、肇庆 [35] [石国良 11533 (IBSC)]、紫金 [31, 35]。

蟹甲草属 ***Parasenecio* W. W. Sm. & J. Small**

珠芽蟹甲草 ***Parasenecio bulbiferoides*** (Hand. -Mazz.) Y. L. Chen

分布：博罗 [陈念劬 41600 (IBK)]、丰顺 [394]。

矢镞叶蟹甲草 ***Parasenecio rubescens*** (S. Moore) Y. L. Chen

分布：乐昌 [29, 35, 41]、连山 [35]、乳源 [26]。

银胶菊属 ***Parthenium* L.**

灰白银胶菊 ***Parthenium argentatum*** A. Gray

分布：乐昌 #[526]。

银胶菊 ***Parthenium hysterophorus*** L.

分布：潮州 #[15]、从化 #[http://ppbc. iplant. cn/tu/3394104]、东莞 #[82]、佛山 #[http://ppbc. iplant. cn/tu/1275636]、广州 #[21]、化州 #[http://ppbc. iplant. cn/tu/786136]、惠州 #[82]、揭西 #[http://ppbc. iplant. cn/tu/6154332]、揭阳 #[15]、乐昌 #[29]、陆丰 #[15]、茂名 #[85]、南澳 #[http://ppbc. iplant. cn/tu/9137728]、汕头 #[15]、深圳 #[17, 82]、吴川 #[http://ppbc. iplant. cn/tu/5178670]、信宜 #[52]、兴宁 #[http://ppbc. iplant. cn/tu/4949597]、徐闻 #[497]、英德 #[http://ppbc. iplant. cn/tu/12239940]、湛江 #[416]、肇庆 #[9]、中山 #[82]、紫金 #[31]。

瓜叶菊属 ***Pericallis* D. Don**

瓜叶菊 ***Pericallis hybrida*** B. Nord.

分布：佛山 *[http://ppbc. iplant. cn/tu/1280889]、广州 *[http://ppbc. iplant. cn/tu/12587026]、惠州 *[http://ppbc. iplant. cn/tu/6129142]、乐昌 *[29]、深圳 *[http://ppbc. iplant. cn/tu/4927281]、湛江 *[http://ppbc. iplant. cn/tu/3517421]。

帚菊属 ***Pertya* Sch. Bip.**

心叶帚菊 ***Pertya cordifolia*** Mattf.

分布：和平 [511]、怀集 [108]、惠东 [12]、乐昌 [29, 35]、连南 [35]、连州 [35]、韶关 [35]、五华 [4]、阳山 [35]、紫金 [31]。

聚头帚菊 ***Pertya desmocephala*** Diels

分布：和平 [108]、翁源 [108, 35]。

腺叶帚菊 ***Pertya pubescens*** Y. Ling

分布：大埔 [35]、深圳 [17]。

尖苞帚菊 ***Pertya pungens*** Y. C. Tseng

分布：东莞 [25]、阳春 [108, 35, 3, 37]。

长花帚菊 ***Pertya scandens*** Sch. Bip.

分布：潮州 [393]。

阔苞菊属 ***Pluchea* Cass.**

阔苞菊 ***Pluchea indica*** (L.) Less.

分布：东莞 [25, 35]、广州 [35]、海丰 [35]、茂名 [35, 85]、深圳 [11, 17, 35]、徐闻 [35]、阳江 [35]、中山 [10]、珠海 [35]。

光梗阔苞菊 ***Pluchea pteropoda*** Hemsl. ex Forbes & Hemsl.

分布：海丰 [35]、南澳 [35]、深圳 [17]、台山 [35]、徐闻 [35]、阳江 [35]、珠海 [35]。

翼茎阔苞菊 ***Pluchea sagittalis*** (Lam.) Cabrera

分布：博罗 #[5]、东莞 #[15, 25, 82]、丰顺 #[95]、广州 #[15, 21]、惠州 #[82]、江门 #[8]、龙门 #[陈又生 CYS21220 (IBSC)]、深圳 #[82]、遂溪 #[http://ppbc. iplant. cn/tu/9326222]、翁源 #[51]、英德 #[http://ppbc. iplant. cn/tu/12224547]、中山 #[10, 82]。

点叶菊属 ***Porophyllum* Guett.**

点叶菊 ***Porophyllum ruderale*** (Jacquin) Cassini

分布：深圳 #[495]。

假臭草属 ***Praxelis* Cass.**

假臭草 ***Praxelis clematidea*** (Hieronymus ex Kuntze) R. M. King & H. Rob.

分布：潮州 #[15]、从化 #[107, 509]、东莞 #[25, 82]、佛冈 #[27]、佛山 #[500]、广州 #[21]、河源 #[15]、惠东 #[12]、惠州 #[82]、江门 #[8, 494]、揭阳 #[15]、乐昌 #[526]、

梅州 #[15]、南雄 #[33]、汕头 #[15]、韶关 #[15]、深圳 #[17, 82]、翁源 #[51]、五华 #[4]、新丰 #[63]、徐闻 #[497]、湛江 #[416]、中山 #[10, 82]、珠海 #[428]、紫金 #[31]。

假地胆草属 *Pseudelephantopus* Rohr

假地胆草 ***Pseudelephantopus spicatus*** (Juss. ex Aubl.) Gleason

分布：雷州 #[15]、徐闻 #[15]。

鼠曲草属 *Pseudognaphalium* Kirp.

宽叶鼠曲草 ***Pseudognaphalium adnatum*** (DC.) Y. S. Chen

分布：封开 [14, 35]、惠州 [35]、乐昌 [29, 35, 41]、连南 [35]、连山 [35]、连州 [26, 35]、罗定 [35]、茂名 [35]、仁化 [16, 35]、乳源 [26, 35]、始兴 [28]、信宜 [52]、阳春 [35]、阳山 [26, 35]、英德 [32, 35]、紫金 [35]。

鼠曲草 ***Pseudognaphalium affine*** (D. Don) Anderb.

分布：博罗 [35, 38, 100]、从化 [107]、大埔 [35]、东莞 [25]、丰顺 [95]、封开 [14, 35]、佛冈 [27]、广州 [35]、怀集 [35]、惠东 [12]、江门 [8]、蕉岭 [35]、乐昌 [29, 35, 41]、连南 [35]、连平 [35]、连山 [35]、连州 [26]、龙门 [35]、罗定 [35]、茂名 [35]、梅州 [35]、南雄 [33, 57]、平远 [35]、清远 [35]、饶平 [35]、乳源 [26, 35]、深圳 [17, 35]、始兴 [28, 35]、翁源 [35, 51]、五华 [4, 35]、新丰 [35, 63]、信宜 [35, 52]、阳春 [35]、阳山 [26, 35]、英德 [32, 35]、郁南 [35, 101]、云浮 [35]、增城 [116]、肇庆 [9, 35]、中山 [10]、紫金 [31]。

秋鼠曲草 ***Pseudognaphalium hypoleucum*** (DC.) Hilliard & B. L. Burtt

分布：博罗 [35]、大埔 [35]、东莞 [25]、佛冈 [27]、怀集 [35]、蕉岭 [35]、乐昌 [29, 35, 41]、连州 [26, 35]、龙门 [35]、仁化 [16]、乳源 [26, 35]、始兴 [28, 35]、翁源 [35]、新丰 [35, 63]、信宜 [52]、阳山 [26, 35]、英德 [32, 35]、中山 [10]。

漏芦属 *Rhaponticum* Ludw.

华漏芦 ***Rhaponticum chinense*** (S. Moore) L. Martins & Hidalgo

分布：大埔 [35]、乐昌 [29, 35, 41]、南雄 [33]、始兴 [28]、阳山 [35]、英德 [32]。

金光菊属 *Rudbeckia* L.

金光菊 ***Rudbeckia laciniata*** L.

分布：从化 #[107]、肇庆 #[9]。

蛇目菊属 *Sanvitalia* Lam.

蛇目菊 ***Sanvitalia procumbens*** Lam.

分布：深圳 #[17]。

风毛菊属 *Saussurea* DC.

庐山风毛菊 ***Saussurea bullockii*** Dunn

分布：博罗 [F. A. McClure 6961 (NY)]、乐昌 [26, 29, 35]、乳源 [26]、阳山 [35]。

风毛菊 ***Saussurea japonica*** (Thunb.) DC.

分布：从化 [35]、封开 [14, 35]、和平 [35]、惠东 [35]、乐昌 [29, 35]、连山 [35]、乳源 [26, 35]、深圳 [17]、始兴 [28, 35]、翁源 [35]、新丰 [35]、珠海 [35]。

千里光属 *Senecio* L.

闽千里光 ***Senecio fukienensis*** Y. Ling ex C. Jeffrey & Y. L. Chen

分布：平远 [曾宪锋 ZXF12778 (CZH)]。

千里光 ***Senecio scandens*** Buch. -Ham. ex D. Don

分布：博罗 [35, 38, 100]、潮州 [35] [彭耿敏 2015361 (CZH)]、从化 [35, 107]、大埔 [35] [曾宪锋 ZXF32911 (CZH)]、东莞 [25, 35]、东源 [59]、丰顺 [35, 95]、封开 [14, 35]、佛冈 [27]、广州 [35] [叶育石 5591 (IBSC)]、和平 [35] [谭策铭等 51733 (JJF)]、怀集 [35] [刘瑛光 1499 (IBSC)]、惠东 [12, 35]、惠来 [35] [曾宪锋 ZXF10606 (CZH)]、江门 [8]、蕉岭 [35] [曾宪锋 ZXF20326 (CZH)]、乐昌 [29, 35, 41]、连州 [26, 35]、龙川 [35] [谭策铭、易桂花 51574 (JJF)]、龙门 [35] [王学文、张桂才 8033 (IBSC)]、罗定 [35] [刘念等 2191 (IBSC)]、茂名 [35, 85]、梅州 [35] [曾宪锋 ZXF43812 (CZH)]、南雄 [33, 35, 57]、平远 [35] [曾宪锋 ZXF43944 (CZH)]、普宁 [35] [曾宪锋 ZXF42916 (CZH)]、清远 [35] [林正眉、张丹荔 20180039 (SN)]、饶平 [35] [曾宪锋 ZXF24449 (CZH)]、仁化 [16, 35]、乳源 [26, 35]、深圳 [11, 17, 35]、始兴 [28, 35]、台山 [35] [周联选 11428 (KUN)]、翁源 [35, 51]、五华 [4, 35]、新丰 [35, 63]、信宜 [35, 52]、阳春 [35, 45]、阳山 [26, 35]、英德 [32, 35]、郁南 [35, 101]、云浮 [35] [黄季庄 327 (NAS)]、增城 [116]、肇庆 [9, 35]、中山 [10, 35]、珠海 [35] [粤 73 2997 (IBSC)]、紫金 [31, 35]。

闽粤千里光 ***Senecio stauntonii*** DC.

分布：从化 [107]、东莞 [25]、封开 [14]、佛冈 [27]、江门 [8]、乐昌 [29, 41]、连州 [26, 35]、龙门 [陈又生等 NKS202009005 (IBSC)]、南雄 [33, 57]、平远 [389]、仁化 [16]、乳源 [26, 35]、深圳 [11]、始兴 [28]、翁源 [51]、阳山 [26]、英德 [32, 35]、中山 [10]、紫金 [31]。

虾须草属 *Sheareria* S. Moore

虾须草 ***Sheareria nana*** S. Moore

分布：博罗 [35]、大埔 [35]、佛山 [22]、广宁 [22]、广州 [35]、河源 [35]、惠州 [35]、肇庆 [9, 22]。

豨莶属 *Sigesbeckia* L.

毛梗豨莶 ***Sigesbeckia glabrescens*** Makino

分布：惠东 [12]、乳源 [26, 35]、深圳 [17]。

豨莶 ***Sigesbeckia orientalis*** L.

分布：博罗 [35, 38, 100]、潮州 [35] [叶华谷 13145 (IBSC)]、从化 [107]、大埔 [35] [李学根 202736 (IBSC)]、德庆 [35] [刘瑛光 1270 (IBSC)]、东莞 [25, 35]、东源 [35] [王瑞江 RQHN00333 (CSH)]、丰顺 [35] [李学根 201553 (IBSC)]、封开 [14, 35]、佛冈 [27]、佛山 [35] [王瑞江 RQHN00555 (CSH)]、广州 [35] [中草药组 174 (IBSC)]、和平 [35] [卫兆

芬 120437 (IBSC)]、河源 [35] [卫兆芬 120590 (KUN)]、怀集 [35] [王瑞江 RQHN00077 (CSH)]、惠东 [12]、蕉岭 [35] [邓良 4914 (IBSC)]、揭西 [35] [曾宪锋 ZXF20440 (CZH)]、揭阳 [35] [黄雅凤 HYF073 (CZH)]、乐昌 [26, 29, 35, 41]、连平 [35] [卫兆芬 120192 (IBSC)]、连山 [35] [王瑞江 RQHN00053 (CSH)]、连州 [26, 35]、廉江 [35] [湛江区植物调查队 3114 (IBSC)]、龙川 [35] [曾宪锋 ZXF27676 (CZH)]、龙门 [35] [张学文、张桂才 8035 (IBSC)]、罗定 [35] [刘念等 2135 (IBSC)]、茂名 [35, 85]、南雄 [57]、平远 [35] [李学根 202142 (IBSC)]、饶平 [35] [李学根 200769 (IBSC)]、仁化 [16]、乳源 [26, 35]、汕头 [35] [曾宪锋 ZXF10071 (CZH)]、深圳 [11, 17, 35]、始兴 [28, 35]、台山 [35] [周联选 11427 (KUN)]、翁源 [35] [刘心祈 25353 (IBSC)]、五华 [4]、新丰 [63]、新兴 [35] [刘瑛光 2418 (IBSC)]、信宜 [52]、兴宁 [35] [曾宪锋 ZXF16546 (CZH)]、徐闻 [35] [南路 277 (IBSC)]、阳春 [35, 45]、阳山 [26, 35]、英德 [32, 35]、郁南 [35, 101]、云浮 [35] [黄季庄 457 (NAS)]、增城 [116]、湛江 [35] [侯学煜等 15174 (PE)]、肇庆 [9, 35]、中山 [10, 35]、紫金 [31, 35]。

腺梗豨莶 *Sigesbeckia pubescens* Makino

分布：江门 [8]、乐昌 [29, 26]、南雄 [33, 57]、紫金 [31]。

蒲儿根属 *Sinosenecio* B. Nord.

白背蒲儿根 *Sinosenecio latouchei* (Jeffrey) B. Nord.

分布：平远 [400]。

蒲儿根 *Sinosenecio oldhamianus* (Maxim.) B. Nord.

分布：乐昌 [26, 29, 35, 41]、南雄 [33, 57]、仁化 [74, 16]、乳源 [26, 35]、阳山 [35]、英德 [35]。

盾叶蒲儿根 *Sinosenecio peltatus* Ying Liu & Q. E. Yang

分布：阳春 [220]。

秃果蒲儿根 *Sinosenecio phalacrocarpus* (Hance) B. Nord.

分布：连州 [74]、县级不详 [30, 453, 3]。

岩生蒲儿根 *Sinosenecio saxatilis* Y. L. Chen

分布：乳源 [74, 453, 26, 3]。

包果菊属 *Smallanthus* Mack.

菊薯 *Smallanthus sonchifolius* (Poeppig) H. Rob.

分布：广州 *[http://ppbc. iplant. cn/tu/9463013]、乐昌 *[http://ppbc. iplant. cn/tu/6767354]、南雄 *[57]。

一枝黄花属 *Solidago* L.

加拿大一枝黄花 *Solidago canadensis* L.

分布：广州 #[15]、乐昌 #[526]、梅州 #[15, 398]、汕头 #[15]。

一枝黄花 *Solidago decurrens* Lour.

分布：潮州 [35] [曾宪锋 ZXF00233 (CZH)]、从化 [107]、东莞 [25, 35]、丰顺 [35, 95]、封开 [14, 35]、佛冈 [27]、广州 [35] [叶华谷 249 (IBSC)]、和平 [35] [谭策铭 99540 (SZG)]、怀集 [35] [刘瑛光 2725 (PE)]、惠东 [35] [陈邦余、张桂才 658 (IBSC)]、乐昌 [29, 35, 41]、连州 [26, 35]、陆河 [35] [曾宪锋 ZXF42685 (CZH)]、罗定 [35] [刘念等 2194 (IBSC)]、南雄 [33, 35, 57]、仁化 [16]、乳源 [26, 35]、汕头 [35] [蒋英 1576 (NAS)]、深圳 [17, 35]、台山 [35] [陈邦余、李泽贤 203 (IBSC)]、翁源 [51]、五华 [4]、新兴 [35] [刘瑛光 2504 (PE)]、信宜 [52]、兴宁 [35] [曾宪锋 ZXF22092 (CZH)]、徐闻 [35] [徐闻队 792 (PE)]、阳山 [26, 35]、英德 [32]、郁南 [101]、肇庆 [9, 35]、珠海 [35] [粤 73 3084 (IBSC)]、紫金 [31, 35]。

裸柱菊属 *Soliva* Ruiz & Pav.

裸柱菊 *Soliva anthemifolia* (Juss.) R. Br.

分布：博罗 #[38]、东莞 #[25, 82]、广州 #[15, 21]、惠东 #[12]、惠州 #[82]、江门 #[8]、乐昌 #[29, 526]、南雄 #[33, 57]、乳源 #[26]、深圳 #[17, 82]、始兴 #[28]、英德 #[32]、肇庆 #[9, 423]、中山 #[82]、珠海 #[428]、紫金 #[31]。

苦苣菜属 *Sonchus* L.

续断菊 *Sonchus asper* (L.) Hill

分布：东莞 #[25]、深圳 #[17]、阳山 #[26]。

苦苣菜 *Sonchus oleraceus* L.

分布：潮州 #[15]、东莞 #[25, 82]、广州 #[21]、惠州 #[82]、乐昌 #[29, 35, 526]、连州 #[26, 35]、罗定 #[35]、梅州 #[15]、南雄 #[33, 57]、饶平 #[35]、仁化 #[35]、乳源 #[15, 26]、汕头 #[15]、深圳 #[17, 82]、始兴 #[28]、信宜 #[35, 52]、郁南 #[35, 101]、云浮 #[35]、湛江 #[416]、肇庆 #[9, 15, 35]、中山 #[82]、珠海 #[35]、紫金 #[31]。

苣荬菜 *Sonchus wightianus* DC.

分布：从化 #[107]、东莞 #[25]、丰顺 #[95]、封开 #[35]、佛冈 #[27]、佛山 #[500]、广州 #[35]、河源 #[35]、惠东 #[12]、江门 #[8]、乐昌 #[29, 35, 41]、罗定 #[35]、茂名 #[85]、南雄 #[33, 57]、饶平 #[35]、仁化 #[16, 35]、乳源 #[26, 35]、深圳 #[11, 17]、翁源 #[35]、五华 #[4]、信宜 #[35, 52]、英德 #[32]、郁南 #[35, 101]、云浮 #[35]、肇庆 #[9, 35]、珠海 #[428, 35]、紫金 #[31]。

戴星草属 *Sphaeranthus* L.

戴星草 *Sphaeranthus africanus* L.

分布：从化 [107]、东莞 [25]、阳江 [35] [罗献瑞 483 (IBSC)]、珠海 [35] [粤 73 2942 (IBSC)]。

蟛蜞菊属 *Sphagneticola* O. Hoffm.

广东蟛蜞菊 *Sphagneticola × guangdongensis* Q. Yuan

分布：佛山 [198]、广州 [198]、肇庆 [198]、珠海 [198]。

蟛蜞菊 *Sphagneticola calendulacea* (L.) Pruski

分布：博罗 #[100]、从化 #[107]、大埔 #[35]、东莞 #[25, 35]、东源 #[59]、丰顺 #[35]、封开 #[14, 35]、佛冈 #[27]、高州 #[35]、惠东 #[12, 35]、惠州 #[35]、江门 #[8, 35]、蕉岭 #[35]、乐昌 #[526]、雷州 #[13]、廉江 #[13]、茂名 #[35, 85]、梅州 #[35]、南雄 #[33, 57]、平远 #[35]、清远 #[35]、饶平 #[35]、仁化 #[16]、乳源 #[26]、深圳 #[11, 17,

35]、始兴 #[28]、台山 #[35]、翁源 #[35, 51]、五华 #[4]、新丰 #[35, 63]、信宜 #[52]、阳春 #[35, 45]、阳江 #[35]、英德 #[32]、肇庆 #[9, 35]、中山 #[10]、紫金 #[31]。

南美蟛蜞菊 ***Sphagneticola trilobata*** (L.) Pruski

分布：博罗 #[5]、潮州 #[15, 404]、从化 #[107, 509]、东莞 #[25, 82]、东源 #[59]、佛山 #[500]、广州 #[21]、惠东 #[12]、惠州 #[82]、江门 #[8, 494]、揭阳 #[15]、乐昌 #[526]、汕头 #[15]、韶关 #[15]、深圳 #[17, 82]、徐闻 #[497]、湛江 #[416]、肇庆 #[472]、中山 #[10, 82]、珠海 #[428]。

斑鸠菊属 *Strobocalyx* (Blume ex DC.) Sch. Bip.

茄叶斑鸠菊 ***Strobocalyx solanifolia*** Sch. Bip.

分布：博罗 [38, 100]、从化 [107]、大埔 [35]、东莞 [25]、丰顺 [95]、封开 [14]、佛冈 [27]、惠东 [12]、江门 [8]、乐昌 [29]、仁化 [16]、深圳 [11, 17, 35]、始兴 [28]、翁源 [35, 51]、五华 [4]、新兴 [35]、信宜 [35, 52]、英德 [32, 35]、云浮 [35]、增城 [116]、肇庆 [9, 35]、中山 [10]、紫金 [31]。

联毛紫菀属 *Symphyotrichum* Nees

钻叶紫菀 ***Symphyotrichum subulatum*** (Michx.) G. L. Nesom

分布：博罗 #[5]、潮州 #[15]、从化 #[509]、东莞 #[25, 82]、丰顺 #[95]、佛冈 #[27]、广州 #[453, 21]、惠东 #[12]、惠州 #[82]、江门 #[8]、揭阳 #[15]、乐昌 #[41, 526]、连平 #[15]、南雄 #[33, 57]、普宁 #[15]、清远 #[453]、仁化 #[15]、韶关 #[15]、深圳 #[453, 82, 17]、翁源 #[51]、新丰 #[63]、阳山 #[26]、湛江 #[416]、中山 #[10, 82]、紫金 #[31]。

金腰箭属 *Synedrella* Gaertn.

金腰箭 ***Synedrella nodiflora*** (L.) Gaertn.

分布：博罗 #[15, 38]、潮州 #[15, 404]、从化 #[107]、东莞 #[25, 82]、佛冈 #[27]、佛山 #[500]、广州 #[15, 21]、惠东 #[12]、惠州 #[82]、江门 #[8]、揭阳 #[15]、乐昌 #[526]、连平 #[15]、茂名 #[85]、梅州 #[15]、普宁 #[15]、仁化 #[16]、汕头 #[15]、深圳 #[15, 11, 82, 17]、五华 #[4]、新丰 #[63]、徐闻 #[15]、阳春 #[15]、英德 #[15, 32]、郁南 #[101]、增城 #[116]、湛江 #[416]、肇庆 #[9, 15, 423]、中山 #[10, 82]、珠海 #[15, 428]、紫金 #[31]。

兔儿伞属 *Syneilesis* Maxim.

兔儿伞 ***Syneilesis aconitifolia*** (Bunge) Maxim.

分布：乐昌 [29, 35, 41]、连山 [35]、连州 [35]、始兴 [28]、阳山 [35]。

合耳菊属 *Synotis* (C. B. Clarke) C. Jeffrey & Y. L. Chen

褐柄合耳菊 ***Synotis fulvipes*** (Y. Ling) C. Jeffrey & Y. L. Chen

分布：怀集 [87, 515]。

锯叶合耳菊 ***Synotis nagensium*** (C. B. Clarke) C. Jeffrey & Y. L. Chen

分布：怀集 [87, 453]、连州 [87]、罗定 [87]。

万寿菊属 *Tagetes* L.

万寿菊 ***Tagetes erecta*** L.

分布：博罗 #[38, 100]、从化 #[107]、乐昌 #[29, 526]、仁化 #[16]、深圳 #[17]、信宜 #[52]、肇庆 #[9]。

芳香万寿菊 ***Tagetes lemmonii*** A. Gray

分布：从化 *[http://ppbc. iplant. cn/tu/10058823]、广州 *[http://ppbc. iplant. cn/tu/12576604]、湛江 *[http://ppbc. iplant. cn/tu/10425614]。

蒲公英属 *Taraxacum* F. H. Wigg.

蒲公英 ***Taraxacum mongolicum*** Hand. -Mazz.

分布：乐昌 [29, 35]、连南 [35]、连山 [35]、连州 [35]、茂名 [85]、仁化 [16]、乳源 [35]。

药用蒲公英 ***Taraxacum officinale*** F. H. Wigg.

分布：珠海 #[428]。

狗舌草属 *Tephroseris* (Rchb.) Rchb.

狗舌草 ***Tephroseris kirilowii*** (Turcz. ex DC.) Holub

分布：乐昌 [29, 35]、仁化 [16, 35]、始兴 [28]、英德 [32]。

歧伞菊属 *Thespis* DC.

歧伞菊 ***Thespis divaricata*** DC.

分布：深圳 [35]、中山 [35]、珠海 [35]。

肿柄菊属 *Tithonia* Desf. ex Juss.

肿柄菊 ***Tithonia diversifolia*** (Hemsl.) A. Gray

分布：博罗 #[5, 100]、潮州 #[15]、大埔 #[15]、东莞 #[15, 82]、佛冈 #[27]、广州 #[15, 21]、揭阳 #[15]、乐昌 #[29, 526]、饶平 #[15]、汕头 #[15]、深圳 #[15, 17, 82]、阳春 #[15]、阳江 #[15]、阳西 #[15]、湛江 #[416]、肇庆 #[9]、中山 #[10, 82]、珠海 #[15, 428]。

羽芒菊属 *Tridax* L.

羽芒菊 ***Tridax procumbens*** L.

分布：潮州 #[15]、东莞 #[25]、广州 #[15, 21, 35]、海丰 #[15, 35]、惠东 #[12]、蕉岭 #[15]、揭阳 #[15]、雷州 #[15, 35]、陆丰 #[15, 35]、南澳 #[15, 35]、普宁 #[15]、汕头 #[15, 35]、汕尾 #[15]、深圳 #[15, 17, 82]、台山 #[15, 35]、吴川 #[15, 35]、徐闻 #[15, 497, 35]、湛江 #[416]、肇庆 #[9, 15, 423, 35]、中山 #[10, 82]、珠海 #[15]。

李花菊属 *Wollastonia* DC. ex Decne.

李花菊 ***Wollastonia biflora*** (L.) DC.

分布：从化 #[107]、东莞 #[25]、深圳 #[17]、徐闻 #[497, 35]、湛江 #[35]。

卤地菊 ***Wollastonia dentata*** (H. Lév. & Vaniot) Orchard

分布：博罗 #[100]、东莞 #[25]、惠东 #[35]、惠州 #[35]、雷州 #[13]、茂名 #[85]、汕头 #[35]、深圳 #[11, 17, 35]、遂溪 #[13, 35]、台山 #[35]、徐闻 #[35]、阳江 #[35]、湛江 #[13, 35]、珠海 #[35]。

苍耳属 *Xanthium* L.

苍耳 ***Xanthium strumarium*** L.

分布：博罗 #[5, 35, 38]、潮州 #[15]、从化 #[107]、大埔 #[15]、东莞 #[25, 82]、东源 #[119]、封开 #[14]、佛冈 #[27]、广州 #[15, 21, 35]、海丰 #[35]、和平 #[35]、河源 #[35]、怀集 #[15, 35]、惠东 #[12]、惠州 #[15, 82, 35]、蕉岭 #[15, 35]、揭西 #[15]、乐昌 #[29, 41, 15, 35]、连南 #[35]、连平 #[15, 35]、连山 #[35]、连州 #[26, 15, 35]、龙川 #[35]、龙门 #[35]、陆丰 #[15, 35]、茂名 #[85]、南雄 #[33, 35, 57]、清远 #[35]、仁化 #[16, 15, 35]、乳源 #[15, 35]、汕头 #[15]、深圳 #[15, 82, 35, 17]、始兴 #[15, 28, 35]、翁源 #[15, 51, 35]、五华 #[15, 35]、新丰 #[35, 63]、新兴 #[15]、信宜 #[52]、徐闻 #[35]、阳春 #[15, 35]、阳江 #[15, 35]、阳山 #[15, 26, 35]、英德 #[32, 15, 35]、郁南 #[101]、云浮 #[15]、增城 #[35]、肇庆 #[9, 15]、中山 #[10, 82]、紫金 #[31]。

麦秆菊属 *Xerochrysum* Tzvelev

麦秆菊 ***Xerochrysum bracteatum*** (Vent.) Tzvelev

分布：东莞 *[http://ppbc. iplant. cn/tu/7668867]、佛山 *[http://ppbc. iplant. cn/tu/13231729]、深圳 *[http://ppbc. iplant. cn/tu/12593375]。

黄鹌菜属 *Youngia* Cass.

异叶黄鹌菜 ***Youngia heterophylla*** (Hemsl.) Babc. & Stebbins

分布：乐昌 [29, 41]、南雄 [33, 57]、清远 [陈又生 202204007 (IBSC)]、仁化 [陈又生，金梓超 SG06 (IBSC)]、五华 [4]、英德 [32]、紫金 [31]。

黄鹌菜 ***Youngia japonica*** (L.) DC.

分布：博罗 [35, 38]、潮州 [35] [曾宪锋 ZXF25118 (CZH)]、从化 [35, 107]、大埔 [35] [曾宪锋 ZXF30843 (CZH)]、东莞 [25, 35]、丰顺 [35, 95]、封开 [14, 35]、佛冈 [27]、佛山 [35] [陈念劬 44416 (IBSC)]、高州 [35] [蒋英 2431 (IBSC)]、广州 [35] [叶育石 5126 (IBSC)]、惠东 [12]、惠来 [35] [曾宪锋 ZXF29720 (CZH)]、江门 [8, 35]、蕉岭 [35] [邓良 4571 (IBK)]、揭西 [35] [许小婷 XXT090 (CZH)]、揭阳 [35] [黄雅凤 HYF071 (CZH)]、乐昌 [29, 35, 41]、连山 [35] [曾飞燕等 390 (PE)]、连州 [26]、龙川 [35] [左景烈 21615 (IBSC)]、龙门 [35] [南昆山调查队 82106 (IBSC)]、茂名 [85]、梅州 [35] [侯宽昭 71210 (IBSC)]、南雄 [33, 35, 57]、平远 [35] [邓良 4310 (IBSC)]、普宁 [35] [曾宪锋 ZXF35637 (CZH)]、清远 [35] [彭会瑶、王颖 PW038 (CZH)]、饶平 [35] [曾宪锋 ZXF4333 (IBSC)]、仁化 [16, 35]、乳源 [26, 35]、韶关 [35] [To & Tsang12007 (NAS)]、深圳 [17, 35]、始兴 [28]、台山 [35] [周联选 11617 (KUN)]、翁源 [35, 51]、五华 [4]、新丰 [63]、新兴 [35] [刘瑛光 2409 (IBSC)]、信宜 [35, 52]、阳春 [35, 45]、阳山 [26, 35]、英德 [32, 35]、郁南 [101]、云浮 [35] [黄志、邓良 570 (IBSC)]、增城 [35, 116]、肇庆 [9, 35]、中山 [10, 35]、紫金 [31, 35]。

卵裂黄鹌菜 ***Youngia japonica* subsp. *elstonii*** (Hochr.) Babc. & Stebbins

分布：东莞 [25]、连平 [35]、连州 [26]、南雄 [33, 57]、仁化 [16]、乳源 [26]、深圳 [17]、翁源 [51]、五华 [4]、阳山 [26]。

百日菊属 *Zinnia* L.

百日菊 ***Zinnia elegans*** Jacq.

分布：博罗 #[38]、江门 #[8]、深圳 #[17]。

鱼尾菊 ***Zinnia violacea*** Cav.

分布：乐昌 #[526]。

369. 南鼠刺科 Escalloniaceae

多香木属 *Polyosma* Blume

多香木 ***Polyosma cambodiana*** Gagnep.

分布：封开 [14]、信宜 [35, 52]、阳春 [35, 45]。

370. 荚蒾科 Viburnaceae

接骨木属 *Sambucus* L.

接骨草 ***Sambucus javanica*** Reinw. ex Blume

分布：博罗 [35, 100]、从化 [107]、大埔 [35] [邓良 5151 (IBSC)]、东莞 [25, 35]、东源 [35] [刘国权 LGQ003 (SN)]、丰顺 [35] [曾宪锋 ZXF00940 (CZH)]、封开 [14]、佛冈 [27]、佛山 [35] [陈念劬 7771 (IBSC)]、高州 [35] [周沛椿 10358 (IBSC)]、广州 [35] [陈少卿 7319 (IBSC)]、和平 [35] [张桂才 595 (IBSC)]、怀集 [35] [石国良 45036 (IBSC)]、惠东 [12, 35]、惠州 [35] [卫兆芬 121621 (KUN)]、蕉岭 [35] [李学根 202387 (IBSC)]、揭西 [35] [曾宪锋 ZXF35587 (CZH)]、乐昌 [29, 35, 41]、连州 [35] [朱志凇 687 (IBSC)]、龙门 [35] [张桂才 1 (IBSC)]、罗定 [35] [张桂才、刘念 2520 (IBSC)]、茂名 [35, 85]、梅州 [35] [曾宪锋 ZXF40401 (CZH)]、南雄 [33, 35, 57]、平远 [35] [曾宪锋 ZXF41874 (CZH)]、清远 [35] [黄志 32502 (IBSC)]、仁化 [16]、乳源 [26, 35]、深圳 *[17, 35]、始兴 [28, 35]、翁源 [35, 51]、五华 [35] [李淑玉 180610 (IBSC)]、信宜 [52]、阳江 [35] [刘什汉、肖嘉 89892 (IBSC)]、阳山 [35] [徐德明 426 (NAS)]、英德 [32, 35]、郁南 [101]、云浮 [35] [黄志 37431 (IBSC)]、增城 [35, 116]、肇庆 [9, 35]、中山 [10, 35]、紫金 [31, 35]。

接骨木 ***Sambucus williamsii*** Hance

分布：乐昌 [29, 35]、乳源 [26, 35]。

荚蒾属 *Viburnum* L.

短序荚蒾 ***Viburnum brachybotryum*** Hemsl.

分布：乐昌 [29]。

金腺荚蒾 ***Viburnum chunii*** P. S. Hsu

分布：封开 [14, 35]、乐昌 [29]、连州 [26, 35]、乳源 [26, 35]、信宜 [35, 52]、阳山 [26, 35]、云浮 [35]、肇庆 [9, 35]。

樟叶荚蒾 ***Viburnum cinnamomifolium*** Rehder

分布：乳源 [陈焕镛 10762 (AU049703)]。

伞房荚蒾 ***Viburnum corymbiflorum*** P. S. Hsu & Shi C. Hsu

分布：惠东 [12]、乐昌 [35]、仁化 [35]。

水红木 *Viburnum cylindricum* Buch. -Ham. ex D. Don

分布：封开 [14]、乐昌 [26, 29, 35, 41]、乳源 [35]、韶关 [35]。

粤赣荚蒾 *Viburnum dalzielii* W. W. Sm.

分布：博罗 [35]、东莞 [25]、广宁 [35]、乐昌 [29, 35, 41]、连山 [35]、连州 [26]、龙门 [35]、南雄 [33, 57]、仁化 [16]、乳源 [26, 35]、新丰 [35]、增城 [116]。

荚蒾 *Viburnum dilatatum* Thunb.

分布：丰顺 [35]、封开 [14]、佛冈 [27]、河源 [35]、乐昌 [29, 26, 41]、连山 [35]、连州 [26, 35]、龙门 [35]、南雄 [33, 57]、乳源 [26, 35]、五华 [35]、信宜 [35, 52]、阳山 [26, 35]、增城 [116]。

宜昌荚蒾 *Viburnum erosum* Thunb.

分布：和平 [35]、乐昌 [26, 29, 35, 41]、连州 [26, 35]、仁化 [16]、始兴 [28]、新丰 [63]、阳山 [26]、英德 [32]、增城 [116]。

南方荚蒾 *Viburnum fordiae* Hance

分布：博罗 [35] [王英强 209 (IBSC)]、潮州 [35] [彭苏颖 2014041 (CZH)]、从化 [35, 107]、大埔 [35] [曾宪锋 ZXF9245 (CZH)]、德庆 [35] [刘瑛光 909 (IBSC)]、东莞 [25, 35]、东源 [35] [分类室 97 (IBSC)]、丰顺 [35, 95]、封开 [14, 35]、佛冈 [27]、佛山 [35] [黄茂先 110645 (PE)]、高州 [35] [周沛椿 10090 (IBSC)]、广州 [35] [曾呈奎 159 (AU)]、和平 [35] [张桂才 53 (IBSC)]、河源 [35] [左景烈 21548 (IBSC)]、怀集 [35] [刘瑛光 3038 (IBSC)]、惠东 [12]、惠州 [35] [曾怀德 25775 (IBSC)]、揭西 [35] [曾宪锋 ZXF31275 (CZH)]、乐昌 [26, 29, 35, 41]、连南 [35] [谭沛祥 59289 (IBSC)]、连平 [35] [粤 73 1447 (IBSC)]、连山 [35] [谭沛祥 58400 (KUN)]、连州 [26, 35]、龙门 [35] [伊再提古丽 m236 (SN)]、罗定 [35] [张桂才、刘念 2094 (IBSC)]、茂名 [35] [湛江区植物调查队 4062 (IBSC)]、梅州 [35] [曾宪锋 ZXF5300 (CZH)]、南雄 [33, 35, 57]、平远 [35] [曾宪锋 ZXF43916 (CZH)]、清远 [35] [黄志 30613 (IBSC)]、饶平 [35] [曾宪锋 ZXF4831 (IBSC)]、仁化 [16, 35]、乳源 [26, 35]、深圳 [11, 17, 35]、始兴 [28, 35]、翁源 [35, 51]、五华 [4]、新丰 [35, 63]、新兴 [35] [刘瑛光 2047 (IBSC)]、信宜 [35, 52]、兴宁 [35] [李学根 201803 (IBSC)]、阳春 [35] [张桂才、刘念 2 (IBSC)]、阳山 [26, 35]、英德 [32, 35]、郁南 [35, 101]、云浮 [35] [辛树帜 5232 (IBSC)]、增城 [35, 116]、肇庆 [9, 35]、中山 [10, 35]、紫金 [31, 35]。

台中荚蒾 *Viburnum formosanum* Hayata

分布：河源 [曾怀德 28634 (IBSC)]、乐昌 [罗献瑞 1118 (IBSC)]、乳源 [黄志 43864 (IBSC)]、阳山 [南岭队 1773 (IBSC)]。

毛枝台中荚蒾 *Viburnum formosanum* var. *pubigerum* (P. S. Hsu) P. S. Hsu

分布：乐昌 [29, 35, 41]、连州 [26, 35]、乳源 [35]、阳山 [35]。

海南荚蒾 *Viburnum hainanense* Merr. & Chun

分布：封开 [14]、高州 [蒋英 2273 (IBSC)]、茂名 [Y. F. Kong 9245 (IBSC)]、肇庆 [谭沛祥 63986 (IBSC)]。

蝶花荚蒾 *Viburnum hanceanum* Maxim.

分布：博罗 [5]、从化 [35] [王佳、范红 2017420 (SN)]、德庆 [35] [刘瑛光 1342 (IBSC)]、东莞 [25]、封开 [14, 35]、佛冈 [27]、广州 [35] [卢珏曼 5491 (IBSC)]、河源 [35] [左景烈 21526 (IBSC)]、乐昌 [29, 35]、连平 [35] [刘瑛光 176 (IBSC)]、连山 [35] [曾飞燕等 423 (PE)]、龙川 [35] [曾宪锋 ZXF32394 (CZH)]、南雄 [33, 35, 57]、仁化 [16, 35]、韶关 [35] [高锡朋 50360 (IBSC)]、深圳 [17]、始兴 [28]、新丰 [35] [叶华谷 951 (IBSC)]、信宜 [52]、英德 [32, 35]、肇庆 [9, 35]、紫金 [31, 35]。

披针叶荚蒾 *Viburnum lancifolium* P. S. Hsu

分布：仁化 [457, 16, 35]。

淡黄荚蒾 *Viburnum lutescens* Blume

分布：博罗 [100]、大埔 [35]、德庆 [35]、封开 [14, 35]、佛冈 [27]、高州 [35]、怀集 [35]、乐昌 [29, 35, 41]、龙门 [35]、茂名 [35]、仁化 [16]、翁源 [51]、新兴 [35]、信宜 [52]、阳山 [26]、英德 [32, 35]、肇庆 [9]。

吕宋荚蒾 *Viburnum luzonicum* Rolfe

分布：从化 [35] [中德采集队 923 (IBSC)]、丰顺 [95]、封开 [14, 35]、和平 [35] [谭策铭、莫道、梁跃龙 99482 (JJF)]、乐昌 [29, 35]、连平 [35] [粤 73 1639 (IBSC)]、清远 [35] [F. A. McClure 1523 (PE)]、乳源 [26]、韶关 [35] [梁向日、黄荣焜 31611 (IBSC)]、翁源 [35, 51]、英德 [35] [许纬东 8579 (IBSC)]、肇庆 [9, 35]。

珊瑚树 *Viburnum odoratissimum* Ker Gawl.

分布：博罗 [35, 100]、潮州 [35] [叶华谷 12982 (IBSC)]、从化 [35, 107]、大埔 [35] [张桂才 507 (IBSC)]、德庆 [35] [刘瑛光 1044 (IBSC)]、东莞 [25, 35]、东源 [59]、恩平 [35] [黄茂先 110303 (HZ)]、丰顺 [35, 95]、封开 [14, 35]、佛冈 [27]、佛山 [35] [谭沛祥 64052 (IBSC)]、高州 [35] [周沛椿 80272 (IBSC)]、广宁 [35] [梁向日 61870 (IBSC)]、广州 [35] [玉洪沛 400 (IBSC)]、和平 [35] [张桂才 120 (IBSC)]、河源 [35] [卫兆芬 120584 (IBK)]、鹤山 [35] [黄茂先 110768 (KUN)]、惠东 [12, 35]、惠州 [35] [徐德明 100 (IBSC)]、江门 [35] [左景烈 2015 (IBSC)]、揭西 [35] [曾宪锋 ZXF20452 (CZH)]、乐昌 [29, 35, 41]、连南 [35] [黄立 60852 (IBSC)]、廉江 [35] [华南综考队 239 (IBSC)]、龙门 [35] [张桂才、王学文 8065 (IBSC)]、罗定 [35] [林茎 9505 (IBSC)]、茂名 [35, 85]、梅州 [35] [曾宪锋 ZXF29620 (CZH)]、南澳 [35] [侯学良 91978 (AU)]、平远 [35] [李学根 202150 (IBSC)]、清远 [35] [黄志 32505

(IBSC)]、饶平 [35] [李学根 200700 (IBSC)]、仁化 [16]、乳源 [26, 35]、韶关 [35] [高锡朋 50778 (IBSC)]、深圳 [11, 17, 35]、始兴 [35] [邓良 6932 (IBSC)]、台山 [35] [周联选 11488 (KUN)]、翁源 [35, 51]、五华 [4]、新丰 [63]、新兴 [35] [刘瑛光 2217 (IBSC)]、信宜 [35, 52]、徐闻 [35] [朱志淞 1034 (IBSC)]、阳春 [35, 45]、阳江 [35] [农林厅 60315 (IBSC)]、阳山 [26, 35]、英德 [32, 35]、郁南 [35, 101]、云浮 [35] [黄志、邓良 53 (IBSC)]、增城 [35, 116]、湛江 [35] [李泽贤、邢福武 2156 (IBSC)]、肇庆 [9, 35]、中山 [10, 35]、珠海 [35] [陈邦余 1012 (IBSC)]、紫金 [31, 35]。

球核荚蒾 *Viburnum propinquum* Hemsl.

分布：乐昌 [29]、连山 [35]、连州 [35]、乳源 [26, 35]。

大果鳞斑荚蒾 ***Viburnum punctatum* var. *lepidotulum*** (Merr. & Chun) P. S. Hsu

分布：德庆 [35]、怀集 [35]、连山 [35]、龙门 [35]、五华 [http://ppbc. iplant. cn/tu/9122830]、信宜 [35, 52]、云浮 [35]、增城 [116]、肇庆 [9, 35]、紫金 [31]。

常绿荚蒾 ***Viburnum sempervirens*** K. Koch

分布：博罗 [35, 100]、从化 [107]、大埔 [35]、东莞 [25]、东源 [59]、丰顺 [95]、封开 [14, 35]、佛冈 [27]、广州 [35]、惠东 [12]、惠州 [35]、江门 [8]、乐昌 [29]、连州 [26, 35]、龙门 [35]、陆丰 [35]、南雄 [33, 57]、仁化 [16]、乳源 [26, 35]、深圳 [17]、始兴 [28]、五华 [4]、新丰 [63]、信宜 [52]、阳春 [45]、阳山 [26]、英德 [32]、郁南 [101]、增城 [116]、肇庆 [9, 35]、中山 [10]、紫金 [31, 35]。

具毛常绿荚蒾 ***Viburnum sempervirens* var. *trichophorum*** Hand. -Mazz.

分布：广州 [35] [陈月清 JS418 (SN)]、乐昌 [29, 35]、连南 [35] [谭沛祥 28983 (KUN)]、龙门 [35] [E. D. Merrill 20436 (KUN)]、仁化 [16]、乳源 [26]、韶关 [35] [黄志 31554 (IBK)]、翁源 [35] [刘心源 25088 (PE)]、阳山 [26]、增城 [116]、珠海 [35] [高蕴章等 176 (HGAS)]。

茶荚蒾 ***Viburnum setigerum*** Hance

分布：乐昌 [26, 29, 35, 41]、连州 [26]、仁化 [16]、乳源 [26, 35]、新丰 [63]、阳山 [26]、英德 [32, 35]、增城 [116]。

合轴荚蒾 ***Viburnum sympodiale*** Graebn.

分布：英德 [32]。

蝴蝶戏珠花 ***Viburnum thunbergianum*** Z. H. Chen & P. L. Chiu

分布：乐昌 [35, 41]、连南 [35]、南雄 [33, 35, 57]、仁化 [16, 35]、乳源 [35]、阳山 [26]。

壶花荚蒾 ***Viburnum urceolatum*** Siebold & Zucc.

分布：乳源 [35]。

371. 忍冬科 Caprifoliaceae

糯米条属 *Abelia* R. Br.

糯米条 ***Abelia chinensis*** R. Br.

分布：东莞 [25]、和平 [35]、乐昌 [29, 35]、连平 [35]、连州 [26, 35]、南雄 [33, 35, 57]、平远 [35]、仁化 [16, 35]、乳源 [35]、深圳 *[17]。

川续断属 *Dipsacus* L.

川续断 ***Dipsacus asper*** Wall.

分布：乐昌 [35, 41]、连州 [26, 35, 3]、乳源 [26, 35]、阳山 [26, 35]、英德 [32]。

忍冬属 *Lonicera* L.

淡红忍冬 ***Lonicera acuminata*** Wall.

分布：东莞 [25]、封开 [14]、乐昌 [26, 29, 35, 41]、连州 [35]、乳源 [26, 35]、阳山 [26]、紫金 [31]。

海南忍冬 ***Lonicera calvescens*** (Chun & F. C. How) P. S. Hsu & H. J. Wang

分布：封开 [14, 35]、佛冈 [27]。

华南忍冬 ***Lonicera confusa*** (Sweet) DC.

分布：博罗 [35, 38, 100]、从化 [35, 107]、东莞 [25, 35]、东源 [59]、丰顺 [35] [刘建军 92 (SN)]、封开 [14]、佛冈 [27]、高州 [35] [蒋英 2135 (IBSC)]、广州 [35] [植物园 72285 (IBSC)]、河源 [35] [77 级科研组新 0206418 (SN)]、惠州 [35] [陈炳辉 442 (IBSC)]、江门 [8, 35]、乐昌 [41]、罗定 [35] [张桂才、刘念 2111 (IBSC)]、茂名 [35, 85]、南雄 [33, 35, 57]、仁化 [16]、乳源 [35] [野生经济植物调查队 20 (SN)]、深圳 [11, 17, 35]、始兴 [28]、台山 [35] [左景烈 22426 (IBSC)]、翁源 [51]、五华 [4]、新丰 [63]、新兴 [35] [刘瑛光 2473 (PE)]、信宜 [35, 52]、兴宁 [35] [丘琼华、张伟城、钟子文 27 (SN)]、徐闻 [35] [赵华策 272 (IBSC)]、阳春 [35, 45]、阳江 [35] [罗献瑞 473 (IBSC)]、阳山 [26]、英德 [32]、郁南 [35, 101]、云浮 [35] [辛树帜 5295 (IBSC)]、肇庆 [9, 35]、中山 [10, 35]、紫金 [31, 35]。

锈毛忍冬 ***Lonicera ferruginea*** Rehder

分布：从化 [35, 107]、东莞 [25]、新丰 [35]。

菰腺忍冬 ***Lonicera hypoglauca*** Miq.

分布：从化 [35] [邓良 8864 (IBSC)]、东源 [59]、封开 [14, 35]、佛冈 [27]、广宁 [35] [梁向日 61862 (IBSC)]、和平 [35] [张桂才 693 (IBSC)]、河源 [35] [华南师范学院 206 (IBSC)]、怀集 [35] [陈国强 4002 (IBSC)]、惠东 [12]、江门 [8]、乐昌 [29, 35, 41]、连南 [35] [谭沛祥 59374 (IBSC)]、连平 [35] [粤 73 1560 (IBSC)]、连州 [26, 35]、龙川 [35] [左景烈 21573 (IBSC)]、清远 [35] [黄志 30804 (IBSC)]、仁化 [16, 35]、乳源 [26, 35]、始兴 [28, 35]、翁源 [35, 51]、五华 [4]、新丰 [63]、信宜 [52]、阳山 [26, 35]、英德 [32, 35]、肇庆 [9, 35]、紫金 [31, 35]。

忍冬 ***Lonicera japonica*** Thunb.

分布：博罗 [5, 38]、东莞 [25]、丰顺 [95]、佛冈 [27]、惠东 [12]、江门 [8]、乐昌 [29, 41]、连山 [35]、南雄 [33, 57]、平远 [35]、仁化 [16]、乳源 [26, 35]、韶关 [35]、始兴 [28]、翁源 [51]、新丰 [63]、信宜 [52]、阳山 [26, 35]、英德 [32]、增城 [116]。

女贞叶忍冬 ***Lonicera ligustrina*** Wall.

分布：乳源 [黄志 44177 (PE)]。

蕊帽忍冬 ***Lonicera ligustrina* var. *pileata*** (Oliv.) Franch.

分布：乐昌 [29]、乳源 [35]。

长花忍冬 ***Lonicera longiflora*** (Lindl.) DC.

分布：东莞 [25]、惠州 [35]、江门 [8]、连州 [26]、龙门 [35]、深圳 [17, 35]、新丰 [63]、信宜 [35, 52]、阳春 [陈又生等 YC20230105 (IBSC)]、中山 [10]、紫金 [31]。

大花忍冬 ***Lonicera macrantha*** (D. Don) Spreng.

分布：博罗 [5]、东莞 [25]、东源 [59]、丰顺 [95]、封开 [14]、佛冈 [27]、惠东 [12]、江门 [8]、乐昌 [29, 35, 41]、连州 [35]、仁化 [16]、乳源 [26, 35]、深圳 [17]、始兴 [28]、翁源 [35, 51]、五华 [4]、新丰 [63]、信宜 [35, 52]、阳山 [26, 35]、英德 [32]、郁南 [101]、增城 [116]、紫金 [31]。

无毛忍冬 ***Lonicera omissa*** P. L. Chiu, Z. H. Chen & Y. L. Xu

分布：乳源 [456]。

皱叶忍冬 ***Lonicera reticulata*** Champ. ex Benth.

分布：博罗 [100]、从化 [107]、东莞 [25]、东源 [59]、丰顺 [95]、封开 [14]、佛冈 [27]、和平 [35]、惠东 [12, 35]、江门 [8]、乐昌 [29, 41]、连南 [35]、连州 [26]、南雄 [33, 35, 57]、乳源 [26]、深圳 [17]、始兴 [28]、五华 [4]、信宜 [52]、阳山 [26]、英德 [32]、增城 [116]、肇庆 [35]、紫金 [31]。

细毡毛忍冬 ***Lonicera similis*** Hemsl.

分布：潮州 [395]、乳源 [26]。

败酱属 *Patrinia* Juss.

少蕊败酱 ***Patrinia monandra*** C. B. Clarke

分布：乳源 [35]、英德 [35]、紫金 [31]。

败酱 ***Patrinia scabiosifolia*** Fisch. ex Trevir.

分布：封开 [35] [中山大学黑石顶调查队 04-1-8146A (SYS)]、佛冈 [27]、广州 [35] [陈少卿 8000 (IBSC)]、怀集 [35] [曾怀德 22829 (IBSC)]、乐昌 [29, 35, 41]、连南 [35] [谭沛祥 89304 (NAS)]、连平 [35] [粤 73 1411 (IBSC)]、连州 [35] [李用华 75 (IBSC)]、龙川 [35] [曾宪锋 ZXF22315 (CZH)]、仁化 [16, 35]、乳源 [26, 35]、始兴 [28]、翁源 [35, 51]、五华 [4]、阳山 [35] [南岭队 1632 (IBSC)]、英德 [32, 35]、紫金 [31, 35]。

攀倒甑 ***Patrinia villosa*** (Thunb.) Juss.

分布：博罗 [5]、从化 [35, 107]、东莞 [25]、丰顺 [95]、封开 [14, 35]、佛冈 [27]、广宁 [35] [石国良 14405 (IBSC)]、广州 [35] [叶华谷 232 (IBSC)]、和平 [35] [刘全儒 201007221 (BNU)]、河源 [35] [华南师范学院 1016 (IBSC)]、怀集 [35] [石国良 14549 (IBSC)]、乐昌 [26, 29, 35, 41]、连南 [35] [谭沛祥 59243 (KUN)]、连平 [35] [粤 73 1431 (IBSC)]、连州 [26, 35]、南雄 [33, 35, 57]、清远 [35] [林正眉、张丹荔 20180034 (SN)]、仁化 [16, 35]、乳源 [26, 35]、始兴 [28, 35]、翁源 [35, 51]、五华 [4]、新丰 [35, 63]、信宜 [52]、阳山 [26, 35]、英德 [32, 35]、增城 [116]、肇庆 [9, 35]、中山 [10]、紫金 [31, 35]。

锦带花属 *Weigela* Thunb.

半边月 ***Weigela japonica*** Thunb.

分布：连州 [35]。

372. 海桐科 Pittosporaceae

海桐属 *Pittosporum* Banks ex Gaertn.

聚花海桐 ***Pittosporum balansae*** DC.

分布：惠东 [12]、江门 [8]、紫金 [31]。

窄叶聚花海桐 ***Pittosporum balansae* var. *angustifolium*** Gagnep.

分布：信宜 [52]。

短萼海桐 ***Pittosporum brevicalyx*** (Oliv.) Gagnep.

分布：乐昌 [29, 35]、连州 [35]、仁化 [16]、乳源 [26]、阳山 [26]。

褐毛海桐 ***Pittosporum fulvipilosum*** Hung T. Chang & S. Z. Yan

分布：连南 [35] [邹香林 60748 (IBSC)]、南雄 [57]、仁化 [16, 35]、乳源 [26, 35]、阳山 [26]、英德 [32, 35]。

光叶海桐 ***Pittosporum glabratum*** Lindl.

分布：博罗 [100]、从化 [35, 107]、德庆 [35] [邓良 10107 (IBSC)]、东莞 [25]、丰顺 [95]、封开 [14, 35]、佛冈 [27]、和平 [35] [卫兆芬 120381 (NAS)]、怀集 [35] [刘瑛光 2565 (IBSC)]、惠东 [12]、江门 [8]、乐昌 [35] [黄志、梁向日 31613 (PE)]、连南 [35] [钟德尧 20473 (IBSC)]、连州 [26, 35]、廉江 [420]、南雄 [33, 35, 57]、清远 [35] [黄成 161628 (IBSC)]、乳源 [26, 35]、韶关 [35] [梁向日、黄荣焜 31613 (IBSC)]、深圳 [17]、始兴 [28, 35]、翁源 [35, 51]、五华 [4]、新丰 [35, 63]、信宜 [52]、阳春 [45]、阳山 [26]、英德 [32, 35]、郁南 [101]、增城 [35, 116]、肇庆 [9, 35]、中山 [10]、紫金 [31, 35]。

狭叶海桐 ***Pittosporum glabratum* var. *neriifolium*** Rehder & E. H. Wilson

分布：乐昌 [29, 41]、连州 [26]、乳源 [26]、始兴 [28]、新丰 [63]、信宜 [52]、英德 [32]、增城 [116]、肇庆 [9]、紫金 [31]。

海金子 ***Pittosporum illicioides*** Makino

分布：和平 [35] [陈炳辉 1073 (IBSC)]、江门 [8]、乐昌 [29, 35, 41]、连平 [35] [刘瑛光 162 (IBSC)]、连州 [26, 35]、始兴 [28, 35]、阳山 [26, 35]、英德 [32]、肇庆 [9]。

薄萼海桐 ***Pittosporum leptosepalum*** Gowda

分布：江门 [8]、乐昌 [41]、仁化 [35] [陈焕镛 5566 (IBSC)]、乳源 [35] [吴磊、童毅 3217 (BNU)]、阳山 [26]。

少花海桐 ***Pittosporum pauciflorum*** Hook. & Arn.

分布：博罗 [100]、东莞 [25]、佛冈 [27]、广宁 [35] [陈炳辉等 1616 (IBSC)]、广州 [35] [陈焕镛 6997 (IBSC)]、江门 [8]、连南 [35] [周侨仟 83461 (IBSC)]、连州 [26, 35]、清远 [35] [黄志 30697 (IBSC)]、乳源 [26, 35]、五华 [4]、阳春 [45]、阳山 [26, 35]、英德 [35] [邓良 808 (IBSC)]、郁南 [101]、肇庆 [35] [吴磊、童毅 3117 (BNU)]、紫金 [31, 35]。

长果海桐 ***Pittosporum pauciflorum* var. *oblongum*** Hung T. Chang & S. Z. Yan

分布：连南 [3]。

台琼海桐 ***Pittosporum pentandrum* var. *formosanum*** (Hayata) Zhi Y. Zhang & Turland

分布：雷州 [420, 13]、廉江 [13]。

缝线海桐 ***Pittosporum perryanum*** Gowda

分布：信宜 [35, 52]、阳山 [26]。

柄果海桐 ***Pittosporum podocarpum*** Gagnep.

分布：五华 [李雪根 201719 (HZ015172)]。

线叶柄果海桐 ***Pittosporum podocarpum* var. *angustatum*** Gowda

分布：乳源 [李耀 2086 (KUN)]、信宜 [http://ppbc. iplant. cn/tu/9079722]。

海桐 ***Pittosporum tobira*** (Thunb.) W. T. Aiton

分布：博罗 *[5, 38]、从化 *[107]、佛山 *[35] [黄奕孜、许先宏 HYZ003 (CZH)]、广州 *[35] [刘卓斌 97 (IBSC)]、江门 *[8]、乐昌 *[29, 35]、乳源 *[26, 35]、深圳 *[17]、翁源 *[35]、信宜 *[52]。

373. 五加科 Araliaceae

楤木属 *Aralia* L.

野楤头 ***Aralia armata*** (Wall.) Seem.

分布: 博罗 [35] [粤 9561 (IBSC)]、丰顺 [95]、和平 [35] [和平队 680 (IBSC)]、乳源 [35] [王发国、陈林等 2287 (IBSC)]、深圳 [11, 35]、新丰 [63]、阳春 [35] [张桂才、刘念 885 (IBSC)]、阳山 [35] [王发国、陈林等 2816 (IBSC)]、英德 [32]、郁南 [101]、增城 [116]、紫金 [31, 35]。

黄毛楤木 ***Aralia chinensis*** L.

分布：博罗 [5, 38]、从化 [107]、东莞 [25]、佛冈 [27]、惠东 [12]、江门 [8]、连州 [26]、茂名 [85]、南雄 [33, 57]、仁化 [16]、深圳 [17]、始兴 [28]、翁源 [51]、五华 [4]、新丰 [35, 63]。

头序楤木 ***Aralia dasyphylla*** Miq.

分布：从化 [107]、封开 [14, 35]、和平 [35] [和平队 604 (IBSC)]、乐昌 [29, 35, 41]、连州 [26, 35]、仁化 [35] [邓良 7420 (IBSC)]、乳源 [35] [辛树帜 11517 (IBSC)]、韶关 [35] [Wang & Ling7392 (PE)]、始兴 [28, 35]、翁源 [35] [刘心祈 24669 (IBSC)]、新丰 [35] [邓良 7791 (IBSC)]、阳山 [35] [南植地 205 (IBSC)]、英德 [32, 35]、郁南 [101]、肇庆 [35] [刘瑛光 1948 (IBSC)]。

秀丽楤木 ***Aralia debilis*** J. Wen

分布：清远 [35]、乳源 [35]、翁源 [51]、紫金 [31]。

台湾毛楤木 ***Aralia decaisneana*** Hance

分布：博罗 [35, 100]、潮州 [35] [2013 级实习队 2014132 (CZH)]、从化 [107]、德庆 [35] [刘瑛光 1427 (IBSC)]、东源 [119]、丰顺 [35, 95]、封开 [14]、佛冈 [27]、广州 [35] [叶育石 5133 (IBSC)]、和平 [35] [谭策铭等 6690 (JJF)]、河源 [35] [77 级科研组新 0511 (SN)]、鹤山 [35] [胡佐熙 30140 (IBSC)]、怀集 [35] [刘瑛光 2669 (IBSC)]、惠东 [12, 35]、揭西 [35] [2015 级实习队 2016122 (CZH)]、乐昌 [29, 35]、连州 [35] [谭沛祥 59972 (IBSC)]、罗定 [35] [刘念、叶华谷 2145 (IBSC)]、茂名 [85]、梅州 [35] [李淑玉 180933 (IBSC)]、饶平 [35] [曾宪锋 ZXF2346 (IBSC)]、仁化 [16, 35]、深圳 [11, 35]、始兴 [28]、翁源 [35] [刘心祈 756 (IBSC)]、新丰 [63]、新兴 [35] [刘瑛光 2252 (IBSC)]、信宜 [52]、阳春 [35, 45]、英德 [32, 35]、郁南 [35] [刘念、叶华谷 2736 (IBSC)]、增城 [116]、肇庆 [35] [中德采集队 808 (IBSC)]、中山 [10, 35]、珠海 [35] [粤 73 3177 (IBSC)]、紫金 [31, 35]。

棘茎楤木 ***Aralia echinocaulis*** Hand. -Mazz.

分布：佛冈 [27]、和平 [35] [卫兆芬 120260 (IBSC)]、乐昌 [29, 41, 35, 3]、连山 [3, 35]、连州 [26]、南雄 [33, 35, 57]、始兴 [28, 35]、新丰 [63]、英德 [32, 3]、郁南 [101]。

楤木 ***Aralia elata*** (Miq.) Seem.

分布：英德 [32]。

虎刺楤木 ***Aralia finlaysoniana*** (Wall. ex DC.) Seem.

分布：东莞 [25]、翁源 [51]、五华 [4]、阳山 [26]。

长刺楤木 ***Aralia spinifolia*** Merr.

分布：从化 [35] [中德采集队 1190 (IBSC)]、德庆 [35] [刘瑛光 1399 (IBSC)]、封开 [14, 35]、广州 [35] [赖泰中 30 (IBSC)]、和平 [35] [谭策铭、曹仕优 99531 (JJF)]、怀集 [35] [程用谦 170774 (IBSC)]、江门 [8]、乐昌 [29, 35, 41]、连南 [35] [钟德尧 20469 (IBSC)]、连平 [35] [粤 73 1902 (IBSC)]、连州 [26, 35]、仁化 [16, 35]、乳源 [35] [黄志 42703 (IBSC)]、深圳 [17]、始兴 [28, 35]、翁源 [35, 51]、五华 [4]、信宜 [52]、阳山 [35] [南岭队 1664 (IBSC)]、英德 [32, 35]、郁南 [101]、肇庆 [35] [左景烈 21328 (IBSC)]、紫金 [31, 35]。

波缘楤木 ***Aralia undulata*** Hand. -Mazz.

分布: 乐昌 [35] [罗献瑞 1062 (IBSC)]、连州 [26]、乳源 [26, 35]、阳山 [35] [邓良 1361 (IBSC)]。

罗伞属 *Brassaiopsis* Decne. & Planch.

锈毛掌叶树 ***Brassaiopsis ferruginea*** (H. L. Li) G. Hoo

分布：连山 [35] [谭沛祥 58617 (PE)]、连州 [35] [伍世忠 3687 (IBSC)]、乳源 [26]、阳山 [35] [谭沛祥 60280 (IBSC)]、英德 [32, 35]。

罗伞 ***Brassaiopsis glomerulata*** (Blume) Regel

分布：紫金 [31]。

茂名掌叶树 ***Brassaiopsis moumingensis*** (Y. R. Ling) C. B. Shang

分布：茂名 [3, 35]。

三叶罗伞 ***Brassaiopsis tripteris*** (H. Lév.) Rehder

分布：信宜 [35, 52]。

树参属 *Dendropanax* Decne. & Planch.

双室树参 ***Dendropanax bilocularis*** C. N. Ho

分布：信宜 [35, 52]、云浮 [35]。

挤果树参 ***Dendropanax confertus*** H. L. Li

分布：连州 [35] [伍世忠 3730 (IBSC)]、韶关 [35] [黄志、梁向日 31684 (IBK)]、新丰 [63]、英德 [32, 35]。

树参 ***Dendropanax dentiger*** (Harms) Merr.

分布：博罗 [35, 38, 100]、潮州 [35] [曾宪锋 ZXF29639 (CZH)]、从化 [35, 107]、大埔 [35] [曾宪锋 ZXF32986 (CZH)]、德庆 [35] [刘瑛光 995 (IBSC)]、丰顺 [35] [曾宪锋 ZXF8234 (CZH)]、封开 [14, 35]、佛冈 [27]、惠东 [12]、江门 [8, 35]、揭西 [35] [曾宪锋 ZXF35581 (CZH)]、乐昌 [29, 35, 41]、连南 [35] [邹香林 60977 (IBSC)]、连平 [35] [粤 73 1641 (IBSC)]、连山 [35] [谭沛祥 58770 (PE)]、连州 [26, 35]、茂名 [35] [Q. Fan4419 (SYS)]、梅州 [35] [曾宪锋 ZXF42154 (CZH)]、南雄 [33, 35]、平远 [35] [南植地 7697 (IBSC)]、清远 [35] [林正眉、张丹荔 20180014 (SN)]、仁化 [16, 35]、乳源 [26, 35]、韶关 [35] [黄荣焜 31684 (IBSC)]、深圳 [17, 35]、始兴 [28]、翁源 [35, 51]、五华 [4, 35]、新丰 [35, 63]、信宜 [35, 52]、兴宁 [35] [南植地 7665 (IBSC)]、阳春 [35, 45]、阳山 [26, 35]、英德 [32, 35]、增城 [116]、肇庆 [35] [叶华谷等 18397 (IBSC)]、紫金 [31, 35]。

海南树参 ***Dendropanax hainanensis*** (Merr. & Chun) Chun

分布：封开 [14]、乐昌 [29, 35]、英德 [32, 35]。

广西树参 ***Dendropanax kwangsiensis*** H. L. Li

分布：乐昌 [41]、信宜 [35, 52]、阳春 [35, 37]。

长萼树参 ***Dendropanax productus*** H. L. Li

分布：惠州 [35] [曾怀德 25571 (IBSC)]、连南 [3, 35]、始兴 [3]、新丰 [3]。

变叶树参 ***Dendropanax proteus*** (Champ.) Benth.

分布：博罗 [35, 100]、潮州 [35] [曾宪锋 ZXF3156 (IBSC)]、从化 [35, 107]、大埔 [35] [邓良 5470 (IBSC)]、德庆 [35] [刘瑛光 993 (IBSC)]、东莞 [25, 35]、东源 [59]、恩平 [35] [陈炳辉 1884 (IBSC)]、丰顺 [35, 95]、封开 [14, 35]、佛冈 [27]、和平 [35] [张冰明 152871 (IBSC)]、河源 [35] [华南师范学院 1017 (IBSC)]、怀集 [35] [刘瑛光 2873 (IBSC)]、惠东 [12, 35]、江门 [8, 35]、乐昌 [29, 35, 41]、连南 [35] [钟德尧 20449 (IBSC)]、连州 [26, 35]、龙门 [35] [张挺、刘成、丘文亮 17CS15576 (KUN)]、罗定 [35] [刘念、叶华谷 2277 (IBSC)]、梅州 [35] [曾宪锋 ZXF41808 (CZH)]、南雄 [33, 35, 57]、平远 [35] [曾宪锋 ZXF41993 (CZH)]、仁化 [16]、乳源 [26, 35]、深圳 [17, 35]、始兴 [28, 35]、翁源 [35, 51]、五华 [4]、新丰 [35, 63]、信宜 [35, 52]、阳春 [35, 45]、阳山 [26, 35]、英德 [32, 35]、郁南 [35, 101]、增城 [116]、肇庆 [35] [叶华谷等 18229 (IBSC)]、中山 [10, 35]、珠海 [35] [陈邦余、李泽贤 412 (IBSC)]、紫金 [31, 35]。

五加属 *Eleutherococcus* Maxim.

藤五加 ***Eleutherococcus leucorrhizus*** Oliv.

分布：乳源 [35]。

糙叶藤五加 ***Eleutherococcus leucorrhizus*** **var.** ***fulvescens*** (Harms & Rehder) Nakai

分布：县级不详 [3]。

狭叶藤五加 ***Eleutherococcus leucorrhizus*** **var.** ***scaberulus*** (Harms & Rehder) Nakai

分布：县级不详 [3]。

细柱五加 ***Eleutherococcus nodiflorus*** (Dunn) S. Y. Hu

分布：丰顺 [35] [曾宪锋 ZXF6956 (CZH)]、佛冈 [27]、揭西 [35] [曾宪锋 ZXF35538 (CZH)]、乐昌 [29, 35]、连州 [26, 35]、南雄 [33, 35, 57]、乳源 [26, 35]、始兴 [28]、信宜 [35, 52]、兴宁 [35] [李淑玉 180577 (IBSC)]、阳山 [26, 35]、英德 [32, 35]、增城 [35, 116]、紫金 [31, 35]。

刚毛白簕 ***Eleutherococcus setosus*** (H. L. Li) Y. R. Ling

分布：博罗 [37]、佛冈 [27]、怀集 [35] [刘瑛光 2958 (IBSC)]、翁源 [35, 51]、新丰 [35, 63]、阳山 [26]、英德 [32]、增城 [116]、紫金 [31, 35]。

白簕 ***Eleutherococcus trifoliatus*** (L.) S. Y. Hu

分布：博罗 [38, 100]、从化 [107]、东莞 [25]、佛冈 [27]、惠东 [12]、江门 [8]、乐昌 [29, 41]、茂名 [85]、南雄 [33, 57]、仁化 [16]、深圳 [11, 17]、始兴 [28]、翁源 [51]、五华 [4]、新丰 [63]、信宜 [52]、阳春 [45]、阳山 [26]、英德 [32]、郁南 [101]、增城 [116]、中山 [10]、紫金 [31]。

萸叶五加属 *Gamblea* C. B. Clarke

吴茱萸五加 ***Gamblea ciliata*** **var.** ***evodiifolia*** (Franch.) C. B. Shang, Lowry & Frodin

分布：乐昌 [41]。

常春藤属 *Hedera* L.

洋常春藤 ***Hedera helix*** L.

分布：广州 *[http://ppbc. iplant. cn/tu/9441566]、深圳 * [17]。

尼泊尔常春藤 ***Hedera nepalensis*** K. Koch

分布：南雄 [57]。

常春藤 ***Hedera nepalensis*** **var.** ***sinensis*** (Tobler) Rehder

分布：博罗 [5, 100]、潮州 [35]、从化 [35, 107]、东莞 [25, 35]、东源 [59]、丰顺 [35, 95]、佛冈 [27]、怀集 [35]、乐昌 [29, 35, 41]、连南 [35]、连平 [35]、连州 [26, 35]、龙门 [35]、南雄 [33, 35]、平远 [35]、饶平 [35]、仁化 [16, 35]、乳源 [26, 35]、韶关 [35]、始兴 [28]、翁源 [35, 51]、五华 [4]、新丰 [35, 63]、信宜 [35, 52]、阳山 [26, 35]、英德 [32]、郁南 [101]、增城 [116]、中山 [10, 35]、紫金 [31, 35]。

鹅掌柴属 *Heptapleurum* Gaertn.

鹅掌藤 *Heptapleurum arboricola* Hayata

分布：从化 [107]、丰顺 [95]、惠州 [35]、深圳 [17]、信宜 [52]。

穗序鹅掌柴 *Heptapleurum delavayi* Franch.

分布：佛冈 [27]、乐昌 [29, 35, 41]、连南 [35] [谭沛祥 59145 (IBSC)]、连平 [35] [粤 73 1841 (IBSC)]、连州 [26, 35]、南雄 [33, 35, 57]、仁化 [35] [邓良 7316 (IBSC)]、乳源 [35] [刘心祈 29193 (IBSC)]、始兴 [28, 35]、翁源 [35, 51]、五华 [4]、新丰 [35] [邓良 7918 (IBSC)]、信宜 [52]、阳山 [26, 35]、英德 [32]、紫金 [31, 35]。

鹅掌柴 *Heptapleurum heptaphyllum* (L.) Y. F. Deng

分布：博罗 [35, 38, 100]、潮州 [35] [曾宪锋 ZXF3742 (IBSC)]、从化 [35, 107]、大埔 [35] [大埔林洪滨 242 (SN)]、东莞 [25, 35]、东源 [59]、丰顺 [35] [曾宪锋 ZXF44302 (CZH)]、封开 [14, 35]、佛冈 [27]、广州 [35] [中草药组 112 (IBSC)]、海丰 [35] [周业祝 ZYZ022 (CZH)]、和平 [35] [张桂才 820 (IBSC)]、河源 [35] [77 级科研组 351 (IBSC)]、惠东 [12]、惠州 [35] [曾怀德 20057 (IBSC)]、江门 [8, 35]、蕉岭 [35] [徐祥浩、林辉奉 282 (IBSC)]、揭阳 [35] [黄雅凤 HYF033 (CZH)]、乐昌 [29, 35, 41]、连州 [35] [陈国强 3916 (IBSC)]、陆河 [35] [曾宪锋 ZXF42858 (CZH)]、罗定 [35] [刘念等 2234 (IBSC)]、茂名 [35, 85]、梅州 [35] [曾宪锋 ZXF43683 (CZH)]、清远 [35] [黄成 161462 (IBSC)]、饶平 [35] [曾宪锋 ZXF22669 (CZH)]、仁化 [16]、韶关 [35] [梁向日、黄荣焜 31557 (IBSC)]、深圳 [11, 17, 35]、始兴 [28]、台山 [35] [周联选 11651 (KUN)]、翁源 [35, 51]、五华 [4, 35]、新丰 [63]、新兴 [35] [刘瑛光 2040 (IBSC)]、信宜 [35, 52]、徐闻 [35] [南路 21 (IBSC)]、阳春 [35, 45]、阳江 [35] [湛江区植物调查队 3449 (IBSC)]、阳山 [26, 35]、英德 [32, 35]、郁南 [35, 101]、云浮 [35] [黄志 37693 (IBSC)]、增城 [35, 116]、肇庆 [35] [中德采集队 743 (IBSC)]、中山 [10, 35]、珠海 [35] [粤 73 6676 (IBSC)]、紫金 [31, 35]。

粉背鹅掌柴 *Heptapleurum insigne* (C. N. Ho) Lowry & G. M. Plunkett

分布：新丰 [35]、信宜 [52]、阳春 [3, 35, 37]、英德 [32]。

星毛鸭脚木 *Heptapleurum minutistellatum* (Merr. ex H. L. Li) Y. F. Deng

分布：封开 [14]、江门 [8]、乐昌 [29, 35, 41]、连州 [26]、罗定 [35] [叶华谷、刘念 2455 (IBSC)]、茂名 [35] [邓良 2373 (IBSC)]、仁化 [16, 35]、乳源 [26, 35]、始兴 [35] [梁宝汉 93831 (IBSC)]、翁源 [51]、新丰 [63]、信宜 [35, 52]、阳春 [35, 45]、阳山 [35] [谭沛祥 60271 (IBSC)]、英德 [32, 35]、郁南 [101]、云浮 [35] [黄志 37393 (IBK)]、紫金 [31, 35]。

球序鹅掌柴 *Heptapleurum pauciflorum* (R. Vig.) Y. F. Deng

分布：信宜 [35, 52]、阳山 [26]。

幌伞枫属 *Heteropanax* Seem.

短梗幌伞枫 *Heteropanax brevipedicellatus* H. L. Li

分布：从化 [107]、东源 [59]、封开 [14, 35]、佛冈 [27]、和平 [35] [张桂才 676 (IBSC)]、怀集 [35] [石国良 15118 (IBSC)]、乐昌 [29, 35, 41]、连州 [26]、南雄 [33, 35, 57]、乳源 [26]、翁源 [35, 51]、五华 [4]、新丰 [35, 63]、阳山 [26]、英德 [32, 35]、增城 [116]、紫金 [31, 35]。

幌伞枫 *Heteropanax fragrans* (Roxb.) Seem.

分布：博罗 *[38, 100]、从化 *[107]、高州 [35] [AhTo2739 (PE)]、广州 [35] [左景烈 22748 (IBSC)]、雷州 [35] [广东木材调查组 486 (IBSC)]、茂名 [35, 85]、乳源 [26]、深圳 *[11, 17, 35]、始兴 [28]、徐闻 [35] [南路 753 (IBSC)]、英德 [32]、云浮 [35] [黄志 37677 (IBSC)]、增城 [116]。

天胡荽属 *Hydrocotyle* Tourn. ex L.

缅甸天胡荽 *Hydrocotyle hookeri* (C. B. Clarke) Craib

分布：博罗 [35, 37, 100]。

中华天胡荽 *Hydrocotyle hookeri* subsp. *chinensis* (Dunn ex R. H. Shan & S. L. Liou) M. F. Watson & M. L. Sheh

分布：高州 [35]、信宜 [35, 52]。

红马蹄草 *Hydrocotyle nepalensis* Hook.

分布：博罗 [5, 35]、潮州 [35] [曾宪锋 ZXF9147 (CZH)]、从化 [35] [叶华谷 7096 (IBSC)]、大埔 [35] [李学根 202755 (IBK)]、东源 [59]、丰顺 [95]、封开 [14, 35]、佛冈 [27]、和平 [35] [卫兆芬 120712 (KUN)]、河源 [35] [华南师范学院 1005 (IBSC)]、怀集 [35] [石国良 14575 (IBSC)]、惠东 [12]、蕉岭 [35] [李学根 202258 (HZ)]、乐昌 [26, 29, 35, 41]、连南 [35] [谭沛祥 59319 (IBSC)]、连平 [35] [粤 73 1706 (CDBI)]、连山 [35] [谭沛祥 58610 (PE)]、连州 [35] [谭沛祥 60105 (IBSC)]、罗定 [35] [刘念、叶华谷 2304 (IBSC)]、茂名 [35, 85]、南雄 [33, 35, 57]、饶平 [35] [曾宪锋 ZXF2354 (IBSC)]、仁化 [16]、乳源 [26, 35]、深圳 [17, 35]、始兴 [28, 35]、翁源 [35, 51]、五华 [4]、新丰 [63, 22, 35]、新兴 [35] [刘瑛光 2139 (HZ)]、信宜 [35, 52]、兴宁 [35] [曾宪锋 ZXF27935 (CZH)]、阳春 [35] [刘念等 315 (IBSC)]、阳山 [26, 35]、英德 [32, 35]、郁南 [101]、云浮 [35] [黄志 37696 (IBK)]、增城 [116]、肇庆 [35] [丁广奇、石国良 1519 (WUK)]、紫金 [31, 35]。

天胡荽 *Hydrocotyle sibthorpioides* Lam.

分布：博罗 #[35, 38, 100]、潮州 #[35] [叶华谷等 13309 (IBSC)]、从化 #[107]、大埔 #[35] [曾怀德 21093 (PE)]、德

庆 #[35] [刘瑛光 1300 (HZ)]、东莞 #[25, 35]、东源 #[59]、佛冈 #[27]、广州 #[35] [中草药组 194 (IBSC)]、和平 #[35] [卫兆芬 120414 (PE)]、惠东 #[12]、江门 #[8]、乐昌 #[29, 35]、连州 #[26, 35]、龙门 #[35] [张桂才等 294 (HGAS)]、茂名 #[85]、南雄 #[33, 35, 57]、仁化 #[16]、乳源 #[26, 35]、深圳 #[17, 35]、始兴 #[28]、五华 #[4]、新丰 #[63]、信宜 #[52]、徐闻 #[35] [徐闻队 294 (KUN)]、阳春 #[35] [张桂才、刘念 1491 (IBSC)]、阳山 #[26]、英德 #[32]、郁南 #[101]、增城 #[116]、肇庆 #[35] [石国良 13273 (WUK)]、中山 #[10, 35]、紫金 #[31, 35]。

破铜钱 ***Hydrocotyle sibthorpioides* var. *batrachium*** (Hance) Hand. -Mazz. ex R. H. Shan

分布：封开 [14]、乐昌 [29, 35, 41]、连平 [35] [粤 73 1625 (IBSC)]、南雄 [33, 35]、仁化 [16]、乳源 [26, 35]、深圳 [17]、英德 [32]、紫金 [31, 35]。

南美天胡荽 ***Hydrocotyle verticillata*** Thunb.

分布：佛山 #[http://ppbc. iplant. cn/tu/1477719]、广州 #[15, 21]、惠州 #[http://ppbc. iplant. cn/tu/4118988]、江门 #[8]、饶平 #[15, 402]、汕头 #[15]、深圳 #[17]、珠海 #[http:// ppbc. iplant. cn/tu/7339354]。

肾叶天胡荽 ***Hydrocotyle wilfordii*** Maxim.

分布：博罗 [5, 35]、潮州 [35] [曾宪锋 ZXF9735 (CZH)]、东莞 [25, 35]、封开 [14, 35]、惠东 [35] [陈邦余、陈炳辉、张桂才 77 (IBK)]、惠州 [35] [卫兆芬 121543 (KUN)]、蕉岭 [35] [邓良 4881 (IBSC)]、乐昌 [29, 35]、龙门 [35] [张桂才等 163 (HGAS)]、乳源 [26, 35]、深圳 [17, 35]、翁源 [35] [刘心祈 24430 (IBK)]、新丰 [35, 63]、信宜 [52]、阳春 [35] [张桂才、刘念 1816 (IBSC)]、阳江 [35] [罗献瑞 880 (IBSC)]、阳山 [35] [徐德明 701 (IBSC)]、英德 [32, 35]、增城 [116]、肇庆 [35] [石国良、黄水帝 2493 (IBSC)]。

刺楸属 *Kalopanax* Miq.

刺楸 ***Kalopanax septemlobus*** (Thunb.) Koidz.

分布：封开 [14]、乐昌 [29, 35, 41]、连南 [35] [朱志淞 676 (IBSC)]、连州 [26]、乳源 [26, 35]、始兴 [28]、英德 [32, 35]。

大参属 *Macropanax* Miq.

短梗大参 ***Macropanax rosthornii*** (Harms) C. Y. Wu ex G. Hoo

分布：乐昌 [29, 35]、乳源 [35] [李耀 2088 (IBSC)]、始兴 [28, 35]。

人参属 *Panax* L.

三七 ***Panax notoginseng*** (Burkill) F. H. Chen ex C. H. Chow

分布：信宜 *[52]。

南洋参属 *Polyscias* J. R. Forst. & G. Forst.

南洋参 ***Polyscias fruticosa*** (L.) Harms

分布：深圳 *[17]。

银边南洋参 ***Polyscias guilfoylei*** (Cogn. & Marchal) Bailey

分布：广州 *[3]、深圳 *[17]。

结节南洋参 ***Polyscias nodosa*** (Blume) Seem.

分布：广州 *[3]。

圆叶南洋参 ***Polyscias scutellaria*** (Burm. f.) Fosberg

分布：广州 *[3]、深圳 *[17]。

南鹅掌柴属 *Schefflera* J. R. Forst. & G. Forst.

辐叶鹅掌柴 ***Schefflera actinophylla*** (Endl.) Harms

分布：从化 *[107]、广州 *[http://ppbc. iplant. cn/tu/9882984]、惠州 *[http://ppbc. iplant. cn/tu/2841598]、深圳 *[17]、中山 *[http://ppbc. iplant. cn/tu/9438477]。

孔雀木 ***Schefflera elegantissima*** (Veitch ex Mast.) Lowry et Frodin

分布：广州 *[http://ppbc. iplant. cn/tu/3521560]、惠州 *[http://ppbc. iplant. cn/tu/5138867]、深圳 *[17]。

通脱木属 *Tetrapanax* (K. Koch) K. Koch

通脱木 ***Tetrapanax papyrifer*** (Hook.) K. Koch

分布：封开 [14]、乐昌 [29, 35]、连州 [35] [伍世忠 3723 (IBSC)]、仁化 [16]、深圳 [11]、翁源 [35] [刘心祈 24896 (IBSC)]、英德 [32]。

374. 伞形科 Apiaceae

当归属 *Angelica* L.

重齿当归 ***Angelica biserrata*** (R. H. Shan & C. C. Yuan) C. C. Yuan & R. H. Shan

分布：乐昌 [41]。

紫花前胡 ***Angelica decursiva*** (Miq.) Franch. & Sav.

分布：博罗 [100]、从化 [35]、丰顺 [95]、佛冈 [27]、惠州 [35]、乐昌 [29, 35, 41]、连州 [26, 35]、南雄 [33, 35]、仁化 [16, 35]、乳源 [26, 35]、深圳 [17]、始兴 [28]、翁源 [51]、五华 [4]、新丰 [35, 63]、阳山 [26]、英德 [32]、紫金 [31]。

福参 ***Angelica morii*** Hayata

分布：仁化 [410]。

家独活 ***Angelica pubescens*** Maxim.

分布：连山 *[35]、连州 *[35]。

芹属 *Apium* L.

旱芹 ***Apium graveolens*** L.

分布：博罗 *[38]、乐昌 *[29]、仁化 *[16]、深圳 *[17]、信宜 *[52]、英德 *[32]、紫金 *[31]。

柴胡属 *Bupleurum* L.

竹叶柴胡 ***Bupleurum marginatum*** Wall. ex DC.

分布：乳源 [26, 35]、阳山 [35]。

积雪草属 *Centella* L.

积雪草 ***Centella asiatica*** (L.) Urb.

分布：博罗 [35, 38, 100]、潮州 [35] [叶华谷等 12892 (IBSC)]、从化 [35, 107]、东莞 [25, 35]、丰顺 [95]、封开 [14,

35]、佛冈 [27]、高州 [35] [吴宝成 2705 (NAS)]、广州 [35] [叶华谷 16315 (IBSC)]、惠东 [12]、江门 [8]、开平 [35] [黄茂先 110239 (HZ)]、乐昌 [29, 35, 41]、连州 [26, 35]、龙门 [35] [张桂才等 148 (HGAS)]、罗定 [35] [刘念、叶华谷 2210 (IBSC)]、茂名 [85]、梅州 [35] [曾宪锋 ZXF29483 (CZH)]、南澳 [35] [姚鹏程、魏亚男 20150356 (HSNU)]、南雄 [33, 35, 57]、平远 [35] [邓良 4471 (IBSC)]、清远 [35] [林正眉、张丹荔 20180035 (SN)]、饶平 [35] [曾宪锋 ZXF22656 (CZH)]、仁化 [16]、深圳 [11, 17, 35]、始兴 [28, 35]、五华 [4, 35]、新丰 [63]、新兴 [35] [刘瑛光 2312 (HZ)]、信宜 [52]、兴宁 [35] [曾宪锋 ZXF22030 (CZH)]、徐闻 [35] [徐闻队 63 (KUN)]、阳春 [35, 45]、阳山 [26]、英德 [32]、郁南 [35, 101]、增城 [116]、湛江 [35] [李科 2101 (JIU15483)]、肇庆 [35] [佘孟兰 83 (NAS)]、中山 [10, 35]、紫金 [31, 35]。

蛇床属 ***Cnidium*** **Cusson**

蛇床 ***Cnidium monnieri*** (L.) Spreng.

分布：佛冈 #[27]、广州 #[22]、乐昌 #[29]、廉江 #[22, 35]、阳江 #[22, 35]、英德 #[32]、肇庆 #[22, 35]。

芫荽属 ***Coriandrum*** **L.**

芫荽 ***Coriandrum sativum*** L.

分布：博罗 *[5, 38]、从化 #[107]、乐昌 #[29]、深圳 #[17]、信宜 #[52]。

鸭儿芹属 ***Cryptotaenia*** **DC.**

鸭儿芹 ***Cryptotaenia japonica*** Hassk.

分布：大埔 #[35]、丰顺 #[95]、封开 #[35]、和平 #[35]、河源 #[35]、怀集 #[35]、蕉岭 #[35]、乐昌 #[35, 41]、连平 #[35]、连山 #[35]、连州 #[35]、龙门 #[35]、梅州 #[35]、南雄 #[33, 35, 57]、平远 #[35]、仁化 #[16]、乳源 #[26, 35]、始兴 #[28, 35]、翁源 #[35, 51]、新丰 #[63]、信宜 #[52]、阳春 #[35]、阳山 #[26, 35]、英德 #[32, 35]、增城 #[116]、紫金 #[31, 35]。

细叶旱芹属 ***Cyclospermum*** **Lag.**

细叶旱芹 ***Cyclospermum leptophyllum*** (Pers.) Sprague ex Britton & P. Wilson

分布：潮州 #[15]、大埔 #[15]、乐昌 #[526]、汕头 #[15]、肇庆 #[15]。

胡萝卜属 ***Daucus*** **L.**

野胡萝卜 ***Daucus carota*** L.

分布：博罗 #[38]、乐昌 #[29, 35, 526]、连州 #[15, 35]、乳源 #[15, 26, 35]、深圳 #[17]、信宜 #[52]、阳山 #[26]、中山 #[82]。

刺芹属 ***Eryngium*** **L.**

刺芹 ***Eryngium foetidum*** L.

分布：博罗 #[5]、潮州 #[15]、从化 #[107]、东莞 #[25, 82]、丰顺 #[95]、封开 #[14]、佛冈 #[27]、佛山 #[500]、高州 #[15]、怀集 #[15]、惠东 #[12]、惠州 #[15, 82]、江门 #[8]、雷州 #[15]、龙门 #[15]、罗定 #[15]、茂名 #[85]、梅州 #[15]、深圳 #[82]、翁源 #[51]、五华 #[4]、信宜 #[15, 52]、阳春 #[15]、阳江 #[15]、英德 #[32]、郁南 #[101]、湛江 #[416]、中山 #[10, 82]、珠海 #[428]、紫金 #[31]。

茴香属 ***Foeniculum*** **Mill.**

茴香 ***Foeniculum vulgare*** Mill.

分布：东莞 #[82]、惠州 #[82]、乐昌 #[29]、梅州 #[15]、深圳 #[82]、中山 #[82]。

珊瑚菜属 ***Glehnia*** **F. Schmidt**

珊瑚菜 ***Glehnia littoralis*** F. Schmidt ex Miq.

分布：惠东 [20]、惠来 [35]、陆丰 [20, 35]、深圳 [17, 20]、吴川 [20, 35]。

石防风属 ***Kitagawia*** **Pimenov**

台湾石防风 ***Kitagawia formosana*** (Hayata) Pimenov

分布：乳源 [26]。

白苞芹属 ***Nothosmyrnium*** **Miq.**

白苞芹 ***Nothosmyrnium japonicum*** Miq.

分布：博罗 [35]、仁化 [16, 35]、阳山 [26]。

水芹属 ***Oenanthe*** **L.**

短辐水芹 ***Oenanthe benghalensis*** Benth. & Hook.

分布：恩平 [22, 35]、广州 [22]、乐昌 [29]、乳源 [26]、深圳 [17]、始兴 [28]、信宜 [35, 52]、徐闻 [22, 35]、肇庆 [22, 35]。

水芹 ***Oenanthe javanica*** (Blume) DC.

分布：博罗 [5, 35, 100]、潮州 [35] [叶华谷等 13188 (IBSC)]、从化 [35] [曾怀德 25076 (IBSC)]、东莞 [25, 35]、丰顺 [95]、佛冈 [27]、广州 [35] [刘卓斌 343 (IBK)]、惠东 [12]、惠州 [35] [曾怀德 153 (KUN)]、蕉岭 [35] [邓良 4508 (KUN)]、乐昌 [29, 35, 41]、连南 [35] [张冰旺 60784 (IBSC)]、连平 [35] [卫兆芬 120086 (KUN)]、连州 [26]、龙门 [35] [南昆山调查队 82423 (IBSC)]、梅州 [35] [李学根 20198 (HZ)]、南雄 [33, 35, 57]、平远 [35] [曾宪锋 ZXF10822 (CZH)]、饶平 [35] [李学根 200906 (IBSC)]、仁化 [16, 35]、乳源 [26, 35]、深圳 [17, 35]、始兴 [35] [王学文 635 (IBSC)]、翁源 [51]、五华 [4]、新丰 [63]、信宜 [52]、兴宁 [35] [曾宪锋 ZXF16543 (CZH)]、阳春 [35] [张桂才、刘念 1616 (IBSC)]、阳山 [26, 35]、英德 [32, 35]、郁南 [101]、增城 [35] [曾怀德 20417 (IBSC)]、肇庆 [35] [黄成 192687 (IBSC)]、紫金 [31, 35]。

卵叶水芹 ***Oenanthe javanica*** **subsp.** ***rosthornii*** (Diels) F. T. Pu

分布：怀集 [35]、乐昌 [41]、连平 [35]、连山 [35]、仁化 [35]、阳山 [26]、紫金 [31]。

线叶水芹 ***Oenanthe linearis*** Wall. ex DC.

分布：惠州 [35] [曾怀德 25479 (IBSC)]、乐昌 [29, 35, 41]、南雄 [33, 35, 57]、乳源 [26, 35]、始兴 [28, 35]、新丰 [63]。

多裂叶水芹 ***Oenanthe thomsonii*** C. B. Clarke

分布：博罗 [http://ppbc. iplant. cn/tu/13829649]。

山芹属 ***Ostericum*** **Hoffm.**

隔山香 ***Ostericum citriodorum*** (Hance) C. C. Yuan & R. H. Shan

分布：博罗 [5, 100]、东莞 [25]、广州 [35]、乐昌 [29]、连州 [26, 35]、南雄 [33, 57]、仁化 [16]。

大齿山芹 ***Ostericum grosseserratum*** (Maxim.) Kitag.

分布：惠州 [523]、揭阳 [523]。

疆前胡属 ***Peucedanum*** **L.**

南岭前胡 ***Peucedanum longshengense*** R. H. Shan & M. L. Sheh

分布：惠州 [523]、韶关 [523]。

华中前胡 ***Peucedanum medicum*** Dunn

分布：连州 [3]。

前胡 ***Peucedanum praeruptorum*** Dunn

分布：博罗 [5, 100]、从化 [107]、河源 [35]、惠州 [35]、乐昌 [29, 35, 41]、连州 [26]、仁化 [16]、乳源 [26, 35]、新丰 [63]、英德 [32]。

茴芹属 ***Pimpinella*** **L.**

杏叶茴芹 ***Pimpinella candolleana*** Wight & Arn.

分布：乳源 [刘心祈 29186 (IBK)]。

异叶茴芹 ***Pimpinella diversifolia*** DC.

分布：博罗 [35, 100]、大埔 [35]、佛冈 [27]、高州 [35]、广州 [35]、河源 [35]、惠州 [35]、乐昌 [26, 29, 35, 41]、连南 [35]、连平 [35]、连州 [35]、龙门 [35]、梅州 [35]、清远 [35]、乳源 [26, 35]、始兴 [28]、新兴 [35]、信宜 [52]、阳春 [35]、阳山 [35]、英德 [32, 35]、增城 [116]。

囊瓣芹属 ***Pternopetalum*** **Franch.**

裸茎囊瓣芹 ***Pternopetalum nudicaule*** (H. Boissieu) Hand. -Mazz.

分布：仁化 [16, 35]、始兴 [28, 35]。

膜蕨囊瓣芹 ***Pternopetalum trichomanifolium*** (Franch.) Hand. -Mazz.

分布：乐昌 [35, 41]、乳源 [35]、阳山 [26, 35]。

变豆菜属 ***Sanicula*** **L.**

薄片变豆菜 ***Sanicula lamelligera*** Hance

分布：从化 [35, 107]、封开 [14]、乐昌 [29, 35, 41]、乳源 [26, 35]、五华 [4]、新丰 [63]、阳山 [26]、英德 [32]、增城 [116]、紫金 [31]。

直刺变豆菜 ***Sanicula orthacantha*** S. Moore

分布：封开 [14]、乐昌 [29]、连州 [26]、南雄 [33]、仁化 [16]、乳源 [26, 35]、始兴 [28]、信宜 [35, 52]、阳山 [26]、英德 [32]。

窃衣属 ***Torilis*** **Adans.**

小窃衣 ***Torilis japonica*** (Houtt.) DC.

分布：封开 [35] [黄成 164205 (KUN)]、乐昌 [29, 35, 41]、连州 [26]、梅州 [35] [李淑玉 180467 (IBSC)]、仁化 [16]、乳源 [26, 35]、韶关 [35] [ToryTsang12123 (IBSC)]、始兴 [35] [王学文、张桂才 52 (IBSC)]、阳山 [26]、英德 [32]、云浮 [35] [黄志 36919 (IBSC)]。

窃衣 ***Torilis scabra*** (Thunb.) DC.

分布：从化 [35, 107]、封开 [14]、蕉岭 [35]、乐昌 [29]、连州 [26]、南雄 [33, 57]、平远 [35]、始兴 [28]、英德 [32]。

第六章　广东省高等植物分布存疑或排除名录

一、苔类植物

1. 疣冠苔科 Aytoniaceae

紫背苔属 *Plagiochasma* Lehm. & Lindenb.

日本紫背苔 *Plagiochasma japonicum* (Steph.) C. Massal. 文献记录分布：广东 [36b]。说明：排除，未找到相应文献。

2. 紫叶苔科 Pleuroziaceae

紫叶苔属 *Pleurozia* Dumort.

大紫叶苔 *Pleurozia gigantea* (F. Weber) Lindb. 文献记录分布：广东 [36b]。说明：排除，《广东苔藓志》原 *Pleurozia gigantea* 在乳源分布的记录是错误鉴定。

3. 耳叶苔科 Frullaniaceae

耳叶苔属 *Frullania* Raddi

皱叶耳叶苔 *Frullania ericoides* (Nees) Nees & Mont. 文献记录分布: 广东 [36b]。说明: 分布存疑，Hattori & Lin (1985) 载广东有本种，但当时广东还包括海南，无法确定究竟是在海南还是广东 [168]。

暗绿耳叶苔 *Frullania fuscovirens* Steph. 文献记录分布：广东 [36b]。说明：排除，Hattori & Lin (1985) 所引的广东标本采自海南，其后各种记载广东分布该种的记录应该均出自该文 [168]。

尼泊尔耳叶苔 *Frullania nepalensis* (Spreng.) Lehm. & Lindenb. 文献记录分布：广东 [36b]。说明：分布存疑，未找到确切来源。

淡水耳叶苔 *Frullania tamsuina* Steph. 文献记录分布：广东 [36b]。说明：排除，广东有本种的记录应该是来自 Piippo (1990)，但该文中的广东记录实际上是在香港。

4. 细鳞苔科 Lejeuneaceae

疣鳞苔属 *Cololejeunea* (Spruce) Steph.

鳞叶疣鳞苔 *Cololejeunea longifolia* (Mitt.) Benedix 文献记录分布：广东 [36b]。说明：分布存疑，未找到确切来源。

短肋疣鳞苔 *Cololejeunea subfloccosa* Mizut. 文献记录分布：广东 [36b]。说明：分布存疑，未找到确切来源。

角鳞苔属 *Drepanolejeunea* (Spruce) Schiffn.

单齿角鳞苔 *Drepanolejeunea ternatensis* (Gottsche) Schiffn. 文献记录分布：广东 [36b]。说明：分布存疑，未找到确切来源。

细鳞苔属 *Lejeunea* Lib.

三重细鳞苔 *Lejeunea magohukui* Mizut. 文献记录分布：广东 [36b]。说明：分布存疑，未找到确切来源。

淡绿细鳞苔 *Lejeunea pallidevirens* S. Hatt. 文献记录分布：广东 [36b]。说明：排除，未找到广东有本种的记录，找到的文献引用的标本都只有海南乐东尖峰岭。

鞭鳞苔属 *Mastigolejeunea* (Spruce) Schiffn.

鞭鳞苔 *Mastigolejeunea auriculata* (E. H. Wilson) Schiffn. 文献记录分布：广东 [22b, 36b]。说明：排除，中国不产 [40, 41, 42]。

5. 指叶苔科 Lepidoziaceae

鞭苔属 *Bazzania* Gray

锡金鞭苔 *Bazzania sikkimensis* (Steph.) Herzog 文献记录分布：广东 [36b]。说明：排除，来源不详，《中国苔藓志》第九卷无记载，周兰平的中国鞭苔属论文未收录。

6. 须苔科 Mastigophoraceae

须苔属 *Mastigophora* Nees

硬须苔 *Mastigophora diclados* (Brid.) Nees 文献记录分布：广东 [22b]。说明：排除。

二、藓类植物

7. 泥炭藓科 Sphagnaceae

泥炭藓属 *Sphagnum* L.

拟狭叶泥炭藓 *Sphagnum cuspidatulum* Müll. Hal. 文献记录分布：广东 [36b]。说明：排除，《中国苔藓志》、*Moss Flora of China* 都没有记载广东有分布。

8. 短颈藓科 Diphysciaceae

短颈藓属 *Diphyscium* D. Mohr

恰帕斯短颈藓 *Diphyscium chiapense* Norris 文献记录分布：广东 [22b]。说明：排除。

9. 白发藓科 Leucobryaceae

曲柄藓属 *Campylopus* Brid.

古氏脆枝曲柄藓 *Campylopus fragilis* subsp. *goughii* (Mitt.) J. -P. Frahm 文献记录分布：广东 [36b]。说明：分布存疑，未查到来源。

10. 花叶藓科 Calymperaceae

花叶藓属 *Calymperes* Sw. ex F. Weber

细叶花叶藓 *Calymperes tenerum* Müll. Hal. 文献记录分布：广东 [36b]。说明：排除，《广东苔藓志》载有本种，《中国苔藓志》第二卷、*Moss Flora of China* 第二卷也载有本种，引证标本是采自西沙群岛的黎尚豪 474 (IBSC, LAF)。目前西沙隶属海南省。

11. 提灯藓科 Mniaceae

提灯藓属 *Mnium* Hedw.

平肋提灯藓 *Mnium laevinerve* Cardot 文献记录分布：广东 [36b]。说明：分布存疑，《中国苔藓志》和 *Moss Flora of China* 均未记载。

匐灯藓属 *Plagiomnium* T. J. Kop.

波叶匐灯藓 *Plagiomnium undulatum* (Hedw.) T. J. Kop. 文献记录分布：广东 [36b]。说明：排除，《中国苔藓志》、*Moss Flora of China* 均未记载本种在广东有分布。

丝瓜藓属 *Pohlia* Hedw.

泛生丝瓜藓 *Pohlia cruda* (Hedw.) Lindb. 文献记录分布：广东 [36b]。说明：分布存疑，《中国苔藓志》第四卷载广东有分布，但未引证标本。*Moss Flora of China* 第四卷未收录。

12. 真藓科 Bryaceae

银藓属 *Anomobryum* Schimp.

金黄银藓 *Anomobryum auratum* A. Jaeger 文献记录分布：广东 [36b]。说明：分布存疑，《中国苔藓志》第四卷载广东有分布，但未引证标本。*Moss Flora of China* 第四卷未收录。

13. 木灵藓科 Orthotrichaceae

小囊藓属 *Groutiella* Steere

小囊藓 *Groutiella tomentosa* Wijk & Margad. 文献记录分布：广东 [36b]。说明：分布存疑，本种在中国云南的分布记录有多个引证源。在广东的分布引证未知。

14. 蕨藓科 Pterobryaceae

耳平藓属 *Calyptothecium* Mitt.

Calyptothecium recurvulum (Broth.) Broth. 文献记录分布：广东 [22b]。说明：排除，中国不产 [532]。

耳平藓 *Calyptothecium urvilleanum* (Müll. Hal.) Broth. 文献记录分布：广东 [36b]。说明：分布存疑，《中国苔藓志》第五卷 (P. 256)，引用的标本是"广东：连南县，三江镇，曾国驱 758 (IBSC)"。这份标本在 *Moss Flora of China* 第五卷被作为另外一种 *C. recurvolum* 的凭证标本。Yu et al. (2015) 处理 *C. recurvolum* 和 *C. urvilleanum* 时又未提到这份标本 [532]。

15. 青藓科 Brachytheciaceae

长喙藓属 *Rhynchostegium* Schimp.

缩叶长喙藓 *Rhynchostegium contractum* Cardot 文献记录分布：广东 [36b]。说明：排除，*Moss Flora of China* 收录这个种，但未记载广东有分布；《广东苔藓志》未收录，刘倩 (2010) 亦未载本种在广东有分布 [71]。

16. 灰藓科 Hypnaceae

偏蒴藓属 *Ectropothecium* Mitt.

爪哇偏蒴藓 *Ectropothecium monumentorum* Jaeger 文献记录分布：广东 [36b]。说明：分布存疑，收于《中国藓类植物属志(下册)》，但《中国苔藓志》第八卷记载，本属疑问种较多，而且 *E. monumentorum* 未见标本，所以此后的 *Moss Flora of China* 也没有收入本种。

三、石松类植物

17. 石松科 Lycopodiaceae

扁枝石松属 *Diphasiastrum* Holub

灰白扁枝石松 ***Diphasiastrum multispicatum*** (J. H. Wilce) Holub 文献记录分布：广东 [22b, 36b]。说明：分布存疑。

石杉属 *Huperzia* Bernh.

皱边石杉 ***Huperzia crispata*** (Ching & H. S. Kung) Ching 文献记录分布：广东 [36b]。说明：分布存疑。

石松属 *Lycopodium* L.

东北石松 ***Lycopodium clavatum*** L 文献记录分布：东源 [59]、英德 [32]、肇庆 [9]、博罗 [87]。说明：分布存疑。

马尾杉属 *Phlegmariurus* (Herter) Holub

华南马尾杉 ***Phlegmariurus austrosinicus*** (Ching) Li Bing Zhang 文献记录分布：从化 [7, 107]、丰顺 [95]、惠东 [12]、连州 [26, 35]、茂名 [85]、乳源 [35]、阳山 [35]。说明：排除，被归并到有柄马尾杉 *Phlegmariurus petiolatus*[572]。

柳杉叶马尾杉 ***Phlegmariurus cryptomerinus*** (Maxim.) Satou 文献记录分布：广东 [36b]。说明：排除，在广东暂无可靠分布记录 [572]。

喜马拉雅马尾杉 ***Phlegmariurus hamiltonii*** (Spreng.) A. Love & D. Love 文献记录分布：肇庆 [9]、英德 [32]。说明：排除，在广东的分布记录均为错误鉴定 [572]。

18. 卷柏科 Selaginellaceae

卷柏属 *Selaginella* P. Beauv.

攀缘卷柏 ***Selaginella helferi*** Warb. 文献记录分布：东源 [59]。说明：分布存疑。

膜叶卷柏 ***Selaginella leptophylla*** Baker 文献记录分布：深圳 [17]。说明：分布存疑。

垫状卷柏 ***Selaginella pulvinata*** (Hook. & Grev.) Maxim. 文献记录分布：英德 [32]。说明：分布存疑。

四、蕨类植物

19. 木贼科 Equisetaceae

木贼属 *Equisetum* L.

木贼 ***Equisetum hyemale*** L. 文献记录分布：新丰 [63]。说明：分布存疑。

20. 瓶尔小草科 Ophioglossaceae

瓶尔小草属 *Ophioglossum* L.

钝头瓶尔小草 ***Ophioglossum petiolatum*** Hook. 文献记录分布：广东 [22b, 36b]。说明：分布存疑。

21. 合囊蕨科 Marattiaceae

观音座莲属 *Angiopteris* Hoffm.

楔基观音座莲 ***Angiopteris helferiana*** C. Presl 文献记录分布：博罗 [490]。说明：分布存疑。

22. 里白科 Gleicheniaceae

芒萁属 *Dicranopteris* Bernh.

乔芒萁 ***Dicranopteris curranii*** Copel. 文献记录分布：广东 [22b]。说明：分布存疑。

Dicranopteris montana S. R. Ghosh 文献记录分布：广东 [22b]。说明：排除，本种分布于台湾。

23. 瘤足蕨科 Plagiogyriaceae

瘤足蕨属 *Plagiogyria* (Kunze) Mett.

耳形瘤足蕨 ***Plagiogyria stenoptera*** (Hance) Diels 文献记录分布：深圳 [11]。说明：分布存疑。

24. 桫椤科 Cyatheaceae

桫椤属 *Alsophila* R. Br.

阴生桫椤 ***Alsophila latebrosa*** Wall. ex Hook. 文献记录分布：肇庆 [9]。说明：分布存疑。

25. 鳞始蕨科 Lindsaeaceae

鳞始蕨属 *Lindsaea* Dryand. ex Sm.

亮叶鳞始蕨 ***Lindsaea lucida*** Blume 文献记录分布：广东 [22b, 36b]。说明：排除，本种分布于海南。

26. 凤尾蕨科 Pteridaceae

铁线蕨属 *Adiantum* L.

圆柄铁线蕨 ***Adiantum induratum*** Christ 文献记录分布：广东 [22b, 36b]。说明：分布存疑。

翅柄铁线蕨 ***Adiantum soboliferum*** Wall. ex Hook. 文献记录分布：广东 [22b, 36b]。说明：排除，PE00587454 标本采集自广西北部湾地区，误作广东分布。

粉背蕨属 *Aleuritopteris* Fée

台湾粉背蕨 ***Aleuritopteris formosana*** (Hayata) Tagawa 文献记录分布：广东 [22b, 36b]。说明：分布存疑。

凤了蕨属 *Coniogramme* Fée

黄轴凤了蕨 ***Coniogramme robusta*** **var.** ***rependula*** Ching ex K. H. Shing 文献记录分布：广东 [22b]。说明：分布存疑。

书带蕨属 *Haplopteris* C. Presl

带状书带蕨 ***Haplopteris doniana*** (Mett. ex Hieron.) E. H. Crane 文献记录分布：肇庆 [9]。说明：分布存疑。

凤尾蕨属 *Pteris* L.

厚叶凤尾蕨 ***Pteris crassiuscula*** Ching & Chu H. Wang 文献记录分布：阳山 [26]、乳源 [26]。说明：分布存疑。

叉羽凤尾蕨 ***Pteris ensiformis*** **var.** ***furcans*** Ching ex Ching & S. H. Wu 文献记录分布：英德 [32]。说明：分布存疑。

长叶凤尾蕨 ***Pteris longipinna*** Hayata 文献记录分布：始兴 [28]。说明：分布存疑。

27. 碗蕨科 Dennstaedtiaceae

稀子蕨属 *Monachosorum* Kunze

大叶稀子蕨 ***Monachosorum davallioides*** Kunze 文献记录分布：英德 [32]。说明：分布存疑。

岩穴蕨 ***Monachosorum maximowiczii*** Hayata 文献记录分布：广东 [22b]。说明：分布存疑。

28. 铁角蕨科 Aspleniaceae

铁角蕨属 *Asplenium* L.

黑鳞铁角蕨 ***Asplenium asterolepis*** Ching 文献记录分布：新丰 [63]。说明：分布存疑。

网脉铁角蕨 ***Asplenium finlaysonianum*** Wall. ex Hook. 文献记录分布：广东 [36b]。说明：排除，本种可分布到广西与海南，未见广东标本。

虎尾铁角蕨 ***Asplenium incisum*** Thunb. 文献记录分布：广东 [22b, 36b]。说明：分布存疑。

叶基宽铁角蕨 ***Asplenium pulcherrimum*** Ching ex Tardieu 文献记录分布：广东 [22b, 36b]。说明：分布存疑。

四倍体铁角蕨 ***Asplenium quadrivalens*** (D. E. Mey.) Landolt 文献记录分布：广东 [22b, 36b]。说明：分布存疑。

膜连铁角蕨 ***Asplenium tenerum*** G. Forst. 文献记录分布：肇庆 [9]。说明：分布存疑。

29. 蹄盖蕨科 Athyriaceae

双盖蕨属 *Diplazium* Sw.

长果短肠蕨 ***Diplazium calogrammum*** Christ 文献记录分布：广东 [22b]。说明：排除，本种分布于云南。

草绿短肠蕨 ***Diplazium viridescens*** Ching 文献记录分布：广东 [36b]。说明：排除，本种分布于海南，而误作广东分布。

30. 金星蕨科 Thelypteridaceae

毛蕨属 *Cyclosorus* Link

细柄毛蕨 ***Cyclosorus acuminatus*** **var.** ***kuliangensis*** Ching 文献记录分布：广东 [22b, 36b]。说明：分布存疑。

针毛蕨属 *Macrothelypteris* (H. Itô) Ching

雅致针毛蕨 ***Macrothelypteris oligophlebia*** **var.** ***elegans*** (Koidz.) Ching 文献记录分布：广东 [22b, 36b]。说明：分布存疑。

新月蕨属 *Pronephrium* C. Presl

顶芽新月蕨 ***Pronephrium cuspidatum*** (Blume) Holttum 文献记录分布：广东 [22b]。说明：排除，本种分布于台湾。

31. 鳞毛蕨科 Dryopteridaceae

复叶耳蕨属 *Arachniodes* Blume

细裂复叶耳蕨 ***Arachniodes coniifolia*** (T. Moore) Ching 文献记录分布：仁化 [16]。说明：分布存疑。

台湾复叶耳蕨 ***Arachniodes globisora*** (Hayata) Ching 文献记录分布：乳源 [26]。说明：分布存疑。

相似复叶耳蕨 ***Arachniodes similis*** Ching 文献记录分布：广东 [22b, 36b]。说明：分布存疑。

华西复叶耳蕨 ***Arachniodes simulans*** (Ching) Ching 文献记录分布：乐昌 [26]。说明：分布存疑。

实蕨属 *Bolbitis* Schott

墨脱刺蕨 ***Bolbitis medogensis*** (Ching & S. K. Wu) S. Y. Dong 文献记录分布：广东 [36b]。说明：排除，本种为西藏特产。

根叶刺蕨 ***Bolbitis rhizophylla*** (Kaulf.) Hennipman 文献记录分布：广东 [36b]。说明：排除，本种疑似以东南亚为分布中心，国内只分布到台湾。

鳞毛蕨属 *Dryopteris* Adans.

中华鳞毛蕨 ***Dryopteris chinensis*** (Baker) Koidz. 文献记录分布：始兴 [28]、英德 [32]。说明：分布存疑。

峨边鱼鳞蕨 ***Dryopteris exstipellata*** (Ching & S. H. Wu) Li Bing Zhang 文献记录分布：广东 [22b, 36b]。说明：排除，仅四川有分布，未见广东标本。

异鳞轴鳞蕨 ***Dryopteris heterolaena*** C. Chr. 文献记录分布：广东 [22b, 36b]。说明：分布存疑。

京鹤鳞毛蕨 ***Dryopteris kinkiensis*** Koidz. ex Tagawa 文献记录分布：广东 [22b, 36b]。说明：分布存疑。

边果鳞毛蕨 ***Dryopteris marginata*** (C. B. Clarke) Christ 文献记录分布：乳源 [26]。说明：分布存疑。

两色鳞毛蕨 ***Dryopteris setosa*** (Thunb.) Akasawa 文献记录分布：始兴 [28]。说明：分布存疑。

褐鳞鳞毛蕨 ***Dryopteris squamifera*** Ching & S. K. Wu 文献记录分布：仁化 [16]。说明：分布存疑。

武夷山鳞毛蕨 ***Dryopteris wuyishanica*** Ching & P. S. Chiu

文献记录分布：广东 [22b]。说明：排除，本种分布于福建。

舌蕨属 *Elaphoglossum* Schott ex J. Sm.

爪哇舌蕨 ***Elaphoglossum angulatum*** (Blume) Moore 文献记录分布：广东 [36b]。说明：分布存疑。

圆叶舌蕨 ***Elaphoglossum sinii*** C. Chr. 文献记录分布：广东 [36b]。说明：分布存疑。

黄腺羽蕨属 *Pleocnemia* C. Presl

有盖黄腺蕨 ***Pleocnemia conjugata*** (Blume) C. Presl 文献记录分布：英德 [32]。说明：分布存疑。

耳蕨属 *Polystichum* Roth

洪雅耳蕨 ***Polystichum pseudoxiphophyllum*** Ching ex H. S. Kung 文献记录分布：广东 [22b, 36b]。说明：分布存疑。

中华对马耳蕨 ***Polystichum sinotsus-simense*** Ching & Z. Y. Liu 文献记录分布：乳源 [26]。说明：分布存疑。

钻鳞耳蕨 ***Polystichum subulatum*** Ching ex Li Bing Zhang 文献记录分布：广东 [36b]。说明：分布存疑。

32. 三叉蕨科 Tectariaceae

三叉蕨属 *Tectaria* Cav.

香港三叉蕨 ***Tectaria × hongkongensis*** S. Y. Dong 文献记录分布：广东 [36b]。说明：分布存疑。

33. 骨碎补科 Davalliaceae

骨碎补属 *Davallia* Sm.

圆盖阴石蕨 ***Davallia teyermannii*** Baker 文献记录分布：英德 [32]。说明：分布存疑。

34. 水龙骨科 Polypodiaceae

槲蕨属 *Drynaria* (Bory) J. Sm.

栎叶槲蕨 ***Drynaria quercifolia*** (L.) J. Sm. 文献记录分布：从化 [107]。说明：分布存疑。

棱脉蕨属 *Goniophlebium* (Blume) C. Presl

中华水龙骨 ***Goniophlebium chinense*** (Christ) X. C. Zhang 文献记录分布：广东 [22b, 36b]。说明：分布存疑。

瓦韦属 *Lepisorus* (J. Sm.) Ching

二色瓦韦 ***Lepisorus bicolor*** Ching 文献记录分布：英德 [32]、始兴 [28]。说明：分布存疑。

扭瓦韦 ***Lepisorus contortus*** (Christ) Ching 文献记录分布：英德 [32]。说明：分布存疑。

滇鳞果星蕨 ***Lepisorus subhemionitideus*** (Christ) C. F. Zhao, R. Wei & X. C. Zhang 文献记录分布：广东 [36b]。说明：分布存疑。

剑蕨属 *Loxogramme* (Blume) C. Presl

老街剑蕨 ***Loxogramme lankokiensis*** (Rosenst.) C. Chr. 文献记录分布：广东 [22b, 36b]。说明：分布存疑。

穴子蕨属 *Prosaptia* C. Presl

台湾穴子蕨 ***Prosaptia urceolaris*** (Hayata) Copel. 文献记录分布：广东 [22b]。说明：排除，本种分布于台湾。

石韦属 *Pyrrosia* Mirb.

琼崖石韦 ***Pyrrosia eberhardtii*** (Christ) Ching 文献记录分布：广东 [36b]。说明：排除，本种分布于海南。

修蕨属 *Selliguea* Bory

单行节肢蕨 ***Selliguea capitellata*** (Wall.) X. C. Zhang & L. J. He 文献记录分布：广东 [36b]。说明：分布存疑。

尖裂假瘤蕨 ***Selliguea oxyloba*** (Wall. ex Kunze) Fraser-Jenk. 文献记录分布：广东 [22b, 36b]。说明：排除。

剑羽蕨属 *Xiphopterella* Parris

剑羽蕨 ***Xiphopterella devolii*** S. J. Moore, Parris & W. L. Chiou 文献记录分布：广东 [36b]。说明：分布存疑。

五、裸子植物

35. 松科 Pinaceae

松属 *Pinus* L.

直叶五针松 ***Pinus orthophylla*** Businsky 文献记录分布：广东 [36b]。说明：分布存疑。

六、被子植物

36. 睡莲科 Nymphaeaceae

睡莲属 *Nymphaea* L.

矮睡莲 ***Nymphaea pygmaea*** W. T. Aiton 文献记录分布：广东 [36b]。说明：排除，本种在广东为栽培植物。

37. 五味子科 Schisandraceae

南五味子属 *Kadsura* Kaempf. ex Juss.

日本南五味子 ***Kadsura japonica*** (L.) Dunal 文献记录分布：郁南 [101]。说明：分布存疑。

五味子属 *Schisandra* Michx.

阿里山五味子 ***Schisandra arisanensis*** Hayata 文献记录分布：广东 [3]。说明：分布存疑。

毛叶五味子 ***Schisandra pubescens*** Hemsl. & E. H. Wilson 文献记录分布：广东 [22b]。说明：分布存疑。

38. 胡椒科 Piperaceae

胡椒属 *Piper* L.

球穗胡椒 ***Piper thomsonii*** (C. DC.) Hook. f. 文献记录分布：始兴 [28]。说明：分布存疑。

39. 木兰科 Magnoliaceae

木莲属 *Manglietia* Blume

睦南木莲 ***Manglietia chevalieri*** Dandy 文献记录分布：广东 [36b]。说明：排除，本种在广东为栽培植物。

椭圆叶木莲 ***Manglietia oblonga*** Y. W. Law, R. Z. Zhou & X. S. Qin 文献记录分布：广东 [22b, 36b]。说明：排除，仅分布在广西。

含笑属 *Michelia* T. Durand

雅致含笑 ***Michelia elegans*** Y. W. Law & Y. F. Wu 文献记录分布：广东 [22b]。说明：排除，本种在广东为栽培植物。

拟单性木兰属 *Parakmeria* Hu & W. C. Cheng

光叶拟单性木兰 ***Parakmeria nitida*** (W. W. Sm.) Y. W. Law 文献记录分布：英德 [32]。说明：分布存疑。

40. 番荔枝科 Annonaceae

藤春属 *Alphonsea* Hook. f. & Thomson

毛叶藤春 ***Alphonsea mollis*** Dunn 文献记录分布：广东 [3, 22b, 36b]。说明：排除，《中国植物志》记载"产于广东 (海南)"。

41. 樟科 Lauraceae

琼楠属 *Beilschmiedia* Nees

隐脉琼楠 ***Beilschmiedia obscurinervia*** Hung T. Chang 文献记录分布：封开 [14]、广东 [22b]。说明：分布存疑。

樟属 *Cinnamomum* Schaeff.

狭叶桂 ***Cinnamomum heyneanum*** Nees 文献记录分布：广东 [22b]。说明：分布存疑。

天竺桂 ***Cinnamomum japonicum*** Siebold 文献记录分布：封开 [14]、英德 [32]。说明：分布存疑。

厚壳桂属 *Cryptocarya* R. Br.

钝叶厚壳桂 ***Cryptocarya impressinervia*** H. W. Li 文献记录分布：广东 [22b]。说明：分布存疑。

长序厚壳桂 ***Cryptocarya metcalfiana*** C. K. Allen 文献记录分布：广东 [22b]。说明：分布存疑。

红柄厚壳桂 ***Cryptocarya tsangii*** Nakai 文献记录分布：广东 [22b]。说明：分布存疑。

山胡椒属 *Lindera* Thunb.

假桂钓樟 ***Lindera tonkinensis*** Lecomte 文献记录分布：广东 [3, 22b, 36b]。说明：排除，陈少卿 4784 (NAS00191943)，为广西防城记录，误作广东记录。

木姜子属 *Litsea* Lam.

大萼木姜子 ***Litsea baviensis*** Lecomte 文献记录分布：广东 [22b]。说明：分布存疑。

剑叶木姜子 ***Litsea lancifolia*** (Roxb. ex Nees) Fern. -Vill. 文献记录分布：佛冈 [27]、乳源 [26]、深圳 [17]。说明：分布存疑。

少脉木姜子 ***Litsea oligophlebia*** Hung T. Chang 文献记录分布：广东 [22b]。说明：分布存疑。

瑶山木姜子 ***Litsea yaoshanensis*** Yen C. Yang & P. H. Huang 文献记录分布：始兴 [28]。说明：分布存疑。

润楠属 *Machilus* Nees

刻节润楠 ***Machilus cicatricosa*** S. K. Lee 文献记录分布：英德 [32]。说明：分布存疑。

利川润楠 ***Machilus lichuanensis*** W. C. Cheng ex S. K. Lee 文献记录分布：广东 [3, 22b, 36b]。说明：分布存疑。

闽桂润楠 ***Machilus minkweiensis*** S. K. Lee 文献记录分布：广东 [3, 22b, 36b]。说明：分布存疑。

新木姜子属 *Neolitsea* Merr.

灰白新木姜子 ***Neolitsea pallens*** (D. Don) Momiy. & H. Hara 文献记录分布：肇庆 [9]。说明：分布存疑。

楠属 *Phoebe* Nees

台楠 ***Phoebe formosana*** (Matsum. & Hayata) Hayata 文献记录分布：广东 [22b]。说明：排除，本种产于安徽、台湾。

42. 金粟兰科 Chloranthaceae

金粟兰属 *Chloranthus* Sw.

单穗金粟兰 ***Chloranthus monostachys*** R. Brown 文献记录分布：广东 [22b]。说明：排除，归并到草珊瑚 (*Sarcandra glabra*)。

雪香兰属 *Hedyosmum* Sw.

雪香兰 ***Hedyosmum orientale*** Merr. & Chun 文献记录分布：广东 [3, 36b]。说明：分布存疑。

43. 天南星科 Araceae

魔芋属 *Amorphophallus* Blume ex Decne.

野魔芋 ***Amorphophallus variabilis*** Blume 文献记录分布：东莞 [25]。说明：分布存疑。

天南星属 *Arisaema* Mart.

山珠南星 ***Arisaema yunnanense*** Buchet 文献记录分布：乳源 [26]。说明：分布存疑。

水芋属 *Calla* L.

水芋 ***Calla palustris*** L. 文献记录分布：新丰 [63]。说明：分布存疑。

石柑属 *Pothos* L.

螳螂跌打 ***Pothos scandens*** L. 文献记录分布：广东 [36b]。说明：排除。

44. 水鳖科 Hydrocharitaceae

喜盐草属 *Halophila* Thouars

小喜盐草 ***Halophila minor*** (Zoll.) Hartog 文献记录分布：广东 [3, 22b, 36b]。说明：分布存疑。

茨藻属 *Najas* L.

高雄茨藻 ***Najas browniana*** Rendle 文献记录分布：广东 [3, 22b, 36b]。说明：分布存疑。

水车前属 *Ottelia* Pers.

海菜花 ***Ottelia acuminata*** (Gagnep.) Dandy 文献记录分布：广东 [3]。说明：排除，本种分布至广西。

45. 眼子菜科 Potamogetonaceae

角果藻属 *Zannichellia* P. Micheli ex L.

角果藻 ***Zannichellia palustris*** L. 文献记录分布：广东 [22b]。说明：分布存疑。

46. 无叶莲科 Petrosaviaceae

无叶莲属 *Petrosavia* Becc.

无叶莲 ***Petrosavia sinii*** (K. Krause) Gagnep. 文献记录分布：乳源 [26]。说明：分布存疑。

47. 沼金花科 Nartheciaceae

肺筋草属 *Aletris* L.

狭瓣肺筋草 ***Aletris stenoloba*** Franch. 文献记录分布：广东 [3, 22b, 36b]。说明：分布存疑。

48. 水玉簪科 Burmanniaceae

水玉杯属 *Thismia* Griff.

三丝水玉杯 ***Thismia tentaculata*** K. Larsen & Aver. 文献记录分布：广东 [22b]。说明：分布存疑。

49. 薯蓣科 Dioscoreaceae

薯蓣属 *Dioscorea* L.

山葛薯 ***Dioscorea chingii*** Prain & Burkill 文献记录分布：乳源 [26]。说明：分布存疑。

光叶薯蓣 ***Dioscorea glabra*** Roxb. 文献记录分布：郁南 [101]、英德 [32]、乳源 [26]、肇庆 [9]。说明：分布存疑。

50. 藜芦科 Melanthiaceae

重楼属 *Paris* L.

七叶一枝花 ***Paris polyphylla* Sm.** 文献记录分布：从化 [35]、大埔 [35]、封开 [14, 35]、佛冈 [27]、和平 [35]、蕉岭 [35]、乐昌 [29, 35, 41]、连山 [35]、茂名 [35, 85]、梅州 [35]、南雄 [33, 57]、饶平 [35]、仁化 [35]、乳源 [26]、韶关 [35]、始兴 [28]、翁源 [18, 51]、新丰 [63]、信宜 [35, 52]、阳山 [26, 35]、英德 [32, 35]、肇庆 [9]。说明：排除，广东不产 [1b]。

广东重楼 ***Paris polyphylla* var. *kwantungensis*** (R. H. Miao) S. C. Chen & S. Yun Liang 文献记录分布：信宜 [3, 35]。说明：已作为华重楼 (*Paris chinensis*) 的异名 [1b]。

藜芦属 *Veratrum* L.

狭叶藜芦 ***Veratrum stenophyllum*** Diels 文献记录分布：从化 [107]。说明：分布存疑。

51. 秋水仙科 Colchicaceae

万寿竹属 *Disporum* Salisb.

南投万寿竹 ***Disporum nantouense*** S. S. Ying 文献记录分布：翁源 [51] 、乐昌 [41]、仁化 [16]、乳源 [26]、增城 [116]、紫金 [31]、信宜 [52]。说明：分类地位存疑或分布存疑。

52. 菝葜科 Smilacaceae

菝葜属 *Smilax* L.

云南肖菝葜 ***Smilax binchuanensis*** P. Li & C. X. Fu 文献记录分布：深圳 [11]、从化 [107]。说明：分布存疑。

光叶菝葜 ***Smilax corbularia* var. *woodii*** (Merr.) T. Koyama 文献记录分布：丰顺 [95]。说明：分布存疑。

防己叶菝葜 ***Smilax menispermoidea*** A. DC. 文献记录分布：始兴 [28]。说明：分布存疑。

缘脉菝葜 ***Smilax nervomarginata*** Hayata 文献记录分布：连州 [26]。说明：分布存疑。

短柱肖菝葜 ***Smilax septemnervia*** (F. T. Wang & Tang) P. Li & C. X. Fu 文献记录分布：广东 [3, 22b, 36b]、佛冈 [27]。说明：分布存疑。

筒被菝葜 ***Smilax synandra*** Gagnep. 文献记录分布：广东 [3, 22b, 36b]。说明：排除，本种几乎仅见云南标本，模式标本 Pételot 1430 采集自越南东京湾地区。

三脉菝葜 ***Smilax trinervula*** Miq. 文献记录分布：连州 [26]。说明：分布存疑。

53. 百合科 Liliaceae

大百合属 *Cardiocrinum* (Endl.) Lindl.

云南大百合 ***Cardiocrinum giganteum* var. *yunnanense*** (Leichtlin ex Elwes) Stearn 文献记录分布：广东 [3]。说明：分布存疑。

百合属 *Lilium* L.

百合 *Lilium brownii* var. *viridulum* Baker 文献记录分布：连州 [35]、连南 [35]、仁化 [16]、信宜 [52]、郁南 [101]、乐昌 [35]、乳源 [26]。说明：分布存疑。

卷丹 *Lilium lancifolium* Ker Gawl. 文献记录分布：连州 [26]。说明：分布存疑。

药百合 *Lilium speciosum* var. *gloriosoides* Baker 文献记录分布：广东 [22b]。说明：排除，本种分布于浙江、江西、湖南、广西、安徽、台湾。

54. 兰科 Orchidaceae

坛花兰属 *Acanthephippium* Blume

中华坛花兰 *Acanthephippium gougahense* (Guillaumin) Seidenf. 文献记录分布：广东 [3, 36b]。说明：排除，《中国植物志》记载的"中华坛花兰 *Acanthephippium sinense*"被归并到 *A. striatum*，而 *A. gougahense* 在国内仅分布在香港和海南。

指甲兰属 *Aerides* Lour.

香花指甲兰 *Aerides odorata* Lour. 文献记录分布：广东 [3, 36b]。说明：分布存疑。

石豆兰属 *Bulbophyllum* Thouars

伞花卷瓣兰 *Bulbophyllum umbellatum* Lindl. 文献记录分布：广东 [22b]。说明：排除，本种分布于贵州、四川、台湾、西藏、云南。

隔距兰属 *Cleisostoma* Blume

大叶隔距兰 *Cleisostoma racemiferum* (Lindl.) Garay 文献记录分布：始兴 [28]。说明：分布存疑。

毛柱隔距兰 *Cleisostoma simondii* (Gagnep.) Seidenf. 文献记录分布：东莞 [25]、肇庆 [9]。说明：分布存疑，原变种可能不产广东。

贝母兰属 *Coelogyne* Lindl.

单唇贝母兰 *Coelogyne leungiana* S. Y. Hu 文献记录分布：东莞 [25]。说明：排除，被归并到 ***Coelogyne fimbriata*** [243]。

吻兰属 *Collabium* Blume

台湾吻兰 *Collabium formosanum* Hayata 文献记录分布：乳源 [26, 35]、阳春 [35, 37]。说明：排除，广东不产 [531]。

沼兰属 *Crepidium* Blume

浅裂沼兰 *Crepidium acuminatum* (D. Don) Szlach. 文献记录分布：广东 [3, 22b, 36b]。说明：分布存疑。

海南沼兰 *Crepidium hainanense* (Tang & F. T. Wang) S. C. Chen & J. J. Wood 文献记录分布：紫金 [31]。说明：分布存疑。

兰属 *Cymbidium* Sw.

莎叶兰 *Cymbidium cyperifolium* Wall. ex Lindl. 文献记录分布：广东 [3]。说明：分布存疑。

飞霞兰 *Cymbidium feixiaense* F. C. Li 文献记录分布：清远 [434, 20]。说明：分类地位存疑，可能是无叶美冠兰 (*Eulophia zollingeri*)。

石斛属 *Dendrobium* Sw.

流苏石斛 *Dendrobium fimbriatum* Hook. 文献记录分布：英德 [32]。说明：分布存疑。

毛兰属 *Eria* Lindl. in Edwards

高山毛兰 *Eria reptans* (Franch. & Sav.) Makino 文献记录分布：南雄 [57]。说明：分布存疑。

美冠兰属 *Eulophia* R. Br.

台湾美冠兰 *Eulophia bicallosa* (D. Don) P. F. Hunt & Summerh. 文献记录分布：始兴 [28]。说明：分布存疑。

羊耳蒜属 *Liparis* Rich.

羊耳蒜 *Liparis campylostalix* Rchb. f. 文献记录分布：丰顺 [95]。说明：分布存疑。

小巧羊耳蒜 *Liparis delicatula* Hook. f. 文献记录分布：翁源 [51]。说明：分布存疑。

紫花羊耳蒜 *Liparis nigra* Seidenf. 文献记录分布：信宜 [35, 52]。说明：排除 [530]。

蝴蝶兰属 *Phalaenopsis* Blume

小尖囊兰 *Phalaenopsis taenialis* (Lindl.) Christenson & Pradhan 文献记录分布：始兴 [28]。说明：分布存疑。

舌唇兰属 *Platanthera* Rich.

南方舌唇兰 *Platanthera angustata* Lindl 文献记录分布：广东 [22b]。说明：分布存疑。

舌唇兰 *Platanthera japonica* (Thunb. ex A. Murray) Lindl. 文献记录分布：新丰 [63]。说明：分布存疑。

独蒜兰属 *Pleione* D. Don

独蒜兰 *Pleione bulbocodioides* (Franch.) Rolfe 文献记录分布：广东 [3, 22b, 36b]。说明：排除，广东分布的独蒜兰全部是台湾独蒜兰 (*Pleione formosana*) 的错误鉴定。

绶草属 *Spiranthes* Rich.

尼泊尔绶草 *Spiranthes flexuosa* (Sm.) Lindl. 文献记录分布：广东 [36b]。说明：分布存疑。

带唇兰属 *Tainia* Blume

阔叶带唇兰 *Tainia latifolia* (Lindl.) Rchb. f. 文献记录分布：新丰 [63]、仁化 [16]、英德 [32]。说明：分布存疑。

线柱兰属 *Zeuxine* Lindl.

芳线柱兰 *Zeuxine nervosa* (Lindl.) Trimen 文献记录分布：紫金 [31]。说明：分布存疑。

55. 阿福花科 Asphodelaceae

萱草属 *Hemerocallis* L.

常绿萱草 *Hemerocallis fulva* var. *aurantiaca* (Baker) M. Hotta 文献记录分布：广东 [3, 22b, 36b]。说明：分布存疑。

56. 石蒜科 Amaryllidaceae

葱属 *Allium* L.

火葱 *Allium cepa* var. *aggregatum* L. 文献记录分布：广东 [3, 22b, 36b]。说明：排除，本种为西亚引入的栽培植物。

楼子葱 *Allium cepa* var. *proliferum* Regel 文献记录分布：茂名 [85]。说明：分布存疑。

文殊兰属 *Crinum* L.

亚洲文殊兰 *Crinum asiaticum* L. 文献记录分布：广东 [36b]。说明：分布存疑。

西南文殊兰 *Crinum latifolium* L. 文献记录分布：广东 [22b]。说明：排除，本种原产广西、云南、贵州。

57. 天门冬科 Asparagaceae

沿阶草属 *Ophiopogon* Ker Gawl.

沿阶草 *Ophiopogon bodinieri* H. Lév. 文献记录分布：始兴 [28]、英德 [32]。说明：分布存疑。

阴生沿阶草 *Ophiopogon umbraticola* Hance 文献记录分布：广东 [3, 22b, 36b]。说明：分布存疑。

58. 棕榈科 Arecaceae

桄榔属 *Arenga* Labill.

双籽棕 *Arenga caudata* (Lour.) H. E. Moore 文献记录分布：博罗 [87]。说明：分布存疑。

鱼尾葵属 *Caryota* L.

单穗鱼尾葵 *Caryota monostachya* Becc. 文献记录分布：广东 [22b]。说明：排除，本种在广东为栽培植物。

钩叶藤属 *Plectocomia* Mart. ex Blume

钩叶藤 *Plectocomia pierreana* Becc. 文献记录分布：广东 [3, 36b]。说明：分布存疑。

59. 鸭跖草科 Commelinaceae

网籽草属 *Dictyospermum* Wight

网籽草 *Dictyospermum conspicuum* (Blume) Hassk. 文献记录分布：新丰 [63]。说明：分布存疑。

杜若属 *Pollia* Thunb.

伞花杜若 *Pollia subumbellata* C. B. Clarke 文献记录分布：始兴 [28]。说明：分布存疑。

60. 雨久花科 Pontederiaceae

雨久花属 *Monochoria* C. Presl

雨久花 *Monochoria korsakowii* Regel & Maack 文献记录分布：广东 [22b]。说明：排除。

61. 芭蕉科 Musaceae

象腿蕉属 *Ensete* Bruce ex Horan.

象头蕉 *Ensete wilsonii* (Tutcher) Cheesman 文献记录分布：南雄 [57]。说明：分布存疑。

62. 竹芋科 Marantaceae

柊叶属 *Phrynium* Willd.

海南柊叶 *Phrynium hainanense* T. L. Wu & S. J. Chen 文献记录分布：广东 [3, 36b]。说明：排除，《中国植物志》记载"产广东（海南）"。

少花柊叶 *Phrynium oliganthum* Merr. 文献记录分布：广东 [3, 36b]。说明：排除，《中国植物志》记载"产我国广东（海南）、福建"。

63. 姜科 Zingiberaceae

山姜属 *Alpinia* Roxb.

小花山姜 *Alpinia brevis* T. L. Wu & S. J. Chen 文献记录分布：广东 [3, 36b]。说明：分布存疑。

毛红豆蔻 *Alpinia galanga* var. *pyramidata* (Blume) K. Schum. 文献记录分布：广东 [3, 36b]。说明：分布存疑。

狭叶山姜 *Alpinia graminifolia* D. Fang & J. Y. Luo 文献记录分布：广东 [22b]、五华 [4]、惠东 [12]。说明：分布存疑。

矮山姜 *Alpinia psilogyna* D. Fang 文献记录分布：仁化 [16]。说明：分布存疑。

四川山姜 *Alpinia sichuanensis* Z. Y. Zhu 文献记录分布：深圳 [17]。说明：分布存疑。

豆蔻属 *Amomum* Roxb.

九翅豆蔻 *Amomum maximum* Roxb. 文献记录分布：广东 [3, 36b]。说明：分布存疑。

白豆蔻 *Amomum verum* Blackw. 文献记录分布：广东 [36b]。说明：排除，为东南亚引入的栽培植物。

姜黄属 *Curcuma* L.

温郁金 *Curcuma wenyujin* Y. H. Chen & C. Ling 文献记录分布：广东 [3, 36b]。说明：分布存疑。

姜花属 *Hedychium* J. Koenig

毛姜花 *Hedychium villosum* Wall. 文献记录分布：广东 [3, 36b]。说明：分布存疑。

姜属 *Zingiber* Mill.

阳荷 *Zingiber striolatum* Diels 文献记录分布：始兴 [28]、乐昌 [29, 35, 41]、怀集 [35]、从化 [35, 107]、南雄 [33, 57]、深圳 [17]、英德 [32, 35]、新丰 [35, 63]、连南 [35]、信宜 [35, 52]、连平 [35]、仁化 [16]、翁源 [51]、佛冈 [27]、阳山 [26]、乳源 [26, 35]、东莞 [25]。说明：排除，广东不产 [39]。

64. 香蒲科 Typhaceae

黑三棱属 *Sparganium* L.

小黑三棱 *Sparganium emersum* Rehmann 文献记录分布：博罗 [87]。说明：分布存疑。

65. 黄眼草科 Xyridaceae

黄眼草属 *Xyris* L.

黄谷精 ***Xyris capensis* var. *schoenoides*** (Mart.) Nilsson 文献记录分布：广东 [22b]。说明：分布存疑。

66. 谷精草科 Eriocaulaceae

谷精草属 *Eriocaulon* L.

狭叶谷精草 ***Eriocaulon angustulum*** W. L. Ma 文献记录分布：广东 [22b]。说明：分布存疑。

小瓣谷精草 ***Eriocaulon nantoense* var. *micropetalum*** W. L. Ma 文献记录分布：广东 [36b]。说明：分布存疑。

小谷精草 ***Eriocaulon nepalense* var. *luzulifolium*** (Mart.) Praj. & J. Parn. 文献记录分布：始兴 [28]、新丰 [63]。说明：分布存疑。

67. 灯心草科 Juncaceae

灯心草属 *Juncus* L.

针灯心草 ***Juncus wallichianus*** J. Gay ex Laharpe 文献记录分布：广东 [3, 36b]。说明：分布存疑。

地杨梅属 *Luzula* DC.

多花地杨梅 ***Luzula multiflora*** (Ehrh.) Lej. 文献记录分布：广东 [22b]。说明：分布存疑。

68. 莎草科 Cyperaceae

薹草属 *Carex* L.

团穗薹草 ***Carex agglomerata*** C. B. Clarke 文献记录分布：广东 [22b]。说明：分布存疑。

垂穗薹草 ***Carex brachyathera*** Ohwi 文献记录分布：南雄 [57]。说明：分布存疑。

亚澳薹草 ***Carex brownii*** Tuckerm. 文献记录分布：连州 [26]。说明：分布存疑。

福建薹草 ***Carex fokienensis*** Dunn 文献记录分布：始兴 [28]。说明：分布存疑。

穿孔薹草 ***Carex foraminata*** C. B. Clarke 文献记录分布：阳山 [26]。说明：分布存疑。

长穗柄薹草 ***Carex longipes*** D. Don ex Tilloch & Taylor 文献记录分布：广东 [22b]。说明：分布存疑。

灰帽薹草 ***Carex mitrata*** Franch. 文献记录分布：乳源 [26]。说明：分布存疑。

柔果薹草 ***Carex mollicula*** Boott 文献记录分布：广东 [36b]。说明：排除，本种分布于浙江、台湾两省。

星穗薹草 ***Carex omiana*** Franch. & Sav. 文献记录分布：始兴 [28]。说明：分布存疑。

拟三穗薹草 ***Carex pseudotristachya*** X. F. Jin & C. Z. Zheng 文献记录分布：广东 [36b]。说明：排除，本种分布于浙江。

仙台薹草 ***Carex sendaica*** Franch. 文献记录分布：始兴 [28]。说明：分布存疑。

多穗仙台薹草 ***Carex sendaica* var. *pseudosendaica*** T. Koyama 文献记录分布：广东 [22b]。说明：分布存疑。

草黄薹草 ***Carex stramentitia*** Boott ex Boeckeler 文献记录分布：广东 [22b]。说明：排除。

英德薹草 ***Carex yingdeensis*** Y. F. Deng 文献记录分布：广东 [22b]。说明：排除，各大数据库均未收录，未正式发表。

莎草属 *Cyperus* L.

宽柱莎草 ***Cyperus platystylis*** R. Br. 文献记录分布：广东 [22b]。说明：排除，本种原产台湾、西藏。

荸荠属 *Eleocharis* R. Br.

菲律宾荸荠 ***Eleocharis philippinensis*** Svenson 文献记录分布：广东 [3, 22b, 36b]。说明：分布存疑。

飘拂草属 *Fimbristylis* Vahl

匍匐茎飘拂草 ***Fimbristylis stolonifera*** C. B. Clarke 文献记录分布：广东 [3, 22b, 36b]。说明：分布存疑。

黑莎草属 *Gahnia* J. R. Forst. & G. Forst.

爪哇黑莎草 ***Gahnia javanica*** Zoll. & Moritzi 文献记录分布：广东 [22b]。说明：分布存疑。

割鸡芒属 *Hypolytrum* Pers.

少穗割鸡芒 ***Hypolytrum paucistrobiliferum*** Tang & F. T. Wang 文献记录分布：广东 [22b]。说明：排除，本种分布于海南。

水蜈蚣属 *Kyllinga* Rottb.

圆筒穗水蜈蚣 ***Kyllinga cylindrica*** Nees 文献记录分布：广东 [3, 22b, 36b]。说明：分布存疑。

水蜈蚣 ***Kyllinga polyphylla*** Kunth 文献记录分布：丰顺 [95]。说明：分布存疑。

扁莎属 *Pycreus* P. Beauv.

禾状扁莎 ***Pycreus unioloides*** (R. Br.) Urb. 文献记录分布：广东 [3, 22b, 36b]。说明：分布存疑。

萤蔺属 *Schoenoplectiella* Lye

稻田萤蔺 ***Schoenoplectiella lateriflora*** (J. F. Gmel.) Lye 文献记录分布：广东 [3, 22b, 36b]。说明：分布存疑。

仰卧秆萤蔺 ***Schoenoplectiella supina*** (L.) Lye 文献记录分布：广东 [3, 36b]。说明：分布存疑。

水葱属 *Schoenoplectus* (Rchb.) Palla

钻苞水葱 ***Schoenoplectus subulatus*** (Vahl) Lye 文献记录分布：深圳 [17]。说明：分布存疑。

藨草属 *Scirpus* L.

北水毛花 ***Scirpus mucronatus*** L. 文献记录分布：信宜 [52]、东莞 [25]、南雄 [33]、仁化 [16]。说明：分布存疑。

球穗藨草 ***Scirpus wichurae*** Boeckeler 文献记录分布：乐昌 [29]、阳山 [26]、连州 [26]。说明：分布存疑。

珍珠茅属 *Scleria* P. J. Bergius

纤秆珍珠茅 ***Scleria pergracilis*** (Nees) Kunth 文献记录分

布：广东 [3, 22b, 36b]。说明：分布存疑。

69. 禾本科 Poaceae

酸竹属 *Acidosasa* C. D. Chu & C. S. Chao ex Keng f.

毛花酸竹 *Acidosasa purpurea* (J. R. Xue & T. P. Yi) P. C. Keng 文献记录分布：南雄 [57]。说明：分布存疑。

剪股颖属 *Agrostis* L.

阿里山剪股颖 *Agrostis arisan-montana* Ohwi 文献记录分布：广东 [36b]。说明：分布存疑。

楔颖草属 *Apocopis* Nees

楔颖草 *Apocopis paleaceus* (Trin.) Hochr. 文献记录分布：广东 [3, 22b, 36b]、封开 [14]。说明：分布存疑。

青篱竹属 *Arundinaria* Michx.

窄耳苦竹 *Arundinaria chino* (Franch. & Sav.) Makino 文献记录分布：广东 [22b]。说明：排除，本种原产日本。

簕竹属 *Bambusa* Schreb.

慈竹 *Bambusa emeiensis* L. C. Chia & H. L. Fung 文献记录分布：乐昌 [29]。说明：分布存疑。

桂单竹 *Bambusa guangxiensis* L. C. Chia & H. L. Fung 文献记录分布：从化 [107]。说明：分布存疑。

小琴丝竹 *Bambusa multiplex* 'Alphonse-karri' Rob. A. Young 文献记录分布：广东 [36b]。说明：排除，本品种为栽培植物，可能逸生到栽培区域以外。

凤尾竹 *Bambusa multiplex* 'Fernleaf' Rob. A. Young 文献记录分布：广东 [36b]。说明：排除，本品种在广东为栽培植物。

银丝竹 *Bambusa multiplex* 'Silverstripe' Rob. A. Young 文献记录分布：广东 [36b]。说明：排除，本品种在广东为栽培植物。

石角竹 *Bambusa multiplex* var. *shimadae* (Hayata) K. Sasaki 文献记录分布：广东 [3, 22b, 36b]。说明：排除，本种在广东为栽培植物。

黄竹仔 *Bambusa mutabilis* McClure 文献记录分布：仁化 [16]。说明：分布存疑。

花头黄 *Bambusa revoluta* (W. T. Lin & J. Y. Lin) N. H. Xia, R. H. Wang & R. S. Lin 文献记录分布：广东 [22b]。说明：分布存疑。

锦竹 *Bambusa subaequalis* H. L. Fung & C. Y. Sia 文献记录分布：广东 [3, 22b, 36b]。说明：排除，本种在广东为栽培植物。

马甲竹 *Bambusa teres* Buch. -Ham. ex Munro 文献记录分布：广东 [3, 36b]。说明：分布存疑。

黄金间碧竹 *Bambusa vulgaris* 'Vittata' (Rivière & C. Rivière) McClure 文献记录分布：广东 [36b]。说明：排除，本品种在广东为栽培植物。

孔颖草属 *Bothriochloa* Kuntze

孔颖臭根子草 *Bothriochloa bladhii* var. *punctata* (Roxb.) R. R. Stewart 文献记录分布：广东 [3, 22b, 36b]。说明：分布存疑。

臂形草属 *Brachiaria* (Trin.) Griseb.

多枝臂形草 *Brachiaria ramosa* (L.) Stapf 文献记录分布：深圳 [11]。说明：分布存疑。

短柄草属 *Brachypodium* P. Beauv.

短柄草 *Brachypodium sylvaticum* (Huds.) P. Beauv. 文献记录分布：郁南 [101]。说明：分布存疑。

拂子茅属 *Calamagrostis* Adans.

远东拂子茅 *Calamagrostis extremiorientalis* (Tzvel.) Prob. 文献记录分布：广东 [36b]。说明：分布存疑。

香茅属 *Cymbopogon* Spreng.

枫茅 *Cymbopogon winterianus* Jowitt ex Bor 文献记录分布：广东 [3, 22b, 36b]。说明：排除，《中国植物志》记载"广东海南（兴隆福山）"。

狗牙根属 *Cynodon* Rich.

弯穗狗牙根 *Cynodon radiatus* Roth ex Roem. & Schult. 文献记录分布：广东 [3, 22b, 36b]。说明：分布存疑。

牡竹属 *Dendrocalamus* Nees

勐龙牡竹 *Dendrocalamus menglongensis* J. R. Xue & K. L. Wang ex N. H. Xia, R. S. Lin & Y. B. Guo 文献记录分布：广东 [3]。说明：排除，原产于云南。

牡竹 *Dendrocalamus strictus* (Roxb.) Nees 文献记录分布：广东 [3, 22b, 36b]。说明：排除，本种在广东为栽培植物。

马唐属 *Digitaria* Haller

绒马唐 *Digitaria mollicoma* (Kunth) Henrard 文献记录分布：翁源 [51]。说明：分布存疑。

画眉草属 *Eragrostis* Wolf

佛欧里画眉草 *Eragrostis fauriei* Ohwi 文献记录分布：广东 [22b]。说明：排除，本种原产于台湾。

小画眉草 *Eragrostis minor* Host 文献记录分布：广东 [22b]、惠东 [12]。说明：排除。

有毛画眉草 *Eragrostis pilosiuscula* Ohwi 文献记录分布：广东 [3, 22b, 36b]。说明：分布存疑。

真穗草属 *Eustachys* Desv.

真穗草 *Eustachys tenera* (J. Presl) A. Camus 文献记录分布：广东 [3, 22b, 36b]。说明：分布存疑。

箭竹属 *Fargesia* Franch.

华西箭竹 *Fargesia nitida* (Mitford ex Stapf) P. C. Keng ex T. P. Yi 文献记录分布：英德 [32]。说明：分布存疑。

牛鞭草属 *Hemarthria* R. Br.

长花牛鞭草 *Hemarthria longiflora* (Hook. f.) A. Camus 文献记录分布：深圳 [17]；说明：分布存疑。

箬竹属 *Indocalamus* Nakai

多脉青篱竹 *Indocalamus multinervis* (W. T. Lin & Z. M. Wu) W. T. Lin 文献记录分布：广东 [22b]。说明：分布存疑。

矮箬竹 *Indocalamus pedalis* (Keng) P. C. Keng 文献记录分布：博罗 [87]。说明：分布存疑。

大节竹属 *Indosasa* McClure

大节竹 *Indosasa crassiflora* McClure 文献记录分布：封开 [14]、广东 [22b]。说明：排除，本种分布于广西。

橄榄竹 *Indosasa gigantea* (T. H. Wen) T. H. Wen 文献记录分布：南雄 [57]。说明：分布存疑。

月耳大节竹 *Indosasa lunata* W. T. Lin 文献记录分布：广东 [22b]。说明：分类地位存疑。

小叶大节竹 *Indosasa parvifolia* C. S. Chao & Q. H. Dai 文献记录分布：紫金 [31]。说明：分布存疑。

横枝竹 *Indosasa patens* C. D. Chu & C. S. Chao 文献记录分布：始兴 [28]。说明：分布存疑。

柳叶箬属 *Isachne* R. Br.

海南柳叶箬 *Isachne hainanensis* P. C. Keng 文献记录分布：封开 [14]、广东 [3, 36b]。说明：排除，海南特产。

江西柳叶箬 *Isachne nipponensis* var. *kiangsiensis* Keng f. 文献记录分布：广东 [22b]。说明：分布存疑。

鸭嘴草属 *Ischaemum* L.

无芒鸭嘴草 *Ischaemum muticum* L. 文献记录分布：广东 [22b]。说明：排除，本种分布于台湾。

簇穗鸭嘴草 *Ischaemum polystachyum* J. Presl 文献记录分布：广东 [3, 22b, 36b]。说明：分布存疑。

帝汶鸭嘴草 *Ischaemum timorense* Kunth 文献记录分布：广东 [3, 22b, 36b]。说明：分布存疑。

千金子属 *Leptochloa* P. Beauv.

双稃草 *Leptochloa fusca* (L.) Kunth 文献记录分布：广东 [3, 22b, 36b]。说明：分布存疑。

芒属 *Miscanthus* Andersson

南荻 *Miscanthus lutarioriparius* L. Liu ex Renvoize & S. L. Chen 文献记录分布：广东 [22b]。说明：排除，本种分布于湖北、湖南。

类芦属 *Neyraudia* Hook. f.

山类芦 *Neyraudia montana* Keng 文献记录分布：从化 [107]。说明：分布存疑。

少穗竹属 *Oligostachyum* Z. P. Wang & G. H. Ye

林仔竹 *Oligostachyum nuspiculum* (McClure) Z. P. Wang & G. H. Ye 文献记录分布：英德 [32]。说明：分布存疑。

稻属 *Oryza* L.

籼稻 *Oryza sativa* subsp. *indica* Kato. 文献记录分布：广东 [36b]。说明：排除，本种在广东为栽培植物。

黍属 *Panicum* L.

弯花黍 *Panicum curviflorum* Hornem. 文献记录分布：广东 [22b]。说明：分布存疑。

长稃草属 *Patis* Ohwi

钝颖长旗草 *Patis obtusa* (Stapf) Romasch. , P. M. Peterson & Soreng 文献记录分布：广东 [3, 22b, 36b]。说明：分布存疑。

茅根属 *Perotis* Aiton

麦穗茅根 *Perotis hordeiformis* Nees 文献记录分布：广东 [3, 36b]。说明：分布存疑。

刚竹属 *Phyllostachys* Siebold & Zucc.

实肚竹 *Phyllostachys nidularia* f. *farcta* H. R. Zhao & A. T. Lin 文献记录分布：广东 [22b]。说明：排除，该变型在广东无分布。

苦竹属 *Pleioblastus* Nakai

高舌苦竹 *Pleioblastus altiligulatus* S. L. Chen & S. Y. Chen 文献记录分布：始兴 [28]。说明：分布存疑。

大明竹 *Pleioblastus gramineus* (Bean) Nakai 文献记录分布：广东 [22b, 36b]。说明：排除，本种在广东为栽培植物。

早熟禾属 *Poa* L.

如昆早熟禾 *Poa acroleuca* var. *ryukyuensis* Koba & Tateoka 文献记录分布：广东 [3, 36b]。说明：分布存疑。

假铁秆草属 *Pseudanthistiria* Hook. f.

假铁秆草 *Pseudanthistiria heteroclita* (Roxb.) Hook. f. 文献记录分布：广东 [22b]。说明：分布存疑。

矢竹属 *Pseudosasa* Makino ex Nakai

矢竹 *Pseudosasa japonica* (Siebold & Zucc. ex Steud.) Makino ex Nakai 文献记录分布：广东 [22b]。说明：排除，本种在广东为栽培植物。

泡竹属 *Pseudostachyum* Munro

泡竹 *Pseudostachyum polymorphum* Munro 文献记录分布：广东 [3, 22b, 36b]。说明：分布存疑。

甘蔗属 *Saccharum* L.

细秆甘蔗 *Saccharum barberi* Jesw. 文献记录分布：茂名 [85]。说明：分布存疑。

狭叶斑茅 *Saccharum procerum* Roxb. 文献记录分布：广东 [3, 22b, 36b]。说明：分布存疑。

囊颖草属 *Sacciolepis* Nash

矮小囊颖草 *Sacciolepis myosuroides* var. *nana* S. L. Chen & T. D. Zhuang 文献记录分布：广东 [3, 36b]。说明：分布存疑。

赤竹属 *Sasa* Makino & Shibata

红壳赤竹 *Sasa rubrovaginata* Cheng H. Hu 文献记录分布：广东 [22b]。说明：排除，本种分布于广西。

光笹竹 *Sasa subglabra* McClure 文献记录分布：从化 [107]。说明：分布存疑。

沟颖草属 *Sehima* Forssk.

沟颖草 *Sehima nervosa* (Rottler) Stapf 文献记录分布：仁化 [16]。说明：分布存疑。

狗尾草属 ***Setaria*** **P. Beauv.**

褐毛狗尾草 ***Setaria pallide-fusca*** (Schumach.) Stapf & C. E. Hubb. 文献记录分布：仁化 [16]、乐昌 [41]、从化 [107]、中山 [10]。说明：分布存疑。

鹅毛竹属 ***Shibataea*** **Makino ex Nakai**

倭竹 ***Shibataea kumasaca*** (Zoll. ex Steud.) Makino ex Nakai 文献记录分布：广东 [22b]。说明：排除，本种在广东为栽培植物。

大油芒属 ***Spodiopogon*** **Trin.**

台南大油芒 ***Spodiopogon tainanensis*** Hayata 文献记录分布：连州 [26]。说明：分布存疑。

菅属 ***Themeda*** **Forssk.**

大菅 ***Themeda gigantea*** (Cav.) Hack. ex Duthie 文献记录分布：英德 [32]、从化 [107]、信宜 [52]、始兴 [28]、博罗 [87]、深圳 [11]。说明：分布存疑。

中华菅 ***Themeda quadrivalvis*** (L.) Kuntze 文献记录分布：广东 [3, 22b, 36b]。说明：分布存疑。

尾稃草属 ***Urochloa*** **P. Beauv.**

刺毛尾稃草 ***Urochloa setigera*** (Retz.) Stapf 文献记录分布：广东 [3, 22b, 36b]。说明：分布存疑。

70. 罂粟科 Papaveraceae

紫堇属 ***Corydalis*** **DC.**

阜平黄堇 ***Corydalis wilfordii*** Regel 文献记录分布：广东 [3, 22b, 36b]。说明：分布存疑。

71. 木通科 Lardizabalaceae

野木瓜属 ***Stauntonia*** **DC.**

西南野木瓜 ***Stauntonia cavalerieana*** Gagnep. 文献记录分布：连州 [26]、新丰 [63]。说明：分布存疑。

72. 防己科 Menispermaceae

古山龙属 ***Arcangelisia*** **Becc.**

古山龙 ***Arcangelisia gusanlung*** H. S. Lo 文献记录分布：茂名 [85]。说明：分布存疑。

千金藤属 ***Stephania*** **Kuntze**

地不容 ***Stephania epigaea*** H. S. Lo 文献记录分布：翁源 [51]。说明：分布存疑。

海南地不容 ***Stephania hainanensis*** H. S. Lo & Y. Tsoong 文献记录分布：广东 [22b]、封开 [14]。说明：排除，本种分布于海南。

千金藤 ***Stephania japonica*** (Thunb.) Miers 文献记录分布：仁化 [16]、佛冈 [27]。说明：分布存疑。

汝兰 ***Stephania sinica*** Diels 文献记录分布：英德 [32]。说明：分布存疑。

73. 小檗科 Berberidaceae

鬼臼属 ***Dysosma*** **Woodson**

六角莲 ***Dysosma pleiantha*** (Hance) Woodson 文献记录分布：乳源 [26]、英德 [32]。说明：分布存疑。

十大功劳属 ***Mahonia*** **Nutt.**

宽苞十大功劳 ***Mahonia eurybracteata*** Fedde 文献记录分布：增城 [116]。说明：分布存疑。

阿里山十大功劳 ***Mahonia oiwakensis*** Hayata 文献记录分布：深圳 [17]、阳山 [26]。说明：分布存疑。

74. 毛茛科 Ranunculaceae

乌头属 ***Aconitum*** **L.**

狭菱裂乌头 ***Aconitum carmichaelii* var. *angustius*** W. T. Wang & P. G. Xiao 文献记录分布：广东 [36b]。说明：排除，本种除在河南的模式标本外无其他标本信息。

铁线莲属 ***Clematis*** **L.**

长冬草 ***Clematis hexapetala* var. *tchefouensis*** (Debeaux) S. Y. Hu 文献记录分布：新丰 [63]。说明：分布存疑。

菝葜叶铁线莲 ***Clematis smilacifolia*** Wall. 文献记录分布：广东 [22b]。说明：排除，本种原产于广西、云南、贵州、西藏、海南。

圆锥铁线莲 ***Clematis terniflora*** DC. 文献记录分布：广东 [22b]。说明：分布存疑。

黄连属 ***Coptis*** **Salisb.**

黄连 ***Coptis chinensis*** Franch. 文献记录分布：乳源 [26]。说明：分布存疑。

唐松草属 ***Thalictrum*** **L.**

爪哇唐松草 ***Thalictrum javanicum*** Blume 文献记录分布：增城 [116]、阳山 [26]、韶关 [35]、乐昌 [29]、连州 [26]。说明：排除。

散花唐松草 ***Thalictrum sparsiflorum*** Turcz. ex Fisch. & C. A. Mey. 文献记录分布：博罗 [87]。说明：排除，本种国内产东北地区。

75. 清风藤科 Sabiaceae

泡花树属 ***Meliosma*** **Blume**

泡花树 ***Meliosma cuneifolia*** Franch. 文献记录分布：新丰 [63]。说明：分布存疑。

灌丛泡花树 ***Meliosma dumicola*** W. W. Sm. 文献记录分布：广东 [3, 22b, 36b]。说明：排除，本种分布于海南，误作广东分布。

疏枝泡花树 ***Meliosma longipes*** Merr. 文献记录分布：广东 [3, 22b, 36b]。说明：分布存疑。

单叶泡花树 ***Meliosma simplicifolia*** (Roxb.) Walp. 文献记录分布：英德 [32]。说明：分布存疑。

76. 山龙眼科 Proteaceae

山龙眼属 *Helicia* Lour.

山龙眼 *Helicia formosana* Hemsl. 文献记录分布：阳山[26]。说明：分布存疑。

77. 金缕梅科 Hamamelidaceae

马蹄荷属 *Exbucklandia* R. W. Br.

长瓣马蹄荷 *Exbucklandia longipetala* H. T. Chang 文献记录分布：广东 [22b]。说明：分布存疑。

78. 虎皮楠科 Daphniphyllaceae

虎皮楠属 *Daphniphyllum* Blume

狭叶虎皮楠 *Daphniphyllum angustifolium* Hutch. 文献记录分布：深圳 [11]。说明：分布存疑。

79. 鼠刺科 Iteaceae

鼠刺属 *Itea* Gronov. ex L.

秀丽鼠刺 *Itea amoena* Chun 文献记录分布：广东 [22b]。说明：排除，确认广东无分布。

80. 虎耳草科 Saxifragaceae

金腰属 *Chrysosplenium* L.

柔毛金腰 *Chrysosplenium pilosum* var. *valdepilosum* Ohwi 文献记录分布：广东 [22b]。说明：排除，《中国植物志》记载“产于黑龙江、吉林、辽宁、河北、山西、陕西、甘肃南部、青海(循化孟达)、浙江(天台山)、湖北、四川东部”。

虎耳草属 *Saxifraga* L.

卵心叶虎耳草 *Saxifraga epiphylla* Gornall & H. Ohba 文献记录分布：广东 [3, 22b, 36b]。说明：分布存疑。

单脉虎耳草 *Saxifraga uninervia* J. Anthony 文献记录分布：广东 [22b]。说明：排除，本种分布于云南。

81. 景天科 Crassulaceae

费菜属 *Phedimus* Raf.

费菜 *Phedimus aizoon* (L.) ‘t Hart 文献记录分布：广东[22b]。说明：排除，本种产于长江流域以北。

景天属 *Sedum* L.

疏花佛甲草 *Sedum uniflorum* Hook. & Arn. 文献记录分布：广东 [36b]。说明：分布存疑。

82. 葡萄科 Vitaceae

蛇葡萄属 *Ampelopsis* Michx.

东北蛇葡萄 *Ampelopsis glandulosa* var. *brevipedunculata* (Maxim.) Momiy. 文献记录分布：新丰 [63]、英德 [32]。说明：分布存疑。

白粉藤属 *Cissus* L.

四棱白粉藤 *Cissus subtetragona* Planch. 文献记录分布：广东 [3, 22b, 36b]。说明：分布存疑。

牛果藤属 *Nekemias* Raf.

大叶牛果藤 *Nekemias megalophylla* (Diels & Gilg) J. Wen & Z. L. Nie 文献记录分布：封开 [14]、惠东 [12]、新丰[63]、阳山 [26]、紫金 [31]、始兴 [28]、五华 [4]、乳源 [26]。说明：分布存疑。

地锦属 *Parthenocissus* Planch.

栓翅地锦 *Parthenocissus suberosa* Hand. -Mazz. 文献记录分布：英德 [32]。说明：分布存疑。

崖爬藤属 *Tetrastigma* Planch.

茎花崖爬藤 *Tetrastigma cauliflorum* Merr. 文献记录分布：广东 [3, 22b, 36b]。说明：分布存疑。

单叶红枝崖爬藤 *Tetrastigma erubescens* var. *monophyllum* Gagnep. 文献记录分布：广东 [22b]。说明：排除，本种分布于海南。

葡萄属 *Vitis* L.

龙州葡萄 *Vitis balanseana* var. *ficifolioides* (W. T. Wang) C. L. Li 文献记录分布：始兴 [28]。说明：分布存疑。

83. 豆科 Fabaceae

海红豆属 *Adenanthera* L.

光海红豆 *Adenanthera pavonina* L. 文献记录分布：博罗 [87]、英德 [32]。说明：分布存疑。

合欢属 *Albizia* Durazz.

印度山槐 *Albizia kalkora* (Roxb.) Prain 文献记录分布：佛冈 #[27]、和平 #[35]、惠东 #[12]、乐昌 #[29, 35, 41]、连南 #[35]、连山 #[35]、连州 #[26, 35]、罗定 #[35]、茂名 #[85]、南雄 #[33, 57]、仁化 #[16]、乳源 #[26, 35]、始兴 #[28, 35]、翁源 #[51]、新丰 #[63]、信宜 #[52]、阳春 #[35]、阳山 #[26, 35]、英德 #[32, 35]、中山 #[10]、紫金 #[31]。说明：国内文献记录的 *Albizia kalkora* 全部为错误引用，国内不产 [552]。

链荚豆属 *Alysicarpus* Neck. ex Desv.

卵叶链荚豆 *Alysicarpus ovalifolius* (Schumach. & Thonn.) J. Leonard 文献记录分布：广东 [22b]。说明：分布存疑。

猴耳环属 *Archidendron* F. Muell.

双猴耳环 *Archidendron bigeminum* (L.) I. C. Nielsen 文献记录分布：广东 [36b]。说明：排除，本种可能仅分布于南亚与东南亚缅甸一带。

羊蹄甲属 *Bauhinia* Plum. ex L.

嘉氏羊蹄甲 *Bauhinia galpinii* N. E. Br. 文献记录分布：广东 [36b]。说明：排除，本种为热带非洲引入的栽培植物。

鸡血藤属 *Callerya* Endl.

皱果鸡血藤 *Callerya oosperma* (Dunn) Z. Wei & Pedley

文献记录分布：广东 [22b]。说明：排除，归并到灰毛鸡血藤 (*Callerya cinerea*)。

笐子梢属 *Campylotropis* Bunge

太白山笐子梢 *Campylotropis macrocarpa* var. *hupehensis* (Pamp.) Iokawa & H. Ohashi 文献记录分布：广东 [3, 22b, 36b]。说明：分布存疑。

腊肠树属 *Cassia* L.

澜沧腊肠树 *Cassia lancangensis* Y. Y. Qian 文献记录分布：阳山 [26]、乳源 [26]。说明：分布存疑。

首冠藤属 *Cheniella* R. Clark & Mackinder

黔南首冠藤 *Cheniella quinnanensis* (T. C. Chen) R. Clark & Mackinder 文献记录分布：广东 [36b]。说明：排除，本种为贵州特产，两广可能有栽培。

猪屎豆属 *Crotalaria* L.

褐毛猪屎豆 *Crotalaria mysorensis* Roth 文献记录分布：广东 [3, 22b, 36b]。说明：排除，被杨莼瑜鉴定为该种的标本 T. N. Liou 74 (PE000834) 来自香港九龙 (Kowloon)，非广东。

三圆叶猪屎豆 *Crotalaria pallida* var. *obovata* (G. Don) Polhill 文献记录分布：广东 [36b]。说明：分布存疑。

黄檀属 *Dalbergia* L. f.

狭叶黄檀 *Dalbergia stenophylla* Prain 文献记录分布：信宜 [52]、从化 [35]、乳源 [26]、饶平 [35]、丰顺 [95]。说明：分布存疑。

越南黄檀 *Dalbergia tonkinensis* Prain 文献记录分布：广东 [36b]。说明：排除，本种分布于海南，误作广东分布。

鱼藤属 *Derris* Lour.

黔桂鱼藤 *Derris cavaleriei* Gagnep. 文献记录分布：广东 [3]。说明：排除，本种仅见广西与贵州标本。

粗茎鱼藤 *Derris scabricaulis* (Franch.) Gagnep. 文献记录分布：广东 [22b]。说明：分布存疑。

镰扁豆属 *Dolichos* L.

纤茎镰扁豆 *Dolichos tenuicaulis* Craib 文献记录分布：广东 [36b]。说明：排除，本种分布于云南，可至广西，未见广东标本。

镰扁豆 *Dolichos trilobus* L. 文献记录分布：广东 [36b]。说明：分布存疑。

山黑豆属 *Dumasia* DC.

小鸡藤 *Dumasia forrestii* Diels 文献记录分布：始兴 [28]。说明：分布存疑。

野扁豆属 *Dunbaria* Wight & Arn.

长毛野扁豆 *Dunbaria crinita* (Dunn) Maesen 文献记录分布：广东 [36b]。说明：排除，归并到黄毛野扁豆 *Dunbaria fusca*。

榼藤属 *Entada* Adans.

鸭腱藤 *Entada pursaetha* DC. 文献记录分布：广东 [36b]。说明：分布存疑。

云南榼藤子 *Entada pursaetha* subsp. *sinohimalensis* Grierson & D. G. Long 文献记录分布：广东 [36b]。说明：分布存疑。

乳豆属 *Galactia* P. Browne

台湾乳豆 *Galactia formosana* Matsum. 文献记录分布：广东 [36b]。说明：排除，归并到乳豆 *Galactia tenuiflora*。

大豆属 *Glycine* Willd.

烟豆 *Glycine tabacina* Benth. 文献记录分布：广东 [30]。说明：分布存疑。

假地豆属 *Grona* Lour.

卵叶假地豆 *Grona heterocarpos* subsp. *ovalifolia* (Prain) H. Ohashi & K. Ohashi 文献记录分布：广东 [36b]。说明：排除，归并到假地豆 (***Grona heterocarpos***)。

长柄山蚂蟥属 *Hylodesmum* H. Ohashi & R. R. Mill

黔长柄山蚂蟥 *Hylodesmum laxum* subsp. *lateraxum* (H. Ohashi) H. Ohashi & R. R. Mill 文献记录分布：广东 [36b]。说明：排除，本种分布于贵州。

羽叶长柄山蚂蟥 *Hylodesmum oldhamii* (Oliv.) H. Ohashi & R. R. Mill 文献记录分布：广东 [22b]。说明：排除，确定本种在广东无分布。

四川长柄山蚂蟥 *Hylodesmum podocarpum* subsp. *szechuenense* (Craib) H. Ohashi & R. R. Mill 文献记录分布：广东 [3, 22b, 36b]。说明：分布存疑。

木蓝属 *Indigofera* L.

河北木蓝 *Indigofera bungeana* Walp. 文献记录分布：始兴 [28]、广州 [35]。说明：分布存疑。

假大青蓝 *Indigofera galegoides* DC. 文献记录分布：广东 [3, 22b, 36b]。说明：分布存疑。

胡枝子属 *Lespedeza* Michx.

短梗胡枝子 *Lespedeza cyrtobotrya* Miq. 文献记录分布：信宜 [52]。说明：排除，参见《广东植物志》5: 291。

尖叶铁扫帚 *Lespedeza juncea* (L. f.) Pers. 文献记录分布：广东 [22b]。说明：分布存疑。

日本胡枝子 *Lespedeza thunbergii* (DC.) Nakai 文献记录分布：广东 [3, 22b, 36b]。说明：分布存疑。

路生胡枝子 *Lespedeza viatorum* Champ. ex Benth. 文献记录分布：广东 [22b, 36b]。说明：排除，归并到美丽胡枝子 *Lespedeza thunbergii* subsp. *formosa*。

马鞍树属 *Maackia* Rupr.

浙江马鞍树 *Maackia chekiangensis* S. S. Chien 文献记录分布：广东 [3, 22b]。说明：分布存疑。

红豆属 *Ormosia* Jacks.

长脐红豆 *Ormosia balansae* Drake 文献记录分布：始兴 [28]。说明：分布存疑。

缘毛红豆 *Ormosia howii* Merr. & Chun ex Merr. & H. Y. Chen 文献记录分布：广东 [36b]。说明：分布存疑。

绒毛小叶红豆 *Ormosia microphylla* var. *tomentosa* R. H. Chang 文献记录分布：广东 [36b]。说明：排除，归并到小叶红豆 *Ormosia microphylla*。

薄毛茸荚红豆 *Ormosia pachycarpa* var. *tenuis* Chun ex R. H. Chang 文献记录分布：广东 [3, 22b, 36b]。说明：排除，归并到云开红豆 *Ormosia merrilliana*。

荔枝叶红豆 *Ormosia semicastrata* f. *litchiifolia* F. C. How 文献记录分布：英德 [32]、乐昌 [41]、紫金 [31]。说明：分布存疑。

排钱树属 *Phyllodium* Desv.

长叶排钱树 *Phyllodium longipes* (Craib) Schindl. 文献记录分布：广东 [3, 22b, 36b]。说明：分布存疑。

儿茶属 *Senegalia* Raf.

尖叶藤儿茶 *Senegalia caesia* (L.) Maslin, Seigler & Ebinger 文献记录分布：广东 [3, 22b]。说明：排除，广东不产 [227]。

海南藤儿茶 *Senegalia hainanensis* (Hayata) H. Sun 文献记录分布：广东 [3, 22b]。说明：排除，曾怀德 17398 (NAS00398788)，鉴定名称 *Acacia hainanensis* Hayata 为本种异名，但该标本采集自海南澄迈，误作广东分布。

印度藤儿茶 *Senegalia pennata* (L.) Maslin 文献记录分布：佛冈 [27]、封开 [14]、广东 [35]。说明：排除，原变种广东不产 [227]。

越南藤儿茶 *Senegalia vietnamensis* (I. C. Nielsen) Maslin, Seigler & Ebinger 文献记录分布：广东 [3, 22b]。说明：排除，广东不产 [227]。

决明属 *Senna* Mill.

尖叶决明 *Senna acutifolia* (Delile) Batka 文献记录分布：广东 [36b]。说明：分布存疑。

茳芒决明 *Senna planitiicola* (Domin) Randell 文献记录分布：广东 [36b]。说明：分布存疑。

田菁属 *Sesbania* Scop.

印度田菁 *Sesbania sesban* (L.) Merr. 文献记录分布：广东 [3, 22b]。说明：分布存疑。

拿身草属 *Sohmaea* H. Ohashi & K. Ohashi

单序拿身草 *Sohmaea diffusa* (DC.) H. Ohashi & K. Ohashi 文献记录分布：广东 [3, 22b, 36b]。说明：分布存疑。

苦参属 *Sophora* L.

锈毛槐 *Sophora prazeri* Prain 文献记录分布：乳源 [26]。说明：分布存疑。

槐属 *Styphnolobium* Schott

堇花槐 *Styphnolobium japonicum* f. *violaceum* (Carrière) H. Ohashi 文献记录分布：广东 [36b]。说明：排除，本种在广东为栽培植物。

毛叶槐 *Styphnolobium japonicum* var. *pubescens* hort. ex G. Kirchn. 文献记录分布：广东 [36b]。说明：排除，本种在广东为栽培植物。

葫芦茶属 *Tadehagi* H. Ohashi

宽果葫芦茶 *Tadehagi triquetrum* subsp. *alatum* (DC.) H. Ohashi 文献记录分布：广东 [36b]。说明：排除，归并到葫芦茶 *Tadehagi triquetrum*。

灰毛豆属 *Tephrosia* Pers.

西沙灰毛豆 *Tephrosia luzonensis* Vogel 文献记录分布：广东 [3]。说明：排除，本种有曾宪锋 ZXF13172 一号标本，采集自广东徐闻，但本种据 FOC 记载"Guangdong (Xisha Qundao: Yongxing Dao)"表明确切记载地点仅有西沙群岛永兴岛一带，今属海南省三沙市。

长序灰毛豆 *Tephrosia noctiflora* Bojer ex Baker 文献记录分布：广东 [22b]。说明：分布存疑。

车轴草属 *Trifolium* L.

埃及车轴草 *Trifolium alexandrinum* L. 文献记录分布：广东 [3, 22b]。说明：排除，本种为北非－西亚地区引入的栽培植物。

野豌豆属 *Vicia* L.

山野豌豆 *Vicia amoena* Fisch. ex DC. 文献记录分布：广东 [36b]。说明：排除，FOC 记载产"Anhui, Gansu, Hebei, Heilongjiang, Henan, Hubei, Jiangsu, Jilin, Liaoning, Nei Mongol, Ningxia, Qinghai, Shaanxi, Shandong, Shanxi, Sichuan, Xizang, Yun-nan"，广东无分布。

窄叶野豌豆 *Vicia sativa* subsp. *nigra* (L.) Ehrh. 文献记录分布：广东 [22b]。说明：分布存疑。

夏藤属 *Wisteriopsis* J. Compton & Schrire

线叶夏藤 *Wisteriopsis reticulata* var. *stenophylla* (Merr. & Chun) J. Compton & Schrire 文献记录分布：广东 [22b]。说明：分布存疑。

84. 海人树科 Surianaceae

海人树属 *Suriana* L.

海人树 *Suriana maritima* L. 文献记录分布：广东 [3, 36b]。说明：排除，本种分布于海南（西沙群岛），误作广东分布。但金效华等（2023）在《国家重点保护野生植物图鉴》指出该种在广东的东沙群岛也有分布，我们暂未看到标本。

85. 远志科 Polygalaceae

远志属 *Polygala* L.

海南远志 *Polygala hainanensis* Chun & F. C. How 文献记录分布：英德 [32]。说明：分布存疑。

岩生远志 *Polygala saxicola* Dunn 文献记录分布：仁化 [16]、惠东 [12]。说明：分布存疑。

西伯利亚远志 *Polygala sibirica* L. 文献记录分布：始兴 [28]。说明：分布存疑。

远志 *Polygala tenuifolia* Willd. 文献记录分布：始兴 [28]。说明：分布存疑。

86. 蔷薇科 Rosaceae

假升麻属 *Aruncus* L.

假升麻 *Aruncus sylvester* Kostel. ex Maxim. 文献记录分布：连州 [26]。说明：分布存疑。

路边青属 *Geum* L.

日本路边青 *Geum japonicum* Thunb. 文献记录分布：广东 [36b]。说明：分布存疑。

柔毛路边青 *Geum japonicum* var. *chinense* F. Bolle 文献记录分布：广东 [3, 22b, 36b]。说明：分布存疑。

石楠属 *Photinia* Lindl.

福建石楠 *Photinia fokienensis* (Finet & Franch.) Franch. ex Cardot 文献记录分布：广东 [22b]。说明：分布存疑。

倒卵叶石楠 *Photinia lasiogyna* (Franch.) C. K. Schneid. 文献记录分布：始兴 [28]。说明：排除，广东不产 [93]。

委陵菜属 *Potentilla* L.

委陵菜 *Potentilla chinensis* Ser. 文献记录分布：广东 [3, 22b, 36b]。说明：分布存疑。

下江委陵菜 *Potentilla limprichtii* J. Krause 文献记录分布：广东 [3, 36b]。说明：分布存疑。

钉柱委陵菜 *Potentilla saundersiana* Royle 文献记录分布：始兴 [28]。说明：分布存疑。

李属 *Prunus* L.

郁李 *Prunus japonica* Thunb. 文献记录分布：乳源 [35]、乐昌 [29]、仁化 [16]。说明：野生分布存疑。

臀果木属 *Pygeum* Gaertn.

疏花臀果木 *Pygeum laxiflorum* Merr. ex H. L. Li 文献记录分布：广东 [3, 22b, 36b]。说明：分布存疑。

火棘属 *Pyracantha* M. Roem.

火棘 *Pyracantha fortuneana* (Maxim.) H. L. Li 文献记录分布：英德 [32]、仁化 [16]、封开 [14]。说明：分布存疑。

梨属 *Pyrus* L.

杜梨 *Pyrus betulifolia* Bunge 文献记录分布：从化 [107]。说明：分布存疑。

石斑木属 *Rhaphiolepis* Lindl.

大叶石斑木 *Rhaphiolepis major* Cardot 文献记录分布：广东 [22b]。说明：排除，本种分布于福建、江苏、江西、浙江。

悬钩子属 *Rubus* L.

短柄悬钩子 *Rubus brevipetiolatus* T. T. Yu & L. T. Lu 文献记录分布：英德 [32]。说明：分布存疑。

甜茶 *Rubus chingii* var. *suavissimus* (S. Lee) L. T. Lu 文献记录分布：广东 [22b]。说明：分布存疑。

裂叶悬钩子 *Rubus howii* Merr. & Chun 文献记录分布：新丰 [63]、仁化 [16]。说明：分布存疑。

广西悬钩子 *Rubus kwangsiensis* H. L. Li 文献记录分布：广东 [22b]。说明：排除，本种分布于广西。

花楸属 *Sorbus* L.

薄皮花楸 *Sorbus eleonorae* Aldasoro 文献记录分布：广东 [36b]。说明：分布存疑。

大果花楸 *Sorbus megalocarpa* Rehder 文献记录分布：连州 [26]。说明：分布存疑。

绣线菊属 *Spiraea* L.

李叶绣线菊 *Spiraea prunifolia* Siebold & Zucc. 文献记录分布：广东 [3, 22b]。说明：排除，本种原变种产日本，其余变种未见广东标本。

菱叶绣线菊 *Spiraea vanhouttei* (Briot) Carrière 文献记录分布：广东 [3, 4, 22b, 36b]。说明：分布存疑。

野珠兰属 *Stephanandra* Siebold & Zucc.

小野珠兰 *Stephanandra incisa* (Thunb.) Zabel 文献记录分布：丰顺 [95]。说明：分布存疑。

87. 胡颓子科 Elaeagnaceae

胡颓子属 *Elaeagnus* L.

长叶胡颓子 *Elaeagnus bockii* Diels 文献记录分布：广东 [22b]。说明：分布存疑。

88. 鼠李科 Rhamnaceae

猫乳属 *Rhamnella* Miq.

猫乳 *Rhamnella franguloides* (Maxim.) Weberb. 文献记录分布：阳山 [26]、英德 [32]。说明：分布存疑。

鼠李属 *Rhamnus* L.

圆叶鼠李 *Rhamnus globosa* Bunge 文献记录分布：乳源 [26]。说明：分布存疑。

89. 榆科 Ulmaceae

榆属 *Ulmus* L.

杭州榆 *Ulmus changii* W. C. Cheng 文献记录分布：始兴 [28]。说明：分布存疑。

90. 大麻科 Cannabaceae

朴属 *Celtis* L.

黑弹树 *Celtis bungeana* Blume 文献记录分布：始兴 [28]、五华 [4]。说明：分布存疑。

铁灵花 *Celtis philippensis* var. *wightii* (Planch.) Soepadmo 文献记录分布：广东 [3, 36b]。说明：分布存疑。

91. 桑科 Moraceae

波罗蜜属 *Artocarpus* J. R. Forst. & G. Forst.

光叶桂木 *Artocarpus nitidus* Trec. 文献记录分布：广东 [3]。说明：分布存疑。

榕属 *Ficus* L.

硬皮榕 ***Ficus callosa*** Willd. 文献记录分布：广东 [3, 22b, 36b]。说明：排除，本种在广东为栽培植物。

枕果榕 ***Ficus drupacea*** Thunb. 文献记录分布：广东 [3, 22b, 36b]。说明：分布存疑。

染料榕 ***Ficus tinctoria*** G. Forst. 文献记录分布：仁化 [16]、茂名 [85]、英德 [32]。说明：分布存疑。

假鹊肾树属 *Pseudostreblus* Bureau

假鹊肾树 ***Pseudostreblus indicus*** Bureau 文献记录分布：广东 [3, 22b, 36b]、惠东 [12]。说明：排除。

92. 荨麻科 Urticaceae

水麻属 *Debregeasia* Gaudich.

长叶水麻 ***Debregeasia longifolia*** (Burm. f.) Wedd. 文献记录分布：广东 [3, 22b, 36b]。说明：分布存疑。

火麻树属 *Dendrocnide* Miq.

海南火麻树 ***Dendrocnide stimulans*** (L. f.) Chew 文献记录分布：广东 [3, 36b]。说明：分布存疑。

楼梯草属 *Elatostema* J. R. Forst. & G. Forst.

食用楼梯草 ***Elatostema edule*** C. B. Rob. 文献记录分布：始兴 [28]。说明：分布存疑。

光叶楼梯草 ***Elatostema laevissimum*** W. T. Wang 文献记录分布：广东 [22b]、封开 [14]。说明：分布存疑。

宽叶楼梯草 ***Elatostema platyphyllum*** Wedd. 文献记录分布：肇庆 [9]、英德 [32]、博罗 [87]、封开 [14]。说明：分布存疑。

对叶楼梯草 ***Elatostema sinense*** H. Schroet. 文献记录分布：广东 [36b]。说明：分布存疑。

艾麻属 *Laportea* Gaudich.

红小麻 ***Laportea interrupta*** (L.) Chew 文献记录分布：深圳 [17]。说明：分布存疑。

紫麻属 *Oreocnide* Miq.

宽叶紫麻 ***Oreocnide tonkinensis*** (Gagnep.) Merr. & Chun 文献记录分布：广东 [22b]。说明：排除，本种分布于广西、云南。

赤车属 *Pellionia* Gaudich.

滇南赤车 ***Pellionia paucidentata*** (H. Schroet.) S. S. Chien 文献记录分布：英德 [32]。说明：分布存疑。

冷水花属 *Pilea* Lindl.

五萼冷水花 ***Pilea boniana*** Gagnep. 文献记录分布：广东 [22b]。说明：排除。

长序冷水花 ***Pilea melastomoides*** (Poir.) Wedd. 文献记录分布：广东 [22b]。说明：排除，标本采自广西。

细叶冷水花 ***Pilea somae*** Hayata 文献记录分布：丰顺 [95]。说明：分布存疑。

翅茎冷水花 ***Pilea subcoriacea*** (Hand. -Mazz.) C. J. Chen 文献记录分布：广东 [36b]。说明：分布存疑。

喙萼冷水花 ***Pilea symmeria*** Wedd. 文献记录分布：英德 [32]。说明：分布存疑。

雾水葛属 *Pouzolzia* Gaudich.

红雾水葛 ***Pouzolzia sanguinea*** (Blume) Merr. 文献记录分布：深圳 [11]。说明：分布存疑。

93. 壳斗科 Fagaceae

锥属 *Castanopsis* (D. Don) Spach

榄壳锥 ***Castanopsis boisii*** Hickel & A. Camus 文献记录分布：广东 [22b, 36b]。说明：排除，本种有广西防城标本(曾怀德 26773 sys00055438) 误作广东分布。

高山锥 ***Castanopsis delavayi*** Franch. 文献记录分布：广东 [22b, 36b]。说明：分布存疑。

印度锥 ***Castanopsis indica*** (Roxb. ex Lindl.) A. DC. 文献记录分布：广东 [3, 22b, 36b]。说明：分布存疑。

大叶锥 ***Castanopsis megaphylla*** Hu 文献记录分布：新丰 [63]。说明：分布存疑。

假罗浮锥 ***Castanopsis semifabri*** X. M. Chen & B. P. Yu 文献记录分布：广东 [36b]。说明：分布存疑。

蒺藜锥 ***Castanopsis tribuloides*** (Sm.) A. DC. 文献记录分布：英德 [32]。说明：分布存疑。

柯属 *Lithocarpus* Blume

芽庄柯 ***Lithocarpus chevalieri*** A. Camus 文献记录分布：广东 [36b]。说明：分布存疑，*POWO* 仅记载越南分布。

包果柯 ***Lithocarpus cleistocarpus*** (Seemen) Rehder & E. H. Wilson 文献记录分布：英德 [32]。说明：分布存疑。

海南烟斗柯 ***Lithocarpus corneus* var. *hainanensis*** (Merr.) C. C. Huang & Y. T. Chang 文献记录分布：广东 [3, 22b, 36b]。说明：分布存疑。

皱叶烟斗柯 ***Lithocarpus corneus* var. *rhytidophyllus*** C. C. Huang & Y. T. Chang 文献记录分布：仁化 [16]。说明：分布存疑。

硬叶柯 ***Lithocarpus crassifolius*** A. Camus 文献记录分布：英德 [32]。说明：分布存疑。

密脉柯 ***Lithocarpus fordianus*** (Hemsl.) Chun 文献记录分布：英德 [32]、从化 [107]。说明：分布存疑。

多穗柯 ***Lithocarpus polystachyus*** Rehder 文献记录分布：新丰 [63]、始兴 [28]、博罗 [87]、从化 [107]、茂名 [85]、英德 [32]。说明：分布存疑。

栎属 *Quercus* L.

黑果青冈 ***Quercus chevalieri*** Hickel & A. Camus 文献记录分布：广东 [3, 22b, 36b]。说明：分布存疑。

毛枝青冈 ***Quercus helferiana*** A. DC. 文献记录分布：广东 [3, 22b, 36b]。说明：分布存疑。

广西青冈 ***Quercus kouangsiensis*** A. Camus 文献记录分

布：广东 [3, 22b, 36b]。说明：分布存疑。

云南波罗栎 *Quercus yunnanensis* Franch. 文献记录分布：广东 [3, 22b, 36b]。说明：分布存疑。

94. 胡桃科 Juglandaceae

黄杞属 *Engelhardia* Lesch. ex Blume

毛叶黄杞 *Engelhardia spicata* var. *integra* (Kurz) W. E. Manning ex Steenis 文献记录分布：广东 [3, 22b, 36b]。说明：分布存疑。

枫杨属 *Pterocarya* Kunth

华西枫杨 *Pterocarya macroptera* var. *insignis* (Rehder & E. H. Wilson) W. E. Manning 文献记录分布：广东 [22b]。说明：排除，本种在广东为栽培植物。

95. 桦木科 Betulaceae

桦木属 *Betula* L.

香桦 *Betula insignis* Franch. 文献记录分布：连州 [26]。说明：分布存疑。

96. 葫芦科 Cucurbitaceae

白兼果属 *Baijiania* A. M. Lu & J. Q. Li

白兼果 *Baijiania decipiens* (C. Jeffrey & W. J. de Wilde) H. Schaef. & S. S. Renner 文献记录分布：广东 [3, 22b, 36b]。说明：排除，*Sinobaijiania decipiens* C. Jeffrey & W. J. de Wilde 模式标本 S. K. Lau 27136 (A00249608) 采集自海南。

油渣果属 *Hodgsonia* Hook. f. & Thomson

油渣果 *Hodgsonia heteroclita* (Roxb.) Hook. f. & Thomson 文献记录分布：郁南 [101]、信宜 [52]。说明：野生分布存疑。

棒锤瓜属 *Neoalsomitra* Hutch.

藏棒锤瓜 *Neoalsomitra clavigera* (Wall.) Hutch. 文献记录分布：广东 [3, 22b]。说明：排除，本种只分布于西藏、云南。

赤瓟属 *Thladiantha* Bunge

赤瓟 *Thladiantha dubia* Bunge 文献记录分布：新丰 [63]。说明：分布存疑。

长毛赤瓟 *Thladiantha villosula* Cogn. 文献记录分布：始兴 [28]。说明：分布存疑。

栝楼属 *Trichosanthes* L.

栝楼 *Trichosanthes kirilowii* Maxim. 文献记录分布：英德 [32]、始兴 [28]、封开 [14]、仁化 [16]、从化 [107]、茂名 [85]、佛冈 [27]。说明：分布存疑。

截叶栝楼 *Trichosanthes truncata* C. B. Clarke 文献记录分布：广东 [3, 22b, 36b]。说明：分布存疑。

马瓟儿属 *Zehneria* Endl.

台湾马瓟儿 *Zehneria guamensis* (Merr.) Fosberg 文献记录分布：广东 [3, 36b]。说明：分布存疑。

黑果马瓟儿 *Zehneria mucronata* (Blume) Miq. 文献记录分布：广东 [22b]。说明：分布存疑。

97. 秋海棠科 Begoniaceae

秋海棠属 *Begonia* L.

丹霞秋海棠 *Begonia danxiaensis* D. K. Tian & X. L. Yu 文献记录分布：广东 [22b]。说明：排除，本种分布于湖南。

秋海棠 *Begonia grandis* Dryand. 文献记录分布：英德 [32]、紫金 [35]。说明：分布存疑。

98. 卫矛科 Celastraceae

南蛇藤属 *Celastrus* L.

硬毛南蛇藤 *Celastrus hirsutus* H. F. Comber 文献记录分布：肇庆 [9]。说明：分布存疑。

南蛇藤 *Celastrus orbiculatus* Thunb. 文献记录分布：东莞 [25]、深圳 [17]、封开 [14]、江门 [8]、郁南 [35, 101]、丰顺 [95]、英德 [32]、罗定 [35]、连山 [35]、阳山 [26]、仁化 [16]、博罗 [35]、新丰 [63]、始兴 [28]。说明：分布存疑，该种主要分布在长江以北。

毛脉显柱南蛇藤 *Celastrus stylosus* var. *puberulus* (P. S. Hsu.) C. Y. Cheng & T. C. Kao 文献记录分布：广东 [3, 22b, 36b]。说明：分布存疑。

皱果南蛇藤 *Celastrus tonkinensis* Pit. 文献记录分布：紫金 [31]。说明：分布存疑。

卫矛属 *Euonymus* L.

大花卫矛 *Euonymus grandiflorus* Wall. 文献记录分布：肇庆 [9]。说明：分布存疑。

湖北卫矛 *Euonymus hupehensis* (Loes.) Loes. 文献记录分布：广东 [3, 22b, 36b]。说明：分布存疑。

小果卫矛 *Euonymus microcarpus* (Oliv. ex Loes.) Sprague 文献记录分布：广东 [36b]。说明：分布存疑。

海桐卫矛 *Euonymus pittosporoides* C. Y. Cheng ex J. S. Ma 文献记录分布：广东 [3, 22b, 36b]。说明：分布存疑。

疏刺卫矛 *Euonymus spraguei* Hayata 文献记录分布：广东 [22b]。说明：排除，本种原产台湾。

游藤卫矛 *Euonymus vagans* Wall. 文献记录分布：广东 [22b]。说明：分布存疑。

假卫矛属 *Microtropis* Wall. ex Meisn.

隐脉假卫矛 *Microtropis obscurinervia* Merr. & F. L. Freeman 文献记录分布：丰顺 [95]。说明：分布存疑。

梅花草属 *Parnassia* L.

梅花草 *Parnassia palustris* L. 文献记录分布：广东 [22b]。说明：排除，本种原产于华北、东北、新疆。

99. 酢浆草科 Oxalidaceae

感应草属 *Biophytum* DC.

分枝感应草 *Biophytum fruticosum* Blume 文献记录分布：广东 [3, 22b, 36b]。说明：分布存疑。

酢浆草属 *Oxalis* L.

白花酢浆草 *Oxalis acetosella* L. 文献记录分布：仁化 [16]。说明：分布存疑。

100. 杜英科 Elaeocarpaceae

杜英属 *Elaeocarpus* L.

锈毛杜英 *Elaeocarpus howii* Merr. & Chun 文献记录分布：广东 [3, 22b, 36b]。说明：排除，本种分布于海南，误作广东分布。

滇越杜英 *Elaeocarpus poilanei* Gagnep. 文献记录分布：广东 [3, 22b, 36b]。说明：分布存疑。

猴欢喜属 *Sloanea* L.

全叶猴欢喜 *Sloanea integrifolia* Chun & F. C. How 文献记录分布：广东 [22b]。说明：分布存疑。

101. 红树科 Rhizophoraceae

红树属 *Rhizophora* L.

红茄苳 *Rhizophora mucronata* Lam. 文献记录分布：广东 [22b]。说明：排除，本种在广东为栽培植物。

102. 藤黄科 Clusiaceae

藤黄属 *Garcinia* L.

单花山竹子 *Garcinia oligantha* Merr. 文献记录分布：广东 [3, 36b]。说明：分布存疑。

越南藤黄 *Garcinia schefferi* Pierre 文献记录分布：广东 [22b, 36b]。说明：排除，原产越南。

大叶藤黄 *Garcinia xanthochymus* Hook. f. ex T. Anderson 文献记录分布：广东 [3, 22b, 36b]。说明：排除，本种在广东为栽培植物。

103. 川苔草科 Podostemaceae

川苔草属 *Cladopus* H. A. Möller

飞瀑草 *Cladopus nymanii* H. A. Möller 文献记录分布：博罗 [35]、从化 [107, 22, 35]、普宁 [35]。说明：排除，广东不产。

104. 金丝桃科 Hypericaceae

金丝桃属 *Hypericum* Tourn. ex L.

细叶金丝桃 *Hypericum gramineum* G. Forst. 文献记录分布：博罗 [87]。说明：分布存疑。

台湾小连翘 *Hypericum taihezanense* Sasaki ex S. Suzuki 文献记录分布：广东 [3, 22b, 36b]。说明：分布存疑。

105. 核果木科 Putranjivaceae

核果木属 *Drypetes* Vahl

密花核果木 *Drypetes congestiflora* Chun & T. Chen 文献记录分布：广东 [3, 22b, 36b]。说明：分布存疑。

青枣核果木 *Drypetes cumingii* (Baill.) Pax & K. Hoffm. 文献记录分布：广东 [3, 22b, 36b]。说明：分布存疑。

106. 沟繁缕科 Elatinaceae

田繁缕属 *Bergia* L.

倍蕊田繁缕 *Bergia serrata* Blanco 文献记录分布: 广东 [3, 22b, 36b]。说明：分布存疑。

107. 金虎尾科 Malpighiaceae

盾翅藤属 *Aspidopterys* Juss. ex S. L. Endlicher

盾翅藤 *Aspidopterys glabriuscula* (Wall.) A. Juss. 文献记录分布：广东 [3, 22b, 36b]。说明：分布存疑。

风筝果属 *Hiptage* Gaertn.

绢毛风筝果 *Hiptage sericea* (Wall.) Hook. f. 文献记录分布：广东 [36b]。说明：分布存疑。

108. 毒鼠子科 Dichapetalaceae

毒鼠子属 *Dichapetalum* Thouars

毒鼠子 *Dichapetalum gelonioides* (Roxb.) Engl. 文献记录分布：广东 [3, 36b]。说明：排除，本种主要分布于海南与云南，未见广东标本。

109. 青钟麻科 Achariaceae

马蛋果属 *Gynocardia* R. Br.

马蛋果 *Gynocardia odorata* Roxb. 文献记录分布：广东 [22b, 36b]。说明：排除，本种在广东为栽培植物。

110. 堇菜科 Violaceae

堇菜属 *Viola* L.

亮毛堇菜 *Viola lucens* W. Becker 文献记录分布：乐昌 [41]、南雄 [57]、五华 [4]、增城 [116]、紫金 [31]。说明：排除，广东不产，一般是张氏堇菜的错误鉴定。

心叶堇菜 *Viola yunnanfuensis* W. Becker 文献记录分布：连州 [26]。说明：广东分布存疑，凭证标本陈林等 28 (IBSC) 系错误鉴定。

111. 西番莲科 Passifloraceae

西番莲属 *Passiflora* L.

蓝翅西番莲 *Passiflora alato-caerulea* Lindl. 文献记录分布：广东 [36b]。说明：排除，本种在广东为栽培植物。

杯叶西番莲 ***Passiflora cupiformis*** Mast. 文献记录分布：广东 [3, 22b, 36b]。说明：分布存疑。

112. 杨柳科 Salicaceae

山桐子属 *Idesia* Maxim.

长果山桐子 ***Idesia polycarpa* var. *longicarpa*** S. S. Lai 文献记录分布：广东 [36b]。说明：分布存疑。

毛叶山桐子 ***Idesia polycarpa* var. *vestita*** Diels 文献记录分布：广东 [22b]。说明：分布存疑。

杨属 *Populus* L.

山杨 ***Populus davidiana*** Dode 文献记录分布：广东 [22b]。说明：分布存疑。

柳属 *Salix* L.

腺柳 ***Salix chaenomeloides*** Kimura 文献记录分布：广东 [22b]。说明：排除，本种分布于河北、江苏、辽宁、陕西、四川。

113. 大戟科 Euphorbiaceae

铁苋菜属 *Acalypha* L.

麻叶铁苋菜 ***Acalypha lanceolata*** Willd. 文献记录分布：广东 [3, 36b]。说明：排除，*Flora of China* 记载“Guangdong (Nansha Qundao, Xisha Qundao)”，实为海南省。

留萼木属 *Blachia* Baill.

海南留萼木 ***Blachia siamensis*** Gagnep. 文献记录分布：广东 [3, 22b, 36b]。说明：排除，*Flora of China* 指出广东仅栽培。

大戟属 *Euphorbia* L.

泽漆 ***Euphorbia helioscopia*** L. 文献记录分布：广东 [3, 22b, 36b]。说明：分布存疑。

南亚大戟 ***Euphorbia indica*** Lam. 文献记录分布：广东 [3]。说明：分布存疑。

续随子 ***Euphorbia lathyris*** L. 文献记录分布：广东 [3, 22b, 36b]。说明：分布存疑。

小叶大戟 ***Euphorbia makinoi*** Hayata 文献记录分布：深圳 [17]。说明：分布存疑。

野桐属 *Mallotus* Lour.

长梗毛桐 ***Mallotus barbatus* var. *pedicellaris*** Croizat 文献记录分布：广东 [3, 22b, 36b]。说明：分布存疑。

光叶贵州野桐 ***Mallotus millietii* var. *atrichus*** Croizat 文献记录分布：乳源 [26]。说明：分布存疑。

尼泊尔野桐 ***Mallotus nepalensis*** Müll. Arg. 文献记录分布：封开 [14]、连州 [26]、乳源 [35]。说明：分布存疑。

地构叶属 *Speranskia* Baill.

地构叶 ***Speranskia tuberculata*** (Bunge) Baill. 文献记录分布：英德 [32]。说明：分布存疑。

厚托桐属 *Stillingia* Garden

海厚托桐 ***Stillingia lineata* subsp. *pacifica*** (Müll. Arg.) Steenis 文献记录分布：广东 [22b]。说明：排除，本种在广东为栽培植物。

114. 叶下珠科 Phyllanthaceae

喜光花属 *Actephila* Blume

喜光花 ***Actephila merrilliana*** Chun 文献记录分布：广东 [3, 22b, 36b]。说明：排除，《中国植物志》记载“本种模式标本采自广州石牌华南农业大学植物标本园（原中山大学农学院植物标本园，苗木引自海南）”。

五月茶属 *Antidesma* L.

海南五月茶 ***Antidesma hainanense*** Merr. 文献记录分布：广东 [3, 36b]。说明：分布存疑。

多花五月茶 ***Antidesma maclurei*** Merr. 文献记录分布：英德 [32]、封开 [14]。说明：分布存疑。

大果五月茶 ***Antidesma nienkui*** Merr. & Chun 文献记录分布：广东 [3, 22b, 36b]。说明：排除，*Flora of China* 记载”The second author has not seen any female flowering specimens, stipules, or any material from Guangdong province.”。

闭花木属 *Cleistanthus* Hook. f. ex Planch.

锈毛闭花木 ***Cleistanthus tomentosus*** Hance 文献记录分布：广东 [3, 22b, 36b]。说明：分布存疑。

算盘子属 *Glochidion* J. R. Forst. & G. Forst.

红算盘子 ***Glochidion coccineum*** (Buch. -Ham.) Müll. Arg. 文献记录分布：广东 [3, 22b, 36b]。说明：排除，参见 Yao et al. 09. Exclusion of *Glochidion coccineum* (Phyllanthaceae) from the *Flora of China*. Phytotaxa 408(3): 5。

山漆茎 ***Glochidion lutescens*** Blume 文献记录分布：广东 [3, 22b, 36b]。说明：排除，广东 2 号标本冼培芪 606 (SN00798) 和 H. Y. Ling 60390 (SN007979) 均为错误鉴定。

倒卵叶算盘子 ***Glochidion obovatum*** Siebold & Zucc. 文献记录分布：广东 [22b]。说明：排除，该种在广东的标本基本是 *Glochidion rubrum* 的错误鉴定。

圆果算盘子 ***Glochidion sphaerogynum*** (Müll. Arg.) Kurz 文献记录分布：广东 [3, 22b, 36b]。说明：排除，姚纲建议。

珠子木属 *Phyllanthodendron* Hemsl.

龙州珠子木 ***Phyllanthodendron breynioides*** P. T. Li 文献记录分布：广东 [22b]。说明：排除，本种分布于广西。

叶下珠属 *Phyllanthus* L.

三亚叶下珠 ***Phyllanthus amarus* subsp. *sanyaensis*** P. T. Li & Y. T. Zhu 文献记录分布：广东 [3, 36b]。说明：排除，归并到 *Phyllanthus amarus*。

滇藏叶下珠 ***Phyllanthus clarkei*** Hook. f. 文献记录分布：广东 [22b]。说明：排除，本种分布于云南、西藏、贵州、广西。

瑞氏叶下珠 ***Phyllanthus rheedii*** Wight 文献记录分布：广东 [36b]。说明：分布存疑。

守宫木属 *Sauropus* Blume

长梗守宫木 ***Sauropus macranthus*** Hassk. 文献记录分布：广东 [3, 22b, 36b]。说明：排除，本种分布于海南，而误作广东分布。

115. 牻牛儿苗科 Geraniaceae

老鹳草属 *Geranium* L.

尼泊尔老鹳草 ***Geranium nepalense*** Sweet 文献记录分布：乐昌 [26]、乳源 [26]。说明：分布存疑。

116. 使君子科 Combretaceae

风车子属 *Combretum* Loefl.

阔叶风车子 ***Combretum latifolium*** Blume 文献记录分布：广东 [22b]。说明：排除，本种原产于云南。

117. 千屈菜科 Lythraceae

水苋菜属 *Ammannia* L.

塞内加尔水苋菜 ***Ammannia senegalensis*** DC. 文献记录分布：广东 [36b]。说明：排除，从非洲引入的栽培植物。

紫薇属 *Lagerstroemia* L.

福建紫薇 ***Lagerstroemia limii*** Merr. 文献记录分布：广东 [22b]。说明：分布存疑。

节节菜属 *Rotala* L.

异叶节节菜 ***Rotala cordata*** Koehne 文献记录分布：广东 [22b]。说明：分布存疑。

五蕊节节菜 ***Rotala rosea*** (Poir.) C. D. K. Cook ex H. Hara 文献记录分布：广东 [22b]。说明：分布存疑。

118. 柳叶菜科 Onagraceae

柳叶菜属 *Epilobium* L.

毛脉柳叶菜 ***Epilobium amurense*** Hausskn. 文献记录分布：广东 [36b]。说明：排除，亚种 *Epilobium amurense* subsp. *cephalostigma* 在广东有分布。

119. 桃金娘科 Myrtaceae

红千层属 *Callistemon* R. Br.

柳叶红千层 ***Callistemon salignus*** (Sm.) Sweet 文献记录分布：广东 [22b, 36b]。说明：排除，本种为澳洲新南威尔士与昆士兰引入的栽培植物。

白千层属 *Melaleuca* L.

细花白千层 ***Melaleuca parviflora*** Lindl. 文献记录分布：广东 [22b, 36b]。说明：排除，本种在广东为栽培植物。

蒲桃属 *Syzygium* P. Browne ex Gaertn.

轮叶赤楠 ***Syzygium buxifolium* var. *verticillatum*** C. Chen 文献记录分布：广东 [3, 36b]。说明：分布存疑。

密脉蒲桃 ***Syzygium chunianum*** Merr. & L. M. Perry 文献记录分布：郁南 [101]；说明：分布存疑。

水竹蒲桃 ***Syzygium fluviatile*** (Hemsl.) Merr. & L. M. Perry 文献记录分布：广东 [22b]。说明：分布存疑。

万宁蒲桃 ***Syzygium howii*** Merr. & L. M. Perry 文献记录分布：始兴 [28]。说明：分布存疑。

120. 野牡丹科 Melastomataceae

异形木属 *Allomorphia* Blume

尾叶异形木 ***Allomorphia urophylla*** Diels 文献记录分布：广东 [3, 36b]。说明：分布存疑。

野海棠属 *Bredia* Blume

赤水野海棠 ***Bredia esquirolii*** (H. Lév.) Lauener 文献记录分布：连州 [26]。说明：分布存疑。

异药花属 *Fordiophyton* Stapf

劲枝异药花 ***Fordiophyton strictum*** Diels 文献记录分布：乳源 [26]。说明：分布存疑。

谷木属 *Memecylon* L.

少花谷木 ***Memecylon pauciflorum*** Blume 文献记录分布：封开 [14]、广东 [3, 22b, 36b]。说明：分布存疑。

金锦香属 *Osbeckia* L.

假朝天罐 ***Osbeckia crinita*** Benth. 文献记录分布：博罗 [87]、英德 [32]。说明：分布存疑。

酸脚杆属 *Pseudodissochaeta* Nayar

印度酸脚杆 ***Pseudodissochaeta assamica*** (C. B. Clarke) M. P. Nayar 文献记录分布：广东 [3, 22b]。说明：分布存疑。

顶花酸脚杆 ***Pseudodissochaeta spirei*** (Guillaumin) Veldkamp & J. F. Maxwell 文献记录分布：广东 [36b]。说明：分布存疑。

虎颜花属 *Tigridiopalma* C. Chen

龙门虎颜花 ***Tigridiopalma longmenensis*** Hui F. Wang, H. L. Cao & H. G. Ye 文献记录分布：广东 [36b]。说明：排除，归并到 *Tigridiopalma exalata*。

121. 瘿椒树科 Tapisciaceae

瘿椒树属 *Tapiscia* Oliv.

云南瘿椒树 ***Tapiscia yunnanensis*** W. C. Cheng & C. D. Chu 文献记录分布：广东 [22b, 36b]。说明：排除，本种原产云南、四川、湖北。

122. 橄榄科 Burseraceae

白头树属 *Garuga* Roxb.

多花白头树 ***Garuga floribunda* var. *gamblei*** (King ex W. W. Sm.) Kalkman 文献记录分布：广东 [3, 22b, 36b]。说明：排除，刘心祈 26101 (IBK00151302)，分布于海南白沙。

123. 漆树科 Anacardiaceae

漆树属 *Toxicodendron* Mill.

石山漆 ***Toxicodendron calcicola*** C. Y. Wu 文献记录分布：连州 [26]。说明：分布存疑。

毛漆树 ***Toxicodendron trichocarpum*** (Miq.) Kuntze 文献记录分布：郁南 [101]。说明：分布存疑。

124. 无患子科 Sapindaceae

槭属 *Acer* L.

十蕊槭 ***Acer laurinum*** Hassk. 文献记录分布：信宜 [52]、深圳 [11]。说明：分布存疑。

鞑靼槭 ***Acer tataricum*** L. 文献记录分布：广东 [3]。说明：排除，确认广东无分布。

苦条槭 ***Acer tataricum* subsp. *theiferum*** (W. P. Fang) Y. S. Chen & P. C. DeJong 文献记录分布：广东 [3, 36b]。说明：分布存疑。

细子龙属 *Amesiodendron* Hu

细子龙 ***Amesiodendron chinense*** (Merr.) Hu 文献记录分布：从化 [107]。说明：分布存疑。

鳞花木属 *Lepisanthes* Blume

滇赤才 ***Lepisanthes senegalensis*** (Poiret) Leen. 文献记录分布：广东 [36b]。说明：分布存疑。

柄果木属 *Mischocarpus* Blume

柄果木 ***Mischocarpus sundaicus*** Blume 文献记录分布：广东 [36b]。说明：排除，本种在广东为栽培植物。

125. 芸香科 Rutaceae

山小橘属 *Glycosmis* Corrêa

山橘树 ***Glycosmis cochinchinensis*** (Loureiro) Pierre 文献记录分布：广东 [3, 22b]。说明：分布存疑。

海南山小橘 ***Glycosmis montana*** Pierre 文献记录分布：广东 [3, 36b]。说明：排除，本种分布于海南，而误作广东分布。

三叶藤橘属 *Luvunga* Wight & Arn.

三叶藤橘 ***Luvunga scandens*** (Roxb.) Buch. -Ham. ex Wight & Arn. 文献记录分布：广东 [3, 36b]。说明：排除，本种分布于海南，而误作广东分布。

126. 苦木科 Simaroubaceae

鸦胆子属 *Brucea* J. F. Mill.

柔毛鸦胆子 ***Brucea mollis*** Wall. ex Kurz. 文献记录分布：广东 [3, 36b]。说明：分布存疑。

127. 楝科 Meliaceae

溪桫属 *Chisocheton* Blume

溪桫 ***Chisocheton cumingianus* subsp. *balansae*** (C. DC.) Mabb. 文献记录分布：广东 [3, 36b]。说明：分布存疑。

樫木属 *Dysoxylum* Blume

红果樫木 ***Dysoxylum gotadhora*** (Buch. -Ham.) Mabberley 文献记录分布：增城 [116]。说明：分布存疑。

鹧鸪花属 *Heynea* Roxb.

茸果鹧鸪花 ***Heynea velutina*** F. C. How & T. C. Chen 文献记录分布：广东 [36b]。说明：排除，本种分布于海南、广西。

香椿属 *Toona* (Endl.) M. Roem.

滇红椿 ***Toona ciliata* var. *yunnanensis*** (C. DC.) C. Y. Wu 文献记录分布：广东 [36b]。说明：排除，归并到红椿 (*Toona ciliata*)。

128. 锦葵科 Malvaceae

苘麻属 *Abutilon* Mill.

华苘麻 ***Abutilon sinense*** Oliv. 文献记录分布：广东 [3, 36b]。说明：分布存疑。

棉属 *Gossypium* L.

巴西海岛棉 ***Gossypium barbadense* var. *acuminatum*** (Roxb. ex G. Don) Triana & Planchon 文献记录分布：广东 [3, 22b, 36b]。说明：排除，本种为国外引栽至广东的植物。

扁担杆属 *Grewia* L.

朴叶扁担杆 ***Grewia celtidifolia*** Juss. 文献记录分布：广东 [3, 22b, 36b]。说明：分布存疑。

毛果扁担杆 ***Grewia eriocarpa*** Juss. 文献记录分布：广东 [3, 36b]。说明：分布存疑。

粗毛扁担杆 ***Grewia hirsuta*** Vahl. 文献记录分布：广东 [3, 22b, 36b]。说明：分布存疑。

木槿属 *Hibiscus* L.

重瓣朱槿 ***Hibiscus rosa-sinensis* var. *rubro-plenus*** Sweet 文献记录分布：广东 [36b]。说明：排除，本种在广东为栽培植物。

短苞木槿 ***Hibiscus syriacus* var. *brevibracteatus*** S. Y. Hu 文献记录分布：广东 [36b]。说明：排除，本种在广东为栽培植物。

白花牡丹木槿 ***Hibiscus syriacus* var. *toto-albus*** T. Moore 文献记录分布：广东 [36b]。说明：排除，本种在广东为栽培植物。

锦葵属 *Malva* L.

中华野葵 ***Malva verticillata* var. *rafiqii*** Abedin 文献记录分布：广东 [3, 22b, 36b]。说明：分布存疑。

午时花属 *Pentapetes* L.

午时花 ***Pentapetes phoenicea*** L. 文献记录分布：广东 [3, 22b, 36b]。说明：排除，本种在广东为栽培植物。

梭罗树属 *Reevesia* Lindl.

剑叶梭罗树 ***Reevesia lancifolia*** H. L. Li 文献记录分布：

英德 [32]。说明：分布存疑。

粗齿梭罗树 ***Reevesia rotundifolia*** Chun 文献记录分布：广东 [3, 36b]。说明：分布存疑。

胖大海属 ***Scaphium*** **Schott & Endl.**

红胖大海 ***Scaphium hychnophorum*** Schott & Endl. 文献记录分布：广东 [36b]。说明：排除，本种在广东为栽培植物。

胖大海 ***Scaphium wallichii*** (Wall. ex G. Don) Schott & Endl. 文献记录分布：广东 [36b]。说明：排除，本种在广东为栽培植物。

椴属 ***Tilia*** **L.**

黔椴 ***Tilia kueichouensis*** Hu 文献记录分布：乳源 [26]。说明：分布存疑。

椴树 ***Tilia tuan*** Szyszyl. 文献记录分布：广东 [22b]。说明：分布存疑。

梵天花属 ***Urena*** **L.**

小叶梵天花 ***Urena procumbens*** **var.** ***microphylla*** K. M. Feng 文献记录分布：紫金 [31]。说明：分布存疑。

129. 龙脑香科 Dipterocarpaceae

青梅属 ***Vatica*** **L.**

青梅 ***Vatica mangachapoi*** Blanco 文献记录分布：广东 [22b, 36b]。说明：排除，本种在广东为栽培植物。

130. 木樨草科 Resedaceae

斑果藤属 ***Stixis*** **Lour.**

斑果藤 ***Stixis suaveolens*** (Roxb.) Pierre 文献记录分布：广东 [3, 22b, 36b]。说明：排除，本种分布于海南，而误作广东分布。

131. 山柑科 Capparaceae

山柑属 ***Capparis*** **L.**

总序山柑 ***Capparis assamica*** Hook. f. & Thomson 文献记录分布：广东 [3, 36b]。说明：排除，本种分布于云南。

台湾山柑 ***Capparis formosana*** Hemsl. 文献记录分布：广东 [3, 22b, 36b]。说明：分布存疑。

海南山柑 ***Capparis hainanensis*** Oliv. 文献记录分布：新丰 [63]。说明：分布存疑。

苦子马槟榔 ***Capparis yunnanensis*** Craib & W. W. Sm. 文献记录分布：广东 [3, 36b]。说明：分布存疑。

132. 白花菜科 Cleomaceae

黄花草属 ***Arivela*** **Raf.**

无毛黄花草 ***Arivela viscosa*** **var.** ***deglabrata*** (Backer) M. L. Zhang & G. C. Tucker 文献记录分布：广东 [3, 22b, 36b]。说明：分布存疑。

133. 十字花科 Brassicaceae

碎米荠属 ***Cardamine*** **L.**

驴蹄碎米荠 ***Cardamine calthifolia*** H. Lév. 文献记录分布：广东 [3, 22b, 36b]。说明：分布存疑。

壶瓶碎米荠 ***Cardamine hupingshanensis*** K. M. Liu, L. B. Chen, H. F. Bai & L. H. Liu 文献记录分布：广东 [22b]。说明：排除，本种分布于湖南。

芝麻菜属 ***Eruca*** **Mill.**

野芝麻菜 ***Eruca vesicaria*** (L.) Cav. 文献记录分布：广东 [22b, 36b]。说明：分布存疑。

脬果荠属 ***Hilliella*** **(O. E. Schulz) Y. H. Zhang & H. W. Li**

脬果荠 ***Hilliella fumarioides*** (Dunn) Y. H. Zhang & H. W. Li 文献记录分布：广东 [22b]。说明：排除，本种分布于福建、安徽、浙江。

河岸脬果荠 ***Hilliella rivulorum*** (Dunn) Y. H. Zhang & H. W. Li 文献记录分布：广东 [22b]。说明：排除，本种分布于福建、湖南、台湾。

独行菜属 ***Lepidium*** **L.**

单叶臭荠 ***Lepidium englerianum*** (Muschl.) Al-Shehbaz 文献记录分布：广东 [22b]。说明：分布存疑。

柱毛独行菜 ***Lepidium ruderale*** L. 文献记录分布：始兴 [28]、英德 [32]。说明：分布存疑。

蔊菜属 ***Rorippa*** **Scop.**

沼生蔊菜 ***Rorippa palustris*** (L.) Besser 文献记录分布：广东 [36b]。说明：分布存疑。

134. 铁青树科 Olacaceae

铁青树属 ***Olax*** **L.**

铁青树 ***Olax imbricata*** Roxb. 文献记录分布：广东 [36b]。说明：排除，本种分布于海南。

135. 蛇菰科 Balanophoraceae

蛇菰属 ***Balanophora*** **J. R. Forst. & G. Forst.**

蛇菰 ***Balanophora fungosa*** J. R. Forst. & G. Forst. 文献记录分布：广东 [36b]。说明：排除，本种有广西防城（十万大山采集队 855 IBK00233452）一号标本，可能误作广东分布。

红烛蛇菰 ***Balanophora kawakamii*** Valeton 文献记录分布：广东 [36b]。说明：排除，本种已并入红冬蛇菰 *Balanophora harlandii*，后者显然广布于华南、华中、华东，也分布于西南。

136. 檀香科 Santalaceae

百蕊草属 *Thesium* L.

长梗百蕊草 ***Thesium chinense* var. *longipedunculatum*** Y. C. Chu 文献记录分布：广东 [3, 22b, 36b]。说明：分布存疑。

137. 桑寄生科 Loranthaceae

梨果寄生属 *Scurrula* L.

卵叶梨果寄生 ***Scurrula chingii*** (W. C. Cheng) H. S. Kiu 文献记录分布：始兴 [28]。说明：分布存疑。

小红花寄生 ***Scurrula parasitica* var. *graciliflora*** (Wall. ex DC.) H. S. Kiu 文献记录分布：广东 [3, 22b, 36b]。说明：分布存疑。

钝果寄生属 *Taxillus* Tiegh.

亮叶木兰寄生 ***Taxillus limprichtii* var. *longiflorus*** (Lecomte) H. S. Kiu 文献记录分布：阳山 [26]。说明：分布存疑。

狭叶钝果寄生 ***Taxillus liquidambaricola* var. *neriifolius*** H. S. Kiu 文献记录分布：广东 [3, 22b, 36b]。说明：分布存疑。

138. 柽柳科 Tamaricaceae

水柏枝属 *Myricaria* Desv.

疏花水柏枝 ***Myricaria laxiflora*** (Franch.) P. Y. Zhang & Y. J. Zhang 文献记录分布：广东 [22b]。说明：排除，本种分布于湖北、重庆、四川。

139. 蓼科 Polygonaceae

拳参属 *Bistorta* (L.) Scop.

圆穗蓼 ***Bistorta macrophylla*** (D. Don) Soják 文献记录分布：英德 [32]。说明：分布存疑。

细叶珠芽蓼 ***Bistorta tenuifolia*** (H. W. Kung) Miyam. & H. Ohba 文献记录分布：广东 [36b]。说明：排除，本种在 *Polygonum* 中名称为 *P. viviparum* var. *angustum* 与 *P. tenuifolium* 的标本集中于西北与西南地区，未见广东标本。

珠芽蓼 ***Bistorta vivipara*** (L.) Gray 文献记录分布：英德 [32]。说明：分布存疑。

荞麦属 *Fagopyrum* Mill.

长柄野荞麦 ***Fagopyrum statice*** (H. Lév.) H. Gross 文献记录分布：仁化 [16]。说明：分布存疑。

苦荞麦 ***Fagopyrum tataricum*** (L.) Gaertn. 文献记录分布：始兴 [28]。说明：分布存疑。

蓼属 *Persicaria* (L.) Mill.

双凸戟叶蓼 ***Persicaria biconvexa*** (Hayata) Nemoto 文献记录分布：广东 [36b]。说明：分布存疑。

硬毛火炭母 ***Persicaria chinensis* var. *hispida*** (Hook. f.) Kantachot 文献记录分布：郁南 [101]。说明：分布存疑。

丽蓼 ***Persicaria pulchra*** (Blume) Soják 文献记录分布：广东 [3, 22b, 36b]。说明：分布存疑。

箭叶蓼 ***Persicaria sagittata* var. *sieboldii*** (Meisn.) Nakai 文献记录分布：新丰 [63]、中山 [10]、始兴 [28]。说明：分布存疑。

虎杖属 *Reynoutria* Houtt.

蔓虎杖 ***Reynoutria forbesii*** (Hance) T. Yamaz. 文献记录分布：广东 [3, 22b, 36b]。说明：分布存疑。

140. 石竹科 Caryophyllaceae

孩儿参属 *Pseudostellaria* Pax

细叶孩儿参 ***Pseudostellaria sylvatica*** (Maxim.) Pax 文献记录分布：连州 [26]。说明：分布存疑。

蝇子草属 *Silene* L.

坚硬女娄菜 ***Silene firma*** Siebold & Zucc. 文献记录分布：广东 [22b]。说明：分布存疑。

繁缕属 *Stellaria* L.

箐姑草 ***Stellaria vestita*** Kurz 文献记录分布：乐昌 [41]。说明：分布存疑。

141. 苋科 Amaranthaceae

浆果苋属 *Deeringia* R. Br.

浆果苋 ***Deeringia amaranthoides*** (Lam.) Merr. 文献记录分布：广东 [3, 36b]。说明：分布存疑。

白浆果苋 ***Deeringia polysperma*** (Roxb.) Moq. 文献记录分布：广东 [3, 36b]。说明：排除，《中国植物志》记载“产我国台湾及广东 (海南岛)”。

142. 商陆科 Phytolaccaceae

商陆属 *Phytolacca* L.

多雄蕊商陆 ***Phytolacca polyandra*** Batalin 文献记录分布：广东 [22b]。说明：分布存疑。

143. 粟米草科 Molluginaceae

星粟草属 *Glinus* Loefl. ex L.

星粟草 ***Glinus lotoides*** L. 文献记录分布：肇庆 [9]、乳源 [26]。说明：分布存疑。

144. 蓝果树科 Nyssaceae

喜树属 *Camptotheca* Decne.

洛氏喜树 ***Camptotheca lowreyana*** S. Y. Li 文献记录分布：广东 [3, 22b, 36b]。说明：分布存疑。

145. 绣球科 Hydrangeaceae

绣球属 *Hydrangea* Gronov.

马桑绣球 ***Hydrangea aspera*** D. Don 文献记录分布：始兴 [28]。说明：分布存疑。

146. 山茱萸科 Cornaceae

八角枫属 *Alangium* Lam.

阔叶八角枫 ***Alangium faberi* var. *platyphyllum*** Chun & F. C. How 文献记录分布：广东 [3, 22b, 36b]、封开 [14]。说明：排除，产海南和广西。

瓜木 ***Alangium platanifolium*** (Siebold & Zucc.) Harms 文献记录分布：郁南 [101]。说明：分布存疑。

日本八角枫 ***Alangium premnifolium*** Ohwi 文献记录分布：广东 [3, 36b]。说明：分布存疑。

山茱萸属 *Cornus* L.

梾木 ***Cornus macrophylla*** Wall. 文献记录分布：广东 [3, 22b, 36b]。说明：分布存疑。

小梾木 ***Cornus quinquenervis*** Franch. 文献记录分布：广东 [3, 36b]。说明：分布存疑。

147. 凤仙花科 Balsaminaceae

凤仙花属 *Impatiens* L.

锐齿凤仙花 ***Impatiens arguta*** Hook. f. & Thomson 文献记录分布：始兴 [28]。说明：分布存疑。

岩生凤仙花 ***Impatiens rupestris*** K. M. Liu & X. Z. Cai 文献记录分布：翁源 [51] 、阳山 [26]。说明：分布存疑。

紫花黄金凤 ***Impatiens siculifer* var. *porphyrea*** Hook. f. 文献记录分布：肇庆 [9]、英德 [32]。说明：分布存疑。

永善凤仙花 ***Impatiens yongshanensis*** S. H. Huang 文献记录分布：广东 [22b]。说明：排除，本种分布于云南。

148. 五列木科 Pentaphylacaceae

柃属 *Eurya* Thunb.

尾尖叶柃 ***Eurya acuminata*** DC. 文献记录分布：英德 [32]、翁源 [51]。说明：分布存疑。

楔叶柃 ***Eurya cuneata*** Kobuski 文献记录分布：英德 [32]。说明：分布存疑。

海南柃 ***Eurya hainanensis*** (Kobuski) Hung T. Chang 文献记录分布：广东 [22b]。说明：分布存疑。

金叶柃 ***Eurya obtusifolia* var. *aurea*** (H. Lév.) T. L. Ming 文献记录分布：广东 [22b]。说明：分布存疑。

厚皮香属 *Ternstroemia* Mutis ex L. f.

阔叶厚皮香 ***Ternstroemia gymnanthera* var. *wightii*** (Choisy) Hand. -Mazz. 文献记录分布：广东 [3, 22b, 36b]。说明：分布存疑。

日本厚皮香 ***Ternstroemia japonica*** (Thunb.) Thunb. 文献记录分布：广东 [22b]。说明：分布存疑。

149. 山榄科 Sapotaceae

梭子果属 *Eberhardtia* Lecomte

锈毛梭子果 ***Eberhardtia aurata*** (Pierre ex Dubard) Lecomte 文献记录分布：广东 [3, 22b, 36b]。说明：分布存疑。

铁榄属 *Sinosideroxylon* (Engl.) Aubrév.

毛叶铁榄 ***Sinosideroxylon pedunculatum* var. *pubifolium*** H. Chuang 文献记录分布：广东 [3]。说明：排除，本种分布于广西，可能分布至云南。

150. 柿科 Ebenaceae

柿属 *Diospyros* L.

山柿 ***Diospyros japonica*** Siebold & Zucc. 文献记录分布：广东 [3, 22b, 36b]。说明：分布存疑。

151. 报春花科 Primulaceae

紫金牛属 *Ardisia* Sw.

墨脱紫金牛 ***Ardisia medogensis*** C. M. Hu & G. Hao 文献记录分布：广东 [36b]。说明：排除，原产于西藏。

珍珠菜属 *Lysimachia* L.

光叶巴东过路黄 ***Lysimachia patungensis* f. *glabrifolia*** C. M. Hu 文献记录分布：广东 [22b, 36b]。说明：排除，归并到巴东过路黄 *Lysimachia patungensis*。

铁仔属 *Myrsine* L.

拟密花树 ***Myrsine affinis*** A. DC. 文献记录分布：博罗 [87]。说明：分布存疑。

广西铁仔 ***Myrsine elliptica*** E. Walker 文献记录分布：乳源 [26]。说明：分布存疑。

平叶密花树 ***Myrsine faberi*** (Mez) Pipoly & C. Chen 文献记录分布：广东 [3, 22b, 36b]。说明：排除，参见《中国植物志》记载“广东（仅海南）”。

152. 山茶科 Theaceae

山茶属 *Camellia* L.

冬红短柱茶 ***Camellia hiemalis*** Nakai 文献记录分布：广东 [36b]。说明：排除，本种原产于日本，国内仅有华东地区栽培。

川鄂连蕊茶 ***Camellia rosthorniana*** Hand. -Mazz. 文献记录分布：肇庆 [9]。说明：分布存疑。

核果茶属 *Pyrenaria* Blume

心叶核果茶 ***Pyrenaria hirta* var. *cordatula*** (H. L. Li) S. X. Yang & T. L. Ming ex S. X. Yang 文献记录分布：广东 [3, 22b, 36b]。说明：分布存疑。

紫茎属 *Stewartia* I. Lawson

翅柄紫茎 ***Stewartia pteropetiolata*** W. C. Cheng 文献记录分布：博罗 [87]。说明：分布存疑。

紫茎 ***Stewartia sinensis*** Rehder & E. H. Wilson 文献记录分布：连州 [26]。说明：分布存疑。

黄毛紫茎 ***Stewartia sinii*** (Y. C. Wu) Sealy 文献记录分布：广东 [22b]。说明：分布存疑。

153. 山矾科 Symplocaceae

山矾属 *Symplocos* Jacq.

橄榄山矾 *Symplocos atriolivacea* Merr. & Chun ex H. L. Li 文献记录分布：广东 [3, 36b]。说明：排除，《中国植物志》记载"产广东的海南中南部"。

福建山矾 *Symplocos fukienensis* Y. Ling 文献记录分布：始兴 [28]。说明：分布存疑。

海南山矾 *Symplocos hainanensis* Merr. & Chun ex H. L. Li 文献记录分布：广东 [3, 22b, 36b]。说明：排除，参见《中国植物志》记载"产广东（海南）"。

叶萼山矾 *Symplocos phyllocalyx* C. B. Clarke 文献记录分布：广东 [36b]。说明：排除，归并到光亮山矾 (*Symplocos lucida*)。

154. 安息香科 Styracaceae

木瓜红属 *Rehderodendron* Hu

木瓜红 *Rehderodendron macrocarpum* Hu 文献记录分布：广东 [22b]。说明：排除，本种分布于广西、云南、四川。

秤锤树属 *Sinojackia* Hu

棱果秤锤树 *Sinojackia henryi* (Dummer) Merr. 文献记录分布：乐昌 [29, 35]。说明：分布存疑或分类地位存疑。

安息香属 *Styrax* L.

喙果安息香 *Styrax agrestis* (Lour.) G. Don 文献记录分布：广东 [3, 22b, 36b]。说明：分布存疑。

银叶安息香 *Styrax argentifolius* H. L. Li 文献记录分布：从化 [107]。说明：分布存疑。

155. 猕猴桃科 Actinidiaceae

猕猴桃属 *Actinidia* Lindl.

红茎猕猴桃 *Actinidia rubricaulis* Dunn 文献记录分布：信宜 [52]。说明：分布存疑。

革叶猕猴桃 *Actinidia rubricaulis* var. *coriacea* (Finet & Gagnep.) C. F. Liang 文献记录分布：广东 [22b]。说明：分布存疑。

清风藤猕猴桃 *Actinidia sabiifolia* Dunn 文献记录分布：连州 [26]。说明：分布存疑。

156. 杜鹃花科 Ericaceae

吊钟花属 *Enkianthus* Lour.

毛叶吊钟花 *Enkianthus deflexus* (Griff.) C. K. Schneid. 文献记录分布：广东 [3, 36b]。说明：分布存疑。

晚花吊钟花 *Enkianthus serotinus* Chun & W P. Fang 文献记录分布：广东 [3, 36b]。说明：分布存疑。

白珠属 *Gaultheria* L.

刺毛白珠 *Gaultheria trichophylla* Royle 文献记录分布：新丰 [63]。说明：分布存疑。

白果白珠 *Gaultheria leucocarpa* Blume 文献记录分布：博罗 [100]、乳源 [26]、阳山 [26]。说明：排除，广东不产 [589]。

白珠树 *Gaultheria leucocarpa* var. *cumingiana* (Vidal) T. Z. Hsu 文献记录分布：乐昌 [41]、新丰 [63]、信宜 [52]、英德 [32]。说明：排除，广东不产 [589]。

马醉木属 *Pieris* D. Don

马醉木 *Pieris japonica* (Thunb.) D. Don ex G. Don 文献记录分布：五华 [4]、紫金 [31]。说明：分布存疑。

杜鹃花属 *Rhododendron* L.

紫花杜鹃 *Rhododendron amesiae* Rehder & E. H. Wilson 文献记录分布：紫金 [31]、始兴 [28]、新丰 [63]。说明：分布存疑。

龙山杜鹃 *Rhododendron chunii* W. P. Fang 文献记录分布：广东 [22b]。说明：排除，归并到贵定杜鹃 (*Rhododendron fuchsiifolium*)。

华丽杜鹃 *Rhododendron eudoxum* Balf. f. & Forrest 文献记录分布：新丰 [63]。说明：分布存疑。

绵毛杜鹃 *Rhododendron floccigerum* Franch. 文献记录分布：英德 [32]。说明：分布存疑。

黏毛杜鹃 *Rhododendron glischrum* Balf. f. & W. W. Sm. 文献记录分布：惠东 [12]、翁源 [51]。说明：分布存疑。

大鳞杜鹃 *Rhododendron huguangense* P. C. Tam 文献记录分布：广东 [3, 22b, 36b]。说明：分布存疑。

荔叶杜鹃 *Rhododendron litchiifolium* T. C. Wu et P. C. Tam 文献记录分布：广东 [22b]。说明：排除，归并到岭南杜鹃 (*Rhododendron mariae*)。

满山红 *Rhododendron mariesii* Hemsl. & E. H. Wilson 文献记录分布：广东 [22b]。说明：排除，归并到丁香杜鹃 *Rhododendron farrerae*。

小花杜鹃 *Rhododendron minutiflorum* Hu 文献记录分布：广东 [22b]。说明：排除，归并到贵定杜鹃 *Rhododendron fuchsiifolium*。

头巾马银花 *Rhododendron mitriforme* P. C. Tam 文献记录分布：广东 [3, 22b]。说明：分布存疑。

惠阳杜鹃 *Rhododendron tsoi* var. *huiyangense* (W. P. Fang & M. Y. He) X. F. Jin & B. Y. Ding 文献记录分布：广东 [36b]。说明：排除，归并到 *Rhododendron tsoi* var. *nudistylum*。

背绒杜鹃 *Rhododendron tsoi* var. *hypoblematosum* (P. C. Tam) X. F. Jin & B. Y. Ding 文献记录分布：连州 [26]。说明：分布存疑。

越橘属 *Vaccinium* L.

淡红南烛 *Vaccinium bracteatum* var. *rubellum* P. S. Hsu, J. X. Qiu, S. F. Huang & Y. Zhang 文献记录分布：深圳 [17]。说明：分布存疑。

蓝果越橘 *Vaccinium chunii* Merr. ex Sleum. 文献记录分布：广东 [22b]。说明：排除，本种分布于海南。

云南越橘 *Vaccinium duclouxii* (H. Lév.) Hand. -Mazz. 文献记录分布：乳源 [26]、连州 [26]。说明：分布存疑。

157. 茶茱萸科 Icacinaceae

微花藤属 *Iodes* Blume

大果微花藤 *Iodes balansae* Gagnep. 文献记录分布：从化 [107]。说明：分布存疑。

158. 水螅花科 Metteniusaceae

肖榄属 *Platea* Blume

阔叶肖榄 *Platea latifolia* Blume 文献记录分布：广东 [3, 36b]。说明：排除，梁向日 69704 (IBK00172748)，但采集自十万大山。

159. 丝缨花科 Garryaceae

桃叶珊瑚属 *Aucuba* Thunb.

喜马拉雅珊瑚 *Aucuba himalaica* Hook. f. & Thomson 文献记录分布：广东 [22b, 36b]。说明：排除，变种长叶珊瑚 *Aucuba himalaica* var. *dolichophylla* 在广东有分布。

160. 茜草科 Rubiaceae

弯管花属 *Chassalia* Comm. ex Poir.

长叶弯管花 *Chassalia curviflora* var. *longifolia* Hook. f. 文献记录分布：广东 [3, 22b, 36b]。说明：排除，本种分布于海南，而误作广东分布。

咖啡属 *Coffea* L.

大粒咖啡 *Coffea liberica* W. Bull ex Hiern 文献记录分布：广东 [3, 22b, 36b]。说明：排除，本种为非洲引入的栽培植物。

拉拉藤属 *Galium* L.

六叶葎 *Galium hoffmeisteri* (Klotzsch) Ehrend. & Schonb. -Tem. ex R. R. Mill 文献记录分布：连州 [26]。说明：分布存疑。

蓬子菜 *Galium verum* L. 文献记录分布：广东 [22b, 36b]。说明：排除，分布于温带地区。

栀子属 *Gardenia* J. Ellis

长果栀子 *Gardenia jasminoides* f. *longicarpa* Z. W. Xie & M. Okada 文献记录分布：广东 [36b]。说明：分布存疑。

海岸桐属 *Guettarda* L.

海岸桐 *Guettarda speciosa* L. 文献记录分布：广东 [3, 36b]。说明：分布存疑。

耳草属 *Hedyotis* L.

广花耳草 *Hedyotis ampliflora* Hance 文献记录分布：深圳 [11]。说明：分布存疑。

拟定经草 *Hedyotis brachypoda* (DC.) Sivar. & Biju 文献记录分布：广东 [3, 36b]。说明：分布存疑。

龙船花属 *Ixora* L.

薄叶龙船花 *Ixora finlaysoniana* Wall. ex G. Don 文献记录分布：广东 [3, 22b, 36b]。说明：分布存疑。

白花龙船花 *Ixora henryi* H. Lév. 文献记录分布：广东 [3, 22b, 36b]。说明：分布存疑。

粗叶木属 *Lasianthus* Jack

毛枝粗叶木 *Lasianthus fordii* var. *trichocladus* Lo 文献记录分布：广东 [22b]。说明：分布存疑。

云广粗叶木 *Lasianthus japonicus* subsp. *longicaudus* (Hook. f.) C. Y. Wu & H. Zhu 文献记录分布：信宜 [52]、乳源 [26]、肇庆 [9]。说明：分布存疑。

巴戟天属 *Morinda* L.

海滨木巴戟 *Morinda citrifolia* L. 文献记录分布：广东 [3, 36b]。说明：分布存疑。

玉叶金花属 *Mussaenda* L.

海南玉叶金花 *Mussaenda hainanensis* Merr. 文献记录分布：龙门 [35]、封开 [14、35]、江门 [8]。说明：排除，广东不产 [49]。

大叶玉叶金花 *Mussaenda macrophylla* Wall. 文献记录分布：广东 [3, 4, 22b, 36b]。说明：分布存疑。

小玉叶金花 *Mussaenda parviflora* Miq. 文献记录分布：封开 [14]、清远 [35]、肇庆 [35]。说明：排除，广东不产 [49]。

腺萼木属 *Mycetia* Reinw.

毛腺萼木 *Mycetia hirta* Hutch. 文献记录分布：新丰 [63]、英德 [32]。说明：分布存疑。

蛇根草属 *Ophiorrhiza* L.

密脉蛇根草 *Ophiorrhiza densa* H. S. Lo 文献记录分布：广东 [22b]。说明：排除，本种分布于云南。

茜草属 *Rubia* L.

茜草 *Rubia cordifolia* L. 文献记录分布：翁源 [51] 、乳源 [26]、紫金 [31]、博罗 [87]、英德 [32]、始兴 [28]。说明：分布存疑。

柳叶茜草 *Rubia salicifolia* H. S. Lo 文献记录分布：广东 [3, 22b]。说明：排除，该种数据极少，但为四川特有植物。

林生茜草 *Rubia sylvatica* (Maxim.) Nakai 文献记录分布：广东 [22b]。说明：排除，本种分布于长江流域以北。

乌口树属 *Tarenna* Gaertn.

披针叶乌口树 *Tarenna lancilimba* W. C. Chen 文献记录分布：增城 [116]、封开 [14]。说明：分布存疑。

水锦树属 *Wendlandia* Bartl. ex DC.

短花水金京 *Wendlandia formosana* subsp. *breviflora* F. C. How 文献记录分布：广东 [3, 22b, 36b]。说明：分布存疑。

161. 龙胆科 Gentianaceae

百金花属 *Centaurium* Hill

美丽百金花 ***Centaurium pulchellum*** (Sw.) Druce 文献记录分布：广东 [22b, 36b]。说明：排除，变种百金花 *Centaurium pulchellum* var. *altaicum* 在广东有分布。

蔓龙胆属 *Crawfurdia* Wall.

云南蔓龙胆 ***Crawfurdia campanulacea*** Wall. & Griff. ex C. B. Clarke 文献记录分布：始兴 [28]。说明：分布存疑。

龙胆属 *Gentiana* L.

台湾龙胆 ***Gentiana davidii* var. *formosana*** (Hayata) T. N. Ho 文献记录分布：广东 [22b, 36b]。说明：分布存疑。

丛生龙胆 ***Gentiana thunbergii*** (G. Don) Griseb. 文献记录分布：广东 [3, 22b, 36b]。说明：分布存疑。

双蝴蝶属 *Tripterospermum* Blume

双蝴蝶 ***Tripterospermum chinense*** (Migo) Harry Sm. 文献记录分布：惠东 [12]、新丰 [63]、从化 [107]。说明：分布存疑。

162. 夹竹桃科 Apocynaceae

鸡骨常山属 *Alstonia* R. Br.

大叶糖胶树 ***Alstonia macrophylla*** Wall. ex G. Don 文献记录分布：广东 [3, 22b, 36b]。说明：排除，本种在广东为栽培植物。

链珠藤属 *Alyxia* Banks ex R. Br.

长花链珠藤 ***Alyxia reinwardtii*** Blume 文献记录分布：广东 [22b, 36b]。说明：排除，本种分布于云南。

假虎刺属 *Carissa* L.

刺黄果 ***Carissa carandas*** L. 文献记录分布：广东 [3, 22b, 36b]。说明：排除，本种为南亚引入的栽培植物。

大花假虎刺 ***Carissa macrocarpa*** (Eckl.) A. DC. 文献记录分布：广东 [3, 22b, 36b]。说明：排除，*Flora of China* 指出引种自非洲南部。

鹿角藤属 *Chonemorpha* G. Don

大叶鹿角藤 ***Chonemorpha fragrans*** (Moon) Alston 文献记录分布：广东 [22b]。说明：排除，本种在广东为栽培植物。

白叶藤属 *Cryptolepis* R. Br.

古钩藤 ***Cryptolepis buchananii*** Schult. 文献记录分布：广东 [3, 36b]。说明：分布存疑。

鹅绒藤属 *Cynanchum* L.

肉珊瑚 ***Cynanchum acidum*** (Roxb.) Oken 文献记录分布：广东 [3, 36b]。说明：分布存疑。

华萝藦 ***Cynanchum hemsleyanum*** (Oliv.) Liede & Khanum 文献记录分布：乐昌 [29]、紫金 [31]。说明：分布存疑。

非洲肉珊瑚 ***Cynanchum viminale*** (L.) L. 文献记录分布：广东 [22b]。说明：排除，本种在广东为栽培植物。

匙羹藤属 *Gymnema* R. Br.

宽叶匙羹藤 ***Gymnema latifolium*** Wall. ex Wight 文献记录分布：广东 [3, 22b, 36b]。说明：排除，仅见海南标本李泽贤等 3071 (IBSC0519941)。

球兰属 *Hoya* R. Br.

护耳草 ***Hoya fungii*** Merr. 文献记录分布：广东 [3, 22b, 36b]。说明：排除，韦焕英 49481166 (GXMI031577)，为广西上思记录，误作广东记录。

蜂出巢 ***Hoya multiflora*** Blume 文献记录分布：广东 [3, 36b]。说明：排除，本种在广东为栽培植物。

蕊木属 *Kopsia* Blume

红花蕊木 ***Kopsia fruticosa*** (Roxb.) A. DC. 文献记录分布：广东 [3, 22b, 36b]。说明：分布存疑。

牛奶菜属 *Marsdenia* R. Br.

光叶蓝叶藤 ***Marsdenia glabra*** Costantin 文献记录分布：广东 [3, 22b, 36b]。说明：分布存疑。

玫瑰树属 *Ochrosia* Juss.

光萼玫瑰树 ***Ochrosia coccinea*** (Teijsm. & Binn.) Miq. 文献记录分布：广东 [3, 22b, 36b]。说明：排除，本种为东南亚—大洋洲一带引入的栽培植物。

古城玫瑰树 ***Ochrosia elliptica*** Labill. 文献记录分布：广东 [3, 22b, 36b]。说明：排除，本种为大洋洲引入的栽培植物。

萝芙木属 *Rauvolfia* L.

苏门答腊萝芙木 ***Rauvolfia sumatrana*** Jack 文献记录分布：广东 [3, 22b, 36b]。说明：排除，本种为东南亚引入的栽培植物。

狗牙花属 *Tabernaemontana* L.

尖蕾狗牙花 ***Tabernaemontana bufalina*** Lour. 文献记录分布：广东 [3, 22b, 36b]。说明：排除，本种分布于海南，而误作广东分布。

平脉狗牙花 ***Tabernaemontana pandacaqui*** Lam. 文献记录分布：广东 [3, 22b, 36b]。说明：排除，可见香港标本 (T. Kawakmi s. n. IBSC0479823) 或采集自 SCBG 栽培植株的标本，无广东标本。

娃儿藤属 *Tylophora* R. Br.

虎须娃儿藤 ***Tylophora arenicola*** Merr. 文献记录分布：广东 [3, 36b]。说明：排除，《中国植物志》记载“模式标本采自广东陵水”，陵水现归属于海南。

白前属 *Vincetoxicum* Wolf

白前 ***Vincetoxicum glaucescens*** (Decne.) C. Y. Wu & D. Z. Li 文献记录分布：广东 [3, 22b, 36b]。说明：分布存疑。

163. 紫草科 Boraginaceae

毛果草属 *Lasiocaryum* I. M. Johnst.

毛果草 ***Lasiocaryum densiflorum*** (Duthie) I. M. Johnst. 文献记录分布：新丰 [63]。说明：分布存疑。

紫草属 ***Lithospermum*** **L.**

紫草 ***Lithospermum erythrorhizon*** Siebold & Zucc. 文献记录分布：连州 [26]。说明：分布存疑。

附地菜属 ***Trigonotis*** **Steven**

南丹附地菜 ***Trigonotis nandanensis*** C. J. Wang 文献记录分布：广东 [3, 22b]。说明：排除，仅分布广西。

164. 旋花科 Convolvulaceae

丁公藤属 ***Erycibe*** **Roxb.**

九来龙 ***Erycibe elliptilimba*** Merr. & Chun 文献记录分布：广东 [3, 22b, 36b]、江门 [8]。说明：排除，参见《中国植物志》记载"产广东海南"。

毛叶丁公藤 ***Erycibe hainanensis*** Merr. 文献记录分布：广东 [3, 22b, 36b]。说明：排除，《中国植物志》记载"产于广东海南，广西东兴、钦州"。

鱼黄草属 ***Merremia*** **Dennst. ex Endl.**

肾叶山猪菜 ***Merremia emarginata*** (Burm. f.) Hallier f. 文献记录分布：江门 [8]、广东 [3, 22b, 36b]。说明：排除，参见《中国植物志》记载"产于广东海南"。

三翅藤属 ***Tridynamia*** **Gagnep.**

大花三翅藤 ***Tridynamia megalantha*** (Merr.) Staples 文献记录分布：广东 [3, 22b, 36b]。说明：排除，刘心祈 26862 (NAS00211513) 记载为广东，但实为海南乐东县。

165. 茄科 Solanaceae

酸浆属 ***Alkekengi*** **Mill.**

挂金灯 ***Alkekengi officinarum*** **var.** ***franchetii*** (Mast.) R. J. Wang 文献记录分布：广东 [22b]。说明：分布存疑。

茄属 ***Solanum*** **L.**

香瓜茄 ***Solanum muricatum*** Ait. 文献记录分布：广东 [36b]。说明：排除，本种在广东为栽培植物。

166. 木樨科 Oleaceae

素馨属 ***Jasminum*** **L.**

樟叶素馨 ***Jasminum cinnamomifolium*** Kobuski 文献记录分布：茂名 [85]。说明：分布存疑。

川素馨 ***Jasminum urophyllum*** Hemsl. 文献记录分布：信宜 [35, 52]、英德 [35]、乐昌 [29, 35]、阳山 [35]、新丰 [63]、乳源 [26, 35]。说明：排除，广东不产 [109]。

女贞属 ***Ligustrum*** **L.**

斑叶女贞 ***Ligustrum punctifolium*** M. C. Chang 文献记录分布：乐昌 [41]。说明：分布存疑。

罗甸小蜡 ***Ligustrum sinense*** **var.** ***luodianense*** M. C. Chang 文献记录分布：广东 [3, 22b]。说明：分布存疑。

木樨榄属 ***Olea*** **L.**

异株木樨榄 ***Olea dioica*** Roxb. 文献记录分布：英德 [32]、佛冈 [27]、乐昌 [29]。说明：分布存疑。

球果木樨榄 ***Olea dioica*** **var.** ***wightiana*** (Wall. ex G. Don) DC. 文献记录分布：乐昌 [29]。说明：分布存疑。

广西木樨榄 ***Olea guangxiensis*** B. M. Miao 文献记录分布：广东 [3, 22b, 36b]。说明：分布存疑。

木樨属 ***Osmanthus*** **Lour.**

狭叶木樨 ***Osmanthus attenuatus*** P. S. Green 文献记录分布：乳源 [26]。说明：分布存疑。

宁波木樨 ***Osmanthus cooperi*** Hemsl. 文献记录分布：仁化 [16]。说明：分布存疑。

双瓣木樨 ***Osmanthus didymopetalus*** P. S. Green 文献记录分布：信宜 [52]。说明：分布存疑。

167. 苦苣苔科 Gesneriaceae

芒毛苣苔属 ***Aeschynanthus*** **Jack**

红花芒毛苣苔 ***Aeschynanthus moningeriae*** (Merr.) Chun 文献记录分布：广东 [3, 22b, 36b]。说明：分布存疑。

长蒴苣苔属 ***Didymocarpus*** **Wall.**

狭冠长蒴苣苔 ***Didymocarpus stenanthos*** C. B. Clarke 文献记录分布：英德 [32]。说明：分布存疑。

旋蒴苣苔属 ***Dorcoceras*** **Bunge**

地胆旋蒴苣苔 ***Dorcoceras philippense*** (C. B. Clarke) Schltr. 文献记录分布：广东 [3, 22b, 36b]。说明：分布存疑。

马铃苣苔属 ***Oreocharis*** **Benth.**

江西全唇苣苔 ***Oreocharis jiangxiensis*** (W. T. Wang) Mich. Möller & A. Weber 文献记录分布：广东 [22b]。说明：排除，本种分布于江西、浙江。

湖南马铃苣苔 ***Oreocharis nemoralis*** Chun 文献记录分布：广东 [36b]。说明：分布存疑。

报春苣苔属 ***Primulina*** **Hance**

白萼报春苣苔 ***Primulina albicalyx*** B. Pan & Li H. Yang 文献记录分布：广东 [36b]。说明：排除，本种在广东为栽培植物，原产于广西。

黄斑报春苣苔 ***Primulina flavimaculata*** (W. T. Wang) Mich. Möller & A. Weber 文献记录分布：广东 [36b]。说明：排除，本种在广东为栽培植物。

烟叶报春苣苔 ***Primulina heterotricha*** (Merr.) Y. Dong & Yin Z. Wang 文献记录分布：封开 [14]、始兴 [28]、英德 [32]。说明：分布存疑。

漓江报春苣苔 ***Primulina lijiangensis*** (B. Pan & W. B. Xu) W. B. Xu & K. F. Chung 文献记录分布：广东 [22b]。说明：排除，本种分布于广西。

浅黄报春苣苔 ***Primulina lutescens*** B. Pan & H. S. Ma 文献记录分布：广东 [22b]。说明：排除，本种分布于广西。

翅柄报春苣苔 ***Primulina pteropoda*** (W. T. Wang) Yan Liu 文献记录分布：广东 [36b]。说明：排除，本种在广东为栽

培植物，原产于广西。

齿萼报春苣苔 ***Primulina verecunda*** (Chun) Mich. Möller & A. Weber 文献记录分布：始兴 [28]。说明：分布存疑。

线柱苣苔属 *Rhynchotechum* Blume

小花线柱苣苔 ***Rhynchotechum parviflorum*** Blume 文献记录分布：广东 [36b]。说明：排除，本种在广东为栽培植物。

168. 车前科 Plantaginaceae

水马齿属 *Callitriche* L.

西南水马齿 ***Callitriche fehmedianii*** Majeed Kak & Javeid. 文献记录分布：始兴 [28]。说明：分布存疑。

东北水马齿 ***Callitriche palustris* var. *elegans*** (Petrov) Y. L. Chang 文献记录分布：深圳 [17]。说明：分布存疑。

石龙尾属 *Limnophila* R. Br.

有梗石龙尾 ***Limnophila indica*** (L.) Druce 文献记录分布：广东 [3, 22b, 36b]。说明：分布存疑。

车前属 *Plantago* L.

平车前 ***Plantago depressa*** Willd. 文献记录分布：连州 [26]。说明：分布存疑。

腹水草属 *Veronicastrum* Heist. ex Fabr.

宽叶腹水草 ***Veronicastrum latifolium*** (Hemsl.) T. Yamaz. 文献记录分布：始兴 [28]。说明：分布存疑。

169. 玄参科 Scrophulariaceae

醉鱼草属 *Buddleja* Houst. ex L.

大叶醉鱼草 ***Buddleja davidii*** Franch. 文献记录分布：广东 [3, 36b]。说明：分布存疑。

酒药花醉鱼草 ***Buddleja myriantha*** Diels 文献记录分布：广东 [3, 22b, 36b]。说明：分布存疑。

170. 母草科 Linderniaceae

母草属 *Lindernia* All.

大叶母草 ***Lindernia megaphylla*** P. C. Tsoong 文献记录分布：广东 [3, 22b, 36b]。说明：分布存疑。

171. 爵床科 Acanthaceae

穿心莲属 *Andrographis* Wall. ex Nees

疏花穿心莲 ***Andrographis laxiflora*** (Blume) Lindau 文献记录分布：广东 [22b]。说明：分布存疑。

枪刀药属 *Hypoestes* Sol. ex R. Br.

三花枪刀药 ***Hypoestes triflora*** (Forssk.) Roem. & Schult. 文献记录分布：始兴 [28]。说明：分布存疑。

爵床属 *Justicia* L.

大叶杜根藤 ***Justicia alboviridis*** Benoist 文献记录分布：肇庆 [9]。说明：分布存疑。

海南赛爵床 ***Justicia hainanensis*** (C. Y. Wu & H. S. Lo) N. H. Xia & Y. F. Deng 文献记录分布：广东 [3, 22b, 36b]。说明：分布存疑。

孩儿草属 *Rungia* Nees

孩儿草 ***Rungia pectinata*** (L.) Nees 文献记录分布：阳春 [35]、博罗 [35, 87]、云浮 [35]、广州 [35]、惠东 [35]、台山 [35]、深圳 [17]、东莞 [25]、肇庆 [9, 35]、茂名 [85]。说明：排除，广东不产 [70]。

马蓝属 *Strobilanthes* Blume

耳叶马蓝 ***Strobilanthes auriculata*** Nees 文献记录分布：广东 [22b, 36b]。说明：排除，本种在广东为栽培植物。

腺毛马蓝 ***Strobilanthes forrestii*** Diels 文献记录分布：信宜 [52]、始兴 [28]。说明：分布存疑。

172. 紫葳科 Bignoniaceae

菜豆树属 *Radermachera* Zoll. & Moritzi

广西菜豆树 ***Radermachera glandulosa*** (Blume) Miq. 文献记录分布：广东 [3, 22b, 36b]。说明：分布存疑。

173. 狸藻科 Lentibulariaceae

狸藻属 *Utricularia* L.

海南挖耳草 ***Utricularia foveolata*** Edgew. 文献记录分布：广东 [36b]。说明：排除，本种分布于海南。

尖萼挖耳草 ***Utricularia scandens* subsp. *firmula*** (Oliv.) Z. Yu Li 文献记录分布：广东 [22b, 36b]。说明：排除，本种分布于云南。

174. 唇形科 Lamiaceae

筋骨草属 *Ajuga* L.

筋骨草 ***Ajuga ciliata*** Bunge 文献记录分布：五华 [4]、从化 [107]、南雄 [33, 57]、翁源 [51]。说明：分布存疑。

网果筋骨草 ***Ajuga dictyocarpa*** Hayata 文献记录分布：广东 [3, 22b, 36b]。说明：分布存疑。

大籽筋骨草 ***Ajuga macrosperma*** Wall. ex Benth. 文献记录分布：广东 [3, 22b, 36b]。说明：分布存疑。

紫珠属 *Callicarpa* L.

倒卵叶短柄紫珠 ***Callicarpa brevipes* var. *obovata*** Hung T. Chang 文献记录分布：广东 [3, 22b, 36b]。说明：排除，《中国植物志》记载“产于广东。模式标本采自海南保亭”。

长苞紫珠 ***Callicarpa longibracteata*** Hung T. Chang 文献记录分布：广东 [22b]。说明：分布存疑。

黄腺紫珠 ***Callicarpa luteopunctata*** Hung T. Chang 文献记录分布：英德 [32]。说明：分布存疑。

长毛紫珠 ***Callicarpa pilosissima*** Maxim. 文献记录分布：英德 [32]。说明：分布存疑。

大青属 *Clerodendrum* L.

假茉莉 ***Clerodendrum fragrans*** (Vent.) Willd. 文献记录分

布：博罗 [87]。说明：分布存疑。

风轮菜属 *Clinopodium* L.

寸金草 *Clinopodium megalanthum* (Diels) C. Y. Wu & S. J. Hsuan ex H. W. Li 文献记录分布：始兴 [28]。说明：分布存疑。

瘦风轮菜 *Clinopodium multicaule* (Maxim.) Kuntze 文献记录分布：英德 [32]、博罗 [87]。说明：分布存疑。

歧伞花属 *Cymaria* Benth.

歧伞花 *Cymaria dichotoma* Benth. 文献记录分布：深圳 [11]。说明：分布存疑。

锥花属 *Gomphostemma* Wall. ex Benth.

宽叶锥花 *Gomphostemma latifolium* C. Y. Wu 文献记录分布：广东 [3, 22b, 36b]。说明：排除，原白中引证广东的标本为广西十万大山。

野芝麻属 *Lamium* L.

野芝麻 *Lamium barbatum* Siebold & Zucc. 文献记录分布：紫金 [31]。说明：分布存疑。

绣球防风属 *Leucas* R. Br.

线叶白绒草 *Leucas lavandulifolia* Sm. 文献记录分布：广东 [3, 22b, 36b]。说明：分布存疑。

龙头草属 *Meehania* Britton

梗花华西龙头草 *Meehania fargesii* var. *pedunculata* (Hemsl.) C. Y. Wu 文献记录分布：乳源 [26]。说明：分布存疑。

冠唇花属 *Microtoena* Prain

滇南冠唇花 *Microtoena patchoulii* (C. B. Clarke) C. Y. Wu & S. J. Hsuan 文献记录分布：广东 [22b]。说明：排除，本种分布于云南。

逐风草属 *Platostoma* P. Beauv.

龙船草 *Platostoma cochinchinense* (Lour.) A. J. Paton 文献记录分布：广东 [3, 22b, 36b]。说明：分布存疑。

刺蕊草属 *Pogostemon* Desf.

刺蕊草 *Pogostemon glaber* Benth. 文献记录分布：始兴 [28]。说明：分布存疑。

豆腐柴属 *Premna* L.

尖叶豆腐柴 *Premna chevalieri* Dop 文献记录分布：广东 [36b]、封开 [14]。说明：分布存疑。

千解草 *Premna herbacea* Roxb. 文献记录分布：广东 [22b]。说明：排除，本种分布于海南与云南。

鼠尾草属 *Salvia* L.

丹参 *Salvia miltiorrhiza* Bunge 文献记录分布：增城 [116]。说明：分布存疑。

黄芩属 *Scutellaria* L.

地盆草 *Scutellaria discolor* var. *hirta* Hand. -Mazz. 文献记录分布：始兴 [28]。说明：分布存疑。

京黄芩 *Scutellaria pekinensis* Maxim. 文献记录分布：始兴 [28]。说明：分布存疑。

显脉黄芩 *Scutellaria reticulata* C. Y. Wu & W. T. Wang 文献记录分布：广东 [22b]。说明：排除，本种分布于广西。

楔翅藤属 *Sphenodesme* Jack

多花楔翅藤 *Sphenodesme floribunda* Chun & F. C. How 文献记录分布：广东 [3, 22b]。说明：排除，本种为海南特产。

爪楔翅藤 *Sphenodesme involucrata* (C. Presl) B. L. Rob. 文献记录分布：广东 [3, 22b, 36b]。说明：分布存疑。

楔翅藤 *Sphenodesme pentandra* (Roxb.) Jack 文献记录分布：广东 [36b]。说明：排除，本种原产于海南、云南。

山白藤 *Sphenodesme pentandra* var. *wallichiana* (Schauer) Munir 文献记录分布：广东 [3, 22b, 36b]。说明：排除，本种分布于海南，误作广东分布。

175. 列当科 Orobanchaceae

野菰属 *Aeginetia* L.

中国野菰 *Aeginetia sinensis* Beck 文献记录分布：始兴 [28]、英德 [32]。说明：分布存疑。

来江藤属 *Brandisia* Hook. f. & Thomson

来江藤 *Brandisia hancei* Hook. f. 文献记录分布：广东 [3, 22b, 36b]。说明：分布存疑。

胡麻草属 *Centranthera* R. Br.

中南胡麻草 *Centranthera cochinchinensis* var. *lutea* (Hara) H. Hara 文献记录分布：广东 [3, 22b, 36b]。说明：分布存疑。

鹿茸草属 *Monochasma* Maxim. ex Franch. & Sav.

白毛鹿茸草 *Monochasma savatieri* Franch. ex Maxim. 文献记录分布：南雄 [519, 57, 33]、仁化 [519]。说明：排除，该种与模式产地在广东北部的单花鹿茸草 *Monochasma monantha* 应为同种植物。

短冠草属 *Sopubia* Buch. -Ham. ex D. Don

坚挺短冠草 *Sopubia stricta* G. Don 文献记录分布：广东 [36b]。说明：排除，本种分布于非洲。

176. 冬青科 Aquifoliaceae

冬青属 *Ilex* L.

龙里冬青 *Ilex dunniana* H. Lév. 文献记录分布：从化 [107]。说明：分布存疑。

伞花冬青 *Ilex godajam* (Colebr. ex Wall.) Wall. 文献记录分布：英德 [32]。说明：分布存疑。

海岛冬青 *Ilex goshiensis* Hayata 文献记录分布：广东 [3, 22b, 36b]。说明：分布存疑。

中型冬青 *Ilex intermedia* Loes. ex Diels 文献记录分布：

乳源 [26]。说明：分布存疑。

长梗冬青 ***Ilex macrocarpa* var. *longipedunculata*** S. Y. Hu 文献记录分布：乳源 [26]。说明：分布存疑。

亮叶冬青 ***Ilex nitidissima*** C. J. Tseng 文献记录分布：从化 [107]、翁源 [51]、新丰 [63]。说明：分布存疑。

微凹冬青 ***Ilex retusifolia*** S. Y. Hu 文献记录分布：乳源 [26]、阳山 [26]。说明：分布存疑。

黔桂冬青 ***Ilex stewardii*** S. Y. Hu 文献记录分布：广东 [3, 22b, 36b]。说明：分布存疑。

177. 桔梗科 Campanulaceae

沙参属 *Adenophora* Fisch.

细叶沙参 ***Adenophora capillaris* subsp. *paniculata*** (Nannf.) D. Y. Hong & S. Ge 文献记录分布：始兴 [28]。说明：分布存疑。

沙参 ***Adenophora stricta*** Miq. 文献记录分布：英德 [32]。说明：分布存疑。

半边莲属 *Lobelia* L.

西南山梗菜 ***Lobelia seguinii*** H. Lév. & Vaniot 文献记录分布：始兴 [28]。说明：分布存疑。

178. 菊科 Asteraceae

金纽扣属 *Acmella* Rich. ex Pers.

金纽扣 ***Acmella paniculata*** (Wall. ex DC.) R. K. Jansen 文献记录分布：从化 [107]、东源 [119]、丰顺 [95]、佛冈 [27]、惠东 [12]、乐昌 [41]、茂名 [85]、翁源 [51]、五华 [4]、信宜 [52]、阳山 [26]、英德 [32]、郁南 [101]、紫金 [31]。说明：排除，一般是天文草 *Acmella ciliata* 的错误鉴定。

下田菊属 *Adenostemma* J. R. Forst. & G. Forst.

宽叶下田菊 ***Adenostemma lavenia* var. *latifolium*** (D. Don) Hand. -Mazz. 文献记录分布：广东 [3, 22b, 36b]。说明：分布存疑。

兔儿风属 *Ainsliaea* DC.

黄毛兔儿风 ***Ainsliaea fulvipes*** Jeffrey & W. W. Sm. 文献记录分布：广东 [3, 36b]。说明：分布存疑。

四川兔儿风 ***Ainsliaea glabra* var. *sutchuenensis*** (Franch.) S. E. Freire 文献记录分布：广东 [22b]。说明：分布存疑。

长穗兔儿风 ***Ainsliaea henryi*** Diels 文献记录分布：广东 [3, 22b, 36b]、惠东 [12]。说明：分布存疑。

宽叶兔儿风 ***Ainsliaea latifolia*** (D. Don) Sch. Bip. 文献记录分布：广东 [3, 36b]。说明：分布存疑。

屏边兔儿风 ***Ainsliaea pingbianensis*** Y. C. Tseng 文献记录分布：广东 [3, 36b]。说明：分布存疑。

长柄兔儿风 ***Ainsliaea reflexa*** Merr. 文献记录分布：广东 [3, 36b]。说明：分布存疑。

香青属 *Anaphalis* DC.

车前叶黄腺香青 ***Anaphalis aureopunctata* var. *plantaginifolia*** F. H. Chen 文献记录分布：广东 [22b]。说明：排除，本种分布于湖北、湖南、江西、四川。

蒿属 *Artemisia* L.

北艾 ***Artemisia vulgaris*** L. 文献记录分布：博罗 [87]。说明：分布存疑。

紫菀属 *Aster* L.

卵叶紫菀 ***Aster ovalifolius*** Kitam. 文献记录分布：广东 [22b]。说明：排除，本种分布于台湾。

全叶马兰 ***Aster pekinensis*** (Hance) F. H. Chen 文献记录分布：广东 [22b]。说明：分布存疑。

狭叶裸菀 ***Aster sinoangustifolius*** Brouillet 文献记录分布：广东 [22b]。说明：排除，本种分布于福建、浙江。

香港紫菀 ***Aster striatus*** Champ. ex Benth. 文献记录分布：广东 [22b]。说明：分布存疑。

三基脉紫菀 ***Aster trinervius*** Roxb. ex D. Don 文献记录分布：仁化 [16]。说明：排除，应该是三脉紫菀 *Aster ageratoides* 的错误鉴定。

密毛紫菀 ***Aster vestitus*** Franch. 文献记录分布：始兴 [28]。说明：分布存疑。

百能葳属 *Blainvillea* Cass.

百能葳 ***Blainvillea acmella*** (L.) Philipson 文献记录分布：博罗 [100]、乳源 [26]、始兴 [28]、英德 [32]、肇庆 [9]。说明：排除，该属在中国不产 [576]。

艾纳香属 *Blumea* DC.

裂苞艾纳香 ***Blumea martiniana*** Vaniot 文献记录分布：始兴 [28]。说明：分布存疑。

菊属 *Chrysanthemum* L.

甘菊 ***Chrysanthemum lavandulifolium*** (Fisch. ex Trautv.) Makino 文献分布记录：乐昌 [29, 35]、连州 [35]、阳山 [35]。说明：排除，广东不产。

蓟属 *Cirsium* Mill.

覆瓦蓟 ***Cirsium leducii*** (Franch.) H. Lév. 文献记录分布：广东 [3, 22b, 36b]。说明：分布存疑。

假还阳参属 *Crepidiastrum* Nakai

长叶黄瓜菜 ***Crepidiastrum denticulatum* subsp. *longiflorum*** (Stebbins) N. Kilian 文献记录分布：广东 [3, 22b, 36b]。说明：分布存疑。

枝状黄瓜菜 ***Crepidiastrum denticulatum* subsp. *ramosissimum*** (Benth.) N. Kilian 文献记录分布：广东 [3, 22b, 36b]。说明：分布存疑。

一点红属 *Emilia* Cass.

紫背草 ***Emilia sonchifolia* var. *javanica*** (N. L. Burman) Mattf. 文献记录分布：广东 [3, 22b, 36b]。说明：分布存疑。

飞蓬属 ***Erigeron* L.**

飞蓬 *Erigeron acris* L. 文献记录分布：广东 [3, 22b, 36b]。说明：分布存疑。

堪察加飞蓬 *Erigeron acris* subsp. *kamtschaticus* (DC.) Hara 文献记录分布：广东 [3, 22b, 36b]。说明：分布存疑。

泽兰属 ***Eupatorium* L.**

异叶泽兰 *Eupatorium heterophyllum* DC. 文献记录分布：英德 [32]。说明：分布存疑。

旋覆花属 ***Inula* L.**

线叶旋覆花 *Inula linariifolia* Turcz. 文献记录分布：乐昌 [29, 35]、连州 [35]、乳源 [35]、韶关 [35]、阳山 [35]、英德 [35]。说明：排除，广东不产。

莴苣属 ***Lactuca* L.**

山莴苣 *Lactuca sibirica* (L.) Benth. ex Maxim. 文献记录分布：广东 [22b]。说明：排除，本种分布于华北、东北、西北地区。

耳菊属 ***Nabalus* Cass.**

福王草 *Nabalus tatarinowii* (Maxim.) Nakai 文献记录分布：五华 [4]、翁源 [51]、丰顺 [95]、南雄 [57]。说明：分布存疑。

紫菊属 ***Notoseris* C. Shih**

多裂紫菊 *Notoseris henryi* (Dunn) C. Shih 文献记录分布：乳源 [26]、阳山 [26]、始兴 [28]。说明：分布存疑。

鼠曲草属 ***Pseudognaphalium* Kirp.**

丝棉草 *Pseudognaphalium luteoalbum* (L.) Hilliard & Burtt 文献记录分布：南雄 [57]、乳源 [26]。说明：分布存疑。

风毛菊属 ***Saussurea* DC.**

心叶风毛菊 *Saussurea cordifolia* Hemsl. 文献记录分布：连州 [26]。说明：分布存疑。

千里光属 ***Senecio* L.**

散生千里光 *Senecio exul* Hance 文献记录分布：广东 [3, 22b, 36b]。说明：分布存疑。

缺裂千里光 *Senecio scandens* var. *incisus* Franch. 文献记录分布：广东 [3, 22b, 36b]。说明：排除，确认广东无分布。

苦苣菜属 ***Sonchus* L.**

长裂苦苣菜 *Sonchus brachyotus* DC. 文献记录分布：广东 [3, 22b, 36b]。说明：分布存疑。

戴星草属 ***Sphaeranthus* L.**

绒毛戴星草 *Sphaeranthus indicus* L. 文献记录分布：广东 [22b]。说明：排除，该物种原产于非洲。

狗舌草属 ***Tephroseris* (Rchb.) Rchb.**

黔狗舌草 *Tephroseris pseudosonchus* (Vaniot) C. Jeffrey & Y. L. Chen 文献记录分布：乳源 [26]。说明：分布存疑。

黄鹌菜属 ***Youngia* Cass.**

长花黄鹌菜 *Youngia japonica* subsp. *longiflora* Babc. & Stebbins 文献记录分布：广东 [3, 22b, 36b]。说明：分布存疑。

多裂黄鹌菜 *Youngia rosthornii* (Diels) Babc. & Stebbins 文献记录分布：广东 [3, 22b, 36b]。说明：分布存疑。

179. 荚蒾科 Viburnaceae

荚蒾属 ***Viburnum* L.**

臭荚蒾 *Viburnum foetidum* Wall. 文献记录分布：封开 [14]、广东 [3, 36b]。说明：分布存疑。

直角荚蒾 *Viburnum foetidum* var. *rectangulatum* (Graebn.) Rehder 文献记录分布：广东 [3, 22b, 36b]。说明：分布存疑。

巴东荚蒾 *Viburnum henryi* Hemsl. 文献记录分布：广东 [22b]。说明：分布存疑。

180. 忍冬科 Caprifoliaceae

刺续断属 ***Acanthocalyx* (DC.) M. J. Cannon**

刺续断 *Acanthocalyx nepalensis* (D. Don) M. J. Cannon 文献记录分布：广东 [22b]。说明：排除，本种原产青藏高原及横断山。

川续断属 ***Dipsacus* L.**

日本续断 *Dipsacus japonicus* Miq. 文献记录分布：乐昌 [41]。说明：分布存疑。

忍冬属 ***Lonicera* L.**

白背忍冬 *Lonicera hypoleuca* Decne. 文献记录分布：新丰 [63]。说明：分布存疑。

181. 海桐科 Pittosporaceae

海桐属 ***Pittosporum* Banks ex Gaertn.**

四子海桐 *Pittosporum tonkinense* Gagnep. 文献记录分布：乳源 [26]。说明：分布存疑。

182. 五加科 Araliaceae

楤木属 ***Aralia* L.**

偃毛楤木 *Aralia vietnamensis* Ha 文献记录分布：广东 [3, 36b]。说明：分布存疑。

树参属 ***Dendropanax* Decne. & Planch.**

保亭树参 *Dendropanax oligodontus* Merr. & Chun 文献记录分布：英德 [32]。说明：分布存疑。

鹅掌柴属 ***Heptapleurum* Gaertn.**

白花鹅掌柴 *Heptapleurum leucanthum* (R. Vig.) Y. F. Deng 文献记录分布：广东 [36b]。说明：排除，本种在广东为栽培植物。

天胡荽属 ***Hydrocotyle* Tourn. ex L.**

爪哇天胡荽 *Hydrocotyle javanica* Thunb. 文献记录分布：广东 [36b]。说明：分布存疑。

183. 伞形科 Apiaceae

白苞芹属 ***Nothosmyrnium* Miq.**

川白苞芹 *Nothosmyrnium japonicum* var. *sutchuenense* H. de Boissieu 文献记录分布：广东 [22b]。说明：分布存疑。

参考文献

图书类文献

[1] GAO Q, et al, 1999—2011. Moss Flora of China, Vols. 1–8[M]. Science Press, Beijing & Missouri Botanical Garden Press, St. Louis.

[1b] JI Y, 2021. A monograph of *Paris* (Melanthiaceae)[M]. Science Press, Beijing.

[2] OREL G, Curry A S, 2019. Camellia. work in progress[M]. Sydney, Australia.

[3] WU Z Y, Raven P H, Hong D Y, 1994—2013. Flora of China, Vols. 1–25[M]. Science Press, Beijing and Missouri Botanical Garden Press, St. Louis.

[4] 曹洪麟，郑兵，史艳财，等，2021. 广东五华七目嶂保护区植物 [M]. 北京：中国林业出版社 .

[5] 曾运福，丁晓龙，梁健超，等，2017. 罗浮山野生动植物图鉴 [M]. 南京：江苏凤凰科学技术出版社 .

[6] 陈建兵，王美娜，潘云云，等，2020. 深圳野生兰花 [M]. 北京：中国林业出版社 .

[7] 董仕勇，2021. 广州石松类和蕨类植物 [M]. 广州：广东科技出版社 .

[7b] 杜诚，马金双，2019a. 中国植物名称索引 2000—2009. 北京：科学出版社 .

[7c] 杜诚，马金双，2019b. 中国植物名称索引 2010—2017. 北京：科学出版社 .

[8] 何碧胜，余家荣，黄观赞，等，2021. 古兜山植物 [M]. 北京：中国林业出版社 .

[9] 黄忠良，2015. 广东鼎湖山国家级自然保护区综合科学考察报告 [M]. 广州：广东科技出版社 .

[10] 蒋谦才，李镇魁，2008. 中山野生植物 [M]. 广州：广东科技出版社 .

[11] 蓝崇钰，王勇军，2000. 广东内伶仃岛自然资源与生态研究 [M]. 北京：中国林业出版社 .

[12] 李海滨，黄潇洒，廖远芳，等，2021. 广东惠东白盆珠保护区植物 [M]. 北京：中国林业出版社 .

[13] 林广旋，2022. 雷州半岛滨海植物 [M]. 北京：中国林业出版社 .

[14] 刘蔚秋，石祥刚，刘莹，等，2018. 广东黑石顶种子植检索指南 [M]. 广州：中山大学出版社 .

[15] 马金双，2013. 中国入侵植物名录 [M]. 北京：高等教育出版社 .

[15b] 马金双，2014. 中国外来入侵植物调研报告 [M]. 北京：高等教育出版社 .

[16] 彭少麟，廖文波，李贞，等 . 2011, 广东丹霞山动植物资源综合科学考察 [M]. 北京：科学出版社 .

[17] 深圳市中国科学院仙湖植物园 . 2010—2017, 深圳植物志 (1-4 卷) [M]. 北京：中国林业出版社 .

[18] 王发国，杨新东，邢福武，等，2021. 翁源青云山珍稀植物 [M]. 北京：化学工业出版社 .

[19] 王发国，洪维，陈富强，等，2022. 广东省龙眼洞林场植物 [M]. 北京：中国林业出版社 .

[20] 王瑞江，2019. 广东重点保护野生植物 [M]. 广州：广东科技出版社 .

[21] 王瑞江，2019. 广州入侵植物 [M]. 广州：广东科技出版社 .

[22] 王瑞江，2021. 广东湿地植物 [M]. 郑州：河南科学技术出版社 .

[22b] 王瑞江，2022. 广东高等植物红色名录 [M]. 郑州：河南科学技术出版社 .

[23] 吴德邻，张力，2013. 广东苔藓志 [M]. 广州：广东科技出版社 .

[24] 吴鹏程，贾渝，王庆华，等，2018. 中国苔藓植物图鉴 [M]. 北京：中国林业出版社 .

[25] 邢福武，陈坚，曾庆文，等，2010. 东莞植物志 [M]. 武汉：华中科技大学出版社 .

[26] 邢福武，陈红锋，王发国，等，2011. 南岭植物物种多样性编目 [M]. 武汉：华中科技大学出版社 .

[27] 徐颂军，李镇魁，范秀泽，等，2022. 广东佛冈观音山省级自然保护区植物彩色图鉴 [M]. 北京：科学出版社 .

[28] 徐燕千，1993. 车八岭国家级自然保护区调查研究论文集 [M]. 广州：广东科技出版社 .

[29] 叶华谷，陈邦余，2005. 乐昌植物志 [M]. 广州：世界图书出版社 .

[30] 叶华谷，彭少麟，2006. 广东植物多样性编目 [M]. 广州：广东世界图书出版社 .

[31] 叶钦良，钟智明，李玉峰，等，2019. 紫金植物 [M]. 北京：中国林业出版社 .

[32] 张金泉，2017. 广东石门台国家级自然保护区综合科学

考察报告 [M]. 武汉 : 华中科技大学出版社 .

[33] 张英宏 , 钟平生 , 2016. 南雄野生植物 [M]. 广州 : 中山大学出版社 .

[34] 郑裕庭 , 叶钦良 , 2020. 兰生于野 : 紫金兰科植物荟萃 [M]. 北京 : 中国林业出版社 .

[35] 中国科学院华南植物园 . 1987—2011. 广东植物志 (1~10 卷) [M]. 广州 : 广东科技出版社 .

[36] 中国科学院中国孢子植物志编辑委员会 . 1994—2011. 中国苔藓志 (1~10 卷) [M]. 北京 : 科学出版社 .

[36b] 中国科学院生物多样性委员会 . 2023. 中国生物物种名录 2023 版 [M]. http://www.sp2000.org.cn.

[37] 中国科学院中国植物志编辑委员会 . 1959—2004. 中国植物志 (2~80 卷) [M]. 北京 : 科学出版社 .

[38] 周天来 . 2018. 罗浮山中草药图鉴 [M]. 广州 : 广东科技出版社 .

学位论文类文献

[39] 白琳 , 2016. 中国姜属 (*Zingiber* Mill.) 的分类学研究 . 中国科学院华南植物园 . 博士学位论文 .

[40] 曹明 , 2006. 中国芸香科花椒属 (广义) 系统学研究 . 中国科学院华南植物园 . 博士学位论文 .

[41] 曹照忠 , 2008. 广东杨东山 - 十二度水自然保护区植物区系研究 . 中国科学院华南植物园 . 硕士学位论文 .

[42] 曾佑派 , 2022. 国产唐松草属 (毛茛科) 的分类学研究 . 中国科学院华南植物园 . 博士学位论文 .

[43] 陈金元 , 2021. 中国广义苜蓿属的系统发育分析及分类学研究 . 兰州大学 . 博士学位论文 .

[44] 陈娟 , 2011. 中国姜黄属植物的分类学研究 . 中国科学院华南植物园 . 博士学位论文 .

[45] 陈淑君 , 2005. 广东阳春鹅凰嶂自然保护区主要珍稀濒危植物保育策略的研究 . 华南农业大学 , 硕士学位论文 .

[46] 陈雨奇 , 2019. 紫叶苔属 *Pleurozia* 的分类学修订 . 华东师范大学 . 硕士学位论文 .

[47] 程夏芳 , 2009. 广东省苔类和角苔类植物的物种多样性和分布 . 华东师范大学 , 硕士学位论文 .

[48] 邓淑君 , 2014. 螺序草属 (茜草科) 植物的专著性研究 . 中国科学院华南植物园 . 硕士学位论文 .

[49] 邓小芳 , 2007. 中国玉叶金花属 (茜草科) 分类修订及繁育系统进化的研究 . 中国科学院华南植物园 . 博士学位论文 .

[50] 邓云飞 , 2007. 国产广义马蓝属的分类学研究 . 中国科学院昆明植物研究所 . 博士学位论文 .

[51] 杜晓洁 , 2018. 广东青云山省级自然保护区植物物种多样性研究 . 仲恺农业工程学院 . 硕士学位论文 .

[52] 高一丁 , 2010. 云开山自然保护区种子植物区系及植物资源 . 内蒙古农业大学 , 硕士学位论文 .

[53] 郭丽秀 , 2011. 中国省藤亚科 (棕榈科) 的分类修订 . 中国科学院华南植物园 . 博士学位论文 .

[54] 郭亚男 , 2017. 中国乌毛蕨科的分类学修订 . 仲恺农业工程学院 . 硕士学位论文 .

[55] 郭永兵 , 2010. 中国牡竹属 (禾本科 : 竹亚科) 的分类修订 . 中国科学院华南植物园 . 博士学位论文 .

[56] 胡爱群 , 2007. 国产广义沼兰属 (兰科) 的分类研究 . 中国科学院华南植物园 . 硕士学位论文 .

[57] 胡纯 , 2018. 南雄丹霞梧桐自然保护区植物多样性评价研究 . 中南林业科技大学 . 硕士学位论文 .

[58] 黄戈晗 , 2017. 中国及泛喜马拉雅地区紫金牛属 (报春花科) 的分类学修订 . 华南农业大学 . 博士学位论文 .

[59] 黄焕林 , 2018. 广东东源康禾省级自然保护区野生观赏植物调查与评价 . 华南农业大学 . 硕士学位论文 .

[60] 金梓超 , 2022. 中国蓟属 (菊科) 的分类修订 . 中国科学院华南植物园 , 硕士学位论文 .

[61] 李婧 , 2011. 广东省五节芒天然居群的遗传多样性研究及国产芒属的分类修订 . 中国科学院华南植物园 . 硕士学位论文 .

[62] 李丽文 , 2009. 国产娃儿藤属 (萝藦科) 分类学修订 . 中国科学院华南植物园 . 硕士学位论文 .

[63] 李利强 , 2018. 鲁古河自然保护区植物区系与植物资源研究 . 华南农业大学 . 硕士学位论文 .

[64] 李琳 , 2009. 中国广义带唇兰属 (兰科) 的系统学研究 . 中国科学院华南植物园 . 博士学位论文 .

[65] 李玮剑 , 2017. 竹亚科井冈寒竹属的分类学研究 . 江西农业大学 . 硕士学位论文 .

[66] 李雪梅 , 2022. 竹亚科酸竹属 (*Acidosasa*) 分类学初探 . 江西农业大学 . 硕士学位论文 .

[67] 李友军 , 2016. 中国疣鳞苔属 (*Cololeieunea*) 的分类学修订 . 华东师范大学 , 硕士学位论文 .

[68] 李玉玲 , 2017. 中国鸢尾兰属 (兰科) 的分类学研究 . 中国科学院华南植物园 . 博士学位论文 .

[69] 廖文芳 , 2006. 中国木莲属研究 . 中国科学院华南植物园 . 博士学位论文 .

[70] 林哲丽 , 2017. 中国孩儿草属 (爵床科) 的分类学研究 . 中国科学院华南植物园 . 博士学位论文 .

[71] 刘倩 , 2010. 东亚地区美喙藓属和长喙藓属植物形态学和分子系统学研究 . 学位论文 .

[72] 刘学利, 2015. 中国谷精草属(谷精草科)分类学的初步研究. 华东师范大学. 硕士学位论文.

[73] 刘艳, 2010. 中国巴戟天属(茜草科)的分类修订. 中国科学院华南植物园. 博士学位论文.

[74] 刘莹, 2010. 菊科蒲儿根属的系统学研究. 中国科学院植物研究所. 博士学位论文.

[75] 刘政, 2019. 中国安息香属(安息香科)的形态分类修订. 南京林业大学. 硕士学位论文.

[76] 鲁益飞, 2019. 柔果薹草组(莎草科)的分类修订. 杭州师范大学. 硕士学位论文.

[77] 罗江平, 2015. 国产广义升麻属(毛茛科)的分类学研究. 中国科学院华南植物园. 博士学位论文.

[78] 吕振宇, 2021. 世界通泉草科分类修订. 云南师范大学. 硕士学位论文.

[79] 马晓东, 2015. 中国骨碎补科植物的系统学研究. 中国科学院华南植物园. 硕士学位论文.

[80] 孟玉芳, 2014. 中国广义沼兰属(兰科)植物的分类学研究. 中国科学院华南植物园. 博士学位论文.

[81] 牟凤娟, 2009. 黄皮亚族(芸香科)的系统学研究. 中国科学院华南植物园. 博士学位论文.

[82] 蒲霜, 2016. 广东四市林业外来植物入侵风险评价. 华南农业大学, 硕士学位论文.

[83] 任保青, 2010. 桦木科桤木属植物的分类学研究 —— 兼论 DNA 条形码技术在分类中的应用. 中国科学院植物研究所. 博士学位论文.

[84] 宋柱秋, 2011. 中国长柄山蚂蝗属(豆科)的系统学研究. 中国科学院华南植物园, 硕士学位论文.

[85] 苏家贤, 2016. 广东省茂名市电白区药用植物资源调查. 广州中医药大学. 硕士学位论文.

[86] 汤慧敏, 2011. 爵床科种子形态及国产爵床属野靛棵组的分类学研究. 中国科学院华南植物园. 硕士学位论文.

[87] 徐颂军, 1993. 广东罗浮山植物区系的研究. 华南师范大学. 硕士学位论文; 35; 38.

[88] 田怀珍, 2008. 国产斑叶兰属(兰科)的分类研究. 中国科学院华南植物园. 博士学位论文.

[89] 童毅, 2016. 亚洲爵床属杜根藤组的分类学研究. 中国科学院华南植物园. 博士学位论文.

[90] 王晖, 2018. 中国膜蕨科 (Hymenophyllacae) 植物的分类修订和生物地理学研究. 云南大学. 博士学位论文.

[91] 王军, 2010. 中国紫金牛属(紫金牛科)的系统学研究. 中国科学院华南植物园. 博士学位论文.

[92] 王俊, 2019. 中国及泛喜马拉雅地区酸藤子属(广义报春花科)的分类学修订. 华南农业大学. 硕士学位论文.

[93] 王龙远, 2018. 蔷薇科红果树属和石楠属的分类修订. 中山大学. 博士学位论文.

[94] 王婉瑶, 2018. 中国石仙桃属(兰科)的分类学研究. 中国科学院华南植物园. 硕士学位论文.

[95] 王永淇, 2017. 广东丰顺县八乡山植物区系及野生观赏植物评价. 仲恺农业工程学院. 硕士学位论文.

[96] 王泽欢, 2013. 菊科莴苣亚族国产类群的系统学研究. 中国科学院昆明植物研究所. 博士学位论文.

[97] 吴保欢, 2019. 中国李属樱亚属植物分类修订. 华南农业大学. 博士学位论文.

[98] 夏常英, 2020. 凤仙花属 (*Impatiens*) 棒凤仙花亚属 (subg. *Clavicarpa*) 的系统学研究及分类修订. 西南大学. 硕士学位论文.

[99] 辛海静, 2010. 国产爵床科叉柱花属分类学研究. 中国科学院华南植物园. 硕士学位论文.

[100] 徐颂军, 1993. 广东罗浮山植物区系的研究. 华南师范大学. 硕士学位论文.

[101] 徐永福, 2008. 广东郁南同乐大山自然保护区种子植物区系研究. 中南林业科技大学. 硕士学位论文.

[102] 杨东梅, 2011. 中国凤尾蕨属(凤尾蕨科)的系统分类学研究. 中国科学院华南植物园. 博士学位论文.

[103] 姚纲, 2013. 唇形科刺蕊草属系统发育研究及中国刺蕊草属分类修订. 中国科学院华南植物园. 博士学位论文.

[104] 叶幸儿, 2018. 中国姜科豆蔻属的分类学研究. 中国科学院华南植物园. 博士学位论文.

[105] 易照勤, 2022. 扁锦藓属 (*Glossadelphus*) 的分类学修订. 东北林业大学. 博士学位论文.

[106] 尹相博, 2017. 中国绿片苔科 Aneuraceae 的分类学修订. 华东师范大学. 硕士学位论文.

[107] 余佩琪, 2018. 广东从化陈禾洞省级自然保护区植物区系及其植物资源研究. 华南农业大学. 硕士学位论文.

[108] 张彩飞, 2013. 菊科帚菊属的系统学研究. 中国科学院植物研究所. 博士学位论文.

[109] 张凯, 2020. 中国茉莉族(木樨科)的分类学研究. 中国科学院华南植物园. 博士学位论文.

[110] 张莉娜, 2016. 中国扁萼苔属 (*Radula*) 的分类学修订. 华东师范大学. 博士学位论文.

[111] 张美娇, 2020. 中国白丝草复合群(黑药花科仙杖花属)的系统发育及分类学研究. 华东师范大学. 硕士学位论文.

[112] 张美琪, 2019. 中国护蒴苔属的分类修订及系统发育研究. 华东师范大学. 硕士学位论文.

[113] 张若鹏, 2018. 中国野桐属(大戟科)的分类学研究. 厦门大学. 硕士学位论文.

[114] 张新华, 2007. 含笑属(木兰科)的系统分类学研究. 中国科学院华南植物园. 博士学位论文.

[115] 张友元, 2021. 中国悬竹属(禾本科: 竹亚科)的分类学研究, 中国科学院华南植物园. 博士学位论文.

[116] 张育恺，2016. 广东南昆山自然保护区野生观赏植物资源分析与评价研究. 华南农业大学. 硕士学位论文.

[117] 章为平，2017. 中国合叶苔属 (*Scapinia*) 的系统分类学研究. 华东师范大学. 硕士学位论文.

[118] 赵文静，2021. 国产胡椒属（胡椒科）的分类修订. 中国科学院华南植物园. 硕士学位论文.

[119] 赵文涛，2018. 广东万绿湖国家湿地公园珍稀特有及奇特观赏植物调查评价. 华南农业大学. 硕士学位论文.

[120] 郑锡荣，2019. 广东省及越南刚竹属（禾本科）植物的分类学研究. 中国科学院华南植物园. 硕士学位论文.

[121] 周伟，2012. 中国壳斗科柯属植物的分类学研究. 中国科学院华南植物园. 博士学位论文.

[122] 左政裕，2017. 中国桫椤科植物的分类学修订. 中国科学院华南植物园. 硕士学位论文.

期刊类文献

[123] BOUMAN R W, Kebler P J A, Telford I R H, et al. 2022. A revised phylogenetic classification of tribe phyllantheae (phyllanthaceae). Phytotaxa, 540(1): 1100.

[124] Cai Z Y, Zhou X X, Wong K M, et al, 2021. *Gelidocalamus fengkaiensis* (Poaceae: Bambusoideae), a new Bamboo species from Guangdong, China, with an analysis of branch development in relation to flowering. Botanical Studies (Taipei), 62 (12): 1–8.

[125] Chang Y, Ebihara A, Lu S, et al. 2018. Integrated taxonomy of the *Asplenium normale* complex (Aspleniaceae) in China and adjacent areas. Journal of Plant Research, 131: 573–587.

[126] Chang H T, Qiu H X. 2003. Noteworthy taxa from China (Continued II), Guihaia. 23 (2): 97–101.

[127] Chao YS, Liu HY, Chiou WL. 2015. Taxonomic revision of the *Pteris cadieri* complex (Pteridaceae). Phytotaxa, 230: 130–150.

[128] Chao Z. 2020. *Phedimus yangshanicus* (Crassulaceae), A new species from limestone hills in Guangdong, China. Phytotaxa, 429 (2): 148–156.

[129] Chao YS, Chiou WL, Ebihara A, et al. 2021. Taxonomic and nomenclatural novelties in the *Pteris fauriei* group (Pteridacea). Taiwania, 66(3): 307316, 2021.

[130] Chen T. 2007. A new species in the genus *Hedyotis* (Rubiaceae) from South China. Edinburgh Journal of Botany, 64 (3): 331–334.

[131] Chen L, Wang FG, Zhou JS, et al. 2009. *Microtropis shenzhenensis* sp. nov. (Celastraceae) from Guangdong, China. Nordic Journal of Botany, 27 (6): 469–471.

[132] Chen LJ, Liu ZJ, Li YY, et al. 2010. A new Orchid *Paphiopedilum guangdongense* and its molecular evidence. Journal of Systematics and Evolution, 48 (5): 350–355.

[133] Chen ZL, Zeng SJ, Wu KL, et al. 2010. *Dendrobium shixingense* sp. nov. (Orchidaceae) from Guangdong, China. Nordic Journal of Botany, 28 (6): 723–727.

[134] Chen LJ, Liu ZJ. 2011. *Apostasia shenzhenica*, A new species of Apostasioideae (Orchidaceae) from China. Plant Science Journal, 29 (1): 38–41.

[135] Chen L, Wang FG, Dong AQ, et al. 2011. *Zingiber nanlingensis* sp. nov. (Zingiberaceae) from Guangdong, China. Nordic Journal of Botany, 29: 431–434.

[136] Chen J, Tong YH, Xia NH. 2019. *Curcuma yingdeensis* (Zingiberaceae), A new species from China. Phytotaxa, 388 (1): 98–06.

[137] Chen YS, Xiang CL, Xu LS, et al. 2020. *Caryopteris alternifolia* (Ajugoideae, Lamiaceae), a distinct new species from Guangdong, China. Phytotaxa, 461(1): 62–68.

[138] Chen Z, Lee SY, Li Y, et al. 2021. *Gomphostemma chinense* f. *purpureum* (Lamiaceae), a new forma endemic to China. Acta Phytotaxonomica & Geobotanica, 72 (3): 289–292.

[139] Chen YP, Huang CZ, Zhao Y, et al. 2021. Molecular and morphological evidence for a new species of *Isodon* (Lamiaceae) from Southern China. Plant Diversity, 43(1): 54–62.

[140] Chen J, Zeng S, Zeng L, et al. 2022. *Parahellenia*, a new genus segregated from *Hellenia* (Costaceae) based on phylogenetic and morphological evidence. Plant Diversity, 44(4): 389–405.

[141] Chen JR, Lee SY, Guo JQ, et al. 2022. *Wikstroemia fragrans* (Thymelaeaceae, Daphneae), a new species from Mount Danxia, China based on morphological and molecular evidence. PhytoKeys, 213: 67–78.

[142] Chen LJ, Rao WH. 2011. *Dendrobium jiaolingense*, a new species of Orchidaceae from Guangdong, China. Journal of Fairylake Botanical Garden, 10 (1): 1–3.

[143] Chung KF, Huang HY, Peng CI, et al. 2013. *Primulina mabaensis* (Gesneriaceae), a new species from a limestone cave of northern Guangdong, China. Phytotaxa, 92 (2): 40–48.

[144] Clark RP, Mackinder BA, Banks H. 2017. *Cheniella* gen. nov. (Leguminosae: Cercidoideae) from southern China,

Indochina and Malesia. European Journal of Taxonomy, 360: 1–37.

[145] Dai LK, Li PQ. 2014. One new species of *Cyperus* L. from Sothern China. Journal of Fairylake Botanical Garden, 13(3–4): 1–3.

[146] Deng YF, Wood JRI, Gao CM. 2010. New combinations and new species of *Strobilanthes* Blume (Acanthaceae) from China. Journal of Tropical and Subtropical Botany, 2010, 18(5): 469–484.

[147] Deng YF, Wood JRI, Fu Y. 2010. *Strobilanthes biocullata* (Acanthaceae), a new species from Hunan, China. Novon, 20 (4): 406 –411.

[148] Deng SJ, Wang RJ. 2012. *Hedyotis nankunshanensis* sp. nov. (Rubiaceae) from Guangdong, China. Nordic Journal of Botany, 30 (3): 302–307.

[149] Deng YF. 2014. *Carex longicolla* (Cyperaceae), a new sedge from China. Phytotaxa, 178(3): 181–188.

[150] Deng YF. 2009. Validation of *Pycreus polystachyos* var. *brevispiculatus* (Cyperaceae). J. Trop. Subtrop. Bot., 17(2): 179 (–180).

[150b] Deng SW, Lin GX, Li ZX, et al. 2023. *Sarcolobus globosus* subsp. *peregrinus*, a newly recorded subspecies of Sarcolobus (Apocynaceae) from Zhanjiang, China. Phytotaxa, 620(1), 79–86.

[151] Ding QL, Zhao WY, Yin QY, et al. 2018. *Begonia ehuang-zhangensis* (sect. Diploclinium, Begoniaceae), a new species from Guangdong, China. Phytotaxa, 381–(1): 107–115.

[152] Dong AQ, Zhou JS, Gong Q, et al. 2009. A new species of *Viola* (Violaceae) from Guangdong, China. Novon, 19 (4): 457–460.

[153] Dong AQ, Chen L, Xing FW. 2009. *Impatiens nanlingensis* sp. nov. (Balsaminaceae) from Guangdong, China. Nordic Journal of Botany, 27 (6): 475–477.

[154] Dong AQ, Zeng QW, Fu L, et al. 2009. *Manglietia guangzhouensis* sp. nov. (Magnoliaceae) from Guangdong, China. Nordic Journal of Botany, 27 (4): 339–343.

[155] Dong AQ, Zheng XL, Xing FW, et al. 2012. *Impatiens yangshanensis* (Balsaminaceae), a new species from Guangdong, China. Annales Botanici Fennici, 49: 75–78.

[156] Dong SY, Haque K, Rahma MS. 2020. The true identity of the *Gymnosphaera gigantea* (Cyatheaceae) in China. Phytotaxa, 449: 15–22.

[157] Doweld. 2016. *Ficus changii*, *Ficus fengkaiensis*, *Ficus obtusatoides* and *Ficus tethyca* (Moraceae), new replacement names. Kew Bulletin, 71: 29.

[158] Engler A. 1923. Zwei nuue Amorphophalli aus Kwangtung. Notizblatt des Knigl. Botanischen Gartens und Museums zu Berlin, 8: 457–458.

[159] Fan Q, Chen S, Wang L, et al. 2015. A new species and new section of *Viola* (Violaceae) from Guangdong, China. Phytotaxa, 197(1): 15–26.

[160] Fraser-Jenkins CF. 2021. *Pteris* × *exspectata* Fraser-Jenk, Indian Fern Journal, 38(1–2): 21.

[161] Fu L F, Xiong C, Monro AK, et al. 2022. *Pilea danxiaensis* (Urticaceae), a new species in the Danxia landform from Guangdong, China including a description of the entire chloroplast genome. PhytoKeys, 204(1): 109–119.

[162] Guo X, Wang RJ. 2011. *Hedyotis xinyiensis* (Rubiaceae), a new species from China. Annales Botanici Fennici, 48 (5): 443–447.

[163] Guo J, Pan B, Liu J, et al. 2015. Three New species of *Primulina* (Gesneriaceae) from limestone Karsts of China based on morphological and molecular evidence. Botanical Studies (Taipei), 56(34): 1–13.

[164] Guo GX, Zhao WY, Chen YP, et al. 2023. *Paraphlomis yingdeensis* (Lamiaceae), a new species from Guangdong (China). PhytoKeys, 219: 107–120.

[165] Han MQ, Liu Y, Zhang LB. 2018. Eight New species of *Polystichum* (subg. Haplopolystichum, Dryopteridaceae) from limestone caves in Guangdong and Yunnan, China, with reference to species diversity in the Karst terrains at high elevations in subtropical areas. Phytotaxa, 365 (2): 145–168.

[166] Han RL, Zhang DX. 2005. *Viscum nepalense* (Viscaceae), a newly recorded species from China. Journal of Tropical and Subtropical Botany, 13 (2): 175–176.

[167] Hao CY, Wu BD, Qin XW, et al. 2020. Morphological and molecular evidence for a new species from China: *Piper semi-transparens* (Piperaceae). Phytotaxa, 429: 191–199.

[168] Hattori S, Lin PJ. 1985. A preliminary study of Chinese Frullania flora. J. Hattori Bot. Lab., 59: 123–169.

[169] He CM, Zhou XX, Ye XH, et al. 2022. *Erythroxylum austroguangdongense* (Erythroxylaceae), a new species from Guangdong, China. PhytoKeys, 202: 133–138.

[170] Hong X, Wang OW, Zhou SB, et al. 2014. *Primulina argentea* (Gesneriaceae), a new species Endemic to a Karst cave in N Guangdong, S China. Willdenowia, 44(3): 377–383.

[171] Hong X, Keene J, Qiu ZJ, et al. 2019. *Primulina anisocymosa* (Gesneriaceae), a new species with a unique inflorescence structure from Guangdong, China. PeerJ, 7(1): e6157.

[172] Hou XL, Li SJ. 2004. A new species of *Polyalthia* (Annonaceae) from China. Novon, 14 (2): 171–175.

[173] Hou B, Luo J, Zhang Y et al. 2017. Iteration expansion and regional evolution: phylogeography of *Dendrobium officinale* and four related taxa in southern China. Scientific Reports, 7: 43525.

[174] Hu AQ, Tian HZ, Xing FW. 2009. *Cephalanthera nanlingensis* (Orchidaceae), a new species from Guangdong, China. Novon, 19: 56–58.

[175] Hu YH, Liu WJ, Song XF, et al. 2021. A discussion of the Relationship between *Ophiorrhiza exigua* and *O. michelloides* (Rubiaceae) with the description of a new species. Nordic Journal of Botany, 39 (e03138): 1–6.

[176] Huang GH, Hu CM, Hao G. 2017. Rediscovery of *Ardisia gigantifolia* and the reinstatement of *A. kteniophylla* (Primulaceae) – finding the correct name for the Chinese medicinal plant 'Zou Ma Tai'. Nordic Journal of Botany, 35: 628–632.

[177] Huang GH, Hao G. 2017. *Stimpsonia nanlingensis* sp. nov. (Primulaceae) from Guangdong, China. Nordic Journal of Botany, 35(2): 157–161.

[178] Huang G, Yan X, Hao G. 2018. *Dichroa fistulosa* (Hydrangeaceae), a new species from Guangdong, China. Journal of Tropical and Subtropical Botany, 26(4): 429–432.

[179] Huang RZ, Liao M, Han W, et al. 2020. *Lysimachia daqiaoensis* (Primulaceae), a new cave species from Guangdong, China. Phytotaxa, 430 (1): 41–45.

[180] Huang YS, Kang N, Zhong XJ, et al. 2021. A new species of *Viola* (Violaceae) from Guangdong Province, China. PhytoKeys, 176: 67–76.

[181] Huang YS, Meng KK, Sun YY, et al. 2023. A new species of *Sedum* (Crassulaceae) from Mount Danxia in Guangdong, China. PhytoKeys, 221: 117–129.

[182] Huang YS, Ding JH, Ye QL, et al. 2023. Four new species of *Viola* (Violaceae) from southern China. Nordic Journal of Botany, 2023: e03941.

[183] Ivanenko A. 2003. A new species of *Diphasiastrum* (Lycopodiaceae) from China and the Eastern India. Botanicheskii Zhurnal (Moscow & Leningrad), 88 (9): 128–134.

[184] Jiang N, Guan KY, Yu WB, et al. 2009. Validation of *Atalantia fongkaica* and *Fortunella bawangica* (Rutaceae). Rhodora, 111 (948): 536–537.

[185] Jiang L, Wu LF, Huang GY, et al. 2020. A new species of *Ilex* sect. *Ilex* (Aquifoliaceae) from Guangdong, China. Phytotaxa, 428(2): 153–158.

[186] Jiménez JA, Cano MJ, Guerra J. 2022. A multilocus phylogeny of the moss genus *Didymodon* and allied genera (Pottiaceae): generic delimitations and their implications for systematics. J. Syst. Evol., 60(2): 281–304.

[187] Jin WT, Xie GG, Yang CT, et al.2015. *Platanthera nanlingensis* (Orchidaceae), a new species from Guangdong Province, China. Annales Botanici Fennici, 52(5–6): 296–300.

[187b] Jin ZC, Xu LS, Xu YC, et al. 2023. *Loropetalum axillare* (Hamamelidaceae), a new species from Guangdong, China. Phytotaxa, 622(1), 85–94.

[188] Kato M, Kita Y. 2003. Taxonomic study of Podostemaceae of China. Acta Phytotaxonomica et Geobotanica, 54(2): 87–97.

[189] Kou J, Feng C. 2018. *Vinealobryum guangdongensis* (Pottiaceae, Musci), a new species with multicellular axillary gemmae from Guangdong, China. Nordic J. Bot., 36(7): e01907 [1–6].

[190] Krosnick SE, Yu XL, Deng Y. 2013. The rediscovery of *Passiflora kwangtungensis* Merr. (subgenus Decaloba supersection Disemma): a critically endangered Chinese endemic. PhytoKeys, 23: 55–74.

[191] Kumar P, Gale S. 2022. Taxonomic notes on *Apostasia nipponica* and *Crepidium cordilabium* (Orchidaceae), two species newly recorded from Hong Kong. Feddes Repertorium, 133: 268–284.

[192] Lai BD, Wen F. 2015. *Primulina beiliuensis* var. *fimbribracteata* (Gesneriaceae), a new variety in a limestone cave from northern Guangdong, Chi. Taiwania, 60(1): 43–48.

[193] Lai GH. 2013. Contributions to the Taxonomy of the Genus *Phyllostachys* (Gramineae: Bambusoideae). Subtropical Plant Science, 42 (1): 53–64.

[194] Lai B, Wang BM, Wen F. 2016. *Primulina cordistigma*, a new species of Gesneriaceae from Guangdong, China and supplementary and emendated description of floral morphology of *P. yangchunensis*. Phytotaxa, 244(3): 283–288.

[195] Lang KY, Siu LP. 2002. A new species *Anoectochilus* Blume (Orchidaceae) from China. Acta Phytotaxonomica Sinica, 40: 164–166.

[196] Li SJ, Chen ZY, Zhang DX. 2002. *Caesalpinia elliptifolia* (Leguminosae: Caesalpinioideae): a new species from China. Nordic Journal of Botany, 22 (3): 349–352.

[197] Li FF, Li Q Y, Cui DF, et al. 2012. *Eriobotrya fulvicoma* (Rosaceae), a new species from Guangdong Province, China. Annales Botanici Fennici, 49 (3): 263–266.

[198] Li HM, Ren C, Yang QE, et al. 2015. A new natural hybrid of *Sphagneticola* (Asteraceae, Heliantheae) from Guangdong, China. Phytotaxa, 221 (1): 071–076.

[199] Li HQ, Wang YQ. 2015. *Petrocodon confertiflorus* (Gesneriaceae), a new species from Guangdong, China. Annales Botanici Fennici, 52(1–2): 27–32.

[200] Li AR, Li ZX. 2016. A new species of *Polygonum* from Guangdong, China. Journal of Fairylake Botanical Garden, 15–(1): 1–2.

[201] Li QS, Li S, Lin DQ, et al. 2018. *Quercus pseudosetulosa*, a new species of *Quercus* sect. *Ilex* (Fagaceae) from Dawanshan Island, Guangdong, China. Phytotaxa, 373(4): 272–282.

[202] Li X, Zhang K, Qian X, et al. 2020. *Burmannia decurrens* (Burmanniaceae), a new mycoheterotrophic Species from Southwestern Guangdong, China. Nordic Journal of Botany, 38 (e02718): 1–6.

[203] Li X, Guo Z, Li Y, et al. 2020. *Hemiboea guangdongensis* comb. & stat. nov., a cryptic species segregated from *H. subcapitata* (Gesneriaceae) based on morphological and molecular data. Nordic J. Bot., 37(12): e02574.

[204] Li X, Tong YH, Xia NH. 2022. *Sasa guangdongensis*, a new synonym of *Acidosasa carinata* (Poaceae: Bambusoideae). Phytotaxa, 568 (2): 204–212.

[205] Li X, Liu A, Zhang D. 2023.*Thismia guangdongensis* (Thismiaceae), a new mycoheterotrophic species from China. Nordic Journal of Botany, 2023(4): e03819.

[206] Li G, Fritsch PW. 2018. A taxonomic revision of taxa in *Styrax* series *Cyrta* (Styracaceae) with valvate corollas. Journal of the Botanical Research Institute of Texas, 12(2), 579–641.

[207] Li YL, Ye DP, Yi QF, et al. 2015. Two newly recorded Species of *Oberonia* (Orchidaceae) from mainland China. Journal of Tropical and Subtropical Botany, 23 (2): 144–146.

[208] Li YQ, Yao G. 2015. Reinstatement and lectotypification of *Bridelia fordii* (Phyllanthaceae). Phytotaxa, 226(3): 295–297.

[209] Liang TJ, Li B. 2014. *Persicaria lankeshanensis* (Polygonaceae: Persicarieae), a new species from Guangdong, China. Bangladesh Journal of Plant Taxonomy, 21(2): 147–152.

[210] Lin et al. 2000. Two new species and one new combination of Bambusoideae. Journal of Bamboo Research, 19 (4): 1–17.

[211] Lin WT. 2009. *Bambusa hirticaulis*, a new species in Genus Bambusa. Journal of Bamboo Research, 28 (2): 10–11.

[212] Lin CR, Meng T, Gao Q, et al. 2013. *Aspidistra nankunshanensis* (Asparagaceae), a new species from Guangdong, China. Annales Botanici Fennici, 50–(1–2): 123–126.

[213] Lin RS, Zheng CH. 2013. *Bambusa xueliniana*, a new species of *Bambusa* from South China. Journal of Bamboo Research, 32(2): 1–4.

[214] Lin ZL, Hai DV, Deng YF. 2020. Three new synonyms of *Rungia stolonifera* (Acanthaceae) from China and Vietnam. Nordic Journal of Botany, 2020: e02649.

[215] Lin CR, Xu WB, Huang YS, et al. 2023. Four new species of *Aspidistra* (Asparagaceae) from southern China. Phytotaxa, 587 (2): 121–135.

[216] Liu WQ, Jin JH, Liao WB. 2007. *Ophiopogon acerobracteatus* (Convallariaceae), a new species from Southern China. Annales Botanici Fennici, 44 (6): 492–494.

[217] Liu ZJ, Chen SC, Ru ZZ. 2007. *Vanilla shenzhenica* Z. J. Liu & S. C. Chen, the first new species of Orchidaceae found in Shenzhen, South China. Acta Phytotaxonomica Sinica, 45 (3): 301–303.

[218] Liu Y, Zhang DX. 2008. Validation of *Morinda shuanghuaensis* and Lectotypification of *Morinda howiana* (Rubiaceae). Journal of Tropical and Subtropical Botany, 16 (6): 577–578.

[219] Liu KW, Xie G C, Chen LJ, et al. 2012. *Sinocurculigo*, a new genus of Hypoxidaceae from China based on molecular and morphological Evidence. PLos ONE, 7 (6): e38880.

[220] Liu Y, Xu Y, Yang QE. 2019. *Sinosenecio peltatus* (Asteraceae, Senecioneae), a remarkably distinctive new species from Guangdong, China. Phytotaxa, 406(3): 206–212.

[221] Liu ZC, Liu J, Zhao WY, et al. 2022. *Argostemma ehuangzhangense* (Rubiaceae), a new species from Guangdong, China. PhytoKeys, 214(1): 75–82.

[222] Lu NT, Nguyen LP, Le CT, et al. 2021. *Arachniodes libingii* sp. nov. and *A. vietnamensis* sp. nov. (Dryopteridaceae), two new ferns from southern China and central Vietnam. Phytotaxa, 522 (3): 256–262.

[223] Ma QX, Xing FW, Ye HG. 2010. *Mitreola yangchunensis* (loganiaceae), a new species from China. Pakistan Journal of Botany, 42 (2): 685–689.

[224] Ma ZX, Huang YJ. 2018. A bew species of *Arisaema* sect. *Attenuata* (Araceae) with an amended key to its species in

mainland China. Aroideana, 41 (2–3): 4–4.

[225] Ma ZX, Du W, Wang XY. 2019. A new species and a new combination of the genus *Arisaema* (Araceae) from China. Phytotaxa, 395 (4): 265–276.

[226] Häkkinen M, Hong W, Ge XJ. 2008. *Musa itinerans* (Musaceae) and its intraspecific taxa in China. Novon: A J. for Botanical Nomenclature, 18(1): 50–60.

[227] Maslin BR, Ho BC, Sun H, et al. 2019. Revision of *Senegalia* in China, and notes on introduced species of *Acacia*, *Acaciella*, *Senegalia* and *Vachellia* (Leguminosae: Mimosoideae). Plant Diversity, 41: 353–480.

[228] Miao S, Guo G, Dai K, et al. 2022. *Hemiboea shimentaiensis* S. Y. Miao, Y. Q. Li & T. Chen (Gesneriaceae), a new species from northern Guangdong, China. Nordic Journal of Botany, 36(9): e03611.

[229] Middleton DJ. 1996. A revision of *Afanonerion* Pierre ex Spire, *Parameria* Benth. & Hook. f. and *Urceola* Roxb. (Apocynaceae). Bluema, 41: 69–122.

[230] Mizutani M, Chang KC. 1986. A preliminary study of Chinese Lepidoziaceae flora. The Journal of the Hattori Botanical Laboratory, 60: 419–437.

[231] Mo FY, Zhang SZ, Lin CR, et al. 2021. *Aspidistra latistyla* (Asparagaceae), a new species from China. Phytotaxa, 512 (1): 73–78+N365.

[232] Ni JB, Niu ZY, Zheng XR, et al. 2021. *Bambusa suijiangensis*, a new species of Bambusa from Guangdong, China. Journal of Bamboo Research, 40 (1): 11–15.

[233] Ning ZL, Li GF, Wang J, et al. 2013. *Primulina huaijiensis* (Gesneriaceae), a new species from Guangdong, China. Annales Botanici Fennici, 50(1–2): 119–122.

[234] Ning ZL, Wang J, Smith JF, et al. 2013. *Primulina qingyuanensis* (Gesneriaceae), a new species from limestone areas in Guangdong, China. Phytotaxa, 137 (1): 48–52.

[235] Ning ZL, Pan B, Kang M. 2015. *Primulina fengkaiensis* (Gesneriaceae), a new species from limestone areas in western Guangdong, China. Phytotaxa, 197 (4): 296–300.

[236] Ning ZL, Pan B, Wen F, et al. 2016. *Primulina yingdeensis*, a new species from Guangdong, China, and *P. rosulata*, a new combination (Gesneriaceae), based on morphological and molecular Evidence. Willdenowia, 46 (3): 399–409.

[237] Ohashi H, Iokawa Y, Phon PD. 2006. The genus *Uraria* (Leguminosae) in China. J. Jpn. Bot, 81: 332–361.

[238] Olsson S, Buchbender V, Enroth J, et al. 2010. Phylogenetic relationships in the 'Pinnatella' clade of the moss family Neckeraceae (Bryophyta). Organisms, Diversity & Evolution, 10(2): 107–122.

[239] Ormerod P. 2007. Orchidaceous additions to the flora of China and Vietnam (II). Taiwania, 52 (4): 307–314.

[240] Pan B, Zhu XY. 2010. Taxonomic revision of *Dumasia* (Fabaceae, Papilionoideae). Ann. Bot. Fennici, 47: 247–256.

[241] Pan B, Wang BM, He JY, et al. 2016. *Primulina versicolor* and *P. alutacea* spp. nov. (Gesneriaceae), two new species with yellow flowers from Northern Guangdong, China. Edinburgh Journal of Botany, 73(1): 25 – 37.

[242] Pan B, Zou LL, Zhang RP, et al. 2017. *Primulina effusa* F. Wen & B. Pan, A new species of Gesneriaceae from limestone areas of South China. Guihaia, 37(10): 1250 – 1256.

[243] Pelser PB, Gravendeel B, De Vogel EF. 2000. Revision of *Coelogyne* section *Fuliginosae* (Orchidaceae). Blumea, 45: 253–273.

[244] Pruesapan K, Telford IRH, Bruhl JJ, et al. 2012. Phylogeny and proposed circumscription of *Breynia*, *Sauropus* and *Synostemon* (Phyllanthaceae), based on chloroplast and nuclear DNA sequences. Australian Systematic Botany, 25: 313–330.

[245] Qi XP, Zhang XC. 2009. Taxonomic revision of *Lepisorus* (J. Sm.) Ching sect. *Lepisorus* (Polypodiaceae) from China. Journal of Systematics and Evolution, 47 (6): 581–598.

[246] Qin XS, Chen HF, Xing FW. 2007. A new species of *Drypetes* (Putranjivaceae) from China. Nordic Journal of Botany, 25 (1–2): 38–40.

[247] Qin QM, Tong YH, Zheng XR, et al. 2020. *Sinosasa* (Poaceae: Bambusoideae), a new genus from China. Taxon, 70(1): 27–47.

[248] Qiu HX, Chen BH, Zeng FY. 2006. Noteworthy taxa from Southern China. Guihaia., 26 (1): 1–4.

[249] Shang H, Ma Q, Yan YH. 2015. *Dryopteris shiakeana* (Dryopteridaceae): a new Fern from Danxiashan in Guangdong, China. Phytotaxa, 218 (2): 156–162.

[250] Shen RJ, Lin SS, Yu Y, et al. 2010. *Chiritopsis danxiaensis* sp. nov. (Gesneriaceae) from Mount Danxiashan, South China. Nordic Journal of Botany, 28: 728–732, 2010.

[251] Shi X, Li W, Wu H, et al. 2018. *Camellia psilocarpa* (Theaceae), a new species from Guangdong, China, based on morphological and molecular Data. Phytotaxa, 338(2): 209–215.

[252] Shi S, Yang H, Wei X, et al. *Gastrodia qingyunshanensis*

(Orchidaceae: Epidendroideae)—a new holomycotrophic Orchid from Guangdong, China. Phytotaxa, 483 (2): 177–182.

[253] Shrestha N, Xing FW, Qi XP, et al. 2014. *Huperzia nanlingensis* (Lycopodiaceae), a new terrestrial firmoss from Southern China. Phytotaxa, 173(1): 73–79.

[254] So ML. 2003. The genus *Schistochila* in Asia. J. Hattori Bot. Lab, 93: 79–100.

[255] Song ZQ, Xu DX. 2016. *Foonchewia coriacea*, a new combination to replace *F. guangdongensis* (Rubiaceae). Nordic Journal of Botany, 34: 685–689.

[256] Sukkharak P, Gradstein SR. 2014. A taxonomic revision of the genus *Mastigolejeunea* (Marchantiophyta: Lejeuneaceae). Nova Hedwigia, 99(3–4): 279–345.

[257] Sukkharak P Gradstein SR. 2017. Phylogenetic study of *Mastigolejeunea* (Marchantiophyta: Lejeuneaceae) and an amended circumscription of the genus Thysananthus. Phytotaxa, 326(2): 91–107.

[258] Takahashi H, Qin XK, Konta F. 2020. *Tricyrtis chinensis* Hir. Takah. (Liliaceae), a new species from Southeast China. Journal of Zhejiang Forestry Science and Technology, 40 (4): 73–77.

[259] Tang GD, Huang L, Li JY, et al. 2017. *Polystichum hastipinnum* (subg. Haplopolystichum, Dryopteridaceae), a new cave fern from Guangdong, China. Phytotaxa, 309(1): 66–72.

[260] Tian HZ, Xing FW. 2008. *Chamaegastrodia nanlingensis* (Orchidaceae), a new species from Guangdong, China. Novon, 18: 261–263.

[261] Tian HZ, Tsutsumi C, Xing FW. 2012. A new species of *Liparis* (Malaxideae: Orchidaceae) from Guangdong, China, based on morphological and molecular Evidence. Journal of Systematics and Evolution, 50 (6): 573–579.

[262] Tian HZ, Hu AQ, Liu QX, et al. 2016. *Liparis tsii*: A new species of Orchidaceae (tribe-Malaxideae) from Guangdong, China with its phylogenetic position. Plant Biosystems, 150 (6): 1–8.

[263] Tian DK, Chen B, Xiao Y, et al. 2021. *Begonia shenzhenensis*, a new species of Begoniaceae from Guangdong, China. PhytoKeys, 178: 171–177.

[264] Tian HZ, Chung SW, Zheng XL, et al. 2008. *Goodyera pendula* Maxim. a new Record of Orchidaceae from mainland China. Bulletin of Botanical Research, 28 (1): 1–2.

[265] Tong YH, Niu ZY, Cai ZY, et al. 2023. *Kengiochloa*, a new bamboo genus to accommodate the morphologically unique species, *Pseudosasa pubiflora* (Poaceae). PhytoKeys, 221: 131–145.

[266] Tong YH, Li YQ, Guo GX, et al. 2020. *Chamaelirium shimentaiense* (Melanthiaceae), a new species from Guangdong, China. Nordic Journal of Botany, 38 (3): 1–3.

[267] Touw A. 2001. A taxonomic revision of the Thuidiaceae (Musci) of tropical Asia, the western Pacific, and Hawaii. J. Hattori Bot. Lab., 91: 1–136.

[268] Tu WH, Wang BM, Huang Y, et al. 2020. *Begonia guangdongensis*, a new species of *Begonia* (Begoniaceae) from Guangdong, China. PhytoKeys, 162: 29–36.

[269] Wang FG, Ye YS, Ye HG. 2005. *Lithocarpus yangchunensis* (Fagaceae), a new species from Guangdong, China. Annales Botanici Fennici, 42 (6): 485–489.

[270] Wang XM, Liang JS, Niu RH. 2006. A new species of *Acer* (Aceraceae) from Southern China. Acta Botanica Boreali-Occidentalia Sinica, 26 (4): 823–824.

[271] Wang RJ. 2007. *Hedyotis koana* R. J. Wang, A new species of Rubiaceae from China. Acta Phytotaxonomica Sinica, 45 (5): 696–700.

[272] Wang FG, Yu SY, Xing FW. 2008. *Saxifraga daqiaoensis* (Saxifragaceae), a new species from Guangdong, China. Annales Botanici Fennici, 45: 237–239.

[273] Wang J, Ye YS, Ye HG. 2010. *Ainsliaea asaroides* sp. nov. (Asteraceae) from Guangdong, China. Nordic Journal of Botany, 28 (2): 196–198.

[274] Wang FG, Liu DM, Xing FW. 2010. Two new species of *Hypodematium* (Hypodematiaceae) from limestone areas in Guangdong, China. Botanical Studies (Taipei), 51: 99–106.

[275] Wang R, Deng S, Huang X. 2015. *Hedyotis nanlingensis* (Rubiaceae), a new species from South China. Phytotaxa, 206(1): 37–42.

[276] Wang R, Wen H, Deng S, et al. 2015. *Spiradiclis danxiashanensis* (Rubiaceae), a new species from South China. Phytotaxa, 206(1): 30–36.

[277] Wang RJ. 2016. *Spiradiclis yangchunensis* (Rubiaceae), a new species from Guangdong, China. Plant Science Journal, 34(1): 13–17.

[278] Wang GT, Zhang Y, Liang D, et al. 2018. *Hedyotis taishanensis* (Rubiaceae): a new species from Guangdong, China. Phytotaxa, 367(1): 38–44.

[279] Wang H, Zhao GH, Ravi BX, et al. 2020. *Crepidomanes shenzhenense* (subg. Crepidomanes, Hymenophyllaceae), a bew filmy fern species from Guangdong, Southern China. Phytotaxa, 440 (2): 101–107.

[280] Wang G, Liu F, Jiang G, et al. 2021. *Gyrocheilos taishanense*: a new species of Gesneriaceae from Guangdong, China. Phytotaxa, 478 (2): 216 – 224.

[281] Wang GT, Shu JP, Jiang GB, et al. 2021. Morphology and molecules support the new monotypic genus *Fenghwaia* (Rhamnaceae) from South China. PhytoKeys, 171: 25–35.

[282] Wang HF, Wang ZF, Qin QM, et al. 2021. *Tigridiopalma longmenensis* (Melastomataceae), a new species from Guangdong, China. Phytotaxa, 500(3): 244.

[283] Wang HW, Dai JM, Chen ZX, et al. 2022. *Selaginella orientali-chinensis*, a new resurrection spikemoss species from southeastern China based on morphological and molecular evidences. Acta Scientiarum Naturalium Universitatis Sunyatseni, 61 (2): 57–64.

[284] Wang LY, Zhao WY, Chen ZX, et al. 2023. *Commelina danxiaensis* (Commelinaceae), a new species from Guangdong, China. PhytoKeys, 218: 117–126.

[285] Wang HC, Sun H. 2013. *Rubus tetsunii*, a replacement name for the Chinese *R. lobatus* T. T. Yu & L. T. Lu (Rosaceae). Phytotaxa, 79 (2): 63–64.

[286] Wang J, Zhu RL, Gradstein SR. 2016. Taxonomic revision of Lejeuneaceae subfamily Ptychanthoideae (Marchantiophyta) in China. Bryophyt. Biblioth. 65.

[287] Wei YG, Wen F, Wang WT. 2012. *Elatostema robustipes* (Urticaceae), a new species from Guangxi, and *Pellionia tenuicuspis* (Urticaceae), a new species from Guangdong, China. Annales Botanici Fennici, 49 (3): 188–192.

[288] Wei ZY, Gu YF, Xia ZQ, et al. 2021. *Dipteris shenzhenensis*, a new endangered species of Dipteridaceae from Shenzhen, southern China. PhytoKeys, 186: 111–120, 2021.

[289] Wei X, Harris AJ, Cui Y, et al. 2021. Inferring the potential geographic distribution and reasons for the endangered status of the tree fern, *Sphaeropteris lepifera*, in Lingnan, China using a small sample size. Horticulturae, 2021, 7(11), 496.

[290] Wen F, Wei YG. 2016. *Paraboea yunfuensis*: a new calcicolous species of Gesneriaceae from Yunfu, Guangdong Province, China. Telopea, 19: 126.

[291] Wen HZ, Wang RJ. 2012. *Foonchewia guangdongensis* gen. & sp. nov. (Rubioideae: Rubiaceae) and its systematic position inferred from chloroplast sequences and morphology. Journal of Systematics and Evolution, 50 (5): 467–476.

[292] Wen H, Wang R. 2012. *Ligustrum guangdongense* (Oleaceae), a new species from China. Novon, 22 (1): 114–117.

[293] Wen F, Hong X, Chen LY, et al. 2013. A new species of *Paraboea* (Gesneriaceae) from a karst limestone hill in Southwestern Guangdong, China. Phytotaxa, 131 (1): 1–8.

[294] Wen F, Zhao B, Liang GY, et al. 2013. *Primulina lutvittata* (Gesneriaceae), a new species from a limestone cave in Guangdong, China. Annales Botanici Fennici, 50 (1–2): 87–90.

[295] Wen F, Wei YG. 2014. *Primulina dongguanica* F. Wen, Y. G. Wei & R. Q. Luo (Gesneriaceae), a new species from South China. Candollea, 69 (1): 9–19.

[296] Wen J, Lu LM, Hsu TW, et al. 2018. *Pseudocayratia*, a new genus of Vitaceae from China and Japan with two new species and three new Combinations. Journal of Systematics and Evolution, 56(4): 374–393.

[297] Wen F, Xin ZB, Hong X, et al. 2022. *Actinostephanus* (Gesneriaceae), a new genus and species from Guangdong, South China. PhytoKeys, 193: 89–106.

[298] Wu LH, Yang DP, Wang FS. 2002. A new species and a new subspecies of *Hypericum* from Guangdong, China. Acta Botanica Yunnanica, 24 (5): 609–610.

[299] Wu L, Wang JL, Mo SS, et al. 2015. *Spiradiclis glandulosa* sp. nov. (Rubiaceae) from limestone areas in southern China. Nordic Journal of Botany, 33: 79–82.

[300] Wu L, Tong Y, Yan RY, et al. 2016. *Chionographis nanlingensis* (Melanthiaceae), a new species from China. Pakistan Journal of Botany, 48(2): 601–606.

[301] Wu L, Tong Y, Pan B, et al. 2016. *Spiradiclis glabra* sp. nov. (Rubiaceae) from limestone areas in Guangdong, China. Nordic Journal of Botany, 34 (6): 718–722.

[302] Wu L, Wang BM, Pan B, et al. 2019. *Spiradiclis tubiflora* (Rubiaceae), a new cave-dwelling species from southern China. PhytoKeys, 130: 217–224.

[303] Wu B, Potter D, Cui D. 2019. The identity of *Prunus dielsiana* (Rosaceae). PhytoKeys, 126: 71–77.

[304] Wu BH, Zhao W, Yang H, et al. 2022. *Prunus yunkaishanensis* (Rosaceae), a new species from Guangdong, South China. Phytotaxa, 541(3): 277–284.

[305] Wu LH, Yang DP, Wang FS. 2002. A New species and A new subspecies of *Hypericum* from Guangdong, China. Acta Botanica Yunnanica., 24 (5): 609–610.

[306] Xiang CL, Liu ED, Peng H. 2010. Nomenclatural notes on the genus *Paraphlomis* (Lamiaceae: Lamioideae) from China. Nordic Journal of Botany, 28: 667–669.

[307] Xiang CL, Liu ZW, Xu J, et al. 2009. Validation of the name *Chelonopsis chekiangensis* (Lamiaceae), a species

from eastern China. Novon, 19(1): 133–134.

[308] Xiang CL, Peng H, et al. 2013. Valid Publication of *Croton dinghuensis* (Euphorbiaceae) and *Helicia yangchunensis* (Proteaceae), two species endemic to Guangdong, China. Novon, 22(3): 377–378.

[309] Xu WJ, Qin WH, Wang ZQ, et al. 2019. A new variety of *Didymocarpus* (Gesneriaceae) from Guangdong, China. PhytoKeys, 128: 33–38.

[310] Xu YD, Wang RJ. 2021. *Hedyotis puberulifolia* (Rubiaceae), a new species from Guangdong, China. Phytotaxa 502 (2): 160–168.

[311] Xu YD, Wang RJ. 2021. *Hedyotis pubirachis* (Rubiaceae), a new species from Guangdong, China. Nordic Journal of Botany 39 (e03264): 1–6.

[312] Xu KW, Lin CX, Guo JQ, et al. 2022. *Asplenium danxiaense* sp. nov.(Aspleniaceae, Aspleniineae), a new tetraploid fern species from Guangdong, China, based on morphological and molecular data. European Journal of Taxonomy, 798: 162–173.

[313] Xu LS, Li T, Xu YC, et al. 2023. *Isotrema guangdongense* (Aristolochiaceae), a new species from Guangdong. Phytotaxa, 601:71–80.

[314] Xue B, Wang GT, Zhou XX, et al. 2021. *Artabotrys pachypetalus* (Annonaceae), a new species from China. PhytoKeys, 178: 71–80.

[315] Yan YH, Zeng QW, Xing FW. 2004. *Michelia guangdongensis* (Magnoliaceae), a new species from China. Annales Botanici Fennici, 41: 491–493.

[316] Yang LH, Zhou JG, Xu P, et al. 2015. *Oreocharis pilosopetiolata*, a new species of Gesneriaceae from Southeastern Guangdong, China. Phytotaxa, 239 (3): 287–292.

[317] Yang LH, Huang JZ, Deng FD, et al. 2017. *Oreocharis uniflora*, a new species of Gesneriaceae from Guangdong, China. Phytotaxa, 295(3): 292–296.

[318] Yang LH, Ning ZL, Kang M. 2017. *Primulina rubella* sp. nov. (Gesneriaceae) from a limestone area in Guangdong, China. Nordic Journal of Botany, 35(4): 506–512.

[319] Yang LE, Meng Y, Zhou Z, et al. 2017. *Rubia hangii* (Rubiaceae), a new species from Guangxi Province, China. Phytotaxa, 291(1): 43–52.

[320] Yang Y, Chen L, Peng H. 2018. Clarification of the taxonomic Confusion between *Ilex formosana* and *I. tetramera* (Aquifoliaceae), with the description of a new species *I. shukunii*. Phytotaxa, 382(2): 182–192.

[321] Yang LH, Zhou JG, Xu P, et al. 2018. *Hedyotis austrosinica* sp. nov. (Rubiaceae) from Southern China: a new heterostylous species similar to *H. pulcherrima*. Nordic Journal of Botany, 36(e01499): 1–5.

[322] Yang LH, Zhou LX, Kang M. 2018. *Oreocharis ovata* (Gesneriaceae), a new species from Guangdong, China. Nordic Journal of Botany, 36(e01764): 1–5.

[323] Yang L, Kong H, Huang JP, et al. 2019. Different species or genetically divergent populations integrative species delimitation of the *Primulina hochiensis* complex from isolated karst habitats. Molecular Phylogenetics and Evolution, 132: 219–231.

[324] Yang YP, Dwyer JD. 1989. Taxonomy of subgenus Bladhia of *Ardisia* (Myrsinaceae). Taiwania., 34: 192–298.

[325] Yao G, Song ZQ, Li YL, et al. 2019. Exclusion of *Glochidion coccineum* (Phyllanthaceae) from the flora of China. Phytotaxa, 408(3): 215–221.

[326] Yao G, Deng YF, Ge XJ. 2015. A taxonomic revision of *Pogostemon* (Lamiaceae) from China. Phytotaxa, 200(1): 167.

[327] Yao G, Zhang DX. 2015. Reinstatement of three names in *Glochidion* (Phyllanthaceae) based on morphological and palynological evidence. Nord. J. Bot., 33: 197203.

[328] Yao G, Zhang DX. 2015. Taxonomic notes on *Glochidion acuminatum* and *G. triandrum* (Phyllanthaceae). Phytotaxa, 236(1): 7985.

[329] Ye CX, Shi XG. 2005. A new species of *Didymostigma* (Gesneriaceae) from Southern China. Harvard Papers in Botany, 9 (2): 447–448.

[330] Ye HG, Chen HS. 2001. A new species of Aquifoliaceae from Guangdong, China. Journal of Tropical and Subtropical Botany, 9 (4): 311–312.

[331] Ye HG. 2002. A new species of Buxaceae from Guangdong. Journal of Tropical and Subtropical Botany, 10 (3): 245–246.

[332] Ye HG, Wang FG, Ye YS, et al. 2004. *Begonia coptidifolia* (Begoniaceae), a new species from China. Botanical Bulletin of Academia Sinica (Taipei), 45: 259–266.

[333] Ye H, Wang F, Ye Y. 2004. *Lithocarpus glaucus*, a new species of Fagaceae from China. Nordic Journal of Botany, 24 (3): 257–260.

[334] Ye CX, Shi XG. 2005. A new species of *Didymostigma* (Gesneriaceae) from Southern China. Harvard Papers in Botany, 9(2): 447–448.

[335] Ye YS, Ye HG, Wang FG. 2006. *Cinnamomum purpureum* (Lauraceae): a new species from Guangdong, China. Novon, 16 (3): 439– 442.

[336] Ye HG, Wang FG, Xia NH. 2006. *Croton yangchunensis* (Euphorbiaceae), a new species from Guangdong, China. Annales Botanici Fennici, 43 (1): 49–52.

[337] Ye XB, Chen J, Liu N. 2008. *Curcuma nankunshanensis* (Zingiberaceae), a new species from China. Journal of Tropical and Subtropical Botany, 16 (5): 472– 476.

[338] Ye QL, Li YF, Zhong ZM, et al. 2018. *Platanthera guangdongensis* and *P. zijinensis* (Orchidaceae: Orchideae), two new species from China: Evidence from Morphological and Molecular Analyses. Phytotaxa, 343(3): 201–213.

[339] Ye XE, Ye XH, Chen YQ, et al. 2021. *Michelia taishanensis* Y. H. Tong, X. E. Ye, X. H. Ye & Yu Q. Chen (Magnoliaceae), a new species from Guangdong. Journal of Tropical and Subtropical Botany, 29 (4): 413–416.

[340] Ye XE, Bai L, Ye YS, et al. 2018. Taxonomic studies of Amomum (Zingiberaceae) in China II: transfer of *Hornstedtia tibetica* to *Amomum* and supplementary description of *H. hainanensis*. Plant Systematics and Evolution, 304: 1165–1180.

[341] Yang Y, Peng H, Sun H. 2021. Taxonomic Revision of *Sageretia* (Rhamnaceae) from China I: Identities of *S. lucida*, *S. thea* var. *cordiformis* and *S. yunlongensis*, with the Description of a new species *S. ellipsoidea*. Phytotaxa, 502 (2): 160–168.

[342] Yin YY, Zhong PS, Zhang GQ, et al. 2016. Morphological, genome-size and molecular analyses of *Apostasia fogangica* (Apostasioideae, Orchidaceae), a new species from China. Phytotaxa, 277(1): 59–67.

[343] Yu D, Wang D, Li ZQ. 2001. Two species of the Genus *Myriophyllum* L. (Haloragaceae) newly recorded in China. Acta Phytotaxonomica Sinica, 39 (6): 575–578.

[344] Yu WB, Li DZ. 2014. Valid publication of the name *Sarcococca longipetiolata* (Buxaceae): Third time lucky. Taxon, 63 (4): 925–928.

[345] Yu RX, Zhou SY, Li YQ, et al. 2021. Two new species of *Balanophora* (Balanophoraceae) from South China. Systematic Botany, 46 (4): 1053–1066.

[346] Yu JH, Zhang R, Liu QL, et al. 2022. *Ceratopteris chunii* and *Ceratopteris chingii* (Pteridaceae), two new diploid species from China, based on morphological, cytological, and molecular data. Plant diversity, 44(3): 300–307.

[347] Yuan Y, Fu L, Ma CY. 2012. *Microlepia boluoensis* sp. nov. (Dennsteadtiaceae) from Guangdong, China. Nordic Journal of Botany, 30 (2): 168–173.

[348] Zeng QW, Law YW. 2004. *Manglietia longipedunculata* (Magnoliaceae), a new species from Guangdong, China. Annales Botanici Fennici, 41 (2): 151–154.

[349] Zeng SJ, Huang GH, Liu Q, et al. 2016. *Fordiophyton zhuangiae* (Melastomataceae), a new species from China based on morphological and molecular Evidence. Phytotaxa, 282(4): 259–266.

[350] Zeng SJ, Zou LH, Wang P, et al. 2016. Preliminary Phylogeny of *Fordiophyton* (Melastomataceae), with the description of two new species. Phytotaxa, 247(1): 45–61.

[351] Zeng SJ, Xu YC, Wang GT, et al. 2021. *Tigridiopalma exalata*, a new and endangered Species of Melastomataceae from China. PhytoKeys, 176: 33–42.

[352] Zhai JW, Zhang GQ, Chen LJ, et al. 2013. A new Orchid genus, *Danxiaorchis*, and phylogenetic analysis of the Tribe Calypsoeae. PLos ONE, 8(4): e60371.

[353] Zhang DX, Saunders RMK. 2000. Systematics of the *Burmannia coelestis* Complex (Burmanniaceae). Nordic Journal of Botany, 20 (4): 385–394.

[354] Zhang RL, Ma W, Wen F, et al. 2016. *Primulina maciejewskii* sp. nov. (Gesneriaceae) from Guangdong, China. Nordic Journal of Botany, 34 (6): 722–727.

[355] Zhang F, Feng S, Zhou J, et al. 2018. *Apios chendezhaoana* (Fabaceae), an overlooked species and a new combination from China: evidence from morphological and molecular analyses. Phytotaxa, 371 (1): 001–016.

[356] Zhao WY, Fan Q, Chen F, et al. 2018. *Diospyros penghuae*, a new species of Ebenaceae from Danxiashan mountain in Guangdong, China. Acta Scientiarum Naturalium Universitatis Sunyatseni, 57(5): 98–103.

[357] Zhao WY, Jiang KW, Chen ZX, et al. 2022. *Lespedeza danxiaensis* (Fabaceae), a new species from Guangdong, China, based on molecular and morphological data. PhytoKeys, 185: 43–53.

[358] Zheng YL, Deng YF. 2014. A new species of *Primulina* (Gesneriaceae) from Guangdong, China. Phytotaxa, 163(1): 48–53.

[359] Zheng XR, Tong YH, Ni JB, et al. 2019. *Phyllostachys danxiashanensis* (Poaceae: Bambusoideae), a new species from South China. Phytotaxa, 388(2): 201–206.

[360] Zhou JS, Xing FW. 2007. *Viola changii* sp. nov. (Violaceae) from Guangdong, Southern China. Nordic Journal of Botany, 25 (5–6): 303–305.

[361] Zhou J S, Gong Q, Xing F W. 2008. *Viola nanlingensis* (Violaceae), a new species from Guangdong, southern China. Annales Botanici Fennici, 45: 233–236.

[362] Zhou S B, Hong X, Wen F, et al. 2013. *Hemiboea roseoalba* S. B. Zhou, Xin Hong & F. Wen (Gesneriaceae),

a new species from Guangdong, China. Bangladesh Journal of Plant Taxonomy, 20 (2): 171–177.

[363] Zhou S B, Hong X, Ma W, et al. 2014. *Primulina Lechlngensis* (Gesneriaceae), a new species from a limestone cave of northern Guangdong, China. Bangladesh Journal of Plant Taxonomy, 21(2): 187–191.

[364] Zhou Y, Xiao K, Hu G, et al. 2014. Reappraisal of *Nymphoides coronata* (Menyanthaceae), a 100–year–lost species endemic to South China. Phytotaxa, 184 (3): 170–173.

[365] Zhou S B, Hong X, Wei Y G, et al. 2015. *Primulina moi* sp. nov. (Gesneriaceae) from a limestone area in Northern Guangdong, China. Nordic Journal of Botany, 33(4): 446–450.

[366] Zhou X X, Jiang G B, Zhu X X, et al. 2019. *Isotrema plagiostomum* (Aristolochiaceae), a new species from Guangdong, South China. Phytotaxa, 405(4): 221–225.

[367] Zhou JJ, Huang ZP, Li JH, et al. 2019. *Semiaquilegia danxiashanensis* (Ranunculaceae), a new species from Danxia Shan in Guangdong, Southern China. Phytotaxa, 405(1): 1–14.

[368] Zhu RL, So ML. 1999. Additions of Lejeuneaceae taxa to the hepatic flora of Yunnan, China. Annales Botanici Fennici, 1999: 219–229.

[369] 曾思金，刘强，王盼，等 . 2015. 广东惠东莲花山白盆珠兰科植物多样性分析 . 亚热带植物科学，44(4): 319–324.

[370] 曾宪锋，邱贺媛 . 2009. 潮安产 4 种广东省新记录植物 . 安徽农业科学，37(29): 14140.

[371] 曾宪锋，邱贺媛 . 2009. 凤凰山产 2 种广东省新记录植物的报道 . 安徽农业科学，37(35): 17592.

[372] 曾宪锋，邱贺媛 . 2010. 广东省 2 种新记录植物 . 安徽农业科学，38(3): 1563.

[373] 曾宪锋，邱贺媛 . 2010. 广东省唇形科 2 种新记录植物 . 安徽农业科学，38(25): 13611, 13630.

[374] 曾宪锋，邱贺媛 . 2010. 梅州产 2 种广东省新记录植物 . 安徽农业科学，38(6): 2873.

[375] 曾宪锋，邱贺媛 . 2011. 广东槭树科 2 种新记录植物 . 广东农业科学，3: 129–136.

[376] 曾宪锋，邱贺媛 . 2011. 广东省十字花科一新记录属 —— 播娘蒿属 . 广东农业科学，16: 117.

[377] 曾宪锋，邱贺媛 . 2011. 梅州产 2 种广东省新记录藤本植物 . 安徽农业科学，39(10): 5687–5688.

[378] 曾宪锋，邱贺媛 . 2011. 平远产广东省 1 种新记录蕨类植物 . 安徽农业科学，39(24): 14537.

[379] 曾宪锋，邱贺媛 . 2011. 蔷薇科 2 种广东省新记录植物简报 . 广东农业科学，19: 130.

[380] 曾宪锋，邱贺媛 . 2011. 粤东 2 种广东省新记录植物 . 安徽农业科学，39(32): 19678.

[381] 曾宪锋，邱贺媛 . 2012. 潮州大质山产 2 种广东省新记录植物 . 华南农业大学学报，33(1): 123–124.

[382] 曾宪锋，邱贺媛 . 2012. 广东省 2 种新记录归化杂草 . 广东农业科学，18: 58–61.

[383] 曾宪锋，邱贺媛 . 2012. 禾本科 1 种广东省新记录归化植物 . 广东农业科学，14: 51.

[384] 曾宪锋，文志强 . 2013. 潮汕地区产 3 种广东省新记录植物 . 广东农业科学，(7): 155–156.

[385] 曾宪锋 . 2008. 铜鼓嶂产 4 种广东省新记录植物 . 广东教育学院学报，28(3): 60–61.

[386] 曾宪锋 . 2010. 广东省归化植物 2 种新记录 . 安徽农业科学，38: 15393.

[387] 曾宪锋 . 2010. 广东省壳斗科两种新记录植物 . 安徽农业科学，38(26): 14220, 14223.

[388] 曾宪锋 . 2011. 广东省 3 种新记录植物 . 华南农业大学学报，32(1): 124.

[389] 曾宪锋 . 2012. 广东省 1 种新记录植物 —— 闽千里光 . 广东农业科学，23: 177–178.

[390] 曾宪锋 . 2012. 广东省归化植物一新记录属 —— 假酸浆属 . 广东农业科学，4: 122.

[391] 曾宪锋 . 2013. 小朱兰在广东的首次记录及其意义 . 广西植物，33(6): 798–800.

[392] 曾宪锋，邱贺媛，庄雪影 . 2008. 凤凰山产 5 种广东省新记录植物 . 福建林业科技，35(4): 144–145.

[393] 曾宪锋，邱贺媛，唐光大，等 . 2008. 广东省 5 种新记录植物 . 华南农业大学学报，29(3): 59–60.

[394] 曾宪锋，邱贺媛，庄雪影 . 2008. 铜鼓嶂产 5 种广东省新记录植物 . 福建林业科技，35(2): 146–147.

[395] 曾宪锋，邱贺媛，梅启明，等 . 2009. 广东省 6 种新记录植物 . 福建林业科技，36(1): 157–158.

[396] 曾宪锋，王瑞江，邱贺媛 . 2010. 丰顺产 2 种广东省新记录植物 . 安徽农业科学，38(20): 10594–10596.

[397] 曾宪锋，邱贺媛，张振霞，等 . 2010. 广东省 2 种新记录草本植物 . 安徽农业科学，38(29): 16089.

[398] 曾宪锋，邱贺媛，庄雪影，等 . 2011. 广东省 2 种新记录外来入侵植物 . 安徽农业科学，39: 675.

[399] 曾宪锋，邱贺媛，庄东红，等 . 2011. 广东省 3 种新记录归化植物 . 广东农业科学，24: 140–141.

[400] 曾宪锋，邱贺媛，江锐航，等 . 2011. 平远产广东省 2 新记录植物 . 安徽农业科学，39(22): 13285, 13297.

[401] 曾宪锋，邱贺媛，林白鸿，等 . 2013. 广东省禾本科 2 种新记录归化植物 . 华南农业大学学报，34: 123–124.

[402] 曾宪锋，邱贺媛，黄雅凤，等 . 2013. 华南地区归化植物

新记录 . 广东农业科学 , 11: 177–178.

[403] 晁志 . 2022. 广东景天科植物新记录属 —— 石莲属 . 亚热带植物科学 , 51(3): 219–221.

[404] 陈丹生 , 马瑞君 , 庄哲煌 , 等 . 2013. 潮州市三个景区入侵植物种类的调查与统计 . 湖北农业科学 , 52: 1323–1324.

[405] 陈海山 , 叶华谷 , 曾飞燕 . 2003. 中国山矾属一新种 . 亚热带植物学报 , 11(2): 169–170.

[406] 陈锡沐 , 梁宝汉 , 李秉滔 . 1986. 广东楝科植物分类的初步研究 . 武汉植物学研究 , 4(2): 167–194.

[407] 陈心启 , 吉占和 . 2000. 小叶独蒜兰 —— 中国广东南部兰科一新种 . 植物分类学报 , 38 (2): 182–184.

[408] 陈新贵 , 胡进霞 , 范秀泽 . 2023. 广东省苦苣苔科新分布属 —— 苦苣苔属 . 广东园林 , 45(02): 87–88.

[409] 陈雨晴 , 郭兴 , 王瑞江 . 2015. 中国耳草属 (茜草科) 植物新记录种 . 热带亚热带植物学报 , 23(1): 31–33.

[410] 戴晶敏 , 黄燕双 , 孙园园 . 2021. 广东省种子植物分布新资料 (二). 亚热带植物科学 , 50(6): 495–499.

[411] 邓小芳 , 张奠湘 . 2003. 玉叶金花一新变种 . 热带亚热带植物学报 , 12: 476.

[412] 董安强 , 陈林 , 郑希龙 , 等 . 2012. 广东植物区系新资料 . 广西植物 , 32(4): 450–451.

[413] 董仕勇 . 2007. 广东产轴鳞蕨属 (叉蕨科) 植物 . 云南植物研究 , 29 (2): 171–172.

[414] 段林东 , 林祁 . 2007. 中国荨麻科植物省级分布新记录 . 植物研究 , 27(5): 527–528.

[415] 段林东 , 林祁 , 杨志荣 , 等 . 2011. 中国 12 省荨麻科植物分布新记录 . 西北植物学报 , 31(5): 1050–1052.

[416] 段婷婷 , 何文亮 , 杨嘉琦 , 等 . 2022. 湛江市外来植物入侵状况 . 生物安全学报 , 31(3): 245–251.

[417] 冯志坚 , 吴志敏 , 李镇魁 . 1994. 广东野牡丹科新种和分布新记录 . 华南农业大学学报 , 15(4): 75–76.

[418] 高信芬 . 2007. 中国木蓝属两个分布新记录 . 植物分类学报 , 45 (6): 841–848.

[419] 郭敏龙 , 杨燕萍 , 陈洁妮 , 等 . 2010. 潮汕地区产两种广东省新记录植物 . 安徽农业科学 , 38(2): 1082, 1101.

[420] 韩维栋 , 陈杰 . 2013. 广东省野生树种地理分布新记录 . 福建林业科技 , 40(2): 112–114.

[421] 韩维栋 , 陈杰 . 2014. 广东省野生树种地理分布新记录 (续). 福建林业科技 , 41(2): 121–124.

[422] 何春梅 , 童毅华 , 夏静 , 等 . 2020. 中国大陆菊科二新归化植物 . 热带亚热带植物学报 , 28(5): 523–526.

[423] 贺握权 , 黄忠良 . 2004. 外来植物种对鼎湖山自然保护区的入侵及其影响 . 广东林业科技 , 20(3): 42–45.

[424] 侯学良 , 李世晋 . 2003. 中国番荔枝科省级分布新记录 . 热带亚热带植物学报 , 11(2): 171–173.

[425] 胡喻华 . 2018. 中国大陆水生植物新逸生种 —— 红菊花草 . 亚热带植物科学 , 47(3): 264–265.

[426] 胡喻华 , 李爱英 , 钟小山 . 2023. 广东省卫矛科植物新记录种 —— 二籽扁蒴藤 . 福建林业科技 , 50(1): 113–114.

[427] 黄翠莹 , 孟开开 , 郭剑强 , 等 . 2020. 广东报春苣苔属一新种 —— 黄进报春苣苔 . 广西植物 , 40(10): 1429–1437.

[428] 黄辉宁 , 李思路 , 朱志辉 , 等 . 2005. 珠海市外来入侵植物调查 . 广东园林 , 27: 24–27.

[429] 黄锐洲 , 韦雪芬 , 黄燕 , 等 . 2019. 广东番荔枝科植物区系地理研究 . 林业环境与科学 , 35(6): 80–90.

[430] 黄晓霞 , 黄崇才 , 肖徽文 , 等 . 2023. 粤东地区 3 种药用植物分布新记录 . 中国现代中药 , 25: 477–480.

[431] 纪红 , 尹爱国 , 岳茂峰 , 等 . 2021. 阔叶丰花草对荔枝园杂草群落特征及物种多样性的影响 . 生物安全学报 , 30(2): 150–155.

[432] 蒋媛媛 , 刘忠成 , 彭秀丽 , 等 . 2022. 广东被子植物 3 个新记录种 . 亚热带植物科学 , 51(5): 389–393.

[433] 雷纯义 , 刘蔚秋 . 2007. 广东黑石顶自然保护区苔藓资源新资料 . 中山大学学报论丛 , 7(12): 299–300.

[434] 李富潮 . 1998. 广东兰属一新种 . 中山大学学报论丛 , 1998(04): 15–16.

[435] 李健玲 , 严岳鸿 , 宋晓飞 , 等 . 2019. 广东蕨类一新记录科 —— 轴果蕨科 . 韶关学院学报 · 自然科学 , 40(6): 63–65.

[436] 李瑞锋 , 高丽 , 温放 . 2023. 华南喀斯特地区凤仙花属 2 种省级分布新记录 . 南方林业科学 , 50: 35–38.

[437] 李西贝阳 , 王永淇 , 李仕裕 , 等 . 2016. 广东菊科一新归化属与海南旋花科一新归化种 . 热带作物学报 , 37(7): 1245–1248.

[438] 李星 , 倪静波 , 陈再雄 , 等 . 2022. 丹霞山竹类一新变种及小麻竹补充描述 . 热带亚热带植物学报 , 30(6): 905–910.

[439] 李亚丽 , 付琳 , 雷宇阳 , 等 . 2022. 中国特有种丹霞梧桐的新分布区和形态特征修订 . 热带亚热带植物学报 , 30: 735–741.

[440] 李宇惠 , 郭宝沁 , 邓斌 , 等 . 2020. 广东省 2 种兰科植物新记录 . 亚热带植物科学 , 49(5): 398–400.

[441] 李植华 , 吴鹏程 . 1992. 中国叶附生苔类植物的研究 (五)—— 广东黑石顶自然保护区的叶附生苔类 . 华南植物学报 , 1: 23–27.

[442] 梁庆 , 刘柯 , 崔大方 . 2008. 广东禾本科植物分布新记录 . 华南农业大学学报 , 29(4): 121–123.

[443] 梁庆 , 刘柯 , 崔大方 . 2013. 广东禾本科植物分布新记录 (II). 华南农业大学学报 , 34(1): 122–124.

[444] 廖景平，黄向旭，吴德邻，等．2000. 广东山姜属一新种——从化山姜．植物分类学报，38(6): 563–565.

[445] 廖水意，唐刚，吴书德，等．2022. 广东连南板洞自然保护区种子植物区系研究．林业调查规划，47(6): 10–14.

[446] 林敏，邓理骥，郭剑强，等．2022. 广东省种子植物分布新资料（三）. 亚热带植物科学，51(4): 320–324.

[447] 林祁．2000. 广东及海南荭藿属植物拾零．亚热带热带植物学报，8(2): 159–160.

[448] 林祁，赵燃，班勤．2002. 中国高等植物省级分布新记录（二）. 广西植物，22 (1): 4–6.

[449] 林万涛，吴志敏．1992. 广东竹类一些新植物．华南农业大学学报，(2): 81–87.

[450] 林万涛．1993. 两广竹亚科新分类群．华南农业大学学报，14(3): 110–114.

[451] 林万涛．2000. 竹亚科二新种及一新组合．竹子研究汇刊，19 (4): 1–17.

[452] 林万涛．2000. 竹亚科一新种及二新组合．竹子研究汇刊，19 (1): 6–8.

[453] 林有润．2008. 广东植物志　第八卷　菊科补遗．广东省植物学会第十七期学术研讨会论文集（一），19–20.

[454] 刘慧圆，杨容，蒋媛媛，等．2022. 入侵植物牛膝菊属在中国的分类及分布研究．北京师范大学学报（自然科学版），58: 216–222.

[455] 刘佳，谭维政，冯慧喆，等．2017. 紫花苣苔属——广东省被子植物一新记录属．广西植物，37(10): 1257–1260.

[456] 刘菊莲，徐跃良，陈锋，等．2020. 中国东南部忍冬属一新种．杭州师范大学学报（自然科学版），19(3): 253–257.

[457] 刘蔚秋，缪汝槐，李植华．1996. 广东植物区系新资料．中山大学学报论丛，2: 61–62.

[458] 刘蔚秋，雷纯义，戴小华．2007. 广东黑石顶森林苔藓植物群落特征初探．热带亚热带植物学报，15(6): 538–544.

[459] 刘蔚秋，张力，张应明，等．2022. 广东省苔藓植物分布新记录．亚热带植物科学，51(4): 325–330.

[460] 刘逸嵘，郭剑强，刘忠成，等．2020. 广东省兰科新记录．亚热带植物科学，49(1): 65–68.

[461] 马晓洁，胡启明，冯志坚．2007. 窄叶山血丹（紫金牛科）一新变种．热带亚热带植物学报，15(6): 551–552.

[462] 马晓燕，周伟斌，刘念．2009. 广东姜黄属一新变种——南岭莪术．仲恺农业工程学院学报，22(3): 15–16.

[463] 缪汝槐，岑庆雅．1996. 广东石灰岩植物区系一新种及一新记录种．中山大学学报（自然科学版），35(1): 104–105.

[464] 缪汝槐．1993. 中国产植物新种．中山大学学报（自然科学版），1993(4): 66.

[465] 缪汝槐，廖文波，黄伟结．1997. 广东蕨类植物区系研究 (I). 中山大学学报（自然科学版），36(4): 114–117.

[466] 钮峥洋，童毅华，倪静波，等．2020. 广东竹类一新种——小麻竹．竹子学报，39(3): 34–39.

[467] 潘云云，饶文辉，李利强，等．2019. 广东省兰科植物新资料．亚热带植物科学，48(3): 295–98.

[468] 潘云云，陈建兵，陈宇宁，等．2020. 广东兰科植物 2 种新记录．亚热带植物科学，49(4): 299–302.

[469] 彭逸生，庄雪影．2005. 广东植物分布新记录．华南农业大学学报，26(2): 123–124.

[470] 丘华兴，陈炳辉．1997. 华南植物的增补．热带亚热带植物学报，5(3): 3–5.

[471] 邱东萍，黄道城，庄文宋．2007. 揭阳市 4 种严重危害性外来入侵植物分析．江西农业学报，19: 36–37.

[472] 宋小玲，曹飞，何云核，等．2009. 广东省鼎湖山国家级自然保护区外来入侵植物调查．浙江林学院学报，26(4): 538–543.

[473] 宋柱秋，许东先，李世晋，等．2013. 疏花长柄山蚂蝗复合体（豆科）的修订．热带业热带植物学报，21(1): 11–20.

[474] 苏凡，周欣欣，郭亚男，等．2020. 广东 3 种湿地植物新记录．广东农业科学，47(1): 48–52.

[475] 谭沛祥．1982. 杜鹃小志．植物研究，2(4): 77–98.

[476] 唐亚．1992. 中国杜英属的一些分类问题．植物分类学报，30(5): 358–404.

[477] 田怀珍，邢福武．2006. 广东省紫草科植物新记录．华南农业大学学报，27(1): 124.

[478] 田怀珍等．2007. 广东省兰科植物新记录．热带亚热带植物学报，15(2): 173–174.

[479] 童毅华，夏念和．2019. 丹霞柿，广东柿属（柿科）一新组合及其一新异名．热带亚热带植物学报，27(3): 346–348.

[480] 汪韬，毛志伟，王基宇，等．2021. 广东省被子植物 2 个新记录．亚热带植物科学，50(4): 309–312.

[481] 王发国，叶华谷．2002. 中国山矾属一新种．亚热带植物学报，10 (1): 35–36.

[482] 王发国，刘东明，严岳鸿，等．2005. 广东蕨类植物分布新记录．西北植物学报，25(11): 2307–2309.

[483] 王发国，叶育石，刘东明，等．2008. 广东石灰岩柳叶蕨属植物分类与分布．植物研究，28(1): 3–6.

[484] 王琪，卓步胜，李丹丹，等．2020. 广东南澳岛苔藓植物物种组成及区系成分分析．上海师范大学学报（自然科学版），49(6): 622–629.

[485] 王清隆，林广旋，邓云飞，等．2017. 中国锦葵科一新记录属——沙稔属．热带亚热带植物学报，25(2): 179–

181.

[486] 王秋实，汪远，闫小玲，等. 2015. 假刺苋 —— 中国大陆一新归化种. 热带亚热带植物学报, 23(3): 284–288.

[487] 王秀娟，石祥刚，李家贤，等. 2004. 香花糙果茶 —— 广东糙果茶一新种. 中山大学学报 (自然科学版), 43(3): 129–130.

[488] 王妍，赵万义，陈再雄，等. 2021. 广东省种子植物分布新资料. 亚热带植物科学, 50(3): 227–230.

[489] 王永淇，李仕裕，张弯弯，等. 2016. 广东省归化植物一新记录属 —— 孪生花属. 福建林业科技, 43: 165–166.

[490] 韦宏金，周喜乐，金冬梅，等. 2016. 广东蕨类植物新记录. 广西师范大学学报 (自然科学版), 34(2): 135–142.

[491] 韦灵灵，陈珍传，董仕勇. 2011. 广东西部云开山自然保护区蕨类植物多样性调查. 热带亚热带植物学报, 19(4): 303–312.

[492] 韦星伟，肖绵韵. 1983. 中国紫金牛属一新种. 华南农学院学报, 4: 72–73.

[493] 卫兆芬. 1989. 桄榔属一新种. 中国科学院华南植物研究所集刊, 4: 7–9.

[494] 魏雷，陈鸿生，陈朋，等. 2022. 江门市砂质海岸外来入侵植物分析. 生物安全学报, 31(2): 135–140.

[495] 吴保欢，赵万义，石文婷，等. 2018. 点叶菊属，中国菊科一新归化属. 热带亚热带植物学报, 2018, 26(3): 299–301.

[496] 吴兰芬，叶育石. 2012. 阳西静容卫矛 (卫矛科)—— 华南一新变种. 热带亚热带植物学报, 20(5): 523–526.

[497] 肖生鸿，刘锴栋，刘晚苟. 2019. 广东徐闻沿海滩涂红树林保护区入侵植物现状及防治策略. 杂草学报, 37(4): 22–30.

[498] 徐国良. 2021. 广东 7 种蕨类植物新记录. 广西师范大学学报 (自然科学版), 39(1): 114–118.

[499] 徐国良，赖辉莲，张昌友. 2022. 赣粤地区蕨类植物区系新资料. 热带作物学报, 43(9): 1788–1796.

[500] 玄祖迎，陈雪梅，李镇魁，等. 2018. 佛山市主要外来入侵植物及其防治对策. 防护林科技, 2018(3): 49–51.

[501] 严岳鸿，马其侠，邢福武. 2007. 广东蕨类植物新资料. 植物研究, 27(3): 260–266.

[502] 杨丽华. 2019. 广东苦苣苔科植物 4 新记录种. 广西科学, 26(1): 83–85.

[503] 杨文婷，周欣欣，王瑞江，等. 2023. 广东省兰科植物分布新记录 9 种. 植物资源与环境学报, 32(1): 95–97.

[504] 杨衔晋，黄普华，崔鸿宾，等. 1978. 中国樟科植物志资料 (二). 植物分类学报, 16(4): 38–69.

[505] 姚纲，张连婕，薛彬娥. 2017. 中国算盘子属 (叶下珠科) 一些种的分类学处理. 广西植物, 37(5): 547–553.

[506] 姚纲，李玉玲，罗世孝. 2019. 中国算盘子属植物省级分布新记录. 西北植物学报, 39(7): 1322–1324.

[507] 叶创兴，郑新强. 2001. 毛药山茶 —— 中国广东山茶属一新种. 植物分类学报, 39 (2): 160–162.

[508] 叶华谷，邢福武，王发国，等. 2003. 中国山矾属一新种及新异名. 热带亚热带植物学报, 11(3): 277–279.

[509] 叶瑞银，黄萧洒，余佩琪，等. 2018. 广东陈禾洞自然保护区外来入侵植物调查研究. 绿色科技, 14: 30–33.

[510] 叶育石. 2005. 广东植物分布新记录. 热带亚热带植物学报, 13(2): 177–178.

[511] 叶育石，王发国，曾飞燕，等. 2004. 广东植物增补. 热带亚热带植物学报, 12(6): 577–579.

[512] 叶育石，叶华谷，王发国，等. 2005. 广东植物分布新记录. 热带亚热带植物学报, 13: 177–178.

[513] 俞德浚，陆柃娣，谷翠芝. 1975. 中国蔷薇科植物分类之研究 (二). 植物分类学报, 13(1): 101.

[514] 张哲，姚世伟，黄毅，等. 2023. 卵叶薄唇蕨 (*Leptochilus ovatifolius*), 广东薄唇蕨属 (水龙骨科) 一新种. 西南林业大学学报 (自然科学), 43(5): 1–5.

[515] 赵廖成，唐明. 2022. 广东省合耳菊属 (菊科：千里光族) 一新记录分布种. 四川林业科技, 43(5): 132–135.

[516] 赵万义，刘海军，胡平，等. 2015. 灰岩粗毛藤 (大戟科)—— 广东省一新记录种. 亚热带植物科学, 44(3): 247–249.

[517] 赵志礼，王峥涛，董辉，等. 2001. 中国山姜属一新种和一新组合. 植物分类学报, 39 (2): 154–155.

[518] 郑永利，夏念和. 2002. 广东苦苣苔科植物新资料. 热带亚热带植物学报, 10(1): 33–34.

[519] 钟平生，肖建生. 2016. 广东省种子植物新资料. 亚热带植物科学, 45(2): 156–159.

[520] 周劲松，巫远坤，黎昌汉，等. 2007. 广东堇菜属植物新记录. 热带亚热带植物学报, 15(5): 455–456.

[521] 周劲松，严岳鸿，何祖霞，等. 2010. 广东省蕨类植物分布新记录. 华南农业大学学报, 31(3): 123–124.

[522] 周兰平，张力，邢福武. 2012. 中国鞭苔属植物的分类学研究. https://szbg. org/, 11(2): 1–62.

[523] 周伟，宋春凤，吴宝成. 2020. 广东和广西伞形科植物分布新记录. 植物资源与环境学报, 29(2): 78–80.

[524] 朱瑞良，胡人亮，郭新弧. 1992. 广东八宝山叶附生苔的研究. 云南植物研究, 14(3): 264–268.

[525] 庄雪影，彭逸生，张浩. 2004. 霉草科 Triuridaceae— 广东省分布新记录. 华南农业大学学报 (自然科学版), 25(1): 124.

[526] 邹滨，曾繁助，罗鑫华，等. 2015. 乐昌外来植物变化分析. 广东林业科技, 31: 16–22.

[527] Xu YD, Zhang Y, Wang RJ. 2023. *Hedyotis longiramulis* (Rubiaceae), a new species from south China. PhytoKeys,

230: 271–287.

[528] 郭小凤，严岳鸿，顾钰峰，等 . 2023. 广东省 5 种蕨类植物新记录 . 亚热带植物科学，167–170.

[529] Peng CX, Dai KY, Li YQ, et al. 2023. *Aspidistra shimentaiensis* (Asparagaceae), a new species from Guangdong, China. Phytotaxa, 612, 87–92.

[530] Jin XH. 2005. (1667) Proposal to conserve the name *Liparis nigra* against *Liparis gigantea* (Orchidaceae). Taxon, 54 (1) : 191.

[531] Ormerod P. 2013. Orchidaceous additions to the flora of China (II). Taiwania , 58(1): 20–34.

[532] Yu NN, Jia Y. 2015. A revision of the *Calyptothecium urvilleanum* complex (Pterobryaceae). Journal of Bryology, 37(4): 276–283.

[533] APG IV. 2016. An update of the angiosperm phylogeny group classification for the orders and families of flowering plants: APG IV. Botanical Journal of the Linnean Society, 181, 1–20.

[534] Du C, Liao S, Boufford DE, et al. 2020. Twenty years of Chinese vascular plant novelties, 2000 through 2019. Plant Diversity, 42, 393–398.

[535] Feng XY, Wang XH, Chiang YC, et al. 2021. Species delimitation with distinct methods based on molecular data to elucidate species boundaries in the *Cycas taiwaniana* complex (Cycadaceae). Taxon, 70, 477–491.

[536] Frey W. 2009. Syllabus of plant Families, Vol. 3: Bryophytes and seedless vascular plants. Gebrüder Borntraeger Verlag, Stuttgart.

[537] PPG I. 2016. A community-derived classification for extant lycophytes and ferns. Journal of Systematics and Evolution, 54, 563–603.

[538] Söderström L, Hagborg A, von Konrat M, et al. 2016. World checklist of hornworts and liverworts. PhytoKeys, 59, 1–821.

[539] Villarreal JC, Cargill DC, Hagborg A, et al. 2010. A synthesis of hornwort diversity: patterns, causes and future work. Phytotaxa, 9, 150–166.

[540] Yang Y, Ferguson DK, Liu B, et al. 2022. Recent advances on phylogenomics of gymnosperms and a new classification. Plant Diversity, 44, 340–350.

[541] 陈晓熹，申长青，洪文君，等 . 2016. 极小种群植物四药门花在中山五桂山的种群分布 . 安徽农业科学，44, 1–3, 23.

[542] 杜诚，刘军，叶文，等 . 2021. 中国植物新分类群、新名称 2020 年度报告 . 生物多样性，29, 1011–1020.

[543] 杜诚，刘军，叶文，等 . 2022. 中国植物新分类群、新名称 2021 年度报告 . 生物多样性，30, 22207.

[544] 郭韵，康宁，董辉，等 . 2020. 极小种群博罗红豆的群落物种组成和空间分布格局 . 热带亚热带植物学报，28, 301–309.

[545] 李西贝阳，付琳，王发国，等 . 2017. 极小种群植物广东含笑应当被评估为极危等级 . 生物多样性，25, 91–93.

[546] 廖文波，张宏达 . 1994a. 广东蕨类植物区系的特点 . 热带亚热带植物学报，2, 1–11.

[547] 廖文波，张宏达 . 1994b. 广东种子植物区系与邻近地区的关系 . 广西植物，14, 217–226.

[548] 林秦文，肖翠，马金双 . 2022. 中国外来植物数据集 . 生物多样性，30, 22127.

[549] 刘冰，覃海宁 . 2022. 中国高等植物多样性编目进展 . 生物多样性，30, 22397.

[550] 王忠，董仕勇，罗燕燕，等 . 2008. 广州外来入侵植物 . 热带亚热带植物学报，16, 29–38.

[551] 闫小玲，刘全儒，寿海洋，等 . 2014. 中国外来入侵植物的等级划分与地理分布格局分析 . 生物多样性，22, 667–676.

[552] Bai L. 2024. Notes on *Albizia* (Leguminosae—Caesalpinioideae—mimosoid clade) in China. Phytotaxa, 633, 189–214.

[553] 方健敏，叶幸儿，姜伟珍，等 . 2023. 铺地穿心草，广东植物一新记录种 . 广东药科大学学报，39(3), 80–82.

[554] 高发明，谭健俊 . 广东省兰科植物石斛属新记录种——海南石斛 . 花卉，2023 (23), 27–28.

[555] 陈国棣，高发明，徐晔春，等 . 2023. 广东省兰科植物 1 新记录属及 1 新记录种 —— 矮柱兰属矮柱兰 . 花卉，2023(15), 36–37.

[556] 金建鹏，陈国棣，徐晔春，等 . 2024. 广东省兰科植物 1 新记录属和 2 新记录种 [J/OL]. 热带作物学报，https://link.cnki.net/urlid/46.1019.S.20240125.1501.002

[557] 宋玉龙，何应兆，胡喻华 . 2023. 广东省 2 种兰科植物新记录 . 福建林业科技，50(3), 72–73.

[558] 张星月，水坤春，雷纯义，等 . 2023. 广东省种子植物分布新资料 (四). 亚热带植物科学，52(2), 171–174.

[559] 钟锦城，陈蕴琳，罗素娜，等 . 2023. 广东省天南星科植物新分布种 —— 盾叶半夏 [J/OL]. 林业科技通讯，https://doi.org/10.13456/j.cnki.lykt.2023.12.03.0001.

[560] Song ZQ, Yao G. 2024. *Glochidion yangchunense* (Phyllanthaceae), a new species with discoid flowers from Guangdong Province, China. PhytoKeys, 239, 229–238.

[561] Zhang XY, Dai JM, Fan Q, et al. 2024. *Lysimachia danxiashanensis*, a new species of Primulaceae from Guangdong, China. PhytoKeys, 237, 257–268.

[562] Lin M, Ye QL, Zhang ZJ, et al. 2024. *Camellia zijinica*

(Theaceae), a new species endemic to Danxia landscape from Guangdong Province, China. PhytoKeys, 237, 245–255.

[563] Shu JP, Tian DK, Yan X, et al. 2024. A new natural hybrid species of China native begonia revealed by morphological and molecular evidence[J/OL]. TechRxiv. 10.22541/au.170664180.04721181/v1.

[564] Liu Y, Dai JH, Zhuang QY, et al. 2024. Resurrection of *Perilimnastes* (Sonerileae, Melastomataceae) with description of a new species *P. nana*. PhytoKeys, 238, 11–31.

[565] Tong YH, Ye PZ, Ding JH, et al. 2023. *Vaccinium chaozhouense* (Ericaceae), a new species from East Guangdong, China. PhytoKeys, 236, 113–119.

[566] Huang YS, Jia XY, Zeng QG, et al. 2023. *Viola pendulipes* (Violaceae), a new species from Guangdong Province, China. Nordic Journal of Botany, 2023, e04165.

[567] Tong YH, Ni JB, Wang BM. 2023. *Primulina liangwaniae* (Gesneriaceae), a new species from Guangdong, China. Phytotaxa, 630(2), 154–158.

[568] Feng HZ, Tong Y, Wu L, et al. 2023. *Rohdea brachyanthera* (Asparagaceae), a new species from Guangdong, southern China. Phytotaxa, 626(1), 60–66.

[569] Wei HJ, Huang Y, Chen B. *Leptochilus scandens* (Polypodiaceae), a new microsoroid fern species from Guangdong, China. Phytotaxa, 2023, 618(1): 79–85.

[570] Yang Z, Liu B, Yang Y, et al. 2022. Phylogeny and taxonomy of *Cinnamomum* (Lauraceae). Ecology and Evolution, 20221(12), e9378.

[571] Jiang KW, Tian B, Pan B. 2022. Legume additions to the flora of China. Phytotaxa, 532(1): 001–021.

[572] 蒋日红，向睿晨，张宪春. 2023. 中国马尾杉属（石松科）的分类修订. 广西植物，43(10), 1759–1783.

[573] Liu ZR, Lin CR, Huang XS, et al. 2024. *Aspidistra luofushanensis* (Asparagaceae), a new species from Guangdong, China. Phytotaxa, 641(1), 066–072.

[574] Li YL, Deng SW, Luo JC, et al. 2024. *Carex qingyuanensis* (Cyperaceae), a new species from Guangdong, China. PhytoKeys, 241, 155–168.

[575] 李梦灵，李星，李嘉熙，等. 2024. 簕竹属一新种——阳山簕竹 [J]. 世界竹藤通讯，22(1), 87–91.

[576] Ren C. 2017. *Blainvillea* (Asteraceae–Heliantheae) is absent from China. Phytotaxa, 298(2), 197–200.

[577] Xu KW, Han YT, Dong YR, et al. 2024. *Asplenium guodanum* (Aspleniaceae), a distinct new fern species from northern Guangdong, China, based on morphological data and molecular phylogeny. PhytoKeys, 241, 191–200.

[578] Dong SP, Huang Y, Ning ZL. 2024. *Aspidistra yangchunensis* (Asparagaceae), a new species from Guangdong, China. Phytotaxa, 647, 115–120.

[579] 何春梅，童毅华. 2024. 广东菊科一新归化属——伏金腰箭属 [J]. 亚热带植物科学，53(1), 68–71.

[580] Yang LH, Dai JM, Wen F, et al. 2024. *Didymocarpus pingyuanensis* (Gesneriaceae), a new species endemic to Danxia landscape from Guangdong Province, China, and two new combinations in *Didymocarpus*. PhytoKeys, 244, 213–224.

[581] Zhao WY, Xiong QD, Wu RM, et al. 2024. Two new species of *Paraphlomis* (Lamiales, Lamiaceae) from limestone karsts in Guangdong Province, China. PhytoKeys, 243, 231–248.

[582] Li ZX, Xia ZQ, Lin L, et al. 2024. *Ceratopteris baguangensis* (Pteridaceae), a new species of *Ceratopteris* from Guangdong, China. Phytotaxa, 658 (2), 216–226.

[583] Wei HJ, Huang Y, Chen B. 2024. *Leptochilus tridigitatus* (Polypodiaceae), a new fern species from Guangdong, China. Phytotaxa, 650 (2), 148–156.

[584] Wei CY, Li RY, Wu YW, et al. 2024. *Dendrobium tetrapterum*, a cryptic species in the *D. lindleyi* alliance (Orchidaceae; Dendrobiinae): evidence from morphological and molecular data. Phytotaxa, 655 (2): 209–218.

[585] Gan XJ, Feng HZ, Chen HJ, et al. 2024. Taxonomic studies on the genus *Ophiopogon* (Asparagaceae) I:—identity of *O. albimarginatus* and *O. pseudotonkinensis*, and a new species *O. guangzhouensis* from Guangdong, China. Phytotaxa, 662 (2): 121–136.

[586] Feng HZ, Wu RM, Zeng QG, et al. 2024. *Peliosanthes yangchunensis* (Asparagaceae), a new species from Guangdong, China. Phytotaxa, 650 (3): 262–268.

[587] Peng X, Tu TY, Zhang DX, et al. 2024. *Cheniella tsoongii* (Leguminosae: Cercidoideae), a rare, critically endangered new species from southern China. Phytotaxa 646 (2): 193–202.

[588] Chen MQ, Xu N, Man JM, et al. 2024. *Pinellia discolor*: a new cryptic species distinguished from *P. cordata* in mainland China. Nordic Journa of Botany, e04119: 1–9.

[589] Li YR, Xu YL, Fritsch PW, et al. 2023. Patterns of genetic variation and morphology support the recognition of five species in the *Gaultheria leucocarpa* Blume (Ericaceae) group from mainland China. *Ecology and Evolution*, 13: e10178

[590] Yao G, Luo SX, Huang JX, et al. 2024. *Glochidion liangkwangense* (Phyllanthaceae), a new species from Guangdong and Guangxi Provinces, China. Phytotaxa, 677(1): 95–101

拉丁名索引

A

B

C

D

E

F

G

H

I

J

K

M

N

O

Q

R

T

U

V

W

X

Y

Z

中文名索引

C

D

G

J

M

O

P

Q

S

T

W

X

Y

Z